07章 材质和贴图技术
利用多种材质制作餐桌上的材质

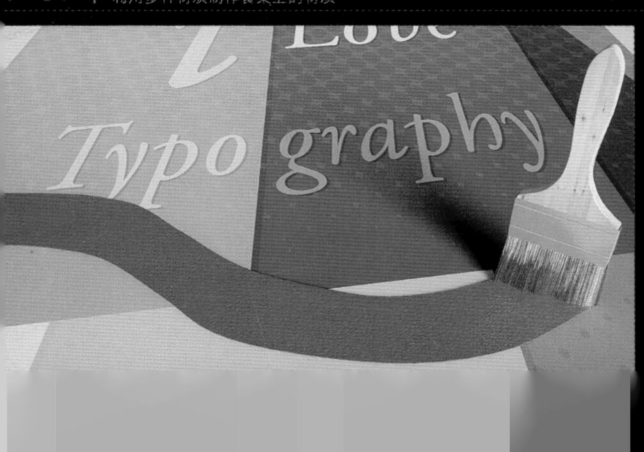

07章 材质和贴图技术
利用衰减贴图制作抱枕材质

13章 毛发技术
利用hair和fur（WSN）修改器制作蒲公英

13章 毛发技术
使用VR_毛发制作杂草

13章 毛发技术
使用VR_毛发制作杂草

03章 基础建模技术
利用VR_平面制作地面

07章 材质和贴图技术
利用VRayMtl材质制作水材质

08章 灯光、材质、渲染综合运用技术
简约别墅夜景表现

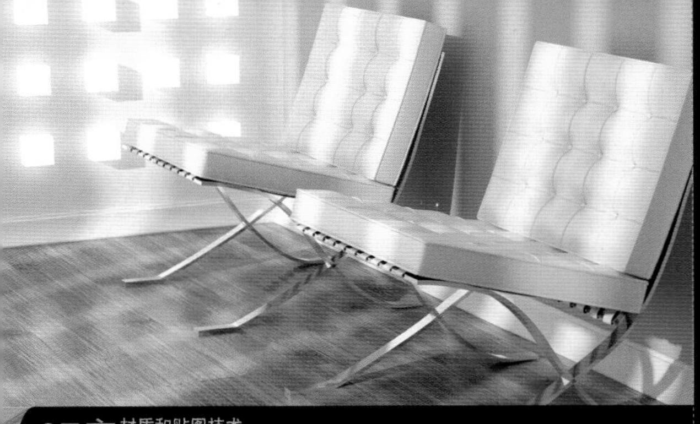

07章 材质和贴图技术
利用VRayMtl材质制作木地板材质

05章 灯光技术
利用VR-灯光和目标灯光制作射灯效果

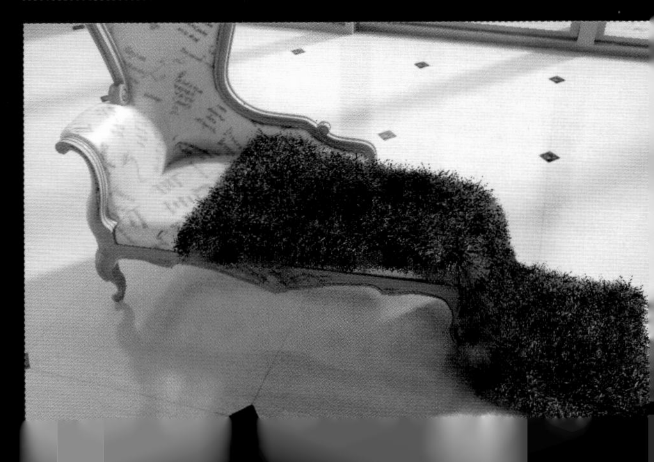

# 本书精彩案例欣赏

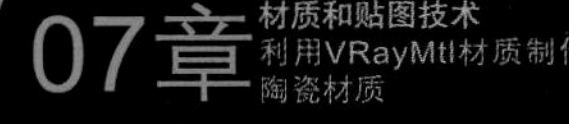

07章 材质和贴图技术
利用VRayMtl材质制作陶瓷材质

07章 材质和贴图技术
利用凹凸贴图制作夹心饼干材质

07章 材质和贴图技术
利用VR_发光材质制作发光物体

07章 材质和贴图技术
利用VR_快速SSS2材质制作玉石材质

07章 材质和贴图技术
利用视口画布在窗口中绘制贴图

08章 灯光、材质、渲染综合运用技术
豪华欧式卫生间日景表现

# 本书精彩案例欣赏

07章 材质和贴图技术
利用视口画布在窗口中绘制贴图

06章 摄影机技术
利用目标摄影机制作景深效果

05章 灯光技术
利用VR-灯光制作制作奇幻空间

05章 灯光技术
利用VR-灯光制作灯带

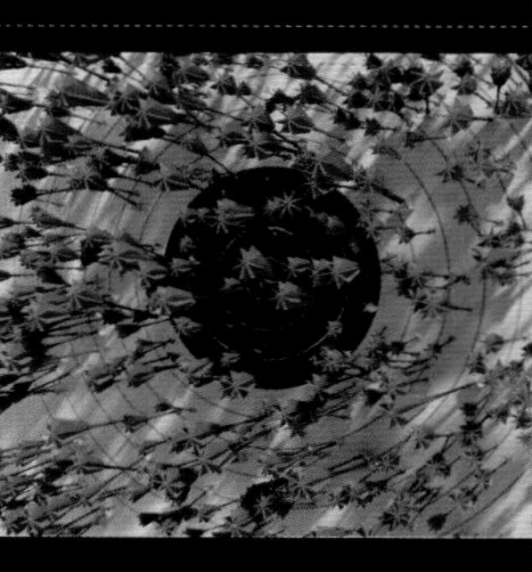

11章 粒子系统和空间扭曲
利用粒子流源制作飞镖动画

07章 材质和贴图技术
利用VRayMtl材质制作金属材质

06章 摄影机技术
使用剪切设置渲染特殊视角

07章 材质和贴图技术
利用VR_混合材质制作铜锈效果

07章 材质和贴图技术
利用位图贴图制作杂志材质

05章 灯光技术
利用VR-灯光制作柔和日光

07章 材质和贴图技术
利用VRayMtl材质制作玻璃材质

05章 灯光技术
利用VR-灯光制作柔和日光

07章 材质和贴图技术
利用渐变坡度贴图制作彩色泡泡

07章 材质和贴图技术
利用VR_HDRI贴图制作汽车场景

05章 灯光技术
利用目标灯光制作室外射灯效果

05章 灯光技术
利用VR-灯光制作台灯

05章 灯光技术
利用目标聚光灯制作台灯

05章 灯光技术
利用VR_太阳制作黄昏光照

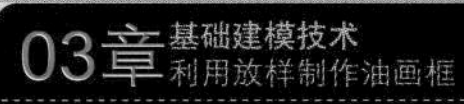

03章 基础建模技术
利用放样制作油画框

07章 材质的作用

08章 灯光、材质、渲染综合运用技术
新中式卧室夜景

08章灯光、材质、渲染综合运用技术
阅览室夜晚\角度1

08章灯光、材质、渲染综合运用技术
阅览室夜晚\角度2

09章环境和效果
利用体积雾效果制作大雾场景

09章环境和效果

09章环境和效果

06章摄影机技术

08章 灯光、材质、渲染综合运用技术
现代风格浴室柔和光照表现

08章 灯光、材质、渲染综合运用技术
现代厨房日景表现

09章 环境和效果
亮度对比度效果调节浴室场景

09章 环境和效果
利用火效果制作打火机燃烧效果

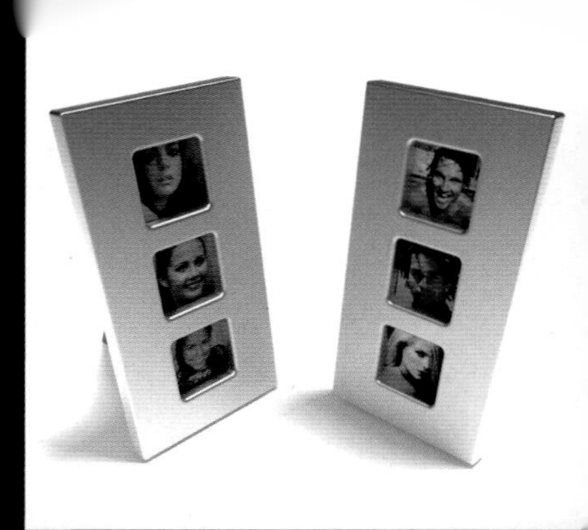

06章 摄影机技术
利用VR物理摄影机制作景深效果

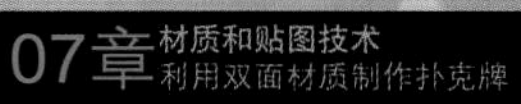

07章 材质和贴图技术
利用双面材质制作扑克牌

02章 3ds Max基本操作
在渲染前保存要渲染的图像

10章 视频后期处理
利用镜头效果光晕制作魔法阵
09章 环境和效果
利用体积光制作丛林光束
07章 材质和贴图技术
利用顶/底材质制作雪材质

05章 灯光技术
利用VR_太阳综合制作阳光客厅

05章 灯光技术
利用目标平行光和VR-灯光制作正午阳光效果

05章 灯光技术
利用目标平行光阴影贴图制作阴影效果

05章 灯光技术
测试VR-灯光排除

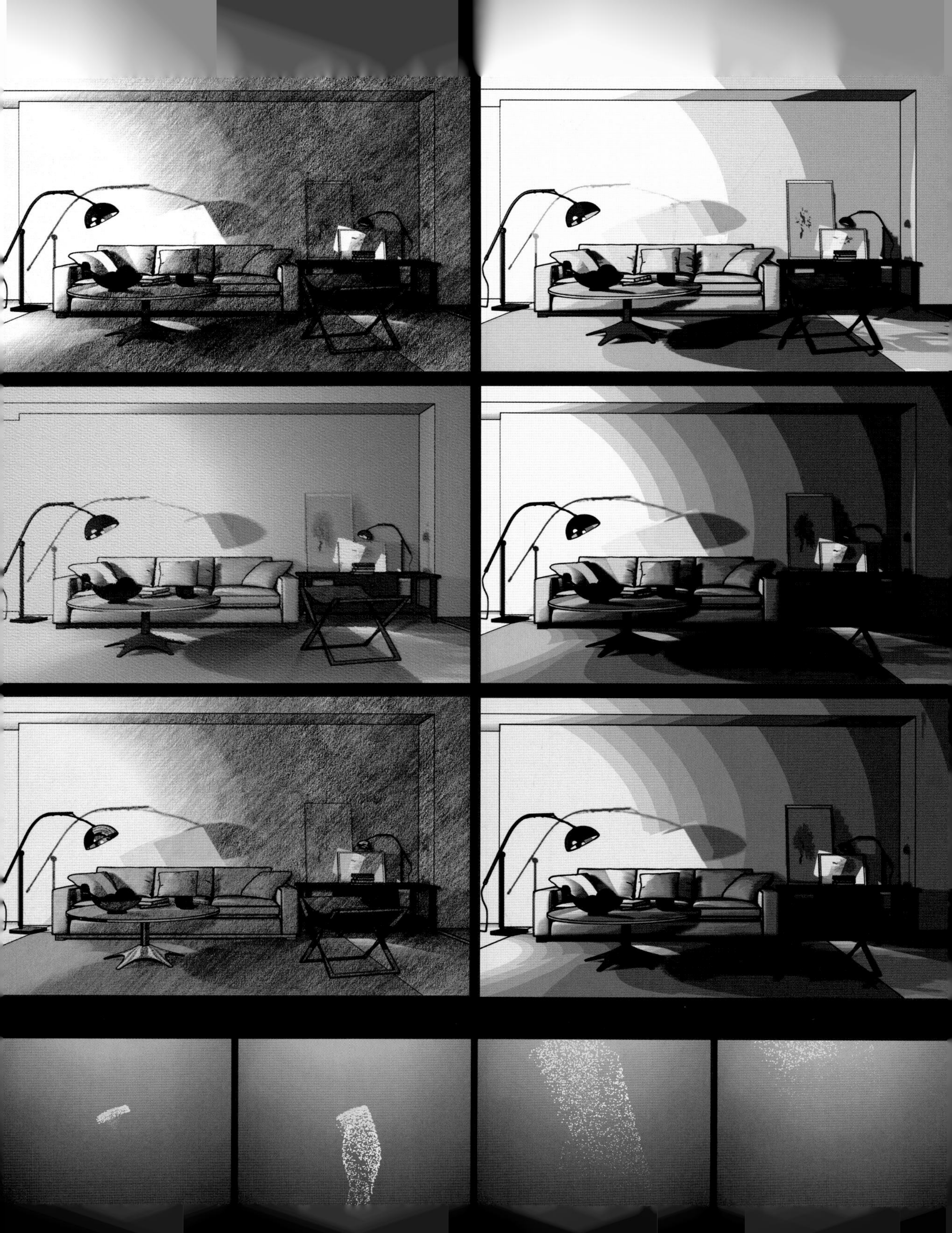

05章 灯光技术
利用目标聚光灯制作书房阴影效果

05章 灯光技术
利用泛光灯制作烛光效果

06章 摄影机技术
利用VR_物理像机测试渐晕

06章 摄影机技术
利用VR_物理像机测试快门速度

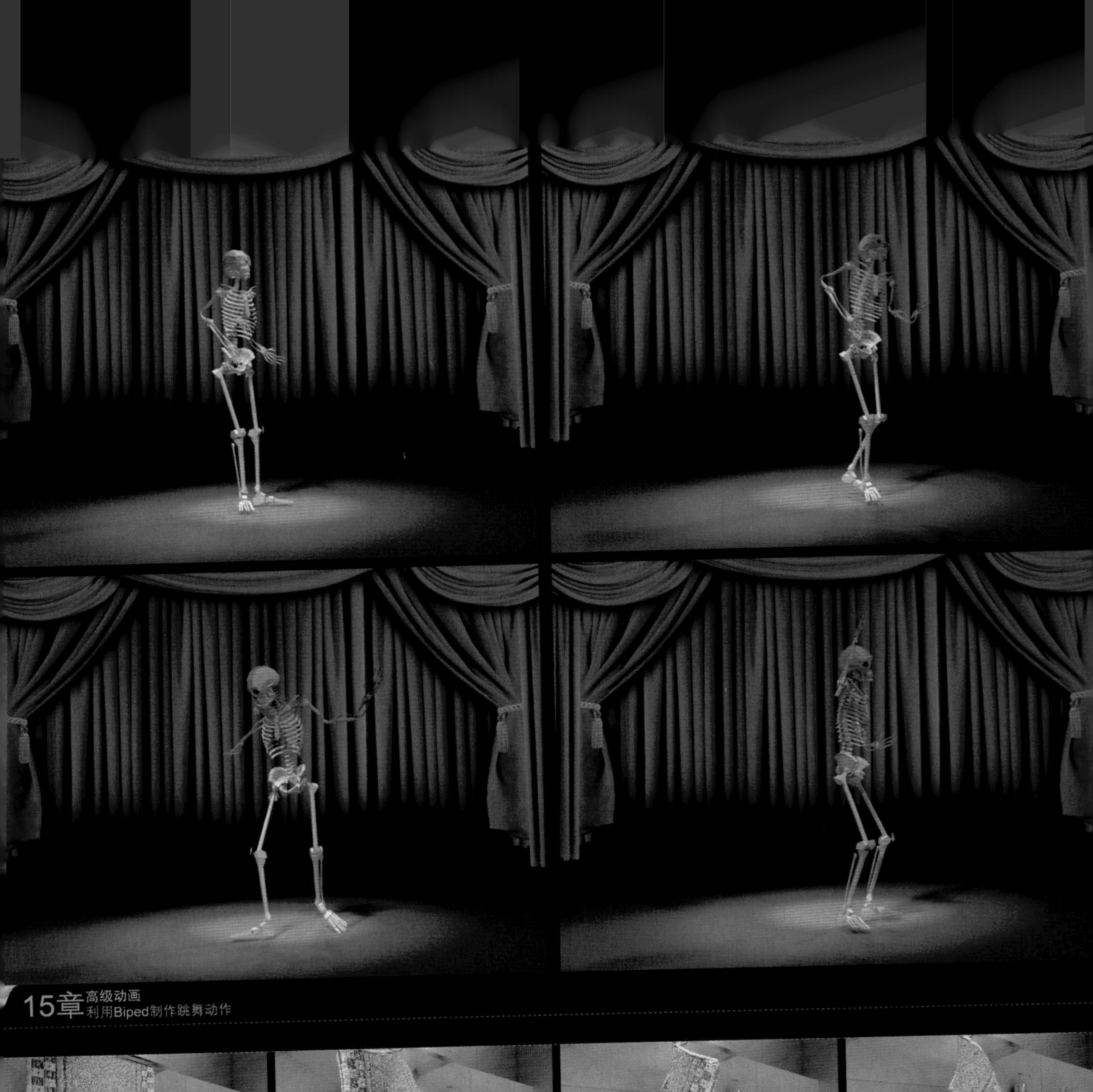

15章 高级动画
利用Biped制作跳舞动作

12章 动力学技术
利用Cloth制作悬挂的浴巾

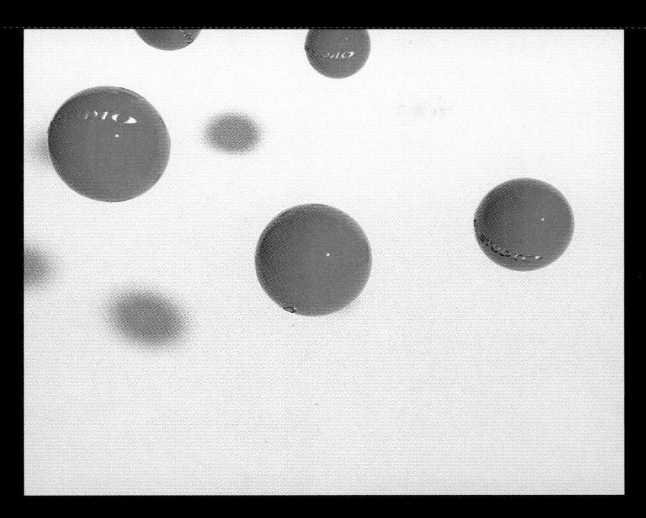

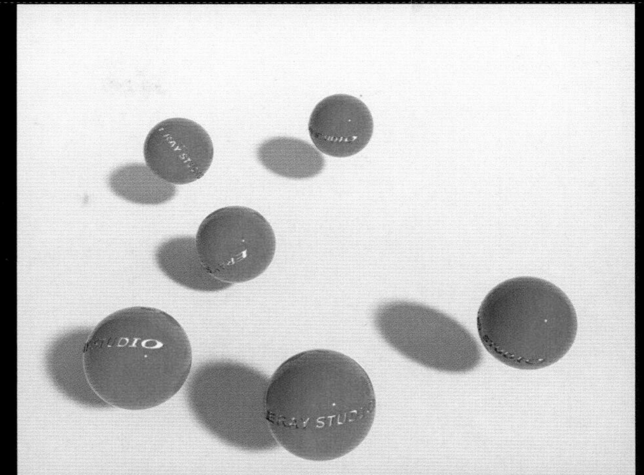

14章 基础动画
摄影机动画制作LOGO演绎

14章 基础动画
利用旋涡贴图制作咖啡动画

14章 基础动画
利用自动关键点制作太阳落山动画

15章 高级动画
利用骨骼对象制作鸟飞翔动画

14章 基础动画
利用烟雾贴图制作云飘动动画

15章 高级动画
利用CAT制作马奔跑动画

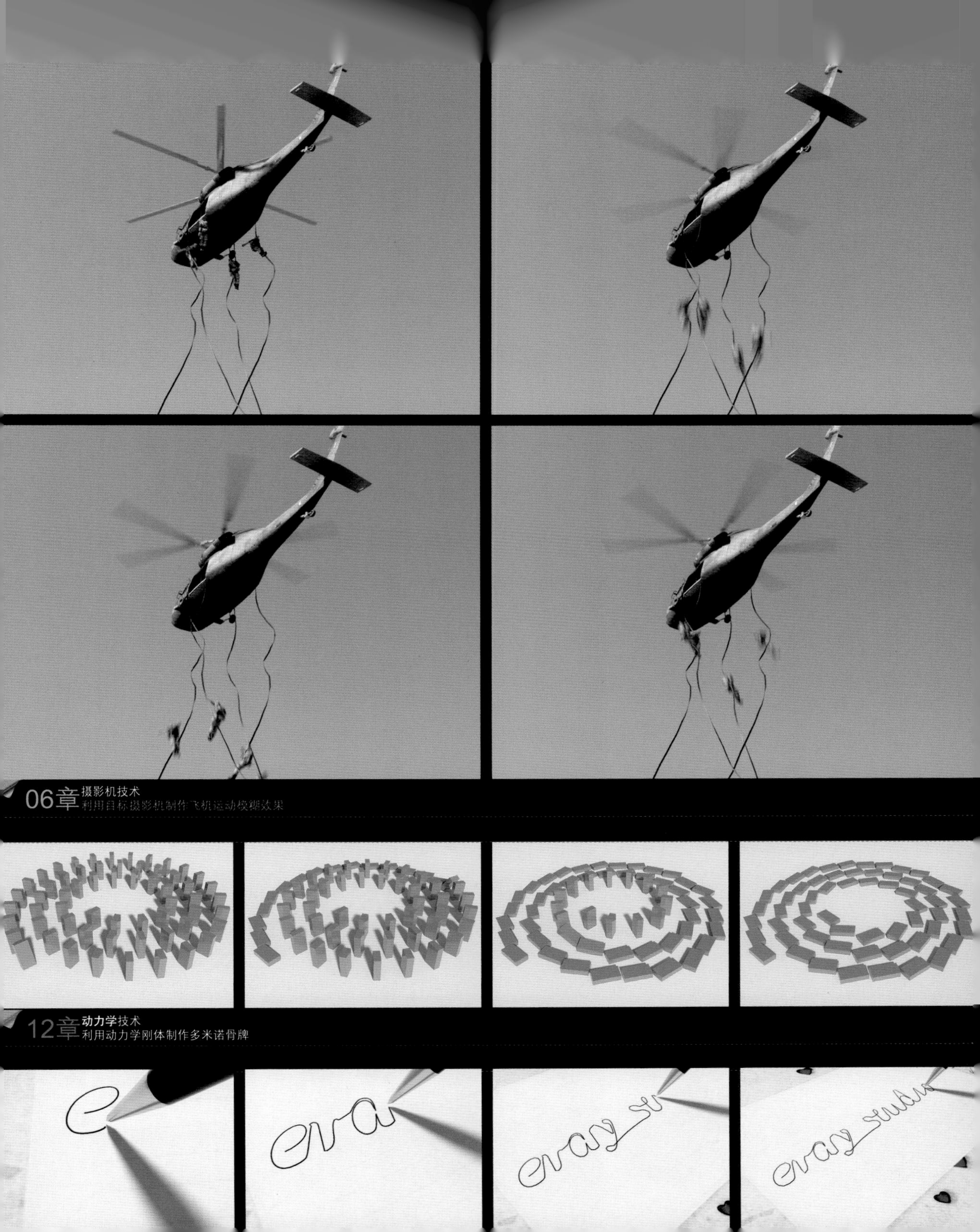
06章 摄影机技术
利用目标摄影机制作飞机运动模糊效果
12章 动力学技术
利用动力学刚体制作多米诺骨牌

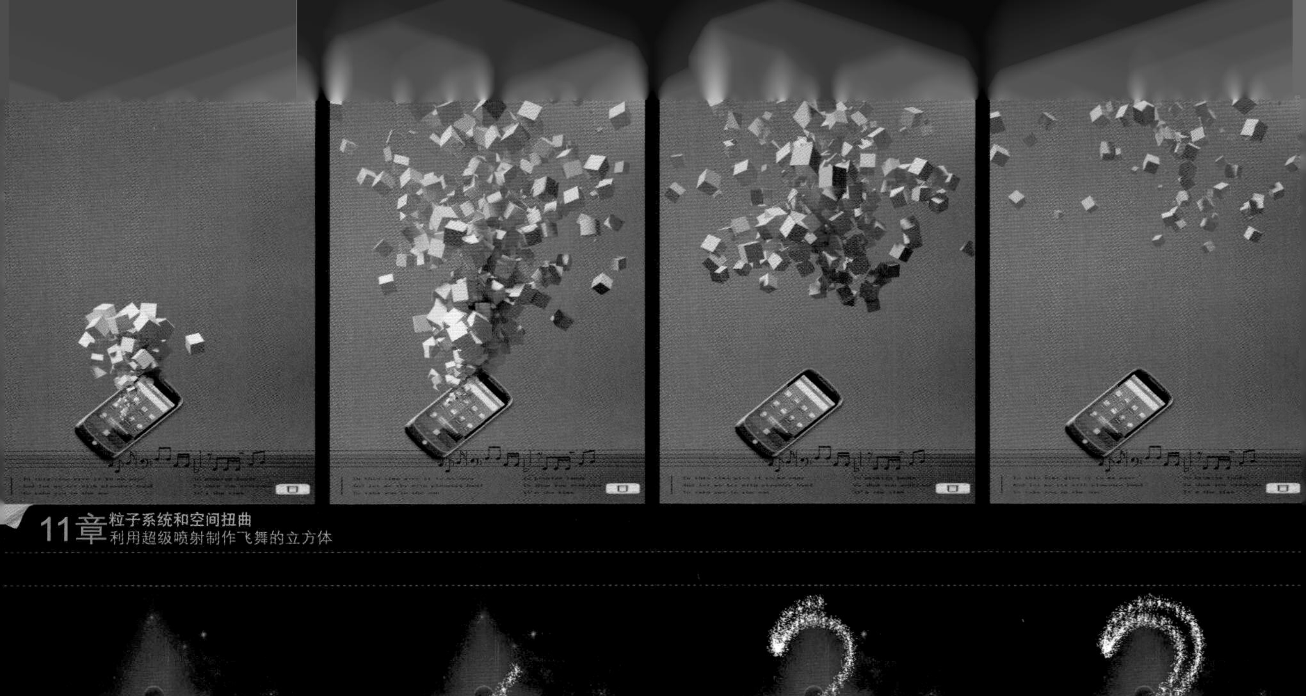

11章 粒子系统和空间扭曲
利用超级喷射制作飞舞的立方体

11章 粒子系统和空间扭曲
利用超级喷射制作奇幻文字动画

11章 粒子系统和空间扭曲
利用超级喷射制作彩色烟雾

11章 粒子系统和空间扭曲
利用粒子流源制作冰雹动画

## 本书精彩案例欣赏

11章 粒子系统和空间扭曲
利用超级喷射制作秋风扫落叶

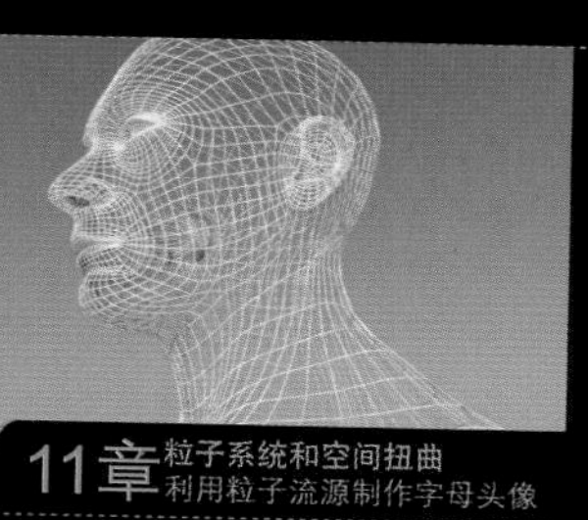
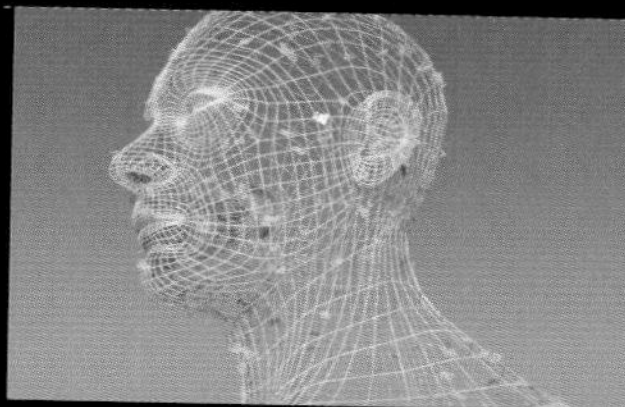
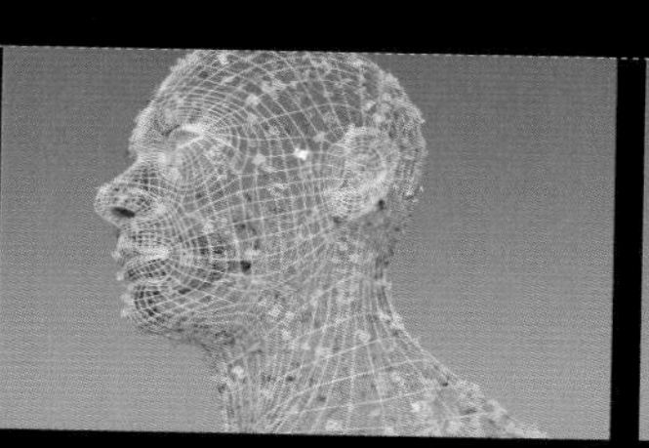
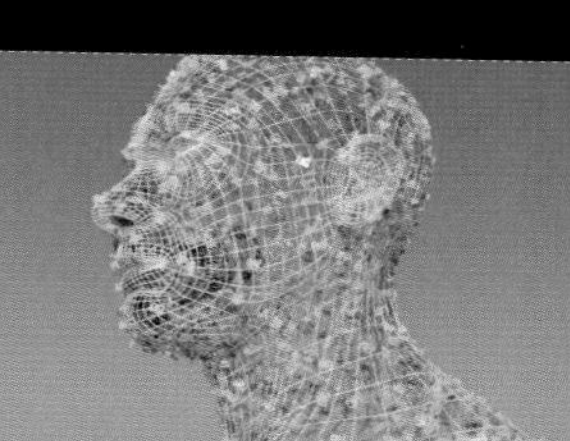

11章 粒子系统和空间扭曲
利用粒子流源制作字母头像

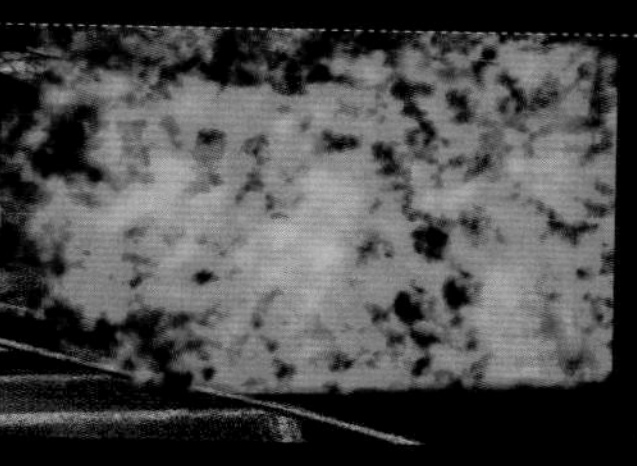

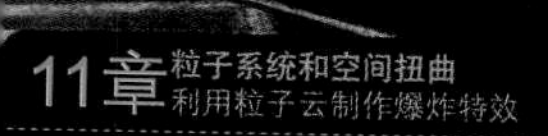

11章 粒子系统和空间扭曲
利用粒子云制作爆炸特效

11章 粒子系统和空间扭曲
利用超级喷射和漩涡制作眩光动画

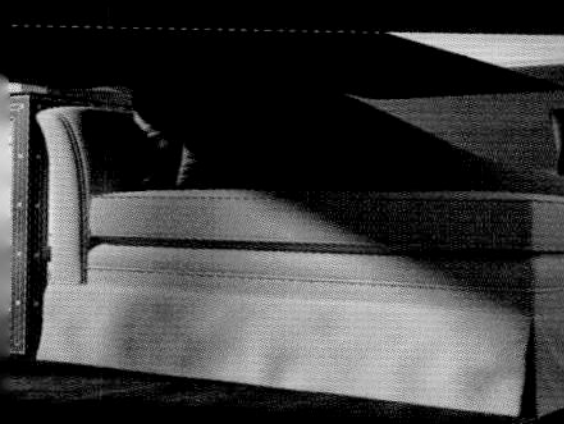

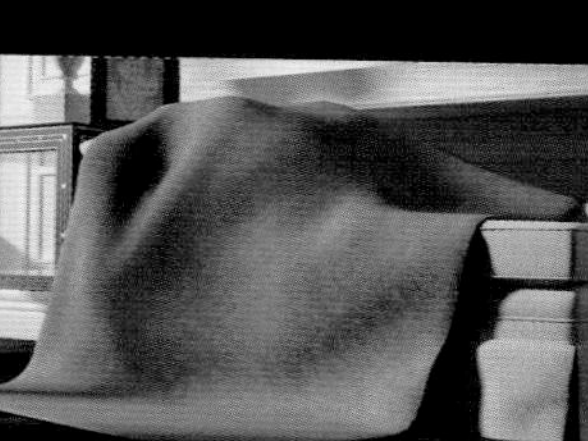

12章 动力学技术
利用Cloth制作下落的布料

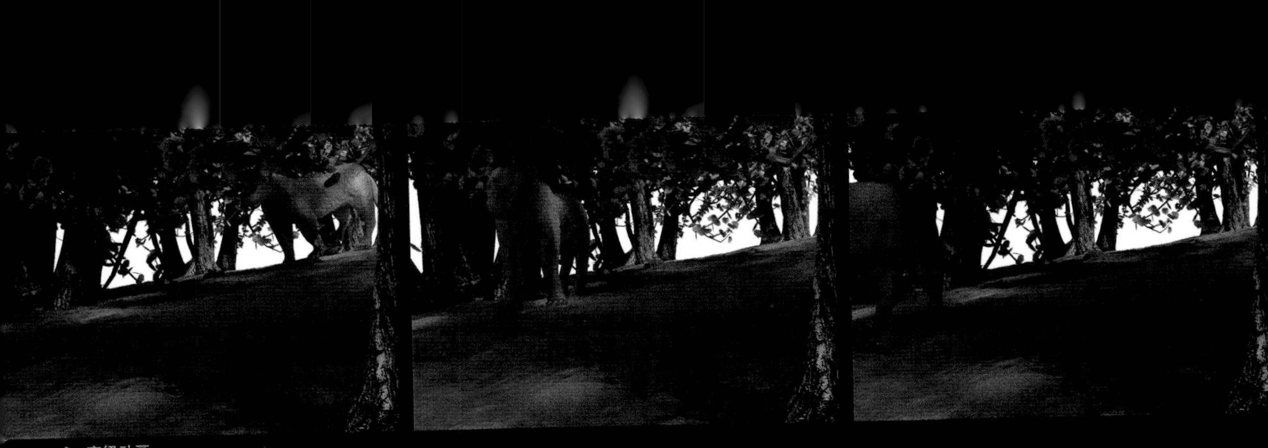

15章 高级动画
利用CAT对象制作狮子动画

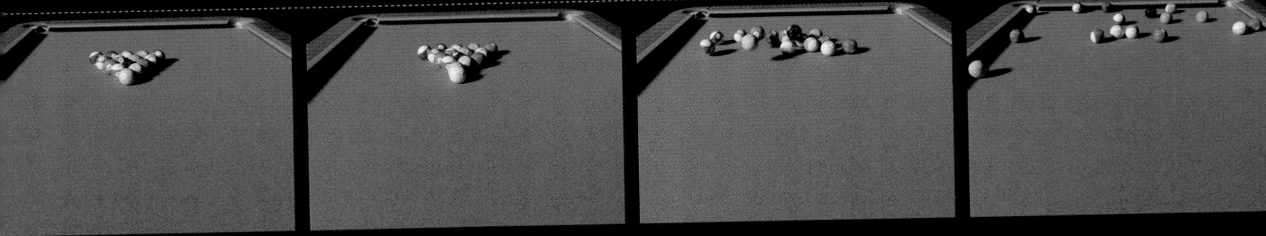

12章 动力学技术
利用运动学刚体制作桌球动画

12章 动力学技术
利用动力学刚体制作跷跷板

14章 基础动画
利用曲线编辑器制作高尔夫进球动画

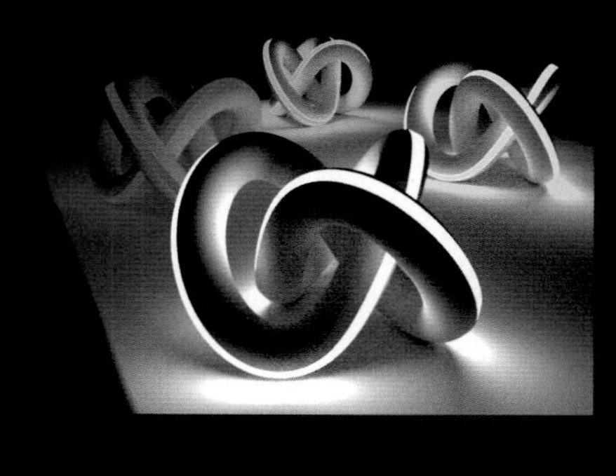
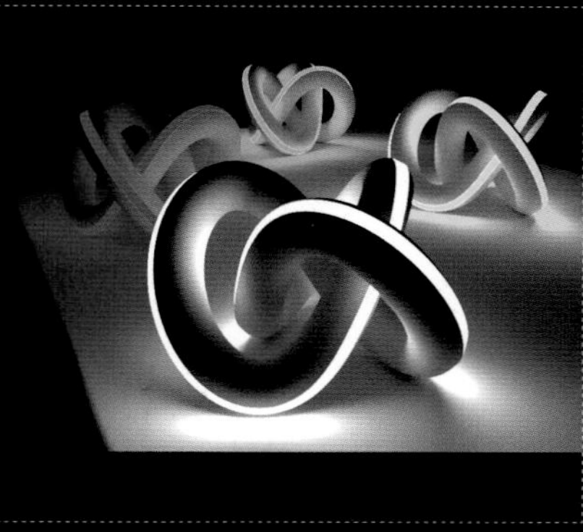

08章 灯光、材质、渲染综合运用技术
利用iray渲染器制作奇幻场景

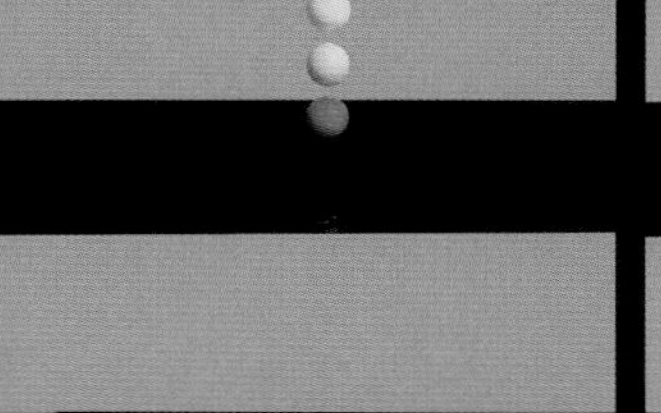

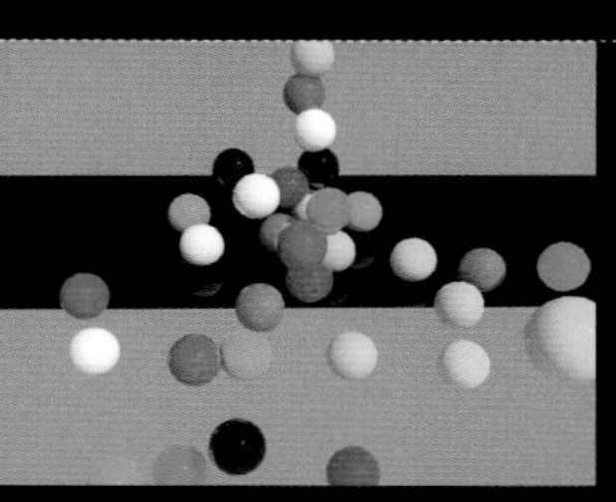
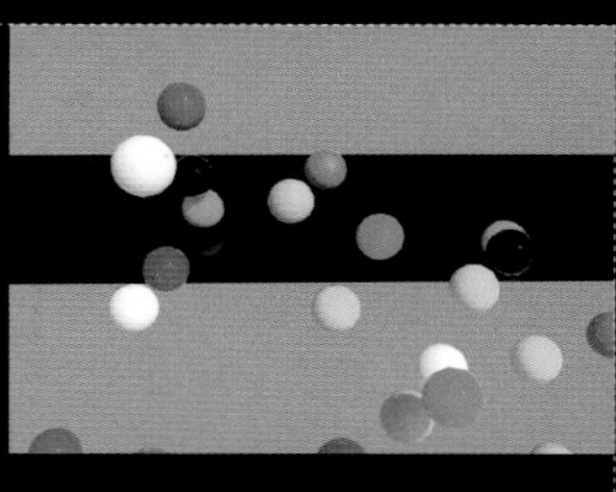

12章 动力学技术
利用动力学刚体和静态刚体制作球体下落动画

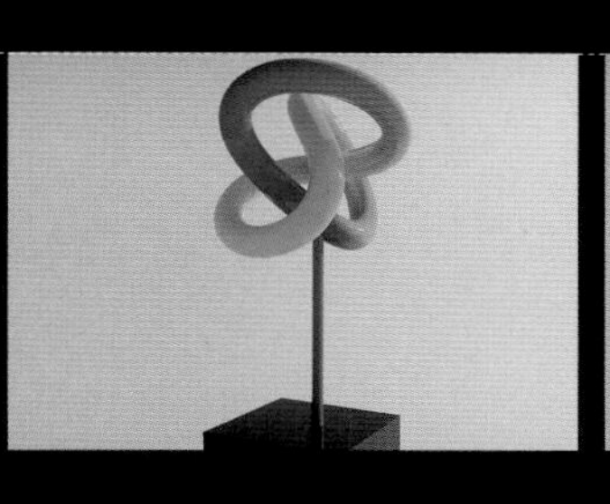
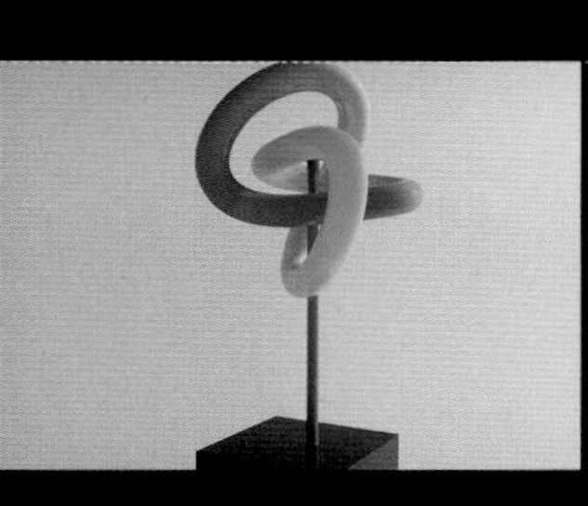
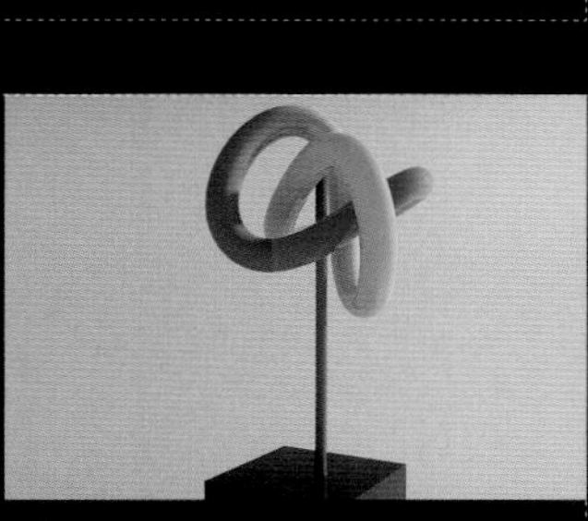

12章 动力学技术
利用扭曲约束制作摆动动画

12章 动力学技术
利用运动学刚体制作墙倒塌动画

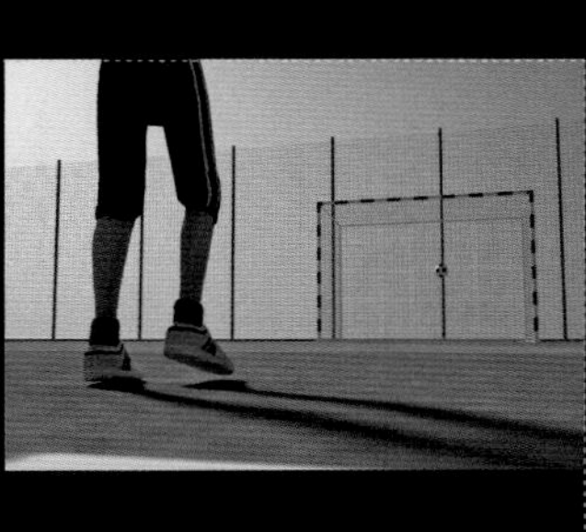

15章 高级动画
为骨骼对象建立父子关系

# 本书精彩案例欣赏

04章 高级建模技术 利用多边形建模制作IPad2

04章 高级建模技术 利用弯曲和扭曲修改器制作戒指

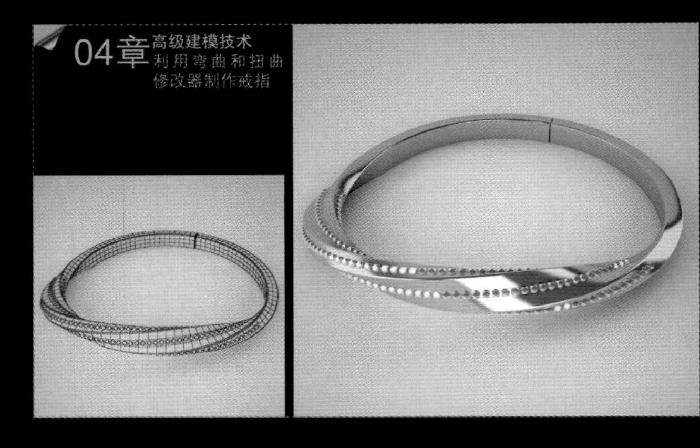

04章 高级建模技术 利用弯曲修改器制作水龙头

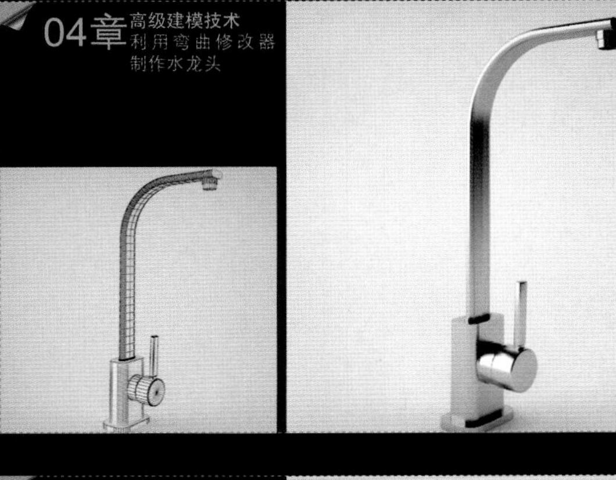

04章 高级建模技术 利用网格建模制作单人沙发

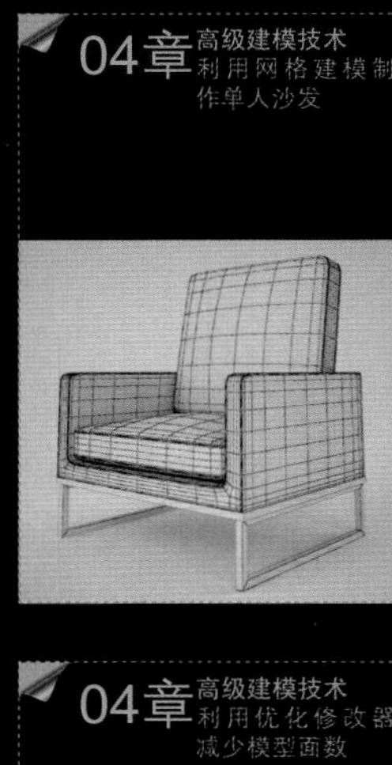

04章 高级建模技术 利用网格建模制作钢笔

04章 高级建模技术 利用优化修改器减少模型面数

04章 高级建模技术 利用噪波和FFD修改器制作气球

04章 高级建模技术 利用噪波修改器制作冰块

## 本书精彩案例欣赏

04章 高级建模技术
利用置换修改器制作针幕人像

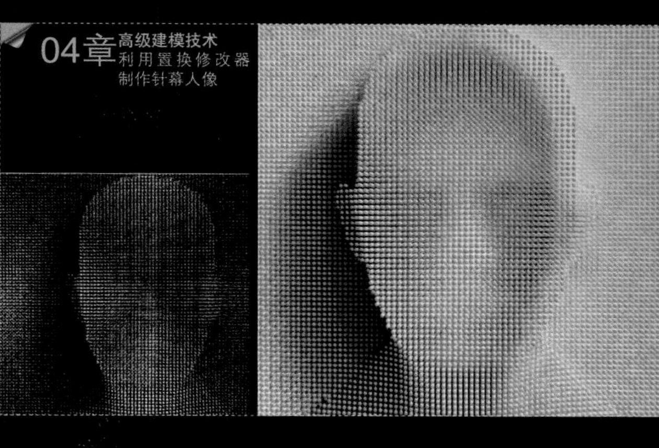
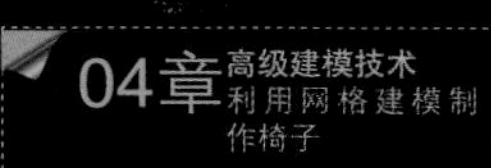

04章 高级建模技术
利用多边形建模制作欧式床

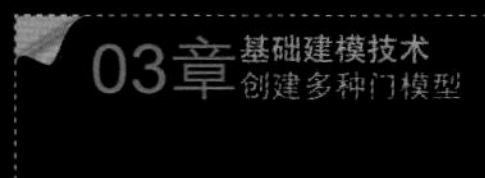

04章 高级建模技术
利用网格建模制作椅子

03章 基础建模技术
创建多种门模型

03章 基础建模技术
利用VR_代理制作会议室

05章 灯光技术
利用VR_太阳制作日光

03章 基础建模技术
利用标准基本体创建一组石膏

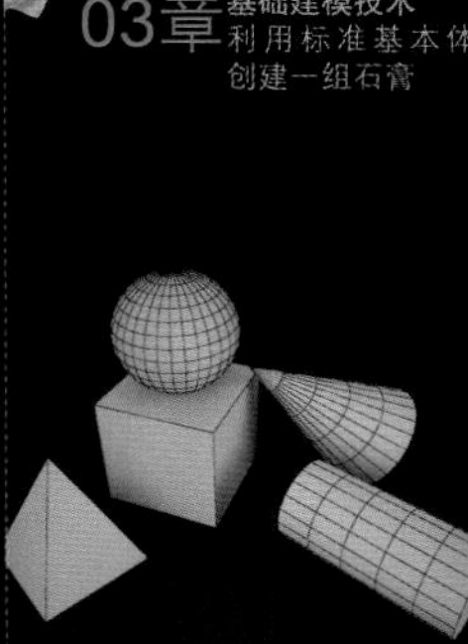
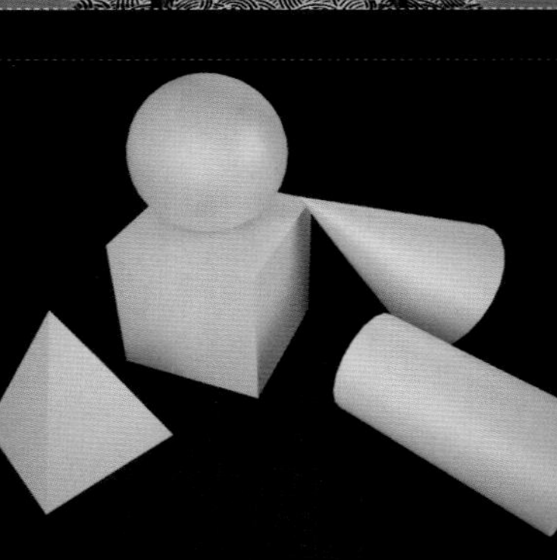

03章 基础建模技术
使用样条线制作文本

# 本书精彩案例欣赏

03章 基础建模技术
利用长方体制作桌子

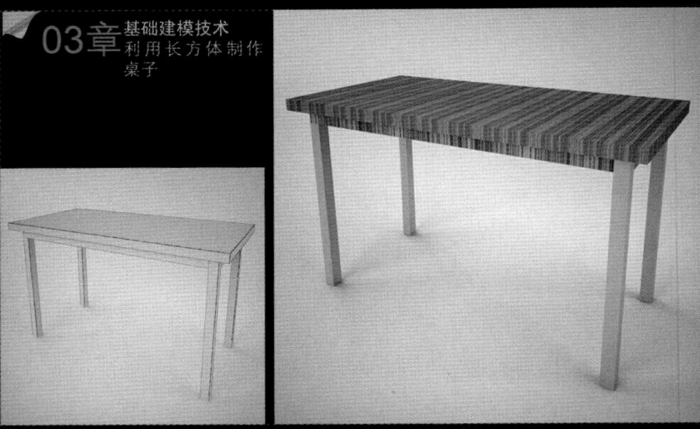

03章 基础建模技术
使用样条线和车削修改器制作花瓶

03章 基础建模技术
利用长方体制作储物柜

03章 基础建模技术
使用样条线制作布酒架

03章 基础建模技术
使用样条线制作藤椅

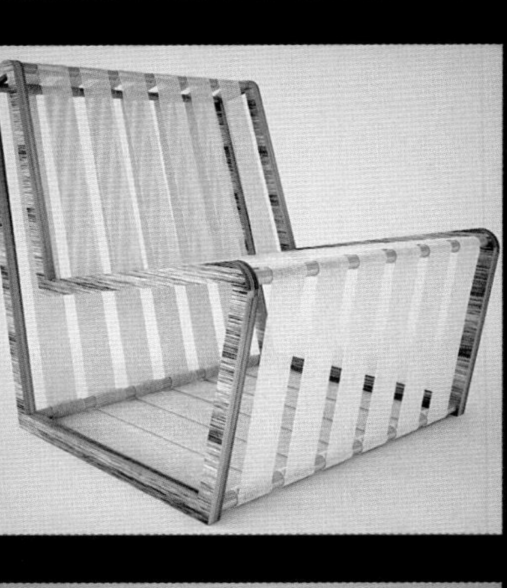

03章 基础建模技术
使用样条线制作铁艺墙挂

03章 基础建模技术
利用球体制作手链

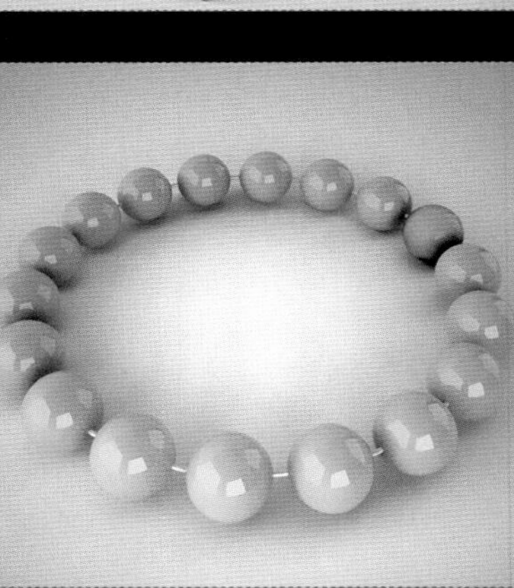

03章 基础建模技术
利用切角长方体制作简约沙发

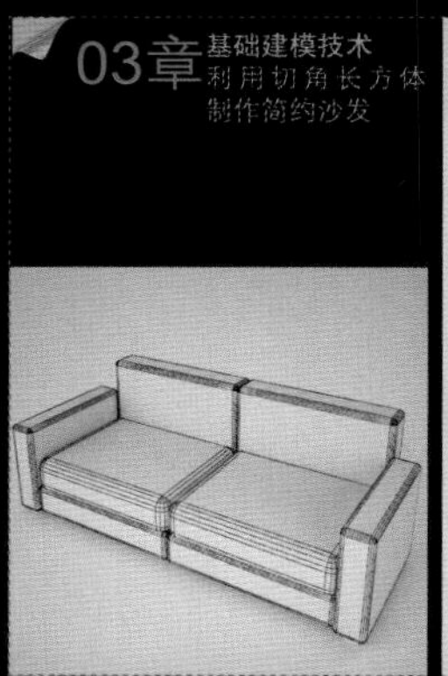

03章 基础建模技术
利用标准基本体制作水晶台灯

03章 基础建模技术
利用标准基本体制作现代台灯

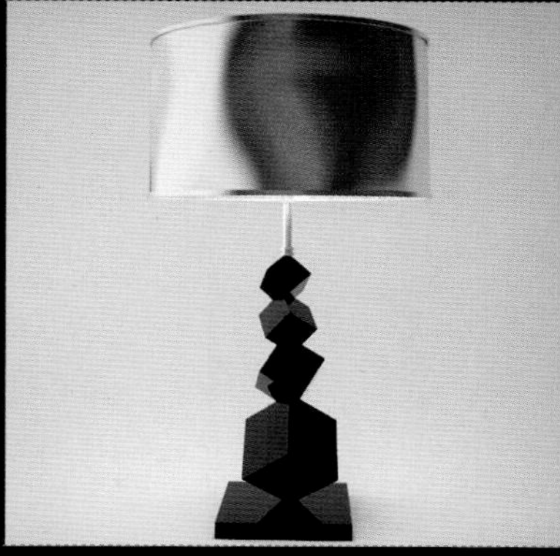

03章 基础建模技术
利用布尔运算制作现代椅子

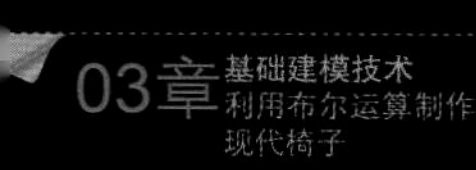

04章 高级建模技术
利用FFD修改器制作椅子

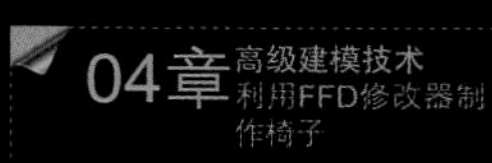

04章 高级建模技术
利用NURBS建模制作花瓶

04章 高级建模技术
利用NURBS建模制作藤艺灯

04章 高级建模技术
利用编辑多边形修改器制作铅笔

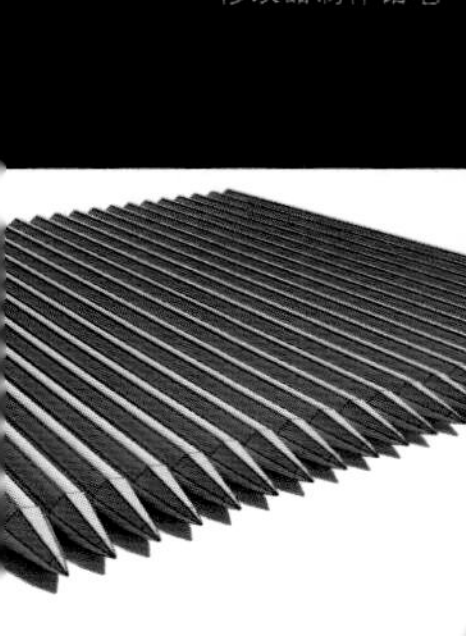

04章 高级建模技术
利用车削修改器制作红酒和高脚杯

04章 高级建模技术
利用车削修改器
制作烛台

04章 高级建模技术
利用倒角修改器
制作装饰物

04章 高级建模技术
利用多边形建模
制作饰品组合

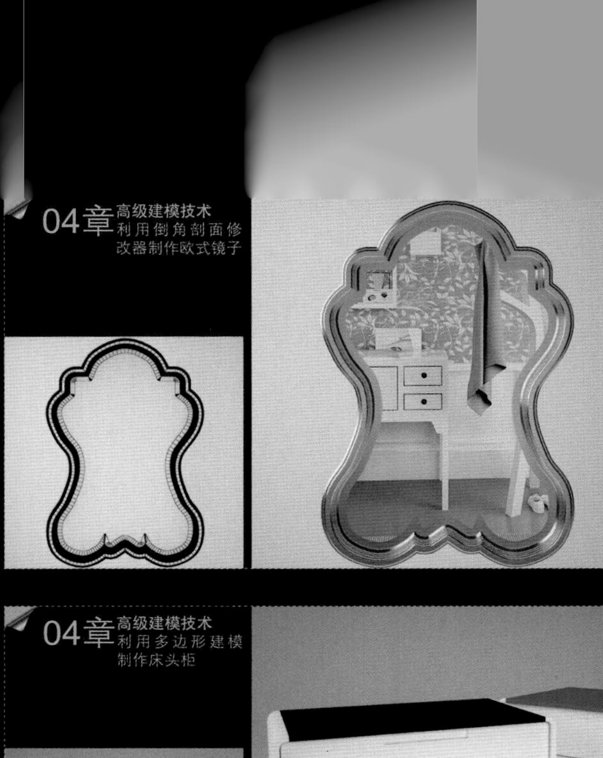

04章 高级建模技术
利用倒角剖面修
改器制作欧式镜子

04章 高级建模技术
利用多边形建模
制作床头柜

04章 高级建模技术
利用多边形建模
制作创意水杯

04章 高级建模技术
利用多边形建模
制作斗柜

04章 高级建模技术
利用多边形建模
制作脚凳

04章 高级建模技术
利用壳修改器制作蛋壳
04章 高级建模技术
利用多边形建模制作衣柜
04章 高级建模技术
利用多边形建模制作椅子
04章 高级建模技术
利用挤出修改器制作字母椅子

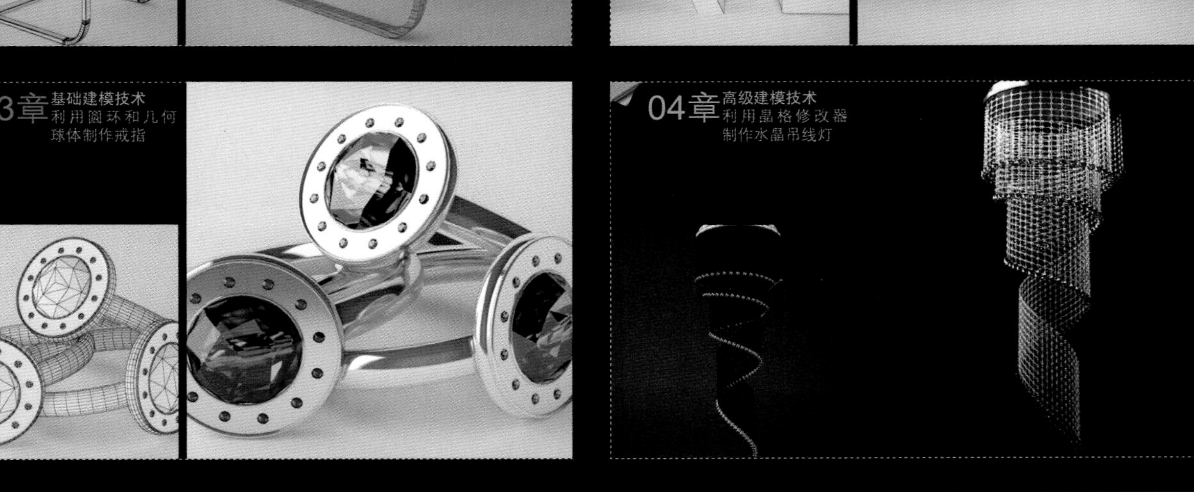
03章 基础建模技术
利用圆环和几何球体制作戒指
04章 高级建模技术
利用晶格修改器制作水晶吊线灯

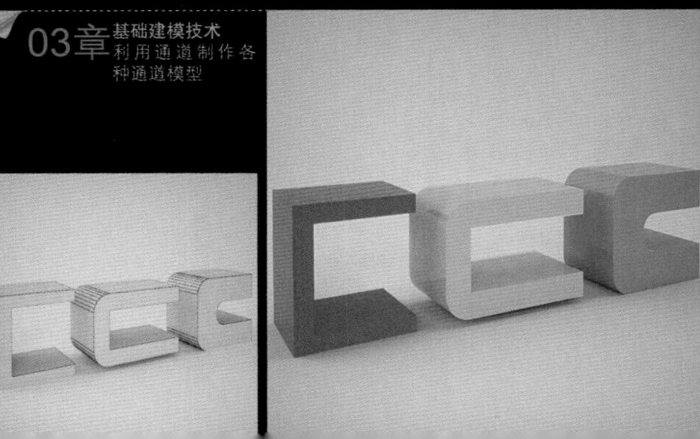
03章 基础建模技术
利用通道制作各种通道模型

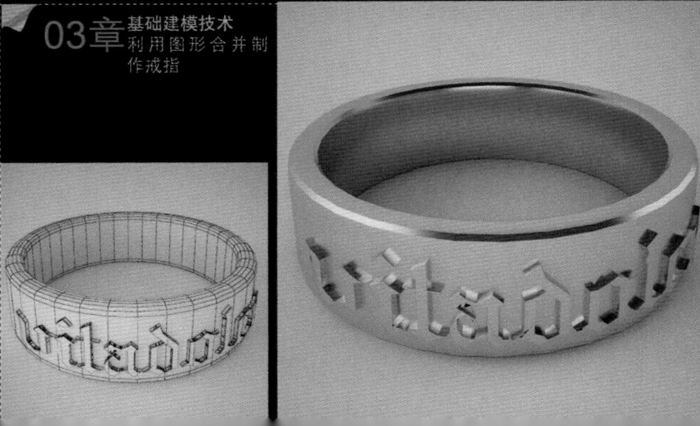
03章 基础建模技术
利用图形合并制作戒指

03章 基础建模技术
利用ProBoolean运算制作骰子
03章 基础建模技术
利用布尔运算制作胶囊

03章 基础建模技术
创建多种楼梯模型
03章 基础建模技术
利用环形结制作吊灯

03章 基础建模技术
利用样条线制作书架
FOOD & WINE
REVOLVE

03章 基础建模技术
利用切角圆柱体制作创意灯

03章 基础建模技术
利用样条线制作创意钟表

03章 基础建模技术
利用样条线制作简约台灯

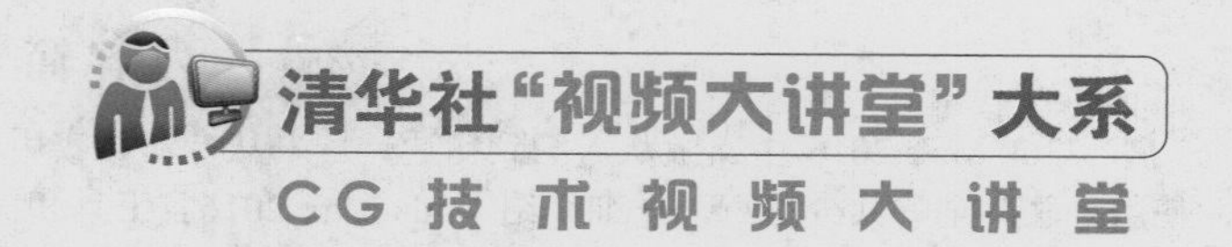


# 3ds Max 2016中文版从入门到精通

亿瑞设计 编著

清华大学出版社
北京

## 内容简介

《3ds Max 2016 中文版从入门到精通》一书从专业、实用的角度出发，全面、系统、快捷地讲解3ds Max 2016的使用方法。全书共分15章，详细介绍了3ds Max 2016各工具和命令的使用，具体内容包括初识3ds Max 2016，3ds Max的基本操作，基础建模技术，高级建模技术，灯光、摄影机、材质和贴图技术，灯光、材质和渲染的综合应用，环境与特效，视频后期处理，粒子系统和空间扭曲，动力学，毛发技术，以及基础动画和高级动画的制作等日常工作所使用到的全部知识点。在具体介绍过程中均辅以具体的实例，并穿插技巧提示和答疑解惑等，帮助读者更好地理解知识点，使这些案例成为读者以后实际学习工作的提前“练兵”。

本书适合3ds Max的初学者，同时对具有一定3ds Max使用经验的读者也有很好的参考价值，还可作为学校、培训机构的教学用书，以及各类读者自学3ds Max的参考用书。

本书和光盘有以下显著特点：

1. 214节同步案例视频+51节3ds Max 2016实战精讲视频+104节Photoshop新手学精讲视频，让学习更轻松、更高效！
2. 作者是经验丰富的专业设计师和资深讲师，确保图书“实用”和“好学”。
3. 讲解极为详细，中小实例达到191个，为的是能让读者深入理解、灵活应用！
4. 书后边给出不同类型的综合商业案例23个，以便积累实战经验，为工作就业搭桥。
5. 15个大型场景的设计案例，7大类室内设计常用模型共计137个，10大类常用贴图共计403个，30款经典光域网素材，46款360度汽车背景极品素材，3ds Max常用快捷键索引、常用物体折射率、常用家具尺寸和室内物体常用尺寸，方便用户查询。



**图书在版编目（CIP）数据**

3ds Max 2016中文版从入门到精通 /亿瑞设计编著.—北京：清华大学出版社，2018 (2022. 10重印)

（清华社“视频大讲堂”大系CG技术视频大讲堂）

ISBN 978-7-302-44884-6

I. ①3… II. ①亿… III. ①三维动画软件 IV. ①TP391.414

中国版本图书馆CIP数据核字（2016）第201648号

**责任编辑**：杨静华
**封面设计**：刘洪利
**版式设计**：文森时代
**责任校对**：王 颖
**责任印制**：杨 艳

**出版发行**：清华大学出版社
**网　　址**：http://www.tup.com.cn，http://www.wqbook.com
**地　　址**：北京清华大学学研大厦A座　　**邮　　编**：100084
**社 总 机**：010-83470000　　**邮　　购**：010-62786544
**投稿与读者服务**：010-62776969，c-service@tup.tsinghua.edu.cn
**质 量 反 馈**：010-62772015，zhiliang@tup.tsinghua.edu.cn
**印 装 者**：三河市君旺印务有限公司
**经　　销**：全国新华书店
**开　　本**：203mm×260mm　　**印　　张**：34.5　　**插　　页**：16　　**字　　数**：1400千字
（附DVD光盘1张）
**版　　次**：2018年1月第1版　　**印　　次**：2022年10月第3次印刷
**定　　价**：128.00 元

产品编号：063964-01

# 前 言

3ds Max是由Autodesk公司制作开发的，集造型、渲染和制作动画于一身的三维制作软件，广泛应用于广告、影视、工业设计、建筑设计、多媒体制作、游戏、辅助教学以及工程可视化等领域，深受广大三维动画制作爱好者的喜爱。

## 本书内容编写特点

### 1. 零起点、入门快

本书以入门者为主要读者对象，通过对基础知识细致入微的介绍，辅以对比图示效果，结合中小实例，对常用工具、命令、参数等做了详细的介绍，同时给出了技巧提示，确保零起点读者轻松快速入门。

### 2. 内容细致、全面

本书内容涵盖了3ds Max 2016几乎全部工具、命令常用的相关功能，是市场上内容最为全面的图书之一，可以说是入门者的百科全书、有基础者的参考手册。

### 3. 实例精美、实用

本书的实例均经过精心挑选，确保例子实用的基础上精美、漂亮，一方面熏陶读者朋友的美感，另一方面让读者在学习中享受美的世界。

### 4. 编写思路符合学习规律

本书在讲解过程中采用了“知识点+理论实践+实例练习+综合实例+技术拓展+技巧提示”的模式，符合轻松易学的学习规律。

## 本书显著特色

### 1. 高清视频讲解，让学习更轻松、更高效

214节同步案例视频+51节3ds Max 2016实战精讲视频+104节Photoshop新手学精讲视频，让学习更轻松、更高效。

### 2. 资深讲师编著，让图书质量更有保障

作者是经验丰富的专业设计师和资深讲师，确保图书“实用”和“好学”。

### 3. 大量中小实例，通过多动手加深理解

讲解极为详细，中小实例达到191个，为的是能让读者深入理解、灵活应用！

### 4. 多种商业案例，让实战成为终极目的

书后边给出不同类型的综合商业案例23个，以便积累实战经验，为工作就业搭桥。

### 5. 超值学习套餐，让学习更方便、更快捷

15个大型场景的设计案例，7大类室内设计常用模型共计137个，10大类常用贴图共计403个，30款经典光域网素材，46款360度汽车背景极品素材，3ds Max常用快捷键索引、常用物体折射率、常用家具尺寸和室内物体常用尺寸，方便用户查询。

## 本书光盘

本书附带一张DVD教学光盘，内容包括：

（1）本书中实例的视频教学录像、源文件、素材文件，读者可观看视频，调用光盘中的素材，完全按照书中操作步骤进行操作。

（2）附赠15个大型场景的设计案例、7大类室内设计常用模型137个、10大类常用贴图403个、30款经典光域网素材、46款360度汽车背景极品素材。

（3）附赠《色彩设计搭配手册》和常用颜色色谱表，色彩搭配不再烦恼。

## 本书服务

### 1. 3ds Max 2016软件获取方式

本书提供的光盘文件包括教学视频和素材等，没有可以进行建模、制作动画的3ds Max软件，读者朋友需获取3ds Max软件并安装后，才可以使用，可通过如下方式获取3ds Max软件。

（1）购买正版或下载试用版：登录http://www.autodesk.com.cn。

（2）可到当地电脑城咨询，一般软件专卖店有售。

（3）可到网上咨询、搜索购买方式。

### 2. 交流答疑QQ群

为了方便解答读者提出的问题，我们特意建立了如下QQ群：

3ds Max 技术交流QQ群：134997177。（如果群满，我们将会建其他群，请留意加群时的提示）

### 3. 手机在线学习

扫描书后二维码，可在手机中观看对应教学视频。充分利用碎片化时间，随时随地提升。

## 关于作者

本书由亿瑞设计工作室组织编写，曹茂鹏和瞿颖健参与了本书的主要编写工作。在编写的过程中，得到了吉林艺术学院校长郭春方教授的悉心指导，得到了吉林艺术学院设计学院院长宋飞教授的大力支持，在此向他们表示诚挚的感谢。

另外，由于本书工作量巨大，以下人员也参与了本书的编写及资料整理工作，他们是：柳美余、李木子、葛妍、曹诗雅、杨力、王铁成、于燕香、崔英迪、董辅川、高歌、韩雷、胡娟、矫雪、鞠闯、李化、瞿玉珍、李进、李路、刘微微、瞿学严、马啸、曹爱德、马鑫铭、马扬、瞿吉业、苏晴、孙丹、孙雅娜、王萍、杨欢、曹明、杨宗香、曹玮、张建霞、孙芳、丁仁雯、曹元钢、陶恒兵、瞿云芳、张玉华、曹子龙、张越、李芳、杨建超、赵民欣、赵申申、田蕾、仝丹、姚东旭、张建宇、张芮等，在此一并表示感谢。

由于时间仓促，加之水平有限，书中难免存在错误和不妥之处，敬请广大读者批评和指正。

编　　者

214节大型高清同步视频讲解

# 与3ds Max 2016的第一次接触

Autodesk公司出品的3ds Max是世界顶级的三维软件之一，由于该软件具有的强大功能，使其从诞生以来就一直受到CG艺术家的喜爱。3ds Max在模型塑造、场景渲染、动画及特效等方面都能制作出高品质的对象，这也使其在插画、影视动画、游戏、产品造型和效果图等领域中占据领导地位，成为全球最受欢迎的三维制作软件之一。

**本章学习要点：**

- 3ds Max 2016的应用领域
- 与3ds Max有关的软件和插件

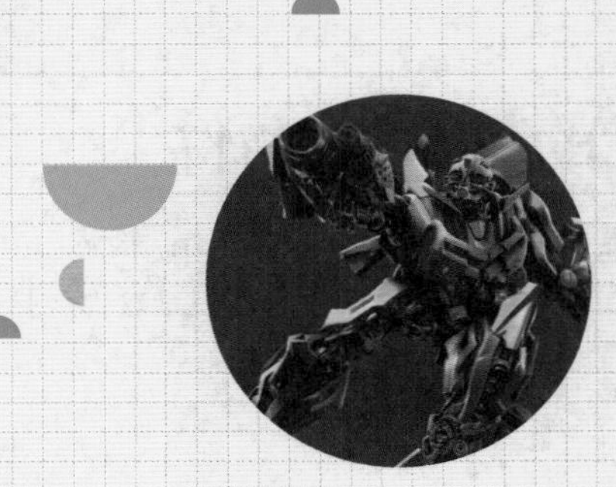

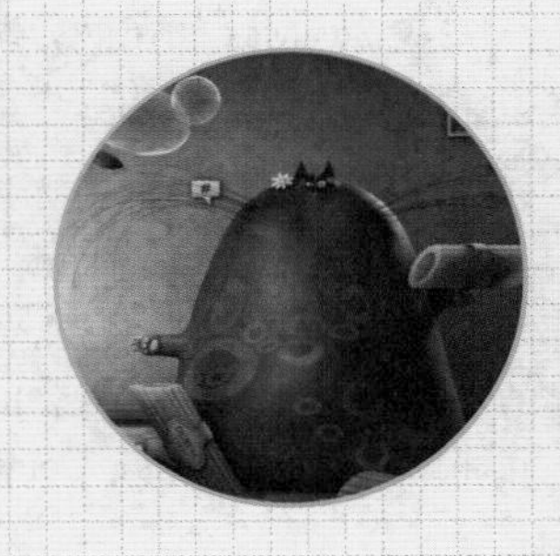

## 1.1 认识3ds Max 2016

Autodesk公司出品的3ds Max是世界顶级的三维软件之一，由于该软件具有的强大功能，使其从诞生以来就一直受到CG艺术家的喜爱。3ds Max在模型塑造、场景渲染、动画及特效等方面都能制作出高品质的对象，这也使其在插画、影视动画、游戏、产品造型和效果图等领域中占据领导地位，成为全球最受欢迎的三维制作软件之一，具体效果如图1-1～图1-5所示。

图1-1

图1-2

图1-3

图1-4

图1-5

**技巧提示**

从3ds Max 2009开始，Autodesk公司推出了两个版本的3ds Max，一个是面向娱乐专业人士的3ds Max，另一个是专门为建筑师、设计师以及可视化设计而量身定制的3ds Max Design，对于大多数用户而言，这两个版本的功能是相同的。本书基于3ds Max 2016中文版来编写，请读者注意。

## 1.2 与3ds Max 2016相关的软件和插件

3ds Max的应用领域非常广泛，有时需要与其他二维、三维及后期软件结合使用，所以适当地了解这些软件是十分有必要的。常见的二维软件包括Photoshop、Illustrator、CorelDRAW、CAD等；常见的三维软件包括Maya、ZBrush等；常见的后期软件包括After Effects、Combustion、Shake等。

## 1.2.1 二维软件

Photoshop是Adobe公司旗下最出名的图像处理软件之一，集图像扫描、编辑修改、图像制作、广告创意、图像输入与输出等于一体，深受广大平面设计人员和电脑美术爱好者的喜爱，如图1-6所示。Photoshop是与3ds Max结合使用最多的软件，例如为3ds Max的模型绘制贴图等。

Illustrator是Adobe公司推出的专业矢量绘图工具，是出版、多媒体和在线图像的工业标准矢量插画软件，如图1-7所示。Adobe公司的英文全称是Adobe Systems Inc，始创于 1982 年，是广告、印刷、出版和Web领域首屈一指的图形设计、出版和成像软件设计公司，同时也是世界上第二大桌面软件公司。公司为图形设计人员、专业出版人员、文档处理机构和Web设计人员以及商业用户和消费者提供了首屈一指的软件。使用 Adobe 公司的软件，用户可以设计、出版和制作具有精彩视觉效果的图像和文件。Illustrator软件绘制的路径可以导入到3ds Max中使用，非常方便。

CorelDRAW Graphics Suite是一款由世界顶尖软件公司之一的加拿大的Corel公司开发的图形图像软件，如图1-8所示。其拥有非凡的设计能力，广泛地应用于商标设计、标志制作、模型绘制、插图描画、排版及分色输出等诸多领域。该软件被喜爱的程度可用事实说明：用于商业设计和美术设计的计算机上几乎都安装了CorelDRAW。通常可以使用CorelDRAW绘制平面设计图，然后在3ds Max中创建模型。

图1-6　图1-7　图1-8

计算机辅助设计（Computer Aided Design，CAD）指利用计算机及其图形设备帮助设计人员进行设计工作。在设计中通常要用计算机对不同方案进行大量的计算、分析和比较，以决定最优方案；各种设计信息，不论是数字的、文字的或图形的，都能存放在计算机的内存或外存中，并能快速地检索；设计人员通常由草图开始设计，将草图变为工作图的繁重工作可以交给计算机完成；由计算机自动产生的设计结果，可以快速生成图形，使设计人员及时对设计作出判断和修改；利用计算机可以进行与图形的编辑、放大、缩小、平移和旋转等有关的图形数据加工工作。在室内外设计领域中，应用最广泛的就是CAD和3ds Max，一般流程是使用CAD绘制平面图，然后导入到3ds Max中进行精确的模型制作，如图1-9和图1-10所示。

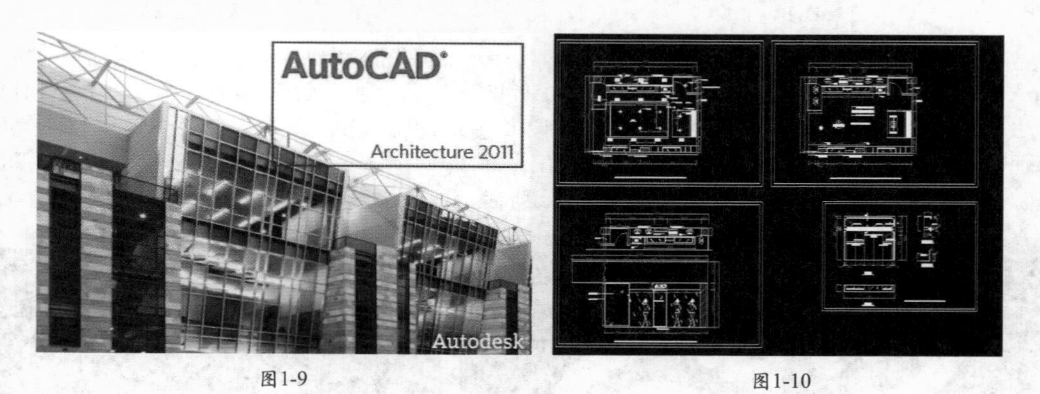


图1-9　图1-10

## 1.2.2 三维软件

Maya是美国Autodesk公司出品的世界顶级的三维动画软件，应用对象是专业的影视广告、角色动画、电影特技等，如图1-11所示。Maya功能完善，工作灵活，易学易用，制作效率极高，渲染真实感极强，是电影级别的高端制作软件。Maya和3ds Max都是非常强大的三维软件，假如用户需要一个模型，但它是Maya软件格式的，那么就可以通过格式的转化将其导入到3ds Max中使用。

ZBrush 是一个数字雕刻和绘画软件，以其强大的功能和直观的工作流程彻底改变了整个三维行业，如图1-12所示。在一个简洁的界面中，ZBrush 为当代数字艺术家提供了世界上最先进的工具。以实用的思路开发出的功能组合，使ZBrush在激发艺术家创作力的同时，产生一种用户感受，用户在操作时会感到非常顺畅。ZBrush 能够雕刻高达10 亿多边形的模型，所以说限制只取决于艺术家自身的想象力。通常情况下，可以使用3ds Max制作低模，然后进入ZBrush中雕刻精模，并生成法线等贴图，重新在3ds Max中渲染使用，如图1-13所示。

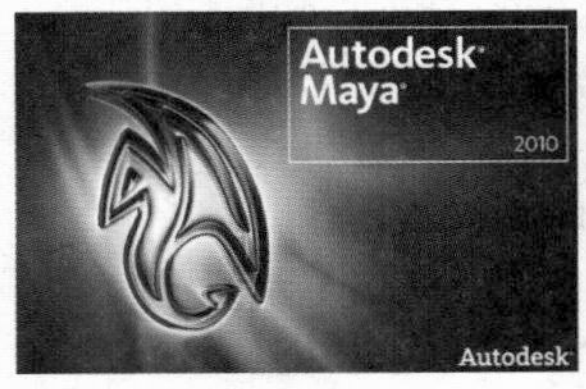


图1-11

图1-12

图1-13

## 1.2.3 后期软件

After Effects是Adobe公司推出的一款图形视频处理软件，属于层类型后期软件，适用于从事设计和视频特技的机构，包括电视台、动画制作公司、个人后期制作工作室以及多媒体工作室等。而在新兴的用户群，如网页设计师和图形设计师中，也开始有越来越多的人使用After Effects，其在影视、包装等领域与3ds Max的结合非常广泛，如图1-14和图1-15所示。

图1-14

图1-15

Combustion是一种三维视频特效软件，基于PC或苹果平台的Combustion软件是为创建视觉特效而设计的一整套尖端工具，包含矢量绘画、粒子、视频效果处理、轨迹动画以及3D效果合成等5大工具模块。软件提供了大量强大且独特的工具，包括动态图片、三维合成、颜色矫正、图像稳定、矢量绘制和旋转文字特效短格式编辑、表现、Flash输出等功能，另外还提供了运动图形和合成艺术新的创建能力，改进的交互性界面；增强了其绘画工具与3ds Max软件中的交互操作功能；可以通过cleaner编码记录软件使其与flint、flame、inferno、fire和smoke同时工作。Combustion图标及界面如图1-16和图1-17所示。

图1-16

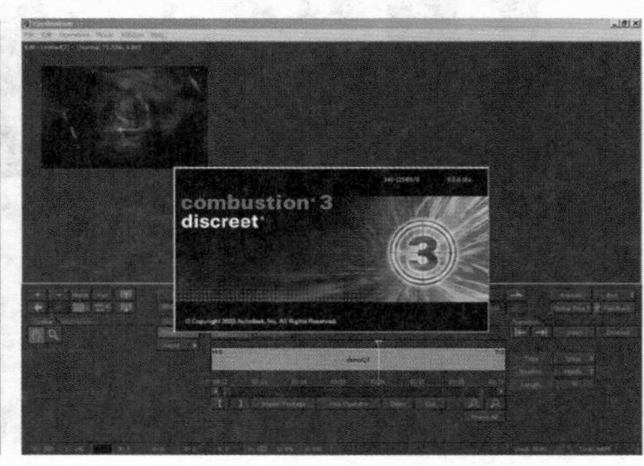


图1-17

Shake（如图1-18所示）是一款由苹果公司推出的后期图像合成处理软件，秉承了优秀的苹果色彩处理技术简单的节点滤镜操作，可以让画面达到完美的效果，不过目前已经停产。在更新Time Capsule产品的同时，苹果公司似乎已经决定将停止提供Shake软件。Shake为影视编辑者提供了创建电视和电影等精美视觉效果所需的一切工具，不过如今打开苹果介绍Shake软件的页面将会直接跳转到Final Cut Studio产品页面，而苹果在线商店也已撤下了Shake软件包目录。据悉苹果销售代表已经接到通知，将停止销售Shake软件。通常情况下，用户可以在3ds Max中渲染模型，然后导入到Shake软件中进行后期合成，如图1-19所示。

图1-18

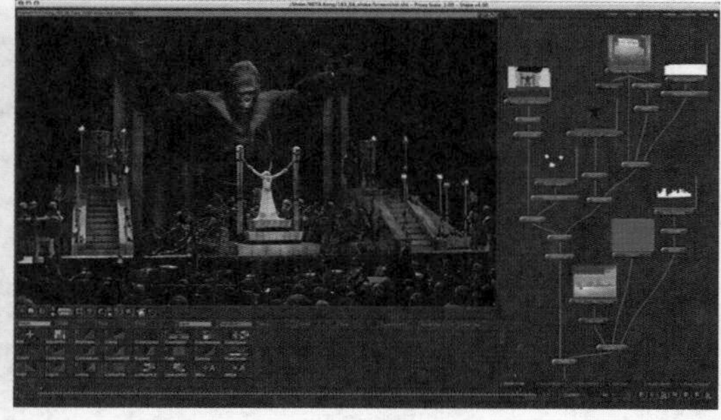
图1-19

## 1.2.4 其他插件

VRay渲染器是由Chaosgroup和Asgvis公司出品，在中国由曼恒公司负责推广的一款高质量渲染软件。VRay是目前业界最受欢迎的渲染引擎。基于VRay 内核开发的有VRay for 3ds Max、Maya、Sketchup、Rhino等诸多版本，为不同领域的优秀3D建模软件提供了高质量的图片和动画渲染。除此之外，VRay也可以提供单独的渲染程序，方便使用者渲染各种图片，如图1-20所示。

图1-20

3ds Max本身就非常强大，而且其外挂插件非常多，包括建模、流体、粒子、爆炸、动画等插件，因此可以制作出非常震撼的视觉效果，如图1-21所示。

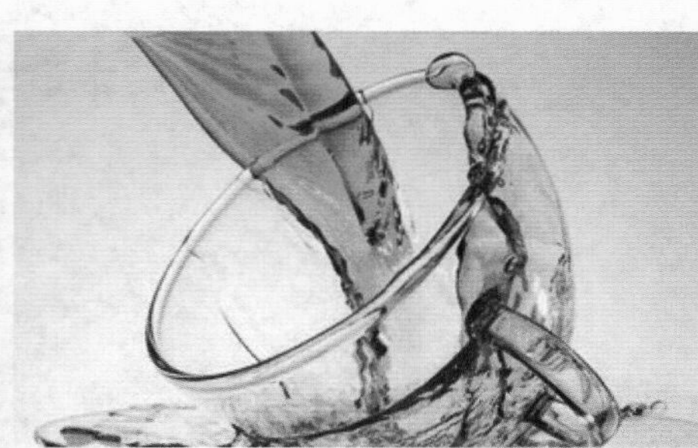
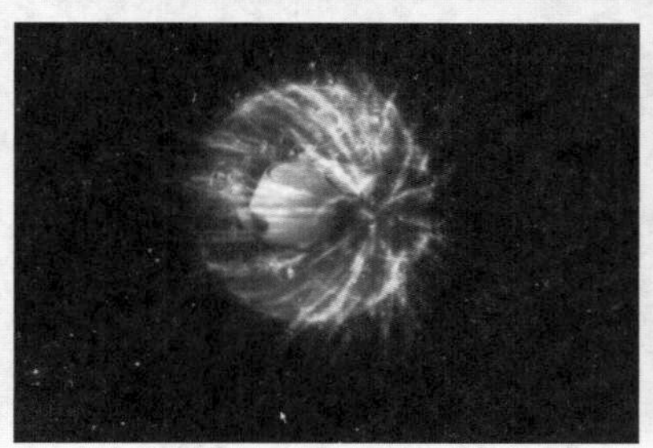

图1-21

# 3ds Max基本操作

若想利用3ds Max制作出需要的模型、场景，就必须熟练掌握3ds Max的基本操作和对象的基本操作，本章将详细介绍3ds Max的基础知识。

**本章学习要点：**

- 熟悉3ds Max 2016的工作界面
- 掌握3ds Max 2016的常用工具
- 掌握3ds Max 2016文件基本操作
- 掌握3ds Max 2016对象基本操作

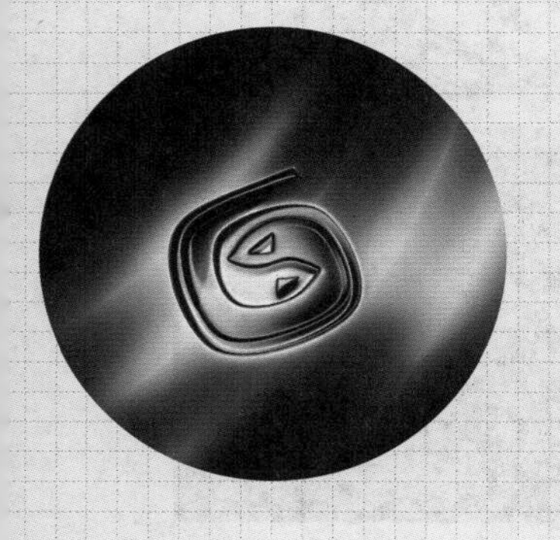

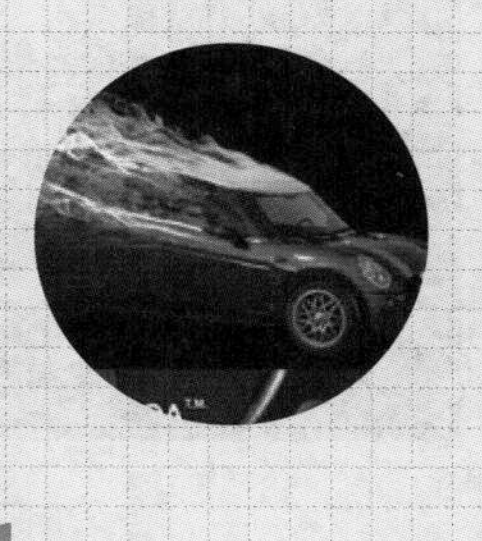

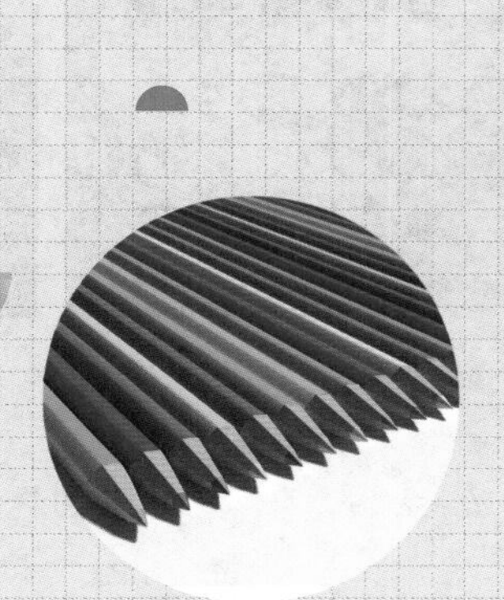

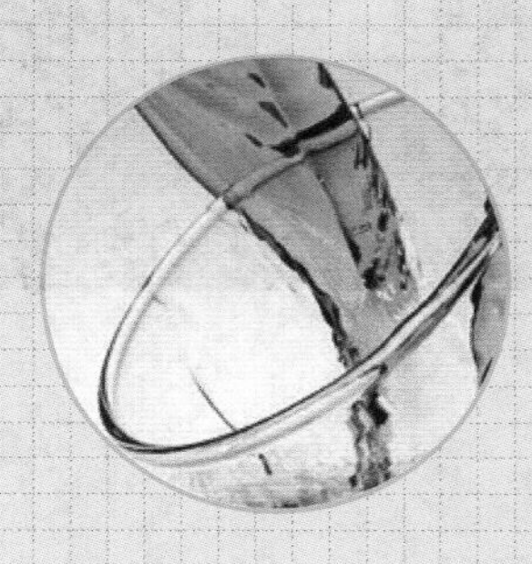

# 2.1 3ds Max 2016 工作界面

安装好3ds Max 2016后，可以通过以下两种方法来启动该软件。

**方法01** 双击桌面上的快捷方式图标。

**方法02** 执行【开始】|【所有程序】| Autodesk | Autodesk 3ds Max 2016 | 3ds Max 2016- Simplified Chinese命令，如图2-1所示。

在启动3ds Max 2016的过程中，可以观察到3ds Max 2016的启动画面，首次启动速度会稍慢，如图2-2所示。

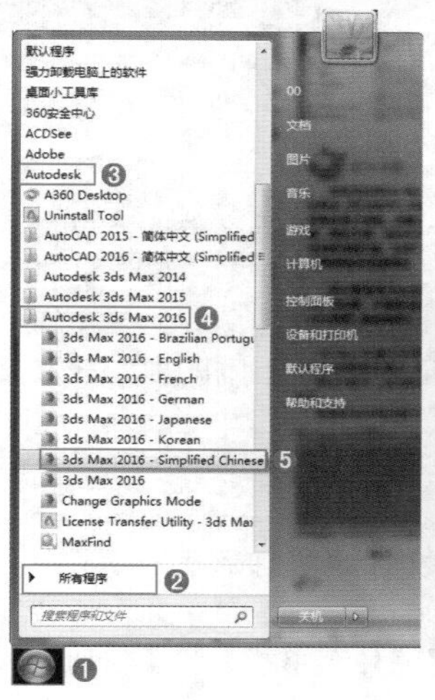


图2-1

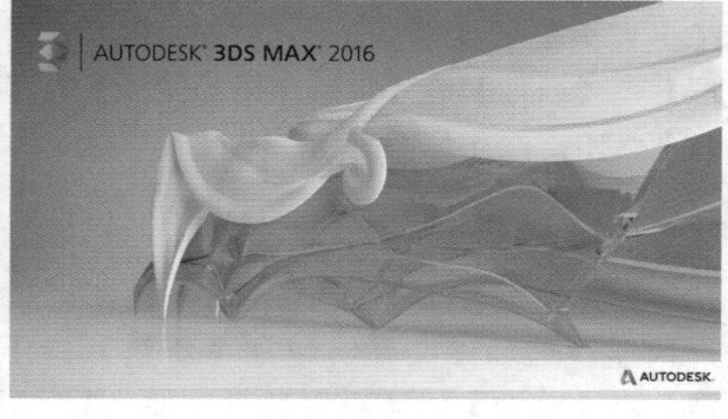


图2-2

## 技术专题——如何使用教学影片

*在初次启动3ds Max 2016时，系统会自动弹出对话框，其中包括学习、开始、扩展，如图2-3所示。单击学习即可观看相应的视频教程。*

*若不需要每次启动时都弹出该对话框，只需取消选中【在启动时显示此欢迎屏幕】复选框即可。*

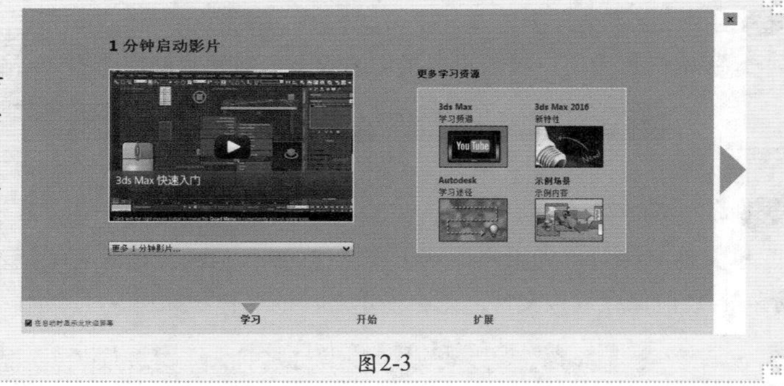


图2-3

3ds Max 2016的工作界面分为标题栏、菜单栏、主工具栏、视口区域、命令面板、时间尺、状态栏、时间控制按钮和视口导航控制按钮、场景资源管理器10大部分，如图2-4所示。

默认状态下，3ds Max的各个界面都是保持停靠状态的，可以将部分面板拖曳出来，如图2-5所示。

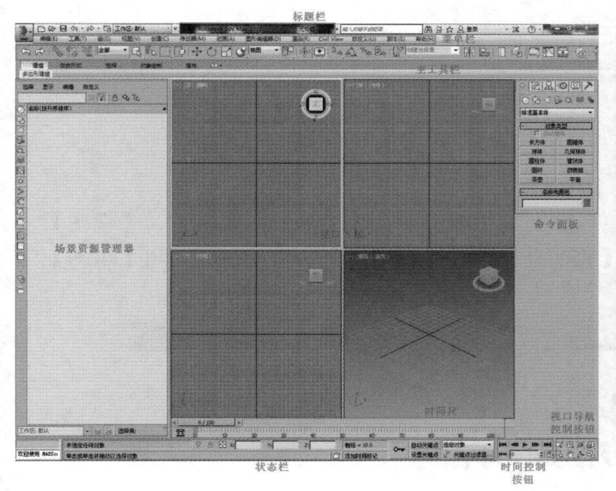


图2-4

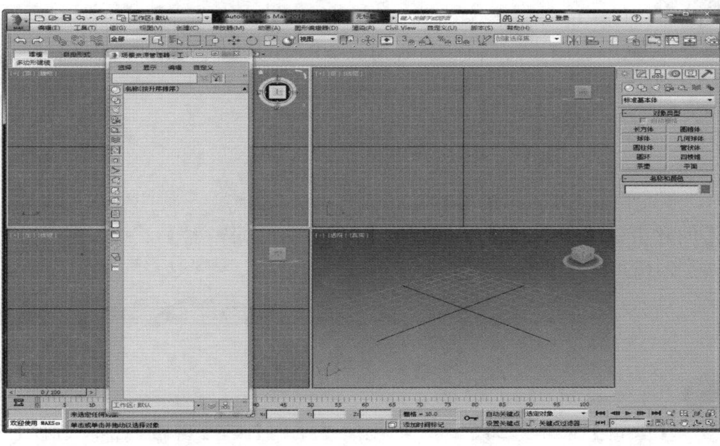

图2-5

## 2.1.1 标题栏

3ds Max 2016的标题栏主要包括5个部分，分别为应用程序按钮、快速访问工具栏、版本信息、文件名称和信息中心，如图2-6所示。

图2-6

### 1. 应用程序按钮

单击【应用程序】按钮，将会弹出一个用于管理文件的下拉菜单。该菜单主要包括【新建】、【重置】、【打开】、【保存】、【另存为】、【导入】、【导出】、【发送到】、【参考】、【管理】、【属性】、【最近使用的文档】、【选项】和【退出3ds Max】14个常用命令，如图2-7所示。

### 2. 快速访问工具栏

快速访问工具栏集合了用于管理场景文件的常用命令，便于用户快速管理场景文件，包括【新建】、【打开】、【保存】、【撤销】、【重做】、【设置项目文件夹】、【隐藏菜单栏】和【在功能区下方显示】工具，如图2-8所示。

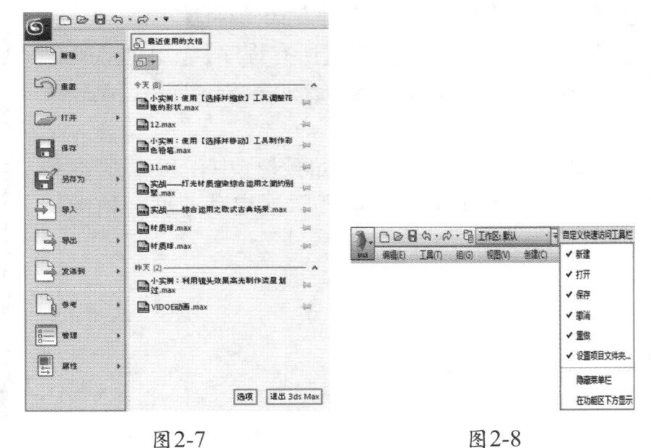

图2-7　　图2-8

### 3. 版本信息

版本信息为用户显示正在操作的版本，例如本书使用的3ds Max版本为Autodesk 3ds Max 2016，如图2-9所示。

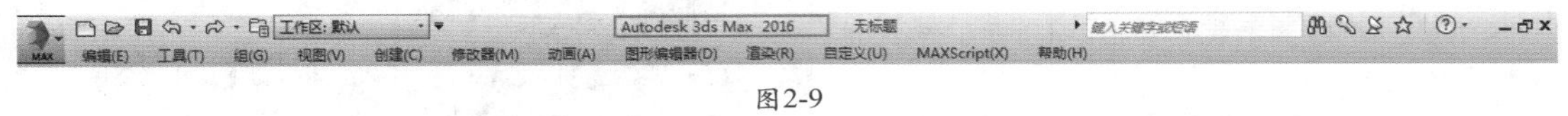

图2-9

### 4. 文件名称

文件名称可以为用户显示正在操作的3ds Max文件的名称，若没有保存过该文件，则会显示为“无标题”，如图2-10所示；若之前保存过该文件，则会显示之前的名称，如图2-11所示。

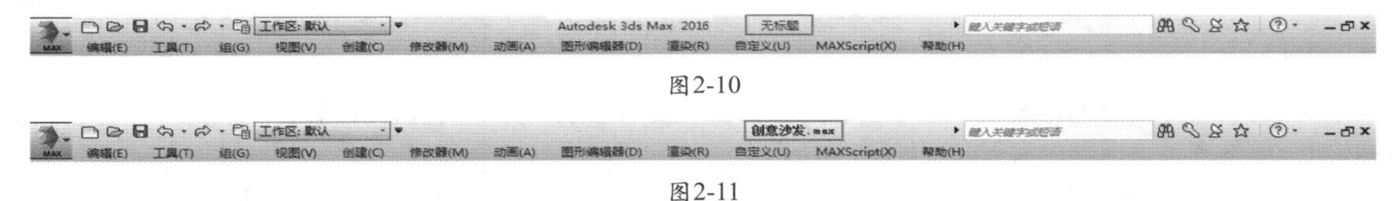

图2-10

图2-11

### 5. 信息中心

信息中心用于访问有关3ds Max 2016和其他Autodesk产品的信息。

## 2.1.2 菜单栏

3ds Max 2016的菜单栏位于工作界面的顶端，其中包含13个菜单，分别为【编辑】、【工具】、【组】、【视图】、【创建】、【修改器】、【动画】、【图形编辑器】、【渲染】、【照明分析】、【自定义】、MAXScript和【帮助】，如图2-12所示。

图2-12

### 1. 【编辑】菜单

【编辑】菜单共20个命令，包括【撤销】、【重做】、【暂存】等命令，如图2-13所示。

### 技巧提示

部分命令都配有快捷键，例如【撤销】后面有Ctrl+Z，也就是说用户执行【编辑】｜【撤销】命令或按快捷键Ctrl+Z都可以对文件进行撤销操作。

### 2. 【工具】菜单

【工具】菜单主要包括对物体进行操作的常用命令，这些命令在主工具栏中也可以找到并可以直接使用，如图2-14所示。

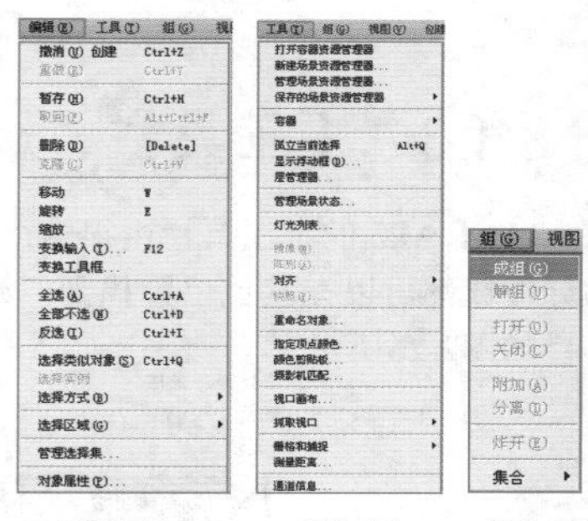

图2-13　　图2-14　　图2-15

### 3. 【组】菜单

【组】菜单中的命令可以将场景中的两个或两个以上的物体组合成一个整体，同样也可以将成组的物体拆分为单个物体，如图2-15所示。

### 4. 【视图】菜单

【视图】菜单中的命令主要用来控制视图的显示方式以及视图的相关参数设置，如图2-16所示。

### 5. 【创建】菜单

【创建】菜单中的命令主要用来创建几何物体、二维物体、灯光和粒子等，在【创建】面板中也可以实现相同的操作，如图2-17所示。

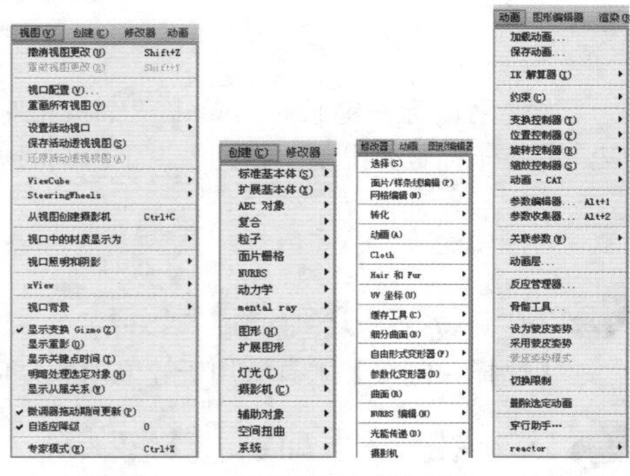

图2-16　　图2-17　　图2-18　　图2-19

### 6. 【修改器】菜单

【修改器】菜单中的命令包含了【修改】面板中的所有修改器，如图2-18所示。

### 7. 【动画】菜单

【动画】菜单主要用来制作动画，包括【加载动画】、【保存动画】和【IK解算器】等命令，如图2-19所示。

### 8. 【图形编辑器】菜单

【图形编辑器】菜单是场景元素之间用图形化视图方式来表达关系的菜单，如图2-20所示。

### 9. 【渲染】菜单

【渲染】菜单主要是用于设置渲染参数，包括【渲染】、【环境】和【效果】等命令，如图2-21所示。

图2-20　　图2-21

### 10. 【照明分析】菜单

【照明分析】菜单包括【照明分析助手】和【创建】两个命令，如图2-22所示。【照明分析助手】命令主要用来分析灯光；【创建】命令主要用来创建部分灯光。

### 11. 【自定义】菜单

【自定义】菜单主要用来更改用户界面或系统设置。通过该菜单可以定制自己的界面，同时还可以对3ds Max系统进行设置，例如渲染和自动保存文件等，如图2-23所示。

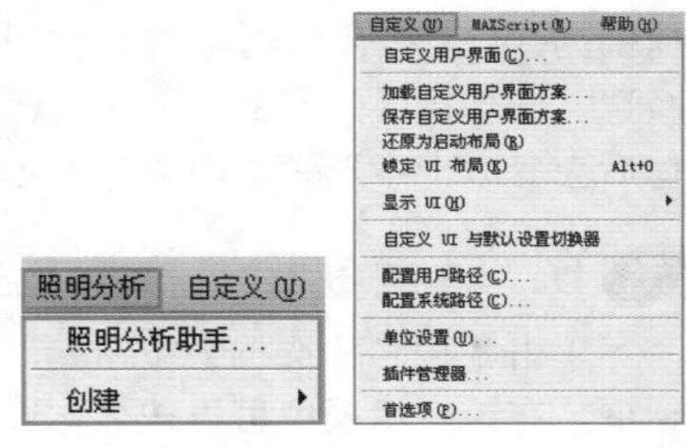


图2-22　　图2-23

## 12．MAXScript菜单

在MAXScript菜单中包括新建、打开和运行脚本的一些命令，如图2-24所示。

## 13．【帮助】菜单

【帮助】菜单中主要是一些帮助信息，如图2-25所示。

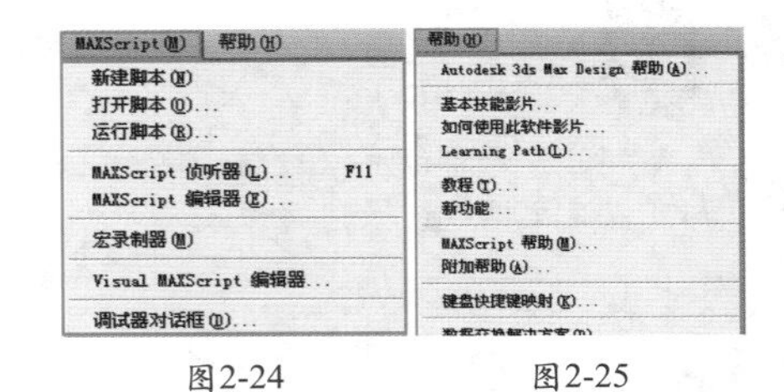


图2-24　　图2-25

# 2.1.3 主工具栏

3ds Max的主工具栏由很多个按钮组成，例如可以通过单击【选择并移动】按钮，对物体进行移动，主工具栏中的大部分按钮都可以在其他位置找到，如菜单栏中。熟练掌握主工具栏会使得3ds Max操作更顺手、更快捷。3ds Max 2016的主工具栏如图2-26所示。

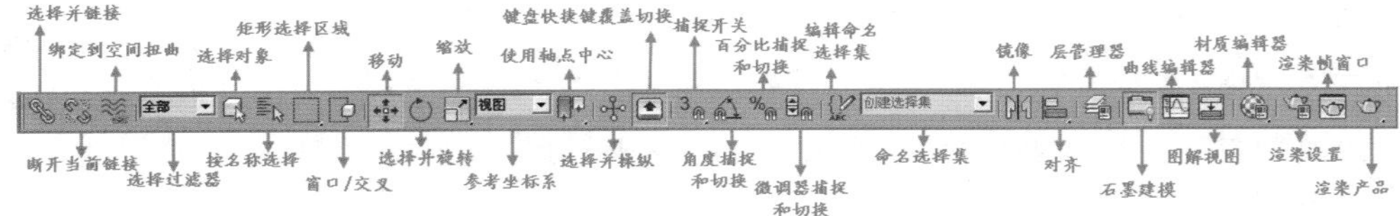


图2-26

当使用鼠标左键长时间单击一个按钮时会出现两种情况：一种是无任何反应，另外一种是会出现下拉列表，下拉列表中还包含其他按钮，如图2-27所示。

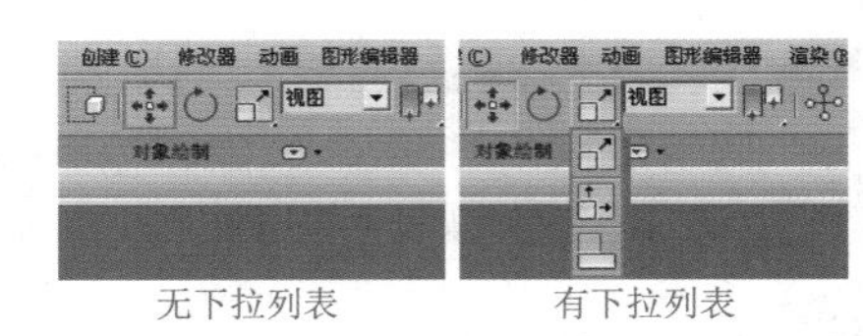


无下拉列表　　有下拉列表

图2-27

## 1．【选择并链接】工具

【选择并链接】工具用于建立对象之间的父子链接关系与定义层级关系，但是只能父级物体带动子级物体。

## 2．【断开当前链接】工具

【断开当前链接】工具与【选择并链接】工具的作用恰好相反，主要用来断开链接好的父子对象。

## 3．【绑定到空间扭曲】工具

【绑定到空间扭曲】工具可以将使用空间扭曲的对象附加到空间扭曲中。选择需要绑定的对象，然后单击主工具栏中的【绑定到空间扭曲】按钮，接着将选定对象拖曳到空间扭曲对象上即可。

## 4．过滤器

【过滤器】包括10多种类型，如图2-28所示。

当在【过滤器】中选择【S-图形】时，无论怎么选择，也只能选择图形对象，而其他的对象将不会被选中，如图2-29所示。

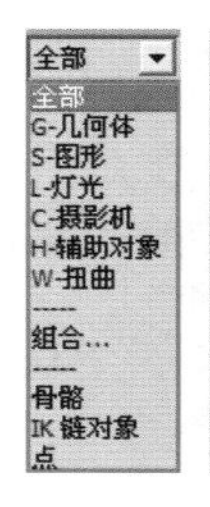


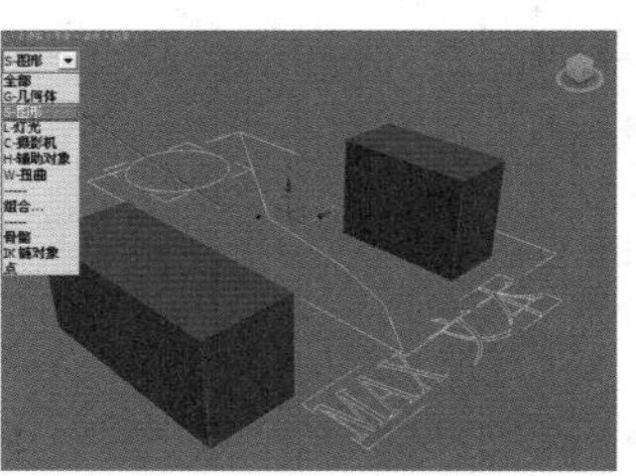

图2-28　　图2-29

## 5．【选择对象】工具

【选择对象】工具主要用于选择一个或多个对象（快捷键为Q），按住Ctrl键可以进行加选，按住Alt键可以进行减选。当使用【选择对象】工具选择物体时，光标指向物体后会变成十字形，如图2-30所示。

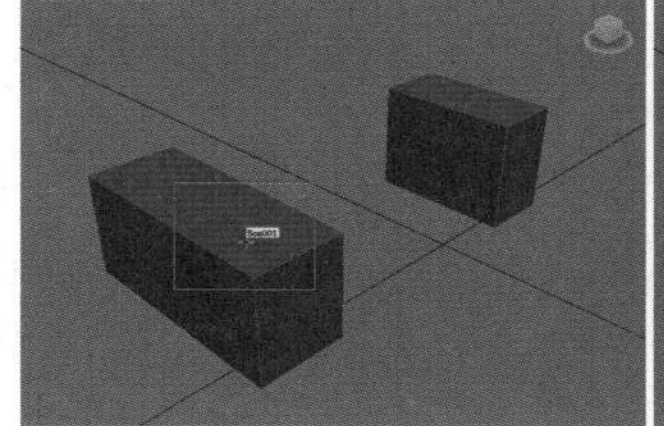

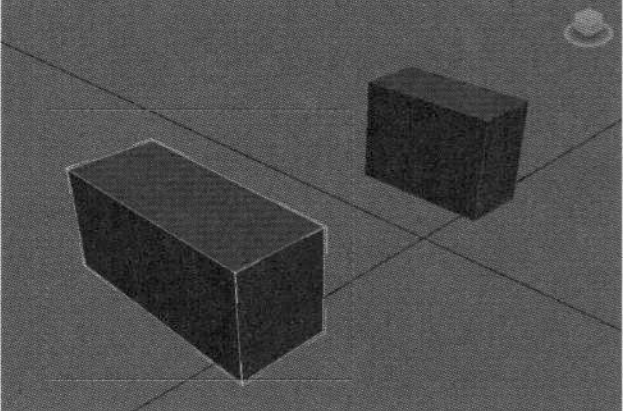

选择对象之前　　选择对象之后

图2-30

## 6．【按名称选择】工具

单击【按名称选择】按钮，会弹出【从场景选择】对话框，在该对话框中可以按名称选择所需要的对象，如这里选择Text001，并单击【确定】按钮，如图2-31所示。

此时可以发现，Text001对象已经被选中了，如图2-32所示。因此可以通过选择对象的名称，轻松地从大量对象中选择所需要的对象。

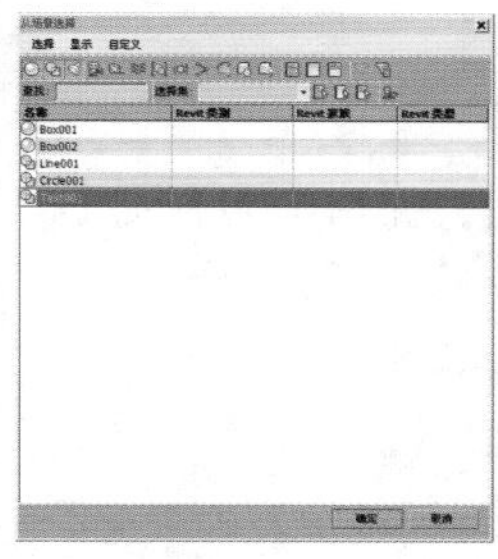

图2-31

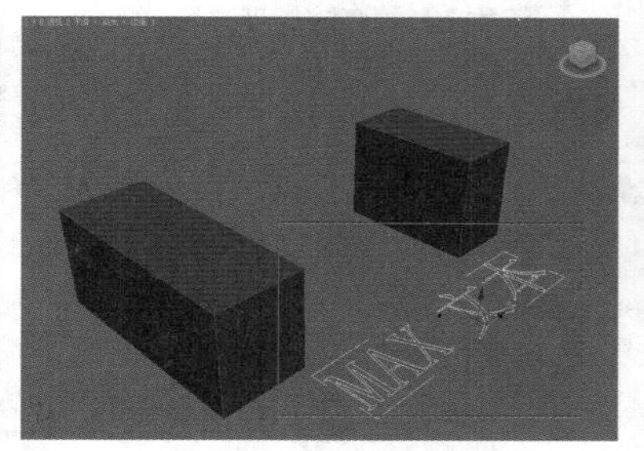

图2-32

## 7．选择区域工具

选择区域工具包含5种，分别是【矩形选择区域】工具、【圆形选择区域】工具、【围栏选择区域】工具、【套索选择区域】工具和【绘制选择区域】工具，如图2-33所示。

如图2-34所示为使用【围栏选择区域】工具选择场景中的对象。

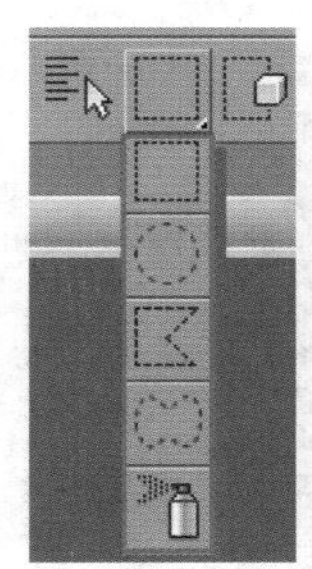

图2-33

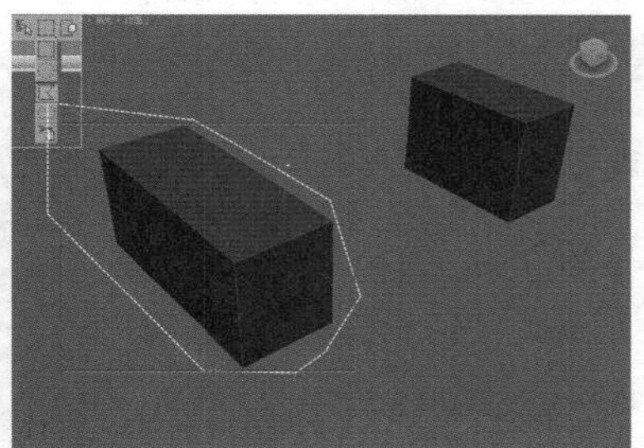

图2-34

## 8．【窗口/交叉】工具

当【窗口/交叉】工具处于凸出状态（即未激活状态）时，如果在视图中选择对象，那么只要选择的区域包含对象的一部分即可选中该对象；当【窗口/交叉】工具处于凹陷状态（即激活状态）时，如果在视图中选择对象，那么只有选择区域包含对象的全部区域才能选中该对象，如图2-35所示。

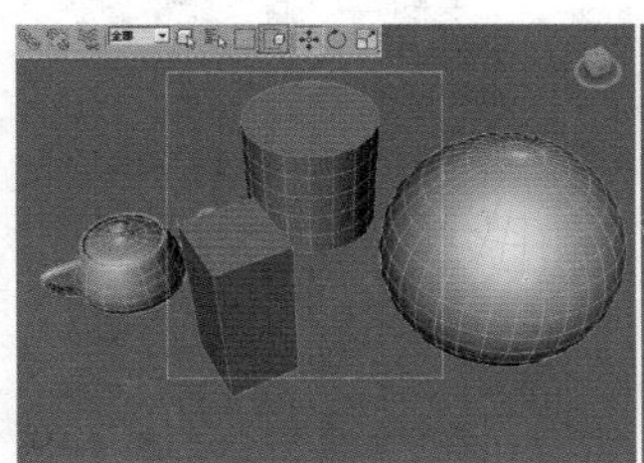

选择之前

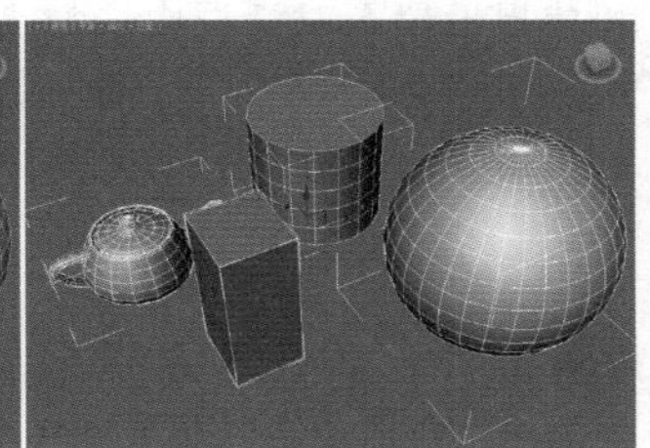

选择之后

图2-35

如图2-36所示为当【窗口/交叉】工具处于凹陷状态（即激活状态）时选择的效果。

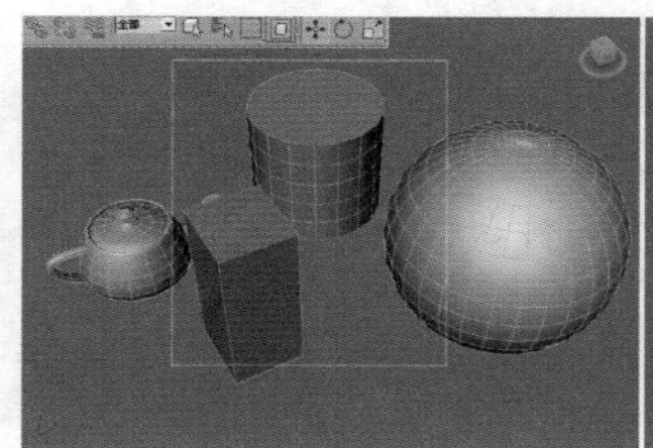

选择之前

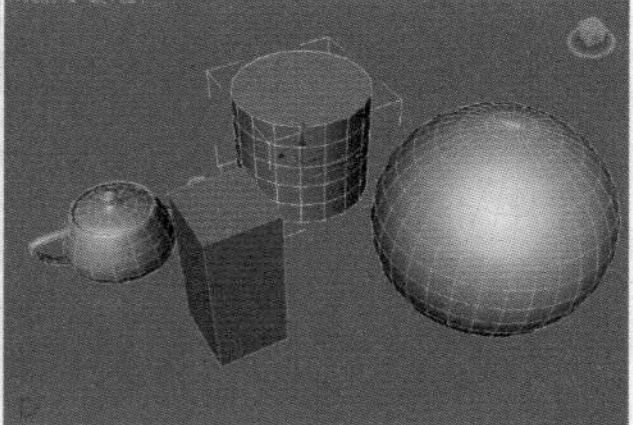

选择之后

图2-36

## 9．【选择并移动】工具

使用【选择并移动】工具，当将光标移动到坐标轴附近时，坐标轴会变为黄色，如图2-37所示，将光标移动到Y轴，待其变为黄色时，按住鼠标左键并拖曳即可只沿Y轴移动物体。

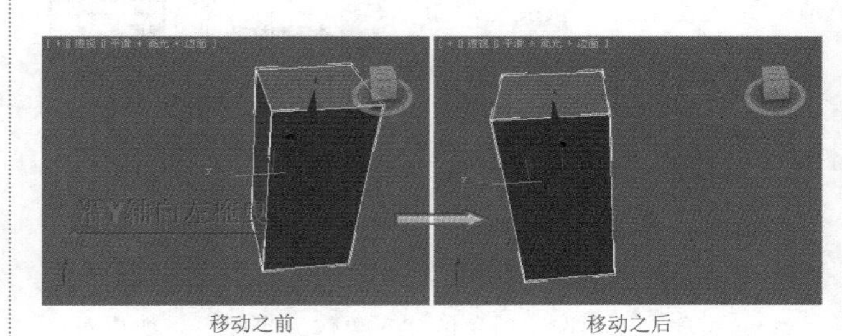

移动之前　移动之后

图2-37

### 技术专题——如何精确移动对象

为了使操作更加精准，建议沿一个轴向或两个轴向移动物体，也可以在顶视图、前视图或左视图中沿某一轴向进行移动，如图2-38所示。

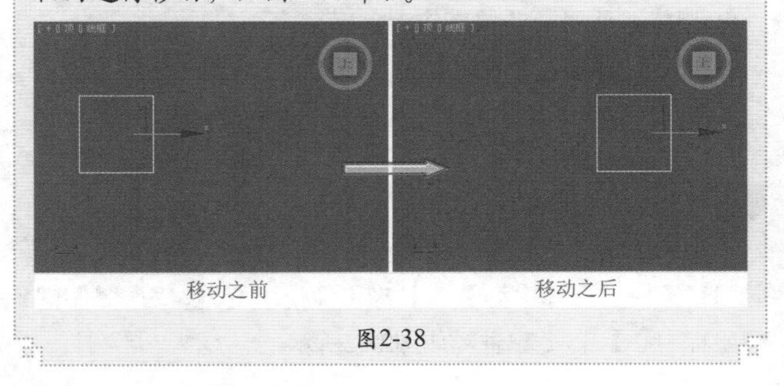

移动之前　移动之后

图2-38

## 10．【选择并旋转】工具

【选择并旋转】工具的使用方法与【选择并移动】工具的使用方法相似，当该工具处于激活状态（选择状态）时，被选中的对象可以在X、Y、Z轴上进行旋转。

**技巧提示**

如果要将对象精确旋转一定的角度，可以在【选择并旋转】工具上单击鼠标右键，然后在弹出的【旋转变换输入】对话框中输入旋转角度即可，如图2-39所示。

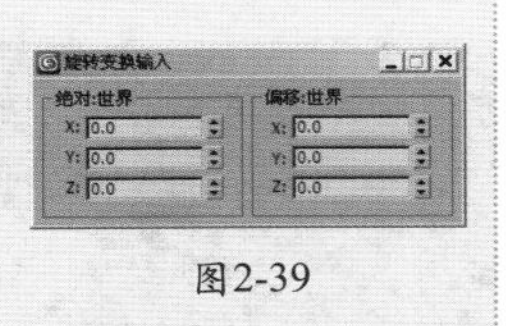


图2-39

## 11．选择并缩放工具

选择并缩放工具包含【选择并均匀缩放】工具、【选择并非均匀缩放】工具和【选择并挤压】工具3种，如图2-40所示。

## 12．参考坐标系

参考坐标系可以用来指定变换操作（如移动、旋转、缩放等）所使用的坐标系统，如图2-41所示。

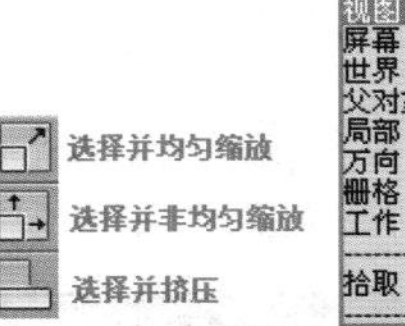


图2-40

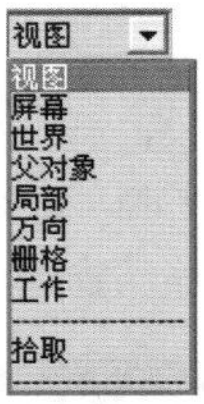

图2-41

- 视图：默认的坐标系，使用该坐标系移动对象时，可以相对于视口空间移动对象。
- 屏幕：将活动视口屏幕用作坐标系。
- 世界：使用世界坐标系。
- 父对象：使用选定对象的父对象作为坐标系。如果对象未链接至特定对象，则其为世界坐标系的子对象，其父坐标系与世界坐标系相同。
- 局部：使用选定对象的轴心点为坐标系。
- 方向：方向坐标系与Euler XYZ旋转控制器一同使用，它与局部坐标系类似，但其3个旋转轴相互之间不一定垂直。
- 栅格：使用活动栅格作为坐标系。
- 工作：使用工作轴作为坐标系。
- 拾取：使用场景中的另一个对象作为坐标系。

## 13．轴点中心工具

轴点中心工具包含【使用轴点中心】工具、【使用选择中心】工具和【使用变换坐标中心】工具3种，如图2-42所示。

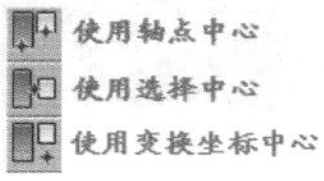

图2-42

- 【使用轴点中心】工具：该工具可以围绕其各自的轴点旋转或缩放一个或多个对象。
- 【使用选择中心】工具：该工具可以围绕其共同的几何中心旋转或缩放一个或多个对象。如果变换多个对象，该工具会计算所有对象的平均几何中心，并将该几何中心用作变换中心。
- 【使用变换坐标中心】工具：该工具可以围绕当前坐标系的中心旋转或缩放一个或多个对象。当使用【拾取】功能将其他对象指定为坐标系时，其坐标中心在该对象轴的位置上。

## 14．【选择并操纵】工具

使用【选择并操纵】工具可以在视图中通过拖曳【操纵器】来编辑修改器、控制器和某些对象的参数。

**技巧提示**

【选择并操纵】工具与【选择并移动】工具不同，它的状态不是唯一的。只要选择模式或变换模式之一为活动状态，并且启用了【选择并操纵】工具，那么就可以操纵对象。但是在选择一个操纵器辅助对象之前必须禁用【选择并操纵】工具。

## 15．【捕捉开关】工具

【捕捉开关】工具包括【2D捕捉】工具、【2.5D捕捉】工具和【3D捕捉】工具3种。【2D捕捉】工具主要用于捕捉活动的栅格；【2.5D捕捉】工具主要用于捕捉结构或根据网格得到的几何体；【3D捕捉】工具可以捕捉3D空间中的任何位置。

在【捕捉开关】上单击鼠标右键，可以打开【栅格和捕捉设置】对话框，在该对话框中可以设置捕捉类型和捕捉的相关参数，如图2-43所示。

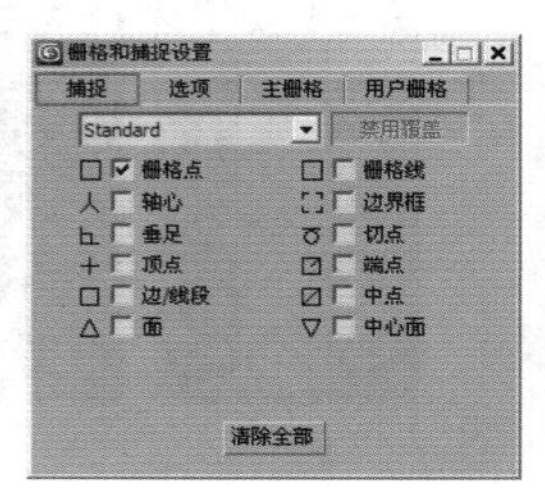


图2-43

## 16．【角度捕捉切换】工具

【角度捕捉切换】工具可以用来指定捕捉的角度（快捷键为A）。激活该工具后，角度捕捉将影响所有的旋转变换，在默认状态下以5°为增量进行旋转。

若要更改旋转增量，可以在【角度捕捉切换】工具上单击鼠标右键，然后在弹出的【栅格和捕捉设置】对话框中选择【选项】选项卡，接着在【角度】数值框中输入相应的旋转增量即可，如图2-44所示。

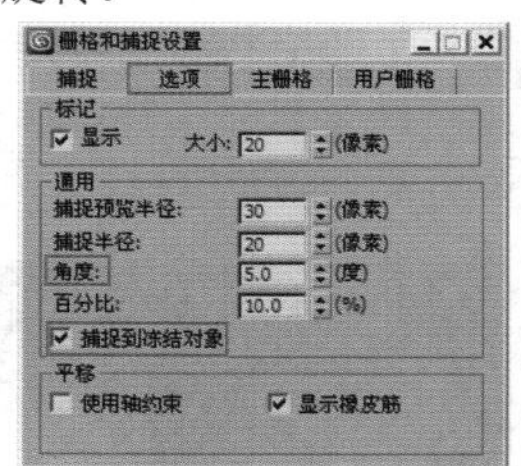


图2-44

## 17．【百分比捕捉切换】工具

【百分比捕捉切换】工具可以将对象缩放捕捉到自定的百分比（快捷键为Shift+Ctrl+P），在缩放状态下，默认每次的缩放百分比为10%。

若要更改缩放百分比，可以在【百分比捕捉切换】工具上单击鼠标右键，然后在弹出的【栅格和捕捉设置】对话框中选择【选项】选项卡，接着在【百分比】数值框中输入相应的百分比数值即可，如图2-45所示。

## 18. 【微调器捕捉切换】工具

【微调器捕捉切换】工具可以用来设置微调器单次单击的增加值或减少值。

若要设置微调器捕捉的参数，可以在【微调器捕捉切换】工具上单击鼠标右键，然后在弹出的【首选项设置】对话框中选择【常规】选项卡，接着在【微调器】选项组中设置相关参数即可，如图2-46所示。

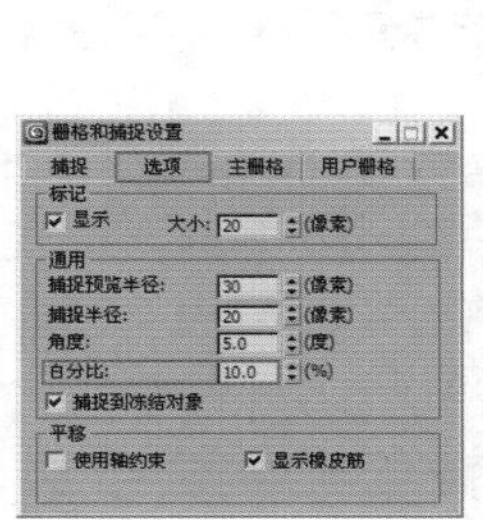


图2-45

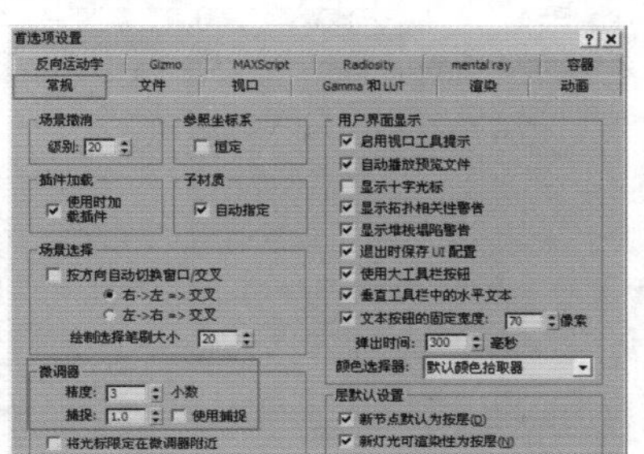


图2-46

## 19. 【编辑命名选择集】工具

【编辑命名选择集】工具可以为单个或多个对象进行命名。选中一个对象后，单击【编辑命名选择集】按钮，打开【命名选择集】对话框，在该对话框中可以为选择的对象进行命名，如图2-47所示。

图2-47

### 技巧提示

【命名选择集】对话框中有7个管理对象的工具，分别为【创建新集】工具、【删除】工具、【添加选定对象】工具、【减去选定对象】工具、【选择集内的对象】工具、【按名称选择对象】工具和【高亮显示选定对象】工具，如图2-48所示。

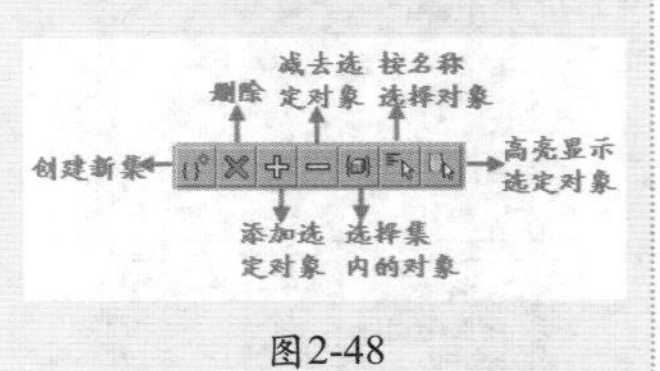


图2-48

## 20. 【镜像】工具

使用【镜像】工具可以围绕一个轴心镜像出一个或多个副本对象。选中要镜像的对象后，单击【镜像】按钮，可以打开【镜像:世界 坐标】对话框，在该对话框中可以对【镜像轴】、【克隆当前选择】和【镜像IK限制】进行设置，如图2-49所示。

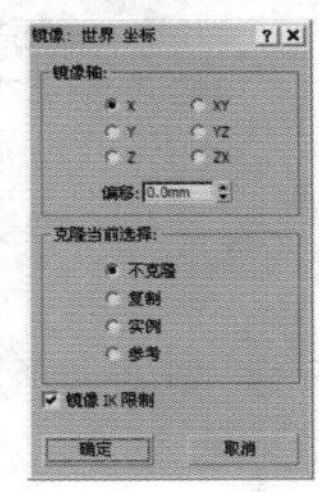


图2-49

## 21. 对齐工具

对齐工具包括6种，分别是【对齐】工具、【快速对齐】工具、【法线对齐】工具、【放置高光】工具、【对齐摄影机】工具和【对齐到视图】工具，如图2-50所示。

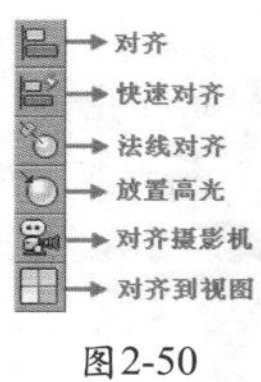


图2-50

- 【快速对齐】工具：快捷键为Shift+A，使用【快速对齐】方式可以立即将当前选择对象的位置与目标对象的位置进行对齐。如果当前选择的是单个对象，那么【快速对齐】需要使用两个对象的轴；如果当前选择的是多个对象或多个子对象，则使用【快速对齐】可以将选中对象的选择中心对齐到目标对象的轴。
- 【法线对齐】工具：快捷键为Alt+N，【法线对齐】基于每个对象的面或是以选择的法线方向来对齐两个对象。要打开【法线对齐】对话框，首先要选择对齐的对象，然后单击对象上的面，接着单击第二个对象上的面，释放鼠标后就可以打开【法线对齐】对话框。
- 【放置高光】工具：快捷键为Ctrl+H，使用【放置高光】方式可以将灯光或对象对齐到另一个对象，以便精确定位其高光或反射。在【放置高光】模式下，可以在任一视图中按住并拖动鼠标。
- 【对齐摄影机】工具：使用【对齐摄影机】方式可以将摄影机与选定的面法线进行对齐。【对齐摄影机】工具的工作原理与【放置高光】工具类似。不同的是，它是在面法线上进行操作，而不是入射角，并在释放鼠标时完成，而不是在拖曳鼠标期间完成。
- 【对齐到视图】工具：【对齐到视图】方式可以将对象或子对象的局部轴与当前视图进行对齐。【对齐到视图】模式适用于任何可变换的选择对象。

## 22. 【层管理器】工具

【层管理器】工具可以用来创建和删除层，也可以用来查看和编辑场景中所有层的设置以及与其相关联的对象。单击【层管理器】工具，可以打开【层】对话框，如图2-51所示。

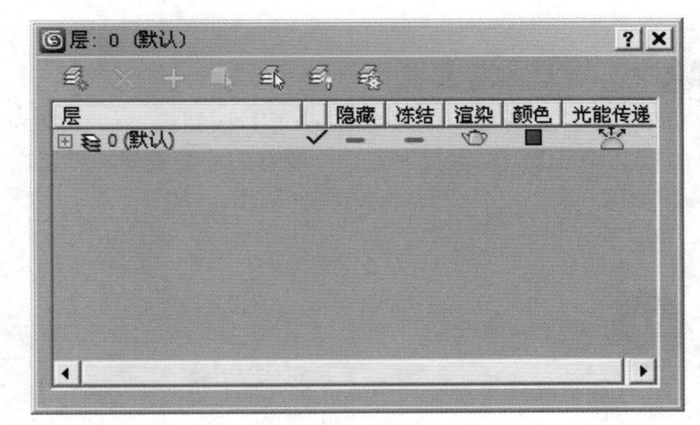


图2-51

## 23.【石墨建模】工具

【石墨建模】工具是优秀的PolyBoost建模工具与3ds Max的完美结合，其工具摆放的灵活性与布局的科学性简化了多边形建模的流程。单击主工具栏中的【石墨建模】工具，即可调出【石墨建模】工具的工具栏，如图2-52所示。

图2-52

## 24.【曲线编辑器】

单击主工具栏中的【曲线编辑器】按钮，可以打开【轨迹视图-曲线编辑器】对话框。【曲线编辑器】是一种【轨迹视图】模式，可以用曲线来表示运动，而【轨迹视图】模式可以使运动的插值以及软件在关键帧之间创建的对象变换更加直观，如图2-53所示。

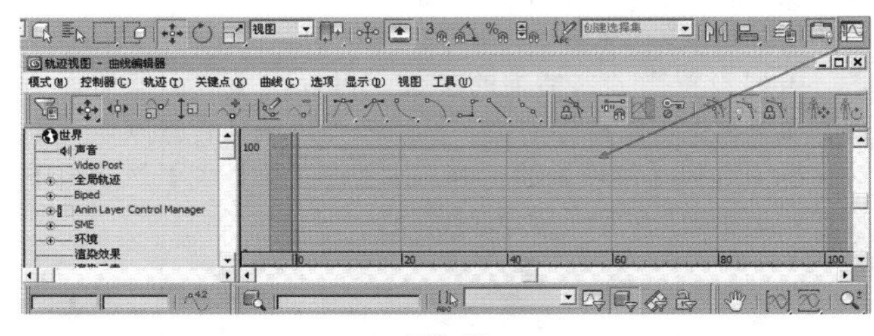

图2-53

### 技巧提示

使用曲线上关键点的切线控制手柄可以轻松地观看和控制场景对象的运动效果和动画效果。

## 25.【图解视图】

【图解视图】是基于节点的场景图，通过它可以访问对象的属性、材质、控制器、修改器、层次和不可见场景关系，同时在【图解视图】对话框中可以查看、创建并编辑对象间的关系，也可以创建层次、指定控制器、材质、修改器和约束等属性，如图2-54所示。

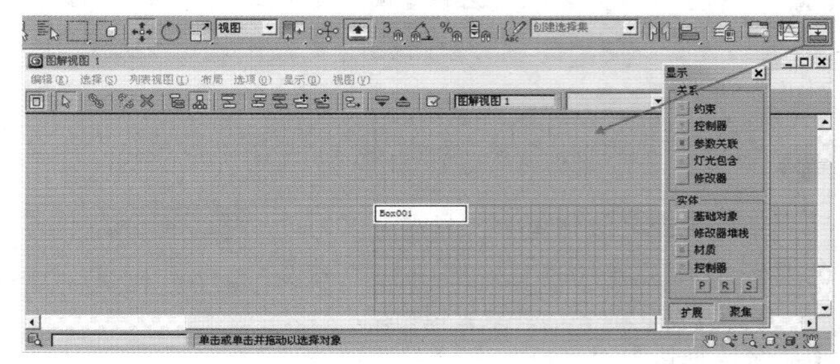

图2-54

### 技巧提示

在【图解视图】对话框的列表视图的文本列表中可以查看节点，这些节点的排序是有规则性的，通过这些节点可迅速浏览极其复杂的场景。

## 26.【材质编辑器】

【材质编辑器】非常重要，基本上所有的材质设置都在【材质编辑器】窗口中完成，本书第7章对此有详细的讲解，如图2-55所示。

## 27.【渲染设置】

单击主工具栏中的【渲染设置】按钮（快捷键为F10），打开【渲染设置】窗口，所有的渲染设置参数基本上都是在该窗口中完成的，如图2-56所示。

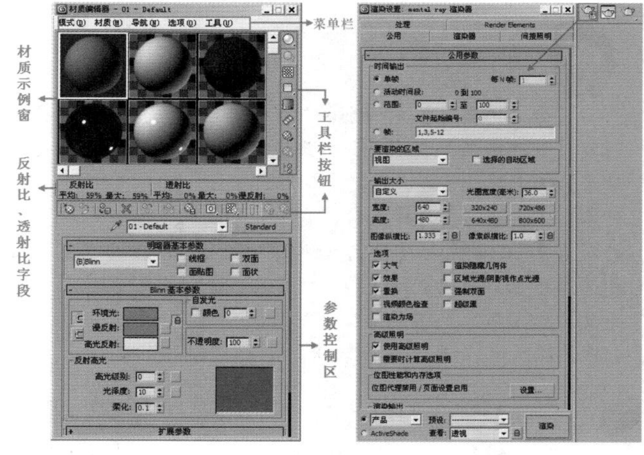


图2-55　　图2-56

### 技巧提示

【材质编辑器】窗口和【渲染设置】窗口的重要程度不言而喻，在后面的内容中将进行详细讲解。

## 28. 【渲染帧窗口】

单击主工具栏中的【渲染帧窗口】按钮，可显示上一次渲染效果，在该窗口中可执行选择渲染区域、切换图像通道和储存渲染图像等任务，如图2-57所示。

## 29. 【渲染】工具

【渲染】工具包含【渲染产品】工具、【迭代渲染】工具和ActiveShade工具3种，如图2-58所示。

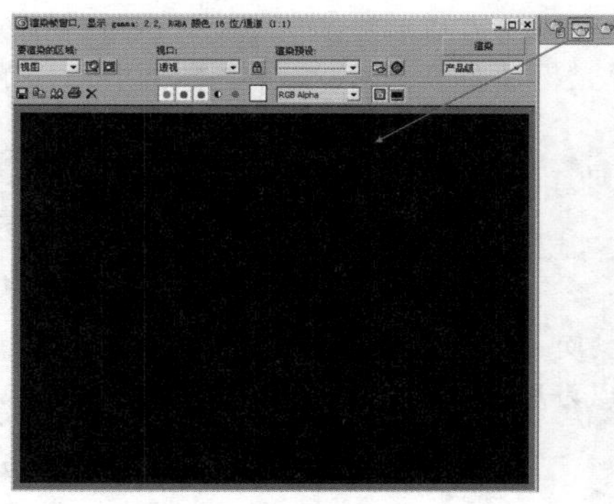

图2-57

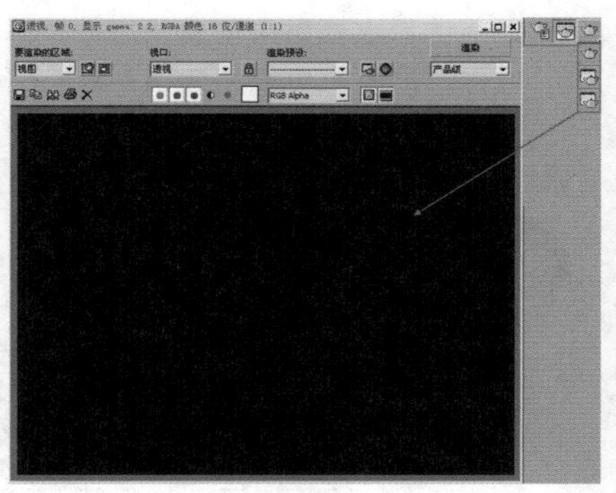

图2-58

# 2.1.4 视口区域

视口区域是操作界面中最大的一个区域，也是3ds Max中用于实际操作的区域，默认状态下为单一视图显示，通常使用的状态为四视图显示，包括顶视图、左视图、前视图和透视图4个视图，在这些视图中可以从不同的角度对场景中的对象进行观察和编辑。

每个视图的左上角都会显示视图的名称以及模型的显示方式，右上角有一个导航器（不同视图显示的状态也不同），如图2-59所示。

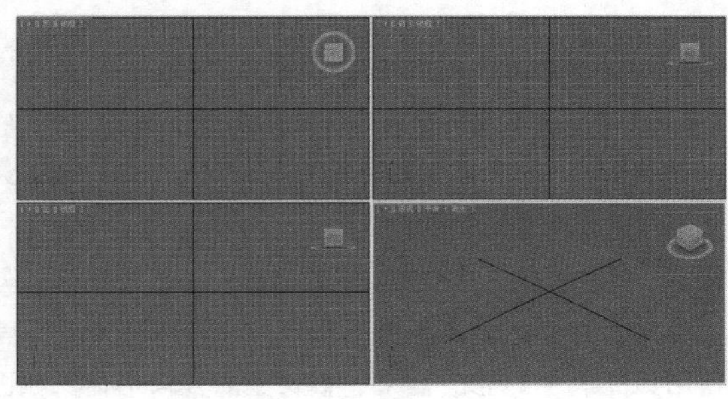

图2-59

### 技巧提示

常用的几种视图都有其相对应的快捷键，顶视图的快捷键是T，底视图的快捷键是B，左视图的快捷键是L，前视图的快捷键是F，透视图的快捷键是P，摄影机视图的快捷键是C。

3ds Max 2016中视图的名称部分被分为3个小部分，用鼠标右键分别单击这3个部分会弹出不同的菜单，如图2-60所示。

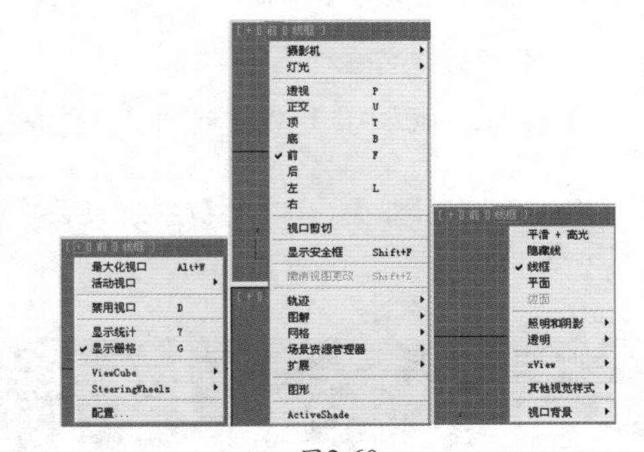

图2-60

# 2.1.5 命令面板

场景对象的操作都可以在命令面板中完成。该面板由6个用户界面面板组成，默认状态下显示的是【创建】面板，其他面板分别是【修改】面板、【层次】面板、【运动】面板、【显示】面板和【工具】面板，如图2-61所示。

## 1. 【创建】面板

【创建】面板主要用来创建几何体、摄影机和灯光等。在该面板中可以创建7种对象，分别是【几何体】、【图形】、【灯光】、【摄影机】、【辅助对象】、【空间扭曲】和【系统】，如图2-62所示。

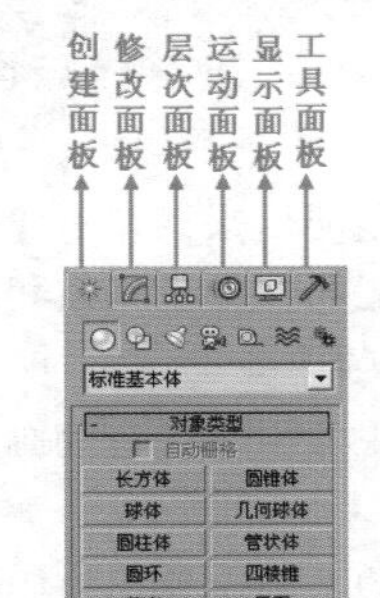


图2-61

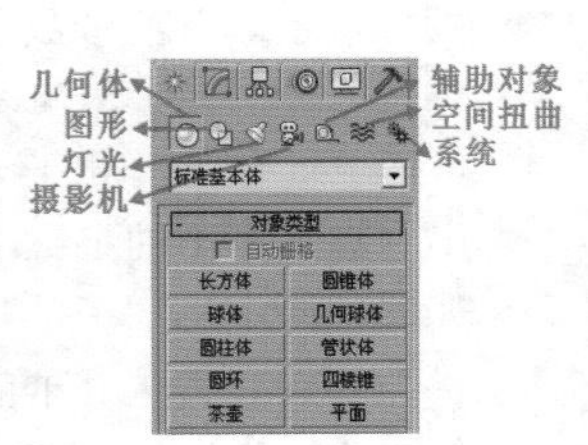


图2-62

- 几何体：主要用来创建长方体、球体和锥体等基本几何体，同时也可以创建出高级几何体，例如布尔、阁楼以及粒子系统中的几何体等。
- 图形：主要用来创建样条线和NURBS曲线。

**技巧提示**

虽然样条线和NURBS曲线能够在2D空间或3D空间中存在，但是它们只有一个局部维度，可以为形状指定一个厚度以便于渲染。

- 灯光：主要用来创建场景中的灯光。
- 摄影机：主要用来创建场景中的摄影机。
- 辅助对象：主要用来创建有助于场景制作的辅助对象。
- 空间扭曲：使用空间扭曲可以在围绕其他对象的空间中产生各种不同的扭曲效果。
- 系统：可以将对象、控制器和层次对象组合在一起，提供与某种行为相关联的几何体，并且包含模拟场景中的阳光以及日照系统。

### 2. 【修改】面板

【修改】面板主要用来调整场景对象的参数，同样可以使用该面板中的修改器来调整对象的几何形体，如图2-63所示是默认状态下的【修改】面板。

### 3. 【层次】面板

在【层次】面板中，可以访问调整对象间层次链接的工具，通过将一个对象与另一个对象相链接，创建对象之间的父子关系，包括【轴】、IK 和【链接信息】3种工具，如图2-64所示。

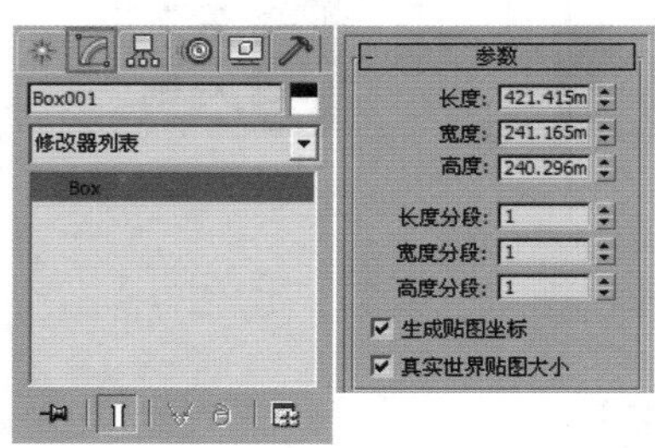


图2-63

图2-64

- 轴：该工具下的参数主要用来调整对象和修改器中心位置，以及定义对象之间的父子关系和反向动力学IK的关节位置等，如图2-65所示。
- IK：该工具下的参数主要用来设置动画的相关属性，如图2-66所示。
- 链接信息：该工具下的参数主要用来限制对象在特定轴中的移动关系，如图2-67所示。

图2-65

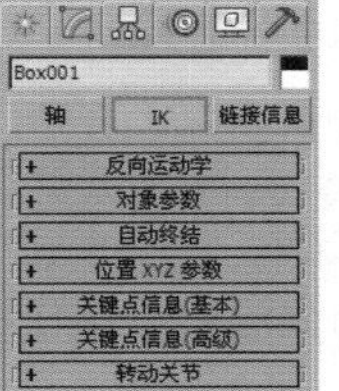


图2-66

图2-67

### 4. 【运动】面板

【运动】面板中的参数主要用来调整选定对象的运动属性，如图2-68所示。

**技巧提示**

可以使用【运动】面板中的工具来调整关键点时间及其缓入和缓出。另外，【运动】面板还提供了【轨迹视图】的替代选项来指定动画控制器，如果指定的动画控制器具有参数，则在该面板中可以显示其他卷展栏；如果【路径约束】指定给对象的位置轨迹，则【路径参数】卷展栏将添加到【运动】面板中。

图2-68

### 5. 【显示】面板

【显示】面板中的参数主要用来设置场景中的控制对象的显示方式，如图2-69所示。

### 6. 【工具】面板

在【工具】面板中可以访问各种工具程序，包含用于管理和调用的卷展栏。当使用【工具】面板中的工具时，将显示该工具的相应卷展栏，如图2-70所示。

图2-69

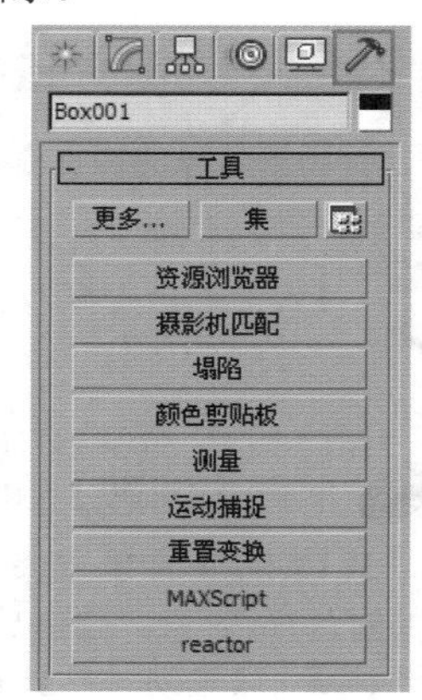


图2-70

## 2.1.6 时间尺

时间尺包括时间线滑块和轨迹栏两大部分。拖曳时间线滑块可以在帧之间迅速移动，单击时间线滑块左右的向左箭头图标<与向右箭头图标>可以向前或者向后移动1帧，如图2-71所示；轨迹栏位于时间线滑块的下方，主要用于显示帧数和选定对象的关键点，在这里可以移动、复制、删除关键点以及更改关键点的属性，如图2-72所示。

图2-71

图2-72

## 2.1.7 状态栏

状态栏位于轨迹栏的下方，提供选定对象的数目、类型、变换值和栅格数目等信息，如图2-73所示。

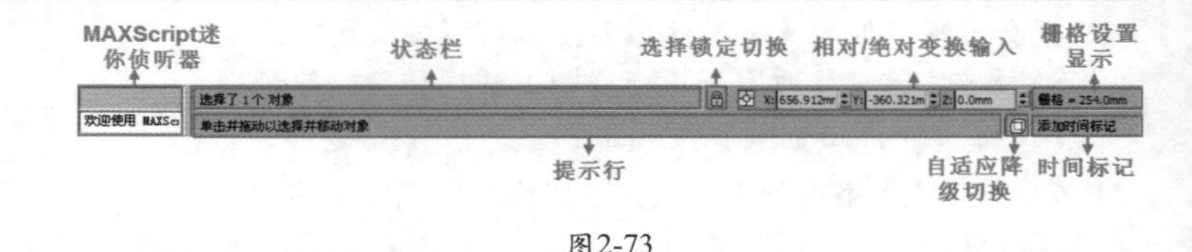


图2-73

## 2.1.8 时间控制按钮

时间控制按钮位于状态栏的右侧，主要用来控制动画的播放效果，包括关键点控制和时间控制等，如图2-74所示。

技巧提示

关键点控制主要用于创建动画关键点，有两种不同的模式，分别是【自动关键点】和【设置关键点】，快捷键分别为键盘的N和‘。时间控制提供了在各个动画帧和关键点之间移动的便捷方式。

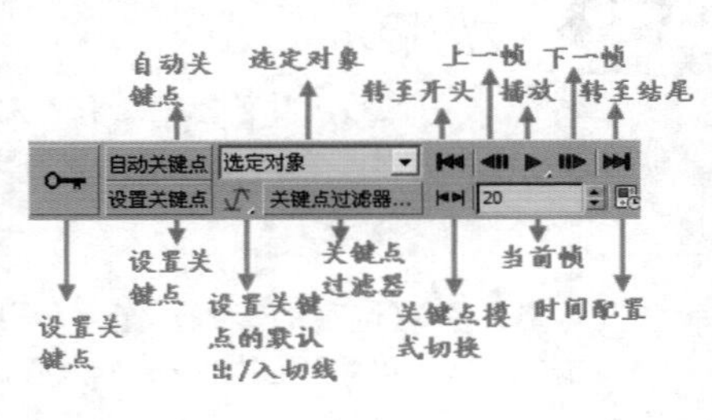


图2-74

## 2.1.9 视图导航控制按钮

视图导航控制按钮在状态栏的最右侧，主要用来控制视图的显示和导航。使用这些按钮可以缩放、平移和旋转活动的视图，如图2-75所示。

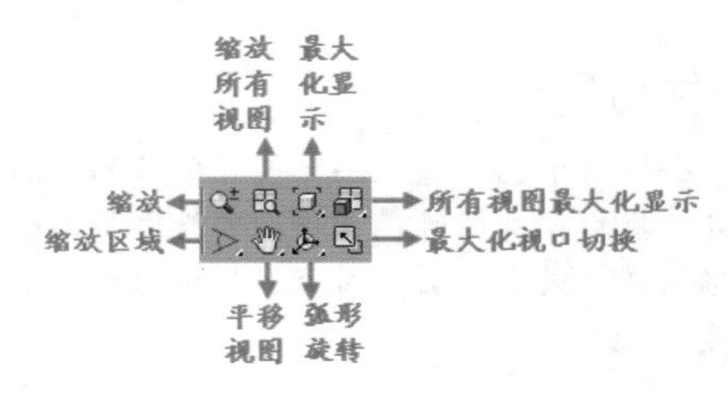


图2-75

### 1. 所有视图中可用的控件

所有视图中可用的控件包含【所有视图最大化显示】/【所有视图最大化显示选定对象】和【最大化视口切换】。

- 【所有视图最大化显示】/【所有视图最大化显示选定对象】：【所有视图最大化显示】可以将场景中的对象在所有视图中居中显示出来；【所有视图最大化显示选定对象】可以将所有可见的选定对象或对象集在所有视图中以居中最大化的方式显示出来。
- 【最大化视口切换】：可以在正常大小和全屏大小之间进行切换，其快捷键为Alt+W。

技巧提示

以上3个控件适用于所有的视图，而有些控件只能在特定的视图中才能使用，下面将依次讲解。

### 2. 透视图和正交视图控件

透视图和正交视图（正交视图包括顶视图、前视图和左视图）控件包括【缩放】、【缩放所有】、【所有视图最大化显示】/【所有视图最大化显示选定对象】（适用于所有视图）、【视野】、【缩放区域】、【平移视图】、【环绕】/【选定的环绕】/【环绕子对象】和【最大化视口切换】（适用于所有视图），如图2-76所示。

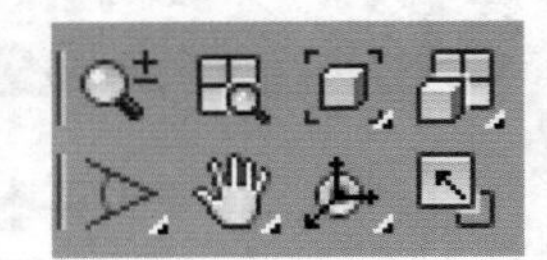

图2-76

- 【缩放】：使用该工具可以在透视图或正交视图中通过拖曳光标来调整对象的大小。
- 【缩放所有】：使用该工具可以同时调整所有透视图和正交视图中的对象。
- 【视野】/【缩放区域】：【视野】工具可以用来调整视图中可见对象的数量和透视张角量。视野的效果与更改摄影机的镜头相关，视野越大，观察到的对象就越多（与广角镜头相关），而透视会扭曲。视野越小，观察到的对象就越少（与长焦镜头相关），而透视会展平；使用【缩放区域】工具可以放大选定的矩形区域，该工具适用于正交视图、透视和三向投影视图，但是不能用于摄影机视图。
- 【平移视图】：使用该工具可以将选定视图平移到任何位置。

**技巧提示**

在按住Ctrl键的同时可以随意移动对象；在按住Shift键的同时可以将对象在垂直和水平方向进行移动。

- 【环绕】/【选定的环绕】/【环绕子对象】：使用这3个工具可以将视图围绕一个中心进行自由旋转。

### 3. 摄影机视图控件

创建摄影机后，按C键可以切换到摄影机视图，该视图中的控件包括【推拉摄影机】/【推拉目标】/【推拉摄影机和目标】、【透视】、【侧滚摄影机】、【所有视图最大化显示】/【所有视图最大化显示选定对象】（适用于所有视图）、【视野】、【平移摄影机】、【环绕摄影机】/【摇移摄影机】和【最大化视口切换】（适用于所有视图），如图2-77所示。

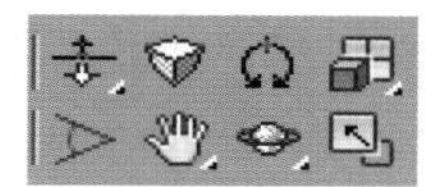

图2-77

**技巧提示**

在场景中创建摄影机后，按C键可以切换到摄影机视图，若想从摄影机视图切换回原来的视图，可以按相应视图名称的首字母。

- 【推拉摄影机】/【推拉目标】/【推拉摄影机和目标】：这3个工具主要用来移动摄影机或其目标，同时也可以移向或移离摄影机所指的方向。
- 【透视】：使用该工具可以增加透视张角量，同时也可以保持场景的构图。
- 【侧滚摄影机】：使用该工具可以围绕摄影机的视线来旋转【目标】摄影机，同时也可以围绕摄影机局部的Z轴来旋转【自由】摄影机。
- 【视野】：使用该工具可以调整视图中可见对象的数量和透视张角量。视野的效果与更改摄影机的镜头相关，视野越大，观察到的对象就越多（与广角镜头相关），而透视会扭曲；视野越小，观察到的对象就越少（与长焦镜头相关），而透视会展平。
- 【平移摄影机】：使用该工具可以将摄影机移动到任何位置。

**技巧提示**

在按住Ctrl键的同时可以随意移动摄影机；在按住Shift键的同时可以将摄影机在垂直和水平方向进行移动。

- 【环绕摄影机】/【摇移摄影机】：使用【环绕摄影机】工具可以围绕目标来旋转摄影机；使用【摇移摄影机】工具可以围绕摄影机来旋转目标。

**技巧提示**

当一个场景中已经有了一台设置完成的摄影机，并且视图处于摄影机视图时，直接调整摄影机的位置很难达到预想的最佳效果，而使用摄影机视图控件来进行调整就方便多了。

## 2.2 3ds Max文件基本操作

### 小实例：打开场景文件

| 场景文件 | 01.max |
| --- | --- |
| 案例文件 | 小实例：打开场景文件.max |
| 视频教学 | 多媒体教学/Chapter 02/小实例：打开场景文件.flv |
| 难易指数 | ★☆☆☆☆ |
| 技术掌握 | 掌握打开场景文件的5种方法 |

#### 实例介绍

打开场景文件的方法一般有以下5种。

**方法01** 直接找到文件并双击，如图2-78所示。

**方法02** 直接找到文件，使用鼠标左键将其拖曳到3ds Max 2016的图标上，如图2-79所示。

**方法03** 启动3ds Max 2016，然后单击界面左上角的软件图标，并在弹出的下拉菜单中单击【打开】图标，接着在弹出的对话框中选择本书配套光盘中的文件，最后单击【打开】按钮，如图2-80所示，打开场景后的效果如图2-81所示。

**方法04** 启动3ds Max 2016，按Ctrl+O组合键，打开【打开文件】对话框，然后选择本书配套光盘中的【场景文件/Chapter02/01.max】文件，接着单击【打开】按钮，如图2-82所示。

**方法05** 启动3ds Max 2016，选择本书配套光盘中的文件，然后按住鼠标左键将其拖曳到视口区域中，接着释放鼠标并在弹出的菜单中选择相应的操作方式，如图2-83所示。

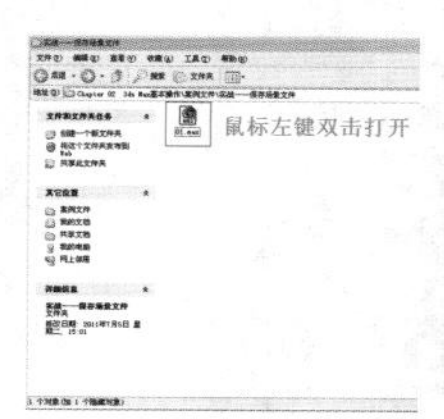


图2-78

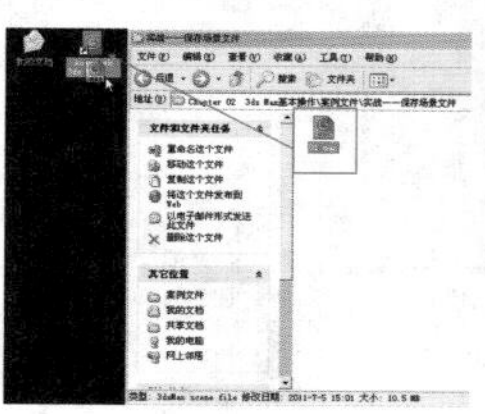

图2-79

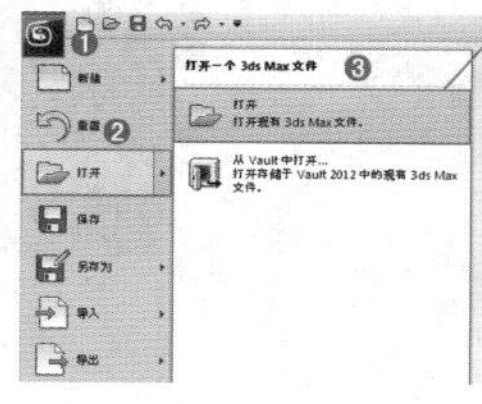
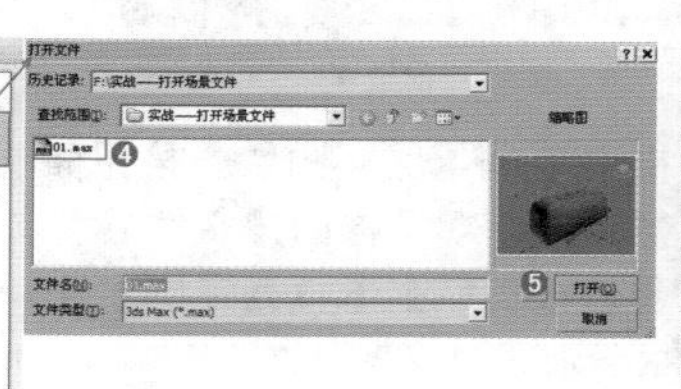

图2-80

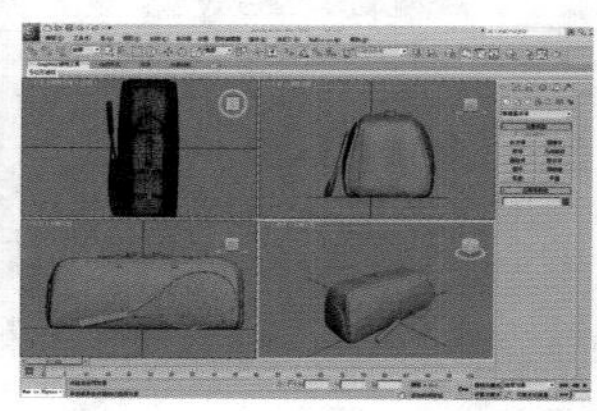

图2-81

图2-82

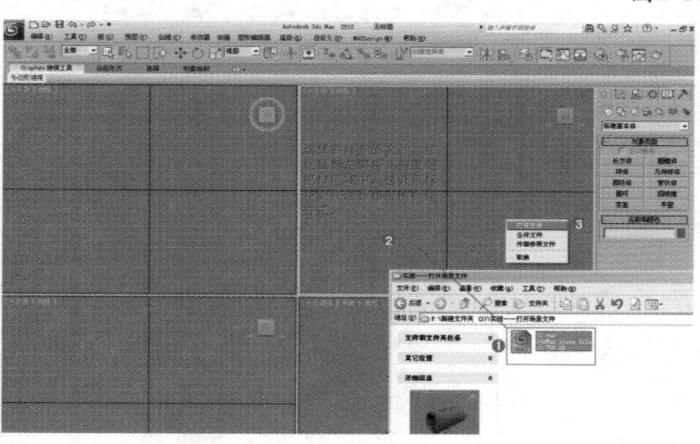

图2-83

## 小实例：保存场景文件

| 场景文件 | 02.max |
|---|---|
| 案例文件 | 小实例：保存场景文件.max |
| 视频教学 | 多媒体教学/Chapter 02/小实例：保存场景文件.flv |
| 难易指数 | ★☆☆☆☆ |
| 技术掌握 | 掌握保存场景文件的两种方法 |

### 实例介绍

当创建完一个场景后，需要对场景进行保存。保存场景文件的方法有以下两种。

**方法01** 单击界面左上角的软件图标，然后在弹出的下拉菜单中单击【保存】图标，接着在弹出的对话框中为场景文件命名，最后单击【保存】按钮，如图2-84所示。

**方法02** 按Ctrl+S组合键，打开【文件另存为】对话框，然后为场景文件命名，接着单击【保存】按钮，如图2-85所示。

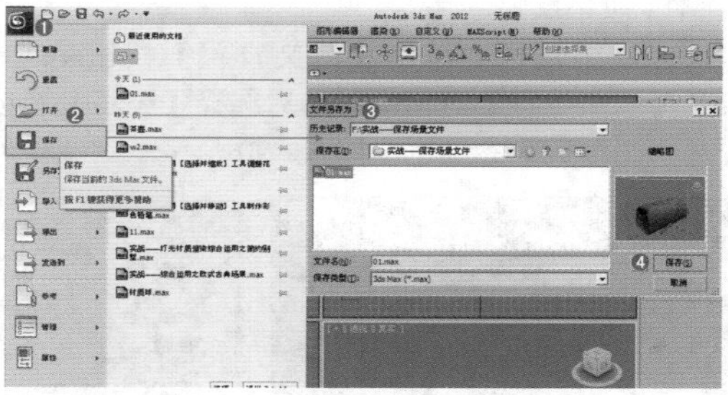

图2-84

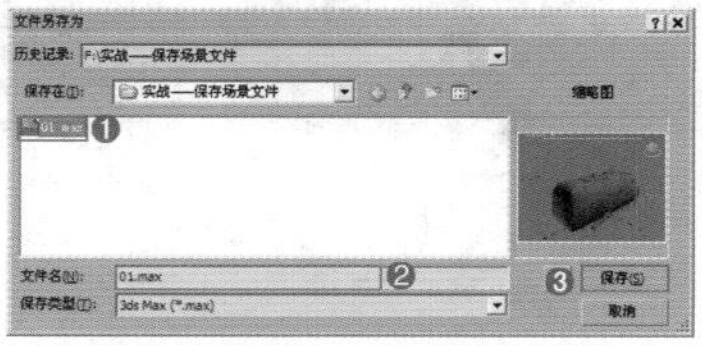

图2-85

## 小实例：保存渲染图像

| 场景文件 | 03.max |
|---|---|
| 案例文件 | 小实例：保存渲染图像.max |
| 视频教学 | 多媒体教学/Chapter 02/小实例：保存渲染图像.flv |
| 难易指数 | ★☆☆☆☆ |
| 技术掌握 | 掌握保存渲染图像的方法 |

### 实例介绍

制作完成一个场景后需要对场景进行渲染，那么在渲染完成后就要将渲染完成的图像保存起来。

### 操作步骤

**步骤01** 打开本书配套光盘中的【场景文件/Chapter02/03.max】文件，如图2-86所示。

**步骤02** 单击主工具栏中的【渲染产品】按钮或按F9键渲染场景，渲染完成后的图像效果如图2-87所示。

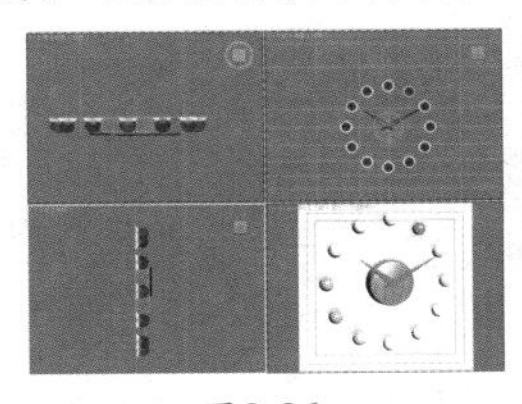
图2-86

图2-87

**步骤03** 在【渲染帧】对话框中单击【保存图像】按钮，弹出【保存图像】对话框，然后在该对话框的【文件名】文本框中为图像命名，接着在【保存类型】下拉列表框中选择要保存的文件格式，如图2-88所示。

> **技巧提示**
>
> 当渲染场景时，系统会弹出【渲染帧】对话框，在该对话框中会显示渲染图像的进度和相关信息。

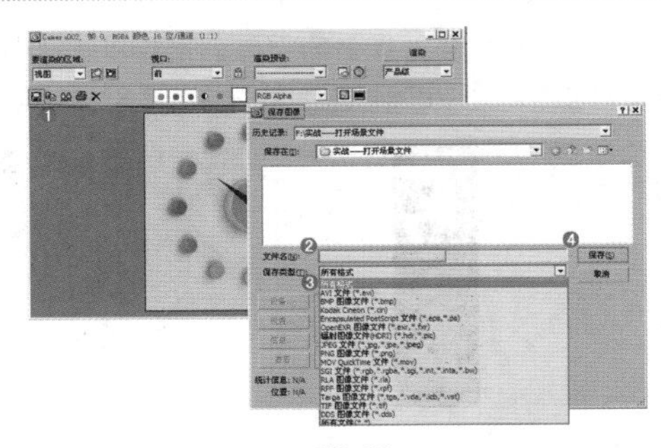
图2-88

## 小实例：在渲染前保存要渲染的图像

| 场景文件 | 04.max |
|---|---|
| 案例文件 | 小实例：在渲染前保存要渲染的图像.max |
| 视频教学 | 多媒体教学/Chapter 02/小实例：在渲染前保存要渲染的图像.flv |
| 难易指数 | ★☆☆☆☆ |
| 技术掌握 | 掌握如何在渲染场景之前保存要渲染的图像 |

### 实例介绍

下面介绍的保存渲染图像的方法是在渲染场景之前就设置好图像的保存路径、文件名和文件类型，适于渲染师不在计算机旁时采用。

### 操作步骤

**步骤01** 打开本书配套光盘中的【场景文件/Chapter02/04.max】文件，如图2-89所示。

**步骤02** 在主工具栏中单击【渲染设置】按钮或按F10键，打开【渲染设置】对话框，然后选择【公用】选项卡，并展开【公用参数】卷展栏，如图2-90所示。

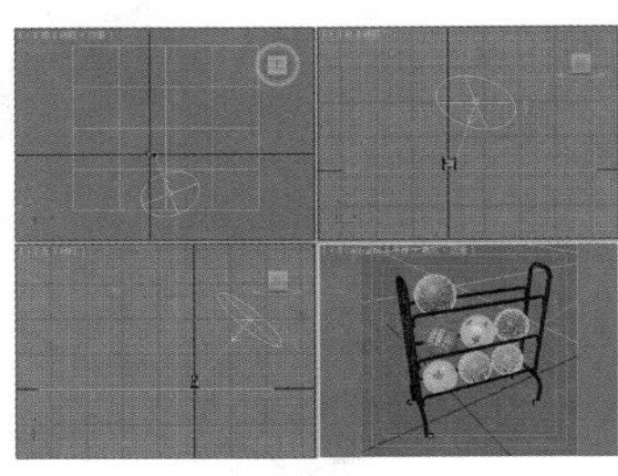
图2-89

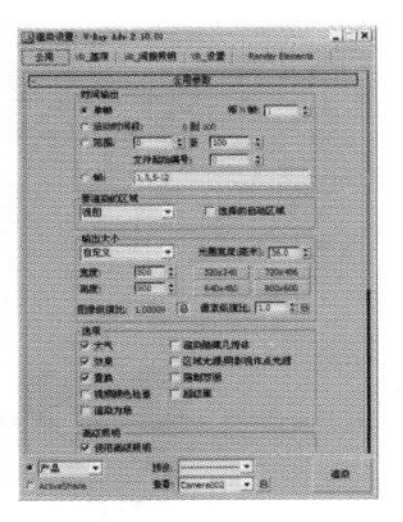
图2-90

**步骤03** 在【渲染输出】选项组中选中【保存文件】复选框，并单击【文件】按钮，然后设置渲染图像的保存路径，接着将渲染图像命名为【小实例：在渲染前保存要渲染的图像.jpg】，并选择需要保存的文件格式，最后单击【保存】按钮，如图2-91所示。

**步骤04** 此时按F9键进行渲染，如图2-92所示。

图2-91

图2-92

**步骤05** 按照上面保存的路径找到【实战——在渲染前保存要渲染的图像】文件夹，可以看到【小实例：在渲染前保存要渲染的图像.jpg】文件已经被保存了，如图2-93所示。

图2-93

## 小实例：归档场景

| 场景文件 | 05.max |
|---|---|
| 案例文件 | 小实例：归档场景.zip |
| 视频教学 | 多媒体教学/Chapter 02/小实例：归档场景.flv |
| 难易指数 | ★☆☆☆☆ |
| 技术掌握 | 掌握如何归档场景文件 |

### 实例介绍

归档场景是将场景中的所有文件压缩成一个.zip压缩包，可以防止丢失材质和光域网等文件。

### 操作步骤

**步骤01** 打开本书配套光盘中的【场景文件/Chapter02/05.max】文件，如图2-94所示。

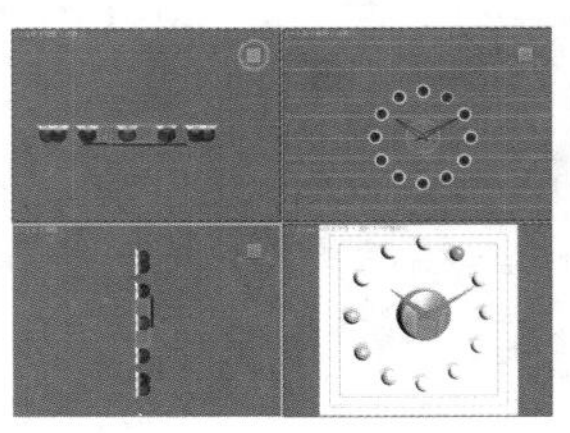
图2-94

**步骤02** 单击界面左上角的软件图标，并在弹出的下拉菜单中单击【另存为】图标，然后在右侧的列表中选择【归档】选项，接着在弹出的对话框中输入文件名，最后单击【保存】按钮，如图2-95所示。归档后的效果如图2-96所示。

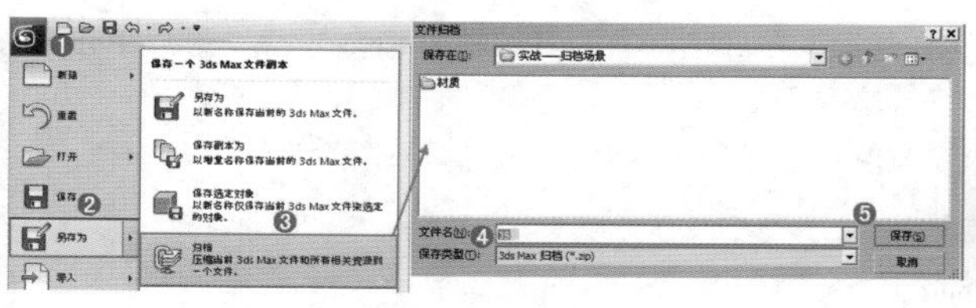

图2-95

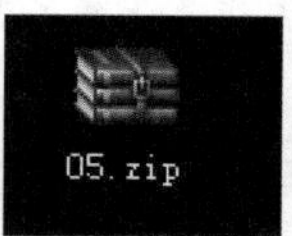


图2-96

# 2.3 3ds Max 对象基本操作

## 小实例：导入外部文件

| 场景文件 | 无 |
| --- | --- |
| 案例文件 | 小实例：导入外部文件.max |
| 视频教学 | 多媒体教学/Chapter 02/小实例：导入外部文件.flv |
| 难易指数 | ★☆☆☆☆ |
| 技术掌握 | 掌握如何导入外部文件 |

### 实例介绍

在场景制作中，经常需要将外部文件（如.3ds和.obj文件）导入到场景中进行操作。

图2-97

### 操作步骤

**步骤01** 单击界面左上角的软件图标，然后在弹出的下拉菜单中单击【导入】图标，并在右侧的列表中选择【导入】选项，如图2-97所示。

**步骤02** 执行步骤01的操作后，系统会弹出【选择要导入的文件】对话框，在该对话框中选择本书配套光盘中的【场景文件/Chapter02/06.3】文件，如图2-98所示。导入到场景后的效果如图2-99所示。

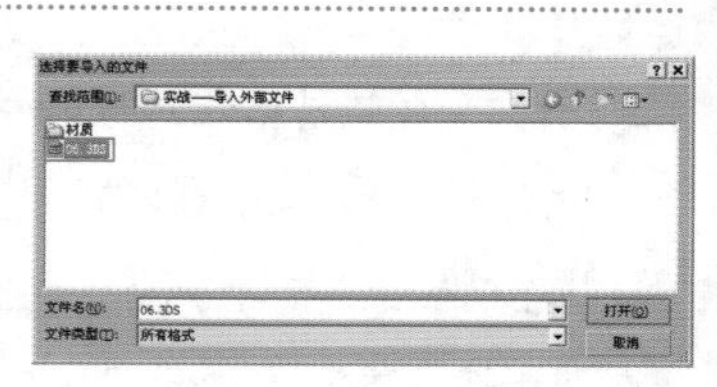

图2-98

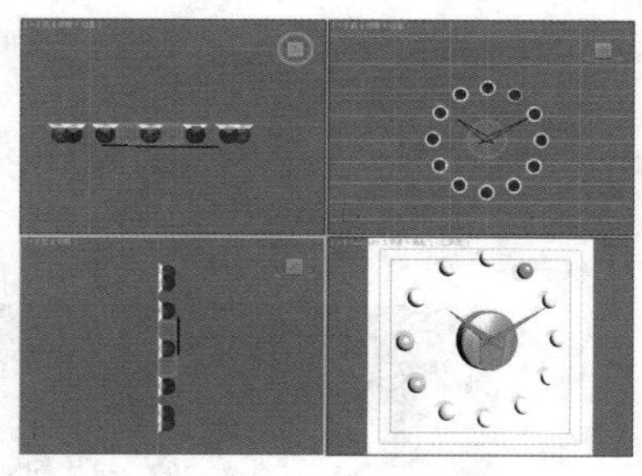

图2-99

## 小实例：导出场景对象

| 场景文件 | 06.max |
| --- | --- |
| 案例文件 | 无 |
| 视频教学 | 多媒体教学/Chapter 02/小实例：导出场景对象.flv |
| 难易指数 | ★☆☆☆☆ |
| 技术掌握 | 掌握如何导出场景对象 |

### 实例介绍

创建完一个场景后，可以将场景中的所有对象导出为其他格式的文件，也可以将选定的对象导出为其他格式的文件。

### 操作步骤

**步骤01** 打开本书配套光盘中的【场景文件/Chapter02/06.max】文件，如图2-100所示。

图2-100

**步骤02** 选择场景中的抱枕模型，然后单击界面左上角的软件图标，在弹出的下拉菜单中单击【导出】按钮后面的按钮，接着选择【导出选定对象】选项，并在弹出的对话框中为导出文件命名为【06】，最后单击【保存】按钮，如图2-101所示。

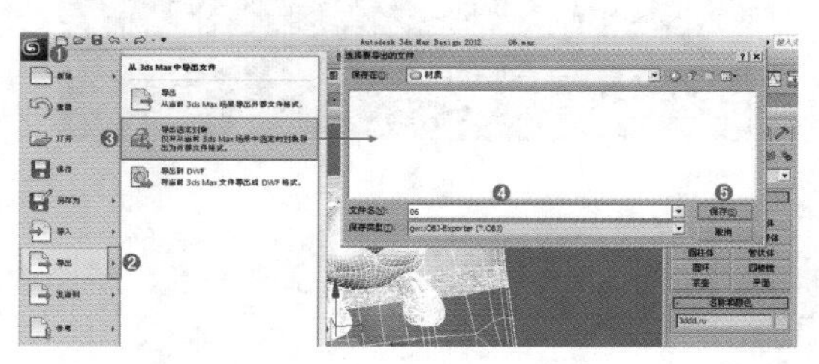

图2-101

**技巧提示**

在进行导出时，很多人习惯直接单击【导出】按钮，这样会将场景中所有的对象全部导出。而单击【导出】按钮后面的按钮，接着选择【导出选定对象】选项，只会将刚才选中的对象进行导出，而其他未选中的对象则不被导出。

**步骤03** 此时会出现【正在导出OBJ】对话框，稍微等待，最后单击【完成】按钮，如图2-102所示。

**步骤04** 此时可以看到已经导出了【06.obj】文件，如图2-103所示。

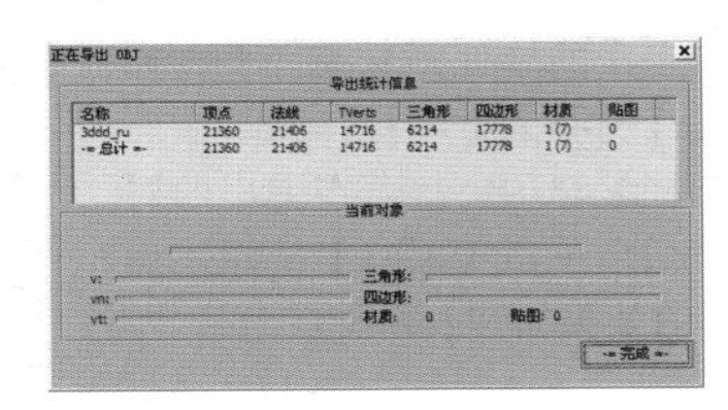

图2-102

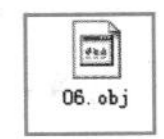


图2-103

## 小实例：合并场景文件

| 场景文件 | 07（1）.max和07（2）.max |
| --- | --- |
| 案例文件 | 小实例：合并场景文件.max |
| 视频教学 | 多媒体教学/Chapter 02/小实例：合并场景文件.flv |
| 难易指数 | ★☆☆☆☆ |
| 技术掌握 | 掌握如何合并外部场景文件 |

### 实例介绍

合并文件就是将外部的文件合并到当前场景中。可以根据需要选择要合并的几何体、图形、灯光和摄影机等。

### 操作步骤

**步骤01** 打开本书配套光盘中的【场景文件/Chapter02/07（1）.max】文件，如图2-104所示。

**步骤02** 单击界面左上角的软件图标，在弹出的下拉菜单中单击【导入】按钮后面的按钮，并在右侧的列表中选择【合并】选项，接着在弹出的对话框中选择本书配套光盘中的【场景文件/Chapter02/07（2）.max】文件，最后单击【打开】按钮，如图2-105所示。

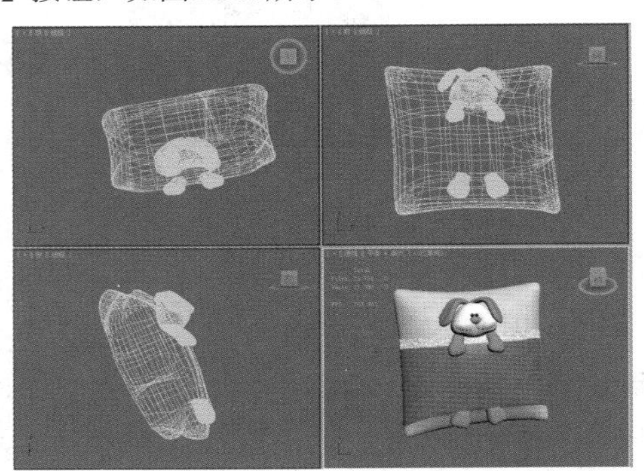

图2-104

**步骤03** 系统弹出【合并】对话框，这里选择全部的文件，单击【确定】按钮，如图2-106所示。合并后的效果如图2-107所示。

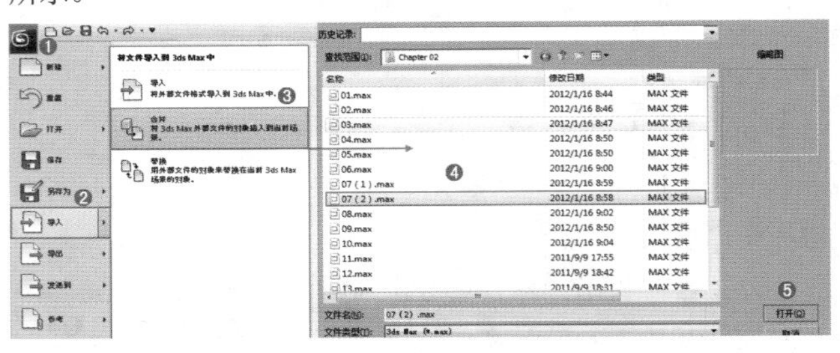

图2-105

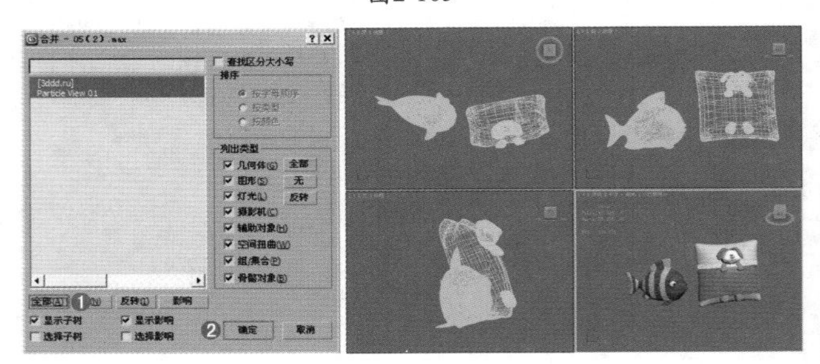

图2-106　　图2-107

**技巧提示**

在实际工作中，一般合并文件都是有选择性的。例如场景中创建好了灯光和摄影机，若不想将灯光和摄影机合并进来，只需要在【合并】对话框中去掉对其的选中即可。

## 小实例：加载背景图像

| 场景文件 | 无 |
| --- | --- |
| 案例文件 | 小实例：加载背景图像.max |
| 视频教学 | 多媒体教学/Chapter 02/小实例：加载背景图像.flv |
| 难易指数 | ★☆☆☆☆ |
| 技术掌握 | 掌握加载与关闭背景图像的方法 |

### 实例介绍

在建模时经常会用到贴图来辅助操作。如图2-108所示是本例加载背景贴图后的前视图效果。

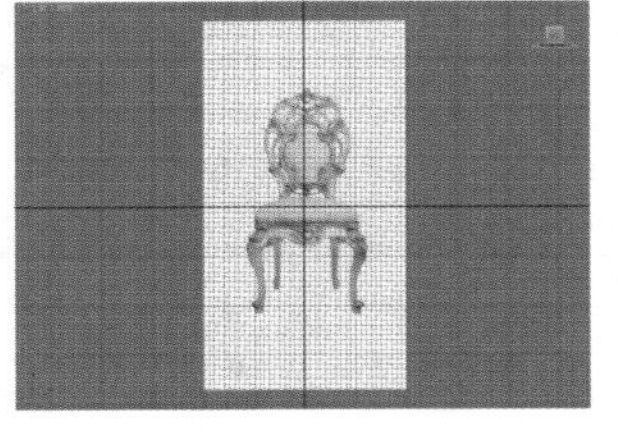

图2-108

### 操作步骤

**步骤01** 打开3ds Max 2016，单击并激活前视图，然后执行【视图】|【视口背景】命令，如图2-109所示。

**步骤02** 在弹出的【视口背景】对话框中单击【文件】按钮，然后在弹出的对话框中选择本书配套光盘中的【案例文件/Chapter02/小实例：加载背景图像/加载背景贴图.jpg】文件，接着单击【打开】按钮，最后设置【纵横比】为【匹配位图】，并选中【锁定缩放/平移】复选框，如图2-110所示。

**步骤03** 此时在前视图中已经有了刚才添加的参考图，而其他视图中则没有，如图2-111所示。

**技巧提示**

在加载背景图像时，需要特别注意以下两点。

- 一定要知道自己需要在哪个视图中显示加载的贴图，否则贴图加载到不合适的视图中，且并非是用户需要的结果。
- 推荐用户设置【纵横比】为【匹配位图】，并选中【锁定缩放/平移】复选框，因为当如此设置后，无论如何平移、缩放前视图，加载的贴图都会被正常地平移、缩放，而不会出现类似视图缩放而加载的贴图不缩放的错误效果。

图2-109

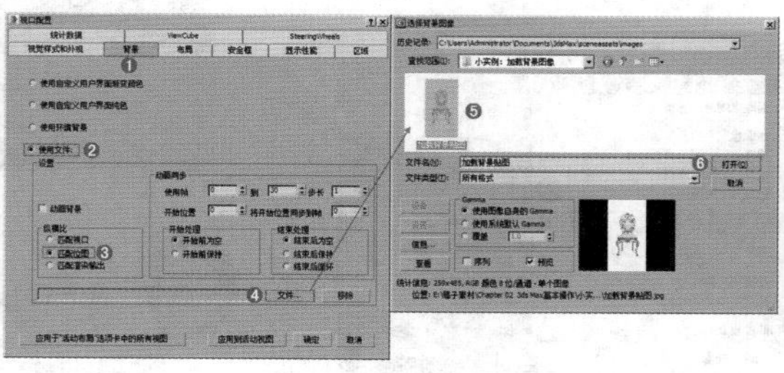

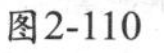

图2-110

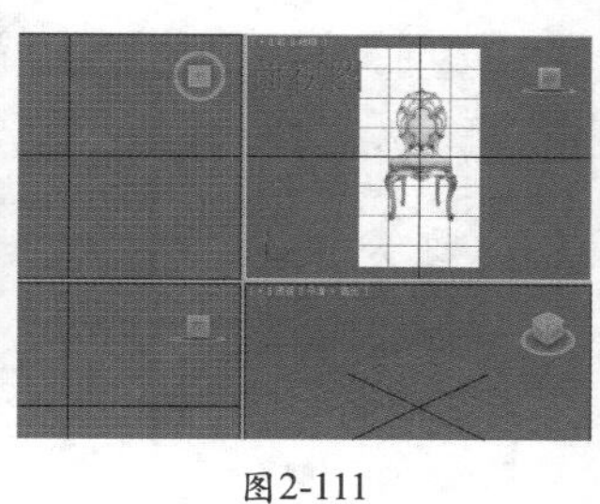

图2-111

**技巧提示**

打开【视口背景】对话框的快捷键是Alt+B。

**步骤04** 当不需要该图片在前视图中显示时，可以在前视图左上角的【线框】字样位置[+][前][线框]上单击鼠标右键，然后在弹出的快捷菜单中选择【视口背景】命令，接着选择【显示背景】命令，如图2-112所示。

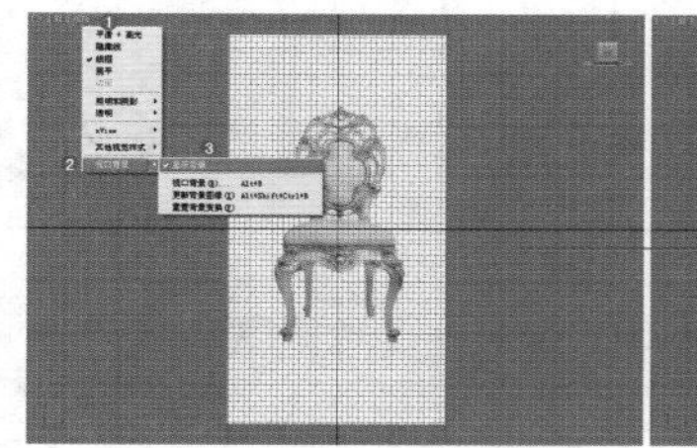

图2-112

## 小实例：设置文件自动备份

| 场景文件 | 无 |
|---|---|
| 案例文件 | 无 |
| 视频教学 | 多媒体教学/Chapter 02/小实例：设置文件自动备份.flv |
| 难易指数 | ★☆☆☆☆ |
| 技术掌握 | 掌握自动备份文件的方法 |

### 实例介绍

3ds Max 2016在运行过程中对计算机的配置要求比较高，占用系统资源也比较大。在运行3ds Max 2016时，计算机配置较低和系统性能的不稳定性等因素会导致文件关闭或发生死机现象。一旦出现无法恢复的故障，就会丢失所做的各项操作，从而造成无法弥补的损失。

解决上述问题可以通过增强系统稳定性来减少死机现象。在一般情况下，可以通过以下3种方法来提高系统的稳定性。

**方法01** 要养成经常保存场景的习惯。

**方法02** 在运行3ds Max 2016时，尽量不要或少启动其他程序，而且硬盘也要留有足够的缓存空间。

**方法03** 如果当前文件发生了不可恢复的错误，可以通过备份文件来打开前面自动保存的场景。

下面重点讲解方法03。

### 操作步骤

执行【自定义】|【首选项】命令，然后在弹出的【首选项设置】对话框中选择【文件】选项卡，接着在【自动备份】选项组中选中【启用】复选框，再设置【Autobak文件数】为3，【备份间隔（分钟）】为5，最后单击【确定】按钮，如图2-113所示。

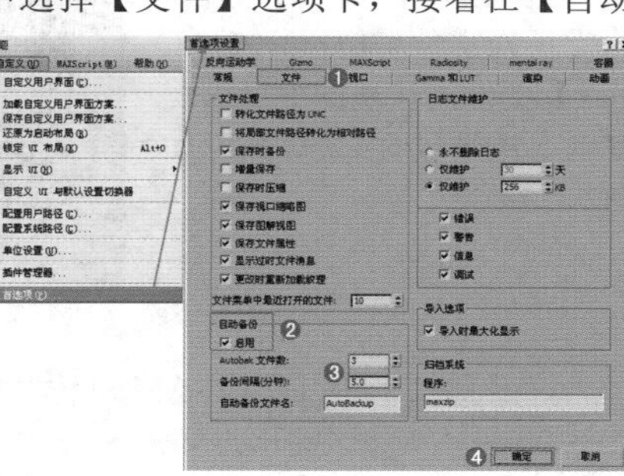

图2-113

**技巧提示**

如有特殊需要，可以适当增大或减小【Autobak文件数】和【备份间隔（分钟）】的数值。

## 小实例：调出隐藏的工具栏

| 场景文件 | 无 |
| --- | --- |
| 案例文件 | 无 |
| 视频教学 | 多媒体教学/Chapter02/小实例：调出隐藏的工具栏.flv |
| 难易指数 | ★☆☆☆☆ |
| 技术掌握 | 掌握如何调出处于隐藏状态的工具栏 |

### 实例介绍

3ds Max 2016中有很多隐藏的工具栏，用户可以根据实际需要来调出处于隐藏状态的工具栏。

### 操作步骤

**步骤01** 选择【自定义】|【显示UI】|【显示浮动工具栏】命令，如图2-114所示，系统会弹出所有的浮动工具栏，如图2-115所示。

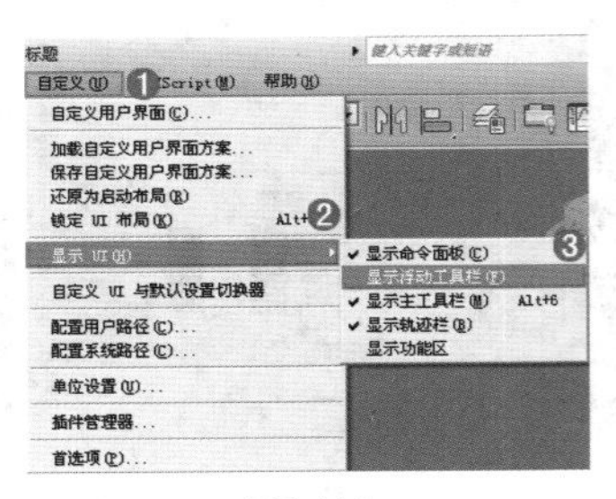


图2-114

**步骤02** 使用步骤01的方法适合一次性调出所有的隐藏工具栏，但在很多情况下只需要用到其中某一个工具栏，这时可以在主工具栏的空白处单击鼠标右键，然后在弹出的快捷菜单中选择需要的工具栏，如图2-116所示。

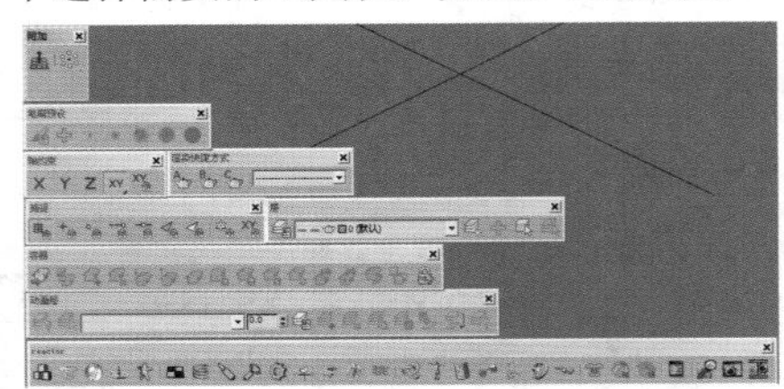

图2-115

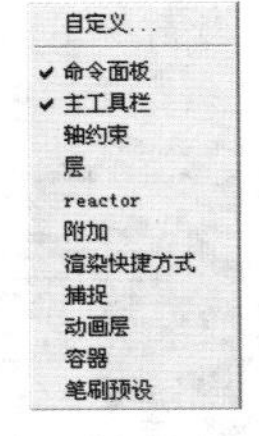


图2-116

**技巧提示**

按Alt+6组合键可以隐藏主工具栏，再次按Alt+6组合键可以显示主工具栏。

## 小实例：使用过滤器选择场景中的灯光

| 场景文件 | 08.max |
| --- | --- |
| 案例文件 | 无 |
| 视频教学 | 多媒体教学/Chapter 02/小实例：使用过滤器选择场景中的灯光.flv |
| 难易指数 | ★☆☆☆☆ |
| 技术掌握 | 掌握如何使用过滤器选择对象 |

### 实例介绍

在较大的场景中，对象的类型可能会非常多，这时要想选择处于隐藏位置的对象就会很困难，而使用【过滤器】过滤掉不需要选择的对象后，选择相应的对象就很方便了。

### 操作步骤

**步骤01** 打开本书配套光盘中的【场景文件/Chapter02/08.max】文件，从视图中可以观察到本场景包含4盏灯光，如图2-117所示。

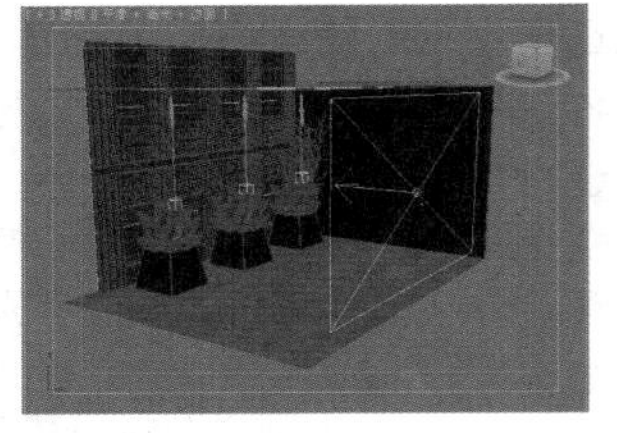

图2-117

**步骤02** 如果要选择灯光，可以在主工具栏的【过滤器】全部下拉列表中选择【L-灯光】选项，如图2-118所示。然后框选视图中的灯光，框选完毕后可以发现只选择了灯光，而椅子模型并没有被选中，如图2-119所示。

**步骤03** 如果要选择椅子模型，可以在主工具栏的【过滤器】全部下拉列表中选择【G-几何体】选项，如图2-120所示。然后框选视图中的椅子模型，框选完毕后可以发现只选择了椅子模型，而灯光并没有被选中，如图2-121所示。

图2-118

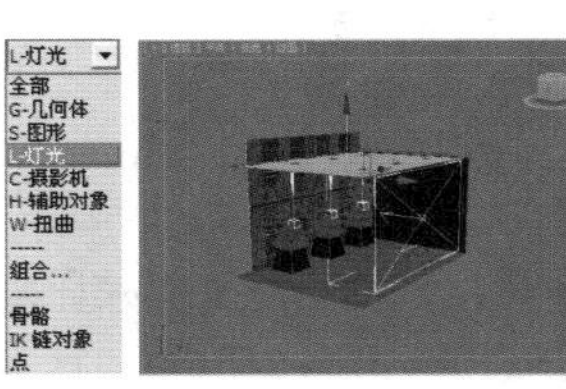

图2-119

图2-120

图2-121

## 小实例：使用按名称选择工具选择对象

| 场景文件 | 09.max |
| --- | --- |
| 案例文件 | 无 |
| 视频教学 | 多媒体教学/Chapter 02/小实例：使用按名称选择工具选择对象.flv |
| 难易指数 | ★☆☆☆☆ |
| 技术掌握 | 掌握如何使用按名称选择工具选择对象 |

### 实例介绍

按名称选择工具非常重要，它可以根据场景中的对象名称来选择对象。

### 操作步骤

**步骤01** 打开本书配套光盘中的【场景文件/Chapter02/09.max】文件，如图2-122所示。

**步骤02** 在主工具栏中单击【按名称选择】按钮，打开【从场景选择】对话框，从该对话框中观察到场景中的对象名称，如图2-123所示。

图2-122

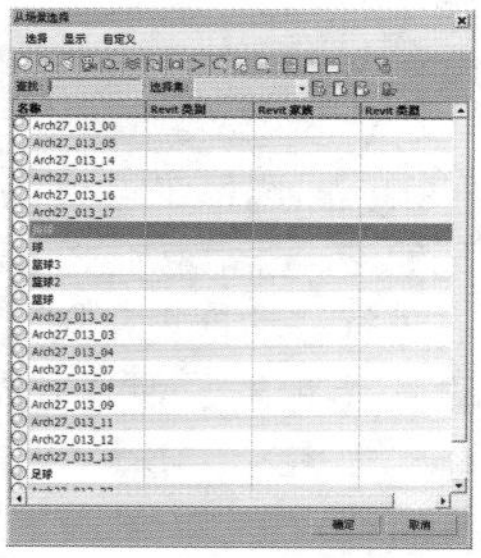

图2-123

**步骤03** 如果要选择单个对象，可以在【从场景选择】对话框中单击该对象的名称，如图2-124所示。

**步骤04** 如果要选择隔开的多个对象，可以在按住Ctrl键的同时依次单击对象的名称，如图2-125所示。

图2-124

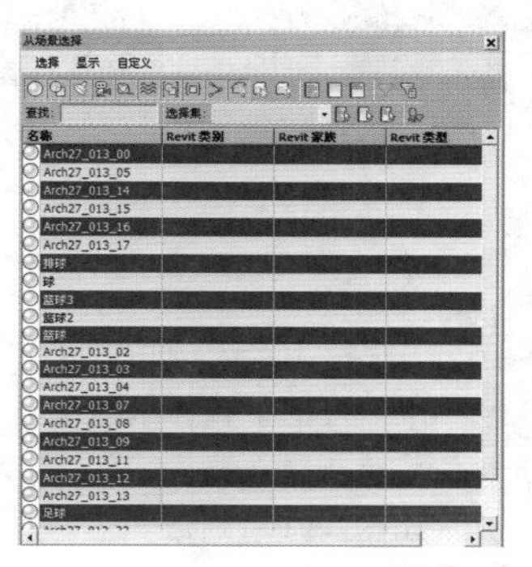

图2-125

**技巧提示**

如果当前已经选择了部分对象，那么在按住Ctrl键的同时可以进行加选，按住Alt键的同时可以进行减选。

**步骤05** 如果要选择连续的多个对象，可以在按住Shift键的同时依次单击首尾的两个对象名称，如图2-126所示。

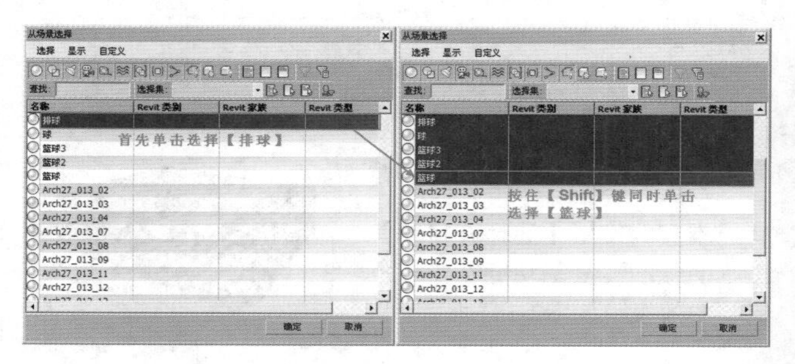


图2-126

**技巧提示**

【从场景选择】对话框中有一排按钮与【创建】面板中的部分按钮相同，这些按钮主要用来显示对象的类型。当激活相应的对象按钮后，在下面的对象列表中就会显示出与其相对应的对象，如图2-127所示。

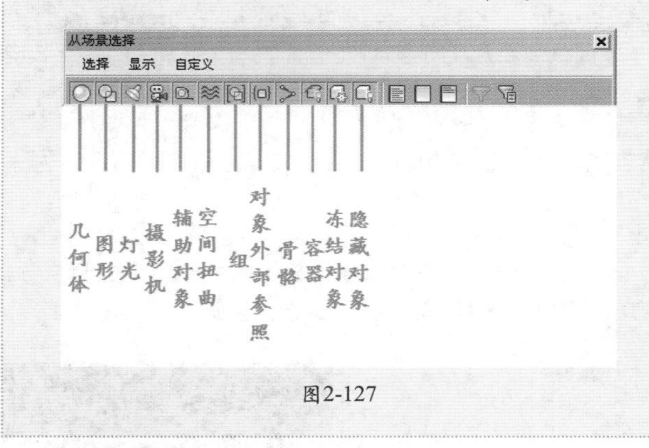


图2-127

## 小实例：使用套索选择区域工具选择对象

| 场景文件 | 10.max |
|---|---|
| 案例文件 | 无 |
| 视频教学 | 多媒体教学/Chapter 02/小实例：使用套索选择区域工具选择对象.flv |
| 难易指数 | ★☆☆☆☆ |
| 技术掌握 | 掌握如何使用套索选择区域工具选择场景中的对象 |

### 实例介绍

本实例将利用【套索选择区域】工具来选择场景中的对象。

### 操作步骤

**步骤01** 打开本书配套光盘中的【场景文件/Chapter02/10.max】文件，如图2-128所示。

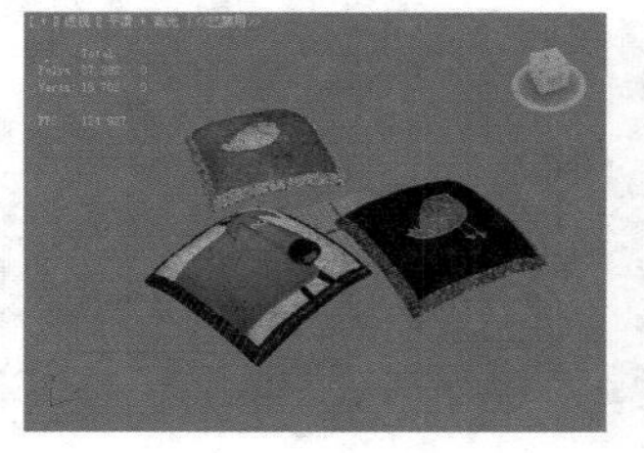

图2-128

**步骤02** 在主工具栏中单击【套索选择区域】按钮，然后在视图中绘制一个形状区域，将左下角的抱枕模型框选在其中，如图2-129所示。这样就选中了左下角的抱枕模型，如图2-130所示。

图2-129

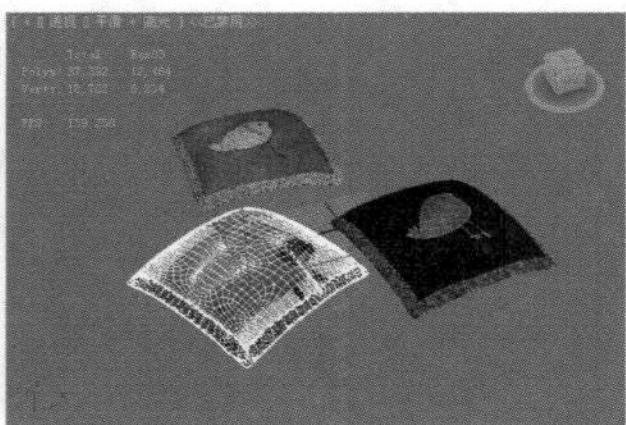

图2-130

## 小实例：使用选择并移动工具制作彩色铅笔

| 场景文件 | 11.max |
|---|---|
| 案例文件 | 小实例：使用选择并移动工具制作彩色铅笔.max |
| 视频教学 | 多媒体教学/Chapter 02/小实例：使用选择并移动工具制作彩色铅笔.flv |
| 难易指数 | ★☆☆☆☆ |
| 技术掌握 | 掌握移动复制功能的运用 |

### 实例介绍

本实例使用【选择并移动】工具的移动、复制功能制作彩色铅笔的效果，如图2-131所示。

图2-131

### 操作步骤

**步骤01** 打开本书配套光盘中的【场景文件/Chapter02/11.max】文件，如图2-132所示。

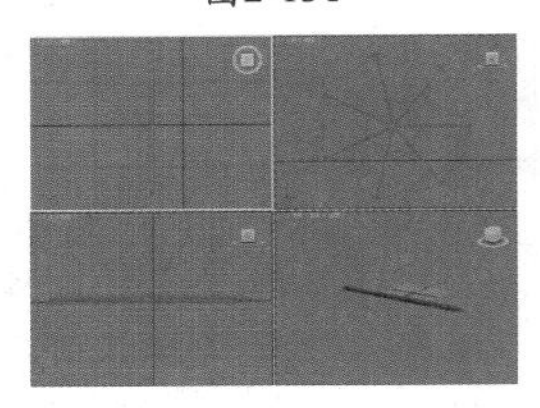
图2-132

**步骤02** 选择铅笔模型，在主工具栏中单击【选择并移动】按钮，然后按住Shift键的同时在顶视图中将铅笔沿X轴向右进行移动拖曳复制，接着在弹出的【克隆选项】对话框中设置【对象】为【复制】，最后单击【确定】按钮完成操作，如图2-133所示。

**步骤03** 复制后的效果如图2-134所示。

**步骤04** 使用同样的方法再次在顶视图沿X轴方向移动复制多个铅笔，最终效果如图2-135所示。

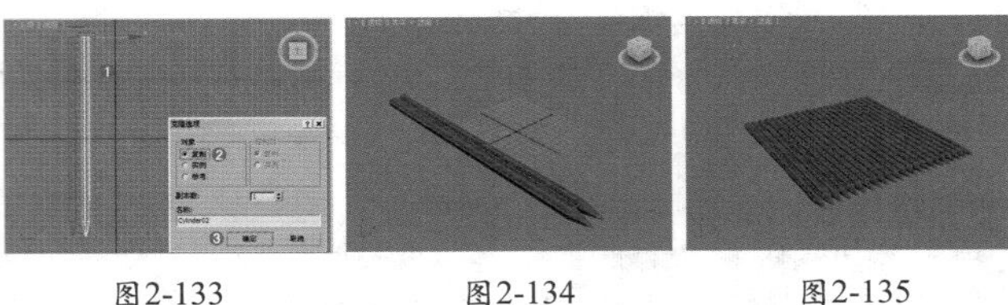
图2-133　图2-134　图2-135

## 小实例：使用选择并缩放工具调整花瓶的形状

| 场景文件 | 12.max |
|---|---|
| 案例文件 | 小实例：使用选择并缩放工具调整花瓶的形状.max |
| 视频教学 | 多媒体教学/Chapter 02/小实例：使用选择并缩放工具调整花瓶的形状.flv |
| 难易指数 | ★☆☆☆☆ |
| 技术掌握 | 掌握如何使用选择并缩放工具缩放和挤压对象 |

### 实例介绍

本实例将使用选择并缩放工具中的3种工具来调整花瓶的形状，读者应熟练掌握这些工具的使用。

### 操作步骤

**步骤01** 打开本书配套光盘中的【场景文件/Chapter02/12.max】文件，如图2-136所示。

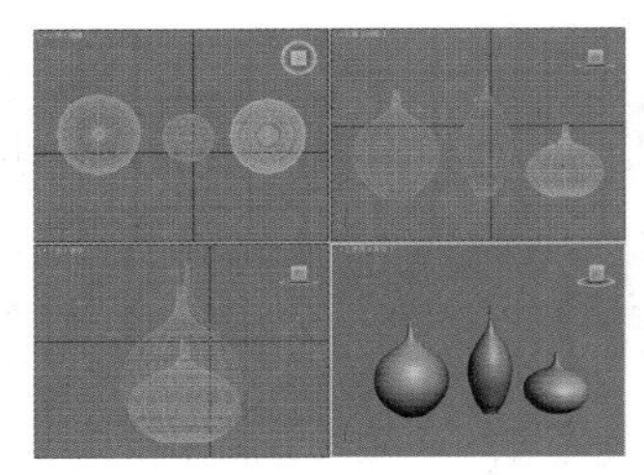
图2-136

**步骤02** 在主工具栏中单击【选择并均匀缩放】按钮，然后选择最右边的模型，接着在前视图中沿X轴正方向进行缩放，如图2-137所示，完成后的效果如图2-138所示。

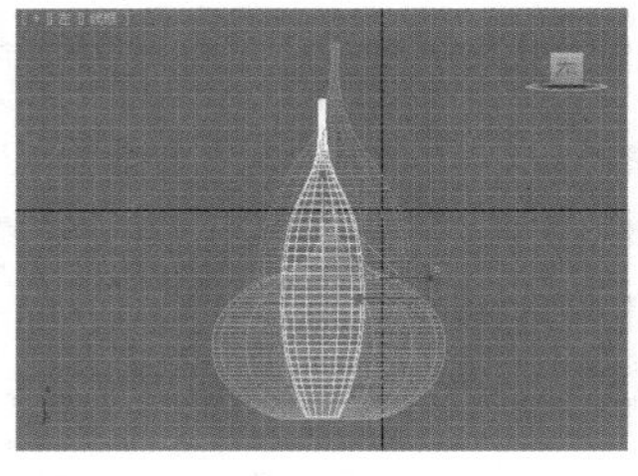
图2-137

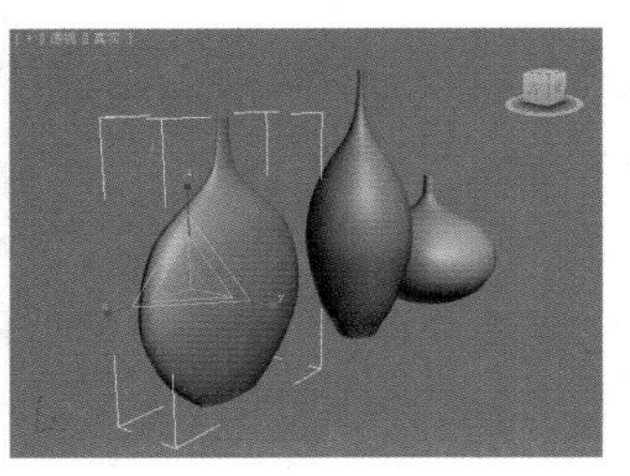
图2-138

**步骤03** 在主工具栏中单击【选择并非均匀缩放】按钮，然后选择中间的模型，接着在透视图中沿Y轴正方向进行缩放，如图2-139所示。

**步骤04** 在主工具栏中单击【选择并挤压】按钮，然后选择最左边的模型，接着在透视图中沿Z轴负方向进行挤压，如图2-140所示。

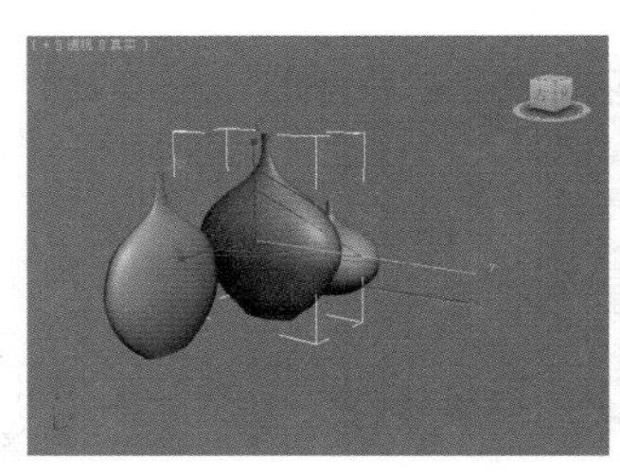
图2-139

图2-140

> **技巧提示**
>
> 【选择并缩放】工具可以设定一个精确的缩放比例因子，具体操作方法是在相应的工具上单击鼠标右键，然后在弹出的【缩放变换输入】对话框中输入相应的缩放比例数值，如图2-141所示。

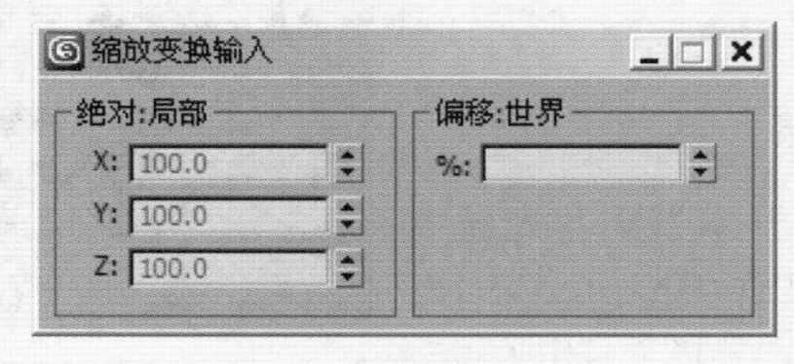

图2-141

# 小实例：使用角度捕捉切换工具制作创意时钟

| 场景文件 | 13.max |
| --- | --- |
| 案例文件 | 小实例：使用角度捕捉切换工具制作创意时钟.max |
| 视频教学 | 多媒体教学/Chapter 02/小实例：使用角度捕捉切换工具制作创意时钟.flv |
| 难易指数 | ★☆☆☆☆ |
| 技术掌握 | 掌握【角度捕捉切换】工具的运用方法 |

## 实例介绍

【角度捕捉切换】工具使得在使用【选择并旋转】工具时的结果更精确，本实例使用【角度捕捉切换】工具制作的挂钟效果如图2-142所示。

## 操作步骤

步骤01 打开本书配套光盘中的【场景文件/Chapter02/13.max】文件，如图2-143所示。

图2-142

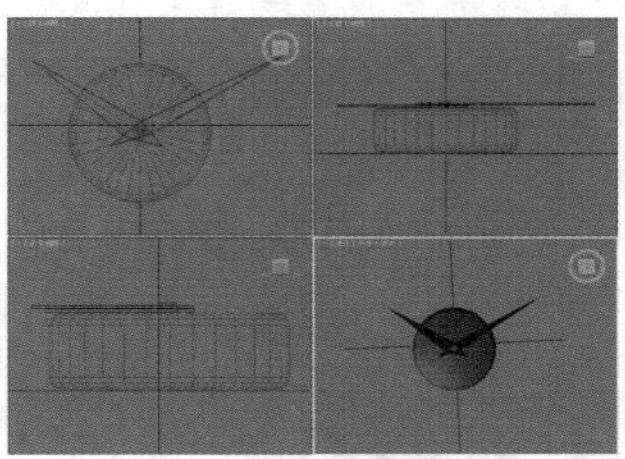

图2-143

步骤02 在【创建】面板中单击【球体】按钮，然后创建一个大小合适的球体，如图2-144所示。

步骤03 将其移动到表盘12点钟位置，如图2-145所示。

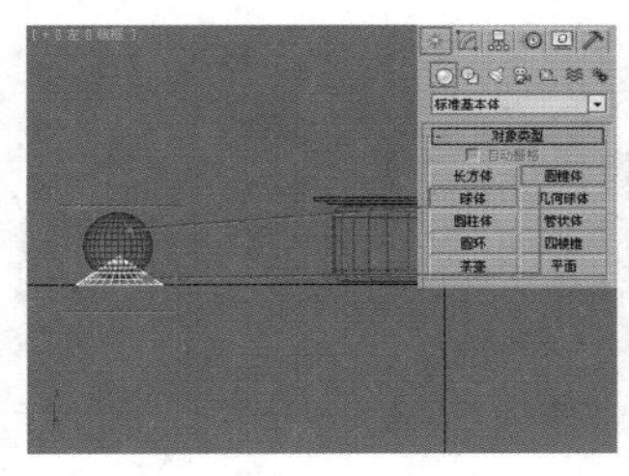

图2-144

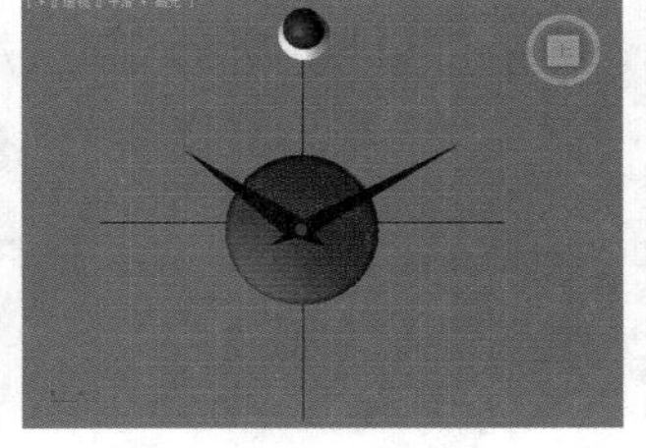

图2-145

步骤04 在命令面板中单击【层次】按钮，进入【层次】面板，然后单击【仅影响轴】按钮（此时球体上会增加一个较粗的坐标轴，该坐标轴主要用来调整球体的中心点位置），接着使用【选择并移动】工具将球体的中心点拖曳到表盘的中心位置，如图2-146所示。

步骤05 单击【仅影响轴】按钮，退出【仅影响轴】模式，然后在【角度捕捉切换】工具上单击鼠标右键（注意，要使该工具处于激活状态），接着在弹出的【栅格和捕捉设置】对话框中选择【选项】选项卡，最后设置【角度】为30，如图2-147所示。

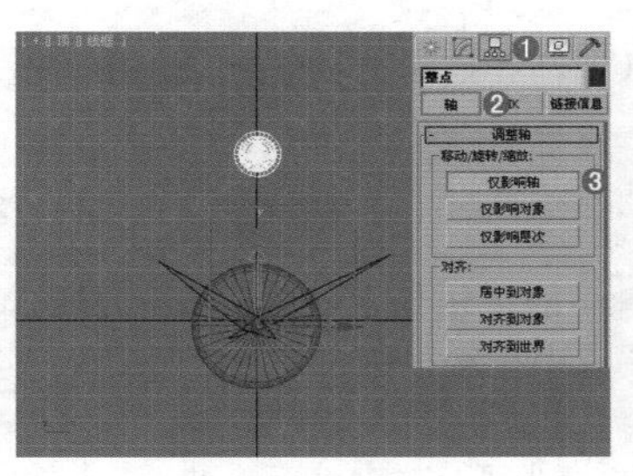

图2-146

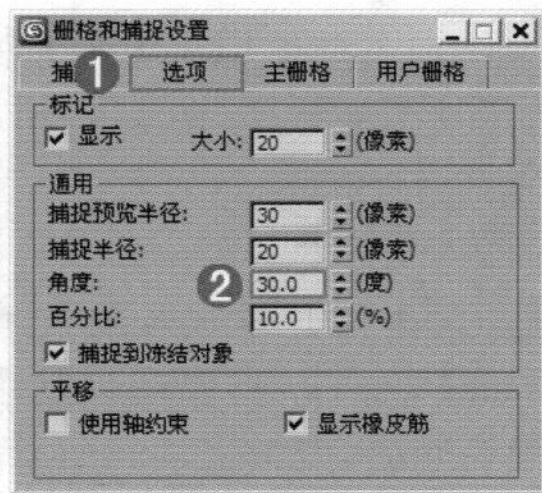


图2-147

步骤06 在主工具栏中单击【选择并旋转】按钮，然后在前视图中在按住Shift键的同时顺时针旋转30°，接着在弹出的【克隆选项】对话框中设置【对象】为【实例】、【副本数】为11，最后单击【确定】按钮，如图2-148所示。最终效果如图2-149所示。

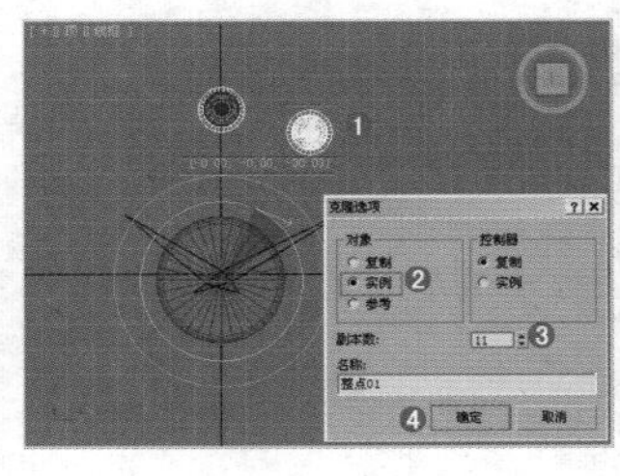

图2-148

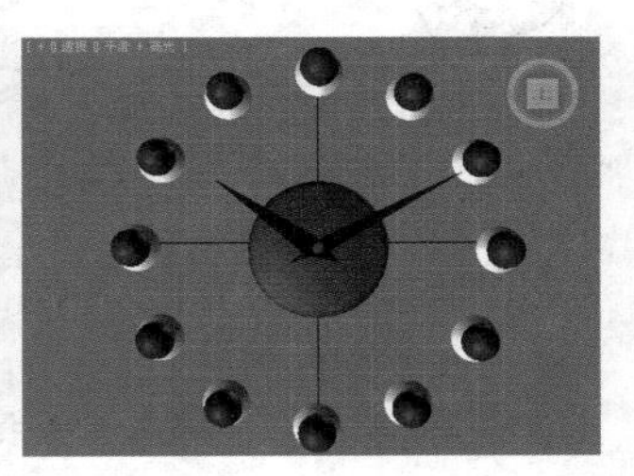

图2-149

# 小实例：使用镜像工具镜像相框

| 场景文件 | 14.max |
| --- | --- |
| 案例文件 | 小实例：使用镜像工具镜像相框.max |
| 视频教学 | 多媒体教学/Chapter 02/小实例：使用镜像工具镜像相框.flv |
| 难易指数 | ★☆☆☆☆ |
| 技术掌握 | 掌握【镜像】工具的运用方法 |

## 实例介绍

本实例使用【镜像】工具镜像的相框效果如图2-150所示。

## 操作步骤

步骤01 打开本书配套光盘中的【场景文件/Chapter02/14.max】文件，可以观察到场景中有一个相框模型，如图2-151所示。

图2-150

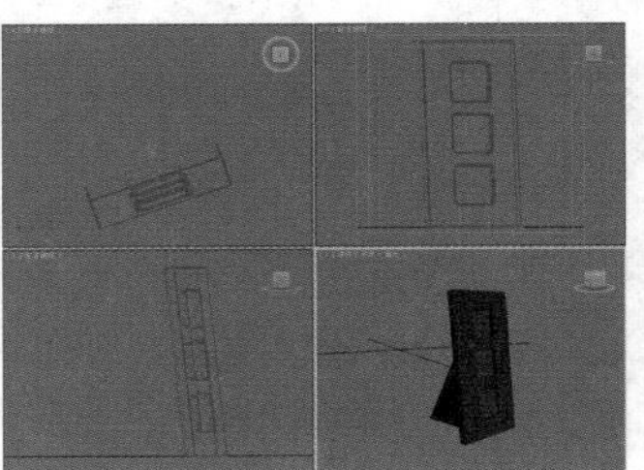

图2-151

**步骤02** 选中相框模型，然后在主工具栏中单击【镜像】按钮，接着在弹出的【镜像】对话框中设置【镜像轴】为X、【偏移】为40cm，再设置【克隆当前选择】为【复制】方式，最后单击【确定】按钮。具体参数设置如图2-152所示。

**步骤03** 最终效果如图2-153所示。

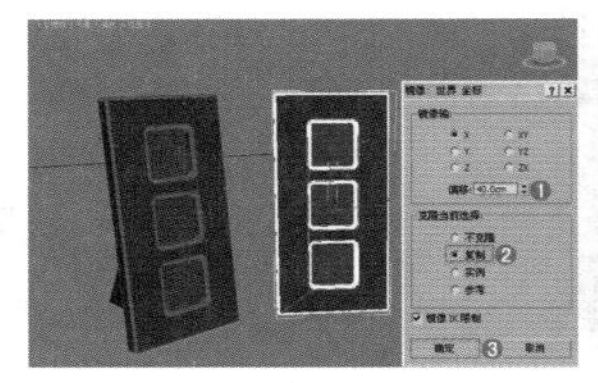

图2-152

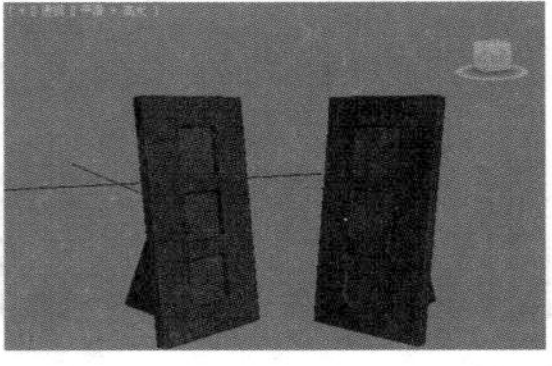

图2-153

## 小实例：使用对齐工具使花盆对齐到地面

| 场景文件 | 15.max |
|---|---|
| 案例文件 | 小实例：使用对齐工具使花盆对齐到地面.max |
| 视频教学 | 多媒体教学/Chapter 02/小实例：使用对齐工具使花盆对齐到地面.flv |
| 难易指数 | ★☆☆☆☆ |
| 技术掌握 | 掌握【对齐】工具的运用方法 |

### 实例介绍

本实例使用【对齐】工具将花盆和花对齐到地面的效果如图2-154所示。

图2-154

图2-155

### 操作步骤

**步骤01** 打开本书配套光盘中的【场景文件/Chapter02/15.max】文件，可以观察到场景中花盆和地面有一定的距离，没有对齐，如图2-155所示。

**步骤02** 选中花盆和花，然后在主工具栏中单击【对齐】按钮，接着单击地面，在弹出的对话框中设置【对齐位置（世界）】为【Z位置】、【当前对象】为【最小】、【目标对象】为【最小】，最后单击【确定】按钮，如图2-156所示。

**步骤03** 完成后的效果如图2-157所示。

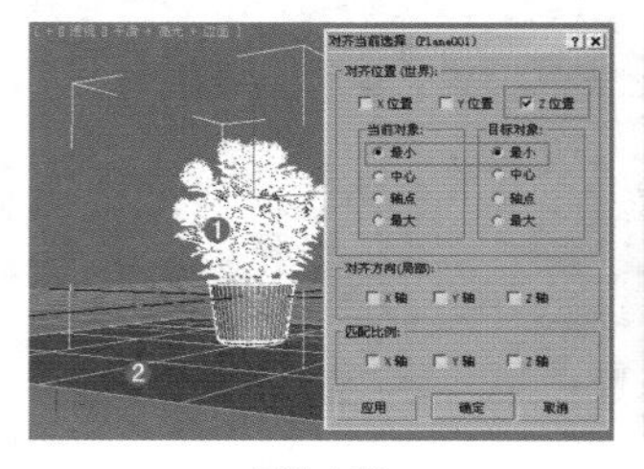

图2-156

图2-157

### 技术专题——对齐参数详解

- X/Y/Z位置：用来指定要执行对齐操作的一个或多个坐标轴。同时选中这3个复选框可以将当前对象重叠到目标对象上。
- 最小：将具有最小X/Y/Z值对象边界框上的点与其他对象上选定的点对齐。
- 中心：将对象边界框中心与其他对象上的选定点对齐。
- 轴点：将对象的轴点与其他对象上的选定点对齐。
- 最大：将具有最大X/Y/Z值对象边界框上的点与其他对象上选定的点对齐。
- 对齐方向（局部）：包括X/Y/Z轴3个选项，主要用来设置选择对象与目标对象以哪个坐标轴进行对齐。
- 匹配比例：包括X/Y/Z轴3个选项，可以匹配两个选定对象之间的缩放轴的值。注意，该操作仅对变换输入中显示的缩放值进行匹配。

## 小实例：视口布局设置

| 场景文件 | 16.max |
|---|---|
| 案例文件 | 小实例：视口布局设置.max |
| 视频教学 | 多媒体教学/Chapter 02/小实例：视口布局设置.flv |
| 难易指数 | ★☆☆☆☆ |
| 技术掌握 | 掌握如何设置视口的布局方式 |

### 实例介绍

在3ds Max 2016中可以通过单击界面右下角的【最大化视口显示】按钮将单一视图切换为四视图。视图的划分及显示在3ds Max 2016中是可以调整的，用户可以根据观察对象的需要来改变视图的大小或显示方式等。

### 操作步骤

**步骤01** 打开本书配套光盘中的【场景文件/Chapter02/16.max】文件，如图2-158所示。

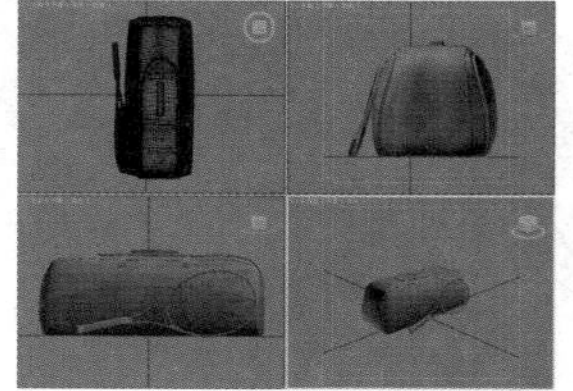

图2-158

**步骤02** 执行【视图/视口配置】命令，打开【视口配置】对话框，然后选择【布局】选项卡，在该选项卡下系统预设了一些视口的布局方式，如图2-159所示。

**步骤03** 选择第6个布局方式，此时从下面的缩略图中可以观察到这个视图布局的划分方式，如图2-160所示。

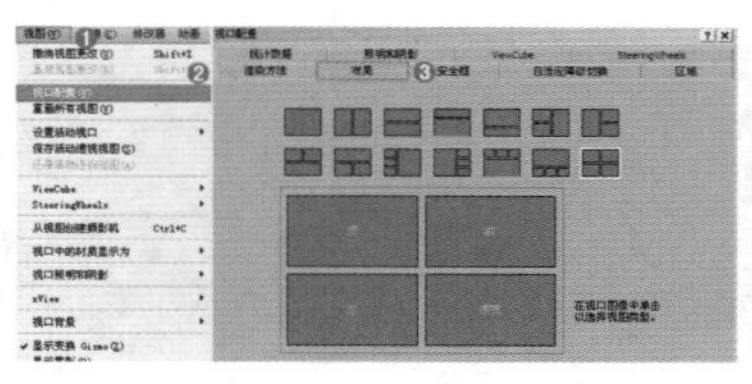

图2-159

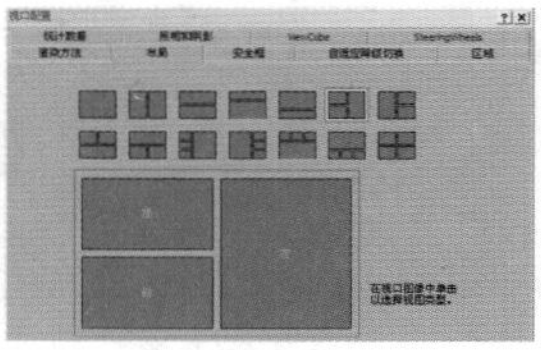

图2-160

**步骤04** 在大缩略图的左视图上单击鼠标右键，然后在弹出的快捷菜单中选择【透视】命令，将该视图设置为透视图，接着单击【确定】按钮，如图2-161所示。重新划分后的视图效果如图2-162所示。

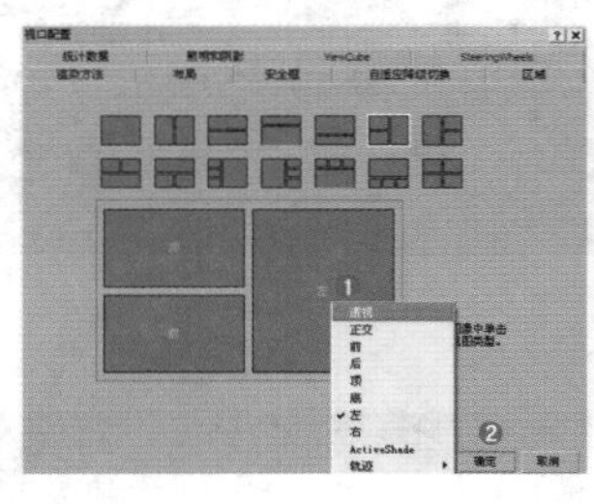

图2-161

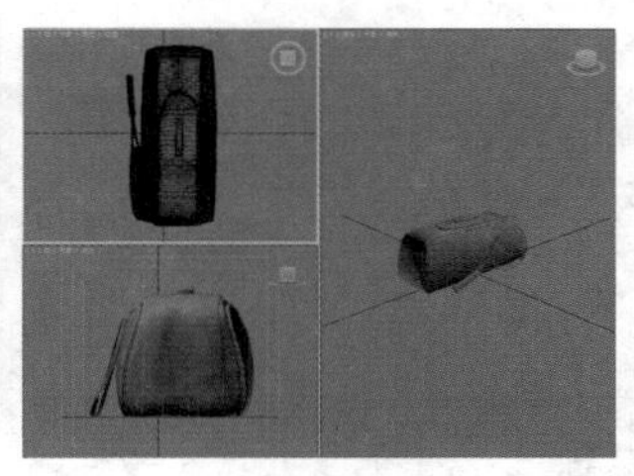

图2-162

**技巧提示**

将光标放置在视图与视图的交界处，当其变成【双向箭头】时，可以左右调整视图的大小；当其变成【十字箭头】时，可以上下左右调整视图的大小，如图2-163所示。

如果要将视图恢复到原始的布局方式，可以在视图交界处单击鼠标右键，然后在弹出的快捷菜单中选择【重置布局】命令，如图2-164所示。

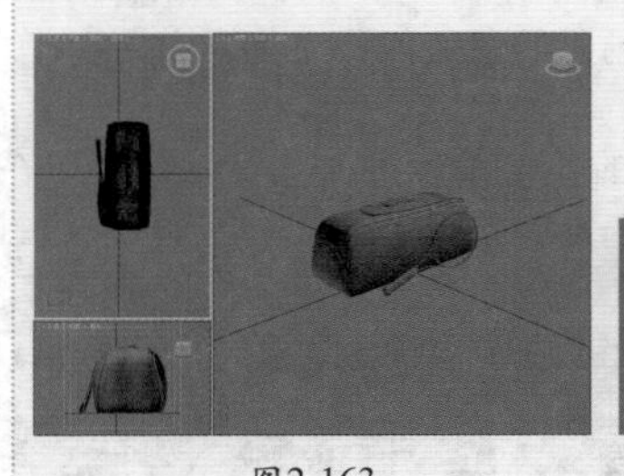

图2-163

图2-164

## 小实例：自定义界面颜色

| 场景文件 | 无 |
| --- | --- |
| 案例文件 | 无 |
| 视频教学 | 多媒体教学/Chapter 02/小实例：自定义界面颜色.flv |
| 难易指数 | ★☆☆☆☆ |
| 技术掌握 | 掌握如何自定义用户界面的颜色 |

### 实例介绍

通常情况下，首次安装并启动3ds Max 2016时，界面是由多种不同的灰色构成的。如果用户不习惯系统预置的颜色，可以通过自定义的方式来更改界面的颜色。

### 操作步骤

**步骤01** 在菜单栏中执行【自定义】|【自定义用户界面】命令，打开【自定义用户界面】对话框，然后选择【颜色】选项卡，如图2-165所示。

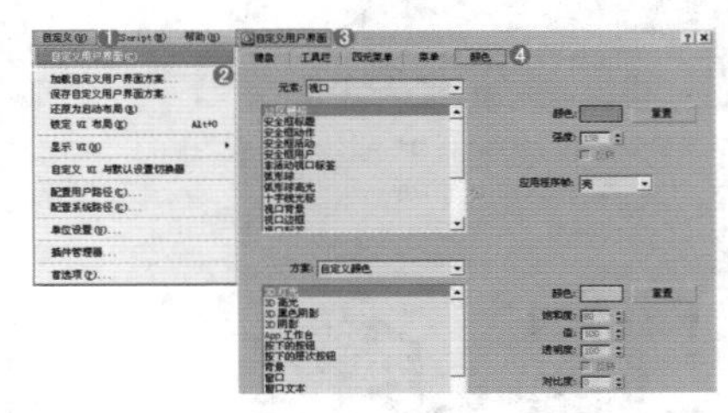

图2-165

**步骤02** 设置【元素】为【视口】，然后在其下拉列表中选择【视口背景】选项，接着单击【颜色】选项旁边的色块，在弹出的【颜色选择器】对话框中可以观察到【视口背景】默认的颜色为灰色，如图2-166所示。

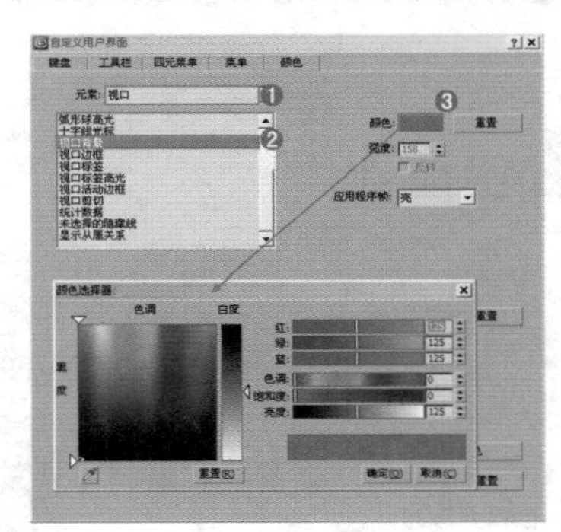

图2-166

**步骤03** 在【颜色选择器】对话框中设置颜色为黑色，然后单击【保存】按钮，接着在弹出的【保存颜色文件为】对话框中为颜色文件命名，最后单击【保存】按钮，如图2-167所示。

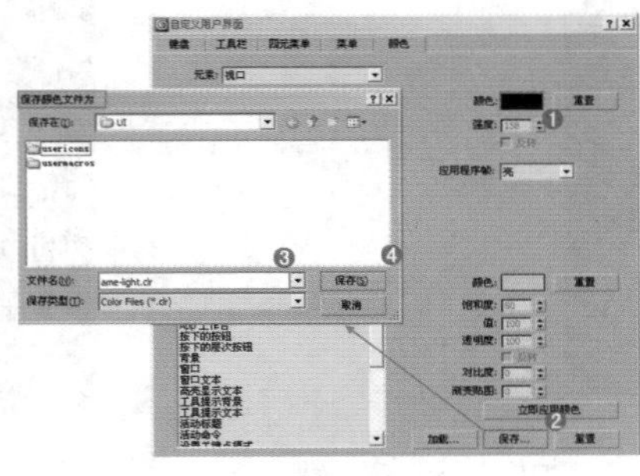

图2-167

**步骤04** 在【自定义用户界面】对话框中单击【加载】按钮，然后在弹出的【加载颜色文件】对话框中找到前面保存好的颜色文件，接着单击【打开】按钮，如图2-168所示。

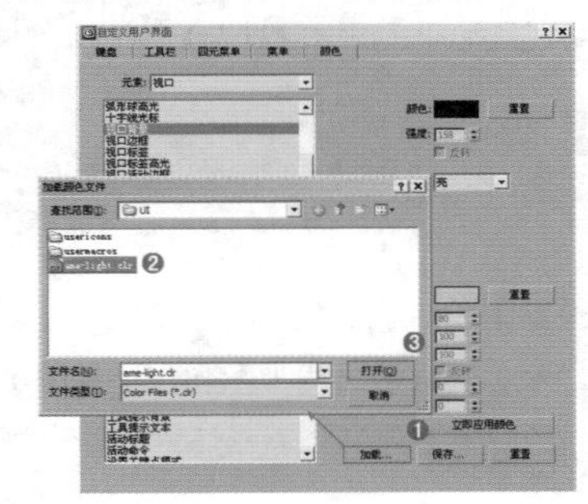

图2-168

**步骤05** 加载颜色文件后，用户界面颜色发生变化，如图2-169所示。

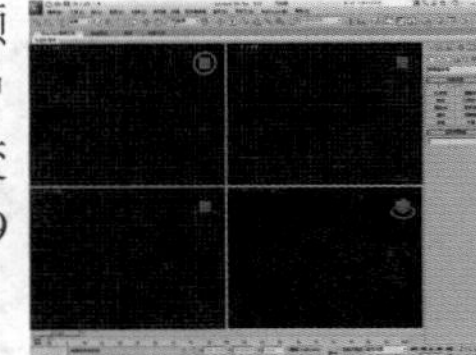

图2-169

**技巧提示**

如果想要将自定义的用户界面颜色还原为默认的颜色，可以重复前面的步骤，将【视口背景】的颜色设置为灰色。

## 小实例：使用所有视图中可用的控件

| 场景文件 | 17.max |
| --- | --- |
| 案例文件 | 无 |
| 视频教学 | 多媒体教学/Chapter 02/小实例：使用所有视图中可用的控件.flv |
| 难易指数 | ★☆☆☆☆ |
| 技术掌握 | 掌握在所有视图中可用控件的使用方法 |

### 实例介绍

本实例将学习所有视图中可用控件的使用方法。

### 操作步骤

步骤01 打开本书配套光盘中的【场景文件/Chapter02/17.max】文件，可以观察到场景中的物体在4个视图中并没有最大化显示，并且有些视图有些偏离，如图2-170所示。

步骤02 如果想要整个场景的对象都最大化居中显示，可以单击【所有视图最大化显示】按钮，效果如图2-171所示。

步骤03 如果想要中间的花盆单独最大化显示，可以在任意视图中选中花盆，然后单击【所有视图最大化显示选定对象】按钮（也可以按Z键），效果如图2-172所示。

步骤04 如果想要在单个视图中最大化显示场景中的对象，可以单击【最大化视图切换】按钮（或按Alt+W组合键），效果如图2-173所示。

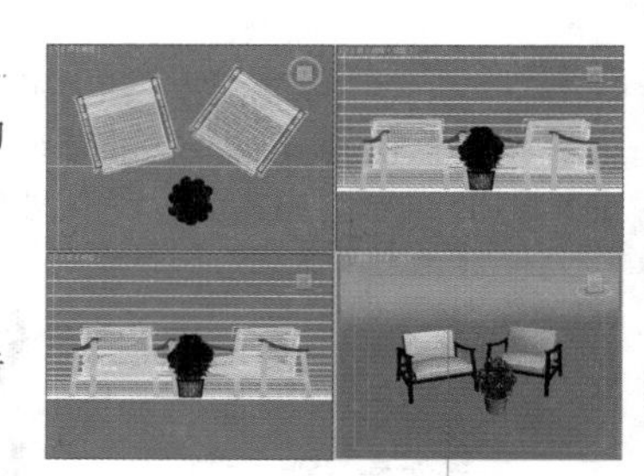

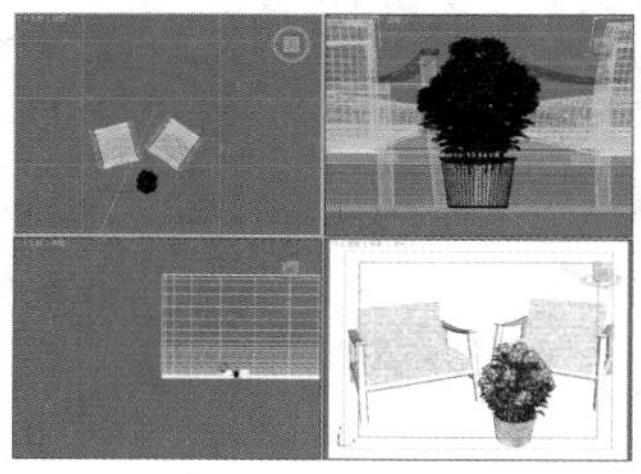

图2-170

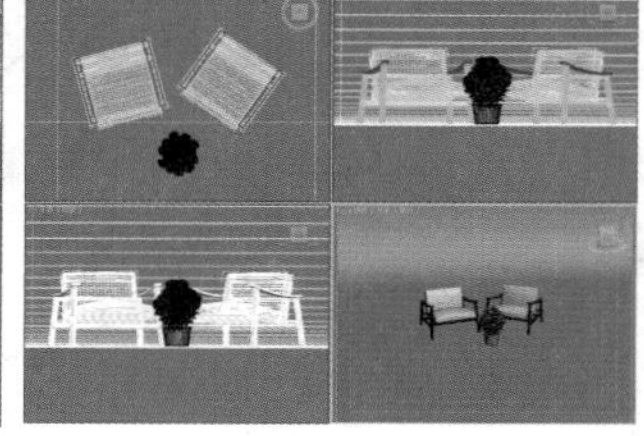

图2-171

图2-172

图2-173

## 小实例：使用透视图和正交视图控件

| 场景文件 | 18.max |
| --- | --- |
| 案例文件 | 无 |
| 视频教学 | 多媒体教学/Chapter 02/小实例：使用透视图和正交视图控件.flv |
| 难易指数 | ★☆☆☆☆ |
| 技术掌握 | 掌握透视图和正交视图中可用控件的使用方法 |

### 实例介绍

本实例将学习透视图和正交视图中可用控件的使用方法。

### 操作步骤

步骤01 继续使用上一实例的场景。如果想要拉近视图中所显示的对象，可以单击【视野】按钮，然后在按住鼠标左键的同时进行适当拖曳，如图2-174所示。

图2-174

步骤02 如果想要查看视图中未显示的对象，可以单击【平移视图】按钮，然后在按住Ctrl键的同时将未显示出来的部分拖曳到视图中，如图2-175所示。

图2-175

## 小实例：使用摄影机视图控件

| 场景文件 | 19.max |
| --- | --- |
| 案例文件 | 无 |
| 视频教学 | 多媒体教学/Chapter 02/小实例：使用摄影机视图控件.flv |
| 难易指数 | ★☆☆☆☆ |
| 技术掌握 | 掌握摄影机视图中可用控件的使用方法 |

### 实例介绍

当一个场景已经有了一台设置完成的摄影机，并且视图处于摄影机视图时，如果直接调整摄影机的位置，则很难达到最佳效果，而使用摄影机视图控件来进行调整就方便多了。

### 操作步骤

**步骤01** 继续使用上一案例的场景，可以在顶视图、前视图和左视图中观察到摄影机的位置，如图2-176所示。

**步骤02** 如果想拉近摄影机镜头，可以单击【视野】按钮，然后按住鼠标左键的同时将光标向摄影机中心进行拖曳，如图 2-177 所示。

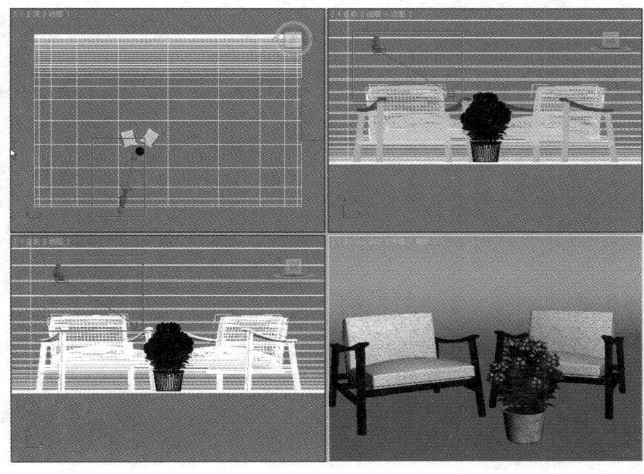

图2-176

图2-177

**步骤03** 如果想要查看画面的透视效果，可以单击【透视】按钮，然后在按住鼠标左键的同时拖曳光标即可查看到对象的透视效果，如图2-178所示。

**步骤04** 如果想要一个倾斜的构图，可以单击【环绕摄影机】按钮，然后按住鼠标左键的同时拖曳光标，如图2-179所示。

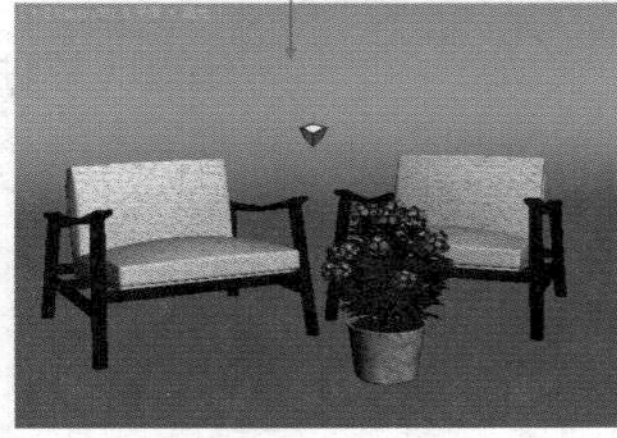

图2-178

图2-179

**步骤05** 使用摄影机视图控件调整出一个正常的角度，然后按Shift+F组合键可打开安全框（安全框代表最终渲染的区域），如图2-180所示。

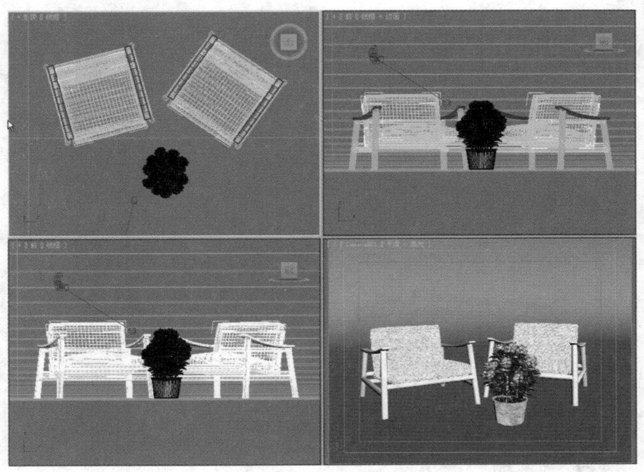

图2-180

# 基础建模技术

建模就是建立模型，其方式有很多，而且知识点相对分散、琐碎，因此在学习时应多注意养成清晰的制作思路。建模的重要性犹如盖楼房中的地基，只有地基打得稳，在后面的步骤才会进行得更加顺利。

**本章学习要点：**

- 建模常识
- 几何体建模的方法
- 复合对象建模的方法
- 建筑对象建模的方法
- VRay对象的创建方法
- 二维图形的建模方法

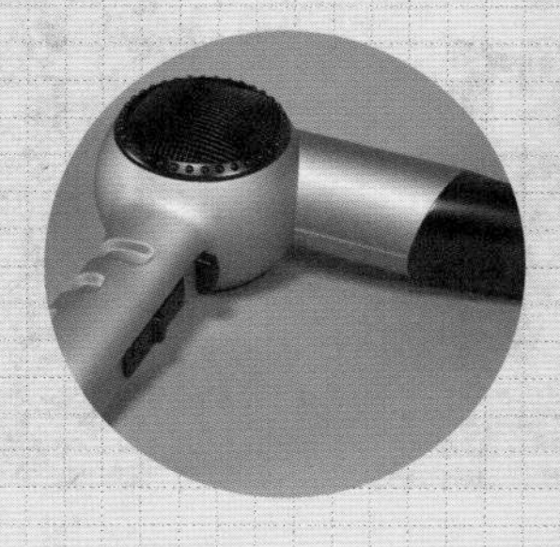

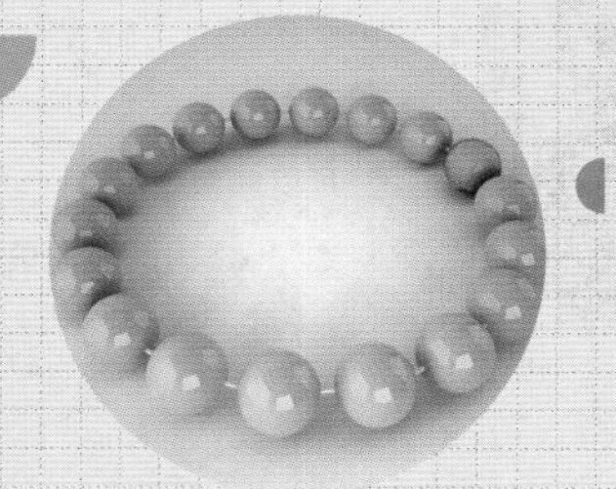

# 3.1 建模常识

建模就是建立模型，其方式有很多，而且知识点相对分散、琐碎，因此在学习时应多注意养成清晰的制作思路。建模的重要性犹如盖楼房中的地基，只有地基打得稳，在后面的步骤才会进行得更加顺利。

## 3.1.1 建模是什么

3ds Max建模是通过三维制作软件，在虚拟三维空间构建出具有三维数据的模型，即建立模型的过程。常用建模方法分为几何体建模、复合对象建模、样条线建模、修改器建模、网格建模、NURBS建模、多边形建模等。如图3-1所示为优秀的建模作品。

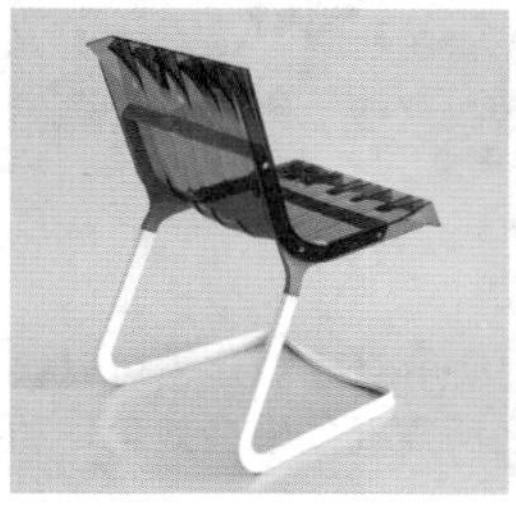

图3-1

## 3.1.2 为什么要建模

对于3ds Max初学者来说，建模是学习中的第一个步骤，也是基础，只有模型做得扎实、准确，在后面渲染的步骤中才不会再去反复修改建模时的错误，这样将会节省大量的时间。

## 3.1.3 建模常用思路

一般来说，制作模型大致分为4个步骤，分别为清晰化思路并确定建模方式、建立基础模型、细化模型以及完成模型，如图3-2所示。

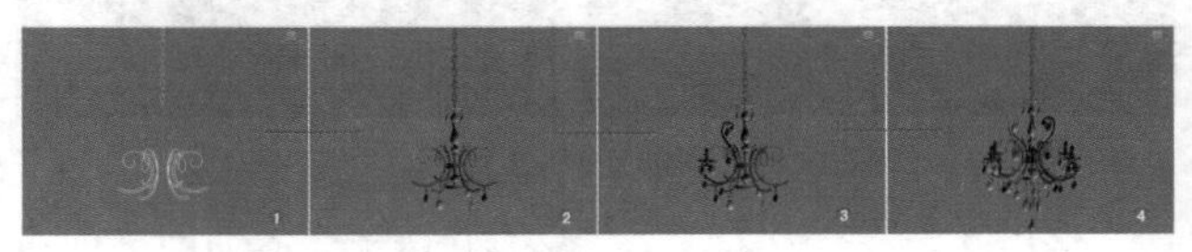

图3-2

**步骤01** 清晰思路并确定建模方式

例如在这里我们选择【样条线建模】和【修改器建模】方式进行制作，如图3-3所示。

**步骤02** 建立基础模型

将模型的大致效果制作出来，如图3-4所示。

图3-3

图3-4

**步骤03** 细化模型

将模型进行深入制作，如图3-5所示。

**步骤04** 完成模型

完成模型的制作，如图3-6所示。

图3-5

图3-6

## 3.1.4 建模的常用方法

建模的方法有很多，主要包括几何体建模、复合对象建模、样条线建模、修改器建模、网格建模、面片建模、NURBS建模、多边形建模等，其中几何体建模、样条线建模、修改器建模、多边形建模应用最为广泛。

**方法01** 几何体建模

几何体建模是3ds Max中自带的标准基本体、扩展基本体等模型，用户可以使用这些模型进行创建，然后将其参数进行设置，最后调整模型的位置即可，如图3-7所示为使用几何体建模方式制作的模型。

图3-7

**方法02** 复合对象建模

复合对象建模是一种特殊的建模方法，使用复合对象可以快速制作出很多模型效果。复合对象包括 变形 、 散布 、 一致 、 连接 、 水滴网格 、 图形合并 、 布尔 、 地形 、 放样 、 网格化 、 ProBoolean 和 ProCutter ，如图3-8所示。

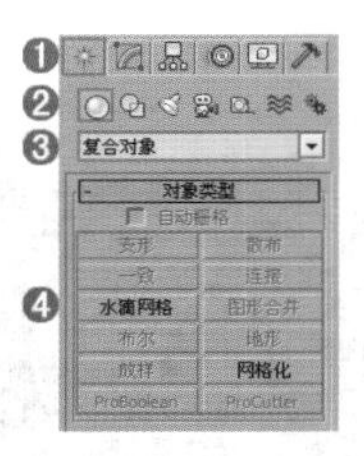


图3-8

使用【放样】工具，通过绘制平面和剖面，就可以快速制作出三维油画框模型，如图3-9所示。

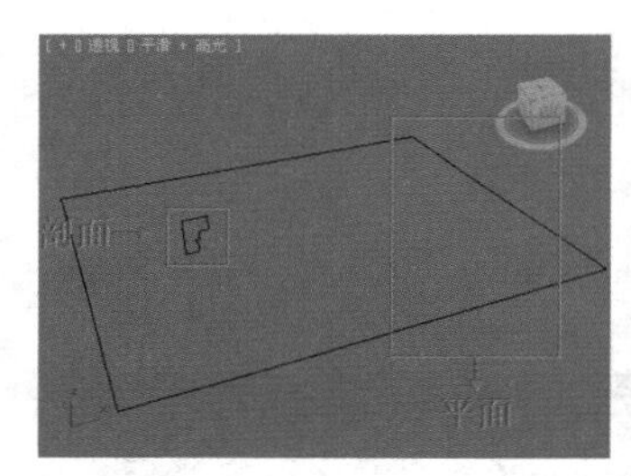

图3-9

使用【图形合并】工具可以制作出戒指表面的纹饰效果，如图3-10所示。

图3-10

**方法03** 样条线建模

使用样条线可以快速地绘制复杂的图形，利用该图形可以将其修改为三维的模型，并可以使用绘制图形，添加修改器将其快速转化为复杂的模型效果，如图3-11所示为使用样条线建模制作的自行车模型。

图3-11

**方法04** 修改器建模

3ds Max的修改器种类有很多，使用修改器建模可以快速修改模型的整体效果，以达到我们所需要的模型效果，如图3-12所示为使用修改器建模制作的模型。

图3-12

**方法05** 网格建模

网格建模与多边形建模方法类似，是一种比较高级的建模方法，主要包括5种级别，并通过分别调整某级别的参数等，以达到调节模型的效果，如图3-13所示为使用网格建模制作的工业产品模型。

**方法06** NURBS建模

NURBS建模能够比传统的网格建模方式更好地控制物体表面的曲线度，从而能够创建出更逼真、生动的造型，如图3-14所示为使用NURBS建模制作的音响模型。

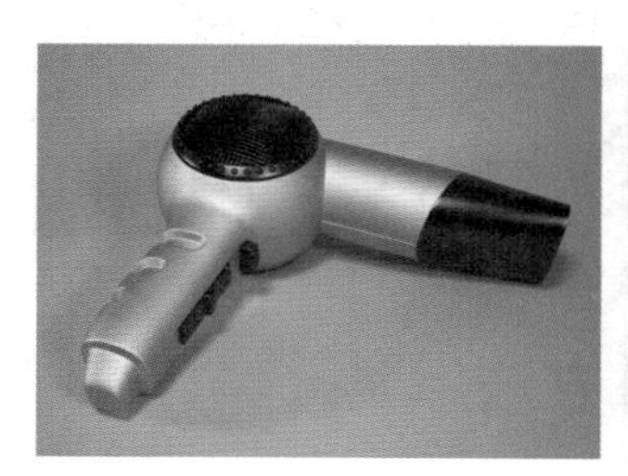

图3-13

图3-14

**方法07** 多边形建模

多边形建模是最为常用的建模方式之一，主要包括【顶点】、【边】、【边界】、【多边形】和【元素】5个级别，可以制作出多种模型效果。该建模方式也是后面章节中重点讲解的一种建模类型，如图3-15所示为使用多边形建模制作的摩托车模型。

图3-15

# 3.2 创建几何基本体

在几何基本体下面一共包括14种类型，分别为标准基本体、扩展基本体、复合对象、粒子系统、面片栅格、NURBS曲面、实体对象、门、窗、mental ray、AEC扩展、动力学对象、楼梯、VRay，如图3-16所示。

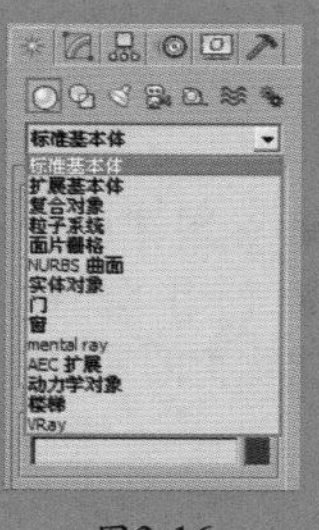


图3-16

## 3.2.1 标准基本体

标准基本体是3ds Max中自带的一些标准的模型，也是最常用的基本模型，如长方体、球体、圆柱体等。如图3-17所示为标准基本体制作的作品。

图3-17

标准基本体包含10种对象类型，分别是长方体、圆锥体、球体、几何球体、圆柱体、管状体、圆环、四棱锥、茶壶和平面，如图3-18所示。

图3-18

### 1. 长方体

长方体是最常用的标准基本体。使用【长方体】工具可以制作长度、宽度、高度不同的长方体。长方体的参数比较简单，包括【长度】、【高度】、【宽度】以及相对应的【分段】，如图3-19所示。

- **长度、宽度、高度**：设置长方体对象的长度、宽度和高度。默认值为0、0、0。
- **长度分段、宽度分段、高度分段**：设置沿着对象每个轴的分段数量。在创建前后设置均可。
- **生成贴图坐标**：生成将贴图材质应用于长方体的坐标。默认设置为启用。

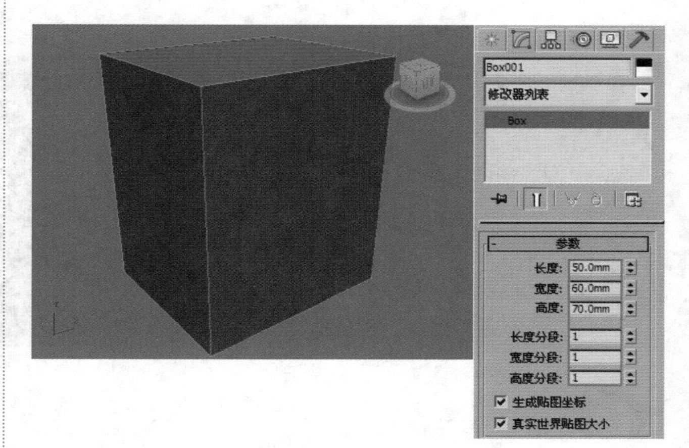


图3-19

- **真实世界贴图大小**：控制应用于该对象的纹理贴图材质所使用的缩放方法。

使用【长方体】工具可以快速创建出很多简易的模型，如书架等，如图3-20所示。

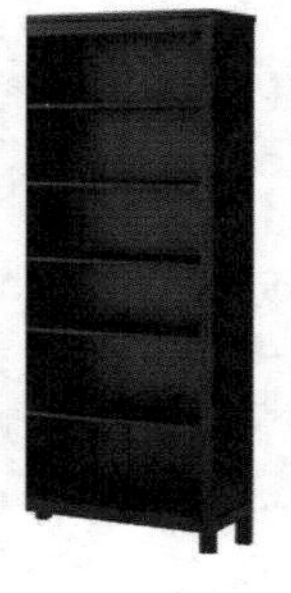

图3-20

## 小实例：利用长方体制作储物柜

| 场景文件 | 无 |
|---|---|
| 案例文件 | 小实例：利用长方体制作储物柜.max |
| 视频教学 | 多媒体教学/Chapter03/小实例：利用长方体制作储物柜.flv |
| 难易指数 | ★☆☆☆☆ |
| 技术掌握 | 掌握【长方体】工具的使用方法 |

本实例将以一个储物柜为例来讲解【长方体】工具的使用方法，效果如图3-21所示。

图3-21

### 建模思路

01 使用【长方体】工具创建储物柜主体部分的模型。

02 使用【圆柱体】工具创建储物柜剩余部分的模型。

储物柜的建模流程如图3-22所示。

图3-22

### 操作步骤

#### Part 1 使用【长方体】工具创建储物柜主体部分的模型

**步骤01** 启动3ds Max 2016中文版，选择菜单栏中的【自定义】|【单位设置】命令，此时将弹出【单位设置】对话框，在该对话框中将【显示单位比例】和【系统单位比例】设置为【毫米】，单击【确定】按钮，如图3-23所示。

图3-23

**步骤02** 在【创建】面板中单击【几何体】按钮，设置几何体类型为【标准基本体】，单击【长方体】按钮，如图3-24所示。

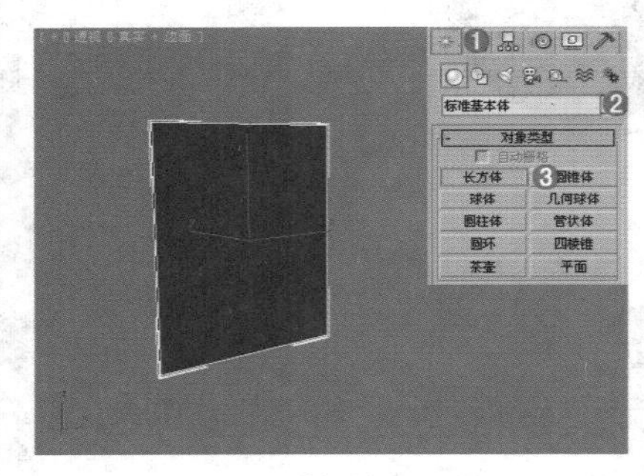

图3-24

**步骤03** 在前视图中拖曳并创建一个长方体，单击【修改】面板，在【参数】卷展栏中设置【长度】为1600mm，【宽度】为1400mm，【高度】为20mm，如图3-25所示。

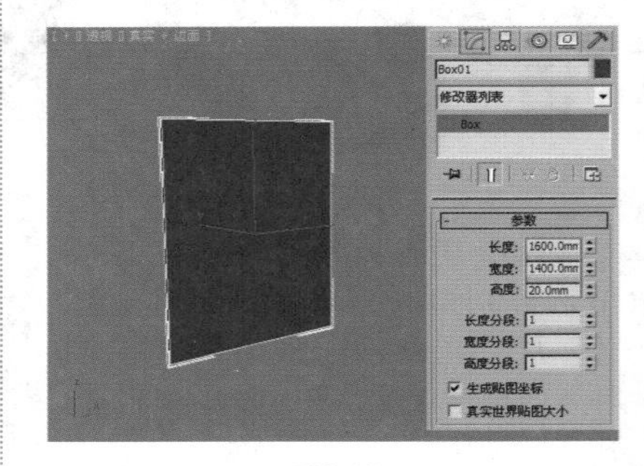

图3-25

**技巧提示**

在这里将【长度分段】、【宽度分段】、【高度分段】设置为1，可以有效地减少场景中的模型面数。

**步骤04** 继续使用【长方体】工具，在步骤03中创建的长方体侧面创建一个长方体，然后在【参数】卷展栏中设置【长度】为1600mm，【宽度】为600mm，【高度】为20mm，如图3-26所示。

**步骤05** 使用【选择并移动】工具，选择右侧模型，然后按下Shift键，并拖曳该模型，在弹出的【克隆选项】对话框中选中【实例】单选按钮，复制后的模型效果如图3-27所示。

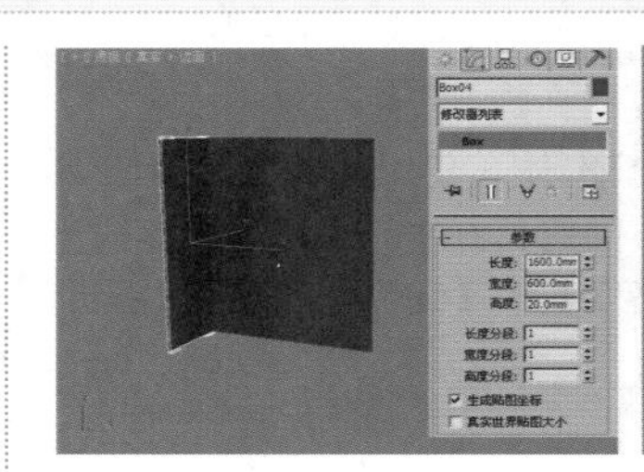

图3-26

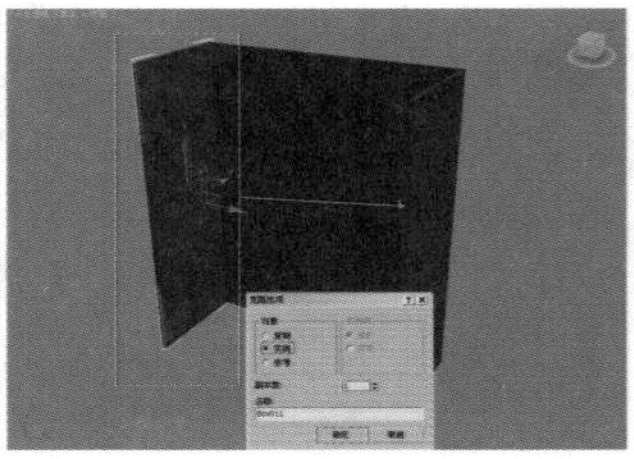

图3-27

**步骤06** 继续使用【长方体】工具在顶视图中创建一个长方体，设置【长度】为600mm，【宽度】为1400mm，【高度】为20mm，如图3-28所示。选择刚创建的长方体，按下Shift键，并拖曳所选择的模型，将长方体复制一份，效果如图3-29所示。

图3-28

图3-29

### 技巧提示

在3ds Max 2016的视口中可以实时显示灯光和阴影的效果，虽然效果并不真实，但是可以反映出场景灯光的基本情况，希望在不久的将来的新版本中会继续对该功能进行更新，以达到更真实的实时显示效果。

当然，该功能在建模的过程中会显得有些多余，因为实时显示了灯光和阴影，会对模型的观察产生错觉，因此在建模的过程中建议大家将该功能暂时关闭，如图3-30所示为默认状态为没有关闭该功能的效果。

在视图左上角的【真实+边面】真实 + 边面处单击鼠标右键，单击【照明和阴影】，并取消选中【阴影】，效果如图3-31所示。

在视图左上角的【真实+边面】真实 + 边面处单击鼠标右键，单击【照明和阴影】，并取消选中【阴影】，然后取消选中Ambient Occlusion，效果如图3-32所示。

图3-30

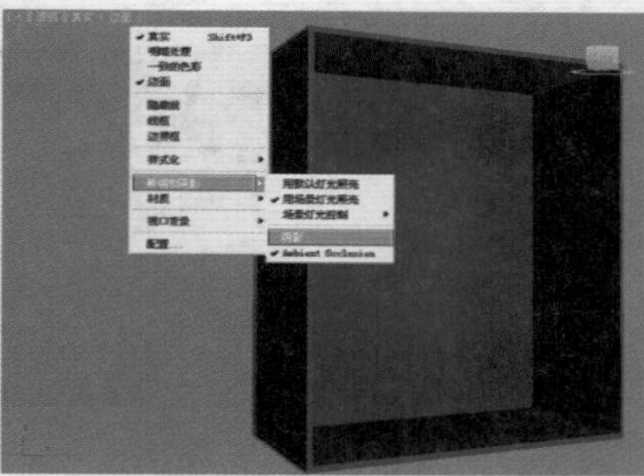
图3-31

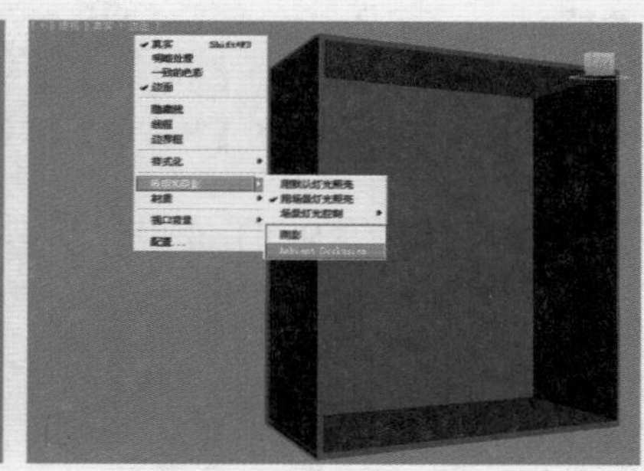
图3-32

**步骤07** 使用【长方体】工具在视图中创建4个长方体，设置【长度】为770mm，【宽度】为670mm，【高度】为20mm，如图3-33所示。

**步骤08** 继续使用【长方体】工具在视图中创建一个长方体，然后设置【长度】为50mm，【宽度】为110mm，【高度】为20mm，如图3-34所示。

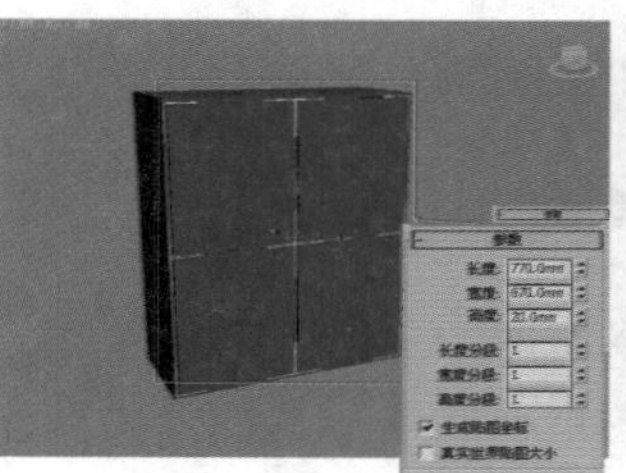
图3-33

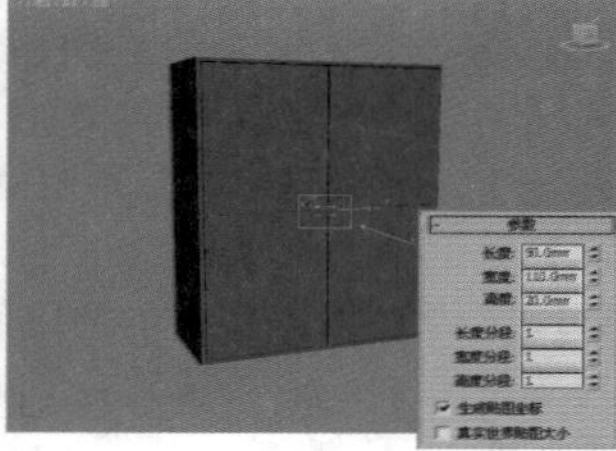
图3-34

## Part 2 使用【圆柱体】工具创建储物柜剩余部分的模型

**步骤01** 使用【圆柱体】工具在顶视图中创建一个圆柱体，并设置【半径】为20mm，【高度】为120mm，【高度分段】为1，如图3-35所示。

**步骤02** 继续使用【圆柱体】工具在顶视图中创建一个圆柱体，并设置【半径】为24mm，【高度】为10mm，【高度分段】为1，如图3-36所示。

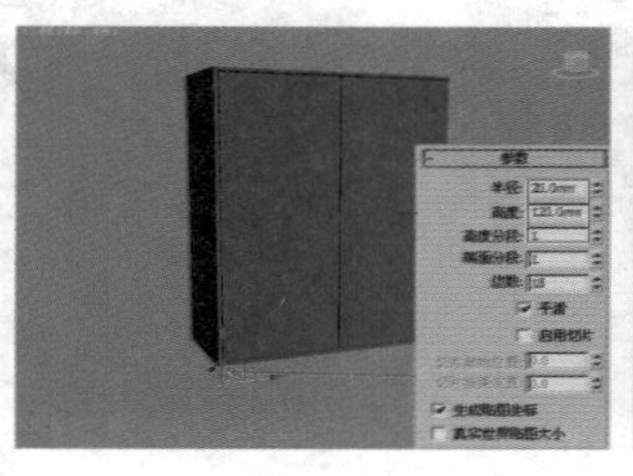
图3-35

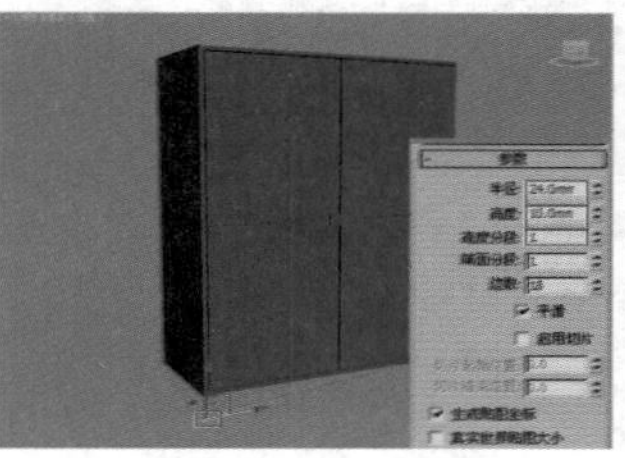
图3-36

**步骤03** 使用【选择并移动】工具选择如图3-37所示的模型，同时按下Shift键，拖曳并复制3份，并放到合适的位置，最终模型效果如图3-38所示。

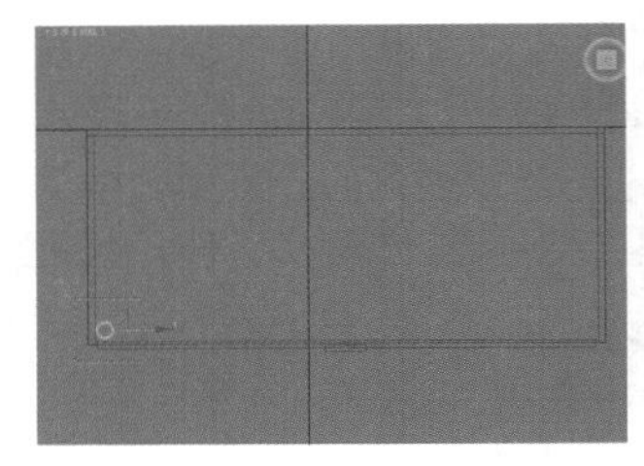

图3-37

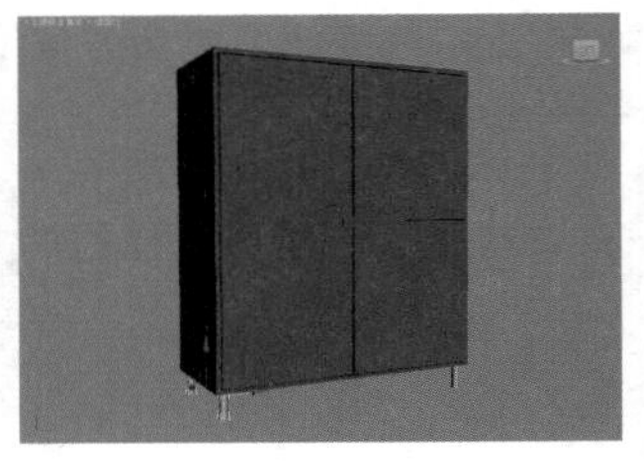

图3-38

## 小实例：利用长方体制作简约桌子

| 场景文件 | 无 |
|---|---|
| 案例文件 | 小实例：利用长方体制作简约桌子.max |
| 视频教学 | DVD/多媒体教学/Chapter03/小实例：利用长方体制作简约桌子.flv |
| 难易指数 | ★☆☆☆☆ |
| 建模方式 | 标准基本体建模 |
| 技术掌握 | 掌握【长方体】工具的运用 |

### 实例介绍

本实例学习使用标准基本体下的【长方体】工具来完成模型的制作，最终渲染和线框效果如图3-39所示。

图3-39

### 建模思路

01 STEP 使用标准基本体下的【长方体】工具创建桌面。

02 STEP 使用标准基本体下的【长方体】和【圆柱体】工具创建桌腿。

简约桌子建模流程如图3-40所示。

图3-40

### 操作步骤

#### Part 1 使用标准基本体下的【长方体】工具创建桌面

**步骤01** 启动3ds Max 2016中文版，选择菜单栏中的【自定义】|【单位设置】命令，此时将弹出【单位设置】对话框，在该对话框中将【显示单位比例】和【系统单位比例】设置为【毫米】，单击【确定】按钮，如图3-41所示。

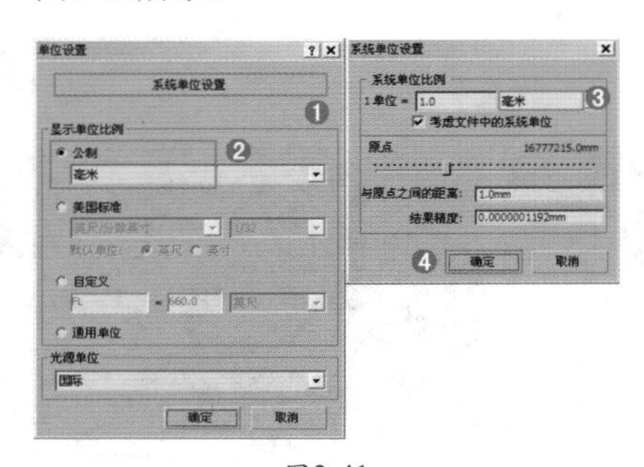

图3-41

**步骤02** 单击（创建）|（几何体）|标准基本体|长方体按钮，在顶视图中创建一个长方体，然后在【修改】面板中设置【长度】为600mm，【宽度】为1200mm，【高度】为40mm，如图3-42所示。

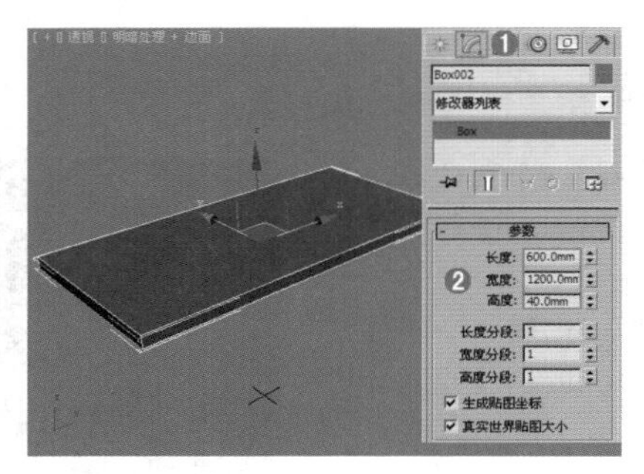

图3-42

**步骤03** 继续使用【长方体】工具在视图中拖曳并创建一个长方体，然后单击【修改】面板，设置【长度】为500mm，【宽度】为1100mm，【高度】为50mm，如图3-43所示。

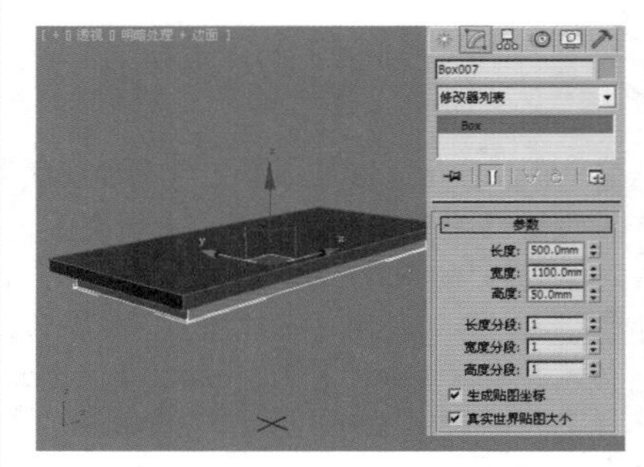

图3-43

## Part 2　使用标准基本体下的【长方体】和【圆柱体】工具创建桌腿

**步骤01** 使用【长方体】工具在视图中拖曳并创建一个长方体，作为桌腿部分，然后单击【修改】面板，并调节其参数【长度】为40mm，【宽度】为40mm，【高度】为700mm，如图3-44所示。

**步骤02** 激活顶视图，确认步骤01创建的长方体处于选中的状态，同时按下Shift键，拖曳并进行复制，释放鼠标会弹出【克隆选项】对话框，选中【实例】单选按钮，设置【副本数】为1，最后单击【确定】按钮，如图3-45所示。

**步骤03** 使用同样的方法复制出另外两个桌子腿，此时场景效果如图3-46所示。

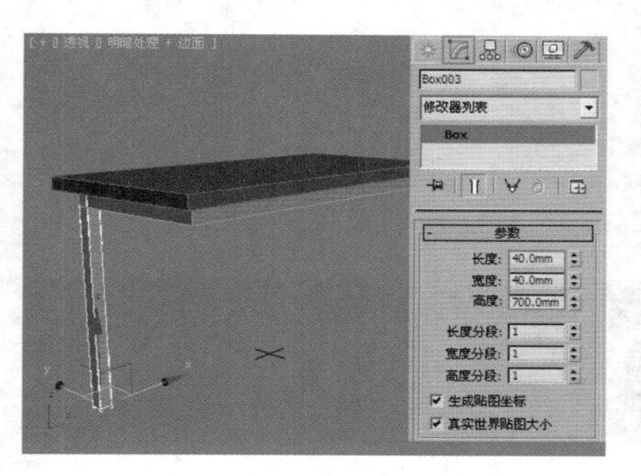
图3-44

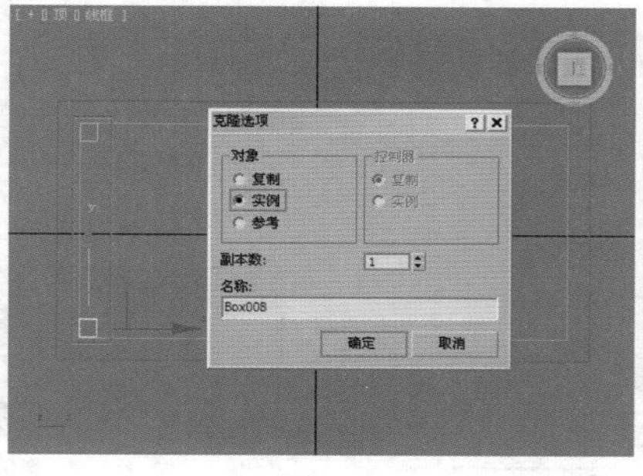
图3-45

图3-46

**步骤04** 使用【圆柱体】工具创建4个圆柱体，分别放置到每一个桌子腿的下方，如图3-47所示。

**步骤05** 单击进入【修改】面板，并设置【半径】为20mm，【高度】为120mm，【边数】为18，如图3-48所示。

**步骤06** 最终模型效果如图3-49所示。

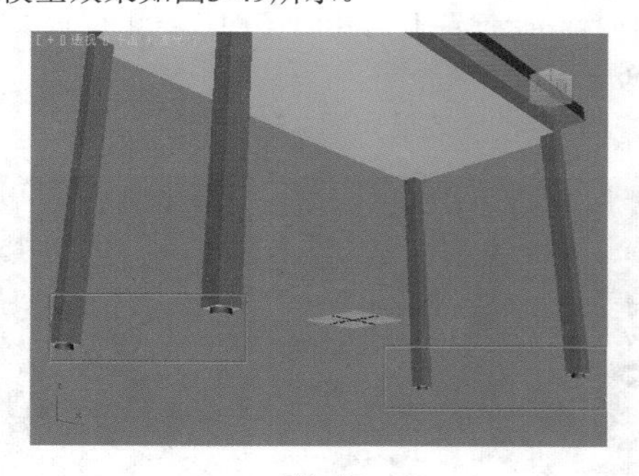
图3-47

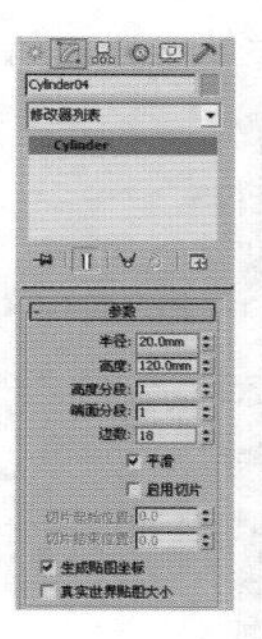
图3-48

图3-49

## 2．圆锥体

使用【圆锥体】工具可以产生直立或倒立的完整或部分圆形圆锥体，如图3-50所示。

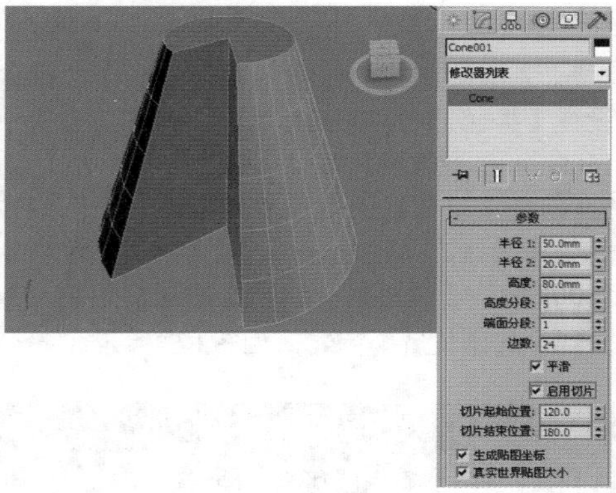

图3-50

- 半径1、半径2：设置圆锥体的第一个半径和第二个半径，两个半径的最小值都是 0.0。如果此时输入负值，则 3ds Max Design会将其转换为 0.0，同时可以组合这些设置以创建直立或倒立的尖顶圆锥体和平顶圆锥体。
- 高度：设置沿着中心轴的维度。负值将在构造平面创建圆锥体。
- 高度分段、端面分段：设置沿着圆锥体主轴的分段数、围绕圆锥体顶部和底部的中心的同心分段数。
- 边数：设置圆锥体周围边数。
- 平滑：混合圆锥体的面，从而在渲染视图中创建平滑的外观。
- 启用切片：启用切片功能。默认设置为禁用状态。创建切片后，如果禁用【启用切片】，则将重新显示完整的圆锥体。
- 切片起始位置、切片结束位置：设置从局部 X 轴的零点开始围绕局部 Z 轴的度数。
- 生成贴图坐标：生成将贴图材质用于圆锥体的坐标。默认设置为启用。
- 真实世界贴图大小：控制应用于该对象的纹理贴图材质所使用的缩放方法。

## 小实例：利用圆锥体制作多种圆锥体模型

| 场景文件 | 无 |
|---|---|
| 案例文件 | 小实例：利用【圆锥体】工具制作多种圆锥体模型.max |
| 视频教学 | 多媒体教学/Chapter03/小实例：利用【圆锥体】工具制作多种圆锥体模型.flv |
| 难易指数 | ★★☆☆☆ |
| 技术掌握 | 掌握【圆锥体】工具的运用 |

### 实例介绍

本实例学习使用标准基本体下的【圆锥体】工具来完成模型的制作，最终渲染和线框效果如图3-51所示。

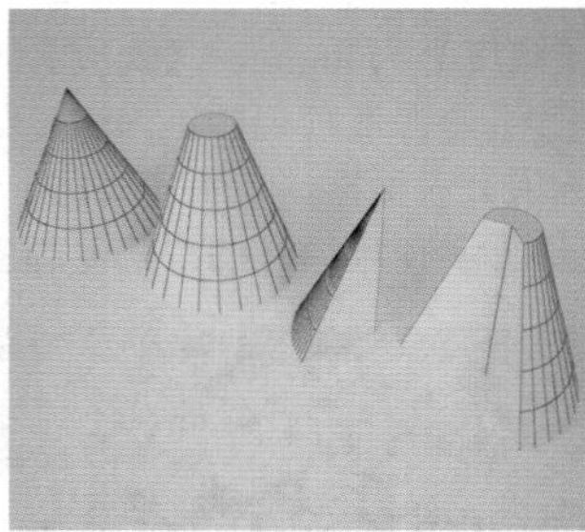

图3-51

### 建模思路

使用【圆锥体】工具制作各种圆锥体模型。

圆锥体建模流程如图3-52所示。

图3-52

### 操作步骤

**步骤01** 单击（创建）|（几何体）| 标准基本体 | 圆锥体 按钮，在视图中创建一个圆锥体，修改参数，设置【半径1】为700mm，【半径2】为0mm，【高度】为1500mm，如图3-53所示。

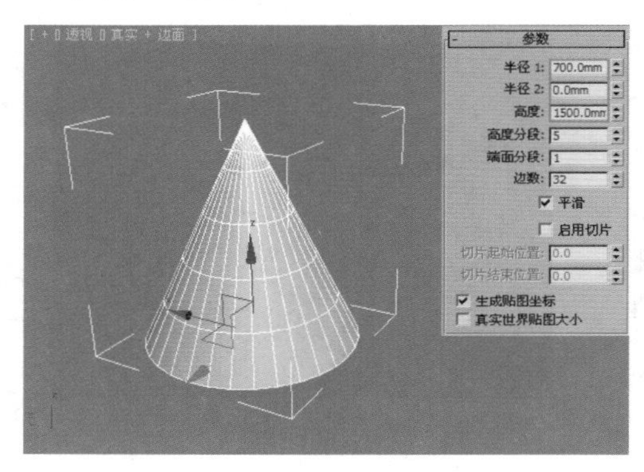


图3-53

**步骤02** 继续在视图中拖曳并创建一个圆锥体，修改参数，设置【半径1】为700mm，【半径2】为200mm，【高度】为1500mm，【边数】为24，如图3-54所示。

**步骤03** 再次在视图中拖曳并创建一个圆锥体，修改参数，设置【半径1】为700mm，【半径2】为0mm，【高度】为1500mm，【边数】为24，选中【启用切片】复选框，设置【切片起始位置】为90，如图3-55所示。

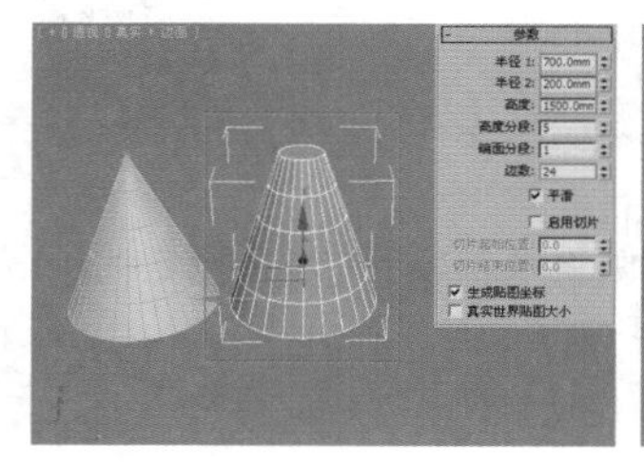

图3-54

图3-55

**步骤04** 再次在视图中拖曳并创建一个圆锥体，修改参数，设置【半径1】为700mm，【半径2】为200mm，【高度】为1500mm，【边数】为24，选中【启用切片】复选框，设置【切片起始位置】为90，【切片结束位置】为－145，如图3-56所示。

**步骤05** 最终模型效果如图3-57所示。

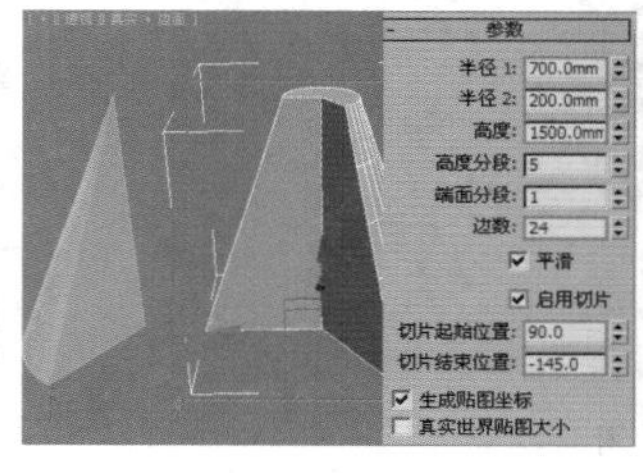

图3-56

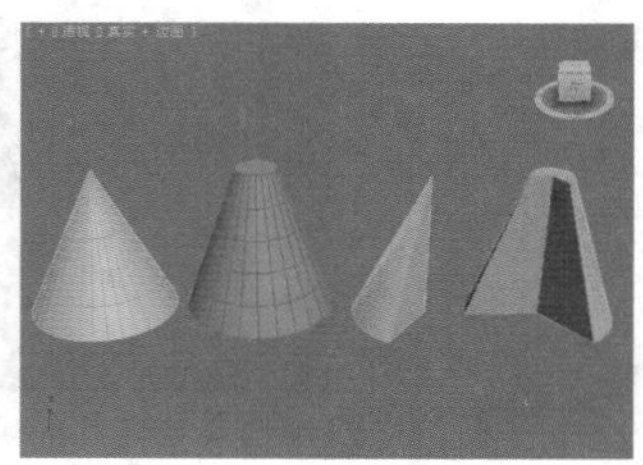

图3-57

### 3．球体

使用【球体】工具可以制作完整的球体、半球体或球体的其他部分，同时还可以围绕球体的垂直轴对其进行切片修改，如图3-58所示。

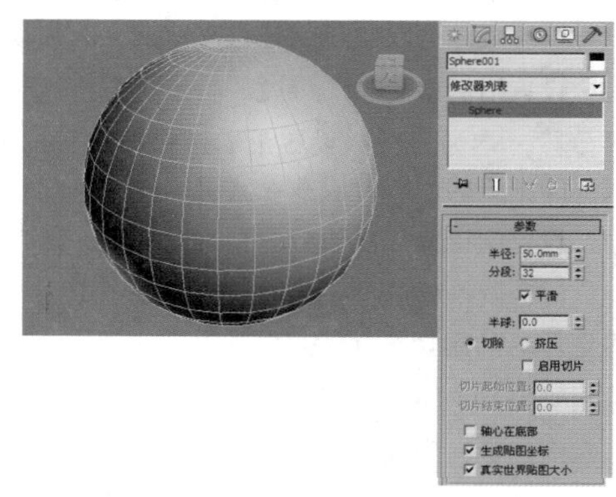

图3-58

- 半径：指定球体的半径。
- 分段：设置球体多边形分段的数目。
- 平滑：混合球体的面，从而在渲染视图中创建平滑的外观。
- 半球：过分增大该值将切断球体，如果从底部开始，将创建部分球体。
- 切除：通过在半球断开时将球体中的顶点和面切除来减少它们的数量。
- 挤压：保持原始球体中的顶点数和面数，将几何体向着球体的顶部挤压，直到体积越来越小。
- 启用切片：使用【从】和【到】切换可创建部分球体。
- 切片起始位置、切片结束位置：设置起始角度、停止角度。
- 轴心在底部：将球体沿着其局部Z轴向上移动，以便轴点位于其底部。

## 小实例：利用球体制作手链模型

| 场景文件 | 无 |
|---|---|
| 案例文件 | 小实例：利用球体制作手链模型.max |
| 视频教学 | 多媒体教学/Chapter03/小实例：利用球体制作手链模型.flv |
| 难易指数 | ★☆☆☆☆ |
| 技术掌握 | 掌握【球体】工具、【附加】工具的运用 |

### 实例介绍

本实例学习使用标准基本体下的【球体】工具制作手链模型，最终渲染和线框效果如图3-59所示。

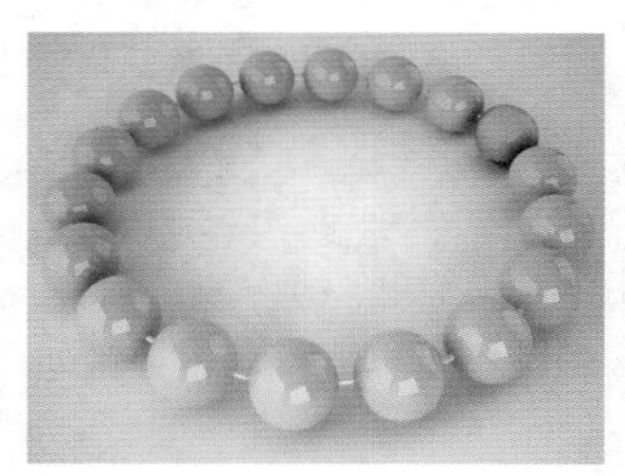

图3-59

### 建模思路

使用【球体】工具制作手链模型。

手链建模流程如图3-60所示。

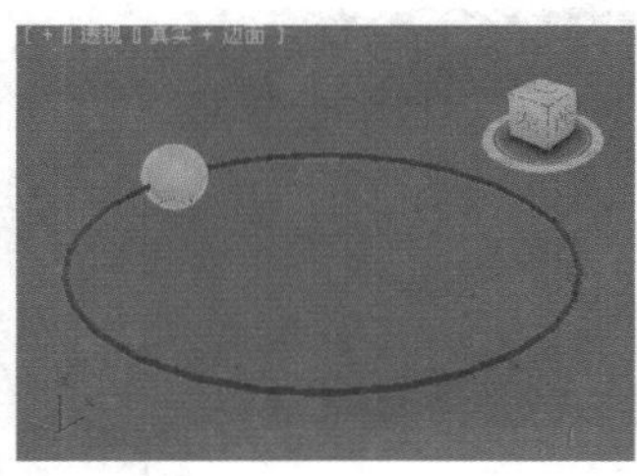

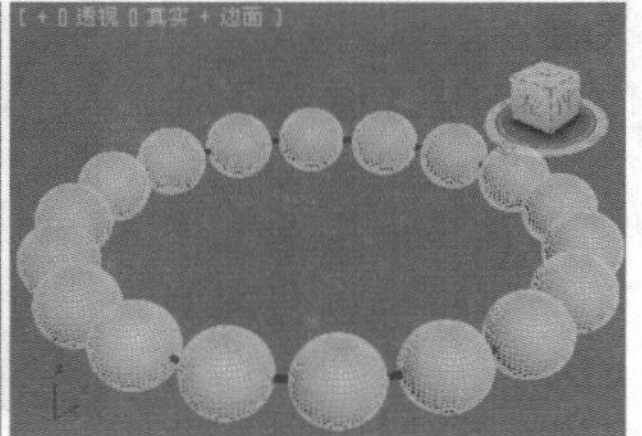

图3-60

### 操作步骤

**步骤01** 单击（创建）|（几何体）|标准基本体|球体按钮，在视图中拖曳并创建一个球体。然后单击【修改】面板，设置【半径】为15mm，【分段】为48，如图3-61所示。

**步骤02** 单击（创建）|（图形）|样条线|圆按钮，在视图中拖曳并创建一个圆，并命名为Circle001，如图3-62所示。

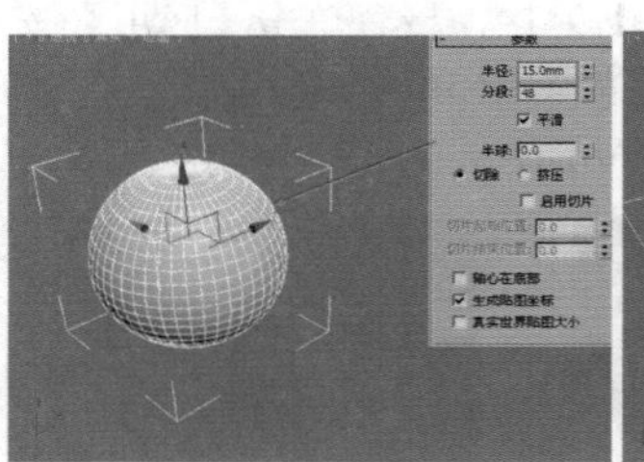

图3-61

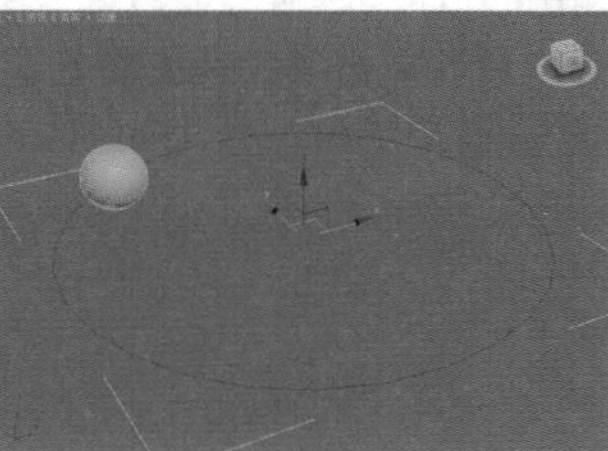

图3-62

**步骤03** 单击【修改】面板，在【渲染】卷展栏中选中【在渲染中启用】和【在视口中启用】复选框，然后选中【径向】单选按钮，设置【厚度】为2mm，在【参数】卷展栏中设置【半径】为100mm，如图3-63所示。

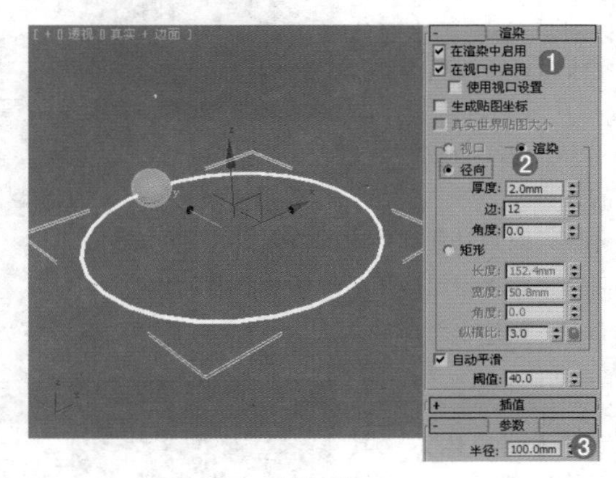


图3-63

**技巧提示**

选中【在渲染中启用】和【在视口中启用】复选框后，不仅仅在视图中看起来圆变成了三维的物体，而且在渲染时也会是三维的效果。

**步骤04** 选择刚才创建的球体，接着在主工具栏的空白处右击并在弹出的快捷菜单中选择【附加】命令，然后在弹出的对话框中选择【间隔工具】工具，如图3-64所示。

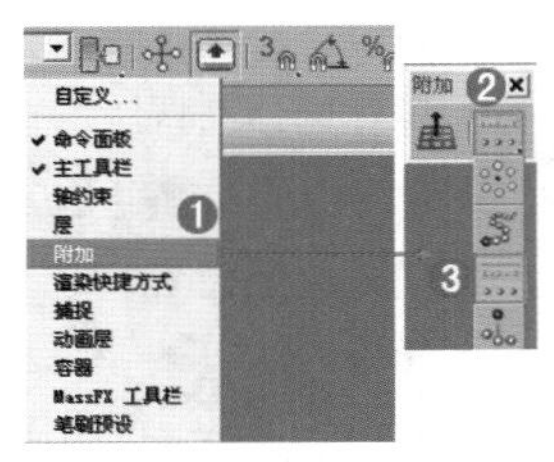

图3-64

**技巧提示**

3ds Max中很多工具都是隐藏的，例如【间隔工具】工具，长时间单击附件下的【阵列】工具，可切换到间隔工具。

**步骤05** 单击【拾取路径】按钮，并在场景中单击拾取圆Circle001，然后设置【计数】为19，接着单击【应用】按钮，最后单击【关闭】按钮，如图3-65所示。

**步骤06** 最终模型效果如图3-66所示。

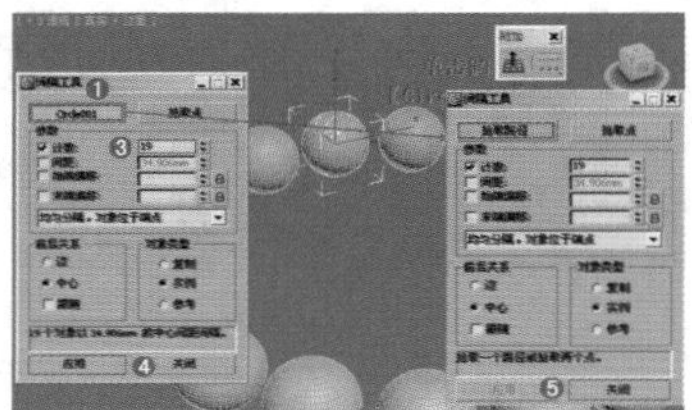
图3-65

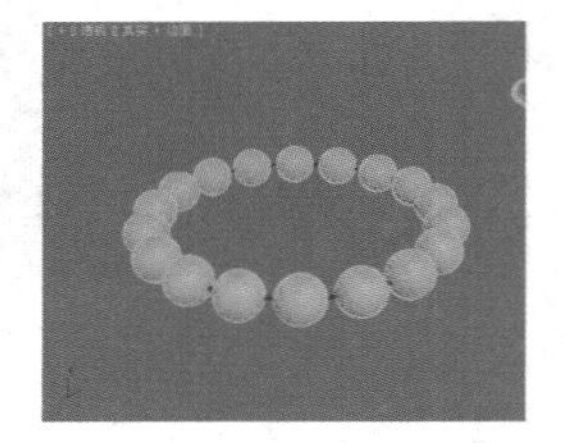
图3-66

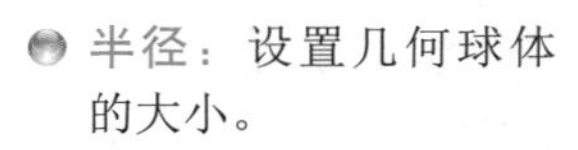

### 4. 几何球体

使用【几何球体】工具可以创建3类规则多面体制作球体和半球，如图3-67所示。

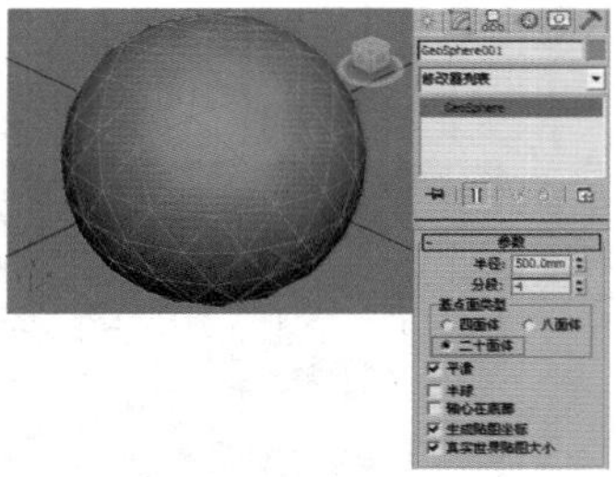

图3-67

- 半径：设置几何球体的大小。
- 分段：设置几何球体中的总面数。
- 平滑：将平滑组应用于球体的曲面。
- 半球：创建半个球体。

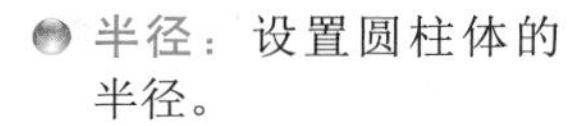

### 5. 圆柱体

使用【圆柱体】工具可以创建完整或部分圆柱体，同时可以围绕其主轴进行切片修改，如图3-68所示。

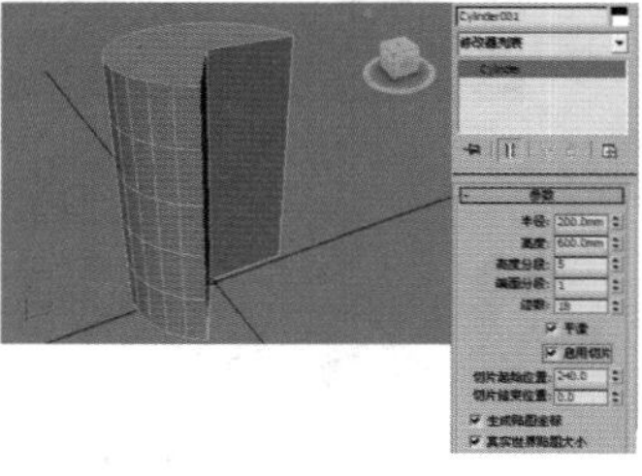
图3-68

- 半径：设置圆柱体的半径。
- 高度：设置沿着中心轴的维度。
- 高度分段：设置沿着圆柱体主轴的分段数量。
- 端面分段：设置围绕圆柱体顶部和底部的中心的同心分段数量。
- 边数：设置圆柱体周围的边数。
- 平滑：将圆柱体的各个面混合在一起，从而在渲染视图中创建平滑的外观。

**技巧提示**

由于每个标准基本体的参数中都会有重复的参数选项，而且这些参数的含义基本相同，例如启用切片、切片起始位置、切片结束位置、生成贴图坐标、真实世界贴图大小等，所以此处将不再赘述。

### 6. 管状体

【管状体】工具类似于中空的圆柱体，使用它可以创建圆形和棱柱管道，如图3-69所示。

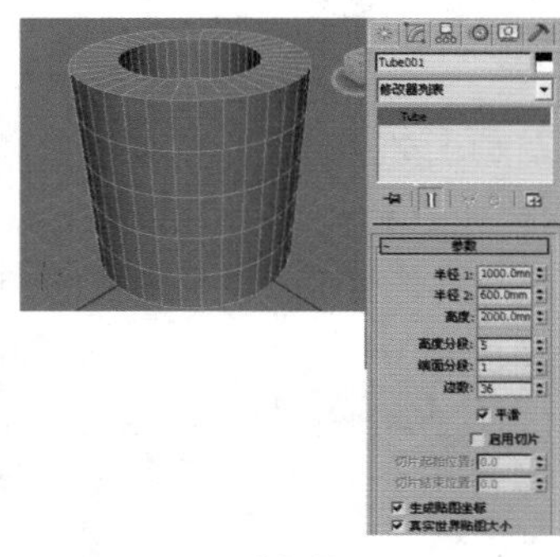
图3-69

- 半径1、半径2：较大的设置将指定管状体的外部半径，而较小的设置则指定内部半径。
- 高度：设置沿着中心轴的维度。负数值将在构造平面下面创建管状体。
- 高度分段：设置沿着管状体主轴的分段数量。
- 端面分段：设置围绕管状体顶部和底部的中心的同心分段数量。
- 边数：设置管状体周围边数。

### 7. 圆环

使用【圆环】工具可以创建一个圆环或具有圆形横截面的环，同时可以将平滑选项与旋转和扭曲设置组合使用，以创建复杂的变体，如图3-70所示。

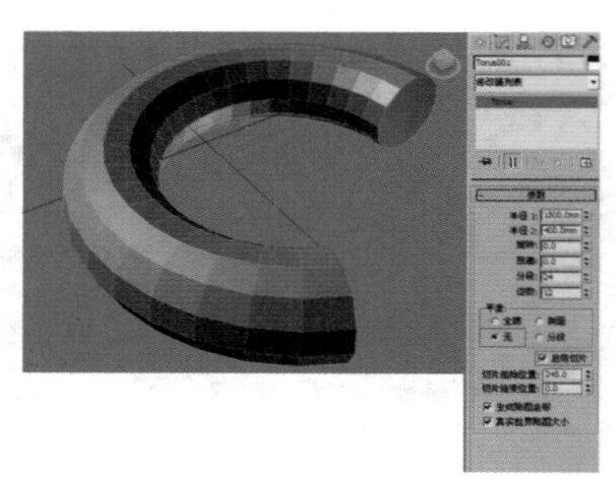
图3-70

- 旋转、扭曲：设置旋转、扭曲的度数。
- 分段：设置围绕环形的分段数目。
- 边数：设置环形横截面圆形的边数。

## 小实例：利用圆环和几何球体制作戒指

| 场景文件 | 无 |
|---|---|
| 案例文件 | 小实例：利用圆环和几何球体制作戒指.max |
| 视频教学 | 多媒体教学/Chapter03/小实例：利用圆环和几何球体制作戒指.flv |
| 难易指数 | ★★☆☆☆ |
| 技术掌握 | 掌握【圆环】和【几何球体】工具的使用方法 |

### 实例介绍

本实例将以一个戒指来讲解【圆环】和【几何球体】工具的使用方法，效果如图3-71所示。

图3-71

### 建模思路

01 使用【圆环】工具创建戒指的环形部分。

02 使用【圆环】和【几何球体】工具创建戒指剩余部分。

戒指的建模流程如图3-72所示。

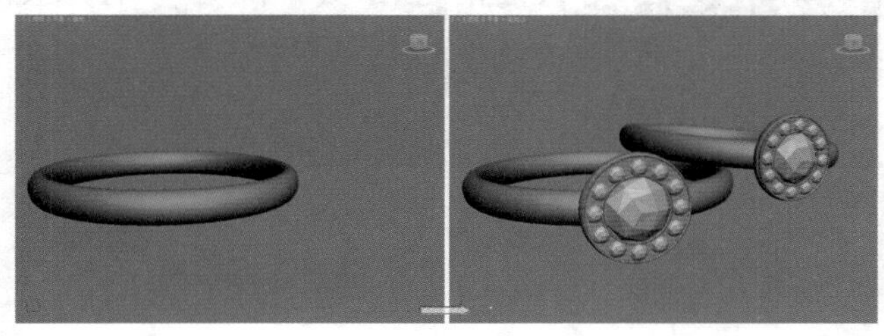

图3-72

### 操作步骤

#### Part 1　使用【圆环】工具创建戒指的环形部分

**步骤01** 单击（创建）|（几何体）| 标准基本体 | 圆环 按钮，如图3-73所示。在视图中拖曳并创建一个圆环，然后设置【半径1】为12mm，【半径2】为1mm，【分段】为36，【边数】为24，如图3-74所示。

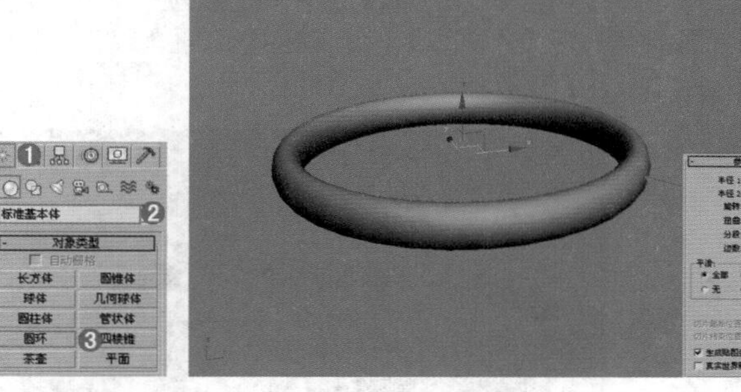

图3-73　　图3-74

#### Part 2　使用【圆环】和【几何球体】工具创建戒指剩余部分

**步骤01** 使用【圆环】工具在视图中拖曳并创建一个圆环，设置【半径1】为4mm，【半径2】为0.4mm，【分段】为36，【边数】为12，如图3-75所示。

**步骤02** 使用【圆柱体】工具在视图中拖曳并创建一个圆柱体，然后设置【半径】为4.2mm，【高度】为0.2mm，【高度分段】为1，【边数】为36，如图3-76所示。

**步骤03** 使用【圆环】工具在视图中拖曳并创建两个圆环，具体参数如图3-77所示。

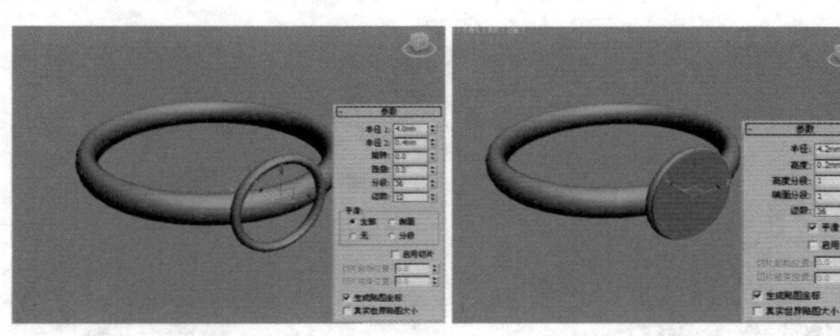

图3-75　　图3-76

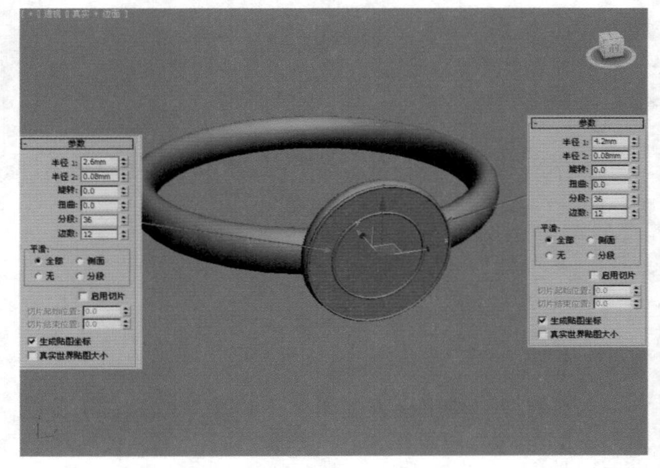

图3-77

**步骤04** 单击（创建）|（几何体）| 标准基本体 | 几何球体 按钮，在视图中拖曳并创建一个几何球体，如图3-78所示。

**步骤05** 设置【半径】为2.6mm，【分段】为3，同时设置【基点面类型】为【四面体】，取消选中【平滑】复选框，最后选中【半球】复选框，如图3-79所示。

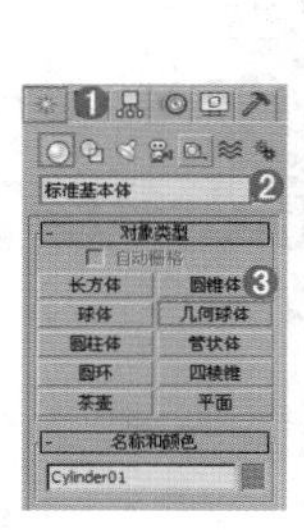

图3-78

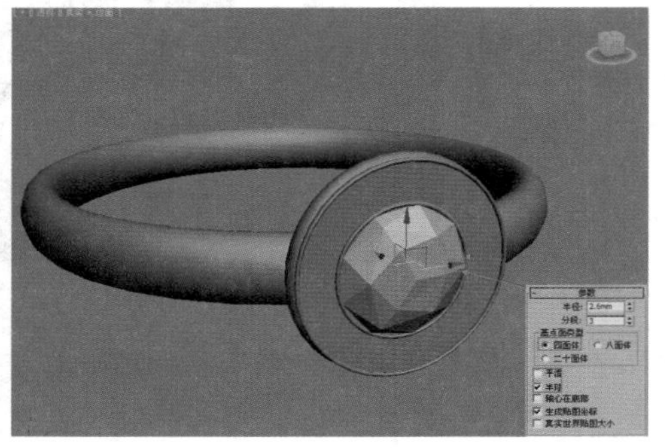

图3-79

**步骤06** 使用【几何球体】工具在视图中拖曳并创建12个几何球体，然后单击【修改】面板，设置【半径】为0.7mm，【分段】为3，同时设置【基点面类型】为【四面体】，取消选中【平滑】复选框，最后选中【半球】复选框，如图3-80所示。

**步骤07** 将制作完成的戒指复制一份，并调节好位置，最终模型效果如图3-81所示。

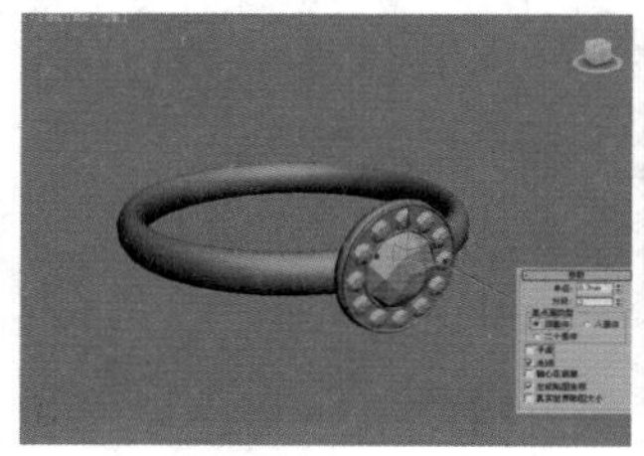

图3-80

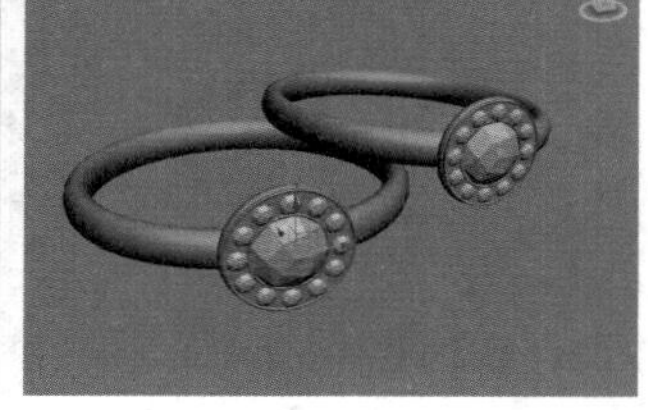

图3-81

## 8. 四棱锥

使用【四棱锥】工具可以创建方形或矩形底部和三角形面，如图3-82所示。

- 宽度、深度和高度：设置四棱锥对应面的维度。
- 宽度分段、深度分段和高度分段：设置四棱锥对应面的分段数。

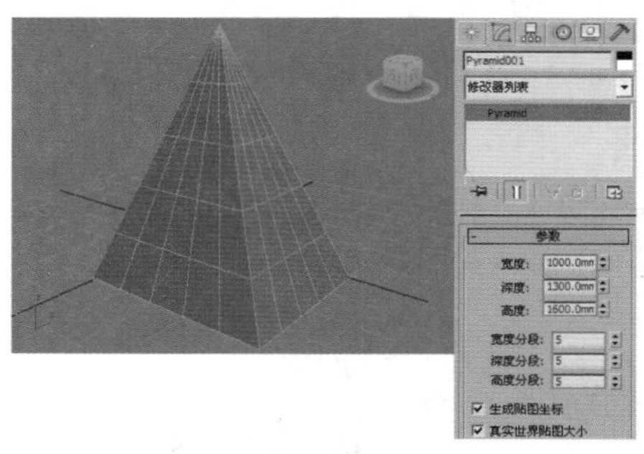

图3-82

## 9. 茶壶

使用【茶壶】工具可以快速地创建出一个茶壶，其参数可以在【修改】面板中进行修改，如图3-83所示。

## 10. 平面

使用【平面】工具可以创建平面多边形网格，同时可以在渲染时无限放大，如图3-84所示。

- 长度、宽度：设置平面对象的长度和宽度。
- 长度分段、宽度分段：设置沿着对象每个轴的分段数量。
- 渲染缩放：指定长度和宽度在渲染时的倍增因子，将从中心向外执行缩放。
- 渲染分段：指定长度和宽度分段数在渲染时的倍增因子。

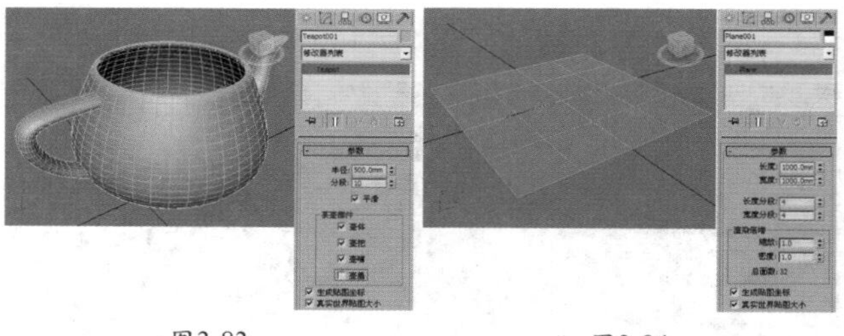

图3-83　　图3-84

# 综合实例：利用标准基本体创建一组石膏

| 场景文件 | 无 |
| --- | --- |
| 案例文件 | 综合实例：利用标准基本体创建一组石膏.max |
| 视频教学 | 多媒体教学/Chapter03/综合实例：利用标准基本体创建一组石膏.flv |
| 难易指数 | ★★☆☆☆ |
| 技术掌握 | 掌握【平面】、【长方体】、【球体】、【圆锥体】、【圆柱体】、【四棱锥】工具的应用 |

## 实例介绍

本实例学习使用标准基本体下的【平面】、【长方体】、【球体】、【圆锥体】、【圆柱体】、【四棱锥】工具来完成模型的制作，最终渲染和线框效果如图3-85所示。

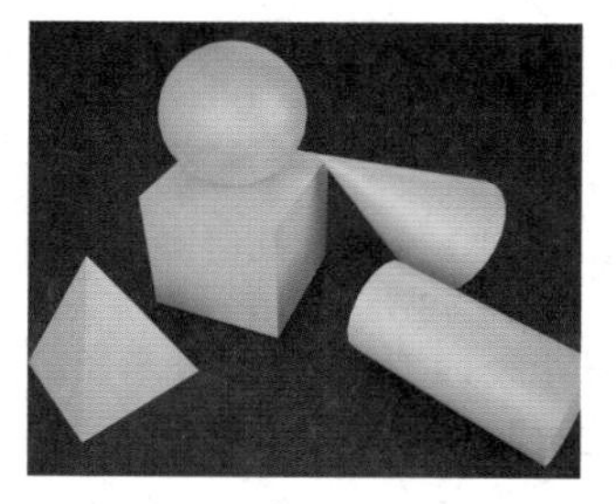

图3-85

## 建模思路

01 STEP 使用【平面】、【长方体】、【球体】工具制作石膏部分模型。

02 STEP 使用【圆锥体】、【圆柱体】、【四棱锥】工具制作石膏剩余模型。

石膏模型建模流程如图3-86所示。

图3-86

## 操作步骤

### Part 1 使用【平面】、【长方体】、【球体】工具制作石膏部分模型

**步骤01** 在顶视图中创建一个平面，设置【长度】为170mm，【宽度】为150mm，同时设置【长度分段】和【宽度分段】为1，如图3-87所示。

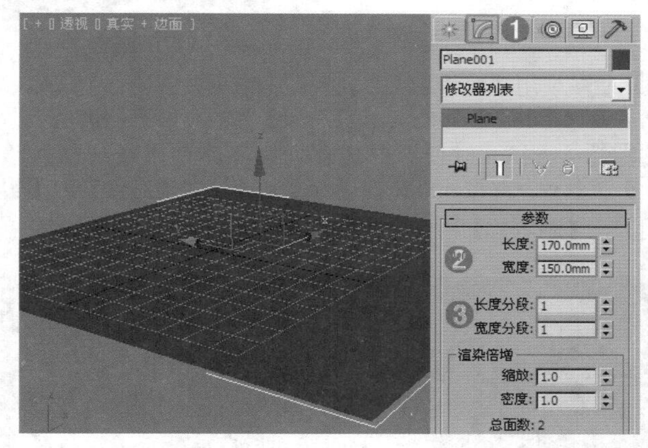


图3-87

**步骤02** 使用【长方体】工具在视图中拖曳并创建一个长方体，设置【长度】、【宽度】、【高度】均为30mm，如图3-88所示。

**步骤03** 使用【球体】工具在视图中拖曳并创建一个球体，设置【半径】为15mm，如图3-89所示。

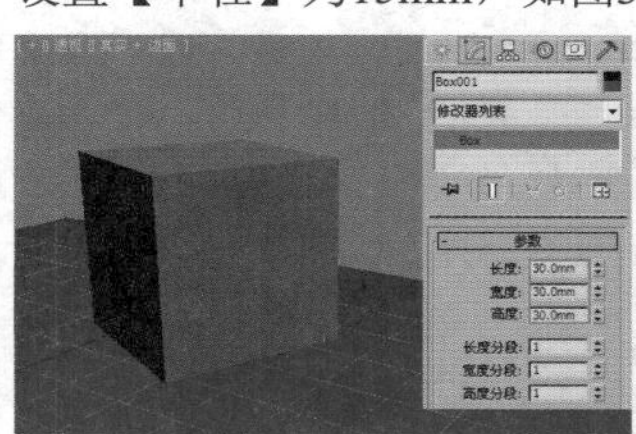

图3-88

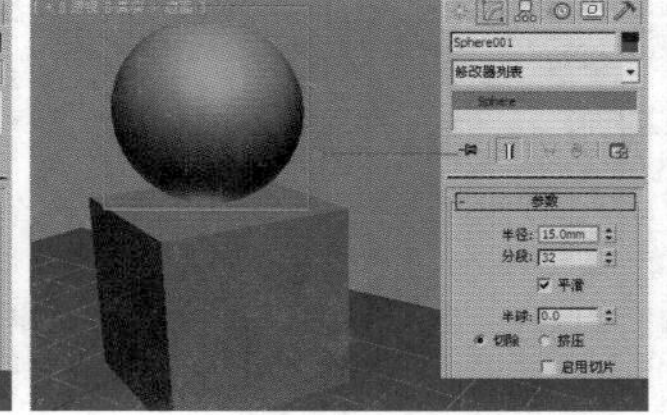

图3-89

### Part 2 使用【圆锥体】、【圆柱体】、【四棱锥】工具制作石膏剩余模型

**步骤01** 使用【圆锥体】工具在视图中拖曳并创建一个圆锥体，设置【半径1】为15mm，【半径2】为0mm，【高度】为40mm，如图3-90所示。

**步骤02** 选择步骤01创建的圆锥体，并使用【选择并旋转】工具，沿着X轴旋转 - 55° 左右，最后使用【选择并移动】工具进行适当的移动，如图3-91所示。

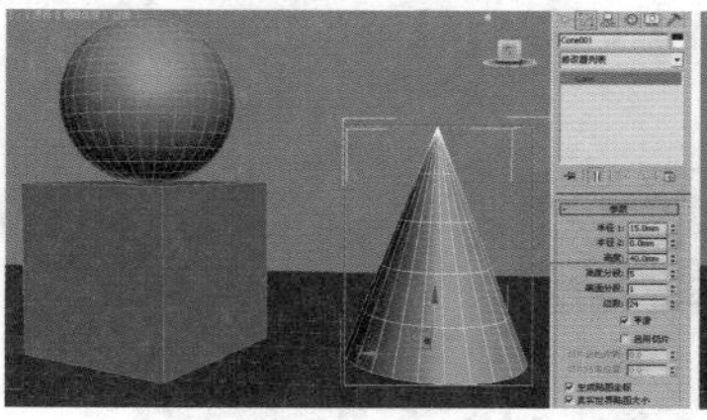

图3-90　　图3-91

**步骤03** 使用【圆柱体】工具在视图中拖曳并创建一个圆柱体，设置【半径】为10mm，【高度】为40mm，最后使用【选择并旋转】工具进行适当的旋转，如图3-92所示。

**步骤04** 使用【四棱锥】工具在视图中拖曳并创建一个四棱锥，设置【宽度】为25mm，【深度】为25mm，【高度】为30mm，最后使用【选择并旋转】工具进行适当的旋转，如图3-93所示。

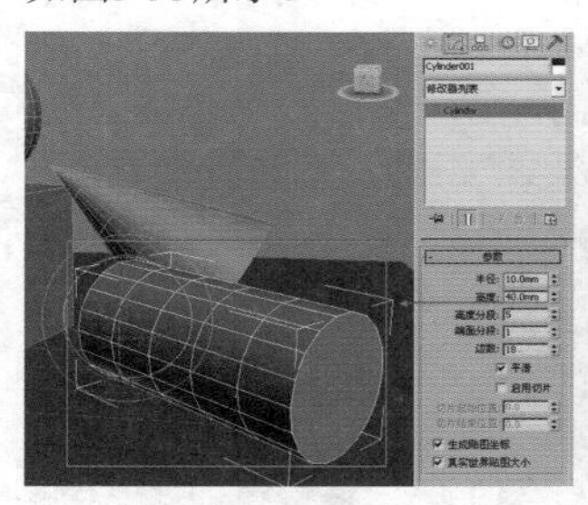

图3-92　　图3-93

**步骤05** 最终模型效果如图3-94所示。

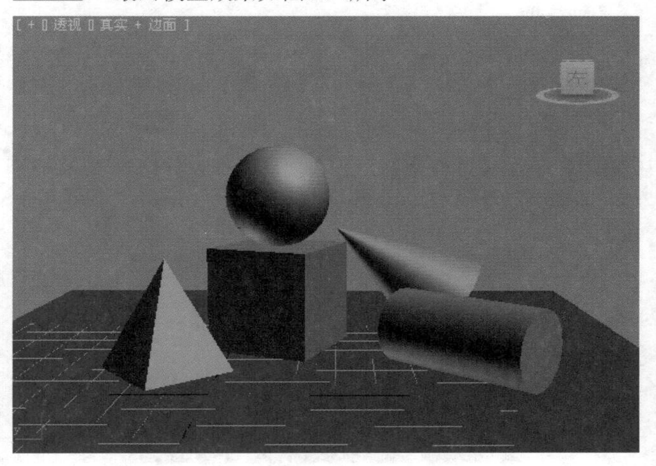

图3-94

## 综合实例：利用标准基本体制作水晶台灯

| 场景文件 | 无 |
| --- | --- |
| 案例文件 | 综合实例：利用标准基本体制作水晶台灯.max |
| 视频教学 | 多媒体教学/Chapter03/综合实例：利用标准基本体制作水晶台灯.flv |
| 难易指数 | ★★☆☆☆ |
| 技术掌握 | 掌握标准基本体下的【圆柱体】、【球体】、【管状体】、【圆环】工具的使用方法 |

### 实例介绍

本实例以一个水晶台灯为例讲解标准基本体中【圆柱体】、【球体】、【管状体】、【圆环】工具的使用方法，如图3-95所示。

图3-95

### 建模思路

01 使用【球体】、【圆柱体】工具创建水晶台灯的底座和支柱部分。

02 使用【管状体】、【圆环】工具创建水晶台灯的灯罩部分。

水晶台灯的建模流程如图3-96所示。

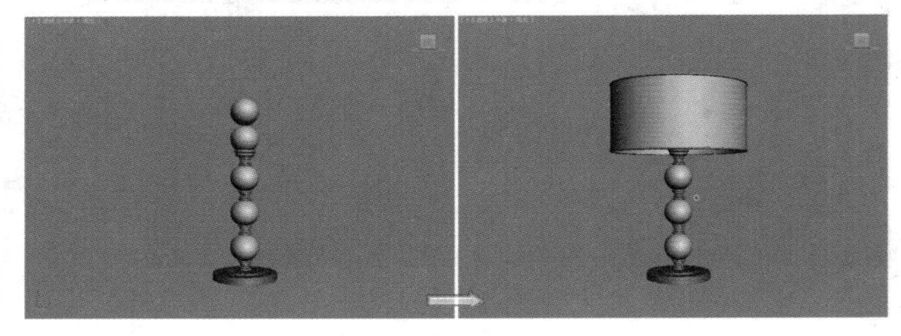

图3-96

### 操作步骤

#### Part 1　使用【球体】和【圆柱体】工具创建水晶台灯的底座和支柱部分

**步骤01** 使用【圆柱体】工具在视图中拖曳并创建一个圆柱体，设置【半径】为90mm，【高度】为20mm，【高度分段】为1，如图3-97所示。

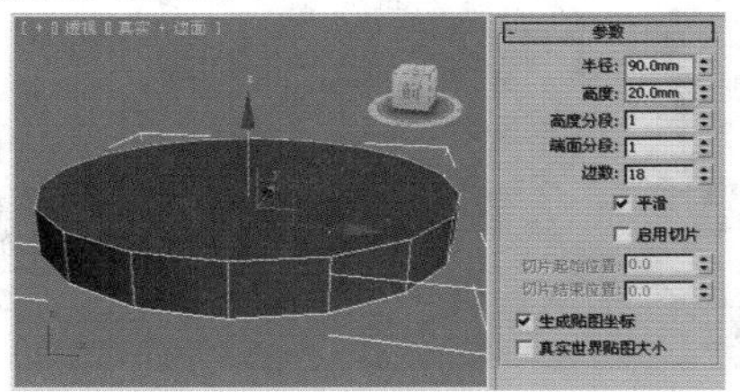

图3-97

**步骤02** 继续使用【圆柱体】工具在视图中拖曳并创建一个圆柱体，设置【半径】为60mm，【高度】为5mm，【高度分段】为1，如图3-98所示。

**步骤03** 使用【圆环】工具在视图中拖曳并创建一个圆环，设置【半径1】为16mm，【半径2】为3mm，【分段】为36，如图3-99所示。

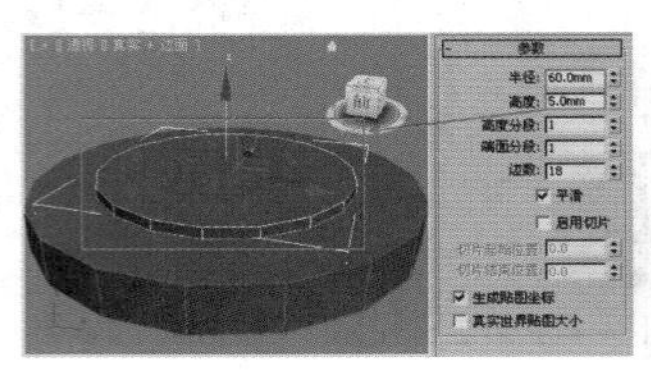

图3-98

图3-99

**步骤04** 继续使用【圆环】工具在视图中创建4个半径不同的圆环，并将其分别拖曳到合适的位置，如图3-100所示。

图3-100

**步骤05** 使用【球体】工具在视图中拖曳并创建一个球体，然后设置【半径】为40mm，【分段】为32，如图3-101所示。

**步骤06** 选择此时所有的球体和圆环，使用【选择并移动】工具，并按住Shift键进行复制，设置【对象】为【实例】，【副本数】为1，如图3-102所示。

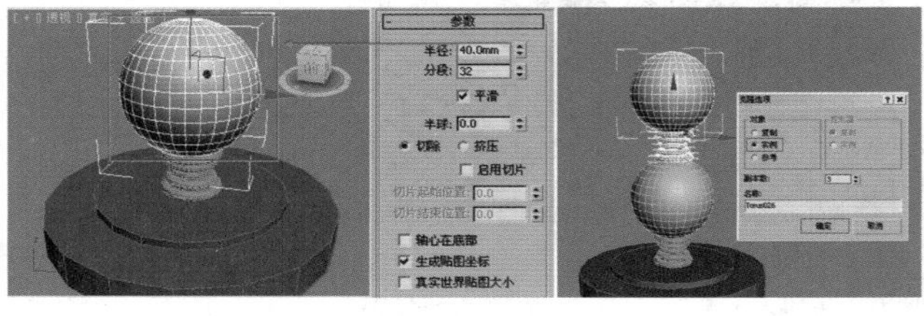

图3-101　　图3-102

**步骤07** 复制之后的模型效果如图3-103所示。用同样的方法，再次复制一个球体，如图3-104所示。

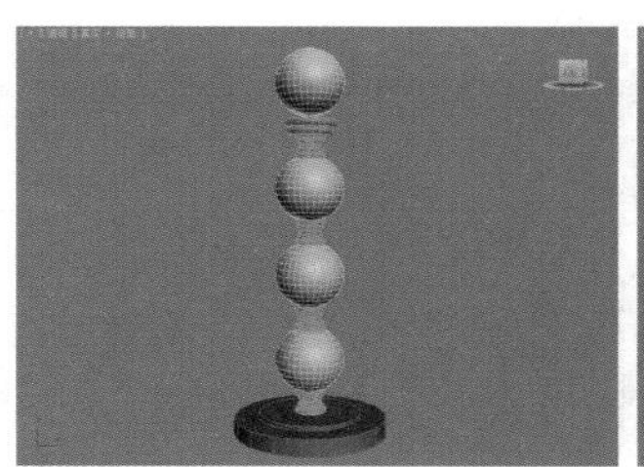

图3-103

图3-104

## Part 2　使用【管状体】和【圆环】工具创建水晶台灯的灯罩部分

**步骤01** 使用【管状体】工具在视图中拖曳并创建一个管状体，设置【半径1】为200mm，【半径2】为195mm，【高度】为200mm，【高度分段】为1，【边数】为36，如图3-105所示。

图3-105

**步骤02** 使用【圆环】工具在视图中拖曳并创建一个圆环，设置【半径1】为200mm，【半径2】为3mm，【分段】为36，如图3-106所示。

图3-106

**步骤03** 选择步骤02中创建的圆环，使用【选择并移动】工具，并按住Shift键进行复制，然后设置【对象】为【实例】，【副本数】为1，如图3-107所示。

**步骤04** 最终模型效果如图3-108所示。

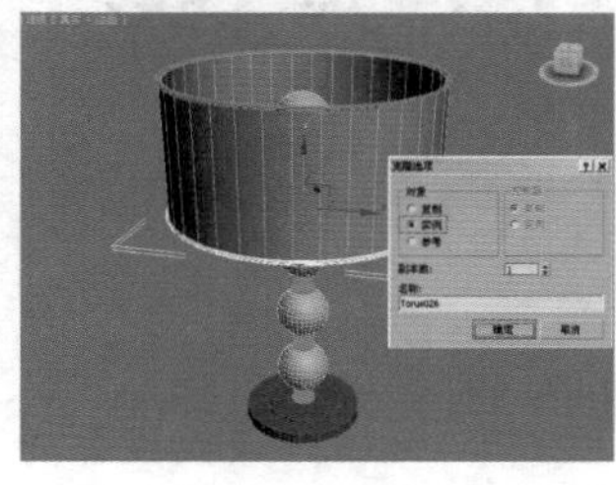

图3-107

图3-108

# 综合实例：利用标准基本体制作现代台灯

| 场景文件 | 无 |
| --- | --- |
| 案例文件 | 综合实例：利用标准基本体制作现代台灯.max |
| 视频教学 | 多媒体教学/Chapter03/综合实例：利用标准基本体制作现代台灯.flv |
| 难易指数 | ★★★☆☆ |
| 技术掌握 | 掌握【长方体】、【圆柱体】、【管状体】工具的使用方法 |

## 实例介绍

本实例将以一个现代台灯来讲解【长方体】、【圆柱体】、【管状体】工具的使用方法，效果如图3-109所示。

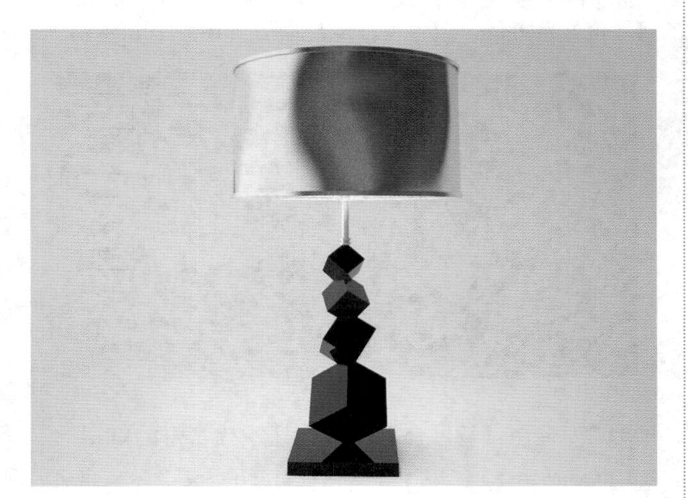

图3-109

## 建模思路

01 使用【长方体】和【圆柱体】工具创建现代台灯的底座和支柱。

02 使用【管状体】工具创建现代台灯的灯罩。

现代台灯的建模流程如图3-110所示。

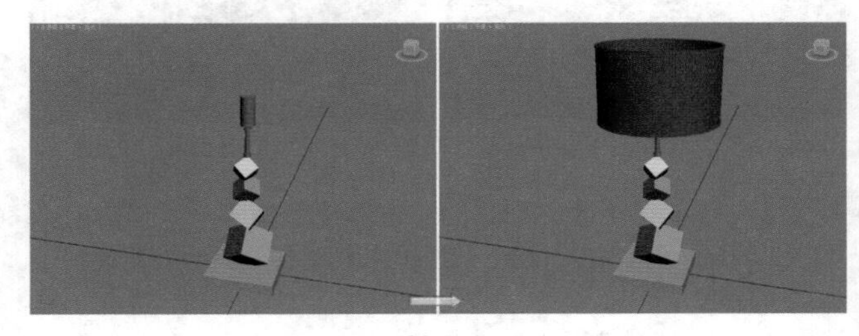

图3-110

## 操作步骤

### Part 1　使用【长方体】和【圆柱体】工具创建现代台灯的底座和支柱

**步骤01** 在顶视图中拖曳并创建一个长方体，然后单击【修改】面板，设置【长度】为150mm，【宽度】为150mm，【高度】为25mm，如图3-111所示。

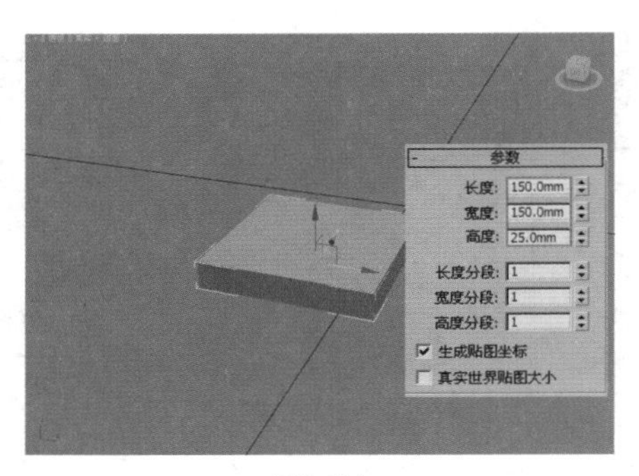


图3-111

**技巧提示**

在创建时一定要注意在哪个视图中创建，如果在前视图中创建并将它的参数修改为上面的数值就能得到不同的长方体，如图3-112所示。

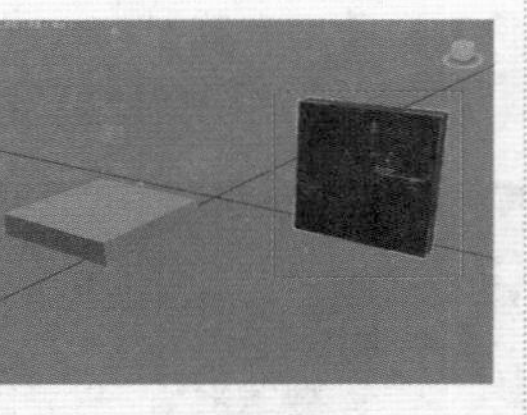

图3-112

**步骤02** 在步骤01创建的长方体顶部创建一个长方体，设置【长度】为70mm，【宽度】为70mm，【高度】为70mm，最后使用【选择并旋转】工具将其旋转一定的角度，如图3-113所示。

**步骤03** 继续创建一个长方体作为支柱，设置【长度】为50mm，【宽度】为50mm，【高度】为50mm，最后使用【选择并旋转】工具将其旋转一定的角度，如图3-114所示。

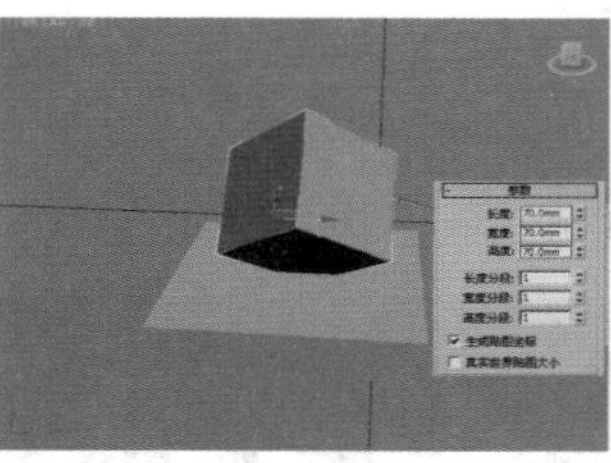

图3-113

图3-114

**步骤04** 继续在步骤03创建的长方体顶部创建，具体的参数如图3-115所示，最后使用【选择并旋转】工具将其旋转一定的角度。

**步骤05** 在顶视图中创建两个圆柱体，设置【半径】为8mm，【高度】为3mm，如图3-116所示。

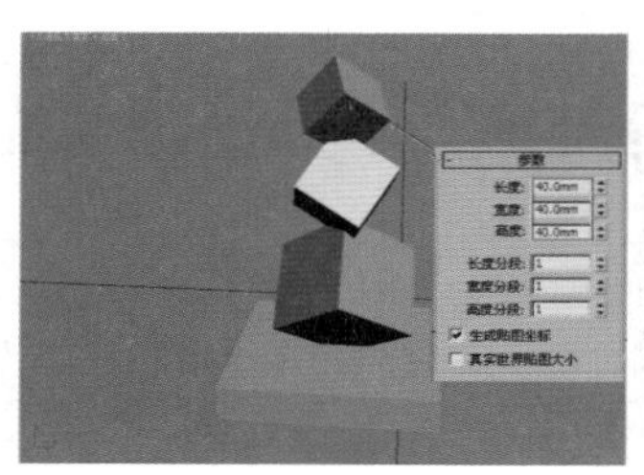

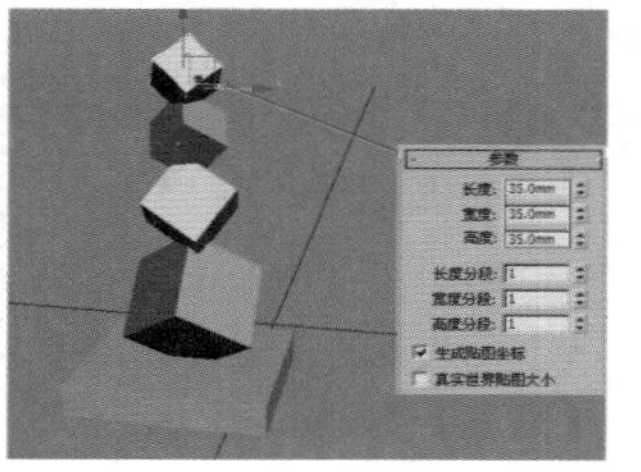

图3-115

图3-116

**步骤06** 继续使用【圆柱体】工具在场景中创建两个圆柱体，具体的参数如图3-117所示。

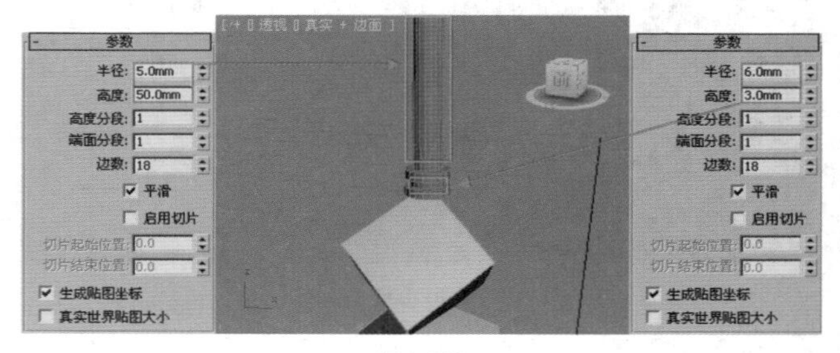


图3-117

**步骤07** 使用【选择并移动】工具选择如图3-118所示的3个圆柱体，然后按下Shift键复制1份，如图3-119所示。

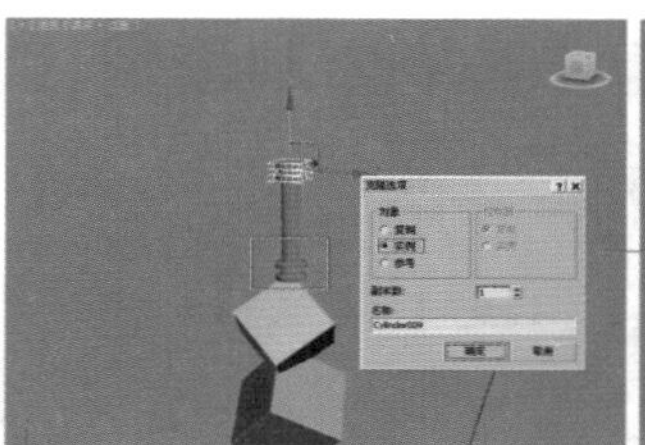

图3-118

图3-119

**步骤08** 继续创建一个圆柱体，设置【半径】为15mm，【高度】为60mm，【高度分段】为1，如图3-120所示。

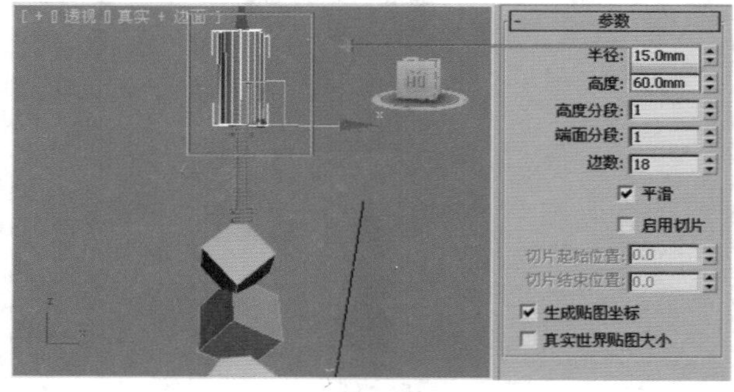


图3-120

## Part 2　使用【管状体】工具创建现代台灯的灯罩

**步骤01** 使用【管状体】工具在顶视图中创建一个管状体，设置【半径1】为120mm，【半径2】为118mm，【高度】为150mm，【边数】为36，如图3-121所示。

**步骤02** 使用【管状体】工具在顶视图中创建两个管状体，设置【半径1】为122mm，【半径2】为118mm，【高度】为4.5mm，【边数】为36，如图3-122所示。

**步骤03** 最终模型效果如图3-123所示。

图3-121

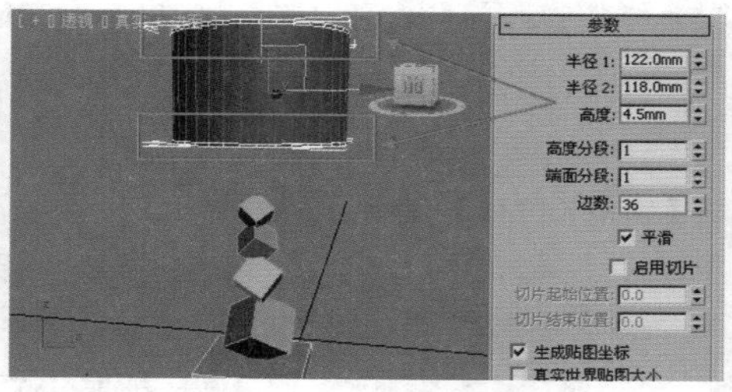

图3-122

图3-123

## 3.2.2 扩展基本体

扩展基本体共包括13种对象类型，分别是异面体、环形结、切角长方体、切角圆柱体、油罐、胶囊、纺锤、L-Ext、球棱柱、C-Ext、环形波、棱柱、软管，如图3-124所示。

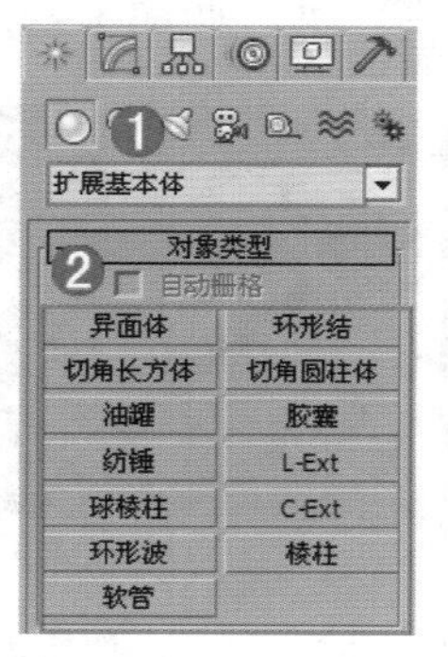


图3-124

### 1. 异面体

使用【异面体】工具可以创建出多面体的对象，如图3-125所示。

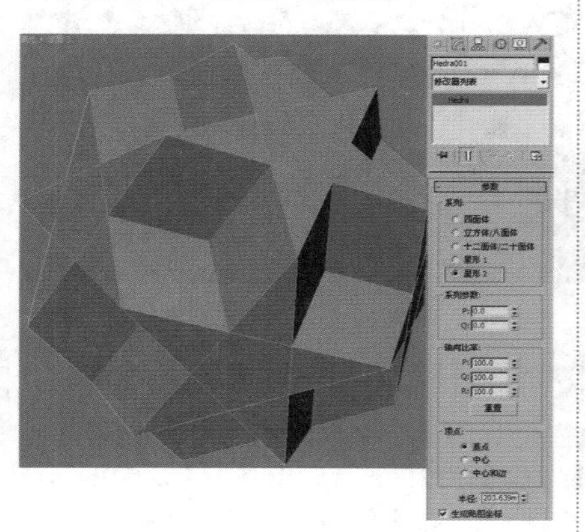

图3-125

- 系列：使用该选项组可选择要创建的多面体的类型。
- 系列参数P、Q：为多面体顶点和面之间提供两种方式变换的关联参数。
- 轴向比率P、Q、R：控制多面体一个面反射的轴。

使用异面体可以快速创建出很多复杂的模型，如水晶、饰品等，如图3-126所示。

图3-126

### 2. 切角长方体

使用【切角长方体】工具可以创建具有倒角或圆形边的长方体，如图3-127所示。

图3-127

- 圆角：用来控制切角长方体边上的圆角效果。
- 圆角分段：设置长方体圆角边时的分段数。

**技巧提示**

【切角长方体】工具的参数比【长方体】工具增加了【圆角】参数，因此使用【切角长方体】工具同样可以创建出长方体。下面对比一下设置【圆角】为0mm和设置【圆角】为20mm的效果，如图3-128所示。

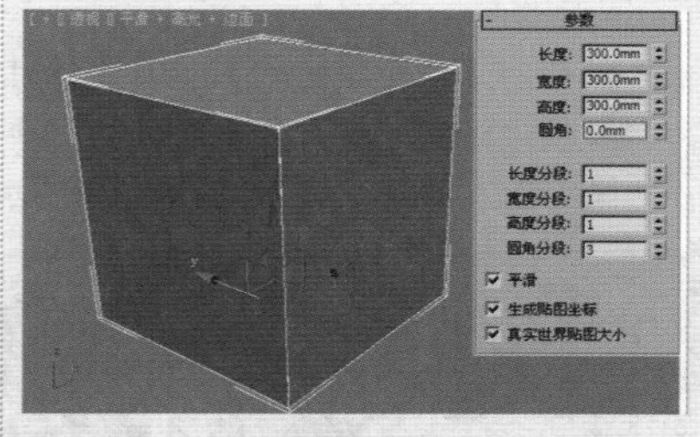

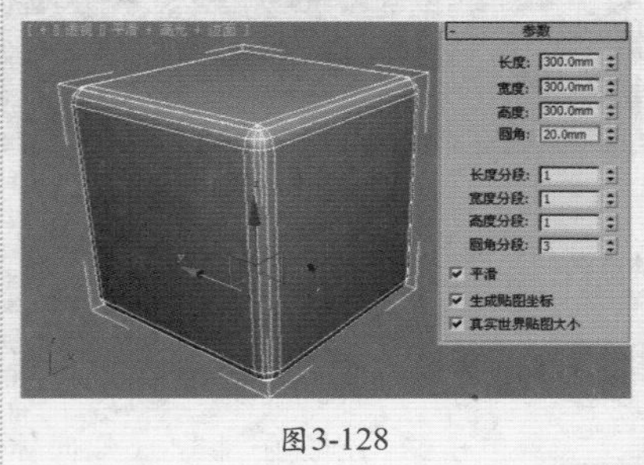

图3-128

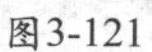

## 小实例：利用切角长方体制作简约沙发

| 场景文件 | 无 |
| --- | --- |
| 案例文件 | 小实例：利用切角长方体制作简约沙发.max |
| 视频教学 | 多媒体教学/Chapter03/小实例：利用切角长方体制作简约沙发.flv |
| 难易指数 | ★★☆☆☆ |
| 技术掌握 | 掌握【切角长方体】工具的使用方法 |

### 实例介绍

本实例将以一个简约沙发来讲解【切角长方体】工具的使用方法，效果如图3-129所示。

图3-129

### 建模思路

01 使用【切角长方体】工具制作沙发主体模型。

02 使用【切角长方体】工具制作沙发剩余模型。

简约沙发的建模流程如图3-130所示。

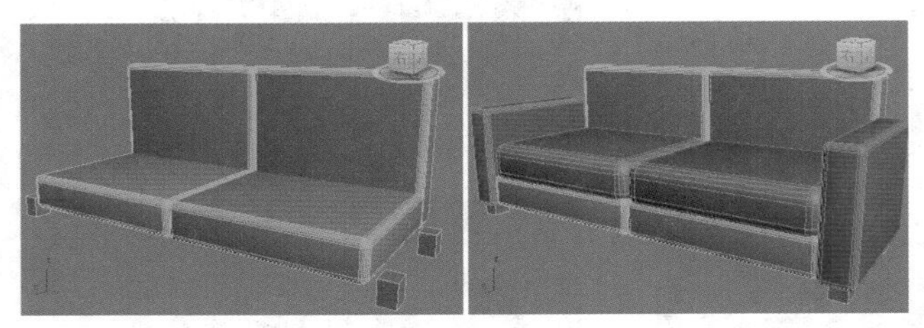

图3-130

### 操作步骤

#### Part 1 使用【切角长方体】工具制作沙发主体模型

**步骤01** 单击（创建）|（几何体）| 扩展基本体 | 切角圆柱体 按钮，如图3-131所示。在视图中拖曳并创建一个切角长方体，作为沙发腿，然后设置【长度】为25mm，【宽度】为30mm，【高度】为35mm，【圆角】为0mm，如图3-132所示。

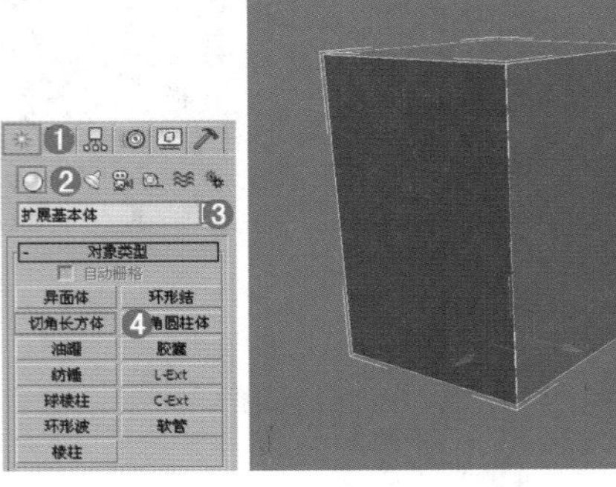


图3-131　　图3-132

**步骤02** 将沙发腿复制3份，位置如图3-133所示。

**步骤03** 在视图中拖曳并创建一个切角长方体，设置【长度】为300mm，【宽度】为250mm，【高度】为60mm，【圆角】为10mm，【圆角分段】为5，如图3-134所示。

图3-133

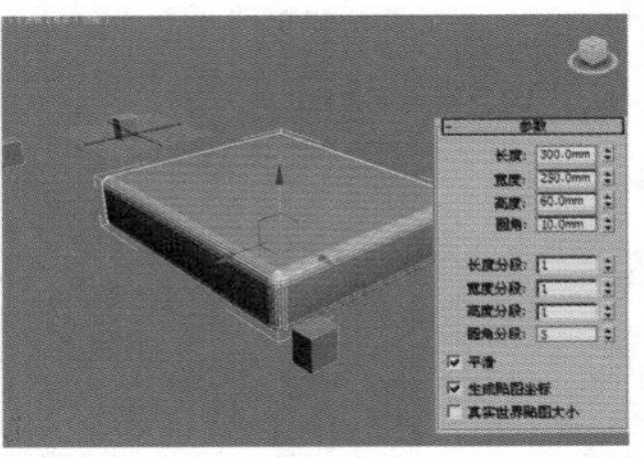

图3-134

**步骤04** 选择步骤03中的模型，并复制1份，位置如图3-135所示。

**步骤05** 选择步骤03中创建的模型，并复制两份，位置如图3-136所示。

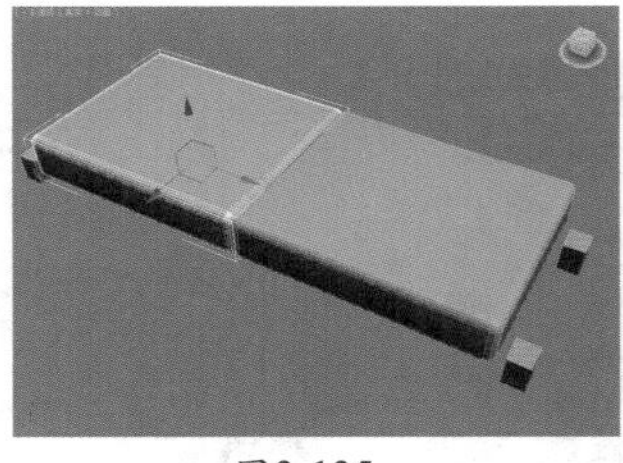

图3-135

图3-136

#### Part 2 使用【切角长方体】工具制作沙发剩余模型

**步骤01** 在视图中拖曳并创建一个切角长方体，设置【长度】为300mm，【宽度】为250mm，【高度】为70mm，【圆角】为20mm，【圆角分段】为4，如图3-137所示。

**步骤02** 选择步骤01中创建的模型，并复制1份，位置如图3-138所示。

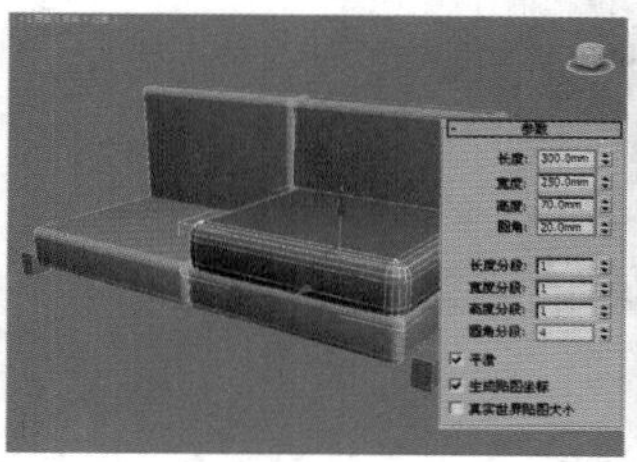

图3-137

图3-138

**步骤03** 在视图中拖曳并创建一个切角长方体，设置【长度】为250mm，【宽度】为180mm，【高度】为50mm，【圆角】为8mm，【圆角分段】为4，如图3-139所示。

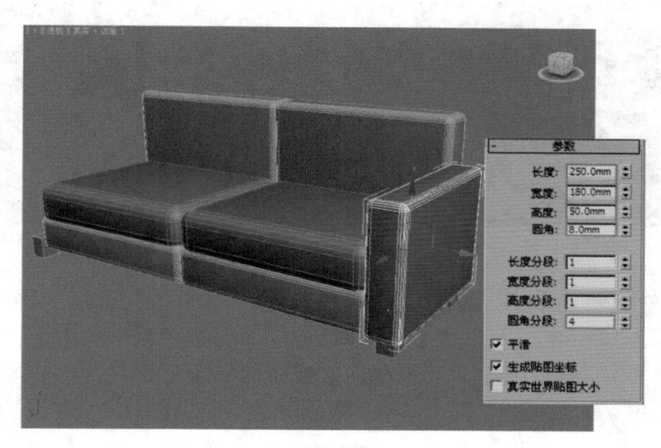


图3-139

**步骤04** 选择步骤03中创建的模型，并复制1份，位置如图3-140所示。

**步骤05** 简约沙发的最终模型效果如图3-141所示。

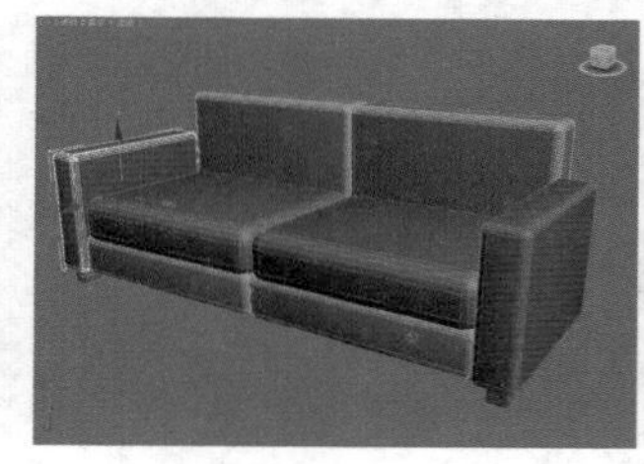

图3-140

图3-141

### 3．切角圆柱体

使用【切角圆柱体】工具可以创建具有倒角或圆形封口边的圆柱体，如图3-142所示。

图3-142

## 小实例：利用切角圆柱体制作创意灯

| 场景文件 | 无 |
| --- | --- |
| 案例文件 | 小实例：利用切角圆柱体制作创意灯.max |
| 视频教学 | 多媒体教学/Chapter03/小实例：利用切角圆柱体制作创意灯.flv |
| 难易指数 | ★★☆☆☆ |
| 技术掌握 | 掌握【切角圆柱体】工具的使用方法 |

### 实例介绍

本实例将以一个创意灯为例来讲解【切角圆柱体】工具的使用方法，效果如图3-143所示。

图3-143

### 建模思路

01 使用【切角圆柱体】工具创建台灯模型。

02 使用【切角圆柱体】工具创建吊灯模型。

创意灯的建模流程如图3-144所示。

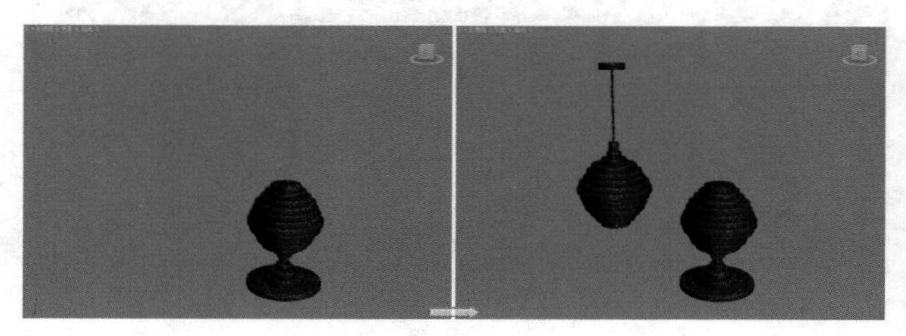

图3-144

## 操作步骤

### Part 1　创建台灯模型

**步骤01** 单击（创建）|（几何体）| 扩展基本体 | 切角圆柱体 按钮，如图3-145所示。在视图中拖曳并创建一个切角圆柱体，设置【半径】为150mm，【高度】为25mm，【圆角】为2mm，【高度分段】为1，【圆角分段】为3，【边数】为32，如图3-146所示。

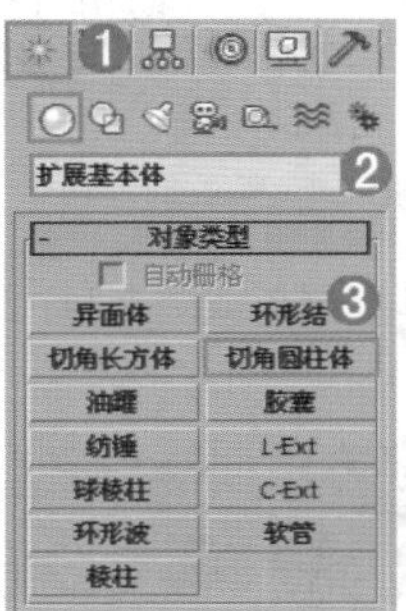


图3-145

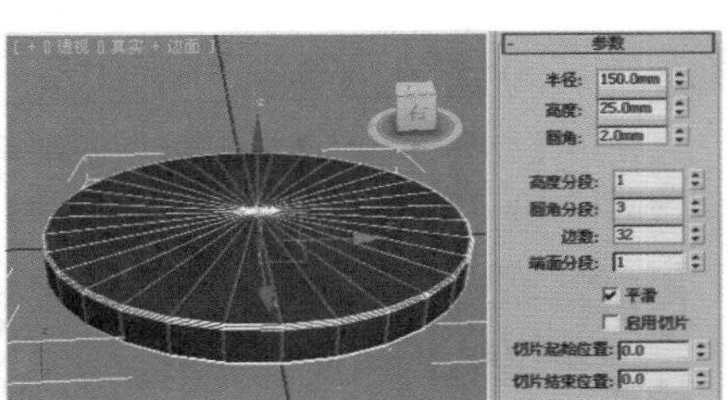

图3-146

**技巧提示**

如图3-147所示分别为设置【圆角分段】为1和5时的分段效果。

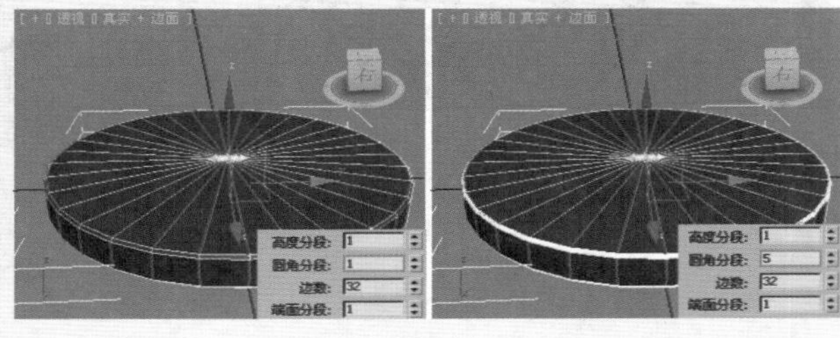

图3-147

**步骤02** 创建一个切角圆柱体，设置【半径】为80mm，【高度】为25mm，【圆角】为2，【高度分段】为1，【圆角分段】为3，【边数】为32，如图3-148所示。

**步骤03** 在视图中拖曳并创建两个切角圆柱体，然后设置其参数，具体的参数如图3-149所示。

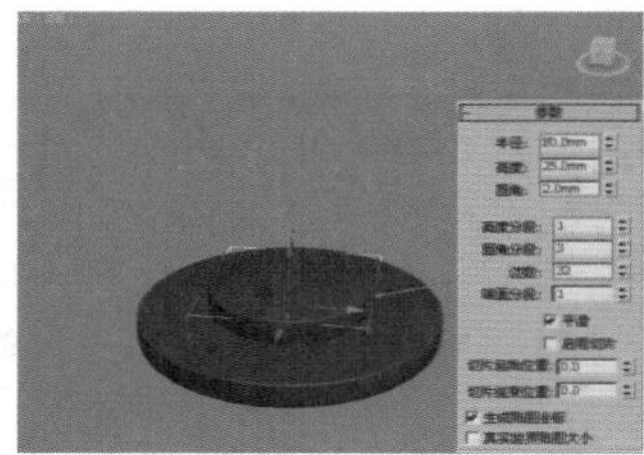

图3-148

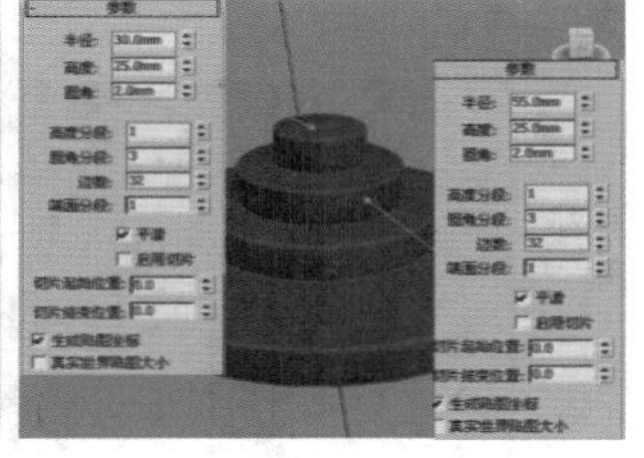

图3-149

**步骤04** 在视图中拖曳并创建多个切角圆柱体，此处就不详细介绍切角圆柱体的具体参数了，效果如图3-150所示。

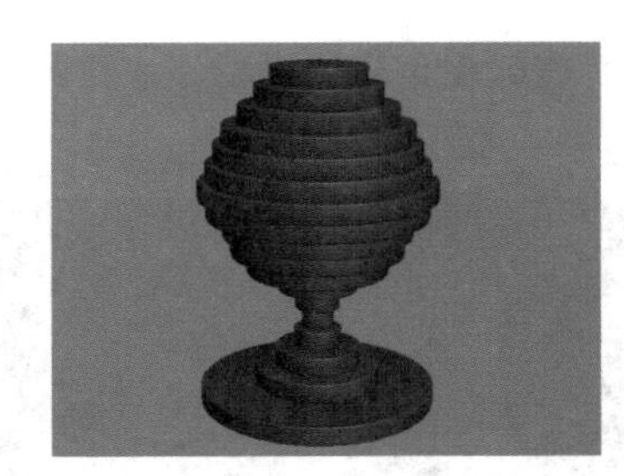

图3-150

### Part 2　创建吊灯模型

**步骤01** 选择如图3-151所示的切角圆柱体，使用【选择并移动】工具，并按住Shift键进行复制，然后设置【对象】为【实例】，【副本数】为1，如图3-152所示。

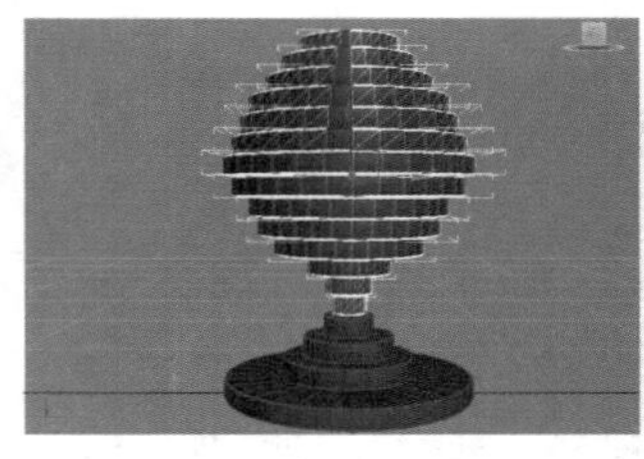

图3-151

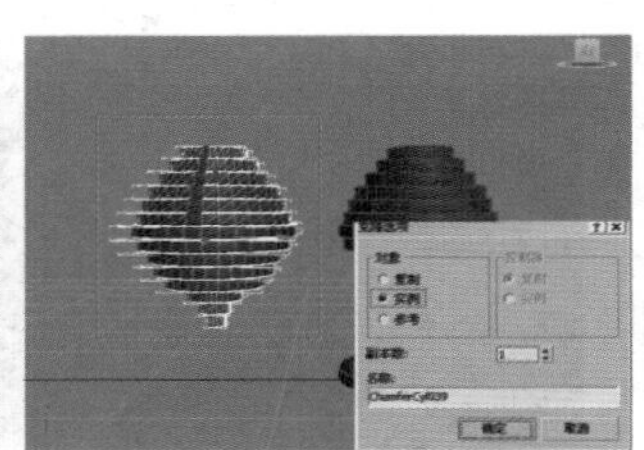

图3-152

**步骤02** 保持步骤01中对切角圆柱体的选择，然后单击【镜像】按钮，并设置【镜像轴】为Z，【克隆当前选择】为【不克隆】，最后单击【确定】按钮，如图3-153所示。

**步骤03** 继续创建一个切角圆柱体，设置【半径】为4mm，【高度】为300mm，【圆角】为0mm，【高度分段】为1，【圆角分段】为3，【边数】为32，如图3-154所示。

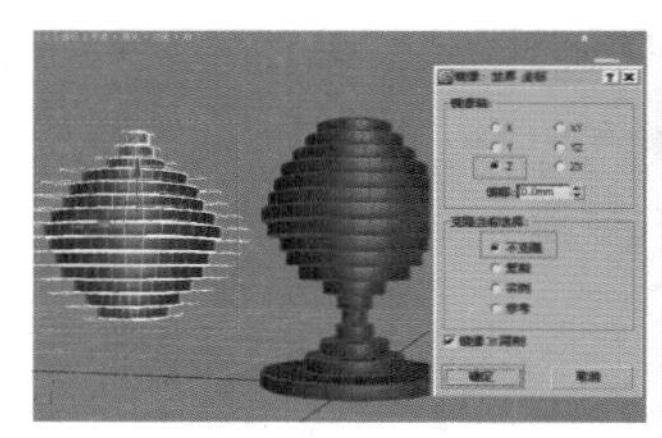

图3-153

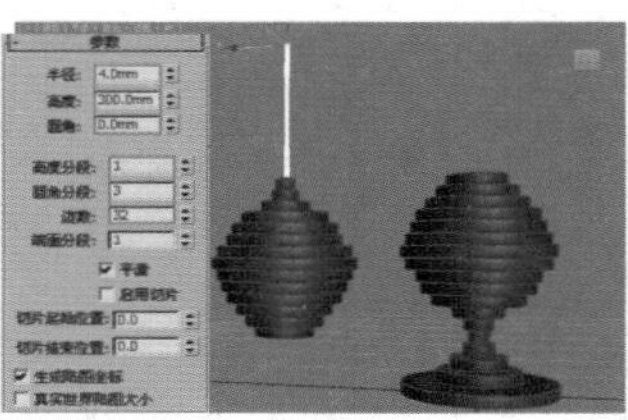

图3-154

**步骤04** 使用同样的方法制作出另外一个切角圆柱体。最终模型效果如图3-155所示。

图3-155

## 4．油罐

使用【油罐】工具可以创建带有凸面封口的圆柱体，如图3-156所示。

## 5. 胶囊

使用【胶囊】工具可以创建带有半球状封口的圆柱体，如图3-157所示。

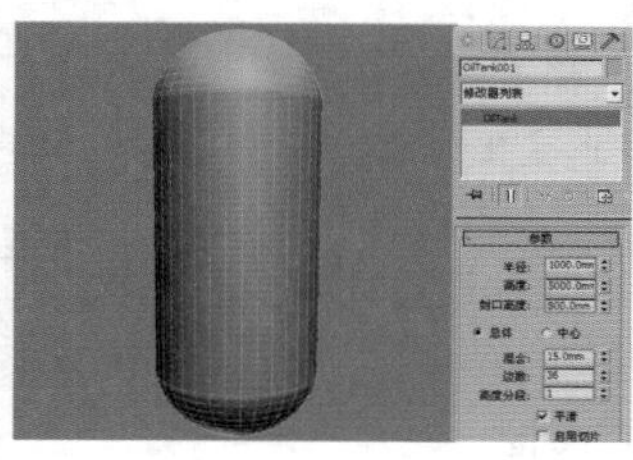

图3-156

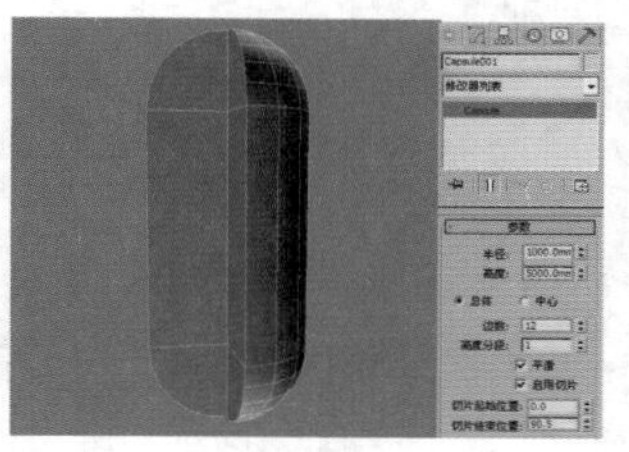

图3-157

- 半径：设置油罐的半径。
- 高度：设置沿着中心轴的维度。
- 封口高度：设置凸面封口的高度。
- 总体/中心：决定【高度】值指定的内容。
- 混合：大于 0 时将在封口的边缘创建倒角。
- 边数：设置油罐周围的边数。
- 高度分段：设置沿着油罐主轴的分段数量。
- 平滑：混合油罐的面，从而在渲染视图中创建平滑的外观。

## 6. 纺锤

使用【纺锤】工具可以创建带有圆锥形封口的圆柱体，如图3-158所示。

## 7. L-Ext

使用【L-Ext】工具可以创建挤出的 L 形对象，如图3-159所示。

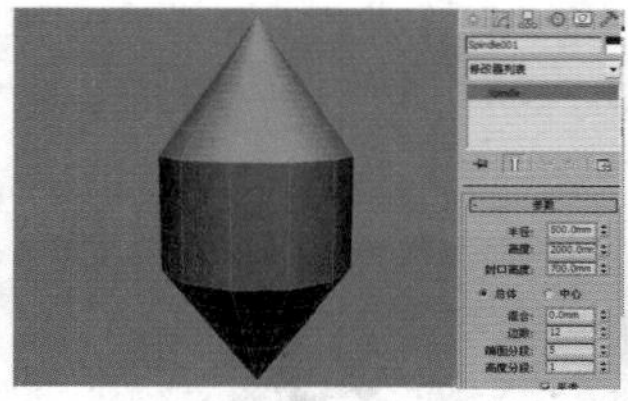

图3-158

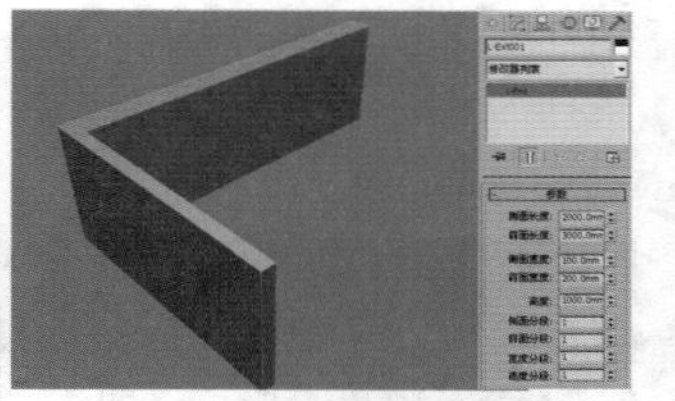

图3-159

- 侧面/前面长度：指定L每个“脚”的长度。
- 侧面/前面宽度：指定L每个“脚”的宽度。
- 高度：指定对象的高度。

## 8. 球棱柱

使用【球棱柱】工具可以创建三维柱形模型效果，并且可以设置柱形的边数，如图3-160所示。

## 9. C-Ext

使用【C-Ext】工具可以创建挤出的C形对象，如图3-161所示。

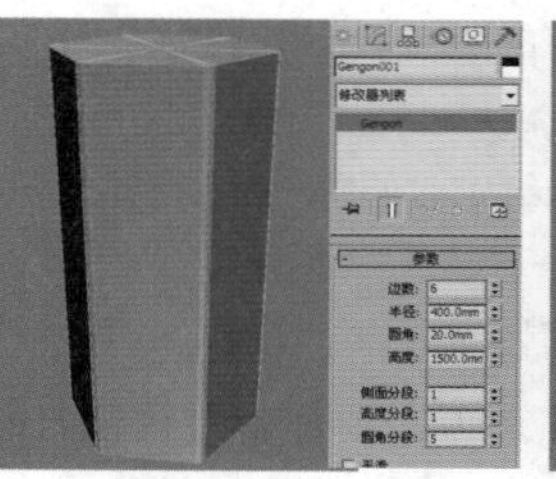

图3-160

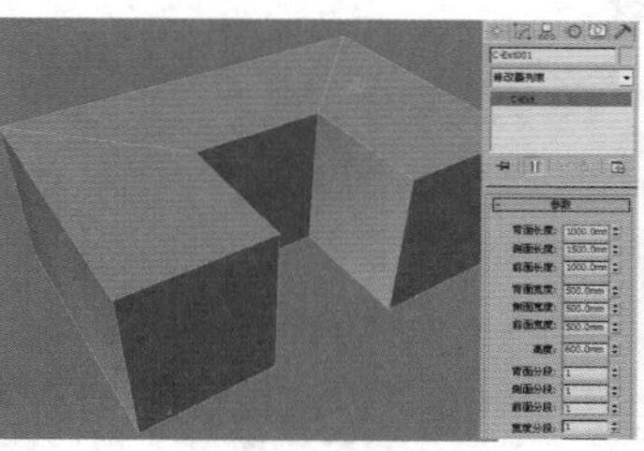

图3-161

- 背面/侧面/前面长度：指定3个侧面的每一个长度。
- 背面/侧面/前面宽度：指定3个侧面的每一个宽度。
- 高度：指定对象的总体高度。

## 10. 棱柱

使用【棱柱】工具可以创建带有独立分段面的3面棱柱，如图3-162所示。

- 侧面 (n) 长度：设置三角形对应面的长度（以及三角形的角度）。
- 高度：设置棱柱体中心轴的维度。
- 侧面 (n) 分段：指定棱柱体每个侧面的分段数。

## 11. 软管

使用【软管】工具可以创建类似管状结构的模型，如图3-163所示。

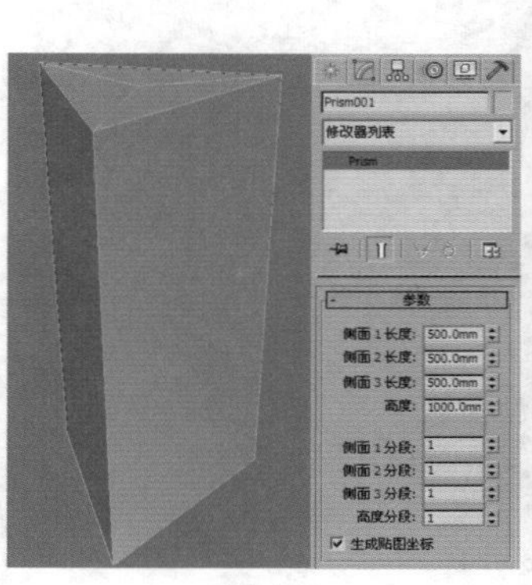

图3-162

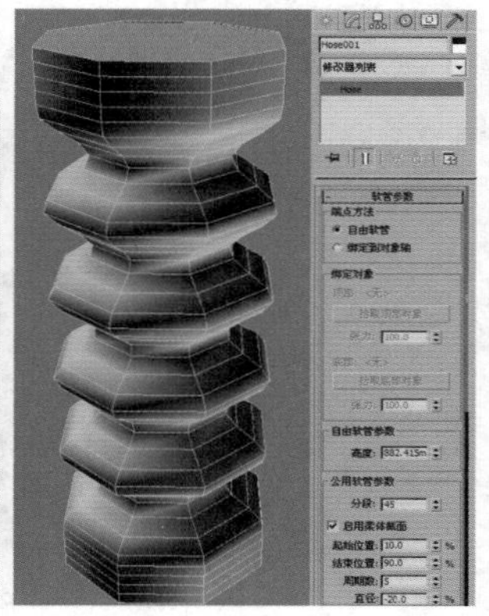

图3-163

### ❶ 端点方法

- 自由软管：如果只是将软管作为一个简单的对象，而不绑定到其他对象，则需要选中该单选按钮。
- 绑定到对象轴：如果要把软管绑定到对象中，则必须选中该单选按钮。

### ❷ 绑定对象

- 顶部/底部（标签）：显示【顶】/【底】绑定对象的名称。
- 拾取顶部对象：单击该按钮，然后选择【顶】对象。
- 张力：确定当软管靠近底部对象时顶部对象附近的软

管曲线的张力。

### ❸ 自由软管参数

- 高度：此字段用于设置软管未绑定时的垂直高度或长度。

### ❹ 公用软管参数

- 分段：软管长度中的总分段数。
- 启用柔体截面：如果启用该选项，则可以为软管的中心柔体截面设置以下4个参数。
  - 起始位置：从软管的始端到柔体截面开始处占软管长度的百分比。
  - 结束位置：从软管的末端到柔体截面结束处占软管长度的百分比。
  - 周期数：柔体截面中的起伏数目。可见周期的数目受限于分段的数目。
  - 直径：周期外部的相对宽度。

**技巧提示**

要设置合适的分段数目，首先应设置周期，然后增大分段数目，直到可见周期停止变化为止。

- 可渲染：如果启用，则使用指定的设置对软管进行渲染。

### ❺ 软管形状

- 圆形软管：设置为圆形的横截面。
- 长方形软管：可指定不同的宽度和深度设置。
- D截面软管：与矩形软管类似，但一个边呈圆形，形成D形状的横截面。

## 小实例：利用环形结制作吊灯

| 场景文件 | 无 |
|---|---|
| 案例文件 | 小实例：利用环形结制作吊灯.max |
| 视频教学 | 多媒体教学/Chapter03/小实例：利用环形结制作吊灯.flv |
| 难易指数 | ★★★☆☆ |
| 技术掌握 | 掌握【环形结】工具的使用方法 |

本实例将以一个吊灯模型为例来讲解【环形结】工具的使用方法，效果如图3-164所示。

图3-164

### 建模思路

使用【环形结】工具创建吊灯的模型。

吊灯的建模流程如图3-165所示。

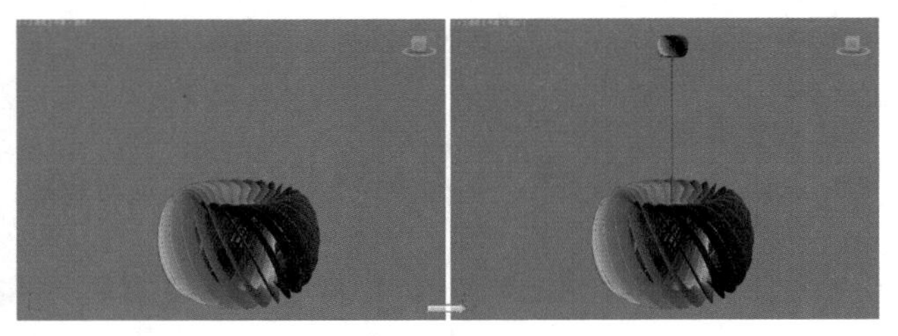

图3-165

### 操作步骤

**步骤01** 在【创建】面板中设置【几何体类型】为【扩展基本体】，单击【环形结】按钮，如图3-166所示。

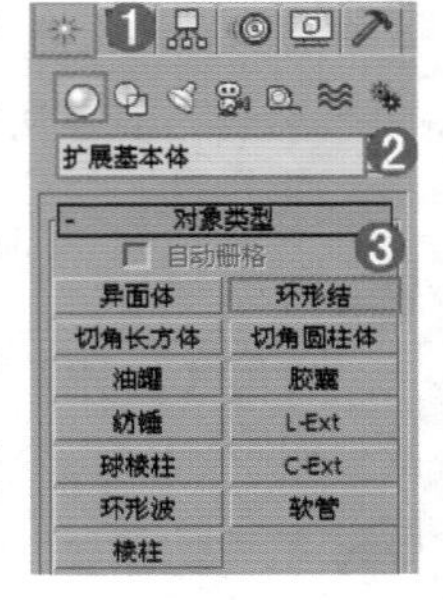


图3-166

**步骤02** 使用【环形结】工具在顶视图中创建一个环形结，设置【半径】为280mm，【分段】为800，【P】为12，【Q】为25，在【横截面】选项组中设置【半径】为20mm，【边数】为80，【偏心率】为3，如图3-167所示。

**步骤03** 使用【环形结】工具在视图中创建一个环形结，然后设置【半径】为60mm，【分段】为800，【P】为12，【Q】为25，接着在【横截面】选项组中设置【半径】为5mm，【边数】为80，【偏心率】为3，如图3-168所示。

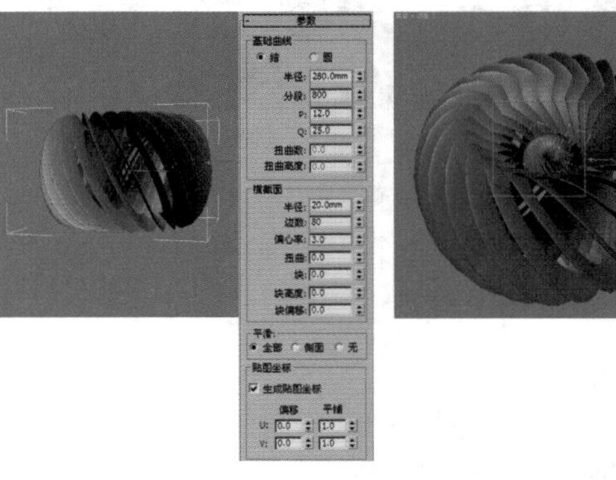

图3-167　　图3-168

**步骤04** 使用【环形结】工具在视图中创建一个环形结，然后设置【半径】为40mm，【分段】为800，【P】为12，【Q】为25，接着在【横截面】选项组中设置【半径】为

10mm，【边数】为80，【偏心率】为3，并放置到顶部，如图3-169所示。

**步骤05** 使用【圆柱体】工具在顶视图中创建一个圆柱体，设置【半径】为5mm，【高度】为1200mm，【高度分段】为1，如图3-170所示。

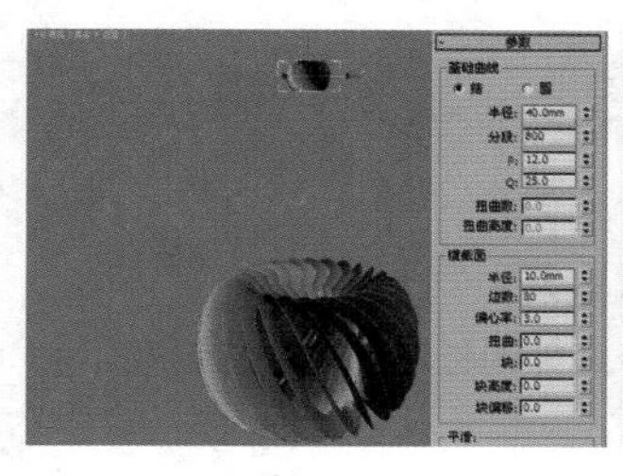
图3-169

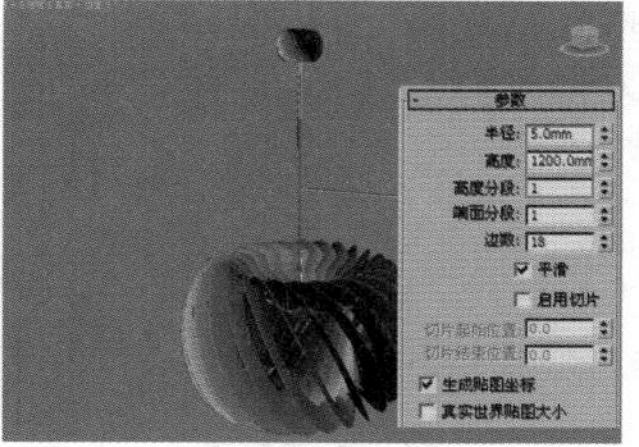
图3-170

**步骤06** 使用【球体】工具在顶视图中创建一个球体，设置【半径】为30mm，【分段】为32，如图3-171所示。

**步骤07** 最终模型效果如图3-172所示。

图3-171

图3-172

**技巧提示**

【环形结】工具只需要适当修改参数即可制作出非常特殊的效果，可见3ds Max是非常强大的，如图3-173所示。

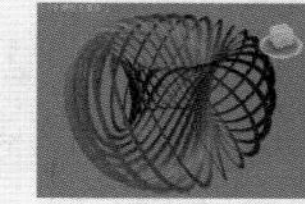

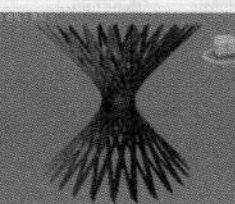

图3-173

## 3.3 创建复合对象

复合对象通常将两个或多个现有对象组合成单个对象，并可以非常快速地制作出很多特殊的模型，若使用其他建模方法可能会花费更多的时间。复合对象包含12种类型，分别是【变形】、【散布】、【一致】、【连接】、【水滴网格】、【图形合并】、【布尔】、【地形】、【放样】、【网格化】、ProBoolean和ProCutter，如图3-174所示。

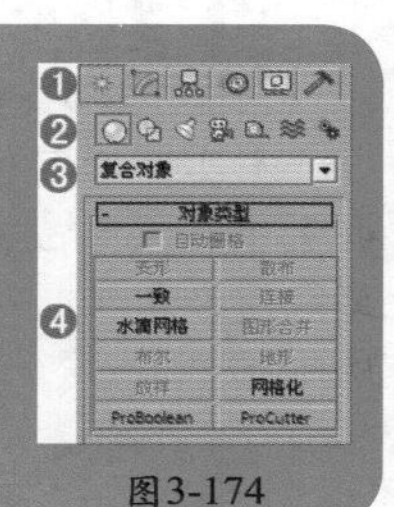

图3-174

- 变形：可以通过两个或多个物体间的形状来制作动画。
- 一致：可以将一个物体的顶点投射到另一个物体上，使被投射的物体产生变形。
- 水滴网格：是一种实体球，它将近距离的水滴网格融合到一起，用来模拟液体。
- 布尔：运用布尔运算方法可以对物体进行运算。
- 放样：可以将二维的图形转化为三维物体。
- 散布：可以将对象散布在对象的表面，也可以将对象散布在指定的物体上。
- 连接：可以将两个物体连接成一个物体，同时也可以通过参数来控制这个物体的形状。
- 图形合并：可以将二维造型融合到三维网格物体上，还可以通过不同的参数来切掉三维网格物体的内部或外部对象。
- 地形：可以将一个或多个二维图形变成一个平面。
- 网格化：一般情况下都配合粒子系统一起使用。
- ProBoolean：可以将大量功能添加到传统的3ds Max布尔对象中。
- ProCutter：可以执行特殊的布尔运算，主要目的是分裂或细分体积。

**技巧提示**

在作品制作中，最常用到的是【图形合并】、【布尔】和【放样】3种复合物体类型，因此下面将重点讲解这几种类型。

### 3.3.1 图形合并

使用【图形合并】工具可以创建包含网格对象和一个或多个图形的复合对象，这些图形嵌入在网格中（将更改边与面的模式）或从网格中消失。使用【图形合并】工具可以快速制作出物体表面带有花纹的效果，如图3-175所示。参数面板如图3-176所示。

图3-175

图3-176

- 拾取图形：单击该按钮，然后单击要嵌入网格对象中的图形。
- 参考/复制/移动/实例：指定如何将图形传输到复合对象中。
- 【操作对象】列表：在复合对象中列出所有操作对象。
- 删除图形：从复合对象中删除选中图形。
- 提取操作对象：提取选中操作对象的副本或实例。在列表窗中选择操作对象使此按钮可用。
- 实例/复制：指定如何提取操作对象。可以作为实例或副本进行提取。
- 饼切：切去网格对象曲面外部的图形。
- 合并：将图形与网格对象曲面合并。
- 反转：反转【饼切】或【合并】效果。
- 更新：当选中除【始终】之外的任一选项时更新显示。

## 小实例：利用图形合并制作戒指

| 场景文件 | 无 |
| --- | --- |
| 案例文件 | 小实例：利用图形合并制作戒指.max |
| 视频教学 | 多媒体教学/Chapter03/小实例：利用图形合并制作戒指.flv |
| 难易指数 | ★★★☆☆ |
| 技术掌握 | 掌握【管状体】工具、【图形合并】工具的运用 |

### 实例介绍

本实例学习使用【图形合并】工具来完成模型的制作，最终渲染和线框效果如图3-177所示。

图3-177

### 建模思路

01 STEP 使用【管状体】工具和【编辑多边形】修改器制作戒指的主体模型。

02 STEP 使用样条线下的【文本】工具创建文字，使用复合对象下的【图形合并】工具制作戒指的突出文字。

创意戒指建模流程如图3-178所示。

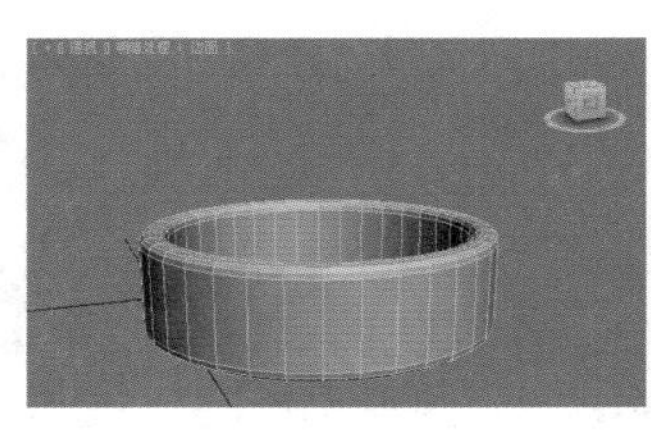

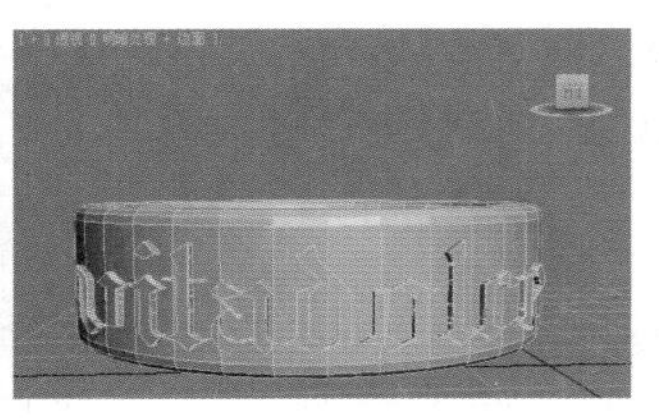

图3-178

### 操作步骤

#### Part 1 使用【管状体】工具和【编辑多边形】修改器制作戒指的主体模型

**步骤01** 在顶视图中创建一个管状体，设置【半径1】为35mm，【半径2】为30mm，【高度】为20mm，【高度分段】为1，【边数】为36，如图3-179所示。

**步骤02** 选择步骤01创建的管状体，然后为管状体加载【编辑多边形】修改器，如图3-180所示。

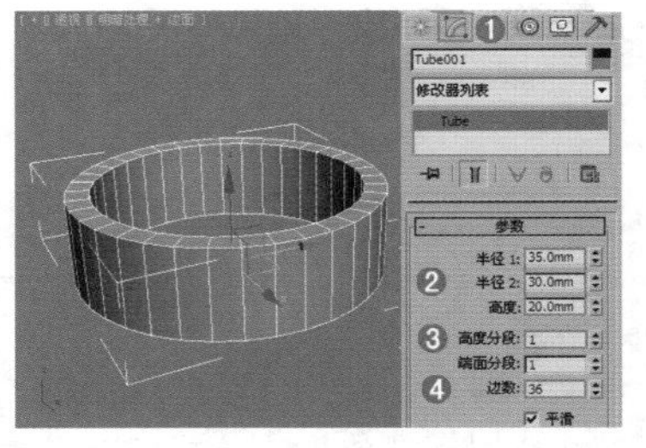

图3-179

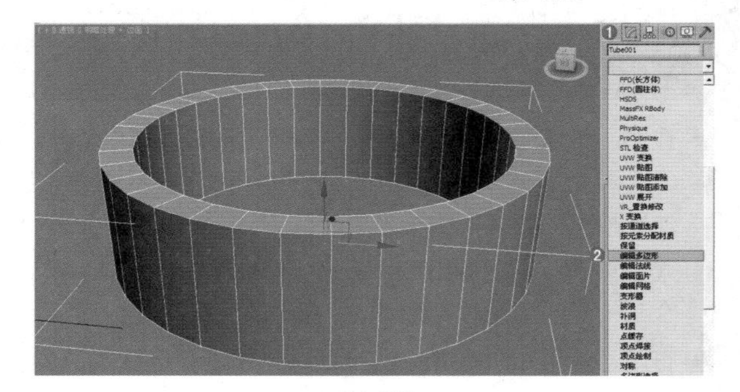

图3-180

**步骤03** 单击【修改】面板，并单击【边】按钮，进入边级别，然后选择如图3-181所示的边。

**步骤04** 保持选择的边不变，然后单击【切角】按钮后的【设置】按钮，并设置【数量】为2mm，【分段】为3，最后单击【确定】按钮，如图3-182所示。

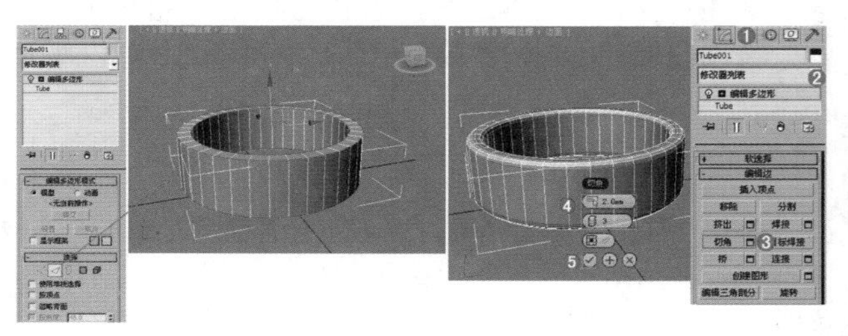

图3-181　　图3-182

## Part 2 使用样条线下的【文本】工具创建文字，使用复合对象下的【图形合并】工具制作戒指的突出文字

**步骤01** 单击（创建）|（图形）| 样条线 | 文本 按钮，如图3-183所示。在前视图中单击鼠标左键进行创建，如图3-184所示。

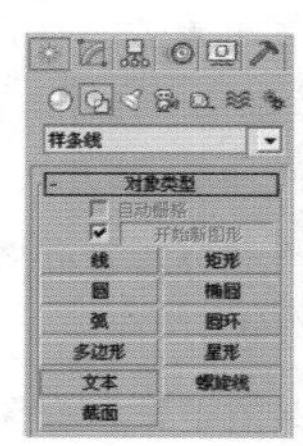

图3-183

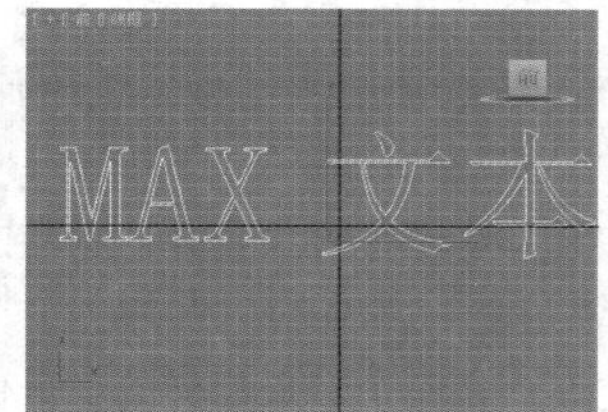


图3-184

**步骤02** 单击【修改】面板，设置【字体】为GothicE，【大小】为24mm，【字间距】为-1.5mm，最后在【文本】下方输入“vitadolce”，如图3-185所示。

图3-185

### 技巧提示

本例中为了达到类似古罗马字体的效果，专门下载了罗马字的字体，如果读者没有该字体，可以使用其他字体代替，当然也可以在网上下载一些更合适的字体使用。

**步骤03** 在前视图中将上面创建的文字移动到戒指模型的正前方，如图3-186所示。

图3-186

### 技巧提示

在该步骤中将文字移动到了戒指的正前方，但是一定要注意一个问题，那就是文字需要和戒指有一定的距离，这样在后面的步骤中才会正确，具体位置如图3-187所示。

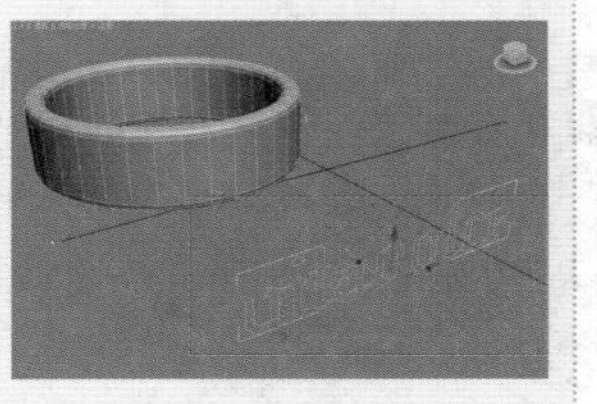

图3-187

**步骤04** 选择戒指模型，单击【复合对象】中的【图形合并】工具，接着单击【拾取图形】按钮，最后在场景中单击拾取刚才创建的文字，如图3-188所示。

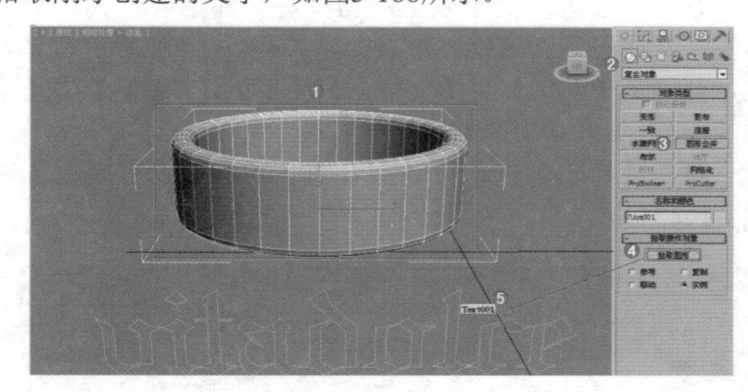

图3-188

**步骤05** 图形合并操作后的效果如图3-189所示。

**步骤06** 选择戒指模型，并为其加载【编辑多边形】修改器，然后单击进入（多边形）级别，选中文字部分的多边形，如图3-190所示。

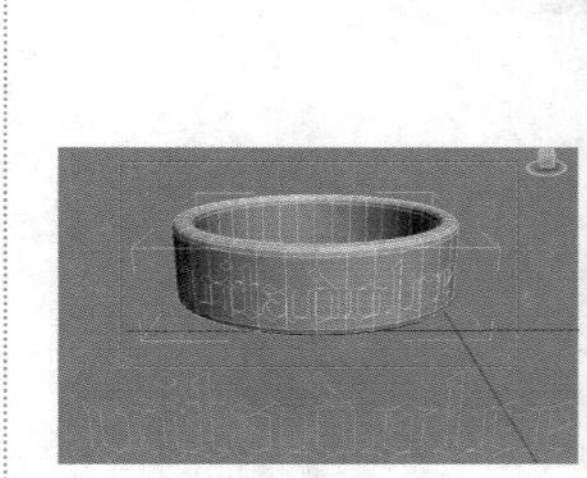

图3-189

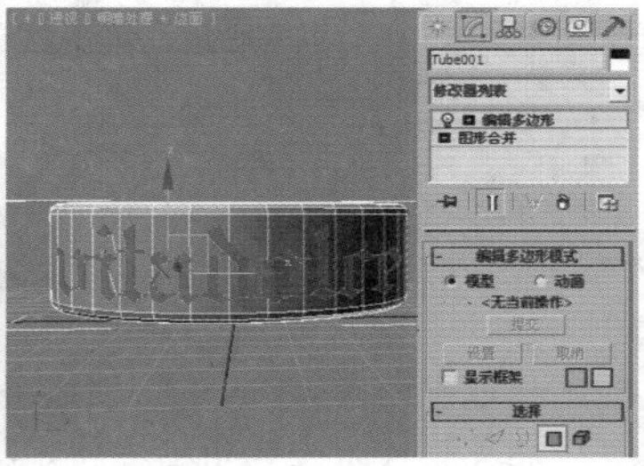

图3-190

**步骤07** 单击【挤出】按钮后的【设置】按钮，并设置【数量】为0.8mm，如图3-191所示。

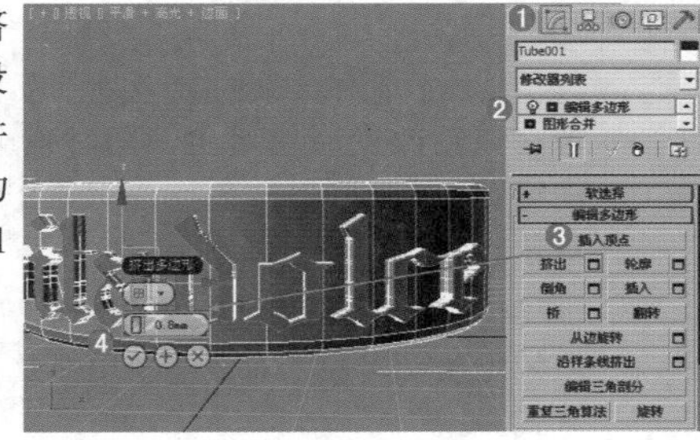

图3-191

**步骤08** 单击【倒角】按钮后的【设置】按钮，并设置【高度】为0.2mm，【轮廓】为-0.04mm，如图3-192所示。

**步骤09** 戒指的最终模型效果如图3-193所示。

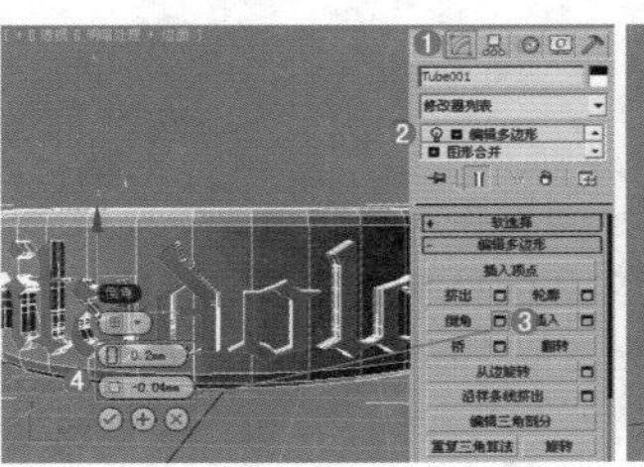

图3-192

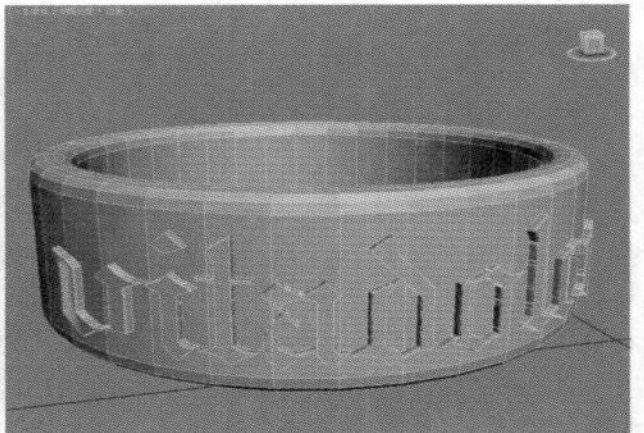

图3-193

## 3.3.2 布尔

布尔是通过对两个以上的物体进行并集、差集、交集运算，从而得到新的物体形态。系统提供了5种布尔运算方式，分别是【并集】、【交集】和【差集（A-B）】、【差集（B-A）】和【切割】。

单击【布尔】按钮可以展开布尔的参数设置面板，如图3-194所示。

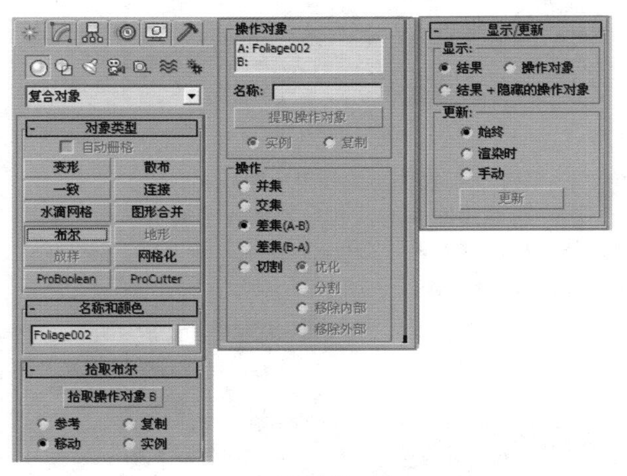


图3-194

- **拾取操作对象B**：单击该按钮可以在场景中选择另一个运算物体来完成布尔运算。以下4个选项用来控制运算对象B的属性，必须在拾取运算对象B之前确定采用哪种类型。
  - **参考**：将原始对象的参考复制品作为运算对象B，若在以后改变原始对象，同时也会改变布尔物体中的运算对象B，但改变运算对象B时，不会改变原始对象。
  - **复制**：复制一个原始对象作为运算对象B，而不改变原始对象（当原始对象还要用在其他地方时采用这种方式）。
  - **移动**：将原始对象直接作为运算对象B，而原始对象本身不再存在（当原始对象无其他用途时采用这种方式）。
  - **实例**：将原始对象的关联复制品作为运算对象B，若在以后对两者的任意一个对象进行修改时都会影响另一个。
- **操作对象**：主要用来显示当前运算对象的名称。
- **操作**：该选项组用于指定采用何种方式来进行布尔运算，共有以下5种。
  - **并集**：将两个对象合并，相交的部分将被删除，运算完成后两个物体将合并为一个物体。
  - **交集**：将两个对象相交的部分保留下来，删除不相交的部分。
  - **差集（A-B）**：在A物体中减去与B物体重合的部分。
  - **差集（B-A）**：在B物体中减去与A物体重合的部分。
  - **切割**：用B物体切除A物体，但不在A物体上添加B物体的任何部分，共有【优化】、【分割】、【移除内部】和【移除外部】4个选项。优化是在A物体上沿着B物体与A物体相交的面来增加顶点和边数，以优化A物体的表面；分割是在B物体上切割A物体的部分边缘，并且会增加一排顶点，利用这种方法可以根据其他物体的外形将一个物体分成两部分；移除内部是删除A物体在B物体内部的所有片段面；移除外部是删除A物体在B物体外部的所有片段面。
- **显示**：该选项组中的参数用来决定是否在视图中显示布尔运算的结果。
- **更新**：该选项组中的参数用来决定何时进行重新计算并显示布尔运算的结果。
  - **始终**：每一次操作后都立即显示布尔运算的结果。
  - **渲染时**：只有在最后渲染时才重新计算更新效果。
  - **手动**：选中该单选按钮可以激活下面的【更新】按钮。
  - **更新**：当需要观察更新效果时，可以单击该按钮，系统将会重新进行计算。

**技巧提示**

在使用布尔时，一定要注意操作步骤，因为布尔极易出现错误，而且一旦执行布尔操作后，对模型修改非常不利，因此不推荐经常使用布尔。若需要使用布尔时，需将模型制作到一定精度，并确定模型不再修改时再进行操作。同时布尔与ProBoolean（超级布尔）十分类似，而且ProBoolean（超级布尔）的布线要比布尔好很多，在这里不重复进行讲解。

# 小实例：利用布尔运算制作胶囊

| 场景文件 | 无 |
|---|---|
| 案例文件 | 小实例：利用布尔运算制作胶囊.max |
| 视频教学 | 多媒体教学/Chapter03/小实例：利用布尔运算制作胶囊.flv |
| 难易指数 | ★★★☆☆ |
| 技术掌握 | 【矩形】工具、【胶囊】工具、【布尔】工具的使用方法 |

## 实例介绍

本实例学习使用布尔运算来完成模型的制作，最终渲染和线框效果如图3-195所示。

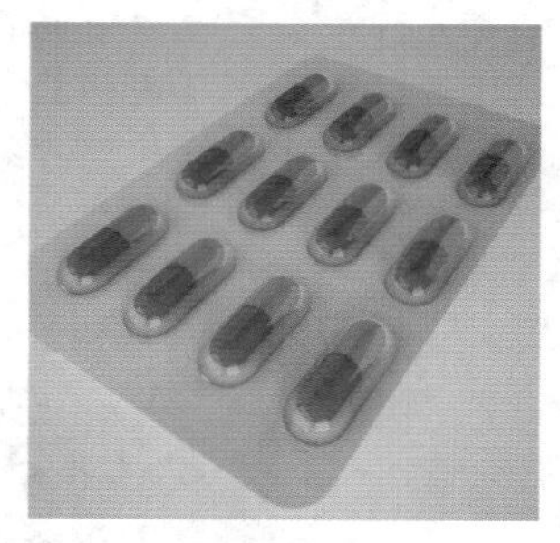

图3-195

## 建模思路

01 使用布尔运算工具制作胶囊盒模型。

02 使用扩展基本体下的【胶囊】工具制作胶囊模型。

胶囊建模流程如图3-196所示。

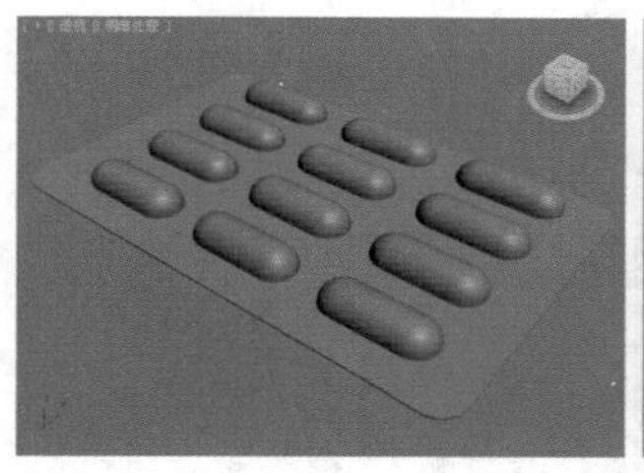

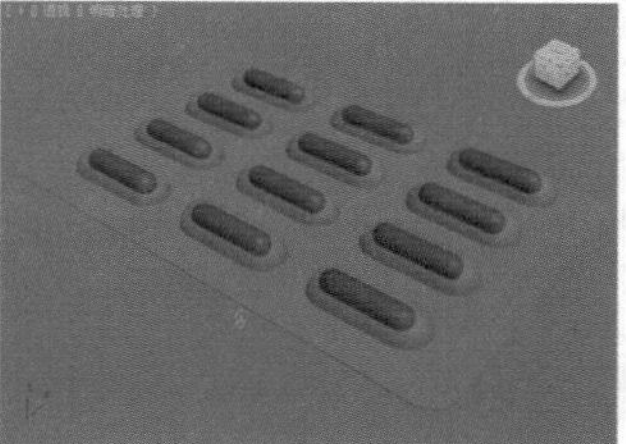

图3-196

## 操作步骤

### Part 1　使用布尔运算工具制作胶囊盒模型

**步骤01** 单击（创建）|  | 样条线 | 矩形 按钮，在顶视图中创建一个矩形，设置【长度】为110mm，【宽度】为70mm，【角半径】为6mm，如图3-197所示。

图3-197

**步骤02** 单击【修改】面板，为步骤01中的矩形添加【挤出】修改器，并设置【数量】为0.3mm，如图3-198所示。

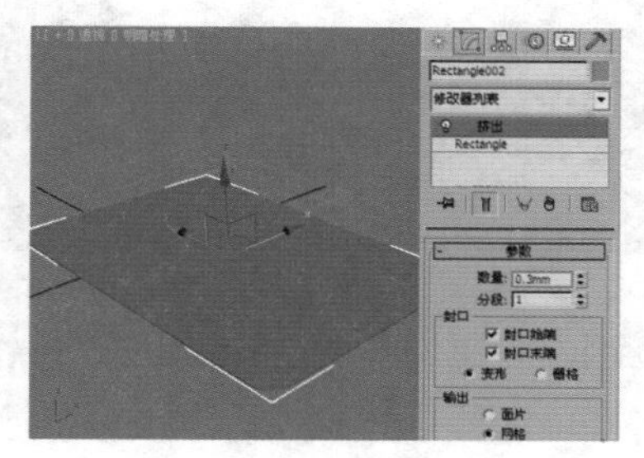

图3-198

**步骤03** 在前视图创建扩展基本体下的【胶囊】。然后单击【修改】面板，并设置【半径】为5mm，【高度】为25mm，选中【启用切片】复选框，并设置【切片起始位置】为180，如图3-199所示。

图3-199

**步骤04** 确认步骤03创建的胶囊处于选中的状态，按住Shift键，用鼠标左键对胶囊进行移动复制，释放鼠标会弹出【克隆选项】对话框，最后设置【对象】为【实例】，【副本数】为3，如图3-200所示。

**步骤05** 使用【选择并移动】工具进行移动复制，此时的模型效果如图3-201所示。

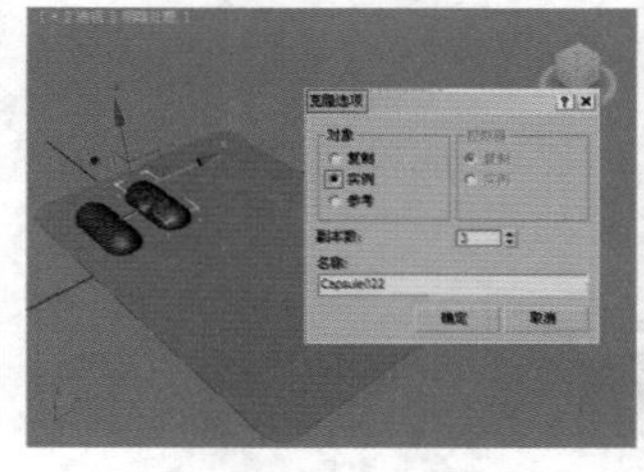

图3-200

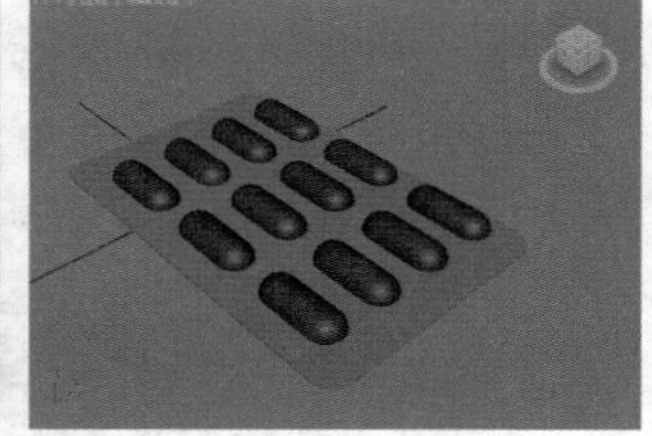

图3-201

**步骤06** 将所有胶囊选中，进入【工具】面板，单击【塌陷】按钮，接着单击【塌陷选定对象】按钮，此时所有的胶囊物体变成了一个物体，如图3-202所示。

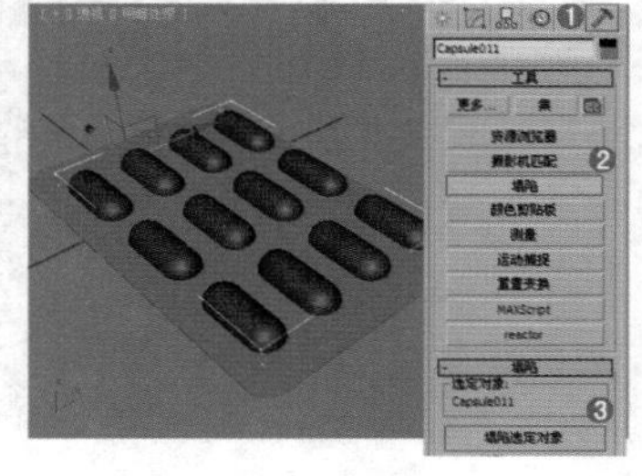

图3-202

**步骤07** 选择胶囊底部的矩形模型，然后单击【复合对象】中的【布尔】工具，接着在【操作】选项组中设置为【并集】，单击【拾取操作对象B】按钮，最后在场景中单击刚才塌陷过的胶囊模型，如图3-203所示。

**步骤08** 执行过【布尔】操作的模型效果如图3-204所示。

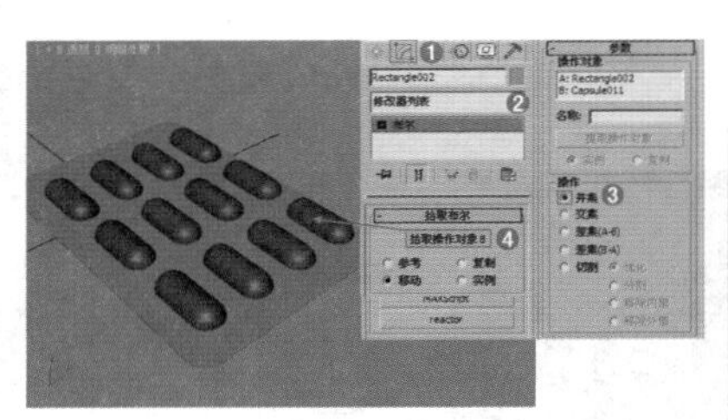

图3-203

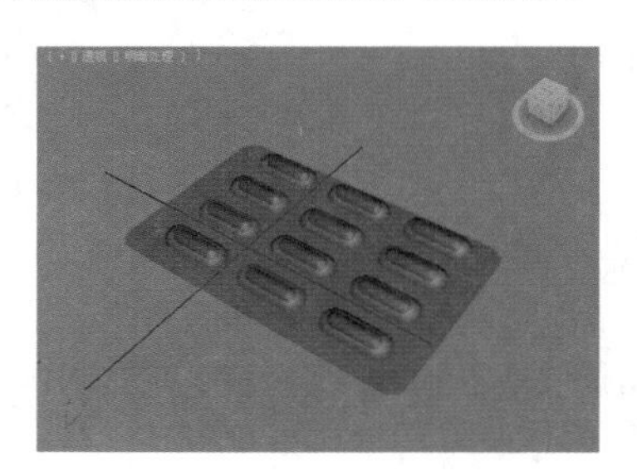

图3-204

## Part 2　使用扩展基本体下的【胶囊】工具制作胶囊模型

**步骤01** 在前视图继续使用【胶囊】工具创建12个胶囊，并分别放置到合适的位置，如图3-205所示。

**步骤02** 单击【修改】面板，设置【半径】为2.5mm，【高度】为19mm，如图3-206所示。

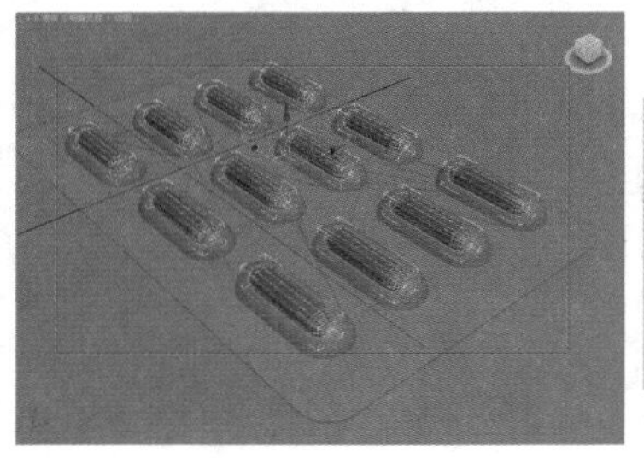

图3-205

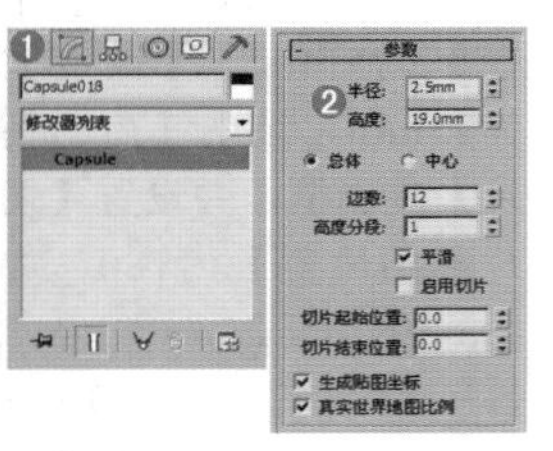

图3-206

**技巧提示**

为了操作的方便，可以将模型调节为透明，方法是在模型上单击鼠标右键，在弹出的快捷菜单中选择【对象属性】命令，在弹出的对话框中选中【透明】复选框即可（快捷键为Alt+X），如图3-207所示。

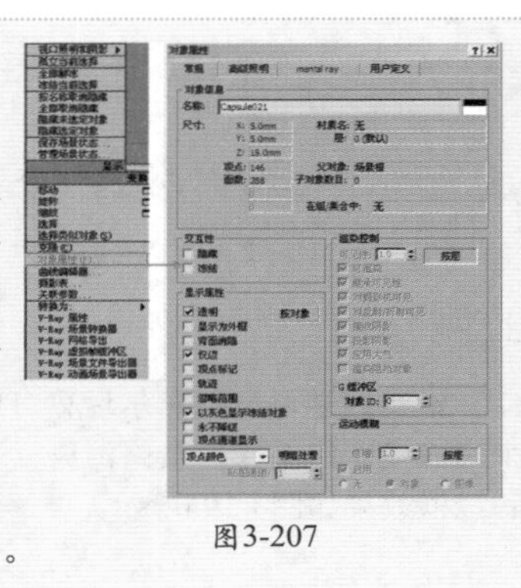

图3-207

**步骤03** 最终的胶囊模型效果如图3-208所示。

图3-208

# 综合实例：利用布尔运算制作现代椅子

| 场景文件 | 无 |
|---|---|
| 案例文件 | 综合实例：利用布尔运算制作现代椅子.max |
| 视频教学 | 多媒体教学/Chapter03/综合实例：利用布尔运算制作现代椅子 |
| 难易指数 | ★★☆☆☆ |
| 建模方式 | 二维图形建模、复合对象 |
| 技术掌握 | 掌握布尔运算制作现代椅子的方法 |

本实例学习使用【布尔】工具来完成模型的制作，最终渲染和线框效果如图3-209所示。

图3-209

## 建模思路

01 使用样条线制作椅子的基本模型。

02 使用【布尔】工具制作出椅子镂空的效果。

现代椅子建模流程如图3-210所示。

图3-210

## 操作步骤

## Part 1　使用样条线制作椅子的基本模型

**步骤01** 单击（创建）|（图形）|样条线|线按钮，在前视图绘制如图3-211所示的形状。

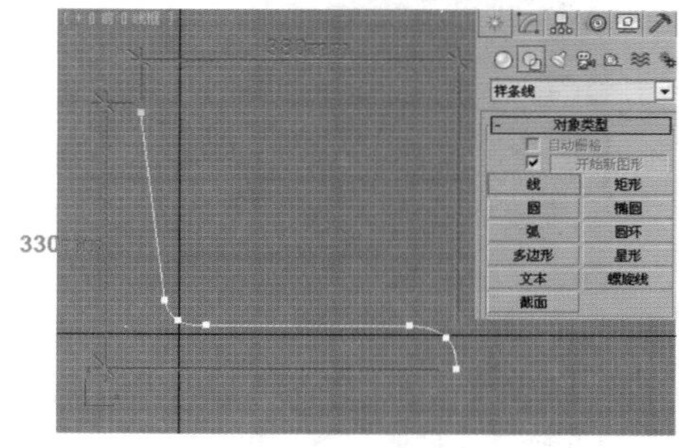

图3-211

步骤02 进入【修改】面板，分别选中【在渲染中启用】和【在视口中启用】复选框，激活【矩形】选项，设置【长度】为400mm，【宽度】为15mm，如图3-212所示。

步骤03 激活前视图，继续单击 （创建）|（图形）| 样条线 | 线 按钮，在前视图绘制如图3-213所示的形状。

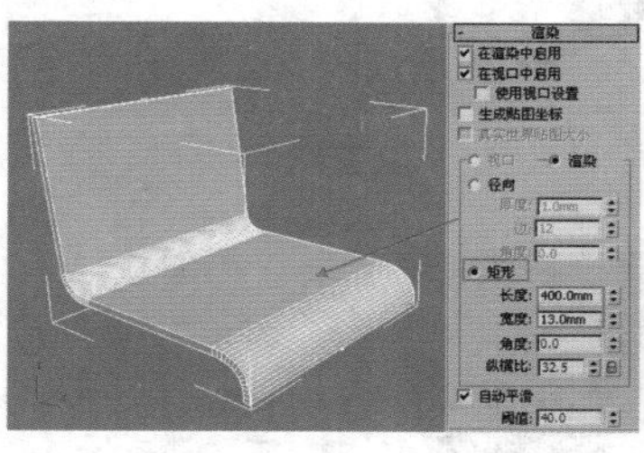

图3-212

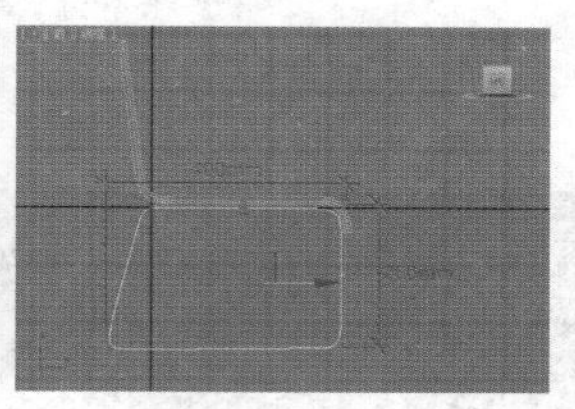

图3-213

步骤04 进入【修改】面板，分别选中【在渲染中启用】和【在视口中启用】复选框，激活【径向】选项，设置【厚度】为15mm，如图3-214所示。

步骤05 选择步骤04中创建的椅子腿，然后按住Shift键，并使用【选择并移动】工具进行复制，设置【对象】为【实例】，如图3-215所示。

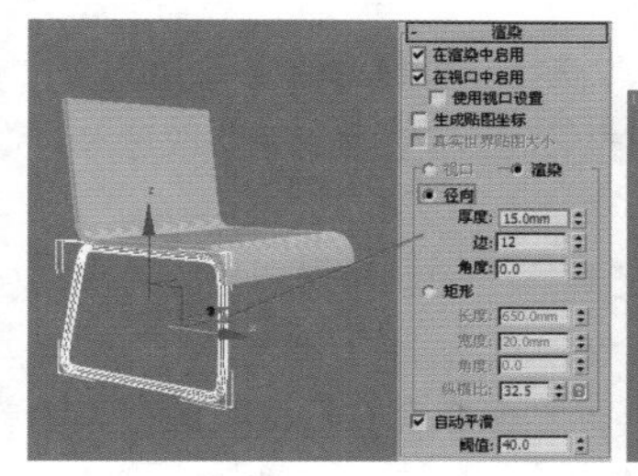

图3-214

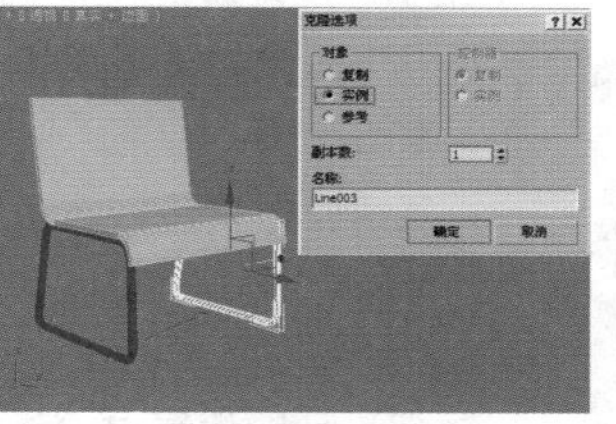

图3-215

步骤06 选择刚才使用线制作的椅子靠背部分，并单击鼠标右键，在弹出的快捷菜单中选择【转换为】|【转换为可编辑多边形】命令，如图3-216所示。

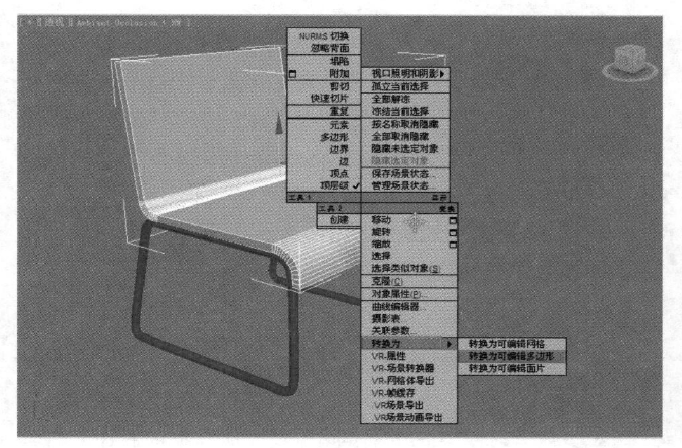

图3-216

**技巧提示**

在这个步骤中，我们对刚才使用线制作的椅子靠背部分，执行了【转换为】/【转换为可编辑多边形】命令，这样以后椅子的靠背部分就由二维的线转换为了三维的模型。这样做的目的是为了当后面使用布尔运算时，可以进行正确的操作，因为布尔运算只能拾取三维模型，而无法拾取二维线。

## Part 2 使用【布尔】工具制作出椅子镂空的效果

步骤01 接着左视图创建长方体，设置【长度】为85mm，【宽度】为8mm，【高度】为115mm，如图3-217所示。按住Shift键，移动复制47个，分别摆放在如图3-218所示的位置上。

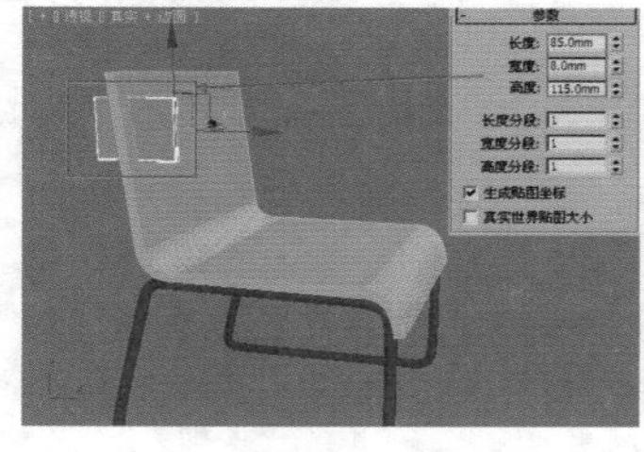

图3-217

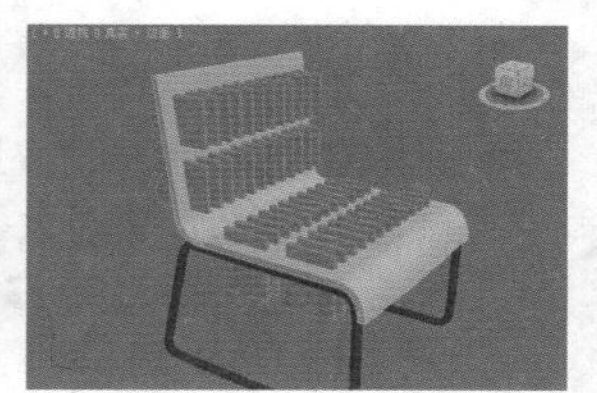

图3-218

步骤02 选择步骤01创建的全部的长方体，然后进入【实用程序】面板，单击【塌陷】按钮，接着单击【塌陷选定对象】按钮，如图3-219所示。

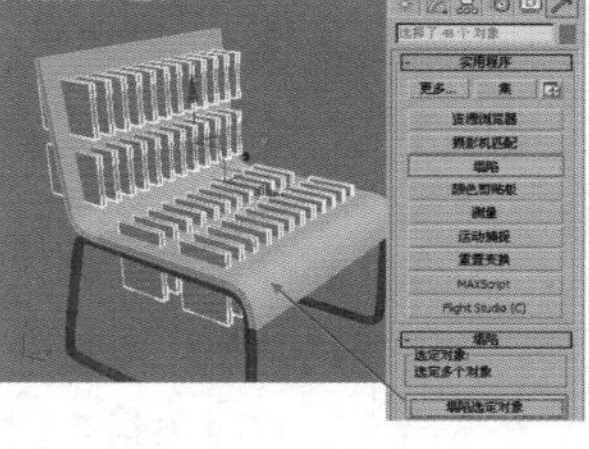

图3-219

步骤03 选中塌陷后的长方体模型，单击【复合对象】下的【布尔】按钮，接着设置【操作】为【差集（B-A）】，然后单击【拾取操作对象B】按钮，最后在场景中单击拾取椅子靠背模型，如图3-220所示。布尔运算后的效果如图3-221所示。

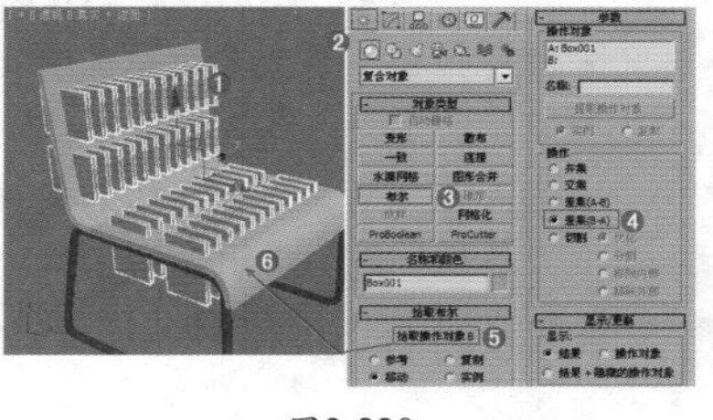

图3-220

步骤04 最终模型效果如图3-222所示。

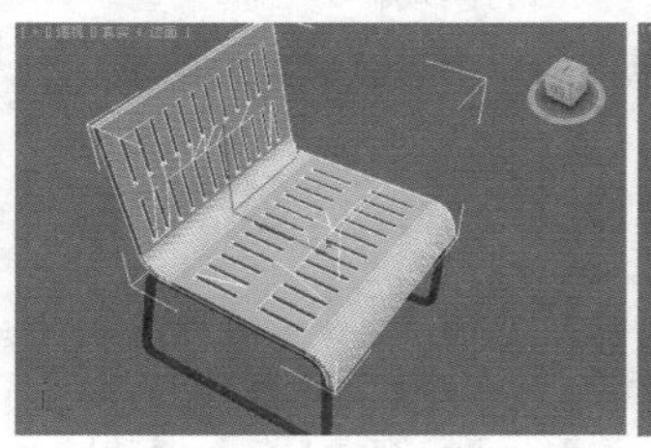

图3-221

图3-222

## 3.3.3 ProBoolean

ProBoolean通过对两个或多个其他对象执行超级布尔运算将它们组合起来。计算方式比传统的布尔运算方式要好得多。具体步骤如图3-223所示。

另外，ProBoolean 还可以自动将布尔结果细分为四边形面，这有助于将网格平滑和涡轮平滑。同时还可以从布尔对象中的多边形上移除边，从而减少多边形数目的边百分比，如图3-224所示。

ProBoolean的参数面板如图3-225所示。

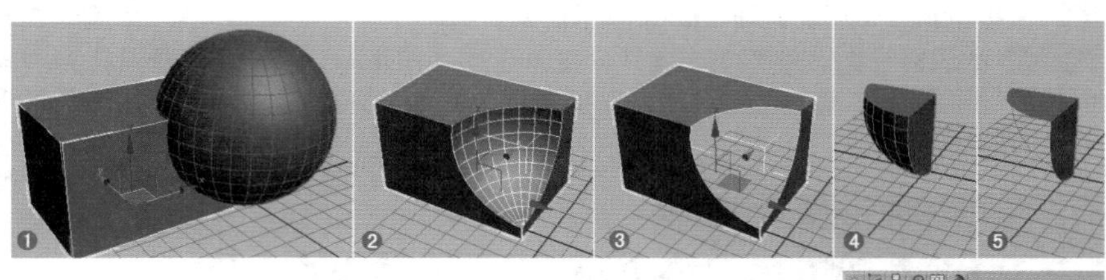

图3-223

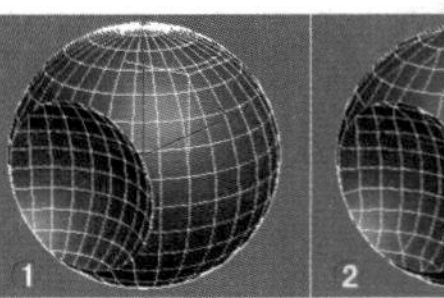
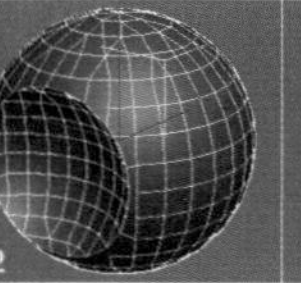
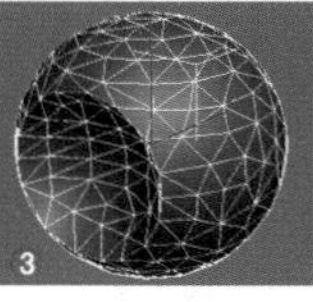
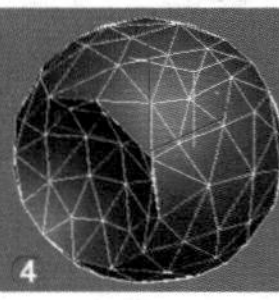

图3-224

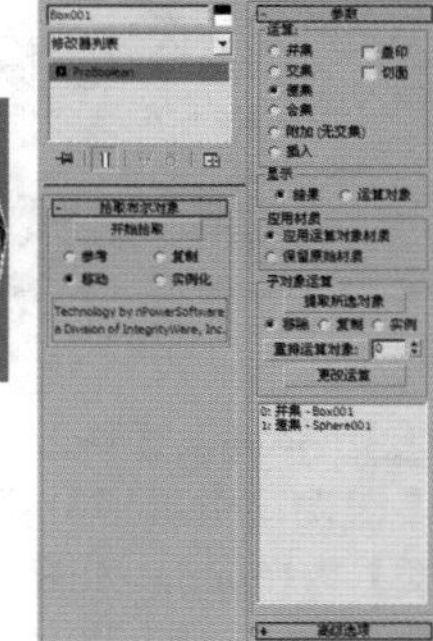

图3-225

- 开始拾取：单击此按钮，然后依次单击要传输至布尔对象的每个运算对象。在拾取每个运算对象之前，可以更改【参考/复制/移动/实例】选项、【运算】选项和【应用材质】选项。
- 【运算】选项组：这些设置确定布尔运算对象实际如何交互。
  - 并集：将两个或多个单独的实体组合到单个布尔对象中。
  - 交集：从原始对象之间的物理交集中创建一个新对象；移除未相交的体积。
  - 差集：从原始对象中移除选定对象的体积。
  - 合集：将对象组合到单个对象中，而不移除任何几何体。在相交对象的位置创建新边。
  - 附加：将两个或多个单独的实体合并成单个布尔型对象，而不更改各实体的拓扑。
  - 插入：先从第一个操作对象减去第二个操作对象的边界体积，然后再组合这两个对象。
  - 盖印：将图形轮廓（或相交边）打印到原始网格对象上。
  - 切面：切割原始网格图形的面，只影响这些面。
- 【显示】选项组：可以选择显示的模式。
  - 结果：只显示布尔运算而非单个运算对象的结果。
  - 运算对象：定义布尔结果的运算对象。使用该模式编辑运算对象并修改结果。
- 【应用材质】选项组：可以选择一个材质的应用模式。
  - 应用运算对象材质：布尔运算产生的新面获取运算对象的材质。
  - 保留原始材质：布尔运算产生的新面保留原始对象的材质。
- 【子对象运算】选项组：这些函数对在层次视图列表中高亮显示的运算对象进行运算。
  - 提取所选对象：根据选择的单选按钮有3种模式，分别为移除、复制、实例。
  - 重排运算对象：在层次视图列表中更改高亮显示的运算对象的顺序。
  - 更改运算：为高亮显示的运算对象更改运算类型。
- 【更新】选项组：这些选项确定在进行更改后，何时在布尔对象上执行更新。
- 【四边形镶嵌】选项组：这些选项启用布尔对象的四边形镶嵌。
- 【移除平面上的边】选项组：这些选项确定如何处理平面上的多边形。

## 小实例：利用ProBoolean运算制作骰子

| 场景文件 | 无 |
| --- | --- |
| 案例文件 | 小实例：利用ProBoolean运算制作骰子.max |
| 视频教学 | 多媒体教学/Chapter03/小实例：利用ProBoolean运算制作骰子.flv |
| 难易指数 | ★★★☆☆ |
| 技术掌握 | 掌握【切角长方体】工具、【球体】工具、ProBoolean运算工具的运用 |

### 实例介绍

本实例学习使用ProBoolean工具完成模型的制作，最终渲染和线框效果如图3-226所示。

图3-226

## 建模思路

使用复合对象下的ProBoolean工具创建骰子模型。

骰子建模流程如图3-227所示。

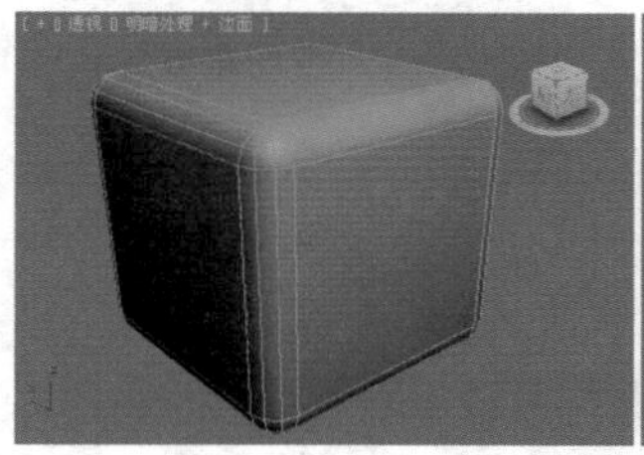
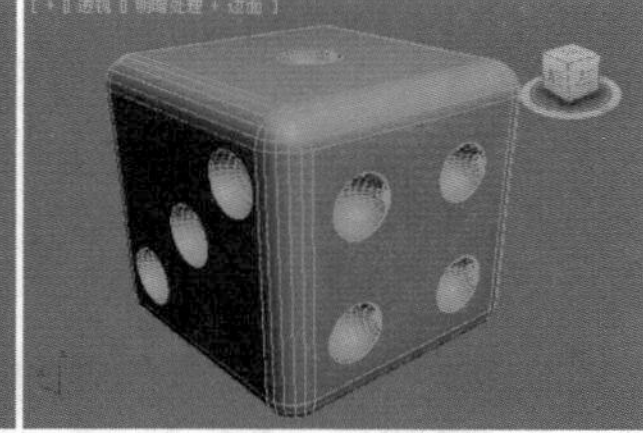
图3-227

## 操作步骤

步骤01 在顶视图中创建一个切角长方体。设置【长度】、【宽度】、【高度】均为80mm，同时设置【圆角】为8.91mm，【圆角分段】为3，如图3-228所示。

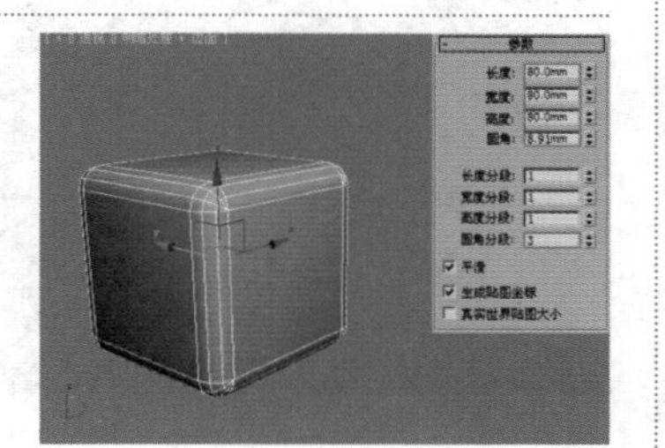
图3-228

步骤02 在视图中创建一个球体，设置【半径】为8mm，【分段】为32，如图3-229所示。

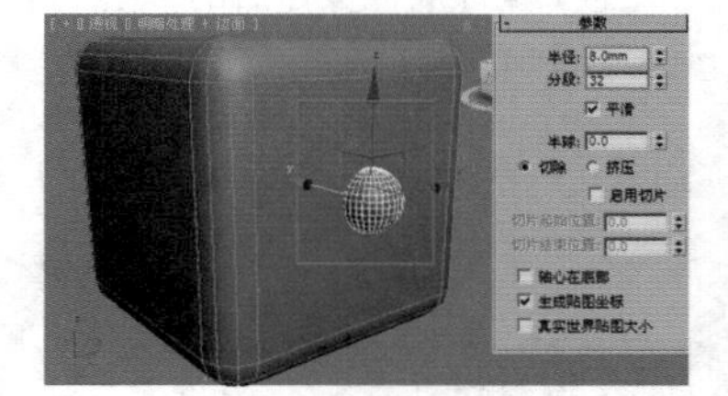
图3-229

步骤03 选择球体，并按住Shift键，移动复制20个，分别摆放在切角长方体的周围，具体摆放位置如图3-230所示。选择创建的全部球体，进入【实用程序】面板，单击【塌陷】按钮，接着单击【塌陷选定对象】按钮，最后在场景中单击切角长方体，如图3-231所示。

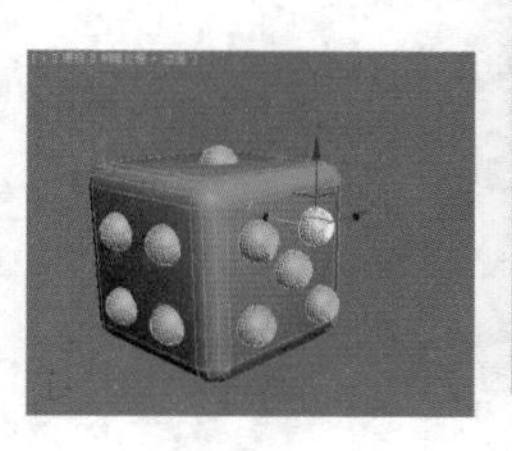
图3-230

图3-231

步骤04 选中切角长方体，单击【复合对象】下的ProBoolean按钮，接着单击【开始拾取】按钮，最后拾取刚才塌陷过后的球体。具体效果如图3-232所示。

步骤05 最终模型效果如图3-233所示。

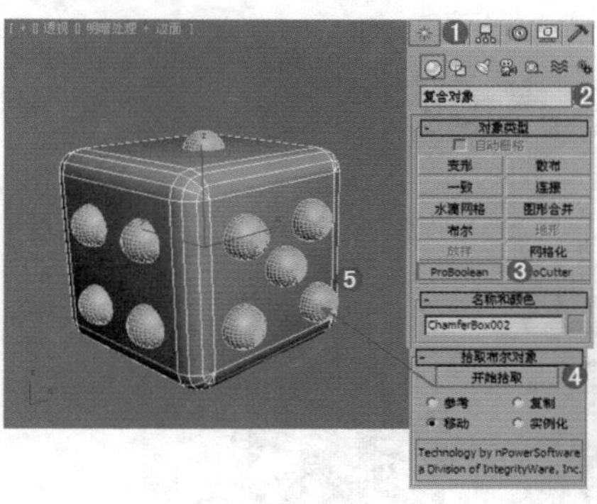
图3-232

图3-233

## 3.3.4 放样

使用【放样】工具可以沿着第三个轴挤出二维图形。从两个或多个现有样条线对象中创建放样对象，这些样条线之一会作为路径，而其余的样条线会作为放样对象的横截面或图形。放样是一种特殊的建模方法，使用它能快速地创建出多种模型，如画框、石膏线、吊顶、踢脚线等，其参数设置面板如图3-234所示。

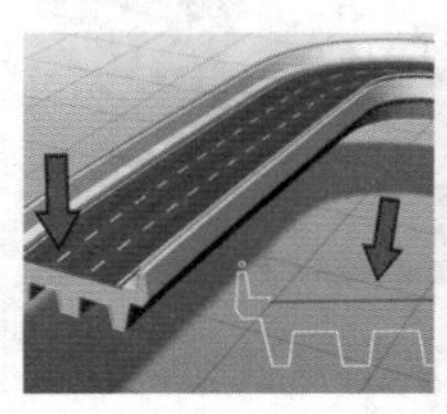
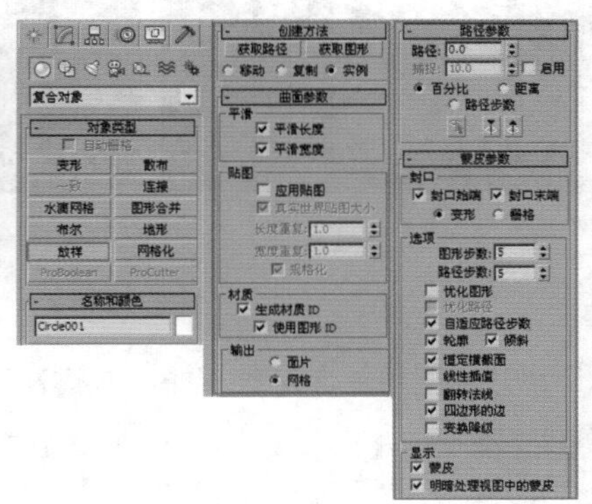
图3-234

**技巧提示**

【放样】建模是3ds Max的一种很强大的建模方法，在【放样】建模中可以对放样对象进行变形编辑，包括【缩放】、【旋转】、【倾斜】、【倒角】和【拟合】。

## 小实例：利用放样制作画框

| 场景文件 | 无 |
| --- | --- |
| 案例文件 | 小实例：利用放样制作画框.max |
| 视频教学 | 多媒体教学/Chapter03/小实例：利用放样制作画框.flv |
| 难易指数 | ★★★☆☆ |
| 技术掌握 | 掌握复合对象下的【放样】工具的使用方法和【间隔工具】工具的使用方法 |

### 实例介绍

本实例将以一个欧式画框模型为例来讲解复合对象下的【放样】工具的使用方法，效果如图3-235所示。

图3-235

### 建模思路

01 使用复合对象下的【放样】工具制作画框模型。

02 使用【间隔工具】工具制作画框的装饰部分模型。

欧式画框建模流程如图3-236所示。

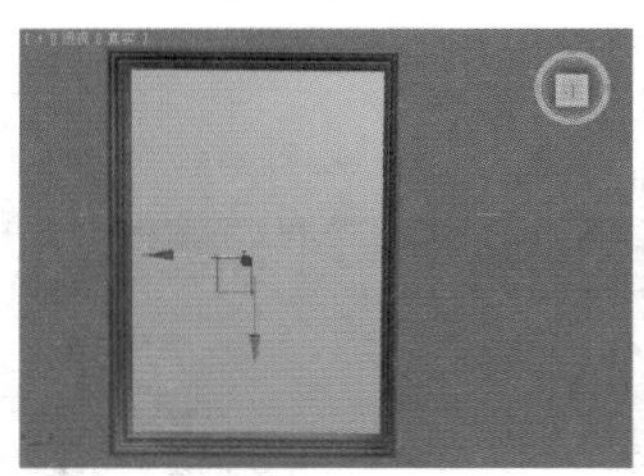

图3-236

### 操作步骤

#### Part 1 使用复合对象下的【放样】工具制作画框模型

**步骤01** 使用【样条线】下的【矩形】工具在顶视图创建一个矩形，并为其命名为【路径01】。然后设置【长度】为150mm，【宽度】为100mm，如图3-237所示。

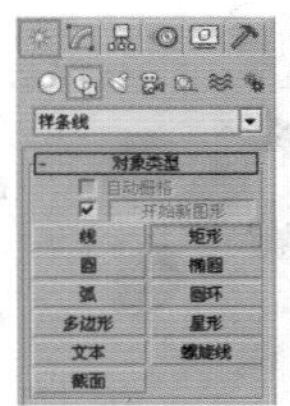

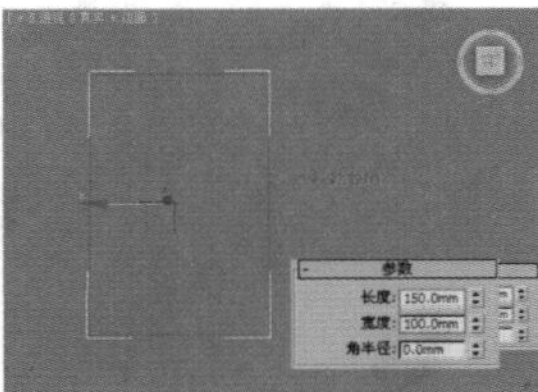

图3-237

**步骤02** 在前视图使用【样条线】下的【线】工具绘制一条如图3-238所示的闭合的线，并为其命名为【截面】。

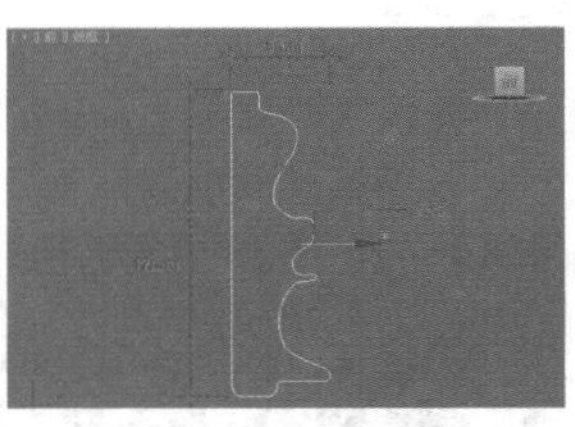

图3-238

**步骤03** 选择【路径01】，单击【复合对象】下的【放样】工具，然后单击【获取图形】按钮，接着在场景中单击截面，如图3-239所示。

图3-239

**步骤04** 执行放样操作后的模型效果如图3-240所示。

**步骤05** 在顶视图中创建一个平面，并设置【长度】为160mm，【宽度】为110mm，【长度分段】和【宽度分段】均为1，如图3-241所示。

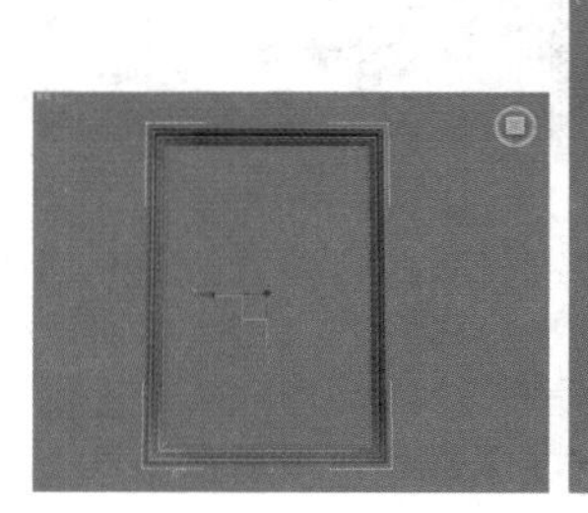

图3-240

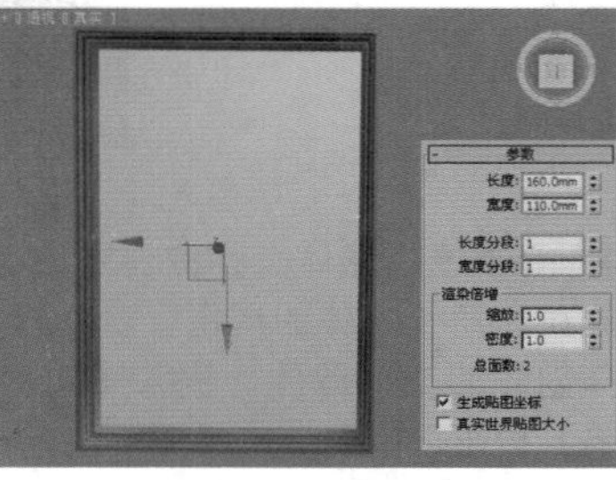

图3-241

技巧提示

在此实例中使用【放样】工具制作画框模型，我们会看到在默认情况下，三维截面方向是向内的，如图3-242所示。

图3-242

当然，也可以任意调整三维截面的朝向。单击【修改】面板，然后单击Loft下的【图形】子级别，接着选择画框的【图形】子级别，并打开【选择并旋转】工具，打开【角度捕捉】切换工具，并沿Z轴将【图形】子级别旋转90°，如图3-243所示。

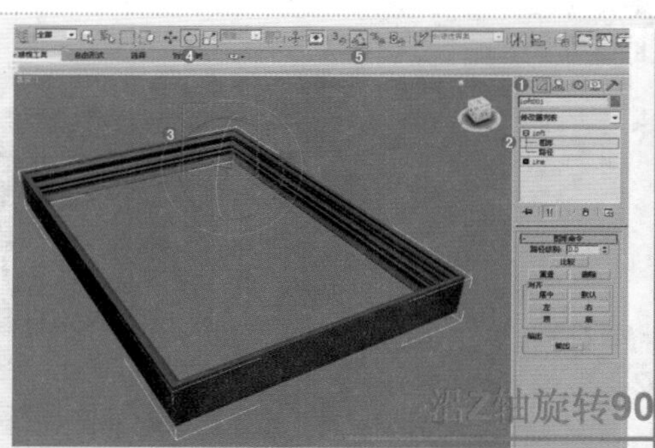
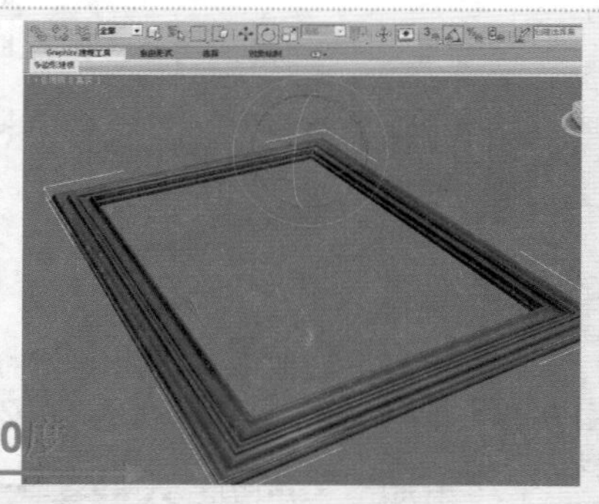

图3-243

当然，还可以修改边框的厚度。单击【修改】面板，然后单击Loft下的【图形】子级别，接着选择画框的【图形】子级别，并使用【选择并均匀缩放】工具，沿某一轴向或多个轴向进行缩放，如图3-244所示。

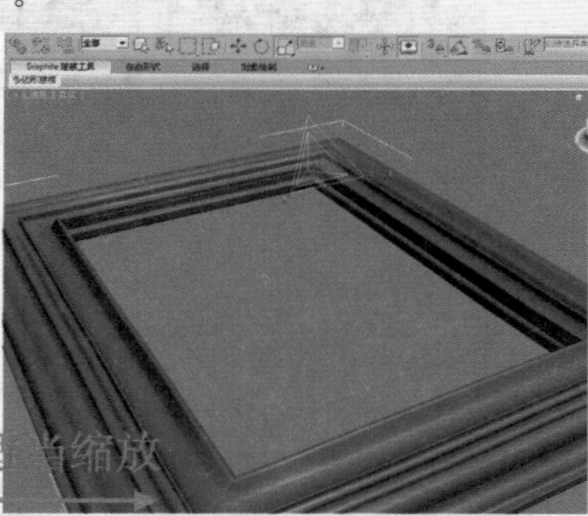

图3-244

## Part 2　使用【间隔工具】工具制作画框的装饰部分模型

**步骤01** 使用【球体】工具在画框左下角创建一个球体，设置【半径】为0.7mm，【分段】为32，如图3-245所示。

**步骤02** 使用【样条线】下的【矩形】工具在画框前方创建一个矩形，并命名为【Rectangle001】。然后设置【长度】为153mm，【宽度】为103mm，如图3-246所示。

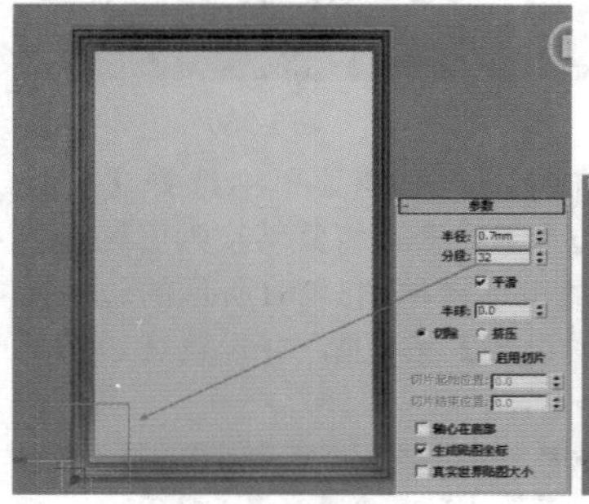
图3-245

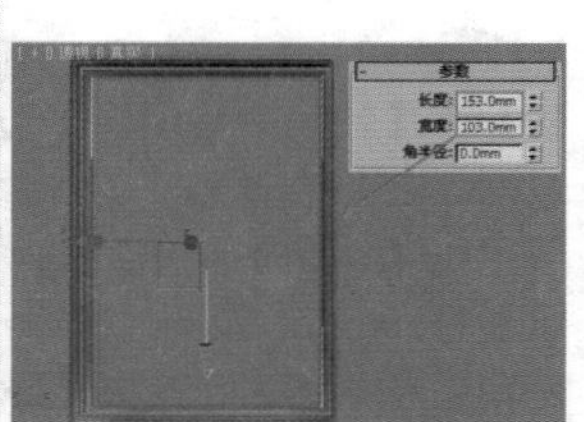
图3-246

**步骤03** 确保球体为选中状态，在主工具栏空白处单击鼠标右键，在弹出的快捷菜单中选择【附加】命令，然后选择【间隔工具】工具，此时会弹出【间隔工具】对话框。接着单击【拾取路径】按钮，并在场景中单击步骤02中创建的矩形【Rectangle001】，如图3-247所示。

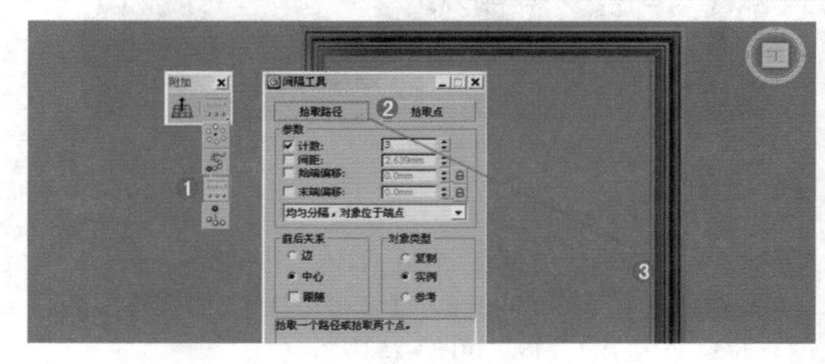

图3-247

**步骤04** 此时 拾取路径 按钮已经变成了 Rectangle001 ，然后设置【计数】为195，最后单击【应用】按钮，如图3-248所示。

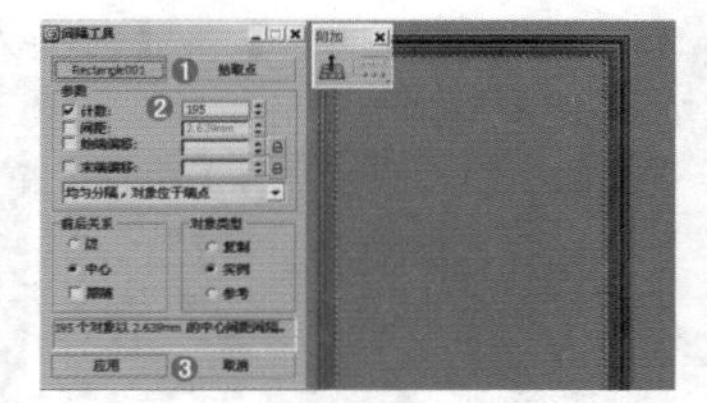
图3-248

**步骤05** 单击【关闭】按钮将其结束，如图3-249所示。

**步骤06** 最终模型效果如图3-250所示。

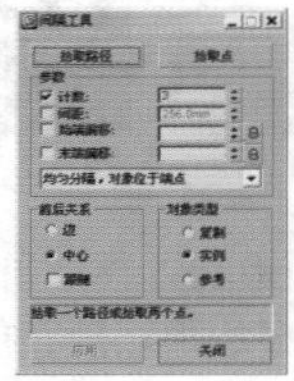
图3-249

图3-250

## 小实例：利用连接制作哑铃

| 场景文件 | 无 |
|---|---|
| 案例文件 | 小实例：利用连接制作哑铃.max |
| 视频教学 | 多媒体教学/Chapter03/小实例：利用连接制作哑铃.flv |
| 难易指数 | ★★★☆☆ |
| 技术掌握 | 掌握【连接】工具的使用方法 |

### 实例介绍

本实例将以几个哑铃模型为例来讲解【连接】工具的使用方法，效果如图3-251所示。

图3-251

### 建模思路

使用【连接】工具制作哑铃模型。

哑铃的建模流程如图3-252所示。

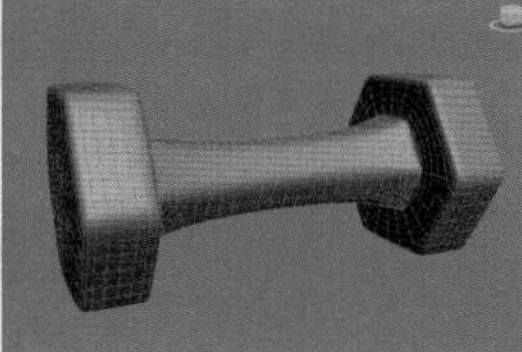

图3-252

### 操作步骤

**步骤01** 在视图中创建一个圆柱体。设置【半径】为350mm，【高度】为200mm，【高度分段】为1，【端面分段】为2，【边数】为6，如图3-253所示。

**步骤02** 选择圆柱体，然后单击鼠标右键，在弹出的快捷菜单中选择【转换为】|【转换为可编辑多边形】命令，如图3-254所示。

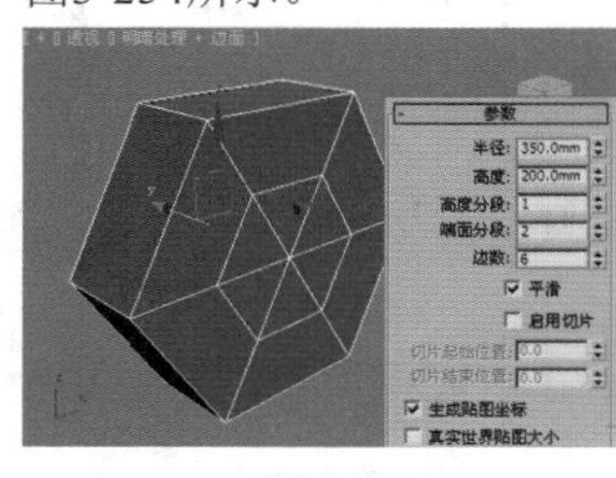

图3-253

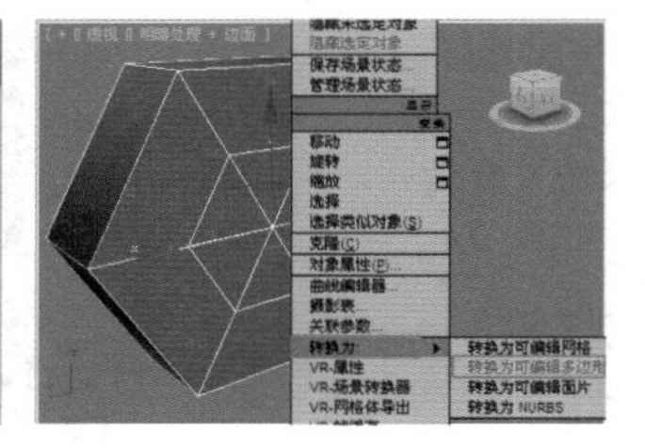

图3-254

**步骤03** 单击【修改】面板，然后单击【多边形】级别，并选择如图3-255所示的多边形，接着按Delete键将其删除，如图3-256所示。

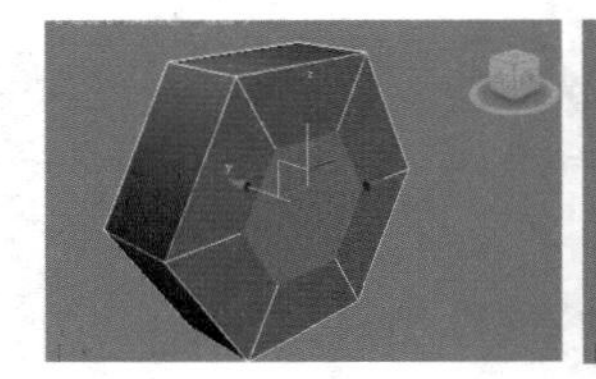

图3-255

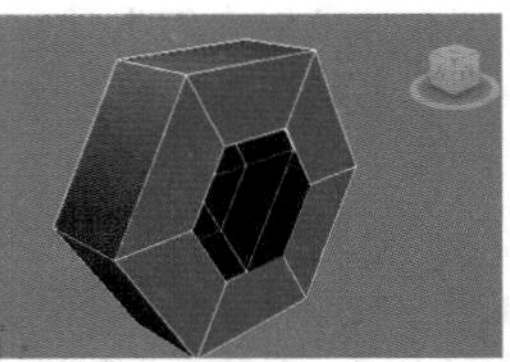

图3-256

**步骤04** 选择圆柱体，然后单击【镜像】工具，弹出【镜像：世界坐标】对话框，设置【镜像轴】为Y，【偏移】为－1400mm，在【克隆当前选择】选项组中选中【实例】单选按钮，最后单击【确定】按钮，如图3-257所示。

**步骤05** 选择左侧的圆柱体，然后在【创建】面板中单击【几何体】按钮，并设置【几何体类型】为【复合对象】，单击【连接】按钮，如图3-258所示。

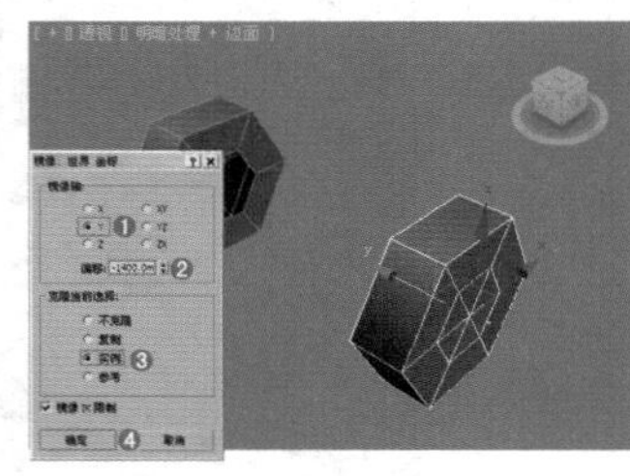

图3-257

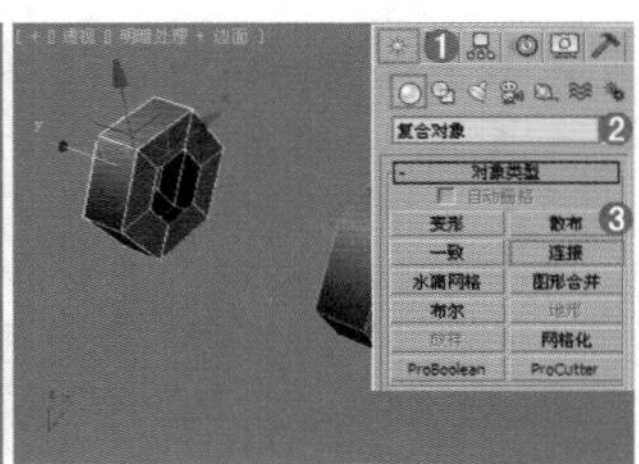

图3-258

**步骤06** 单击【拾取操作对象】按钮，并单击拾取右侧的圆柱体，此时连接后的效果如图3-259所示。接着设置【分段】为5，【张力】为0.15，如图3-260所示。

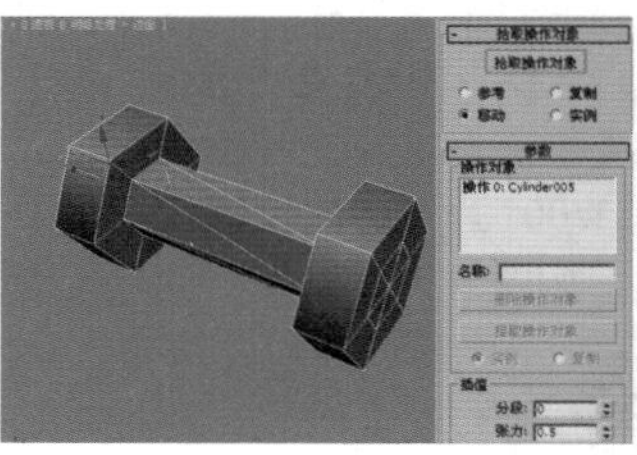

图3-259

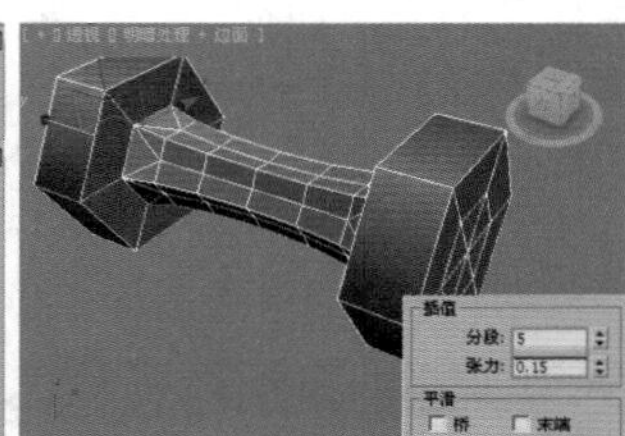

图3-260

**步骤07** 单击鼠标右键，在弹出的快捷菜单中选择【转换为】|【转换为可编辑多边形】命令，将其转换为可编辑多边形。然后在【边】级别下选择如图3-261所示的边，接着单击【切角】按钮后的【设置】按钮，并设置【边切角量】为10mm，如图3-262所示。

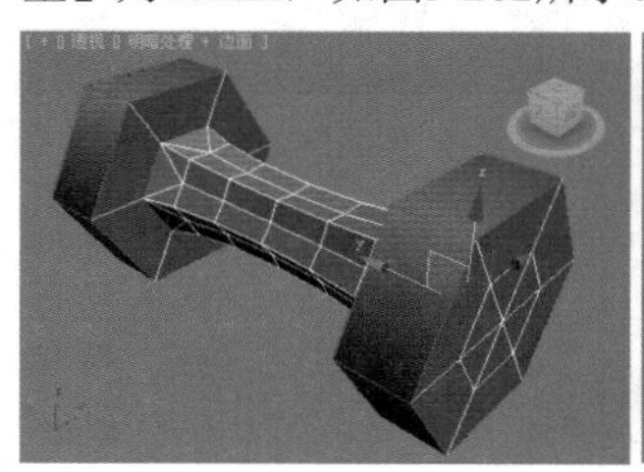

图3-261

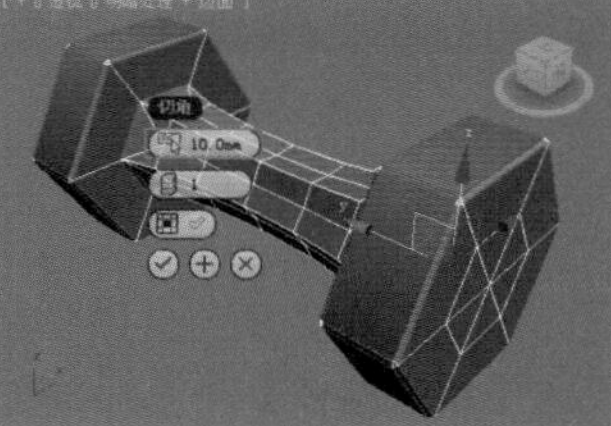

图3-262

**步骤08** 选择场景中的模型，单击【修改】面板，并为其加载【涡轮平滑】修改器，然后设置【迭代次数】为2，如图3-263所示。此时的哑铃模型效果如图3-264所示。

**步骤09** 继续制作两个哑铃模型，最终模型效果如图3-265所示。

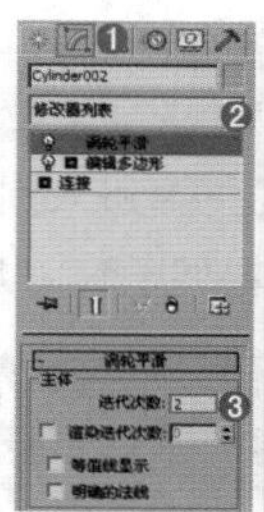

图3-263

图3-264

图3-265

# 3.4 创建建筑对象

## 3.4.1 AEC扩展

AEC扩展专门用在建筑、工程和构造等领域，使用【AEC扩展】对象可以提高创建场景的效率。【AEC扩展】对象包括植物、栏杆和墙3种类型，如图3-266所示。

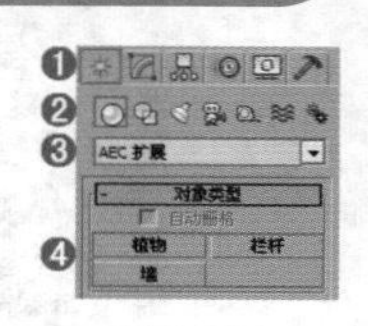

图3-266

### 1. 植物

植物的创建方法很简单，首先将【几何体】类型切换为【AEC扩展】类型，然后单击【植物】按钮，接着在【收藏的植物】卷展栏中选择树种，最后在视图中拖曳光标就可以创建出相应的植物，如图3-267所示。植物参数如图3-268所示。

图3-267

图3-268

- 高度：控制植物的近似高度，这个高度不一定是实际高度，而只是一个近似值。
- 密度：控制植物叶子和花朵的数量。值为1时表示植物具有完整的叶子和花朵；值为5时表示植物具有1/2的叶子和花朵；值为0时表示植物没有叶子和花朵。
- 修剪：只适用于具有树枝的植物，可以用来删除与构造平面平行的不可见平面下的树枝。值为0时表示不进行修剪；值为1时表示尽可能修剪植物上的所有树枝。

**技巧提示**

3ds Max从植物上修剪植物取决于植物的种类，如果是树干，则永不进行修剪。

- 新建：显示当前植物的随机变体，其旁边是【种子】的显示数值。
- 生成贴图坐标：对植物应用默认的贴图坐标。
- 显示：该选项组中的参数主要用来控制植物的树叶、果实、花、树干、树枝和根的显示情况。
- 视口树冠模式：该选项组用于设置树冠在视口中的显示模式。
  - 未选择对象时：当没有选择任何对象时以树冠模式显示植物。
  - 始终：始终以树冠模式显示植物。
  - 从不：从不以树冠模式显示植物，但是会显示植物的所有特性。

**技巧提示**

为了节省计算机的资源，使得在对植物操作时比较流畅，用户可以选中【未选择对象时】或【始终】单选按钮，计算机配置较高的情况下可以选中【从不】单选按钮，如图3-269所示。

图3-269

- 详细程度等级：该选项组中的参数用于设置植物的渲染细腻程度。
  - 低：这种级别用来渲染植物的树冠。
  - 中：这种级别用来渲染减少了面的植物。
  - 高：这种级别用来渲染植物的所有面。

# 小实例：创建多种植物

| 场景文件 | 无 |
|---|---|
| 案例文件 | 小实例：创建多种植物.max |
| 视频教学 | 多媒体教学/Chapter03/小实例：创建多种植物.flv |
| 难易指数 | ★★★☆☆ |
| 技术掌握 | 掌握AEC扩展下的【植物】工具的运用 |

## 实例介绍

本实例学习内置AEC扩展下的【植物】工具来完成模型的制作，最终渲染和线框效果如图3-270所示。

图3-270

## 建模思路

01 使用【平面】工具和FFD4×4×4修改器制作地面。

02 使用【植物】工具制作各种植物模型。

植物建模流程如图3-271所示。

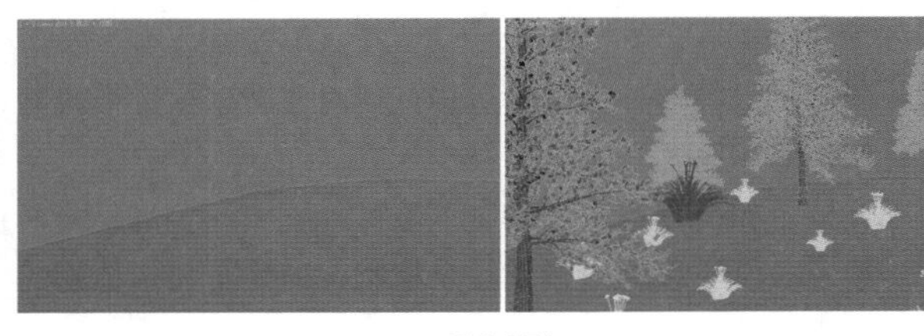
图3-271

## 操作步骤

### Part 1 使用【平面】工具和FFD 4×4×4修改器制作地面

步骤01 在场景中创建一个平面。设置【长度】为15000mm，【宽度】为15000mm，【长度分段】为10，【宽度分段】为10，如图3-272所示。

步骤02 选择步骤01创建的平面，为其加载FFD 4×4×4修改器，如图3-273所示。

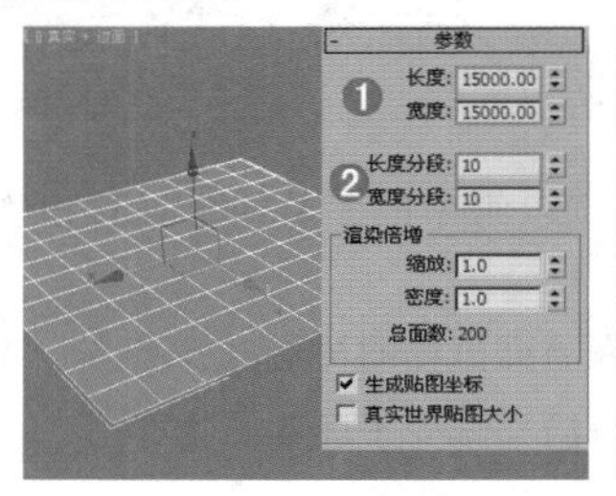

图3-272

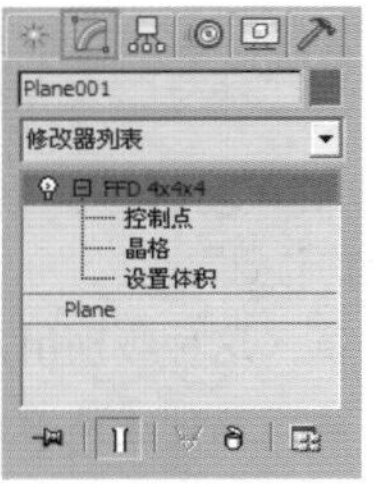

图3-273

步骤03 进入到【控制点】级别，并适当地调整控制点的位置，如图3-274所示，此时发现地面也产生了起伏的感觉。

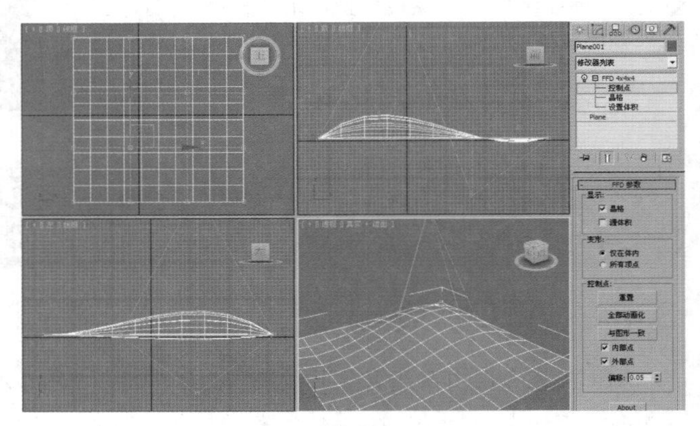
图3-274

### Part 2 使用【植物】工具制作各种植物模型

步骤01 在【创建】面板中单击【几何体】按钮，设置【几何体类型】为【AEC扩展】，然后单击【植物】按钮，在【收藏的植物】卷展栏中选择【苏格兰松树】，如图3-275所示。接着在顶视图中单击创建一棵植物，如图3-276所示。

图3-275

图3-276

步骤02 单击【修改】面板，然后在【参数】卷展栏中设置【高度】为1500mm，【视口树冠模式】为【从不】，如图3-277所示。

步骤03 继续在顶视图中创建一棵【苏格兰松树】，单击【修改】面板，设置【高度】为1800，【密度】为0.3，【视口树冠模式】为【从不】，如图3-278所示。

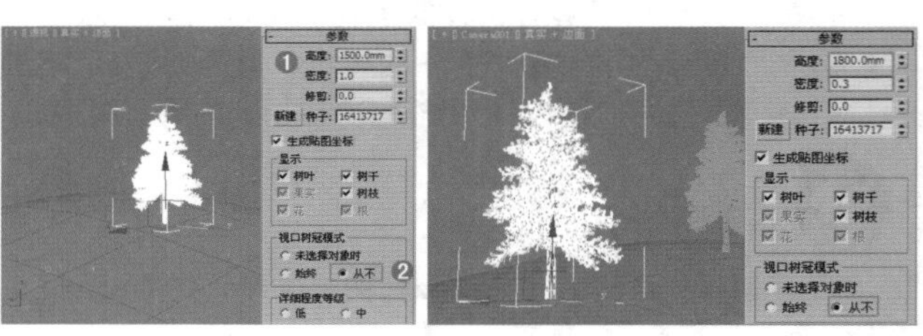

图3-277　图3-278

**步骤04** 选择上面创建的两棵【苏格兰松树】，按住Shift键，并使用【选择并移动】工具进行适当的复制，具体位置如图3-279所示。

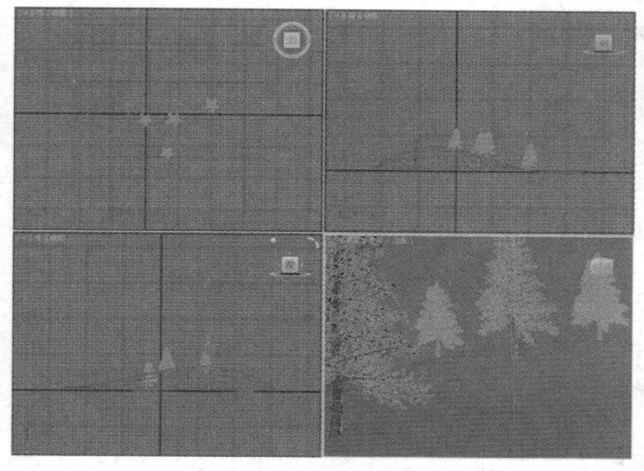

图3-279

**步骤05** 在【创建】面板中单击【几何体】按钮，设置【几何体类型】为【AEC扩展】，然后单击【植物】按钮，在【收藏的植物】卷展栏中选择【芳香蒜】，如图3-280所示。接着在顶视图中单击创建一棵芳香蒜，如图3-281所示。

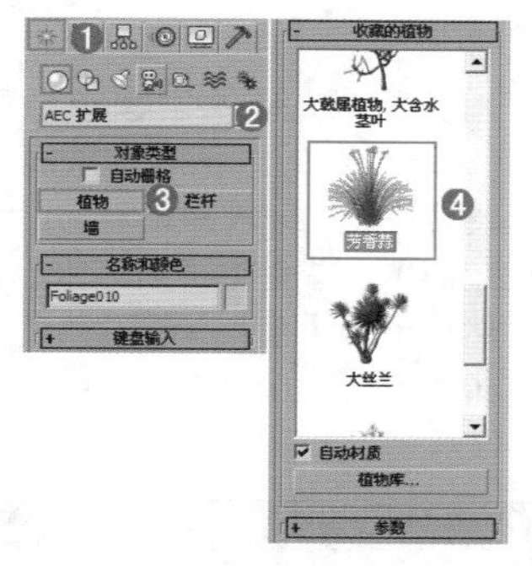


图3-280

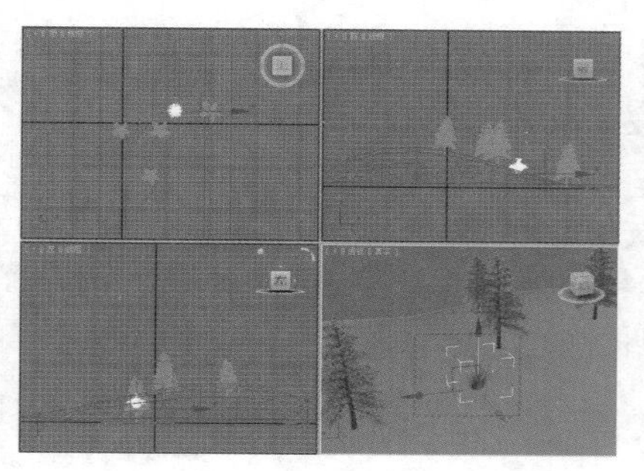

图3-281

**步骤06** 选择步骤05创建的【芳香蒜】，设置【高度】为200mm，【视口树冠模式】为【从不】，如图3-282所示。

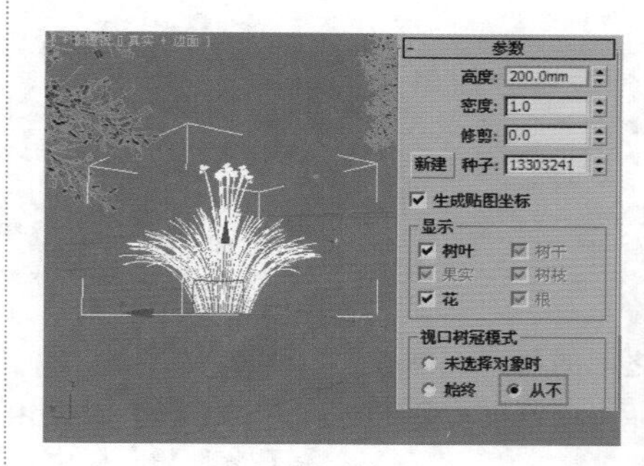


图3-282

**步骤07** 选择步骤06创建的【芳香蒜】，按住Shift键，并使用【选择并移动】工具进行适当的复制，具体位置如图3-283所示。

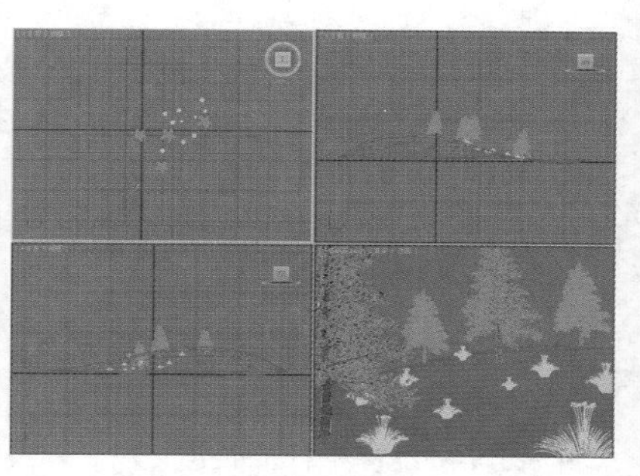

图3-283

**技巧提示**

在这里【苏格兰松树】和【芳香蒜】的【高度】和【密度】等数值不是固定的，可以进行适当的调整以达到美观的效果。

**步骤08** 最终模型效果如图3-284所示。

图3-284

## 2. 栏杆

【栏杆】对象的组件包括栏杆、立柱和栅栏。如图3-285所示为使用栏杆制作的模型。

将【几何体】类型切换为【AEC扩展】类型，然后单击【栏杆】按钮，接着在视图中拖曳光标即可创建出栏杆，如图3-286所示。栏杆的参数分为【栏杆】、【立柱】和【栅栏】3个卷展栏，如图3-287所示。

图3-285

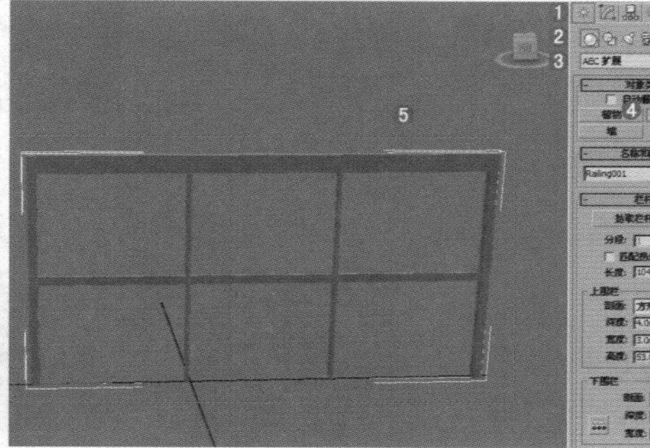

图3-286

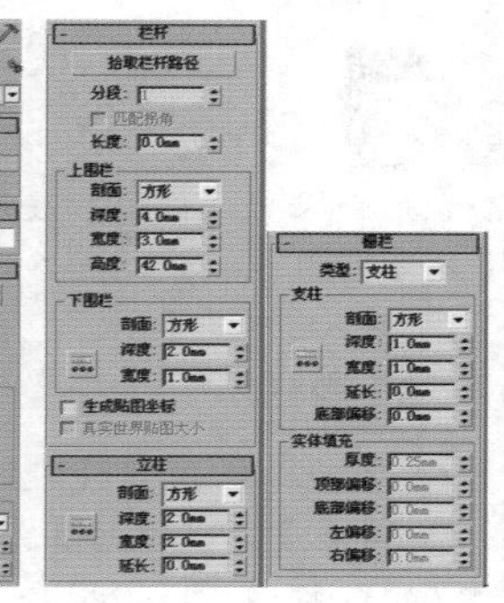

图3-287

## ❶ 栏杆

- **拾取栏杆路径**：单击该按钮可以拾取视图中的样条线来作为栏杆的路径。
- **分段**：设置栏杆对象的分段数（只有使用栏杆路径时才能使用该选项）。
- **匹配拐角**：在栏杆中放置拐角，以匹配栏杆路径的拐角。
- **长度**：设置栏杆的长度。
- **上围栏**：该选项组用于设置栏杆上围栏部分的相关参数。
  - 剖面：指定上栏杆的横截面形状。
  - 深度：设置上栏杆的深度。
  - 宽度：设置上栏杆的宽度。
  - 高度：设置上栏杆的高度。
- **下围栏**：该选项组用于设置栏杆下围栏部分的相关参数。
  - 剖面：指定下栏杆的横截面形状。
  - 深度：设置下栏杆的深度。
  - 宽度：设置下栏杆的宽度。
- **【下围栏间距】按钮**：设置下围栏之间的间距。单击该按钮可以打开【立柱间距】对话框，在该对话框中可设置下栏杆间距的一些参数。
- **生成贴图坐标**：为栏杆对象分配贴图坐标。
- **真实世界贴图大小**：控制应用于对象的纹理贴图材质所使用的缩放方法。

## ❷ 立柱

- **剖面**：指定立柱的横截面形状。
- **深度**：设置立柱的深度。
- **宽度**：设置立柱的宽度。
- **延长**：设置立柱在上栏杆底部的延长量。
- **【立柱间距】按钮**：设置立柱的间距。单击该按钮可以打开【立柱间距】对话框，在该对话框中可设置立柱间距的一些参数。

**技巧提示**

如果将【剖面】设置为【无】，那么【立柱间距】将不可用。

## ❸ 栅栏

- **类型**：指定立柱之间的栅栏类型，有【无】、【支柱】和【实体填充】3个选项，如图3-288所示。

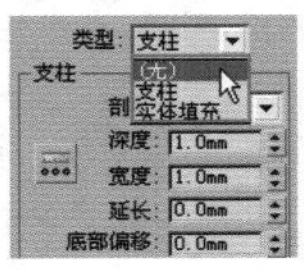


图3-288

- **支柱**：该选项组中的参数只有当栅栏类型设置为【支柱】类型时才可用。
  - 剖面：设置支柱的横截面形状，有【方形】和【圆形】两个选项。
  - 深度：设置支柱的深度。
  - 宽度：设置支柱的宽度。
  - 延长：设置支柱在上栏杆底部的延长量。
  - 底部偏移：设置支柱与栏杆底部的偏移量。
  - 【支柱间距】按钮：设置支柱的间距。单击该按钮可以打开【立柱间距】对话框，在该对话框中可设置支柱间距的一些参数。
- **实体填充**：该选项组中的参数只有当栅栏类型设置为【实体填充】类型时才可用。
  - 厚度：设置实体填充的厚度。
  - 顶部偏移：设置实体填充与上栏杆底部的偏移量。
  - 底偏移：设置实体填充与栏杆底部的偏移量。
  - 左偏移：设置实体填充与相邻左侧立柱之间的偏移量。
  - 右偏移：设置实体填充与相邻右侧立柱之间的偏移量。

## 3．墙

【墙】对象由3个子对象构成，这些对象类型可以在【修改】面板中进行修改。编辑墙的方法和样条线比较类似，可以分别对墙本身以及其顶点、分段和轮廓进行调整。

创建墙模型的方法比较简单，首先将【几何体】类型切换为【AEC扩展】类型，然后单击【墙】按钮，接着在顶视图中拖曳光标即可创建一个墙体，如图3-289所示。墙的参数如图3-290所示。

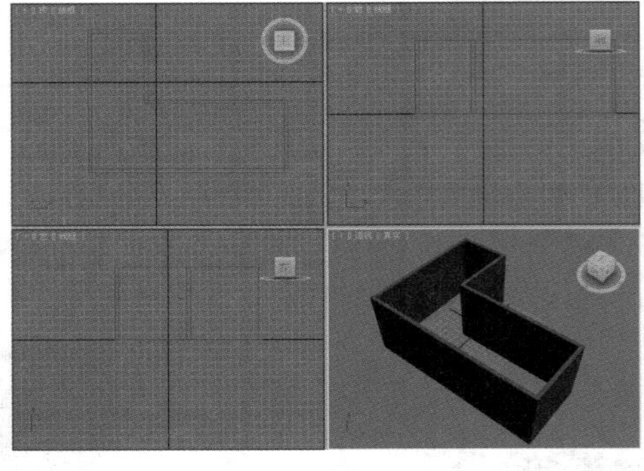

图3-289

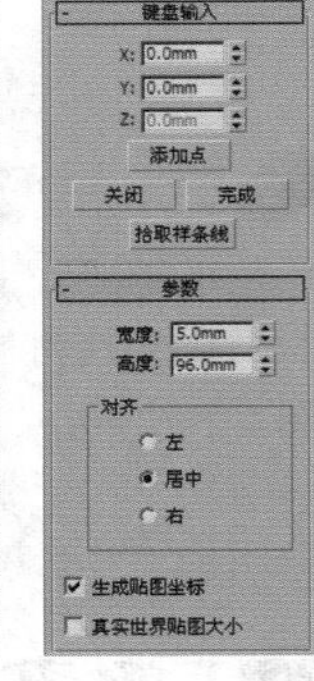


图3-290

- **X/Y/Z**：设置墙分段在活动构造平面中的起点的X/Y/Z轴坐标值。
- **添加点**：根据输入的X/Y/Z轴坐标值来添加点。
- **关闭**：结束墙对象的创建，并在最后一个分段的端点与第一个分段的起点之间创建分段，以形成闭合的墙。
- **完成**：结束墙对象的创建，使之呈端点开放状态。

- 拾取样条线：单击该按钮可以拾取场景中的样条线，并将其作为墙对象的路径。
- 宽度/高度：设置墙的厚度/高度，其范围为0.01~100 mm。
- 对齐：该选项组指定墙的对齐方式，共有以下3种。
  - 左：根据墙基线的左侧边进行对齐。如果启用了【栅格捕捉】功能，则墙基线的左侧边将捕捉到栅格线。
  - 居中：根据墙基线的中心进行对齐。如果启用了【栅格捕捉】功能，则墙基线的中心将捕捉到栅格线。
  - 右：根据墙基线的右侧边进行对齐。如果启用了【栅格捕捉】功能，则墙基线的右侧边将捕捉到栅格线。
- 生成贴图坐标：为墙对象应用贴图坐标。
- 真实世界贴图大小：控制应用于对象的纹理贴图材质所使用的缩放方法。

## 3.4.2 楼梯

楼梯在3ds Max 2016中提供了4种内置的参数化楼梯模型，分别是【直线楼梯】、【L型楼梯】、【U型楼梯】和【螺旋楼梯】，如图3-291所示。以上4种楼梯都包括【参数】卷展栏、【支撑梁】卷展栏、【栏杆】卷展栏和【侧弦】卷展栏，而【螺旋楼梯】还包括【中柱】卷展栏，如图3-292所示。

图3-291

图3-292

【L型楼梯】、【U型楼梯】、【直线楼梯】和【螺旋楼梯】的参数如图3-293所示。

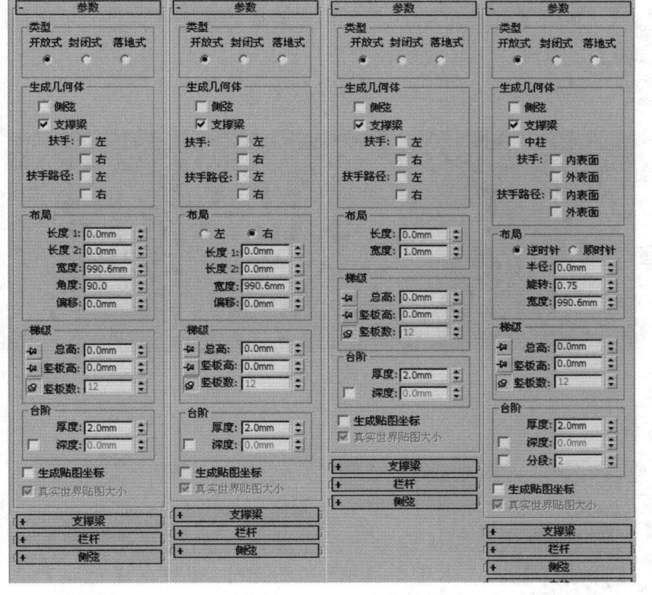

L型楼梯　U型楼梯　直线楼梯　螺旋楼梯

图3-293

### 1. 参数

- 类型：该选项组主要用于设置楼梯的类型，包括以下3种类型。
  - 开放式：创建一个开放式的梯级竖板楼梯。
  - 封闭式：创建一个封闭式的梯级竖板楼梯。
  - 落地式：创建一个带有封闭式梯级竖板和两侧具有封闭式侧弦的楼梯。
- 生成几何体：该选项组中的参数主要用来设置楼梯生成哪种几何体。
  - 侧弦：沿楼梯梯级的端点创建侧弦。
  - 支撑梁：在梯级下创建一个倾斜的切口梁，该梁支撑着台阶。
  - 扶手：创建左扶手和右扶手。
- 布局：该选项组中的参数主要用于设置楼梯的布局参数。
  - 长度1：设置第1段楼梯的长度。
  - 长度2：设置第2段楼梯的长度。
  - 宽度：设置楼梯的宽度，包括台阶和平台。
  - 角度：设置平台与第2段楼梯之间的角度。
  - 偏移：设置平台与第2段楼梯之间的距离。
- 梯级：该选项组中的参数主要用于设置楼梯的梯级参数。
  - 总高：设置楼梯级的高度。
  - 竖板高：设置梯级竖板的高度。
  - 竖板数：设置梯级竖板的数量（梯级竖板总是比台阶多一个，隐式梯级竖板位于上板和楼梯顶部的台阶之间）。

### 技巧提示

当调整这3个选项中的其中两个选项时，必须锁定剩下的一个选项，若要锁定该选项，可以单击该选项前面的按钮。

- 台阶：该选项组中的参数主要用于设置楼梯的台阶参数。
  - 厚度：设置台阶的厚度。
  - 深度：设置台阶的深度。

### 2．支撑梁

- 深度：设置支撑梁离地面的深度。
- 宽度：设置支撑梁的宽度。
- 【支撑梁间距】按钮：设置支撑梁的间距。单击该按钮，打开【支撑梁间距】对话框，在该对话框中可设置支撑梁的一些参数。
- 从地面开始：控制支撑梁是从地面开始，还是与第一个梯级竖板的开始平齐，或是否将支撑梁延伸到地面以下。

### 技巧提示

【支撑梁】卷展栏中的参数只有在【生成几何体】选项组中启用【支撑梁】功能时才可用。

### 3．栏杆

- 高度：设置栏杆离台阶的高度。
- 偏移：设置栏杆离台阶端点的偏移量。
- 半径：设置栏杆的厚度。

### 技巧提示

【栏杆】卷展栏中的参数只有在【生成几何体】选项组中启用【扶手】功能时才可用。

### 4．侧弦

- 深度：设置侧弦离地板的深度。
- 宽度：设置侧弦的宽度。
- 偏移：设置地板与侧弦的垂直距离。
- 从地面开始：控制侧弦是从地面开始，还是与第一个梯级竖板的开始平齐，或是否将侧弦延伸到地面以下。

### 技巧提示

【侧弦】卷展栏中的参数只有在【生成几何体】选项组中启用【侧弦】功能时才可用。

## 小实例：创建多种楼梯模型

| 场景文件 | 无 |
| --- | --- |
| 案例文件 | 小实例：创建多种楼梯模型.max |
| 视频教学 | 多媒体教学/Chapter03/小实例：创建多种楼梯模型.flv |
| 难易指数 | ★★★☆☆ |
| 技术掌握 | 掌握【直线楼梯】工具、【螺旋楼梯】工具、【L型楼梯】工具的运用 |

### 实例介绍

本实例学习内置几何体建模下的【直线楼梯】工具、【螺旋楼梯】工具、【L型楼梯】工具来完成模型的制作，最终渲染和线框效果如图3-294所示。

图3-294

### 建模思路

利用【直线楼梯】工具、【螺旋楼梯】工具、【L型楼梯】工具制作各种楼梯模型。

楼梯建模流程如图3-295所示。

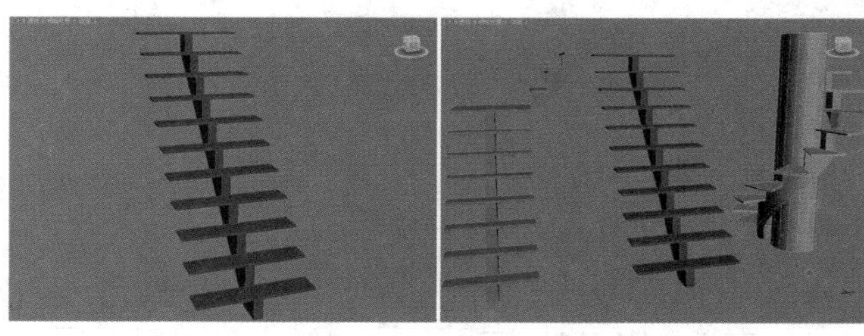

图3-295

### 操作步骤

**步骤01** 单击（创建）|（几何体）|楼梯|直线楼梯按钮，在顶视图中拖曳创建，如图3-296所示。

**步骤02** 确认直线楼梯处于选中状态，并设置【类型】为【开放式】，选中【支撑梁】复选框，接着在【布局】选项组中设置【长度】为2400mm，【宽度】为1000mm，在【梯级】选项组中设置【总高】为2400mm，【竖板高】为

200mm，在【台阶】选项组中设置【厚度】为20mm，最后设置【支撑梁】的【深度】为200mm，【宽度】为80mm，如图3-297所示。

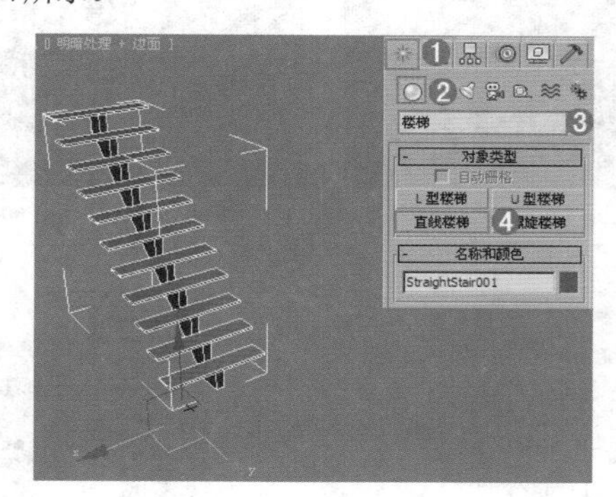

图3-296

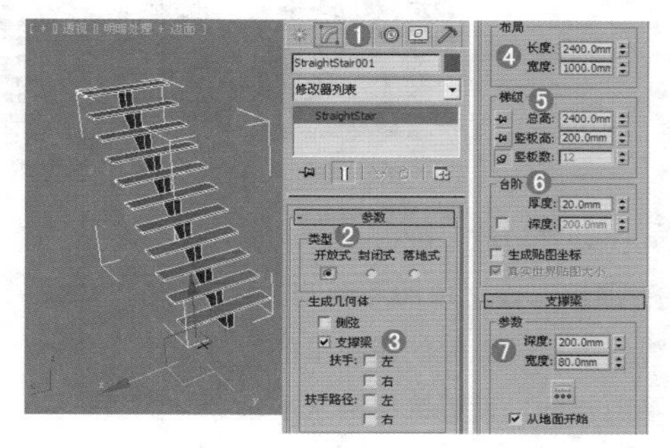

图3-297

**步骤03** 此时的直线楼梯模型效果如图3-298所示。

**步骤04** 单击（创建）|（几何体）| 楼梯 | 螺旋楼梯 按钮，在顶视图中拖曳创建，如图3-299所示。

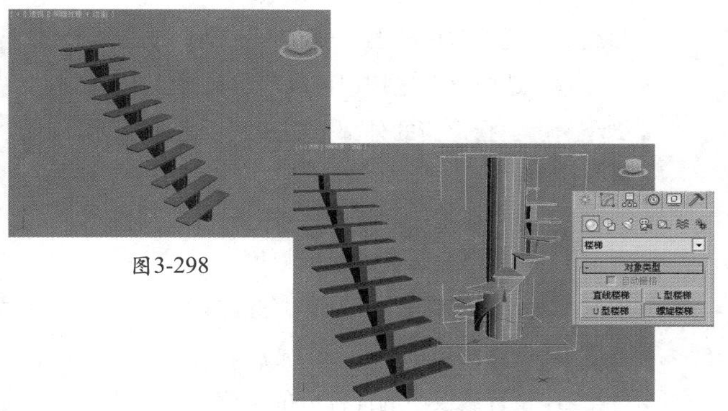

图3-298

图3-299

**步骤05** 设置【类型】为【开放式】，在【生成几何体】选项组中选中【支撑梁】和【中柱】复选框，在【布局】选项组中设置【半径】为700mm，【旋转】为1，【宽度】为650mm，在【梯级】选项组中设置【总高】为2400mm，【竖板高】为200mm，在【台阶】选项组中设置【厚度】为20mm，最后设置【支撑梁】的【深度】为200mm，【宽度】为80mm，如图3-300所示。

**步骤06** 此时螺旋楼梯效果如图3-301所示。

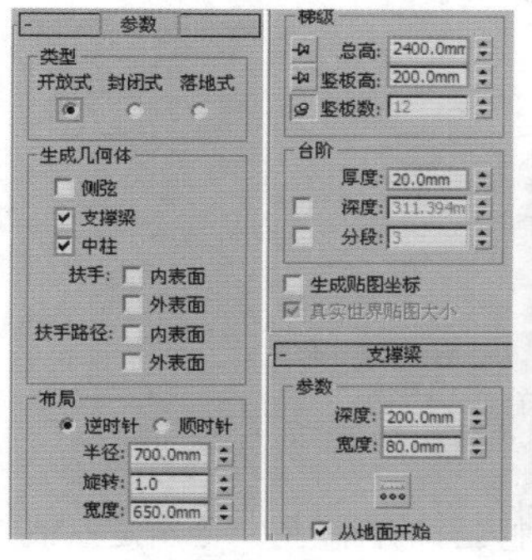

图3-300

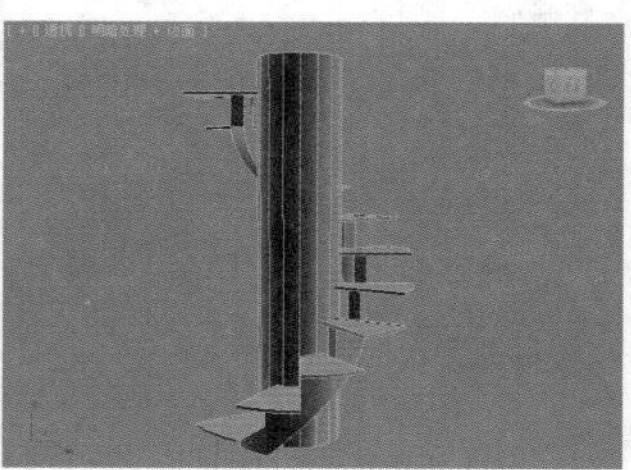

图3-301

**步骤07** 单击（创建）|（几何体）| 楼梯 | L型楼梯 按钮，在顶视图中拖曳创建，如图3-302所示。

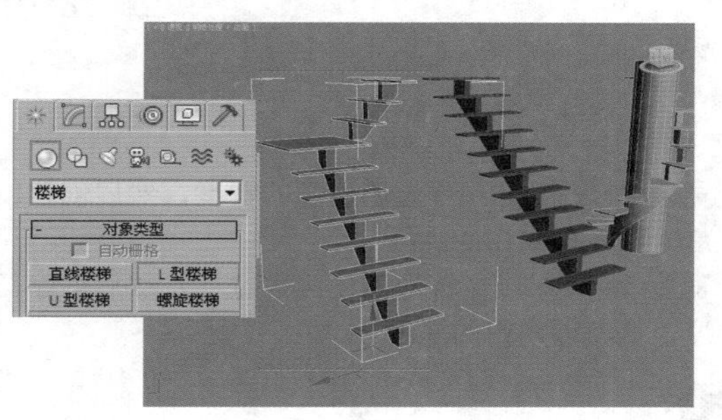

图3-302

**步骤08** 设置【类型】为【开放式】，在【生成几何体】选项组中选中【支撑梁】复选框，在【布局】选项组中设置【长度1】为1400mm，【长度2】为650mm，【宽度】为800mm，【角度】为90，【偏移】为30mm，在【梯级】选项组中设置【总高】为2400mm，【竖板高】为200mm，【台阶】的【厚度】为20mm，最后设置【支撑梁】的【深度】为130mm，【宽度】为100mm，如图3-303所示。

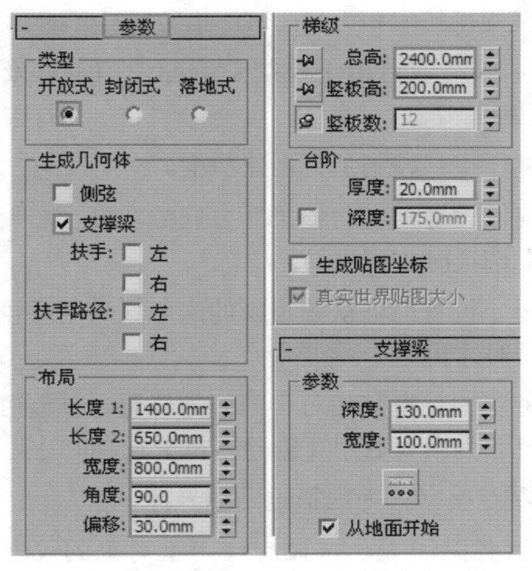


图3-303

**步骤09** 此时的L型楼梯效果如图3-304所示。

**步骤10** 最终模型效果如图3-305所示。

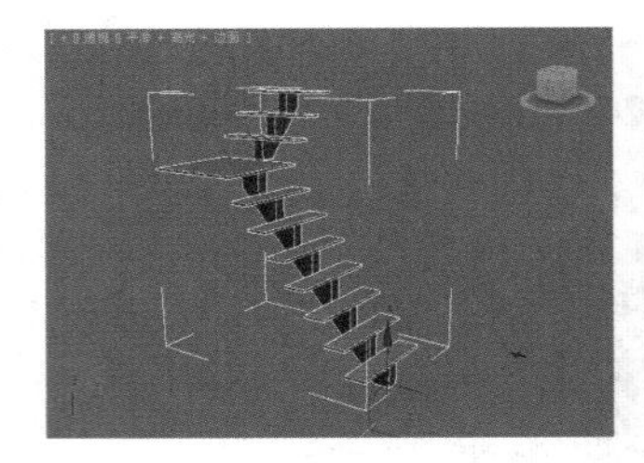

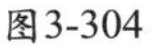

图3-304

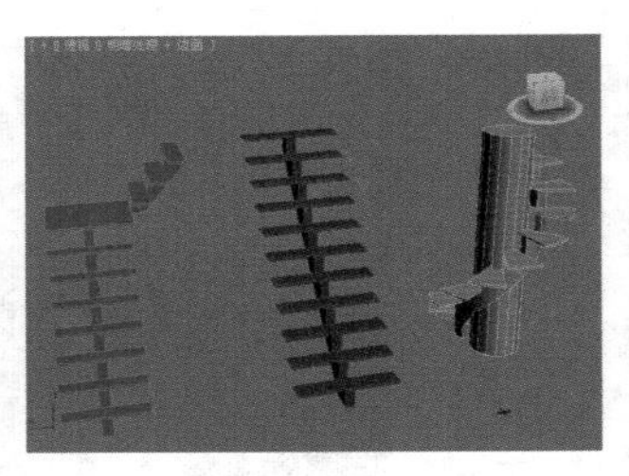

图3-305

## 3.4.3 门

3ds Max 2016中提供了3种内置的门模型，分别是枢轴门、推拉门和折叠门，如图3-306所示。枢轴门是在一侧装有铰链的门；推拉门有一半是固定的，另一半可以推拉；折叠门的铰链装在中间及侧端，就像壁橱门一样。这3种门在参数上大部分都是相同的，下面先对这3种门的相同参数进行讲解，如图3-307所示。

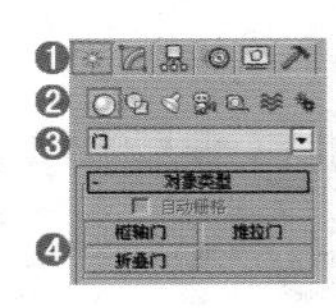

图3-306

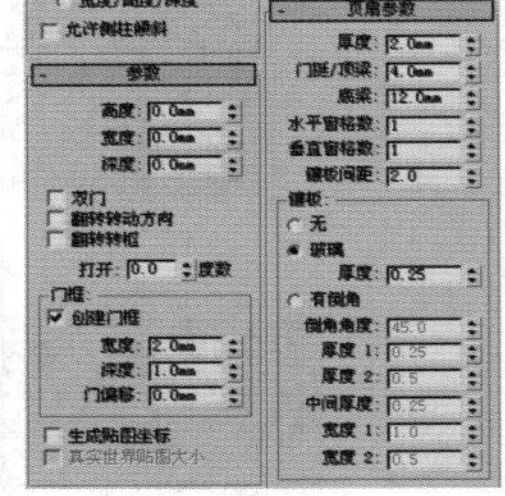

图3-307

- 宽度/深度/高度：首先创建门的宽度，然后创建门的深度，接着创建门的高度。
- 宽度/高度/深度：首先创建门的宽度，然后创建门的高度，接着创建门的深度。

**技巧提示**

由于所有的门都有高度、宽度和深度，所以在创建之前要先选择创建的顺序。

- 高度：设置门的总体高度。
- 宽度：设置门的总体宽度。
- 深度：设置门的总体深度。
- 打开：使用枢轴门时，指定以角度为单位的门打开的程度；使用推拉门和折叠门时，指定门打开的百分比。
- 门框：该选项组用于控制是否创建门框以及设置门框的宽度和深度。
  - 创建门框：控制是否创建门框。
  - 宽度：设置门框与墙平行方向的宽度（启用【创建门框】选项时才可用）。
  - 深度：设置门框从墙投影的深度（启用【创建门框】选项时才可用）。
  - 门偏移：设置门相对于门框的位置，该值可以为正，也可以为负（启用【创建门框】选项时才可用）。
- 生成贴图坐标：为门指定贴图坐标。
- 真实世界贴图大小：控制应用于对象的纹理贴图材质所使用的缩放方法。
- 厚度：设置门的厚度。
- 门挺/顶梁：设置顶部和两侧的镶板框的宽度。
- 底梁：设置门脚处的镶板框的宽度。
- 水平窗格数：设置镶板沿水平轴划分的数量。
- 垂直窗格数：设置镶板沿垂直轴划分的数量。
- 镶板间距：设置镶板之间的间隔宽度。
- 镶板：指定在门中创建镶板的方式。
  - 无：不创建镶板。
  - 玻璃：创建不带倒角的玻璃镶板。
  - 厚度：设置玻璃镶板的厚度。
  - 有倒角：选中该单选按钮可以创建具有倒角的镶板。
  - 倒角角度：指定门的外部平面和镶板平面之间的倒角角度。
  - 厚度1：设置镶板的外部厚度。
  - 厚度2：设置倒角从起始处的厚度。
  - 中间厚度：设置镶板内的面部分的厚度。
  - 宽度1：设置倒角从起始处的宽度。
  - 宽度2：设置镶板内的面部分的宽度。

**技巧提示**

门参数除了这些公共参数外，每种类型的门还有一些细微的差别，下面依次讲解。

### 1. 枢轴门

枢轴门只在一侧用铰链进行连接，也可以制作成为双门，双门具有两个门元素，每个元素在其外边缘处用铰链进行连接。枢轴门包含3个特定的参数，参数和效果如图3-308所示。

- 双门：制作一个双门。
- 翻转转动方向：更改门转动的方向。
- 翻转转枢：在与门面相对的位置上放置门转枢（不能用于双门）。

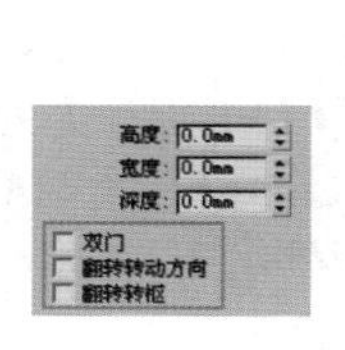

图3-308

### 2. 推拉门

推拉门可以左右滑动，就像火车在轨道上前后移动一样。推拉门有两个门元素，一个保持固定，另一个可以左右滑动，其还包含两个特定的参数，参数和效果如图3-309所示。

- 前后翻转：指定哪个门位于最前面。
- 侧翻：指定哪个门保持固定。

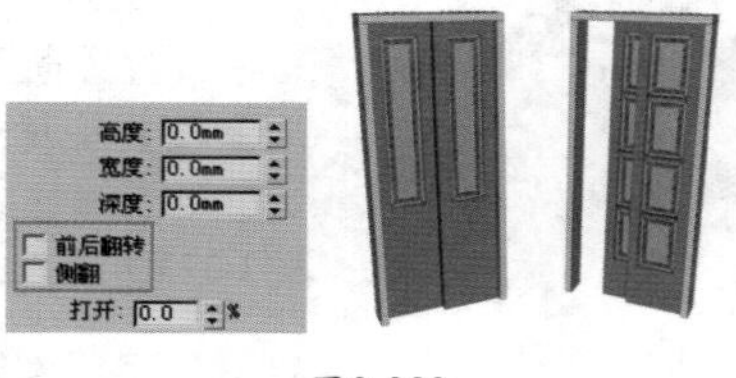


图3-309

### 3. 折叠门

折叠门就是指可以折叠起来的门，在门的中间和侧面有一个转枢装置，如果是双门，则有4个转枢装置。折叠门包含3个特定的参数，参数和效果如图3-310所示。

- 双门：制作一个双门。
- 翻转转动方向：翻转门的转动方向。
- 翻转转枢：翻转侧面的转枢装置。

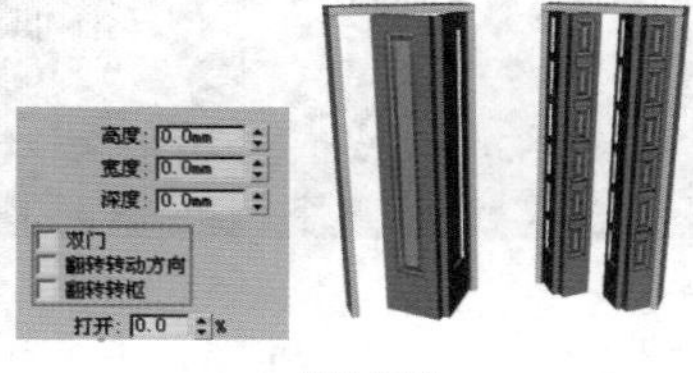


图3-310

## 小实例：创建多种门模型

| 场景文件 | 无 |
| --- | --- |
| 案例文件 | 小实例：创建多种门模型.max |
| 视频教学 | 多媒体教学/Chapter03/小实例：创建多种门模型.flv |
| 难易指数 | ★★★☆☆ |
| 技术掌握 | 掌握门工具的使用方法 |

### 实例介绍

本实例将以几个门模型来讲解门工具的使用方法，效果如图3-311所示。

图3-311

### 建模思路

使用门工具创建门模型。

门的建模流程如图3-312所示。

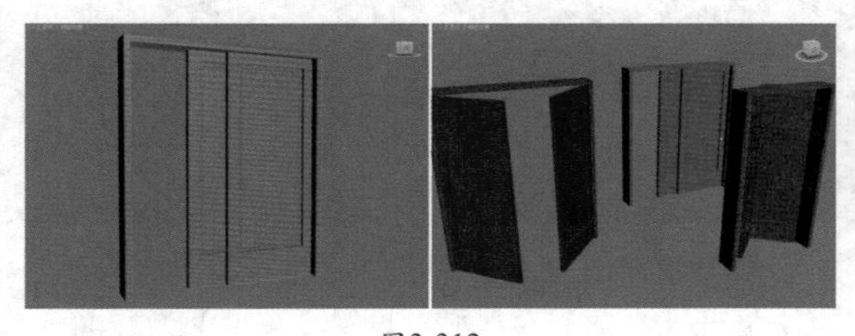

图3-312

### 操作步骤

**步骤01** 在【创建】面板中单击【几何体】按钮，设置【几何体类型】为【门】，单击【枢轴门】按钮，如图3-313所示。在视图中拖曳进行创建，如图3-314所示。

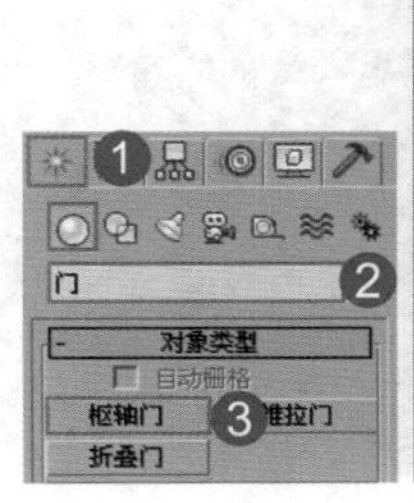

图3-313

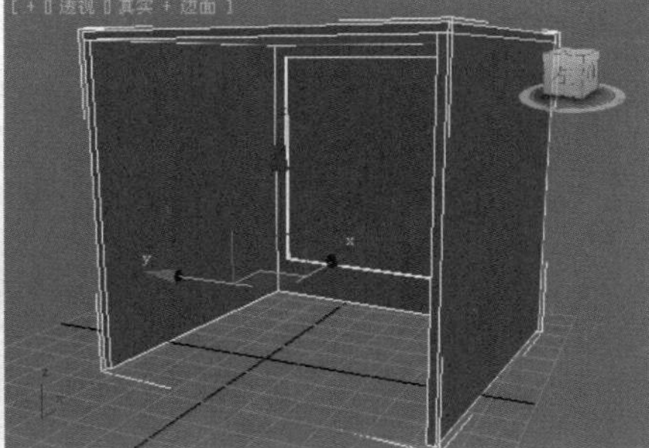

图3-314

**步骤02** 展开【参数】卷展栏，设置【高度】为2200mm，【宽度】为1800mm，【深度】为200mm，选中【双门】

和【翻转转动方向】复选框，设置【打开】为45，在【门框】选项组中选中【创建门框】复选框，设置【宽度】为50mm，【深度】为25mm；展开【页扇参数】卷展栏，设置【厚度】为50mm，【门挺/顶梁】为100mm，【底梁】为300mm，选中【玻璃】单选按钮，设置【厚度】为0.25，如图3-315所示。门模型效果如图3-316所示。

图3-315

**步骤03** 在【创建】面板中单击【几何体】按钮，设置【几何体类型】为【门】，单击【推拉门】按钮，如图3-317所示。在视图中拖曳进行创建，如图3-318所示。

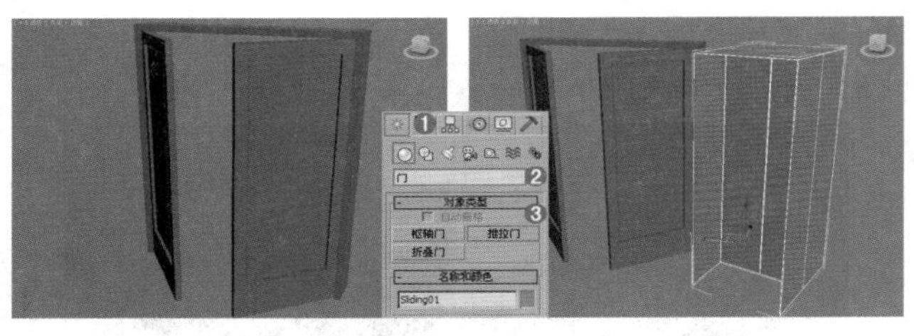

图3-316　　图3-317　　图3-318

**步骤04** 展开【参数】卷展栏，设置【高度】为2200mm，【宽度】为1800mm，【深度】为200mm，选中【前后翻转】和【侧翻】复选框，设置【打开】为60，在【门框】选项组中选中【创建门框】复选框，设置【宽度】为50mm，【深度】为25mm；展开【页扇参数】卷展栏，设置【厚度】为50mm，【门挺/顶梁】为100mm，【底梁】为300mm，选中【有倒角】单选按钮，如图3-319所示。此时的推拉门模型效果如图3-320所示。

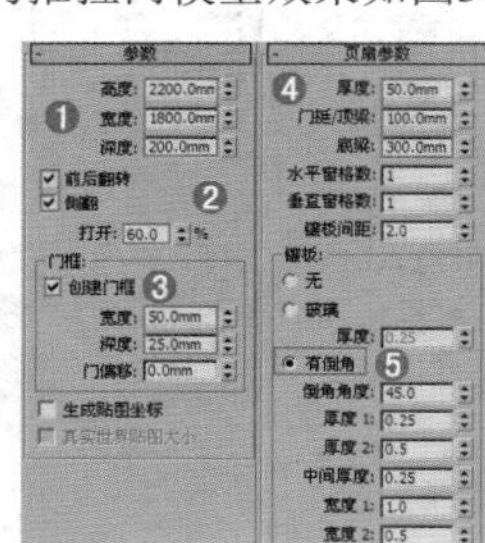

图3-319

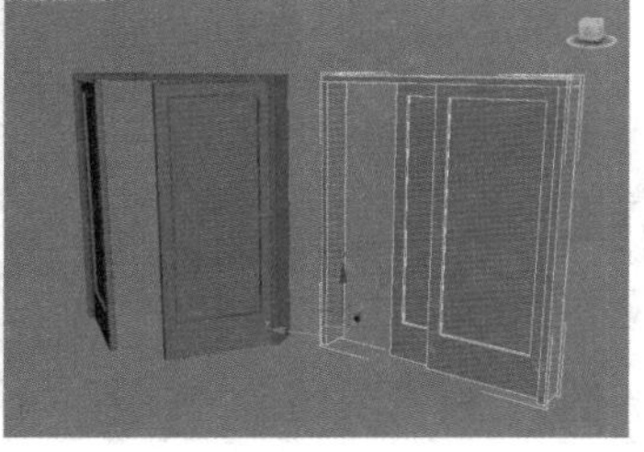

图3-320

**步骤05** 在【创建】面板中单击【几何体】按钮，设置【几何体类型】为【门】，单击【折叠门】按钮，如图3-321所示。在视图中拖曳进行创建，如图3-322所示。

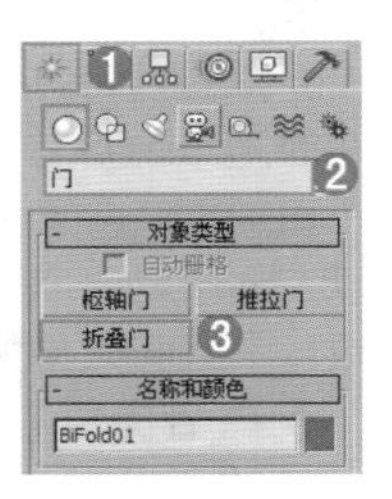


图3-321

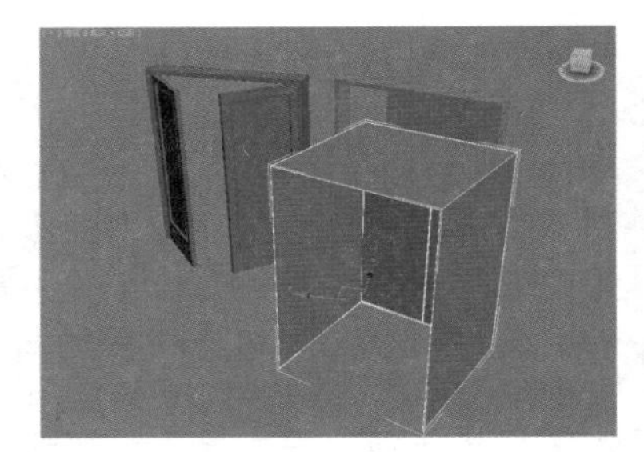

图3-322

**步骤06** 展开【参数】卷展栏，设置【高度】为2200mm，【宽度】为1200mm，【深度】为200mm，选中【翻转转枢】复选框，在打开后设置数值为45，选中【创建门框】复选框，设置【宽度】为50.8mm，【深度】为25.4mm；展开【页扇参数】卷展栏，设置【厚度】为60mm，【门挺/顶梁】为120mm，【底梁】为300mm，选中【有倒角】单选按钮，如图3-323所示。此时的折叠门模型效果如图3-324所示。

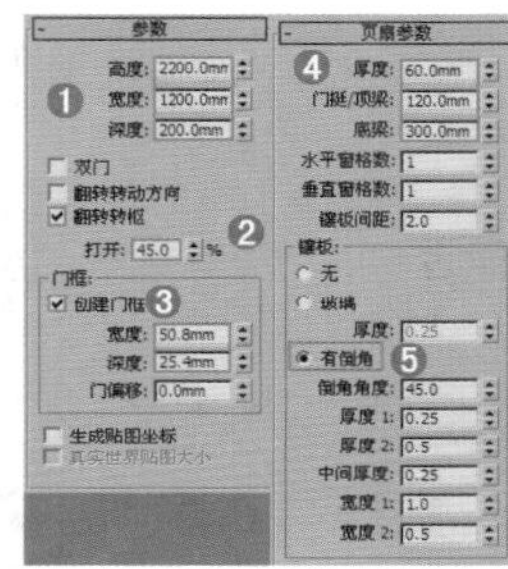

图3-323　　图3-324

**步骤07** 最终模型效果如图3-325所示。

图3-325

## 3.4.4 窗

3ds Max 2016中提供了6种内置的窗户模型，分别为【遮篷式窗】、【平开窗】、【固定窗】、【旋开窗】、【伸出式窗】、【推拉窗】，使用这些内置的窗户模型可以快速创建出所需要的窗户，如图3-326所示。

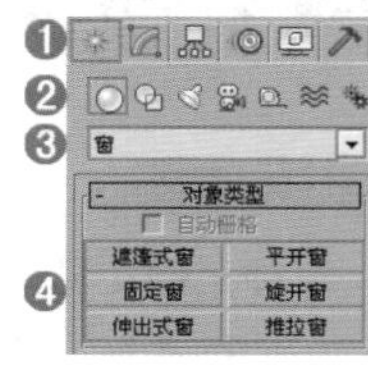


图3-326

【遮篷式窗】有一扇通过铰链与其顶部相连的窗框，如图3-327所示；【平开窗】有一到两扇像门一样的窗框，它们可以向内或向外转动，如图3-328所示；【固定窗】是固定的，不能打开，如图3-329所示。

图3-327　　图3-328　　图3-329

【旋开窗】的轴垂直或水平位于其窗框的中心，如图3-330所示；【伸出式窗】有三扇窗框，其中两扇窗框打开时像反向的遮篷，如图3-331所示；【推拉窗】有两扇窗框，其中一扇窗框可以沿着垂直或水平方向滑动，如图3-332所示。

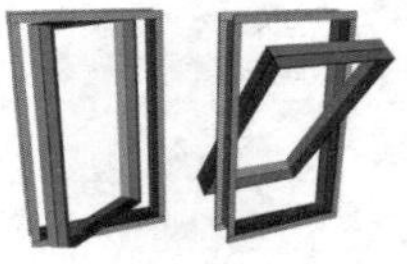

图3-330 　　图3-331 　　图3-332

这6种窗户的参数基本与图3-333类似。

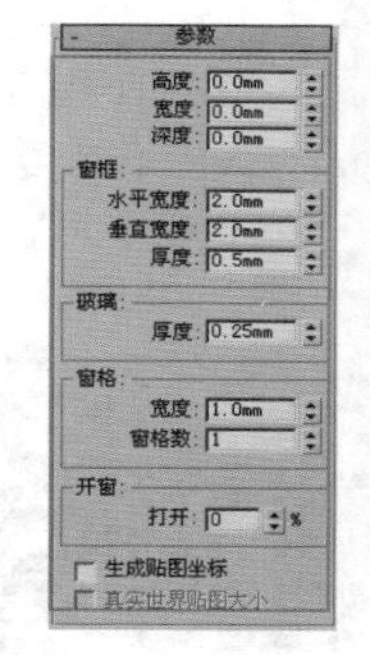


图3-333

- 高度：设置窗户的总体高度。
- 宽度：设置窗户的总体宽度。
- 深度：设置窗户的总体深度。
- 窗框：控制窗框的宽度和深度。
  - 水平宽度：设置窗口框架在水平方向的宽度（顶部和底部）。
  - 垂直宽度：设置窗口框架在垂直方向的宽度（两侧）。
  - 厚度：设置框架的厚度。
- 玻璃：用来指定玻璃的厚度等参数。

## 3.5 创建VRay对象

在成功安装VRay渲染器后，在【创建】面板的几何体类型列表中就会出现VRay，如图3-334所示。VRay对象包括【VR_代理】、【VR_毛发】、【VR_平面】和【VR_球体】4种，如图3-335所示。

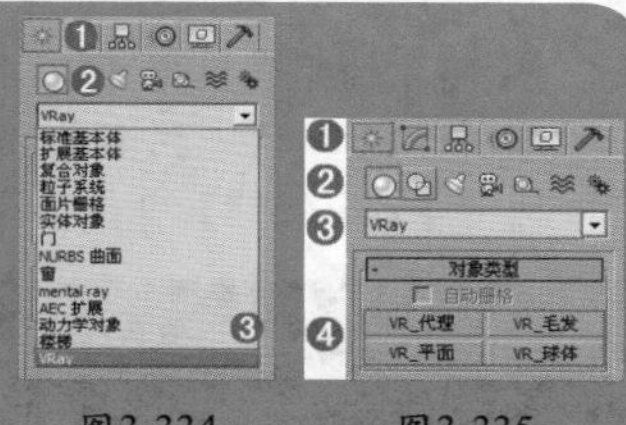


图3-334　　图3-335

### 技术专题——加载VRay渲染器

按F10键，打开【渲染设置】窗口，然后选择【公用】选项卡，展开【指定渲染器】卷展栏，接着单击第一个【选择渲染器】按钮，最后在弹出的对话框中选择渲染器为V-Ray Adv 3.00.08（本书的VRay渲染器均采用V-Ray Adv 3.00.08版本），如图3-336所示。

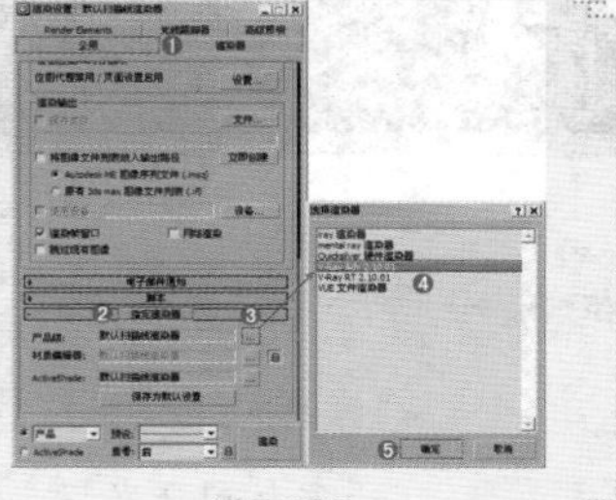

图3-336

### 3.5.1 VR_代理

VR_代理物体在渲染时可以从硬盘中将文件（外部）导入到场景中的VR_代理网格内，场景中的代理物体的网格是一个低面物体，可以节省大量的内存及显示内存，一般在物体面数较多或重复较多时使用，其使用方法是在物体上单击鼠标右键，在弹出的快捷菜单中选择【VRay网格导出】命令，接着在弹出的【VRay网格导出】对话框中进行相应设置即可（该对话框主要用来保存VRay网格代理物体的路径），如图3-337所示。

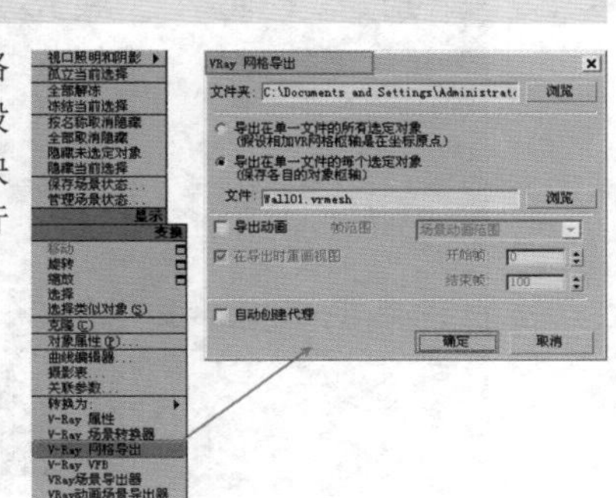


图3-337

- 文件夹：代理物体所保存的路径。
- 导出在单一文件的所有选定对象：可以将多个物体合并成一个代理物体进行导出。
- 导出在单一文件的每个选定对象：可以为每个物体创建一个文件来进行导出。
- 自动创建代理：是否自动完成代理物体的创建和导入，源物体将被删除。

## 小实例：利用VR_代理制作会议室

| 场景文件 | 01.max |
|---|---|
| 案例文件 | 小实例：利用VR_代理制作会议室.max |
| 视频教学 | 多媒体教学/Chapter03/小实例：利用VR_代理制作会议室.flv |
| 难易指数 | ★★★☆☆ |
| 技术掌握 | 掌握【VR_代理】功能的使用方法 |

### 实例介绍

VR_代理是一种非常特殊的建模方式，应用非常广泛。本实例将使用VR_代理模拟大场景中物体的快捷方法，效果如图3-338所示。

图3-338

### 建模思路

01 将桌椅组合执行【VR-网格体导出】命令。

02 使用VR_代理制作桌椅组合。

利用【VR_代理】制作会议室的流程如图3-339所示。

图3-339

### 操作步骤

#### Part 1 将桌椅组合执行【VR-网格体导出】命令

**步骤01** 打开本书配套光盘中的【场景文件/Chapter03/01.max】文件，如图3-340所示。

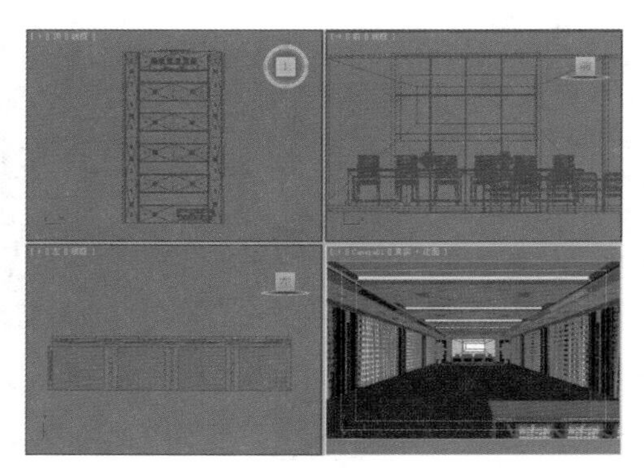

图3-340

**步骤02** 选择场景中的【桌椅组合】模型，然后单击鼠标右键，在弹出的快捷菜单中选择【VR-网格体导出】命令，如图3-341所示。

图3-341

**步骤03** 在弹出的【V-Ray网格体导出】对话框中单击【浏览】按钮并设置文件夹的路径，接着单击【浏览】按钮，并设置文件的名称为【桌椅组合.vrmesh】，最后单击【确定】按钮，如图3-342所示。

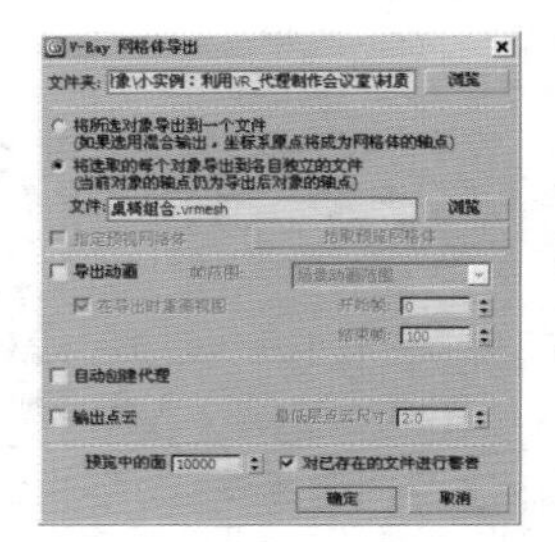

图3-342

**步骤04** 为了使后面步骤查看起来更加方便，将刚才的【桌椅组合】模型进行隐藏。选择【桌椅组合】模型，然后单击鼠标右键，在弹出的快捷菜单中选择【隐藏选定对象】命令，如图3-343所示。

**步骤05** 此时的场景如图3-344所示。

图3-343

图3-344

#### Part 2 使用VR_代理制作桌椅组合

**步骤01** 在【创建】面板中单击【几何体】按钮，并设置【几何体类型】为【VRay】，接着单击【VR_代理】按钮，最后在弹出的对话框中选择【桌椅组合.vrmesh】，并单击【打开】按钮，如图3-345所示。

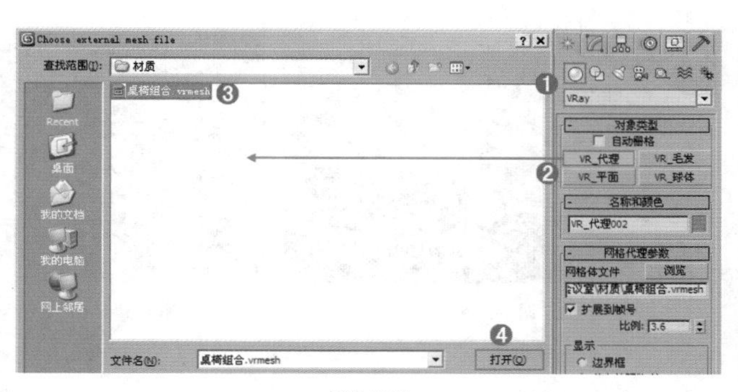

图3-345

**步骤02** 在场景中单击鼠标，此时看到已经创建出了VR_代理对象，如图3-346所示。

**步骤03** 选择刚创建出的VR_代理对象，然后单击【修改】面板，并设置【比例】为3.6，然后在【显示】选项组中选中【从文件预览（边）】单选按钮，如图3-347所示。

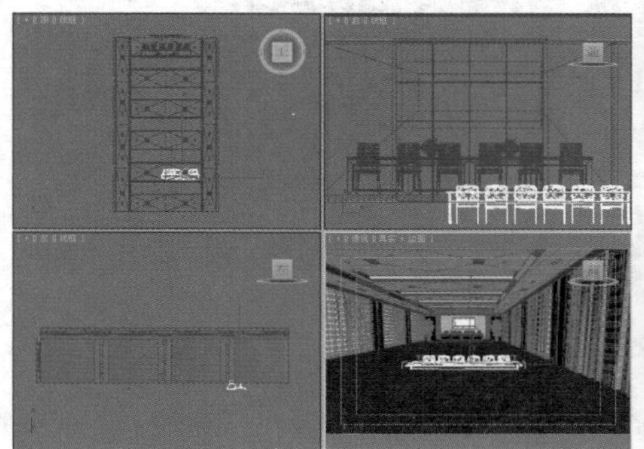

图3-346　　图3-347

**步骤04** 重新调整刚才VR_代理对象的位置，如图3-348所示。

**步骤05** 按M键，打开【材质编辑器】窗口。为VR_代理对象赋予【桌椅组合】的材质，如图3-349所示。

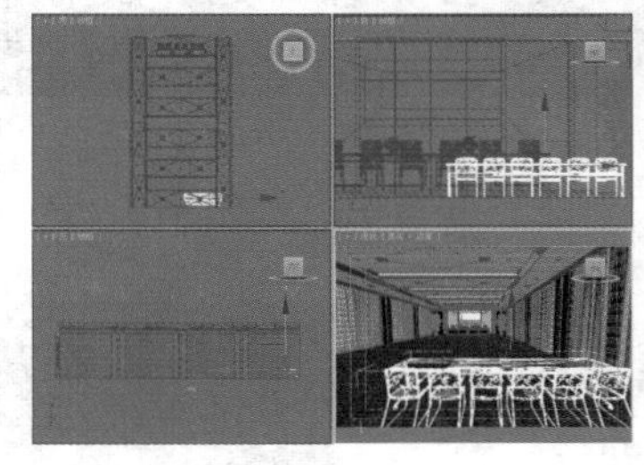

图3-348

图3-349

**步骤06** 选择VR_代理对象，按住Shift键，并使用【选择并移动】工具进行移动复制，在弹出的【克隆选择】对话框中设置【对象】为【实例】，并设置【副本数】为7，最后单击【确定】按钮，此时的模型效果如图3-350所示。

**步骤07** 继续将剩余的桌椅组合进行复制，如图3-351所示。

**步骤08** 桌椅组合复制完成后的场景效果如图3-352所示。

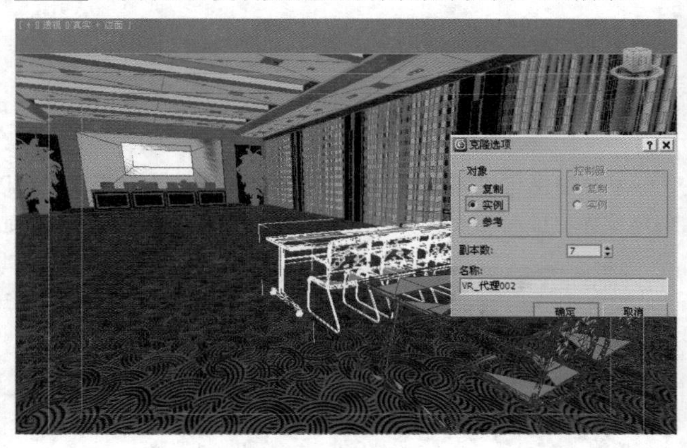

图3-350

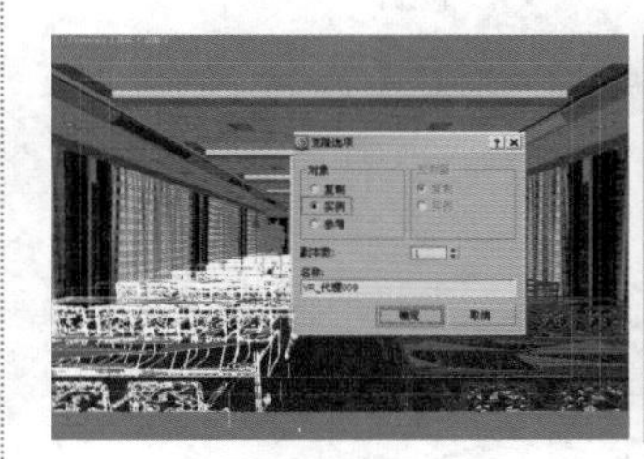

图3-351

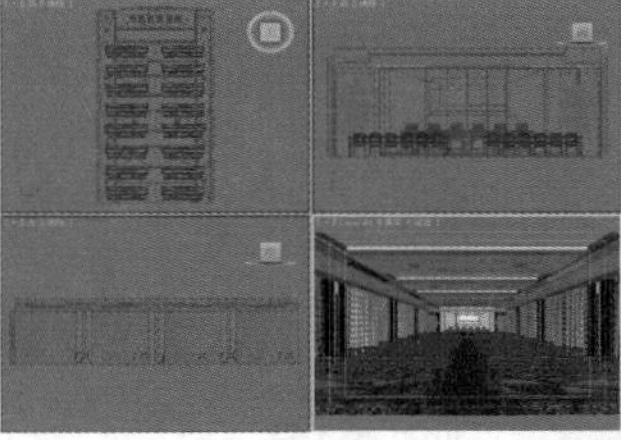

图3-352

**技巧提示**

此时有些读者肯定会有个疑问，为什么转了一个大圈子，先把桌椅组合导出为VR_网格体，又创建VR_代理对象，最后再复制，看似非常麻烦。为什么不直接将原始的桌椅组合模型进行复制呢？

答案很简单，那就是为了操作流畅。我们知道场景中物体、多边形个数较多会导致操作起来非常卡，那么利用VR_代理对象的方法就很好地解决了这个问题。根据对比发现，使用VR_代理对象的该场景操作起来非常流畅，而假如直接复制桌椅组合的场景操作起来会非常卡。

**步骤09** 最终渲染效果如图3-353所示。

图3-353

## 3.5.2 VR_毛发

VR_毛发可以用来模拟物体数量较多的毛状物体效果，如地毯、皮草、毛巾、草地、动物毛发等，如图3-354所示，其参数设置面板如图3-355所示。

图3-354

图3-355

## 3.5.3 VR_平面

VR_平面可以理解为无限延伸的、没有尽头的平面，可以为该平面指定材质，并且可以对其进行渲染，在实际工作中一般用来模拟地面和水面等，注意，VR_平面没有任何参数，如图3-356所示。

图3-356

**技巧提示**

单击【VR_平面】按钮，然后在视图中单击鼠标就可以创建一个平面，如图3-357所示。

图3-357

## 小实例：利用VR_平面制作地面

| 场景文件 | 02.max |
|---|---|
| 案例文件 | 小实例：利用VR_平面制作地面.max |
| 视频教学 | 多媒体教学/Chapter03/小实例：利用VR_平面制作地面.flv |
| 难易指数 | ★★★☆☆ |
| 技术掌握 | 掌握VR_平面功能的使用方法 |

### 实例介绍

VR_平面可以用于制作无线延伸的地平面，其没有任何参数。本实例学习使用VR_平面来完成地面的制作，最终渲染和线框效果如图3-358所示。

图3-358

### 建模思路

利用VR_平面制作地面。

利用VR_平面制作地面的流程如图3-359所示。

图3-359

### 操作步骤

**步骤01** 打开本书配套光盘中的【场景文件/Chapter03/02.max】文件，如图3-360所示。

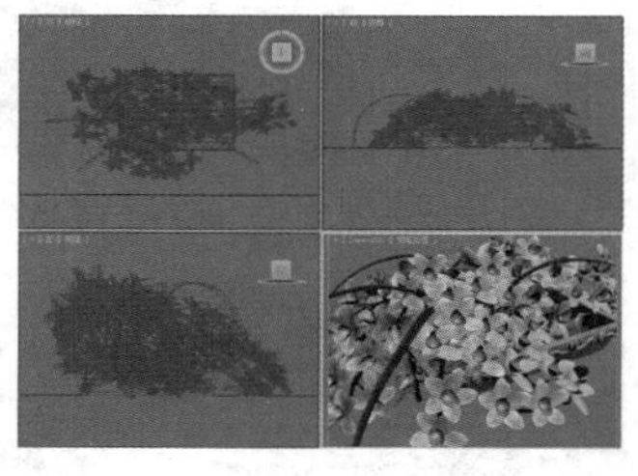

图3-360

**步骤02** 为花制作地面。单击（创建）|（几何体）| VRay | VR_平面 按钮，如图3-361所示。接着在场景中单击进行创建，并放置到如图3-362所示的位置。

**步骤03** 此时的场景效果如图3-363所示。

**步骤04** 最终渲染效果如图3-364所示。

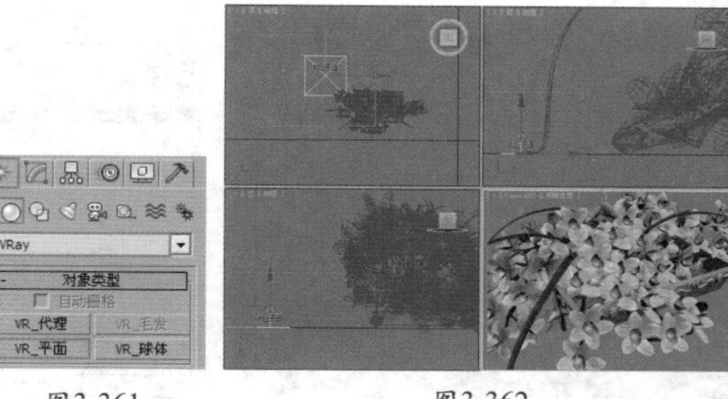


图3-361

图3-362

图3-363

图3-364

## 3.5.4 VR_球体

VR_球体可以作为球来使用，但必须在VRay渲染器中才能渲染出来，其参数如图3-365所示。

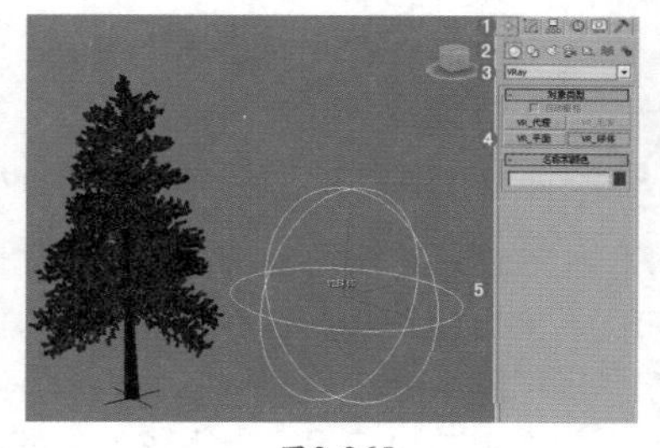

图3-365

# 3.6 图形

通常情况下，3ds Max需要制作三维的物体，而不是二维的，因此样条线常常会被很多人忽略，但是使用样条线并借助相应的方法，会快速制作或转化出三维的模型，制作效率会非常高，而且可以返回到之前的样条线级别下，通过调节顶点、线段、样条线来方便地调整最终三维模型的效果，如图3-366所示为优秀的样条线建模作品。

图3-366

## 3.6.1 样条线

在【创建】面板中单击【图形】按钮，然后设置图形类型为【样条线】，这里有11种样条线，分别是【线】、【矩形】、【圆】、【椭圆】、【弧】、【圆环】、【多边形】、【星形】、【文本】、【螺旋线】和【截面】，如图3-367所示。

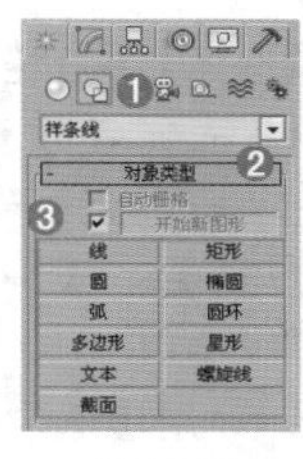


图3-367

**技巧提示**

样条线的应用非常广泛，其建模速度相当快。在3ds Max 2016中制作三维文字时，可以直接使用【文本】工具输入字体，然后将其转换为三维模型，同时还可以导入AI矢量图形来生成三维物体。选择相应的样条线工具后，在视图中拖曳光标就可以绘制出相应的样条线，如图3-368所示。

图3-368

## 1. 线

线在建模中是最常用的一种样条线，其使用方法非常灵活，形状也不受约束，可以封闭也可以不封闭，拐角处可以是尖锐的也可以是圆滑的，如图3-369所示。线中的顶点有4种类型，分别是【Bezier角点】、【Bezier】、【角点】和【平滑】。

线的参数包括5个卷展栏，分别是【渲染】、【插值】、【选择】、【软选择】和【几何体】，如图3-370所示。

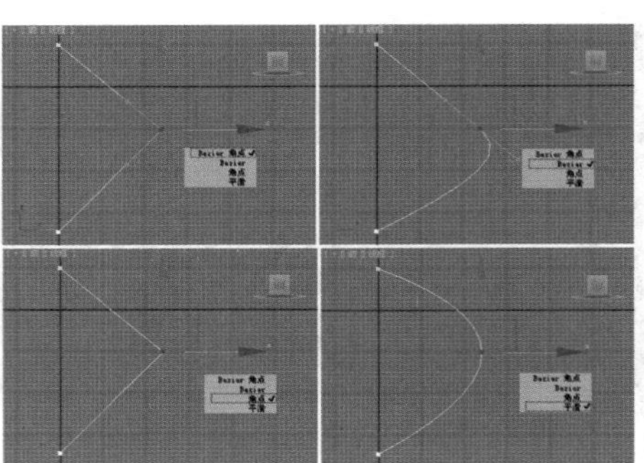

图3-369

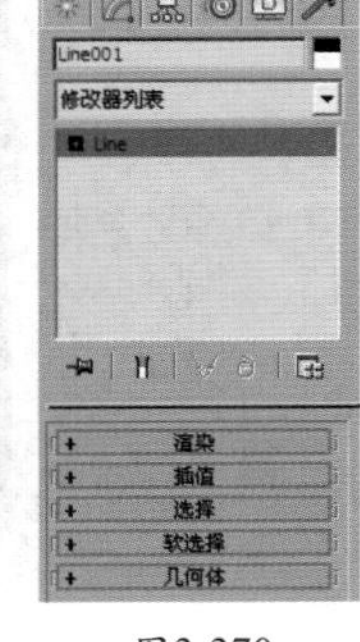


图3-370

### ❶ 渲染

展开【渲染】卷展栏，如图3-371所示。

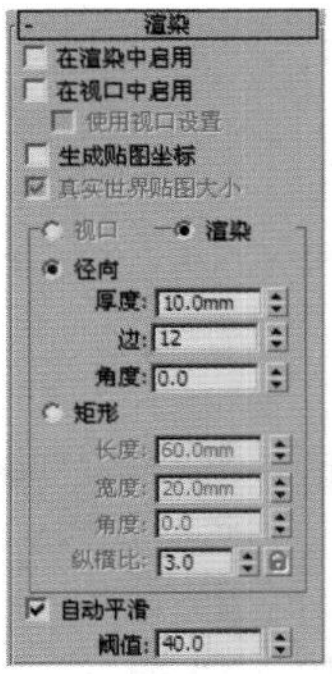

图3-371

- 在渲染中启用：选中该复选框才能渲染出样条线；若不选中，将不能渲染出线。
- 在视口中启用：选中该复选框后，样条线会以网格的形式显示在视图中。
- 使用视图设置：该选项只有在开启【在视口中启用】选项时才可用，主要用于设置不同的渲染参数。
- 视口/渲染：当选中【在视口中启用】复选框后，样条线将显示在视图中；当同时选中【在视口中启用】复选框和【渲染】单选按钮时，样条线在视图中和渲染中都可以显示出来。
  - 径向：将3D网格显示为圆柱形对象，其参数包含【厚度】、【边】和【角度】。【厚度】选项用于指定视图或渲染样条线网格的直径；【边】选项用于在视图或渲染器中为样条线网格设置边数或面数；【角度】选项用于调整视图或渲染器中的横截面的旋转位置。
  - 矩形：将3D网格显示为矩形对象，其参数包含【长度】、【宽度】、【角度】和【纵横比】。【长度】选项用于设置沿局部Y轴的横截面大小；【宽度】选项用于设置沿局部X轴的横截面大小；【角度】选项用于调整视图或渲染器中的横截面的旋转位置；【纵横比】选项用于设置矩形横截面的纵横比。
- 自动平滑：启用该选项后可以激活下面的【阈值】选项，调整【阈值】数值可以自动平滑样条线。

### ❷ 插值

展开【插值】卷展栏，如图3-372所示。

- 步数：手动设置每条样条线的步数。
- 优化：启用该选项后，可以从样条线的直线线段中删除不需要的步数。

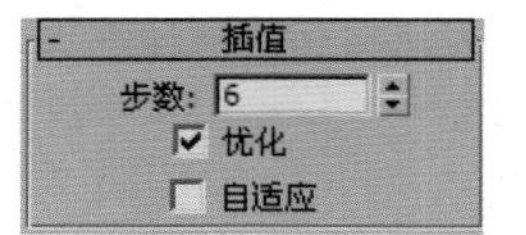


图3-372

- 自适应：启用该选项后，系统会自适应设置每条样条线的步数，以生成平滑的曲线。

### ❸ 选择

展开【选择】卷展栏，如图3-373所示。

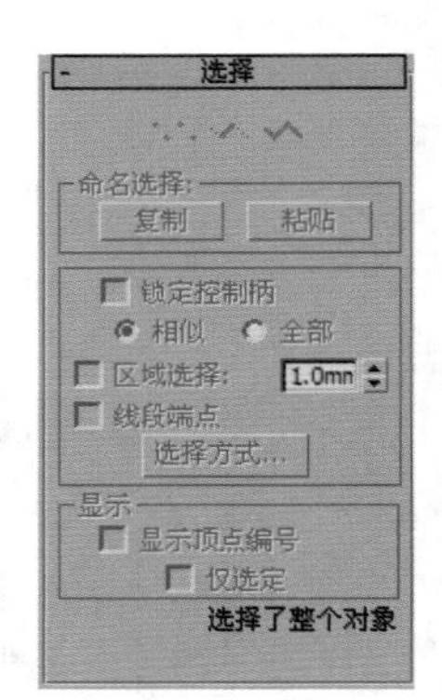


图3-373

- 顶点：定义点和曲线切线。
- 分段：连接顶点。
- 样条线：一个或多个相连线段的组合。
- 复制：将命名选择放置到复制缓冲区。
- 粘贴：从复制缓冲区中粘贴命名选择。
- 锁定控制柄：通常，每次只能变换一个顶点的切线控制柄，即使选择了多个顶点。
- 相似：拖动传入向量的控制柄时，所选顶点的所有传入向量将同时移动。
- 全部：移动的任何控制柄将影响选择中的所有控制柄，无论它们是否已断裂。
- 区域选择：允许自动选择所单击顶点的特定半径中的所有顶点。
- 线段端点：通过单击线段选择顶点。
- 选择方式：选择所选样条线或线段上的顶点。

### ❹ 软选择

展开【软选择】卷展栏，如图3-374所示。

- 使用软选择：在可编辑对象或【编辑】修改器的子对象层级上影响【移动】、【旋转】和【缩放】功能的操作。
- 边距离：启用该选项后，将软选择限制到指定的面数，该选择在进行选择的区域和软选择的最大范围之间。

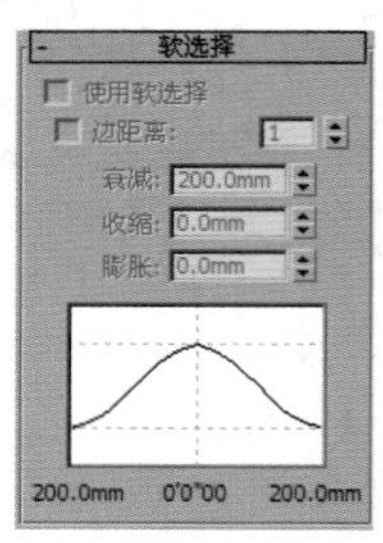


图3-374

- 影响背面：启用该选项后，那些法线方向与选定子对象平均法线方向相反的、取消选择的面就会受到软选择的影响。
- 衰减：用以定义影响区域的距离，它是用当前单位表示的从中心到球体的边的距离。
- 收缩：沿着垂直轴提高并降低曲线的顶点。
- 膨胀：沿着垂直轴展开和收缩曲线。
- 着色面切换：显示颜色渐变，它与软选择范围内面上的软选择权重相对应。
- 锁定软选择：锁定软选择，以防止对按程序的选择进行更改。

### ❺ 几何体

展开【几何体】卷展栏，如图3-375所示。

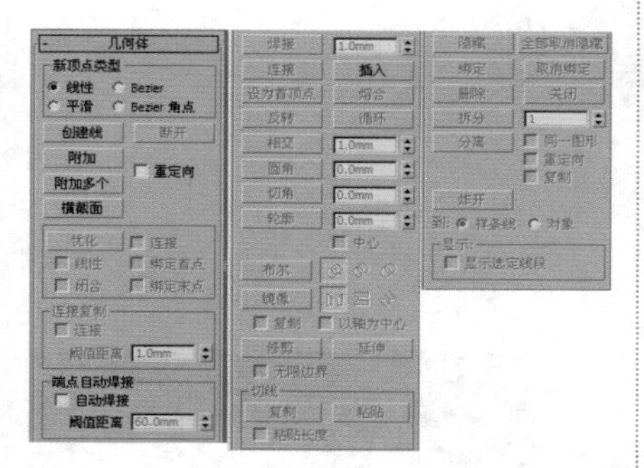


图3-375

- 创建线：向所选对象添加更多样条线。
- 断开：在选定的一个或多个顶点拆分样条线。
- 附加：将场景中的其他样条线附加到所选样条线。
- 附加多个：单击该按钮可以显示【附加多个】对话框，它包含场景中所有其他图形的列表。
- 横截面：在横截面形状外面创建样条线框架。
- 优化：允许添加顶点，而不更改样条线的曲率值，相当于添加点的工具，如图3-376所示。

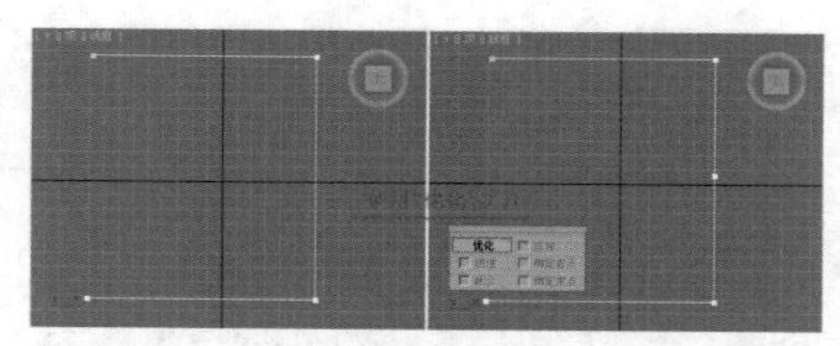

图3-376

- 连接：启用该选项后，通过连接新顶点创建一个新的样条线子对象。
- 自动焊接：启用该选项后，会自动焊接在一定阈值距离范围内的顶点。
- 阈值：阈值距离微调器是一个近似设置，用于控制在自动焊接顶点之前，两个顶点接近的程度。
- 焊接：将两个端点顶点或同一样条线中的两个相邻顶点转化为一个顶点，如图3-377所示。

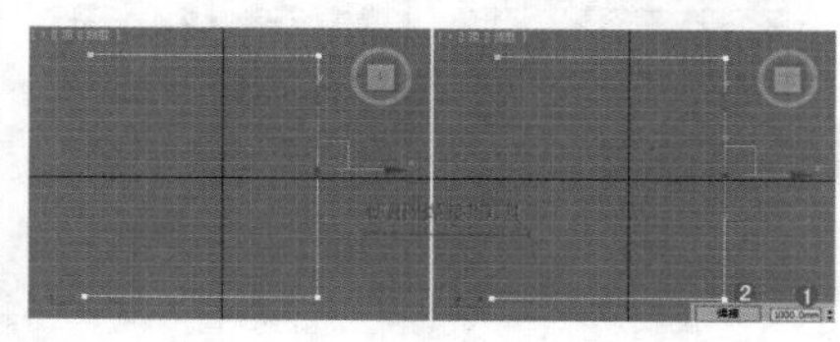

图3-377

- 连接：连接两个端点顶点以生成一个线性线段，而无论端点顶点的切线值是多少。
- 设为首顶点：指定所选形状中的哪个顶点是第一个顶点。
- 熔合：将所有选定顶点移至它们的平均中心位置。
- 圆：选择连续的重叠顶点。
- 相交：在属于同一个样条线对象的两个样条线相交处添加顶点。
- 圆角：允许在线段会合的地方设置圆角，添加新的控制点，如图3-378所示。

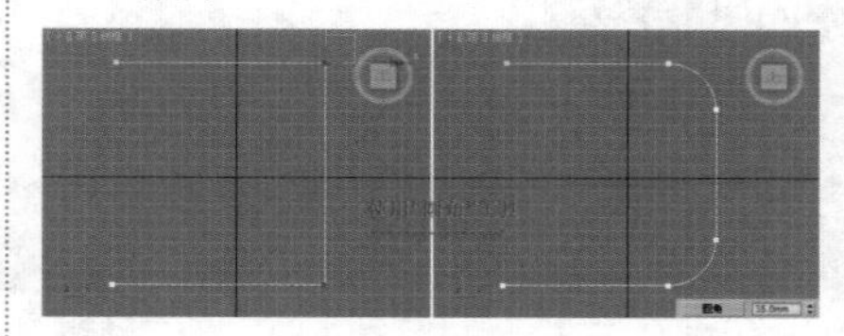

图3-378

- 切角：允许使用【切角】功能设置形状角部的倒角。
- 复制：启用此按钮，然后选择一个控制柄。此操作将把所选控制柄切线复制到缓冲区。
- 粘贴：启用此按钮，然后单击一个控制柄。此操作将把控制柄切线粘贴到所选顶点。
- 粘贴长度：启用此按钮后，还会复制控制柄长度。
- 隐藏：隐藏所选顶点和任何相连的线段。选择一个或多个顶点，然后单击【隐藏】按钮。
- 全部取消隐藏：显示任何隐藏的子对象。
- 绑定：允许创建绑定顶点。
- 取消绑定：允许断开绑定顶点与所附加线段的连接。
- 删除：删除所选的一个或多个顶点，以及与每个要删除的顶点相连的那条线段。
- 显示选定线段：启用该选项后，顶点子对象层级的任何所选线段都将高亮显示为红色。

## 2. 矩形样条线

使用【矩形】工具可以创建方形和矩形样条线，其参数包括【渲染】、【插值】和【参数】3个卷展栏，如图3-379所示。

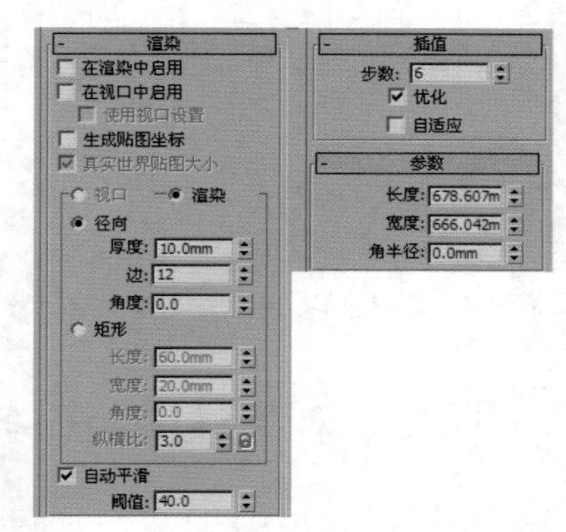


图3-379

## 3. 圆形样条线

使用圆形来创建由4个顶点组成的闭合圆形样条线，其参数包括【渲染】、【插值】和【参数】3个卷展栏，如图3-380所示。

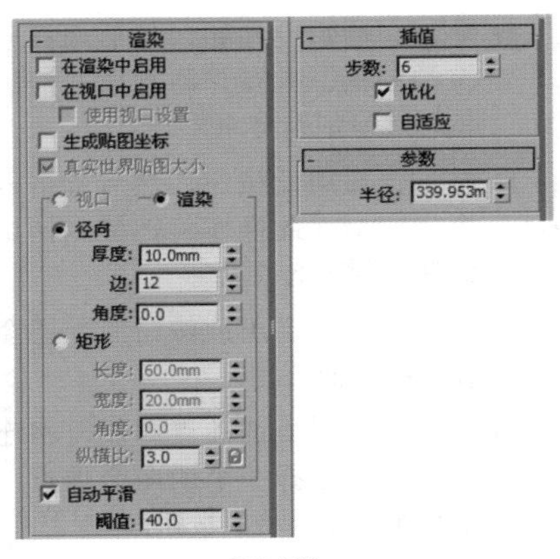


图3-380

### 4. 文本

使用文本样条线可以很方便地在视图中创建出文字模型，并且可以更改字体类型和字体大小，如图3-381所示，其参数设置面板如图3-382所示（【渲染】和【插值】两个卷展栏中的参数与线的参数相同）。

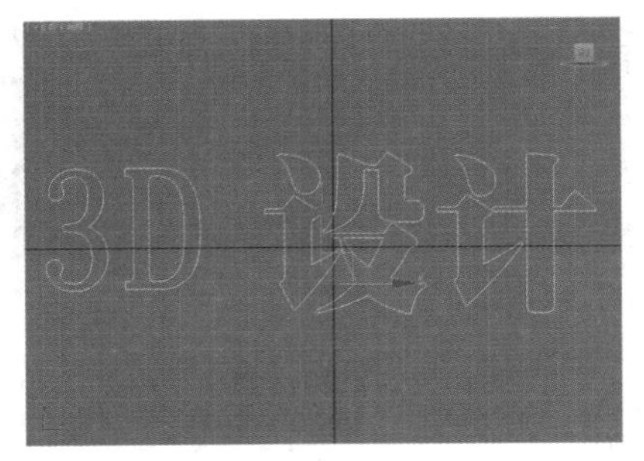


图3-381

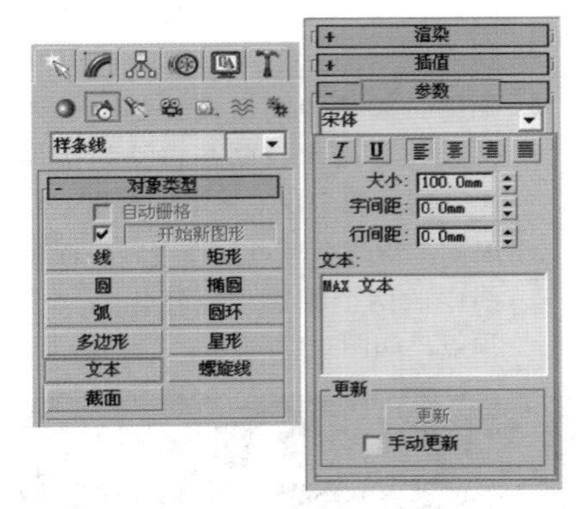


图3-382

- 【斜体样式】按钮 *I*：单击该按钮可以将文件切换为斜体文本。
- 【下划线样式】按钮 U：单击该按钮可以将文本切换为下划线文本。
- 【左对齐】按钮：单击该按钮可以将文本对齐到边界框的左侧。
- 【居中】按钮：单击该按钮可以将文本对齐到边界框的中心。
- 【右对齐】按钮：单击该按钮可以将文本对齐到边界框的右侧。
- 【对正】按钮：分隔所有文本行以填充边界框的范围。
- 大小：设置文本高度，其默认值为100mm。
- 字间距：设置文字间的间距。
- 行间距：调整字行间的间距（只对多行文本起作用）。
- 文本：在此可以输入文本，若要输入多行文本，可以按Enter键切换到下一行。

**技巧提示**

剩下的9种样条线类型与线和文本的使用方法基本相同，在这里不再赘述。

## 3.6.2 扩展样条线

扩展样条线有5种类型，分别是【墙矩形】、【通道】、【角度】、【T形】和【宽法兰】，如图3-383所示。

选择相应的扩展样条线工具后，在视图中拖曳光标就可以创建出不同的扩展样条线，如图3-384所示。

**技巧提示**

扩展样条线的创建方法和参数设置比较简单，与样条线的使用方法基本相同，因此在这里就不再赘述。

图3-383

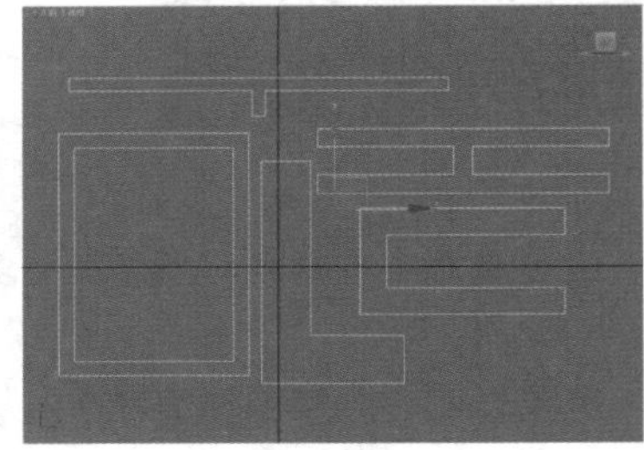

图3-384

## 小实例：利用通道制作各种通道模型

| 场景文件 | 无 |
|---|---|
| 案例文件 | 小实例：利用通道制作各种通道模型.max |
| 视频教学 | DVD/多媒体教学/Chapter03/小实例：利用通道制作各种通道模型 |
| 难易指数 | ★★☆☆☆ |
| 建模方式 | 二维图形扩展样条线建模 |
| 技术掌握 | 掌握【通道】工具的使用方法 |

### 实例介绍

本实例学习使用【通道】工具来完成模型的制作，最终渲染和线框效果如图3-385所示。

图3-385

## 建模思路

利用【通道】工具制作各种通道模型。

利用【通道】工具制作各种通道模型的流程如图3-386所示。

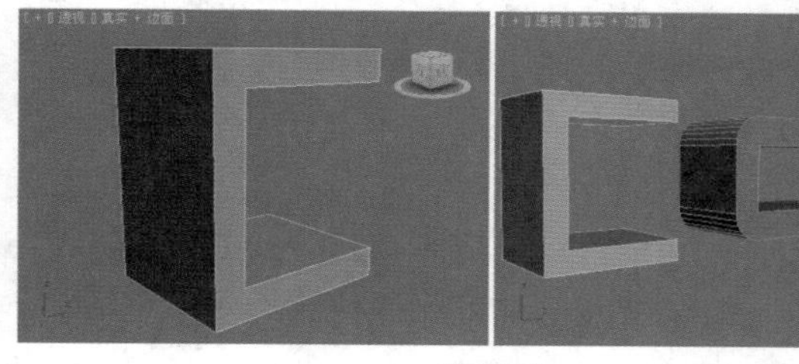

图3-386

## 操作步骤

**步骤01** 单击（创建）|（图形）|扩展样条线|通道按钮，在前视图中创建一个通道，进入【修改】面板修改参数，设置【长度】为150mm，【宽度】为125mm，【厚度】为20mm，如图3-387所示。

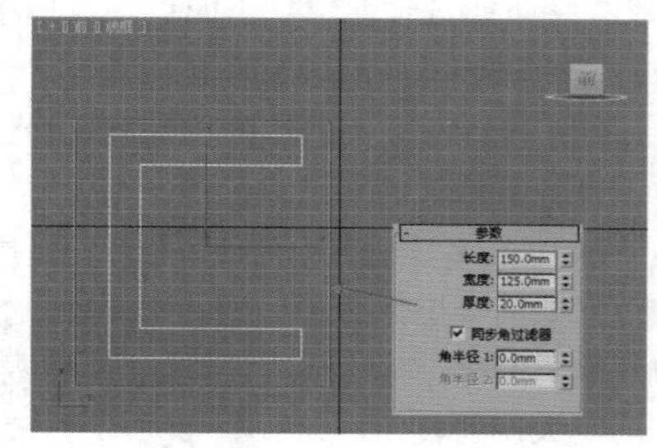

图3-387

**步骤02** 为步骤01创建的通道加载【挤出】修改器，设置【数量】为100mm，如图3-388所示。

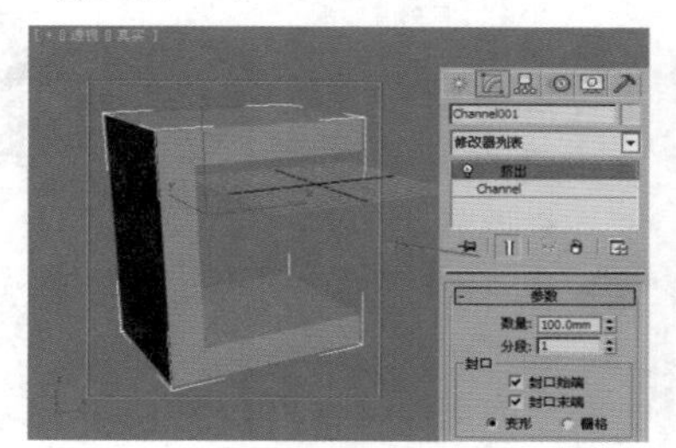

图3-388

**步骤03** 继续在前视图中创建通道，设置【长度】为130mm，【宽度】为180mm，【厚度】为30mm，【角半径1】为30mm，如图3-389所示。

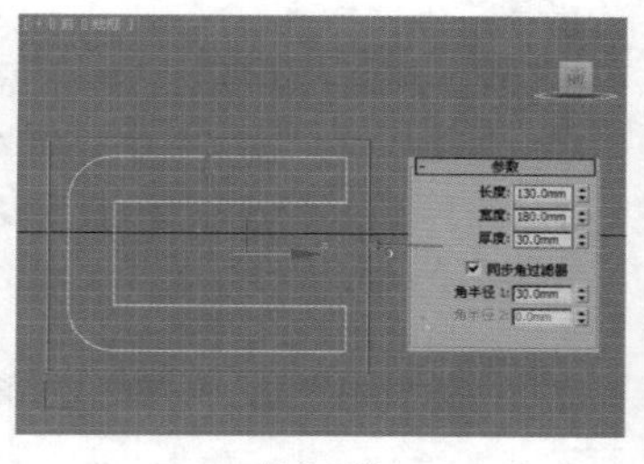

图3-389

**步骤04** 为步骤03创建的通道加载【挤出】修改器，设置【数量】100mm，如图3-390所示。

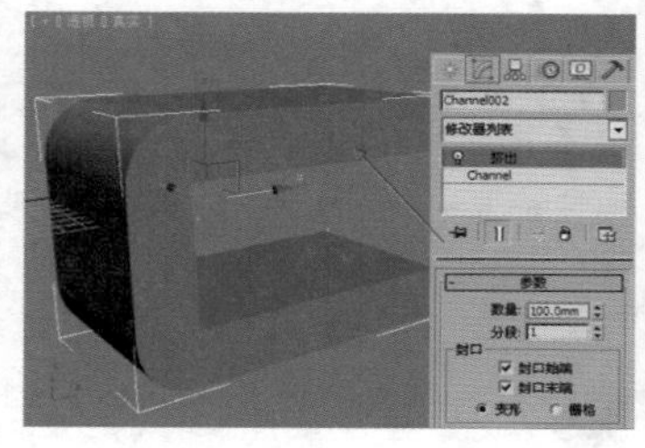

图3-390

**步骤05** 继续创建通道，设置【长度】为150mm，【宽度】为150mm，【厚度】为50mm，选中【同步角过滤器】复选框，设置【角半径1】为30mm，【角半径2】为20mm，如图3-391所示。

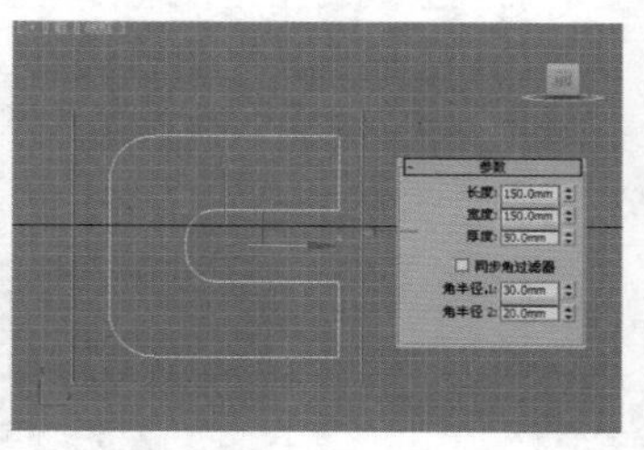

图3-391

**步骤06** 为步骤05创建的【通道】加载【挤出】修改器，设置【数量】100mm，如图3-392所示。

**步骤07** 最终模型效果如图3-393所示。

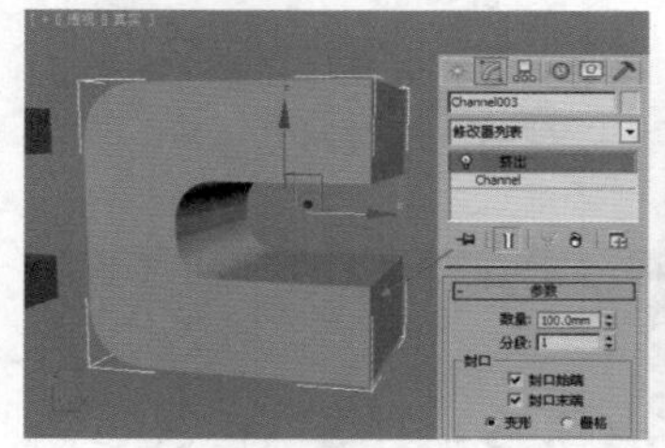

图3-392

图3-393

## 3.6.3 可编辑样条线

虽然3ds Max 2016提供了很多种二维图形，但是也不能满足创建复杂模型的需求，因此就需要对样条线的形状进行修改，所以这就需要将样条线转换为可编辑样条线。

### 1．转换成可编辑样条线

将样条线转换成可编辑样条线的方法有两种。

**方法01** 选择二维图形，单击鼠标右键，在弹出的快捷菜单中选择【转换为】|【转换为可编辑样条线】命令，如图3-394所示。

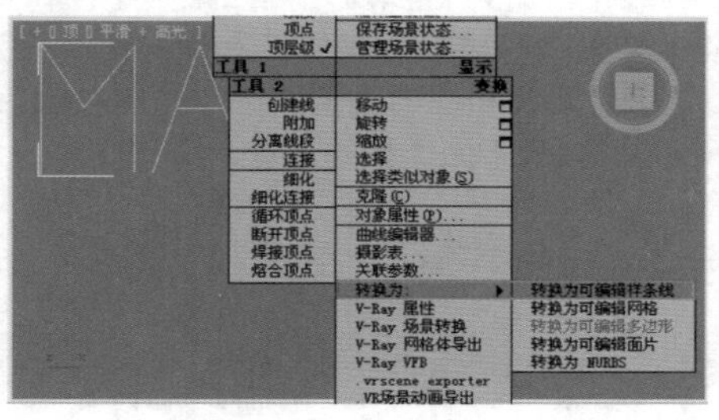

图3-394

**技巧提示**

将二维图形转换为可编辑样条线后，在【修改】面板的修改器堆栈中就只剩下【可编辑样条线】选项，并且没有了【参数】卷展栏，同时增加了【选择】、【软选择】和【几何体】卷展栏，如图3-395所示。

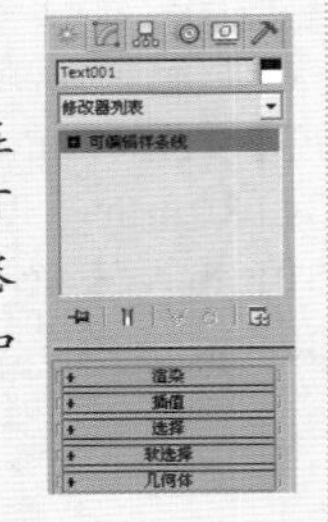

图3-395

**方法02** 选择二维图形，然后在【修改器列表】中为其加载一个【编辑样条线】修改器，如图3-396所示。

图3-396

**技巧提示**

与第一种方法相比，第二种方法的修改器堆栈中不只包含【编辑样条线】选项，同时还保留了原始的二维图形。当选择【编辑样条线】选项时，其卷展栏包含【选择】、【软选择】和【几何体】卷展栏，如图3-397所示；当选择二维图形选项时，其卷展栏包括【渲染】、【插值】和【参数】卷展栏，如图3-398所示。

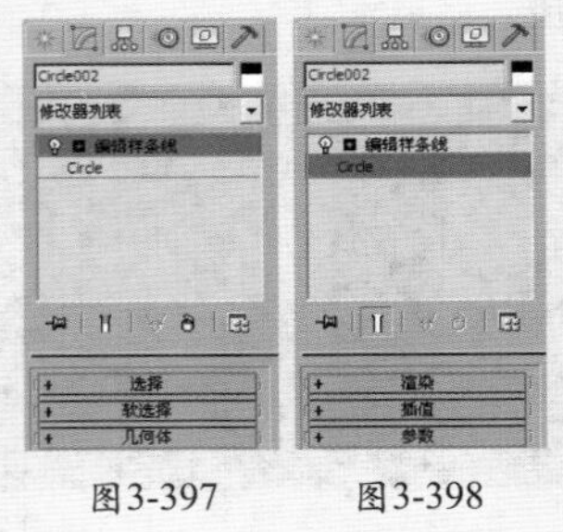

图3-397　图3-398

### 2. 调节可编辑样条线

将样条线转换为可编辑样条线后，在修改器堆栈中单击【可编辑样条线】前面的■按钮，可以展开样条线的子对象层次，包括【顶点】、【线段】和【样条线】，如图3-399所示。

通过【顶点】、【线段】和【样条线】子对象层级可以分别对顶点、线段和样条线进行编辑。下面以顶点层级为例来讲解可编辑样条线的调节方法，选择【顶点】层级后，在视图中就会出现图形的可控制点，如图3-400所示。

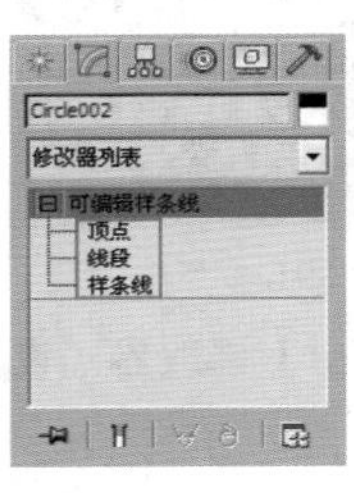

图3-399

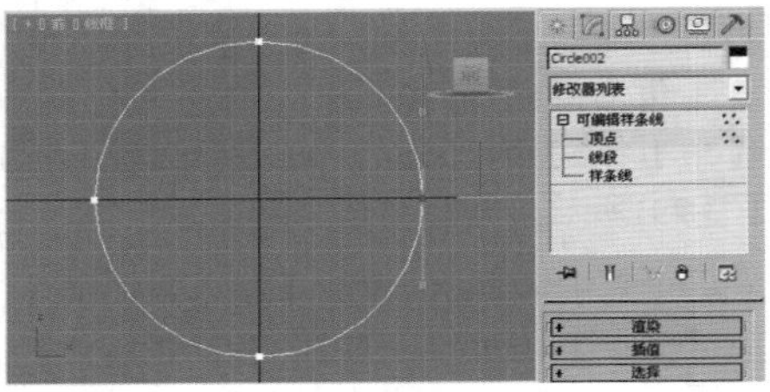

图3-400

使用【选择并移动】工具、【选择并旋转】工具和【选择并均匀缩放】工具可以对顶点进行移动、旋转和缩放调整，如图3-401所示。

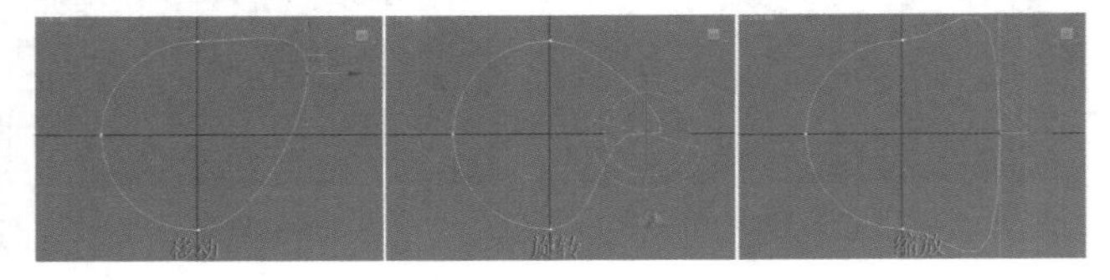

图3-401

顶点的类型有4种，分别是【Bezier角点】、Bezier、【角点】和【平滑】，可以通过四元菜单中的命令来转换顶点类型，其操作方法就是在顶点上单击鼠标右键，在弹出的快捷菜单中选择相应的类型即可，如图3-402所示。如图3-403所示是这4种不同类型的顶点。

- Bezier角点：带有两个不连续的控制柄，通过这两个控制柄可以调节转角处的角度。
- Bezier：带有两条连续的控制柄，用于创建平滑的曲线，顶点处的曲率由控制柄的方向和量级确定。
- 角点：创建尖锐的转角，角度的大小不可以调节。
- 平滑：创建平滑的圆角，圆角的大小不可以调节。

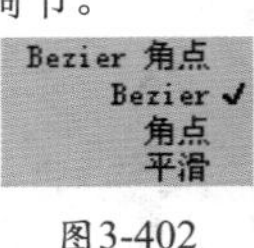


图3-402

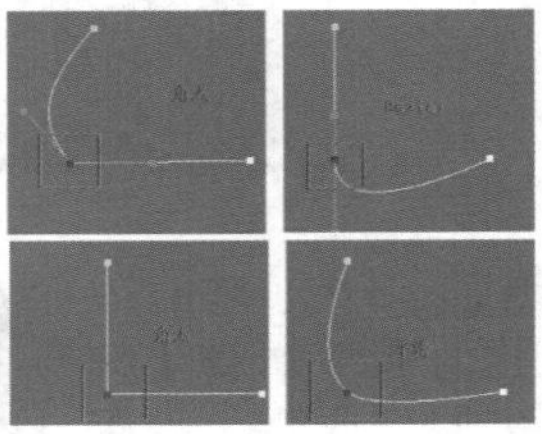

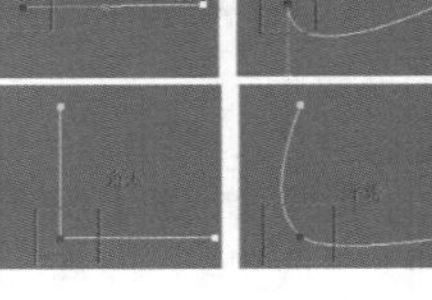

图3-403

### 3. 将二维图形转换成三维模型

将二维图形转换成三维模型有很多方法，常用的方法是为模型加载【挤出】、【倒角】或【车削】修改器。如图3-404所示为二维文字加载【倒角】修改器后转换为三维文字的效果。

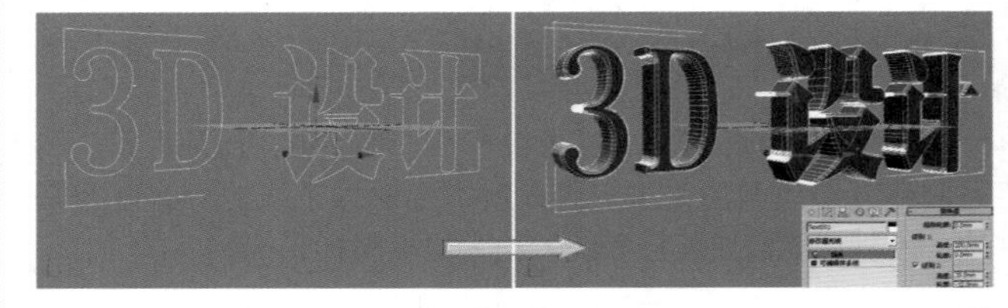

图3-404

## 小实例：利用样条线制作书架

| 场景文件 | 无 |
| --- | --- |
| 案例文件 | 小实例：利用样条线制作书架.max |
| 视频教学 | 多媒体教学/Chapter03/小实例：利用样条线制作书架.flv |
| 难易指数 | ★★★☆☆ |
| 技术掌握 | 掌握【线】工具的运用 |

### 实例介绍

本实例学习使用样条线下的【线】工具来完成模型的制作，最终渲染和线框效果如图3-405所示。

图3-405

## 建模思路

使用样条线下的【线】工具制作书架模型。

书架建模流程如图3-406所示。

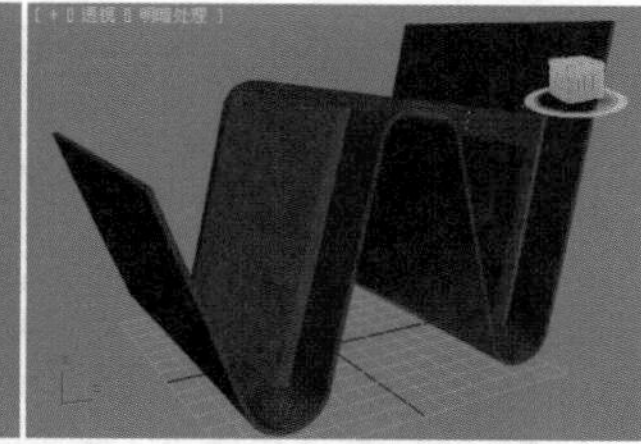
图3-406

## 操作步骤

**步骤01** 单击（创建）|（图形）| 样条线 | 线 按钮，在前视图中绘制如图3-407所示的形状。

**步骤02** 选中步骤01绘制的线，进入【修改】面板，在【渲染】卷展栏中分别选中【在渲染中启用】和【在视口中启用】复选框，激活【矩形】选项组，设置【长度】为130mm，【宽度】为2mm，如图3-408所示。

**步骤03** 在前视图沿书架位置绘制一条直线，位置如图3-409所示。修改参数，在【渲染】卷展栏中分别选中【在渲染中启用】和【在视口中启用】复选框，激活【矩形】选项组，并设置【长度】为90mm，【宽度】为0.12mm，如图3-410所示。

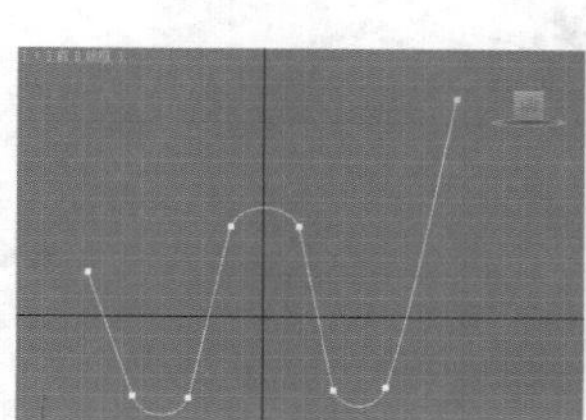
图3-407

图3-408

图3-409

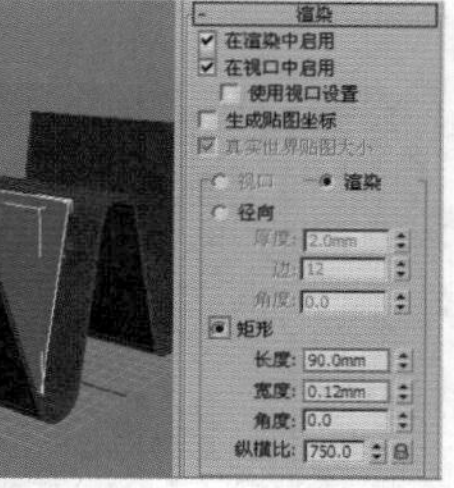
图3-410

**步骤04** 激活前视图，确认步骤03创建的线处于被选中的状态，按住Shift键，用鼠标左键对其进行移动复制，释放鼠标后会弹出【克隆选项】对话框，如图3-411所示。

**步骤05** 使用【选择并移动】工具移动，并按住Shift键进行复制，设置【对象】为【实例】，【副本数】为7，如图3-412所示。

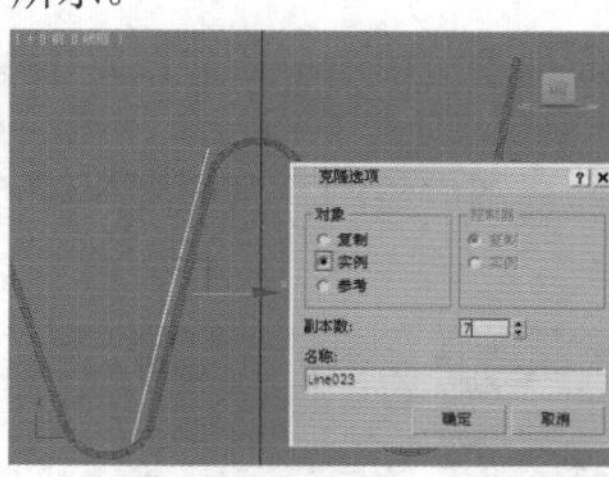
图3-411

图3-412

**步骤06** 使用【线】工具制作剩余的部分，如图3-413所示。

**步骤07** 最终模型效果如图3-414所示。

图3-413

图3-414

# 小实例：使用样条线制作铁艺墙挂

| | |
|---|---|
| 场景文件 | 无 |
| 案例文件 | 小实例：使用样条线制作铁艺墙挂.max |
| 视频教学 | 多媒体教学/Chapter03/小实例：使用样条线制作铁艺墙挂.flv |
| 难易指数 | ★★★☆☆ |
| 技术掌握 | 掌握样条线可渲染的使用方法 |

## 实例介绍

本实例将以一个铁艺墙挂模型为例来讲解样条线可渲染的使用方法，效果如图3-415所示。

## 建模思路

01 使用样条线创建墙挂的模型。

02 导入植物模型。

铁艺墙挂的建模流程如图3-416所示。

图3-415

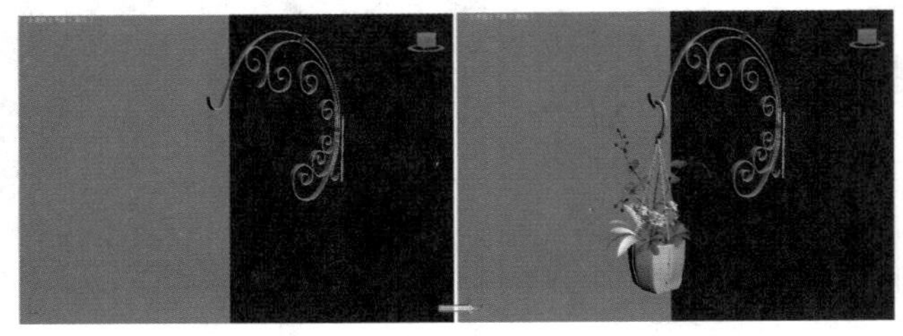
图3-416

## 操作步骤

### Part 1　使用样条线创建墙挂的模型

步骤01 使用【线】工具在前视图中绘制一条如图3-417所示的样条线。

步骤02 继续使用【线】工具在前视图中绘制一条如图3-418所示的样条线。

步骤03 使用同样的方法继续在前视图中绘制几条如图3-419所示的线。

图3-417

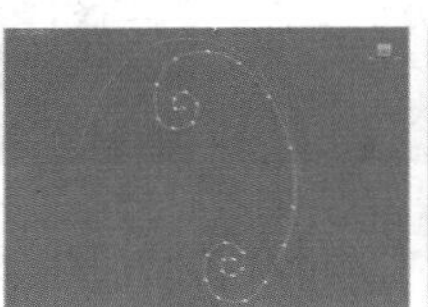
图3-418

图3-419

步骤04 选择所有的线，并单击鼠标右键，在弹出的快捷菜单中选择【转换为】|【转换为可编辑样条线】命令，如图3-420所示。

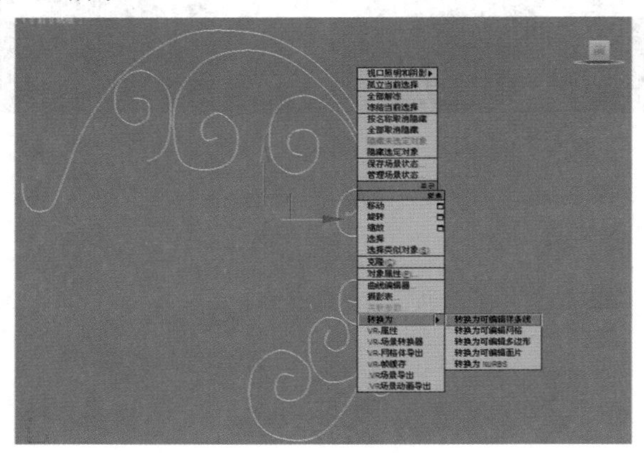
图3-420

步骤05 选择其中一条线，然后单击【修改】面板，接着单击【附加】按钮，并依次单击其他的线，如图3-421所示。

图3-421

**技巧提示**

上面的步骤中使用了附加依次将线进行附加，目的是使得所有的线都变成一条线，这样方便对线的调节，如图3-422所示为附加之后和附加之前进行修改的对比效果。

附加之后进行修改的效果

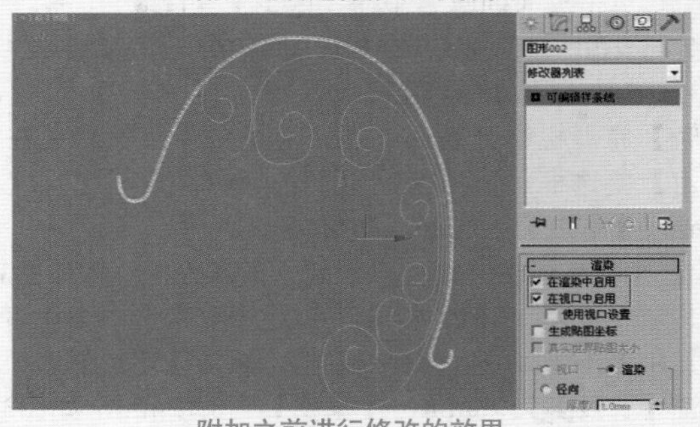
附加之前进行修改的效果

图3-422

步骤06 全部将线进行附加后的效果如图3-423所示。

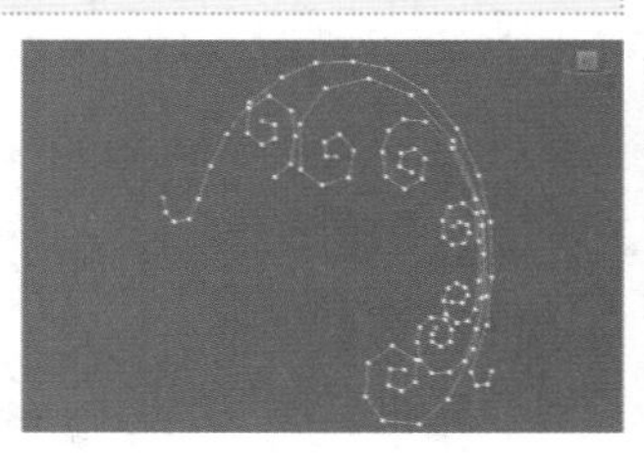
图3-423

步骤07 选择线，然后在【顶点】级别下选择所有顶点后单击鼠标右键，并在弹出的快捷菜单中选择【平滑】命令，如图3-424所示。

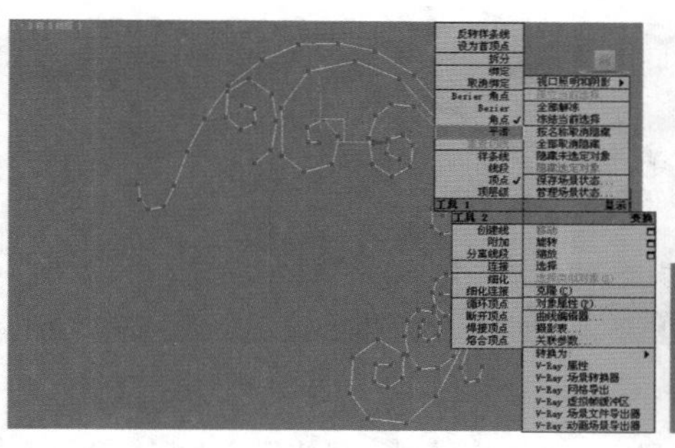

图3-424

技巧提示

当然，还有另外一个简洁的方法就是可以在创建线时将每一次创建的线都规定为同一条线，也就是说无论创建多少次线，都是属于一条线的。在创建样条线时取消选中【开始新图形】复选框，这样创建出的样条线会自动成为一个整体，如图3-425所示。

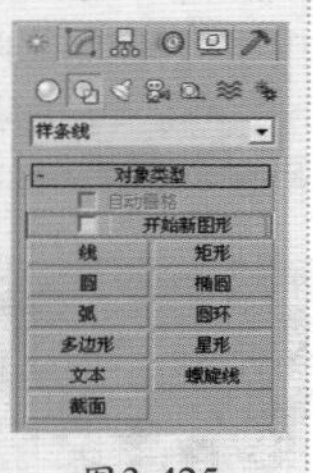

图3-425

**步骤08** 选择步骤07中的线，并选中【在渲染中启用】和【在视口中启用】复选框，选中【矩形】单选按钮，设置【长度】为8mm，【宽度】为1.5mm，如图3-426所示。

**步骤09** 继续使用【线】工具在场景中创建一条线，选中【在渲染中启用】和【在视口中启用】复选框，选中【矩形】单选按钮，设置【长度】为15mm，【宽度】为3mm，如图3-427所示。

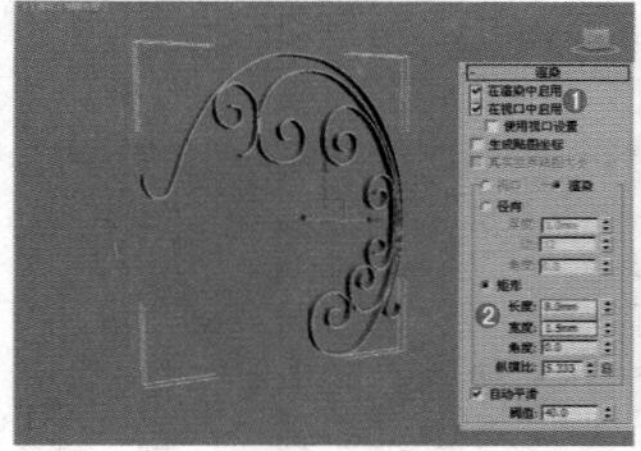

图3-426

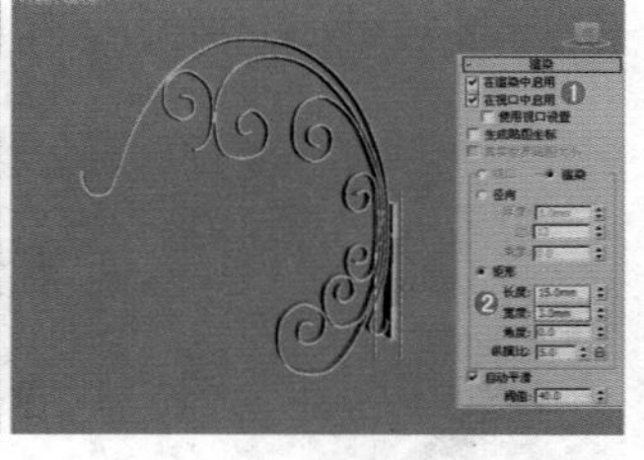

图3-427

**步骤10** 使用【矩形】工具在场景中创建一个矩形，然后设置【长度】为11mm，【宽度】为9mm，展开【渲染】卷展栏，选中【在渲染中启用】和【在视口中启用】复选框，选中【矩形】单选按钮，设置【长度】为6mm，【宽度】为2mm，如图3-428所示。

**步骤11** 在场景中创建一个长方体，设置【长度】为600mm，【宽度】为2mm，【高度】为800mm，如图3-429所示。

图3-428

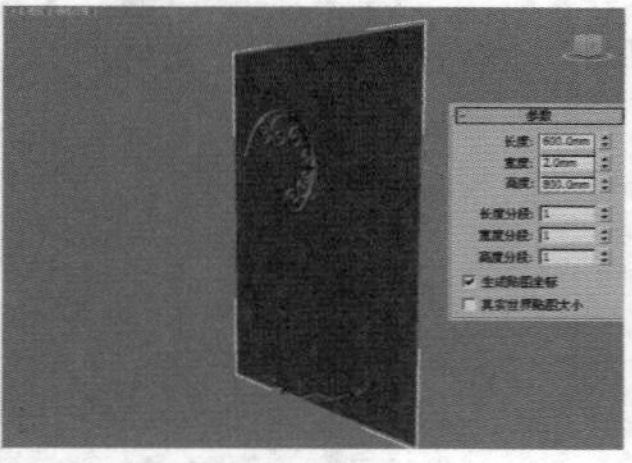

图3-429

## Part 2 导入植物模型

**步骤01** 单击图标，然后单击【导入】按钮后面的按钮，接着在弹出的【合并文件】对话框中单击选中【植物.max】，最后单击【打开】按钮，如图3-430所示。

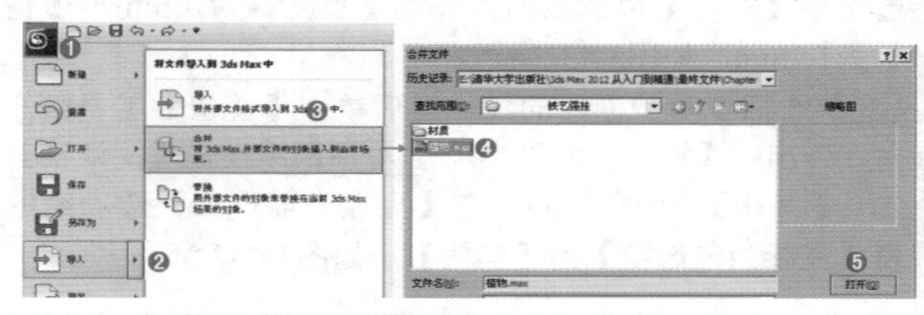

图3-430

**步骤02** 此时弹出了【合并-植物.max】对话框，在此对话框中将列表中的所有部分选中，并单击【确定】按钮。此时将植物模型导入到了场景中，如图3-431所示。

**步骤03** 重新调整一下植物的位置，最终模型效果如图3-432所示。

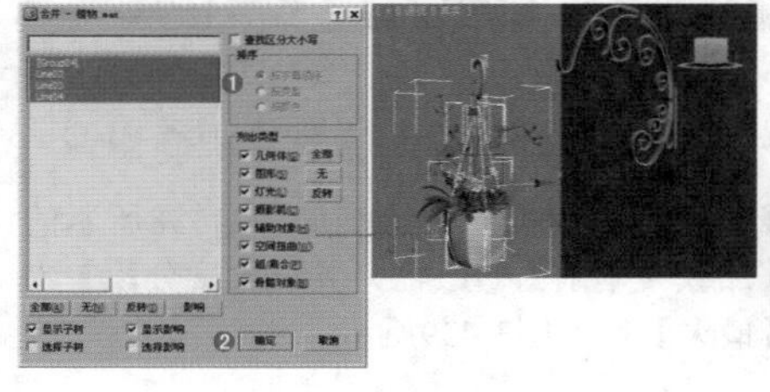

图3-431

图3-432

# 小实例：使用样条线制作布酒架

| 场景文件 | 无 |
| --- | --- |
| 案例文件 | 小实例：使用样条线制作布酒架.max |
| 视频教学 | 多媒体教学/Chapter03/小实例：使用样条线制作布酒架.flv |
| 难易指数 | ★★★☆☆ |
| 技术掌握 | 掌握样条线可渲染功能的使用方法 |

## 实例介绍

本实例将以一个布酒架模型为例来讲解样条线可渲染功能的使用方法，效果如图3-433所示。

图3-433

## 建模思路

01 使用样条线可渲染功能创建布酒架模型。

02 使用样条线和【车削】修改器制作酒瓶模型。

布酒架建模流程如图3-434所示。

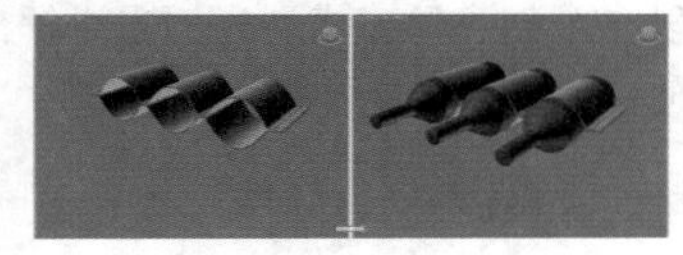

图3-434

## 操作步骤

### Part 1　使用样条线可渲染功能创建布酒架模型

**步骤01** 使用【线】工具在前视图中绘制如图3-435所示的样条线。

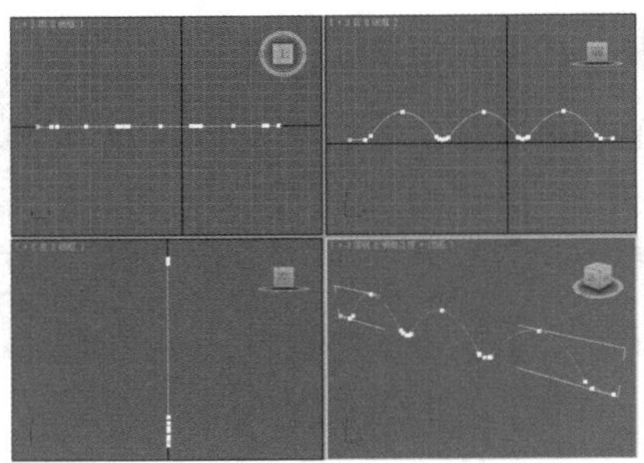

图3-435

**步骤02** 选择步骤01创建的样条线，然后展开【渲染】卷展栏，选中【在渲染中启用】和【在视口中启用】复选框，接着选中【矩形】单选按钮，设置【长度】为70mm，【宽度】为1.2mm，如图3-436所示。

**步骤03** 选择步骤02创建的线，然后单击【镜像】工具，接着在弹出的【镜像：世界 坐标】对话框中设置【镜像轴】为Z，【偏移】为 - 12mm，在【克隆当前选择】选项组中设置【克隆当前选项】为【实例】，如图3-437所示。

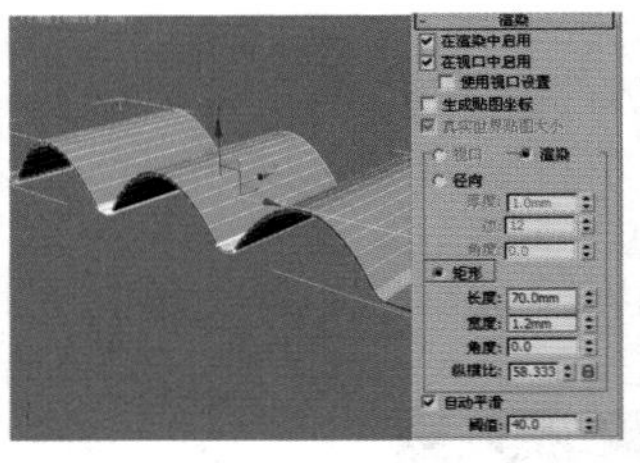

图3-436

图3-437

### Part 2　使用样条线和【车削】修改器制作酒瓶模型

**步骤01** 使用【线】工具在顶视图中绘制如图3-438所示的样条线，然后为其加载【车削】修改器，并设置【分段】为32，【对齐】为【最大】，如图3-439所示。

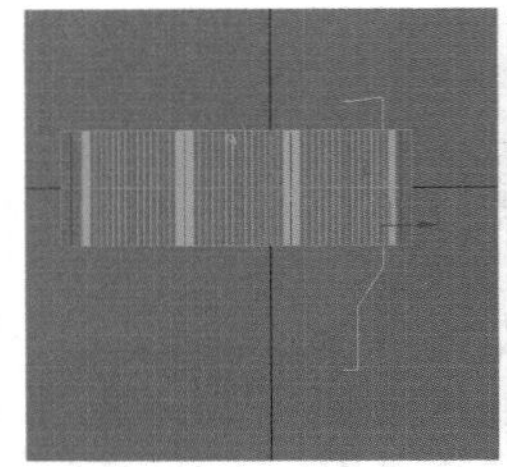

图3-438

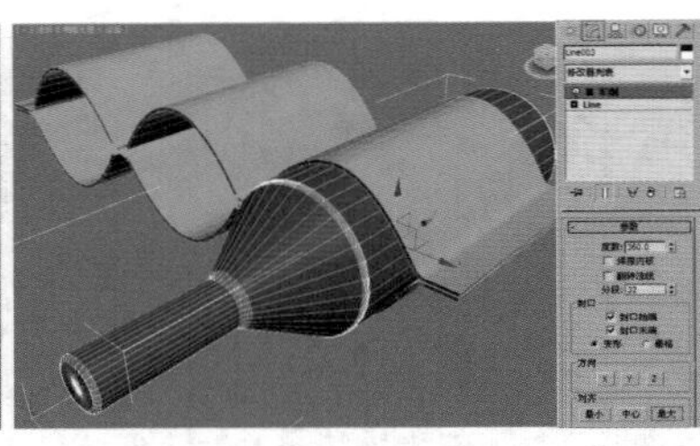

图3-439

**步骤02** 选择步骤01中的酒瓶模型，并使用【选择并移动】工具，同时按下Shift键复制两份，并拖曳到合适的位置，模型效果如图3-440所示。

**步骤03** 再次使用【线】工具创建一条线，作为连接部分，位置如图3-441所示。

图3-440

图3-441

**步骤04** 单击【修改】面板，选中【在渲染中启用】和【在视口中启用】复选框，接着选中【径向】单选按钮，设置【厚度】为0.3mm，如图3-442所示。

**步骤05** 继续使用【线】工具制作出剩余的连接部分，最终模型效果如图3-443所示。

图3-442

图3-443

## 小实例：利用样条线制作创意钟表

| 场景文件 | 无 |
| --- | --- |
| 案例文件 | 小实例：利用样条线制作创意钟表.max |
| 视频教学 | 多媒体教学/Chapter03/小实例：利用样条线制作创意钟表.flv |
| 难易指数 | ★★★☆☆ |
| 技术掌握 | 掌握样条线和【挤出】修改器的应用 |

### 实例介绍

本实例将以一个创意钟表模型为例来讲解样条线和【挤出】修改器的使用方法，效果如图3-444所示。

图3-444

## 建模思路

01 STEP 使用样条线创建钟表数字的模型。

02 STEP 为样条线加载【挤出】修改器。

创意钟表建模流程如图3-445所示。

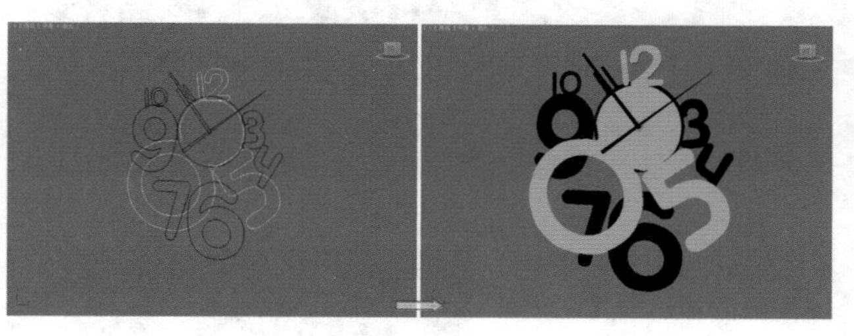

图3-445

## 操作步骤

### Part 1　使用样条线创建钟表数字的模型

**步骤01** 使用【线】工具在前视图中绘制出如图3-446所示的样条线。

**步骤02** 继续使用【线】工具在前视图中绘制出12和5，如图3-447所示。

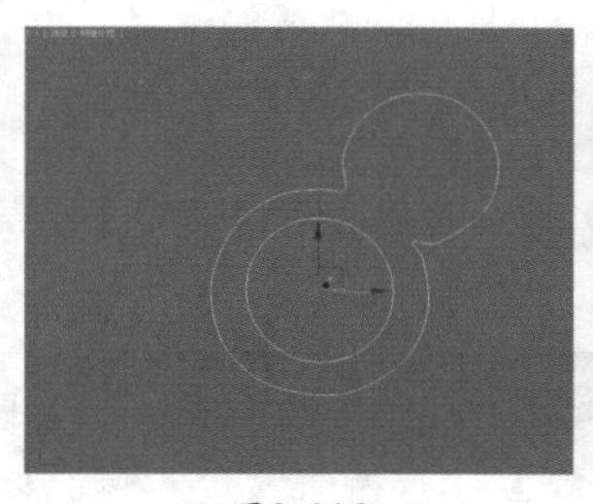

图3-446

图3-447

**技巧提示**

创建完毕需要将创建后的图形合并到一起，选择样条线然后单击鼠标右键，并在弹出的快捷菜单中选择【附加】命令，并依次单击剩余的线，将创建的图形合并成为一个整体，方便下一步的操作，如图3-448所示。

**步骤03** 继续使用样条线创建出剩余的数字，然后将刚创建的部分合并到一起，如图3-449所示。

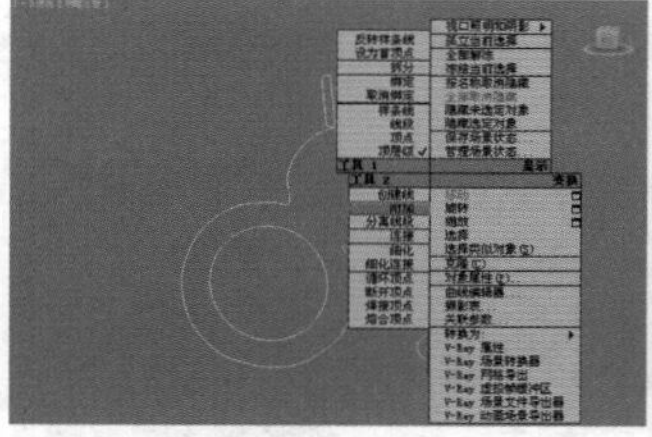

图3-448

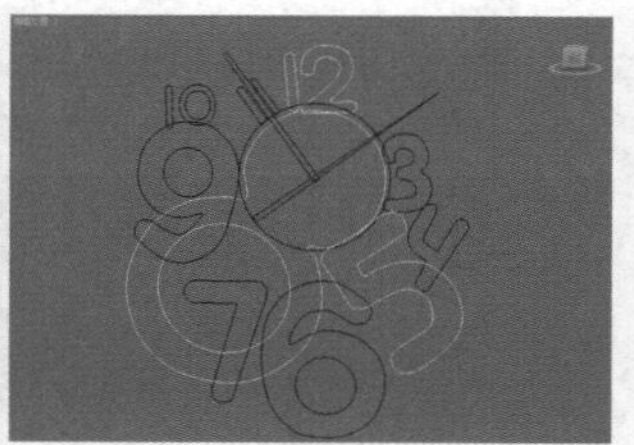

图3-449

**技巧提示**

在这里可以使用【线】工具创建文字，也可以使用【文本】工具进行创建。

### Part 2　为样条线加载【挤出】修改器

**步骤01** 选择数字键8、5、12，然后在【修改】面板中加载【挤出】修改器，并设置【数量】为1mm，如图3-450所示。

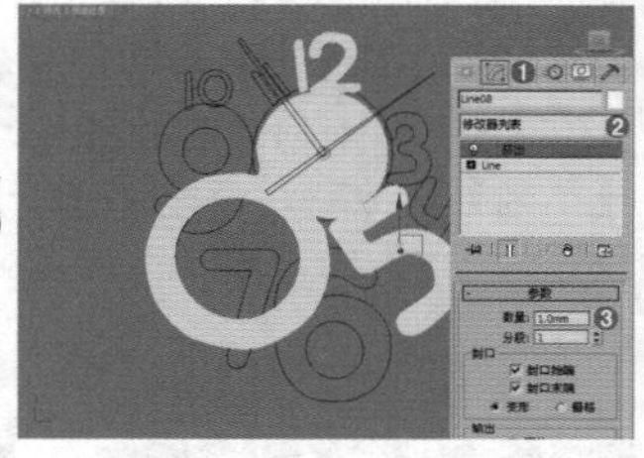

图3-450

**步骤02** 继续为剩余的数字加载【挤出】修改器，并设置【数量】为1mm，如图3-451所示。最终模型效果如图3-452所示。

图3-451

图3-452

## 小实例：利用样条线制作简约台灯

| 场景文件 | 无 |
| --- | --- |
| 案例文件 | 小实例：利用样条线制作简约台灯.max |
| 视频教学 | 多媒体教学/Chapter03/小实例：利用样条线制作简约台灯.flv |
| 难易指数 | ★★★☆☆ |
| 技术掌握 | 【线】工具、【圆】工具、【车削】修改器的应用 |

## 实例介绍

本实例将以一个台灯模型为例来讲解样条线的可渲染功能的使用方法，效果如图3-453所示。

图3-453

## 建模思路

01 STEP 使用样条线和【车削】修改器创建台灯底座的模型。

02 STEP 使用样条线的可渲染功能创建台灯灯罩的模型。

台灯的建模流程如图3-454所示。

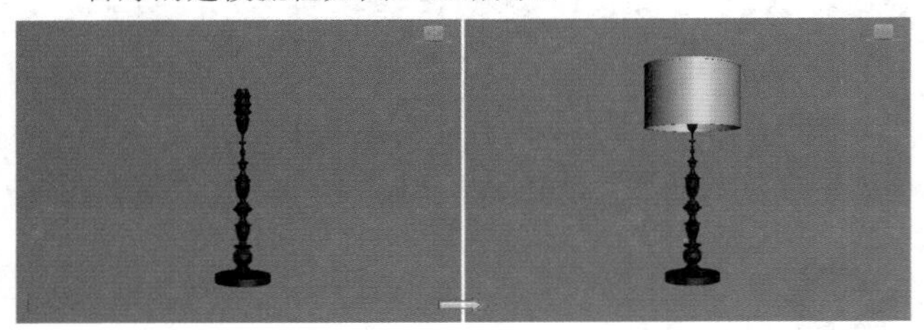

图3-454

## 操作步骤

### Part 1　使用样条线和【车削】修改器创建台灯底座的模型

**步骤01** 使用【线】工具在前视图中绘制出台灯底座和灯杆的外轮廓，具体的样条线形状如图3-455所示。

**步骤02** 选择刚创建的样条线，然后在【修改】面板中加载【车削】修改器，设置【分段】为32，在【方向】选项组中设置为【Y】轴，同时设置【对齐】为【最大】，如图3-456所示。

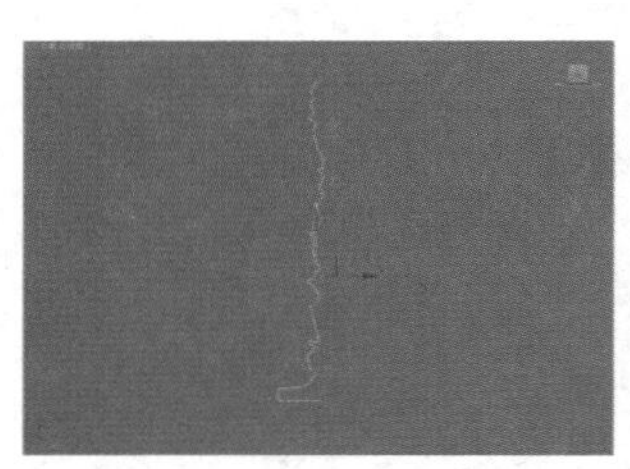

图3-455　图3-456

**技巧提示**

*展开【参数】卷展栏，设置【分段】的数值，数值越大，车削后的模型就越圆滑，如图3-457所示分别为设置【分段】为3和32时的效果对比。*

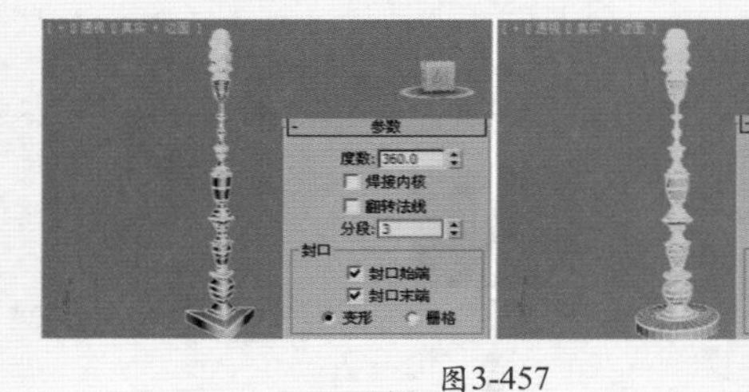


图3-457

### Part 2　使用样条线的可渲染功能创建台灯灯罩的模型

**步骤01** 在【创建】面板中单击【圆】工具，并在顶视图中创建一个圆，然后设置【半径】为80mm，如图3-458所示。

图3-458

**步骤02** 选择步骤01中创建的圆，并选中【在渲染中启用】和【在视口中启用】复选框，接着选中【矩形】单选按钮，设置【长度】为4mm，【宽度】为2.5mm，如图3-459所示。

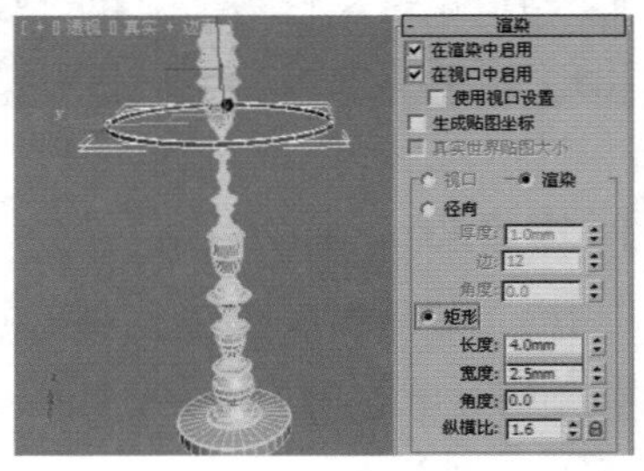


图3-459

**步骤03** 选择步骤02中创建的圆，并使用【选择并移动】工具，同时按下Shift键复制1份，并拖曳到合适的位置，模型效果如图3-460所示。

**步骤04** 在【创建】面板中单击【圆】工具，并在顶视图中创建一个圆，然后在【参数】卷展栏中设置【半径】为80mm，如图3-461所示。

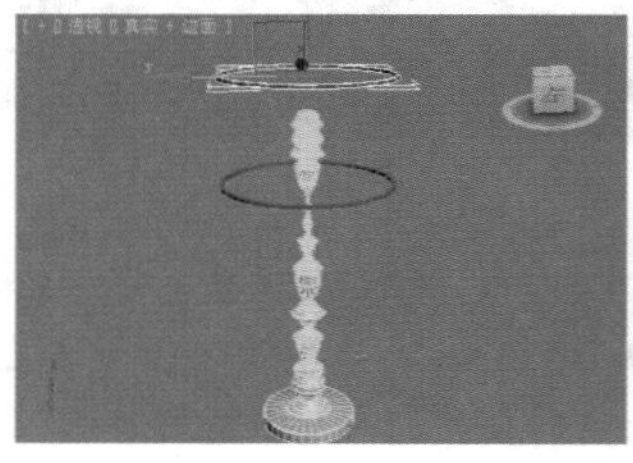

图3-460

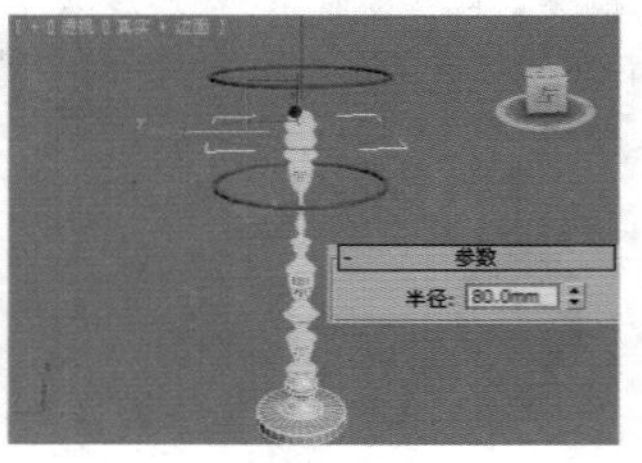


图3-461

**步骤05** 选择步骤04中创建的圆，然后展开【渲染】卷展栏，并选中【在渲染中启用】和【在视口中启用】复选框，接着选中【矩形】单选按钮，设置【长度】为110mm，【宽度】为0.5mm，如图3-462所示。

**步骤06** 简约台灯模型的最终效果如图3-463所示。

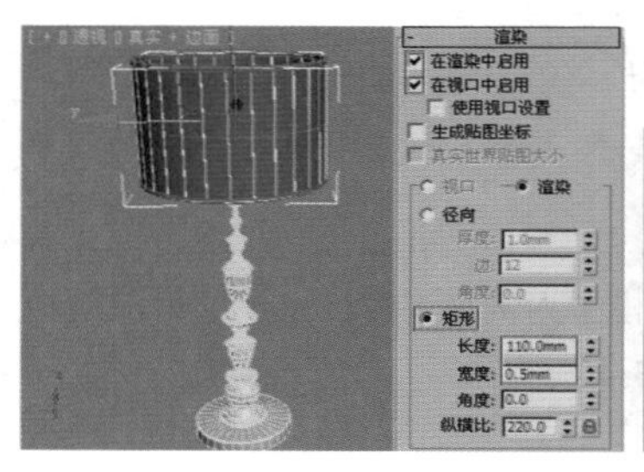


图3-462

图3-463

# 小实例：使用样条线制作创意桌子

| 场景文件 | 无 |
| --- | --- |
| 案例文件 | 小实例：使用样条线制作创意桌子.max |
| 视频教学 | 多媒体教学/Chapter03/小实例：使用样条线制作创意桌子.flv |
| 难易指数 | ★★★☆☆ |
| 技术掌握 | 掌握【矩形】功能的使用方法 |

## 实例介绍

本实例将以一个创意桌子模型为例来讲解样条线矩形功能的使用方法，效果如图3-464所示。

图3-464

## 建模思路

01 STEP 使用样条线创建桌子面模型。

02 STEP 使用矩形创建桌子腿模型。

创意桌子的建模流程如图3-465所示。

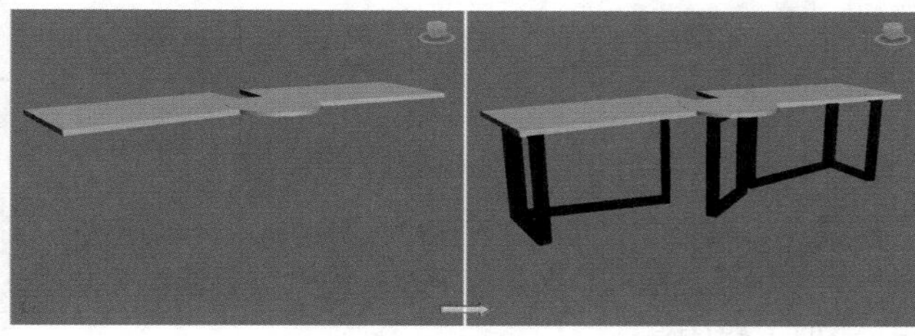

图3-465

## 操作步骤

### Part 1　使用样条线创建桌子面模型

步骤01 使用【线】工具在前视图中创建一条直线，如图3-466所示。

图3-466

技巧提示

按住Shift键进行绘制，即可绘制直线；松开Shift键进行绘制，可以绘制任意线。

步骤02 选择步骤01创建的线，选中【在渲染中启用】和【在视口中启用】复选框，接着选中【矩形】单选按钮，设置【长度】为70mm，【宽度】为3mm，如图3-467所示。

步骤03 在顶视图中创建一个圆柱体，然后设置【半径】为30mm，【高度】为2.6mm，【高度分段】为1，如图3-468所示。

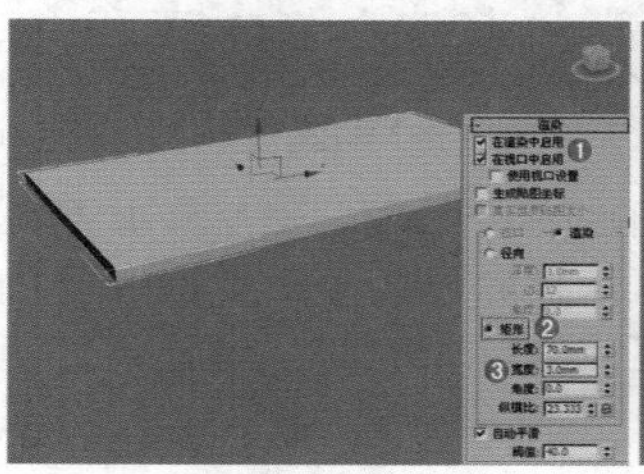

图3-467　图3-468

步骤04 继续在前视图中创建一条直线，选中【在渲染中启用】和【在视口中启用】复选框，接着选中【矩形】单选按钮，设置【长度】为70mm，【宽度】为3mm，如图3-469所示。

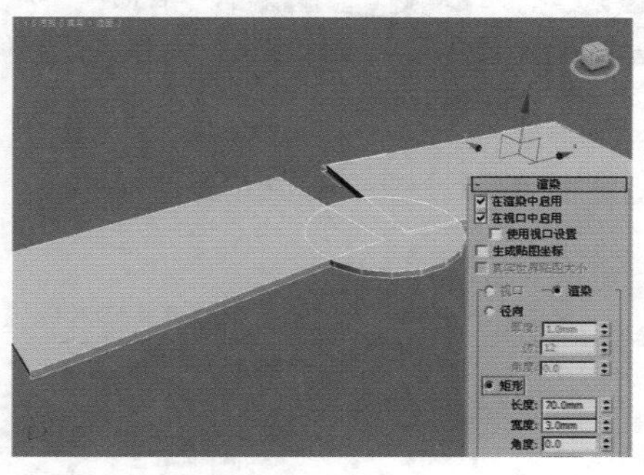

图3-469

### Part 2　使用矩形创建桌子腿模型

步骤01 在场景中创建一个矩形，并设置【长度】为90mm，【宽度】为60mm，如图3-470所示。

步骤02 选择步骤01中创建的矩形，并选中【在渲染中启用】和【在视口中启用】复选框，接着选中【矩形】单选按钮，设置【长度】为7mm，【宽度】为4mm，如图3-471所示。

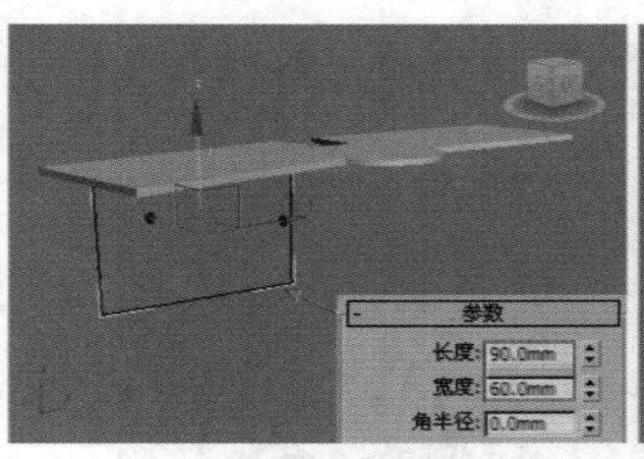

图3-470

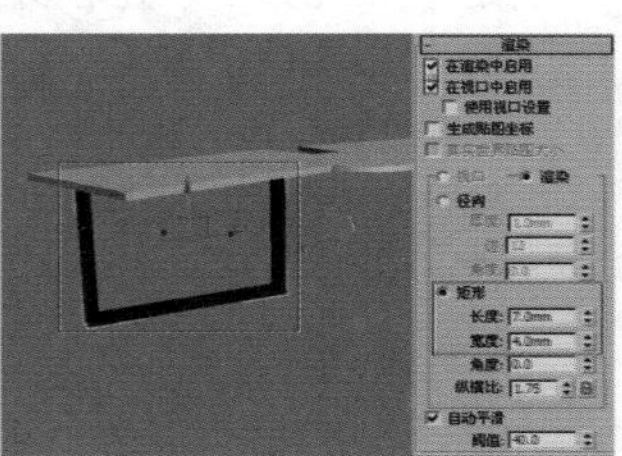

图3-471

**步骤03** 在场景中创建一个矩形，然后设置【长度】为48mm，【宽度】为60mm，选中【在渲染中启用】和【在视口中启用】复选框，接着选中【矩形】单选按钮，设置【长度】为7mm，【宽度】为4mm，如图3-472所示。

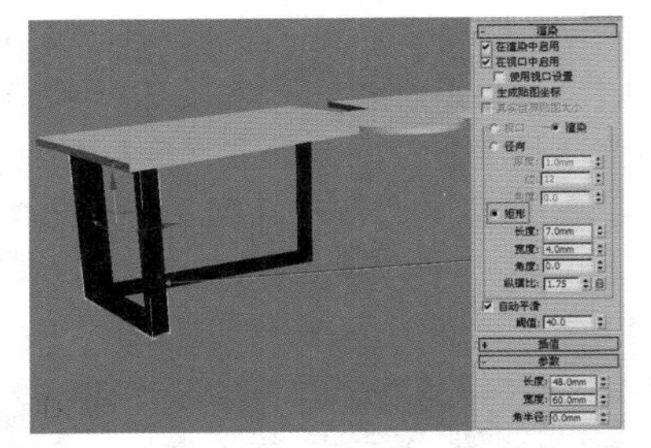

图3-472

**步骤04** 选择如图3-473所示的桌子腿模型，然后单击【镜像】工具，在弹出的【镜像：世界 坐标】对话框中设置【镜像轴】为X轴，同时设置【克隆当前选择】为【实例】，如图3-474所示。

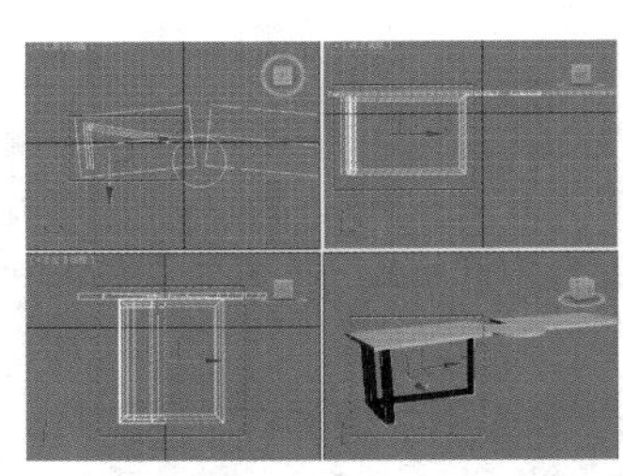

图3-473

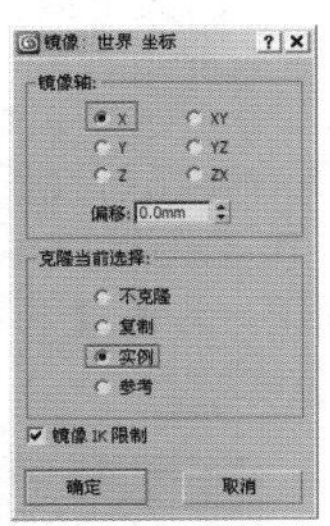


图3-474

**步骤05** 镜像后的模型效果如图3-475所示。

**步骤06** 在场景中创建一个矩形，设置【长度】为60mm，【宽度】为50mm，选中【在渲染中启用】和【在视口中启用】复选框，选中【矩形】单选按钮，设置【长度】为7mm，【宽度】为4mm，如图3-476所示。

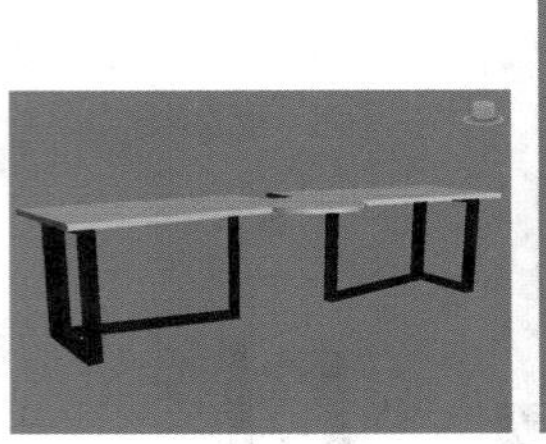

图3-475

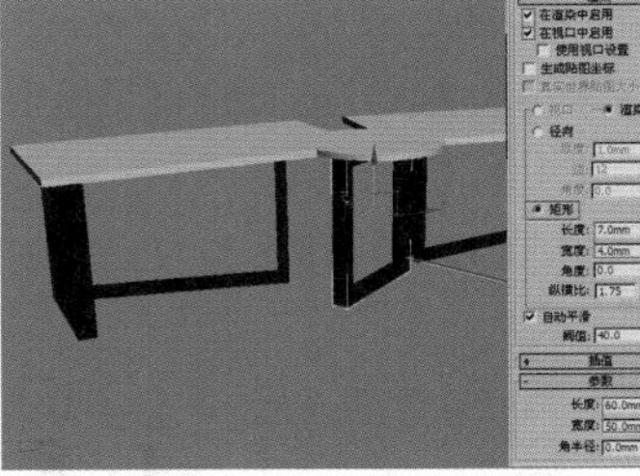

图3-476

**步骤07** 最终模型效果如图3-477所示。

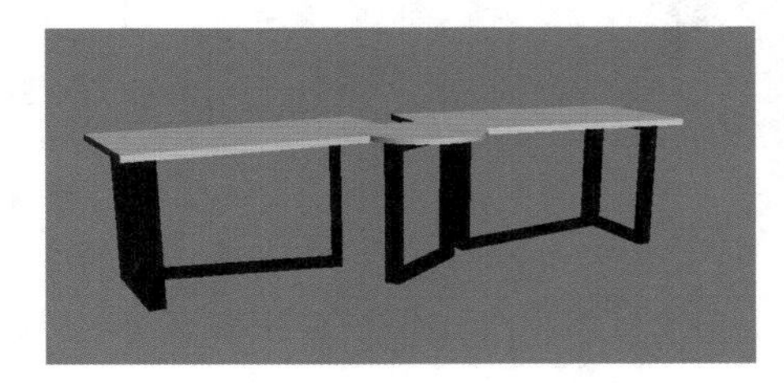

图3-477

## 小实例：使用样条线制作藤椅

| 场景文件 | 无 |
| --- | --- |
| 案例文件 | 小实例：使用样条线制作藤椅.max |
| 视频教学 | 多媒体教学/Chapter03/小实例：使用样条线制作藤椅.flv |
| 难易指数 | ★★★☆☆ |
| 技术掌握 | 掌握螺旋线和样条线可渲染功能的使用方法 |

### 实例介绍

本实例将以一个椅子模型为例来讲解螺旋线和样条线可渲染功能的使用方法，效果如图3-478所示。

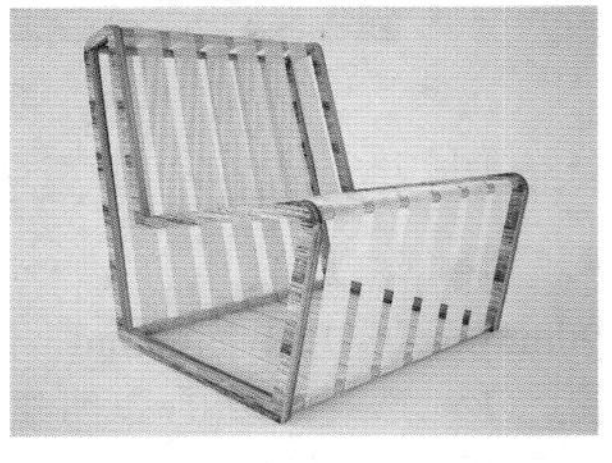

图3-478

### 建模思路

01 使用样条线创建藤椅的框架模型。

02 使用螺旋线和线创建藤椅剩余部分模型。

藤椅的建模流程如图3-479所示。

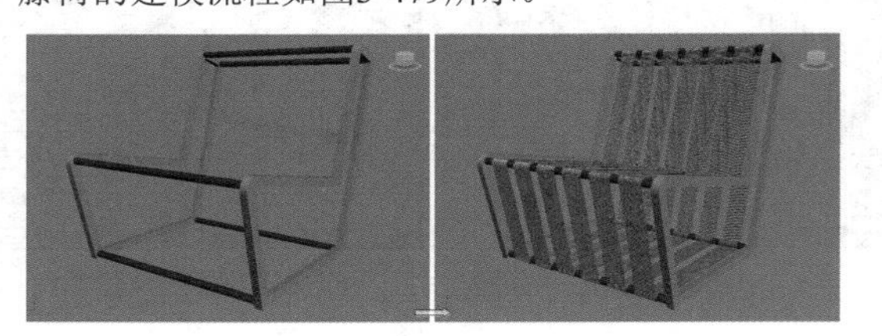

图3-479

### 操作步骤

#### Part 1 使用样条线创建藤椅的框架模型

**步骤01** 使用【线】工具在左视图中绘制出如图3-480所示的样条线。使用【选择并移动】工具，同时按下Shift键复制1份，如图3-481所示。

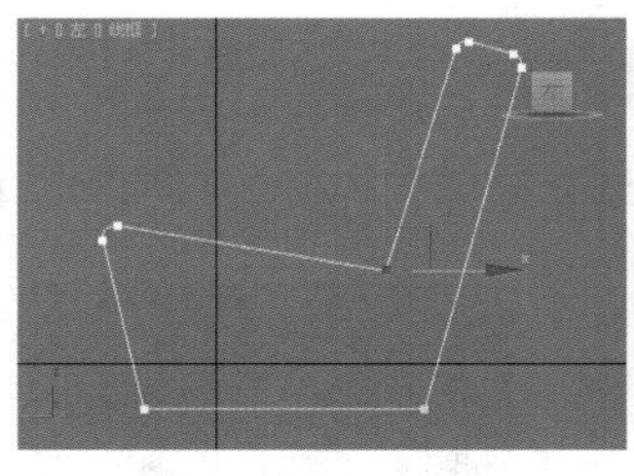

图3-480

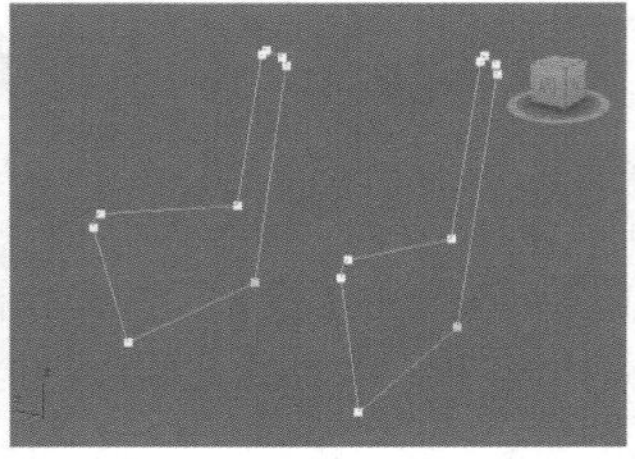

图3-481

**步骤02** 选择步骤01中创建的线，选中【在渲染中启用】和【在视口中启用】复选框，接着选中【矩形】单选按钮，设置【长度】为16mm，【宽度】为20mm，如图3-482所示。

**步骤03** 在顶视图中绘制样条线，选中【在渲染中启用】和【在视口中启用】复选框，接着选中【径向】单选按钮，设置【厚度】为16mm，如图3-483所示。

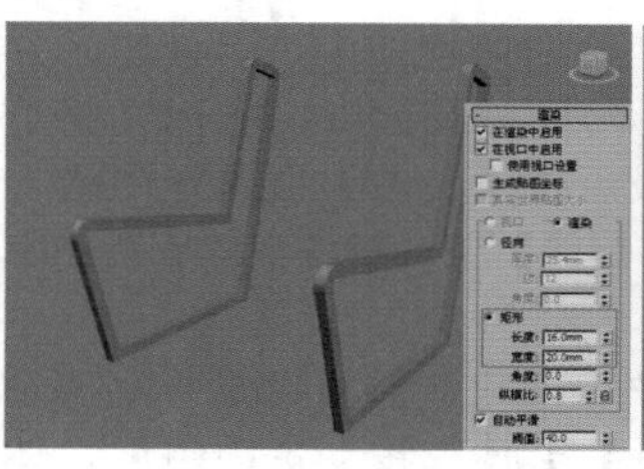
图3-482

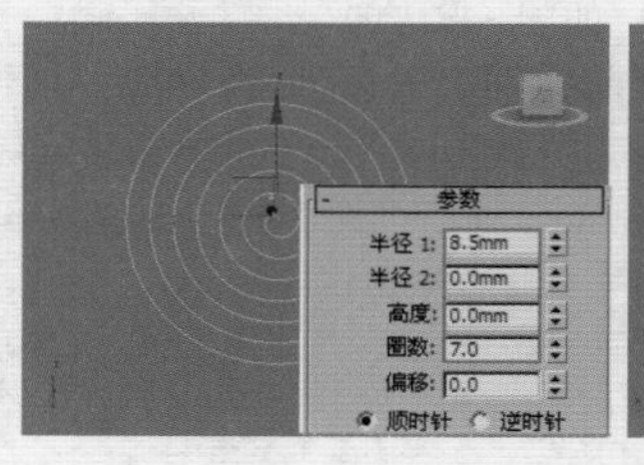
图3-483

## Part 2 使用螺旋线和线创建藤椅剩余部分模型

步骤01 使用【螺旋线】工具在藤椅框架部分创建多个螺旋线图形，如图3-484所示。

步骤02 选择步骤01中创建的螺旋线，单击【修改】面板，然后设置【半径1】为8.5mm，【半径2】为8.5mm，【高度】为50mm，【圈数】为20，如图3-485所示。

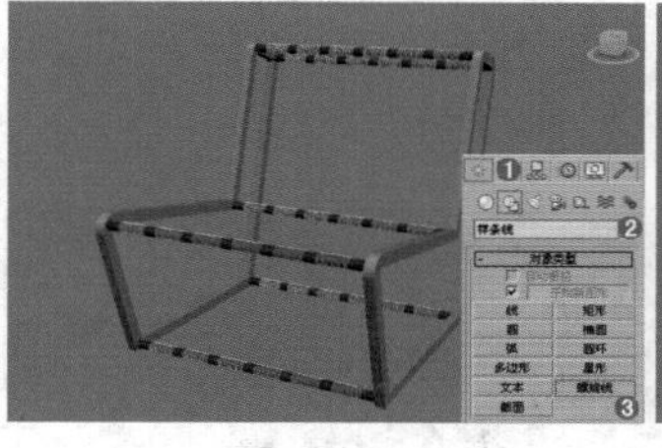
图3-484

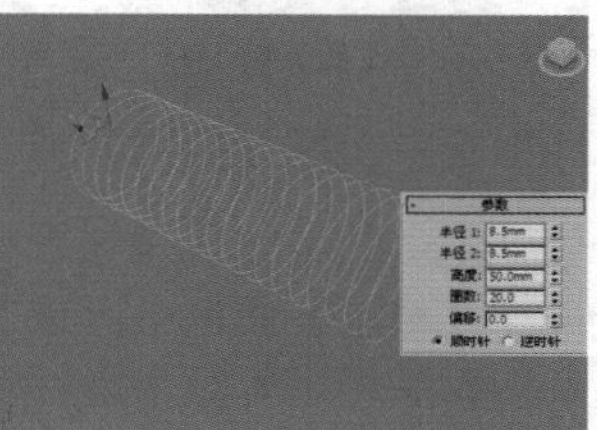
图3-485

### 技巧提示

设置螺旋线的【半径1】为8.5mm，【半径2】为0mm，【高度】为0mm，【圈数】为7，这时的螺旋线在一个平面上，如果将高度设置为一个数值时螺旋线就不在一个平面上，可以根据需要进行设置，如图3-486所示。

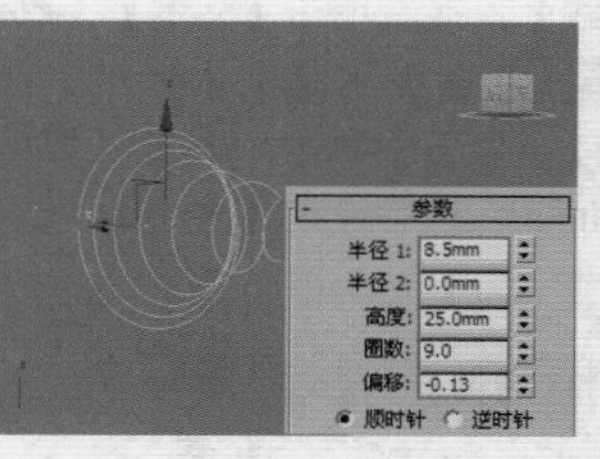

图3-486

步骤03 单击【修改】面板，选中【在渲染中启用】和【在视口中启用】复选框，选中【径向】单选按钮，设置【厚度】为1.5mm，如图3-487所示。

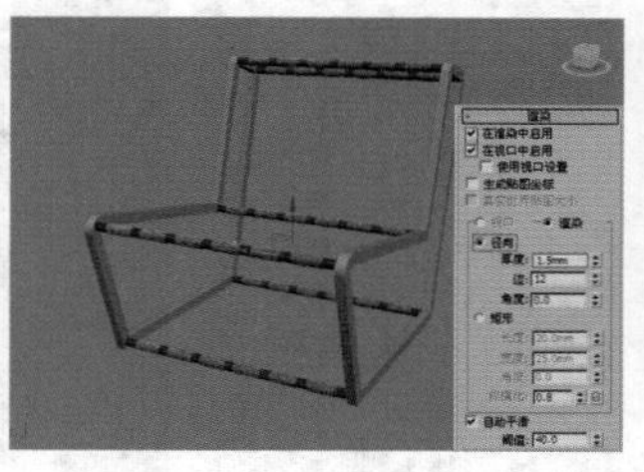
图3-487

步骤04 使用【线】工具 线 在视图中继续进行创建多条线，选中【在渲染中启用】和【在视口中启用】复选框，选中【径向】单选按钮，设置【厚度】为1.5mm，如图3-488所示。

步骤05 最终藤椅模型效果如图3-489所示。

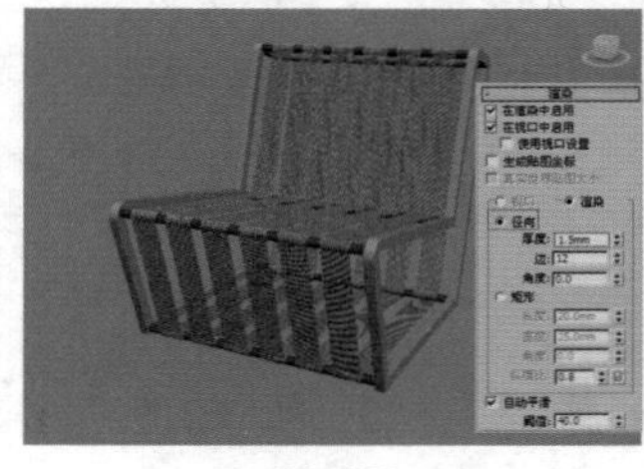
图3-488

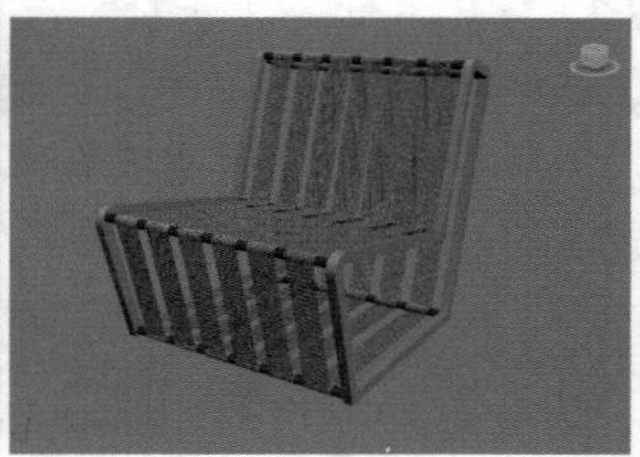
图3-489

## 小实例：使用样条线制作文本

| | |
|---|---|
| 场景文件 | 无 |
| 案例文件 | 小实例：使用样条线制作文本.max |
| 视频教学 | 多媒体教学/Chapter03/小实例：使用样条线制作文本.flv |
| 难易指数 | ★★★☆☆ |
| 技术掌握 | 掌握【文本】工具和【挤出】工具修改器的使用方法 |

### 实例介绍

本实例将以一个文字模型为例来讲解【文本】工具的使用方法，效果如图3-490所示。

图3-490

### 建模思路

01 使用【文本】工具创建英文字体。

02 使用【挤出】修改器创建字体模型。

文字的建模流程如图3-491所示。

图3-491

### 操作步骤

## Part 1 使用【文本】工具创建英文字体

步骤01 在【创建】面板中设置【图形】类型为【样条

线】，接着单击【文本】工具，如图3-492所示。

**步骤02** 使用【文本】工具在前视图中进行创建，然后展开【参数】卷展栏，设置【字体类型】为Fraklin Gothic Medium Italic，然后设置【大小】为160mm，【字间距】为-15mm，在【文本】文本框中输入“ERAY”，如图3-493所示。

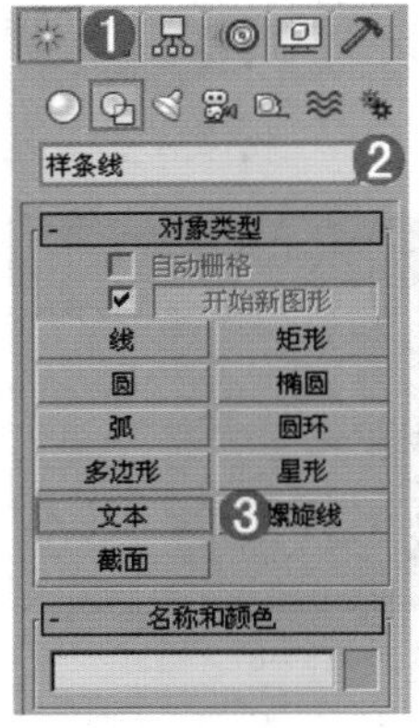


图3-492

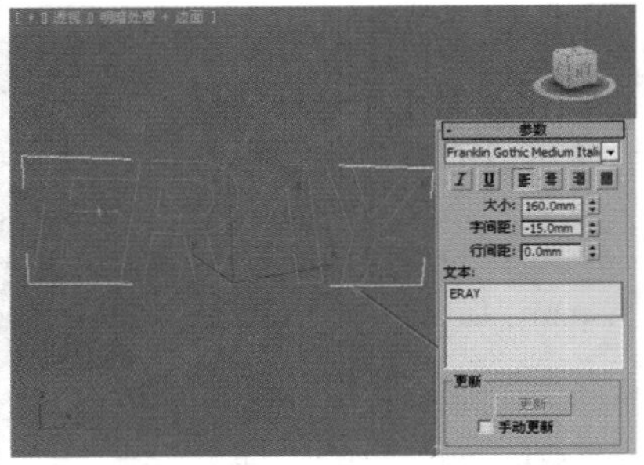


图3-493

**技巧提示**

在本例中将【字体类型】设置为Fraklin Gothic Medium Italic，若读者找不到该字体，使用其他的字体代替即可，当然，也可以从网络上下载更加合适的字体。下载的字体文件可以直接放到计算机中的【字体】文件夹中，具体位置如图3-494所示。

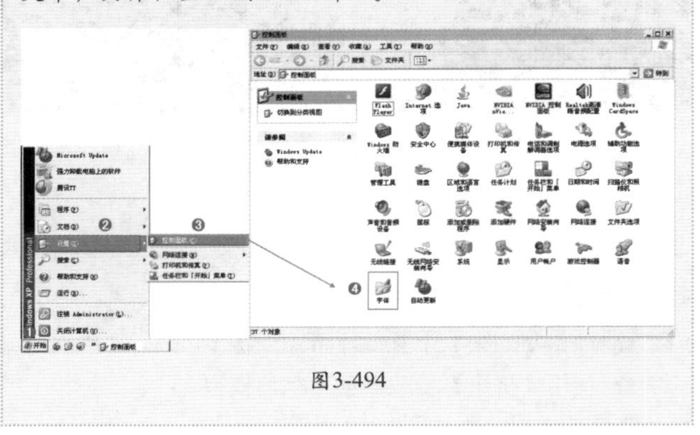

图3-494

**步骤03** 继续使用【文本】工具在前视图中进行创建，并设置【字体类型】为Fraklin Gothic Medium Italic，接着设置【大小】为100mm，最后在【文本】文本框中输入“DESIGN”，使用【选择并旋转】工具将字体旋转一定的角度，如图3-495所示。

**步骤04** 继续使用文本在视图中创建，然后设置一定的参数，最后使用【选择并旋转】工具旋转一定的角度，如图3-496所示。

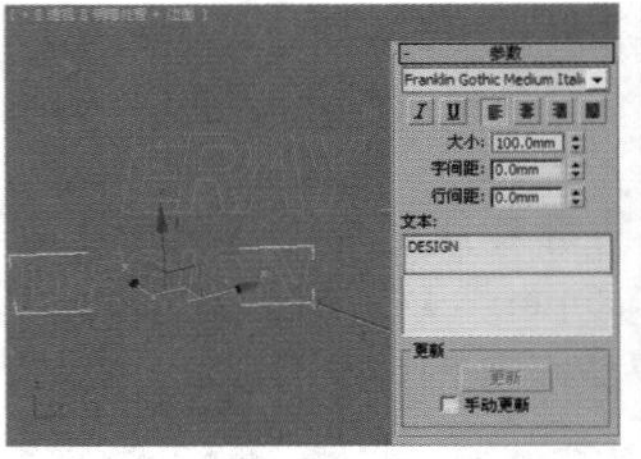

图3-495

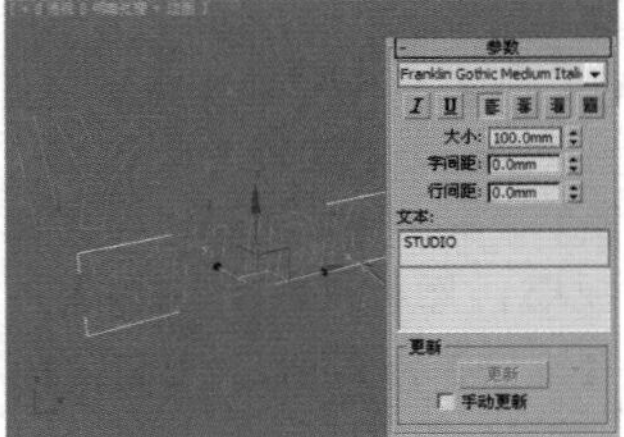

图3-496

## Part 2 使用【挤出】修改器创建字体模型

**步骤01** 选择ERAY字体，并在【修改】面板中选择并加载【挤出】修改器，并设置【数量】为50mm，如图3-497所示。

图3-497

**步骤02** 分别将剩余的字体加载【挤出】修改器，设置【数量】为50mm，如图3-498所示。

**步骤03** 最终模型效果如图3-499所示。

图3-498

图3-499

# 小实例：使用样条线和【车削】修改器制作花瓶

| 场景文件 | 无 |
|---|---|
| 案例文件 | 小实例：使用样条线和【车削】修改器制作花瓶.max |
| 视频教学 | 多媒体教学/Chapter03/小实例：使用样条线和车削修改器制作花瓶.flv |
| 难易指数 | ★★★☆☆ |
| 技术掌握 | 掌握【车削】修改器的使用方法 |

## 实例介绍

本实例将以一个花瓶模型为例来讲解样条线和【车削】修改器的使用方法，效果如图3-500所示。

## 建模思路

01 使用样条线和【车削】修改器创建花瓶的基本模型。

02 使用【选择并均匀缩放】工具缩放花瓶模型。

花瓶的建模流程如图3-501所示。

图3-500

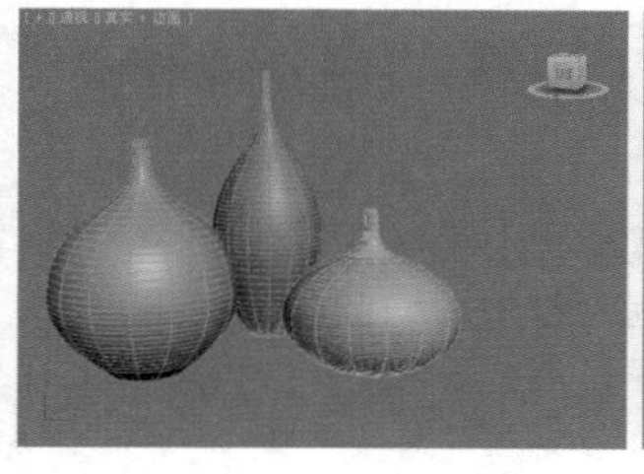
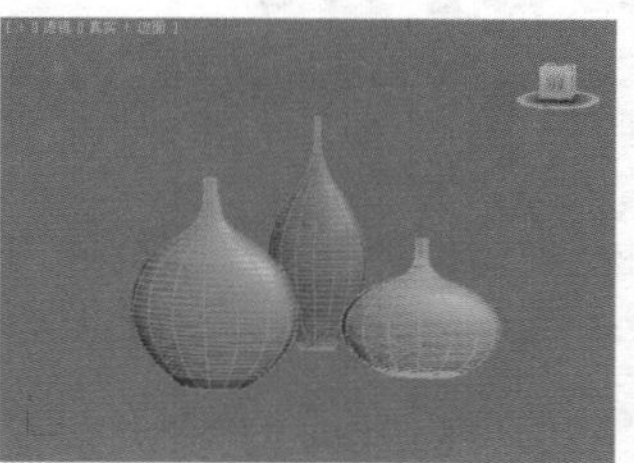

图3-501

## 操作步骤

### Part 1 使用样条线和【车削】修改器创建花瓶的基本模型

**步骤01** 使用【线】工具在前视图中绘制3条如图3-502所示的样条线。

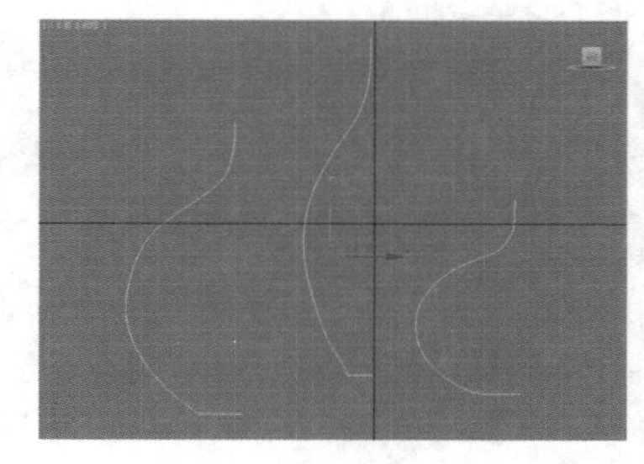

图3-502

**步骤02** 选择步骤01中创建的3条线，并为其加载【车削】修改器，展开【参数】卷展栏，设置【分段】为32，然后设置【方向】为【Y】轴，【对齐】为【最大】，如图3-503所示。

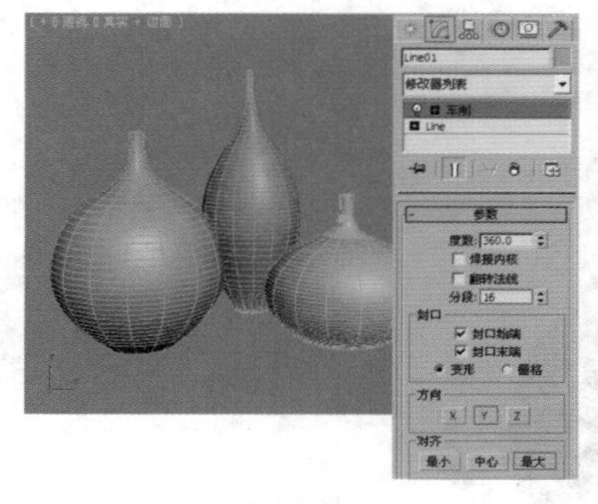

图3-503

### Part 2 使用【选择并均匀缩放】工具缩放花瓶模型

**步骤01** 选择场景中的其中一个花瓶模型，然后使用【选择并均匀缩放】工具在顶视图中沿Y轴进行适当的缩放，如图3-504所示。

**步骤02** 继续选择场景中的第2个花瓶模型，然后使用【选择并均匀缩放】工具在顶视图中沿Y轴进行适当的缩放，如图3-505所示。

图3-504

图3-505

**步骤03** 继续选择场景中的第3个花瓶模型，然后使用【选择并均匀缩放】工具在顶视图中沿Y轴进行适当的缩放，如图3-506所示。

**步骤04** 最终花瓶模型效果如图3-507所示。

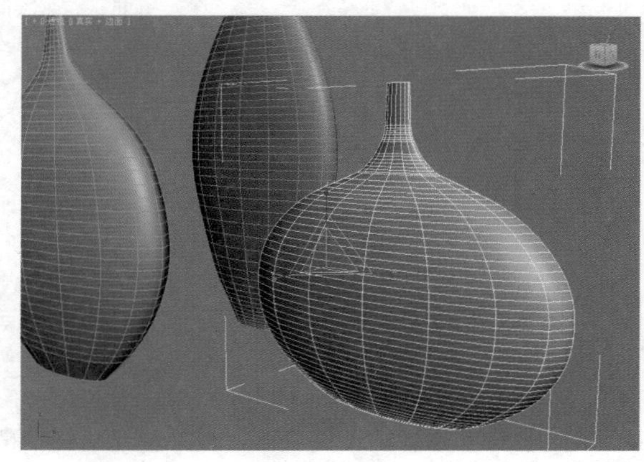

图3-506

图3-507

Chapter 04

第4章

# 高级建模技术

修改器建模是在已有基本模型的基础上，在【修改】面板中添加相应的修改器，将模型进行塑形或编辑。这种方法可以快速地打造特殊的模型效果，如扭曲、晶格等。

**本章学习要点：**

- 使用修改器建模制作模型
- 使用多边形建模制作模型
- 使用网格建模制作模型
- 使用面片建模制作模型
- 使用NURBS建模制作模型

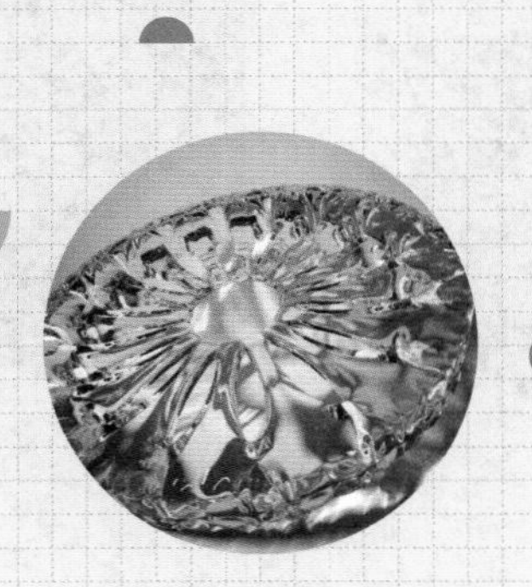

## 4.1 修改器建模

修改器建模是在已有基本模型的基础上，在【修改】面板中添加相应的修改器，对模型进行塑形或编辑。这种方法可以快速打造特殊的模型效果，如扭曲、晶格等。如图4-1所示为优秀的修改器建模作品。

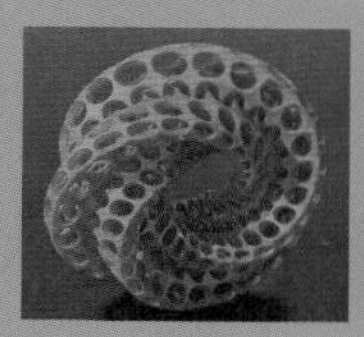
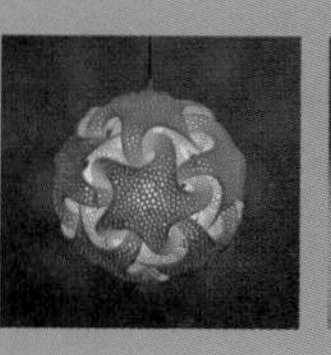

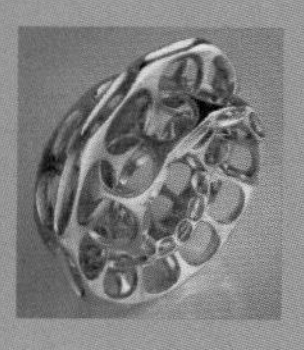

图4-1

### 4.1.1 修改器堆栈

创建模型后，通常会进入到【修改】面板来更改对象的原始创建参数，这种方法只可以调整物体的基本参数，如长度、宽度等，却无法对模型的本身做较大改变。

修改器堆栈是【修改】面板上的列表，上面有选定的对象以及应用它的所有修改器。如图4-2所示创建一个长方体Box001，然后单击【修改】面板，最后在修改器列表中添加【弯曲（Bend）】和【晶格】修改器。

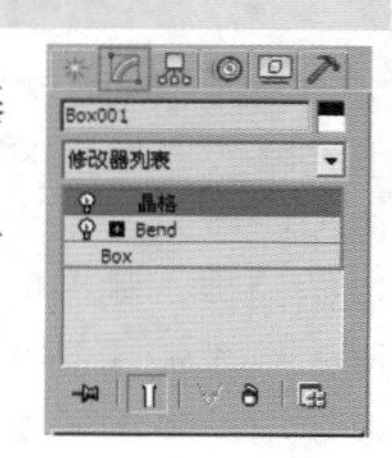


图4-2

- 【锁定堆栈】按钮：激活该按钮可将堆栈和【修改】面板的所有控件锁定到选定对象的堆栈中。即使在选择了视图中的另一个对象后，也可以继续对锁定堆栈的对象进行编辑。
- 【显示最终结果】按钮：激活该按钮后，会在选定的对象上显示整个堆栈的效果。
- 【使唯一】按钮：激活该按钮可将关联的对象修改成独立对象，这样可以对选择集中的对象单独进行编辑（注意，只有在场景中拥有选择集时该按钮才可用）。
- 【从堆栈中移除修改器】按钮：若堆栈中存在修改器，单击该按钮可删除当前修改器，并清除该修改器引发的所有更改。

**技巧提示**

如果想要删除某个修改器，不可以在选中某个修改器后按Delete键，那样会删除对象本身。

- 【配置修改器集】按钮：单击该按钮可弹出一个菜单，该菜单中的命令主要用于配置在【修改】面板中如何显示和选择修改器。

### 4.1.2 为对象加载修改器

**步骤01** 使用修改器前的第一步是一定要有已创建好的基础对象，如几何体、图形、多边形模型等，如图4-3所示。下面创建一个长方体模型，并设置合适的分段数值。

**步骤02** 选择创建出的长方体，然后单击【修改】面板，接着单击【修改器列表】按钮，最后选择【弯曲】选项，如图4-4所示。

**步骤03** 此时【弯曲】修改器已经添加给了长方体，单击【修改】面板，并将其参数进行适当设置，如图4-5所示。

**步骤04** 继续单击【修改】面板，接着单击【修改器列表】按钮，最后选择【晶格】选项，如图4-6所示。

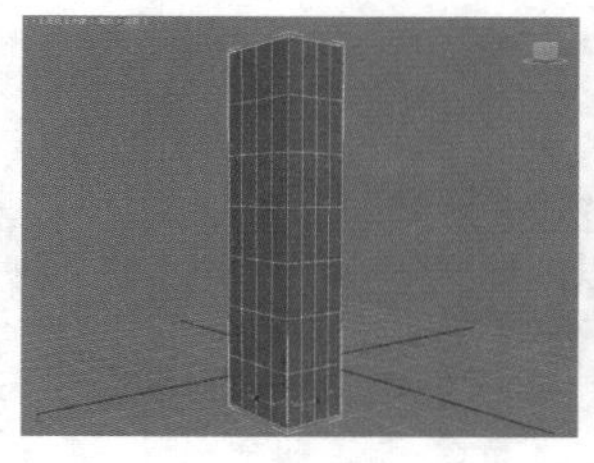

图4-3

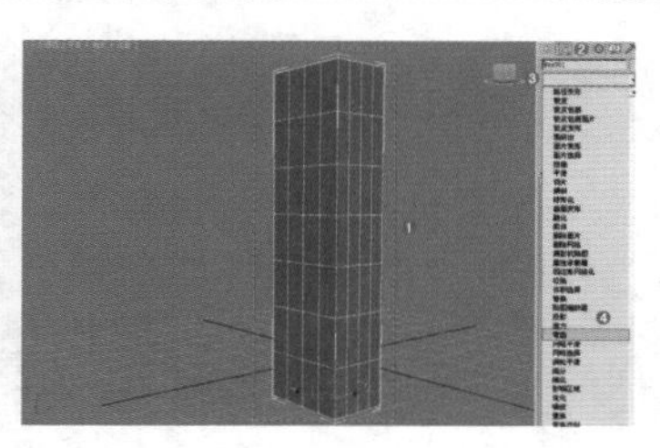

图4-4

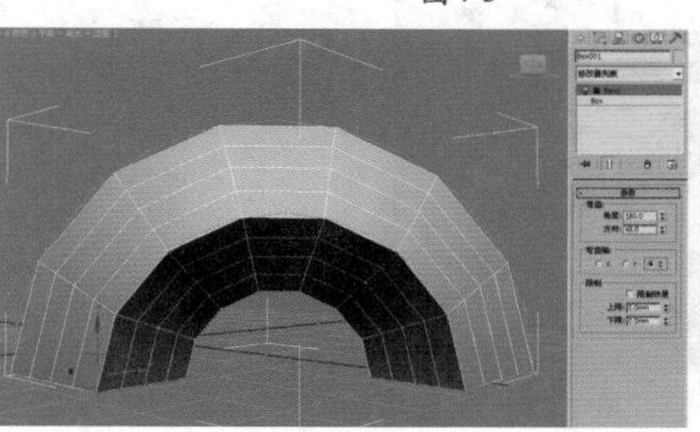

图4-5

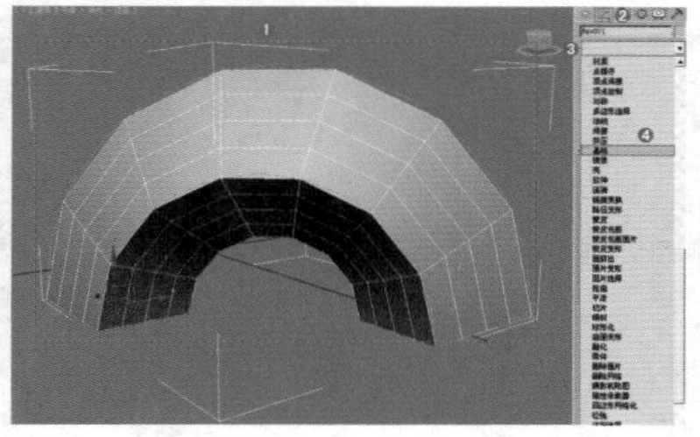

图4-6

**步骤05** 此时长方体上新增了一个【晶格】修改器，最后加载的修改器在最上方。单击【修改】面板，并将其参数进行适当设置，如图4-7所示。

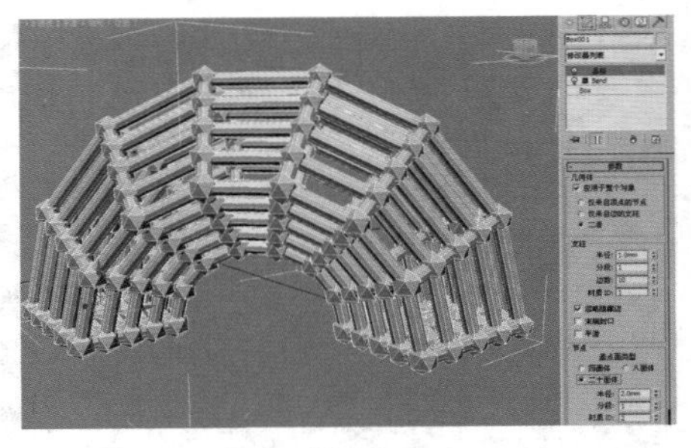

图4-7

**技巧提示**

在添加修改器时一定要注意添加的次序，否则将会出现不同的效果。

## 4.1.3 修改器的次序

修改器对于次序而言遵循据后原则，即后添加的修改器在修改器堆栈的顶部，作用于它下方的所有修改器和原始模型；最先添加的修改器会在修改器堆栈的底部，只作用于原始模型。如图4-8所示为创建模型，先添加【弯曲】修改器，后添加【晶格】修改器的模型效果。如图4-9所示为创建模型，先添加【晶格】修改器，后添加【弯曲】修改器的模型效果。

不难发现，将修改器的次序更改，会对最终的模型产生影响，但这不是绝对的，在有些情况下，将修改器次序更改并不会产生任何效果。

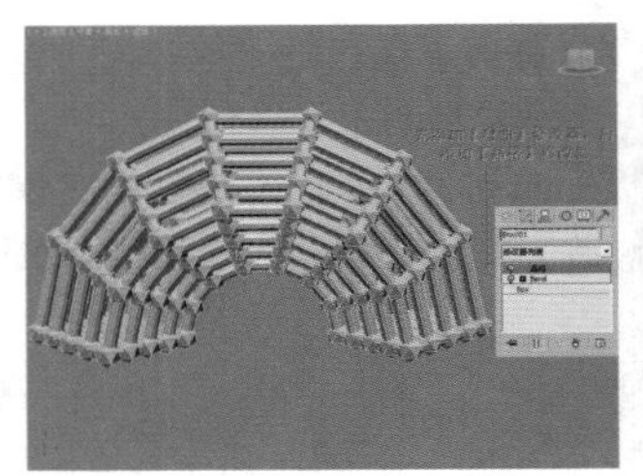

图4-8

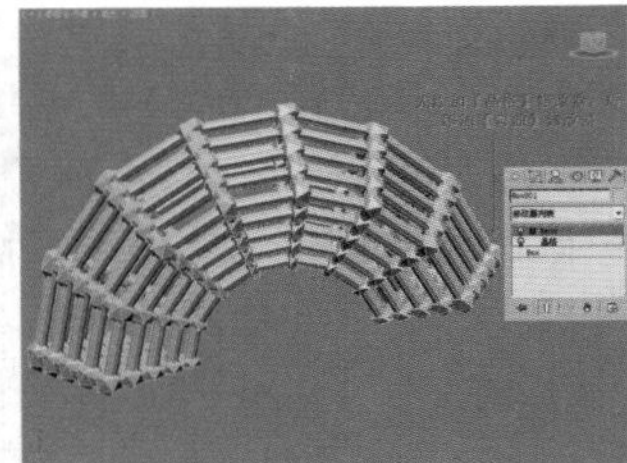

图4-9

## 4.1.4 启用与禁用修改器

默认情况下，为物体加载修改器后，修改器是启用的状态，此时可以看到修改器名称前面有图标，如图4-10所示。

而当需要禁用修改器时，可以单击修改器名称前面的图标，如图4-11所示。

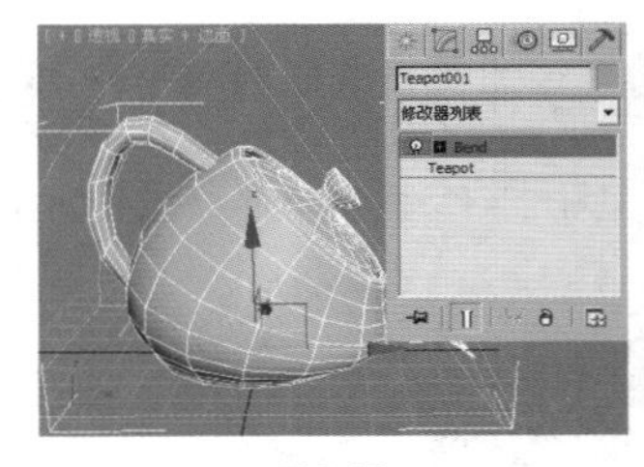



图4-10

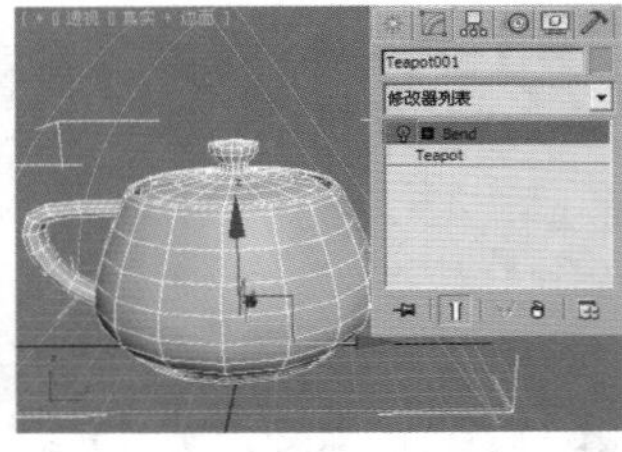



图4-11

## 4.1.5 编辑修改器

在修改器堆栈上单击鼠标右键，会弹出一个修改器堆栈菜单，这个菜单中的命令可以用来编辑修改器，如图4-12所示。

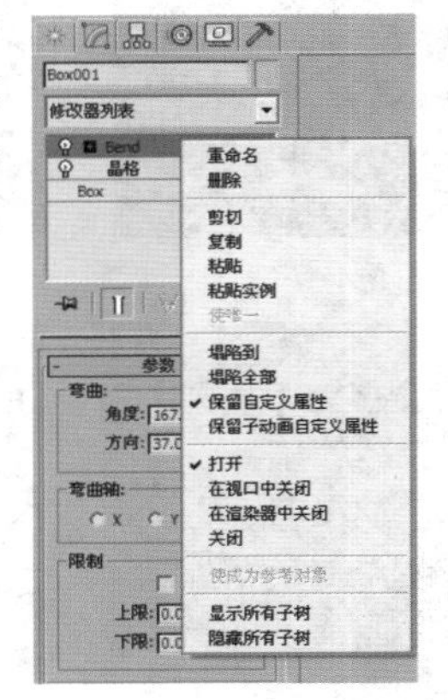



图4-12

**技巧提示**

从修改器堆栈菜单中可以看出，修改器可以复制到另外的物体上，其操作方法有以下两种。

第一种：在修改器上单击鼠标右键，在弹出的快捷菜单中选择【复制】命令，接着在另外的物体上单击鼠标右键，并在弹出的快捷菜单中选择【粘贴】命令，如图4-13所示。

图4-13

第二种：使用鼠标左键将修改器拖曳到视图中的某一物体上。

在按住Ctrl键的同时将修改器拖曳到其他对象上，可以将该修改器作为实例进行粘贴，也就相当于关联复制；在按住Shift键的同时将修改器拖曳到其他对象上，可以将源对象中的修改器剪切到其他对象上，如图4-14所示。

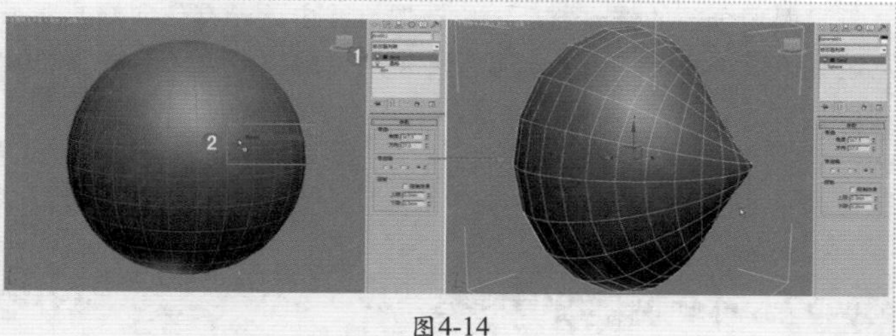

图4-14

## 4.1.6 塌陷修改器堆栈

可以使用【塌陷全部】或【塌陷到】命令来分别将对象堆栈的全部或部分塌陷为可编辑的对象，该对象可以保留基础对象上塌陷的修改器的累加效果。通常塌陷修改器堆栈的原因有以下3种。

（1）完成修改对象并保持不变。

（2）要丢弃对象的动画轨迹，或者可以通过Alt+右键单击选定的对象，然后选择【删除选定的动画】命令。

（3）要简化场景并保存内存。

技巧提示

多数情况下，塌陷所有或部分堆栈将保存内存。然而，塌陷一些修改器，例如【倒角】将增加文件大小和内存。塌陷对象堆栈之后，不能再以参数方式调整其创建参数或受塌陷影响的单个修改器。指定给这些参数的动画堆栈将随之消失。塌陷堆栈并不影响对象的变换，它只在使用【塌陷到】时影响世界空间绑定。如果堆栈不含有修改器，则塌陷堆栈将不保存内存。

### 1. 塌陷到

使用【塌陷到】命令可以将选择的该修改器以下的修改器和基础物体进行塌陷。如图4-15所示为一个【球体】，并依次加载【Bend（弯曲）】修改器、【Noise（噪波）】修改器、【Twist（扭曲）】修改器、【网格平滑】修改器。

图4-15

单击【Noise（噪波）】修改器，并在该修改器上单击鼠标右键，接着在弹出的快捷菜单中选择【塌陷到】命令，此时会弹出一个警告对话框，提示是否对修改器进行【暂存】、【是】和【否】操作，此时单击【是】按钮，如图4-16所示。

- 【暂存/是】按钮：单击该按钮可将当前对象的状态保存到【暂存】缓冲区，然后再执行【塌陷到】命令。如果要撤销刚才的操作，可执行【编辑】/【取回】命令，这样就可以恢复到塌陷前的状态。

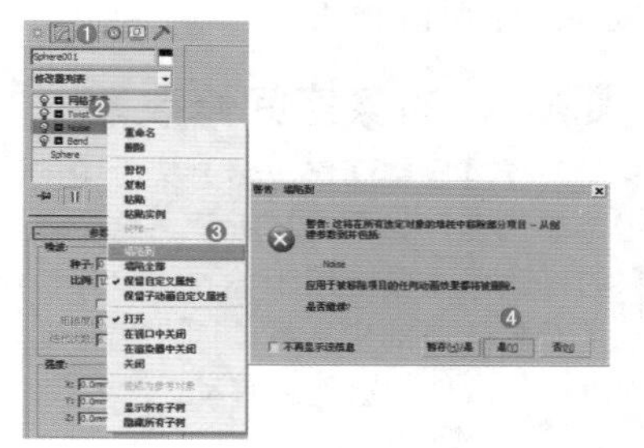

图4-16

- 【是】按钮：单击该按钮可执行塌陷操作。

- 【否】按钮：单击该按钮可取消塌陷操作。

当执行塌陷操作后，在修改器堆栈中只剩下位于【Noise（噪波）】修改器上方的【Twist（扭曲）】修改器、【网格平滑】修改器，而下方的修改器已经全部消失，并且基础物体已经变成了【可编辑网格】物体，如图4-17所示。

图4-17

### 2. 塌陷全部

使用【塌陷全部】命令可以将所有的修改器和基础物体全部塌陷。

若要塌陷全部的修改器，可在其中的任意一个修改器上单击鼠标右键，在弹出的快捷菜单中选择【塌陷全部】命令，如图4-18所示。

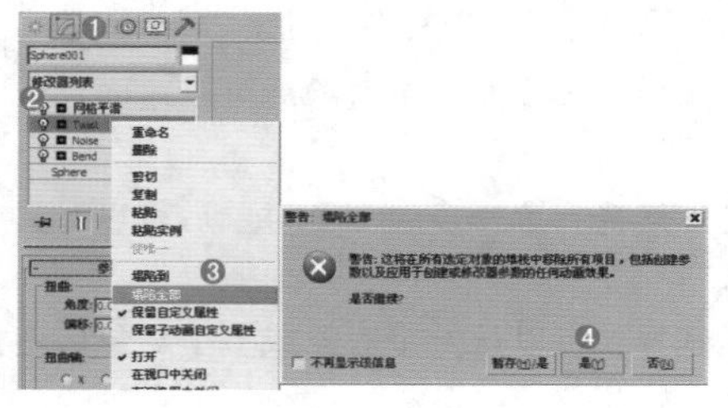

图4-18

当塌陷全部的修改器后，修改器堆栈中就没有任何修改器，只剩下了【可编辑多边形】，因此这个操作与直接将该模型右键单击并选择【转换为可编辑多边形】命令的最终结果是一样的，如图4-19所示。

图4-19

## 4.1.7 修改器的种类

选择三维模型对象，然后单击【修改】面板，接着单击【修改器列表】按钮，此时会看到很多种修改器，如图4-20所示。

选择二维图像对象，然后单击【修改】面板，接着单击【修改器列表】按钮，此时也会看到很多种修改器，但是可以发现这两者是有不同的。这是因为三维物体有相对应的修改器，而二维图像也有其相对应的修改器，如图4-21所示。

修改器类型有几十种，若安装了插件，修改器可能会相应的增加。修改器被放置在不同类型的修改器集合中，主要包括【选择修改器】、【世界空间修改器】和【对象空间修改器】3大部分，如图4-22所示。

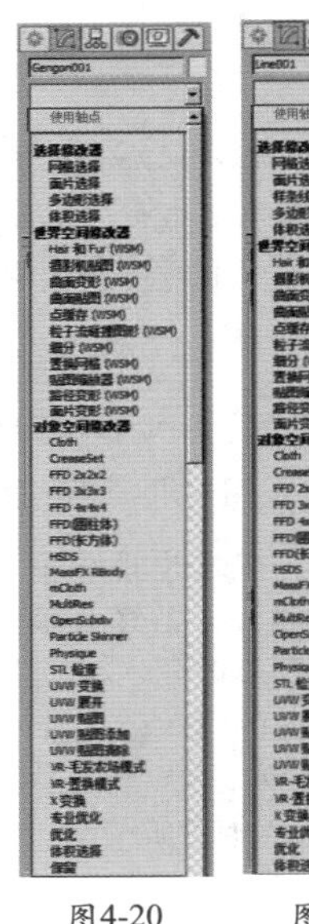

图4-20

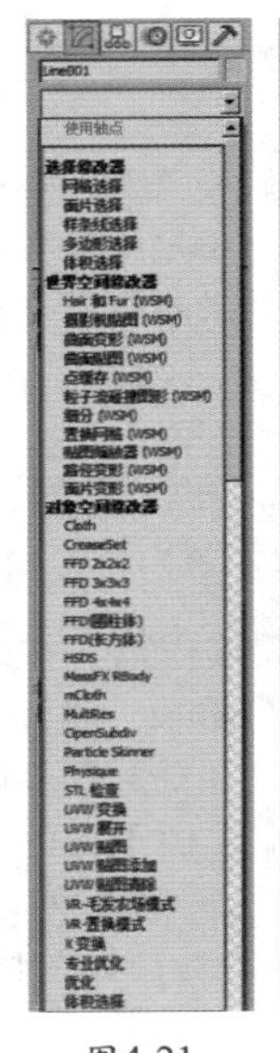

图4-21

图4-22

### 1. 选择修改器

【选择修改器】集合中包括【网格选择】、【面片选择】、【多边形选择】和【体积选择】4种修改器，如图4-23所示。

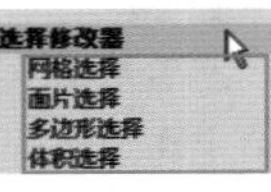


图4-23

- 网格选择：可以选择网格子对象。
- 面片选择：选择面片子对象后可以对面片子对象应用其他修改器。
- 多边形选择：选择多边形子对象后可以对其应用其他修改器。
- 体积选择：可以从一个对象或多个对象选定体积内的所有子对象。

### 2. 世界空间修改器

【世界空间修改器】集合基于世界空间坐标，而不是基于单个对象的局部坐标系，如图4-24所示。当应用了一个世界空间修改器后，无论物体是否发生了移动，它都不会受到任何影响。

图4-24

- Hair和Fur（WSM）（头发和毛发（WSM））：用于为物体添加毛发。
- 点缓存（WSM）：可以将修改器动画存储到磁盘文件中，然后使用磁盘文件中的信息来播放动画。
- 路径变形（WSM）：可以根据图形、样条线或NURBS曲线路径将对象进行变形。
- 面片变形（WSM）：可以根据面片将对象进行变形。
- 曲面变形（WSM）：该修改器的工作方式与【路径变形（WSM）】修改器相同，只是它使用的是NURBS点或CV曲面，而不是使用曲线。
- 曲面贴图（WSM）：将贴图指定给NURBS曲面，并将其投射到修改的对象上。
- 摄影机贴图（WSM）：使摄影机将UVW贴图坐标应用于对象。
- 贴图缩放器（WSM）：用于调整贴图的大小，并保持贴图比例不变。
- 细分（WSM）：提供用于光能传递处理创建网格的一种算法。处理光能传递需要网格的元素尽可能地接近等边三角形。
- 置换网格（WSM）：用于查看置换贴图的效果。

### 3. 对象空间修改器

【对象空间修改器】集合中的修改器非常多，如图4-25所示。这个集合中的修改器主要应用于单独对象，使用的是对象的局部坐标系，因此当移动对象时，修改器也会随之移动。

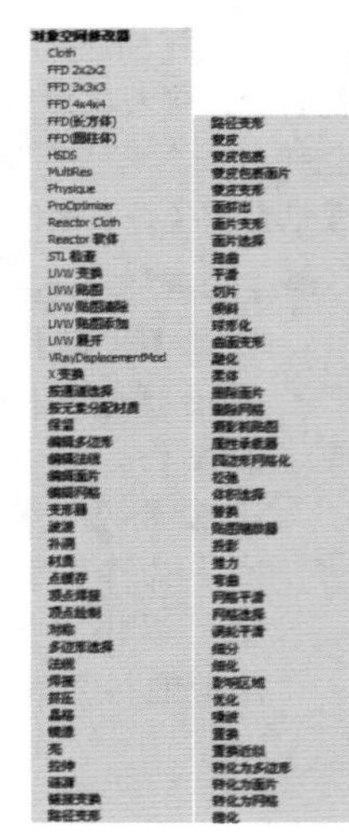

图4-25

## 4.1.8 常用修改器

### 1.【车削】修改器

【车削】修改器可以通过绕轴旋转一个图形来创建3D对象。其参数设置面板如图4-26所示。

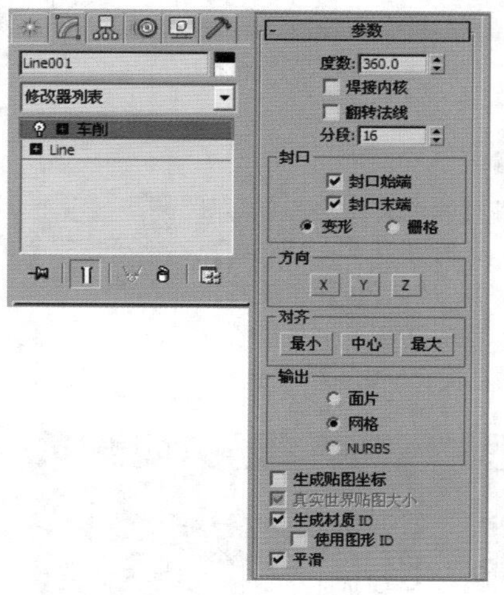
图4-26

- 度数：确定对象绕轴旋转多少度。
- 焊接内核：通过将旋转轴中的顶点焊接来简化网格。
- 翻转法线：依赖图形上顶点的方向和旋转方向，旋转对象可能会内部外翻。可通过选中【翻转法线】复选框来修正它。
- 分段：在起始点之间确定在曲面上创建多少插补线段。
- 封口始端：封口设置的【度】小于360°的车削对象的始点，并形成闭合图形。
- 封口末端：封口设置的【度】小于360°的车削的对象终点，并形成闭合图形。
- 变形：按照创建变形目标所需的可预见且可重复的模式排列封口面。
- 栅格：在图形边界上的方形修剪栅格中安排封口面。此方法产生尺寸均匀的曲面，可使用其他修改器容易地将这些曲面变形。
- X/Y/Z：相对对象轴点，设置轴的旋转方向。
- 最小/中心/最大：将旋转轴与图形的最小、中心或最大范围对齐。
- 面片：产生一个可以折叠到面片对象中的对象。
- 网格：产生一个可以折叠到网格对象中的对象。
- NURBS：产生一个可以折叠到NURBS对象中的对象。

## 小实例：利用车削修改器制作红酒高脚杯

| 场景文件 | 无 |
| --- | --- |
| 案例文件 | 小实例：利用车削修改器制作红酒高脚杯.max |
| 视频教学 | 多媒体教学/Chapter04/小实例：利用车削修改器制作红酒高脚杯.flv |
| 难易指数 | ★★★☆☆ |
| 技术掌握 | 掌握【车削】修改器的使用方法 |

### 实例介绍

本实例将以一组红酒和高脚杯模型为例来讲解【车削】修改器的使用方法，效果如图4-27所示。

图4-27

### 建模思路

01 使用样条线创建高脚杯模型。
02 使用【车削】修改器创建红酒模型。

红酒和高脚杯的建模流程如图4-28所示。

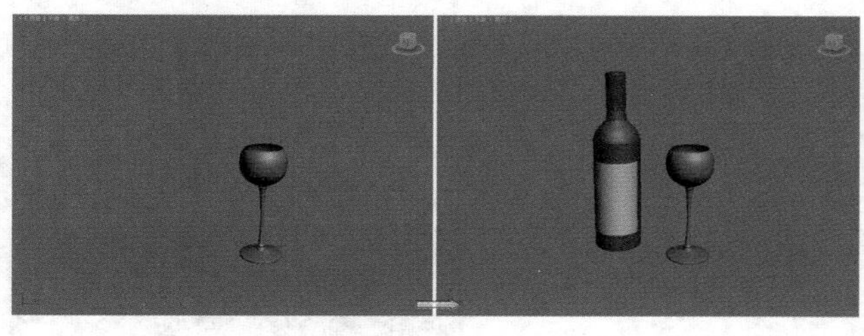
图4-28

### 操作步骤

#### Part 1 使用样条线创建高脚杯模型

步骤01 在前视图中创建如图4-29所示的样条线。

图4-29

## 技巧提示

由于高脚杯是有一定厚度的，所以需要将样条线绘制为一个闭合的图形，具体的样式犹如高脚杯立剖面的一半。如图4-30所示为样条线为高脚杯外轮廓形式车削后的效果。

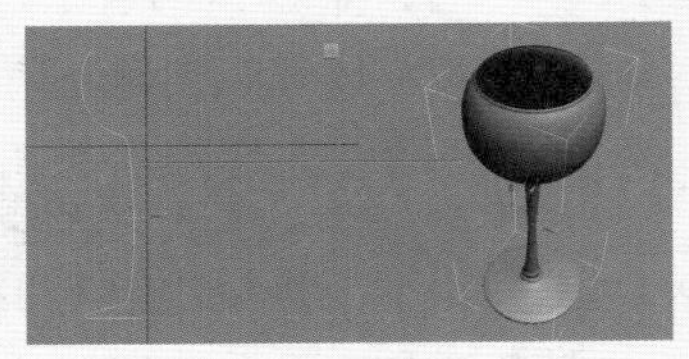

图4-30

**步骤02** 选择步骤01中绘制的样条线，然后在【修改】面板中为其加载【车削】修改器，设置【度数】为360，【分段】为32，【方向】为Y，对齐的方式为【最大】，如图4-31所示。此时的高脚杯模型如图4-32所示。

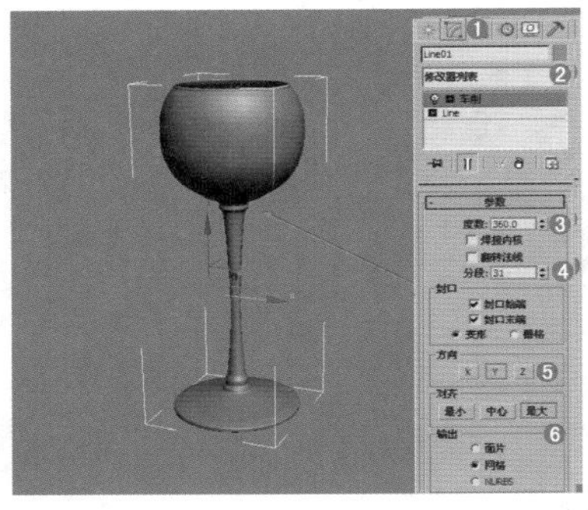

图4-31

图4-32

## Part 2 使用【车削】修改器创建红酒模型

**步骤01** 绘制一条如图4-33所示的样条线。

**步骤02** 选择步骤01绘制的样条线，为其加载【车削】修改器，设置【度数】为360，【分段】为32，接着设置【方向】为Y，对齐的方式为【最大】，如图4-34所示。

图4-33

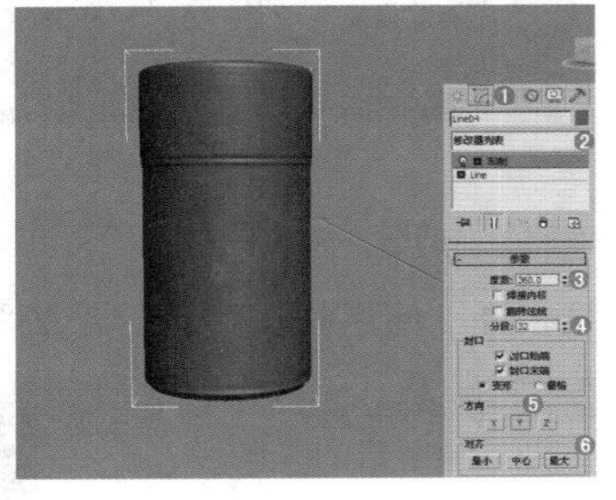

图4-34

**步骤03** 使用【线】工具在前视图中绘制如图4-35所示的样条线。然后为其加载【车削】修改器，设置【度数】为360，【分段】为32，接着设置【方向】为Y，对齐的方式为【最大】，如图4-36所示。

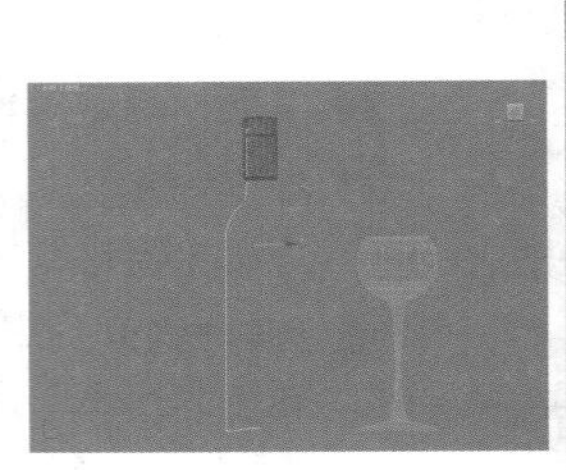

图4-35

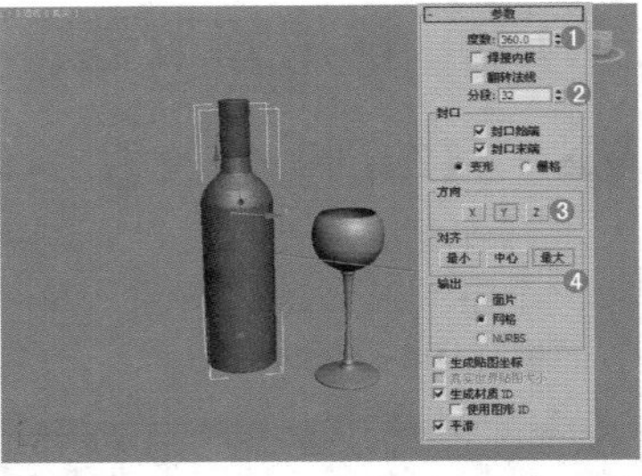

图4-36

## 技巧提示

在为样条线加载【车削】修改器后，图形会变为三维效果。此时可以单击【修改】面板，并单击【车削】下的【轴】子层级，如图4-37所示。同时移动【轴】子层级的位置，可以调整模型的厚度，如图4-38所示。

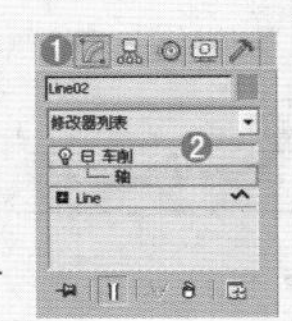

图4-37

图4-38

**步骤04** 使用【线】工具在前视图中绘制一条直线，如图4-39所示。然后为其加载【车削】修改器，设置【度数】为140，【分段】为32，接着设置【方向】为Y，对齐的方式为【最大】，如图4-40所示。

图4-39

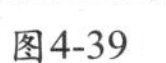

图4-40

**步骤05** 最终模型效果如图4-41所示。

图4-41

## 小实例：利用车削修改器制作烛台

| 场景文件 | 无 |
|---|---|
| 案例文件 | 小实例：利用车削修改器制作烛台.max |
| 视频教学 | 多媒体教学/Chapter04/小实例：利用车削修改器制作烛台.flv |
| 难易指数 | ★★★☆☆ |
| 技术掌握 | 掌握【车削】修改器的运用 |

### 实例介绍

本实例将以一组烛台模型为例来讲解【车削】修改器的使用方法，效果如图4-42所示。

图4-42

### 建模思路

使用【车削】修改器制作烛台模型。

烛台的建模流程如图4-43所示。

图4-43

### 操作步骤

**步骤01** 单击（创建）|（图形）| 线 按钮，在前视图中绘制一条如图4-44所示的线。

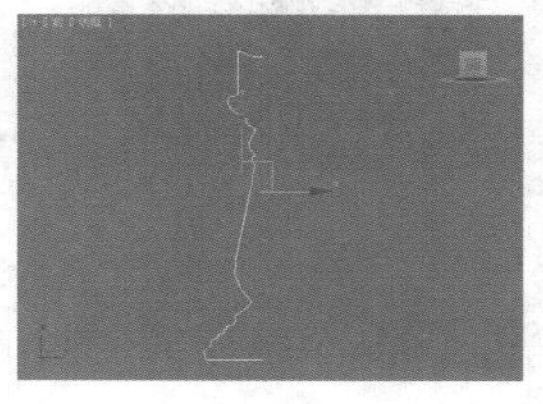

图4-44

**步骤02** 进入【修改】面板，选择并加载【车削】修改器，选中【翻转法线】复选框，设置【分段】为50，【方向】为Y轴，然后在【对齐】选项组中单击【最大】按钮，如图4-45所示。

**步骤03** 同样的方法，继续在前视图中绘制另一种形状的线，如图4-46所示。

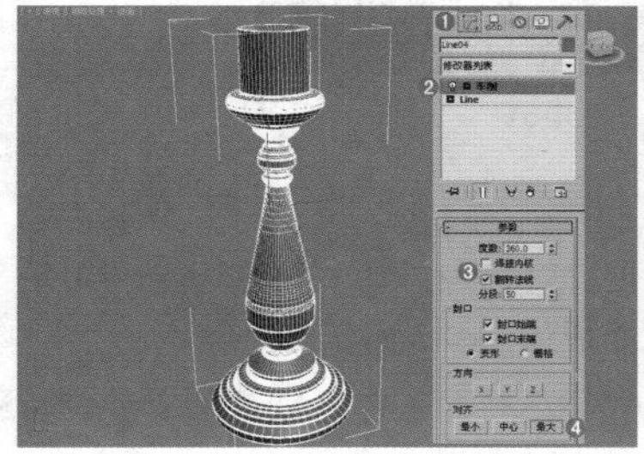

图4-45

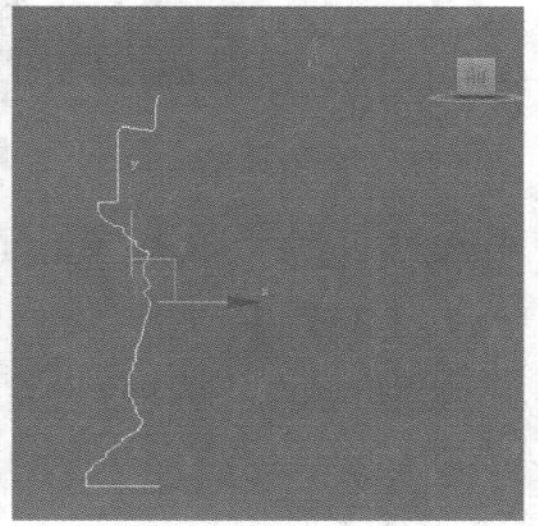

图4-46

**步骤04** 选择步骤03创建的线，加载【车削】修改器，选中【翻转法线】复选框，设置【分段】为50，【方向】为Y轴，然后在【对齐】选项组中单击【最大】按钮，如图4-47所示。

**步骤05** 同样的方法，继续在前视图中绘制另一种形状的线，如图4-48所示。

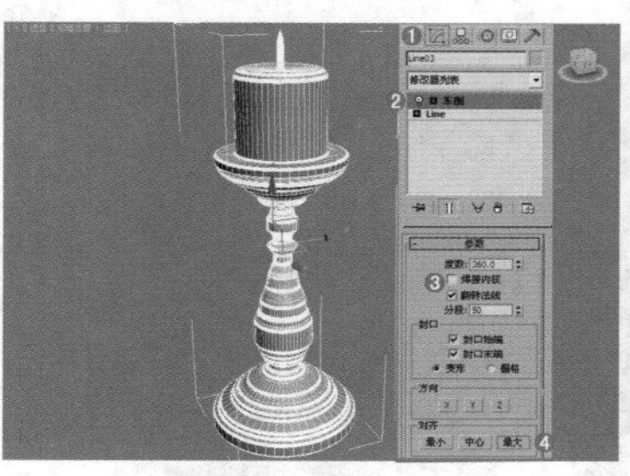

图4-47

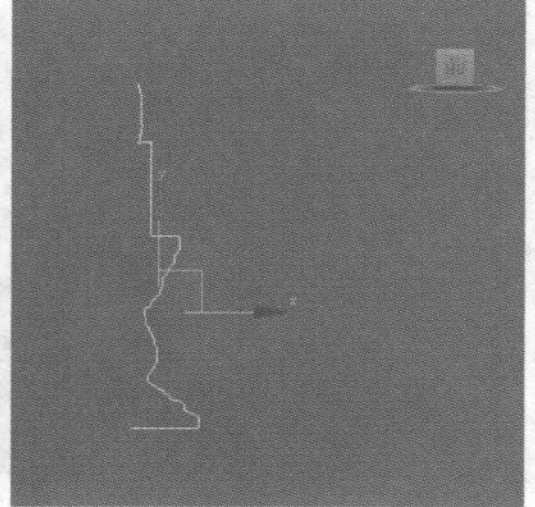

图4-48

**步骤06** 选择步骤05创建的线，并加载【车削】修改器，在【参数】卷展栏中选中【翻转法线】复选框，设置【分段】为50，【方向】为Y轴，然后在【对齐】选项组中单击【最大】按钮，如图4-49所示。

**步骤07** 将绿色烛台和蓝色烛台进行复制，并重新调整位置，最终模型效果如图4-50所示。

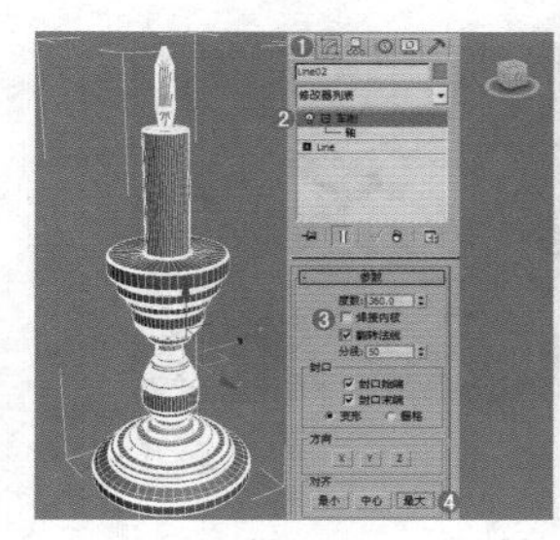

图4-49

图4-50

### 2.【挤出】修改器

【挤出】修改器将深度添加到图形中，并使其成为一个参数对象。其参数设置面板如图4-51所示。

- 数量：设置挤出的深度。
- 分段：指定将要在挤出对象中创建线段的数目。

图4-51

**技巧提示**

【挤出】修改器中的参数和【车削】修改器中的参数大部分相同，因此此处不再赘述。

## 小实例：利用挤出修改器制作字母椅子

| 场景文件 | 无 |
|---|---|
| 案例文件 | 小实例：利用挤出修改器制作字母椅子.max |
| 视频教学 | 多媒体教学/Chapter04/小实例：利用挤出修改器制作字母椅子.flv |
| 难易指数 | ★★★☆☆ |
| 技术掌握 | 掌握【挤出】修改器的使用方法 |

### 实例介绍

本实例将以一个字母椅子模型为例来讲解【挤出】修改器的使用方法，效果如图4-52所示。

图4-52

### 建模思路

使用样条线并加载【挤出】修改器创建字母椅子的模型。字母椅子的建模流程如图4-53所示。

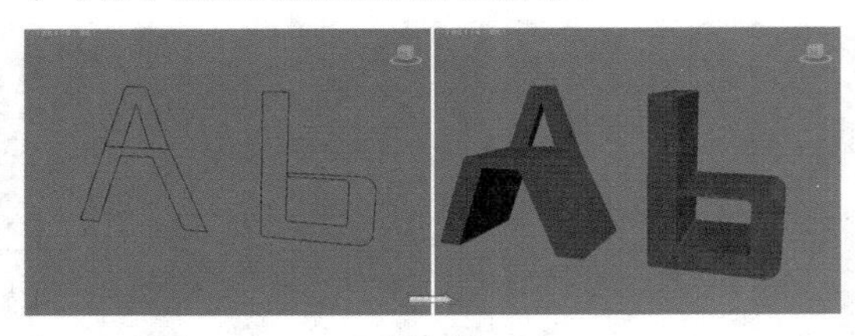

图4-53

### 操作步骤

**步骤01** 使用【线】工具在前视图中绘制如图4-54所示的样条线。然后在【修改】面板中加载【挤出】修改器，并设置【数量】为50mm，如图4-55所示。

**步骤02** 在前视图中绘制如图4-56所示的线，并加载【挤出】修改器，设置【数量】为400mm，如图4-57所示。

**步骤03** 在前视图中绘制如图4-58所示的线，并加载【挤出】修改器，设置【数量】为400mm，如图4-59所示。

图4-54

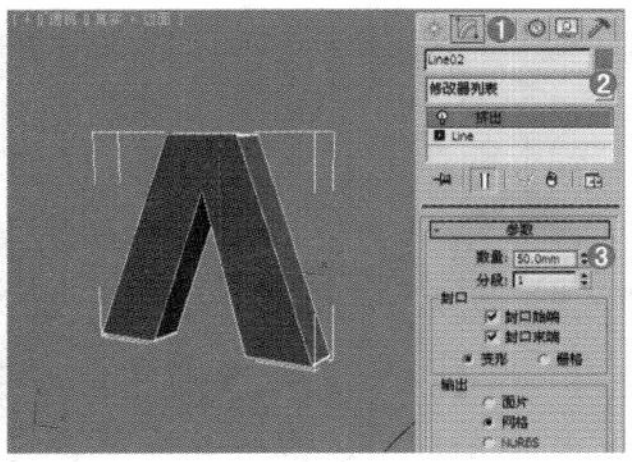

图4-55

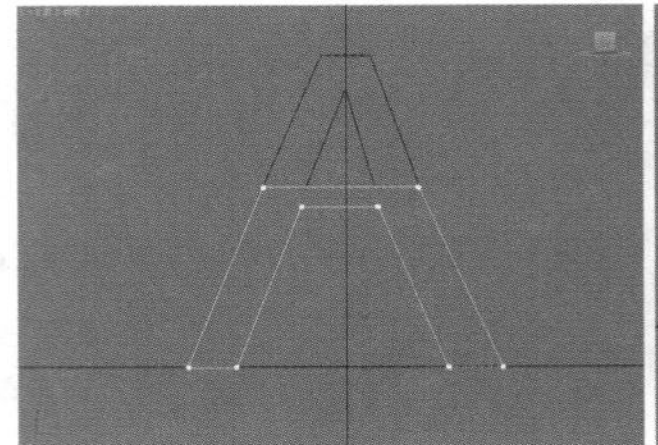

图4-56

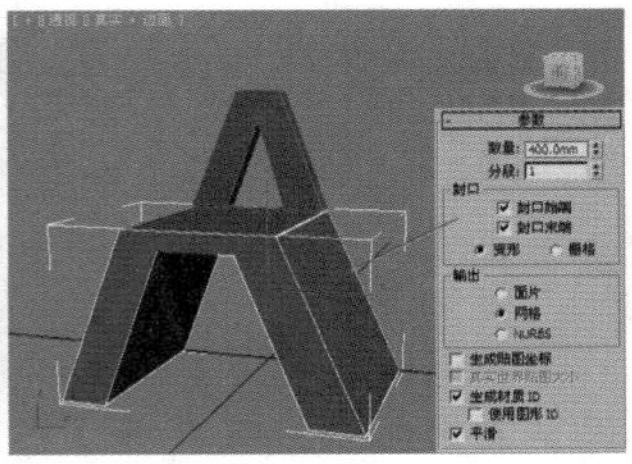

图4-57

图4-58

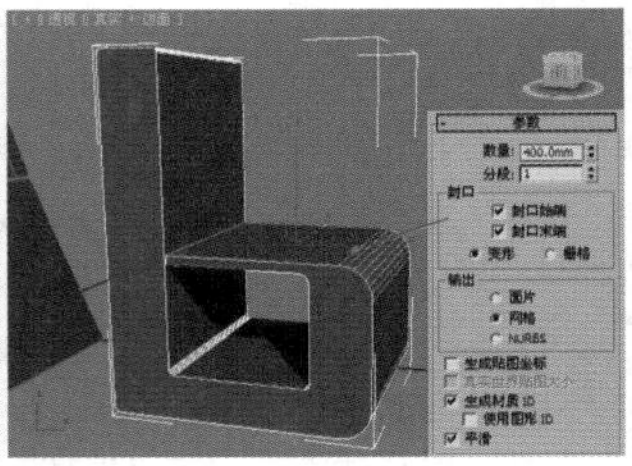

图4-59

**技巧提示**

在【封口】选项组中取消选中【封口末端】复选框，可发现挤出后的模型末端端面消失了，如图4-60所示。

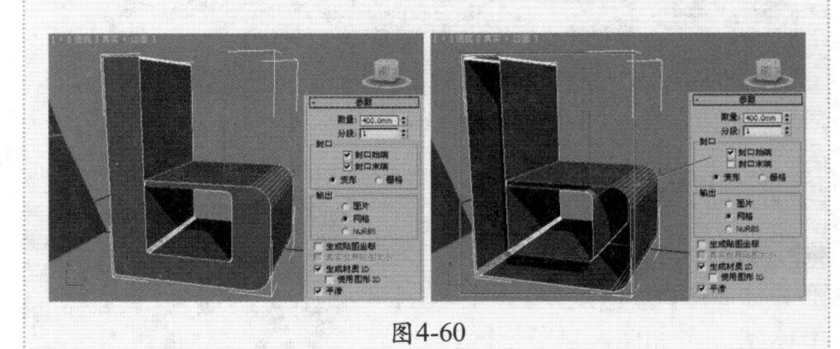

图4-60

**步骤04** 最终模型效果如图4-61所示。

图4-61

### 3.【倒角】修改器

【倒角】修改器将图形挤出为3D对象并在边缘应用平或圆的倒角。其参数设置面板如图4-62所示。

- 始端：用对象的最低局部 Z 值（底部）对末端进行封口。禁用此选项后，底部为打开状态。

图4-62

- 末端：用对象的最高局部 Z 值（底部）对末端进行封口。禁用此选项后，底部不再打开。
- 变形：为变形创建适合的封口曲面。
- 栅格：在栅格图案中创建封口曲面。封装类型的变形和渲染要比渐进变形的封装效果好。
- 线性侧面：激活此选项后，级别之间会沿着一条直线进行分段插补。
- 曲线侧面：激活此选项后，级别之间会沿着一条 Bezier 曲线进行分段插补。对于可见曲率，使用曲线侧面的多个分段。
- 分段：在每个级别之间设置中级分段的数量。
- 级间平滑：启用此选项后，对侧面应用平滑组。侧面显示为弧状。禁用此选项后不应用平滑组。侧面显示为平面倒角。
- 避免线相交：防止轮廓彼此相交。它通过在轮廓中插入额外的顶点并用一条平直的线段覆盖锐角来实现。
- 起始轮廓：设置轮廓从原始图形的偏移距离。非零设置会改变原始图形的大小。
- 高度：设置级别 1 在起始级别之上的距离。
- 轮廓：设置级别 1 的轮廓到起始轮廓的偏移距离。

## 小实例：利用倒角修改器制作装饰物

| 场景文件 | 无 |
|---|---|
| 案例文件 | 小实例：利用倒角修改器制作装饰物.max |
| 视频教学 | 多媒体教学/Chapter04/小实例：利用倒角修改器制作装饰物.flv |
| 难易指数 | ★★★☆☆ |
| 技术掌握 | 掌握【倒角】修改器的使用方法 |

### 实例介绍

本实例将以一个瓷器装饰物模型为例来讲解【倒角】修改器的使用方法，效果如图4-63所示。

### 建模思路

样条线绘制装饰物外轮廓，加载【倒角】修改器。

图4-63

装饰物的建模流程如图4-64所示。

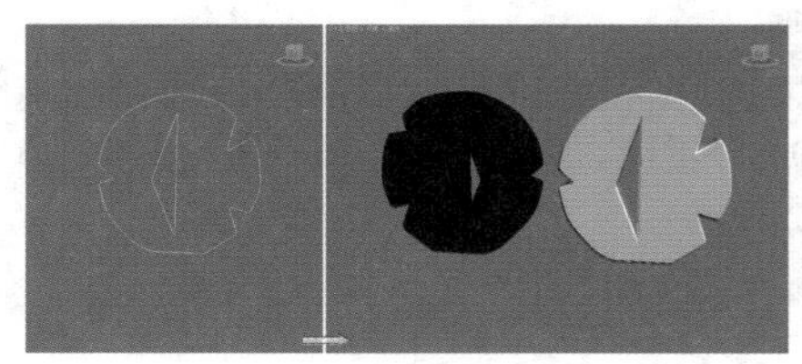

图4-64

### 操作步骤

**步骤01** 使用【线】工具在前视图中绘制一条装饰物外轮廓线，如图4-65所示。

**步骤02** 在前视图中绘制一条线，如图4-66所示。

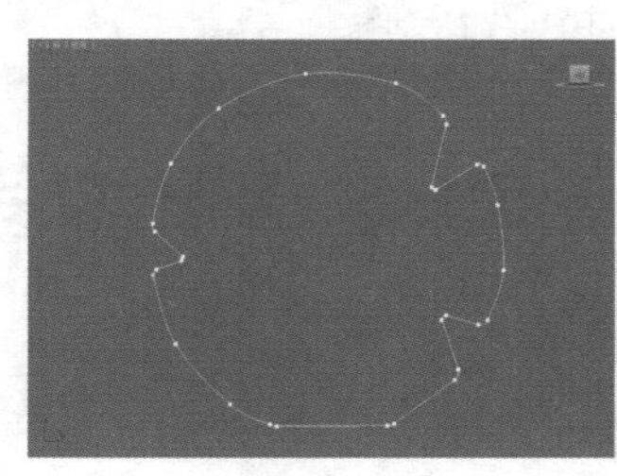

图4-65

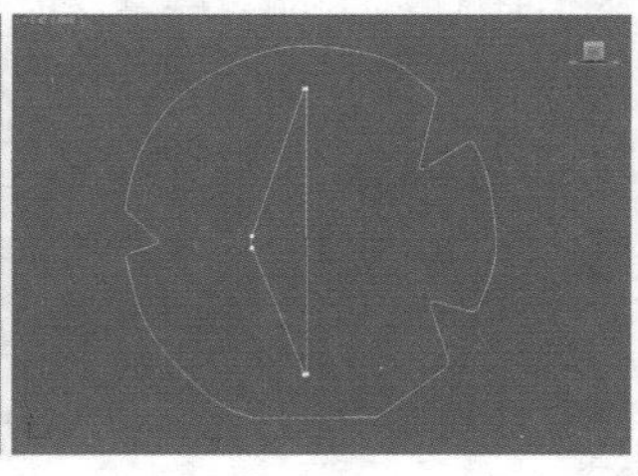

图4-66

**步骤03** 选择步骤01中创建的装饰物外轮廓线，并单击【修改】面板，接着单击【附加】按钮，最后单击步骤02中创建的线，如图4-67所示。

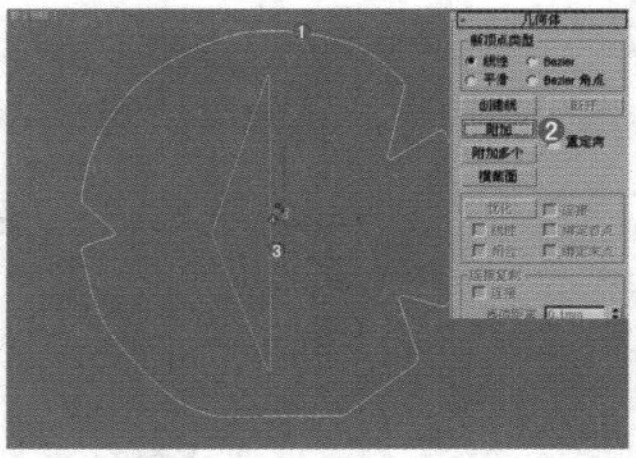

图4-67

**步骤04** 此时可发现刚才的两条线已经被附加成了一条线，如图4-68所示。

**步骤05** 选择步骤04创建的样条线，加载【倒角】修改器，设置【级别1】的【高度】为2mm，【轮廓】为2mm，选中【级别2】复选框，并设置【级别2】的【高度】为35mm，【轮廓】为0mm，最后选中【级别3】复选框，并设置【级别

3】的【高度】为2mm，【轮廓】为－2mm，如图4-69所示。

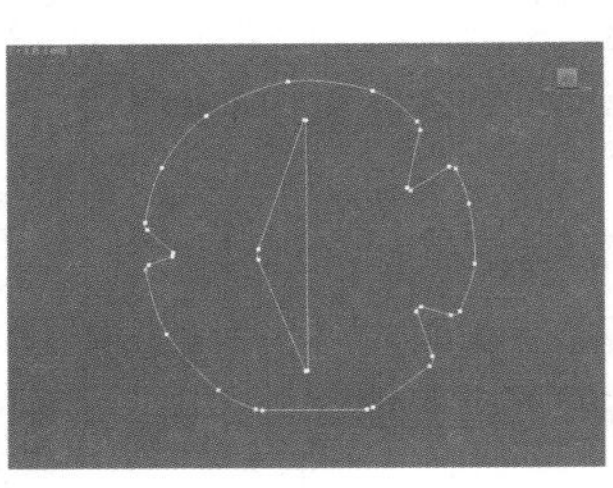

图4-68

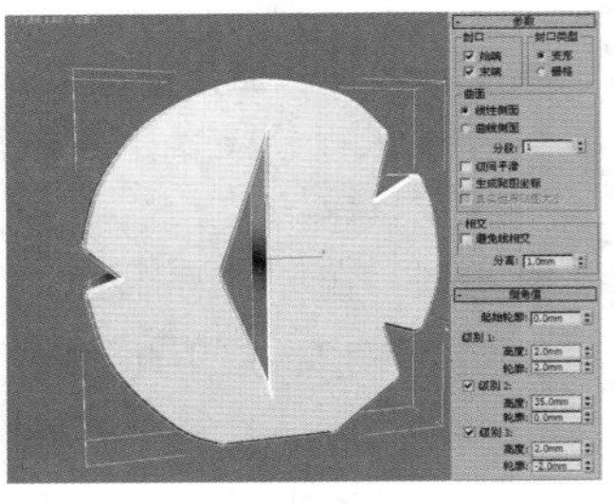

图4-69

**技巧提示**

【倒角】修改器与【挤出】修改器效果类似。区别在于：【挤出】后的模型边角部分为直角，而【倒角】后的模型边角为切角，这样比前者更加圆滑。如图4-70所示分别为使用【挤出】修改器命令和【倒角】修改器命令的比较。

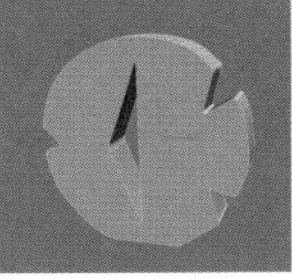

【挤出】后的效果

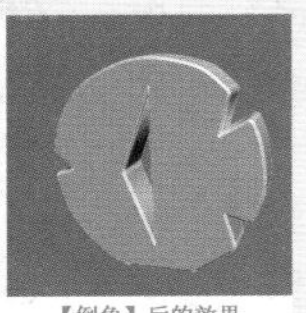

【倒角】后的效果

图4-70

**步骤06** 选择倒角后的模型，然后单击【镜像】工具，并在弹出的【镜像：屏幕 坐标】对话框中设置【镜像轴】为X，【偏移】为－225mm，【克隆当前选择】为【实例】，如图4-71所示。最终模型效果如图4-72所示。

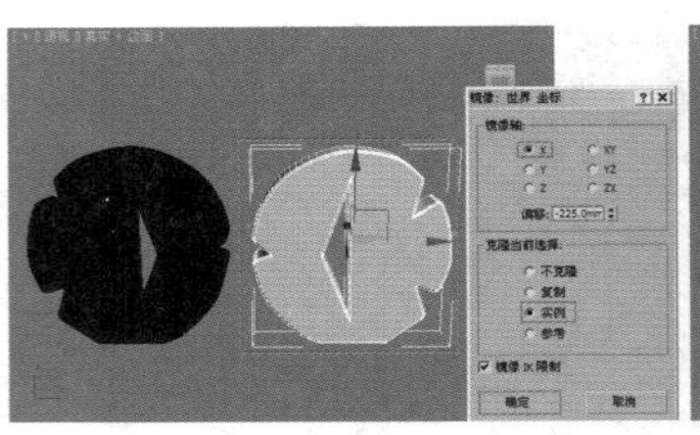

图4-71

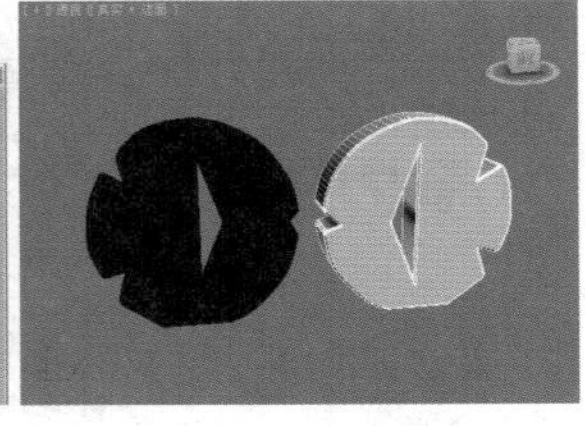

图4-72

### 4.【倒角剖面】修改器

【倒角剖面】修改器通过使用2个图形，其中一个为模型的闭合形态路径，另外一个为模型的闭合剖面，从而挤出一个三维模型。其参数设置面板如图4-73所示。

- 拾取剖面：选中一个图形或NURBS曲线用于剖面路径。
- 始端：对挤出图形的底部进行封口。
- 末端：对挤出图形的顶部进行封口。
- 变形：选中一个确定性的封口方法，它为对象间的变形提供相等数量的顶点。
- 栅格：创建更适合封口变形的栅格封口。
- 避免线相交：防止倒角曲面自相交。这需要更多的处理器计算，而且在复杂几何体中非常消耗时间。
- 分离：设定侧面为防止相交而分开的距离。

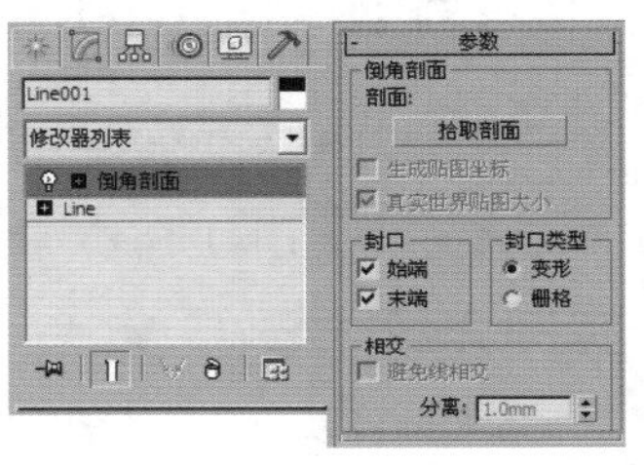

图4-73

## 小实例：利用倒角剖面修改器制作欧式镜子

| 场景文件 | 无 |
| --- | --- |
| 案例文件 | 小实例：利用倒角剖面修改器制作欧式镜子.max |
| 视频教学 | 多媒体教学/Chapter04/小实例：利用倒角剖面修改器制作欧式镜子.flv |
| 难易指数 | ★★★☆☆ |
| 技术掌握 | 掌握【倒角剖面】修改器的使用方法 |

### 实例介绍

本实例将以一个镜子模型为例来讲解【倒角剖面】修改器的使用方法，效果如图4-74所示。

图4-74

### 建模思路

使用样条线并加载【倒角剖面】修改器创建镜子模型。镜子的建模流程如图4-75所示。

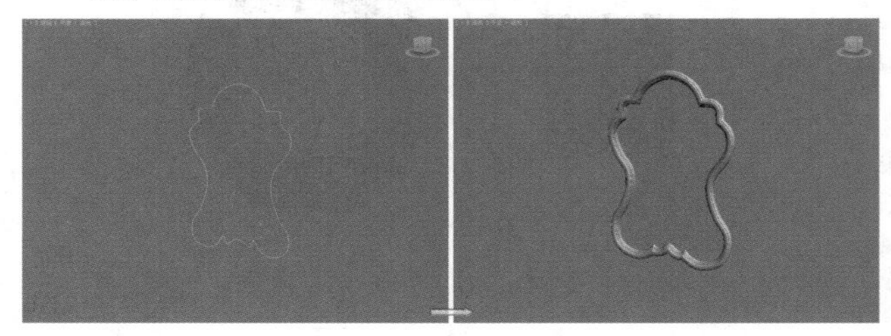

图4-75

### 操作步骤

**步骤01** 在前视图中绘制一条如图4-76所示的样条线，并命名为Line003。继续在顶视图中绘制一条如图4-77所示的线，并命名为Line001。

图4-76

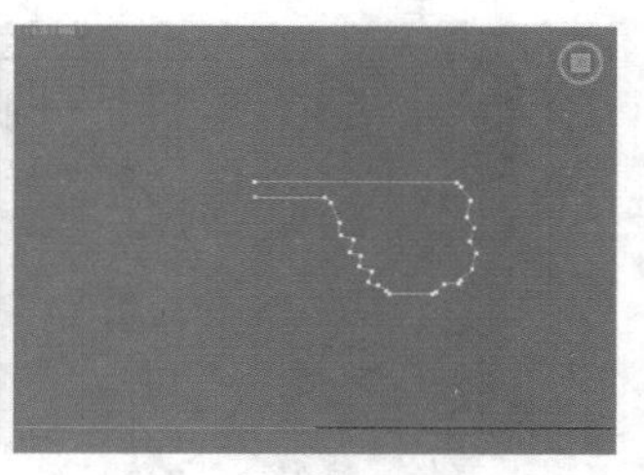

图4-77

**步骤02** 选择样条线Line003，然后加载【倒角剖面】修改器，单击【拾取剖面】按钮，并单击拾取样条线Line001，此时的效果如图4-78所示。

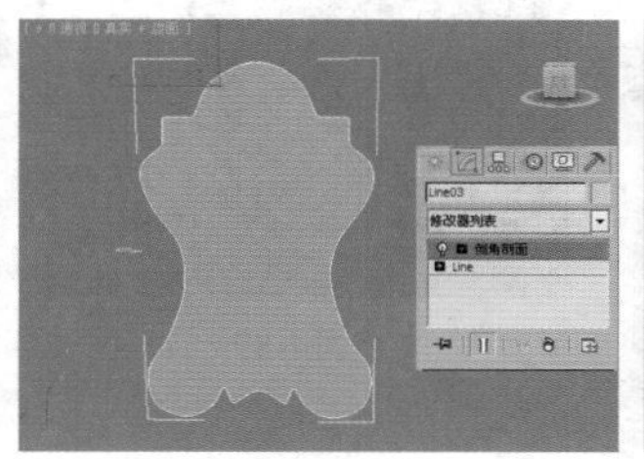

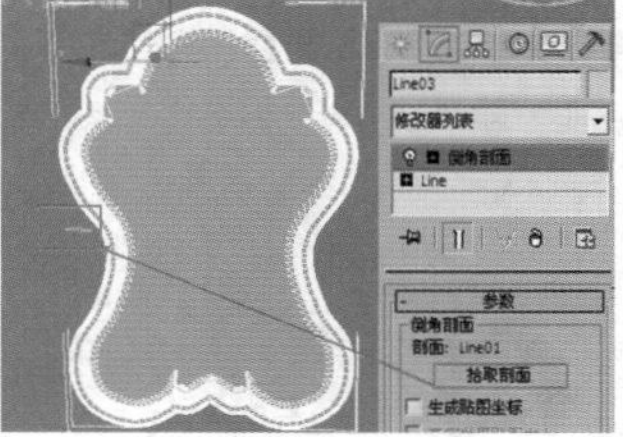

图4-78

**步骤03** 最终模型效果如图4-79所示。

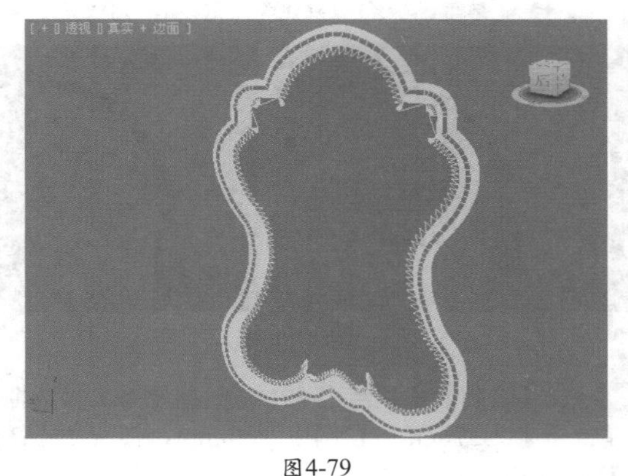

图4-79

### 技巧提示

在加载【倒角剖面】修改器后不要将样条线Line001删除，如果将其删除以后倒角剖面后的模型就会失去效果，如图4-80所示。

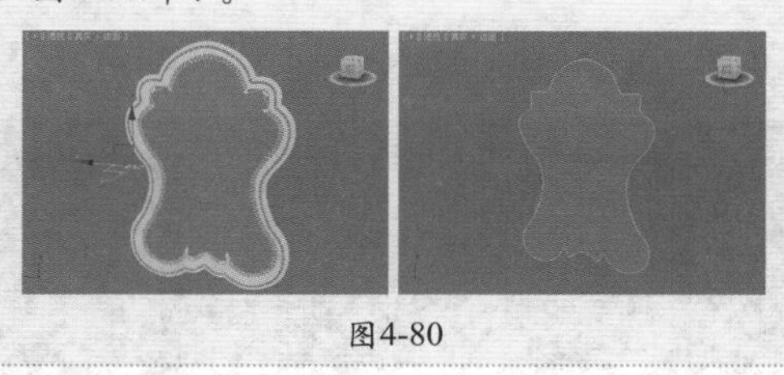

图4-80

## 5.【弯曲】修改器

【弯曲】修改器可以将物体在任意3个轴上进行弯曲处理，可以调节弯曲的角度和方向，以及限制对象在一定的区域内的弯曲程度。其参数设置面板如图4-81所示。

图4-81

- 角度：设置围绕垂直于坐标轴方向的弯曲量。
- 方向：使弯曲物体的任意一端相互靠近。
- X/Y/Z：指定弯曲所沿的坐标轴。
- 限制效果：对弯曲效果应用限制约束。
- 上限：设置弯曲效果的上限。
- 下限：设置弯曲效果的下限。

## 小实例：利用弯曲修改器制作水龙头

| 场景文件 | 无 |
|---|---|
| 案例文件 | 小实例：利用弯曲修改器制作水龙头.max |
| 视频教学 | 多媒体教学/Chapter04/小实例：利用弯曲修改器制作水龙头.flv |
| 难易指数 | ★★★☆☆ |
| 技术掌握 | 掌握【弯曲】修改器的使用方法 |

### 实例介绍

本实例将以一个水龙头模型为例来讲解【弯曲】修改器的使用方法，效果如图4-82所示。

图4-82

## 建模思路

01 STEP 使用【挤出】和【弯曲】修改器创建水龙头主体部分模型。

02 STEP 使用标准基本体和扩展基本体创建水龙头剩余部分模型。

水龙头的建模流程如图4-83所示。

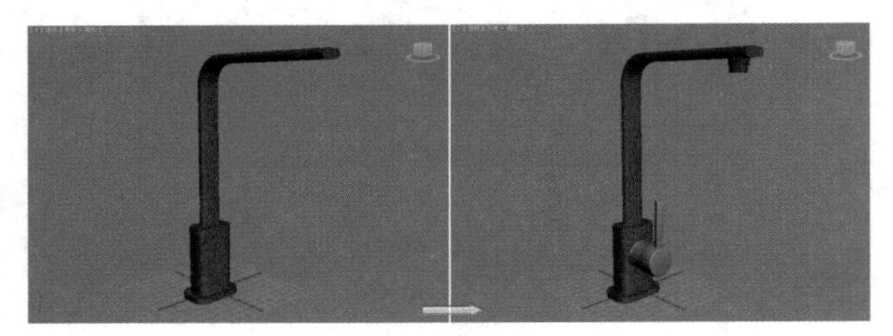

图4-83

## 操作步骤

### Part 1　使用【挤出】和【弯曲】修改器创建水龙头主体部分模型

**步骤01** 使用【矩形】工具在顶视图中创建一个矩形，并设置【长度】为35mm，【宽度】为53mm，【角半径】为12mm，如图4-84所示。

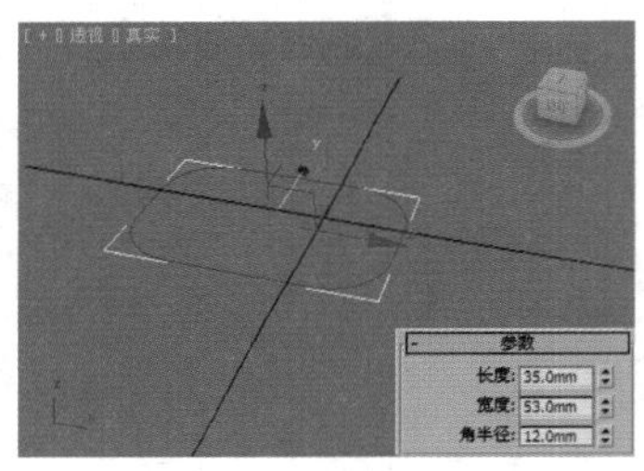


图4-84

**步骤02** 选择步骤01中创建的矩形，加载【挤出】修改器，设置【数量】为6mm，如图4-85所示。

**步骤03** 使用【矩形】工具在顶视图中创建一个矩形，然后设置【长度】为24mm，【宽度】为40mm，【角半径】为8mm，如图4-86所示。接着加载【挤出】修改器，设置【数量】为70mm，如图4-87所示。

**步骤04** 在顶视图中创建一个矩形，然后加载【挤出】修改器，展开【参数】卷展栏，设置【数量】为300mm，【分段】为34，如图4-88所示。

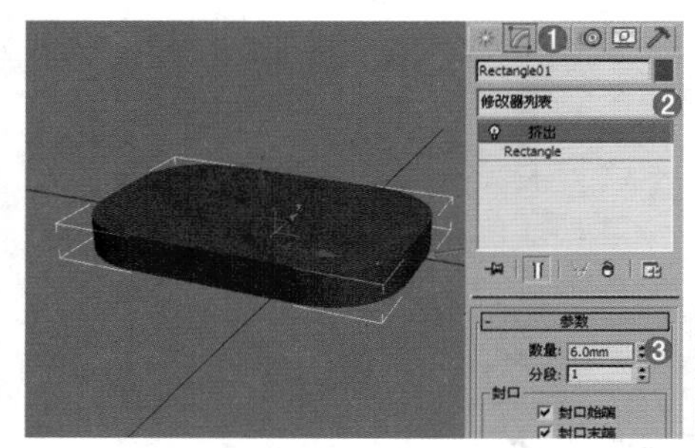

图4-85

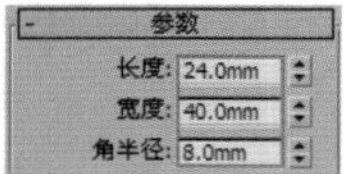


图4-86

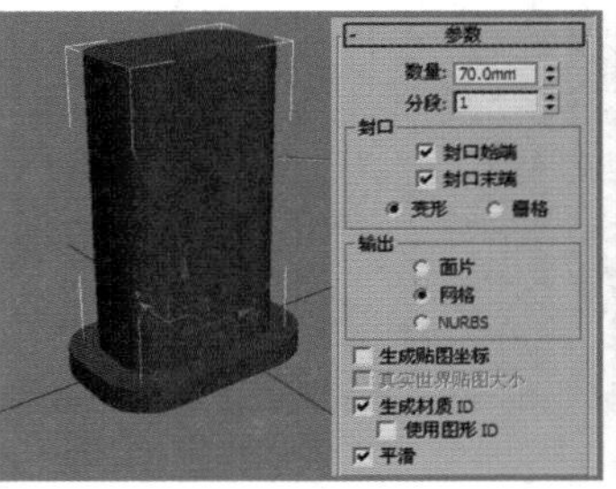

图4-87

图4-88

**步骤05** 选择步骤04创建的模型，然后在【修改】面板中加载【弯曲】修改器，设置【角度】为-90，【弯曲轴】为Z轴，如图4-89所示。

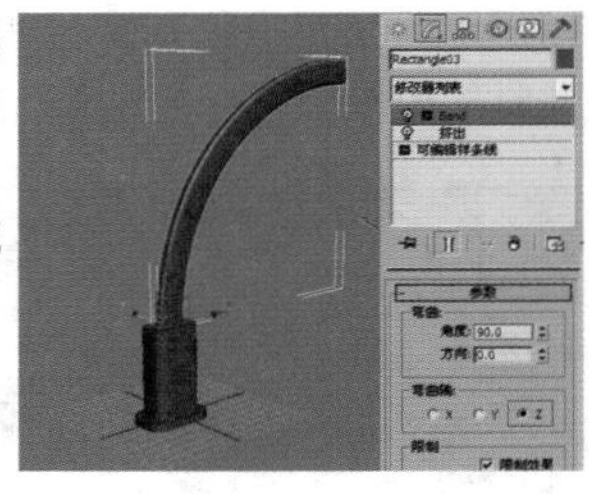

图4-89

**技巧提示**

从图4-89中发现水龙头弯曲方向不是我们所需要的，在【修改器堆栈】下单击Gizmo，然后使用【选择并旋转】工具将弯曲的方向旋转90°，如图4-90所示。

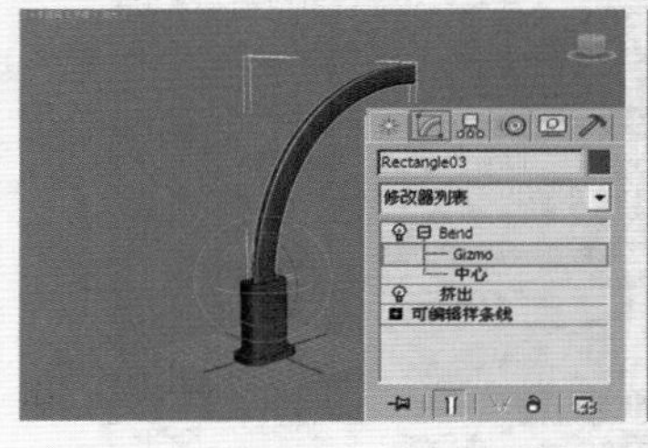

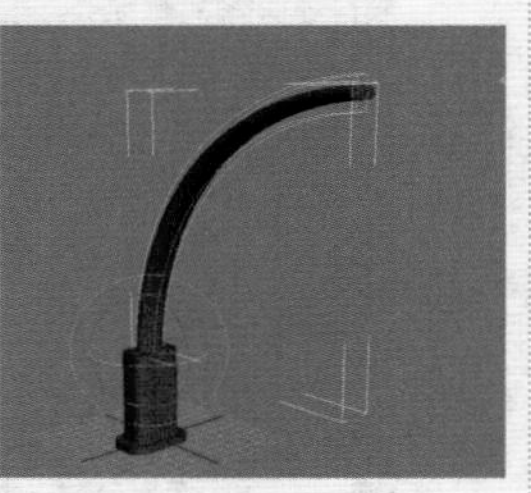

图4-90

**步骤06** 在【限制】选项组中选中【限制效果】复选框，并设置【上限】为37mm，【下限】为0mm，接着在【修改器堆栈】下单击Gizmo，移动Gizmo的位置，如图4-91所示。此时水龙头的效果如图4-92所示。

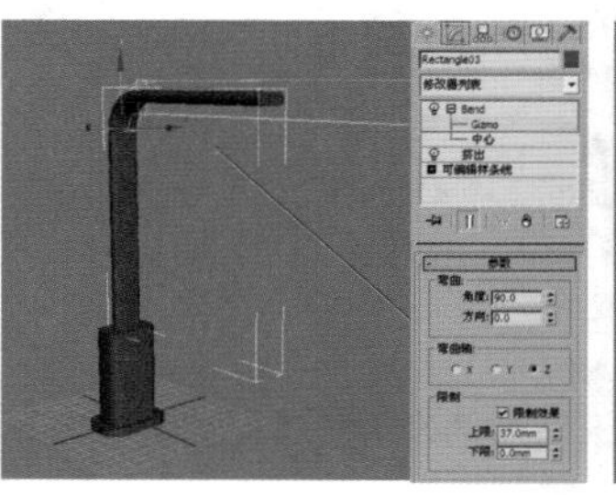

图4-91

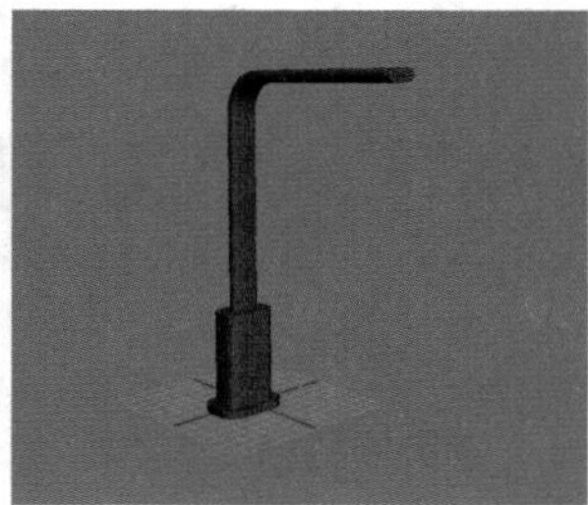

图4-92

### Part 2　使用标准基本体和扩展基本体创建水龙头剩余部分模型

**步骤01** 在前视图中创建一个切角圆柱体，并设置【半径】

为14mm，【高度】为3.3mm，【圆角】为0.4mm，【高度分段】为1，【边数】为24，如图4-93所示。

步骤02 在前视图中创建一个切角圆柱体，并设置【半径】为14mm，【高度】为15mm，【圆角】为0.4mm，【高度分段】为1，【边数】为24，如图4-94所示。

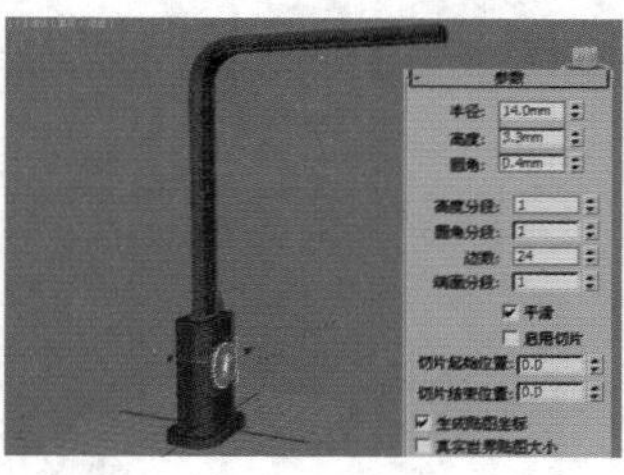
图4-93

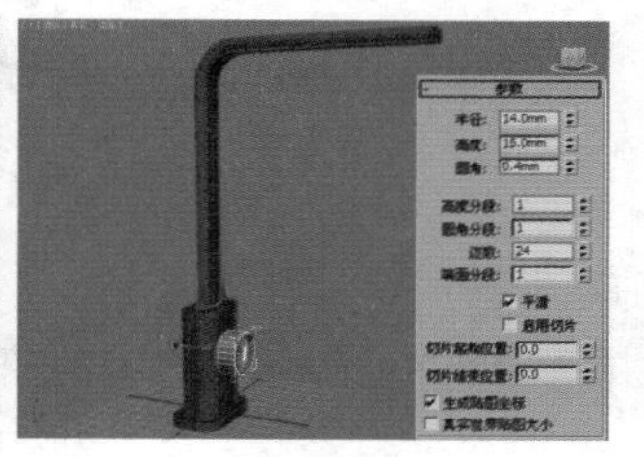
图4-94

步骤03 在前视图中创建一个切角圆柱体，设置【半径】为15mm，【高度】为18mm，【圆角】为1mm，【高度分段】为1，【圆角分段】为3，【边数】为25，如图4-95所示。

步骤04 在视图中创建一个切角长方体，设置【长度】为4mm，【宽度】为7mm，【高度】为8mm，【圆角】为0.6mm，如图4-96所示。

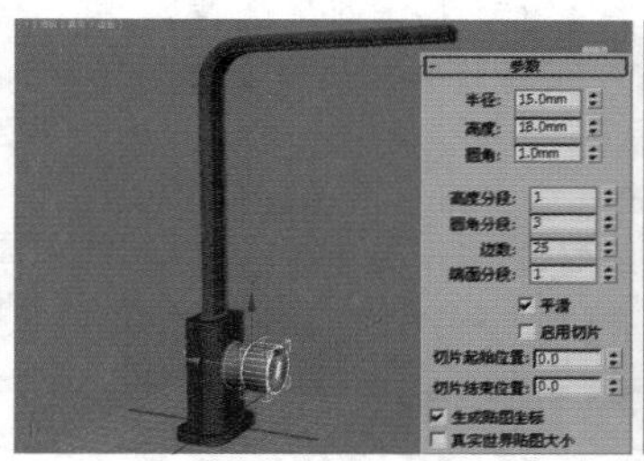
图4-95

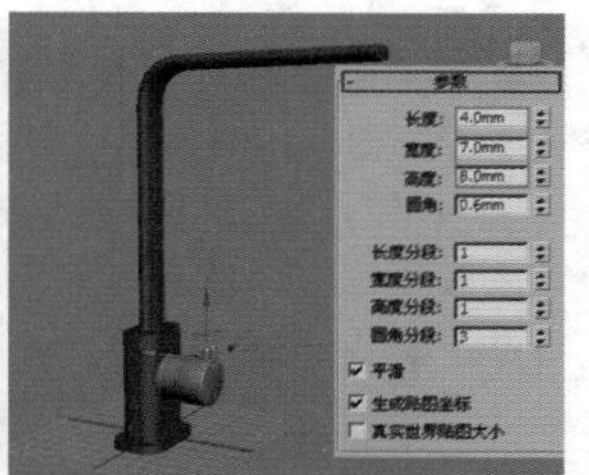
图4-96

步骤05 在视图中创建一个切角长方体，设置【长度】为5mm，【宽度】为8mm，【高度】为45mm，【圆角】为1mm，如图4-97所示。

步骤06 在视图中创建一个管状体，设置【半径1】为8mm，【半径2】为7mm，【高度】为6.4mm，【高度分段】为1，如图4-98所示。

步骤07 在视图中创建一个管状体，设置【半径1】为7mm，【半径2】为6mm，【高度】为6mm，【高度分段】为1，如图4-99所示。

步骤08 最终模型效果如图4-100所示。

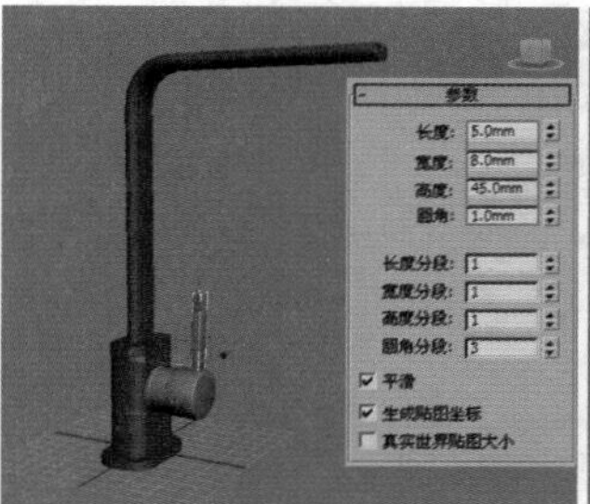
图4-97

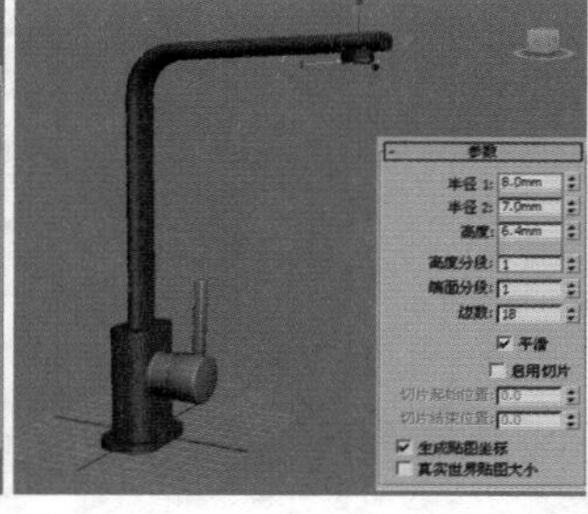
图4-98

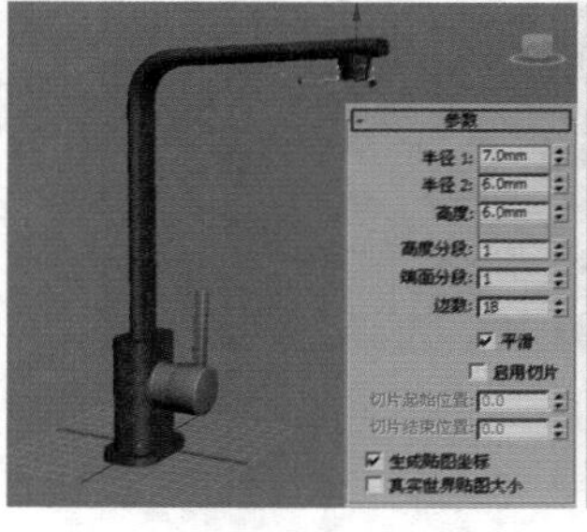
图4-99

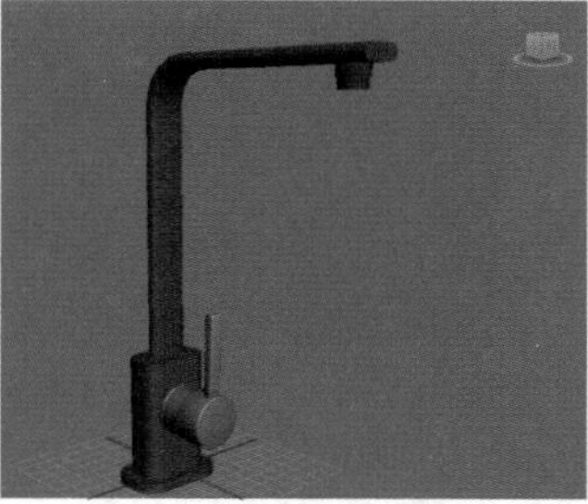
图4-100

### 6.【扭曲】修改器

【扭曲】修改器可在对象的几何体中心产生旋转效果（就像拧湿抹布），其参数设置面板与【弯曲】修改器参数设置面板基本相同，如图4-101所示。

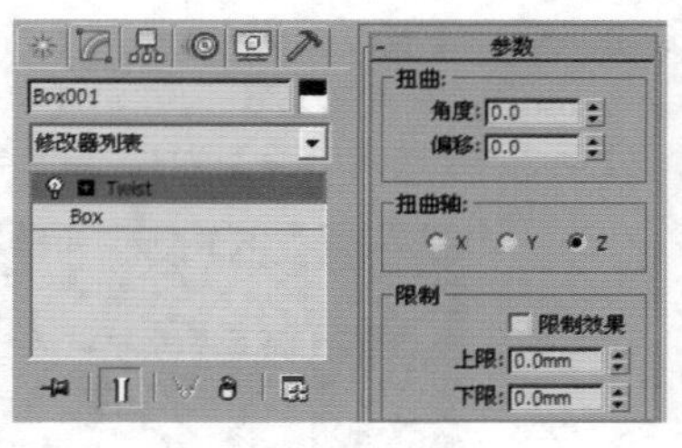

图4-101

- 角度：设置围绕垂直于坐标轴方向的扭曲量。
- 偏移：使扭曲物体的任意一端相互靠近。数值为负时，对象扭曲会与Gizmo中心相邻；数值为正时，对象扭曲会远离Gizmo中心；数值为0时，对象将进行均匀扭曲。
- X/Y/Z：指定扭曲所沿的坐标轴。
- 限制效果：对扭曲效果应用限制约束。
- 上限/下限：设置扭曲效果的上限/下限。

## 小实例：利用弯曲和扭曲修改器制作戒指

| 场景文件 | 无 |
|---|---|
| 案例文件 | 小实例：利用弯曲和扭曲修改器制作戒指.max |
| 视频教学 | 多媒体教学/Chapter04/小实例：利用弯曲和扭曲修改器制作戒指.flv |
| 难易指数 | ★★★☆☆ |
| 技术掌握 | 掌握【扭曲】和【弯曲】修改器的运用 |

### 实例介绍

本实例学习使用【扭曲】和【弯曲】修改器来完成模型的制作，最终渲染和线框效果如图4-102所示。

### 建模思路

01 使用【扭曲】和【弯曲】修改器制作戒指。

02 使用【间隔工具】工具制作戒指装饰。

戒指的建模流程如图4-103所示。

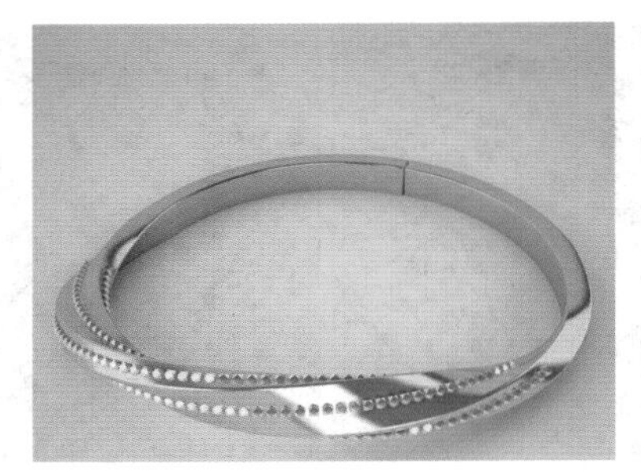

图4-102

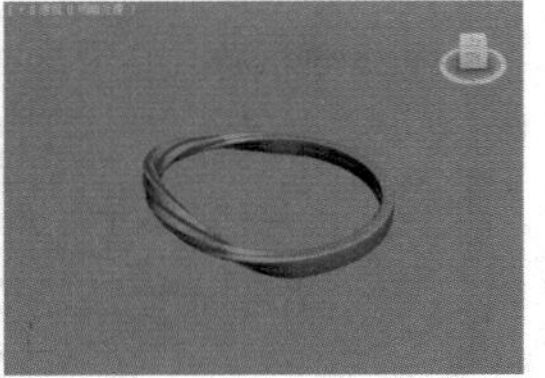

图4-103

## 操作步骤

### Part 1　使用【扭曲】和【弯曲】修改器制作戒指

**步骤01** 在顶视图中创建一个切角长方体，设置【长度】为3300mm，【宽度】为55mm，【高度】为96mm，【圆角】为6mm，【长度分段】为97，【宽度分段】为2，【高度分段】为3，【圆角分段】为3，如图4-104所示。

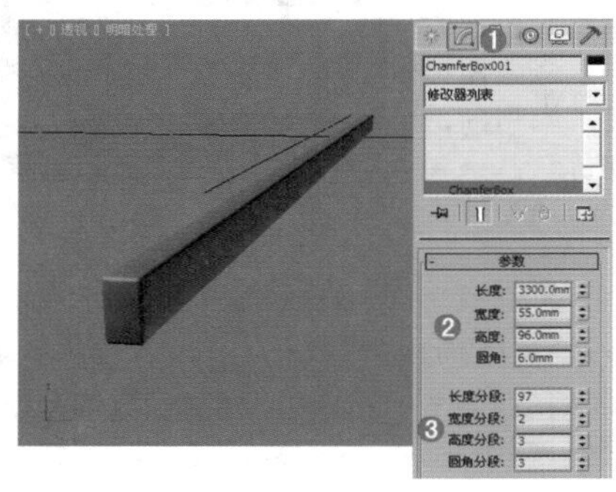

图4-104

**步骤02** 选择步骤01中创建的切角长方体，然后加载【扭曲】修改器，设置【角度】为680，【扭曲轴】为Y，接着在【限制】选项组中选中【限制效果】复选框，设置【上限】为880mm，【下限】为－880mm，如图4-105所示。

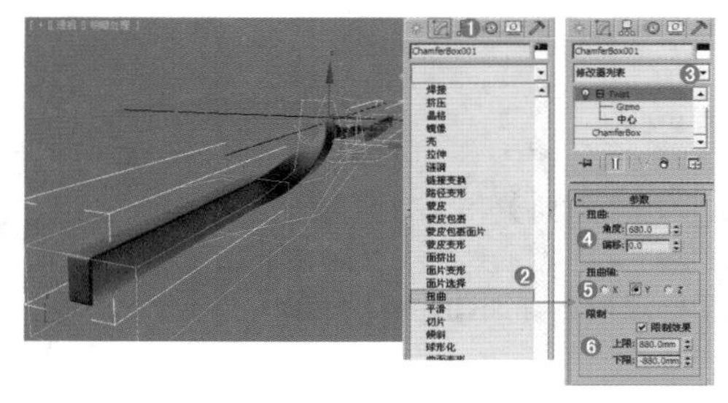

图4-105

**步骤03** 继续为切角长方体加载【弯曲】修改器，设置【角度】为360，【弯曲轴】为Y轴，如图4-106所示。

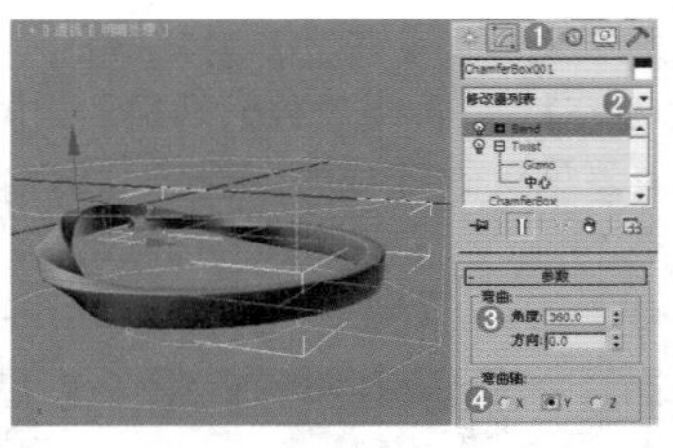

图4-106

### Part 2　使用【间隔工具】工具制作戒指装饰

**步骤01** 在Part1步骤02中的戒指周围绘制4条样条线，并使这4条样条线均匀地围绕在模型周围，如图4-107所示。

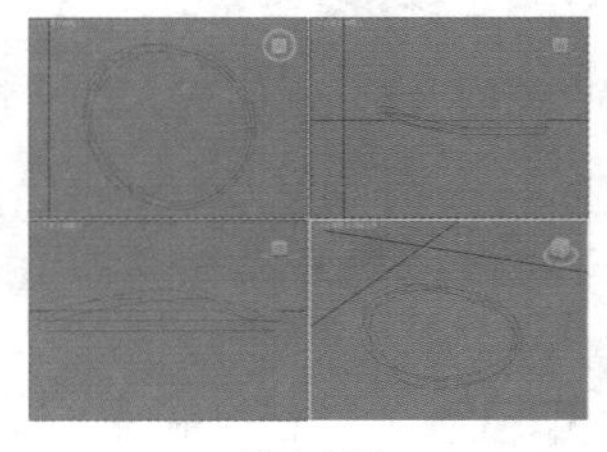

图4-107

#### 技巧提示

在该步骤中绘制了4条线，当然，这个方法非常烦琐，而且很难进行很好的对位，因此可以考虑其他方法。

（1）选择戒指模型后单击鼠标右键，在弹出的快捷菜单中选择【转换为】|【转换为可编辑多边形】命令，如图4-108所示。

（2）单击【修改】面板，并单击【边】按钮，进入边级别，然后选择如图4-109所示的边。

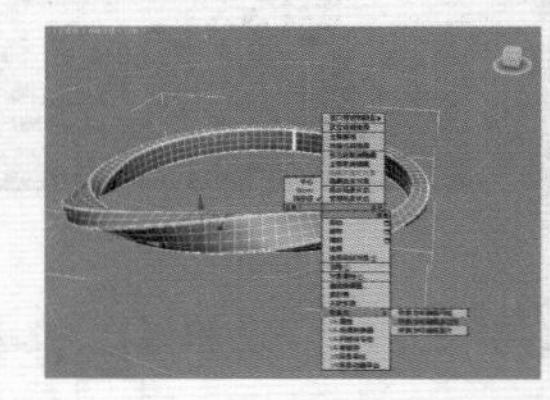

图4-108

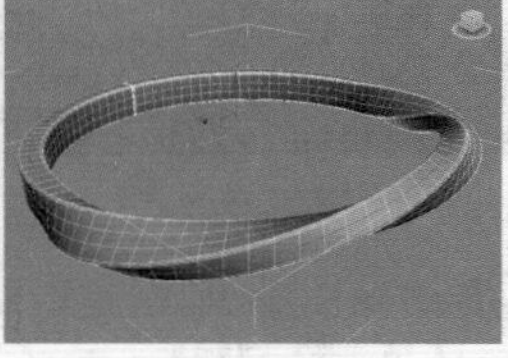

图4-109

（3）保持步骤（1）中选择的边，然后单击【利用所选内容创建图形】按钮，并选择【图形类型】为【线性】，如图4-110所示。

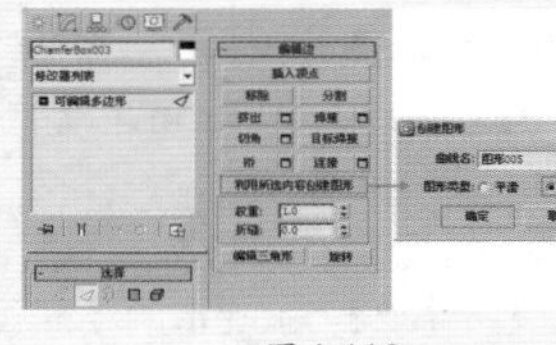

图4-110

（4）此时可发现刚才选中的线已经被分离出来了，如图4-111所示。

（5）使用同样的方法将剩余的3条线进行分离，如图4-112所示。

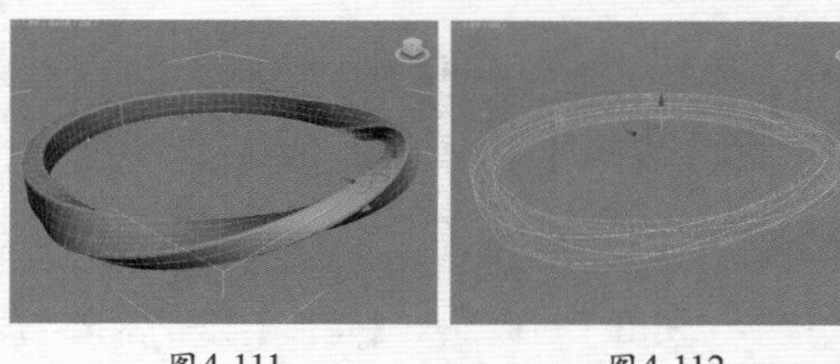

图4-111　　图4-112

**步骤02** 在顶视图中创建一个【半径】为12mm的异面体，如图4-113所示。

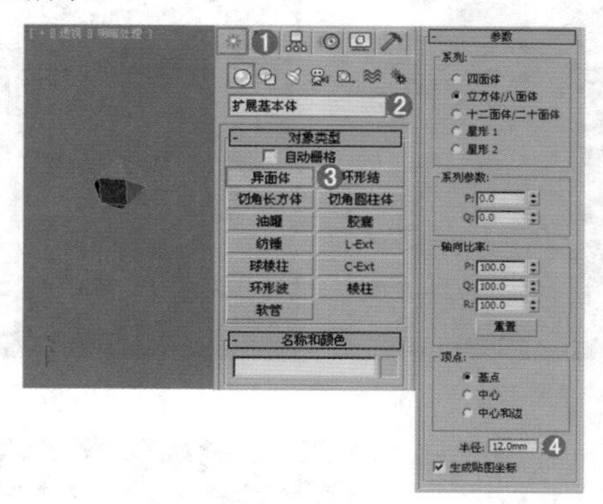

图4-113

**步骤03** 确保步骤02中创建的异面体为选中状态，然后在工具栏空白处单击鼠标右键，在弹出的快捷菜单中选择【附加】命令，单击【间隔工具】工具，并单击【拾取路径】按钮，接着单击拾取刚才分离出来的线，然后设置【计数】为300，单击【应用】按钮，单击【关闭】按钮，如图4-114所示。此时的效果如图4-115所示。

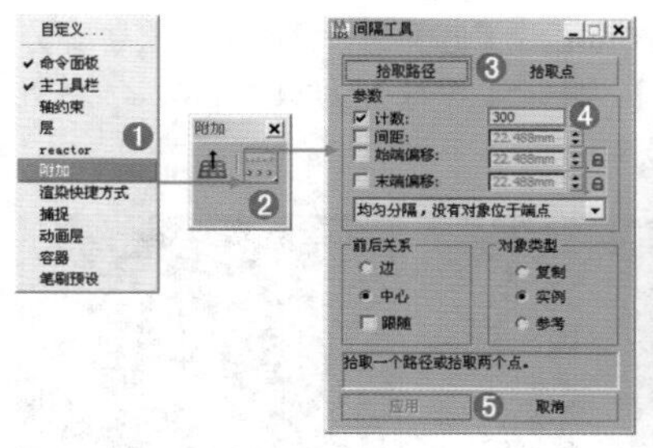

图4-114

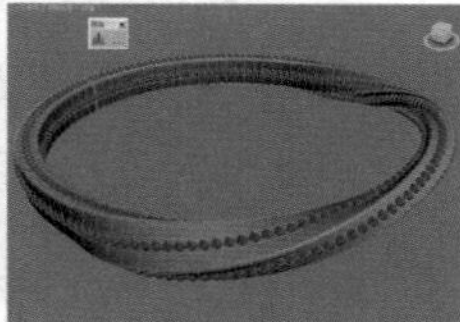

图4-115

**步骤04** 由于戒指只有一部分带有异面体，因此需要进行删除，即首先将不需要的部分选中，然后按Delete键将其删除，此时的效果如图4-116所示。

**步骤05** 最终模型效果如图4-117所示。

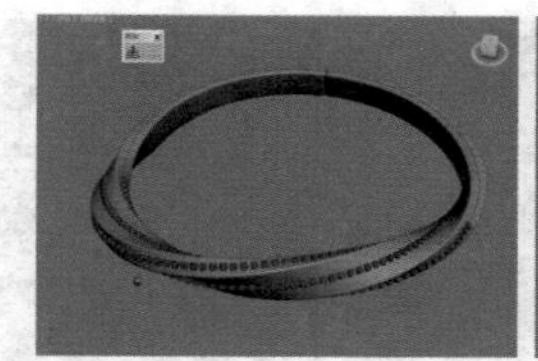

图4-116

图4-117

## 7.【晶格】修改器

【晶格】修改器可以将图形的线段或边转化为圆柱形结构，并在顶点上产生可选择的关节多面体，其参数设置面板如图4-118所示。

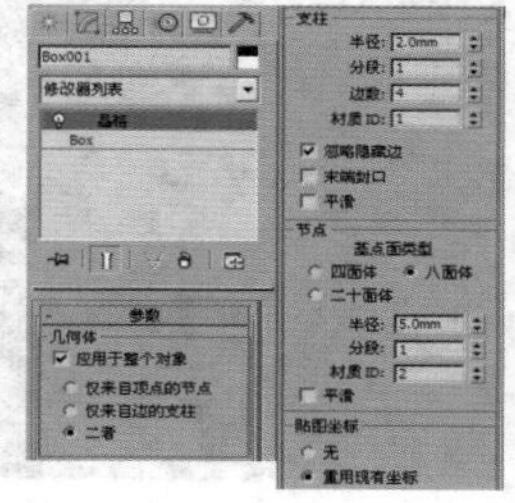

图4-118

- **应用于整个对象**：将【晶格】修改器应用到对象的所有边或线段上。
- **仅来自顶点的节点**：仅显示由原始网格顶点产生的关节（多面体）。
- **仅来自边的支柱**：仅显示由原始网格线段产生的支柱（多面体）。
- **两者**：显示支柱和关节。
- **半径**：指定结构半径。
- **分段**：指定沿结构的分段数目。
- **边数**：指定结构边界的边数目。
- **材质ID**：指定用于结构的材质ID，使结构和关节具有不同的材质ID。
- **忽略隐藏边**：仅生成可视边的结构。如果禁用该选项，将生成所有边的结构，包括不可见边。
- **基点面类型**：指定用于关节的多面体类型，包括【四面体】、【八面体】和【二十面体】3种类型。
- **半径**：设置关节的半径。
- **分段**：指定关节中的分段数目。分段数越多，关节形状就越接近球形。
- **无**：不指定贴图。
- **重用现有坐标**：将当前贴图指定给对象。
- **新建**：将圆柱形贴图应用于每个结构和关节。

# 小实例：利用晶格修改器制作水晶吊线灯

| 场景文件 | 无 |
|---|---|
| 案例文件 | 小实例：利用晶格修改器制作水晶吊线灯.max |
| 视频教学 | 多媒体教学/Chapter04/小实例：利用晶格修改器制作水晶吊线灯.flv |
| 难易指数 | ★★★☆☆ |
| 技术掌握 | 掌握【挤出】修改器、【晶格】修改器命令的使用方法 |

## 实例介绍

本实例将以一个水晶吊线灯模型为例来讲解螺旋线加载【挤出】修改器和【晶格】修改器的使用方法，效果如图4-119所示。

## 建模思路

使用螺旋线然后加载【挤出】和【晶格】修改器创建模型。

水晶吊线灯的建模流程如图4-120所示。

图4-119

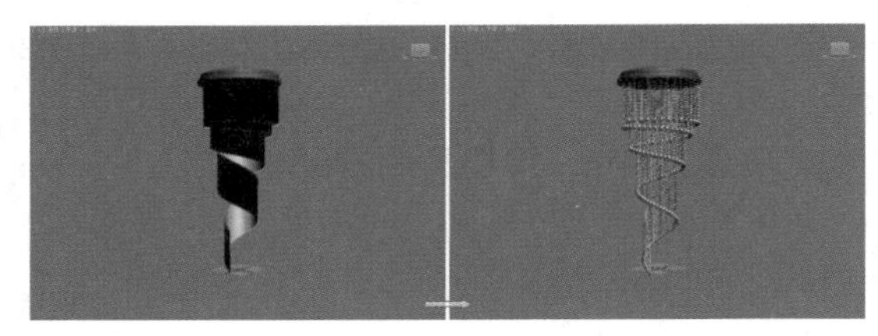

图4-120

## 操作步骤

**步骤01** 使用【螺旋线】工具在顶视图中创建一条螺旋线，并设置【半径1】为50mm，【半径2】为150mm，【高度】为550mm，【圈数】为4，【偏移】为0.15，如图4-121所示。

**步骤02** 选择步骤01创建的螺旋线，加载【挤出】修改器，并设置【数量】为150mm，【分段】为12，如图4-122所示。

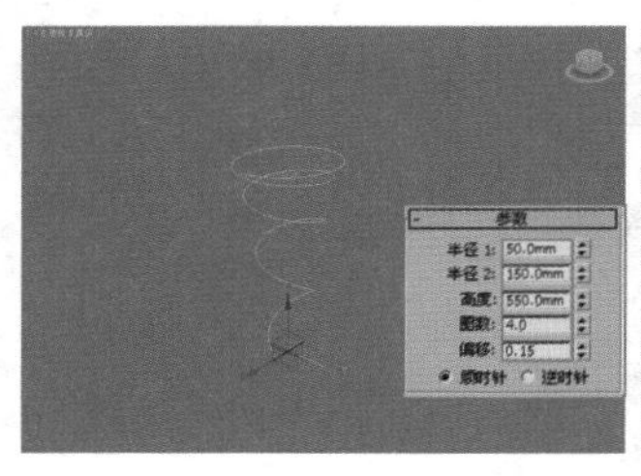

图4-121

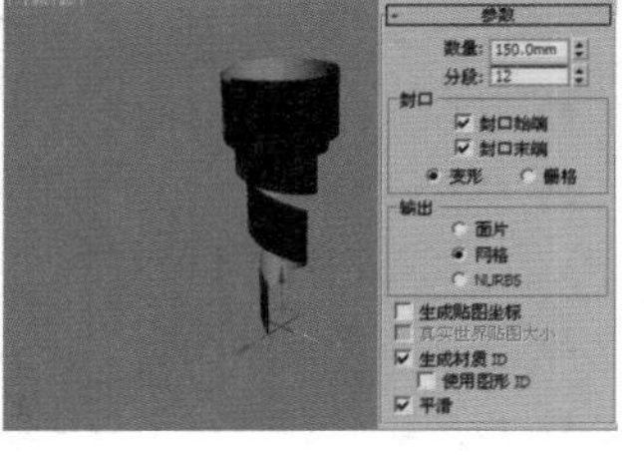

图4-122

**步骤03** 选择挤出后的模型，加载【晶格】修改器，并在【几何体】选项组中选中【二者】单选按钮，在【支柱】选项组中设置【半径】为0.8mm，【分段】为1，【边数】为14，在【节点】选项组中选中【二十面体】单选按钮，设置【半径】为3mm，如图4-123所示。

**步骤04** 在顶视图中创建一条螺旋线，然后加载【晶格】修改器，在【几何体】选项组中选中【二者】单选按钮，在【支柱】选项组中设置【半径】为2mm，【分段】为1，【边数】为4，在【节点】选项组中选中【二十面体】单选按钮，设置【半径】为8mm，【分段】为1，如图4-124所示。

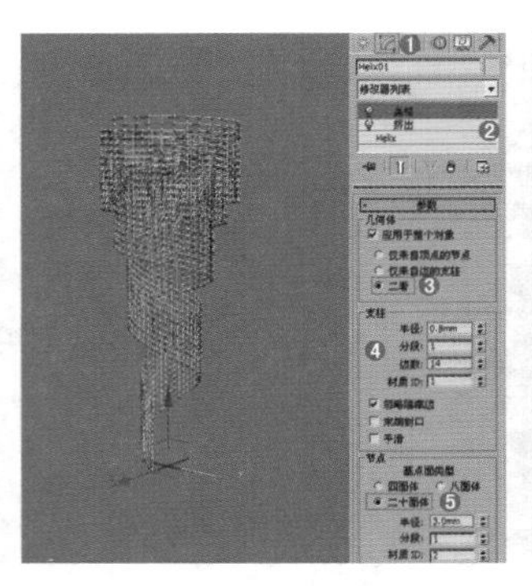

图4-123

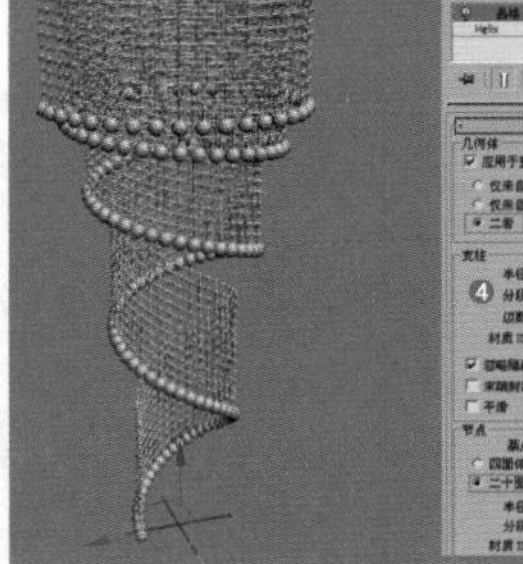

图4-124

**步骤05** 在顶视图中创建一个切角圆柱体，设置【半径】为150mm，【高度】为15mm，【圆角】为2mm，【高度分段】为1，【圆角分段】为1，【边数】为24，如图4-125所示。

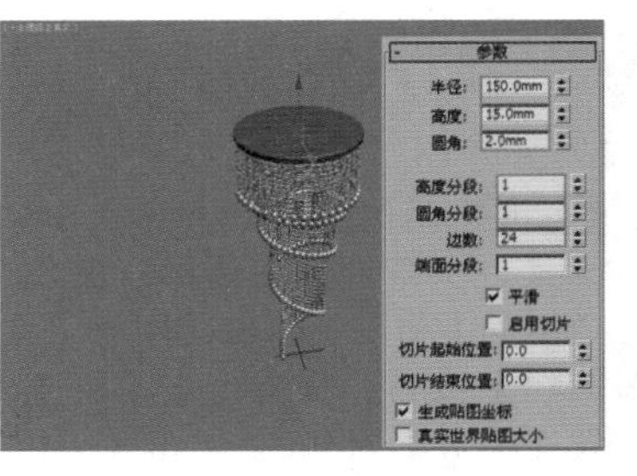

图4-125

**步骤06** 在顶视图中创建一个切角圆柱体，设置【半径】为140mm，【高度】为20mm，【圆角】为1mm，【高度分段】为1，【圆角分段】为1，【边数】为24，如图4-126所示。最终模型效果如图4-127所示。

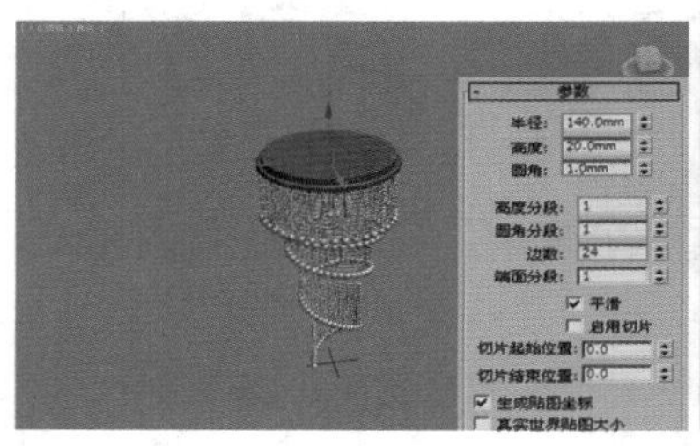

图4-126　　图4-127

### 8.【壳】修改器

【壳】修改器可以产生内外的厚度，其参数设置面板如图4-128所示。

如图4-129所示为加载【壳】修改器前后的对比效果。

图4-128

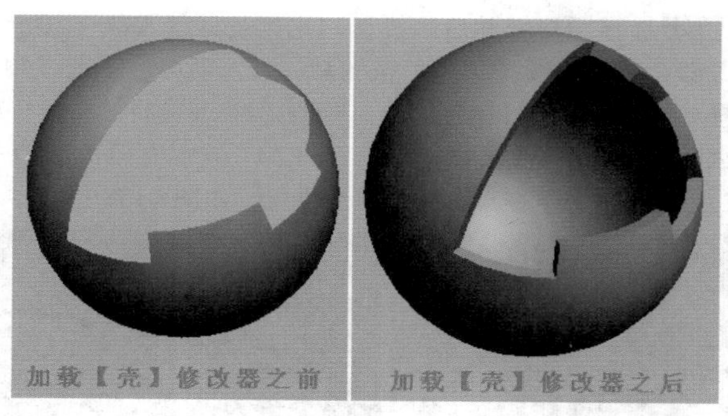

图4-129

- 内部量/外部量：控制向内/外产生的厚度。
- 分段：每一边的细分值。
- 倒角边：启用该选项后，并指定【倒角样条线】，3ds Max Design 会使用样条线定义边的剖面和分辨率。
- 倒角样条线：单击该按钮，然后选择打开样条线定义边的形状和分辨率。像【圆形】或【星型】这样闭合的形状将不起作用。
- 覆盖内部材质 ID：启用该选项，使用【内部材质 ID】参数为所有的内部曲面多边形指定材质 ID。
- 内部材质 ID：为内部面指定材质 ID。
- 覆盖外部材质 ID：启用该选项，使用【外部材质 ID】参数为所有的外部曲面多边形指定材质 ID。
- 外部材质 ID：为外部面指定材质 ID。
- 覆盖边材质 ID：启用该选项，使用【边材质 ID】参数为所有的新边多边形指定材质 ID。
- 边材质 ID：为边的面指定材质 ID。
- 自动平滑边使用【角度】参数：应用自动、基于角平滑到边面。
- 角度：在边面之间指定最大角，该边面由【自动平滑边】平滑。
- 覆盖平滑组：使用【平滑组】设置，用于为新边多边形指定平滑组。
- 平滑组：为新边多边形设置平滑组。
- 边贴图：指定应用于新边的纹理贴图类型。
- TV 偏移：确定边的纹理顶点间隔。只在使用【边贴图】选择【剥离】和【插补】时才可用。
- 选择边：从其他修改器的堆栈上传递此选择。
- 选择内部面：从其他修改器的堆栈上传递此选择。
- 选择外部面：从其他修改器的堆栈上传递此选择。
- 将角拉直：调整角顶点以维持直线边。

## 小实例：利用【壳】修改器制作蛋壳

| 场景文件 | 无 |
| --- | --- |
| 案例文件 | 小实例：利用【壳】修改器制作蛋壳.max |
| 视频教学 | 多媒体教学/Chapter04/小实例：利用【壳】修改器制作蛋壳.flv |
| 难易指数 | ★★★☆☆ |
| 技术掌握 | 掌握【图形合并】工具、【编辑多边形】修改器、【壳】修改器的使用 |

### 实例介绍

本实例将以一个蛋壳雕刻模型为例来讲解【图形合并】工具、【编辑多边形】修改器、【壳】修改器的使用方法，效果如图4-130所示。

图4-130

### 建模思路

为球体加载【壳】修改器。

蛋壳雕刻模型的制作流程如图4-131所示。

图4-131

### 操作步骤

**步骤01** 在顶视图中创建一个球体，设置【半径】为60mm，【分段】为80，如图4-132所示。

**步骤02** 使用【选择并均匀缩放】工具在前视图中将球体按Y轴的正方向缩放，使其变成椭圆形体，如图4-133所示。

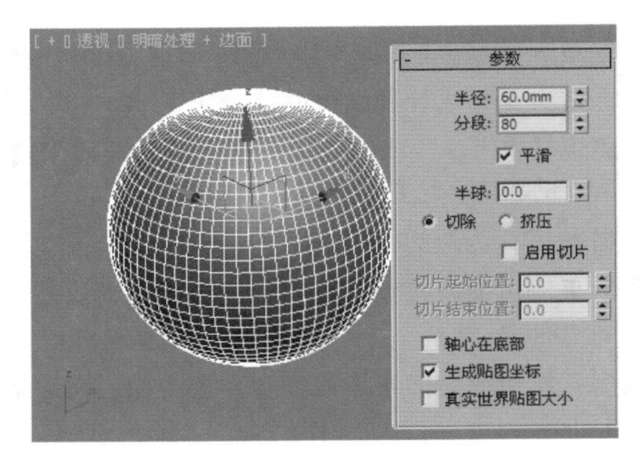


图4-132

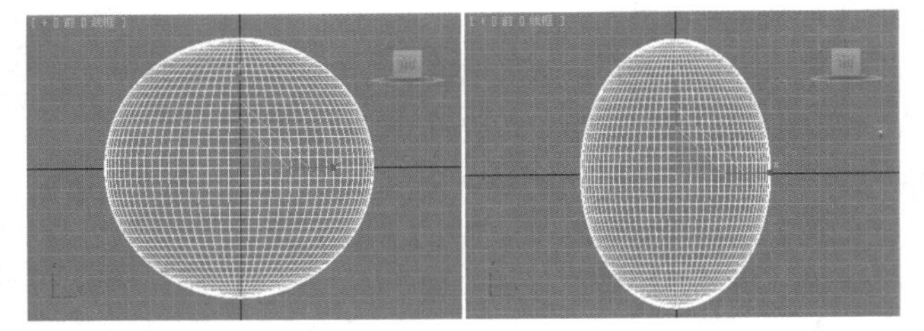

图4-133

步骤03 使用【文本】工具在前视图中单击创建文字，并展开【参数】卷展栏，设置【大小】为60mm，然后在【文本】文本框中输入“EARY”，如图4-134所示。

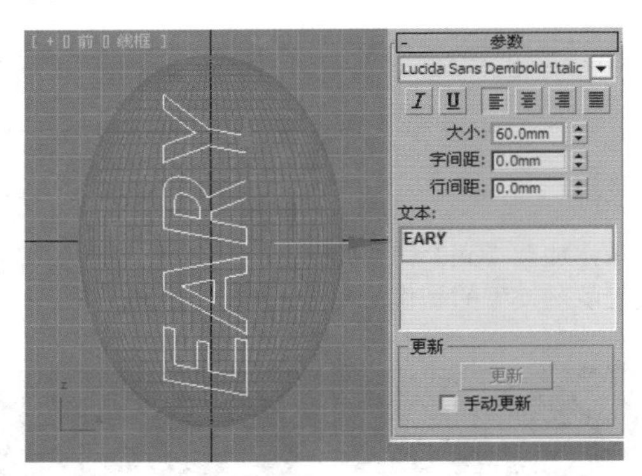


图4-134

步骤04 选择鸡蛋模型，然后单击（创建）|（几何体）| 复合对象 | 图形合并 按钮，接着单击【拾取图形】按钮，最后单击并拾取刚才创建的文本图形，如图4-135所示。

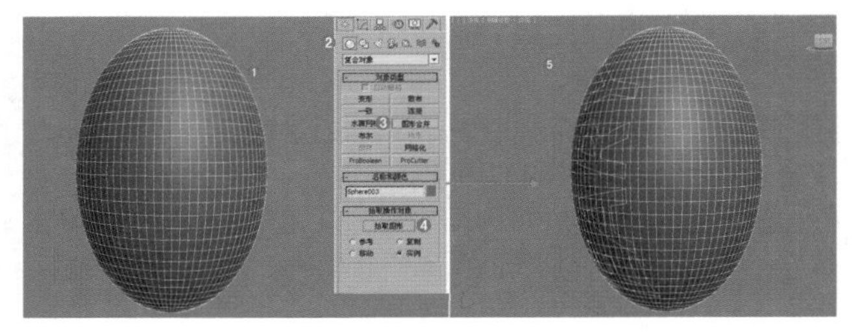

图4-135

步骤05 选择图形合并后的模型，为其加载【编辑多边形】修改器，并单击【多边形】按钮，进入多边形级别，然后选择如图4-136所示的多边形，接着按Delete键将选中的多边形删除，如图4-137所示。

步骤06 使用同样的方法继续调整鸡蛋，如图4-138所示。

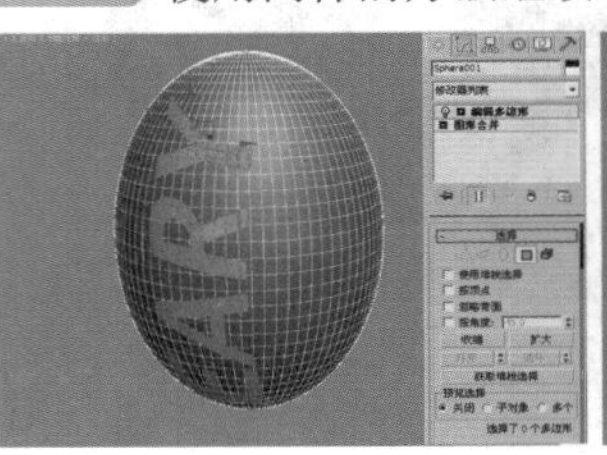

图4-136

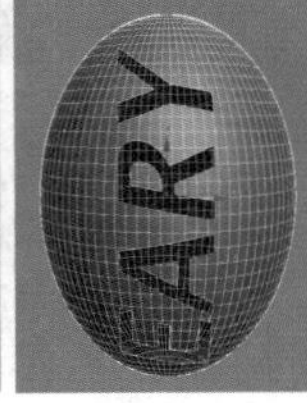

图4-137

图4-138

技巧提示

此时在观察模型时可以看到模型内部是黑色的，当进行模型渲染时该模型的内部是渲染不出图像的，这样就需要为模型加载【壳】修改器，使其产生厚度，如图4-139所示。

图4-139

步骤07 选择球体模型，为其加载【壳】修改器，设置【外部量】为0.1mm，如图4-140所示。按F9键渲染当前场景，此时可以看到已经产生了厚度，如图4-141所示。

步骤08 最终模型效果如图4-142所示。

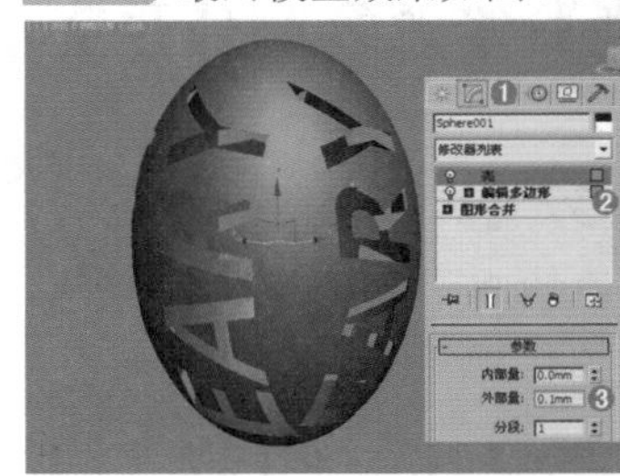

图4-140

图4-141

图4-142

## 9. FFD修改器

FFD修改器即自由变形修改器，这种修改器使用晶格框包围住选中的几何体，然后通过调整晶格的控制点来改变封闭几何体的形状。其参数设置面板如图4-143所示。

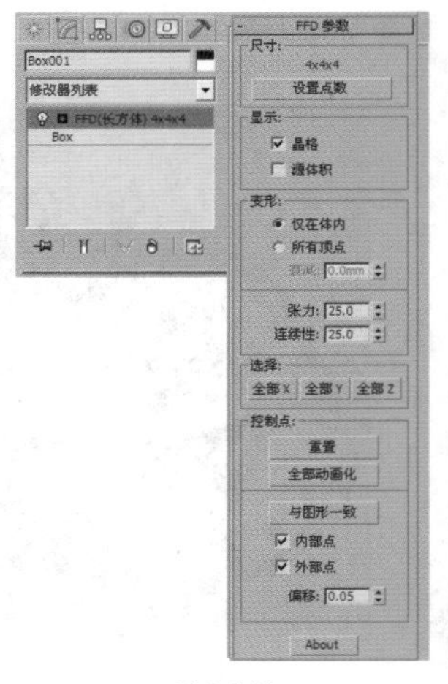


图4-143

### 技巧提示

在修改器列表中共有5个FFD的修改器，分别为【FFD 2×2×2（自由变形2×2×2）】、【FFD 3×3×3（自由变形3×3×3）】、【FFD 4×4×4（自由变形4×4×4）】、【FFD（长方体）】和【FFD（圆柱体）】修改器，这些都是自由变形修改器，均可通过调节晶格控制点的位置来改变几何体的形状。

- 晶格尺寸：显示晶格中当前的控制点数目，例如4×4×4。
- 【设置点数】按钮：单击该按钮可打开【设置FFD尺寸】对话框，在该对话框中可以设置晶格中所需控制点的数目。
- 晶格：控制是否让连接控制点的线条形成栅格。
- 源体积：开启该选项可将控制点和晶格以未修改的状态显示出来。
- 仅在体内：只有位于源体积内的顶点会变形。
- 所有顶点：所有顶点都会变形。
- 衰减：决定FFD的效果减为0时离晶格的距离。
- 张力/连续性：调整变形样条线的张力和连续性。
- 【全部X/全部Y/全部Z】按钮：选中由这3个按钮指定的轴向的所有控制点。
- 【重置】按钮：将所有控制点恢复到原始位置。
- 【全部动画化】按钮：单击该按钮可将控制器指定给所有的控制点，使它们在轨迹视图中可见。
- 【与图形一致】按钮：在对象中心控制点位置之间沿直线方向来延长线条，可将每一个FFD控制点移到修改对象的交叉点上。
- 内部点：仅控制受【与图形一致】影响的对象内部的点。
- 外部点：仅控制受【与图形一致】影响的对象外部的点。
- 偏移：设置控制点偏移对象曲面的距离。
- 【About（关于）】按钮：显示版权和许可信息。

## 小实例：利用FFD修改器制作椅子

| 场景文件 | 无 |
| --- | --- |
| 案例文件 | 小实例：利用FFD修改器制作椅子.max |
| 视频教学 | 多媒体教学/Chapter04/小实例：利用FFD修改器制作椅子.flv |
| 难易指数 | ★★★☆☆ |
| 技术掌握 | 掌握FFD修改器的使用方法 |

### 实例介绍

本实例是一个沙发的模型，主要通过FFD修改器调节控制点的位置来调节模型的效果，效果如图4-144所示。

图4-144

### 建模思路

01 使用可编辑多边形调节点的位置创建沙发腿部分的模型。

02 使用FFD修改器创建沙发坐垫和靠背部分的模型。

沙发的建模流程如图4-145所示。

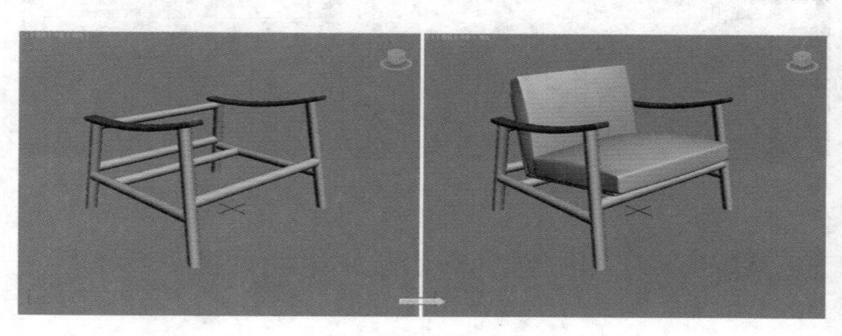

图4-145

### 操作步骤

#### Part 1 使用可编辑多边形调节点的位置创建沙发腿部分的模型

步骤01 在顶视图中创建一个圆柱体，设置【半径】为20mm，【高度】为420mm，【高度分段】为1，如图4-146所示。

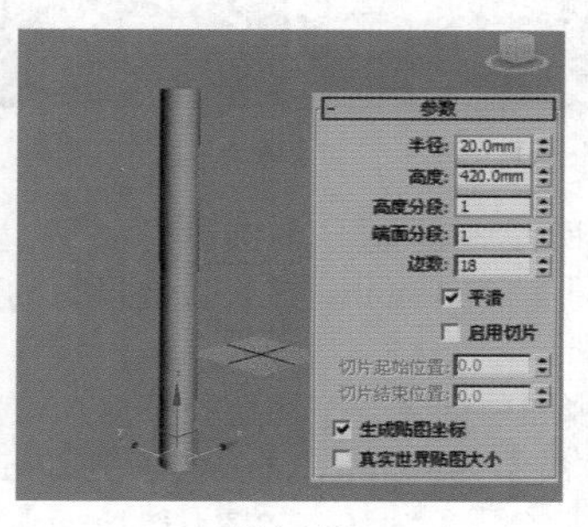


图4-146

步骤02 选择步骤01中创建的圆柱体，然后为其添加【编辑多边形】修改器，接着单击【顶点】按钮，此时进入顶点级别，如图4-147所示。选择模型顶部的顶点，并将顶点进行拖曳，调节后的效果如图4-148所示。

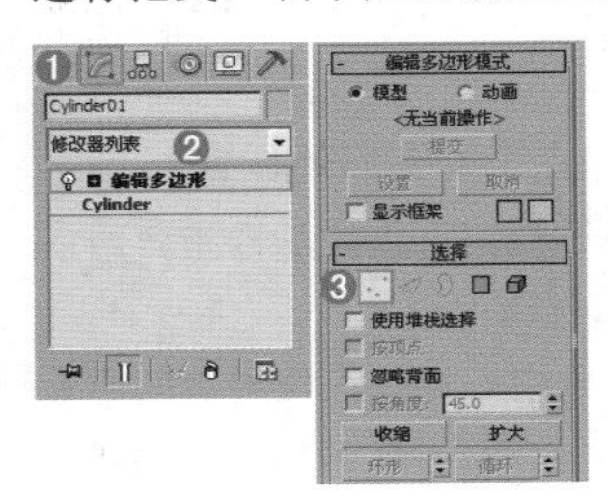

图4-147

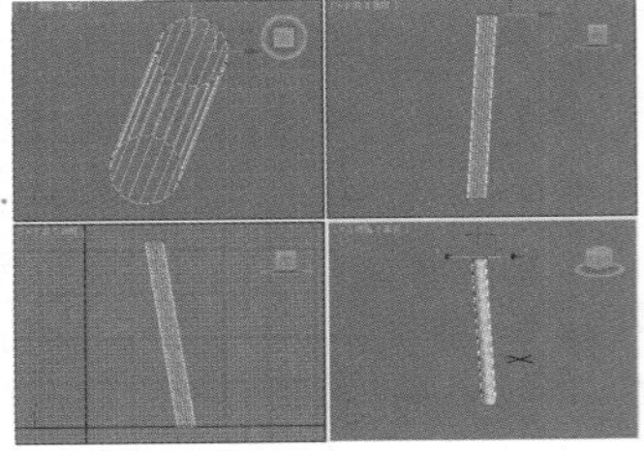

图4-148

步骤03 选择步骤02中创建的模型，然后使用【选择并移动】工具，同时按下Shift键复制一份，此时的模型效果如图4-149所示。

步骤04 使用同样的方法制作出剩余的沙发腿模型，此时的模型效果如图4-150所示。

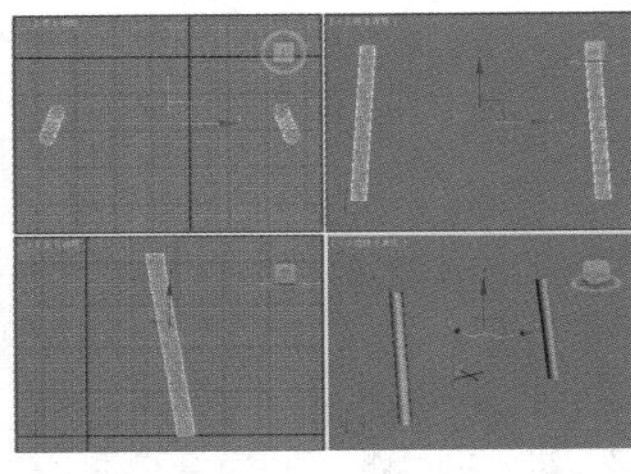

图4-149

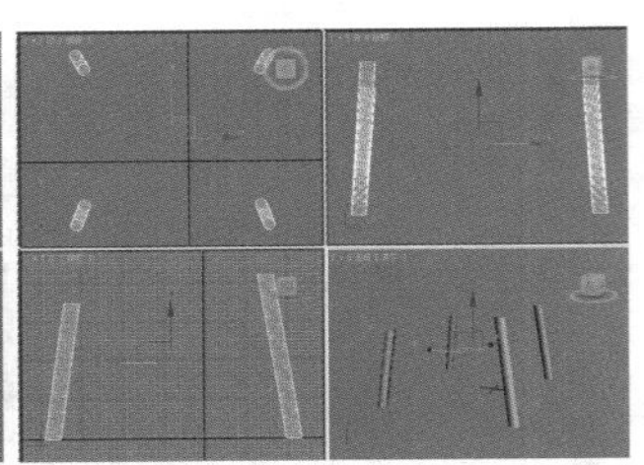

图4-150

步骤05 在前视图中创建一个圆柱体，设置【半径】为18mm，【高度】为530mm，【高度分段】为1，如图4-151所示。

步骤06 在左视图中创建一个圆柱体，设置【半径】为18mm，【高度】为615mm，【高度分段】为1，如图4-152所示。

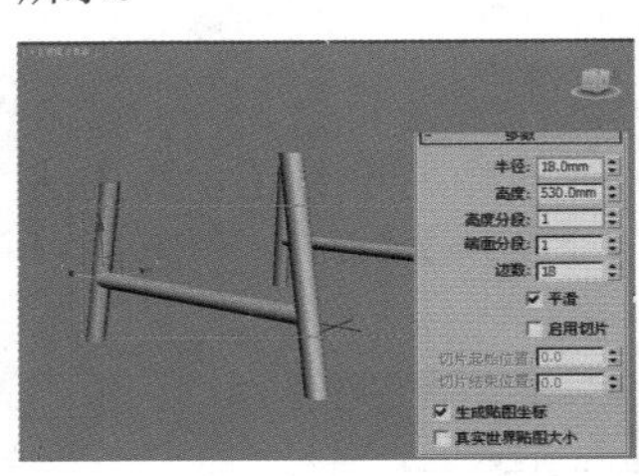

图4-151

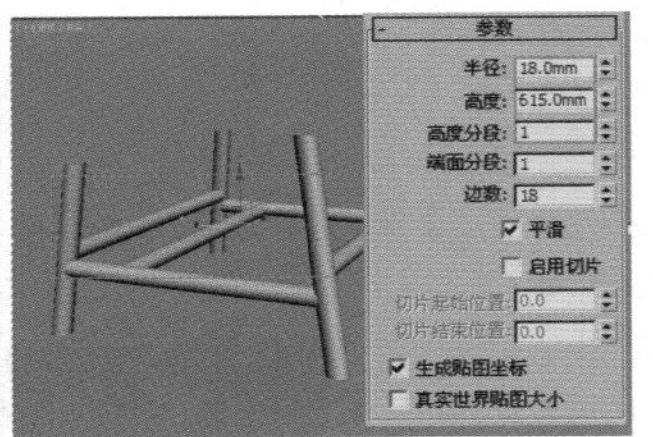

图4-152

步骤07 在左视图中创建一个圆柱体，设置【半径】为15mm，【高度】为615mm，【高度分段】为1，如图4-153所示。

步骤08 在顶视图中创建一个切角长方体，设置【长度】为550mm，【宽度】为50mm，【高度】为17mm，【圆角】为6mm，【长度分段】为10，如图4-154所示。

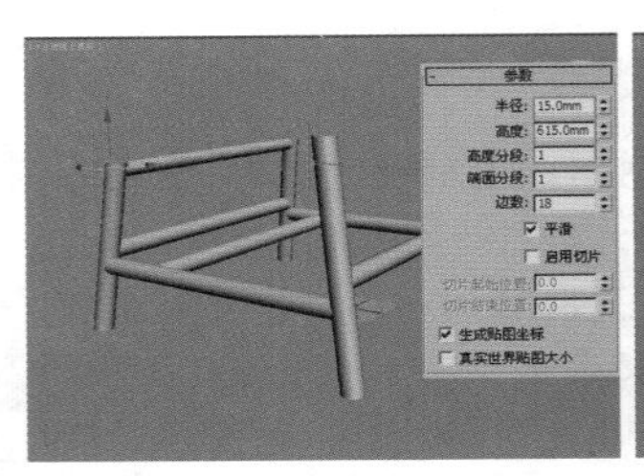

图4-153

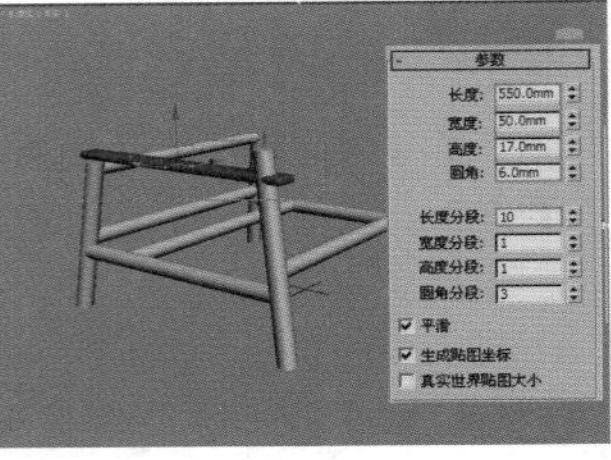

图4-154

步骤09 选择步骤08中创建的切角长方体，加载FFD 3×3×3修改器，并在【修改器堆栈】下单击【控制点】，接着选择如图4-155所示的控制点，将其拖曳。

步骤10 选择步骤09中创建的扶手部分模型，按住Shift键，并使用【选择并移动】工具将其复制一份，此时场景中的沙发扶手和沙发腿部分的模型创建完毕，模型效果如图4-156所示。

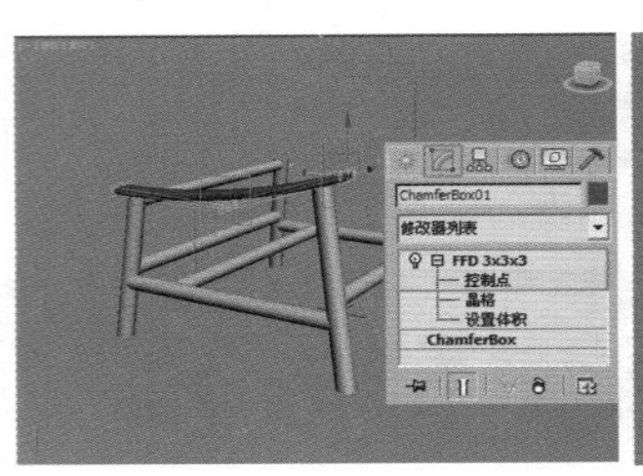

图4-155

图4-156

用户在使用【FFD】修改器时，一定要注意模型的【分段】是否合适，很多情况下加载【FFD】修改器，并调节控制点，但是却没有任何变化，就是因为【分段】太少导致的。当设置【长度分段】为1时，没有出现正确的效果，如图4-157所示。

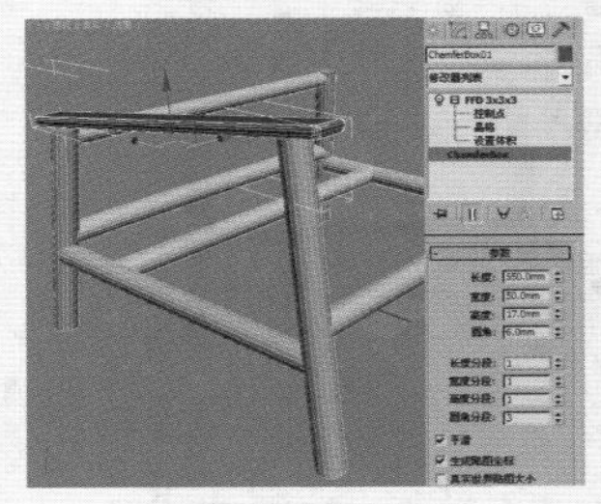

图4-157

当设置【长度分段】为2时，椅子扶手的效果仍然不是很好，如图4-158所示。

当设置【长度分段】为10时，椅子扶手的效果非常好，如图4-159所示。

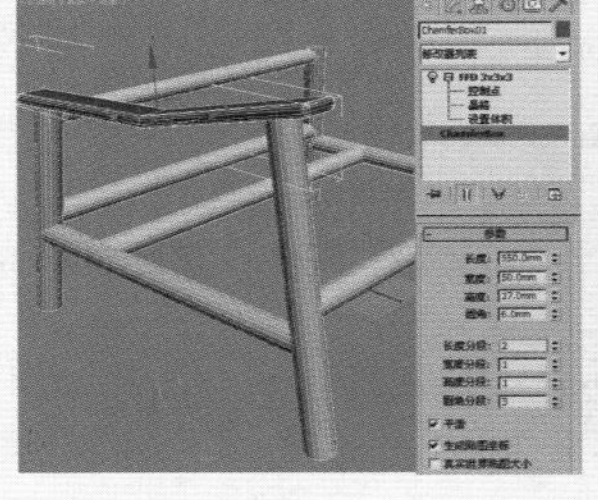

图4-158

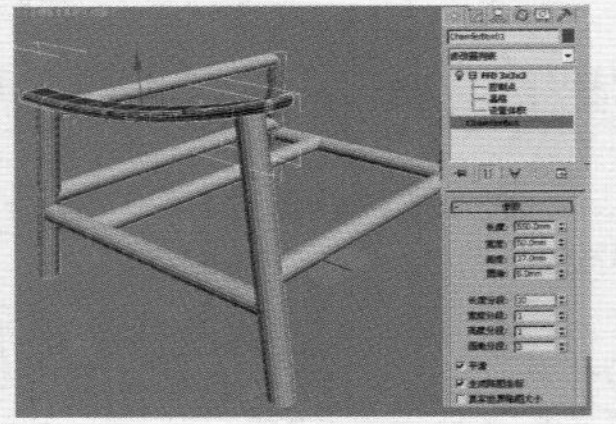

图4-159

### Part 2　使用FFD修改器创建沙发坐垫和靠背部分的模型

**步骤01** 在顶视图中创建一个切角长方体，然后设置【长度】为480mm，【宽度】为510mm，【高度】为15mm，【圆角】为4mm，最后使用【选择并旋转】工具将其旋转一定的角度，如图4-160所示。

**步骤02** 在场景中创建一个切角长方体，然后设置【长度】为300mm，【宽度】为510mm，【高度】为15mm，【圆角】为4mm，最后也将其旋转一定的角度，如图4-161所示。

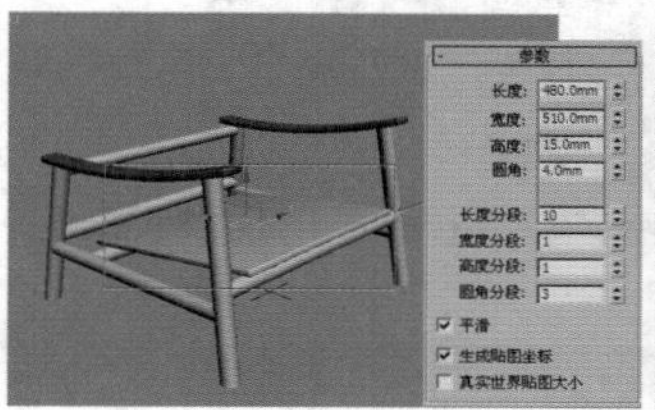

图4-160

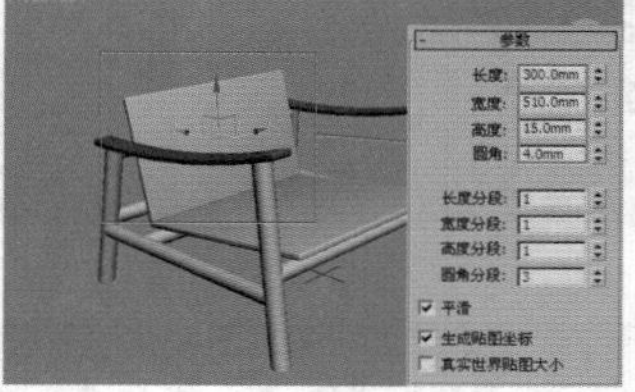

图4-161

**步骤03** 在视图中创建一个切角长方体，然后设置【长度】为430mm，【宽度】为510mm，【高度】为65mm，【圆角】为0mm，【长度分段】为4，【宽度分段】为5，如图4-162所示。

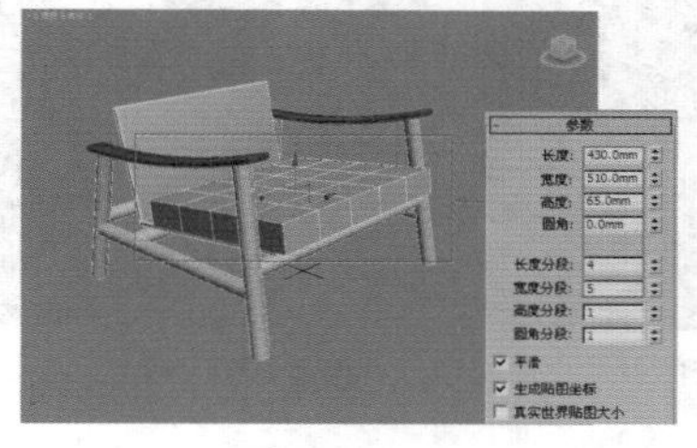

图4-162

**步骤04** 选择步骤03中创建的切角长方体，然后在【修改】面板中加载【涡轮平滑】修改器，接着设置【迭代次数】为2，如图4-163所示。

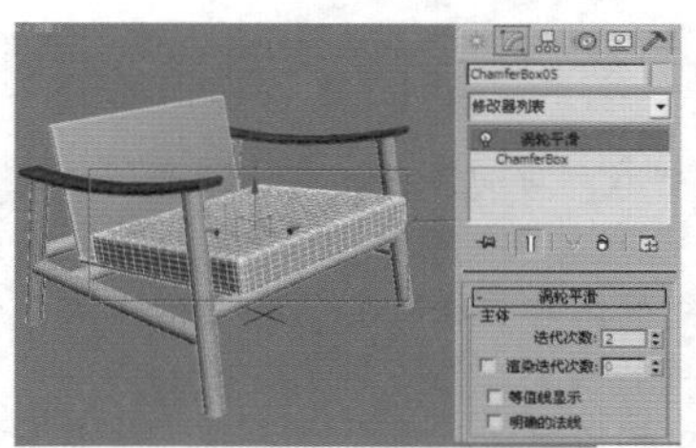

图4-163

**步骤05** 选择步骤04中的切角长方体，然后加载【FFD 3×3×3】修改器，并在【修改器堆栈】下单击【控制点】，调节控制点的位置，效果如图4-164所示。

**步骤06** 使用同样的方法创建出靠背部分的模型，最终模型效果如图4-165所示。

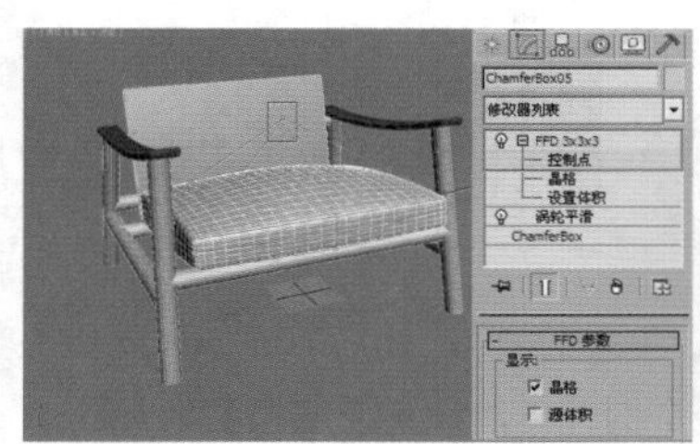

图4-164

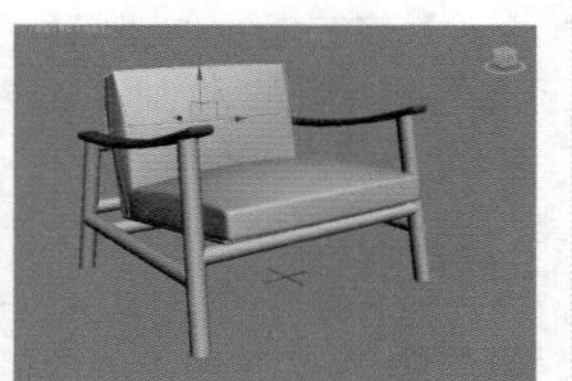

图4-165

## 10.【编辑多边形】和【编辑网格】修改器

【编辑多边形】修改器为选定的对象（顶点、边、边界、多边形和元素）提供显式编辑工具。

【编辑网格】修改器为选定的对象（顶点、边和面/多边形/元素）提供显式编辑工具，如图4-166所示。

图4-166

**技巧提示**

由于【编辑多边形】修改器、【编辑网格】修改器的参数与【可编辑多边形】、【可编辑网格】的参数基本一致，因此在后面的章节中会进行重点讲解。

使用【编辑多边形】修改器或【编辑网格】修改器可以同样达到使用多边形建模或网格建模的作用，而且不会将原始模型破坏，即使模型出现制作错误，也可以通过删除该修改器，从而返回到原始模型的步骤，因此不妨尝试一下使用【编辑多边形】修改器或【编辑网格】修改器。

**方法01** 对模型单击鼠标右键，在弹出的快捷菜单中选择【转换为可编辑多边形】命令，如图4-167所示，并进行【挤出】操作，但是此时会发现原始的模型的信息在执行【转换为可编辑多边形】命令后都没有了，如图4-168所示。

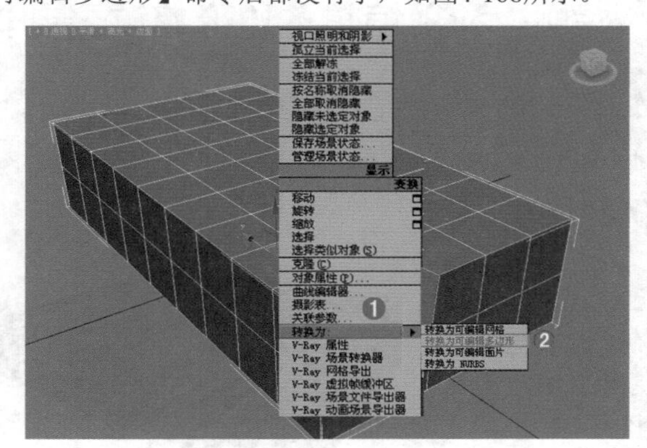

图4-167

**方法02** （1）下面使用另外一种方法。为模型加载【编辑多边形】修改器，并进行【挤出】，此时原始的模型信息都没有被破坏，如图4-169所示。

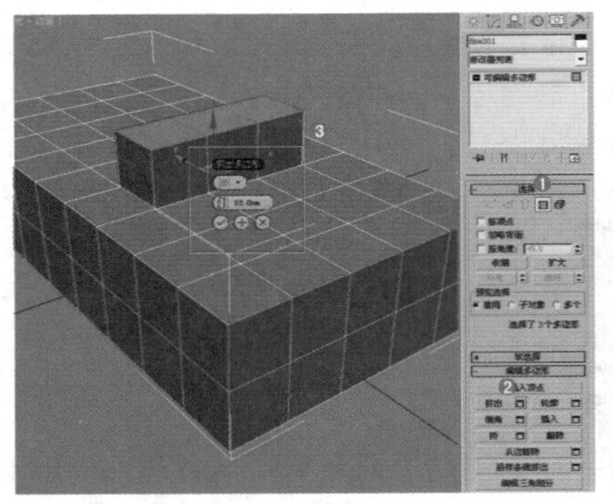

图4-168

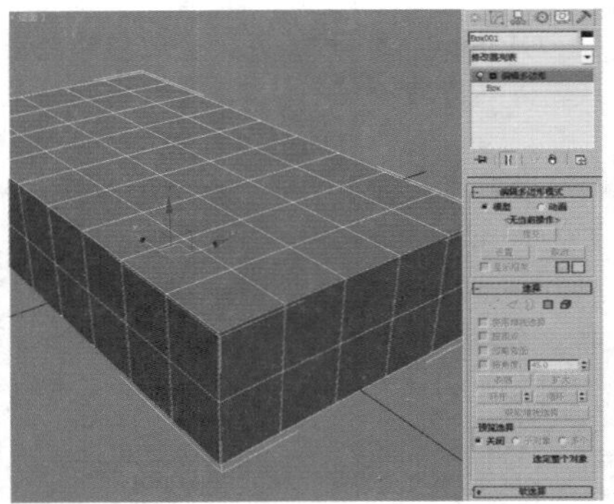

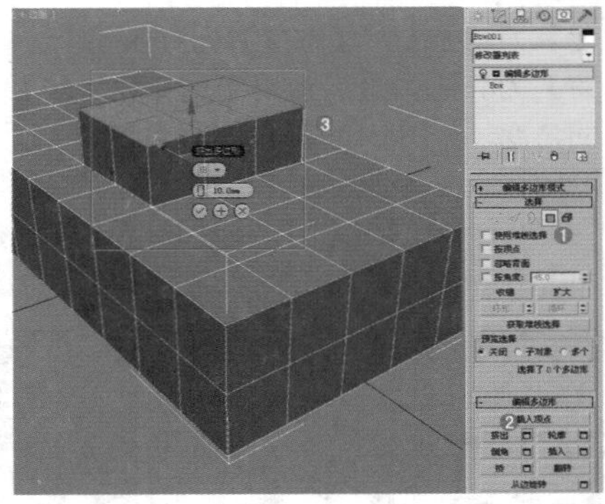

图4-169

（2）当发现步骤有错误时还可以删除该修改器，原来的模型仍然存在，如图4-170所示。

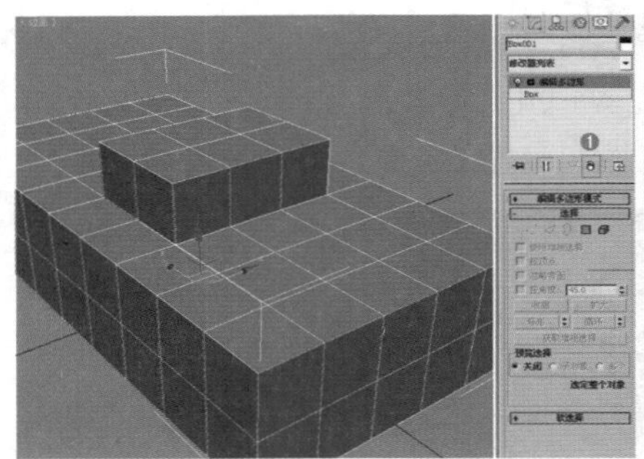

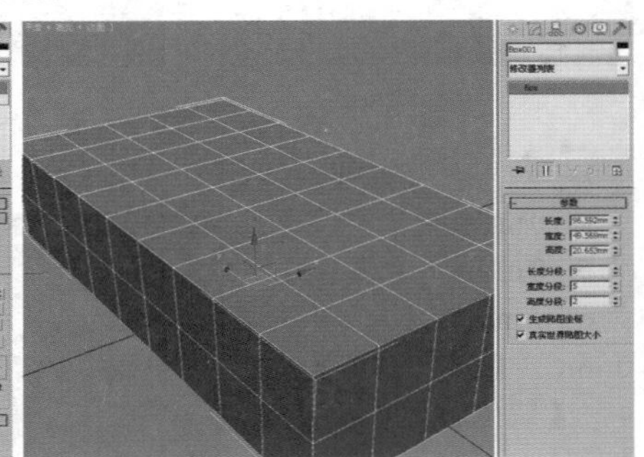

图4-170

## 技巧提示

在制作模型时，避免因为误操作产生制作的错误，应养成好的习惯，下面总结4点供大家参考。

（1）一定要记得保存正在使用的3ds Max文件。

（2）当突然遇到停电、3ds Max严重出错等问题时，应立刻找到自动保存的文件，并将该文件复制出来。自动保存的文件路径为【我的文档\3dsMaxDesign\autoback】。

（3）在制作模型时，注意要养成“多复制”的好习惯，即确认该步骤之前没有模型错误，最好可以将该文件复制，也可以在该文件中按住Shift键进行复制，这样可以随时找到正确的模型，而不用重新再做。

（4）可以使用【编辑多边形】修改器，而且要在确认该步骤之前没有模型错误后，再次添加该修改器，然后后面重复此操作，这样也可以随时找到正确的模型，而不用重新再做。

## 小实例：利用编辑多边形修改器制作铅笔

| 场景文件 | 无 |
|---|---|
| 案例文件 | 小实例：利用编辑多边形修改器制作铅笔.max |
| 视频教学 | 多媒体教学/Chapter04/小实例：利用编辑多边形修改器制作铅笔.flv |
| 难易指数 | ★★★☆☆ |
| 技术掌握 | 掌握【编辑多边形】修改器的使用方法 |

### 实例介绍

本实例是铅笔模型，主要讲解【编辑多边形】修改器的使用方法，效果如图4-171所示。

图4-171

### 建模思路

为圆柱体加载【编辑多边形】修改器制作铅笔。

铅笔模型的制作流程如图4-172所示。

图4-172

### 操作步骤

**步骤01** 在前视图中创建一个圆柱体，设置【半径】为7mm，【高度】为320mm，【高度分段】为1，【端面分段】为1，【边数】为7，如图4-173所示。

步骤02 选择步骤01中创建的圆柱体，在【修改】面板中加载【编辑多边形】修改器，如图4-174所示。

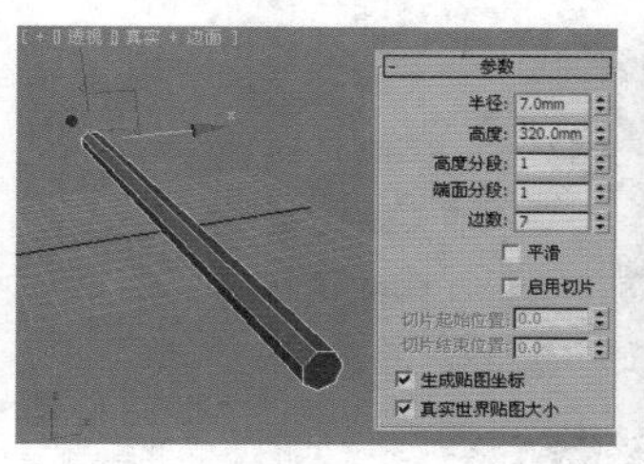

图4-173

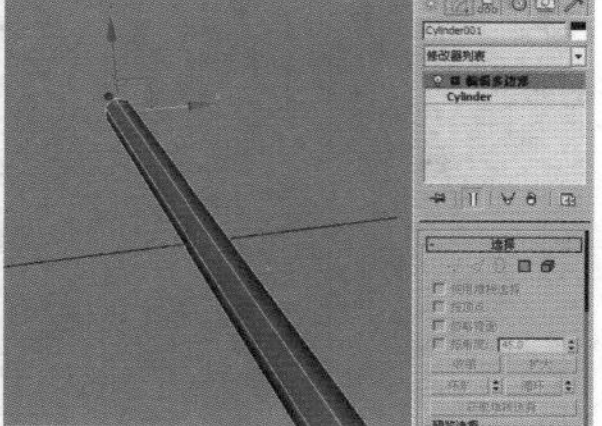
图4-174

技巧提示

在【修改】面板中加载【编辑多边形】修改器，同样也可以加载【编辑网格】和【编辑面片】。

步骤03 单击【修改】面板，并单击【多边形】按钮，进入多边形级别，然后选择如图4-175所示的多边形。单击【倒角】按钮后面的【设置】按钮，并设置【高度】为20mm，【轮廓】为-4mm，如图4-176所示。

步骤04 保持步骤03中对多边形的选中状态，然后继续单击【倒角】按钮后面的【设置】按钮，并设置【高度】为6mm，【轮廓】为-2mm，如图4-177所示。

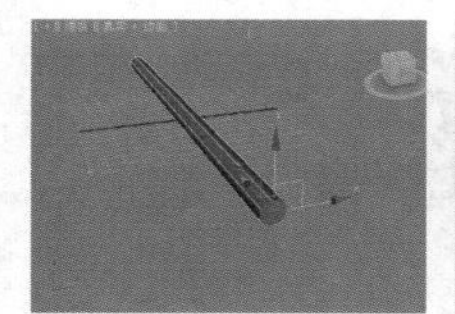
图4-175

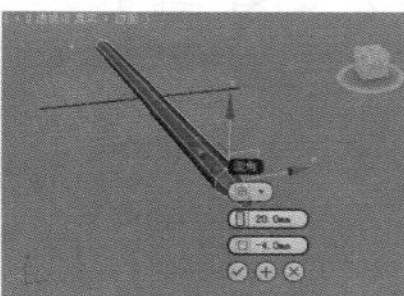
图4-176

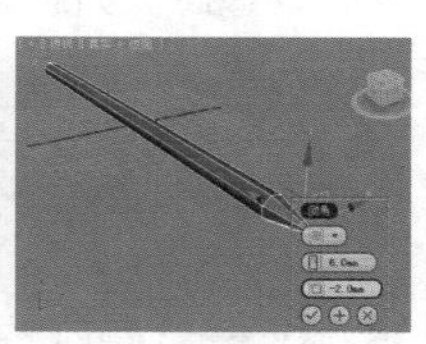
图4-177

步骤05 单击【边】按钮，进入边级别，然后选择如图4-178所示的边。接着单击【切角】按钮后面的【设置】按钮，并设置【数量】为0.5mm，【分段】为5，如图4-179所示。

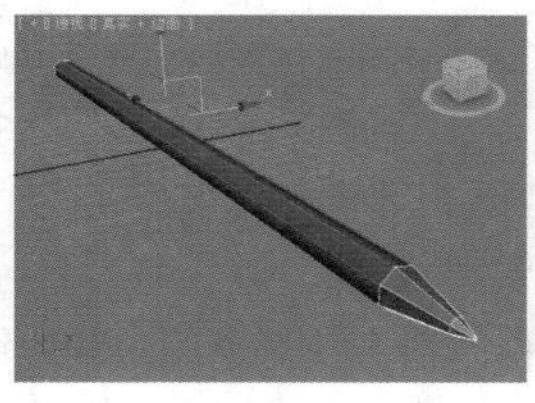
图4-178

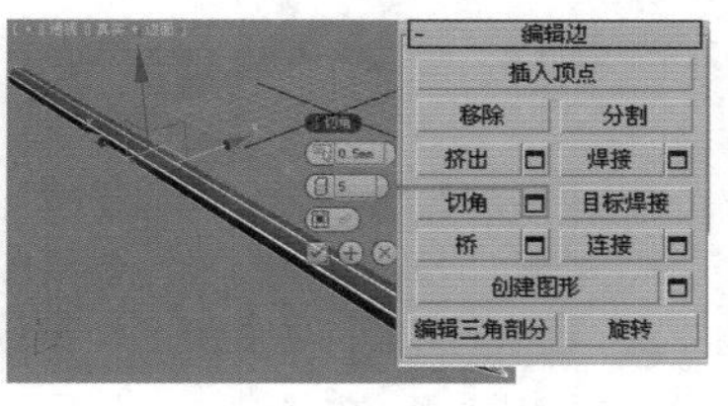

图4-179

步骤06 此时的铅笔模型如图4-180所示。

步骤07 将铅笔模型进行复制，并调整位置，如图4-181所示。

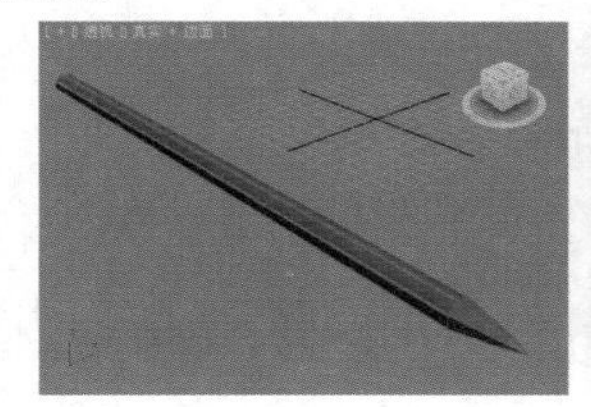
图4-180

图4-181

## 11.【UVW贴图】修改器

【UVW 贴图】修改器可以修正贴图在模型上的显示效果。其参数设置面板如图4-182所示。

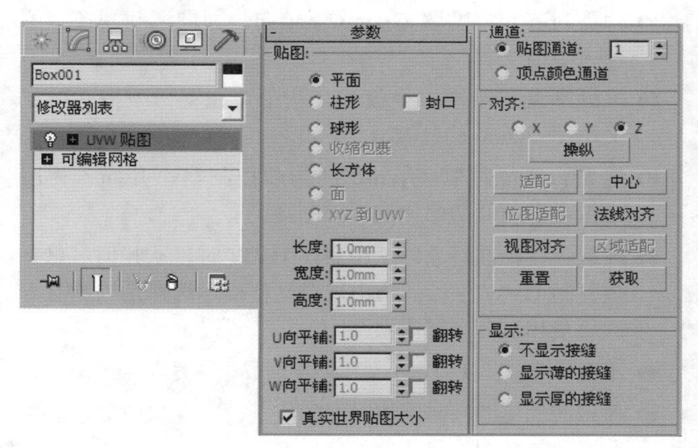

图4-182

- 贴图方式：确定所使用的贴图坐标的类型。其中包括【平面】、【柱形】、【球形】、【收缩包裹】、【长方体】、【面】和【XYZ到UVW】，如图4-183所示。

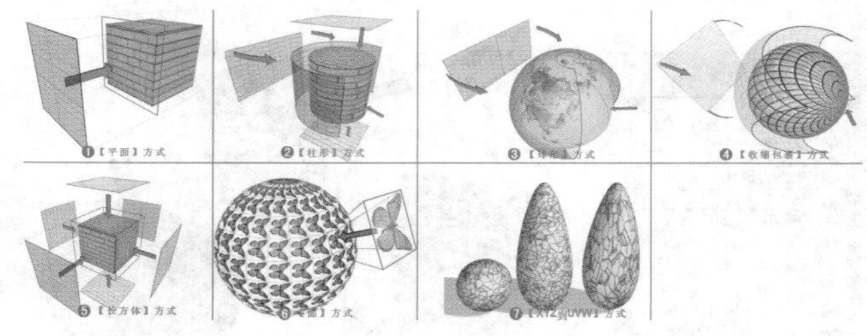
图4-183

- 长度、宽度、高度：指定【UVW 贴图】Gizmo 的尺寸。在应用修改器时，贴图图标的默认缩放由对象的最大尺寸定义。
- U 向平铺、V 向平铺、W 向平铺：用于指定 UVW 贴图的尺寸以便平铺图像。
- 翻转：绕给定轴反转图像。
- 贴图通道：设置贴图通道。
- 顶点颜色通道：通过选择该选项，可将通道定义为顶点颜色通道。
- X/Y/Z：选择其中之一，可翻转贴图 Gizmo 的对齐。每项指定 Gizmo 的哪个轴与对象的局部 Z 轴对齐。
- 操纵：启用该选项时，Gizmo 出现在能让你改变视口中的参数的对象上。
- 适配：将 Gizmo 适配到对象的范围并使其居中，以使其锁定到对象的范围。
- 中心：移动 Gizmo，使其中心与对象的中心一致。

- 位图适配：显示标准的位图文件浏览器，可以拾取图像。
- 法线对齐：单击并在要应用修改器的对象曲面上拖动。
- 视图对齐：将贴图 Gizmo 重定向为面向活动视口。图标大小不变。
- 区域适配：激活一个模式，从中可在视口中拖动以定义贴图 Gizmo 的区域。
- 重置：删除控制 Gizmo 的当前控制器，并插入使用【拟合】功能初始化的新控制器。
- 获取：在拾取对象以从中获得 UVW 时，从其他对象有效复制 UVW 坐标，会出现对话框提示选择是以绝对方式还是相对方式完成获得。
- 不显示接缝：视口中不显示贴图边界，这是默认选择。
- 显示薄的接缝：使用相对细的线条，在视口中显示对象曲面上的贴图边界。
- 显示厚的接缝：使用相对粗的线条，在视口中显示对象曲面上的贴图边界。

通过变换UVW贴图Gizmo可以产生不同的贴图效果，如图4-184所示。

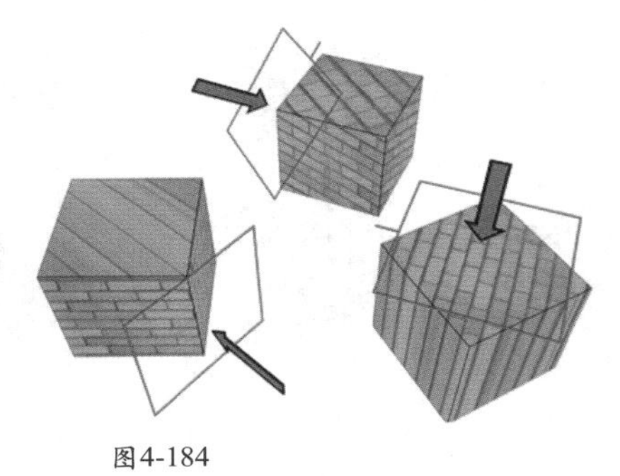

图4-184

未添加【UVW贴图】修改器和正确添加【UVW贴图】修改器的对比效果如图4-185所示。

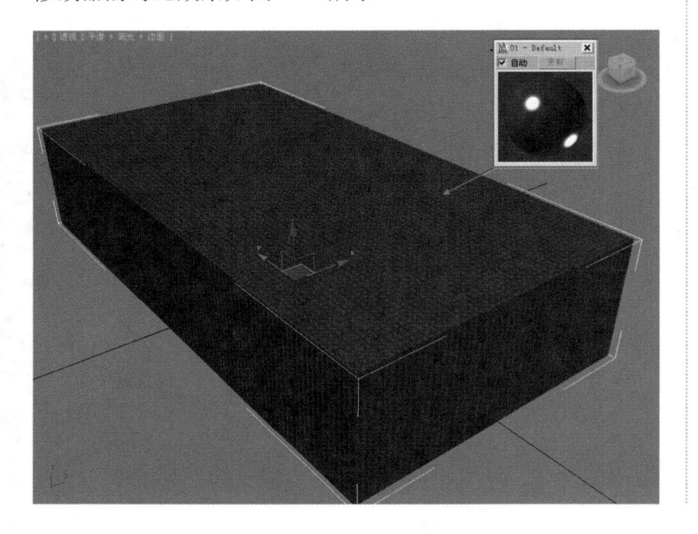

图4-185

## 12.【平滑】、【网格平滑】和【涡轮平滑】修改器

平滑修改器主要包括【平滑】修改器、【网格平滑】修改器和【涡轮平滑】修改器。这3个修改器都可以用于平滑几何体，但是在平滑效果和可调性上有所差别。对于相同物体来说，【平滑】修改器的参数比较简单，但是平滑的程度不强；【网格平滑】修改器与【涡轮平滑】修改器的使用方法比较相似，但是后者能够更快并更有效率地利用内存。其参数设置面板如图4-186所示。

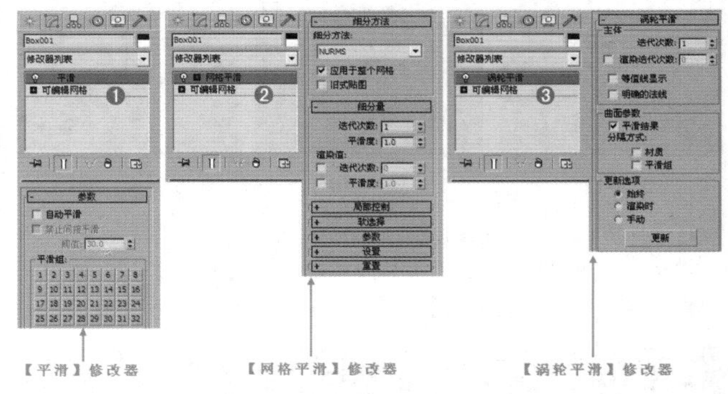


图4-186

- 【平滑】修改器：该修改器基于相邻面的角提供自动平滑，可以将新的平滑效果应用到对象上。
- 【网格平滑】修改器：使用该修改器会使对象的角和边变得圆滑，变圆滑后的角和边就像被锉平或刨平一样。
- 【涡轮平滑】修改器：该修改器是一种使用高分辨率模式来提高性能的极端优化平滑算法，可以大大提升高精度模型的平滑效果。

## 13.【对称】修改器

使用【对称】修改器可以快速地创建出模型的另外一部分，因此在制作角色模型、人物模型、家具模型等对称模型时可以制作模型的一半，并使用【对称】修改器制作另外一半。其参数设置面板如图4-187所示。

- X、Y、Z：指定执行对称所围绕的轴。可以在选中轴的同时在视口中观察效果。
- 翻转：如果想要翻转对称效果的方向可启用翻转。默认设置为禁用状态。
- 沿镜像轴切片：如果启用该选项，使镜像 Gizmo 在定位于网格边界内部时作为一个切片平面。当 Gizmo 位于网格边界外部时，对称反射仍然作为原始网格的一部分来处理。
- 焊接缝：启用该选项，将确保沿镜像轴的顶点在阈值以内时会自动焊接。默认设置为启用状态。
- 阈值：阈值设置的值代表顶点在自动焊接起来之前的接近程度。

## 14.【细化】修改器

【细化】修改器会对当前选择的曲面进行细分。它在渲染曲面时特别有用，并为其他修改器创建附加的网格分辨率。其参数设置面板如图4-188所示。

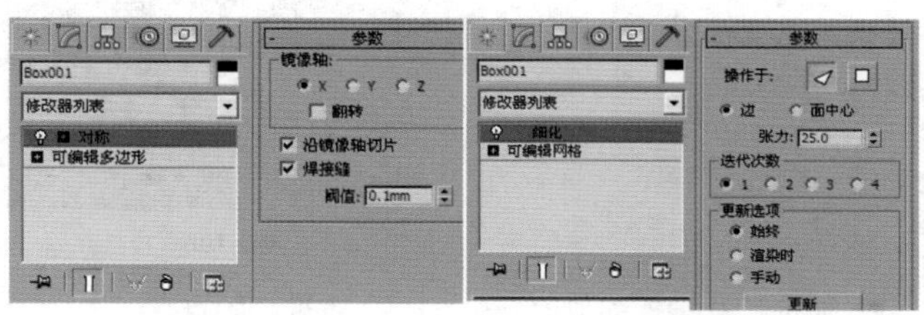

图4-187　　图4-188

- 操作于：指定是否将细化操作于三角形面或操作于多边形面（可见边包围的区域）。
- 边：从多边形或曲面的中心到每条边的中点进行细分。
- 面中心：选中该单选项按钮对从中心到顶点角的曲面进行细分。
- 张力：决定新曲面在经过边缘细化后是平面、凹面或凸面。
- 迭代次数：指定应用细化的次数，数值越大，模型面数就越多，但同时也会占用更大的内存。
- 始终：无论何时改变了基本几何体都对细化进行更新。
- 渲染时：仅在对象渲染后进行细化的更新。

为模型添加【细化】修改器后，也就是为模型增加了网格的面数，使得模型可以进行更加细致的调节，如图4-189所示。

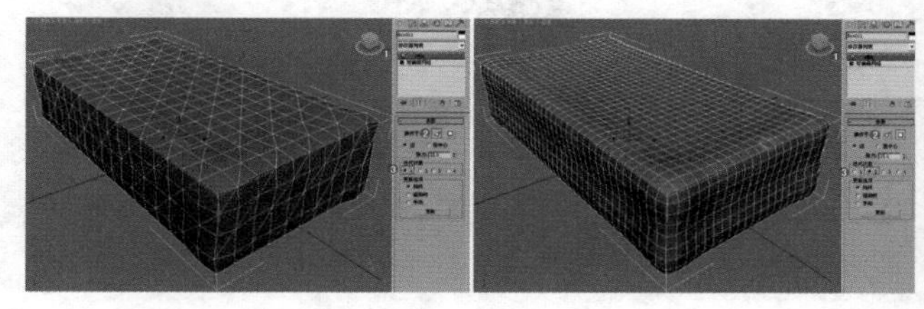

图4-189

## 15.【优化】修改器

【优化】修改器可以减少对象的面和顶点的数目。其参数设置面板如图4-190所示。

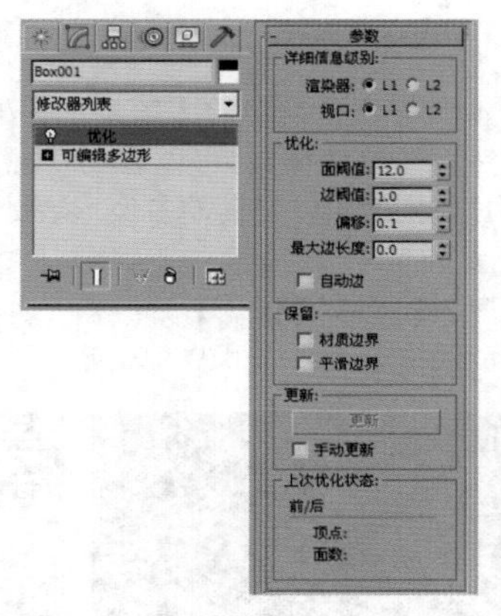

图4-190

- 渲染器：设置默认扫描线渲染器的显示级别。
- 视口：同时为视口和渲染器设置优化级别。
- 面阈值：设置用于决定哪些面会塌陷的阈值角度。
- 边阈值：为开放边（只绑定了一个面的边）设置不同的阈值角度。
- 偏移：帮助减少优化过程中产生的三角形，从而避免模型产生错误。
- 最大边长度：指定边的最大长度。
- 自动边：控制是否启用任何开放边。
- 材质边界：保留跨越材质边界的面塌陷。
- 平滑边界：优化对象并保持平滑效果。

# 小实例：利用优化修改器减少模型面数

| 场景文件 | 01.max |
| --- | --- |
| 案例文件 | 小实例：利用优化修改器减少模型面数.max |
| 视频教学 | 多媒体教学/Chapter04/小实例：利用优化修改器减少模型面数.flv |
| 难易指数 | ★★★☆☆ |
| 技术掌握 | 掌握【优化】修改器的使用方法 |

## 实例介绍

【优化】修改器可以很好地优化模型的面数，从而大大节省计算机资源，使得3ds Max运行起来会非常流畅。本例将通过【超级优化】修改器来讲解如何优化模型的面数，如图4-191所示是优化前后的对比效果。

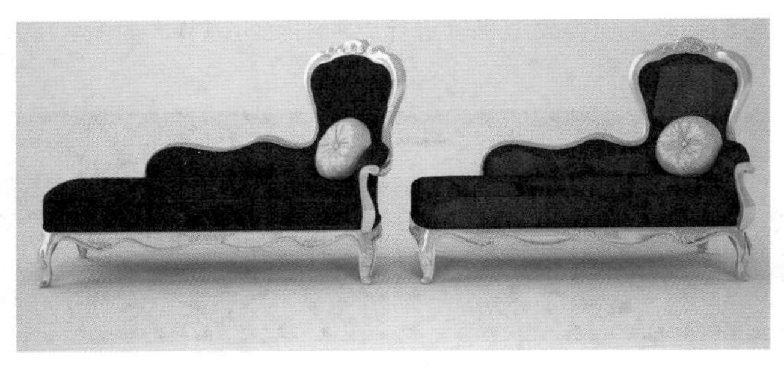

图4-191

## 建模思路

使用【超级优化】修改器减少模型的面数。

## 操作步骤

步骤01 打开本书配套光盘中的【场景文件/Chapter04/01.max】文件，然后按数字键7，可以看到在视图的左上角显示出多边形和顶点的数量，目前的多边形数量为264160个，如图4-192所示。

步骤02 为模型加载一个【优化】修改器，并设置【优化】选项组中的【面阈值】为4，如图4-193所示。

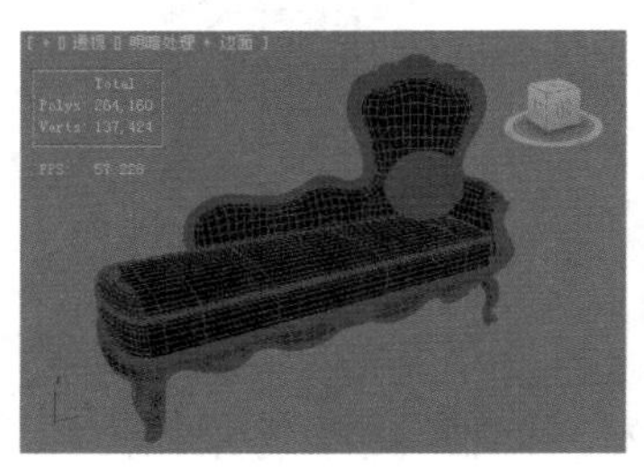

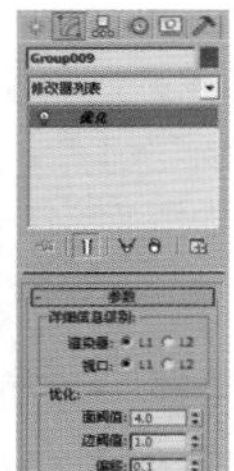

图4-192　图4-193

**技巧提示**

如果在一个很大的场景中，且每个物体都有很多的面，那么系统在运行时将会非常缓慢，因此可以在保证模型在没有太大更改的情况下适当地将物体进行优化。

步骤03 这时可以从网格中观察到面数已经明显减少了，在视图的左上角显示出多边形和顶点的数量，目前的多边形数量为137910个，模型效果如图4-194所示。

步骤04 优化前后的模型效果对比如图4-195所示。

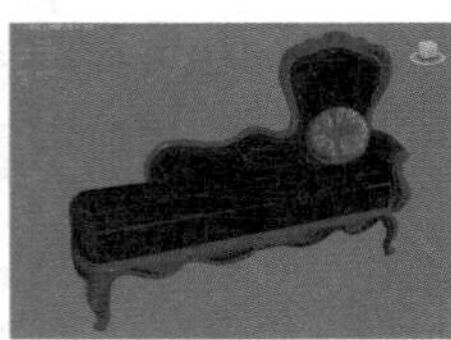

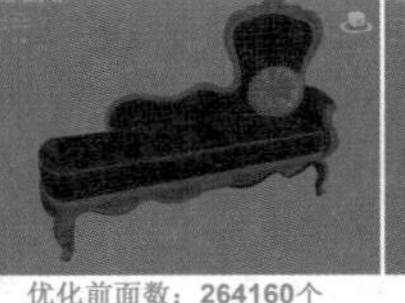


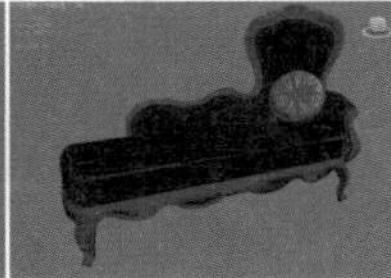


图4-194　图4-195

## 16.【噪波】修改器

【噪波】修改器可以使对象表面的顶点进行随机变动，从而让表面变得起伏不规则，常用于制作复杂的地形、地面和水面效果。其参数设置面板如图4-196所示。

图4-196

- 种子：从设置的数值中生成一个随机起始点。
- 比例：设置噪波影响（不是强度）的大小。
- 分形：控制是否产生分形效果。
- 粗糙度：决定分形变化的程度。
- 迭代次数：控制分形功能所使用的迭代数目。
- X/Y/Z轴：设置噪波在X/Y/Z坐标轴上的强度。
- 动画噪波：调节噪波和强度参数的组合效果。
- 频率：调节噪波效果的速度。
- 相位：移动基本波形的开始和结束点。

# 小实例：利用噪波修改器制作冰块

| 场景文件 | 无 |
|---|---|
| 案例文件 | 小实例：利用噪波修改器制作冰块.max |
| 视频教学 | 多媒体教学/Chapter04/小实例：利用噪波修改器制作冰块.flv |
| 难易指数 | ★★★☆☆ |
| 技术掌握 | 掌握【噪波】修改器的使用方法 |

## 实例介绍

本实例是几块冰块模型，使用【噪波】修改器制作，效果如图4-197所示。

图4-197

## 建模思路

为切角长方体加载【噪波】修改器。

冰块模型的制作流程如图4-198所示。

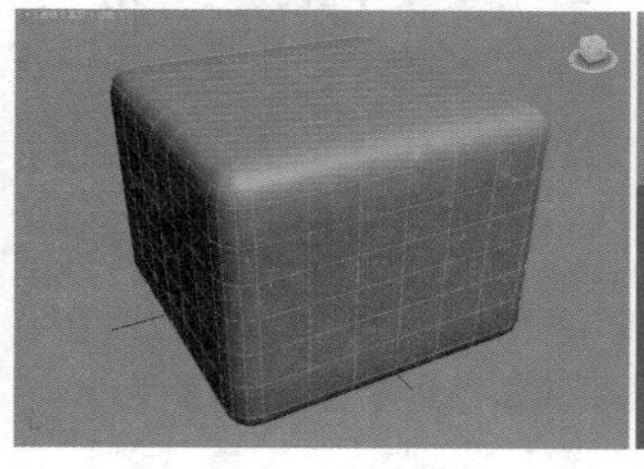

图4-198

## 操作步骤

**步骤01** 在顶视图中创建一个切角长方体，设置【长度】为100mm，【宽度】为100mm，【高度】为80mm，【圆角】为8mm，【长度分段】为6，【宽度分段】为6，【高度分段】为6，【圆角分段】为3，如图4-199所示。

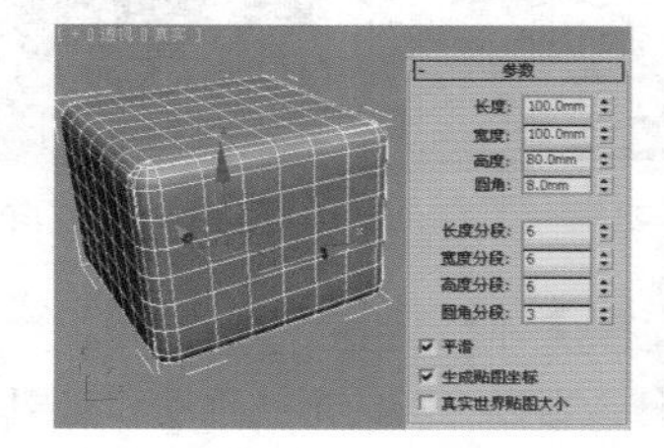

图4-199

**步骤02** 选择步骤01中创建的切角长方体，然后在【修改】面板中加载【噪波】修改器，选中【分形】复选框，在【强度】选项组中设置X、Y、Z均为20mm，如图4-200所示。

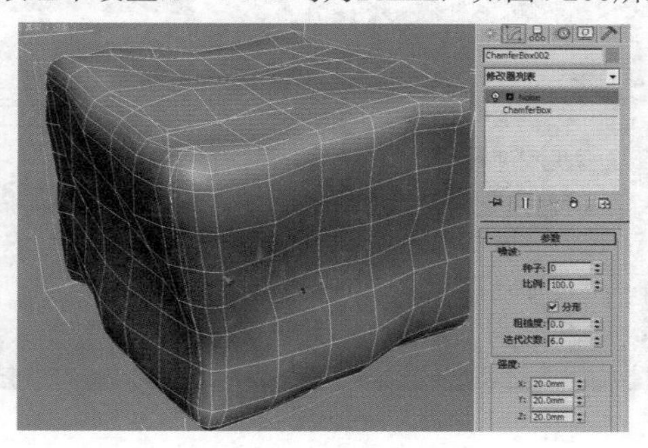

图4-200

**步骤03** 在顶视图中创建一个平面，设置【长度】为600mm，【宽度】为700mm，如图4-201所示。

**步骤04** 继续使用【噪波】修改器制作出剩余部分的冰块，最终模型效果如图4-202所示。

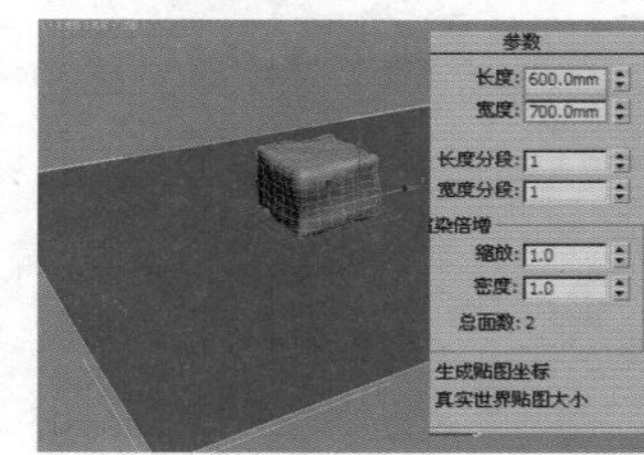

图4-201

图4-202

# 小实例：利用噪波和FFD修改器制作气球

| | |
|---|---|
| 场景文件 | 无 |
| 案例文件 | 小实例：利用噪波和FFD修改器制作气球.max |
| 视频教学 | 多媒体教学/Chapter04/小实例：利用噪波和FFD修改器制作气球.flv |
| 难易指数 | ★★★☆☆ |
| 技术掌握 | 掌握【噪波】和FFD修改器的使用方法 |

## 实例介绍

本实例学习使用一些常用修改器来完成模型的制作，最终效果如图4-203所示。

图4-203

## 建模思路

使用【噪波】和FFD修改器制作气球模型。

气球的建模流程如图4-204所示。

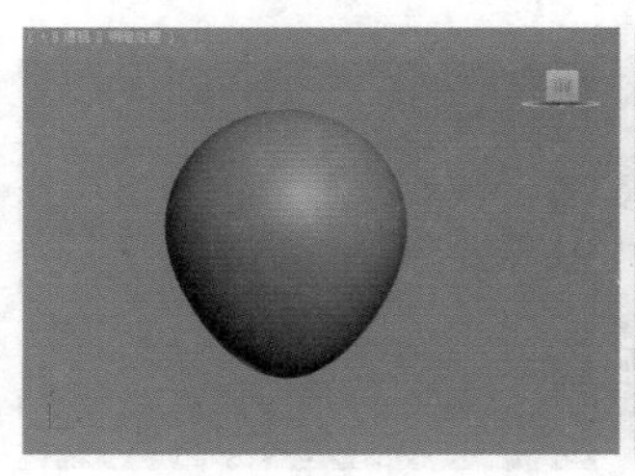
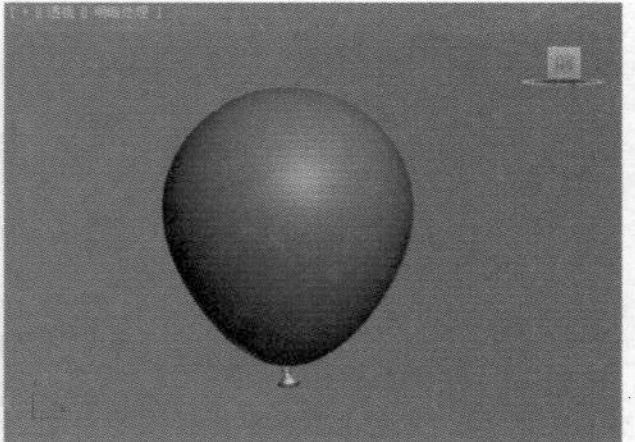

图4-204

## 操作步骤

**步骤01** 在顶视图中创建一个球体，并设置【半径】为100mm，【分段】为100，如图4-205所示。

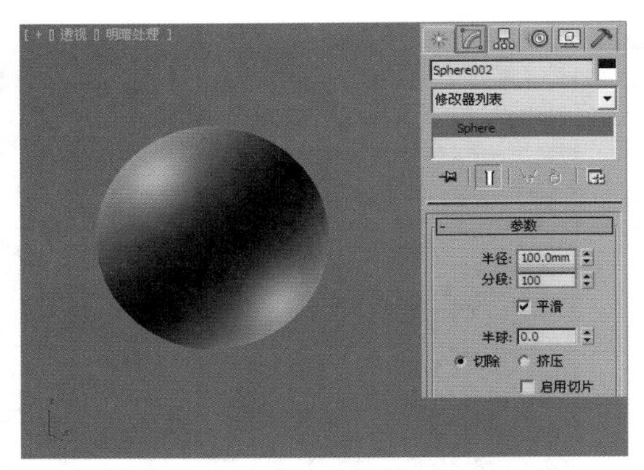


图4-205

**步骤02** 选择步骤01中创建的球体，并为球体加载FFD 3×3×3修改器，如图4-206所示。

**步骤03** 单击【修改】面板，并进入【控制点】级别，接着在前视图中向下拖曳控制点，调整球体的形态，具体效果如图4-207所示。

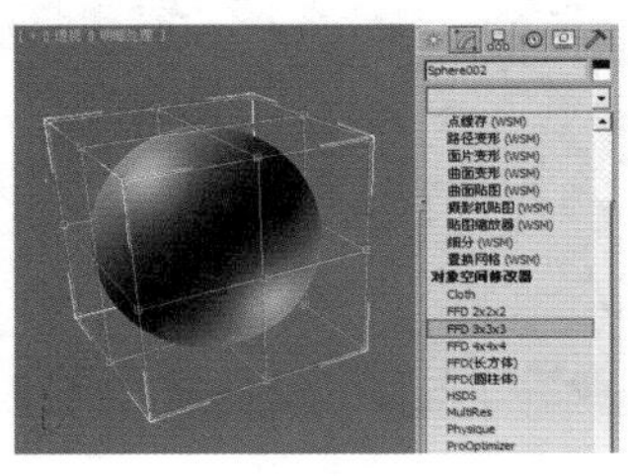

图4-206

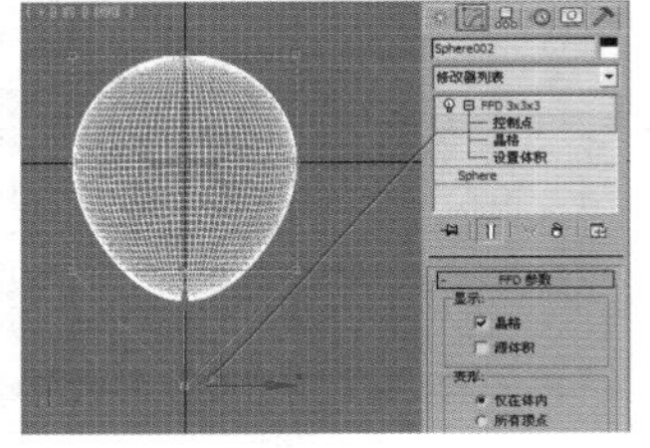

图4-207

**步骤04** 在顶视图中创建一个环形结。单击【修改】面板，设置【半径】为1.3mm，【分段】为200，P为3，Q为1.5，然后在【横截面】选项组中设置【半径】为1.2mm，如图4-208所示。

**步骤05** 使用【选择并移动】工具将环形结沿Y轴的反方向移动到球体下方，摆放位置如图4-209所示。

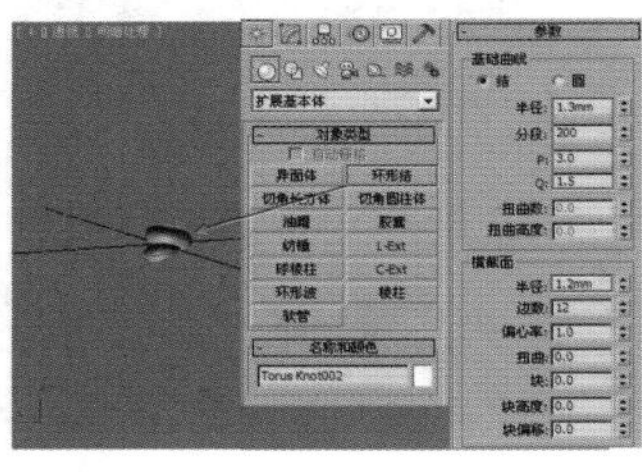

图4-208

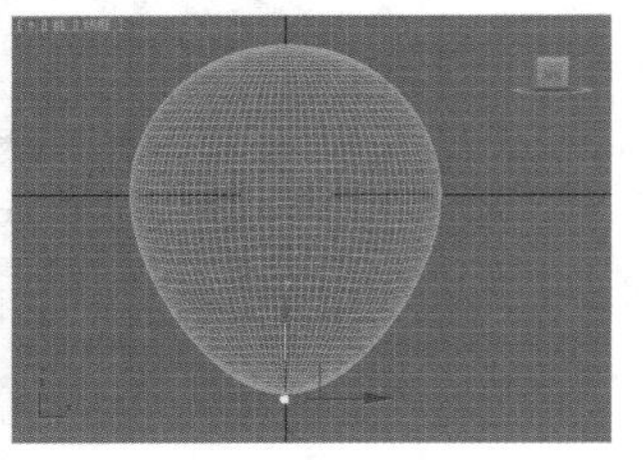

图4-209

**步骤06** 在顶视图中创建一个圆锥体。向下移动至环形结下方，设置【半径1】为6mm，【半径2】为1mm，【高度】为8.5mm，【高度分段】为20，【端面分段】为1，【边数】为50，如图4-210所示。

**步骤07** 在顶视图中创建一个圆环。向下移动至圆锥下方，设置【半径1】为6.4mm，【半径2】为0.8mm，【分段】为50，【边数】为40，如图4-211所示。

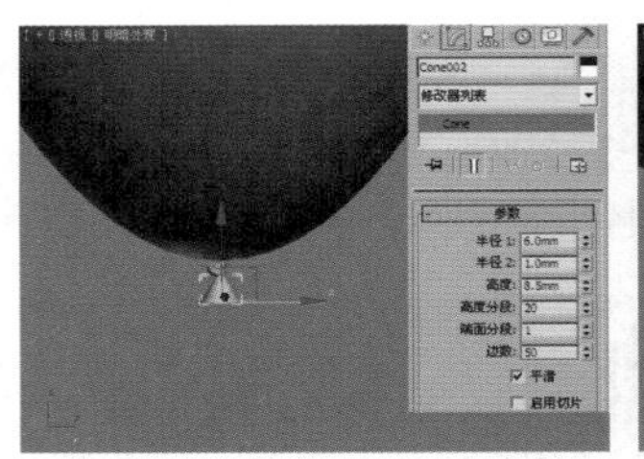

图4-210

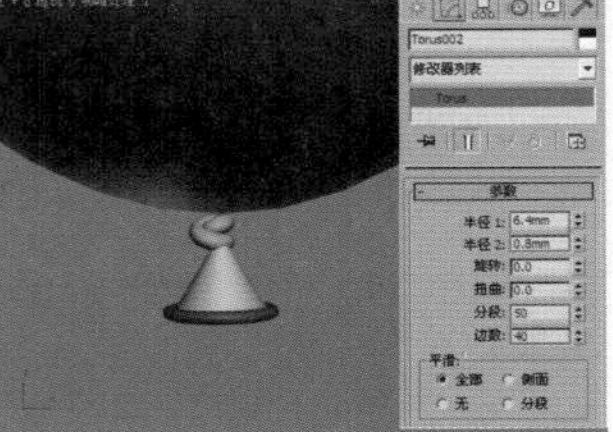

图4-211

**步骤08** 选择刚才创建的圆锥体和圆环，为其加载【噪波】修改器。单击【修改】面板，设置【比例】为60，选中【分形】复选框，在【强度】选项组中设置【X】为10mm，【Y】为10mm，【Z】为4mm，如图4-212所示。

**步骤09** 最终气球模型效果如图4-213所示。

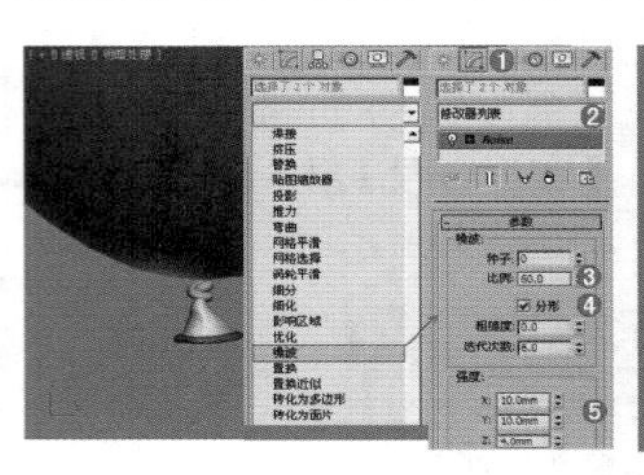

图4-212

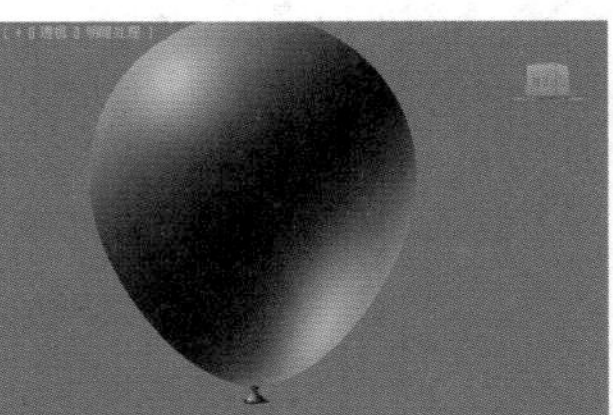

图4-213

##  17.【置换】修改器

【置换】修改器以力场的形式推动和重塑对象的几何外形，可以直接从修改器 Gizmo 应用它的变量力或者从位图图像应用，如图4-214所示。

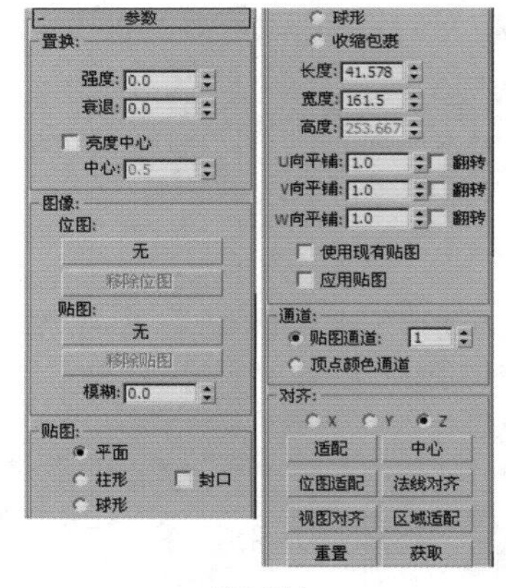


图4-214

- 强度：设置为 0.0 时，【置换】没有任何效果。
- 衰退：根据距离变化置换强度。
- 亮度中心：决定【置换】使用什么层级的灰度作为 0 置换值。
- 位图按钮：从选择对话框中指定位图或贴图。
- 移除位图/贴图：移除指定的位图或贴图。
- 模糊：增加该值可以模糊或柔化位图置换的效果。

- **平面**：从单独的平面对贴图进行投影。
- **柱形**：像将其环绕在圆柱体上那样对贴图进行投影。
- **球形**：从球体出发对贴图进行投影，球体的顶部和底部，即位图边缘在球体两极的交汇处均为奇点。
- **收缩包裹**：从球体投影贴图，像【球形】所作的那样，但是它会截去贴图的各个角，然后在一个单独的极点将它们全部结合在一起，在底部创建一个奇点。
- **翻转**：沿相应的 U、V 或 W 轴反转贴图的方向。
- **使用现有贴图**：让【置换】使用堆栈中较早的贴图设置。如果没有对对象贴图，则该功能就没有效果。
- **应用贴图**：将【置换 UV】贴图应用到绑定对象。

## 小实例：利用【置换】修改器制作针幕人像

| 场景文件 | 无 |
| --- | --- |
| 案例文件 | 小实例：利用【置换】修改器制作针幕人像.max |
| 视频教学 | 多媒体教学/Chapter06/小实例：利用置换修改器制作针幕人像.flv |
| 难易指数 | ★★★☆☆ |
| 技术掌握 | 掌握【置换】修改器的使用方法 |

### 实例介绍

本实例将以一个针幕人像模型为例来讲解【置换】修改器的使用方法，效果如图4-215所示。

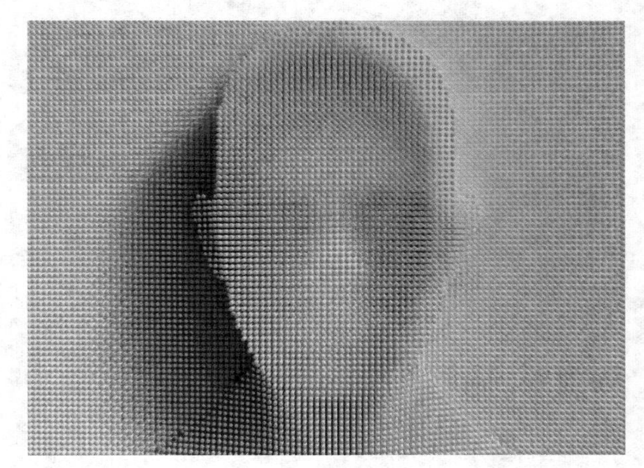

图4-215

### 建模思路

创建平面，并加载【置换】修改器制作针幕人像。

针幕人像的建模流程如图4-216所示。

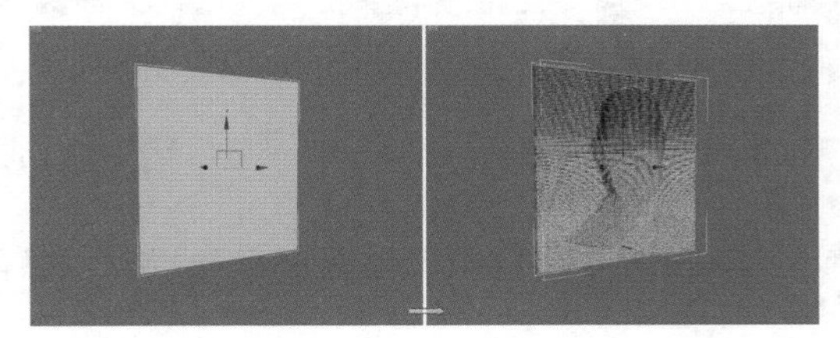

图4-216

### 操作步骤

**步骤01** 在场景中创建一个平面。单击【修改】面板，设置【长度】为100mm，【宽度】为100mm，【长度分段】为1000，【宽度分段】为1000，如图4-217所示。

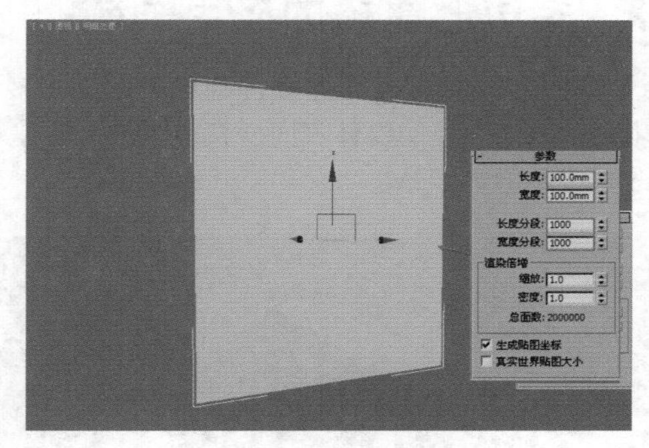


图4-217

> **技巧提示**
>
> 将平面的段值设置为1000是为了使添加【置换】修改器后的效果更加明显，用户可以根据计算机的配置适当设置。

**步骤02** 选择刚创建的平面，加载【置换】修改器，设置【强度】为5mm，并在【图像】选项组中加载贴图文件【针模.jpg】，在【贴图】选项组中选中【平面】单选按钮，如图4-218所示。

**步骤03** 此时的模型效果如图4-219所示。

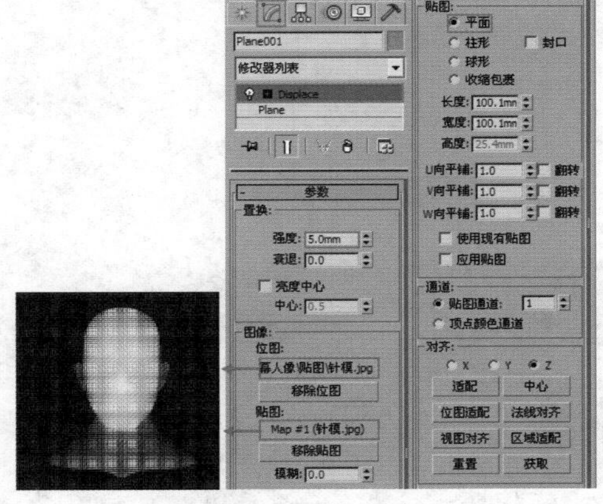


图4-218

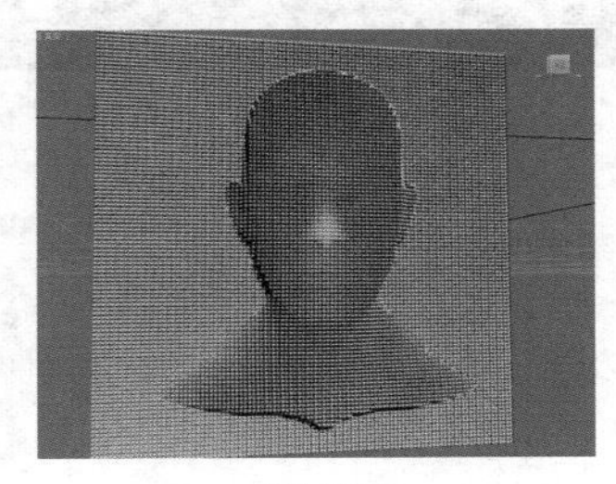

图4-219

# 4.2 多边形建模

## 4.2.1 多边形建模的应用领域

多边形建模就是Polygon建模，翻译成中文是多边形建模，是目前三维软件两大流行建模方法之一（另一个是曲面建模），用这种方法创建的物体表面由直线组成，在建筑方面用的较多，例如室内设计、环境艺术设计等。如图4-220所示为一些优秀的多边形建模作品。

图4-220

## 4.2.2 塌陷多边形对象

在编辑多边形对象之前首先要明确多边形物体不是创建出来的，而是塌陷出来的。将物体塌陷为多边形的方法主要有以下4种。

方法01 在物体上单击鼠标右键，在弹出的快捷菜单中选择【转换为/转换为可编辑多边形】命令，如图4-221所示。

方法02 选中物体，然后在【石墨建模】工具栏中单击【多边形建模】按钮，最后单击【转化为多边形】，如图4-222所示。

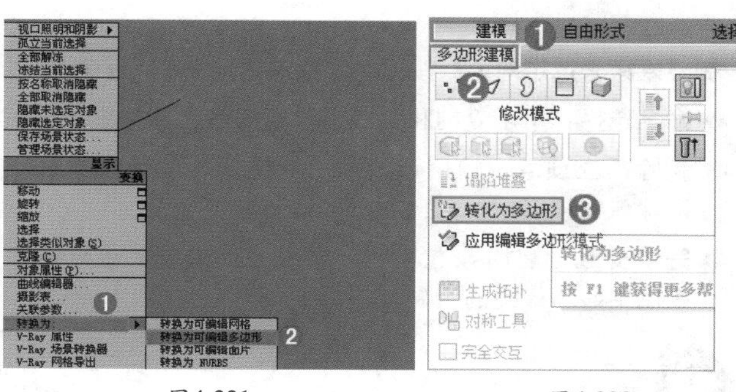


图4-221　　图4-222

方法03 为物体加载【编辑多边形】修改器，如图4-223所示。

方法04 在修改器堆栈中选中物体，然后单击鼠标右键，在弹出的快捷菜单中选择【可编辑多边形】命令，如图4-224所示。

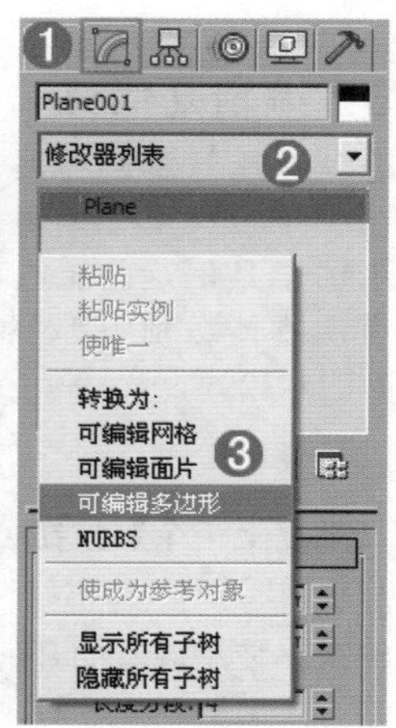


图4-223　　图4-224

## 4.2.3 编辑多边形对象

当物体变成可编辑多边形对象后，可以观察到可编辑多边形对象包含【顶点】、【边】、【边界】、【多边形】和【元素】5种子对象，如图4-225所示。

多边形参数设置面板中包括6个卷展栏，分别是【选择】、【软选择】、【编辑几何体】、【细分曲面】、【细分置换】和【绘制变形】，如图4-226所示。

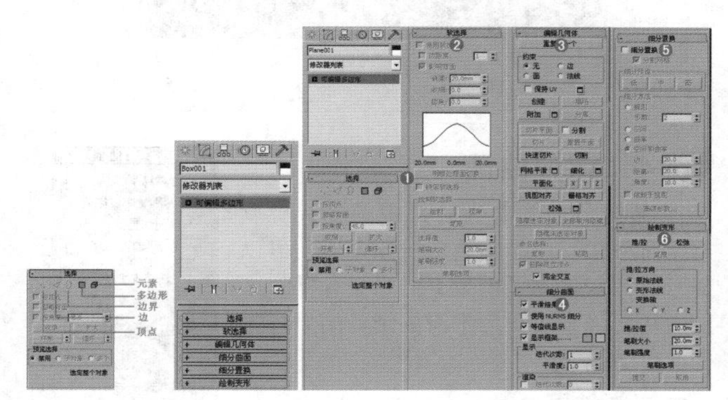


图4-225　　图4-226

### 1. 选择

【选择】卷展栏中的参数主要用来选择对象和子对象，如图4-227所示。

- 次物体级别：包括【顶点】、【边】、【边界】、【多边形】和【元素】5种级别。

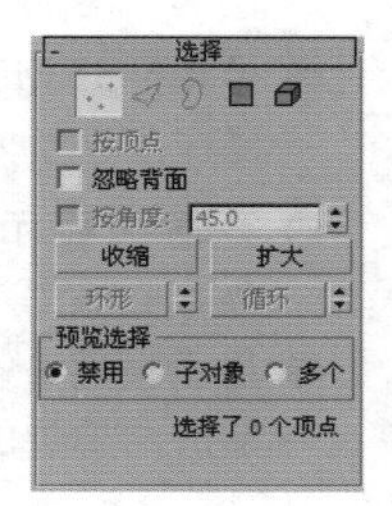


图4-227

- 按顶点：除了【顶点】级别外，该选项可以在其他4种级别中使用。启用该选项后，只有选择所用的顶点才能选择子对象。
- 忽略背面：启用该选项后，只能选中法线指向当前视图的子对象。
- 按角度：启用该选项后，可以根据面的转折度数来选择子对象。
- 【收缩】按钮：单击该按钮可以在当前选择范围中向内减少一圈对象。
- 【扩大】按钮：与【收缩】相反，单击该按钮可以在当前选择范围中向外增加一圈对象。
- 【环形】按钮：该按钮只能在【边】和【边界】级别中使用。在选中一部分子对象后单击该按钮，可以自动选择平行于当前对象的其他对象。
- 【循环】按钮：该按钮只能在【边】和【边界】级别中使用。在选中一部分子对象后单击该按钮，可以自动选择与当前对象在同一曲线上的其他对象。
- 预览选择：在选择对象之前，通过这里的选项可以预览光标滑过位置的子对象，有【禁用】、【子对象】和【多个】3个选项可供选择。

### 2. 软选择

【软选择】卷展栏是以选中的子对象为中心向四周扩散，可以通过控制【衰减】、【收缩】和【膨胀】的数值来控制所选子对象区域的大小及对子对象控制力的强弱，另外，【软选择】卷展栏还包括绘制软选择的工具，这一部分与【绘制变形】卷展栏的用法很接近，如图4-228所示。

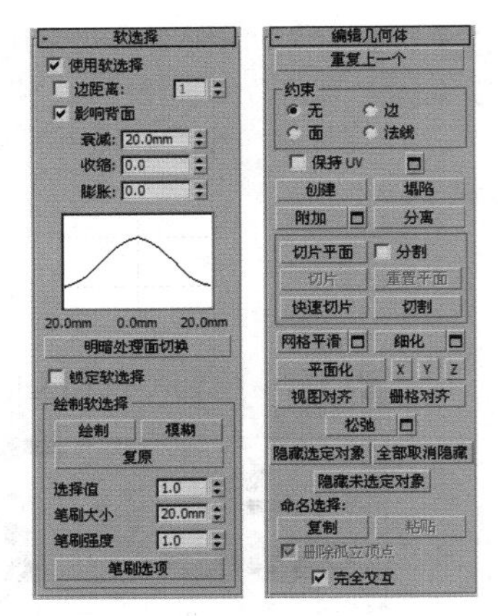


图4-228　　图4-229

### 3. 编辑几何体

【编辑几何体】卷展栏中提供了多种用于编辑多边形的工具，这些工具在所有次物体级别下都可用，如图4-229所示。

- 【重复上一个】按钮：单击该按钮可以重复使用上一次使用的命令。
- 约束：使用现有的几何体来约束子对象的变换效果，共有【无】、【边】、【面】和【法线】4种方式可供选择。
- 保持UV：启用该选项后，可以在编辑子对象的同时不影响该对象的UV贴图。
- 【创建】按钮：创建新的几何体。
- 【塌陷】按钮：该工具类似于【焊接】工具，但是其不需要设置【阈值】参数就可以直接塌陷在一起。
- 【附加】按钮：使用该工具可以将场景中的其他对象附加到选定的可编辑多边形中。
- 【分离】按钮：将选定的子对象作为单独的对象或元素分离出来。
- 【切片平面】按钮：使用该工具可以沿某一平面分开网格对象。
- 分割：启用该选项后，可以通过【快速切片】工具和【切割】工具在划分边位置处创建出两个顶点集合。
- 【切片】按钮：可以在切片平面位置处执行切割操作。
- 【重置平面】按钮：将执行过【切片】的平面恢复到之前的状态。
- 【快速切片】按钮：可以将对象进行快速切片，切片线沿着对象表面，所以可以更加准确地进行切片。
- 【切割】按钮：可以在一个或多个多边形上创建出新的边。
- 【网格平滑】按钮：使选定的对象产生平滑效果。
- 【细化】按钮：增加局部网格的密度，从而方便处理对象的细节。
- 【平面化】按钮：强制所有选定的子对象成为共面。
- 【视图对齐】按钮：使对象中的所有顶点与活动视图所在的平面对齐。
- 【栅格对齐】按钮：使选定对象中的所有顶点与活动视图所在的平面对齐。
- 【松弛】按钮：使当前选定的对象产生松弛现象。
- 【隐藏选定对象】按钮：隐藏所选定的子对象。
- 【全部取消隐藏】按钮：将所有的隐藏对象还原为可见对象。
- 【隐藏未选定对象】按钮：隐藏未选定的任何子对象。
- 命名选择：用于复制和粘贴子对象的命名选择集。
- 删除孤立顶点：启用该选项后，选择连续子对象时会删除孤立顶点。
- 完全交互：启用该选项后，如果更改数值，将直接在视图中显示最终的结果。

**技巧提示**

3ds Max 2016的编辑多边形的部分面板发生了变化。例如使用【多边形】级别，并进行【挤出】操作，在之前的版本都是弹出长方形的参数面板，而3ds Max 2016版本会弹出更小的菜单，如图4-230所示。

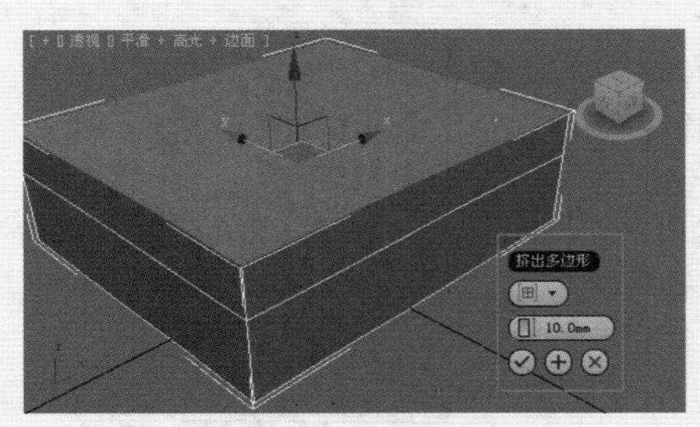


图4-230

### 4. 细分曲面

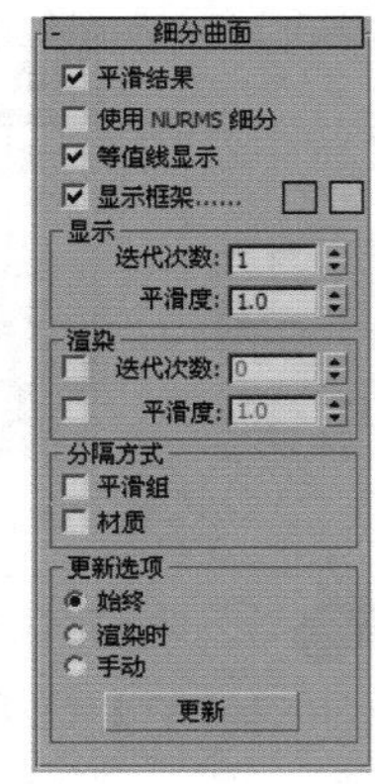


图4-231

【细分曲面】卷展栏中的参数可以将细分效果应用于多边形对象，以便可以对分辨率较低的【框架】网格进行操作，同时还可以查看更为平滑的细分结果，如图4-231所示。

- 平滑结果：对所有的多边形应用相同的平滑组。
- 使用NURMS细分：通过NURMS方法应用平滑效果。
- 等值线显示：启用该选项后，只显示等值线。
- 显示框架：在修改或细分之前，切换可编辑多边形对象的两种颜色线框的显示方式。

- 显示：包含【迭代次数】和【平滑度】两个选项。
  - 迭代次数：用于控制平滑多边形对象时所用的迭代次数。
  - 平滑度：用于控制多边形的平滑程度。
- 渲染：用于控制渲染时的迭代次数与平滑度。
- 分隔方式：包括【平滑组】与【材质】两个选项。

### 5. 细分置换

【细分置换】卷展栏中的参数主要用于细分可编辑的多边形，其中包括【细分预设】和【细分方法】等，如图4-232所示。

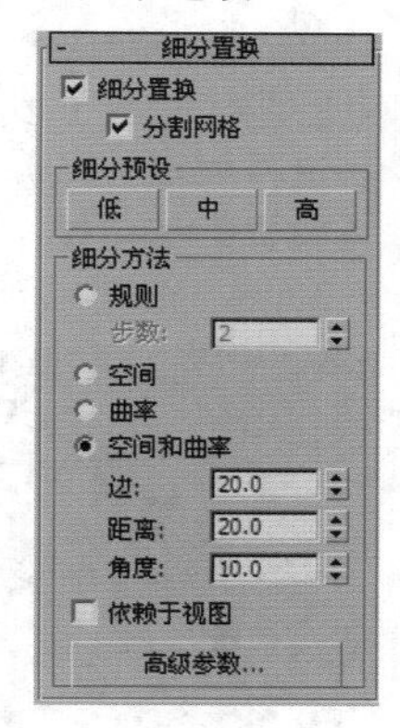

图4-232

### 6. 绘制变形

【绘制变形】卷展栏可以对物体上的子对象进行推、拉操作，或者在对象曲面上通过拖曳光标来影响顶点，如图4-233所示。在对象层级中，【绘制变形】可以影响选定对象中的所有顶点；在子对象层级中，【绘制变形】仅影响所选定的顶点。

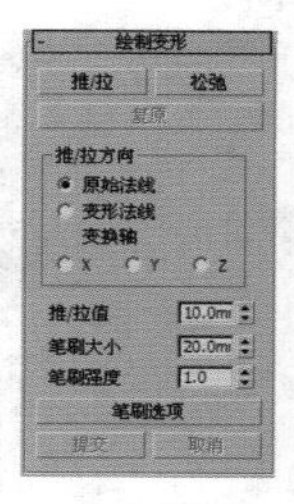

图4-233

**技巧提示**

上面所讲的6个卷展栏在任何子对象级别中都存在，而选择任何一个次物体级别后都会增加相应的卷展栏，例如选择【顶点】级别会出现【编辑顶点】和【顶点属性】两个卷展栏，如图4-234所示为切换到【顶点】和【多边形】级别的效果。

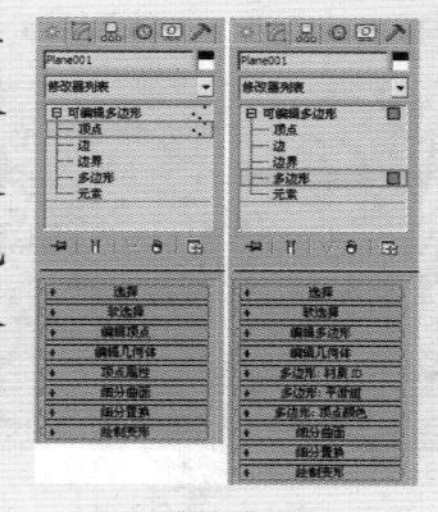
图4-234

## 小实例：利用多边形建模制作创意水杯

| 场景文件 | 无 |
| --- | --- |
| 案例文件 | 小实例：利用多边形建模制作创意水杯.max |
| 视频教学 | 多媒体教学/Chapter04/小实例：利用多边形建模制作创意水杯.flv |
| 难易指数 | ★★★☆☆ |
| 技术掌握 | 掌握可编辑多边形下的【切角】、【倒角】、【挤出】、【插入】工具 |

### 实例介绍

本实例是一个创意水杯的模型，主要使用可编辑多边形下的【切角】、【倒角】、【挤出】、【插入】工具，然后加载【涡轮平滑】修改器，效果如图4-235所示。

图4-235

### 建模思路

使用可编辑多边形下的【切角】、【倒角】、【挤出】、【插入】工具制作创意水杯。

创意水杯的建模流程如图4-236所示。

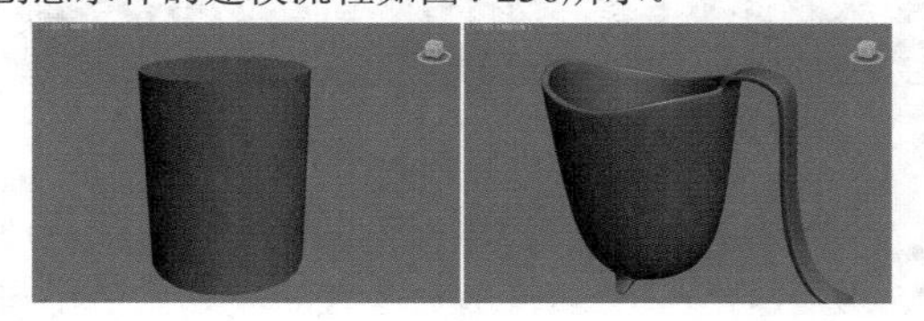
图4-236

### 操作步骤

**步骤01** 在顶视图中创建一个圆柱体，设置【半径】为50mm，【高度】为150mm，【高度分段】为2，如图4-237所示。

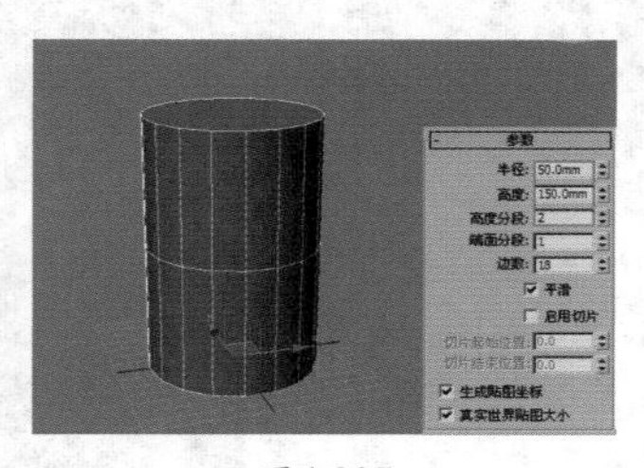
图4-237

**步骤02** 选择刚创建的圆柱体，将其转换为可编辑多边形。单击【修改】面板，单击【顶点】按钮，进入顶点级别，然后调节部分顶点的位置，调节后的效果如图4-238所示。

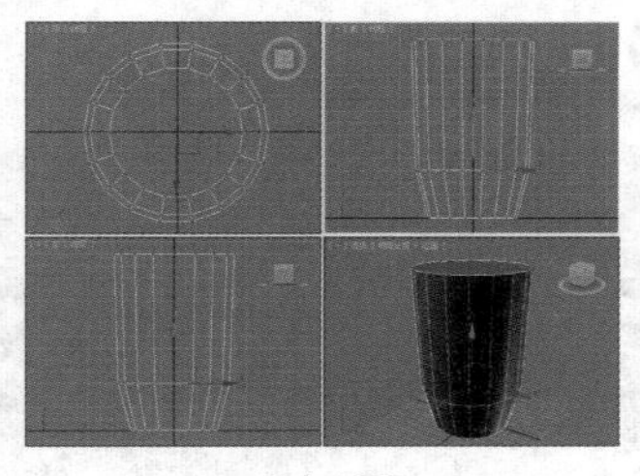
图4-238

**步骤03** 单击【多边形】按钮，进入多边形级别，然后选择如图4-239所示的多边形。单击【倒角】按钮后的【设置】按钮，并设置【高度】为4mm，【轮廓】为-5mm，如图4-240所示。

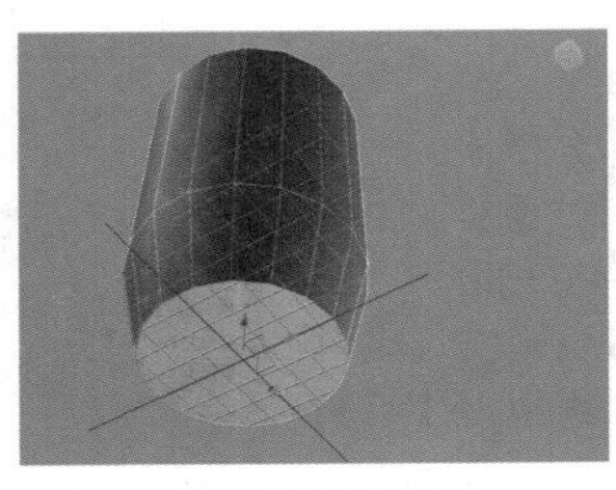

图4-239

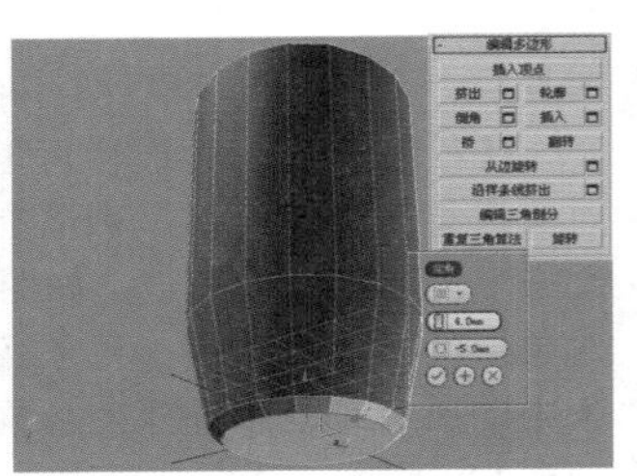

图4-240

**步骤04** 选择如图4-241所示的多边形，然后单击【插入】按钮后的【设置】按钮■，并设置【数值】为4mm，如图4-242所示。

图4-241

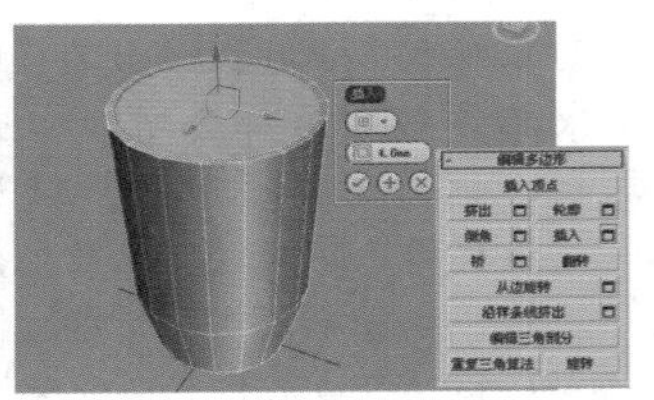

图4-242

**步骤05** 选择如图4-243所示的多边形，然后单击【挤出】按钮后的【设置】按钮■，并设置【高度】为4mm，如图4-244所示。

图4-243

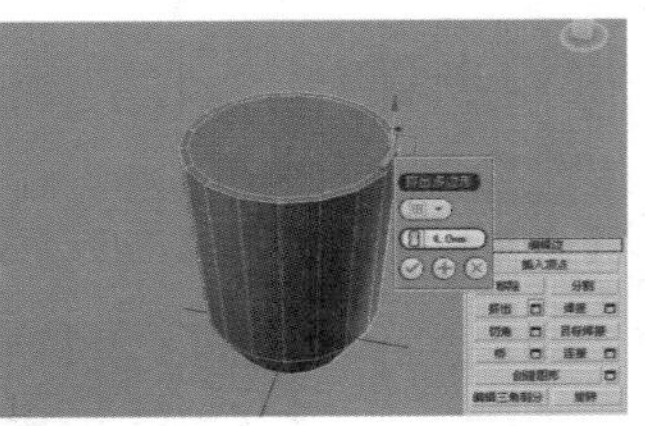

图4-244

**步骤06** 保持对多边形的选中状态，然后单击【挤出】按钮后的【设置】按钮■，并设置【高度】为4mm，如图4-245所示。

图4-245

**步骤07** 选择如图4-246所示的多边形，然后单击【挤出】按钮后的【设置】按钮■，并设置【高度】为10mm，如图4-247所示。

图4-246

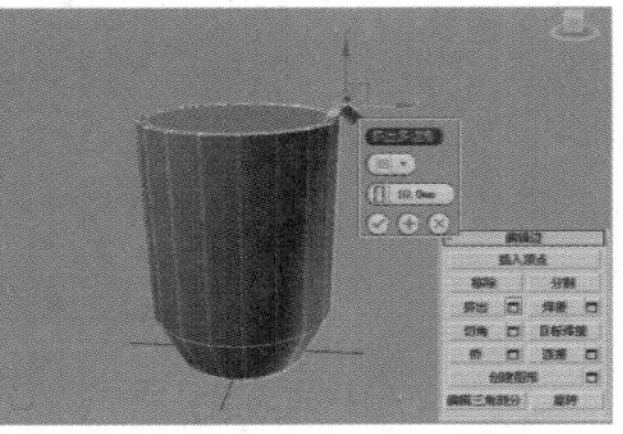

图4-247

**步骤08** 多次使用挤出命令重复步骤07的操作，如图4-248所示。然后单击【顶点】按钮■，进入顶点级别，并调整顶点的位置，如图4-249所示。

图4-248

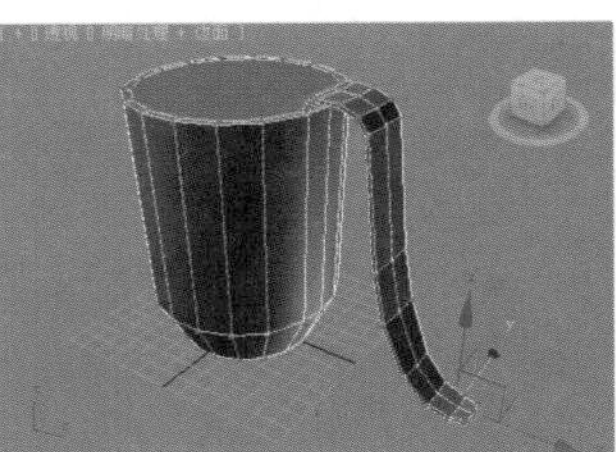

图4-249

**步骤09** 单击【多边形】按钮■，进入多边形级别，然后选择如图4-250所示的多边形。单击【倒角】按钮后的【设置】按钮■，并设置【高度】为12mm，【轮廓】为－3mm，如图4-251所示。

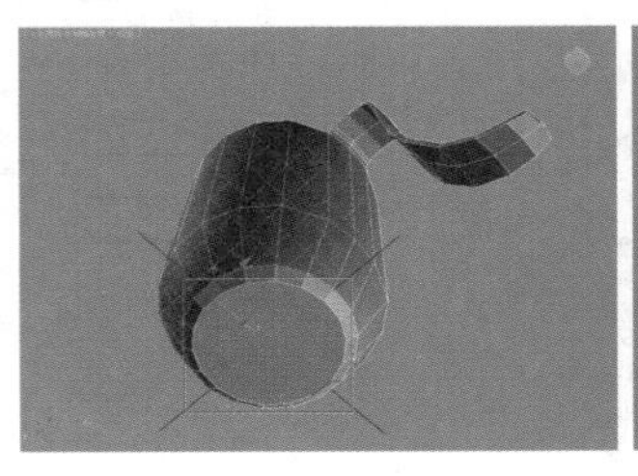

图4-250

图4-251

**步骤10** 选择如图4-252所示的多边形，然后单击【挤出】按钮后的【设置】按钮■，并设置【高度】为－130mm，如图4-253所示。

图4-252

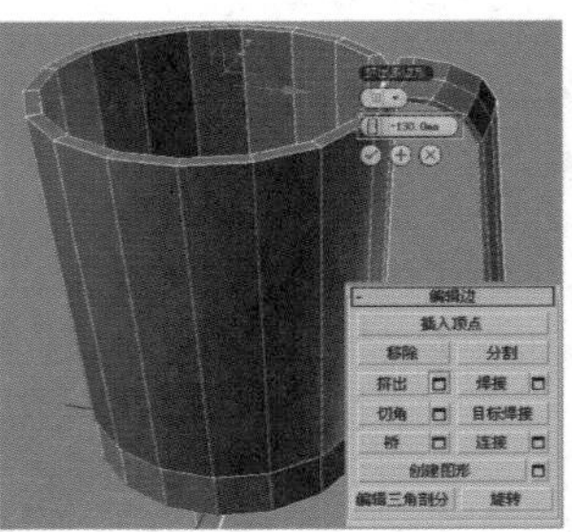

图4-253

**步骤11** 单击【顶点】按钮■，进入顶点级别，然后选择如图4-254所示的点。使用【选择并均匀缩放】工具■调节点的位置，调节后的效果如图4-255所示。

图4-254

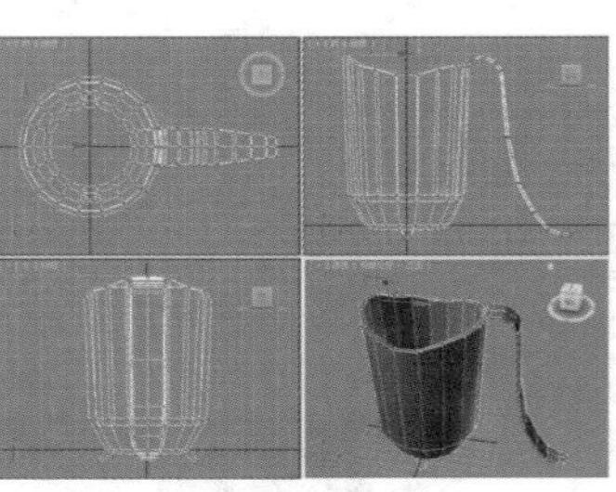

图4-255

**步骤12** 单击【边】按钮■，进入边级别，然后选择如图4-256所示的边。单击【修改】面板■，然后单击【切角】按钮后的【设置】按钮，并设置【边切角量】为0.5mm，如图4-257所示。

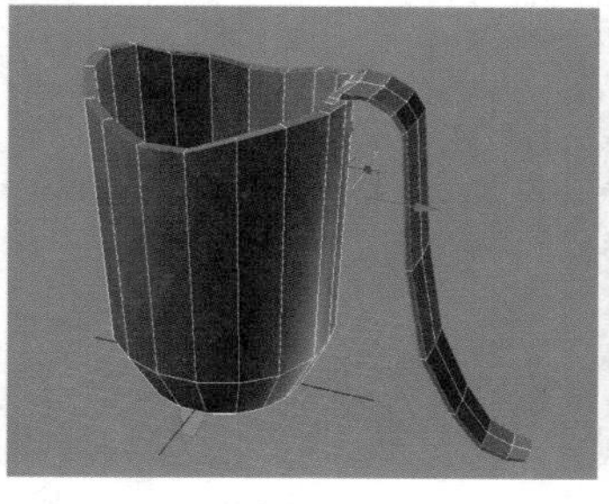

图4-256

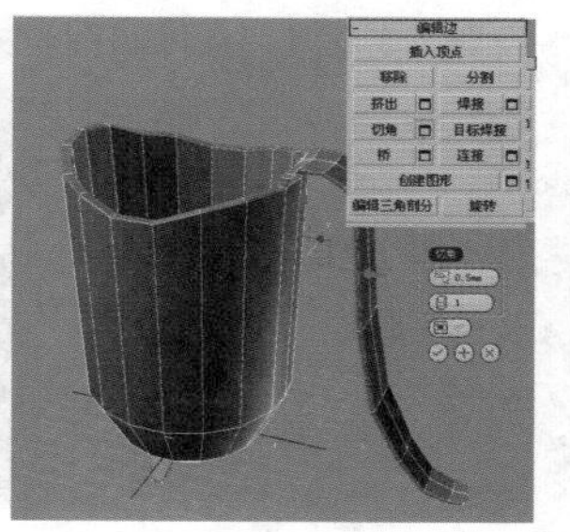

图4-257

步骤13 选择切角后的模型，然后在【修改】面板中加载【涡轮平滑】修改器，并设置【迭代次数】为2，如图4-258所示。创意水杯的最终模型效果如图4-259所示。

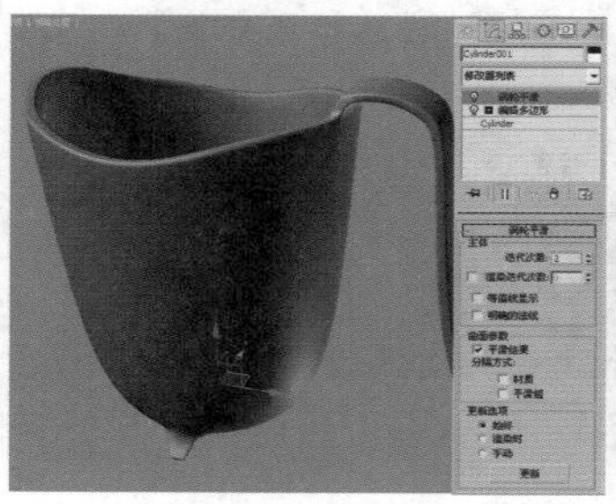

图4-258

图4-259

## 小实例：利用多边形建模制作床头柜

| 场景文件 | 无 |
|---|---|
| 案例文件 | 小实例：利用多边形建模制作床头柜.max |
| 视频教学 | 多媒体教学/Chapter04/小实例：利用多边形建模制作床头柜.flv |
| 难易指数 | ★★★☆☆ |
| 技术掌握 | 掌握可编辑多边形下的【切角】、【连接】、【挤出】、【分离】工具 |

### 实例介绍

本实例是一个床头柜的模型，主要使用可编辑多边形下的【切角】、【连接】、【挤出】和【分离】工具进行制作，效果如图4-260所示。

图4-260

### 建模思路

01 STEP 使用可编辑多边形下的【切角】、【连接】、【挤出】、【插入】和【分离】工具制作床头柜模型。

02 STEP 使用【切角长方体】工具制作床头柜腿模型。

床头柜的建模流程如图4-261所示。

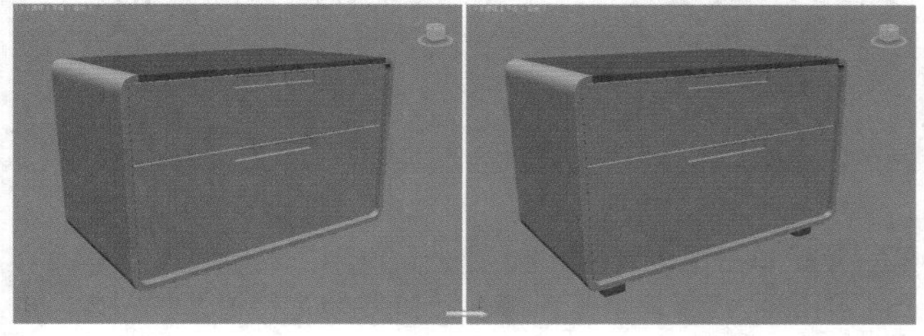

图4-261

### 操作步骤

#### Part 1 使用可编辑多边形下的【切角】、【连接】、【挤出】、【插入】和【分离】工具制作床头柜模型

步骤01 在顶视图中创建一个长方体，设置【长度】为300mm，【宽度】为520mm，【高度】为320mm，如图4-262所示。

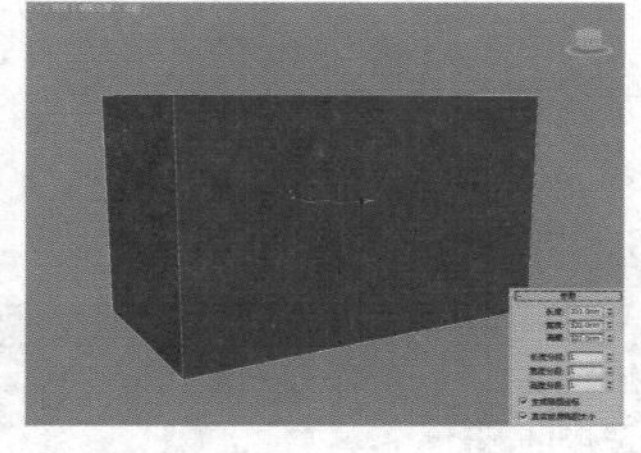

图4-262

步骤02 选择长方体，然后将其转换为可编辑多边形，如图4-263所示。接着单击【边】按钮，进入边级别，然后选择如图4-264所示的边。

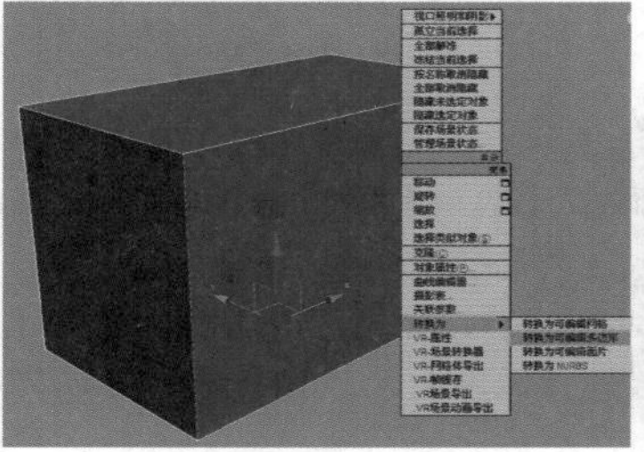

图4-263

图4-264

步骤03 单击【切角】按钮后的【设置】按钮，并设置【边切角量】为25mm，【连接边分段】为15，如图4-265所示。

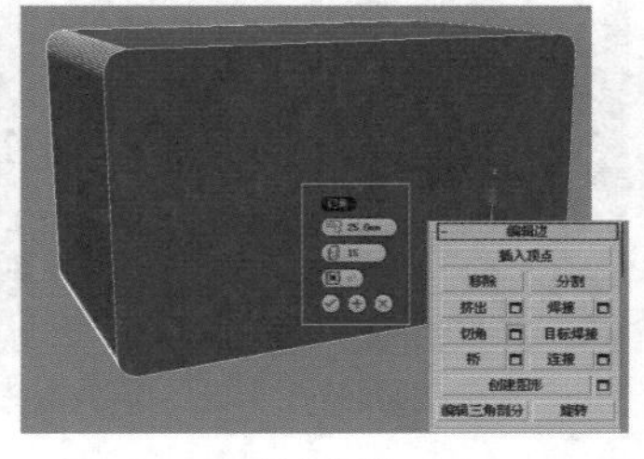

图4-265

## 技巧提示

在【边切角量】不变的情况下，【连接边分段】越大，切角处就越圆滑。从左至右为【连接边分段】越来越大的效果，如图4-266所示。

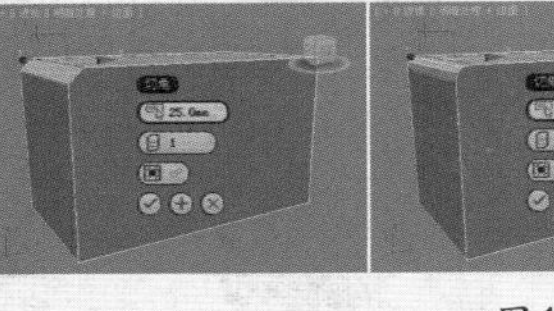
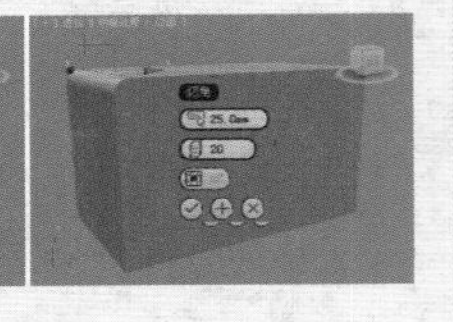

图4-266

**步骤04** 在多边形级别下选择如图4-267所示的多边形（包含背面的多边形），然后单击【插入】按钮后的【设置】按钮▣，并设置【数量】为10mm，如图4-268所示。

图4-267

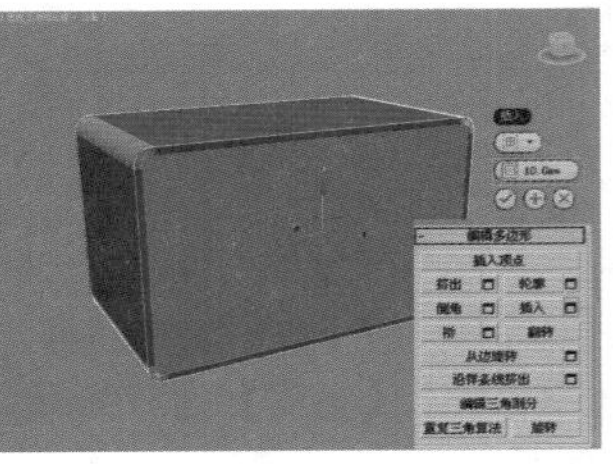

图4-268

**步骤05** 在多边形级别下选择如图4-269所示的多边形（只选择正面的多边形），单击【挤出】按钮后的【设置】按钮▣，设置【高度】为－280mm，如图4-270所示。

图4-269

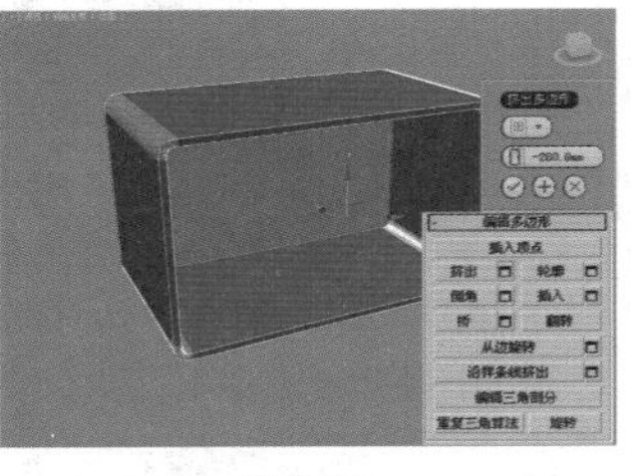

图4-270

**步骤06** 保持对多边形的选中状态，然后单击【插入】按钮后的【设置】按钮▣，并设置【数量】为2mm，如图4-271所示。

**步骤07** 保持对多边形的选中状态，然后单击【挤出】按钮后的【设置】按钮▣，并设置【高度】为270mm，如图4-272所示。

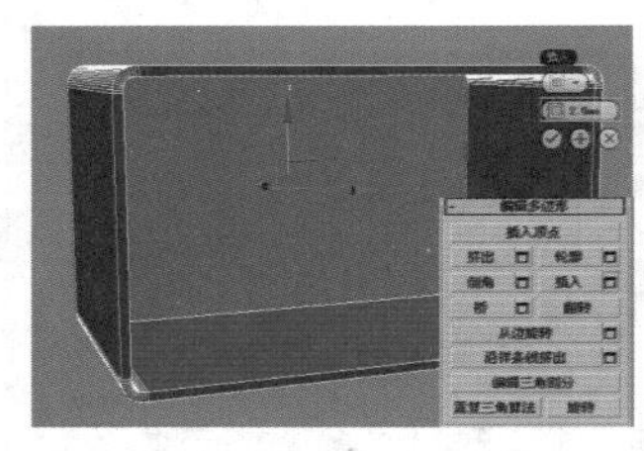

图4-271

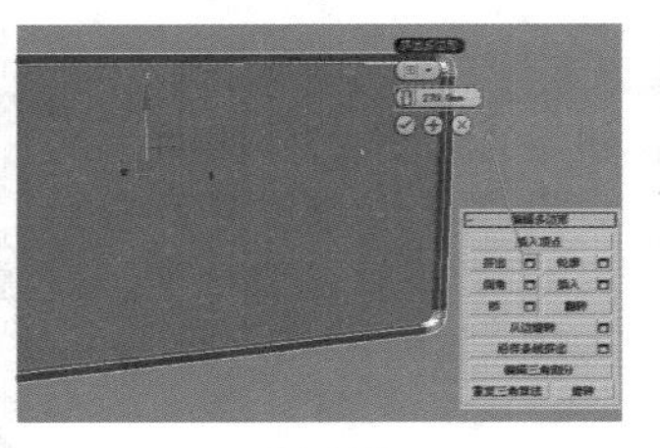

图4-272

**步骤08** 单击【边】按钮◁，进入边级别，然后选择如图4-273所示的边。接着单击【连接】按钮后的【设置】按钮▣，并设置【分段】为1，如图4-274所示。

图4-273

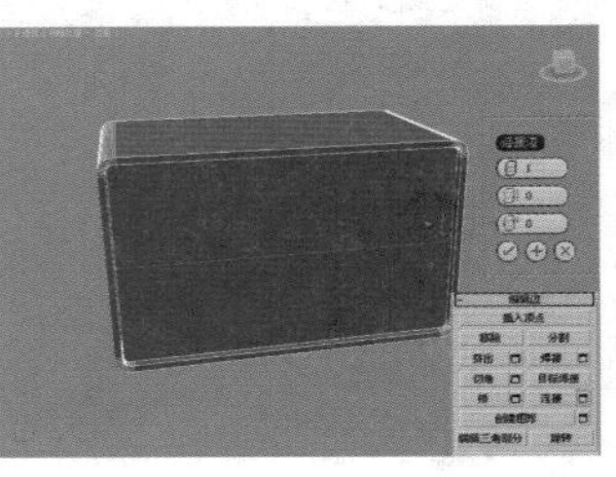

图4-274

**步骤09** 选择如图4-275所示的边，再次单击【连接】按钮后的【设置】按钮▣，并设置【分段】为2，如图4-276所示。

图4-275

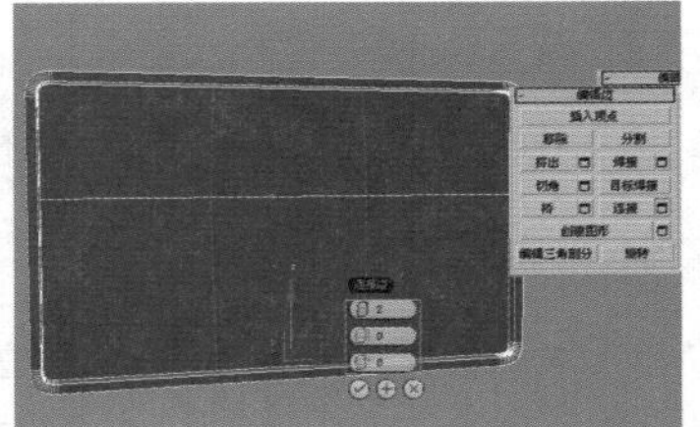

图4-276

**步骤10** 选择如图4-277所示的边，然后单击【切角】按钮后的【设置】按钮▣，并设置【边切角量】为1mm，如图4-278所示。

图4-277

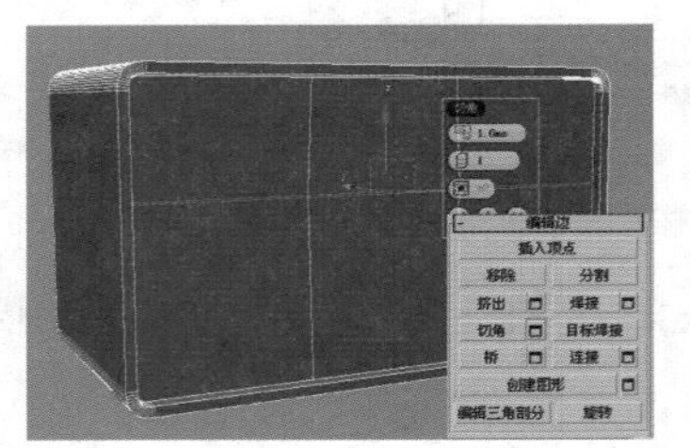

图4-278

**步骤11** 单击【多边形】按钮▣，进入多边形级别，然后选择如图4-279所示的多边形。接着单击【挤出】按钮后的【设置】按钮▣，并设置【高度】为－260mm，如图4-280所示。

图4-279

图4-280

**步骤12** 单击【边】按钮◁，进入边级别，然后选择如图4-281所示的边。接着单击【连接】按钮后的【设置】按钮▣，并设置【分段】为2，如图4-282所示。

图4-281

图4-282

**步骤13** 选择如图4-283所示的边，然后调节边的位置。

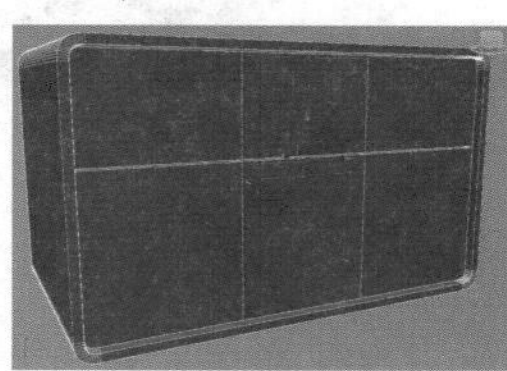

图4-283

**步骤14** 单击【多边形】按钮■，进入多边形级别，选择如图4-284所示的多边形。接着单击【挤出】按钮后的【设置】按钮■，并设置【高度】为－6mm，如图4-285所示。

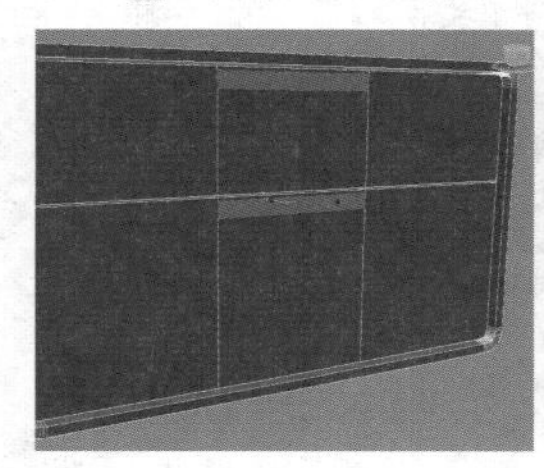

图4-284

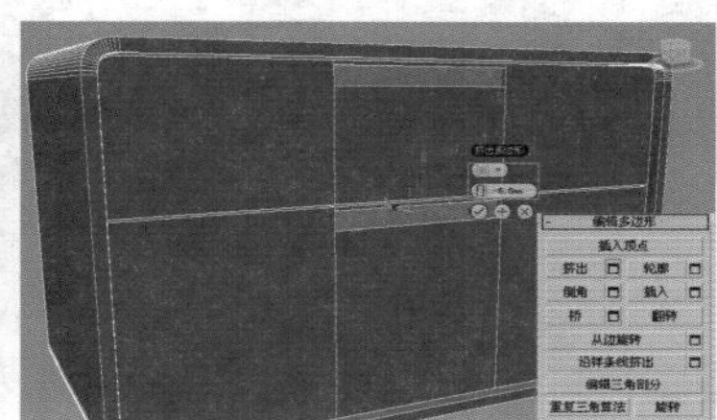


图4-285

**步骤15** 单击【边】按钮■，进入边级别，然后选择如图4-286所示的边。接着单击【切角】按钮后的【设置】按钮■，并设置【边切角量】为0.6mm，【连接边分段】为3，如图4-287所示。

图4-286

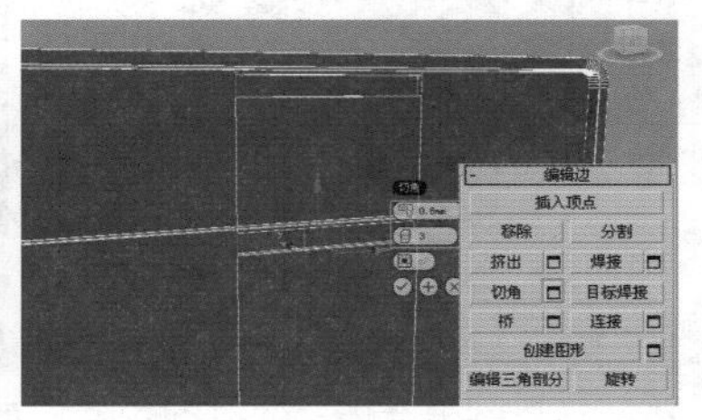


图4-287

**步骤16** 单击【多边形】按钮■，进入多边形级别，然后选择如图4-288所示的多边形。接着单击【分离】按钮，将选择的多边形与整个模型分离，如图4-289所示。

图4-288

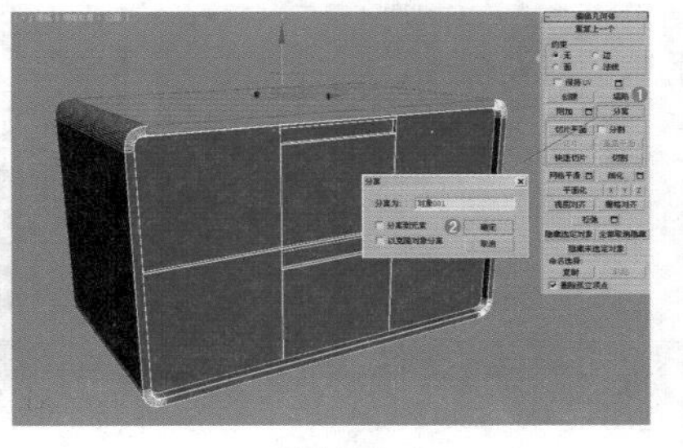

图4-289

**步骤17** 分离后可分别调节这两个模型的颜色，这样可以明确地区分模型的各个部位，如图4-290所示。

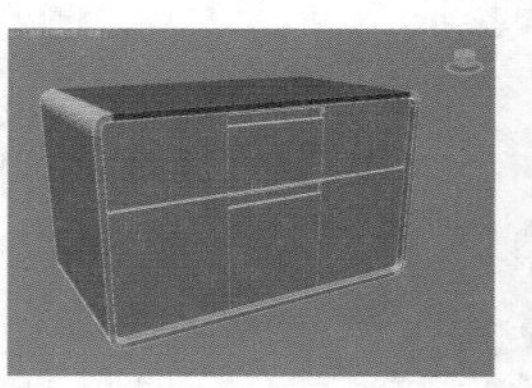

图4-290

### Part 2　使用【切角长方体】工具制作床头柜腿模型

**步骤01** 在顶视图中创建一个切角长方体，设置【长度】为25mm，【宽度】为35mm，【高度】为30mm，【圆角】为0.5mm，如图4-291所示。

**步骤02** 将床头柜腿部模型复制3份然后拖曳到合适的位置，最终的模型效果如图4-292所示。

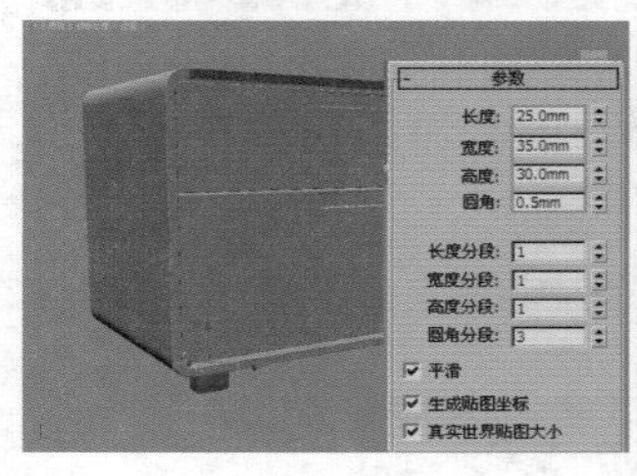


图4-291

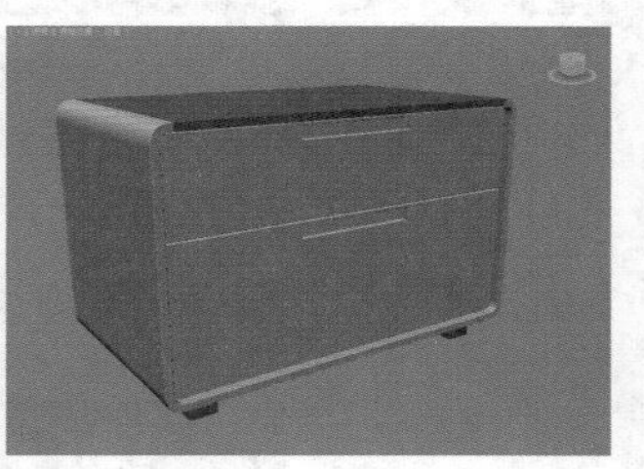

图4-292

## 小实例：利用多边形建模制作椅子

| | |
|---|---|
| 场景文件 | 无 |
| 案例文件 | 小实例：利用多边形建模制作椅子.max |
| 视频教学 | DVD/多媒体教学/Chapter04/小实例：利用多边形建模制作椅子.flv |
| 难易指数 | ★★★☆☆ |
| 技术掌握 | 样条线可渲染功能、【切角】工具、【细化】修改器的运用 |

### 实例介绍

本实例是一个躺椅模型，主要使用样条线可渲染功能、【切角】工具、【细化】修改器的运用来制作，最终模型效果如图4-293所示。

图4-293

## 建模思路

01 STEP 使用样条线可渲染功能和可编辑多边形建模制作躺椅支撑部分模型。

02 STEP 使用可编辑多边形和细化修改器制作躺椅靠垫部分模型。

躺椅的建模流程如图4-294所示。

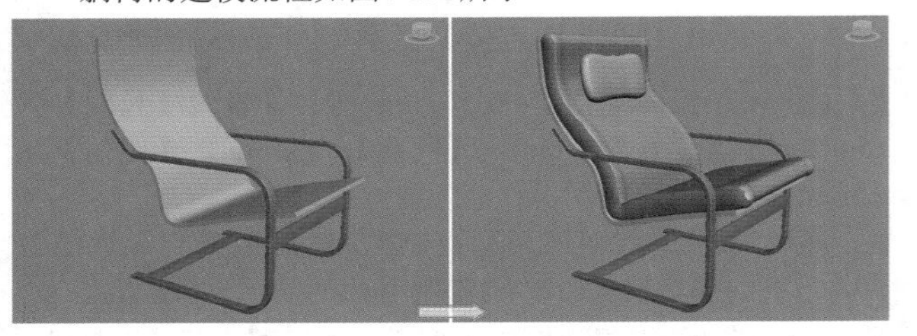

图4-294

### Part 1 使用样条线可渲染功能和可编辑多边形建模制作躺椅支撑部分模型

**步骤01** 使用【线】工具在前视图中绘制出如图4-295所示的样条线。

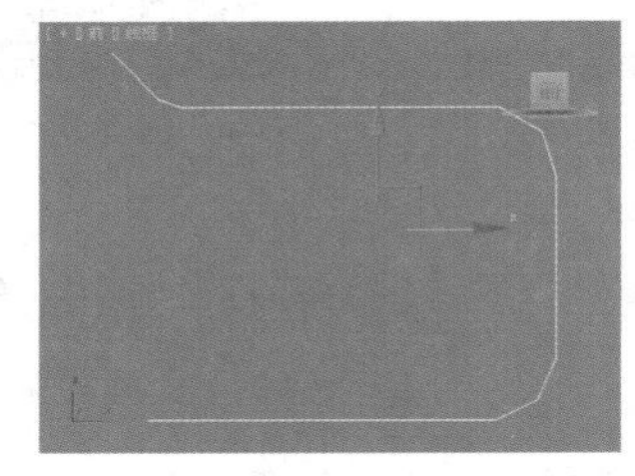

图4-295

**步骤02** 在顶点级别下选择如图4-296所示的点，然后单击鼠标右键，在弹出的快捷菜单中选择【平滑】命令，将选择的顶点变圆滑。

**步骤03** 选择刚创建的样条线，选中【在渲染中启用】和【在视口中启用】复选框，接着选中【矩形】单选按钮，设置【长度】为25mm，【宽度】为12mm，如图4-297所示。

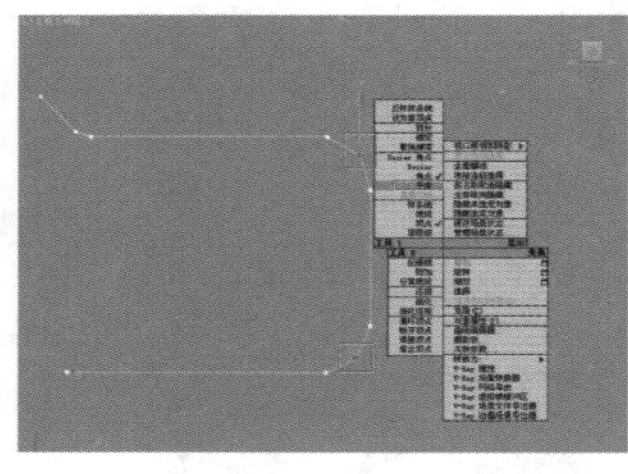

图4-296

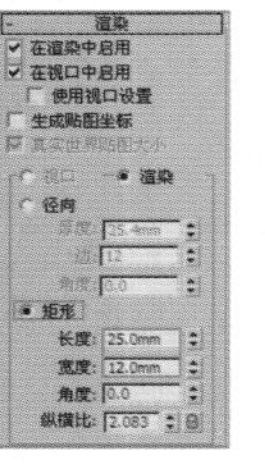

图4-297

**技巧提示**

将图形转换为三维模型主要有两种方式，第一种方式为加载修改器，第二种方式为在【渲染】卷展栏中选中【在渲染中启用】和【在视口中启用】复选框，这两种方法都非常实用，也比较简单。

**步骤04** 选择场景中的模型，然后单击鼠标右键将其转换为可编辑多边形，如图4-298所示。

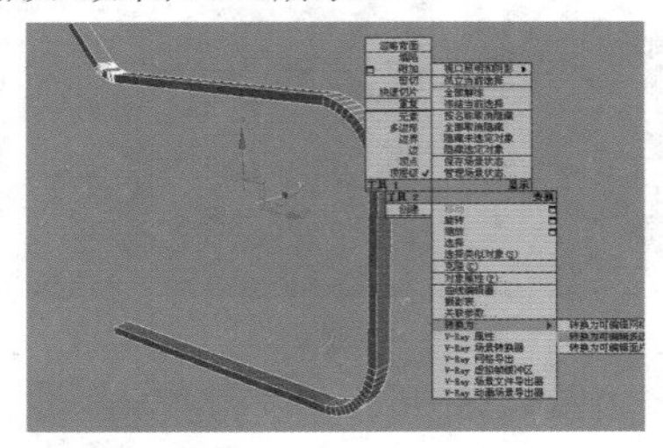

图4-298

**技巧提示**

这里将其转换为可编辑多边形有3种方式，第一种方式为加载【可编辑多边形】修改器，第二种方式为单击鼠标右键转换为可编辑多边形，第三种方式为应用石墨工具进行编辑，如图4-299所示。

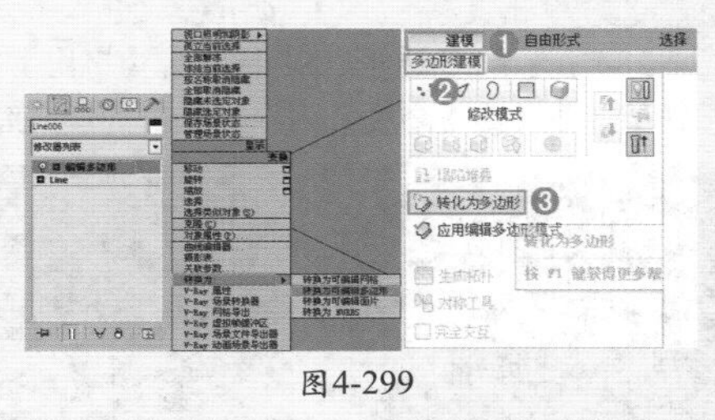

图4-299

**步骤05** 单击【边】按钮，进入边级别，然后选择如图4-300所示的边。接着展开【编辑边】卷展栏，单击【切角】按钮后面的【设置】按钮，并设置【切角数量】为2mm，【切角分段】为3，效果如图4-301所示。

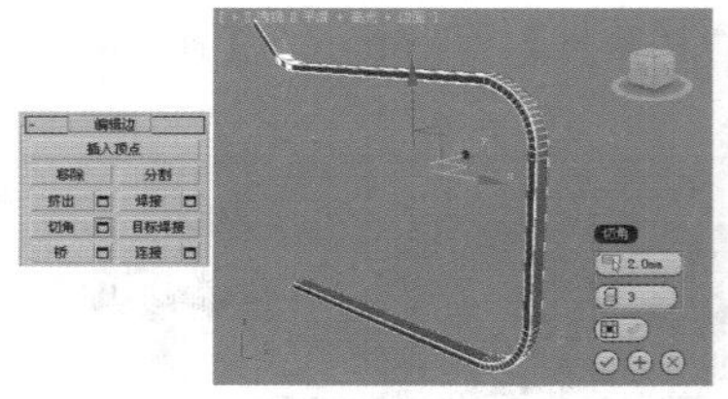

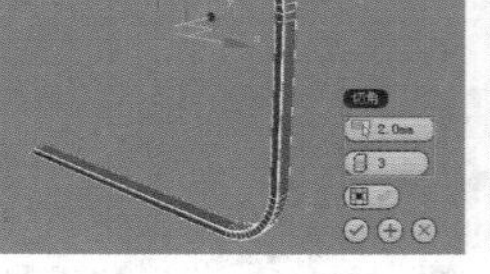

图4-300

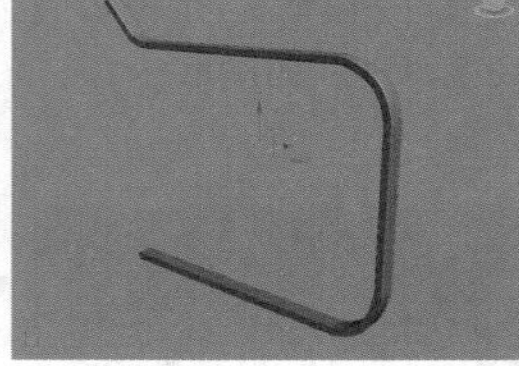

图4-301

**步骤06** 使用【选择并移动】工具将模型复制一份，然后将其拖曳到另一侧，此时的场景效果如图4-302所示。

**步骤07** 在前视图中创建一个切角长方体，设置【长度】为40mm，【宽度】为13mm，【高度】为450mm，【圆角】为1mm，如图4-303所示。

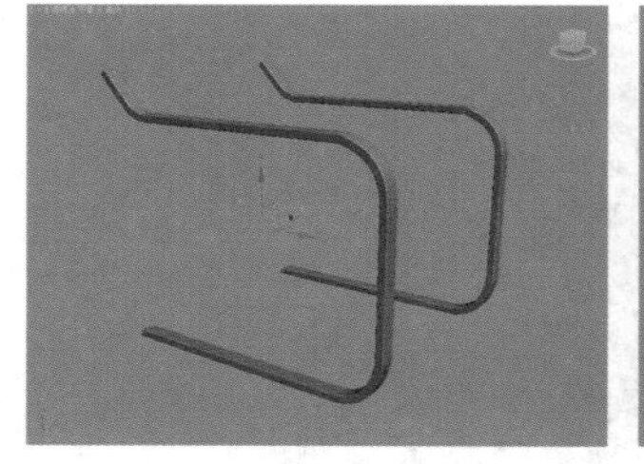

图4-302

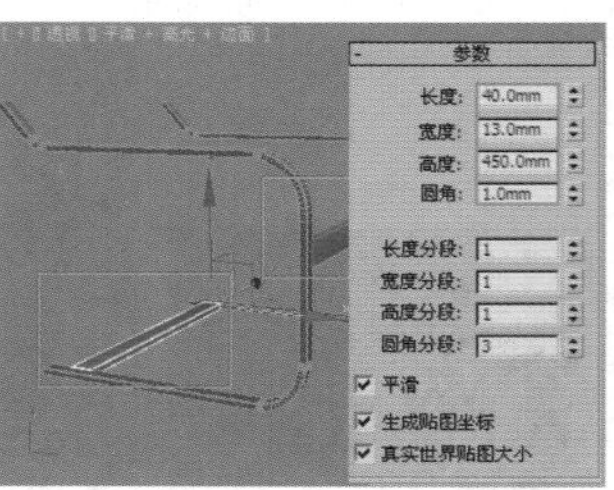

图4-303

**步骤08** 在前视图中绘制出如图4-304所示的线，选中【在渲染中启用】和【在视口中启用】复选框，接着选中【矩形】单选按钮，设置【长度】为450mm，【宽度】为13mm，如图4-305所示。

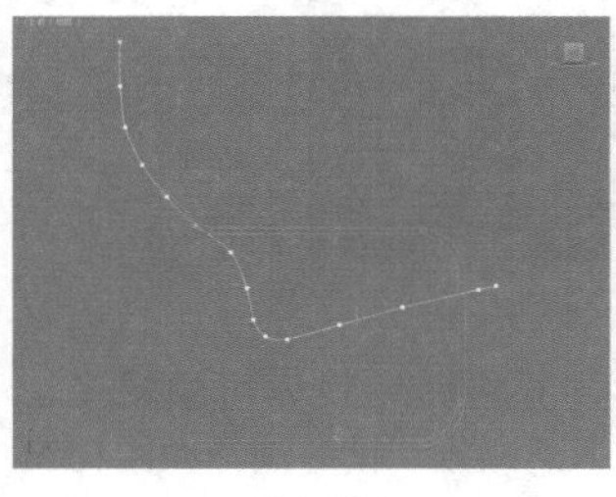

图4-304

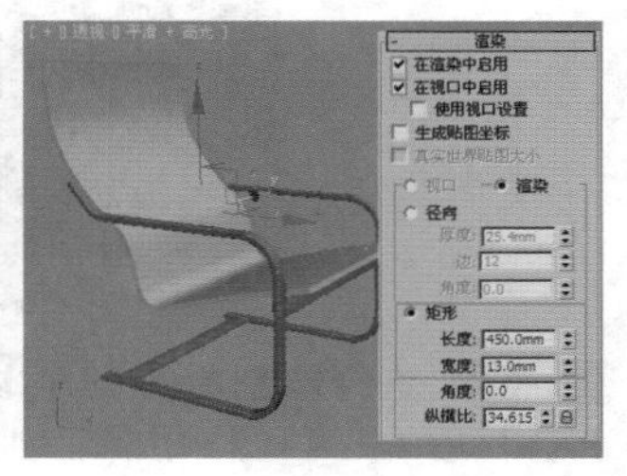

图4-305

**步骤09** 选择步骤08中创建的模型，然后将其转换为可编辑多边形，单击【边】按钮，进入边级别，然后选择如图4-306所示的边。接着单击【切角】按钮后面的【设置】按钮，并设置【切角数量】为4mm，【切角分段】为3，如图4-307所示。

图4-306

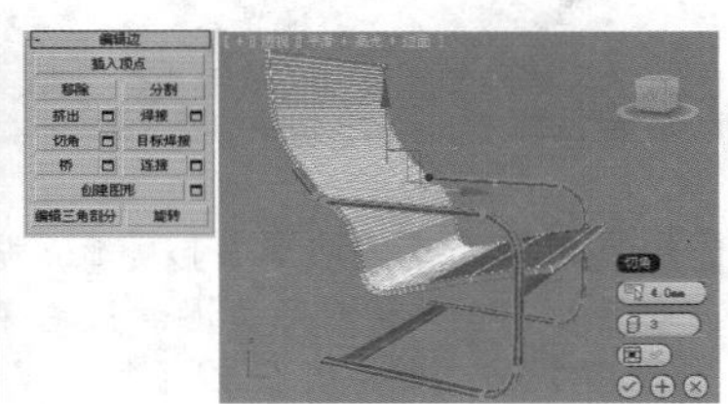

图4-307

**步骤10** 此时的场景效果如图4-308所示。

**步骤11** 在【创建】面板中使用【油罐】工具在前视图中创建一个油罐。接着设置【半径】为4.2mm，【高度】为35mm，【封口高度】为2.54mm，并分别将其拖曳到如图4-309所示的位置。此时躺椅支撑部分的模型效果如图4-310所示。

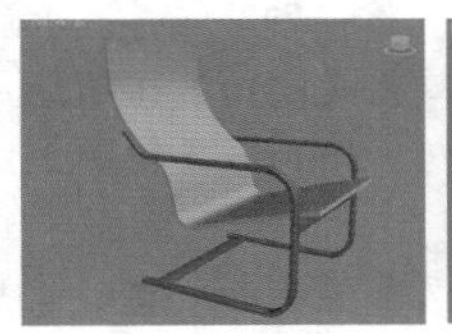

图4-308

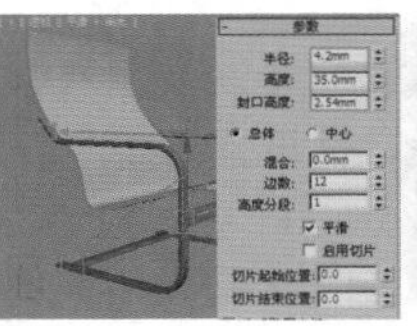

图4-309

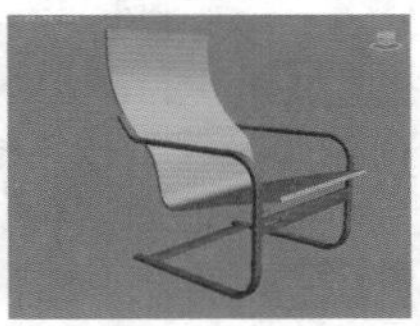

图4-310

## Part 2　使用可编辑多边形和细化修改器制作躺椅靠垫部分的模型

**步骤01** 在前视图中绘制出如图4-311所示的样条线，接着选择刚绘制的样条线并在【修改】面板中加载【挤出】修改器，设置【数量】为440mm，【分段】为12，如图4-312所示。

**步骤02** 选择步骤01中创建的模型，并加载【细化】修改器，设置【操作于】为四边形，【迭代次数】为2，如图4-313所示。此时的场景效果如图4-314所示。

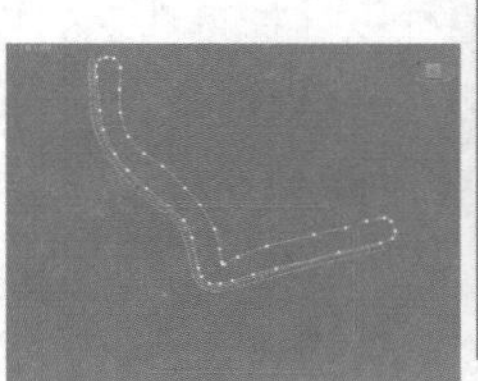

图4-311

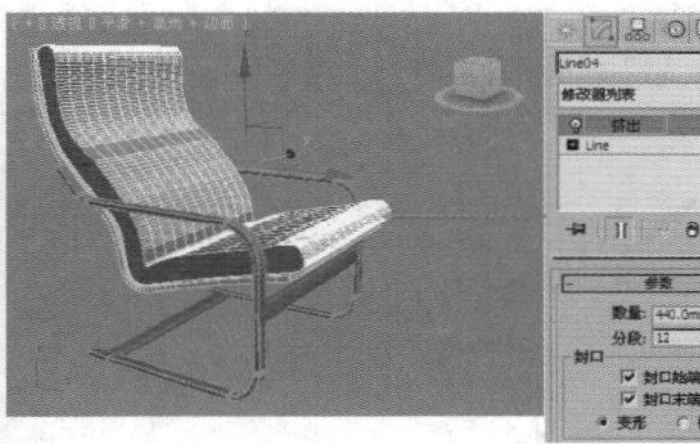

图4-312

图4-313

图4-314

**步骤03** 在前视图中创建一个长方体，设置【长度】为110mm，【宽度】为30mm，【高度】为250mm，【长度分段】为1，【宽度分段】为1，【高度分段】为3，如图4-315所示。

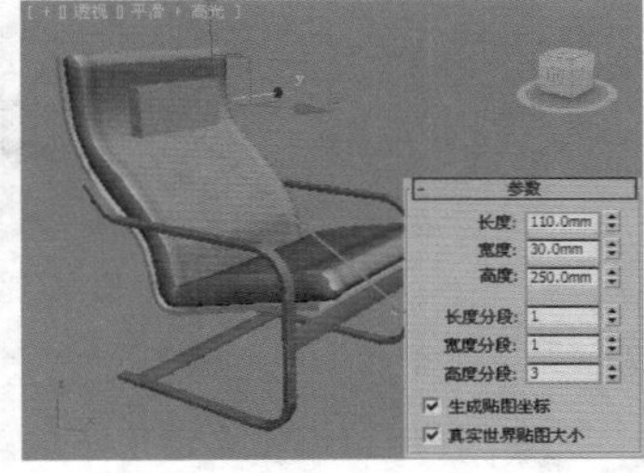

图4-315

**步骤04** 选择刚创建的长方体模型，然后在【修改】面板中加载【细化】修改器，并设置【操作于】为四边形，【迭代次数】为3，如图4-316所示。躺椅的最终模型效果如图4-317所示。

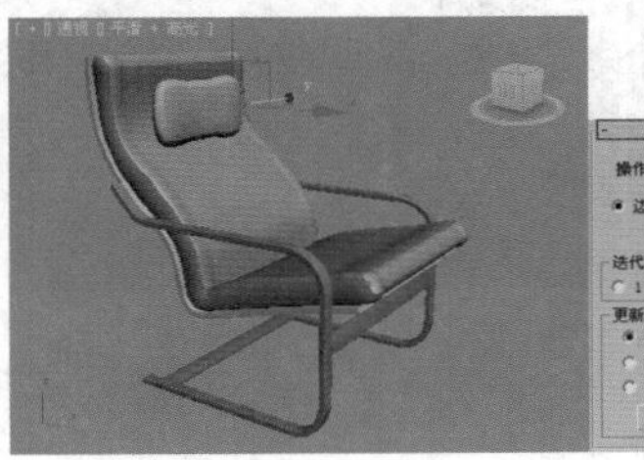

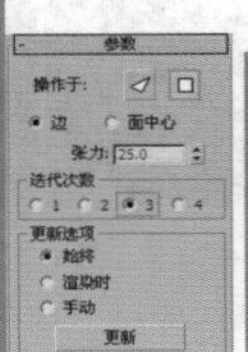

图4-316

图4-317

**技巧提示**

为模型加载【细化】修改器可以使模型的面数增加，以便于进一步对模型进行调节。

# 小实例：利用多边形建模制作斗柜

| 场景文件 | 无 |
| --- | --- |
| 案例文件 | 小实例：利用多边形建模制作斗柜.max |
| 视频教学 | 多媒体教学/Chapter04/小实例：利用多边形建模制作斗柜.flv |
| 难易指数 | ★★☆☆☆ |
| 技术掌握 | 掌握【连接】、【插入】、【倒角】、【切角】工具及【倒角】修改器的使用方法 |

## 实例介绍

本实例是一个斗柜模型，主要使用【连接】、【插入】、【倒角】、【切角】工具及【倒角】修改器进行制作，效果如图4-318所示。

图4-318

## 建模思路

01 使用可编辑多边形下的【连接】、【插入】、【倒角】和【切角】工具制作斗柜主体部分。

02 使用可编辑多边形下的【倒角】、【切角】工具和【挤出】修改器制作斗柜剩余部分。

斗柜的建模流程如图4-319所示。

图4-319

## 操作步骤

### Part 1 使用可编辑多边形下的【连接】、【插入】、【倒角】和【切角】工具制作斗柜主体部分

步骤01 在顶视图中创建一个长方体，设置【长度】为450mm，【宽度】为700mm，【高度】为780mm，【长度分段】为1，【宽度分段】为1，【高度分段】为1，如图4-320所示。

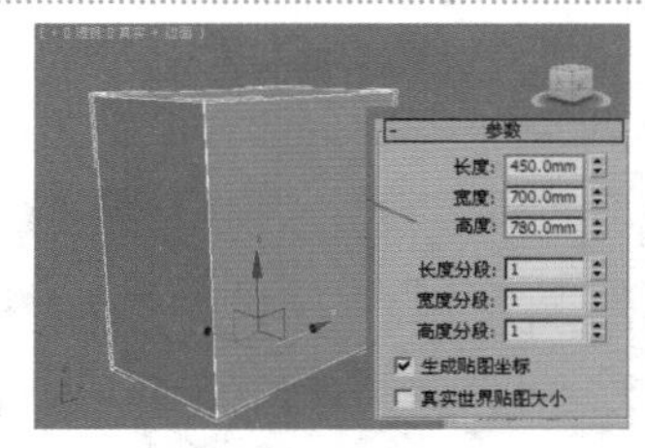


图4-320

步骤02 选择刚创建的长方体，并将其转换为可编辑多边形，然后单击【边】按钮，进入边级别，同时选择如图4-321所示的边。接着单击【连接】按钮后面的【设置】按钮，并设置【分段】为3mm，如图4-322所示。

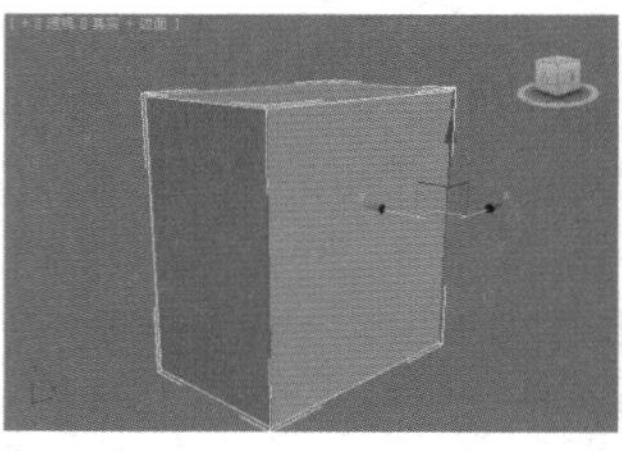

图4-321

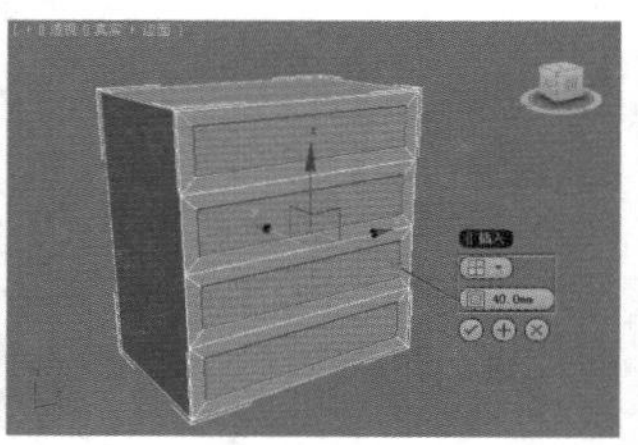

图4-322

步骤03 单击【多边形】按钮，进入多边形级别，然后选择如图4-323所示的多边形。接着单击【插入】按钮后面的【设置】按钮，并设置【插入方式】为【按多边形】，【数量】为40mm，如图4-324所示。

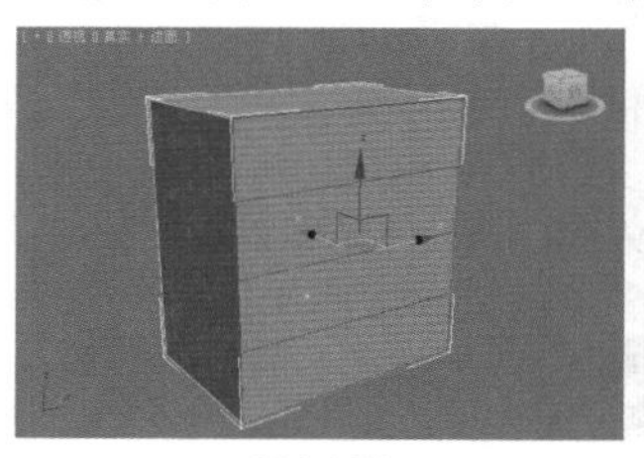

图4-323

图4-324

步骤04 保持多边形的选中状态，然后单击【倒角】按钮后面的【设置】按钮，并设置【高度】为-5mm，【轮廓】为-3mm，如图4-325所示。

步骤05 再次单击【倒角】按钮后面的【设置】按钮，并设置【高度】为-5mm，【轮廓】为1mm，如图4-326所示。

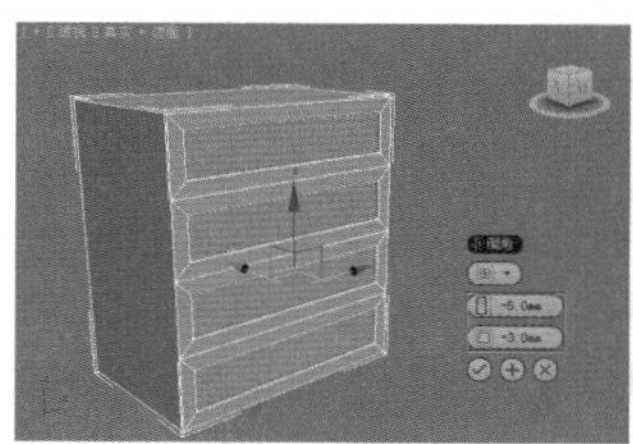

图4-325

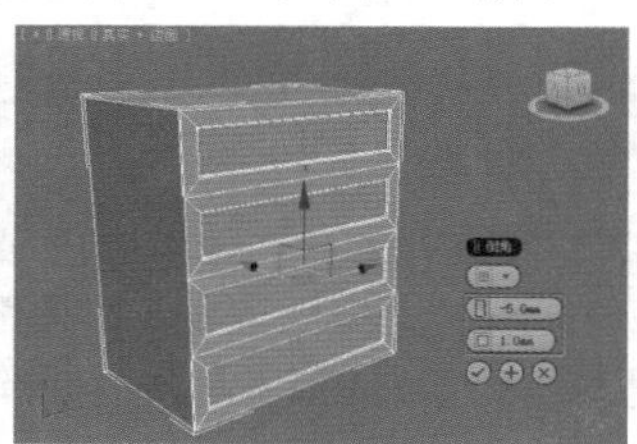

图4-326

步骤06 再次单击【倒角】按钮后面的【设置】按钮，并设置【高度】为-1.5mm，【轮廓】为-3mm，如图4-327所示。

步骤07 执行3次倒角之后的模型效果如图4-328所示。

图4-327

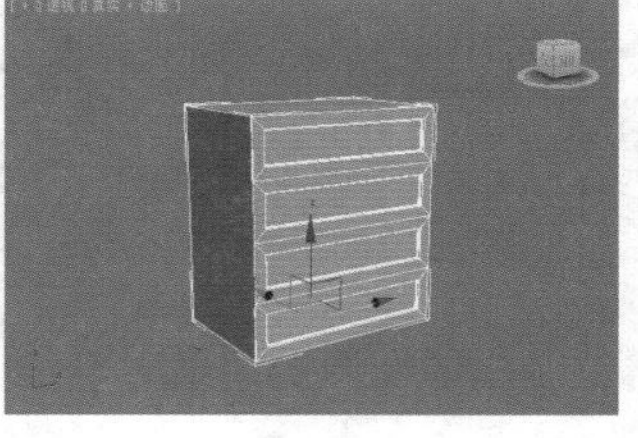
图4-328

步骤08 单击【边】按钮，进入边级别，然后选择如图4-329所示的边。单击【切角】按钮后面的【设置】按钮，并设置【数量】为2mm，【分段】为3mm，如图4-330所示。

图4-329

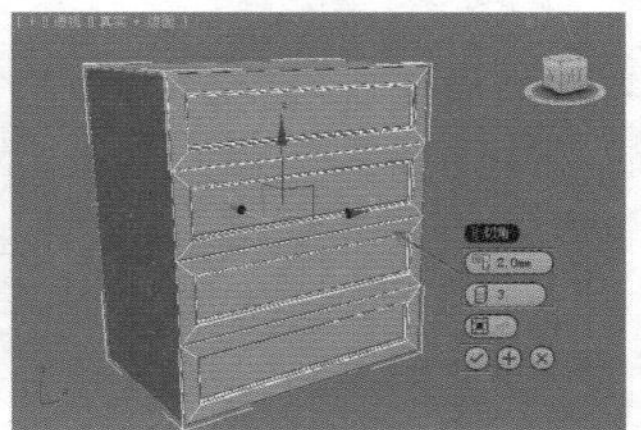
图4-330

## Part 2 使用可编辑多边形下的【倒角】、【切角】工具和【挤出】修改器制作斗柜剩余部分

步骤01 再次创建一个长方体，并设置【长度】为480mm，【宽度】为720mm，【高度】为5mm，如图4-331所示。

步骤02 选择刚创建的长方体，并将其转换为可编辑多边形，然后单击【多边形】按钮，进入多边形级别，接着选择如图4-332所示的多边形。

图4-331

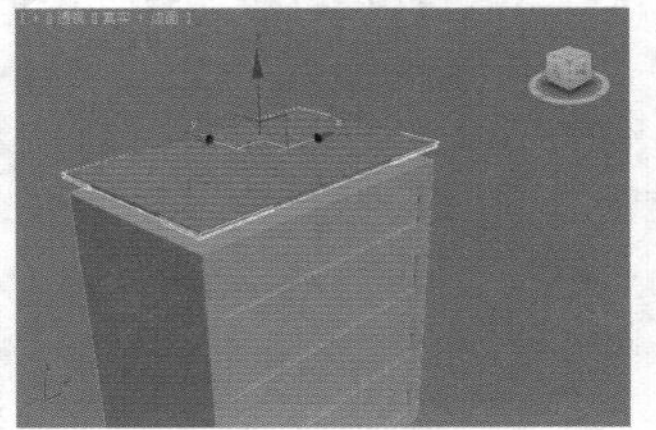
图4-332

步骤03 单击【倒角】按钮后面的【设置】按钮，并设置【高度】为15mm，【轮廓】为-10mm，如图4-333所示。继续单击【倒角】按钮后面的【设置】按钮，并设置【高度】为5mm，【轮廓】为-0.5mm，如图4-334所示。

图4-333

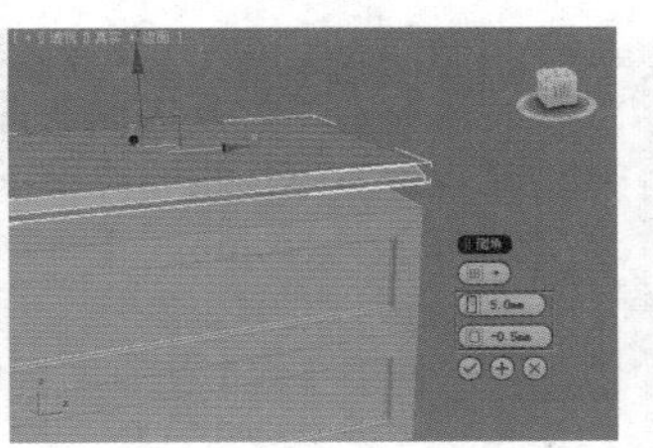
图4-334

步骤04 再次单击【倒角】按钮后面的【设置】按钮，并设置【高度】为2mm，【轮廓】为－1.5mm，如图4-335所示。

步骤05 选择如图4-336所示的多边形。

步骤06 再次执行与上面方法相同的3次倒角操作，制作出如图4-336所示的模型。

图4-335

图4-336

步骤07 单击【边】按钮，进入边级别，然后选择如图4-337所示的边。单击【切角】按钮后面的【设置】按钮，并设置【数量】为1.5mm，【分段】为3mm，如图4-338所示。

图4-337

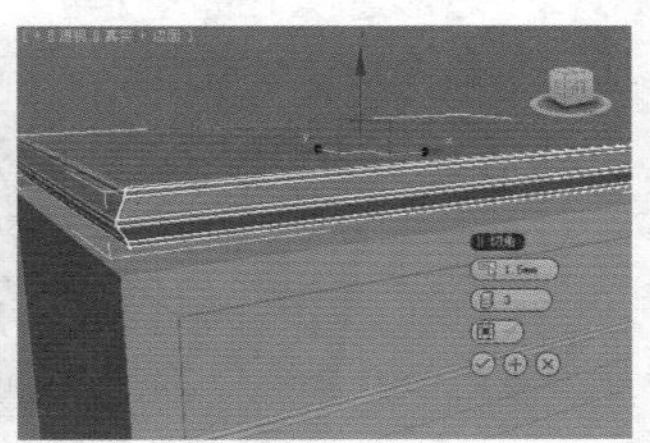
图4-338

步骤08 选择制作好的长方体，使用【选择并移动】工具，并按住Shift键进行复制，如图4-339所示。然后将其放置到柜子下方，如图4-340所示。

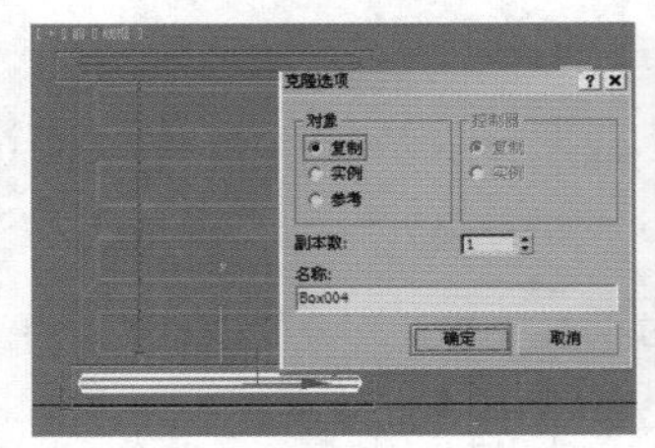

图4-339

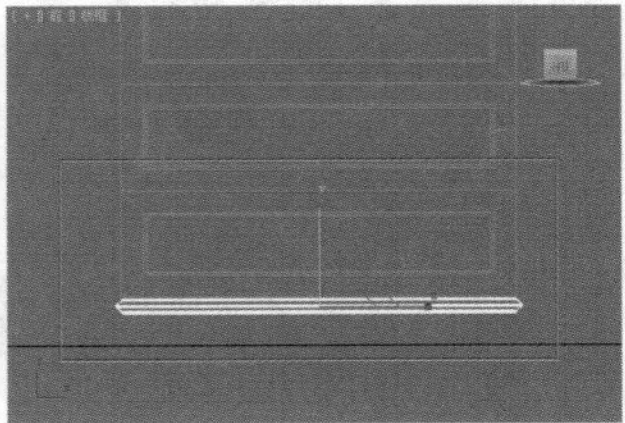
图4-340

步骤09 继续创建一个长方体，设置【长度】为450mm，【宽度】为700mm，【高度】为30mm，如图4-341所示。

步骤10 使用【线】工具在前视图中绘制如图4-342所示的形状。

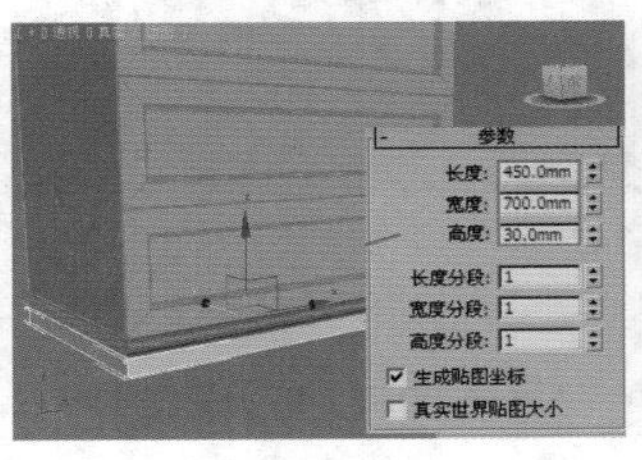

图4-341

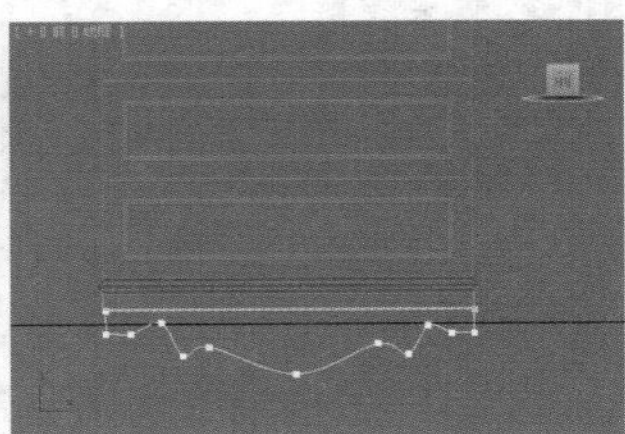
图4-342

**步骤11** 为步骤10中创建的图形加载【挤出】修改器，设置【数量】为10mm，如图4-343所示。

**步骤12** 制作柜子腿。创建一个长方体，设置【长度】为130mm，【宽度】为45mm，【高度】为45mm，然后使用【选择并移动】工具复制3个放置在柜子的下面，如图4-344所示。

**步骤13** 最终模型效果如图4-345所示。

图4-343

图4-344

图4-345

## 小实例：利用多边形建模制作脚凳

| 场景文件 | 无 |
|---|---|
| 案例文件 | 小实例：利用多边形建模制作脚凳.max |
| 视频教学 | 多媒体教学/Chapter04/小实例：利用多边形建模制作脚凳.flv |
| 难易指数 | ★★★☆☆ |
| 技术掌握 | 掌握样条线可渲染功能以及多边形建模下的【切角】、【连接】、【创建图形】和【倒角】工具的使用 |

### 实例介绍

本实例是一个脚凳的模型，主要使用样条线可渲染功能以及多边形建模下的【切角】、【连接】、【创建图形】和【倒角】工具进行制作，效果如图4-346所示。

图4-346

### 建模思路

01 使用样条线可渲染创建脚凳支撑架部分模型。

02 使用可编辑多边形下的【切角】、【连接】、【倒角】和【创建图形】工具制作坐垫和靠背模型。

脚凳的建模流程如图4-347所示。

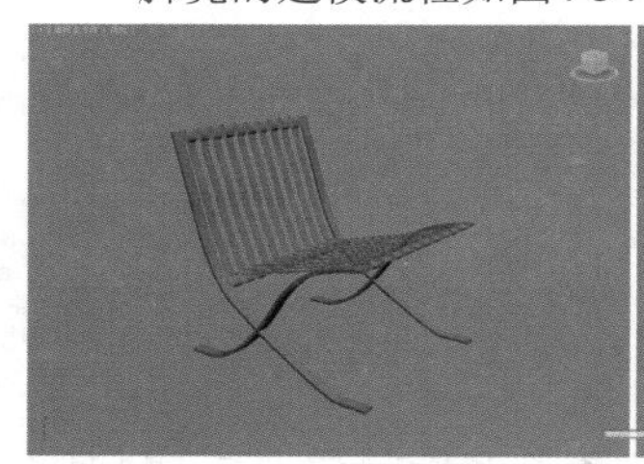

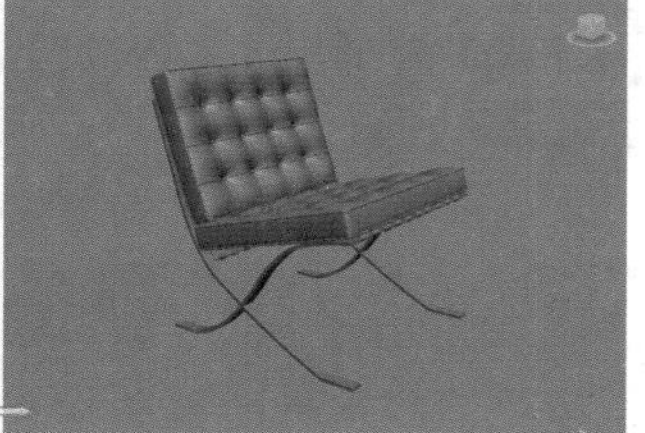

图4-347

### 操作步骤

#### Part 1 使用样条线渲染创建脚凳支撑架部分模型

**步骤01** 在左视图中绘制一条如图4-348所示的样条线。然后使用【选择并移动】工具，并按住Shift键进行复制，同时设置【对象】为【实例】，如图4-349所示。

图4-348

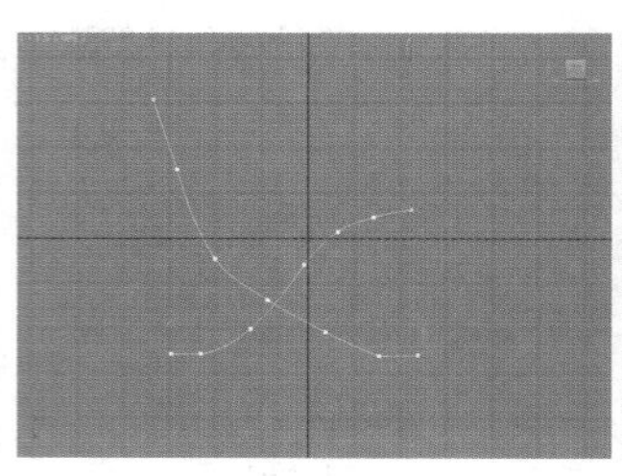



图4-349

**步骤02** 选择步骤01中创建的样条线，选中【在渲染中启用】和【在视口中启用】复选框，接着选中【矩形】单选按钮，设置【长度】为30mm，【宽度】为8mm，如图4-350所示。

**步骤03** 在前视图中绘制一条如图4-351所示的样条线。然后展开【渲染】卷展栏，选中【在渲染中启用】和【在视口中启用】复选框，接着选中【矩形】单选按钮，设置【长度】为30mm，【宽度】为8mm。

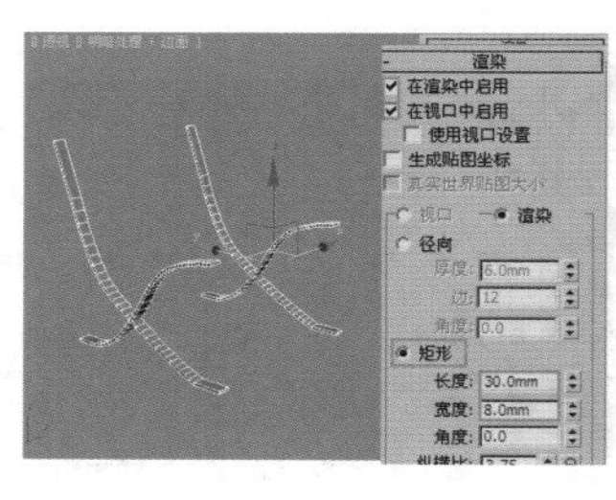

图4-350

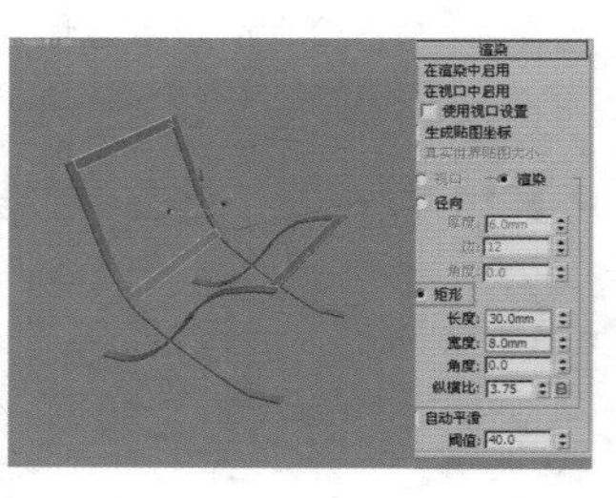

图4-351

**步骤04** 在场景中创建多个椭圆。设置【长度】为16mm，【宽度】为35mm，接着展开【渲染】卷展栏，选中【在渲染中启用】和【在视口中启用】复选框，选中【矩形】单选按钮，设置【长度】为24mm，【宽度】为1mm，如图4-352所示。

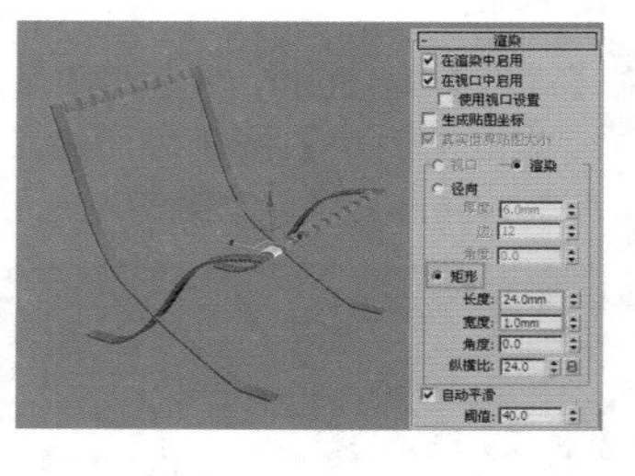

图4-352

**步骤05** 使用【线】工具在视图中绘制多条如图4-353所示的样条线。展开【渲染】卷展栏，选中【在渲染中启用】和【在视口中启用】复选框，选中【矩形】单选按钮，设置【长度】

为24mm，【宽度】为1mm，如图4-354所示。

**步骤06** 此时脚凳的支撑架模型如图4-355所示。

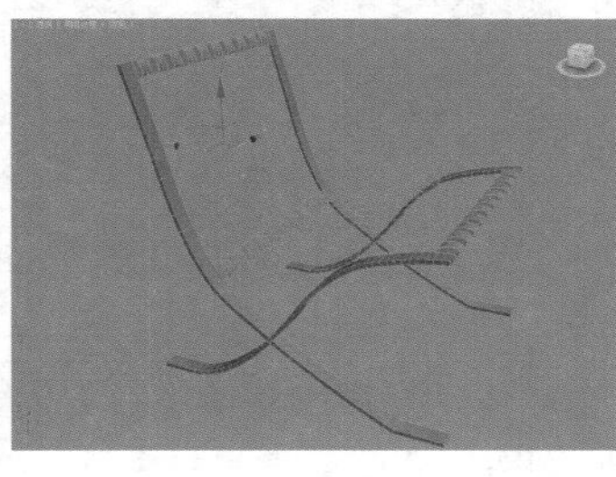

图4-353

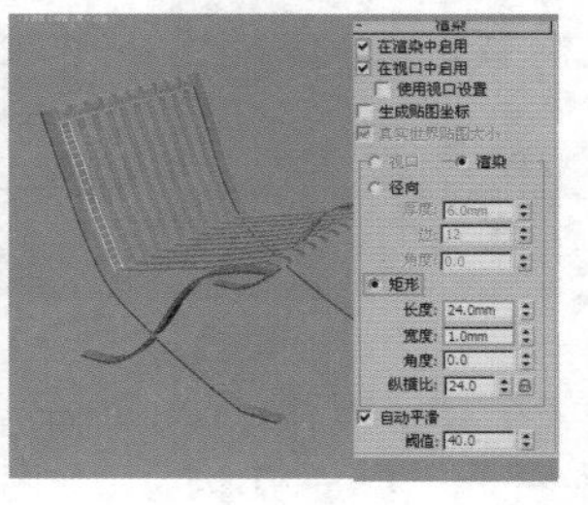

图4-354

## Part 2 使用可编辑多边形下的【切角】、【连接】、【倒角】和【创建图形】工具制作坐垫和靠背模型

图4-355

**步骤01** 在顶视图中创建一个长方体。设置【长度】为450mm，【宽度】为520mm，【高度】为60mm，【长度分段】为4，【宽度分段】为5，如图4-356所示。

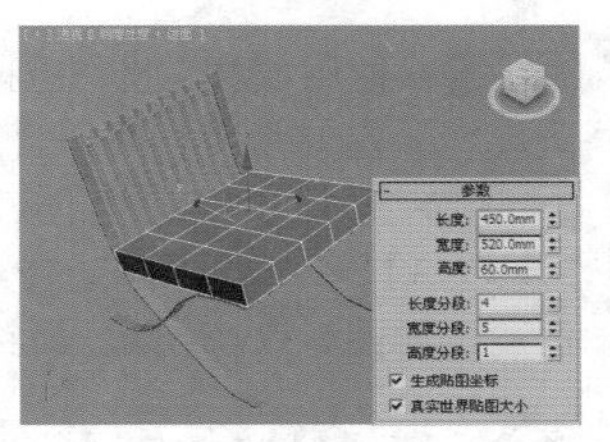

图4-356

**步骤02** 选择步骤01中创建的长方体，然后将其转换为可编辑多边形。单击【顶点】按钮，进入顶点级别，选中【忽略背面】复选框，然后选择如图4-357所示的顶点。单击【切角】按钮后面的【设置】按钮，并设置【边切角量】为12mm，如图4-358所示。

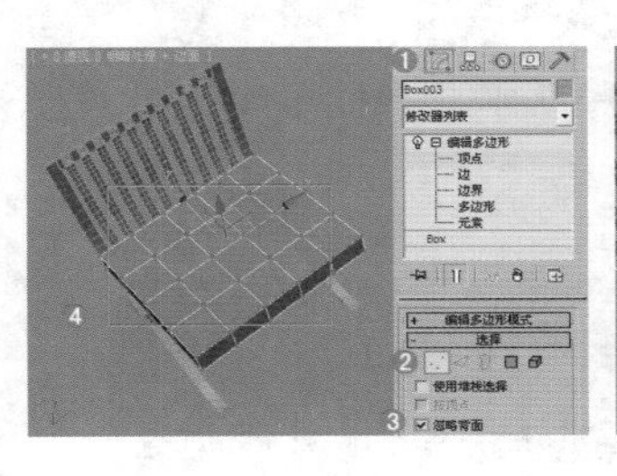

图4-357

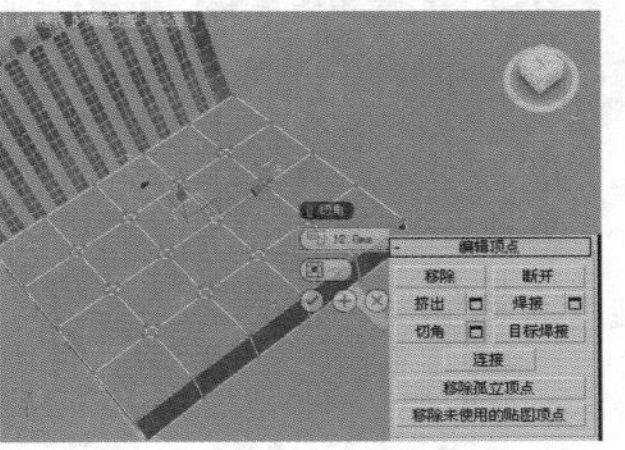

图4-358

### 技巧提示

选择一个顶点，然后单击【切角】按钮后面的【设置】按钮，并设置合适的数值，可以方便地将一个点变成四个点，也就是说产生了一个多边形，这样就可以对这个新产生的多边形进行操作，例如可以制作电子产品上的按钮、凹槽等。

**步骤03** 单击【多边形】按钮，进入多边形级别，选择如图4-359所示的多边形（建议也选中【忽略背面】复选框）。然后单击【倒角】按钮后面的【设置】按钮，并设置【高度】为-6mm，【轮廓】为-4mm，如图4-360所示。

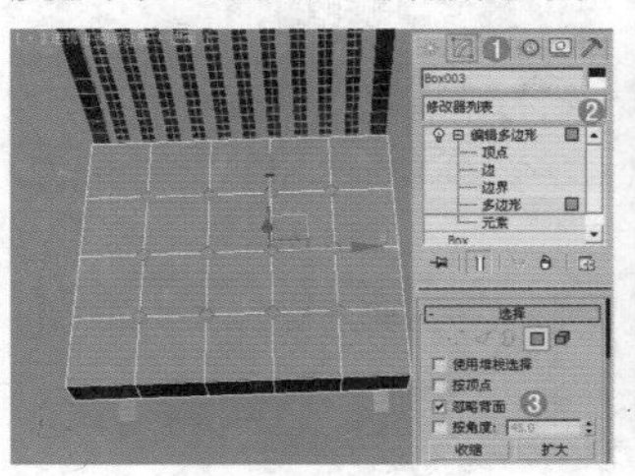

图4-359

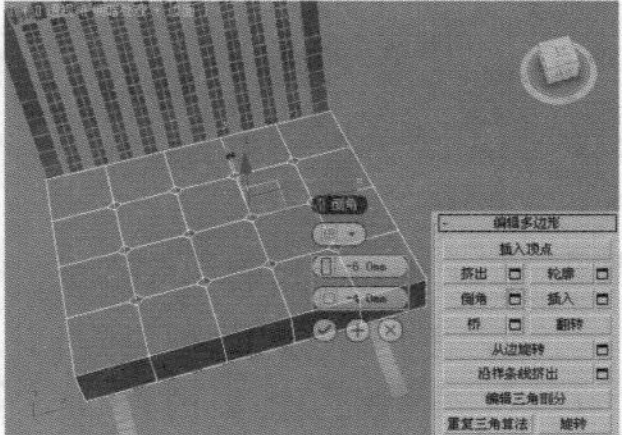

图4-360

**步骤04** 单击【边】按钮，进入边级别，选择如图4-361所示的边。然后单击【连接】按钮后面的【设置】按钮，并设置【分段】为1，如图4-362所示。

图4-361

图4-362

**步骤05** 再次选择如图4-363所示的边，然后单击【连接】按钮后面的【设置】按钮，并设置【分段】为1，如图4-364所示。

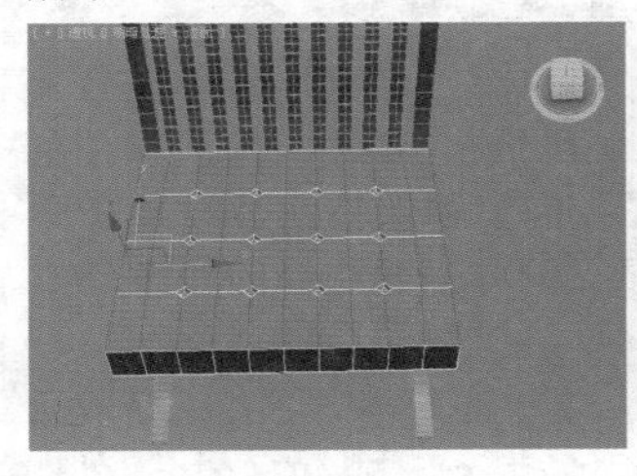

图4-363

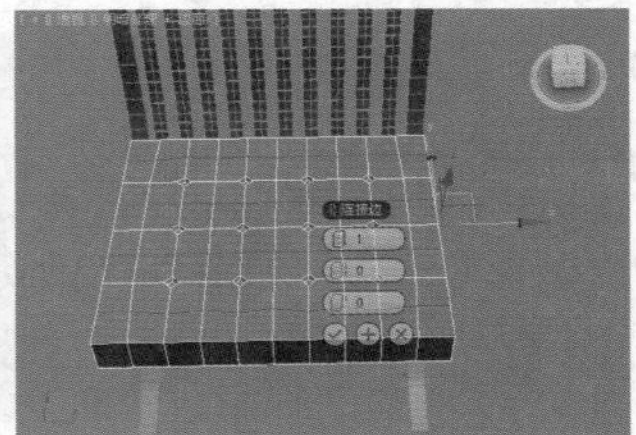

图4-364

**步骤06** 单击【顶点】按钮，进入顶点级别，选择如图4-365所示的顶点。然后调节点的位置，调节后的效果如图4-366所示。

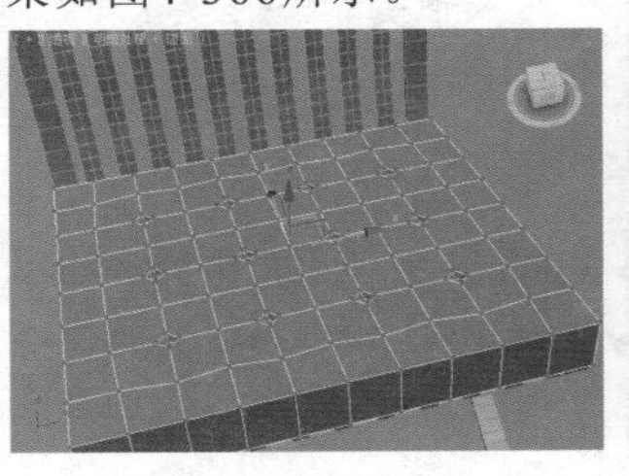

图4-365

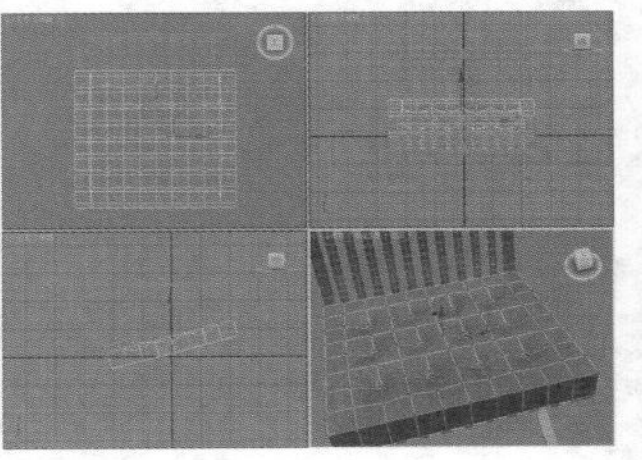

图4-366

**步骤07** 单击【边】按钮，进入边级别，选择如图4-367所示的边。单击【切角】按钮后面的【设置】按钮，并设置【边切角量】为5mm，如图4-368所示。

图4-367

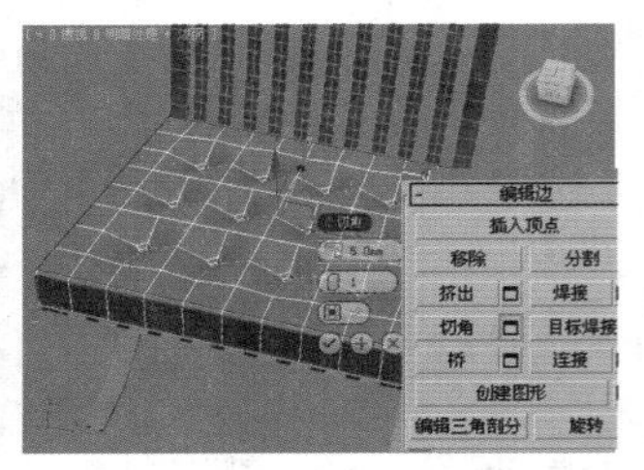

图4-368

**步骤08** 选择切角后的模型，然后在【修改】面板中为其加载【涡轮平滑】修改器，并设置【迭代次数】为2，如图4-369所示。

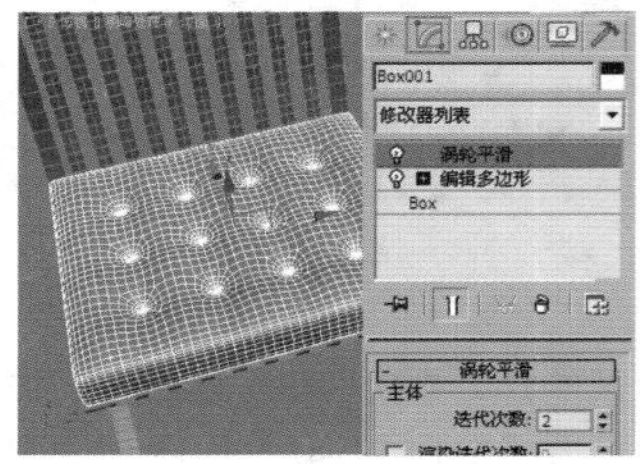

图4-369

**步骤09** 选择涡轮平滑后的模型，并再次转换为可编辑多边形，然后单击【边】按钮，进入边级别，选择如图4-370所示的边。单击【创建图形】按钮后的【设置】按钮，并设置【图形类型】为【线性】，如图4-371所示。

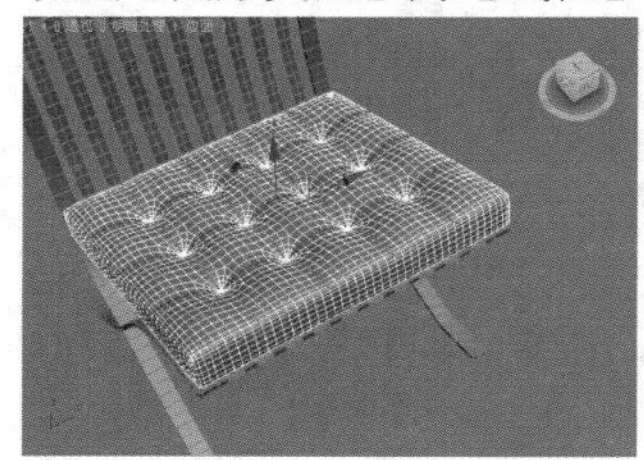

图4-370

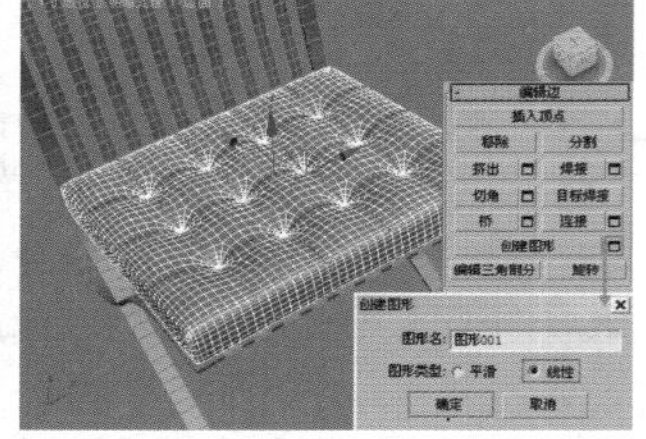

图4-371

**步骤10** 选择刚创建的图形，选中【在渲染中启用】和【在视口中启用】复选框，选中【径向】单选按钮，设置【厚度】为4.5mm，如图4-372所示。同样创建边缘的线条，如图4-373所示。

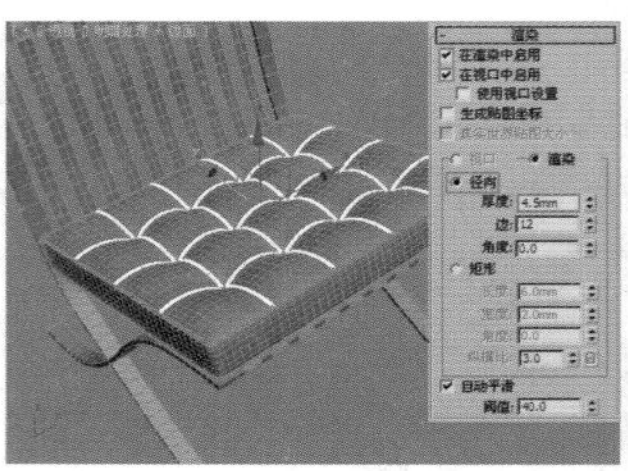

图4-372

图4-373

**步骤11** 在顶视图中创建一个球体，然后设置【半径】为5mm，【分段】为32，如图4-374所示。

**步骤12** 使用【选择并均匀缩放】工具将球体进行适当的缩放，然后将该球体复制几份，并拖曳到适当的位置，此时的模型效果如图4-375所示。

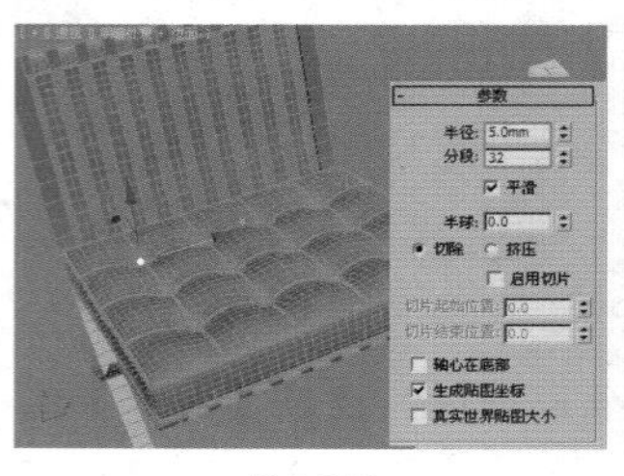

图4-374

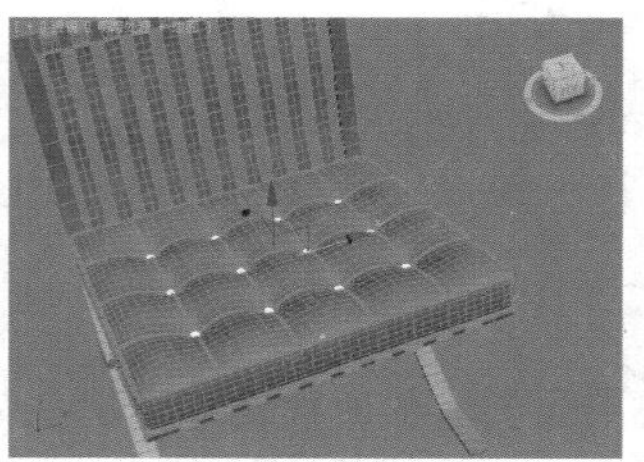

图4-375

**步骤13** 使用同样的方法创建靠背的模型，然后将靠背和坐垫旋转一定的角度将其拼合到一起，效果如图4-376所示。

**步骤14** 选择步骤13中创建的靠背模型，为其添加【FFD 3×3×3】修改器，并选择【控制点】级别，调节控制点的位置，如图4-377所示。最终模型效果如图4-378所示。

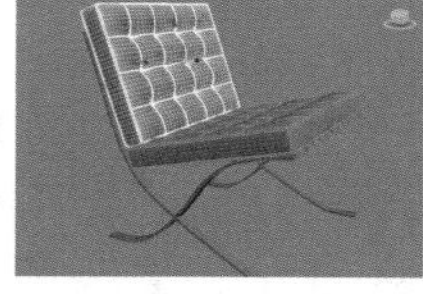

图4-376

图4-377

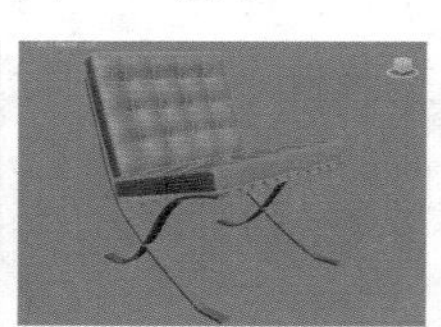

图4-378

## 小实例：利用多边形建模制作饰品组合

| 场景文件 | 无 |
|---|---|
| 案例文件 | 小实例：利用多边形建模制作饰品组合.max |
| 视频教学 | 多媒体教学/Chapter04/小实例：利用多边形建模制作饰品组合.flv |
| 难易指数 | ★★★☆☆ |
| 技术掌握 | 掌握可编辑多边形下的【切角】、【倒角】工具和【优化】修改器的使用 |

### 实例介绍

本实例是一个饰品组合的模型，主要使用可编辑多边形下的【切角】、【倒角】工具和【优化】修改器进行制作，效果如图4-379所示。

图4-379

## 建模思路

01 STEP 使用可编辑多边形下的【切角】、【倒角】工具和【优化】修改器制作饰品花瓶。

02 STEP 使用【圆环】和【管状体】创建剩余部分的饰品模型。

饰品组合的建模流程如图4-380所示。

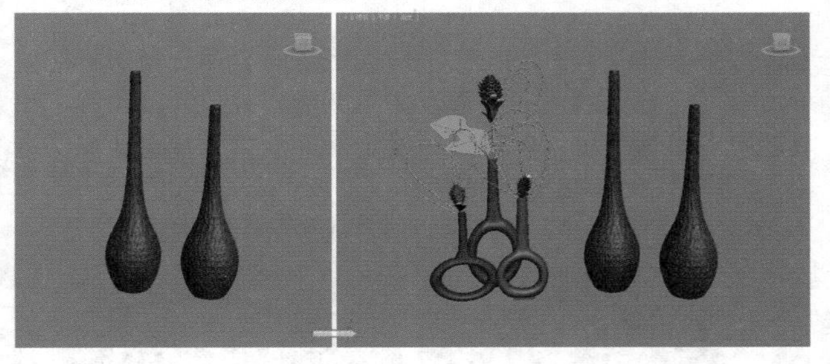

图4-380

## 操作步骤

### Part 1 使用可编辑多边形下的【切角】、【倒角】工具和【优化】修改器制作饰品花瓶

**步骤01** 在顶视图中创建一个圆柱体，然后设置【半径】为40mm，【高度】为250mm，【高度分段】为5，如图4-381所示。

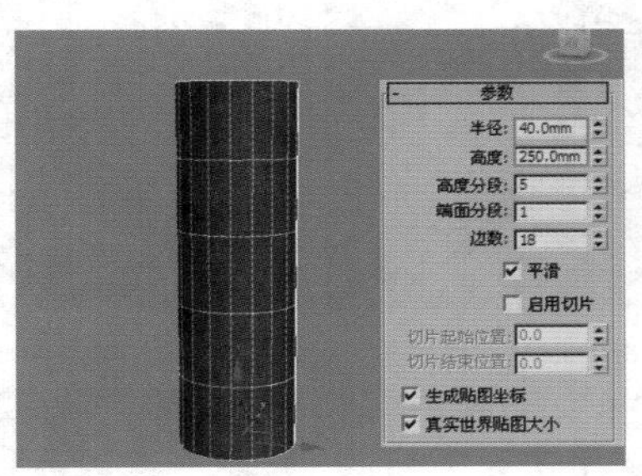

图4-381

**步骤02** 单击【修改】面板，为步骤01中创建的圆柱体加载【编辑多边形】修改器，如图4-382所示。

**步骤03** 单击【顶点】按钮，进入顶点级别，使用【选择并均匀缩放】工具将顶点进行调节，如图4-383所示。

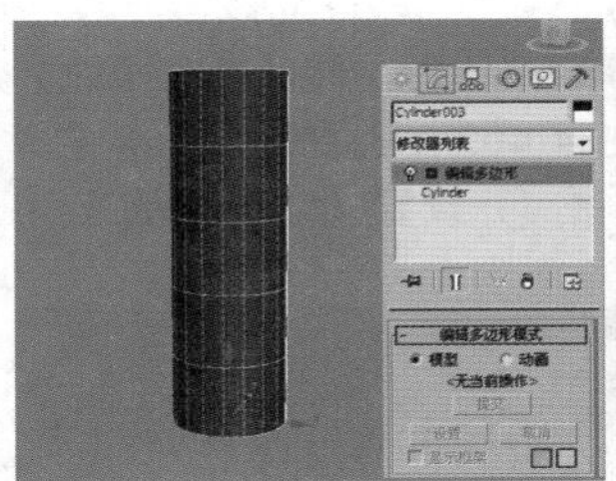

图4-382

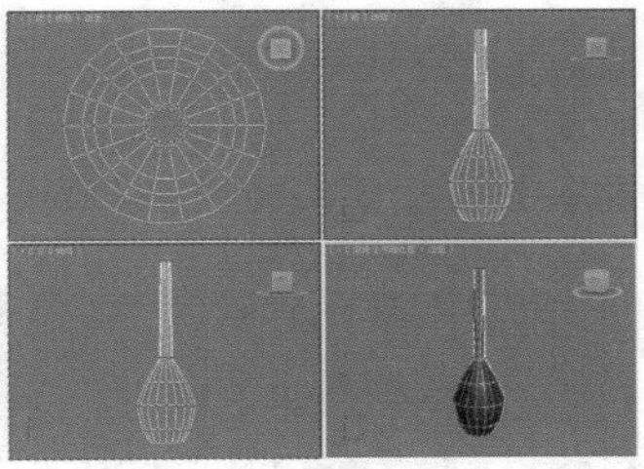

图4-383

**步骤04** 单击【边】按钮，进入边级别，选择如图4-384所示的边。单击【切角】按钮后面的【设置】按钮，并设置【边切角量】为1mm，如图4-385所示。

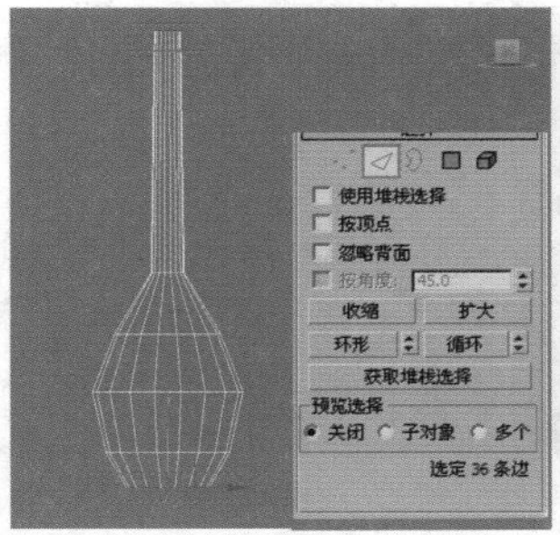

图4-384

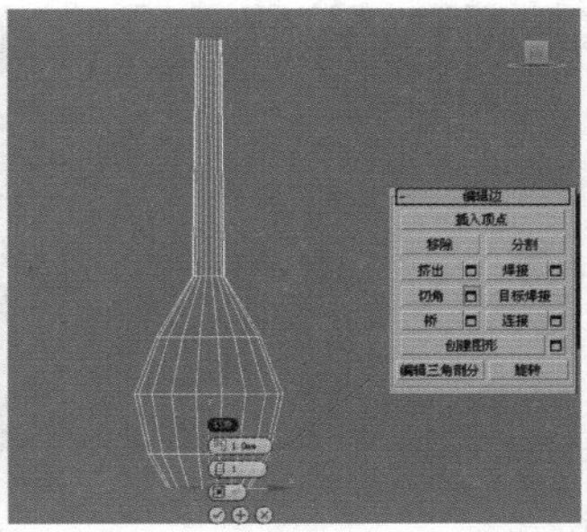

图4-385

**步骤05** 选择切角后的模型，然后加载【网格平滑】修改器，并设置【迭代次数】为2，如图4-386所示。

**步骤06** 选择网格平滑后的模型，然后加载【优化】修改器，并设置【面阈值】为3，如图4-387所示。

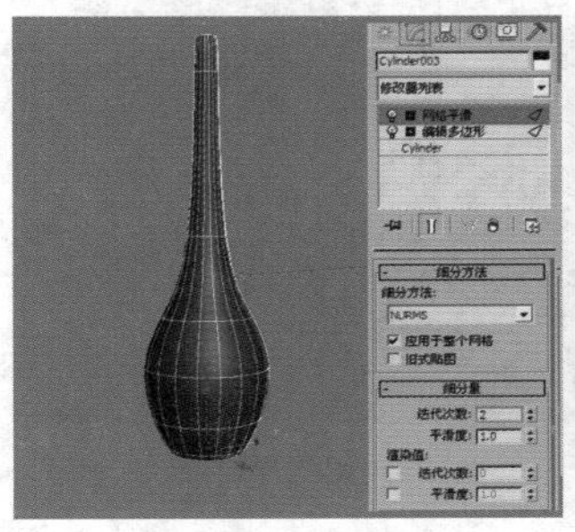

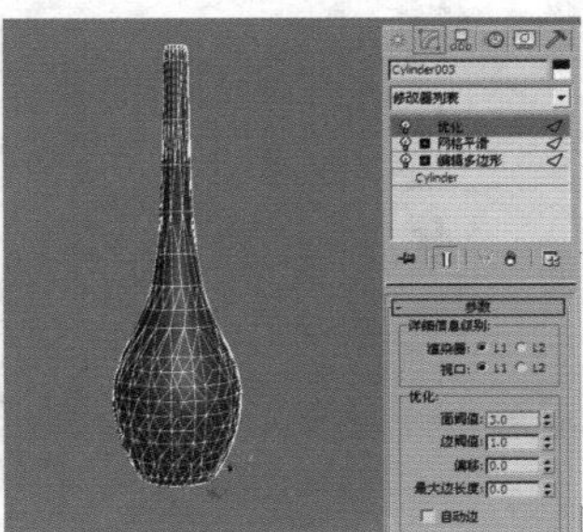

图4-386　　图4-387

**技巧提示**

由于花瓶模型表面有很多不规则凹凸效果，需要模型表面拥有不规则的多边形，所以为模型加载了一个【优化】修改器，这样可以将原有的规则多边形进行破坏。如图4-388所示为优化前后的模型对比效果。

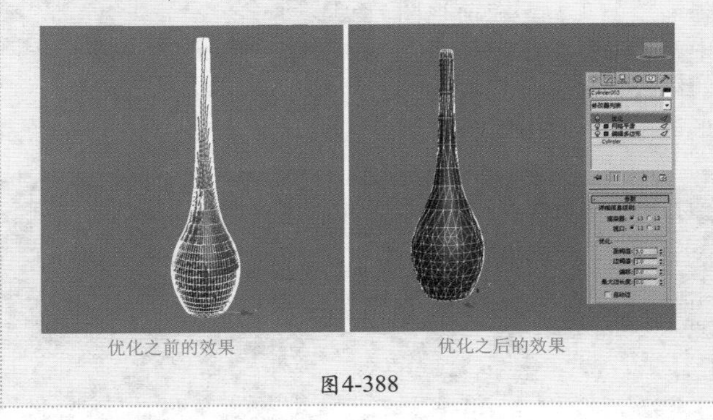

优化之前的效果　　优化之后的效果

图4-388

**步骤07** 将优化后的模型转换为可编辑多边形，单击【多边形】按钮，选择如图4-389所示的多边形。

**步骤08** 保持对多边形的选中状态，然后单击【倒角】按钮后面的【设置】按钮，设置【倒角类型】为【按多边形】，接着设置【高度】为－0.5mm，【轮廓】为－0.3mm，如图4-390所示。

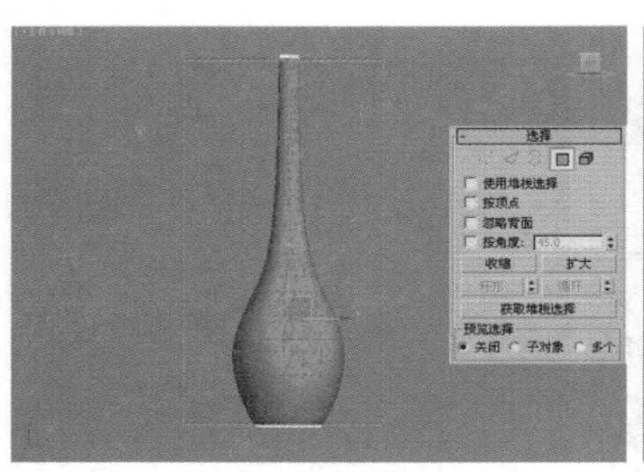

图4-389

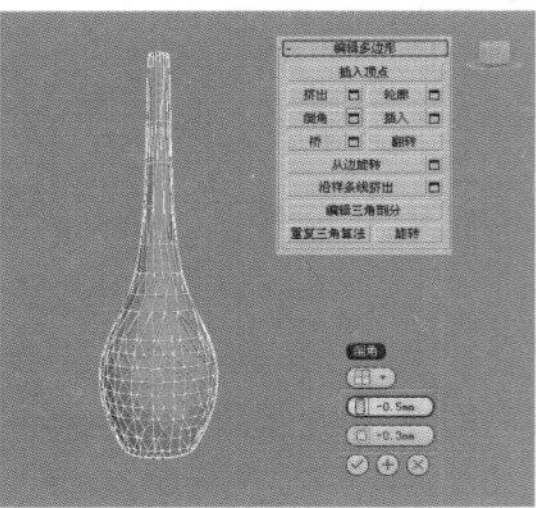

图4-390

**步骤09** 选择倒角后的模型，加载【涡轮平滑】修改器，并设置【迭代次数】为2，如图4-391所示。

**步骤10** 使用同样的方法制作出另外一个饰品花瓶的模型，如图4-392所示。

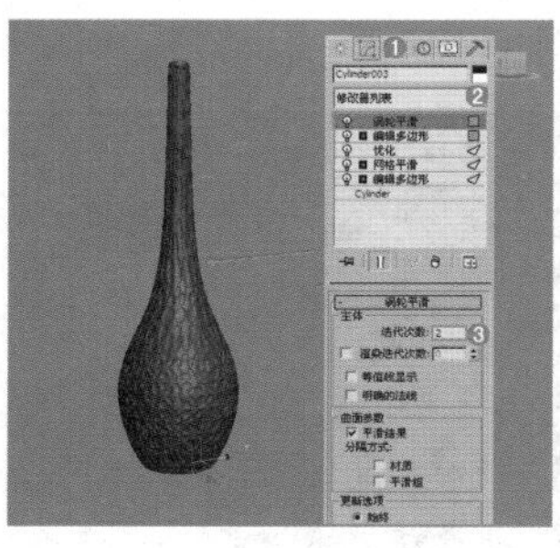

图4-391

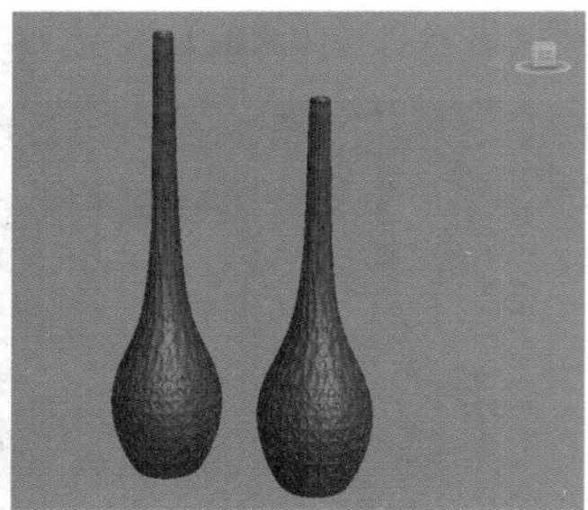

图4-392

## Part 2 使用【圆环】和【管状体】工具创建剩余部分的饰品模型

**步骤01** 在前视图中创建一个圆环，设置【半径1】为35mm，【半径2】为7mm，如图4-393所示。

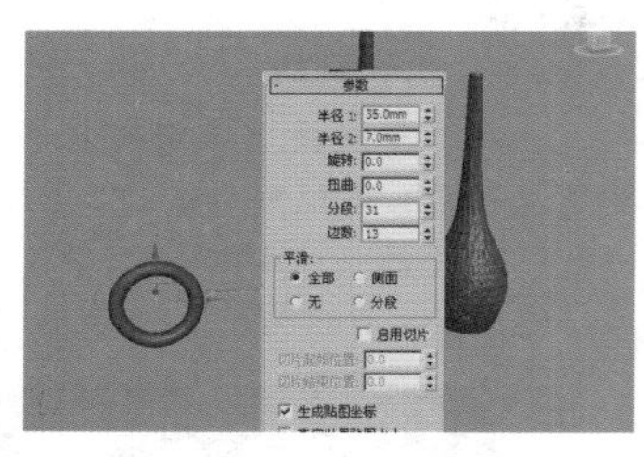

图4-393

**步骤02** 使用【选择并均匀缩放】工具在前视图中沿Z轴将圆环进行适当的缩放，使其变成椭圆的形状，如图4-394所示。

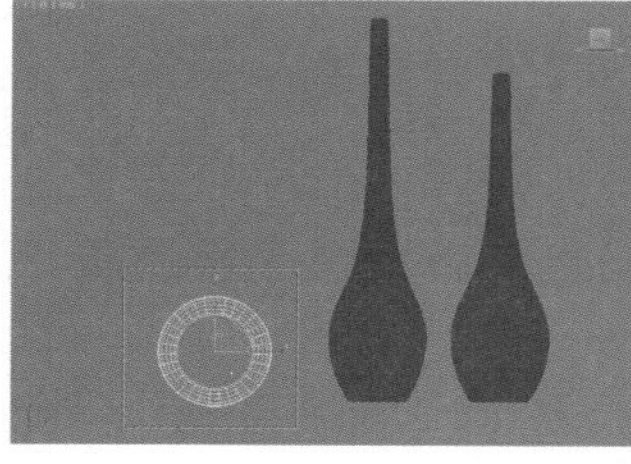

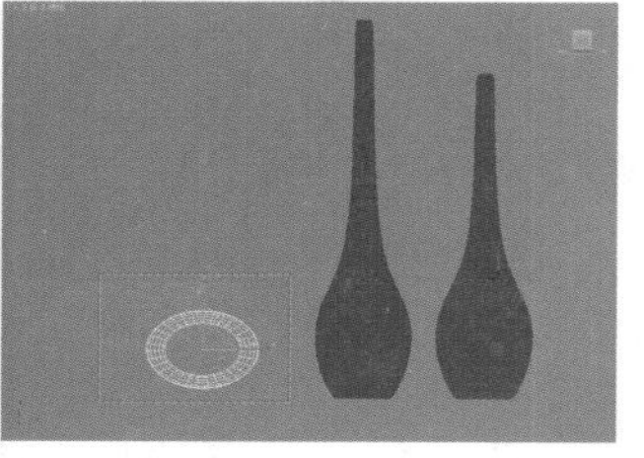

图4-394

**步骤03** 将步骤02中创建的圆环转化为可编辑多边形，然后单击【多边形】按钮，进入多边形级别，接着选择如图4-395所示的多边形，并按Delete键进行删除，如图4-396所示。

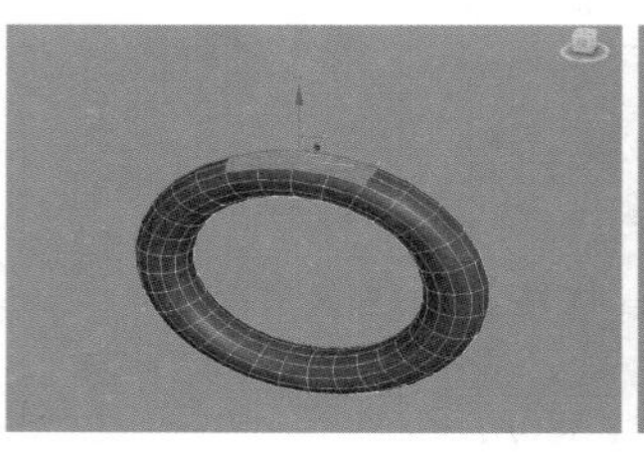

图4-395

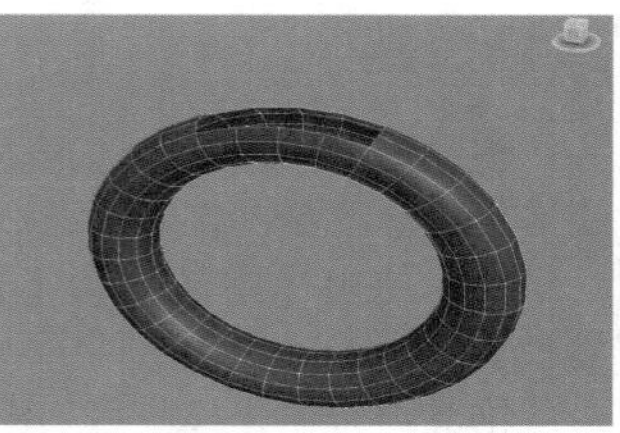

图4-396

**步骤04** 单击【边】按钮，进入边级别，然后选择如图4-397所示的边。使用【选择并移动】工具，并按住Shift键，沿Z轴向上进行拖曳，同时使用【选择并均匀缩放】工具进行适当的缩放，如图4-398所示。

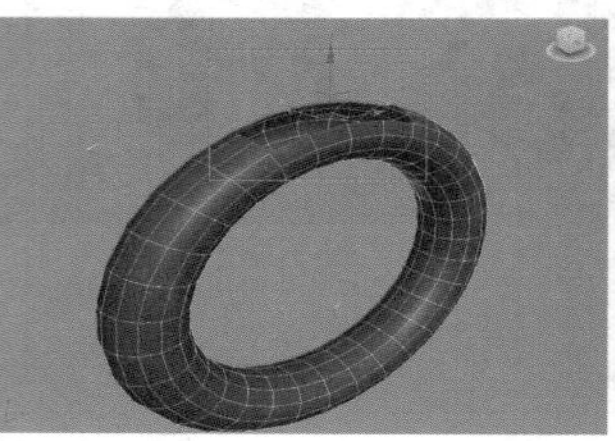

图4-397

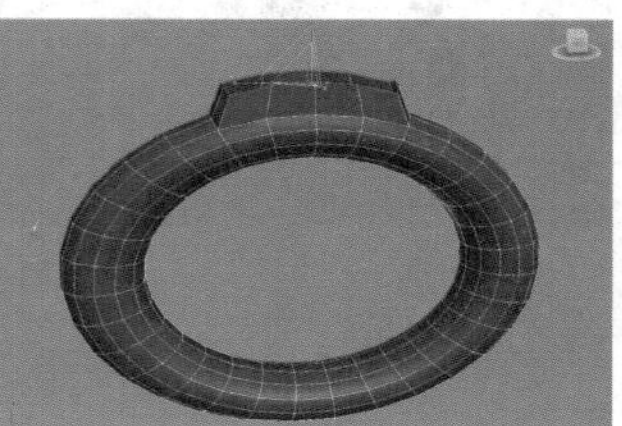

图4-398

**步骤05** 继续重复上述操作，如图4-399所示。

**步骤06** 单击【顶点】按钮，进入顶点级别，调整顶点的位置，如图4-400所示。

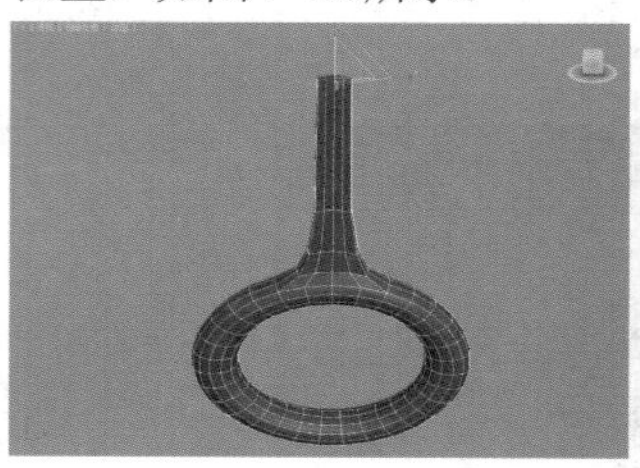

图4-399

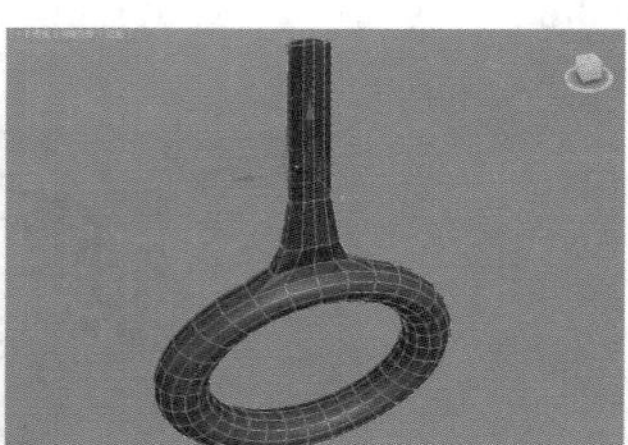

图4-400

**步骤07** 选择步骤06中的模型，为其添加【壳】修改器，并设置【外部量】为1mm，如图4-401所示。

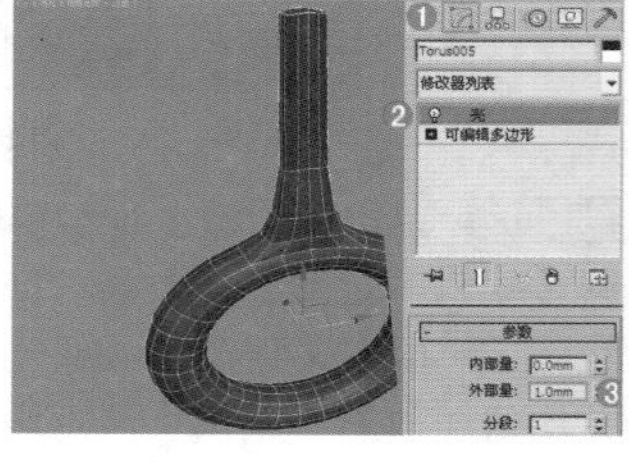

图4-401

**步骤08** 继续将模型转化为可编辑多边形，然后单击【边】按钮，进入边级别，选择如图4-402所示的边。单击【切角】按钮后面的【设置】按钮，并设置【边切角量】为1mm，如图4-403所示。

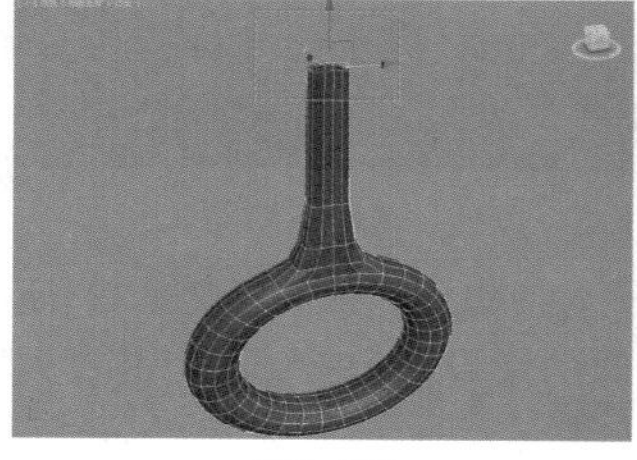

图4-402

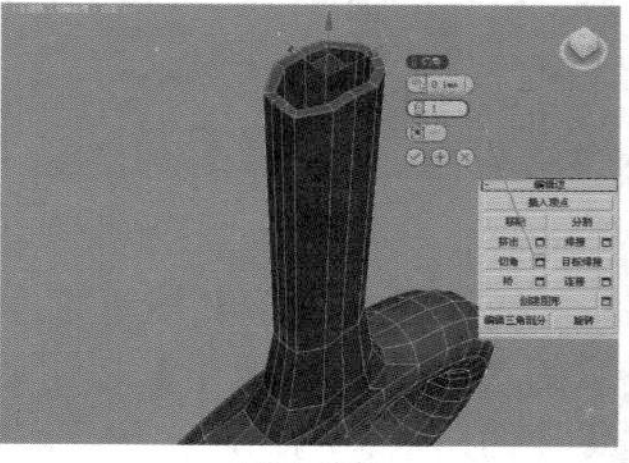

图4-403

**步骤09** 选择步骤08中的模型，然后为其添加【网格平滑】修改器，并设置【迭代次数】为2，如图4-404所示。此时的模型效果如图4-405所示。

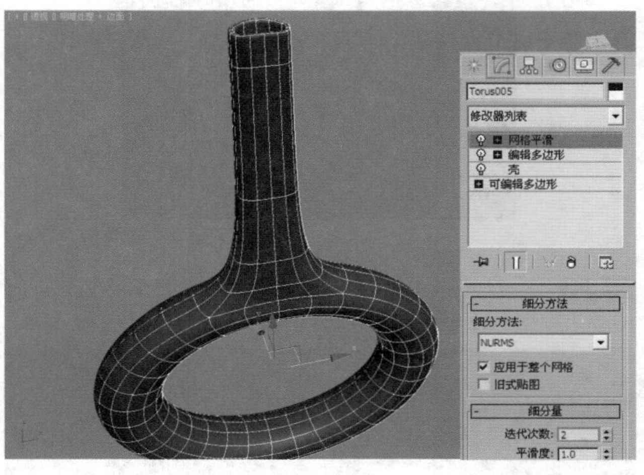


图4-404

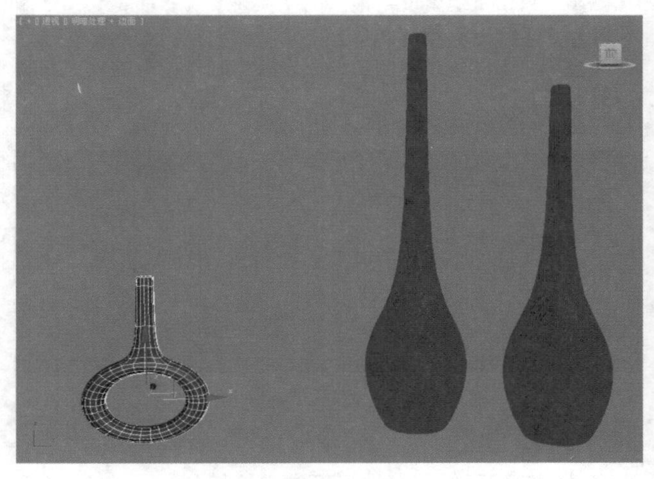

图4-405

**步骤10** 使用同样的方法将其他的模型创建出来，如图4-406所示。继续使用多边形建模的方法创建出花朵模型，最终模型效果如图4-407所示。

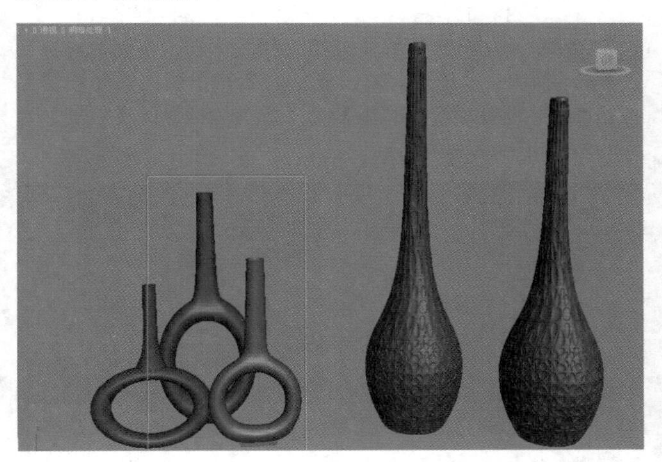

图4-406

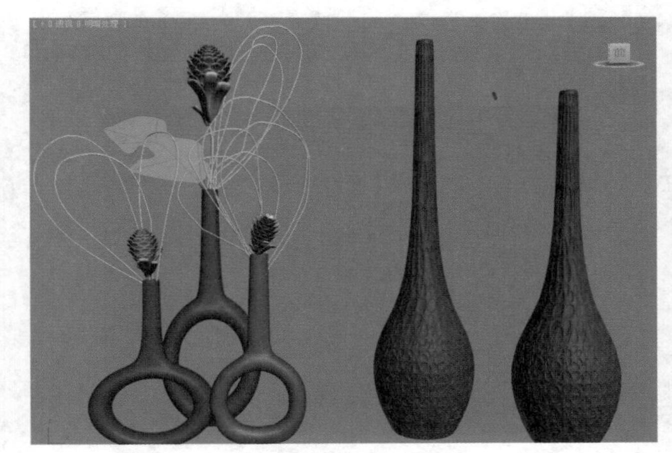

图4-407

## 小实例：利用多边形建模制作衣柜

| 场景文件 | 无 |
| --- | --- |
| 案例文件 | 小实例：利用多边形建模制作衣柜.max |
| 视频教学 | 多媒体教学/Chapter04/小实例：利用多边形建模制作衣柜.flv |
| 难易指数 | ★★★☆☆ |
| 技术掌握 | 掌握多边形建模下的【连接】、【插入】、【倒角】、【挤出】、【切角】工具以及【倒角剖面】修改器的运用 |

### 实例介绍

本实例学习使用多边形建模下的【连接】、【插入】、【倒角】、【挤出】、【切角】工具以及【倒角剖面】修改器来完成模型的制作，最终渲染和线框效果如图 4-408 所示。

图4-408

## 建模思路

01 STEP 使用可编辑多边形下的【连接】、【插入】、【倒角】、【挤出】和【切角】工具制作衣柜的主体模型。

02 STEP 使用样条线和倒角剖面修改器制作橱柜的顶部和底部模型。

衣柜的建模流程如图4-409所示。

图4-409

## 操作步骤

### Part 1 使用可编辑多边形下的【连接】、【插入】、【倒角】、【挤出】和【切角】工具制作衣柜的主体模型

**步骤01** 在顶视图中创建一个长方体，并设置【长度】为550mm，【宽度】为1200mm，【高度】为2000mm，【长度分段】为1，【宽度分段】为2，【高度分段】为3，如图4-410所示。

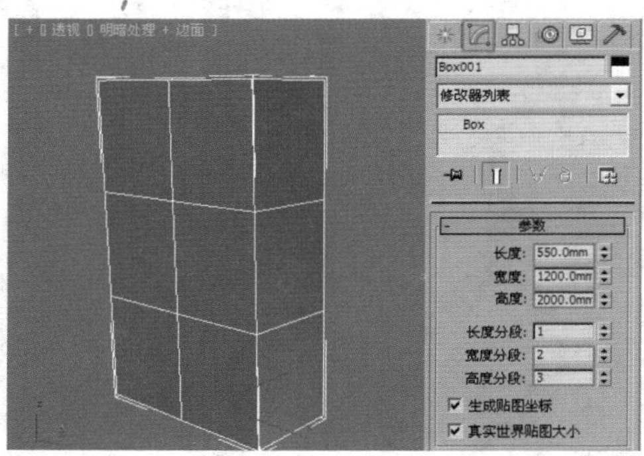

图4-410

**步骤02** 选择步骤01中创建的长方体，并为其加载【编辑多边形】修改器，如图4-411所示。

图4-411

**步骤03** 单击【边】按钮，进入边级别，然后选择如图4-412所示的边，并将边的位置进行调整。

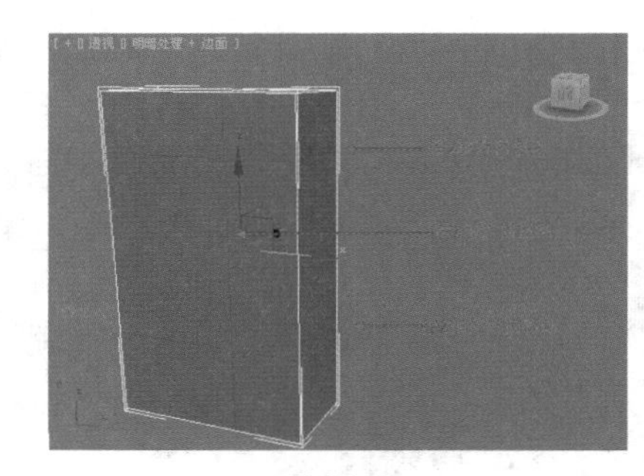

图4-412

**步骤04** 选择如图4-413所示的边，单击【连接】按钮，此时的效果如图4-414所示。

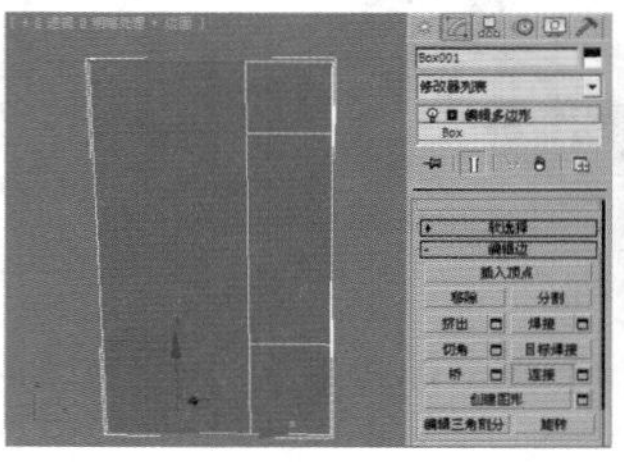

图4-413

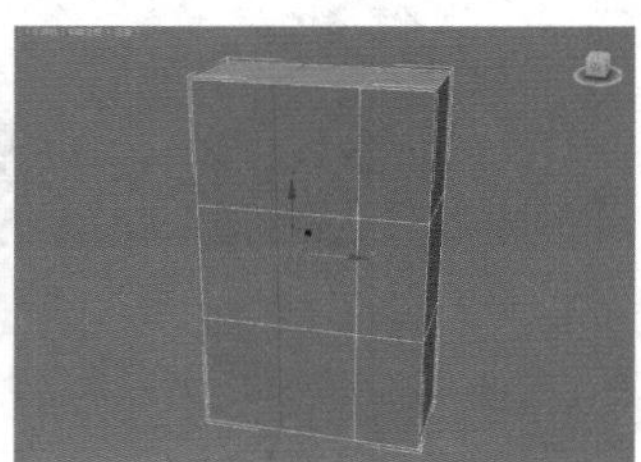

图4-414

**步骤05** 单击【多边形】按钮，进入多边形级别，选择如图4-415所示的多边形。单击【插入】按钮后面的【设置】按钮，并设置【插入类型】为【按多边形】，【数量】为50mm，如图4-416所示。

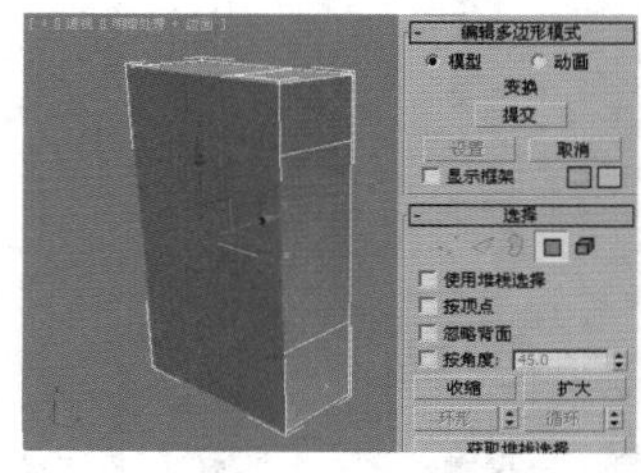

图4-415

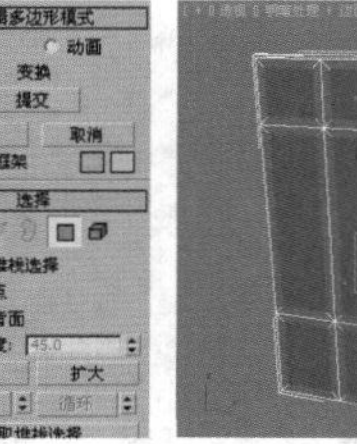

图4-416

**步骤06** 保持选择的多边形不变，单击【倒角】按钮后面的【设置】按钮，并设置【高度】为－6mm，【轮廓】为－6mm，如图4-417所示。单击【插入】按钮后面的【设置】按钮，并设置【数量】为15mm，如图4-418所示。

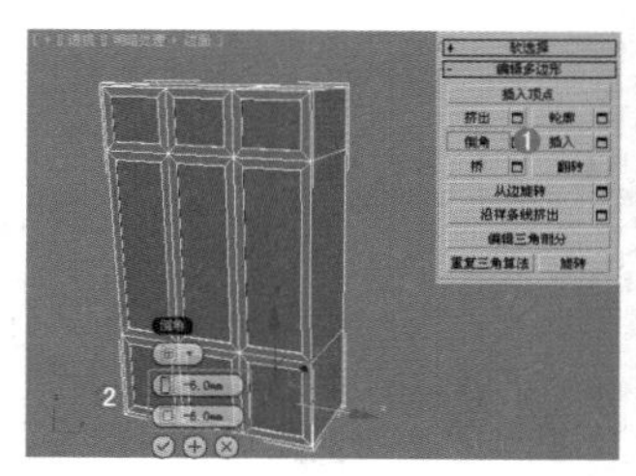

图4-417

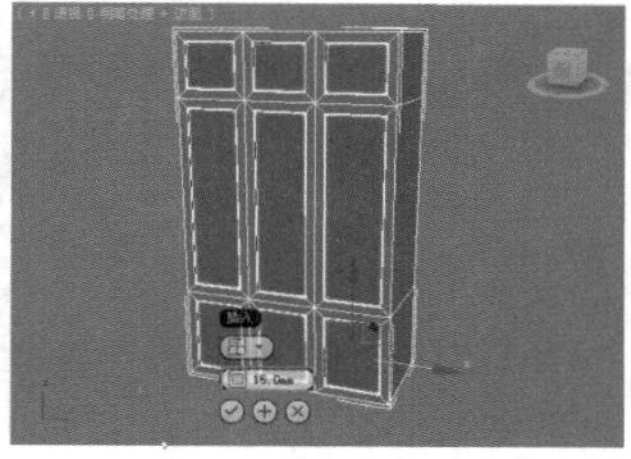

图4-418

**步骤07** 继续单击【倒角】按钮后面的【设置】按钮，并设置【高度】为－6mm，【轮廓】为－6mm，如图4-419所示。

**步骤08** 再次使用【倒角】进行操作，此时的效果如图4-420所示。

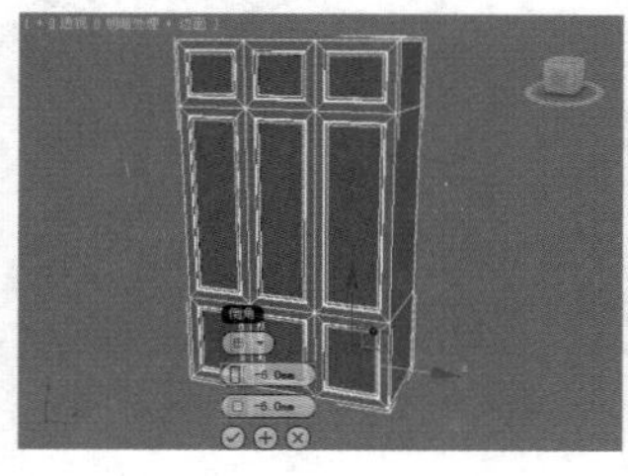

图4-419

图4-420

**步骤09** 单击【边】按钮，进入边级别，选择如图4-421所示的边。

**步骤10** 保持选择的边不变，单击【切角】按钮后面的【设置】按钮，并设置【数量】为5mm，如图4-422所示。

图4-421

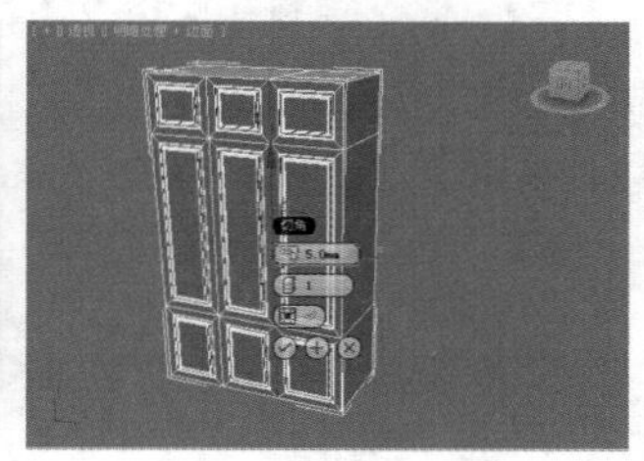

图4-422

**步骤11** 单击【多边形】按钮，进入多边形级别，选择如图4-423所示的多边形。单击【挤出】按钮后面的【设置】按钮，并设置【高度】为－50mm。

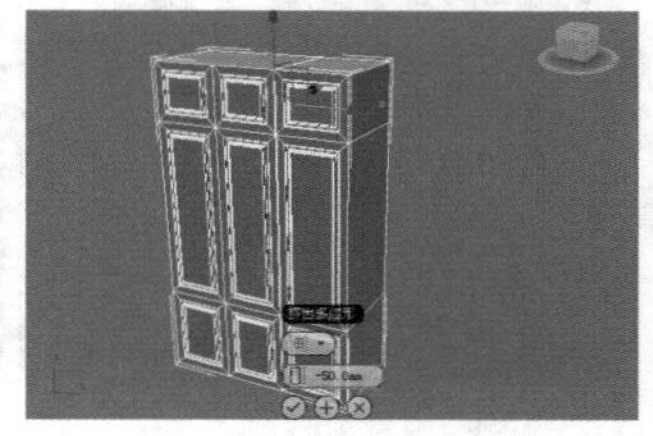

图4-423

**步骤12** 单击【边】按钮，进入边级别，选择如图4-424所示的边。单击【切角】按钮后面的【设置】按钮，并设置【数量】为1mm，【分段】为4，如图4-425所示。

图4-424

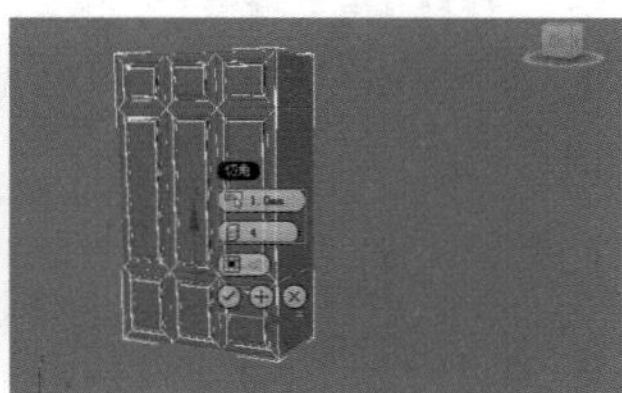

图4-425

**步骤13** 此时的模型效果如图4-426所示。

图4-426

## Part 2 使用样条线和倒角剖面修改器制作橱柜的顶部和底部模型

**步骤01** 使用【线】工具在前视图中绘制出橱柜上方的剖面图形，接着使用【矩形】工具在顶视图中绘制一个矩形，如图4-427所示。

图4-427

### 技巧提示

【倒角剖面】修改器可以使用一个平面图形和一个剖面的图形生成一个三维的模型。当然，也可以继续使用多边形建模中的【倒角】工具制作出同样的效果，但可能会比较麻烦一些。

**步骤02** 选择矩形，加载【倒角剖面】修改器，单击【拾取剖面】按钮拾取剖面，如图4-428所示。

**步骤03** 在顶视图中创建一个切角长方体，并将其作为橱柜最底部分的模型。设置【长度】为550mm，【宽度】为1200mm，【高度】为－100mm，【圆角】为4mm，如图4-429所示。

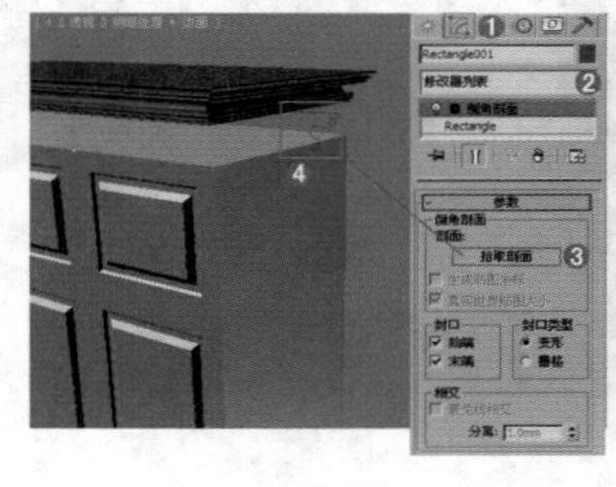

图4-428

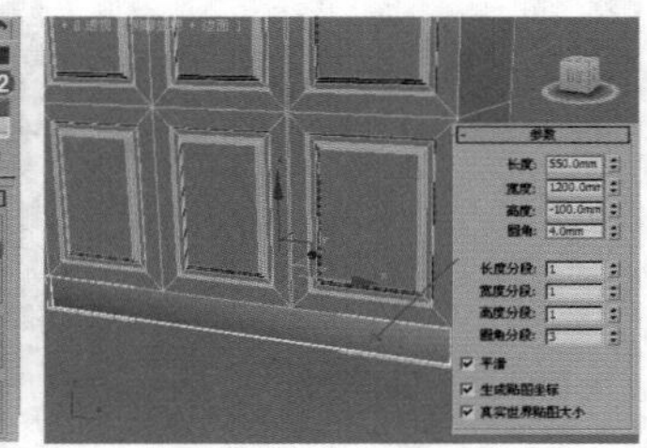

图4-429

**步骤04** 在顶视图中创建一个切角长方体，并将其作为橱柜的腿的模型。设置【长度】为60mm，【宽度】为100mm，【高度】为60mm，【圆角】为2mm，如图4-430所示。

**步骤05** 激活顶视图，确认步骤04中创建的切角长方体处于选中状态，使用【选择并移动】工具移动复制5份，如图4-431所示。

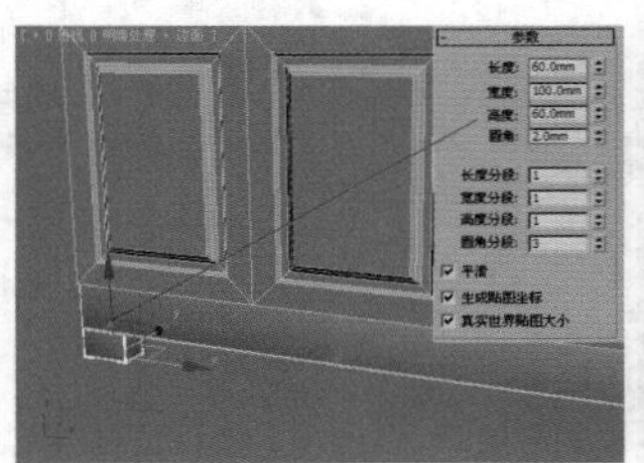

图4-430

图4-431

**步骤06** 使用样条线的可渲染功能创建出把手部分模型，并将其转化为可编辑多边形，然后调节顶点的位置，如图4-432所示。

**步骤07** 最终模型效果如图4-433所示。

图4-432　　图4-433

## 综合实例：利用多边形建模制作iPad2

| 场景文件 | 无 |
| --- | --- |
| 案例文件 | 综合实例：利用多边形建模制作iPad2.max |
| 视频教学 | 多媒体教学/Chapter04/综合实例：利用多边形建模制作iPad2.flv |
| 难易指数 | ★★★★☆ |
| 技术掌握 | 掌握多边形建模下的【切角】、【连接】、【挤出】和【分离】工具的使用方法 |

### 实例介绍

本实例将以一个iPad2平板电脑模型为例来讲解多边形建模下的【切角】和【连接】工具的使用方法，效果如图4-434所示。

图4-434

### 建模思路

**01** 使用【切角】、【连接】、【挤出】、【分离】工具及【壳】修改器制作iPad2的正面模型。

**02** 使用ProBoolean制作iPad2的背面模型。

iPad2平板电脑的建模流程如图4-435所示。

图4-435

### 操作步骤

#### Part 1　使用【切角】、【挤出】、【分离】工具及【壳】修改器制作iPad2的正面模型

**步骤01** 在顶视图中创建一个长方体，设置【长度】为241.2mm，【宽度】为185.7mm，【高度】为8.8mm，【长度分段】为1，【宽度分段】为1，【高度分段】为1，如图4-436所示。

**步骤02** 选择步骤01中创建的长方体，单击【修改】面板，然后为其加载【编辑多边形】修改器，如图4-437所示。

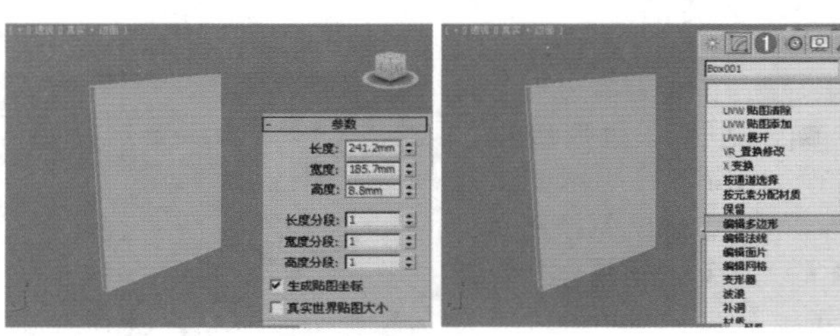

图4-436　　图4-437

**步骤03** 单击【边】按钮，进入边级别，选择如图4-438所示的边。单击【切角】按钮后面的【设置】按钮，并设置【边切角量】为8mm，【连接边分段】为10，如图4-439所示。

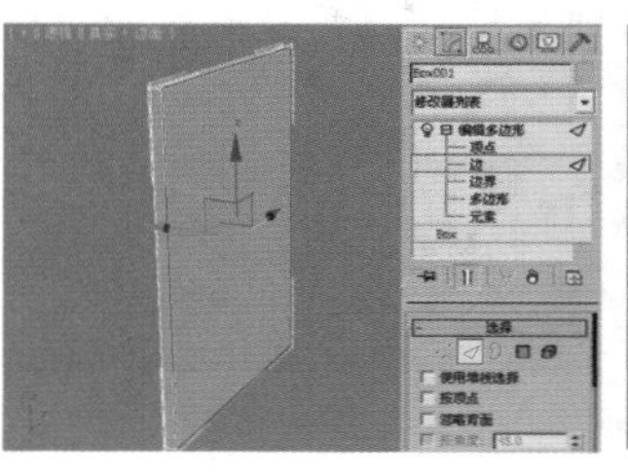

图4-438　　图4-439

**步骤04** 在边级别下选择如图4-440所示的边，单击【切角】按钮后面的【设置】按钮，并设置【边切角量】为10mm，【连接边分段】为5，如图4-441所示。

**步骤05** 在边级别下选择如图4-442所示的边，单击【切角】按钮后面的【设置】按钮，并设置【边切角量】为1mm，【连接边分段】为2，如图4-443所示。

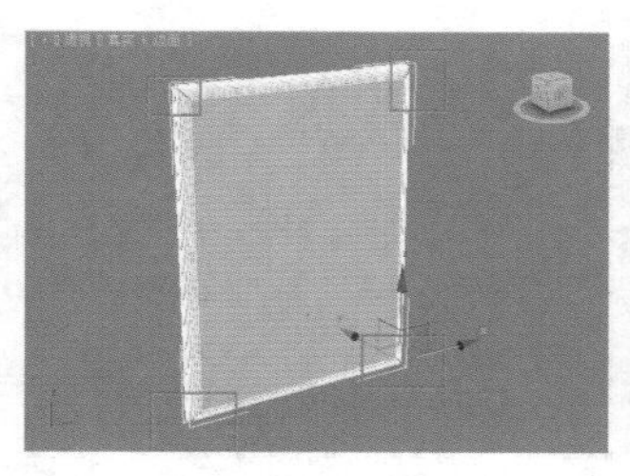

图4-440

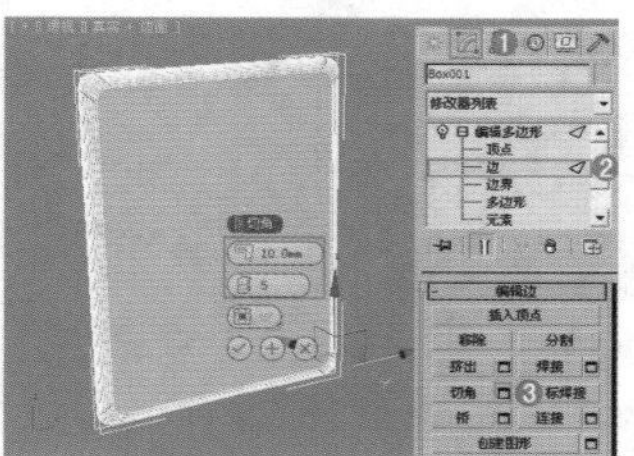

图4-441

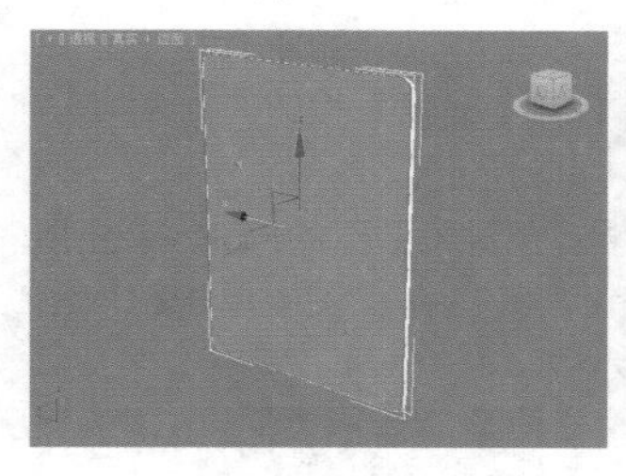

图4-442

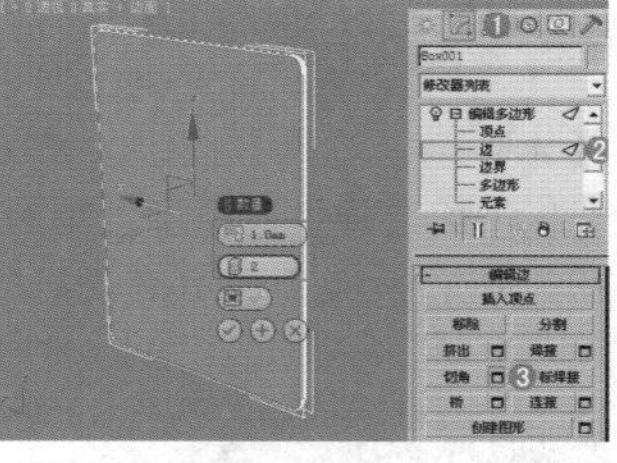

图4-443

步骤06 在边级别下选择如图4-444所示的边，单击【连接】按钮后面的【设置】按钮，并设置【分段】为2，【收缩】为80，如图4-445所示。

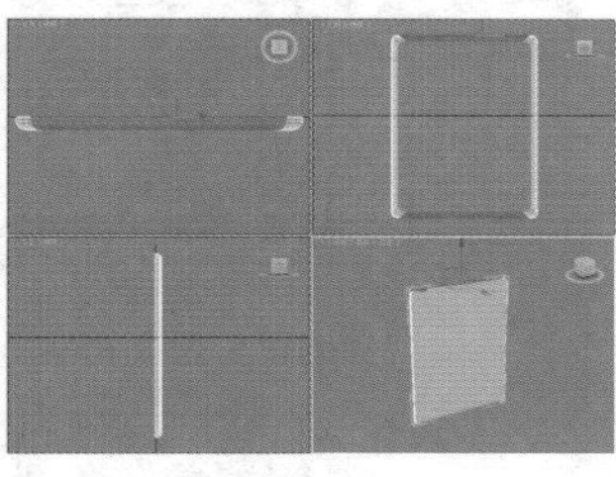

图4-444

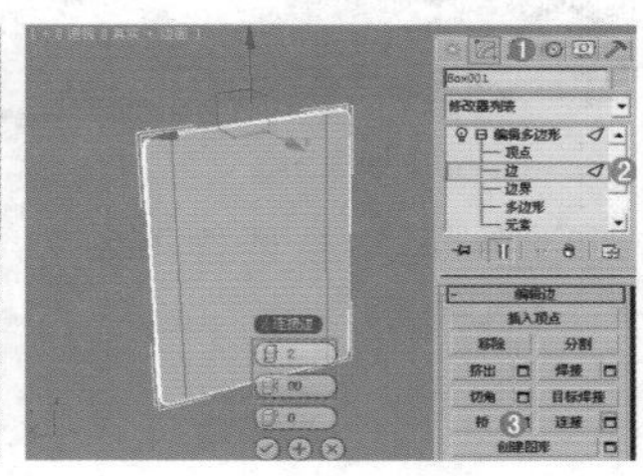

图4-445

步骤07 在边级别下选择如图4-446所示的边，单击【连接】按钮后面的【设置】按钮，并设置【分段】为2，【收缩】为70，如图4-447所示。

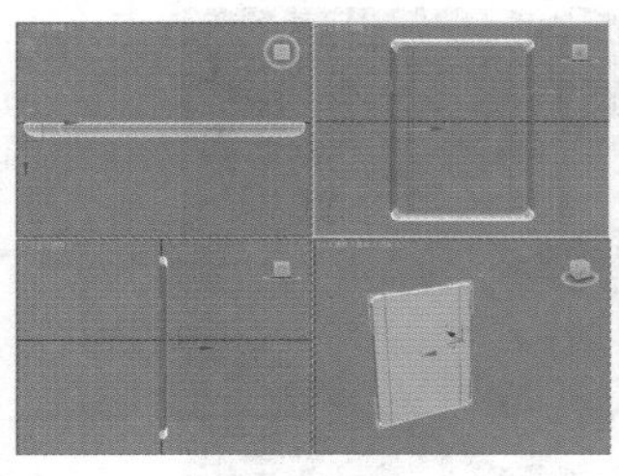

图4-446

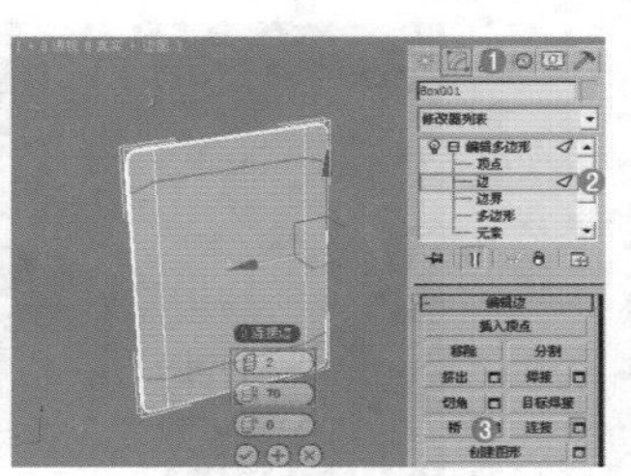

图4-447

步骤08 单击【多边形】按钮，进入多边形级别，选择如图4-448所示的多边形。单击【挤出】按钮后面的【设置】按钮，并设置【高度】为－2mm。

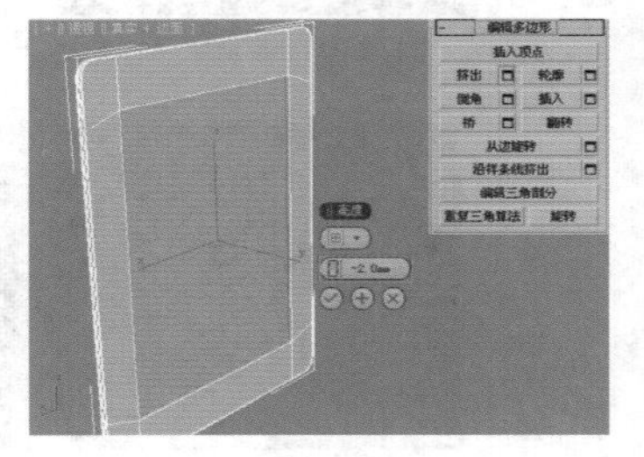

图4-448

步骤09 保持选择的面不变，单击【分离】按钮后面的【设置】按钮，并命名为【对象001】，选中【分离为克隆】复选框，单击【确定】按钮，如图4-449所示。

步骤10 为了查看方便，此时选择步骤09中分离出的【对象001】，并为其更改颜色，然后为其加载【壳】修改器，并设置【外部量】为2mm，如图4-450所示。

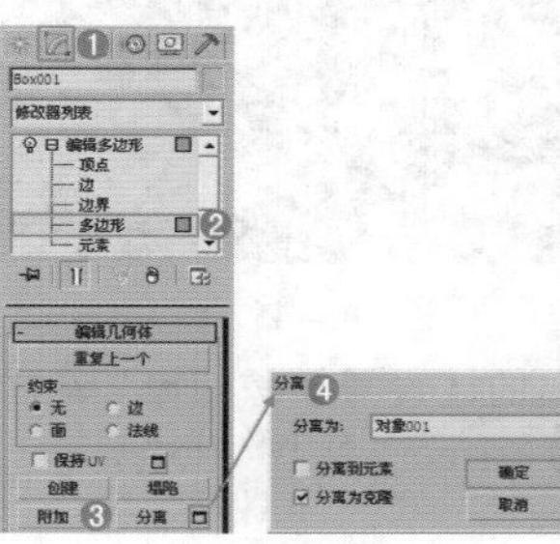

图4-449

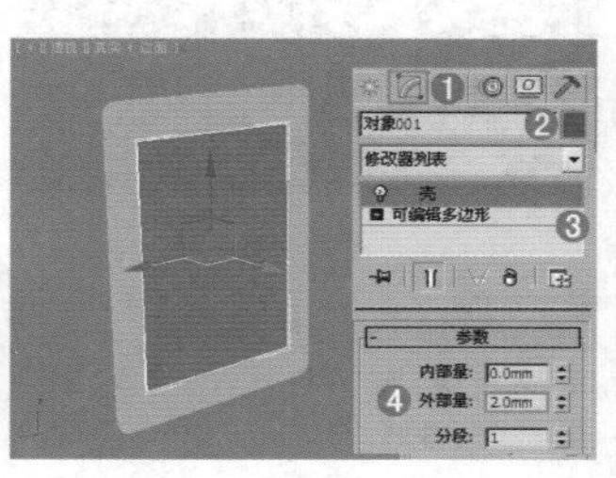

图4-450

## Part 2 使用ProBoolean制作iPad2的背面模型

步骤01 在前视图中创建一个圆柱体，进入【修改】面板，设置【半径】为0.5mm，【高度】为4mm，【高度分段】为1，如图4-451所示。

步骤02 按住Shift键，并使用【选择并移动】工具将其复制125个（复制时要选择实例方式），并将所有的圆柱摆放至合适的位置，具体位置如图4-452所示。

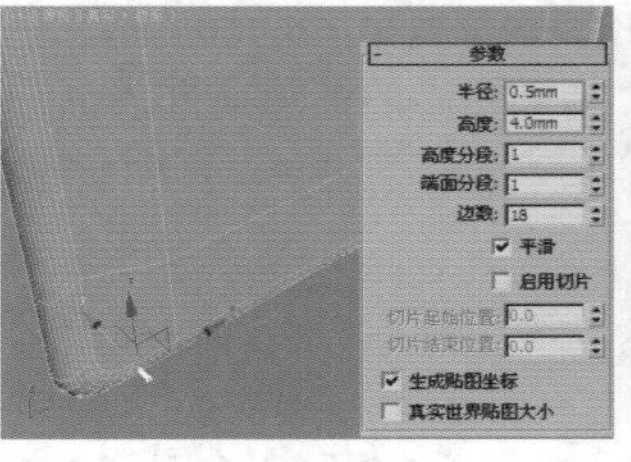

图4-451

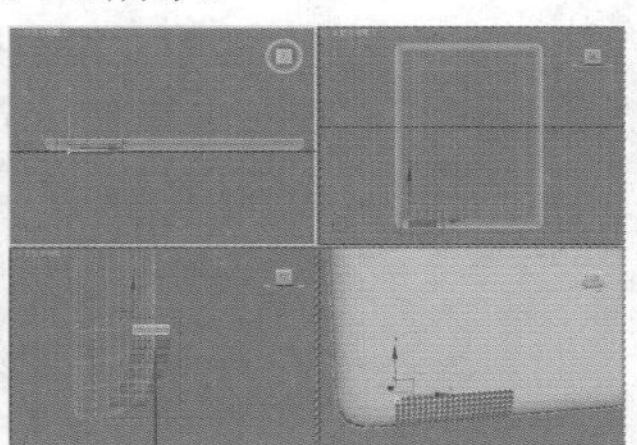

图4-452

步骤03 使用同样的方法分别创建不同的模型，并放置在模型背面的合适位置，如图4-453所示。

步骤04 再次创建圆柱体，设置【半径】为6mm，【高度】为30mm，【高度分段】为1，如图4-454所示。

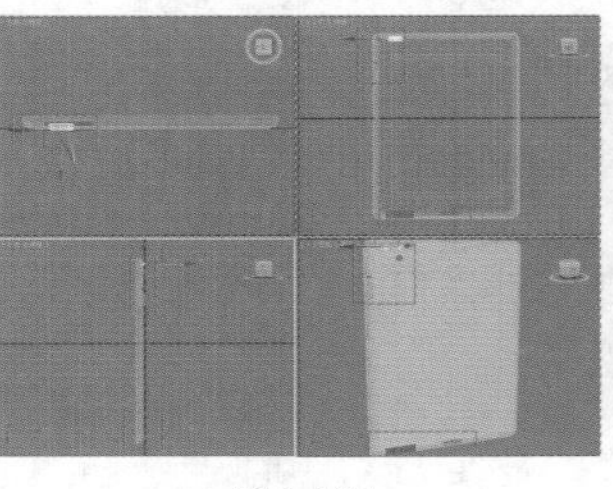

图4-453

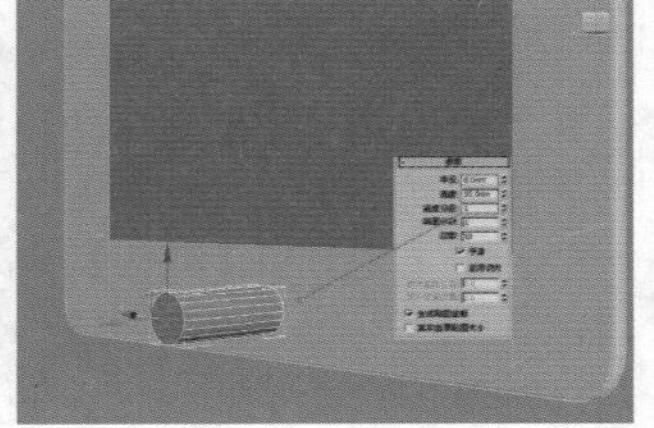

图4-454

步骤05 为步骤04中创建的圆柱体加载【编辑多边形】修改器，进入边级别，选择如图4-455所示的边。

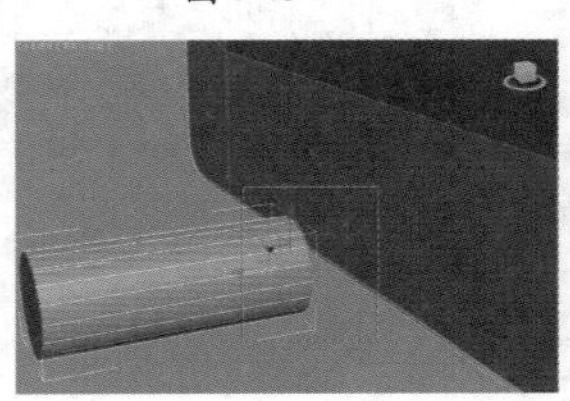

图4-455

**步骤06** 单击【切角】工具后面的【设置】按钮，设置【边切角量】为3mm，【连接边分段】为7，如图4-456所示。进入多边形级别，选择如图4-457所示的多边形。

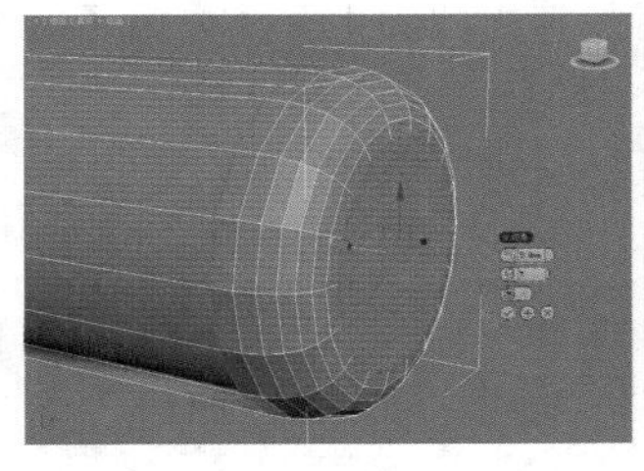
图4-456

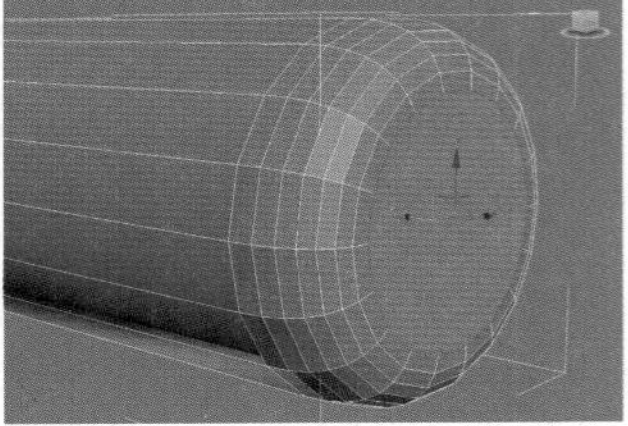
图4-457

**步骤07** 单击【倒角】工具后面的【设置】按钮，设置【高度】为－1mm，【轮廓】为－1mm，如图4-458所示。此时的圆柱体模型如图4-459所示。

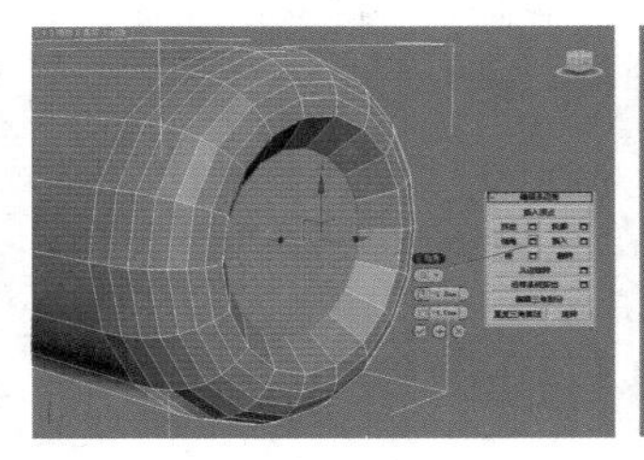
图4-458

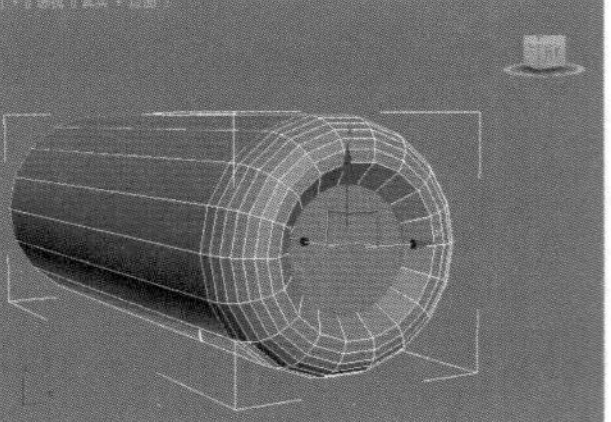
图4-459

**步骤08** 将圆柱体放置在模型正面，位置如图4-460所示。

**步骤09** 在前视图中绘制一个苹果标志的图形，并为其加载【挤出】修改器，然后设置【数量】为5mm，如图4-461所示。

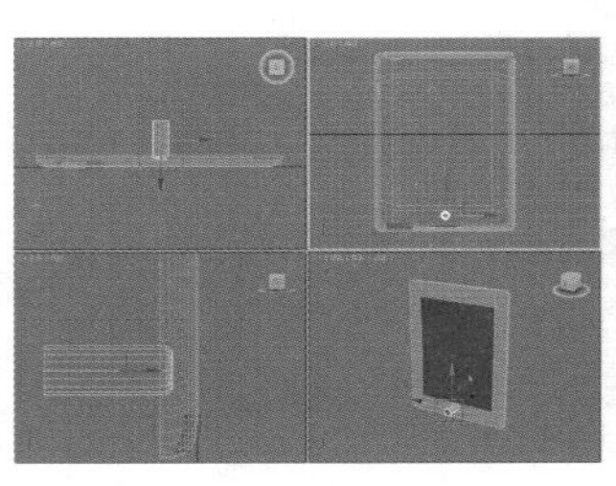
图4-460

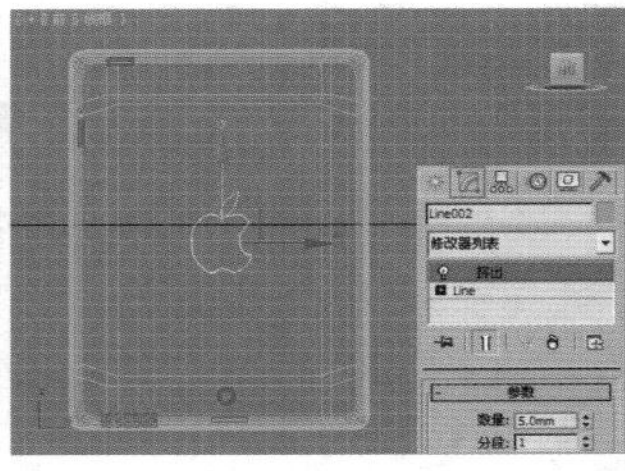
图4-461

**步骤10** 选择除了机身模型和屏幕模型以外的所有模型，单击【实用程序】面板，然后单击【塌陷】按钮，接着单击【塌陷选定对象】按钮，如图4-462所示。

**步骤11** 选择机身模型，单击【复合对象】下的ProBoolean按钮，然后单击【开始拾取】按钮，最后在视图中单击拾取刚才塌陷过的模型，如图4-463所示。

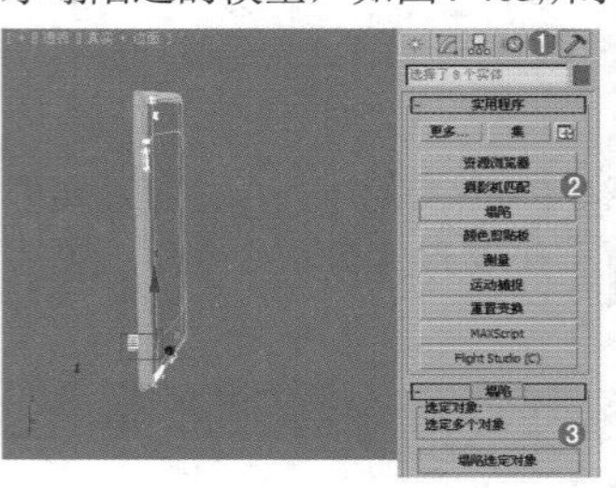
图4-462

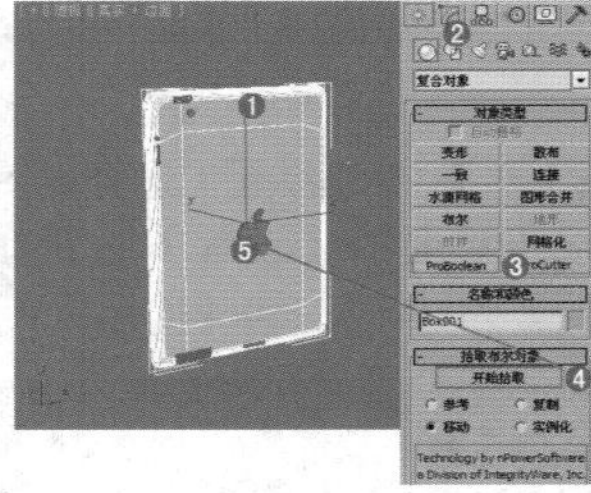
图4-463

**步骤12** 最终模型效果如图4-464所示。

图4-464

## 综合实例：利用多边形建模制作欧式床

| 场景文件 | 无 |
| --- | --- |
| 案例文件 | 综合实例：利用多边形建模制作欧式床.max |
| 视频教学 | 多媒体教学/Chapter04/综合实例：利用多边形建模制作欧式床.flv |
| 难易指数 | ★★★★☆ |
| 技术掌握 | 掌握可编辑多边形下的【快速切片】、【切角】、【倒角】工具和FFD、【涡轮平滑】、【壳】和【细化】修改器的使用 |

### 实例介绍

本实例是一个欧式床的模型，主要使用可编辑多边形下的【快速切片】、【切角】和【倒角】工具和FFD、【涡轮平滑】、【壳】和【细化】修改器进行制作，效果如图4-465所示。

图4-465

### 建模思路

01 使用可编辑多边形下的【快速切片】、【切角】、【倒角】工具及FFD修改器制作床头软包。

02 使用【涡轮平滑】、【壳】、【细化】修改器制作床剩余部分的模型。

欧式床的建模流程如图4-466所示。

图4-466

## 操作步骤

### Part 1　使用可编辑多边形下的【快速切片】、【切角】、【倒角】工具及FFD修改器制作床头软包

**步骤01** 在前视图中创建一个长方体，设置【长度】为730mm，【宽度】为2000mm，【高度】为100mm，【长度分段】为5，【宽度分段】为16，如图4-467所示。

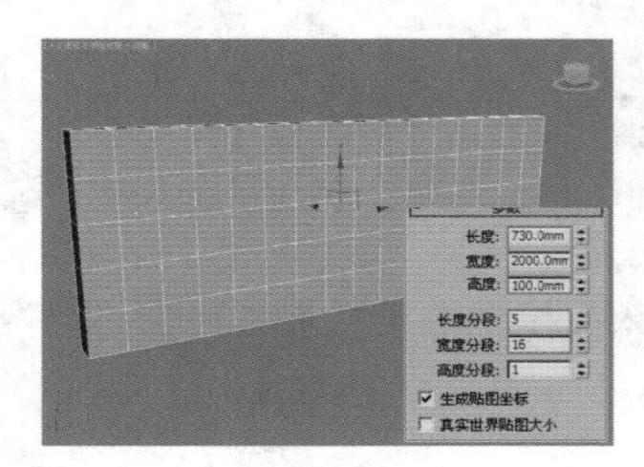

图4-467

**步骤02** 将步骤01中制作的长方体转换为可编辑多边形，并单击【顶点】按钮，进入顶点级别，然后单击【快速切片】按钮，如图4-468所示。接着单击【捕捉开关】按钮，最后在前视图中两次单击鼠标左键进行创建分段，如图4-469所示。

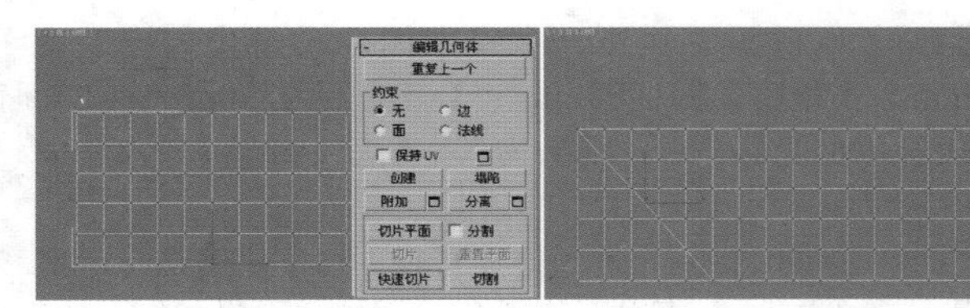

图4-468　　图4-469

### 技巧提示

制作软包在3ds Max建模中是一种比较特殊的思路。首先需要将模型的布线进行调整，将其调整为“斜线”，在这里有很多种方法可以实现。例如本例中用到的【快速切片】工具，可以快速增加一条线，如图4-470所示。当然，也可以使用其他方法，例如【切割】工具，也可以增加线，但是该方法比较烦琐，需要重复进行，如图4-471所示。

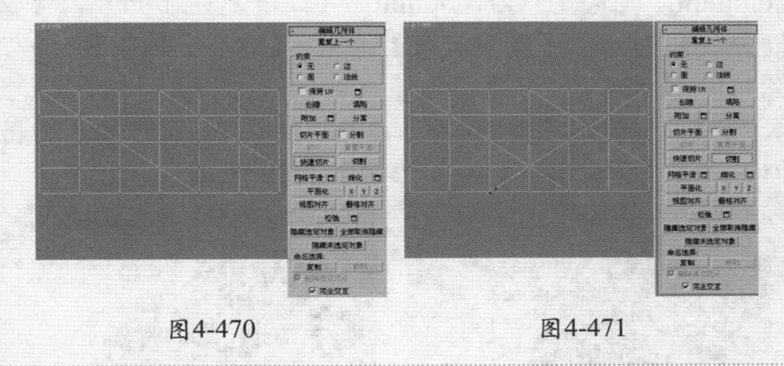

图4-470　　图4-471

**步骤03** 使用【快速切片】工具重复步骤02操作，目的是为了产生规则的斜线，如图4-472所示。模型效果如图4-473所示。

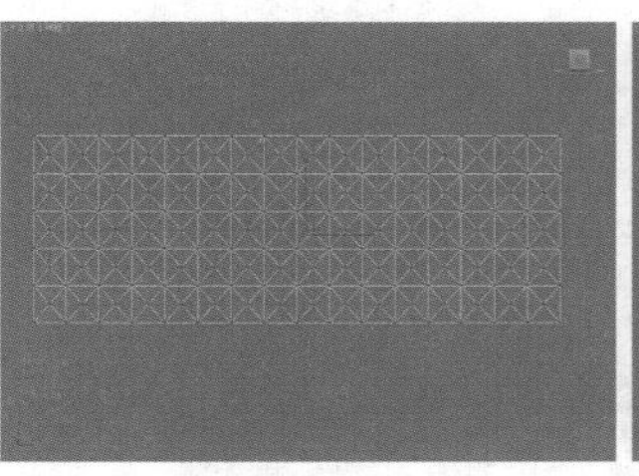

图4-472

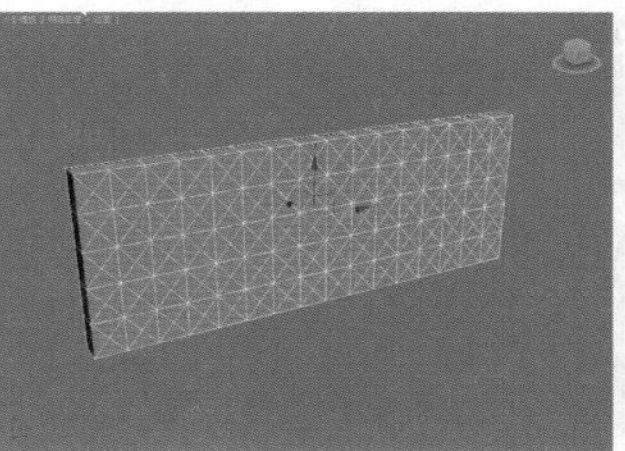

图4-473

**步骤04** 单击【顶点】按钮，进入顶点级别，选择如图4-474所示的点。展开【编辑点】卷展栏，单击【切角】按钮后的【设置】按钮，并设置【顶点切角量】为15mm，如图4-475所示。

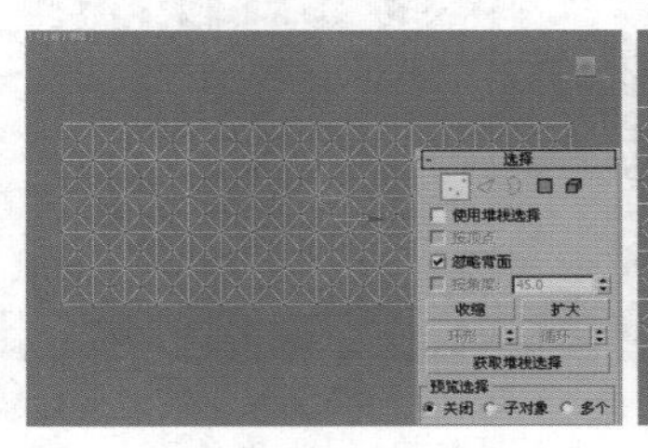

图4-474

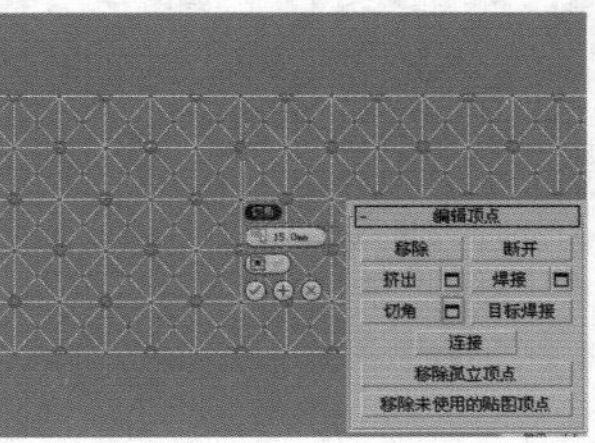

图4-475

**步骤05** 单击【多边形】按钮，进入多边形级别，选择如图4-476所示的多边形。单击【倒角】按钮后的【设置】按钮，并设置【高度】为－12mm，【轮廓】为－8mm，如图4-477所示。

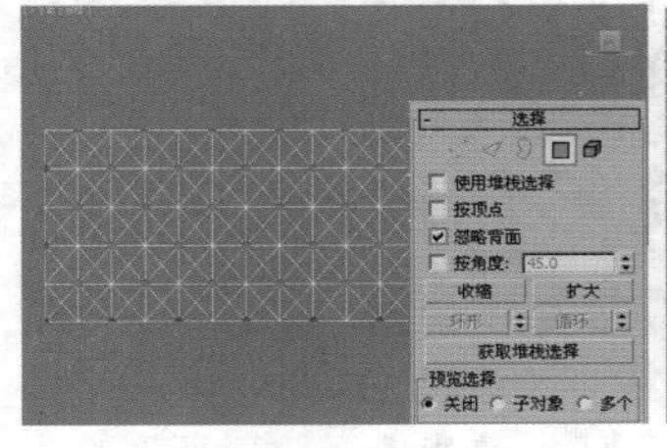

图4-476

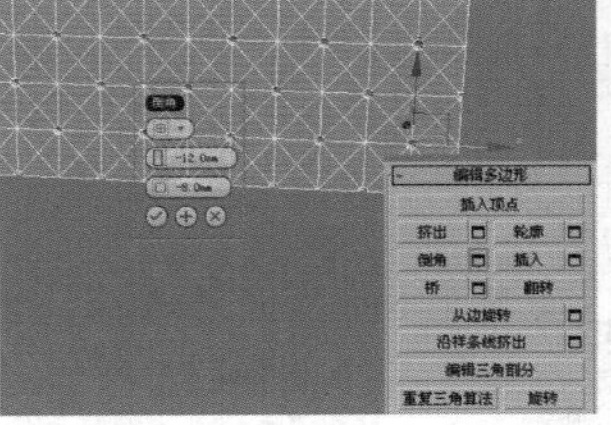

图4-477

**步骤06** 单击【顶点】按钮，进入顶点级别，选择如图4-478所示的点。使用【选择并移动】工具在顶视图或左视图中调节点的位置，调节后的效果如图4-479所示。

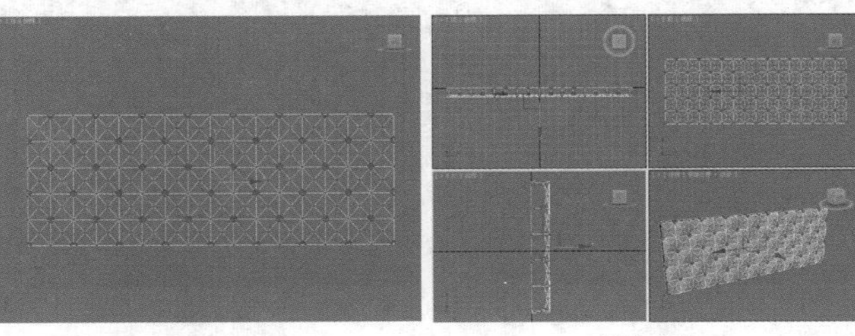

图4-478　　图4-479

**步骤07** 单击【边】按钮，进入边级别，选择如图4-480所示的边。展开【编辑边】卷展栏，单击【切角】按钮后的【设置】按钮，并设置【边切角量】为2.5mm，如图4-481所示。

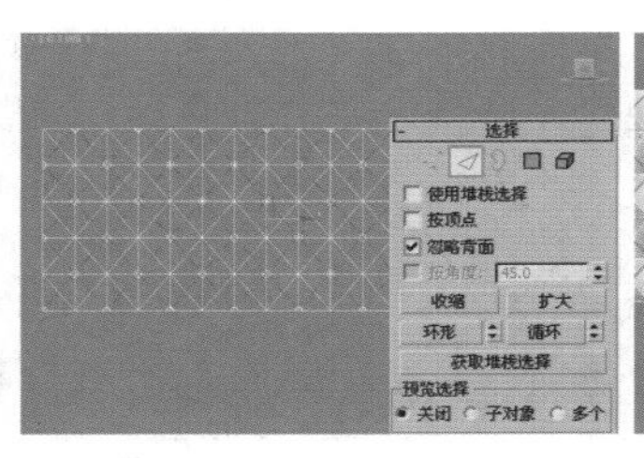

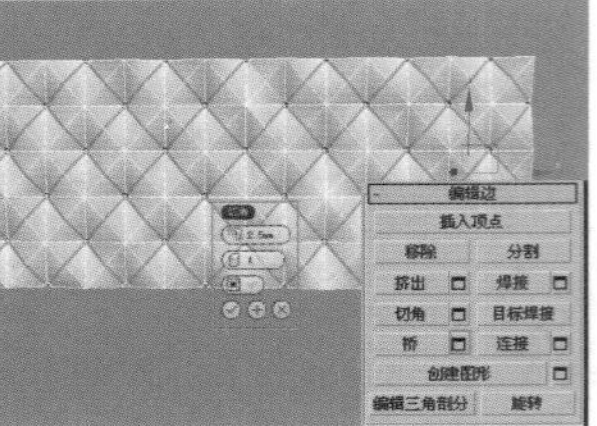

图4-480　　图4-481

步骤08 单击【多边形】按钮，进入多边形级别，选择如图4-482所示的多边形。单击【倒角】按钮后的【设置】按钮，并设置【高度】为－3mm，【轮廓】为－2mm，如图4-483所示。

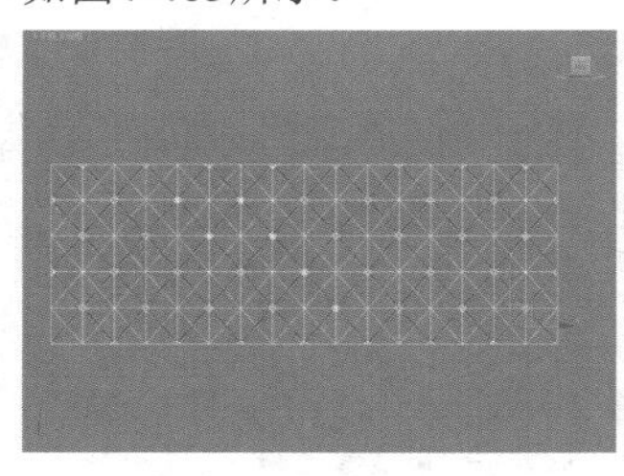

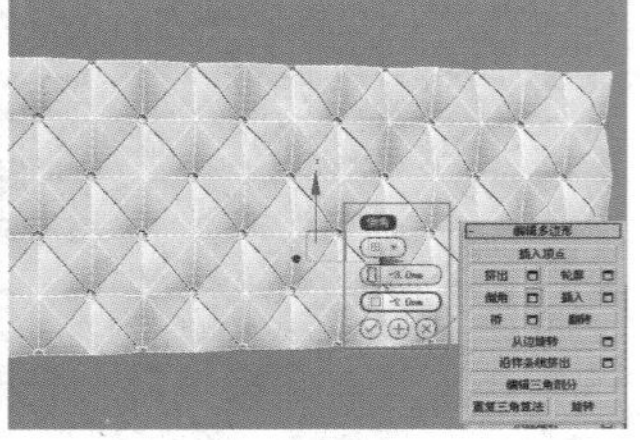

图4-482　　图4-483

步骤09 单击【边】按钮，进入边级别，选择如图4-484所示的边。展开【编辑边】卷展栏，单击【切角】按钮后的【设置】按钮，并设置【边切角量】为1mm，如图4-485所示。

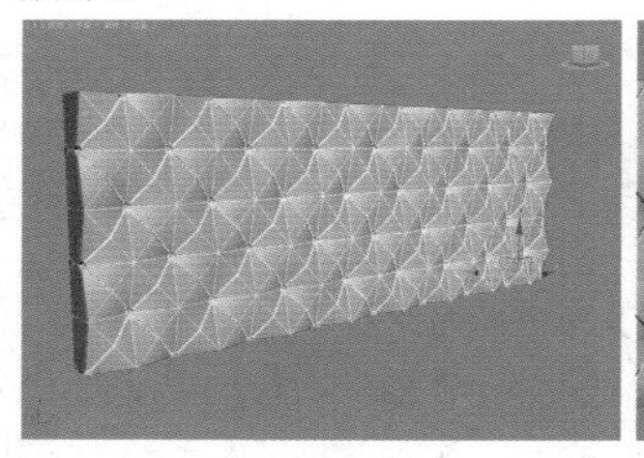

图4-484　　图4-485

步骤10 选择切角后的模型，然后加载【涡轮平滑】修改器，并设置【迭代次数】为2，如图4-486所示。

步骤11 在场景中创建一个球体，然后设置【半径】为8mm，如图4-487所示。

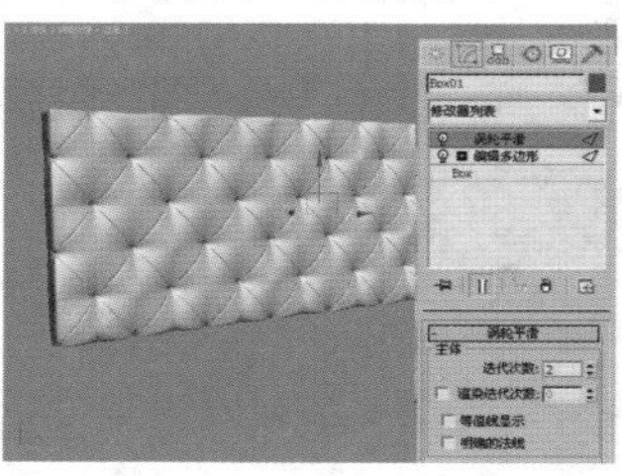

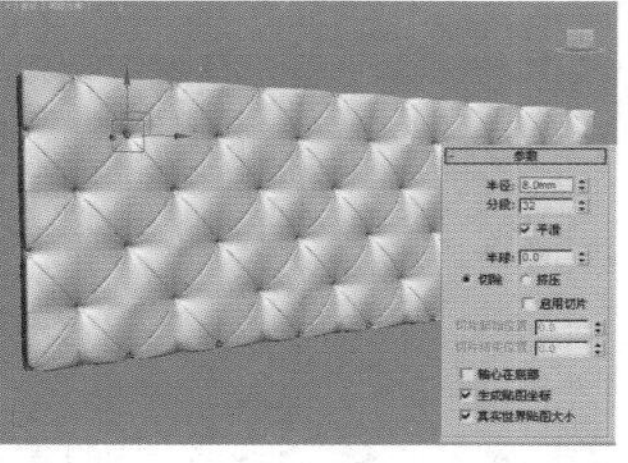

图4-486　　图4-487

步骤12 使用【选择并移动】工具，同时按下Shift键进行复制，复制后的效果如图4-488所示。

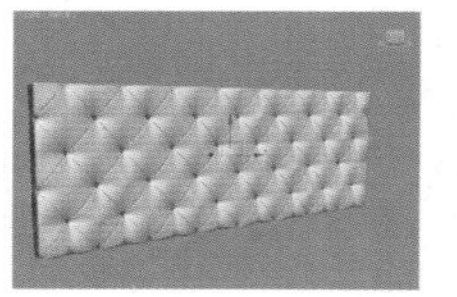

图4-488

步骤13 选择刚才制作的所有模型，然后选择【组】|【成组】命令，将所有物体成组，如图4-489所示。在【修改】面板中为刚成组的物体加载【FFD 3×3×3】修改器，并单击【控制点】级别，将控制点的位置进行调节，如图4-490所示。

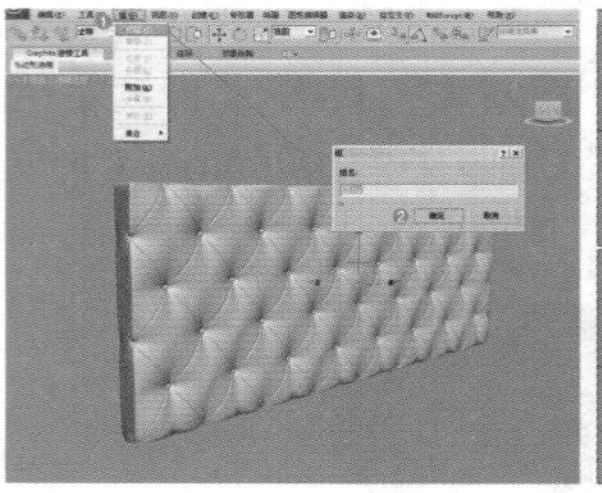

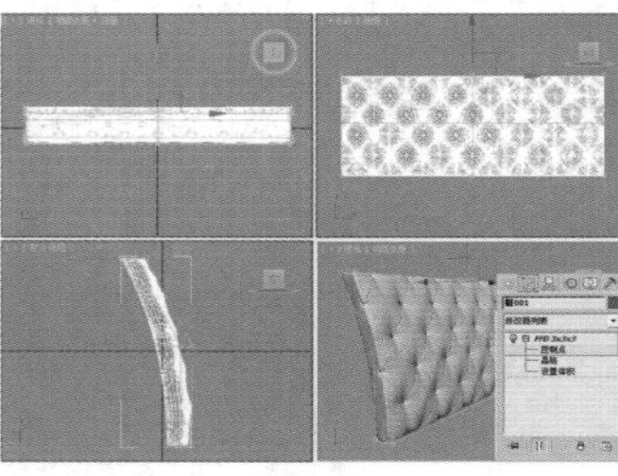

图4-489　　图4-490

步骤14 此时床头模型效果如图4-491所示。

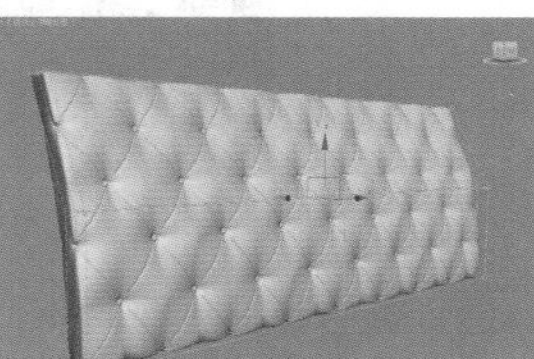

图4-491

## Part 2　使用【涡轮平滑】、【壳】和【细化】修改器制作床剩余部分的模型

步骤01 在顶视图中创建一个长方体，设置【长度】为2100mm，【宽度】为1900mm，【高度】为220mm，【长度分段】为8，【宽度分段】为6，【高度分段】为2，如图4-492所示。

步骤02 将步骤01中制作的长方体转换为可编辑多边形，然后使用同样的方法创建出床垫部分的模型，效果如图4-493所示。

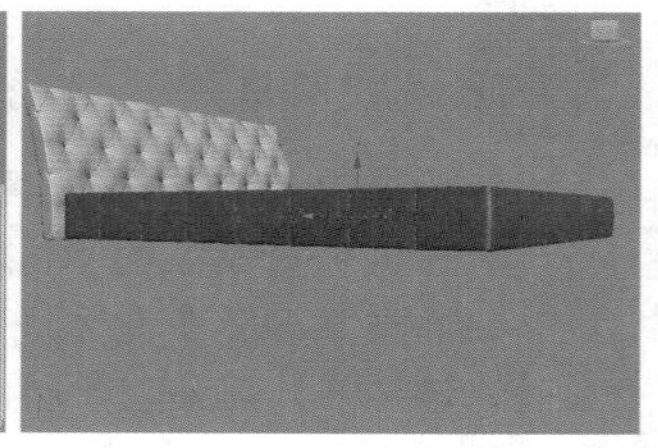

图4-492　　图4-493

步骤03 继续创建一个长方体，并设置【长度】为2000mm，【宽度】为1800mm，【高度】为150mm，【长度分段】为18，【宽度分段】为9，【高度分段】为5，如图4-494所示。

步骤04 选择刚创建的长方体，然后加载【涡轮平滑】修改器，设置【迭代次数】为1，如图4-495所示。

图4-494　　图4-495

步骤05 在顶视图中创建一个平面，设置【长度】为500mm，【宽度】为1200mm，【长度分段】为4，【宽度分段】为6，如图4-496所示。

步骤06 选择平面，然后将其转换为可编辑多边形，接着单击【顶点】按钮，进入顶点级别，调节顶点的位置，如图4-497所示。

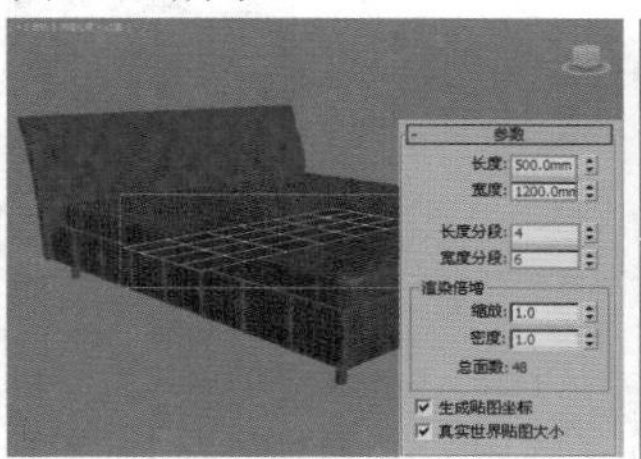

图4-496

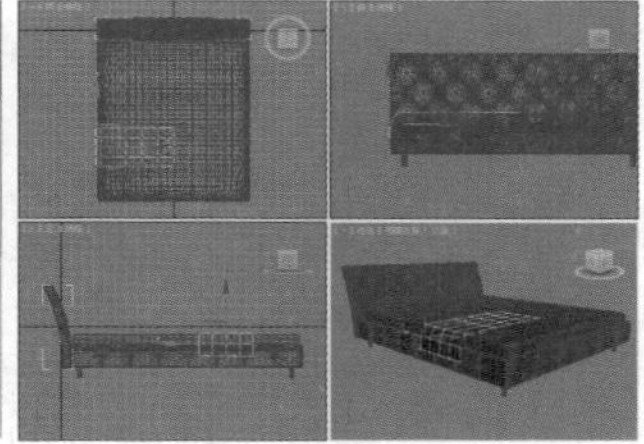

图4-497

步骤07 选择步骤06中的平面，然后加载【壳】修改器，展开【参数】卷展栏，设置【外部量】为5mm，如图4-498所示。

步骤08 选择步骤07中的模型，然后加载【细化】修改器，设置【操作于】为，【迭代次数】为2，如图4-499所示。

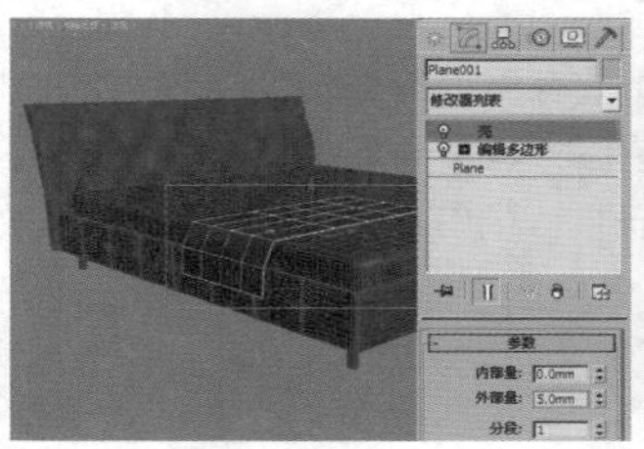

图4-498

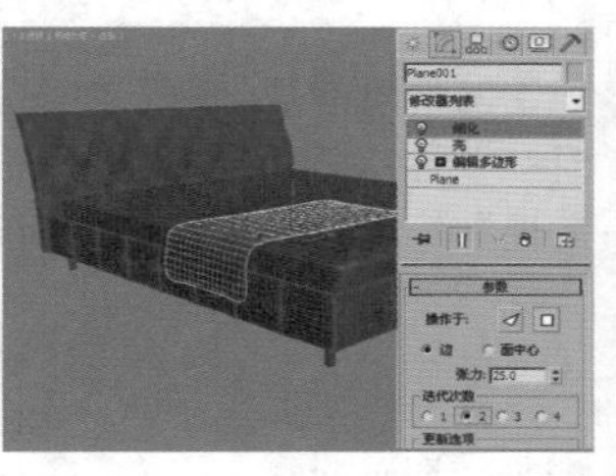

图4-499

步骤09 使用多边形建模的方法创建出枕头的模型，欧式床的最终模型效果如图4-500所示。

图4-500

# 4.3 网格建模

网格建模是3ds Max高级建模中非常重要的一种，它与多边形建模的制作思路比较类似，使用它可以进入到网格对象的【顶点】、【边】、【面】、【多边形】和【元素】级别下编辑对象。如图4-501所示为网格建模中比较优秀的作品。

图4-501

## 4.3.1 转换网格对象

与多边形对象一样，网格对象也不是创建出来的，而是经过转换而成的。将物体转换为网格对象的方法主要有以下 4 种。

方法01 在物体上单击鼠标右键，在弹出的快捷菜单中选择【转换为】|【转换为可编辑网格】命令，如图4-502所示。转换为可编辑网格对象后，在修改器堆栈中可以观察到物体已经变成了【可编辑网格】对象，如图4-503所示。

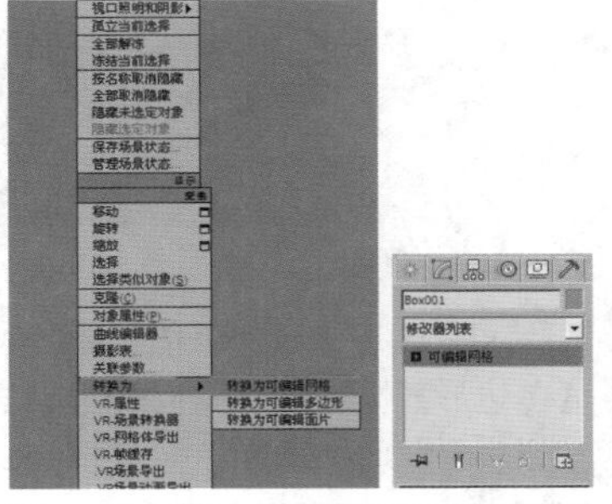

图4-502　图4-503

方法02 选中对象，在修改器堆栈中的对象上单击鼠标右键，在弹出的快捷菜单中选择【可编辑网格】命令，如图4-504所示。

方法03 选中对象，然后为其加载一个【编辑网格】修改器，如图4-505所示。通过这种方法转换成的可编辑网格对象的创建参数不会丢失，仍然可以调整。

方法04 单击【创建】面板中的【工具】按钮，然后单击【塌陷】按钮，接着在【塌陷】卷展栏中设置【输出类型】为【网格】，再选择需要塌陷的物体，最后单击【塌陷选定对象】按钮，如图4-506所示。

图4-504　图4-505

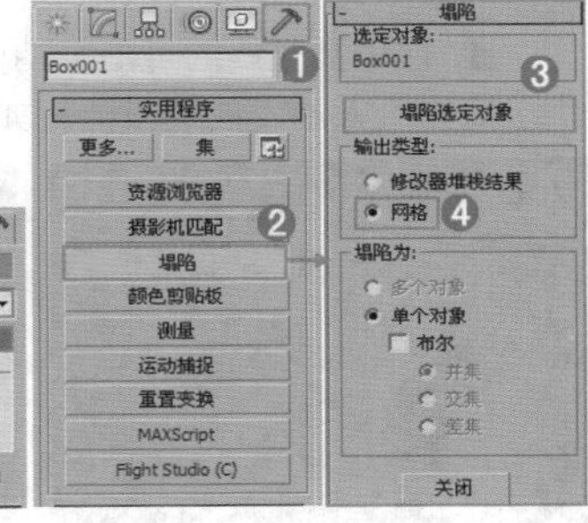

图4-506

## 4.3.2 编辑网格对象

网格建模是一种能够基于子对象进行编辑的建模方法，网格子对象包含顶点、边、面、多边形和元素5种。网格对象的参数设置面板共有4个卷展栏，分别是【选择】、【软选择】、【编辑几何体】和【曲面属性】卷展栏，如图4-507所示。

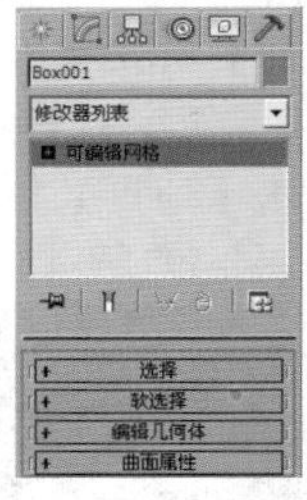

图4-507

## 小实例：利用网格建模制作单人沙发

| 场景文件 | 无 |
| --- | --- |
| 案例文件 | 小实例：利用网格建模制作单人沙发.max |
| 视频教学 | 多媒体教学/Chapter04/小实例：利用网格建模制作单人沙发.flv |
| 难易指数 | ★★★☆☆ |
| 技术掌握 | 掌握网格建模下的【挤出】、【切角】、【由边创建图形】工具的使用方法 |

### 实例介绍

本实例将以一个简约单人沙发模型来讲解网格建模下的【挤出】、【切角】和【由边创建图形】工具的使用方法，效果如图4-508所示。

图4-508

### 建模思路

01 使用网格建模下的【挤出】、【切角】和【由边创建图形】工具制作沙发的主体模型。

02 使用样条线的可渲染功能创建沙发腿部分模型。

简约单人沙发的建模流程如图4-509所示。

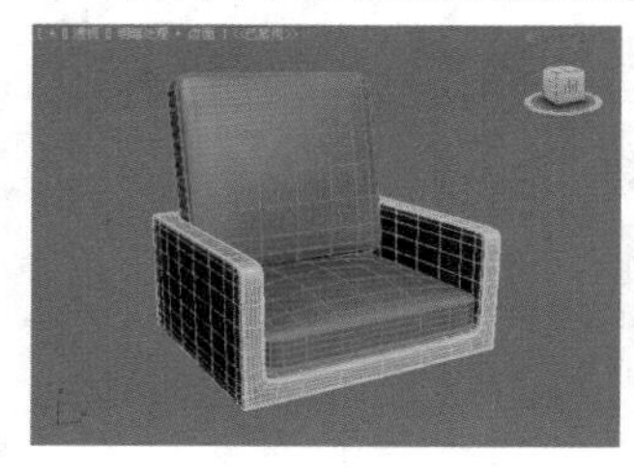
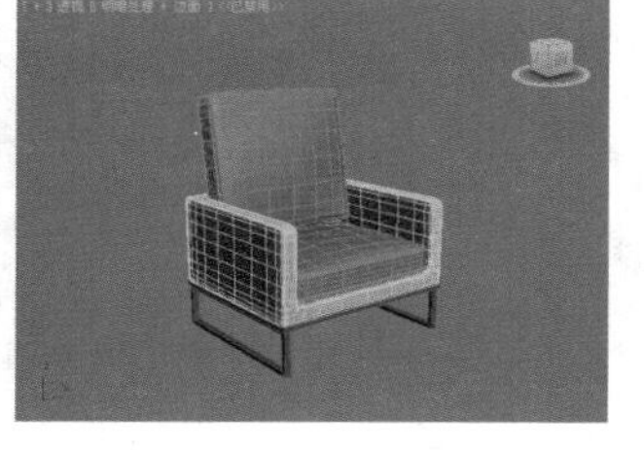
图4-509

### 操作步骤

#### Part 1 使用网格建模下的【挤出】、【切角】和【由边创建图形】工具制作沙发的主体模型

步骤01 在顶视图中创建一个长方体，设置【长度】为600mm，【宽度】为650mm，【高度】为60mm，【长度分段】为1，【宽度分段】为1，【高度分段】为1，如图4-510所示。

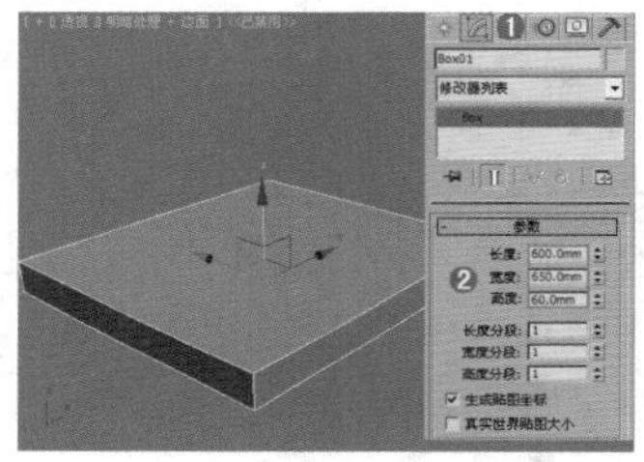
图4-510

步骤02 单击【修改】面板，并为步骤01创建的长方体加载【编辑网格】修改器，如图4-511所示。

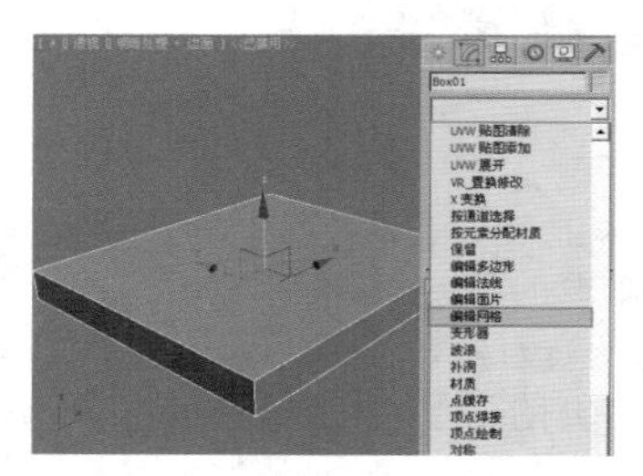
图4-511

步骤03 单击【修改】面板，展开【选项】卷展栏，单击【多边形】按钮，选择如图4-512所示的多边形。在【挤出】按钮后面输入“60mm”，并按Enter键，如图4-513所示。

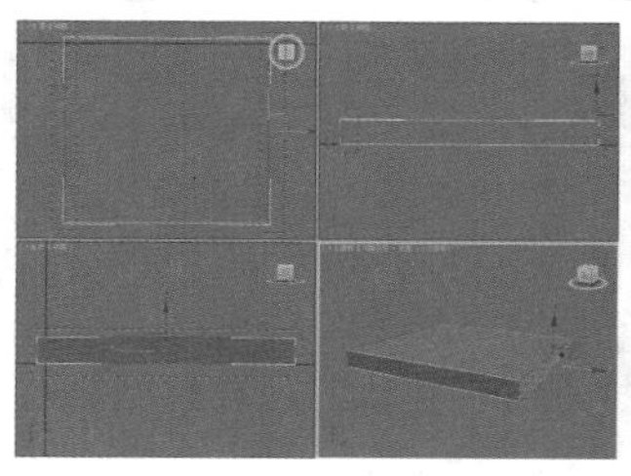
图4-512

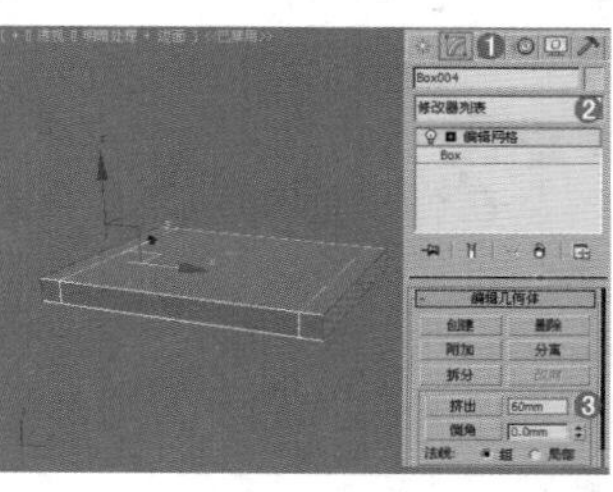
图4-513

### 技巧提示

一般来说，在多边形建模中的工具后面都会有【设置】按钮，而在网格建模中却没有，因此只能通过输入数值并按Enter键来实现操作。但也会有个弊端，若在【挤出】按钮后面输入“50mm”，然后按Enter键或在场景中单击一次鼠标左键，都会出现挤出50mm的效果，但是此时挤出后面却显示0mm，因此读者一定不要认为刚才没有挤出，如图4-514所示。

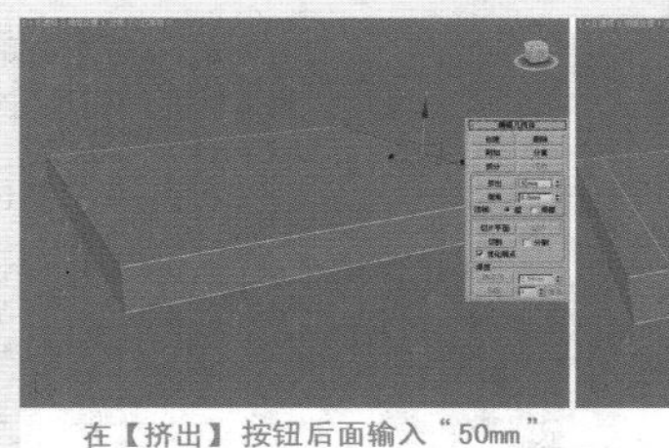

在【挤出】按钮后面输入“50mm”

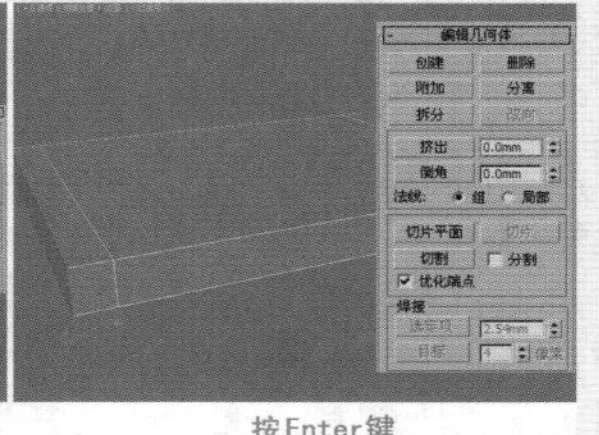

按Enter键

图4-514

**步骤04** 选择如图4-515所示的多边形，然后在【挤出】按钮后面输入“60mm”，并按Enter键，如图4-516所示。

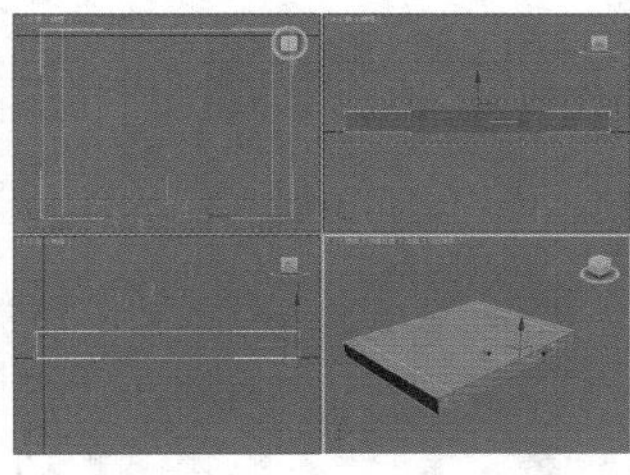

图4-515

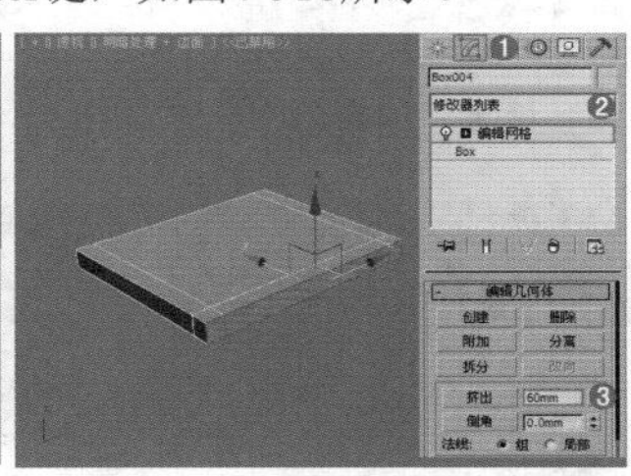

图4-516

**步骤05** 选择如图4-517所示的多边形，然后在【挤出】按钮后面输入“280mm”，并按Enter键，如图4-518所示。

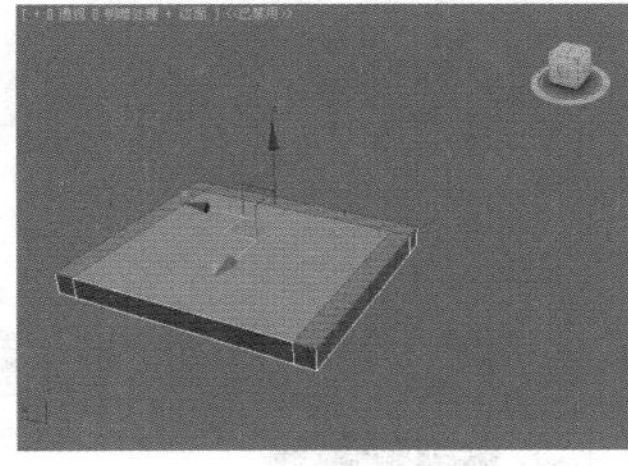

图4-517

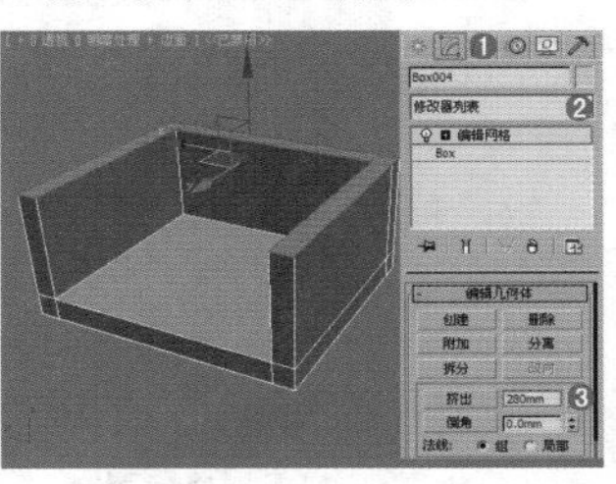

图4-518

**步骤06** 单击【边】按钮，进入边级别，选择如图4-519所示的边。在【切角】按钮后面输入“3mm”，并按Enter键，如图4-520所示。

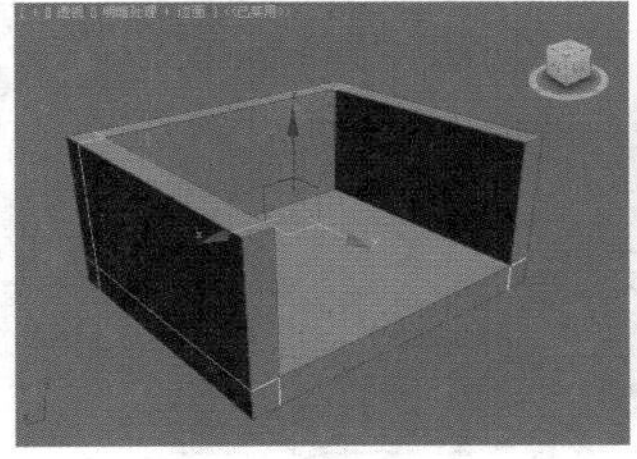

图4-519

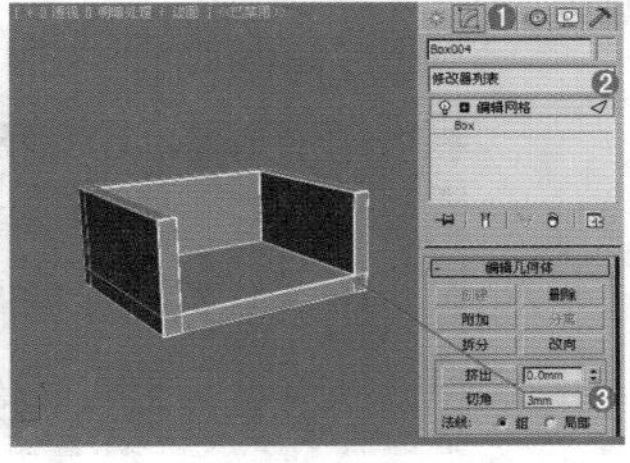

图4-520

**步骤07** 选择步骤06中的模型，在【修改】面板中加载【涡轮平滑】修改器，并设置【迭代次数】为2，如图4-521所示。

**步骤08** 选择涡轮平滑后的模型，并再次转换为可编辑网格。单击【边】按钮，进入边级别，然后选择如图4-522所示的边，接着单击【由边创建图形】按钮，并在弹出的对话框中设置【图形类型】为【线性】，如图4-522所示。

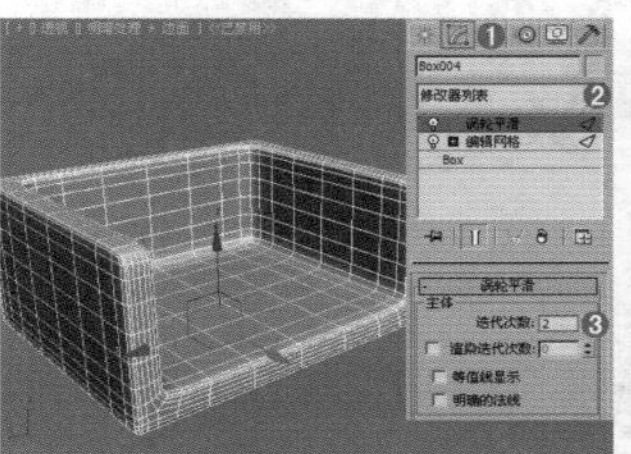

图4-521

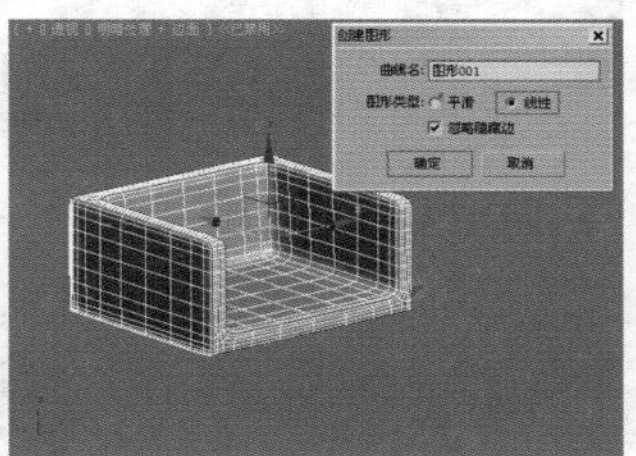

图4-522

**步骤09** 选择步骤08中创建出的图形，然后在【修改】面板中展开【渲染】卷展栏，并选中【在渲染中启用】和【在视口中启用】复选框，接着选中【径向】单选按钮，设置【厚度】为4mm，如图4-523所示。

**步骤10** 在顶视图中创建一个长方体，并设置【长度】为580mm，【宽度】为640mm，【高度】为90mm，如图4-524所示。

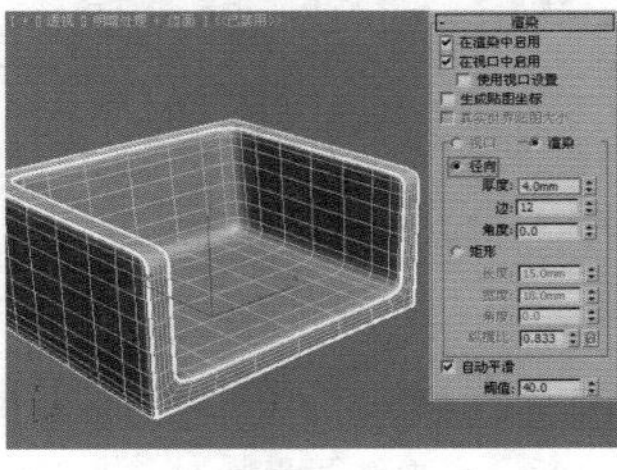

图4-523

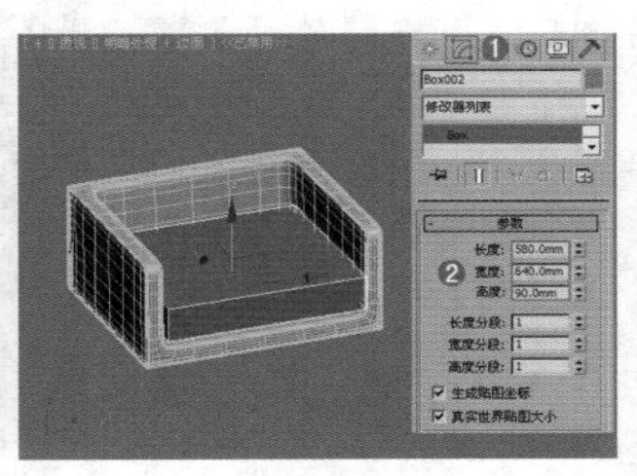

图4-524

**步骤11** 将刚创建的长方体转换为可编辑网格，并单击【边】按钮，进入边级别，选择如图4-525所示的边。在【切角】按钮后面输入“3mm”，并按Enter键，如图4-526所示。

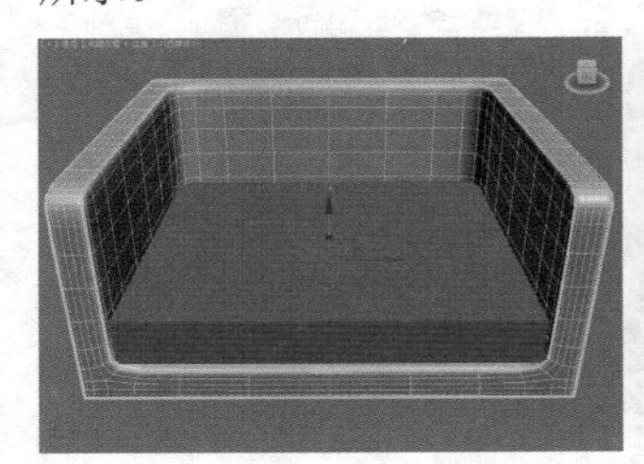

图4-525

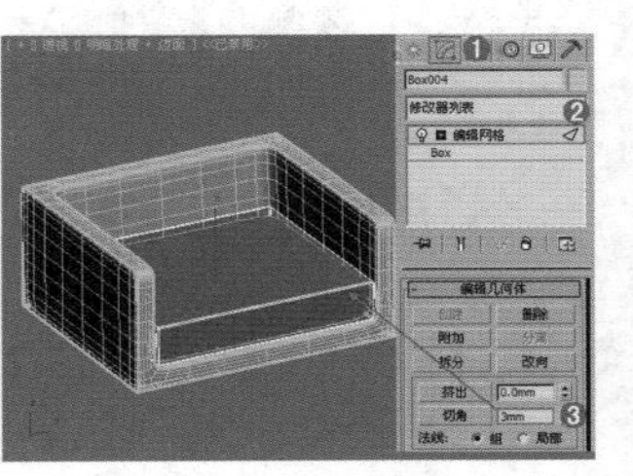

图4-526

**步骤12** 选择切角后的模型，在【修改】面板中加载【涡轮平滑】修改器，并设置【迭代次数】为2，如图4-527所示。

**步骤13** 选择步骤12中创建的模型，在【修改】面板加载【FFD 3×3×3】修改器，并在修改器堆栈下选择【控制点】级别，接着选择中间部分的控制点并将其沿Z轴向上拖曳一段距离，使其中间部分凸起，此时的效果如图4-528所示。

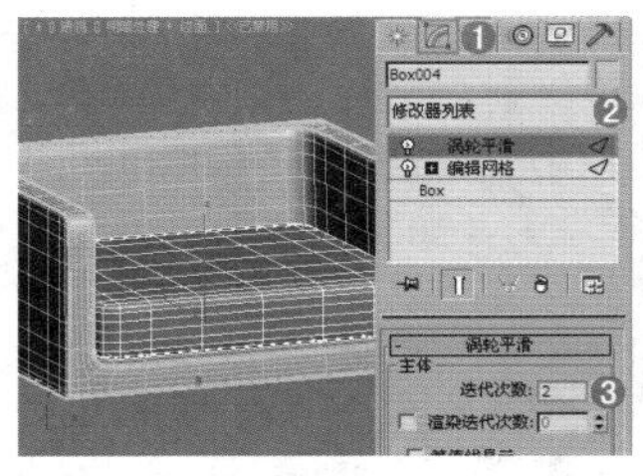

图4-527

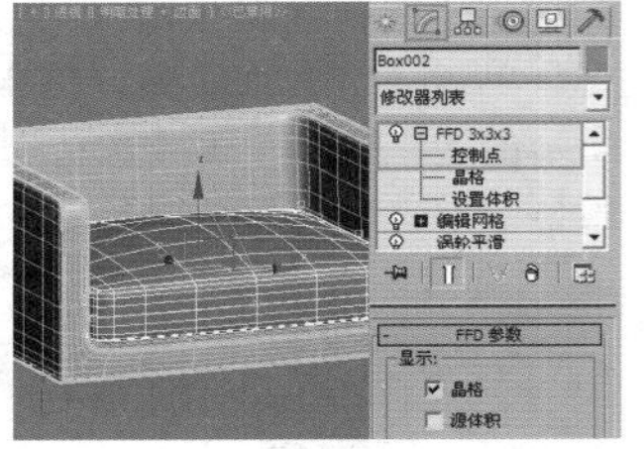

图4-528

**步骤14** 选择步骤13中创建的模型，然后再次为其加载【编辑网格】修改器。单击【边】按钮，然后选择如图4-529所示的边，接着单击【由边创建图形】按钮，并在弹出的对话框中设置【图形类型】为【线性】，如图4-529所示。

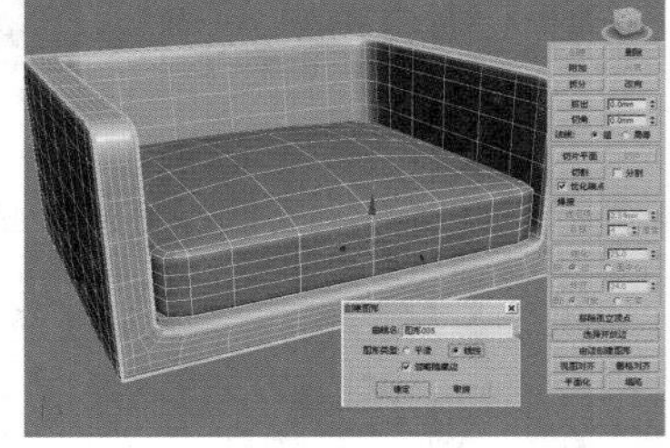

图4-529

**步骤15** 选择创建出的图形，并在【修改】面板中选中【在渲染中启用】和【在视口中启用】复选框，接着选中【径向】单选按钮，设置【厚度】为4mm，如图4-530所示。

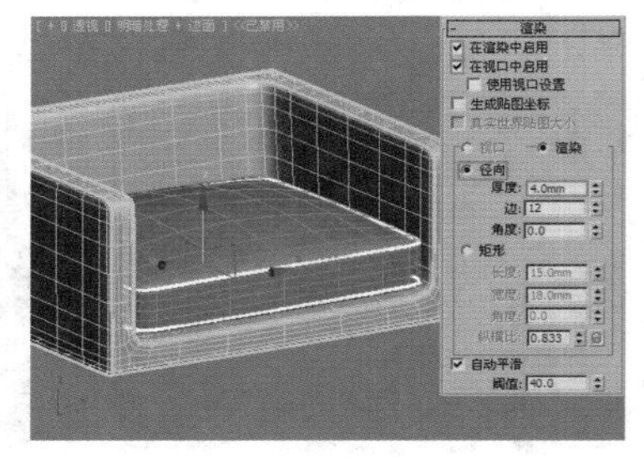

图4-530

**步骤16** 选中步骤15中制作的沙发坐垫部分，使用【选择并移动】工具将其移动复制一个作为沙发靠垫，并使用【选择并旋转】工具将其旋转一定的角度，具体位置如图4-531所示。

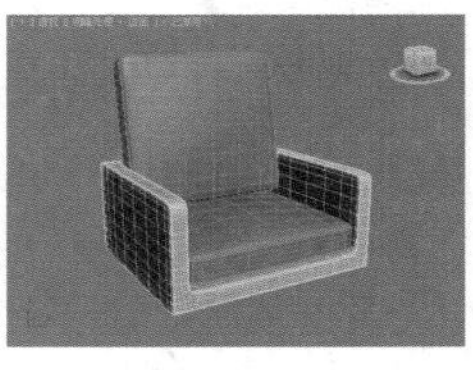

图4-531

### Part 2 使用样条线的可渲染功能创建沙发腿部分模型

**步骤01** 使用【矩形】工具在顶视图中创建一个矩形，然后设置【长度】为600mm，【宽度】为700mm，接着展开【渲染】卷展栏，选中【在渲染中启用】和【在视口中启用】复选框，同时选中【矩形】单选按钮，最后设置【长度】为20mm，【宽度】为30mm，如图4-532所示。

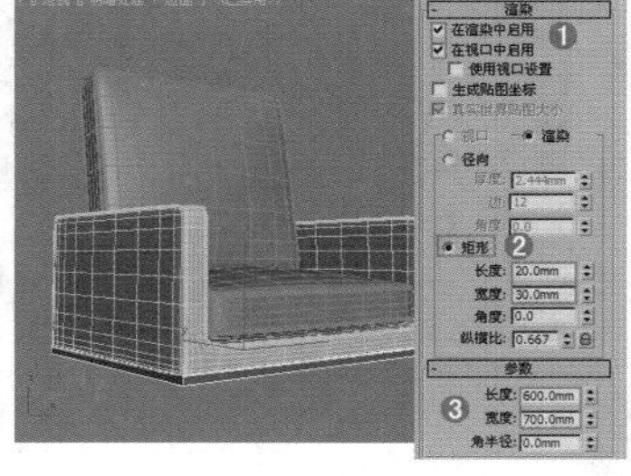

图4-532

**步骤02** 继续使用样条线渲染的方法创建两个矩形，具体的参数如图4-533所示。

**步骤03** 最终模型效果如图4-534所示。

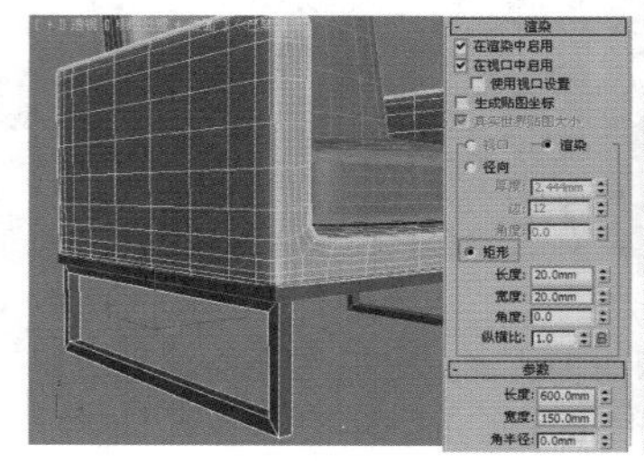

图4-533

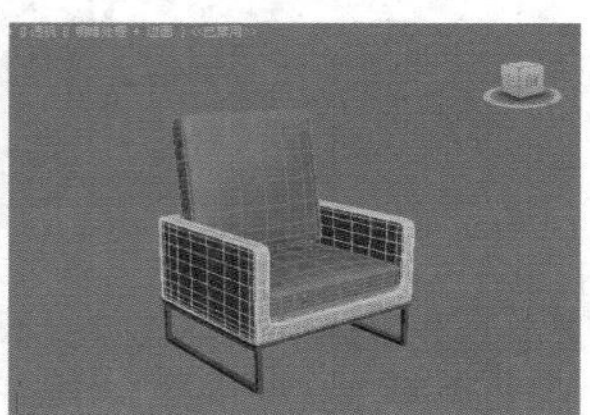

图4-534

## 小实例：利用网格建模制作钢笔

| 场景文件 | 无 |
| --- | --- |
| 案例文件 | 小实例：利用网格建模制作钢笔.max |
| 视频教学 | 多媒体教学/Chapter04/小实例：利用网格建模制作钢笔.flv |
| 难易指数 | ★★★☆☆ |
| 技术掌握 | 掌握网格建模下的【挤出】、【倒角】、【切角】、【分离】工具的使用方法 |

### 实例介绍

本实例是一个钢笔模型，主要使用网格建模下的【挤出】、【倒角】、【切角】和【分离】工具进行制作，效果如图4-535所示。

图4-535

### 建模思路

使用网格建模下的【挤出】、【倒角】、【切角】、【分离】工具制作钢笔。

钢笔模型的制作流程如图4-536所示。

图4-536

## 操作步骤

**步骤01** 在场景中创建一个圆柱体，设置【半径】为30mm，【高度】为280mm，【高度分段】为1，如图4-537所示。

**步骤02** 进入【修改】面板，为步骤01中创建的圆柱体加载【编辑网格】修改器，如图4-538所示。

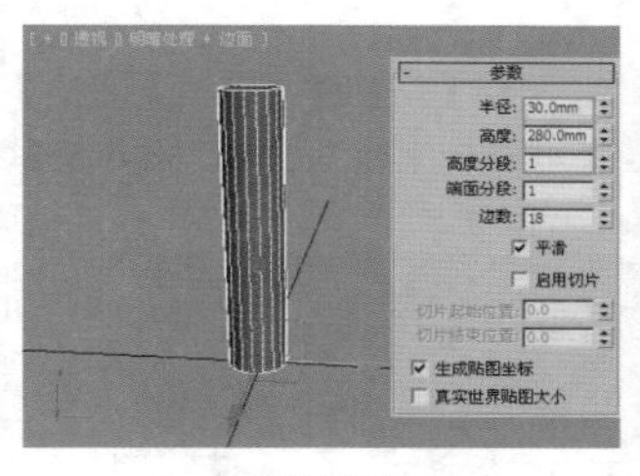
图4-537

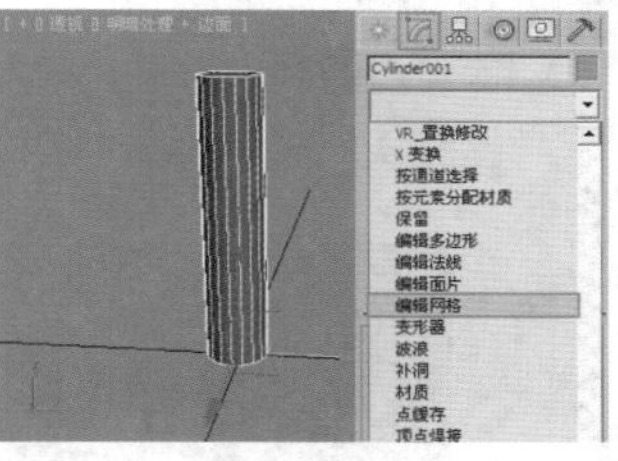
图4-538

**步骤03** 单击【多边形】按钮■，进入多边形级别，然后选择如图4-539所示的多边形。在【挤出】按钮后面输入“40mm”，并按Enter键，如图4-540所示。

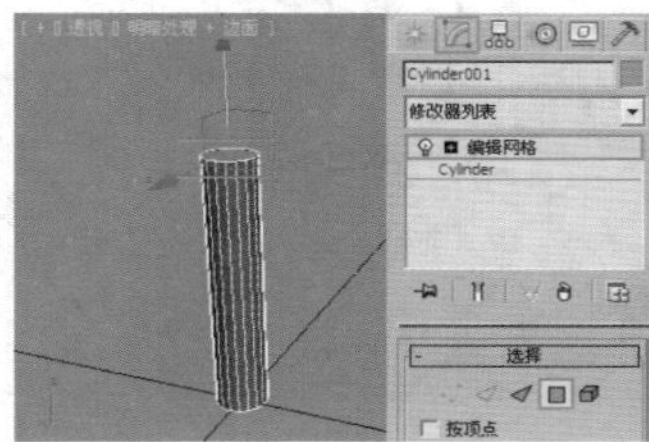
图4-539

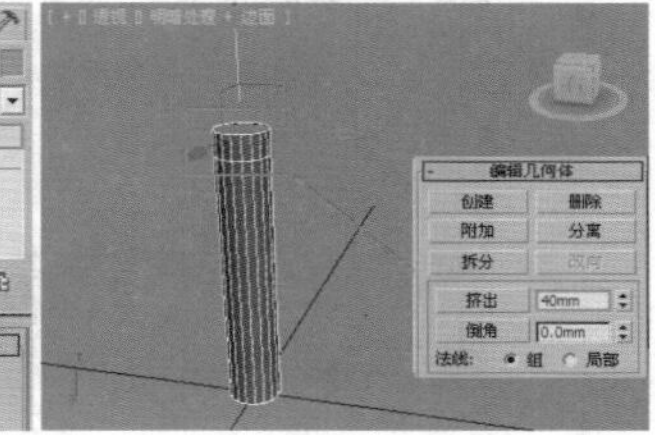
图4-540

**步骤04** 保持对多边形的选中状态，展开【编辑几何体】卷展栏，并在【倒角】按钮后面输入“－4mm”，同时按Enter键，如图4-541所示。

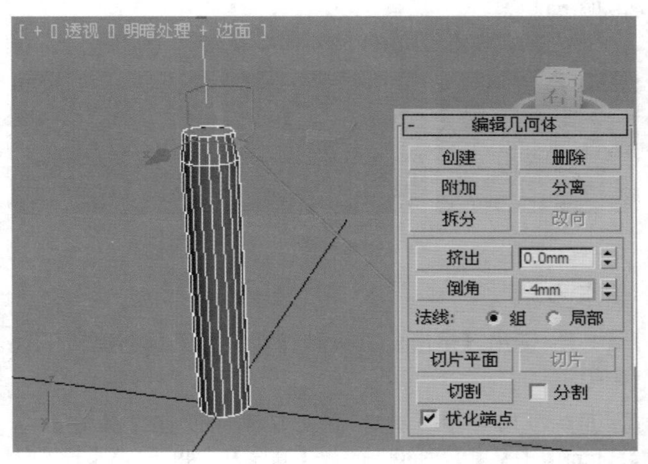

图4-541

**步骤05** 保持对多边形的选中状态，展开【编辑几何体】卷展栏，在【挤出】按钮后面输入“45mm”，并按Enter键，如图4-542所示。接着在【倒角】按钮后面输入“－24mm”，并按Enter键，如图4-543所示。

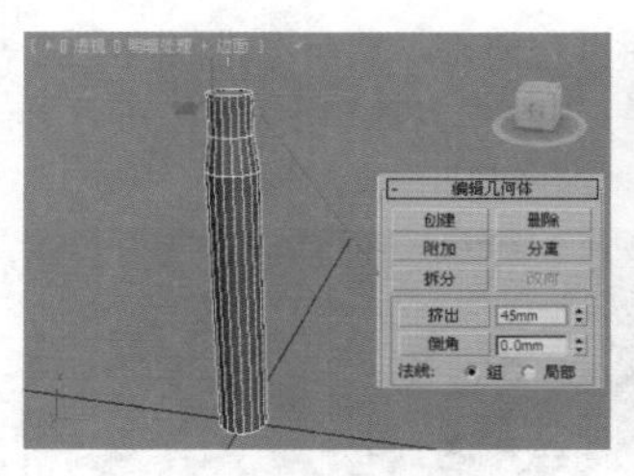
图4-542

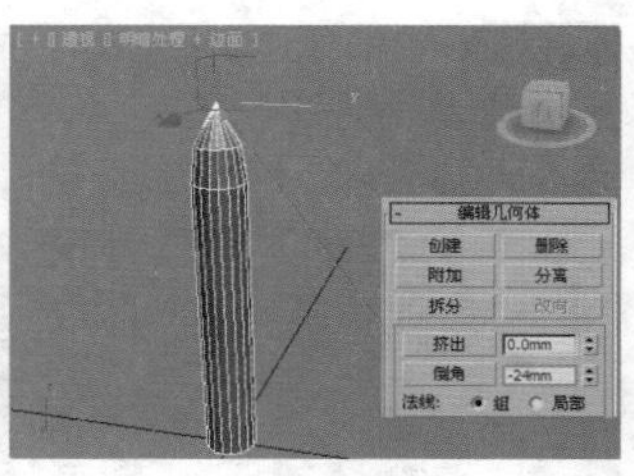
图4-543

**步骤06** 在多边形级别下选择如图4-544所示的多边形，然后在【挤出】按钮后面输入“150mm”，并按Enter键，如图4-545所示。

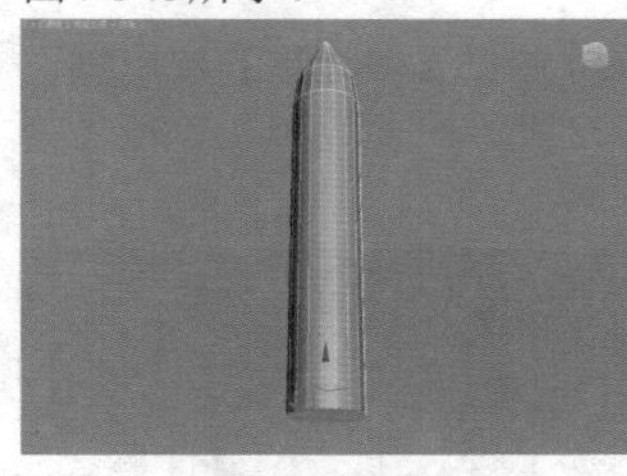
图4-544

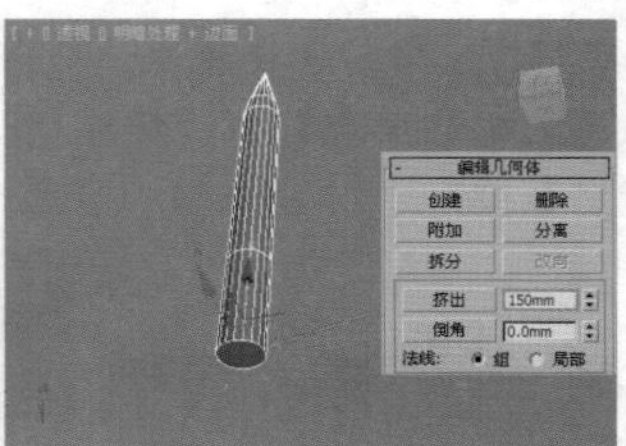
图4-545

**步骤07** 保持对多边形的选中状态，展开【编辑几何体】卷展栏，在【挤出】按钮后面输入“150mm”，并按Enter键，如图4-546所示。

**步骤08** 继续使用【挤出】和【倒角】工具进行操作，效果如图4-547所示。

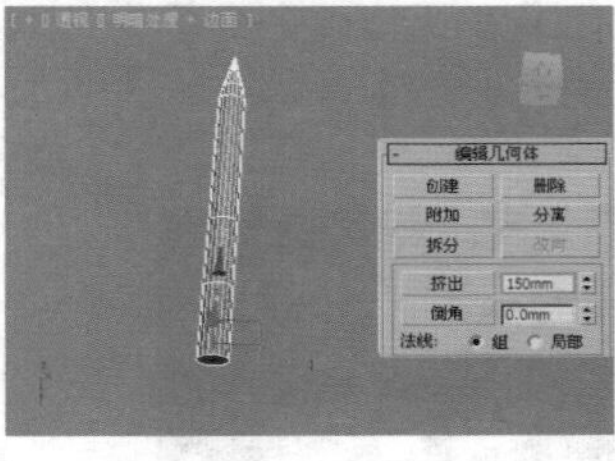
图4-546

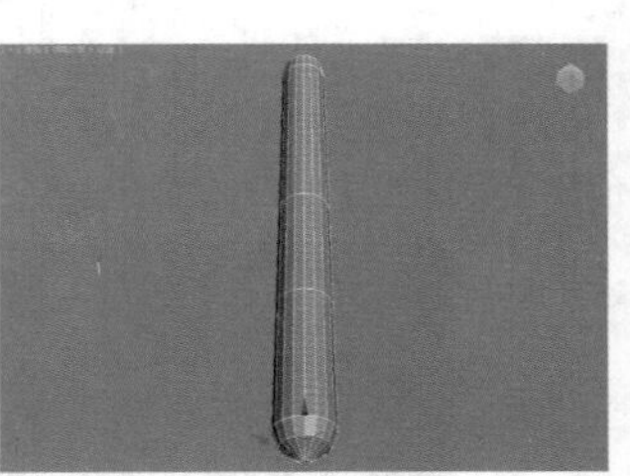
图4-547

**步骤09** 单击【顶点】按钮▪，进入顶点级别，将顶点的位置进行调整，如图4-548所示。

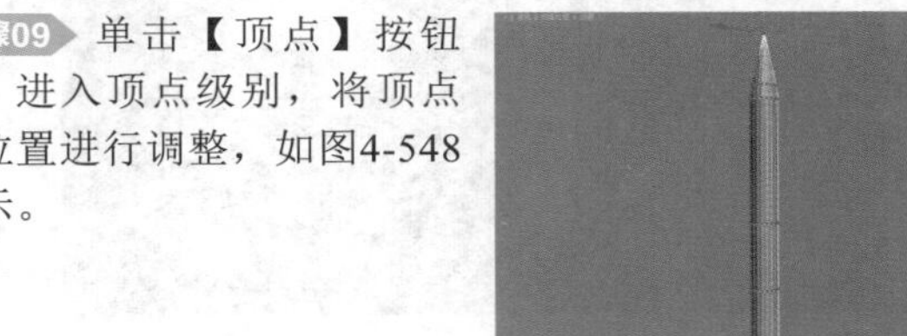
图4-548

**步骤10** 单击【多边形】按钮■，选择如图4-549所示的多边形。在【挤出】按钮后面输入“4mm”，并按Enter键，如图4-550所示。

图4-549

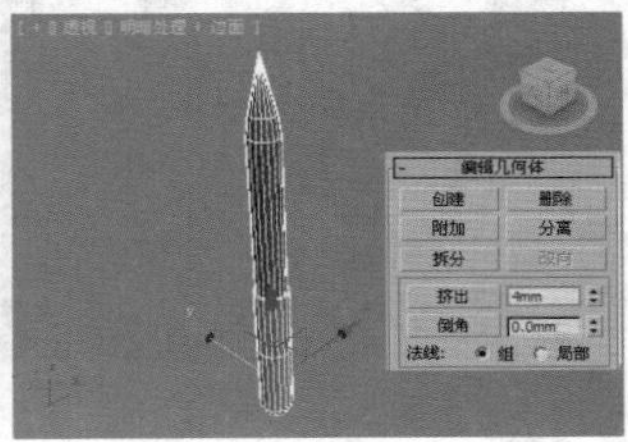
图4-550

**步骤11** 单击【边】按钮，进入边级别，然后选择如图4-551所示的边。展开【编辑几何体】卷展栏，在【切角】按钮后面输入“0.3mm”，并按Enter键，如图4-552所示。

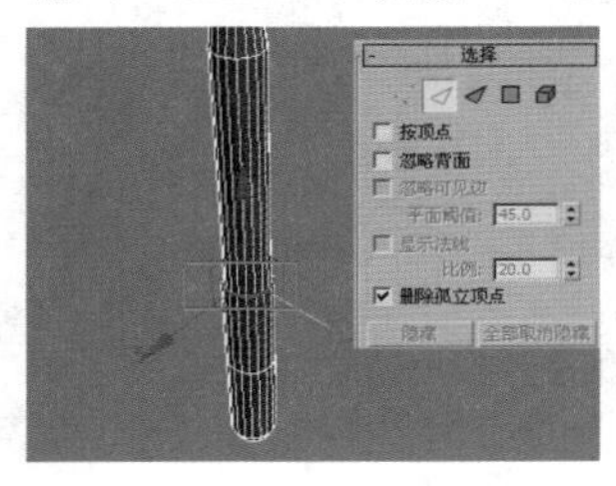
图4-551

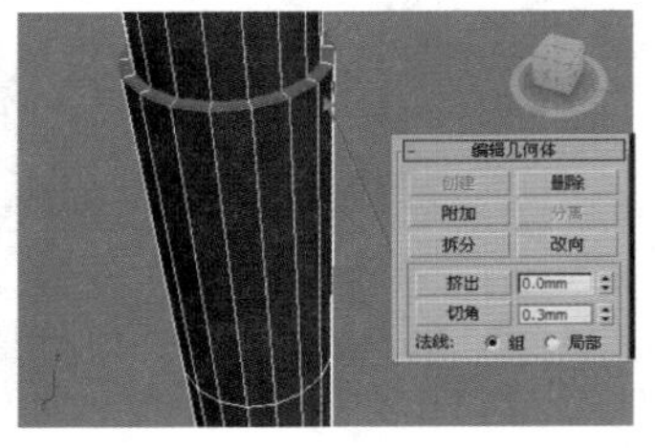
图4-552

**步骤12** 继续为模型增加分段，并单击【多边形】按钮，进入多边形级别，选择如图4-553所示的多边形。单击【分离】按钮，如图4-554所示。

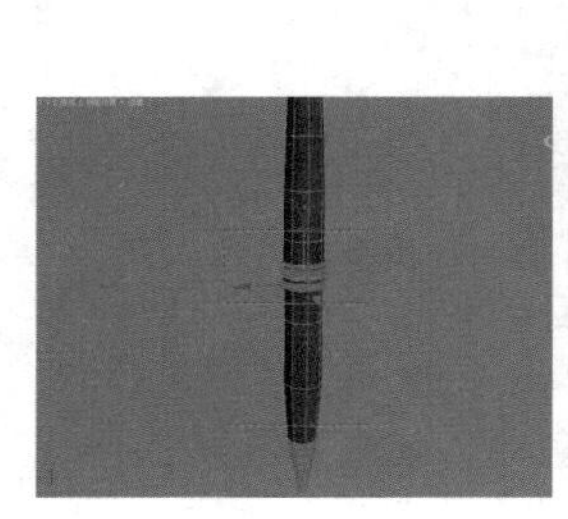
图4-553

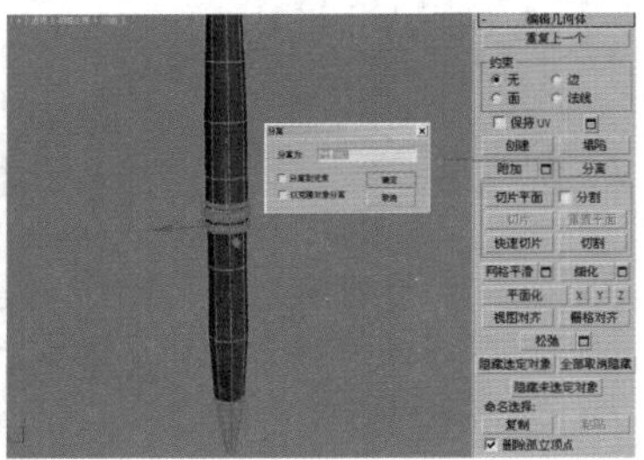
图4-554

**步骤13** 选择此时的所有模型，并在【修改】面板中加载【涡轮平滑】修改器，展开【涡轮平滑】卷展栏，并设置【迭代次数】为2，如图4-555所示。

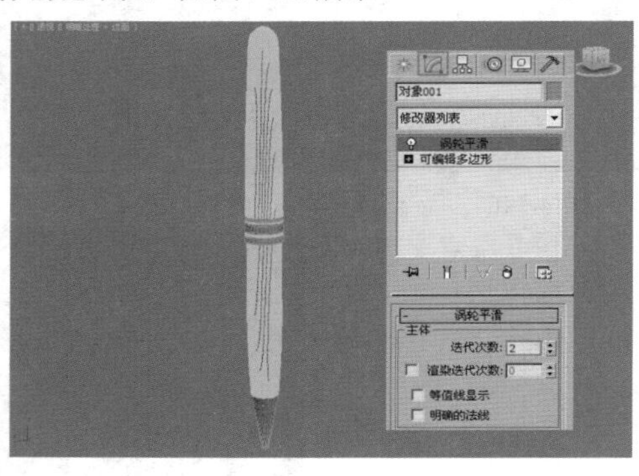
图4-555

**步骤14** 继续使用网格建模制作出剩余的模型部分，如图4-556所示。最终模型效果如图4-557所示。

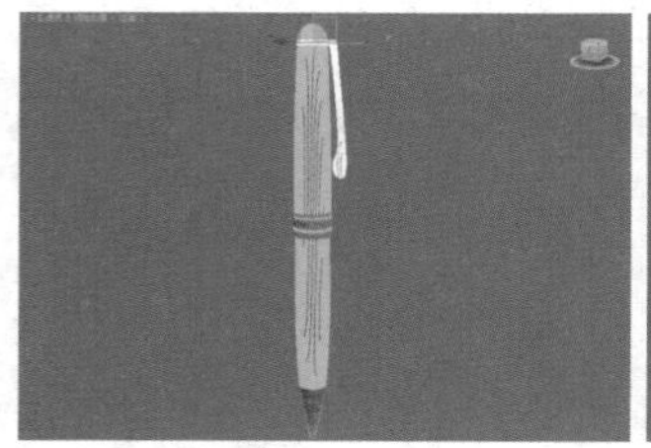
图4-556

图4-557

## 综合实例：利用网格建模制作椅子

| 场景文件 | 无 |
| --- | --- |
| 案例文件 | 综合实例：利用网格建模制作椅子.max |
| 视频教学 | 多媒体教学/Chapter04/综合实例：利用网格建模制作椅子.flv |
| 难易指数 | ★★★★☆ |
| 技术掌握 | 【挤出】工具、【切角】工具以及【网格平滑】修改器的运用 |

### 实例介绍

本实例的制作方法比较简单，使用【挤出】工具、【切角】工具以及【网格平滑】修改器来进行制作，效果如图4-558所示。

图4-558

### 建模思路

01 STEP 使用【挤出】工具和【切角】工具创建椅子框架模型。

02 STEP 使用【切角长方体】工具和【长方体】工具制作坐垫和靠垫模型。

椅子的建模流程如图4-559所示。

图4-559

### 操作步骤

#### Part 1 使用【挤出】工具和【切角】工具创建椅子框架模型

**步骤01** 在场景中创建一个长方体，设置【长度】为450mm，【宽度】为600mm，【高度】为40mm，【长度分段】为6，【宽度分段】为6，【高度分段】为1，如图4-560所示。

**步骤02** 将长方体转换为可编辑网格，单击【顶点】按钮，进入顶点级别，接着调整好各个顶点的位置，如图4-561所示。

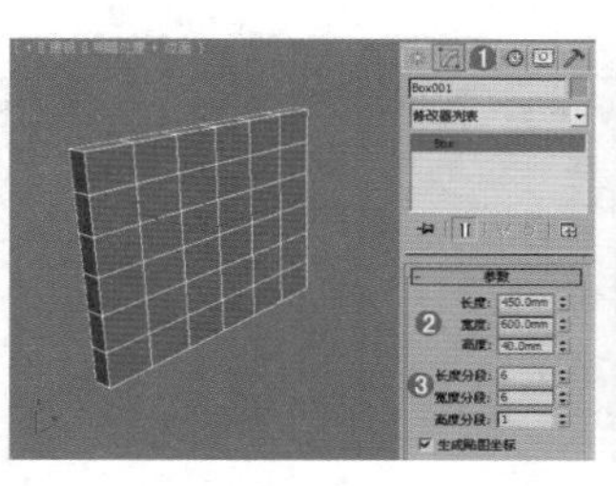

图4-560

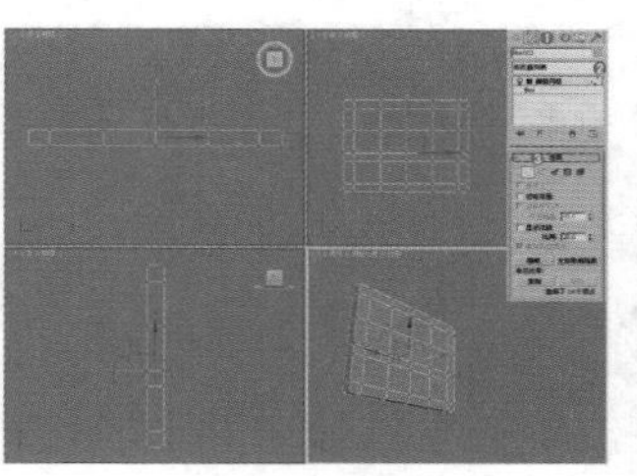

图4-561

步骤03 单击【多边形】按钮，进入多边形级别，选择如图4-562所示的多边形。在【编辑几何体】卷展栏的【挤出】按钮后面输入“250mm”，并按Enter键，如图4-563所示。

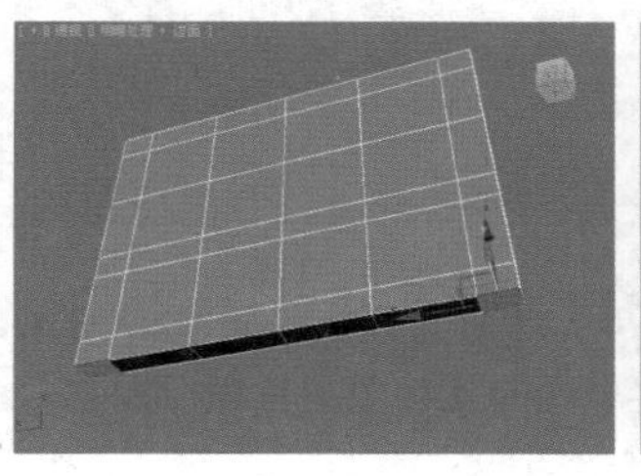

图4-562

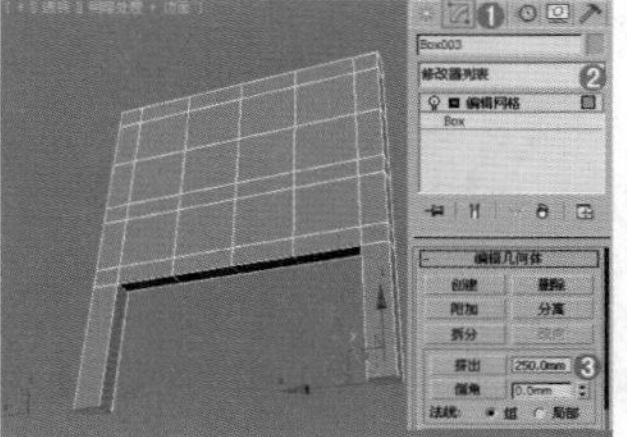

图4-563

步骤04 连续使用【挤出】，输入数值分别为50mm、200mm、50mm、20mm，如图4-564所示。

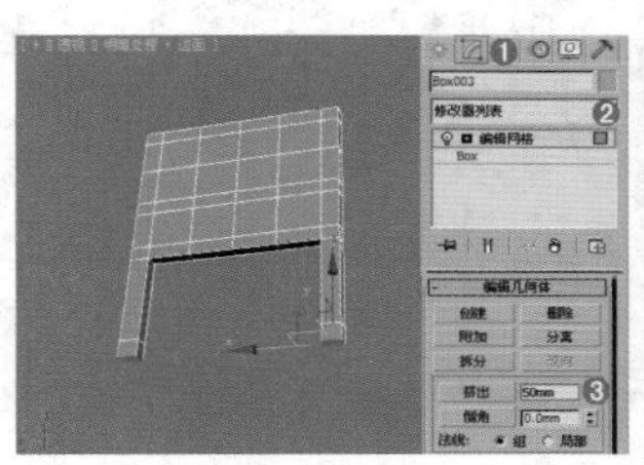

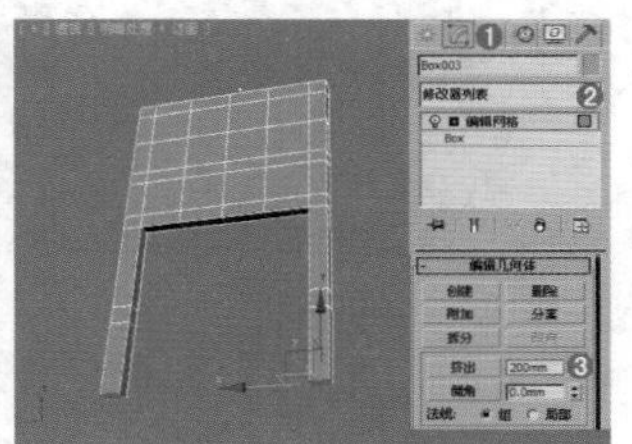

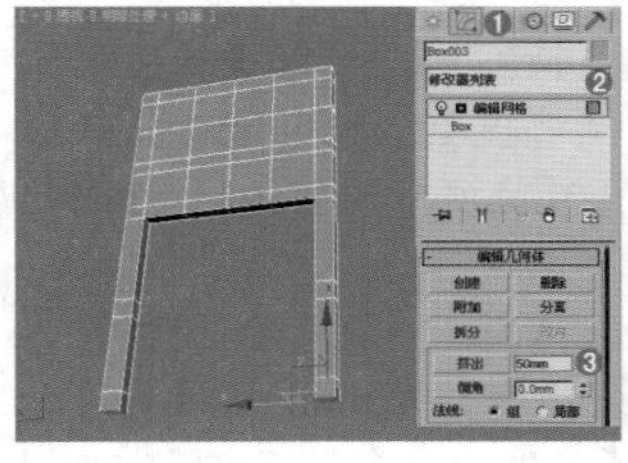

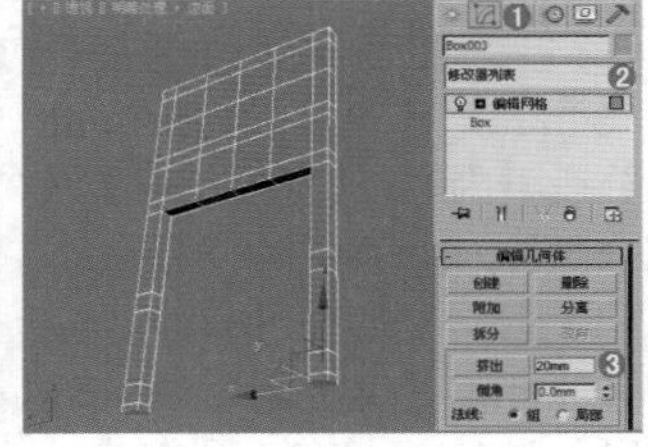

图4-564

步骤05 单击【边】按钮，进入边级别，选择如图4-565所示的边。在【编辑几何体】卷展栏的【切角】按钮后面输入“3mm”，并按Enter键，如图4-566所示。

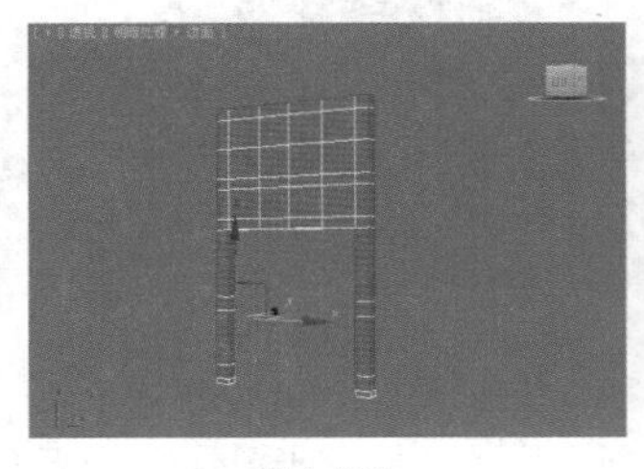

图4-565

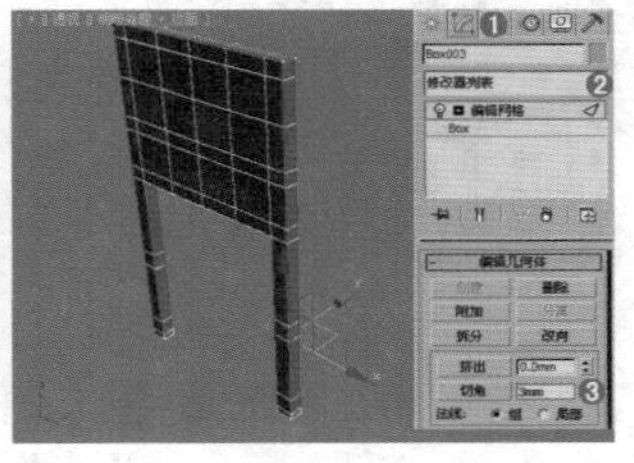

图4-566

步骤06 单击【多边形】按钮，进入多边形级别，选择如图4-567所示的多边形。在【编辑几何体】卷展栏下的【挤出】按钮后面输入“2mm”，并按Enter键，如图4-568所示。

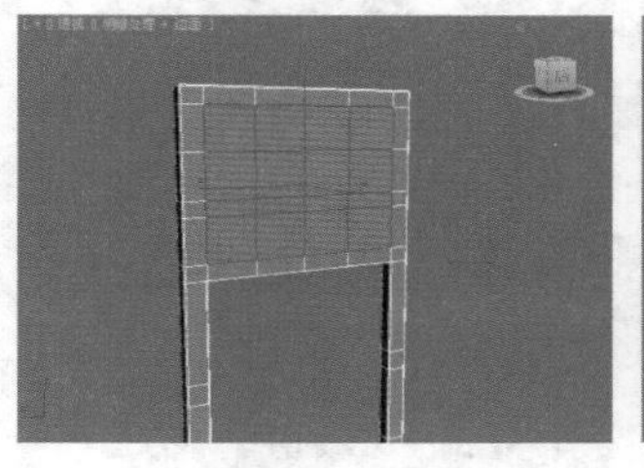

图4-567

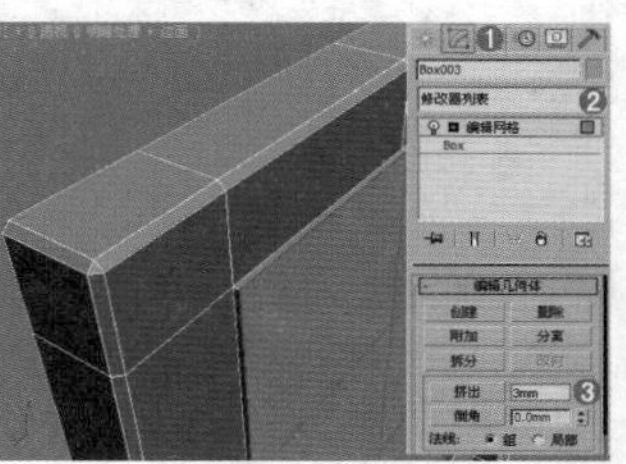

图4-568

步骤07 单击【边】按钮，进入边级别，选择如图4-569所示的边。在【编辑几何体】卷展栏的【切角】按钮后面输入“3mm”，并按Enter键，然后再重复上一次操作，模型效果如图4-570所示。

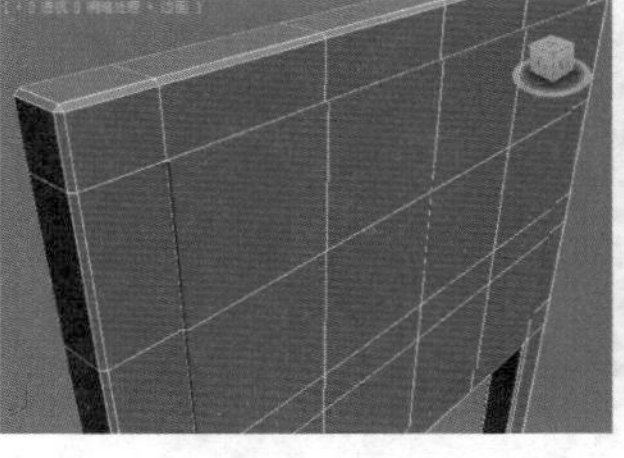

图4-569

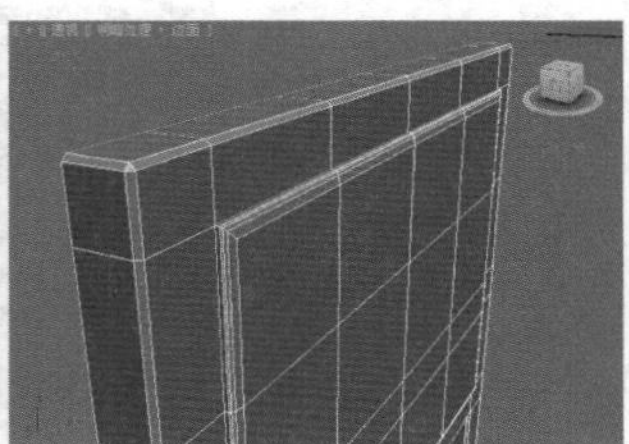

图4-570

步骤08 单击【顶点】按钮，进入顶点级别，调整好各个顶点的位置，如图4-571所示。

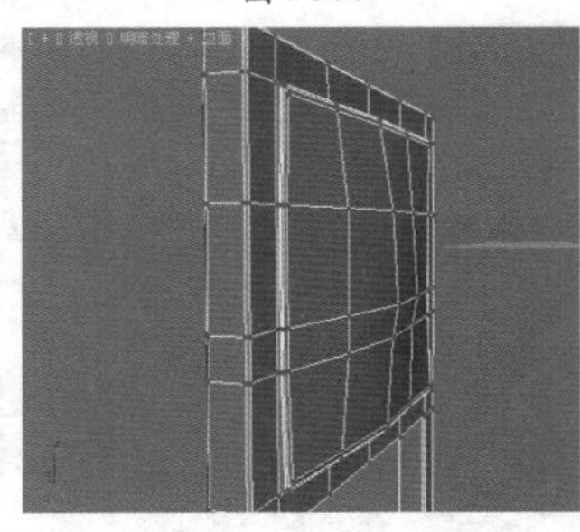

图4-571

步骤09 单击【多边形】按钮，进入多边形级别，选择如图4-572所示的多边形。在【编辑几何体】卷展栏的【挤出】按钮后面输入“600mm”，并按Enter键。然后再进行一次【挤出】，输入数值为70mm，如图4-573所示。

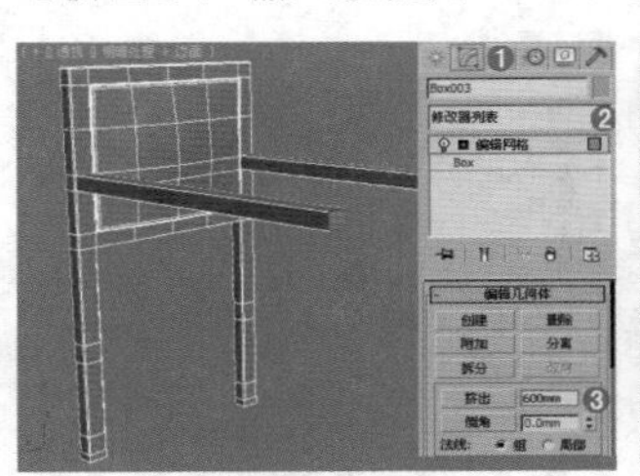

图4-572

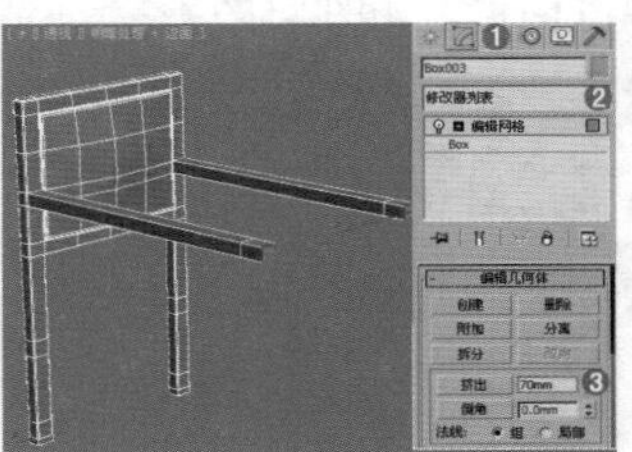

图4-573

步骤10 选择如图4-574所示的多边形，在【编辑几何体】卷展栏的【挤出】按钮后面输入“410mm”，并按Enter键，然后再进行4次【挤出】，输入数值分别为50mm、200mm、50mm、20mm，模型效果如图4-574所示。

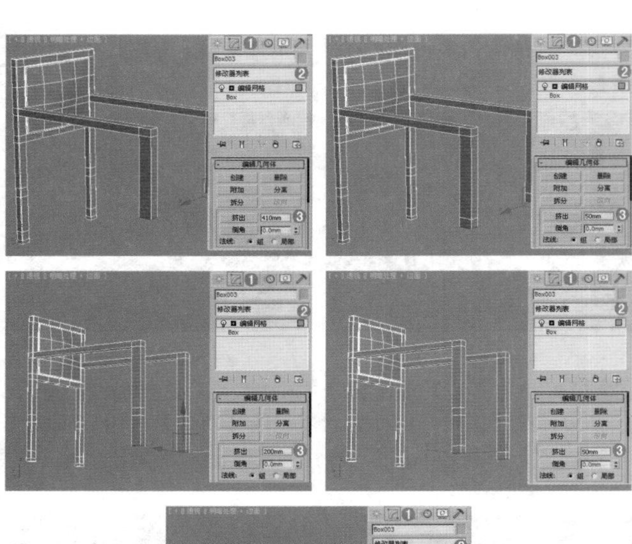
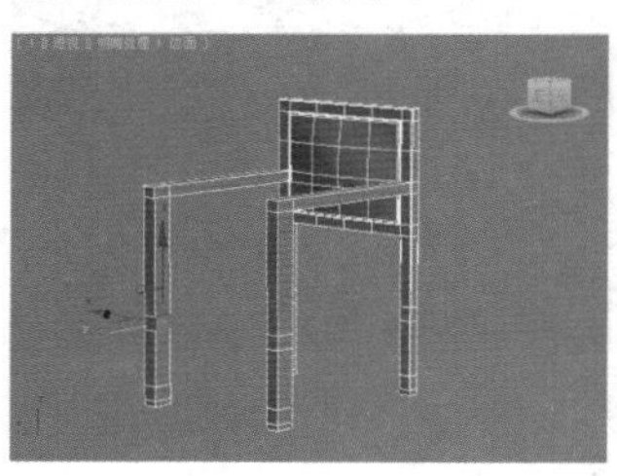
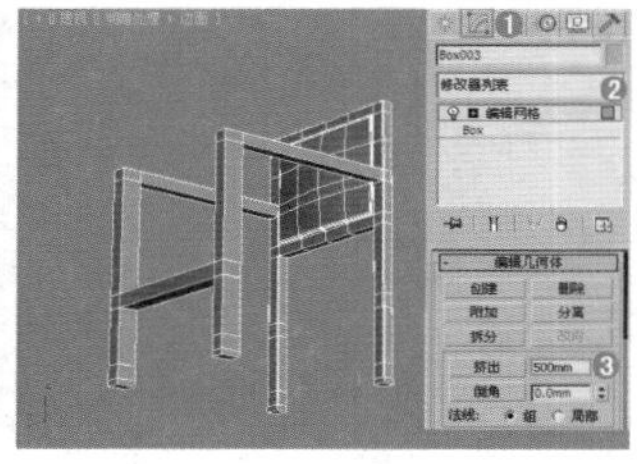

图4-574

步骤11 选择如图4-575所示的多边形，在【编辑几何体】卷展栏的【挤出】按钮后面输入“500mm”，并按Enter键，如图4-575所示。

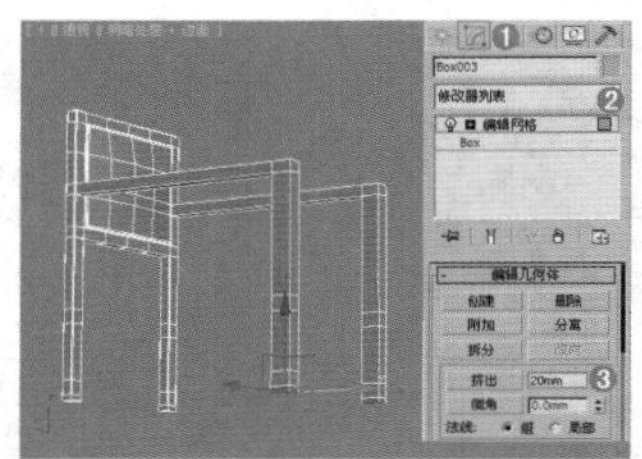

图4-575

步骤12 继续选择如图4-576所示的多边形，在【编辑几何体】卷展栏的【挤出】按钮后面输入“500mm”，并按Enter键，如图4-577所示。

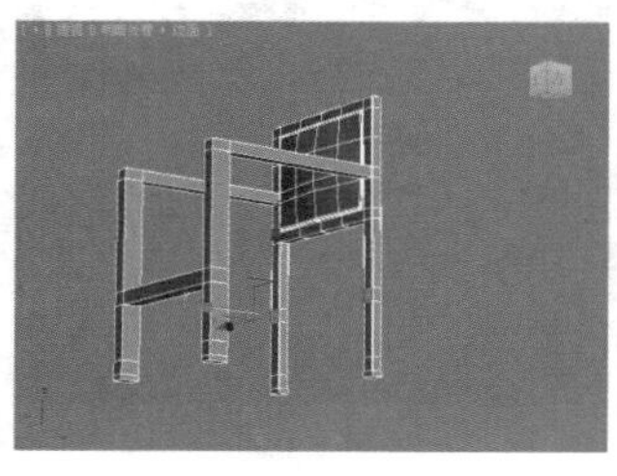

图4-576

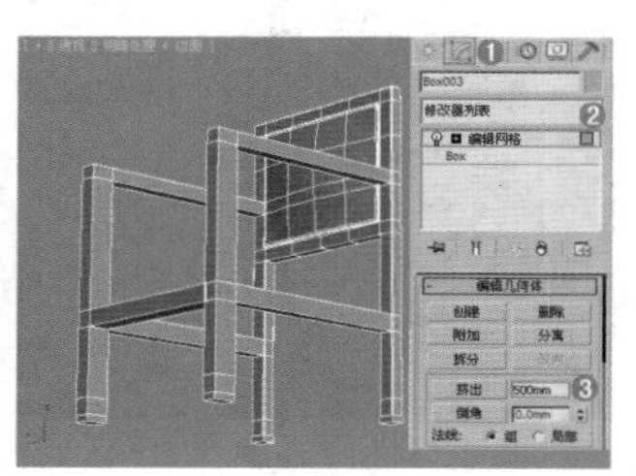

图4-577

步骤13 继续选择如图4-578所示的多边形，在【编辑几何体】卷展栏的【挤出】按钮后面输入“650mm”，并按Enter键，如图4-579所示。

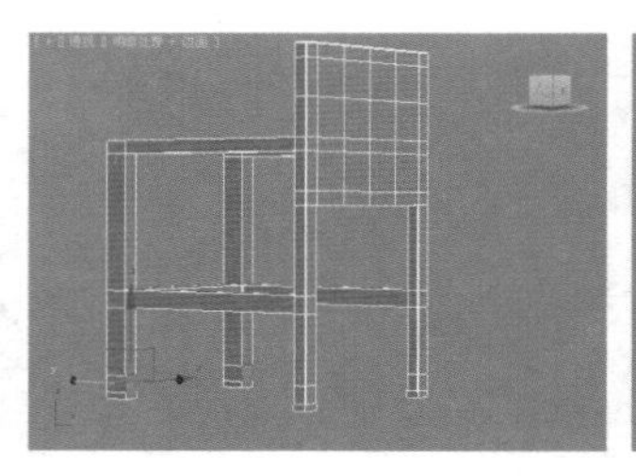

图4-578

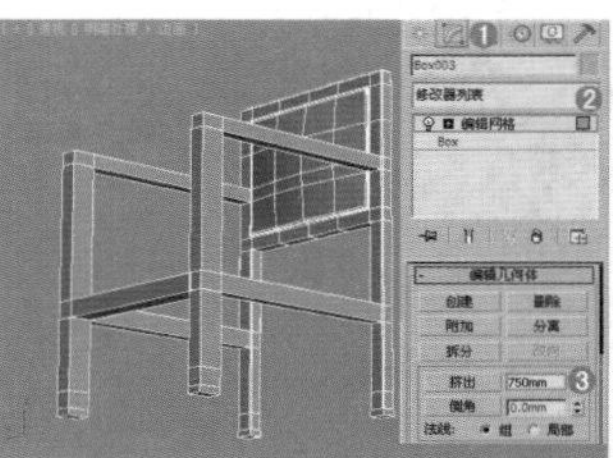

图4-579

步骤14 单击【顶点】按钮，进入顶点级别，调整好各个顶点的位置，如图4-580所示。

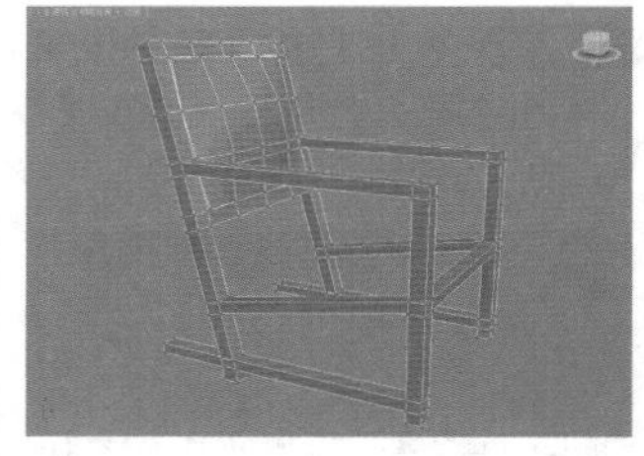

图4-580

步骤15 单击【边】按钮，进入边级别，选择如图4-581所示的边。在【编辑几何体】卷展栏的【切角】按钮后面输入“3mm”，并按Enter键，如图4-582所示。

图4-581

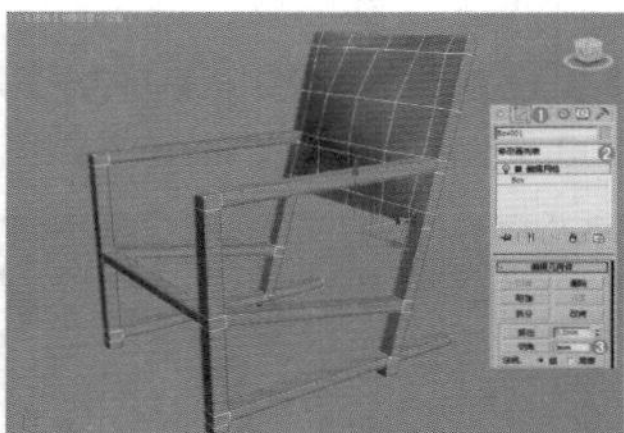

图4-582

## Part 2 使用【切角长方体】工具和【长方体】工具制作坐垫和靠垫模型

步骤01 在场景中创建一个切角长方体，设置【长度】为560mm，【宽度】为540mm，【高度】为100mm，【长度分段】为4，【宽度分段】为3，【高度分段】为1，【圆角分段】为3，如图4-583所示。

步骤02 在场景中创建一个长方体，设置【长度】为450mm，【宽度】为450mm，【高度】为50mm，【长度分段】为6，【宽度分段】为6，【高度分段】为1，如图4-584所示。

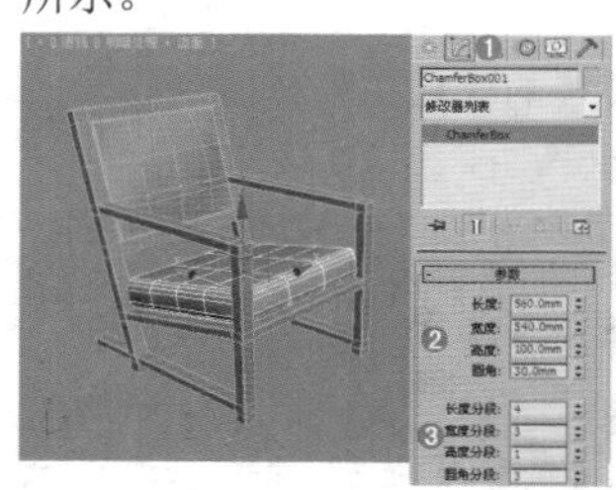

图4-583

图4-584

步骤03 将步骤02中的长方体转换为可编辑网格，并单击【顶点】按钮，进入顶点级别，将其调整成如图4-585所示的效果。

**步骤04** 为模型加载一个【网格平滑】修改器，设置【迭代次数】为2，如图4-586所示。

图4-585

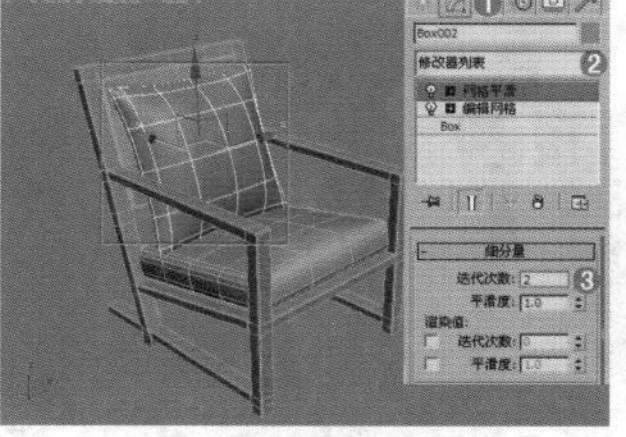

图4-586

**步骤05** 模型最终效果如图4-587所示。

图4-587

# 4.4 面片建模

对于面片建模，用户可以创建外观类似于网格但可通过控制柄（如微调器）控制其曲面曲率的对象，可以使用内置面片栅格创建面片模型，多数对象都可以转化为面片格式。如图4-588所示为优秀面片建模的作品。

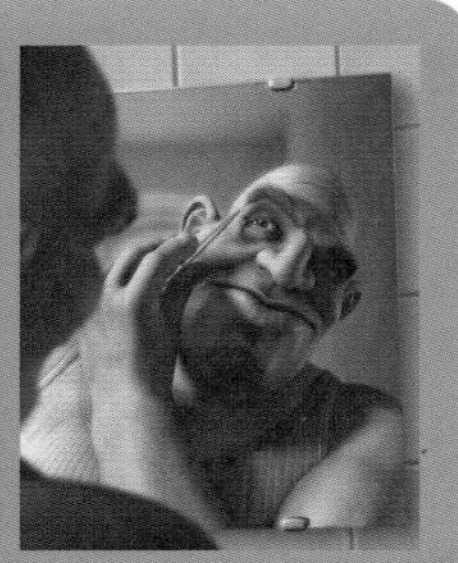

图4-588

## 4.4.1 可编辑面片曲面

与多边形建模一样，面片建模也需要转换为可编辑面片，如图4-589所示。

【可编辑面片】提供了各种控件，不仅可以将对象作为面片对象进行操纵，而且可以在下面5个子对象层级进行操纵：顶点、控制柄、边、面片和元素。其参数面板如图4-590所示。

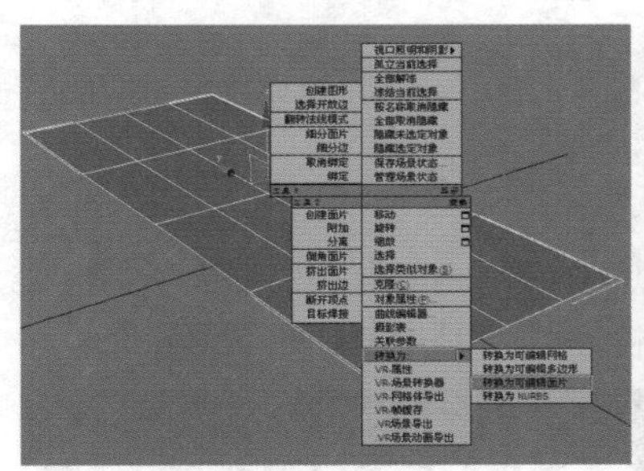

图4-589

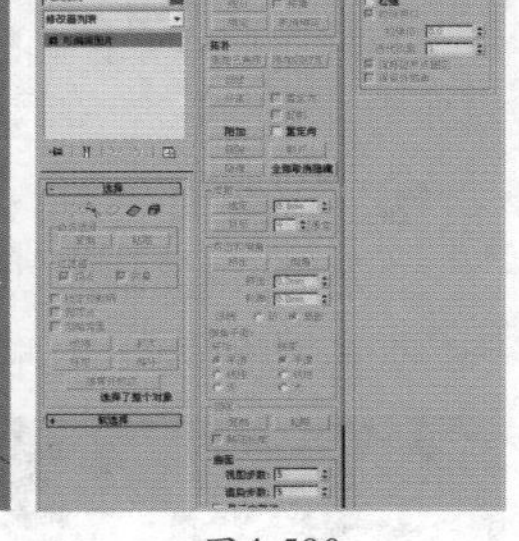

图4-590

**技巧提示**

可编辑面片的参数面板与可编辑多边形和可编辑网格的面板基本一致，因此此处不再赘述。

## 4.4.2 面片栅格

可以在栅格表格的【四边形面片和三角形面片】中创建两种面片表面。面片栅格以平面对象开始，但通过使用【编辑面片】修改器或将栅格的修改器堆栈塌陷到【修改】面板的【可编辑面片】中可以在任意3D曲面中修改，如图4-591所示。

图4-591

四边形面片创建带有默认36个可见的矩形面的平面栅格。隐藏线将为整个72个面每个面划分为两个三角形面，如图4-592所示。其参数面板如图4-593所示。

三角形面片将创建具有72个三角形面的平面栅格。该面数保留72个，不必考虑其大小。当增加栅格大小时，面会变大以填充该区域，如图4-594所示。其参数面板如图4-595所示。

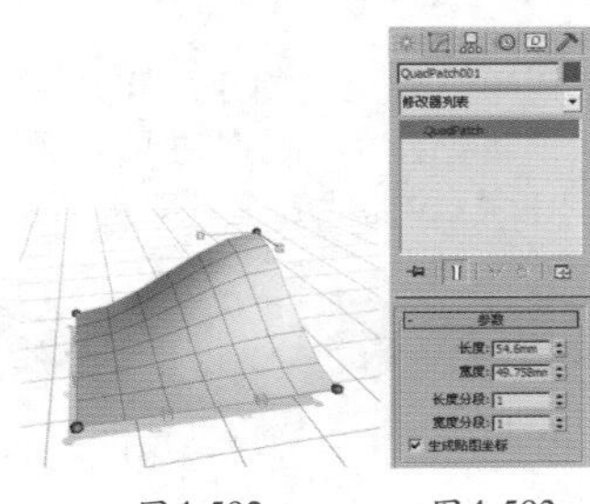

图4-592 图4-593

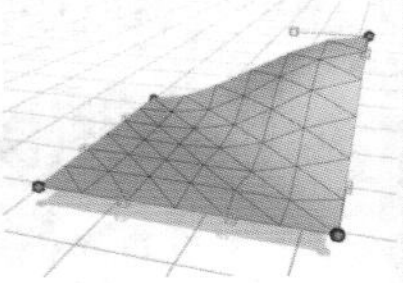

图4-594 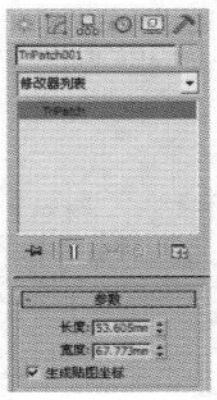 图4-595

# 4.5 NURBS建模

NURBS建模是一种高级建模方法，所谓NURBS就是Non-Uniform Rational B-Spline（非均匀有理B样条曲线）。NURBS建模适合于创建一些复杂的弯曲曲面，如图4-596所示是一些比较优秀的NURBS建模作品。

图4-596

## 4.5.1 NURBS对象类型

NURBS对象包含NURBS曲面和NURBS曲线两种，如图4-597所示。

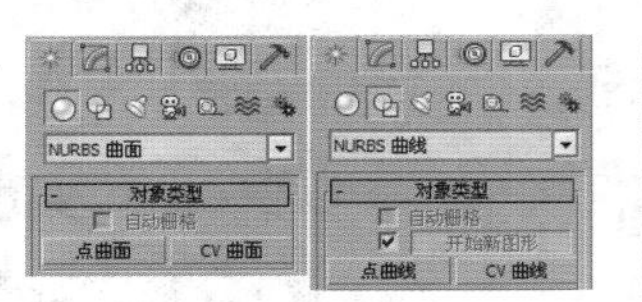


图4-597

### 1. NURBS曲面

NURBS曲面包含【点曲面】和【CV曲面】两种，如图4-598所示。

图4-598

#### ❶ 点曲面

点曲面由点来控制模型的形状，每个点始终位于曲面的表面上，如图4-599所示。

#### ❷ CV曲面

CV曲面由控制顶点（CV）来控制模型的形状，CV形成围绕曲面的控制晶格，而不是位于曲面上，如图4-600所示。

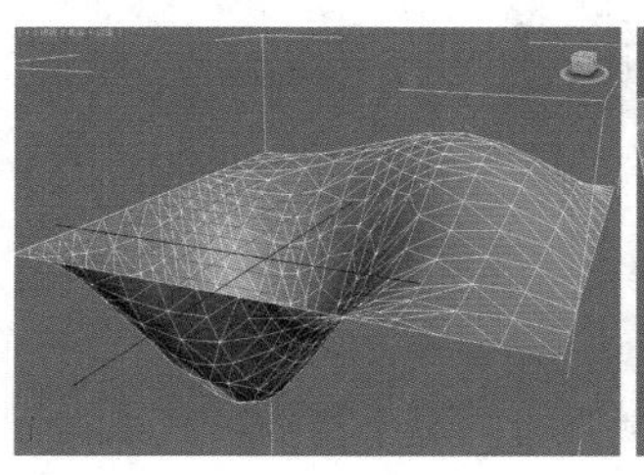

图4-599

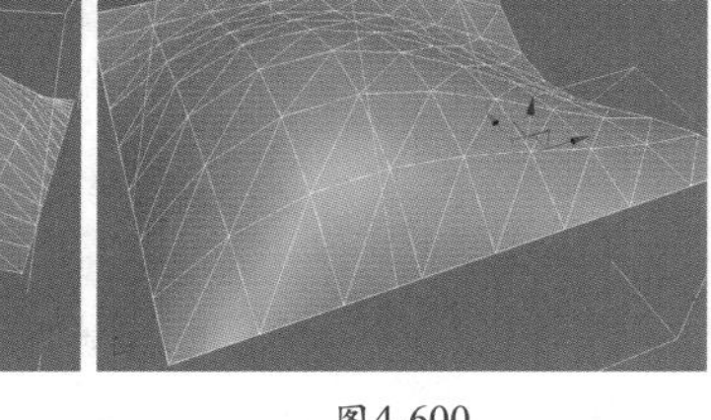

图4-600

### 2. NURBS曲线

NURBS曲线包含【点曲线】和【CV曲线】两种，如图4-601所示。

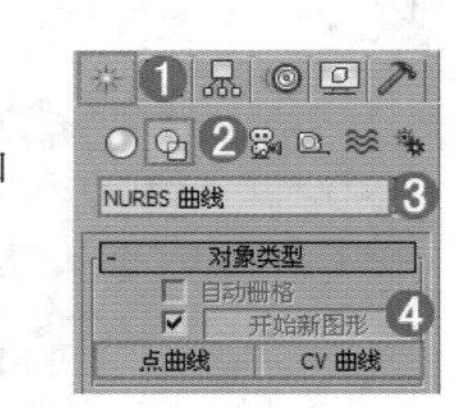


图4-601

#### ❶ 点曲线

点曲线由点来控制曲线的形状，每个点始终位于曲线上，如图4-602所示。

#### ❷ CV曲线

CV曲线由控制顶点（CV）来控制曲线的形状，这些控制顶点不必位于曲线上，如图4-603所示。

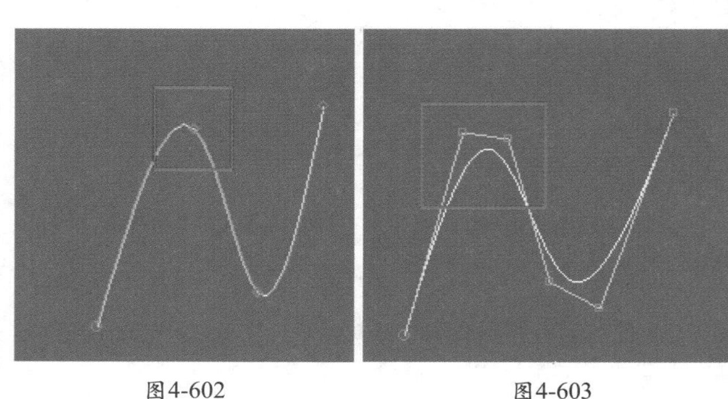

图4-602　　图4-603

## 4.5.2 创建NURBS对象

创建NURBS对象的方法很简单，如果要创建NURBS曲面，可以将几何体类型切换为【NURBS曲面】，然后使用【点曲面】工具和【CV曲面】工具即可创建出相应的曲面对象；如果要创建NURBS曲线，可以将图形类型切换为【NURBS曲线】，然后使用【点曲线】工具和【CV曲线】工具即可创建出相应的曲线对象。

## 4.5.3 转换NURBS对象

NURBS对象可以直接创建出来，也可以通过转换的方法将对象转换为NURBS对象。将对象转换为NURBS对象的方法主要有以下3种。

**方法01** 选择对象，然后单击鼠标右键，在弹出的快捷菜单中选择【转换为】|【转换为NURBS】命令，如图4-604所示。

**方法02** 选择对象，然后进入【修改】面板，在修改器堆栈中的对象上单击鼠标右键，在弹出的快捷菜单中选择NURBS命令，如图4-605所示。

**方法03** 为对象加载【挤出】或【车削】修改器，然后设置【输出】为NURBS，如图4-606所示。

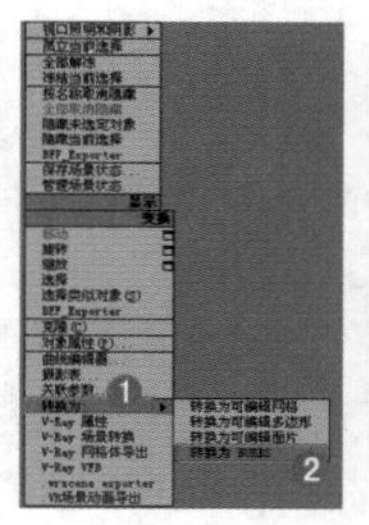

图4-604

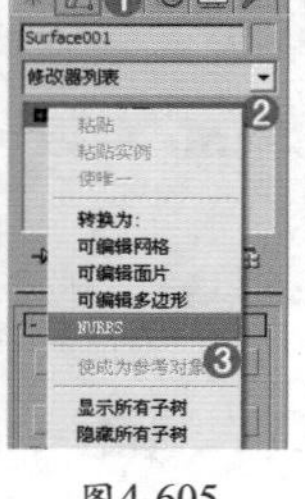

图4-605

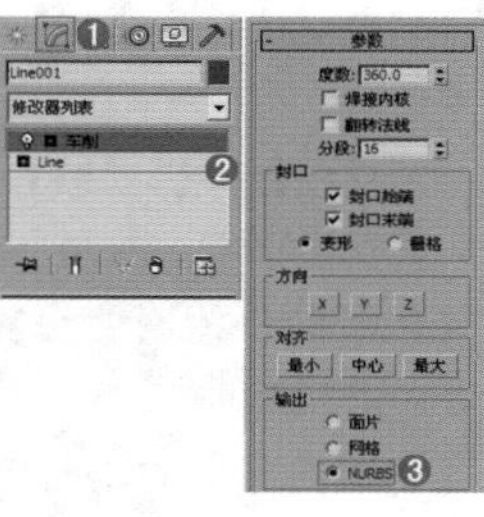

图4-606

## 4.5.4 编辑NURBS对象

在NURBS对象的参数设置面板中共有7个卷展栏（以NURBS曲面对象为例），分别是【常规】、【显示线参数】、【曲面近似】、【曲线近似】、【创建点】、【创建曲线】和【创建曲面】卷展栏，如图4-607所示。

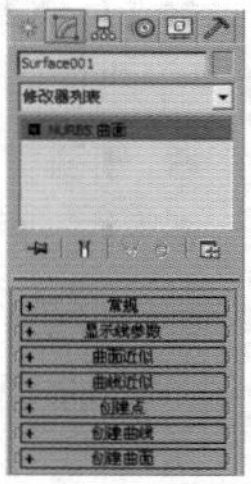

图4-607

### 1. 常规

【常规】卷展栏中包含【附加】工具、【导入】工具、【显示】方式以及【NURBS工具箱】，如图4-608所示。

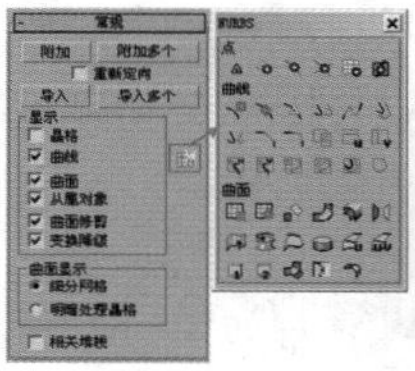

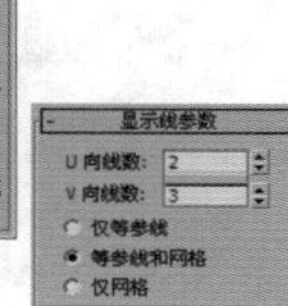

图4-608

图4-609

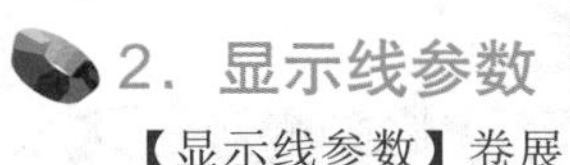

### 2. 显示线参数

【显示线参数】卷展栏中的参数主要用来指定显示NURBS曲面所用的【U向线数】和【V向线数】数值，如图4-609所示。

### 3. 曲面近似

【曲面近似】卷展栏中的参数主要用于控制视图和渲染器的曲面细分，可以根据不同的需要来选择【高】、【中】、【低】3种不同的细分预设，如图4-610所示。

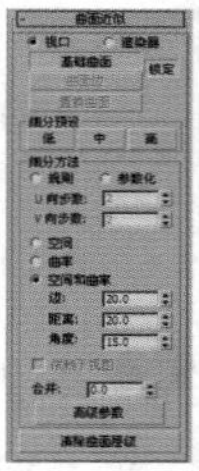

图4-610

### 4. 曲线近似

【曲线近似】卷展栏与【曲面近似】卷展栏相似，主要用于控制曲线的步数及曲线细分的级别，如图4-611所示。

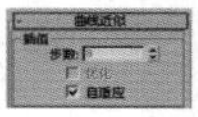

图4-611

### 5. 创建点/曲线/曲面

【创建点】、【创建曲线】和【创建曲面】卷展栏中的工具与【NURBS工具箱】中的工具相对应，主要用来创建点、曲线和曲面对象，如图4-612所示。

图4-612

## 4.5.5 NURBS工具箱

在【常规】卷展栏中单击【NURBS创建工具箱】按钮，打开【NURBS工具箱】，如图4-613所示。【NURBS工具箱】中包含用于创建NURBS对象的所有工具，主要分为3个功能区，分别是【点】功能区、【曲线】功能区和【曲面】功能区。

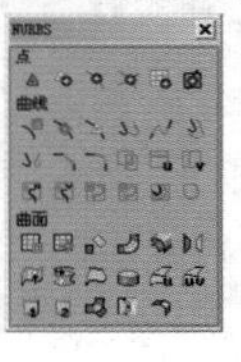

图4-613

### 1. 点

- 【创建点】按钮：创建单独的点。
- 【创建偏移点】按钮：根据一个偏移量创建一个点。
- 【创建曲线点】：创建从属曲线上的点。
- 【创建曲线-曲线点】按钮：创建一个从属于【曲线-曲线】的相交点。
- 【创建曲面点】按钮：创建从属于曲面上的点。
- 【创建曲面-曲线点】：创建从属于【曲面-曲线】的相交点。

### 2. 曲线

- 【创建CV曲线】按钮：创建一条独立的CV曲线子对象。
- 【创建点曲线】按钮：创建一条独立点曲线子对象。
- 【创建拟合曲线】按钮：创建一条从属的拟合曲线。
- 【创建变换曲线】按钮：创建一条从属的变换曲线。
- 【创建混合曲线】按钮：创建一条从属的混合曲线。
- 【创建偏移曲线】按钮：创建一条从属的偏移曲线。
- 【创建镜像曲线】按钮：创建一条从属的镜像曲线。
- 【创建切角曲线】按钮：创建一条从属的切角曲线。
- 【创建圆角曲线】按钮：创建一条从属的圆角曲线。
- 【创建曲面-曲面相交曲线】按钮：创建一条从属于【曲面-曲面】的相交曲线。
- 【创建U向等参曲线】按钮：创建一条从属的U向等参曲线。

- 【创建V向等参曲线】按钮：创建一条从属的V向等参曲线。
- 【创建法线投影曲线】按钮：创建一条从属于法线方向的投影曲线。
- 【创建向量投影曲线】按钮：创建一条从属于向量方向的投影曲线。
- 【创建曲面上的CV曲线】按钮：创建一条从属于曲面上的CV曲线。
- 【创建曲面上的点曲线】按钮：创建一条从属于曲面上的点曲线。
- 【创建曲面偏移曲线】按钮：创建一条从属于曲面上的偏移曲线。
- 【创建曲面边曲线】按钮：创建一条从属于曲面上的边曲线。

### 3. 曲面

- 【创建CV曲面】按钮：创建独立的CV曲面子对象。
- 【创建点曲面】按钮：创建独立的点曲面子对象。
- 【创建变换曲面】按钮：创建从属的变换曲面。
- 【创建混合曲面】按钮：创建从属的混合曲面。
- 【创建偏移曲面】按钮：创建从属的偏移曲面。
- 【创建镜像曲面】按钮：创建从属的镜像曲面。
- 【创建挤出曲面】按钮：创建从属的挤出曲面。
- 【创建车削曲面】按钮：创建从属的车削曲面。
- 【创建规则曲面】按钮：创建从属的规则曲面。
- 【创建封口曲面】按钮：创建从属的封口曲面。
- 【创建U向放样曲面】按钮：创建从属的U向放样曲面。
- 【创建UV放样曲面】按钮：创建从属的UV向放样曲面。
- 【创建单轨扫描】按钮：创建从属的单轨扫描曲面。
- 【创建双轨扫描】按钮：创建从属的双轨扫描曲面。
- 【创建多边混合曲面】按钮：创建从属的多边混合曲面。
- 【创建多重曲线修剪曲面】按钮：创建从属的多重曲线修剪曲面。
- 【创建圆角曲面】按钮：创建从属的圆角曲面。

## 小实例：利用NURBS建模制作花瓶

| 场景文件 | 无 |
|---|---|
| 案例文件 | 小实例：利用NURBS建模制作花瓶.max |
| 视频教学 | 多媒体教学/Chapter04/小实例：利用NURBS建模制作花瓶.flv |
| 难易指数 | ★★★☆☆ |
| 技术掌握 | 掌握【创建U向放样曲面】工具和【创建封口曲面】工具的使用方法 |

### 实例介绍

本实例是一个花瓶模型，主要使用NURBS建模中的【创建U向放样曲面】工具和【创建封口曲面】工具来进行制作，效果如图4-614所示。

图4-614

### 建模思路

01 使用NURBS建模下的【创建U向放样曲面】和【创建封口曲面】工具制作花瓶1。

02 使用NURBS建模下的【创建U向放样曲面】和【创建封口曲面】工具制作花瓶2。

花瓶的建模流程如图4-615所示。

图4-615

### 操作步骤

#### Part 1 使用NURBS建模下的【创建U向放样曲面】和【创建封口曲面】工具制作花瓶1

步骤01 单击【圆】按钮，如图4-616所示。在视图中绘制一个如图4-617所示的圆。

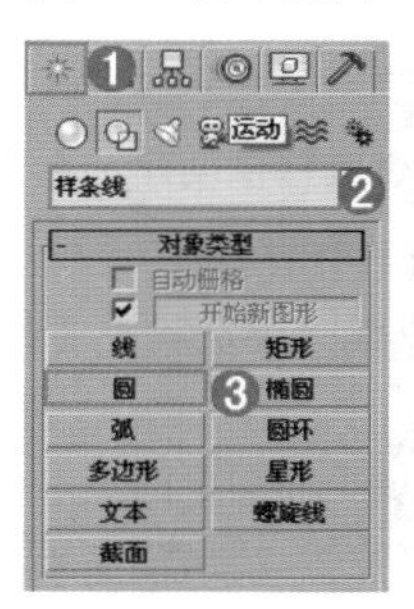


图4-616

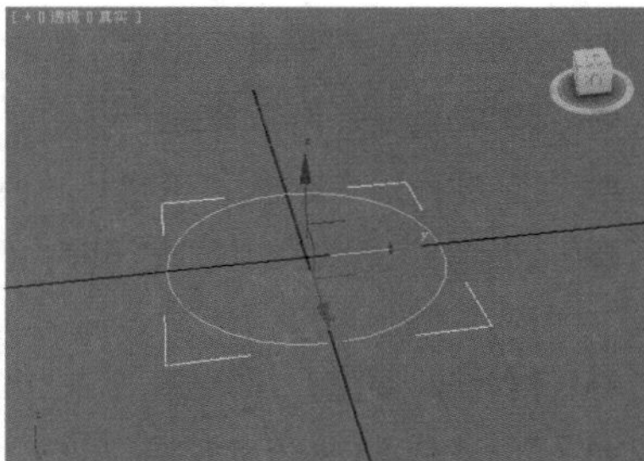

图4-617

步骤02 继续使用【圆】工具在视图中绘制出如图4-618所示的圆。

步骤03 选择视图内所有的圆，在视图中单击鼠标右键，在弹出的快捷菜单中选择【转换为】|【转换为NURBS】命令，如图4-619所示。

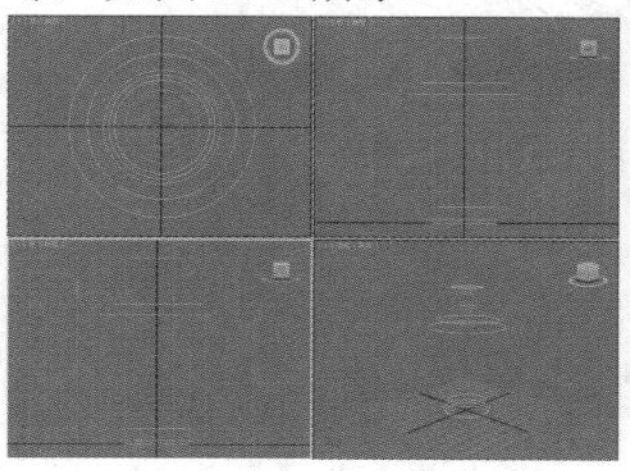
图4-618

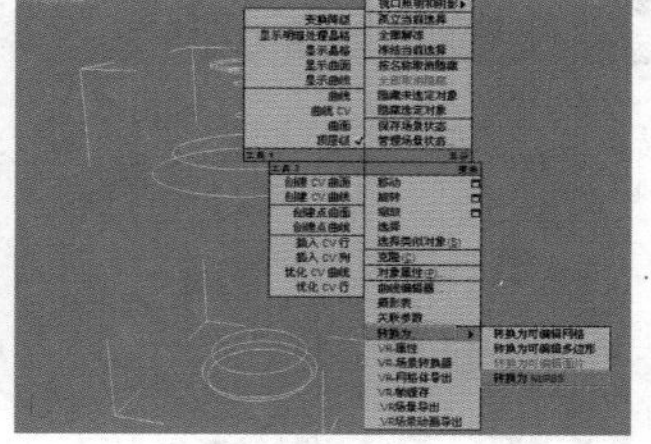
图4-619

步骤04 单击【修改】面板，然后在【常规】卷展栏中单击【NURBS创建工具箱】按钮，打开【NURBS工具箱】，如图4-620所示。

步骤05 在【NURBS工具箱】中单击【创建U向放样曲面】按钮，然后在视图中从上到下依次单击点曲线，拾取点曲线完毕后单击鼠标右键完成操作，如图4-621所示。

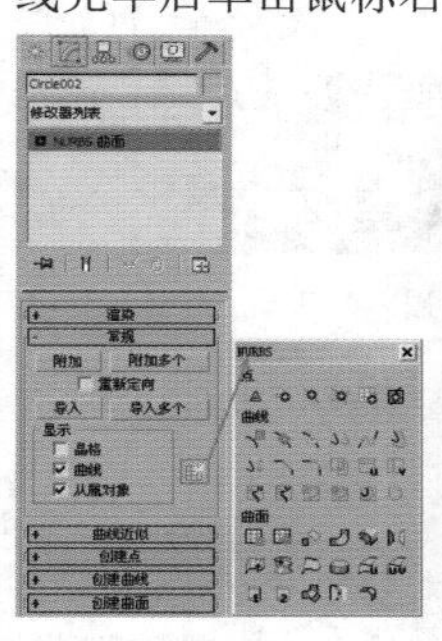
图4-620

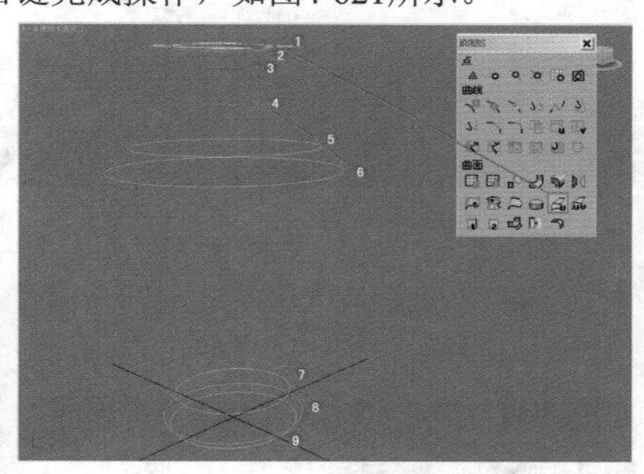
图4-621

步骤06 放样完成后的模型效果如图4-622所示。

步骤07 在【NURBS工具箱】中单击【创建封口曲面】按钮，然后在视图中单击底部的截面，如图4-623所示。

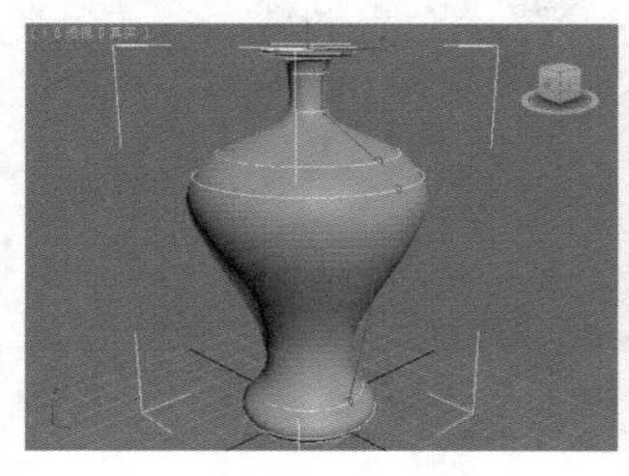
图4-622

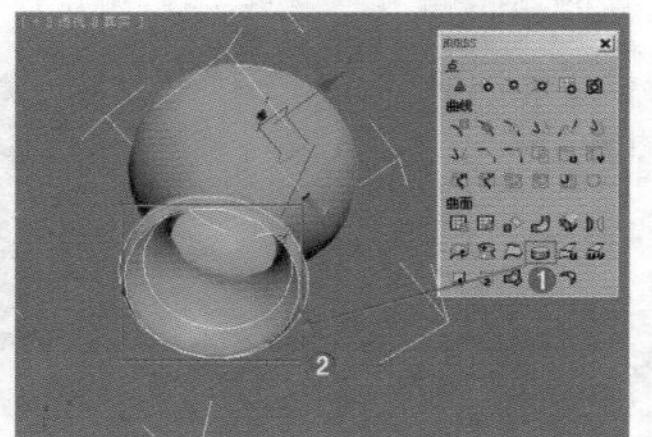
图4-623

步骤08 最终效果如图4-624所示。

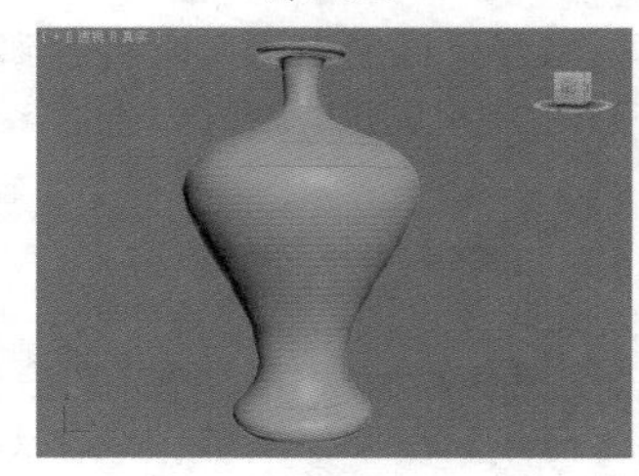
图4-624

## Part 2 使用NURBS建模下的【创建U向放样曲面】和【创建封口曲面】工具制作花瓶2

步骤01 在【创建】面板中单击【图形】按钮，设置图形类型为【样条线】，单击【圆】按钮，如图4-625所示。最后在视图中绘制一个如图4-626所示的圆。

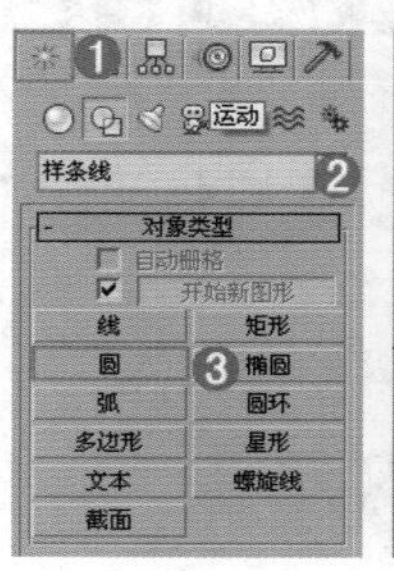

图4-625

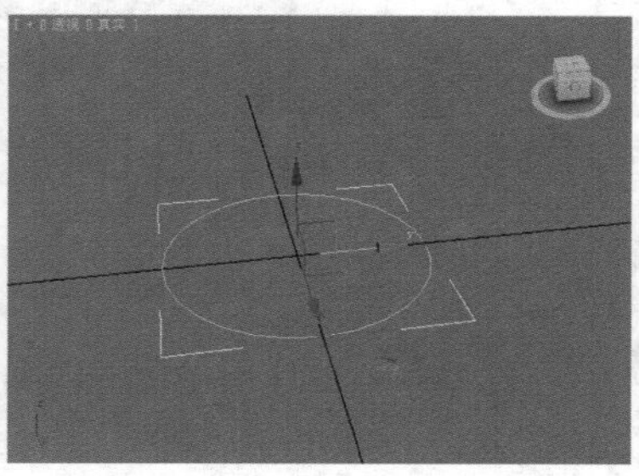
图4-626

步骤02 继续使用【圆】工具在视图中绘制出如图4-627所示的圆。

步骤03 选择视图内所有的圆，在视图中单击鼠标右键，在弹出的快捷菜单中选择【转换为NURBS】命令，如图4-628所示。

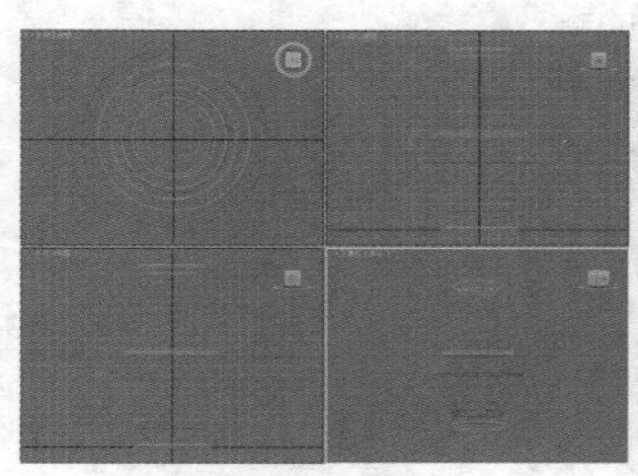
图4-627

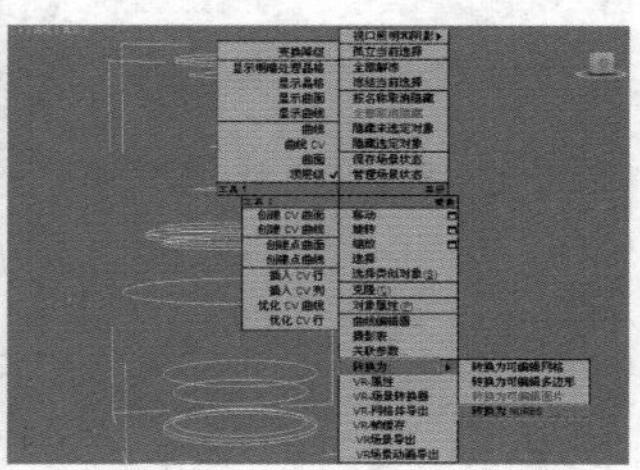
图4-628

步骤04 单击【修改】面板，在【常规】卷展栏中单击【NURBS创建工具箱】按钮，打开【NURBS工具箱】，如图4-629所示。

步骤05 在【NURBS工具箱】中单击【创建U向放样曲面】按钮，在视图中从上到下依次单击点曲线，拾取点曲线完毕后单击鼠标右键完成操作，如图4-630所示。

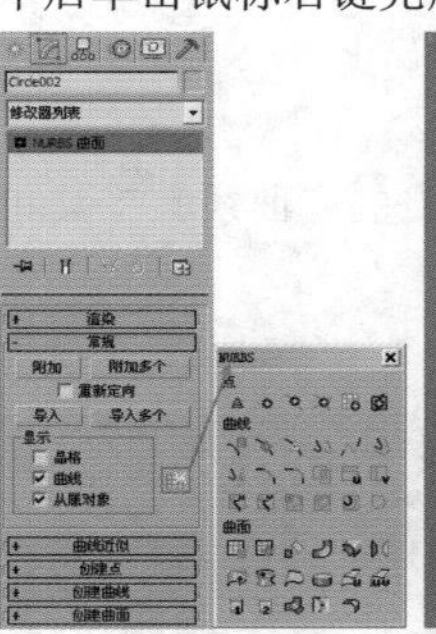
图4-629

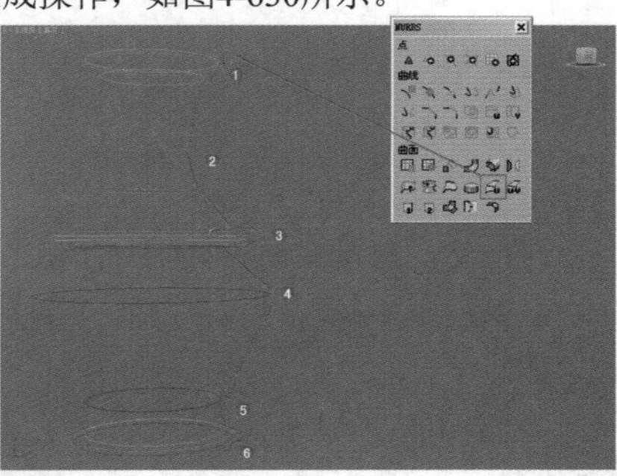
图4-630

步骤06 放样完成后的模型效果如图4-631所示。

步骤07 在【NURBS工具箱】中单击【创建封口曲面】按钮，然后在视图中单击底部的截面，如图4-632所示。

步骤08 最终效果如图4-633所示。

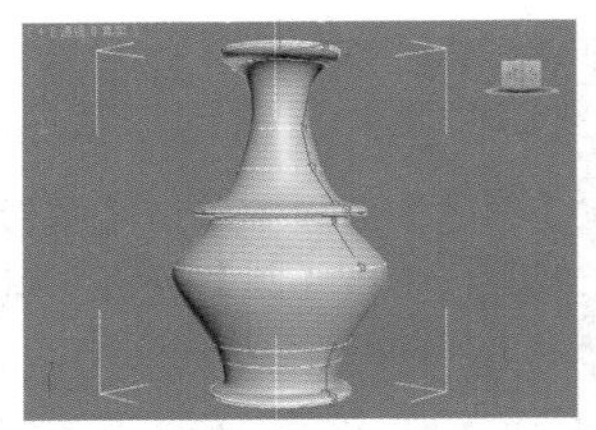

图4-631

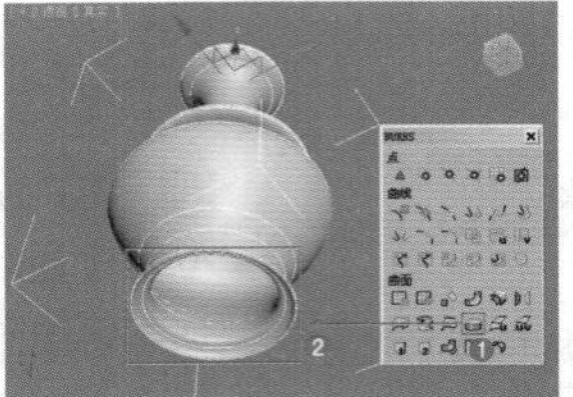

图4-632

图4-633

## 小实例：利用NURBS建模制作藤艺灯

| 场景文件 | 无 |
|---|---|
| 案例文件 | 小实例：利用NURBS建模制作藤艺灯.max |
| 视频教学 | 多媒体教学/Chapter04/小实例：利用NURBS建模制作藤艺灯.flv |
| 难易指数 | ★★★☆☆ |
| 技术掌握 | 【创建曲面上的点曲线】工具和【分离】工具的运用 |

### 实例介绍

本实例是一个藤艺灯模型，主要使用NURBS建模中的【创建曲面上的点曲线】工具和【分离】工具进行制作，效果如图4-634所示。

图4-634

### 建模思路

使用NURBS建模下的【创建曲面上的点曲线】工具和【分离】工具制作藤艺灯。

藤艺灯的建模流程如图4-635所示。

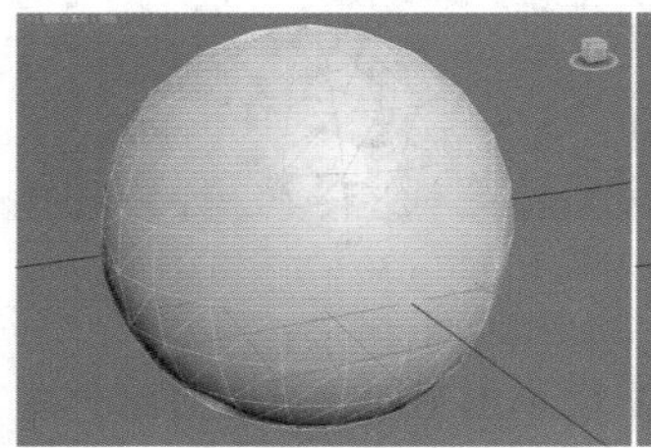

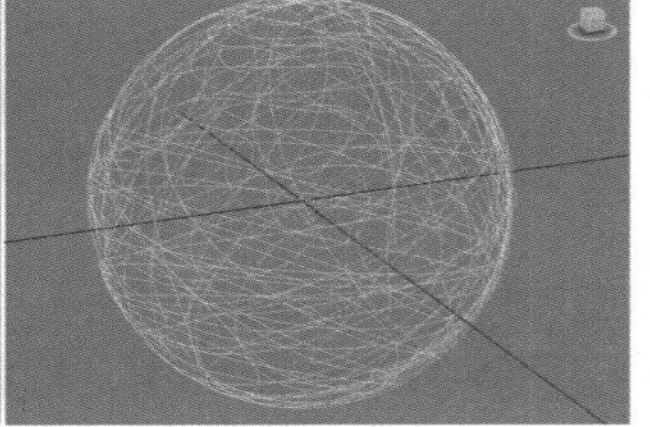

图4-635

### 操作步骤

**步骤01** 在场景中创建一个球体，并设置【半径】为30mm，【分段】为32，如图4-636所示。

**步骤02** 在球体上单击鼠标右键，在弹出的快捷菜单中选择【转换为】|【转换为NUBRS】命令，如图4-637所示。

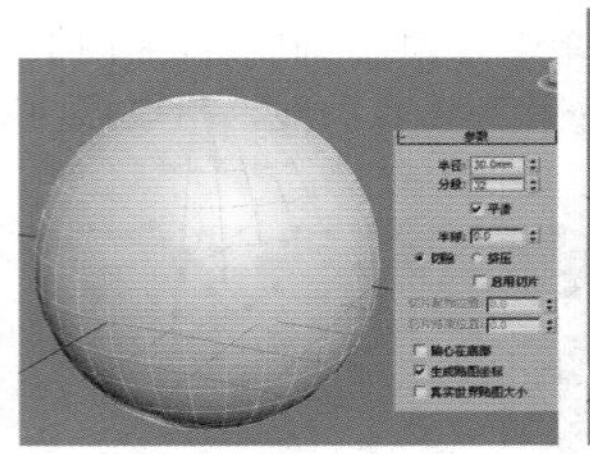

图4-636

图4-637

**步骤03** 单击【NURBS创建工具箱】按钮，此时会弹出【NURBS】对话框，如图4-638所示。

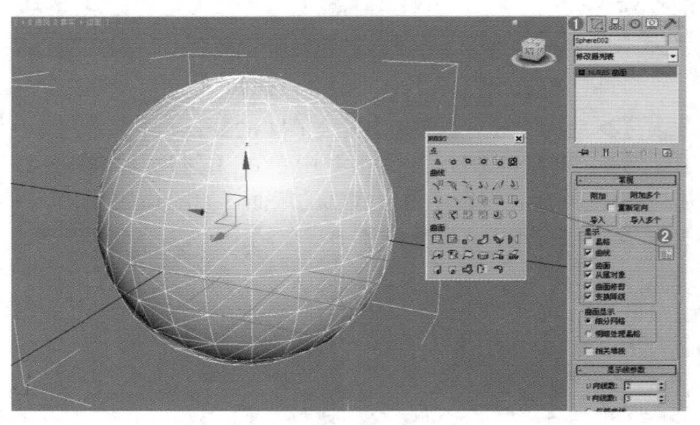

图4-638

**步骤04** 单击【创建曲面上的点曲线】按钮，然后在球体上单击鼠标左键，此时会看到出现了曲线，同时可以结合Alt键将视图进行旋转，继续多次单击鼠标左键，如图4-639所示。

**步骤05** 单击鼠标右键结束。此时出现了绿色的线，就是刚才在球体表面绘制的点曲线，如图4-640所示。

**步骤06** 此时单击【修改】面板，并单击NURBS曲面下的【曲线】级别，然后在球体表面单击刚才绘制的曲线，如图4-641所示。

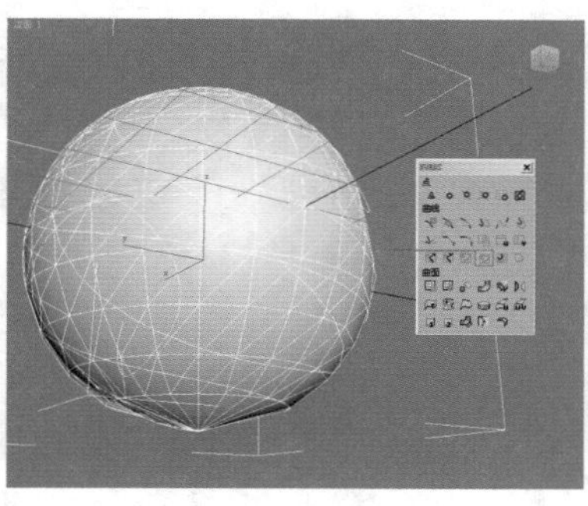

图4-639

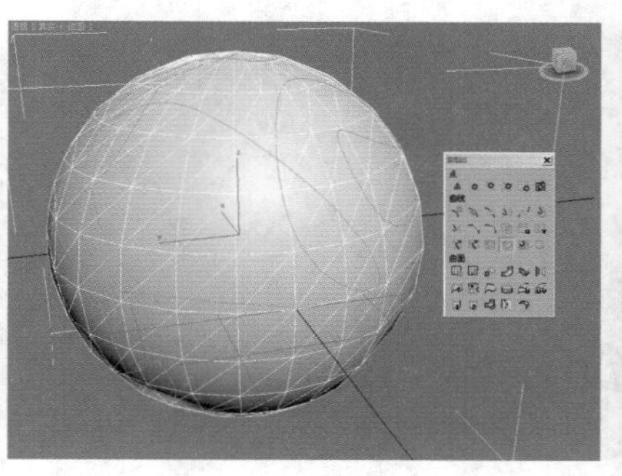

图4-640

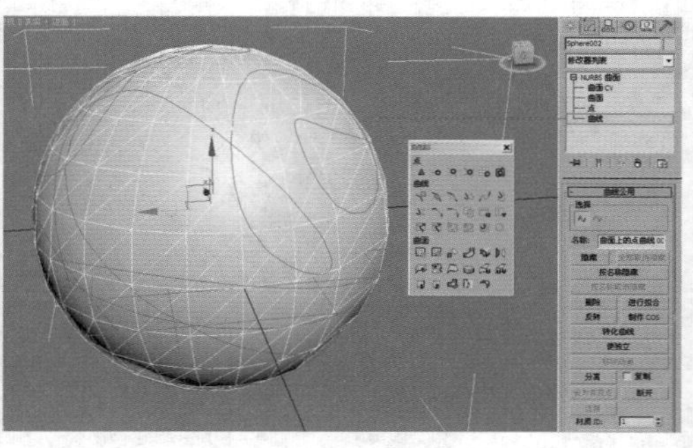

图4-641

步骤07 单击【分离】按钮，并在弹出的【分离】对话框中取消选中【相关】复选框，然后单击【确定】按钮，如图4-642所示。

步骤08 选择之前的球体，并单击鼠标右键，在弹出的快捷菜单中选择【隐藏选定对象】命令，此时将球体隐藏，如图4-643所示。

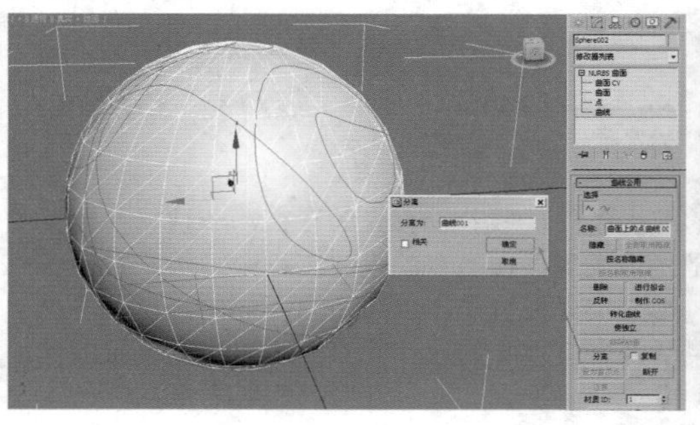

图4-642

图4-643

步骤09 选择此时的曲线，并单击【修改】面板，然后选中【在渲染中启用】和【在视口中启用】复选框，并设置【厚度】为1mm，如图4-644所示。

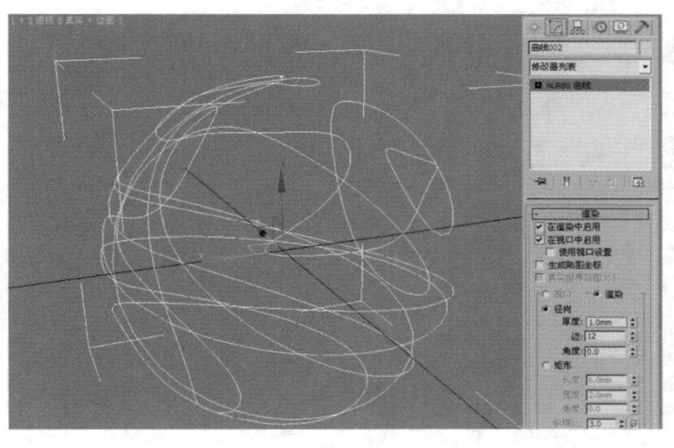

图4-644

步骤10 单击【选择并旋转】工具，并按住Shift键进行旋转复制，然后设置【对象】为【实例】，【副本数】为2，最后单击【确定】按钮，如图4-645所示。

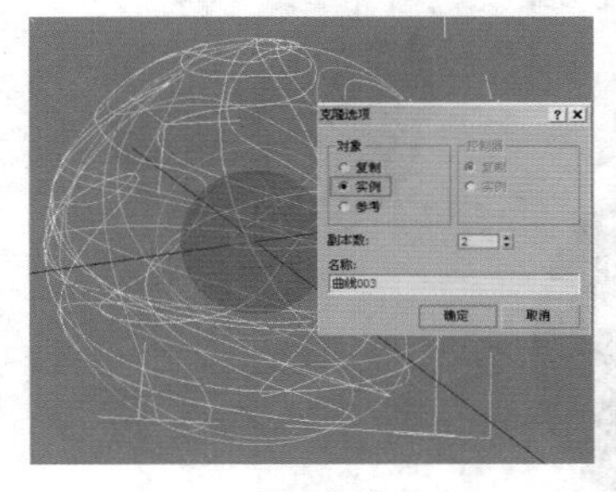

图4-645

步骤11 继续进行复制，如图4-646所示。

步骤12 此时模型效果如图4-647所示。

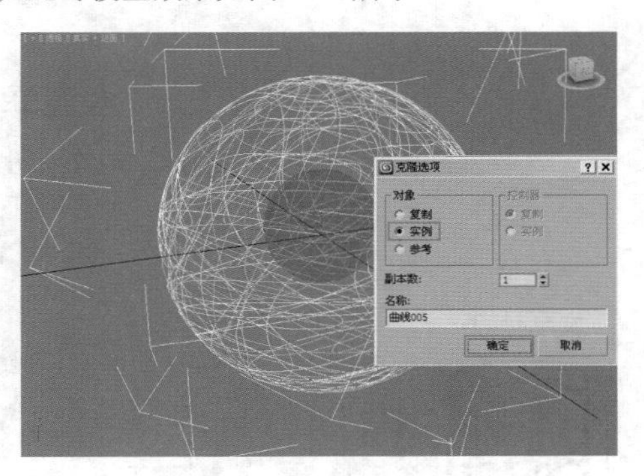

图4-646

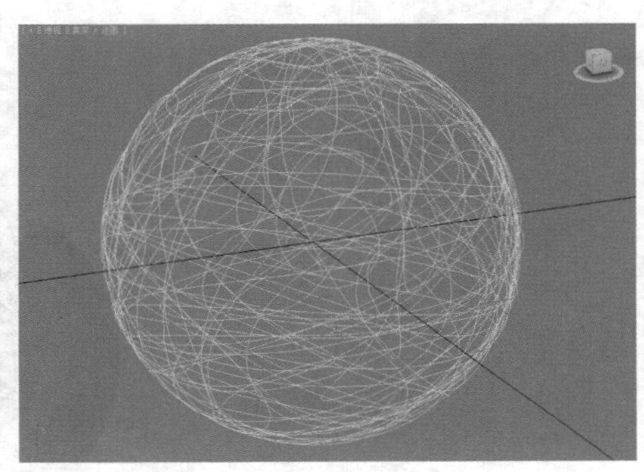

图4-647

# 灯光技术

光是人们能看见绚丽世界的前提条件，假若没有光的存在，一切将不再美好，而在摄影中最难把握的也是光的表现。在当今的设计工程中，不难发现各式各样的灯光主题贯穿于其中，影交集处处皆是，以缔造出不同的气氛及多重的意境。灯光可以说是一个较灵活及富有趣味的设计元素，可以成为气氛的催化剂，也能加强现有装潢的层次感。

**本章学习要点：**

- 效果图常用灯光的类型
- 常用灯光的使用方法
- 灯光的高级综合运用

# 5.1 灯光常识

光是人们能看见绚丽世界的前提条件，假若没有光的存在，一切将不再美好，而在摄影中最难把握的也是光的表现。在当今的设计工程中，不难发现各式各样的灯光主题贯穿于其中，影交集处处皆是，以缔造出不同的气氛及多重的意境。灯光可以说是一个较灵活及富有趣味的设计元素，可以成为气氛的催化剂，也能加强现有装潢的层次感，如图5-1所示。

图5-1

## 5.1.1 什么是灯光

灯光主要分为两种，即直接灯光和间接灯光。

直接灯光泛指那些直射式的光线，如太阳光等，光线直接散落在指定的位置上，并产生投射，直接、简单，如图5-2所示。

间接灯光在气氛营造上具备独特的功能，能营造出不同的意境。它的光线不会直射至地面，而是被置于灯罩、天花板背后，光线投射至墙上再反射至沙发和地面，柔和的灯光仿佛轻轻地抚摸整个空间，温柔而浪漫，如图5-3所示。

只有当上述两种灯光实现合理配合才能缔造出完美的空间意境。有一些明亮活泼，又有一些柔和蕴藉，才能透过当中的对比表现出灯光的特殊魅力，散发出不凡的艺韵，如图5-4所示。

图5-2

图5-3

图5-4

所有的光，无论是自然光或人工室内光，都有以下共同特点：

1. 强度：强度表示光的强弱。它随光源能量和距离的变化而变化。
2. 方向：光的方向决定物体的受光、背光以及阴影的效果。
3. 色彩：灯光由不同的颜色组成，多种灯光搭配到一起会产生多种变化和气氛。

## 5.1.2 为什么要使用灯光

1. 用光渲染环境气氛。在 3ds Max 中使用灯光不仅仅是为了照明，更多的是为了渲染环境气氛，如图 5-5 所示。
2. 刻画主体物形象。使用合理的灯光搭配和设置可以将灯光锁定到某个主体物上，起到凸显主体物的作用，如图 5-6 所示。
3. 表达作品的情感。作品的最高境界，不是技术多么娴熟，而是可以通过技术和手法去传达作品的情感，如图 5-7 所示。

图5-5

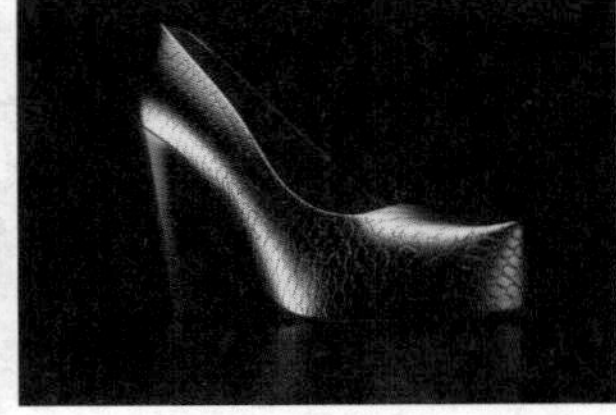

图5-6

图5-7

## 5.1.3 灯光的常用思路

3ds Max灯光的设置需要有合理的步骤，才会节省时间、提高效率。根据经验，灯光的设置主要分为以下3步。

**步骤01** 确定主体光的位置与强度，如图5-8所示。效果如图5-9所示。

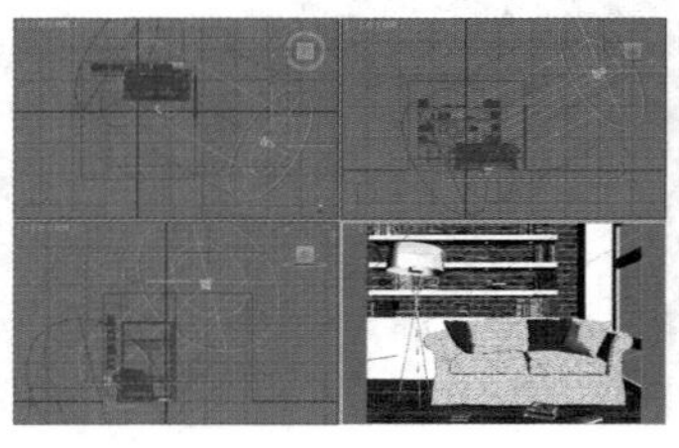

图5-8

图5-9

**步骤02** 决定辅助光的强度与角度，如图5-10所示。效果如图5-11所示。

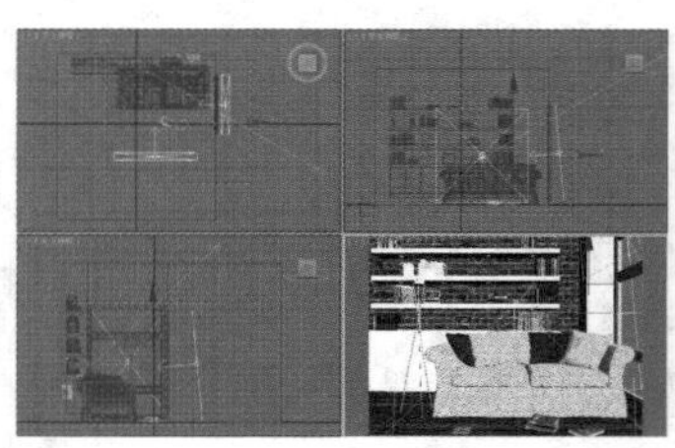

图5-10

图5-11

**步骤03** 分配背景光与装饰光。这样产生的布光效果应该能达到主次分明、互相补充，如图5-12所示。效果如图5-13所示。

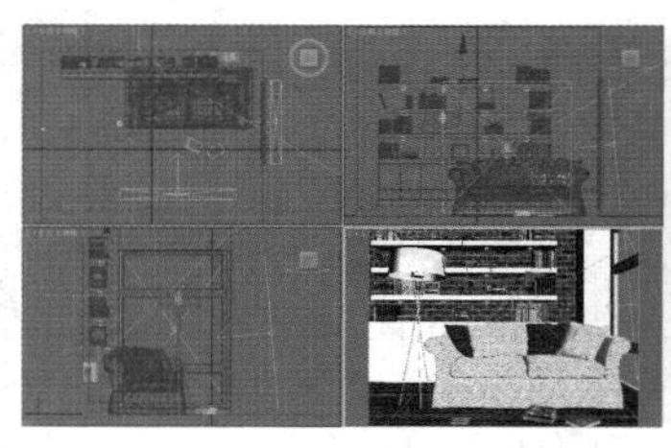

图5-12

图5-13

## 5.2 光度学灯光

光度学灯光是系统默认的灯光，共有3种类型，分别是目标灯光、自由灯光和mr Sky门户，如图5-14所示。

图5-14

## 5.2.1 目标灯光

目标灯光是具有可以用于指向灯光的目标子对象的灯光，如图5-15和图5-16所示为使用目标灯光制作的作品。

图5-15

图5-16

**技巧提示**

目标灯光在3ds Max灯光中是最为常用的灯光类型之一，主要用来模拟室内外的光照效果。常听到很多的光域网和射灯等名词，就是描述该灯光的。

单击【目标灯光】按钮，在视图中创建一盏目标灯光，其参数设置面板如图5-17所示。

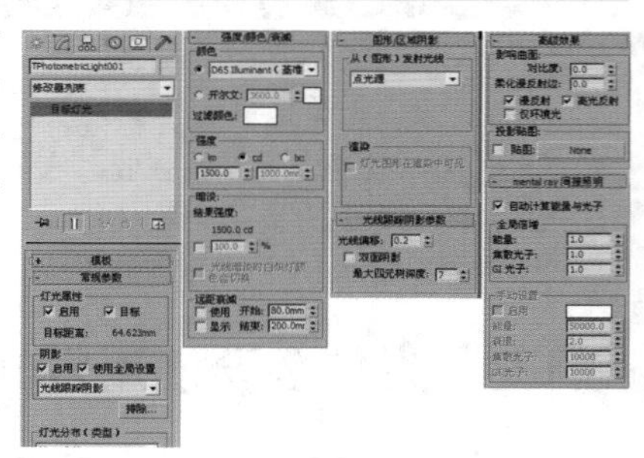

图5-17

**技巧提示**

第一次使用光度学灯光时会自动弹出【创建光度学灯光】对话框，此时直接单击【否】按钮即可。因为在效果图制作中使用最多的是VRay渲染器，所以不需要设置关于mr渲染器的选项，如图5-18所示。

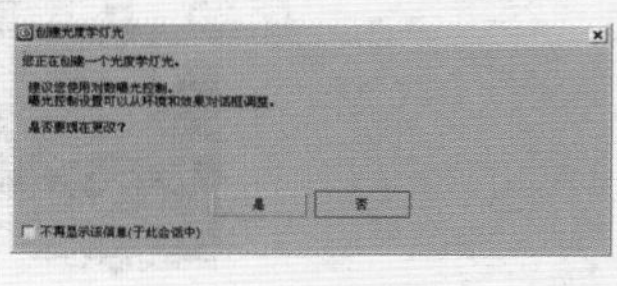

图5-18

当将【阴影】类型和【灯光分布（类型）】进行修改后，会发现参数面板发生了相应的变化，如图5-19所示。

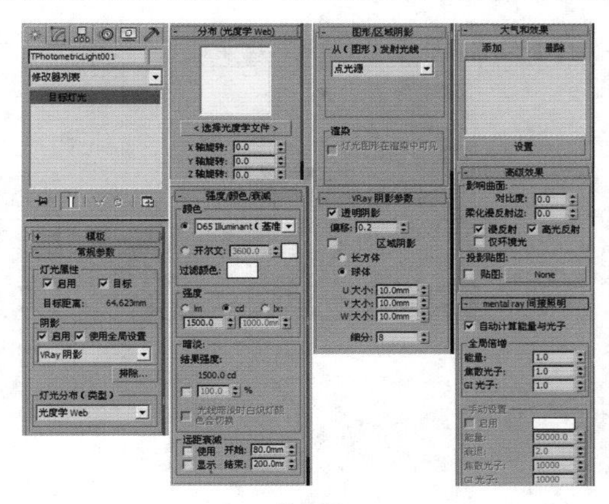

图5-19

## 1．常规参数

展开【常规参数】卷展栏，如图5-20所示。

### ❶ 灯光属性

- 启用：控制是否开启灯光。
- 目标：只有启用该选项，目标灯光才有目标点，如图5-21所示。如果禁用该选项，则目标灯光将变成自由灯光，如图5-22所示。
- 目标距离：用来显示目标的距离。

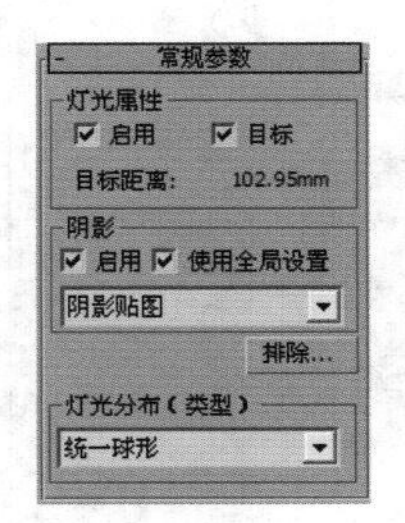


图5-20

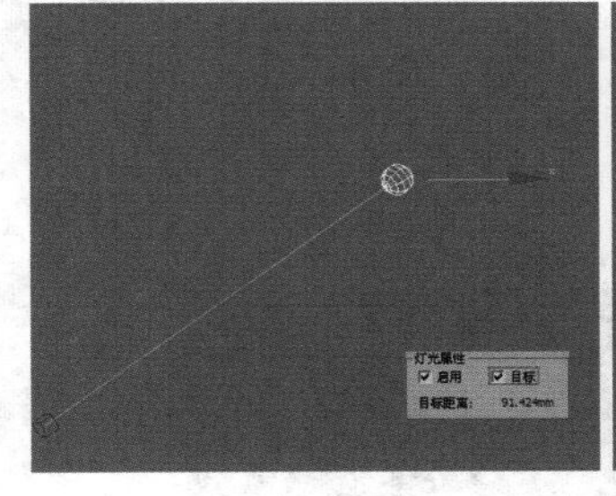

图5-21

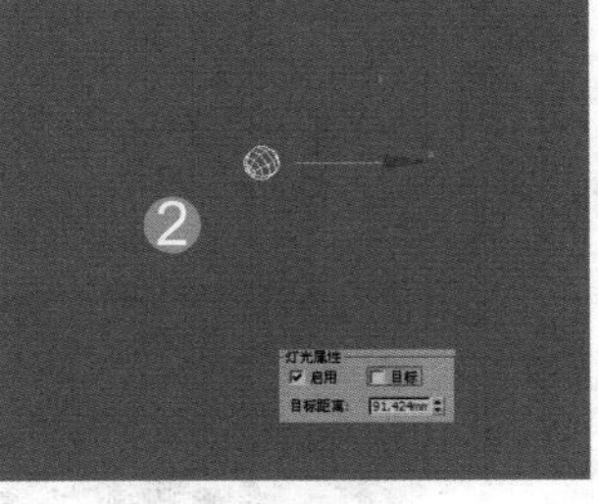

图5-22

### ❷ 阴影

- 启用：控制是否开启灯光的阴影效果。
- 使用全局设置：如果启用该选项，则该灯光投射的阴影将影响整个场景的阴影效果。
- 阴影类型：设置渲染器渲染场景时使用的阴影类型，包括【mental ray阴影贴图】、【高级光线跟踪】、【区域阴影】、【阴影贴图】、【光线跟踪阴影】、【VRay阴影】和【VRay阴影贴图】，如图5-23所示。

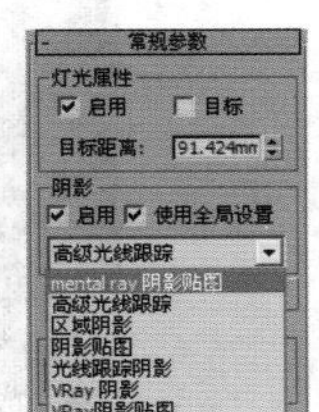


图5-23

- 【排除】按钮 排除... ：将选定的对象排除于灯光之外。

### ❸ 灯光分布（类型）

- 灯光分布（类型）：设置灯光的分布类型，包含【光度学Web】、【聚光灯】、【统一漫反射】和【统一球形】4种类型。

## 2．强度/颜色/衰减

展开【强度/颜色/衰减】卷展栏，如图5-24所示。

- 灯光：挑选公用灯光，以近似灯光的光谱特征。
- 开尔文：通过调整色温微调器设置灯光的颜色。
- 过滤颜色：使用颜色过滤器来模拟光源上的过滤色效果。
- 强度：控制灯光的强弱程度。
- 结果强度：用于显示暗淡所产生的强度。
- 暗淡百分比：启用该选项后，该值会指定用于降低灯光强度的倍增。
- 光线暗淡时白炽灯颜色会切换：启用该选项后，灯光可以在暗淡时通过产生更多的黄色来模拟白炽灯。
- 使用：启用灯光的远距衰减。
- 显示：在视口中显示远距衰减的范围设置。
- 开始：设置灯光开始淡出的距离。
- 结束：设置灯光减为0时的距离。

## 3．图形/区域阴影

展开【图形/区域阴影】卷展栏，如图5-25所示。

- 从（图形）发射光线：选择阴影生成的图形类型，包括【点光源】、【线】、【矩形】、【圆形】、【球体】和【圆柱体】6种类型。
- 灯光图形在渲染中可见：启用该选项后，如果灯光对象位于视野之内，那么灯光图形在渲染中会显示为自供照明（发光）的图形。

## 4．阴影贴图参数

展开【阴影贴图参数】卷展栏，如图5-26所示。

- 偏移：将阴影移向或移离投射阴影的对象。
- 大小：设置用于计算灯光的阴影贴图的大小。
- 采样范围：决定阴影内平均有多少个区域。
- 绝对贴图偏移：启用该选项后，阴影贴图的偏移是不标准化的，但是该偏移在固定比例的基础上会以3ds Max为单位来表示。
- 双面阴影：启用该选项后，计算阴影时物体的背面也将产生阴影。

## 5. VRay阴影参数

展开【VRay阴影参数】卷展栏，如图5-27所示。

- 透明阴影：控制透明物体的阴影，必须使用VRay材质并选择材质中的【影响阴影】才能产生效果。
- 偏移：控制阴影与物体的偏移距离，一般可保持默认值。
- 区域阴影：控制物体阴影效果，使用时会降低渲染速度，有长方体和球体两种模式。
- 长方体/球体：用来控制阴影的方式，一般保持默认设置即球体即可。
- U/V/W大小：值越大，阴影越模糊，并且还会产生杂点，降低渲染速度。
- 细分：该数值越大，阴影越细腻，噪点越少，渲染速度越慢。

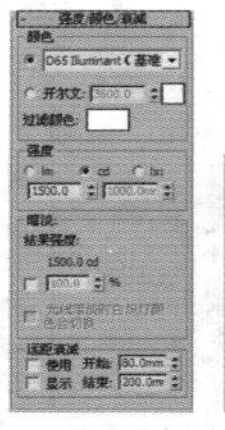
图5-24

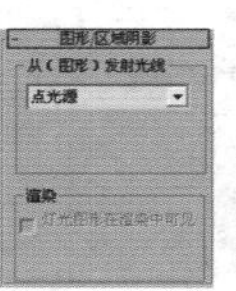
图5-25

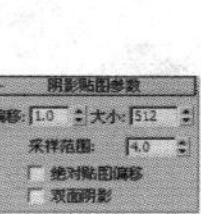
图5-26

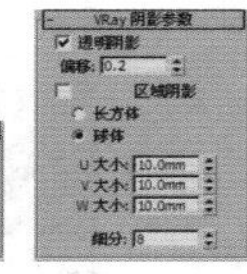
图5-27

### 技术专题——光域网（射灯或筒灯）的高级设置方法

（1）创建灯光，并调节灯光的位置，如图5-28所示。

（2）选择灯光，并单击【修改】面板。设置【阴影】方式为【VRay阴影】，【灯光分布（类型）】为【光度学Web】方式，然后在【分布（光度学Web）】下面添加一个.ies光域网文件，如图5-29所示。

（3）设置【过滤颜色】和【强度】，然后选中【区域阴影】复选框，最后设置【U/V/W大小】和【细分】，如图5-30所示。

（4）此时得到最终效果，如图5-31所示。

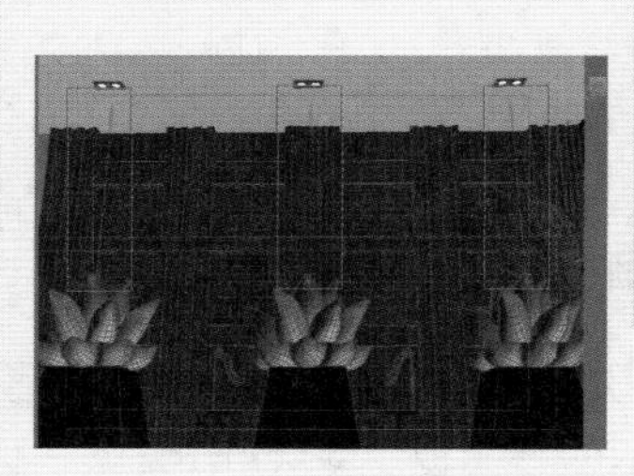
图5-28

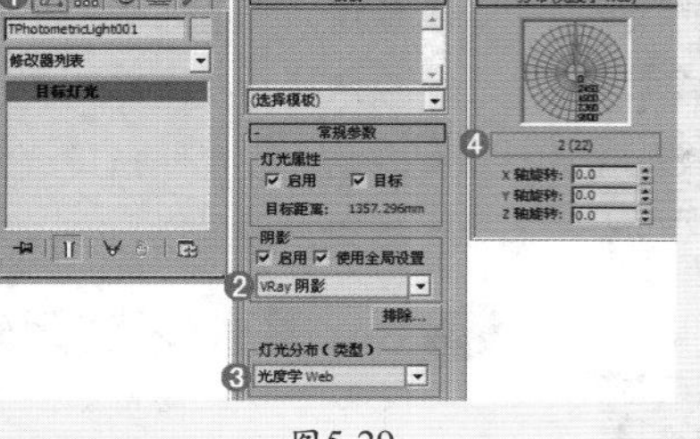
图5-29

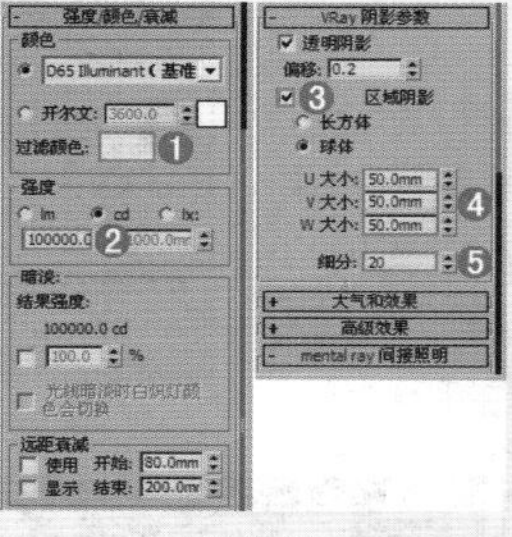
图5-30

图5-31

## 小实例：利用目标灯光制作室外射灯效果

| | |
|---|---|
| 场景文件 | 01.max |
| 案例文件 | 小实例：利用目标灯光制作室外射灯效果.max |
| 视频教学 | 多媒体教学/Chapter 05/小实例：利用目标灯光制作室外射灯效果.flv |
| 难易指数 | ★★☆☆☆ |
| 灯光方式 | 目标灯光 |
| 技术掌握 | 掌握目标灯光的运用 |

### 实例介绍

本实例主要使用目标灯光制作室外射灯效果，场景的最终渲染效果如图5-32所示。

图5-32

### 操作步骤

#### Part 1 创建室外夜晚效果

**步骤01** 打开本书配套光盘中的【场景文件/Chapter05/01.max】文件，如图5-33所示。

**步骤02** 在【创建】面板中单击【灯光】，并设置【灯光类型】为【VRay】，然后单击【VR-灯光】按钮，如图5-34所示。

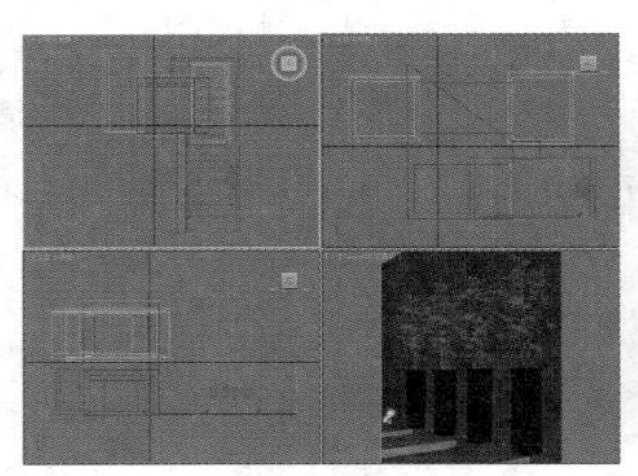

图5-33

图5-34

**步骤03** 在顶视图中拖曳并创建一盏VR-灯光，此时VR-灯光的位置如图5-35所示。

**步骤04** 选择步骤03中创建的VR-灯光，在【修改】面板中设置其具体参数，如图5-36所示。

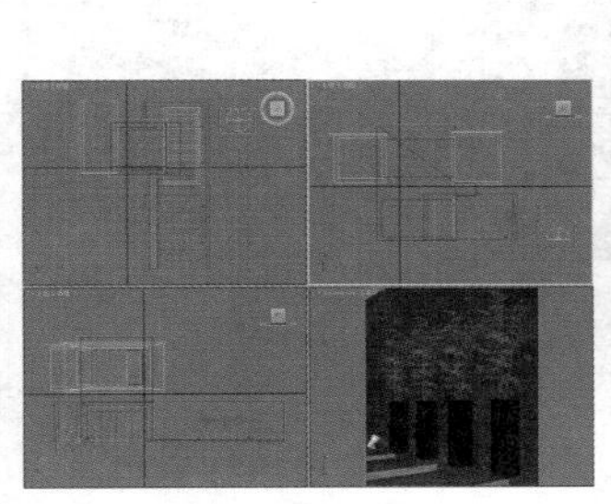

图5-35

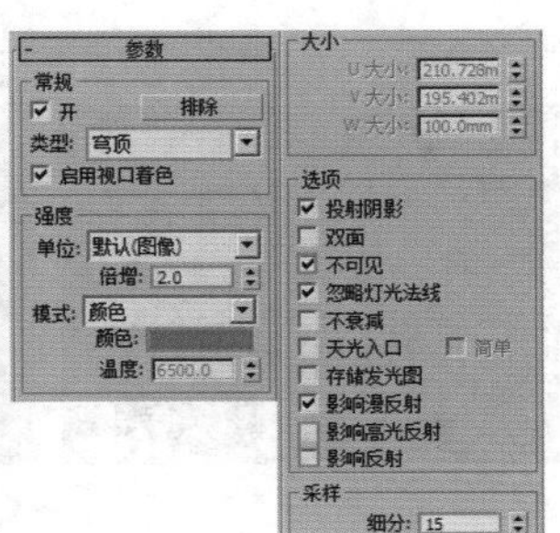


图5-36

- 在【常规】选项组中设置【类型】为【穹顶】；在【强度】选项组中设置【倍增】为2，【颜色】为蓝色；在【选项】选项组中选中【不可见】复选框，取消选中【影响高光反射】和【影响反射】复选框；在【采样】选项组中设置【细分】为15。

**步骤05** 在左视图中创建一盏VR-灯光，并使用【选择并移动】工具将其移动至合适位置，该灯光作为室内发出的灯光，具体灯光位置如图5-37所示。

**步骤06** 选择步骤05创建的VR-灯光，在【修改】面板中设置其具体参数，如图5-38所示。

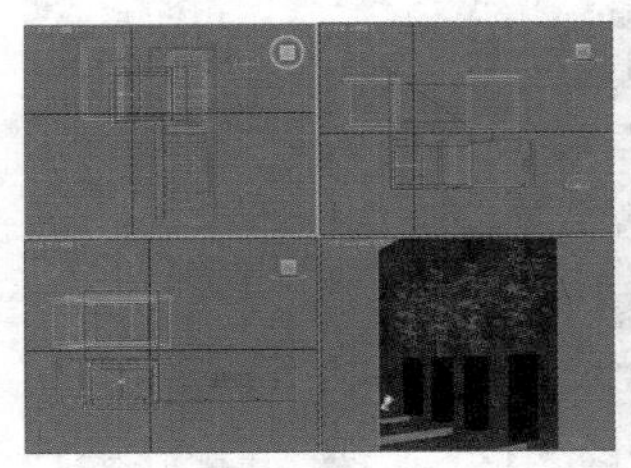

图5-37

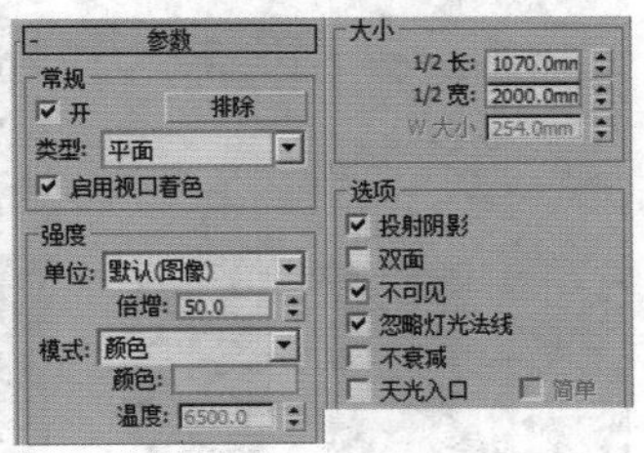


图5-38

- 在【常规】选项组中设置【类型】为【平面】；在【强度】选项组中设置【倍增】为50，【颜色】为黄色；在【大小】选项组中设置【1/2长】为1070mm，【1/2宽】为2000mm；在【选项】选项组中选中【不可见】复选框。

**步骤07** 按Shift+Q组合键，快速渲染摄影机视图，其渲染效果如图5-39所示。

图5-39

## Part 2 创建室外射灯

**步骤01** 使用【目标灯光】在左视图中创建一盏目标灯光，如图5-40所示。选择创建的目标灯光，然后在【修改】面板中设置其具体参数，如图5-41所示。

- 选中【目标】复选框，在【阴影】选项组中选中【启用】和【使用全局设置】复选框，并设置【阴影类型】为【VRay阴影】，【灯光分布（类型）】为【光度学Web】，接着展开【分布（光度学Web）】卷展栏，并在通道上加载【7.ies】。

图5-40

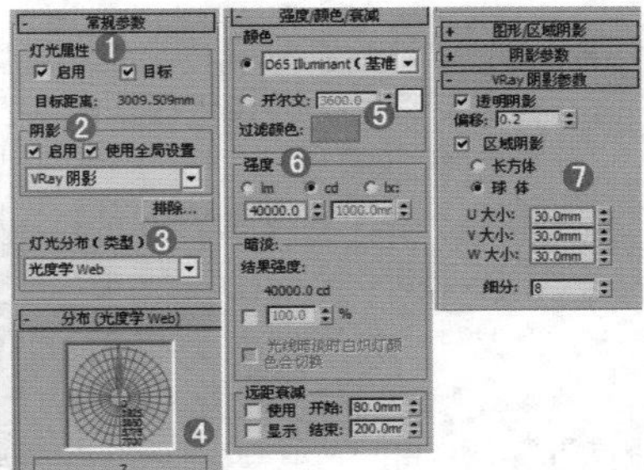

图5-41

- 设置颜色为黄色，【强度】为40000，展开【VRay阴影参数】卷展栏，选中【区域阴影】复选框，设置【U/V/W大小】为30mm。

**步骤02** 在左视图中拖曳并创建2盏目标灯光到灯罩上方，如图5-42所示。选择创建的目标灯光，然后在【修改】面板中设置其具体参数，如图5-43所示。

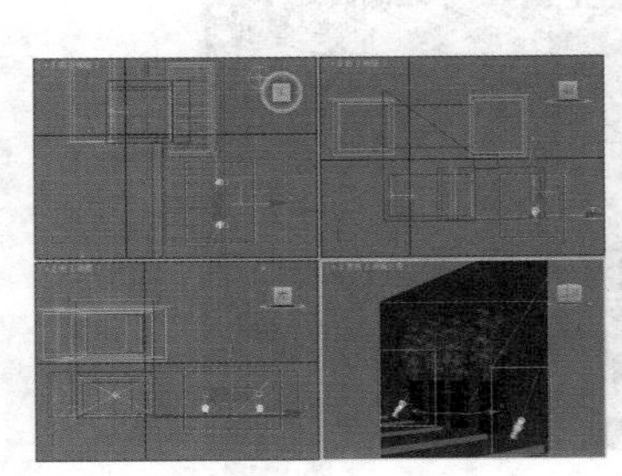

图5-42

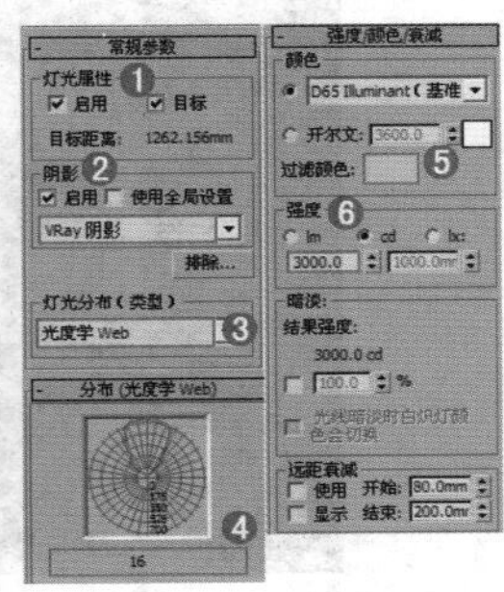

图5-43

- 选中【目标】复选框，在【阴影】选项组中选中【启用】复选框，并设置【阴影类型】为【VRay阴影】，设置【灯光分布（类型）】为【光度学Web】，接着展开【分布（光度学Web）】卷展栏，并在通道上加载【16.ies】。
- 展开【强度/颜色/衰减】卷展栏，调节颜色为黄色，设置【强度】为3000。

**步骤03** 选择步骤02中创建的灯光，继续在左视图中拖曳并创建一盏目标灯光，移动复制两盏，将3盏灯放置到射灯灯罩上方，如图5-44所示。选择创建的目标灯光，然后在【修改】面板中设置其具体参数，如图5-45所示。

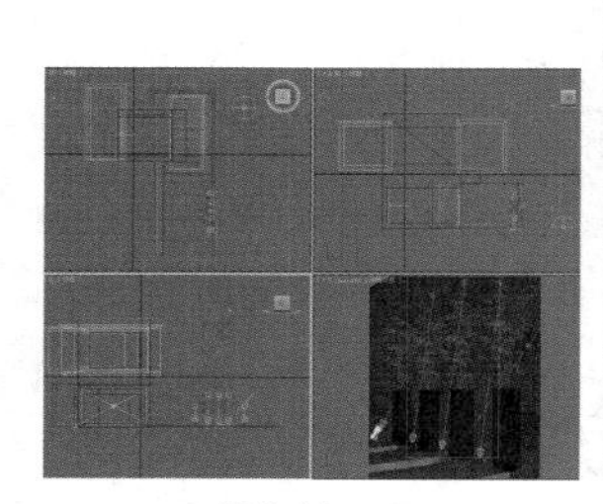

图5-44

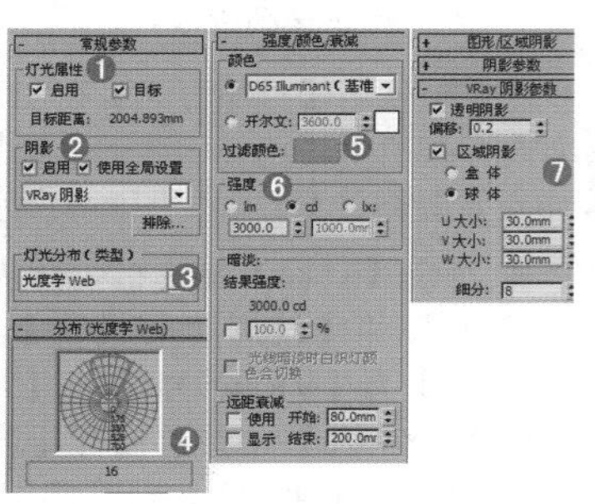

图5-45

- 选中【目标】复选框，选中【启用】和【使用全局设置】复选框，并设置【阴影类型】为【VRay阴影】，【灯光分布（类型）】为【光度学Web】，接着展开【分布（光度学Web）】卷展栏，并在通道上加载【16.ies】。
- 设置颜色为蓝色，【强度】为3000，展开【VRay 阴影参数】卷展栏，设置【U/V/W大小】为30mm。

**步骤04** 按Shift+Q组合键，快速渲染摄影机视图，其渲染效果如图5-46所示。

图5-46

**步骤05** 继续在左视图中拖曳并创建一盏目标灯光，并使用【选择并移动】工具移动复制3盏，将4盏灯放置到植物下方，此时目标灯光的位置如图5-47所示。选择创建的目标灯光，然后在【修改】面板中设置其具体参数，如图5-48所示。

- 选中【目标】复选框，在【阴影】选项组中选中【启用】和【使用全局设置】复选框，并设置【阴影类型】为【VRay阴影】，【灯光分布（类型）】为【光度学Web】，接着展开【分布（光度学Web）】卷展栏，并在通道上加载【7.ies】。
- 设置颜色为蓝色，【强度】为50000，选中【区域阴影】复选框，设置【U/V/W大小】为30mm。

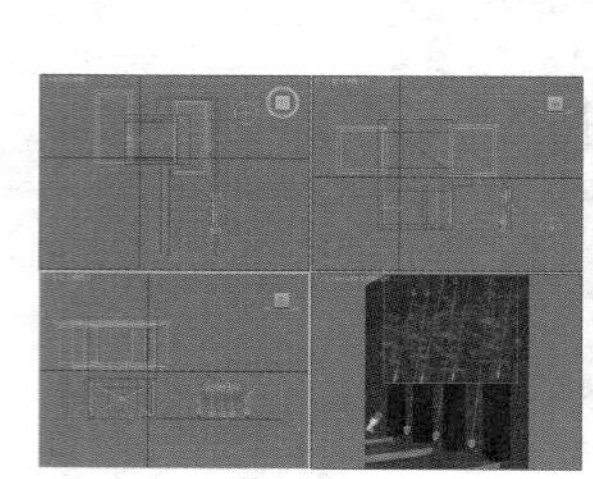

图5-47

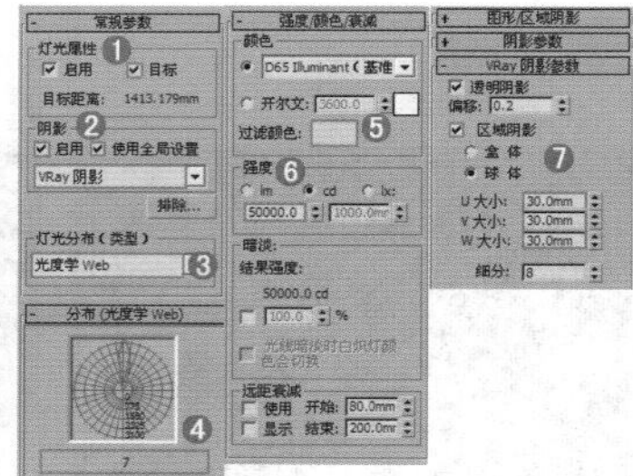

图5-48

**步骤06** 按Shift+Q组合键，快速渲染摄影机视图，其渲染效果如图5-49所示。

图5-49

# 小实例：利用VR-灯光和目标灯光制作射灯效果

| 场景文件 | 02.max |
| --- | --- |
| 案例文件 | 小实例：利用VR-灯光和目标灯光制作射灯效果.max |
| 视频教学 | 多媒体教学/Chapter 05/小实例：利用VR-灯光和目标灯光制作射灯效果.flv |
| 难易指数 | ★★☆☆☆ |
| 灯光方式 | 目标灯光、VR-灯光 |
| 技术掌握 | 掌握目标灯光、VR-灯光的运用 |

## 实例介绍

在本实例中，主要使用目标灯光制作射灯，其次使用VR-灯光作为辅助光源增加场景的真实性，场景的最终渲染效果如图5-50所示。

图5-50

## 操作步骤

### Part 1　创建环境灯光

**步骤01** 打开本书配套光盘中的【场景文件/Chapter05/02.max】文件，如图5-51所示。

**步骤02** 在【创建】面板中单击【灯光】按钮，并设置【灯光类型】为【VRay】，单击【VR-灯光】按钮，如图5-52所示。

图5-51　图5-52

**步骤03** 在前视图中拖曳并创建一盏VR-灯光，并使用【选择并移动】工具放置到窗户外面，此时VR-灯光的位置如图5-53所示。

**步骤04** 选择创建的VR-灯光，然后在【修改】面板中设置其具体参数，如图5-54所示。

在【常规】选项组中设置【类型】为【平面】；在【强度】选项组中设置【倍增】为1；在【大小】选项组中设置【1/2长】为2000mm，【1/2宽】为1200mm；在【选项】选项组中选中【不可见】复选框。

**步骤05** 按Shift+Q组合键，快速渲染摄影机视图，其渲染效果如图5-55所示。

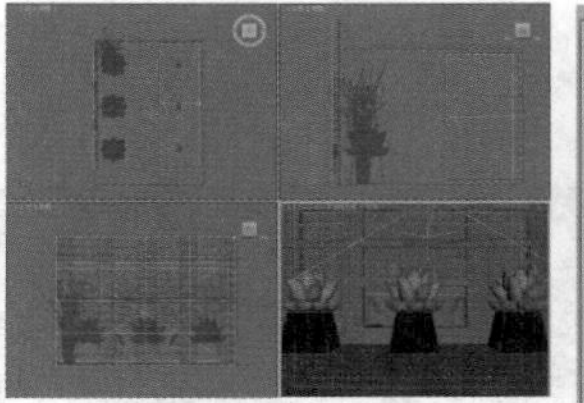

图5-53

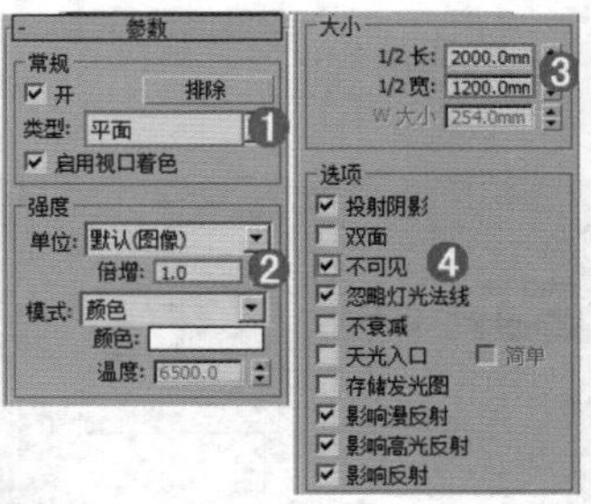

图5-54

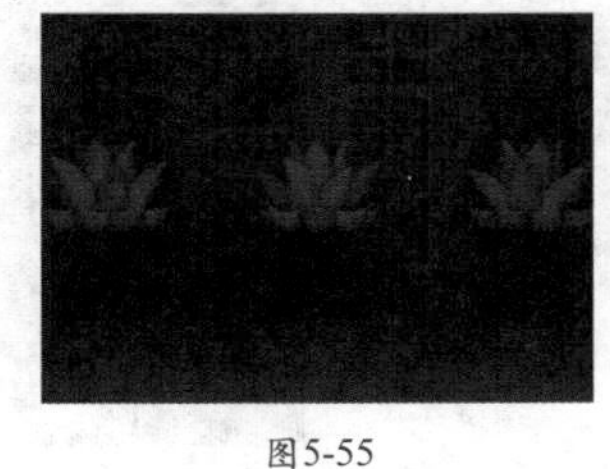

图5-55

### Part 2　创建射灯

**步骤01** 使用【目标灯光】在左视图中创建3盏目标灯光，并放置在模型上方，灯光位置如图5-56所示。在【修改】面板中设置其具体参数，如图5-57所示。

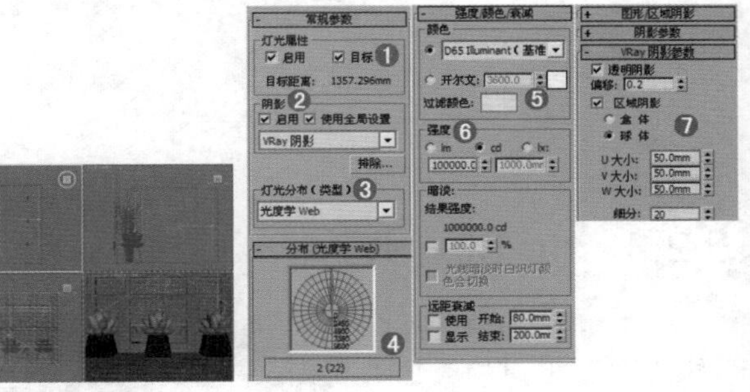

图5-56　图5-57

- 选中【目标】复选框，同时选中【阴影】选项组中的【启用】和【使用全局设置】复选框，设置【阴影类型】为【VRay阴影】，设置【灯光分布（类型）】为【光度学Web】，接着展开【分布（光度学Web）】卷展栏，并在通道上加载【2（22）.ies】。
- 设置颜色为浅黄色，【强度】为100000，选中【区域阴影】复选框，设置【U/V/W大小】为50mm。

**步骤02** 按Shift+Q组合键，快速渲染摄影机视图，其渲染效果如图5-58所示。

图5-58

## 5.2.2 自由灯光

自由灯光没有目标对象，其参数与目标灯光基本一致，如图5-59所示。

图5-59

**技巧提示**

默认创建的自由灯光没有照明方向，但是可以指定照明方向，其操作方法就是在【修改】面板的【常规参数】卷展栏中选中【目标】复选框，开启照明方向后，可以通过目标点来调节灯光的照明方向，如图5-60所示。

如果自由灯光没有目标点，则可以使用【选择并移动】工具和【选择并旋转】工具将其进行任意移动或旋转，如图5-61所示。

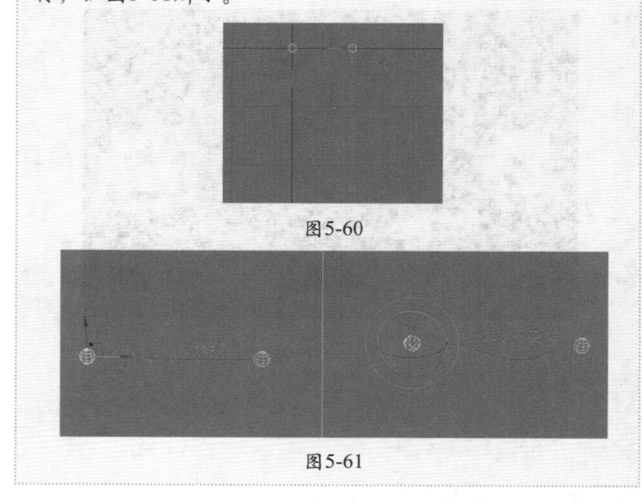

图5-60

图5-61

读书笔记

## 5.2.3 mr Sky门户

mr Sky门户对象提供了一种“聚集”内部场景中的现有天空照明的有效方法，无须高度最终聚集或全局照明设置。实际上，门户就是一个区域灯光，从环境中导出其亮度和颜色。其参数面板如图5-62所示。

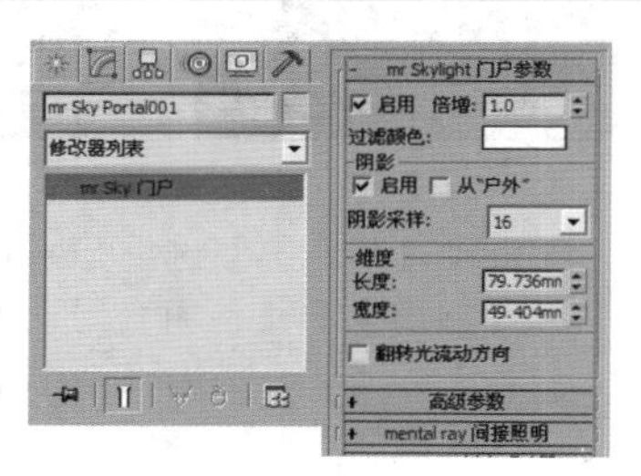

图5-62

如图5-63所示为使用mr Sky门户制作的窗口光效果。

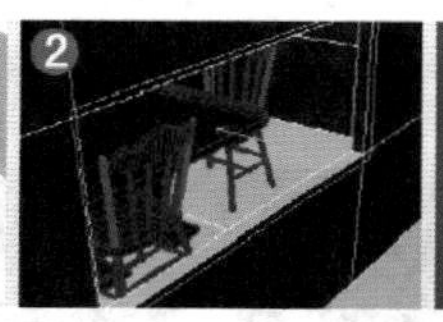

图5-63

- 启用：切换来自门户的照明。禁用时，门户对场景照明没有任何效果。
- 倍增：增加灯光功率。例如，如果将该值设置为 2.0，灯光将亮两倍。
- 过滤颜色：渲染来自外部的颜色。
- 维度：使用这些控件设置长度和宽度。
- 翻转光流动方向：确定灯光穿过门户方向。
- 启用：切换由门户灯光投影的阴影。
- 从“户外”：启用该选项后，从门户外部的对象投影阴影，也就是说，在远离箭头图标的一侧。
- 阴影采样：由门户投影的阴影的总体质量。如果渲染的图像呈颗粒状，应增加此值。
- 对渲染器可见：启用该选项后，mr Sky 门户对象将出现在渲染的图像中。
- 透明度：过滤窗口外部的视图。
- 颜色源：设置 mr Sky 门户从中获得照明的光源。

# 5.3 标准灯光

将灯光类型切换为【标准】灯光，可以观察到【标准】灯光一共有8种类型，分别是【目标聚光灯】、【自由聚光灯】、【目标平行光】、【自由平行光】、【泛光灯】、【天光】、【mr区域泛光灯】和【mr区域聚光灯】，如图5-64所示。

图5-64

## 5.3.1 目标聚光灯

目标聚光灯可以产生一个锥形的照射区域。目标聚光灯由透射点和目标点组成，其方向性非常好，对阴影的塑造能力也很强，是标准灯光中最为常用的一种，如图5-65和图5-66所示。

图5-65

图5-66

创建目标聚光灯后，进入【修改】面板，展开【常规参数】卷展栏，其参数如图5-67所示。

- 灯光类型：设置灯光的类型，共有3种，分别是【聚光灯】、【平行光】和【泛光灯】，如图5-68所示。

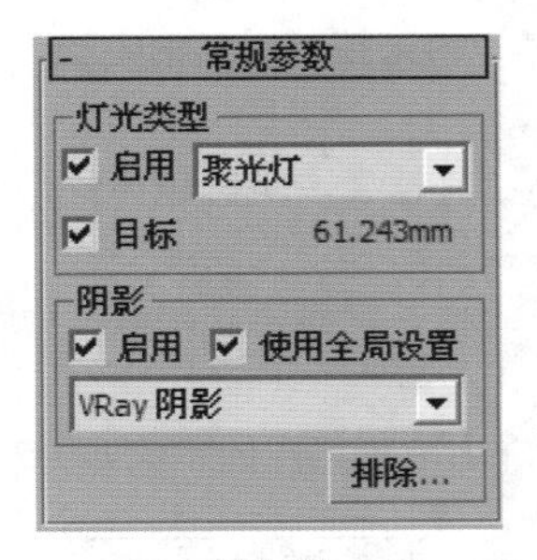

图5-67

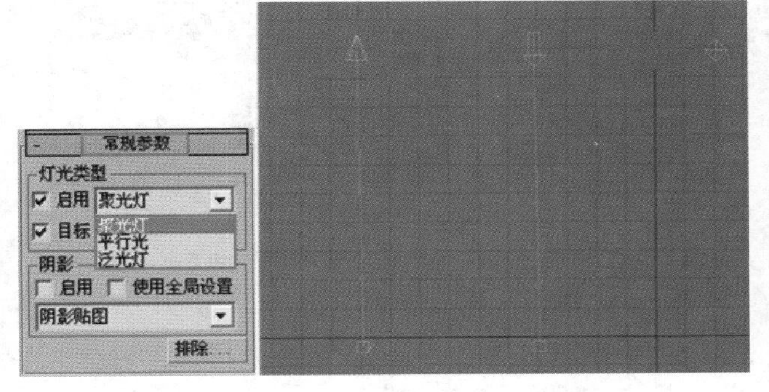

图5-68

**技巧提示**

切换不同的灯光类型可以很直接地观察到灯光外观的变化，但是切换灯光类型后，场景中的灯光就会变成当前所选择的灯光。

- 启用：是否开启灯光。
- 目标：启用该选项后，灯光将成为目标灯光；若关闭，则成为自由灯光。

**技巧提示**

当启用【目标】选项后，灯光为【目标聚光灯】；而关闭该选项后，原来创建的【目标聚光灯】会变成【自由聚光灯】。

- 阴影：控制是否开启灯光阴影以及设置阴影的相关参数。
  - 使用全局设置：启用该选项后，可以使用灯光投射阴影的全局设置。如果未使用全局设置，则必须选择渲染器使用哪种方式来生成特定的灯光阴影。
  - 阴影贴图：切换阴影的方式来得到不同的阴影效果。
  - 【排除】按钮：可以将选定的对象排除于灯光效果之外。

【强度/颜色/衰减】卷展栏中的参数如图5-69所示。

- 倍增：控制灯光的强弱程度。
- 颜色：用来设置灯光的颜色，如图5-70所示。

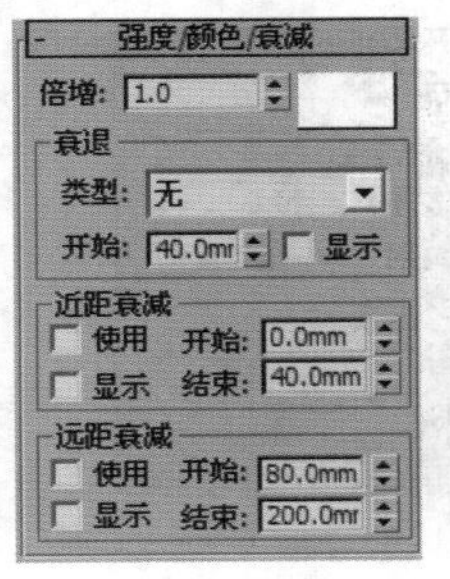

图5-69

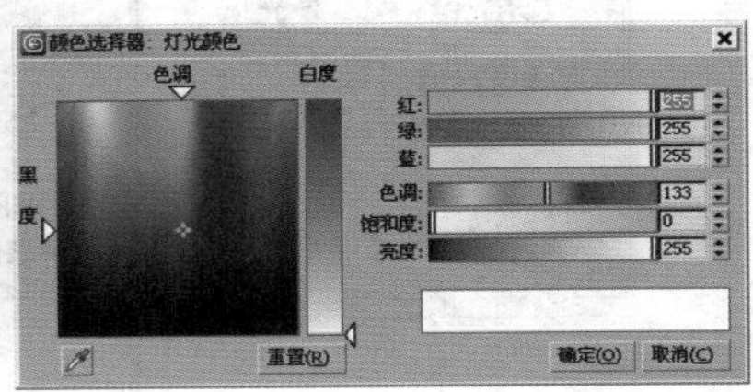

图5-70

- 衰退：该选项组中的参数用来设置灯光衰退的类型和起始距离。
  - 类型：指定灯光的衰退方式。【无】为不衰退；【倒数】为反向衰退；【平方反比】为以平方反比的方式进行衰退。

**技巧提示**

如果【平方反比】衰退方式使场景太暗，可以尝试在【环境和效果】对话框中增加【全局照明级别】数值。

  - 开始：设置灯光开始衰减的距离。
  - 显示：在视图中显示灯光衰减的效果。
- 近距衰减：该选项组用来设置灯光近距离衰退的参数。
  - 使用：启用灯光近距离衰减。
  - 显示：在视图中显示近距离衰减的范围。
  - 开始：设置灯光开始淡出的距离。
  - 结束：设置灯光达到衰减最远处的距离。
- 远距衰减：该选项组用来设置灯光远距离衰退的参数。
  - 使用：启用灯光远距离衰减。
  - 显示：在视图中显示远距离衰减的范围。
  - 开始：设置灯光开始淡出的距离。
  - 结束：设置灯光衰减为0时的距离。

【聚光灯参数】卷展栏中的参数如图5-71所示。

- 显示光锥：是否开启圆锥体显示效果。
- 泛光化：开启该选项后，灯光将在各个方向投射光线。
- 聚光区/光束：用来调整圆锥体灯光的角度。
- 衰减区/区域：设置灯光衰减区的角度。
- 圆/矩形：指定聚光区和衰减区的形状。
- 纵横比：设置矩形光束的纵横比。
- 【位图拟合】按钮：若灯光阴影的纵横比为矩形，可以用该按钮来设置纵横比，以匹配特定的位图。

【高级效果】卷展栏中的参数如图5-72所示。

图5-71

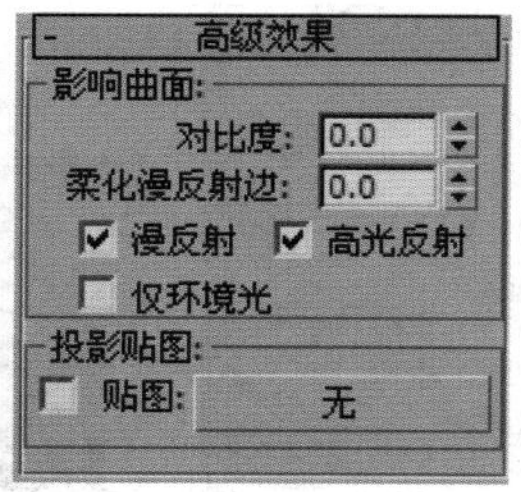

图5-72

- 对比度：调整漫反射区域和环境光区域的对比度。
- 柔化漫反射边：增加该数值可以柔化曲面的漫反射区域和环境光区域的边缘。
- 漫反射：开启该选项后，灯光将影响曲面的漫反射属性。
- 高光反射：开启该选项后，灯光将影响曲面的高光属性。
- 仅环境光：开启该选项后，灯光只影响照明的环境光。
- 贴图：为阴影添加贴图。

【阴影参数】卷展栏中的参数如图5-73所示。

- 颜色：设置阴影的颜色，默认为黑色。
- 密度：设置阴影的密度。
- 贴图：为阴影指定贴图。
- 灯光影响阴影颜色：开启该选项后，灯光颜色将与阴影颜色混合在一起。
- 启用：启用该选项后，大气可以穿过灯光投射阴影。
- 不透明度：调节阴影的不透明度。
- 颜色量：调整颜色和阴影颜色的混合量。

【VRay阴影参数】卷展栏中的参数如图5-74所示。

- 透明阴影：控制透明物体的阴影，必须使用VRay材质并选择材质中的【影响阴影】才能产生效果。
- 偏移：控制阴影与物体的偏移距离，一般可保持默认值。
- 区域阴影：控制物体阴影效果，使用时会降低渲染速度，有长方体和球体两种模式。
- 长方体/球体：用来控制阴影的方式，一般默认设置为球体即可。
- U/V/W大小：值越大，阴影越模糊，并且还会产生杂点，降低渲染速度。
- 细分：该数值越大，阴影越细腻，噪点越少，渲染速度越慢。

【大气和效果】卷展栏中的参数如图5-75所示。

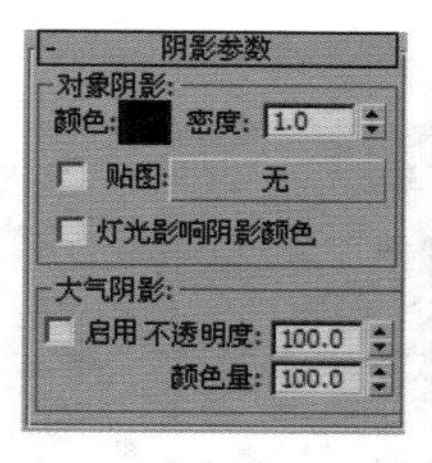

图5-73

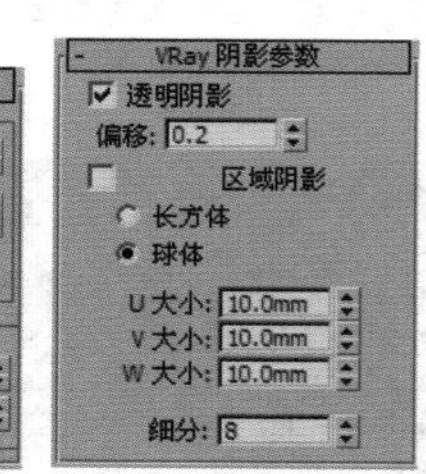

图5-74

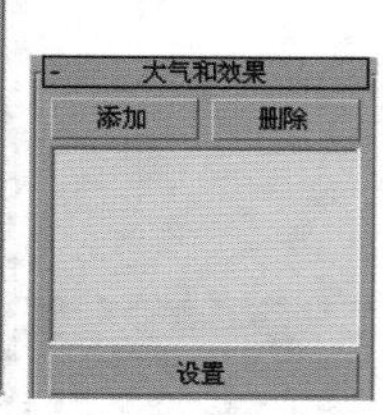

图5-75

- 【添加】按钮：为场景加载【体积光】或【镜头效果】。
- 【删除】按钮：删除加载的特效。
- 【设置】按钮：创建特效后，单击该按钮可以在弹出的对话框中设置特效的特性。

### 技巧提示

在3ds Max 2016中，使用灯光可以在视图中进行实时预览，可以看到基本的灯光和阴影的效果，如图5-76所示。

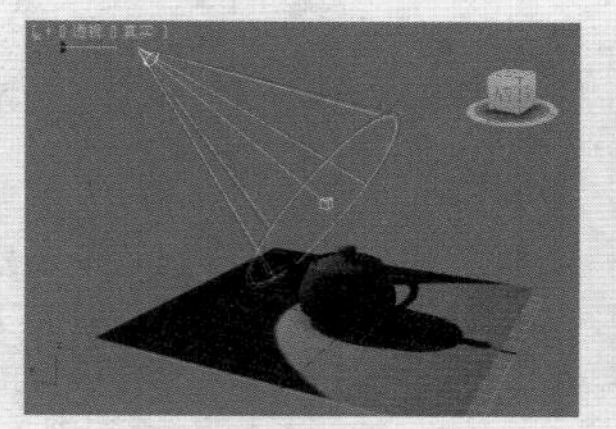

图5-76

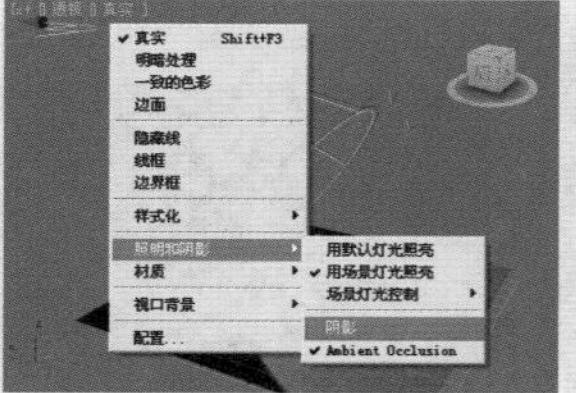


图5-77

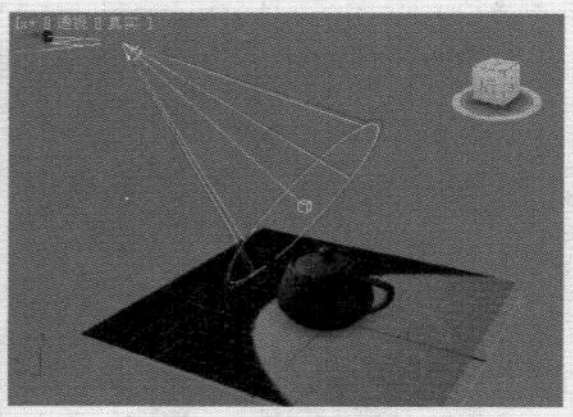

图5-78

在视图左上角[ + ][ 透视 ][ 真实 ]处单击鼠标右键，并取消选中【照明和阴影】下的【阴影】选项，如图5-77所示。此时的阴影效果如图5-78所示。

在视图左上角[ + ][ 透视 ][ 真实 ]处单击鼠标右键，并取消选中【照明和阴影】下的【Ambient Occlusion】选项，如图5-79所示。此时的阴影效果如图5-80所示。

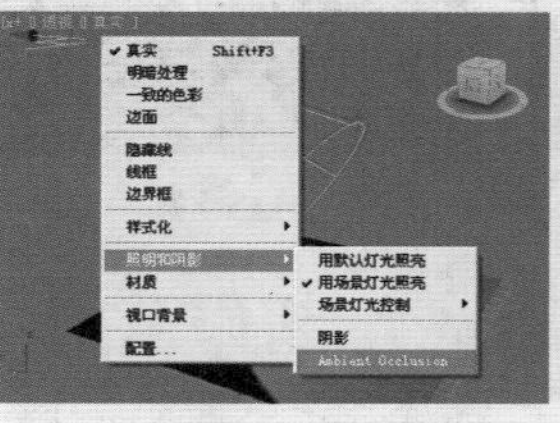


图5-79

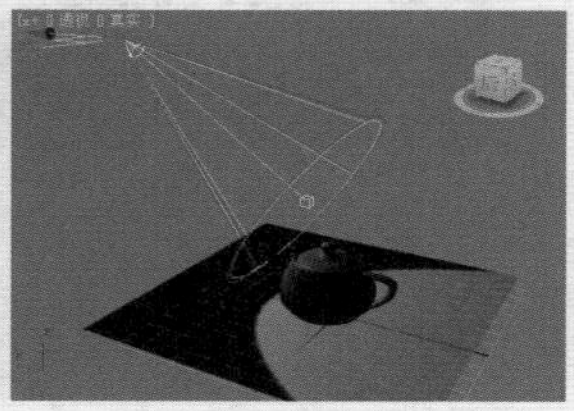

图5-80

## 综合实例：利用目标聚光灯制作书房阴影效果

| 场景文件 | 03.max |
|---|---|
| 案例文件 | 综合实例：利用目标聚光灯制作书房阴影效果.max |
| 视频教学 | 多媒体教学/Chapter 05/综合实例：利用目标聚光灯制作书房阴影效果.flv |
| 难易指数 | ★★☆☆☆ |
| 灯光方式 | 目标聚光灯 |
| 技术掌握 | 掌握光度学下的目标聚光灯的阴影贴图参数的运用 |

### 实例介绍

本实例主要使用【目标聚光灯】阴影贴图来达到有阴影感觉的灯光照射效果，最终渲染效果如图5-81所示。

图5-81

### 操作步骤

#### Part 1 创建书房的目标聚光灯的光源

**步骤01** 打开本书配套光盘中的【场景文件/Chapter05/03.max】文件，如图5-82所示。

**步骤02** 在【创建】面板中单击【灯光】，并设置【灯光类型】为【标准】，然后单击【目标聚光灯】按钮，在顶视图中拖曳并创建一盏目标聚光灯，如图5-83所示。

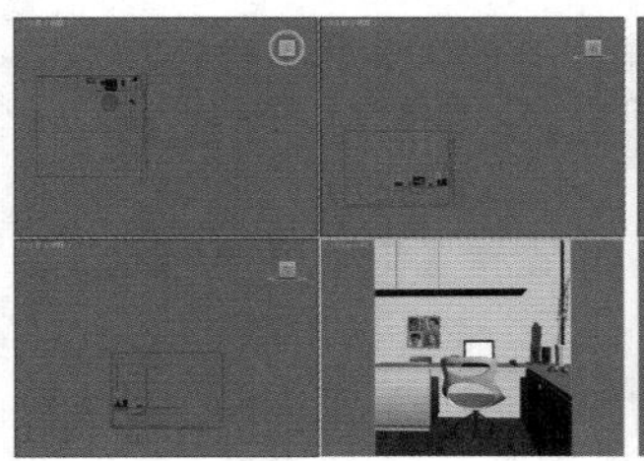

图5-82

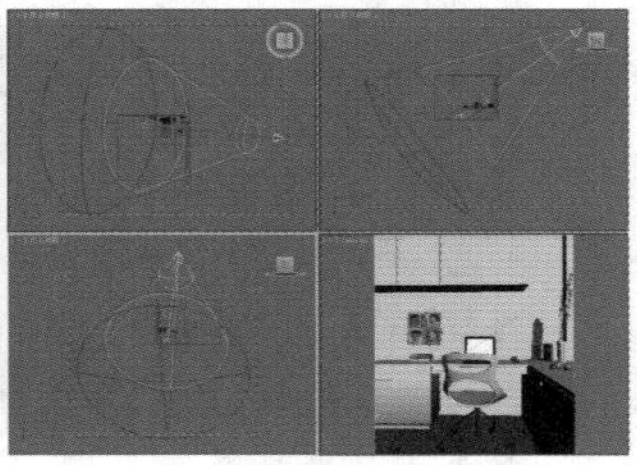

图5-83

**步骤03** 选择步骤02中创建的目标聚光灯，然后在【修改】面板中设置其具体参数，如图5-84所示。

- 选中【阴影】选项组中的【启用】复选框，设置方式为【阴影贴图】，【倍增】为8，选中【远距衰减】选项组中的【使用】复选框，并设置【开始】为3000mm，【结束】为15000mm。
- 设置【聚光区/光束】为43，【衰减区/区域】为45。

**步骤04** 按Shift+Q组合键，快速渲染摄影机视图，其渲染效果如图5-85所示。

通过图5-85可看出，射灯的光照效果还可以，但是没有出现想要的百叶窗阴影，此时可以创建一个百叶窗模型，光投射到百叶窗上会自然产生百叶窗阴影，在这里使用另外一种方法也可以，即使用【投影贴图】进行阴影的制作。

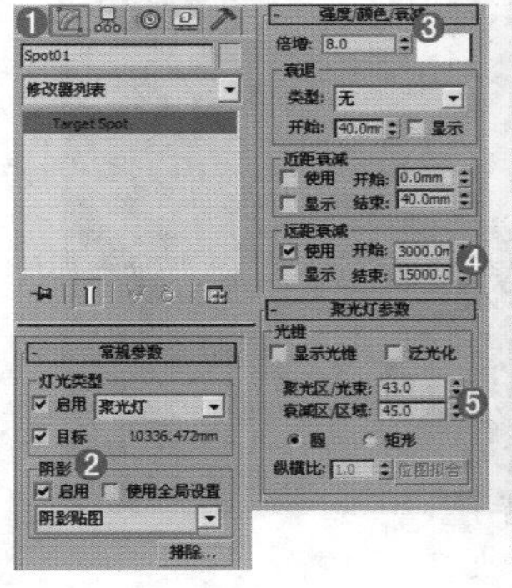


图5-84

图5-85

#### Part 2 使用【阴影贴图】模拟百叶窗阴影效果

**步骤01** 选择Part1创建的目标聚光灯，然后在【修改】面板中设置其具体参数，如图5-86所示。

- 在【高级效果】卷展栏的【投影贴图】选项组选中

【贴图】复选框，并在通道上加载【投影贴图.jpg】，其他的参数保持不变。

**步骤02** 按Shift+Q组合键，快速渲染摄影机视图，其渲染效果如图5-87所示。

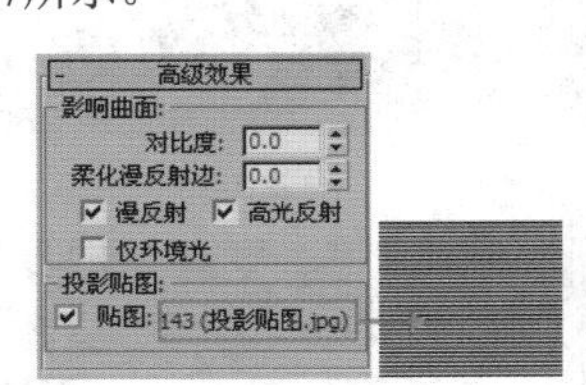


图5-86

图5-87

## 小实例：利用目标聚光灯制作台灯

| | |
|---|---|
| 场景文件 | 04.max |
| 案例文件 | 小实例：利用目标聚光灯制作台灯.max |
| 视频教学 | 多媒体教学/Chapter 05/小实例：利用目标聚光灯制作台灯.flv |
| 难易指数 | ★★☆☆☆ |
| 灯光方式 | 目标聚光灯、VR-灯光 |
| 技术掌握 | 掌握目标聚光灯、VR-灯光的运用 |

### 实例介绍

本实例主要使用目标聚光灯和泛光灯制作台灯效果，其次使用VR-灯光模拟室内外夜晚效果，如图5-88所示。

图5-88

### 操作步骤

#### Part 1　创建室外光和室内光

**步骤01** 打开本书配套光盘中的【场景文件/Chapter05/04.max】文件，如图5-89所示。

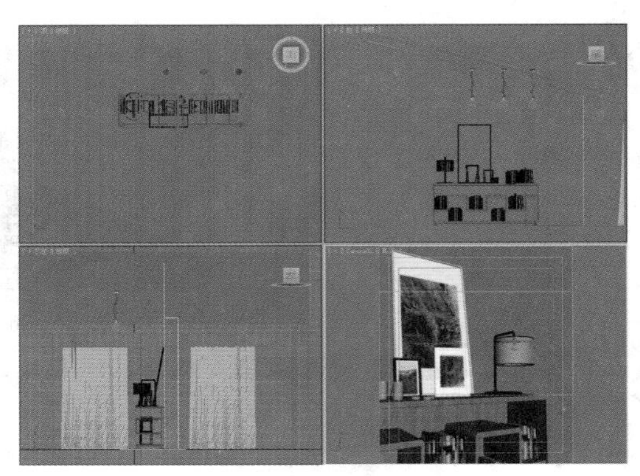

图5-89

**步骤02** 在顶视图中拖曳并创建一盏VR-灯光，此时VR-灯光的位置如图5-90所示。

**步骤03** 选择步骤02中创建的VR-灯光，在【修改】面板中设置其具体参数，如图5-91所示。

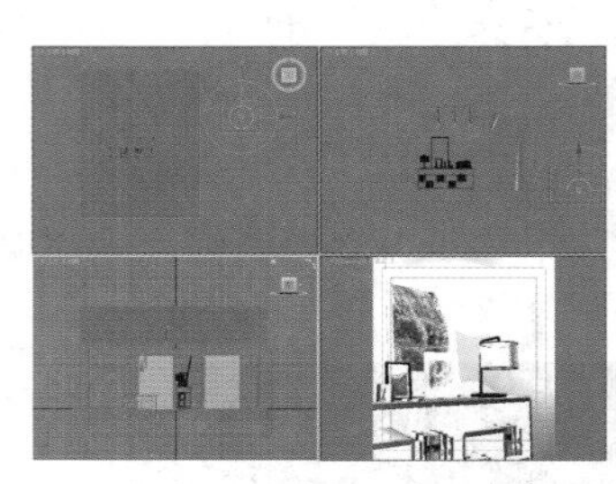

图5-90

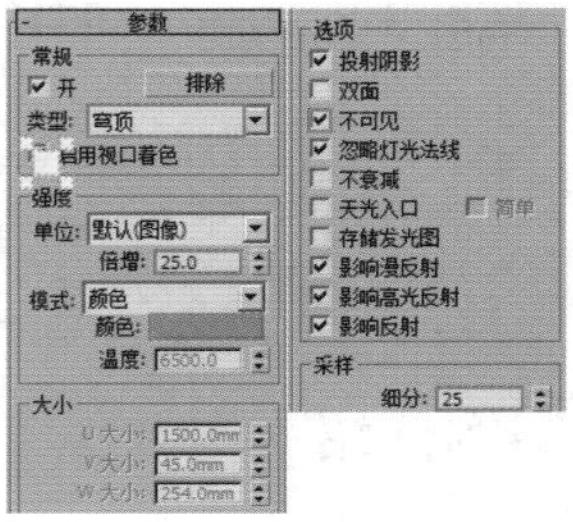

图5-91

- 在【常规】选项组中设置【类型】为【穹顶】；在【强度】选项组中设置【倍增】为25，【颜色】为蓝色；选中【不可见】复选框；设置【细分】为25。

**步骤04** 在左视图中创建一盏VR-灯光，将其移动至窗户外面，从外向内进行照射，灯光放置位置如图5-92所示。

**步骤05** 选择步骤04中创建的VR-灯光，在【修改】面板中设置其具体参数，如图5-93所示。

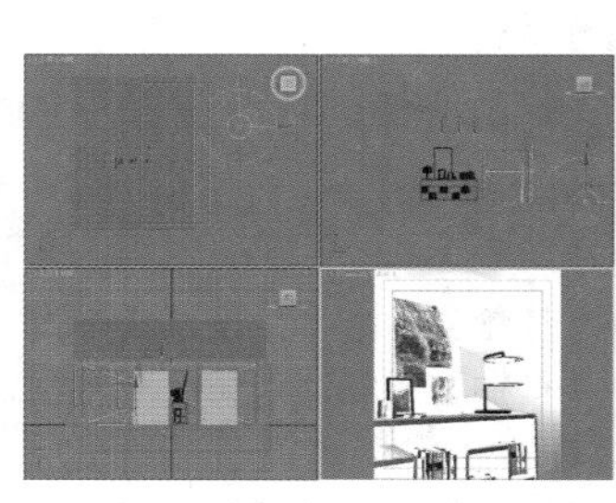

图5-92

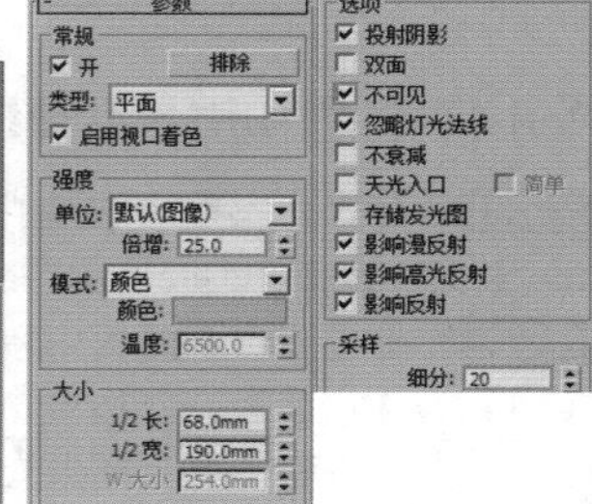


图5-93

- 在【常规】选项组中设置【类型】为【平面】；在【强度】选项组中设置【倍增】为25，【颜色】为蓝色；在【大小】选项组中设置【1/2长】为68mm，【1/2宽】为190mm。
- 在【选项】选项组中选中【不可见】复选框；在【采样】选项组中设置【细分】为20。

步骤06 按Shift+Q组合键，快速渲染摄影机视图，其渲染效果如图5-94所示。

图5-94

步骤07 在前视图中拖曳并创建一盏VR-灯光，具体放置位置如图5-95所示。在【修改】面板中设置其具体参数，如图5-96所示。

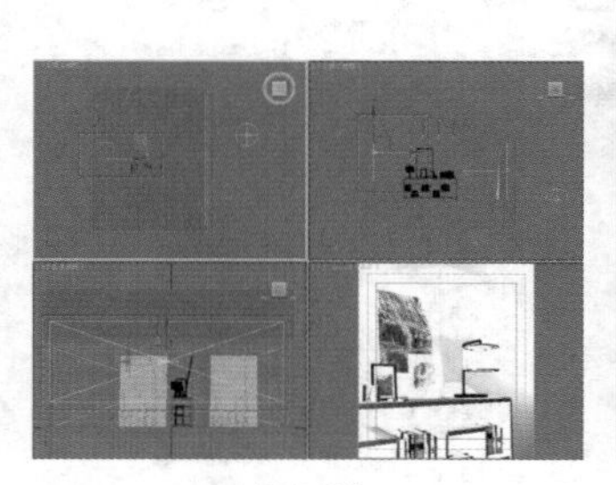

图5-95

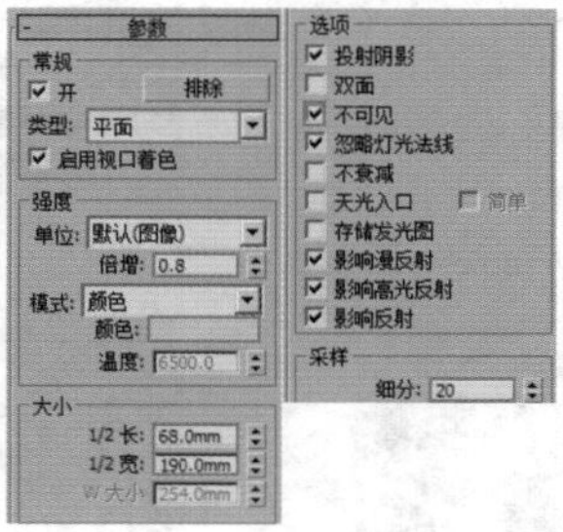

图5-96

- 在【常规】选项组中设置【类型】为【平面】；在【强度】选项组中设置【倍增】为0.8，【颜色】为浅蓝色；在【大小】选项组中设置【1/2长】为68mm，【1/2宽】为190mm；选中【不可见】复选框；设置【细分】为20。

## Part 2　创建台灯灯光

步骤01 在顶视图中拖曳并创建一盏泛光灯，并放置到灯罩中，如图5-97所示。选择创建的泛光灯，然后在【修改】面板中设置其具体参数，如图5-98所示。

- 选中【启用】复选框，设置【阴影】为【VRay阴影】；设置【倍增】为80，【颜色】为浅黄色；在【远距衰减】选项组中选中【使用】复选框，并设置【开始】为0mm，【结束】为24mm；选中【区域阴影】复选框，并设置【U/V/W大小】为30mm。

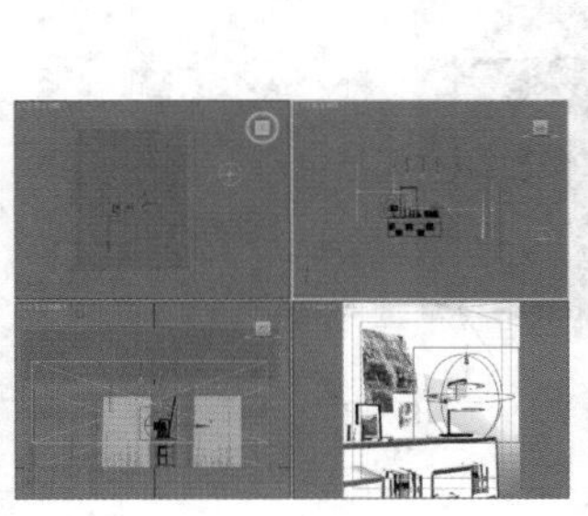

图5-97

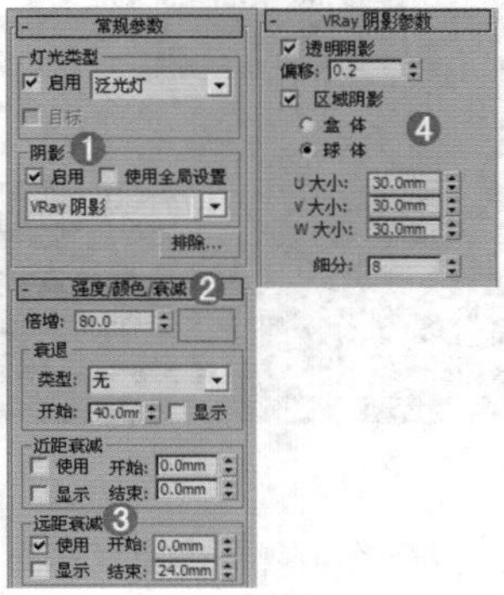

图5-98

步骤02 按Shift+Q组合键，快速渲染摄影机视图，其渲染效果如图5-99所示。

图5-99

步骤03 在台灯上方和下方分别拖曳并创建一盏目标聚光灯，具体位置如图5-100所示。

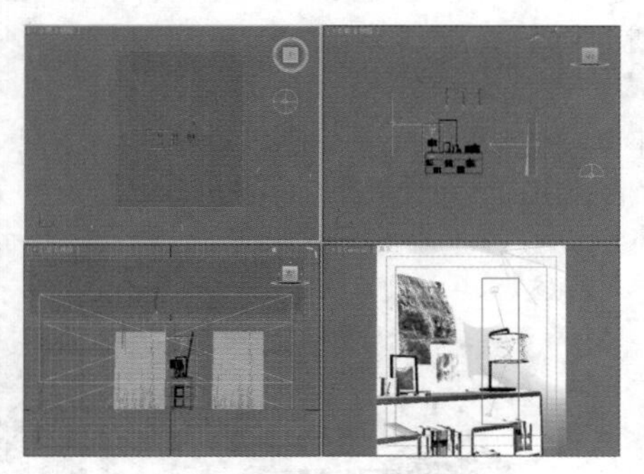

图5-100

步骤04 分别选择步骤03中创建的目标聚光灯，然后在【修改】面板中设置其具体参数，如图5-101所示。

- 选中【启用】复选框，设置【阴影】为【VRay阴影】；设置【倍增】为18，【颜色】为浅黄色；在【远距衰减】选项组中选中【使用】复选框，并设置【开始】为23mm，【结束】为72mm；选中【区域阴影】复选框，并设置【U/V/W大小】为20mm，【细分】为15。

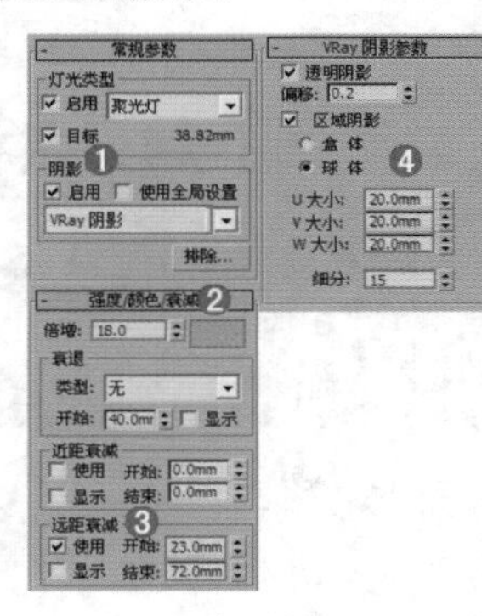

图5-101

步骤05 按Shift+Q组合键，快速渲染摄影机视图，其渲染效果如图5-102所示。

图5-102

## 5.3.2 自由聚光灯

自由聚光灯与目标聚光灯基本一样，只是它无法对发射点和目标点分别进行调节，如图5-103所示。自由聚光灯特别适合模仿一些动画灯光，如舞台上的射灯等。

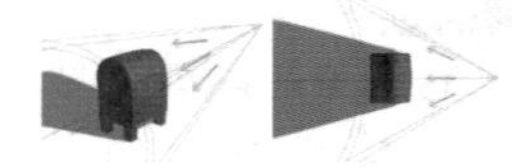

图5-103

**技巧提示**

自由聚光灯的参数和目标聚光灯的参数差不多，只是自由聚光灯没有目标点。可以使用【选择并移动】工具和【选择并旋转】工具对自由聚光灯进行移动和旋转操作，如图5-104所示。

图5-104

## 5.3.3 目标平行光

目标平行光可以产生一个照射区域，主要用来模拟自然光线的照射效果，常用该灯光模拟室内外日光效果，如图5-105所示。

从外形上看，目标聚光灯更像锥形，而目标平行光更像筒形，如图5-106所示。目标平行光的参数如图5-107所示。

图5-105

图5-106

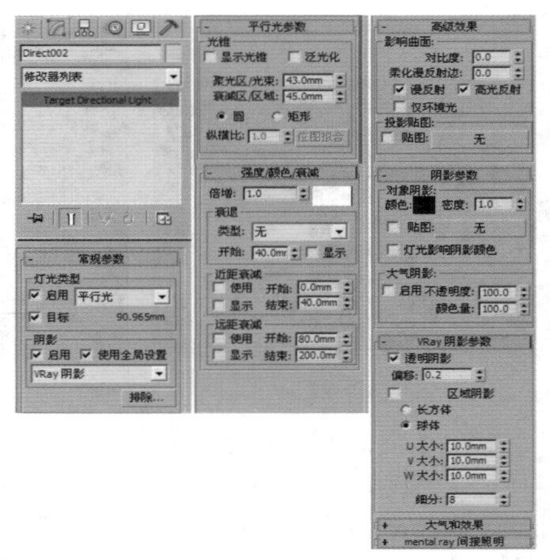

图5-107

### 小实例：利用目标平行光阴影贴图制作阴影效果

| | |
|---|---|
| 场景文件 | 05.max |
| 案例文件 | 小实例：利用目标平行光阴影贴图制作阴影效果.max |
| 视频教学 | 多媒体教学/Chapter 05/小实例：利用目标平行光阴影贴图制作阴影效果.flv |
| 难易指数 | ★★☆☆☆ |
| 灯光方式 | 目标平行光 |
| 技术掌握 | 掌握目标平行光下阴影贴图参数的运用 |

#### 实例介绍

本实例主要使用目标平行光下的阴影贴图制作阴影效果，如图5-108所示。

图5-108

#### 操作步骤

**步骤01** 打开本书配套光盘中的【场景文件/Chapter05/05.max】文件，如图5-109所示。

**步骤02** 在【创建】面板中单击【灯光】，并设置【灯光类型】为【标准】，然后单击【目标平行光】按钮，如图5-110所示。

图5-109

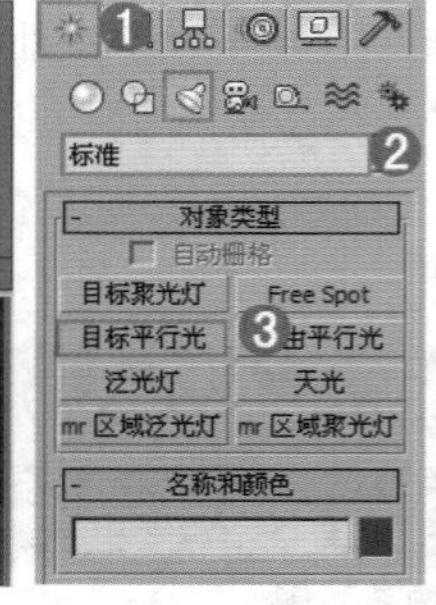


图5-110

**步骤03** 在前视图中拖曳并创建一盏目标平行光，灯光的位置如图5-111所示。

**步骤04** 选择步骤03创建的目标平行光，然后在【修改】面板中设置其具体参数，如图5-112所示。

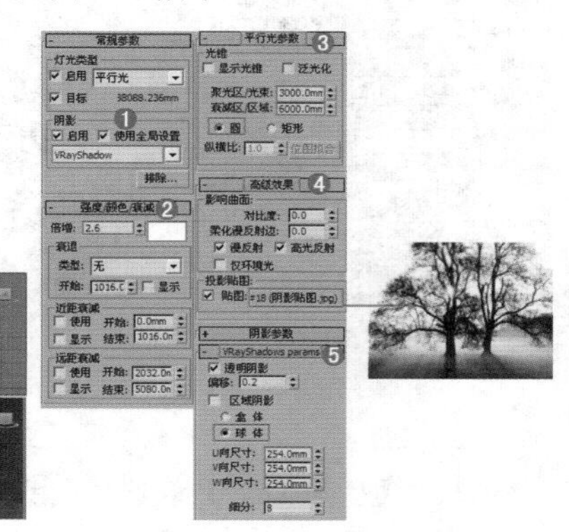

图5-111　　图5-112

- 选中【启用】复选框，设置阴影类型为【VRay阴影】。
- 设置【倍增】为2.6。
- 设置【聚光区/光束】为3000mm，【衰减区/区域】为6000mm。
- 展开【VRay阴影参数】，选中【球体】单选按钮，设置【U/V/W大小】为254mm。
- 展开【高级效果】卷展栏，在【投影贴图】选项组中选中【贴图】复选框，在贴图后面的通道上加载【阴影贴图.jpg】贴图文件。

**步骤05** 最终渲染效果如图5-113所示。

图5-113

## 小实例：利用目标平行光和VR-灯光制作正午阳光效果

| | |
|---|---|
| 场景文件 | 06.max |
| 案例文件 | 小实例：利用目标平行光和VR-灯光制作正午阳光效果.max |
| 视频教学 | 多媒体教学/Chapter 05/小实例：利用目标平行光和VR-灯光制作正午阳光效果.flv |
| 难易指数 | ★★☆☆☆ |
| 灯光方式 | 目标平行光、VR-灯光 |
| 技术掌握 | 掌握目标平行光下阴影贴图参数的运用 |

### 实例介绍

本实例是一个休息室场景，主要使用目标平行光模拟正午阳光的效果，如图5-114所示。

图5-114

### 操作步骤

**步骤01** 打开本书配套光盘中的【场景文件/Chapter05/06.max】文件，如图5-115所示。

**步骤02** 使用目标平行光在前视图中拖曳并创建一盏目标平行光，灯光的位置如图5-116所示。

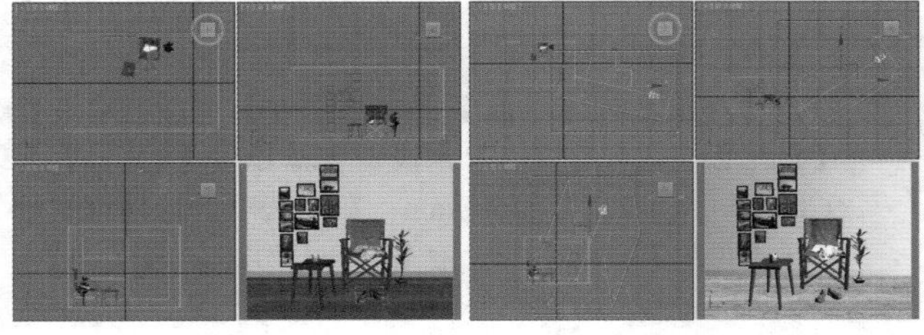

图5-115　　图5-116

**步骤03** 选择步骤02中创建的目标平行光，然后在【修改】面板中设置其参数，如图5-117所示。

- 在【阴影】选项组中选中【启用】复选框，设置【阴影类型】为【VRay阴影】，【倍增】为4.5，颜色为蓝色。
- 设置【聚光区/光束】为2032mm，【衰减区/区域】为2082mm，并选中【矩形】单选按钮，设置【U/V/W大小】为254mm。

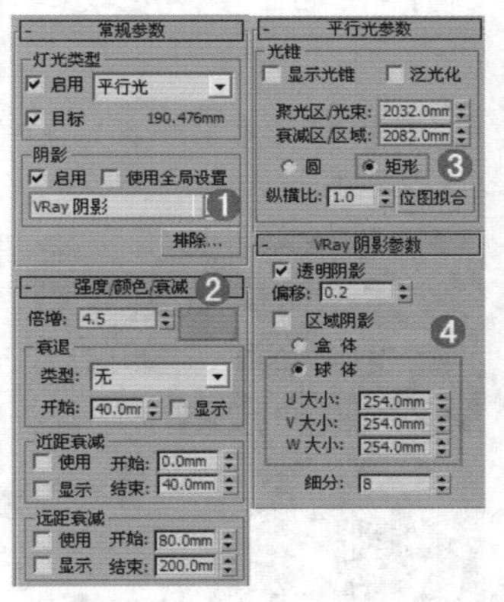


图5-117

**步骤04** 按F9键渲染当前场景，此时的渲染效果如图5-118所示。

**步骤05** 在左视图中创建一盏VR-灯光，如图5-119所示。

图5-118

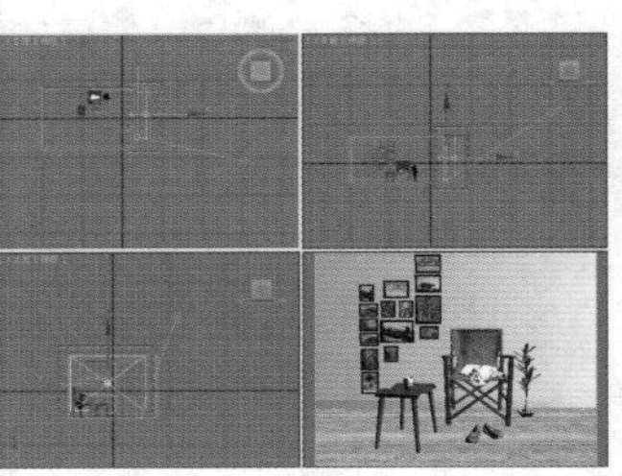

图5-119

**步骤06** 选择创建的VR-灯光，然后进入【修改】面板，具体参数设置如图5-120所示。

- 设置【类型】为【平面】，在【亮度】选项组中设置【倍增】为10，【颜色】为蓝色。
- 设置【1/2长】为1700mm，【1/2宽】为1300mm，选中【不可见】复选框，【细分】为10，如图5-120所示。

**步骤07** 按F9键渲染当前场景，此时的渲染效果如图5-121所示。

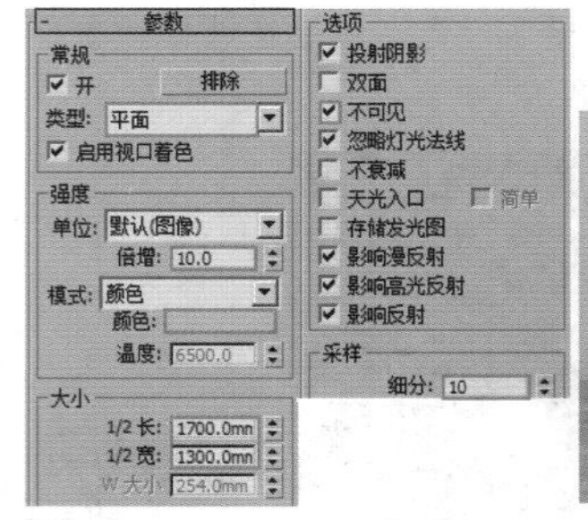

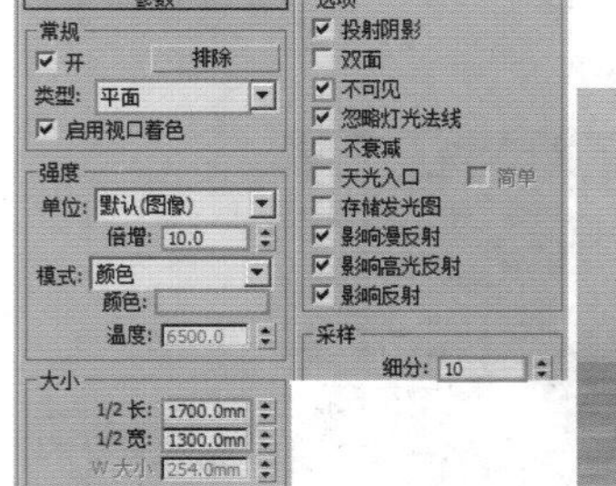

图5-120　　图5-121

## 小实例：利用目标平行光制作日光

| | |
|---|---|
| 场景文件 | 07.max |
| 案例文件 | 小实例：利用目标平行光制作日光.max |
| 视频教学 | 多媒体教学/Chapter 05/小实例：利用目标平行光制作日光.flv |
| 难易指数 | ★★☆☆☆ |
| 灯光方式 | 目标平行光、VR-灯光 |
| 技术掌握 | 掌握目标平行光、VR-灯光的运用 |

### 实例介绍

本实例主要使用目标平行光和VR-灯光模拟日光和窗口处光源，然后使用VR-灯光制作室内辅助光源，最后使用VR-灯光制作灯罩灯光和书架处灯光，灯光效果如图5-122所示。

### 操作步骤

#### Part 1　使用目标平行光和VR-灯光模拟日光和窗口处光源

**步骤01** 打开本书配套光盘中的【场景文件/Chapter05/07.max】文件，如图5-123所示。

图5-122　　图5-123

**步骤02** 在前视图中拖曳并创建一盏目标平行光，此时目标平行光的位置如图5-124所示。

**步骤03** 选择步骤02中创建的目标平行光，然后在【修改】面板中设置其具体参数，如图5-125所示。

- 在【常规参数】卷展栏中选中【启用】复制框，设置【阴影】为【VRay阴影】。
- 设置【倍增】为20，在【远距衰减】选项组中选中【使用】复选框。
- 设置【聚光区/光束】为1060mm，【衰减区/区域】为2000mm。
- 选中【区域阴影】复选框，设置【U/V/W大小】为100mm，【细分】为20。

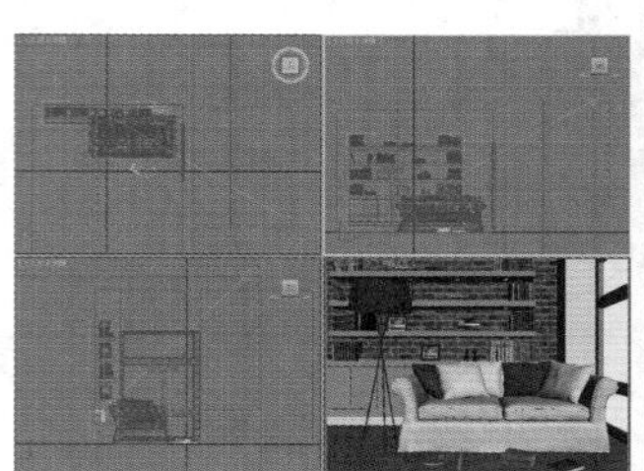

图5-124　　图5-125

**步骤04** 按Shift+Q组合键，快速渲染摄影机视图，其渲染效果如图5-126所示。

**步骤05** 在左视图中创建一盏VR-灯光，将其移动至窗户外面，方向为从窗外向窗内照射，如图5-127所示。

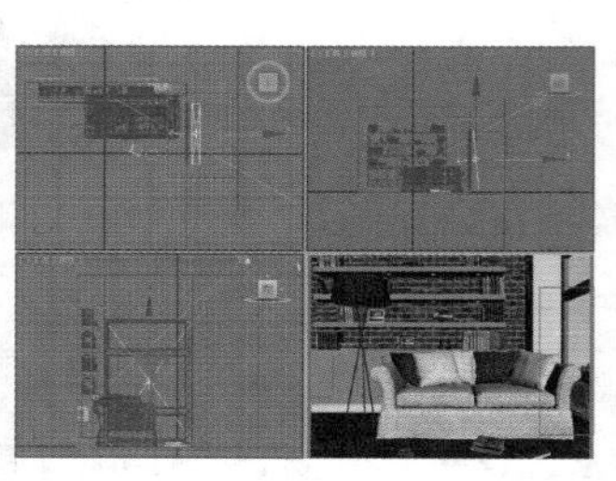

图5-126　　图5-127

**步骤06** 选择步骤05中创建的VR-灯光，在【修改】面板中设置其具体参数，如图5-128所示。

- 设置【类型】为【平面】；在【强度】选项组中设置【倍增】为4，【颜色】为浅黄色；设置【1/2长】为970mm，【1/2宽】为680mm；在【选项】选项组中选中【不可见】复选框；设置【细分】为20。

**步骤07** 按Shift+Q组合键，快速渲染摄影机视图，其渲染效果如图5-129所示。

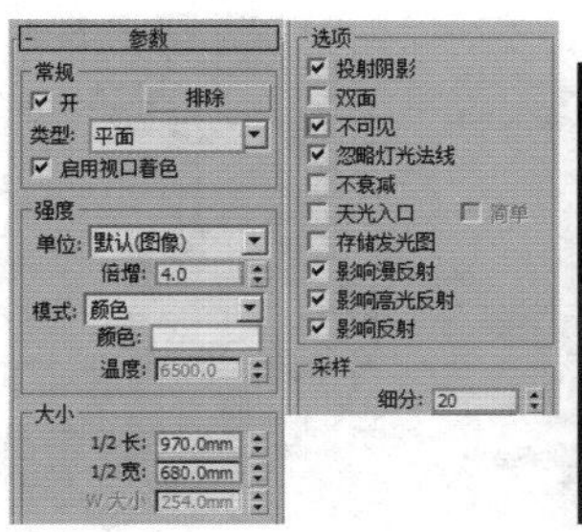


图5-128

图5-129

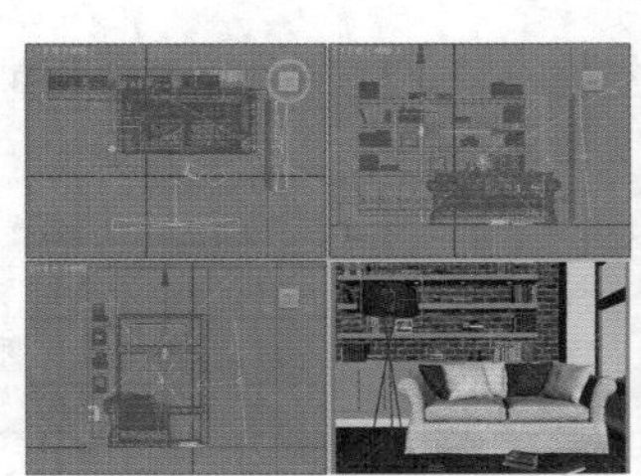

图5-133

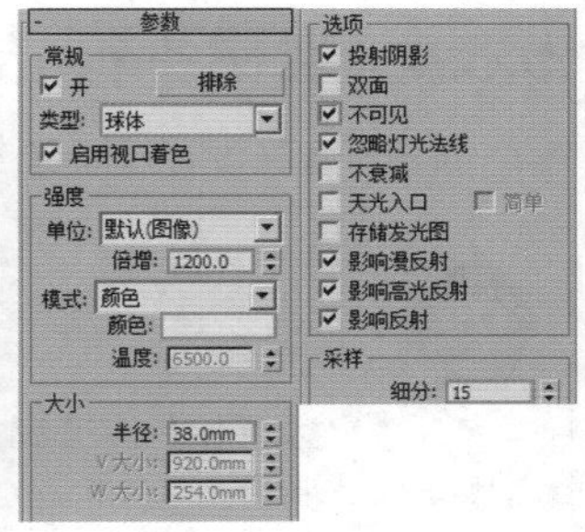


图5-134

## Part 2 使用VR-灯光制作室内辅助光源

**步骤01** 在前视图中拖曳并创建一盏VR-灯光，如图5-130所示。在【修改】面板中设置其具体参数，如图5-131所示。

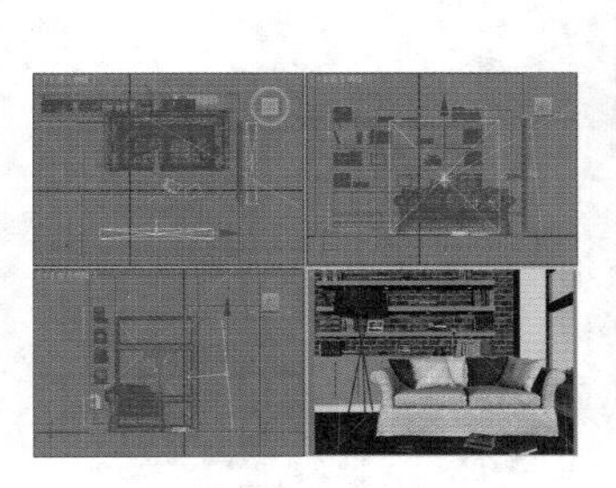

图5-130

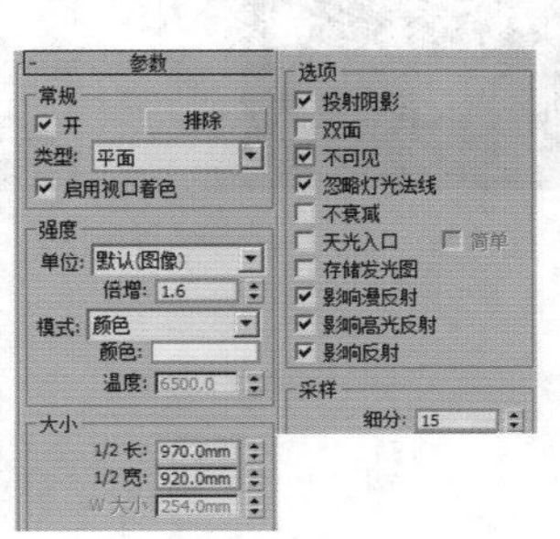


图5-131

- 设置【类型】为【平面】；设置【倍增】为1.6，【颜色】为浅蓝色；设置【1/2长】为970mm，【1/2宽】为920mm；选中【不可见】复选框；设置【细分】为15。

**步骤02** 按Shift+Q组合键，快速渲染摄影机视图，其渲染效果如图5-132所示。

图5-132

## Part 3 使用VR-灯光制作灯罩灯光和书架处灯光

**步骤01** 在前视图中拖曳并创建一盏VR-灯光，放置到灯罩中，如图5-133所示。

**步骤02** 选择创建的VR-灯光，然后在【修改】面板中设置其具体参数，如图5-134所示。

- 设置【类型】为【球体】；在【亮度】选项组中设置【倍增】为1200，【颜色】为浅黄色；设置【半径】为38mm；选中【不可见】复选框；设置【细分】为15。

**步骤03** 按Shift+Q组合键，快速渲染摄影机视图，其渲染效果如图5-135所示。

**步骤04** 在书架隔断上方创建一盏VR-灯光，接着复制11盏VR-灯光（复制时需要选中【实例】方式），如图5-136所示。

图5-135

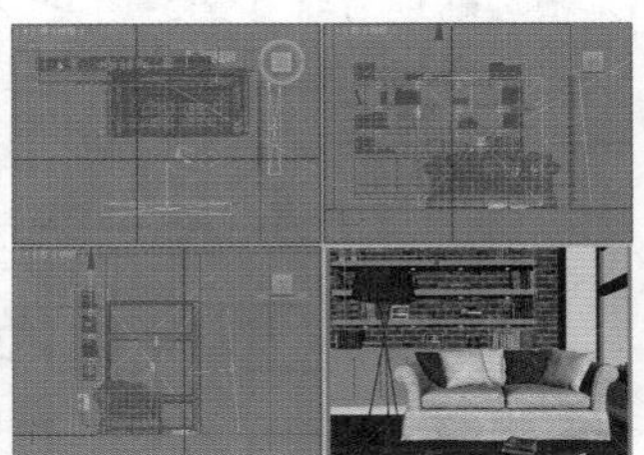

图5-136

**步骤05** 选择创建的VR-灯光，在【修改】面板中设置其具体参数，如图5-137所示。

- 设置【类型】为【平面】；设置【倍增】为2，【颜色】为浅黄色；设置【1/2长】为20mm，【1/2宽】为20mm；选中【不可见】复选框；设置【细分】为15。

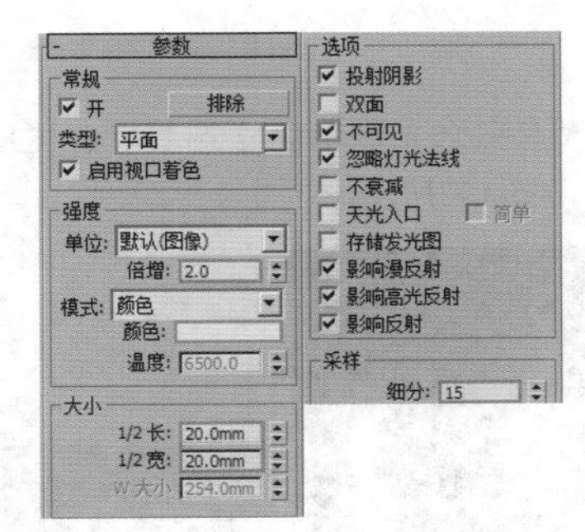


图5-137

**步骤06** 最终渲染效果如图5-138所示。

图5-138

## 5.3.4 自由平行光

自由平行光没有目标点，其参数与目标平行光的参数基本一致，如图5-139所示。

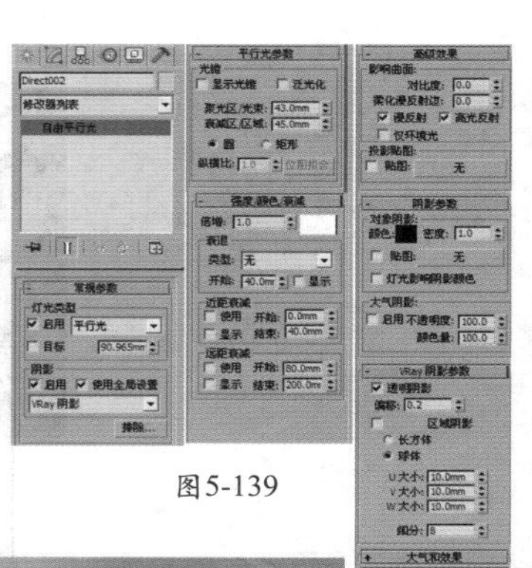
图5-139

**技巧提示**

当选中【目标】选项后，自由平行光会自动切换为目标平行光，因此这两种灯光之间是相关联的。

## 5.3.5 泛光灯

泛光灯可以向周围发散光线，其光线可以到达场景中无限远的地方，如图5-140所示。泛光灯比较容易创建和调节，能够均匀地照射场景，但是在一个场景中如果使用太多泛光灯可能会导致场景明暗层次变暗，缺乏对比。

图5-140

### 小实例：利用泛光灯制作烛光效果

| 场景文件 | 08.max |
|---|---|
| 案例文件 | 小实例：利用泛光灯制作烛光效果.max |
| 视频教学 | 多媒体教学/Chapter 05/小实例：利用泛光灯制作烛光效果.flv |
| 难易指数 | ★★☆☆☆ |
| 灯光方式 | 泛光灯 |
| 技术掌握 | 掌握【环境和效果】中Glow的运用 |

#### 实例介绍

本实例主要是利用泛光灯制作烛光效果，如图5-141所示。

#### 操作步骤

**步骤01** 打开本书配套光盘中的【场景文件/Chapter05/08.max】文件，如图5-142所示。

图5-141

图5-142

**步骤02** 使用【泛光灯】工具在顶视图中创建18盏泛光灯，并将其拖曳到烛光的火焰部分，用来照亮火焰部分，具体位置如图5-143所示。

**步骤03** 选择步骤02中创建的泛光灯，在【修改】面板中设置其具体参数，如图5-144所示。

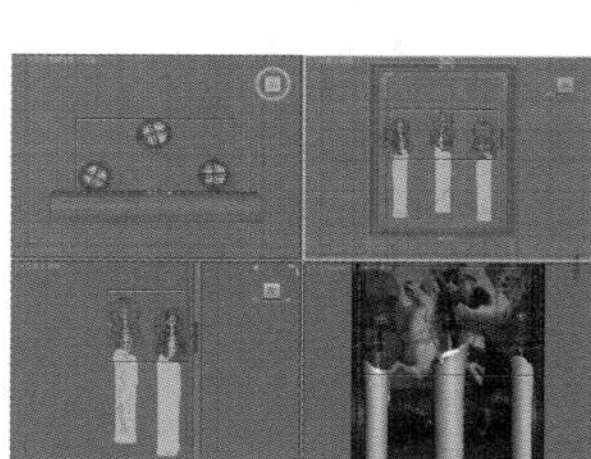
图5-143

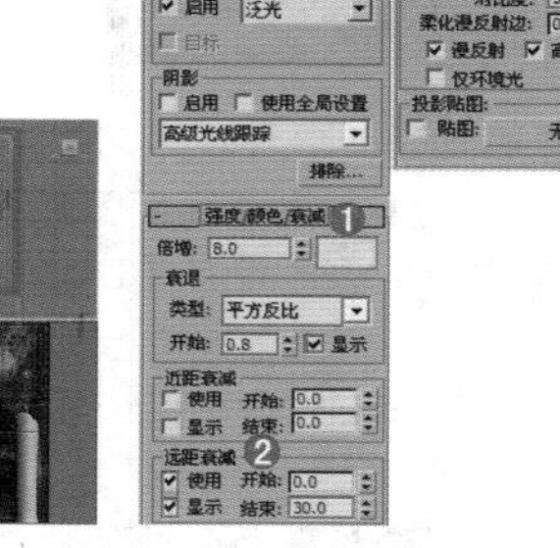
图5-144

- 设置【倍增】为8，【颜色】为浅黄色，并设置【类型】为【平方反比】，【开始】为0.8，然后选中【显示】复选框。在【远距衰减】选项组中选中【使用】和【显示】复选框，设置【结束】为30。
- 展开【高级效果】卷展栏，设置【对比度】为50。

**步骤04** 按数字键8，打开【环境和效果】对话框，在【效果】选项卡中单击【添加】按钮，并添加【Lens Effects】，选择左侧的【Glow】并单击两次【向右】按钮 >，如图5-145所示。按Shift+Q组合键，快速渲染摄影机视图，其渲染效果如图5-146所示。

**步骤05** 展开【光晕元素】卷展栏，选择【参数】选项卡，并设置【大小】为1，【强度】为65，【使用源色】为100，如图5-147所示。

**步骤06** 按M键，打开【材质编辑器】窗口，单击【huoyan】的材质球，并将该材质的ID设置为1，接着返回到【环境和效果】对话框，选择【选项】选项卡，并选中【材质ID】复选框，设置其数值为1，如图5-148所示。

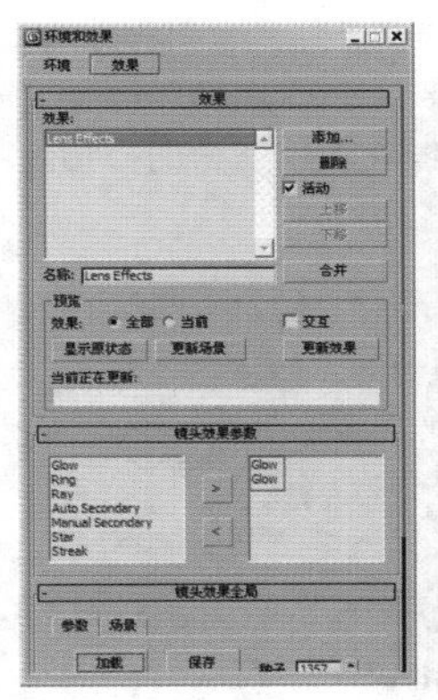

图5-145

图5-146

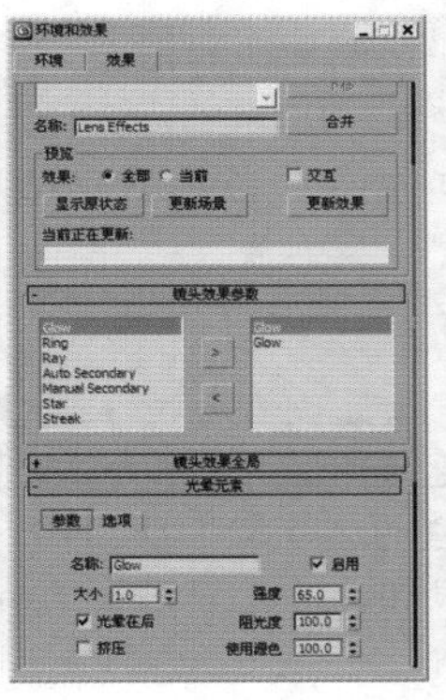

图5-147

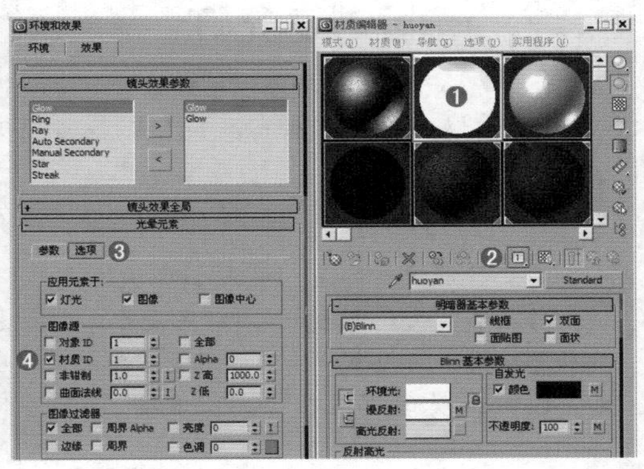

图5-148

**技巧提示**

上面几个步骤的目的是为了在渲染时营造一种火光周围朦胧的模糊感觉，因此在【环境和效果】对话框中使用了镜头效果。一定要特别注意，此时需要设置【huoyan】的材质的ID为1，使其与【环境和效果】对话框中的材质ID相匹配，这样在渲染时，只有材质ID为1的物体会产生模糊效果，而其他物体则显示正常。具体的内容会在后面的“第9章环境和效果”中进行细致讲解。

**步骤07** 再次在场景中拖曳并创建12盏泛光灯，用来照亮蜡烛本身，具体的位置如图5-149所示。

**步骤08** 依次选择步骤07中创建的泛光灯，然后在【修改】面板中设置其参数，如图5-150所示。

- 展开【强度/颜色/衰减】卷展栏，设置【倍增】为0.2，颜色为浅黄色，在【远距衰减】选项组中选中【使用】和【显示】复选框，设置【开始】为20，【结束】为100。

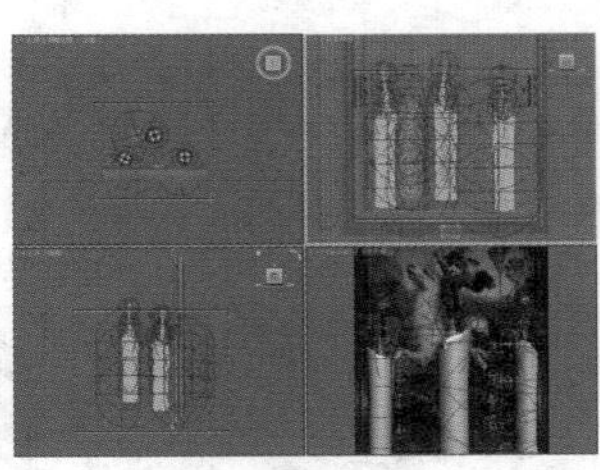

图5-149

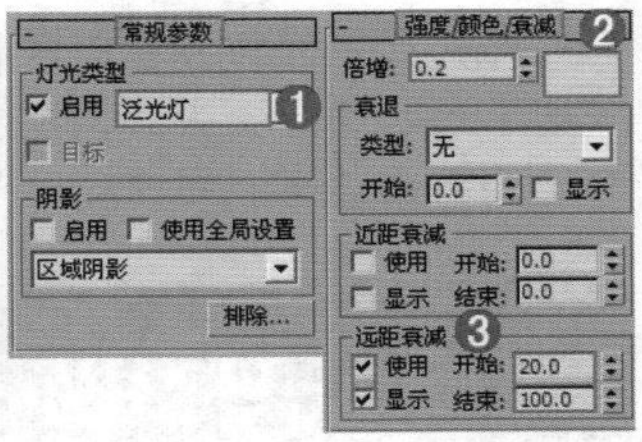

图5-150

**步骤09** 按F9键测试渲染当前场景，效果如图5-151所示。

图5-151

## 5.3.6 天光

天光用于模拟天空光，它以穹顶方式发光，如图5-152所示。天光可以作为场景唯一的光源，也可以与其他灯光配合使用，以实现高光和投射锐边阴影。

天光的参数比较简单，只有一个【天光参数】卷展栏，如图5-153所示。

- **启用**：是否开启天光。
- **倍增**：控制天光的强弱程度。
- **使用场景环境**：使用【环境与特效】对话框中设置的灯光颜色。
- **天空颜色**：设置天光的颜色。
- **贴图**：指定贴图来影响天光颜色。
- **投影阴影**：控制天光是否投影阴影。
- **每采样光线数**：计算落在场景中每个点的光子数目。
- **光线偏移**：设置光线产生的偏移距离。

图5-152

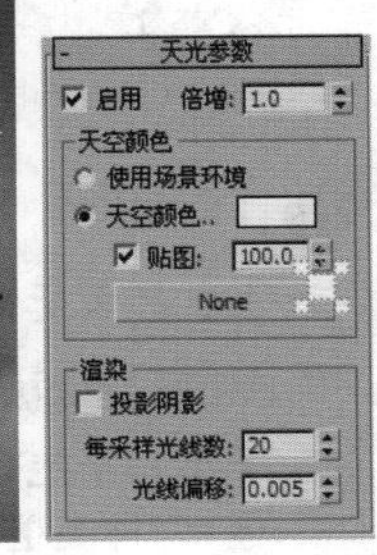


图5-153

## 5.3.7 mr区域泛光灯

当使用mental ray 渲染器渲染场景时，区域泛光灯从球体或圆柱体发射光线，而不是从点源发射光线。使用默认的扫描线渲染器，区域泛光灯像其他标准的泛光灯一样发射光线。其参数面板如图5-154所示。

**技巧提示**

需要特别注意的是，使用mr区域泛光灯和mr区域聚光灯的前提条件是必须要使用mental ray渲染器，否则这两种灯光将不会产生任何作用。要知道，很多灯光是需要配合相应的渲染器才能使用的，例如VR-灯光只有在VRay渲染器下才可以使用。

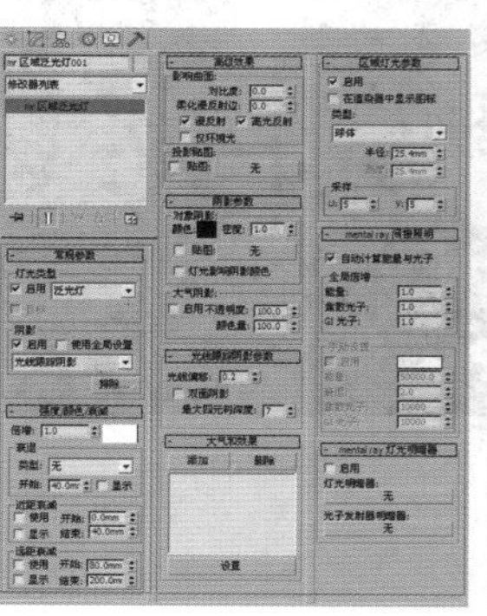

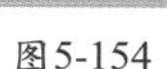

图5-154

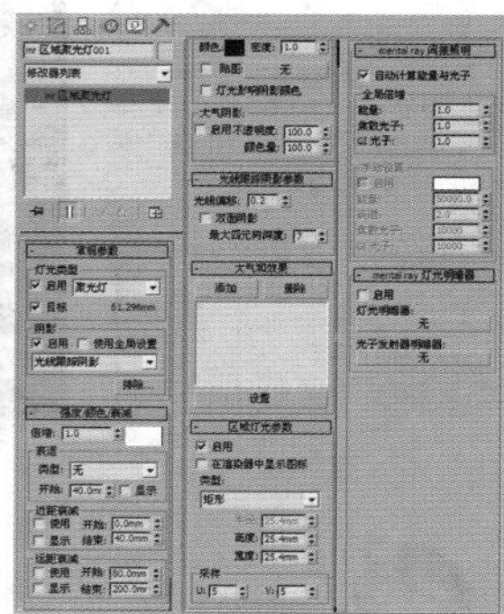

图5-155

## 5.3.8 mr区域聚光灯

当使用 mental ray 渲染器渲染场景时，区域聚光灯从矩形或碟形区域发射光线，而不是从点源发射光线。使用默认的扫描线渲染器，区域聚光灯像其他标准的聚光灯一样发射光线。其参数面板如图5-155所示。

# 5.4 VRay

安装好VRay渲染器后，在【创建】面板中就可以选择VRay类型。VRay灯光包含4种类型，分别是VR-灯光、VRayIES、VR-环境灯光和VR-太阳，如图5-156所示。

图5-156

- VR-灯光：主要用来模拟室内光源。
- VRayIES：VRayIES是一个V型的射线光源插件，可以用来加载IES灯光。
- VR-环境灯光：VR-环境灯光与标准灯光下的天光类似，主要用来控制整体环境的效果。
- VR-太阳：主要用来模拟真实的室外太阳光。

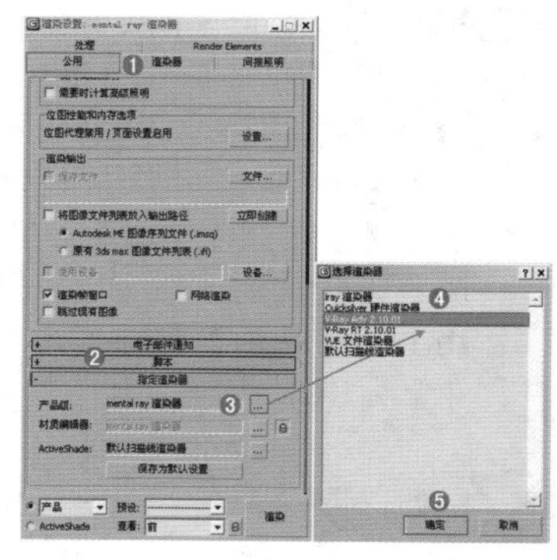

图5-157

**技巧提示**

要想正常使用VRay灯光，需要设置渲染器为【VRay渲染器】。具体设置方法如图5-157所示。

具体参数会在后面的渲染章节中进行详细讲解，在这里不做过多介绍。

## 5.4.1 VR-灯光

VR-灯光是最常用的灯光之一，其参数比较简单，但效果非常真实，一般常用来模拟柔和的灯光、灯带、台灯灯光、补光灯。具体参数如图5-158所示。

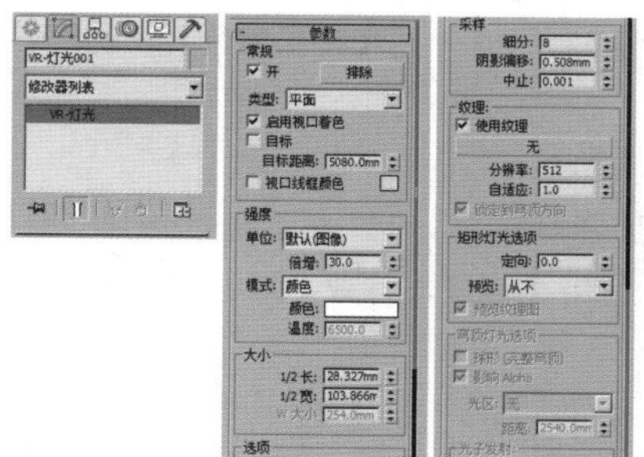

图5-158

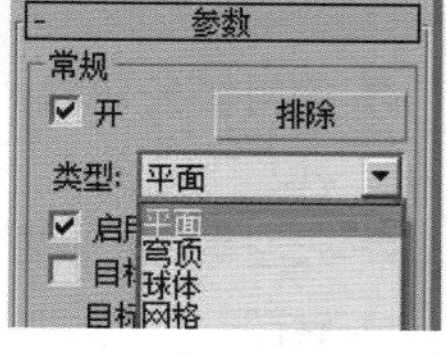


图5-159

### 1. 常规

- 开：控制是否开启VR-灯光。
- 【排除】按钮：用来排除灯光对物体的影响。
- 类型：指定VR-灯光的类型，共有平面、穹顶、球体和网格4种类型，如图5-159所示。
  - 平面：将VR-灯光设置成平面形状。

- 穹顶：将VR-灯光设置成边界盒形状。
- 球体：将VR-灯光设置成穹顶状，类似于3ds Max的天光物体，光线来自于位于光源Z轴的半球体状圆顶。
- 网格：是一种以网格为基础的灯光。

**技巧提示**

当设置类型为【平面】时比较适合于室内灯带等光照效果；当设置类型为【球体】时比较适合于灯罩内的光照效果，如图5-160所示。

图5-160

## 2. 强度

- 单位：指定VR-灯光的发光单位，共有默认（图像）、光通量（lm）、发光强度（lm/ m2/sr）、辐射量（W）和辐射强度（W/m2/sr）5种，如图5-161所示。

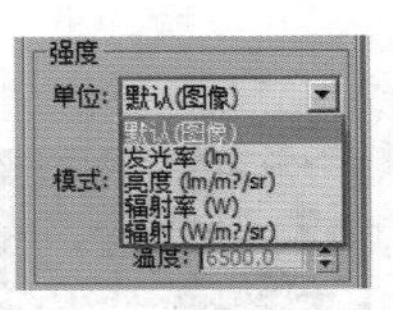


图5-161

  - 默认（图像）：VRay默认单位，依靠灯光的颜色和亮度来控制灯光的强弱，如果忽略曝光类型的因素，灯光色彩将是物体表面受光的最终色彩。
  - 光通量（lm）：当选择该单位时，灯光的亮度将和灯光的大小无关（100W的亮度大约等于1500lm）。
  - 发光强度（lm/ m2/sr）：当选择该单位时，灯光的亮度和灯光的大小有关。
  - 辐射量（W）：当选择该单位时，灯光的亮度和灯光的大小无关。注意，这里的瓦特和物理上的瓦特不同，这里的100W大约等于物理上的2～3瓦特。
  - 辐射强度（W/m2/sr）：当选择该单位时，灯光的亮度和灯光的大小有关。
- 颜色：指定灯光的颜色。
- 倍增器：设置灯光的强度。

## 3. 大小

- 1/2长：设置灯光的长度。
- 1/2宽：设置灯光的宽度。
- U/V/W大小：当前该参数还没有被激活。

## 4. 选项

- 投射阴影：用来控制是否对物体的光照产生阴影，如图5-162所示。

图5-162

- 双面：用来控制灯光的双面都产生照明效果，对比效果如图5-163所示。

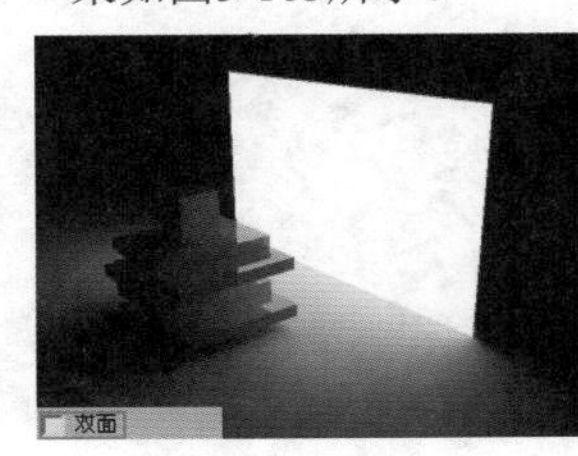

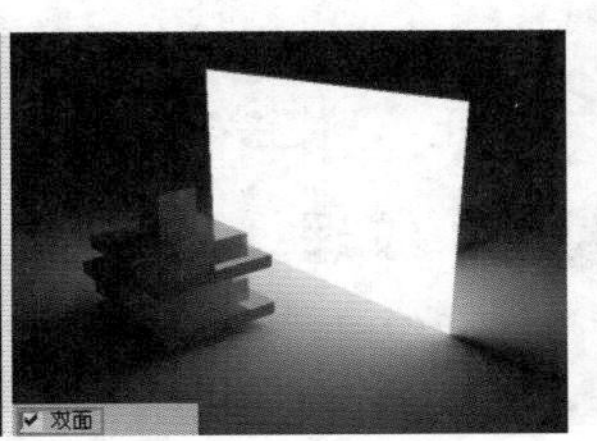


图5-163

- 不可见：用来控制最终渲染时是否显示【VR-灯光】的形状，对比效果如图5-164所示。

图5-164

- 忽略灯光法线：控制灯光是否按照光源的法线进行发射。
- 不衰减：在物理世界中，所有的光线都是有衰减的。如果选中该复选框，VRay将不计算灯光的衰减效果，对比效果如图5-165所示。

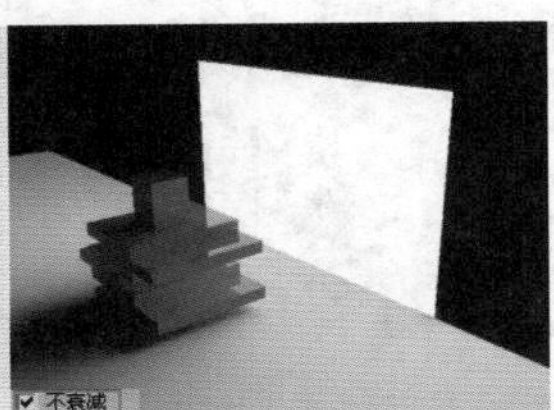


图5-165

- 天光入口：该选项是把VRay灯光转换为天光，这时的VR-灯光就变成了【间接照明（GI）】，失去了直接照明。
- 储存发光图：选中该复选框，同时【间接照明（GI）】中的【首次反弹】引擎选择【发光贴图】时，VR-灯光的光照信息将保存在【发光贴图】中。在渲染光子时将变得更慢，但是在渲染出图时，速度会提高很多。
- 影响漫反射：决定灯光是否影响物体材质属性的漫反射。

- 影响高光反射：决定灯光是否影响物体材质属性的高光。
- 影响反射：选中该复选框后，灯光将对物体的反射区进行光照，物体可以将光源进行反射，如图5-166所示。

### 5．采样

- 细分：控制VR-灯光的采样细分。数值越大，渲染杂点越少，渲染速度越慢，如图5-167所示。
- 阴影偏移：用来控制物体与阴影的偏移距离，较高的值会使阴影向灯光的方向偏移，如图5-168所示。
- 中止：设置采样的最小阈值。

### 6．纹理

- 使用纹理：控制是否用纹理贴图作为半球光源。
- None（无）：选择贴图通道。
- 分辨率：设置纹理贴图的分辨率，最高为2048。

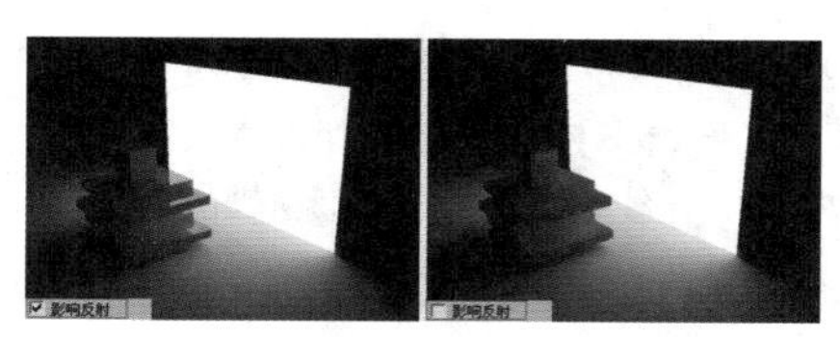

图5-166

图5-167

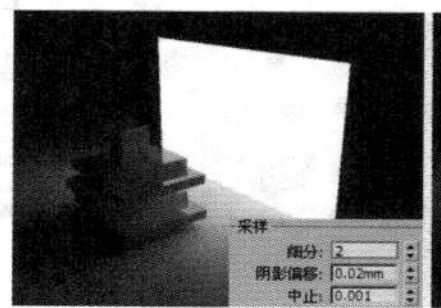

图5-168

## 小实例：测试VR-灯光排除

| 场景文件 | 09.max |
|---|---|
| 案例文件 | 小实例：测试VR-灯光排除.max |
| 视频教学 | 多媒体教学/Chapter 05/小实例：测试VR-灯光排除.flv |
| 难易指数 | ★★☆☆☆ |
| 灯光类型 | VR-灯光 |
| 技术掌握 | 掌握如何将物体排除于光照之外 |

### 实例介绍

灯光排除就是将选定的对象排除于灯光效果之外，使得某些物体不受到灯光的照射，因此可以方便地控制灯光的照射效果，虽然这在现实中无法做到，但是在3ds Max中可以轻易实现。

本实例主要使用VR-灯光来测试灯光的排除效果，如图5-169所示。

图5-169

### 操作步骤

**步骤01** 打开本书配套光盘中的【场景文件/Chapter05/09.max】文件，如图5-170所示。

**步骤02** 在左视图中拖曳并创建一盏VR-灯光，并将其命名为【VRayLight01】，如图5-171所示。

**步骤03** 选择步骤02中创建的VRayLight01，进入【修改】面板，具体参数设置如图5-172所示。

- 在【常规】选项组中设置【类型】为【平面】。

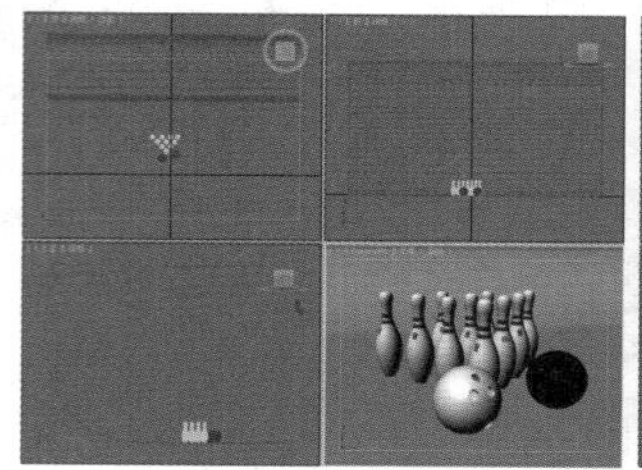

图5-170

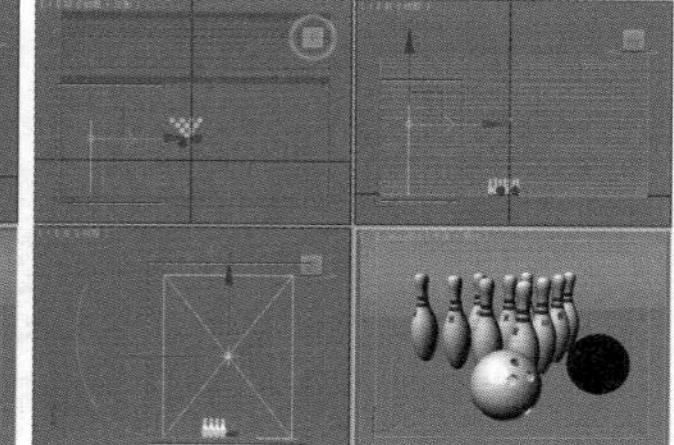

图5-171

- 设置【倍增】为8，【颜色】为浅黄色。
- 设置【1/2长】为245mm，【1/2宽】为320mm，选中【不可见】复选框。
- 在【采样】选项组中设置【细分】为25。

**步骤04** 在左视图中拖曳并创建一盏VR-灯光，并将其命名为【VRayLight02】，如图5-173所示。

图5-172

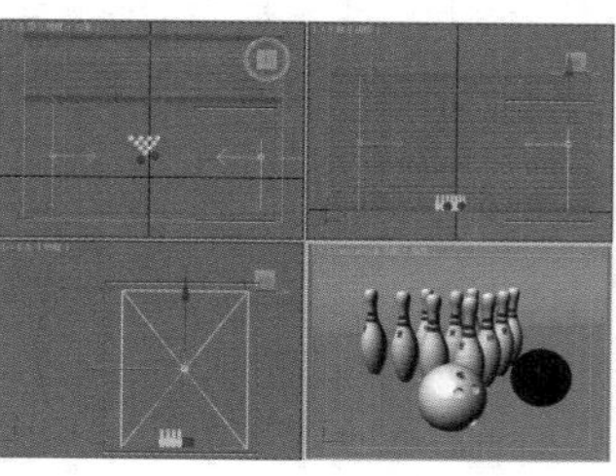

图5-173

**步骤05** 选择步骤04中创建的VRayLight02，进入【修改】面板，展开【参数】卷展栏，具体参数设置如图5-174所示。

- 在【常规】选项组中设置【类型】为【平面】。
- 设置【倍增】为6，【颜色】为浅蓝色。
- 设置【1/2长】为250mm，【1/2宽】为320mm，选中【不可见】复选框。
- 在【采样】选项组中设置【细分】为25。

**步骤06** 按Shift+Q组合键，快速渲染摄影机视图，其渲染效果如图5-175所示。

图5-174

图5-175

**技巧提示**

在这里将VRayLight01和VRayLight02的灯光颜色分别设置为浅黄色和浅蓝色，目的是产生冷暖的色彩对比效果，从而增加画面效果。

**步骤07** 继续在左视图中拖曳并创建一盏VR-灯光，并将其命名为【VRayLight03】，如图5-176所示。

**步骤08** 选择步骤07中创建的VRayLight03，进入【修改】面板，具体参数设置如图5-177所示。

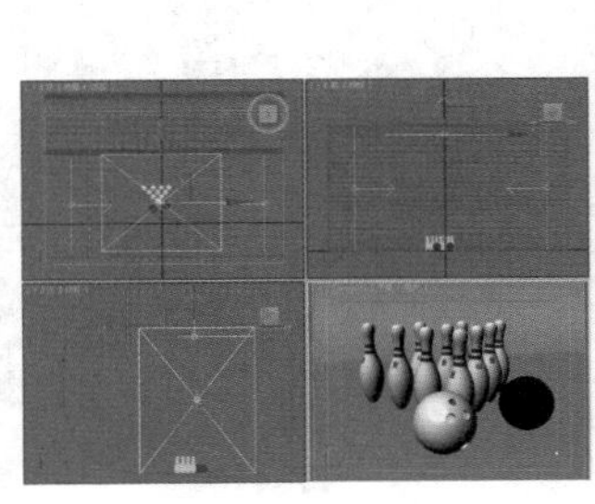

图5-176

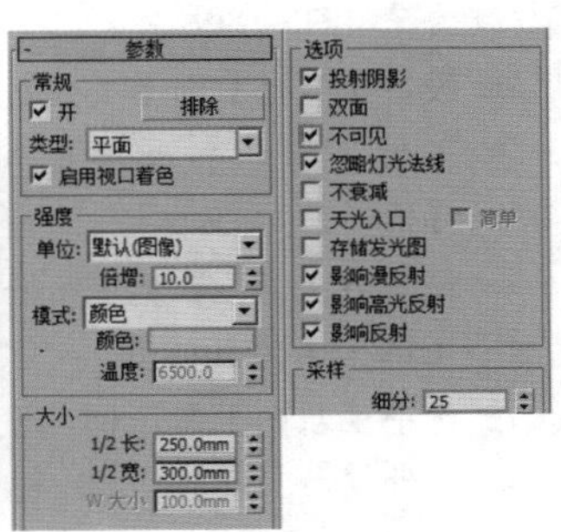


图5-177

- 在【常规】选项组中设置【类型】为【平面】。
- 在【强度】选项组中设置【倍增】为10，【颜色】为浅蓝色。
- 设置【1/2长】为250mm，【1/2宽】为300mm，选中【不可见】复选框。
- 在【采样】选项组中设置【细分】为25。

**步骤09** 按Shift+Q组合键，快速渲染摄影机视图，其渲染效果如图5-178所示。

图5-178

**技巧提示**

从图5-178中可以观察到，VRayLight01和VRayLight02、VRayLight03都对场景中的模型产生了光照效果。

**步骤10** 选择VRayLight01，单击【排除】按钮，然后在弹出对话框的【场景对象】列表中选择【保龄球】和【保龄球001】，接着单击>>按钮，最后选中【排除】单选按钮，如图5-179所示。这样就将【保龄球】和【保龄球001】移动到了右侧的列表中，如图5-180所示。

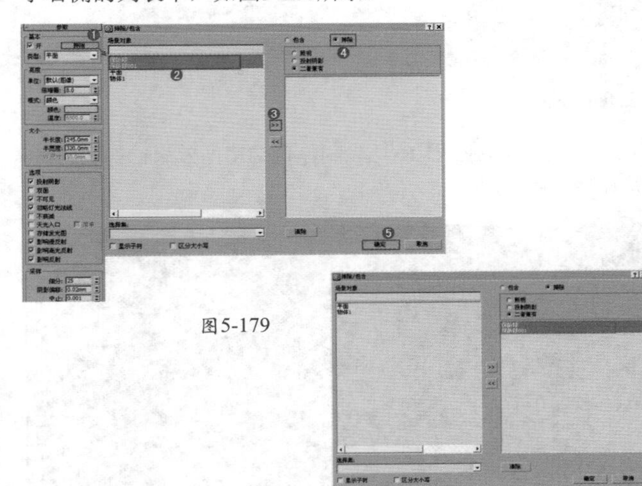

图5-179

图5-180

**步骤11** 采用相同的方法将【保龄球】和【保龄球001】排除于VRayLight02的光照范围之外，如图5-181所示。

**步骤12** 按Shift+Q组合键，快速渲染摄影机视图，其渲染效果如图5-182所示。

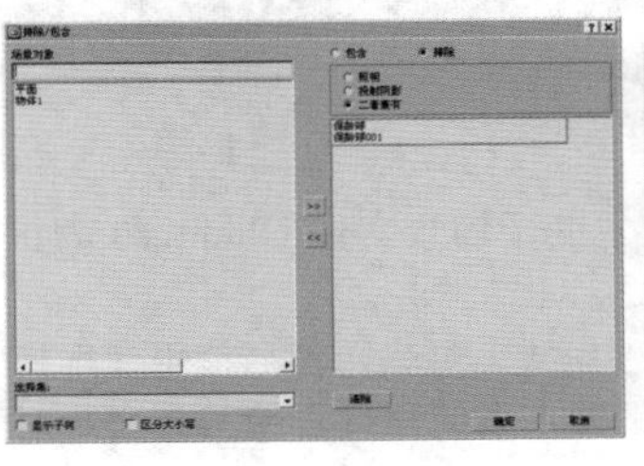

图5-181

图5-182

### 技巧提示

从图5-182中可以观察到，将【保龄球】和【保龄球001】排除于VRayLight01和VRayLight02的光照范围之外后，这两个对象就不会再接受VRayLight01和VRayLight02的光照。

**步骤13** 采用相同的方法将【保龄球】和【保龄球001】排除于VRayLight03的光照范围之外，如图5-183所示。

**步骤14** 按Shift+Q组合键，快速渲染摄影机视图，其渲染效果如图5-184所示。

**步骤15** 最终的渲染效果如图5-185所示。

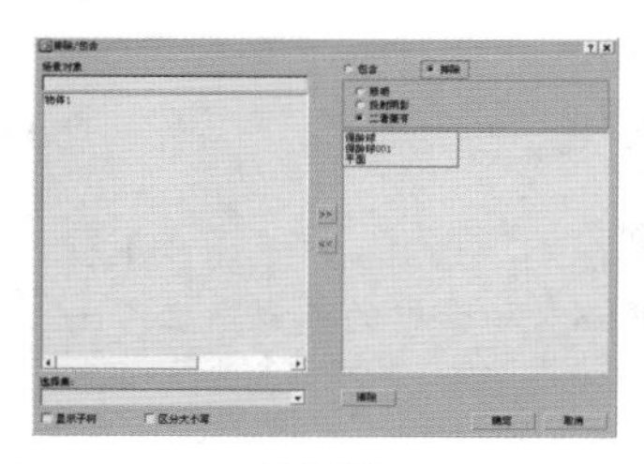

图5-183

图5-184

图5-185

## 小实例：利用VR-灯光制作奇幻空间

| | |
|---|---|
| 场景文件 | 10.max |
| 案例文件 | 小实例：利用VR-灯光制作奇幻空间.max |
| 视频教学 | 多媒体教学/Chapter 05/小实例：利用VR-灯光制作奇幻空间.flv |
| 难易指数 | ★★☆☆☆ |
| 灯光方式 | VR-灯光 |
| 技术掌握 | 掌握VR-灯光下参数的运用 |

### 实例介绍

本实例主要使用VR-灯光制作奇幻空间效果，如图5-186所示。

图5-186

### 操作步骤

**步骤01** 打开本书配套光盘中的【场景文件/Chapter05/10.max】文件，如图5-187所示。

**步骤02** 在视图中拖曳并创建4盏VR-灯光，然后使用【选择并旋转】工具将VR-灯光旋转一定的角度，使其各自背对背地放置，如图5-188所示。

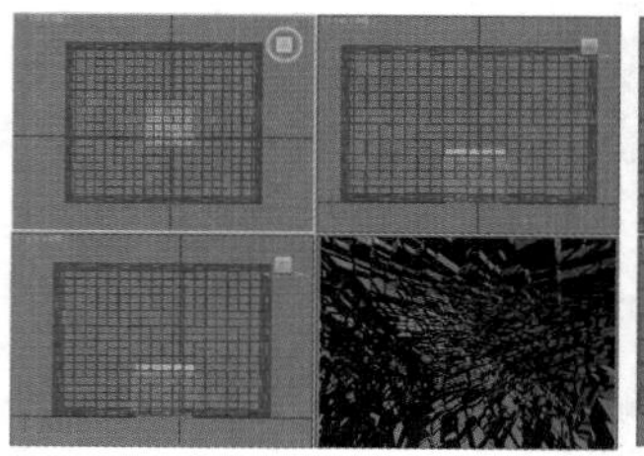

图5-187

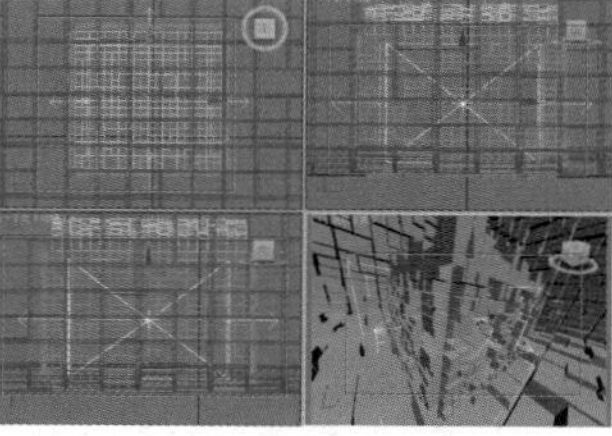

图5-188

**步骤03** 选择创建的VR-灯光，展开【参数】卷展栏，具体参数设置如图5-189所示。

- 设置【类型】为【平面】。
- 设置【颜色】为浅蓝色，【倍增】为25。
- 设置【1/2长】为25mm，【1/2宽】为20mm。
- 选中【双面】复选框，设置【细分】为12。

图5-189

**步骤04** 最终渲染效果如图5-190所示。

图5-190

# 小实例：利用VR-灯光制作台灯

| 场景文件 | 11.max |
| --- | --- |
| 案例文件 | 小实例：利用VR-灯光制作台灯.max |
| 视频教学 | 多媒体教学/Chapter 05/小实例：利用VR-灯光制作台灯.flv |
| 难易指数 | ★★☆☆☆ |
| 灯光方式 | VR-灯光 |
| 技术掌握 | 掌握VR-灯光的运用 |

## 实例介绍

本实例主要使用VR-灯光进行台灯的制作，灯光效果如图5-191所示。

图5-191

## 操作步骤

### Part 1　创建环境灯光

步骤01 打开本书配套光盘中的【场景文件/Chapter05/11.max】文件，如图5-192所示。

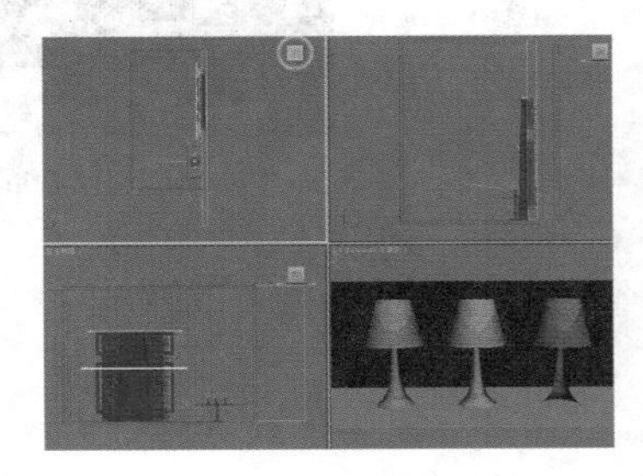

图5-192

步骤02 在前视图中拖曳并创建一盏VR-灯光，此时灯光的位置如图5-193所示。

步骤03 选择步骤02中创建的VR-灯光，在【修改】面板中设置其具体参数，如图5-194所示。

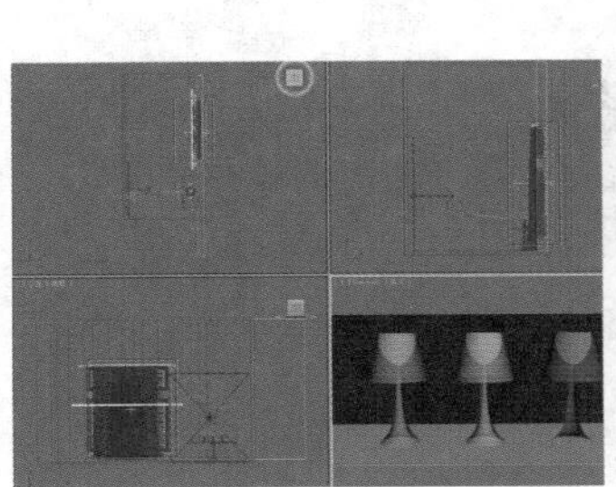

图5-193

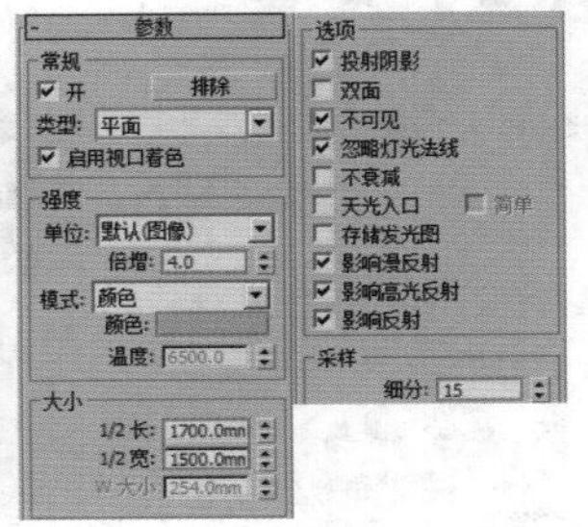


图5-194

- 设置【类型】为【平面】；设置【倍增】为4，【颜色】为浅蓝色；设置【1/2长】为1700mm，【1/2宽】为1500mm；在【选项】选项组中选中【不可见】复选框；在【采样】选项组中设置【细分】为15。

步骤04 在顶视图中拖曳并创建一盏VR-灯光，如图5-195所示。在【修改】面板中设置参数，如图5-196所示。

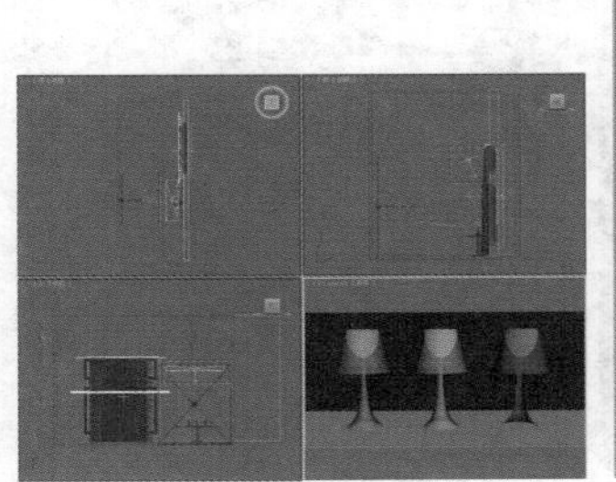

图5-195

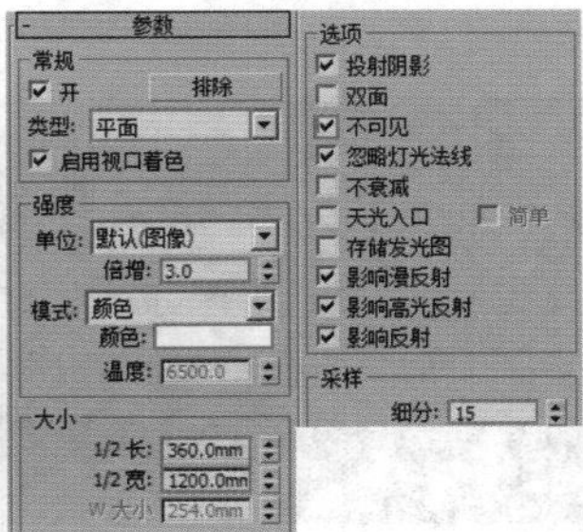


图5-196

- 在【常规】选项组中设置【类型】为【平面】；在【强度】选项组中设置【倍增】为3，【颜色】为浅蓝色；在【大小】选项组中设置【1/2长】为360mm，【1/2宽】为1200mm；选中【不可见】复选框；设置【细分】为15。

步骤05 按Shift+Q组合键，快速渲染摄影机视图，其渲染效果如图5-197所示。

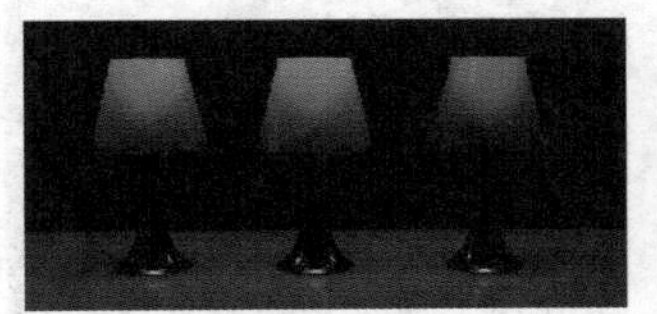

图5-197

### Part 2　创建灯罩灯光

步骤01 在顶视图中拖曳并创建3盏VR-灯光，并分别放置到每一个灯罩内，此时VR-灯光的位置如图5-198所示。

步骤02 选择创建的VR-灯光，在【修改】面板中设置其具体参数，如图5-199所示。

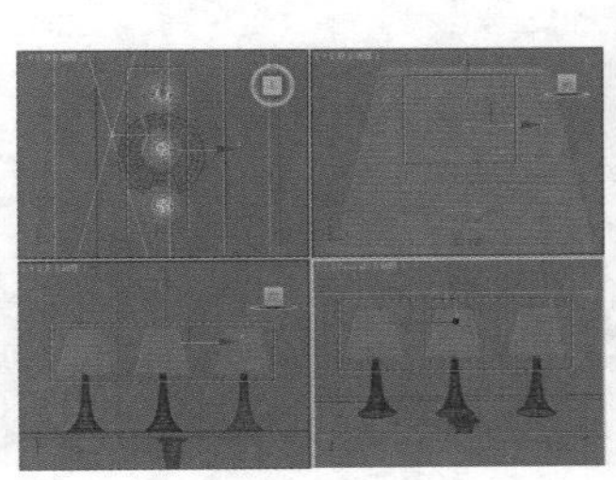

图5-198

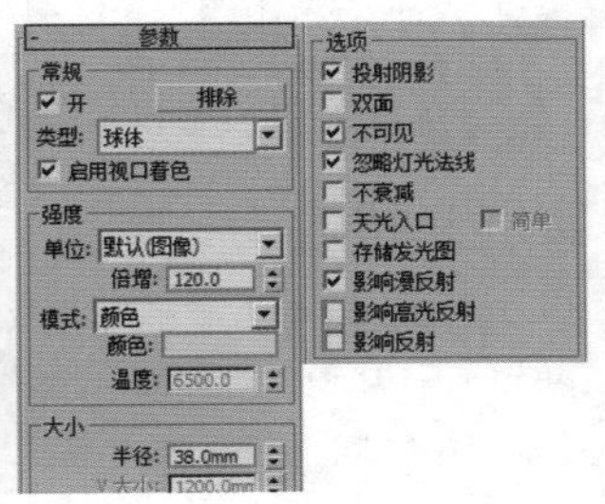


图5-199

- 在【常规】选项组中设置【类型】为【球体】；设置【倍增】为120，【颜色】为浅黄色；设置【半径】为38mm；选中【不可见】复选框，取消选中【影响高光反射】和【影响反射】复选框。

**步骤03** 在顶视图中拖曳并创建一盏VR-灯光，将其放置在黄色台灯内部，从上向下进行照射，具体放置如图5-200所示。在【修改】面板中设置其具体参数，如图5-201所示。

- 设置【类型】为【平面】；【倍增】为50，【颜色】为黄色；在【大小】选项组中设置【1/2长】为40mm，【1/2宽】为40mm；选中【不可见】复选框，取消选中【影响高光反射】和【影响反射】复选框；设置【细分】为15。

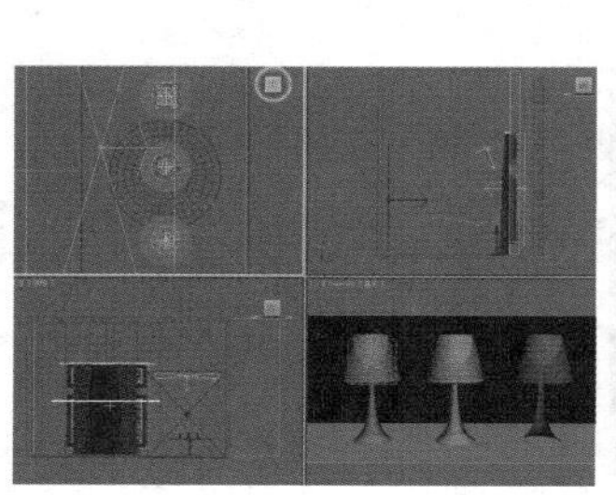

图5-200

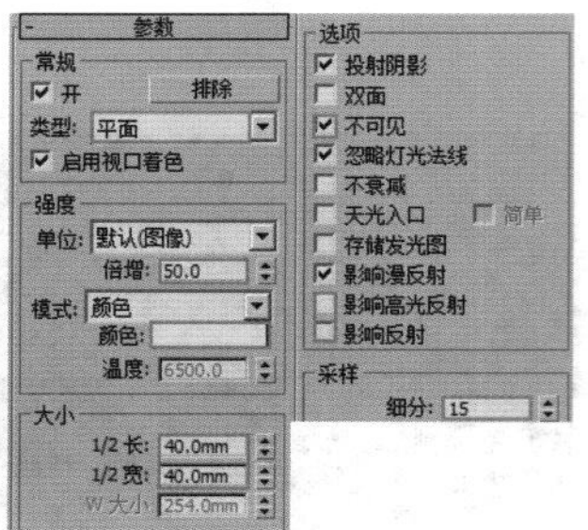


图5-201

**步骤04** 在顶视图中拖曳并创建一盏VR-灯光，将其放置在绿色台灯内部，从上向下进行照射，具体放置如图5-202所示。在【修改】面板中设置其具体参数，如图5-203所示。

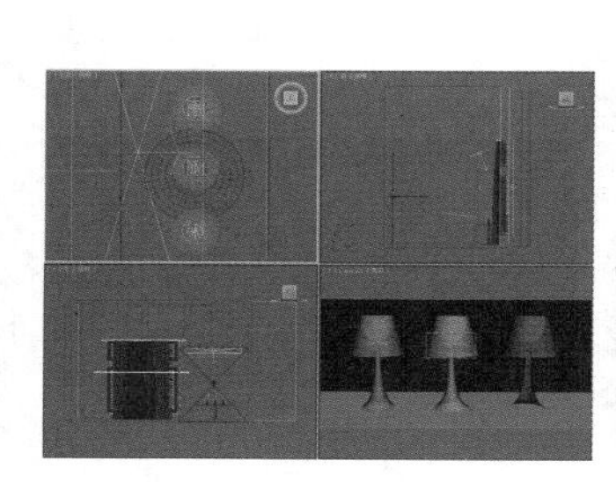

图5-202

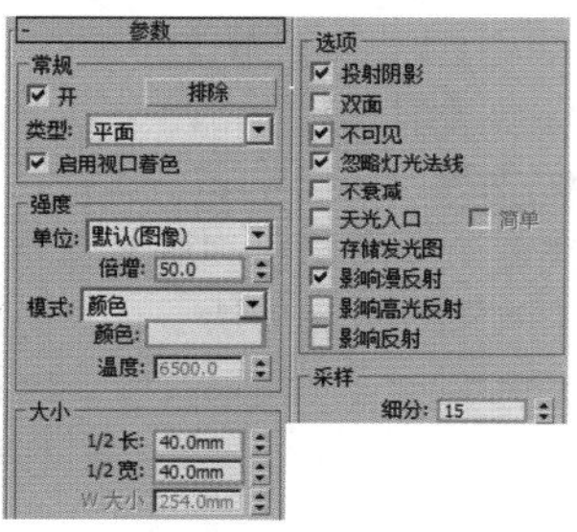


图5-203

- 设置【类型】为【平面】；设置【倍增】为50，【颜色】为绿色；在【大小】选项组中设置【1/2长】为40mm，【1/2宽】为40mm；选中【不可见】复选框，取消选中【影响高光反射】和【影响反射】复选框；设置【细分】为15。

**步骤05** 继续在顶视图中拖曳并创建一盏VR-灯光，将其放置在蓝色台灯内部，从上向下进行照射，具体放置如图5-204所示。在【修改】面板中设置其具体参数，如图5-205所示。

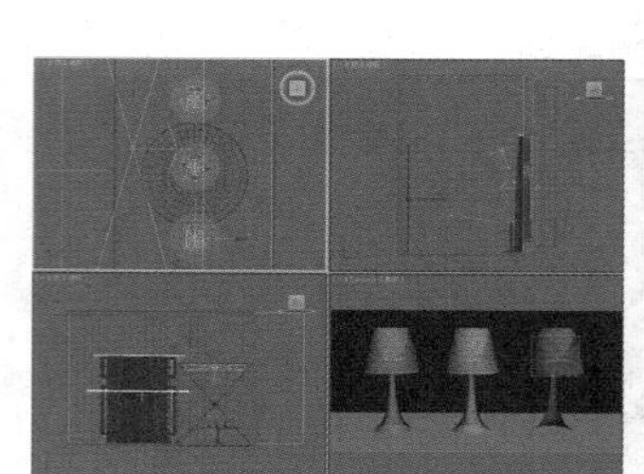

图5-204

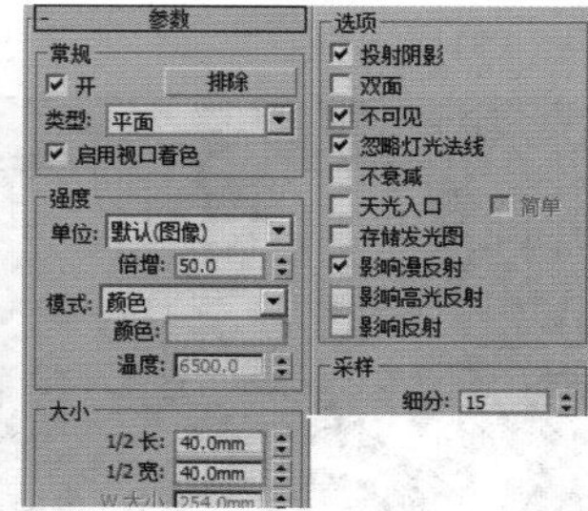


图5-205

- 设置【类型】为【平面】；设置【倍增】为50，【颜色】为蓝色；在【大小】选项组中设置【1/2长】为40mm，【1/2宽】为40mm；在【选项】选项组中选中【不可见】复选框，取消选中【影响高光反射】和【影响反射】复选框；设置【细分】为15。

**步骤06** 按Shift+Q组合键，快速渲染摄影机视图，其渲染效果如图5-206所示。

图5-206

## 小实例：利用VR-灯光制作灯带

| 场景文件 | 12.max |
|---|---|
| 案例文件 | 小实例：利用VR-灯光制作灯带.max |
| 视频教学 | 多媒体教学/Chapter 05/小实例：利用VR-灯光制作灯带.flv |
| 难易指数 | ★★★☆☆ |
| 灯光方式 | VR-灯光（平面）、VR-灯光（球体）、目标聚光灯 |
| 技术掌握 | VR-灯光（平面）、VR-灯光（球体）制作灯带的方法 |

### 实例介绍

在本实例中，主要使用VR-灯光制作外侧、内侧灯带效果，使用VR-灯光（球体）制作灯泡灯光，以及使用目标聚光灯制作吊灯向下照射的光源，最终渲染效果如图5-207所示。

图5-207

### 操作步骤

#### Part 1 使用VR-灯光制作外侧灯带效果

**步骤01** 打开本书配套光盘中的【场景文件/Chapter05/12.max】文件，如图5-208所示。

**步骤02** 在前视图中拖曳并创建一盏VR-灯光，并使用【选择并移动】工具复制29盏，放置位置如图5-209所示。

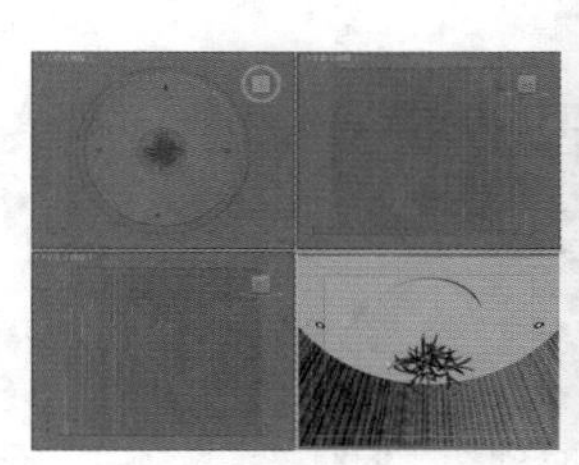

图5-208

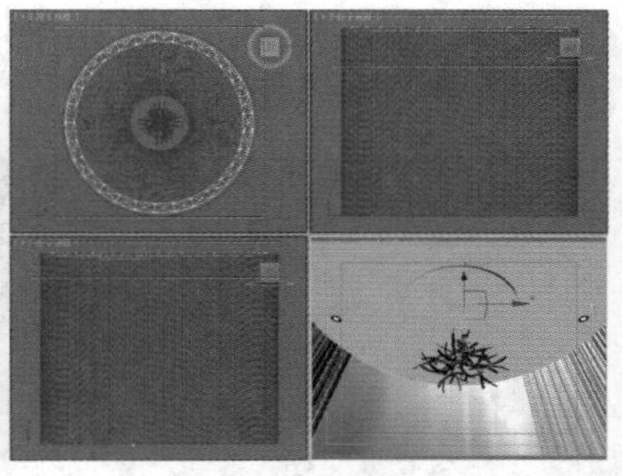

图5-209

**技巧提示**

对于带有形状的灯光分布，需要考虑一些特殊的方法进行复制，否则既麻烦又不准确。在这里讲解两个非常好的方法。

**方法1**

（1）在顶视图中创建一盏VR-灯光，并使用【圆】工具绘制一个圆，如图5-210所示。

（2）选择VR-灯光，单击【修改】按钮，接着单击【仅影响轴】按钮，如图5-211所示。

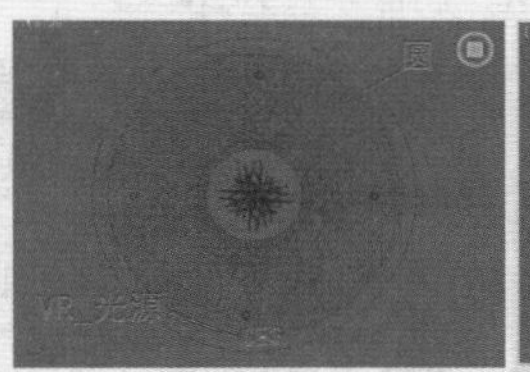

图5-210

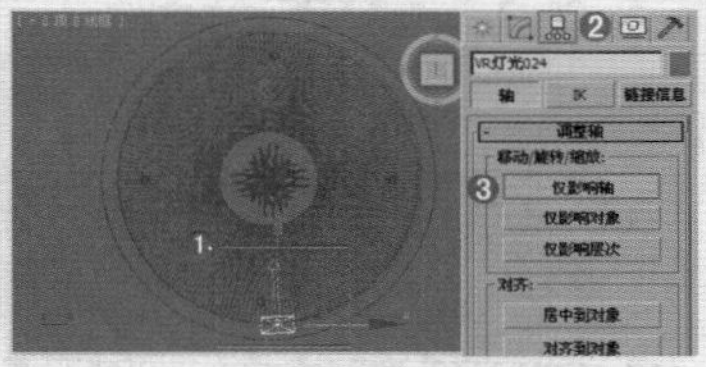

图5-211

（3）使用【选择并移动】工具将轴移动到吊灯的中心位置，并再次单击【仅影响轴】按钮，如图5-212所示。

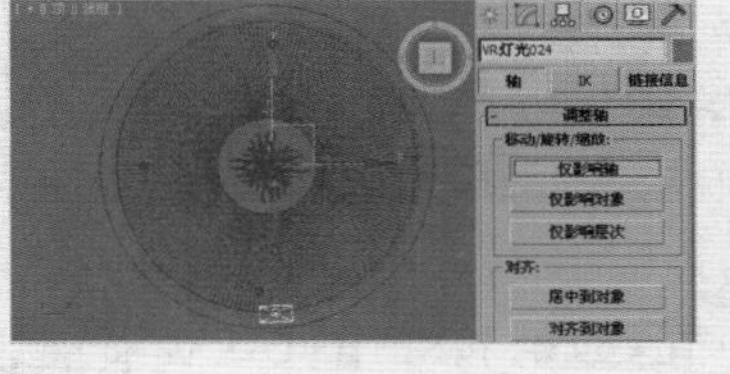

图5-212

（4）单击【选择并旋转】工具，然后单击【角度捕捉切换】工具，接着按住Shift键进行复制，选中【实例】单选按钮，设置【副本数】为30，然后单击【确定】按钮，如图5-213所示。复制完成的效果如图5-214所示。

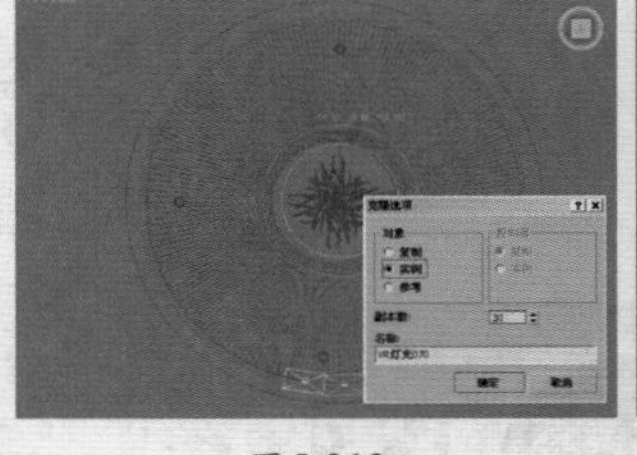

图5-213

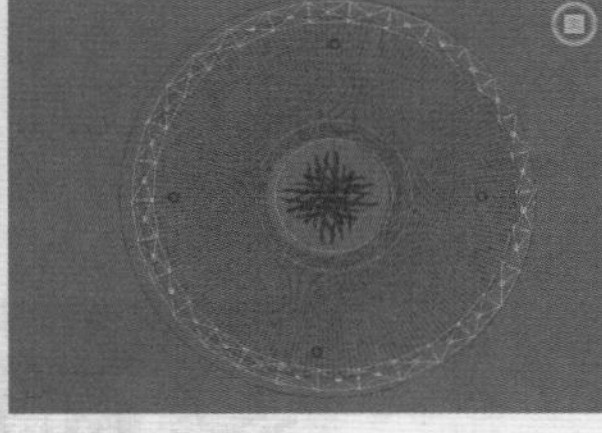

图5-214

**方法2**

（1）在顶视图中创建一盏VR-灯光，并使用【圆】工具绘制一个圆。接着在主工具栏空白处单击鼠标右键，在弹出的快捷菜单中选择【附加】命令，如图5-215所示。

（2）选择VR-灯光，并单击选择【间隔工具】工具，如图5-216所示。

（3）单击【拾取路径】按钮，拾取场景中的圆，并设置【计数】为30，选中【跟随】复选框，单击【应用】按钮，最后单击【关闭】按钮，如图5-217所示。

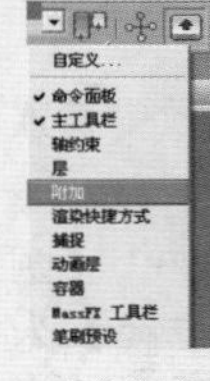

图5-215

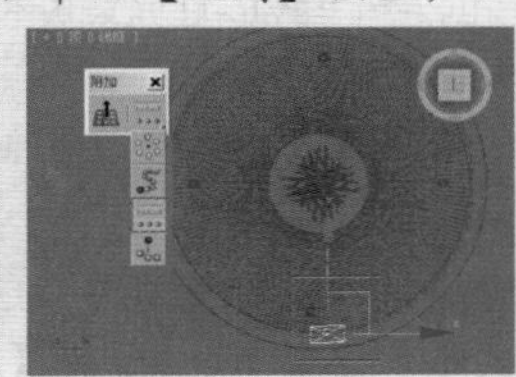

图5-216

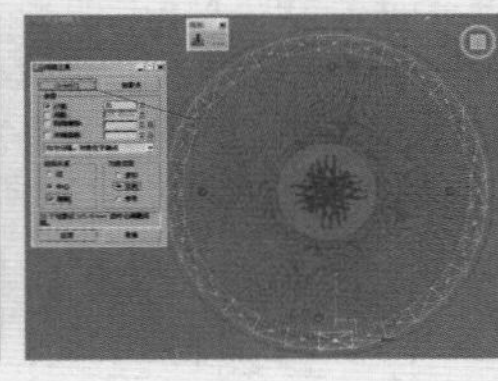

图5-217

**步骤03** 选择创建的VR-灯光，在【修改】面板中设置其具体参数，如图5-218所示。

- 设置【类型】为【平面】；设置【倍增】为200，【颜色】为蓝色；在【大小】选项组中设置【1/2长】为200mm，【1/2宽】为100mm；在【选项】选项组中选中【不可见】复选框；设置【细分】为30。

**步骤04** 按Shift+Q组合键，快速渲染摄影机视图，其渲染效果如图5-219所示。

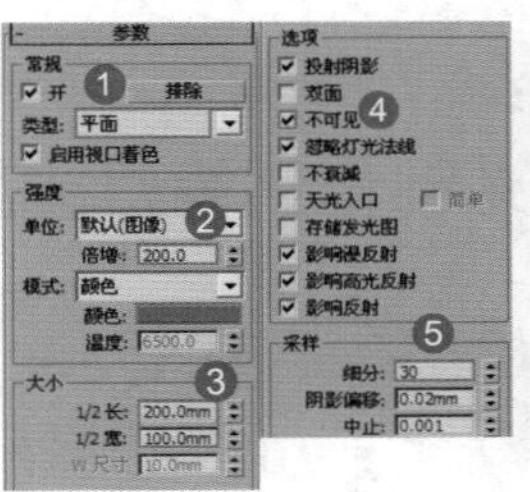

图5-218

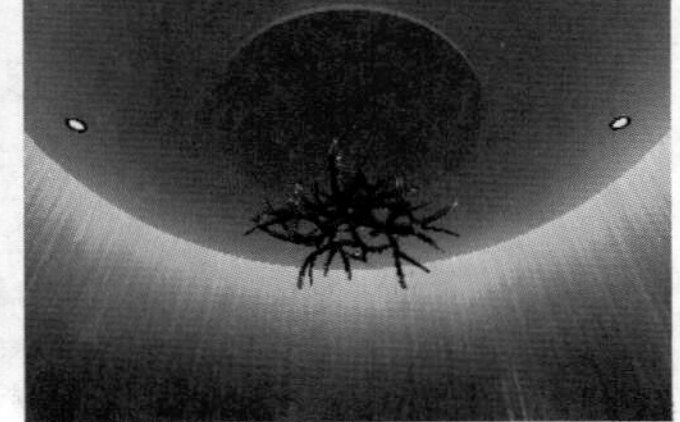

图5-219

## Part 2　使用VR-灯光制作内侧灯带效果

**步骤01** 在前视图中拖曳并创建一盏VR-灯光，并使用【选择并移动】工具复制11盏，此时的位置如图5-220所示。

**步骤02** 选择创建的VR-灯光，在【修改】面板中设置其具体参数，如图5-221所示。

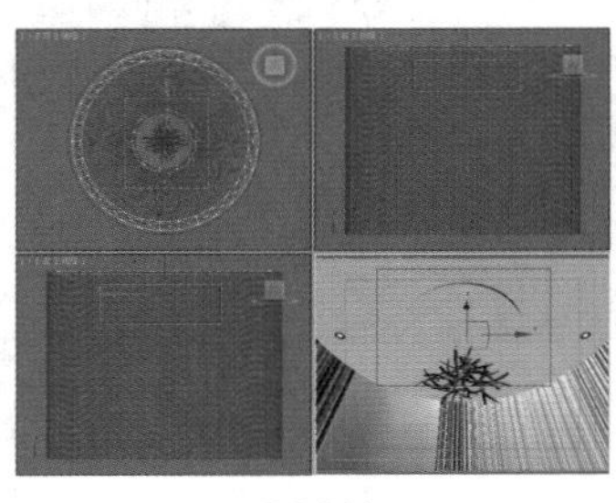

图5-220

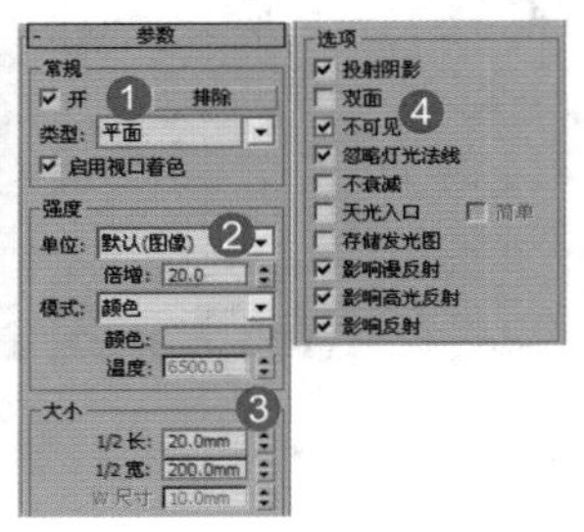


图5-221

- 设置【类型】为【平面】；设置【倍增】为20，【颜色】为蓝色；设置【1/2长】为20mm，【1/2宽】为200mm；选中【不可见】复选框。

**步骤03** 按Shift+Q组合键，快速渲染摄影机视图，其渲染效果如图5-222所示。

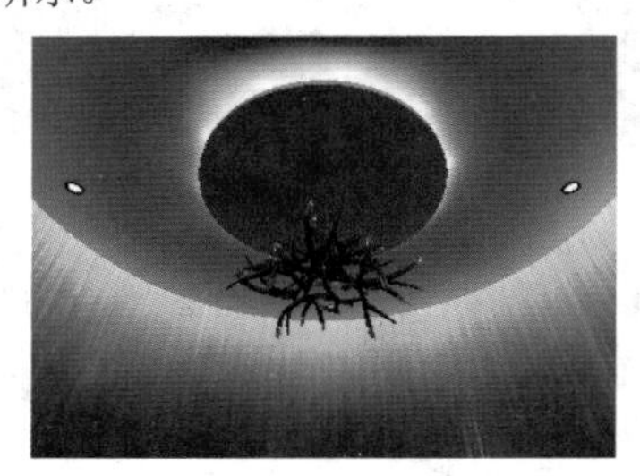

图5-222

### Part 3　使用VR-灯光（球体）制作灯泡灯光，使用目标聚光灯制作吊灯向下照射的光源

**步骤01** 在前视图中拖曳并创建一盏VR-灯光，并使用【选择并移动】工具复制23盏，如图5-223所示。

**步骤02** 选择创建的VR-灯光，然后在【修改】面板中设置其具体参数，如图5-224所示。

- 设置【类型】为【球体】；设置【倍增】为300，【颜色】为蓝色；在【大小】选项组中设置【半径】为11mm；选中【不可见】复选框；设置【细分】为20。

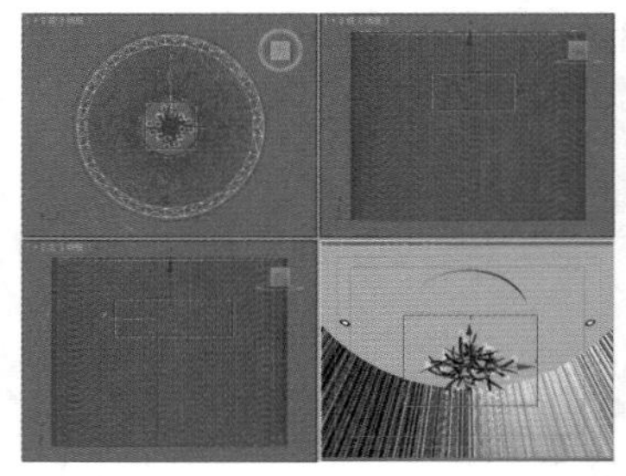

图5-223

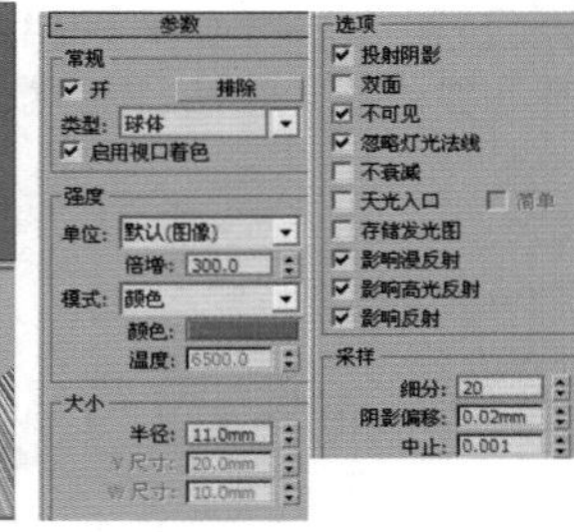


图5-224

**步骤03** 在视图中拖曳并创建一盏目标聚光灯，如图5-225所示。选择创建的目标聚光灯，然后在【修改】面板中设置其具体参数，如图5-226所示。

- 在【阴影】选项组中选中【启用】复选框，设置【阴影类型】为【VRay阴影】；设置【倍增】为0.8；展开【聚光灯参数】卷展栏，设置【聚光区/光束】为43，【衰减区/区域】为80；选中【区域阴影】复选框，设置【U/V/W大小】为100mm，【细分】为20。

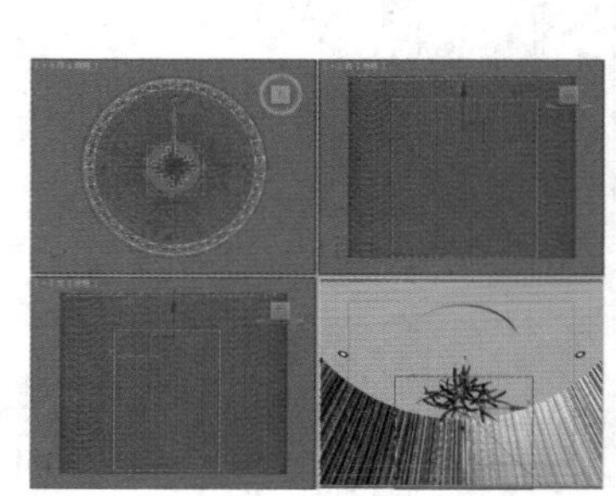

图5-225

图5-226

**步骤04** 按Shift+Q组合键，快速渲染摄影机视图，其渲染效果如图5-227所示。

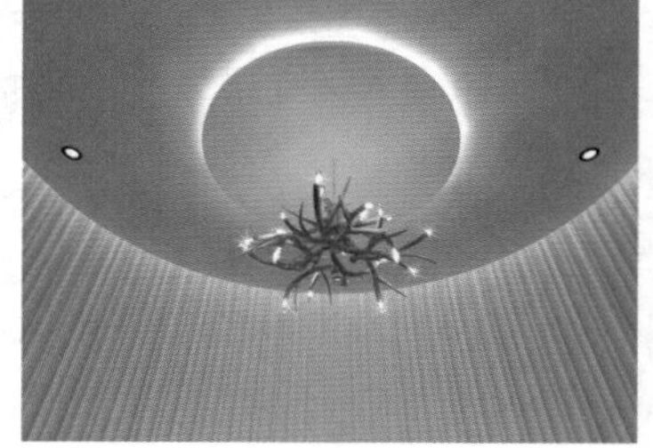

图5-227

## 小实例：利用VR-灯光制作创意灯光照

| 场景文件 | 13.max |
|---|---|
| 案例文件 | 小实例：利用VR-灯光制作创意灯光照.max |
| 视频教学 | DVD/多媒体教学/Chapter05/小实例：利用VR-灯光制作创意灯光照.flv |
| 难易指数 | ★★☆☆☆ |
| 灯光方式 | VR-灯光 |
| 技术掌握 | 掌握VR-灯光中颜色调节的运用 |

### 实例介绍

本实例主要使用VR-灯光进行创意灯光照的制作，效果如图5-228所示。

### 操作步骤

### Part 1　创建环境灯光

**步骤01** 打开本书配套光盘中的【场景文件/Chapter05/13.max】文件，如图5-229所示。

**步骤02** 在左视图中拖曳并创建一盏VR-灯光（平面），如图5-230所示。

图5-228

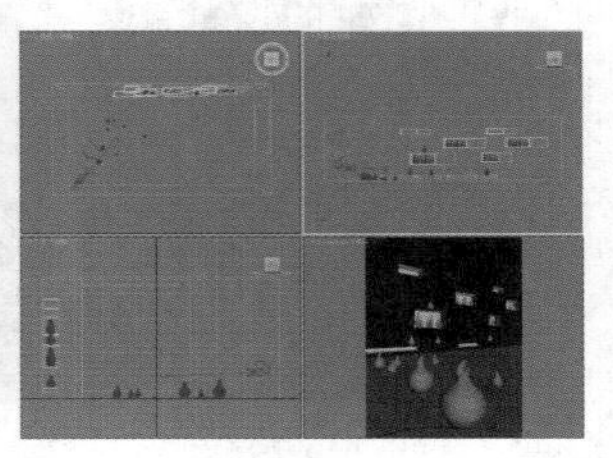

图5-229

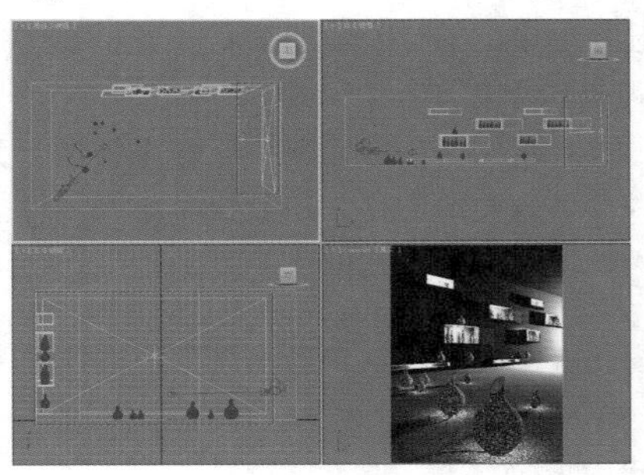

图5-230

**步骤03** 选择步骤02中创建的VR-灯光，在【修改】面板中设置其具体参数，如图5-231所示。

- 设置【类型】为【平面】；设置【倍增】为25，【颜色】为浅蓝色；在【大小】选项组中设置【1/2长】为820mm，【1/2宽】为1500mm；选中【不可见】复选框，取消选中【影响反射】复选框；设置【细分】为15。

**步骤04** 按Shift+Q组合键，快速渲染摄影机视图，其渲染效果如图5-232所示。

图5-231

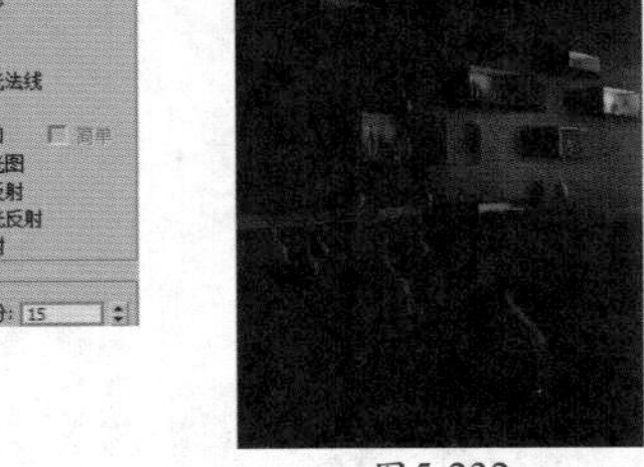

图5-232

## Part 2　创建灯带效果

**步骤01** 在前视图中拖曳并创建一盏VR-灯光（平面），具体放置位置如图5-233所示。在【修改】面板中设置其具体参数，如图5-234所示。

- 设置【类型】为【平面】；设置【倍增】为3，【颜色】为浅蓝色；在【大小】选项组中设置【1/2长】为340mm，【1/2宽】为150mm；选中【双面】和【不可见】复选框；设置【细分】为15。

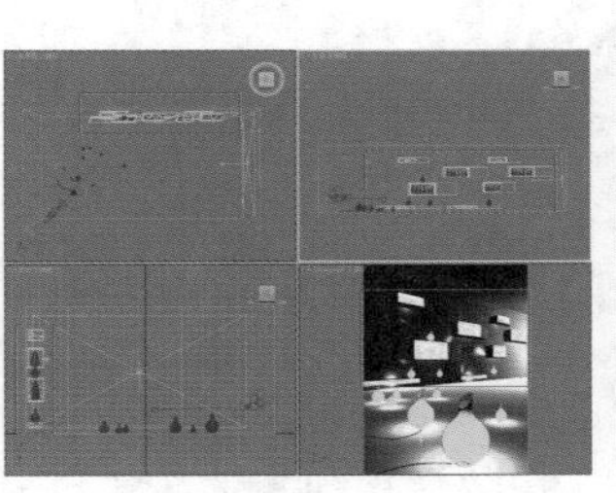

图5-233

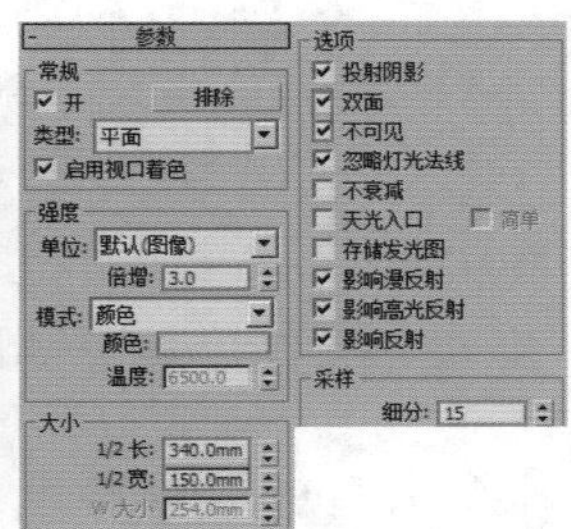


图5-234

**步骤02** 使用同样的方法继续创建VR-灯光，在【修改】面板中根据实际情况适当设置【倍增】、【颜色】、【1/2长】和【1/2宽】等数值。

**步骤03** 按Shift+Q组合键，快速渲染摄影机视图，其渲染效果如图5-235所示。

图5-235

## Part 3　创建创意灯的光照

**步骤01** 在顶视图中拖曳并创建35盏VR-灯光（球体），将其放置到灯罩中，如图5-236所示。

**步骤02** 选择创建的VR-灯光，在【修改】面板中设置其具体参数，如图5-237所示。

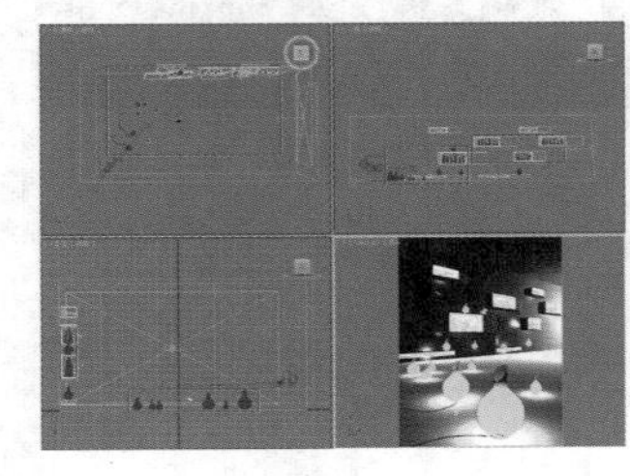

图5-236

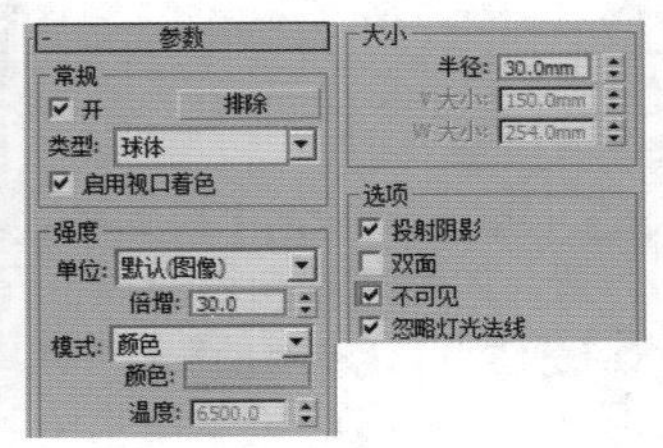


图5-237

- 设置【类型】为【球体】；设置【倍增】为30，【颜色】为浅黄色；在【大小】选项组中设置【半径】为30mm；选中【不可见】复选框。

**步骤03** 按Shift+Q组合键，快速渲染摄影机视图，其渲染效果如图5-238所示。

图5-238

# 小实例：使用VR-灯光制作柔和日光

| 场景文件 | 14.max |
| --- | --- |
| 案例文件 | 小实例：使用VR-灯光制作柔和日光.max |
| 视频教学 | 多媒体教学/Chapter 05/小实例：使用VR-灯光制作柔和日光.flv |
| 难易指数 | ★★☆☆☆ |
| 灯光方式 | VR-灯光 |
| 技术掌握 | 掌握VR-灯光的运用 |

## 实例介绍

本实例主要使用VR-灯光制作柔和的光照效果，如图5-239所示。

图5-239

## 操作步骤

步骤01 打开本书配套光盘中的【场景文件/Chapter05/14.max】文件，如图5-240所示。

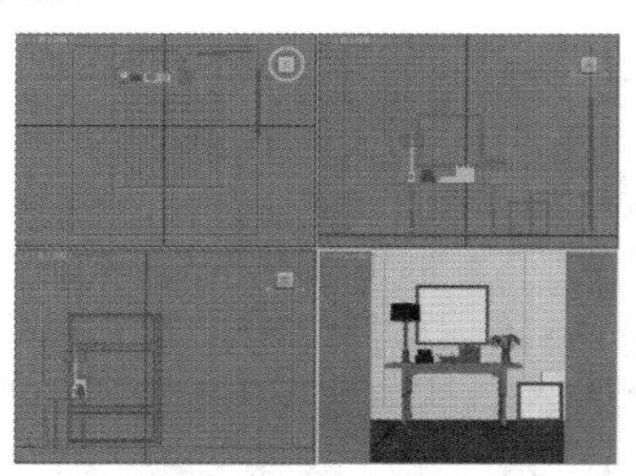

图5-240

步骤02 在左视图中拖曳并创建一盏VR-灯光，放置到合适位置，如图5-241所示。

步骤03 选择创建的VR-灯光，然后在【修改】面板中设置其具体参数，如图5-242所示。

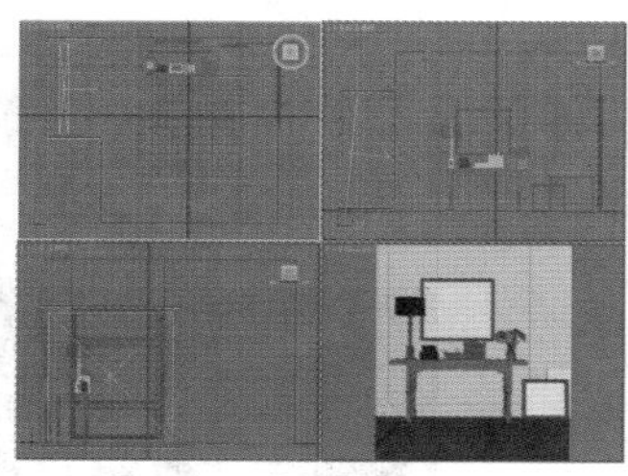

图5-241

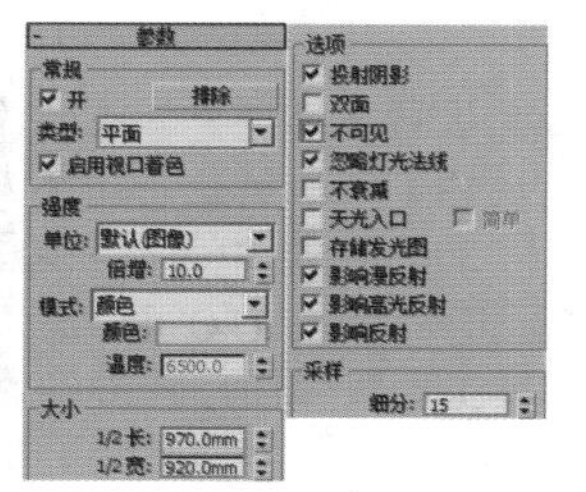


图5-242

- 设置【类型】为【平面】；设置【倍增】为10，【颜色】为浅黄色；设置【1/2长】为970mm，【1/2宽】为920mm；选中【不可见】复选框；设置【细分】为15。

步骤04 按Shift+Q组合键，快速渲染摄影机视图，其渲染效果如图5-243所示。

步骤05 继续在左视图创建一盏VR-灯光，并放置到右侧窗户的外面，如图5-244所示。

图5-243

图5-244

步骤06 选择创建的VR-灯光，在【修改】面板中设置其具体参数，如图5-245所示。

- 设置【类型】为【平面】；设置【倍增】为6，【颜色】为蓝色；在【大小】选项组中设置【1/2长】为970mm，【1/2宽】为680mm；选中【不可见】复选框；设置【细分】为20。

步骤07 按Shift+Q组合键，快速渲染摄影机视图，其渲染效果如图5-246所示。

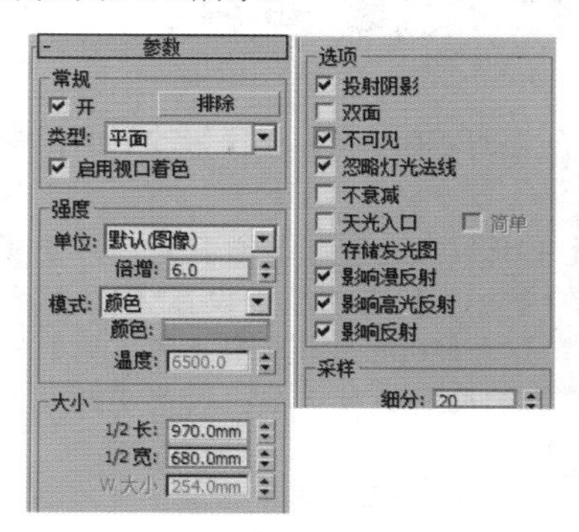


图5-245

图5-246

步骤08 在前视图中创建一盏VR-灯光，并放置到合适位置，如图5-247所示。

步骤09 选择创建的VR-灯光，在【修改】面板中设置其具体参数，如图5-248所示。

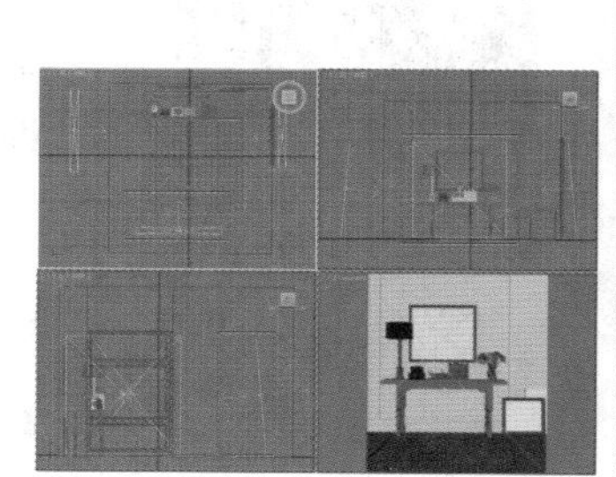

图5-247

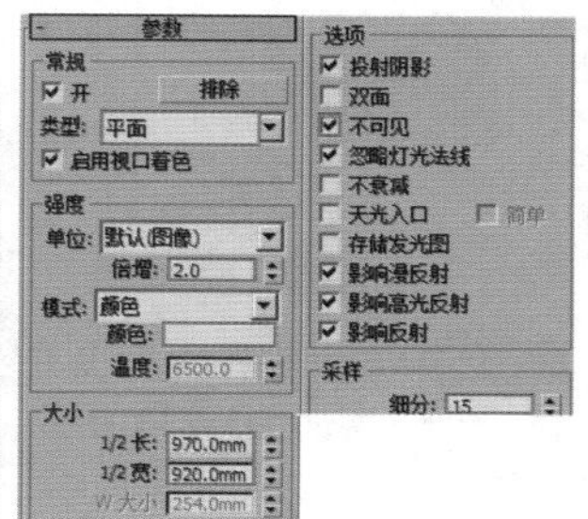


图5-248

- 设置【类型】为【平面】；设置【倍增】为2，【颜色】为浅蓝色；在【大小】选项组中设置【1/2长】为970mm，【1/2宽】为920mm；选中【不可见】复选框；设置【细分】为15。

**步骤10** 最终渲染效果如图5-249所示。

图5-249

## 综合实例：利用目标平行光和VR-灯光综合制作书房夜景效果

| | |
|---|---|
| 场景文件 | 15.max |
| 案例文件 | 综合实例：利用目标平行光和VR-灯光综合制作书房夜景效果.max |
| 视频教学 | 多媒体教学/Chapter 05/综合实例：利用目标平行光和VR-灯光综合制作书房夜景效果.flv |
| 难易指数 | ★★☆☆☆ |
| 灯光方式 | 目标平行光、VR-灯光 |
| 技术掌握 | 掌握目标平行光、VR-灯光的运用 |

### 实例介绍

本实例主要使用目标平行光模拟夜晚的环境光，然后使用VR-灯光制作室内的灯光，效果如图5-250所示。

图5-250

### 操作步骤

#### Part 1 创建夜景灯光

**步骤01** 打开本书配套光盘中的【场景文件/Chapter05/15.max】文件，如图5-251所示。

**步骤02** 在前视图中拖曳并创建一盏目标平行光，此时目标平行光的位置如图5-252所示。

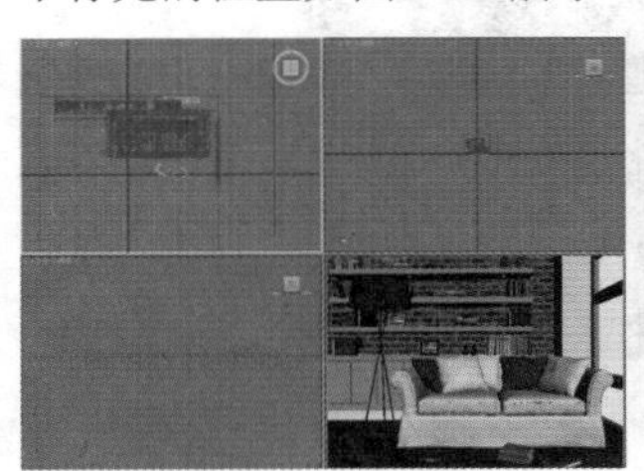

图5-251

图5-252

**步骤03** 选择步骤02中创建的目标平行光，在【修改】面板中设置其具体参数，如图5-253所示。

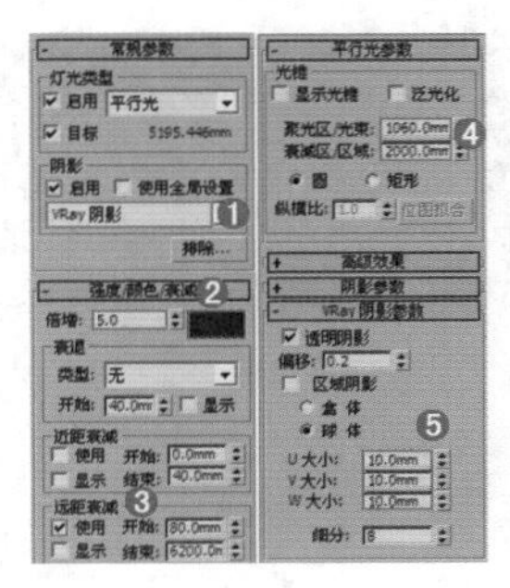

图5-253

- 在【常规参数】卷展栏的【阴影】选项组中选中【启用】复选框，并设置方式为【VRay阴影】。
- 设置【倍增】为5，【颜色】为深蓝色，在【远距衰减】选项组中选中【使用】复选框，并设置【开始】为80mm，【结束】为6200mm。
- 设置【聚光区/光束】为1060mm，【衰减区/区域】为2000mm。
- 选中【区域阴影】复选框，设置【U/V/W大小】均为10mm，【细分】为8。

**步骤04** 在左视图中创建一盏VR-灯光，并放置到窗户外面，方向为从窗外向窗内照射，如图5-254所示。

**步骤05** 选择步骤04中创建的VR-灯光，在【修改】面板中设置其具体参数，如图5-255所示。

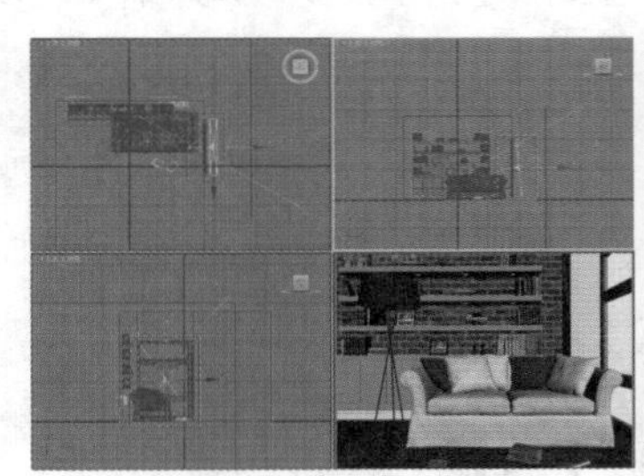

图5-254

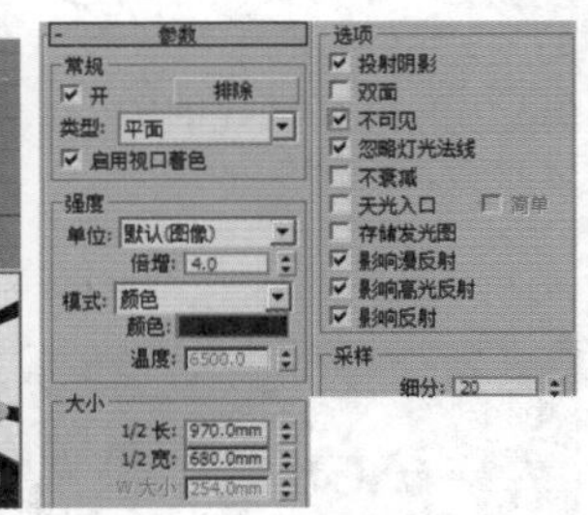

图5-255

- 设置【类型】为【平面】；设置【倍增】为4，【颜色】为深蓝色；在【大小】选项组中设置【1/2长】为970mm，【1/2宽】为680mm；选中【不可见】复选框；设置【细分】为20。

**步骤06** 按Shift+Q组合键，快速渲染摄影机视图，其渲染效果如图5-256所示。

图5-256

## Part 2　创建室内灯光

**步骤01** 在前视图中创建一盏VR-灯光，并放置到合适位置，如图5-257所示。在【修改】面板中设置其具体参数，如图5-258所示。

- 设置【类型】为【平面】；设置【倍增】为1.6，【颜色】为浅蓝色；在【大小】选项组中设置【1/2长】为970mm，【1/2宽】为920mm；选中【不可见】复选框；设置【细分】为15。

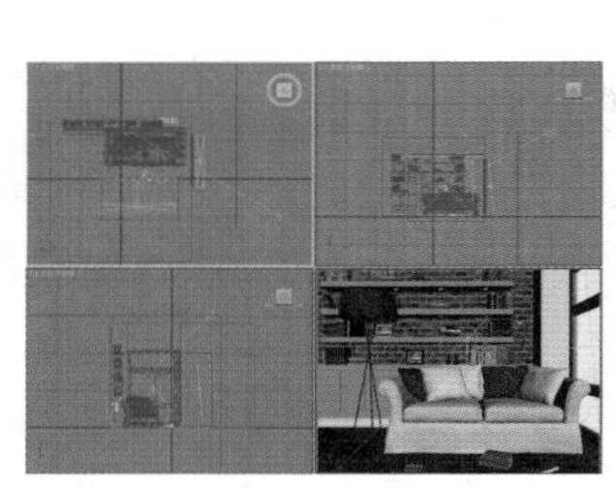

图5-257

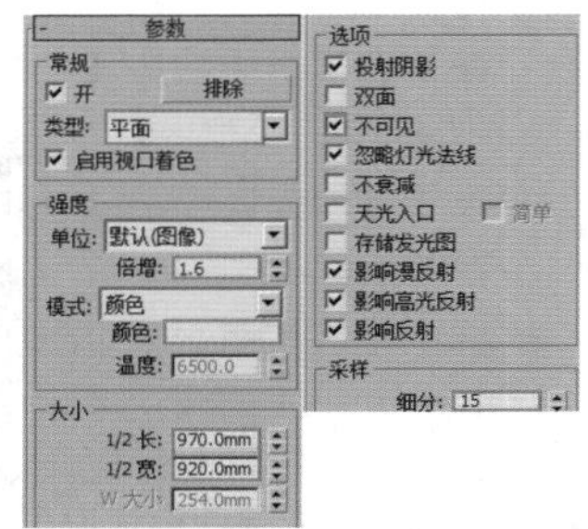


图5-258

**步骤02** 在前视图中创建一盏VR-灯光，并放置到灯罩中，如图5-259所示。

**步骤03** 选择创建的VR-灯光，在【修改】面板中设置其具体参数，如图5-260所示。

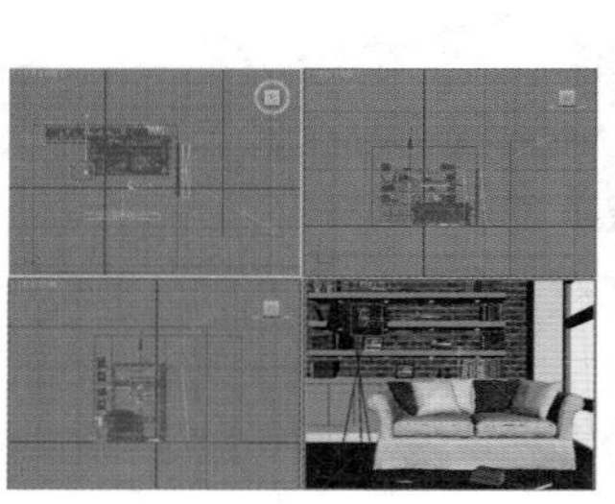

图5-259

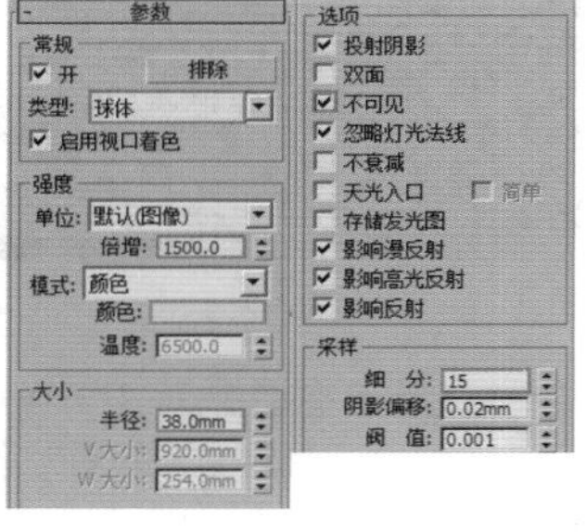


图5-260

- 在【常规】选项组中设置【类型】为【球体】；在【强度】选项组中设置【倍增】为1500，【颜色】为浅黄色；在【大小】选项组中设置【半径】为38mm；选中【不可见】复选框；设置【细分】为15。

**步骤04** 按Shift+Q组合键，快速渲染摄影机视图，其渲染效果如图5-261所示。

图5-261

## Part 3　创建书架光源

**步骤01** 在书架位置拖曳创建12盏VR-灯光，如图5-262所示。

**步骤02** 选择创建的VR-灯光，在【修改】面板中设置其具体参数，如图5-263所示。

- 设置【类型】为【平面】；设置【倍增】为15，【颜色】为浅黄色；在【大小】选项组中设置【1/2长】为20mm，【1/2宽】为20mm；选中【不可见】复选框；设置【细分】为15。

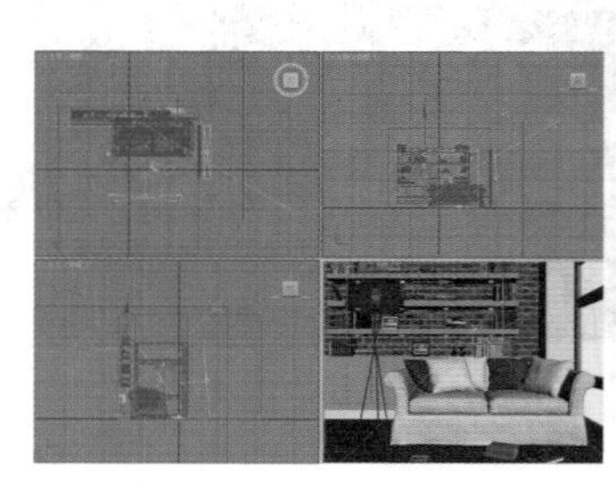

图5-262

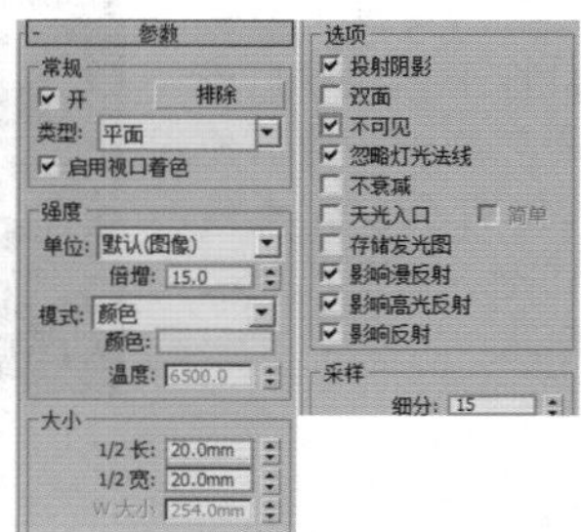


图5-263

**步骤03** 最终渲染效果如图5-264所示。

图5-264

## 5.4.2 VRayIES

VRayIES是一个V型射线特定光源插件，可用来加载IES灯光，它能使现实世界的光分布更加逼真（IES文件）。VRayIES和MAX中的光度学中的灯光类似，而专门优化的V-射线渲染比通常的要快。其参数面板如图5-265所示。

- 启用：打开和关闭VRayIES光。
- 目标：使VRayIES具有针对性。
- IES文件（按钮） None ：指定定义的光分布。
- 中止：该参数指定了一个光的强度，低于该值将无法计算的门槛。

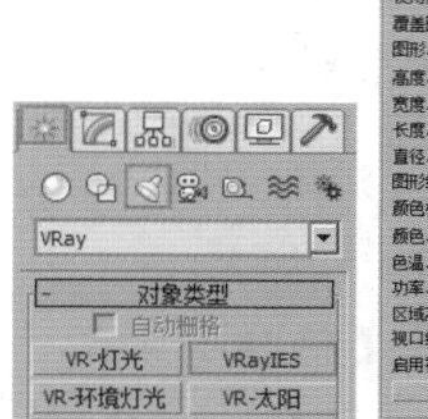

图5-265

- 投射阴影：光投射阴影。关闭该选项，禁用光线阴影投射。
- 形状细分：该值控制的VRay需要计算照明的样本数量。
- 色彩模式：允许选择将取决于光色的模式。
- 色彩：色彩模式设置为颜色，该参数决定了光的颜色。
- 色温：色彩模式设置为温度，该参数决定了光的颜色温度（开尔文）。
- 功率：确定流明光的强度。
- 区域高光：当该选项是关闭的特定的光时，将呈现为一个点光源在镜面反射。

## 5.4.3 VR-环境灯光

VR-环境灯光与标准灯光下的天光类似，主要用来控制整体环境的效果。其参数面板如图5-266所示。

图5-266

- 启用：打开和关闭VR-环境灯光。
- 颜色：指定哪些射线是由VR-环境灯光影响的。
- 强度：控制VR-环境灯光的强度。
- 灯光贴图：指定VR-环境灯光的贴图。
- 补偿曝光：当VR-环境灯光和VR-物理摄影机一起使用时，该选项生效。

## 5.4.4 VR-太阳

VR-太阳是VR-灯光中非常重要的灯光类型，主要用来模拟日光的效果，参数较少、调节方便，且效果非常逼真。在单击创建VR-太阳时会弹出【VRay太阳】对话框，此时单击【是】按钮即可，如图5-267所示。

VR-太阳的具体参数如图5-268所示。

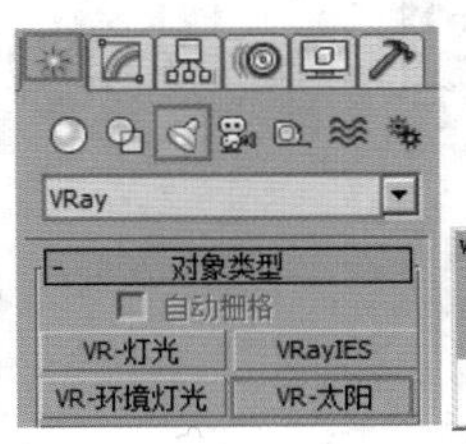


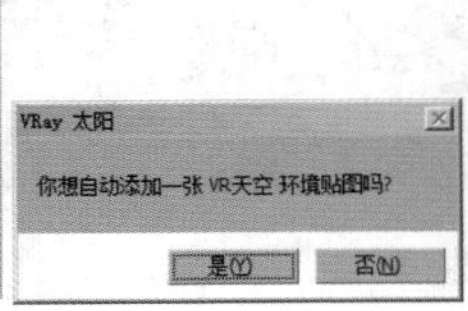


图5-267

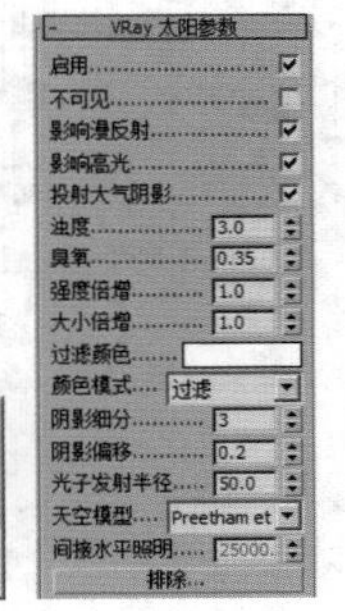


图5-268

- 启用：控制灯光开启与关闭。
- 不可见：控制灯光可见与不可见。对比效果如图5-269所示。

图5-269

- 浊度：控制空气的清洁度，数值越大，阳光就越暖，一般情况下白天正午时数值为3～5，下午时为6～9，傍晚时可以为15。当然，阳光的冷暖也和自身与地面的角度有关，角度越垂直越冷，角度越小越暖，如图5-270所示。

图5-270

- 臭氧：用来控制大气臭氧层的厚度，数值越大，颜色越浅；数值越小，颜色越深，如图5-271所示。

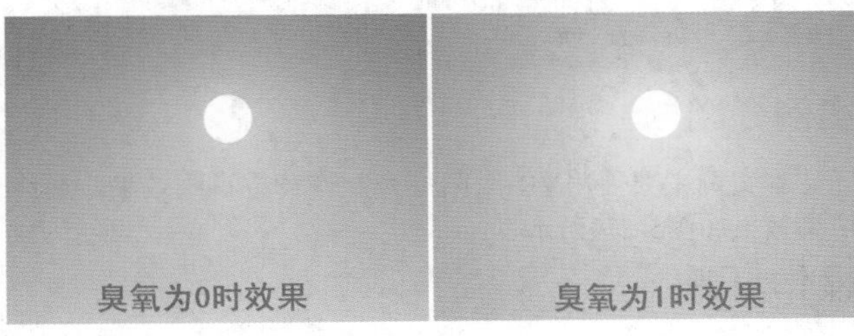


图5-271

- 强度倍增：用来控制灯光的强度，数值越大，灯光越亮；数值越小，灯光越暗，如图5-272所示。

图5-272

- 大小倍增：用来控制太阳的大小，数值越大，太阳越大，就会产生越虚的阴影效果，如图5-273所示。

图5-273

- 阴影细分：控制阴影的细腻程度，数值越大，阴影噪点越少；数值越小，阴影噪点越多，如图5-274所示。

图5-274

- 阴影偏移：用来控制阴影的偏移位置，如图5-275所示。
- 光子发射半径：用来控制光子发射的半径大小。

图5-275

### 技巧提示

在VR-太阳中会涉及一个知识点——【VR天空】贴图。在第一次创建VR-太阳时，会提醒用户是否添加VR-天空环境贴图，如图5-276所示。

图5-276

当单击【是】按钮后，在改变VR-太阳中的参数时，VR天空的参数会自动跟随发生变化。此时按数字键8，打开【环境和效果】对话框，然后单击【VR天空】贴图拖曳到一个空白材质球上，并选中【实例】单选按钮，然后单击【确定】按钮，如图5-277所示。

选中【手设 太阳 节点】复选框，并设置相应的参数，此时可以单独控制VR天空的效果，如图5-278所示。

图5-277　图5-278

## 小实例：利用VR-太阳制作黄昏光照

| 场景文件 | 16.max |
|---|---|
| 案例文件 | 小实例：利用VR-太阳制作黄昏光照.max |
| 视频教学 | 多媒体教学/Chapter 05/小实例：利用VR-太阳制作黄昏光照.flv |
| 难易指数 | ★★☆☆☆ |
| 灯光方式 | VR-太阳、VR-灯光 |
| 技术掌握 | 掌握VR-太阳中参数的运用 |

### 实例介绍

本实例主要使用VR-太阳灯光制作黄昏日照效果，最终渲染效果如图5-279所示。

图5-279

### 操作步骤

#### Part 1　创建VR-太阳灯光

步骤01 打开本书配套光盘中的【场景文件/Chapter05/16.max】文件，如图5-280所示。

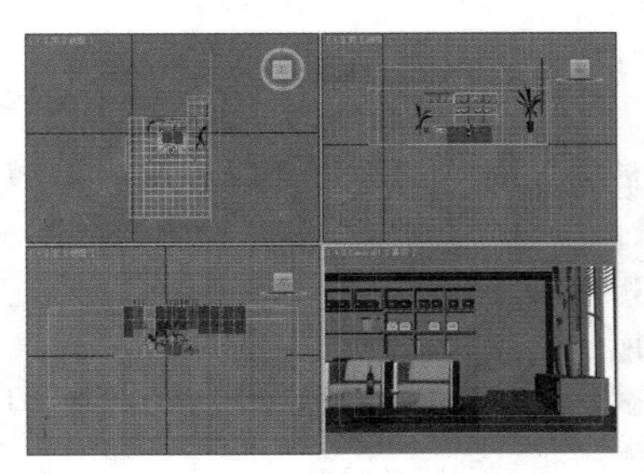

图5-280

步骤02 在顶视图中拖曳并创建一盏VR-太阳，位置如图5-281所示，在拖曳时会弹出一个提示窗口，如图5-282所示，单击【是】按钮。

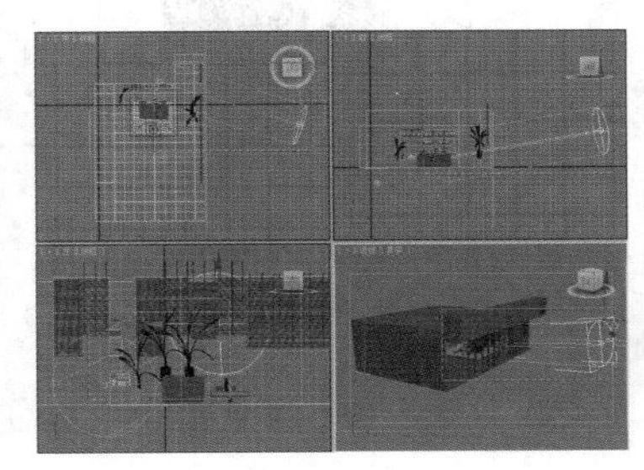

图5-281　　图5-282

步骤03 选择步骤02中创建的VR-太阳，在【修改】面板中设置其具体参数，如图5-283所示。

- 在【VRay太阳参数】卷展栏中设置【浊度】为6，【臭氧】为0.6，【强度倍增】为0.02，【大小倍增】为3，【阴影细分】为20。

步骤04 按Shift+Q组合键，快速渲染摄影机视图，其渲染效果如图5-284所示。

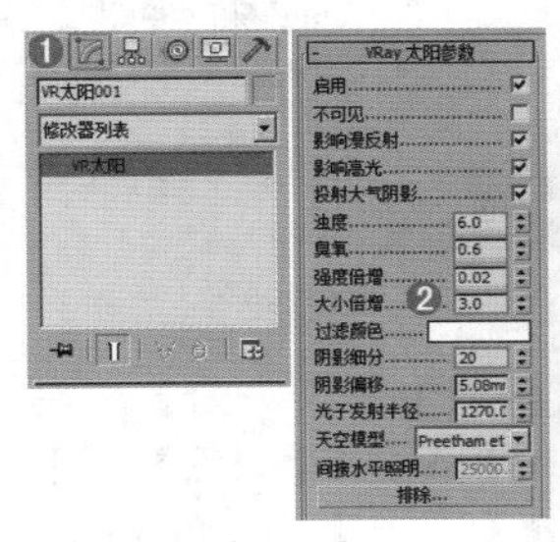

图5-283　　图5-284

## Part 2　创建室内辅助灯光

步骤01 在左视图中拖曳并创建一盏VR-灯光，并将其放置到客厅窗户外面，具体位置如图5-285所示。

步骤02 选择步骤01中创建的VR-灯光（平面），在【修改】面板中设置其具体参数，如图5-286所示。

- 设置【类型】为【平面】；设置【倍增】为6，【颜色】为浅黄色；在【大小】选项组中设置【1/2长】为147mm，【1/2宽】为64mm；选中【不可见】复选框。

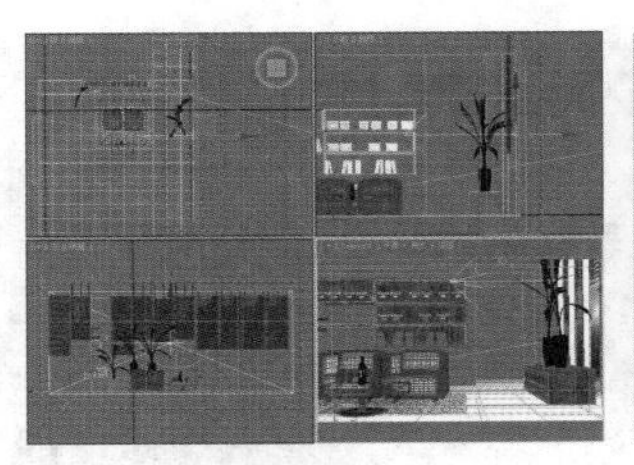

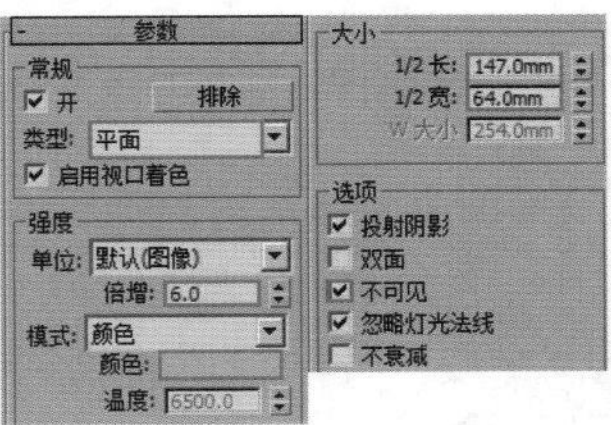

图5-285　　图5-286

步骤03 在前视图中拖曳并创建一盏VR-灯光，如图5-287所示。

步骤04 选择步骤04中创建的VR-灯光（平面），在【修改】面板中设置其具体参数，如图5-288所示。

- 设置【类型】为【平面】；设置【倍增】为1.5，【颜色】为浅黄色；设置【1/2长】为121mm，【1/2宽】为64mm；选中【不可见】复选框。

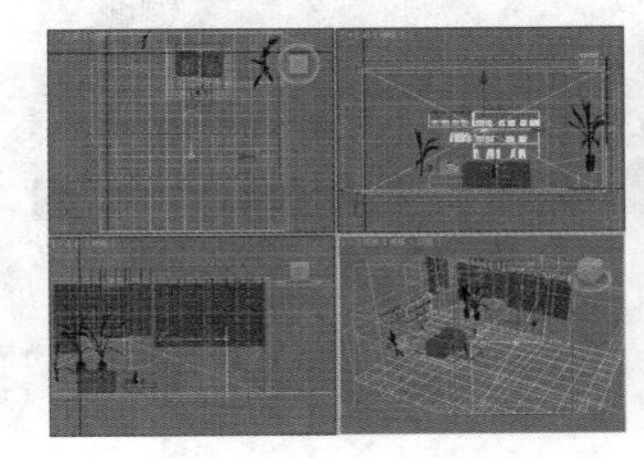

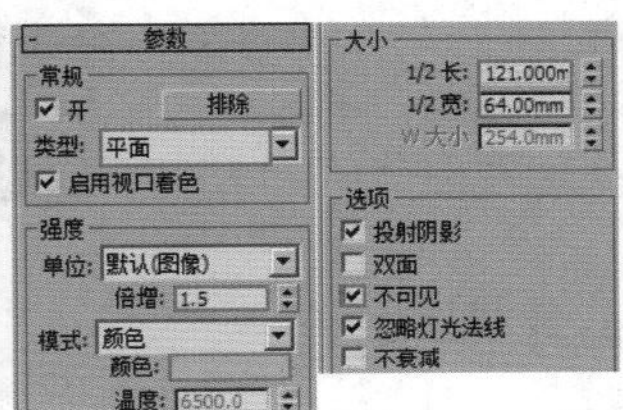

图5-287　　图5-288

步骤05 在左视图中拖曳并创建一盏VR-灯光，如图5-289所示。

步骤06 选择步骤05中创建的VR-灯光（平面），在【修改】面板中设置其具体参数，如图5-290所示。

- 设置【类型】为【平面】；设置【倍增】为6，【颜色】为浅蓝色；设置【1/2长】为46mm，【1/2宽】为56mm；选中【不可见】复选框。

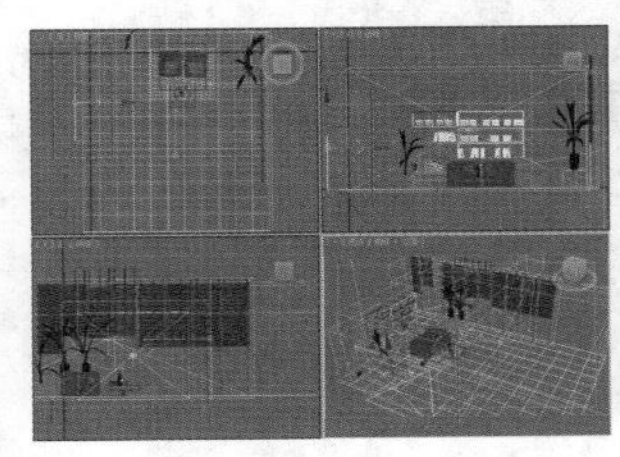

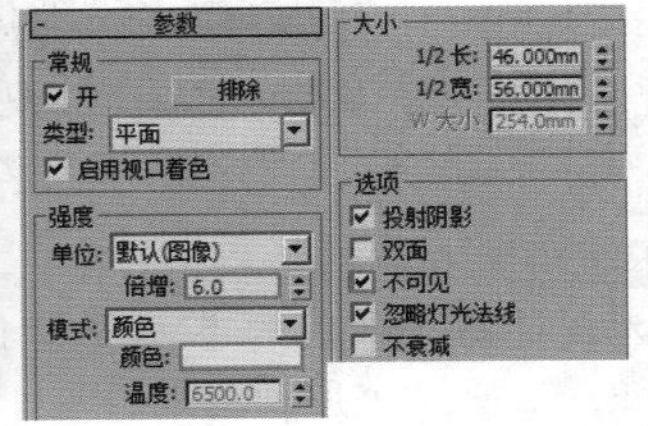

图5-289　　图5-290

步骤07 最终渲染效果如图5-291所示。

图5-291

第5章　灯光技术

## 小实例：利用VR-太阳制作日光

| 场景文件 | 17.max |
| --- | --- |
| 案例文件 | 小实例：利用VR-太阳制作日光.max |
| 视频教学 | 多媒体教学/Chapter 05/小实例：利用VR-太阳制作日光.flv |
| 难易指数 | ★★☆☆☆ |
| 灯光方式 | VR-太阳、VR-灯光 |
| 技术掌握 | 掌握VR-太阳、VR-灯光的运用 |

### 实例介绍

本实例主要使用VR-太阳灯光制作灯光，并使用VR-灯光创建辅助光源，灯光效果如图5-292所示。

图5-292

### 操作步骤

#### Part 1 创建VR-太阳灯光

**步骤01** 打开本书配套光盘中的【场景文件/Chapter05/17.max】文件，如图5-293所示。

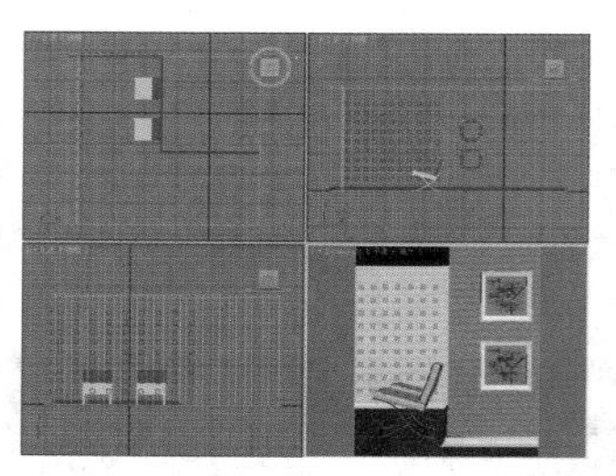

图5-293

**步骤02** 在视图中拖曳并创建一盏VR-太阳，如图5-294所示。同时在弹出的【VRay太阳】对话框中单击【是】按钮，如图5-295所示。

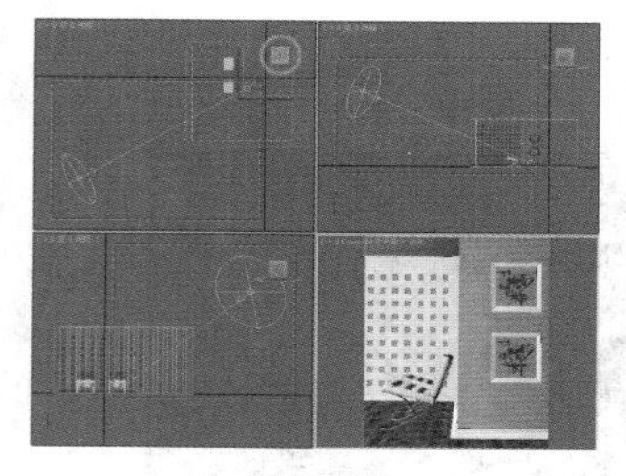

图5-294

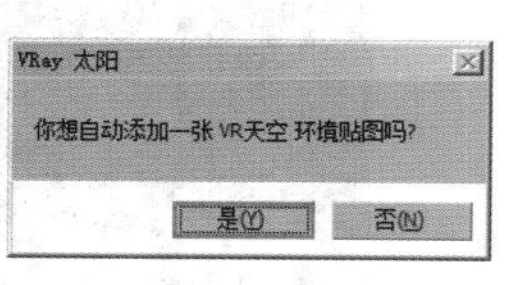


图5-295

**步骤03** 选择步骤02中创建的VR-太阳，在【修改】面板中设置其具体参数。

- 设置【浊度】为4，【强度倍增】为0.08，【大小倍增】为3，【阴影细分】为15，参数如图5-296所示。

**步骤04** 按Shift+Q组合键，快速渲染摄影机视图，其渲染效果如图5-297所示。

通过测试，VR-太阳效果基本符合条件，但是渲染图像偏灰，缺乏色彩和氛围。

图5-296

图5-297

#### Part 2 创建辅助光源

**步骤01** 在左视图中拖曳并创建一盏VR-灯光，具体的位置如图5-298所示。

**步骤02** 选择创建的VR-灯光，在【修改】面板中设置其具体参数，如图5-299所示。

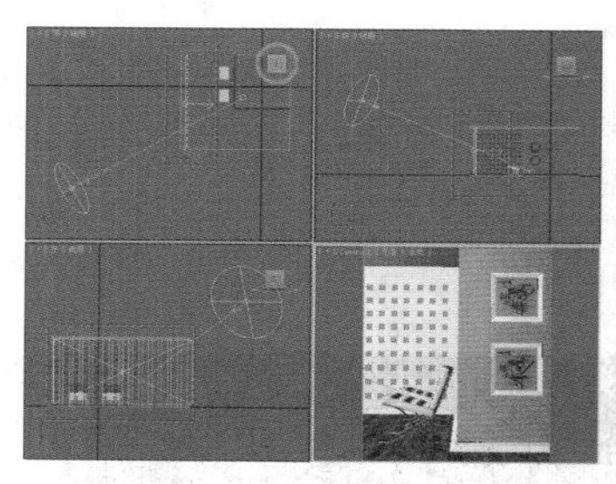

图5-298

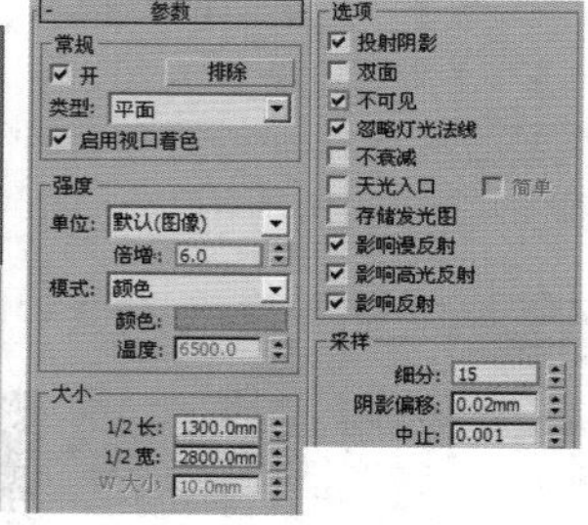


图5-299

- 在【常规】选项组中设置【类型】为【平面】；在【强度】选项组中设置【倍增】为6，【颜色】为橙色；在【大小】选项组中设置【1/2长】为1300mm，【1/2宽】为2800mm；选中【不可见】复选框；设置【细分】为15。

**步骤03** 继续在前视图中创建VR-灯光，具体的位置如图5-300所示。

**步骤04** 选择创建的VR-灯光，在【修改】面板中设置其具体参数，如图5-301所示。

- 设置【类型】为【平面】；设置【倍增】为3，【颜色】为橙色；设置【1/2长】为1300mm，【1/2宽】为1650mm；选中【不可见】复选框，取消选中【影响高光反射】和【影响反射】复选框；设置【细分】为15。

**步骤05** 最终的渲染效果如图5-302所示。

图5-300

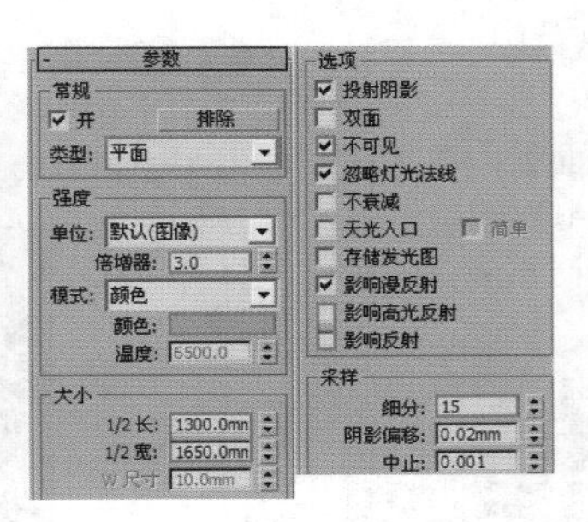

图5-301

图5-302

## 综合实例：利用VR-太阳综合制作阳光客厅

| | |
|---|---|
| 场景文件 | 18.max |
| 案例文件 | 综合实例：利用VR-太阳综合制作阳光客厅.max |
| 视频教学 | 多媒体教学/Chapter 05/综合实例：利用VR-太阳综合制作阳光客厅.flv |
| 难易指数 | ★★☆☆☆ |
| 灯光方式 | VR-太阳、目标灯光、VR-灯光 |
| 技术掌握 | 掌握VR-太阳、目标灯光、VR-灯光的运用 |

### 实例介绍

本实例主要使用VR-太阳进行制作，其次使用目标灯光模拟室内的射灯，利用VR-灯光制作辅助光源，使灯光效果更加完善，具体灯光效果如图5-303所示。

### 操作步骤

#### Part 1 创建正午太阳光

**步骤01** 打开本书配套光盘中的【场景文件/Chapter05/18.max】文件，如图5-304所示。

图5-303

图5-304

**步骤02** 在顶视图中拖曳并创建一盏VR-太阳，具体如图5-305所示，在拖曳时会弹出一个提示窗口，如图5-306所示，单击【是】按钮。

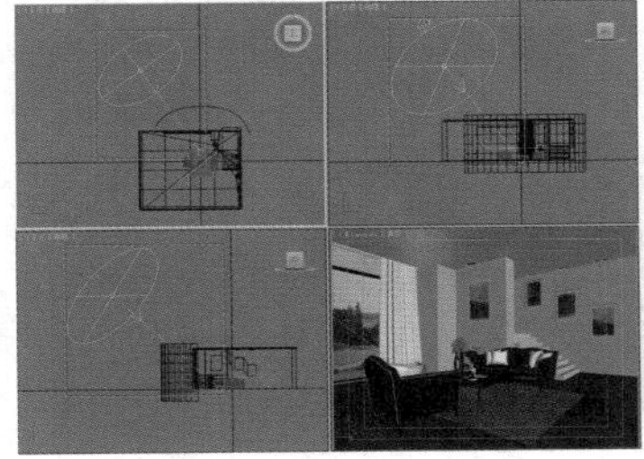
图5-305

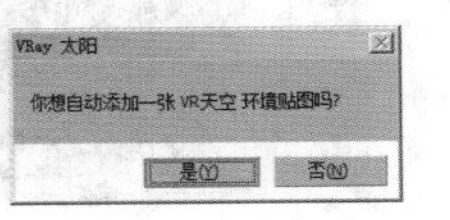

图5-306

**步骤03** 选择步骤02中创建的VR-太阳，在【修改】面板中设置其具体参数，如图5-307所示。

- 设置【强度倍增】为0.05，【大小倍增】为8，【阴影细分】为8，其他选项采用默认值。

**步骤04** 按Shift+Q组合键，快速渲染摄影机视图，其渲染效果如图5-308所示。

图5-307

图5-308

#### Part 2 创建室内灯光

**步骤01** 在前视图中拖曳并创建一盏VR-灯光，并使用【选择并移动】工具放置到窗户外面，此时VR-灯光的位置如图5-309所示。在【修改】面板中设置其具体参数，如图5-310所示。

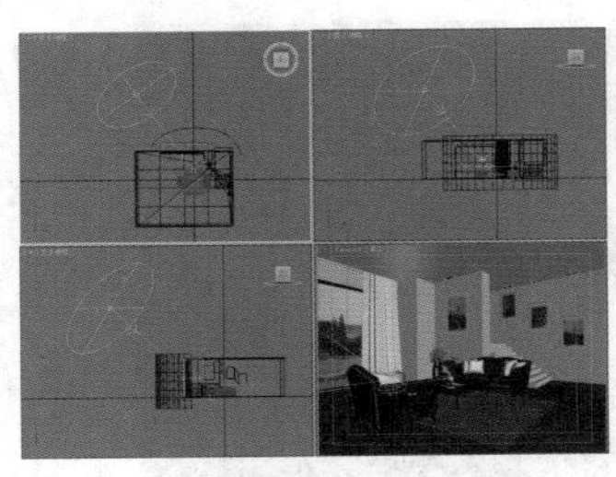
图5-309

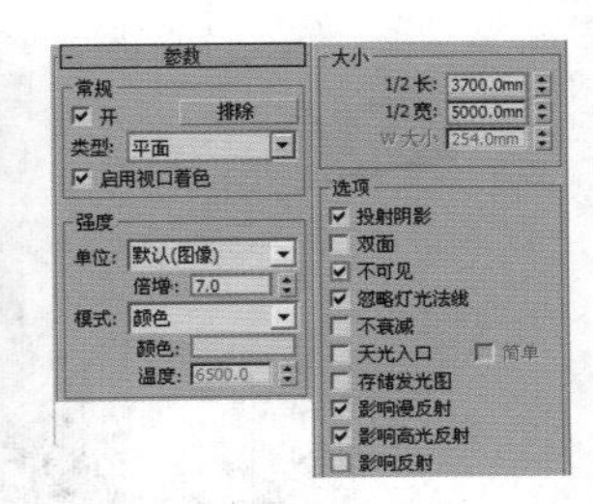

图5-310

- 设置【类型】为【平面】；设置【倍增】为7，【颜色】为浅蓝色；设置【1/2长】为3700mm，【1/2宽】为5000mm；选中【不可见】复选框，取消选中【影响反射】复选框。

**步骤02** 在左视图中拖曳并创建一盏VR-灯光，此时VR-灯光的位置如图5-311所示。在【修改】面板中设置其具体参数，如图5-312所示。

- 在【常规】选项组中设置【类型】为【平面】；在【强度】选项组中设置【倍增】为4；在【大小】选项组中设置【1/2长】为3700mm，【1/2宽】为6500mm；在【选项】选项组中选中【不可见】复选框。

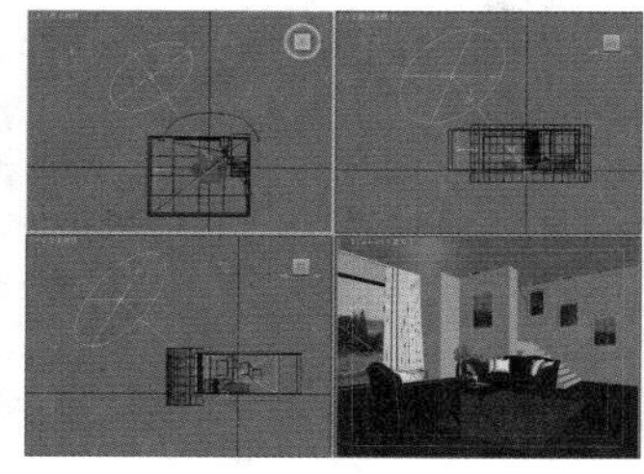

图5-311

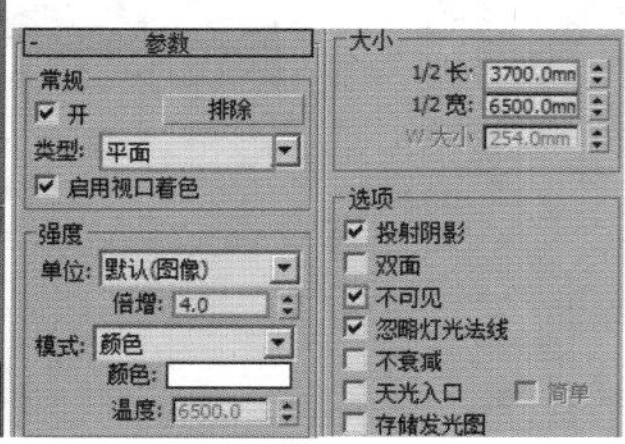


图5-312

**步骤03** 继续在前视图中拖曳并创建一盏VR-灯光，此时VR-灯光的位置如图5-313所示。在【修改】面板中设置其具体参数，如图5-314所示。

- 设置【类型】为【平面】；设置【倍增】为1.5，【颜色】为半黄色；在【大小】选项组中设置【1/2长】为3800mm，【1/2宽】为6700mm；选中【不可见】复选框，同时取消选中【影响反射】复选框。

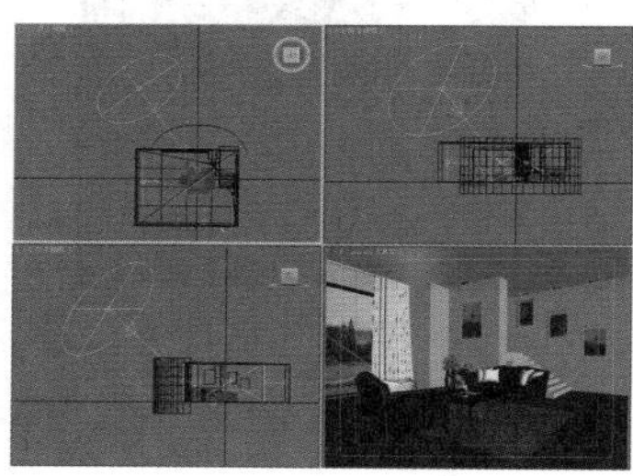

图5-313

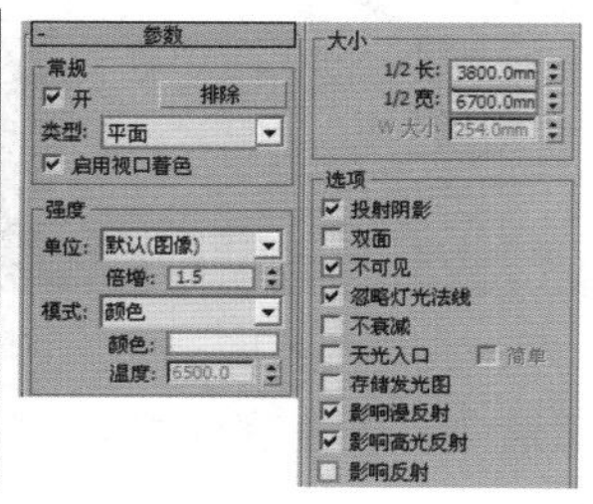


图5-314

**步骤04** 按Shift+Q组合键，快速渲染摄影机视图，其渲染效果如图5-315所示。

图5-315

## Part 3 创建室内射灯

**步骤01** 在左视图中创建8盏目标灯光，并放置在射灯模型下面，如图5-316所示。选择创建的目标灯光，然后在【修改】面板中设置其具体参数，如图5-317所示。

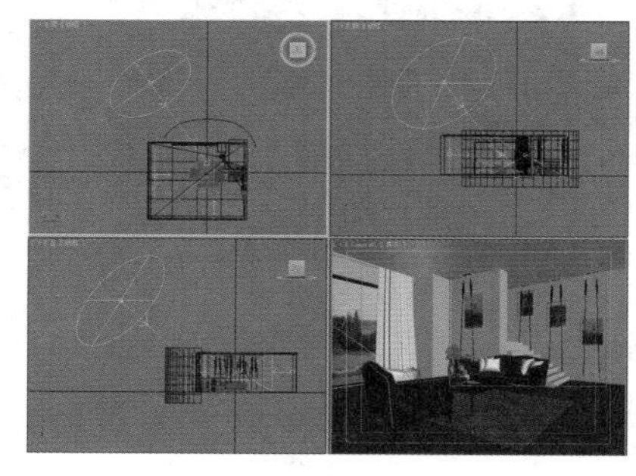

图5-316

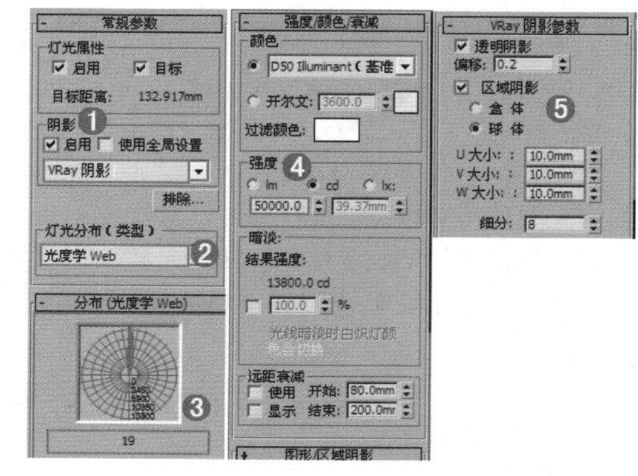


图5-317

- 展开【常规参数】卷展栏，选中【启用】复选框，设置【阴影类型】为【VRay 阴影】，设置【灯光分布（类型）】为【光度学Web】，接着展开【分布（光度学Web）】卷展栏，并在通道上加载【19.ies】。
- 展开【强度/颜色/衰减】卷展栏，设置【强度】为50000；展开【VRay 阴影参数】卷展栏，选中【区域阴影】复选框，设置【U/V/W大小】为10mm。

**步骤02** 最终渲染效果如图5-318所示。

图5-318

# 摄影机技术

数码单反相机的构造比较复杂，适当地了解对我们要学习的摄影机内容有一定的帮助。

镜头的主要功能为收集被照物体反射光并将其聚焦于CCD上，其投影至CCD上之图像是倒立，摄像机电路具有将其反转功能，其成像原理与人眼相同。

**本章学习要点：**

- 真实相机的结构
- 目标摄影机的使用
- 自由摄影机的使用
- VR_穹顶摄影机的使用
- VR_物理摄影机的使用
- 景深和运动模糊的制作方法

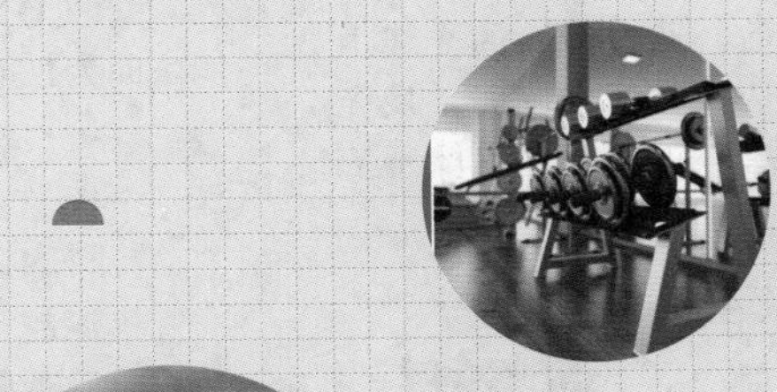

# 6.1 初识摄影机

## 6.1.1 数码摄影基础

数码单反相机的构造比较复杂，适当地了解对我们要学习的摄影机内容有一定的帮助，如图6-1所示。其成像原理与人眼相同，如图6-2所示。

图6-1

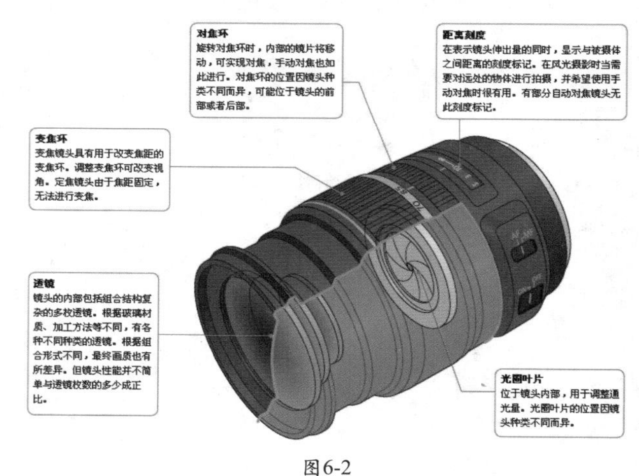


图6-2

镜头的种类有很多，包括标准镜头、长焦镜头、广角镜头、鱼眼镜头、微距镜头、增距镜头、变焦镜头、柔焦镜头、防抖镜头、折返镜头、移轴镜头、UV镜头、偏振镜头、滤色镜头等，如图6-3所示。

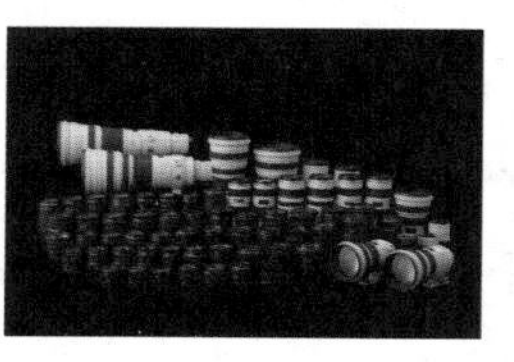

图6-3

成像原理：在按下快门按钮之前，通过镜头的光线由反光镜反射至取景器内部。在按下快门按钮的同时，反光镜弹起，镜头所收集的光线通过快门帘幕到达图像感应器，如图6-4所示。

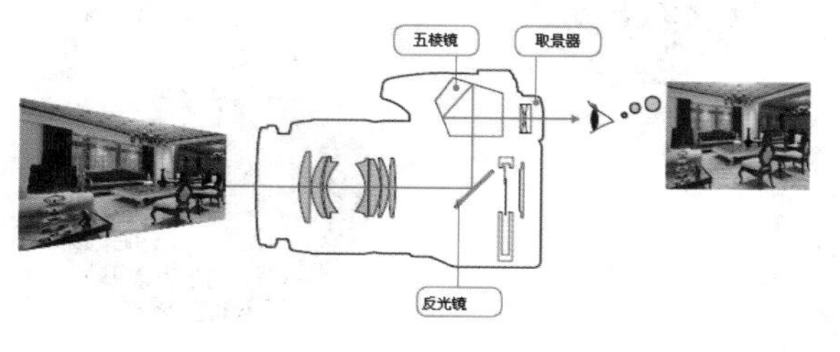


图6-4

常用术语解释：

- 焦距：从镜头的中心点到胶片平面（其他感光材料）上所形成的清晰影像之间的距离。焦距通常以毫米（mm）为单位，一般会标在镜头前面，例如最常用的是27～30mm、50mm（也是通常所说的标准镜头，对于35mm的胶片来说）、70mm（长焦镜头）等。
- 光圈：控制镜头通光量大小的装置。开大一档光圈，进入相机的光量就会增加一倍，缩小一档光圈光量将减半。光圈大小用F值来表示，序列如下：f/1, f/1.4, f/2, f/2.8, f/4, f/5.6, f/8, f/11, f/16, f/22, f/32, f/44, f/64（f值越小，光圈越大）。
- 快门：控制曝光时间长短的装置。
- 快门速度：快门开启的时间。它是指光线扫过胶片（CCD）的时间（曝光时间）。例如，1/30是指曝光时间为1/30秒。
- 景深：影像相对清晰的范围。景深的长短取决于3个因素：焦距、摄距和光圈大小。特点是：焦距越长，景深越短；焦距越短，景深越长；摄距越长，景深越长；光圈越大，景深越小。
- 景深预览：为了看到实际的景深，有的相机提供了景深预览按钮，按下按钮，把光圈收缩到选定的大小，看到的场景就和拍摄后胶片（记忆卡）记录的场景一样。
- 感光度（ISO）：感光材料感光的快慢程度。单位用度或定来表示，例如ISO100/21表示感光度为100度/21定的胶卷。感光度越高，胶片越灵敏。

- 色温：各种不同的光所含的不同色素称为色温，单位为K。我们通常所用的日光型彩色负片所能适应的色温为5400K～5600K；灯光型A型、B型所能适应的色温分别为3400K和3200K。所以，我们要根据拍摄对象、环境来选择不同类型的胶卷，否则就会出现偏色现象。
- 白平衡：由于不同的光照条件的光谱特性不同，拍出的照片常常会偏色，例如，在日光灯下会偏蓝、在白炽灯下会偏黄等。数码相机可根据不同的光线条件调节色彩设置，使照片颜色尽量不失真。
- 曝光：光到达胶片表面使胶片感光的过程。它常取决于光圈和快门的组合，因此又有曝光组合一词。例如，用测光表测得快门为1/30秒时，光圈应用5.6，这样，F5.6、1/30秒就是一个曝光组合。
- 曝光补偿：用于调节曝光不足或曝光过度。

## 6.1.2 为什么需要使用摄影机

现实中的照相机、摄影机都是为了将一些画面以当时的视角记录下来，方便以后观看。3ds Max中的摄影机也是一样的，创建摄影机后，可以快速切换到摄影机角度进行渲染，而不必每次渲染时都要寻找与上次渲染重合的角度，这样就使操作更加快捷，如图6-5所示。

❶【透视图】效果

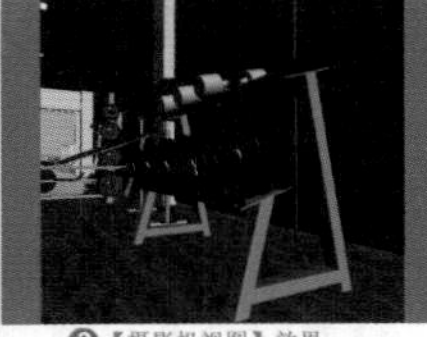

❷【摄影机视图】效果

❸【最终渲染】效果

图6-5

## 6.1.3 摄影机创建的思路

摄影机的创建大致有两种思路。

第1种：在【创建】面板中单击【摄影机】按钮，然后单击【目标】按钮，最后在视图中拖曳进行创建，如图6-6所示。

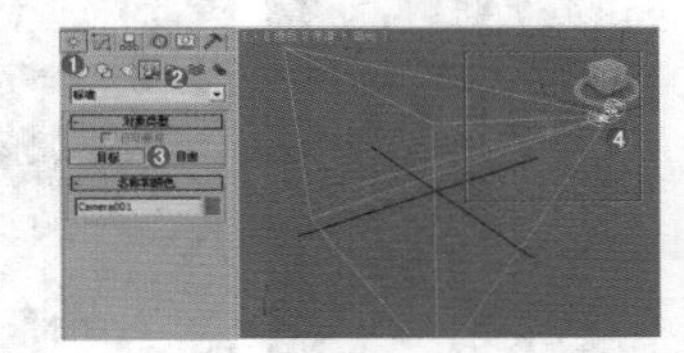

图6-6

第2种：在【透视图】中选择好角度（可以按住Alt+鼠标中键进行旋转视图选择合适的角度），然后在该角度按Ctrl+C组合键创建该角度的摄影机，如图6-7所示。

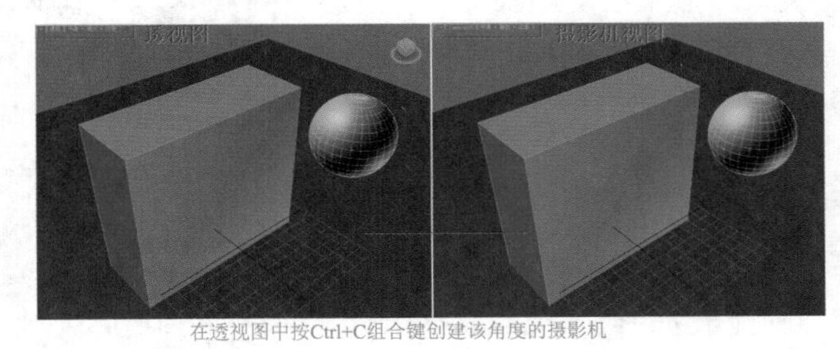

在透视图中按Ctrl+C组合键创建该角度的摄影机

图6-7

使用以上两种方法都可以创建摄影机。此时在视图中按快捷键C即可切换到【摄影机视图】；按快捷键P即可切换到【透视图】，如图6-8所示。

在视图中按快捷键 P 即可切换到【透视图】

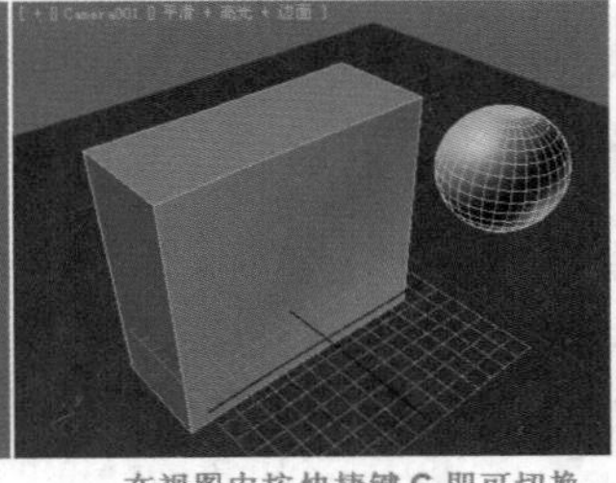

在视图中按快捷键 C 即可切换到【摄影机视图】

图6-8

在【摄影机视图】的状态下，可以使用3ds Max界面右下方的6个按钮进行【推拉摄影机】、【透视】、【侧滚摄影机】、【视野】、【平移摄影机】和【环游摄影机】等调节，如图6-9所示。

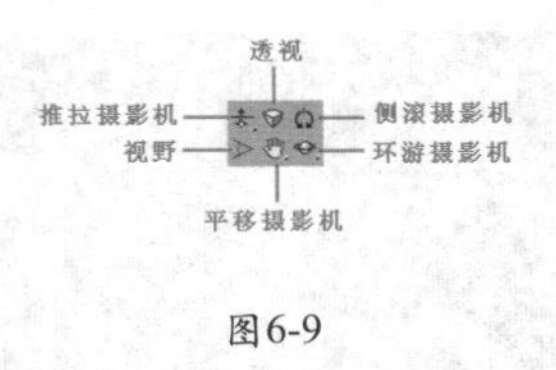


图6-9

# 6.2 3ds Max中的摄影机

## 6.2.1 目标摄影机

在【创建】面板中单击【摄影机】按钮，并设置【摄影机类型】为【标准】，然后单击【目标】按钮，如图6-10所示。在场景中拖曳光标创建一台目标摄影机，可以观察到目标摄影机包含【目标点】和【摄影机】两个部件，如图6-11所示。

图6-10

目标摄影机可以通过调节【目标点】和【摄影机】来控制角度，非常方便，如图6-12所示。

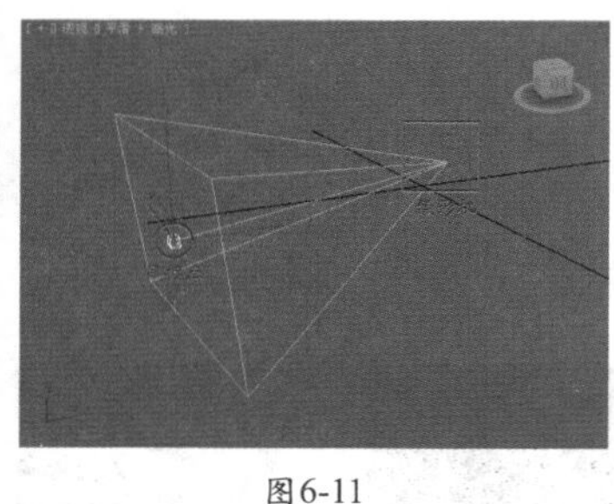

图6-11

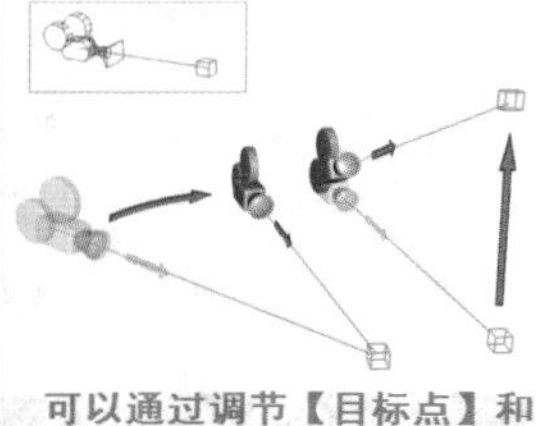


图6-12

下面讲解目标摄影机的相关参数。

## 1．参数

展开【参数】卷展栏，如图6-13所示。

- 镜头：以mm为单位来设置摄影机的焦距。
- 视野：设置摄影机查看区域的宽度视野，有【水平】、【垂直】和【对角线】3种方式。
- 正交投影：启用该选项后，摄影机视图为用户视图；关闭该选项后，摄影机视图为标准的透视图。
- 备用镜头：系统预置的摄影机镜头包含有15mm、20mm、24mm、28mm、35mm、50mm、85mm、135mm和200mm 9种，如图6-14和图6-15所示为设置35mm和15mm的对比效果。

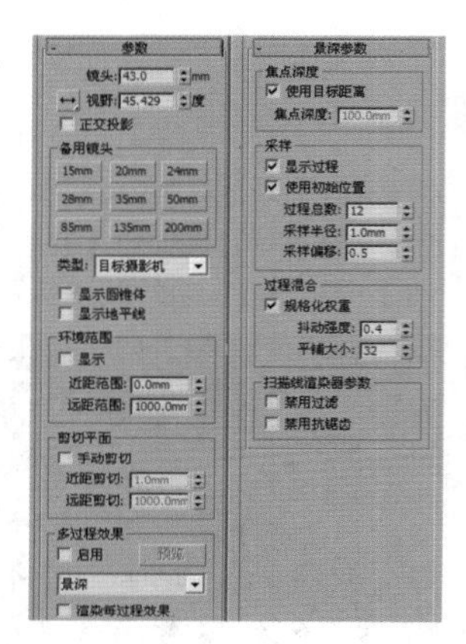

图6-13

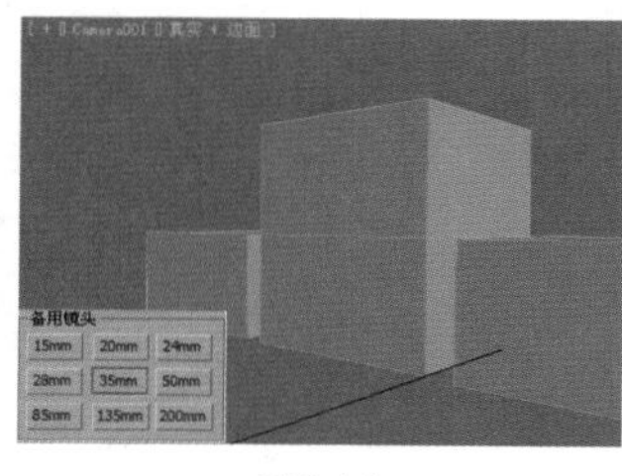

图6-14

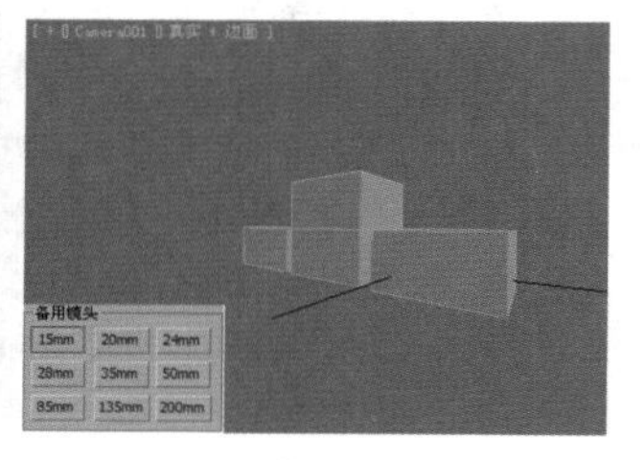

图6-15

- 类型：切换摄影机的类型，包含【目标摄影机】和【自由摄影机】两种。
- 显示圆锥体：显示摄影机视野定义的锥形光线。锥形光线出现在其他视口，但是显示在摄影机视口中。
- 显示地平线：在摄影机视图中的地平线上显示一条深灰色的线条。
- 显示：显示出在摄影机锥形光线内的矩形。
- 近距/远距范围：设置大气效果的近距范围和远距范围。
- 手动剪切：启用该选项后，可以定义剪切的平面。
- 近距/远距剪切：设置近距和远距平面。
- 多过程效果：该选项组中的参数主要用来设置摄影机的景深和运动模糊效果。
  - 启用：启用该选项后，可以预览渲染效果。
  - 多过程效果类型：共有【景深（mental ray）】、【景深】和【运动模糊】3个选项。
  - 渲染每过程效果：启用该选项后，系统会将渲染效果应用于多重过滤效果的每个过程（景深或运动模糊）。
- 目标距离：当使用【目标摄影机】时，该选项用来设置摄影机与其目标之间的距离。

## 2．景深参数

景深是摄影机的一个非常重要的功能，在实际工作中的使用频率也非常高，常用于表现画面的中心点，如图6-16和图6-17所示。

图6-16

图6-17

当设置【多过程效果】类型为【景深】时，系统会自动显示出【景深参数】卷展栏，如图6-18所示。

- 使用目标距离：启用该选项后，系统会将摄影机的目标距离用作每个过程偏移摄影机的点。
- 焦点深度：当关闭【使用目标距离】选项时，该选项可以用来设置摄影机的偏移深度。
- 显示过程：启用该选项后，【渲染帧窗口】对话框中将显示多个渲染通道。
- 使用初始位置：启用该选项后，第1个渲染过程将位于摄影机的初始位置。

图6-18

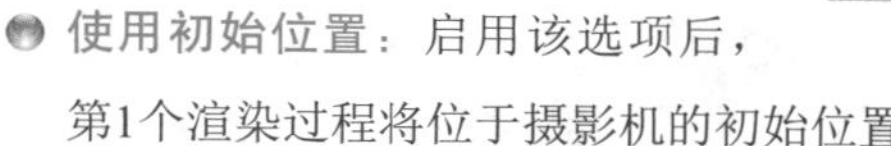

- 过程总数：设置生成景深效果的过程数。
- 采样半径：设置场景生成的模糊半径。数值越大，模糊效果越明显。
- 采样偏移：设置模糊靠近或远离【采样半径】的权重。
- 规格化权重：启用该选项后，可以将权重规格化，以获得平滑的结果。

- **抖动强度**：设置应用于渲染通道的抖动程度。增大该值会增加抖动量，并且会生成颗粒状效果，尤其在对象的边缘上最为明显。
- **平铺大小**：设置图案的大小。
- **禁用过滤**：启用该选项后，系统将禁用过滤的整个过程。
- **禁用抗锯齿**：启用该选项后，可以禁用抗锯齿功能。

### 3．运动模糊参数

运动模糊一般运用在动画中，常用于表现运动对象高速运动时产生的模糊效果，如图6-19和图6-20所示。

图6-19

图6-20

当设置【多过程效果】类型为【运动模糊】方式时，系统会自动显示出【运动模糊参数】卷展栏，如图6-21所示。

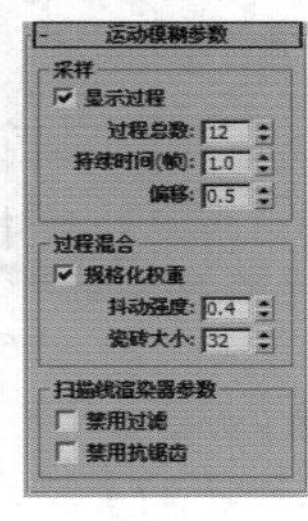


图6-21

- **显示过程**：启用该选项后，【渲染帧窗口】对话框中将显示多个渲染通道。
- **过程总数**：设置生成效果的过程数。增大该值可以提高效果的真实度，但是会增加渲染时间。
- **持续时间（帧）**：在制作动画时，该选项用来设置应用运动模糊的帧数。
- **偏移**：设置模糊的偏移距离。
- **禁用过滤**：启用该选项后，系统将禁用过滤的整个过程。

### 4．剪切平面参数

使用剪切平面可以排除场景的一些几何体，以只查看或渲染场景的某些部分。每部摄影机都具有近端和远端剪切平面。每个剪切平面的位置是以场景的当前单位，沿着摄影机的视线（其局部 Z 轴）测量的，同时剪切平面是摄影机常规参数的一部分，如图6-22所示。

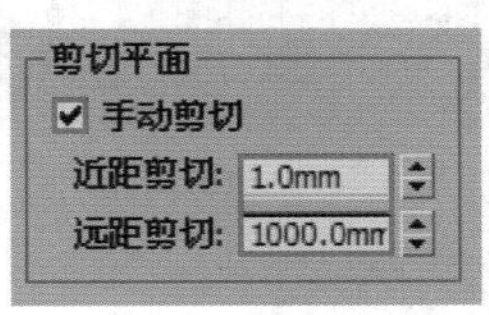


图6-22

### 5．摄影机校正

选择目标摄影机后单击鼠标右键，在弹出的快捷菜单中选择【应用摄影机校正修改器】命令，如图6-23所示。另外，也可以为摄影机加载【摄影机校正】修改器，如图6-24所示。如图6-25所示为对比效果。

- **数量**：设置两点透视的校正数量。默认设置是 0.0。
- **方向**：偏移方向。大于 90.0时，设置方向向左偏移校正；小于 90.0时，设置方向向右偏移校正。
- **推测**：单击该按钮以使【摄影机校正】修改器设置第一次推测数量值。

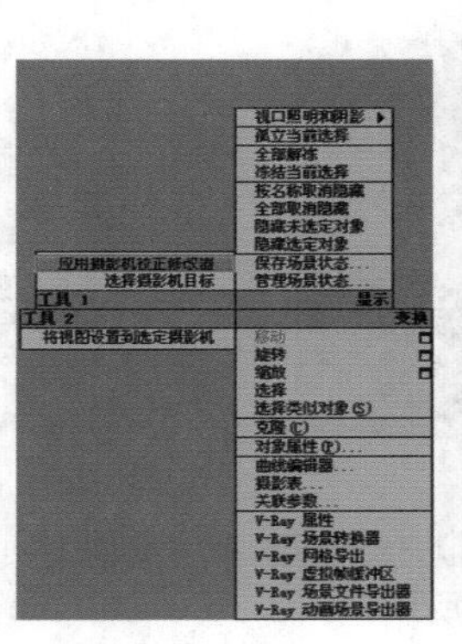

图6-23

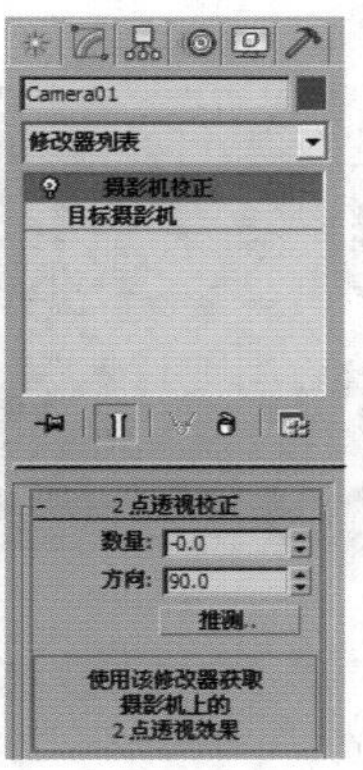


图6-24

图6-25

## 小实例：利用目标摄影机制作景深效果

| 场景文件 | 01.max |
|---|---|
| 案例文件 | 小实例：利用目标摄影机制作景深效果.max |
| 视频教学 | 多媒体教学/Chapter 06/小实例：利用目标摄影机制作景深效果.flv |
| 难易指数 | ★★★☆☆ |
| 技术掌握 | 掌握目标摄影机和渲染器的调节 |

### 实例介绍

在渲染设置中【VRay】选项卡的【V-Ray像机】卷展栏对于设置景深效果非常重要，本例的渲染效果如图6-26所示。

图6-26

## 操作步骤

**步骤01** 打开本书配套光盘中的【场景文件/Chapter06/01.max】文件，如图6-27所示。

**步骤02** 在【创建】面板中单击【摄影机】按钮，并设置【摄影机类型】为【标准】，然后单击【目标】按钮，如图6-28所示。

图6-27

图6-28

**步骤03** 使用【目标摄影机】在顶视图中拖曳创建一盏摄影机，具体放置位置如图6-29所示。

**步骤04** 设置【镜头】为43.456mm，【视野】为45°，【目标距离】为12.5，在【景深】卷展栏中设置【采样半径】为1.0，如图6-30所示。

图6-29

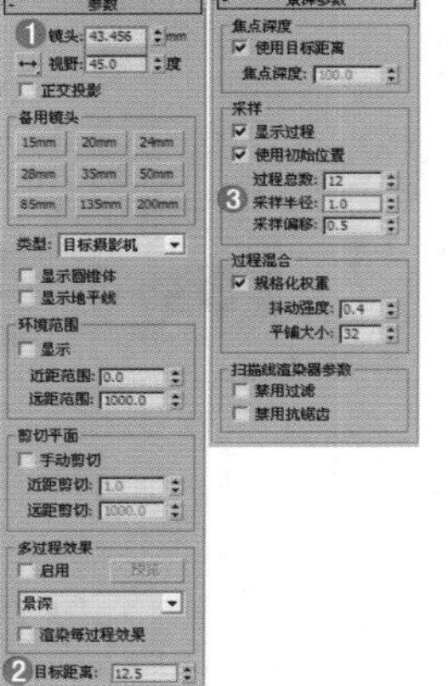

图6-30

### 技巧提示

创建【目标摄影机】的方法主要有两种，第一种就是上面的方法，即直接单击【摄影机】按钮，设置【摄影机类型】为【标准】，然后单击【目标】按钮，并在视图中拖曳进行创建；第二种就是在透视图中找到需要的角度，并按Ctrl+C组合键进行创建，如图6-31所示。

图6-31

**步骤05** 需要特别注意的是，为了使得最终的景深效果较好，需要将摄影机的目标点落在图像中的苹果上面，也就是说目标点落的地方就是最清晰的，远离目标点的地方会出现不同程度的景深，如图6-32所示。

**步骤06** 按C键切换到摄影机视图，如图6-33所示。

图6-32

图6-33

**步骤07** 按F10键，弹出【渲染设置】对话框，进入【VRay】选项卡，展开【V-Ray像机】卷展栏，在【景深】选项组中选中【开启】复选框，并设置【光圈】为0.6，设置【焦距】为200，最后选中【从相机获取】复选框，如图6-34所示。

**步骤08** 按F9键渲染当前场景，最终渲染效果如图6-35所示。

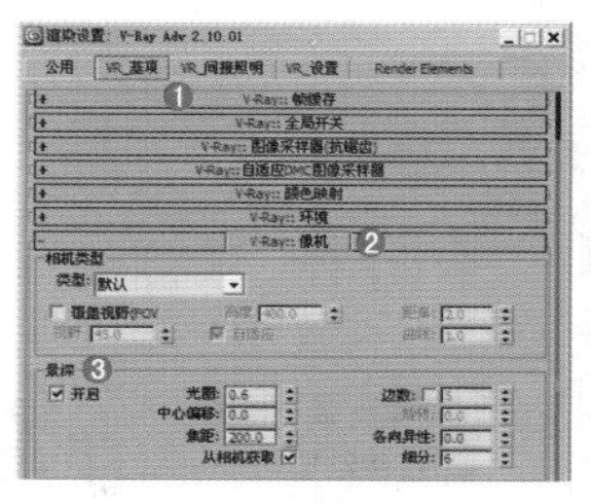

图6-34

图6-35

## 小实例：利用目标摄影机制作飞机运动模糊效果

| 场景文件 | 02.max |
|---|---|
| 案例文件 | 小实例：利用目标摄影机制作飞机运动模糊效果.max |
| 视频教学 | 多媒体教学/Chapter 06/小实例：利用目标摄影机制作飞机运动模糊效果.flv |
| 难易指数 | ★★☆☆☆ |
| 技术掌握 | 掌握目标摄影机和VRay渲染器的调节 |

## 实例介绍

本实例将使用目标摄影机配合VRay渲染器来制作运动模糊效果，如图6-36所示。

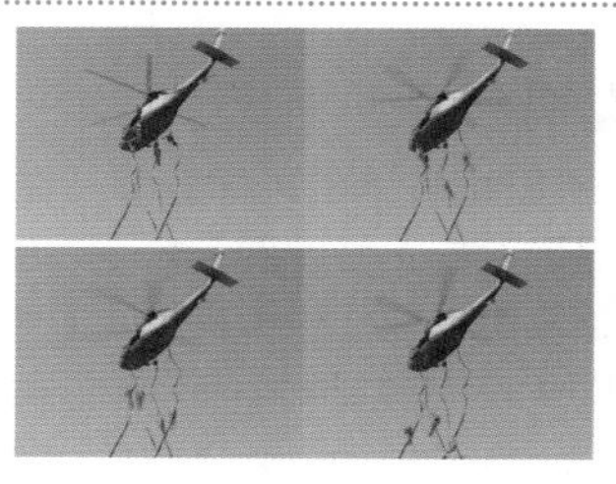

图6-36

## 操作步骤

步骤01 打开本书配套光盘中的【场景文件/Chapter06/02.max】文件，如图6-37所示。

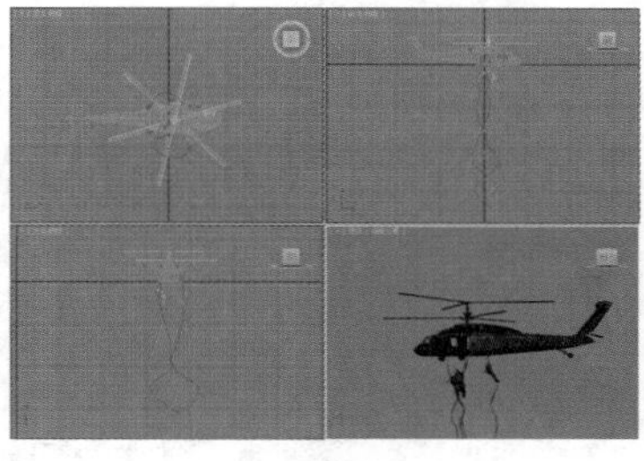

图6-37

步骤02 在界面的右下角单击【时间配置】按钮，在弹出的参数栏中设置【结束时间】为15，详细参数如图6-38所示。

步骤03 在界面的左下角单击【自动关键点】按钮，开启【自动关键点】功能，然后将时间滑块从第0帧拖到第15帧，接着使用【选择并旋转】工具，将螺旋桨旋转360°左右，如图6-39所示。

图6-38

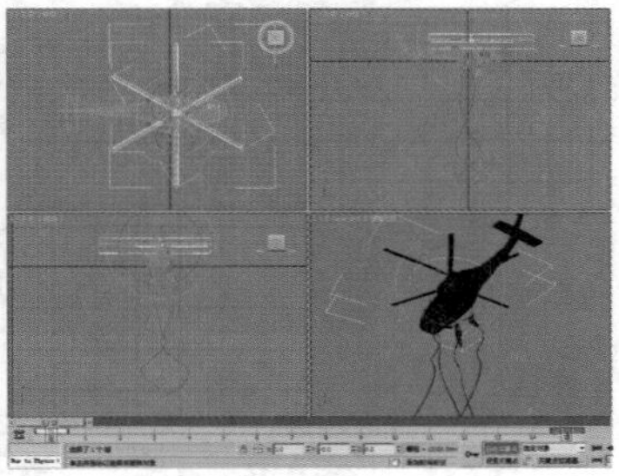

图6-39

步骤04 拖曳时间线滑块，观察螺旋桨的运动效果，如图6-40所示。

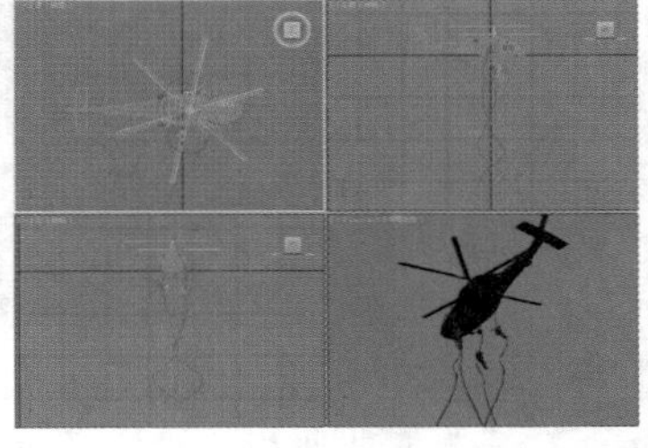

图6-40

步骤05 在【创建】面板中单击【摄影机】按钮，并设置【摄影机类型】为【标准】，接着单击【目标】按钮，如图6-41所示。在场景中拖曳并创建一台目标摄影机，如图6-42所示。

图6-41

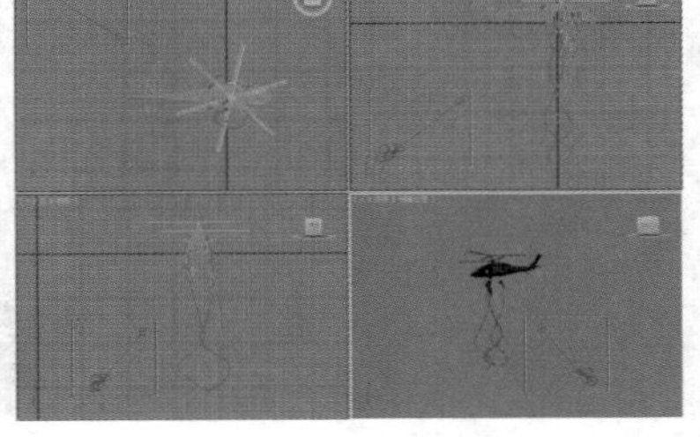

图6-42

步骤06 使用同样的方法为飞机下方的4个人做一个从上而下的动画，如图6-43所示。

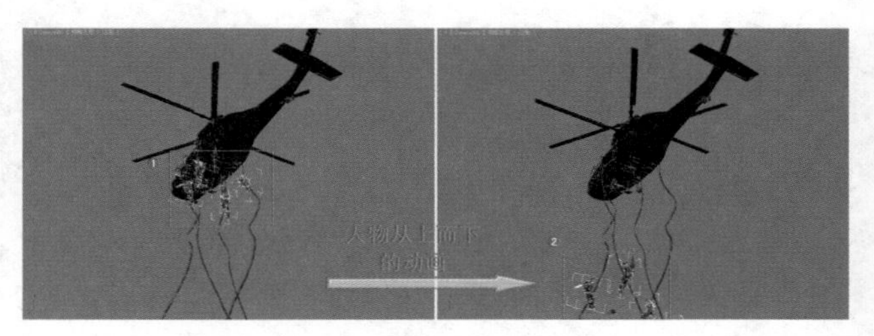

图6-43

步骤07 选择刚才创建的目标摄影机，然后在【参数】卷展栏中设置【镜头】为43.456mm，【视野】为45°，最后设置【目标距离】为100000mm，具体参数设置如图6-44所示。

步骤08 按F10键，打开【渲染设置】对话框，设置渲染器为【VRay渲染器】，然后选择【VRay】选项卡，接着展开【摄影机】卷展栏，选中【运动模糊】复选框，并设置【持续时间（帧数）】为1，【间隔中心】为0.5，如图6-45所示。

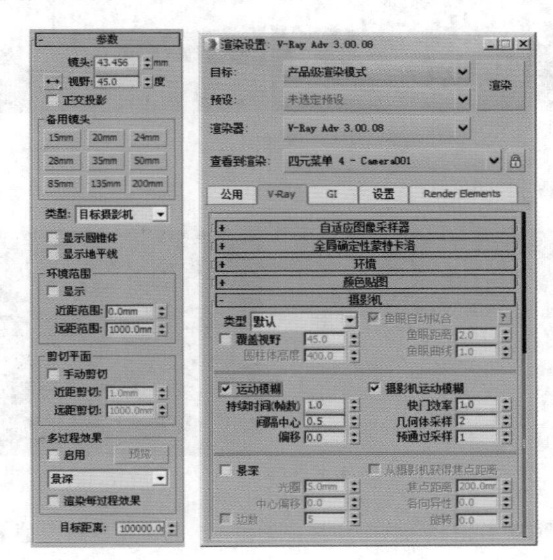


图6-44

图6-45

步骤09 按C键切换到摄影机视图，然后分别将时间滑块拖曳到第0、4、10、15帧的位置，最后按F9键渲染当前场景，此时渲染出来的图像就产生了运动模糊效果，如图6-46所示。

图6-46

## 小实例：利用目标摄影机修改透视角度

| 场景文件 | 03.max |
|---|---|
| 案例文件 | 小实例：利用目标摄影机修改透视角度.max |
| 视频教学 | 多媒体教学/Chapter 06/小实例：利用目标摄影机修改透视角度.flv |
| 难易指数 | ★★★☆☆ |
| 技术掌握 | 掌握摄影机的摄影机校正修改器功能 |

### 实例介绍

摄影机透视效果对于场景物体的表现非常重要，可以夸大高度、长度等效果，如图6-47所示。

图6-47

### 操作步骤

**步骤01** 打开本书配套光盘中的【场景文件/Chapter06/03.max】文件，如图6-48所示。

图6-48

**步骤02** 单击并在视图中拖曳创建一台目标摄影机，如图6-49所示。

**步骤03** 在透视图中按C键，此时会自动切换到【摄影机视图】，如图6-50所示。展开【参数】卷展栏，设置【镜头】为25.7，【视野】为70，如图6-51所示。

图6-49

图6-50

**步骤04** 按F9键渲染当前场景，渲染效果如图6-52所示。

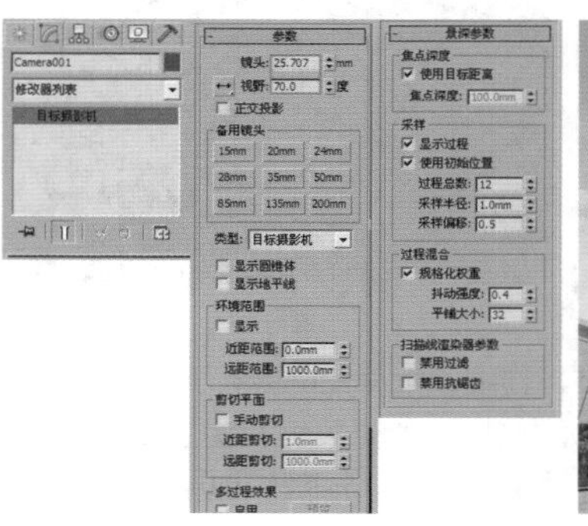

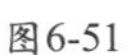

图6-51

图6-52

**步骤05** 选择摄影机后单击鼠标右键，在弹出的快捷菜单中选择【应用摄影机校正修改器】命令，如图6-53所示。此时发现透视图中发生了很大的变化，如图6-54所示。

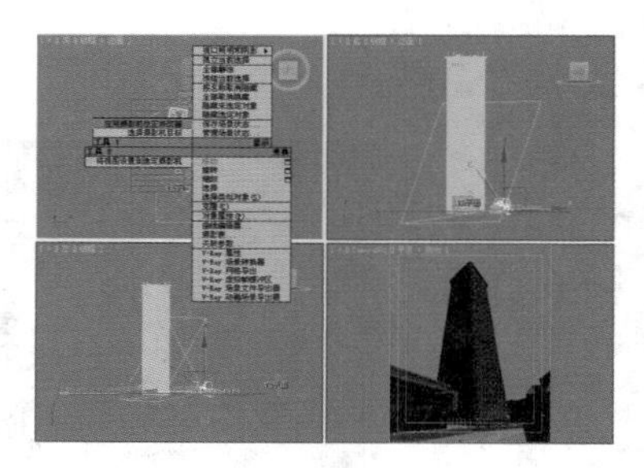

图6-53

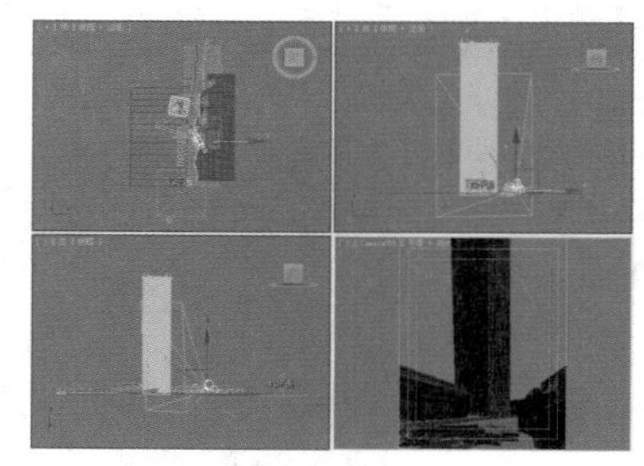

图6-54

**步骤06** 选择摄影机，设置【数量】为－15，如图6-55所示。此时的效果如图6-56所示。

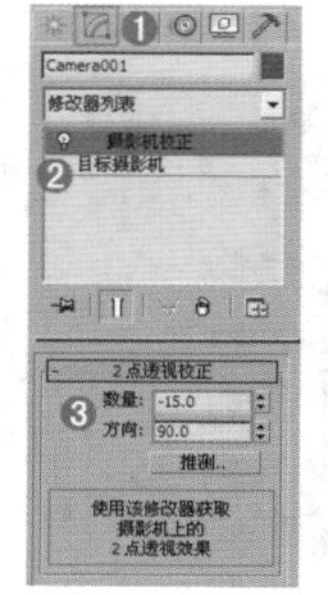

图6-55

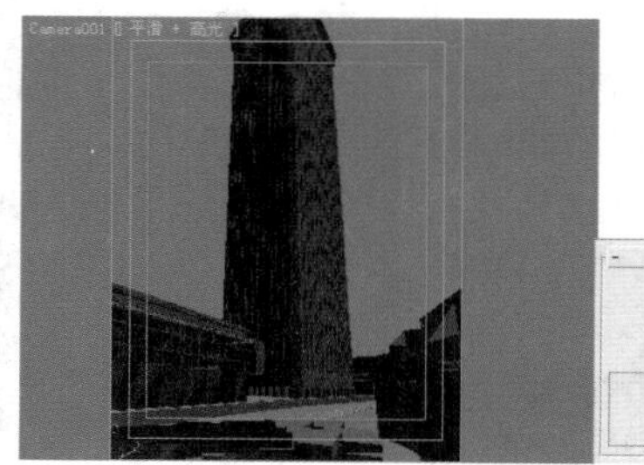

图6-56

**技巧提示**

如图6-57所示分别为设置不同的数量从而得到的不同的透视效果。

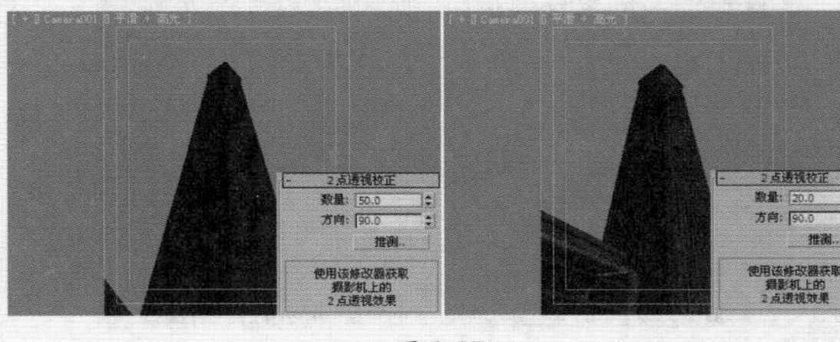


图6-57

**步骤07** 按F9键渲染当前场景，渲染效果如图6-58所示。

**步骤08** 将渲染出来的图像合并到一起后可以清晰地看出使用摄影机校正对场景角度的影响，如图6-59所示。

图6-58

图6-59

## 小实例：使用剪切设置渲染特殊视角

| 场景文件 | 04.max |
|---|---|
| 案例文件 | 小实例：使用剪切设置渲染特殊视角.max |
| 视频教学 | 多媒体教学/Chapter 06/小实例：使用剪切设置渲染特殊视角.flv |
| 难易指数 | ★★★★☆ |
| 摄影机方式 | 目标摄影机 |
| 技术掌握 | 掌握剪切参数的应用，解决摄影机视图在墙外无法渲染室内的问题 |

### 实例介绍

本实例主要讲解如何使用剪切设置渲染特殊视角，最终渲染效果如图6-60所示。

图6-60

### 操作步骤

**步骤01** 打开本书配套光盘中的【场景文件/Chapter06/04.max】文件，此时场景效果如图6-61所示。

**步骤02** 单击并在视图中拖曳创建一台目标摄影机，如图6-62所示。

图6-61

图6-62

**技巧提示**

在很多情况下，由于制作的场景空间比较小，但是为了充分地夸大空间，则必须将摄影机的角度拉得更广一些，但是很有可能将摄影机拖曳到了墙体以外，因此在切换到摄影机角度后，可以发现空间不但没变大，反而只剩下一个墙体。在不能删除墙体的前提下，需要使用【剪切平面】将其正确设置，不但空间变大了，而且也不会有墙体遮挡视线。因此摄影机恰巧被墙体或家具遮挡时，应首先记得【剪切平面】选项。

**步骤03** 选择摄影机后单击【修改】面板，会发现在摄影机视图中完全被墙体遮挡住了，室内的任何物体都无法看到，如图6-63所示。顶视图中的摄影机位置如图6-64所示。

图6-63

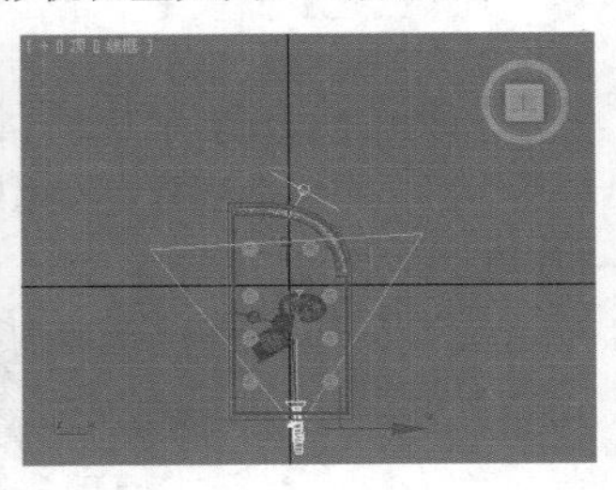

图6-64

**步骤04** 选择摄影机，接着选中【剪切平面】选项组中的【手动剪切】复选框，并设置【近距剪切】为500mm，【远距剪切】为4500mm，如图6-65所示。此时的摄影机位置如图6-66所示。

图6-65

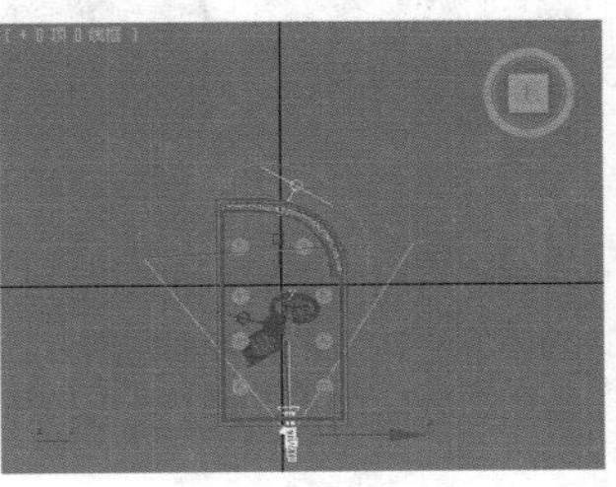

图6-66

**技巧提示**

此时会发现摄影机视图中最远位置处仍然有部分未显示正确，因此可以断定是【远距剪切】的数值需要设置得更大一些。

**步骤05** 选择摄影机，接着选中【剪切平面】选项组中的【手动剪切】复选框，并设置【近距剪切】为500mm，【远距剪切】为9000mm，如图6-67所示。此时的摄影机位置如图6-68所示。

图6-67

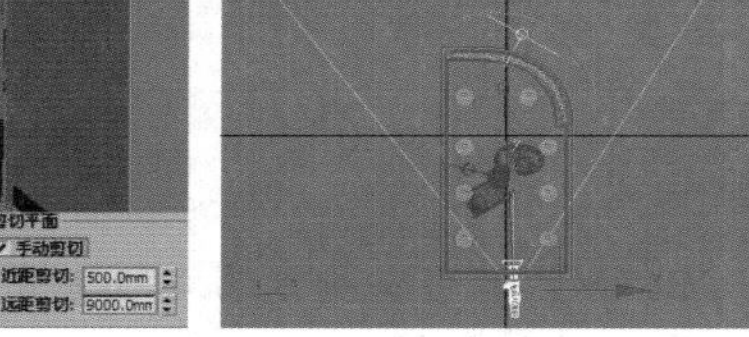

图6-68

**步骤06** 此时，在【摄影机视图】中显示的空间已经完全正确，因此可以得出如下的一张理论性的参考图，如图6-69所示，在图中斜线所组成的区域中，任何物体都会在摄影机视图中显示出来，而斜线组成的区域以外部分中的任何物体都不会在摄影机视图中显示出来。

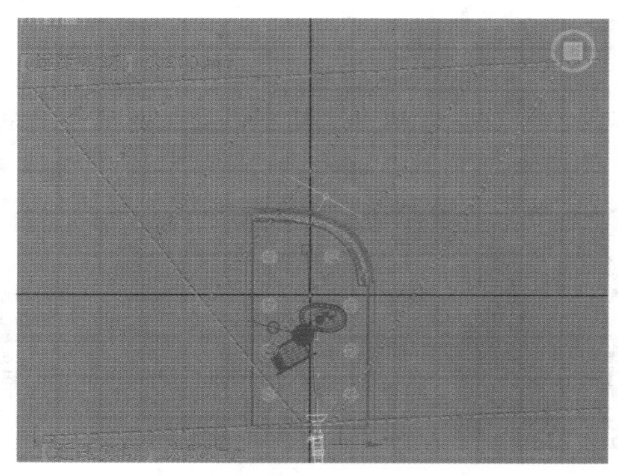

图6-69

**步骤07** 如图6-70和图6-71所示为设置【近距剪切】为500mm，【远距剪切】为4500mm和设置【近距剪切】为500mm，【远距剪切】为9000mm的渲染对比效果。

图6-70

图6-71

## 6.2.2 自由摄影机

在【创建】面板中单击【摄影机】按钮，并设置【摄影机类型】为【标准】，然后单击【自由】按钮，如图6-72所示。使用【目标】工具在场景中拖曳光标可以创建一台自由摄影机，可以观察到自由摄影机只包含摄影机一个部件，如图6-73所示。

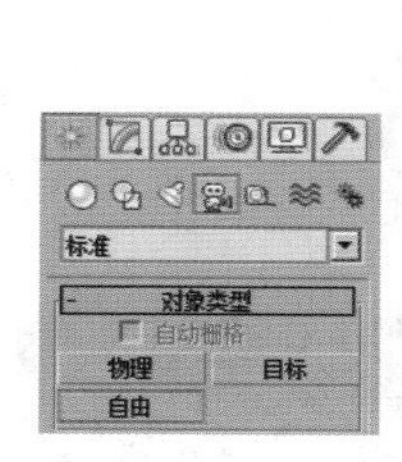


图6-72

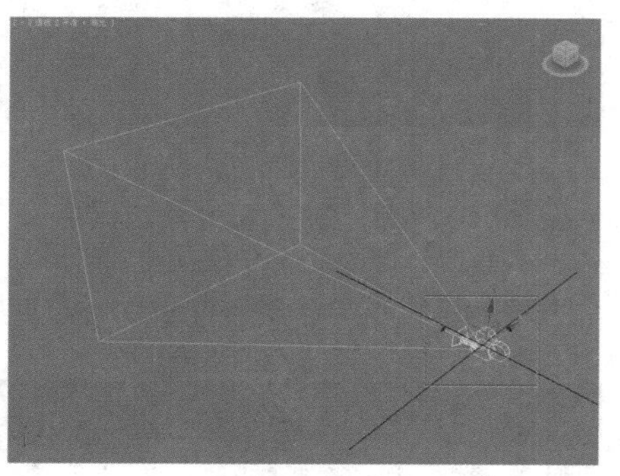

图6-73

因为自由摄影机没有目标点，所以不如目标摄影机的控制方便，如图6-74所示。

其具体的参数与目标摄影机一致，如图6-75所示。

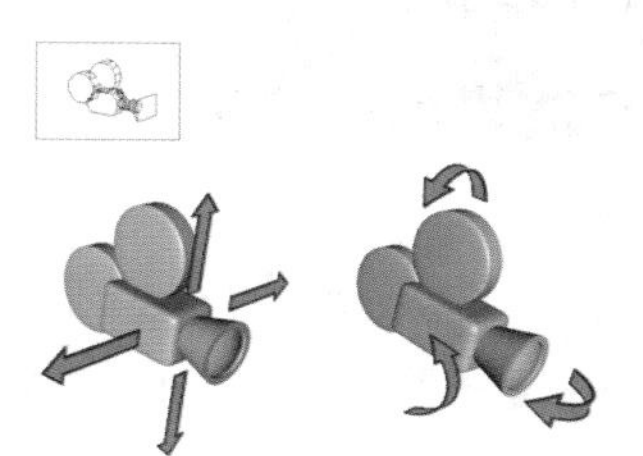


图6-74

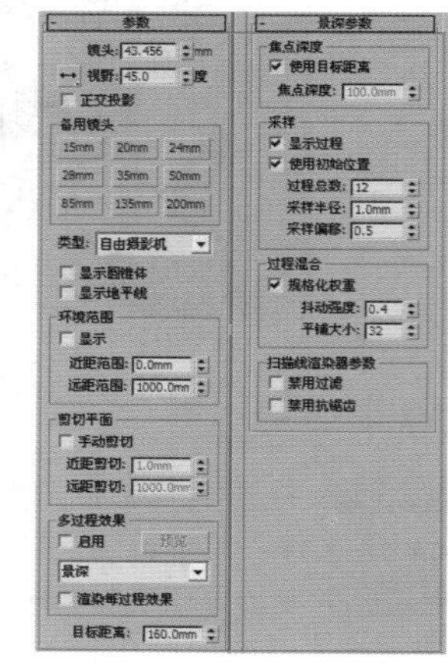


图6-75

**技巧提示**

在【目标摄影机】和【自由摄影机】的【类型】选项组中选择需要的摄影机类型，如图6-76所示。

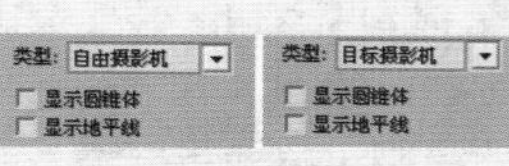


图6-76

## 6.2.3 物理摄影机

物理摄影机是3ds Max 2016新增的一项功能，物理摄影机是Autodesk与VRay制造商Chaos Group共同开发，为美工人员提供了一些新的选项，可以模拟用户更为熟悉的真实摄影机参数设置，例如快门速度、光圈、景深和曝光等。借助增强的控件和额外的视口内反馈，新的物理摄影机让创建逼真的图像和动画变得更加容易。

在【创建】面板中单击【摄影机】按钮，并设置【摄影机类型】为【标准】，然后单击【物理】按钮，如图6-77所示。

图6-77

在视图中单击并拖曳即可创建一台物理摄影机，如图6-78所示。

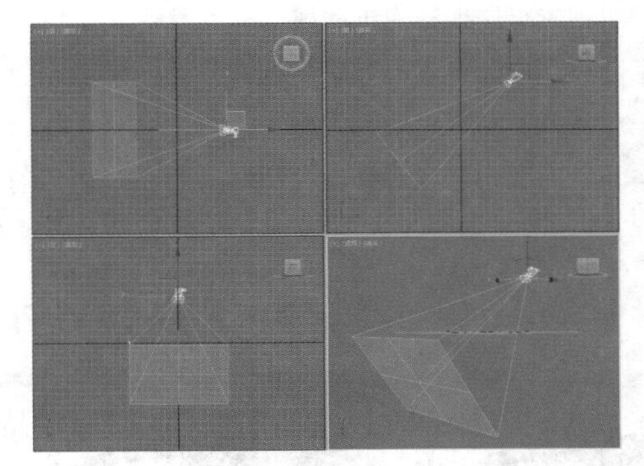

图6-78

物理摄影机的参数与VRay物理摄影机的参数比较相似，其参数面板如图6-79所示。

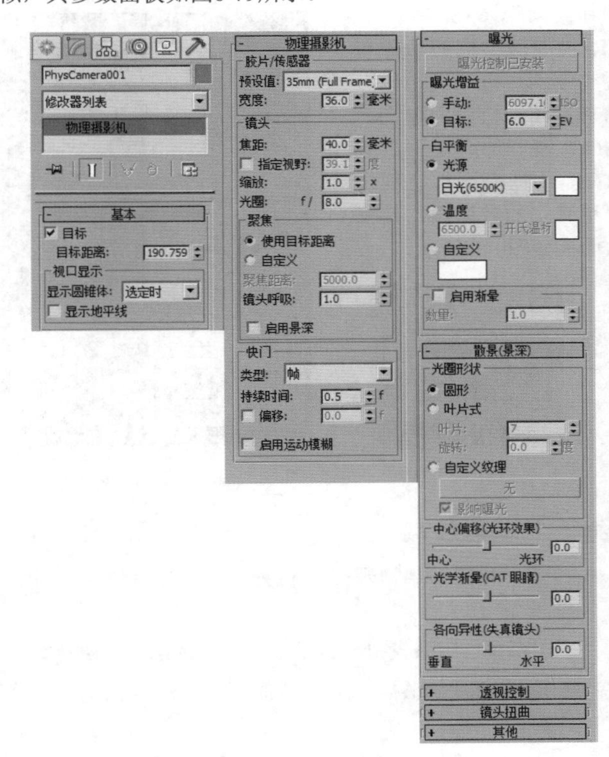


图6-79

## 6.2.4 VR-穹顶摄影机

VR-穹顶摄影机常用于渲染半球圆顶效果，其参数面板如图6-80所示。

- 翻转 X：让渲染的图像在X轴上反转，如图6-81所示。
- 翻转 Y：让渲染的图像在Y轴上反转，如图6-82所示。
- Fov：设置视角的大小。

图6-80

图6-81

图6-82

## 6.2.5 VR-物理摄影机

在【创建】面板中，单击【摄影机】按钮，并设置【摄影机类型】为【VRay】，然后单击【VR-物理摄影机】按钮，如图6-83所示。VR-物理摄影机的功能与现实中的相机功能相似，都有光圈、快门、曝光、ISO等调节功能，用户通过VR-物理摄影机能制作出更真实的效果图，其参数面板如图6-84所示。

图6-83

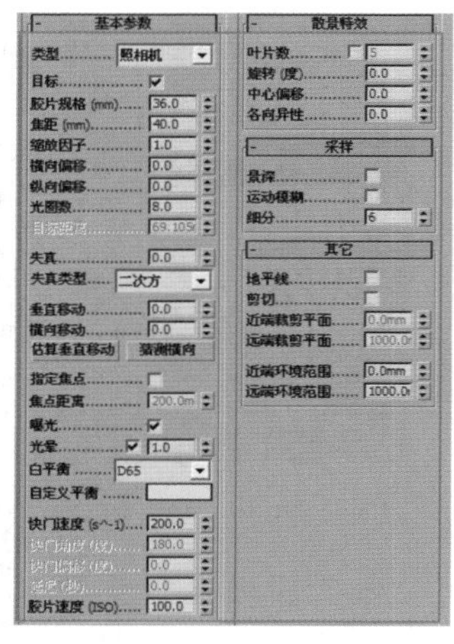


图6-84

### 1. 基本参数

- 类型：利用VR-物理摄影机内置了以下3种类型的摄影机。
  - 照相机：用来模拟一台常规快门的静态画面照相机。
  - 摄影机（电影）：用来模拟一台圆形快门的电影摄影机。
  - 摄像机（DV）：用来模拟带CCD矩阵的快门摄像机。
- 目标：当启用该选项时，摄影机的目标点将放在焦平面上；当关闭该选项时，可以通过下面的【目标距离】选项来控制摄影机到目标点的位置。
- 胶片规格（mm）：控制摄影机所看到的景色范围。值越大，看到的景就越多。
- 焦距（mm）：控制摄影机的焦长。
- 缩放因数：控制摄影机视图的缩放。值越大，摄影机视图拉得就越近。
- 光圈：设置摄影机的光圈大小，主要用来控制最终渲染的亮度。数值越小，图像越亮；数值越大，图像越暗，如图6-85所示。

图6-85

- 目标距离：摄影机到目标点的距离，默认情况下是关闭的。当关闭摄影机的【目标】选项时，就可以用【目标距离】来控制摄影机的目标点的距离。
- 失真：控制摄影机的扭曲系数，如图6-86所示。

图6-86

- 垂直移动：控制摄影机在垂直方向上的变形，主要用于纠正三点透视到两点透视。
- 指定焦点：开启该选项后，可以手动控制焦点。
- 焦点距离：控制焦距的大小。
- 曝光：当选中该复选框后，利用【VR-物理摄影机】中的【光圈】、【快门速度】和【胶片感光度】设置才会起作用。
- 渐晕：模拟真实摄影机里的渐晕效果，如图6-87所示。

图6-87

- 白平衡：用于控制图像的色偏。
- 快门速度（s^-1）：控制光的进光时间，值越小，进光时间越长，图像就越亮；值越大，进光时间就越小。
- 快门角度（度）：当摄影机选择【摄影机（电影）】类型时，该选项才被激活，其作用和上面的【快门速度】的作用一样，主要用来控制图像的亮暗。
- 快门偏移（度）：当摄影机选择【摄影机（电影）】类型时，该选项才被激活，主要用来控制快门角度的偏移。
- 延迟（秒）：当摄影机选择【摄像机（DV）】类型时，该选项才被激活，其作用和上面的【快门速度】的作用一样，主要用来控制图像的亮暗，值越大，表示光越充足，图像也越亮。
- 底片感光度（ISO）：控制图像的亮暗，值越大，表示ISO的感光系数越强，图像也越亮。

### 2．散景特效

【散景特效】卷展栏中的参数主要用于控制散景效果，当渲染景深时，或多或少都会产生一些散景效果。这主要和散景到摄影机的距离有关。如图6-88所示是使用真实摄影机拍摄的散景效果。

图6-88

- 叶片数：控制散景产生的小圆圈的边，默认值为5，表示散景的小圆圈为正五边形。
- 旋转（度）：散景小圆圈的旋转角度。
- 中心偏移：散景偏移源物体的距离。
- 各向异性：控制散景的各向异性，值越大，散景的小圆圈拉得越长，即变成椭圆。

### 3．采样

- 景深：控制是否产生景深。如果想要得到景深，就需要开启该选项。
- 运动模糊：控制是否产生动态模糊效果。
- 细分：控制景深和动态模糊的采样细分，值越高，杂点越大，图的品质就越高，但同时也会增加渲染时间。

## 小实例：利用VR-物理摄影机测试渐晕

| 场景文件 | 05.max |
|---|---|
| 案例文件 | 小实例：利用VR-物理摄影机测试渐晕.max |
| 视频教学 | 多媒体教学/Chapter 06/小实例：利用VR-物理摄影机测试渐晕.flv |
| 难易指数 | ★★☆☆☆ |
| 技术掌握 | 掌握VR-物理摄影机的渐晕功能 |

### 实例介绍

本实例是一个客厅空间，主要讲解使用VR-物理摄影机测试渐晕效果，如图6-89所示。

图6-89

### 操作步骤

**步骤01** 打开本书配套光盘中的【场景文件/Chapter06/05.max】文件，如图6-90所示。

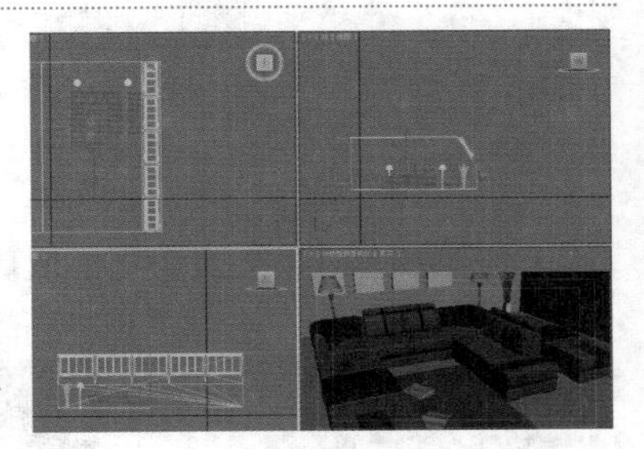

图6-90

**步骤02** 在【创建】面板中单击【摄影机】按钮，并设置【摄影机类型】为【VRay】，然后单击【VR-物理摄影机】按钮，如图6-91所示。在场景中拖曳并创建一台VR-物理摄影机，其位置如图6-92所示。

图6-91

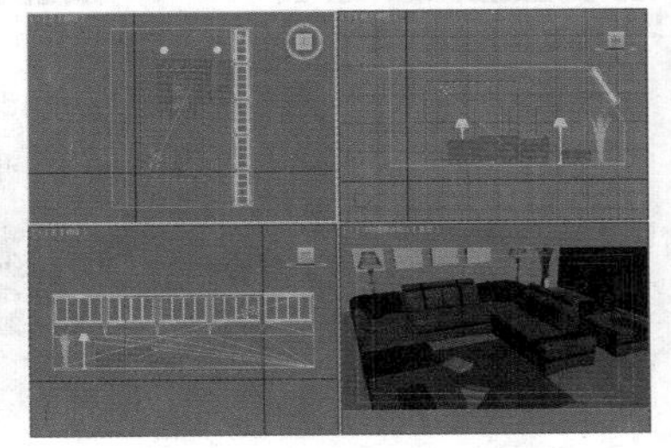

图6-92

**步骤03** 选择步骤02中创建的VR-物理摄影机，然后设置【基本参数】卷展栏中的【片门大小（mm）】为36，【焦距】为40，【缩放因数】为1，【光圈系数】为1.6，【光晕系数】为1，如图6-93所示。

**步骤04** 按C键切换到摄影机视图，然后按F9键测试渲染当前场景，效果如图6-94所示。

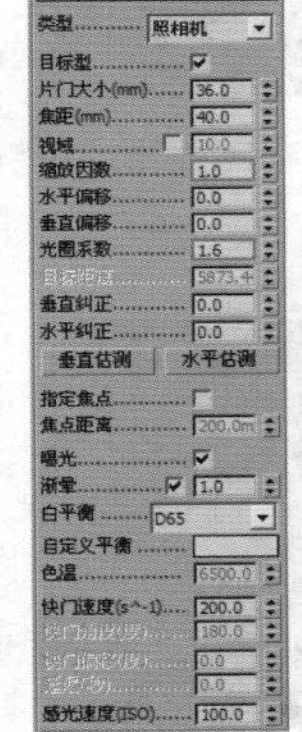


图6-93

图6-94

**步骤05** 选择VR-物理摄影机，并在【基本参数】卷展栏中选中【渐晕】复选框，同时设置其值为2，如图6-95所示。

**步骤06** 按F9键测试渲染当前场景，效果如图6-96所示。

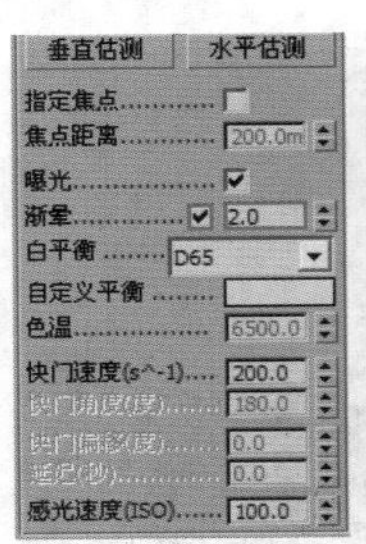


图6-95

图6-96

**步骤07** 选择VR-物理摄影机，选中【渐晕】复选框，同时设置其值为4，如图6-97所示。接着按F9键测试渲染当前场景，效果如图6-98所示。

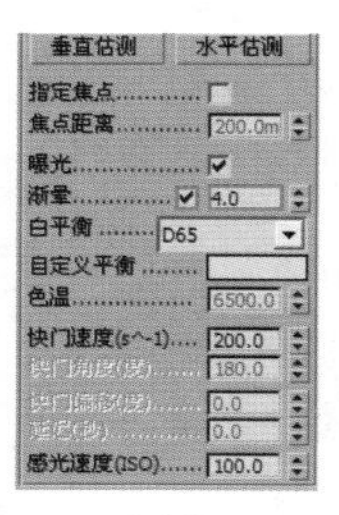


图6-97

图6-98

**步骤08** 将渲染出的图像合成后可以清晰地看到，渐晕数值越大，图像四周就越黑，如图6-99所示。

图6-99

## 小实例：利用VR-物理摄影机测试快门速度

| 场景文件 | 06.max |
| --- | --- |
| 案例文件 | 小实例：利用VR-物理摄影机测试快门速度.max |
| 视频教学 | 多媒体教学/Chapter 06/小实例：利用VR-物理摄影机测试快门速度.flv |
| 难易指数 | ★★★☆☆ |
| 技术掌握 | 掌握VR-物理摄影机的快门速度（s^-1）功能 |

### 实例介绍

VR-物理摄影机的【快门速度】参数非常重要，因为它可以改变渲染图像的明暗度，如图6-100所示。

图6-100

### 操作步骤

**步骤01** 打开本书配套光盘中的【场景文件/Chapter06/06.max】文件，如图6-101所示。

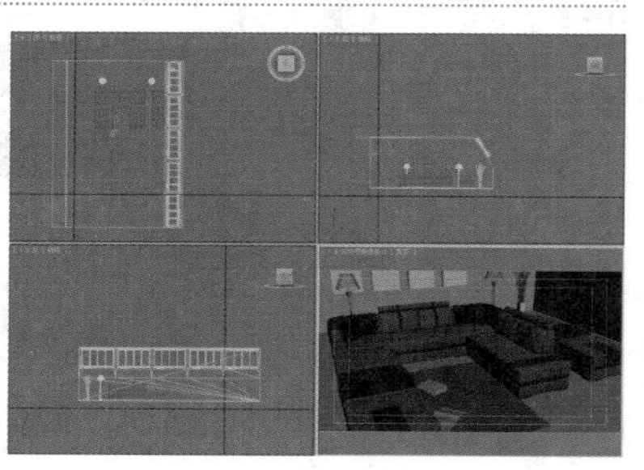

图6-101

**步骤02** 在【创建】面板中单击【摄影机】按钮，并设置【摄影机类型】为【VRay】，然后单击【VR-物理摄影机】按钮，如图6-102所示。在场景中拖曳并创建一台VR-物理摄影机，如图6-103所示。

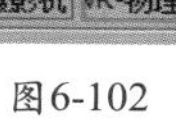


图6-102

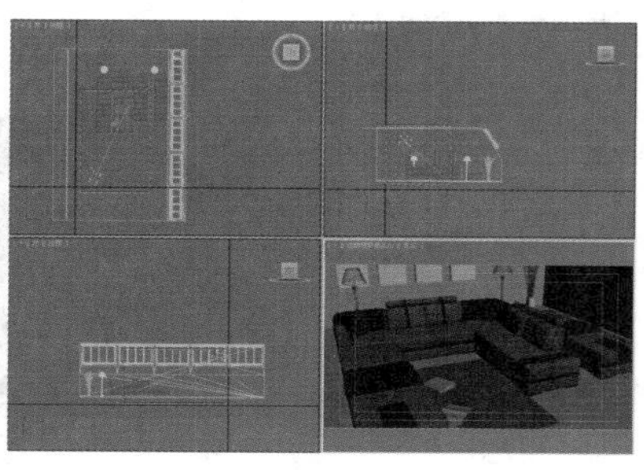

图6-103

**步骤03** 选择步骤02中创建的VR-物理摄影机，设置【片门大小（mm）】为36，【焦距】为40，【缩放因数】为1，【光圈系数】为1.6，【快门速度】为200，如图6-104所示。

**步骤04** 按C键切换到摄影机视图，然后按F9键测试渲染当前场景，效果如图6-105所示。

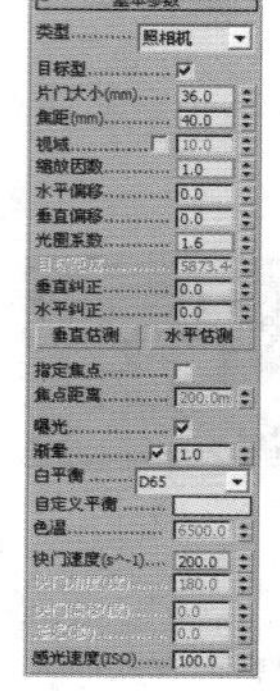

图6-104

图6-105

**步骤05** 选择VR-物理摄影机，然后设置【快门速度】为130，接着按F9键测试渲染当前场景，效果如图6-106所示。

**步骤06** 选择VR-物理摄影机，然后设置【快门速度】为300，接着按F9键测试渲染当前场景，效果如图6-107所示。

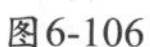

图6-106

图6-107

**步骤07** 将渲染出的图像合成在一起后，通过调节快门速度来调节控制渲染图像的亮度，如图6-108所示。

图6-108

## 小实例：利用VR-物理摄影机测试缩放因子

| 场景文件 | 07.max |
| --- | --- |
| 案例文件 | 小实例：利用VR-物理摄影机测试缩放因子.max |
| 视频教学 | 多媒体教学/Chapter 06/小实例：利用VR-物理摄影机测试缩放因子.flv |
| 难易指数 | ★★★☆☆ |
| 技术掌握 | 掌握VR-物理摄影机的缩放因子功能 |

### 实例介绍

VR-物理摄影机的【缩放因子】参数非常重要，因为它可以改变摄影机视图的远近范围，从而改变物体的远近关系，如图6-109所示。

图6-109

### 操作步骤

**步骤01** 打开本书配套光盘中的【场景文件/Chapter06/07.max】文件，如图6-110所示。

**步骤02** 在场景中拖曳并创建一台VR-物理摄影机，其位置如图6-111所示。

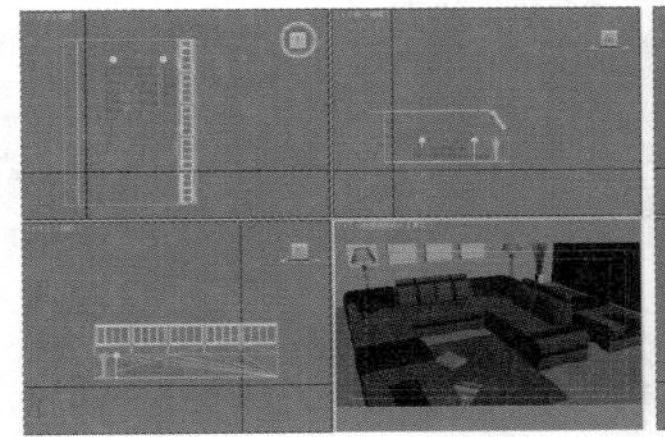

图6-110

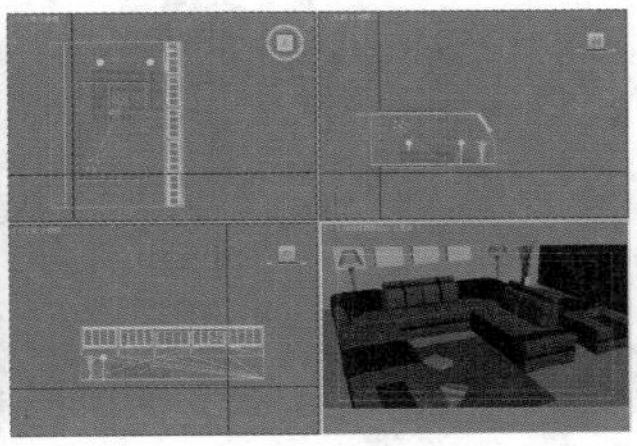

图6-111

**步骤03** 选择步骤02中创建的VR-物理摄影机，设置【片门大小（mm）】为36，【焦距】为40，【缩放因数】为1，【光圈系数】为1.6，如图6-112所示。

**步骤04** 按C键切换到摄影机视图，然后按F9键测试渲染当前场景，效果如图6-113所示。

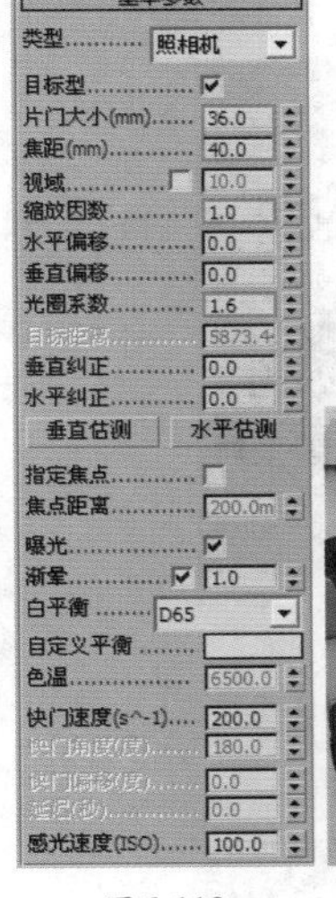


图6-112

图6-113

**步骤05** 选择VR-物理摄影机，然后设置【缩放因子】为1.6，接着按F9键测试渲染当前场景，效果如图6-114所示。

**步骤06** 选择VR-物理摄影机，然后设置【缩放因子】为0.8，接着按F9键测试渲染当前场景，效果如图6-115所示。

图6-114

图6-115

## 小实例：利用VR-物理摄影机制作景深效果

| 场景文件 | 08.max |
| --- | --- |
| 案例文件 | 小实例：利用VR-物理摄影机制作景深效果.max |
| 视频教学 | 多媒体教学/Chapter 06/小实例：利用VR-物理摄影机制作景深效果.flv |
| 难易指数 | ★★★☆☆ |
| 技术掌握 | 掌握物理摄影机的景深功能 |

### 实例介绍

利用VR-物理摄影机可以制作出非常真实的景深效果，本实例的最终渲染效果如图6-116所示。

图6-116

## 操作步骤

**步骤01** 打开本书配套光盘中的【场景文件/Chapter06/08.max】文件，如图6-117所示。

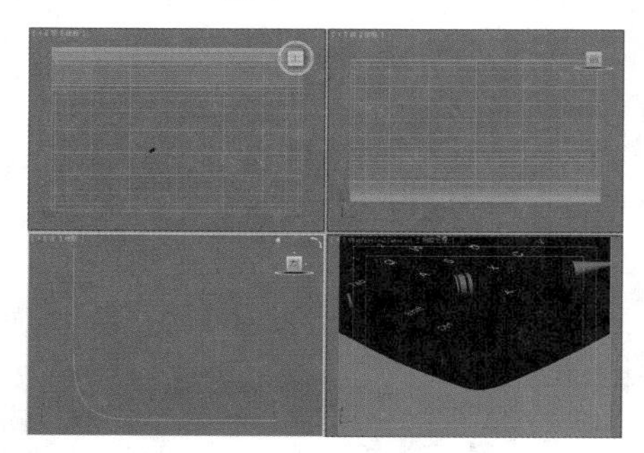

图6-117

**步骤02** 在场景中拖曳并创建一台VR-物理摄影机，其位置如图6-118所示。

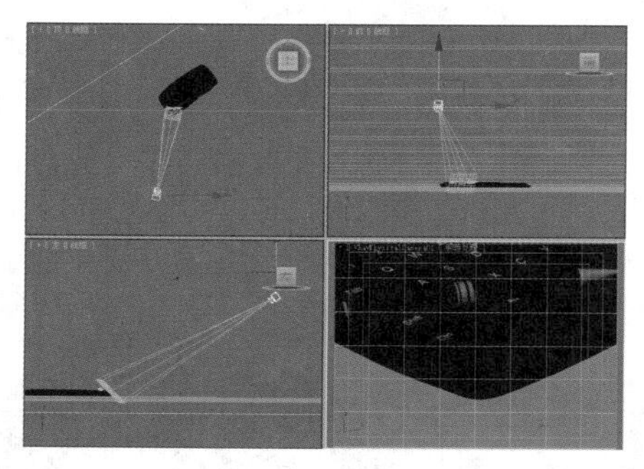

图6-118

**步骤03** 设置【片门大小】为100，【焦距】为250，【光圈系数】为6，【垂直纠正】为0.22，【快门速度】为1.4，【感光速度】为400，如图6-119所示。按C键切换到摄影机视图，如图6-120所示。

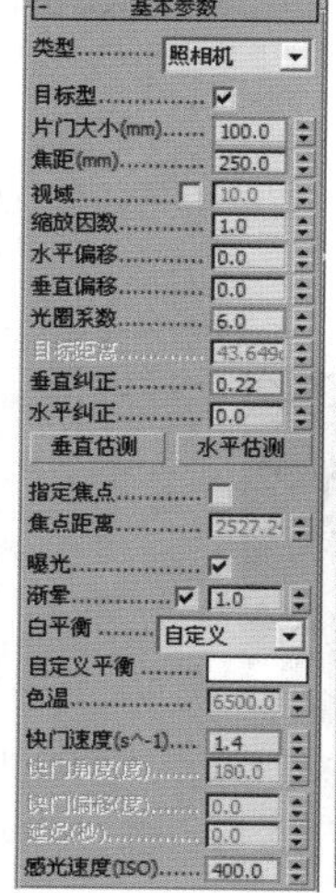


图6-119

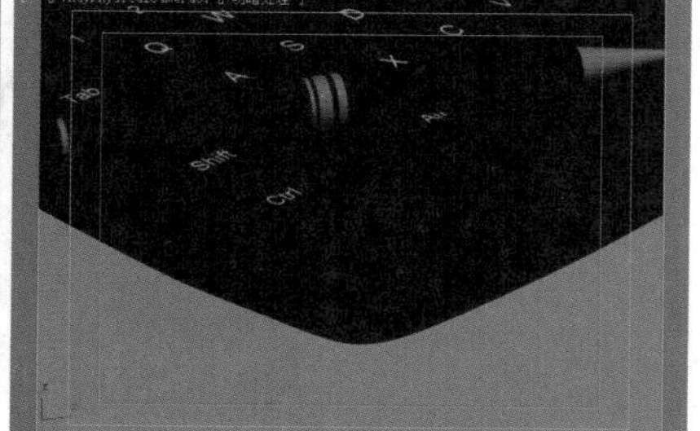

图6-120

**步骤04** 按F9键渲染当前场景，可以发现渲染效果中没有任何景深效果，如图6-121所示。

图6-121

**步骤05** 选择VR-物理摄影机，选中【叶片数】复选框，选中【景深】复选框，设置【细分】为10，如图6-122所示。按F9键渲染当前场景，最终渲染效果如图6-123所示。

图6-122

图6-123

# 材质和贴图技术

简单地说，材质就是物体看起来是什么质地的，其可以看成是材料和质感的结合。在渲染过程中，材质是表面各可视属性的结合，这些可视属性是指表面的色彩、纹理、光滑度、透明度、反射率、折射率、发光度等。正是有了这些属性，才使得模型更加真实，也正是有了这些属性，三维的虚拟世界才会和真实世界一样缤纷多彩。

**本章学习要点：**

- 材质和贴图的基本知识
- 各类材质的参数详解
- 常用材质的设置方法
- 各类贴图的参数详解

# 7.1 初识材质

简单地说，材质就是物体看起来是什么质地的，其可以看成是材料和质感的结合。在渲染过程中，材质是表面各可视属性的结合，这些可视属性是指表面的色彩、纹理、光滑度、透明度、反射率、折射率和发光度等。正是有了这些属性，才使得模型更加真实，也正是有了这些属性，三维的虚拟世界才会和真实世界一样缤纷多彩，如图7-1所示。

图7-1

## 7.1.1 材质的作用

在3ds Max制作效果图的过程中，常会需要制作很多种材质，如玻璃材质、金属材质、地砖材质和木纹材质等。通过设置这些材质，可以完美地诠释空间的设计感、色彩感和质感，如图7-2所示。

图7-2

材质的作用主要有以下3点。

作用01 突出质感。这是材质最主要的用途，设置合适的材质可以使我们一眼即可看出物体是什么材料做的，如图7-3所示。

作用02 用材质刻画模型细节。很多情况下材质可以使得最终渲染时模型看起来更有细节，如图7-4所示。

作用03 表达作品的情感。作品的最高境界不在于技术多么娴熟，而在于可以通过技术和手法去传达作品的情感，如图7-5所示。

图7-3

图7-4

图7-5

## 7.1.2 材质的设置思路

3ds Max材质的设置需要有合理的步骤，这样才会节省时间、提高效率。

通常，在制作新材质并将其应用于对象时应遵循以下步骤。

步骤01 指定材质的名称。

步骤02 选择材质的类型。

步骤03 对于标准或光线追踪材质，应选择着色类型。

步骤04 设置漫反射颜色、光泽度和不透明度等各种参数。

步骤05 将贴图指定给要设置贴图的材质通道，并调整参数。

步骤06 将材质应用于对象。

步骤07 调整UV贴图坐标，以便正确定位对象的贴图。

如图7-6所示为从模型制作到赋予材质再到渲染的过程示意图。

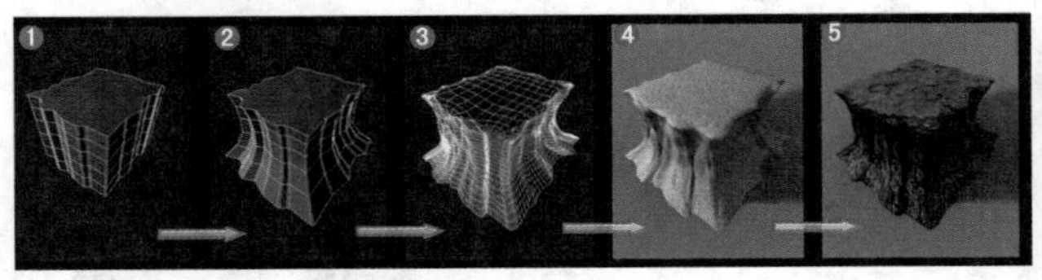

图7-6

# 7.2 材质编辑器

3ds Max中设置材质的过程都是在材质编辑器中进行的。【材质编辑器】是用于创建、改变和应用场景中的材质的对话框。

## 7.2.1 精简材质编辑器

### 1. 菜单栏

菜单栏可以控制【模式】、【材质】、【导航】、【选项】和【实用程序】的相关参数，如图7-7所示。

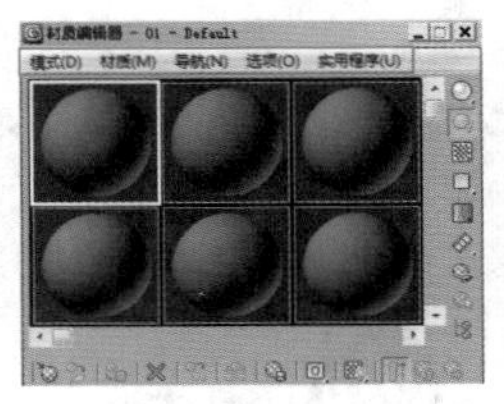

图7-7

#### ❶ 【模式】菜单

【模式】菜单用于切换材质编辑器的方式，包括【精简材质编辑器】和【石板精简材质编辑器】两种，如图7-8所示。

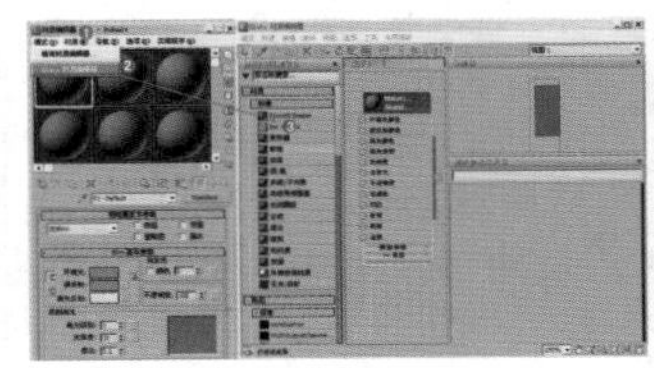

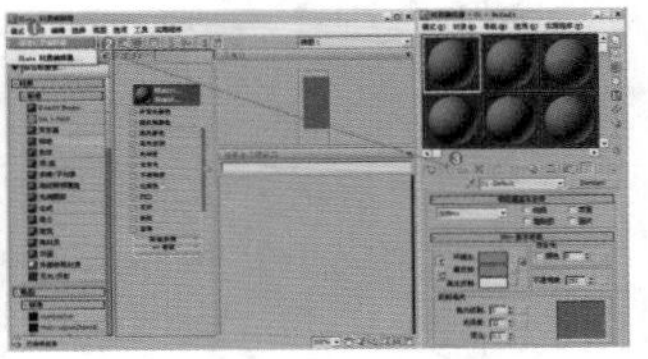

图7-8

**技巧提示**

【石板精简材质编辑器】是新增的一个材质编辑器工具，对于3ds Max的老用户来说，该工具不太方便，因为【石板精简材质编辑器】是一种【节点式】的调节方式，而之前版本中的材质编辑器都是【层级式】的调节方式。但是对于习惯节点式软件的用户来说非常方便，【节点式】的调节方式速度较快，设置较为灵活。

#### ❷ 【材质】菜单

展开【材质】菜单，如图7-9所示。

- 获取材质：执行该命令可打开【材质／贴图浏览器】面板，在该面板中可以选择材质或贴图。
- 从对象选取：执行该命令可以从场景对象中选择材质。
- 按材质选择：执行该命令可以基于【材质编辑器】对话框中的活动材质来选择对象。
- 在ATS对话框中高亮显示资源：如果材质使用的是已跟踪资源的贴图，执行该命令可以打开【跟踪资源】对话框，同时资源会高亮显示。
- 指定给当前选择：执行该命令可将活动示例窗中的材质应用于场景中的选定对象。
- 放置到场景：在编辑完成材质后，执行该命令将更新场景中的材质。

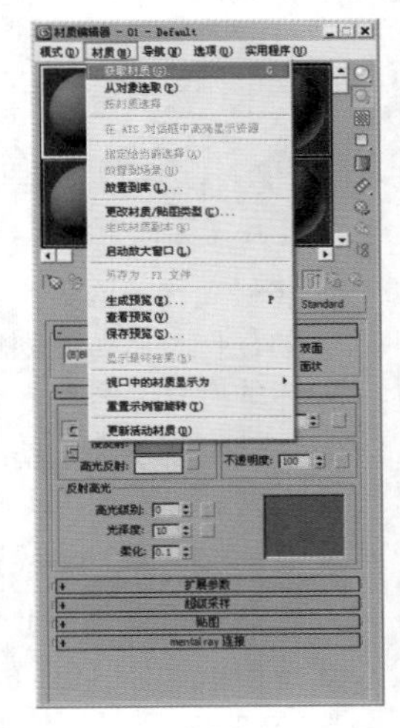

图7-9

- 放置到库：该命令可将选定的材质添加到当前的库。
- 更改材质/贴图类型：该命令将更改材质/贴图类型。
- 生成材质副本：通过复制自身的材质来生成材质副本。
- 启动放大窗口：将材质示例窗口放大并在一个单独的窗口中进行显示（双击材质球也可以放大窗口）。
- 另存为FX文件：将材质另存为FX文件。
- 生成预览：使用动画贴图为场景添加运动，并生成预览。
- 查看预览：使用动画贴图为场景添加运动，并查看预览。
- 保存预览：使用动画贴图为场景添加运动，并保存预览。
- 显示最终结果：查看所在级别的材质。
- 视口中的材质显示为：该命令可在视图中显示物体表面的材质效果。

- 重置示例窗旋转：使活动的示例窗对象恢复到默认方向。
- 更新活动材质：更新示例窗中的活动材质。

### ❸ 【导航】菜单

展开【导航】菜单，如图7-10所示。

- 转到父对象（P）向上键：在当前材质中向上移动一个层级。
- 前进到同级（F）向右键：移动到当前材质中相同层级的下一个贴图或材质。
- 后退到同级（B）向左键：与【前进到同级（F）向右键】命令类似，只是导航到前一个同级贴图，而不是导航到后一个同级贴图。

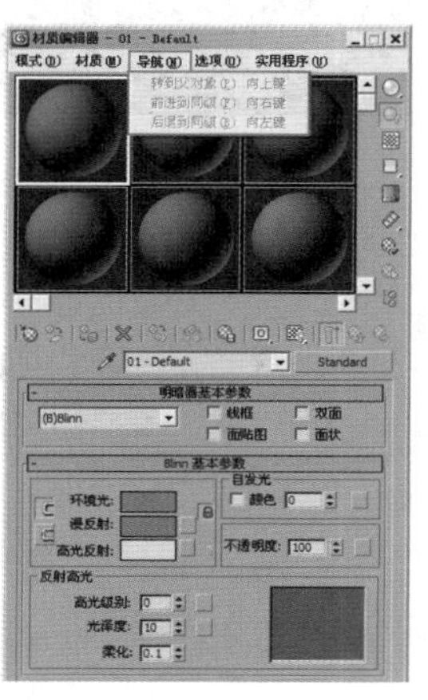

图7-10

### ❹ 【选项】菜单

展开【选项】菜单，如图7-11所示。

- 将材质传播到实例：将指定的任何材质传播到场景对象中的所有实例。
- 手动更新切换：使用手动的方式进行更新切换。
- 复制/旋转拖动模式切换：切换复制/选择拖动的模式。
- 背景：将多颜色的方格背景添加到活动示例窗中。
- 自定义背景切换：如果已指定了自定义背景，则该命令可切换背景的显示效果。
- 背光：将背光添加到活动示例窗中。
- 循环3×2、5×3、6×4示例窗：切换材质球显示的3种方式。
- 选项：打开【材质编辑器选项】对话框。

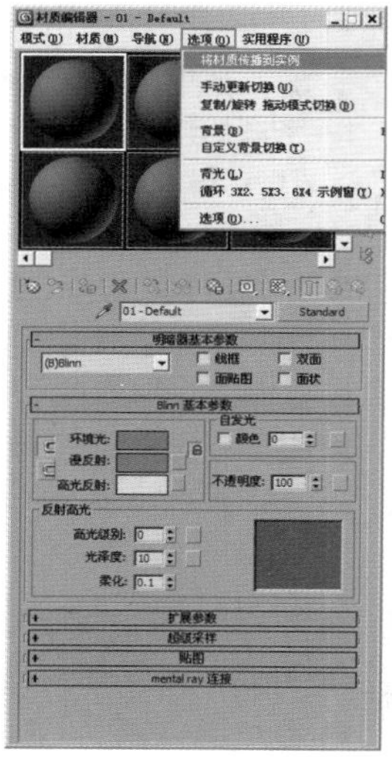

图7-11

### ❺ 【实用程序】菜单

展开【实用程序】菜单，如图7-12所示。

- 渲染贴图：对贴图进行渲染。
- 按材质选择对象：可以基于【材质编辑器】对话框中的活动材质来选择对象。
- 清理多维材质：对【多维/子对象】材质进行分析，然后在场景中显示所有包含未分配任何材质ID的材质。
- 实例化重复的贴图：在整个场景中查找具有重复【位图】贴图的材质，并提供将它们关联化的选项。
- 重置材质编辑器窗口：用默认的材质类型替换【材质编辑器】对话框中的所有材质。
- 精简材质编辑器窗口：将【材质编辑器】对话框中所有未使用的材质设置为默认类型。
- 还原材质编辑器窗口：利用缓冲区的内容还原编辑器的状态。

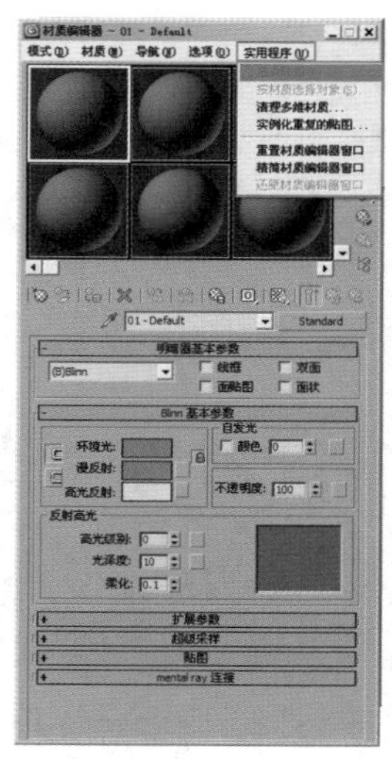

图7-12

## 2. 材质球示例窗

材质球示例窗用来显示材质效果，它可以很直观地显示出材质的基本属性，如反光、纹理和凹凸等，如图7-13所示。

图7-13

**技巧提示**

双击材质球后会弹出一个独立的材质球显示窗口，可以将该窗口进行放大或缩小来观察当前设置的材质，如图7-14所示。同时也可以在材质球上单击鼠标右键，在弹出的快捷菜单中选择【放大】命令。

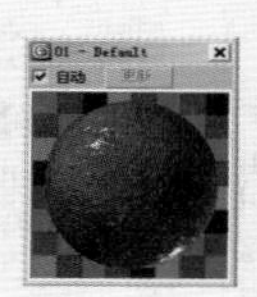

图7-14

材质球示例窗中一共有24个材质球，可以设置3种显示方式，但是无论哪种显示方式，材质球总数都为24个，如图7-15所示。

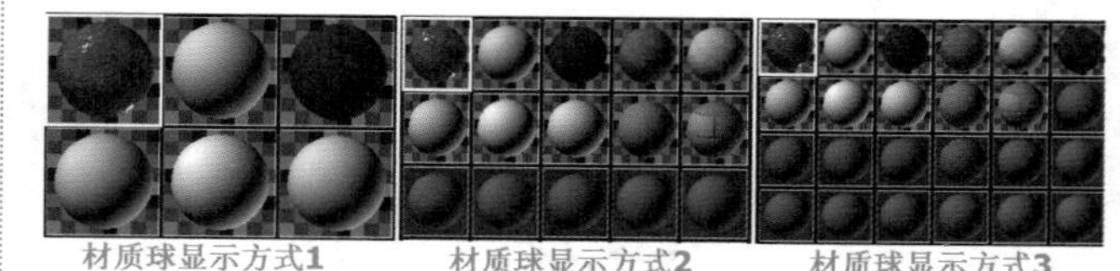


图7-15

右键单击材质球，可以调节多种参数，如图7-16所示。

使用鼠标左键可以将材质球中的材质拖曳到场景中的物体上。当材质赋予物体后，材质球上会显示出4个缺角的符号，如图7-17所示。

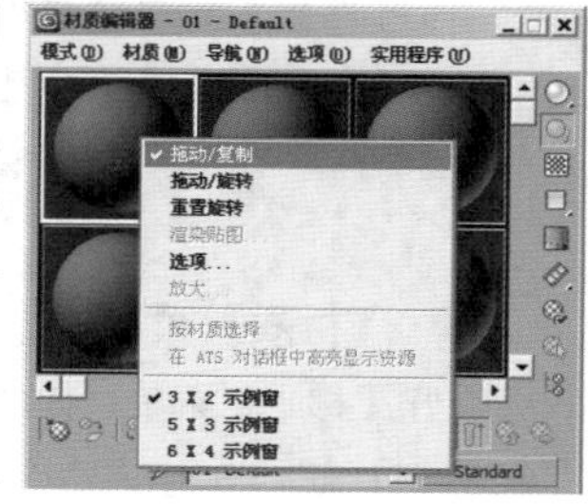

图7-16

图7-17

**技巧提示**

当示例窗中的材质指定给场景中的一个或多个曲面时，示例窗是【热】的。当使用【精简材质编辑器】调整【热】示例窗时，场景中的材质也会同时更改。

示例窗的拐角处表明材质是否是热材质。

没有三角形表明场景中没有使用的材质。

轮廓为白色三角形表明此材质是热的。换句话说，它已经在场景中实例化。在示例窗中对材质进行更改，也会更改场景中显示的材质。

实心白色三角形表明材质不仅是热的，而且已经应用到当前选定的对象上，如图7-18所示。

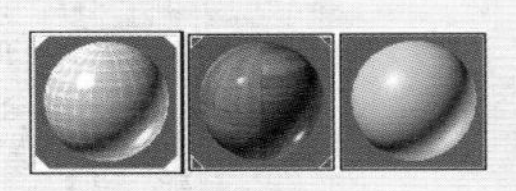

图7-18

## 3. 工具按钮栏

下面讲解【材质编辑器】对话框中的两排材质工具按钮，如图7-19所示。

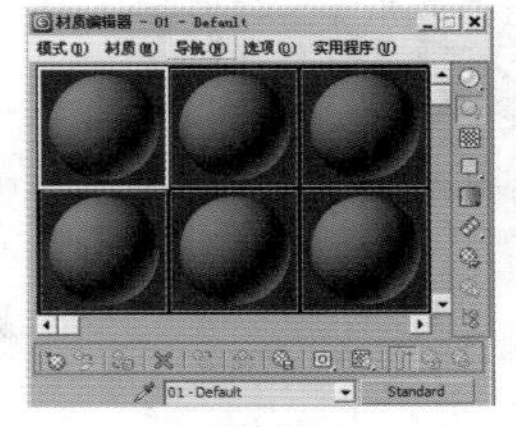

图7-19

- 【获取材质】按钮：为选定的材质打开【材质/贴图浏览器】面板。
- 【将材质放入场景】按钮：在编辑好材质后，单击该按钮可更新已应用于对象的材质。
- 【将材质指定给选定对象】按钮：将材质赋予选定的对象。
- 【重置贴图/材质为默认设置】按钮：删除修改的所有属性，将材质属性恢复到默认值。
- 【复制材质】按钮：在选定的示例图中创建当前材质的副本。
- 【使唯一】按钮：将实例化的材质设置为独立的材质。
- 【放入库】按钮：重新命名材质并将其保存到当前打开的库中。
- 【材质ID通道】按钮：为应用后期制作效果设置唯一的通道ID。
- 【在视口中显示标准贴图】按钮：在视口的对象上显示2D材质贴图。
- 【显示最终结果】按钮：在实例图中显示材质以及应用的所有层次。
- 【转到父对象】按钮：将当前材质上移一级。
- 【转到下一个同级项】按钮：选定同一层级的下一贴图或材质。
- 【采样类型】按钮：控制示例窗显示的对象类型，默认为球体、圆柱体和立方体类型。
- 【背光】按钮：打开或关闭选定示例窗中的背景灯光。
- 【背景】按钮：在材质后面显示方格背景图像，在观察透明材质时非常有用。
- 【采样UV平铺】按钮：为示例窗中的贴图设置UV平铺显示。
- 【视频颜色检查】按钮：检查当前材质中NTSC和PAL制式不支持的颜色。
- 【生成预览】按钮：用于产生、浏览和保存材质预览渲染。
- 【选项】按钮：打开【材质编辑器选项】对话框，该对话框中包含启用材质动画、加载自定义背景、定义灯光亮度或颜色以及设置示例窗数目的一些参数。
- 【按材质选择】按钮：选定使用当前材质的所有对象。
- 【材质/贴图导航器】按钮：单击该按钮，打开【材质/贴图导航器】对话框，在该对话框中会显示当前材质的所有层级。

## 4. 参数控制区

### ❶ 明暗器基本参数

展开【明暗器基本参数】卷展栏，共有8种明暗器类型可以选择，同时还可以设置线框、双面、面贴图和面状等参数，如图7-20所示。

- 明暗器列表：明暗器包含8种类型。
  - （A）各向异性：用于产生磨沙金属或头发的效果。可创建拉伸并成角的高光，而不是标准的圆形高光，如图7-21所示。

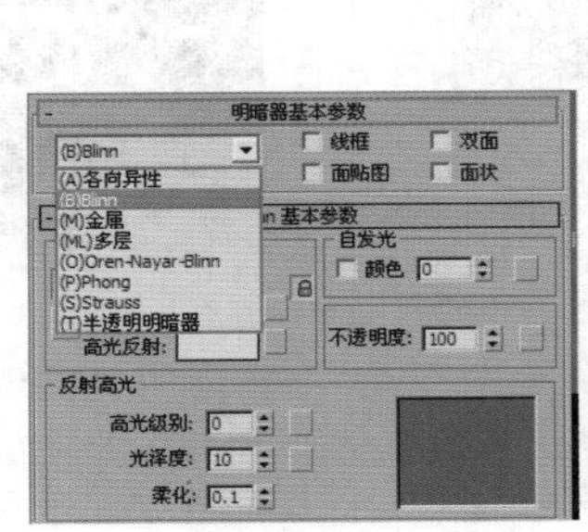


图7-20

图7-21

● （B）Blinn：这种明暗器以光滑的方式渲染物体表面，是最常用的一种明暗器，如图7-22所示。

图7-22

● （M）金属：这种明暗器适用于金属表面，它能提供金属所需的强烈反光，如图7-23所示。

图7-23

● （ML）多层：【（ML）多层】明暗器与【（A）各向异性】明暗器很相似，但【（ML）多层】明暗器可以控制两个高亮区，因此它拥有对材质更多的控制，第1高光反射层和第2高光反射层具有相同的参数控制，如图7-24所示。

图7-24

● （O）Oren-Nayar-Blinn：这种明暗器适用于无光表面（如纤维或陶土），与（B）Blinn明暗器几乎相同，通过它附加的【漫反射级别】和【粗糙度】两个参数可以实现无光效果，如图7-25所示。

图7-25

● （P）Phong：这种明暗器可以平滑面与面之间的边缘，适用于具有强度很高的表面和具有圆形高光的表面，如图7-26所示。

图7-26

● （S）Strauss：这种明暗器适用于金属和非金属表面，与【（M）金属】明暗器十分相似，如图7-27所示。

图7-27

● （T）半透明明暗器：这种明暗器与（B）Blinn明暗器类似，最大的区别在于它能够设置半透明效果，使光线能够穿透这些半透明的物体，并且在穿过物体内部时离散，如图7-28所示。

图7-28

● 线框：以线框模式渲染材质，用户可以在扩展参数上设置线框的大小，如图7-29所示。

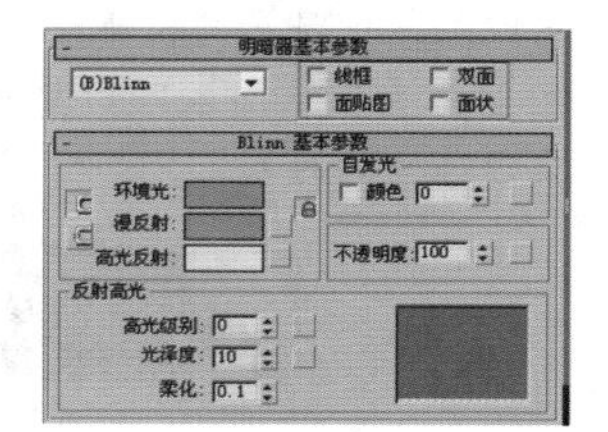


图7-29

● 双面：将材质应用到选定的面，使材质成为双面。

● 面贴图：将材质应用到几何体的各个面。

● 面状：使对象产生不光滑的明暗效果，把对象的每个面作为平面来渲染，可以用于制作加工过的钻石、宝石或任何带有硬边的表面。

## ❷ Blinn基本参数

下面以（B）Blinn明暗器来讲解明暗器的基本参数。展开【Blinn基本参数】卷展栏，在这里可以设置【环境光】、【漫反射】、【高光反射】、【自发光】、【不透明度】、【高光级别】、【光泽度】和【柔化】等属性，如图7-30所示。

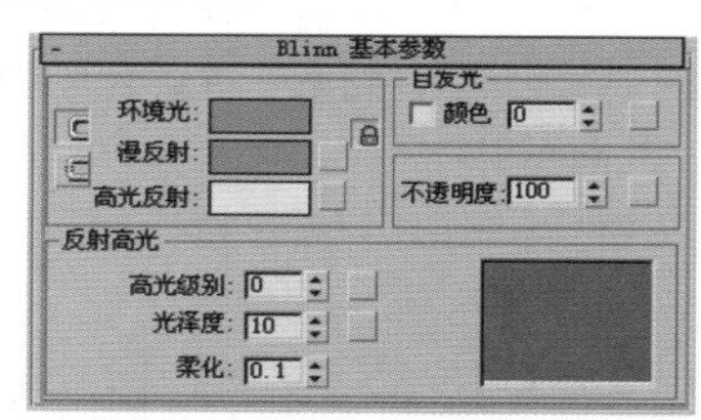


图7-30

- 环境光：环境光用于模拟间接光，例如室外场景的大气光线也可以用来模拟光能传递。
- 漫反射：漫反射又被称作物体的固有色，也就是物体本身的颜色。
- 高光反射：物体发光表面高亮显示部分的颜色。
- 自发光：使用漫反射颜色替换曲面上的任何阴影，从而创建出白炽效果。
- 不透明度：控制材质的不透明度。
- 高光级别：控制反射高光的强度。数值越大，反射强度越高。
- 光泽度：控制镜面高亮区域的大小，即反光区域的尺寸。数值越大，反光区域越小。
- 柔化：影响反光区和不反光区衔接的柔和度。

### 7.2.2 Slate材质编辑器

Slate材质编辑器是一个材质编辑器界面，它在设计和编辑材质时使用节点和关联以图形方式显示材质的结构。

Slate材质编辑器界面是具有多个元素的图形界面，其最突出的特点包括：（1）材质/贴图浏览器，可以在其中浏览材质、贴图和基础材质和贴图类型；（2）当前活动视图，可以在其中组合材质和贴图；（3）参数编辑器，可以在其中更改材质和贴图设置，如图7-31所示为参数面板。

技巧提示

Slate材质编辑器的参数与精简材质编辑器的参数基本一致，此处就不再赘述。

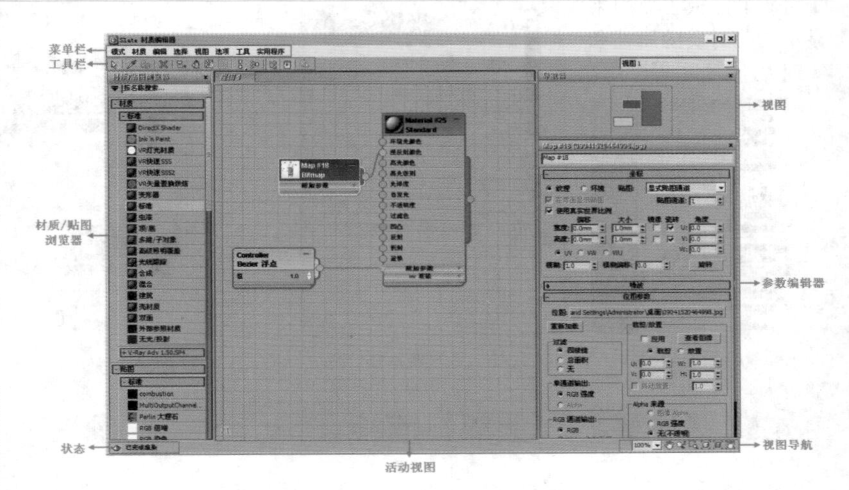


图7-31

## 7.3 材质/贴图浏览器

【材质/贴图浏览器】菜单提供用于管理库、组和浏览器自身的多数选项。通过单击 ▼（【材质/贴图浏览器选项】）或右键单击【材质/贴图浏览器选项】的一个空白部分，即可访问【材质/贴图浏览器选项】主菜单，如图7-32所示。在浏览器中右键单击组的标题栏时，即会显示该特定类型组的选项，如图7-33所示。

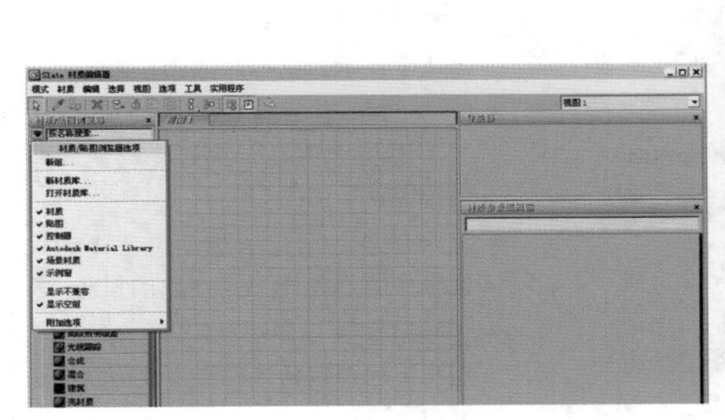

图7-32

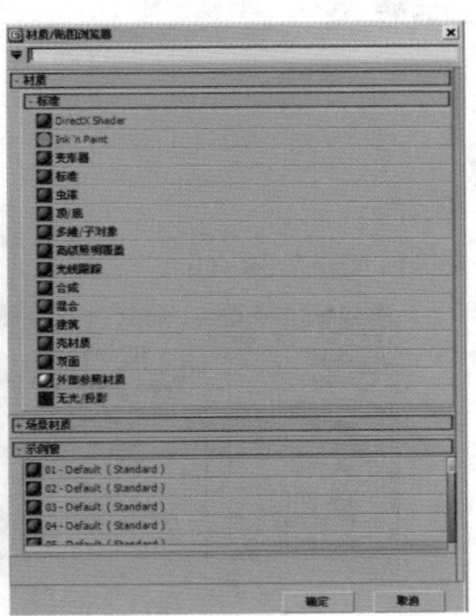

图7-33

# 7.4 材质管理器

材质资源管理器用来浏览和管理场景中的所有材质。选择【渲染】|【材质资源管理器】命令（如图7-34所示），即可打开【材质管理器】窗口。

【材质管理器】窗口分为【场景】面板和【材质】面板两大部分，如图7-35所示。【场景】面板主要用来显示场景对象的材质，而【材质】面板主要用来显示当前材质的属性和纹理大小。

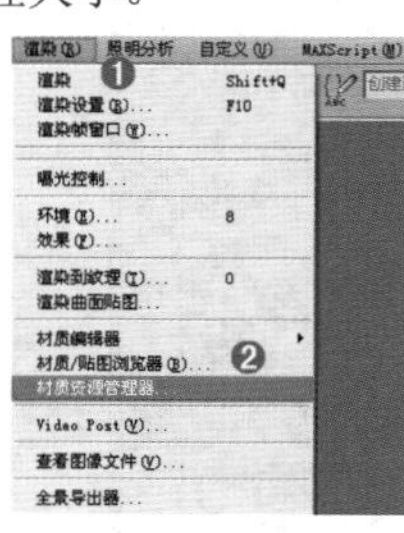

图7-34

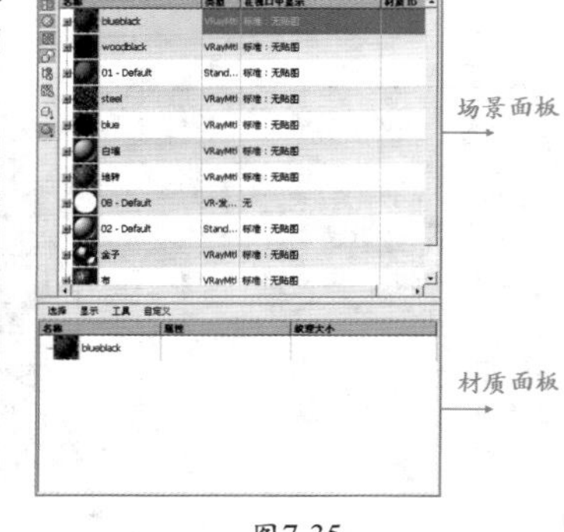


图7-35

**技巧提示**

【材质管理器】窗口非常有用，使用它可以直观地观察场景对象的所有材质，例如在图7-36中，可以观察到场景中的对象包含两个材质。在【场景】面板中选择一个材质后，在下面的【材质】面板中就会显示出该材质相关属性以及加载的外部纹理（即贴图）的大小，如图7-37所示。

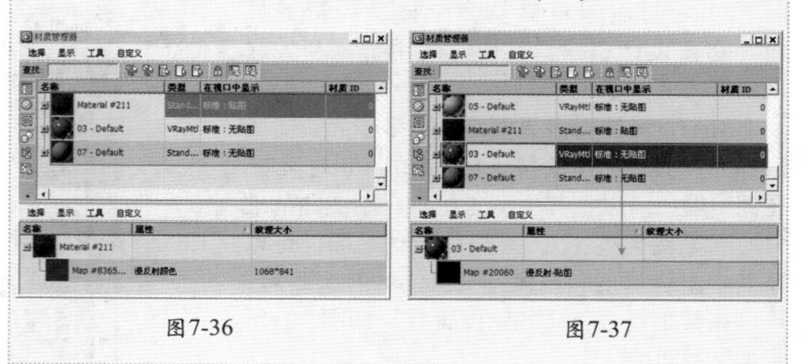

图7-36　　图7-37

## 7.4.1 【场景】（上部）面板

【场景】面板包括【菜单栏】、【工具栏】、【显示按钮】和【列】4大部分，如图7-38所示。

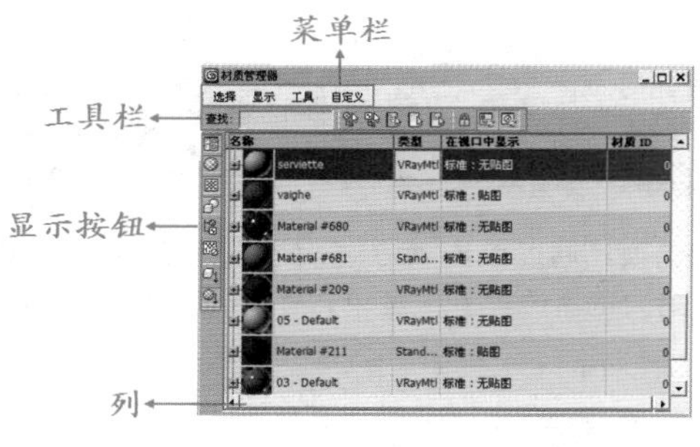


图7-38

### 1．菜单栏

#### ❶ 【选择】菜单

展开【选择】菜单，如图7-39所示。

- 全部选择：选择场景中的所有材质和贴图。
- 选定所有材质：选择场景中的所有材质。

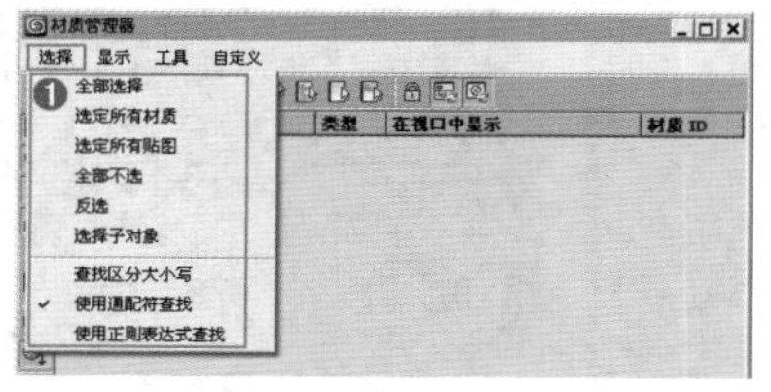

图7-39

- 选定所有贴图：选择场景中的所有贴图。
- 全部不选：取消选择所有材质和贴图。
- 反选：颠倒当前选择，即取消当前选择的所有对象，而选择前面未选择的对象。
- 选择子对象：该命令只起到切换的作用。
- 查找区分大小写：通过搜索字符串的大小写来查找对象，如house与House。
- 使用通配符查找：通过搜索字符串中的字符来查找对象，如*和?等。
- 使用正则表达式查找：通过搜索正则表达式的方式来查找对象。

#### ❷ 【显示】菜单

展开【显示】菜单，如图7-40所示。

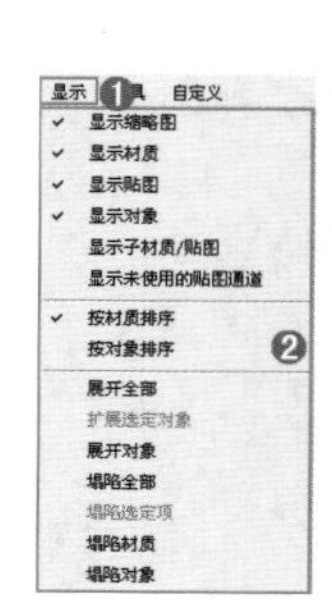

图7-40

- 显示缩略图：启用该选项后，【场景】面板中将显示出每个材质和贴图的缩略图。
- 显示材质：启用该选项后，【场景】面板中将显示出每个对象的材质。
- 显示贴图：启用该选项后，每个材质的层次下面都包括该材质所使用到的所有贴图。

- 显示对象：启用该选项后，每个材质的层次下面都会显示出该材质所应用到的对象。
- 显示子材质/贴图：启用该选项之后，每个材质的层次下面都会显示用于材质通道的子材质和贴图。
- 显示未使用的贴图通道：启用该选项之后，每个材质的层次下面还会显示出未使用的贴图通道。
- 按材质排序：启用该选项后，层次将按材质名称进行排序。
- 按对象排序：启用该选项后，层次将按对象进行排序。
- 展开全部：展开层次以显示出所有的条目。
- 展开选定对象：展开包含所选条目的层次。
- 展开对象：展开包含所有对象的层次。
- 塌陷全部：塌陷整个层次。
- 塌陷选定对象：塌陷包含所选条目的层次。
- 塌陷材质：塌陷包含所有材质的层次。
- 塌陷对象：塌陷包含所有对象的层次。

#### ❸ 【工具】菜单

展开【工具】菜单，如图7-41所示。

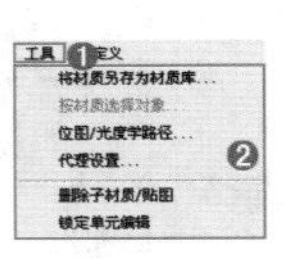

图7-41

- 将材质另存为材质库：可以打开将材质另存为材质库（即.mat文件）文件的文件对话框。
- 按材质选择对象：根据材质来选择场景中的对象。
- 位图/光度学路径：打开【位图/光度学路径编辑器】对话框，在该对话框中可以管理场景对象的位图的路径。
- 代理设置：打开【全局设置和位图代理的默认】对话框，可以使用该对话框来管理3ds Max如何创建和并入到材质中的位图的代理版本。
- 删除子材质/贴图：删除所选材质的子材质或贴图。
- 锁定单元编辑：启用该选项后，可以禁止在【资源管理器】中编辑单元。

#### ❹ 【自定义】菜单

展开【自定义】菜单，如图7-42所示。

- 配置行：打开【配置行】对话框，在该对话框中可以为【场景】面板添加队列。
- 工具栏：选择要显示的工具栏。
- 将当前布局保存为默认设置：保存当前【资源管理器】对话框中的布局方式，并将其设置为默认设置。

### 2. 工具栏

工具栏中主要是一些对材质进行基本操作的工具，如图7-43所示。

- 【查找】框：输入文本来查找对象。
- 【选择所有材质】按钮：选择场景中的所有材质。
- 【选择所有贴图】按钮：选择场景中的所有贴图。
- 【全选】按钮：选择场景中的所有材质和贴图。
- 【全部不选】按钮：取消选择场景中的所有材质和贴图。
- 【反选】按钮：颠倒当前选择。
- 【锁定单元编辑】按钮：启用该选项后，可以禁止在【资源管理器】中编辑单元。
- 【同步到材质资源管理器】按钮：启用该选项后，【材质】面板中的所有材质操作将与【场景】面板保持同步。
- 【同步到材质级别】按钮：启用该选项后，【材质】面板中的所有子材质操作将与【场景】面板保持同步。

### 3. 显示按钮

显示按钮主要用来控制材质和贴图的显示方法，它与显示相对应，如图7-44所示。

- 【显示缩略图】按钮：激活该按钮后，【场景】面板中将显示出每个材质和贴图的缩略图。
- 【显示材质】按钮：【场景】面板中将显示出每个对象的材质。
- 【显示贴图】按钮：激活该按钮后，每个材质的层次下面都包括该材质所使用到的所有贴图。
- 【显示对象】按钮：激活该按钮后，每个材质的层次下面都会显示出该材质所应用到的对象。
- 【显示子材质/贴图】按钮：激活该按钮后，每个材质的层次下面都会显示用于材质通道的子材质和贴图。
- 【显示未使用的贴图通道】按钮：激活该按钮后，每个材质的层次下面都会显示出未使用的贴图通道。
- 【按对象排序】按钮/【按材质排序】按钮：让层次以对象或材质的方式进行排序。

### 4. 列

列主要用来显示场景材质的名称、类型、在视口中的显示方式以及材质的ID号，如图7-45所示。

- 名称：显示材质、对象、贴图和子材质的名称。
- 类型：显示材质、贴图或子材质的类型。
- 在视口中显示：注明材质和贴图在视口中的显示方式。
- 材质ID：显示材质的 ID号。

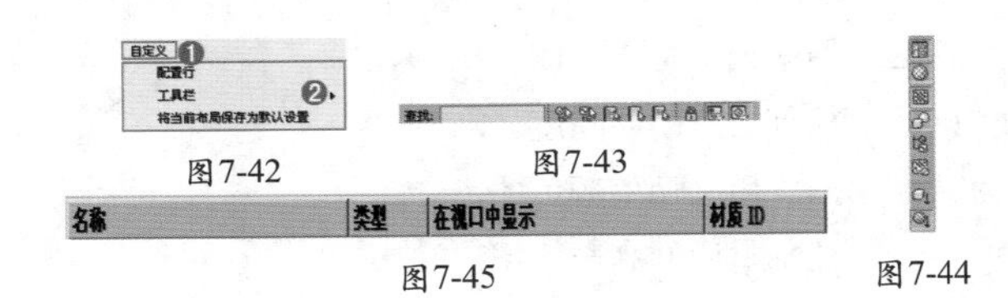

图7-42
图7-43
图7-45
图7-44

## 7.4.2 【场景】（下部）面板

【材质】面板包括【菜单栏】和【列】两大部分，如图7-46所示。

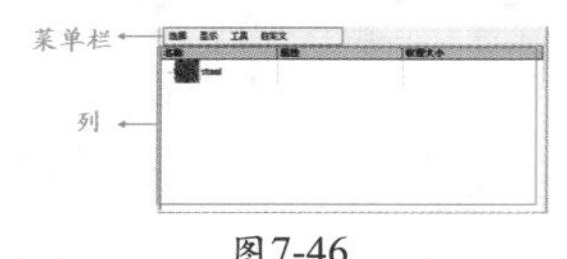

图7-46

**技巧提示**

【材质】面板中的命令含义可以参考【场景】面板。

# 7.5 材质类型

材质的使用会使得场景更加具有真实感，其详细描述了对象如何反射或透射灯光。可以将材质指定给单独的对象或选择集，另外单独场景也能够包含很多不同材质。不同的材质有不同的用途。安装VRay渲染器后，材质类型大致可分为27种。单击【材质类型】按钮 Arch & Design ，然后在弹出的【材质/贴图浏览器】对话框中可以观察到这27种材质类型，如图7-47所示。

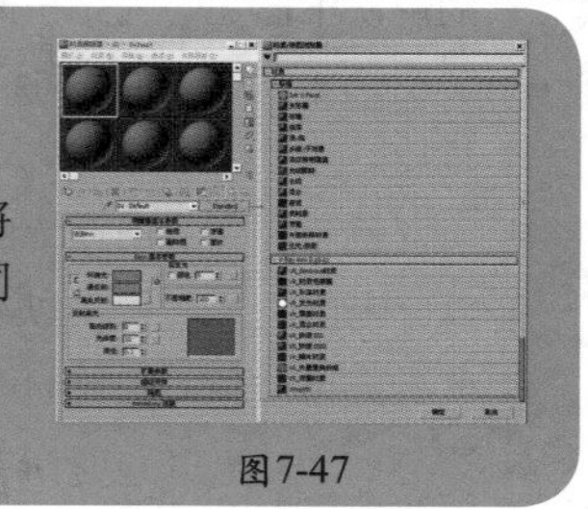
图7-47

- DirectX Shader：该材质可以保存为fx文件，并且只有在启用了DirectX 3D显示驱动程序后才可用。
- Ink'n Paint：通常用于制作卡通效果。
- VR-灯光材质：可以制作发光物体的材质效果。
- VR_快速SSS：可以制作半透明的SSS物体材质效果，如玉石等。
- VR-快速SSS2：可以制作半透明的SSS物体材质效果，如皮肤等。
- VR_矢量置换烘焙：可以制作矢量的材质效果。
- 变形器：配合变形器一起使用，能产生材质融合的变形动画效果。
- 标准：系统默认的材质。
- 虫漆：用来控制两种材质混合的数量比例。
- 顶/底：为一个物体指定不同的材质，一个在顶端，一个在底端，中间交互处可以产生过渡效果。
- 多维/子对象：将多个子材质应用到单个对象的子对象。
- 高级照明覆盖：配合光能传递使用的一种材质，能很好地控制光能传递和物体之间的反射比。
- 光线跟踪：可以创建真实的反射和折射效果，并且支持雾、颜色浓度、半透明和荧光等效果。
- 合成：将多个不同的材质叠加在一起，通过添加排除和混合能够创造出复杂多样的物体材质，常用来制作动物和人体的皮肤、生锈的金属以及复杂的岩石等物体。
- 混合：将两个不同的材质融合在一起，根据融合度的不同来控制两种材质的显示程度。
- 建筑：主要用于表现建筑外观的材质。
- 壳材质：配合【渲染到贴图】命令一起使用，其作用是将【渲染到贴图】命令产生的贴图再贴回物体造型中。
- 双面：为物体内外或正反表面分别指定两种不同的材质。
- 外部参照材质：参考外部对象或参考场景相关运用资料。
- 无光/投影：渲染时也观察不到，不会对背景进行遮挡，但可遮挡其他物体，并且能产生自身投影和接受投影的效果。
- VRayMtl：VRayMtl材质是使用范围最广泛的一种材质，常用于制作室内外效果图。其中制作反射和折射的材质非常出色。
- VR-材质包裹器：该材质可以有效地避免色溢现象。
- VR-混合材质：常用来制作两种材质混合在一起的效果，如带有花纹的玻璃等。
- VRay2SidedMtl材质：可以模拟带有双面属性的材质效果。

## 7.5.1 Ink'n Paint材质

Ink'n Paint（墨水油漆）材质可以用来制作卡通效果，其参数包含【基本材质扩展】卷展栏、【绘制控制】卷展栏和【墨水控制】卷展栏，如图7-48所示。

- 亮区：用来调节材质的固有颜色。
- 暗区：控制材质的明暗度。
- 绘制级别：用来调整颜色的色阶。
- 高光：控制材质的高光区域。

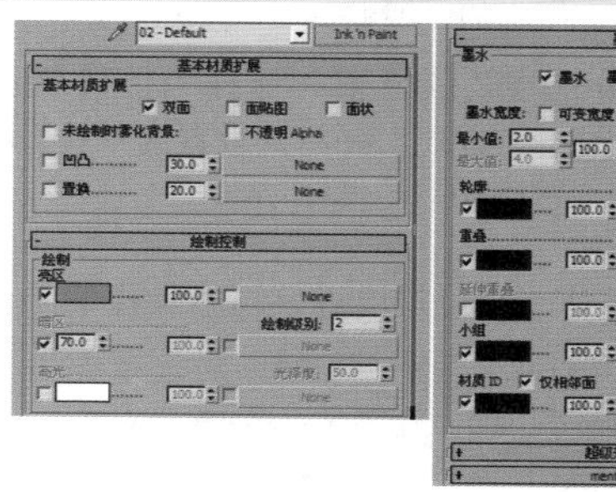
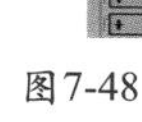
图7-48

- 墨水：控制是否开启描边效果。
- 墨水质量：控制边缘形状和采样值。
- 墨水宽度：设置描边的宽度。
- 最小值：设置墨水宽度的最小像素值。
- 最大值：设置墨水宽度的最大像素值。
- 可变宽度：可以使描边宽度在最大值和最小值之间变化。
- 钳制：可以使描边宽度的变化范围限制在最大值与最小值之间。
- 轮廓：选中该复选框后可以使物体外侧产生轮廓线。
- 重叠：当物体与自身的一部分相交迭时使用。
- 延伸重叠：与【重叠】选项类似，但多用在较远的表面上。
- 小组：用于勾画物体表面光滑组部分的边缘。
- 材质ID：用于勾画不同材质ID之间的边界。

## 小实例：利用Ink'n Paint材质制作卡通效果

| 场景文件 | 01.max |
|---|---|
| 案例文件 | 小实例：利用Ink'n Paint材质制作卡通效果.max |
| 视频教学 | 多媒体教学/Chapter 07/小实例：利用Ink'n Paint材质制作卡通效果.flv |
| 难易指数 | ★★★☆☆ |
| 材质类型 | Ink'n Paint材质 |
| 技术掌握 | 掌握Ink'n Paint材质的运用 |

### 实例介绍

本实例主要讲解利用Ink'n Paint材质制作卡通效果，如图7-49所示。

图7-49

本实例的卡通材质模拟效果如图7-50所示。

图7-50

其基本属性主要有以下两点。

- 带有颜色。
- 带有边缘描边效果。

### 操作步骤

**步骤01** 打开本书配套光盘中的【场景文件/Chapter07/01.max】文件，如图7-51所示。

**步骤02** 按M键，打开【材质编辑器】窗口，然后选择一个空白材质球，并将材质球类型设置为【Ink'n Paint】，接着命名为【地面】，具体参数设置如图7-52所示。

- 设置【亮区】的颜色为草绿色，【绘制级别】为5。

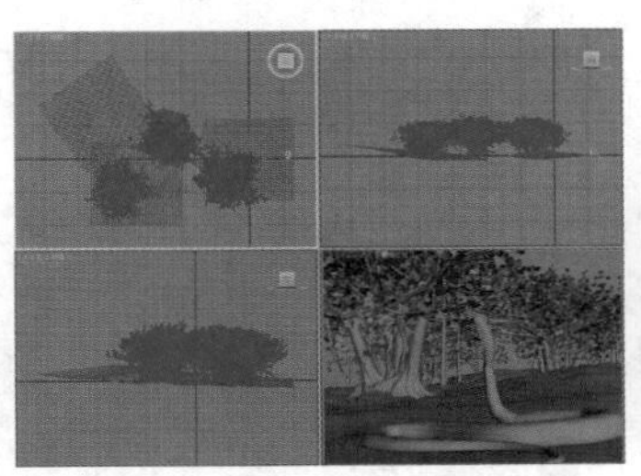

图7-51

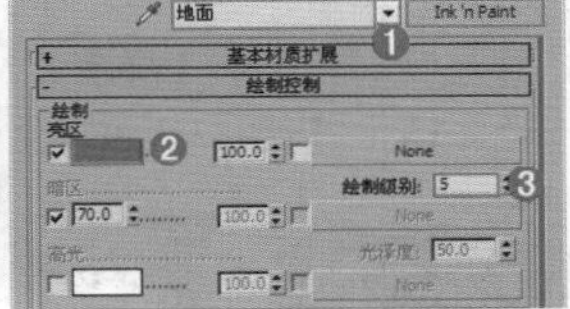

图7-52

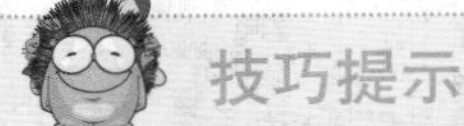

**技巧提示**

由于3ds Max 2016默认情况下的材质编辑器为Slate材质编辑器，所以假如用户需要切换为以前版本中的精简材质编辑器，可以方便地进行切换，如图7-53所示。

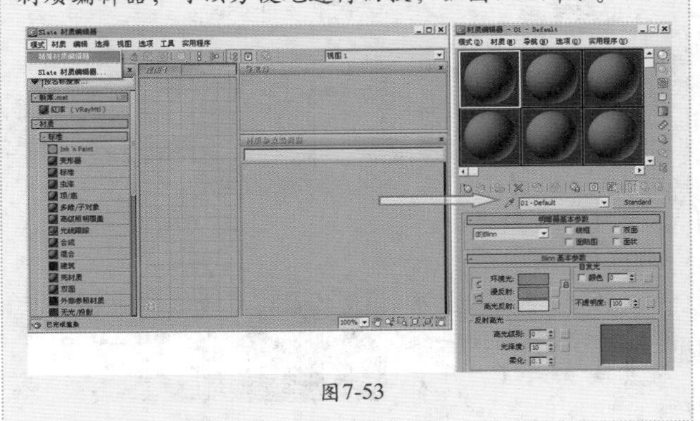

图7-53

**步骤03** 将制作好的材质赋给场景中地面的模型，如图7-54所示。

**步骤04** 按M键，打开【材质编辑器】窗口，然后选择一个空白材质球，并将材质球类型设置为【Ink'n Paint】，接着命名为【蛇】，具体参数设置如图7-55所示。

- 设置【亮区】的颜色为黄绿色，【绘制级别】为5。

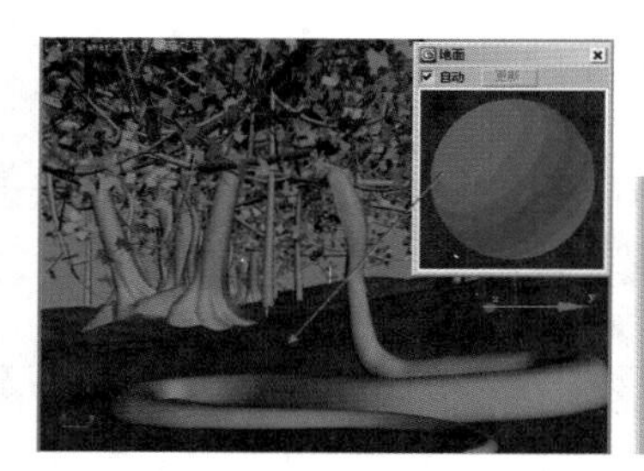

图7-54

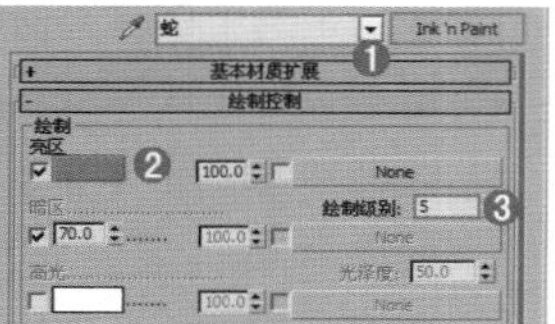

图7-55

**步骤05** 将制作好的材质分别赋予场景中的模型，如图7-56所示。然后按F9键渲染当前场景，最终效果如图7-57所示。

图7-56

图7-57

## 技术专题——如何保存材质和调用材质

在材质制作过程中，有时需要对制作好的材质进行保存，等下一次用到该材质时直接调用即可，这在3ds Max 2016中完全可以实现。

### 1. 如何保存材质

（1）单击制作好的材质球，并将其命名为【红漆】，如图7-58所示。

（2）选择【材质（M）】|【获取材质】命令，此时会弹出【材质/贴图浏览器】对话框，如图7-59所示。

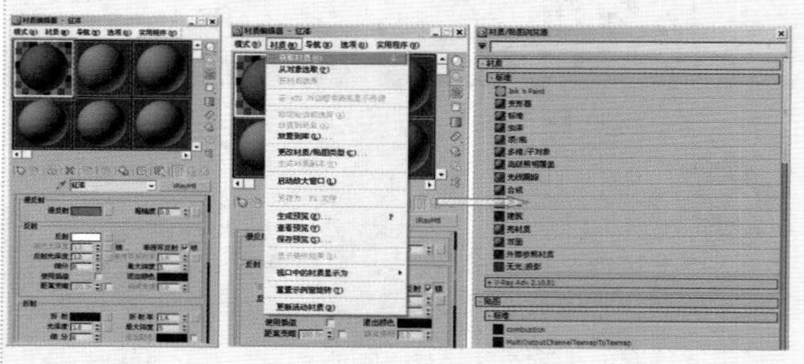

图7-58　　图7-59

（3）单击▼图标，然后单击【新材质库】，并将其命名为【新库.mat】，最后单击【保存】按钮，如图7-60所示。

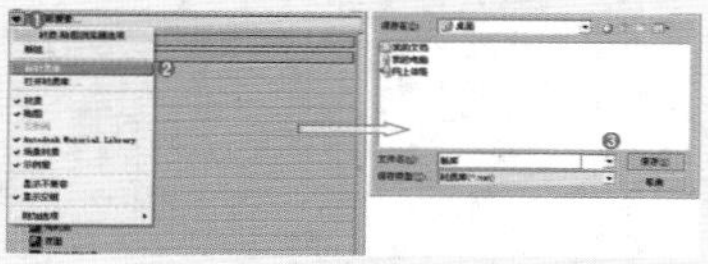

图7-60

（4）单击该材质球，并使用鼠标左键将其拖曳到【新库】下方，如图7-61所示。

图7-61

（5）此时可发现【新库】的下方出现了刚才的【红漆】材质，如图7-62所示。

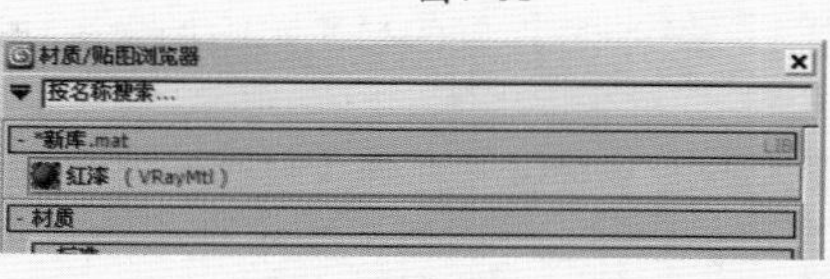


图7-62

（6）在【新库】上单击鼠标右键，在弹出的快捷菜单中选择【保存】命令，如图7-63所示。

（7）至此材质球的文件被保存成功，如图7-64所示。

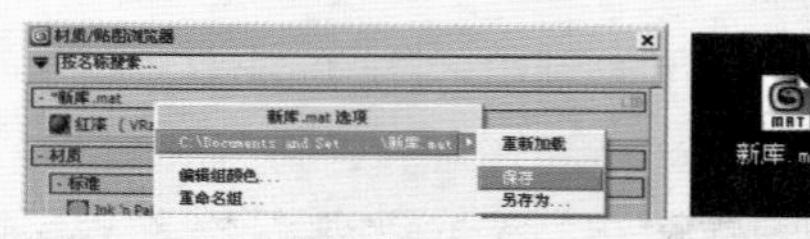

图7-63　　图7-64

### 2. 如何调用材质

（1）当需要使用刚才保存的材质文件时，单击一个空白的材质球，如图7-65所示。

（2）选择【材质（M）】|【获取材质】命令，如图7-66所示。

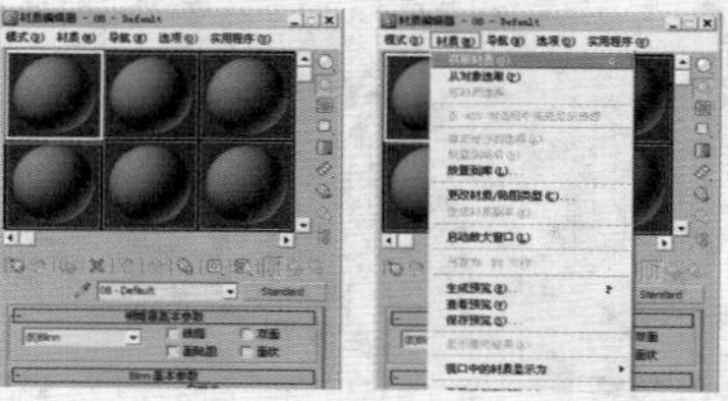

图7-65　　图7-66

（3）单击▼图标，然后单击【打开材质库】，并选择刚才保存的【新库.mat】文件，最后单击【打开】按钮，如图7-67所示。

（4）此时可发现【新库】中出现了【红漆】的选项，接着单击鼠标左键并将其拖曳到一个空白的材质球上，如图7-68所示。

（5）此时该材质球即变成了我们调用的材质，如图7-69所示。

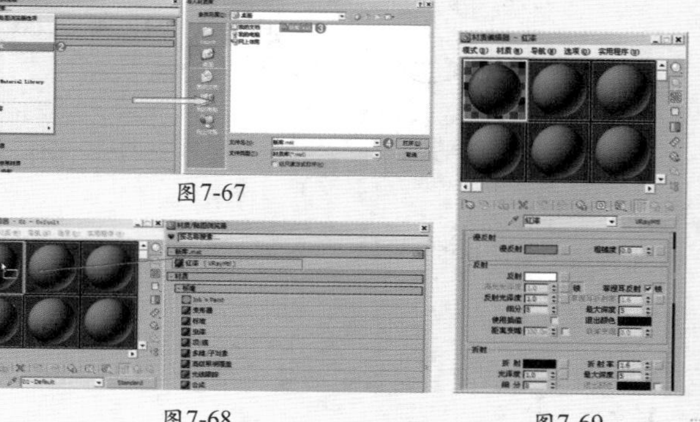

图7-67　　图7-68　　图7-69

## 7.5.2 VR-灯光材质

当设置渲染器为VRay渲染器后，在【材质/贴图浏览器】对话框中可以找到VR-灯光材质，其参数设置面板如图7-70所示。

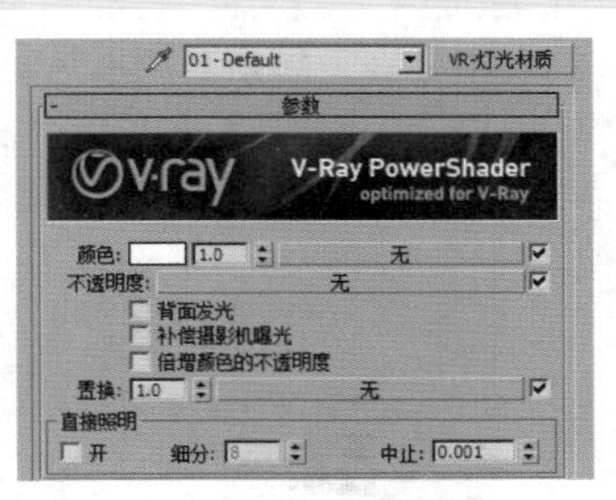
图7-70

- 颜色：设置对象自发光的颜色，后面的数值框用于设置自发光的强度。
- 不透明度：可以在后面的通道中加载贴图。
- 背面发光：开启该选项后，物体会双面发光。
- 补偿摄影机曝光：控制相机曝光补偿的数值。
- 倍增颜色的不透明度：开启该选项后，将按照控制不透明度与颜色相乘。
- 置换：控制置换的参数。
- 直接照明：控制间接照明的参数，包括开、细分和中止。

## 小实例：利用VR-灯光材质制作发光物体

| 场景文件 | 02.max |
| --- | --- |
| 案例文件 | 小实例：利用VR-灯光材质制作发光物体.max |
| 视频教学 | 多媒体教学/Chapter 07/小实例：利用VR-灯光材质制作发光物体.flv |
| 难易指数 | ★★★☆☆ |
| 材质类型 | VR-灯光材质 |
| 技术掌握 | 掌握VR-灯光材质制作发光物体的方法 |

### 实例介绍

本实例主要讲解利用VR-灯光材质制作发光物体，最终渲染效果如图7-71所示。

本实例的发光材质模拟效果如图7-72所示。其基本属性主要包括自发光效果。

图7-71

图7-72

### 操作步骤

**步骤01** 打开本书配套光盘中的【场景文件/Chapter07/02.max】文件，如图7-73所示。

**步骤02** 按M键，打开【材质编辑器】窗口，然后选择一个空白材质球，并将材质球类型设置为【VR-灯光材质】，接着命名为【发光1】，调节【颜色】为蓝色，设置其数值为2，如图7-74所示。

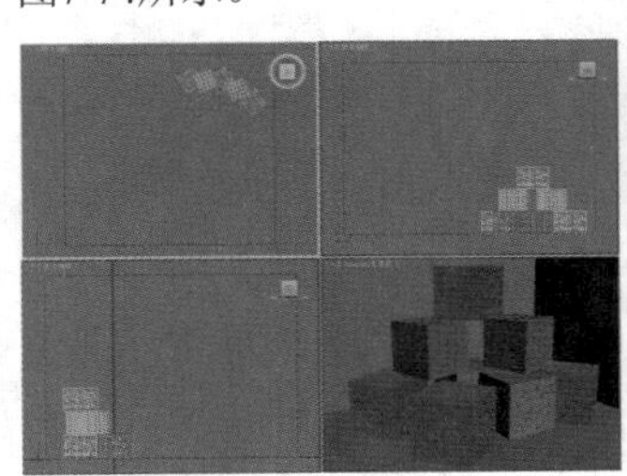
图7-73

图7-74

**步骤03** 将制作好的材质赋予场景中的模型，如图7-75所示。

**步骤04** 按M键，打开【材质编辑器】窗口，然后选择一个空白材质球，并将材质球类型设置为【VR-灯光材质】，接着命名为【发光2】，设置【颜色】为红色，设置其数值为1.5，如图7-76所示。

图7-75

图7-76

**步骤05** 将制作好的材质赋予场景中的模型，如图7-77所示。

**步骤06** 将剩余的材质制作完成，并赋予相应的物体，如图7-78所示。最终效果如图7-79所示。

图7-77

图7-78

图7-79

## 7.5.3 标准材质

标准材质是作为默认的材质类型出现的，其参数面板如图7-80所示。

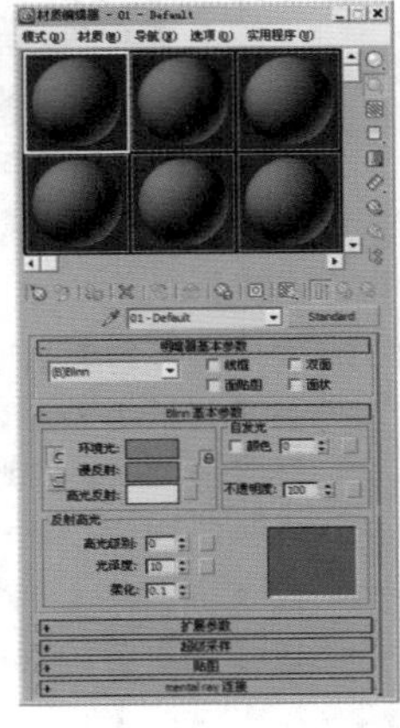
图7-80

# 小实例：利用标准材质制作金材质

| 场景文件 | 03.max |
| --- | --- |
| 案例文件 | 小实例：利用标准材质制作金材质.max |
| 视频教学 | 多媒体教学/Chapter 07/小实例：利用标准材质制作金材质.flv |
| 难易指数 | ★★★☆☆ |
| 材质类型 | 标准材质 |
| 技术掌握 | 掌握【衰减】、【噪波】和【斑点】程序贴图的应用方法 |

## 实例介绍

在本实例中，主要讲解利用标准材质制作金材质，最终渲染效果如图7-81所示。

本实例的金材质模拟效果如图7-82所示。

图7-81

图7-82

其基本属性主要有以下3点。

- 有锈状的纹理效果。
- 有一定的反射。
- 有一定的凹凸效果。

## 操作步骤

**步骤01** 打开本书配套光盘中的【场景文件/Chapter07/03.max】文件，如图7-83所示。

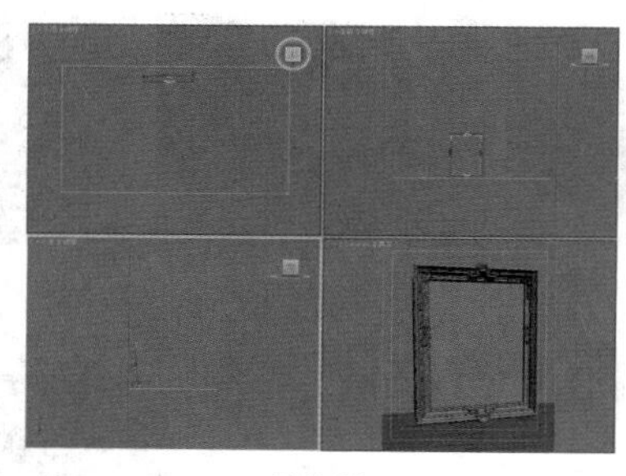

图7-83

**步骤02** 制作铜锈材质。选择一个空白材质球，并将其命名为【铜锈】。

- 在【漫反射】后面的通道上加载【衰减】程序贴图，设置【衰减类型】为【垂直/平行】，【颜色2】为黄色。在【颜色1】的通道上加载【混合】程序贴图，设置【颜色1】为褐色，【颜色2】为绿色，如图7-84所示。
- 在【混合量】通道上加载【大理石】程序贴图，并设置【大小】为1000，【级别】为8，设置【颜色1】为淡绿色，【颜色2】为绿色，如图7-85所示。
- 在【高光级别】通道上加载【斑点】程序贴图，并设置【颜色1】为灰色，【颜色2】为米黄色，【大小】为0.01，最后设置【光泽度】为10，如图7-86所示。

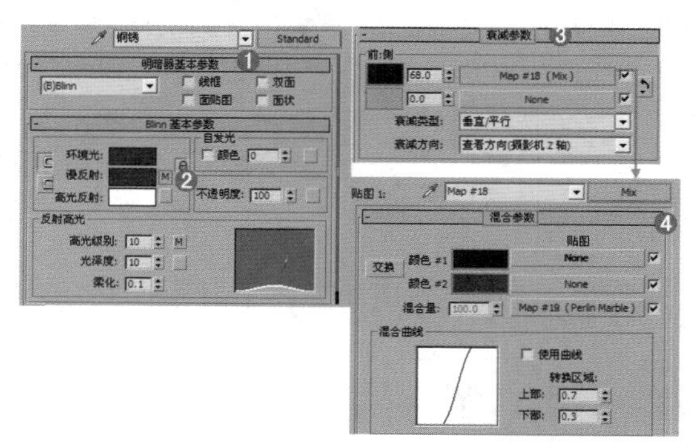

图7-84

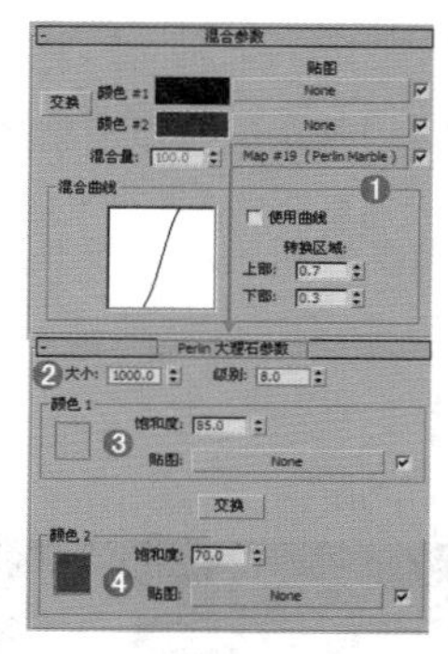

图7-85

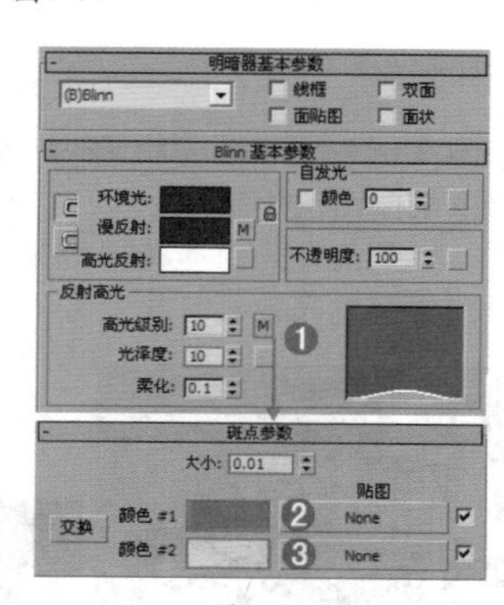

图7-86

- 展开【贴图】卷展栏，设置【凹凸】为80，然后在【凹凸】通道上加载【混合】程序贴图，单击进入混合参数面板，在【颜色1】和【颜色2】通道上分别加载【噪波】程序贴图，在混合量通道上加载【大理石】程序贴图，如图7-87所示。

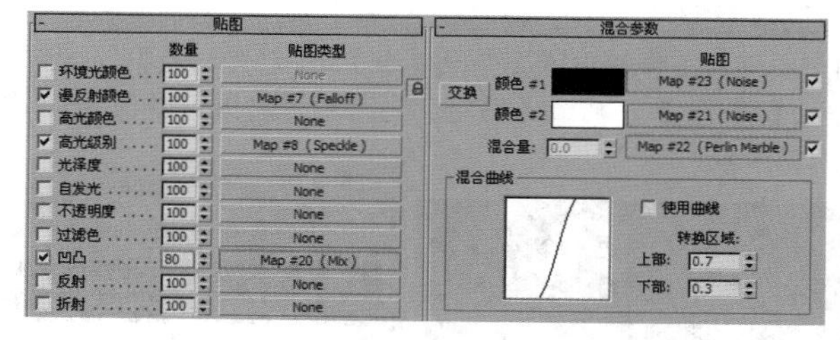

图7-87

- 在【噪波参数】卷展栏中，设置【大小】为3，然后单击【转到父对象】，将【颜色1】通道上的【噪波】程序贴图拖曳到【颜色2】通道上，最后单击进入【大理石参数】卷展栏，设置【大小】为20，【级别】为8，【颜色1】为淡绿色，【颜色2】为绿色，如图7-88所示。

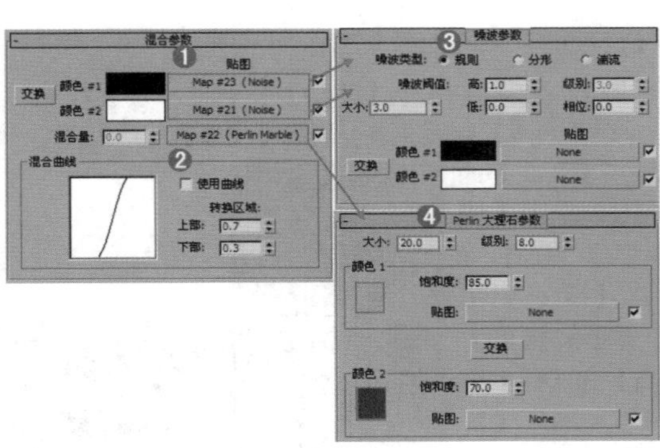

图7-88

**步骤03** 将制作好的材质赋予场景中的油画框，如图7-89所示。

**步骤04** 将剩余的材质制作完成，并赋予相应的物体，如图7-90所示。

**步骤05** 最终渲染效果如图7-91所示。

图7-89

图7-90

图7-91

## 7.5.4 顶/底材质

顶/底材质可以为对象的顶部和底部指定两个不同的材质，常用来制作带有上下两种不同效果的材质，其参数设置面板如图7-92所示。

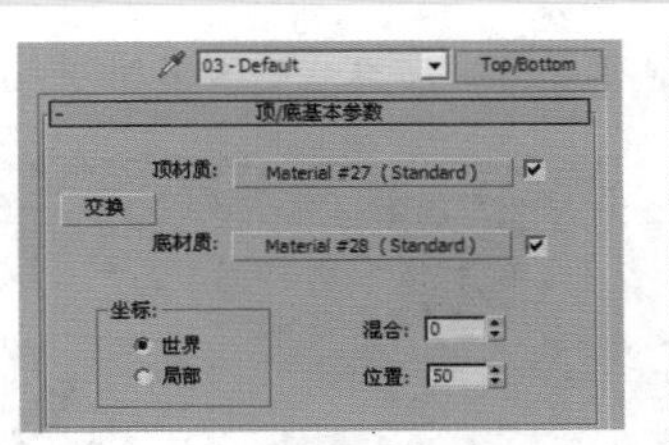

图7-92

- 顶材质/底材质：设置顶部与底部材质。
- 交换：交换【顶材质】与【底材质】的位置。
- 世界：按照场景的世界坐标让各个面朝上或朝下。
- 局部：按照场景的局部坐标让各个面朝上或朝下。
- 混合：混合顶部子材质和底部子材质之间的边缘。
- 位置：设置两种材质在对象上划分的位置。

如图7-93所示为使用顶/底材质制作的效果。

图7-93

## 小实例：利用顶/底材质制作雪材质

| 场景文件 | 04.max |
| --- | --- |
| 案例文件 | 小实例：利用顶/底材质制作雪材质.max |
| 视频教学 | DVD/多媒体教学/Chapter 07/小实例：利用顶/底材质制作雪材质.flv |
| 难易指数 | ★★★☆☆ |
| 材质类型 | 顶/底材质 |
| 技术掌握 | 掌握顶/底材质制作雪材质的方法 |

### 实例介绍

本实例主要讲解利用顶/底材质制作雪材质，效果如图7-94所示。

图7-94

本实例的雪材质模拟效果如图7-95所示。

其基本属性主要有以下两点。

- 材质分为顶和底两部分。
- 带有一定的凹凸。

图7-95

### 操作步骤

**步骤01** 打开本书配套光盘中的【场景文件/Chapter07/04.max】文件，如图7-96所示。

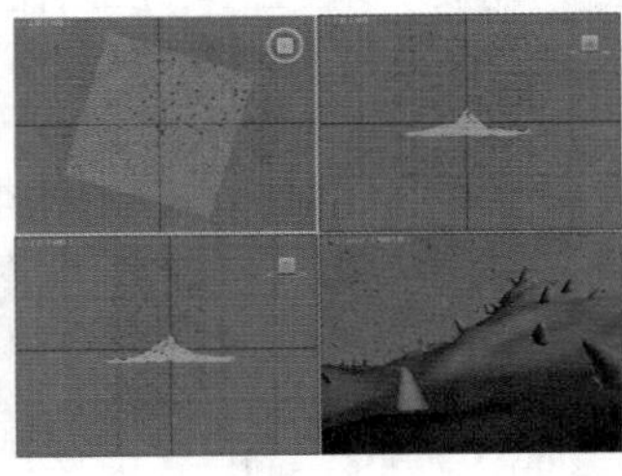

图7-96

**步骤02** 按M键，打开【材质编辑器】窗口，选择第一个材质球，单击 Standard （标准）按钮，在弹出的【材质/贴图浏览器】对话框中选择【顶/底】材质，如图7-97所示。

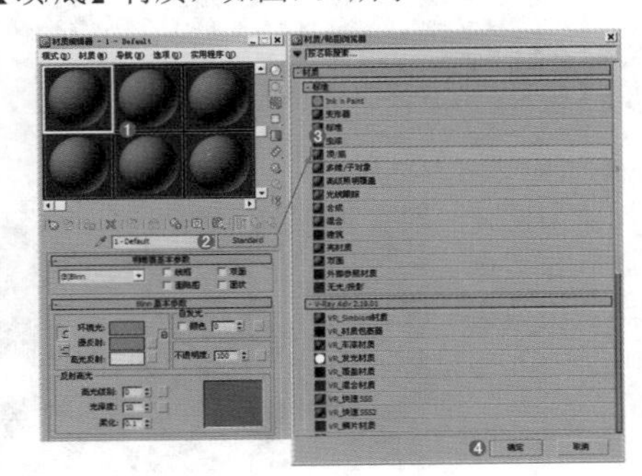

图7-97

步骤03 将材质命名为【Mountain】，展开【顶/底基本参数】卷展栏，分别在【顶材质】和【底材质】后面的通道上加载【Standard】材质，并设置【混合】为10，【位置】为88，如图7-98所示。

图7-98

步骤04 单击进入【顶材质】的通道中，对【雪材质】材质进行调节，调节的具体参数如图7-99所示。

- 设置【漫反射】颜色为白色。

图7-99

- 在【贴图】卷展栏中，选中【凹凸】复选框，设置数量为50,并在【凹凸】后面的通道上加载【噪波】程序贴图。
- 单击进入【凹凸】的通道中，在【噪波参数】卷展栏中下设置【噪波类型】为规则，【大小】为6。

步骤05 单击进入【底材质】的通道中，对【山石材质】材质进行调节，调节的具体参数如图7-100所示。

- 设置【漫反射】颜色为深灰色。
- 在【贴图】卷展栏中选中【凹凸】复选框，设置数量为600，并在【凹凸】后面通道上加载【噪波】程序贴图。
- 单击进入【凹凸】的通道中，设置【噪波类型】为【分形】，【大小】为0.1，【噪波阈值】的【高】和【低】分别为0.7和0.3，【级别】为10。

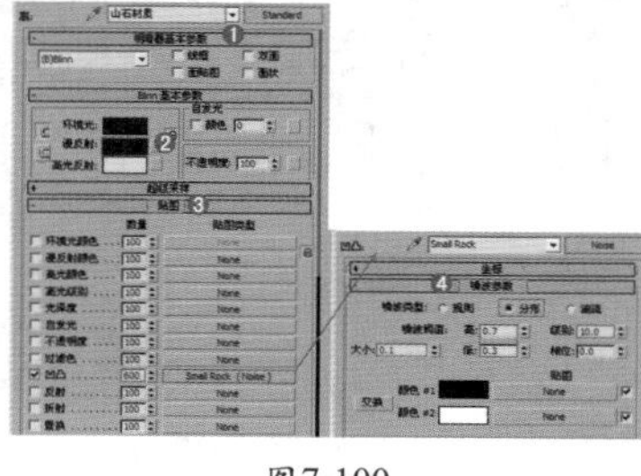

图7-100

步骤06 将制作好的材质赋给场景中雪山的模型，如图7-101所示。

步骤07 最终渲染效果如图7-102所示。

图7-101　　图7-102

## 7.5.5 混合材质

混合材质指在模型的单个面上将两种材质通过一定的百分比进行混合，其材质参数设置面板如图7-103所示。

- 材质1/材质2：可在其后面的材质通道中对两种材质分别进行设置。
- 遮罩：可以选择一张贴图作为遮罩。利用贴图的灰度值可以决定材质1和材质2的混合情况。

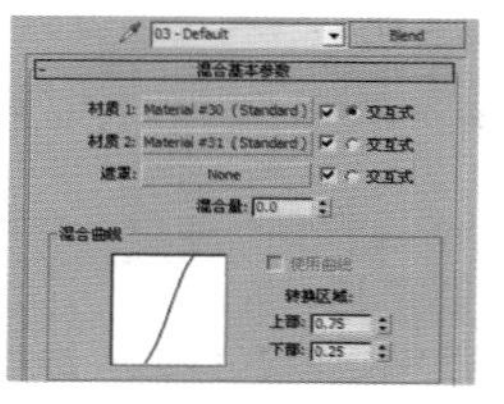


图7-103

- 混合量：控制两种材质混合百分比。如果使用遮罩，则【混合量】选项将不起作用。
- 交互式：用来选择哪种材质在视图中以实体着色方式显示在物体的表面。
- 混合曲线：对遮罩贴图中的黑白色过渡区进行调节。
- 使用曲线：控制是否使用混合曲线来调节混合效果。
- 上部：用于调节混合曲线的上部。
- 下部：用于调节混合曲线的下部。

## 小实例：利用混合材质制作灯罩材质

| 场景文件 | 05.max |
| --- | --- |
| 案例文件 | 小实例：利用混合材质制作灯罩材质.max |
| 视频教学 | 多媒体教学/Chapter 07/小实例：利用混合材质制作灯罩材质.flv |
| 难易指数 | ★★★☆☆ |
| 材质类型 | VRayMtl、混合材质 |
| 技术掌握 | 掌握VRayMtl、混合材质的运用 |

### 实例介绍

在本实例中，使用混合材质制作灯罩材质，最终渲染效果如图7-104所示。

图7-104

本实例的材质模拟效果如图7-105所示。其基本属性主要有以下两点。

- 带有花纹。
- 带有半透明属性。

图7-105

## 操作步骤

### Part 1 【花纹灯罩】材质的制作

**步骤01** 打开本书配套光盘中的【场景文件/Chapter07/05.max】文件，此时的场景效果如图7-106所示。

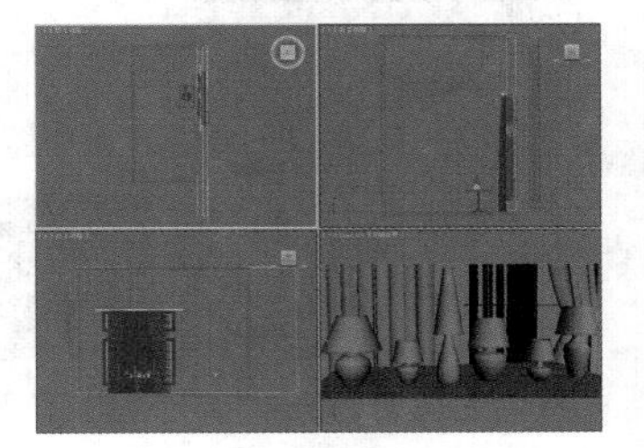
图7-106

**步骤02** 按M键，打开【材质编辑器】窗口，选择第一个材质球，单击 Standard （标准）按钮，在弹出的【材质/贴图浏览器】对话框中选择【混合】材质，如图7-107所示。

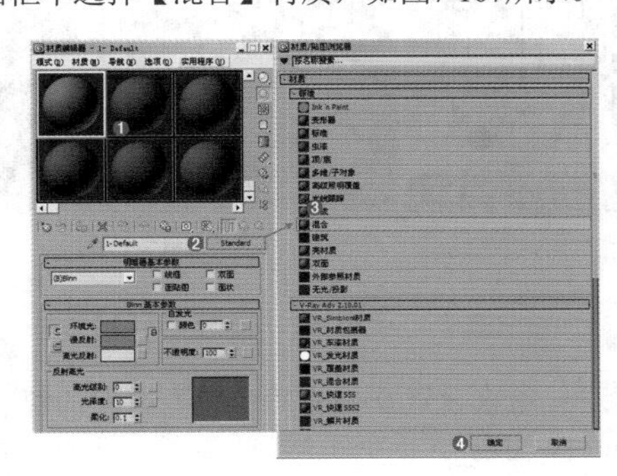
图7-107

**步骤03** 将材质命名为【花纹灯罩】，如图7-108所示。

**步骤04** 在【混合基本参数】卷展栏中将【材质1】命名为【1】，并设置材质为【VRayMtl】，如图7-108所示。具体参数设置如图7-109所示。

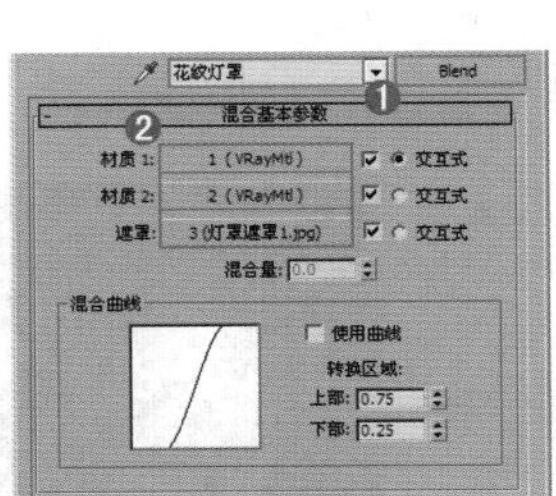
图7-108

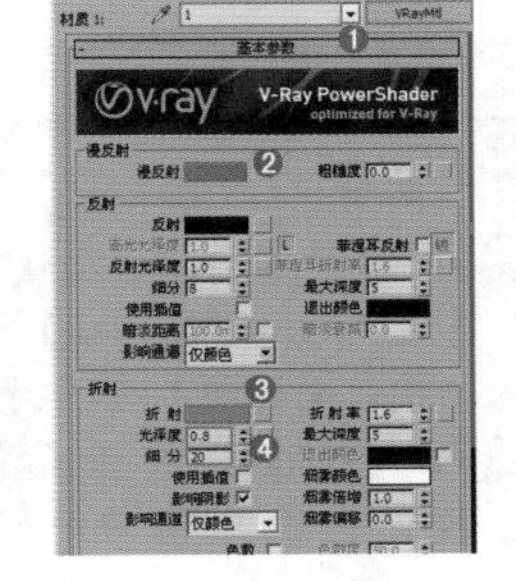
图7-109

- 在【漫反射】选项组中设置颜色为灰色，在【折射】选项组中设置颜色为灰色，设置【光泽度】为0.8，【细分】为20。

**步骤05** 在【混合基本参数】卷展栏中将【材质2】命名为【2】，并设置材质为【VRayMtl】，具体参数设置如图7-110所示。

- 在【漫反射】选项组中设置颜色为红色，在【反射】选项组中设置颜色为深灰色，设置【光泽度】为0.6，【细分】为20。

**步骤06** 在【混合基本参数】卷展栏中将【遮罩】命名为【3】，并在其通道上加载一个【灯罩遮罩.jpg】贴图文件，如图7-111所示。

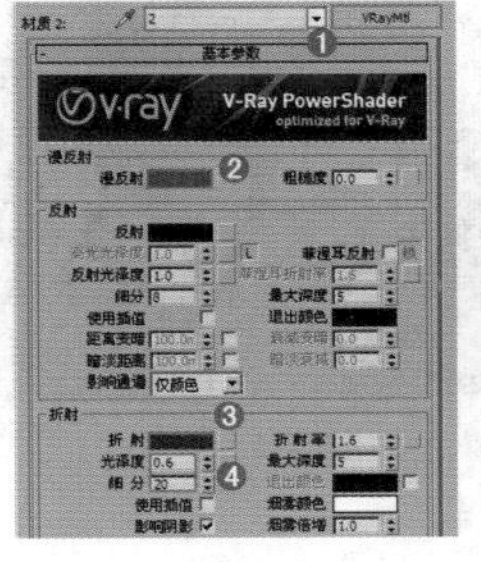
图7-110

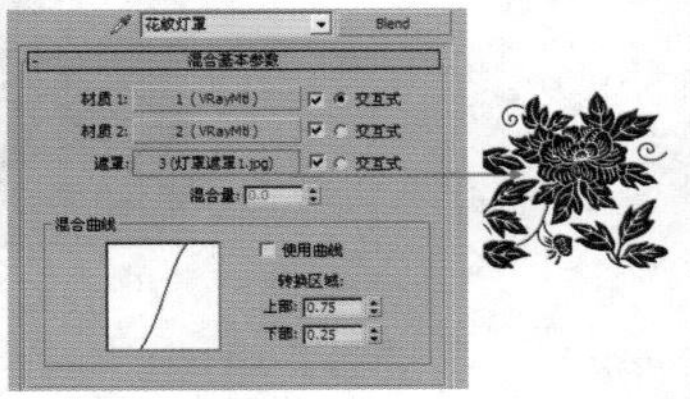

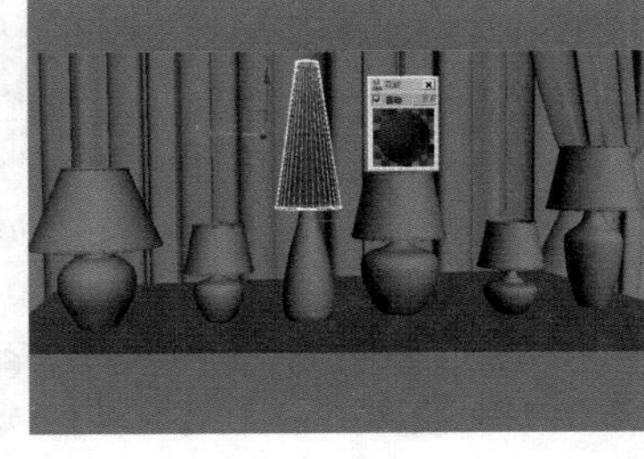
图7-111

**步骤07** 将制作完毕的【花纹灯罩】材质赋给场景中第3个模型，如图7-112所示。

图7-112

### Part 2 【镂空灯罩】材质的制作

**步骤01** 选择一个空白材质球，将【材质类型】设置为【VRayMtl】，并命名为【镂空灯罩】。

- 在【漫反射】选项组中设置颜色为浅黄色，在【折射】选项组中设置颜色为深灰色，设置【光泽度】为0.6，【细分】为20，如图7-113所示。展开【贴图】卷展栏，在【不透明度】后面的通道上加载【遮罩.jpg】贴图文件，如图7-114所示。

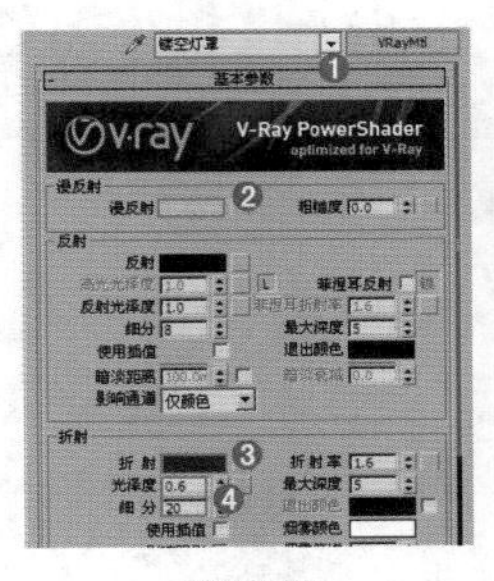
图7-113

图7-114

- 同时为模型添加一个【UVM贴图】修改器，并设置【贴图】为【长方体】，【长度】为30mm，【宽度】为50mm，【高度】为50mm，【对齐】为【Z】，如图7-115所示。

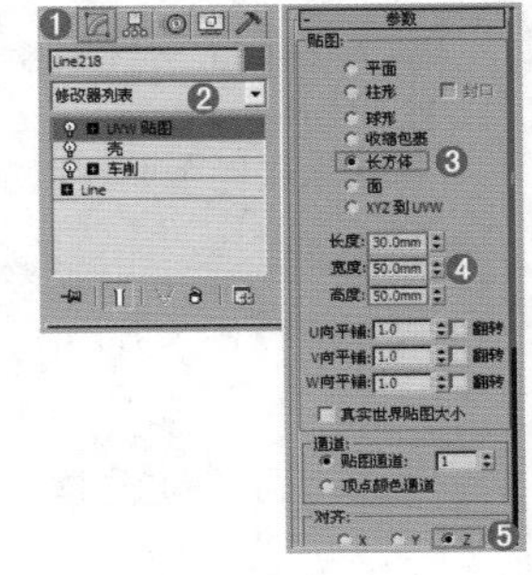
图7-115

第7章 材质和贴图技术

**步骤02** 将制作完毕的【镂空灯罩】材质赋给场景中第一个模型，如图7-116所示。

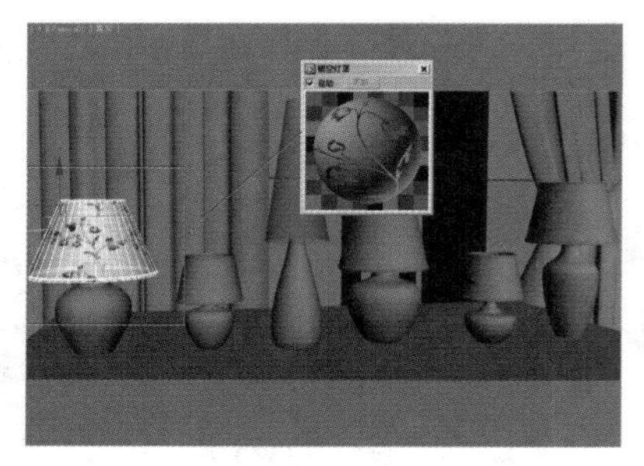
图7-116

### Part 3 【灯罩】材质的制作

**步骤01** 选择一个空白材质球，将【材质类型】设置为【VRayMtl】，并命名为【灯罩】材质。

- 在【漫反射】选项组中设置颜色为浅黄色，在【折射】选项组的通道上加载【灯罩.jpg】贴图，设置【光泽度】为0.6，【细分】为20，如图7-117所示。
- 同时为模型添加一个【UVM贴图】修改器，并设置【贴图】为【柱形】，【长度】为60mm，【宽度】为60mm，【高度】为20mm，【对齐】为Z，如图7-118所示。

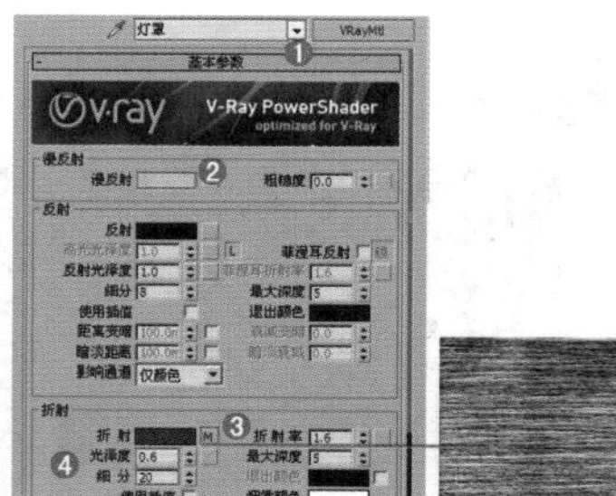
图7-117

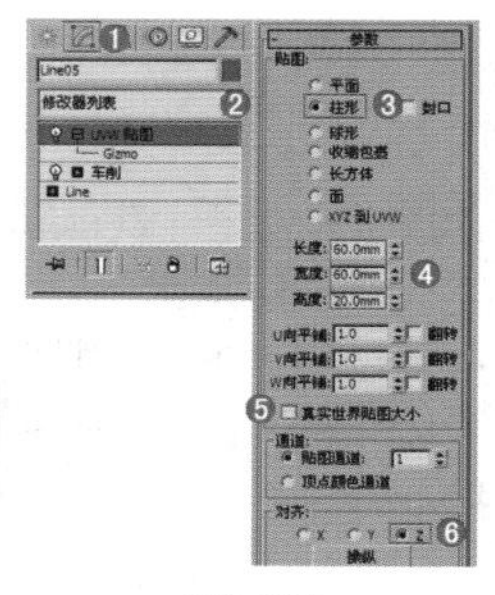
图7-118

**步骤02** 将制作完毕的灯罩材质赋给场景中剩余的灯罩的模型，如图7-119所示。

**步骤03** 最终渲染效果如图7-120所示。

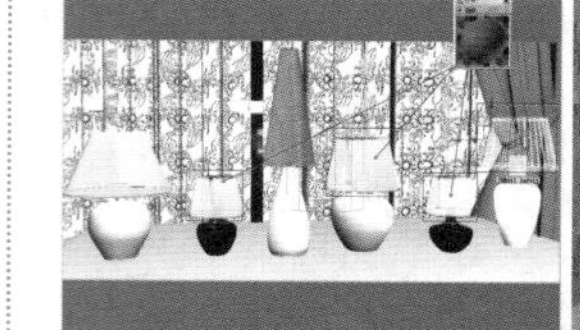
图7-119

图7-120

## 7.5.6 双面材质

双面材质可以使对象的外表面和内表面同时被渲染，并且可以使内外表面有不同的纹理贴图，其参数设置面板如图7-121所示。

图7-121

- 半透明：用来设置正面材质和背面材质的混合程度。值为0时，正面材质在外表面，背面材质在内表面；值在0～100之间时，两面材质可以相互混合；值为100时，背面材质在外表面，正面材质在内表面。
- 正面材质：用来设置物体外表面的材质。
- 背面材质：用来设置物体内表面的材质。

## 小实例：利用VRay2SidedMtl材质制作扑克牌

| 场景文件 | 06.max |
| --- | --- |
| 案例文件 | 小实例：利用双面材质制作扑克牌.max |
| 视频教学 | 多媒体教学/Chapter 07/小实例：利用双面材质制作扑克牌.flv |
| 难易指数 | ★★☆☆☆ |
| 材质类型 | VRay2SidedMtl材质 |
| 技术掌握 | 掌握VRay2SidedMtl材质的运用 |

### 实例介绍

在本实例中，主要讲解使用VRay2SidedMtl材质制作扑克牌的材质，最终渲染效果如图7-122所示。

本实例的扑克材质模拟效果如图7-123所示。

其基本属性主要有以下两点。

- 正面和反面为不同的贴图。
- 略带有模糊反射。

图7-122

图7-123

### 操作步骤

**步骤01** 打开本书配套光盘中的【场景文件/Chapter07/06.max】文件，此时的场景效果如图7-124所示。

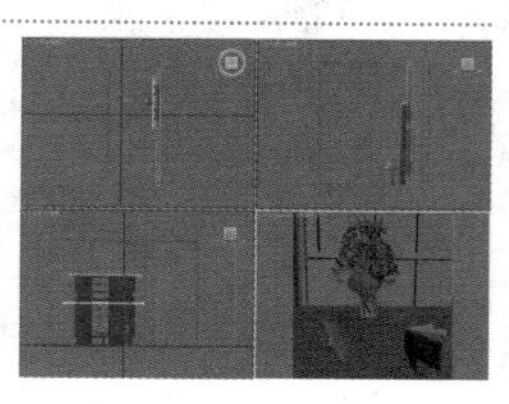
图7-124

**步骤02** 按M键，打开【材质编辑器】窗口，选择第一个材质球，单击 Standard 按钮，在弹出的【材质/贴图浏览器】对话框中选择【VRay2SidedMtl】材质，如图7-125所示。

图7-125

**技巧提示**

VRay2SidedMtl材质中的正面材质也可以不应用在几何体的正面部分，可以交换正面和背面材质来得到需要的效果。

**步骤03** 将材质命名为【扑克牌1】，下面调节其具体的参数，如图7-126所示。

- 展开【参数】卷展栏，在【正面材质】通道上加载【VRayMtl】，在【背面材质】通道上加载【VRayMtl】。

图7-126

**步骤04** 单击进入【正面材质】后面的通道中，并进行调节，如图7-127所示。

- 在【漫反射】选项组后面的通道上加载【K.jpg】贴图文件，设置【模糊】为0.01，在【反射】选项组中设置颜色为深灰色，设置【高光光泽度】为0.8，【反射光泽度】为0.85，【细分】为15。

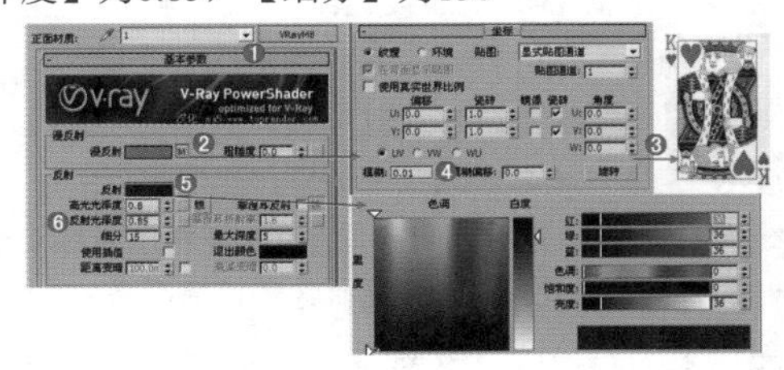

图7-127

**技巧提示**

【正面材质】和【背面材质】后面通道中的材质要使用VRayMtl材质，否则渲染后得不到我们需要的效果。

**步骤05** 单击进入【背面材质】后面的通道中，并进行调节，如图7-128所示。

- 在【漫反射】选项组后面的通道上加载【背面.jpg】贴图文件，设置【模糊】为0.01，在【反射】选项组中设置颜色为深灰色，设置【高光光泽度】为0.82，【反射光泽度】为0.85，【细分】为15。

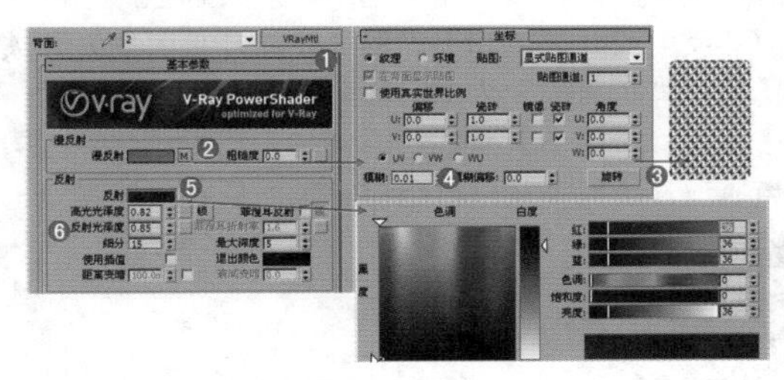

图7-128

**步骤06** 将调节好的材质赋给场景中扑克牌的模型，此时的场景效果如图7-129所示。

图7-129

**步骤07** 将剩余的材质制作完成，并赋予相应的物体，如图7-130所示。最终渲染效果如图7-131所示。

图7-130

图7-131

## 7.5.7 VRayMtl

VRayMtl材质是使用范围最广泛的一种材质，常用于制作室内外效果图。VRayMtl材质除了能完成一些反射和折射效果外，还能出色地表现出SSS及BRDF等效果，其参数设置面板如图7-132所示。

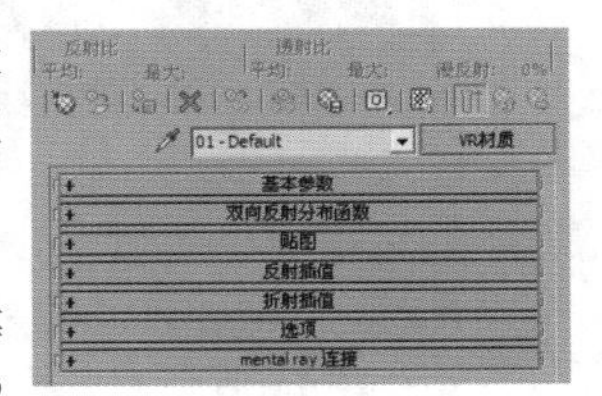

图7-132

###  1．基本参数

展开【基本参数】卷展栏，如图7-133所示。

#### ❶ 漫反射

- 漫反射：物体的漫反射用来决定物体的表面颜色。通过单击它的色块，可以调整自身的颜色。单击右边的■按钮可以选择不同的贴图类型。
- 粗糙度：数值越大，粗糙效果就越明显。可以用该选项来模拟绒布的效果。

**技巧提示**

漫反射被称为固有色，用来控制物体的基本颜色，当在漫反射右边的■按钮上添加贴图时，漫反射颜色将不起作用。

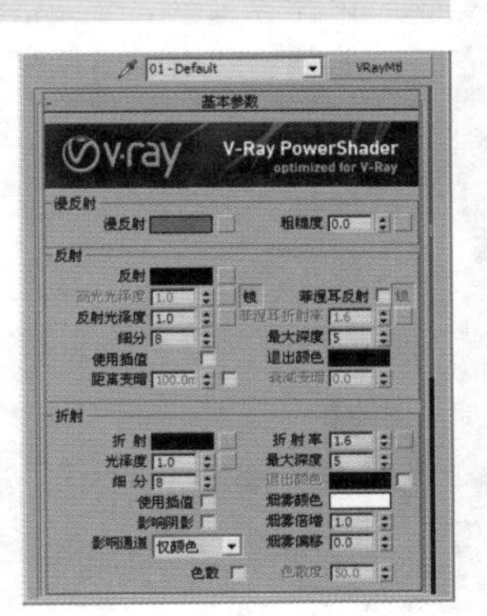

图7-133

## ② 反射

- 反射：反射是靠颜色的灰度来控制，颜色越白反射越亮，越黑反射越弱。单击旁边的按钮，可以使用贴图的灰度来控制反射的强弱。
- 菲涅耳反射：选中该复选框后，反射强度会与物体的入射角度有关系，入射角度越小，反射越强烈。同时，菲涅耳反射的效果也和下面的【菲涅耳折射率】有关。当【菲涅耳折射率】为0或100时，将产生完全反射；而当【菲涅耳折射率】从1变化到0时，反射越强烈；同样，当菲涅耳折射率从1变化到100时，反射也越强烈。

**技巧提示**

菲涅耳反射是模拟真实世界中的一种反射现象，反射的强度与摄影机的视点和具有反射功能的物体的角度有关。当角度值接近0时，反射最强；当光线垂直于表面时，反射功能最弱，这也是物理世界中的现象。

- 菲涅耳折射率：在菲涅耳反射中，菲涅耳现象的强弱衰减率可以用该选项来调节。
- 高光光泽度：控制材质的高光大小可以通过单击旁边的【锁】按钮来解除锁定，从而可以单独调整高光的大小。
- 反射光泽度：通常也被称为反射模糊。默认值1表示没有模糊效果，而比较小的值表示模糊效果越强烈。
- 细分：较高的值可以取得较平滑的效果，而较低的值可以让模糊区域产生颗粒效果。
- 使用插值：当选中该复选框时，VRay能够使用类似于发光贴图的缓存方式来加快反射模糊的计算。
- 最大深度：是指反射的次数，数值越高效果越真实，但渲染时间也更长。
- 退出颜色：当物体的反射次数达到最大次数时就会停止计算反射，这时由于反射次数不够造成的反射区域的颜色就用退出色来代替。

## ③ 折射

- 折射：和反射的原理一样，颜色越白越透明，颜色越黑越不透明。
- 折射率：设置透明物体的折射率。

**技巧提示**

真空的折射率是1，水的折射率是1.33，玻璃的折射率是1.5，水晶的折射率是2，钻石的折射率是 2.4，这些都是制作效果图常用的折射率。

- 光泽度：用来控制物体的折射模糊程度。值越小，模糊程度越明显；默认值1不产生折射模糊。
- 细分：较高的值可以得到比较光滑的效果，但是渲染速度会变慢。
- 使用插值：当选中该复选框时，VRay能够使用类似于发光贴图的缓存方式来加快【光泽度】的计算。
- 影响阴影：用来控制透明物体产生的阴影。选中该复选框时，透明物体将产生真实的阴影。
- 烟雾颜色：控制产生折射的颜色。
- 烟雾倍增：可以理解为烟雾的浓度。值越大，雾越浓。
- 烟雾偏移：控制烟雾的偏移。

## ④ 半透明

- 类型：半透明效果（也叫3S效果）的类型有3种，一种是硬（腊）模型，比如蜡烛；一种是软（水）模型，比如海水；还有一种是混合模型。
- 背面颜色：用来控制半透明效果的颜色。
- 厚度：用来控制光线在物体内部被追踪的深度。较大的值，会让整个物体都被光线穿透；较小的值，会让物体比较薄的地方产生半透明现象。
- 散射系数：物体内部的散射总量。
- 前/后分配比：控制光线在物体内部的散射方向。0表示光线沿着灯光发射的方向向前散射；1表示光线沿着灯光发射的方向向后散射；0.5表示这两种情况各占一半。
- 灯光倍增：设置光线穿透能力的倍增值。值越大，散射效果就越强。

# 2. 双向反射分布函数

展开【双向反射分布函数】卷展栏，如图7-134所示。

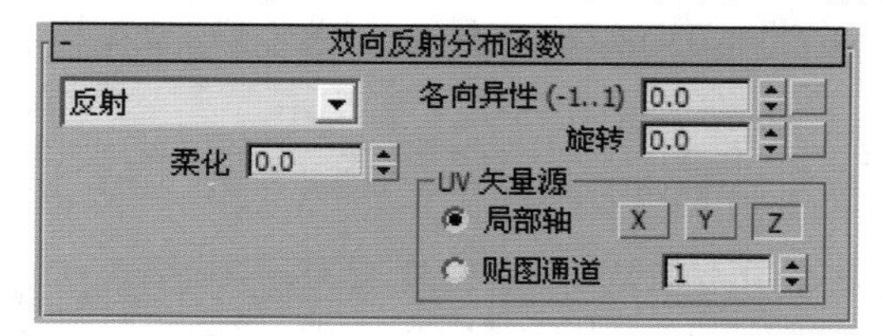


图7-134

- 明暗器列表：包含3种明暗器类型，分别是Blinn 、Phong和Ward。Phong适合硬度很高的物体，高光区很小；Blinn适合大多数物体，高光区适中；Ward适合表面柔软或粗糙的物体，高光区最大。
- 各向异性：控制高光区域的形状，可以用该参数来设置拉丝效果。
- 旋转：控制高光区的旋转方向。
- UV矢量源：控制高光形状的轴向，也可以通过贴图通道来设置。

- 局部轴：有X、Y、Z 3个轴可供选择。
- 贴图通道：可以使用不同的贴图通道与UVW贴图进行关联，从而实现一个物体在多个贴图通道中使用不同的UVW贴图，这样可以得到各自相对应的贴图坐标。

**技巧提示**

关于BRDF现象，在物理世界中随处可见。BRDF主要可以控制高光的形状和方向，常在金属、玻璃、陶瓷等制品中看到，如图7-135所示为不同BRDF参数的对比效果。

图7-135

## 3．选项

展开【选项】卷展栏，如图7-136所示。

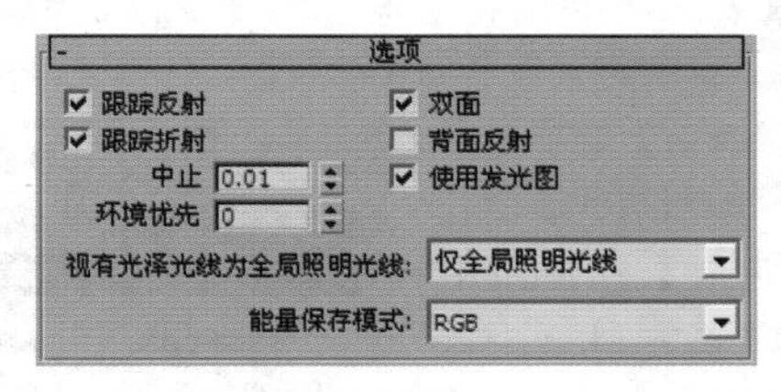


图7-136

- 跟踪反射：控制光线是否追踪反射。如果不选中该复选框，VRay将不渲染反射效果。
- 跟踪折射：控制光线是否追踪折射。如果不选中该复选框，VRay将不渲染折射效果。
- 中止：中止选定材质的反射和折射的最小阈值。
- 环境优先：控制【环境优先】的数值。
- 双面：控制VRay渲染的面是否为双面。
- 背面反射：选中该复选框后，将强制VRay计算反射物体的背面产生反射效果。
- 使用发光图：控制选定的材质是否使用发光贴图。
- 视有光泽光线为全局照明光线：该选项在效果图制作中一般都默认设置为【仅全局照明光线】。
- 能量保存模式：该选项在效果图制作中一般都默认设置为RGB模型，因为这样可以得到彩色效果。

## 4．贴图

展开【贴图】卷展栏，如图7-137所示。

- 凹凸：主要用于制作物体的凹凸效果，在后面的通道中可以加载凹凸贴图。
- 置换：主要用于制作物体的置换效果，在后面的通道中可以加载置换贴图。
- 透明：主要用于制作透明物体，例如窗帘、灯罩等。
- 环境：主要是针对上面的一些贴图而设定的，例如反射、折射等，只是在其贴图的效果上加入了环境贴图效果。

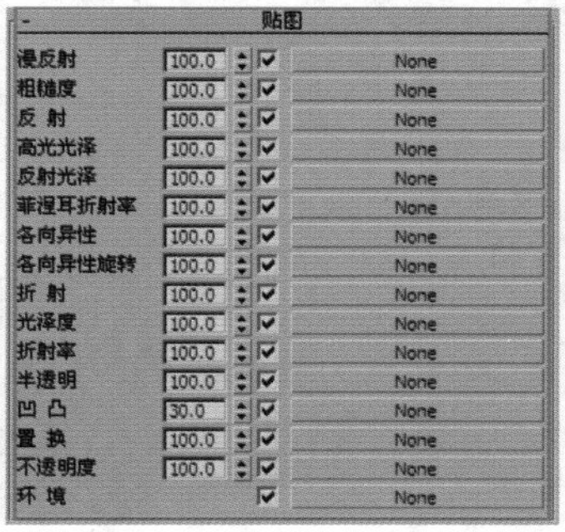

| 贴图 | | | |
|---|---|---|---|
| 漫反射 | 100.0 | ✓ | None |
| 粗糙度 | 100.0 | ✓ | None |
| 反射 | 100.0 | ✓ | None |
| 高光光泽 | 100.0 | ✓ | None |
| 反射光泽 | 100.0 | ✓ | None |
| 菲涅耳折射率 | 100.0 | ✓ | None |
| 各向异性 | 100.0 | ✓ | None |
| 各向异性旋转 | 100.0 | ✓ | None |
| 折射 | 100.0 | ✓ | None |
| 光泽度 | 100.0 | ✓ | None |
| 折射率 | 100.0 | ✓ | None |
| 半透明 | 100.0 | ✓ | None |
| 凹凸 | 30.0 | ✓ | None |
| 置换 | 100.0 | ✓ | None |
| 不透明度 | 100.0 | ✓ | None |
| 环境 | | ✓ | None |

图7-137

## 5．反射插值和折射插值

展开【反射插值】和【折射插值】卷展栏，如图7-138所示。该卷展栏中的参数只有在【基本参数】卷展栏的【反射】或【折射】选项组中选中【使用插值】复选框后才起作用。

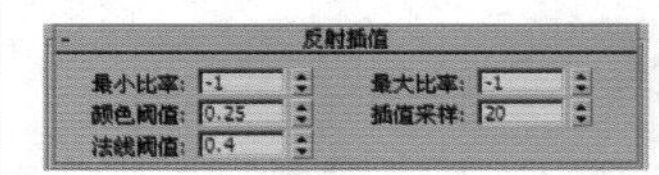


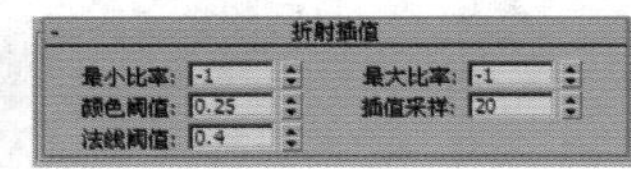


图7-138

- 最小比率：在反射对象不丰富（颜色单一）的区域使用该参数所设置的数值进行插补。数值越高，精度就越高，反之精度就越低。
- 最大比率：在反射对象比较丰富（图像复杂）的区域使用该参数所设置的数值进行插补。数值越高，精度就越高，反之精度就越低。
- 颜色阈值：指的是插值算法的颜色敏感度。值越大，敏感度就越低。
- 法线阈值：指的是物体的交接面或细小的表面的敏感度。值越大，敏感度就越低。
- 插补采样：用于设置反射插值时所用的样本数量。值越大，效果就越平滑模糊。

**技巧提示**

由于【折射插值】卷展栏中的参数与【反射插值】卷展栏中的参数相似，因此这里不再进行讲解。【折射插值】卷展栏中的参数只有在【基本参数】卷展栏的【折射】选项组中选中【使用插值】复选框后才起作用。

## 小实例：利用VRayMtl材质制作玻璃材质

| 场景文件 | 07.max |
| --- | --- |
| 案例文件 | 小实例：利用VRayMtl材质制作玻璃材质.max |
| 视频教学 | 多媒体教学/Chapter 07/小实例：利用VRayMtl材质制作玻璃材质.flv |
| 难易指数 | ★★★★★ |
| 材质类型 | VRayMtl材质 |
| 程序贴图 | 衰减程序贴图 |
| 技术掌握 | 掌握【折射】选项组中【烟雾倍增】的运用 |

### 实例介绍

本实例主要利用VRayMtl材质制作玻璃材质，最终渲染效果如图7-139所示。

本实例的玻璃材质模拟效果如图7-140所示。

图7-139

其基本属性主要有以下3点。

- 颜色为无色。
- 完全透明。
- 带有一定的反射。

本实例的酒瓶材质模拟效果如图7-141所示。

其基本属性主要有以下两点。

- 带有一定的折射。
- 带有颜色。

图7-140

图7-141

### 操作步骤

#### Part 1 【玻璃】材质的制作

**步骤01** 打开本书配套光盘中的【场景文件/Chapter07/07.max】文件，此时的场景效果如图7-142所示。

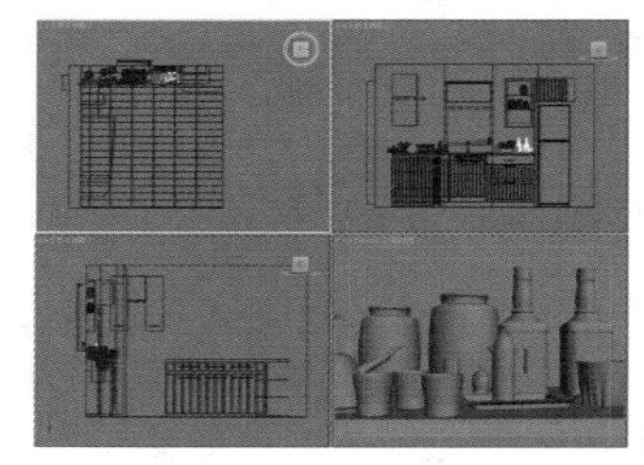

图7-142

**步骤02** 选择一个材质球，将材质命名为【玻璃】，材质类型设置为【VRayMtl】材质，具体的参数如图7-143所示。

- 在【漫反射】选项组中设置颜色为土黄色。
- 在【反射】选项组中设置颜色为深灰色，设置【高光光泽度】为0.8，【反射光泽度】为0.95，【细分】为10。
- 在【折射】选项组中设置颜色为白色，设置【折射率】为1.57，【细分】为10，选中【影响阴影】复选框。

**步骤03** 将制作完毕的玻璃材质赋给场景中的模型，如图7-144所示。

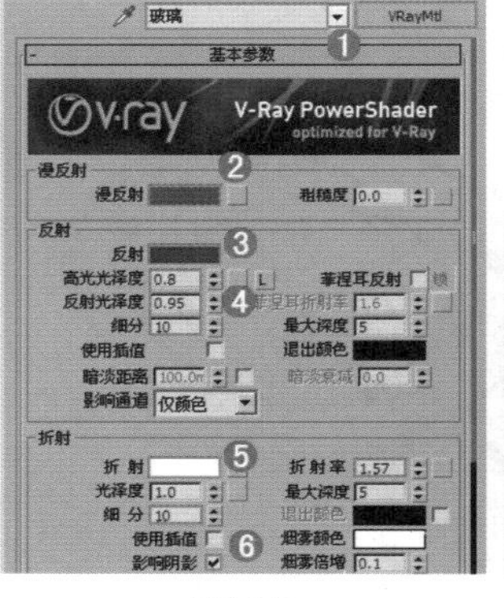

图7-143

图7-144

#### Part 2 【酒瓶】材质的制作

**步骤01** 选择一个空白材质球，将【材质类型】设置为【VRayMtl】，并将其命名为【酒瓶】。

- 在【漫反射】选项组中设置颜色为咖啡色。
- 在【折射】选项组中设置颜色为白色，设置【细分】为24，选中【影响阴影】复选框，设置【折射率】为1.5，【最大深度】为10，设置【烟雾颜色】为黄色，【烟雾倍增】为0.4，如图7-145所示。

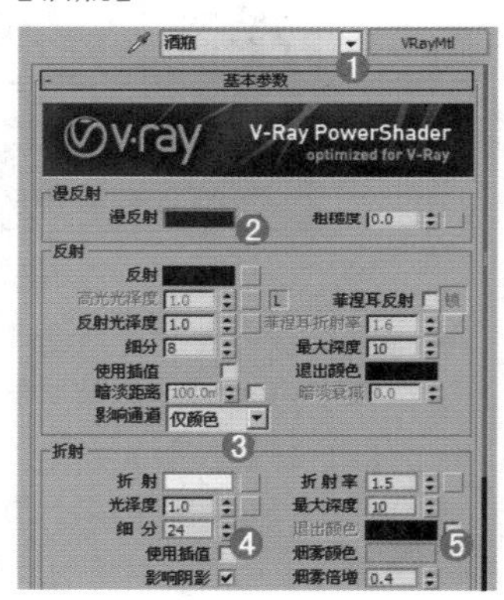

图7-145

- 在【反射】后面的通道上加载【衰减】程序贴图，设置【颜色1】为深灰色，【颜色2】为浅灰色，设置【衰减类型】为【垂直/平行】，【最大深度】为10，如图7-146所示。

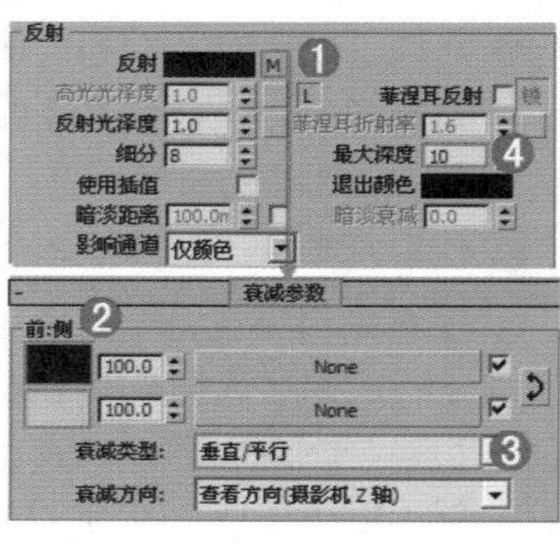

图7-146

- 展开【贴图】卷展栏，并在【凹凸】后面的通道上加载【酒瓶凹凸.jpg】贴图文件，如图7-147所示。

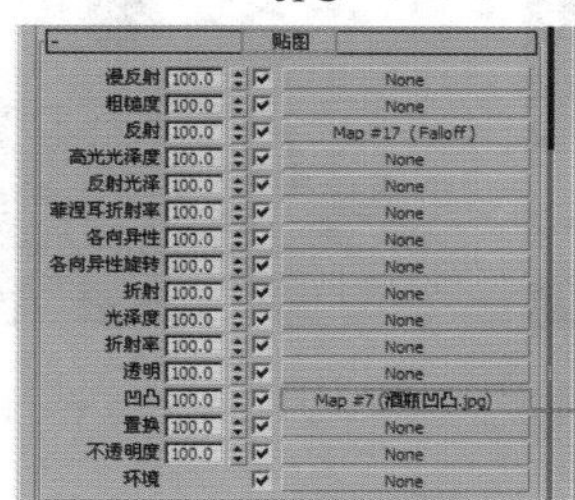

图7-147

步骤02 将制作完毕的酒瓶材质赋给场景中酒瓶的模型，如图7-148所示。

图7-148

**技巧提示**

调节【折射】选项组中的【烟雾颜色】可以设置折射的颜色，设置【烟雾倍增】的数值可以控制折射的程度，数值越低，折射的颜色就越浅。

步骤03 将剩余的材质制作完成，并赋予给相应的物体，如图7-149所示。

步骤04 最终渲染效果如图7-150所示。

图7-149

图7-150

## 小实例：利用VRayMtl材质制作木地板材质

| 场景文件 | 08.max |
|---|---|
| 案例文件 | 小实例：利用VRayMtl材质制作木地板材质.max |
| 视频教学 | 多媒体教学/Chapter 07/小实例：利用VRayMtl材质制作木地板材质.flv |
| 难易指数 | ★★★☆☆ |
| 材质类型 | VRayMtl材质 |
| 技术掌握 | 掌握VRayMtl材质的运用 |

### 实例介绍

本实例主要讲解利用VRayMtl材质制作木地板材质，最终渲染效果如图7-151所示。

本实例的木地板材质模拟效果如图7-152所示。

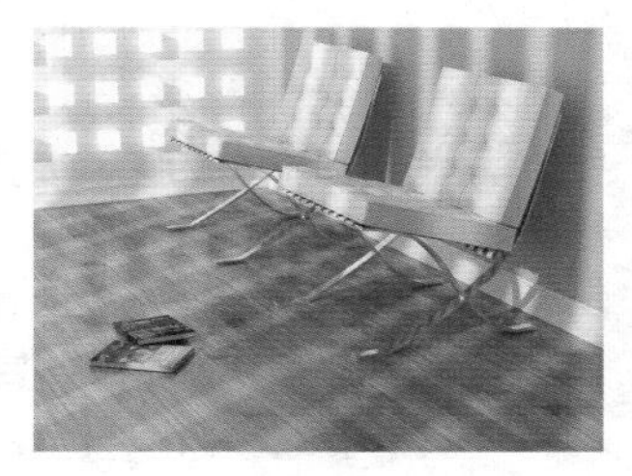

图7-151

图7-152

其基本属性主要有以下两点。

- 带有木纹纹理。
- 带有模糊反射。

### 操作步骤

步骤01 打开本书配套光盘中的【场景文件/Chapter07/08.max】文件，如图7-153所示。

图7-153

步骤02 按M键，打开【材质编辑器】对话框，选择一个空白材质球，并将材质球类型设置为【VRayMtl】，然后命名为【木地板】，如图7-154所示。

- 在【漫反射】后面的通道上加载【木地板.jpg】贴图文件，在【坐标】卷展栏中设置【瓷砖】的U和V分别为5和3，【模糊】为0.01。
- 在【反射】选项组中设置颜色为深灰色，设置【高光光泽度】为0.88，【反射光泽度】为0.88，【细分】为20。

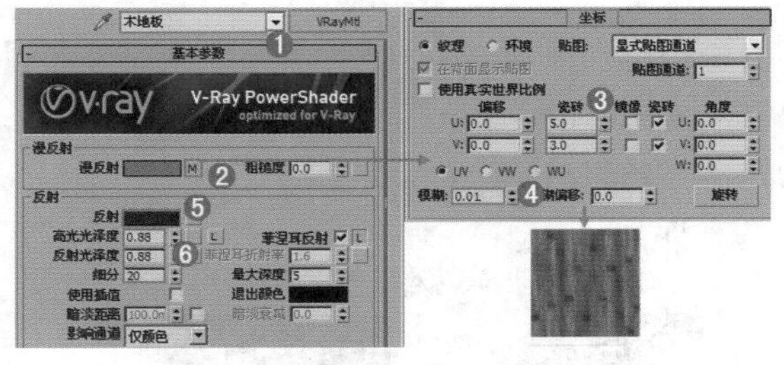


图7-154

步骤03 将制作好的材质赋予场景中的地面模型，如图7-155所示。

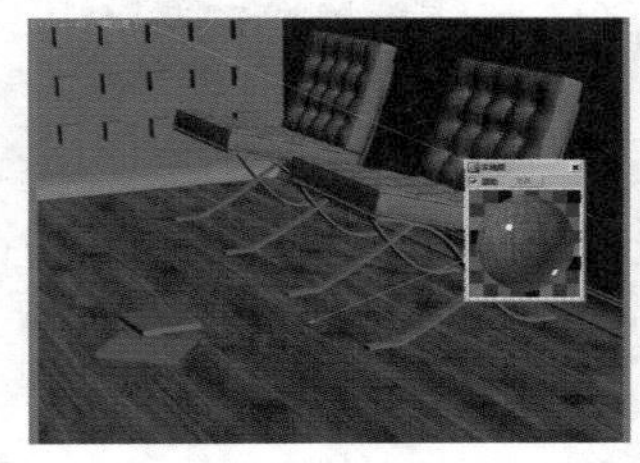

图7-155

**步骤04** 将剩余的材质制作完成，并赋予相应的物体，如图7-156所示。然后按F9键渲染当前场景，最终效果如图7-157所示。

图7-156

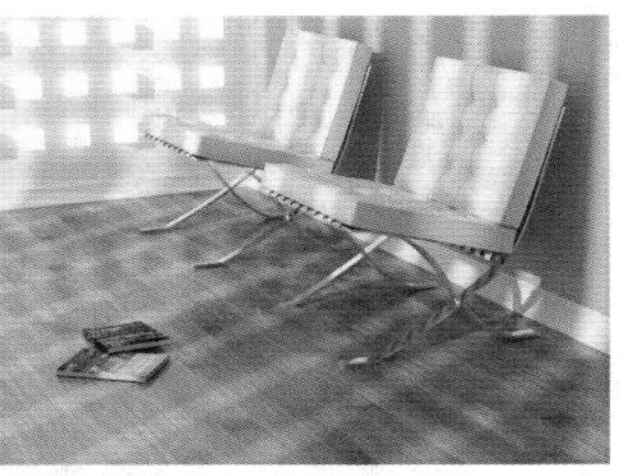
图7-157

## 综合实例：利用VRayMtl材质制作沙发皮革

| 场景文件 | 09.max |
|---|---|
| 案例文件 | 综合实例：利用VRayMtl材质制作沙发皮革.max |
| 视频教学 | 多媒体教学/Chapter 07/综合实例：利用VRayMtl材质制作沙发皮革.flv |
| 难易指数 | ★★★☆☆ |
| 材质类型 | VRayMtl |
| 技术掌握 | 掌握VRayMtl的运用 |

### 实例介绍

本实例主要使用VRayMtl材质制作沙发皮革，最终渲染效果如图7-158所示。

本实例的沙发皮革材质模拟效果如图7-159所示。

图7-158

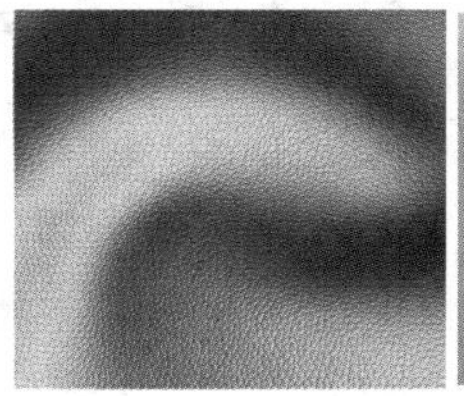

图7-159

其基本属性主要有以下3点。

- 带有皮革纹理。
- 带有一定的反射。
- 带有凹凸。

本实例的木纹材质模拟效果如图7-160所示。

图7-160

其基本属性主要有以下两点。

- 带有木纹纹理。
- 带有一定的反射。

### 操作步骤

#### Part 1 【沙发皮革】材质的制作

**步骤01** 打开本书配套光盘中的【场景文件/Chapter07/09.max】文件，此时的场景效果如图7-161所示。

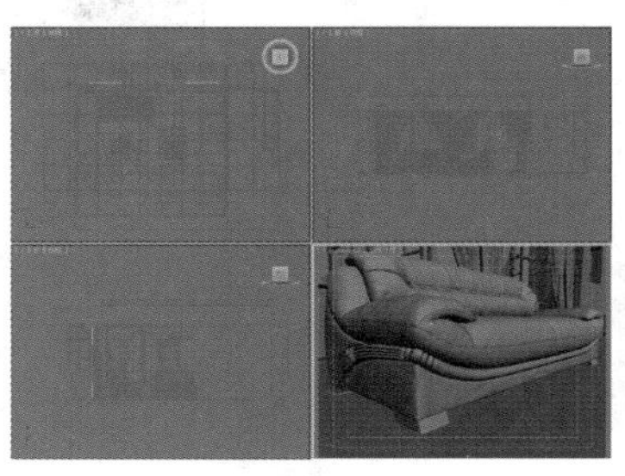
图7-161

**步骤02** 选择第一个材质球，材质类型设置为【VRayMtl】材质，将材质命名为【沙发皮革】。下面调节其具体的参数，如图7-162所示。

- 在【漫反射】选项组后面的通道上加载一张【沙发皮.jpg】贴图文件，设置【瓷砖】的U和V均为3，在【反射】选项组中设置颜色为深灰色，设置【高光光泽度】为0.65，【反射光泽度】为0.75。选中【菲涅耳折射】复选框，设置【菲涅耳折射率】为2。

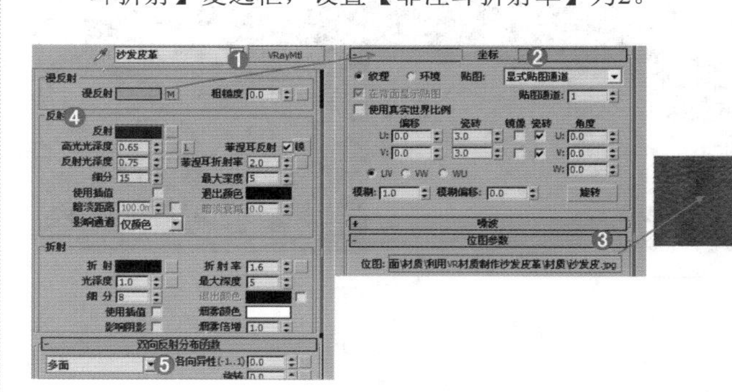
图7-162

- 在【双向反射分布函数】卷展栏中选择【多面】选项。

**步骤03** 展开【贴图】卷展栏，并在【凹凸】后面的通道上加载【沙发皮凹凸.jpg】贴图文件，后设置【凹凸数量】为150，如图7-163所示。

| 贴图 | | | |
|---|---|---|---|
| 漫反射 | 100.0 | ✓ | Map #1461 (沙发皮.jpg) |
| 粗糙度 | 100.0 | ✓ | None |
| 反射 | 100.0 | ✓ | None |
| 高光光泽度 | 100.0 | ✓ | None |
| 反射光泽 | 100.0 | ✓ | None |
| 菲涅耳折射率 | 100.0 | ✓ | None |
| 各向异性 | 100.0 | ✓ | None |
| 各向异性旋转 | 100.0 | ✓ | None |
| 折射 | 100.0 | ✓ | None |
| 光泽度 | 100.0 | ✓ | None |
| 折射率 | 100.0 | ✓ | None |
| 透明 | 100.0 | ✓ | None |
| 凹凸 | 150.0 | ✓ | Map #0 (沙发皮凹凸.jpg) |
| 置换 | 100.0 | ✓ | None |
| 不透明度 | 100.0 | ✓ | None |
| 环境 | | ✓ | None |

图7-163

**步骤04** 将制作完毕的沙发皮革材质赋给场景中的模型，如图7-164所示。

## Part 2 【木纹】材质的制作

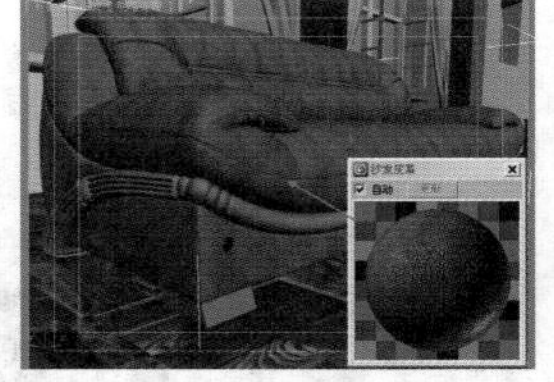

图7-164

**步骤01** 选择一个材质球，并将材质命名为【木纹】，下面调节其具体的参数，如图7-165所示。

- 在【漫反射】选项组后面的通道上加载【木纹.jpg】贴图文件，接着在【反射】选项组中设置颜色为浅灰色，设置【高光光泽度】为0.81，【反射光泽度】为0.96，【细分】为15，选中【菲涅耳反射】复选框。

**步骤02** 将制作完毕的木纹材质赋给场景的模型，如图7-166所示。

图7-165

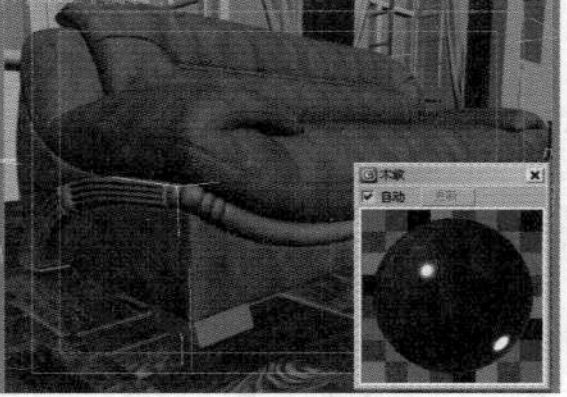

图7-166

**步骤03** 将剩余的材质制作完成，并赋给相应的物体，如图7-167所示。

**步骤04** 最终渲染效果如图7-168所示。

图7-167

图7-168

# 小实例：利用VRayMtl材质制作水材质

| | |
|---|---|
| 场景文件 | 10.max |
| 案例文件 | 小实例：利用VRayMtl材质制作水材质.max |
| 视频教学 | DVD/多媒体教学/Chapter 07/小实例：利用VRayMtl材质制作水材质.flv |
| 难易指数 | ★★★☆☆ |
| 材质类型 | VRayMtl材质 |
| 技术掌握 | 掌握水材质反射、折射、凹凸的制作 |

## 实例介绍

本实例主要讲解利用VRayMtl材质制作水材质，最终渲染效果如图7-169所示。

图7-169

本实例的水材质模拟效果如图7-170所示。

图7-170

其基本属性主要有以下3点。

- 一定的菲涅耳反射效果。
- 很强的折射效果。
- 有凹凸波纹。

## 操作步骤

## Part 1 【水】材质的制作

**步骤01** 打开本书配套光盘中的【场景文件/Chapter07/10.max】文件，如图7-171所示。

**步骤02** 下面制作水材质。选择一个空白材质球，然后设置材质类型为【VRayMtl】材质，接着将其命名为【水】。

- 在【漫反射】选项组中设置颜色为白色，在【反射】选项组中设置颜色为浅灰色，选中【菲涅耳反射】复选框，设置【细分】为30，【最大深度】为12。
- 在【折射】选项组中设置颜色为白色，设置【最大深度】为12，【细分】为30，【烟雾颜色】为浅绿色，最后设置【烟雾倍增】为0.2，如图7-172所示。

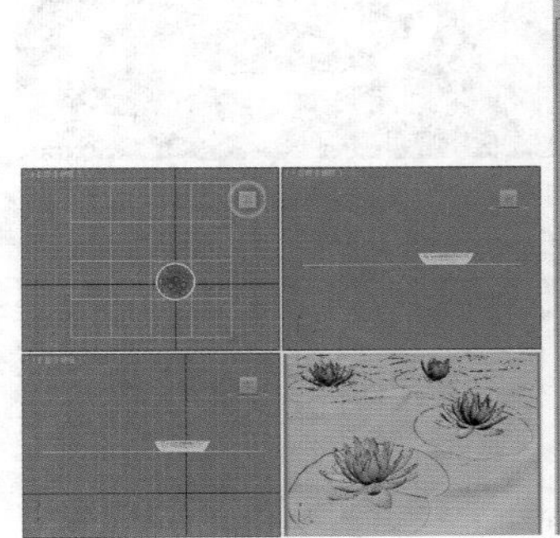

图7-171

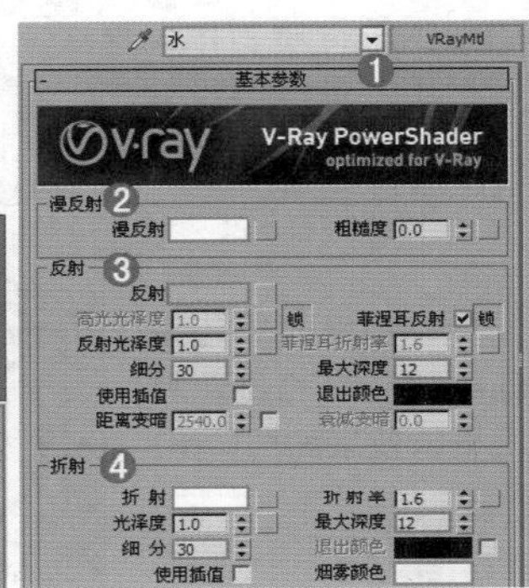


图7-172

- 在【凹凸】后面的通道上加载【噪波】程序贴图，设置【噪波类型】为【规则】，【大小】为48，最后设置【凹凸】为12，如图7-173所示。

**步骤03** 将制作完毕的水材质赋给场景的模型，如图7-174所示。

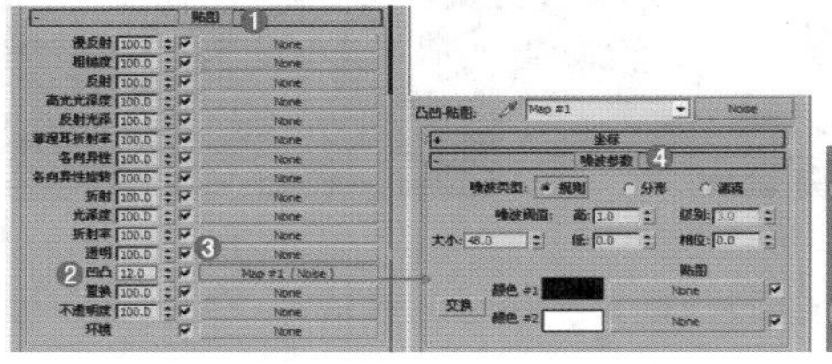

图7-173

图7-174

### Part 2 【荷叶】材质的制作

**步骤01** 制作荷叶材质。选择一个空白材质球，然后设置材质类型为【VRayMtl】，并将其命名为【荷叶】。

- 在【漫反射】选项组中单击颜色后面的通道按钮，并在通道上加载【荷叶.jpg】贴图文件。
- 在【反射】选项组中单击反射光泽度后面的通道按钮，并在通道上加载【荷叶黑白.jpg】贴图文件，如图7-175所示。

图7-175

- 展开【贴图】卷展栏，单击【反射光泽】后面通道上的贴图并将其拖曳到【凹凸】通道上，然后设置【凹凸】为69，如图7-176所示。

图7-176

**步骤02** 将制作完毕的荷叶材质赋给场景的荷叶模型，如图7-177所示。

**步骤03** 将剩余的材质制作完成，并赋予相应的物体，如图7-178所示。

图7-177

图7-178

**步骤04** 最终渲染效果如图7-179所示。

图7-179

## 小实例：利用VRayMtl材质制作大理石材质

| 场景文件 | 11.max |
|---|---|
| 案例文件 | 小实例：利用VRayMtl材质制作大理石材质.max |
| 视频教学 | 多媒体教学/Chapter 07/小实例：利用VRayMtl材质制作大理石材质.flv |
| 难易指数 | ★★★☆☆ |
| 材质类型 | VRayMtl材质 |
| 技术掌握 | 掌握VRayMtl材质制作大理石材质的方法 |

### 实例介绍

本实例主要利用VRayMtl材质制作大理石材质，最终渲染效果如图7-180所示。

图7-180

本实例的黑色拼花材质和白色拼花材质模拟效果如图7-181所示。

图7-181

其基本属性主要有以下两点。

- 带有大理石贴图纹理。
- 带有一定的模糊反射。

### 操作步骤

### Part 1 【黑色拼花】材质的制作

**步骤01** 打开本书配套光盘中的【场景文件/Chapter07/11.max】文件，此时的场景效果如图7-182所示。

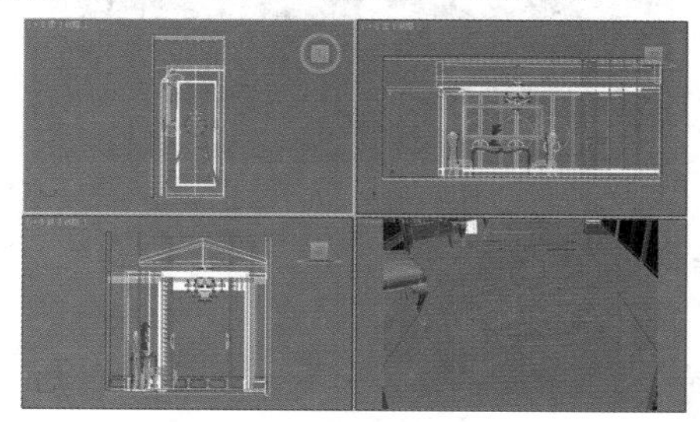

图7-182

**步骤02** 选择一个空白材质球，然后设置材质类型为【VRayMtl】，并将其命名为【黑色拼花】，具体参数设置如图7-183所示。

- 在【漫反射】选项组中单击颜色后面的通道按钮，并在通道上加载【黑色拼花.jpg】贴图文件。
- 在【反射】选项组中设置颜色为深灰色，【高光光泽度】为0.9，【反射光泽度】为0.94，【细分】为15。

图7-183

**步骤03** 将制作完毕的黑色拼花材质赋给场景中的模型，如图7-184所示。

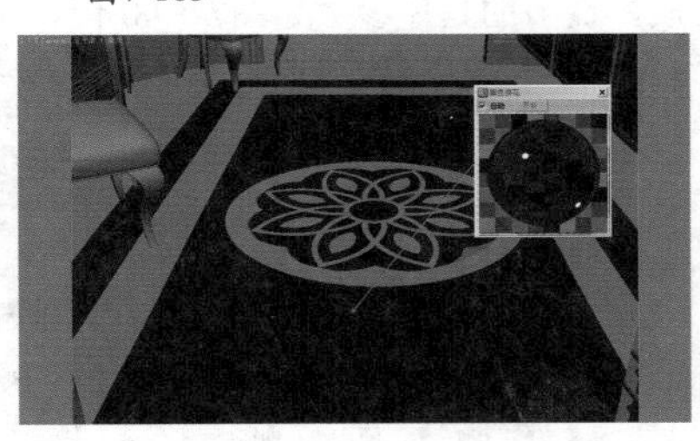

图7-184

## Part 2 【白色拼花】材质的制作

**步骤01** 选择一个空白材质球，然后设置材质类型为【VRayMtl】材质，并将其命名为【白色拼花】，具体参数设置如图7-185所示。

- 在【漫反射】选项组中单击颜色后面的通道按钮，并在通道上加载【白色拼花.jpg】贴图文件。
- 在【反射】选项组中设置颜色为深灰色，【高光光泽度】为0.85，【反射光泽度】为0.8。

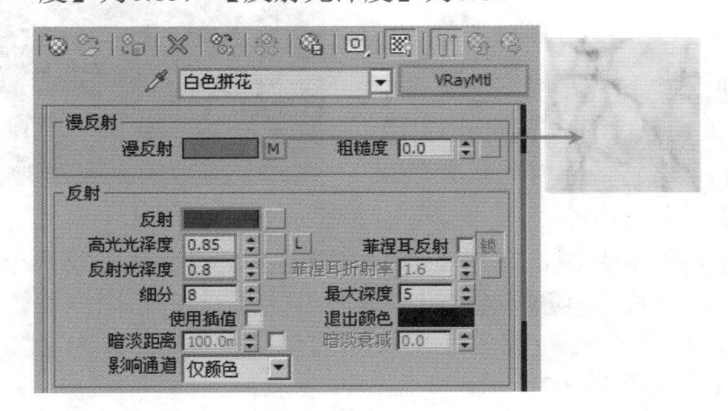


图7-185

**步骤02** 将制作完毕的白色拼花材质赋给场景中的模型，如图7-186所示。

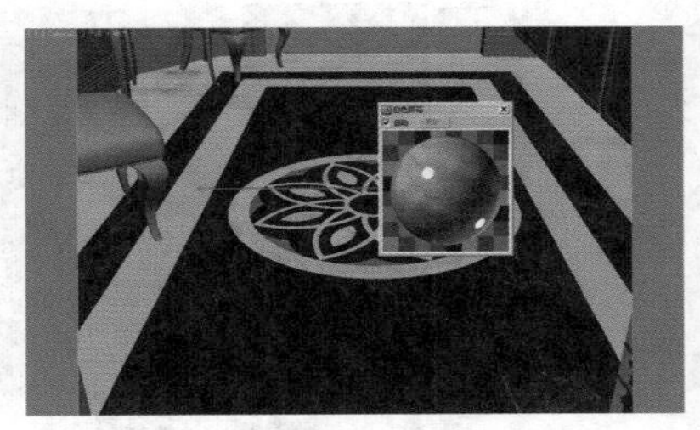

图7-186

**步骤03** 将剩余的材质制作完成，并赋给相应的物体，如图7-187所示。

**步骤04** 最终渲染效果如图7-188所示。

图7-187

图7-188

# 小实例：利用VRayMtl材质制作陶瓷材质

| | |
|---|---|
| 场景文件 | 12.max |
| 案例文件 | 小实例：利用VRayMtl材质制作陶瓷材质.max |
| 视频教学 | 多媒体教学/Chapter 07/小实例：利用VRayMtl材质制作陶瓷材质.flv |
| 难易指数 | ★★★☆☆ |
| 材质类型 | VRayMtl材质 |
| 技术掌握 | 掌握多维/子对象材质、VRayMtl材质的运用 |

## 实例介绍

在本实例中，主要讲解利用【多维/子对象】材质和【VRayMtl】材质制作陶瓷材质，最终渲染效果如图7-189所示。

图7-189

本实例的陶瓷材质模拟效果如图7-190所示。

其基本属性主要有以下两点。

- 一定的反射光泽度效果。
- 陶瓷图案贴图。

图7-190

## 操作步骤

### Part 1　陶瓷盆的制作

**步骤01** 打开本书配套光盘中的【场景文件/Chapter07/12.max】文件，此时的场景效果如图7-191所示。

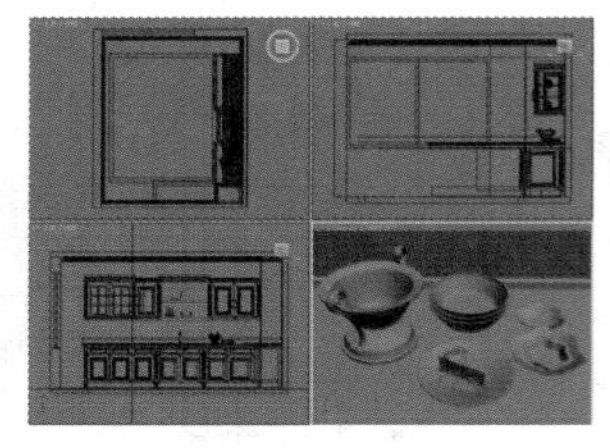
图7-191

**步骤02** 按M键，打开【材质编辑器】窗口，选择第一个材质球，单击 Standard 按钮，在弹出的【材质/贴图浏览器】对话框中设置为【多维/子对象】材质，并命名为【陶瓷盆】，如图7-192所示。

图7-192

**步骤03** 展开【多维/子对象基本参数】卷展栏，设置【设置数量】为2，然后分别在通道上加载【VRayMtl】材质，如图7-193所示。

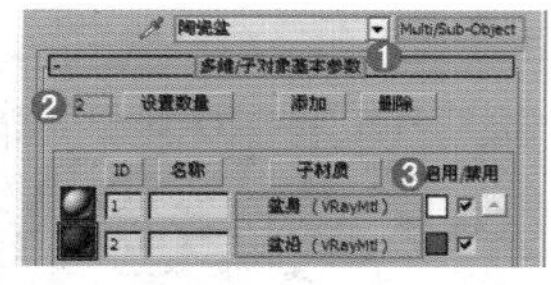
图7-193

**步骤04** 单击进入ID号为1的通道中，并调节【盆身】材质，调节的具体参数如图7-194所示。

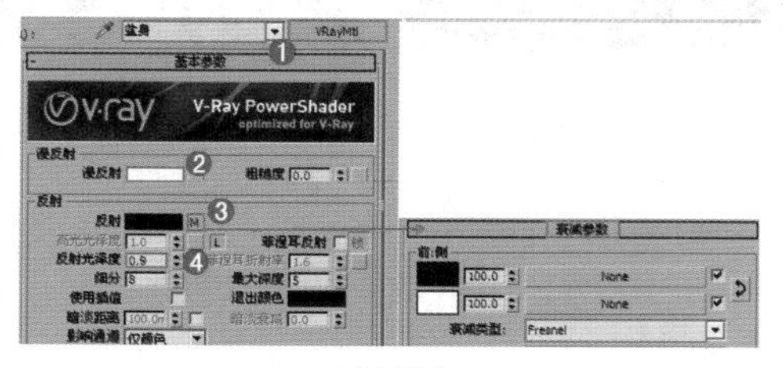
图7-194

- 在【漫反射】选项组中设置颜色为白色，在【反射】选项组后面的通道上加载【衰减】程序贴图，设置【衰减类型】为Fresnel，【反射光泽度】为0.9。

**步骤05** 单击进入【ID】号为2的通道中，并调节【盆沿】材质，调节的具体参数如图7-195所示。

- 在【漫反射】选项组中设置颜色为绿色，在【反射】选项组后面的通道上加载【衰减】程序贴图，设置【衰减类型】为Fresnel，【反射光泽度】为0.9。

**步骤06** 将制作完毕的陶瓷盆材质赋给场景中的模型，如图7-196所示。

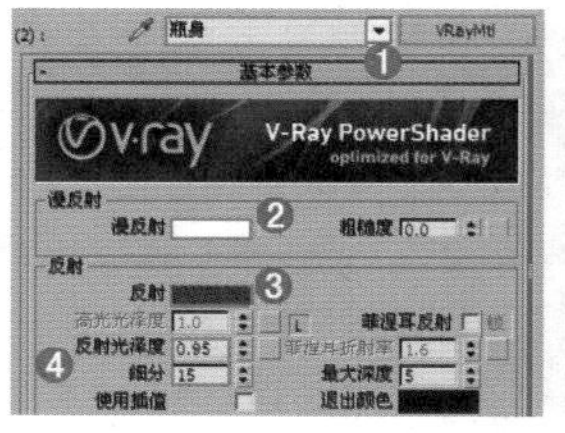
图7-195

图7-196

### Part 2　装饰瓶的制作

**步骤01** 选择一个空白材质球，将【材质类型】设置为【多维/子对象】材质，并命名为【装饰瓶】。展开【多维/子对象基本参数】卷展栏，设置【设置数量】为2，然后分别在通道上加载VRayMtl材质，如图7-197所示。

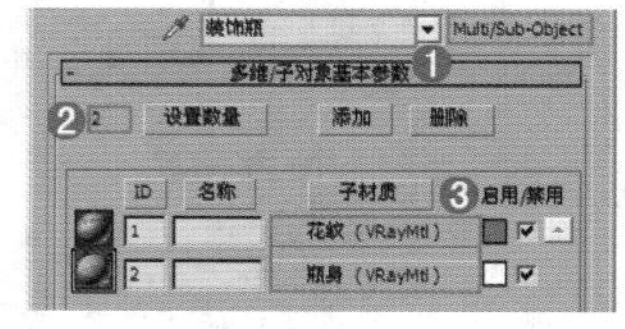
图7-197

**步骤02** 单击进入ID号为1的通道中，并调节【花纹】材质，调节的具体参数如图7-198所示。

- 在【漫反射】选项组后面的通道上加载【花纹.jpg】贴图文件。
- 在【反射】选项组后面的通道上加载【衰减】程序贴图。设置【衰减类型】为Fresnel，【反射光泽度】为0.9，【细分】为15。

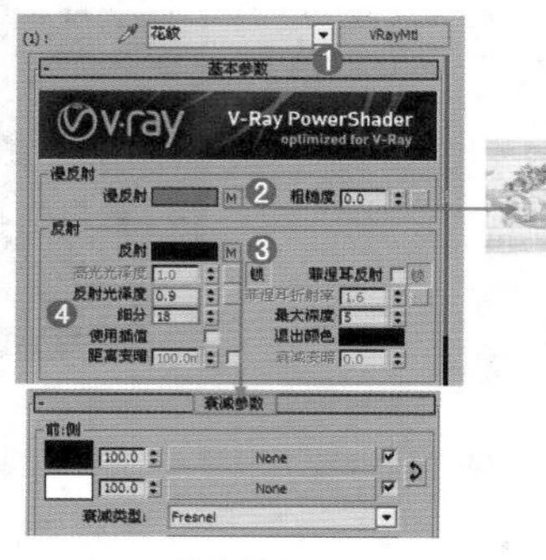
图7-198

**步骤03** 单击进入ID号为2的通道中，并调节【瓶身】材质，调节的具体参数如图7-199所示。

- 在【漫反射】选项组中设置颜色为白色；在【反射】选项组中设置颜色为深灰色，【反射光泽度】为1.0，【细分】为15。

**步骤04** 选中场景中的装饰瓶模型，在【修改】面板中为其添加【UVW贴图】修改器，调节其具体参数，如图7-200所示。

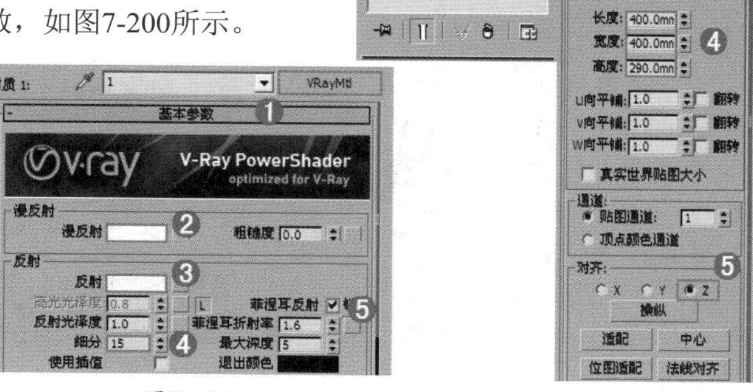
图7-199　　图7-200

- 在【参数】卷展栏中设置【贴图类型】为柱形，【长度】为400mm，【宽度】为400mm，【高度】为290mm，同时设置【对齐】为Z。

**步骤05** 将制作完毕的陶瓷盆材质赋给场景中的模型，如图7-201所示。

图7-201

## Part 3 花纹盘子的制作

**步骤01** 选择一个空白材质球，然后将【材质类型】设置为【多维/子对象】材质，并命名为【花纹盘子】。展开【多维/子对象基本参数】卷展栏，设置【设置数量】为2，然后分别在通道上加载【混合】材质和【VRayMtl】材质，如图7-202所示。

**步骤02** 单击进入ID号为1的通道中，并将其命名为【蓝色花纹】，如图7-203所示。

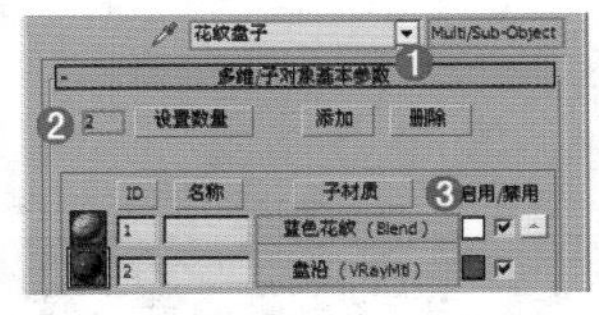

图7-202

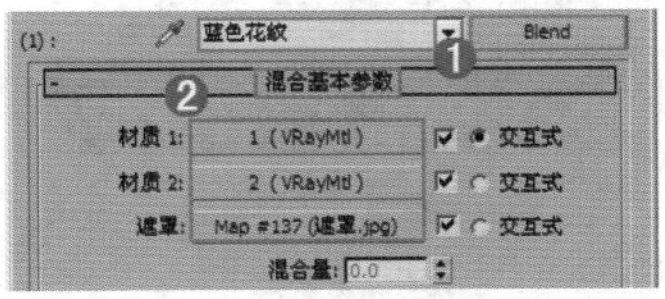

图7-203

- 在【材质1】后面的通道上加载【VRayMtl】材质，在【漫反射】选项组中设置颜色为白色，在【反射】选项组中设置颜色为白色，设置【细分】为15，并选中【菲涅耳反射】复选框，如图7-204所示。
- 在【材质2】后面的通道上加载【VRayMtl】材质，在【漫反射】选项组中设置颜色为深蓝色，在【反射】选项组中设置颜色为白色，并选中【菲涅耳反射】复选框，如图7-205所示。

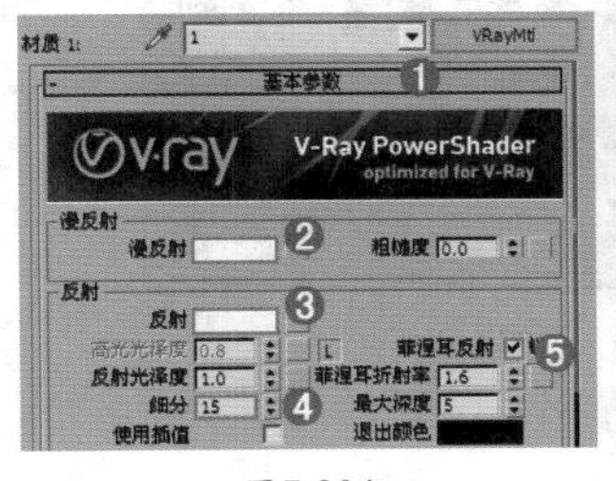

图7-204

图7-205

- 在【遮罩】后面的通道上加载【古典花纹.jpg】贴图文件，如图7-206所示。

**步骤03** 单击进入ID号为2的通道中，并调节【盘沿】材质，调节其具体参数，如图7-207所示。

- 在【漫反射】选项组中设置颜色为一种深蓝色。
- 在【反射】选项组中设置颜色为一种灰色，设置【反射光泽度】为0.8，选中【菲涅耳反射】复选框，并设置【菲涅耳折射率】为3。

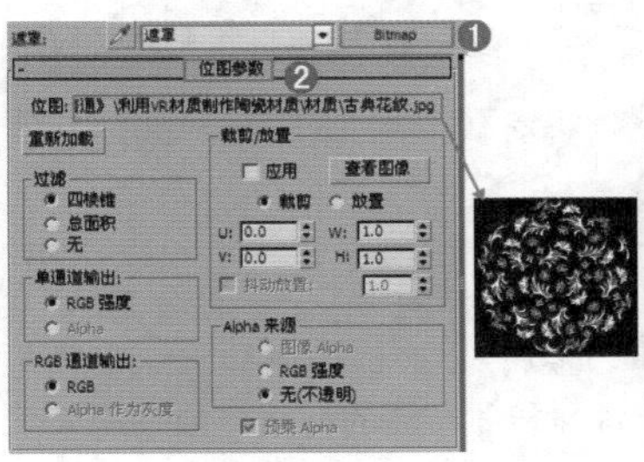

图7-206

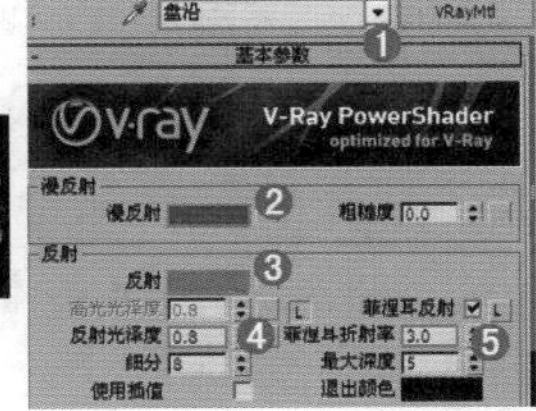

图7-207

**步骤04** 将制作完毕的陶瓷盆材质赋给场景中的模型，如图7-208所示。

图7-208

**步骤05** 选中场景中的装饰瓶模型，在【修改】面板中为其添加【UVW贴图】修改器，调节其具体参数，如图7-209所示。

- 在【参数】卷展栏中设置【贴图类型】为【长方体】，【长度】为685mm，【宽度】为514mm，【高度】为75mm，同时设置【对齐】为Z。

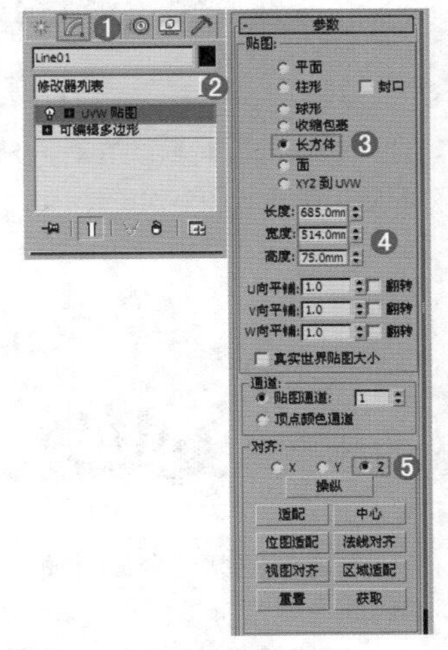

图7-209

**步骤06** 将剩余的材质制作完成，并赋给相应的物体，如图7-210所示。

**步骤07** 最终渲染效果如图7-211所示。

图7-210

图7-211

## 小实例：利用VRayMtl材质制作金属材质

| 场景文件 | 13.max |
|---|---|
| 案例文件 | 小实例：利用VRayMtl材质制作金属材质.max |
| 视频教学 | 多媒体教学/Chapter 07/小实例：利用VRayMtl材质制作金属材质.flv |
| 难易指数 | ★★★★☆ |
| 材质类型 | VRayMtl材质 |
| 技术掌握 | 掌握各种金属材质的设置方法 |

### 实例介绍

在本实例中，主要有两部分材质，一部分是使用VRayMtl材质制作的金属、金属2、磨砂金属和水池金属的材质，另一部分是大理石台面和理石墙的材质。最终渲染效果如图7-212所示。

图7-212

不锈钢是建筑用金属材料中强度最高的材料之一，其具有防腐蚀、防点蚀、防锈蚀及防磨损等特点。本例的金属材质模拟效果如图7-213所示。其基本属性主要是有强烈的反射效果。

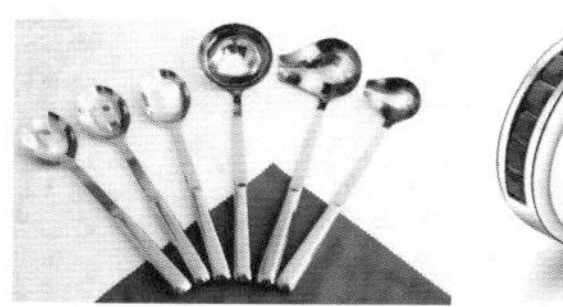

图7-213

本实例的磨砂金属材质模拟效果如图7-214所示。其基本属性主要带有模糊反射。

图7-214

### 操作步骤

#### Part 1 【金属】材质的制作

**步骤01** 打开本书配套光盘中的【场景文件/Chapter07/13.max】文件，此时的场景效果如图7-215所示。

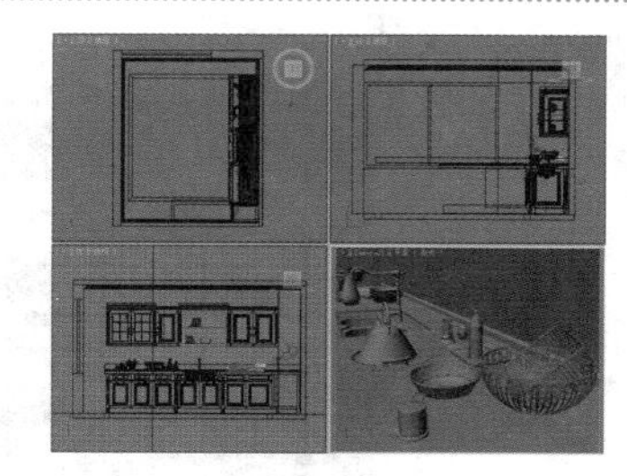

图7-215

**步骤02** 选择一个材质球，设置材质类型为【VRayMtl】材质， 将材质命名为【金属】，下面调节其具体的参数，如图7-216所示。

- 在【漫反射】选项组中设置颜色为深灰色，在【反射】选项组中设置颜色为浅灰色，设置【反射光泽度】为0.95。

**步骤03** 展开【双向反射分布函数】卷展栏，设置【各向异性】为0.7，如图7-217所示。

图7-216

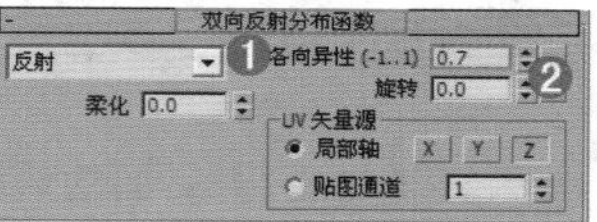

图7-217

**步骤04** 双击查看此时的材质球效果，如图7-218所示。

**步骤05** 将制作完毕的材质赋给场景中茶壶的模型，如图7-219所示。

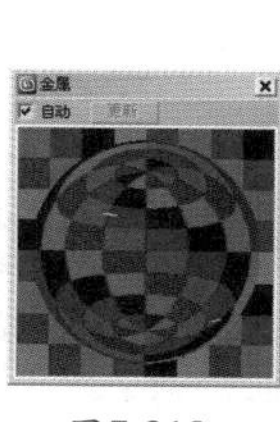

图7-218

图7-219

#### Part 2 【金属2】材质的制作

**步骤01** 将【材质类型】设置为【VRayMtl材质】，并将材质命名为【金属2】。下面调节其具体的参数，如图7-220所示。

- 在【漫反射】选项组中设置颜色为深灰色，在【反射】选项组中设置颜色为一种灰色，设置【高光光泽度】为0.82，【反射光泽度】为0.98，【细分】为12。

**步骤02** 双击查看此时的材质球效果，如图7-221所示。

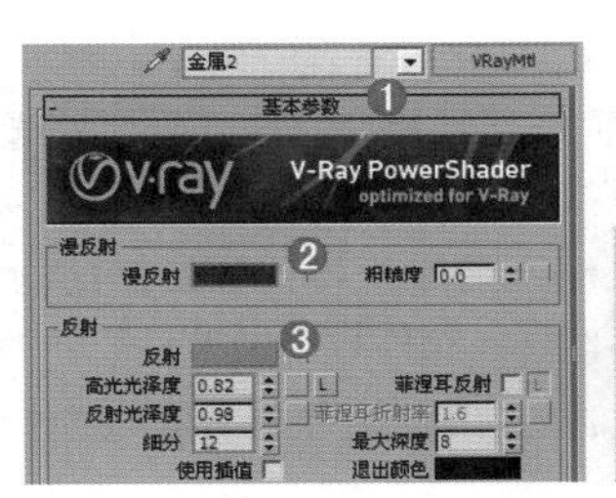


图7-220

图7-221

**步骤03** 将制作完毕的材质赋给场景中金属管的模型，如图7-222所示。

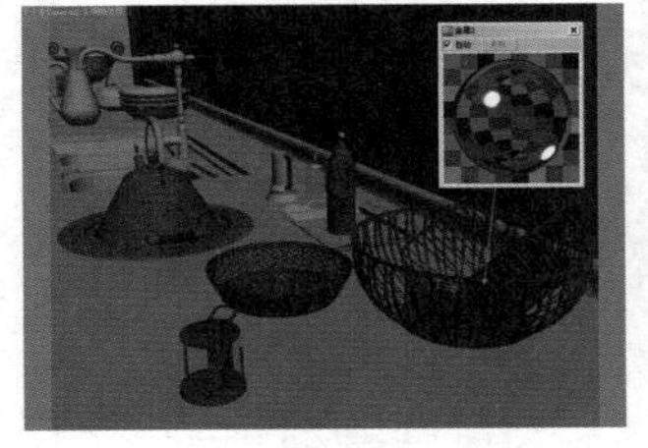

图7-222

### Part 3 【磨砂金属】材质的制作

**步骤01** 将【材质类型】设置为【VRayMtl】，并将材质命名为【磨砂金属】。下面调节其具体的参数，如图7-223所示。

- 在【漫反射】选项组中设置颜色为深灰色，在【反射】选项组中设置颜色为浅灰色，设置【高光光泽度】为0.82，【反射光泽度】为0.98，【细分】为12，【最大深度】为8。

**步骤02** 双击查看此时的材质球效果，如图7-224所示。

图7-223

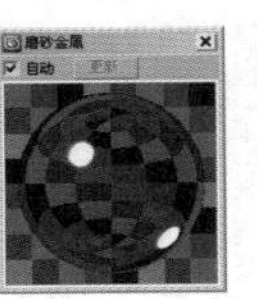


图7-224

**步骤03** 将制作完毕的材质赋给场景中托盘的模型，如图7-225所示。

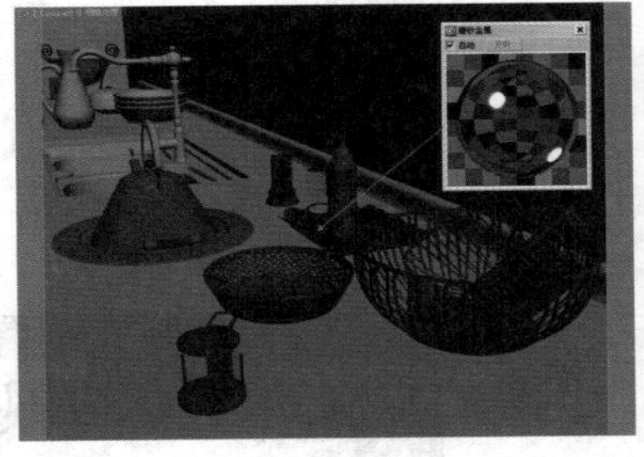

图7-225

### Part 4 【水池金属】材质的制作

**步骤01** 将【材质类型】设置为VRayMtl材质，并将材质命名为【水池金属】。下面调节其具体的参数，如图7-226所示。

- 在【漫反射】选项组中设置颜色为深灰色，在【反射】选项组中设置颜色为浅灰色，设置【高光光泽度】为0.85，【反射光泽度】为0.88，【细分】为20。

**步骤02** 双击查看此时的材质球效果，如图7-227所示。

图7-226

图7-227

**步骤03** 将制作完毕的材质赋给场景中水池的模型，如图7-228所示。

图7-228

> **技巧提示**
>
> 在【反射】选项组中调节【高光光泽度】和【反射光泽度】数值小于0.9时，材质的反射产生模糊反射效果。

**步骤04** 将剩余的材质制作完成，并赋予相应的物体，如图7-229所示。最终渲染效果如图7-230所示。

图7-229

图7-230

## 7.5.8 VR材质包裹器

VR材质包裹器主要用来控制材质的全局光照、焦散和物体的不可见等特殊属性。通过材质包裹器的设定，可以控制所有赋有该材质物体的全局光照、焦散和不可见等属性，其参数面板如图7-231所示。

- 基本材质：用来设置【VR材质包裹器】中使用的基础材质参数，此材质必须是VRay渲染器支持的材质类型。

- **附加曲面属性**：这里的参数主要用来控制赋有材质包裹器物体的接受、产生GI属性以及接受、产生焦散属性。
  - **生成全局照明**：控制当前赋予材质包裹器的物体是否计算GI光照的产生，后面的数值框用来控制GI的倍增数量。
  - **接受全局照明**：控制当前赋予材质包裹器的物体是否计算GI光照的接受，后面的数值框用来控制GI的倍增数量。
  - **产生焦散**：控制当前赋予材质包裹器的物体是否产生焦散。
  - **接受焦散**：控制当前赋予材质包裹器的物体是否接受焦散，后面的数值框用于控制当前赋予材质包裹器的物体的焦散倍增值。

图7-231

- **无光属性**：目前VRay还没有独立的【不可见/阴影】材质，但【VR材质包裹器】中的这个不可见选项可以模拟【不可见/阴影】材质效果。
  - **无光曲面**：控制当前赋予材质包裹器的物体是否可见，选中该复选框后，物体将不可见。
  - **Alpha基值**：控制当前赋予材质包裹器的物体在Alpha通道的状态。
  - **阴影**：控制当前赋予材质包裹器的物体是否产生阴影效果。选中该复选框后，物体将产生阴影。
  - **影响Alpha**：选中该复选框后，渲染出来的阴影将带Alpha通道。
  - **颜色**：用来设置赋予材质包裹器的物体产生的阴影颜色。
  - **亮度**：控制阴影的亮度。
  - **反射值**：控制当前赋予材质包裹器的物体的反射数量。
  - **折射值**：控制当前赋予材质包裹器的物体的折射数量。
  - **全局照明数量**：控制当前赋予材质包裹器的物体的间接照明总量。

## 7.5.9 VR_混合材质

可以让多个材质以层的方式混合来模拟物理世界中的复杂材质。VRay混合材质和3ds Max中的混合材质的效果比较类似，但是其渲染速度比3ds Max的快很多，其参数面板如图7-232所示。

图7-232

- **基本材质**：可以理解为最基层的材质。
- **表层材质**：表面材质，可以理解为基本材质上面的材质。
- **混合量**：这个混合量是表示表层材质混合多少到基本材质上面，如果颜色给白色，那么这个【表层材质】将全部混合上去，而下面的基本材质将不起作用；如果颜色给黑色，那么这个表层材质自身就没什么效果。混合量也可以由后面的贴图通道来代替。

## 小实例：利用VR_混合材质制作铜锈效果

| | |
|---|---|
| 场景文件 | 14.max |
| 案例文件 | 小实例：利用VR_混合材质制作铜锈效果.max |
| 视频教学 | 多媒体教学/Chapter 07/小实例：利用VR_混合材质制作铜锈效果.flv |
| 难易指数 | ★★★★☆ |
| 材质类型 | VR_混合材质和VRayMtl材质 |
| 技术掌握 | 掌握VR_混合材质的应用 |

### 实例介绍

本实例主要讲解利用VR_混合材质制作铜锈效果，如图7-233所示。

图7-233

本实例的铜锈材质模拟效果如图7-234所示。其基本属性主要有以下3点。

- 带有真实的铜锈纹理。
- 带有一定的模糊反射。
- 带有一定的凹凸。

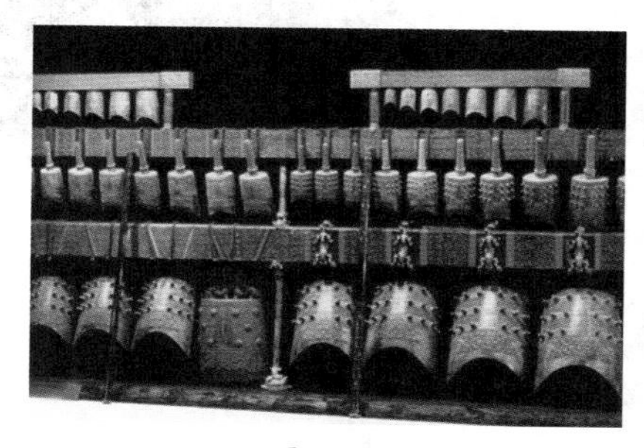

图7-234

## 操作步骤

**步骤01** 打开本书配套光盘中的【场景文件/Chapter07/14.max】文件，如图7-235所示。

**步骤02** 按M键，打开【材质编辑器】窗口，选择一个空白材质球，并将材质球类型设置为【VR_混合材质】，然后命名为【铜锈】，在【基础材质】的通道上加载【VRayMtl】材质，如图7-236所示。

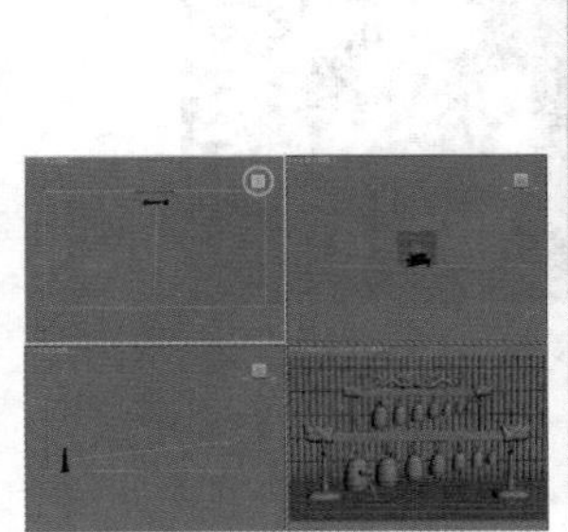

图7-235

图7-236

**步骤03** 单击进入【基础材质】的通道，并调节【1】材质。

- 在【漫反射】后面的通道上加载【铜锈1.jpg】贴图文件。
- 在【反射】后面的通道上加载【铜锈1.jpg】贴图文件，并设置【反射光泽度】为0.8，【细分】为25，选中【菲涅耳反射】复选框。
- 展开【贴图】卷展栏，在【凹凸】后面的通道上加载【法线凹凸】程序贴图。
- 展开【参数】卷展栏，在【法线】后面的通道上加载【法线凹凸.jpg】贴图文件，并设置数值为4，在【附加凹凸】后面的通道上加载【噪波】程序贴图，如图7-237所示。

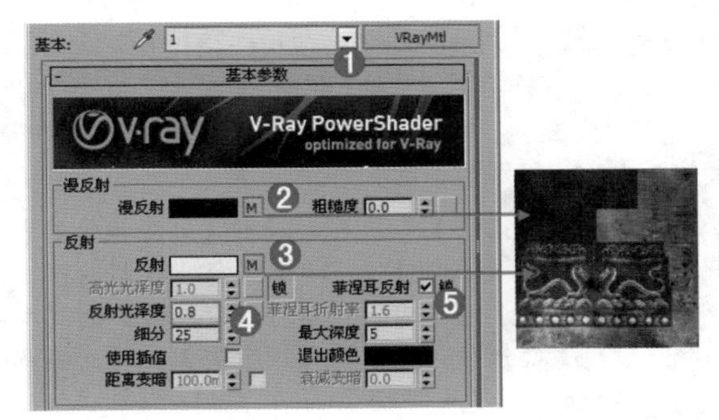

图7-237

- 单击进入【附加凹凸】后面的通道，设置【瓷砖】的X、Y、Z分别为394、394、0.4，【模糊】为0.01。展开【噪波参数】卷展栏，设置【噪波类型】为【分形】，【大小】为9.9，如图7-238所示。

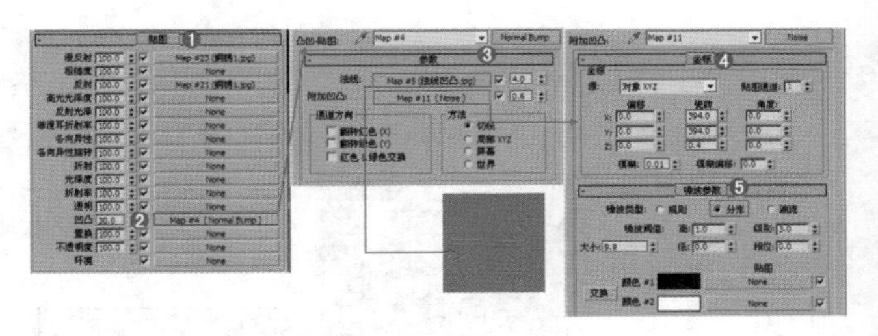

图7-238

**步骤04** 单击【转到父对象】按钮，返回【VR_混合材质】选项卡，分别为【表层材质】和【混合量】下面的通道1加载【VRayMtl】材质和【VR_污垢】程序贴图，并分别命名为【2】和【3】，如图7-239所示。

图7-239

**步骤05** 单击进入【表面材质】的通道，并调节【2】材质，调节的具体参数如图7-240所示。

图7-240

- 在【漫反射】选项组中设置颜色为黑色。

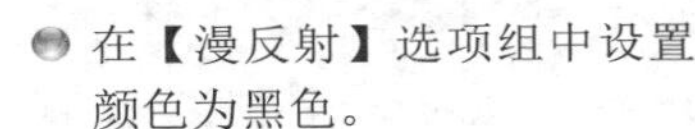

**步骤06** 单击进入【混合量】的通道，并调节【3】材质，调节的具体参数如图7-241所示。

- 展开【VRay污垢参数】卷展栏，设置【半径】为4mm，【阻光 颜色】为白色，【非阻光 颜色】为黑色，【细分】为16。

**步骤07** 将制作好的材质赋予场景中的模型，如图7-242所示。

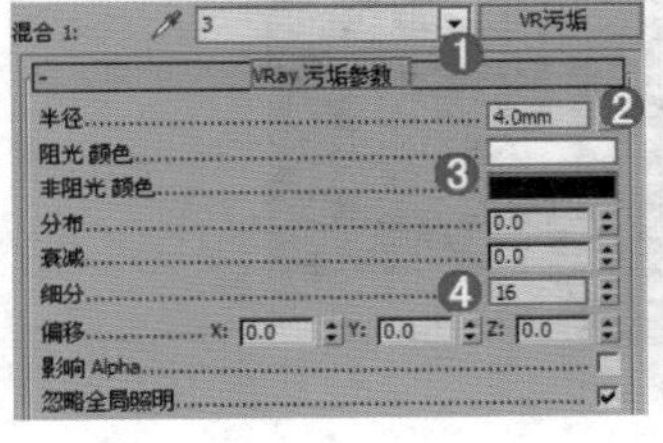

图7-241

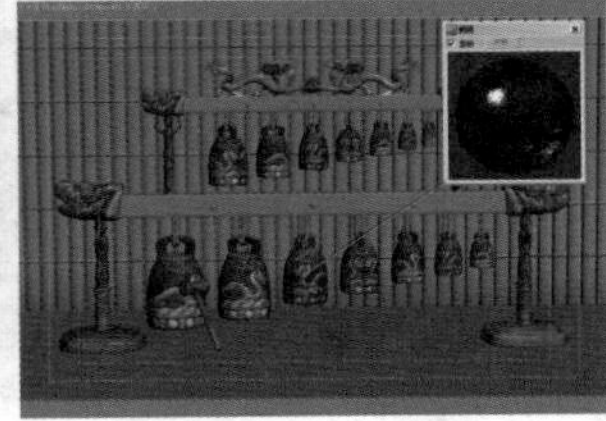

图7-242

**步骤08** 将剩余的材质制作完成，并赋予相应的物体，如图7-243所示。

**步骤09** 最终渲染效果如图7-244所示。

图7-243

图7-244

## 7.5.10 VR-快速SSS2

VR-快速SSS2是用来计算次表面散射效果的材质，这是一个内部计算简化了的材质，它比用VRayMtl材质中的半透明参数的渲染速度更快。其参数面板如图7-245所示。

图7-245

- 综合参数：控制该材质综合参数，如预设、预处理等。
- 漫反射及子面散射层：控制该材质的基本参数，如主体颜色、漫反射颜色等。
- 高光层：控制该材质的关于高光的参数。
- 选项：控制该材质的散射、折射等参数。
- 贴图：可以在该卷展栏下的通道上加载贴图。

如图7-246所示为使用【VR-快速SSS2】材质制作的效果。

图7-246

## 小实例：利用VR-快速SSS2材质制作玉石材质

| 场景文件 | 15.max |
| --- | --- |
| 案例文件 | 小实例：利用VR-快速SSS2材质制作玉石材质.max |
| 视频教学 | 多媒体教学/Chapter 07/小实例：利用VR-快速SSS2材质制作玉石材质.flv |
| 难易指数 | ★★★★☆ |
| 材质类型 | VR-快速SSS2 |
| 技术掌握 | 掌握VR-快速SSS2材质的运用 |

### 实例介绍

本实例主要利用VR-快速SSS2材质制作玉石材质，效果如图7-247所示。

图7-247

本实例的玉石材质模拟效果如图7-248所示。

图7-248

其基本属性主要有以下3点。

- 带有玉石纹理。
- 带有半透明属性。
- 带有一定的反射。

### 操作步骤

**步骤01** 打开本书配套光盘中的【场景文件/Chapter07/15.max】文件，此时的场景效果如图7-249所示。

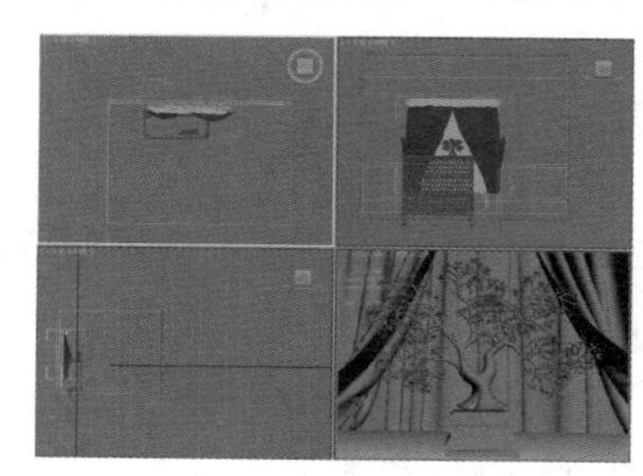

图7-249

**步骤02** 按M键，打开【材质编辑器】窗口，选择一个材质球，设置材质类型为【VR-快速SSS2】材质，将材质命名为【玉石】，下面调节其具体的参数，如图7-250～图7-252所示。

- 展开【漫反射和子曲面散射层】卷展栏，设置【整体颜色】为绿色，【漫反射颜色】为绿色，【漫反射量】为0.3，【相位函数】为0.1。
- 展开【高光反射层】卷展栏，设置【高光颜色】为浅绿色，【高光光泽度】为1，【高光细分】为10，选中【跟踪反射】复选框，设置【反射深度】为30。展开【选项】卷展栏，设置【单层散射】为【光线跟踪（实体）】，【折射深度 】为30。
- 展开【贴图】卷展栏，在【凹凸】后面的通道上加载【噪波】程序贴图，设置【大小】为60，【颜色#1】为绿色，【颜色#2】为浅绿色，接着在【全局颜色】后面的通道上加载【噪波】程序贴图，设置【大小】为20，【颜色#1】为绿色，【颜色#2】为浅绿色。

图7-250

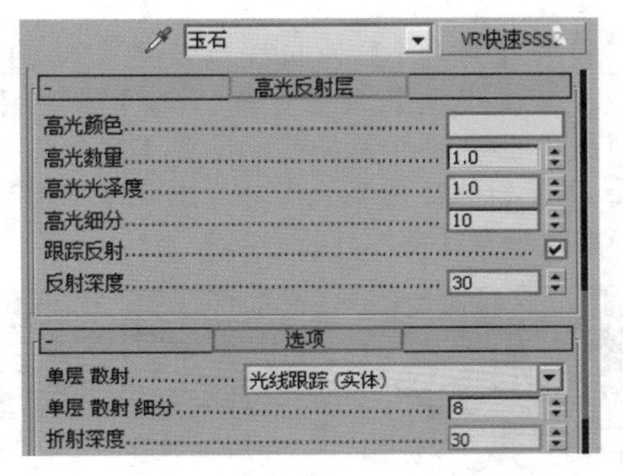


图7-251

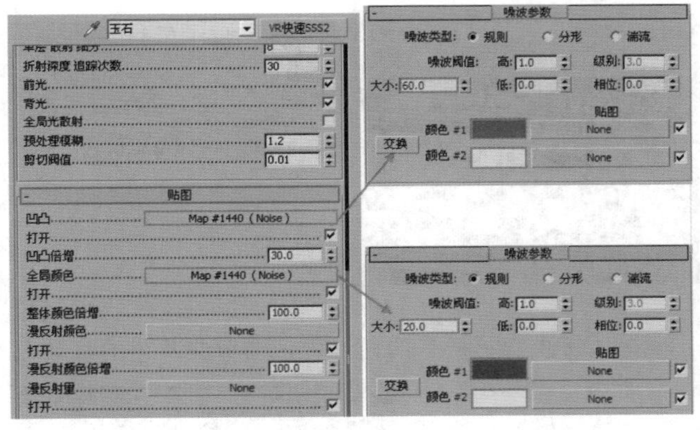


图7-252

**步骤03** 将制作完毕的玉石材质赋给场景中的模型，如图7-253所示。

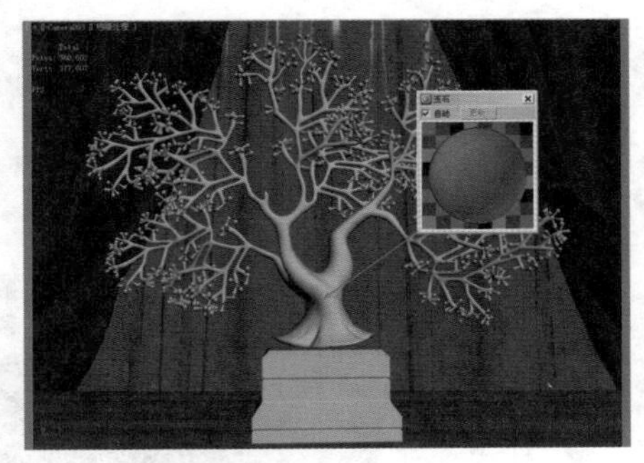

图7-253

**步骤04** 将制作好的材质赋给场景中的玉石模型，如图7-254所示。

图7-254

**步骤05** 将剩余的材质制作完成，并赋给相应的物体，如图7-255所示。

**步骤06** 最终渲染效果如图7-256所示。

图7-255

图7-256

## 7.5.11 虫漆材质

虫漆材质可以通过叠加将两种材质混合。叠加材质中的颜色称为虫漆材质，被添加到基础材质的颜色中。虫漆颜色混合参数控制颜色混合的量。其参数面板如图7-257所示。

- **基础材质**：单击可选择或编辑基础子材质。默认情况下，基础材质是带有 Blinn 明暗处理的标准材质。
- **虫漆材质**：单击可选择或编辑虫漆材质。默认情况下，虫漆材质是带有 Blinn 明暗处理的标准材质。
- **虫漆颜色混合**：控制颜色混合的量。值为 0.0 时，虫漆材质没有效果。

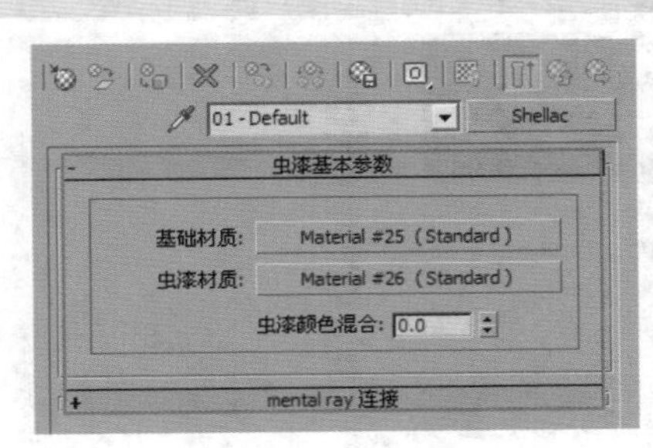


图7-257

## 小实例：利用虫漆材质制作车漆材质

| 场景文件 | 16.max |
| --- | --- |
| 案例文件 | 小实例：利用虫漆材质制作车漆材质.max |
| 视频教学 | 多媒体教学/Chapter 07/小实例：利用虫漆材质制作车漆材质.flv |
| 难易指数 | ★★★☆☆ |
| 材质类型 | 虫漆材质 |
| 技术掌握 | 掌握虫漆材质和VRayHDRI贴图的运用 |

### 实例介绍

本实例主要讲解使用虫漆材质和【VRayHDRI】贴图制作汽车车漆的材质，最终渲染效果如图7-258所示。

本实例的材质模拟效果如图7-259所示。

图7-258

图7-259

其基本属性主要有以下两点。

- 一定的反射效果。
- 真实的车漆质感。

### 操作步骤

**步骤01** 打开本书配套光盘中的【场景文件/Chapter07/16.max】文件，此时的场景效果如图7-260所示。

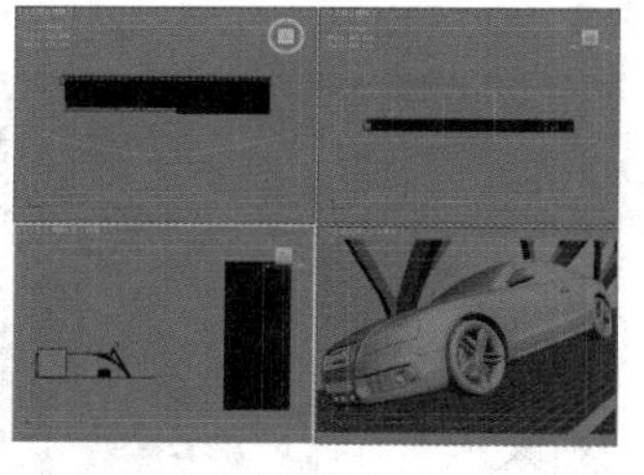

图7-260

**步骤02** 按M键，打开【材质编辑器】窗口，选择第一个材质球，单击 Standard （标准）按钮，在弹出的【材质/贴图浏览器】对话框中选择【多维/子对象】材质，如图7-261所示。

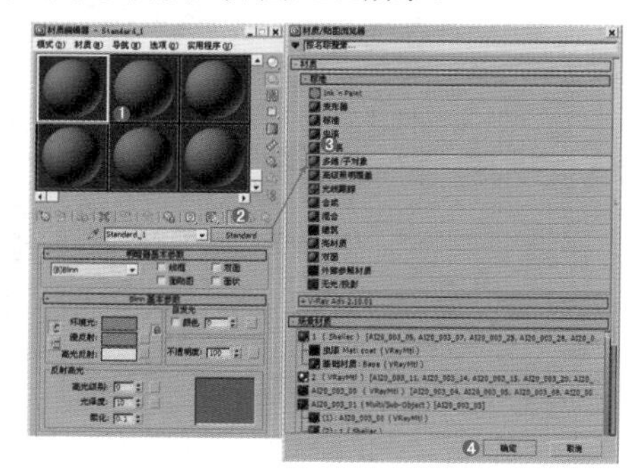

图7-261

**步骤03** 将材质命名为【车漆】，展开【多维/子对象基本参数】卷展栏，设置【设置数量】为3，然后分别在通道上加载【虫漆】和【VRayMtl】材质，如图7-262所示。

**步骤04** 单击进入ID号为1的通道中，并调节【1】材质，调节的具体参数如图7-263～图7-265所示。

- 在【虫漆基本参数】卷展栏的【基础材质】和【虫漆材质】后面的通道上加载【VRayMtl】材质。
- 进入【基础材质】后面的通道中，具体参数调节如图7-264所示。在【漫反射】选项组后面的通道上加载【衰减】程序贴图，并展开【衰减参数】卷展栏，设置【颜色1】为暗红色，【颜色2】为橘红色，【衰减类型】为【垂直/平行】，在【反射】选项组中设置颜色为灰色，设置【高光光泽度】为0.6，【反射光泽度】为0.75，选中【菲涅耳反射】复选框，设置【菲涅耳折射率】为3。

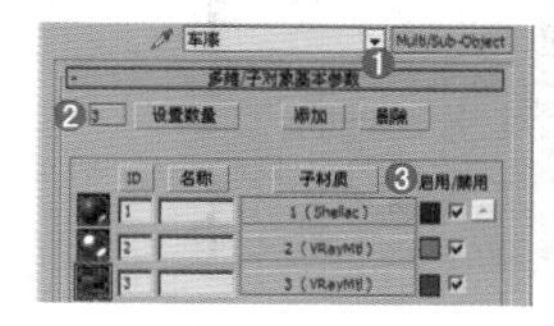

图7-262

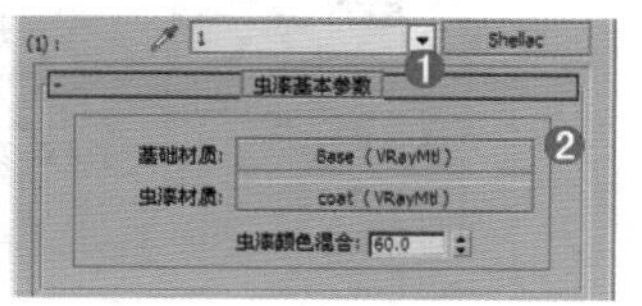


图7-263

图7-264

- 进入【虫漆材质】的通道中，调节其具体的参数，如图7-265所示。在【漫反射】选项组中设置颜色为深灰色，在【反射】选项组中设置颜色为浅灰色，选中【菲涅耳反射】复选框，设置【菲涅耳折射率】为2。

图7-265

**步骤05** 单击进入ID号为2的通道中，并调节【2】材质，调节的具体参数如图7-266所示。

- 在【漫反射】选项组中设置颜色为灰色，在【反射】选项组中设置颜色为浅灰色，设置【高光光泽度】为0.7，【反射光泽度】为0.85，【细分】为20。

图7-266

**步骤06** 单击进入ID号为3的通道中，并调节【3】材质，调节的具体参数如图7-267所示。

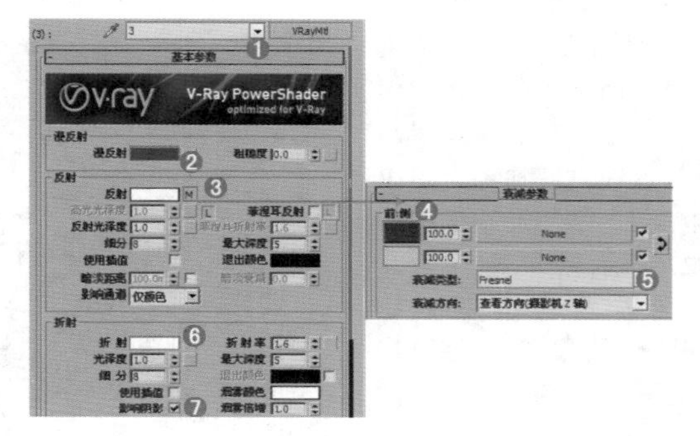


图7-267

- 在【漫反射】选项组中设置颜色为灰色。
- 在【反射】选项组中加载【衰减】程序贴图，设置【颜色1】为深灰色，【颜色2】为浅灰色，【衰减类型】为Fresnel。
- 在【折射】选项组中设置颜色为白色，选中【影响阴影】复选框。

**步骤07** 将制作好的材质赋给场景中的汽车模型，如图7-268所示。

**步骤08** 将剩余的材质制作完成，并赋给相应的物体，如图7-269所示。

**步骤09** 最终渲染效果如图7-270所示。

图7-268

图7-269

图7-270

# 7.6 贴图类型

贴图可以增强材质的质感，通过对贴图的设置可以制作出更加真实的材质效果，如麻布材质、地面材质、水波材质等。如图7-271所示为优秀的贴图作品。

图7-271

## 1. 什么是贴图

在使用3ds Max制作效果图的过程中经常会需要制作很多种贴图，如木纹、花纹、壁纸等，这些贴图可以用来呈现物体的纹理效果。设置贴图的前后对比效果如图7-272所示。

图7-272

## 2. 贴图与材质的区别

本章重点讲解了材质技术的应用，当然，读者可能会产生疑问：为什么材质章节中出现了大量的贴图知识，这是因为贴图和材质是密不可分的，虽然是不同的概念，但是却息息相关。

### ❶ 什么是贴图

贴图是指在材质中，材质的某个通道上应用了哪些贴图，如位图贴图、噪波贴图、衰减贴图、平铺贴图等。

### ❷ 什么是材质

材质在3ds Max中代表某个物体应用了什么类型的质地，如标准材质、VR材质、混合材质等。

### ❸ 贴图和材质的关系是什么

很简单，我们可以通俗地理解为材质的级别要比贴图高，也就是说先有材质，后有贴图，例如设置一个木纹材质，此时需要首先设置材质类型为【VR材质】，然后设置其【反射】等参数，最后需要在【漫反射】通道上加载【位图】贴图，如图7-273所示。

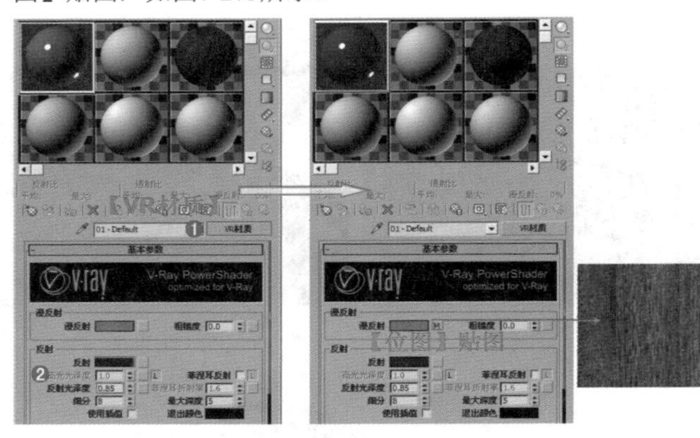


图7-273

因此可以得到一个概念：材质>贴图，贴图需要在材质下面的某一个通道上加载。

## 3. 为什么要设置贴图

❶ 一般情况下在效果图制作中，设置贴图是为了让材质出现贴图纹理效果，如图7-274所示为未加载贴图的金属材质和加载贴图的金属材质对比效果。

未加载任何贴图的金属效果　　加载【位图】贴图的金属效果

图7-274

很明显，未加载贴图的金属材质非常干净，但是缺少变化，当然也可以在【反射】、【折射】等通道上加载贴图，也会产生相应的效果。读者可以尝试在任何通道上加载贴图，并测试产生的效果。

❷ 为了产生真实的凹凸纹理效果，可以加载凹凸贴图。如图7-275所示为加载凹凸贴图和未加载凹凸贴图的对比效果。

加载【凹凸】贴图的木纹效果　　未加载【凹凸】贴图的车漆效果

图7-275

## 4. 贴图的设置思路

贴图的设置思路相对材质而言要简单一些。具体的设置思路如下：

❶ 在确认设置哪种材质，并设置完成材质类型的情况下，考虑【漫反射】通道是否需要加载贴图。

❷ 考虑【反射】、【折射】等通道上是否需要加载贴图，常用的如【衰减】、【位图】等。

❸ 考虑【凹凸】通道上是否需要加载贴图，常用的如【位图】、【噪波】、【凹痕】等。

## 5. 贴图面板

贴图面板功能非常强大，在该面板中包含了很多通道，例如凹凸、漫反射、反射等，在这些通道上可以添加贴图。贴图通道面板如图7-276所示。

图7-276

当需要为模型制作凹凸纹理效果时，可以在【凹凸】通道上添加贴图，如图7-277所示为平静水面材质的制作。

如图7-278所示为波纹水面材质的制作。

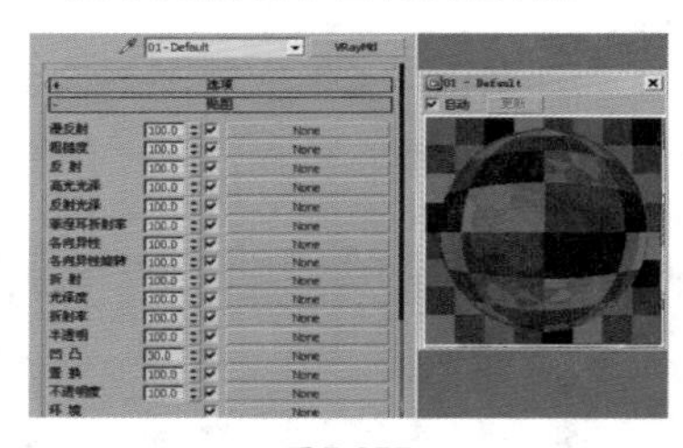

图7-277

图7-278

**技巧提示**

若用户对于通道知识理解不完全，在这里是非常易错的。例如误把【噪波贴图】加载到【漫反射】通道上，此时会发现制作出来的效果并没有凹凸效果，如图7-279所示。

图7-279

## 6．3ds Max 2016中贴图的种类

展开【标准】材质的【贴图】卷展栏，在该卷展栏中有很多贴图通道，在这些贴图通道中可以加载贴图来表现物体的属性，如图7-280所示。

任意单击一个通道，在弹出的【材质/贴图浏览器】对话框中可以观察到有很多贴图类型，主要包括2D贴图、3D贴图、【合成器】贴图、【颜色修改器】贴图以及【其他】贴图，如图7-281所示。

图7-280

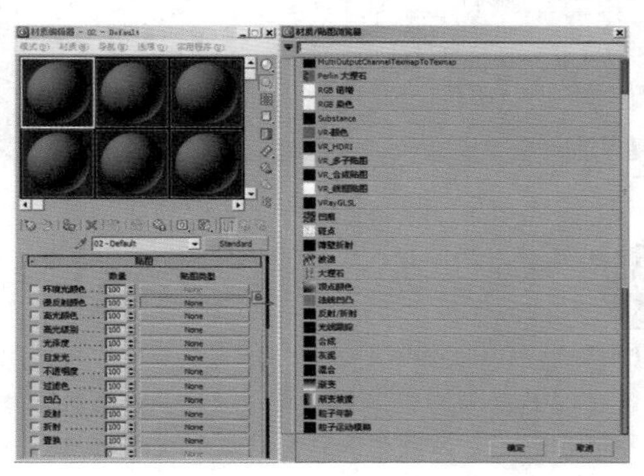

图7-281

- Combustion（合成）：将多个贴图组合在一起。
- 渐变：使用3种颜色创建渐变图像。
- 渐变坡度：可以产生多色渐变效果。
- 平铺：可以用来制作平铺图像，例如地砖。
- 棋盘格：可以产生黑白交错的棋盘格图案。
- 位图：通常在这里加载位图贴图，这是一种最常用的贴图。
- 漩涡：可以创建两种颜色的漩涡形图形。
- Perlin大理石：通过两种颜色混合，产生类似于珍珠岩的纹理。
- 凹痕：可以作为凹凸贴图，产生一种风化和腐蚀的效果。
- 斑点：产生两色杂斑纹理效果。
- 波浪：可以创建波状的，类似波纹的贴图。
- 大理石：产生类似于岩石断层的效果。
- 灰泥：用于制作腐蚀生锈的金属和破败的物体。
- 粒子年龄：专门用于粒子系统，通常用来制作彩色粒子流动的效果。
- 粒子运动模糊：根据粒子速度产生模糊效果。
- 木材：用于制作木材效果。
- 泼溅：产生类似油彩飞溅的效果。
- 衰减：产生两色过渡效果。
- 细胞：可以用来模拟细胞图案。
- 烟雾：产生丝状、雾状或絮状等无序的纹理效果。
- 噪波：两种颜色或贴图的随机混合，产生杂点效果。
- RGB相乘：配合凹凸贴图一起使用，允许将两种颜色或贴图的颜色进行相乘处理，从而提高图像的对比度。
- 合成：可以将两个或两个以上的子材质合成在一起。
- 混合：将两种贴图混合在一起，通常用来制作一些多个材质渐变融合或覆盖的效果。
- 遮罩：使用一张贴图作为遮罩。
- 顶点颜色：根据材质或原始顶点的颜色来调整RGB或RGBA纹理。
- 输出：专门用来弥补某些无输出设置的贴图。
- 颜色修正：用来调节材质的色调、饱和度、亮度和对比度。
- VR-HDRI：VRayHDRI可以翻译为高动态范围贴图，主要用来设置场景的环境贴图，即把HDRI当作光源来使用。
- VR-法线贴图：可以用来制作真实的凹凸纹理效果。
- VR-合成贴图：可以通过两个通道里贴图色度、灰度的不同来进行加、减、乘、除等操作。
- VR-天空：是一种环境贴图，用来模拟天空效果。
- VR-贴图：因为VRay不支持3ds Max中的光线追踪贴图类型，所以在使用3ds Max【标准】材质时的反射和折射就用【VRay贴图】来代替。
- VR-位图过滤：是一个非常简单的程序贴图，它可以编辑贴图纹理的X、Y轴向。
- VR-污垢贴图：用来模拟真实物理世界中的物体上的污垢效果，例如墙角上的污垢以及铁板上的铁锈等效果。
- VR-线框颜色：是一个非常简单的程序贴图，效果和3ds Max中的线框材质类似。
- VR-颜色：可以用来设置任何颜色。
- 薄壁折射：配合折射贴图一起使用，能产生透镜变形的折射效果。
- 法线凹凸：可以改变曲面上的细节和外观。
- 反射/折射：可以产生反射与折射效果。
- 光线追踪：可以模拟真实的完全反射与折射效果。
- 每像素的摄影机贴图：将渲染后的图像作为物体的纹理贴图，以当前摄影机的方向贴在物体上，可以快速渲染。
- 平面镜：使共平面的表面产生类似于镜面反射的效果。

## 7.6.1 位图贴图

位图是由彩色像素的固定矩阵生成的图像，如马赛克等，其是最常用的贴图，可以添加图片。可以使用一张位图图像来作为贴图，位图贴图支持很多种格式，包括FLC、AVI、BMP、GIF、JPEG、PNG、PSD和TIFF等主流图像格式。如图7-282所示是效果图制作中经常使用的几种位图贴图。

位图的参数面板如图7-283所示。

图7-282

图7-283

- 偏移：用来控制贴图的偏移效果，如图7-284所示。

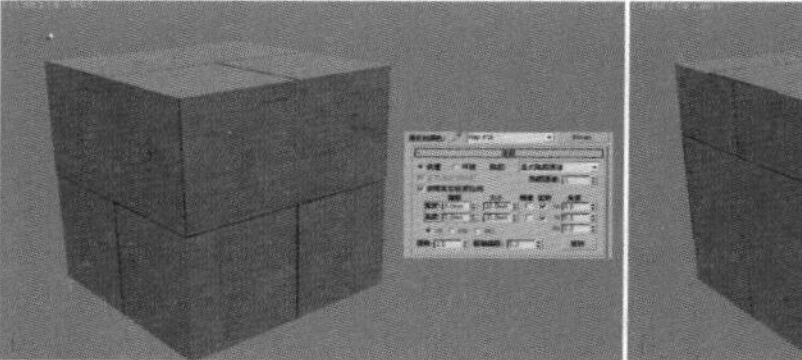

图7-284

- 大小：用来控制贴图平铺重复的程度，如图7-285所示。

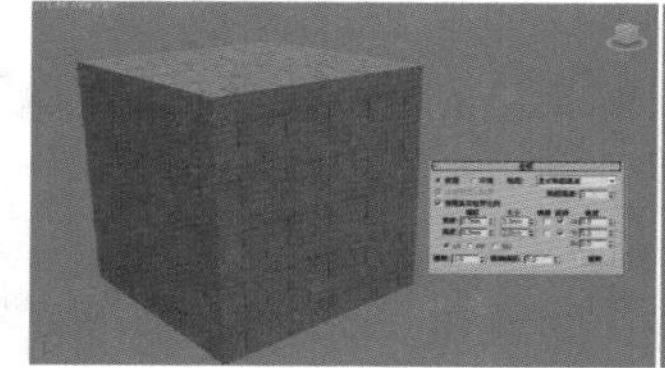

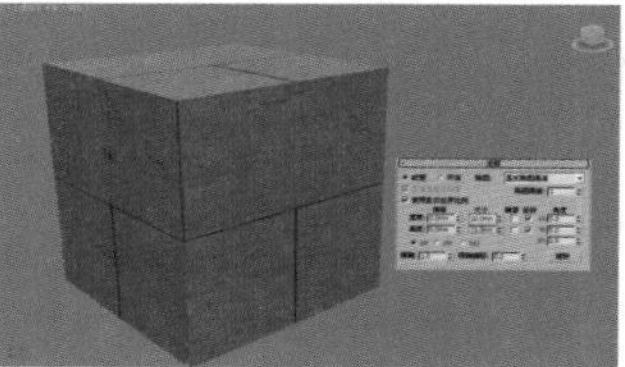

图7-285

- 角度：用来控制贴图的角度旋转效果，如图7-286所示。

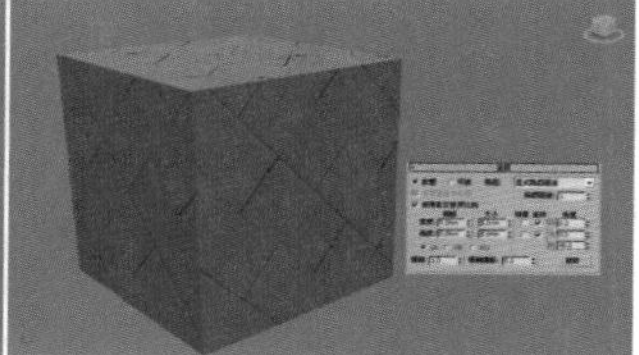

图7-286

- 模糊：用来控制贴图的模糊程度，数值越大，贴图越模糊，渲染速度也就越快。
- 剪裁/放置：在【位图参数】卷展栏中选中【应用】复选框，然后单击后面的【查看图像】按钮，接着在弹出的对话框中框选出一个区域，该区域表示贴图只应用框选的这部分区域，如图7-287所示。

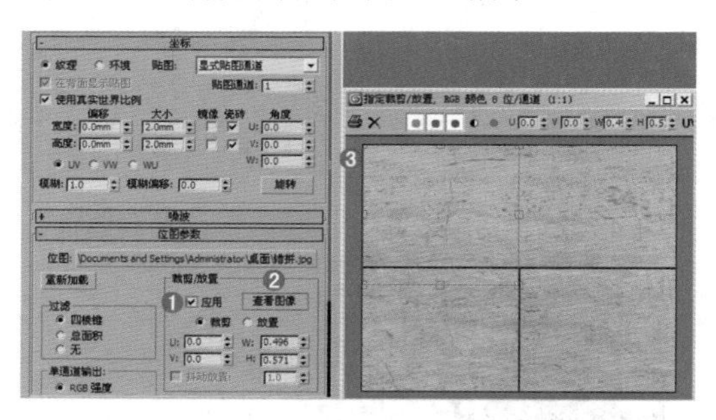

图7-287

### 技术专题——UVW贴图修改器

UVW贴图修改器有什么作用？

通过将贴图坐标应用于对象，【UVW 贴图】修改器控制在对象曲面上如何显示贴图材质和程序材质。贴图坐标指定如何将位图投影到对象上。UVW 坐标系与 XYZ 坐标系相似。位图的 U 和 V 轴对应于 X 和 Y 轴。对应于 Z 轴的 W 轴一般仅用于程序贴图。可在材质编辑器中将位图坐标系切换到 VW 或 WU，在这些情况下，位图被旋转和投影，以使其与该曲面垂直。其参数面板如图7-288所示。

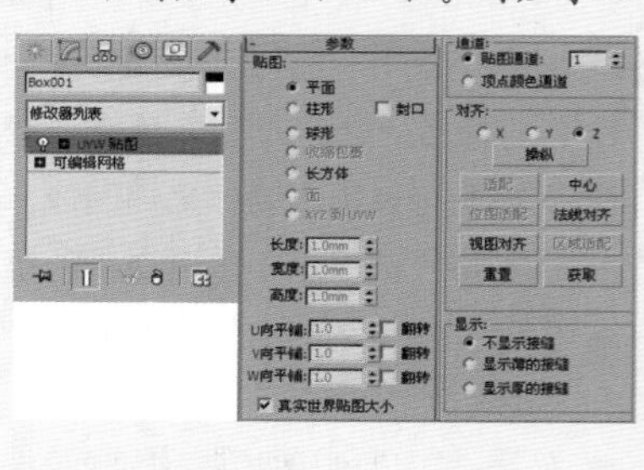

图7-288

贴图方式选项：确定所使用的贴图坐标的类型。通过贴图在几何上投影到对象上的方式以及投影与对象表面交互的方式，来区分不同种类的贴图，其中包括【平面】、【柱形】、【球形】、【收缩包裹】、【长方体】、【面】和【XYZ到UVW】，如图7-289所示。

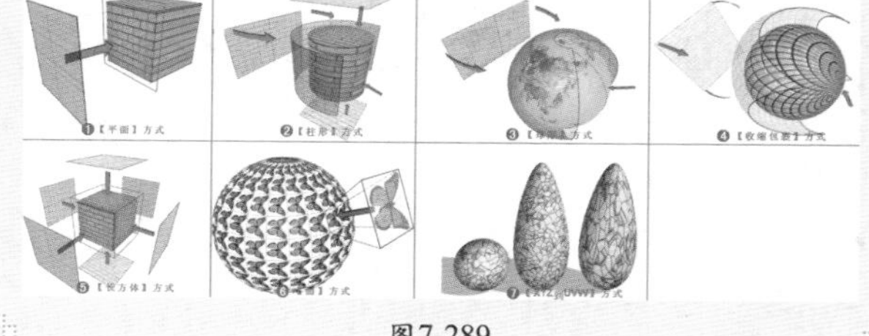

图7-289

长度、宽度、高度：指定【UVW贴图】Gizmo的尺寸。在应用修改器时，贴图图标的默认缩放由对象的最大尺寸定义。

U平铺、V平铺、W平铺：用于指定UVW贴图的尺寸以便平铺图像。这些是浮点值；可设置动画以便随时间移动贴图的平铺。

翻转：绕给定轴反转图像。

真实世界贴图大小：启用该选项后，对应用于对象上的纹理贴图材质使用真实世界贴图。

贴图通道：设置贴图通道。

顶点颜色通道：通过启用该选项可将通道定义为顶点颜色通道。

X/Y/Z：选择其中之一，可翻转贴图Gizmo的对齐。每项指定Gizmo的哪个轴与对象的局部Z轴对齐。

操纵：启用该选项时，Gizmo出现在能让你改变视口中的参数的对象上。

适配：将Gizmo适配到对象的范围并使其居中，以使其锁定对象的范围。

中心：移动Gizmo，使其中心与对象的中心一致。

位图适配：显示标准的位图文件浏览器，可以拾取图像。在启用【真实世界贴图大小】时不可用。

法线对齐：单击并在要应用修改器的对象曲面上拖动。

视图对齐：将贴图Gizmo重定向为面向活动视口。图标大小不变。

区域适配：激活一个模式，从中可在视口中拖动以定义贴图Gizmo的区域。

重置：删除控制Gizmo的当前控制器，并插入使用拟合功能初始化的新控制器。

获取：在拾取对象以从中获得UVW时，从其他对象有效复制UVW坐标，一个对话框会提示选择是以绝对方式还是相对方式完成获得。

不显示接缝视口中不显示贴图边界。这是默认选择。

显示薄的接缝使用相对细的线条，在视口中显示对象曲面上的贴图边界。

显示厚的接缝使用相对粗的线条，在视口中显示对象曲面上的贴图边界。

通过变换UVW贴图【Gizmo】可以产生不同的贴图效果，如图7-290所示。

在材质和贴图设置完成后，可能会遇到一个令人烦恼的问题，那就是贴图贴到物体上后感觉很奇怪，可能会出现拉伸等错误现象，如图7-291所示。

正确添加【UVW贴图】修改器后的效果如图7-292所示。

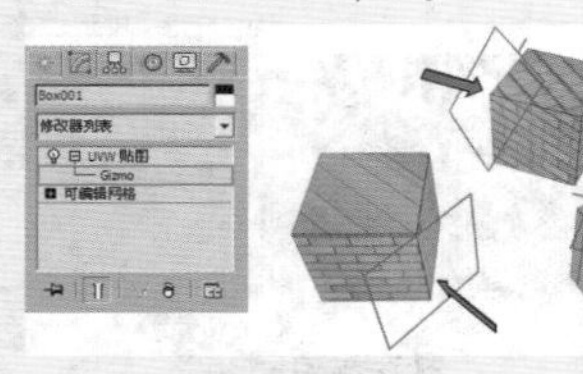

图7-290

图7-291

图7-292

## 小实例：利用位图贴图制作杂志材质

| 场景文件 | 17.max |
|---|---|
| 案例文件 | 小实例：利用位图贴图制作杂志材质.max |
| 视频教学 | 多媒体教学/Chapter 07/小实例：利用位图贴图制作杂志材质.flv |
| 难易指数 | ★★☆☆☆ |
| 材质类型 | VRayMtl材质 |
| 技术掌握 | 掌握位图贴图的运用 |

### 实例介绍

本实例主要讲解利用位图贴图制作杂志材质，最终渲染效果如图7-293所示。

本实例的杂质材质模拟效果如图7-294所示。

图7-293

其基本属性主要有以下两点。

- 书本带有多个材质。
- 带有杂志的贴图。

图7-294

### 操作步骤

**步骤01** 打开本书配套光盘中的【场景文件/Chapter07/17.max】文件，如图7-295所示。

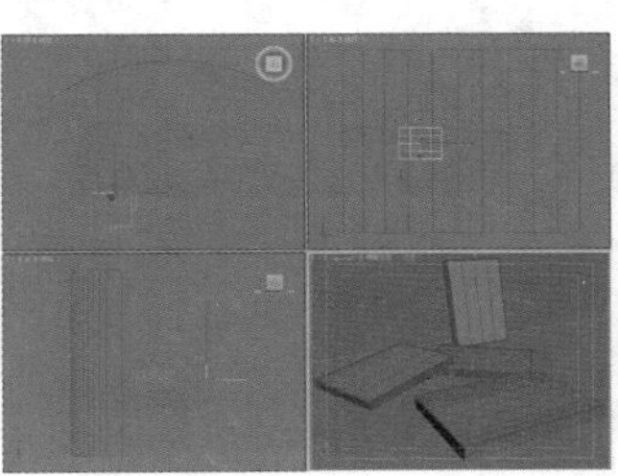

图7-295

**步骤02** 按M键，打开【材质编辑器】窗口，选择第一个材质球，单击 Standard （标准）按钮，在弹出的【材质/贴图浏览器】对话框中选择【多维/子对象】材质，如图7-296所示。

图7-296

**步骤03** 将材质命名为【书籍1】，展开【多维/子对象基本参数】卷展栏，设置【设置数量】为6，然后分别在通道上加载【VRayMtl】材质，如图7-297所示。

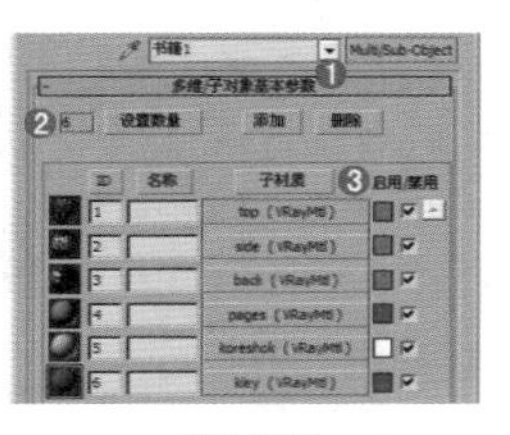

图7-297

**步骤04** 单击进入ID号为1的通道中，并调节top材质，调节的具体参数如图7-298所示。

- 在【漫反射】后面的通道上加载【top1.jpg】贴图文件，并在【坐标】卷展栏中设置【模糊】为0.1。
- 在【反射】选项组中设置【反射光泽度】为0.8，【细分】为16，选中【菲涅耳反射】复选框。

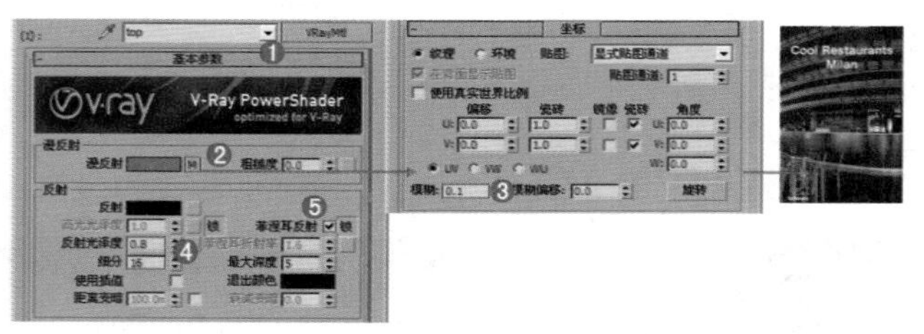

图7-298

**步骤05** 单击进入ID号为2的通道中，并调节side材质，调节的具体参数如图7-299所示。

- 在【漫反射】后面的通道上加载【side1.jpg】贴图文件，并在【坐标】卷展栏中设置【模糊】为0.1。
- 在【反射】选项组中设置【反射光泽度】为0.8，【细分】为16，选中【菲涅耳反射】复选框。

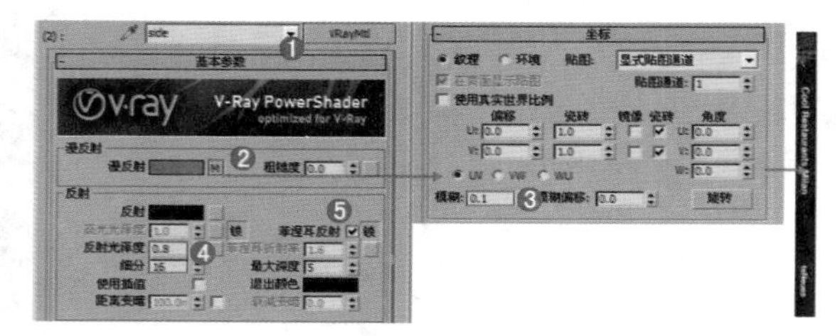

图7-299

**步骤06** 单击进入ID号为3的通道中，并调节【back】材质，调节的具体参数如图7-300所示。

- 在【漫反射】后面的通道上加载【back1.jpg】贴图文件，并在【坐标】卷展栏中设置【模糊】为0.1。
- 在【反射】选项组中设置【反射光泽度】为0.8，【细分】为16，选中【菲涅耳反射】复选框。

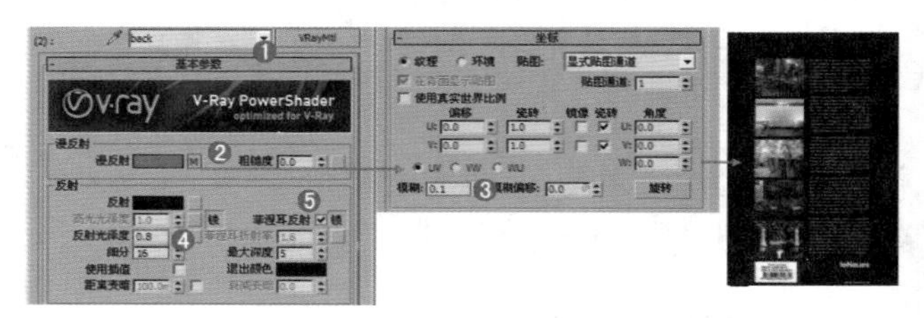

图7-300

**步骤07** 单击进入ID号为4的通道中，并调节【pages】材质，调节的具体参数如图7-301所示。

- 在【漫反射】后面的通道上加载【混合】程序贴图，分别在【颜色#1】和【颜色#2】后面的通道上加载【噪波】程序贴图，并设置【混合量】为50。
- 单击进入【颜色#1】通道，设置【瓷砖】的X、Y、Z分别为0.001、0.001和0.1，设置【模糊】为0.2，展开【噪波】卷展栏，设置【大小】为0.03，【颜色#1】为深灰色。
- 单击进入【颜色#2】通道，展开【坐标】卷展栏，设置【瓷砖】的X、Y、Z分别为0.001、0.001和0.1，【模糊】为0.1，展开【噪波】卷展栏，设置【大小】为0.05，【颜色#1】为深蓝色。

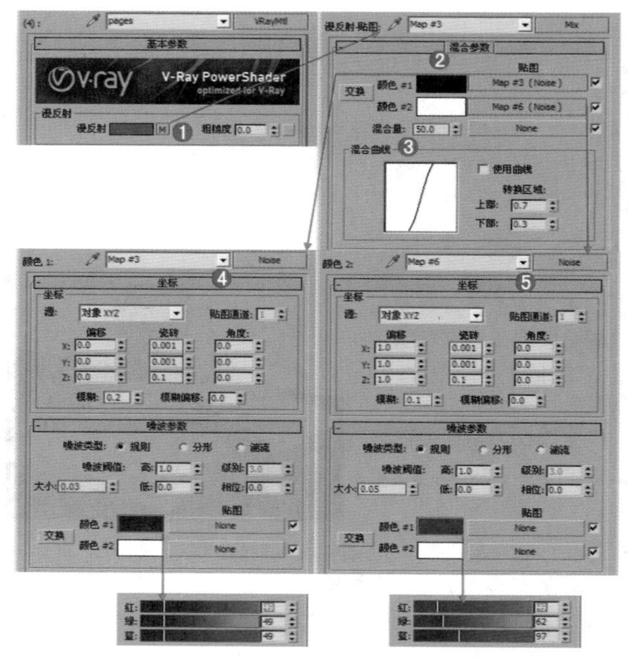

图7-301

### 技巧提示

此处为了模拟出纸张的真实质感，加载了【噪波】程序贴图，当然，此时有些读者可能会问，【噪波】程序贴图可以制作出随机的黑白波纹，但是根本不像制作的拉伸效果。但是只需要设置一下合理的【瓷砖】的X、Y、Z数值就可以到达一个拉伸的效果，如图7-302所示。

图7-302

**步骤08** 单击进入ID号为5的通道中，并调节【koreshok】材质，调节的具体参数如图7-303所示。

- 在【漫反射】后面的通道上加载【噪波】程序贴图，并设置【瓷砖】的X、Y、Z分别为0.03、0.03和0.1，【大小】为0.03，噪波阈值【高】为1，【低】为0，【颜色#1】为浅灰色。

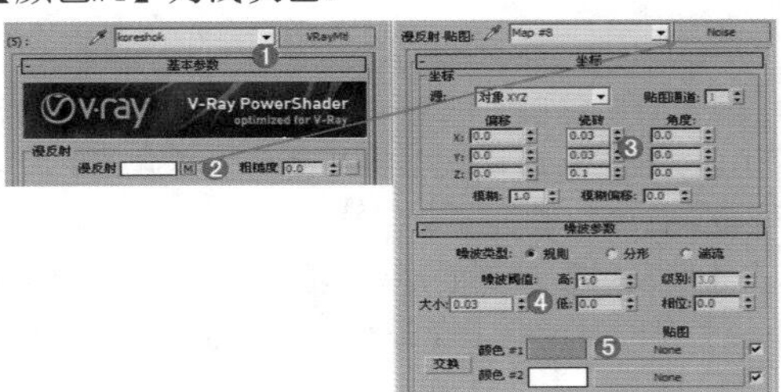

图7-303

**步骤09** 单击进入ID号为6的通道中，并调节【kley】材质，调节的具体参数如图7-304所示。

- 在【漫反射】选项组中设置【颜色】为深灰色。

图7-304

**步骤10** 将制作好的材质赋给场景中的杂志模型，如图7-305所示。

图7-305

**步骤11** 将剩余的材质制作完成，并赋给相应的物体，如图7-306所示。

**步骤12** 最终渲染效果如图7-307所示。

图7-306

图7-307

## 7.6.2 不透明度贴图通道

不透明度贴图通道主要用于控制材质的透明属性，并根据黑白贴图（黑透白不透原理）来计算具体的透明、半透明和不透明效果，其原理图如图7-308所示。

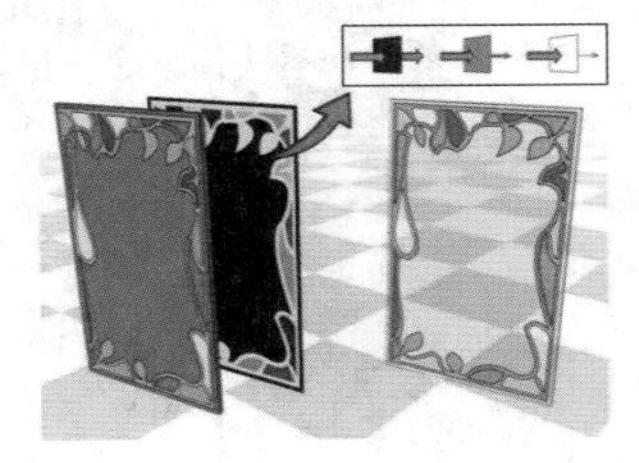

图7-308

如图7-309所示为使用不透明度贴图的方法制作的草地效果。

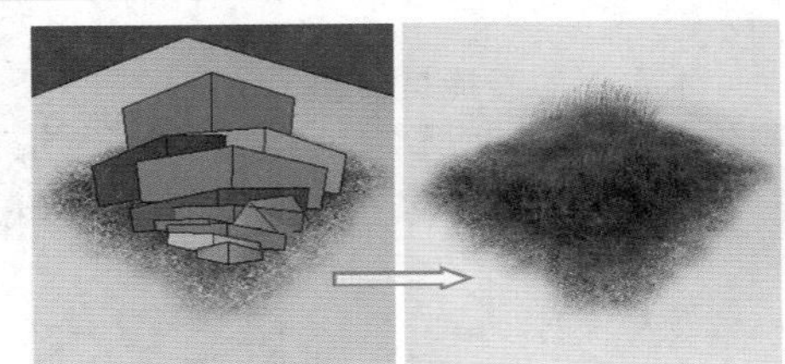

图7-309

### 技术专题——不透明度贴图的原理

不透明度贴图通道利用图像的明暗度在物体表面产生透明效果，纯黑色的区域完全透明，纯白色的区域完全不透明，这是一种非常重要的贴图方式，如果配合漫反射颜色贴图，可以产生镂空的纹理，这种技巧常被利用制作一些遮挡物体。例如将一个人物的彩色图转化为黑白剪影图，将彩色图用作漫反射颜色通道贴图，而剪影图用作不透明度贴图，在三维空间中将它指定给一个薄片物体，从而产生一个立体的镂空的人像，将人像放置于室内外建筑的地面上，可以产生真实的反射与投影效果，这种方法在建筑效果图中应用非常广泛，如图7-310所示。

图7-310

下面详细讲解使用不透明度贴图制作树叶的流程。

第1步：在场景中创建一个平面，如图7-311所示。

第2步：打开【材质编辑器】窗口，然后设置材质类型为【标准】材质，接着在【贴图】卷展栏的【漫反射颜色】贴图通道中加载一张树叶的彩色贴图，最后在【不透明度】贴图通道中加载一张树的黑白贴图，如图7-312所示。

第3步：将制作好的材质赋予给平面，如图7-313所示。

第4步：将制作好的树叶进行复制，如图7-314所示。

第5步：最终渲染效果如图7-315所示。

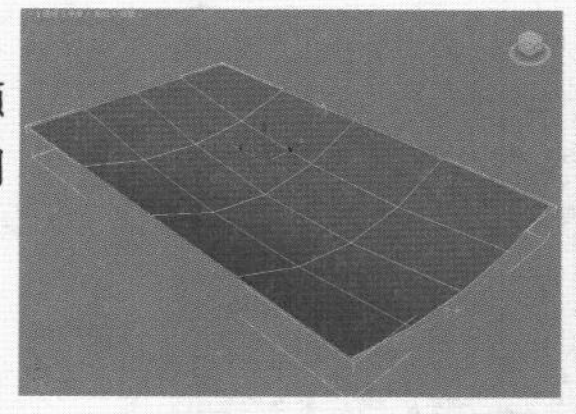

图7-311

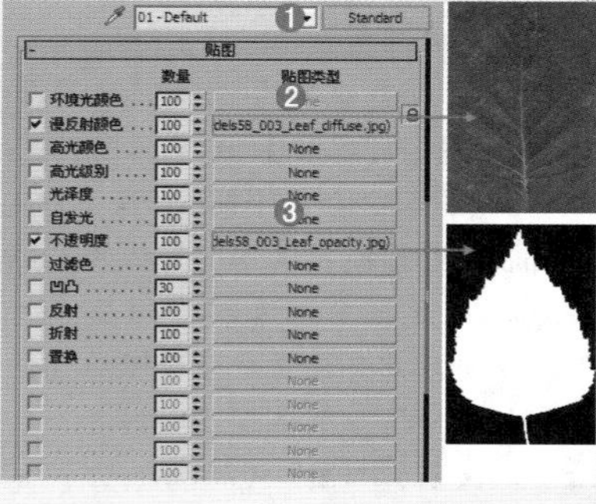

图7-312

图7-313

图7-314

图7-315

## 小实例：利用不透明度贴图制作藤椅材质

| 场景文件 | 18.max |
|---|---|
| 案例文件 | 小实例：利用不透明度贴图制作藤椅材质.max |
| 视频教学 | 多媒体教学/Chapter 07/小实例：利用不透明度贴图制作藤椅材质.flv |
| 难易指数 | ★★★☆☆ |
| 材质类型 | VRayMtl材质 |
| 技术掌握 | 掌握不透明度贴图通道的应用 |

### 实例介绍

在本实例中，主要讲解利用不透明度贴图制作藤椅材质，效果如图7-316所示。

本实例的藤椅材质模拟效果如图7-317所示。

其基本属性主要有以下两点。

- 模糊反射。
- 一定的镂空效果。

图7-316

### 操作步骤

步骤01 打开本书配套光盘中的【场景文件/Chapter07/18.max】文件，如图7-318所示。

图7-317

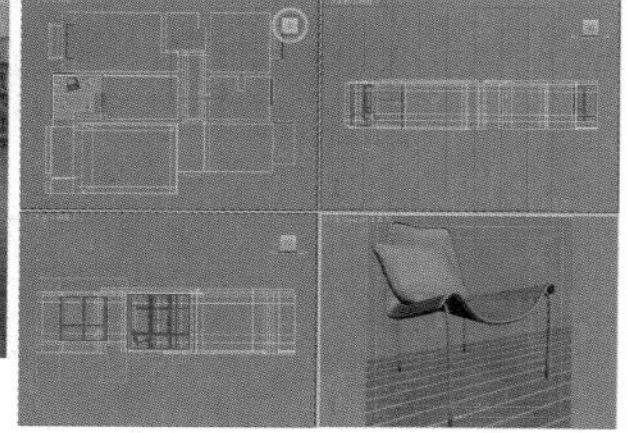

图7-318

步骤02 制作藤椅材质。选择一个空白材质球，然后设置材质类型为【标准】材质，接着将其命名为【藤椅】，具体参数设置如下。

- 单击【漫反射】后面的通道按钮，并加载贴图文件【藤编.jpg】，同时设置【瓷砖】的U为1.6，如图7-319所示。

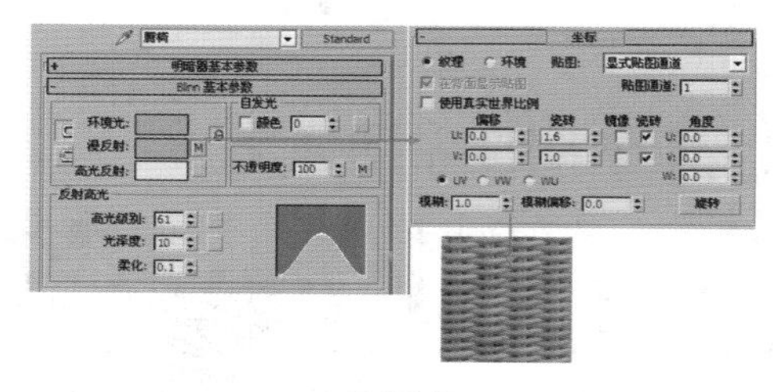

图7-319

- 在不透明度后面的通道上加载贴图文件【藤编黑白.jpg】，并设置【瓷砖】的U为1.6，最后在【反射高光】选项组中设置【高光级别】为61，【光泽度】为10，如图7-320所示。

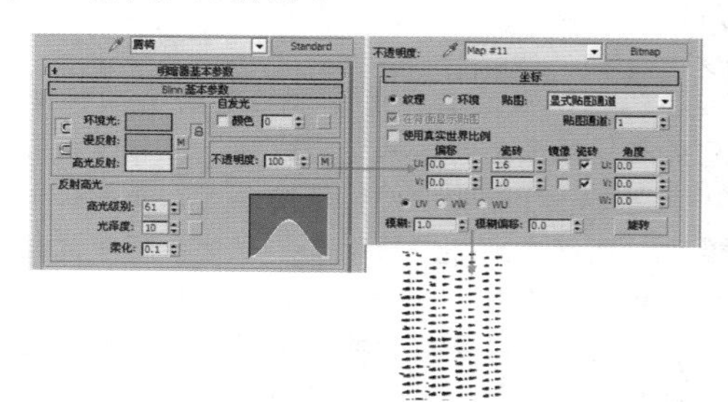

图7-320

步骤03 将制作好的材质赋予场景中的藤椅模型，如图7-321所示。

**步骤04** 将剩余的材质制作完成，并赋给相应的物体，如图7-322所示。

**步骤05** 最终渲染效果如图7-323所示。

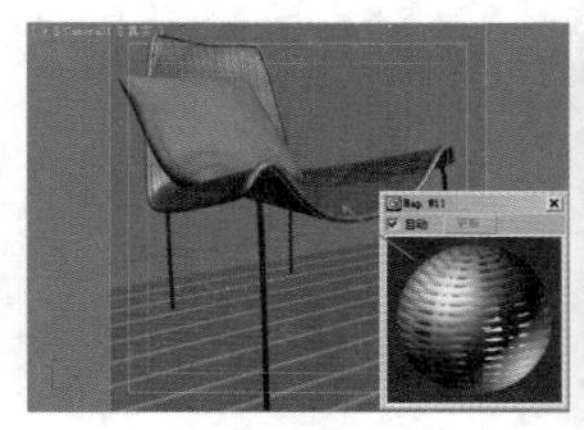
图7-321

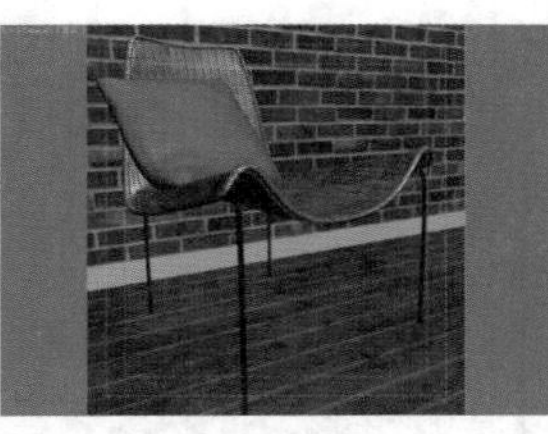
图7-322

图7-323

## 7.6.3 凹凸贴图通道

为了使得模拟的材质更加真实，有时需要为材质设置凹凸，展开【贴图】卷展栏，在【凹凸】通道上加载贴图即可。例如，在【凹凸】通道上加载【噪波】贴图，用来模拟水的凹凸效果，如图7-324所示。渲染效果如图7-325所示。

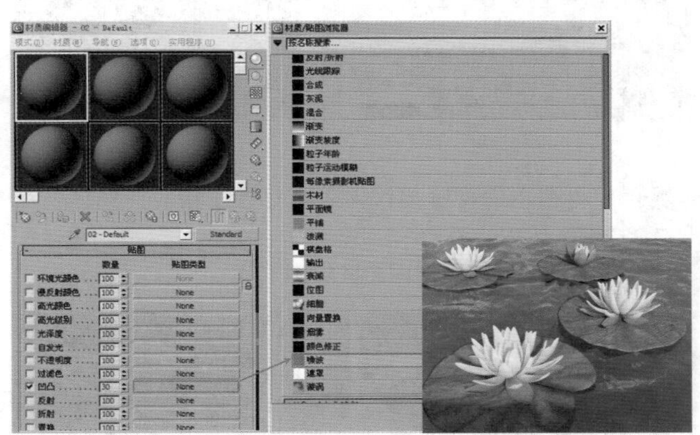
图7-324　　图7-325

也可以在【凹凸】通道上加载黑白的位图，用来模拟饼干的凹凸效果，如图7-326所示。渲染效果如图7-327所示。

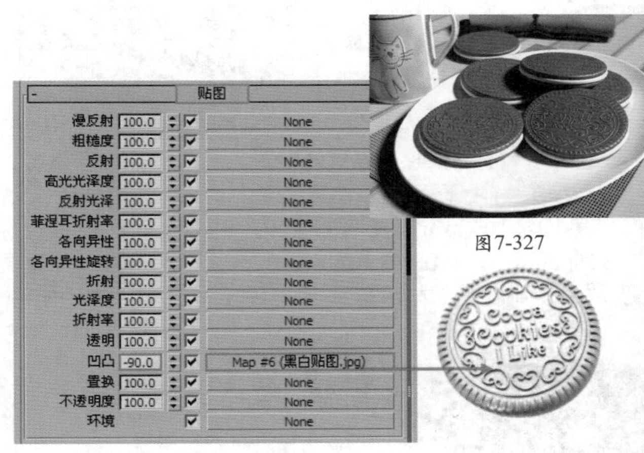

图7-326　　图7-327

## 小实例：利用凹凸贴图制作夹心饼干效果

| 场景文件 | 19.max |
|---|---|
| 案例文件 | 小实例：利用凹凸贴图制作夹心饼干效果.max |
| 视频教学 | 多媒体教学/Chapter 07/小实例：利用凹凸贴图制作夹心饼干效果.flv |
| 难易指数 | ★★★☆☆ |
| 材质类型 | VRayMtl材质 |
| 技术掌握 | 掌握凹凸贴图的使用方法 |

### 实例介绍

本实例主要讲解利用凹凸贴图制作夹心饼干效果，如图7-328所示。

本实例的夹心饼干材质模拟效果如图7-329所示。其基本属性主要有很强的凹凸效果。

图7-328

图7-329

### 操作步骤

**步骤01** 打开本书配套光盘中的【场景文件/Chapter07/19.max】文件，如图7-330所示。

**步骤02** 制作饼干材质。选择一个空白材质球，然后设置材质类型为【VRayMtl】，接着将其命名为【饼干材质1】。

- 在【漫反射】选项组中设置颜色为红褐色，在【反射】选项组中设置反射颜色为深灰色，选中【菲涅耳反射】复选框，设置【高光光泽度】为0.6，【反射光泽度】为0.7，【细分】为15，如图7-331所示。

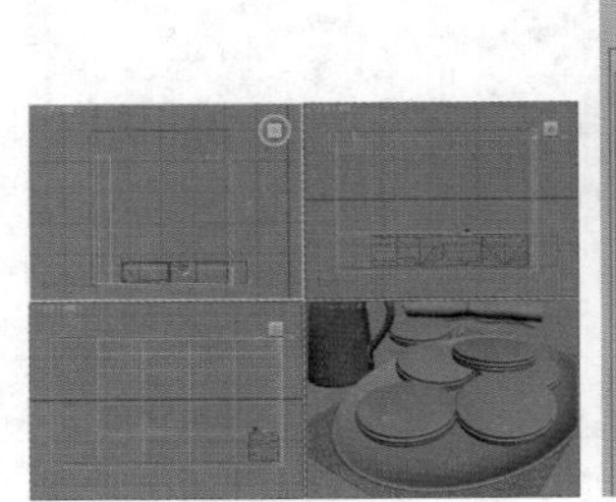
图7-330

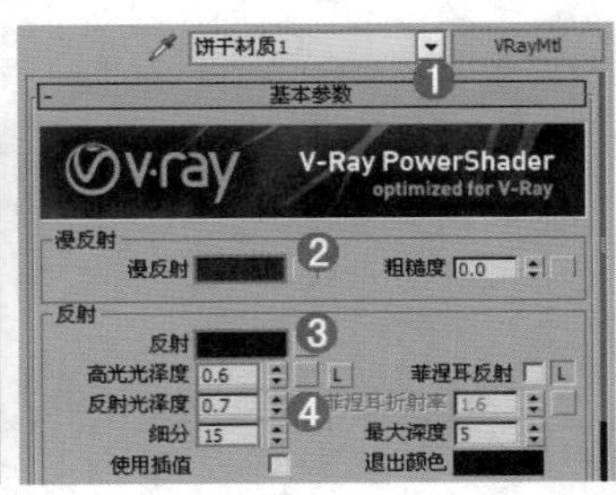

图7-331

- 展开【贴图】卷展栏，在【凹凸】后面的通道上加载贴图文件【黑白贴图.jpg】，设置【模糊】为0.01，最后设置【凹凸】为-90，如图7-332所示。

图7-332

**步骤03** 选中场景中的花纹盘子模型，在【修改】面板中为其添加【UVW贴图】修改器，调节其具体参数，如图7-333所示。

- 在【参数】卷展栏中设置【贴图类型】为【平面】，设置【长度】为200mm，【宽度】为200mm，设置【对齐】为Z。

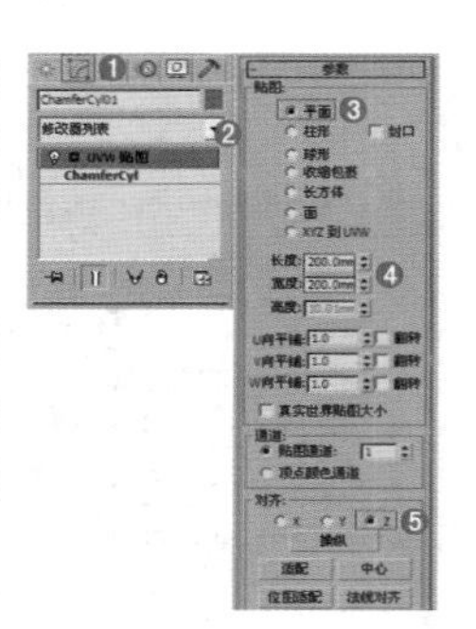

图7-333

**步骤04** 将制作好的材质赋给场景中的模型，如图7-334所示。

图7-334

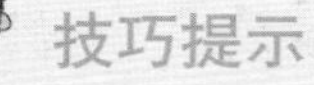

**技巧提示**

在凹凸后面的通道上最好加载黑白灰贴图文件，黑色的部分凹陷，白色部分凸起，如果要让其相反可以调节凹凸的数值为负值，这样就会使得黑色的部分凸起，白色的部分凹陷。

**步骤05** 制作饼干夹心部分的材质。选择一个空白材质球，然后设置材质类型为【VRayMtl】，接着将其命名为【饼干夹心材质】，具体参数设置如图7-335所示。

- 在【漫反射】选项组中设置颜色为白色，在【反射】选项组中设置反射颜色为深灰色，选中【菲涅耳反射】复选框，设置【反射光泽度】为0.7，【细分】为15。

**步骤06** 将制作好的材质赋予场景中的饼干夹心模型，如图7-336所示。

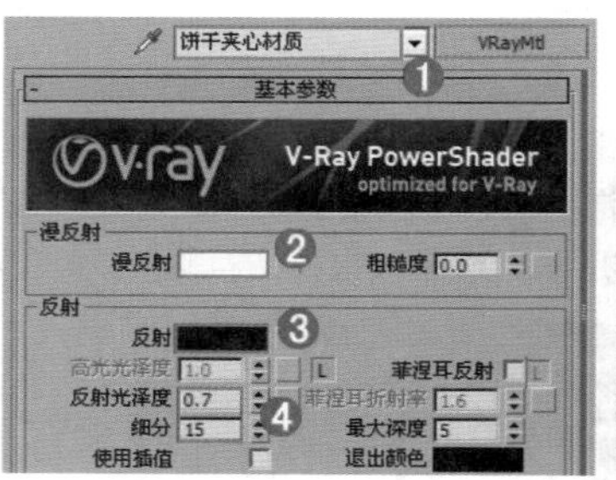

图7-335

图7-336

**步骤07** 将剩余的材质制作完成，并赋予相应的物体，如图7-337所示。

**步骤08** 最终渲染效果如图7-338所示。

图7-337

图7-338

## 7.6.4 VRayHDRI贴图

VRayHDRI可以翻译为【高动态范围】贴图，主要用来设置场景的环境贴图，即把HDRI当作光源来使用，其参数面板如图7-339所示。

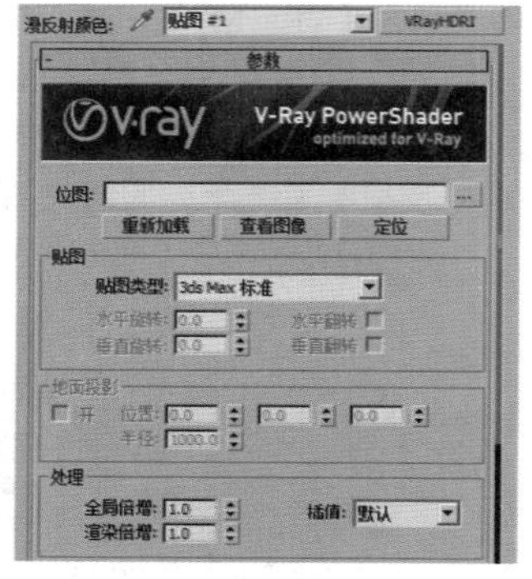

图7-339

- 位图：单击后面的【浏览】按钮可以添加HDRI贴图。
- 贴图类型：控制HDRI的贴图方式，主要分为以下5类。
  - 成角贴图：主要用于使用了对角拉伸坐标方式的HDRI。
  - 立方环境贴图：主要用于使用了立方体坐标方式的HDRI。
  - 球状环境贴图：主要用于使用了球形坐标方式的HDRI。
  - 球体反射：主要用于使用了镜像球形坐标方式的HDRI。
  - 直接贴图通道：主要用于对单个物体指定环境贴图。
- 水平旋转：控制HDRI在水平方向的旋转角度。
- 水平翻转：让HDRI在水平方向上反转。
- 垂直旋转：控制HDRI在垂直方向的旋转角度。
- 垂直翻转：让HDRI在垂直方向上反转。
- 整体倍增器：用来控制HDRI的亮度。
- 渲染倍增：设置渲染时的光强度倍增。
- 伽玛：设置贴图的伽玛值。
- 插值：可以选择插值的方式，包括双线性、双立体、四次幂和默认。

# 小实例：利用VRayHDRI贴图制作汽车场景

| 场景文件 | 20.max |
|---|---|
| 案例文件 | 小实例：利用VRayHDRI贴图制作汽车场景.max |
| 视频教学 | 多媒体教学/Chapter 07/小实例：利用VRayHDRI贴图制作汽车场景.flv |
| 难易指数 | ★★★☆☆ |
| 材质类型 | 虫漆材质 |
| 技术掌握 | 掌握VRayHDRI贴图的运用 |

## 实例介绍

本实例主要讲解使用虫漆材质和VRayHDRI贴图制作汽车车漆的材质，最终渲染效果如图7-340所示。

图7-340

本实例的车漆材质模拟效果如图7-341所示。

图7-341

其基本属性主要有以下两点。

- 一定的反射效果。
- 车漆贴图效果。

## 操作步骤

**步骤01** 打开本书配套光盘中的【场景文件/Chapter07/20.max】文件，此时的场景效果如图7-342所示。

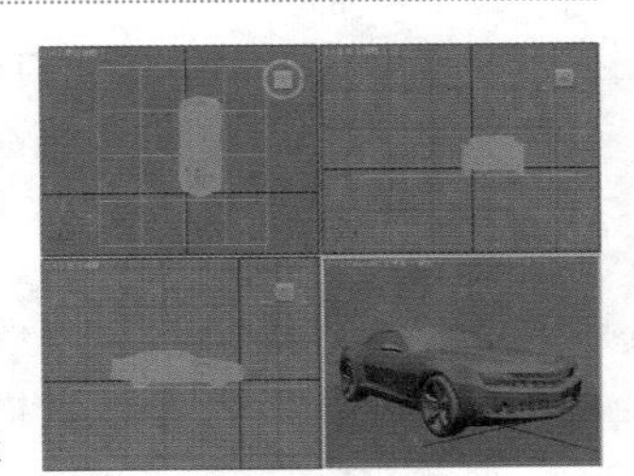

图7-342

**步骤02** 选择一个材质球，设置材质类型为【虫漆】材质，将材质命名为【车漆】，具体的参数如图7-343所示。

- 在【虫漆基本参数】卷展栏中【基础材质】和【虫漆材质】后面的通道上加载【VRayMtl】材质。

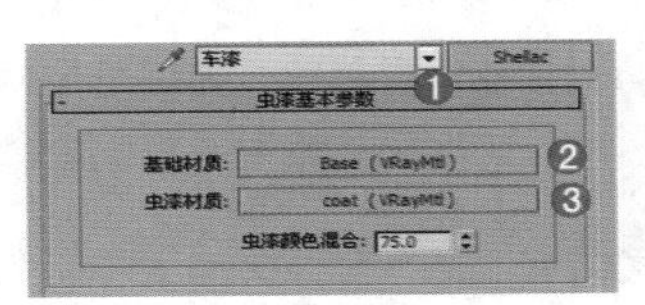

图7-343

**步骤03** 单击进入【基础材质】后面的通道中，具体参数设置如图7-344所示。

- 在【漫反射】选项组后面的通道上加载【衰减】程序贴图，并在第一个颜色通道上加载【车漆1.png】贴图文件，在第二个颜色通道上加载【车漆1.png】贴图文件，设置【衰减类型】为【垂直/平行】。在【反射】选项组中设置颜色为深灰色，【高光光泽度】为0.96，【反射光泽度】为0.75，【细分】为32，选中【菲涅耳反射】复选框，设置【菲涅耳折射率】为4。

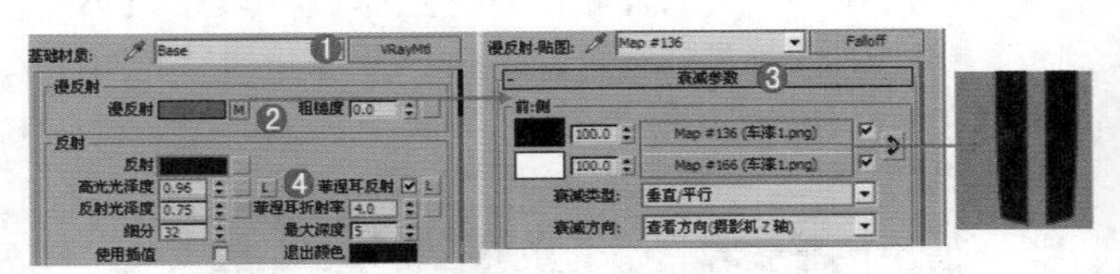

图7-344

**步骤04** 单击进入【虫漆材质】的通道中，调节其具体的参数，如图7-345所示。

- 在【漫反射】选项组中设置颜色为黑色，在【反射】选项组中设置颜色为白色，设置【反射光泽度】为0.99，选中【菲涅耳反射】复选框，设置【菲涅耳折射率】为1.7。

**步骤05** 将制作好的材质赋予场景中的模型，如图7-346所示。

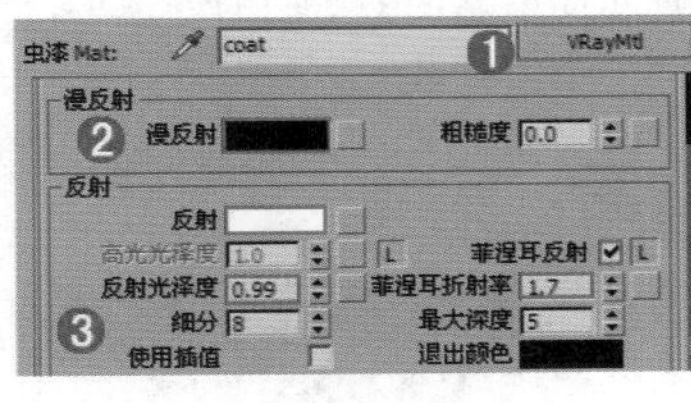

图7-345

图7-346

**步骤06** 制作车表面的真实反射效果。打开【渲染设置】对话框，进入【V-Ray】选项卡，展开【VRay环境】卷展栏，在【全局照明环境（天光）覆盖】选项组中选中【开】复选框，在后面的通道上加载【VRayHDRI】程序贴图，将通道拖曳到材质编辑器任意一个材质球上面，将其命名为【控制车身】，单击位图后面的【浏览】按钮，加载【18.hdr】贴图，设置【贴图类型】为【球体】，【水平旋转】为110，【垂直旋转】为－8，【整体倍增器】为3，【渲染倍增】为3，如图7-347所示。

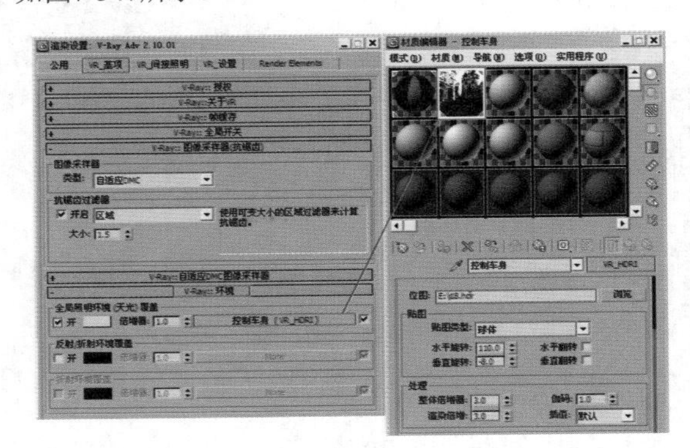

图7-347

**步骤07** 在【渲染设置】中选择【V-Ray】选项卡，展开【VRay环境】卷展栏，在【反射/折射环境覆盖】选项组中选中【开】复选框，在后面的通道上加载【VRayHDRI】程序贴图，将通道拖曳到材质编辑器任意一个材质球上面，将其命名为【控制背景】，单击位图后面的【浏览】按钮，加载【18.hdr】贴图，设置【贴图类型】为【球体】，【水平旋转】为110，【垂直旋转】为-8，【整体倍增器】为2，【渲染倍增】为2，如图7-348所示。

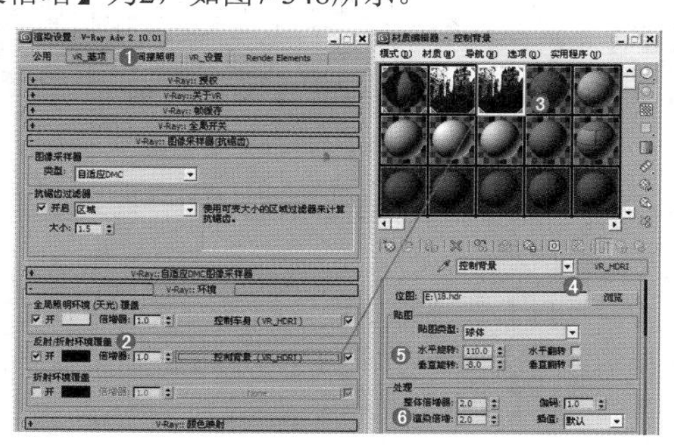

图7-348

**步骤08** 按数字键8，弹出【环境和效果】对话框，按住【控制背景】材质球，将其拖曳到【环境贴图】后面的通道上，如图7-349所示。

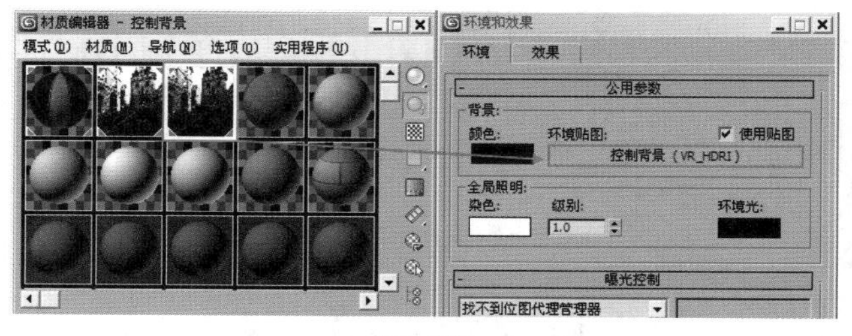

图7-349

**技巧提示**

使用【VRayHDRI】贴图可以模拟出真实的环境背景，并且在车漆的表面带有真实的反射信息。由于不需要制作场景四周的模型，因此使用该方法可以大大节省计算机的资源，并且也会得到非常真实的渲染效果。

**步骤09** 最终渲染效果如图7-350所示。

图7-350

## 7.6.5 VR_天空贴图

VR_天空贴图用来控制场景背景的天空贴图效果以及模拟真实的天空效果。其参数面板如图7-351所示。

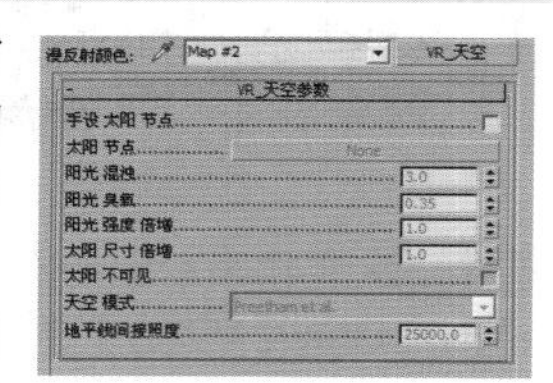

图7-351

- 手动太阳节点：当不选中该选项时，VR_天空的参数将从场景中的VR太阳的参数里自动匹配；当选中该复选框时，用户就可以从场景中选择不同的光源，在这种情况下，VR太阳将不再控制VR_天空的效果，VR_天空将用它自身的参数来改变天光的效果。
- 太阳节点：单击该选项后面的按钮可以选择太阳光源，这里除了可以选择VR太阳之外，还可以选择其他的光源。

## 7.6.6 VR-边纹理贴图

VR-边纹理贴图是一个非常简单的材质，效果和3ds Max中的线框材质类似，其参数面板如图7-352所示。

图7-352

- 颜色：设置边线的颜色。
- 隐藏边：当选中该复选框后，物体背面的边线也将被渲染出来。
- 厚度：决定边线的厚度，主要分为以下两个单位。
  - 世界单位：厚度单位为场景尺寸单位。
  - 像素：厚度单位为像素。

## 小实例：利用VR-边纹理贴图制作线框效果

| 场景文件 | 21.max |
| --- | --- |
| 案例文件 | 小实例：利用VR-边纹理贴图制作线框效果.max |
| 视频教学 | 多媒体教学/Chapter 07/小实例：利用VR-边纹理贴图制作线框效果.flv |
| 难易指数 | ★★☆☆☆ |
| 材质类型 | VRayMtl材质 |
| 技术掌握 | 掌握VR-边纹理贴图的运用 |

### 实例介绍

本实例主要讲解利用VR-边纹理贴图制作线框效果，如图7-353所示。

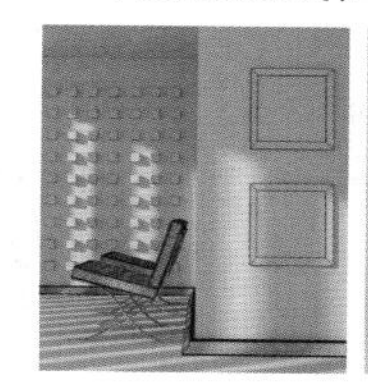

图7-353

本实例的线框材质模拟效果如图7-354所示。

图7-354

其基本属性主要有以下两点。

- 颜色为单色。
- 边缘带有线框。

## 操作步骤

**步骤01** 打开本书配套光盘中的【场景文件/Chapter07/21.max】文件，如图7-355所示。

**步骤02** 打开【材质编辑器】窗口，然后选择一个空白材质球，并将材质类型设置为【VRayMtl】，然后将其命名为【线框】，具体参数设置如图7-356和图7-357所示。

- 设置【漫反射】颜色为浅灰色。
- 展开【VRay边纹理参数】卷展栏，设置【颜色】为黑色，【像素】为0.7。

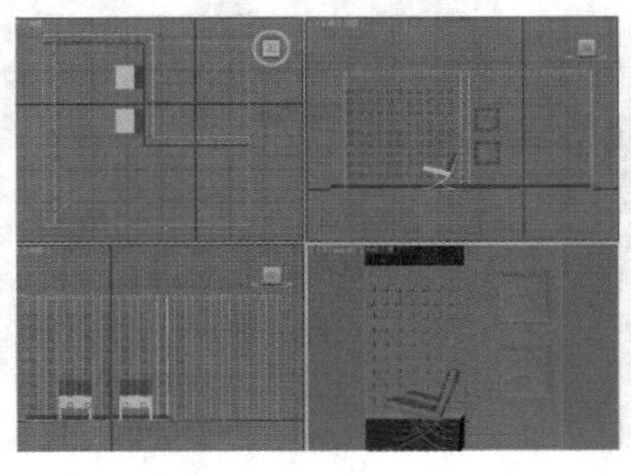

图7-355

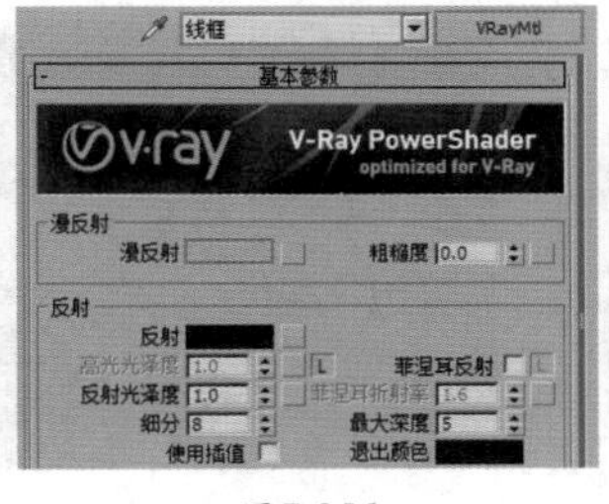


图7-356

图7-357

### 技巧提示

一般情况下，在漫反射通道上加载了贴图后，漫反射颜色将失去任何作用，而【VR-边纹理贴图】是个特例，在漫反射通道上加载【VR-边纹理贴图】后，漫反射颜色控制物体的基本颜色，而【VRay边纹理参数】卷展栏中的颜色控制物体的边框颜色，如图7-358所示，当设置漫反射颜色为浅绿色，【VRay边纹理参数】卷展栏中的颜色为蓝色时，其渲染效果如图7-359所示。

图7-358

图7-359

**步骤03** 将制作好的材质赋予场景中的模型，如图7-360所示。

**步骤04** 最终渲染效果如图7-361所示。

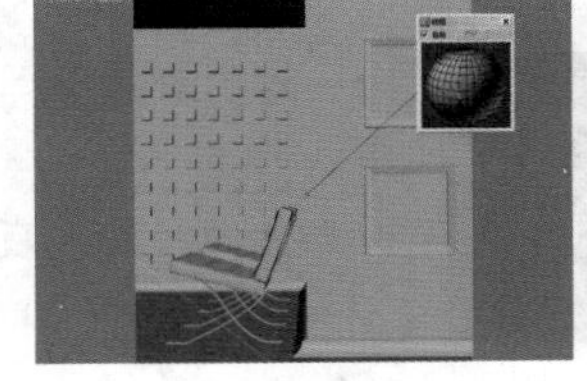

图7-360

图7-361

## 7.6.7 渐变坡度贴图

渐变坡度贴图是与渐变贴图相似的2D贴图，它从一种颜色到另一种进行着色。其参数面板如图7-362所示。

图7-362

- 渐变栏：展示正被创建的渐变的可编辑表示。
- 渐变类型：选择渐变的类型。
- 插值：选择插值的类型。以下【插值】类型可用。这些类型影响整个渐变。
- 数量：当值为非零时，将基于【渐变坡度】颜色的交互，而将随机噪波效果应用于渐变。
- 规则：生成普通噪波。
- 分形：使用分形算法生成噪波。

- 湍流：生成应用绝对值函数来制作故障线条的分形噪波。注意，要查看湍流效果，噪波量必须要大于0。
- 大小：设置噪波功能的比例。
- 相位：控制噪波函数的动画速度。
- 级别：设置湍流的分形迭代次数。
- 高：设置高阈值。
- 低：设置低阈值。
- 平滑：用以生成从阈值到噪波值较为平滑的变换。

## 小实例：利用渐变坡度贴图制作彩色泡泡

| | |
|---|---|
| 场景文件 | 22.max |
| 案例文件 | 小实例：利用渐变坡度贴图制作彩色泡泡.max |
| 视频教学 | 多媒体教学/Chapter 07/小实例：利用渐变坡度贴图制作彩色泡泡.flv |
| 难易指数 | ★★★☆☆ |
| 材质类型 | VRayMtl材质 |
| 技术掌握 | 掌握渐变坡度贴图的应用 |

### 实例介绍

本实例主要讲解利用渐变坡度贴图制作彩色泡泡，最终渲染效果如图7-363所示。

图7-363

本实例的彩色泡泡材质模拟效果如图7-364所示。

图7-364

其基本属性主要有以下两点。

- 带有七彩的反射。
- 高度透明效果。

### 操作步骤

**步骤01** 打开本书配套光盘中的【场景文件/Chapter07/22.max】文件，如图7-365所示。

**步骤02** 按M键，打开【材质编辑器】窗口，选择一个空白材质球，并将材质球类型设置为【VRayMtl】，然后命名为【彩色泡泡材质】。具体参数设置如图7-366所示。

- 在【漫反射】选项组中设置颜色为白色。
- 在【折射】选项组中设置颜色为白色，【细分】为20。

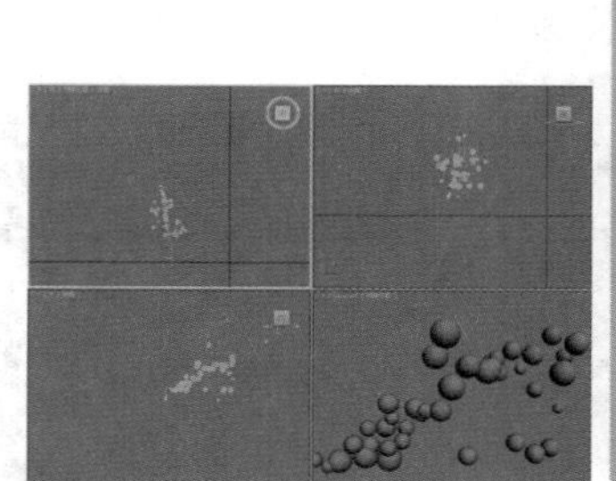

图7-365

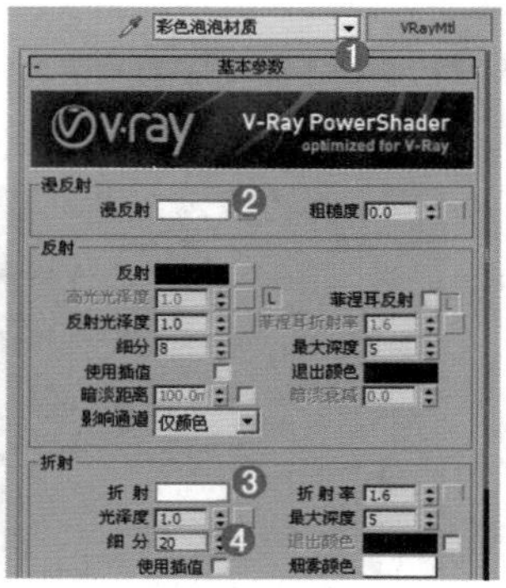

图7-366

- 在【反射】选项组后面的通道上加载【渐变坡度】程序贴图，设置【细分】为20，如图7-367所示。展开【渐变坡度参数】卷展栏，在渐变条上单击鼠标左键添加色块，并调节色块的位置，如图7-368所示。

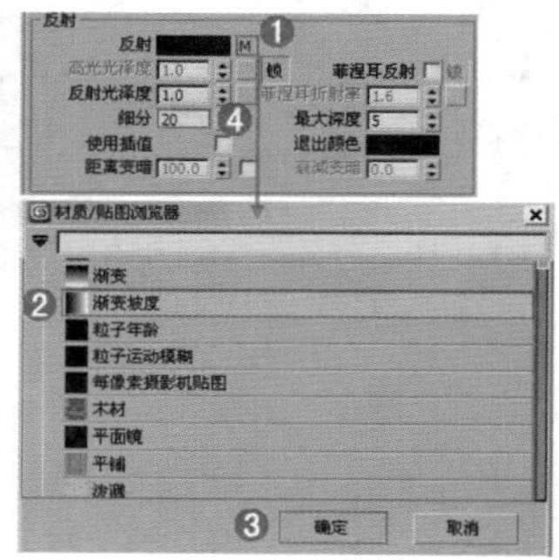

图7-367

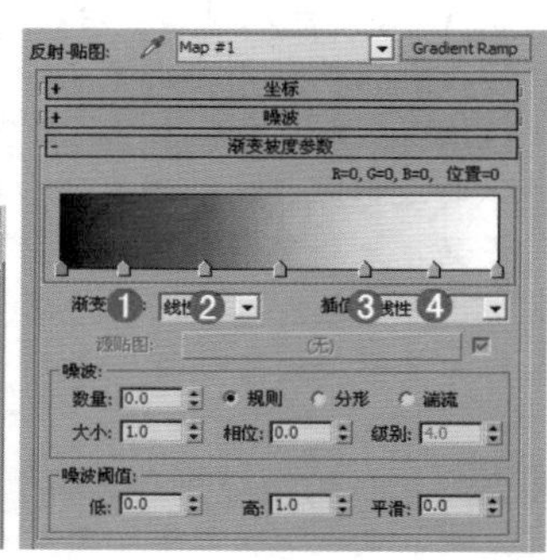

图7-368

**技巧提示**

添加【渐变坡度】程序贴图后，可以通过鼠标左键移动滑块，控制颜色的偏移，如图7-369所示。同时还可以在滑块上单击鼠标右键，在弹出的快捷菜单中选择【删除】命令将其删除，如图7-370所示。

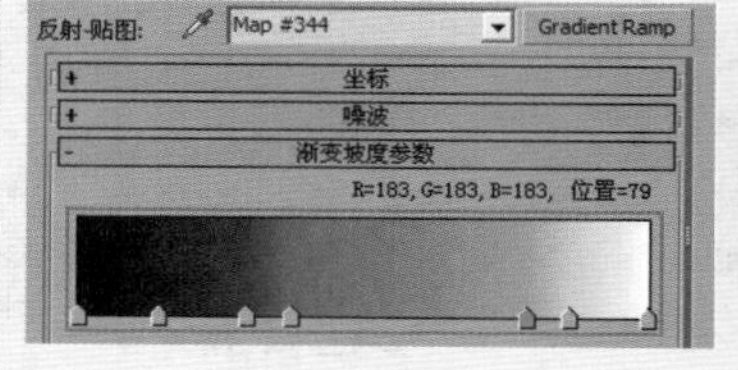

图7-369

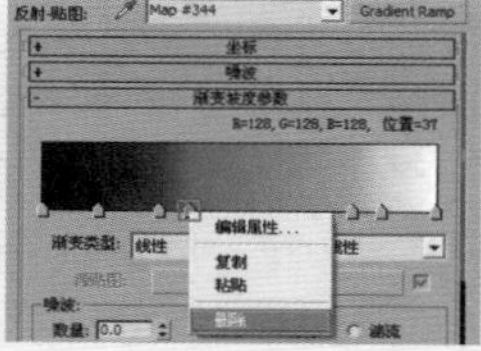

图7-370

- 在色块上双击弹出【颜色选择器】，将7个色块的颜色分别设置为红、橙、黄、绿、青、蓝、紫7种颜色，如图7-371所示。

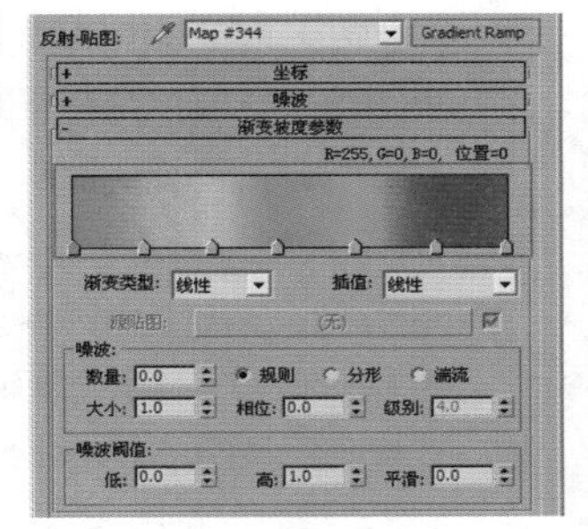

图7-371

**步骤03** 将制作好的材质赋给场景中的泡泡模型，如图7-372所示。最终渲染效果如图7-373所示。

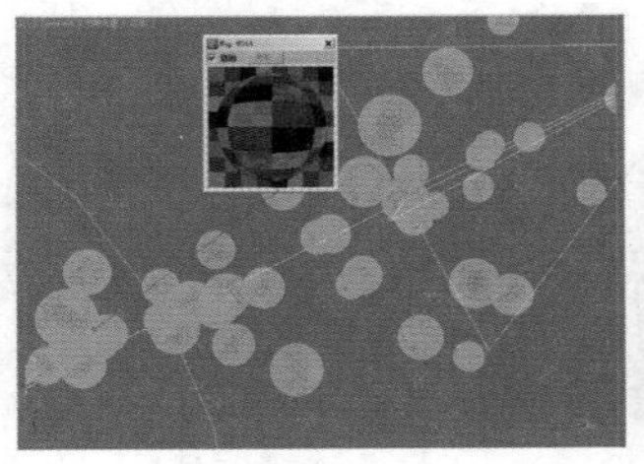

图7-372

图7-373

**技巧提示**

为了使场景更具真实性，可以制作HDRI贴图模拟真实的环境效果。

按数字键8，弹出【环境和效果】对话框，在【环境贴图】下面的通道上加载【VRayHDRI】程序贴图，如图7-374所示。接着打开【材质编辑器】窗口，将【VRayHDRI】程序贴图拖曳到一个空白的材质球上面，在【参数】卷展栏中单击【浏览】按钮，加载【背景.hdri】贴图，如图7-375所示。最后设置【贴图类型】为【球体】，【整体倍增器】和【渲染倍增】均为2，如图7-376所示。

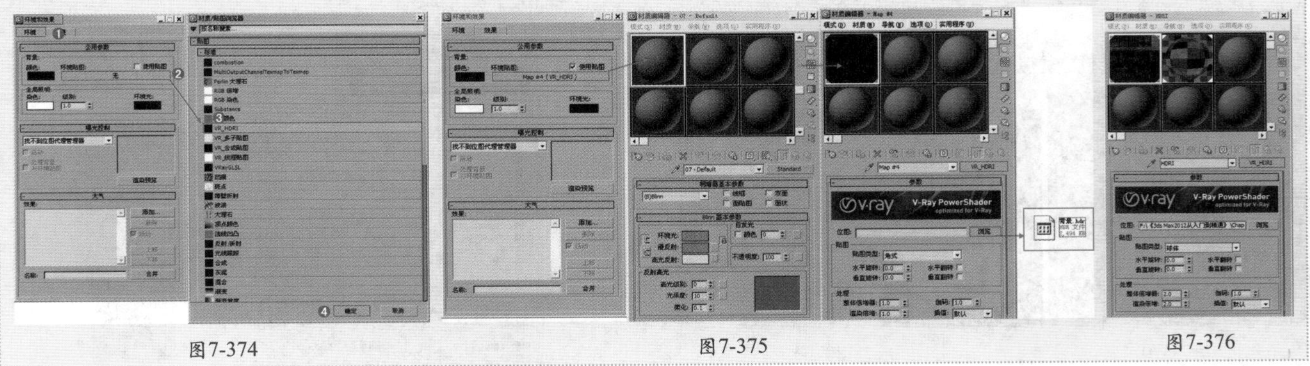

图7-374　图7-375　图7-376

## 7.6.8 平铺贴图

使用平铺程序贴图可以创建砖、彩色瓷砖或材质贴图。通常情况下，有很多定义的建筑砖块图案可以使用，但也可以设计一些自定义的图案。其参数面板如图7-377所示。

图7-377

### 1. 【标准控制】卷展栏

- 预设类型：列出定义的建筑瓷砖砌合、图案和自定义图案，这样可以通过选择【高级控制】和【堆垛布局】卷展栏中的选项来设计自定义的图案，如图7-378所示为几种不同的砌合。

### 2. 【高级控制】卷展栏

- 显示纹理样例：更新并显示贴图指定给【瓷砖】或【砖缝】的纹理。

- 平铺设置
  - 纹理：控制用于瓷砖的当前纹理贴图的显示。
  - 无：充当一个目标，可以为瓷砖拖放贴图。
  - 水平数：控制行的瓷砖数。
  - 垂直数：控制列的瓷砖数。
  - 颜色变化：控制瓷砖的颜色变化。
  - 淡出变化：控制瓷砖的淡出变化。

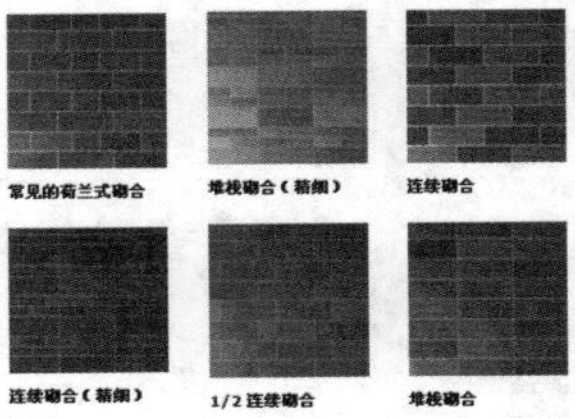

常见的荷兰式砌合　堆栈砌合（精细）　连续砌合

连续砌合（精细）　1/2连续砌合　堆栈砌合

图7-378

- 砖缝设置
  - 纹理：控制砖缝的当前纹理贴图的显示。
  - 无：充当一个目标，可以为砖缝拖放贴图。
  - 水平间距：控制瓷砖间的水平砖缝的大小。
  - 垂直间距：控制瓷砖间的垂直砖缝的大小。

- % 孔：设置由丢失的瓷砖所形成的孔占瓷砖表面的百分比。
- 粗糙度：控制砖缝边缘的粗糙度。

◉ 杂项

- 随机种子：对瓷砖应用颜色变化的随机图案。不用进行其他设置就能创建完全不同的图案。
- 交换纹理条目：在瓷砖间和砖缝间交换纹理贴图或颜色。

◉ 堆垛布局

- 线性移动：每隔两行将瓷砖移动一个单位。
- 随机移动：将瓷砖的所有行随机移动一个单位。

◉ 行和列编辑

- 行修改：启用此选项后，将根据每行的值和改变值，为行创建一个自定义的图案。
- 列修改：启用此选项后，将根据每列的值和更改值，为列创建一个自定义的图案。

## 小实例：利用平铺贴图制作地砖效果

| 场景文件 | 23.max |
|---|---|
| 案例文件 | 小实例：利用平铺贴图制作地砖效果.max |
| 视频教学 | 多媒体教学/Chapter 07/小实例：利用平铺贴图制作地砖效果.flv |
| 难易指数 | ★★★☆☆ |
| 材质类型 | 多维/子对象材质、VRayMtl、VR-灯光材质、标准材质 |
| 技术掌握 | 掌握多维/子对象材质、VRayMtl材质、VR-灯光材质和标准材质的运用 |

### 实例介绍

本实例主要讲解利用平铺贴图制作地砖效果，如图7-379所示。

本实例的瓷砖材质模拟效果如图7-380所示。

图7-379

图7-380

其基本属性主要有以下两点。

◉ 一定的漫反射和反射效果。

◉ 地砖图案贴图。

### 操作步骤

#### Part 1 【地面瓷砖】材质的制作

**步骤01** 打开本书配套光盘中的【场景文件/Chapter07/23.max】文件，此时的场景效果如图7-381所示。

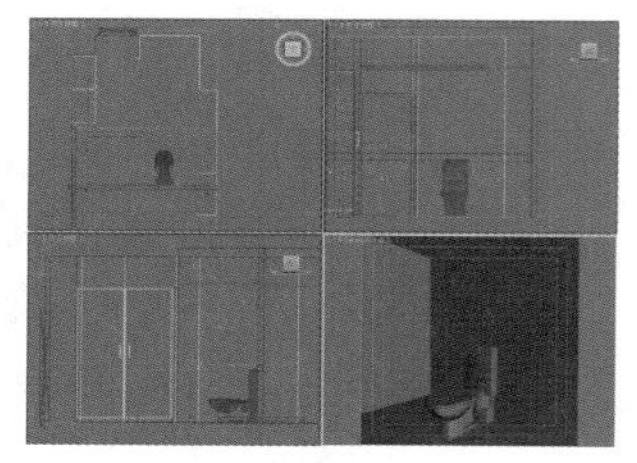

图7-381

**技巧提示**

设置两种以上材质的混合度。当颜色为黑色时，会完全显示基础材质的漫反射颜色；当颜色为白色时，会完全显示镀膜材质的漫反射颜色。另外也可以利用贴图通道来进行控制。

**步骤02** 打开【材质编辑器】窗口，选择一个材质球，设置材质类型为【VRayMtl】材质。将材质命名为【地面】，下面调节其具体的参数，如图7-382～图7-384所示。

◉ 在【漫反射】选项组后面的通道上加载【平铺】程序贴图，在【高级控制】选项组后面的通道上加载【理石.jpg】贴图文件。

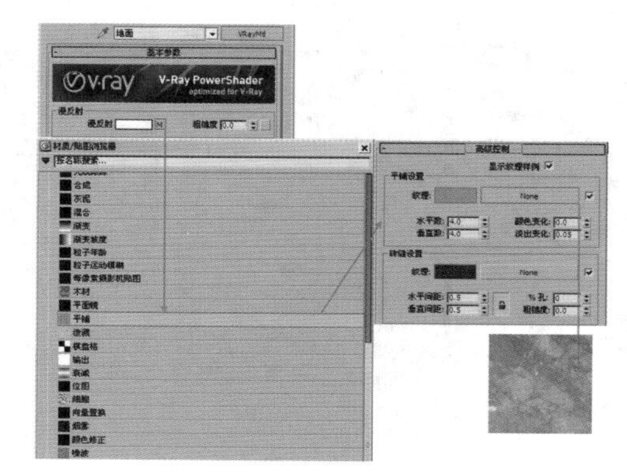

图7-382

◉ 设置【水平数】和【垂直数】为1，在【砖缝设置】选项组中设置【水平间距】和【垂直间距】为0.1。

◉ 单击（转到父对象）按钮，并在【反射】选项组中设置颜色为深灰色，设置【高光光泽度】为0.86，【反射光泽度】为0.85，【细分】为15。

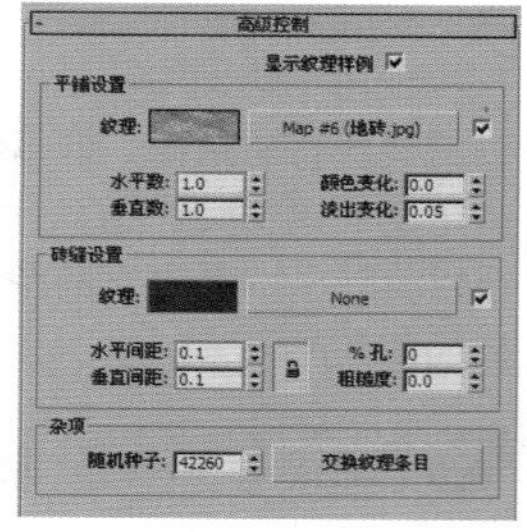


图7-383

**步骤03** 将制作完毕的瓷砖材质赋给场景中的地面模型，如图7-385所示。

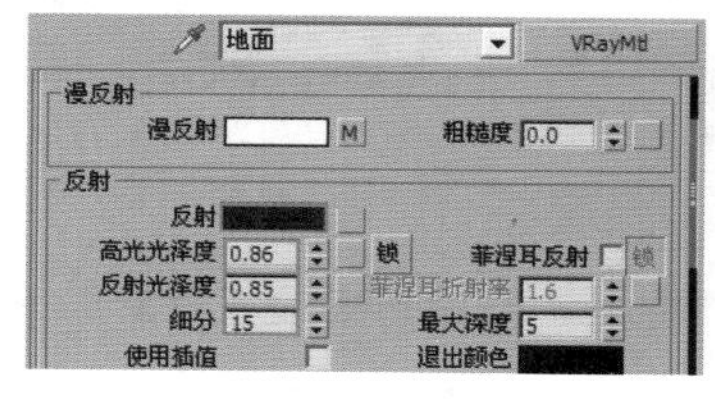


图7-384

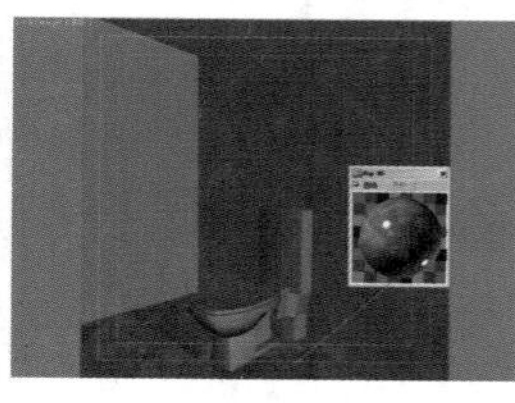

图7-385

## Part 2 【墙面瓷砖】材质的制作

**步骤01** 选择一个空白材质球，然后将【材质类型】设置为【VRayMtl】，并将材质命名为【墙面瓷砖】，具体的调节参数如图7-386～图7-388所示。

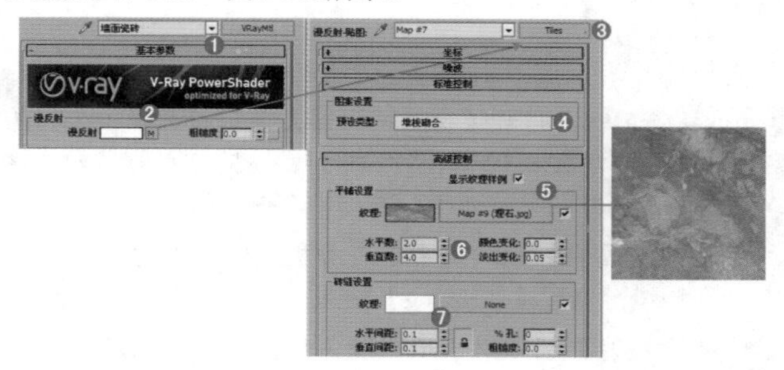

图7-386

- 在【漫反射】选项组后面的通道上加载【平铺】程序贴图，接着展开【标准控制】卷展栏，并设置【预设类型】为【堆栈砌合】。
- 展开【高级控制】卷展栏，并在【平铺设置】选项组中纹理的通道上加载【理石.jpg】贴图文件，设置【水平数】为2，【垂直数】为4，在【砖缝设置】选项组中设置【水平间距】为0.1，【垂直间距】为0.1。
- 在【反射】选项组后面的通道上加载【衰减】程序贴图，并设置【衰减类型】为【Fresnel】，【高光光泽度】为0.8，【反射光泽度】为0.8，【细分】为15。
- 展开【贴图】卷展栏，并在【凹凸】后面的通道上加载【平铺】程序贴图，其参数设置与漫反射通道后面的【平铺】程序贴图的参数一致，同时设置【凹凸】为-50。

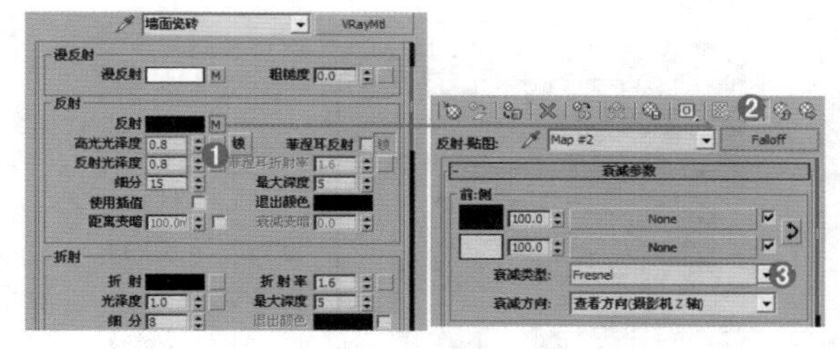

图7-387

**步骤02** 将制作完毕的瓷砖材质赋给场景中的墙面模型，如图7-389所示。

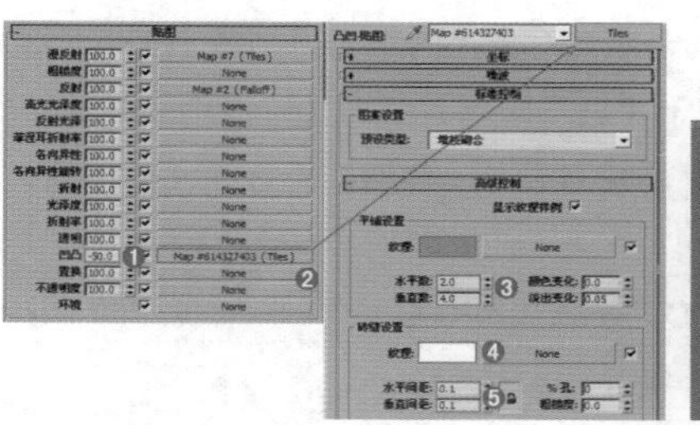

图7-388

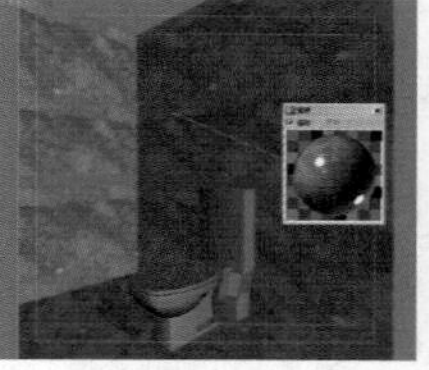

图7-389

## Part 3 【装饰瓷砖】材质的制作

**步骤01** 选择一个空白材质球，然后将【材质类型】设置为【VRayMtl】材质，并将材质命名为【装饰瓷砖】，具体的调节参数如图7-390和图7-391所示。

- 在【漫反射】选项组后面的通道上加载【装饰瓷砖.jpg】贴图文件。
- 在【反射】选项组中设置颜色为深灰色，设置【高光光泽度】为0.8，【反射光泽度】为0.8，【细分】为15。
- 展开【贴图】卷展栏，单击【漫反射】后面通道上的贴图并将其拖曳到【凹凸】的通道上，然后设置【凹凸】为100。

图7-390

图7-391

**步骤02** 将制作完毕的装饰瓷砖材质赋给场景中的中间部分的模型，如图7-392所示。

**步骤03** 将剩余部分的材质制作完毕，最终渲染效果如图7-393所示。

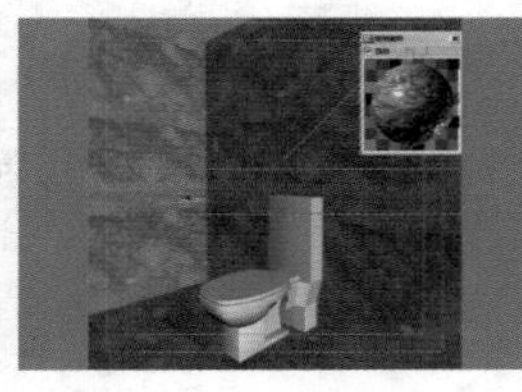

图7-392

图7-393

## 7.6.9 衰减贴图

衰减贴图基于几何体曲面上面法线的角度衰减来生成从白到黑的值，其参数设置面板如图7-394所示。

图7-394

- 前侧：用来设置【衰减】贴图的【前】和【侧】通道参数。
- 衰减类型：设置衰减的方式，共有以下5个选项。
  - 垂直/平行：在与衰减方向相垂直的面法线和与衰减方向相平行的法线之间设置角度衰减的范围。
  - 朝向/背离：在面向衰减方向的面法线和背离衰减方向的面法线之间设置角度衰减的范围。
  - Fresnel：基于【折射率】在面向视图的曲面上产生暗淡反射，而在有角的面上产生较明亮的反射。

- 阴影/灯光：基于落在对象上的灯光，在两个子纹理之间进行调节。
- 距离混合：基于【近端距离】值和【远端距离】值，在两个子纹理之间进行调节。

◉ 衰减方向：设置衰减的方向。包括查看方向（摄影机 Z 轴）、摄影机 X/Y 轴、对象、局部 X/Y/Z 轴和世界 X/Y/Z 轴。

## 小实例：利用衰减贴图制作抱枕材质

| | |
|---|---|
| 场景文件 | 24.max |
| 案例文件 | 小实例：利用衰减贴图制作抱枕材质.max |
| 视频教学 | 多媒体教学/Chapter 07/小实例：利用衰减贴图制作抱枕材质.flv |
| 难易指数 | ★★★★★ |
| 材质类型 | VRayMtl材质 |
| 技术掌握 | 掌握衰减程序贴图的应用 |

### 实例介绍

本实例主要利用衰减贴图制作抱枕材质，最终渲染效果如图7-395所示。

图7-395

本实例的丝绸抱枕材质模拟效果如图7-396所示。其基本属性主要有以下3点。

◉ 带有花纹。

◉ 带有一定的反射。

◉ 带有一定的凹凸。

图7-396

本实例的麻布抱枕材质模拟效果如图7-397所示。其基本属性主要有以下两点。

◉ 带有花纹。

◉ 带有一定的凹凸。

图7-397

### 操作步骤

#### Part 1 【丝绸抱枕】材质的制作

**步骤01** 打开本书配套光盘中的【场景文件/Chapter07/24.max】文件，此时的场景效果如图7-398所示。

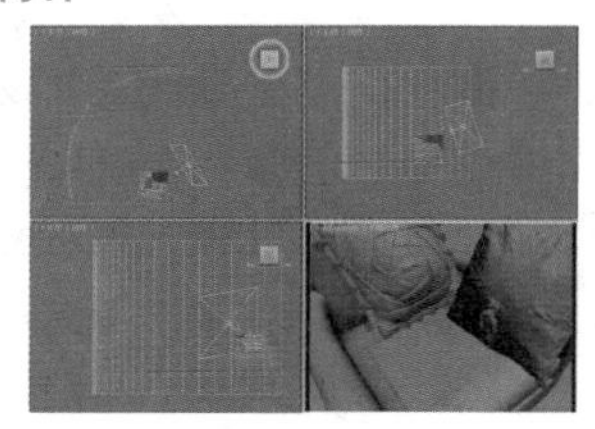

图7-398

**步骤02** 按M键，打开【材质编辑器】窗口，选择一个材质球，材质类型设置为【VRayMtl】材质， 将材质命名为【丝绸抱枕】，具体的参数如图7-399和图7-400所示。

◉ 在【漫反射】选项组中单击颜色后面的通道按钮，并在通道上加载【丝绸.jpg】贴图文件。

◉ 在【反射】选项组中单击颜色后面的通道按钮，并在通道上加载【衰减】程序贴图，然后设置第一个颜色为黑色，最后设置【高光光泽度】为0.55，【反射光泽度】为1。

◉ 展开【贴图】卷展栏，在【凹凸】后面通道上加载【丝绸.jpg】贴图文件，然后设置【凹凸】为15。

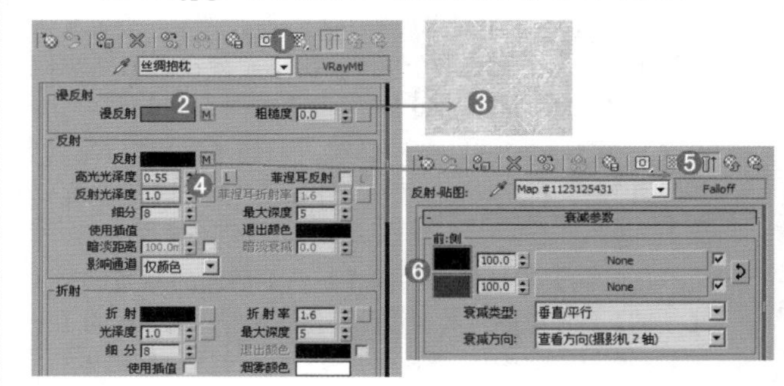


图7-399

图7-400

**步骤03** 将制作完毕的丝绸抱枕材质赋给场景中的模型，如图7-401所示。

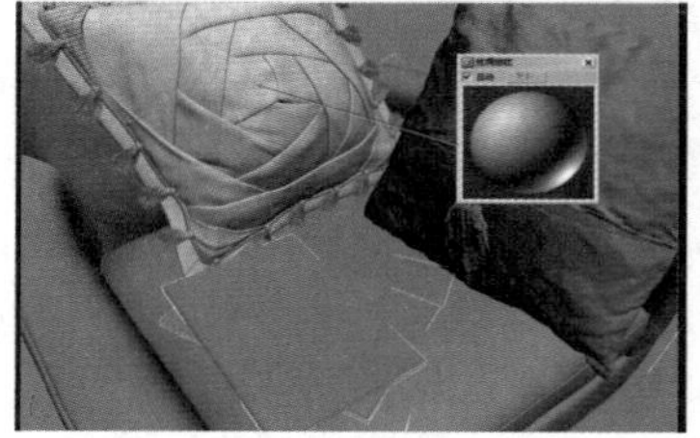

图7-401

#### Part 2 【麻布抱枕】材质的制作

**步骤01** 单击一个空白材质球，并命名为【麻布抱枕】，下面调节其具体的参数，如图7-402和图7-403所示。

◉ 在【漫反射】选项组中单击颜色后面的通道按钮，并在通道上加载【衰减】程序贴图，然后在第一个颜色通道上加载【麻布.jpg】贴图文件，在第二个颜色通道上加载【麻布.jpg】贴图文件，并分别设置【瓷砖】的U和V为40，【模糊】为0.01。

- 展开【贴图】卷展栏，在【凹凸】后面通道上加载【麻布 .jpg】贴图文件，并设置【瓷砖】的 U 和 V 为 20，【模糊】为 0.01，然后设置【凹凸】为 9。

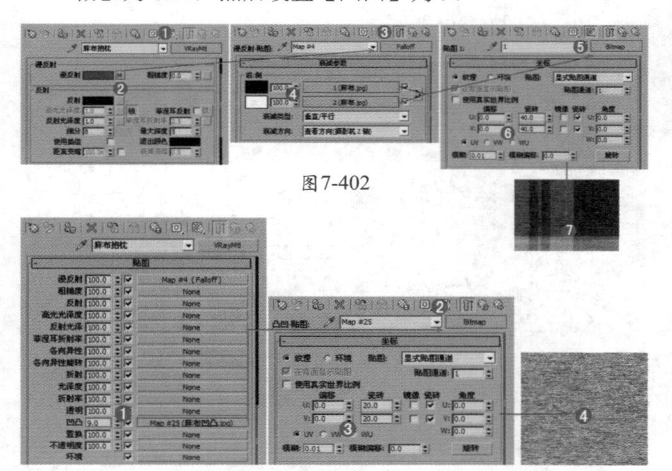

图7-402

图7-403

**步骤02** 将制作完毕的麻布抱枕材质赋给场景中的模型，如图7-404所示。

**步骤03** 将剩余的材质制作完成，并赋给相应的物体，如图7-405所示。

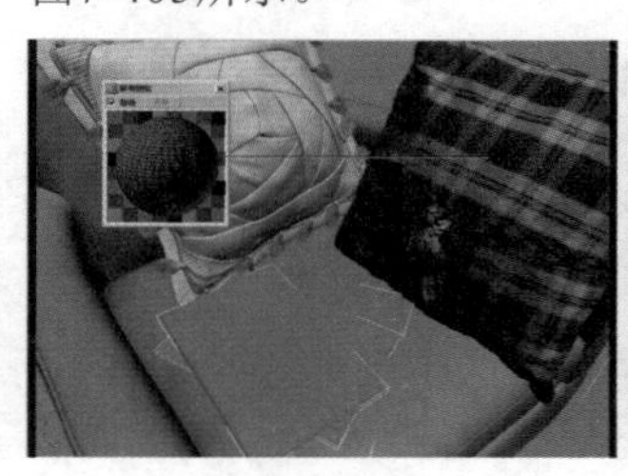

图7-404

图7-405

**步骤04** 最终渲染效果如图7-406所示。

图7-406

## 7.6.10 噪波贴图

噪波贴图基于两种颜色或材质的交互创建曲面的随机扰动，其参数设置面板如图7-407所示。

- **噪波类型**：共有3种类型，分别是【规则】、【分形】和【湍流】。
- **大小**：以3ds Max为单位设置噪波函数的比例。

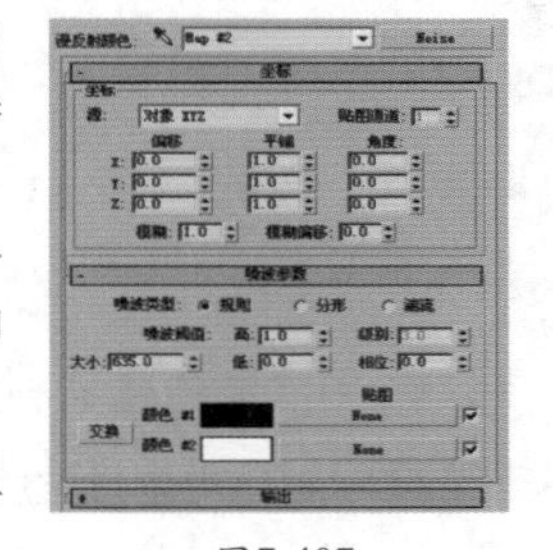

图7-407

- **噪波阈值**：控制噪波的效果，取值范围为0～1。
- **级别**：决定有多少分形能量用于【分形】和【湍流】噪波函数。
- **相位**：控制噪波函数的动画速度。
- **交换**：交换两个颜色或贴图的位置。
- **颜色#1/颜色#2**：可以从这两个主要噪波颜色中进行选择，并通过所选的两种颜色来生成中间颜色值。

## 7.6.11 棋盘格贴图

棋盘格贴图可以用来制作双色棋盘效果，也可以用来检测模型的U和V是否合理。如果棋盘格有拉伸现象，那么拉伸处的U和V也有拉伸现象，如图7-408所示。

图7-408

**技巧提示**

在棋盘格程序贴图参数中，设置【瓷砖】的数值可以控制棋盘格的平铺数量。当设置【瓷砖】的U和V均为1时（如图7-409所示），材质球效果如图7-410所示。

当设置【瓷砖】的U和V均为1时（如图7-411所示），材质球效果如图7-412所示。

设置【颜色#1】和【颜色#2】可以控制棋盘格的两个颜色（如图7-413所示），设置后的材质球效果如图7-414所示。

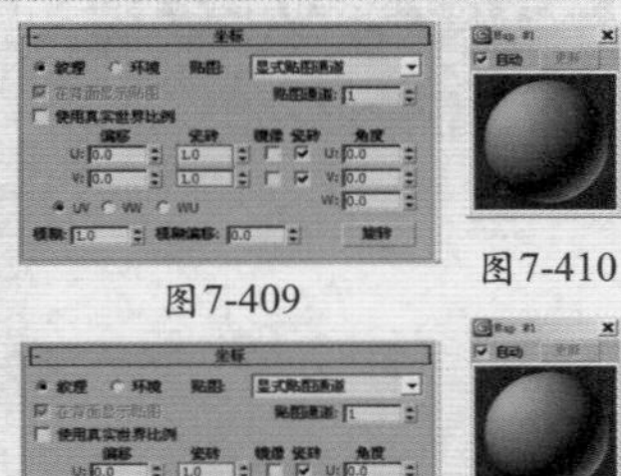

图7-409

图7-410

图7-411

图7-412

图7-413

图7-414

## 小实例：利用棋盘格贴图制作皮包材质

| 场景文件 | 25.max |
|---|---|
| 案例文件 | 小实例：利用棋盘格贴图制作皮包材质.max |
| 视频教学 | 多媒体教学/Chapter 07/小实例：利用棋盘格贴图制作皮包材质.flv |
| 难易指数 | ★★★☆☆ |
| 材质类型 | VRayMtl材质 |
| 技术掌握 | 掌握棋盘格贴图制作皮包材质 |

### 实例介绍

本实例主要讲解利用棋盘格贴图制作皮包材质，如图7-415所示。

图7-415

本实例的皮包材质模拟效果如图7-416所示。

其基本属性主要有以下3点。

- 带有棋盘格纹理。
- 带有一定的反射。
- 带有一定的凹凸。

图7-416

### 操作步骤

#### Part 1 【皮包】材质的制作

步骤01 打开本书配套光盘中的【场景文件/Chapter07/25.max】文件，如图7-417所示。

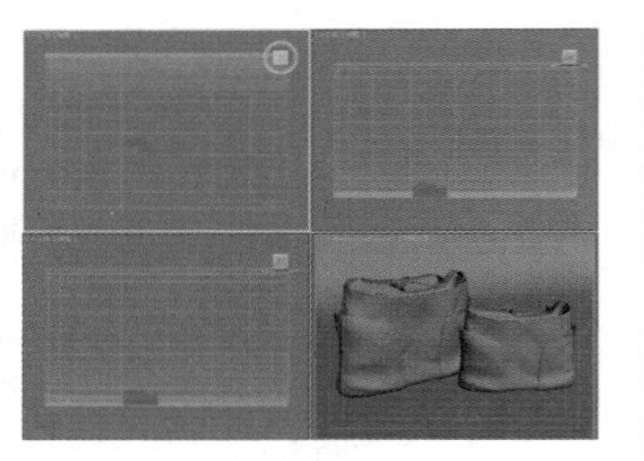

图7-417

步骤02 制作皮包材质。选择一个空白材质球，将材质类型设置为【VRayMtl】，并将其命名为【皮包】。

- 在【漫反射】选项组后面的通道上加载【棋盘格】程序贴图，设置【瓷砖】的U和V均为20，展开【棋盘格参数】卷展栏，调节【颜色#1】为深咖啡色，【颜色#2】为咖啡色，如图7-418所示。

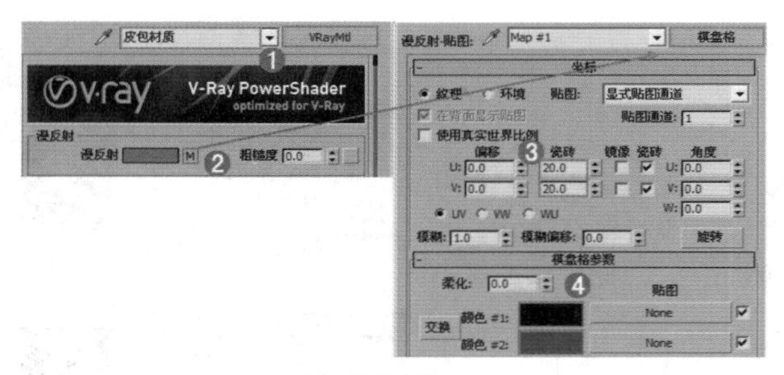

图7-418

- 在【反射】选项组中设置反射颜色为深灰色，设置【高光光泽度】为0.8，【反射光泽度】为0.7，【细分】为20，如图7-419所示。

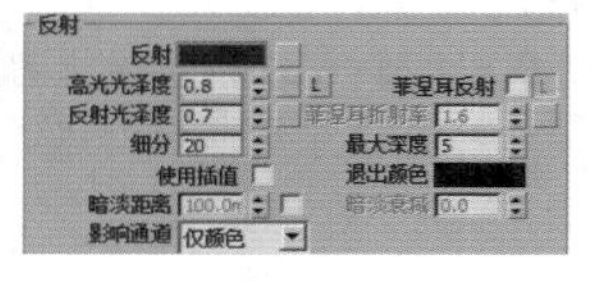

图7-419

- 展开【贴图】卷展栏，在【凹凸】后面的通道上加载【噪波】程序贴图，展开【坐标】卷展栏，设置【瓷砖】的X、Y、Z为0.394，展开【噪波参数】卷展栏，设置【噪波类型】为【分形】，并设置【噪波阈值低】为0.08，【大小】为0.08，最后设置【凹凸】为30，如图7-420所示。

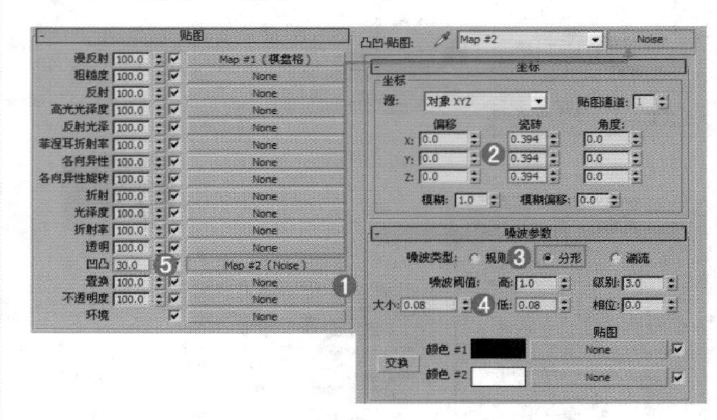

图7-420

步骤03 将制作好的材质赋予场景中皮包的模型，如图7-421所示。

图7-421

#### Part 2 【皮包带】材质的制作

步骤01 制作皮包带材质。选择一个空白材质球，将材质类型设置为【VRayMtl】，并将其命名为【皮包带】，具体参数设置如图7-422所示。

- 在【漫反射】选项组中设置【漫反射】颜色为深咖啡色，在【反射】选项组中设置反射颜色为浅灰色，设置【反射光泽度】为0.8，【细分】为20，选中【菲涅耳反射】复选框。

步骤02 将制作好的材质赋给场景中的皮包带模型，如图7-423所示。

图7-422

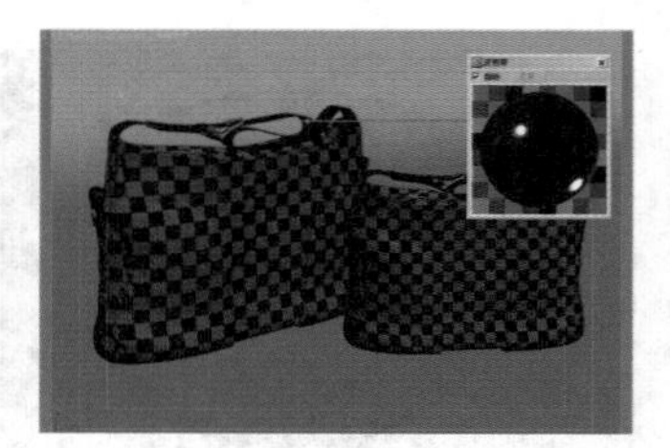

图7-423

**步骤03** 将剩余的材质制作完成，并赋予相应的物体，如图7-424所示。

**步骤04** 最终渲染效果如图7-425所示。

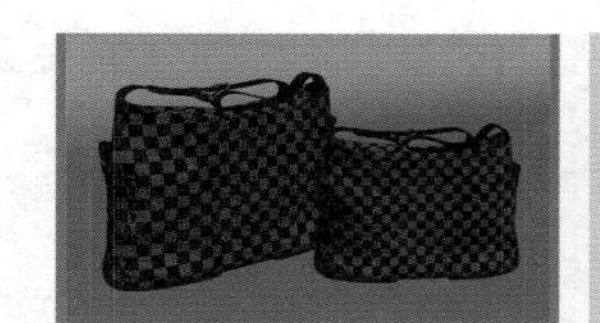

图7-424

图7-425

## 7.6.12 斑点程序贴图

斑点程序贴图常用来制作具有斑点的物体，其参数设置面板如图7-426所示。

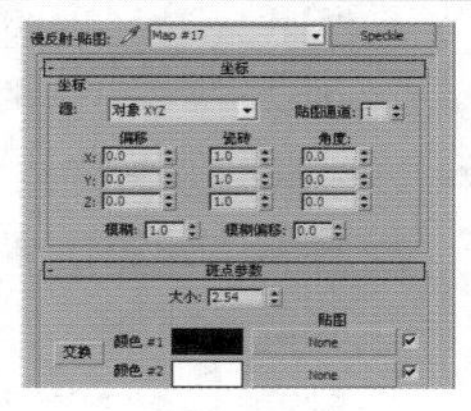

图7-426

- 大小：调整斑点的大小。
- 【交换】按钮：交换两个颜色或贴图的位置。
- 颜色#1：设置斑点的颜色。
- 颜色#2：设置背景的颜色。

## 7.6.13 泼溅程序贴图

泼溅程序贴图可以用来制作油彩泼溅的效果，其参数设置面板如图7-427所示。

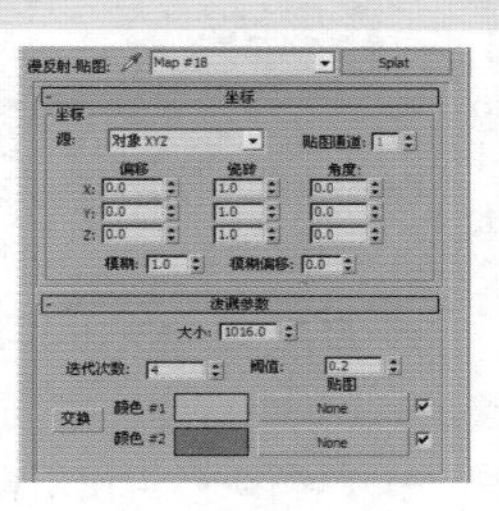

图7-427

- 大小：设置泼溅的大小。
- 迭代次数：数值越高，泼溅效果就越细腻，但同时也会增加计算时间。
- 阈值：确定【颜色#1】与【颜色#2】的混合量。值为0时，仅显示【颜色#1】；值为1时，仅显示【颜色#2】。
- 【交换】按钮：交换两个颜色或贴图的位置。
- 颜色#1：设置背景的颜色。
- 颜色#2：设置泼溅的颜色。

## 7.6.14 混合程序贴图

混合程序贴图可以用来制作材质之间的混合效果，其参数设置面板如图7-428所示。

图7-428

- 【交换】按钮：交换两个颜色或贴图的位置。
- 颜色#1/颜色#2：设置混合的两种颜色。
- 混合量：设置混合的比例。
- 使用曲线：确定曲线对混合效果的影响。
- 转换区域：调整上限和下限的级别。

## 7.6.15 细胞程序贴图

细胞程序贴图主要用于生成各种视觉效果的细胞图案，包括马赛克、瓷砖、鹅卵石和海洋表面等，其参数设置面板如图7-429所示。

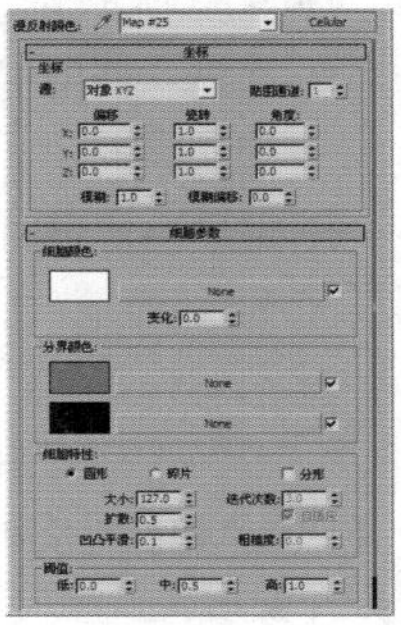

图7-429

- 细胞颜色：该选项组中的参数主要用来设置细胞的颜色。
  - 颜色：为细胞选择一种颜色。
  - None（无）按钮：将贴图指定给细胞，而不使用实心颜色。
  - 变化：值越大，随机效果就越明显。
- 色样：显示【颜色选择器】对话框，选择一种细胞分界颜色，也可以利用贴图来设置分界的颜色。
- 细胞特征：主要用来设置细胞的一些特征属性。
  - 圆形/碎片：用于选择细胞边缘的外观。
  - 大小：更改贴图的总体尺寸。
  - 扩散：更改单个细胞的大小。
  - 凹凸平滑：将【细胞】贴图用作【凹凸】贴图时，在细胞边界处可能会出现锯齿效果。如果发生这种情况，可以适当增大该值。
  - 分形：将细胞图案定义为不规则的碎片图案。
  - 迭代次数：设置应用分形函数的次数。
  - 自适应：启用该选项后，分形【迭代次数】将自适应地进行设置。
  - 粗糙度：将【细胞】贴图用作【凹凸】贴图时，该参数用来控制凹凸的粗糙程度。

- 阈值：该选项组中的参数用来限制细胞和分解颜色的大小。
  - 低：调整细胞最低大小。
  - 中：相对于第 2 分界颜色，调整最初分界颜色的大小。
  - 高：调整分界的总体大小。

## 7.6.16 凹痕贴图

凹痕是一种3D 程序贴图。扫描线渲染过程中，凹痕根据分形噪波产生随机图案，图案的效果取决于贴图类型。其参数设置面板如图7-430所示。

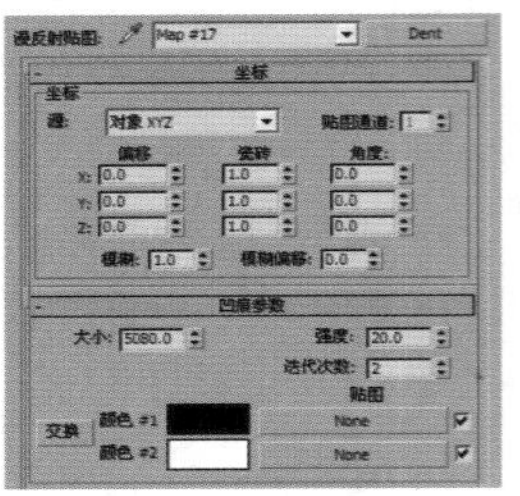

图7-430

- 大小：设置凹痕的相对大小。随着大小的增大，其他设置不变时凹痕的数量将减少。
- 强度：决定两种颜色的相对覆盖范围。值越大，颜色 #2 的覆盖范围越大；值越小，颜色 #1 的覆盖范围越大。
- 迭代次数：设置用来创建凹痕的计算次数。默认设置为 2。
- 交换：反转颜色或贴图的位置。
- 颜色：在相应的颜色组件（如【漫反射】）中允许选择两种颜色。
- 贴图：在凹痕图案中用贴图替换颜色。使用复选框可启用或禁用相关贴图。

## 7.6.17 颜色修正程序贴图

颜色修正程序贴图可以用来调节贴图的色调、饱和度、亮度和对比度等，其参数设置面板如图7-431所示。

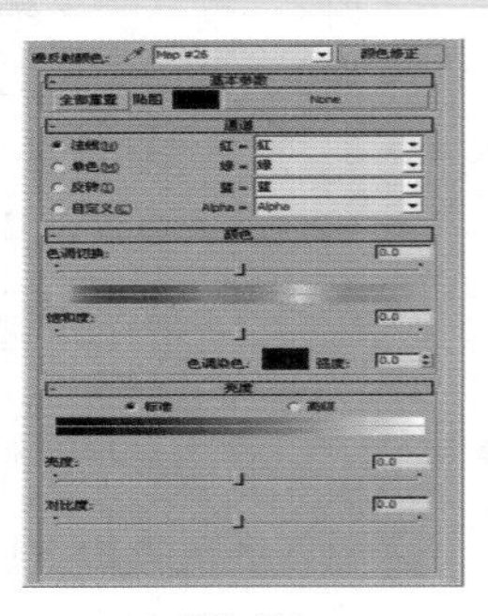

图7-431

- 法线：将未经改变的颜色通道传递到【颜色】卷展栏的参数中。
- 单色：将所有的颜色通道转换为灰度图。
- 反转：使用红、绿、蓝颜色通道的反向通道来替换各个通道。
- 自定义：使用其他选项将不同的设置应用到每一个通道中。
- 色调切换：使用标准色调谱更改颜色。
- 饱和度：调整贴图颜色的强度或纯度。
- 色调染色：根据色样值来色化所有非白色的贴图像素。
- 强度：调整色调染色对贴图像素的影响程度。

## 7.6.18 法线凹凸程序贴图

法线凹凸程序贴图多用于表现高精度模型的材质效果，其参数设置面板如图7-432所示。

图7-432

- 法线：可以在其后面的通道中加载法线贴图。
- 附加凹凸：包含其他用于修改凹凸或位移的贴图。
- 翻转红色（X）：翻转红色通道。
- 翻转绿色（Y）：翻转绿色通道。
- 红色&绿色交换：交换红色和绿色通道，这样可使法线贴图旋转90°。
- 切线：从切线方向投射到目标对象的曲面上。
- 局部XYZ：使用对象局部坐标进行投影。
- 屏幕：使用屏幕坐标进行投影，即在Z轴方向上的平面进行投影。
- 世界：使用世界坐标进行投影。

## 综合实例：利用多种材质制作餐桌上的材质

| 场景文件 | 26.max |
|---|---|
| 案例文件 | 综合实例：利用多种材质制作餐桌上的材质.max |
| 视频教学 | 多媒体教学/Chapter 07/综合实例：利用多种材质制作餐桌上的材质.flv |
| 难易指数 | ★★★★★ |
| 材质类型 | 多维/子对象材质、VRayMtl材质、VR_灯光材质、标准材质 |
| 技术掌握 | 掌握【多维/子对象】材质、【VRayMtl】材质、【VR_灯光】材质、【标准】材质的运用 |

### 实例介绍

在本实例中，主要有4部分材质类型，第一部分是使用【VRayMtl】材质制作布纹、窗纱、面包、椅子材质，第二部分是使用【多维/子对象】材质制作玻璃杯子材质，第三部分是使用【标准】材质制作墙面乳胶漆的材质，第四部分是使用【VR_灯光】材质制作环境材质。最终渲染效果如图7-433所示。

图7-433

本实例的布纹材质模拟效果如图7-434所示。

图7-434

其基本属性主要有以下两点。

- 带有布纹纹理。
- 带有凹凸。

本实例的玻璃杯材质模拟效果如图7-435所示。

图7-435

其基本属性主要有以下两点。

- 带有一定的反射。
- 带有强烈的折射。

本实例的窗纱材质模拟效果如图7-436所示。

图7-436

其基本属性主要有以下两点。

- 带有半透明属性。
- 带有花纹纹理。

本实例的墙面乳胶漆材质模拟效果如图7-437所示。其基本属性主要是颜色为浅黄色。

图7-437

本实例的椅子材质模拟效果如图7-438所示。

其基本属性主要有以下两点。

- 带有一定的模糊反射。
- 带有凹凸。

图7-438

本实例的面包材质模拟效果如图7-439所示。

其基本属性主要有以下两点。

- 带有面包纹理。
- 带有凹凸纹理。

图7-439

本实例的环境材质模拟效果如图7-440所示。其基本属性主要是带有环境贴图。

图7-440

## 操作步骤

### Part 1 【布纹】材质的制作

**步骤01** 打开本书配套光盘中的【场景文件/Chapter07/26.max】文件，此时的场景效果如图7-441所示。

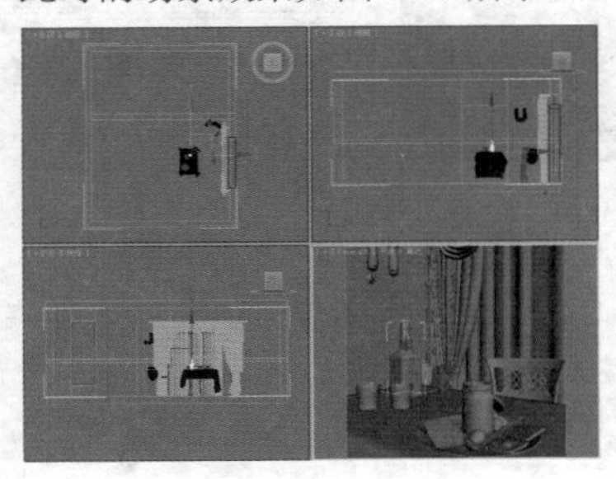

图7-441

**步骤02** 打开【材质编辑器】窗口，选择一个材质球，设置材质类型为【VRayMtl】材质。

**步骤03** 将材质命名为【布纹】，具体的参数如图7-442和图7-443所示。

- 在【漫反射】选项组后面的通道上加载【衰减】程序贴图，展开【衰减参数】卷展栏，并在第一个颜色通道上加载【布纹.jpg】贴图文件，设置第二个颜色为浅灰色，同时设置【衰减类型】为【Fresnel】。在【反射】选项组中设置颜色为深灰色，设置【高光光泽度】为0.15，【细分】为12。

图7-442

- 展开【贴图】卷展栏，并在【凹凸】后面的通道上加载【布纹凹凸.jpg】贴图文件，然后设置【凹凸】为80。

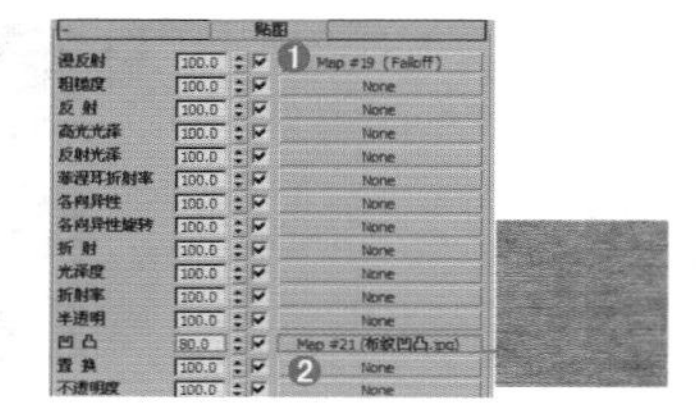


图7-443

**步骤04** 双击查看此时的材质球效果，如图7-444所示。

**步骤05** 将制作完毕的布纹材质赋给场景中的餐桌布纹的模型，如图7-445所示。

图7-444　　图7-445

## Part 2 【玻璃杯】材质的制作

**步骤01** 选择一个空白材质球，然后将【材质类型】设置为【多维/子对象】材质，并命名为【玻璃杯】，如图7-446所示。

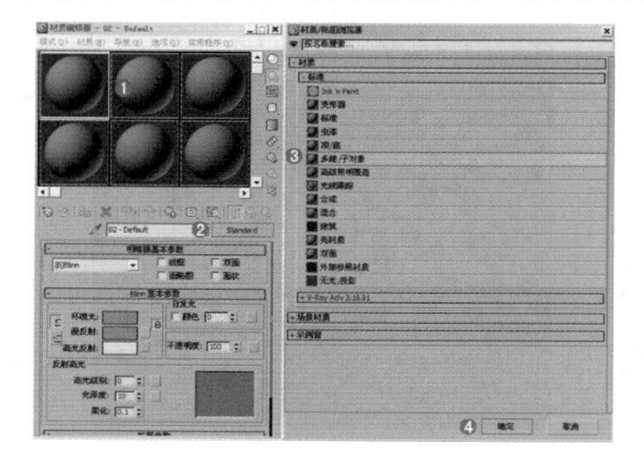

图7-446

**步骤02** 展开【多维/子对象基本参数】卷展栏，设置【设置数量】为3，分别在通道上加载【VRayMtl】材质，如图7-447所示。

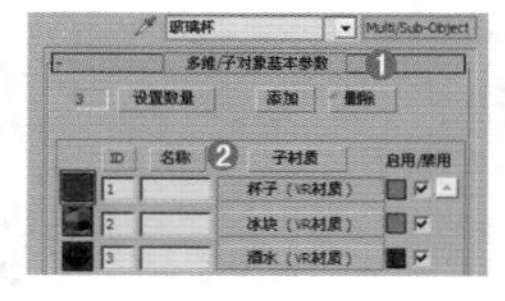


图7-447

**步骤03** 单击进入ID号为1的通道中，并调节【杯子】材质，调节的具体参数如图7-448和图7-449所示。

- 在【漫反射】选项组中设置颜色为灰色，在【反射】选项组后面的通道上加载【衰减】程序贴图，并设置两个颜色分别为黑色和灰色，同时设置【衰减类型】为【垂直/平行】。

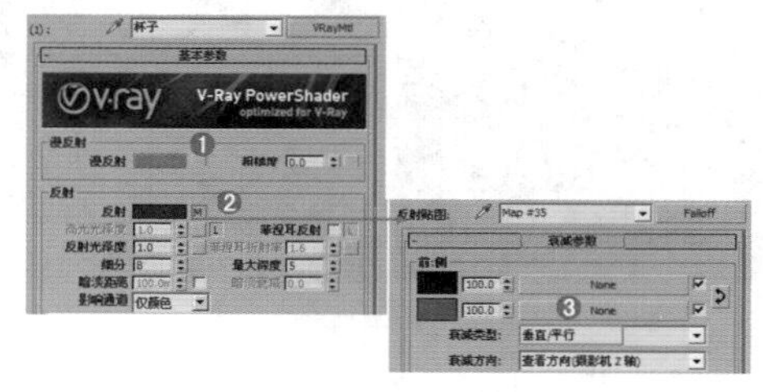


图7-448

- 在【折射】选项组中设置颜色为白色，【细分】为15，选中【影响阴影】复选框，设置【烟雾颜色】为灰色。

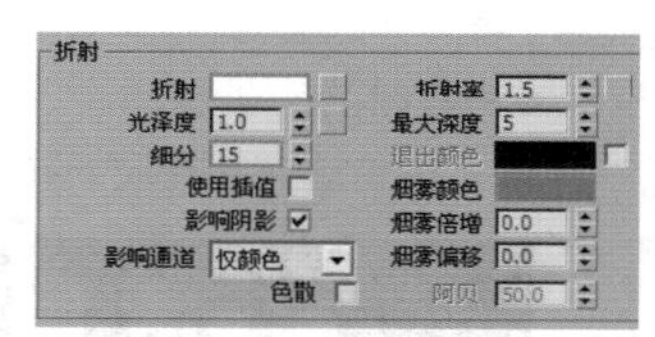


图7-449

**步骤04** 单击进入ID号为2的通道中，并调节【冰块】材质，调节的具体参数如图7-450所示。

- 在【漫反射】选项组中设置颜色为灰色，在【反射】选项组中设置颜色为深灰色。
- 在【折射】选项组中设置颜色为白色，选中【影响阴影】复选框，设置【折射率】为1.25。

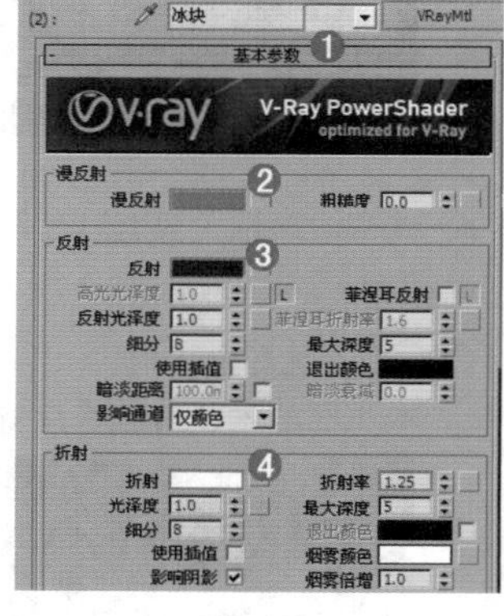


图7-450

**步骤05** 单击进入ID号为3的通道中，并调节【酒水】材质，调节的具体参数如图7-451和图7-452所示。

- 在【漫反射】选项组中设置颜色为咖啡色，在【反射】选项组中加载【衰减】程序贴图，并设置两个颜色分别为黑色和灰色，同时设置【衰减类型】为【垂直/平行】。
- 在【折射】选项组中设置颜色为白色，【细分】为24，选中【影响阴影】复选框，设置【最大深度】为10，【烟雾颜色】为黄色，【烟雾倍增】为0.1。

**步骤06** 双击查看此时的材质球效果，如图7-453所示。

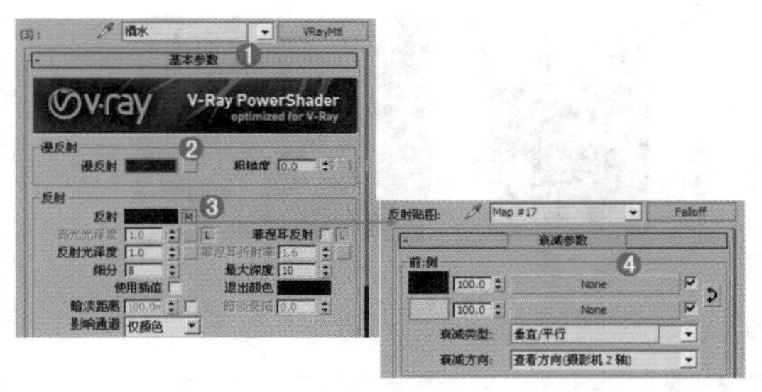

图7-451

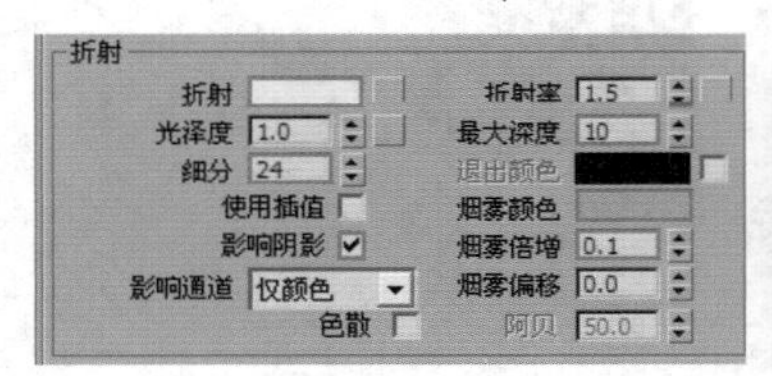

图7-452　　图7-453

**步骤07** 将制作完毕的玻璃杯材质赋给场景中玻璃杯的模型，如图7-454所示。

图7-454

## Part 3 【窗纱】材质的制作

**步骤01** 选择一个空白材质球，然后将【材质类型】设置为【VRayMtl】，并命名为【窗纱】材质，调节的具体参数如图7-455和图7-456所示。

- 在【漫反射】选项组后面的通道上加载【衰减】程序贴图，并设置两个颜色分别为白色和浅灰色，同时设置【衰减类型】为【垂直/平行】，在【反射】选项组中设置颜色为深灰色，设置【反射光泽度】为0.65，【细分】为12，选中【菲涅耳反射】复选框。在【折射】选项组中设置颜色为深灰色，选中【影响阴影】复选框。
- 展开【贴图】卷展栏，并在【不透明度】后面的通道上加载【窗纱.jpg】贴图文件。

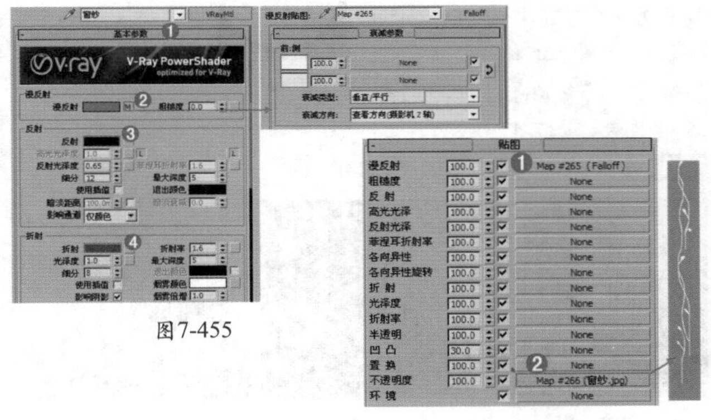

图7-455

图7-456

**步骤02** 双击查看此时的材质球效果，如图7-457所示。

**步骤03** 将制作完毕的窗纱材质赋给场景中窗帘的模型，如图7-458所示。

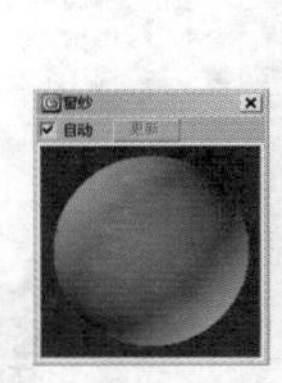

图7-457　　图7-458

## Part 4 【墙面乳胶漆】材质的制作

**步骤01** 选择一个空白材质球，然后将【材质类型】设置为【标准】材质，并命名为【墙面】，同时进行调节，具体的参数如图7-459所示。

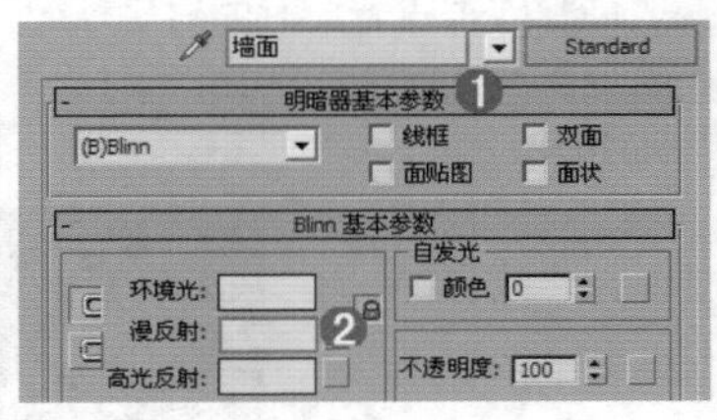

图7-459

- 展开【明暗器基本参数】卷展栏，调节【漫反射】颜色为浅黄色。

**步骤02** 双击查看此时的材质球效果，如图7-460所示。

**步骤03** 将制作完毕的墙面材质赋给场景中墙面乳胶漆的模型，如图7-461所示。

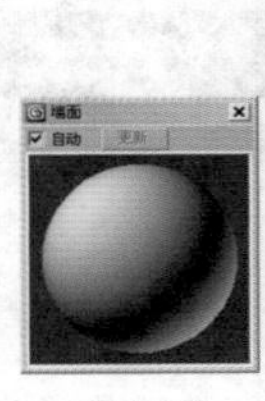

图7-460　　图7-461

## Part 5 【椅子】材质的制作

**步骤01** 选择一个空白材质球，然后将【材质类型】设置为【VRayMtl】，并命名为【椅子】，调节的具体参数如图7-462和图7-463所示。

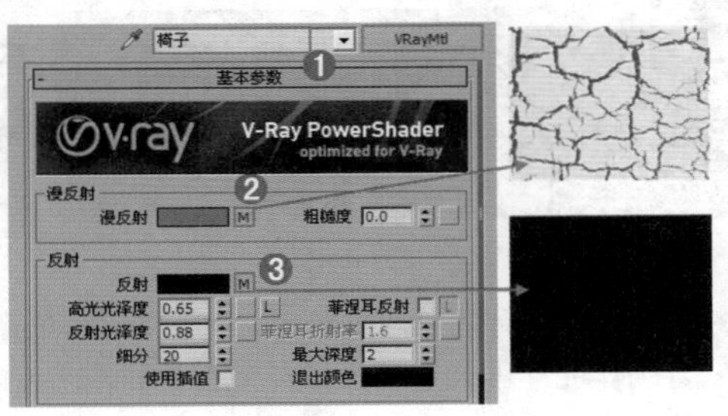

图7-462

在【漫反射】选项组后面的通道上加载【椅子.jpg】贴图文件，在【反射】选项组后面的通道上加载【椅子黑白.jpg】贴图文件，设置【高光光泽度】为0.65，【反射光泽度】为0.88，【细分】为20。

展开【贴图】卷展栏，并在【凹凸】后面的通道上加载【椅子黑白.jpg】贴图文件，然后设置【凹凸】为40。

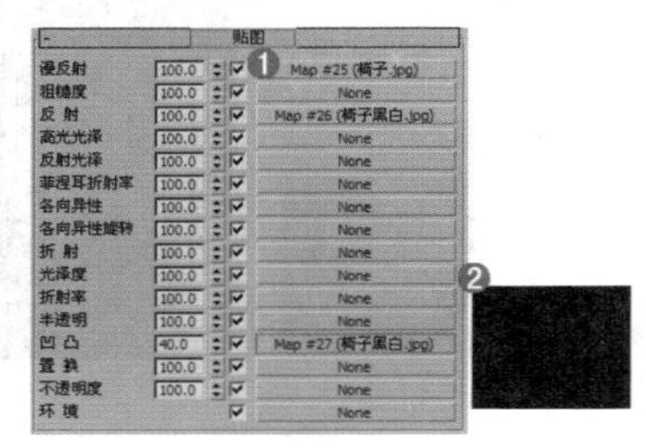
图7-463

**步骤02** 双击查看此时的材质球效果，如图7-464所示。

**步骤03** 将制作完毕的椅子材质赋给场景中椅子的模型，如图7-465所示。

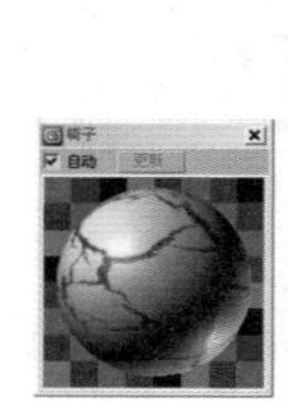
图7-464

图7-465

## Part 6 【面包】材质的制作

**步骤01** 选择一个空白材质球，然后将【材质类型】设置为【VRayMtl】材质，并命名为【面包】，如图7-466所示，调节的具体参数如图7-467所示。

图7-466

在【漫反射】选项组后面的通道上加载【面包.jpg】贴图文件，然后展开【贴图】卷展栏，在【凹凸】后面的通道上加载【面包黑白.jpg】贴图文件，并设置【模糊】为0.01，最后设置【凹凸】为30。

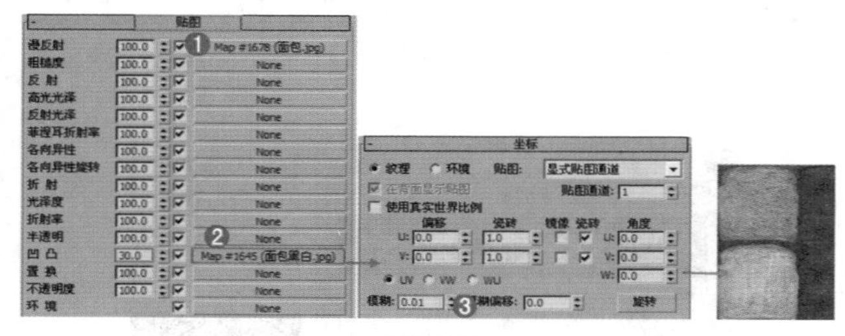
图7-467

**步骤02** 双击查看此时的材质球效果，如图7-468所示。

**步骤03** 将制作完毕的面包材质赋给场景中面包片的模型，如图7-469所示。

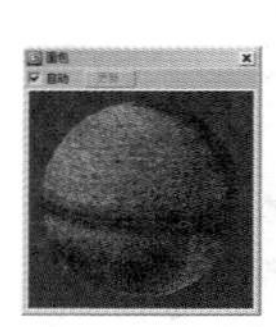
图7-468

图7-469

## Part 7 【环境】材质的制作

**步骤01** 选择一个空白材质球，然后将【材质类型】设置为【VR_灯光】，如图7-470所示，并命名为【环境】，调节的具体参数如图7-471所示。

图7-470

展开【参数】卷展栏，在通道上加载【环境.jpg】贴图文件，然后设置【数值】为4。

图7-471

**步骤02** 选择【环境】模型，然后为其加载【UVW贴图】修改器，并设置【贴图】方式为【长方体】，【长度】为1948mm，【宽度】为2105.77mm，【高度】为1mm，最后设置【对齐】为Z，如图7-472所示。

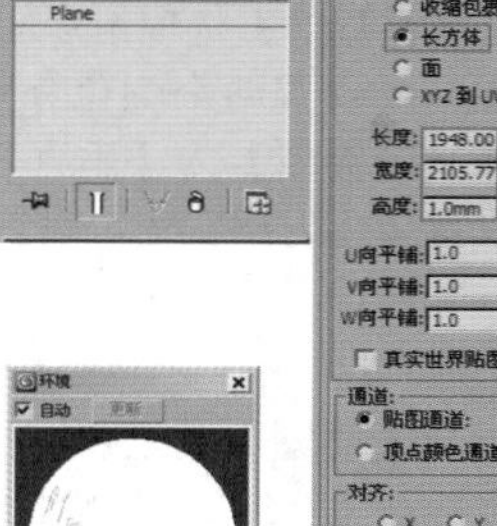
图7-472

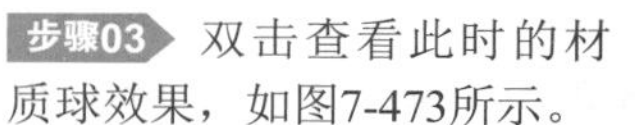

**步骤03** 双击查看此时的材质球效果，如图7-473所示。

图7-473

**步骤04** 将制作完毕的环境材质赋给场景中窗户外平面模型，如图7-474所示。继续创建其他部分的材质，最终场景效果如图7-475所示。

**步骤05** 最终渲染效果如图7-476所示。

图7-474 图7-475 图7-476

# 7.7 视口画布

【视口画布】是将颜色和图案绘制到视口中对象的材质中任何贴图上的工具。可以将多层的3D直接绘制到对象上，或绘制到叠加到视口上的可移动2D画布上。【视口画布】可以以PSD格式导出绘制，以便用户在 Photoshop中进行修改，然后保存文件并在 3ds Max中更新纹理，如图7-477所示。

图7-477

## 7.7.1 视口画布的功能

视口画布允许用户在视口中为物体绘制材质贴图，是一个非常强大的功能，其参数面板如图7-478所示。

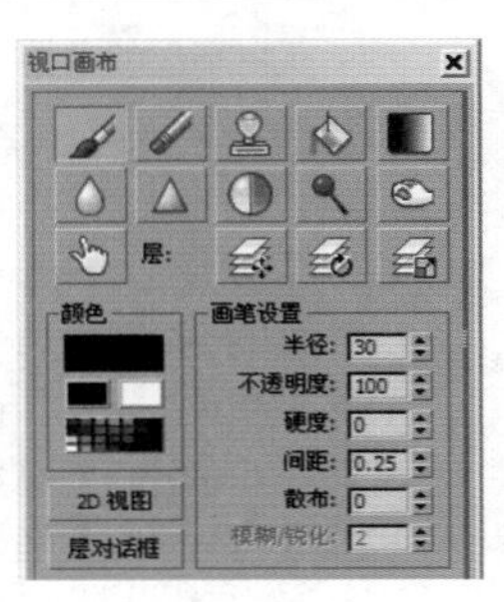

图7-478

- 绘制：启动该工具后，可以向对象曲面添加颜色。可以使用纯色绘制或使用笔刷图像形式的位图。同时可以在模型的任意位置绘制，更改颜色、不透明度、笔刷图像和其他设置并在视口内导航至任何位置。
- 擦除：如果激活，可以删除通过使用当前笔刷设置绘制的层的内容。使用其他绘制工具时，通过按住Shift键可以临时激活【擦除】，松开该键时，工具又恢复其原始功能。
- 克隆：启动该工具后，可用来复制对象上或视口中任意位置的图像部分。若要使用【克隆】，应先按住Alt键，同时单击要从中克隆的屏幕上的一点，然后松开Alt键并在所选对象上进行绘制。绘制内容是从先前单击的区域采样得到的。
- 填充绘制：绘制3D曲面时，将当前颜色或笔刷图像应用于单击的整个元素。这可能还会影响其他元素，具体取决于对象的 UVW 贴图。绘制 2D视图画布时，使用当前颜色或笔刷图像填充整层。
- 渐变：将颜色或笔刷图像以渐变方式应用。实际上，渐变是带有使用鼠标设置的边缘衰减的部分填充。要使用该选项，应单击渐变的起始点，并拖动到端点。
- 模糊：通过绘制应用模糊效果。要调整模糊量，应使用模糊/锐化设置。
- 锐化：锐化模糊的边缘。要调整锐化程度，应使用模糊/锐化设置。
- 对比度：增加绘制区域的对比度。这有助于强调纹理中的细微特征。
- 减淡：亮化绘制区域。主要作用于中间色调，不影响纯黑像素。
- 加深：暗化绘制区域。主要作用于中间色调，不影响纯白像素。
- 模糊：在屏幕上推动像素，有些像用手指画画。为获得更粗糙的模糊效果，可使用笔刷图像遮罩代替纯色。
- 移动层：启用此选项后，可通过在视口中的任意位置拖动移动活动层。
- 旋转层：启用此选项后，通过在视口中的任意位置拖动可旋转活动层。拖动时，光标旁边的消息会显示旋转角度。注意，【旋转层】不可用于背景层。
- 缩放层：启用此选项后，通过在视口中的任意位置拖动可缩放活动层。拖动时，光标旁边的消息会显示缩放百分比。注意，【缩放层】不可用于背景层。

## 7.7.2 颜色组

颜色组主要用来控制、更改绘制的颜色，并且有黑白、调色板等功能，如图7-479所示。

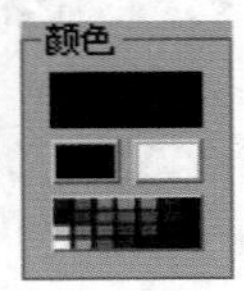

图7-479

- 颜色：单击色样以打开颜色选择器，可在其中更改绘制颜色。
- 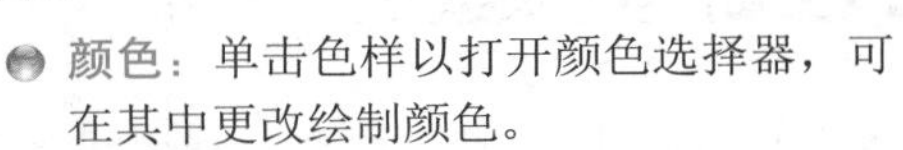黑/白：通过单击相应的按钮，将绘制颜色设置为黑或白。
- 打开调色板：打开带色样阵列的自定义【调色板】对话框，单击色样可使用相应颜色。要自定义色样，可右键单击，然后使用打开的【颜色选择器】调整颜色。使用对话框底部的按钮加载自定义调色板，保存当前调色板，或将当前调色板保存为默认设置。

## 7.7.3 笔刷设置组

笔刷设置组主要用来控制笔刷的半径、不透明度、硬度等基本的属性，如图7-480所示。

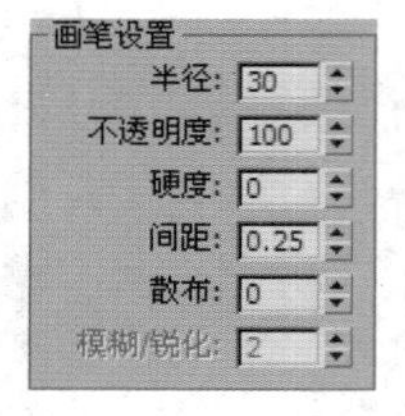

图7-480

- 半径：以像素表示的笔刷球体的半径。要在视口中以交互方式更改半径，应在垂直拖动的同时按住Shift+Ctrl组合键。
- 不透明度：为除【擦除】之外的所有工具设置不透明度。当【擦除】处于活动状态时，此字段仅设置【擦除】工具的值。值为100表示完全不透明。
- 硬度：在笔刷边缘的衰减。高【硬度】值会产生边缘清晰的笔刷；值越低，边缘越柔和。要在视口中以交互方式更改硬度。
- 间距：通过拖动绘制连续的笔画时，沿笔画放置的每个笔刷副本之间的距离，该距离是相对于笔刷半径而言的。
- 散布：在笔画中随机放置笔刷的每个副本。散布值越大，随机性越大。
- 模糊/锐化：【模糊】或【锐化】工具应用的模糊或锐化的量。仅可用于这些工具。

## 小实例：利用视口画布在窗口中绘制贴图

| 场景文件 | 27.max |
|---|---|
| 案例文件 | 小实例：利用视口画布在窗口中绘制贴图.max |
| 视频教学 | 多媒体教学/Chapter 07/小实例：利用视口画布在窗口中绘制贴图.flv |
| 难易指数 | ★★★★☆ |
| 材质类型 | VRayMtl材质 |
| 技术掌握 | 掌握视口画布的应用 |

### 实例介绍

本实例主要讲解利用视口画布在窗口中绘制贴图，最终渲染效果如图7-481所示。

图7-481

本实例的材质模拟效果如图7-482所示。

图7-482

其基本属性主要有以下两点。

- 基础色为单色。
- 基础色表面有绘制的效果。

### 操作步骤

**步骤01** 打开本书配套光盘中的【场景文件/Chapter07/27.max】文件，如图7-483所示。

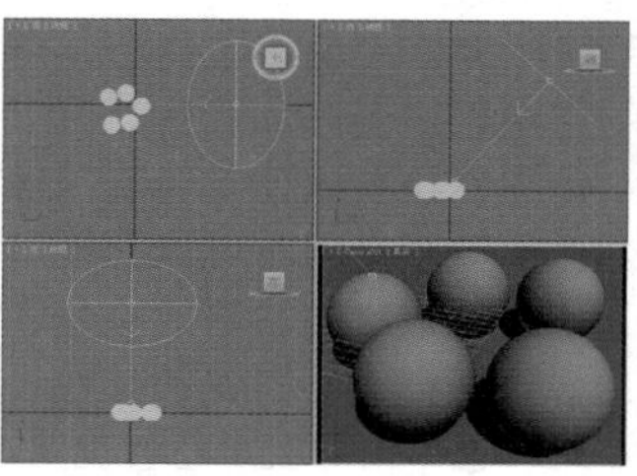
图7-483

**步骤02** 打开【材质编辑器】窗口，选择一个材质球，设置材质类型为【VRayMtl】材质，将材质命名为【黄色】。下面调节其具体的参数，如图7-484所示。

- 在【漫反射】选项组后面的通道上加载一张【黄色.jpg】贴图文件，设置【模糊】为0.01，在【反射】选项组中设置颜色为白色，选中【菲涅耳反射】复选框，设置【细分】为20。

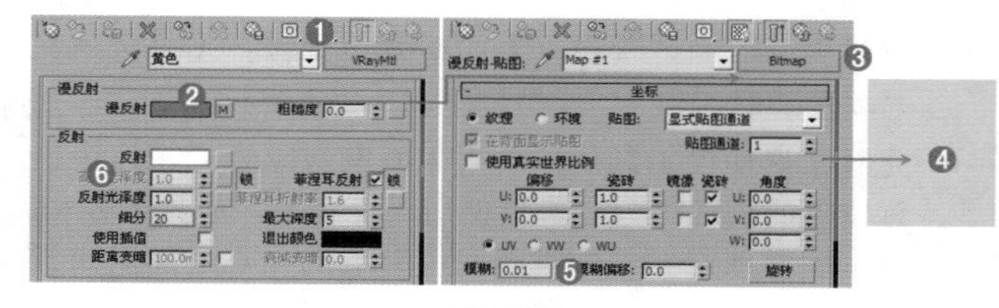
图7-484

**步骤03** 再次单击一个空白的材质球，并将材质命名为【蓝色】。下面调节其具体的参数，如图7-485所示。

- 在【漫反射】选项组后面的通道上加载一张【蓝色.jpg】贴图文件，设置【模糊】为0.01，在【反射】选项组中设置颜色为白色，选中【菲涅耳反射】复选框，设置【细分】为20。

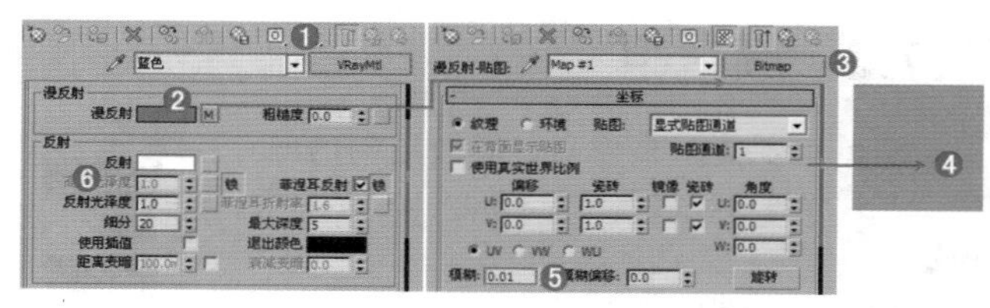
图7-485

**步骤04** 将制作完毕的黄色材质和蓝色材质分别赋给场景的球体模型，如图7-486所示。

**步骤05** 在菜单栏中选择【工具】|【视口画布】命令，如图7-487所示。

**步骤06** 选择一个黄色的球体，并单击【绘制】按钮，接着单击如图7-488所示红色框框选的第一个选项。

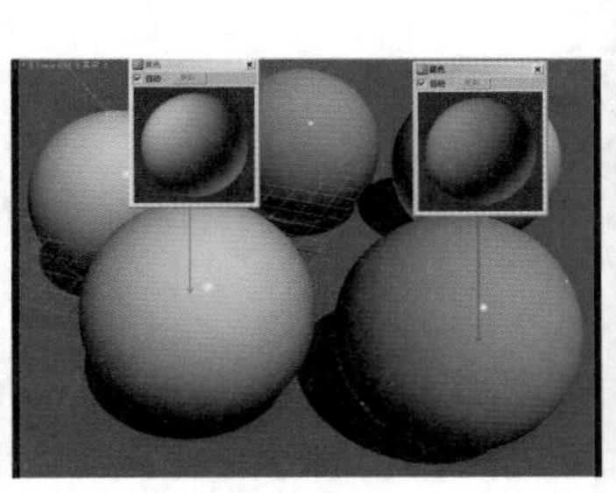

图7-486

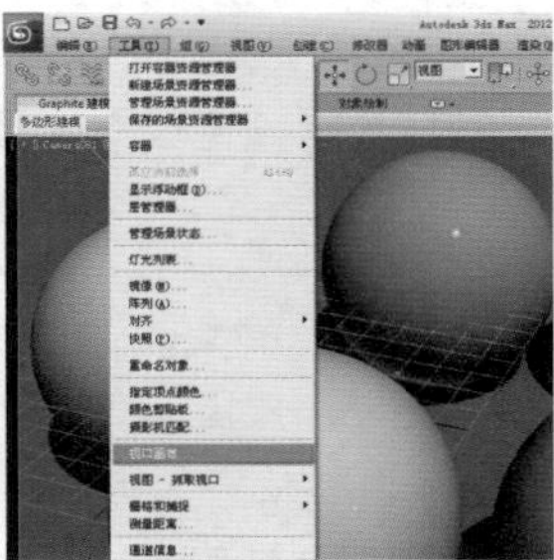

图7-487

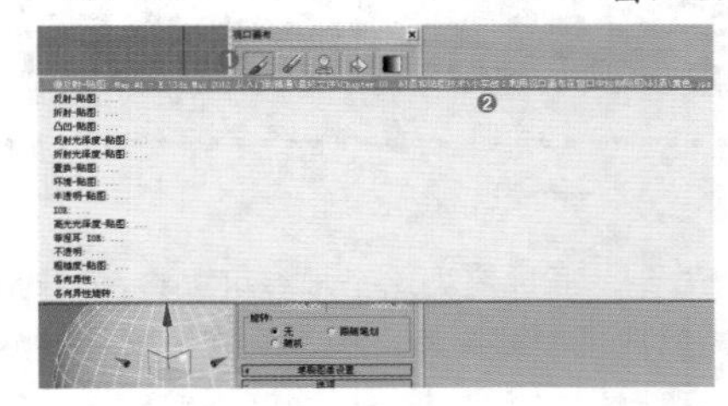

图7-488

**步骤07** 单击【层对话框】按钮，此时会弹出【层】对话框，然后单击【添加新层】按钮，此时会增加一个层，如图7-489所示。

**步骤08** 再次单击【绘制】按钮，并设置【颜色】为黑色，【半径】为10，【硬度】为25，然后取消选中【使用】复选框，并设置【遮罩】为，如图7-490所示。

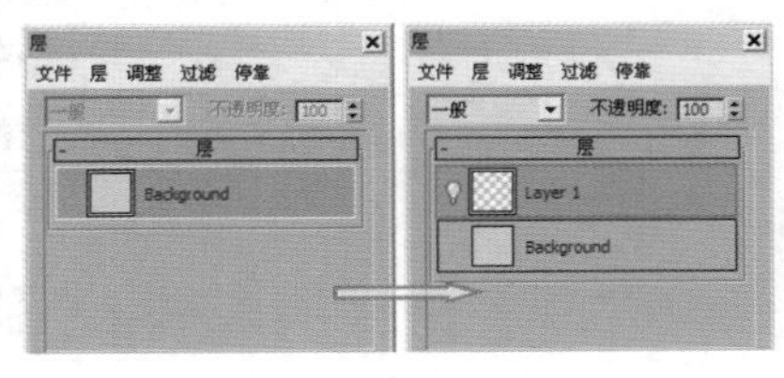

图7-489

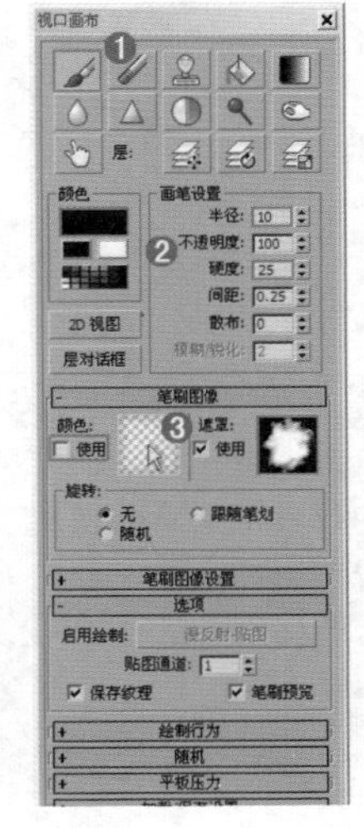

图7-490

**步骤09** 在球体上单击鼠标左键进行细致的绘制，此时可以看到球体上出现了黑色的绘制效果，如图7-491所示。

**步骤10** 继续进行绘制，完成后的效果如图7-492所示。

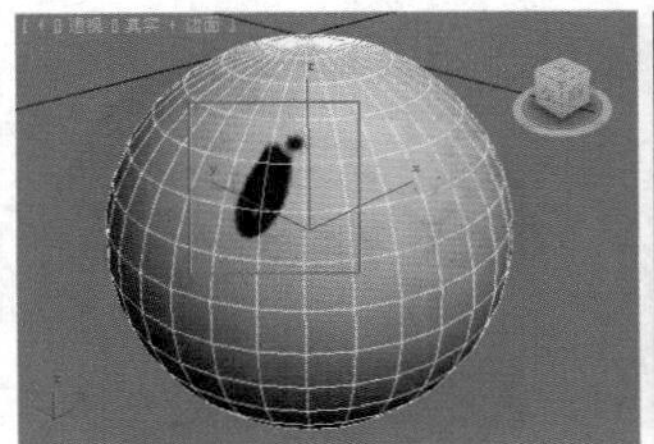

图7-491

图7-492

**步骤11** 单击【选择并移动】工具，出现【保存纹理层】对话框，此时选择【另存为PSD文件】，并保存为【黄色.psd】，如图7-493所示。

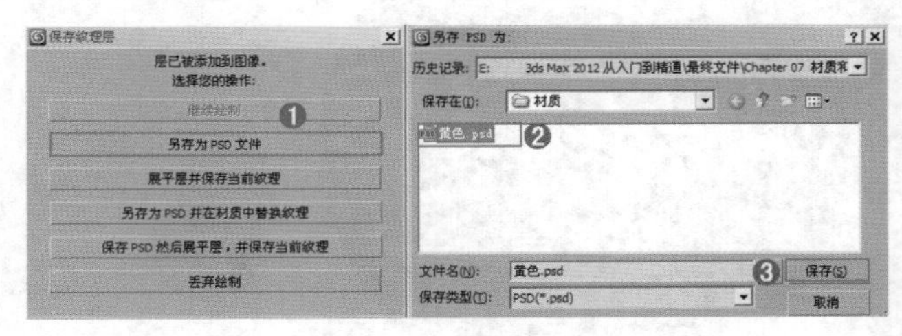

图7-493

**步骤12** 使用同样的方法为蓝色球体绘制表情，如图7-494所示。

**步骤13** 单击【选择并移动】工具，出现【保存纹理层】对话框，此时选择【另存为PSD文件】，并保存为【蓝色.psd】，如图7-495所示。

图7-494

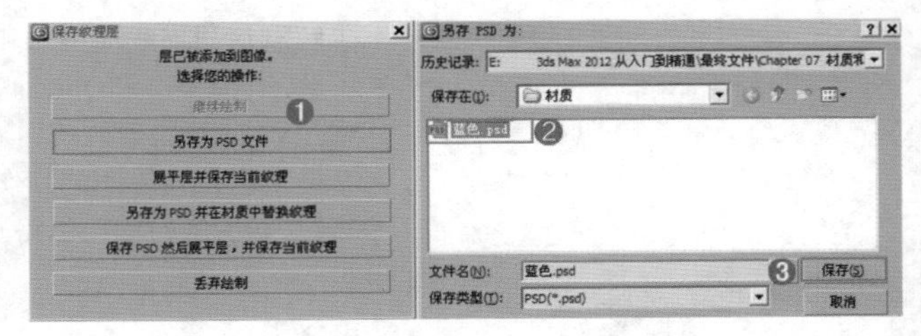

图7-495

**步骤14** 此时的场景效果如图7-496所示。最终渲染效果如图7-497所示。

图7-496

图7-497

# 灯光/材质/渲染综合运用

渲染，英文为Render，也常把它称为着色，通过渲染这个步骤可以将在3ds Max中制作的作品真实地呈现出来，因此就需要使用到渲染器，由于不同渲染器的渲染质量不同，效果不同，渲染速度也不同，所以用户应根据自己的要求合理地选择合适的渲染器。

## 本章学习要点：

- 了解默认扫描线渲染器和mental ray渲染器的使用方法
- 了解iray渲染器和Quicksilver硬件渲染器的使用方法
- 掌握VRay渲染器的使用方法
- 掌握室内外效果图的制作思路及相关技巧
- 掌握CG场景的制作思路及相关技巧

# 8.1 初识渲染

## 8.1.1 什么是渲染

渲染，英文为Render，也常把它称为着色，通过渲染这个步骤可以将在3ds Max中制作的作品真实地呈现出来，因此就需要使用到渲染器，由于不同渲染器的渲染质量不同，效果不同，渲染速度也不同，所以用户应根据自己的要求合理地选择合适的渲染器。如图8-1所示为优秀的渲染作品。

图8-1

## 8.1.2 为什么要渲染

使用3ds Max制作作品，最终是要展示给别人看的。例如要想将3ds Max作品打印出来，不可能直接将3ds Max文件进行打印，而必须要经过一个步骤将制作完成的文件表现出来，这个过程就是渲染。这也是为什么必须要经过渲染的原因。

在日常生活中经常会看到很多使用3ds Max制作的楼盘动画、产品广告等，这里看到的都是带有真实材质、真实灯光的渲染文件，而不是3ds Max文件，因此必须要输出以后才可以在传媒上使用。如图8-2所示为未渲染和渲染的对比效果。

图8-2

## 8.1.3 渲染的常用思路

一般来说，制作3ds Max作品需要遵循一定的步骤，这样才能节约时间。建议大家遵循：建模→灯光→材质→摄影机→渲染的步骤进行操作。如图8-3所示为一幅作品的过程示意图。

图8-3

## 8.1.4 渲染器类型

渲染场景的引擎有很多种，如VRay渲染器、Renderman渲染器、mental ray渲染器、Brazil渲染器、FinalRender渲染器、Maxwell渲染器和Lightscape渲染器等。

3ds Max 2016默认的渲染器有iray渲染器、mental ray渲染器、Quicksilver硬件渲染器、默认扫描线渲染器和VUE文件渲染器，在安装好VRay渲染器之后也可以使用VRay渲染器来渲染场景。当然，也可以安装一些其他的渲染插件，如Renderman、Brazil、FinalRender、Maxwell和Lightscape等。本书重点对VRay渲染器进行讲解。

## 8.1.5 渲染工具

在主工具栏右侧提供了多个渲染工具，如图8-4所示。

图8-4

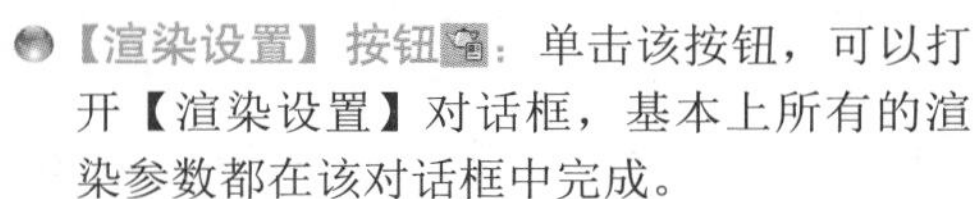

- 【渲染设置】按钮：单击该按钮，可以打开【渲染设置】对话框，基本上所有的渲染参数都在该对话框中完成。
- 【渲染帧窗口】按钮：单击该按钮，打开【渲染帧窗口】对话框，在该对话框中可以选择渲染区域、切换通道和储存渲染图像等任务。
- 【渲染产品】按钮：单击该按钮，可以使用当前的产品级渲染设置来渲染场景。
- 【渲染迭代】按钮：单击该按钮，可以在迭代模式下渲染场景。
- ActiveShade（动态着色）按钮：单击该按钮，可以在浮动的窗口中执行动态着色渲染。

# 8.2 默认扫描线渲染器

默认扫描线渲染器的渲染速度特别快，但是其渲染功能不强。按F10键，打开【渲染设置】对话框，然后设置渲染器类型为【默认扫描线渲染器】，如图8-5所示。

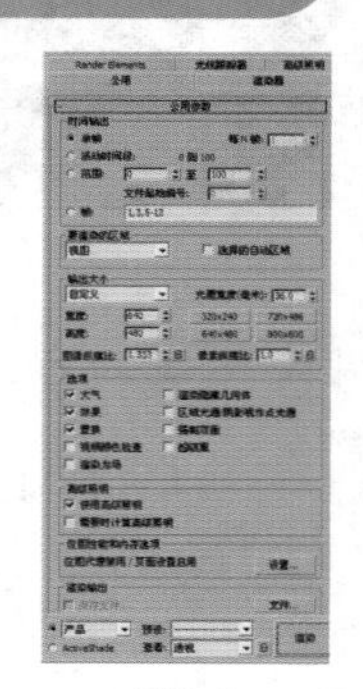

图8-5

**技巧提示**

默认扫描线渲染器的参数共有【公用】、【渲染器】、【Render Elements（渲染元素）】、【光线跟踪器】和【高级照明】5大选项卡。在一般情况下，都不会使用默认的扫描线渲染器，因为其渲染质量不高，并且渲染参数也特别复杂，因此这里不讲解其参数。

## 综合实例：利用默认扫描线渲染器渲染水墨画

| 场景文件 | 01.max |
| --- | --- |
| 案例文件 | 综合实例：利用默认扫描线渲染器渲染水墨画.max |
| 视频教学 | 多媒体教学/Chapter 08/综合实例：利用默认扫描线渲染器渲染水墨画.flv |
| 难易指数 | ★★☆☆☆ |
| 技术掌握 | 掌握默认扫描线渲染器的使用方法 |

### 实例介绍

本实例使用默认扫描线渲染器渲染水墨画，效果如图8-6所示。

图8-6

### 操作步骤

**Part 1　制作水墨材质**

**步骤01** 打开本书配套光盘中的【场景文件/Chapter08/01.max】文件，此时的场景效果如图8-7所示。

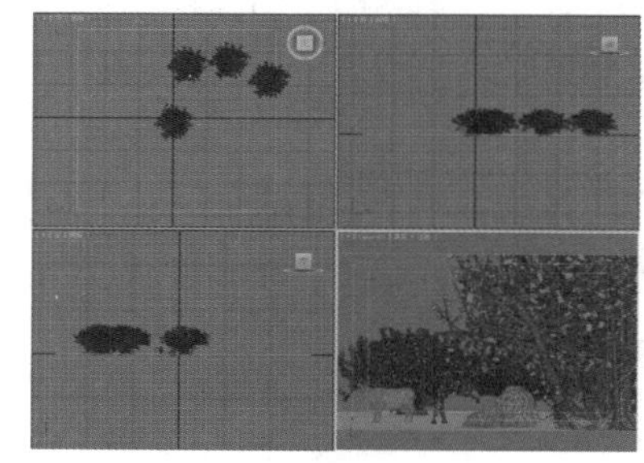

图8-7

**步骤02** 按M键，打开【材质编辑器】窗口，然后选择一个空白材质球，接着设置材质类型为【标准】，具体参数设置如图8-8（a）所示。

- 在【漫反射】贴图通道中加载【衰减】贴图，然后设置【衰减类型】为【垂直/平行】，设置混合曲线为如图8-8（b）所示的样式，接着在第一个颜色后的通道上加载【衰减】贴图，设置【衰减类型】为【阴影/灯光】，并调节缓和曲线为如图8-8（c）所示的样式，继续在第二个颜色后面的通道上加载【衰减】贴图，调节第一个颜色为绿色，设置【衰减类型】为【垂直/平行】，【衰减方向】为【局部X轴】，调节混合曲线为如图8-8（d）所示的样式。

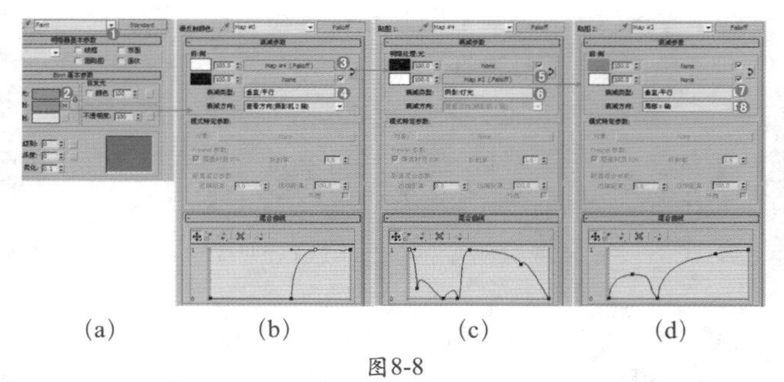
(a) (b) (c) (d)

图8-8

- 在【不透明度】后面的通道上加载【Perlin大理石】程序贴图，并设置【大小】为100，【级别】为8，然后设置【颜色1】的饱和度为100，【颜色2】的【饱和度】为70，如图8-9所示。

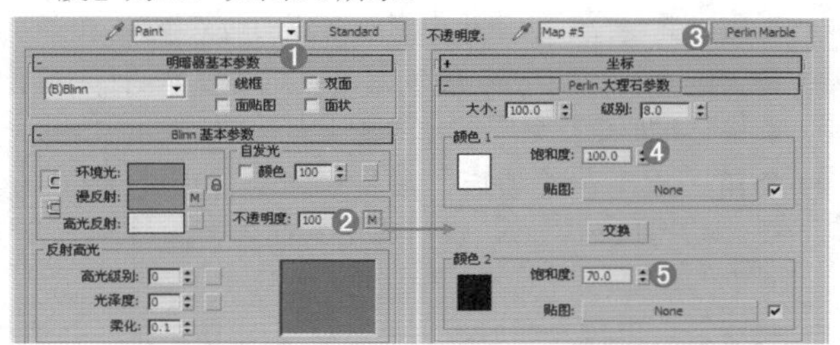

图8-9

- 展开【贴图】卷展栏，然后在【凹凸】后面的通道上加载【混合】程序贴图，在【颜色#1】和【颜色#2】后面的通道上分别加载【Perlin大理石】程序贴图，接着设置【大小】为50，【级别】为8，调节颜色1为浅绿色，【饱和度】为85，调节颜色2为深绿色，【饱和度】为70，同时在【混合量】后面的通道上加载【噪波】程序贴图，设置【噪波类型】为【湍流】，【大小】为8.5，最后设置【凹凸】为15，如图8-10所示。

**步骤03** 将制作好的水墨材质赋给场景中的模型，如图8-11所示。

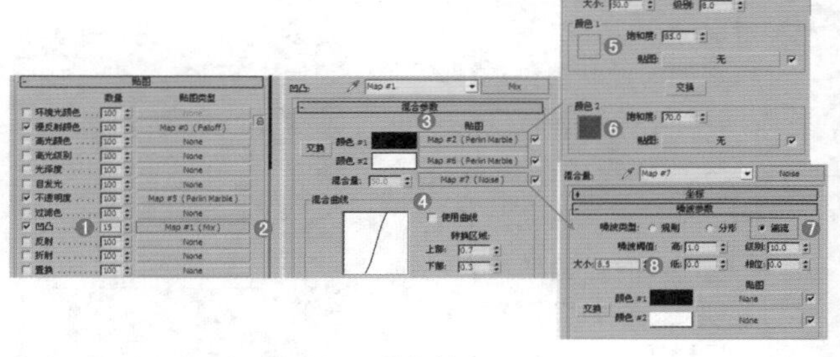

图8-10

### Part 2 渲染设置

**步骤01** 按F10键，打开【渲染设置】窗口，然后设置渲染器为【默认扫描线渲染器】，接着在【公用参数】卷展栏中设置【宽度】为1500，【高度】为900，最后单击【图像纵横比】选项后面的【锁定】按钮，锁定渲染图像的纵横比，如图8-12所示。

图8-11

**步骤02** 按F9键渲染当前场景，效果如图8-13所示。

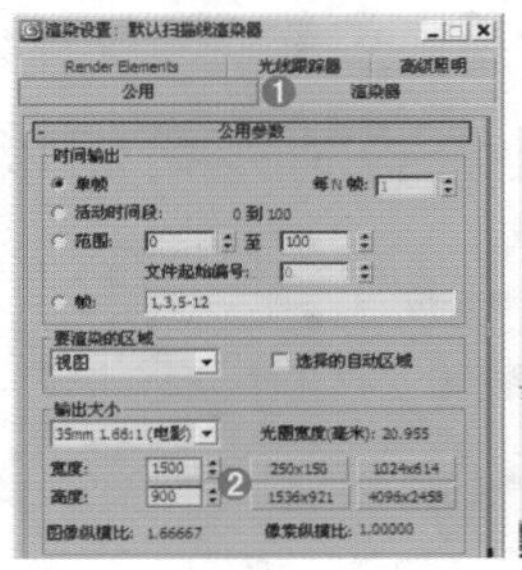

图8-12

图8-13

## 8.3 iray渲染器

mental images®的 iray®渲染器通过追踪灯光路径创建物理精确的渲染。与其他渲染器相比，它几乎不需要进行设置。iray 渲染器的主要处理方法是基于时间的：用户可以指定要渲染的时间长度、要计算的迭代次数，或者用户只需启动渲染一段不确定的时间后，在对结果外观满意时将渲染停止。

与其他渲染器的结果相比，iray 渲染器的头几次迭代渲染看上去颗粒更多一些。颗粒越不明显，渲染的遍数就越多。iray 渲染器特别擅长渲染反射，包括光泽反射；同时它也擅长渲染在其他渲染器中无法精确渲染的自发光对象和图形。如图8-14所示为花费不同时间对图像的渲染效果。

图8-14

【渲染器】选项卡参数如图8-15所示。

- **每帧渲染持续时间**：允许指定如何控制渲染过程。
  - **时间**：以小时、分钟和秒为单位设置渲染持续时间。默认设置为1分钟。
  - **迭代（通过的数量）**：设置要运行的迭代次数。默认设置为500。
  - **无限制**：选中该单选按钮可以使渲染器不限时间地运行。如果对结果满意，可以在【渲染进度】对话框中单击【取消】按钮。

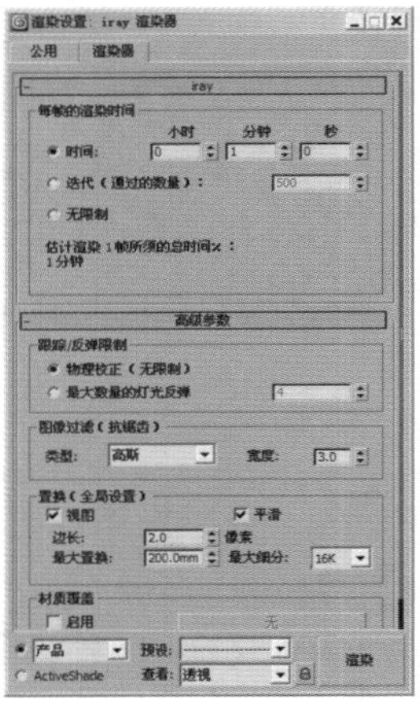

图8-15

- **物理校正（无限制）**：默认设置。选中该单选按钮后，灯光反弹无限制，只要渲染器继续运行，就会计算灯光反弹。
- **最大数量的灯光反弹**：选中该单选按钮后，会将灯光反弹数限制为用户设置的值。默认设置为4。
- **类型**：控制图像过滤（抗锯齿）的类型。
  - **长方体**：将过滤区域中权重相等的所有采样进行求和。这同时也是最快速的采样方法。
  - **高斯（默认设置）**：采用位于像素中心的高斯（贝尔）曲线对采样进行加权。
  - **三角形**：采用位于像素中心的四棱锥对采样进行加权。
- **宽度**：指定采样区域的宽度和高度。增加宽度值会软化图像，但是会增加渲染时间。默认设置为3.0。
- **视图**：定义置换的空间。启用该选项后，“边长”将以像素为单位指定长度。
- **平滑**：禁用该选项后，可以使iray渲染器正确渲染高度贴图。高度贴图可以由法线凹凸贴图生成。
- **边长**：定义由于细分可能生成的最小边长。iray渲染器一旦达到此大小后，就会停止细分边。
- **最大置换**：控制在置换顶点时向其指定的最大偏移，采用世界单位。该值可以影响对象的边界框。
- **最大细分**：控制iray渲染器可以对要置换的每个原始网格三角形进行递归细分的范围。
- **启用**：启用该选项后，渲染对所有曲面使用覆盖材质。禁用该选项后，使用应用到曲面上的材质渲染场景中的曲面。
- **材质**：启用该选项后，可显示材质/贴图浏览器并选择要用作覆盖材质的材质。选定覆盖材质后，此按钮显示材质名称。

## 综合实例：利用iray渲染器制作奇幻场景

| | |
|---|---|
| 场景文件 | 02.max |
| 案例文件 | 综合实例：利用iray渲染器制作奇幻场景.max |
| 视频教学 | 多媒体教学/Chapter 08/综合实例：利用iray渲染器制作奇幻场景.flv |
| 难易指数 | ★★★☆☆ |
| 灯光类型 | 目标灯光 |
| 材质类型 | Autodesk常规 |
| 程序贴图 | 无 |
| 技术掌握 | 掌握iray渲染器的使用方法 |

### 实例介绍

本实例是一个奇幻场景效果，对iray渲染器的设置是本例的重点，效果如图8-16所示。

图8-16

### 操作步骤

#### Part 1 设置iray渲染器

**步骤01** 打开本书配套光盘中的【场景文件/Chapter08/02.max】文件，此时的场景效果如图8-17所示。

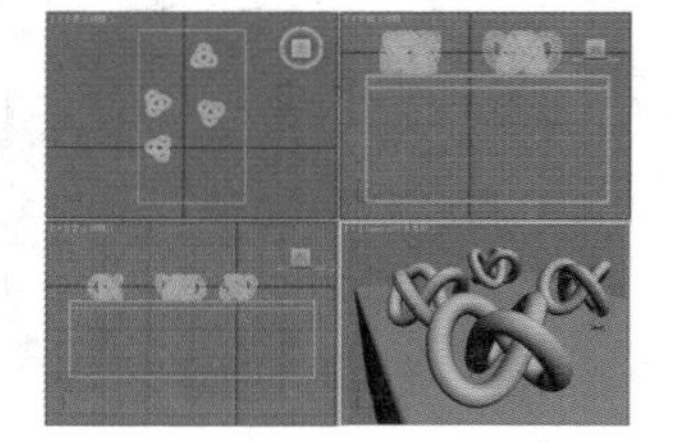

图8-17

**步骤02** 按F10键，打开【渲染设置】窗口，选择【公用】选项卡，在【指定渲染器】卷展栏中单击...按钮，在弹出的【选择渲染器】对话框中选择【iray渲染器】选项，如图8-18所示。

**步骤03** 此时在【指定渲染器】卷展栏的【产品级】后面显示了【iray渲染器】，【渲染设置】对话框中出现了【渲染器】选项卡，如图8-19所示。

图8-18

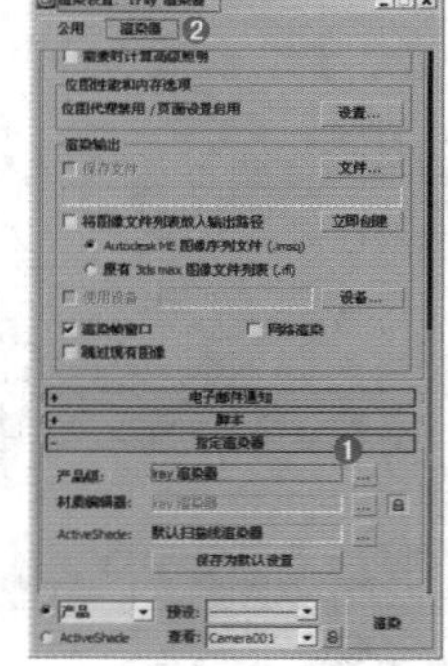

图8-19

#### Part 2 材质的制作

本实例的场景对象主要使用【Autodesk常规】材质进行制作，如图8-20所示。

## 1. 白色发光材质的制作

步骤01 按M键，打开【材质编辑器】窗口，选择第一个材质球，单击 Standard （标准）按钮，在弹出的【材质/贴图浏览器】对话框中选择【Autodesk常规】材质，如图8-20所示。

步骤02 将其命名为【白色发光】，具体的调节参数如图8-21所示。

- 在【常规】卷展栏中设置【颜色】为深灰色。
- 在【自发光】卷展栏中设置【过滤颜色】为白色，【色温】为【自定义】，并设置数量为6500。

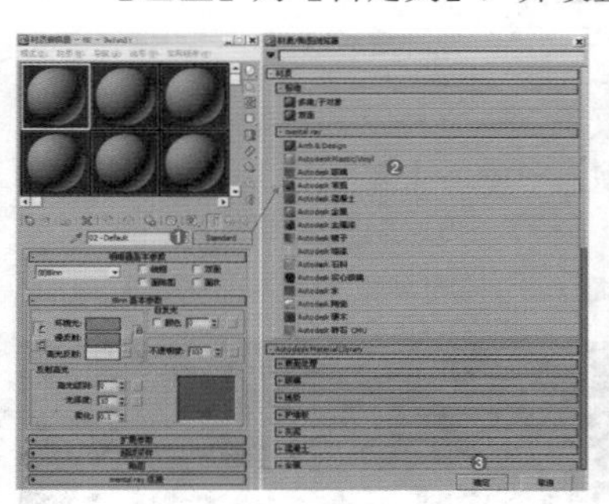
图8-20

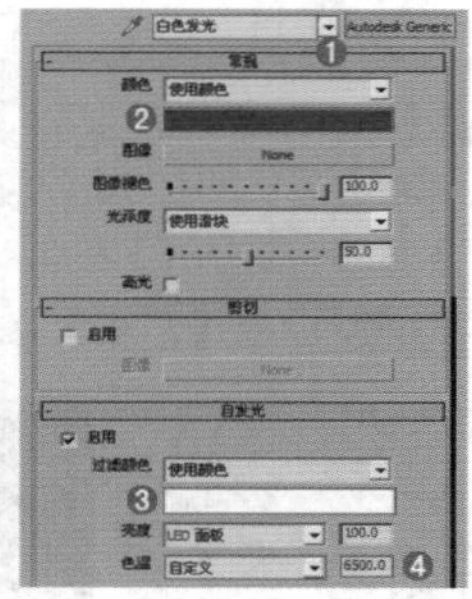
图8-21

步骤03 将调节完毕的材质赋给场景中的模型，如图8-22所示。

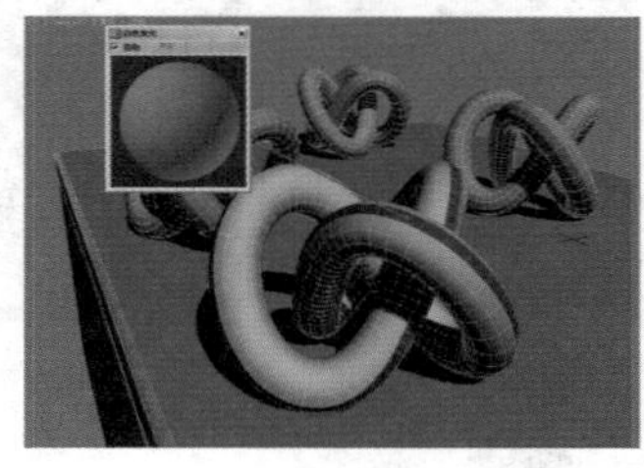
图8-22

## 2. 蓝色发光材质的制作

步骤01 选择一个空白材质球，然后将【材质类型】设置为【Autodesk常规】，并命名为【蓝色发光】，具体的调节参数如图8-23所示。

- 在【常规】卷展栏中设置【颜色】为深蓝色。
- 在【自发光】卷展栏中设置【过滤颜色】为深蓝色，【亮度】为200，【色温】为【自定义】，同时设置其数量为6500。

步骤02 将调节完毕的材质赋给场景中的模型，如图8-24所示。

图8-23

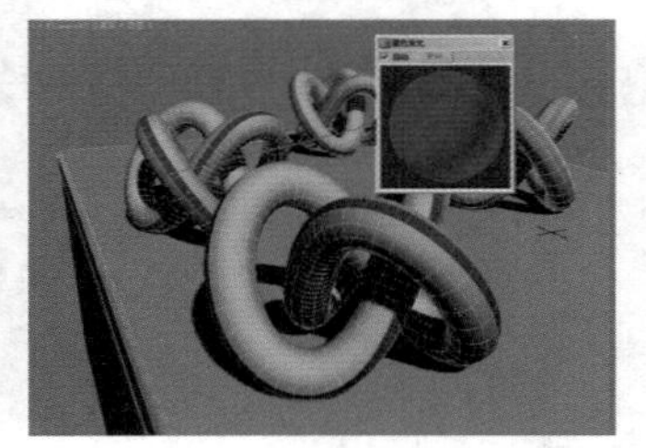
图8-24

## 3. 绿色发光材质的制作

步骤01 选择一个空白材质球，然后将【材质类型】设置为【Autodesk常规】，并命名为【绿色发光】，具体的调节参数如图8-25所示。

- 在【常规】卷展栏中设置【颜色】为绿色。
- 在【自发光】卷展栏中设置【过滤颜色】为绿色，【亮度】为200，【色温】为【自定义】，设置数量为6500。

步骤02 将调节完毕的材质赋给场景中的模型，如图8-26所示。

图8-25

图8-26

## 4. 黄色发光材质的制作

步骤01 选择一个空白材质球，然后将【材质类型】设置为【Autodesk常规】，并命名为【黄色发光】，具体的调节参数如图8-27所示。

- 在【常规】卷展栏中设置【颜色】为黄色。
- 在【自发光】卷展栏中设置【过滤颜色】为黄色，【亮度】为200，【色温】为【自定义】，同时设置其数量为6500。

步骤02 将调节完毕的材质赋给场景中的模型，如图8-28所示。

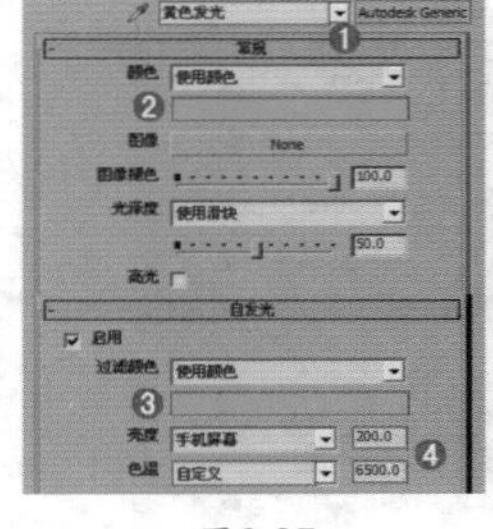
图8-27

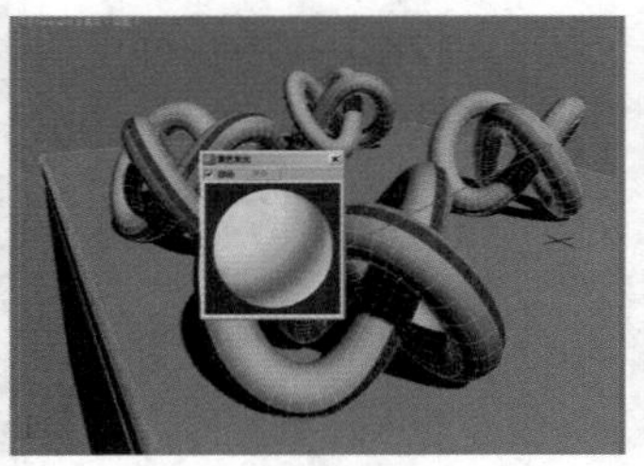
图8-28

## Part 3 设置灯光并进行草图渲染

本实例主要使用【光度学】下的【目标灯光】来制作灯光效果，但是该案例比较特殊，因为需要使用【Autodesk常规】材质制作物体的自发光效果，因此在创建灯光后应取消选中【启用】复选框。

步骤01 在左视图中按住并拖曳鼠标，创建一盏目标灯光，接着在各个视图中调整其位置，如图8-29所示。

步骤02 选择步骤01创建的目标灯光，进入【修改】面板，在【灯光属性】选项组中取消选中【启用】复选框，如图8-30所示。

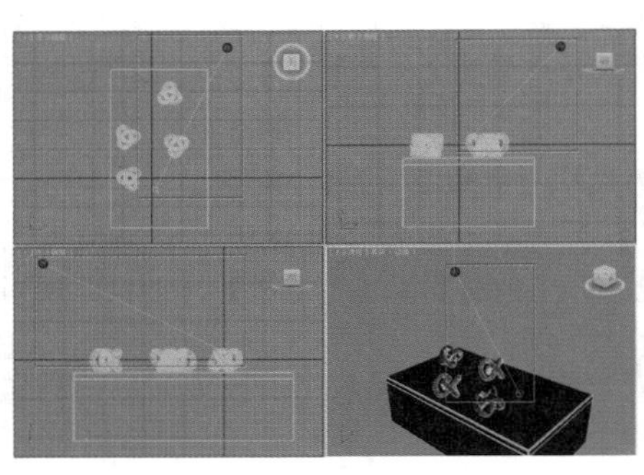

图8-29

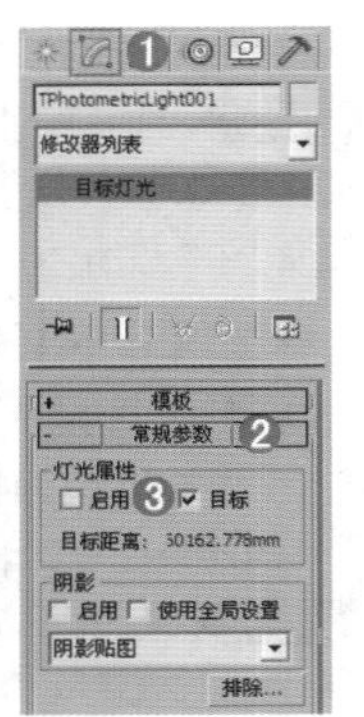


图8-30

技巧提示

本例制作的奇幻场景需要将创建的灯光取消启用，目的是突出模型本身自发光材质的效果。

## Part 4　设置成图渲染参数

经过了前面的操作，已经将大量烦琐的工作做完了，下面需要做的就是把渲染的参数设置高一些，然后再进行渲染输出。

**步骤01** 按F10键，打开【渲染设置】对话框，然后在【公用参数】卷展栏中设置【宽度】为900，【高度】为675，如图8-31所示。

**步骤02** 选择【渲染器】选项卡，然后展开iray卷展栏，在【每帧的渲染时间】选项组中激活【时间】选项，设置【小时】为0，【分钟】为1，【秒】为0，如图8-32所示。

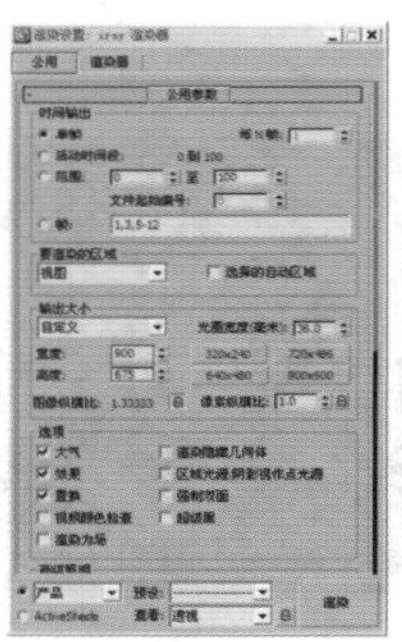

图8-31

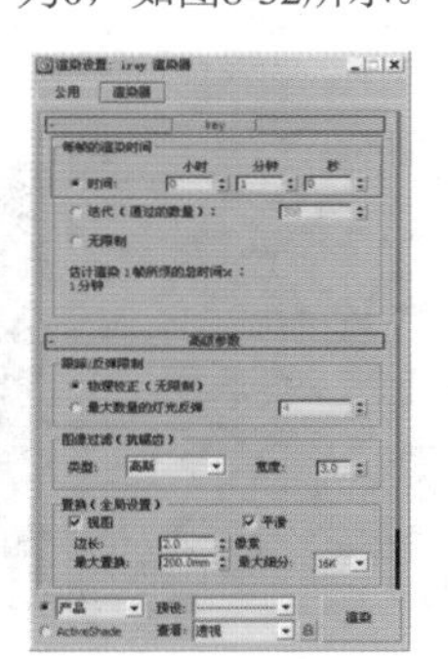

图8-32

**步骤03** 单击【渲染】按钮，此时的渲染效果如图8-33所示。

**步骤04** 选择【渲染器】选项卡，然后展开iray卷展栏，在【每帧的渲染时间】选项组中激活【时间】选项，设置【小时】为0，【分钟】为5，【秒】为0，如图8-34所示。

图8-33

**步骤05** 单击【渲染】按钮，此时的渲染效果如图8-35所示。

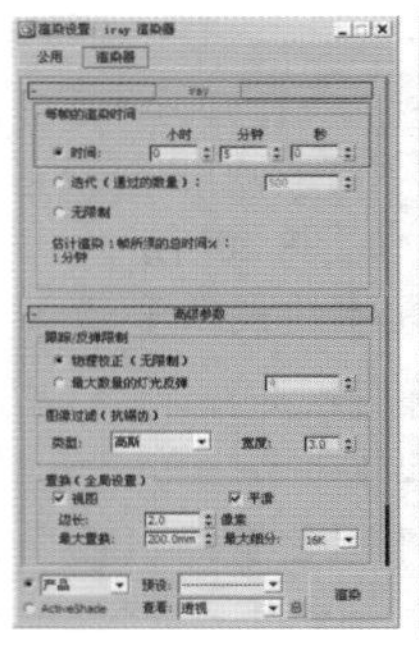

图8-34

图8-35

**步骤06** 选择【渲染器】选项卡，然后展开iray卷展栏，在【每帧的渲染时间】选项组中激活【时间】选项，设置【小时】为1，【分钟】为0，【秒】为0，如图8-36所示。

**步骤07** 单击【渲染】按钮，此时的渲染效果如图8-37所示。

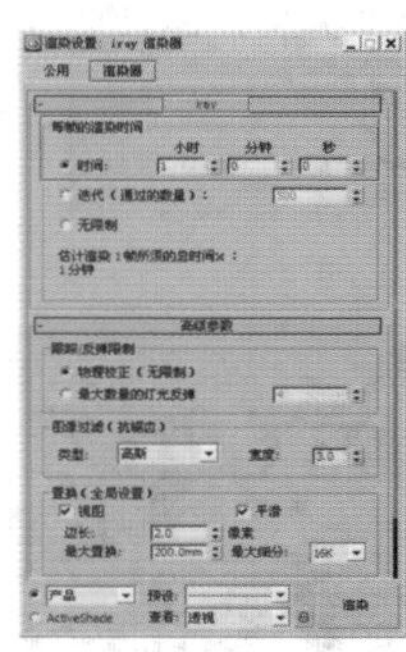

图8-36

图8-37

技巧提示

iray渲染器是3ds Max 2016的一个新功能，非常强大。该渲染器可以对渲染的时间进行具体的控制，除了上面介绍的具体调节渲染时间以外，还可以通过设置【迭代（通过的数量）】的大小来控制渲染的时间。另外，还可以选中【无限制】单选按钮，那么选定的帧将提供无限量的时间的渲染，随时取消渲染，该时刻的状态即是此时的渲染效果，如图8-38所示。

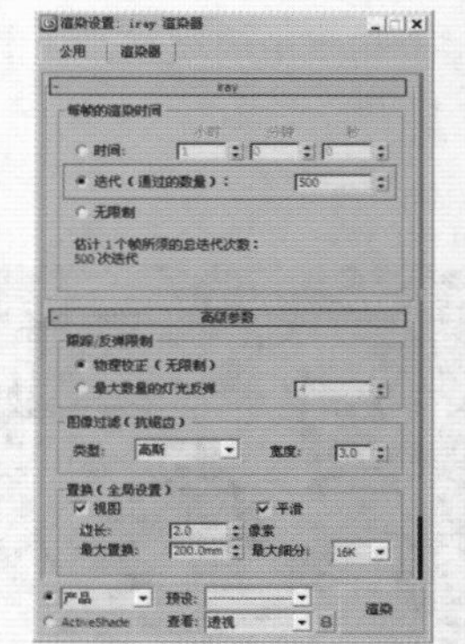

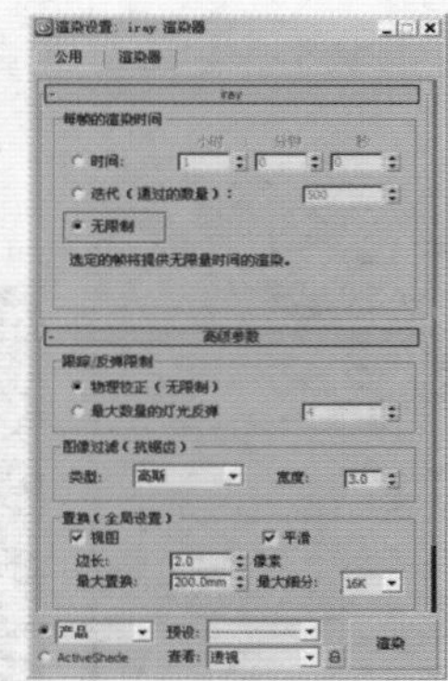

图8-38

# 8.4 mental ray渲染器

mental ray是早期出现的两个重量级的渲染器之一（另外一个是Renderman），是德国Mental Images公司的产品。在刚推出时，集成在著名的3D动画软件Softimage3D中作为其内置的渲染引擎。正是凭借着mental ray高效的速度和质量，Softimage3D一直在好莱坞电影制作中作为首选制作软件。

相对于Renderman而言，mental ray的操作更加简便，效率也更高，因为Renderman渲染系统需要使用编程技术来渲染场景，而mental ray只需要在程序中设定好参数，然后便会智能地对需要渲染的场景自动进行计算，所以mental ray渲染器也叫智能渲染器。

自mental ray渲染器诞生以来，CG艺术家就利用它制作出了很多令人惊讶的作品，如图8-39所示是其中比较优秀的作品。

按F10键，打开【渲染设置】窗口，然后在【公用】选项卡中展开【指定渲染器】卷展栏，接着单击【产品级】选项后面的【选择渲染器】按钮...，最后在弹出的对话框中选择【mental ray渲染器】选项，如图8-40所示。

将渲染器设置为mental ray渲染器后，在【渲染设置】对话框中将会出现【处理】、【Render Elements（渲染元素）】、【公用】、【渲染器】和【间接照明】5个选项卡，下面将对【间接照明】和【渲染器】两个选项卡中的参数进行讲解。

图8-39　　图8-40

## 8.4.1 间接照明

【间接照明】选项卡中的参数可以用来控制焦散、全局照明和最终聚焦等，如图8-41所示。

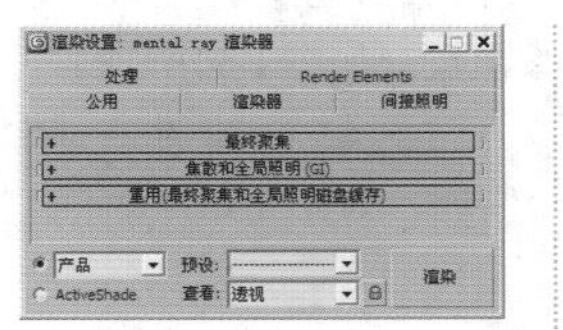

图8-41

###  1．最终聚焦

展开【最终聚焦】卷展栏，如图8-42所示。

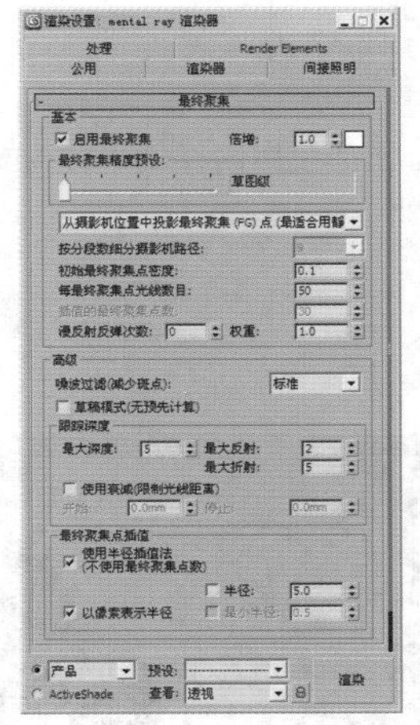

图8-42

- **启用最终聚焦：**启用该选项后，mental ray渲染器会使用最终聚焦来创建全局照明或提高渲染质量。
- **倍增：**控制累积的间接光的强度和颜色。
- **最终聚焦精度预设：**为最终聚焦提供快速、轻松的解决方案，包括【草图级】、【低】、【中】、【高】及【很高】5个选项。
- **初始最终聚焦点密度：**最终聚焦点密度的倍增。增加该值会增加图像中最终聚焦点的密度。
- **每最终聚焦点光线数目：**设置使用多少光线来计算最终聚焦中的间接照明。
- **插值的最终聚焦点数：**控制用于图像采样的最终聚焦点数。
- **漫反射反弹次数：**设置mental ray为单个漫反射光线计算的漫反射光反弹的次数。
- **权重：**控制漫反射反弹有多少间接光照影响最终聚焦的解决方案。
- **噪波过滤（减少斑点）：**使用从同一点发射的相邻最终聚焦光线的中间过滤器。
- **草图模式（无预先计算）：**启用该选项后，最终聚焦将跳过预先计算阶段。
- **最大深度/最大反射/最大折射：**设置光线的最大深度、反射和折射。
- **使用衰减（限制光线距离）：**启用该选项后，利用【开始】和【停止】参数可以限制使用环境颜色前用于重新聚集的光线的长度。

- 使用半径插值法（不使用最终聚集点数）：启用该选项后，其下面的选项才可用。

### 2．焦散和全局照明（GI）

展开【焦散和全局照明（GI）】卷展栏，如图8-43所示。

- 焦散：该选项组中的参数主要用于设置焦散效果。
  - 启用：启用该选项后，mental ray渲染器会计算焦散效果。
  - 每采样最大光子数：设置用于计算焦散强度的光子个数。增大该值可以使焦散产生较少的噪点，但图像会变得模糊。
  - 最大采样半径：启用该选项后，可以使用微调器来设置光子大小。
  - 过滤器：指定锐化焦散的过滤器，包括【长方体】、【圆锥体】和【Gauss（高斯）】3种过滤器。
  - 过滤器大小：选择【圆锥体】作为焦散过滤器时，该选项用来控制焦散的锐化程度。

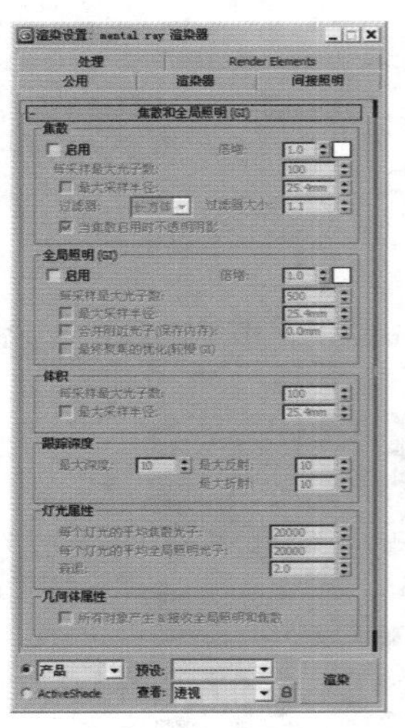
图8-43

  - 当焦散启用时不透明阴影：启用该选项后，阴影为不透明。
- 全局照明（GI）：该选项组中的参数主要用于设置全局照明效果。
  - 启用：启用该选项后，mental ray渲染器会计算全局照明。
  - 合并附近光子（保存内存）：启用该选项后，可以减少光子贴图的内存使用量。
  - 最终聚焦的优化（较慢GI）：如果在渲染场景之前启用该选项，那么mental ray渲染器将计算信息，以加速重新聚集的进程。
- 灯光属性：该选项组中的参数主要用于设置灯光与焦散和全局照明的关系。
  - 每个灯光的平均焦散光子：设置用于焦散的每束光线所产生的光子数量。
  - 每个灯光的平均全局照明光子：设置用于全局照明的每束光线产生的光子数量。
  - 衰退：当光子移离光源时，该选项用于设置光子能量的衰减方式。
- 几何体属性：该选项组中只有一个【所有对象产生&接收全局照明和焦散】选项，启用该选项后，在渲染场景时，场景中的所有对象都会产生并接收焦散和全局照明。

## 8.4.2 渲染器

【渲染器】选项卡中的参数可以用来设置【采样质量】、【渲染算法】、【摄影机效果】、【阴影与置换】等，在这里将重点讲解【采样质量】卷展栏下的参数，如图8-44所示。

图8-44

- 最小值：设置最小采样率。该值代表每个像素的采样数量，大于或等于1时表示对每个像素进行一次或多次采样；分数值代表对n个像素进行一次采样（例如，对于每4个像素，1/4就是最小的采样数）。
- 最大值：设置最大采样率。
- 类型：指定采样器的类型。
- 宽度/高度：设置过滤区域的大小。
- 锁定采样：启用该选项后，mental ray渲染器对于动画的每一帧都使用同样的采样模式。
- 抖动：开启该选项后可以避免出现锯齿现象。
- 渲染块宽度顺序：设置每个渲染块的大小和顺序。
- 帧缓冲区类型：选择输出帧缓冲区的位深的类型。

# 8.5 Quicksilver 硬件渲染器

Quicksilver 硬件渲染器使用图形硬件生成渲染，该渲染器的一个优点是其渲染速度较快。默认设置是提供快速渲染。 如图8-45所示为使用Quicksilver 硬件渲染器和使用mental ray渲染器的对比效果。

图8-45

Quicksilver 硬件渲染器同时使用CPU（中央处理器）和图形处理器 （GPU）加速渲染，这类似于 3ds Max 内的游戏引擎渲染器。CPU 的主要作用是转换场景数据以进行渲染，包括为使用中的特定图形卡编译明暗器。因此，渲染第一帧要花费一段时间，直到明暗器编译完成。这在每个明暗器上只发生一次：越频繁使用 Quicksilver 渲染器，其速度就越快。

在Autodesk 3ds Max 2016 中可以渲染多个透明曲面。如图8-46所示为将汽车渲染为透明实体以显示内部零件，而且阴影也显示为透明。

Quicksilver 硬件渲染器的主卷展栏如同 iray 渲染器的主卷展栏，可以通过设置渲染时要花费的时间或要执行的迭代次数来调整渲染质量。【渲染器】选项卡如图8-47所示。

图8-46

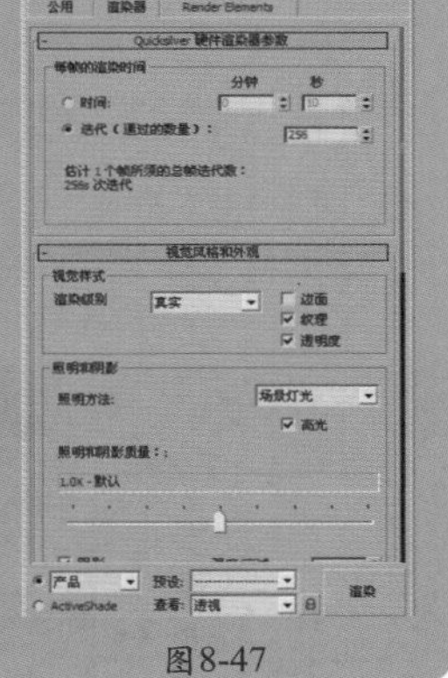

图8-47

- 每帧渲染持续时间：允许用户指定如何控制渲染过程。
  - 时间：以分钟和秒为单位设置渲染持续时间。默认值为 10 秒。
  - 迭代（通过的数量）：设置要运行的迭代次数。默认设置为 256。
- 渲染级别：选择渲染的样式。选项包括非照片级真实感选项，其中包括真实、明暗处理、一致的色彩、隐藏线、线框、墨水、彩色墨水、亚克力、Tech、Graphite、彩色铅笔和彩色蜡笔，如图8-48所示。

图8-48

- 边面：启用该选项后，渲染会显示面边。默认设置为禁用。
- 纹理：启用该选项后，渲染会显示纹理贴图。默认设置为禁用。
- 透明度：启用该选项后，具有透明材质的对象被渲染为透明。默认设置为启用。
- 照明方法：选择照亮渲染的方式，使用【场景灯光】或【默认灯光】（即视口照明）。默认设置为场景灯光。
- 高光：启用该选项后，渲染将包含来自照明的高光。默认设置为禁用。
- 间接照明：启用该选项后，启用间接照明。间接照明通过将反射光线计算在内，提高照明的质量。当间接照明启用时，其控件变为可用。默认设置为禁用状态。包括倍增、采样分布区域、衰退、启用间接照明阴影 。
- 阴影：启用该选项后，将使用阴影渲染场景。默认设置为启用状态。
  - 强度/衰减：控制阴影的强度。值越大，阴影就越暗。
  - 软阴影精度：缩放场景中区域灯光的采样值。
- Ambient Occlusion：启用该选项后，启用 Ambient Occlusion (AO)。AO 通过将对象的接近度计算在内，提高阴影质量。当 AO 启用时，其控件变为可用。默认设置为禁用状态。
  - 强度 / 衰减：控制 AO 效果的强度。值越大，阴影越暗。
  - 半径：以 3ds Max 单位定义半径，Quicksilver 渲染器在该半径中查找阻挡对象。值越大，覆盖的区域就越大。

## 综合实例：利用Quicksilver硬件渲染器渲染风格化效果

| | |
|---|---|
| 场景文件 | 03.max |
| 案例文件 | 综合实例：利用Quicksilver硬件渲染器渲染风格化效果.max |
| 视频教学 | 多媒体教学/Chapter 08/综合实例：利用Quicksilver硬件渲染器渲染风格化效果.flv |
| 难易指数 | ★★★☆☆ |
| 灯光类型 | VR-灯光 |
| 材质类型 | VRayMtl材质 |
| 程序贴图 | 无 |
| 技术掌握 | 掌握使用Quicksilver硬件渲染器渲染风格化效果的方法 |

### 实例介绍

本实例是一个客厅空间，利用Quicksilver硬件渲染器将原有的正常效果图渲染为风格化效果是本实例的重点，最终效果如图8-49所示。

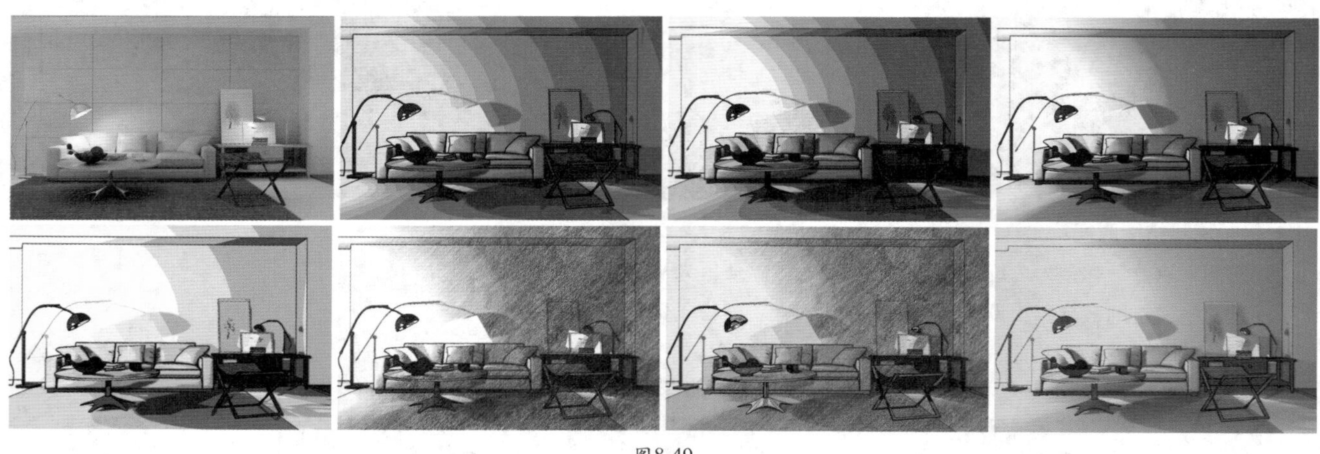

图8-49

### 操作步骤

#### Part 1 设置灯光并进行草图渲染

打开本书配套光盘中的【场景文件/Chapter08/03.max】文件，此时的场景效果如图8-50所示。

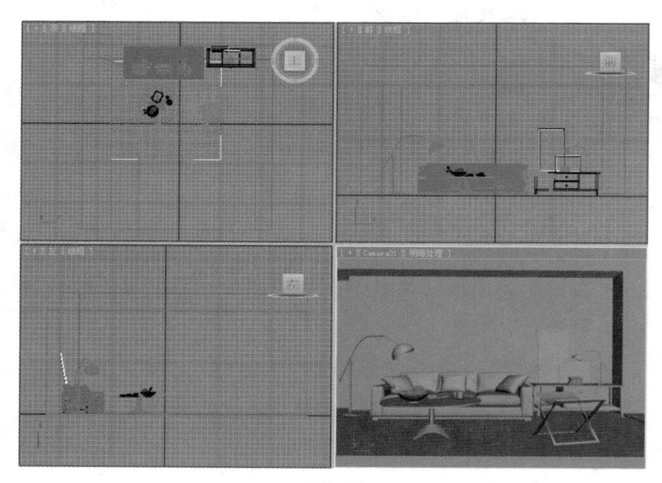

图8-50

本实例创建的光源主要有两种，第一种是使用VR-灯光制作的主光源，第二种是使用VR-灯光制作的辅助光源。

1. 创建主光源

**步骤01** 在左视图中按住并拖曳鼠标，创建一盏VR-灯光，然后使用【选择并移动】工具复制一盏，并将其放置在合适的位置，接着在各个视图中调整其位置，如图8-51所示。

**步骤02** 选择步骤01创建的VR-灯光，并在【修改】面板中调节具体参数，如图8-52所示。

- 在【常规】选项组中设置【类型】为【平面】，在【强度】选项组中设置【倍增】为1.6，调节颜色为浅黄色。
- 在【大小】选项组中设置【1/2长】为880mm，【1/2宽】为1400mm。
- 在【选项】选项组中选中【不可见】复选框，设置【细分】为20，如图8-52所示。

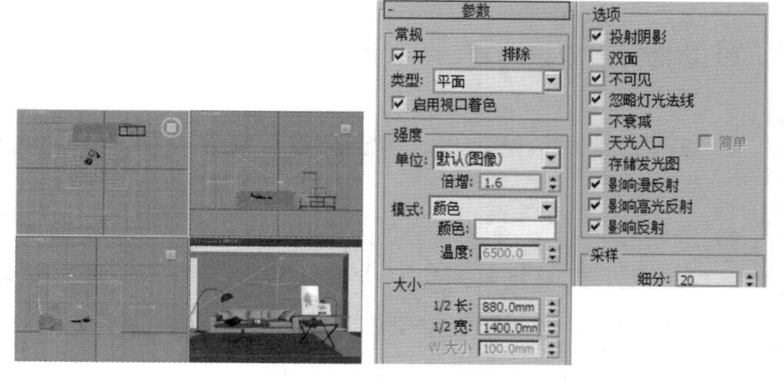


图8-51 图8-52

**步骤03** 按F10键，打开【渲染设置】窗口。首先设置【V-Ray】和【GI】选项卡下的参数，刚开始设置的是一个草图设置，目的是进行快速渲染，具体参数设置如图8-53所示。

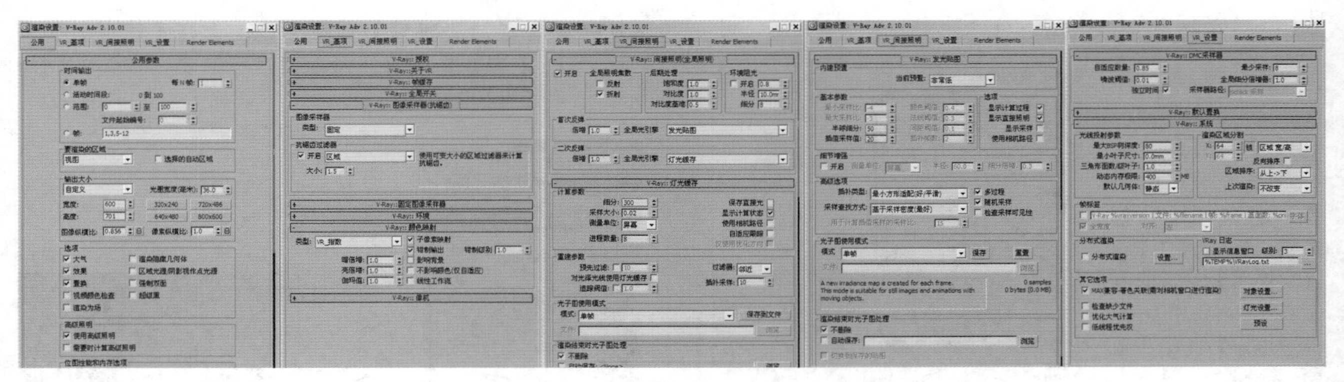

图8-53

步骤04 按Shift+Q组合键，快速渲染摄影机视图，其渲染效果如图8-54所示。

通过上面的渲染效果可以看出，客厅场景中的亮度基本符合要求，接下来需要制作客厅场景中的辅助光源。

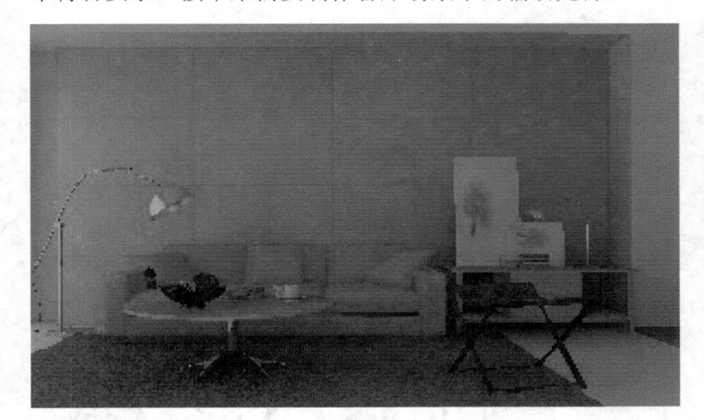

图8-54

## 2. 创建辅助光源

步骤01 在顶视图中创建一盏灯光，具体的位置如图8-55所示。

步骤02 选择步骤01创建的VR-灯光，然后在【修改】面板中设置具体的参数，如图8-56所示。

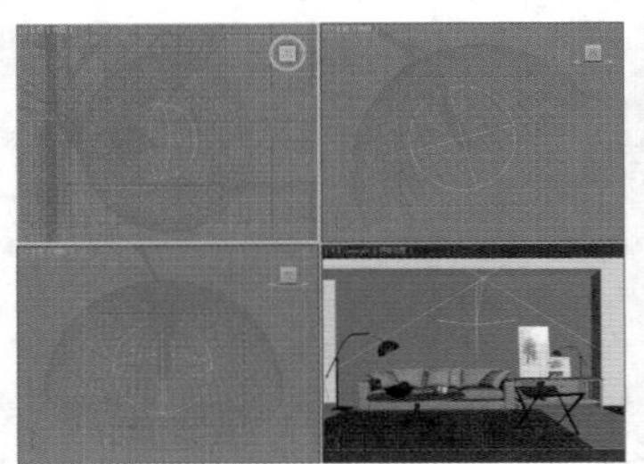

图8-55

图8-56

- 在【常规】选项组中设置【类型】为【球体】，在【强度】选项组中设置【倍增】为50，【颜色】为浅黄色。
- 在【大小】选项组中设置【半径】为60mm，选中【不可见】复选框，设置【细分】为20。

步骤03 创建一盏VR-灯光，并将其移动到落地灯灯罩内，具体位置如图8-57所示。选择该灯光，然后在【修改】面板中设置具体参数，如图8-58所示。

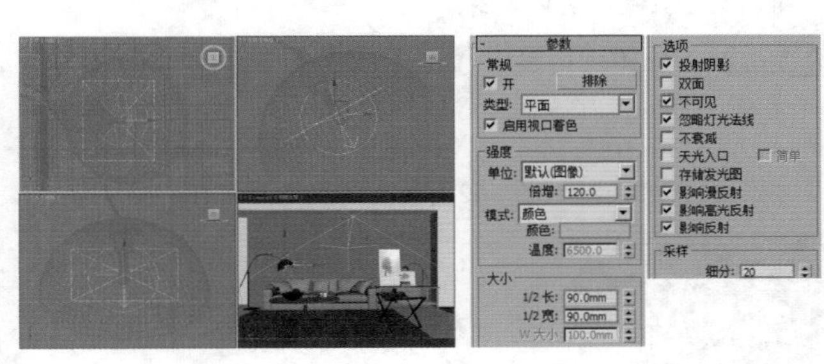

图8-57　　图8-58

- 在【常规】选项组中设置【类型】为【平面】，在【强度】选项组中设置【倍增】为120，调节【颜色】为浅黄色。
- 在【大小】选项组中设置【1/2长】和【1/2宽】均为90mm，选中【不可见】复选框，设置【细分】为20。

步骤04 选择上面创建的两盏灯光，使用【选择并移动】工具移动并复制到另一盏落地灯的灯罩内，位置如图8-59所示。

步骤05 按Shift+Q组合键，快速渲染摄影机视图，其渲染效果如图8-60所示。

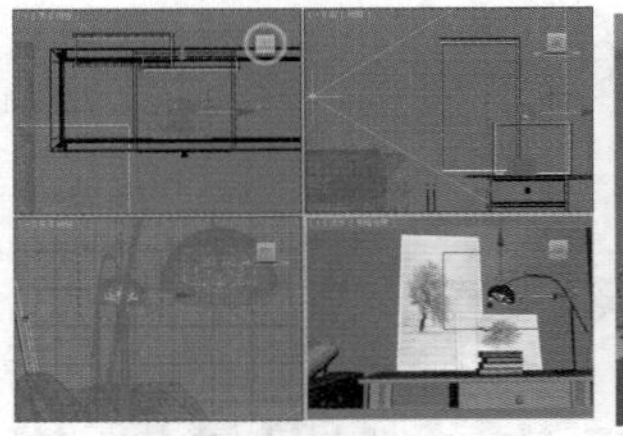

图8-59

图8-60

以上是使用【VRay渲染器】渲染的图像，接下来需要将渲染器设置为【Quicksilver硬件渲染器】，并渲染风格化的效果。

## Part 2 设置Quicksilver硬件渲染器

按F10键，打开【渲染设置】窗口，选择【公用】选项卡，在【指定渲染器】卷展栏中单击...按钮，在弹出的【选择渲染器】对话框中选择【Quicksilver硬件渲染器】选项，如图8-61所示。

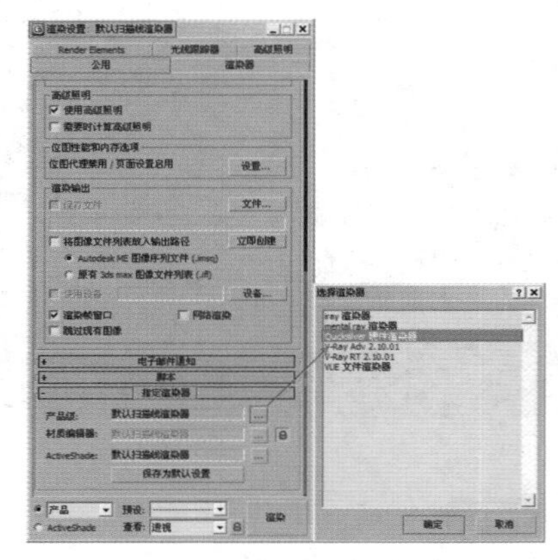

图8-61

## Part 3 渲染风格化效果

**步骤01** 按F10键，打开【渲染设置】窗口，选择【渲染器】选项卡，展开【视觉风格和外观】卷展栏，在【渲染级别】下拉列表中选择【墨水】选项，接着单击【渲染】按钮对视图进行渲染，如图8-62所示。渲染效果如图8-63所示。

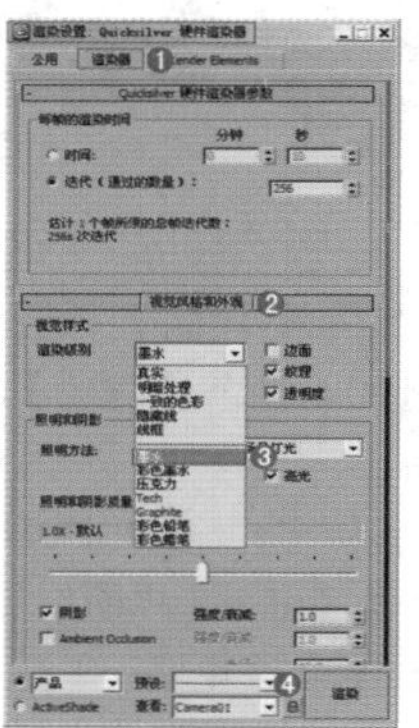

图8-62

图8-63

**步骤02** 在【渲染级别】下拉列表中选择【彩色墨水】选项，单击【渲染】按钮，对视图进行渲染，如图8-64所示。渲染效果如图8-65所示。

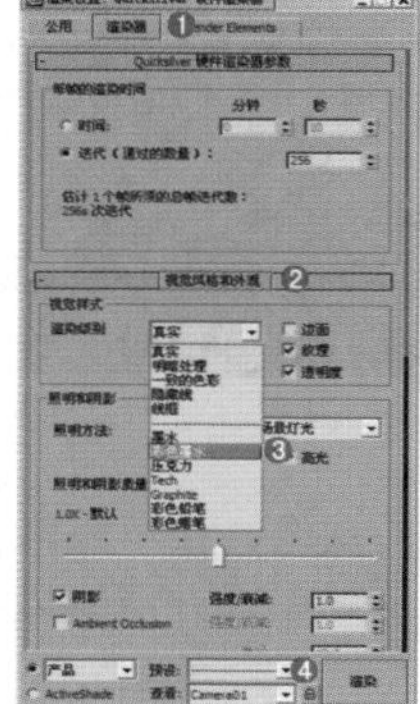

图8-64

图8-65

**步骤03** 在【渲染级别】下拉列表中选择【亚克力】选项，单击【渲染】按钮，对视图进行渲染，如图8-66所示。渲染效果如图8-67所示。

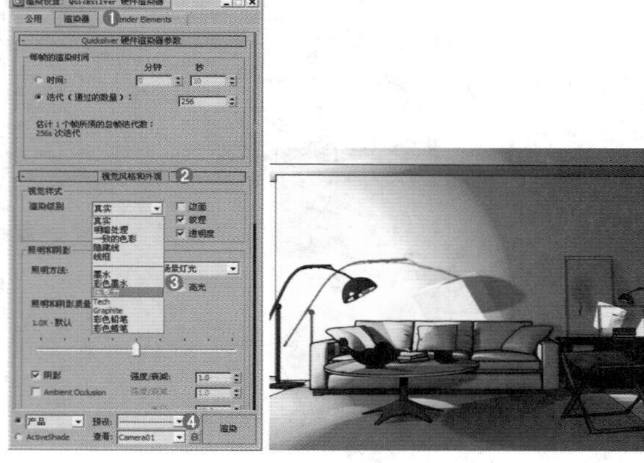

图8-66　图8-67

**步骤04** 在【渲染级别】下拉列表中选择【Tech】选项，单击【渲染】按钮，对视图进行渲染，如图8-68所示。渲染效果如图8-69所示。

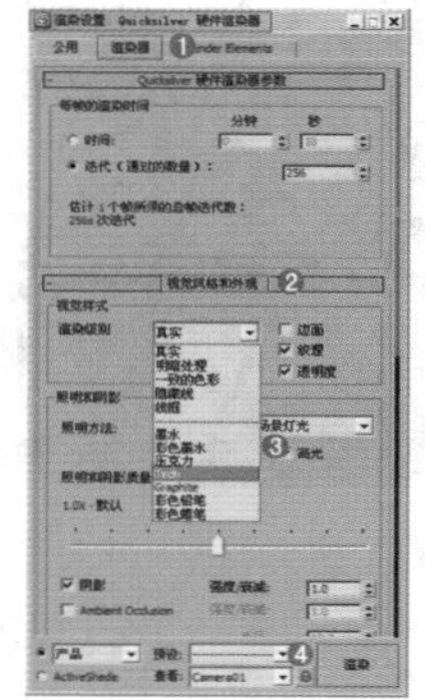

图8-68

图8-69

**步骤05** 在【渲染级别】下拉列表中选择【Graphite】选项，单击【渲染】按钮，对视图进行渲染，如图8-70所示。渲染效果如图8-71所示。

图8-70

图8-71

**步骤06** 在【渲染级别】下拉列表中选择【彩色铅笔】选项，单击【渲染】按钮，对视图进行渲染，如图8-72所示。渲染效果如图8-73所示。

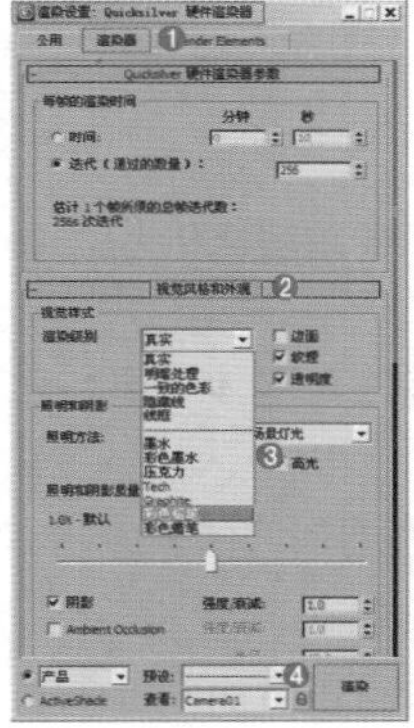

图8-72

图8-73

**步骤07** 在【渲染级别】下拉列表中选择【彩色蜡笔】选项，单击【渲染】按钮，对视图进行渲染，如图8-74所示。渲染效果如图8-75所示。

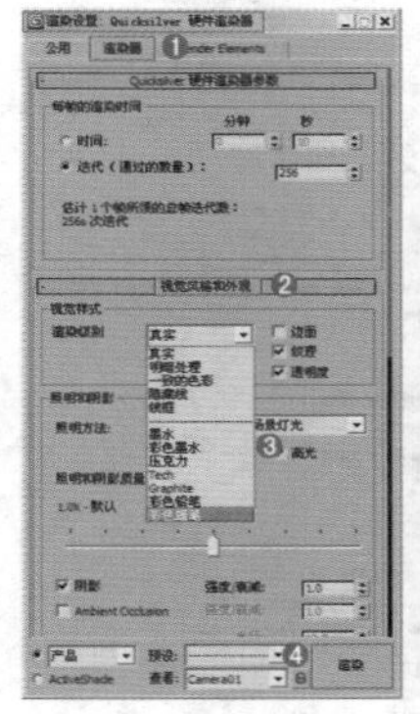

图8-74

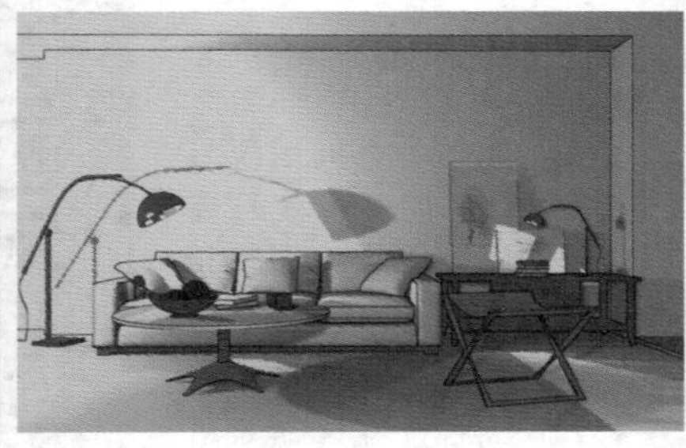

图8-75

## 8.6 VRay渲染器

VRay渲染器是由Chaosgroup和Asgvis公司出品，在我国由曼恒公司负责推广的一款高质量渲染软件。VRay是目前业界最受欢迎的渲染引擎。VRay渲染器的高质量渲染，在图像的质感、光照、细致度等方面都是最优秀的，另外在效果图、建筑、CG、影视等方面也都应用广泛，缺点是渲染速度略慢。本节将会重点对VRay渲染器进行讲解。如图8-76所示为使用VRay渲染器制作的优秀作品。

图8-76

安装好VRay渲染器之后，若想使用该渲染器来渲染场景，可以按F10键，打开【渲染设置】窗口，然后在【公用】选项卡中展开【指定渲染器】卷展栏，接着单击【产品级】选项后面的【选择渲染器】按钮...，最后在弹出的【选择渲染器】对话框中选择VRay渲染器即可，如图8-77所示。

VRay渲染器参数主要包括【公用】、【V-Ray】、【GI】、【设置】和【Render Elements（渲染元素）】5个选项卡，如图8-78所示。下面将重点讲解【V-Ray】、【GI】和【设置】这3个选项卡中的参数。

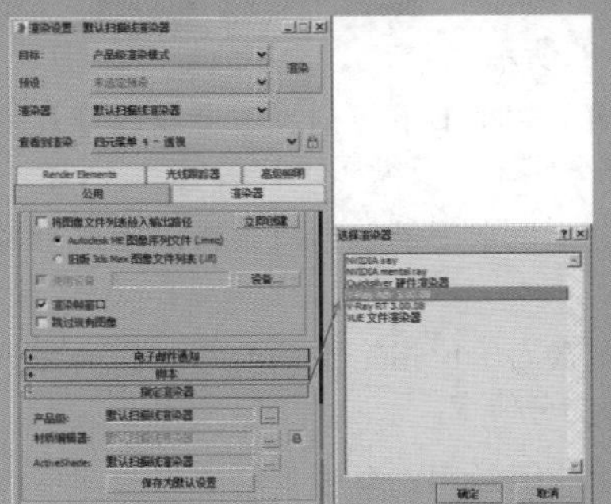

图8-77

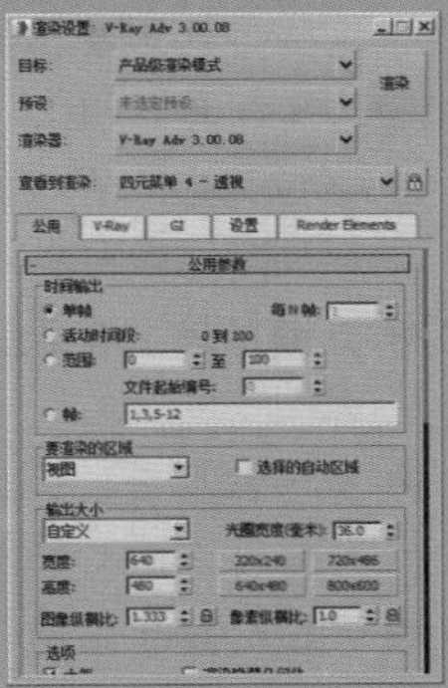

图8-78

### 8.6.1 公用

#### 1. 公用参数

【公用参数】卷展栏用来设置所有渲染器的公用参数，其参数面板如图8-79所示。

#### ① 时间输出

在【时间输出】选项组中可以选择要渲染的帧，其参数面板如图8-80所示。

● 单帧：仅当前帧。

● 活动时间段：活动时间段为显示在时间滑块内的当前帧范围。

● 范围：指定两个数字之间（包括这两个数）的所有帧。

● 帧：可以指定非连续帧，帧与帧之间用逗号隔开（例如 2，5）或连续的帧范围用连字符相连（例如 0-5）。

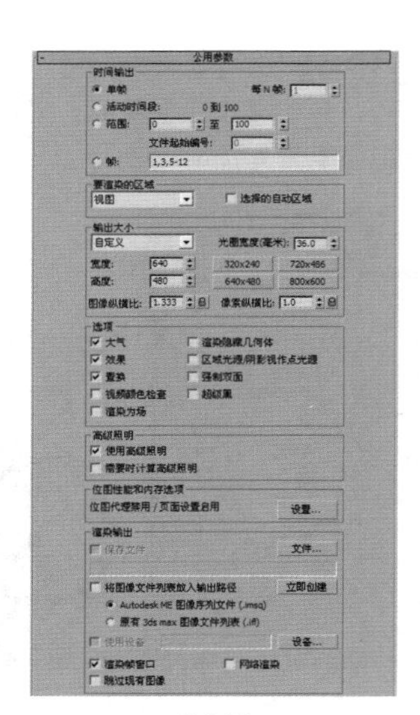

图8-79

## ❷ 要渲染的区域

【要渲染的区域】选项组控制渲染的区域部分，其参数面板如图8-81所示。

● 要渲染的区域：包括视图、选定对象、区域、裁剪和放大。

● 选择的自动区域：控制选择的自动渲染区域。

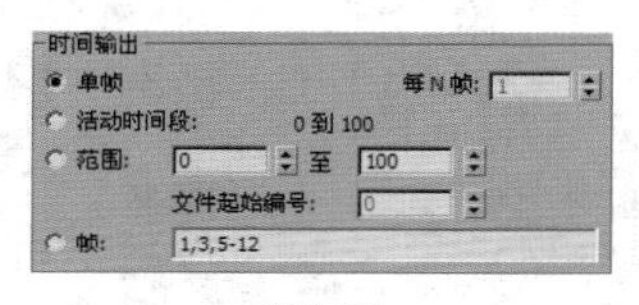


图8-80

图8-81

## ❸ 输出大小

【输出大小】选项组控制选择一个预定义的大小或在【宽度】和【高度】字段（像素为单位）中输入的另一个大小，这些控件影响图像的纵横比。其参数面板如图8-82所示。

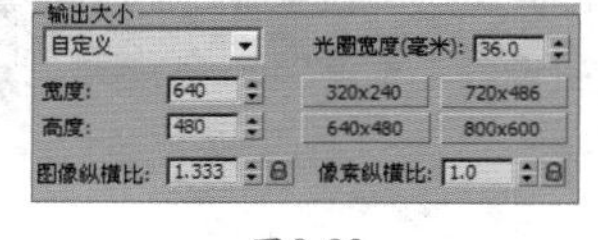


图8-82

● 下拉列表：在【输出大小】下拉列表中可以选择几个标准的电影和视频分辨率以及纵横比。

● 光圈宽度（毫米）：指定用于创建渲染输出的摄影机光圈宽度。

● 宽度和高度：以像素为单位指定图像的宽度和高度，从而设置输出图像的分辨率。

● 预设分辨率按钮（320×240、640×480 等）：单击可以选择一个预设分辨率。

● 图像纵横比：设置图像的纵横比。

● 像素纵横比：设置显示在其他设备上的像素纵横比。

● 🔒“像素纵横比”左边的锁定按钮：可以锁定像素纵横比。

## ❹ 选项

【选项】选项组控制渲染的9种选项的开关，其参数面板如图8-83所示。

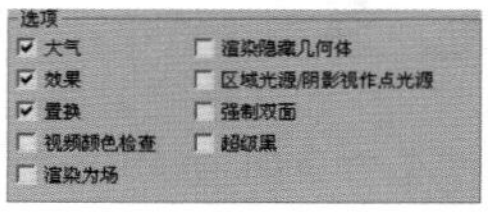

● 大气：启用该选项后，渲染任何应用的大气效果，如体积雾。

图8-83

● 效果：启用该选项后，渲染任何应用的渲染效果，如模糊。

● 置换：渲染任何应用的置换贴图。

● 渲染为场：为视频创建动画时，将视频渲染为场，而不是渲染为帧。

● 渲染隐藏几何体：渲染场景中所有的几何体对象，包括隐藏的对象。

● 强制双面：双面材质渲染可渲染所有曲面的两个面。

## ❺ 高级照明

【高级照明】选项组控制是否使用高级照明，其参数面板如图8-84所示。

图8-84

● 使用高级照明：启用该选项后，3ds Max 将在渲染过程中提供光能传递解决方案或光跟踪。

● 需要时计算高级照明：启用该选项后，当需要逐帧处理时，3ds Max 计算光能传递。

## ❻ 位图性能和内存选项

【位图性能和内存选项】选项组控制全局设置和位图代理的数值，其参数面板如图8-85所示。

图8-85

● 设置：单击以打开【位图代理】对话框的全局设置和默认值。

## ❼ 渲染输出

【渲染输出】选项组控制最终渲染输出的参数，其参数面板如图8-86所示。

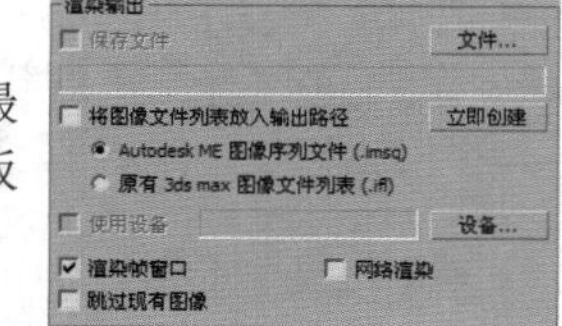

图8-86

● 保存文件：启用该选项后，进行渲染时 3ds Max 会将渲染后的图像或动画保存到磁盘中。

● 文件：打开【渲染输出文件】对话框，指定输出文件名、格式及路径。

● 将图像文件列表放入输出路径：启用该选项后，可创建图像序列 (IMSQ) 文件，并将其保存在与渲染相同的目录中。

● 立即创建：单击以“手动”创建图像序列文件，但此时首先必须为渲染自身选择一个输出文件。

- 原有 3ds Max 图像文件列表 (.ifl)：启用该选项后，可以创建由 3ds Max 的旧版本创建的各种图像文件列表 (IFL) 文件。
- 渲染帧窗口：在渲染帧窗口中显示渲染输出。
- 网络渲染：启用网络渲染。如果启用该选项，在渲染时将看到【网络作业分配】对话框。
- 跳过现有图像：启用该选项且启用【保存文件】后，渲染器将跳过序列中已经渲染到磁盘中的图像。

## 2．电子邮件通知

使用【电子邮件通知】卷展栏可使渲染作业发送电子邮件通知，这类似于网络渲染。如果启动冗长的渲染（如动画），并且不需要在系统上花费所有时间，这种通知就非常有用。其参数面板如图8-87所示。

- 启用通知：启用该选项后，渲染器将在某些事件发生时发送电子邮件通知。默认设置为禁用状态。

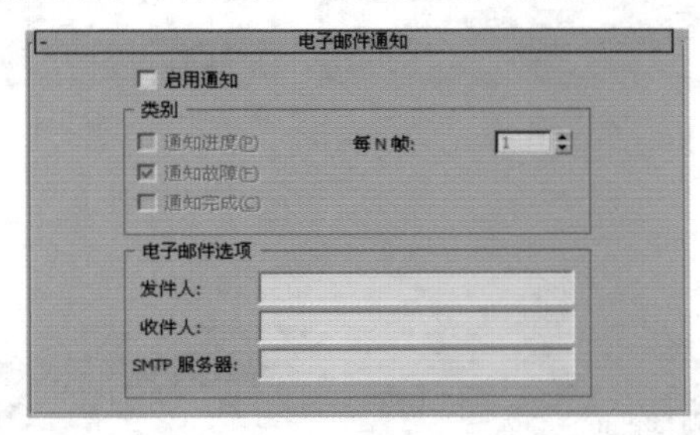


图8-87

## 3．脚本

使用【脚本】卷展栏可以指定在渲染之前和之后要运行的脚本，其参数面板如图8-88所示。

### ❶ 预渲染

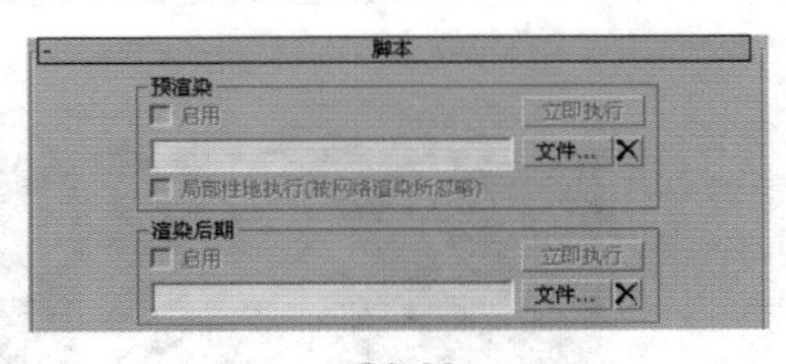


图8-88

- 启用：启用该选项后，启用脚本。
- 立即执行：单击可“手动”执行脚本。
- 文件名字段：选定脚本后，该字段将显示其路径和名称。另外，用户还可以编辑该字段。
- 文件：单击该按钮可以打开【文件】对话框，并且选择要运行的预渲染脚本。
- ☒删除文件：单击该按钮可以删除脚本。
- 本地执行（被网络渲染忽略）：启用该选项后，必须本地运行脚本。如果使用网络渲染，则忽略脚本。默认设置为禁用状态。

### ❷ 渲染后期

- 启用：启用该选项后，启用脚本。
- 立即执行：单击可“手动”执行脚本。
- 文件名字段：选定脚本后，该字段将显示其路径和名称。另外，用户还可以编辑该字段。
- 文件：单击该按钮可以打开【文件】对话框，并且选择要运行的后期渲染脚本。
- ☒删除文件：单击该按钮可以删除脚本。

## 4．指定渲染器

对于每个渲染类别，【指定渲染器】卷展栏都会显示当前指定的渲染器名称和可以更改该指定的按钮。其参数面板如图8-89所示。

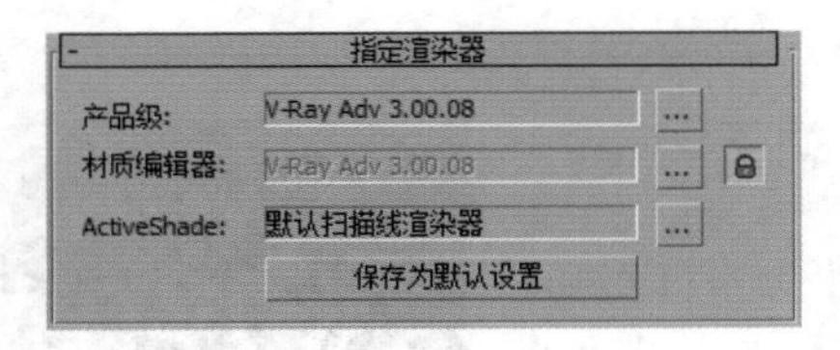


图8-89

- 【选择渲染器】按钮…：单击该按钮可更改渲染器指定。单击该按钮会弹出【选择渲染器】对话框。如图8-90所示为指定渲染器为VRay渲染器的方法。

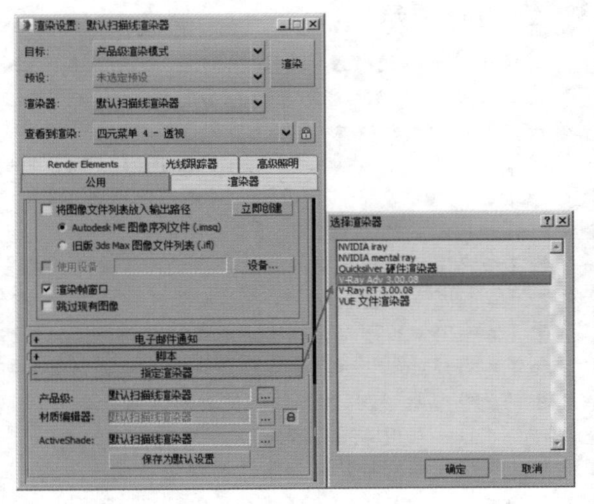


图8-90

- 产品级：选择用于渲染图形输出的渲染器。
- 材质编辑器：选择用于渲染【材质编辑器】中示例的渲染器。
- 锁定按钮🔒：默认情况下，示例窗渲染器被锁定为与产品级渲染器相同的渲染器。
- ActiveShade：选择用于预览场景中照明和材质更改效果的 ActiveShade 渲染器。
- 保存为默认设置：单击该选项后可将当前渲染器指定保存为默认设置，以便下次重新启动 3ds Max 时确保它们处于活动状态。

## 8.6.2 V-Ray

### 1. 授权

【V-Ray::授权】卷展栏主要呈现的是VRay的注册信息，注册文件一般都放置在C:\Program Files\Common Files\ChaosGroup\vrlclient.xml中，如果用户的计算机中以前安装过低版本的VRay，在安装VRay 3.00.08的过程中若出现问题，可以把这个文件删除以后再进行安装。其参数面板如图8-91所示。

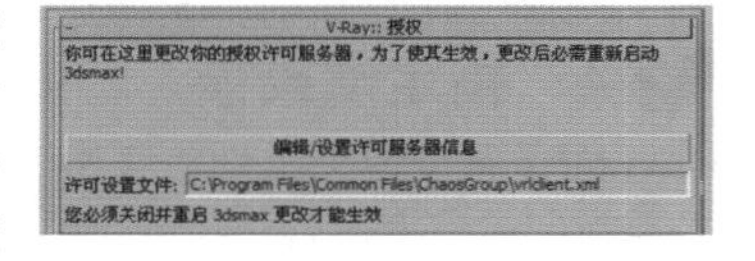


图8-91

### 2. 关于VRay

在【关于VRay】卷展栏中，用户可以看到关于VRay的官方网站地址以及当前渲染器的版本号、Logo等，如图8-92所示。

图8-92

### 3. 帧缓存

【帧缓存】卷展栏中的参数可以代替3ds Max自身的帧缓冲窗口，在这里可以设置渲染图像的大小以及保存渲染图像等。其参数设置面板如图8-93所示。

- **启用内置帧缓存**：当选中该复选框后，用户就可以使用VRay自身的渲染窗口。需要注意的是，与此同时应关闭3ds Max默认的渲染窗口，这样可以节约一些内存资源，如图8-94所示。

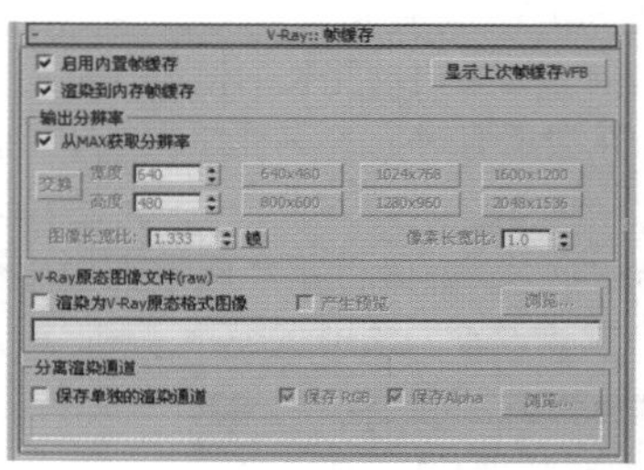


图8-93

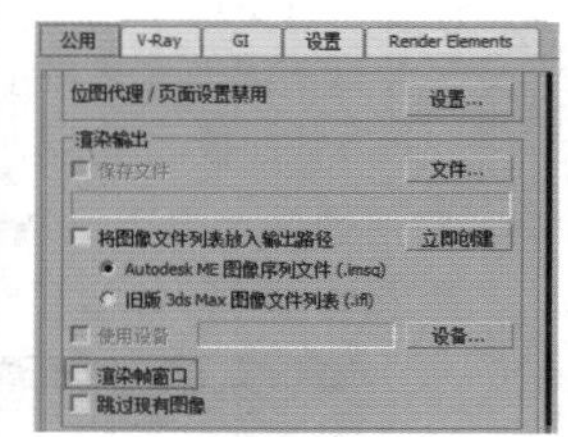


图8-94

### 技巧提示

在默认情况下进行渲染，使用的是3ds max自身的帧缓冲窗口，而选中【启用内置帧缓存】复选框后，使用的是VR渲染器内置的内置帧缓冲器，如图8-95所示。

图8-95

- 【切换颜色显示模式】按钮：分别为【切换到RGB通道】、【查看红色通道】、【查看绿色通道】、【查看蓝色通道】、【切换到alpha通道】和【单色模式】。
- 【保存图像】按钮：将渲染后的图像保存到指定的路径中。
- 【载入图像】按钮：单击该按钮可以将图像进行载入。
- 【清除图像】按钮×：清除帧缓存中的图像。
- 【复制到Max中的帧缓存】按钮：单击该按钮可以将VRay帧缓存中的图像复制到3ds Max的帧缓存中，同时会自动弹出3ds Max中的帧缓存窗口，如图8-96所示。

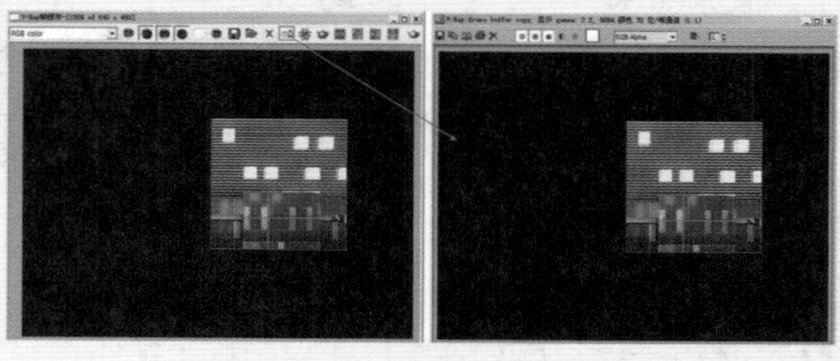

图8-96

- 【跟踪鼠标渲染】按钮：强制渲染鼠标所指定的区域，这样可以快速观察到指定的渲染区域，如图8-97所示。
- 【区域渲染】按钮：可以划定需要进行渲染的部分区域进行局部渲染，如图8-98所示。
- 【连接VR帧缓存到PD播放器】按钮：该按钮可以将VR帧缓存连接到PD播放器。
- 【交换A/B】按钮：单击该按钮可以将A/B位置进行交换。
- 【水平比较】按钮：单击该按钮可以将A/B进行水平左右对比。
- 【垂直比较】按钮：单击该按钮可以将A/B进行垂直上下对比。
- 【渲染上次】按钮：单击该按钮可以渲染上次的图像。
- 【显示校正控制器】按钮：单击该按钮会弹出【颜色校正】对话框，在该对话框中可以校正渲染图像的颜色。

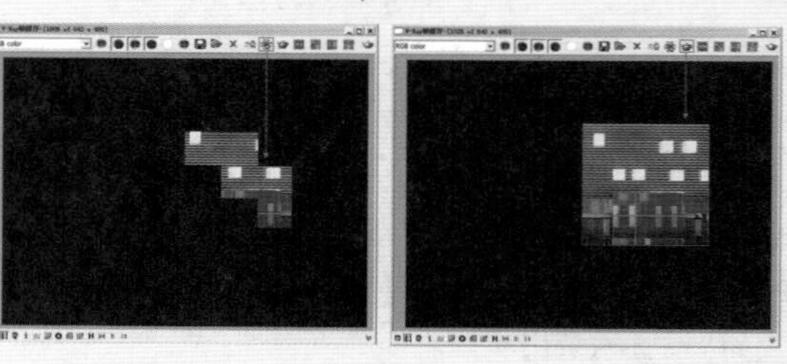

图8-97　　图8-98

- 【强制颜色箝位】按钮：单击该按钮可以对渲染图像中超出显示范围的色彩不进行警告。

● 【查看钳制颜色】按钮：单击该按钮可以查看钳制区域中的颜色。

● 【显示像素通知】按钮：单击该按钮会弹出一个与像素相关的信息通知对话框，如图8-99所示。

● 【使用色阶校正】按钮：在【颜色校正】对话框中调整明度的阈值后，单击该按钮可以将最后调整的结果显示或不显示在渲染的图像中。

● 【使用颜色曲线校正】按钮：在【颜色校正】对话框中调整好曲线的阈值后，单击该按钮可以将最后调整的结果显示或不显示在渲染的图像中。

● 【使用曝光校正】按钮：该按钮用于控制是否对曝光进行修正。

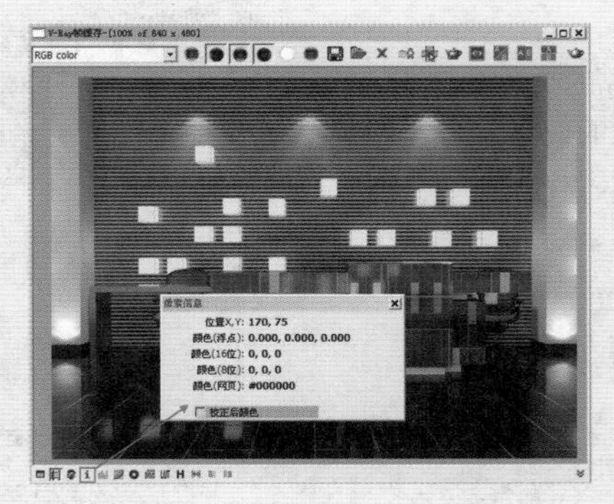

图8-99

● 【显示sRGB颜色空间】按钮：sRGB是国际通用的一种RGB颜色模式，另外还有Adobe RGB和ColorMatch RGB模式，这些RGB模式主要的区别就在于Gamma值的不同。

● 【使用LUT校正】按钮：单击该按钮可以使用LUT颜色较正。

● 【打开帧缓冲历史对话框】按钮H：单击该按钮可以打开曾经渲染过的帧缓冲对话框。

● 【使用像素长宽比】按钮：单击该按钮可以允许使用像素的长宽比。

● 【立体图像红/青】按钮：单击该按钮可以显示立体的红/青图像。

● 【立体图像绿/品红】按钮：单击该按钮可以显示立体的绿/品红图像。

- **渲染到内存帧缓存**：启用该选项后，可以将图像渲染到内存中，然后再由帧缓存窗口显示出来，这样可以方便用户观察渲染的过程。
- **从Max获取分辨率**：启用该选项后，将从3ds Max的【渲染设置】对话框的【公用】选项卡的【输出大小】选项组中获取渲染尺寸。
- **像素长宽比**：控制渲染图像的长宽比。
- **宽度**：设置像素的宽度。
- **长度**：设置像素的长度。
- **渲染为VRay Raw格式图像**：启用该选项后，渲染的图像将以.vrimg的文件格式进行保存。

## 4. 全局开关

【全局开关】展卷栏中的参数主要用来对场景中的灯光、材质、置换等进行全局设置，例如是否使用默认灯光、是否开启阴影以及是否开启模糊等，其参数面板如图8-100所示。

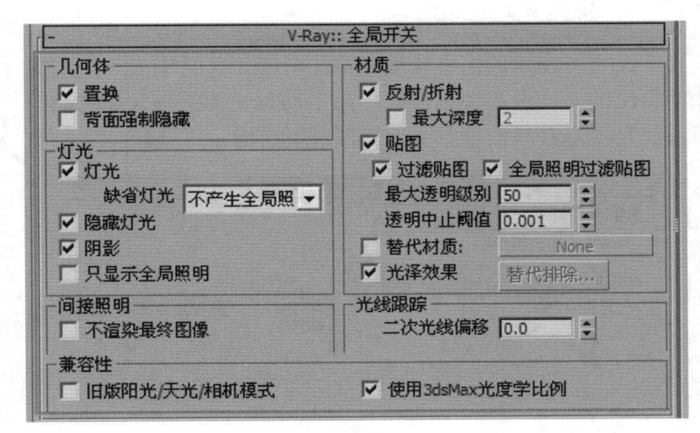


图8-100

### ❶ 几何体

- **置换**：控制是否开启场景中的置换效果。在VRay的置换系统中一共有两种置换方式，分别是材质置换方式和VRay置换修改器方式，如图8-101所示。当关闭该选项后，场景中的两种置换都不会起作用。
- **背面强制隐藏**：执行3ds Max中的【自定义】|【首选项】命令，在弹出对话框的【视口】选项卡中有一个【创建对象时背面消隐】选项，如图8-102所示。【背面强制隐藏】与【创建对象时背面消隐】选项相似，但【创建对象时背面消隐】只用于视图，对渲染没有影响，而【背面强制隐藏】是针对渲染而言的，启用该选项后反法线的物体将不可见。

图8-101

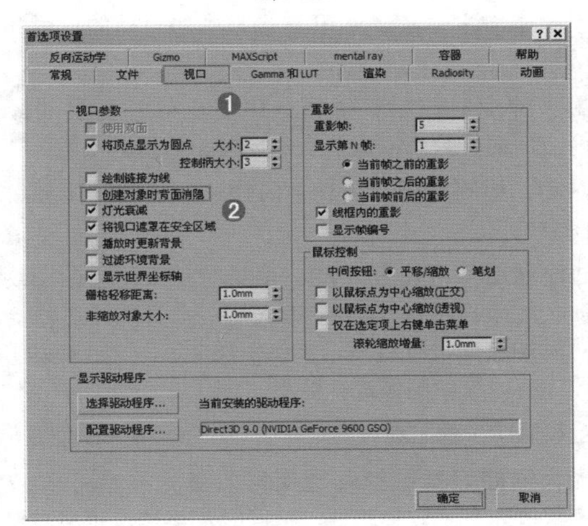


图8-102

### ❷ 灯光

- 灯光：当关闭该选项后，场景中放置的灯光将不起作用，如图8-103所示为关闭灯光选项时的效果。
- 缺省灯光：控制场景是否使用3ds Max系统中的默认光照，一般情况下将其关闭。
- 隐藏灯光：控制场景是否让隐藏的灯光产生光照。
- 阴影：控制场景是否产生阴影，如图8-104所示为关闭阴影选项的效果。

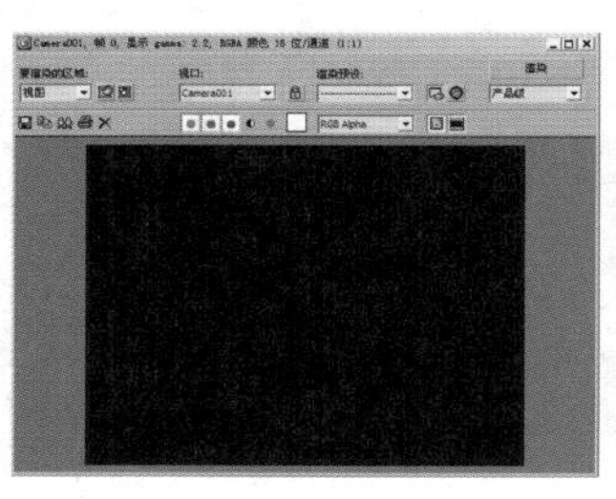

图8-103

图8-104

- 只显示全局照明：当启用该选项后，场景渲染结果只显示全局照明的光照效果，如图8-105所示。

图8-105

### ❸ 间接照明

- 不渲染最终图像：控制是否渲染最终图像。

### ❹ 材质

- 反射/折射：控制是否开启场景中的材质的反射和折射效果。
- 最大深度：控制整个场景中的反射、折射的最大深度，后面的数值框数值表示反射、折射的次数。
- 贴图：控制是否让场景中的物体的程序贴图和纹理贴图渲染出来。
- 过滤贴图：用来控制VRay渲染时是否使用贴图纹理过滤。如果启用该选项，VRay将用自身的【过滤器】来对贴图纹理进行过滤，如图8-106所示；如果关闭该选项，将以原始图像进行渲染。
- 全局照明过滤贴图：控制是否在全局照明中过滤贴图。
- 最大透明级别：控制透明材质被光线追踪的最大深度。值越高，效果越好，但同时渲染速度也将越慢。

图8-106

- 透明中止阈值：控制VRay渲染器对透明材质的追踪中止值。
- 替代材质：是否给场景赋予一个全局材质。
- 光泽效果：是否开启反射或折射模糊效果。

### ❺ 光线跟踪

- 二次光线偏移：主要用于检查建模时有无重面，并且纠正其反射出现的错误，在默认的情况下将产生黑斑，一般设为0.001。例如在图8-107中，地面上放了一个长方体，它的位置刚好和地面重合，当【二次光线偏移】数值为0时渲染结果不正确，出现黑斑；当【二次光线偏移】数值为0.001时，渲染结果正常，没有产生黑斑。

图8-107

### ❻ 兼容性

- 旧版阳光/天光/相机模式：由于3ds Max存在版本问题，因此该选项可以选择是否启用旧版阳光/天光/相机模式。
- 使用3ds Max光度学比例：默认情况下是选中该复选框的，也就是默认是使用3ds Max光度学比例的。

## 5. 图像采样器（抗锯齿）

抗锯齿在渲染设置中是一个必须调整的参数，其数值的大小决定了图像的渲染精度和渲染时间，但抗锯齿与全局照明精度的高低没有关系，只作用于场景物体的图像和物体的边缘精度，其参数设置面板如图8-108所示。

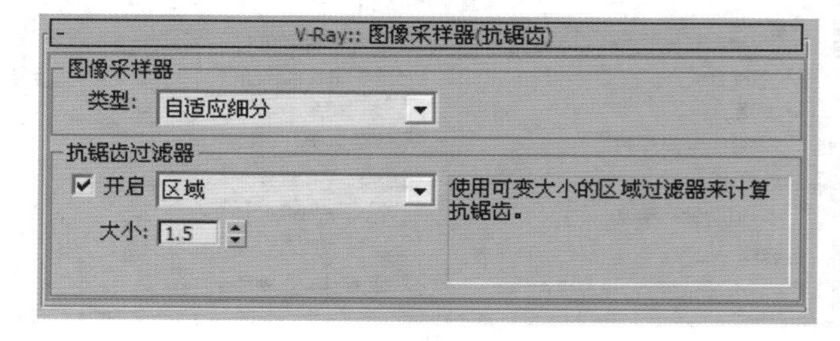


图8-108

- **类型**：用来设置图像采样器的类型，包括【固定】、【自适应】和【自适应细分】3种类型。
  - **固定**：对每个像素使用一个固定的细分值。该采样方式渲染速度比较快，但质量较差。其参数面板如图8-109所示，【细分】值越高，采样品质越高，渲染时间也越长。

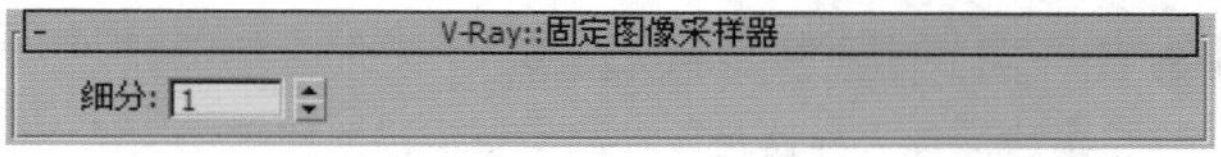

V-Ray::固定图像采样器
细分：1

图8-109

  - **自适应**：这种采样方式可以根据每个像素以及与它相邻像素的明暗差异，来使不同像素使用不同的样本数量。该采样方式适合拥有少量的模糊效果或者具有高细节的纹理贴图以及具有大量几何体面的场景，其参数面板如图8-110所示。
  - **自适应细分**：该采样器具有负值采样的高级抗锯齿功能，适用在没有或者有少量的模糊效果的场景中，在这种情况下，它的渲染速度最快，但是在具有大量细节和模糊效果的场景中，它的渲染速度会非常慢，渲染品质也不高。其参数面板如图8-111所示。

图8-110

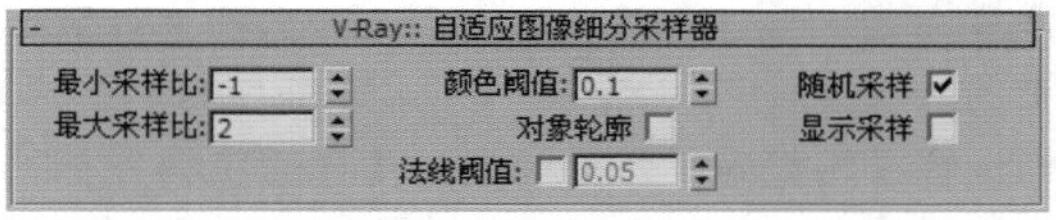

V-Ray:: 自适应图像细分采样器
最小采样比：-1
最大采样比：2
颜色阈值：0.1
对象轮廓
法线阈值：0.05
随机采样
显示采样

图8-111

**技巧提示**

一般情况下【固定】方式由于其速度较快而用于测试，细分值保持默认，在最终出图时选用【自适应】或【自适应细分】。对于具有大量模糊特效（如运动模糊、景深模糊、反射模糊、折射模糊）或高细节的纹理贴图场景，使用【固定】方式是兼顾图像品质与渲染时间的最好选择。

- **开启**：当关闭过滤器时，常用于测试渲染，渲染速度非常快但质量较差，如图8-112所示。
- **过滤器**：设置渲染场景的过滤器。当选中【开启】复选框后，可以从后面的下拉列表中选择一个抗锯齿方式来对场景进行抗锯齿处理；如果取消选中【开启】复选框，那么渲染时将使用纹理抗锯齿过滤型。
  - **区域**：用区域大小来计算抗锯齿，如图8-113所示。

图8-112

图8-113

  - **清晰四方形**：是一种来自Neslon Max算法的清晰9像素重组过滤器，如图8-114所示。
  - **Catmull-Rom**：是一种具有边缘增强的过滤器，可以产生较清晰的图像效果，如图8-115所示。

图8-114

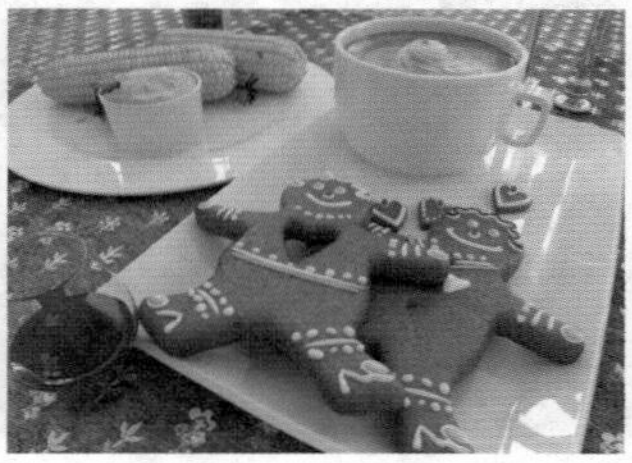

图8-115

  - **图版匹配/MAX R2**：使用3ds Max R2的方法（无贴图过滤）将摄影机和场景或【无光/投影】元素与未过滤的背景图像相匹配，如图8-116所示。

图8-116

  - **四方形**：和【清晰四方形】相似，能产生一定的模糊效果，如图8-117所示。
  - **立方体**：是一种基于立方体的25像素过滤器，能产生一定的模糊效果，如图8-118所示。

图8-117

图8-118

  - **视频**：是一种适合制作视频动画的过滤器，如图8-119所示。
  - **柔化**：是一种用于程度模糊效果的过滤器，如图8-120所示。

图8-119　　图8-120

• Cook变量：是一种通用过滤器，较小的数值可以得到清晰的图像效果，如图8-121所示。

• 混合：是一种用混合值来确定图像清晰或模糊的过滤器，如图8-122所示。

图8-121

图8-122

• Blackman：是一种没有边缘增强效果的过滤器，如图8-123所示。

• Mitchell-Netravali：是一种常用的过滤器，能产生微量模糊的图像效果，如图8-124所示。

图8-123

图8-124

• VR_Lanczos/VR_Sinc过滤器：VRay新版本中的两个新过滤器，可以很好地平衡渲染速度和渲染质量，如图8-125所示。

• VR_盒子/VR_三角形过滤器：这也是VRay新版本中的过滤器，它们以【盒子】和【三角形】的方式进行抗锯齿，如图8-126所示。

图8-125

图8-126

• 大小：设置过滤器的大小。

技巧提示

考虑到渲染的质量和速度，通常是测试渲染时关闭过滤器，而最终渲染选用Mitchell-Netravali 或Catmull Rom。

## 6. 自适应图像采样器

自适应图像采样器是一种高级抗锯齿采样器。在【图像采样器】选项组中设置【类型】为【自适应】，此时系统会增加一个【自适应图像采样器】卷展栏，如图8-127所示。

图8-127

• 最小采样比：定义每个像素使用样本的最小数量。

• 最大采样比：定义每个像素使用样本的最大数量。

• 颜色阈值：色彩的最小判断值，当色彩的判断达到这个值以后，就停止对色彩的判断。具体一点就是分辨哪些是平坦区域，哪些是角落区域。这里的色彩应理解为色彩的灰度。

• 使用DMC采样器阈值：如果选中该复选框，【颜色阈值】选项将不起作用，取而代之的是采用【DMC采样器】中的阈值。

• 显示采样：选中该复选框后，可以看到【自适应】的样本分布情况。

当设置【图像采样器】类型为【自适应细分】时，对应的会出现【自适应图像细分采样器】卷展栏，如图8-128所示。

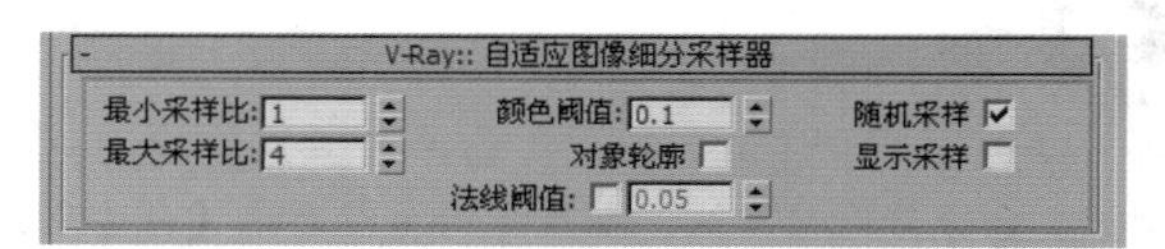


图8-128

• 对象轮廓：选中该复选框后将使得采样器强制在物体的边进行超级采样而不管它是否需要进行超级采样。

• 法线阈值：选中该复选框后将使超级采样沿法线方向急剧变化。

• 随机采样：该选项默认为选中状态，可以控制随机的采样。

## 7. 环境

【环境】卷展栏分为【全局照明环境（天光）覆盖】、【反射/折射环境覆盖】和【折射环境覆盖】3个选项组，如图8-129所示。

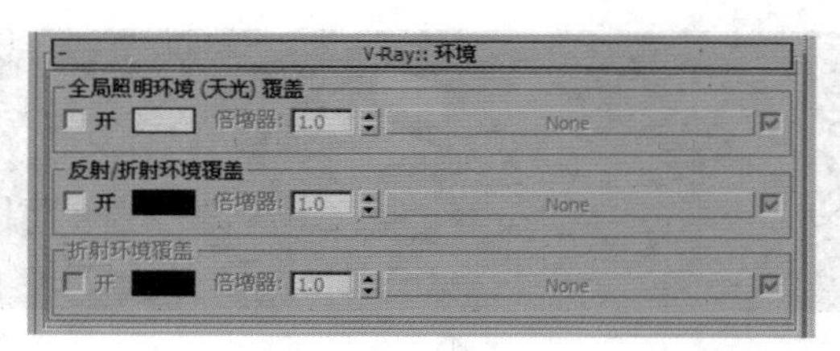


图8-129

### ❶ 全局照明环境（天光）覆盖

- 开：控制是否开启VRay的天光。当启用该选项后，3ds Max默认的天光效果将不起光照作用。如图8-130所示为关闭该选项和启用该选项，并设置倍增为1.5的对比效果。

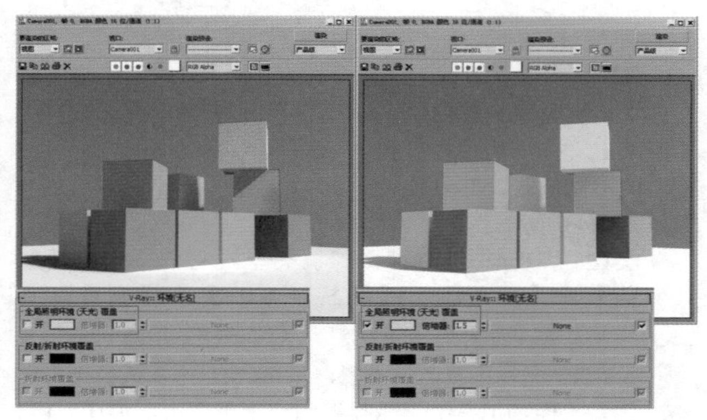

图8-130

- 颜色：设置天光的颜色。
- 倍增：设置天光亮度的倍增。值越高，天光的亮度就越高。
- None（无）按钮：选择贴图来作为天光的光照。

### ❷ 反射/折射环境覆盖

- 开：当启用该选项后，当前场景中的反射环境将由它来控制。
- 颜色：设置反射环境的颜色。
- 倍增：设置反射环境亮度的倍增。值越高，反射环境的亮度就越高。
- None（无）按钮：选择贴图来作为反射环境。

### ❸ 折射环境覆盖

- 开：当选中该选项后，当前场景中的折射环境由它来控制。
- 颜色：设置折射环境的颜色。
- 倍增：设置反射环境亮度的倍增。值越高，折射环境的亮度就越高。
- None（无）按钮：选择贴图来作为折射环境。

## 8．颜色贴图

【颜色贴图】卷展栏中的参数用来控制整个场景的色彩和曝光方式，其参数设置面板如图8-131所示。

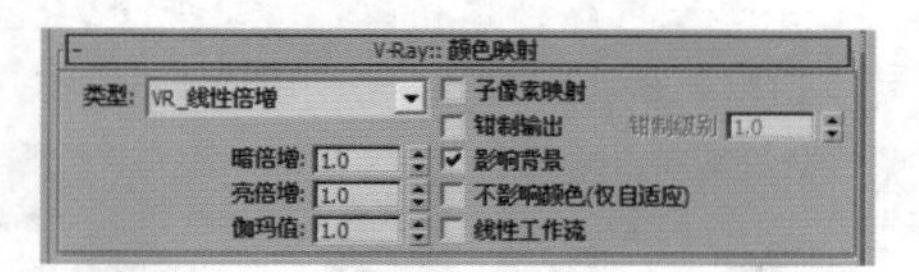


图8-131

- 类型：提供不同的曝光模式，包括【VR_线性倍增】、【指数】、【VR_HSV指数】、【VR_亮度指数】、【VR_伽玛校正】、【VR_亮度伽玛】和【VR_Reinhard】7种模式。
  - VR_线性倍增：这种曝光模式将基于最终色彩亮度来进行线性的倍增，容易产生夸张的曝光效果，如图8-132所示。
  - 指数：这种曝光是采用指数模式，它可以降低靠近光源处表面的曝光效果，同时场景颜色的饱和度会降低，易产生柔和效果，如图8-133所示。

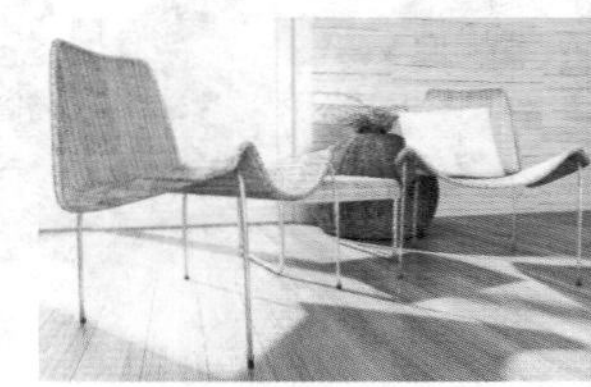

图8-132

图8-133

  - VR_HSV指数：与【指数】曝光比较相似，不同点在于它可以保持场景物体的颜色饱和度，但是这种模式会取消高光的计算，如图8-134所示。

图8-134

  - VR_亮度指数：这种曝光模式是对上面两种指数曝光的结合，既抑制了光源附近的曝光效果，又保持了场景物体的颜色饱和度，如图8-135所示。
  - VR_伽玛校正：采用伽玛来修正场景中的灯光衰减和贴图色彩，其效果和【VR_线性倍增】曝光模式类似，如图8-136所示。

图8-135

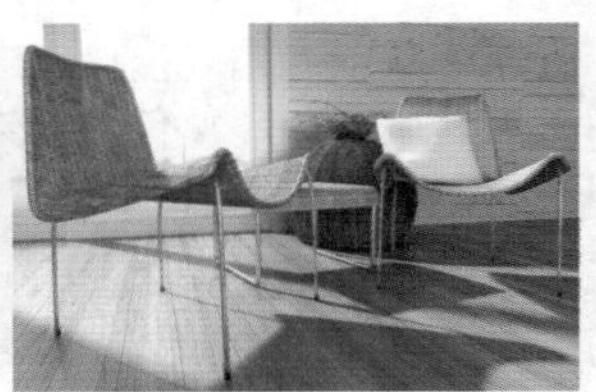

图8-136

- VR_亮度伽玛：这种曝光模式不仅拥有【VR_伽玛校正】的优点，同时还可以修正场景灯光的亮度，如图8-137所示。
- VR_Reinhard：这种曝光模式可以把【VR_线性倍增】和【指数】曝光混合起来，如图8-138所示。

图8-137

图8-138

- 子像素贴图：在实际渲染时，物体的高光区与非高光区的界限处会有明显的黑边，而开启【子像素贴图】选项后就可以缓解这种现象。如图8-139所示为开启与关闭【子像素贴图】选项后的对比效果。

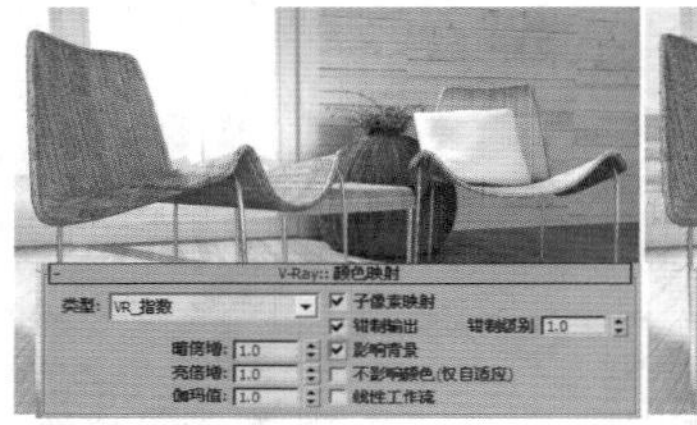

图8-139

- 钳制输出：当启用该选项后，在渲染图中有些无法表现出来的色彩会通过限制来自动纠正，但是当使用HDRI时，如果限制了色彩的输出则会出现一些问题。
- 影响背景：控制是否让曝光模式影响背景。当关闭该选项时，背景不受曝光模式的影响，如图8-140所示。

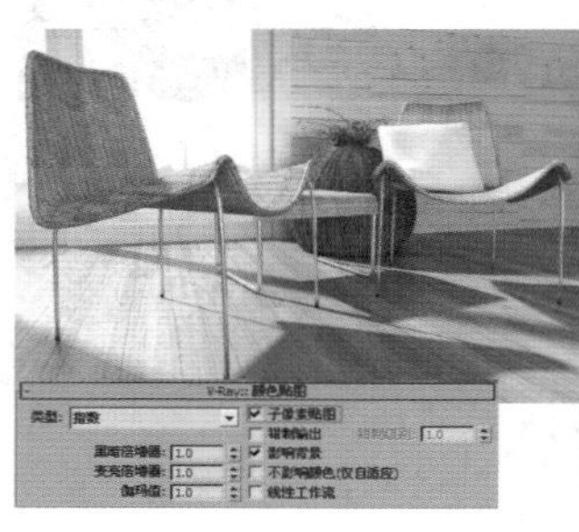

图8-140

- 不影响颜色（仅自适应）：在使用HDRI和【VR-灯光材质】时，若不开启该选项，则【颜色贴图】卷展栏中的参数将对这些具有发光功能的材质或贴图产生影响。
- 线性工作流：该选项就是一种通过调整图像的灰度值来使得图像得到线性化显示的技术流程，而线性化的本意就是让图像得到正确的显示结果，如图8-141所示。

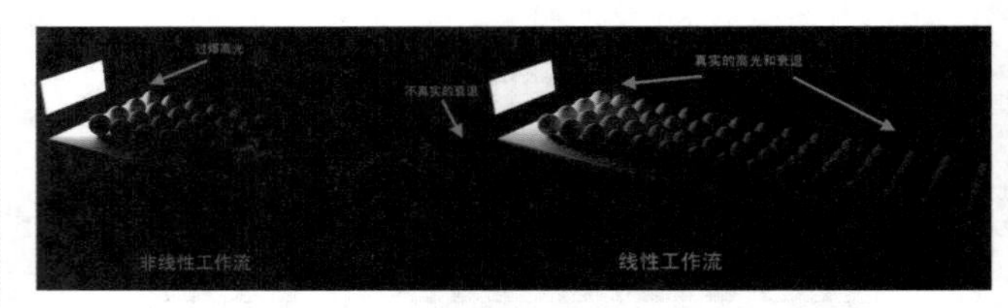

图8-141

## 9．像机

V-Ray::像机是VRay系统中的一个摄像机特效功能。使用它可以制作景深和运动模糊等效果，其参数面板如图8-142所示。

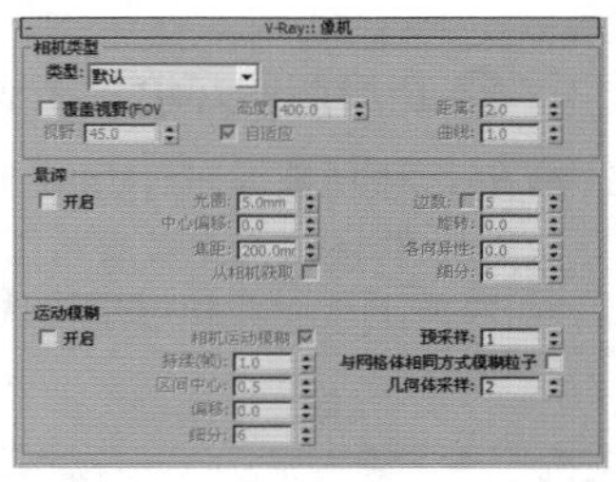
图8-142

### ❶ 相机类型

【相机类型】选项组主要用来定义三维场景投射到平面的不同方式，其具体参数如图8-143所示。

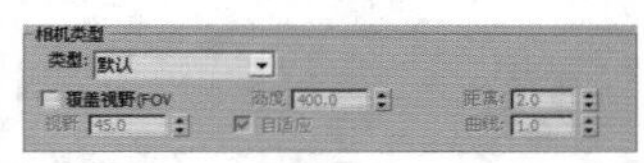
图8-143

- 类型：VRay支持7种摄影机类型，它们分别是【默认】、【球形】、【圆柱（点）】、【圆柱（正交）】、【盒】、【鱼眼】和【变形球（旧式）】。
  - 默认：是标准摄影机类型，和3ds Max中默认的摄影机效果一样，把三维场景投射到一个平面上，如图8-144所示。
  - 球形：将三维场景投射到一个球面上，如图8-145所示。

图8-144

图8-145

  - 圆柱（点）：由【默认】摄影机和【球形】摄影机叠加而成的效果，在水平方向采用【球形】摄影机的计算方式，而在垂直方向上采用【默认】摄影机的计算方式，如图8-146所示。
  - 圆柱（正交）：该类摄影机也是个混合模式，在水平方向采用【球形】摄影机的计算方式，而在垂直方向上采用视线平行排列，如图8-147所示。

• 盒：这种方式是把场景按照盒子的方式进行展开，如图8-148所示。

图8-146

图8-147

图8-148

• 鱼眼：这种方式就是通常所说的环境球拍摄方式，如图8-149所示。

• 变形球（旧式）：是一种非完全球面摄影机类型，如图8-150所示。

图8-149

图8-150

- 覆盖视野（FOV）：用来替代3ds Max默认摄影机的视角，3ds Max默认摄影机的最大视角为180°，而这里的视角最大可以设定为360°。
- 视野：该值可以替换3ds Max默认的视角值，最大值为360°。
- 高度：当仅使用【圆柱（正交）】摄影机时，该选项才可用，用于设定摄影机高度。
- 自动调整：当使用【鱼眼】和【变形球（旧式）】摄影机时，该选项才可用。启用该选项后，系统会自动匹配歪曲直径到渲染图像的宽度上。
- 距离：当使用【鱼眼】摄影机时，该选项才可用。在关闭【自适应】选项的情况下，【距离】选项用来控制摄影机到反射球之间的距离，值越大，表示摄影机到反射球之间的距离就越大。
- 曲线：当使用【鱼眼】摄影机时，该选项才可用，主要用来控制渲染图形的扭曲程度。值越小，扭曲程度就越大。

## ❷ 景深

【景深】选项组主要用来模拟摄影中的景深效果，其参数面板如图8-151所示。

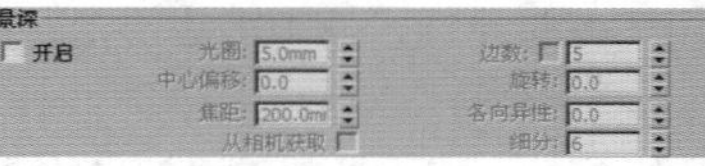


图8-151

- 开启：控制是否开启景深。
- 光圈：【光圈】值越小，景深越大；【光圈】值越大，景深越小，模糊程度越高。如图8-152所示是【光圈】值为20mm和40mm时的渲染效果对比。

图8-152

- 中心偏移：值为0表示以物体边缘均匀向两边模糊；正值表示模糊中心向物体内部偏移；负值则表示模糊中心向物体外部偏移。如图8-153所示是【中心偏移】值为－6和6时的渲染效果对比。

图8-153

- 焦距：摄影机到焦点的距离，焦点处的物体最清晰。如图8-154所示是【焦距】值为50mm和100mm时的渲染效果对比。
- 从摄影机获取：启用该选项后，焦点由摄影机的目标点确定。
- 边数：用来模拟物理世界中的摄影机光圈的多边形形状。例如5代表五边形。
- 旋转：光圈多边形形状的旋转。

- 各向异性：控制多边形形状的各向异性，值越大，形状越扁。
- 细分：用于控制景深效果的品质。

图8-154

### ③ 运动模糊

【运动模糊】选项组中的参数用来模拟真实摄影机拍摄运动物体所产生的模糊效果，它仅对运动的物体有效，其参数面板如图8-155所示。

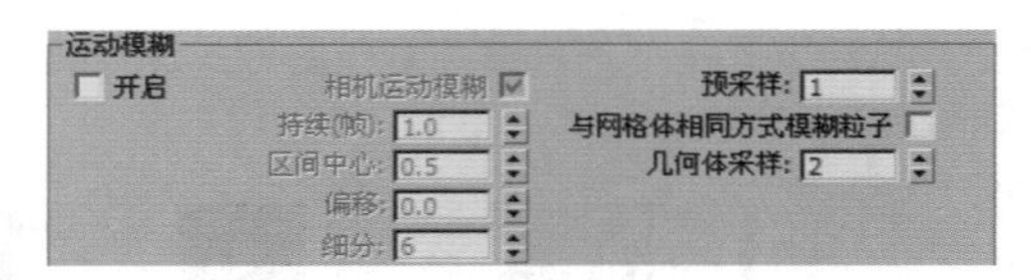


图8-155

- 开启：选中该复选框后，可以开启运动模糊特效。
- 持续（帧）：控制运动模糊每一帧的持续时间，值越大，模糊程度越强。
- 区间中心：用来控制运动模糊的时间间隔中心，0表示间隔中心位于运动方向的后面；0.5表示间隔中心位于模糊的中心；1表示间隔中心位于运动方向的前面。
- 偏移：用来控制运动模糊的偏移，0表示不偏移；负值表示沿着运动方向的反方向偏移；正值表示沿着运动方向偏移。
- 细分：控制模糊的细分，较小的值容易产生杂点；较大的值模糊效果的品质较高。
- 预采样：控制在不同时间段上的模糊样本数量。
- 与网格体相同方式模糊粒子：当选中该复选框后，系统会把模糊粒子转换为网格物体来计算。
- 几何体采样：该值常用在制作物体的旋转动画上。

## 8.6.3 GI

间接照明从字面上理解就是照明不是直接进行的，例如一个房间内有一盏吊灯，吊灯之所以会照射出真实的光感，那就是通过间接照明，吊灯照射到地面和墙面，而地面和墙面互相反弹光，包括房间内的所有物体都会进行多次反弹，这样所有的物体看起来都是受光的，只是受光的多少不同。这也就是为什么在使用3ds Max制作作品时，开启了【GI】后会看起来更加真实的原因。间接照明的原理示意图如图8-156所示。

图8-156

### 1. 间接照明（全局照明）

在VRay渲染器中，当没有开启VRay间接照明时的效果就是直接照明效果，开启后就可以得到间接照明效果。开启VRay间接照明后，光线会在物体与物体间互相反弹，因此光线计算的会更准确，图像也更加真实，其参数设置面板如图8-157所示。

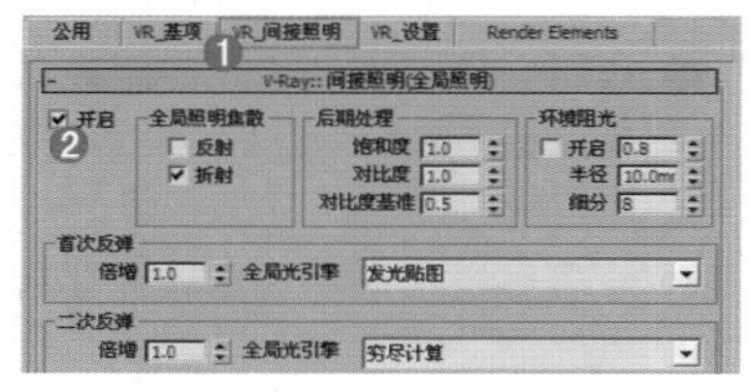


图8-157

- 开启：选中该复选框后，将开启间接照明效果。一般来说，为了模拟真实的效果，需要选中该复选框。如图8-158所示为选中【开启】复选框和取消选中【开启】复选框的对比效果。

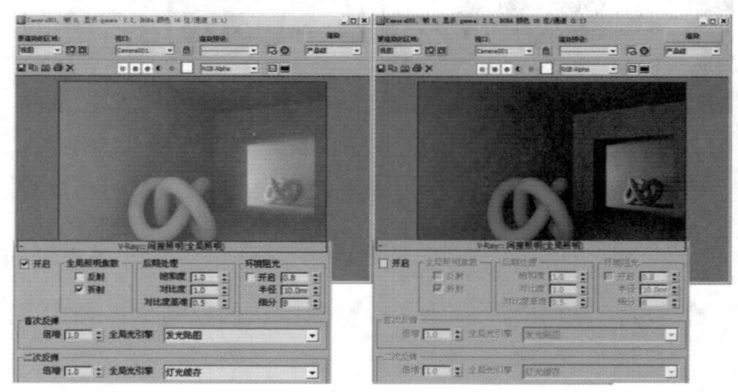

图8-158

- 全局照明焦散：只有在【焦散】卷展栏中选中【开启】复选框后，该功能才可用。
  - 反射：控制是否开启反射焦散效果。
  - 折射：控制是否开启折射焦散效果。
- 后期处理：控制场景中的饱和度和对比度。
  - 饱和度：可以用来控制色溢，降低该数值可以降低色溢效果，如图8-159所示为设置【饱和度】为1和0的对比效果。
  - 对比度：控制色彩的对比度。数值越高，色彩对比越强；数值越低，色彩对比越弱，如图8-160所示为设置【对比度】为1和5时的对比效果。

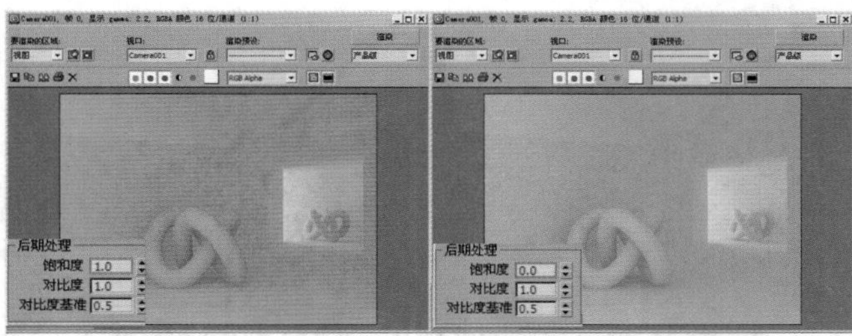


图8-159

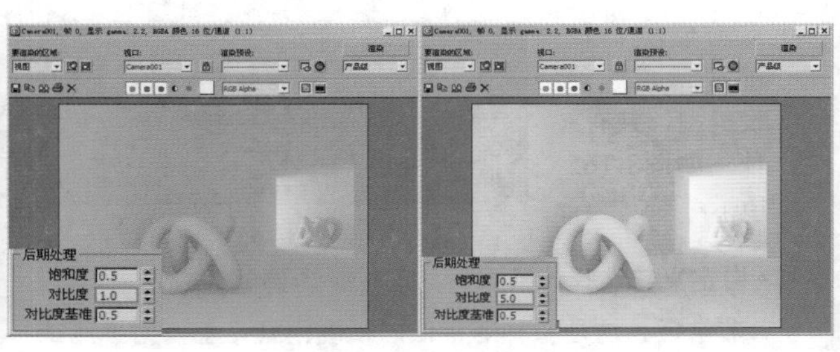


图8-160

- 对比度基准：控制饱和度和对比度的基数。数值越高，饱和度和对比度的效果越明显。

- 环境阻光：该选项可以控制AO贴图的效果。
  - 开：控制是否开启环境阻光（AO）。
  - 半径：控制环境阻光（AO）的半径。
  - 细分：环境阻光（AO）的细分。

- 首次反弹/二次反弹：在真实世界中，光线的反弹一次比一次减弱。首次反弹可以理解为直接照明的反弹，光线照射到A物体后反射到B物体，B物体所接收到的光就是首次反弹，B物体再将光线反射到C物体，C物体再将光线反射到D物体……，C物体以后的物体所得到的光的反射就是二次反弹。
  - 倍增：控制首次反弹和二次反弹的光的倍增值。值越高，首次反弹和二次反弹的光的能量越强，渲染场景越亮，如图8-161所示为设置首次反弹为1和2时的对比效果。
  - 全局光引擎：设置首次反弹和二次反弹的全局照明引擎。一般最常用的搭配是设置【首次反弹】为【发光图】，【二次反弹】为【灯光缓存】，如图8-162所示为设置【首次反弹】为【发光贴图】，【二次反弹】为【灯光缓存】和设置【首次反弹】为【穷尽计算】，【二次反弹】为【穷尽计算】的对比效果。

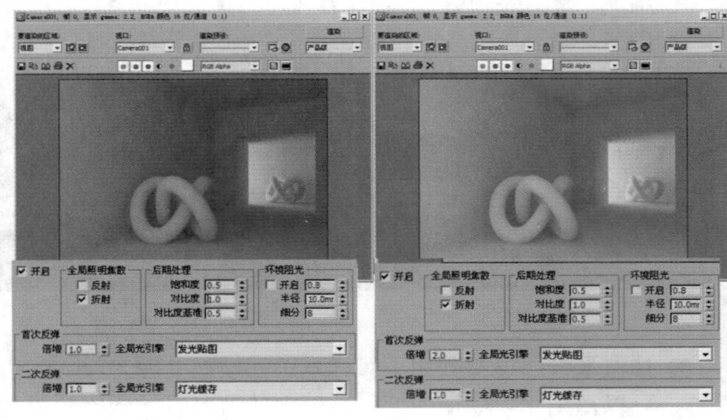

图8-161

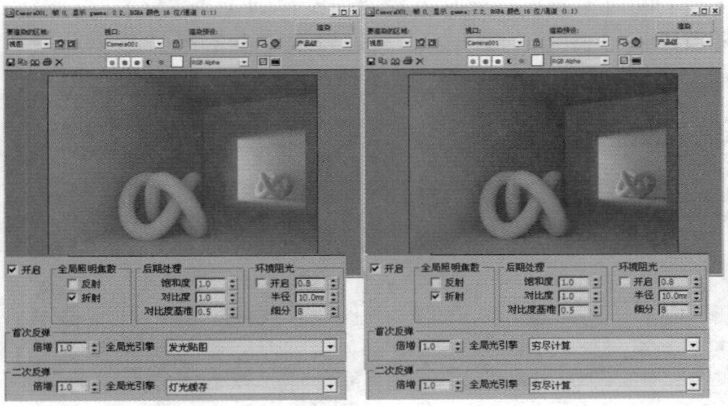

图8-162

## 2. 发光图

在计算间接照明时，并不是场景的每一个部分都需要同样的细节表现，它会自动判断在重要的部分进行更加准确的计算，而在不重要的部分进行粗略的计算。发光图是计算3D空间点的集合的间接照明光。当光线发射到物体表面时，VRay会在发光图中寻找是否具有当前点类似的方向和位置的点，从这些被计算过的点中提取信息。

发光图是一种常用的全局照明引擎，它只存在于【首次反弹】引擎中，其参数设置面板如图8-163所示。

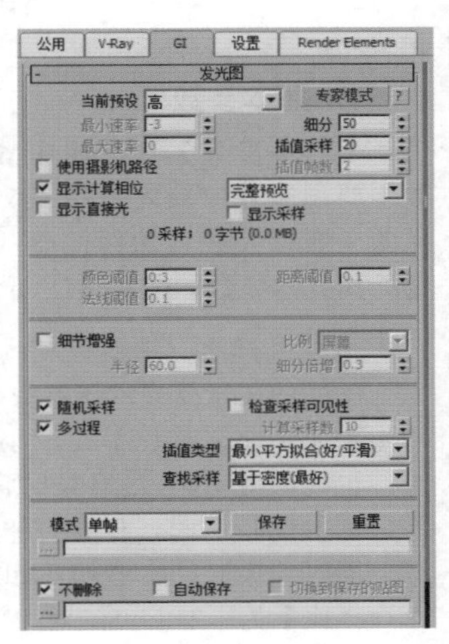


图8-163

### ❶ 内建预置

【内建预置】选项组中的参数主要用来选择当前预置的类型，其具体参数如图8-164所示。

图8-164

● 当前预置：设置发光图的预设类型，共有8种，如图8-165所示。

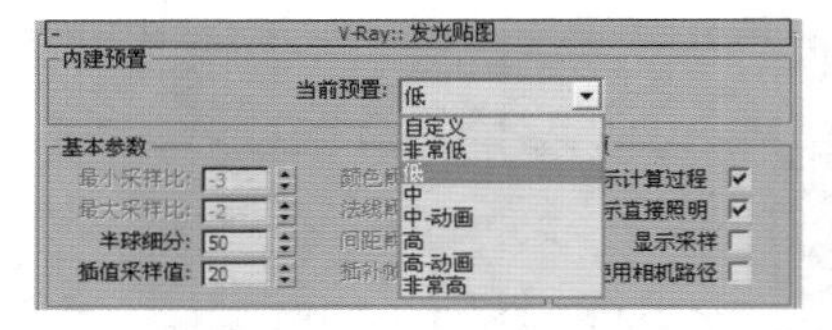

图8-165

• 自定义：选择该模式后，可以手动调节参数。

• 非常低：这是一种非常低的精度模式，主要用于测试阶段。

• 低：这是一种比较低的精度模式，不适合用于保存光子贴图。

• 中：这是一种中级品质的预设模式。

• 中-动画：用于渲染动画效果，可以解决动画闪烁的问题。

• 高：这是一种高精度模式，一般用在光子贴图中。

• 高-动画：这是一种比中等品质效果更好的一种动画渲染预设模式。

• 非常高：是预设模式中精度最高的一种，可以用来渲染高品质的效果图。

如图8-166所示为设置【当前预置】为【非常低】和【高】的对比效果。此时可发现当设置为【非常低】时，渲染速度快，但是质量差；而当设置为【高】时，渲染速度慢，但是质量高。

图8-166

## ❷ 基本参数

【基本参数】选项组中的参数主要用来控制样本的数量、采样的分布以及物体边缘的查找精度，其具体参数如图8-167所示。

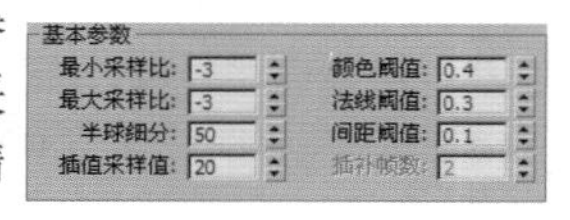

图8-167

● 最小采样比：主要控制场景中比较平坦、面积比较大的面的质量受光，该参数确定 GI 首次传递的分辨率。当【最小采样比】比较小时，样本在平坦区域的数量也比较小，当然渲染时间也比较少；当【最小采样比】比较大时，样本在平坦区域的样本数量比较多，同时渲染时间会增加，如图8-168所示为设置【最小采样比】为－2和－5的对比效果。

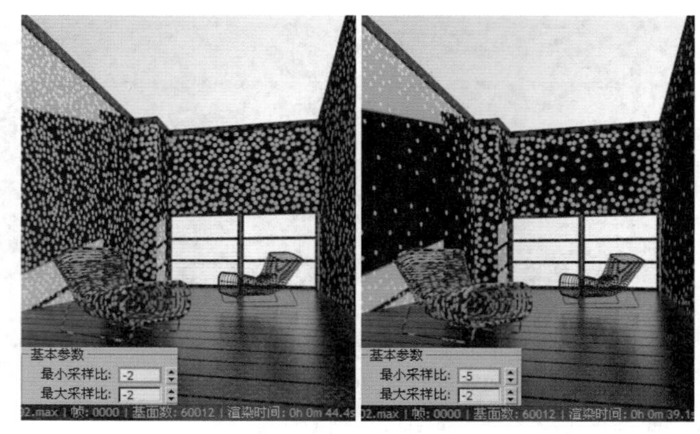

图8-168

● 最大采样比：控制场景中细节比较多、弯曲较大的物体表面或物体交汇处的质量。测试时可以设为－5或－4，最终出图时可以设为2或－1或0，光子图可设为－1。【最大采样比】越大，转折部分的样本数量越多，渲染时间越长。如图8-169所示为设置【最大采样比】为−1和−3时的对比效果。

● 半球细分：该参数用来模拟光线的数量，数值越高，表现光线越多，渲染的品质也就越好，同时渲染时间也会增加，如图8-170所示为设置【细分】为50和5时的对比效果。

图8-169　　图8-170

● 插值采样：该参数用于对样本进行模糊处理，较大的值可以得到比较模糊的效果；较小的值可以得到比较锐利的效果，如图8-171所示为设置【细分】为50，【插值采样】为20和设置【细分】为20，【插值采样】为10的对比效果。此时可发现设置为【细分】和【插值采样】的数值越大，渲染越精细，速度就越慢。

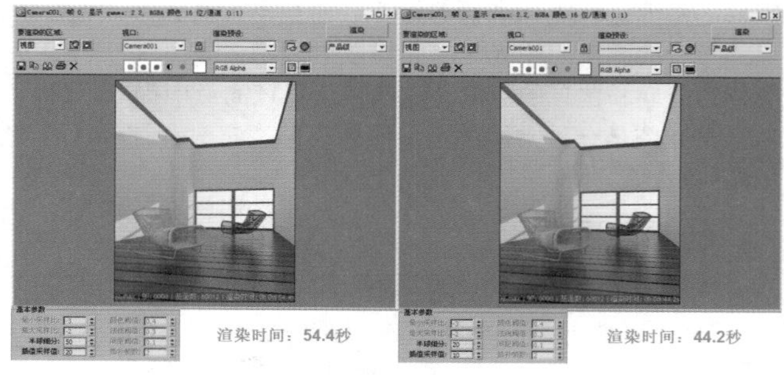

图8-171

- **颜色阈值**：该值主要是让渲染器分辨哪些是平坦区域，哪些不是平坦区域，它是按照颜色的灰度来区分的。值越小，对灰度的敏感度越高，区分能力越强。
- **法线阈值**：该值主要是让渲染器分辨哪些是交叉区域，哪些不是交叉区域，它是按照法线的方向来区分的。值越小，对法线方向的敏感度越高，区分能力越强。
- **间距阈值**：该值越大，表示弯曲表面的样本越多，区分能力越强。
- **插补帧数**：该数值用于控制插补的帧数。默认数值为2。

### ③ 选项

【选项】选项组中的参数主要用来控制渲染过程的显示方式和样本是否可见，其参数面板如图8-172所示。

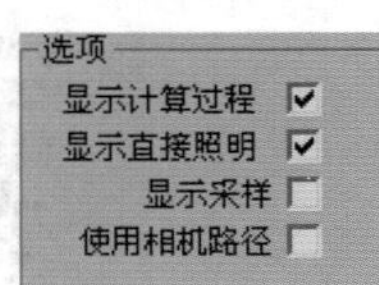


图8-172

- **显示计算过程**：选中该复选框后，用户可以看到渲染帧中的GI预计算过程，同时会占用一定的内存资源，如图8-173所示。

图8-173

- **显示直接照明**：在预计算时显示直接光，以方便用户观察直接光照的位置。
- **显示采样**：显示采样的分布以及分布的密度，以帮助用户分析GI的精度是否足够。
- **使用相机路径**：选中该复选框后将会使用相机的路径。

### ④ 细节增强

【细节增强】使用高蒙特卡洛积分计算方式来单独计算场景物体的边线、角落等细节地方，这样就可以在平坦区域不需要很高的GI，总体上来说节约了渲染时间，并且提高了图像的品质。其参数面板如图8-174所示。

图8-174

- **开启**：用于决定是否开启【细节增强】功能，如图8-175所示为开启和关闭该选项的对比效果。

图8-175

- **测量单位**：是细分半径的单位依据，有【屏幕】和【世界】两个单位选项。
- **半径**：表示细节部分有多大区域使用【细节增强】功能。【半径】值越大，使用【细节增强】功能的区域也就越大，同时渲染时间也越慢。
- **细分倍增**：控制细节的细分，但是该值和发光图中的【细分】有关系，0.3代表细分是【细分】的30%；1代表和【细分】的值一样。值越低，细节就会产生杂点，渲染速度比较快；值越高，细节就可以避免产生杂点，同时渲染速度会变慢。

### ⑤ 高级选项

【高级选项】选项组中的参数主要是对样本的相似点进行插值、查找，其参数面板如图8-176所示。

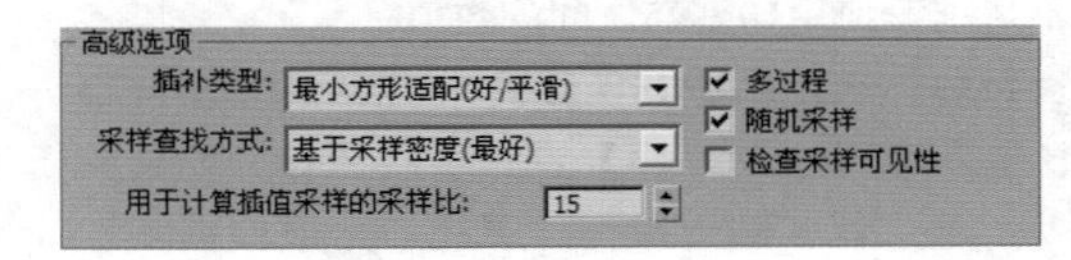


图8-176

- **插补类型**：VRay提供了4种样本插补方式，为发光图的样本的相似点进行插补。
  - 加权平均值（好/强）：该插值方式根据采样点到插值点的距离和法线差异进行简单的混合而得到最后的样本。该方式渲染出来的结果是4种插值方式中最差的一个。
  - 最小方形适配（好/光滑）：该插值方式和【Delone三角剖分（好/精确）】比较类似，但是它的算法会比【Delone三角剖分（好/精确）】在物理边缘上要模糊一些。它的主要优势在于更适合计算物体表面过渡区的插值，但其效果并不是最好的。
  - Delone三角剖分（好/精确）：该方式与上面两种方式的不同之处在于，它尽量避免采用模糊的方式去计算物体的边缘，所以计算的结果相当精确，主要体现在阴影比较实，其效果也是比较好的。
  - 最小平方权重/泰森多边形权重（测试）：它采用类似于【最小平方适配（好/光滑）】的计算方式，但同时又结合【Delone三角剖分（好/精确）】的一些算法，让物体的表面过渡区域和阴影双方都得到比较好的控制，是4种方式中最好的一种，但是其速度也是最慢的一种。
- **采样查找方式**：它主要控制哪些位置的采样点是适合用来作为基础插补的采样点。VRay内部提供了以下4种样本查找方式。

• 平衡嵌块（好）：它将插值点的空间划分为4个区域，然后尽量在它们中寻找相等数量的样本，它的渲染效果比【最近（草稿）】效果好，但是渲染速度比【最近（草稿）】慢。

• 最近（草稿）：这种方式是一种草图方式，它简单地使用发光图中的最靠近的插值点样本来渲染图形，渲染速度比较快。

• 重叠（很好/快速）：这种查找方式需要对发光图进行预处理，然后对每个样本半径进行计算。低密度区域样本半径比较大，而高密度区域样本半径比较小。渲染速度比其他3种都快。

• 基于密度（最好）：它基于总体密度来进行样本查找，不但物体边缘处理非常好，而且在物体表面也处理得十分均匀。它的效果比【重叠（很好/快速）】更好，但其速度也是4种查找方式中最慢的一个。

- 用于计算插值采样的采样比：用在计算【发光图】过程中，主要计算已经被查找后的插补样本的使用数量。较低的数值可以加速计算过程，但是会导致信息不足推荐使用10～25之间的数值。
- 多过程：当选中该复选框后，VRay会根据【最大采样比】和【最小采样比】进行多次计算。如果关闭该选项，那么就强制一次性计算完。一般根据多次计算以后的样本分布会更加均匀合理一些。
- 随机采样：控制发光图的样本是否随机分配，如图8-177所示为关闭和开启该选项的对比效果。

图8-177

- 检查采样可见性：在灯光通过比较薄的物体时，很有可能会产生漏光现象，选中该复选框后可以解决该问题，但是渲染时间就会长一些。如图8-178所示为关闭和开启该选项的对比效果。

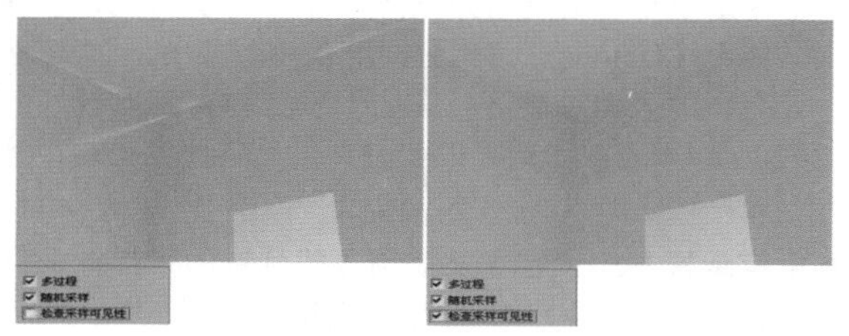


图8-178

## ⑥ 光子图使用模式

【光子图使用模式】选项组中的参数主要用于提供发光图的使用模式，其参数面板如图8-179所示。

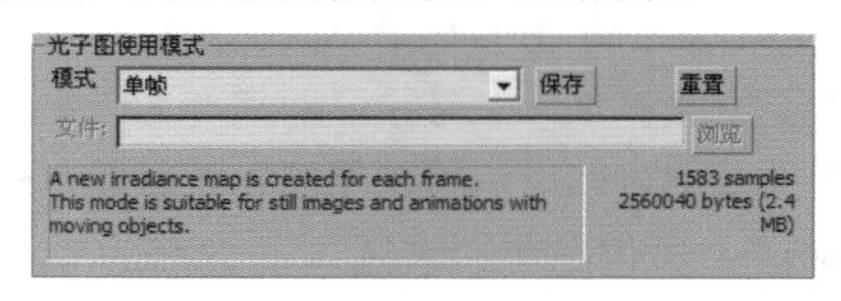


图8-179

- 模式：一共有以下8种模式，如图8-180所示。

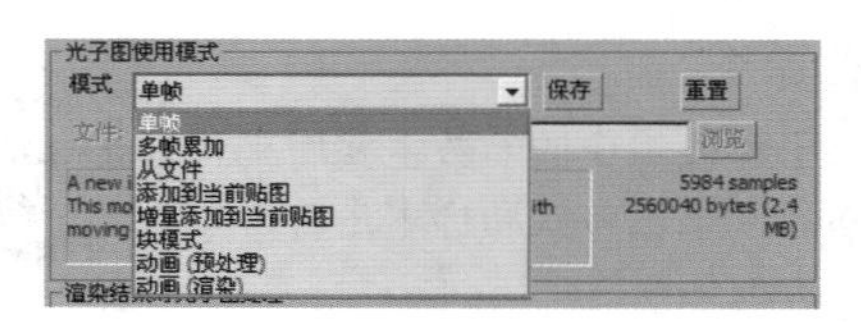


图8-180

• 单帧：一般用来渲染静帧图像。在渲染完图像后，可以单击【保存】按钮，将光子保存到硬盘中，如图8-181所示。

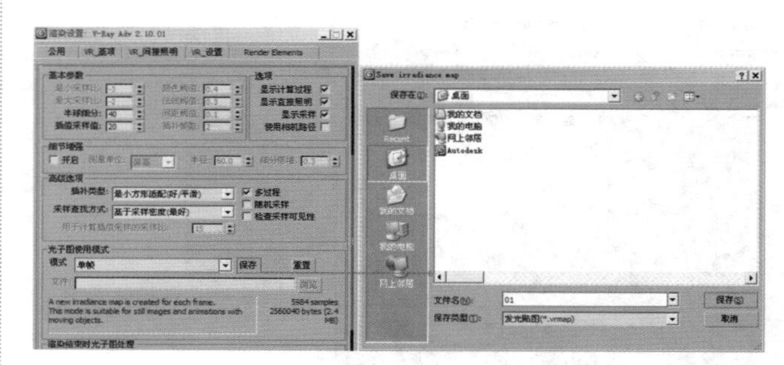

图8-181

• 多帧累加：该模式用于渲染仅有摄影机移动的动画。当VRay计算完第1帧的光子后，在后面的帧中将根据第1帧里没有的光子信息进行新计算，这样就节约了渲染时间。

• 从文件：当渲染完光子后，可以将其保存起来，该选项就是调用保存的光子图进行计算。将模式切换到【从文件】，然后单击【浏览】按钮，就可以从硬盘中调用需要的光子图进行渲染，如图8-182所示。这种方法非常适合渲染大尺寸图像。

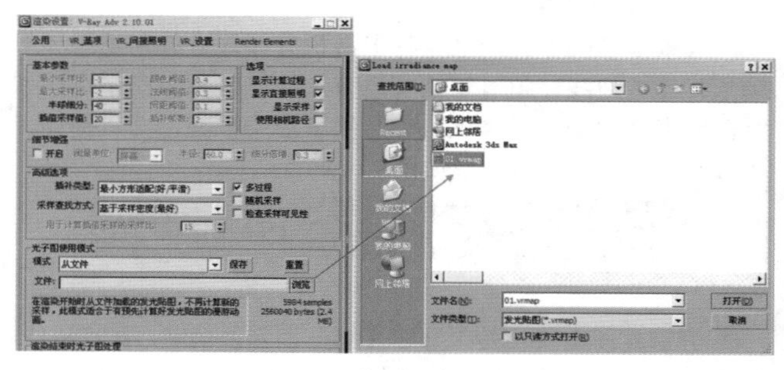

图8-182

- 添加到当前贴图：当渲染完一个角度后，可以把摄影机转一个角度再全新计算新角度的光子，最后把这两次的光子叠加起来，这样的光子信息更丰富、更准确，同时也可以进行多次叠加。
- 增量添加到当前贴图：该模式和【添加到当前贴图】相似，只不过它不是全新计算新角度的光子，而是只对没有计算过的区域进行新的计算。
- 块模式：把整个图分成块来计算，渲染完一个块再进行下一个块的计算，但是在低GI的情况下，渲染出来的块会出现错位的情况。它主要用于网络渲染，速度比其他方式快。
- 动画（预处理）：适合动画预览，注意，使用该模式要预先保存好光子贴图。
- 动画（渲染）：适合最终动画渲染，注意，使用该模式要预先保存好光子贴图。

- 【保存】按钮：将光子图保存到硬盘。
- 【重置】按钮：将光子图从内存中清除。
- 文件：设置光子图所保存的路径。
- 【浏览】按钮：从硬盘中调用需要的光子图进行渲染。

### ⑦ 渲染结束时光子图处理

【渲染结束时光子图处理】选项组中的参数主要用来控制光子图在渲染完后如何处理，其参数面板如图8-183所示。

图8-183

- 不删除：当光子图渲染完后，不会将光子图从内存中删除。
- 自动保存：当光子图渲染完后，自动保存在硬盘中，单击【浏览】按钮可以选择保存位置。
- 切换到保存的贴图：当选中【自动保存】复选框后，在渲染结束时会自动进入【从文件】模式并调用光子图。

## 3．穷尽-准蒙特卡罗

穷尽-准蒙特卡罗计算方式是由蒙特卡罗积分方式演变过来的，它和蒙特卡罗积分方式不同的是多了细分和反弹控制，并且内部计算方式采用了一些优化方式。该计算方式的计算精度相当精确，但是渲染速度比较慢，且在【细分】比较小时会有杂点产生，其参数面板如图8-184所示。

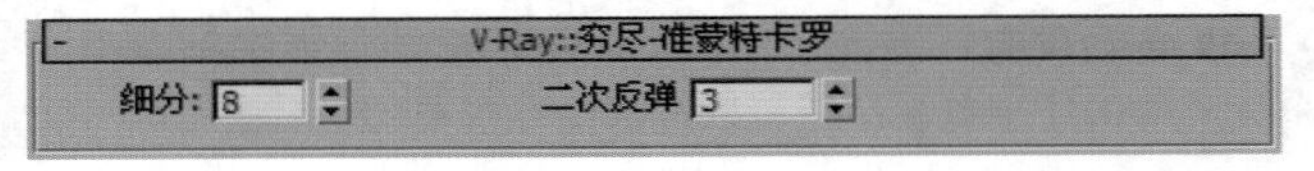

图8-184

- 细分：定义【强算全局照明】的样本数量，值越大，效果越好，速度也越慢。
- 二次反弹：当【二次反弹】也选择【强算全局照明】后，该选项才被激活，它控制【二次反弹】的次数，值越小，【二次反弹】越不充分，场景越暗。通常来说当值达到8以后，更高值的渲染效果的区别就不是很大了，但相对来说值越高，渲染速度越慢。

**技巧提示**

【穷尽-准蒙特卡罗】卷展栏只有在设置【全局光引擎】为【穷尽计算】时才会出现，如图8-185所示。

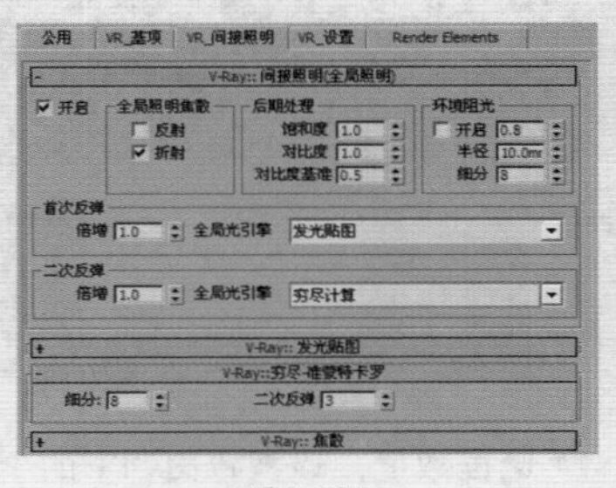

图8-185

## 4．灯光缓存

灯光缓存与发光图比较相似，都是将最后的光发散到摄影机后得到最终图像，只是灯光缓存与发光图的光线路径是相反的，发光图的光线追踪方向是从光源发射到场景的模型中，最后再反弹到摄影机，而灯光缓存是从摄影机开始追踪光线到光源，摄影机追踪光线的数量就是灯光缓存的最后精度，其参数设置面板如图8-186所示。

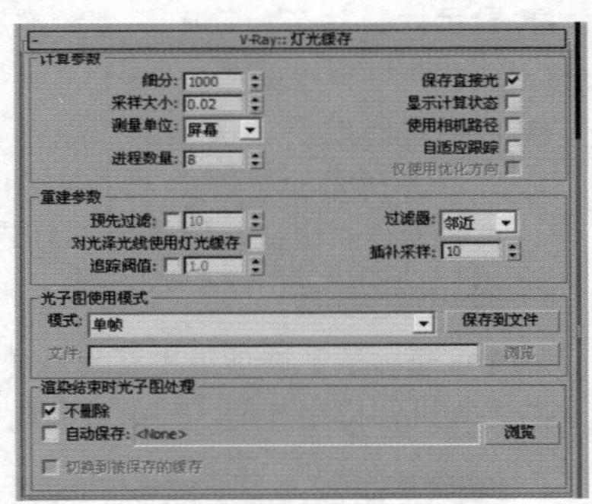

图8-186

### ❶ 计算参数

【计算参数】选项组用来设置灯光缓存的基本参数，如细分、采样大小、单位依据等，其参数面板如图8-187所示。

图8-187

- 细分：用来决定灯光缓存的样本数量。值越高，样本总量越多，渲染效果越好，渲染时间越慢，如图8-188所示。

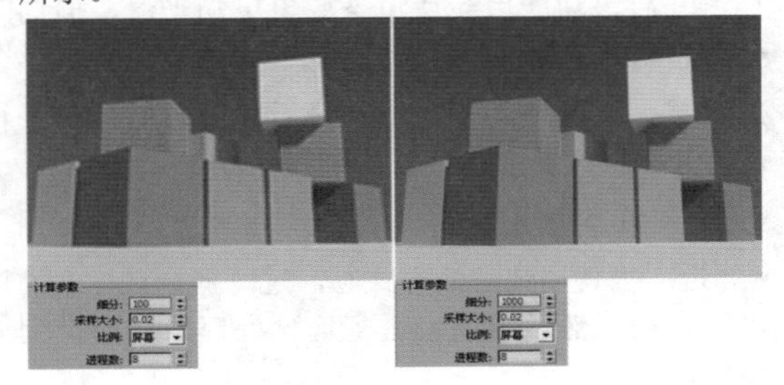
图8-188

- 采样大小：用来控制灯光缓存的样本大小，比较小的样本可以得到更多的细节，但是同时需要更多的样本，如图8-189所示。

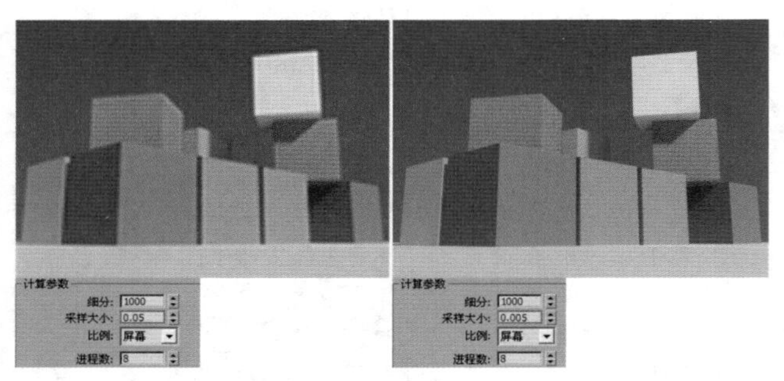

图8-189

- 进程数量：该参数由CPU的个数来确定，如果是单CPU单核单线程，那么就可以设定为1；如果是双核，就可以设定为2。注意，该值设定得太大会让渲染的图像产生模糊。
- 保存直接光：选中该复选框后，灯光缓存将存储直接光照信息。
- 显示计算状态：选中该复选框后，可以显示灯光缓存的计算过程，方便观察。
- 自适应跟踪：该选项的作用在于记录场景中的灯光位置，并在光的位置上采用更多的样本，同时模糊特效也会处理得更快，但是会占用更多的内存资源。

### ❷ 重建参数

【重建参数】选项组主要是对【灯光缓存】的样本以不同的方式进行模糊处理，其参数面板如图8-190所示。

图8-190

- 预先过滤：当选中该复选框后，可以对灯光缓存样本进行提前过滤，其功能主要是查找样本边界，然后对其进行模糊处理。后面的值越高，对样本进行模糊处理的程度越深。
- 对光泽光线使用灯光缓存：是否使用平滑的灯光缓存，开启该功能后会使渲染效果更加平滑，但同时也会影响到细节效果。
- 过滤器：该选项用于在渲染最后成图时对样本进行过滤，其下拉列表中共有以下3个选项。
  - 无：对样本不进行过滤。
  - 邻近：当使用该过滤方式时，过滤器会对样本的边界进行查找，然后对色彩进行均化处理，从而得到一个模糊效果。
  - 固定：该方式和【邻近】方式的不同点在于，它通过距离的判断来对样本进行模糊处理。
- 插补采样：该参数是对样本进行模糊处理，较大的值可以得到比较模糊的效果，较小的值可以得到比较锐利的效果。
- 追踪阈值：控制追踪的阈值数值。

### ❸ 光子图使用模式

【光子图使用模式】选项组的参数与【发光图】中的光子图使用模式基本一致，其参数面板如图8-191所示。

图8-191

- 模式：设置光子图的使用模式，共有以下4种。
  - 单帧：一般用来渲染静帧图像。
  - 穿行：该模式用在动画方面，它把第1帧到最后1帧的所有样本都融合在一起。
  - 从文件：使用这种模式，VRay要导入一个预先渲染好的光子图，该功能只渲染光影追踪。
  - 渐进路径跟踪：该模式就是常说的PPT，它是一种新的计算方式，和【自适应】一样是一个精确的计算方式。不同的是，它不停地去计算样本，不对任何样本进行优化，直到样本计算完毕为止。
- 【保存到文件】按钮：将保存在内存中的光子图再次进行保存。
- 【浏览】按钮：从硬盘中浏览保存好的光子图。

### ❹ 渲染结束时光子图处理

【渲染结束时光子图处理】选项组中的参数主要用来控制光子图在渲染完以后如何处理，其参数面板如图8-192所示。

图8-192

- 不删除：当光子图渲染完后，不会将光子图从内存中删除。
- 自动保存：当光子图渲染完后，自动保存在硬盘中，单击【浏览】按钮可以选择保存位置。
- 切换到被保存的缓存：当选中【自动保存】复选框后，该选项才被激活。当选中该复选框后，系统会自动使用最新渲染的光子图来进行大图渲染。

## 8.6.4 设置

### 1. DMC采样器

【DMC采样器】卷展栏中的参数可以用来控制整体的渲染质量和速度，其参数设置面板如图8-193所示。

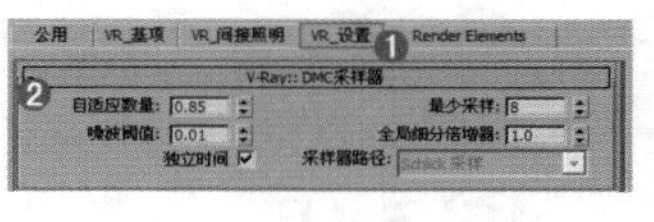

图8-193

- 自适应数量：主要用来控制自适应的百分比。
- 噪波阈值：控制渲染中所有产生噪点的极限值，包括灯光细分、抗锯齿等。数值越小，渲染品质越高，渲染速度就越慢。
- 独立时间：控制是否在渲染动画时对每一帧都使用相同的【DMC采样器】参数设置。
- 最少采样：设置样本及样本插补中使用的最少样本数量。数值越小，渲染品质越低，渲染速度就越快。
- 全局细分倍增器：VRay渲染器有很多【细分】选项，该选项用来控制所有细分的百分比。
- 采样器路径：设置样本路径的选择方式，每种方式都会影响渲染速度和品质，在一般情况下选择默认方式即可。

### 2. 默认置换

【默认置换】卷展栏中的参数是用灰度贴图来实现物体表面的凸凹效果，它对材质中的置换起作用，而不作用于物体表面，其参数设置面板如图8-194所示。

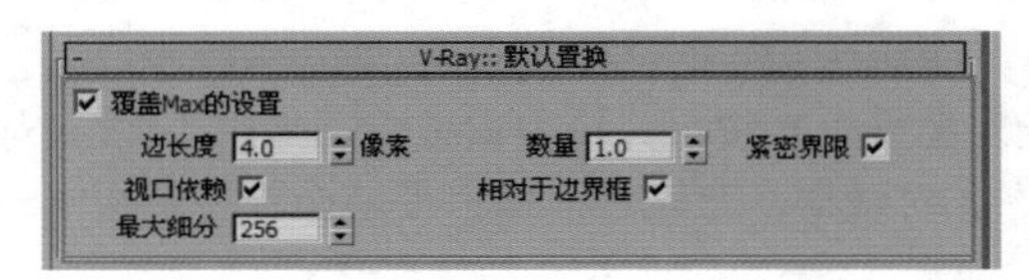

图8-194

- 覆盖Max的设置：控制是否用【默认置换】卷展栏中的参数来替代3ds Max中的置换参数。
- 边长度：设置3D置换中产生最小的三角面长度。数值越小，精度越高，渲染速度越慢。
- 视口依赖：控制是否将渲染图像中的像素长度设置为【边长度】的单位。若不开启该选项，则系统将以3ds Max中的单位为准。
- 最大细分：设置物体表面置换后可产生的最大细分值。
- 数量：设置置换的强度总量。数值越大，置换效果越明显。
- 紧密界限：控制是否对置换进行预先计算。

### 3. 系统

【系统】卷展栏中的参数不仅对渲染速度有影响，而且还会影响渲染的显示和提示功能，同时还可以完成联机渲染，其参数设置面板如图8-195所示。

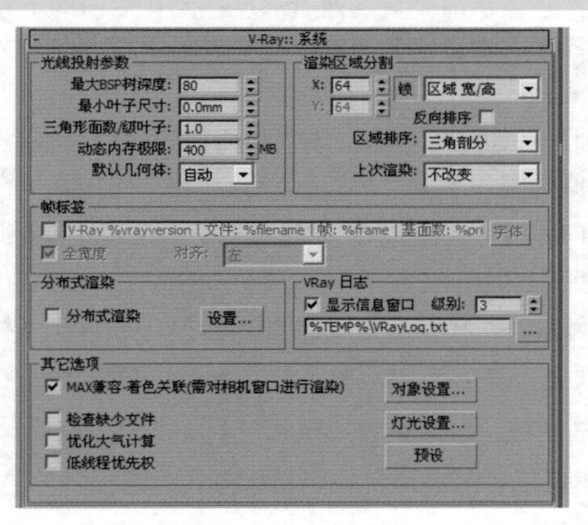

图8-195

#### ❶ 光线投射参数

- 最大BSP树深度：控制根节点的最大分支数量。较高的值会加快渲染速度，同时也会占用较多的内存。
- 最小叶子尺寸：控制叶节点的最小尺寸，当达到叶节点尺寸后，系统停止计算场景。0表示考虑计算所有的叶节点，该参数对速度的影响不大。
- 三角形面数/级叶子：控制一个节点中的最大三角面数量，当未超过临近点时计算速度较快；当超过临近点后，渲染速度会减慢，所以该参数值要根据不同的场景来设定，进而提高渲染速度。
- 动态内存极限：控制动态内存的总量。注意，这里的动态内存被分配给每个线程，如果是双线程，那么每个线程各占一半的动态内存。如果该值较小，那么系统经常在内存中加载并释放一些信息，这样就减慢了渲染速度。用户可根据自己的内存情况来确定该值。
- 默认几何体：控制内存的使用方式，共有以下3种方式。
  - 自动：VRay会根据使用内存的情况自动调整使用静态或动态的方式。
  - 静态：在渲染过程中采用静态内存会加快渲染速度，在复杂场景中，由于需要的内存资源较多，经常会出现3ds Max跳出的情况，这是因为系统需要更多的内存资源，这时应选择动态内存。
  - 动态：使用内存资源交换技术，当渲染完一个块后就会释放占用的内存资源，同时开始下个块的计算，这样就有效地扩展了内存的使用。注意，动态内存的渲染速度比静态内存慢。

#### ❷ 渲染区域分割

- X：当在后面的下拉列表中选择【区域宽/高】选项时，它表示渲染块的像素宽度；当在后面的下拉列表中选择【区域数量】选项时，它表示水平方向一共有多少个渲染块。

- Y：当在后面的下拉列表中选择【区域宽/高】选项时，它表示渲染块的像素高度；当在后面的下拉列表中选择【区域数量】选项时，它表示垂直方向一共有多少个渲染块。
- 【锁】按钮：当单击该按钮使其凹陷后，将强制X和Y的值相同。
- 反向排序：当选中该复选框后，渲染顺序将和设定的顺序相反。
- 区域排序：控制渲染块的渲染顺序，共有以下6种方式。
  - 从上->下：渲染块将按照从上到下的渲染顺序渲染。
  - 左->右：渲染块将按照从左到右的渲染顺序渲染。
  - 棋盘格：渲染块将按照棋格方式的渲染顺序渲染。
  - 螺旋：渲染块将按照从里到外的渲染顺序渲染。
  - 三角剖分：这是VRay默认的渲染方式，它将图形分为两个三角形依次进行渲染。
  - 希耳伯特曲线：渲染块将按照【希耳伯特曲线】方式的渲染顺序渲染。
- 上次渲染：该参数确定在渲染开始时，在3ds Max默认的帧缓存框中以什么样的方式处理先前的渲染图像。这些参数的设置不会影响最终渲染效果，系统提供了以下5种方式。
  - 不改变：与前一次渲染的图像保持一致。
  - 交叉：每隔两个像素图像被设置为黑色。
  - 区域：每隔一条线设置为黑色。
  - 暗色：图像的颜色设置为黑色。
  - 蓝色：图像的颜色设置为蓝色。

### ③ 帧标签

- V-Ray %vrayversion | 文件: %filename | 帧: %frame | 基面数: %pri：选中该复选框后，就可以显示水印。
- 【字体】按钮：修改水印中的字体属性。
- 全宽度：水印的最大宽度。选中该复选框后，它的宽度就和渲染图像的宽度相当。
- 对齐：控制水印中的字体排列位置，有【左】、【中】、【右】3个选项。

### ④ 分布式渲染

- 分布式渲染：选中该复选框后，可以开启【分布式渲染】功能。
- 【设置】按钮：控制网络中计算机的添加、删除等。

### ⑤ VRay日志

- 显示信息窗口：选中该复选框后，可以显示【VRay日志】的窗口。
- c:\VRayLog.txt ...：可以选择保存【VRay日志】文件的位置。

### ⑥ 其他选项

- MAX-兼容着色关联（需对相机窗口进行渲染）：有些3ds Max插件（例如大气等）是采用摄影机空间来进行计算的，因为它们都是针对默认的扫描线渲染器开发的。为了保持与这些插件的兼容性，VRay通过转换来自这些插件的点或向量的数据，模拟在摄影机空间计算。
- 检查缺少文件：选中该复选框后，VRay会自己寻找场景中丢失的文件，并将它们进行列表，然后保存到C:\VRayLog.txt中。
- 优化大气计算：当场景中拥有大气效果，并且大气比较稀薄时，选中该复选框后可以得到比较优秀的大气效果。
- 低线程优先权：选中该复选框后，VRay将使用低线程进行渲染。
- 【对象设置】按钮：单击该按钮会弹出【VRay对象属性】对话框，在该对话框中可以设置场景物体的局部参数。
- 【灯光设置】按钮：单击该按钮会弹出【VR-灯光属性】对话框，在该对话框中可以设置场景灯光的一些参数。
- 【预设】按钮：单击该按钮会打开【VRay预置】对话框，在该对话框中可以保持当前VRay渲染参数的各种属性，方便以后调用。

## 8.6.5 Render Elements（渲染元素）

通过添加【渲染元素】可以针对某一级别单独进行渲染，并在后期进行调节、合成、处理，非常方便，如图8-196所示。

- 添加：单击该按钮可将新元素添加到列表中，同时使用该按钮还可以显示【渲染元素】对话框。
- 合并：单击该按钮可合并来自其他 3ds Max Design 场景中的渲染元素。单击【合并】按钮弹出【打开】对话框，可以从中选择要获取元素的场景文件。选定文件中的渲染元素列表将添加到当前的列表中。
- 删除：单击该按钮可从列表中删除选定对象。
- 激活元素：启用该选项后，单击【渲染】按钮可分别对元素进行渲染。默认设置为启用。
- 显示元素：启用该选项后，每个渲染元素会显示在各自的窗口中，并且其中的每个窗口都是渲染帧窗口的精简版。

- **元素渲染列表**：可滚动的列表显示要单独进行渲染的元素以及它们的状态。若要重新调整列表中列的大小，可拖动两列之间的边框。
- **选定元素参数**：用来编辑列表中选定的元素。
  - **启用**：启用该选项后可对选定元素进行渲染。
  - **启用过滤**：启用该选项后，将活动过滤器应用于渲染元素。
  - **名称**：显示当前选定元素的名称。可以输入元素的自定义名称。
  - **[...]（浏览）**：在该文本框中输入元素的路径和文件名称。

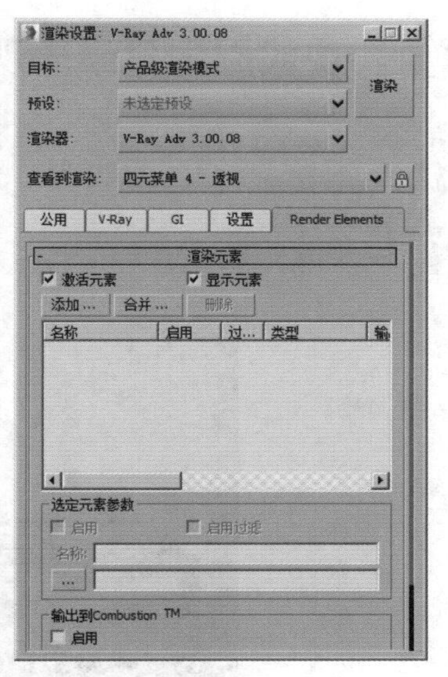

图8-196

## 技术专题——VRayAlpha和VRayWireColor渲染元素的使用方法

如图8-197所示为添加VRayAlpha渲染元素的方法。

图8-197

如图8-198所示为添加VRayAlpha渲染元素后的渲染效果，此时可发现渲染出了一张黑白色的图像，如图8-199所示为使用通道合成背景后的效果。

图8-198

图8-199

如图8-200所示为添加【VRayWireColor】渲染元素的方法。

图8-200

如图8-201所示为添加【VRayWireColor】渲染元素后的渲染效果，此时可发现渲染出了一张彩色的图像。

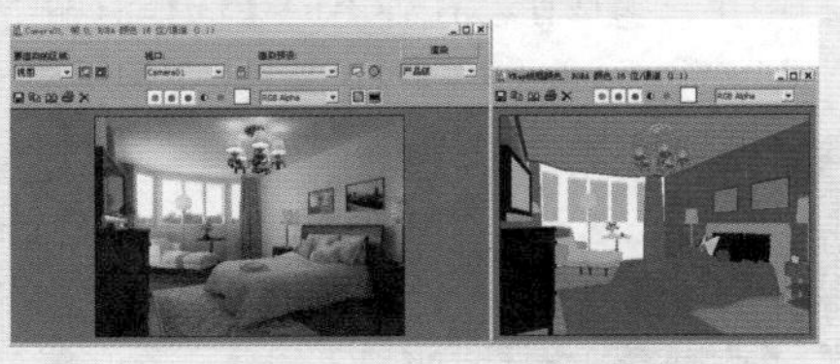
图8-201

如图8-202所示为使用【VRayWireColor】图像调节背景颜色的效果。

图8-202

# 综合实例：现代厨房日景表现

| 场景文件 | 04.max |
| --- | --- |
| 案例文件 | 综合实例：现代厨房日景表现.max |
| 视频教学 | 多媒体教学/Chapter 08/综合实例：现代厨房日景表现.flv |
| 难易指数 | ★★★☆☆ |
| 灯光类型 | VR-灯光 |
| 材质类型 | VRayMtl |
| 程序贴图 | 无 |
| 技术掌握 | 掌握VRayMtl材质下的参数的调节 |

## 实例介绍

本实例是一个厨房空间，室内明亮灯光表现是本实例的学习难点，而玻璃酒杯材质的制作方法是本实例的学习重点，效果如图8-203所示。

图8-203

## 操作步骤

### Part 1　设置VRay渲染器

步骤01 打开本书配套光盘中的【场景文件/Chapter08/04.max】文件，此时的场景效果如图8-204所示。

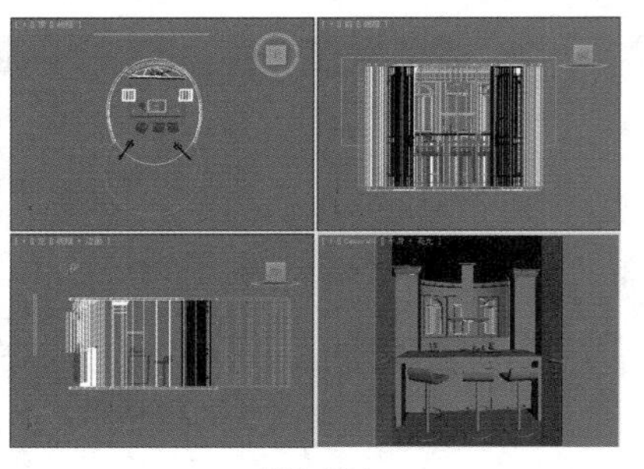

图8-204

步骤02 按F10键，打开【渲染设置】窗口，选择【公用】选项卡，在【指定渲染器】卷展栏中单击...按钮，在弹出的【选择渲染器】对话框中选择【V-Ray Adv 3.00.08】选项，如图8-205所示。

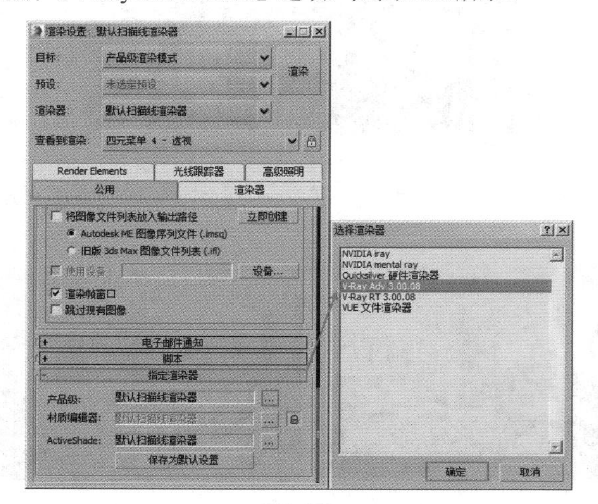

图8-205

步骤03 此时在【指定渲染器】卷展栏的【产品级】后面显示了【V-Ray Adv 3.00.08】，而在【渲染设置】对话框中出现了【V-Ray】、【GI】和【设置】选项卡，如图8-206所示。

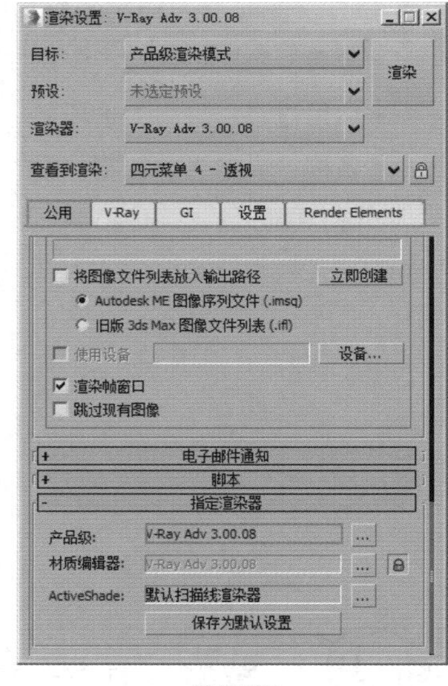

图8-206

### Part 2　材质的制作

本实例的场景对象材质主要包括地板材质、金属材质、玻璃酒杯材质、木质材质和乳胶漆材质，如图8-207所示。

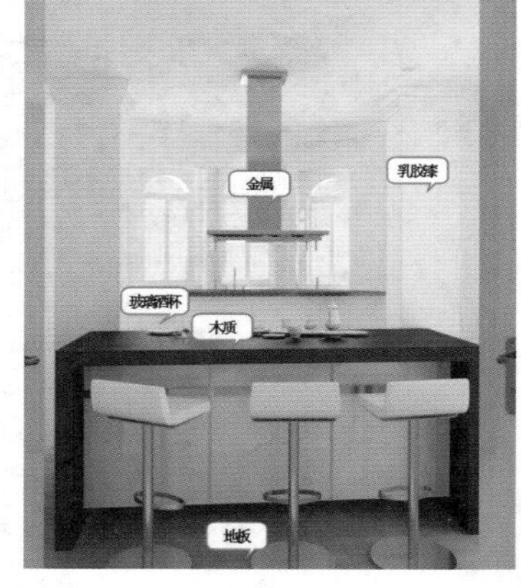


图8-207

1. 地板材质的制作

木材，给人一种回归自然、返璞归真的感觉。木地板通常应用在室内装修中，因其结实、美观而深受客户的喜爱。如图8-208所示为现实中地板地面材质的应用。

其基本属性主要有以下两点。

- 一定的模糊反射。
- 一定的凹凸效果。

图8-208

**步骤01** 选择一个材质球，设置材质类型为【VRayMtl】材质。将材质命名为【地板】，调节参数如图8-209所示。

- 在【漫反射】选项组中单击【漫反射】后面的通道按钮，并加载贴图文件【地板.jpg】。
- 在【反射】选项组中设置反射颜色为深灰色，【反射光泽度】为0.5。
- 展开【贴图】卷展栏，单击【漫反射】后面通道上的贴图并将其拖曳到【凹凸】后面的通道上，设置【凹凸】为10，如图8-210所示。

图8-209

| 贴图 | | | |
|---|---|---|---|
| 漫反射 | 100.0 | ✓ | Map #1 (地板.jpg) |
| 粗糙度 | 100.0 | ✓ | None |
| 反射 | 100.0 | ✓ | None |
| 高光光泽度 | 100.0 | ✓ | None |
| 反射光泽 | 100.0 | ✓ | None |
| 菲涅耳折射率 | 100.0 | ✓ | None |
| 各向异性 | 100.0 | ✓ | None |
| 各向异性旋转 | 100.0 | ✓ | None |
| 折射 | 100.0 | ✓ | None |
| 光泽度 | 100.0 | ✓ | None |
| 折射率 | 100.0 | ✓ | None |
| 透明 | 100.0 | ✓ | None |
| 凹凸 | 10.0 | ✓ | Map #2 (地板.jpg) |
| 置换 | 100.0 | ✓ | None |
| 不透明度 | 100.0 | ✓ | None |
| 环境 | | ✓ | None |

图8-210

**步骤02** 将调节完毕的材质赋给场景中的模型，如图8-211所示。

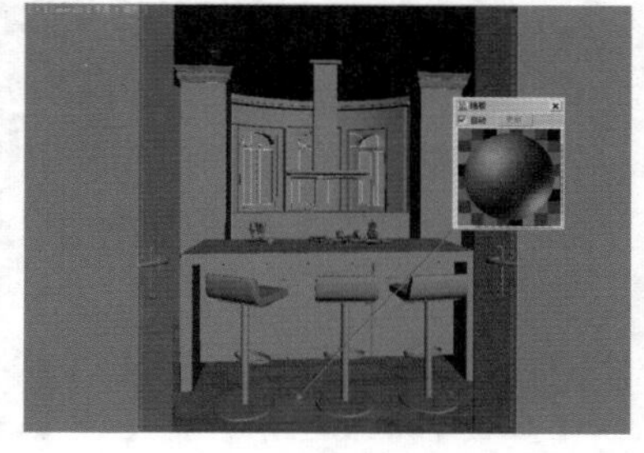

图8-211

## 2. 金属材质的制作

金属是一种具有强烈反射，富有延展性的物质。如图8-212所示为现实中金属材质的应用。

图8-212

其基本属性主要是很强的反射效果。

**步骤01** 选择一个空白材质球，将【材质类型】设置为【VRayMtl】，并命名为【金属】，具体的调节参数如图8-213所示。

- 在【漫反射】选项组中设置颜色为深灰色。

图8-213

- 在【反射】选项组中设置反射颜色为灰色，设置【反射光泽度】为0.9，【细分】为12。

**步骤02** 将调节完毕的材质赋给场景中的模型，如图8-214所示。

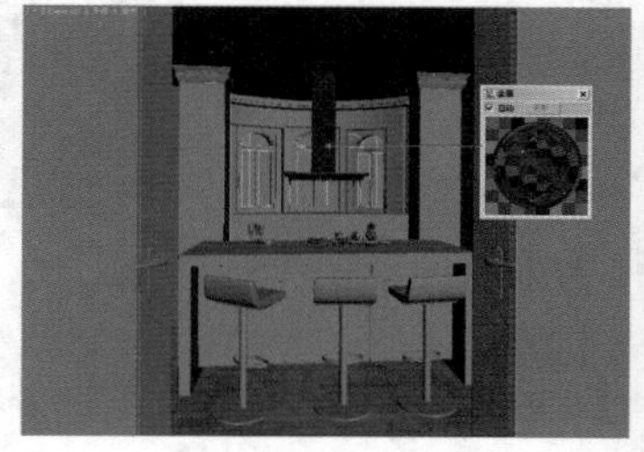

图8-214

## 3. 制作木质材质

木质材质的模拟效果如图8-215所示。

其基本属性主要有以下两点。

- 纹理图案。
- 一定的模糊反射。

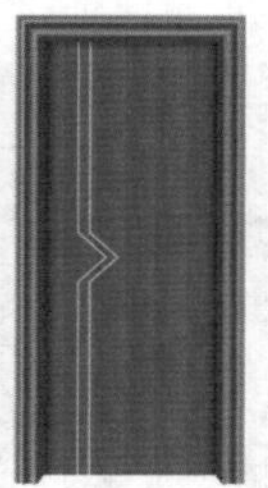

图8-215

**步骤01** 选择一个空白材质球，然后将【材质类型】设置为【VRayMtl】，并命名为【木质】，具体的调节参数如图8-216所示。

- 在【漫反射】选项组中单击【漫反射】后面的通道按钮，并加载贴图文件【木质.jpg】。
- 在【反射】选项组中设置反射颜色为深灰色，设置【反射光泽度】为0.6，【细分】为20。

图8-216

**步骤02** 将调节完毕的材质赋给场景中的模型，如图8-217所示。

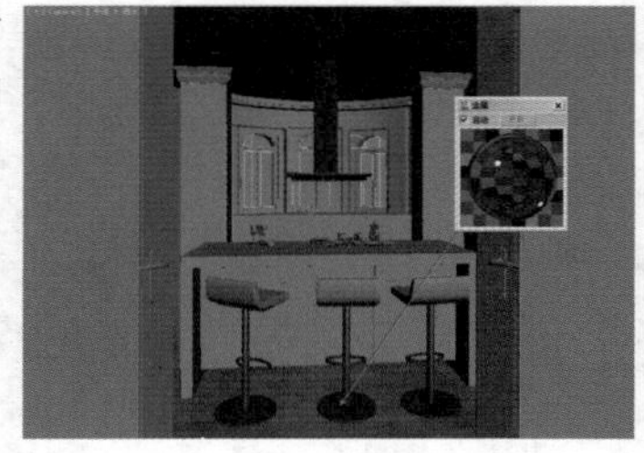

图8-217

### 4. 制作玻璃酒杯材质

玻璃酒杯材质的模拟效果如图8-218所示。

其基本属性主要有以下两点。

- 具有菲涅耳反射。
- 很强的折射效果。

图8-218

**步骤01** 选择一个空白材质球，然后将【材质类型】设置为【VRayMtl】，并命名为【玻璃酒杯】，具体的调节参数如图8-219所示。

- 在【漫反射】选项组中设置颜色为灰色。
- 在【反射】选项组中设置反射颜色为白色，选中【菲涅耳反射】复选框，在【折射】选项组中设置折射颜色为白色。

**步骤02** 将制作好的材质赋给场景中的模型，如图8-220所示。

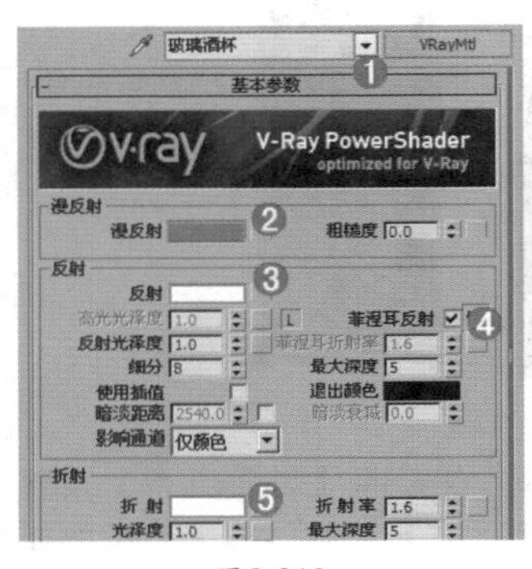

图8-219

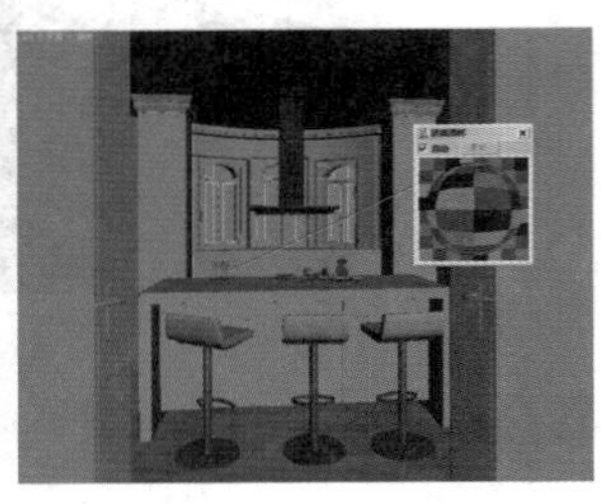

图8-220

### 5. 制作乳胶漆材质

乳胶漆材质的模拟效果如图8-221所示，其基本属性是固有色为白色。

图8-221

**步骤01** 选择一个空白材质球，将【材质类型】设置为【VRayMtl】，并命名为【瓷器】，具体的调节参数如图8-222所示。

- 在【漫反射】选项组中设置颜色为白色。

图8-222

**步骤02** 将调节完毕的材质赋给场景中的模型，如图8-223所示。

至此，场景中主要模型的材质已经制作完毕，其他材质的制作方法此处就不再详述了。

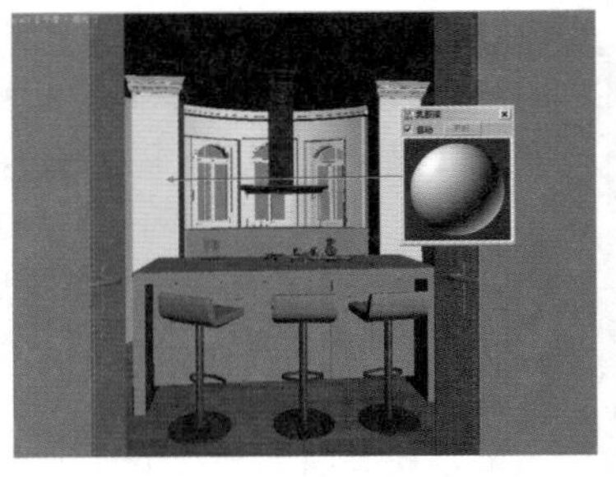

图8-223

### 6. 创建摄像机

**步骤01** 进入【创建】面板，然后单击【摄像机】按钮，并设置【摄像机类型】为【标准】，单击【目标】按钮，如图8-224所示。

**步骤02** 在顶视图拖曳创建一台摄像机，然后在各个视图中调节其位置，具体放置位置如图8-225所示。

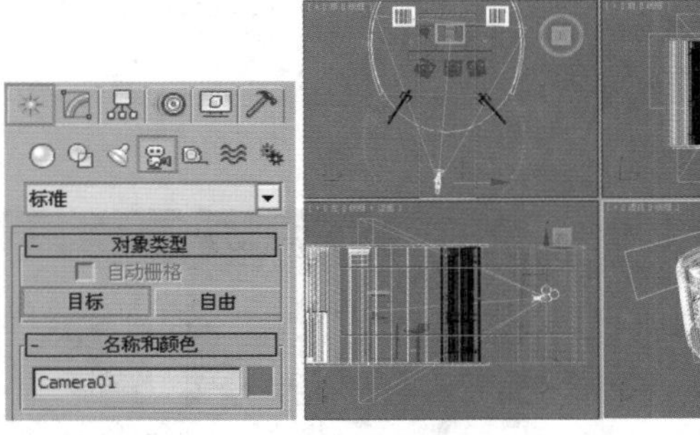
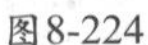

图8-224　　图8-225

**步骤03** 进入【修改】面板，在【参数】卷展栏中设置【镜头】为39.7，【视野】为48.7，【目标距离】为14548mm，如图8-226所示。

**步骤04** 切换到透视图，按C键将透视图切换至摄像机视图，此时可发现摄影机角度有些倾斜，如图8-227所示。

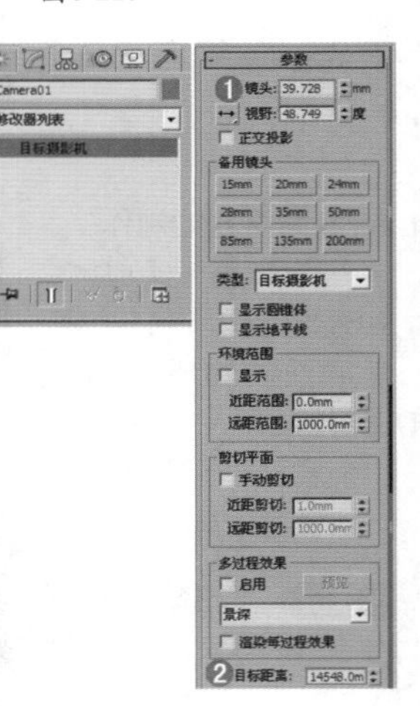

图8-226

图8-227

**步骤05** 选择摄影机，单击鼠标右键，在弹出的快捷菜单中选择【应用摄影机校正修改器】命令，如图8-228所示。设置【数量】为2.998，【方向】为90，如图8-229所示。

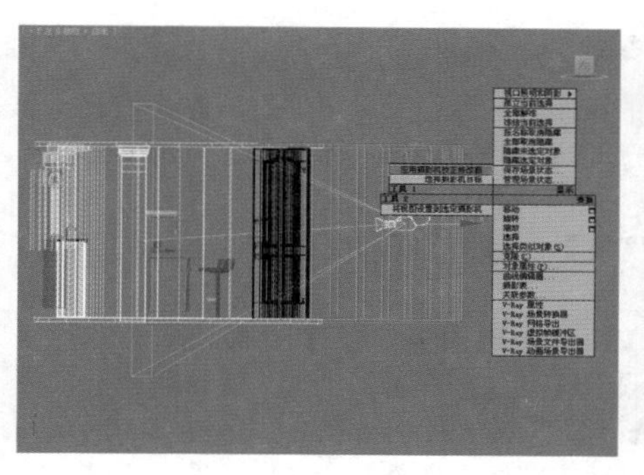

图8-228　图8-229

**步骤06** 此时的摄影机角度比较正常，如图8-230所示。

图8-230

> **技巧提示**
>
> 在场景中创建了摄影机并切换到摄影机角度后，可发现视角非常近，如图8-231所示。
>
> 这并不是错误，而是未打开安全框的原因，按Shift+F组合键打开安全框，在安全框内的区域才是最终渲染的区域，而安全框以外的区域将不会被渲染出来，如图8-232所示。
>
> 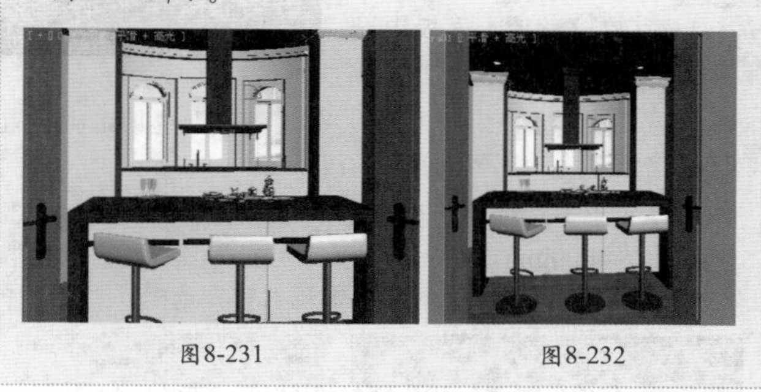
>
> 图8-231　图8-232

## Part 3　设置灯光并进行草图渲染

在本实例的现代厨房场景中主要分为两种灯光，第一种为使用VR-灯光模拟的自然光，第二种是使用VR-灯光模拟的辅助光源。

### 1. 创建主光源

**步骤01** 在顶视图中按住并拖曳鼠标，创建一盏VR-灯光，将灯光移动到窗户外面，如图8-233所示。

**步骤02** 选择步骤01中创建的VR-灯光，并在【修改】面板中调节具体参数，如图8-234所示。

- 在【常规】选项组中设置【类型】为【平面】，在【强度】选项组中设置【倍增】为20，调节颜色为浅蓝色。
- 在【大小】选项组中设置【1/2长】为5000mm，【1/2宽】为2900mm，然后选中【不可见】复选框，设置【细分】为15。

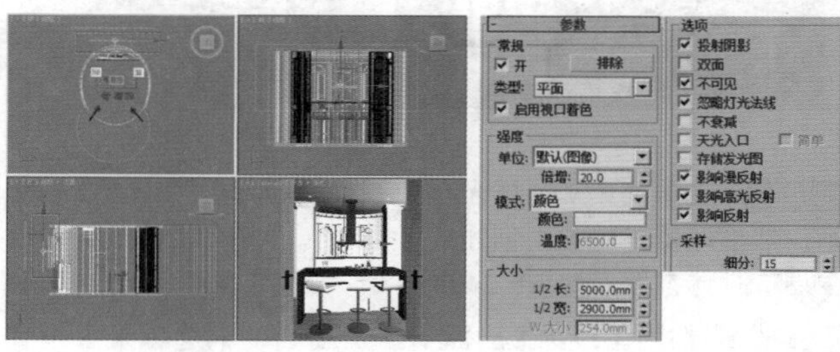

图8-233　图8-234

**步骤03** 按F10键，打开【渲染设置】窗口。首先设置【V-Ray】和【GI】选项卡中的参数，刚开始设置的是一个草图设置，目的是进行快速渲染，其参数设置如图8-235所示。

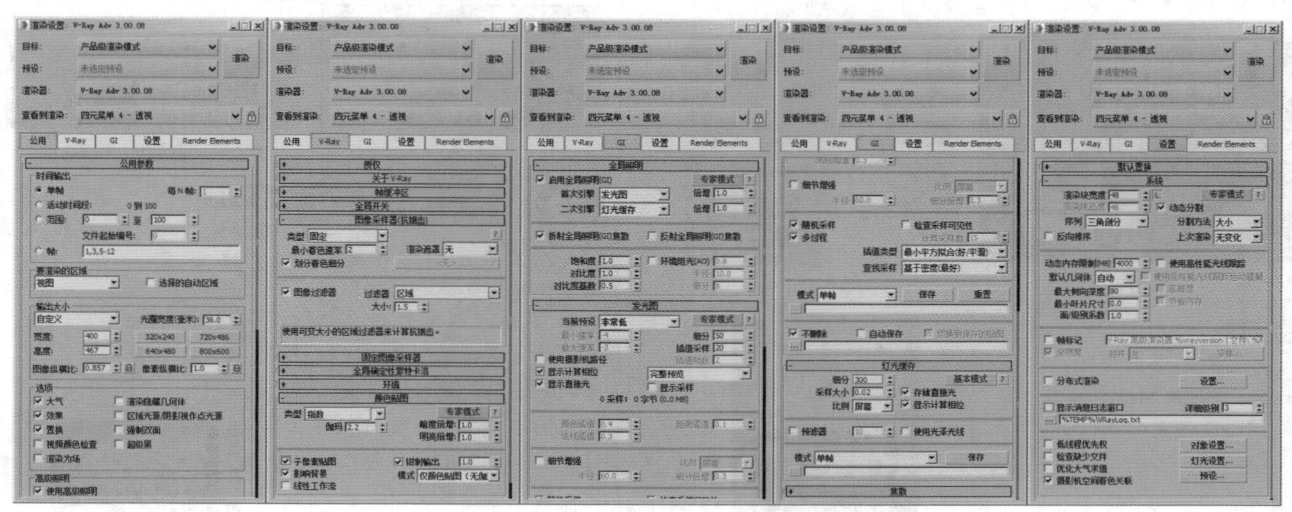

图8-235

**步骤04** 按Shift+Q组合键，快速渲染摄影机视图，其渲染效果如图8-236所示。

图8-236

## 2. 创建辅助光源

**步骤01** 在左视图中创建一盏灯光，具体的位置如图8-237所示。

**步骤02** 选择步骤01中创建的VR-灯光，在【修改】面板中设置具体的参数，如图8-238所示。

- 设置【类型】为【平面】，在【强度】选项组中设置【倍增】为50，调节颜色为浅蓝色。
- 在【大小】选项组中设置【1/2长】为1900mm，【1/2宽】为4000mm，然后选中【不可见】复选框，取消选中【影响高光反射】和【影响反射】复选框。

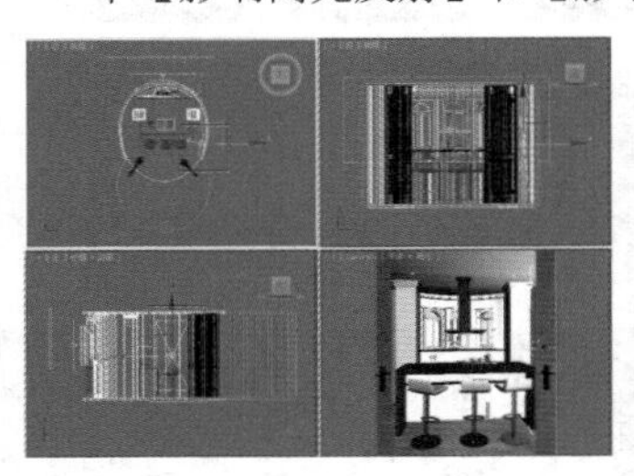

图8-237

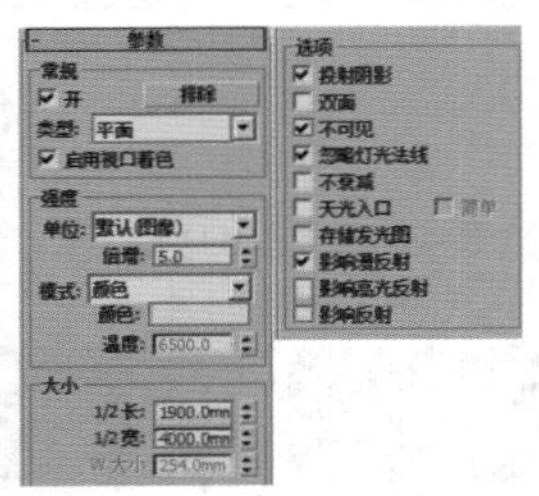

图8-238

**步骤03** 继续使用VR-灯光在前视图中创建，如图8-239所示，然后选择步骤02中创建的目标灯光，并在【修改】面板中调节具体参数，如图8-240所示。

- 设置【类型】为【平面】，在【强度】选项组中设置【倍增】为2，调节颜色为浅黄色。
- 在【大小】选项组中设置【1/2长】为1900mm，【1/2宽】为4300mm，然后选中【不可见】复选框，取消选中【影响高光反射】和【影响反射】复选框。

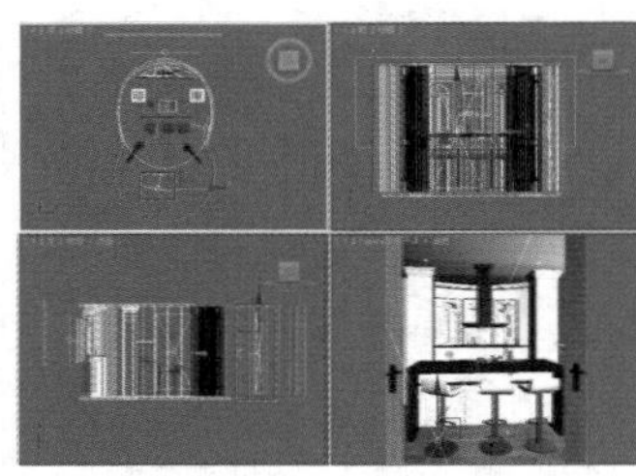

图8-239

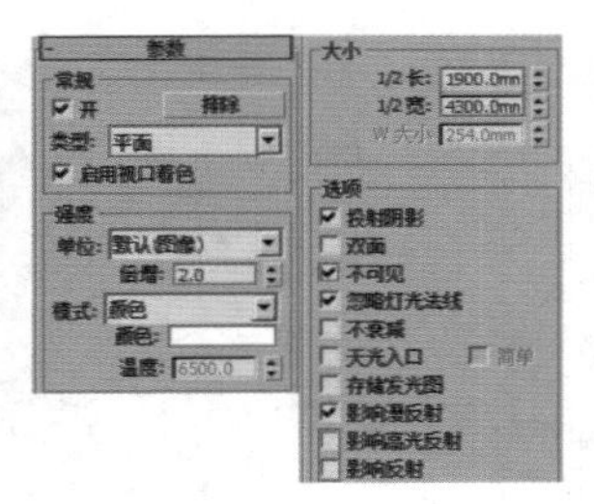

图8-240

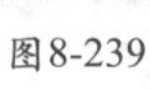

**步骤04** 按Shift+Q组合键，快速渲染摄影机视图，其渲染效果如图8-241所示。

图8-241

## 3. 设置成图渲染参数

经过了前面的操作，已经将大量烦琐的工作做完了，下面需要做的就是把渲染的参数设置高一些，再进行渲染输出。

**步骤01** 按F10键，打开【渲染设置】窗口，在【公用参数】卷展栏中设置【宽度】为1500，【高度】为1751，如图8-242所示。

**步骤02** 选择【V-Ray】选项卡，在【图像采样器（抗锯齿）】卷展栏中设置【图像采样器】类型为【自适应】，接着设置【过滤器】类型为Mitchell-Netravali，如图8-243所示。

**步骤03** 展开【自适应图像采样器】卷展栏，设置【最小细分】为1，【最大细分】为4，如图8-244所示。

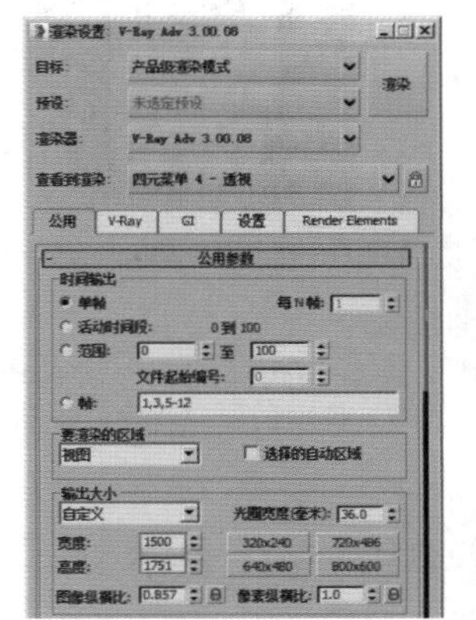

图8-242

图8-243

图8-244

**步骤04** 选择【GI】选项卡，在【发光图】卷展栏中设置【当前预置】为【低】，接着设置【细分】为90，【插值采样】为30，最后选中【显示计算相位】和【显示直接光】复选框，具体参数设置如图8-245所示。

**步骤05** 展开【灯光缓存】卷展栏，设置【细分】为1000，选中【显示计算相位】复选框，取消选中【存储直接光】复选框，具体参数设置如图8-246所示。

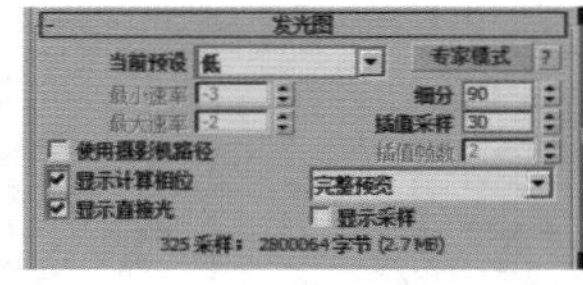

图8-245

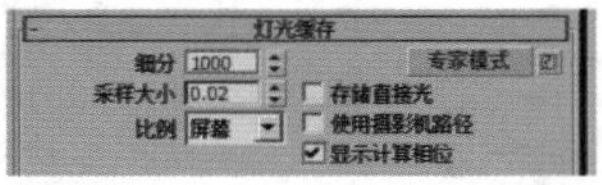

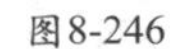

图8-246

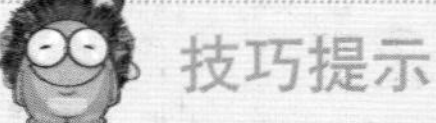

**技巧提示**

在渲染出图时可以根据不同的场景来选择不同的渲染方式。对于较大的场景，可以采取先渲染尺寸稍小的光子图，然后通过载入渲染的光子图来渲染以加快速度。本实例中的场景比较小，就不渲染光子图了，直接渲染出图即可。

**步骤06** 等待一段时间后即可渲染完成，最终的效果如图8-247所示。

图8-247

## 综合实例：现代风格浴室柔和光照表现

| 场景文件 | 05.max |
| --- | --- |
| 案例文件 | 综合实例：现代风格浴室柔和光照表现.max |
| 视频教学 | 多媒体教学/Chapter 08/综合实例：现代风格浴室柔和光照表现.flv |
| 难易指数 | ★★★☆☆ |
| 灯光类型 | VR-灯光 |
| 材质类型 | VRayMtl材质 |
| 程序贴图 | 平铺程序贴图 |
| 技术掌握 | 掌握VRayMtl材质下的参数调节 |

### 实例介绍

本实例是一个浴室空间，室内明亮灯光表现是本实例的学习难点，而墙面材质、地面材质和灯罩材质的制作方法是本实例的学习重点，效果如图8-248所示。

图8-248

### 操作步骤

#### Part 1　设置VRay渲染器

**步骤01** 打开本书配套光盘中的【场景文件/Chapter08/05.max】文件，此时的场景效果如图8-249所示。

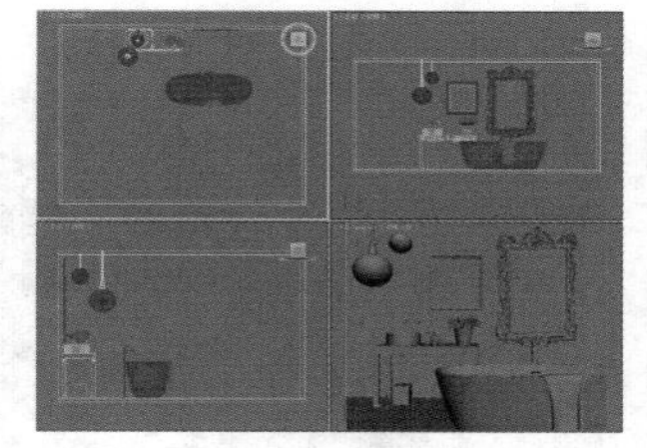

图8-249

**步骤02** 按F10键，打开【渲染设置】窗口，选择【公用】选项卡，在【指定渲染器】卷展栏中单击...按钮，在弹出的【选择渲染器】对话框中选择【V-Ray Adv 3.00.08】选项，如图8-250所示。

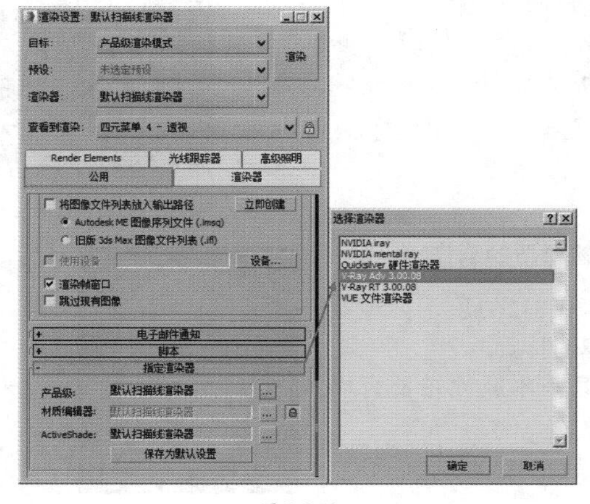


图8-250

**步骤03** 此时在【指定渲染器】卷展栏的【产品级】后面显示了【V-Ray Adv 3.00.08】，而在【渲染设置】对话框中出现了【V-Ray】、【GI】和【设置】选项卡，如图8-251所示。

#### Part 2　材质的制作

本实例的场景对象材质主要包括墙面材质、陶瓷材质、地面材质、灯罩材质、浴巾材质和金属材质，如图8-252所示。

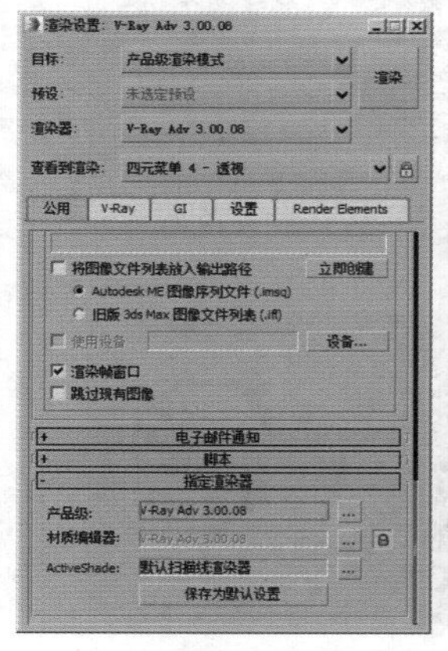


图8-251

图8-252

##### 1. 墙面材质的制作

室内装修经常使用到瓷砖材质，尤其是使用在卫生间中。如图8-253所示为现实中瓷砖材质的效果。其基本属性是具有很强的凹凸效果。

图8-253

**步骤01** 打开【材质编辑器】窗口，选择一个材质球，设置材质类型为【VRayMtl】材质，将上述材质命名为【墙面】，参数如图8-254所示。

图8-254

- 在【漫反射】选项组中设置【漫反射】后面的颜色为白色。
- 展开【贴图】卷展栏，在【凹凸】后面的通道上加载【平铺】程序贴图，设置【预设类型】为【连续砌合】，展开【高级控制】卷展栏，设置【水平数】为3，【垂直数】为4，然后设置【水平间距】为0.4，【垂直间距】为0.4，最后设置【凹凸】为1000，如图8-255所示。

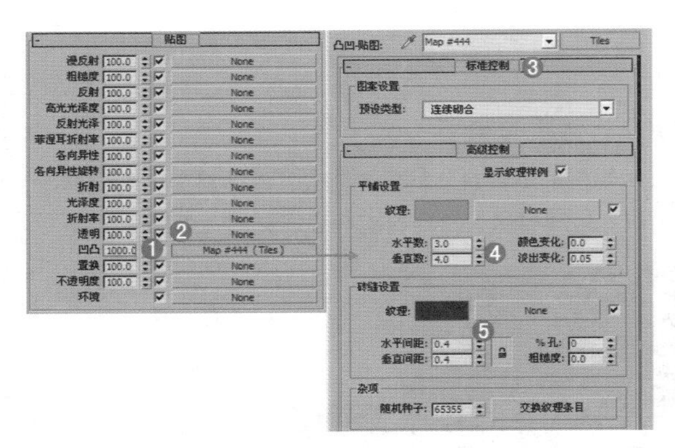


图8-255

步骤02 将调节完毕的材质赋给场景中的模型，如图8-256所示。

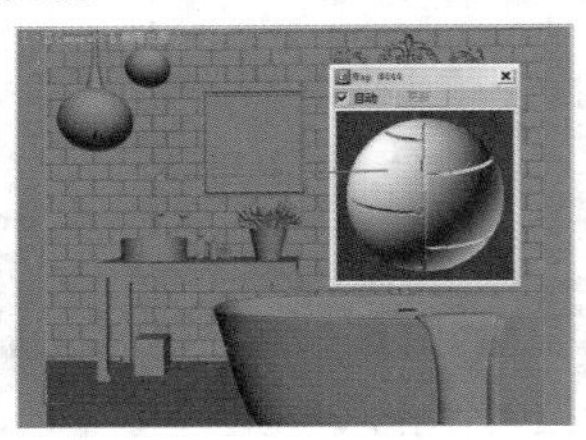

图8-256

### 2. 陶瓷材质的制作

如图8-257所示为现实中瓷器材质的应用。

图8-257

其基本属性主要有以下两点。

- 固有色为白色。
- 一定的菲涅耳反射效果。

步骤01 选择一个空白材质球，然后将【材质类型】设置为【VRayMtl】，并命名为【陶瓷】，具体的调节参数如图8-258所示。

- 在【漫反射】选项组中设置【漫反射】后面的颜色为浅灰色。
- 在【反射】选项组中设置【颜色】为白色，设置【反射光泽度】为0.95，并选中【菲涅耳反射】复选框。

步骤02 将调节完毕的材质赋给场景中的模型，如图8-259所示。

图8-258

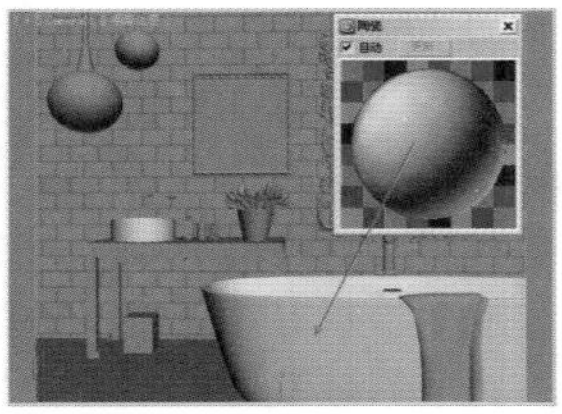

图8-259

### 3. 地面材质的制作

如图8-260所示为现实中浴室地面的材质。其基本属性主要有以下两点。

- 地面砖纹理图案。
- 一定的模糊反射。

图8-260

步骤01 选择一个空白材质球，然后将【材质类型】设置为【VRayMtl】，并命名为【地面】，具体的调节参数如图8-261所示。

- 在【漫反射】选项组中单击【漫反射】后面的通道按钮，并加载贴图文件【地面砖.jpg】，设置【模糊】为0.01。
- 在【反射】选项组中设置【颜色】为深灰色，【反射光泽度】为0.4。

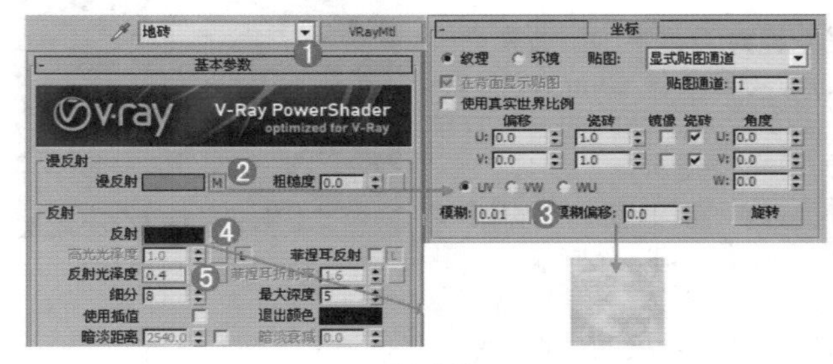


图8-261

步骤02 将调节完毕的材质赋给场景中的模型，如图8-262所示。

图8-262

### 4. 灯罩材质的制作

如图8-263所示为现实中灯罩的材质。

其基本属性主要有以下两点。

- 一定的模糊反射。
- 很小的折射模糊。

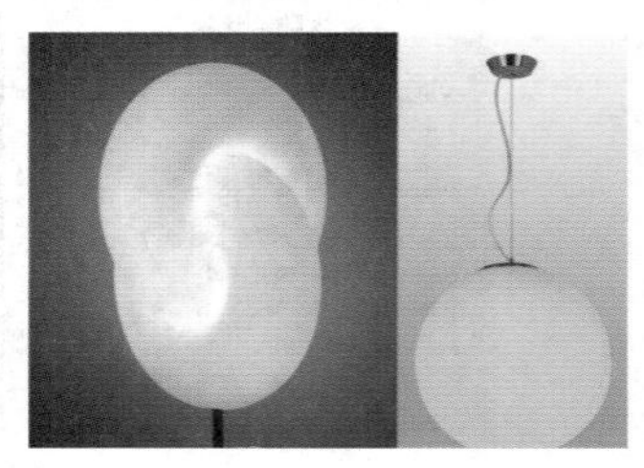

图8-263

步骤01 选择一个空白材质球，然后将【材质类型】设置为【VRayMtl】，并命名为【灯罩】，具体的调节参数如图8-264所示。

- 在【漫反射】选项组中设置颜色为浅灰色。
- 在【反射】选项组中设置颜色为深灰色，【反射光泽度】为0.6，【细分】为12。
- 在【折射】选项组中设置颜色为深灰色，【光泽度】为0.7，选中【影响阴影】复选框。

**步骤02** 将制作好的材质赋给场景中的模型，如图8-265所示。

图8-264

图8-265

### 5. 浴巾材质的制作

如图8-266所示为现实中浴巾材质。其基本属性主要是具有一定的凹凸效果。

图8-266

**步骤01** 选择一个空白材质球，将【材质类型】设置为【VRayMtl】，并命名为【浴巾】，如图8-267所示，具体的调节参数如图8-268所示。

图8-267

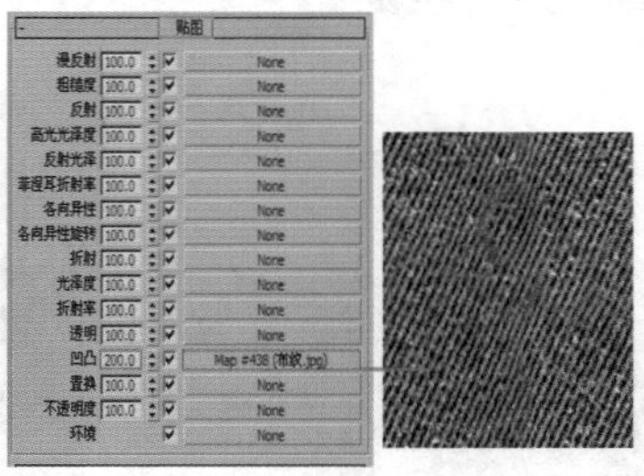

图8-268

- 在【漫反射】选项组中设置【漫反射】后面的颜色为浅黄色。
- 展开【贴图】卷展栏，并在【凹凸】后面的通道上加载【布纹.jpg】贴图文件，然后设置【凹凸】为200。

**步骤02** 将调节完毕的材质赋给场景中的模型，如图8-269所示。

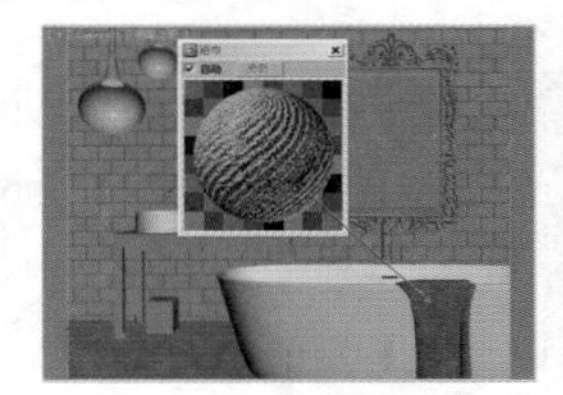

图8-269

### 6. 金属材质的制作

如图8-270所示为现实中金属水龙头的材质。其基本属性主要是具有一定的反射效果。

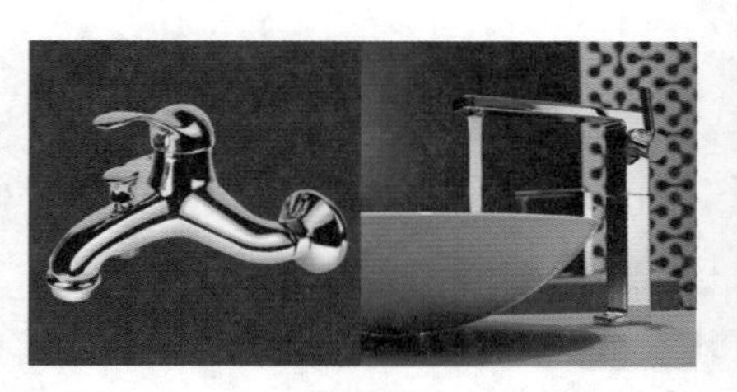

图8-270

**步骤01** 选择一个空白材质球，将【材质类型】设置为【VRayMtl】，并命名为【金属】，具体的调节参数如图8-271所示。

- 在【漫反射】选项组中设置颜色为深灰色。
- 在【反射】选项组中设置颜色为灰色。

**步骤02** 将制作好的材质赋给场景中的模型，如图8-272所示。

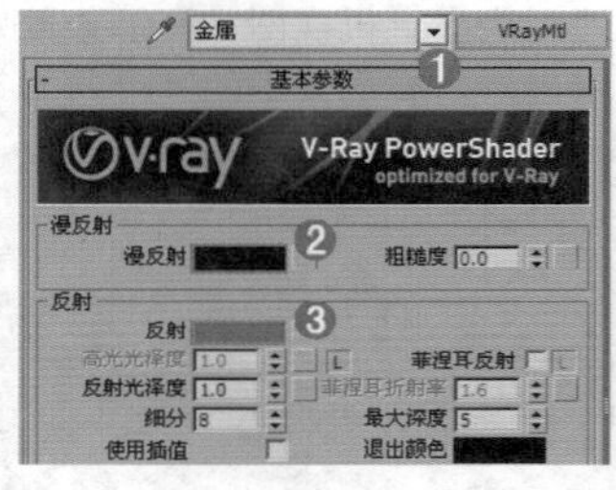


图8-271

图8-272

### 7. 创建摄像机

**步骤01** 进入【创建】面板，单击【摄像机】按钮，并设置【摄像机类型】为【标准】，然后单击【目标】按钮，如图8-273所示。

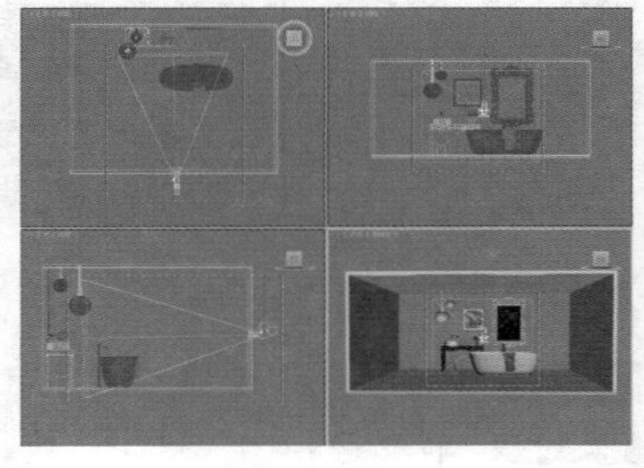

图8-273

**步骤02** 在顶视图中拖曳创建一台摄像机，然后在各个视图中调节其位置，具体放置位置如图8-274所示。

**步骤03** 进入【修改】面板，在【参数】卷展栏中设置【镜头】为44，【视野】为44.498，如图8-275所示。

**步骤04** 切换到透视图，按C键将透视图切换至摄像机视图，场景效果如图8-276所示。

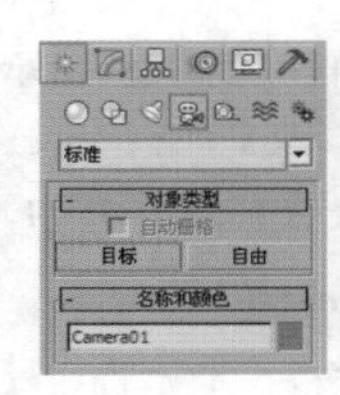

图8-274

图8-275

图8-276

## Part 3 设置灯光并进行草图渲染

在本实例的现代厨房场景中主要包括两种灯光，第一种为使用VR-灯光模拟的自然光，第二种是使用VR-灯光模拟的辅助光源。

### 1. 创建主光源

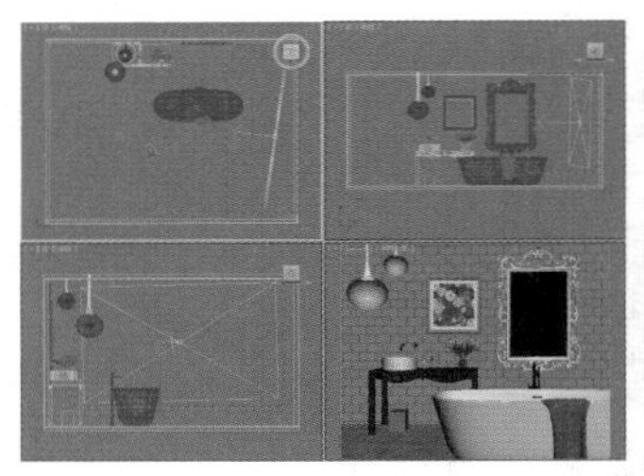

图8-277　　图8-278

**步骤01** 在左视图中按住并拖曳鼠标，创建一盏VR-灯光，然后在各个视图中调整它的位置，如图8-277所示。

**步骤02** 选择步骤01中创建的VR-灯光，并在【修改】面板中调节具体参数，如图8-278所示。

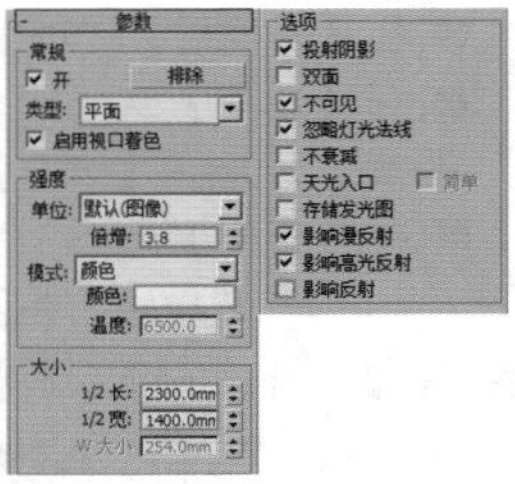

- 设置【类型】为【平面】，在【强度】选项组中设置【倍增】为3.8，调节颜色为浅蓝色。
- 在【大小】选项组中设置【1/2长】为2300mm，【1/2宽】为1400mm。
- 在【选项】选项组中选中【不可见】复选框，取消选中【影响反射】复选框。

**步骤03** 按F10键，打开【渲染设置】窗口。首先设置【V-Ray】和【GI】选项卡中的参数，刚开始设置的是一个草图设置，目的是进行快速渲染，参数设置如图8-279所示。

**步骤04** 按Shift+Q组合键，快速渲染摄影机视图，其渲染效果如图8-280所示。

通过上面的渲染效果可以看出，浴室场景中的亮度基本符合要求，接下来需要制作浴室场景中吊灯的光源。

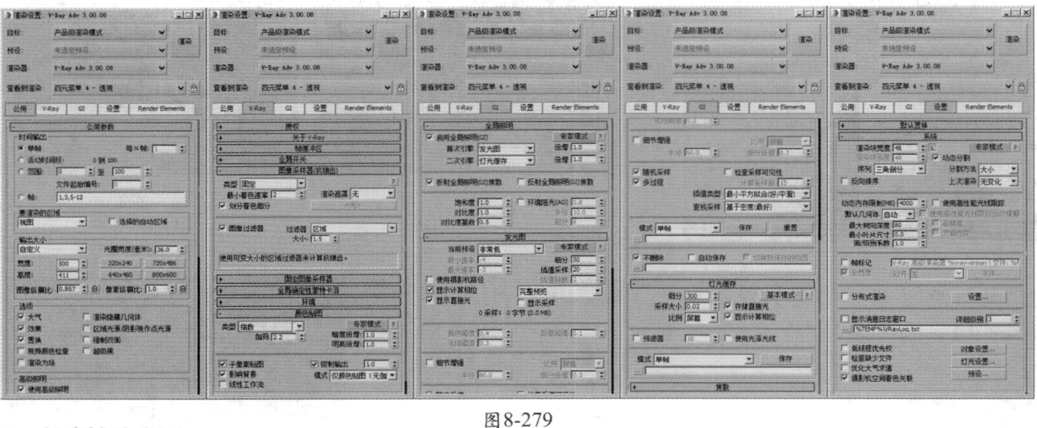

图8-279

图8-280

### 2. 创建辅助光源

**步骤01** 在左视图中创建一盏灯光，具体的位置如图8-281所示。

**步骤02** 选择步骤01中创建的VR-灯光，然后在【修改】面板中设置具体的参数，如图8-282所示。

- 在【常规】选项组中设置【类型】为【平面】，在【强度】选项组中设置【倍增】为2.6，调节颜色为浅黄色。
- 在【大小】选项组中设置【1/2长】为1400mm，【1/2宽】为1200mm。

**步骤03** 按Shift+Q组合键，快速渲染摄影机视图，其渲染效果如图8-283所示。

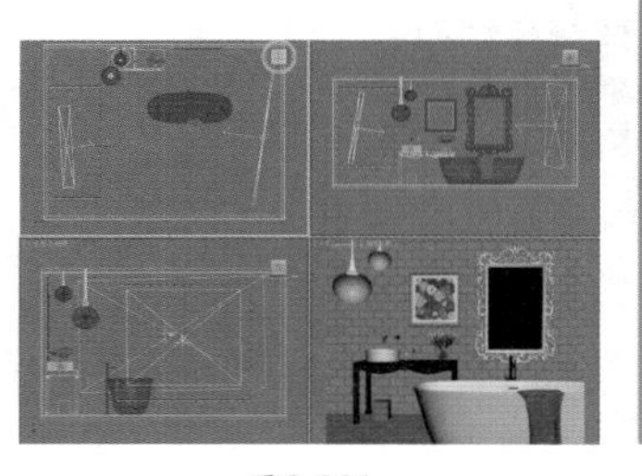

图8-281

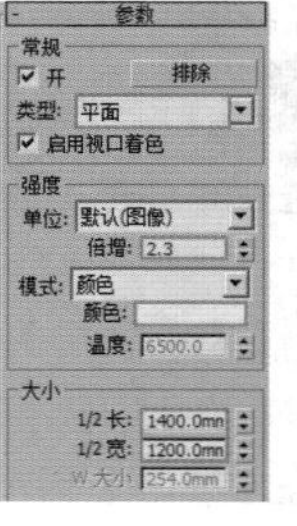


图8-282

图8-283

### 3. 创建吊灯光源

**步骤01** 在左视图中创建一盏灯光，具体的位置如图8-284所示。

**步骤02** 选择步骤01中创建的VR-灯光，在【修改】面板中设置具体的参数，如图8-285所示。

- 在【常规】选项组中设置【类型】为【球体】，在【强度】选项组中设置【倍增】为6.5，调节颜色为浅黄色。
- 在【大小】选项组中设置【半径】为150mm。
- 在【选项】选项组中选中【不可见】复选框，取消选中【影响反射】复选框。

**步骤03** 按Shift+Q组合键，快速渲染摄影机视图，其渲染效果如图8-286所示。

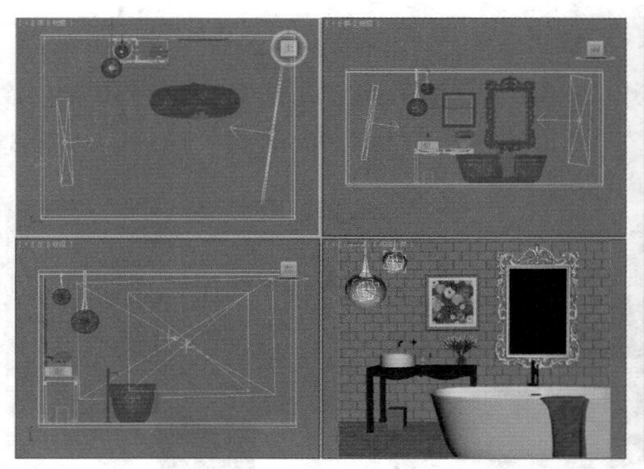

图8-284

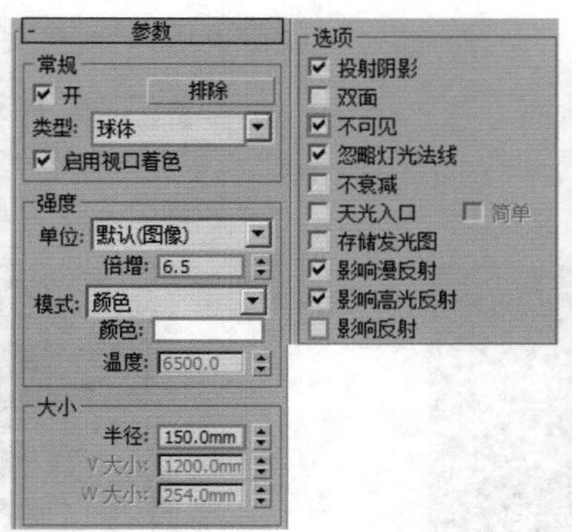


图8-285

图8-286

## Part 4 设置成图渲染参数

经过了前面的操作，已经将大量烦琐的工作做完了，下面需要做的就是把渲染的参数设置高一些，再进行渲染输出。

步骤01 按F10键，打开【渲染设置】窗口，在【公用参数】卷展栏中设置【宽度】为1500，【高度】为1233，如图8-287所示。

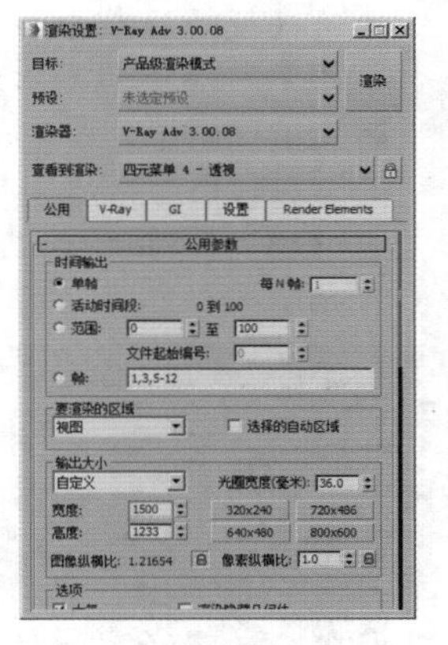

图8-287

步骤02 选择【V-Ray】选项卡，在【图像采样器（抗锯齿）】卷展栏中设置图像采样器【类型】为【自适应】，接着设置【过滤器】类型为Mitchell-Netravali，如图8-288所示。

步骤03 展开【自适应图像采样器】卷展栏，然后设置【最小细分】为1，【最大细分】为4，如图8-289所示。

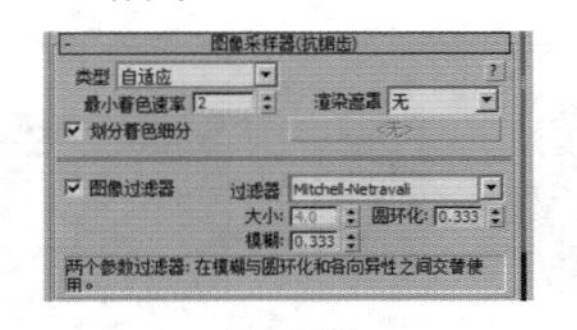

图8-288

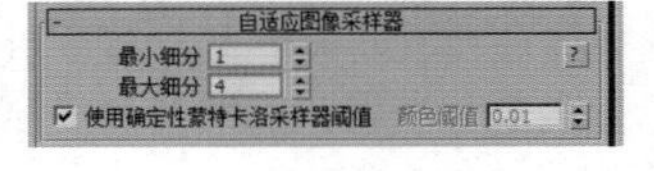


图8-289

步骤04 选择【GI】选项卡，在【发光图】卷展栏中设置【当前预置】为【低】，【半球细分】为90，【插值采样值】为30，选中【显示计算过程】和【显示直接照明】复选框，具体参数设置如图8-290所示。

步骤05 展开【灯光缓存】卷展栏，设置【细分】为1500，选中【显示计算状态】复选框，取消选中【保存直接光】复选框，具体参数设置如图8-291所示。

图8-290

图8-291

**技巧提示**

在渲染出图时，可以根据不同的场景来选择不一样的渲染方式。对于较大的场景，可以采取先渲染尺寸稍小的光子图，然后通过载入渲染的光子图来渲染以加快速度。本实例中的场景比较小，就不渲染光子图了，直接渲染出图即可。

步骤06 等待一段时间后即可渲染完成，最终的效果如图8-292所示。

图8-292

# 综合实例：阅览室夜晚

| 场景文件 | 06.max |
|---|---|
| 案例文件 | 综合实例：阅览室夜晚.max |
| 视频教学 | 多媒体教学/Chapter 08/综合实例：阅览室夜晚.flv |
| 难易指数 | ★★★☆☆ |
| 材质类型 | VRayMtl材质、VR-材质包裹器 |
| 程序贴图 | 无 |
| 技术掌握 | 掌握为模型加载【UVW贴图】修改器的方法 |

## 实例介绍

本实例是一个阅览室场景，场景内主要的材质是应用VRayMtl材质制作的，在该场景中使用目标灯光制作射灯，使用VR-灯光制作吊灯，效果如图8-293所示。

图8-293

## 操作步骤

### Part 1　设置VRay渲染器

**步骤01** 打开本书配套光盘中的【场景文件/Chapter08/06.max】文件，此时的场景效果如图8-294所示。

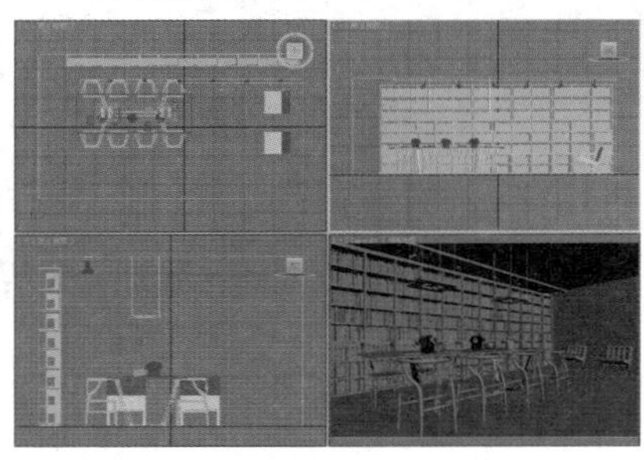

图8-294

**步骤02** 按F10键，打开【渲染设置】窗口，选择【公用】选项卡，在【指定渲染器】卷展栏中单击...按钮，在弹出的【选择渲染器】窗口中选择【V-Ray Adv 3.00.08】选项，如图8-295所示。

**步骤03** 此时在【指定渲染器】卷展栏的【产品级】文本框中显示了【V-Ray Adv 3.00.08】，而在【渲染设置】对话框中出现了【V-Ray】、【GI】和【设置】选项卡，如图8-296所示。

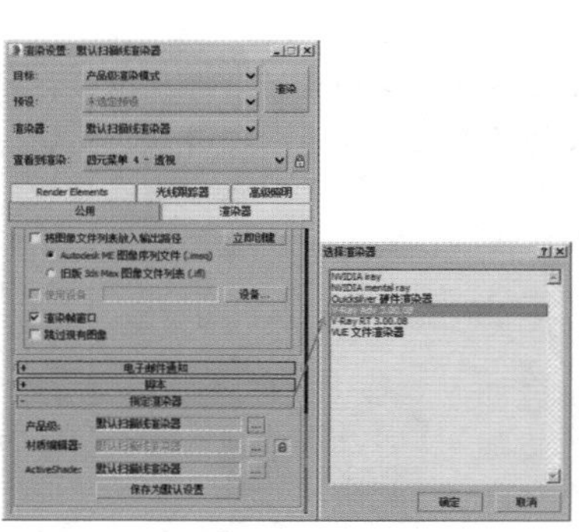

图8-295

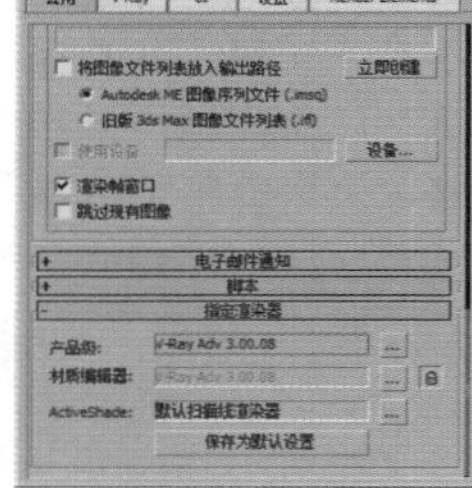

图8-296

### Part 2　材质的制作

下面介绍场景中主要材质的制作，包括地面、顶棚、墙面、书架、桌子、椅子、椅子坐垫、沙发、金属材质等。效果如图8-297所示。

图8-297

1. 地面材质的制作

**步骤01** 打开【材质编辑器】窗口，选择一个材质球，设置材质类型为【VRayMtl】材质，将上述材质命名为【地面】，如图8-298所示。

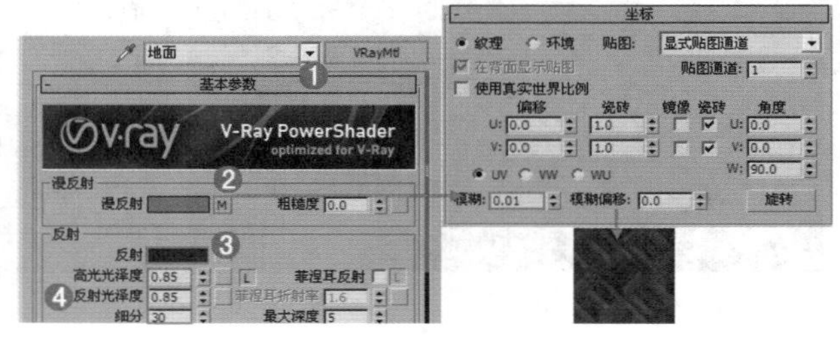

图8-298

- 在【漫反射】后面的通道上加载【地板.jpg】贴图文件，展开【坐标】卷展栏，设置【模糊】为0.01。
- 在【反射】选项组中设置颜色为深灰色，【高光光泽度】为0.85，【反射光泽度】为0.85，【细分】为30。
- 展开【贴图】卷展栏，在【凹凸】后面的通道上加载【地板黑白.jpg】贴图文件，在【坐标】卷展栏中设置【模糊】为0.01，然后设置【凹凸】为50，如图8-299所示。

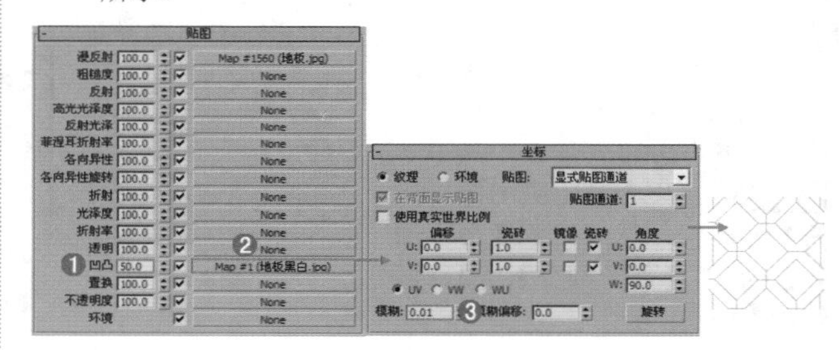

图8-299

**步骤02** 选中场景中的地面模型，在【修改】面板中为其添加【UVW贴图】修改器，调节其具体参数，如图8-300所示。

- 在【参数】卷展栏中设置【贴图】类型为【长方体】，【长度】为5005mm，【宽度】为8813mm，【高度】为1mm，【U向平铺】为7，【V向平铺】为4，【W向平铺】为1，【对齐】为Z。

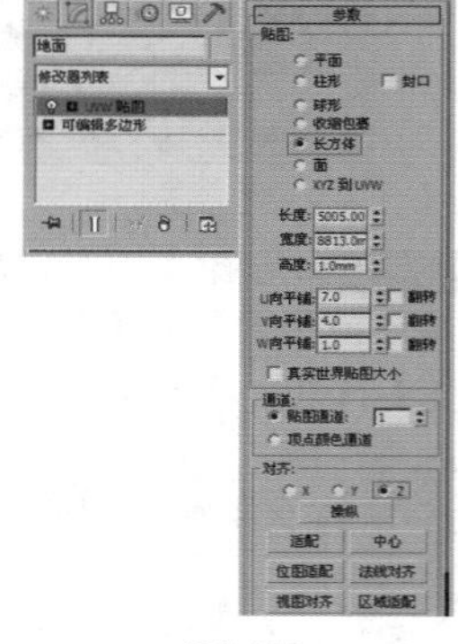

图8-300

**步骤03** 将制作完毕的材质赋给场景中的模型，如图8-301所示。

图8-301

## 2. 顶棚材质的制作

**步骤01** 选择一个空白材质球，将【材质类型】设置为【VRayMtl】，并命名为【顶棚】，具体的调节参数如图8-302所示。

- 在【漫反射】后面的通道上加载【顶棚.jpg】贴图文件。
- 在【反射】选项组中设置颜色为深灰色，【反射光泽度】为0.65，【细分】为15。
- 展开【贴图】卷展栏，将【漫反射】后面的通道拖曳到【凹凸】后面的通道上，设置【凹凸】为60，如图8-303所示。

图8-302 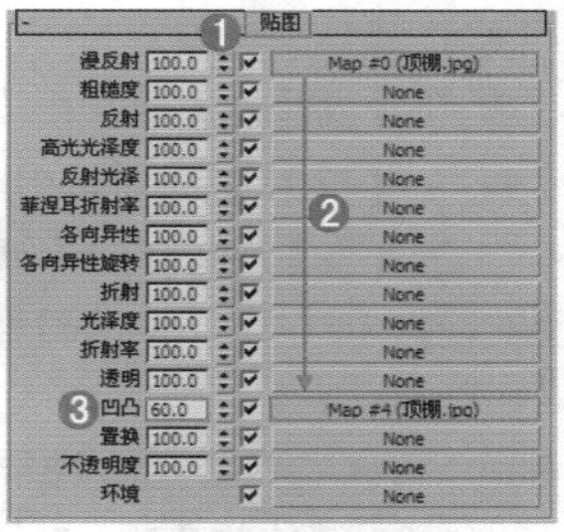　图8-303

**步骤02** 选中场景中的顶棚模型，在【修改】面板中为其添加【UVW贴图】修改器，调节其具体参数，如图8-304所示。

- 在【参数】卷展栏中设置【贴图】类型为【长方体】，【长度】、【宽度】、【高度】为800mm，【对齐】为Z。

**步骤03** 将制作完毕的材质赋给场景中的模型，如图8-305所示。

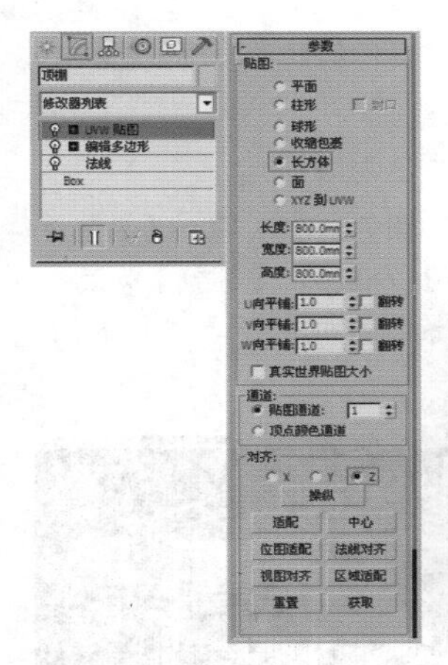

图8-304

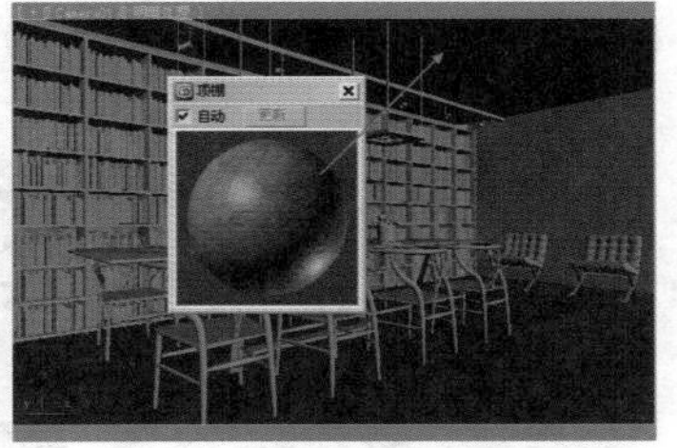

图8-305

## 3. 水泥墙面材质的制作

**步骤01** 选择一个空白材质球，将【材质类型】设置为【VR-材质包裹器】，并命名为【水泥墙面】，在【基本材质】后面的通道上加载【VRayMtl】材质，并命名为【1】，单击进入【基本材质】后面的通道内，具体调节参数如图8-306所示。

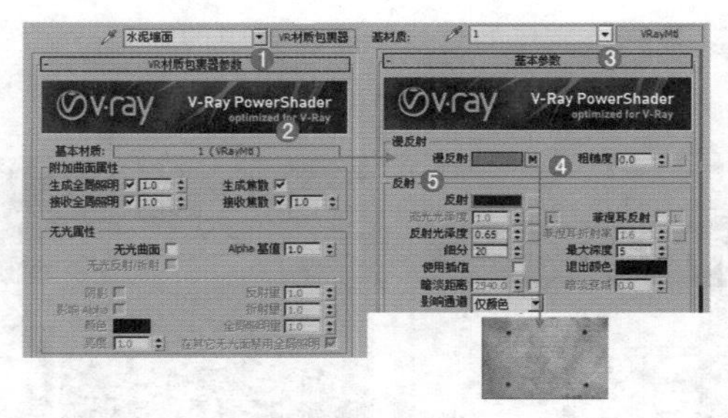

图8-306

- 在【漫反射】后面的通道上加载【墙面.jpg】贴图文件。
- 在【反射】选项组中设置颜色为深灰色，【反射光泽度】为0.65，【细分】为20。
- 展开【贴图】卷展栏，将【漫反射】后面的通道拖曳到【凹凸】后面的通道上，设置【凹凸】为50，如图8-307所示。

图8-307

**步骤02** 选中场景中的水泥墙面模型，在【修改】面板中为其添加【UVW贴图】修改器，调节其具体参数，如图8-308所示。

- 在【参数】卷展栏中设置【贴图】类型为【长方体】，【长度】为1233mm，【宽度】为900mm，【高度】为871mm，【对齐】为Z。

**步骤03** 将制作完毕的材质赋给场景中的模型，如图8-309所示。

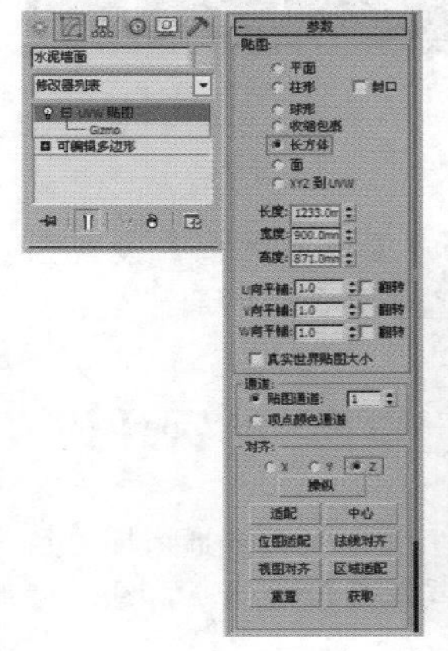

图8-308

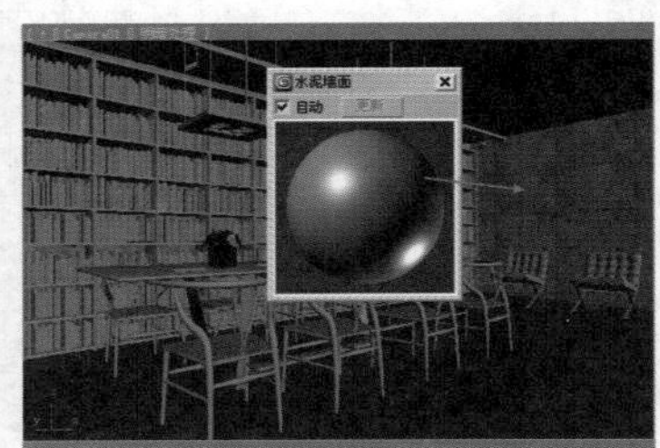

图8-309

## 4. 桌子材质的制作

**步骤01** 选择一个空白材质球，将【材质类型】设置为【VRayMtl】，并命名为【桌子】，具体的调节参数如图8-310所示。

- 在【漫反射】选项组中设置颜色为白色。
- 在【反射】选项组中设置颜色为深灰色，【反射光泽度】为0.93，【细分】为20。

**步骤02** 将制作完毕的材质赋给场景中的模型，如图8-311所示。

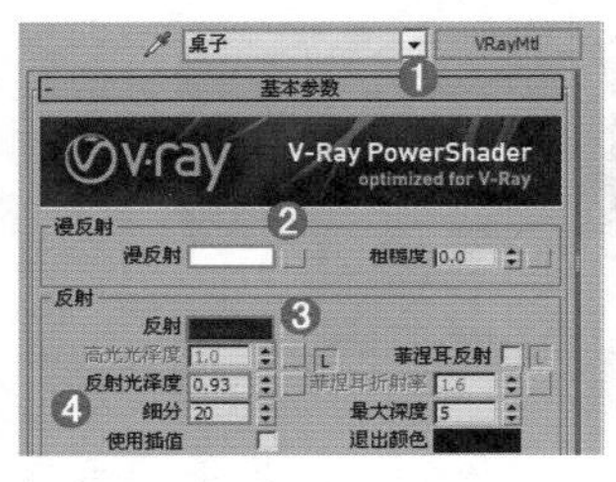


图8-310

图8-311

### 5. 椅子材质的制作

**步骤01** 选择一个空白材质球，将【材质类型】设置为【VRayMtl】，并命名为【椅子】，具体的调节参数如图8-312所示。

- 在【漫反射】选项组中设置颜色为绿色。
- 在【反射】选项组中设置颜色为浅灰色，【反射光泽度】为0.75，【细分】为20。

**步骤02** 将制作完毕的材质赋给场景中的椅子模型，如图8-313所示。

图8-312

图8-313

### 6. 椅子坐垫材质的制作

**步骤01** 选择一个空白材质球，将【材质类型】设置为【VRayMtl】，并命名为【椅子坐垫】，具体的调节参数如图8-314所示。

- 在【漫反射】后面的通道上加载【椅子坐垫.jpg】贴图文件。
- 展开【贴图】卷展栏，将【漫反射】后面的通道拖曳到【置换】后面的通道上，设置【置换】为7.8，如图8-315所示。

图8-314

| 贴图 | | | |
|---|---|---|---|
| 漫反射 | 100.0 | ✓ | Map #20 (椅子坐垫.jpg) |
| 粗糙度 | 100.0 | ✓ | None |
| 反射 | 100.0 | ✓ | None |
| 高光光泽度 | 100.0 | ✓ | None |
| 反射光泽 | 100.0 | ✓ | None |
| 菲涅耳折射率 | 100.0 | ✓ | None |
| 各向异性 | 100.0 | ✓ | None |
| 各向异性旋转 | 100.0 | ✓ | None |
| 折射 | 100.0 | ✓ | None |
| 光泽度 | 100.0 | ✓ | None |
| 折射率 | 100.0 | ✓ | None |
| 透明 | 100.0 | ✓ | None |
| 凹凸 | 30.0 | ✓ | None |
| 置换 | 7.8 | ✓ | Map #21 (椅子坐垫.jpg) |
| 不透明度 | 100.0 | ✓ | None |
| 环境 | | ✓ | None |

图8-315

**步骤02** 将制作完毕的材质赋给场景中的坐垫模型，如图8-316所示。

图8-316

### 7. 书架材质的制作

**步骤01** 选择一个空白材质球，将【材质类型】设置为【VRayMtl】，并命名为【书架】，具体的调节参数如图8-317所示。

- 在【漫反射】选项组中设置颜色为浅灰色。
- 在【反射】选项组中设置反射颜色为深灰色，【反射光泽度】为0.85，【细分】为20。

**步骤02** 将制作完毕的材质赋给场景中的模型，如图8-318所示。

图8-317

图8-318

### 8. 沙发材质的制作

**步骤01** 选择一个空白材质球，将【材质类型】设置为【VRayMtl】，并命名为【沙发】，具体的调节参数如图8-319所示。

- 在【漫反射】选项组中设置颜色为黑色。
- 在【反射】选项组中设置反射颜色为深灰色，【高光光泽度】为0.85，【反射光泽度】为0.75，【细分】为20。

**步骤02** 将制作完毕的材质赋给场景中的沙发模型，如图8-320所示。

图8-319

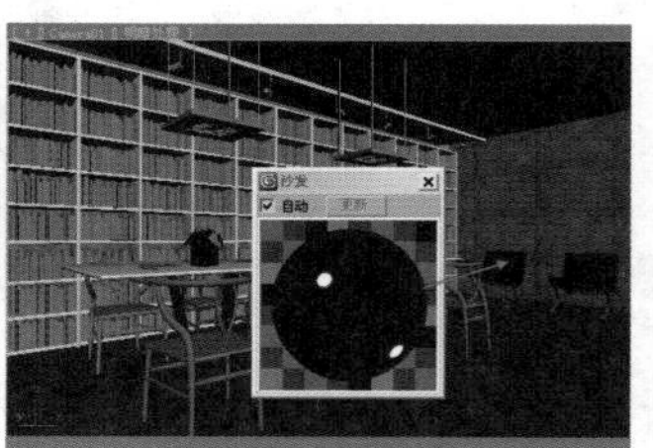

图8-320

### 9. 金属材质的制作

**步骤01** 选择一个空白材质球，将【材质类型】设置为【VRayMtl】，并命名为【金属】，具体的调节参数如图8-321所示。

- 在【漫反射】选项组中设置颜色为灰色。
- 在【反射】选项组中设置反射颜色为浅灰色，【反射光泽度】为0.95，【细分】为10。

**步骤02** 将制作完毕的材质赋给场景中的沙发腿模型，如图8-322所示。

图8-321

图8-322

## Part 3　设置灯光并进行草图渲染

在本实例的阅览室场景中主要制作了3类灯光，第一种是使用VR-灯光制作的室内的主光源，第二种是使用目标灯光制作的射灯光源，第三种是使用VR-灯光制作的吊灯的光源。

### 1．创建主光源

**步骤01** 在左视图中创建一盏灯光，移动到窗户的外面，具体的放置位置如图8-323所示。

**步骤02** 选择步骤01中创建的VR-灯光，在【修改】面板下设置具体的参数，如图8-324所示。

- 设置【类型】为【平面】，【倍增】为1.5，【颜色】为白色，【1/2长】为3900mm，【1/2宽】为1483mm，选中【不可见】复选框，取消选中【影响高光反射】和【影响反射】复选框，【细分】为20。

**步骤03** 按F10键，打开【渲染设置】窗口。首先设置【V-Ray】和【GI】选项卡中的参数，刚开始设置的是一个草图设置，目的是进行快速渲染，参数设置如图8-325所示。

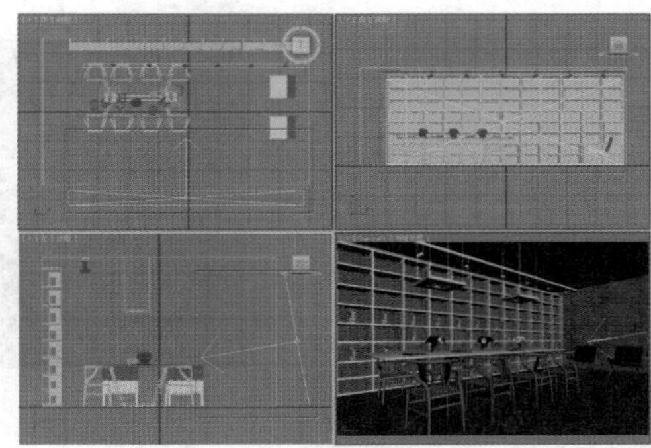

图8-323

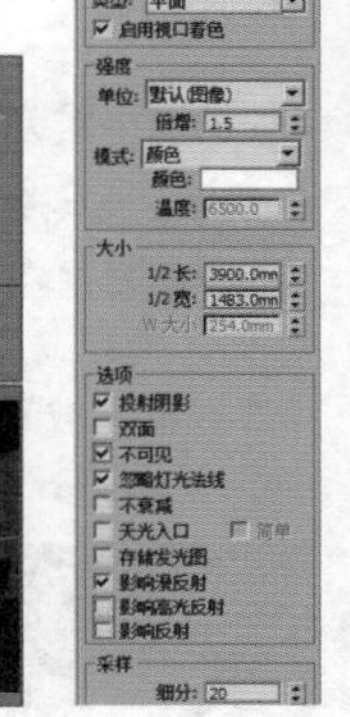

图8-324

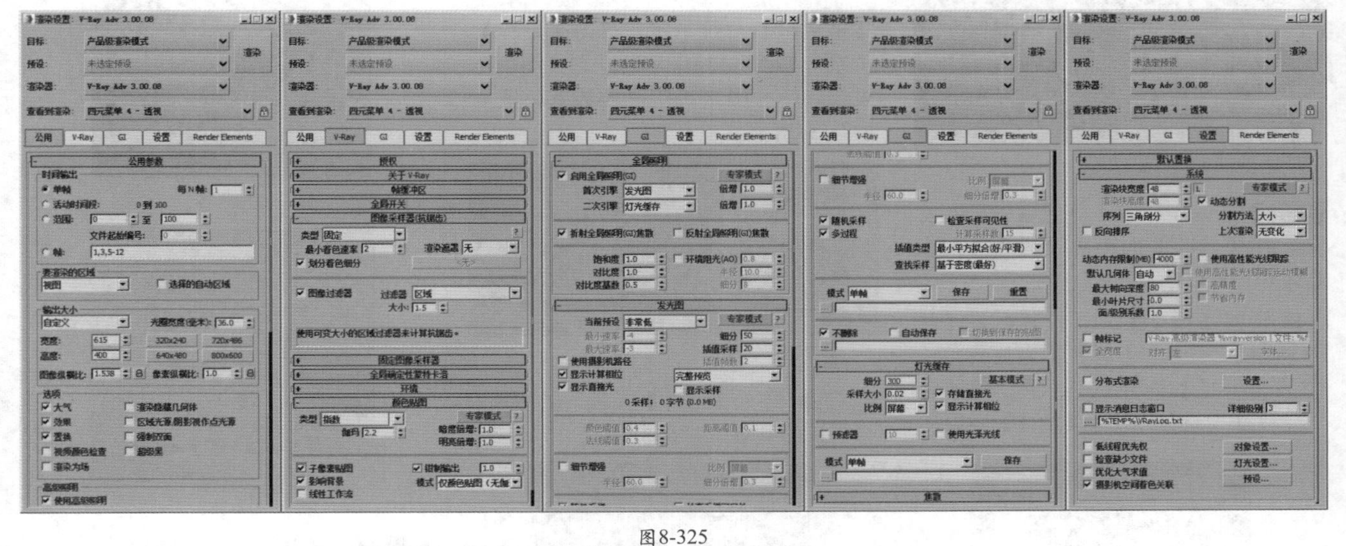

图8-325

**步骤04** 按Shift+Q组合键，快速渲染摄影机视图，其渲染效果如图8-326所示。

图8-326

### 2．创建射灯光源

**步骤01** 在顶视图中按住并拖曳鼠标，创建11盏目标灯光，在各个视图中调整它的位置，如图8-327所示。

**步骤02** 选择步骤01中创建的目标灯光，并在【修改】面板中调节具体参数，如图8-328所示。

- 展开【常规参数】卷展栏，在【阴影】选项组中选中【启用】复选框，并设置【阴影类型】为【VRay阴影】，【灯光分布（类型）】为【光度学Web】。

- 展开【分布（光度学Web）】卷展栏，并在通道上加载【30.ies】光域网文件。
- 展开【强度/颜色/衰减】卷展栏，设置颜色为浅黄色，【倍增】为20000，展开【VRay阴影参数】卷展栏，选中【区域阴影】复选框，设置【类型】为【球体】，【U大小】、【V大小】、【W大小】均为100mm，【细分】为20。

**步骤03** 按Shift+Q组合键，快速渲染摄影机视图，其渲染效果如图8-329所示。

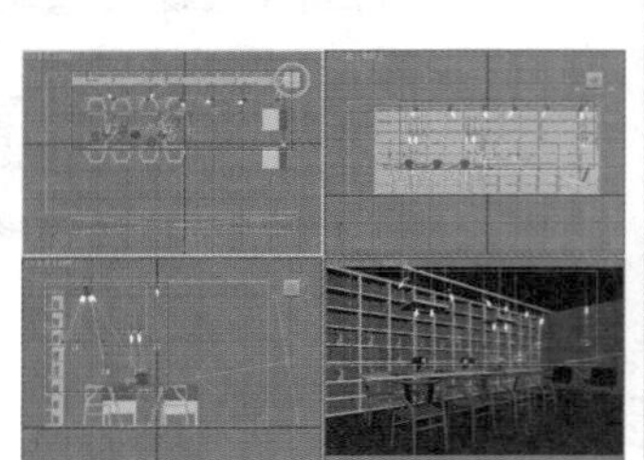

图8-327

图8-328

图8-329

### 3．创建吊灯光源

**步骤01** 单击 （创建）|（灯光）| VR_光源 按钮，在顶视图中创建一盏灯光，使用【选择并移动】工具移动复制3盏并放置在吊灯下方，具体的放置位置如图8-330所示。

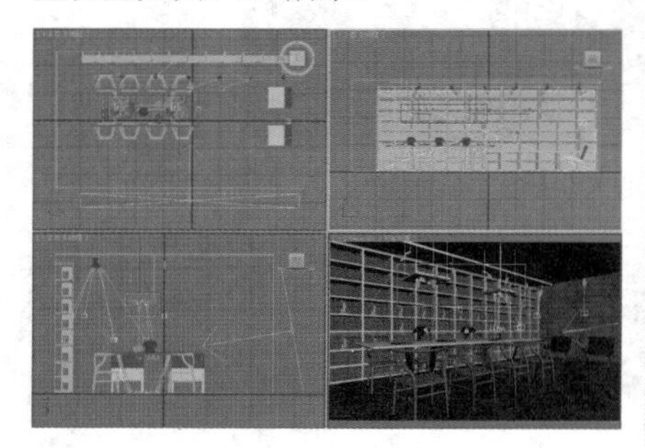

图8-330

**步骤02** 选择步骤01中创建的VR-灯光，在【修改】面板中设置具体的参数，如图8-331所示。

- 设置【类型】为【球体】，【倍增】为30，【颜色】为浅黄色，【半径】为30mm，选中【不可见】复选框，设置【细分】为20。

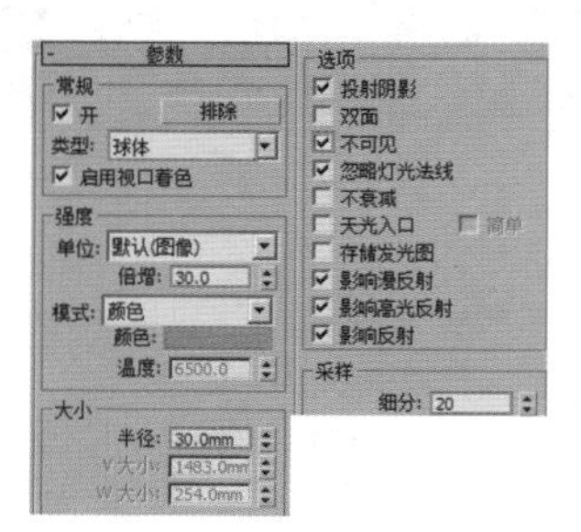

图8-331

**步骤03** 按Shift+Q组合键，快速渲染摄影机视图，其渲染效果如图8-332所示。

图8-332

### 4．创建摄像机

**步骤01** 进入【创建】面板，单击【摄像机】按钮，接着单击【目标】按钮，如图8-333所示。在顶视图中拖曳创建一台摄影机，具体放置位置如图8-334所示。

图8-333　　图8-334

**步骤02** 进入【修改】面板，具体调节摄影机的参数如图8-335所示。

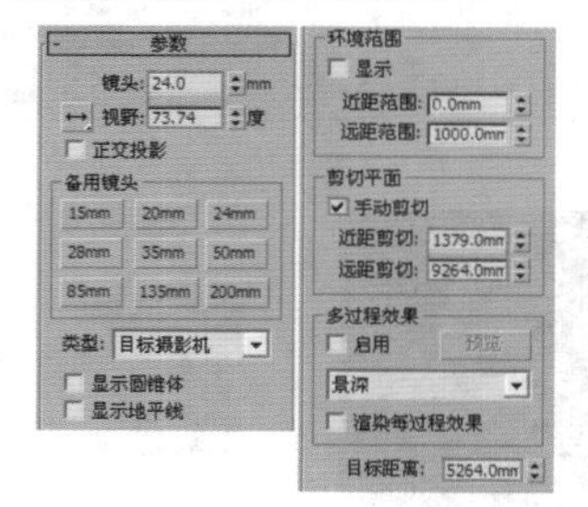

图8-335

**步骤03** 按C键，切换到摄影机角度，如图8-336所示。

图8-336

**步骤04** 继续创建一台目标摄影机，具体放置位置如图8-337所示。进入【修改】面板，具体调节参数如图8-338所示。

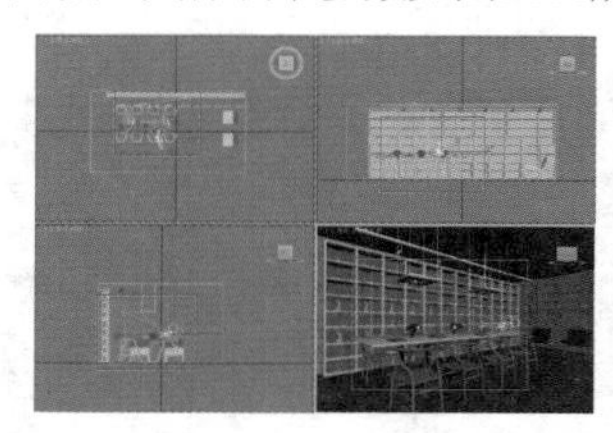

图8-337

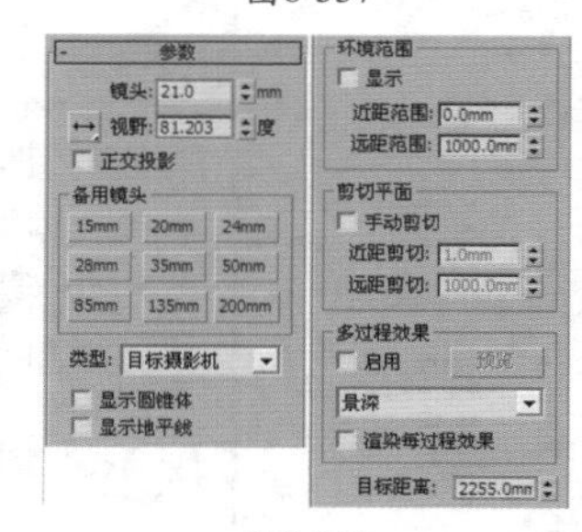

图8-338

**步骤05** 按C键，切换到摄影机角度，如图8-339所示。

图8-339

## Part 4　设置成图渲染参数

经过了前面的操作，已经将大量烦琐的工作做完了，下面需要做的就是把渲染的参数设置高一些，再进行渲染输出。

**步骤01** 重新设置一下渲染参数，按F10键，打开【渲染设置】窗口，选择【V-Ray】选项卡，展开【图形采样器（抗锯齿）】卷展栏，设置【类型】为【自适应】，在【过滤器】选项组中选中【开】复选框，并选择【Mitchell-Netravali】选项，展开【颜色贴图】卷展栏，设置【类型】为指数，选中【子像素贴图】和【钳制输出】复选框，如图8-340所示。

**步骤02** 选择【GI】选项卡，展开【发光图】卷展栏，设置【当前预设】为【低】，【细分】为50，【插值采样】为20，如图8-341所示。

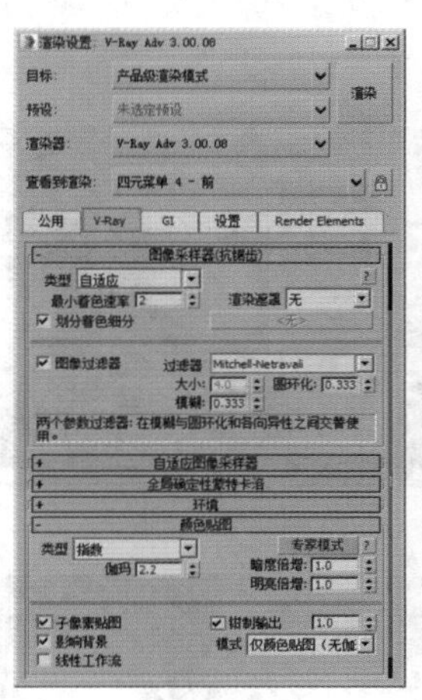

图8-340

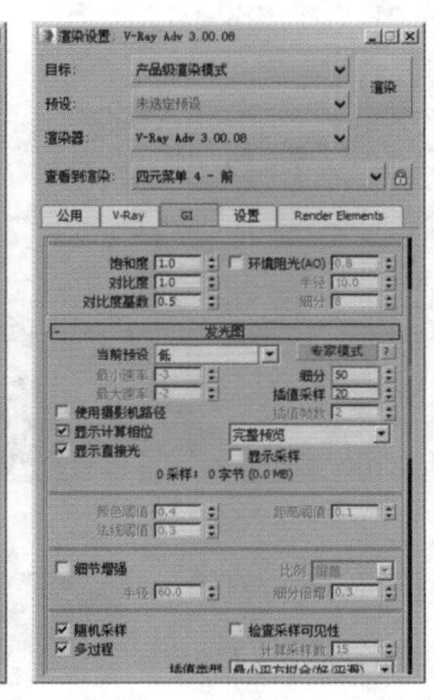

图8-341

**步骤03** 展开【灯光缓存】卷展栏，设置【细分】为500，取消选中【存储直接光】复选框，如图8-342所示。

**步骤04** 选择【设置】选项卡，展开【系统】卷展栏，设置【区域排序】为【上→下】，取消选中【显示窗口】复选框，如图8-343所示。

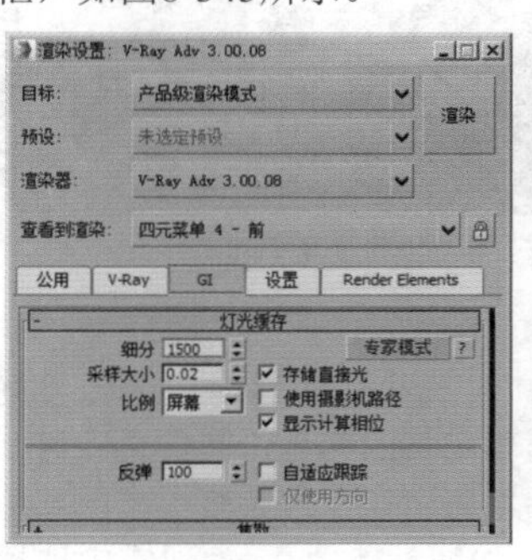

图8-342

图8-343

**步骤05** 选择【公用】选项卡，设置输出的尺寸为1200×900，如图8-344所示。

**步骤06** 等待一段时间后即可渲染完成，最终的效果如图8-345所示。

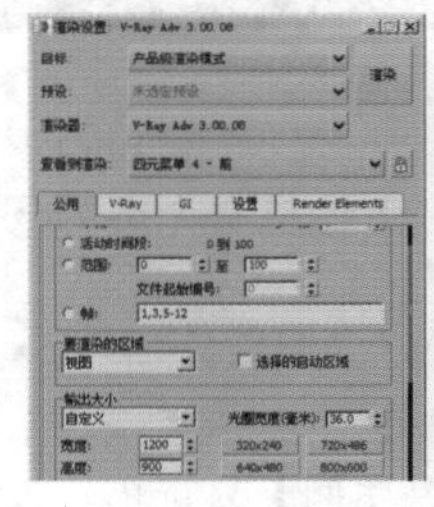

图8-344

图8-345

# 综合实例：VRay综合运用之会议厅局部

| 场景文件 | 07.max |
|---|---|
| 案例文件 | 综合实例：VRay综合运用之会议厅局部.max |
| 视频教学 | 多媒体教学/Chapter 08/综合实例：VRay综合运用之会议厅局部.flv |
| 难易指数 | ★★★☆☆ |
| 灯光类型 | VR-太阳、VR-灯光 |
| 材质类型 | VRayMtl材质、标准材质、VR-材质包裹器、多维/子对象材质 |
| 程序贴图 | 衰减程序贴图、噪波程序贴图、遮罩程序贴图 |
| 技术掌握 | 掌握各种程序贴图的应用 |

## 实例介绍

本实例是一个会议厅局部效果，材质的制作是本实例学习的难点，阳光的制作是本实例学习的重点，效果如图8-346所示。

图8-346

## 操作步骤

## Part 1　设置VRay渲染器

**步骤01** 打开本书配套光盘中的【场景文件/Chapter08/07.max】文件，此时的场景效果如图8-347所示。

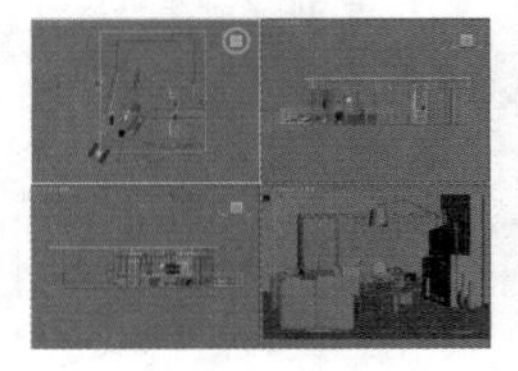

图8-347

**步骤02** 按F10键，打开【渲染设置】窗口，选择【公用】选项卡，在【指定渲染器】卷展栏中单击...按钮，在弹出的【选择渲染器】窗口中选择【V-Ray Adv 3.00.08】选项，如图8-348所示。

**步骤03** 此时在【指定渲染器】卷展栏的【产品级】文本框中显示了【V-Ray Adv 3.00.08】，而在【渲染设置】对话框中出现了【V-Ray】、【GI】和【设置】选项卡，如图8-349所示。

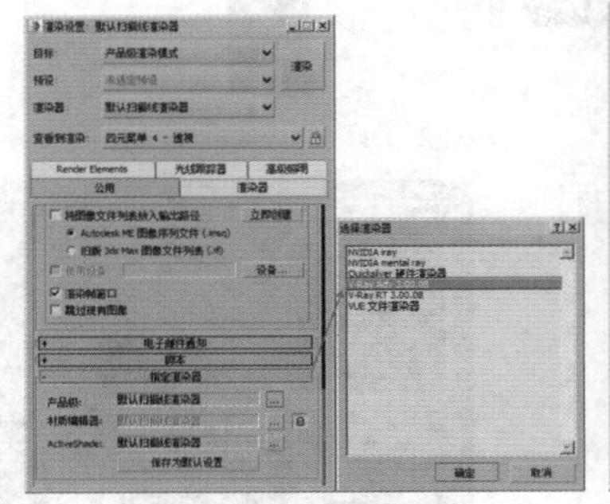

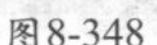

图8-348

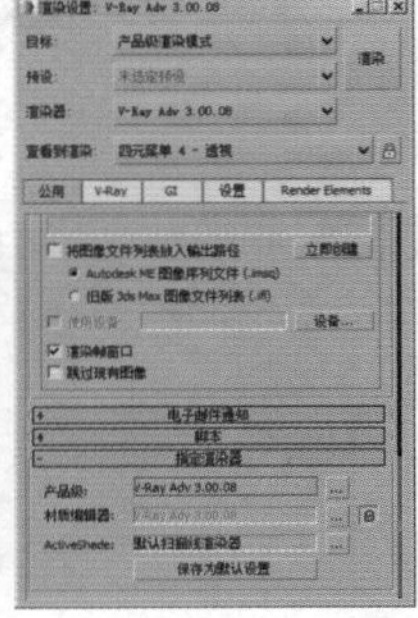

图8-349

## Part 2　材质的制作

本实例的场景对象材质主要包括地板材质、墙面材质、灯罩材质、沙发材质、电视柜材质和装饰瓶材质，如图8-350所示。

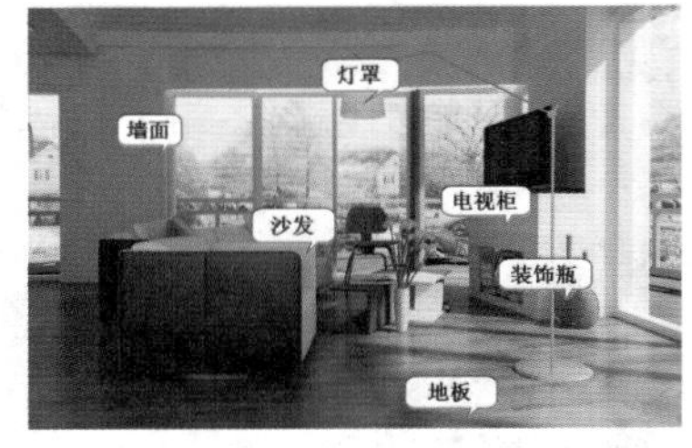


图8-350

### 1. 地板材质的制作

木材是天然的，其年轮、纹理往往能够构成一幅美丽画面，给人一种回归自然、返璞归真的感觉，其质感独树一帜，广受人们喜爱。木地板通常应用在室内装修中，因其结实、美观而深受客户的喜爱。如图8-351所示为现实中地板材质的应用。

木板材质的基本属性主要包括以下两点。

- 一定的模糊反射。
- 一定的凹凸效果。

图8-351

**步骤01** 打开【材质编辑器】窗口，选择一个材质球，设置材质类型为【VRayMtl】材质，将上述材质命名为【地板】，如图8-352所示。

- 在【漫反射】选项组中单击【漫反射】后面的通道按钮，并加载贴图文件【地板.jpg】，展开【坐标】卷展栏，取消选中【使用真实世界比例】复选框，设置【角度】的【W】方向为90，【模糊】为0.01。
- 在【反射】选项组中设置反射颜色为深灰色，【高光光泽度】为0.85，【反射光泽度】为0.85，【细分】为15，【最大深度】为3。

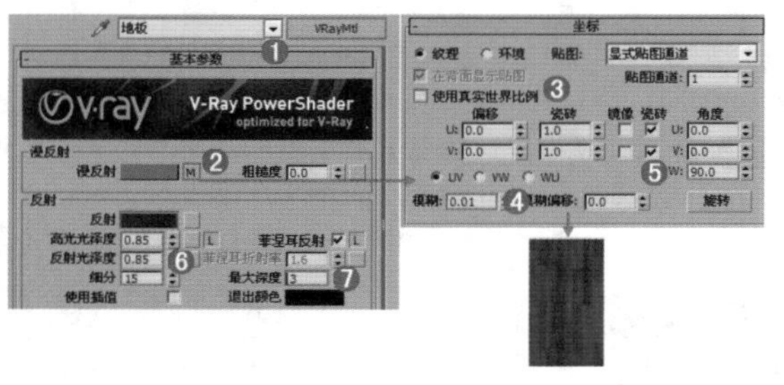

图8-352

**步骤02** 将调节完毕的材质赋给场景中的地面模型，如图8-353所示。

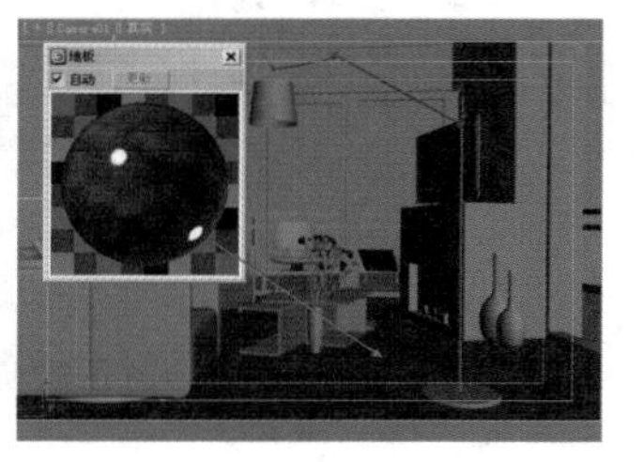

图8-353

### 2. 墙面材质的制作

乳胶漆墙面广泛应用在装修方面，如图8-354所示是现实中的乳胶漆墙面材质的应用，其基本属性是固有色为白色。

图8-354

**步骤01** 选择一个空白材质球，将【材质类型】设置为【Standard】，并命名为【墙面】，具体的调节参数如图8-355所示。

- 在【漫反射】选项组中设置颜色为浅灰色。

**步骤02** 将调节完毕的材质赋给场景中的墙面模型，如图8-356所示。

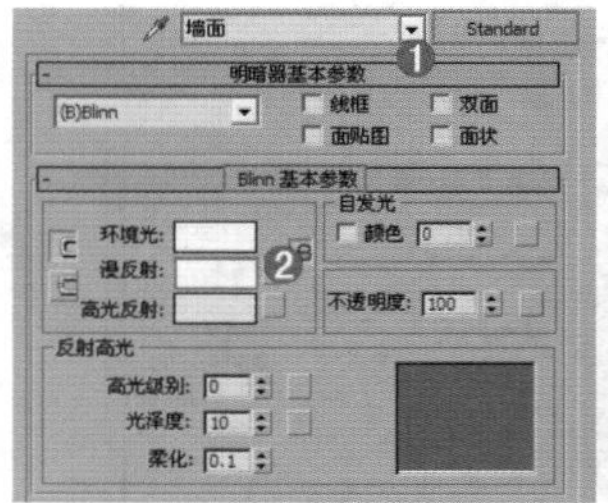

图8-355

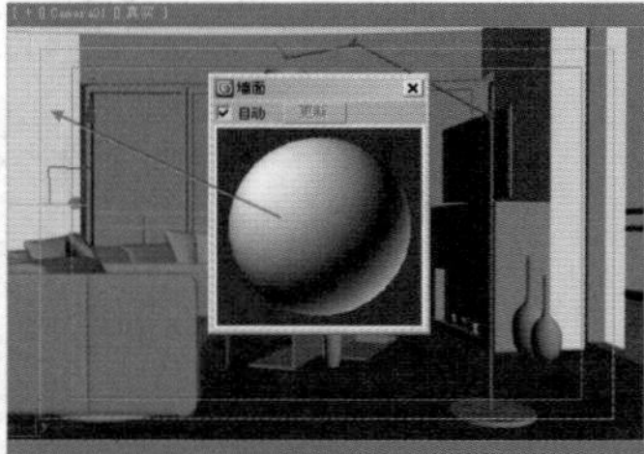

图8-356

### 3. 灯罩材质的制作

如图8-357所示为现实灯罩的材质。

其基本属性主要有以下两点。

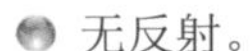

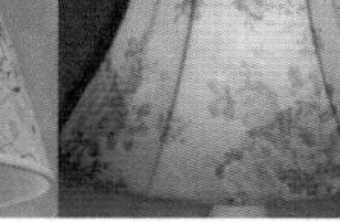

图8-357

- 无反射。
- 带有一定的折射模糊。

**步骤01** 选择一个空白材质球，将【材质类型】设置为【VRayMtl】，并命名为【灯罩】，具体的调节参数如图8-358所示。

- 在【漫反射】选项组中设置颜色为浅绿色。
- 在【折射】选项组中设置折射颜色为深灰色，【光泽度】为0.7。

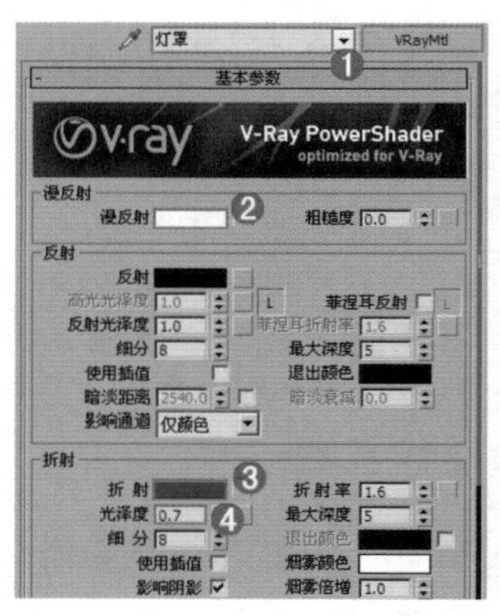

图8-358

**步骤02** 将调节完毕的材质赋给场景中的灯罩模型，如图8-359所示。

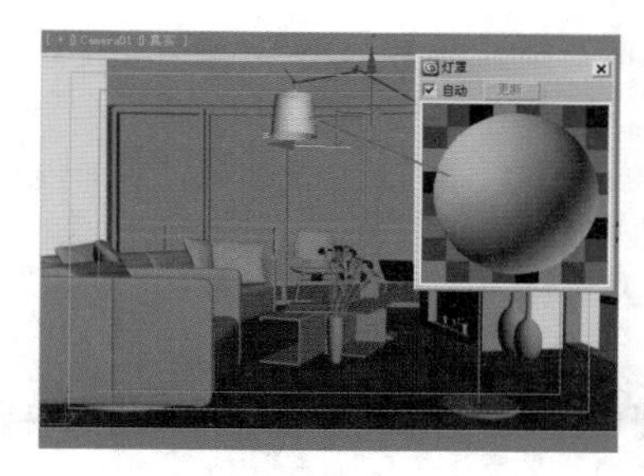

图8-359

### 4. 沙发材质的制作

如图8-360所示为现实中沙发的材质，其基本属性主要有一定的漫反射和反射。

图8-360

**步骤01** 选择一个空白材质球，将【材质类型】设置为【多维/子对象】，并命名为【沙发】，展开【多维/子对象基本参数】卷展栏。下面调节其具体的参数，如图8-361所示。

- 设置【设置数量】为2，并分别在其通道上加载【VR-材质包裹器】材质。

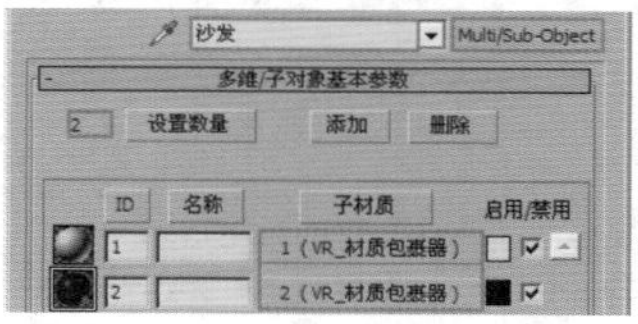

图8-361

**步骤02** 单击进入ID号为1的通道中，并进行详细的调节，具体的调节参数如图8-362所示。

- 在【基本材质】后面的通道上加载【VRayMtl】材质，单击进入【基本材质】通道栏，在【漫反射】选项组中设置颜色为浅黄色，在【反射】选项组中设置颜色为深灰色，【高光光泽度】为0.48，【反射光泽度】为0.7，【细分】为36。
- 单击【转到父对象】按钮，返回到【VR-材质包裹器参数】卷展栏，设置【生成全局照明】为0.8。

图8-362

**步骤03** 单击进入ID号为2的通道中，并进行详细的调节，具体的调节参数如图8-363所示。

- 在【基本材质】后面的通道上加载【VRayMtl】材质，单击进入【基本材质】通道栏，在【漫反射】选项组后面的通道上加载【衰减】程序贴图，设置【衰减类型】为Fresnel，在【反射】选项组中设置颜色为深灰色，【高光光泽度】为0.68，【反射光泽度】为0.7，【细分】为36。
- 单击【转到父对象】按钮，返回到【VR-材质包裹器参数】卷展栏，设置【生成全局照明】为0.8。

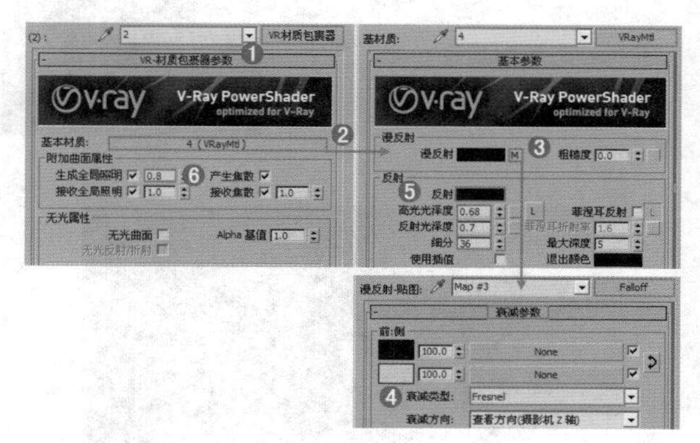

图8-363

**步骤04** 将调节完毕的材质赋给场景中的模型，如图8-364所示。

图8-364

### 5. 电视柜材质的制作

如图8-365所示为现实中电视柜的材质。其基本属性主要有噪波程序贴图。

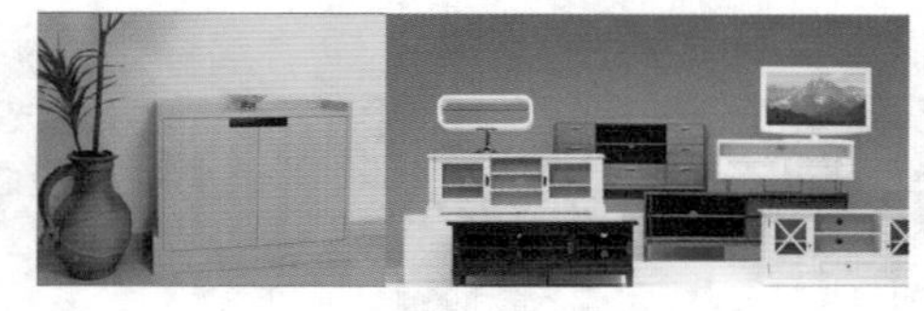

图8-365

**步骤01** 选择一个空白材质球，将【材质类型】设置为【VRayMtl】，并命名为【电视柜】，具体的调节参数如图8-366所示。

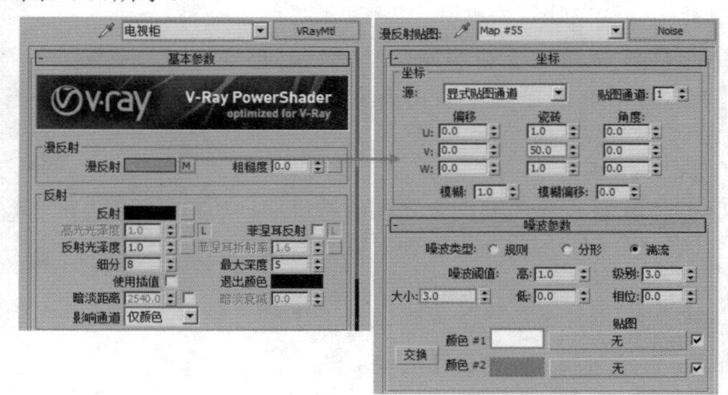

图8-366

- 在【漫反射】选项组后面的通道上加载【噪波】程序贴图。
- 展开【坐标】卷展栏，设置【瓷砖】的V为50。
- 展开【噪波参数】卷展栏，设置【噪波类型】为【湍流】，【大小】为3，【颜色#1】为浅蓝色，【颜色#2】为浅黄色。

**步骤02** 将调节完毕的材质赋给场景中的模型，如图8-367所示。

图8-367

### 6．装饰瓶材质的制作

如图8-368所示为现实中装饰瓶的材质。

图8-368

其基本属性主要有以下两点。

- 装饰瓶图案贴图。
- 一定的漫反射。

**步骤01** 选择一个空白材质球，将【材质类型】设置为【标准】，并命名为【装饰瓶】，具体的调节参数如图8-369和图8-370所示。

- 设置明暗器类型为【（O）Oren-Nayar-Blinn】，并设置【光泽度】为10。
- 在【漫反射】后面的通道上加载【装饰瓶.jpg】贴图文件，展开【坐标】卷展栏，取消选中【使用真实世界比例】复选框，设置【模糊】为0.01。

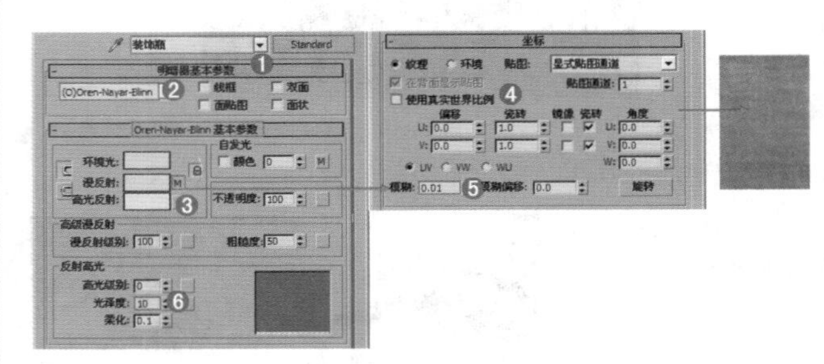

图8-369

- 展开【贴图】卷展栏，在【自发光】后面的通道上加载【遮罩】程序贴图，在【贴图】和【遮罩】后面的通道上分别加载【衰减】程序贴图。单击进入【贴图】后面的通道，调节第二个颜色为浅灰色，设置【衰减类型】为Fresnel。单击进入【遮罩】后面的通道，调节第二个颜色为浅灰色，设置【衰减类型】为【阴影/灯光】。
- 单击【转到父对象】按钮，返回【贴图】卷展栏。设置【凹凸】为50，在【凹凸】后面的通道上加载【装饰瓶凹凸.jpg】贴图文件。

**步骤02** 将调节完毕的材质赋给场景中的花瓶模型，如图8-371所示。

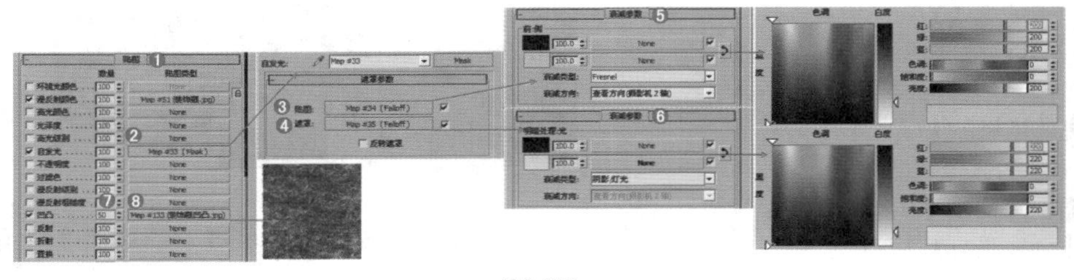

图8-370

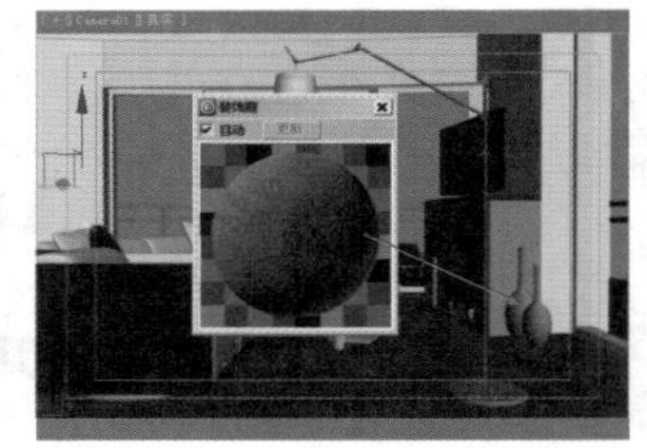

图8-371

### 7．创建环境和摄像机

**步骤01** 按数字键8，打开【环境和效果】对话框，在【环境贴图】下面的通道上加载【环境.jpg】贴图文件，如图8-372所示。

**步骤02** 将【环境贴图】下面的通道拖曳到一个空白的材质球上面，并将其命名为【环境】，如图8-373所示。

图8-372

图8-373

**步骤03** 进入【创建】面板，单击【摄像机】按钮，并设置【摄像机类型】为【标准】，然后单击【目标】按钮，如图 8-374 所示。

**步骤04** 在顶视图中拖曳创建一台摄像机，然后在各个视图中调节其位置，具体放置位置如图8-375所示。

**步骤05** 进入【修改】面板，在【参数】卷展栏中设置【镜头】为35，【视野】为54.432，如图8-376所示。

**步骤06** 切换到透视图，按C键将透视图切换至摄像机视图，场景效果如图8-377所示。

图8-374

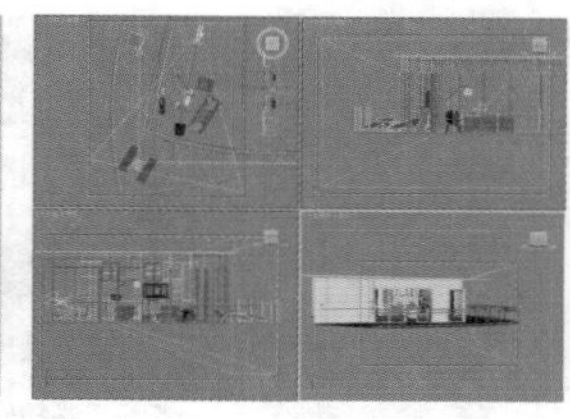

图8-375

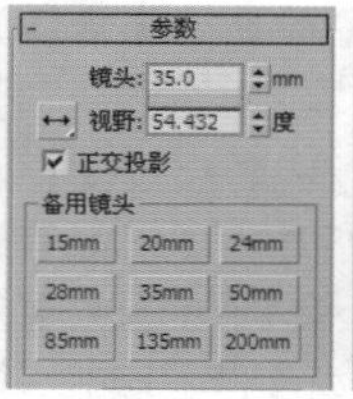


图8-376

图8-377

## Part 3 设置灯光并进行草图渲染

在本实例的会议厅局部场景中主要包括两种灯光，第一种为使用VR-太阳模拟的自然光，第二种是使用VR-灯光模拟的辅助光源。

### 1. 创建主光源

**步骤01** 在顶视图中按住并拖曳鼠标，创建一盏VR-太阳，然后将灯光移动到窗户外面，接着在各个视图中调整它的位置，如图8-378所示。选择刚创建的VR-太阳，并在【修改】面板中调节具体参数，如图8-379所示。

- 设置【强度倍增】为0.06，【尺寸倍增】为6，【阴影细分】为10。

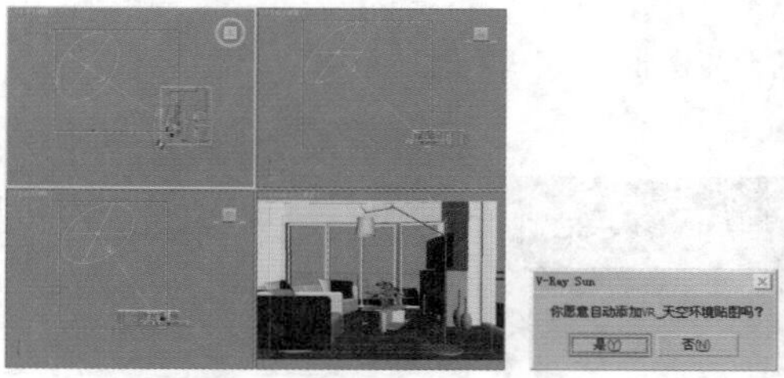

图8-378

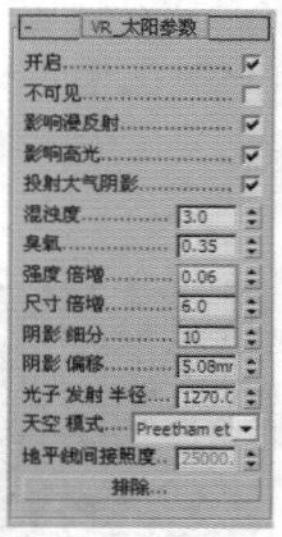

图8-379

**步骤02** 按F10键，打开【渲染设置】对话框。首先设置【V-Ray】和【GI】选项卡中的参数，刚开始设置的是一个草图设置，目的是进行快速渲染，参数设置如图8-380所示。

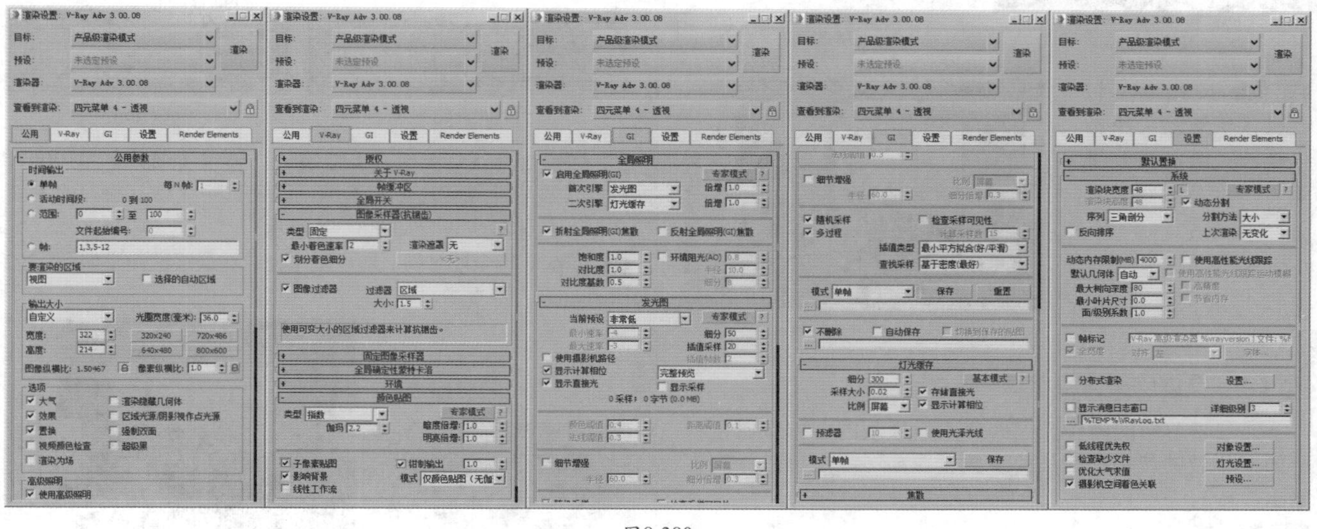

图8-380

**步骤03** 按Shift+Q组合键，快速渲染摄影机视图，其渲染效果如图8-381所示。

图8-381

### 2. 创建辅助光源

**步骤01** 在前视图中创建一盏VR-灯光，如图8-382所示。

**步骤02** 选择步骤01中创建的VR-灯光，在【修改】面板中调节具体的参数，如图8-383所示。

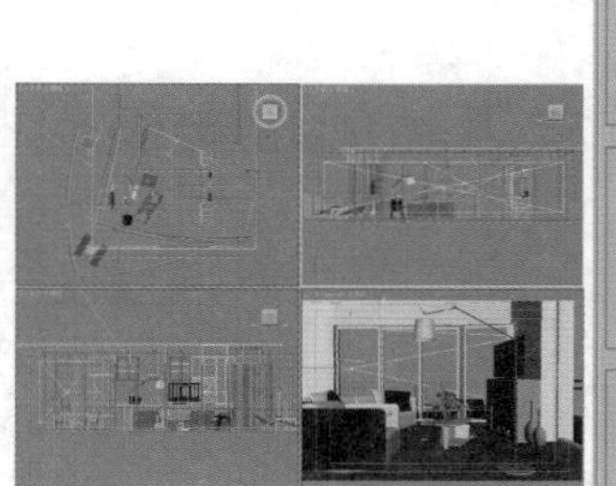

图8-382

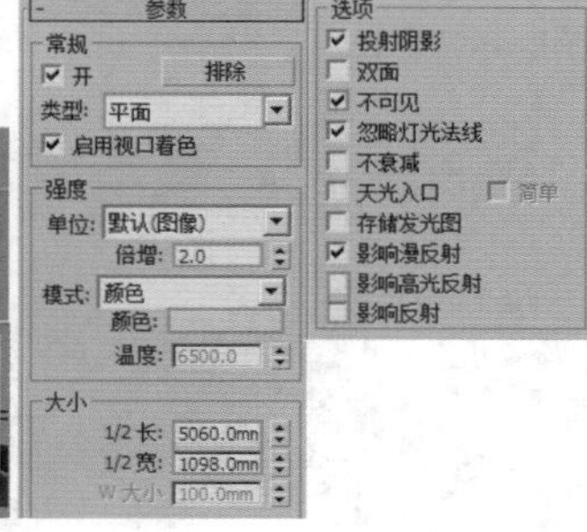


图8-383

- 设置【类型】为【平面】，【倍增】为2，颜色为浅蓝色。
- 在【大小】选项组中设置【1/2长】为5060mm，【1/2宽】为1098mm，然后选中【不可见】复选框，取消选中【影响高光反射】和【影响反射】复选框。

**步骤03** 继续在前视图中创建VR-灯光，具体位置如图8-384所示，然后选择刚创建的VR-灯光，并在【修改】面板中调节具体参数，如图8-385所示。

- 在【常规】选项组中设置【类型】为【球体】，在【强度】选项组中设置【倍增】为30，颜色为浅黄色。
- 在【大小】选项组中设置【半径】为50mm，然后选中【不可见】复选框。

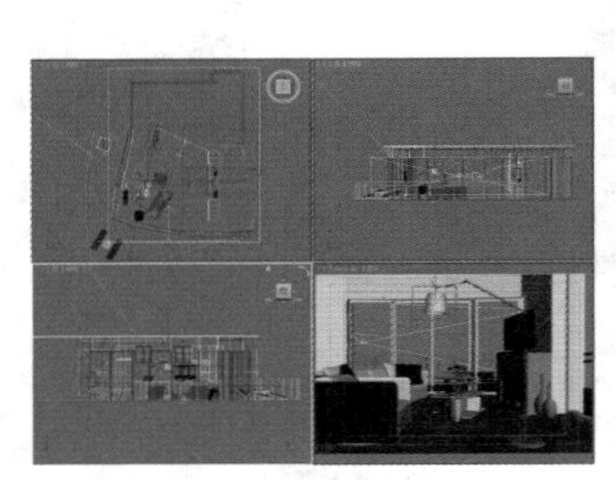

图8-384

图8-385

**步骤04** 按Shift+Q组合键，快速渲染摄影机视图，其渲染效果如图8-386所示。

图8-386

## Part 4　设置成图渲染参数

经过了前面的操作，已经将大量烦琐的工作做完了，下面需要做的就是把渲染的参数设置高一些，再进行渲染输出。

**步骤01** 按F10键，打开【渲染设置】窗口，在【公用参数】卷展栏中设置【宽度】为1500，【高度】为997，如图8-387所示。

**步骤02** 选择【V-Ray】选项卡，在【图像采样器（抗锯齿）】卷展栏中设置图像采样器的【类型】为【自适应】，【过滤器】类型为Mitchell-Netravali，如图8-388所示。

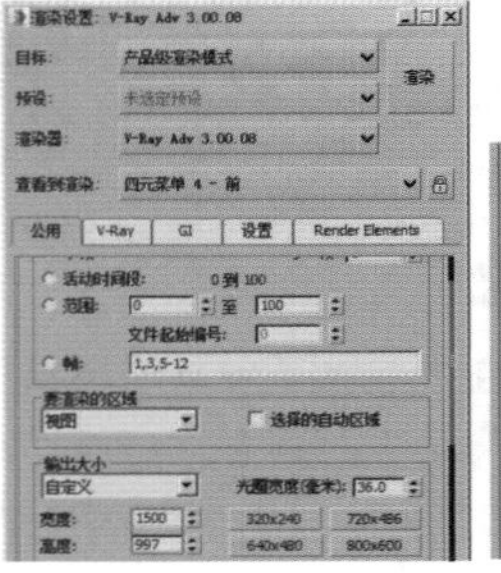

图8-387

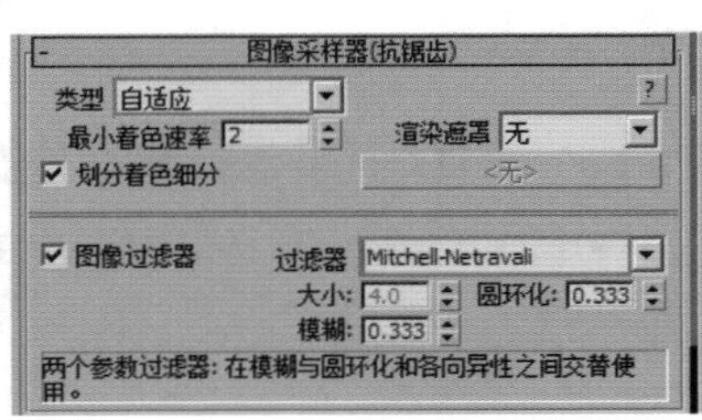


图8-388

**步骤03** 展开【自适应图像采样器】卷展栏，设置【最小细分】为1，【最大细分】为4，如图8-389所示。

**步骤04** 选择【GI】选项卡，在【发光图】卷展栏中设置【当前预设】为【低】，【细分】为90，【插值采样】为30，选中【显示计算相位】和【显示直接光】复选框，具体参数设置如图8-390所示。

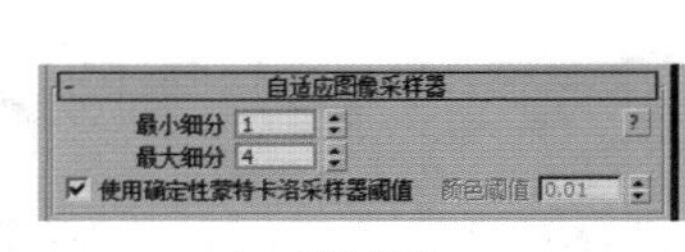


图8-389

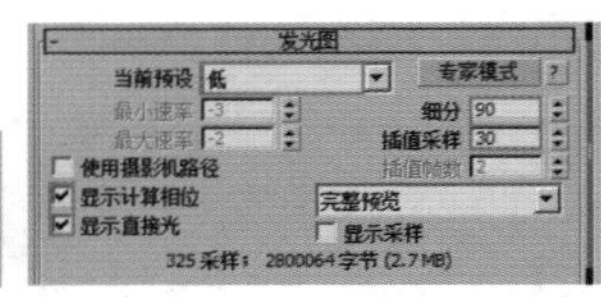


图8-390

**步骤05** 展开【灯光缓存】卷展栏，设置【细分】为1000，选中【显示计算状态】复选框，取消选中【保存直接光】复选框，具体参数设置如图8-391所示。

**步骤06** 等待一段时间后即可渲染完成，最终的效果如图8-392所示。

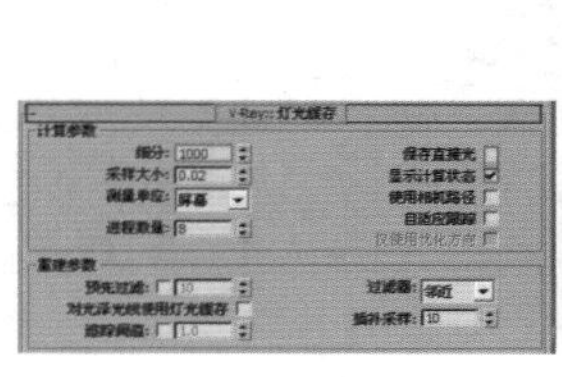

图8-391

图8-392

# 综合实例：豪华欧式卫生间日景表现

| 场景文件 | 08.max |
|---|---|
| 案例文件 | 综合实例：豪华欧式卫生间日景表现.max |
| 视频教学 | 多媒体教学/Chapter 08/综合实例：豪华欧式卫生间日景表现.flv |
| 难易指数 | ★★★☆☆ |
| 灯光类型 | 目标平行光、目标灯光、VR-灯光 |
| 材质类型 | VRayMtl材质、VR-材质包裹器、VR-灯光材质、标准材质 |
| 程序贴图 | 衰减程序贴图 |
| 技术掌握 | 掌握大理石、陶瓷、玻璃等材质的制作 |

## 实例介绍

本实例是一个豪华欧式卫生间的日景表现，其中目标平行光为本实例学习的重点，VR-材质包裹器和VR-灯光材质是本实例学习的难点。如图8-393所示为豪华欧式卫生间日景表现的最终渲染效果。

图8-393

## 操作步骤

### Part 1　设置VRay渲染器

**步骤01** 打开本书配套光盘中的【场景文件/Chapter08/08.max】文件，此时的场景效果如图8-394所示。

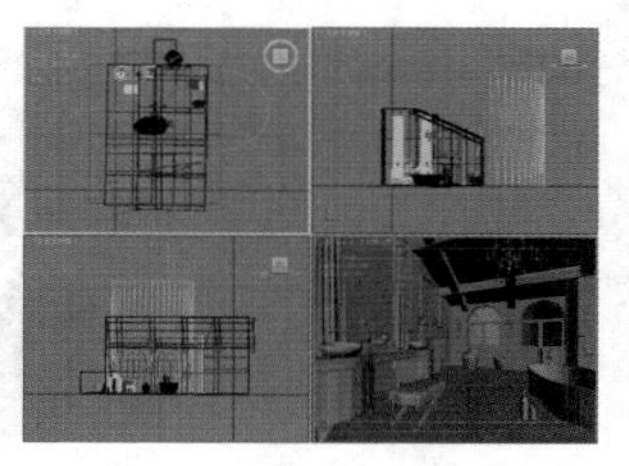

图8-394

**步骤02** 按F10键，打开【渲染设置】窗口，选择【公用】选项卡，在【指定渲染器】卷展栏中单击...按钮，在弹出的【选择渲染器】对话框中选择【V-Ray Adv 3.00.08】选项，如图8-395所示。

**步骤03** 此时在【指定渲染器】卷展栏的【产品级】文本框中显示了【V-Ray Adv 3.00.08】，而在【渲染设置】对话框中出现了【V-Ray】、【GI】和【设置】选项卡，如图8-396所示。

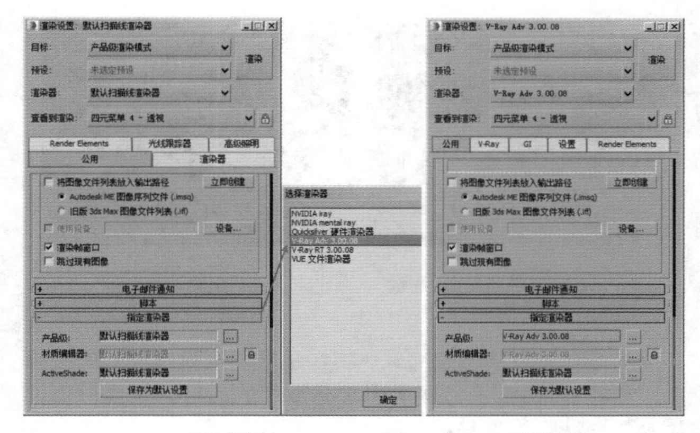

图8-395　　图8-396

### Part 2　材质的制作

本实例的场景对象材质主要包括地面材质、大理石吊顶材质、陶瓷材质、镜子材质、水晶灯材质和柜子材质，如图8-397所示。

图8-397

#### 1．地面材质的制作

大理石经常用在室内特别是卫生间的装修中，如图8-398所示为现实中大理石地面材质的应用。

图8-398

本实例模拟的大理石地面材质具有以下两种属性。

- 地面砖纹理图案。
- 一定的模糊反射。

**步骤01** 打开【材质编辑器】窗口，选择一个材质球，设置材质类型为【VRayMtl】材质，将上述材质命名为【地面】，如图8-399所示。

- 在【漫反射】选项组中单击【漫反射】后面的通道按钮，并加载贴图文件【地面.jpg】。
- 在【反射】选项组中设置反射颜色为深灰色，【反射光泽度】为0.95，【细分】为20。

**步骤02** 将调节完毕的材质赋给场景中的地面模型，如图8-400所示。

图8-399　　图8-400

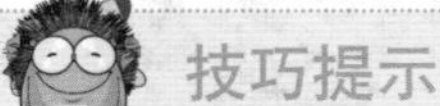

**技巧提示**

本实例中深色大理石地面材质的制作方法与制作浅色大理石地面材质的方法相同。

#### 2．大理石吊顶的制作

大理石经常用在室内特别是卫生间的装修中，如图8-401所示为现实中大理石吊顶材质的应用。

图8-401

本实例模拟的大理石吊顶材质具有以下两种属性。

- 大理石纹理图案。
- 一定的模糊反射。

步骤01 选择一个空白材质球，将【材质类型】设置为【VRayMtl】，并命名为【大理石吊顶】，具体的调节参数如图8-402所示。

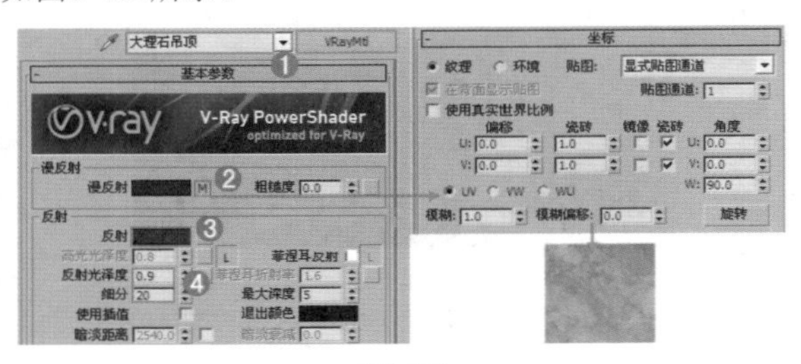


图8-402

- 在【漫反射】选项组后面的通道上加载【大理石吊顶.jpg】贴图文件，展开【坐标】卷展栏，设置【角度W向】为90。
- 在【反射】选项组中设置颜色为深灰色，【反射光泽度】为0.9，【细分】为20。

步骤02 将调节完毕的材质赋给场景中的模型，如图8-403所示。

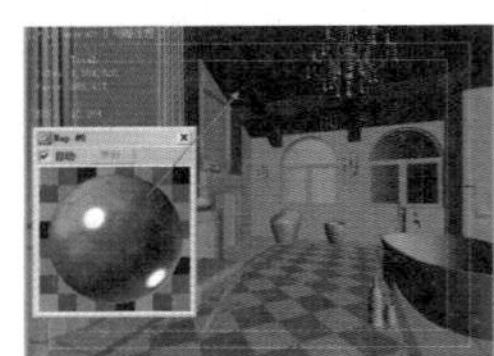

图8-403

### 3. 陶瓷材质的制作

陶瓷材质一般应用在卫生间或厨房的装修中，如图8-404所示为陶瓷材质在现实中的应用。

本实例模拟的陶瓷材质的基本属性主要有以下两点。

- 固有色为白色。
- 一定的菲涅耳反射效果。

图8-404

步骤01 选择一个空白材质球，将【材质类型】设置为【VRayMtl】，并命名为【陶瓷】，具体的调节参数如图8-405所示。

- 在【漫反射】选项组中设置颜色为浅灰色。
- 在【反射】选项组中设置反射颜色为白色，【细分】为20。

步骤02 将调节完毕的材质赋给场景中的浴缸模型，如图8-406所示。

图8-405

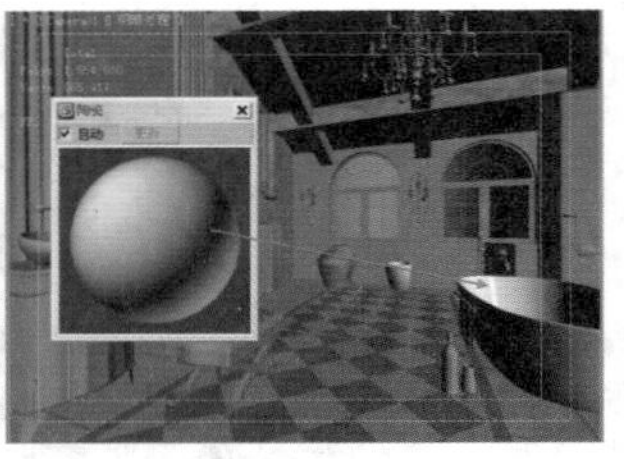

图8-406

### 4. 镜子材质的制作

镜子在现代装修中至关重要，可以起到改变空间大小的作用，如图8-407所示为现实中镜子材质的应用。本实例模拟的镜子材质的基本属性具有强烈的反射。

图8-407

步骤01 选择一个空白材质球，将【材质类型】设置为【VRayMtl】，并命名为【镜子】，具体的调节参数如图8-408所示。

- 在【漫反射】选项组中设置颜色为白色。
- 在【反射】选项组中设置反射颜色为白色，【细分】为30。

步骤02 将调节完毕的材质赋给场景中的镜子模型，如图8-409所示。

图8-408

图8-409

### 5. 水晶灯材质的制作

水晶灯具有强烈的欧式风格，适合用在风格强烈的装修中，如图8-410所示为现实中水晶吊灯的应用。本实例模拟的水晶灯材质的基本属性是具有菲涅耳反射效果。

图8-410

**步骤01** 选择一个空白材质球，将【材质类型】设置为【VR-材质包裹器】，并命名为【水晶灯】，具体的调节参数如图8-411所示。

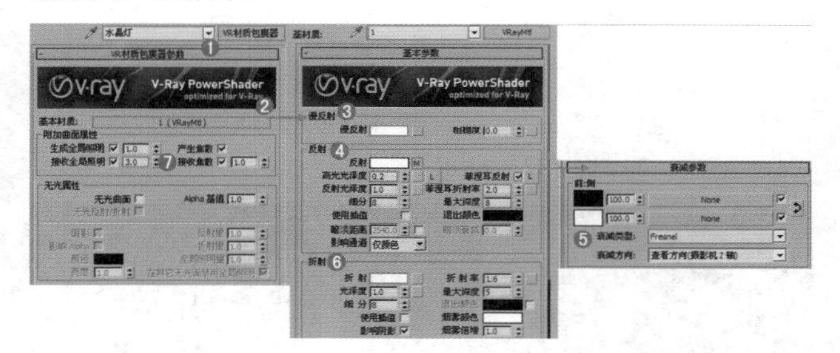

图8-411

- 在【基本材质】后面的通道上加载【VRayMtl】材质。
- 单击进入【基本材质】通道栏，在【漫反射】选项组中设置颜色为白色，在【反射】选项组后面的通道上加载【衰减】程序贴图，并设置【衰减类型】为Fresnel，【高光光泽度】为0.2，选中【菲涅耳反射】复选框，设置【菲涅耳折射率】为2，【最大深度】为8。在【折射】选项组中设置颜色为白色。
- 单击【转到父对象】按钮，返回【VR-材质包裹器参数】卷展栏，设置【接受全局照明】为3。

**步骤02** 将调节完毕的材质赋给场景中的模型，如图8-412所示。

图8-412

## 6．柜子材质的制作

如图8-413所示为现实中柜子的材质。

本实例模拟的柜子材质的基本属性主要有以下两点。

- 颜色为白色。
- 有一定的模糊反射。

图8-413

**步骤01** 选择一个空白材质球，将【材质类型】设置为【VRayMtl】，并命名为【柜子】，具体的调节参数如图8-414所示。

- 在【漫反射】选项组中设置颜色为白色。
- 在【反射】选项组中设置颜色为浅灰色，【高光光泽度】为0.8，【反射光泽度】为0.85，【细分】为20。

**步骤02** 将调节完毕的材质赋给场景中的柜子模型，如图8-415所示。

图8-414

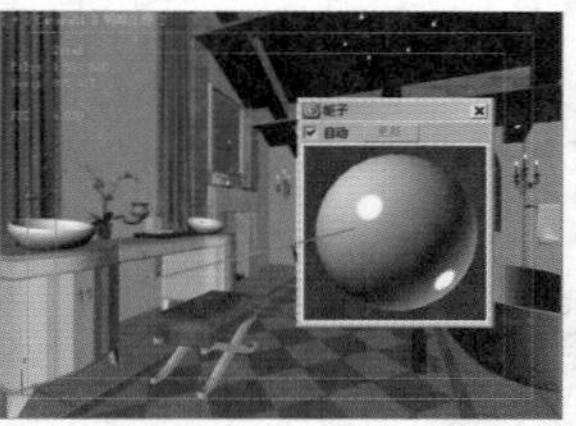

图8-415

## 7．创建环境以及摄像机

**步骤01** 选择一个空白材质球，将【材质类型】设置为【VR-灯光材质】，并命名为【窗外环境】，具体的调节参数如图8-416所示。

- 在【颜色】后面的通道上加载【窗外环境.jpg】贴图文件。
- 设置【颜色】后面的强度为3.5。

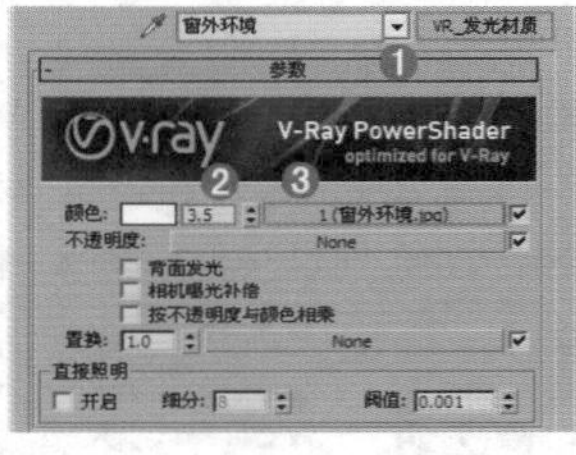

图8-416

**步骤02** 进入【创建】面板，单击【摄影机】按钮，并设置【摄像机类型】为【标准】，接着单击【目标】按钮，如图8-417所示。

**步骤03** 在顶视图中拖曳创建一台摄影机，然后在各个视图中调节其位置，具体放置位置如图8-418所示。

图8-417

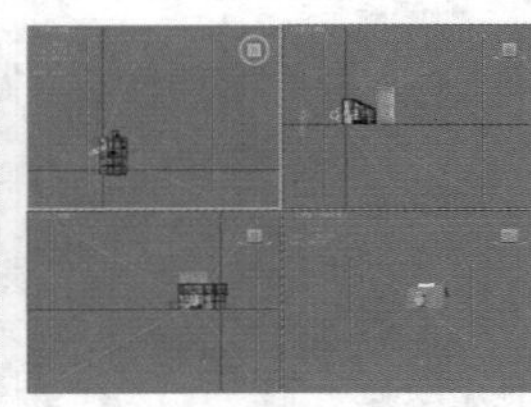

图8-418

**步骤04** 进入【修改】面板，在【参数】卷展栏中设置【镜头】为18，【视野】为90，在【剪切平面】选项组中选中【手动剪切】复选框，设置【近距剪切】为30mm，【远距剪切】为600mm，如图8-419所示。

**步骤05** 切换到透视图，按C键将透视图切换至摄像机视图，场景效果如图8-420所示。

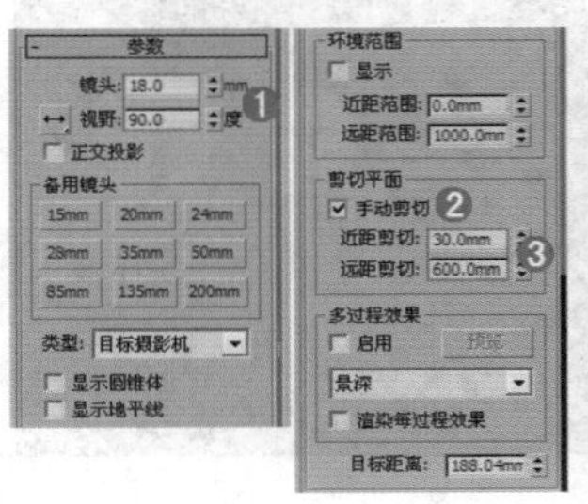

图8-419

图8-420

## Part 3 设置灯光并进行草图渲染

在本实例中豪华欧式卫生间场景中主要包括两种灯光，第一种为使用【目标平行光】模拟的太阳光，第二种是使用【VR-灯光】和【目标灯光】模拟的辅助光源。

### 1. 创建阳光

步骤01 在顶视图中按住并拖曳鼠标，创建一盏目标平行光，然后将灯光移动到窗户外面，如图8-421所示。

步骤02 选择步骤01创建的目标平行光，并在【修改】面板中调节具体参数，如图8-422所示。

- 在【常规参数】选项组中选中【启用】复选框，设置【阴影】为【VRay阴影】。
- 在【强度/颜色/衰减】选项组中设置【倍增】为2，颜色为浅黄色。
- 在【平行光参数】选项组中设置【聚光区/光束】为211mm，【衰减区/区域】为213mm。
- 在【VRay阴影参数】选项组中选中【区域阴影】复选框，选择类型为【盒体】，设置【U大小】、【V大小】、【W大小】均为20mm。

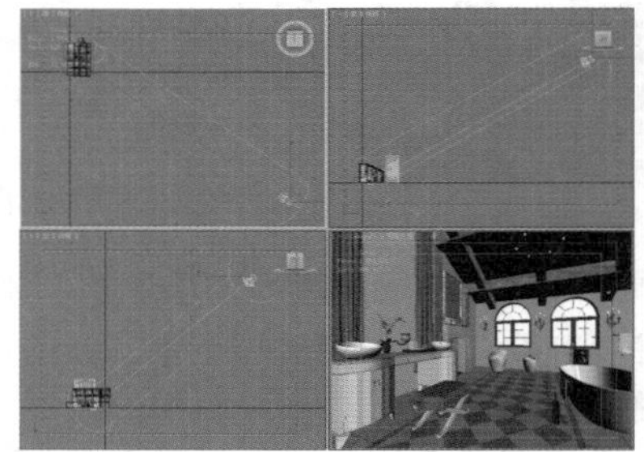

图8-421

图8-422

步骤03 按F10键，打开【渲染设置】窗口。首先设置【V-Ray】和【GI】选项卡中的参数，刚开始设置的是一个草图设置，目的是进行快速渲染，从而可以观看整体的效果，参数设置如图8-423所示。

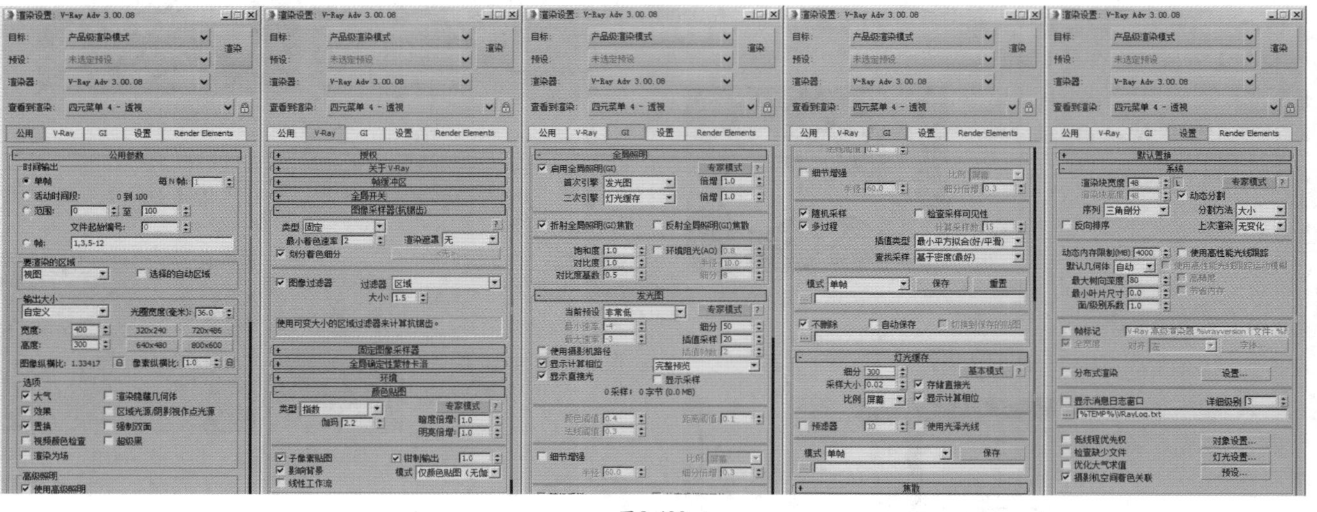

图8-423

步骤04 按Shift+Q组合键，快速渲染摄影机视图，其渲染效果如图8-424所示。

通过上面的渲染效果可以看出，浴室场景非常暗，只有窗口处有光照，接下来需要制作卫生间场景的辅助光源。

图8-424

### 2. 创建室内射灯灯光

步骤01 在前视图中创建10盏目标灯光，然后放置在合适的位置，如图8-425所示。

步骤02 选择步骤01中创建的目标灯光，在【修改】面板中调节具体的参数，如图8-426所示。

- 展开【常规参数】卷展栏，在【阴影】选项栏下选中【启用】复选框，并设置【阴影类型】为VR-阴影，设置【灯光分布（类型）】为【光度学Web】，接着展开【分布（光度学Web）】卷展栏，并在通道上加载【冷风斑点.ies】。
- 调节颜色为浅黄色，设置【强度】为100，选中【区域阴影】复选框，设置【U/V/W大小】为50mm。

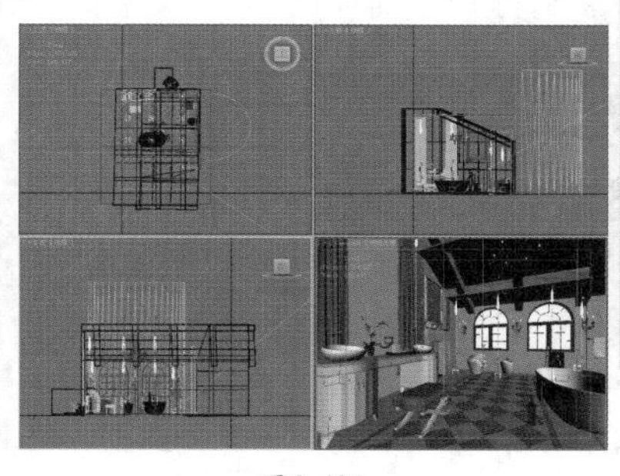

图8-425

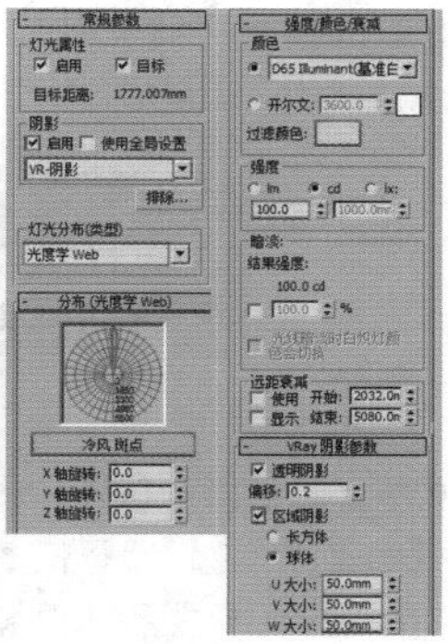

图8-426

**步骤03** 按Shift+Q组合键，快速渲染摄影机视图，其渲染效果如图8-427所示。

图8-427

### 3．创建室内窗口处灯光

**步骤01** 使用【VR-灯光】在前视图中创建两盏VR-灯光，并分别放置到每一个窗口处，具体位置如图8-428所示。然后选择刚创建的VR-灯光，并在【修改】面板中调节具体参数，如图8-429所示。

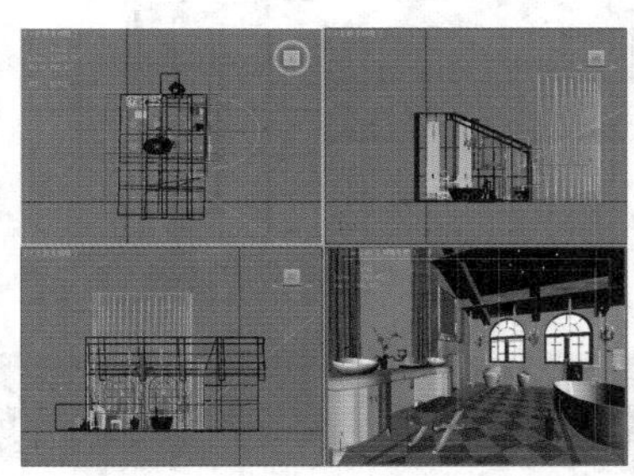

图8-428

图8-429

- 设置【类型】为【平面】，在【强度】选项组中设置【倍增】为10，颜色为浅蓝色。
- 在【大小】选项组中设置【1/2长】为25mm，【1/2宽】为30mm，选中【不可见】复选框。

**步骤02** 按Shift+Q组合键，快速渲染摄影机视图，其渲染效果如图8-430所示。

图8-430

### 4．创建壁炉灯光

**步骤01** 使用【VR-灯光】在前视图中创建两盏VR-灯光，并分别放置到如图8-431所示的位置。然后选择刚创建的VR-灯光，并在【修改】面板中调节其具体参数，如图8-432所示。

- 在【常规】选项组中设置【类型】为【平面】，在【强度】选项组中设置【倍增】为4，颜色为橙色。
- 在【大小】选项组中设置【1/2长】为7.7mm，【1/2宽】为18.4mm，选中【不可见】复选框。

图8-431

图8-432

**步骤02** 使用【VR-灯光】在前视图中创建两盏VR-灯光，并分别放置到如图8-433所示的位置。然后选择刚创建的VR-灯光，并在【修改】面板中调节其参数，如图8-434所示。

- 在【常规】选项组中设置【类型】为【球体】，在【强度】选项组中设置【倍增】为2，颜色为浅黄色。
- 在【大小】选项组中设置【半径】为9.8mm，选中【不可见】复选框。

图8-433

图8-434

**步骤03** 使用【VR-灯光】在前视图中创建两盏VR-灯光，并分别放置到如图8-435所示的位置。然后选择刚创建的VR-灯光，并在【修改】面板中调节参数，如图8-436所示。

图8-435

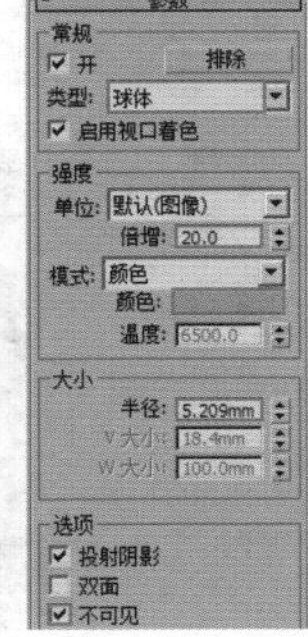


图8-436

- 设置【类型】为【球体】，在【强度】选项组中设置【倍增】为20，颜色为橙色。
- 在【大小】选项组中设置【半径】为5.2mm，选中【不可见】复选框。

**步骤04** 使用【VR-灯光】在前视图中创建一盏VR-灯光，并分别放置到如图8-437所示的位置。然后选择刚创建的VR-灯光，并在【修改】面板中调节其具体参数，如图8-438所示。

- 设置【类型】为【球体】，在【强度】选项组中设置【倍增】为4，颜色为红色。
- 在【大小】选项组中设置【半径】为5.2mm，选中【不可见】复选框。

图8-437

图8-438

## Part 4　设置成图渲染参数

经过了前面的操作，已经将大量烦琐的工作做完了，下面需要做的就是把渲染的参数设置高一些，再进行渲染输出。

**步骤01** 按F10键，打开【渲染设置】窗口，在【公用参数】卷展栏中设置【宽度】为1600，【高度】为1200，如图8-439所示。

**步骤02** 选择【V-Ray】选项卡，在【图像采样器（抗锯齿）】卷展栏中设置图像采样器的【类型】为【自适应】，接着设置【过滤器】类型为Mitchell-Netravali，如图8-440所示。

图8-439

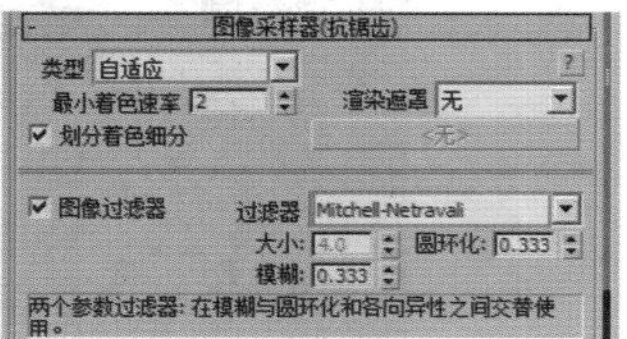

图8-440

**步骤03** 展开【自适应图像采样器】卷展栏，设置【最小细分】为1，【最大细分】为4，如图8-441所示。

图8-441

**步骤04** 选择【GI】选项卡，在【发光图】卷展栏中设置【当前预设】为【低】，【细分】为90，【插值采样】为30，选中【显示计算相位】和【显示直接光】复选框，具体参数设置如图8-442所示。

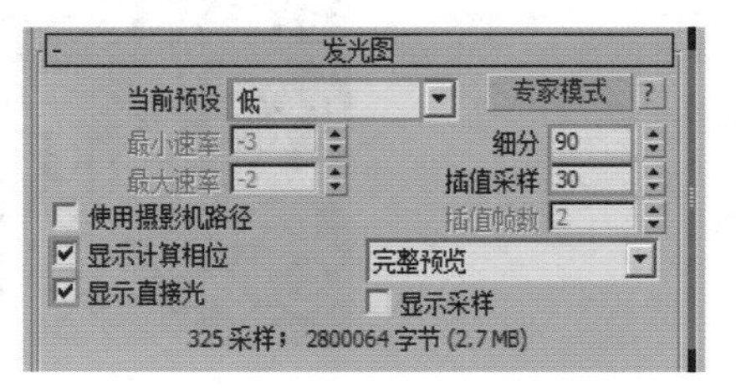


图8-442

**步骤05** 展开【灯光缓存】卷展栏，设置【细分】为1000，选中【显示计算相位】复选框、取消选中【存储直接光】复选框，具体参数设置如图8-443所示。

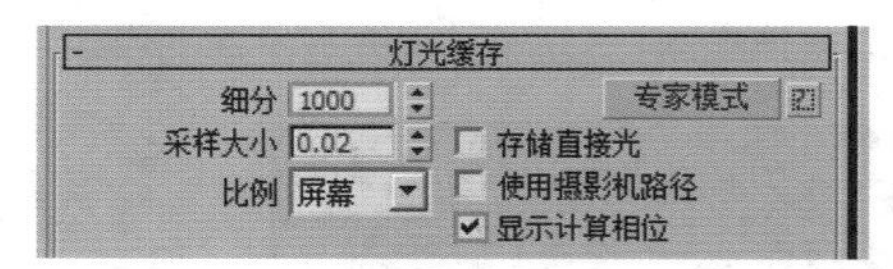


图8-443

**步骤06** 单击进行渲染，最终的效果如图8-444所示。

图8-444

# 综合实例：东方情怀——新中式卧室夜景

| 场景文件 | 09.max |
| --- | --- |
| 案例文件 | 东方情怀——新中式卧室夜景.max |
| 视频教学 | 综合实例：多媒体教学/Chapter 08/综合实例：东方情怀——新中式卧室夜景.flv |
| 难易指数 | ★★★★★ |
| 灯光类型 | 目标灯光、VR-灯光（平面）、VR-灯光（球体） |
| 材质类型 | VRayMtl材质、VR-覆盖材质、混合材质 |
| 程序贴图 | 无 |
| 技术掌握 | 掌握VRayMtl材质、目标平行光、VR-灯光的使用方法和图像精细程度的控制 |

## 风格解析

中国风并非完全意义上的复古明清，而是通过中式风格的特征，表达对清雅含蓄、端庄丰华的东方式精神境界的追求。新中式风格主要包括两方面的基本内容，一是中国传统风格文化意义在当前时代背景下的演绎；二是对中国当代文化充分理解基础上的当代设计。新中式风格不是纯粹的元素堆砌，而是通过对传统文化的认识，将现代元素和传统元素结合在一起，以现代人的审美需求来打造富有传统韵味的事物，让传统艺术在当今社会得到合适的体现。

## 实例介绍

本实例是一个中式风格夜晚卧室空间，室内灯光表现主要使用目标灯光、VR-灯光（平面）、VR-灯光（球体）制作，同时使用VRayMtl材质制作本实例的主要材质。效果如图8-445所示。

图8-445

## 操作步骤

### Part 1　设置VRay渲染器

**步骤01** 打开本书配套光盘中的【场景文件/Chapter08/09.max】文件，此时的场景效果如图8-446所示。

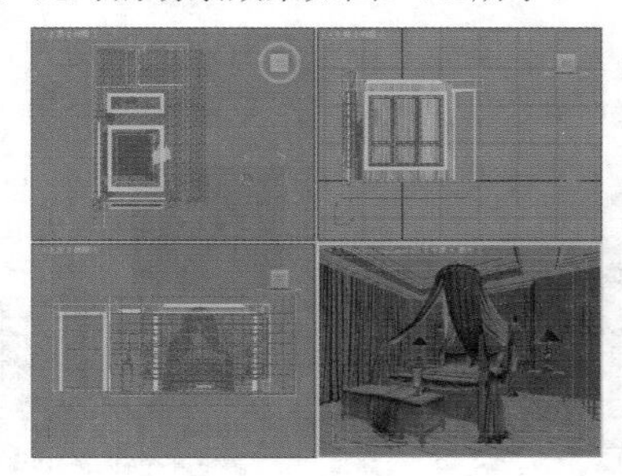

图8-446

**步骤02** 按F10键，打开【渲染设置】窗口，选择【公用】选项卡，在【指定渲染器】卷展栏中单击...按钮，在弹出的【选择渲染器】对话框中选择【V-Ray Adv 3.00.08】选项，如图8-447所示。

**步骤03** 此时在【指定渲染器】卷展栏的【产品级】文本框中显示了【V-Ray Adv 3.00.08】，而在【渲染设置】对话框中出现了【V-Ray】、【GI】和【设置】选项卡，如图8-448所示。

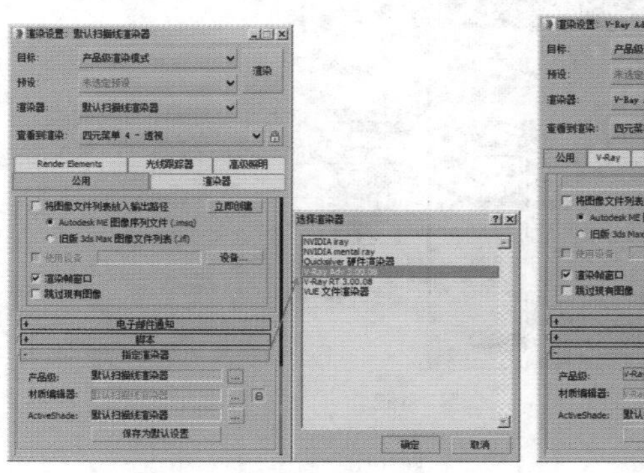

图8-447

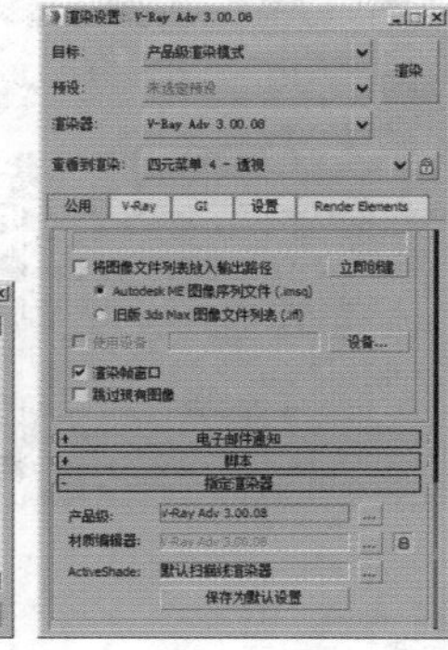

图8-448

### Part 2　材质的制作

下面介绍场景中主要材质的制作，包括纱布、木纹、窗纱、布纹、软包、地板、金属等材质。效果如图8-449所示。

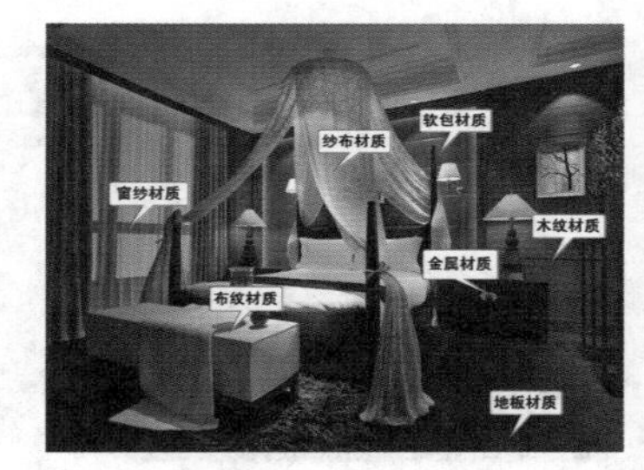


图8-449

#### 1．纱布材质的制作

纱布是按照一定的图案用丝线或纱线编织而成的，如图8-450所示为现实中的纱布材质。

其基本属性主要有以下两点。

- 花纹纹理图案。
- 一定的透明效果。

图8-450

**步骤01** 打开【材质编辑器】窗口，选择一个材质球，设置材质类型为【混合】材质。将上述材质命名为【纱布】，如图8-451所示。

- 展开【混合基本参数】卷展栏，在【材质1】和【材质2】后面的通道上使用VRayMtl材质。

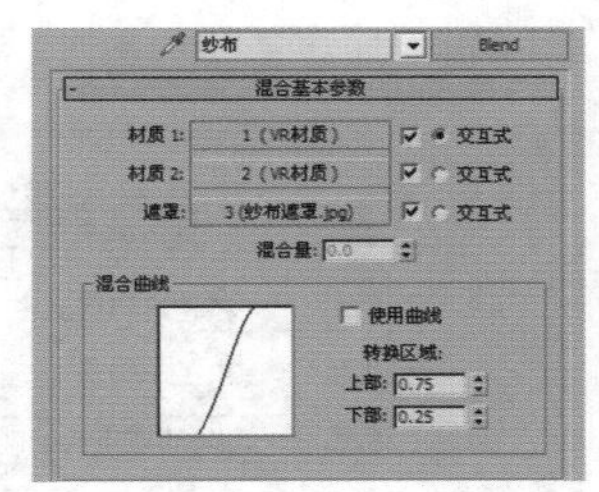

图8-451

**步骤02** 单击进入【材质1】后面的通道中，并进行详细的调节，具体参数如图8-452所示。

- 在【漫反射】后面的通道中加载【纱布贴图.jpg】贴图文件，在【折射】后面的通道上加载【衰减】程序贴图，调节两个颜色为深灰色和黑色，设置【衰减类型】为【垂直/平行】，【光泽度】为0.75。

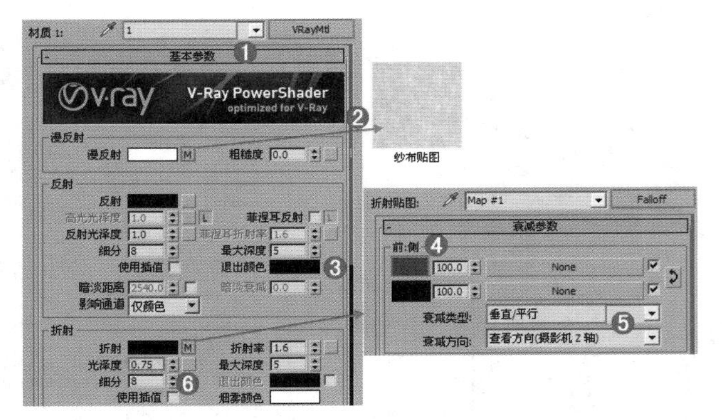

图8-452

**步骤03** 单击进入【材质2】后面的通道中，并进行详细的调节，具体参数如图8-453所示。

- 在【漫反射】后面的通道上加载【纱布贴图.jpg】贴图文件，在【折射】后面的通道上加载【衰减】程序贴图，调节两个颜色为浅灰色和黑色，设置【衰减类型】为【垂直/平行】，【光泽度】为0.75。

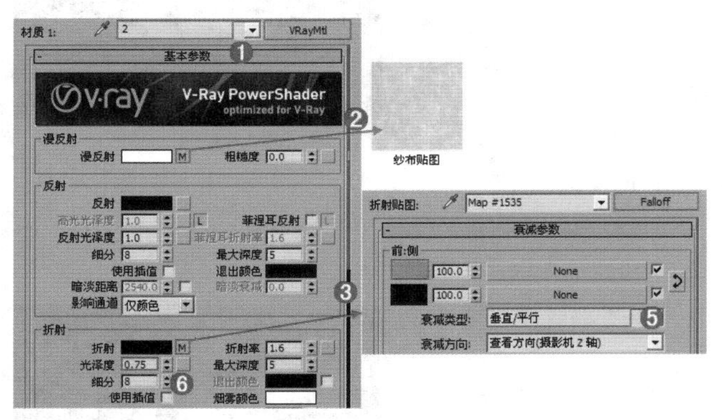

图8-453

- 展开【混合基本参数】卷展栏，并在【遮罩】后面的通道上加载【纱布遮罩.jpg】贴图文件，如图8-454所示。

图8-454

**步骤04** 选中场景中的纱帘模型，然后在【修改】面板中为其添加【UVW贴图】修改器，调节其具体参数，如图8-455所示。对于其他的纱布材质的模型，也需要使用同样的方法进行操作。

- 在【参数】卷展栏中设置【贴图】类型为【长方体】，【长度】、【宽度】和【高度】均为300mm，同时设置【对齐】为Z。

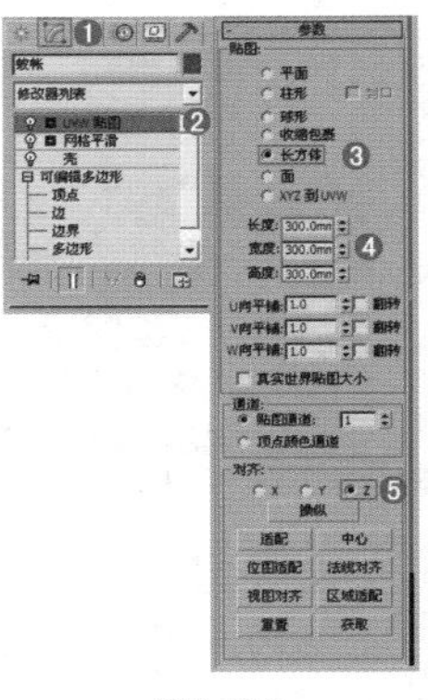

图8-455

**步骤05** 将制作好的纱布材质赋给场景中的纱帘模型，如图8-456所示。

图8-456

### 2. 木纹材质的制作

木纹材质被广泛应用于建筑方面，如图8-457所示为现实木纹的材质。

图8-457

其基本属性主要有以下两点。

- 木纹纹理图案。
- 模糊反射效果。

**步骤01** 选择一个空白材质球，将【材质类型】设置为【VR_覆盖材质】，并命名为【木纹】，具体的调节参数如图8-458所示。

- 展开【参数】卷展栏，在【基本材质】和【全局光材质】后面的通道上使用VRayMtl材质。

图8-458

**步骤02** 单击进入【基本材质】后面的通道中，并命名为【1】，进行详细的调节，具体参数如图8-459所示。

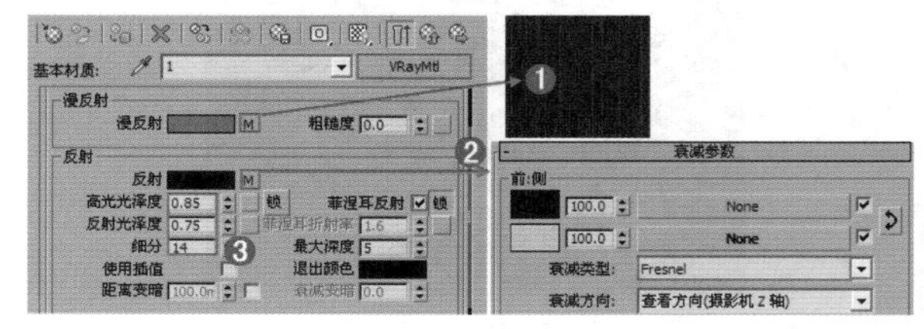

图8-459

- 在【漫反射】后面的通道上加载【木纹.jpg】贴图文件，在【反射】后面的通道上加载【衰减】程序贴图，设置【衰减类型】为Fresnel，【高光光泽度】为0.85，【反射光泽度】为0.75，【细分】为14，选中【菲涅耳反射】复选框。

**步骤03** 单击进入【全局光材质】后面的通道中，并命名为【2】，进行详细的调节，具体参数如图8-460所示。

- 在【漫反射】选项组中设置颜色为浅咖啡色。

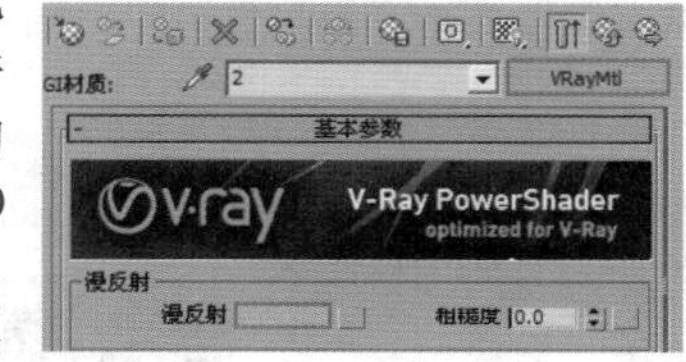

图8-460

**步骤04** 选中场景中的墙面模型，在【修改】面板中为其添加【UVW贴图】修改器，并调节其具体参数，如图8-461所示。其他的木纹材质的模型，也需要使用同样的方法进行操作。

- 在【参数】卷展栏中设置【贴图】类型为【长方体】，【长度】、【宽度】和【高度】均为800mm，同时设置【对齐】为Z。

**步骤05** 将制作好的木纹材质赋给场景中的模型，如图8-462所示。

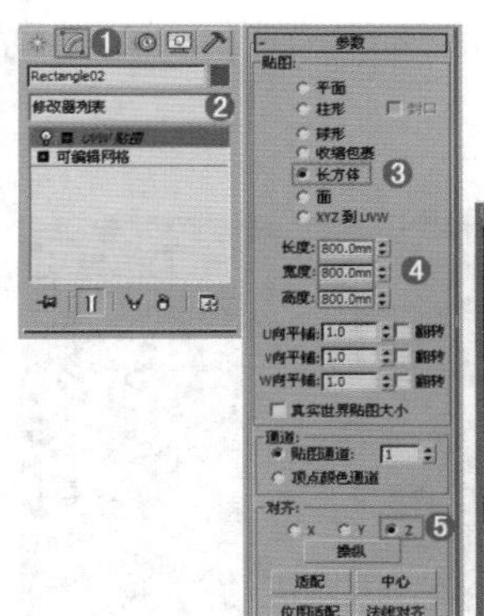

图8-461

图8-462

### 3. 窗纱材质的制作

窗纱经常与窗帘配套出现，质地较为透明，用于遮挡白天强烈的阳光，如图8-463所示为现实中窗纱的材质。

其基本属性主要有以下两点。

- 强烈的漫反射。
- 模糊反射效果。

图8-463

**步骤01** 选择一个空白材质球，将【材质类型】设置为【VRayMtl】，并命名为【窗纱】，具体的调节参数如图8-464所示。

- 在【漫反射】选项组中设置颜色为白色。
- 在【折射】选项组中设置颜色为深灰色，【折射率】为1.2。

**步骤02** 将制作好的窗纱材质赋给场景中的窗帘模型，如图8-465所示。

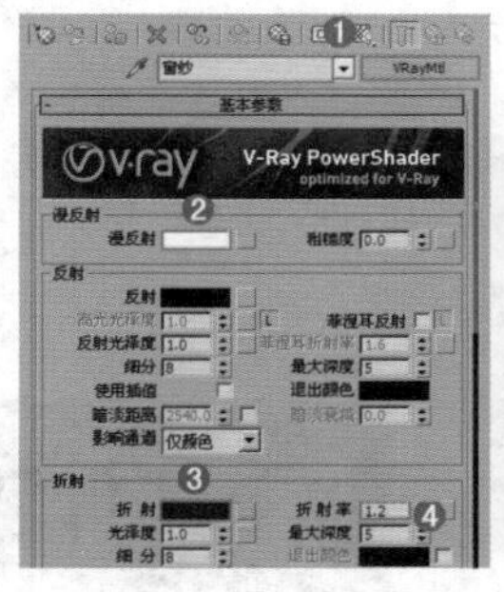

图8-464

图8-465

### 4. 布纹材质的制作

布纹材质在现代家居中得到了非常广泛的应用，如图8-466所示为现实布纹的材质。

图8-466

其基本属性主要有以下两点。

- 布纹纹理贴图。
- 模糊反射效果。

**步骤01** 选择一个空白材质球，将【材质类型】设置为【VRayMtl】，并命名为【布纹】，具体的调节参数如图8-467所示。

- 在【漫反射】后面的通道上加载【衰减】程序贴图，在【贴图1】通道上加载【布纹.jpg】贴图文件，在【贴图2】通道上加载【布纹2.jpg】贴图文件，设置【衰减类型】为【垂直/平行】。在【反射】选项组中设置颜色为深灰色，【高光光泽度】为0.4。

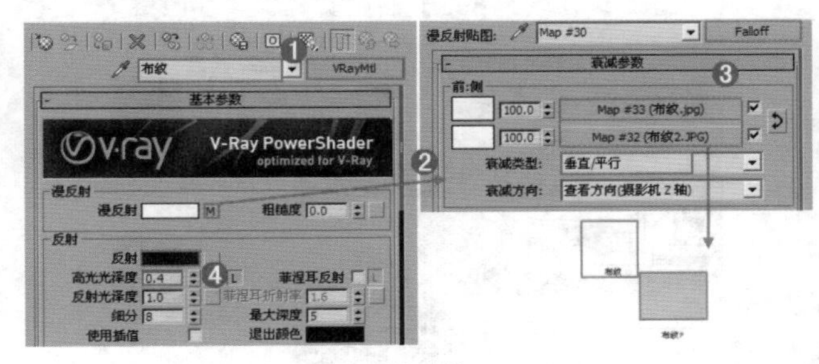

图8-467

- 在【双向反射分布函数】卷展栏中设置为【反射】，如图8-468所示。

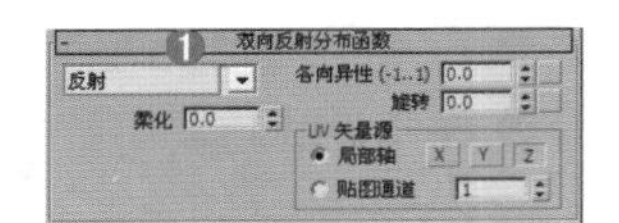

图8-468

- 展开【贴图】卷展栏，在【凹凸】后面的通道上加载【布纹2.jpg】贴图文件，设置【凹凸】为44，如图8-469所示。

**步骤02** 将制作好的布纹材质赋给场景中的地面模型，如图8-470所示。

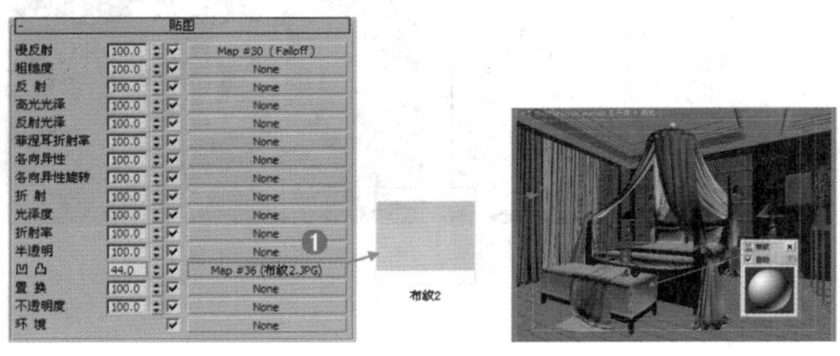

图8-469

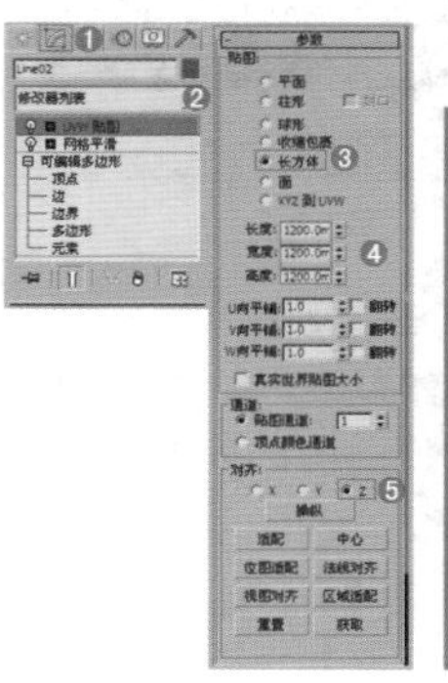

图8-470

### 5. 软包材质的制作

软包使用的材料质地柔软，色彩柔和，能够柔化整体空间氛围，其纵深的立体感亦能提升家居档次。除了美化空间的作用外，更重要的是软包还具有吸音、隔音、防潮、防撞等功能，如图8-471所示为现实中软包的材质。

其基本属性主要有以下两点。

- 一定纹理贴图。
- 模糊漫反射效果。

图8-471

**步骤01** 选择一个空白材质球，将【材质类型】设置为【VRayMtl】材质，并命名为【软包】，具体的调节参数如图8-472所示。

- 在【漫反射】选项组后面的通道上加载【衰减】程序贴图，在【贴图1】通道上加载【RGB染色】程序贴图，调节RGB颜色为棕色，在贴图通道加载【软包.jpg】贴图文件，在【贴图2】通道上加载【RGB染色】程序贴图，调节RGB颜色均为土黄色，在贴图通道加载【软包.jpg】贴图文件。

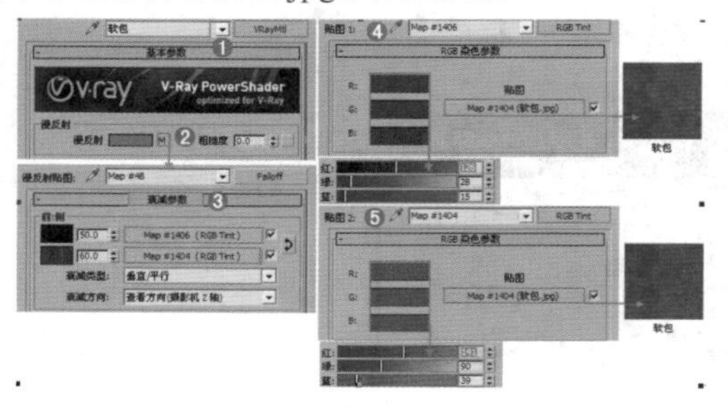

图8-472

**步骤02** 选中场景中的软包模型，在【修改】面板中为其添加【UVW贴图】修改器，调节其具体参数，如图8-473所示。

- 在【参数】卷展栏中设置【贴图】类型为【长方体】，【长度】、【宽度】和【高度】均为1200mm，【对齐】为Z。

**步骤03** 将制作好的软包材质赋给场景中的模型，如图8-474所示。

图8-473

图8-474

### 6. 地板材质的制作

如图8-475所示为现实中地板的材质。

其基本属性主要有以下两点。

- 一定的纹理贴图。
- 一定的反射效果。

图8-475

**步骤01** 选择一个空白材质球，将【材质类型】设置为【VR_覆盖材质】，并命名为【地板】，具体的调节参数如图8-476所示。

- 展开【参数】卷展栏，在【基本材质】和【全局光材质】后面的通道上使用【VRayMtl】材质。

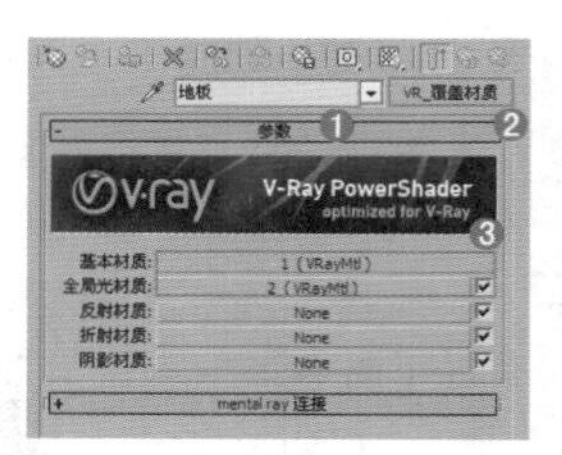

图8-476

**步骤02** 单击进入【基本材质】后面的通道中，并命名为【1】，进行详细的调节，具体参数如图8-477所示。

- 在【漫反射】选项组后面的通道上加载【地板.jpg】贴图文件，在【反射】后面的通道上加载【衰减】程序贴图，调节两个颜色为深灰色和白色，设置【衰减类型】为Fresnel，【反射光泽度】为0.85，【细分】为14，选中【菲涅耳反射】复选框。

图8-477

步骤03 单击进入【全局光材质】后面的通道中，并命名为【2】，进行详细的调节，具体参数如图8-478所示。

图8-478

- 在【漫反射】选项组中设置颜色为浅褐色。

步骤04 选中场景中的地板模型，在【修改】面板中为其添加【UVW贴图】修改器，调节其具体参数，如图8-479所示。

- 在【参数】卷展栏中设置【贴图】类型为【长方体】，设置【长度】为600mm，【宽度】为4000mm，【高度】为600mm，【对齐】为Z。

步骤05 将制作好的地板材质赋给场景中的模型，如图8-480所示。

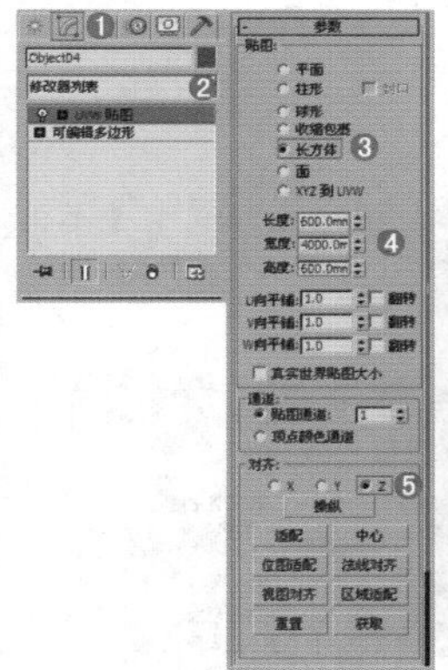

图8-479

图8-480

### 7. 金属材质的制作

金属是一种具有光泽（即对可见光强烈反射），富有延展性，容易导电、导热的物质，如图8-481所示为现实中金属的材质。

其基本属性主要有以下两点。

- 模糊漫反射和反射效果。
- 镀膜材质。

图8-481

步骤01 选择一个空白材质球，将【材质类型】设置为【VR_混合材质】，并命名为【金属】，具体的调节参数如图8-482所示。

- 展开【参数】卷展栏，在【基本材质】后面的通道上加载【VRayMtl】材质。

步骤02 单击进入【基本材质】后面的通道中，并命名为【1】，进行详细的调节，具体参数如图8-483所示。

- 在【漫反射】选项组中设置颜色为深灰色，在【反射】选项组中设置颜色为浅黄色，【反射光泽度】为0.8，【细分】为30。

图8-482

图8-483

步骤03 单击进入【表层材质】后面的通道中，并命名为【2】，进行详细的调节，具体参数如图8-484所示。

- 在【漫反射】选项组中设置颜色为浅灰色，在【反射】选项组中设置颜色为白色，【反射光泽度】为0.9。

步骤04 将制作好的金属材质赋给场景中的模型，如图8-485所示。

图8-484

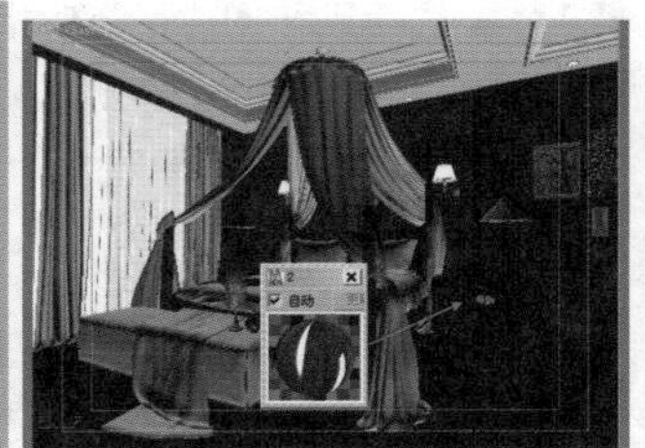

图8-485

至此，场景中主要模型的材质已经制作完毕，其他材质的制作方法此处就不再详述。

## Part 3 设置摄影机

步骤01 单击（创建）|（摄影机）|VR物理摄影机按钮，如图8-486所示，在视图中拖曳创建一个摄影机，具体位置如图8-487所示。

图8-486

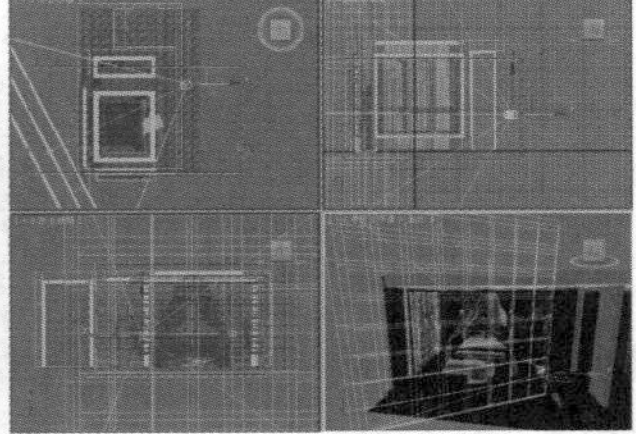

图8-487

**步骤02** 选择刚创建的摄影机，单击进入【修改】面板，并设置【胶片规格】为36，【焦距】为40，【缩放因子】为0.5，【光圈系数】为1.2，然后选中【剪切】复选框，并设置【近剪切平面】为1272mm，【远剪切平面】为22524mm，如图8-488所示。

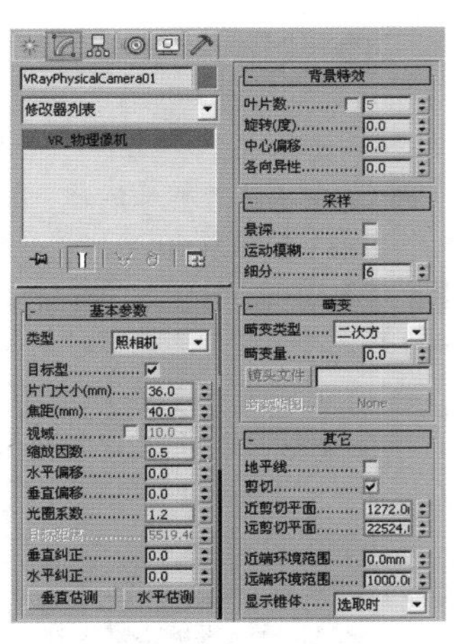

图8-488

**技巧提示**

在VR物理摄影机中，【光圈】是最为重要的参数之一，使用它可以快速地控制最终渲染图像的明暗。数值越小，最终渲染越亮。

**步骤03** 此时的摄影机视图效果如图8-489所示。

图8-489

## Part 4 设置灯光并进行草图渲染

在本实例的卧室场景中使用两种灯光照明来表现，一种使用了自然光效果，另一种使用了室内灯光的照明。也就是说，若想得到好的效果，必须配合室内的一些照明，然后对辅助光源进行设置。

### 1．制作室内主要光照

**步骤01** 在前视图中拖曳创建8盏目标灯光，如图8-490所示。

**步骤02** 选择步骤01中创建的目标灯光，在【修改】面板中设置其具体的参数，如图8-491所示。

- 展开【常规参数】卷展栏，选中【启用】复选框，设置【阴影类型】为VRay阴影，【灯光分布（类型）】为【光度学Web】，接着展开【分布（光度学Web）】卷展栏，并在通道上加载【射灯.ies】。
- 展开【强度/颜色/衰减】卷展栏，设置颜色为浅灰色，【强度】为34000，展开【VRay阴影参数】卷展栏，选中【区域阴影】复选框，设置【U大小】、【V大小】和【W大小】均为20mm，【细分】为15。

**步骤03** 继续进行创建，在纱帘下方位置创建一盏VR-灯光，具体位置如图8-492所示。

**步骤04** 选择步骤03中创建的VR-灯光，在【修改】面板中设置其具体的参数，如图8-493所示。

- 设置【类型】为【平面】，【倍增】为12，【颜色】为浅灰色，【1/2长】为250mm，【1/2宽】为254mm，选中【不可见】复选框，并取消选中【影响高光反射】和【影响反射】复选框，设置【细分】为15。

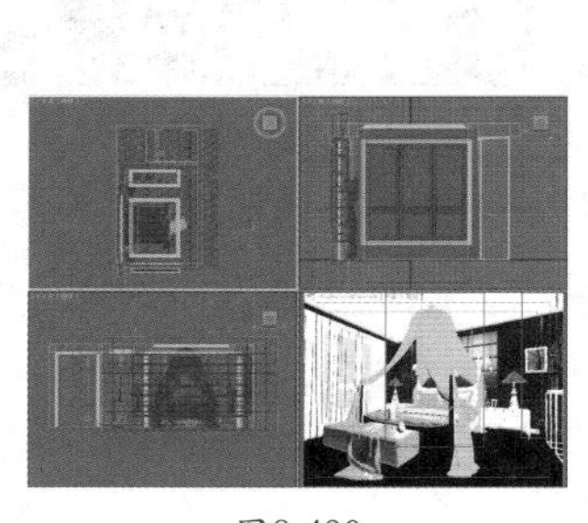
图8-490

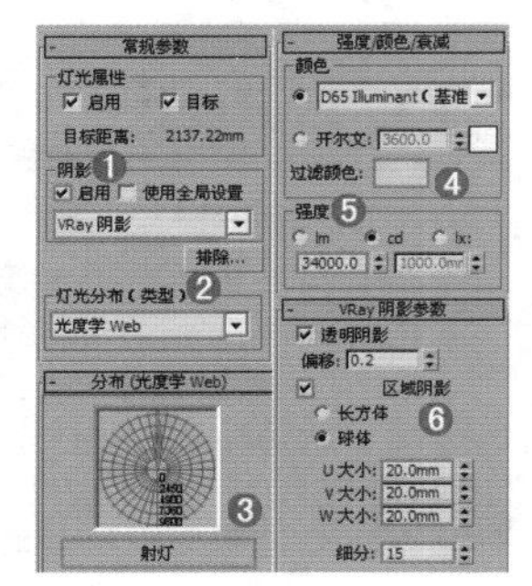

图8-491

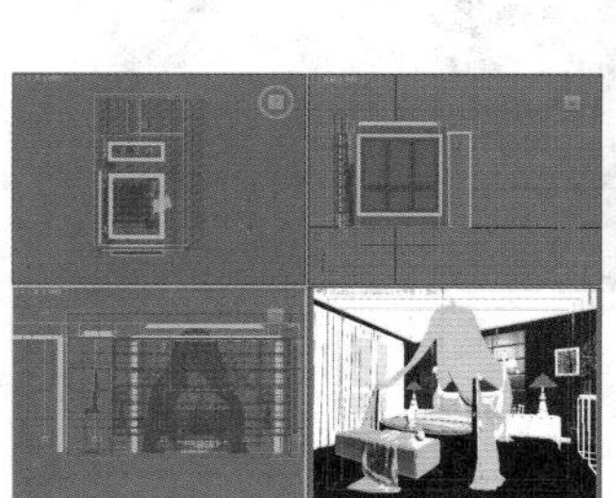
图8-492

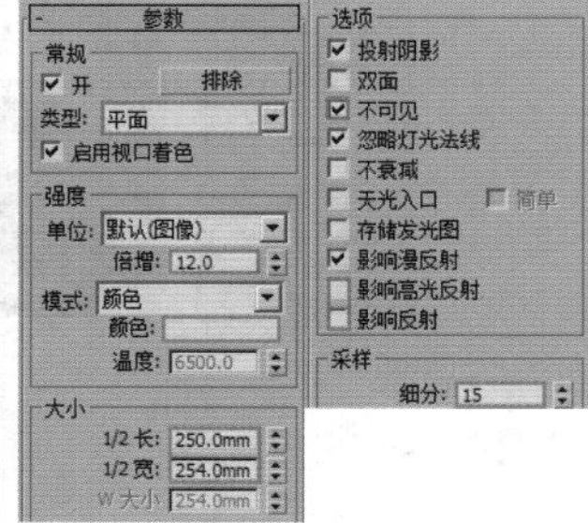

图8-493

**步骤05** 按数字键8，打开【环境和效果】窗口，在【背景】选项组的【环境贴图】下面的通道栏下加载【VR天空】程序贴图。按M键，打开【材质编辑器】窗口，并将【环境贴图】通道中的贴图拖曳到一个空白的材质球上，如图8-494所示。

**步骤06** 按F10键，打开【渲染设置】窗口。首先设置【V-Ray】和【GI】选项卡中的参数，刚开始设置的是一个草图设置，目的是进行快速渲染，从而可以观看整体的效果，参数设置如图8-495所示。

**步骤07** 按Shift+Q组合键，快速渲染摄影机视图，其渲染效果如图8-496所示。

通过上面的渲染效果可以看出，室内的光照效果基本满足要求，接下来制作台灯的光照。

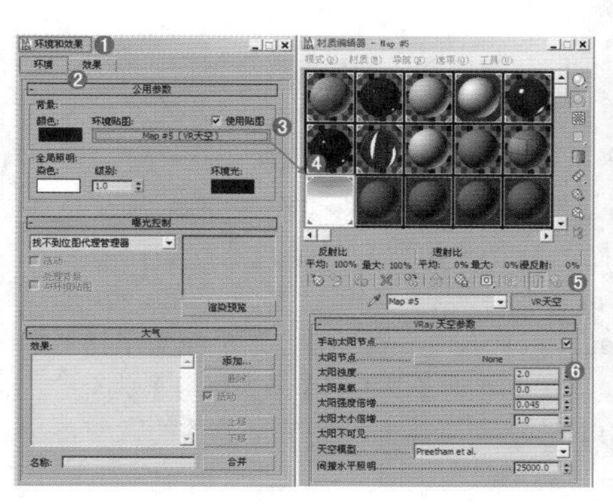

图8-494

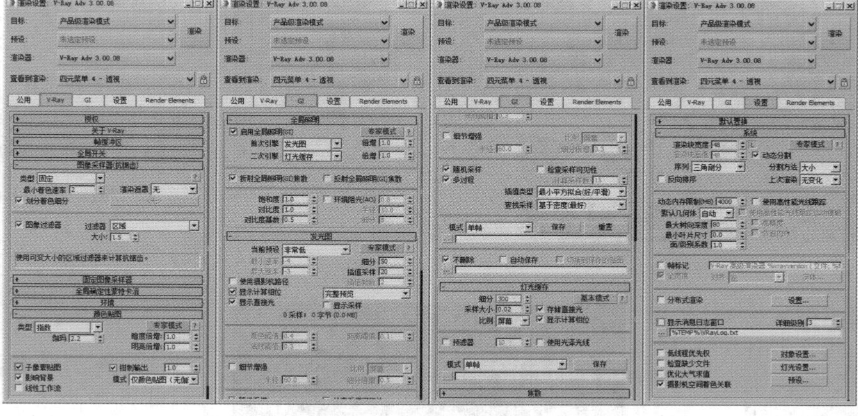

图8-495

## 2．制作台灯及壁灯的光照

**步骤01** 使用【VR-灯光】在顶视图中创建两盏VR-灯光，并将其拖曳到台灯的灯罩中，如图8-497所示。选择刚创建的VR-灯光，在【修改】面板中设置具体的参数，如图8-498所示。

图8-496

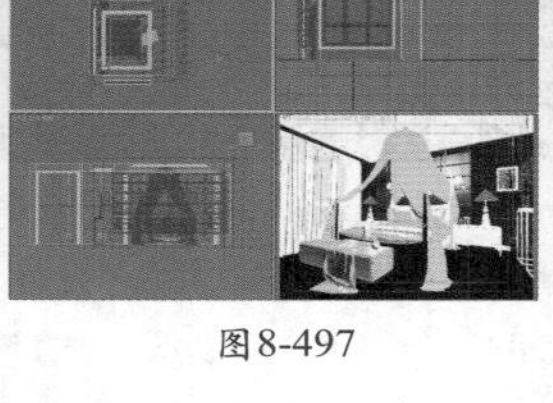

图8-497

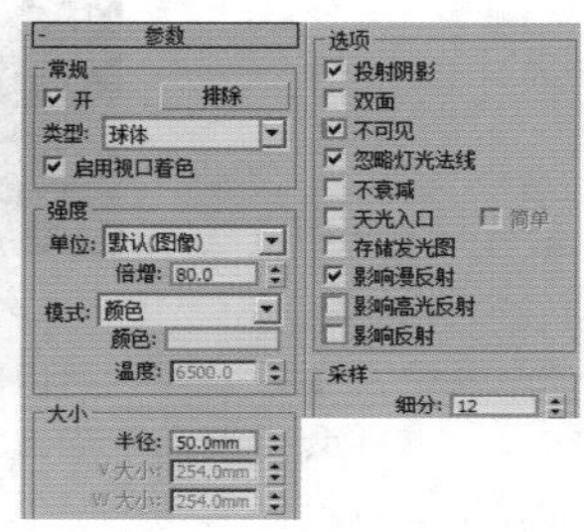


图8-498

- 设置【类型】为【球体】，【倍增】为80，【颜色】为浅黄色，【半径】为50mm，选中【不可见】复选框并取消选中【影响高光反射】和【影响反射】复选框，设置【细分】为12。

图8-499

**步骤02** 按Shift+Q组合键，快速渲染摄影机视图，其渲染效果如图8-499所示。

**步骤03** 继续在顶视图中创建一盏VR-灯光，然后将其复制一盏，并将其作为壁灯，然后将其拖曳到壁灯的灯罩中，具体的位置如图8-500所示。

**步骤04** 选择步骤03中创建的VR-灯光，在【修改】面板中设置具体的参数，如图8-501所示。

- 设置【类型】为【球体】，【倍增】为30，【颜色】为浅黄色，【半径】为40mm，选中【不可见】复选框并取消选中【影响高光反射】和【影响反射】复选框，设置【细分】为12。

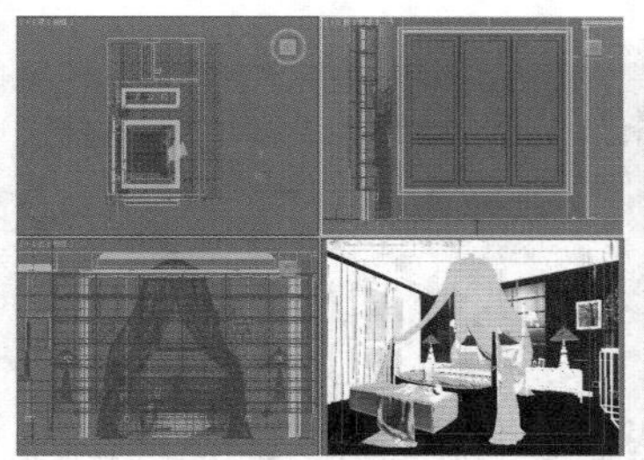

图8-500

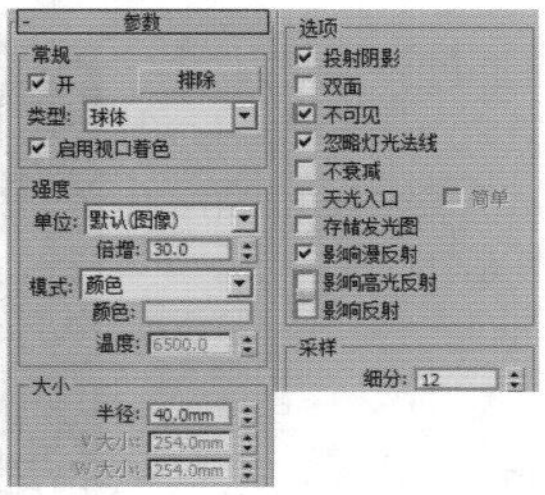

图8-501

**步骤05** 按Shift+Q组合键，快速渲染摄影机视图，其渲染效果如图8-502所示。

通过上面的渲染效果可以看出，卧室中间的亮度还不够，需要继续创建灯光。

图8-502

## 3．制作灯光带效果

**步骤01** 使用VR-灯光在左视图中创建一盏灯光，并将其复制两盏，接着分别将其拖曳到合适位置，具体位置如图8-503所示。

**步骤02** 选择步骤01中创建的VR-灯光，在【修改】面板中设置具体的参数，如图8-504所示。

- 设置【类型】为【平面】，【倍增】为22，【颜色】为浅黄色，【1/2长】为20mm，【1/2宽】为1500mm，选中【不可见】复选框，并取消选中【影响高光反射】的【影响反射】复选框，设置【细分】为12。

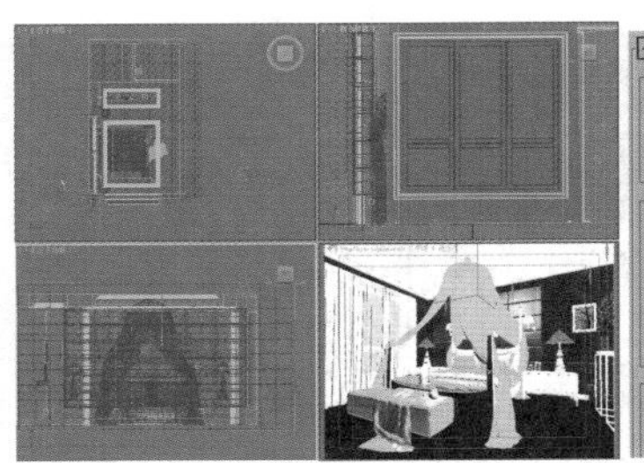

图8-503

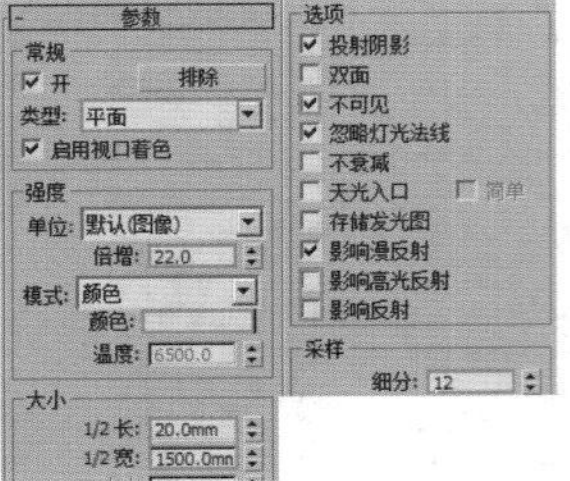


图8-504

**步骤03** 按Shift+Q组合键，快速渲染摄影机视图，其渲染效果如图8-505所示。

图8-505

从目前效果来看，图像的亮部已经足够亮，但是暗部非常暗，这样会损失大量暗部细节，因此在后期处理时应对该部分重点调节，至此，整个场景中的灯光就设置完成了，下面需要做的就是精细调整灯光细分参数及渲染参数，从而进行最终的渲染。

## Part 5 设置成图渲染参数

经过了前面的操作，已经将大量烦琐的工作做完，下面需要做的就是把渲染的参数设置高一些，再进行渲染输出。

**步骤01** 重新设置渲染参数，按F10键，在打开的【渲染设置】窗口中进行参数设置，如图8-506所示。

- 选择【V-Ray】选项卡，展开【图形采样器（反锯齿）】卷展栏，设置【类型】为【自适应】，接着在【过滤器】选项组中选中【开启】复选框，并选择【Mitchell-Netravali】选项，展开【自适应图像采样器】卷展栏，设置【最小细分】为1，【最大细分】为4。

**步骤02** 选择【GI】选项卡，并进行调节，具体的调节参数如图8-507所示。

- 展开【发光图】卷展栏，设置【当前预设】为【低】，【细分】为50，【插值采样】为30，展开【灯光缓存】卷展栏，设置【细分】为1000，取消选中【存储直接光】复选框。

**步骤03** 选择【设置】选项卡，并进行调节，具体的调节参数如图8-508所示。

- 展开【系统】卷展栏，取消选中【显示信息窗口】复选框。

**步骤04** 选择【Render Elements】选项卡，单击【添加】按钮并在弹出的【渲染元素】面板中选择【VRayWireColor】选项，如图8-509所示。

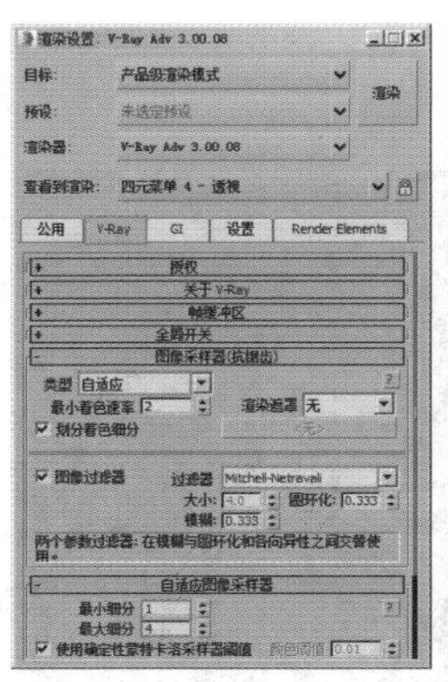

图8-506

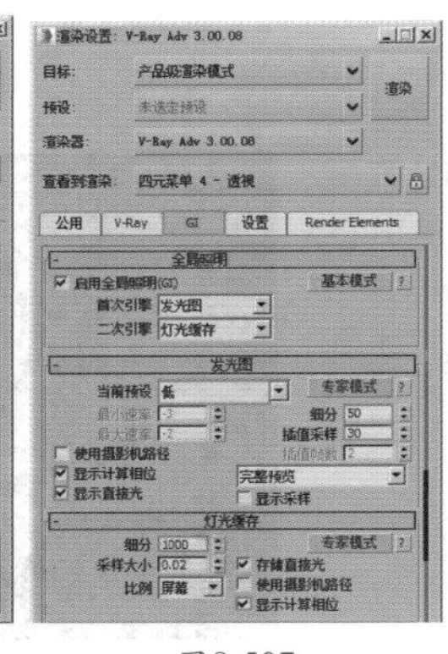

图8-507

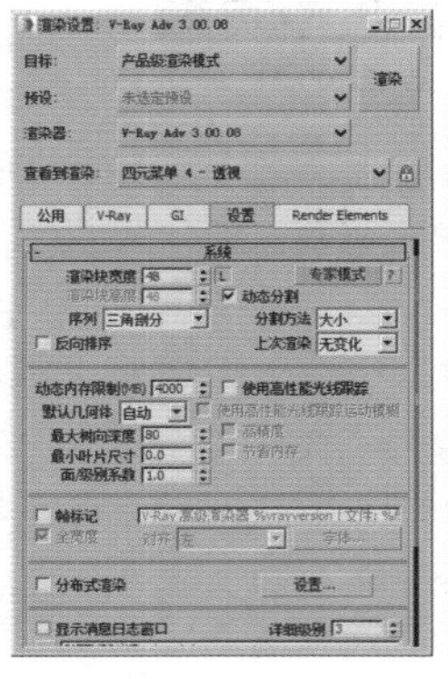

图8-508

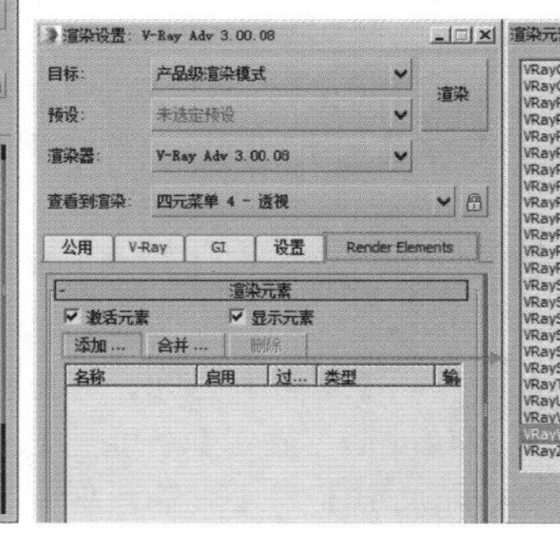

图8-509

**步骤05** 选择【公用】选项卡，展开【公用参数】卷展栏，设置输出的尺寸为1600×1221，如图8-510所示。

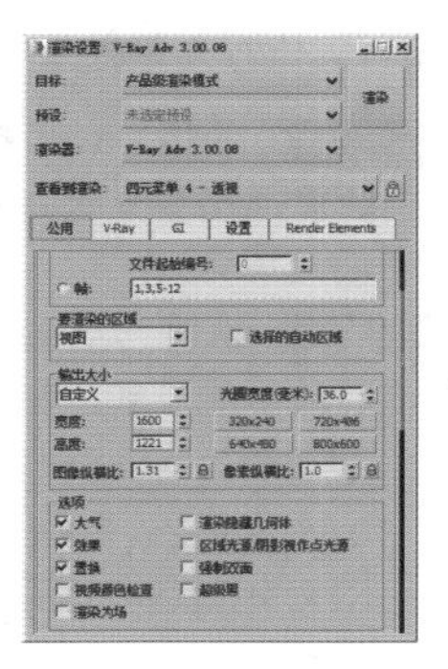

图8-510

**步骤06** 等待一段时间后即可渲染完成，最终的效果如图8-511所示。

图8-511

## 技术专题——图像精细程度的控制

在使用3ds Max制作效果图的过程中，读者往往会遇到一个又一个的问题，那就是为什么我渲染的图像这么脏？为什么渲染速度这么慢，但是渲染质量还这么差？下面一一为大家解答。

说到图像的质量，不得不提的就是细分。在3ds Max制作效果图过程中细分主要存在于3个方面，分别为【灯光细分】、【材质细分】和【渲染器细分】。

灯光细分：主要用来控制灯光和阴影的细分效果，通常数值越大，渲染越精细，渲染速度越慢。

如图8-512所示为将【灯光细分】设置为2和20时的对比效果。

图8-512

材质细分：主要用来控制材质反射和折射等细分效果，通常数值越大，渲染越精细，渲染速度越慢。

如图8-513所示为将【材质细分】设置为2和20时的对比效果。

图8-513

渲染器细分：主要用来控制最终渲染的细分效果，一般来说最终渲染时参数可以设置的相对高一些，同时材质细分和灯光细分的参数也要适当设置高一些，如图8-514所示为低质量参数和高质量参数的渲染对比效果。

图8-514

最终图像的质量是由【灯光细分】、【材质细分】和【渲染器细分】3方面共同决定的。若只将【渲染器细分】设置非常高，而将【灯光细分】和【材质细分】设置比较低，则渲染出的图像质量也不会特别好，而把握好这三者间参数的平衡，显得尤为重要。

例如场景中反射和折射物体比较多，而此时也想将这些物体重点表现时，可以将【材质细分】参数适当地设置高一些。而当场景中要重点表现色彩斑斓的灯光时，需要将【灯光细分】参数适当地设置高一些。为了读者使用方便，在这里总结两种方法，供大家参考使用。

（1）测试渲染，低质量，高速度。灯光的【细分】可以保持默认数值8或小于8。材质的反射和折射的【细分】可以保持默认数值8或小于8。渲染器的参数设置应尽量低一些，具体位置如图8-515所示。

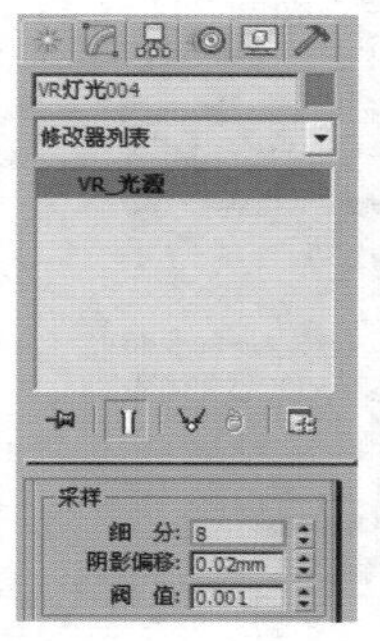

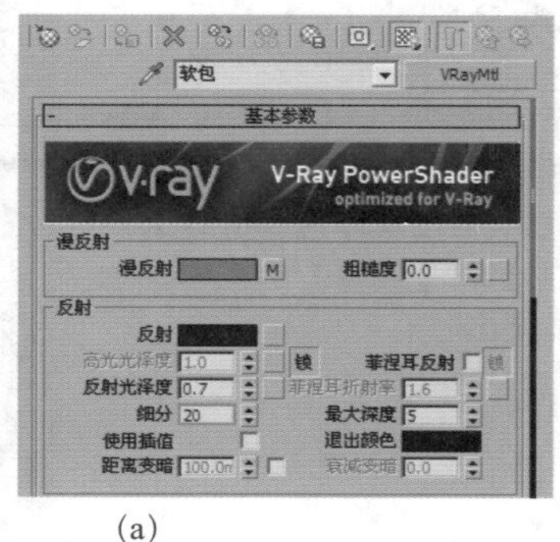

(a)

(b)

图8-515

（2）最终渲染，高质量，低速度。灯光的【细分】可以设置数值为20左右。材质的反射和折射的【细分】可以设置数值为20左右。渲染器的参数设置应尽量设置高一些。具体位置如图8-516所示。

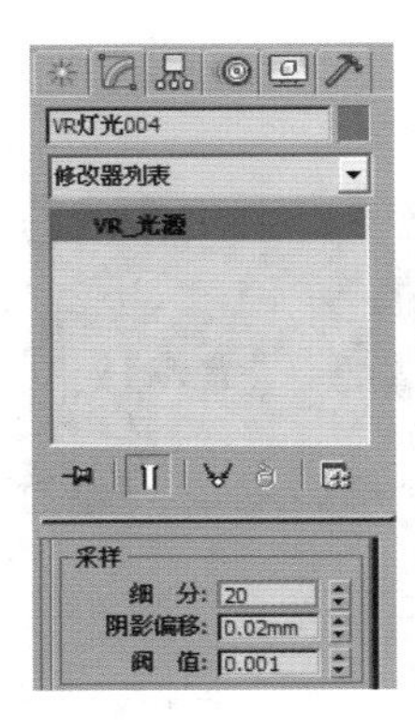

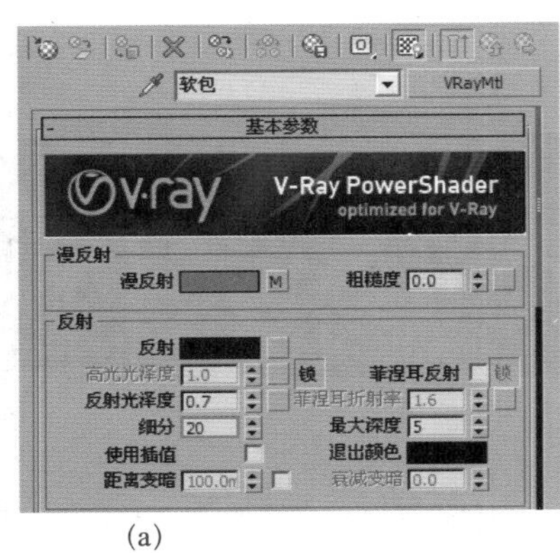

(a)

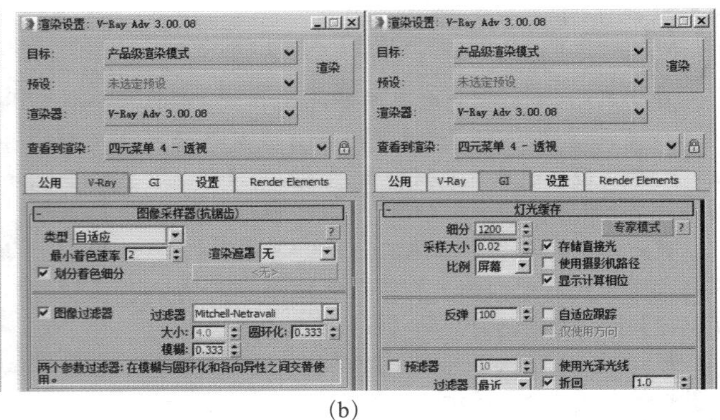

(b)

图8-516

## 综合实例：水岸豪庭——简约别墅夜景表现

| 场景文件 | 10.max |
|---|---|
| 案例文件 | 水岸豪庭——简约别墅夜景表现.max |
| 视频教学 | 综合实例：多媒体教学/Chapter 08/综合实例：水岸豪庭——简约别墅夜景表现.flv |
| 难易指数 | ★★★★★ |
| 灯光类型 | 目标灯光、VR-灯光 |
| 材质类型 | 多维/子对象材质、VRayMtl材质、VR-灯光材质 |
| 程序贴图 | 衰减程序贴图、噪波程序贴图 |
| 技术掌握 | 夜晚灯光的制作、分层渲染的高级技巧 |

### 实例介绍

本实例是一个简约别墅的夜景表现，室外的夜景灯光表现是本实例的学习难点，游泳池内的水材质的制作方法是本实例的学习重点，效果如图8-517所示。

图8-517

### 操作步骤

#### Part 1 设置VRay渲染器

**步骤01** 打开本书配套光盘中的【场景文件/Chapter08/10.max】文件，此时的场景效果如图8-518所示。

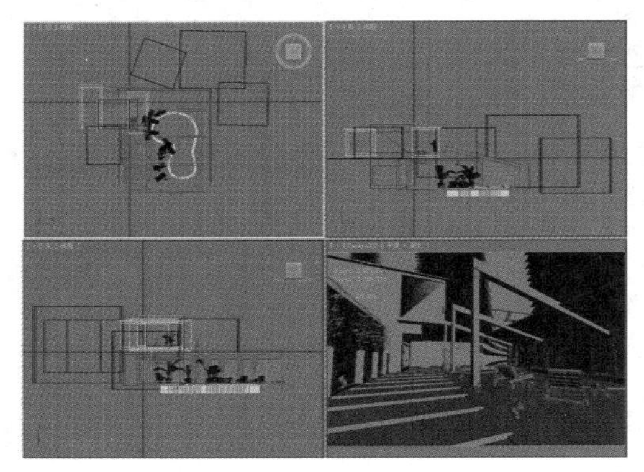

图8-518

**步骤02** 按F10键，打开【渲染设置】窗口，选择【公用】选项卡，在【指定渲染器】卷展栏中单击...按钮，在弹出的【选择渲染器】对话框中选择【V-Ray Adv 3.00.08】选项，如图8-519所示。

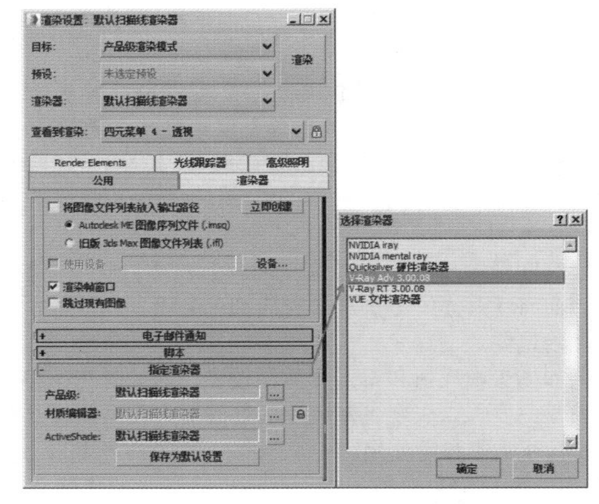

图8-519

**步骤03** 此时在【指定渲染器】卷展栏的【产品级】文本框中显示了【V-Ray Adv 3.00.08】，而在【渲染设置】对话框中出现了【V-Ray】、【GI】和【设置】选项卡，如图8-520所示。

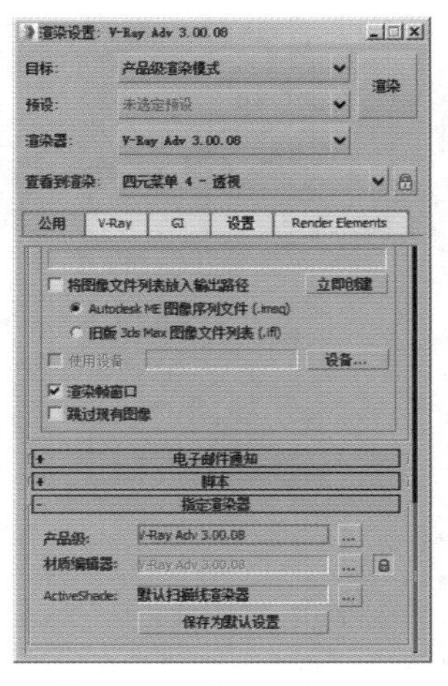

图8-520

## Part 2 材质的制作

本实例的场景对象材质主要包括木地板材质、鹅卵石地面材质、混凝土墙面材质、木纹材质、水材质、马赛克材质、玻璃材质和环境材质，如图8-521所示。

图8-521

### 1．木地板材质的制作

木地板通常应用在室内装修中，因其结实、美观而深受客户的喜爱。如图8-522所示为现实中木地板材质的应用。

木地板材质的基本属性包括以下两点。

- 木地板纹理图案。
- 一定模糊反射效果。

图8-522

**步骤01** 打开【材质编辑器】窗口，选择一个材质球，设置材质类型为【VRayMtl】材质， 将上述材质命名为【木地板】，具体的调节参数如图8-523所示。

- 在【漫反射】后面的通道上加载一张【木地板.jpg】贴图文件。
- 在【反射】后面的通道上加载【衰减】程序贴图，设置【衰减类型】为Fresnel，接着设置【反射光泽度】为0.85，【细分】为20。

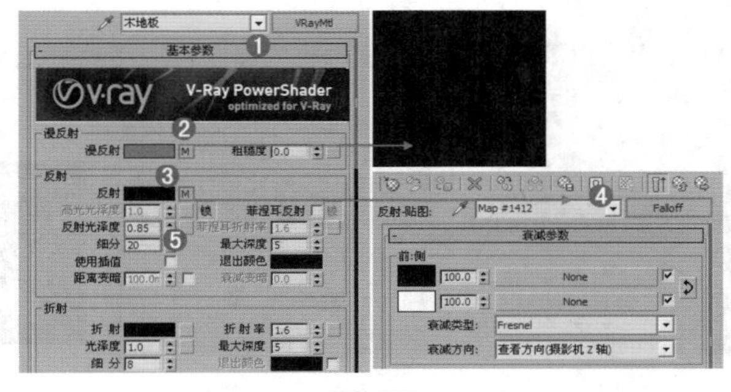

图8-523

- 展开【贴图】卷展栏，将【漫反射】后面的通道拖曳到【凹凸】后面的通道上，设置【凹凸】为30，如图8-524所示。

**步骤02** 将调节完毕的木地板材质赋给场景中的地面模型，如图8-525所示。

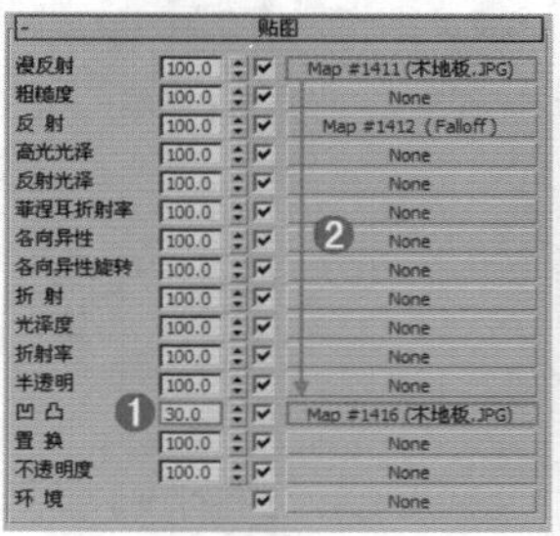

图8-524

图8-525

### 2．混凝土墙面材质的制作

混凝土是当代最主要的土木工程材料之一，其具有原料丰富、价格低廉、生产工艺简单等特点。如图8-526所示为现实中混凝土墙面材质的应用。

混凝土墙面材质的基本属性包括以下3个方面。

- 混凝土纹理图案。
- 模糊反射效果。
- 一定的凹凸效果。

图8-526

**步骤01** 选择一个空白材质球，将【材质类型】设置为【VRayMtl】，并命名为【墙面】，具体的调节参数如图8-527所示。

- 在【漫反射】选项组中后面的通道上加载【墙面.jpg】贴图文件，展开【坐标】卷展栏，取消选中【使用真实世界比例】复选框，设置【瓷砖】分别为1和2。
- 在【反射】选项组中设置颜色为深灰色，【反射光泽度】为0.7，【细分】为20。

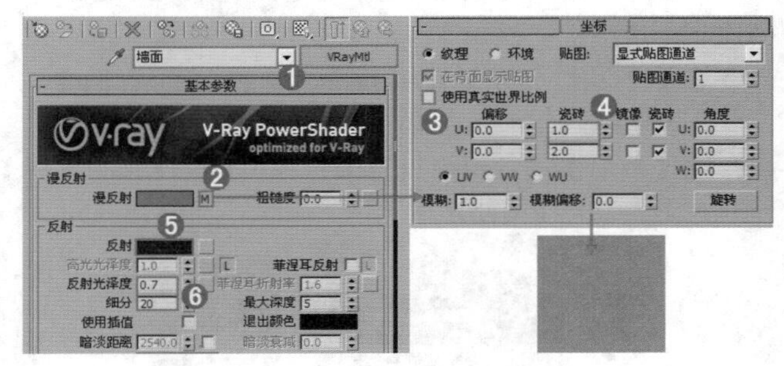

图8-527

- 展开【贴图】卷展栏，设置【凹凸】为50，将【漫反射】后面的通道拖曳到【凹凸】后面的通道上，如图8-528所示。

**步骤02** 将墙面材质的模型选中，进入【修改】面板，为模型加载【UVW贴图】修改器，设置【贴图】类型为【长方体】，【长度】为45mm，【宽度】为37mm，【高度】为116mm，【对齐】为Z，如图8-529所示。

图8-528

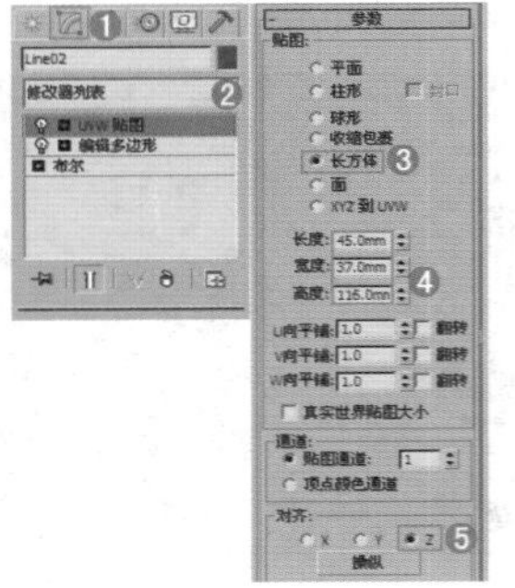


图8-529

**步骤03** 将调节完毕的理石腰线赋给场景中的墙体腰线的模型，如图8-530所示。

图8-530

### 3. 鹅卵石地面材质的制作

鹅卵石质地坚硬，色泽鲜明古朴，具有抗压、耐磨、耐腐蚀的天然石特性，是一种理想的绿色建筑材料。如图8-531所示为现实中鹅卵石地面材质的应用。

鹅卵石地面材质的基本属性包括以下3个方面。

- 鹅卵石纹理图案。
- 反射效果。
- 一定的凹凸效果。

图8-531

**步骤01** 选择一个空白材质球，将【材质类型】设置为【VRayMtl】，并命名为【鹅卵石地面】，具体的调节参数如图8-532所示。

- 在【漫反射】选项组后面的通道上加载【鹅卵石.jpg】贴图文件。
- 在【反射】选项组中设置颜色为白色，【反射光泽度】为0.9，【细分】为15。

图8-532

- 展开【贴图】卷展栏，单击【漫反射】后面通道上的贴图文件，并将其拖曳到凹凸通道上，设置【凹凸】为20，继续将其拖曳到【置换】贴图文件，最后设置【置换】为1，如图8-533所示。

**步骤02** 将调节完毕的鹅卵石材质赋给场景中的地面模型，如图8-534所示。

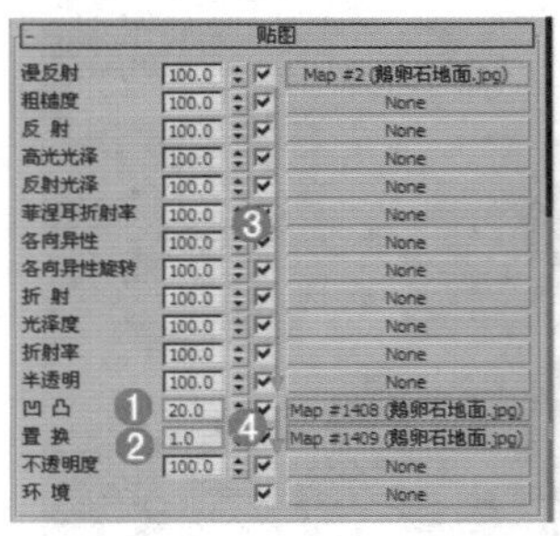


图8-533

图8-534

### 4. 木纹材质的制作

如图8-535所示为现实中的木纹材质。

木纹材质的基本属性主要有以下两点。

- 木纹纹理图案。
- 模糊反射效果。

图8-535

**步骤01** 选择一个空白材质球，将【材质类型】设置为【多维/子对象】材质，并命名为【木纹】，设置【设置数量】为3，并分别在通道上加载【VRayMtl】材质，具体参数设置如图8-536所示。

**步骤02** 单击进入ID号为1的通道中，并命名为【Wood dark】，具体的调节参数如图8-537所示。

- 在【漫反射】选项组后面的通道上加载【木纹.jpg】贴图文件。
- 在【反射】选项组中设置颜色为深灰色，【反射光泽度】为0.85。

图8-536

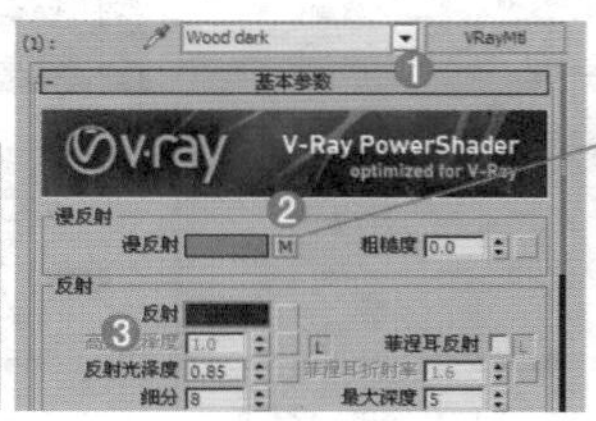

图8-537

- 展开【贴图】卷展栏，设置【凹凸】为40，并将【漫反射】后面的通道拖曳到【凹凸】后面的通道上，如图8-538所示。

**步骤03** 单击进入ID号为2的通道中，并命名为【Chrome】，具体的调节参数如图8-539所示。

- 在【漫反射】选项组中设置颜色为灰色。
- 在【反射】选项组中设置颜色为浅灰色，【反射光泽度】为0.75。

图8-538

图8-539

**步骤04** 单击进入ID号为1的通道中，并命名为【Wood dark】，具体的调节参数如图8-540和图8-541所示。

- 在【漫反射】选项组后面的通道上加载【木纹.jpg】贴图文件。
- 在【反射】选项组中设置颜色为深灰色，【反射光泽度】为0.85。
- 展开【贴图】卷展栏，设置【凹凸】为40，并将【漫反射】后面的通道拖曳到【凹凸】后面的通道上。

图8-540

图8-541

**步骤05** 选择木纹材质的模型，进入【修改】面板，为模型加载【UVW贴图】修改器，设置【贴图】类型为【长方体】，【长度】为394mm，【宽度】为394mm，【高度】为394mm，【U向平铺】为20，【V向平铺】为20，【W向平铺】为1，【对齐】为Z，如图8-542所示。

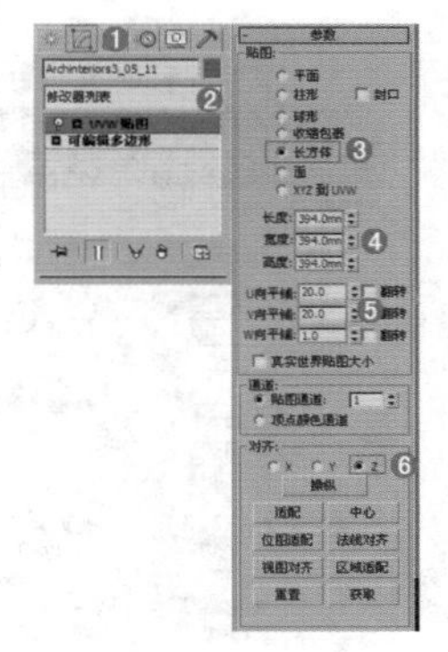
图8-542

**步骤06** 将调节完毕的木纹材质赋给场景中的模型，如图8-543所示。

图8-543

### 5. 水材质的制作

如图8-544所示为现实中水材质的应用。

图8-544

水材质的基本属性主要包括以下两点。

- 固有色为白色。
- 一定的菲涅耳反射效果。

**步骤01** 选择一个空白材质球，将【材质类型】设置为【VRayMtl】，并命名为【水】，具体的调节参数如图8-545和图8-546所示。

- 在【漫反射】选项组中设置颜色为黑色。
- 在【反射】选项组中设置颜色为白色，【细分】为15，选中【菲涅耳反射】复选框。

图8-545

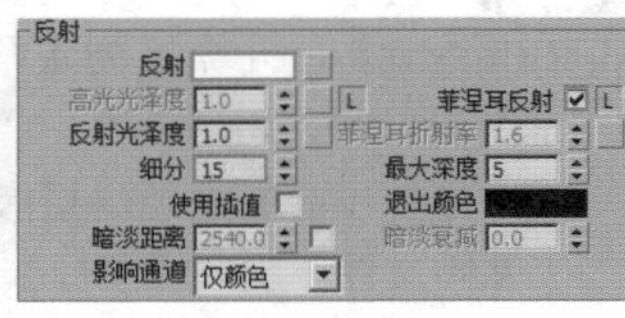
图8-546

- 在【折射】选项组中设置折射颜色为浅灰色，【折射率】为1.33，【细分】为15，选中【影响阴影】复选框，设置【烟雾颜色】为浅灰色，【烟雾倍增】为0.4，如图8-547所示。

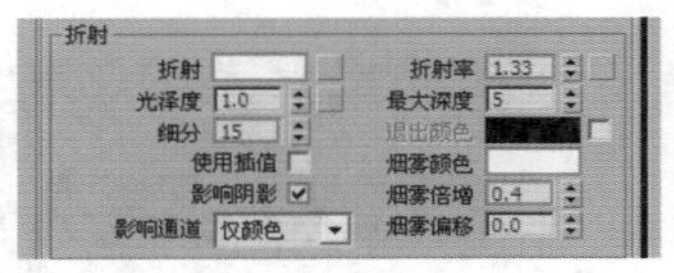
图8-547

**步骤02** 展开【贴图】卷展栏，并设置【凹凸】贴图为40，在【凹凸】的后面加载【噪波】程序贴图，设置【噪波类型】为【分形】，【大小】为30，如图8-548所示。

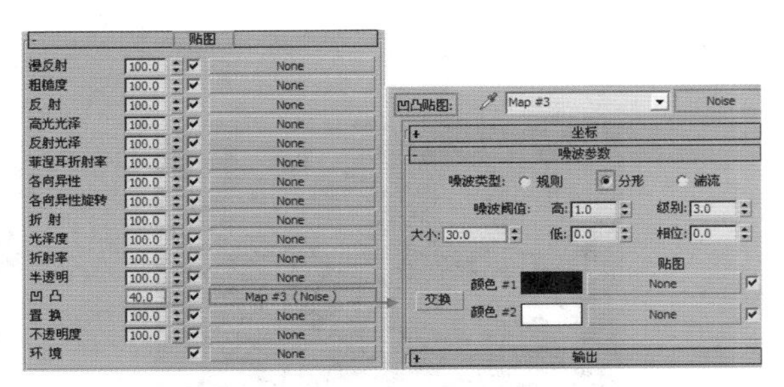


图8-548

**步骤03** 将调节完毕的水材质赋给场景中的模型，如图8-549所示。

图8-549

## 6. 马赛克材质的制作

马赛克是一种装饰艺术，通常使用许多小石块或有色玻璃碎片拼成图案。如图8-550所示为现实中马赛克材质的应用。

图8-550

马赛克材质的基本属性包括以下两点。

- 马赛克纹理图案。
- 一定的模糊反射效果。

**步骤01** 选择一个空白材质球，将【材质类型】设置为【VRayMtl】，并命名为【马赛克】，具体的调节参数如图8-551和图8-552所示。

- 在【漫反射】选项组后面的通道上加载【马赛克.jpg】贴图文件。展开【坐标】卷展栏，取消选中【使用真实世界比例】复选框，设置【瓷砖】分别为4.5和1，【模糊】为0.01。
- 在【反射】选项组中设置颜色为深灰色，【反射光泽度】为0.8。

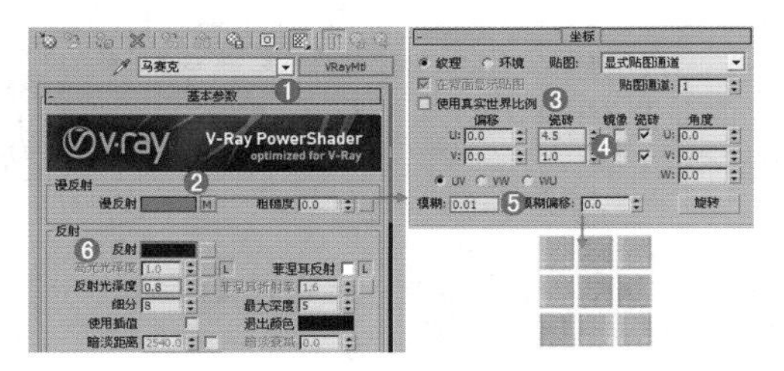


图8-551

- 展开【贴图】卷展栏，单击【漫反射】后面通道上的贴图文件，并将其拖曳到【凹凸】通道上，设置【凹凸】为40。

**步骤02** 将调节完毕的马赛克材质赋给场景中的模型，如图8-553所示。

| 贴图 | | |
|---|---|---|
| 漫反射 | 100.0 | Map #4 (马赛克.jpg) |
| 粗糙度 | 100.0 | None |
| 反 射 | 100.0 | None |
| 高光光泽 | 100.0 | None |
| 反射光泽 | 100.0 | None |
| 菲涅耳折射率 | 100.0 | None |
| 各向异性 | 100.0 | None |
| 各向异性旋转 | 100.0 | None |
| 折 射 | 100.0 | None |
| 光泽度 | 100.0 | None |
| 折射率 | 100.0 | None |
| 半透明 | 100.0 | None |
| 凹 凸 | 40.0 | Map #1419 (马赛克.jpg) |
| 置 换 | 100.0 | None |
| 不透明度 | 100.0 | None |
| 环 境 | | None |

图8-552

图8-553

## 7. 玻璃材质的制作

玻璃具有良好的透视、透光性能。如图8-554所示为现实中玻璃材质的应用。

图8-554

玻璃材质的基本属性包括以下两点。

- 强烈的漫反射和折射效果。
- 一定的反射效果。

**步骤01** 选择一个空白材质球，将【材质类型】设置为【VRayMtl】，并命名为【玻璃】，具体的调节参数如图8-555所示。

- 在【漫反射】选项组中设置颜色为浅灰色。
- 在【反射】选项组中设置颜色为深灰色。
- 在【折射】选项组中设置颜色为浅灰色，接着设置【烟雾颜色】为浅绿色。

**步骤02** 将制作好的玻璃材质赋给场景中的玻璃模型，如图8-556所示。

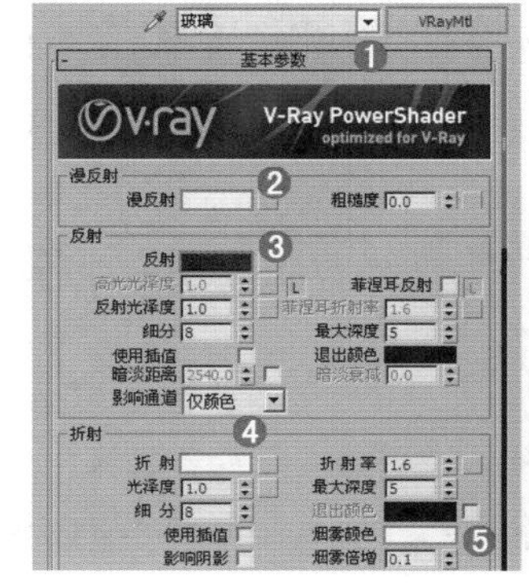


图8-555

图8-556

### 8. 环境的制作

如图8-557所示为现实中的环境效果。

图8-557

**步骤01** 选择一个空白材质球，将【材质类型】设置为【VR_发光材质】，并命名为【环境】，具体的调节参数如图8-558所示。

- 在【参数】选项组中【颜色】后面的通道上加载【环境.jpg】贴图文件，设置【数量】为0.6。

**步骤02** 选择被赋予环境材质的模型，为其加载【UVW贴图】，并设置【贴图】类型为【平面】，【长度】为20020，【宽度】为40090，【对齐】为Y，如图8-559所示。

**步骤03** 将制作好的环境材质赋给场景中的模型，如图8-560所示。

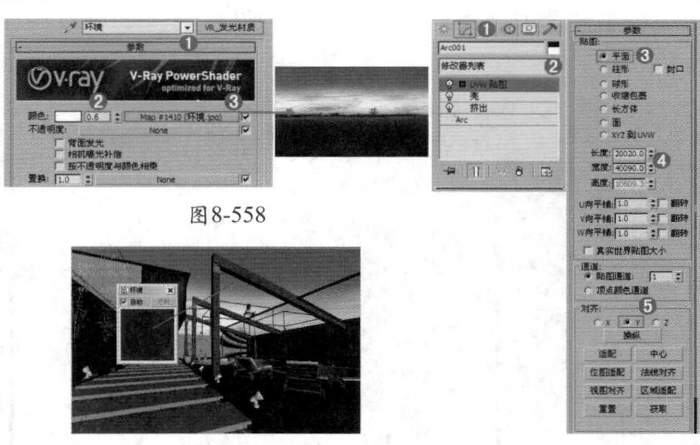

图8-558

图8-560

图8-559

### 9. 制作场景中的环境贴图

**步骤01** 按数字键8，弹出【环境和效果】对话框，单击【环境贴图】下面的通道，加载【环境贴图.jpg】贴图文件，如图8-561所示。按M键，打开【材质编辑器】窗口，将【环境贴图】的通道拖曳到一个空白材质球上，如图8-562所示。

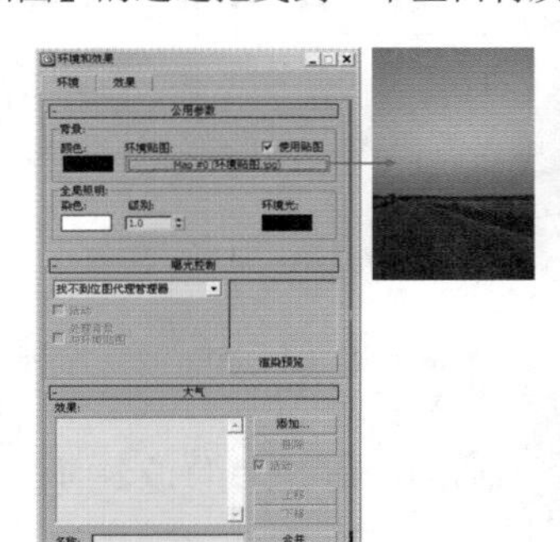

图8-561

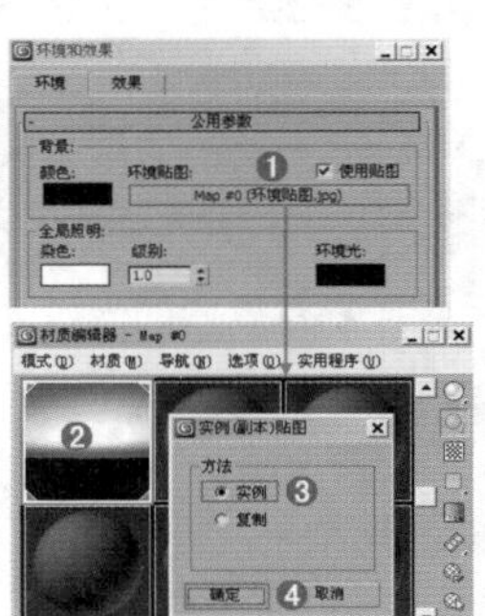

图8-562

## Part 3 设置摄影机

**步骤01** 单击（创建）|（摄影机）| 目标 按钮，如图8-563所示。在视图中拖曳创建一个摄影机，如图8-564所示。

图8-563

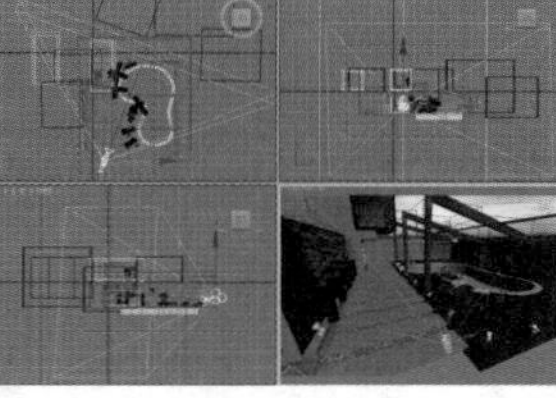

图8-564

**步骤02** 选择刚创建的摄影机，单击进入【修改】面板，并设置【镜头】为15.857，【视野】为97.244，【目标距离】为14755mm，如图8-565所示。

**步骤03** 此时的摄影机视图效果如图8-566所示。

图8-565

图8-566

## Part 4 设置灯光并进行草图渲染

在本实例的简约别墅夜景表现场景中主要包括3种灯光，第一种为使用目标灯光模拟的别墅夜景中的射灯光源，第二种是使用VR-灯光模拟的别墅的室内光源，第三种是使用VR-灯光模拟的辅助吊灯光源。

### 1. 制作别墅夜景中的射灯光源

**步骤01** 在顶视图中按住并拖曳鼠标，创建24盏目标灯光，接着在各个视图中调整它的位置，如图8-567所示。

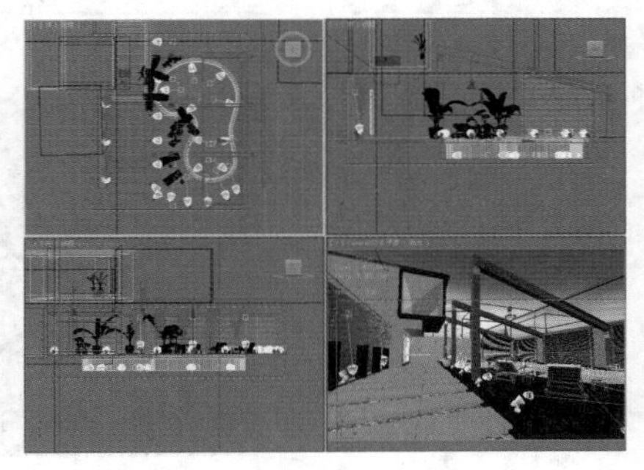

图8-567

步骤02 选择步骤01中创建的目标灯光，并在【修改】面板中调节其具体参数，如图8-568所示。

- 展开【常规参数】卷展栏，在【阴影】选项组中选中【启用】复选框，并设置【阴影类型】为【阴影贴图】，【灯光分布（类型）】为【光度学Web】。
- 展开【分布（光度学Web）】卷展栏，并在通道上加载【16.ies】光域网文件。
- 展开【强度/颜色/衰减】卷展栏，设置【过滤颜色】为浅蓝色，【倍增】为8500。

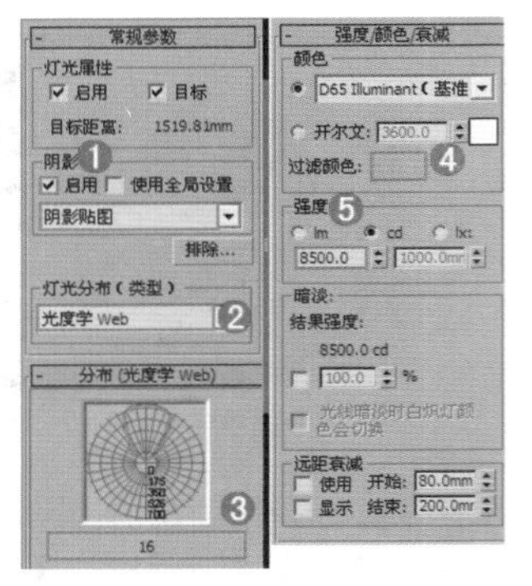

图8-568

步骤03 继续使用目标灯光在视图中创建6盏目标灯光，位置如图8-569所示。然后选择创建的目标灯光，并在【修改】面板中调节其具体参数，如图8-570所示。

- 展开【常规参数】卷展栏，在【阴影】选项组中选中【启用】复选框，并设置【阴影类型】为【VRay阴影】，【灯光分布（类型）】为【光度学Web】。
- 展开【分布（光度学Web）】卷展栏，并在通道上加载【28.ies】光域网文件。
- 展开【强度/颜色/衰减】卷展栏，设置【过滤颜色】为白色，【倍增】为35000，展开【VRay阴影参数】卷展栏，设置【细分】为20。

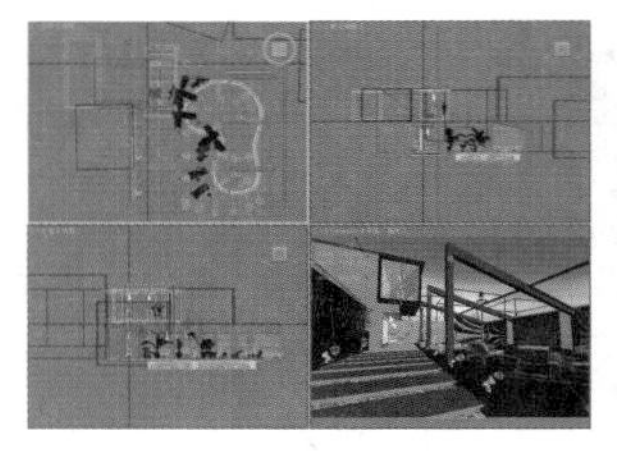

图8-569

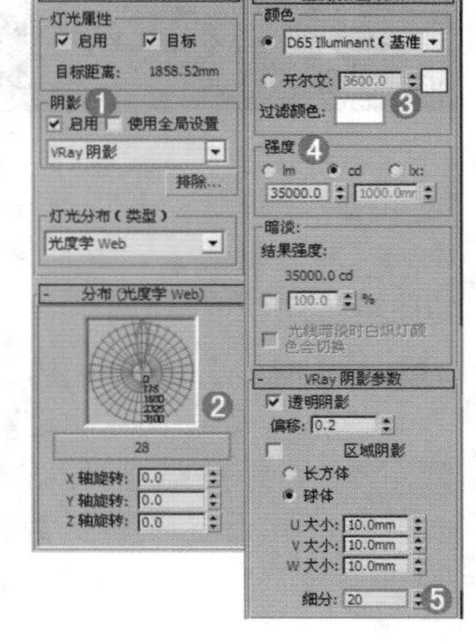

图8-570

步骤04 按F10键，打开【渲染设置】窗口。首先设置【V-Ray】和【GI】选项卡中的参数，刚开始设置的是一个草图设置，目的是进行快速渲染，从而可以观看整体的效果，参数设置如图8-571所示。

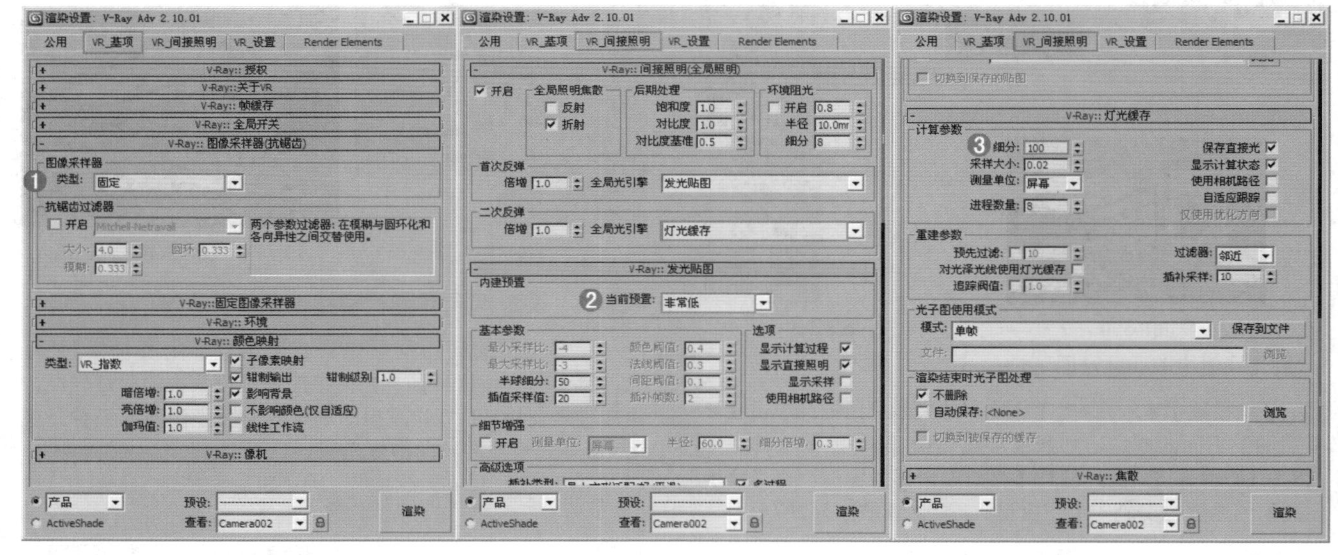

图8-571

步骤05 按Shift+Q组合键，快速渲染摄影机视图，其渲染效果如图8-572所示。

图8-572

通过上面的渲染效果可以看出，场景的部分位置灯光不够真实，下面继续制作。

## 2. 设置别墅屋内的光源

步骤01 在顶视图中创建一盏灯光，将其移动到别墅屋内，如图8-573所示。

步骤02 选择步骤01中创建的VR-灯光，在【修改】面板中调节具体的参数，如图8-574所示。

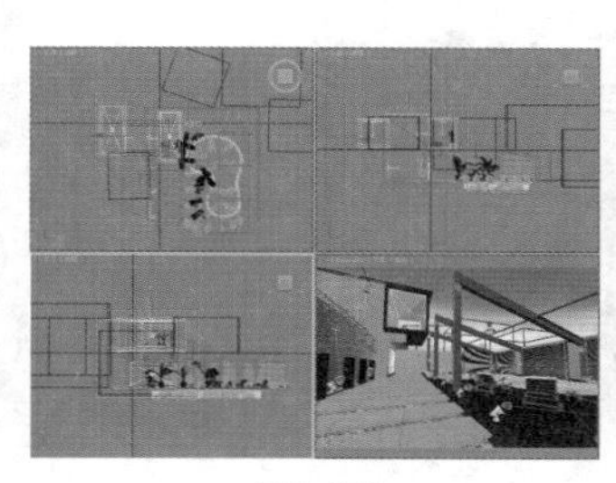

图8-573

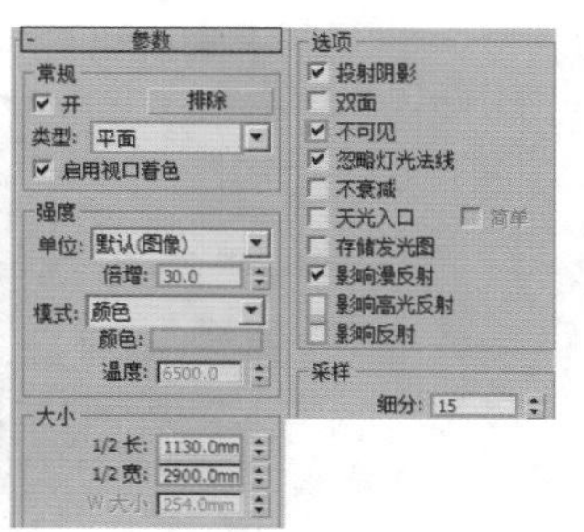


图8-574

- 设置【类型】为【平面】，【倍增】为30，【颜色】为浅黄色，【1/2长】为1130mm，【1/2宽】为2900mm，选中【不可见】复选框，取消选中【影响高光反射】和【影响反射】复选框，设置【细分】为15。

步骤03 再次创建3盏VR-灯光，根据实际情况设置灯光【倍增】、【颜色】及【大小】的数值。

步骤04 按Shift+Q组合键，快速渲染摄影机视图，其渲染效果如图8-575所示。

图8-575

### 3. 制作别墅室外的辅助光源

步骤01 在顶视图中创建3盏VR-灯光，分别拖曳到吊灯的灯罩中，如图8-576所示。

步骤02 选择步骤01中创建的VR-灯光，在【修改】面板中调节具体的参数，如图8-577所示。

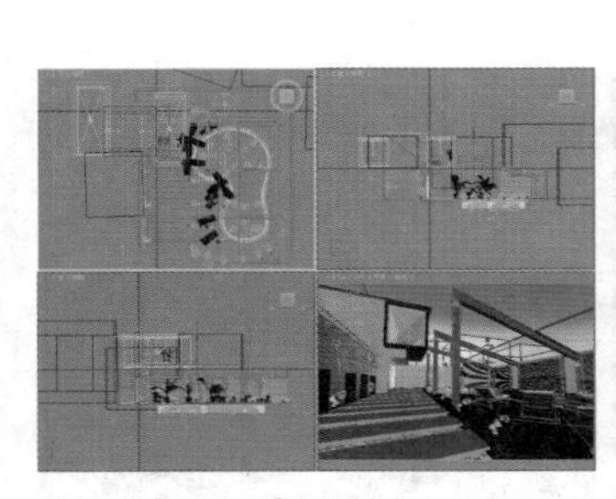

图8-576

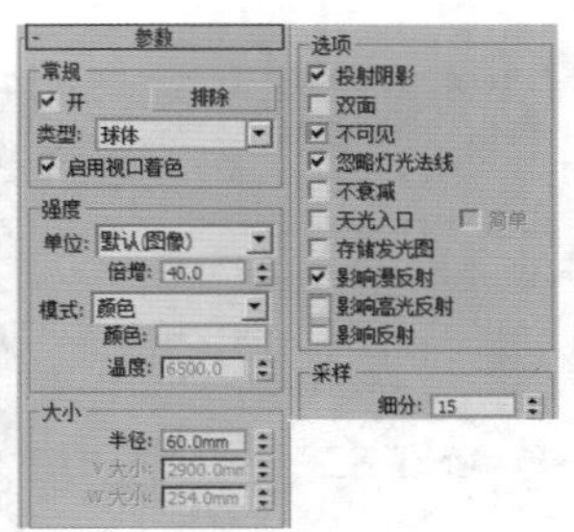


图8-577

- 设置【类型】为【球体】，【倍增】为40，【颜色】为浅黄色，【半径】为60mm，选中【不可见】复选框，取消选中【影响高光反射】和【影响反射】复选框，设置【细分】为15。

步骤03 继续在顶视图中创建6盏VR-灯光，将其分别拖曳到游泳池周围的小灯罩中，位置如图8-578所示。

步骤04 选择步骤03中创建的VR-灯光，在【修改】面板中设置具体的参数，如图8-579所示。

- 设置【类型】为【球体】，【倍增】为30，【颜色】为浅黄色，【半径】为100mm，选中【不可见】复选框，取消选中【影响高光反射】和【影响反射】复选框，设置【细分】为15。

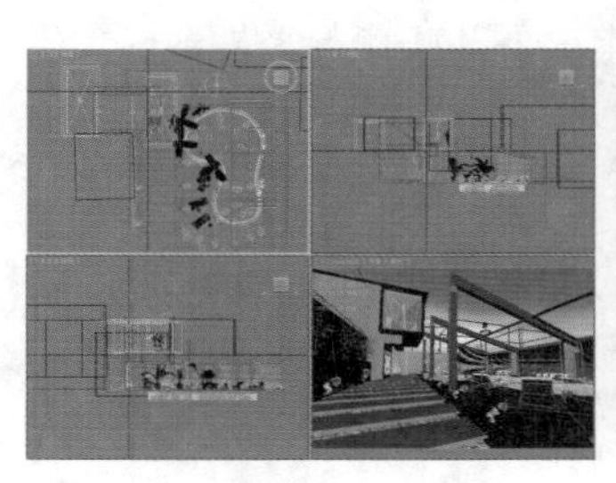

图8-578

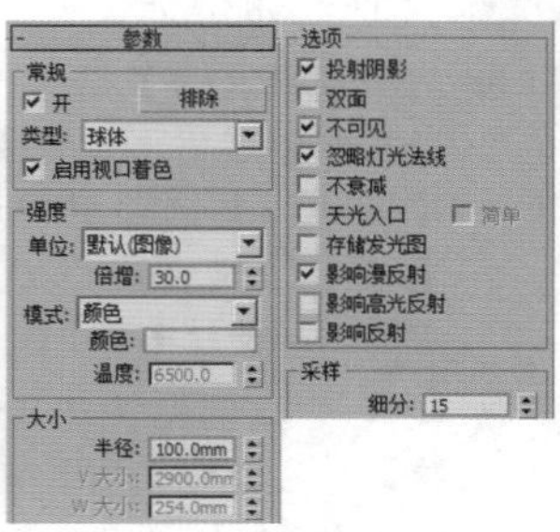


图8-579

步骤05 继续在顶视图中创建VR-灯光，放置位置如图8-580所示。然后选择步骤04中创建的VR-灯光，并在【修改】面板中调节其具体参数，如图8-581所示。

- 设置【类型】为【穹顶】，【倍增】为2，【颜色】为蓝色，选中【不可见】复选框，取消选中【影响高光反射】和【影响反射】复选框，设置【细分】为15。

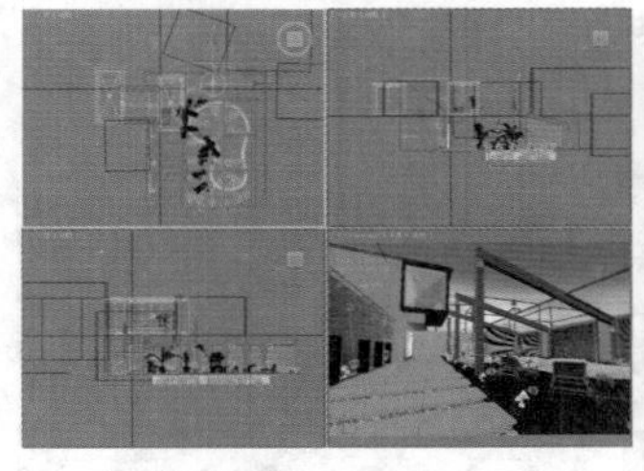

图8-580

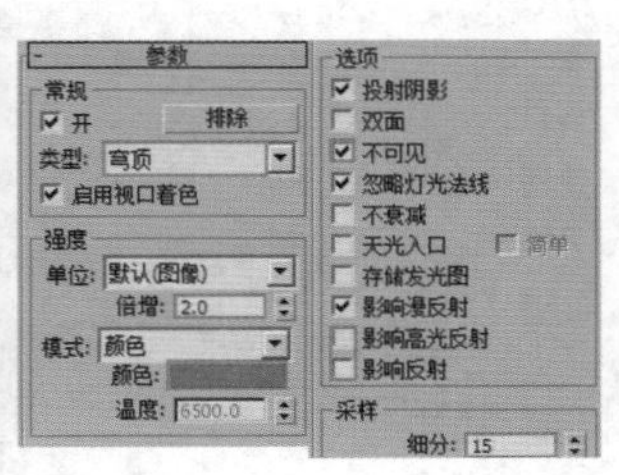


图8-581

步骤06 按Shift+Q组合键，快速渲染摄影机视图，其渲染效果如图8-582所示。

图8-582

从目前的效果来看，大致需要的效果已经出现，在后期处理时只需要把夜晚的灯光效果更好地凸显出来即可。整个场景中的灯光就设置完成了，下面需要做的就是精细调整灯光细分参数及渲染参数，从而进行最终的渲染。

## Part 5　设置成图渲染参数

经过了前面的操作，已经将大量烦琐的工作做完了，下面需要做的就是把渲染的参数设置高一些，再进行渲染输出。

**步骤01** 按F10键，在打开的【渲染设置】窗口中进行参数设置，如图8-583所示。

- 选择【V-Ray】选项卡，展开【图形采样器（反锯齿）】卷展栏，设置【类型】为【自适应】，接着在【过滤器】选项组中选中【开启】复选框，并选择【Mitchell-Netravali】选项，展开【自适应图像采样器】卷展栏，设置【最小细分】为1，【最大细分】为4。
- 展开【颜色贴图】卷展栏，设置【类型】为【指数】，【变亮倍增】为0.9，然后选中【子像素贴图】和【钳制输出】复选框。

**步骤02** 选择【GI】选项卡，并进行调节，具体的调节参数如图8-584所示。

- 展开【发光图】卷展栏，设置【当前预设】为【低】，【细分】为50，【插值采样】为30，展开【灯光缓存】卷展栏，设置【细分】为1000，取消选中【存储直接光】复选框。

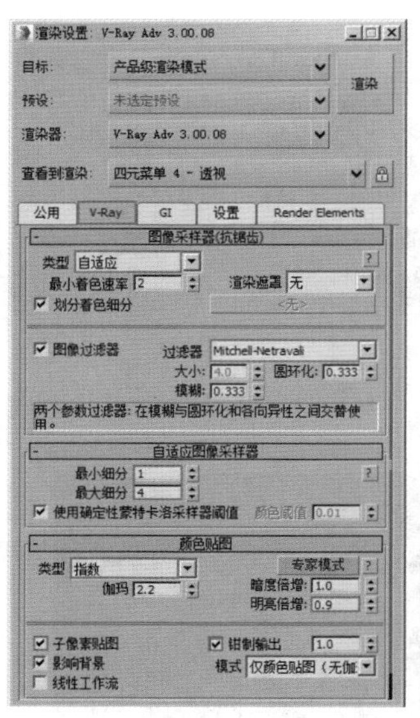


图8-583

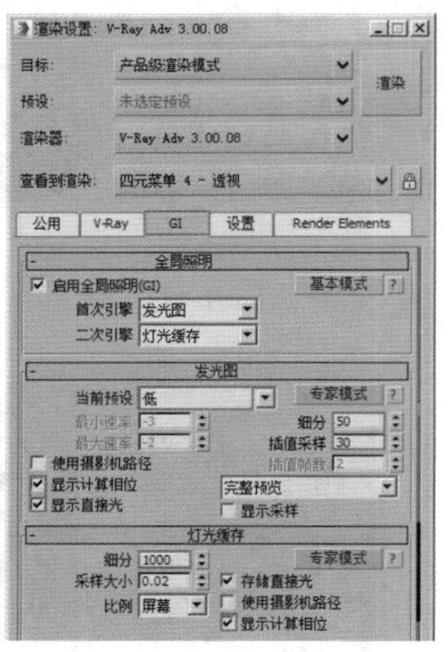


图8-584

**步骤03** 选择【设置】选项卡，并进行调节，具体的调节参数如图8-585所示。

- 展开【系统】卷展栏，设置【区域排序】为【上->下】，取消选中【显示窗口】复选框。

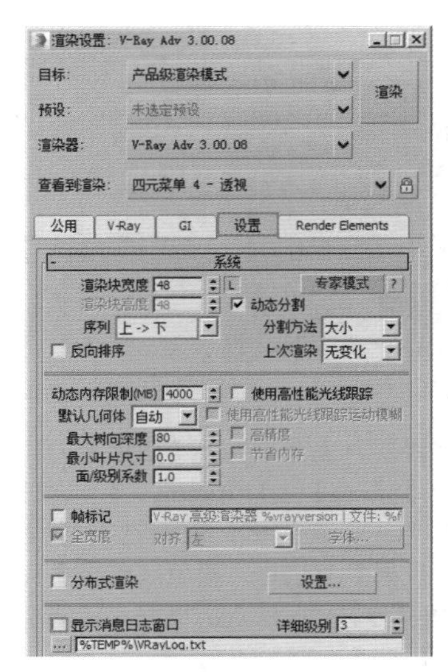


图8-585

**步骤04** 选择【Render Elements】选项卡，单击【添加】按钮，并在弹出的【渲染元素】面板中选择【VRayWireColor】选项，如图8-586所示。

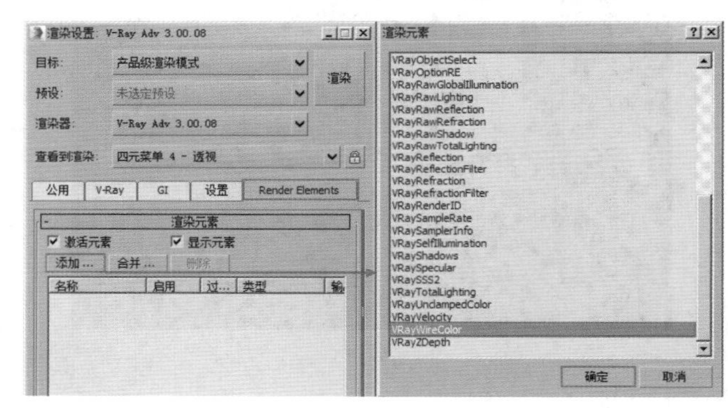


图8-586

**步骤05** 选择【公用】选项卡，展开【公用参数】卷展栏，设置输出的尺寸为1500×1000，如图8-587所示。

**步骤06** 等待一段时间后即可渲染完成，最终的效果如图8-588所示。

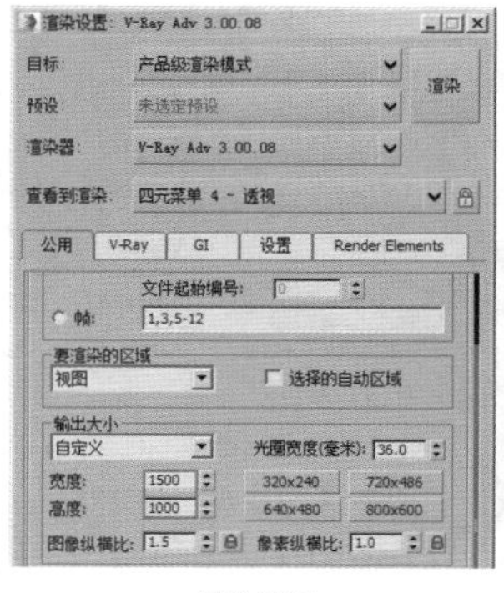


图8-587

图8-588

## 技术专题——分层渲染的高级技巧

在使用3ds Max的过程中，时常会遇到改图时更换材质，或者在原有的基础上加个模型，或单独调节某类物体，或为图像添加合适的景深效果。如果为了修改一点点问题而重新渲染整个图像，就会花费太多时间做无用功，但掌握合理的分层渲染技巧后，这些问题就将变得非常容易解决。下面开始讲解如何进行分层渲染。

(1) 单独渲染和调节某些物体。选择除躺椅模型外的所有模型，并单击鼠标右键，在弹出的快捷菜单中选择V-Ray属性，然后在弹出的对话框中选中【无光对象】复选框，设置【Alpha基值】为-1，选中【阴影】复选框，最后选中【影响Alpha】复选框，如图8-589所示。

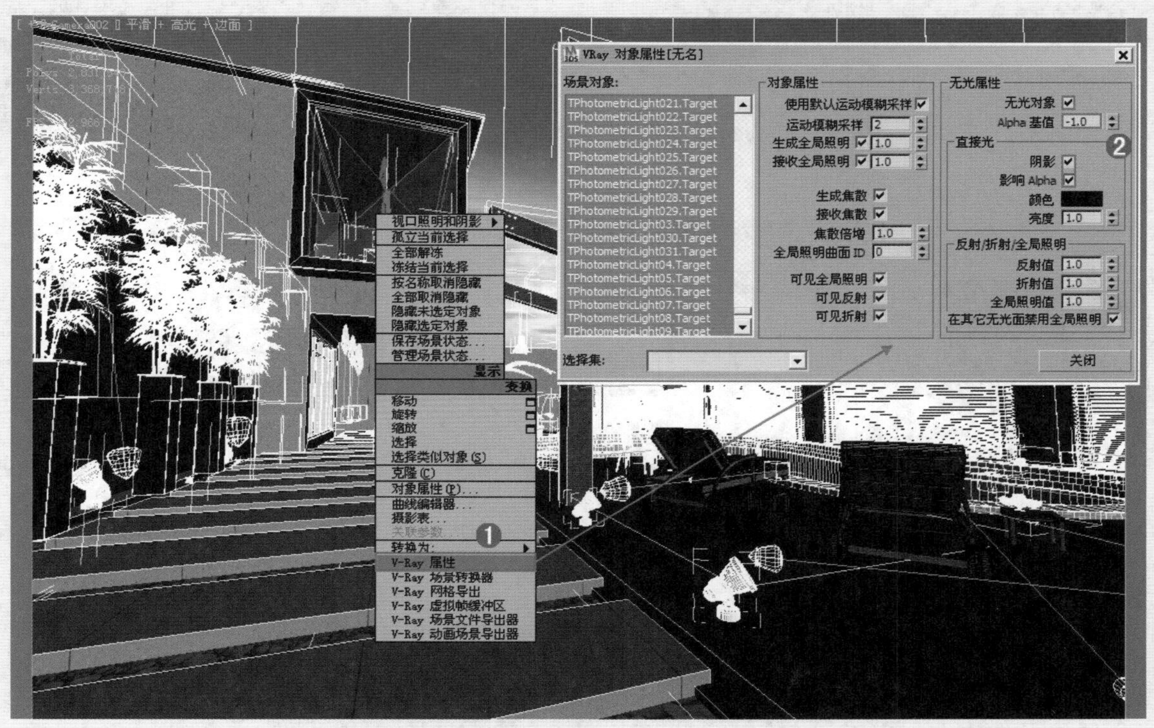


图8-589

单击渲染查看此时的渲染效果，会发现此时只有躺椅模型渲染是正常的效果，如图8-590所示。而且此时会看到图像的通道图像中只有躺椅为纯白色，如图8-591所示。这样就可以利用渲染出的这些图像在Photoshop等后期软件中进行处理，如图8-592所示。

图8-590

图8-591

图8-592

(2) 单独调节某类物体。在【Render Elements】选项卡中单击【添加】按钮，然后单击【VRayWireColor】，如图8-593所示。此时在渲染时会出现一张彩色的图像，如图8-594所示。利用这张彩色图像，在Photoshop后期处理时可以使用【魔棒工具】单独选择某一个颜色的区域，如图8-595所示。此时就可以随意地对该部分进行调整，如图8-596所示。

图8-593

图8-594

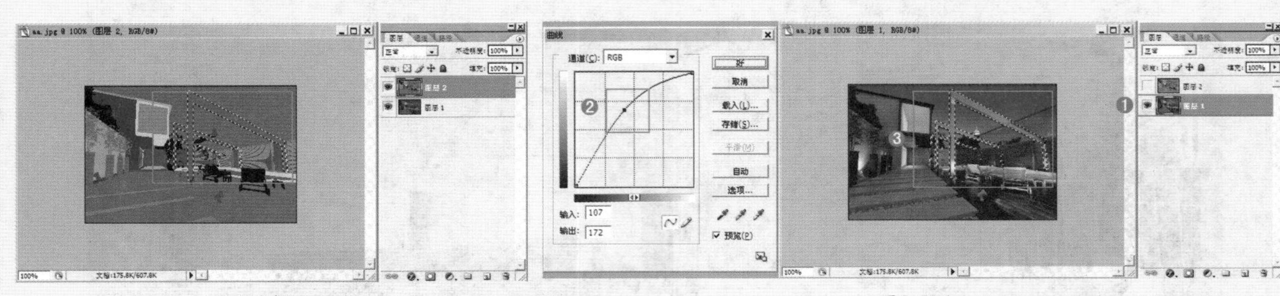

图8-595　　图8-596

（3）渲染VR_ Z深度，制作景深效果。在【Render Elements（渲染元素）】选项卡中单击【添加】按钮，然后选择【VRayZDepth】选项，如图8-597所示。

需要根据实际情况设置【Z深度最小】和【Z深度最大】的数值，如图8-598所示。

图8-597

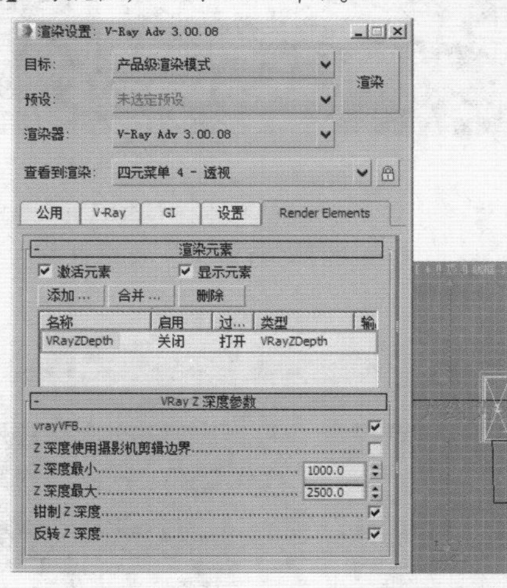

图8-598

在渲染时会出现一张黑白灰色的图像，如图8-599所示。

利用这张灰色图像，可以在Photoshop后期处理时，在通道面板中载入选区（按住Ctrl键并单击除了RGB通道外的任意一个通道），如图8-600所示。

选择【图层】选项卡，并取消显示【图层3】，然后单击【图层1】，如图8-601所示。接着单击鼠标右键，在弹出的快捷菜单中选择【选择反选】命令，如图8-602所示。

图8-599

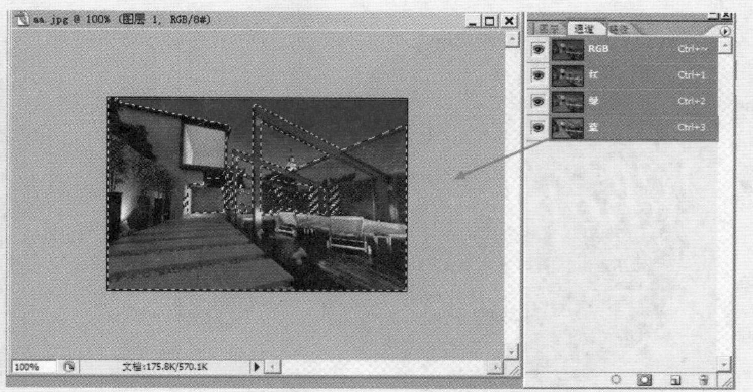


图8-600

图8-601

图8-602

选择【滤镜】|【模糊】|【高斯模糊】命令，会发现图像中远处的部分已经出现了明显的景深模糊效果，如图8-603所示。此时的效果如图8-604所示。

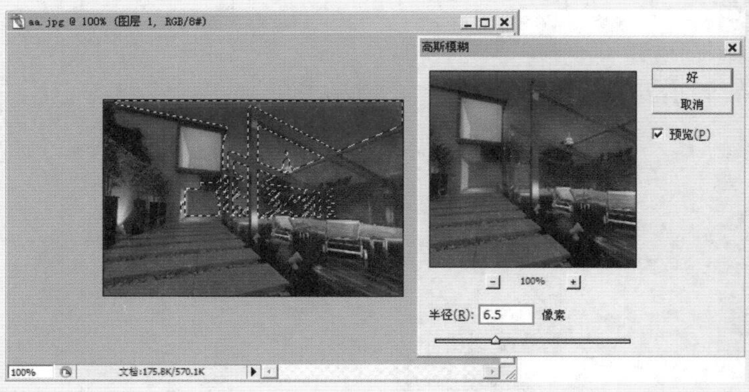


图8-603

图8-604

# 环境与特效

在现实世界中，所有物体都不是孤立存在的，环境对场景的氛围起到了至关重要的作用，环境可以将物体与物体之间很好地连接起来，人们身边最常见的环境有闪电、大风、沙尘、雾、光束等。在3ds Max 2016中，可以为场景添加雾、火、体积雾、体积光等环境特效。

## 本章学习要点：

- 掌握环境系统的应用
- 掌握效果系统的应用

# 9.1 环境

在现实世界中，所有物体都不是孤立存在的，环境对场景的氛围起到了至关重要的作用，环境可以将物体与物体之间很好地连接起来，人们身边最常见的环境有闪电、大风、沙尘、雾、光束等。在3ds Max 2016中，可以为场景添加雾、火、体积雾、体积光等环境特效，效果如图9-1所示。

图9-1

## 9.1.1 公用参数

在【环境和效果】对话框中可以设置【背景】和【全局照明】，如图9-2所示。

打开【环境和效果】对话框的方法主要有以下3种。

第1种：执行【渲染】|【环境】命令，如图9-3所示。

第2种：执行【渲染】|【效果】命令，如图9-4所示。

第3种：按下数字键8，如图9-5所示。

### 1. 背景

- 颜色：设置环境的背景颜色。
- 环境贴图：在其贴图通道中加载一张环境贴图来作为背景。
- 使用贴图：使用一张贴图作为背景。

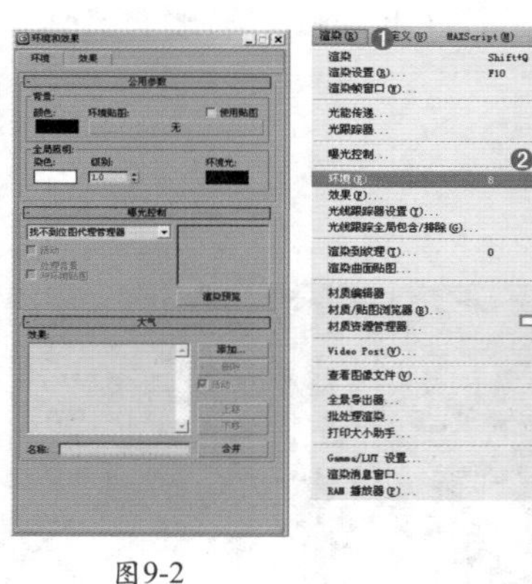

图9-2

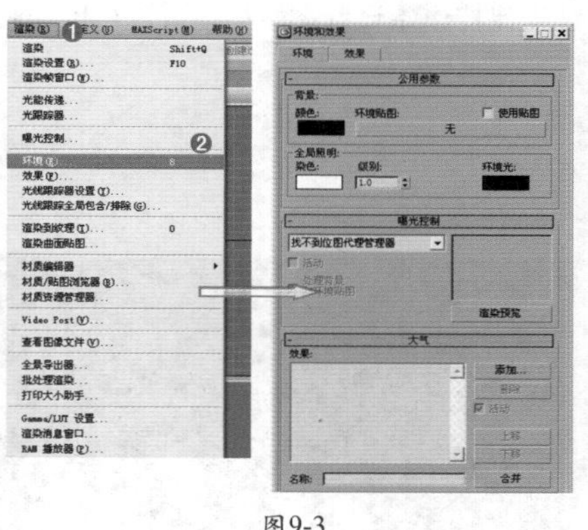

图9-3

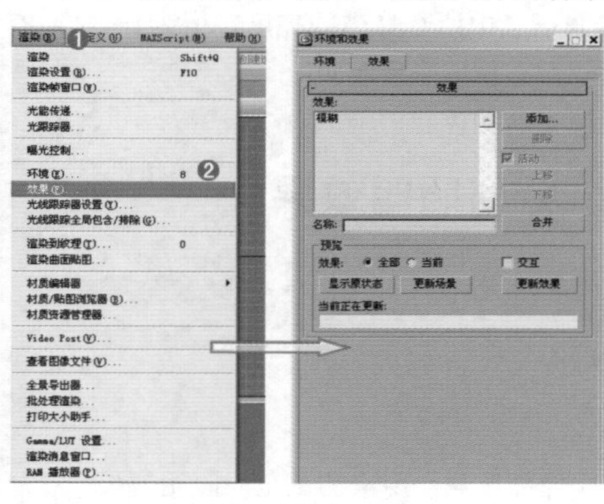

图9-4

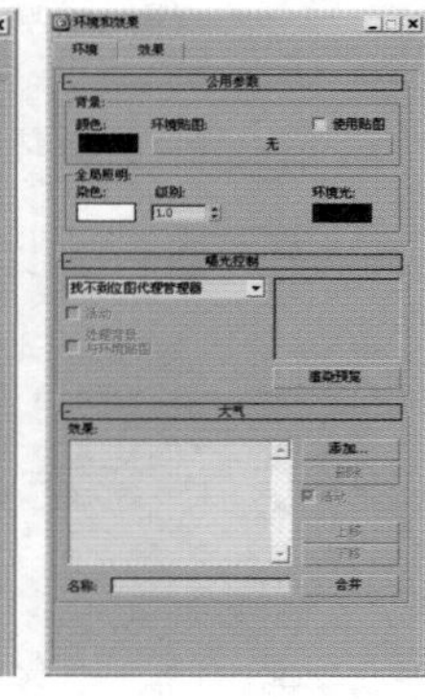

图9-5

## 小实例：为背景加载贴图

| | |
|---|---|
| 场景文件 | 01.max |
| 案例文件 | 小实例：为背景加载贴图.max |
| 视频教学 | 多媒体教学/Chapter09/小实例：为背景加载贴图.flv |
| 难易指数 | ★★☆☆☆ |
| 技术掌握 | 掌握设置环境贴图的功能 |

### 实例介绍

本实例是一个休息室场景，主要讲解为背景加载贴图的方法，最终效果如图9-6所示。

图9-6

### 操作步骤

步骤01 打开本书配套光盘中的【场景文件/Chapter09/01.max】文件，如图9-7所示。

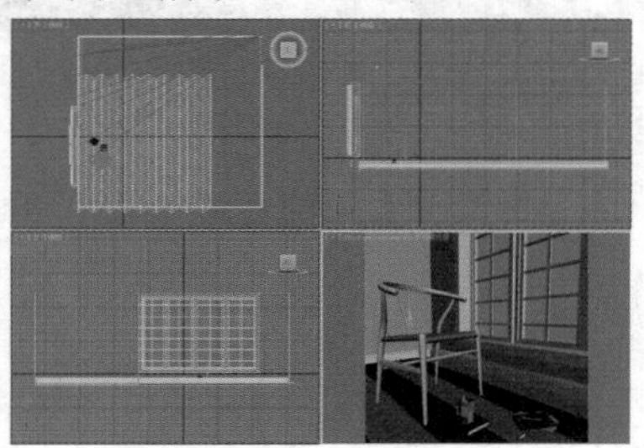

图9-7

**步骤02** 按数字键8，打开【环境和效果】对话框，单击【环境贴图】卷展栏中的【无】按钮，在打开的【材质/贴图浏览器】面板中选择【位图】选项，最后单击【确定】按钮，如图9-8所示。

**步骤03** 在【选择位图图像文件】对话框中选择加载一个本书配套光盘中的【案例文件/Chapter09/小实例——为背景加载贴图/背景贴图.jpg文件】，然后单击【打开】按钮，如图9-9所示。此时可发现在【环境和效果】对话框的环境贴图通道上显示出刚才加载的图像名称，如图9-10所示。

**步骤04** 按F9键渲染当前场景，渲染效果如图9-11所示。

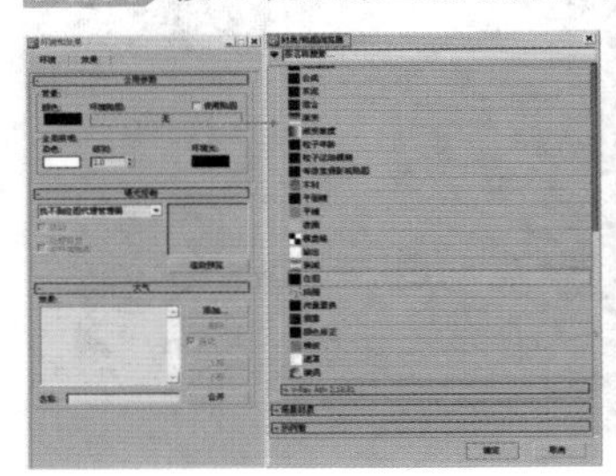

图9-8

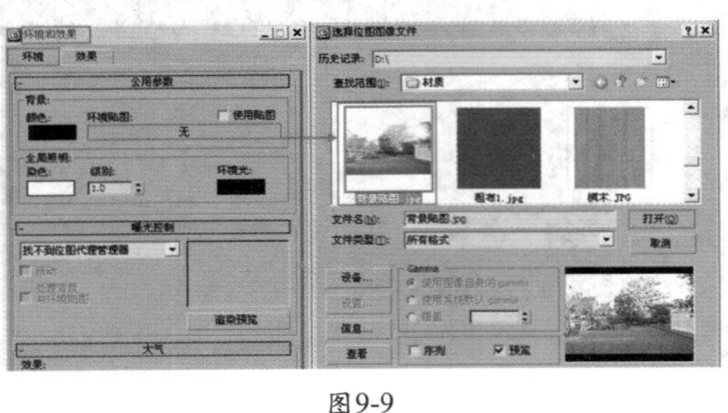

图9-9

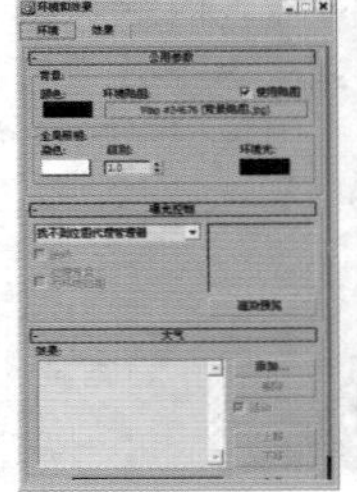

图9-10

图9-11

**技巧提示**

将其渲染出来后在后期软件（Photoshop）中进行合成，也能得到同样的效果。

### 2．全局照明

- 染色：如果该颜色不是白色，那么场景中的所有灯光（环境光除外）都将被染色。
- 级别：增强或减弱场景中所有灯光的亮度。值为1时，所有灯光保持原始设置；增加该值，可以加强场景的整体照明；减小该值，可以减弱场景的整体照明。
- 环境光：设置环境光的颜色。

## 小实例：测试全局照明效果

| | |
|---|---|
| 场景文件 | 02.max |
| 案例文件 | 小实例：测试全局照明效果.max |
| 视频教学 | 多媒体教学/Chapter09/小实例：测试全局照明效果.flv |
| 难易指数 | ★★☆☆☆ |
| 技术掌握 | 掌握全局照明功能 |

### 实例介绍

本实例是一个客厅局部场景，用来测试全局照明效果，最终效果如图9-12所示。

图9-12

### 操作步骤

**步骤01** 打开本书配套光盘中的【场景文件/Chapter09/02.max】文件，如图9-13所示。

**步骤02** 按数字键8，打开【环境和效果】对话框，选择【环境】选项卡，并设置【全局照明】的【染色】为【白色】，【级别】为1，如图9-14所示。

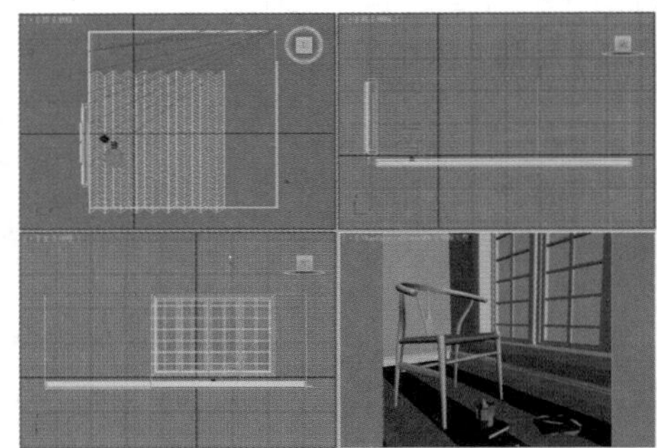

图9-13

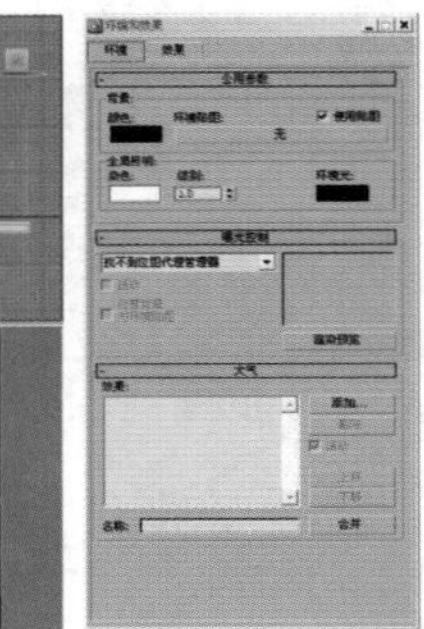

图9-14

**步骤03** 按F9键渲染当前场景，效果如图9-15所示。

图9-15

**步骤04** 按数字键8，打开【环境和效果】对话框，设置【全局照明】选项组中的【染色】为【蓝色】，【级别】为4，如图9-16所示。

**步骤05** 按F9键渲染当前场景，效果如图9-17所示。

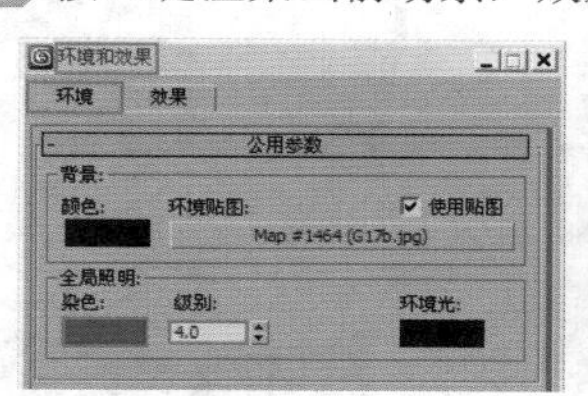


图9-16

图9-17

**步骤06** 按数字键8，打开【环境和效果】对话框，设置【全局照明】选项组中的【染色】为【橙色】，【级别】为3，如图9-18所示。

**步骤07** 按F9键渲染当前场景，效果如图9-19所示。

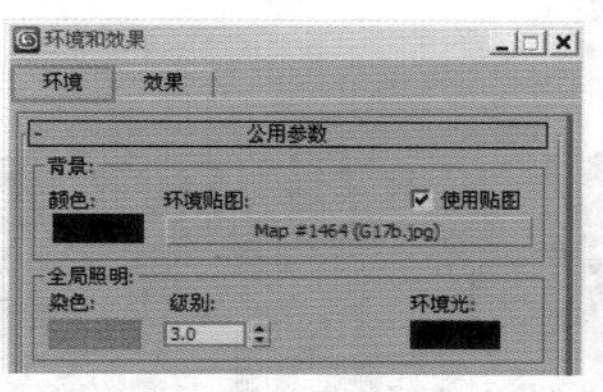


图9-18

图9-19

**步骤08** 将渲染的图像合成，以方便对比，最终效果如图9-20所示。

图9-20

**技巧提示**

从上面渲染效果的对比中可以观察到，当改变【染色】选项的颜色时，场景中的物体会受到颜色的影响而发生变化；当增大【级别】选项的数值时，物体会变亮，当减小【级别】选项的数值时，物体会变暗。

## 9.1.2 曝光控制

展开【曝光控制】卷展栏，可以观察到3ds Max 2016的曝光控制类型共有6种，如图9-21所示。

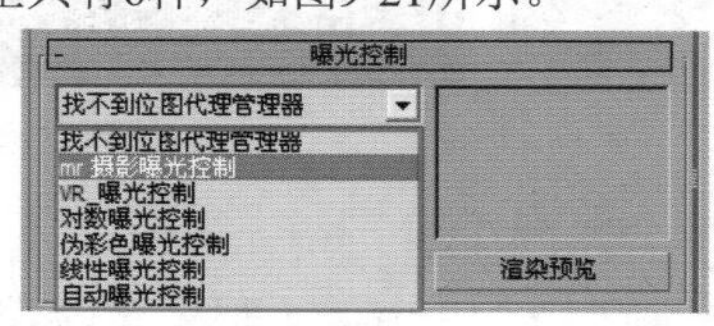


图9-21

- **mr摄影曝光控制**：可以提供像摄影机一样的控制，包括快门速度、光圈和胶片速度以及对高光、中间调和阴影的图像控制。
- **VR_曝光控制**：用来控制VRay的曝光效果，可调节曝光值、快门速度、光圈等数值。
- **对数曝光控制**：用于亮度、对比度以及在有天光照明的室外场景中。【对数曝光控制】类型适用于【动态阈值】非常高的场景。
- **伪彩色曝光控制**：实际上是一个照明分析工具，可以将亮度映射为显示转换的值的亮度的伪彩色。
- **线性曝光控制**：可以从渲染中进行采样，并且可以使用场景的平均亮度来将物理值映射为RGB值。【线性曝光控制】最适合用在动态范围很低的场景中。
- **自动曝光控制**：可以从渲染图像中进行采样，并生成一个直方图，以便在渲染的整个动态范围中提供良好的颜色分离。

### 1. 自动曝光控制

在【曝光控制】卷展栏中设置曝光控制类型为【自动曝光控制】，其参数设置面板如图9-22所示。

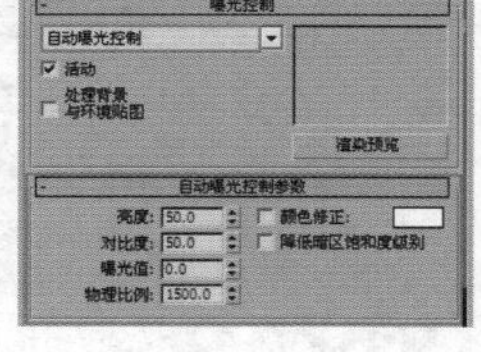


图9-22

- **活动**：控制是否在渲染中开启曝光控制。
- **处理背景与环境贴图**：启用该选项后，场景背景贴图和场景环境贴图将受曝光控制的影响。
- **【渲染预览】按钮**：单击该按钮可以预览要渲染的缩略图。
- **亮度**：调整转换颜色的亮度，范围为0～200，默认值为50。
- **对比度**：调整转换颜色的对比度，范围为0~100，默认值为50。
- **曝光值**：调整渲染的总体亮度，范围为－5～5。负值可以使图像变暗；正值可使图像变亮。
- **物理比例**：设置曝光控制的物理比例，主要用在非物理灯光中。
- **颜色修正**：选中该复选框后，会改变所有颜色，使色样中的颜色显示为白色。
- **降低暗区饱和度级别**：选中该复选框后，渲染出来的颜色会变暗。

## 小实例：测试自动曝光控制效果

| 场景文件 | 03.max |
|---|---|
| 案例文件 | 小实例：测试自动曝光控制效果.max |
| 视频教学 | 多媒体教学/Chapter 09/小实例：测试自动曝光控制效果.flv |
| 难易指数 | ★★★☆☆ |
| 技术掌握 | 掌握自动曝光控制功能 |

### 实例介绍

本实例是一个沙发场景，主要讲解自动曝光控制效果，最终渲染效果如图9-23所示。

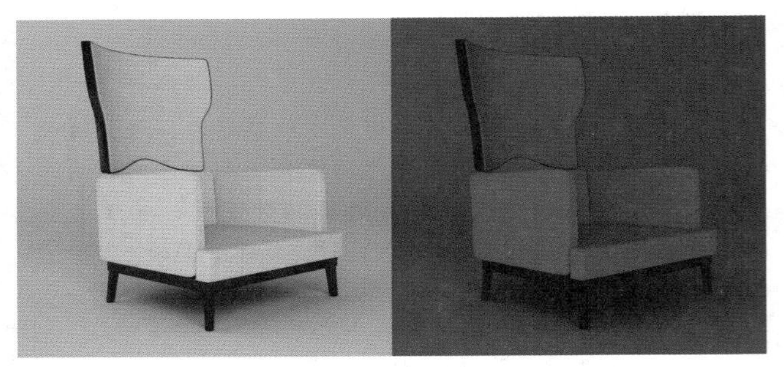

图9-23

### 操作步骤

步骤01 打开本书配套光盘中的【场景文件/Chapter09/03.max】文件，此时的场景效果如图9-24所示。

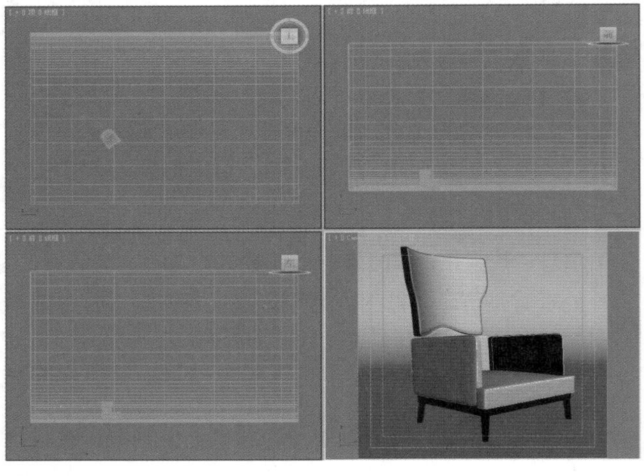

图9-24

步骤02 按数字键8，打开【环境和效果】对话框，保持【曝光控制】为默认设置，如图9-25所示。按F9键渲染当前场景，渲染效果如图9-26所示。

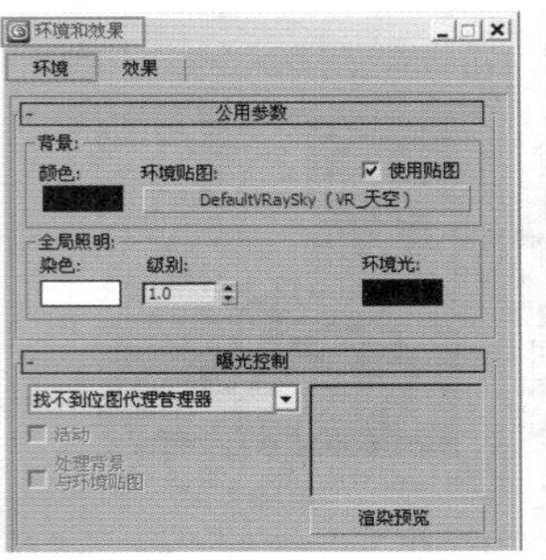


图9-25

图9-26

步骤03 按数字键8，打开【环境和效果】对话框，设置【曝光控制】类型为【自动曝光控制】，并设置【亮度】为60，【对比度】为56，如图9-27所示。

步骤04 此时的渲染效果如图9-28所示。

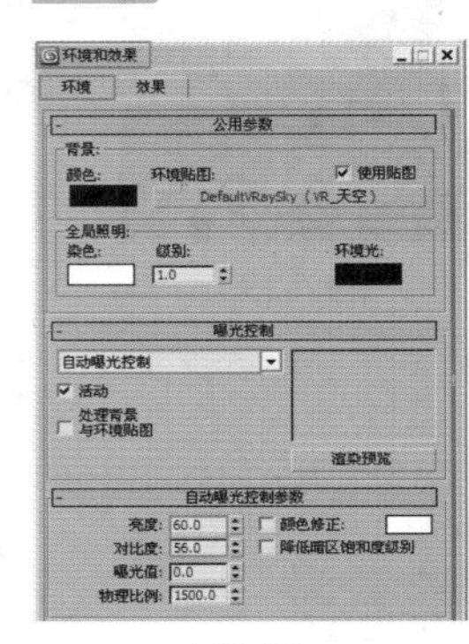


图9-27

图9-28

### 2. 对数曝光控制

在【曝光控制】卷展栏中设置曝光控制类型为【对数曝光控制】，其参数设置面板如图9-29所示。

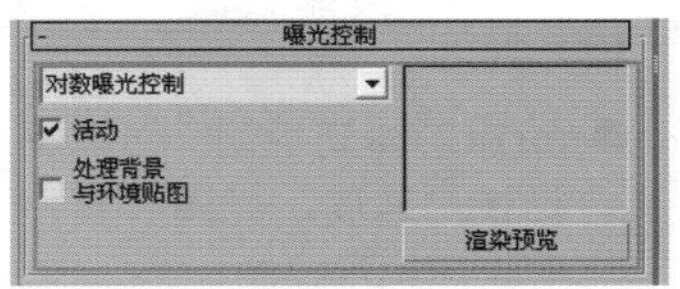


图9-29

**技巧提示**

【对数曝光控制】的参数与【自动曝光控制】的参数完全一致，这里不再赘述。

## 小实例：测试对数曝光控制效果

| 场景文件 | 04.max |
|---|---|
| 案例文件 | 小实例：测试对数曝光控制效果.max |
| 视频教学 | 多媒体教学/Chapter 09/小实例：测试对数曝光控制效果.flv |
| 难易指数 | ★★☆☆☆ |
| 技术掌握 | 掌握对数曝光控制功能 |

### 实例介绍

本实例是一个单人沙发场景，主要讲解对数曝光控制的功能，最终渲染效果如图9-30所示。

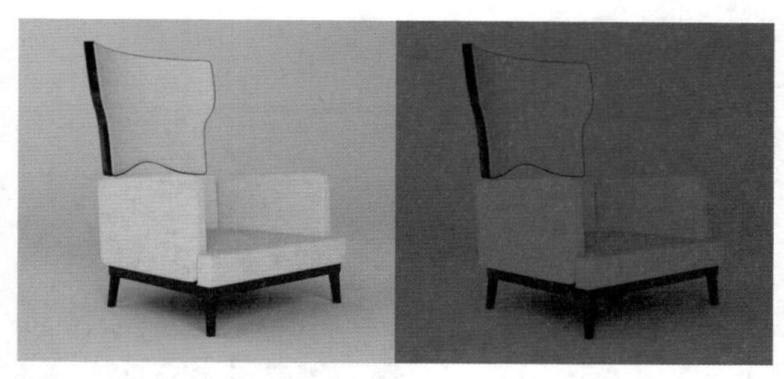

图9-30

## 操作步骤

**步骤01** 打开本书配套光盘中的【场景文件/Chapter09/04.max】文件，此时的场景效果如图9-31所示。

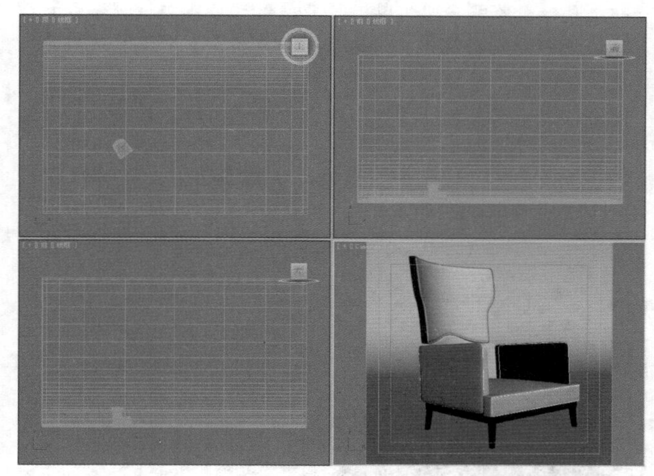

图9-31

**步骤02** 按数字键8，打开【环境和效果】对话框，保持【曝光控制】为默认设置，如图9-32所示。按F9键渲染当前场景，渲染效果如图9-33所示。

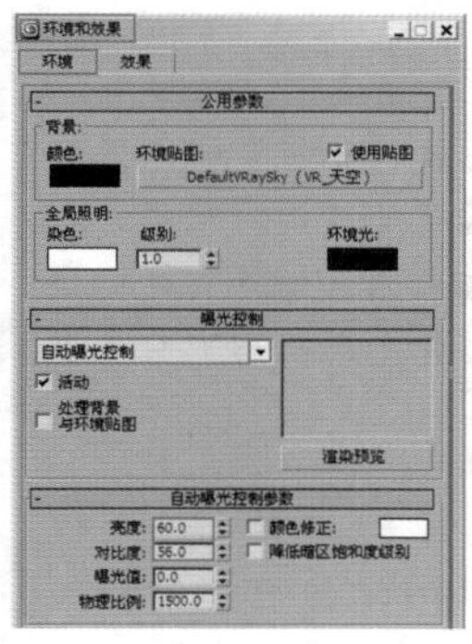


图9-32

图9-33

**步骤03** 按数字键8，打开【环境和效果】对话框，设置【曝光控制】类型为【对数曝光控制】，并设置【亮度】为35，【对比度】为50，选中【颜色修正】复选框，并调节为浅蓝色（红：122，绿：135，蓝：193），如图9-34所示。按F9键渲染当前场景，渲染效果如图9-35所示。

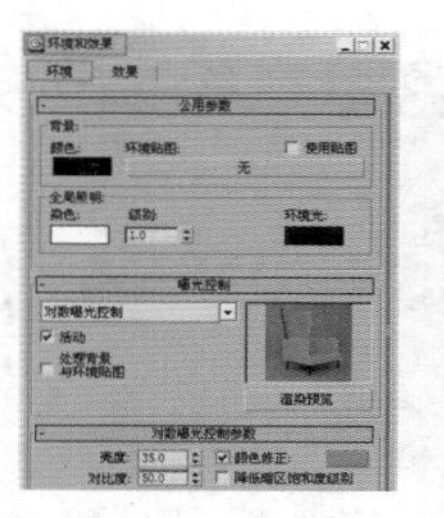

图9-34

图9-35

**步骤04** 使用对数曝光方式的前后对比效果如图9-36所示。

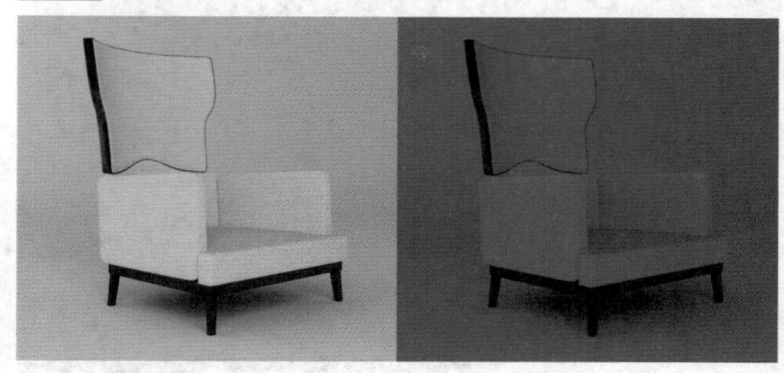

图9-36

> **技巧提示**
>
> 从图9-36中可以观察到，【对数曝光控制】可以使渲染图像的对比相对柔和，不会出现严重的曝光现象。

### 3. 伪彩色曝光控制

在【曝光控制】卷展栏中设置曝光控制类型为【伪彩色曝光控制】，其参数设置面板如图9-37所示。

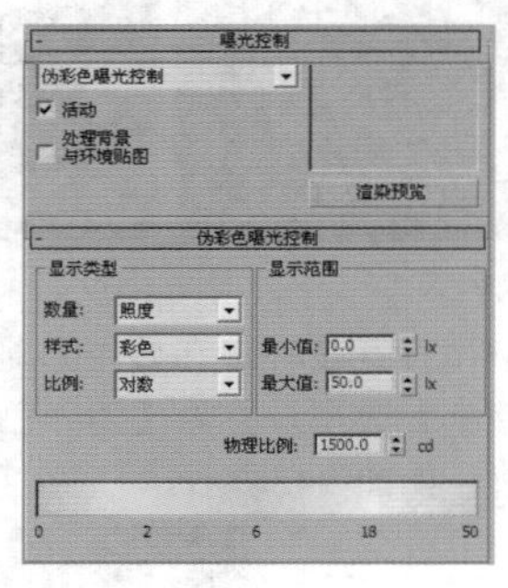


图9-37

- **数量**：设置所测量的值。
- **样式**：选择显示值的方式。
- **比例**：选择用于映射值的方法。
- **最小值**：设置在渲染中要测量和表示的最小值。
- **最大值**：设置在渲染中要测量和表示的最大值。
- **物理比例**：设置曝光控制的物理比例，主要用于非物理灯光。
- **光谱条**：显示光谱与强度的映射关系。

## 小实例：测试伪彩色曝光控制效果

| 场景文件 | 05.max |
|---|---|
| 案例文件 | 小实例：测试伪彩色曝光控制效果.max |
| 视频教学 | 多媒体教学/Chapter 09/小实例：测试伪彩色曝光控制效果.flv |
| 难易指数 | ★★☆☆☆ |
| 技术掌握 | 掌握伪彩色曝光控制功能 |

### 实例介绍

本实例是一个沙发座椅场景，主要测试伪彩色曝光控制的效果，最后的效果如图9-38所示。

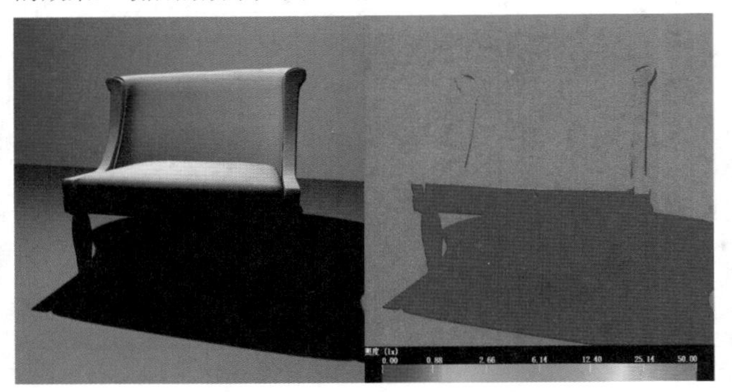

图9-38

### 操作步骤

步骤01 打开本书配套光盘中的【场景文件/Chapter09/05.max】文件，此时的场景效果如图9-39所示。

步骤02 按F9键渲染当前场景，效果如图9-40所示。

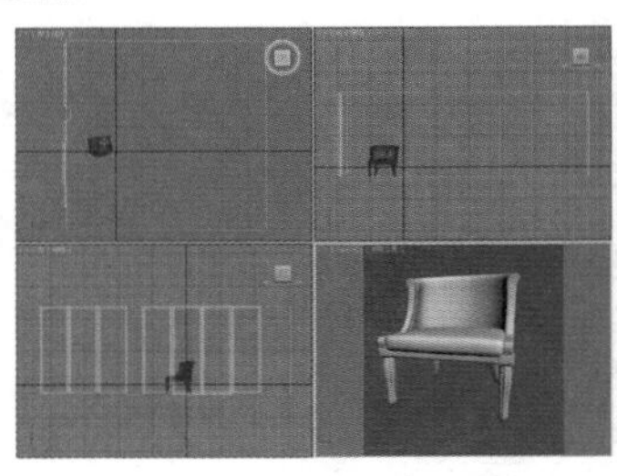

图9-39　　图9-40

步骤03 按数字键8，打开【环境和效果】对话框，如图9-41所示。将【曝光控制】类型设置为【伪彩色曝光控制】，其参数保持默认设置，如图9-42所示。

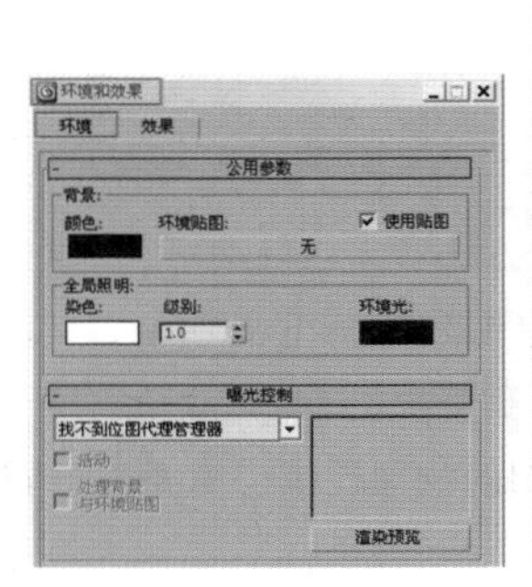


图9-41　　图9-42

步骤04 按F9键渲染当前场景，效果如图9-43所示。

图9-43

#### 技巧提示

【伪彩色曝光控制】不可以用来渲染真实效果，它实际上是一个照明分析工具，可以通过颜色直观地观察和计算场景中的照明级别。【伪彩色曝光控制】将亮度或照度值映射为显示转换的值的亮度的伪彩色。从最暗到最亮，渲染依次显示蓝色、青色、绿色、黄色、橙色和红色。

步骤05 将【曝光控制】设置为默认和【伪彩色曝光控制】的对比效果如图9-44所示。

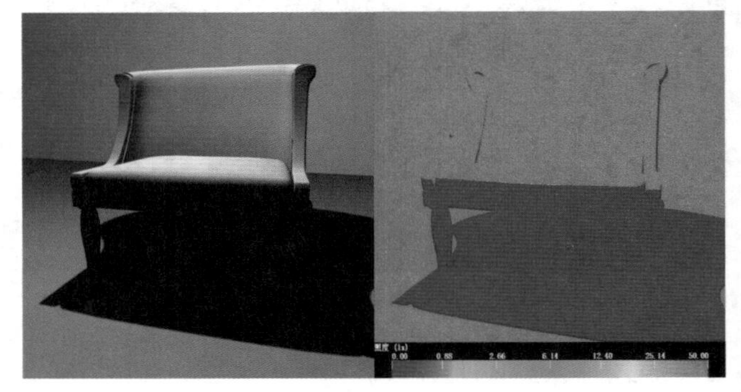

图9-44

#### 技巧提示

从图9-44中可以看出，其渲染效果非常夸张，整个画面布满了蓝色、红色、绿色，这就是【伪彩色曝光控制】通过渲染带有这些颜色的图像来测试场景灯光的照明情况，物体受光部分为红色，而背光和阴影部分为蓝色，中间色调部分则为绿色。

### 4. 线性曝光控制

【线性曝光控制】从渲染图像中采样，使用场景的平均亮度将物理值映射为 RGB 值。【线性曝光控制】最适合动态范围很低的场景，其参数设置面板如图9-45所示。

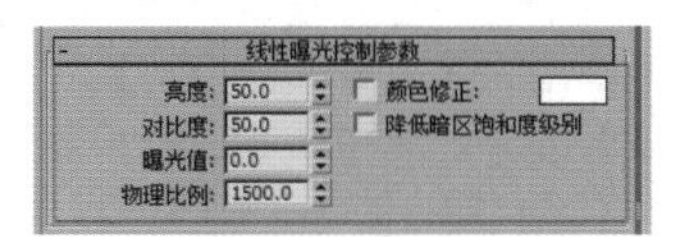


图9-45

- 亮度：调整转换的颜色的亮度。
- 对比度：调整转换的颜色的对比度。
- 曝光值：调整渲染的总体亮度。负值使图像更暗，正值使图像更亮。
- 物理比例：设置曝光控制的物理比例，用于非物理灯光。
- 【颜色修正】复选框和色样：如果选中【颜色修正】复选框，会改变所有颜色，使色样中显示的颜色为白色。默认设置为禁用状态。
- 降低暗区饱和度级别：模拟眼睛对暗淡照明的反应。在暗淡的照明下，眼睛不会感知颜色，而是看到灰色色调。

## 小实例：测试线性曝光控制效果

| 场景文件 | 06.max |
| --- | --- |
| 案例文件 | 小实例：测试线性曝光控制效果.max |
| 视频教学 | 多媒体教学/Chapter 09/小实例：测试线性曝光控制效果.flv |
| 难易指数 | ★★☆☆☆ |
| 技术掌握 | 掌握线性曝光控制功能 |

### 实例介绍

本实例是一个沙发场景，主要用来讲解线性曝光控制的应用，最终效果如图9-46所示。

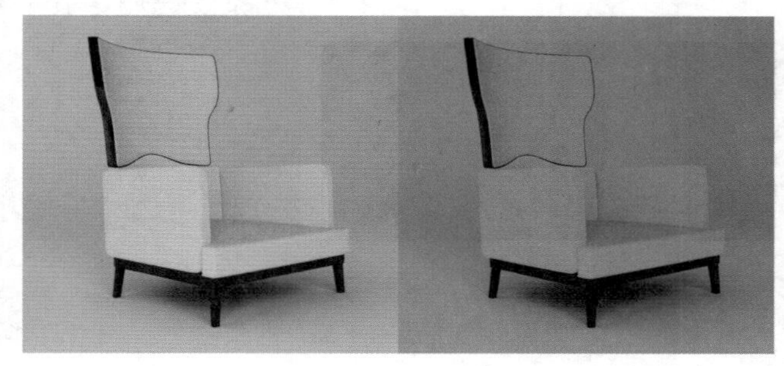

图9-46

### 操作步骤

步骤01 打开本书配套光盘中的【场景文件/Chapter09/06.max】文件，如图9-47所示。

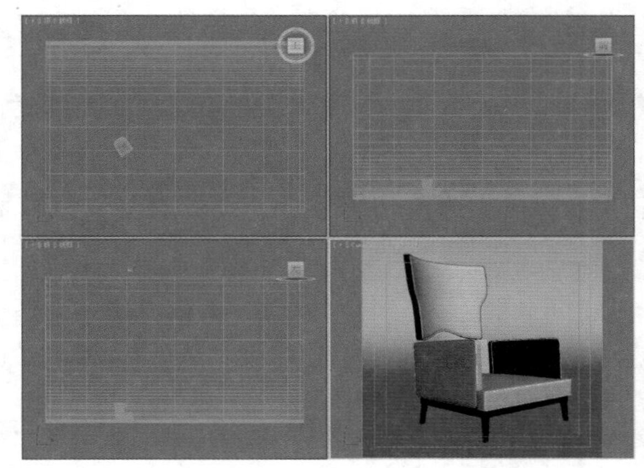

图9-47

步骤02 按数字键8，打开【环境和效果】对话框，【曝光控制】保持默认设置，如图9-48所示。按F9键渲染当前场景，渲染效果如图9-49所示。

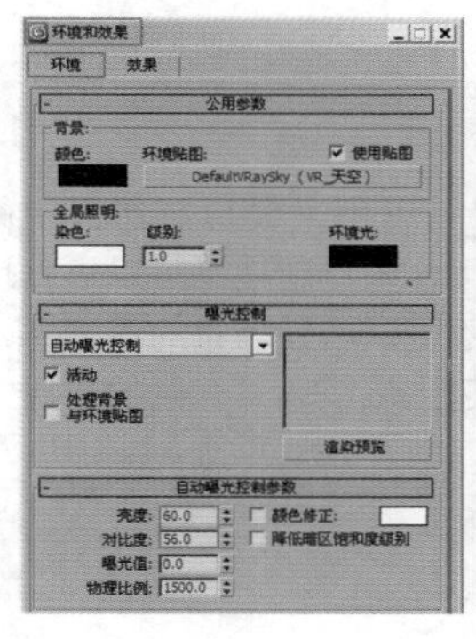

图9-48　　图9-49

步骤03 按数字键8，打开【环境和效果】对话框，然后将【曝光控制】类型设置为【线性曝光控制】，设置【亮度】为60，【对比度】为60，【物理比例】为3000，如图9-50所示。按F9键渲染当前场景，渲染效果如图9-51所示。

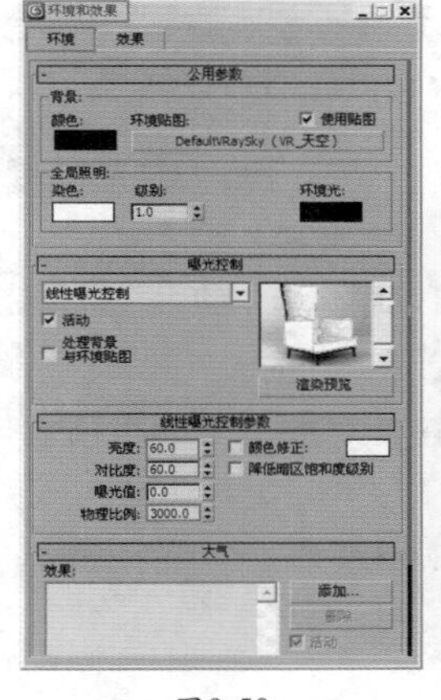

图9-50

图9-51

**技巧提示**

从图9-51中可以观察到，【线性曝光控制】可以使渲染的图片对比效果更加强烈。

步骤04 将【曝光控制】类型设置为默认和【线性曝光控制】的对比效果，如图9-52所示。

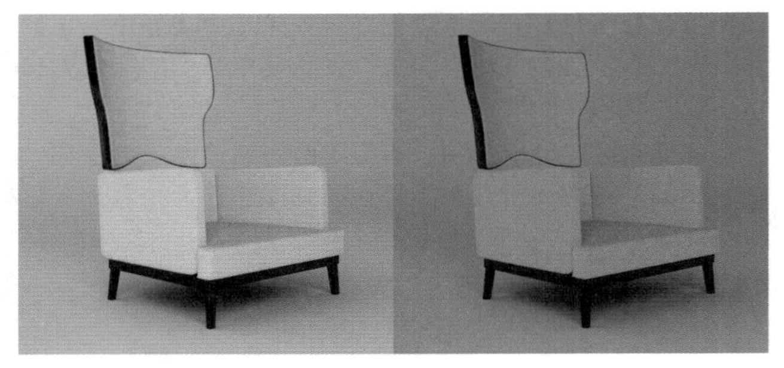

图9-52

> **技巧提示**
>
> 从图9-52所示的渲染对比效果中可以观察到，设置【线性曝光控制】后，【亮度】和【对比度】数值越高，图像的亮度和对比度就越高。

## 9.1.3 大气

3ds Max中的大气环境效果可以用来模拟自然界中的云、雾、火和体积光等效果。使用这些特殊效果可以逼真地模拟出自然界的各种气候，同时还可以增强场景的景深感，使场景显得更为广阔，有时还能起到烘托场景气氛的作用，其参数设置面板如图9-53所示。

- 效果：显示已添加的效果名称。
- 名称：为列表中的效果自定义名称。
- 【添加】按钮：单击该按钮可以打开【添加大气效果】对话框，在该对话框中可以添加大气效果，如图9-54所示。

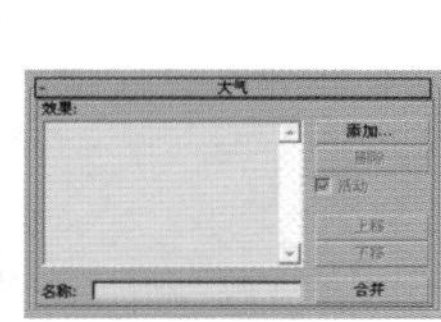

图9-53　　图9-54

- 【删除】按钮：单击该按钮可以删除选中的大气效果。
- 活动：选中该复选框后可以启用添加的大气效果。
- 【上移】按钮/【下移】按钮：更改大气效果的应用顺序。
- 【合并】按钮：合并其他3ds Max场景文件中的效果。

### 1. 火效果

使用火效果可以制作出火焰、烟雾和爆炸等效果，如图9-55所示。火效果不产生任何照明效果，若要模拟产生的灯光效果，可以使用灯光来实现，其参数设置面板如图9-56所示。

- 【拾取Gizmo】按钮：单击该按钮可以拾取场景中要产生火效果的Gizmo对象。
- 【移除Gizmo】按钮：单击该按钮可以移除列表中所选的Gizmo。移除Gizmo后，Gizmo仍在场景中，但是不再产生火效果。

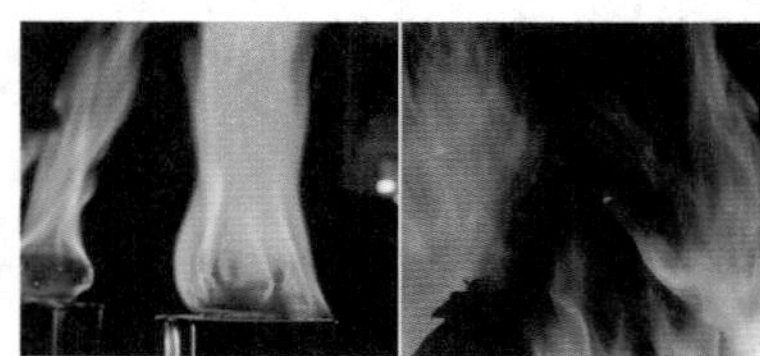

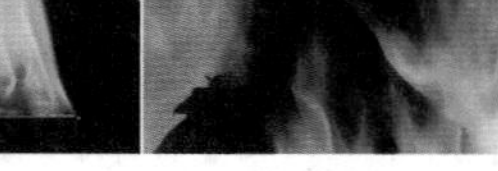

图9-55　　图9-56

- 内部颜色：设置火焰中最密集部分的颜色。
- 外部颜色：设置火焰中最稀薄部分的颜色。
- 烟雾颜色：当选中【爆炸】复选框后，该选项才被激活，主要用来设置爆炸的烟雾颜色。
- 火焰类型：共有【火舌】和【火球】两种类型。【火舌】是沿着中心使用纹理创建带方向的火焰，这种火焰类似于篝火，其方向沿着火焰装置的局部Z轴；【火球】是创建圆形的爆炸火焰。
- 拉伸：将火焰沿着装置的Z轴进行缩放，该选项最适合创建【火舌】火焰。
- 规则性：修改火焰填充装置的方式，范围为0～1。
- 火焰大小：设置装置中各个火焰的大小。装置越大，需要的火焰也越大，使用15~30范围内的值可以获得最佳的火效果。
- 火焰细节：控制每个火焰中显示的颜色更改量和边缘的尖锐度，范围为0～10。
- 密度：设置火焰效果的不透明度和亮度。
- 采样数：设置火焰效果的采样率。值越高，生成的火焰效果越细腻，但同时也会增加渲染时间。
- 相位：控制火焰效果的速率。
- 漂移：设置火焰沿着火焰装置的Z轴的渲染方式。

- 爆炸：选中该复选框后，火焰将产生爆炸效果。
- 烟雾：控制爆炸是否产生烟雾。
- 剧烈度：改变【相位】参数的涡流效果。
- 【设置爆炸】按钮：单击该按钮，打开【设置爆炸相位曲线】对话框，在该对话框中可以调整爆炸的【开始时间】和【结束时间】。

## 小实例：利用火效果制作打火机燃烧效果

| | |
|---|---|
| 场景文件 | 07.max |
| 案例文件 | 小实例：利用火效果制作打火机燃烧效果.max |
| 视频教学 | 多媒体教学/Chapter 09/小实例：利用火效果制作打火机燃烧效果.flv |
| 难易指数 | ★★★☆☆ |
| 技术掌握 | 掌握火效果功能 |

### 实例介绍

本实例是一个打火机场景，主要讲解火效果的制作，最终效果如图9-57所示。

图9-57

### 操作步骤

步骤01 打开本书配套光盘中的【场景文件/Chapter09/07.max】文件，如图9-58所示。

步骤02 在【创建】面板中单击【辅助对象】按钮，设置【辅助对象类型】为【大气装置】，接着单击【球体Gizmo】按钮，如图9-59所示。

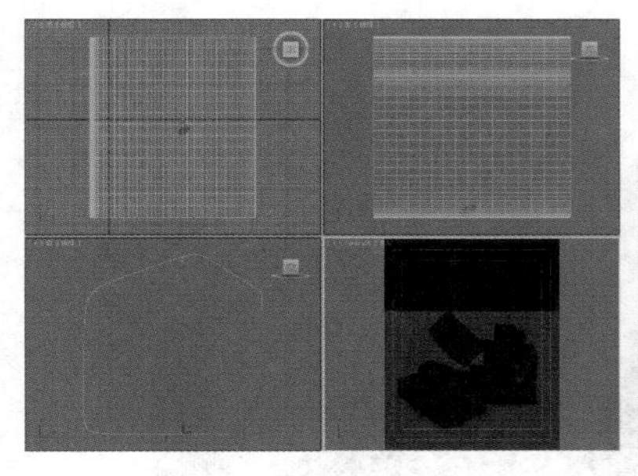

图9-58　　图9-59

步骤03 在视图中拖曳并创建一个球体Gizmo，然后选择球体Gizmo，单击【修改】面板并展开【球体Gizmo参数】卷展栏，设置【半径】为14mm，选中【半球】复选框，接着使用【选择并均匀缩放】工具将球体Gizmo缩放成如图9-60所示的样式。

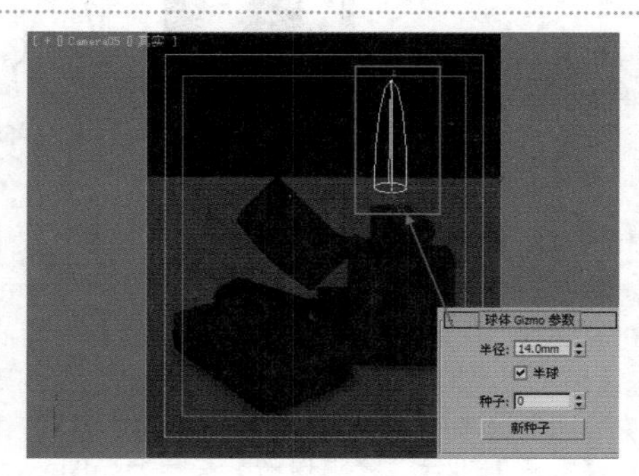


图9-60

步骤04 按数字键8，打开【环境和效果】对话框，展开【大气】卷展栏，单击【添加】按钮，添加【火效果】，如图9-61所示。

步骤05 单击【火效果】，然后展开【火效果参数】卷展栏，单击【拾取Gizmo】按钮并拾取场景中的球体Gizmo，接着在【图形】选项组中选中【火球】单选按钮，并设置【拉伸】为0.3，【规则性】为0.2，在【特性】选项组中设置【火焰大小】为30，【火焰细节】为5，【密度】为20，【采样数】为20，如图9-62所示。

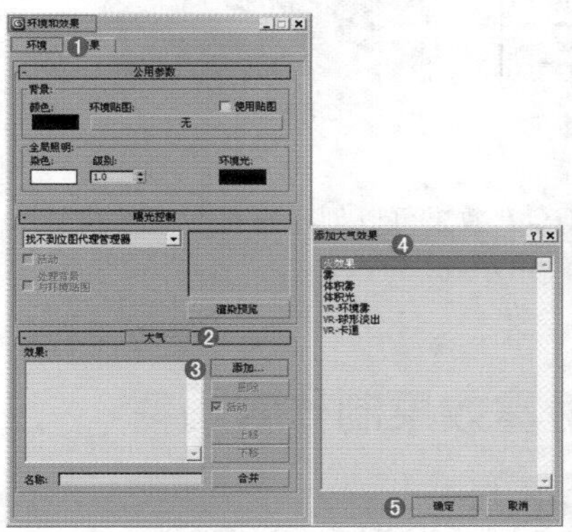

图9-61　　图9-62

步骤06 按F9键渲染当前场景，渲染效果如图9-63所示。

步骤07 继续使用【球体Gizmo】在场景中创建一个球体Gizmo，创建后的效果如图9-64所示。

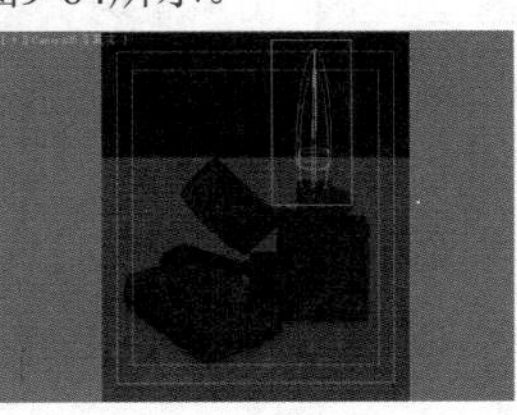

图9-63　　图9-64

**技巧提示**

在这里再次创建一个【球体Gizmo】的目的是为了让火焰看起来更加真实，产生丰富的内焰和外焰的火焰效果。如图9-65所示为真实火焰效果，如图9-66所示为火焰分区示意图。

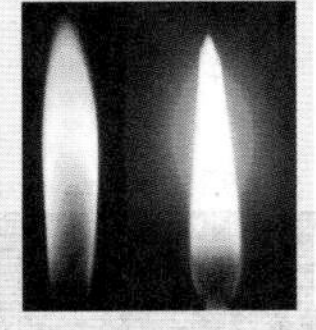

图9-65

中心区
绝热区
边界区

图9-66

**步骤08** 打开【环境和效果】对话框，并添加【火效果】，展开【火效果参数】卷展栏，并拾取场景中的球体Gizmo，调节【内嵌颜色】为一种蓝色，调节【外部颜色】为稍浅一些的蓝色，在【图形】选项组中设置【拉伸】为1，【规则性】为0.2，在【特性】选项组中设置【火焰大小】为35，【火焰细节】为3，【密度】为15，【采样数】为15，如图9-67所示。

**步骤09** 按F9键渲染当前场景，最终渲染效果如图9-68所示。

图9-67

图9-68

### 2．雾

使用3ds Max的【雾】效果可以创建出雾、烟雾和蒸汽等特殊天气效果，如图9-69所示。

图9-69

雾的类型分为【标准】和【分层】两种，其参数设置面板如图9-70所示。

图9-70

- **颜色：** 设置雾的颜色。
- **环境颜色贴图：** 从贴图导出雾的颜色。
- **使用贴图：** 使用贴图来产生雾效果。
- **环境不透明度贴图：** 使用贴图来更改雾的密度。
- **雾化背景：** 将雾应用于场景的背景。
- **标准：** 使用标准雾。
- **分层：** 使用分层雾。
- **指数：** 随距离按指数增大密度。
- **近端%：** 设置雾在近距范围的密度。
- **远端%：** 设置雾在远距范围的密度。
- **顶：** 设置雾层的上限（使用世界单位）。
- **底：** 设置雾层的下限（使用世界单位）。
- **密度：** 设置雾的总体密度。
- **衰减顶/底/无：** 添加指数衰减效果。
- **地平线噪波：** 启用【地平线噪波】系统。【地平线噪波】系统仅影响雾层的地平线，用来增强雾的真实感。
- **大小：** 应用于噪波的缩放系数。
- **角度：** 确定受影响的雾与地平线的角度。
- **相位：** 用来设置噪波动画。

## 小实例：利用雾效果制作雪山雾

| | |
|---|---|
| 场景文件 | 08.max |
| 案例文件 | 小实例：利用雾效果制作雪山雾.max |
| 视频教学 | 多媒体教学/Chapter 09/小实例：利用雾效果制作雪山雾.flv |
| 难易指数 | ★★☆☆☆ |
| 技术掌握 | 掌握【雾】效果的使用方法和功能 |

### 实例介绍

本实例是一个群山风景场景，主要讲解【雾】效果的使用方法，最终效果如图9-71所示。

图9-71

### 操作步骤

**步骤01** 打开本书配套光盘中的【场景文件/Chapter09/08.max】文件，如图9-72所示。按F9键渲染当前场景，效果如图9-73所示。

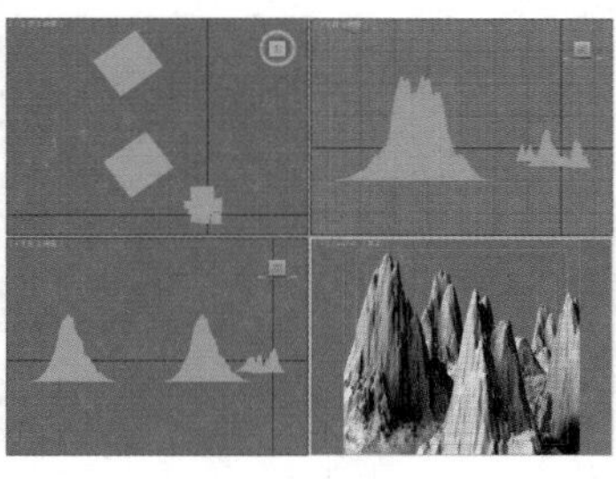

图9-72

图9-73

步骤02 按数字键8，打开【环境和效果】对话框，选择【环境】选项卡，然后展开【大气】卷展栏，接着单击【添加】按钮，添加【雾】效果，如图9-74所示。

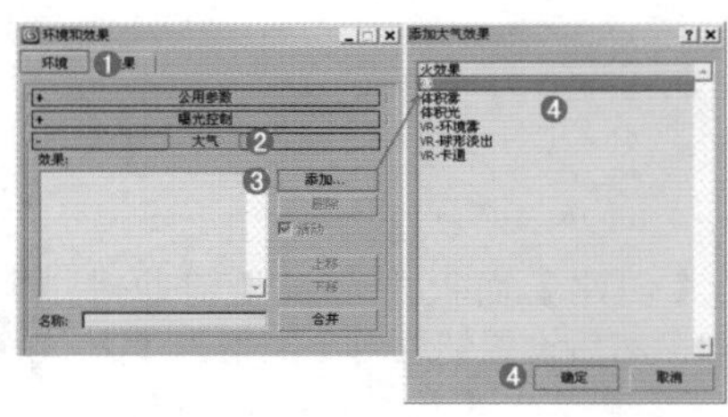

图9-74

步骤03 展开【雾参数】卷展栏，设置【类型】为【分层】，接着在【分层】选项组中设置【顶】为0mm，【底】为－100mm，【密度】为120；设置【衰减】为【底】；选中【地平线噪波】复选框；设置【角度】为15，【相位】为10，如图9-75所示。

步骤04 按F9键渲染当前场景，效果如图9-76所示。

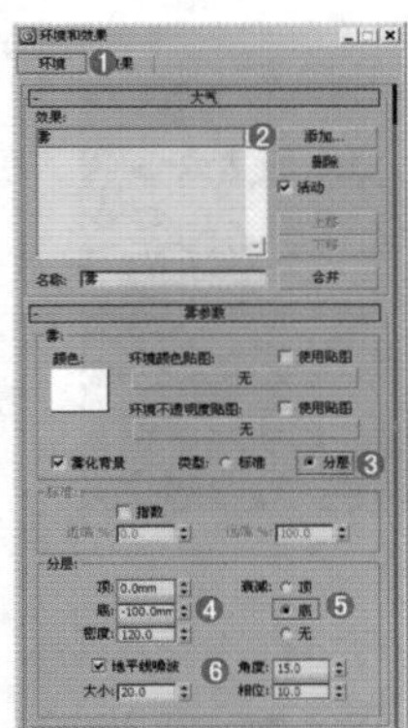

图9-75

图9-76

技巧提示

选择摄影机后单击【修改】按钮，并在【环境范围】选项组中选中【显示】复选框，设置【近距范围】为100mm，【远距范围】为850mm，如图9-77所示。

步骤05 再次在【环境和效果】对话框中添加【雾】效果，展开【雾参数】卷展栏，设置【近端】为0，【远端】为70，如图9-78所示。按F9键渲染当前场景，效果如图9-79所示。

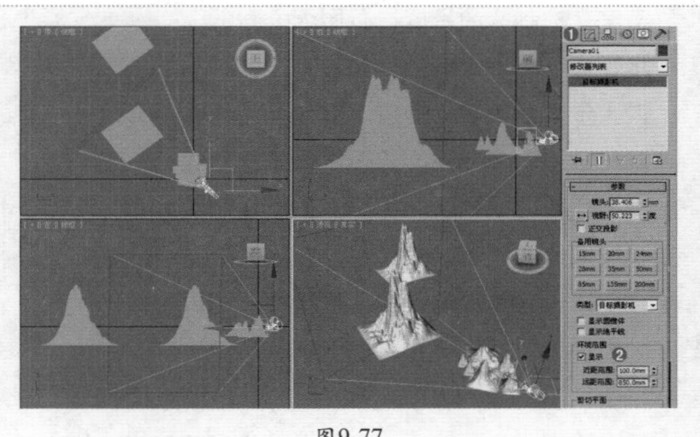

图9-77

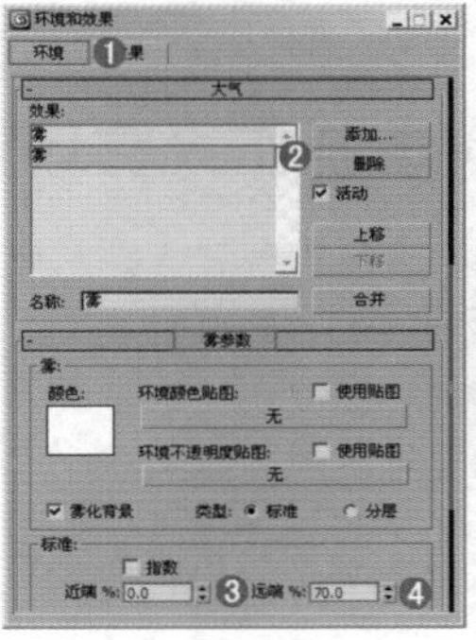

图9-78

图9-79

### 3. 体积雾

体积雾允许在一个限定的范围内设置和编辑雾效果。体积雾和雾最大的一个区别在于体积雾是三维的雾，是有体积的。体积雾多用来模拟烟云等有体积的气体，其参数设置面板如图9-80所示。

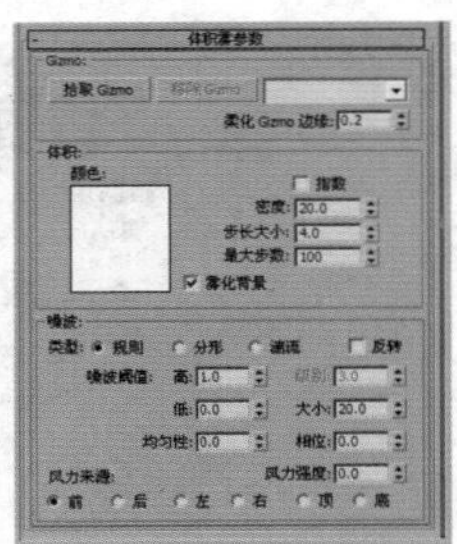

图9-80

- 【拾取Gizmo】按钮：单击该按钮可以拾取场景中要产生【体积雾】效果的Gizmo对象。
- 【移除Gizmo】按钮：单击该按钮可以移除列表中所选的Gizmo对象。移除Gizmo后，Gizmo仍在场景中，但是不再产生【体积雾】效果。
- 柔化Gizmo边缘：羽化【体积雾】效果的边缘。值越大，边缘越柔滑。
- 颜色：设置雾的颜色。
- 指数：随距离按指数增大密度。

- 密度：控制雾的密度，范围为0～20。
- 步长大小：确定雾采样的粒度，即雾的细度。
- 最大步数：限制采样量，以便雾的计算不会永远执行。该选项适合于雾密度较小的场景。
- 雾化背景：将体积雾应用于场景的背景。
- 类型：有【规则】、【分形】、【湍流】和【反转】4种类型可供选择。
- 噪波阈值：限制噪波效果，范围为0～1。
- 级别：设置噪波迭代应用的次数，范围为1～6。
- 大小：设置烟卷或雾卷的大小。
- 相位：控制风的种子。
- 风力强度：控制烟雾远离风向（相对于相位）的速度。
- 风力来源：定义风来自于哪个方向。

## 小实例：利用体积雾效果制作大雾场景

| 场景文件 | 09.max |
|---|---|
| 案例文件 | 小实例：利用体积雾效果制作大雾场景.max |
| 视频教学 | 多媒体教学/Chapter 09/小实例：利用体积雾效果制作大雾场景.flv |
| 难易指数 | ★★☆☆☆ |
| 技术掌握 | 掌握【体积雾】效果的使用方法和功能 |

### 实例介绍

本实例主要讲解利用【雾】和【体积雾】效果制作大雾天气的方法，最终效果如图9-81所示。

图9-81

### 操作步骤

**步骤01** 打开本书配套光盘中的【场景文件/Chapter09/09.max】文件，如图9-82所示。

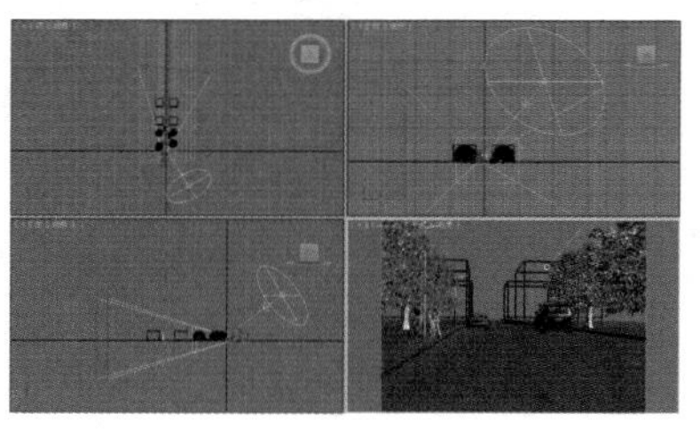

图9-82

**步骤02** 在【创建】面板中单击【辅助对象】按钮，然后设置辅助对象类型为【大气装置】，接着单击【长方体Gizmo】按钮，如图9-83所示。

图9-83

**步骤03** 在场景中创建一个长方体Gizmo，然后进入【修改】面板，接着在【长方体Gizmo参数】卷展栏中设置【长度】为6000，【宽度】为4000，【高度】为3000，如图9-84所示。

**步骤04** 使用【选择并移动】工具将步骤03中创建的长方体Gizmo拖曳到如图9-85所示的位置。

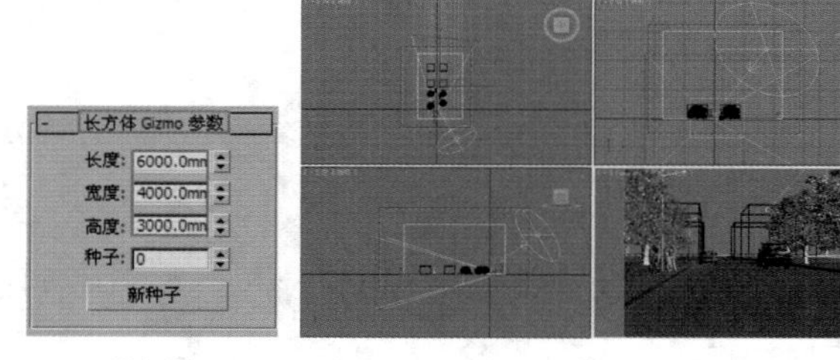


图9-84　　图9-85

**步骤05** 按数字键8，打开【环境和效果】对话框，展开【大气】卷展栏，单击【添加】按钮，在弹出的【添加大气效果】对话框中选择【体积雾】选项，如图9-86所示。

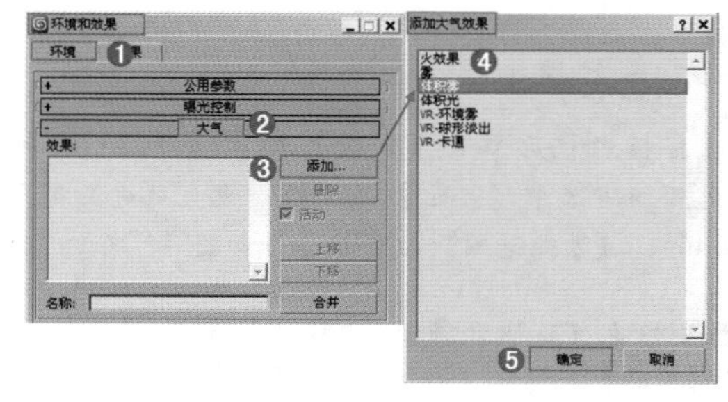


图9-86

**步骤06** 在【效果】列表框中选择【体积雾】选项，在【体积雾参数】卷展栏中单击【拾取Gizmo】按钮，在视图中拾取长方体Gizmo，并设置【大小】为1，具体参数设置如图9-87所示。

**步骤07** 按F9键渲染当前场景，效果如图9-88所示。

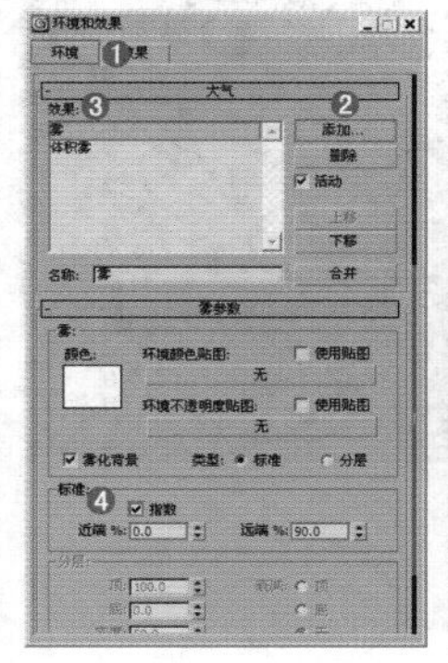

图9-87

图9-88

**步骤08** 在【环境】选项卡的【大气】卷展栏中单击【添加】按钮，然后在弹出的【添加大气效果】对话框中选择【雾】选项，并设置相应的参数，如图9-89所示。按F9键渲染当前场景，效果如图9-90所示。

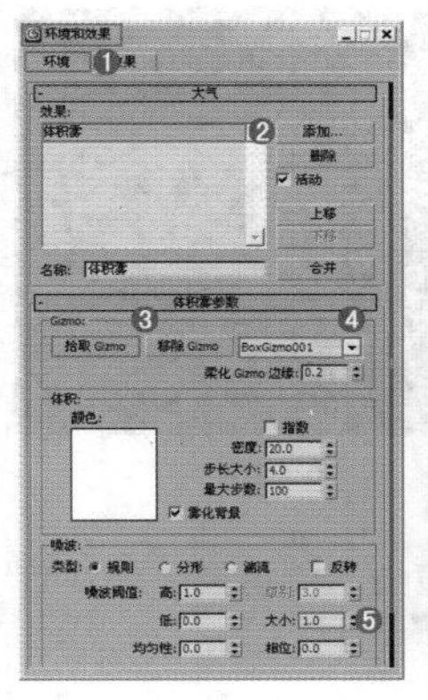

图9-89

图9-90

**步骤09** 继续在【环境】选项卡的【大气】卷展栏中单击【添加】按钮，然后在弹出的【添加大气效果】对话框中选择【体积光】选项，共添加3次，并设置相应的参数，如图9-91所示。按F9键渲染当前场景，最终效果如图9-92所示。

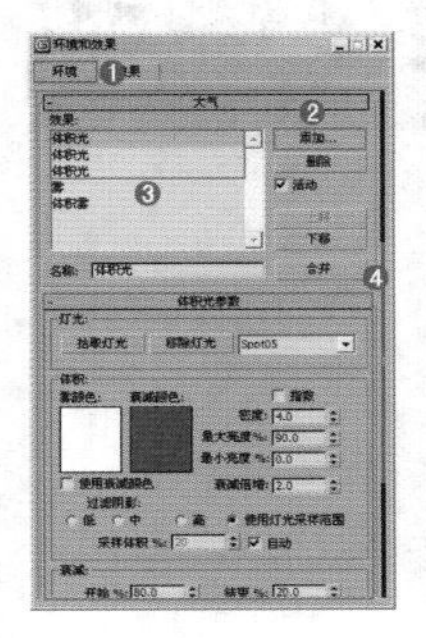

图9-91

图9-92

## 4．体积光

体积光可以用来制作带有光束的光线，可以指定给灯光（部分灯光除外，如VRay太阳）。这种体积光可以被物体遮挡，从而形成光芒透过缝隙的效果，常用来模拟树与树之间的缝隙中透过的光束，如图9-93所示。其参数设置面板如图9-94所示。

图9-93

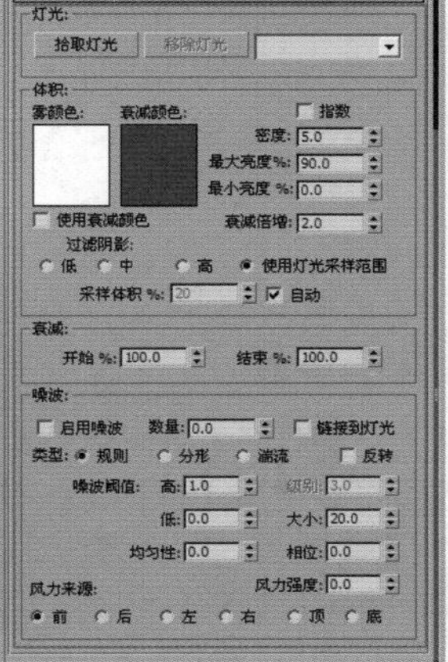

图9-94

- 【拾取灯光】按钮：拾取要产生体积光的光源。
- 【移除灯光】按钮：将灯光从列表中移除。
- 雾颜色：设置体积光产生的雾的颜色。
- 衰减颜色：体积光随距离而衰减。
- 使用衰减颜色：控制是否开启【衰减颜色】功能。
- 指数：随距离按指数增大密度。
- 密度：设置雾的密度。
- 最大/最小亮度%：设置可以达到的最大和最小的光晕效果。
- 衰减倍增：设置【衰减颜色】的强度。
- 过滤阴影：通过提高采样率（以增加渲染时间为代价）来获得更高质量的体积光效果，包括低、中、高3个级别。
- 使用灯光采样范围：根据灯光阴影参数中的【采样范围】值来使体积光中投射的阴影变模糊。
- 采样体积%：控制体积的采样率。
- 自动：自动控制【采样体积%】的参数。
- 开始%/结束%：设置灯光效果开始和结束衰减的百分比。
- 启用噪波：控制是否启用噪波效果。
- 数量：应用于雾的噪波的百分比。
- 链接到灯光：将噪波效果链接到灯光对象。

# 小实例：利用体积光制作丛林光束

| 场景文件 | 10.max |
| --- | --- |
| 案例文件 | 小实例：利用体积光制作丛林光束.max |
| 视频教学 | 多媒体教学/Chapter 09/小实例：利用体积光制作丛林光束.flv |
| 难易指数 | ★★★☆☆ |
| 技术掌握 | 掌握体积光功能 |

## 实例介绍

本实例是一个丛林场景，主要讲解【体积光】效果的制作，最终效果如图9-95所示。

图9-95

## 操作步骤

**步骤01** 打开本书配套光盘中的【场景文件/Chapter09/10.max】文件，如图9-96所示。

**步骤02** 使用【目标平行光】工具在视图中拖曳并创建一盏目标平行光，如图9-97所示。然后在【阴影】选项组中选中【启用】复选框，并设置方式为【阴影贴图】，接着设置【倍增】为9，展开【平行光参数】卷展栏，设置【聚光区/光束】为300mm，【衰减区/区域】为2100mm，设置方式为【圆】，如图9-98所示。最后在【大气和效果】卷展栏中添加体积光。

**步骤03** 按F9键渲染当前场景，渲染效果如图9-99所示。

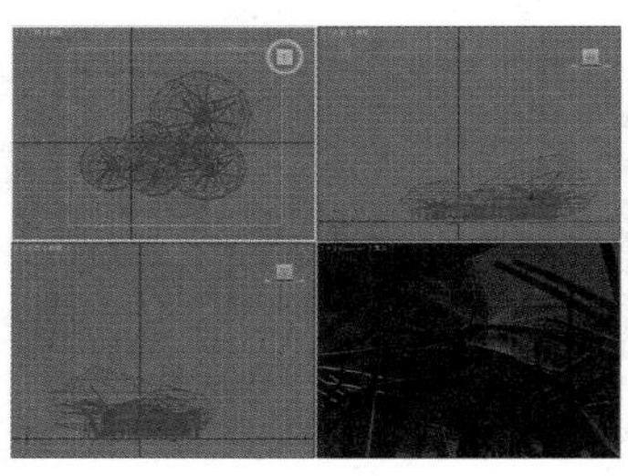

图9-96

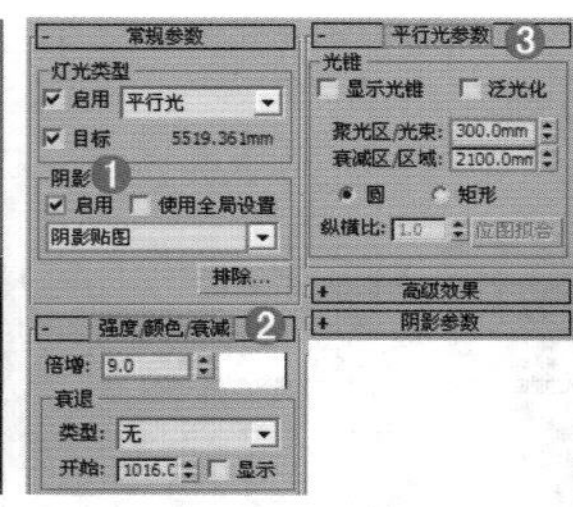

图9-97

图9-98

图9-99

**步骤04** 按数字键 8，打开【环境和效果】对话框，展开【大气】卷展栏，单击【添加】按钮，在弹出的【添加大气效果】对话框中选择【体积光】选项，如图 9-100所示。

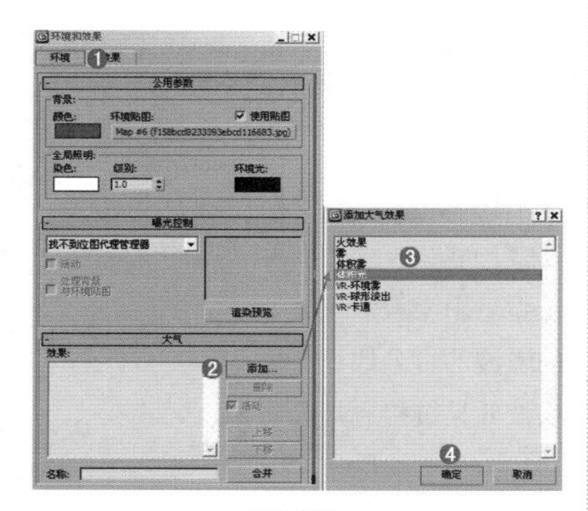

图9-100

**步骤05** 在【体积光参数】卷展栏中单击【拾取灯光】按钮，并在场景中拾取刚才创建的目标平行光，选中【指数】复选框，并设置【密度】为1.5，选中【使用衰减颜色】复选框，设置【开始%】为20，如图9-101所示。

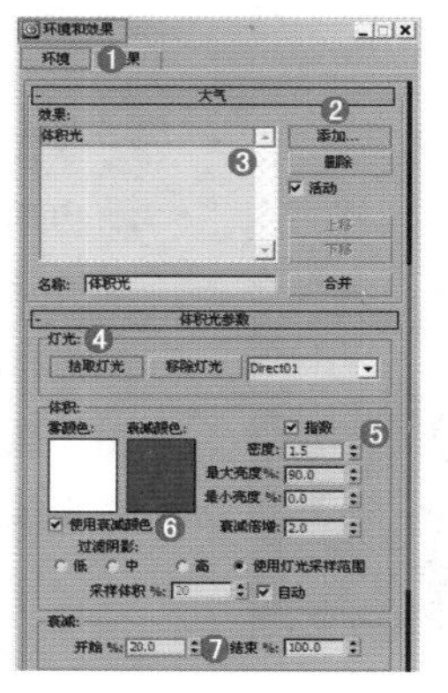

图9-101

**步骤06** 按F9键渲染当前场景，最终效果如图9-102所示。

图9-102

## 9.2 效果

在【效果】选项卡中可以为场景添加【Hair和Fur（头发和毛发）】、【镜头效果】、【模糊】、【亮度和对比度】、【色彩平衡】、【景深】、【文件输出】、【胶片颗粒】、【运动模糊】和【VR-镜头特效】效果，如图9-103所示。

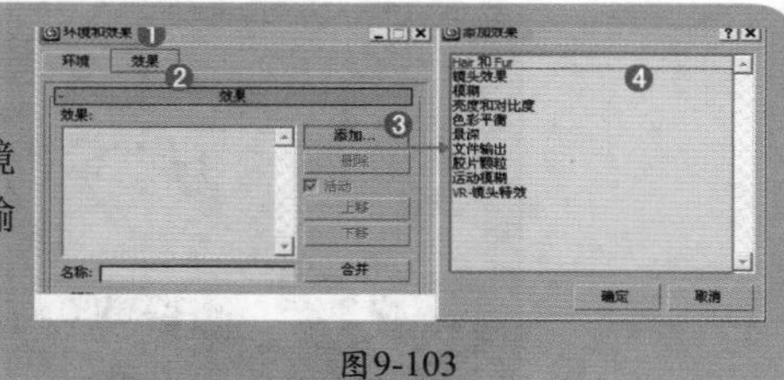

图9-103

**技巧提示**

本节仅对【镜头效果】、【模糊】、【亮度和对比度】、【色彩平衡】、【文件输出】、【胶片颗粒】和【VR-镜头特效】效果进行讲解，【Hair和Fur】、【景深】和【运动模糊】效果将在后面的章节中进行讲解。

### 9.2.1 镜头效果

使用【镜头效果】特效可以模拟出照相机拍照时镜头所产生的光晕效果，如图9-104所示。

图9-104

镜头效果包括Glow（光晕）、Ring（光环）、Ray（射线）、Auto Secondary（自动二级光斑）、Manual Secondary（手动二级光斑）、Star（星形）和Streak（条纹），其参数设置面板如图9-105所示。

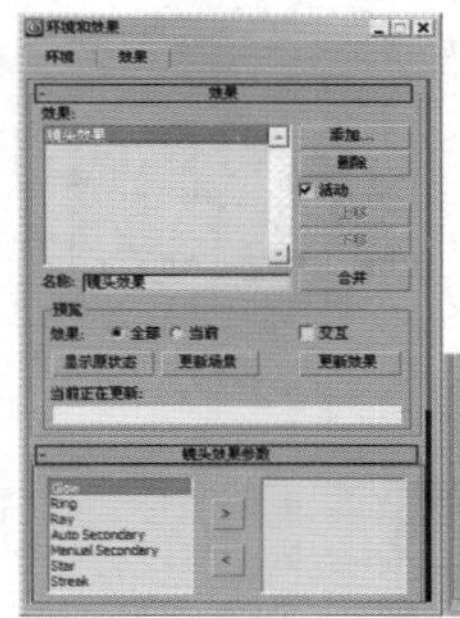
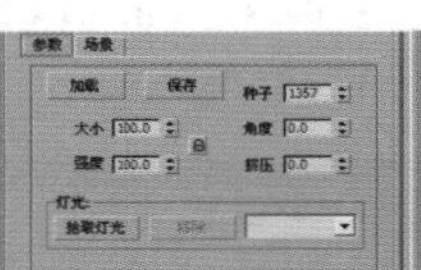
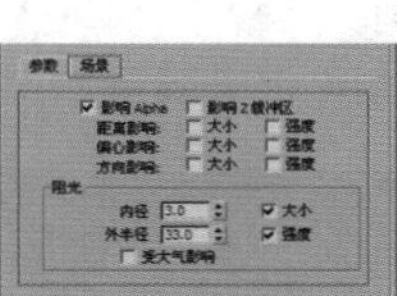

图9-105

- 【加载】按钮：单击该按钮，打开【加载镜头效果文件】对话框，在该对话框中可选择要加载的LZV文件。
- 【保存】按钮：单击该按钮，打开【保存镜头效果文件】对话框，在该对话框中可以保存LZV文件。
- 大小：设置镜头效果的总体大小。
- 强度：设置镜头效果的总体亮度和不透明度。值越大，效果越亮、越不透明；值越小，效果越暗、越透明。
- 种子：为【镜头效果】中的随机数生成器提供不同的起点，并创建略有不同的镜头效果。
- 角度：当效果与摄影机的相对位置发生改变时，该选项用来设置镜头效果从默认位置的旋转量。
- 挤压：在水平方向或垂直方向挤压镜头效果的总体大小。
- 【拾取灯光】按钮：单击该按钮可以在场景中拾取灯光。
- 【移除】按钮：单击该按钮可以移除所选择的灯光。
- 影响Alpha：如果图像以32位文件格式来渲染，那么该选项用来控制镜头效果是否影响图像的Alpha通道。
- 影响Z缓冲区：存储对象与摄影机的距离。Z缓冲区用于光学效果。
- 距离影响：控制摄影机或视口的距离对光晕效果的大小和强度的影响。
- 偏心影响：产生摄影机或视口偏心的效果，影响其大小和强度。
- 方向影响：聚光灯相对于摄影机的方向，影响其大小或强度。
- 内径：设置效果周围的内径，另一个场景对象必须与内径相交才能完全阻挡效果。
- 外半径：设置效果周围的外径，另一个场景对象必须与外径相交才能开始阻挡效果。
- 大小：减小所阻挡的效果的大小。
- 强度：减小所阻挡的效果的强度。
- 受大气影响：控制是否允许大气效果阻挡镜头效果。

### 小实例：利用镜头效果制作镜头特效

| 场景文件 | 11.max |
| --- | --- |
| 案例文件 | 小实例：利用镜头效果制作镜头特效.max |
| 视频教学 | 多媒体教学/Chapter 09/小实例：利用镜头效果制作镜头特效.flv |
| 难易指数 | ★★★☆☆ |
| 技术掌握 | 掌握镜头效果功能 |

#### 实例介绍

本实例是一个壁灯场景，主要讲解镜头效果的制作，最终效果如图9-106所示。

图9-106

## 操作步骤

### Part 1　设置Glow效果

**步骤01** 打开本书配套光盘中的【场景文件/Chapter09/11.max】文件，此时的场景效果如图9-107所示。

**步骤02** 按数字键8，打开【环境和效果】对话框，在【效果】选项卡中单击【添加】按钮，添加镜头效果，单击【确定】按钮，如图9-108所示。

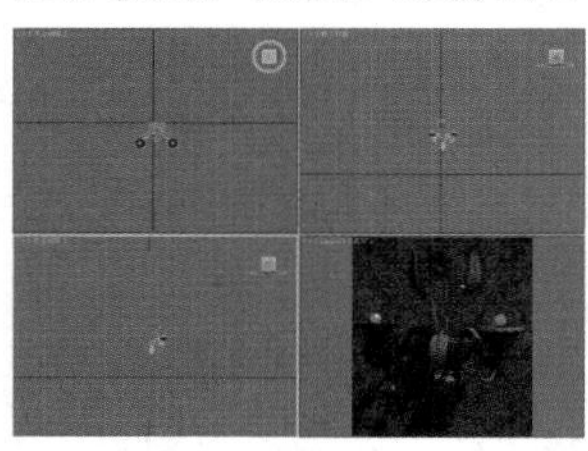

图9-107

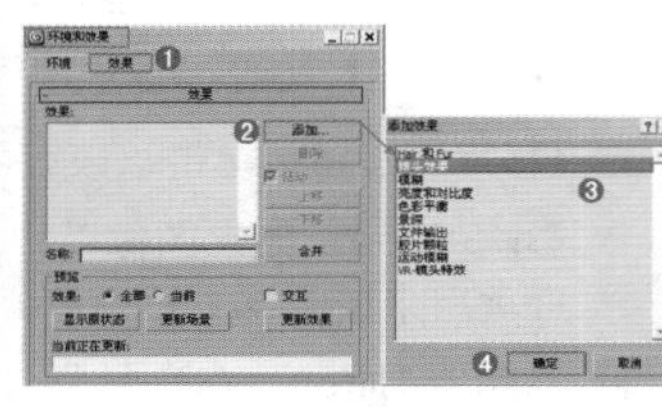

图9-108

**步骤03** 单击【效果】选项卡中的【镜头效果】，在【镜头效果参数】卷展栏中选择Glow，单击【向右】按钮，此时右侧就会出现Glow，如图9-109所示。

**步骤04** 选择Glow，然后选择【参数】选项卡，并设置【大小】为260，【强度】为500，接着单击【拾取灯光】按钮，最后在场景中拾取2盏泛光灯【Omni02】和【Omni03】，如图9-110所示。

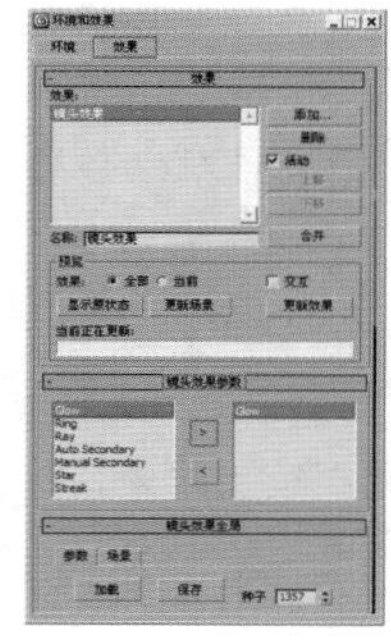

图9-109

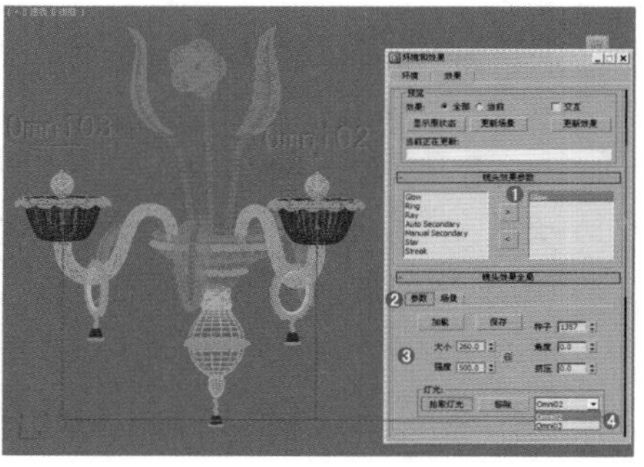

图9-110

**步骤05** 在【光晕元素】卷展栏中设置【强度】为60，设置【径向颜色】为黄色（红：255，绿：144，蓝：0），如图9-111所示。

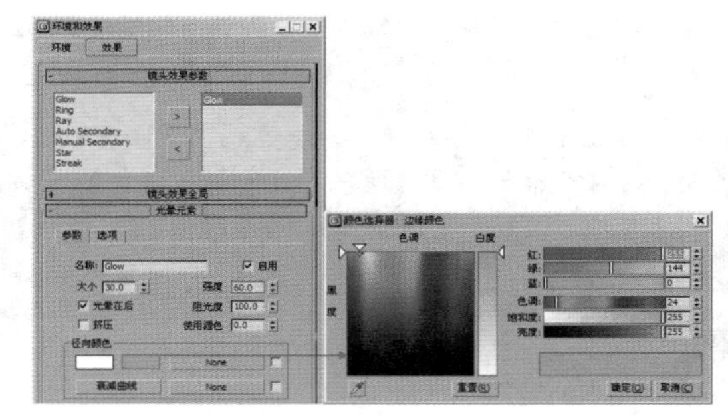

图9-111

**步骤06** 按F9键渲染当前场景，渲染效果如图9-112所示。

图9-112

### Part 2　设置Streak效果

**步骤01** 在【镜头效果参数】卷展栏中单击Streak，然后单击【向右】按钮，接着单击选择右侧的Streak，同时在【条纹元素】卷展栏中设置【强度】为5，如图9-113所示。

**步骤02** 选择Streak，然后选择【参数】选项卡，并设置【大小】为260，【强度】为500，接着单击【拾取灯光】按钮，最后在场景中拾取2盏泛光灯【Omni02】和【Omni03】，如图9-114所示。

**步骤03** 此时按F9键渲染当前场景，渲染效果如图9-115所示。

图9-113

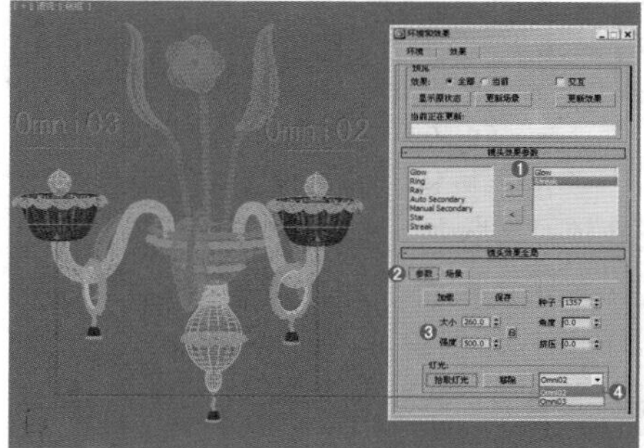

图9-114

图9-115

### Part 3　设置Ray效果

**步骤01** 在【镜头效果参数】卷展栏中单击Ray，然后单击【向右】按钮，接着单击选择右侧的Ray，同时在【射线元素】卷展栏中设置【强度】为28，如图9-116所示。

**步骤02** 选择Ray，然后选择【参数】选项卡，并设置【大小】为260，【强度】为500，接着单击【拾取灯光】按钮，最后在场景中拾取2盏泛光灯【Omni02】和【Omni03】，如图9-117所示。

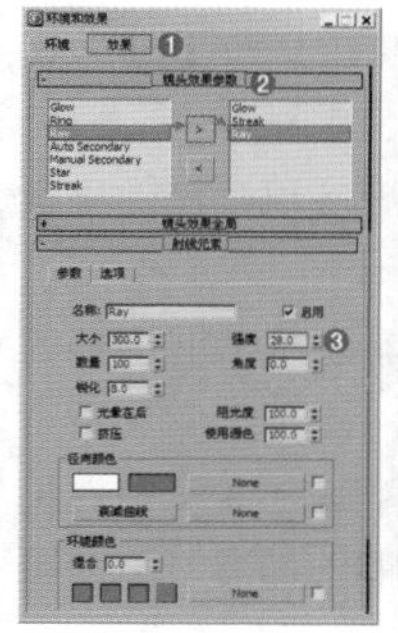

图9-116

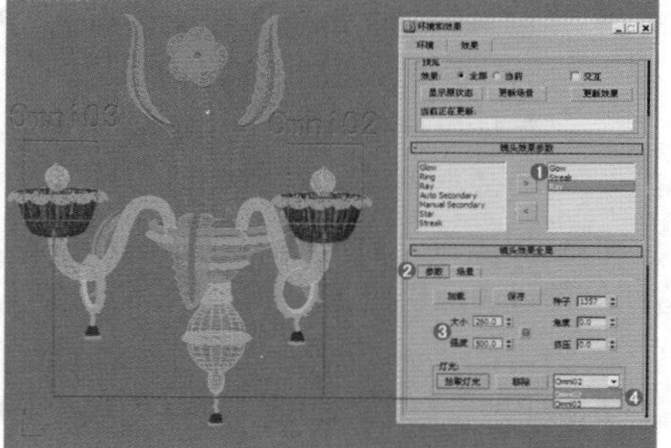

图9-117

**步骤03** 按F9键渲染当前场景，渲染效果如图9-118所示。

图9-118

### Part 4　设置Manual Secondary效果

**步骤01** 在【镜头效果参数】卷展栏中选择Manual Secondary选项，然后单击【向右】按钮 >，接着单击选择右侧的Manual Secondary，并设置【强度】为35，如图9-119所示。

**步骤02** 选择Manual Secondary，然后选择【参数】选项卡，并设置【大小】为260，【强度】为500，接着单击【拾取灯光】按钮，最后在场景中拾取2盏泛光灯【Omni02】和【Omni03】，如图9-120所示。

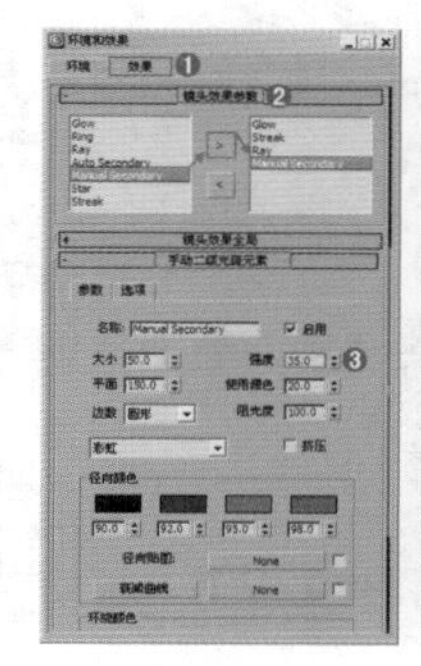

图9-119

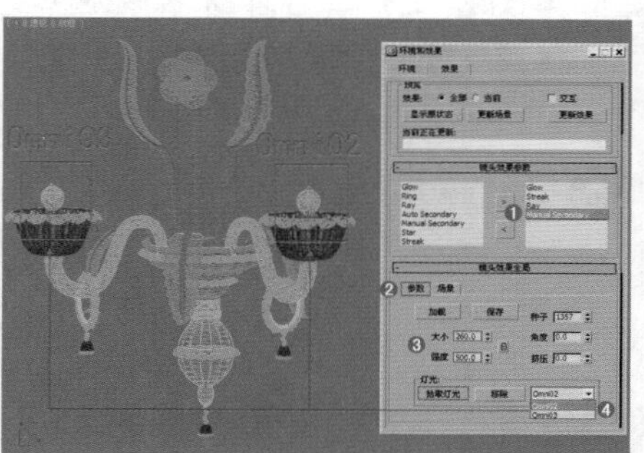

图9-120

**步骤03** 按F9键渲染当前场景，最终效果如图9-121所示。

图9-121

## 9.2.2 模糊

使用【模糊】效果可以通过3种不同的方法使图像变得模糊，分别是【均匀型】、【方向型】和【径向型】。【模糊】效果根据【像素选择】选项卡中所选择的对象来应用各个像素，使整个图像变模糊，其参数设置面板如图9-122所示。

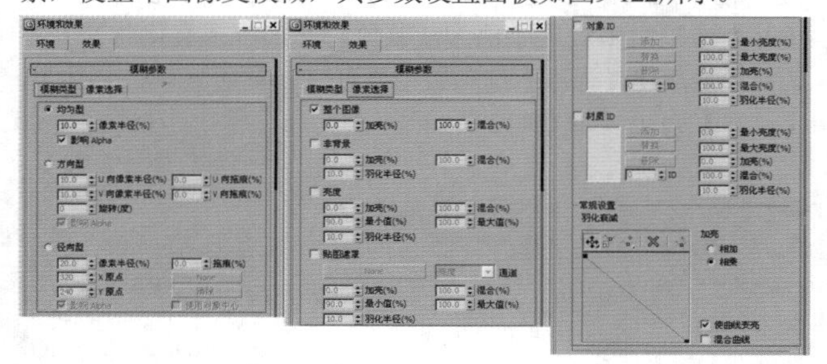

图9-122

### 1. 模糊类型

- 均匀型：将模糊效果均匀应用在整个渲染图像中。
  - 像素半径：设置模糊效果的半径。
  - 影响Alpha：启用该选项后，可以将【均匀型】模糊效果应用于Alpha通道。
- 方向型：按照【方向型】参数指定的任意方向应用模糊效果。
  - U/V向像素半径（%）：设置模糊效果的水平/垂直强度。
  - U/V向拖痕（%）：通过为U/V轴的某一侧分配更大的模糊权重来为模糊效果添加方向。
  - 旋转：通过【U向像素半径（%）】和【V向像素半径（%）】来应用模糊效果的U向像素和V向像素的轴。
  - 影响Alpha：启用该选项后，可以将【方向型】模糊效果应用于Alpha通道。
- 径向型：以径向的方式应用模糊效果。

- 像素半径（%）：设置模糊效果的半径。
- 拖痕（%）：通过为模糊效果的中心分配更大或更小的模糊权重来为模糊效果添加方向。
- X/Y原点：以像素为单位，为渲染输出的尺寸指定模糊的中心。
- None（无）按钮：指定以中心作为模糊效果中心的对象。
- 【清除】按钮：移除对象名称。
- 使用对象中心：启用该选项后，None（无）按钮指定的对象将作为模糊效果的中心。

### 2. 像素选择

- 整个图像：启用该选项后，模糊效果将影响整个渲染图像。
  - 加亮（%）：加亮整个图像。
  - 混合（%）：将模糊效果和【整个图像】参数与原始的渲染图像进行混合。
- 非背景：启用该选项后，模糊效果将影响除背景图像或动画以外的所有元素。
  - 羽化半径（%）：设置应用于场景的非背景元素的羽化模糊效果的百分比。
- 亮度：影响亮度值介于【最小值（%）】和【最大值（%）】微调器之间的所有像素。
  - 最小/最大值（%）：设置每个像素要应用模糊效果所需的最小和最大亮度值。
- 贴图遮罩：通过在【材质/贴图浏览器】对话框选择的通道和应用的遮罩来应用模糊效果。
- 对象ID：如果对象匹配过滤器设置，则会将模糊效果应用于对象或对象中具有特定对象ID的部分（在G缓冲区中）。
- 材质ID：如果材质匹配过滤器设置，则会将模糊效果应用于该材质或材质中具有特定材质效果通道部分。
- 常规设置羽化衰减：使用【羽化衰减】曲线来确定基于图形的模糊效果的羽化衰减区域。

## 小实例：利用模糊效果制作奇幻特效

| 场景文件 | 12.max |
|---|---|
| 案例文件 | 小实例：利用模糊效果制作奇幻特效.max |
| 视频教学 | 多媒体教学/Chapter 09/小实例：利用模糊效果制作奇幻特效.flv |
| 难易指数 | ★★☆☆☆ |
| 技术掌握 | 掌握【雾】、【体积雾】及【模糊】效果的应用 |

### 实例介绍

本实例是一个奇幻的深林场景，主要讲解利用【雾】和【模糊】效果制作奇幻特效，如图9-123所示。

图9-123

### 操作步骤

步骤01 打开本书配套光盘中的【场景文件/Chapter09/12.max】文件，如图9-124所示。

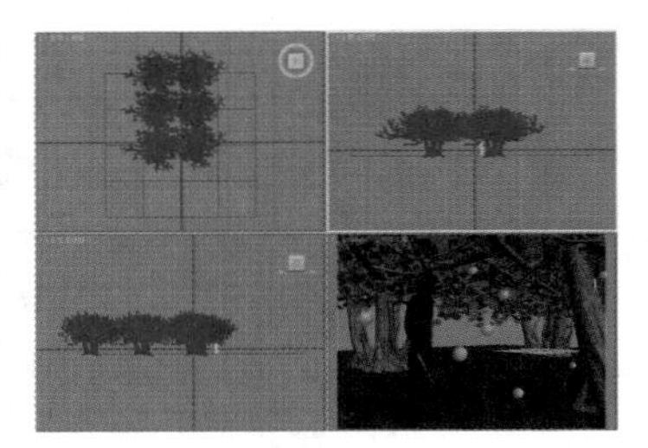

图9-124

步骤02 按数字键8，打开【环境和效果】对话框，单击【环境贴图】下的【无】按钮，接着单击打开【材质/贴图浏览器】面板，并单击【VR-天空】，如图9-125所示。

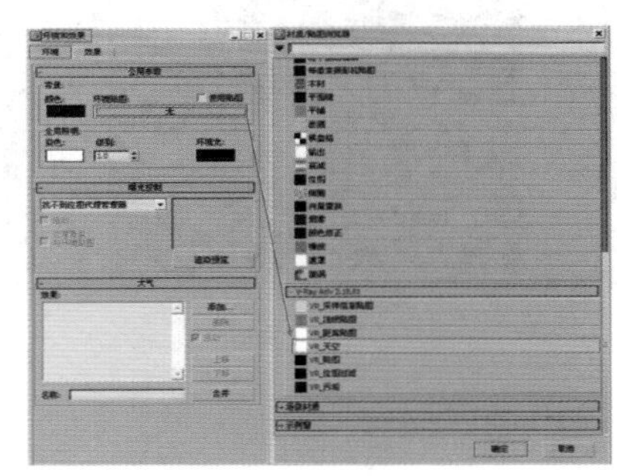

图9-125

步骤03 展开【大气】卷展栏，单击【添加】按钮，然后选择【雾】选项并单击【确定】按钮，如图9-126所示。

步骤04 在【效果】选项组中选择刚才添加的【雾】，接着在【雾】选项组中设置颜色为浅蓝色，并选中【雾化背景】复选框，最后在【标准】选项组中设置【远端】为30，如图9-127所示。

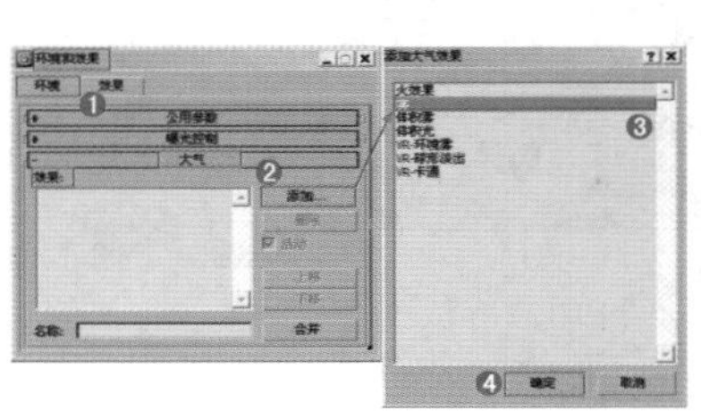

图9-126

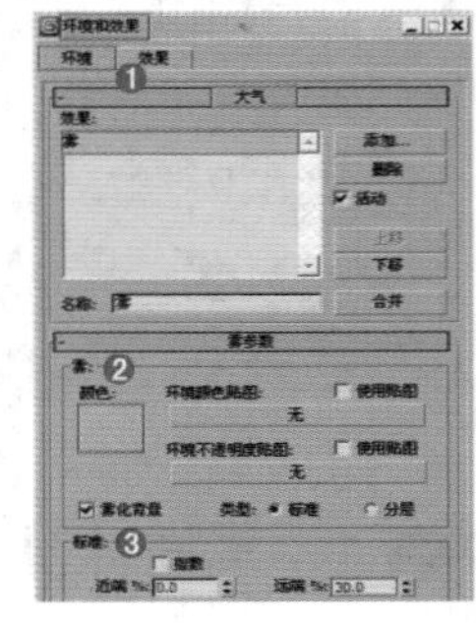

图9-127

**步骤05** 在【创建】面板中单击【辅助对象】按钮，设置辅助对象类型为【大气装置】，单击【长方体Gizmo】按钮，如图9-128所示。

**步骤06** 在前视图中拖曳并创建一个长方体Gizmo，具体放置位置如图9-129所示。

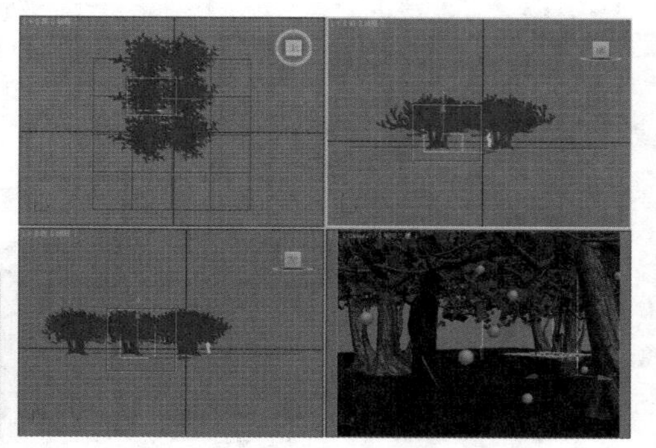

图9-128　　图9-129

**步骤07** 进入【修改】面板，在【长方体Gizmo参数】卷展栏中设置【长度】为500，【宽度】为500，【高度】为505，如图9-130所示。

**步骤08** 继续在前视图中创建一个长方体Gizmo，具体放置位置如图9-131所示。

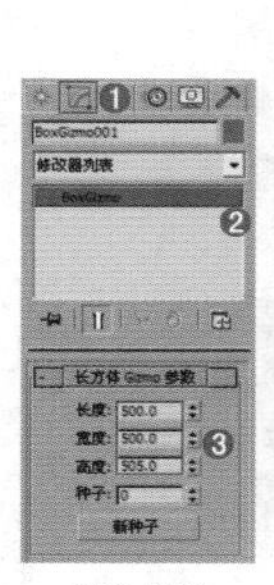

图9-130　　图9-131

**步骤09** 进入【修改】面板，在【长方体Gizmo参数】卷展栏中设置【长度】为120，【宽度】为120，【高度】为505，如图9-132所示。

**步骤10** 再次打开【环境和效果】对话框，在【大气】卷展栏中单击【添加】按钮，选择【体积雾】选项，单击【确定】按钮，如图9-133所示。

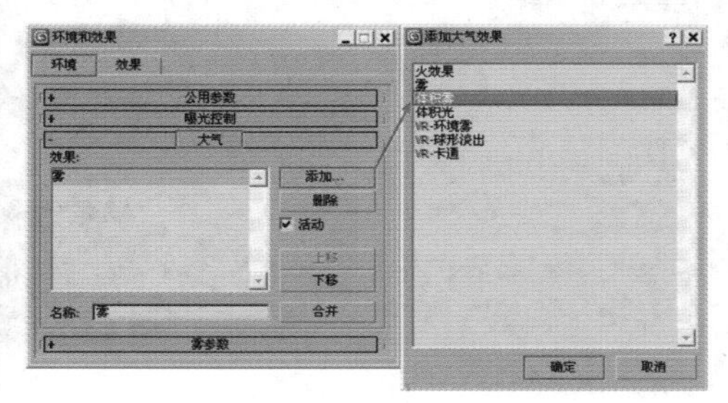

图9-132　　图9-133

**步骤11** 在【效果】选项组中单击【体积雾】，并在【体积雾参数】卷展栏中单击【拾取Gizmo】按钮，接着在视图中拾取球体【BoxGizmo001】和【BoxGizmo002】，并在【体积】选项组中选中【指数】复选框，同时设置【密度】为5，【步长大小】为50，最后在【噪波】选项组中设置【大小】为60，如图9-134所示。

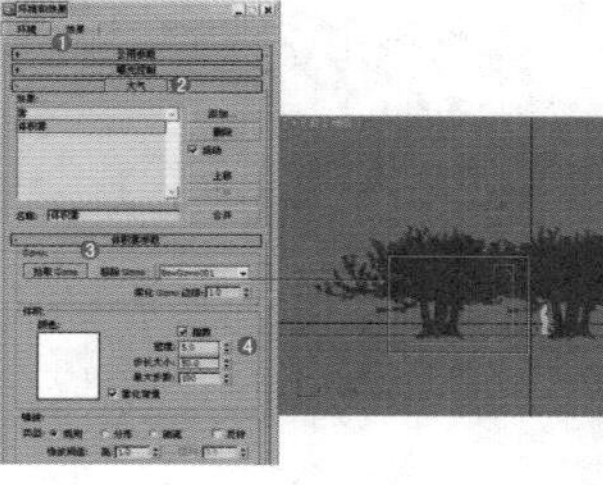

图9-134

**步骤12** 按M键，打开【材质编辑器】窗口，选择第一个材质球，单击 Standard 按钮，将其命名为Solid Glass，具体的调节参数如图9-135所示。

- 在【漫反射】后面的通道上加载【Perlin大理石】程序贴图。
- 在【自发光】选项组中选中【颜色】复选框，设置颜色为蓝色。
- 在【不透明度】后面的通道上加载【衰减】程序贴图，设置【颜色1】为白色，【颜色2】为黑色，并设置【衰减类型】为【垂直/平行】。

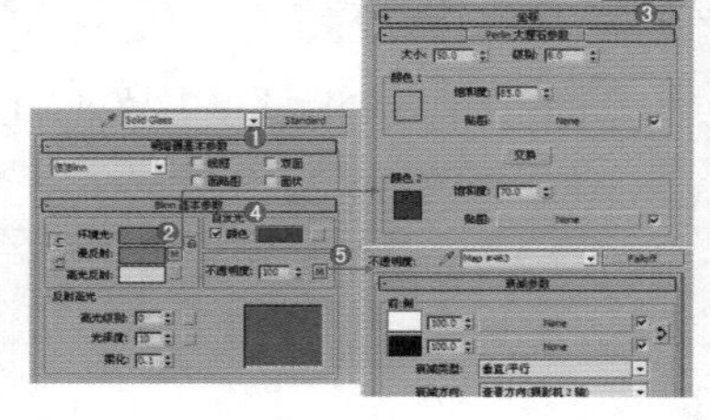

图9-135

**步骤13** 单击Solid Glass所对应的材质球，并设置【材质ID通道】为1，如图9-136所示。

**步骤14** 按F9键渲染当前场景，效果如图9-137所示。

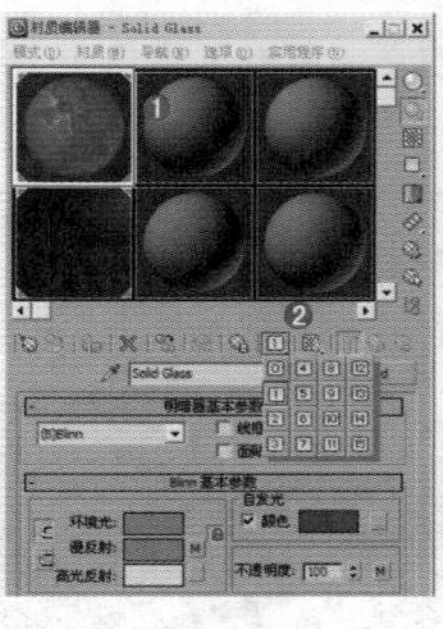

图9-136　　图9-137

**步骤15** 按数字键8，弹出【环境和效果】对话框，选择【效果】选项卡，单击【添加】按钮，接着选择【模糊】选项，如图9-138所示。

**步骤16** 选择【像素选择】选项卡，取消选中【整个图像】复选框。然后选中【材质ID】复选框，在其下面的列表框中输入“1”，并单击【添加】按钮，此时添加成功。最后设置【加亮】为50，【混合】为80，【羽化半径】为20，如图9-139所示。

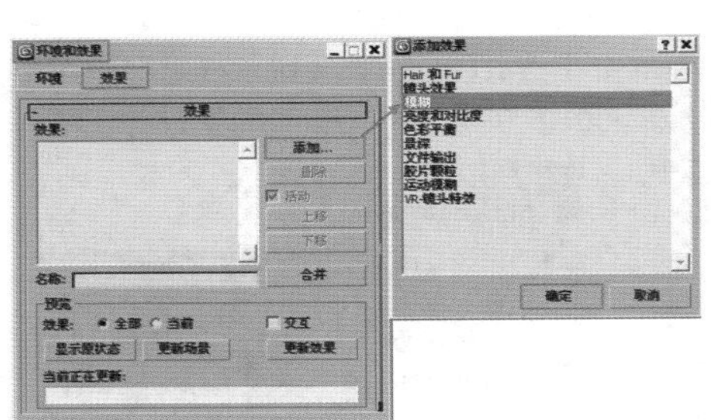

图9-138

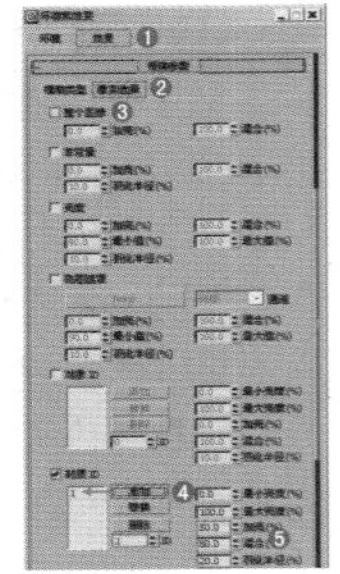

图9-139

**技巧提示**

设置物体的【材质ID通道】为1，并设置【环境和效果】的【材质ID】为1，这样对应之后在渲染时，【材质ID】为1的物体将会被渲染出模糊效果。

## 9.2.3 亮度和对比度

使用【亮度和对比度】效果可以调整图像的亮度和对比度，其参数设置面板如图9-143所示。

图9-143

**步骤17** 继续在【效果】选项卡中单击【添加】按钮，并选择【色彩平衡】选项，最后单击【确定】按钮，如图9-140所示。

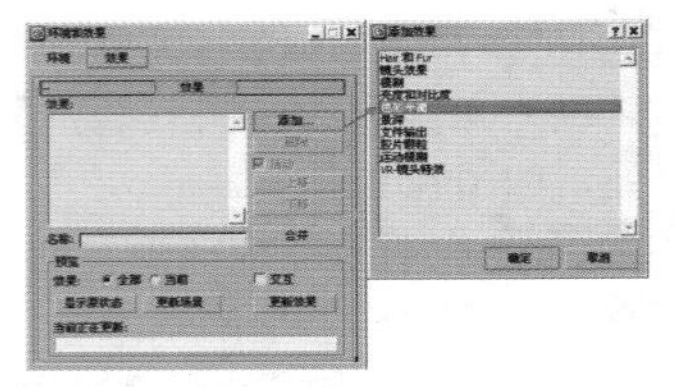

图9-140

**步骤18** 在【效果】选项卡中单击【色彩平衡】，并在【色彩平衡参数】卷展栏中设置【红】为0，【绿】为0，【蓝】为10，如图9-141所示。

**步骤19** 按F9键渲染当前场景，最终渲染效果如图9-142所示。

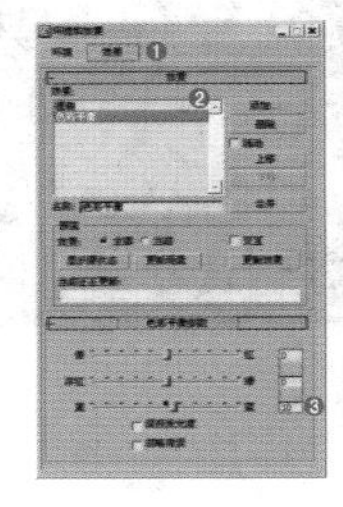

图9-141

图9-142

- 亮度：增加或减少所有色元（红色、绿色和蓝色）的亮度。
- 对比度：压缩或扩展最大黑色和最大白色之间的范围。
- 忽略背景：是否将效果应用于除背景以外的所有元素。

## 小实例：利用亮度和对比度效果调节浴室场景

| 场景文件 | 13.max |
| --- | --- |
| 案例文件 | 小实例：亮度和对比度效果调节浴室场景.max |
| 视频教学 | 多媒体教学/Chapter 09/小实例：亮度和对比度效果调节浴室场景.flv |
| 难易指数 | ★★★☆☆ |
| 技术掌握 | 掌握【亮度和对比度】效果功能 |

### 实例介绍

本实例是一个浴室场景，主要讲解如何利用【亮度和对比度】效果调节浴室场景，如图9-144所示。

图9-144

### 操作步骤

**步骤01** 打开本书配套光盘中的【场景文件/Chapter09/13.max】文件，如图9-145所示。

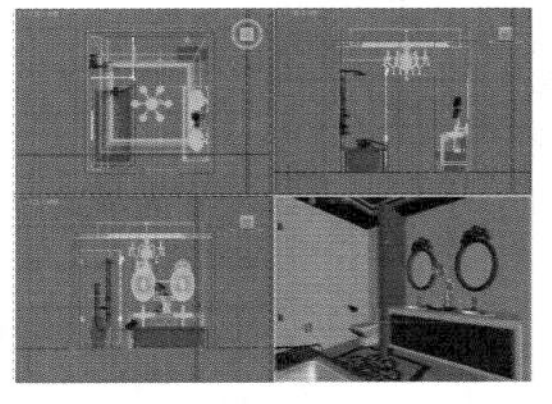

图9-145

**步骤02** 按数字键8，打开【环境和效果】对话框，选择【效果】选项卡，在展开的【效果】卷展栏中单击【添加】按钮，选择【亮度和对比度】选项并单击【确定】按钮，如图9-146所示。

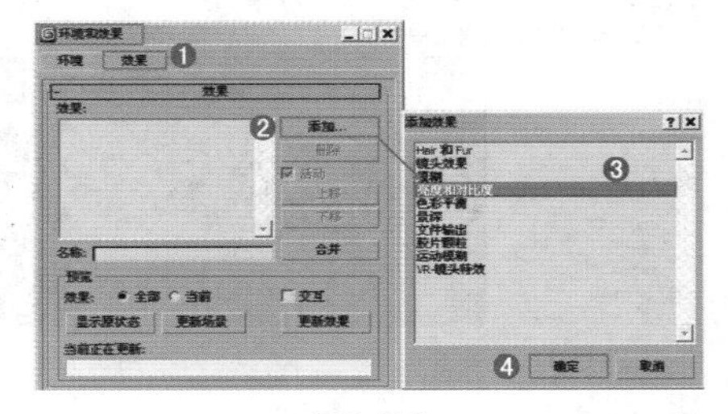

图9-146

**步骤03** 展开【亮度和对比度参数】卷展栏，设置【亮度】为0.5，【对比度】为0.5，如图9-147所示。

**步骤04** 按F9键，渲染效果如图9-148所示。

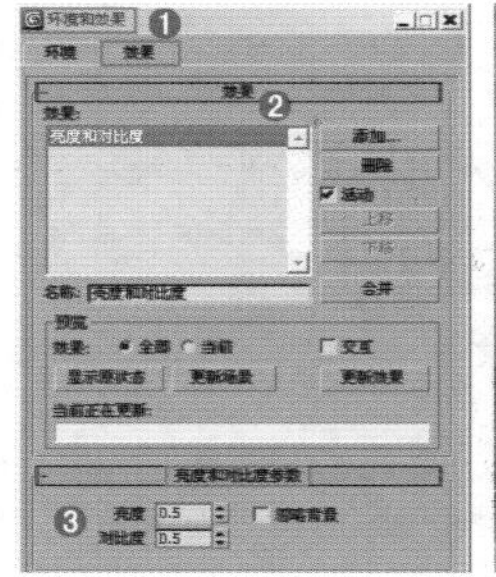

图9-147

图9-148

**步骤05** 展开【亮度和对比度参数】卷展栏，设置【亮度】为0.65，【对比度】为0.62，如图9-149所示。此时按F9键，渲染效果如图9-150所示。

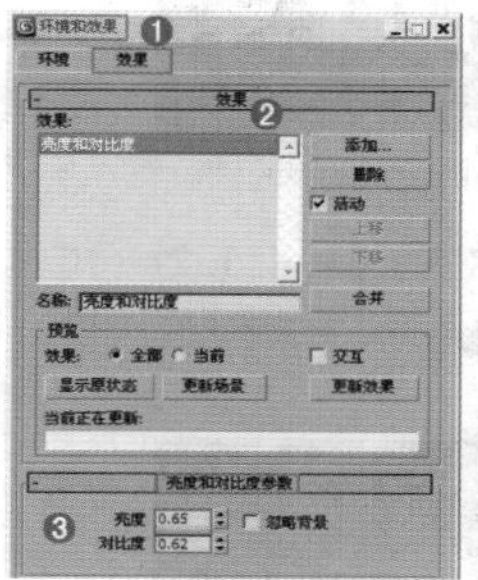

图9-149

图9-150

**步骤06** 将渲染图像合成后的对比效果如图9-151所示。

图9-151

**技巧提示**

通过图9-151可以观察到，调整亮度和对比度后，渲染出来的图像的亮度和对比度都提高了，因此可以直接使用3ds Max对最终渲染图像的亮度和对比度进行调整，而无须使用Photoshop软件进行该部分的处理。

## 9.2.4 色彩平衡

使用【色彩平衡】效果可以通过调节红、绿、蓝3个通道来改变场景或图像的色调，其参数设置面板如图9-152所示。

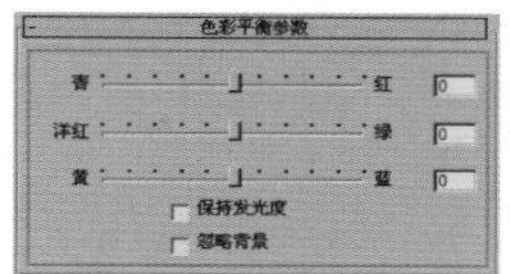


图9-152

- 青/红：调整红色通道。
- 洋红/绿：调整绿色通道。
- 黄/蓝：调整蓝色通道。
- 保持发光度：启用该选项后，在修正颜色的同时将保留图像的发光度。
- 忽略背景：启用该选项后，可以在修正图像时不影响背景。

## 小实例：利用色彩平衡效果调整场景的色调

| 场景文件 | 14.max |
|---|---|
| 案例文件 | 小实例：利用色彩平衡效果调整场景的色调.max |
| 视频教学 | 多媒体教学/Chapter 09/小实例：利用色彩平衡效果调整场景的色调.flv |
| 难易指数 | ★★★☆☆ |
| 技术掌握 | 掌握【色彩平衡】效果功能 |

### 实例介绍

本实例是雨天场景，主要讲解使用【色彩平衡】效果模拟各种色调的场景感觉，最终效果如图9-153所示。

图9-153

### 操作步骤

**步骤01** 打开本书配套光盘中的【场景文件/Chapter09/14.max】文件，如图9-154所示。

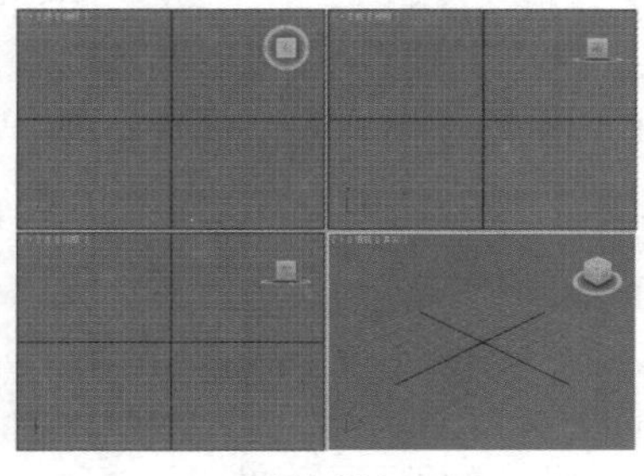

图9-154

**技巧提示**

打开场景文件后可以看到场景中什么也没有，此时按数字键8，打开【环境和效果】对话框，可以看到在【环境贴图】通道中已经添加了【素材.jpg】文件，如图9-155所示。

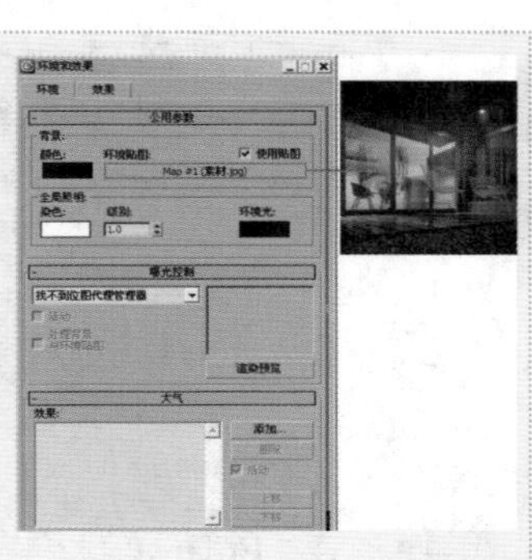

图9-155

步骤02 按F9键，渲染效果如图9-156所示。

步骤03 按数字键8，打开【环境和效果】对话框，选择【效果】选项卡，并单击【添加】按钮，选择【色彩平衡】选项，单击【确定】按钮，如图9-157所示。

图9-156

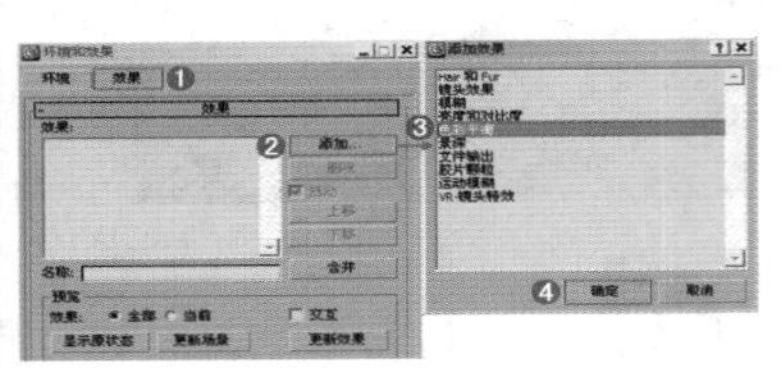

图9-157

步骤04 设置【色彩平衡参数】卷展栏中的【青】为－30，如图9-158所示。单击渲染，查看此时的效果，如图9-159所示。

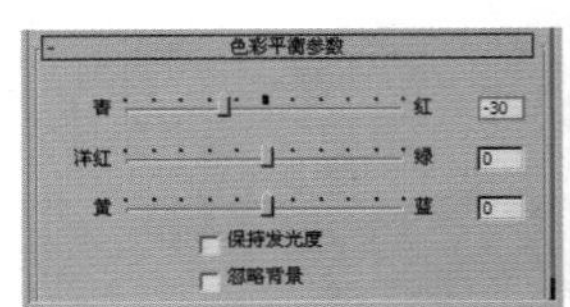

图9-158

图9-159

步骤05 设置【色彩平衡参数】卷展栏中的【洋红】为－10，【蓝】为15，如图9-160所示。单击渲染，查看此时的效果，如图9-161所示。

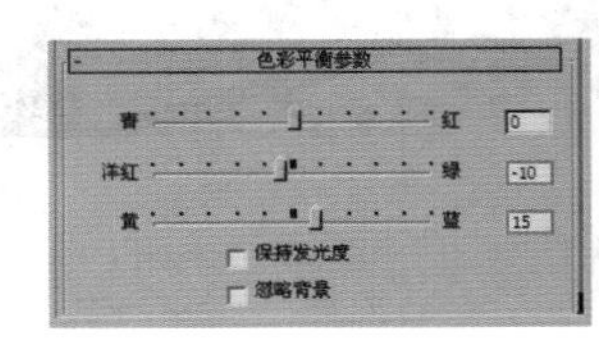

图9-160

图9-161

## 9.2.5 文件输出

使用【文件输出】效果可以输出所选择格式的图像，在应用其他效果前将当前的渲染效果以指定的文件格式进行输出，类似于渲染中途的一个快照。该功能和直接渲染出的文件输出功能是一样的，支持相同类型的文件格式，其参数设置面板如图9-162所示。

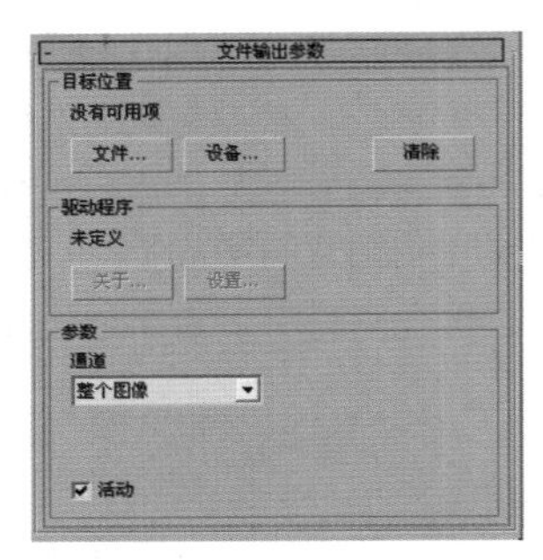

图9-162

- 【文件】按钮：单击该按钮，打开【保存图像】对话框，在该对话框中可将渲染出来的图像保存为AVI、BMP、EPS、PS、JPG、CIN、MOV、PNG、RLA、RPF、RGB、TGA、VDA、ICB、UST和TIF格式。
- 【设备】按钮：单击该按钮可以打开【选择图像输出设备】对话框。
- 【清除】按钮：单击该按钮可以清除所选择的任何文件或设备。
- 【关于】按钮：单击该按钮可以显示图像的相关信息。
- 【设置】按钮：单击该按钮可以在弹出的对话框中调整图像的质量、文件大小和平滑度。
- 通道：选择要保存或发送回【渲染效果】堆栈的通道。
- 活动：该选项可以控制是否启用【文件输出】功能。

## 9.2.6 胶片颗粒

【胶片颗粒】效果主要用于在渲染场景中重新创建胶片颗粒效果，同时还可以作为背景的源材质与软件中创建的渲染场景相匹配，其参数设置面板如图9-163所示。

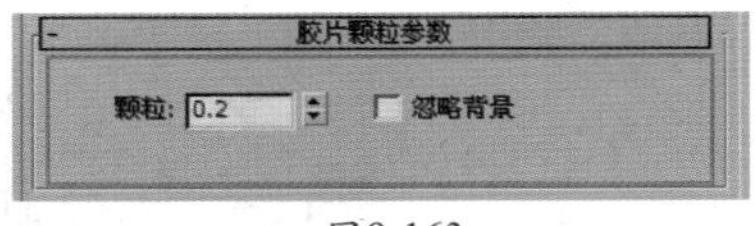

图9-163

- 颗粒：设置添加到图像中的颗粒数。
- 忽略背景：屏蔽背景，使颗粒仅应用于场景中的几何体对象。

## 小实例：利用胶片颗粒效果制作颗粒特效

| 场景文件 | 15.max |
| --- | --- |
| 案例文件 | 小实例：利用胶片颗粒效果制作颗粒特效.max |
| 视频教学 | 多媒体教学/Chapter 09/小实例：利用胶片颗粒效果制作颗粒特效.flv |
| 难易指数 | ★★★☆☆ |
| 技术掌握 | 掌握【胶片颗粒】效果功能 |

### 实例介绍

本实例是一个休闲室一角场景，主要讲解使用【胶片颗粒】效果模拟复古的感觉，最终效果如图9-164所示。

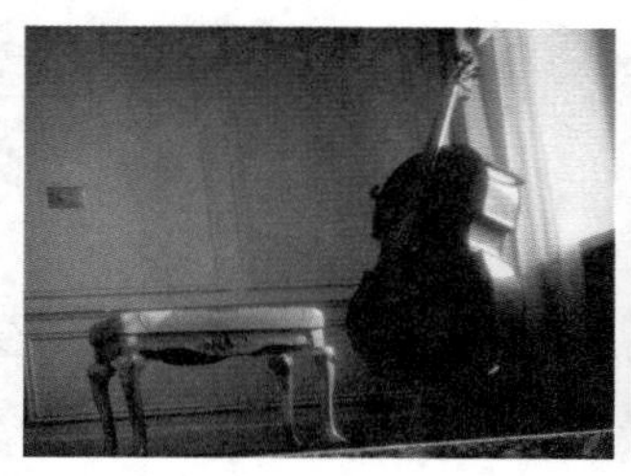

图9-164

## 操作步骤

步骤01 打开本书配套光盘中的【场景文件/Chapter09/14.max】文件，如图9-165所示。

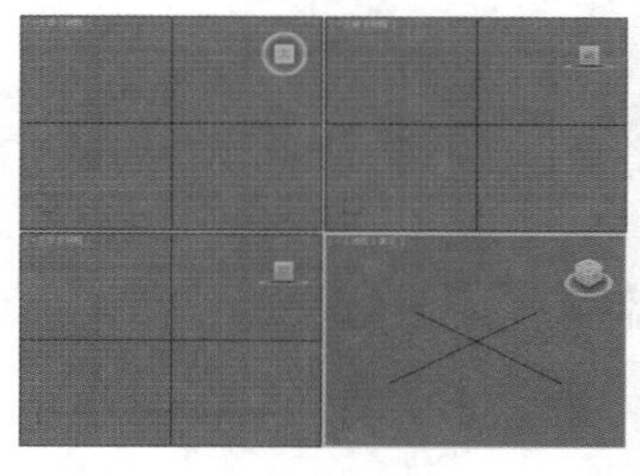

图9-165

**技巧提示**

打开场景文件后可以看到场景中什么也没有，此时按数字键8，打开【环境和效果】对话框，可以看到在【环境贴图】通道中已经添加了【背景.jpg】文件，如图9-166所示。

图9-166

步骤02 单击渲染，查看此时的效果，如图9-167所示。

步骤03 按数字键8，打开【环境和效果】对话框，选择【效果】选项卡，并单击【添加】按钮，选择【胶片颗粒】选项，单击【确定】按钮，如图9-168所示。

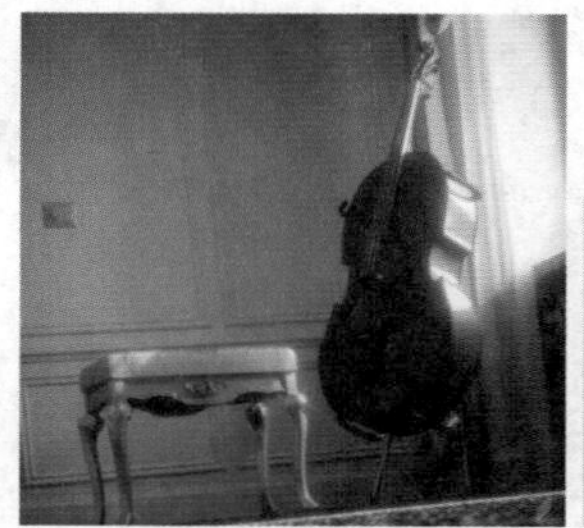

图9-167

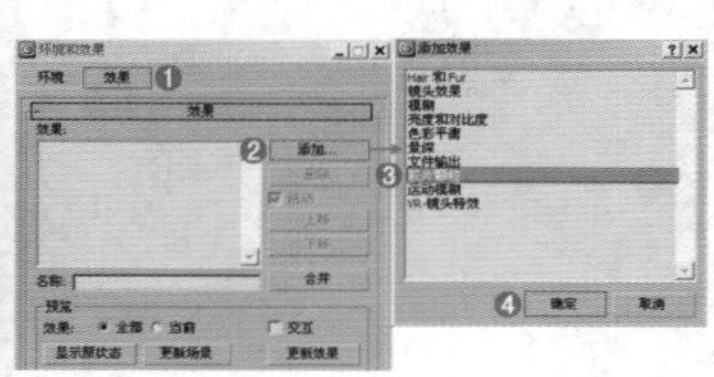

图9-168

步骤04 设置【颗粒】为0.5，单击渲染，查看此时的效果，如图9-169所示。

步骤05 继续设置【颗粒】为1.5，单击渲染，查看此时的效果，如图9-170所示。

图9-169

图9-170

## 9.2.7 VR-镜头效果

VR-镜头效果可以模拟带有光芒或眩光的特殊效果，其参数面板如图9-171所示。

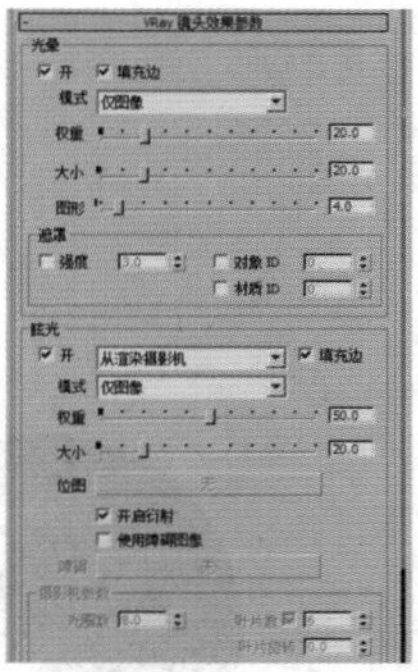

图9-171

- 开：可以控制是否开启【光芒】或【眩光】。
- 填充边：可以控制在渲染时，是否渲染出填充边的效果。
- 模式：包括仅图像、图像及渲染元素、仅渲染元素3种。
- 权重：控制【光芒】或【眩光】的程度。
- 大小：控制特效的尺寸大小。
- 图形：控制特效的形状。
- 位图：可以添加位图贴图。
- 开启衍射：选中该复选框即可开启衍射效果。
- 使用障碍图像：选中该复选框即可开启阴光图像效果。
- 障碍：用来添加阻光的贴图。
- 光圈值：用来控制相机光圈数值。
- 叶片数：用来控制相机叶片数数值。
- 叶片旋转：用来控制相机叶片旋转数值。

如图9-172所示为使用VR-镜头效果和不使用VR-镜头效果的对比效果。

图9-172

# 视频后期处理

使用【渲染】菜单中的【视频后期处理】命令可以实现合并（合成）并渲染输出不同类型事件，包括当前场景、位图图像、动画等，本章将详细介绍这部分内容。

**本章学习要点：**

- 视频后期处理的基本参数
- 使用视频后期处理制作效果

使用【渲染】菜单中的【视频后期处理】命令可以合并（合成）并渲染输出不同类型事件，包括当前场景、位图图像和动画等，如图10-1所示。

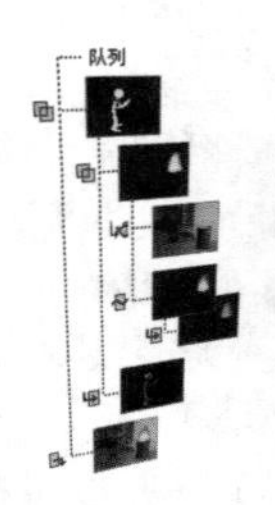

图10-1

## 10.1 视频后期处理队列

视频后期处理队列提供要合成的图像、场景和事件的层级列表。

视频后期处理对话框中的视频后期处理队列类似于【轨迹视图】和【材质编辑器】中的其他层级列表。在视频后期处理中，列表项为图像、场景、动画或一起构成队列的外部过程。这些队列中的项目被称为事件。

事件在队列中出现的顺序（从上到下）是执行它们时的顺序，因此，若想正确合成一个图像，背景位图必须显示在覆盖它的图像之前或之上。

队列中至少有一项，即标为队列的占位符，它是队列的父事件。

队列可以是线性的，但是某些类型的事件（例如图像层）会合并其他事件并成为其父事件，如图10-2所示。

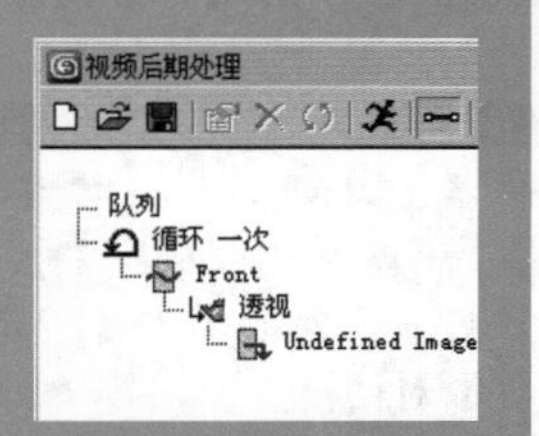


图10-2

## 10.2 视频后期处理状态栏/视图控件

视频后期处理状态栏包含提供提示和状态信息的区域以及用于控制事件轨迹区域中轨迹显示的按钮，如图10-3所示。

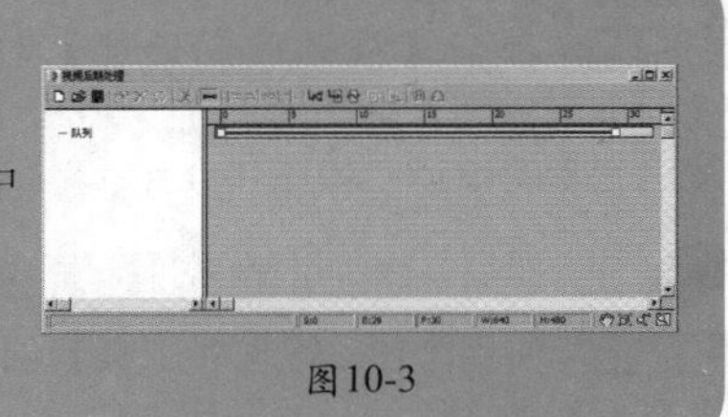

图10-3

- 提示行 编辑输入/输出点，平移事件。：显示使用当前选定功能的指令。
- 状态（开始、结束、帧、宽度、高度） S:0 E:201 F:202 W:720 H:486 ：显示当前事件的【开始】帧和【结束】帧、帧总数以及整个队列的输出分辨率。
  - 开始/结束：显示选定轨迹的开始和结束帧。如果没有选择任何轨迹，则显示整个队列的开始帧和结束帧。
  - F：显示选定轨迹中或整个对列的帧总数。
  - 宽度/高度：显示队列中所有事件渲染形成的图像的宽度和高度。
- 平移：用于在事件轨迹区域中水平拖动以将视图从左移至右。
- 最大化显示：水平调整事件轨迹区域的大小，以使最长轨迹栏的所有帧都可见。使用【最大化显示】来快速重置显示，以使用【缩放时间】按钮在放大选择的帧后显示所有帧。
- 缩放时间：在事件轨迹区域中显示较多或较少数量的帧，可缩放显示。时间标尺显示当前时间显示单位。在事件轨迹区域中水平拖动以缩放时间。向右拖动以在轨迹区域中显示较少帧（放大）；向左拖动以在轨迹区域中显示较多帧（缩小）。
- 缩放区域：通过在事件轨迹区域中拖动矩形来放大定义的区域。

## 10.3 视频后期处理的设置步骤

在现实中某些任务需要更多地使用视频后期处理，本章节中讲解了一些将要使用视频后期处理进行创建的较为常用的序列。此处以最简单的形式对视频后期处理的设置步骤进行概述，具体的步骤如下所示。

## 1. 使对象产生光晕

**步骤01** 在【透视】视口中创建一个半径大约为30的球体。

**步骤02** 选择【渲染】|【视频后期处理】命令。

**步骤03** 单击【添加场景事件】按钮并将视图设为【透视】，然后单击【确定】按钮，关闭【添加场景事件】对话框。

**步骤04** 单击【添加图像过滤器事件】按钮并从【过滤器插件】列表中选择【镜头效果光晕】选项，然后单击【确定】按钮，关闭【添加图像过滤器事件】对话框。

**步骤05** 单击【添加图像输出事件】按钮，然后单击【文件】按钮。

**步骤06** 将输出文件格式设置为【BMP 图像文件】并输入文件名，如 MyGlow。设置名称和格式后单击【保存】按钮。

**步骤07** 单击【确定】按钮，接受 BMP 配置对话框中的默认设置，然后单击【确定】按钮，关闭【添加图像输出事件】对话框。

**步骤08** 右键单击【球体】以显示【四元菜单】，然后选择【属性】命令。

**步骤09** 将【G 缓冲区】选项组中的【对象通道】设置为1并单击【确定】按钮。

**步骤10** 单击【执行序列】按钮。

**步骤11** 单击【视频后期处理】对话框中的【渲染】按钮，此时会在渲染窗口中看见一个发出光晕的球体，如图10-4所示。

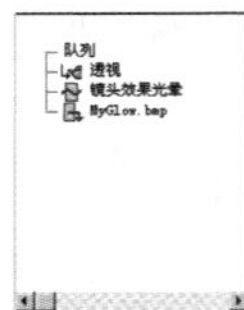


图10-4

## 2. 从一系列静态图像创建动画

**步骤01** 使用【IFL 管理器工具】创建 IFL 文件，该文件包含要处理的连续编号的图像文件。

**步骤02** 选择【渲染】|【视频后期处理】命令。

**步骤03** 单击【添加图像输入事件】按钮，然后单击【文件】按钮。选择在步骤01中创建的 IFL 文件，然后单击【打开】按钮关闭选择对话框。

**步骤04** 单击【确定】按钮关闭【添加输入图像事件】对话框。

**步骤05** 单击【添加图像输出事件】按钮，然后单击【文件】按钮。

**步骤06** 将输出文件格式设置为 AVI 文件并输入文件名，如 MyAnimation。设置名称和格式后单击【保存】按钮。

**步骤07** 从【视频压缩】对话框中选择编解码器并单击【确定】按钮。然后单击【确定】按钮，关闭【添加图像输出事件】对话框。

**步骤08** 单击【执行序列】按钮。

**步骤09** 单击【视频后期处理】对话框中的【渲染】按钮。最终结果将生成动画，如图10-5所示。

## 3. 使用星空渲染场景

**步骤01** 在【顶】视口中创建一个半径大约为 30 的球体和一个目标摄影机，然后将摄影机放置在一侧并使其指向球体的中心。

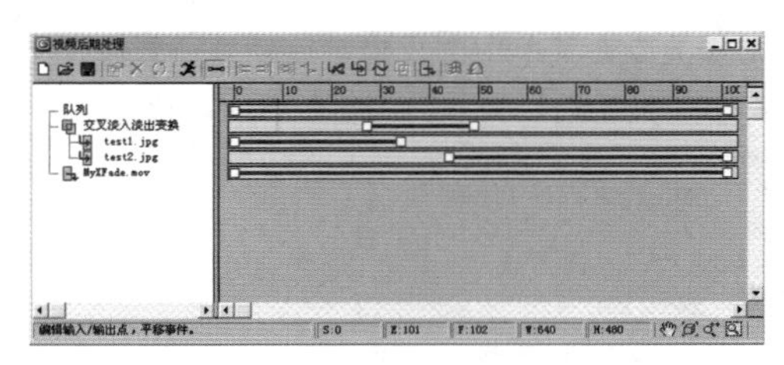


图10-5

**步骤02** 在【透视】视口中单击鼠标右键并按C键将该视口显示更改为【Camera01】。

**步骤03** 选择【渲染】|【视频后期处理】命令。

**步骤04** 单击【添加场景事件】按钮，并确保视图设置为 Camera01。

**步骤05** 单击【确定】按钮，关闭【添加场景事件】对话框。单击【添加图像过滤器事件】按钮，并从【过滤器插件】列表中选择【星空】选项。

**步骤06** 单击【设置】按钮，打开【星星控制】对话框。确保【源摄影机】（顶部位置）设置为 Camera01，然后单击【确定】按钮。

**步骤07** 单击【确定】按钮，关闭【添加图像过滤器事件】对话框。

**步骤08** 单击【添加图像输出事件】按钮，然后单击【文件】按钮。

**步骤09** 将输出文件格式设置为【BMP 图像文件】并输入文件名，如 MyStarfield。设置名称和格式后单击【保存】按钮。

**步骤10** 单击【确定】按钮，接受【BMP 配置】对话框中的默认设置，然后单击【确定】按钮，关闭【添加图像输出事件】对话框。

**步骤11** 单击【执行序列】按钮。

**步骤12** 将时间输出设置为【单帧】并单击【视频后期处理】对话框中的【渲染】按钮。最终结果是球体渲染图像位于星空背景下，如图10-6所示。

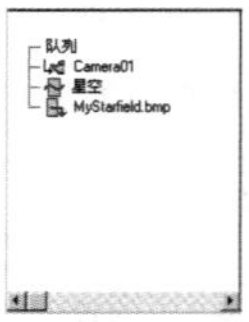

图10-6

## 4. 在两个图像间设置简单的交叉淡入淡出

**步骤01** 选择【渲染】|【视频后期处理】命令。

**步骤02** 单击【添加图像输入事件】按钮，然后单击【文件】按钮。选择第一个图像并单击【打开】，然后单击【确定】按钮，关闭【添加图像输入事件】对话框。

**步骤03** 再次单击【添加图像输入事件】按钮，然后单击【文件】按钮。选择第二个图像并单击【打开】按钮，然后单击【确定】按钮，关闭【添加图像输入事件】对话框。

**步骤04** 单击【添加图像输出事件】按钮，然后单击【文件】按钮。

**步骤05** 将输出文件格式设置为【MOV 文件】并输入文件名，如 MyXFade。设置名称和格式后单击【保存】按钮。

**步骤06** 单击【确定】按钮，接受【压缩设置】对话框中的默认设置，然后单击【确定】按钮，关闭【添加图像输出事件】对话框。

步骤07 选择第一个【图像输入事件】，然后按住 Ctrl 键的同时选择第二个【图像输入事件】。注意，这两个事件均高亮显示为金色。

步骤08 单击【添加图像层事件】按钮，并从合成器和变换列表中选取【交叉淡入淡出变换】。单击【确定】按钮，关闭【添加图像层事件】对话框。此时用户应注意【图像层事件】是如何成为两个【图像输入事件】的父级。

步骤09 单击【最大化显示】按钮以查看整套轨迹。

步骤10 在【队列】轨迹栏中按住并拖动范围栏的右端至帧20，这会调整所有的轨迹。

步骤11 选择【交叉淡入淡出变换】事件并拖动范围栏的左端至帧 5，然后拖动范围栏的右端至帧 15。这就设置了交叉淡入淡出出现的时间范围。

步骤12 选择第一个【图像输入事件】的轨迹并拖动范围栏的右端至帧 8。通过将终点设置到帧 8 而非帧 5，在第一个图像淡出为黑色的期间将有3个帧。

步骤13 选择第二个【图像输入事件】的轨迹并拖动范围栏的左端至帧 12。同样，设置这一端至帧 12 可确保第二个图像在3个帧上淡入，并在该变换的最后5个帧上以全色显示。

步骤14 单击【执行序列】按钮。

步骤15 单击【视频后期处理】对话框中的【渲染】按钮，如图10-7所示。

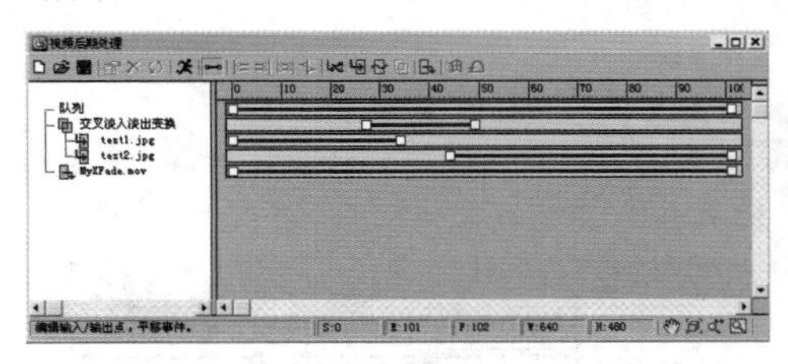

图10-7

## 5. 调整一系列图像的大小

步骤01 使用【IFL 管理器工具】来创建 IFL 文件，该文件包含要调整大小的连续编号的图像文件。

步骤02 选择【渲染】|【视频后期处理】命令。

步骤03 单击【添加图像输入事件】按钮，然后单击【文件】按钮。选择在步骤01中创建的 IFL 文件，然后单击【打开】按钮，关闭选择对话框。

步骤04 单击【确定】按钮，关闭【添加输入图像事件】对话框。

步骤05 单击【添加图像输出事件】按钮，然后单击【文件】按钮。

步骤06 将新静态图像集的输出文件格式设置为 TGA，并输入文件名，如 MyResize。设置名称和格式后单击【保存】按钮。

步骤07 单击【确定】按钮，接受【Targa图像控制】对话框中的默认设置，然后单击【确定】按钮，关闭【添加图像输出事件】对话框。

步骤08 单击【执行序列】按钮。

步骤09 在【视频后期处理】对话框中设置希望用于图像的新输出分辨率，然后单击【渲染】按钮，如图10-8所示。

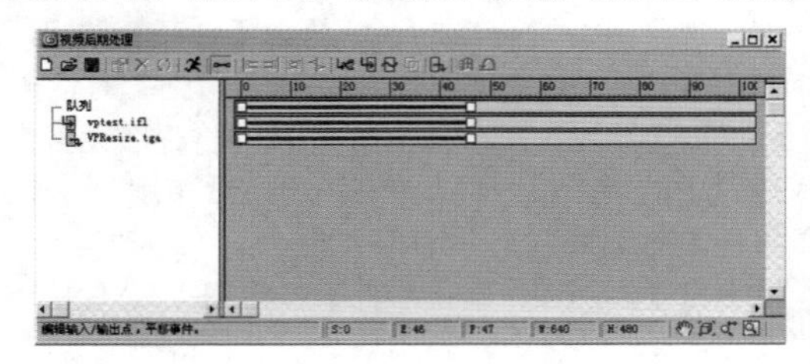

图10-8

## 6. 合成两个图像序列

步骤01 使用【IFL 管理器工具】为要合成的每个图像序列集创建一个 IFL 文件。

步骤02 选择【渲染】|【视频后期处理】命令。

步骤03 单击【添加图像输入事件】按钮，然后单击【文件】。选择第一个 IFL 文件并单击【打开】按钮，然后单击【确定】按钮，关闭【添加图像输入事件】对话框。

步骤04 再次单击【添加图像输入事件】按钮，然后单击【文件】。选择第二个 IFL 文件并单击【打开】按钮，然后单击【确定】按钮，关闭【添加图像输入事件】对话框。

步骤05 单击【添加图像输出事件】按钮，然后单击【文件】。

步骤06 将输出文件格式设置为【MOV 文件】并输入文件名，如 MyComposite。设置名称和格式后单击【保存】按钮。

步骤07 单击【确定】按钮，接受【压缩设置】对话框中的默认设置，然后单击【确定】按钮，关闭【添加图像输出事件】对话框。

步骤08 选择第一个【图像输入事件】，然后在按住 Ctrl 键的同时选择第二个【图像输入事件】。注意，这两个事件均高亮显示为金色。

步骤09 单击【添加图像层事件】按钮，并从合成器和变换列表中选取 Alpha 合成器。单击【确定】按钮，关闭【添加图像层事件】对话框。此时用户应注意【图像层事件】是如何成为两个【图像输入事件】的父级的。

步骤10 单击【执行序列】按钮。

步骤11 单击【视频后期处理】对话框中的【渲染】按钮，如图10-9所示。

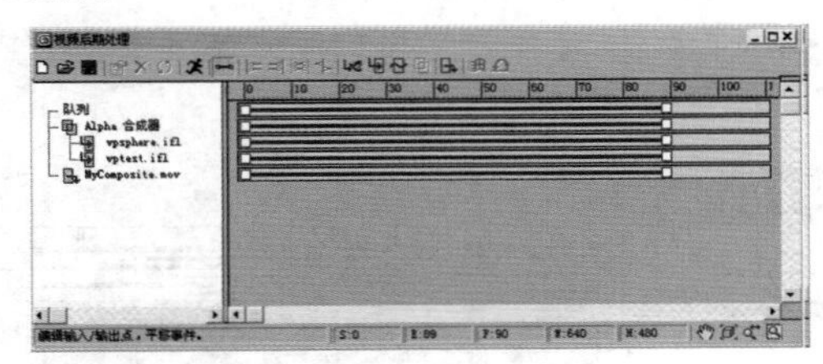

图10-9

## 7. 在图像序列或动画上渲染场景

步骤01 使用【IFL 管理器工具】为要用作当前场景背景的图像集创建一个 IFL 文件。

步骤02 选择【渲染】|【视频后期处理】命令。

步骤03 单击【添加图像输入事件】按钮，然后单击【文件】按钮。选择 IFL 文件或动画并单击【打开】按钮，然后单击【确定】按钮，关闭【添加图像输入事件】对话框。

步骤04 单击【添加场景事件】按钮并将视图设置为【透视】或场景中的摄影机，然后单击【确定】按钮，关闭【添加场景事件】对话框。

步骤05 单击【添加图像输出事件】按钮，然后单击【文件】按钮。

步骤06 将输出文件格式设置为【AVI 文件】并输入文件名，如 MyScene。设置名称和格式后单击【保存】按钮。

步骤07 从【视频压缩】对话框中选择编解码器并单击【确定】按钮，然后单击【确定】按钮，关闭【添加图像输出事件】对话框。

步骤08 选择第一个【图像输入事件】，然后在按住 Ctrl 键的同时选择第二个【场景事件】。注意，这两个事件均高亮显示为金色。

步骤09 单击【添加图像层事件】按钮，并从合成器和变换列表中选取【伪 Alpha】，然后单击【确定】按钮，关闭【添加图像层事件】对话框。此时用户应注意【图像层事件】是如何成为两个【图像输入事件】的父级的。

步骤10 单击【执行序列】按钮。

步骤11 单击【视频后期处理】对话框中的【渲染】按钮，如图10-10所示。

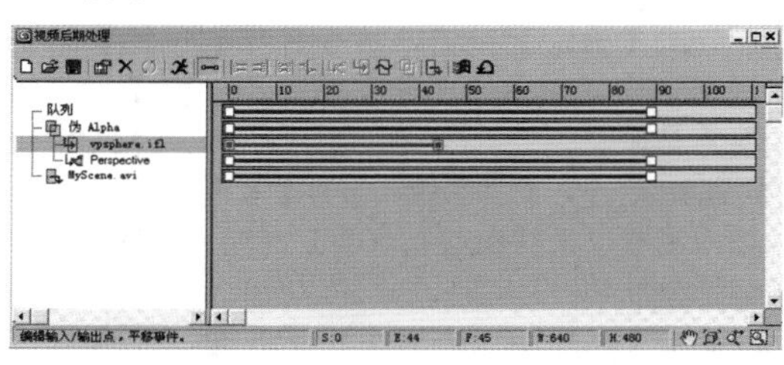


图10-10

步骤12 在【伪 Alpha】层事件下选择【图像输入事件】。

步骤13 添加【循环事件】并将次数设置为 4，此时【图像输入事件】会进一步嵌套在队列中。如果需要，可使用默认的【循环】设置或将其更改为【往复】，然后单击【确定】按钮，关闭【添加循环事件】对话框。

步骤14 再次单击【执行序列】按钮并渲染场景，如图10-11所示。

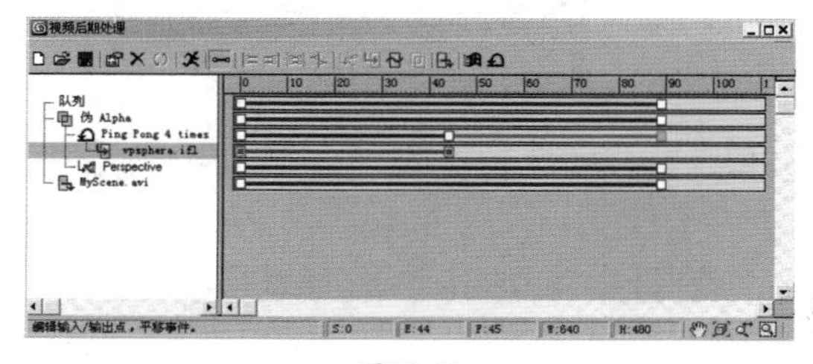


图10-11

## 8. 连接两个动画（首尾相连）

步骤01 选择【渲染】|【视频后期处理】命令。

步骤02 单击【添加图像输入事件】按钮，然后单击【文件】按钮。选择第一个动画文件并单击【打开】按钮，然后单击【确定】按钮，关闭【添加图像输入事件】对话框。

步骤03 再次单击【添加图像输入事件】按钮，然后单击【文件】按钮。选择下一个动画文件并单击【打开】按钮，然后单击【确定】按钮，关闭【添加图像输入事件】对话框。

步骤04 对需要连接的所有其他动画重复上一个步骤。

步骤05 单击【添加图像输出事件】按钮，然后单击【文件】按钮。

步骤06 将输出文件格式设置为【MOV 文件】并输入文件名，如 MyFinal。设置名称和格式后单击【保存】按钮。

步骤07 单击【确定】按钮，接受【压缩设置】对话框中的默认设置，然后单击【确定】按钮，关闭【添加图像输出事件】对话框。

步骤08 选择第一个【图像输入事件】，然后在按住 Ctrl 键的同时选择第二个【图像输入事件】。注意，这两个事件均高亮显示为金色。

步骤09 单击【关于选定项】按钮。

步骤10 对随后的【图像输入事件】按钮重复上两个步骤。

步骤11 单击【最大化显示】按钮以查看整套轨迹。

步骤12 选择【图像输出事件】并拖动范围栏的右端以匹配队列中的总帧数。

步骤13 单击【执行序列】按钮。

步骤14 单击【视频后期处理】对话框中的【渲染】按钮，如图10-12所示。

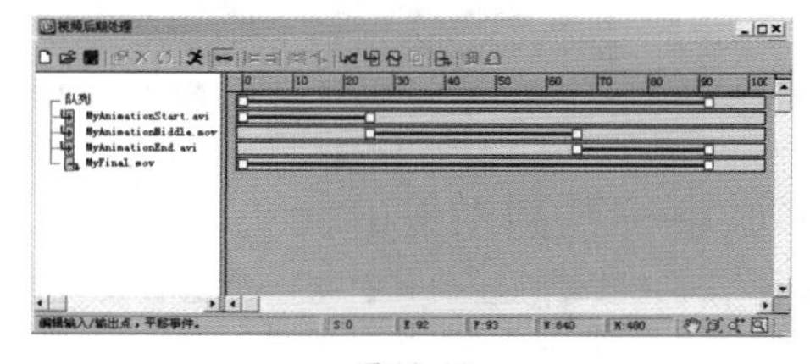


图10-12

## 9. 在视图间切换

步骤01 在【透视】视口中创建一个长为15、宽为30、高为15 的长方体。

步骤02 在【顶】视口中创建两个从不同角度指向该长方体的目标摄影机。

步骤03 单击或右键单击【左】视口中的观察点（POV）视口标签。在【POV 视口标签】菜单中选择【视图】|【Camera01】命令。

步骤04 单击或右键单击【透视】视口中的 POV 视口标签。在【POV 视口标签】菜单中选择【视图】|【Camera02】命令。

步骤05 选择【渲染】|【视频后期处理】命令。

步骤06 单击【添加场景事件】按钮，并将视图设置为Camera01。单击【确定】按钮，关闭【添加场景事件】对话框。

**步骤07** 再次单击【添加场景事件】按钮并将视图设置为Camera02。单击【确定】按钮，关闭【添加场景事件】对话框。

**步骤08** 选择第一个【场景事件】，然后在按住 Ctrl 键的同时选择第二个【场景事件】。注意，这两个事件均高亮显示为金色。

**步骤09** 单击【关于选定项】按钮。

**步骤10** 单击队列的空白部分以取消选择这两个场景事件。

**步骤11** 单击【添加图像输出事件】按钮，然后单击【文件】按钮。

**步骤12** 将输出文件格式设置为【MOV 文件】并输入文件名，如 MyViews。设置名称和格式后单击【保存】按钮。

**步骤13** 单击【确定】按钮，接受【压缩设置】对话框中的默认设置，然后单击【确定】按钮，关闭【添加图像输出事件】对话框。

**步骤14** 单击【执行序列】按钮。

**步骤15** 单击【视频后期处理】对话框中的【渲染】按钮，如图10-13所示。

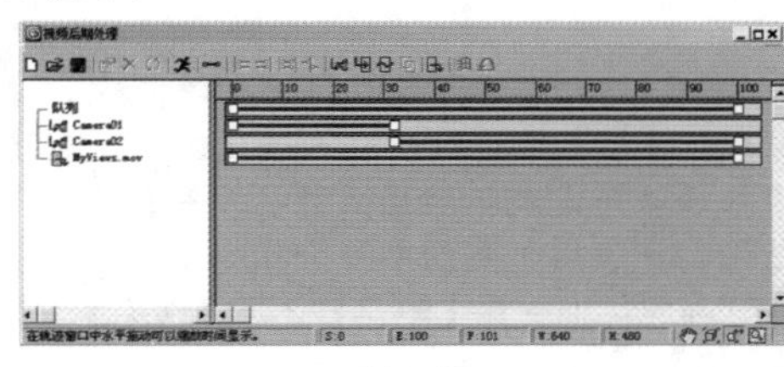

图10-13

### 10．反转渲染场景

**步骤01** 选择【渲染】|【视频后期处理】命令。

**步骤02** 单击【添加场景事件】按钮，并将视图设置为【透视】或场景中的摄影机。

**步骤03** 在【场景范围】选项组中取消选中【锁定到VideoPost范围】复选框并将【场景开始】设置为动画的最后一个帧。

**步骤04** 取消选中【锁定范围栏到场景范围】复选框并将【场景结束】设置为 0，如图10-14所示。

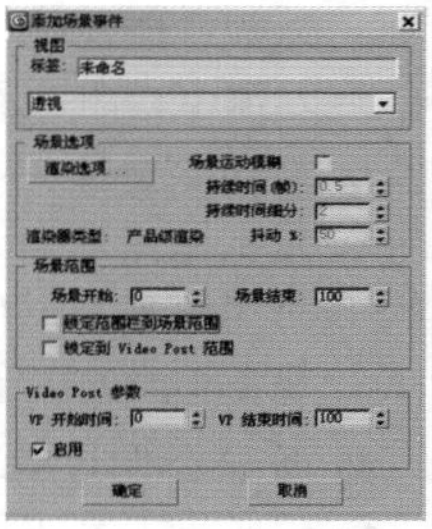

图10-14

**步骤05** 单击【确定】按钮，关闭【添加输入图像事件】对话框。

**步骤06** 单击【添加图像输出事件】按钮，然后单击【文件】按钮。

**步骤07** 将输出文件格式设置为【AVI 文件】并输入文件名，如 MyReverse。设置名称和格式后单击【保存】按钮。

**步骤08** 从【视频压缩】对话框中选择编解码器并单击【确定】按钮，然后单击【确定】按钮，关闭【添加图像输出事件】对话框。

**步骤09** 单击【执行序列】按钮。

**步骤10** 单击【视频后期处理】对话框中的【渲染】按钮，如图10-15所示。

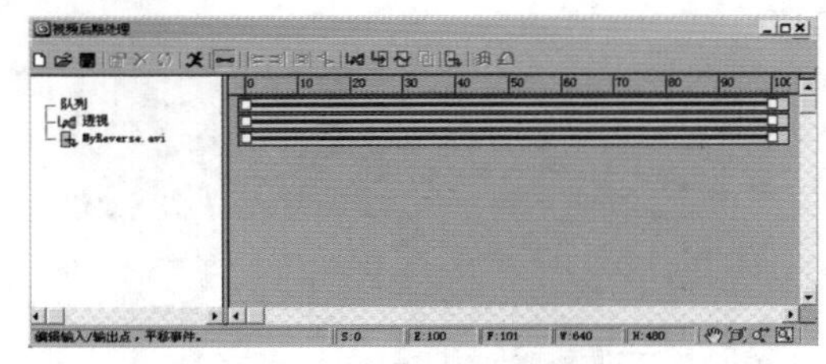

图10-15

## 10.4 视频后期处理工具栏

视频后期处理工具栏包含的工具用于处理视频后期处理文件（VPX 文件）、管理显示在【视频后期处理队列】和事件轨迹区域中的单个事件，如图10-16所示。

图10-16

- 新建序列：通过清除队列中的现有事件，该按钮可创建新的视频后期处理序列。
- 打开序列：可打开存储在磁盘上的ideo Post序列。
- 保存序列：可将当前视频后期处理序列保存到磁盘。
- 编辑当前事件：单击该按钮会显示一个对话框，用于编辑选定事件的属性。该对话框取决于选定事件的类型。编辑对话框中的控件与用户用于添加事件类型的对话框中的控件相同。
- 删除当前事件：单击该按钮会删除【视频后期处理队列】中的选定事件。
- 交换事件：可切换队列中两个选定事件的位置。
- 执行序列：执行视频后期处理队列作为创建后期制作视频的最后一步。执行与渲染有所不同，因为渲染只用于场景，但是用户可以使用视频后期处理合成图像和动画而无须包括当前的 3ds Max 场景。
- 编辑范围栏：为显示在事件轨迹区域的范围栏提供编辑功能。
- 将选定项靠左对齐：向左对齐两个或多个选定范围栏。
- 将选定项靠右对齐：向右对齐两个或多个选定范围栏。
- 使选定项大小相同：使所有选定的事件与当前的事件大小相同。
- 关于选定项：将选定的事件端对端连接，这样，一个事件结束时，下一个事件开始。
- 添加场景事件：将选定摄影机视口中的场景添加至

队列。场景事件是当前 3ds Max 场景的视图，可选择显示哪个视图以及如何同步最终视频与场景。

- 添加图像输入事件：将静止或移动的图像添加至场景。【图像输入】事件将图像放置到队列中，但不同于【场景】事件，该图像是一个事先保存过的文件或设备生成的图像。
- 添加图像过滤器事件：提供图像和场景的图像处理。以下列出了几种类型的图像过滤器。例如，【底片】过滤器反转图像的颜色，【淡入淡出】过滤器随时间淡入淡出图像。
- 添加图像层事件：添加合成插件来分层队列中选定的图像。
- 添加图像输出事件：提供用于编辑输出图像事件的控件。
- 添加外部事件：外部事件通常是执行图像处理的程序，同时它还可以是希望在队列中特定点处运行的批处理文件或工具，也可以是从 Windows 剪贴板传输图像或将图像传输到 Windows 剪贴板的方法。
- 添加循环事件：循环事件导致其他事件随时间在视频输出中重复，它们控制排序，但不执行图像处理。

# 10.5 过滤器事件

过滤器事件可提供图像和场景的图像处理，本节将介绍视频后期处理中可用的过滤器事件。

## 10.5.1 对比度过滤器

可以使用【对比度过滤器】调整图像的对比度和亮度，其参数面板如图10-17 所示。

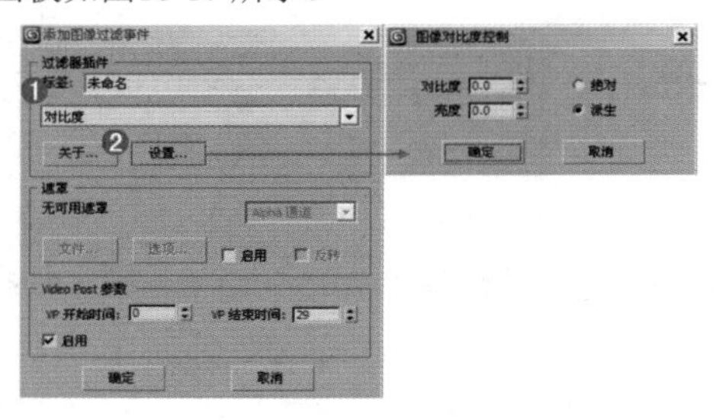

图10-17

- 对比度：将微调器设置在 0 ～ 1.0 之间。通过创建 16 位查找表来压缩或扩展最大黑色度和最大白色度之间的范围，此表用于图像中任一指定灰度值，而灰度值的计算则取决于选择【绝对】还是【派生】。
- 亮度：将微调器设置在 0 ～ 1.0 之间。这将增加或减少所有颜色分量（红、绿和蓝）。
- 绝对/派生：确定【对比度】的灰度值计算。【绝对】使用任一颜色分量的最高值；【派生】使用3种颜色分量的平均值。

## 10.5.2 衰减图像控制

衰减图像控制随时间淡入或淡出图像。淡入淡出的速率取决于淡入淡出过滤器时间范围的长度。其参数面板如图10-18所示。

- 向内：淡入。
- 向外：淡出。

## 10.5.3 图像 Alpha 过滤器

图像 Alpha 过滤器用过滤遮罩指定的通道替换图像的 Alpha 通道。此过滤器采用【遮罩】（包括 G 缓冲区通道数据）下通道选项中所选定的任一通道，并将其应用到此队列的 Alpha 通道，从而替换此处的内容。如果未选择遮罩，则此过滤器无效。注意，此过滤器没有【设置】选项。其参数面板如图10-19所示。

## 10.5.4 镜头效果过滤器

镜头效果过滤器将具有真实感的摄影机光斑、光晕、微光、闪光以及景深模糊添加到场景中。镜头效果会影响整个场景，场景中的特定对象周围可以生成镜头效果。

### 1．镜头效果光斑

【镜头效果光斑】对话框用于将镜头光斑效果作为后期处理添加到渲染中。通常对场景中的灯光应用光斑效果，随后对象周围会产生镜头光斑。可以在【镜头效果光斑】对话框中控制镜头光斑的各个方面。其参数面板如图10-20所示。

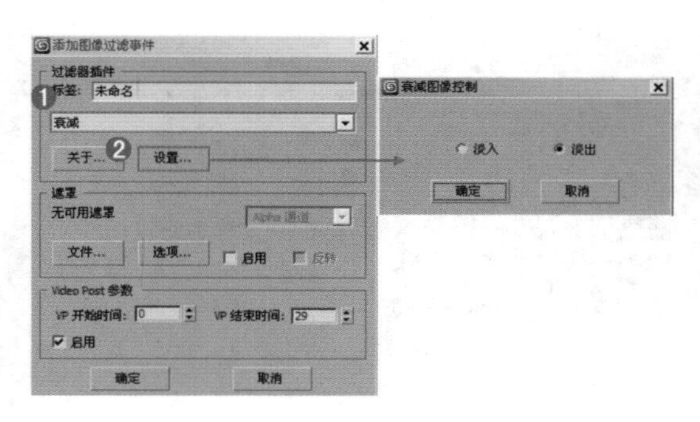


图10-18

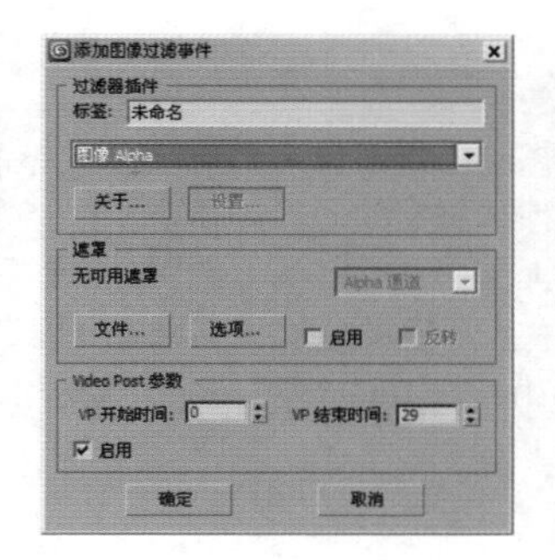


图10-19

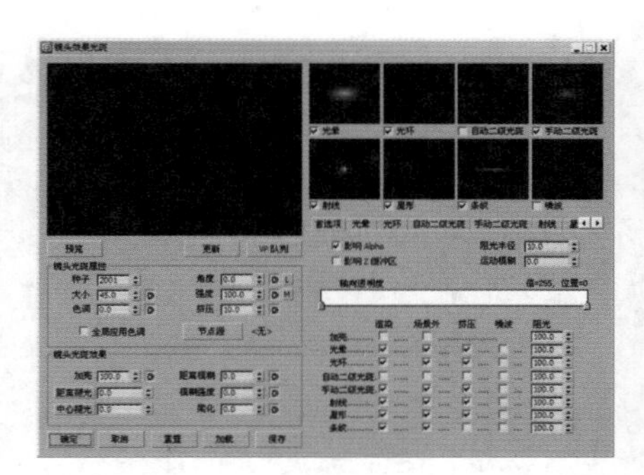

图10-20

## 技巧提示

如何调出【镜头效果光斑】对话框?

首先单击【添加图像过滤事件】按钮，然后在弹出的对话框中设置类型为【镜头效果光斑】，最后单击【设置】按钮，即可调出【镜头效果光斑】对话框，如图10-21所示。

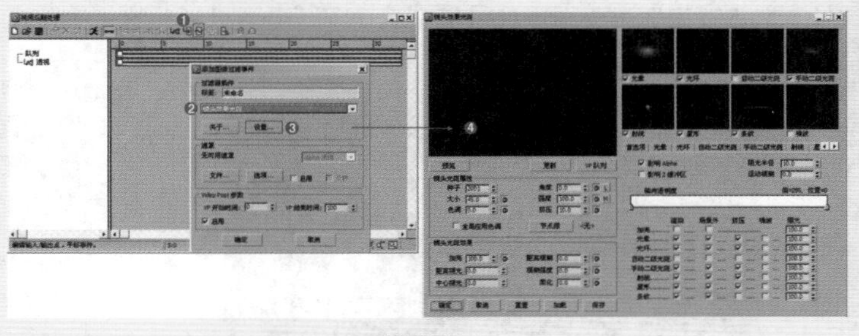

图10-21

### 2. 镜头效果焦点

【镜头效果焦点】对话框可用于根据对象距摄影机的距离来模糊对象。焦点使用场景中的【Z 缓冲区】信息来创建其模糊效果。可以使用【焦点】创建效果，如焦点中的前景元素和焦点外的背景元素。其参数面板如图10-22所示。

### 3. 镜头效果光晕

【镜头效果光晕】对话框可以用于在任何指定的对象周围添加有光晕的光环。例如，对于爆炸粒子系统，为粒子添加光晕使它们看起来好像更明亮而且更热。【镜头效果光晕】模块为多线程，可以利用多重处理的机器。其参数面板如图10-23所示。

### 4. 镜头效果高光

使用【镜头效果高光】对话框可以指定明亮的、星形的高光，可以将其应用在具有发光材质的对象上。例如，在明亮的阳光下一辆闪闪发光的红色汽车可能会显示出高光。其参数面板如图10-24所示。

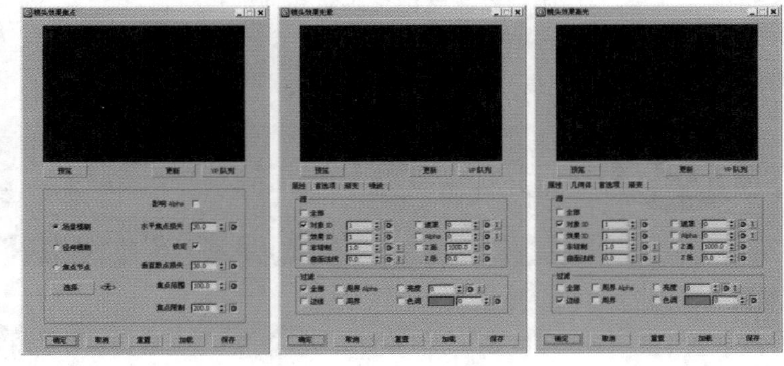

图10-22　　图10-23　　图10-24

## 10.5.5 底片过滤器

底片过滤器可反转图像的颜色，使其反转为类似彩色照片底片。其参数面板如图10-25所示。

- 混合：设置出现的混合量。

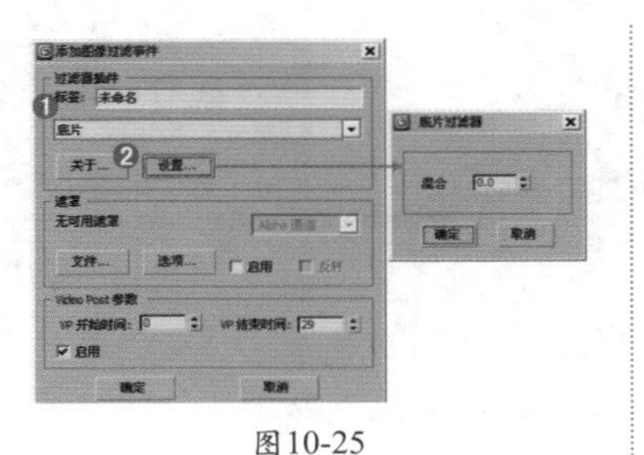


图10-25

## 10.5.6 伪 Alpha 过滤器

伪 Alpha 过滤器根据图像的第一个像素（位于左上角的像素）创建一个 Alpha 图像通道，所有与此像素颜色相同的像素都会变成透明。注意，此过滤器没有【设置】选项。其参数面板如图10-26所示。

图10-26

## 10.5.7 简单擦除过滤器

简单擦除过滤器使用擦拭变换显示或擦除前景图像。不同于擦拭层合成器，简单擦除过滤器可以擦拭固定的图像。其参数面板如图10-27所示。

- 右向箭头：从左向右擦拭。
- 左向箭头：从右向左擦拭。
- 推入：显示图像。
- 弹出：擦除图像。

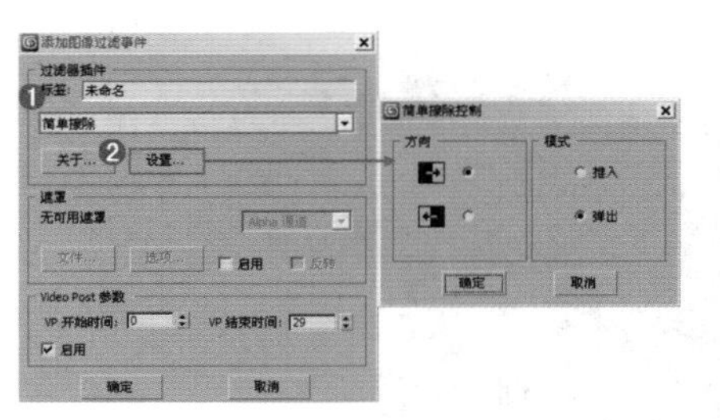

图10-27

## 10.5.8 星空过滤器

星空过滤器使用可选运动模糊生成具有真实感的星空，该过滤器需要摄影机视图。任一星空运动都是摄影机运动的结果。其参数面板如图10-28所示。

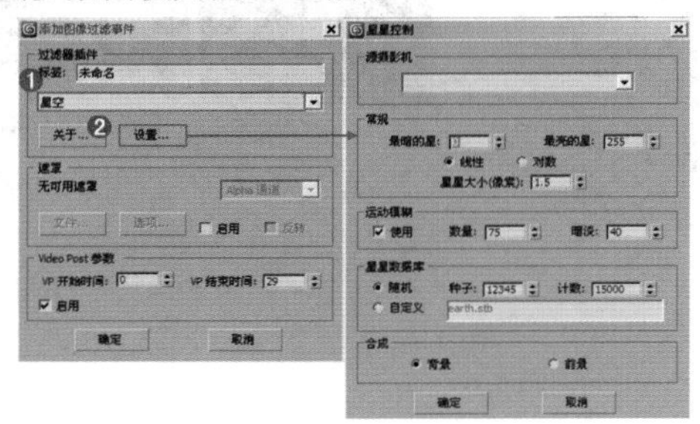

图10-28

- 源摄影机：用于从场景中的摄影机列表中选择摄影机。选择与用于渲染场景的摄影机相同的摄影机。
- 最暗的星：指定最暗的星。
- 最亮的星：指定最亮的星。
- 线性/对数：指定是按线性还是按对数计算亮度的范围。
- 星星大小（像素）：以像素为单位指定星星的大小。
- 使用：启用该选项之后，星空使用运动模糊。禁用该选项后，星星会显示为圆点，而不论摄影机是否运动。
- 数量：摄影机【快门】打开的帧时间百分比。
- 暗淡：确定经过条纹处理的星星如何随着其轨迹的延长而逐渐暗淡。
- 随机：使用随机数【种子】来初始化随机数生成器，生成由【计数】微调器指定的星星数量。
- 种子：初始化随机数生成器。通过在不同动画中使用同一【种子】值，可以确保星空相同。
- 计数：选中【随机】单选按钮时指定所生成的星星数量。
- 自定义：读取指定文件。
- 背景：合成背景中的星星。
- 前景：合成前景中的星星。

# 10.6 层事件

层事件包含两个事件，它们也可创建从一个事件到随后事件的转换。本节将介绍视频后期处理中附带的层事件。

### 1．Alpha合成器

Alpha 合成器使用前景图像的 Alpha 通道将两个图像合成。背景图像将显示在前景图像 Alpha 通道为透明的区域。其参数面板如图10-29所示。

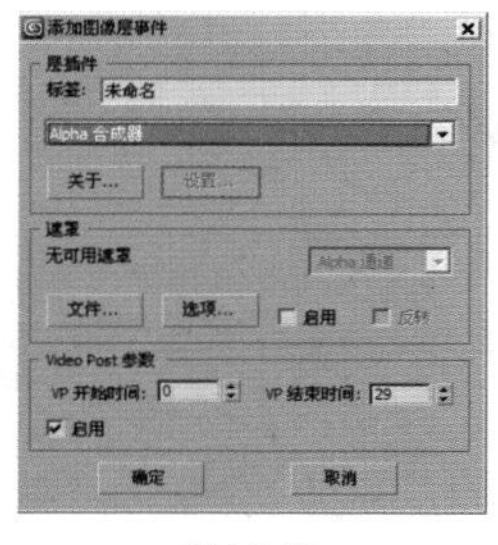

图10-29

**技巧提示**

如何调出层事件的合成器对话框？

在默认情况下，【添加图像层事件】按钮是灰色不可用的，这是因为要想使用层事件，需要在按住Ctrl键的同时选择两个层，此时可发现【添加图像层事件】按钮可以使用了，如图10-30所示。

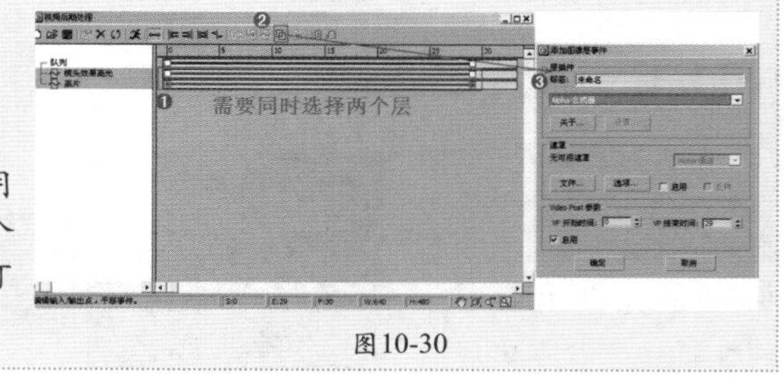


图10-30

### 2．交叉衰减变换合成器

交叉衰减变换合成器按时间将这两个图像合成，从背景图像交叉淡入淡出至前景图像。交叉淡入淡出的速率由【交叉衰减变换合成器】过滤器的时间范围长度确定。其参数面板如图10-31所示。

## 3．伪 Alpha 合成器

伪 Alpha 合成器按照前景图像左上角的像素创建前景图像的 Alpha 通道，从而比对背景合成前景图像，前景图像中使用此颜色的所有像素都会变为透明。其参数面板如图10-32所示。

## 4．简单加法合成器

简单加法合成器使用第二个图像的强度（HSV 值）来确定透明度以合成两个图像。完全强度 （255） 区域为不透明区域，零强度区域为透明区域，中等透明度区域是半透明区域。其参数面板如图10-33所示。

## 5．简单擦除合成器

简单擦除合成器使用擦除变换显示或擦除前景图像。不同于擦除过滤器，擦除层事件会移动图像，将图像滑入或滑出。擦除的速率取决于擦除合成器时间范围的长度。其参数面板如图10-34所示。

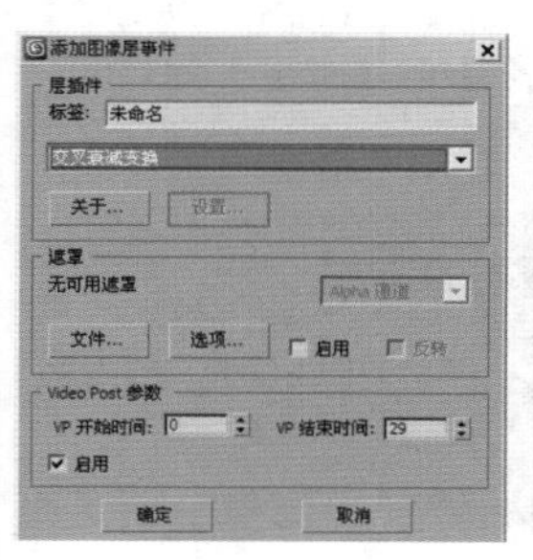

图10-31

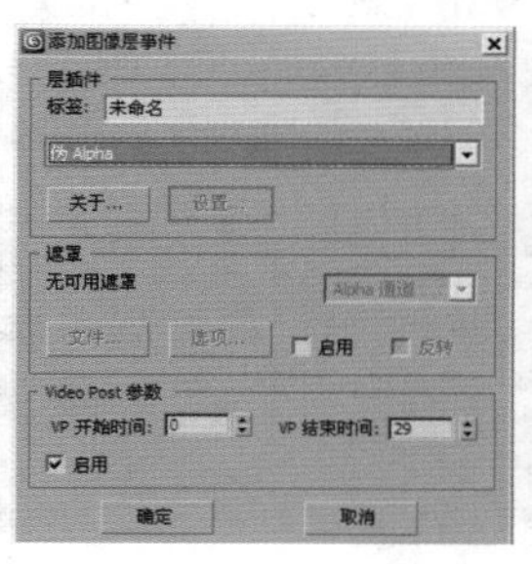

图10-32

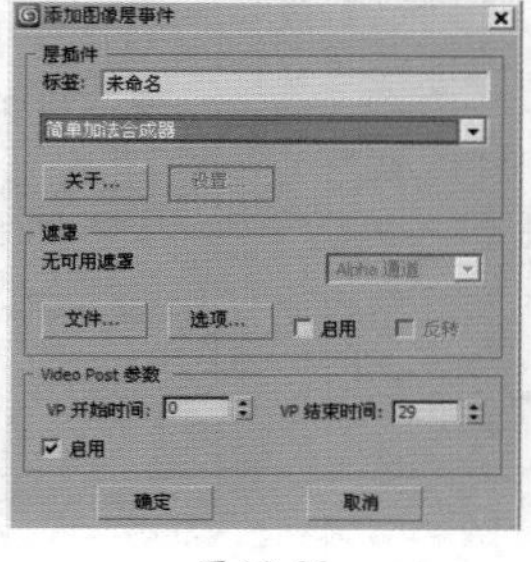

图10-33

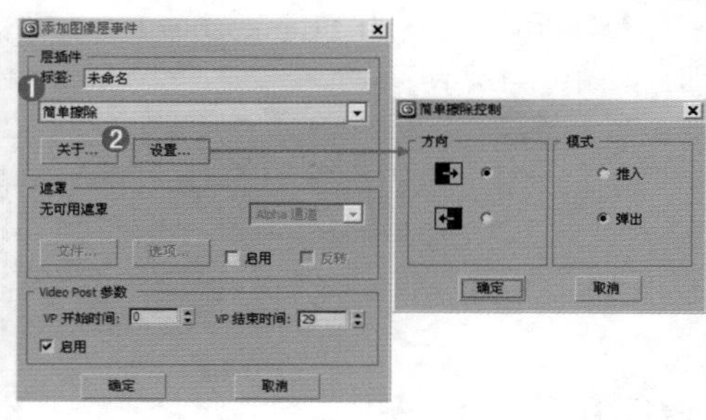

图10-34

## 小实例：利用镜头效果光晕制作夜晚月光

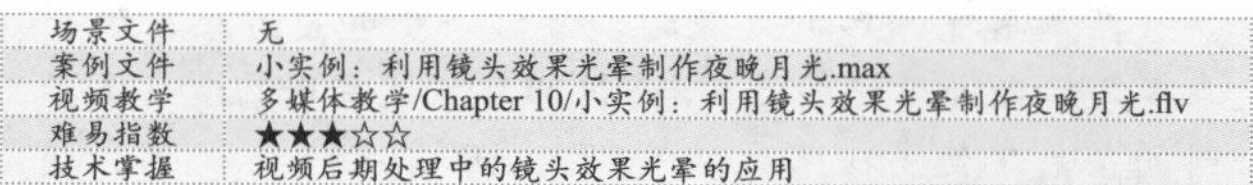

| 场景文件 | 无 |
| --- | --- |
| 案例文件 | 小实例：利用镜头效果光晕制作夜晚月光.max |
| 视频教学 | 多媒体教学/Chapter 10/小实例：利用镜头效果光晕制作夜晚月光.flv |
| 难易指数 | ★★★☆☆ |
| 技术掌握 | 视频后期处理中的镜头效果光晕的应用 |

### 实例介绍

本实例是一个夜晚场景，主要使用视频后期处理中的镜头效果光晕制作夜晚月光效果，如图10-35所示。

图10-35

### 操作步骤

**步骤01** 打开3ds Max 2016，并在场景中创建一个球体，设置其【半径】为15，【分段】为32，如图10-36所示。

**步骤02** 打开材质编辑器，单击一个材质球，设置材质类型为【Standard（标准）】，然后选中【自发光】选项组中的【颜色】复选框，并设置为浅黄色，如图10-37所示。

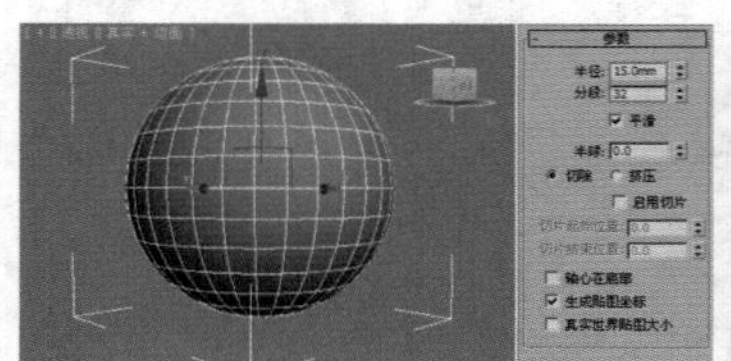

图10-36

图10-37

**步骤03** 将步骤02中制作的材质赋予球体，然后选择球体后单击鼠标右键，在弹出的快捷菜单中选择【对象属性】命令，最后设置【G缓冲区】选项组中的【对象ID】为1，如图10-38所示。

**步骤04** 在场景中创建一台摄影机，位置如图10-39所示。

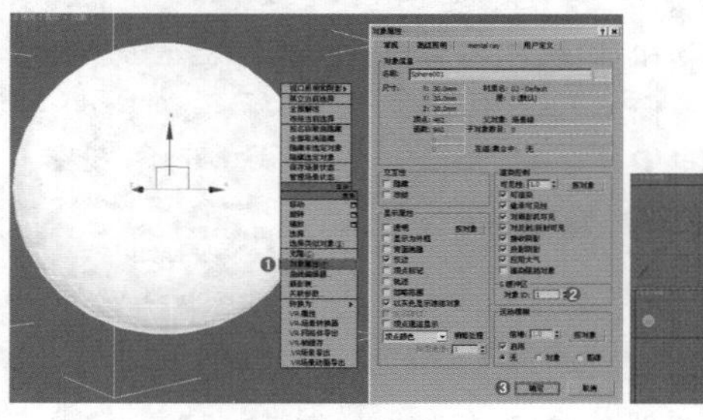

图10-38　　图10-39

**步骤05** 按数字键8，打开【环境和效果】对话框，并在【环境和贴图】通道中加载【背景.jpg】贴图文件，如图10-40所示。

**步骤06** 按F9键进行渲染，渲染效果如图10-41所示。

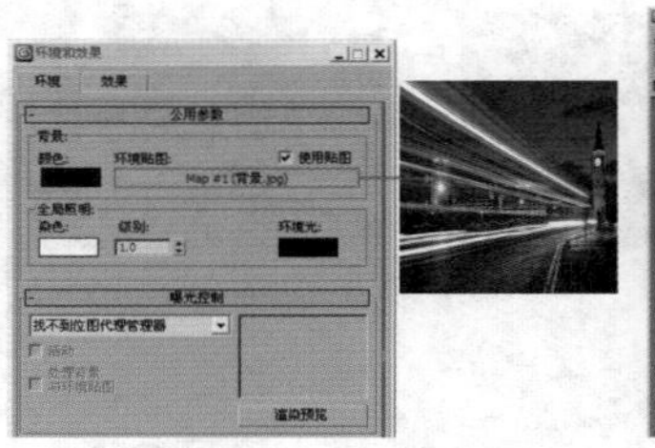

图10-40

图10-41

**步骤07** 选择【渲染】|【视频后期处理】命令，如图10-42

所示，此时会弹出视频后期处理对话框，如图10-43所示。

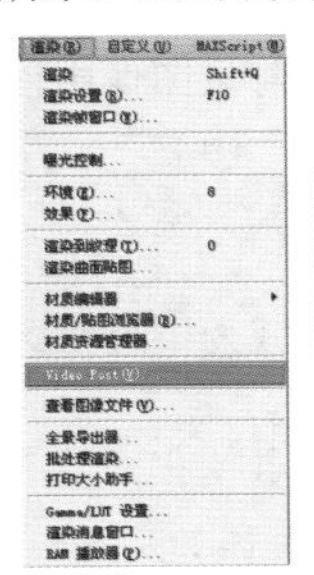

图10-42

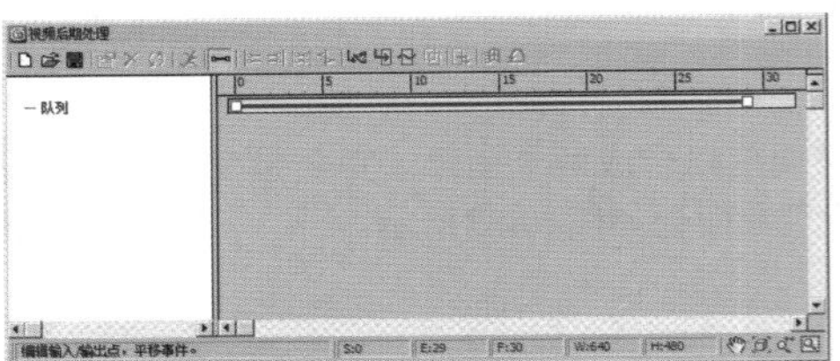

图10-43

步骤08 单击【添加场景事件】按钮，然后在【添加场景事件】对话框中设置为【Camera001】，并单击【确定】按钮，如图10-44所示。

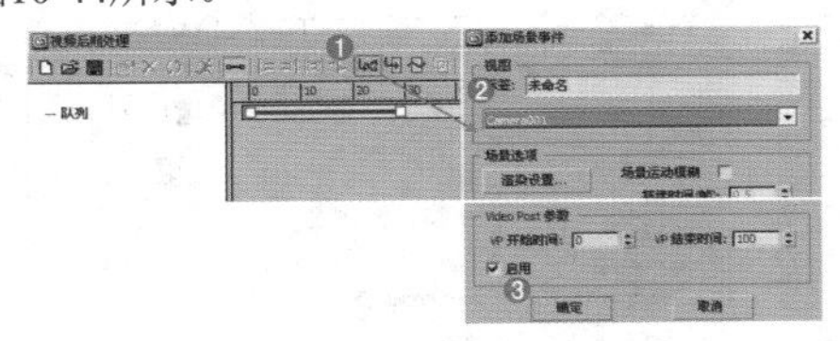

图10-44

技巧提示

此时在【添加场景事件】对话框中设置为【Camera 001】，那么就必须激活摄影机【Camera001】视图后才可以进行正确的模拟，否则将不会出现任何效果，因此即可表明此时若选择了哪个视图就要对应激活哪个视图。

步骤09 单击【添加图像过滤事件】按钮，在【添加图像过滤事件】对话框中设置为【镜头效果光晕】，并单击【确定】按钮，如图10-45所示。

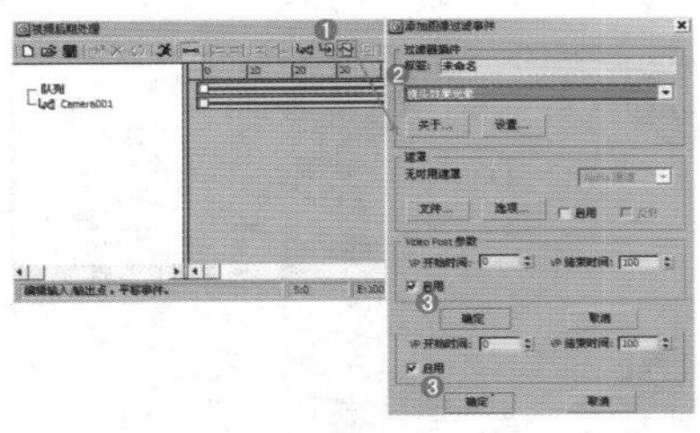

图10-45

步骤10 单击【设置】按钮，并选择【首选项】选项卡，然后设置【大小】为6，【强度】为30，接着单击【VP队列】按钮，单击【预览】按钮，此时会出现预览的效果，如图10-46所示。

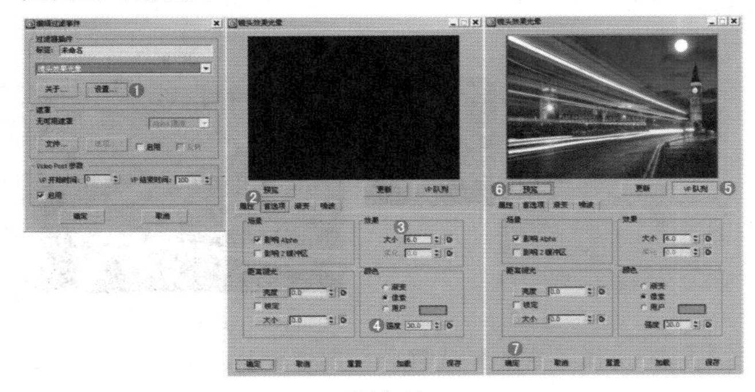

图10-46

步骤11 单击【添加图像输出事件】按钮，然后在【添加图像输出事件】对话框中单击【文件】按钮，并设置一个文件名和要保存的路径，如图10-47所示。

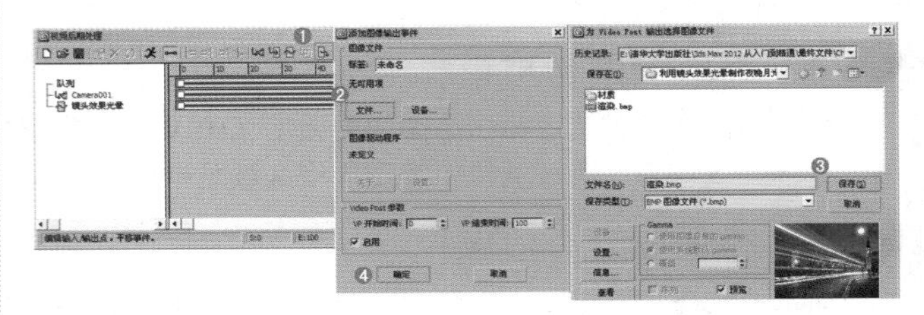

图10-47

步骤12 单击【执行序列】按钮，然后在【视频后期处理】对话框中设置【时间输出】为【单个】，【宽度】为1500，【高度】为1125，最后单击【渲染】按钮，如图10-48所示。

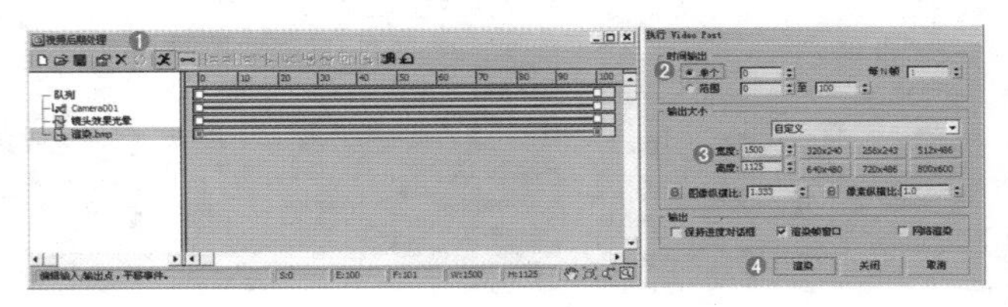

图10-48

技巧提示

在使用视频后期处理时，最后一步也是渲染，但是在视频后期处理中的渲染与3ds Max中最常用的渲染是不同的，要想使用视频后期处理，则必须要单击视频后期处理中的渲染进行最终的渲染，如图10-49所示为使用视频后期处理中的渲染和使用3ds Max的常用的渲染的对比效果，此时可发现只有使用了视频后期处理中的渲染才可以渲染出我们需要的效果。

图10-49

步骤13 等待片刻后渲染即可完成，此时的效果如图10-50所示。

图10-50

# 小实例：利用镜头效果光晕制作魔法阵

| 场景文件 | 01.max |
| --- | --- |
| 案例文件 | 小实例：利用镜头效果光晕制作魔法阵.max |
| 视频教学 | 多媒体教学/Chapter 10/小实例：利用镜头效果光晕制作魔法阵.flv |
| 难易指数 | ★★★☆☆ |
| 技术掌握 | 视频后期处理中镜头光晕的应用效果 |

## 实例介绍

本实例主要使用视频后期处理中的镜头效果光晕制作魔法阵，最终渲染效果如图10-51所示。

图10-51

## 操作步骤

**步骤01** 打开本书配套光盘中的【场景文件/Chapter10/01.max】文件，此时的场景效果如图10-52所示。

**步骤02** 按F9键进行渲染，渲染效果如图10-53所示。

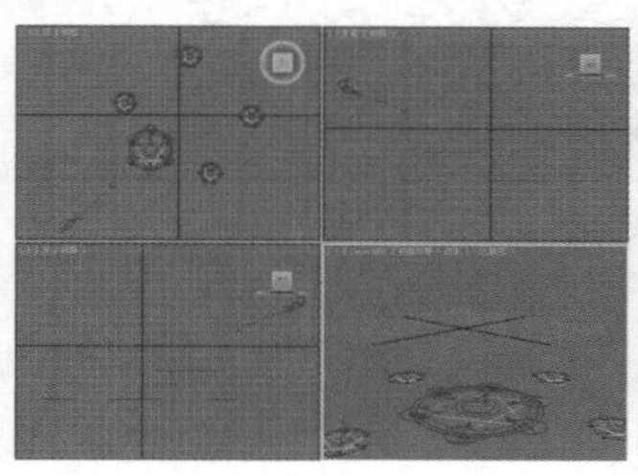

图10-52

图10-53

**步骤03** 将场景中所有的物体都选中，选择球体后单击鼠标右键，在弹出的快捷菜单中选择【对象属性】命令，设置【G缓冲区】选项组中的【对象ID】为1，如图10-54所示。

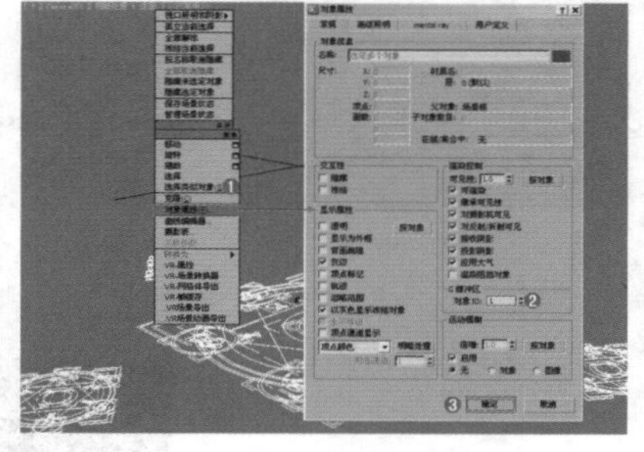

图10-54

**步骤04** 选择【渲染】|【视频后期处理】命令，如图10-55所示。此时会弹出【视频后期处理】对话框，如图10-56所示。

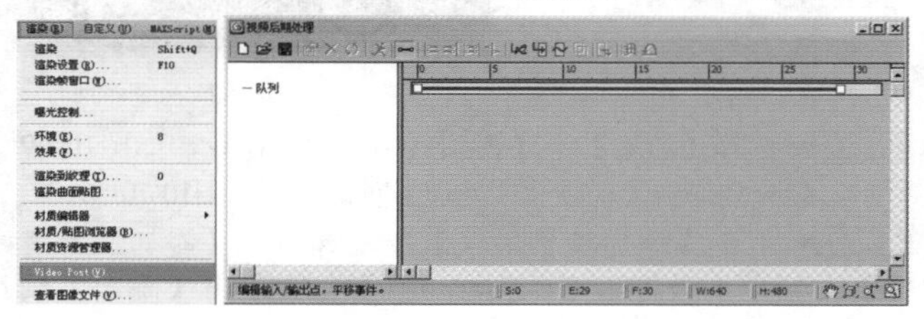

图10-55　图10-56

**步骤05** 单击【添加场景事件】按钮，然后在【添加场景事件】对话框中设置为【Camera001】，并单击【确定】按钮，如图10-57所示。

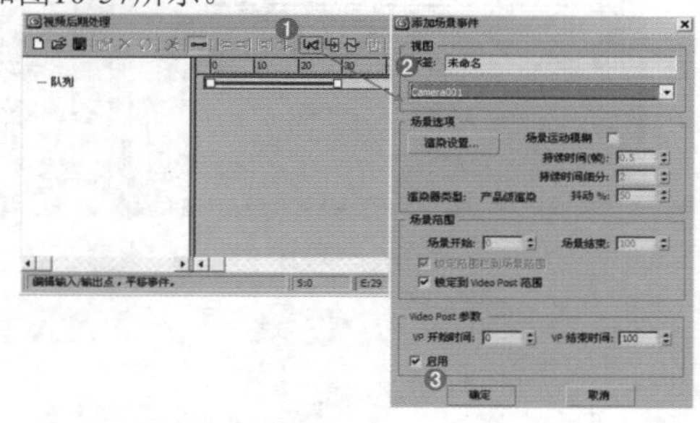

图10-57

**步骤06** 单击【添加图像过滤事件】按钮，然后在【添加图像过滤事件】对话框中设置为【镜头效果光晕】，并单击【确定】按钮，如图10-58所示。

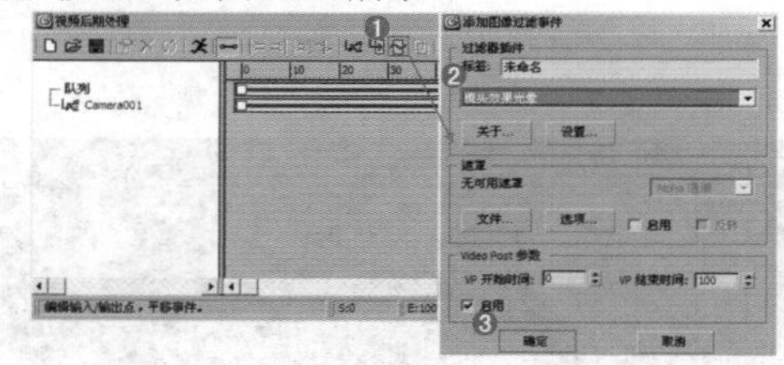

图10-58

**步骤07** 单击【设置】按钮，并在【镜头效果光晕】对话框中选择【首选项】选项卡，然后设置【大小】为0.2，【强度】为10，接着单击【VP队列】按钮，再单击【预览】按钮，此时会出现预览的效果，最后单击【确定】按钮，如图10-59所示。

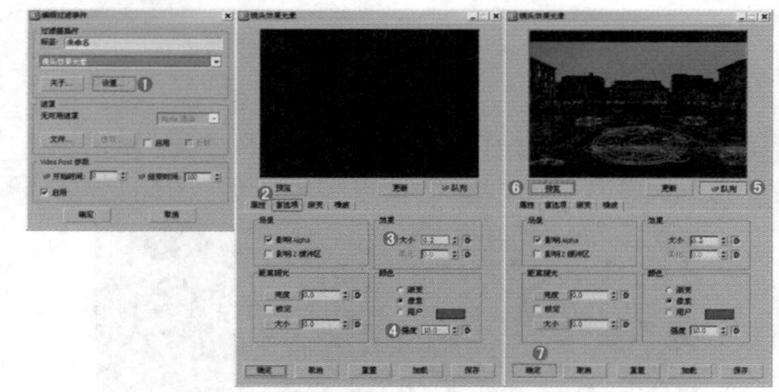

图10-59

**步骤08** 单击【添加图像输出事件】按钮，然后在【添加图像输出事件】对话框中单击【文件】按钮，并设置一个文件名和要保存的路径，如图10-60所示。

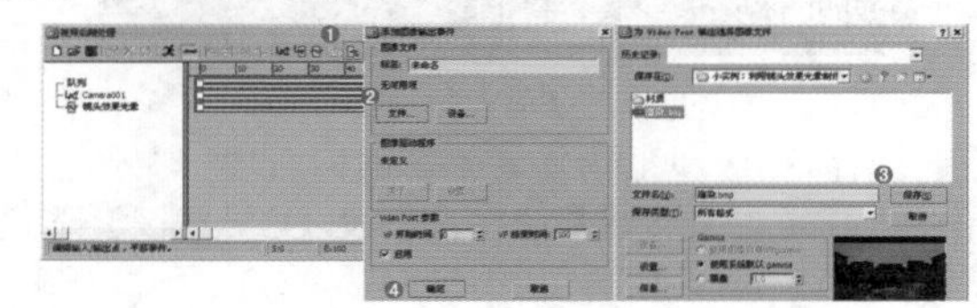

图10-60

**步骤09** 单击【执行序列】按钮，然后在【视频后期处理】对话框中设置【时间输出】为【单个】，【宽度】为1600，【高度】为1000，最后单击【渲染】按钮，如图10-61所示。

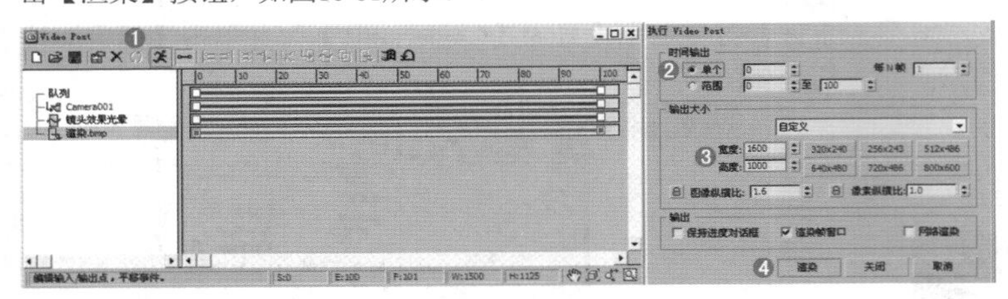

图10-61

**步骤10** 等待片刻后即可渲染完成，此时的效果如图10-62所示。

图10-62

## 小实例：利用镜头效果高光制作流星划过

| 场景文件 | 无 |
|---|---|
| 案例文件 | 小实例：利用镜头效果高光制作流星划过.max |
| 视频教学 | 多媒体教学/Chapter 10/小实例：利用镜头效果高光制作流星划过.flv |
| 难易指数 | ★★★☆☆ |
| 技术掌握 | 视频后期处理中的镜头效果高光的应用 |

### 实例介绍

本实例是一个夜晚场景，主要使用视频后期处理中的镜头效果高光制作流星划过效果，如图10-63所示。

图10-63

### 操作步骤

**步骤01** 打开3ds Max 2016，然后在场景中创建3个星形物体，并为这3个星形物体创建简单的路径动画，如图10-64所示。

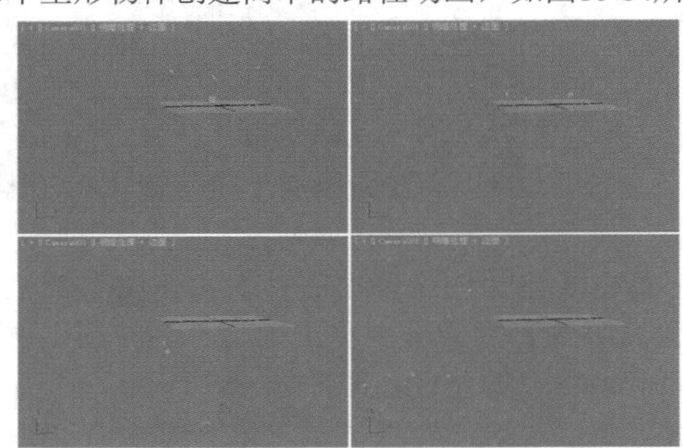

图10-64

**步骤02** 选择这3个星形物体后单击鼠标右键，在弹出的快捷菜单中选择【对象属性】命令，设置【G缓冲区】选项组中的【对象ID】为1，如图10-65所示。

**步骤03** 在场景中创建一台摄影机，位置如图10-66所示。

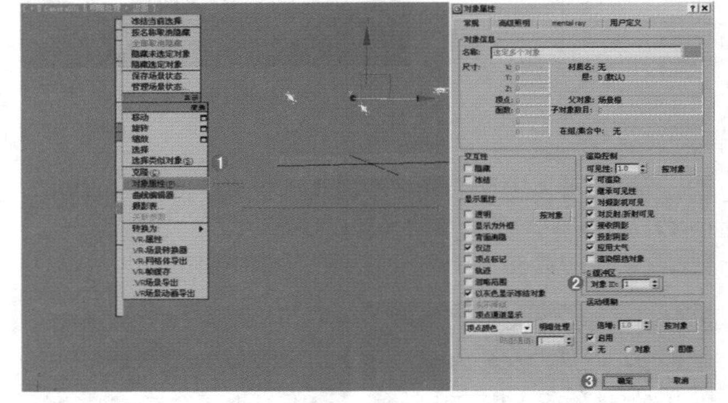

图10-65

**步骤04** 按数字键8，打开【环境和效果】对话框，然后在【环境和贴图】通道中加载【背景.jpg】贴图文件，如图10-67所示。

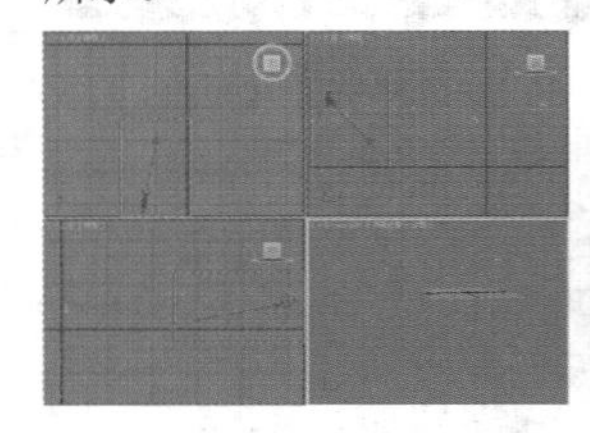

图10-66　　图10-67

**步骤05** 按F9键进行渲染，渲染效果如图10-68所示。

图10-68

**步骤06** 选择【渲染】|【视频后期处理】命令，如图10-69所示。此时会弹出【视频后期处理】对话框，如图10-70所示。

**步骤07** 单击【添加场景事件】按钮，在【添加场景事件】对话框中设置为【Camera001】，并单击【确定】按钮，如图10-71所示。

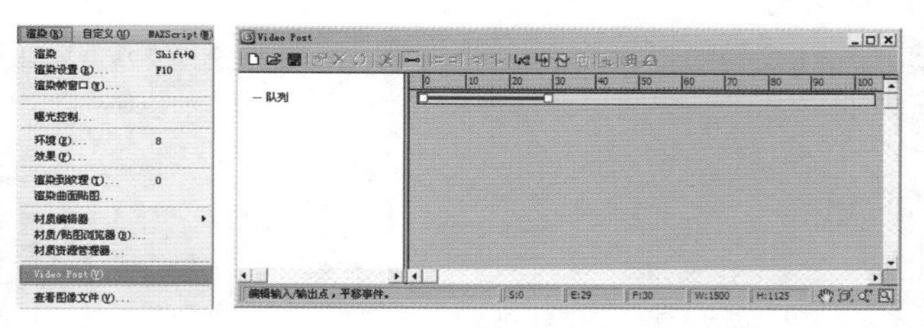

图10-69　　　　图10-70

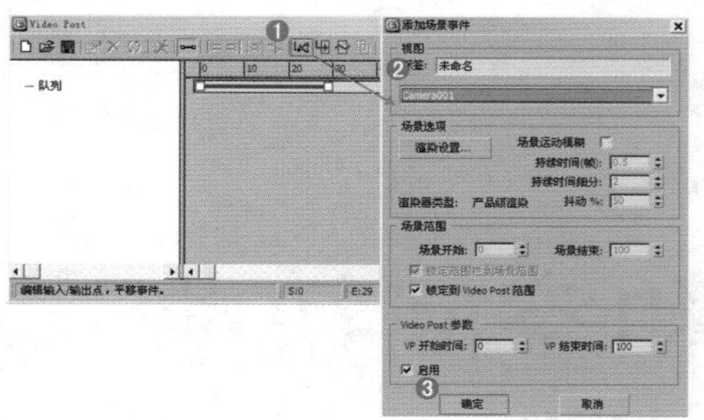

图10-71

**步骤08** 单击【添加图像过滤事件】按钮，在【添加图像过滤事件】对话框中设置为【镜头效果高光】，并单击【确定】按钮，如图10-72所示。

图10-72

**步骤09** 单击【设置】按钮，并在【镜头效果光晕】对话框中选择【首选项】选项卡，然后设置【大小】为0.2，【强度】为10，接着单击 VP 队列 按钮，再单击【预览】按钮，此时会出现预览的效果，最后单击【确定】按钮，如图10-73所示。

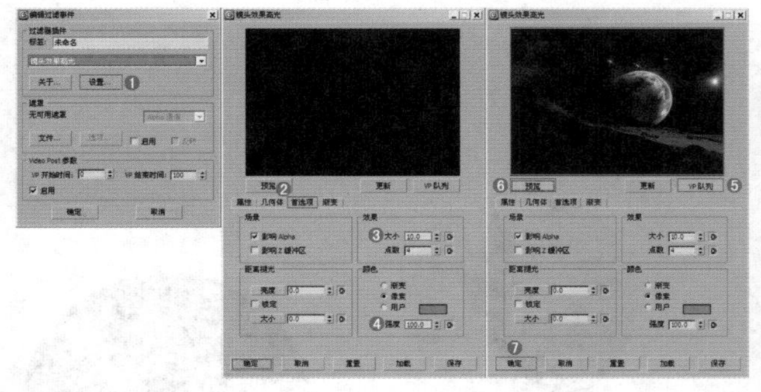

图10-73

**步骤10** 单击【添加图像输出事件】按钮，然后在【添加图像输出事件】对话框中单击【文件】按钮，并设置一个文件名和要保存的路径，最后单击【确定】按钮，如图10-74所示。

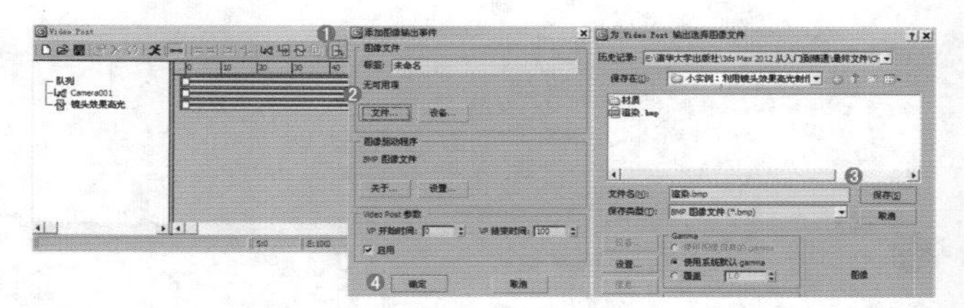

图10-74

**步骤11** 单击【执行序列】按钮，然后在【视频后期处理】对话框中设置【时间输出】为【范围】，并设置为0至20，然后设置【宽度】为1600，【高度】为1000，最后单击【渲染】按钮，如图10-75所示。

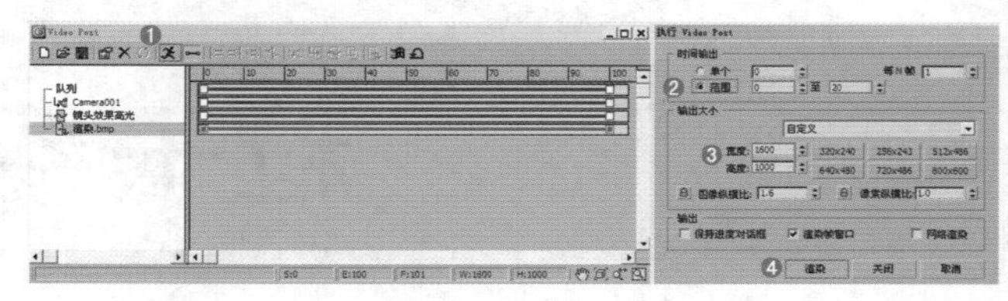

图10-75

**步骤12** 等待片刻后渲染即可完成，此时可发现一共渲染了21帧动画序列，如图10-76所示。

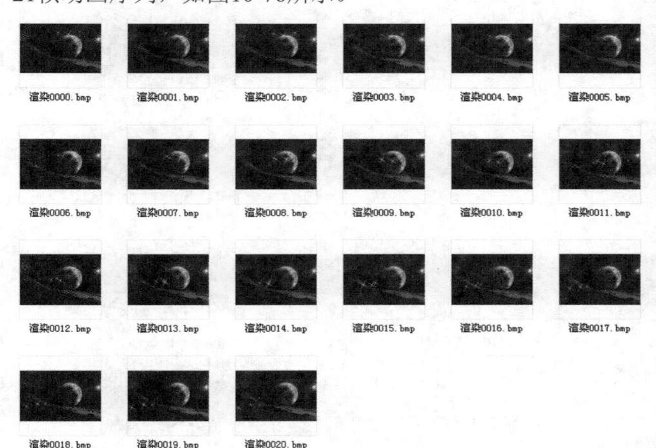


图10-76

**步骤13** 从中查看4张比较明显的渲染效果，如图10-77所示。

图10-77

# 粒子系统和空间扭曲

粒子系统和空间扭曲是附加的建模工具，粒子系统能生成粒子对象，从而达到模拟雪、雨、灰尘等效果的目的，而空间扭曲是使其他对象变形的【力场】，从而创建出涟漪、波浪和风吹等效果。3ds Max 2016的粒子系统是一种很强大的动画制作工具，可以通过设置粒子系统来控制密集对象群的运动效果。粒子系统通常用于制作云、雨、风、火、烟雾、暴风雪以及爆炸等动画效果。

## 本章学习要点：

- 掌握粒子系统的参数和使用方法
- 掌握空间扭曲的参数和使用方法
- 掌握粒子和空间扭曲的综合使用

# 11.1 粒子系统

粒子系统和空间扭曲是附加的建模工具，粒子系统能生成粒子对象，从而达到模拟雪、雨、灰尘等效果的目的，而空间扭曲是使其他对象变形的【力场】，从而创建出涟漪、波浪和风吹等效果。3ds Max 2016的粒子系统是一种很强大的动画制作工具，可以通过设置粒子系统来控制密集对象群的运动效果。粒子系统通常用于制作云、雨、风、火、烟雾、暴风雪以及爆炸等动画效果，如图11-1所示。

粒子系统作为单一的实体来管理特定的成组对象，通过将所有粒子对象组合成单一的可控系统，可以很容易地使用一个参数来修改所有的对象，而且拥有良好的可控性和随机性。不足之处在于，在创建粒子系统时会占用很大的内存资源，而且渲染速度非常慢。如图11-2所示为使用【超级喷射】粒子系统制作的喷泉效果。

3ds Max 2016包含7种粒子，分别是【粒子流源】、【喷射】、【雪】、【超级喷射】、【暴风雪】、【粒子阵列】和【粒子云】，如图11-3所示。这7种粒子在视图中的显示效果如图11-4所示。

图11-1

图11-2

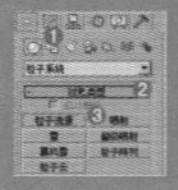

图11-3　图11-4

## 11.1.1 粒子流源

在【创建】面板中单击【几何体】按钮，然后设置几何体类型为【粒子系统】，接着单击【粒子流源】按钮，最后在视图中拖曳光标创建一个粒子流源，如图11-5所示。

进入【修改】面板，可以观察到【粒子流源】的参数面板包括【设置】、【发射】、【选择】、【系统管理】和【脚本】等卷展栏，下面依次对这些卷展栏中的参数进行讲解。

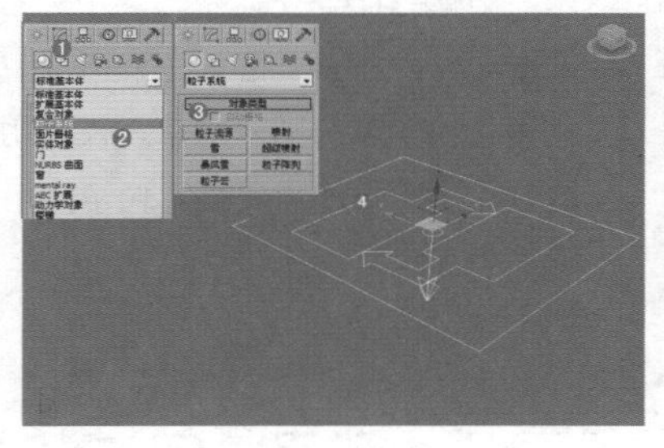

图11-5

### 1. 设置

展开【设置】卷展栏，如图11-6所示。

- **启用粒子发射**：控制是否开启粒子系统。
- **【粒子视图】按钮**：单击该按钮可以打开【粒子视图】窗口，这也是该粒子最为重要的部分。

【粒子视图】窗口主要包括事件显示、粒子图表、全局事件、出生事件和仓库5部分，如图11-7所示。

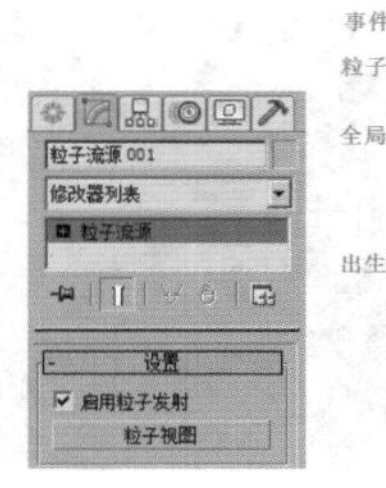


图11-6

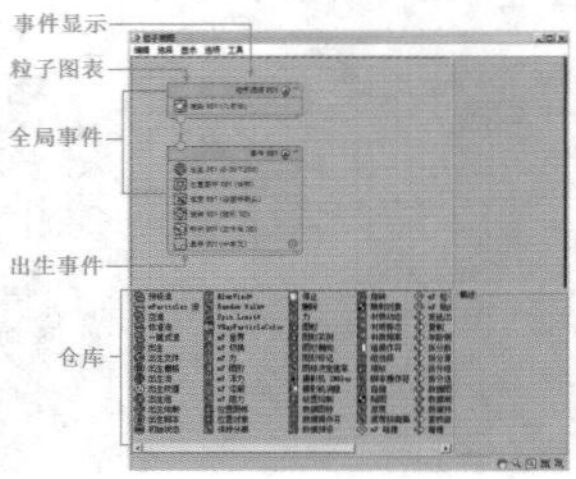

图11-7

### 2. 发射

【发射】卷展栏可以用于设置发射器（粒子源）图标的物理特性以及渲染时视口中生成的粒子的百分比，如图11-8所示。

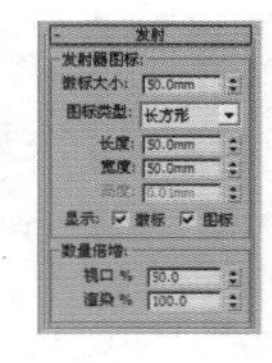

图11-8

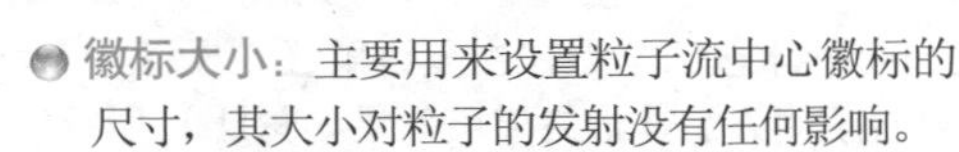

- **徽标大小**：主要用来设置粒子流中心徽标的尺寸，其大小对粒子的发射没有任何影响。
- **图标类型**：主要用来设置图标在视图中的显示方式，有【长方形】、【长方体】、【圆形】和【球体】4种方式，默认为【长方形】。
- **长度**：当【图标类型】设置为【长方形】或【长方体】时，显示的是【长度】参数；当【图标类型】设置为【圆形】或【球体】时，显示的是【直径】参数。

- 宽度：用来设置【长方形】和【长方体】图标的宽度。
- 高度：用来设置【长方体】图标的高度。
- 显示：主要用来控制是否显示徽标或图标。
- 视口%：主要用来设置视图中显示的粒子数量，该参数的值不会影响最终渲染的粒子数量。
- 渲染%：主要用来设置最终渲染的粒子的数量百分比，该参数的大小会直接影响最终渲染的粒子数量。

### 3. 选择

【选择】卷展栏中的控件可基于每个粒子或事件来选择粒子，事件级别粒子的选择用于调试和跟踪。展开【选择】卷展栏，如图11-9所示。

图11-9

- 粒子：用于通过单击粒子或拖动一个区域来选择粒子。
- 事件：用于按事件选择粒子。
- ID：使用此控件可设置要选择的粒子的 ID 号。
- 添加：设置完要选择的粒子的 ID 号后，单击【添加】按钮可将其添加到选择中。
- 移除：设置完要取消选择的粒子的 ID 号后，单击【移除】按钮可将其从选择中移除。
- 清除选择：启用该选项后，单击【添加】按钮选择粒子会取消选择所有其他粒子。
- 从事件级别获取：单击该按钮可将【事件】级别选择转化为【粒子】级别。注意，仅适用于【粒子】级别。
- 按事件选择：该列表显示粒子流中的所有事件，并高亮显示选定事件。

### 4. 系统管理

【系统管理】卷展栏可限制系统中的粒子数以及指定更新系统的频率。展开【系统管理】卷展栏，如图11-10所示。

图11-10

- 上限：用来限制粒子的最大数量，默认值为100000。
- 视口：用来设置视图中动画回放的综合步幅。
- 渲染：用来设置渲染时的综合步幅。

### 5. 脚本

【脚本】卷展栏可以将脚本应用于每个积分步长以及查看的每帧的最后一个积分步长处的粒子系统。使用【每步更新】脚本可设置依赖于历史记录的属性，而使用【最后一步更新】脚本可设置独立于历史记录的属性。展开【脚本】卷展栏，如图11-11所示。

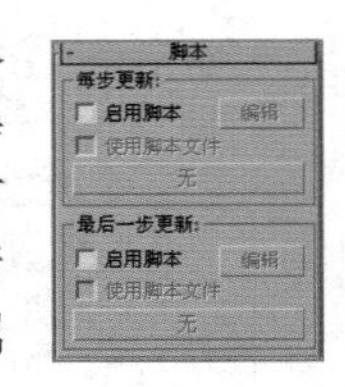

图11-11

- 启用脚本：选中该复选框可引起按每积分步长执行内存中的脚本。可以通过单击【编辑】按钮修改此脚本，或者使用此组中其余控件加载并使用脚本文件。默认脚本将修改粒子的速度和方向，从而使粒子跟随波形路径。
- 编辑：单击该按钮可打开具有当前脚本的文本编辑器窗口。当【使用脚本文件】处于禁用状态时，是默认的【每步更新】脚本（3dsmax\scripts\particleflow\example-everystepupdate.ms）；当【使用脚本文件】处于启用状态时，如果已加载一个脚本，则这就是加载的脚本。如果未加载脚本，则单击【编辑】按钮将显示【打开】对话框。
- 使用脚本文件：当此选项处于启用状态时，可以通过单击选项下面的按钮加载脚本文件。

## 小实例：利用粒子流源制作冰雹动画

| 场景文件 | 01.max |
| --- | --- |
| 案例文件 | 小实例：利用粒子流源制作冰雹动画.max |
| 视频教学 | 多媒体教学/Chapter 11/小实例：利用粒子流源制作冰雹动画.flv |
| 难易指数 | ★★★☆☆ |
| 技术掌握 | 粒子流源和导向板的综合使用 |

### 实例介绍

本实例是一个下冰雹的场景，主要讲解【粒子流源】和【导向板】的综合使用方法，最终渲染效果如图11-12所示。

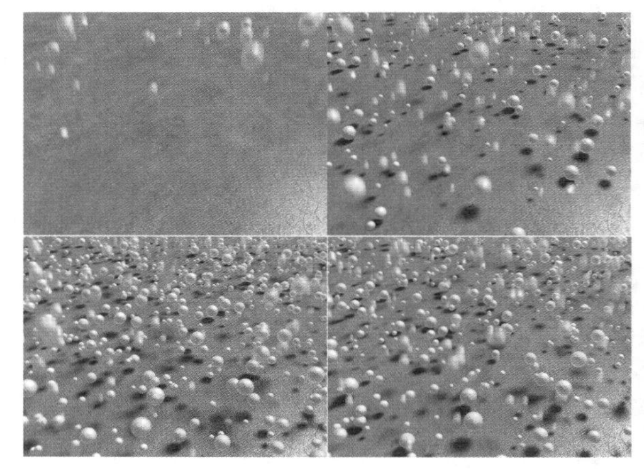
图11-12

## 操作步骤

**步骤01** 打开本书配套光盘中的【场景文件/Chapter11/01.max】文件，如图11-13所示。

**步骤02** 在【创建】面板中单击（几何体）|【粒子系统】|【粒子流源】按钮，如图11-14所示。

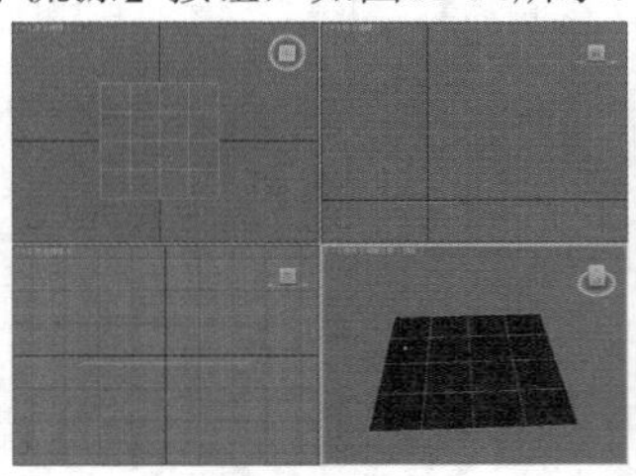

图11-13

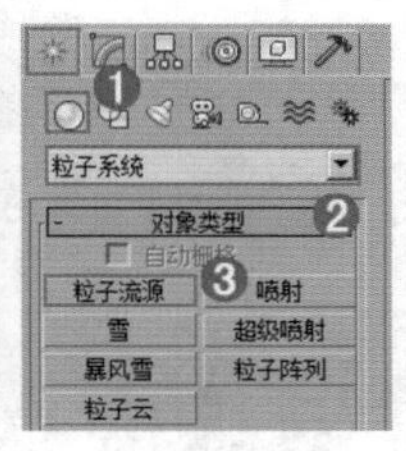


图11-14

**步骤03** 在场景中创建一个粒子流源，然后展开【发射】卷展栏，设置【徽标大小】为3300mm，【长度】为4600mm，【宽度】为4800mm，如图11-15所示。此时的场景效果如图11-16所示。

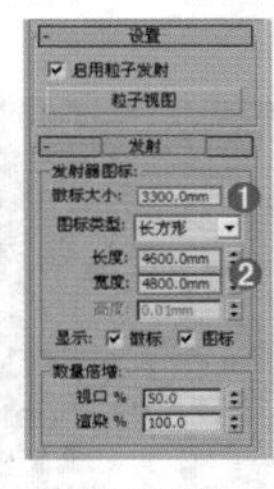

图11-15

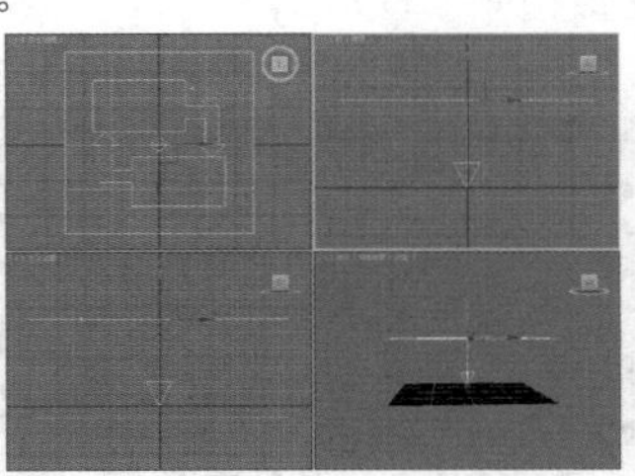

图11-16

**步骤04** 单击【粒子视图】按钮，如图11-17所示。此时会弹出【粒子视图】窗口，如图11-18所示。

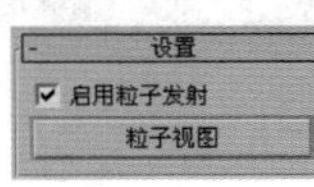


图11-17

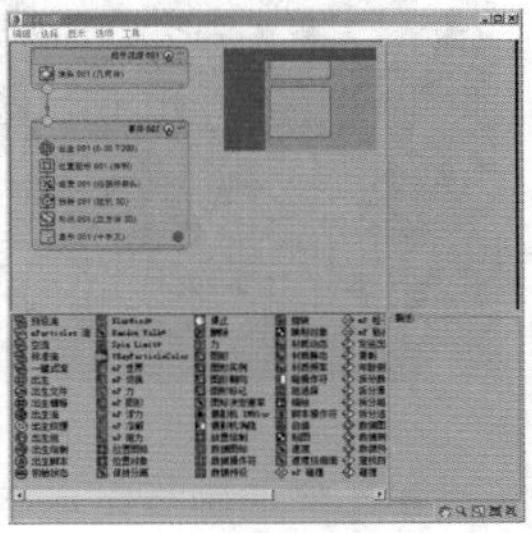

图11-18

**步骤05** 在【粒子视图】窗口中单击【出生001】，展开【出生001】卷展栏，然后设置【发射开始】为－30，【发射停止】为200，【数量】为1500，如图11-19所示。

**步骤06** 在【粒子视图】窗口中单击【速度 001】，然后设置【速度】为600mm，如图11-20所示。

图11-19

图11-20

**步骤07** 单击【形状001】后单击鼠标右键，在弹出的快捷菜单中选择【删除】命令，如图11-21所示。

**步骤08** 单击【显示001】，然后设置【类型】为【几何体】，并设置颜色为浅绿色，如图11-22所示。

图11-21

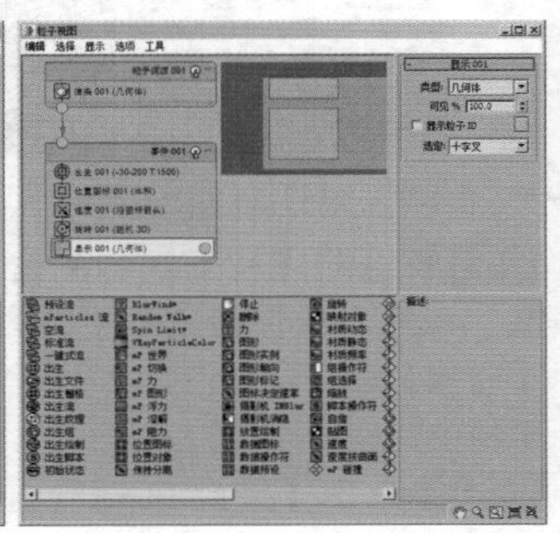

图11-22

**步骤09** 在【粒子视图】窗口空白处单击鼠标右键，在弹出的快捷菜单中选择【新建】|【操作符事件】命令，然后选择【图形实例】命令，如图11-23所示。将【图形实例 001】拖曳到事件中，然后单击【粒子几何体对象】下的选项，并拾取场景中的【Sphere】模型，设置【比例%】为100，【变化%】为60，如图11-24所示。

图11-23

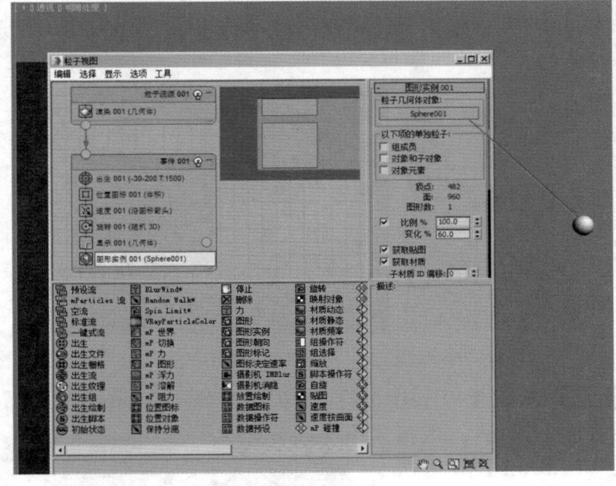

图11-24

**步骤10** 在【创建】面板中单击（空间扭曲）|【导向器】|【导向板】按钮，如图11-25所示。展开【参数】卷展栏，设置【反弹】为0.1，【变化】为50，【混乱】为50，【摩擦力】为60，【宽度】为5150mm，【长度】为5100mm，如图11-26所示。

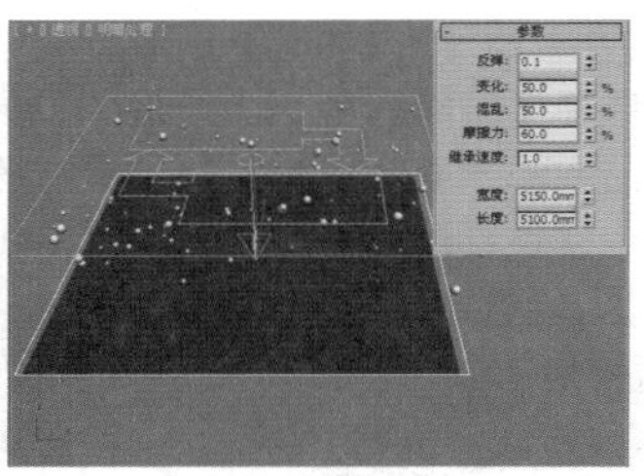

图11-25　　图11-26

**步骤11** 返回【粒子视图】窗口，并在空白处单击鼠标右键，在弹出的快捷菜单中选择【新建】|【测试事件】|【碰撞】命令，如图11-27所示。最后将【碰撞 001】拖曳到事件中。

**步骤12** 单击【碰撞 001】，并单击【添加】按钮，接着在视图中选择刚才创建的导向板【Deflector001】，最后设置【速度】为【反弹】，如图11-28所示。

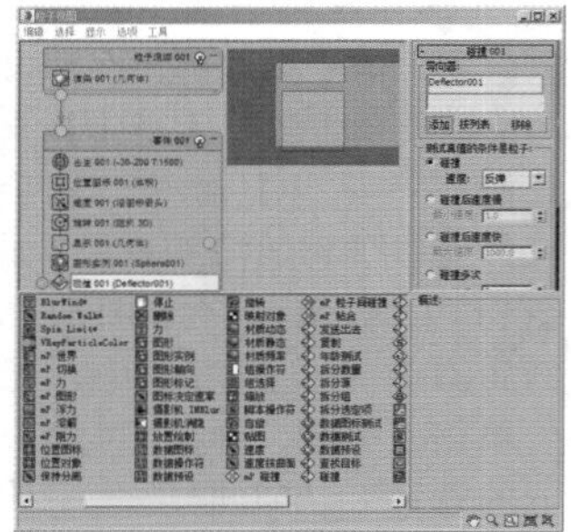

图11-27　　图11-28

**步骤13** 在【创建】面板中单击（空间扭曲）|【力】|【风】按钮，如图11-29所示。接着在场景中创建两个【风】，其位置如图11-30所示。

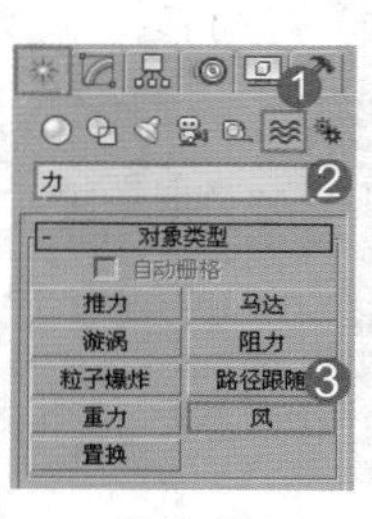
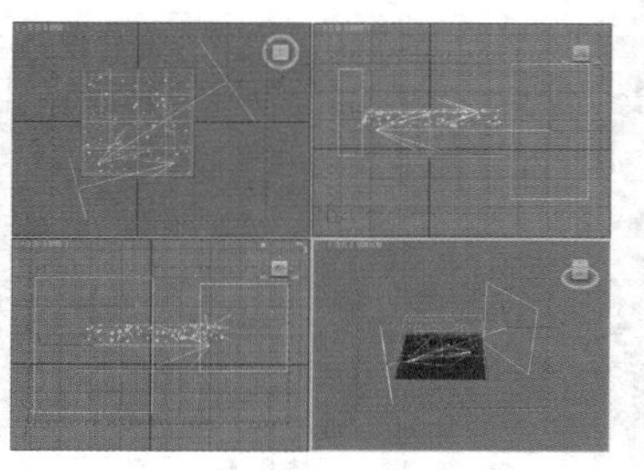

图11-29　　图11-30

**步骤14** 选择【Wind001】后单击【修改】面板，设置【强度】为0.1。选择【Wind002】后单击【修改】面板，设置【强度】为0.05。具体设置如图11-31所示。

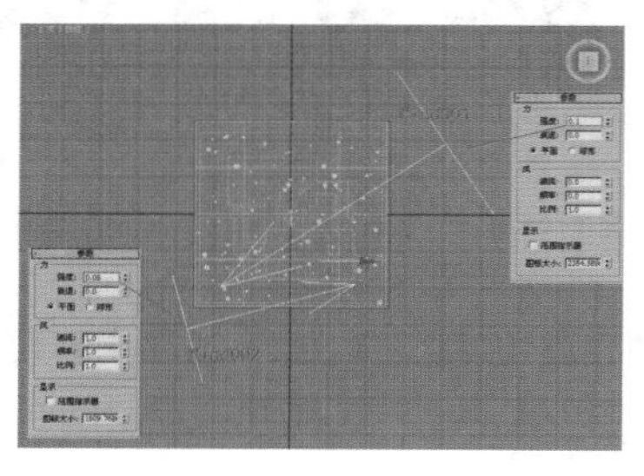

图11-31

**步骤15** 返回【粒子视图】窗口，在空白处单击鼠标右键，在弹出的快捷菜单中选择【新建】|【操作符事件】|【力】命令，如图11-32所示。最后将【力 001】拖曳到事件中。

**步骤16** 单击【力 001】，并单击【添加】按钮，拾取【Wind001】和【Wind002】，然后设置【力场重叠】方式为【相加】，接着设置【影响%】为400，如图11-33所示。

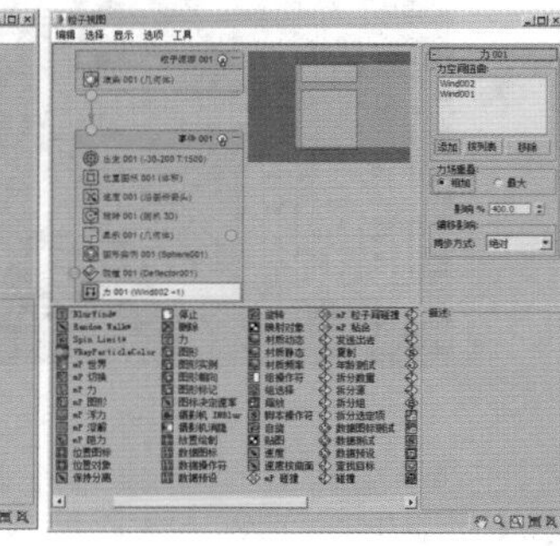

图11-32　　图11-33

**步骤17** 拖动时间线滑块查看此时的动画效果，如图11-34所示。

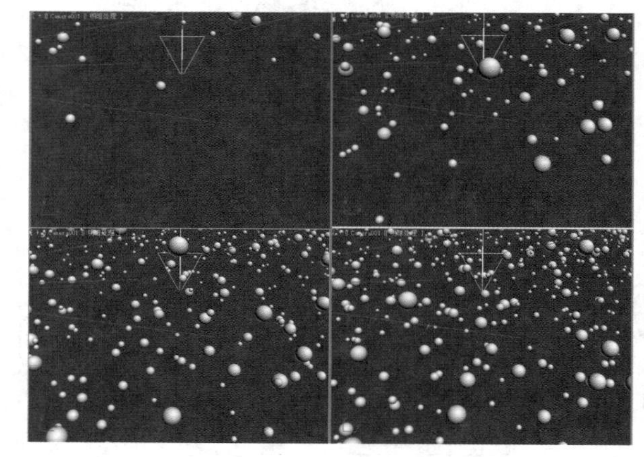

图11-34

**步骤18** 选择动画效果最明显的一些帧，然后单独渲染出这些单帧动画，最终效果如图11-35所示。

图11-35

## 小实例：利用粒子流源制作飞镖动画

| 场景文件 | 02.max |
| --- | --- |
| 案例文件 | 小实例：利用粒子流源制作飞镖动画.max |
| 视频教学 | 多媒体教学/Chapter 11/小实例：利用粒子流源制作飞镖动画.flv |
| 难易指数 | ★★★☆☆ |
| 技术掌握 | 掌握粒子流源粒子和导向板 |

### 实例介绍

本实例是一个飞镖投射到墙板上的场景，主要讲解粒子流源的使用方法，最终渲染效果如图11-36所示。

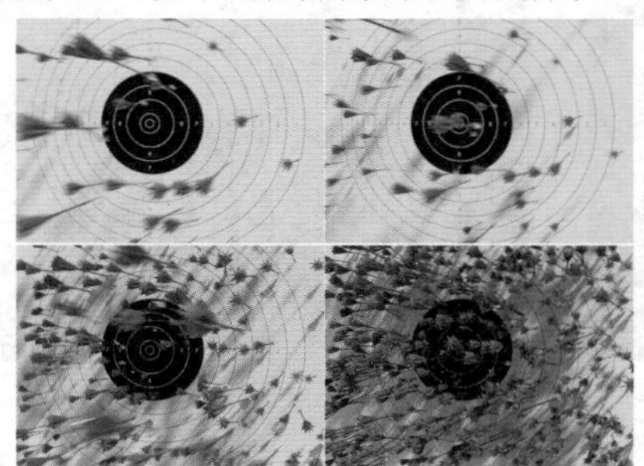
图11-36

### 操作步骤

步骤01 打开本书配套光盘中的【场景文件/Chapter11/02.max】文件，如图11-37所示。

步骤02 在【创建】面板中单击（几何体）|【粒子系统】|【粒子流源】按钮，如图11-38所示。

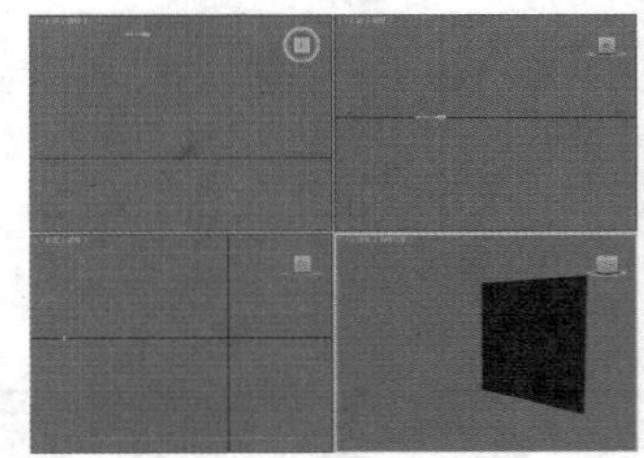
图11-37

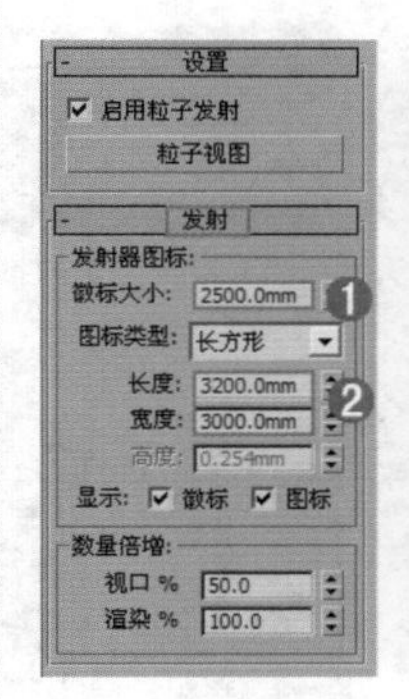

图11-38

步骤03 选择【粒子流源 001】，然后设置【徽标大小】为2500mm，【长度】为3200mm，【宽度】为3000mm，如图11-39所示。此时的场景效果如图11-40所示。

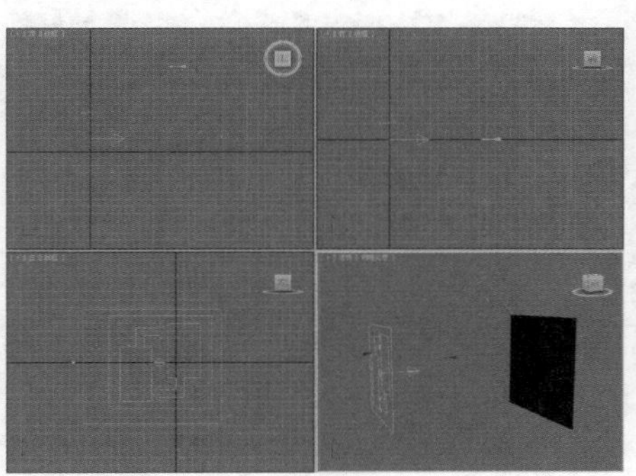

图11-39　　图11-40

步骤04 单击【粒子视图】按钮，如图11-41所示。此时将弹出【粒子视图】窗口，如图11-42所示。

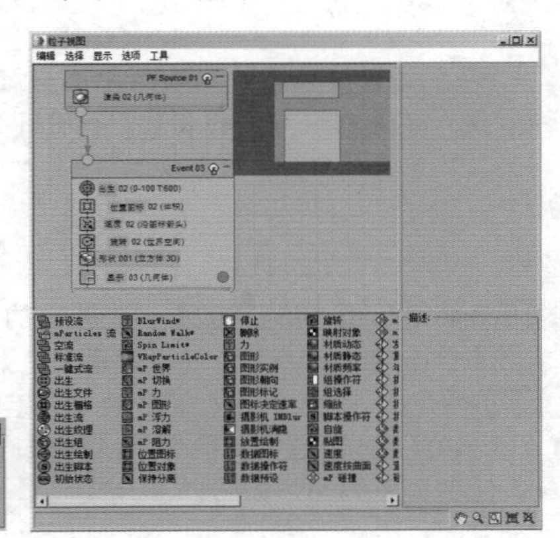

图11-41　　图11-42

### 技术专题——事件的基本操作

新建位置对象事件后，会弹出位置对象的一个单独面板，在该面板中包含了位置对象事件和其他的一些事件，如图11-43所示。可以将【位置对象 01】事件拖曳到【事件 01】面板中，如图11-44所示。当然也可以删除多余的事件，方法为：在单独面板上单击鼠标右键，在弹出的快捷菜单中选择【删除】命令将其删除，如图11-45所示。若将【位置对象 01】事件拖曳到【事件 01】面板中的一个事件上，则会将原来的事件替换，如图11-46所示。

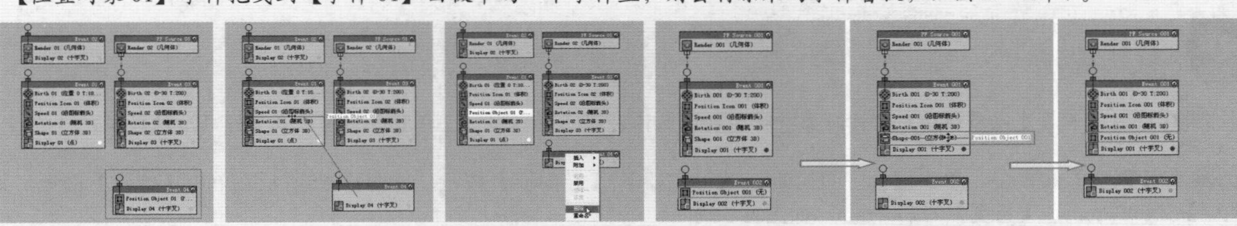
图11-43　图11-44　图11-45　图11-46

**步骤05** 在【粒子视图】窗口中单击【出生02】，展开【出生02】卷展栏，然后设置【发射停止】为100，【数量】为600，如图11-47所示。

**步骤06** 在【粒子视图】窗口中单击【速度02】，然后设置【速度】为6000mm，如图11-48所示。

**步骤07** 在【粒子视图】窗口中单击【旋转 02】，然后设置【方向矩阵】为【世界空间】，并设置【Y】为180，【散度】为20，如图11-49所示。

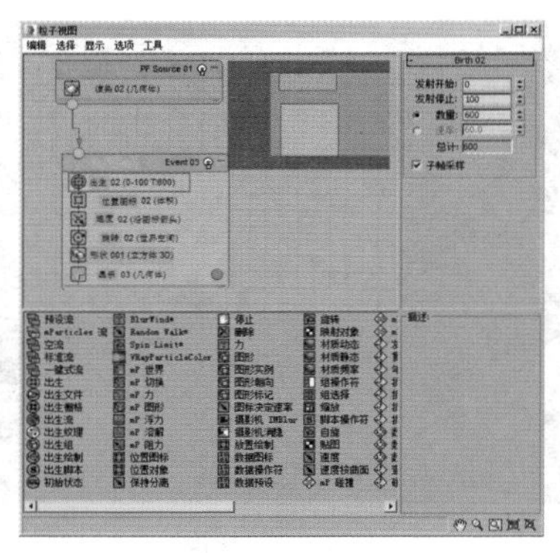

图11-47

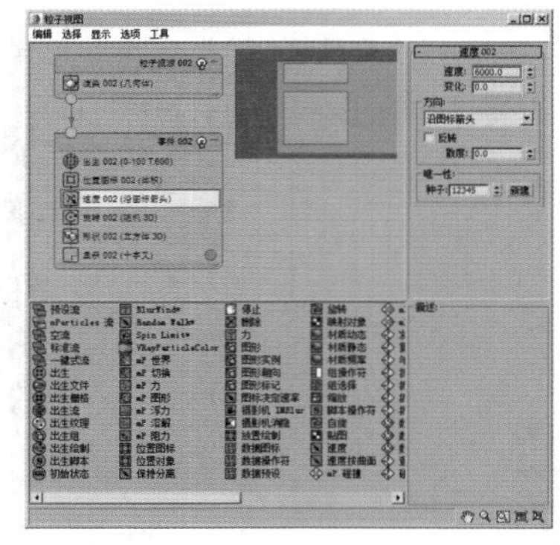

图11-48

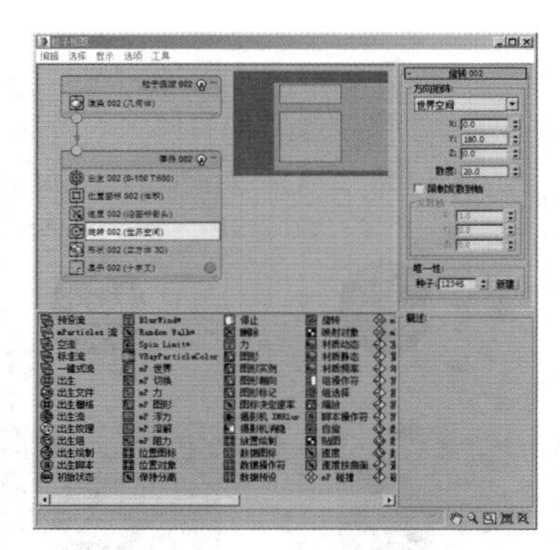

图11-49

## 技巧提示

若在【方向矩阵】选项组中选择【随机3D】，则在场景中会出现混乱的飞镖箭头，这并不是我们需要的效果，如图11-50所示。

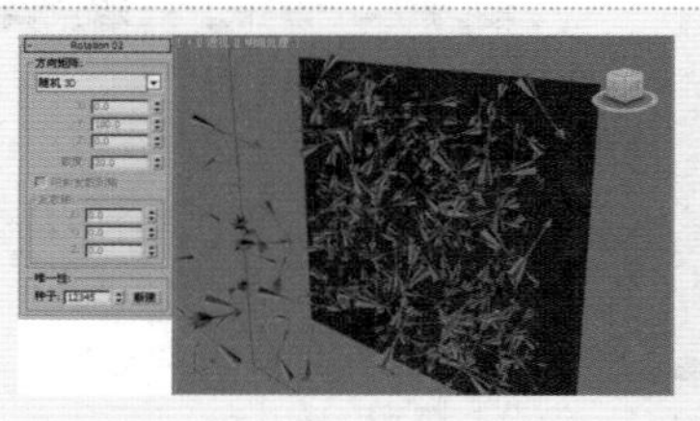

图11-50

**步骤08** 右键单击【形状002】，在弹出的快捷菜单中选择【删除】命令，如图11-51所示。

**步骤09** 单击【显示03】，并设置【类型】为【几何体】，然后设置颜色为绿色，如图11-52所示。

**步骤10** 在粒子视图空白处单击鼠标右键，在弹出的快捷菜单中选择【新建】|【操作符事件】|【图形实例】命令，将【图形实例 001】拖曳到事件中，如图11-53所示。展开【图形实例01】卷展栏，拾取场景中的飞镖模型，设置【比例】为100，【变化】为40，如图11-54所示。

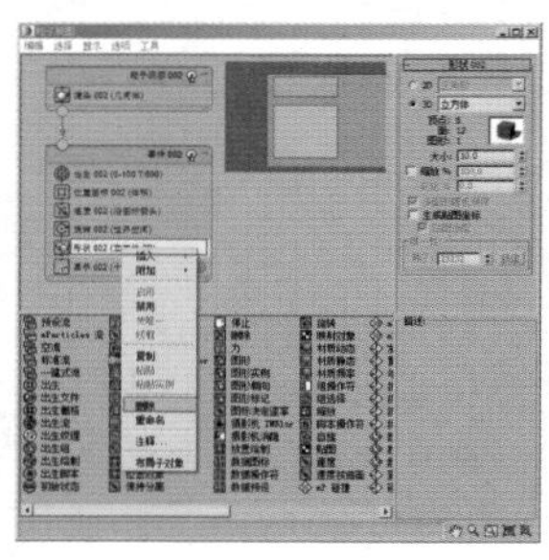

图11-51

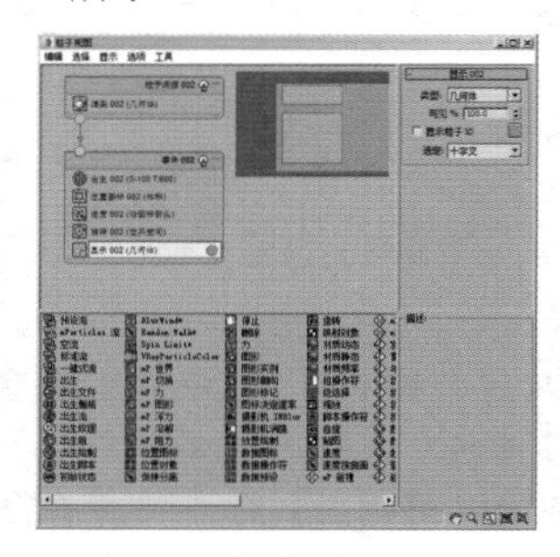

图11-52

图11-53

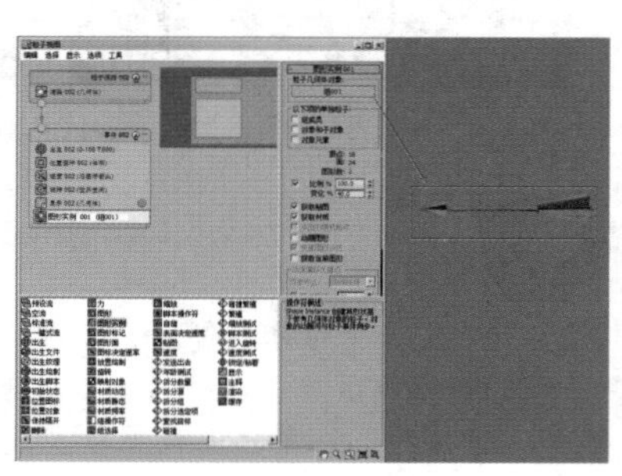

图11-54

## 技巧提示

新建图形实例后可以将粒子几何体对象替换为任何物体，如飞镖模型，这样就会实现很多飞镖的运动效果。

**步骤11** 在【创建】面板中，单击（空间扭曲）|【导向器】|【导向板】按钮，如图11-55所示。单击【修改】面板，设置【宽度】为6000mm，【长度】为7000mm，如图11-56所示。

**步骤12** 返回【粒子视图】窗口，并在空白处单击鼠标右键，在弹出的快捷菜单中选择【新建】|【测试事件】|【碰撞】命令，如图11-57所示。最后将【碰撞 001】拖曳到事件中。

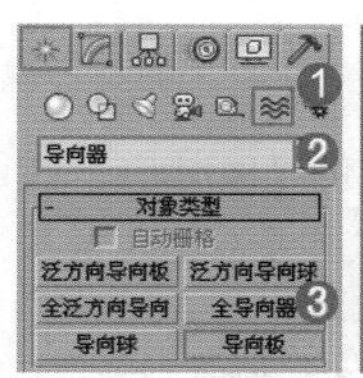
图11-55

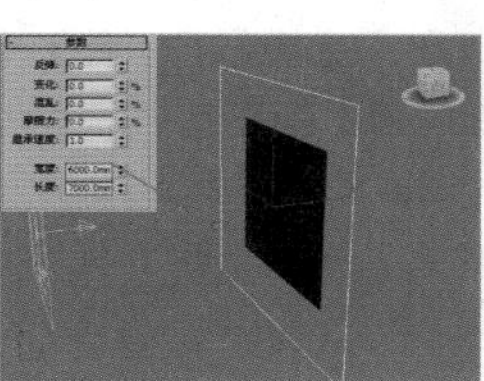
图11-56

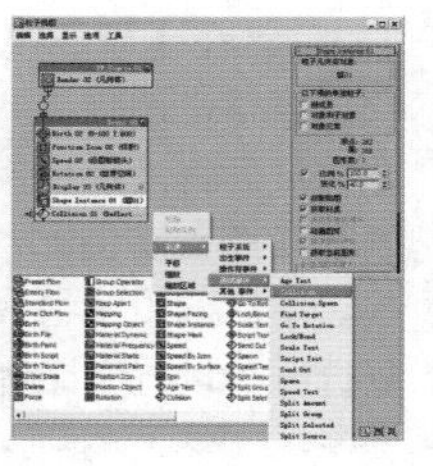
图11-57

**步骤13** 单击【碰撞 001】，然后单击【添加】按钮，接着拾取【Deflector01】，最后设置【速度】为【停止】，如图11-58所示。

**步骤14** 拖动时间线滑块查看此时的动画效果，如图11-59所示。

**步骤15** 选择动画效果最明显的一些帧，然后单独渲染出这些单帧动画，最终效果如图11-60所示。

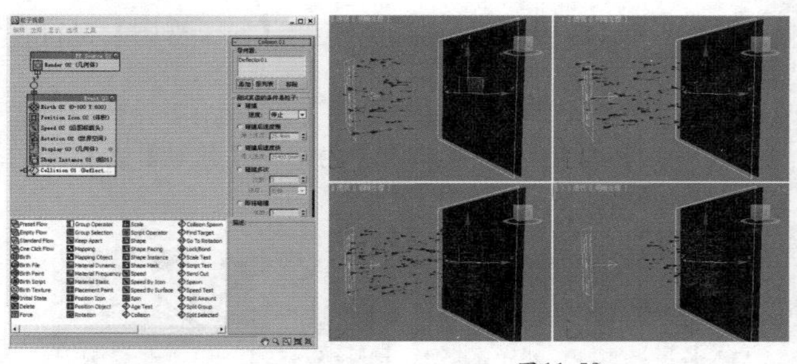
图11-58　　图11-59

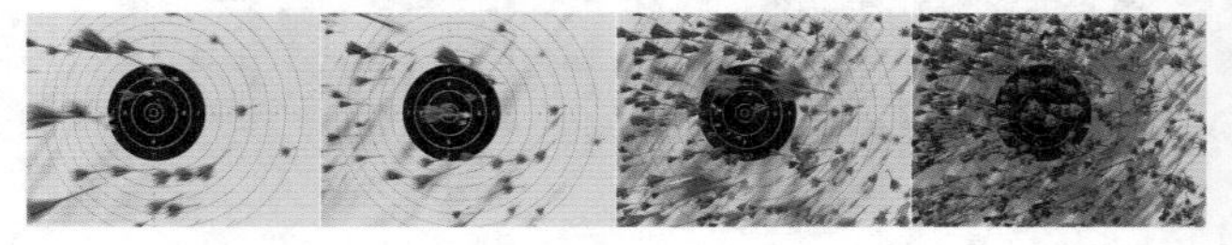
图11-60

## 小实例：利用粒子流源粒子制作字母头像

| 场景文件 | 03.max |
| --- | --- |
| 案例文件 | 小实例：利用粒子流源粒子制作字母头像.max |
| 视频教学 | 多媒体教学/Chapter 11/小实例：利用粒子流源粒子制作字母头像.flv |
| 难易指数 | ★★★☆☆ |
| 技术掌握 | 掌握【粒子流源】粒子的使用方法 |

### 实例介绍

本实例使用粒子流源粒子制作字母头像，效果如图11-61所示。

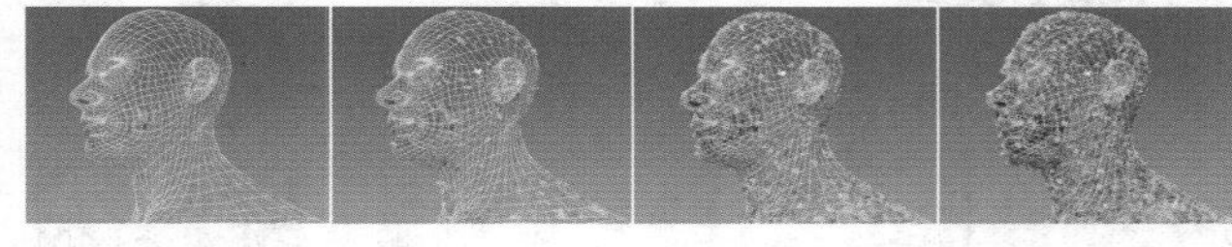
图11-61

### 操作步骤

**步骤01** 打开本书配套光盘中的【场景文件/03.max】文件，此时的场景效果如图11-62所示。

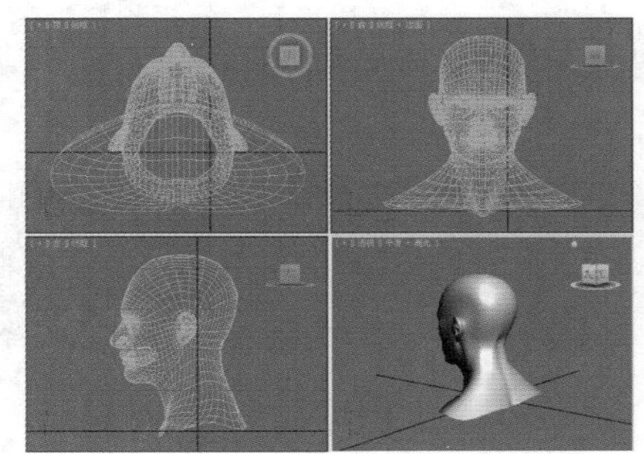
图11-62

**步骤02** 选择头像模型，并将其命名为【default】。在顶视图中创建【平面】，并设置【长度】为250mm，【宽度】为270mm，然后将其命名为【Plane001】，如图11-63所示。接着在顶视图中创建【长方体】，并设置【长度】为2.5mm，【宽度】为3mm，【高度】为0.3mm，然后将其命名为【Box001】，如图11-64所示。

图11-63

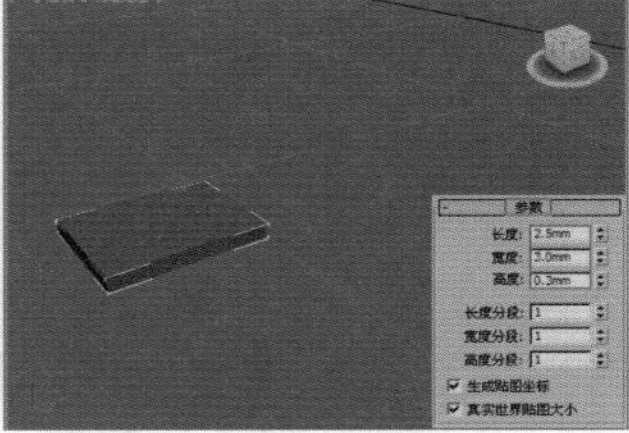
图11-64

**步骤03** 在【创建】面板中单击（几何体）|【粒子系统】|【粒子流源】按钮，如图11-65所示。在视图中拖曳创建一个【粒子流源 001】，效果如图11-66所示。

图11-65

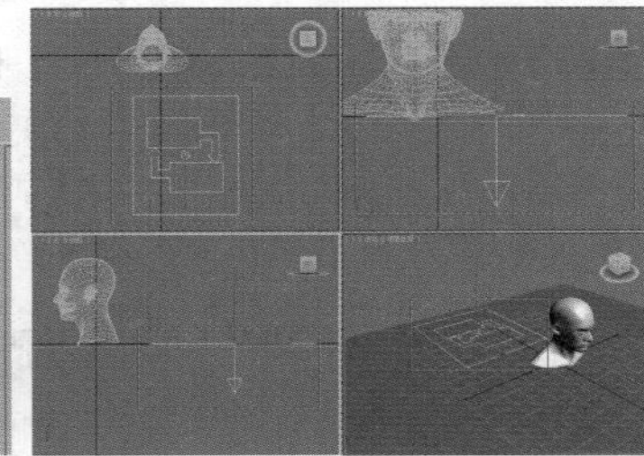
图11-66

**步骤04** 选择【粒子流源 001】，然后设置【徽标大小】为50mm，【长度】为80mm，【宽度】为70mm，如图11-67所示。此时的场景效果如图11-68所示。

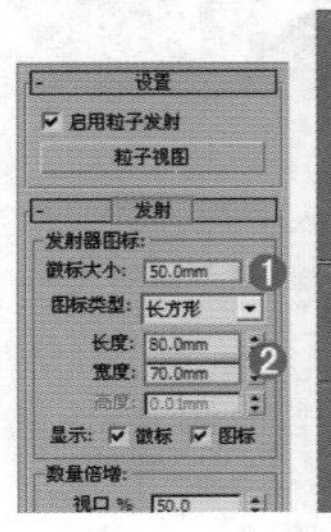

图11-67

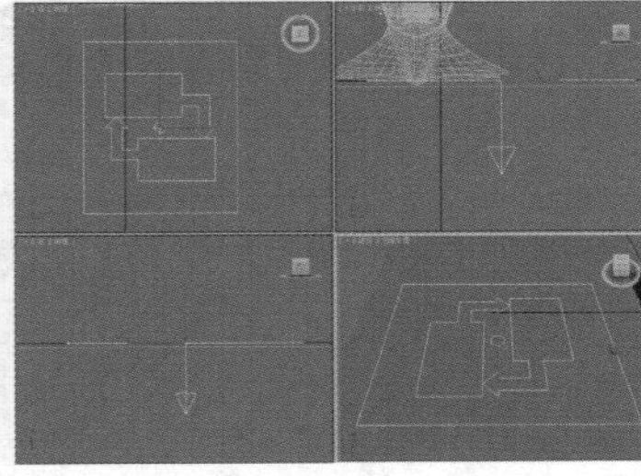
图11-68

**步骤05** 单击【粒子视图】按钮，弹出【粒子视图】窗口，如图11-69所示。

**步骤06** 在【粒子视图】窗口中单击【出生001】，然后设置【发射开始】为0，【发射停止】为99，【数量】为3500，如图11-70所示。

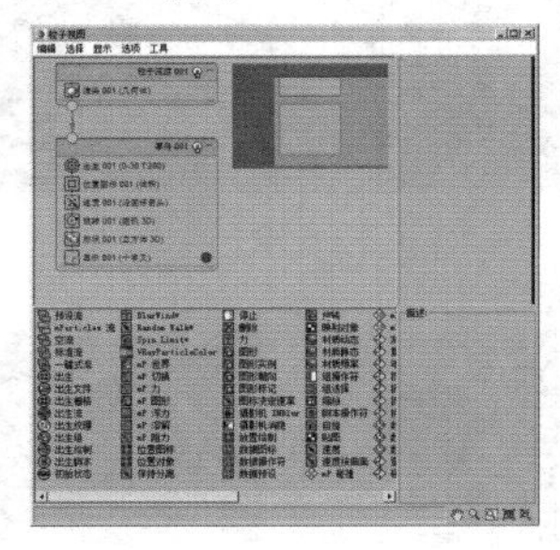
图11-69

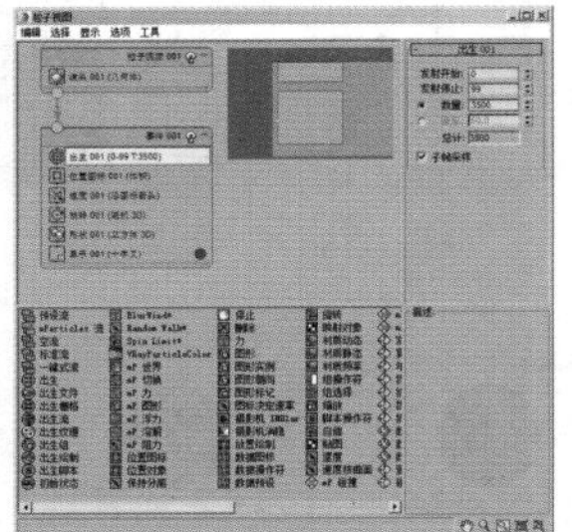
图11-70

**步骤07** 在【粒子视图】窗口中单击【位置图标 001】，然后设置【位置】为【曲面】，如图11-71所示。

**步骤08** 在【粒子视图】窗口中单击【速度 001】，然后设置【速度】为120mm，如图11-72所示。

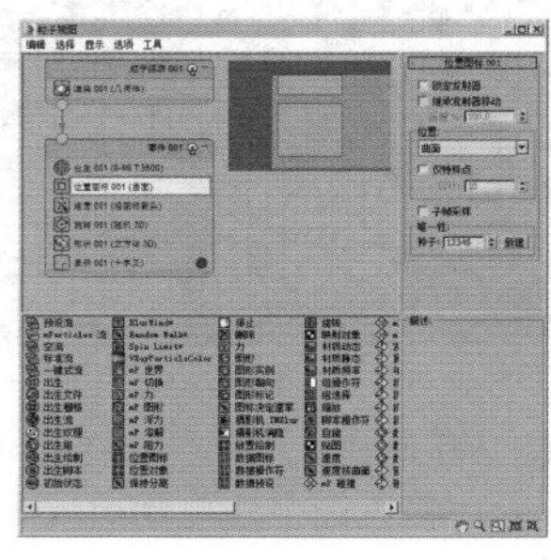
图11-71

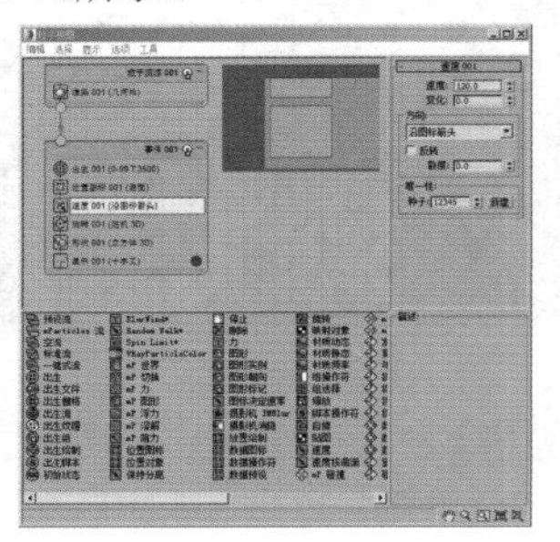
图11-72

**步骤09** 在【粒子视图】窗口中单击【形状 001】，然后设置【图形】为【顶点】，如图11-73所示。

**步骤10** 在【粒子视图】窗口中单击【显示 001】，然后设置【类型】为【几何体】，【选定】为【无】，如图11-74所示。

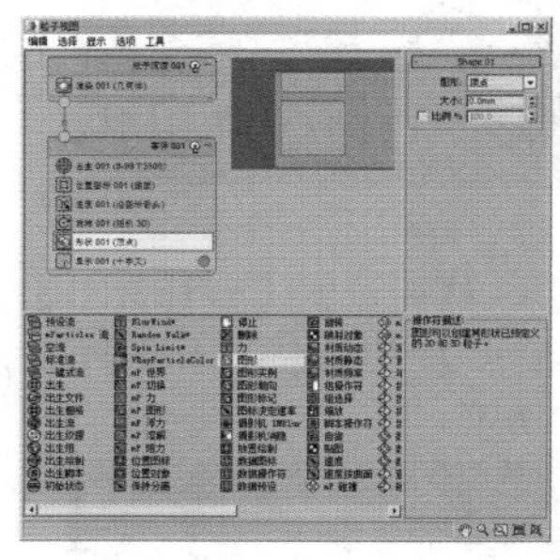
图11-73

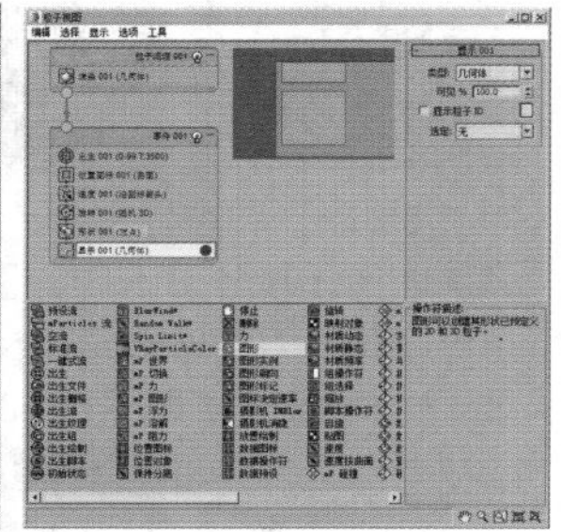
图11-74

**步骤11** 在【粒子视图】窗口空白处单击鼠标右键，在弹出的快捷菜单中选择【新建】|【操作符事件】|【图形实例】命令，最后将【图形实例 001】拖曳到事件中，如图11-75所示。展开【图形实例001】卷展栏，并拾取场景中的【Box001】模型，然后选中【组成员】、【对象和子对象】和【对象元素】复选框，设置【比例】为37，如图11-76所示。

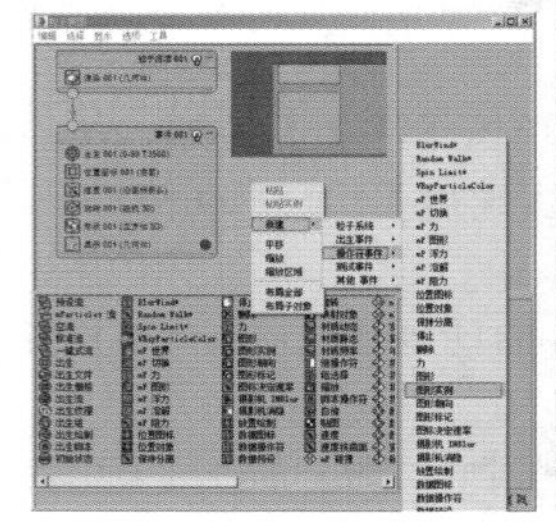
图11-75

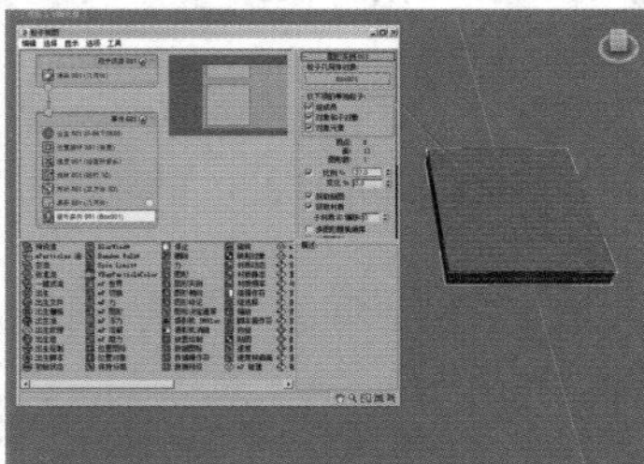
图11-76

**步骤12** 在【粒子视图】窗口空白处单击鼠标右键，在弹出的快捷菜单中选择【新建】|【操作符事件】|【位置对象】命令，如图11-77所示。最后将【位置对象 001】拖曳到事件中，展开【位置对象 001】卷展栏，单击【添加】按钮，将场景中的default添加进来，并选中【继承发射器移动】复选框，设置【倍增%】为0，如图11-78所示。

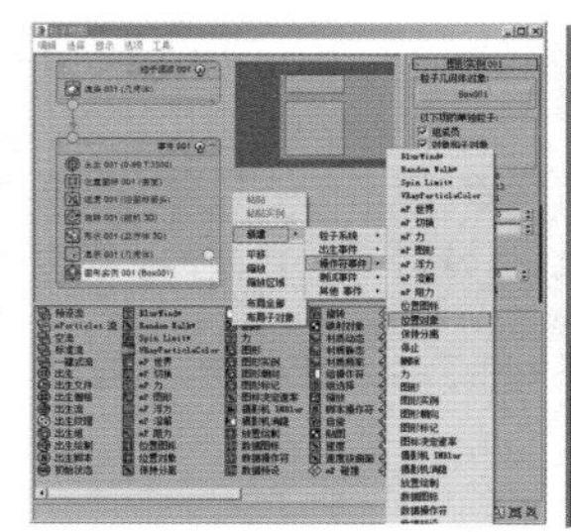
图11-77

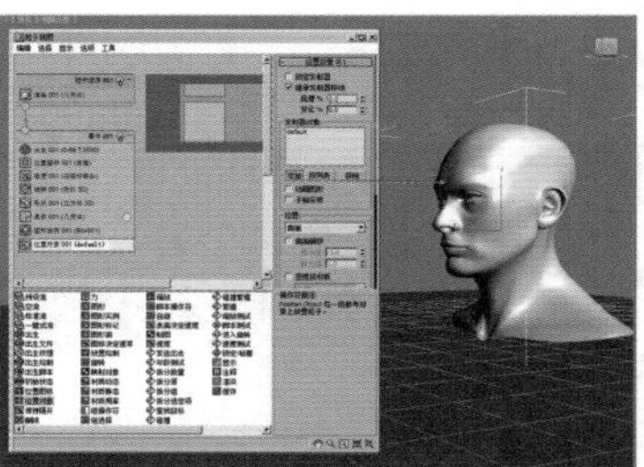
图11-78

**步骤13** 为了使最终渲染效果更加美观，可以选择default模型，将其转换为【可编辑多边形】，然后将模型的边提取出来，并隐藏原来的模型。按F9键渲染当前场景，最终渲染效果如图11-79所示。

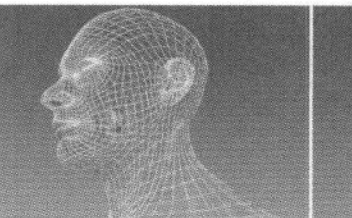
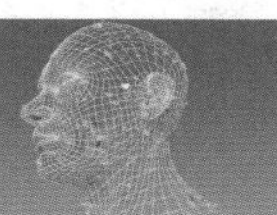
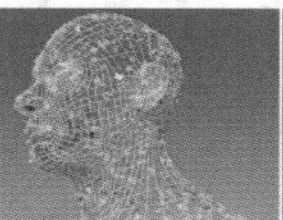
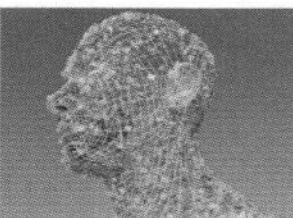
图11-79

## 小实例：利用粒子流源制作雪花

| 场景文件 | 04.max |
| --- | --- |
| 案例文件 | 小实例：利用粒子流源制作雪花.max |
| 视频教学 | 多媒体教学/Chapter 11/小实例：利用粒子流源制作雪花.flv |
| 难易指数 | ★★★☆☆ |
| 技术掌握 | 掌握【粒子流源】粒子、导向板、风的综合应用 |

### 实例介绍

本实例使用粒子流源制作雪花飘的动画，效果如图11-80所示。

图11-80

## 操作步骤

**步骤01** 打开本书配套光盘中的【场景文件/04.max】文件，此时的场景效果如图11-81所示。

**步骤02** 使用【散步】制作一个雪花模型，如图11-82所示。

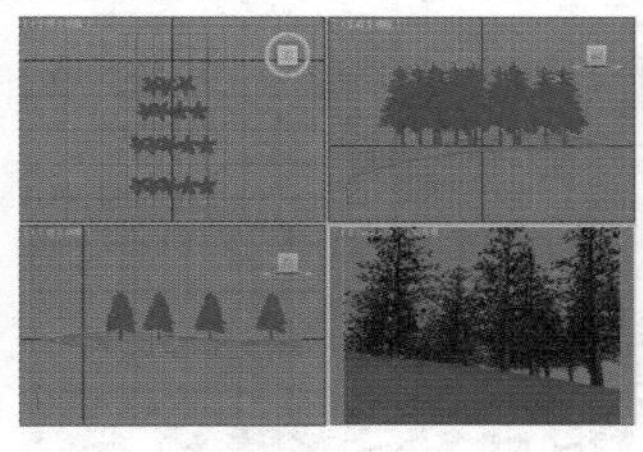

图11-81

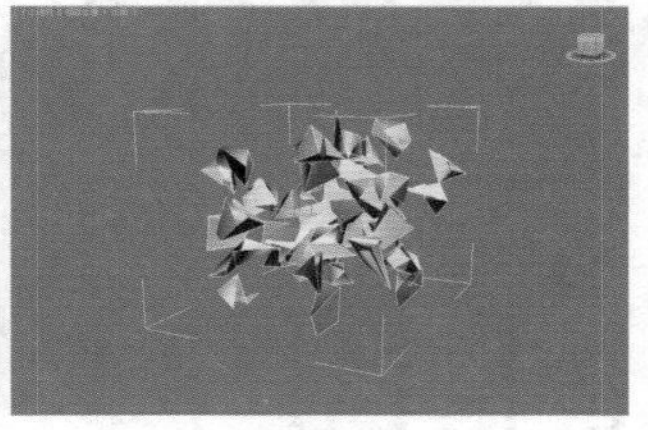

图11-82

**步骤03** 在【创建】面板中单击（几何体）|【粒子系统】|【粒子流源】按钮，如图11-83所示。接着在视图中拖曳创建，并使用【选择并旋转】工具沿Y轴进行适当的旋转，如图11-84所示。

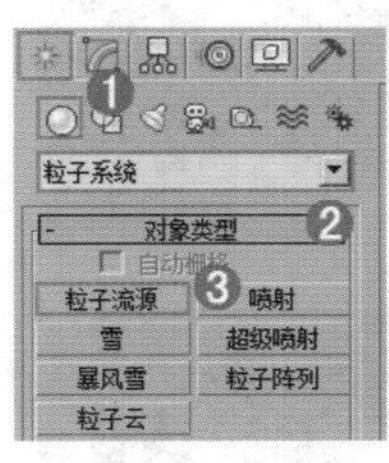


图11-83

图11-84

**步骤04** 选择【粒子流源】，然后展开【发射】卷展栏，设置【徽标大小】为93mm，【长度】为130mm，【宽度】为136mm，如图11-85所示。

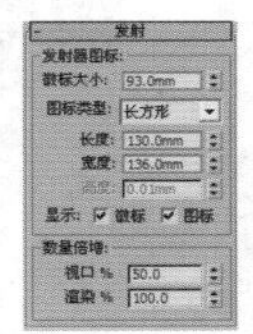

图11-85

**步骤05** 单击【粒子视图】按钮，弹出【粒子视图】窗口，接着选择【事件 001（事件001）】下的【形状 001（立方体 3D）】选项，并单击鼠标右键，在弹出的快捷菜单中选择【删除】命令，如图11-86所示。

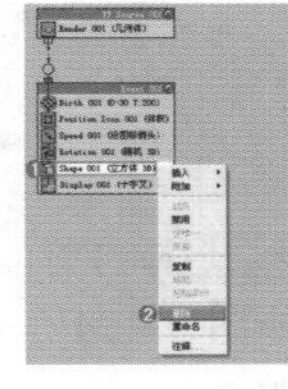

图11-86

**技巧提示**

使用粒子流源时，在粒子视图中会有很多选项，对于一些不需要更改参数或使用的选项，可以使用鼠标右键命令将其删除。

**步骤06** 单击【出生 001】，并设置【发射开始】为0，【发射停止】为1000，【数量】为10000，如图11-87所示。单击【速度 001】，并设置【速度】为10mm，如图11-88所示。

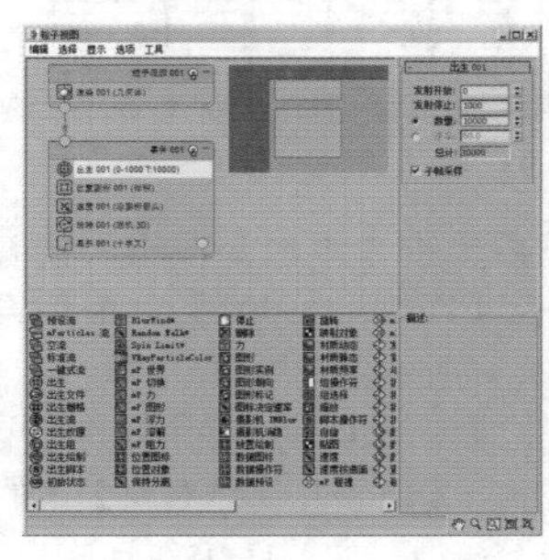

图11-87

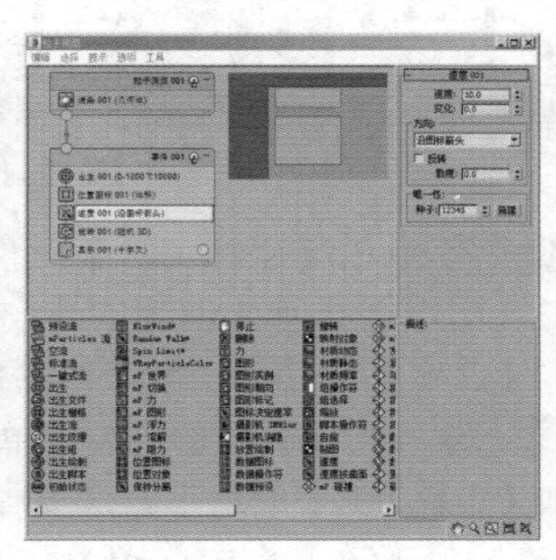

图11-88

**步骤07** 单击【显示 001】，并设置【类型】为【几何体】，如图11-89所示。拖动时间线滑块查看此时的动画效果，如图11-90所示。

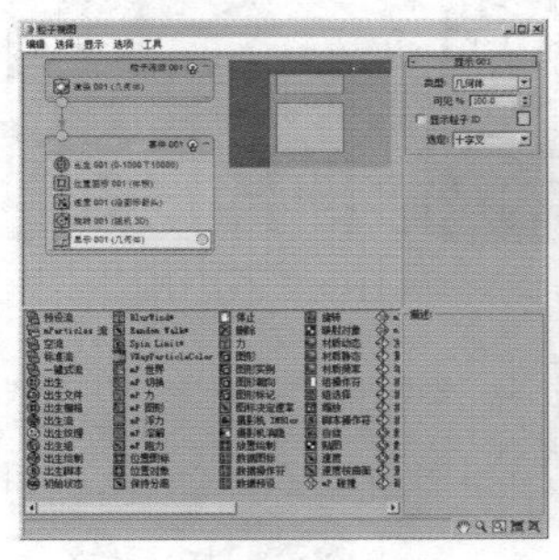

图11-89

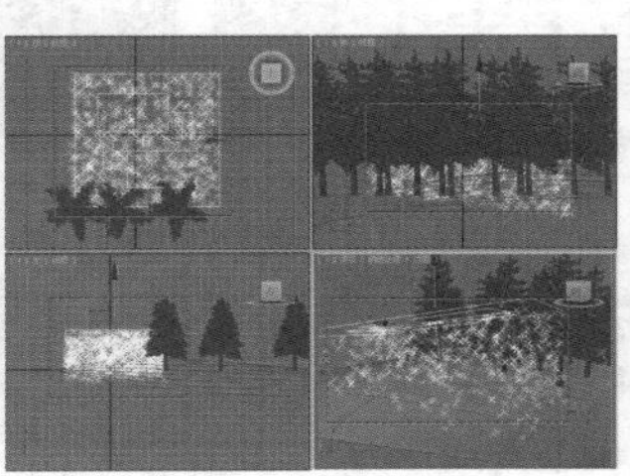

图11-90

**步骤08** 在【创建】面板中单击（空间扭曲）|【导向器】|【导向板】按钮，如图11-91所示。接着在视图中拖曳创建一个导向板，设置【反弹】为1，【宽度】为175mm，【长度】为165mm，如图11-92所示。

图11-91　　图11-92

**步骤09** 再次单击【粒子视图】按钮，弹出【粒子视图】窗口，然后在粒子视图的列表中单击【碰撞】，并将其拖曳到【事件 001】的最下方，如图11-93所示。

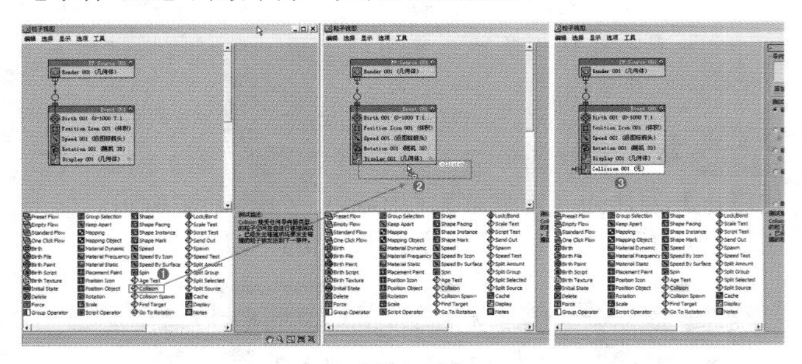

图11-93

**步骤10** 单击【碰撞 001】，然后单击【添加】按钮，接着在视图中选择刚才创建的导向板【Deflector001】，最后设置【速度】为【停止】，如图11-94所示。

**步骤11** 在粒子视图的列表中单击【图形实例】，并将其拖曳到【事件 001】的最下方，接着单击【粒子几何体对象】下的按钮，最后在视图中选择【雪花】模型，如图11-95所示。

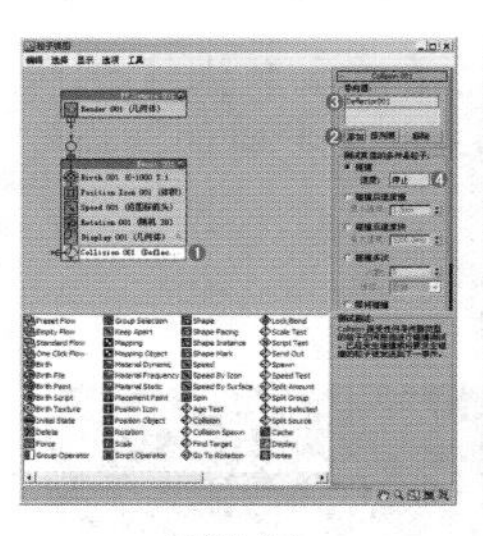

图11-94

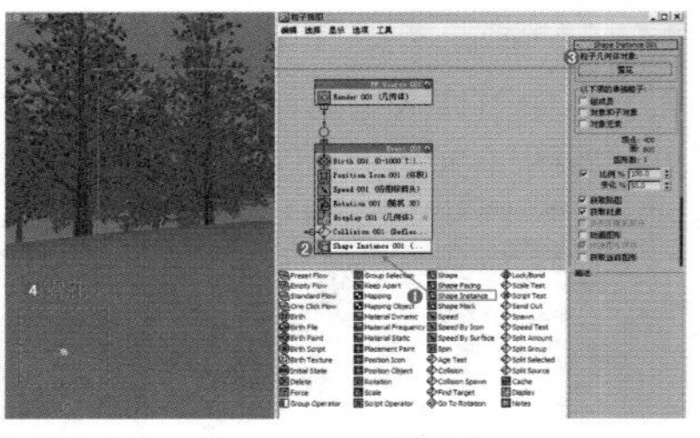

图11-95

**步骤12** 在粒子视图的列表中单击【力】，并将其拖曳到【事件 001】的最下方，如图11-96所示。

**步骤13** 在【创建】面板中单击【空间扭曲】按钮，并设置【类型】为【力】，然后单击【风】按钮，如图11-97所示。接着在视图中拖曳创建一个【风】，并单击【修改】面板，设置【强度】为0.01，如图11-98所示。

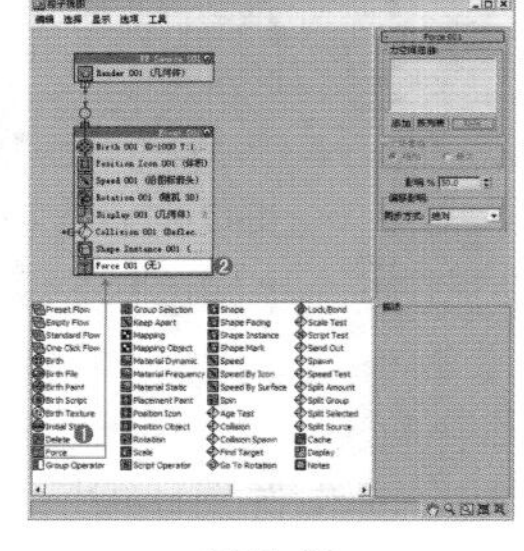

图11-96

**步骤14** 此时风的位置如图11-99所示。

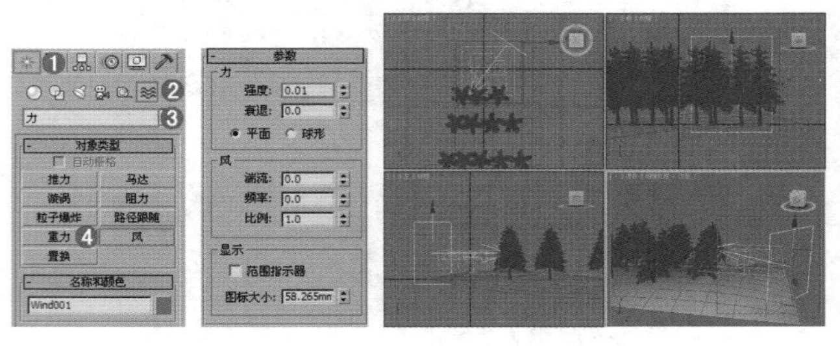

图11-97　　图11-98　　图11-99

**步骤15** 单击【力 001（Wind001）】，然后单击【添加】按钮，接着在视图中选择刚才创建的风【Wind001】，如图11-100所示。

**步骤16** 拖动时间线滑块查看此时的动画效果，如图11-101所示。

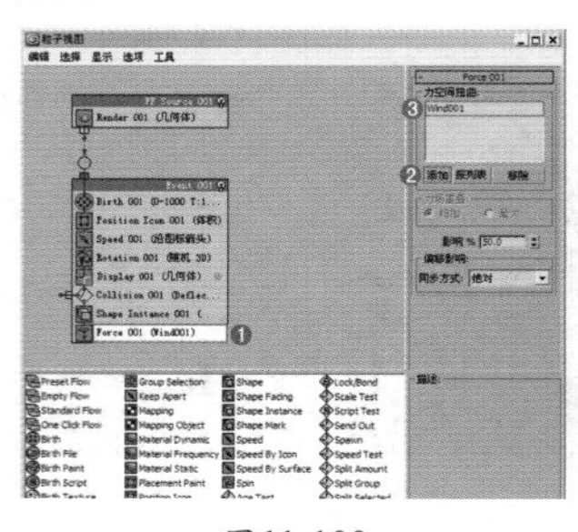

图11-100

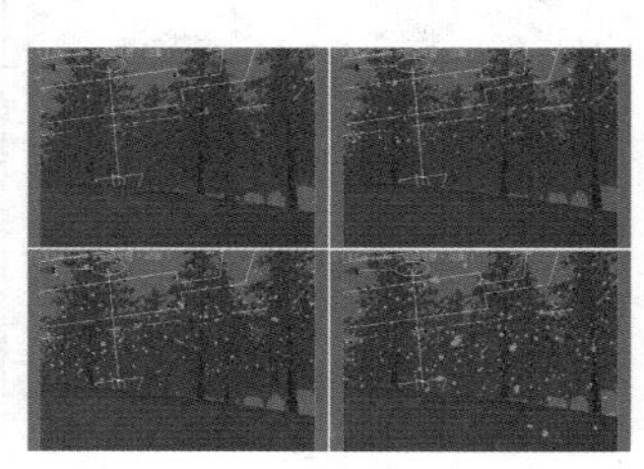

图11-101

**步骤17** 选择动画效果最明显的一些帧，然后单独渲染出这些单帧动画，最终效果如图11-102所示。

图11-102

## 小实例：利用粒子流源制作弹力球

| | |
|---|---|
| 场景文件 | 05.max |
| 案例文件 | 小实例：利用粒子流源制作弹力球.max |
| 视频教学 | 多媒体教学/Chapter 11/小实例：利用粒子流源制作弹力球.flv |
| 难易指数 | ★★★☆☆ |
| 技术掌握 | 掌握【粒子流源】粒子、导向板、重力的综合应用 |

### 实例介绍

本实例使用粒子流源制作弹力球的动画，效果如图11-103所示。

### 操作步骤

**步骤01** 打开本书配套光盘中的【场景文件/05.max】文件，如图11-104所示。单击（几何体）|【粒子系统】|【粒子流源】，接着在视图中拖曳创建粒子，如图11-105所示。

图11-103

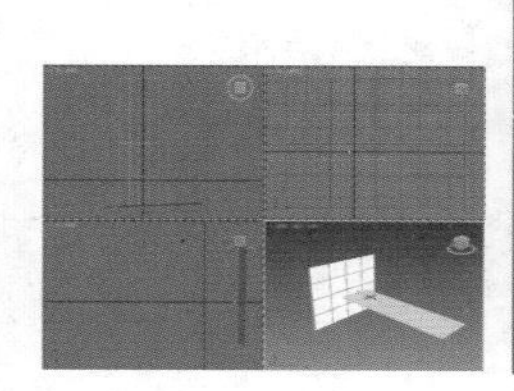

图11-104

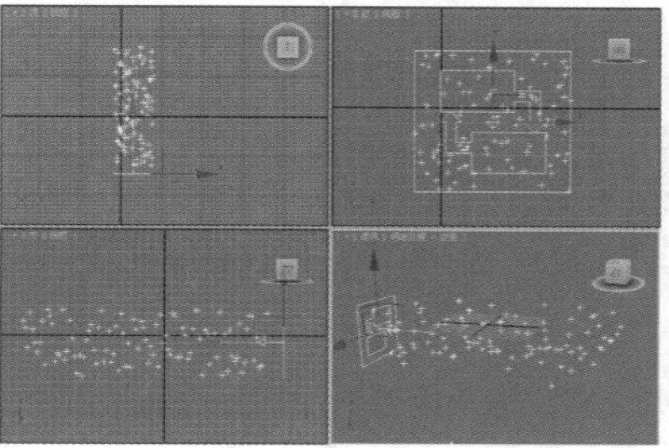

图11-105

**步骤02** 选择【粒子流源】，然后展开【发射】卷展栏，设置【徽标大小】为65mm，【长度】为88mm，【宽度】为97mm，如图11-106所示。

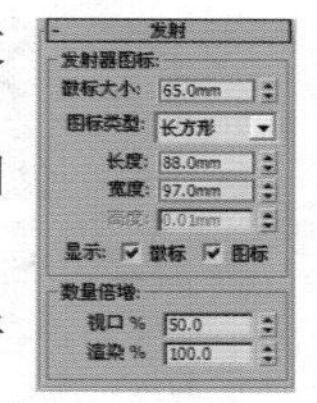


图11-106

**步骤03** 单击【出生 001】，并设置【发射开始】为0，【发射停止】为100，【数量】为80，如图11-107所示。然后选择【形状】，并单击右键选择【删除】，接着单击【显示 001】，并设置【类型】为【几何体】，如图11-108所示。

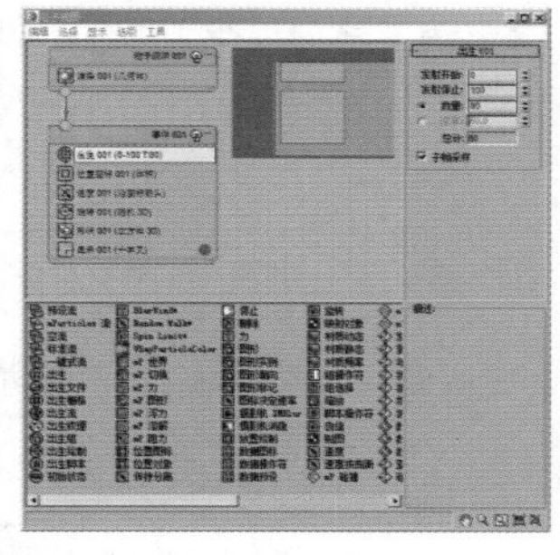

图11-107

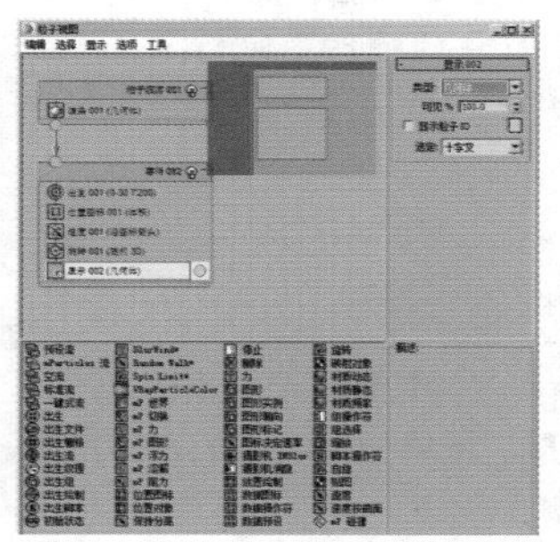

图11-108

**步骤04** 在粒子视图的列表中单击【图形实例】，并拖曳到【事件 001】的最下方，接着单击【粒子几何体对象】下的按钮，最后在视图中选择球体【Sphere001】模型，如图11-109所示。

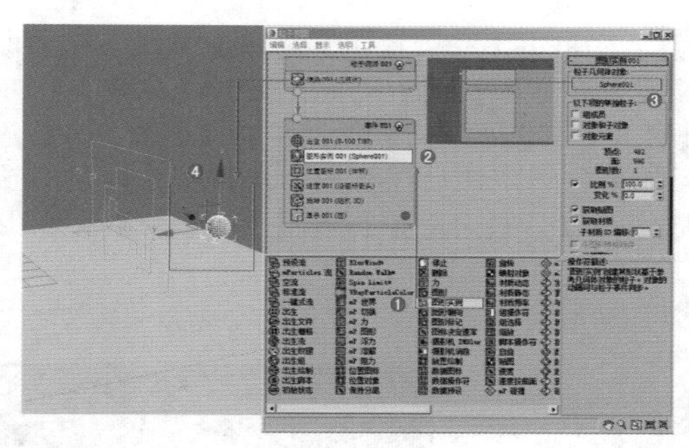

图11-109

**步骤05** 在【创建】面板中单击≋（空间扭曲）|【力】|【重力】按钮，如图11-110所示。接着在视图中拖曳创建一个【重力】，位置如图11-111所示。

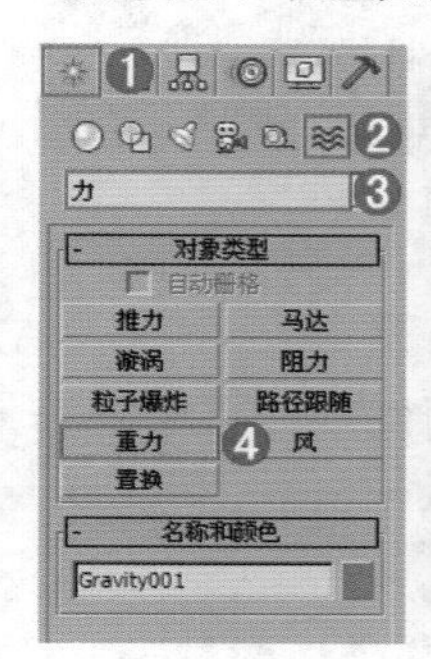


图11-110

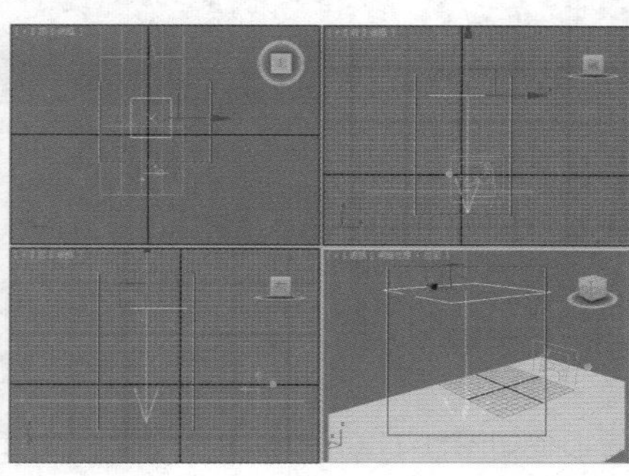

图11-111

**步骤06** 在粒子视图的列表中选择【力 001】，并拖曳到【事件 001】的最下方，然后单击【添加】按钮，接着在视图中选择刚才创建的重力【Gravity001】，如图 11-112 所示。

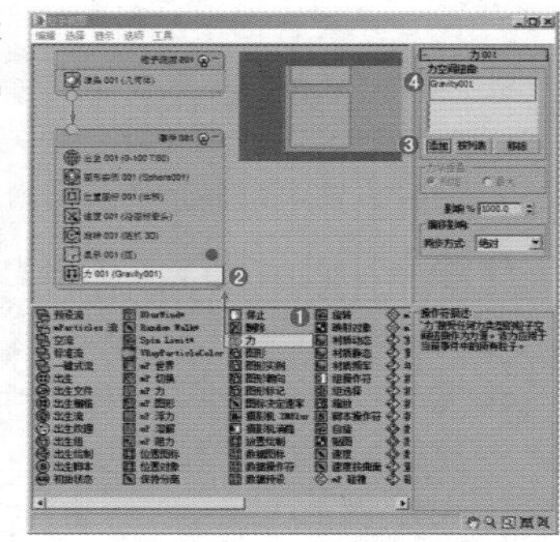

图11-112

**步骤07** 在【创建】面板中单击≋（空间扭曲）|【导向器】|【导向板】按钮，如图11-113所示。接着在视图中拖曳创建一个导向板，位置如图11-114所示。

图11-113

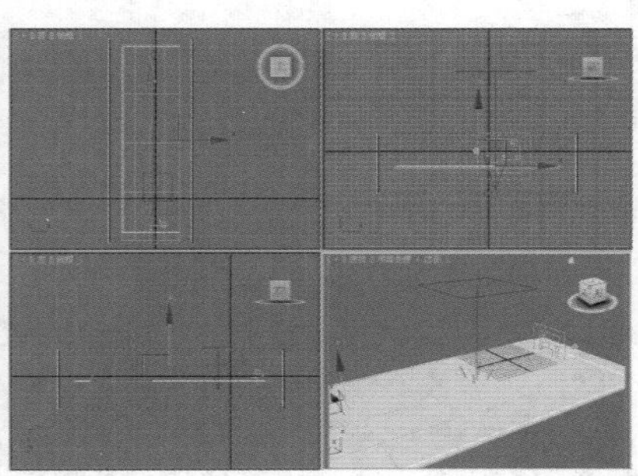

图11-114

**步骤08** 再次单击【粒子视图】按钮，弹出【粒子视图】窗口，接着在粒子视图的列表中选择【碰撞】，并拖曳到【事件 001】的最下方，接着单击【碰撞 001】，并单击【添加】按钮，然后在视图中选择刚才创建的导向板【Deflector001】，最后设置【速度】为【反弹】，如图11-115所示。

**步骤09** 拖动时间线滑块查看此时的动画效果，如图11-116所示。

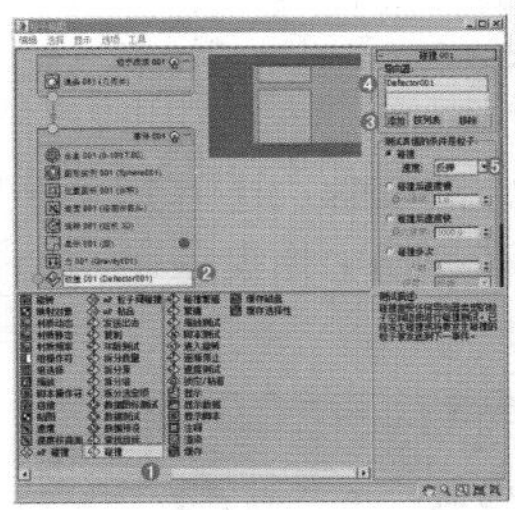

图11-115

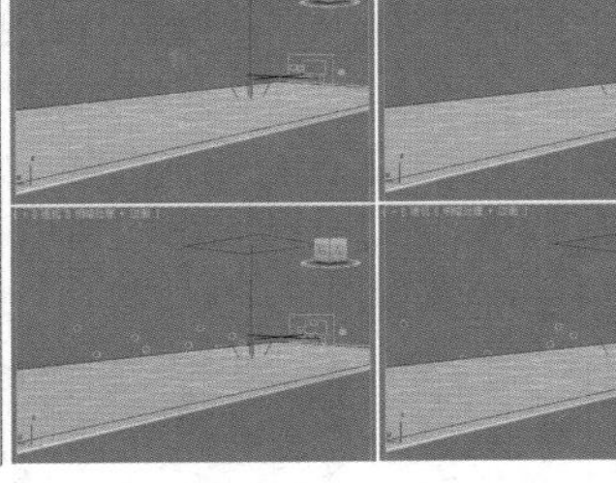

图11-116

**步骤10** 选择动画效果最明显的一些帧，然后单独渲染出这些单帧动画，最终效果如图11-117所示。

图11-117

## 11.1.2 喷射

【喷射】粒子常用来模拟雨、喷泉、公园水龙带的喷水等水滴效果，其参数设置面板如图11-118所示。

图11-118

- 视口计数：在指定的帧位置设置视图中显示的最大粒子数量。
- 渲染计数：在渲染某一帧时设置可以显示的最大粒子数量。
- 水滴大小：设置粒子的大小。
- 速度：设置每个粒子离开发射器时的初始速度。
- 变化：设置粒子的初始速度和方向。数值越大，喷射越强，范围越广。
- 水滴/圆点/十字叉：设置粒子在视图中的显示方式。
- 四面体：将粒子渲染为四面体。
- 面：将粒子渲染为正方形面。
- 开始：设置第1个出现的粒子的帧的编号。
- 寿命：设置每个粒子的寿命。
- 出生速率：设置每一帧产生的新粒子数。
- 恒定：启用该选项后，【出生速率】选项将不可用，此时的【出生速率】等于最大可持续速率。
- 宽度/长度：设置发射器的长度和宽度。
- 隐藏：启用该选项后，发射器将不会显示在视图中。

**技巧提示**

建议读者将【视口计数】的数量设置为少于【渲染计数】的数量，这样可以节省计算机的内存空间，使得在视口中的操作更加流畅，而且不会影响最终的渲染效果。

## 小实例：利用喷射制作下雨动画

| 场景文件 | 无 |
| --- | --- |
| 案例文件 | 小实例：利用喷射制作下雨动画.max |
| 视频教学 | 多媒体教学/Chapter 11/小实例：利用喷射制作下雨动画.flv |
| 难易指数 | ★★★☆☆ |
| 技术掌握 | 掌握粒子系统下的【喷射】功能 |

### 实例介绍

本实例是一个雨天场景，主要讲解使用喷射制作下雨动画，最终效果如图11-119所示。

图11-119

## 操作步骤

步骤01 在【创建】面板中单击(几何体)|【粒子系统】|【喷射】按钮，如图11-120所示。单击并拖曳创建一个喷射，如图11-121所示。

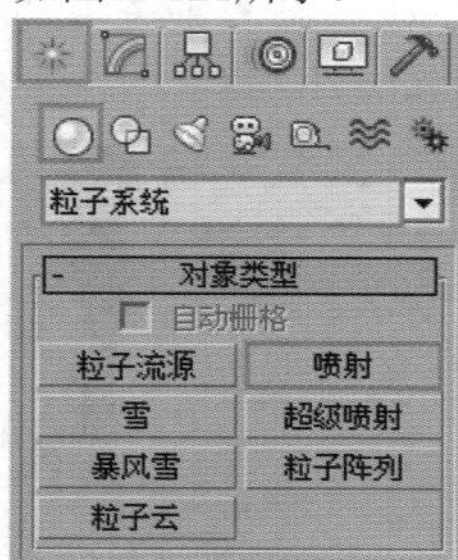

图11-120

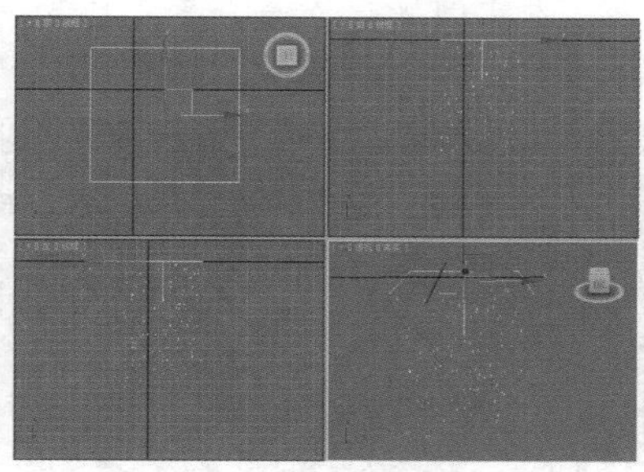
图11-121

步骤02 单击【修改】面板，并设置【视口计数】为1000，【渲染计数】为2000，【水滴大小】为8，【速度】为8，【变化】为0.56，然后选中【水滴】单选按钮，设置【渲染】类型为【四面体】，并设置【计时】的【开始】为-50，【寿命】为60，如图11-122所示。此时的场景效果如图11-123所示。

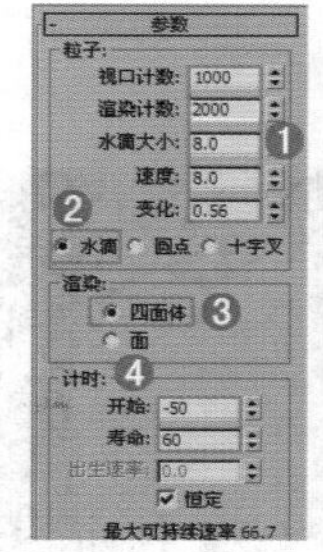

图11-122

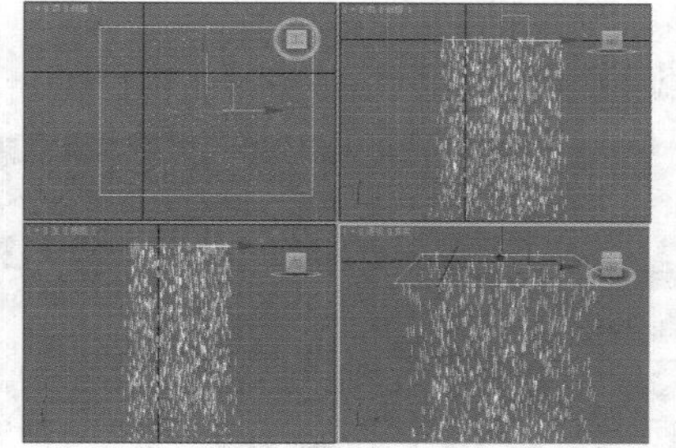
图11-123

步骤03 单击【选择并旋转】按钮，并沿Y轴旋转一定的角度，使得喷射略微倾斜，以使效果更加逼真，如图11-124所示。

步骤04 按数字键8，打开【环境和效果】对话框，接着在通道上加载贴图文件【背景.jpg】，如图11-125所示。

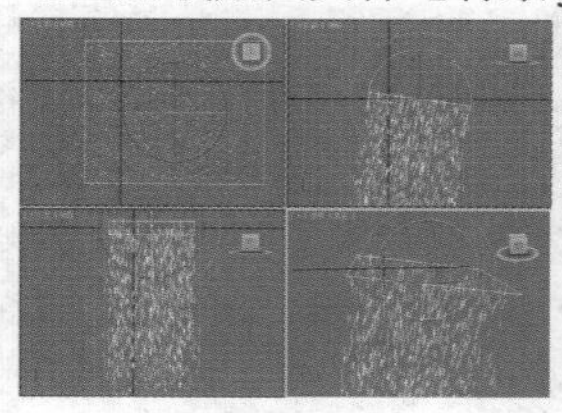
图11-124

图11-125

步骤05 选择动画效果最明显的一些帧，然后单独渲染出这些单帧动画，最终效果如图11-126所示。

图11-126

## 11.1.3 雪

雪常用来模拟降雪或投撒的纸屑。【雪】系统与【喷射】类似，但是【雪】系统提供了其他参数来生成翻滚的雪花，【渲染】选项也有所不同。其参数设置面板如图11-127所示。

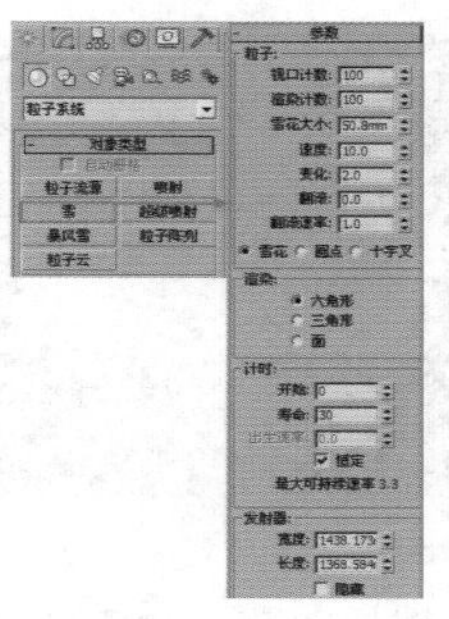
图11-127

- 视口计数：在指定的帧位置设置视图中显示的最大粒子数量。
- 渲染计数：在渲染某一帧时设置可以显示的最大粒子数量（与【计时】选项组中的参数配合使用）。
- 雪花大小：设置粒子的大小。
- 速度：设置每个粒子离开发射器时的初始速度。
- 变化：设置粒子的初始速度和方向。数值越大，降雪范围越广。
- 翻滚：设置雪花粒子的随机旋转量。
- 翻滚速率：设置雪花的旋转速度。
- 雪花/圆点/十字叉：设置粒子在视图中的显示方式。
- 六角形：将粒子渲染为六角形。
- 三角形：将粒子渲染为三角形。
- 面：将粒子渲染为正方形面。
- 开始：设置第1个出现的粒子的帧的编号。
- 寿命：设置粒子的寿命。
- 出生速率：设置每一帧产生的新粒子数。
- 恒定：启用该选项后，【出生速率】选项将不可用，此时的【出生速率】等于最大可持续速率。
- 宽度/长度：设置发射器的长度和宽度。
- 隐藏：启用该选项后，发射器将不会显示在视图中。

## 小实例：利用雪制作雪花动画

| 场景文件 | 无 |
|---|---|
| 案例文件 | 小实例：利用雪制作雪花动画.max |
| 视频教学 | 多媒体教学/Chapter 11/小实例：利用雪制作雪花动画.flv |
| 难易指数 | ★★☆☆☆ |
| 技术掌握 | 掌握粒子系统下的【雪】功能 |

### 实例介绍

本实例是一个雪场景，主要讲解利用粒子系统下的【雪】功能制作雪场景，最终渲染效果如图11-128所示。

图11-128

### 操作步骤

**步骤01** 在【创建】面板中单击（几何体）|【粒子系统】|【雪】按钮，如图 11-129 所示。单击并拖曳创建一个雪，如图 11-130 所示。

**步骤02** 单击【修改】面板，并设置【视口计数】为400，【渲染计数】为4000，【雪花大小】为0.2，【速度】为10，【变化】为10，然后设置类型为【雪花】，【渲染类型】为【三角形】，并设置【计时】的【开始】为-30，【寿命】为30，如图11-131所示。

**步骤03** 按数字键8，打开【环境和效果】对话框，接着在通道上加载贴图文件【背景.jpg】，如图11-132所示。

图11-129

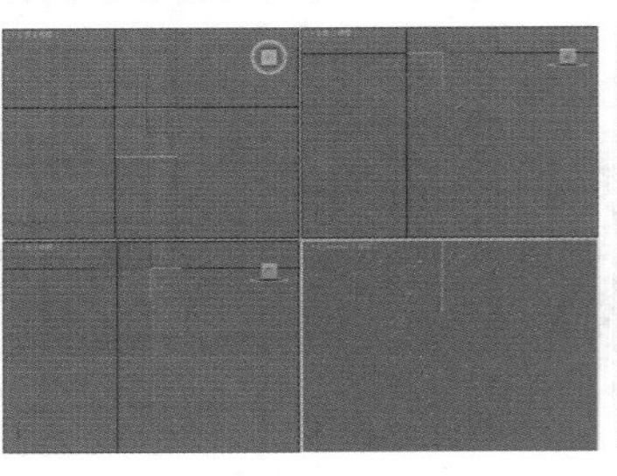

图11-130

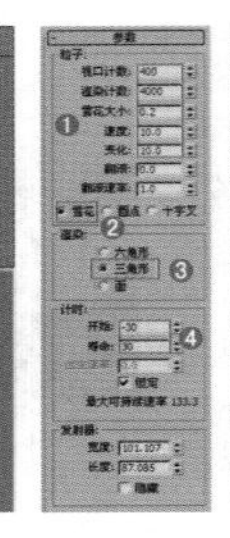

图11-131

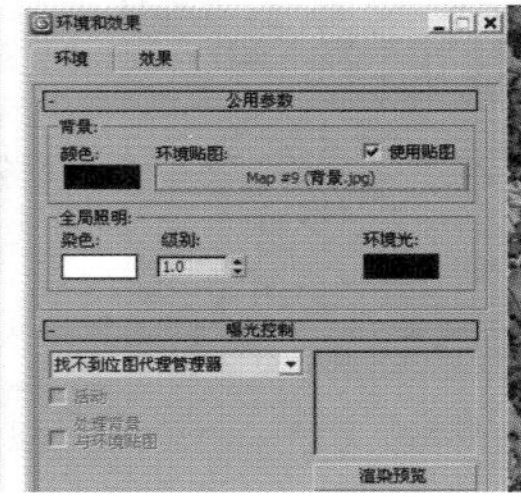

图11-132

**步骤04** 选择动画效果最明显的一些帧，然后单独渲染出这些单帧动画，最终效果如图11-133所示。

图11-133

## 11.1.4 暴风雪

【暴风雪】粒子是【雪】粒子系统的高级版本，常用来制作暴风雪等动画效果，其参数设置面板如图11-134所示。

### 1. 基本参数

- 宽度/长度：设置发射器的宽度和长度。
- 发射器隐藏：启用该选项后，发射器将不会显示在视图中（发射器不会被渲染出来）。
- 圆点/十字叉/网格/边界框：设置发射器在视图中的显示方式。

### 2. 粒子生成

- 使用速率：指定每一帧发射的固定粒子数。

- **使用总数**：指定在寿命范围内产生的总粒子数。
- **速度**：设置粒子在产生时沿法线的发射速度。
- **变化**：设置粒子的初始速度和方向。
- **发射开始**：设置粒子在场景中开始出现的帧。

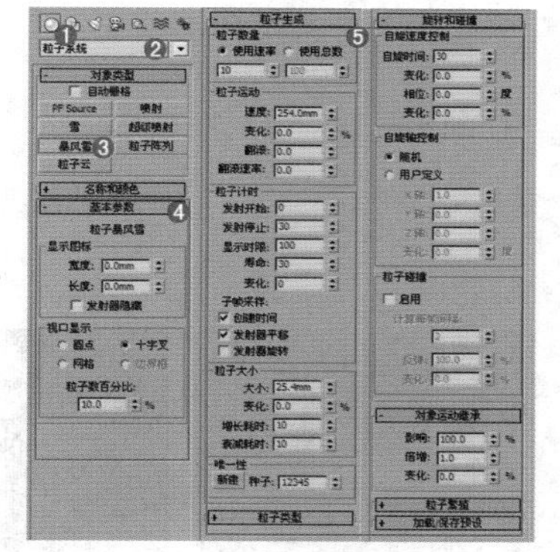

图11-134

- **发射停止**：设置粒子在场景中出现的最后一帧。
- **显示时限**：指定所有粒子将消失的帧。
- **寿命**：设置每个粒子的寿命。
- **变化**：指定每个粒子的寿命从标准值变化的帧数。
- **大小**：根据粒子的类型来指定所有粒子的目标大小。
- **变化**：设置每个粒子的大小从标准值变化的百分比。
- **增长耗时**：设置粒子从很小增长到很大过程中所经历的帧数。
- **衰减耗时**：设置粒子在消亡之前缩小到其大小的1/10所经历的帧数。
- **种子**：设置特定的种子值。

### 3. 粒子类型

- **标准粒子**：使用标准粒子类型中的一种。
- **变形球粒子**：使用变形球粒子。
- **实例几何体**：使用对象的碎片来创建粒子。
- **三角形**：将每个粒子渲染为三角形。
- **立方体**：将每个粒子渲染为立方体。
- **特殊**：将每个粒子渲染为3个交叉的2D正方形。
- **面**：将每个粒子渲染为始终朝向视图的正方形。
- **恒定**：将每个粒子渲染为相同大小的物体。
- **四面体**：将每个粒子渲染为贴图四面体。
- **六角形**：将每个粒子渲染为二维的六角形。
- **球体**：将每个粒子渲染为球体。
- **张力**：设置有关粒子与其他粒子混合倾向的紧密度。
- **变化**：设置张力变化的百分比。
- **渲染**：设置【变形球粒子】的粗糙度。
- **视口**：设置视口显示的粗糙度。
- **自动粗糙**：启用该选项后，系统会自动设置粒子在视图中显示的粗糙度。
- **一个相连的水滴**：如果禁用该选项，系统将计算所有粒子；如果启用该选项，系统将使用快捷算法，并且仅计算和显示彼此相连或邻近的粒子。
- **【拾取对象】按钮**：单击该按钮可以在场景中选择要作为粒子使用的对象。
- **使用子树**：若要将拾取对象的链接子对象包含在粒子中，则应该启用该选项。
- **动画偏移关键点**：该选项可以为粒子动画进行计时。
- **出生**：设置每帧产生的新粒子数。
- **帧偏移**：设置从源对象至当前计时的偏移值。
- **时间**：设置粒子从出生开始到生成完整的粒子的一个贴图所需要的帧数。
- **距离**：设置粒子从出生开始到生成完整的粒子的一个贴图所需要的距离。
- **【材质来源】按钮**：更新粒子系统携带的材质。
- **图标**：将粒子图标设置为指定材质的图标。
- **实例几何体**：将粒子与几何体进行关联。

## 11.1.5 粒子云

如果希望使用粒子云填充特定的体积，可以使用【粒子云】粒子系统。【粒子云】粒子可以用来创建类似体积雾效果的粒子群，使用【粒子云】能够将粒子限定在一个长方体、球体、圆柱体之内，或限定在场景中拾取的对象的外形范围之内（注意，二维对象不能使用【粒子云】），可以创建一群鸟、一个星空或一个奔跑的人群。其参数设置面板如图11-135所示。

- **长方体发射器**：设置发射器为长方体形状。
- **球体发射器**：设置发射器为球体形状。
- **圆柱体发射器**：设置发射器为圆柱体形状。
- **基于对象的发射器**：将选择的对象作为发射器。

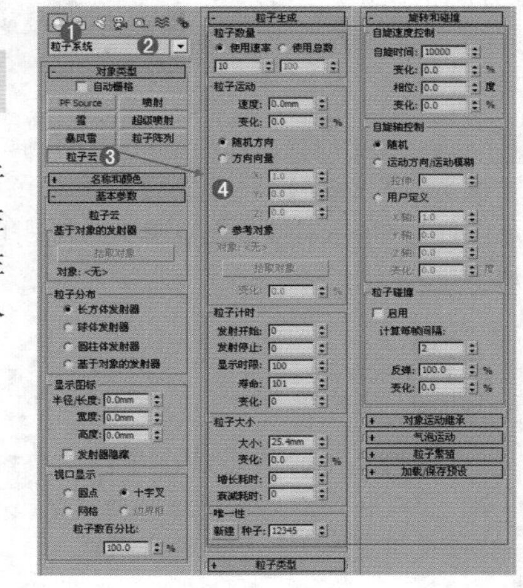

图11-135

- 半径/长度：用于调整发射器的半径/长度。
- 宽度：设置【长方体发射器】的宽度。
- 高度：设置【长方体发射器】或【圆柱体发射器】的高度。

## 小实例：利用粒子云制作爆炸特效

| 场景文件 | 06.max |
| --- | --- |
| 案例文件 | 小实例：利用粒子云制作爆炸特效.max |
| 视频教学 | 多媒体教学/Chapter 11/小实例：利用粒子云制作爆炸特效.flv |
| 难易指数 | ★★★☆☆ |
| 技术掌握 | 掌握【粒子云】粒子方法 |

### 实例介绍

本实例使用【粒子云】制作爆炸特效，效果如图11-136所示。

图11-136

### 操作步骤

**步骤01** 打开本书配套光盘中的【场景文件/Chapter11/05.max】文件，此时的场景效果如图11-137所示。

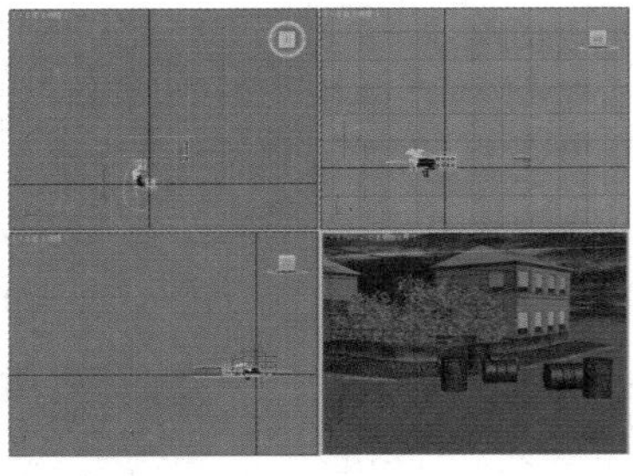

图11-137

**步骤02** 在【创建】面板中单击【几何体】按钮，并将几何体类型设置为【粒子系统】，然后单击【粒子云】按钮，如图11-138所示。接着在视图中拖曳创建粒子云，如图11-139所示。

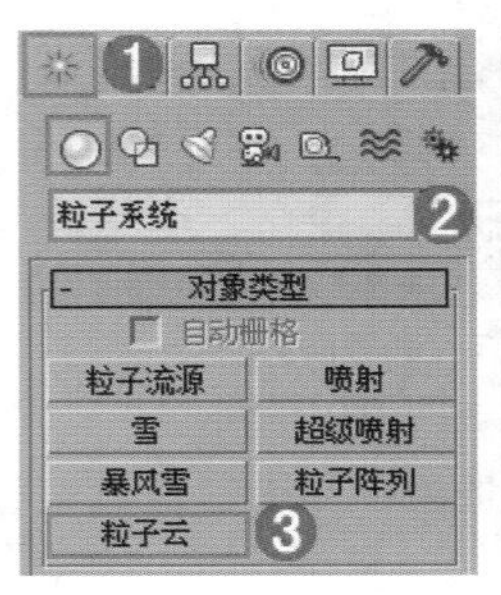


图11-138

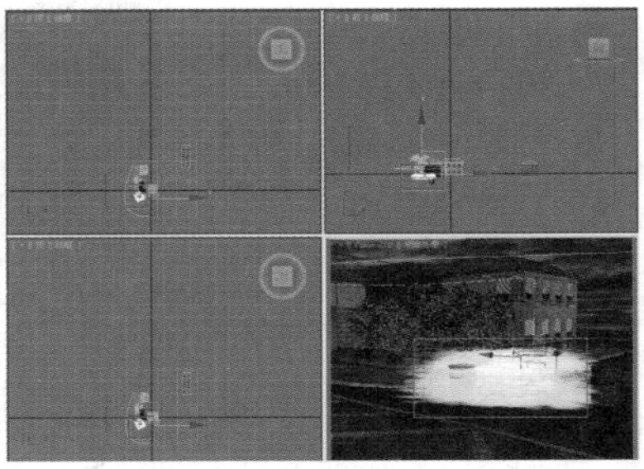

图11-139

**步骤03** 单击【粒子云】图标，进入【修改】面板，具体参数设置如图11-140所示。

- 展开【基本参数】卷展栏，单击【拾取对象】按钮，并拾取场景中的一个油桶模型，在【粒子分布】选项组中选中【基于对象的发射器】单选按钮，设置【半径/长度】为1700mm，在【视口显示】选项组中选中【网格】单选按钮，设置【粒子数百分比】为100。

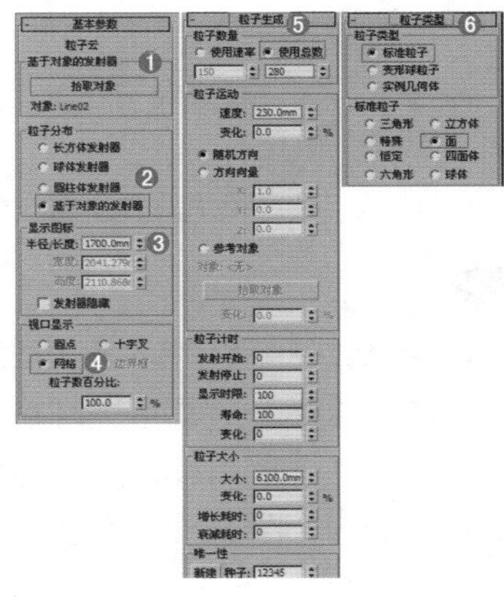

图11-140

- 展开【粒子生成】卷展栏，设置【使用总数】为280，【速度】为230mm，【显示时限】为100，【寿命】为100，最后在【粒子大小】选项组中设置【大小】为6100mm。
- 展开【粒子类型】卷展栏，设置【粒子类型】为【标准粒子】，在【标准粒子】选项组中选中【面】单选按钮。

**技巧提示**

此时拖曳时间线滑块可以观察到粒子已经喷射出来，但是还没有达到爆炸时的效果，如图11-141所示。下面使用【阻力】空间扭曲来解决。

图11-141

**步骤04** 在【创建】面板中单击≋（空间扭曲）|【力】|【阻力】按钮，如图11-142所示。接着在场景中拖曳创建阻力，如图11-143所示。

图11-142

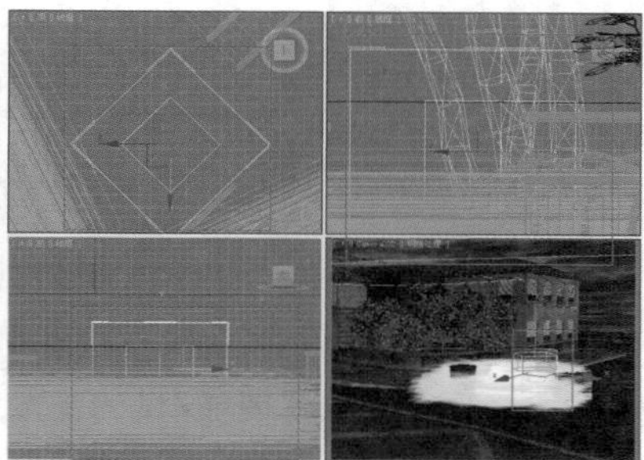

图11-143

**步骤05** 选择粒子云，然后单击【绑定到空间扭曲】按钮≋，将光标拖曳到阻力上释放鼠标，此时二者绑定成功。拖动时间线滑块观察透视图的效果，如图 11-144 所示。

图11-144

**步骤06** 单击【粒子云】图标，进入【修改】面板，具体参数设置如图11-145所示。

- 展开【基本参数】卷展栏，在【粒子分布】选项组中选中【球体发射器】单选按钮，在【视口显示】选项组中选中【网格】单选按钮，设置【粒子数百分比】为100。
- 展开【粒子生成】卷展栏，在【粒子数量】选项组中设置【使用总数】为280，然后在【粒子运动】选项组中设置【速度】为800mm，接着在【粒子计时】选项组中设置【发射开始】为－70，【显示时限】为100，【寿命】为100，最后在【粒子大小】选项组中设置【大小】为6500mm。
- 展开【粒子类型】卷展栏，设置【粒子类型】为【标准粒子】，在【标准粒子】选项组中选中【面】单选按钮。

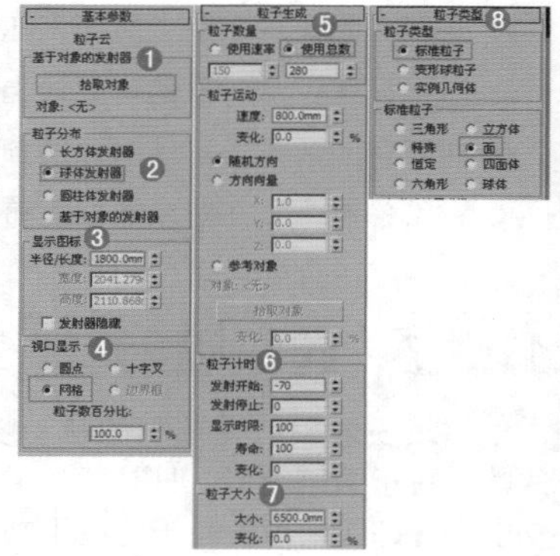

图11-145

**步骤07** 此时的效果如图11-146所示。

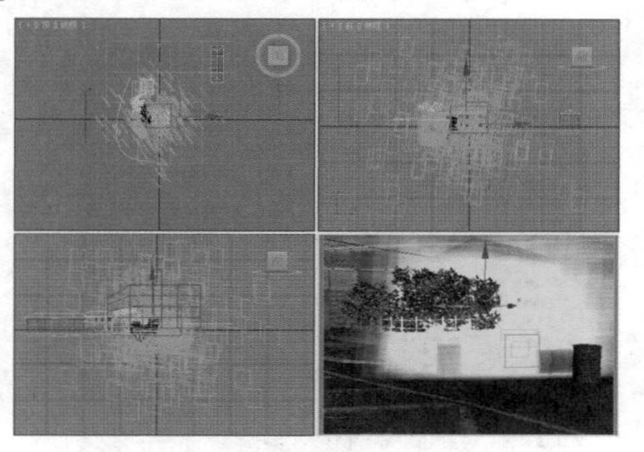

图11-146

**步骤08** 再次创建【阻力】空间扭曲，并再次将其与粒子云绑定到一起。选择动画效果最明显的一些帧，然后单独渲染出这些单帧动画，最终效果如图11-147所示。

图11-147

## 11.1.6 粒子阵列

【粒子阵列】粒子系统将粒子分布在几何体对象上，也可用于创建复杂的对象爆炸效果，如图11-148所示。

其参数设置面板如图11-149所示。

- 【拾取对象】按钮：创建粒子系统后，使用该按钮可以在场景中拾取某个对象作为发射器。

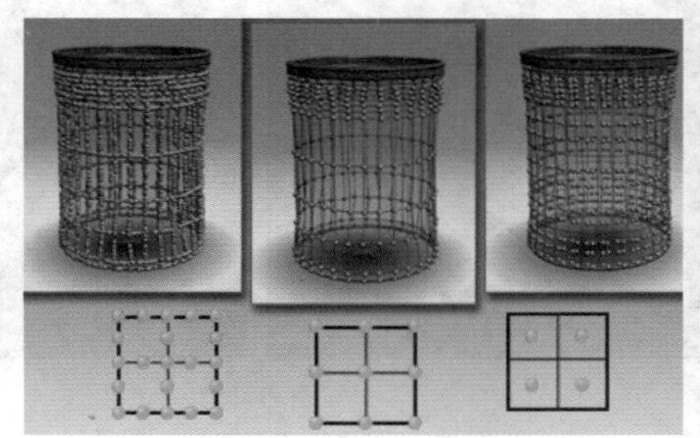

图11-148

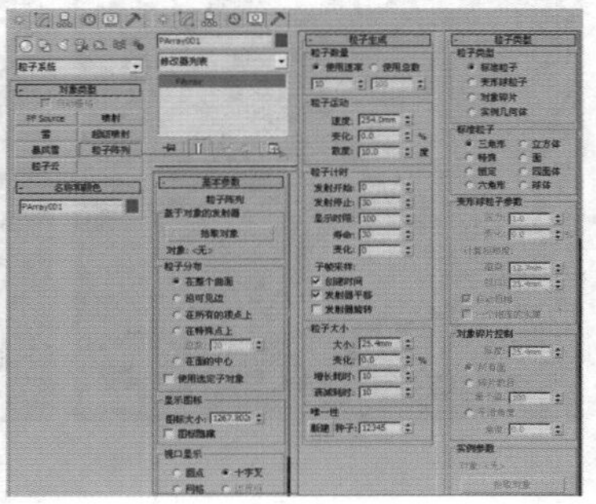

图11-149

- 在整个曲面：在整个曲面上随机发射粒子。
- 沿可见边：从对象的可见边上随机发射粒子。
- 在所有的顶点上：从对象的顶点发射粒子。
- 在特殊点上：在对象曲面上随机分布的点上发射粒子。
- 总数：当选中【在特殊点上】单选按钮时该选项才可用，主要用来设置使用的发射器的点数。
- 在面的中心：从每个三角面的中心发射粒子。

## 11.1.7 超级喷射

超级喷射发射受控制的粒子喷射，此粒子系统与简单的喷射粒子系统类似，只是增加了所有新型粒子系统提供的功能。【超级喷射】粒子可以用来制作雨、喷泉、烟花等效果，若将其绑定到【路径跟随空间扭曲】上，还可以生成瀑布效果，其参数设置面板如图11-150所示。

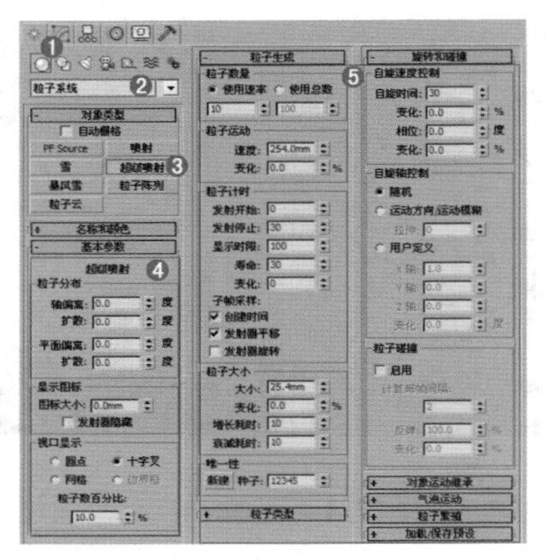

图11-150

- 轴偏离：设置粒子流与Z轴的夹角量（沿X轴的平面）。
- 扩散：设置粒子远离发射向量的扩散量（沿X轴的平面）。
- 平面偏离：设置围绕Z轴的发射角度量。如果【轴偏离】设置为0，那么该选项将不起任何作用。
- 使用速率：指定每一帧发射的固定粒子数。
- 使用总数：指定在寿命范围内产生的总粒子数。
- 显示时限：设置所有粒子将要消失的帧。
- 寿命：设置每个粒子的寿命。
- 变化：设置每个粒子的寿命可以从标准值变化的帧数。
- 大小：根据粒子的类型来指定所有粒子的目标大小。

## 小实例：利用超级喷射制作飞舞的立方体

| 场景文件 | 无 |
| --- | --- |
| 案例文件 | 小实例：利用超级喷射制作飞舞的立方体.max |
| 视频教学 | 多媒体教学/Chapter 11/小实例：利用超级喷射制作飞舞的立方体.flv |
| 难易指数 | ★★★☆☆ |
| 技术掌握 | 掌握超级喷射功能 |

### 实例介绍

本实例是一个手机广告动画效果，主要讲解如何利用超级喷射制作出彩色立方体的效果，从而展现手机魅力，最终效果如图11-151所示。

图11-151

## 操作步骤

**步骤01** 在【创建】面板中单击 （几何体）|【粒子系统】|【超级喷射】按钮，如图11-152所示。接着在视图中拖曳创建一个超级喷射粒子，如图11-153所示。

**步骤02** 单击【修改】面板，设置【粒子分布】选项组中的【轴偏离】为-6，【扩散】为35，【平面偏离】为90，【扩散】为146，设置【图标大小】为62mm，【视口显示】为【网格】，【粒子数百分比】为100，同时设置【粒子数量】方式为【使用速率】，并设置数值为8，接着设置【粒子运动】速度为10mm，设置【粒子计时】选项组中的【发射停止】为50，【显示时限】为100，【寿命】为50，最后设置【粒子大小】为18mm，【粒子类型】为【标准粒子】，【标准粒子】为【立方体】，如图11-154所示。

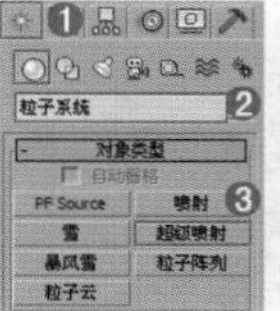
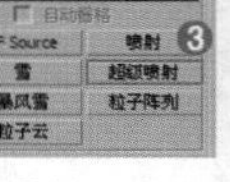

图11-152

图11-153

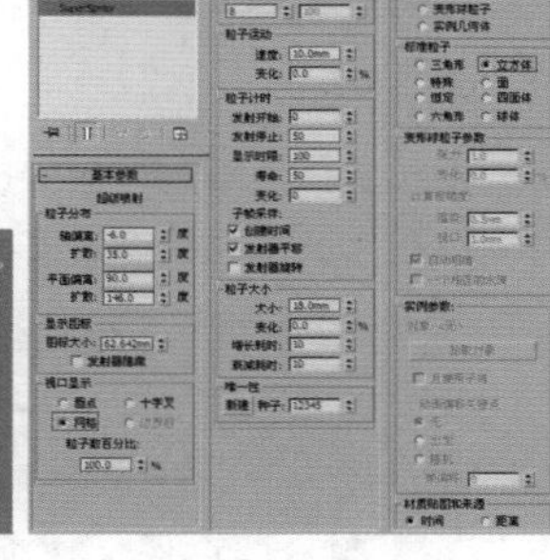

图11-154

**步骤03** 拖动时间线滑块查看效果，如图11-155所示。

**步骤04** 按数字键8，打开【环境和效果】窗口，选择【环境】选项卡，在【环境贴图】下的通道上加载【手机广告.jpg】贴图文件，如图11-156所示。

图11-155

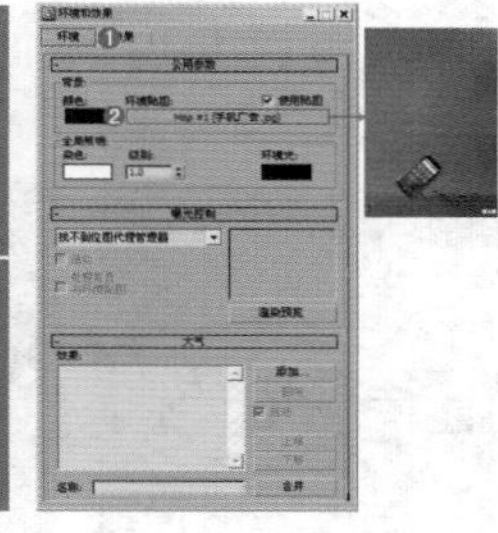

图11-156

**步骤05** 选择一个空白材质球，设置【材质类型】为【VRayMtl】，并将材质赋予超级喷射粒子，具体参数设置如图11-157所示。

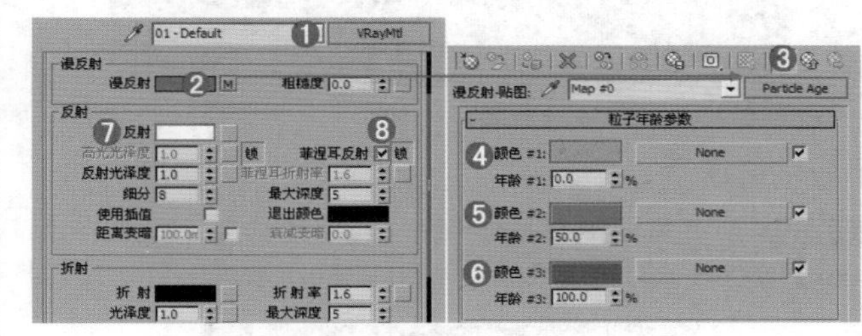

图11-157

- 在【漫反射】后面的通道上加载【Particle Age（粒子年龄）】程序贴图，并设置【颜色#1】为橙色，【颜色#2】为蓝色，【颜色#3】为紫色。
- 设置【反射】颜色为白色。
- 选中【菲涅耳反射】复选框。

**步骤06** 选择动画效果最明显的一些帧，然后单独渲染出这些单帧动画，最终效果如图11-158所示。

图11-158

## 小实例：利用超级喷射制作彩色烟雾

| 场景文件 | 07.max |
| --- | --- |
| 案例文件 | 小实例：利用超级喷射制作彩色烟雾.max |
| 视频教学 | 多媒体教学/Chapter 11/小实例：利用超级喷射制作彩色烟雾.flv |
| 难易指数 | ★★★☆☆ |
| 技术掌握 | 掌握超级喷射和风功能 |

### 实例介绍

本实例是一个彩色烟雾场景，主要讲解如何利用超级喷射制作彩色烟雾，最终效果如图11-159所示。

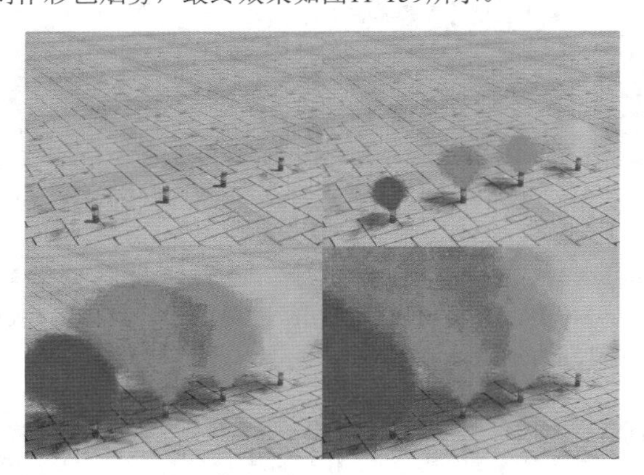

图11-159

### 操作步骤

**步骤01** 打开本书配套光盘中的【场景文件/Chapter11/07.max】文件，此时的场景效果如图11-160所示。

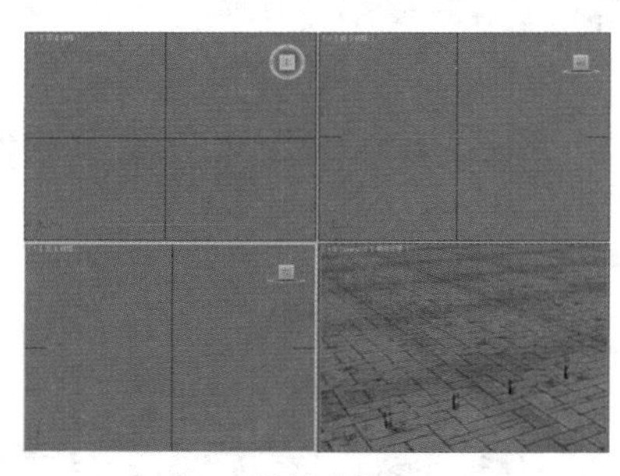

图11-160

**步骤02** 在【创建】面板中单击（几何体）|【粒子系统】|【超级喷射】按钮，如图11-161所示。接着在视图中拖曳创建一个超级喷射粒子，如图11-162所示。

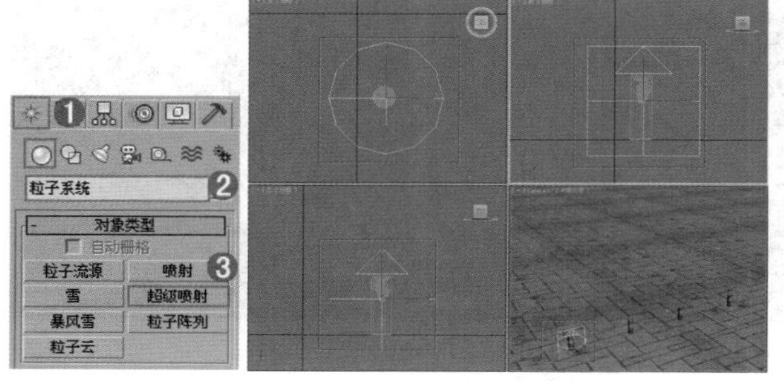


图11-161　图11-162

**步骤03** 单击【修改】面板，设置【粒子分布】的【轴偏离】为10，【扩散】为27，【平面偏离】为139，【扩散】为180，同时设置【图标大小】为800mm，【视口显示】为【网格】，【粒子数百分比】为100，【粒子数量】为100，【粒子运动】选项组中的【速度】为260mm，【粒子计时】选项组中的【发射停止】为100，【显示时限】为100，【寿命】为30，然后设置【粒子大小】为600mm，【粒子类型】为【标准粒子】，【标准粒子】为【面】，如图11-163所示。

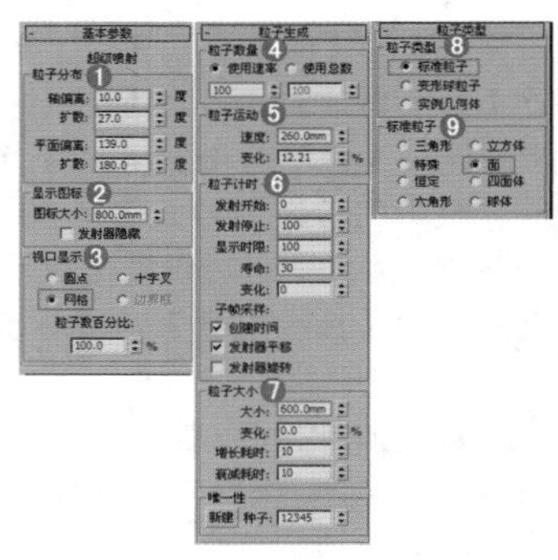

图11-163

**步骤04** 在【创建】面板中单击（几何体）|（空间扭曲）|【力】|【风】按钮，如图11-164所示。接着在视图中拖曳创建【风】，如图11-165所示。

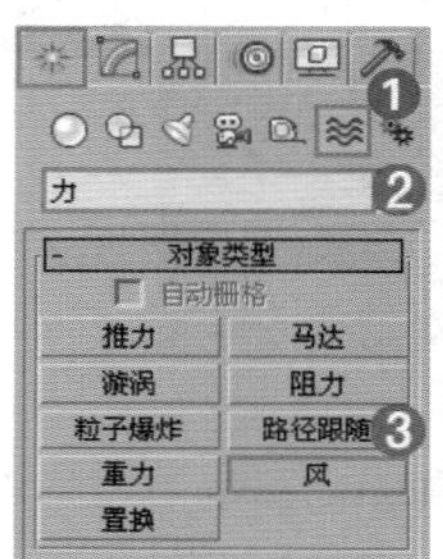


图11-164

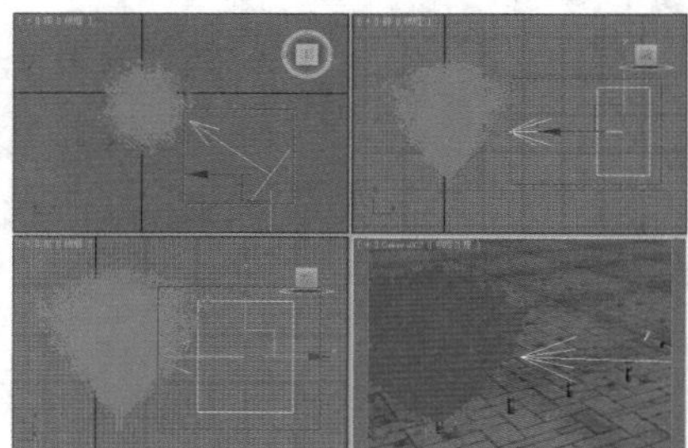

图11-165

**步骤05** 单击【修改】面板，设置【强度】为0.3，如图11-166所示。

**步骤06** 选择【SuperSpray001】，然后单击【绑定到空间扭曲】按钮，接着单击【Wind001】，此时二者绑定成功，如图11-167所示。

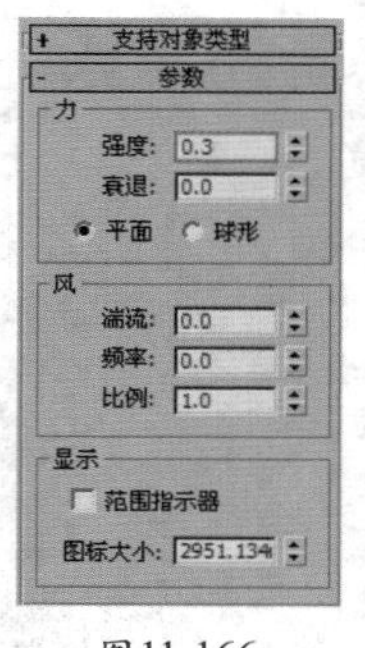


图11-166

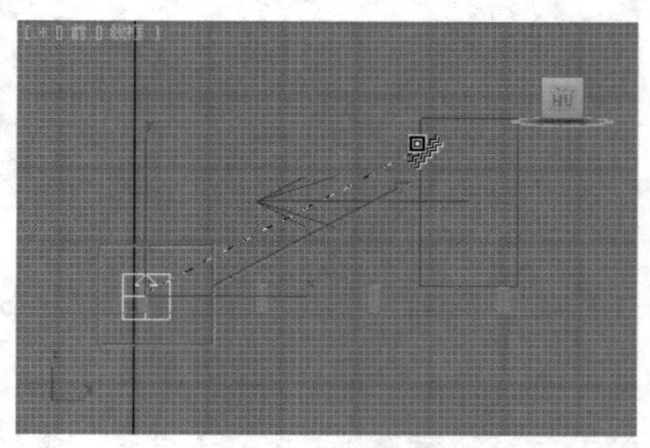

图11-167

**步骤07** 拖动时间线滑块查看此时的动画效果，如图11-168所示。

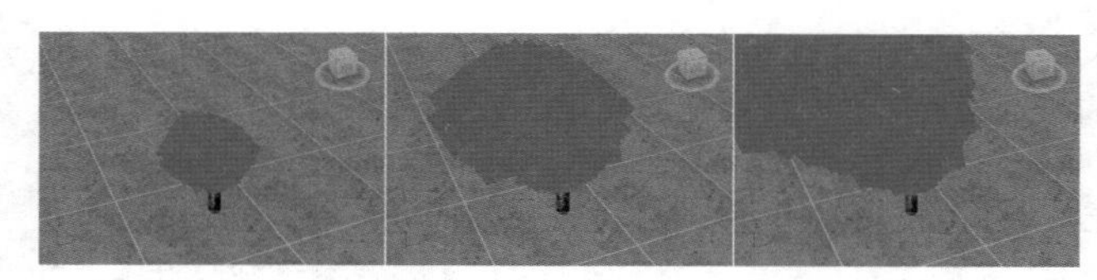

图11-168

**步骤08** 选择一个空白材质球，设置【材质类型】为【Standard】，并将其命名为【烟雾1】，具体参数设置如图11-169和图11-170所示。

- 调节【漫反射】颜色为一种蓝色，并在【自发光】选项组中选中【颜色】复选框，调节为蓝色。
- 在【不透明度】贴图通道中加载一张【混合】程序贴图，在【混合参数】卷展栏的颜色#1【贴图】中加载【烟雾】程序贴图，并设置【烟雾参数】大小为5；在颜色#2【贴图】中加载【烟雾】程序贴图，并设置【烟雾参数】大小为15。
- 在【混合量】贴图通道中加载【Perlin大理石】程序贴图，参数为默认。

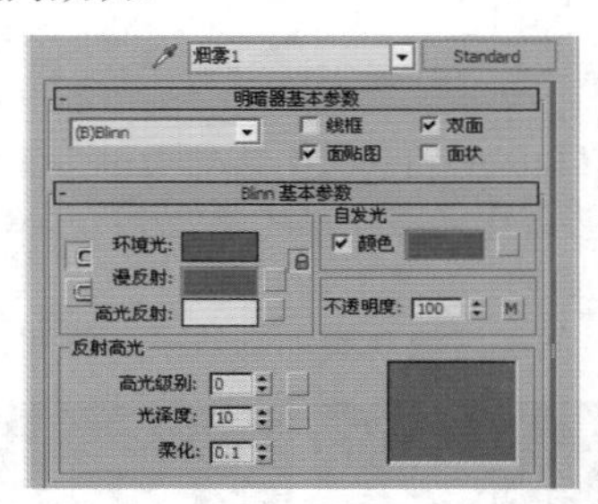


图11-169

**技巧提示**

此时超级喷射粒子和风已经绑定到了一起，超级喷射已经出现了风吹的效果。

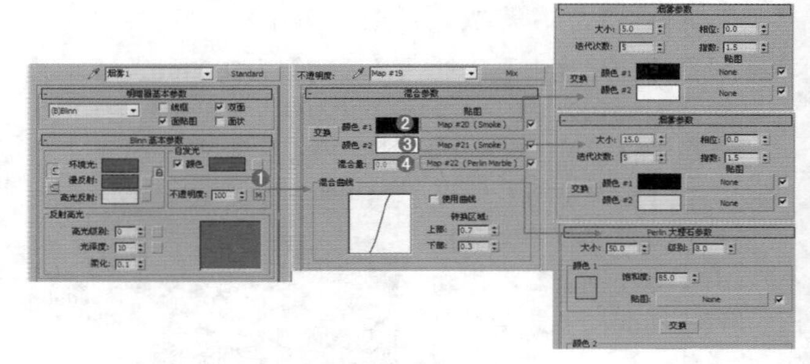

图11-170

**步骤09** 使用同样的方法创建剩余的彩色烟雾，此时场景的效果如图11-171所示。

**步骤10** 选择动画效果最明显的一些帧，然后单独渲染出这些单帧动画，最终效果如图11-172所示。

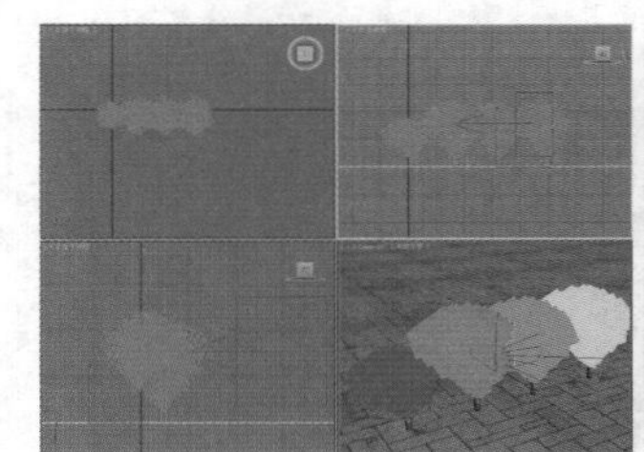

图11-171

图11-172

## 小实例：利用超级喷射制作奇幻文字动画

| 场景文件 | 无 |
|---|---|
| 案例文件 | 小实例：利用超级喷射制作奇幻文字动画.max |
| 视频教学 | 多媒体教学/Chapter 11/小实例：利用超级喷射制作奇幻文字动画.flv |
| 难易指数 | ★★★☆☆ |
| 技术掌握 | 掌握【路径跟随】配合【超级喷射】粒子方法 |

### 实例介绍

本实例使用【路径跟随】空间扭曲和【超级喷射】粒子制作奇幻文字动画，效果如图11-173所示。

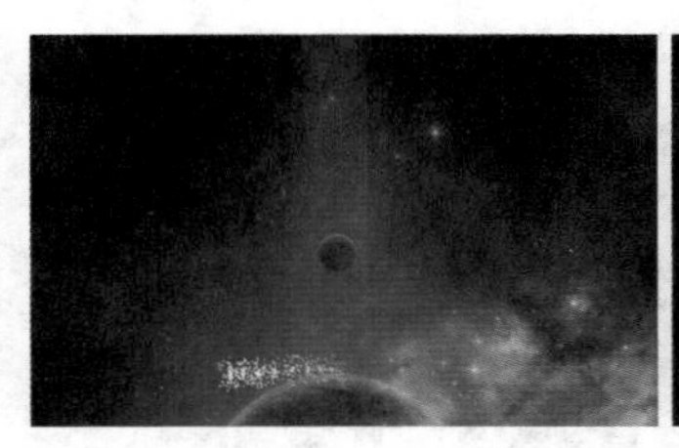

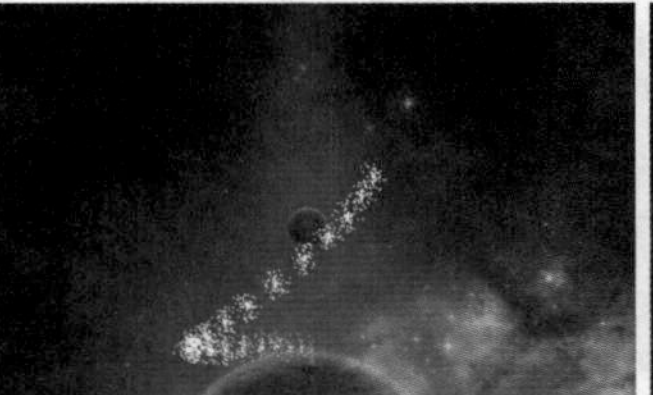

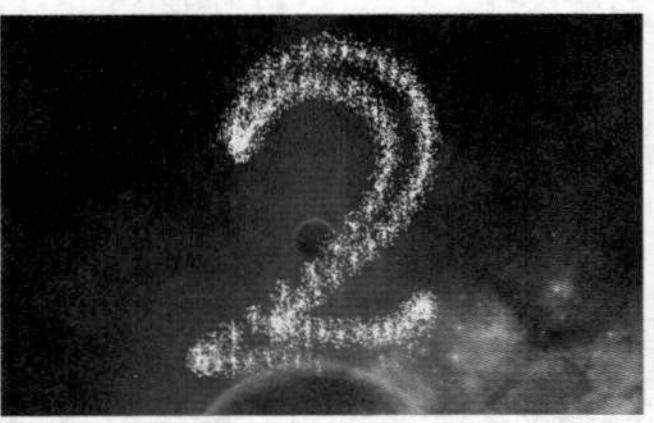

图11-173

### 操作步骤

**步骤01** 使用【线】工具在前视图中绘制如图11-174所示的图形，并命名为【Line01】。

**步骤02** 使用【超级喷射】工具在视图中创建一个超级喷射粒子，并命名为【SuperSpray01】，如图11-175所示。

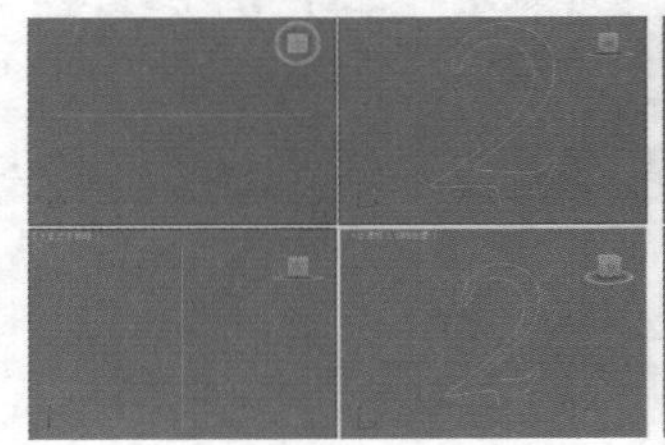

图11-174

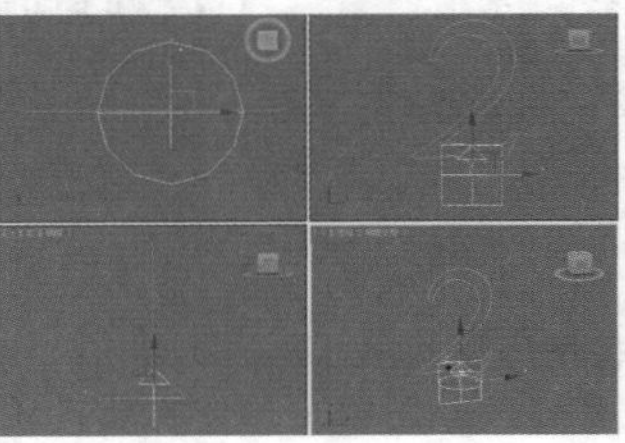

图11-175

**步骤03** 选择超级喷射粒子，进入【修改】面板，具体参数设置如图11-176所示。

- 展开【基本参数】卷展栏，设置【轴偏离】为180，【扩散】为180，【平面偏离】为8，【扩散】为180，然后设置【图标大小】为2000mm，【视口显示】类型为【网格】，并设置【粒子数百分比】为80。
- 设置【使用速率】为80，【速度】为500mm，【发射停止】为100，【显示时限】为100，【寿命】为100，然后设置【粒子大小】选项组中的【大小】为50mm。
- 展开【粒子类型】卷展栏，设置【粒子类型】为【标准粒子】，并设置【标准粒子】类型为【球体】。

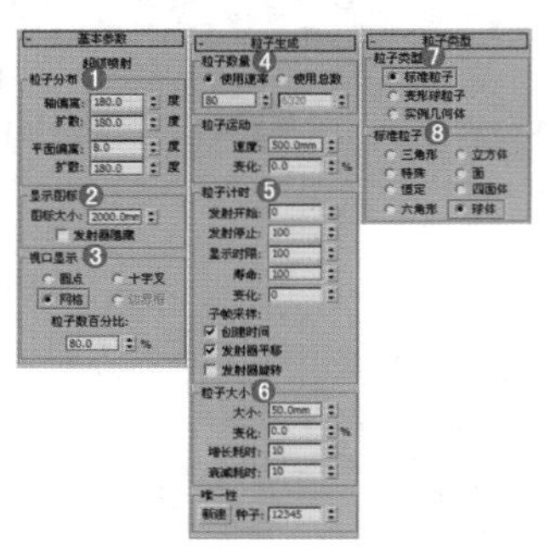

图11-176

**技巧提示**

此时拖曳时间线滑块可以观察到粒子已经喷射出来，但是还没有达到要求，如图11-177所示。下面使用【路径跟随】空间扭曲来解决。

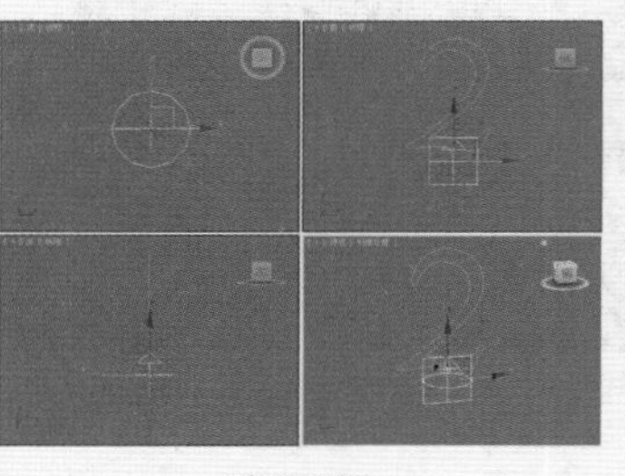

图11-177

**步骤04** 在【创建】面板中单击（几何体）|（空间扭曲）|【力】|【路径跟随】按钮，并命名为【PathFollowObject01】，如图11-178所示。接着在场景中进行创建，如图11-179所示。

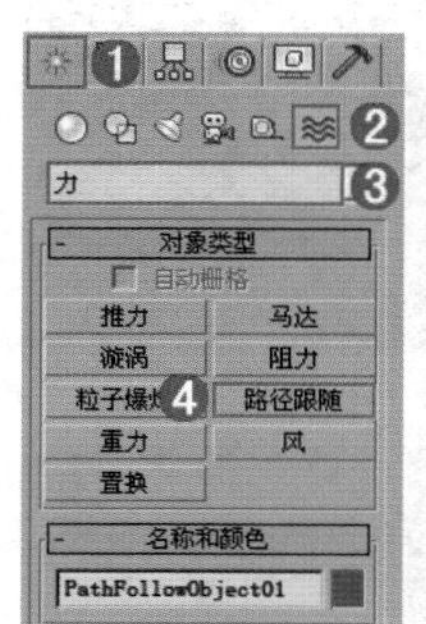

图11-178

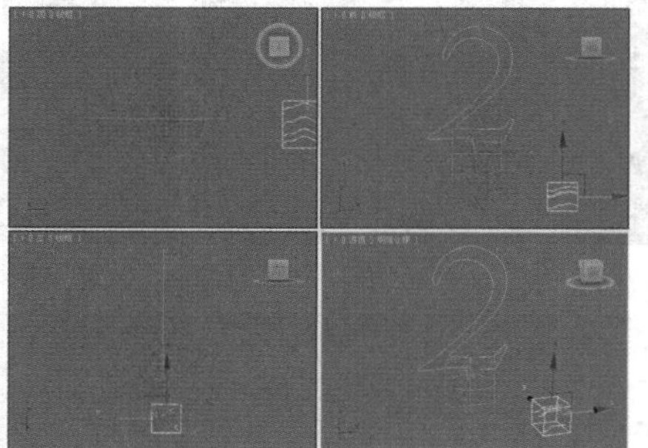

图11-179

**步骤05** 选择路径跟随【PathFollowObject01】，然后单击【修改】面板，具体参数设置如图11-180所示。

- 在【当前路径】选项组中单击【拾取图形对象】按钮，然后在视图中拾取【Line01】。
- 在【运动计时】选项组中设置【通过时间】为100。
- 在【粒子运动】选项组中选中【沿平行样条线】单选按钮，然后设置【粒子流锥化】为【二者】，【漩涡流动】为【顺时针】。

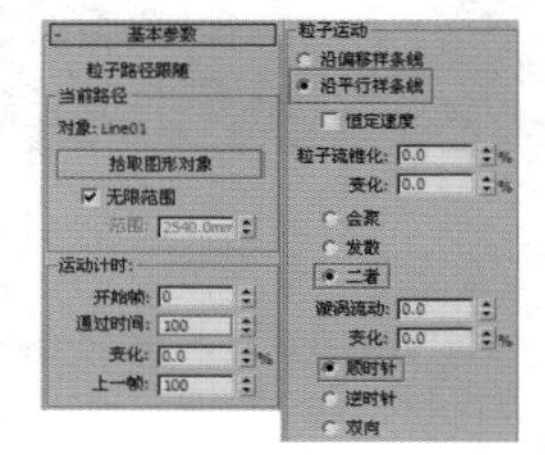

图11-180

**技巧提示**

此时拖曳时间线滑块可以观察到粒子的发射效果仍然没有变化，因此在后面步骤中需要将二者进行绑定，如图11-181所示。

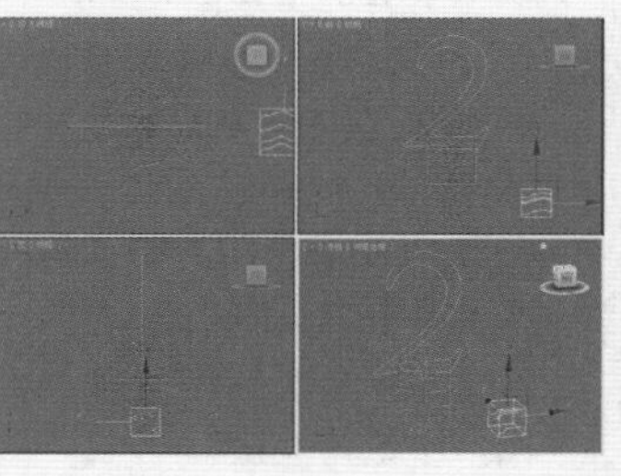

图11-181

**步骤06** 选择【SuperSpray01】，然后单击【绑定到空间扭曲】按钮，接着选择路径跟随【PathFollowObject01】，此时二者绑定成功，如图11-182所示。

**步骤07** 拖曳时间线滑块观察动画效果，如图11-183所示。

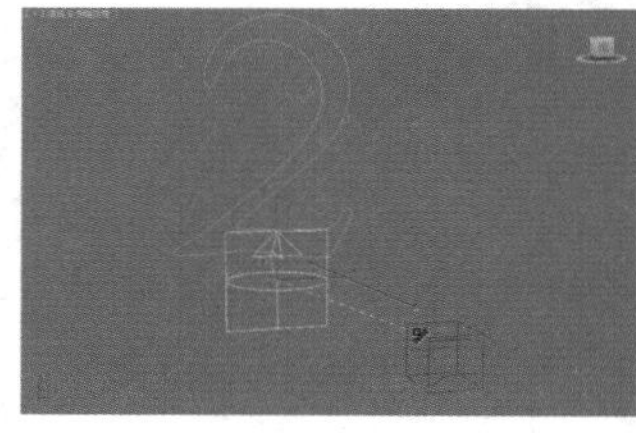

图11-182

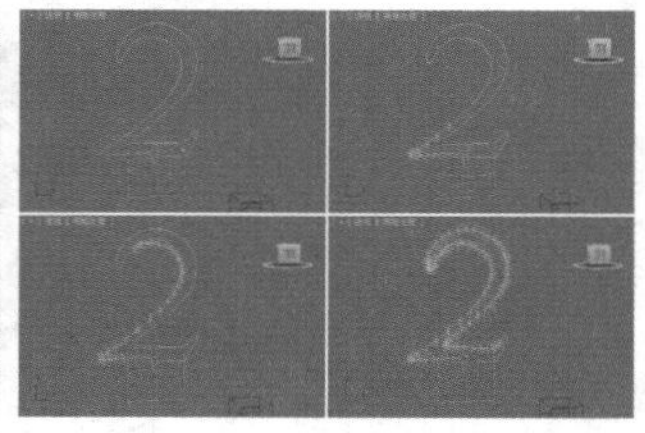

图11-183

**步骤08** 选择动画效果最明显的一些帧，然后单独渲染出这些单帧动画，最终效果如图11-184所示。

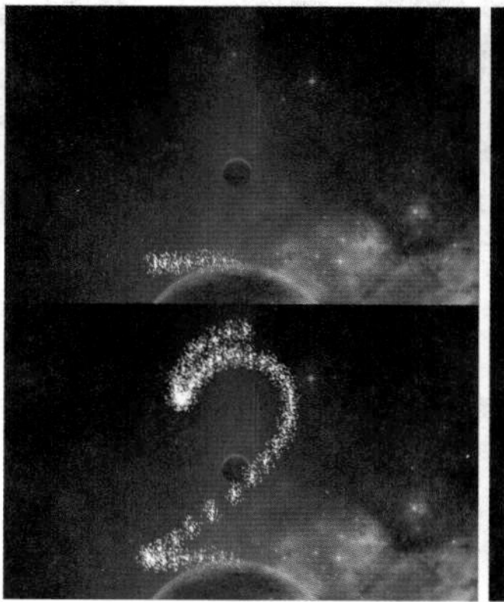

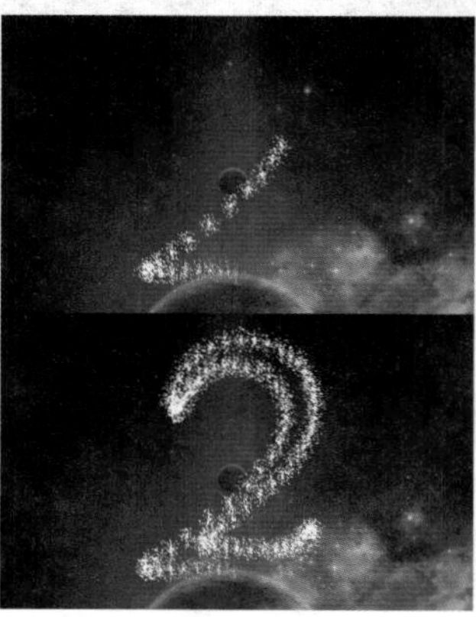

图11-184

## 小实例：利用超级喷射制作秋风扫落叶动画

| 场景文件 | 无 |
|---|---|
| 案例文件 | 小实例：利用超级喷射制作秋风扫落叶动画.max |
| 视频教学 | 多媒体教学/Chapter 11/小实例：利用超级喷射制作秋风扫落叶动画.flv |
| 难易指数 | ★★☆☆☆ |
| 技术掌握 | 掌握如何使用【超级喷射】粒子制作落叶动画 |

### 实例介绍

本实例使用【超级喷射】粒子制作落叶动画，效果如图11-185所示。

图11-185

### 操作步骤

**步骤01** 在【创建】面板中单击（几何体）|【粒子系统】|【超级喷射】按钮，在视图中创建一个超级喷射粒子，其位置如图11-186所示。

**步骤02** 使用【平面】工具在场景中创建一个平面，然后设置【长度】为673mm，【宽度】为742mm，如图11-187所示。

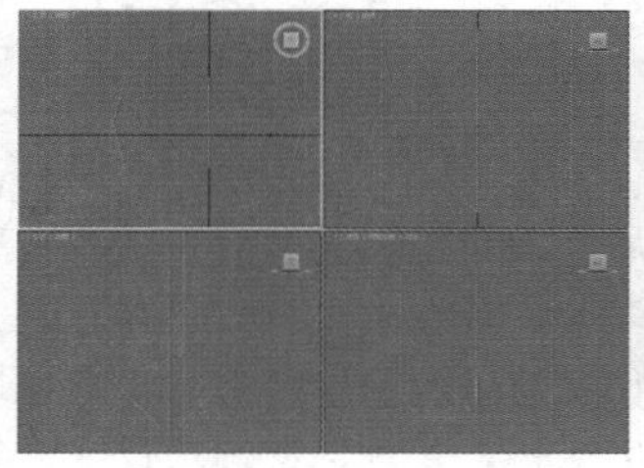

图11-186

图11-187

**步骤03** 选择前面创建的超级喷射粒子，进入【修改】面板，具体参数设置如图11-188所示。

- 展开【基本参数】卷展栏，设置【轴偏离】为0，【扩散】为77，【平面偏离】为0，【扩散】为138，设置【视口显示】为【网格】，并设置【粒子数百分比】为100。
- 设置【粒子数量】为3，【速度】为800mm，【发射停止】为100，【显示时限】为100，【寿命】为100，并设置【粒子大小】为60mm。
- 设置【粒子类型】为【实例几何体】，接着单击【实例参数】选项组中的【拾取对象】按钮，在视图中拾取平面【Plane01】。

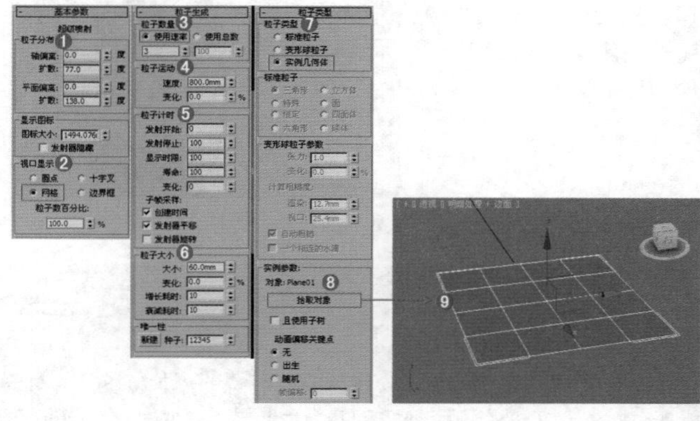

图11-188

**技巧提示**

此时拖曳时间线滑块可以观察到已经有很多面片从发射器中喷射出来，如图11-189所示。

图11-189

**步骤04** 选择一个空白材质球，将【材质类型】设置为【Standard】，并命名为【落叶】，具体参数设置如图11-190～图11-192所示。

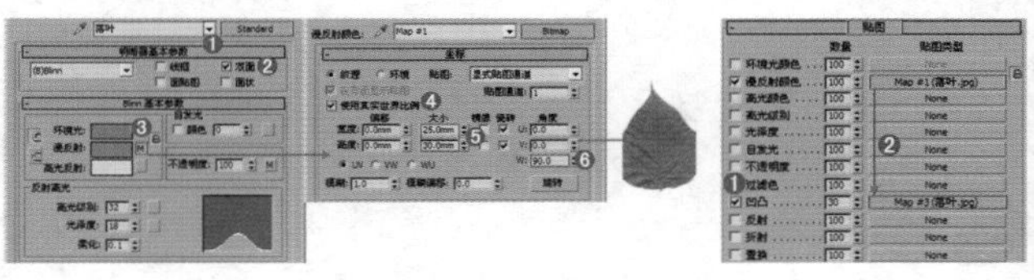

图11-190　　图11-191

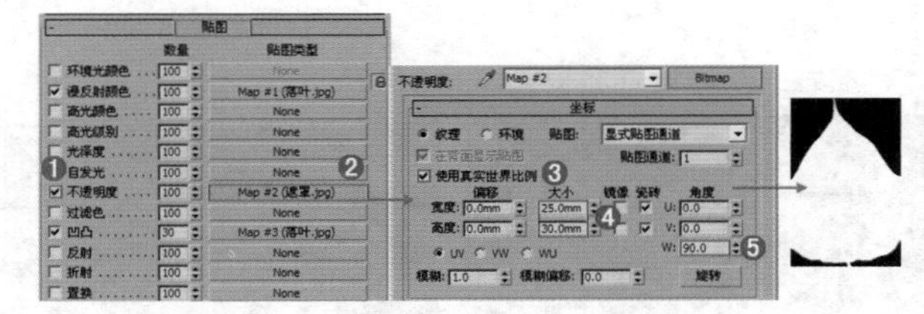

图11-192

- 选中【双面】复选框，并在【漫反射】后面的通道上加载【落叶.jpg】贴图文件，选中【使用真实世界比例】复选框，设置【大小】分别为25mm和30mm，【角度】的【W】为90。
- 展开【贴图】卷展栏，选中【凹凸】复选框，将【漫反射颜色】后面的通道拖曳到【凹凸】后面的通道上。
- 展开【贴图】卷展栏，在【不透明度】后面的通道上加载【遮罩.jpg】贴图文件。选中【使用真实世界比例】复选框，设置【大小】分别为25mm和30mm，【角度】的【W】为90。

**步骤05** 按数字键8，打开【环境和效果】窗口，接着在通道上加载贴图文件【背景.jpg】，如图11-193所示。

图11-193

**步骤06** 选择动画效果最明显的一些帧，然后单独渲染出这些单帧动画，最终效果如图11-194所示。

图11-194

# 11.2 空间扭曲

空间扭曲是影响其他对象外观的不可渲染对象，它能创建使其他对象变形的力场，从而创建出涟漪、波浪和风吹等效果。空间扭曲的行为方式类似于修改器，只不过空间扭曲影响的是世界空间，而几何体修改器影响的是对象空间。创建空间扭曲对象时，视口中会显示一个线框，可以像对其他 3ds Max 对象那样变换空间扭曲。空间扭曲的位置、旋转和缩放会影响其作用，其效果如图11-195所示。

空间扭曲包括5种类型，分别是【力】、【导向器】、【几何/可变形】、【基于修改器】和【粒子和动力学】，如图11-196所示。

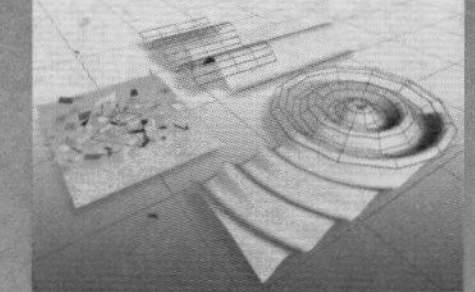

图11-195

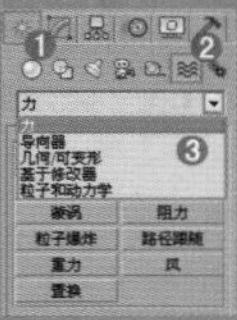

图11-196

## 11.2.1 力

力主要影响粒子系统，某些力也会影响几何体。力的类型共有9种，分别是推力、马达、旋涡、阻力、粒子爆炸、路径跟随、重力、风和置换，如图11-197所示。

图11-197

### 1. 推力

推力可以为粒子系统提供正向或负向的均匀单向力，如图11-198所示。

推力的参数设置面板如图11-199所示。

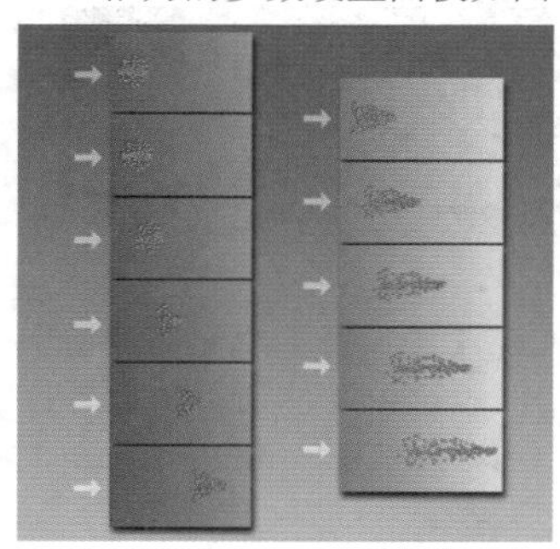

图11-198

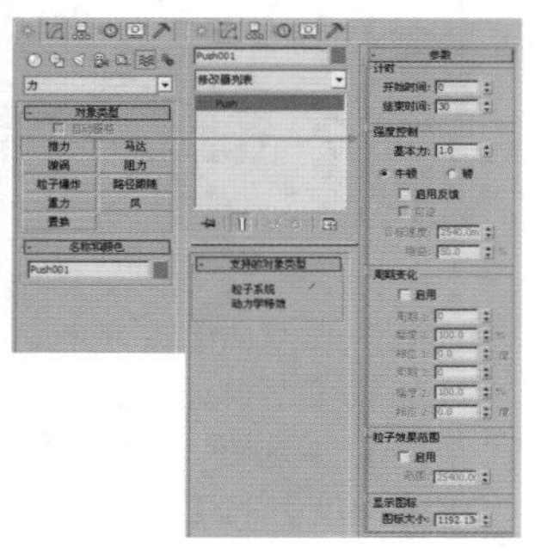

图11-199

- 开始时间/结束时间：空间扭曲效果开始和结束时所在的帧编号。
- 基本力：空间扭曲施加的力的量。
- 牛顿/磅：用来指定【基本力】微调器使用的力的单位。
- 启用反馈：启用该选项后，力会根据受影响粒子相对于指定【目标速度】的速度而变化。
- 可逆：启用该选项后，如果粒子的速度超出了【目标速度】设置，则力会发生逆转。注意，该选项仅在启用【启用反馈】选项时可用。
- 目标速度：以每帧的单位数指定反馈生效前的最大速度。注意，该选项仅在启用【启用反馈】选项时可用。
- 增益：指定以何种速度调整力以达到目标速度。
- 启用：启用变化。
- 周期 1：噪波变化完成整个循环所需的时间。例如，20 表示每 20 帧循环一次。
- 幅度 1：用百分比表示的变化强度。该选项使用的单位类型和【基本力】微调器相同。
- 相位 1：偏移变化模式。
- 范围：以单位数指定效果范围的半径。

## 2. 马达

马达空间扭曲的工作方式类似于推力，但前者对受影响的粒子或对象应用的是转动扭矩而不是定向力，【马达】图标的位置和方向都会对围绕其旋转的粒子产生影响，如图11-200所示为马达影响的效果。

马达的参数设置面板如图11-201所示。

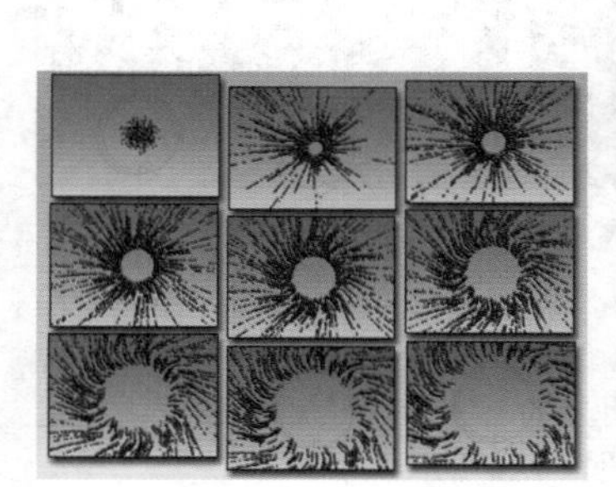
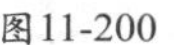

图11-200

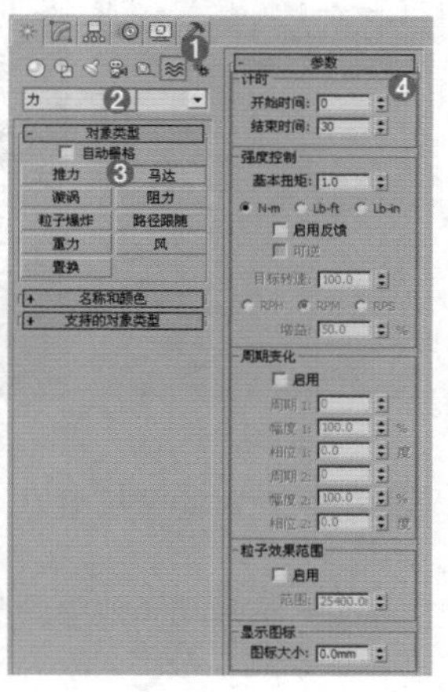

图11-201

- 开始/结束时间：设置空间扭曲开始和结束时所在的帧编号。
- 基本扭矩：设置空间扭曲对物体施加的力的量。
- N-m/Lb-ft/Lb-in（牛顿-米/磅力-英尺/磅力-英寸）：指定【基本扭矩】的度量单位。
- 启用反馈：启用该选项后，力会根据受影响粒子相对于指定的【目标转速】而发生变化；若关闭该选项，则不管受影响对象的速度如何，力都保持不变。
- 可逆：启用该选项后，如果对象的速度超出了【目标转速】，那么力会发生逆转。
- 目标转速：指定反馈生效前的最大转数。
- RPH/RPM/RPS（每小时/每分钟/每秒）：以每小时、每分钟或每秒的转数来指定【目标转速】的度量单位。
- 增益：指定以何种速度来调整力，以达到【目标转速】。
- 周期1：设置噪波变化完成整个循环所需的时间。例如，20表示每20帧循环一次。
- 幅度1：设置噪波变化的强度。
- 相位1：设置偏移变化的量。
- 范围：以单位数来指定效果范围的半径。
- 图标大小：设置马达图标的大小。

## 3. 旋涡

旋涡可以将力应用于粒子，使粒子在急转的旋涡中进行旋转，然后让它们向下移动成一个长而窄的喷流或旋涡井，常用来创建黑洞、涡流和龙卷风，如图11-202所示。

旋涡的参数设置面板如图11-203所示。

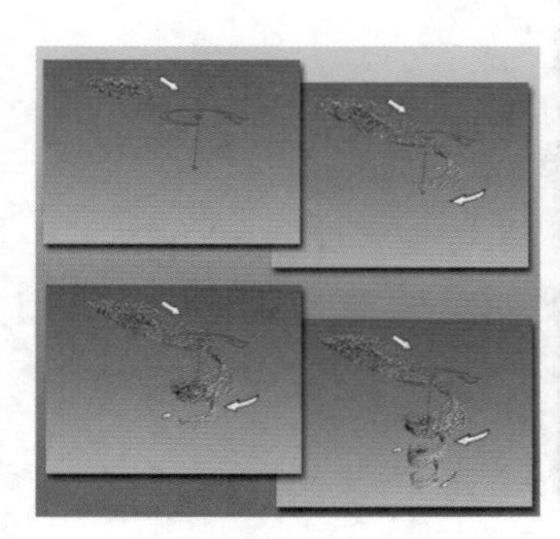

图11-202

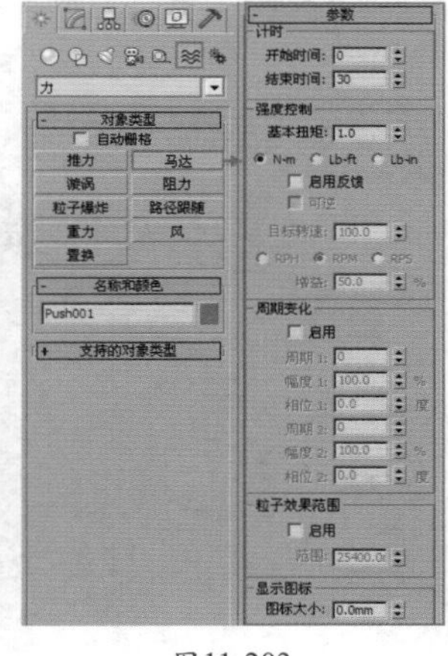

图11-203

# 小实例：利用超级喷射和漩涡制作眩光动画

| 场景文件 | 无 |
|---|---|
| 案例文件 | 小实例：利用超级喷射和漩涡制作眩光动画.max |
| 视频教学 | 多媒体教学/Chapter 11/小实例：利用超级喷射和漩涡制作眩光动画.flv |
| 难易指数 | ★★☆☆☆ |
| 技术掌握 | 掌握【超级喷射】粒子和【漩涡】的综合应用 |

## 实例介绍

本实例使用【超级喷射】粒子和【漩涡】制作眩光动画，效果如图11-204所示。

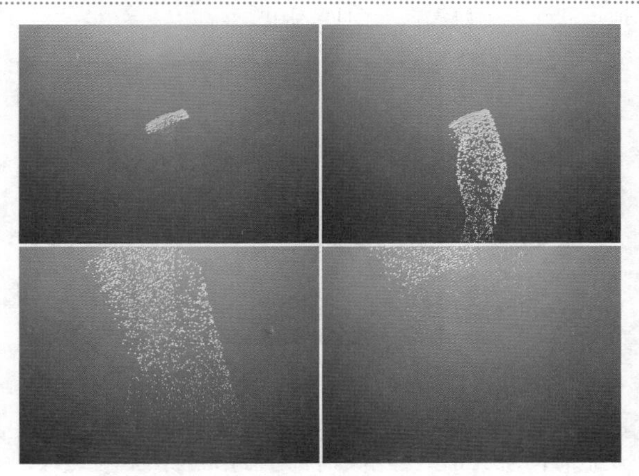

图11-204

## 操作步骤

**步骤01** 在【创建】面板中单击（几何体）|【粒子系统】|【超级喷射】按钮，如图11-205所示。接着在视图中拖曳创建一个超级喷射粒子，如图11-206所示。

图11-205

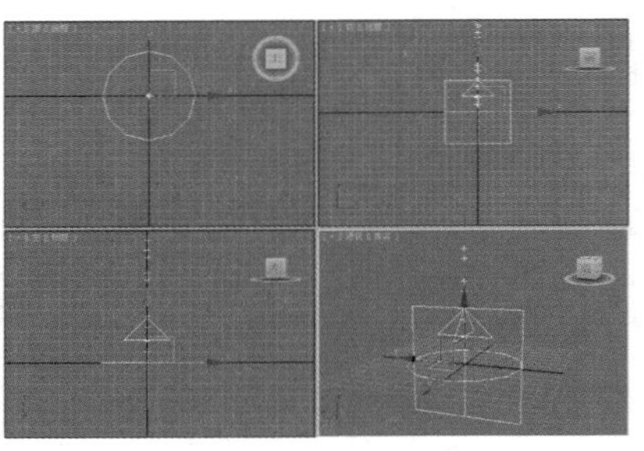

图11-206

**步骤02** 单击【修改】面板，设置【粒子分布】的【轴偏离】为20，【扩散】为20，【平面偏离】为20，【扩散】为20，【视口显示】为【网格】、【粒子数百分比】为100；设置【粒子数量】为100，【粒子运动】选项组中的【速度】为10mm；设置【粒子计时】选项组中的【发射开始】为0，【发射停止】为60，【显示时限】为100，【寿命】为30；设置【粒子大小】为1mm，【粒子类型】为【标准粒子】，【标准粒子】为【立方体】，如图11-207所示。

**步骤03** 此时，超级喷射【SuperSpray001】效果如图11-208所示。

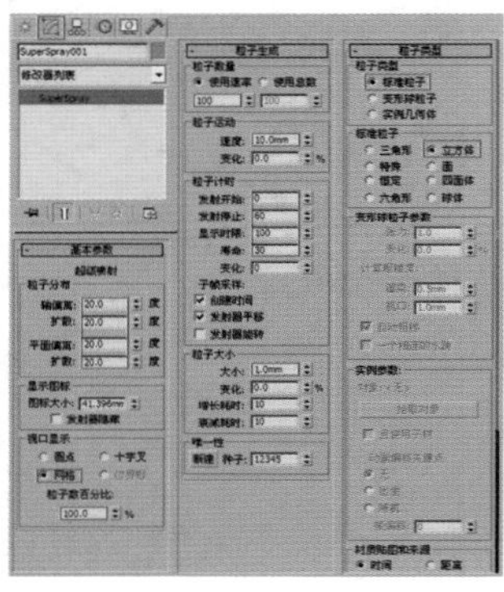

图11-207

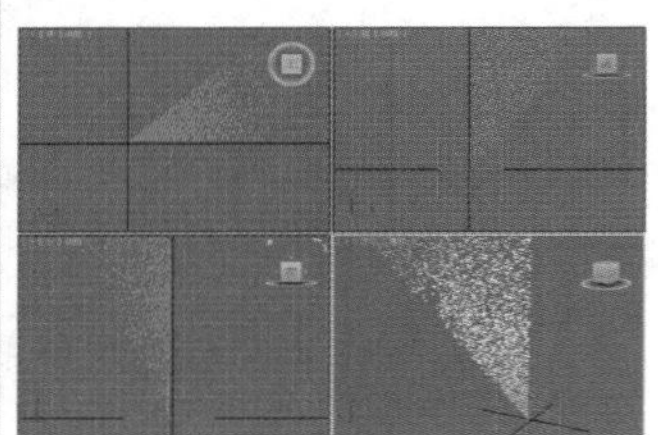

图11-208

**步骤04** 在【创建】面板中单击（几何体）|（空间扭曲）|【力】|【漩涡】按钮，如图11-209所示。接着在视图中拖曳创建一个漩涡，如图11-210所示。

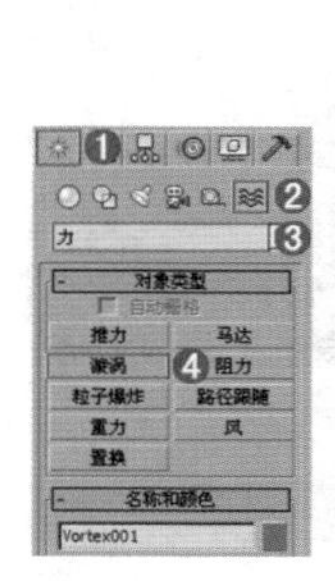


图11-209

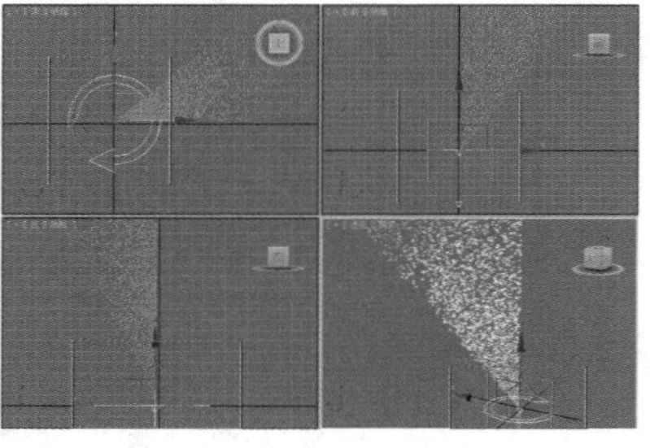

图11-210

**步骤05** 单击【修改】面板，设置【计时】选项组中的【开始时间】为0，【结束时间】为50，然后设置【轴向下拉】为0.86，如图11-211所示。

**步骤06** 此时拖动时间线滑块会发现漩涡对超级喷射没有任何影响，说明二者之间未进行绑定。选择超级喷射【SuperSpray001】，然后单击【绑定到空间扭曲】按钮，接着拖曳鼠标到漩涡【Vortex001】上释放，此时二者绑定成功，如图11-212所示。

图11-211

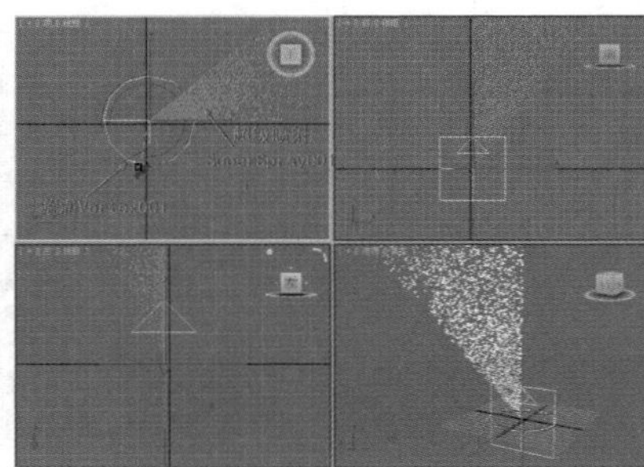

图11-212

**步骤07** 此时的超级喷射【SuperSpray001】效果如图11-213所示。

**步骤08** 选择动画效果最明显的一些帧，然后单独渲染出这些单帧动画，最终效果如图11-214所示。

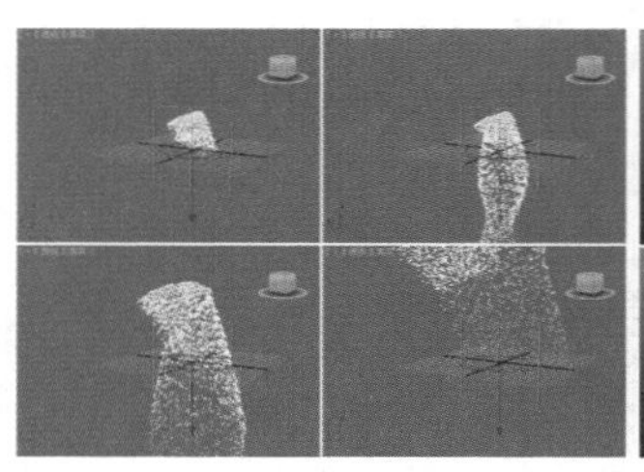

图11-213

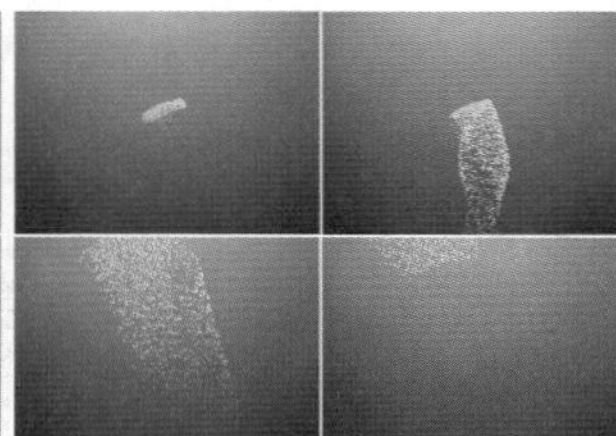

图11-214

## 4. 阻力

阻力是一种在指定范围内按照指定量来降低粒子速率的粒子运动阻尼器。应用阻尼的方式可以是线性、球形或圆柱形，如图11-215所示。

阻力的参数设置面板如图11-216所示。

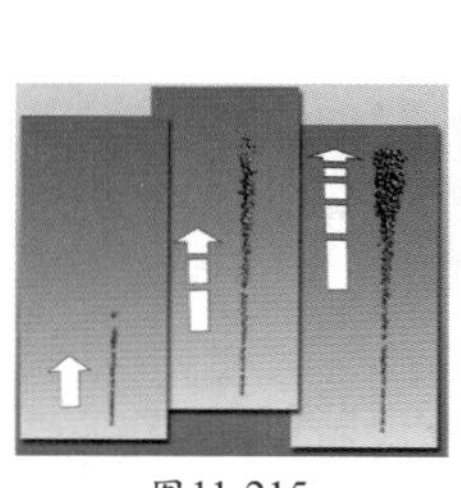

图11-215

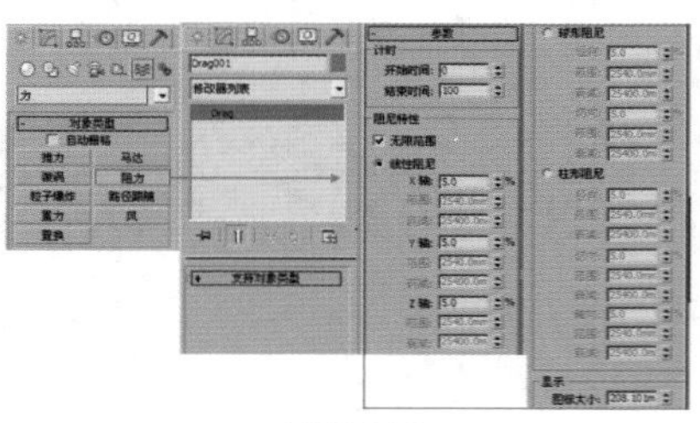

图11-216

## 5. 粒子爆炸

使用粒子爆炸可以创建一种使粒子系统发生爆炸的冲击波，其参数设置面板如图11-217所示。

## 6. 路径跟随

路径跟随可以强制粒子沿指定的路径进行运动。路径通常为单一的样条线，也可以是具有多条样条线的图形，但粒子只会沿着其中一条样条线曲线进行运动，如图11-218所示。

路径跟随的参数设置面板如图11-219所示。

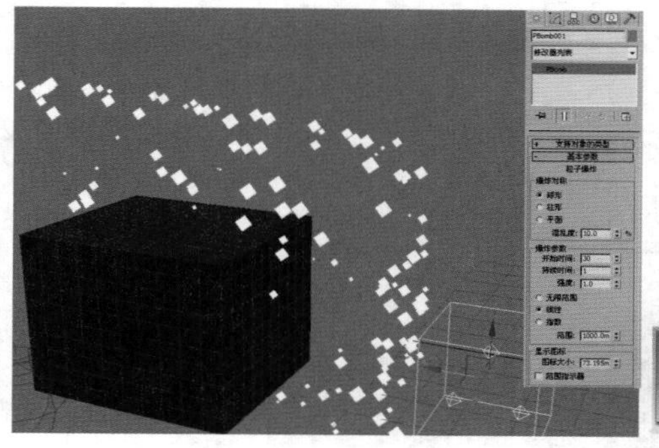
图11-217

图11-218

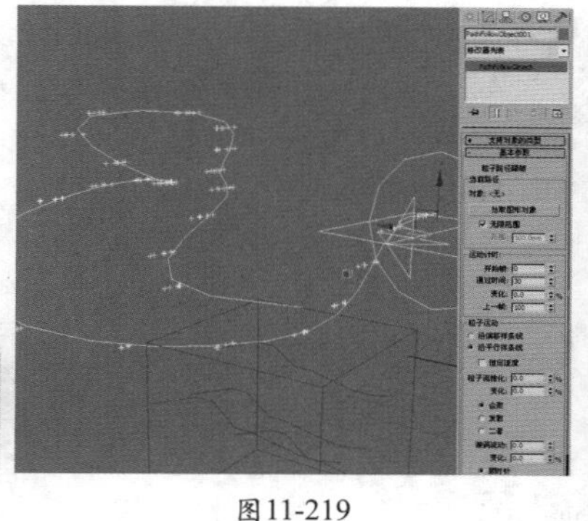
图11-219

### 7. 重力

重力可以用来模拟粒子受到的自然重力，其具有方向性。沿重力箭头方向的粒子为加速运动；沿重力箭头逆向的粒子为减速运动，如图11-220所示。

重力的参数设置面板如图11-221所示。

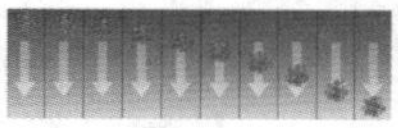

图11-220

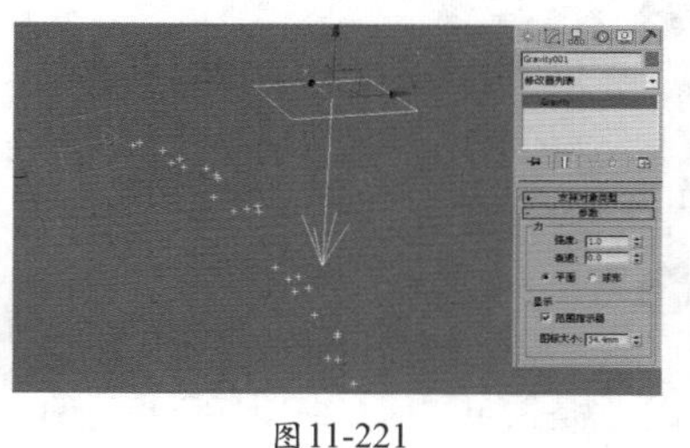
图11-221

### 8. 风

风可以用来模拟风吹动粒子所产生的飘动效果，如图11-222所示。

风的参数设置面板如图11-223所示。

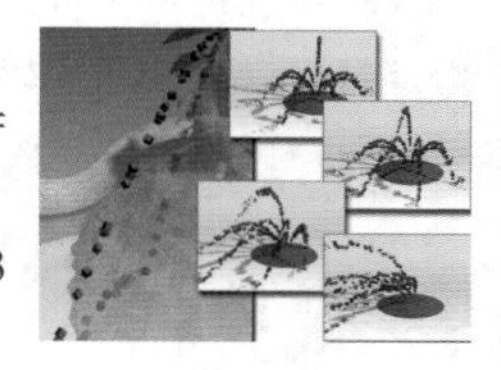
图11-222

### 9. 置换

置换是以力场的形式推动和重塑对象的几何外形，对几何体和粒子系统都会产生影响，如图11-224所示。

置换的参数设置面板如图11-225所示。

图11-223

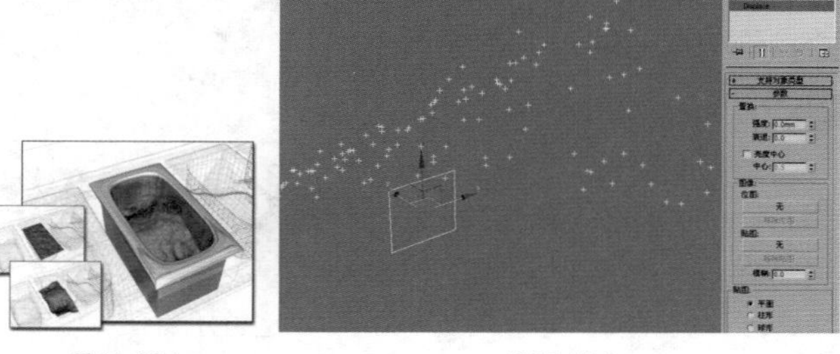
图11-224　图11-225

## 11.2.2 导向器

导向器共有6种类型，分别是泛方向导向板、泛方向导向球、全泛方向导向、全导向器、导向球和导向板，如图11-226所示。

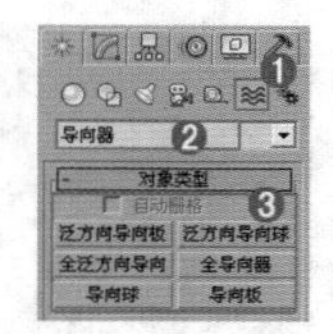

图11-226

### 1. 泛方向导向板

【泛方向导向板】是空间扭曲的一种平面泛方向导向器类型，它能提供比原始导向器空间扭曲更强大的功能，包括折射和繁殖能力，如图11-227所示。

### 2. 泛方向导向球

【泛方向导向球】是空间扭曲的一种球形泛方向导向器类型，它提供的选项比原始的导向球更多，如图11-228所示。

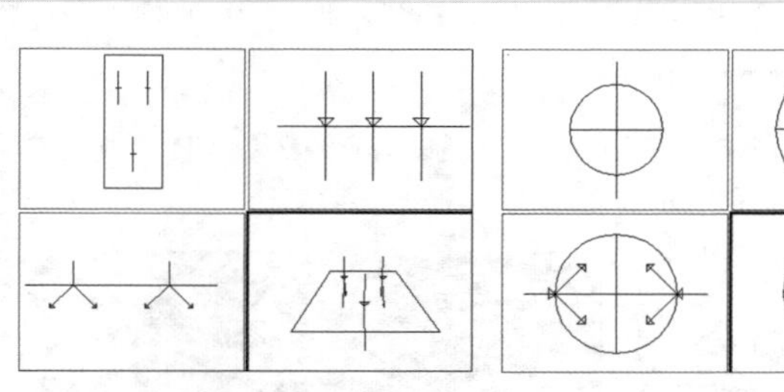
图11-227 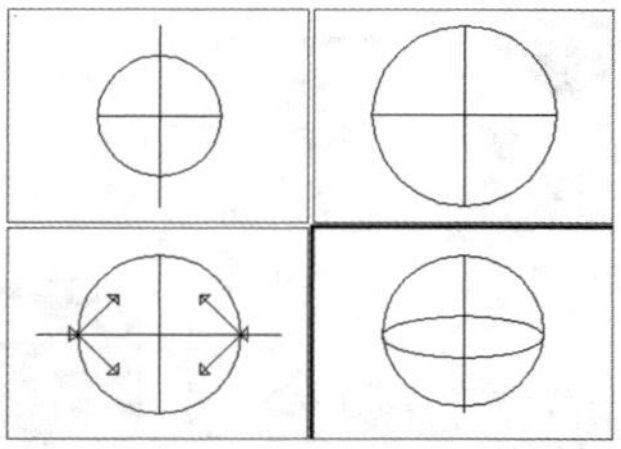　图11-228

### 3. 全泛方向导向

全泛方向导向器提供的选项比原始的全导向器更多，如图11-229所示。

### 4．全导向器

全导向器能让用户使用任意对象作为粒子导向器，如图11-230所示。

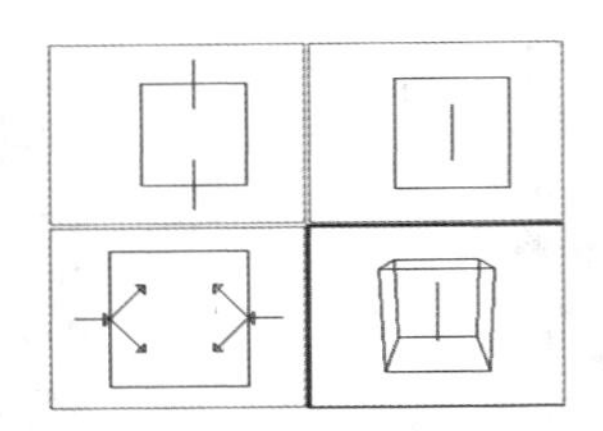

图11-229

### 5．导向球

【导向球】空间扭曲起着球形粒子导向器的作用，如图11-231所示。

图11-230

### 6．导向板

【导向板】空间扭曲起着平面防护板的作用，它能排斥由粒子系统生成的粒子，如图11-232所示。例如，使用导向器可以模拟被雨水敲击的公路；将【导向器】空间扭曲和【重力】空间扭曲结合在一起可以产生瀑布和喷泉效果。

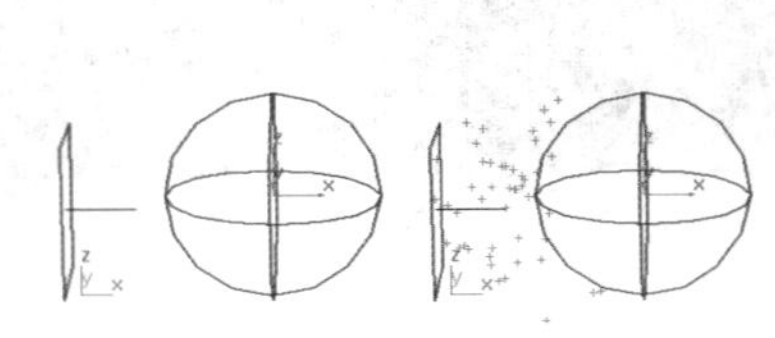

图11-231

图11-232

## 11.2.3 几何/可变形

【几何/可变形】空间扭曲主要用于变形对象的几何形状，包括7种类型，分别是FFD（长方体）、FFD（圆柱体）、波浪、涟漪、置换、一致和爆炸，如图11-233所示。

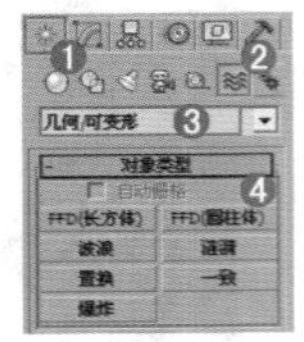



图11-233

### 1．FFD（长方体）

FFD（长方体）提供了一种通过调整晶格的控制点使对象发生变形的方法，如图11-234所示。

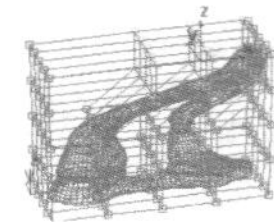

图11-234

### 2．FFD（圆柱体）

FFD（圆柱体）提供了一种通过调整晶格的控制点使对象发生变形的方法，如图11-235所示。

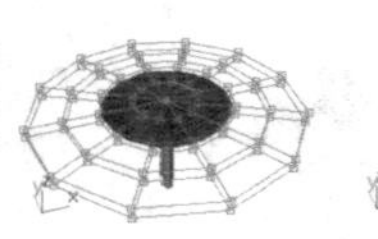

图11-235

### 3．波浪

使用【波浪】空间扭曲可以制作波浪效果，其参数设置面板如图11-236所示。

### 4．涟漪

使用【涟漪】空间扭曲可以制作涟漪效果，其参数设置面板如图11-237所示。

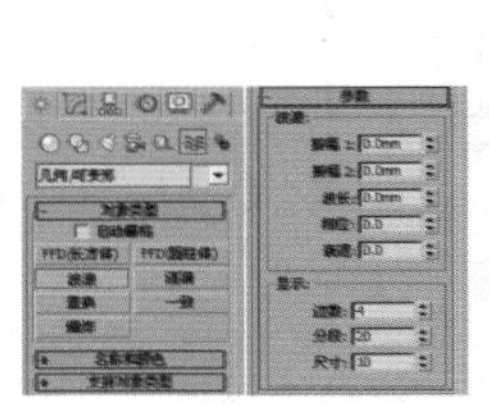

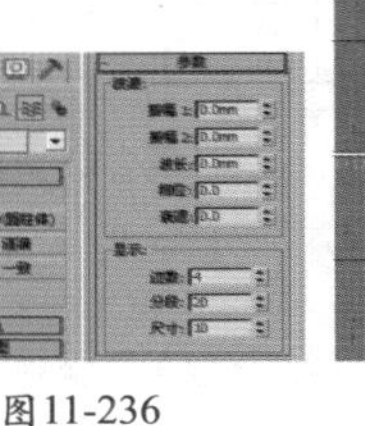

图11-236

图11-237

### 5．置换

使用【置换】空间扭曲可以制作置换效果，其参数设置面板如图11-238所示。

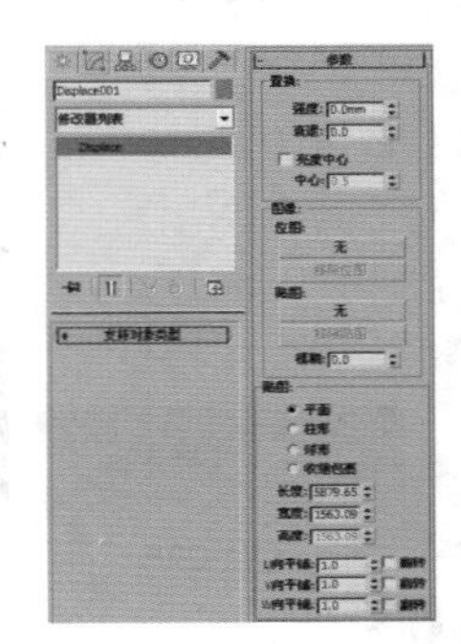

图11-238

### 6．一致

【一致】空间扭曲修改绑定对象的方法是按照空间扭曲图标所指示的方向推动其顶点，直至这些顶点碰到指定目标对象或从原始位置移动到指定距离为止，如图11-239所示。

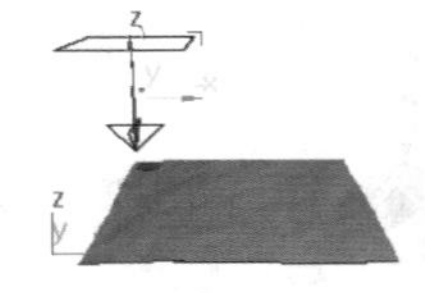

图11-239

### 7．爆炸

【爆炸】空间扭曲主要用来制作爆炸动画效果，其参数设置面板如图11-240所示。

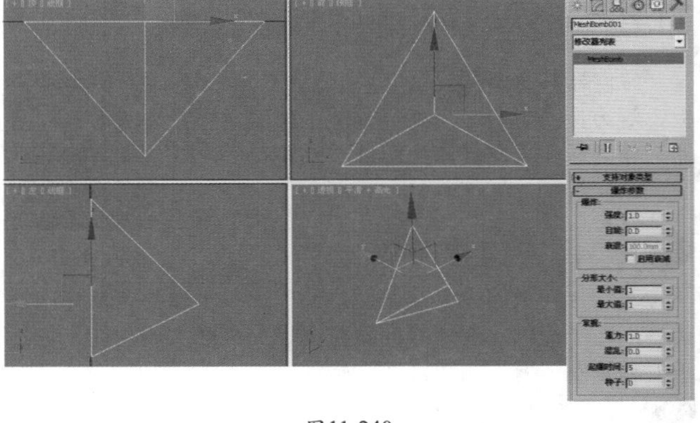

图11-240

## 小实例：利用波浪制作海面漂流瓶

| 场景文件 | 08.max |
| --- | --- |
| 案例文件 | 小实例：利用波浪制作海面漂流瓶.max |
| 视频教学 | 多媒体教学/Chapter 11/小实例：利用波浪制作海面漂流瓶.flv |
| 难易指数 | ★★★☆☆ |
| 技术掌握 | 掌握空间扭曲下波浪效果的使用方法 |

### 实例介绍

本实例使用空间扭曲下的波浪效果制作海面漂流瓶，效果如图11-241所示。

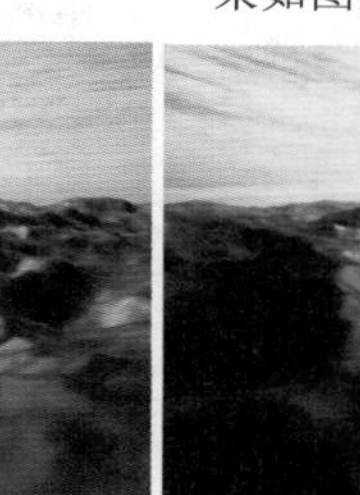

图11-241

### 操作步骤

**步骤01** 打开本书配套光盘中的【场景文件/Chapter11/08.max】文件，此时的场景效果如图11-242所示。

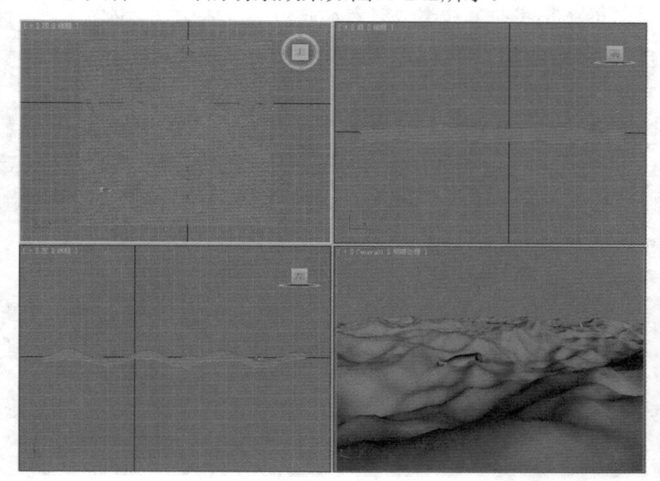

图11-242

**步骤02** 在【创建】面板中单击（几何体）|（空间扭曲）|【几何/可变形】|【波浪】按钮，如图11-243所示。接着在场景中拖曳创建一个波浪，如图11-244所示。

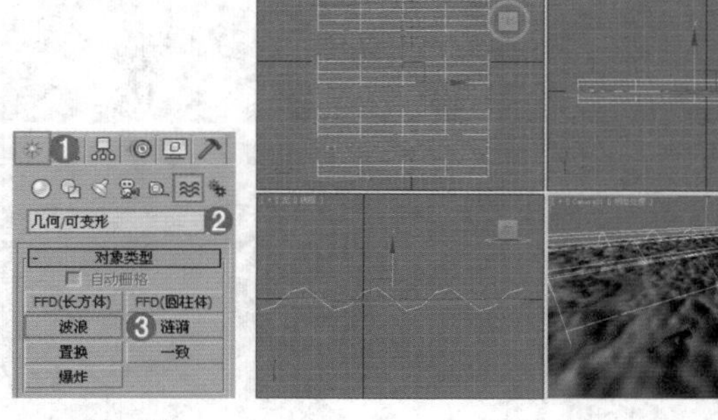


图11-243　图11-244

**步骤03** 选择波浪后打开【修改】面板，在【波浪】选项组中设置【振幅1】为250mm，【振幅2】为250mm，【波长】为1500mm，【边数】为4，【分段】为18，【尺寸】为5，如图11-245所示。

图11-245

**步骤04** 单击【自动关键点】按钮，然后将时间线滑块拖曳到第100帧并设置【参数】卷展栏中的【相位】为1，如图11-246所示。此时波浪会产生一段动画，如图11-247所示。

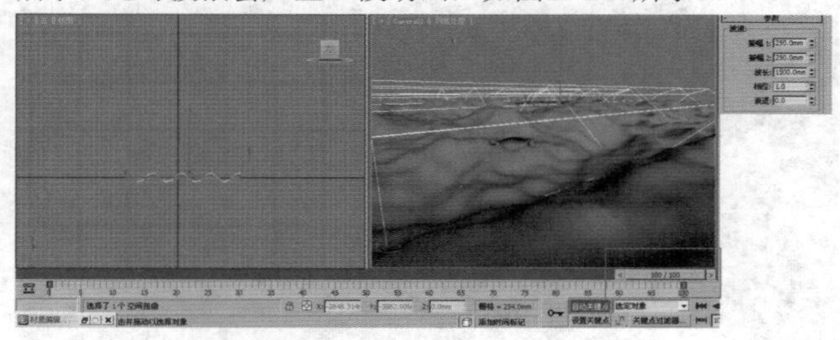

图11-246

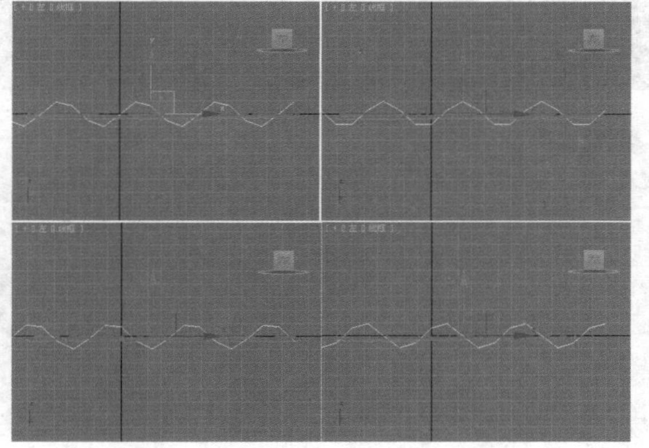

图11-247

**技巧提示**

此时场景中的平面并没有跟随波浪运动，它们之间各自孤立存在，需要使用【绑定到空间扭曲】按钮将其绑定到一起。

**步骤05** 选择波浪【Wave01】，然后单击【绑定到空间扭曲】按钮，接着单击【Plane01】，此时二者绑定成功，如图11-248所示。

图11-248

**步骤06** 此时拖曳时间线滑块查看动画，效果如图11-249所示。

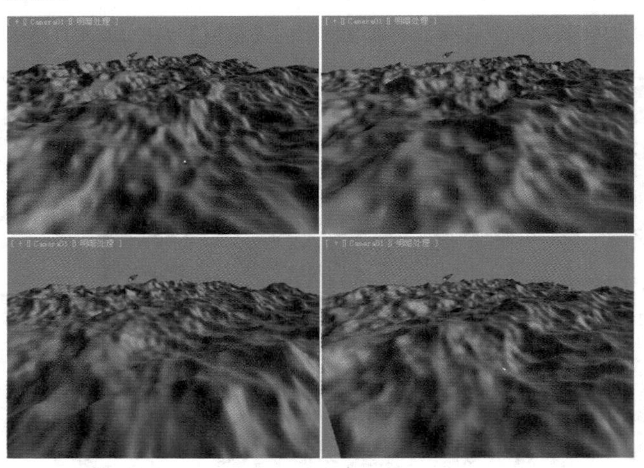

图11-249

**技巧提示**

此时漂流瓶并没有跟随海平面的运动而运动，这不是我们需要的效果，需要进行约束效果处理，如图11-250所示。

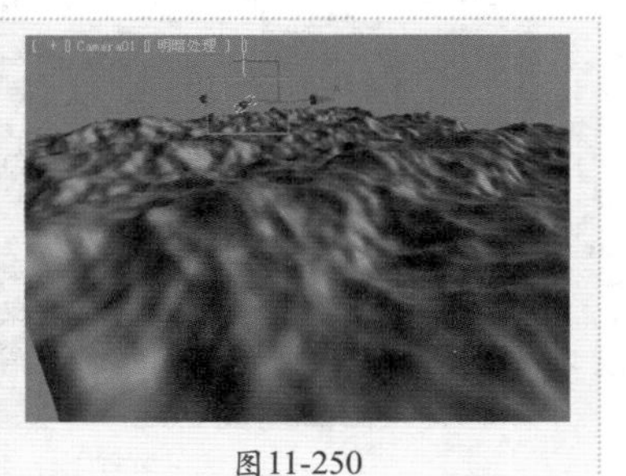

图11-250

**步骤07** 选择漂流瓶模型，然后选择【动画】|【约束】|【附着约束】命令，如图11-251所示。接着单击【运动】按钮，并单击【设置位置】按钮，将漂流瓶拖曳到如图11-252所示的位置。

图11-251

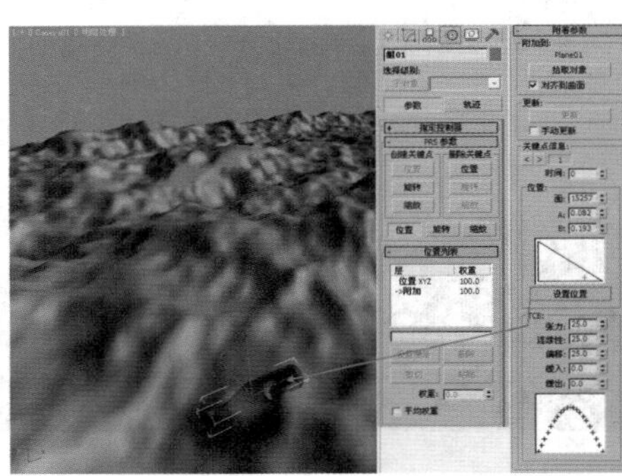

图11-252

**步骤08** 拖曳时间线滑块查看漂流瓶局部特写动画，如图11-253所示。

**步骤09** 拖曳时间线滑块查看动画效果，如图11-254所示。

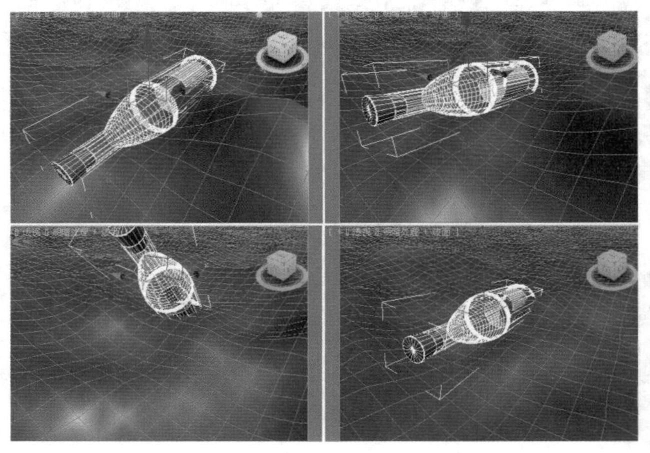

图11-253

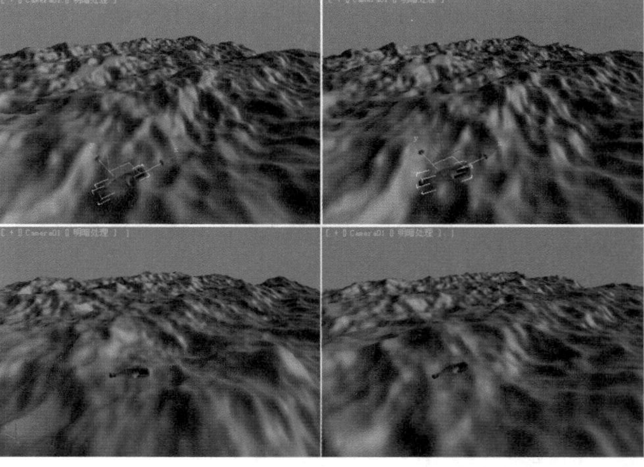

图11-254

**步骤10** 选择动画效果最明显的一些帧，然后单独渲染出这些单帧动画，最终效果如图11-255所示。

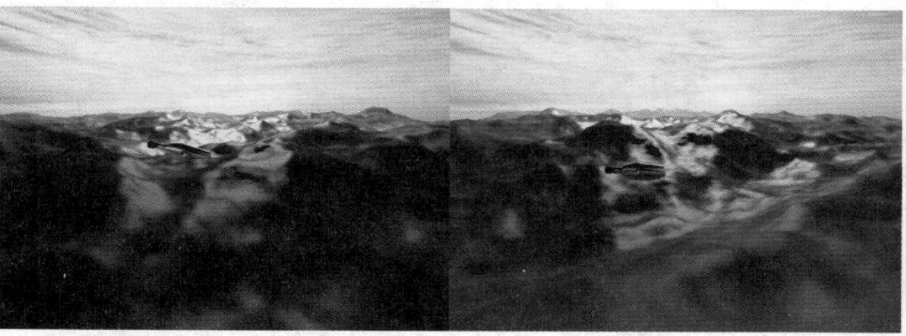

图11-255

## 11.2.4 基于修改器

【基于修改器】空间扭曲可以应用于许多对象，它与修改器的应用效果基本相同，包括【弯曲】、【扭曲】、【锥化】、【倾斜】、【噪波】和【拉伸】6种类型，如图11-256所示。

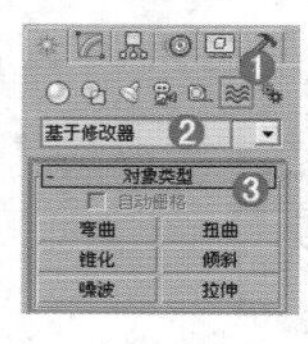


图11-256

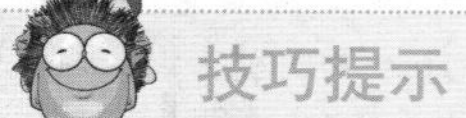

**技巧提示**

此处不再详细介绍【基于修改器】空间扭曲，其用法与修改器类似，并且在实际工作中的使用频率较低。

## 11.2.5 粒子和动力学

【粒子和动力学】空间扭曲只有【向量场】一种。向量场是一种特殊类型的空间扭曲，群组成员使用它来围绕不规则对象（如曲面和凹面）移动。向量场这个小插件是个方框形的格子，其位置和尺寸可以改变，以便围绕要避开的对象。通过格子交叉生成向量，如图11-257所示。

图11-257

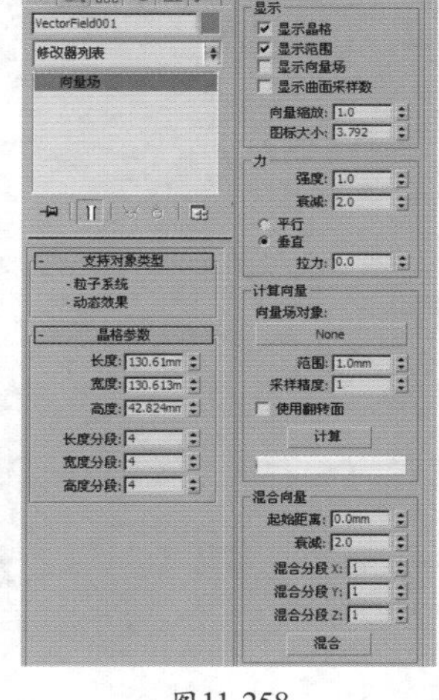


图11-258

其参数面板如图11-258所示。

- 长度/宽度/高度：指定晶格的维数。
- 长度分段/宽度分段/高度分段：指定"向量场"晶格的分辨率。分辨率越大，模拟的准确率便越高。
- 显示晶格：显示向量场晶格，即黄色线框。默认设置为启用。
- 显示范围：显示在生成向量的范围内障碍物的体积，显示为橄榄色线框。
- 显示向量场：显示向量，向量会显示为在范围体积中自晶格交集向外发散的蓝色线条。
- 显示曲面采样数：显示自障碍物表面的采样点发出的绿色短线。
- 向量缩放：缩放向量，以使它们更易被看到或更隐蔽。
- 强度：设置向量对进入向量场的对象的运动的效果。
- 衰减：确定向量强度随着与对象表面距离的变化而变化的比例。
- 平行/垂直：设置向量生成的力与向量场是平行还是垂直。
- 拉力：调整对象相对于向量场的位置。
- 向量场对象：用于指定障碍物。单击该按钮，然后选择其周围要生成向量场的对象。
- 范围：决定其中生成向量的体积。
- 采样精度：充当在障碍物曲面上使用的有效采样率的倍增器，以计算向量场中的向量方向。
- 使用翻转面：表示在计算向量场期间要使用翻转法线。
- 计算：计算向量场。
- 起始距离：开始混合向量的位置与对象相距的距离。
- 衰减：混合周围向量的衰减。
- 混合分段 X/Y/Z：要在 X /Y/Z轴上混合的相邻晶格点数。
- 混合：单击该按钮实施混合。

Chapter 12

第12章

# 动力学

3ds Max 2016版本中更新了很多新功能，其中更新改动最大的是动力学。在3ds Max 2012版本之前，用户一直使用Reactor进行动力学的相关制作，但是会发现之前的动力学存在很多漏洞，例如容易卡、容易出错等。

## 本章学习要点：

- 掌握刚体的创建方法及使用方法
- 掌握约束的创建方法及使用方法
- 掌握mCloth的使用方法
- 掌握Cloth修改器的使用方法
- 掌握碎布玩偶的使用方法

# 12.1 什么是动力学MassFX

在3ds Max 2012版本之前，用户一直使用Reactor进行动力学的相关制作，但是会发现之前的动力学存在很多漏洞，例如容易卡、容易出错等。在尘封了多年的动力学Reactor之后，3ds Max 2012引入了MassFX仿真解算器统一系统（MassFX unified system of simulation solver），并提供了该系统的第一个模块：mRigids刚体动力学模块，同时将以前用户习惯的动力学Reactor直接删除，这也表明在3ds Max后面的版本中会重点对MassFX进行研发和更新，这也是3ds Max 的首次大的“瘦身计划”，将旧的、不方便的功能直接去除。如图12-1和图12-2所示为3ds Max 2016版本和3ds Max 2012之前版本的动力学系统界面。

图12-1

图12-2

MassFX这套动力学系统可以配合多线程的Nvidia显示引擎来进行MAX视图中的实时运算，并能得到更为真实的动力学效果。MassFX的主要优势在于操作简单、实时运算，并解决了由于模型面数多而无法运算的问题。3ds Max 2016中的动力学系统非常强大，可以快速地制作出物体与物体之间真实的物理作用效果，是制作动画必不可少的一部分。动力学可以用于定义物理属性和外力，当对象遵循物理定律进行相互作用时，可以让场景自动生成最终的动画关键帧，而且让用户开心的是虽然旧的Reactor没有了，但是新的MassFX无论是操作模式还是参数设置都与之前的Reactor相似，因此非常容易学习。

动力学支持刚体和软体动力学、布料模拟和流体模拟，并且它拥有物理属性，如质量、摩擦力和弹力等，可用来模拟真实的碰撞、绳索、布料、马达和汽车运动等效果。下面是一些比较优秀的动力学作品，如图12-3所示。

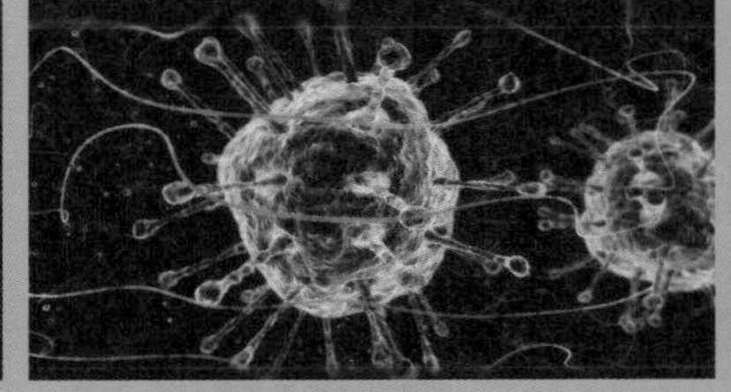

图12-3

在主工具栏的空白处单击鼠标右键，在弹出的快捷菜单中选择【MassFX 工具栏】命令，如图12-4所示。此时将会弹出MassFX的窗口，如图12-5所示。

图12-4　　图12-5

- MassFX工具：该选项下包括很多参数，如【世界】、【工具】、【编辑】和【显示】。
- 刚体：在创建完成物体后，可以为物体添加刚体，在这里分为3种，分别是动力学、运动学和静态。
- mCloth：可以模拟真实的布料效果。
- 约束：可以创建约束对象，包括6种，分别是刚性、滑块、转轴、扭曲、通用、球和套管约束。
- 碎布玩偶：可以模拟碎布玩偶的动画效果。
- 重置模拟：单击该按钮可以将之前的模拟重置，回到最初状态。
- 模拟：单击该按钮可以开始进行模拟。
- 步阶模拟：单击或多次单击该按钮，可以按照步阶进行模拟，方便查看每时每刻的状态。

## 12.2 为什么使用动力学

3ds Max动力学是非常有趣味的一个模块，通常用来制作一些真实动画效果，如物体碰撞、跌落、机械的运作等。当然有读者可能会问，为什么不直接为物体K动画呢？其实答案很简单，那就是K动画一般比较麻烦，而且动作不会非常真实，而3ds Max动力学是根据真实的物理原理进行计算，因此会实现非常真实的模拟效果，是使用3ds Max中的其他任何功能所不能比拟的。一般来说使用动力学分为以下几个步骤，如图12-6所示。

❶创建物体⟹❷为物体添加合适的动力学（如动力学刚体）⟹❸设置参数⟹❹进行模拟，并生成动画

图12-6

## 12.3 创建动力学MassFX

### 12.3.1 MassFX 工具

单击【MassFX 工具】按钮，可以调出其工具面板，如图12-7所示。

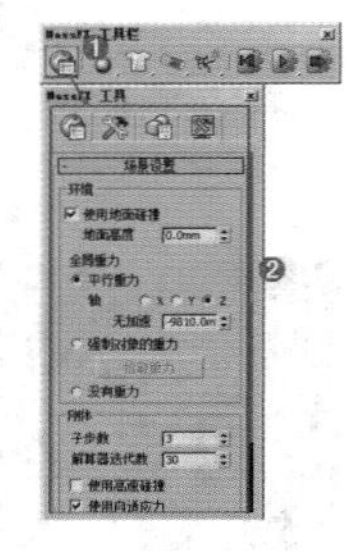

图12-7

#### 1. 世界面板

【世界】面板包含3个卷展栏，分别是【场景设置】、【高级设置】和【引擎】，如图12-8所示。

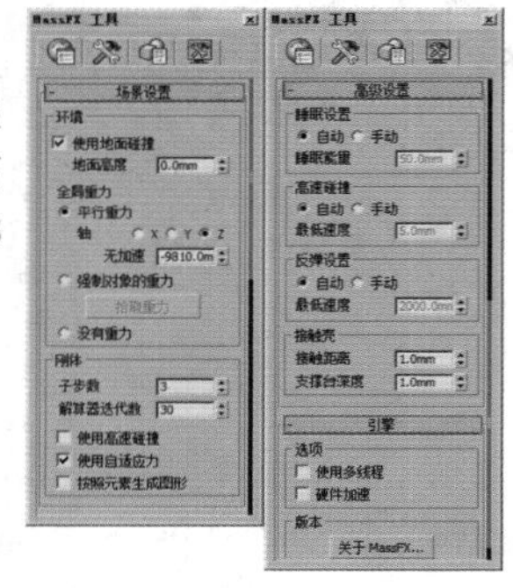

图12-8

##### ❶ 场景设置

- 使用地平面碰撞：如果启用该选项，MassFX 将使用（不可见）无限静态刚体（即 Z=0），也就是说，与主栅格共面。
- 地面高度：启用“使用地面碰撞”时地面刚体的高度。
- 平行重力：应用 MassFX 中的内置重力。
- 轴：应用重力的全局轴。
- 无加速：以单位/平方秒为单位指定的重力。
- 强制对象的重力：可以使用重力空间扭曲将重力应用于刚体。
- 拾取重力：使用该按钮将其指定为在模拟中使用。
- 没有重力：选择时，重力不会影响模拟。
- 子步数：每个图形更新之间执行的模拟步数，由以下公式确定：（子步数 + 1） * 帧速率。
- 解算器迭代次数：全局设置，约束解算器强制执行碰撞和约束的次数。
- 使用高速碰撞：全局设置，用于切换连续的碰撞检测。
- 使用自适应力：该选项默认情况下是选中的，控制是否使用自适应力。
- 按照元素生成图形：控制是否按照元素生成图形。

##### ❷ 高级设置

- 睡眠设置：在模拟中移动速度低于某个速率的刚体将自动进入【睡眠】模式，从而使 MassFX 关注其他活动对象，提高性能。
- 睡眠能量：“睡眠”机制测量对象的移动量（组合平移和旋转），并在其运动低于“睡眠能量”阈值时将对象置于睡眠模式。
- 高速碰撞：当启用【使用高速碰撞】时，这些设置确定了MassFX计算此类碰撞的方法。
- 最低速度：当选中【手动】单选按钮时，在模拟中移动速度低于此速度（以单位/秒为单位）的刚体将自动进入【睡眠】模式。
- 反弹设置：选择用于确定刚体何时相互反弹的方法。
- 最低速度：模拟中移动速度高于此速度（以单位/秒为单位）的刚体将相互反弹，这是碰撞的一部分。

- 接触壳：使用这些设置确定周围的体积，其中 MassFX 在模拟的实体之间检测到碰撞。
- 接触距离：允许移动刚体重叠的距离。
- 支撑台深度：允许支撑体重叠的距离。当使用捕获变换设置实体在模拟中的初始位置时，此设置可以发挥作用。

### ❸ 引擎

- 使用多线程：启用该选项后，如果CPU具有多个内核，CPU可以执行多线程，以加快模拟的计算速度。在某些条件下可以提高性能，但连续进行模拟的结果可能会不同。
- 硬件加速：启用该选项后，如果用户的系统配备了Nvidia GPU，即可使用硬件加速来执行某些计算。在某些条件下可以提高性能，但连续进行模拟的结果可能会不同。
- 关于 MassFX：将打开一个小对话框，其中显示 MassFX 的基本信息，包括 PhysX 版本。

## 2. 工具面板

【工具】面板包含3个卷展栏，分别是【模拟】、【模拟设置】和【实用程序】，如图12-9所示。

### ❶ 模拟

- （重置模拟）：停止模拟，将时间滑块移动到第一帧，并将任意动力学刚体设置为其初始变换。
- （开始模拟）：从当前帧运行模拟。时间滑块为每个模拟步长前进一帧，从而导致运动学刚体作为模拟的一部分进行移动。如果模拟正在运行（如高亮显示的按钮所示），则单击【播放】可以暂停模拟。

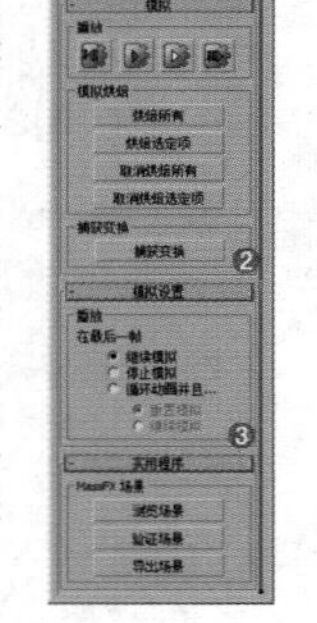
图12-9

- （开始无动画的模拟）：与【开始模拟】类似（前面所述），只是模拟运行时时间滑块不会前进。
- （步长模拟）：运行一个帧的模拟并使时间滑块前进相同量。
- 烘焙所有：将所有动力学刚体的变换存储为动画关键帧时重置模拟，然后运行它。
- 烘焙选定项：与【烘焙所有】类似，只是烘焙仅应用于选定的动力学刚体。
- 取消烘焙所有：删除烘焙时设置为运动学的所有刚体的关键帧，从而将这些刚体恢复为动力学刚体。
- 取消烘焙选定项：与【取消烘焙所有】类似，只是取消烘焙仅应用于选定的适用刚体。
- 捕获变换：将每个选定的动力学刚体的初始变换设置为其变换。

### ❷ 模拟设置

- 在最后一帧：选择当动画进行到最后一帧时，是否继续进行模拟，如果继续，如何进行模拟。
- 继续模拟：即使时间滑块达到最后一帧，也继续运行模拟。
- 停止模拟：当时间滑块达到最后一帧时，停止模拟。
- 循环动画并且...：启用该选项，将在时间滑块达到最后一帧时重复播放动画。

### ❸ 实用程序

- 浏览场景：打开【MassFX 资源管理器】对话框。
- 验证场景：确保各种场景元素不违反模拟要求。
- 导出场景：使模拟可用于其他程序。

## 3. 编辑面板

【编辑】面板包含7个卷展栏，分别是【刚体属性】、【物理材质】、【物理材质属性】、【物理网格】、【物理网格参数】、【力】和【高级】，如图12-10所示。

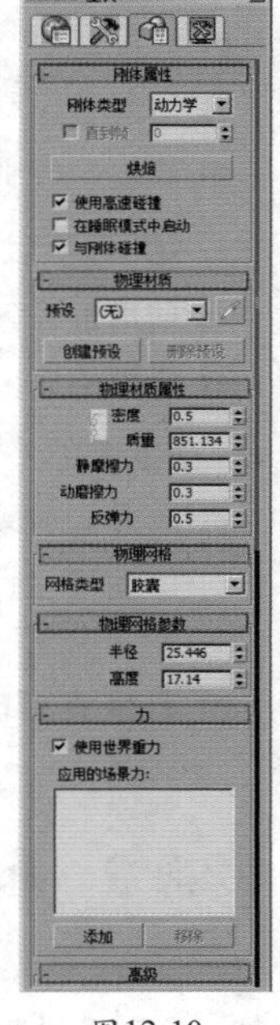
图12-10

### ❶ 刚体属性

- 刚体类型：所有选定刚体的模拟类型。可用类型有动力学、运动学和静态。
- 直到帧：如果启用该选项，MassFX会在指定帧处将选定的运动学刚体转换为动态刚体。
- 烘焙或未烘焙：将未烘焙的选定刚体的模拟运动转换为标准动画关键帧。
- 使用高速碰撞：如果启用该选项以及【世界】面板，【高速碰撞】设置将应用于选定刚体。
- 在睡眠模式中启动：如果启用该选项，选定刚体将使用全局睡眠设置以睡眠模式开始模拟。
- 与刚体碰撞：如果启用（默认设置）该选项，选定的刚体将与场景中的其他刚体发生碰撞。

### ❷ 物理材质

- 预设：在该下拉列表中选择预设材质，以将【物理材质属性】卷展栏上的所有值更改为预设中保存的值，并将这些值应用到选择内容。
- 创建预设：基于当前值创建新的物理材质预设。
- 删除预设：从列表中移除当前预设并将列表设置为【无】。当前的值将保留。

### ③ 物理材质属性

- 密度：此刚体的密度，度量单位为 g/cm³（克每立方厘米）。这是国际单位制（kg/m³）中等价度量单位的千分之一。
- 质量：此刚体的重量，度量单位为 kg（千克）。
- 静摩擦力：两个刚体开始互相滑动的难度系数。
- 动摩擦力：两个刚体保持互相滑动的难度系数。
- 反弹力：对象撞击到其他刚体时反弹的轻松程度和高度。

### ④ 物理网格

- 网格类型：选定刚体物理网格的类型。可用类型有【球体】、【长方体】、【胶囊】、【凸面】、【合成】、【原始】和【自定义】。

### ⑤ 物理网格参数

- 长度：控制物理网格的长度。
- 宽度：控制物理网格的宽度。
- 高度：控制物理网格的高度。

### ⑥ 力

- 使用世界重力：该选项控制是否使用世界重力。
- 应用的场景力：此选项框中可以显示添加的力名称。

### ⑦ 高级

- 覆盖解算器迭代次数：如果启用该选项，将为选定刚体使用在此处指定的解算器迭代次数设置，而不使用全局设置。
- 启用背面碰撞：用来控制是否开启物体的背面碰撞运算。
- 覆盖全局：用来控制是否覆盖全局效果，包括接触距离、支撑台深度。
- 绝对/相对：此设置只适用于刚开始时为运动学类型之后在指定帧处切换为动态类型的刚体。
- 初始速度：刚体在变为动态类型时的起始方向和速度（每秒单位数）。
- 初始自旋：刚体在变为动态类型时旋转的起始轴和速度（每秒度数）。
- 线性：为减慢移动对象的速度所施加的力大小。
- 角度：为减慢旋转对象的速度所施加的力大小。

## 4. 显示面板

【显示】面板包含两个卷展栏，分别是【刚体】和【MassFX Visualizer】，如图12-11所示。

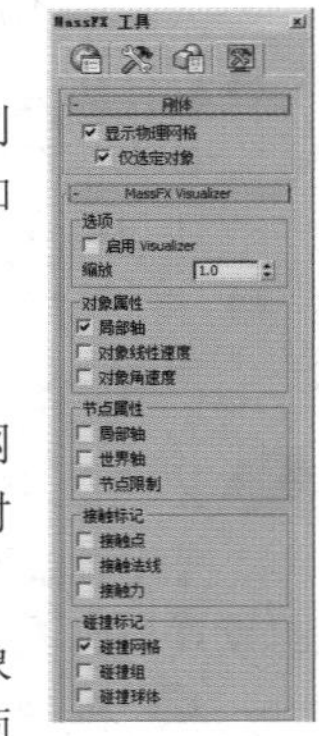

图12-11

### ① 刚体

- 显示物理网格：启用该选项后，物理网格显示在视口中，可以使用【仅选定对象】开关。
- 仅选定对象：启用该选项后，仅选定对象的物理网格显示在视口中。注意，该选项仅在启用【显示物理网格】时可用。

### ② MassFX Visualizer

- 启用 Visualizer：启用该选项后，此卷展栏上的其余设置生效。
- 缩放：基于视口的指示器（如轴）的相对大小。

## 12.3.2 模拟

在MassFX工具中，模拟分为3种，分别是重置模拟、开始模拟和步阶模拟，如图12-12所示。

图12-12

步骤01 如图12-13所示，单击【开始模拟】按钮，物体开始下落。

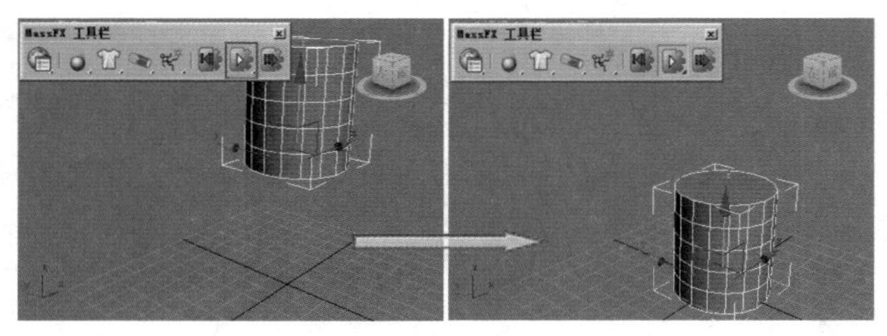

图12-13

> **技巧提示**
>
> 在旧版本中使用Reactor模拟物体下落时需要设置一个地面，这样物体才会下落在地面上。而在MassFX中不需要设置地面也可以完成下落，但需要注意的是物体需要离地面有一段距离，这样物体才会下落，若物体初始状态在坐标平面上，那么物体不会有明显的下落，如图12-14所示。
>
> 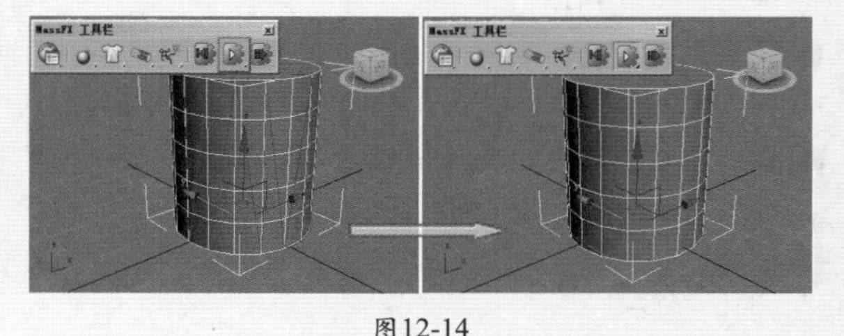
>
> 图12-14

**步骤02** 单击【重置模拟】按钮，此时可发现物体回到了初始的状态，如图12-15所示。

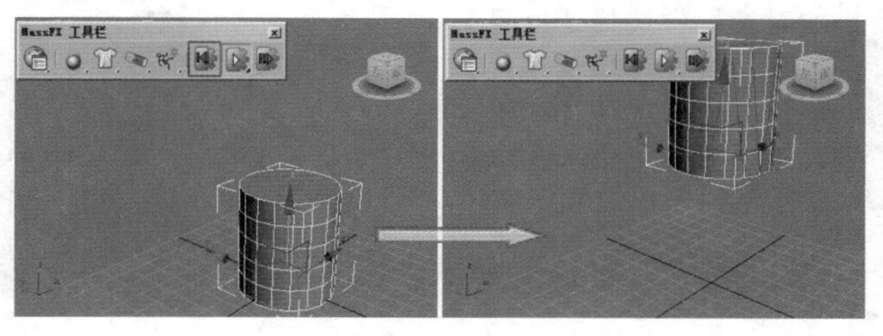

图12-15

**步骤03** 同时还可以手动观察某一时刻的状态，多次单击【步阶模拟】按钮即可查看，如图12-16所示。

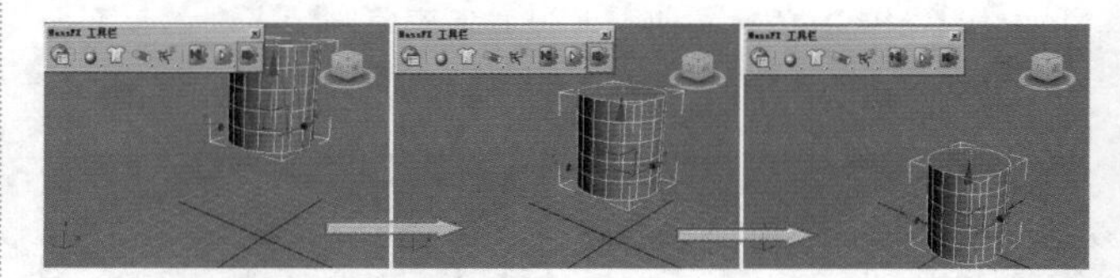

图12-16

## 12.3.3 将选定项设置为动力学刚体

在选择物体后单击【刚体】按钮，有3种刚体可供选择，分别是将选定项设置为动力学刚体,将选定项设置为运动学刚体和将选定项设置为静态刚体，如图12-17所示。该选项类似于3ds Max 2012以前版本中的【刚体集合】。

将选定项设置为动力学刚体是一种作为刚体容器的动力学辅助对象。为物体添加将选定项设置为动力学刚体后，物体表面将会被包裹，如图12-18所示。同时该物体还将自动被添加【MassFX Rigid Body】修改器，如图12-19所示。

图12-17　图12-18

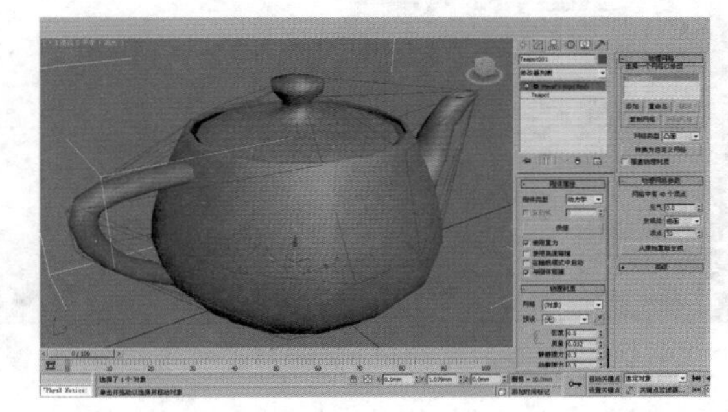

图12-19

## 小实例：利用动力学刚体和静态刚体制作球体下落动画

| 场景文件 | 无 |
|---|---|
| 案例文件 | 小实例：利用动力学刚体和静态刚体制作球体下落动画.max |
| 视频教学 | 多媒体教学/Chapter 12/小实例：利用动力学刚体和静态刚体制作球体下落动画.flv |
| 难易指数 | ★★☆☆☆ |
| 技术掌握 | 掌握利用动力学刚体和静态刚体制作球体下落动画 |

### 实例介绍

本实例使用动力学刚体和静态刚体制作球体下落动画，效果如图12-20所示。

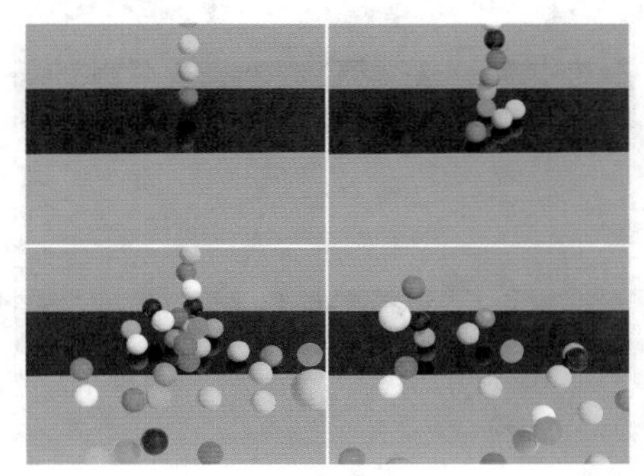

图12-20

### 操作步骤

**步骤01** 打开3ds Max 2016，在视图中创建一个平面。设置【长度】为778mm，【宽度】为440mm，【长度分段】为4，【宽度分段】为4，如图12-21所示。使用【选择并旋转】工具将其旋转一定的角度，如图12-22所示。

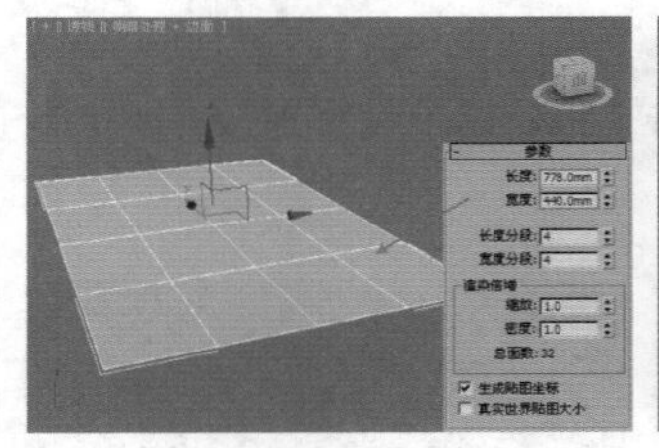

图12-21

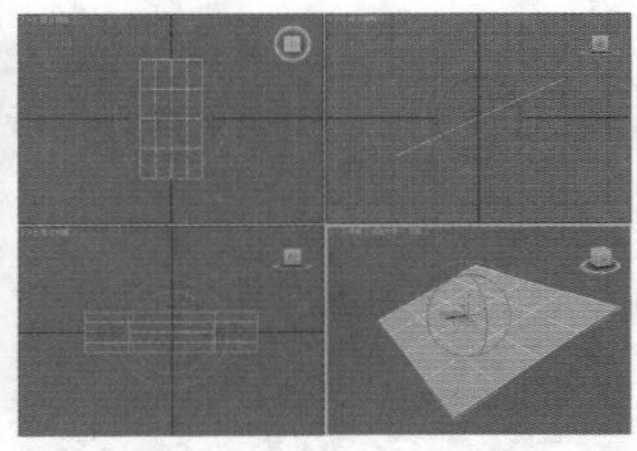

图12-22

**步骤02** 在【创建】面板中，单击【球体】按钮，在平面上方创建一个【球体】模型，接着设置【半径】为40mm，【分段】为16，如图12-23所示。

**步骤03** 选择步骤02中创建的球体模型，使用【选择并移动】工具沿Z轴复制41个，在弹出的【克隆选项】对话框中选中【实例】单选按钮，并设置所要复制的【副本数】为41，最后单击【确定】按钮，如图12-24所示。

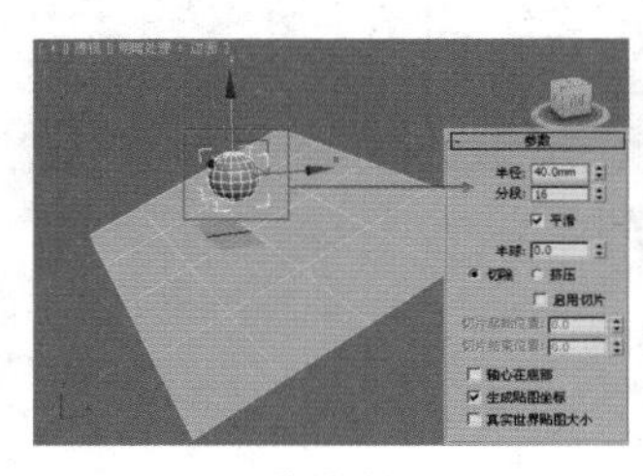

图12-23

图12-24

**步骤04** 在主工具栏的空白处单击鼠标右键，在弹出的快捷菜单中选择【MassFX 工具栏】命令，如图12-25所示。此时将会弹出【MassFX工具栏】窗口，如图12-26所示。

图12-25

图12-26

**步骤05** 选择一个球体，然后单击【将选定项设置为动力学刚体】按钮，如图12-27所示。

**技巧提示**

因为在复制球体时选择了【实例】复制的方式，因此只要将场景中任意一个球体设置为【动力学刚体】，则其他的所有球体也会自动被设置为【动力学刚体】。所以在前期制作时，选择合适的复制方式非常重要。

**步骤06** 选择平面，然后单击【将选定项设置为静态刚体】按钮，如图12-28所示。

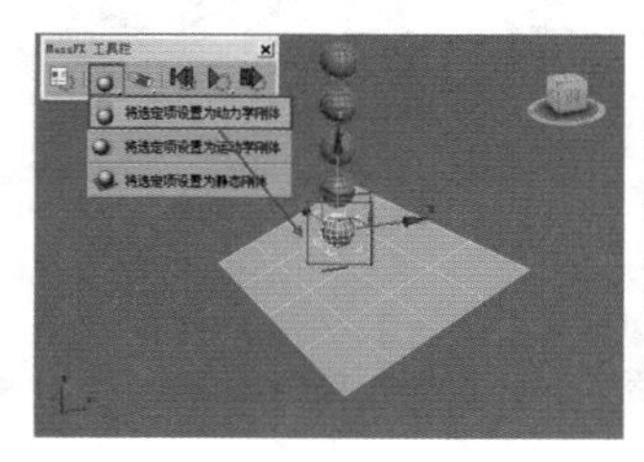

图12-27

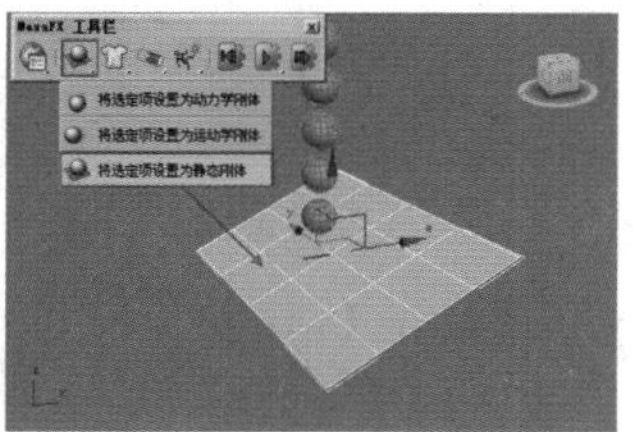

图12-28

**步骤07** 单击【显示MassFX工具对话框】按钮，在弹出的对话框中选择【世界】选项卡，展开【场景设置】卷展栏，取消选中【使用地平面】复选框，如图12-29所示。

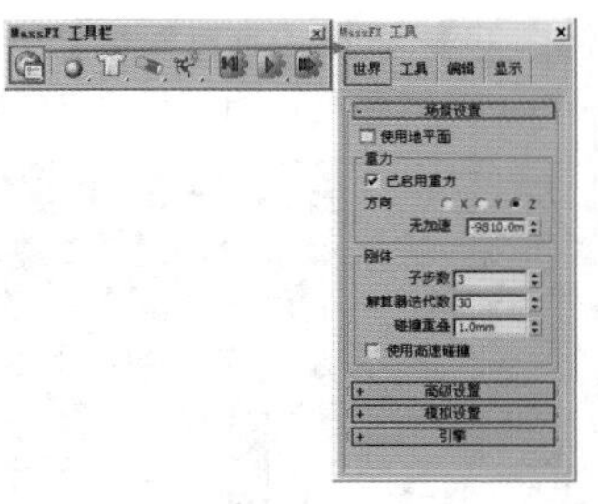

图12-29

**步骤08** 单击【开始模拟】按钮，观察动画的效果，如图12-30所示。

**步骤09** 选择【MassFX工具】面板中的【工具】选项卡，然后单击【模拟烘焙】选项组中的【烘焙所有】按钮，此时就会看到MassFX正在烘焙的过程，如图12-31所示。

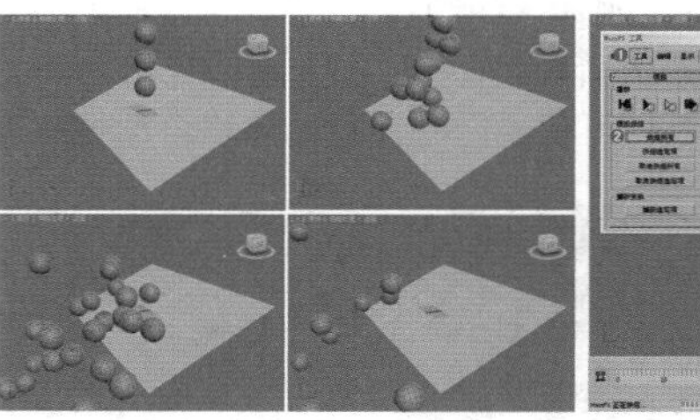

图12-30

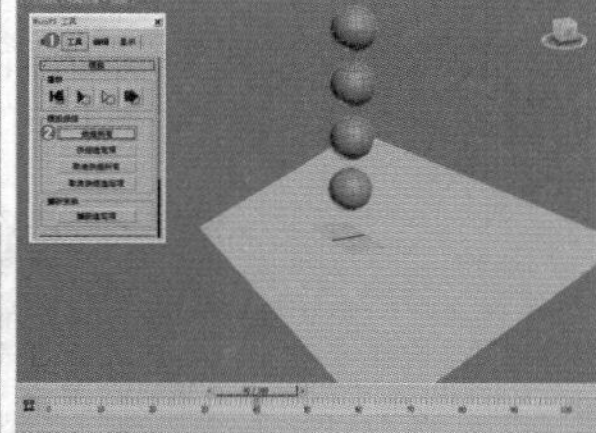

图12-31

**步骤10** 此时自动在时间线上生成了关键帧动画，拖动时间线滑块可以看到动画的整个过程，如图12-32所示。

图12-32

**步骤11** 选择动画效果最明显的一些帧，然后单独渲染出这些单帧动画，最终效果如图12-33所示。

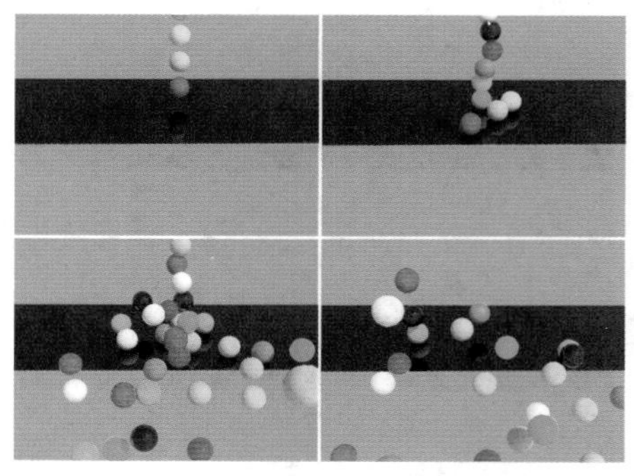

图12-33

# 小实例：利用动力学刚体制作彩蛋落地动画

| 场景文件 | 01.max |
| --- | --- |
| 案例文件 | 小实例：利用动力学刚体制作彩蛋落地动画.max |
| 视频教学 | 多媒体教学/Chapter 12/小实例：利用动力学刚体制作彩蛋落地动画.flv |
| 难易指数 | ★★☆☆☆ |
| 技术掌握 | 掌握利用动力学刚体和静态刚体制作彩蛋落地动画 |

## 实例介绍

本实例使用动力学刚体和静态刚体制作彩蛋落地动画，效果如图12-34所示。

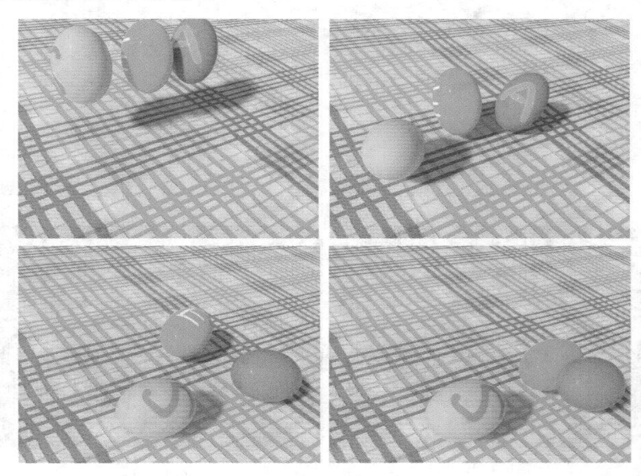

图12-34

## 操作步骤

**步骤01** 打开本书配套光盘中的【场景文件/Chapter12/01.max】文件，如图12-35所示。

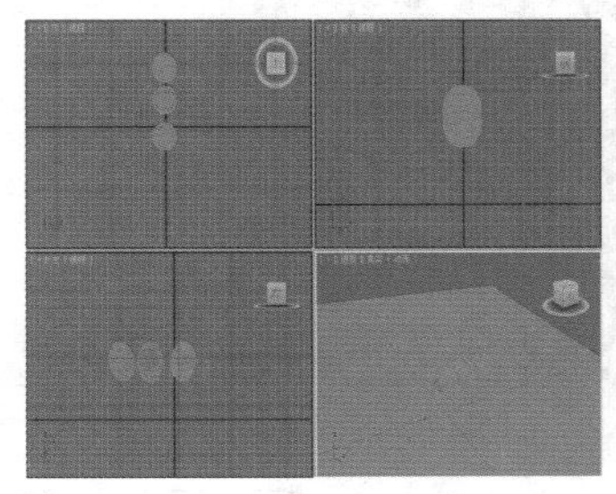

图12-35

**步骤02** 在主工具栏的空白处单击鼠标右键，在弹出的快捷菜单中选择【MassFX 工具栏】命令，如图12-36所示。此时将会弹出【MassFX工具栏】窗口，如图12-37所示。

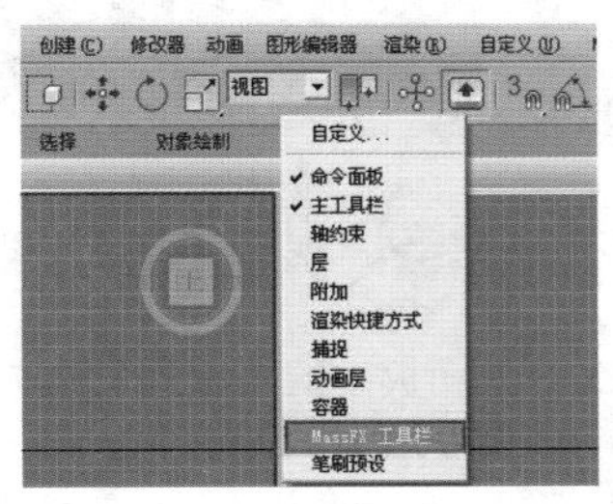


图12-36

图12-37

**步骤03** 选择3个彩蛋模型，并单击【将选定项设置为动力学刚体】按钮，如图12-38所示。

**步骤04** 选择平面，然后单击【将选定项设置为静态刚体】按钮，如图12-39所示。

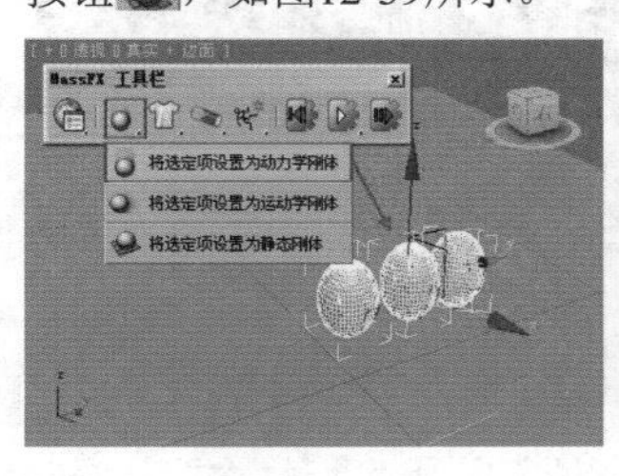


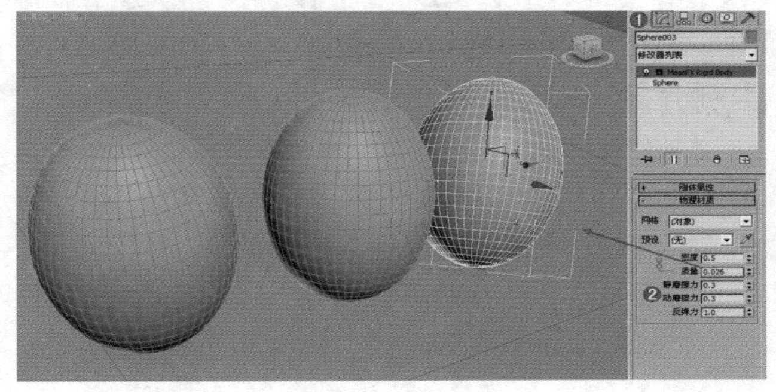

图12-38 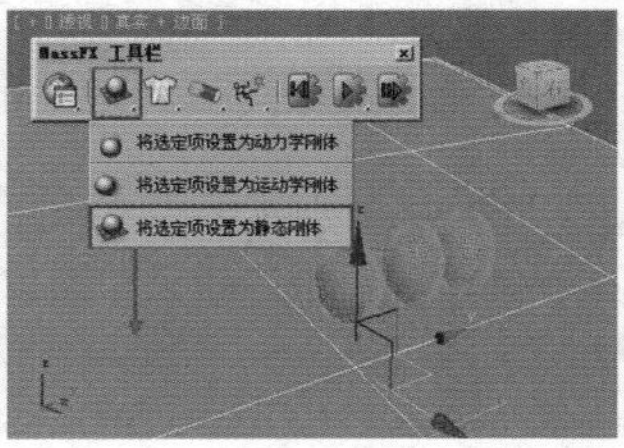　　图12-39

**步骤05** 依次选择彩蛋模型，单击【修改】面板，并设置【质量】为0.026，【反弹力】为1，如图12-40所示。

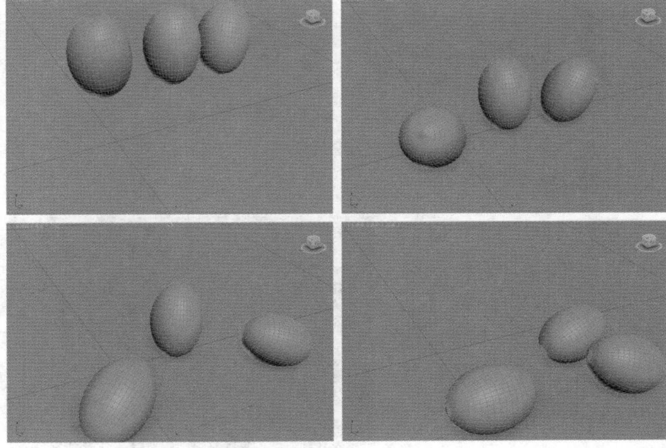

图12-40

**步骤06** 单击【开始模拟】按钮，观察动画的效果，如图12-41所示。

图12-41

**步骤07** 选择【MassFX工具】面板中的【工具】选项卡，然后单击【模拟烘焙】选项组中的【烘焙所有】按钮，此时就会看到MassFX正在烘焙的过程，如图12-42所示。

**步骤08** 此时自动在时间线上生成了关键帧动画，拖动时间线滑块可以看到动画的整个过程，如图12-43所示。

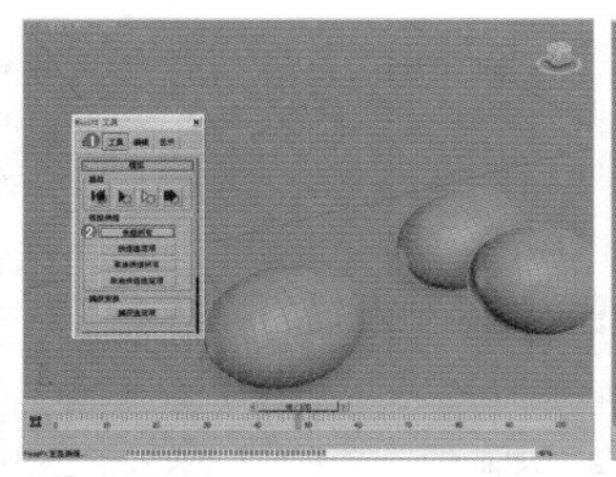

图12-42

图12-43

**步骤09** 选择动画效果最明显的一些帧，然后单独渲染出这些单帧动画，最终效果如图12-44所示。

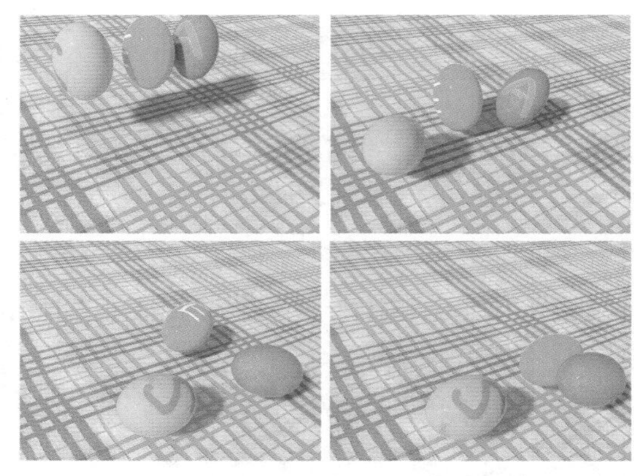

图12-44

## 小实例：利用动力学刚体制作多米诺骨牌

| 场景文件 | 无 |
|---|---|
| 案例文件 | 小实例：利用动力学刚体制作多米诺骨牌.max |
| 视频教学 | 多媒体教学/Chapter 12/小实例：利用动力学刚体制作多米诺骨牌.flv |
| 难易指数 | ★★☆☆☆ |
| 技术掌握 | 掌握利用动力学刚体制作多米诺骨牌运动的动画 |

### 实例介绍

本实例使用动力学刚体制作多米诺骨牌运动的动画，效果如图12-45所示。

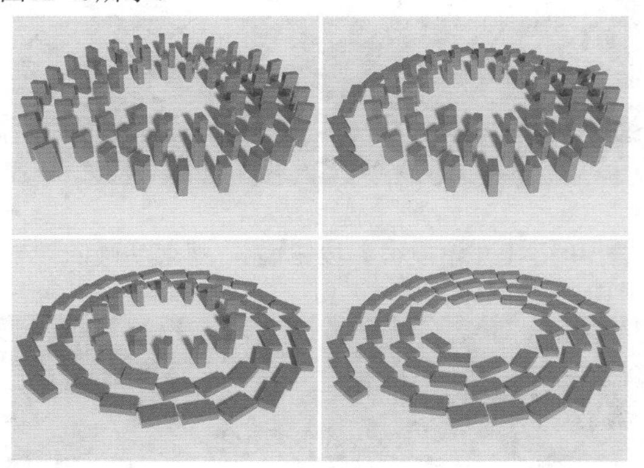

图12-45

### 操作步骤

**步骤01** 打开3ds Max 2016，在视图中创建一个长方体。设置【长度】为10mm，【宽度】为20mm，【高度】为40mm，如图12-46所示。

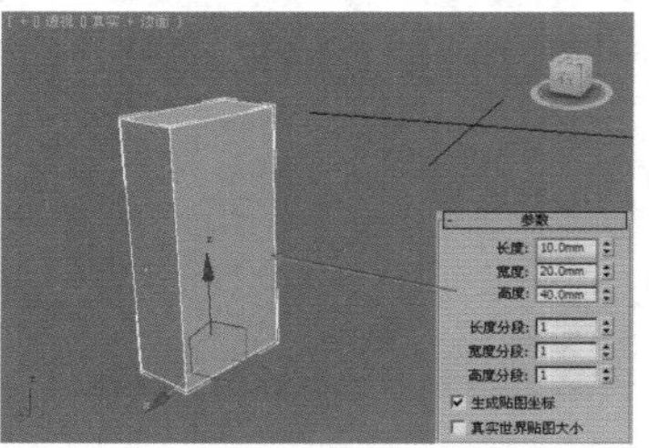


图12-46

**步骤02** 选择步骤01中创建的长方体，使用【选择并移动】工具移动复制60个，并将复制出的长方体摆放在如图12-47所示的位置上（注意，在复制时应选择【实例】复制选项）。选中第一个长方体，并使用【选择并旋转】工具将其选择一定的角度，如图12-48所示。

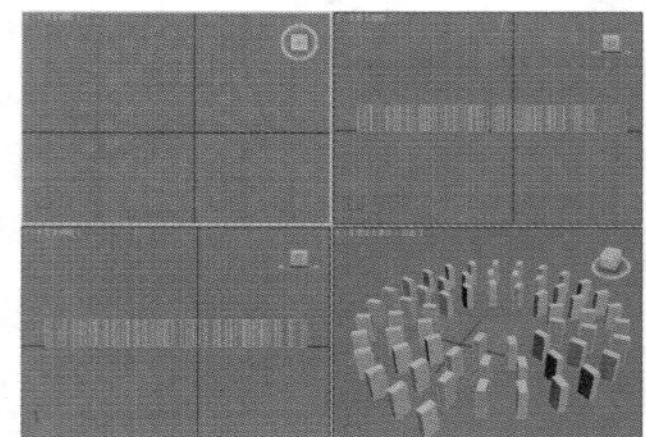

图12-47

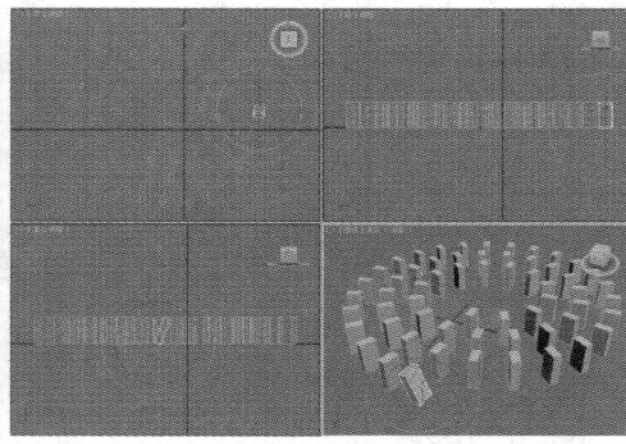

图12-48

**步骤03** 在主工具栏的空白处单击鼠标右键，在弹出的快捷菜单中选择【MassFX 工具栏】命令，如图12-49所示。此时将会弹出【MassFX工具栏】窗口，如图12-50所示。

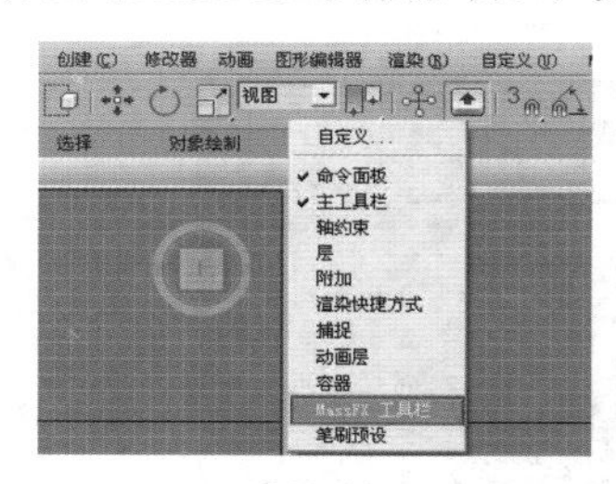


图12-49

图12-50

**步骤04** 选择所创建的长方体，然后单击【将选定项设置为动力学刚体】按钮，如图12-51所示。因为在复制长方体时选择了实例复制的选项，所以场景内所有的长方体全部都被设置为【动力学刚体】。

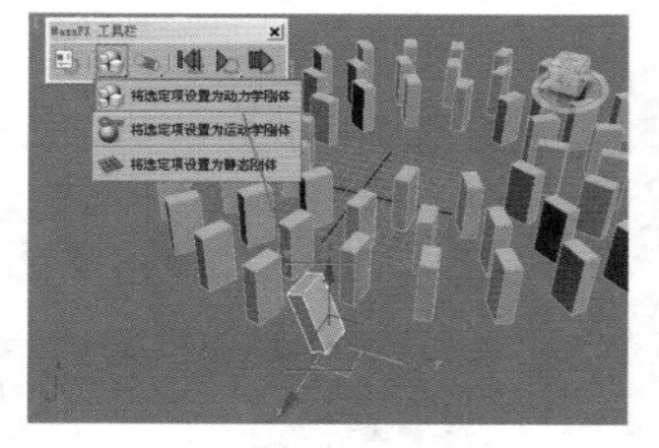

图12-51

**步骤05** 单击【开始模拟】按钮，观察动画的效果，如图12-52所示。

**步骤06** 选择【MassFX工具】面板中的【工具】选项卡，然后单击【模拟烘焙】选项组中的【烘焙所有】按钮，此时就会看到MassFX正在烘焙的过程，如图12-53所示。

图12-52

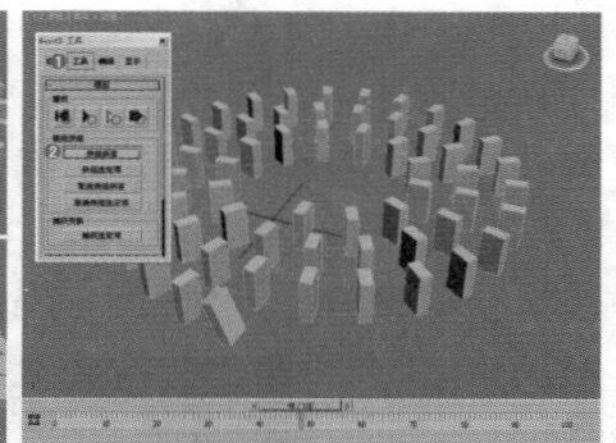

图12-53

步骤07 此时自动在时间线上生成了关键帧动画，拖动时间线滑块可以看到动画的整个过程。但此时将时间线滑块拖动到第100帧时，可发现骨牌并没有完全在100帧内倒下，因此说明该动画需要的时间要远远大于100帧，如图12-54所示。

步骤08 因此需要重新调整时间。单击【时间配置】按钮，并设置【结束时间】为400，然后单击【确定】按钮，如图12-55所示。

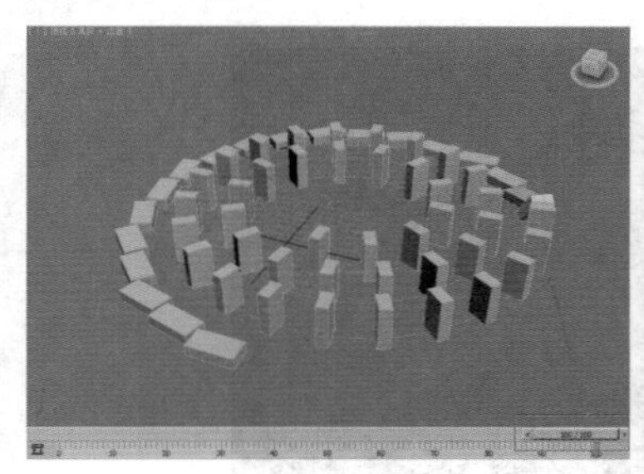

图12-54

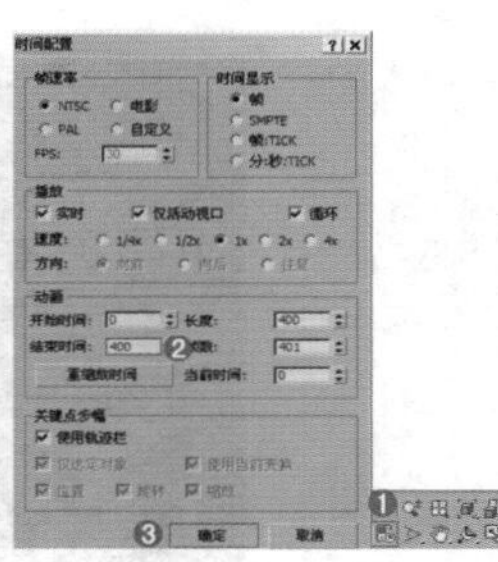

图12-55

步骤09 此时需要重新进行烘焙。选择【MassFX工具】面板中的【工具】选项卡，然后单击【模拟烘焙】选项组中的【烘焙所有】按钮，此时就会看到MassFX正在烘焙的过程，如图12-56所示。

步骤10 此时自动在时间线上生成了关键帧动画，拖动时间线滑块可以看到动画的整个过程，如图12-57所示。

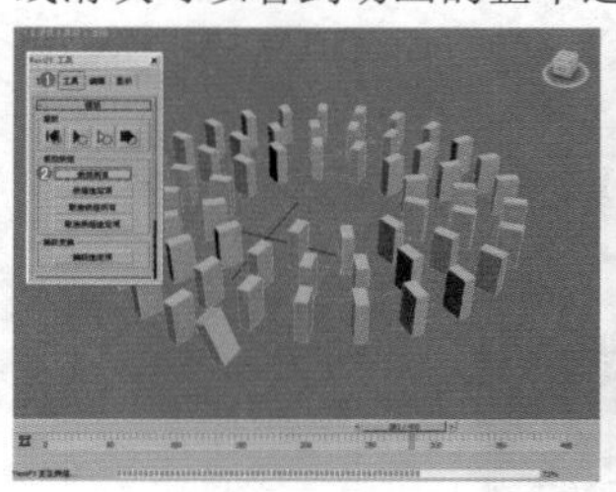

图12-56

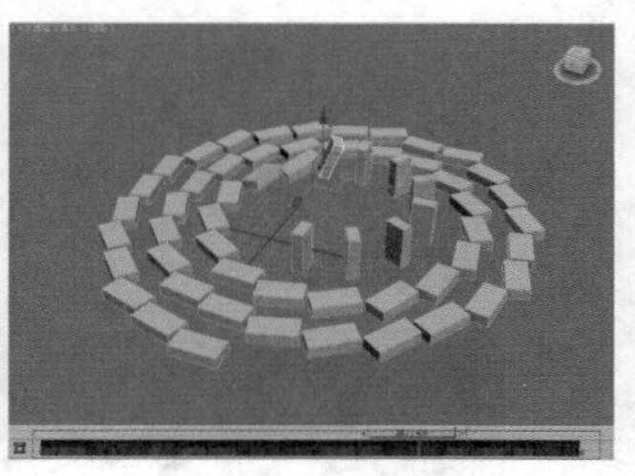

图12-57

步骤11 选择动画效果最明显的一些帧，然后单独渲染出这些单帧动画，最终效果如图12-58所示。

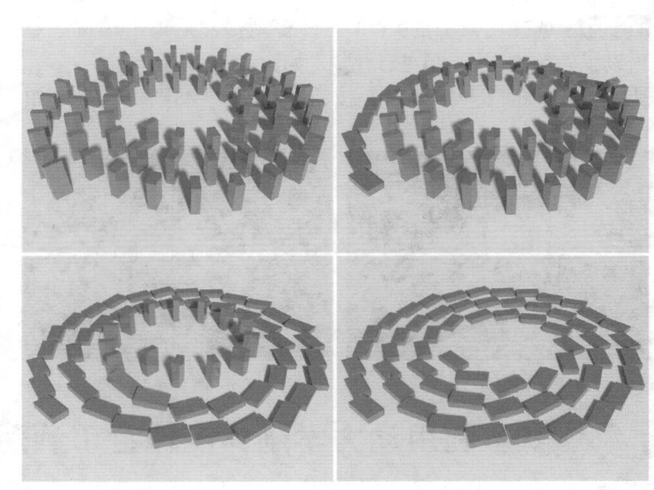

图12-58

## 小实例：利用动力学刚体制作跷跷板

| 场景文件 | 02.max |
| --- | --- |
| 案例文件 | 小实例：利用动力学刚体制作跷跷板.max |
| 视频教学 | 多媒体教学/Chapter 12/小实例：利用动力学刚体制作跷跷板.flv |
| 难易指数 | ★★☆☆☆ |
| 技术掌握 | 掌握利用动力学刚体制作跷跷板动画 |

### 实例介绍

本实例使用动力学刚体制作跷跷板，效果如图12-59所示。

图12-59

### 操作步骤

步骤01 打开本书配套光盘中的【场景文件/Chapter12/02.max】文件，如图12-60所示。

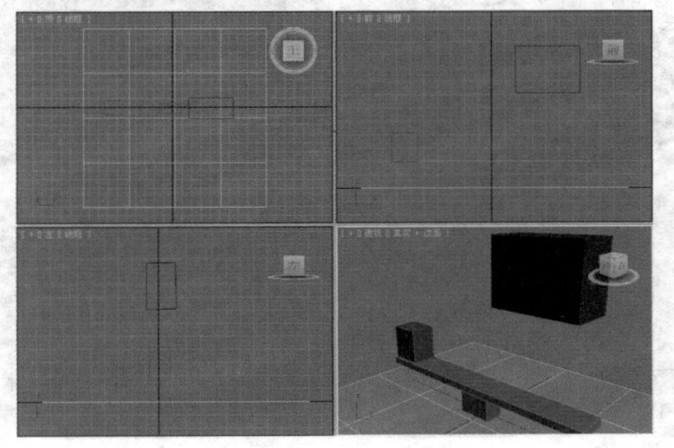

图12-60

**步骤02** 在主工具栏的空白处单击鼠标右键，在弹出的快捷菜单中选择【MassFX工具栏】命令，如图12-61所示。此时将会弹出【MassFX工具栏】窗口，如图12-62所示。

图12-61

图12-62

**步骤03** 选择场景中的4个长方体模型，然后单击【将选定项设置为动力学刚体】按钮，如图12-63所示。

**步骤04** 单击【开始模拟】按钮，观察动画的效果，如图12-64所示。

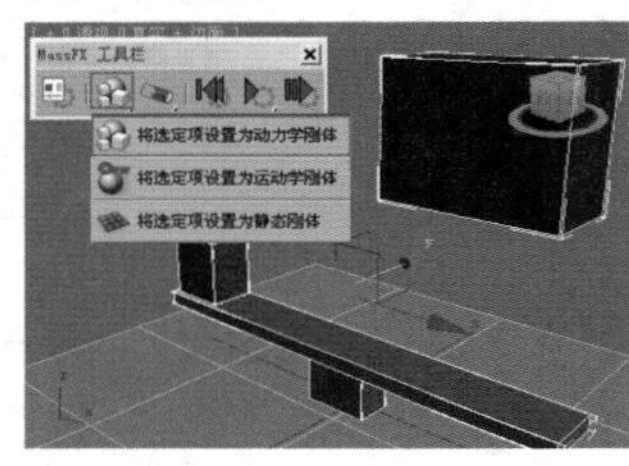

图12-63

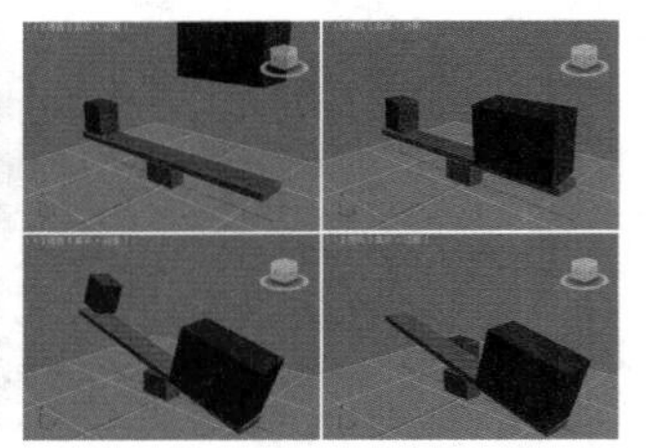

图12-64

**步骤05** 选择【MassFX工具】面板中的【工具】选项卡，然后单击【模拟烘焙】选项组中的【烘焙所有】按钮，此时就会看到MassFX正在烘焙的过程，如图12-65所示。

**步骤06** 此时自动在时间线上生成了关键帧动画，拖动时间线滑块可以看到动画的整个过程，如图12-66所示。

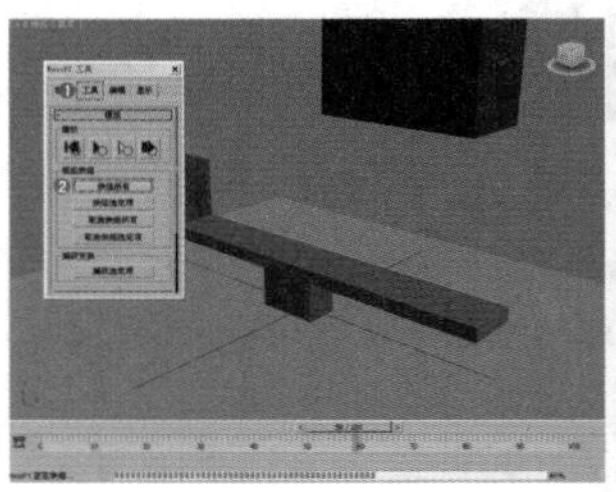

图12-65

图12-66

**步骤07** 选择动画效果最明显的一些帧，然后单独渲染出这些单帧动画，最终效果如图12-67所示。

图12-67

## 小实例：利用动力学刚体制作金币洒落动画

| 场景文件 | 03.max |
|---|---|
| 案例文件 | 小实例：利用动力学刚体制作金币洒落动画.max |
| 视频教学 | 多媒体教学/Chapter 12/小实例：利用动力学刚体制作金币洒落动画.flv |
| 难易指数 | ★★☆☆☆ |
| 技术掌握 | 掌握利用动力学刚体制作金币洒落动画 |

### 实例介绍

本实例利用动力学刚体制作金币洒落动画，效果如图12-68所示。

图12-68

### 操作步骤

**步骤01** 打开本书配套光盘中的【场景文件/Chapter12/03.max】文件，如图12-69所示。

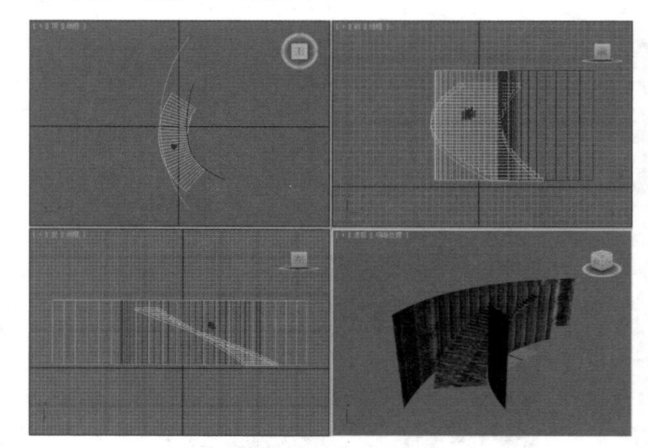

图12-69

**步骤02** 在主工具栏的空白处单击鼠标右键，在弹出的快捷菜单中选择【MassFX 工具栏】命令，如图12-70所示。此时将会弹出【MassFX工具栏】窗口，如图12-71所示。

图12-70

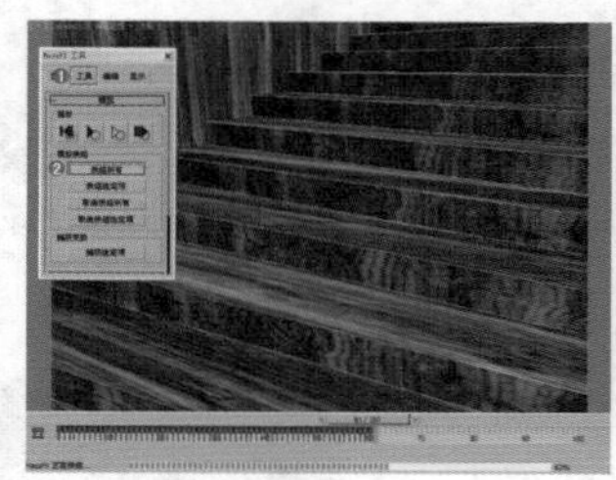

图12-71

步骤03 选择场景中所有的硬币模型，单击【将选定项设置为动力学刚体】按钮，如图12-72所示。

图12-72

步骤04 单击【修改】面板，并设置【质量】为0.013，【反弹力】为0.6，如图12-73所示。

图12-73

步骤05 选择场景中所有的楼梯模型，然后单击【将选定项设置为静态刚体】按钮，接着单击修改并设置【图形类型】为【原始的】，如图12-74所示。

步骤06 单击【开始模拟】按钮，观察动画效果，如图12-75所示。

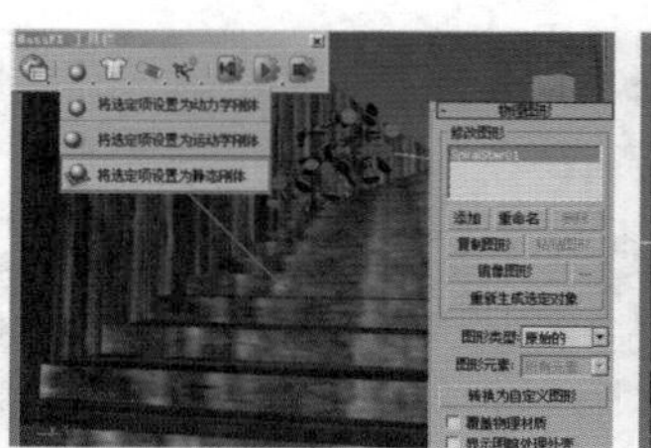

图12-74

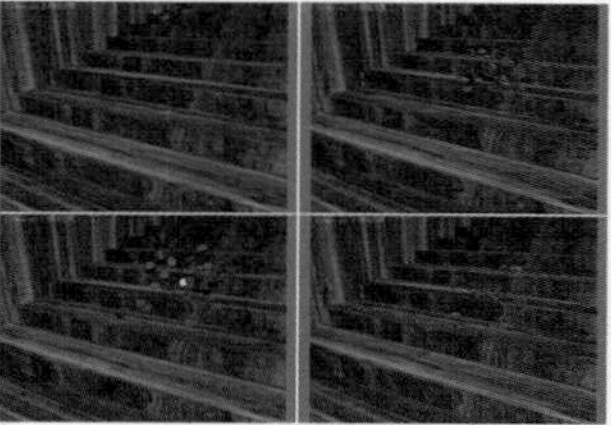

图12-75

步骤07 选择【MassFX工具】面板中的【工具】选项卡，然后单击【模拟烘焙】选项组中的【烘焙所有】按钮，此时就会看到MassFX正在烘焙的过程，如图12-76所示。

步骤08 此时自动在时间线上生成了关键帧动画，拖动时间线滑块可以看到动画的整个过程，如图12-77所示。

图12-76

图12-77

步骤09 选择动画效果最明显的一些帧，然后单独渲染出这些单帧动画，最终效果如图12-78所示。

图12-78

## 12.3.4 将选定项设置为运动学刚体

将选定项设置为运动学刚体可以将运动的物体参与到动力学运算中。为物体添加将选定项设置为运动学刚体后，物体表面将会以黄色框包裹，如图12-79所示。

要想使用运动学刚体，就需要为该物体设置初始的动画，这样在动力学运算时，该物体的动画才会参与到模拟中。如图12-80所示为圆柱体设置动画。

单击【修改】面板，然后选中【直到帧】复选框，并设置其数值为50，如图12-81所示。

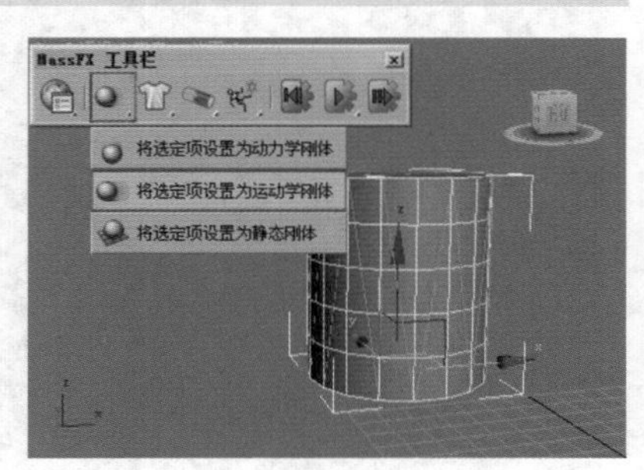


图12-79

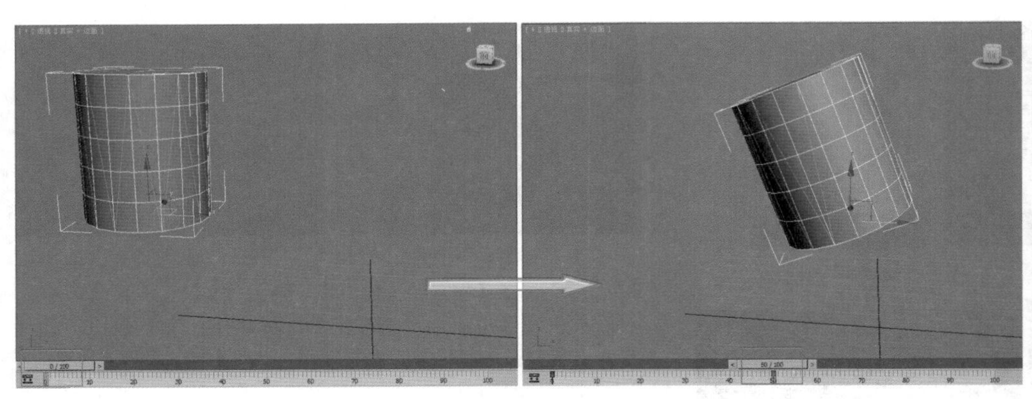

图12-80

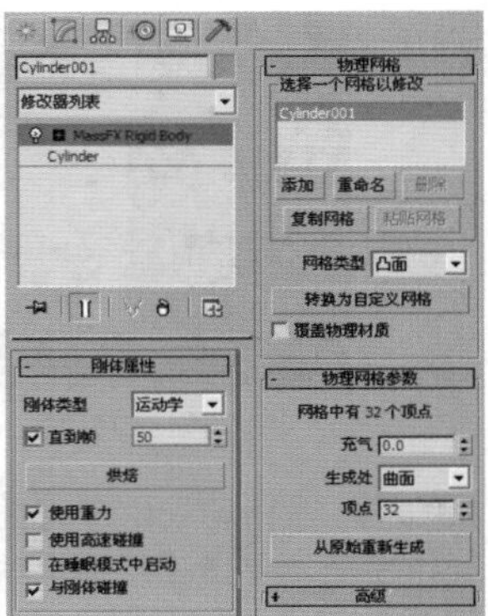


图12-81

### 技巧提示

上文中选中了【直到帧】复选框，并设置为50。这说明在模拟时，让圆柱体在50帧之前，按照初始的动画进行运动，而从第50帧开始，圆柱体将按照自己的惯性和重量进行物理运动，当然，若圆柱体碰撞到其他物体，也会产生真实的碰撞。

最后单击【步阶模拟】按钮，查看此时的动画效果，如图12-82所示。

图12-82

## 小实例：利用运动学刚体制作桌球动画

| 场景文件 | 04.max |
|---|---|
| 案例文件 | 小实例：利用运动学刚体制作桌球动画.max |
| 视频教学 | 多媒体教学/Chapter 12/小实例：利用运动学刚体制作桌球动画.flv |
| 难易指数 | ★★☆☆☆ |
| 技术掌握 | 掌握利用运动学刚体制作桌球动画 |

### 实例介绍

本实例利用运动学刚体制作桌球动画，效果如图12-83所示。

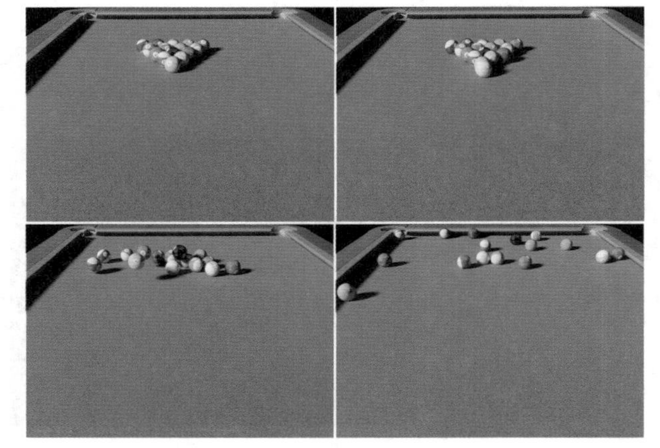

图12-83

### 操作步骤

步骤01 打开本书配套光盘中的【场景文件/Chapter12/04.max】文件，如图12-84所示。

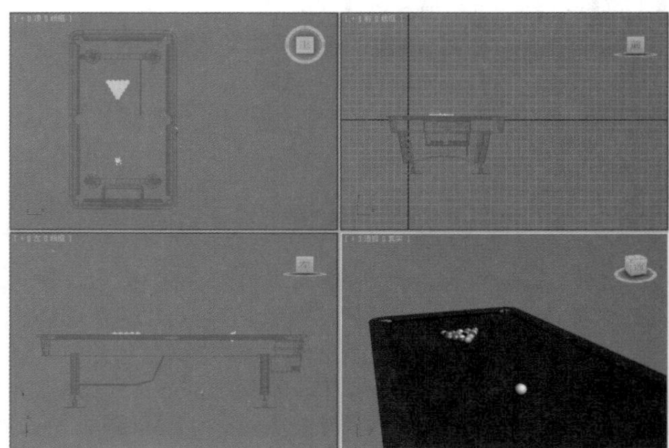

图12-84

步骤02 在主工具栏的空白处单击鼠标右键，在弹出的快捷菜单中选择【MassFX 工具栏】命令，如图12-85所示。此时将会弹出【MassFX工具栏】窗口，如图12-86所示。

图12-85

图12-86

**步骤03** 选择所有的彩色桌球模型，然后单击【将选定项设置为动力学刚体】按钮，如图12-87所示。进入【修改】面板，展开【物理材质】卷展栏，设置【反弹力】为1.0，如图12-88所示。

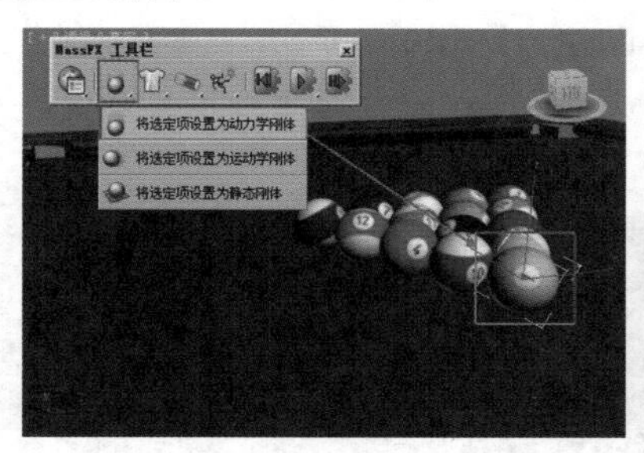


图12-87

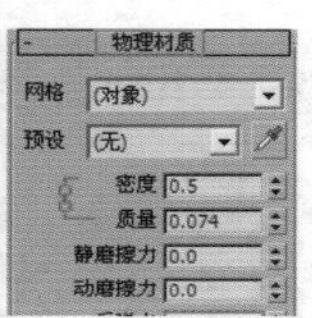


图12-88

**步骤04** 选择白色桌球，单击【将选定项设置为运动学刚体】按钮，如图12-89所示。展开【刚体属性】卷展栏，选中【直到帧】复选框并设置数值为20，如图12-90所示。

图12-89

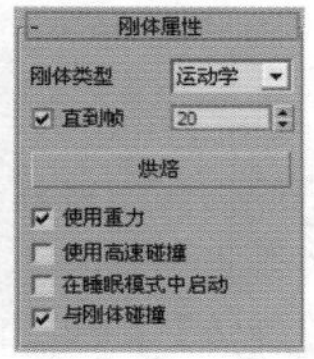


图12-90

**技巧提示**

将物体设置为【运动学刚体】后，若该物体之前有设置动画，那么之前设置的动画将会参与到动力学的运算中；若该物体之前没有设置动画，那么该物体在参与动力学运算时会保持静止状态。因此利用【运动学刚体】可以制作运动的物体撞击、碰撞等动画效果。

**步骤05** 选择白色桌球，然后在第0帧时单击【自动关键点】按钮，拖动时间滑块到第20帧，最后选择【选择并移动】工具，并沿Y轴将白色桌球移动到合适位置，如图12-91所示。

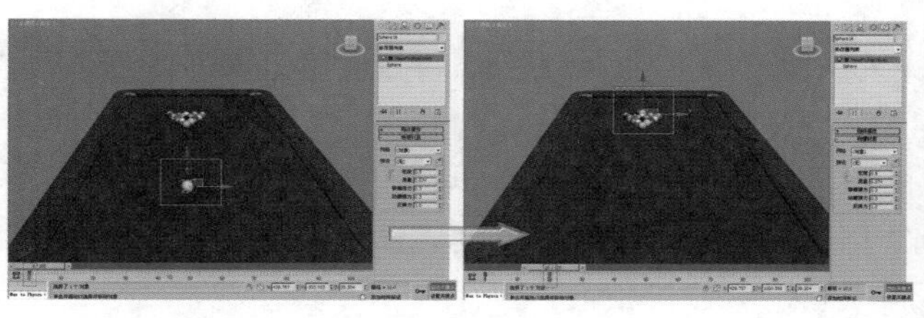

图12-91

**步骤06** 单击【自动关键点】按钮，将其关闭。接着单击【开始模拟】按钮，观察动画的效果，如图12-92所示。

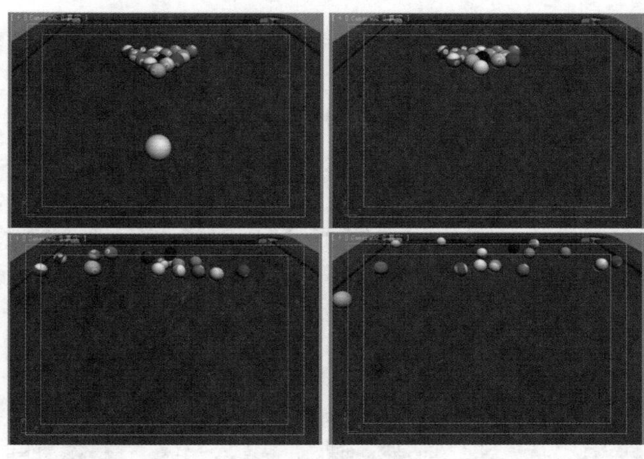

图12-92

**步骤07** 选择【MassFX工具】面板中的【工具】选项卡，单击【模拟烘焙】选项组中的【烘焙所有】按钮，此时就会看到MassFX正在烘焙的过程，如图12-93所示。

**步骤08** 此时自动在时间线上生成了关键帧动画，拖动时间线滑块可以看到动画的整个过程，如图12-94所示。

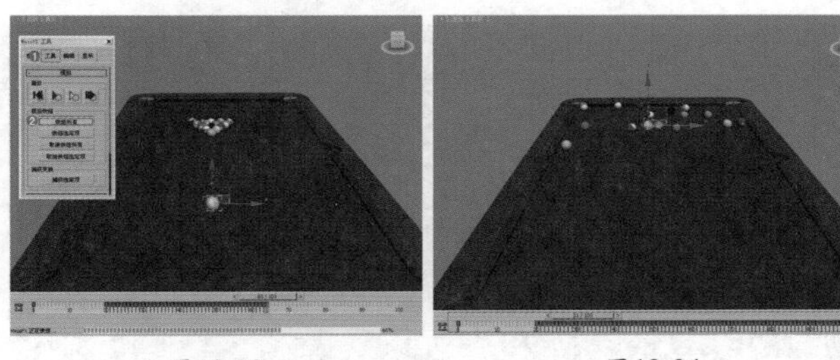

图12-93　　图12-94

**步骤09** 选择动画效果最明显的一些帧，然后单独渲染出这些单帧动画，最终效果如图12-95所示。

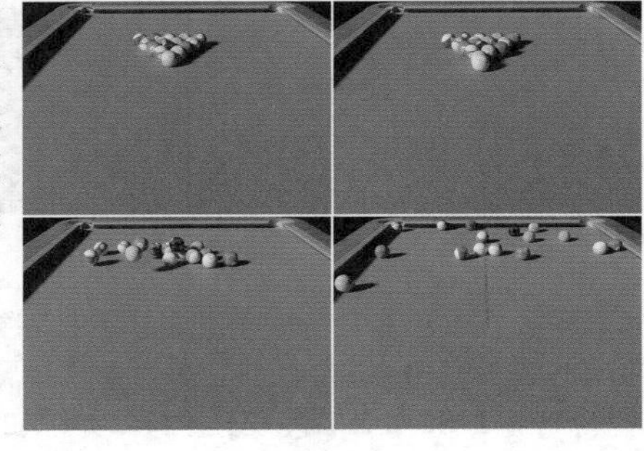

图12-95

# 小实例：利用运动学刚体制作墙倒塌动画

| 场景文件 | 05.max |
| --- | --- |
| 案例文件 | 小实例：利用运动学刚体制作墙倒塌动画.max |
| 视频教学 | 多媒体教学/Chapter 12/小实例：利用运动学刚体制作墙倒塌动画.flv |
| 难易指数 | ★★☆☆☆ |
| 技术掌握 | 掌握利用运动学刚体制作墙倒塌动画 |

## 实例介绍

本实例利用运动学刚体制作墙倒塌动画，效果如图12-96所示。

图12-96

## 操作步骤

步骤01 打开本书配套光盘中的【场景文件/Chapter12/05.max】文件，如图12-97所示。

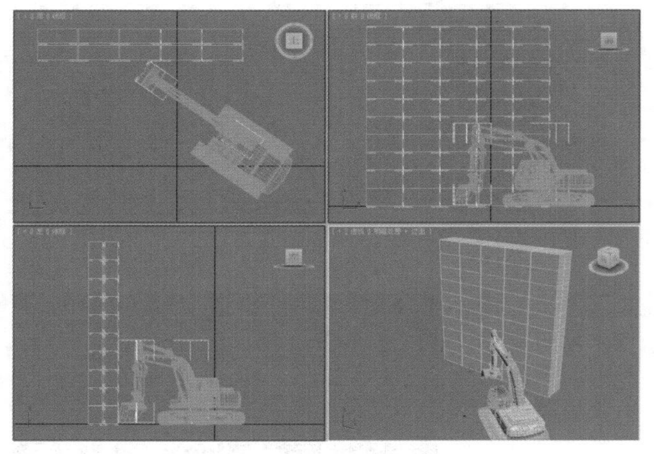

图12-97

步骤02 在主工具栏的空白处单击鼠标右键，在弹出的快捷菜单中选择【MassFX 工具栏】命令，如图12-98所示。此时将会弹出【MassFX工具栏】窗口，如图12-99所示。

图12-98

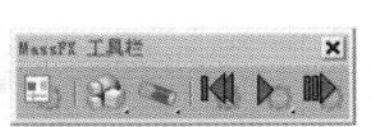


图12-99

步骤03 选择场景中所有的砖块模型，单击【将选定项设置为动力学刚体】按钮，如图12-100所示。

步骤04 依次选择砖块模型，并设置【质量】为750，如图12-101所示。

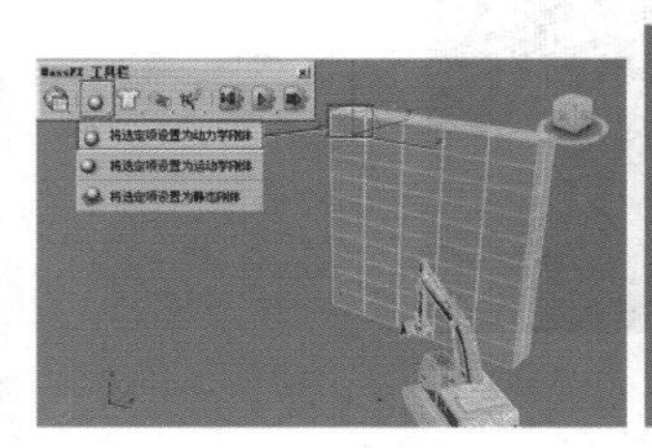

图12-100

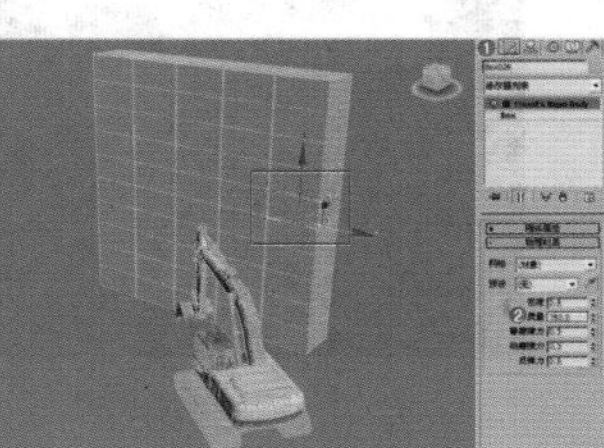

图12-101

步骤05 选择场景中的挖掘机机臂模型，然后单击【将选定项设置为运动学刚体】按钮，如图12-102所示。

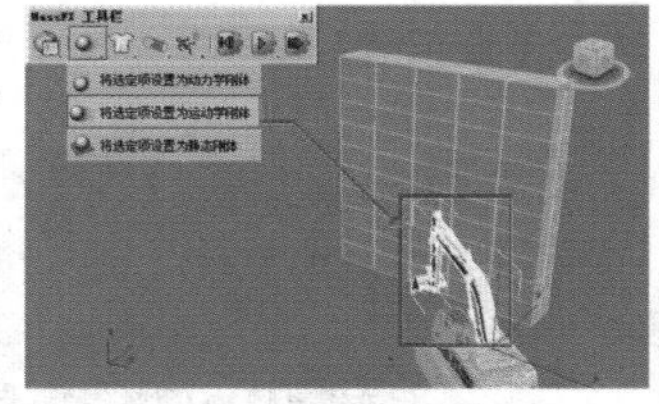

图12-102

步骤06 再次选择场景中的挖掘机机臂模型，然后单击【自动关键点】按钮，拖动时间滑块到第70帧，最后单击【选择并移旋转】按钮，将模型旋转调整到合适位置，如图12-103所示。

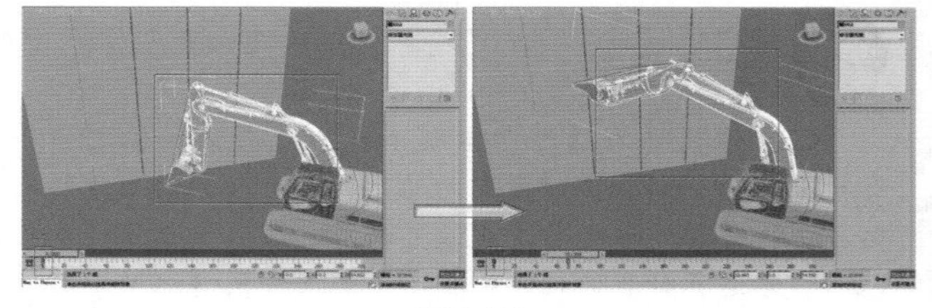

图12-103

步骤07 单击【开始模拟】按钮，观察动画效果，如图12-104所示。

步骤08 单击【时间配置】按钮，设置【结束时间】为300，然后单击【确定】按钮，如图12-105所示。

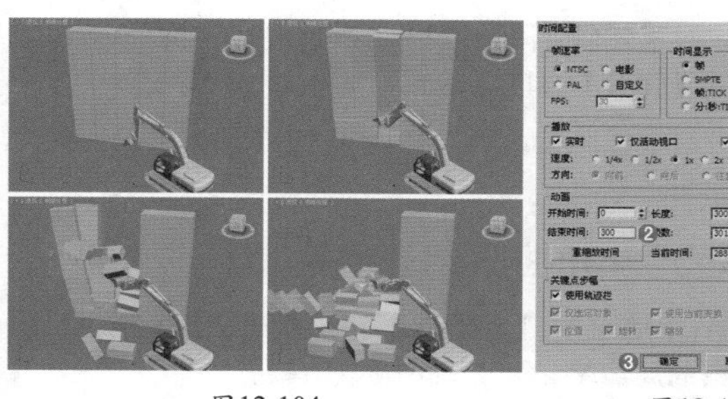

图12-104　　　　图12-105

步骤09 选择【MassFX工具】面板中的【工具】选项卡，然后单击【模拟烘焙】选项组中的【烘焙所有】按钮，此时就会看到MassFX正在烘焙的过程，如图12-106所示。

步骤10 此时自动在时间线上生成了关键帧动画，拖动时间线滑块可以看到动画的整个过程，如图12-107所示。

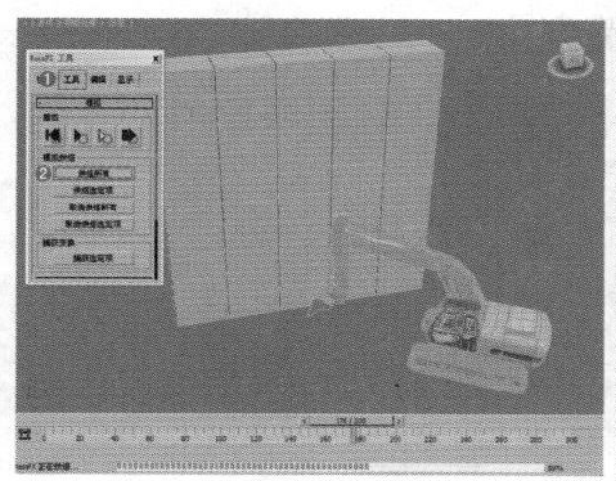

图12-106

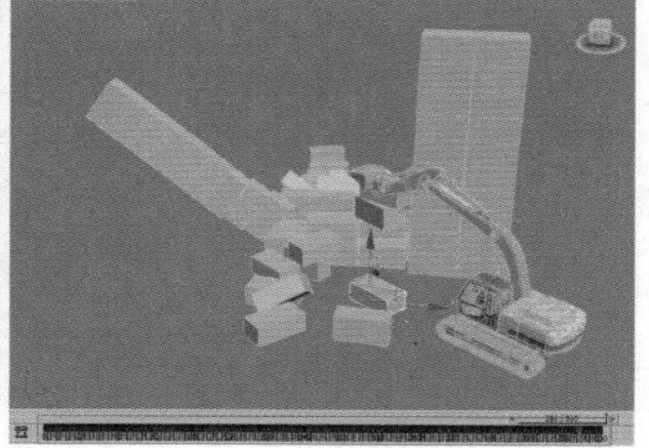

图12-107

步骤11 选择动画效果最明显的一些帧，然后单独渲染出这些单帧动画，最终效果如图12-108所示。

图12-108

## 12.3.5 将选定项设置为静态刚体

将物体设置为【将选定项设置为静态刚体】后，在参与动力学模拟时，该物体会保持静止状态，通常用来模拟地面等静止的对象。如图12-109所示，将茶壶物体设置为【动力学刚体】，将平面物体设置为【静态刚体】。

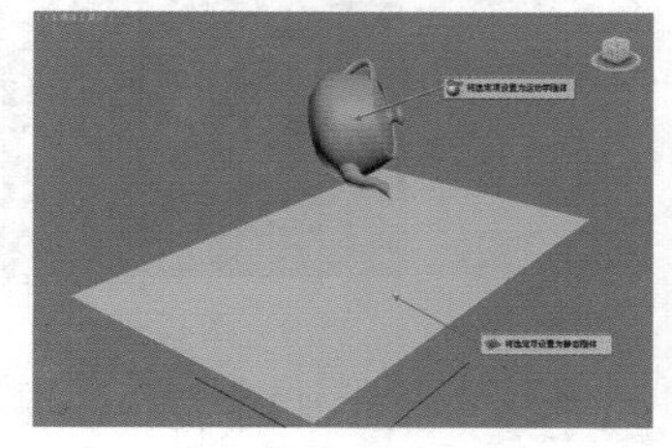

图12-109

当将物体设置为【静态刚体】时，可发现其实该物体在动力学计算时是保持静止的，因此可以充当地面，如图12-110所示。

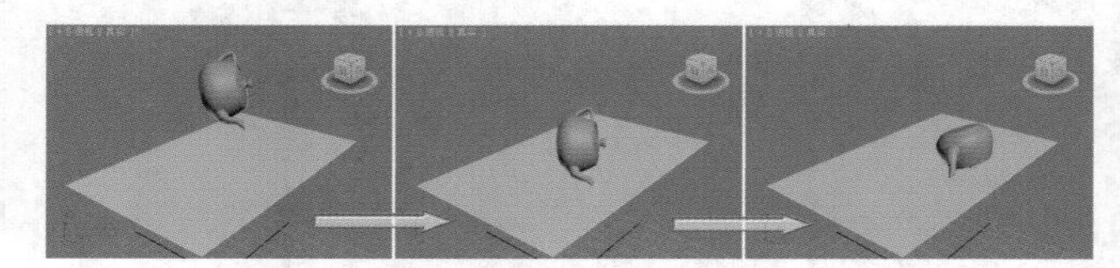

图12-110

# 12.4 创建约束

## 12.4.1 建立刚性约束

建立刚性约束是指将新MassFX约束辅助对象添加到带有适合于刚体约束的设置的项目中。刚体约束使平移、摆动和扭曲全部锁定，尝试在开始模拟时保持两个刚体在相同的相对变换中。其参数面板如图12-111所示。

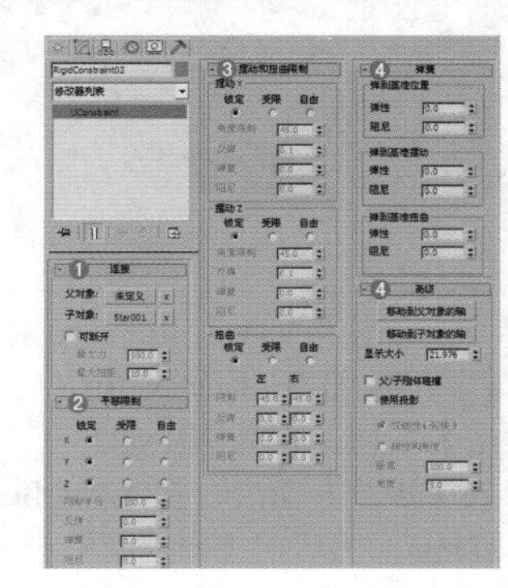

图12-111

### 1. 连接卷展栏

- 父对象：设置刚体以作为约束的父对象使用。
- 子对象：设置刚体以作为约束的子对象使用。

- 可断开：如果启用该选项，在模拟阶段可能会破坏此约束。
- 最大力：当【可断开】处于启用状态时，如果线性力的大小超过该值，将断开约束。
- 最大扭矩：当【可断开】处于启用状态时，如果扭曲力的大小超过该值，将断开约束。

### 2．平移限制卷展栏

- X/Y/Z：为每个轴选择沿轴约束运动的方式。
  - 锁定：防止刚体沿此局部轴移动。
  - 受限：允许对象按【限制半径】大小沿此局部轴移动。
  - 自由：刚体沿着各自轴的运动是不受限制的。
- 限制半径：父对象和子对象可以从其初始偏移移离的沿受限轴的距离。
- 反弹：对于任何受限轴，碰撞时对象偏离限制而反弹的数量。值0.0表示没有反弹，而值为1.0表示完全反弹。
- 弹簧：对于任何受限轴，指在超限情况下将对象拉回限制点的【弹簧】强度。
- 阻尼：对于任何受限轴，在平移超出限制时它们所受的移动阻力数量。

### 3．摆动和扭曲限制卷展栏

- 摆动 Y/摆动 Z：【摆动 Y】和【摆动 Z】分别表示围绕约束的局部Y轴和Z轴的旋转。
- 角度限制：当【摆动】设置为【受限】时，离开中心允许旋转的度数。
- 反弹：当【摆动】设置为【受限】时，碰撞时对象偏离限制而反弹的数量。
- 弹簧：当【摆动】设置为【受限】时，将对象拉回到限制（如果超出限制）的弹簧强度。
- 阻尼：当【摆动】设置为【受限】且超出限制时对象所受的旋转阻力数量。

## 小实例：利用扭曲约束制作摆动动画

| 场景文件 | 无 |
|---|---|
| 案例文件 | 小实例：利用扭曲约束制作摆动动画.max |
| 视频教学 | 多媒体教学/Chapter 14/小实例：利用扭曲约束制作摆动动画.flv |
| 难易指数 | ★★☆☆☆ |
| 技术掌握 | 掌握利用扭曲约束制作摆动动画 |

### 实例介绍

本实例利用扭曲约束制作摆动动画，效果如图12-112所示。

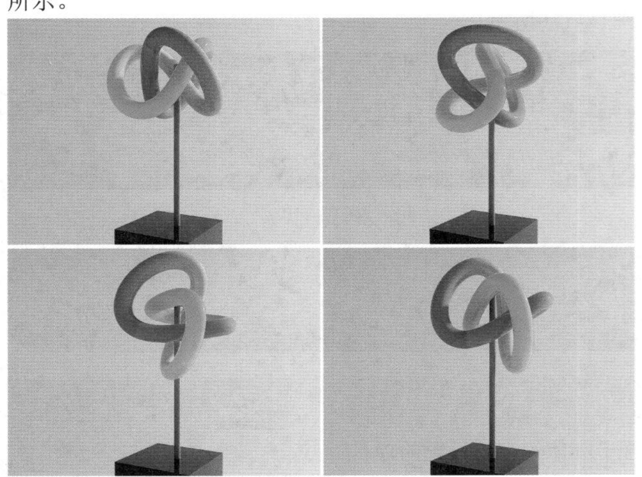

图12-112

### 操作步骤

步骤01 打开3ds Max 2016，进入【创建】面板，单击【环形结】按钮，在视图中创建一个长方体，如图12-113所示。进入【修改】面板，在【基础曲线】选项组中设置【半径】为18mm，然后在【横截面】选项组中设置【半径】为5mm，如图12-114所示。

步骤02 在环形结下方创建一个长方体，进入【修改】面板，设置【长度】为42mm，【宽度】为43mm，【高度】为28mm，如图12-115所示。

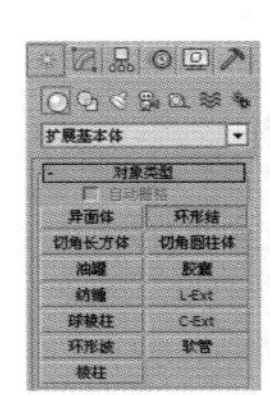

图12-113

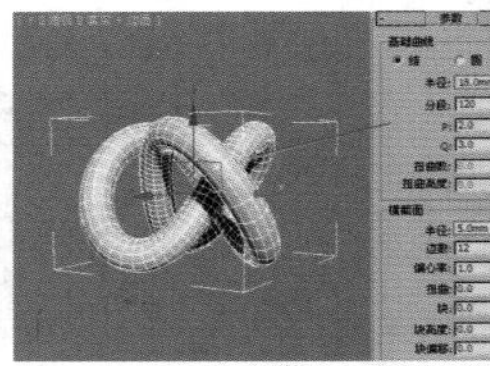

图12-114

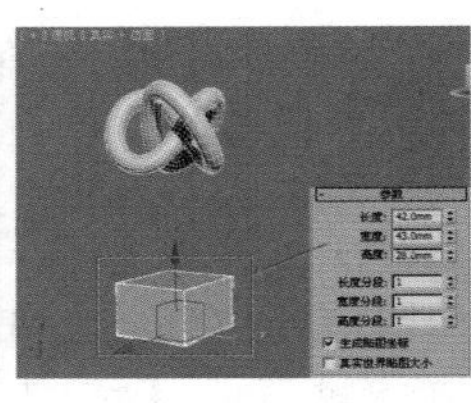

图12-115

步骤03 在主工具栏的空白处单击鼠标右键，在弹出的快捷菜单中选择【MassFX工具栏】命令，如图12-116所示。此时将会弹出【MassFX工具栏】窗口，如图12-117所示。

图12-116

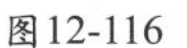

图12-117

步骤04 选择所创建的环形结，单击【将选定项设置为动力学刚体】按钮，如图12-118所示。

步骤05 选择创建的长方体，单击【将选定项设置为动力学刚体】按钮，如图12-119所示。

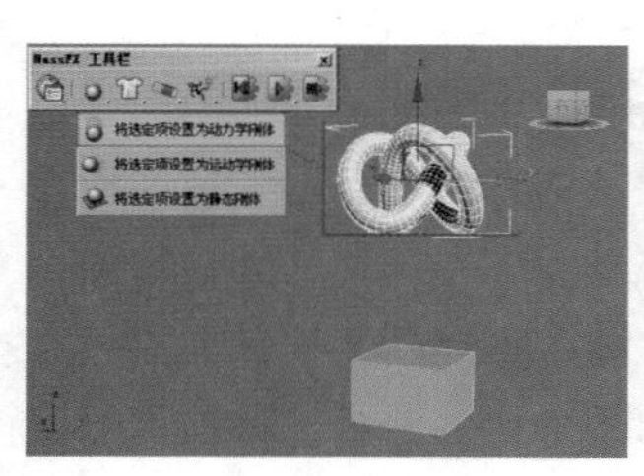

图12-118

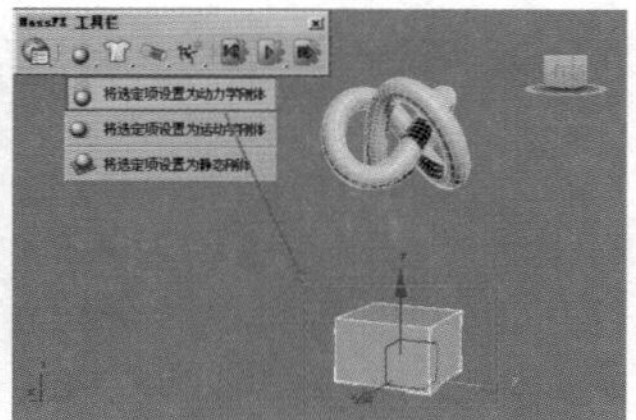

图12-119

**步骤06** 选择环形结模型，单击【创建扭曲约束】按钮，如图12-120所示。接着调整扭曲约束的位置，如图12-121所示。

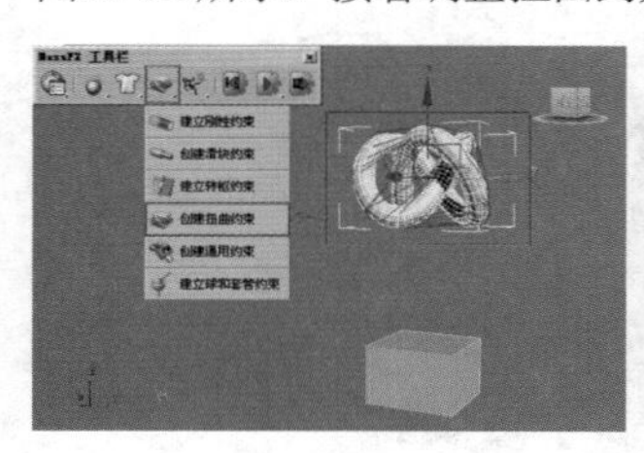

图12-120

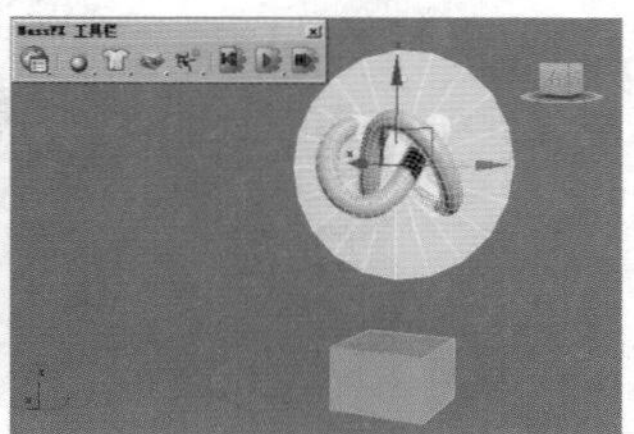

图12-121

**步骤07** 选择步骤06中创建的扭曲约束，进入【修改】面板，单击【父对象】后面的通道，接着在视图中拾取长方体模型，如图12-122所示。拾取后的效果如图12-123所示。

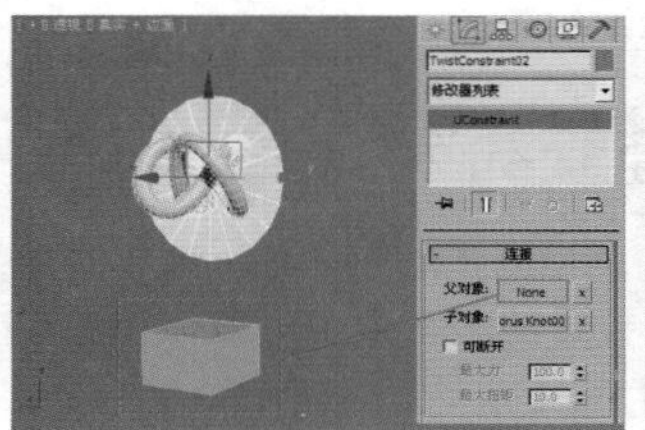

图12-122

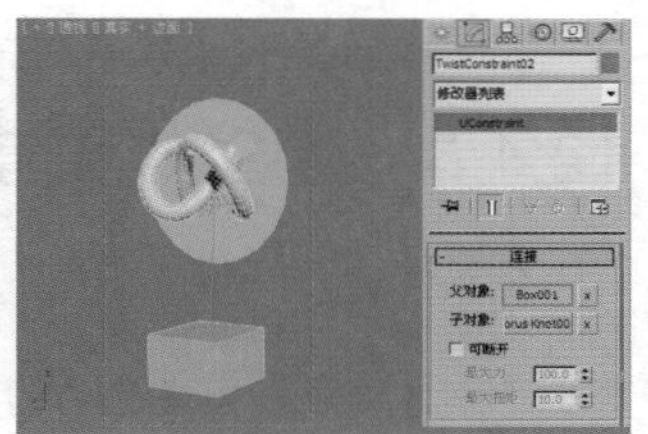

图12-123

**步骤08** 单击【开始模拟】按钮，观察动画的效果，如图12-124所示。

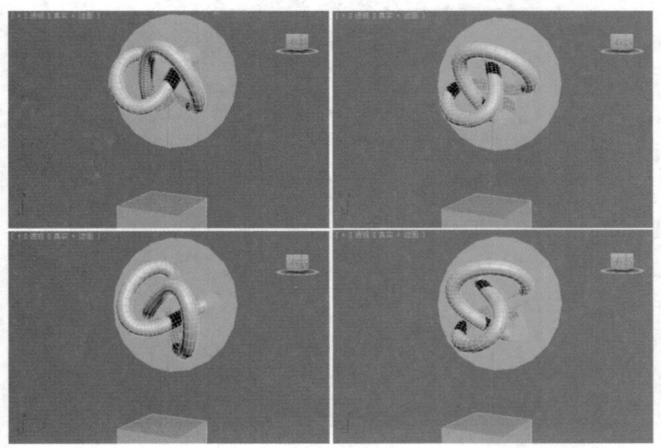

图12-124

**步骤09** 选择【MassFX工具】面板中的【工具】选项卡，然后单击【模拟烘焙】选项组中的【烘焙所有】按钮，此时就会看到MassFX正在烘焙的过程，如图12-125所示。

**步骤10** 此时自动在时间线上生成了关键帧动画，拖动时间线滑块可以看到动画的整个过程，如图12-126所示。

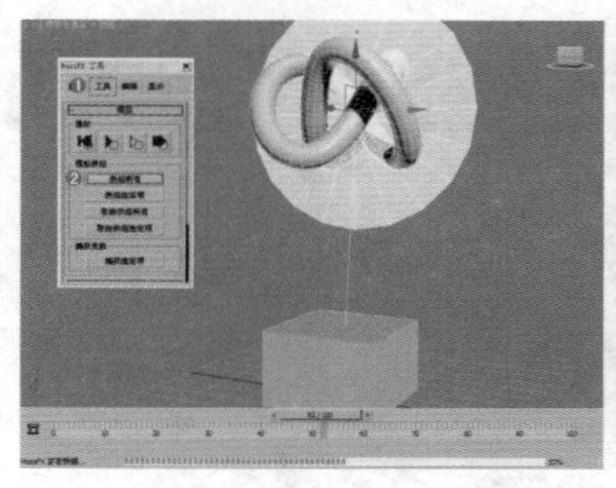

图12-125

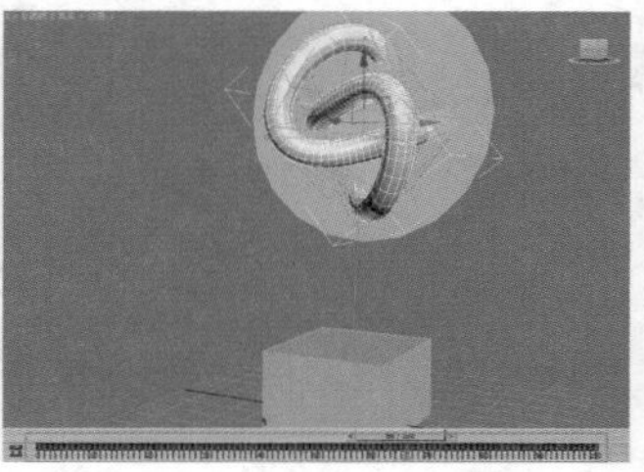

图12-126

**步骤11** 选择动画效果最明显的一些帧，然后单独渲染出这些单帧动画，最终效果如图12-127所示。

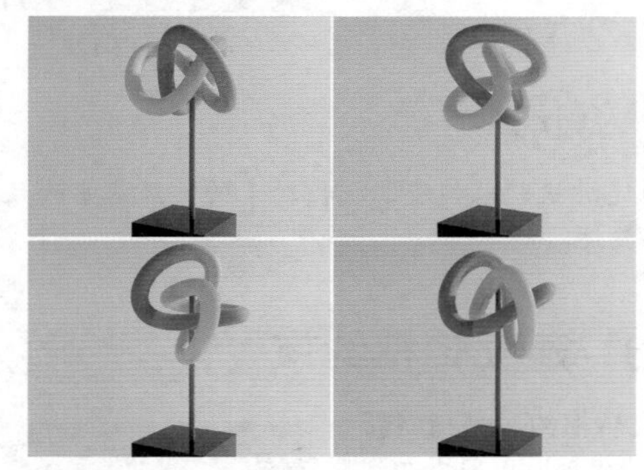

图12-127

### 4. 弹簧卷展栏

- 弹性：始终将父对象和子对象的平移拉回到其初始偏移位置的力量。
- 阻尼：弹性不为零时用于限制弹簧力的阻力。这不会导致对象本身因阻力而移动，而只会减轻弹簧的效果。

### 5. 高级卷展栏

- 移动到父对象的轴：设置在父对象的轴的约束位置。该选项对于子对象应围绕父对象轴旋转的相应约束非常有用，如破碎球约束到起重机的顶部。
- 移动到子对象的轴：调整约束的位置，以将其定位在子对象的轴上。
- 显示大小：要在视口中绘制约束辅助对象的大小。
- 父/子刚体碰撞：如果禁用该选项（默认），由某个约束所连接的父刚体和子刚体将无法相互碰撞。
- 使用投影：如果启用该选项并且父对象和子对象违反约束的限制，将通过强迫它们回到限制范围来解决此状况。
- 距离：为了投影生效要超过的约束冲突的最小距离。低于此距离的错误不会使用投影。
- 角度：必须超过约束冲突的最小角度（以度为单位），投影才能生效。低于该角度的错误将不会使用投影。

## 12.4.2 创建滑块约束

创建滑块约束是指将新MassFX约束辅助对象添加到带有适合于滑动约束的设置的项目中。滑动约束类似于刚体约束，但是启用受限的Y变换。其参数面板如图12-128所示。

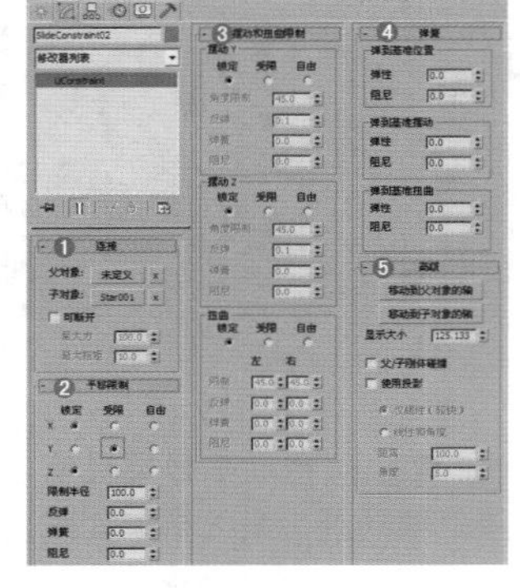

图12-128

技巧提示

创建滑块约束和建立刚性约束的参数基本一致，此处不再赘述。

## 12.4.3 建立转枢约束

建立转枢约束是指将新MassFX约束辅助对象添加到带有适合于转枢约束的设置的项目中。转枢约束类似于刚体约束，但是【摆动1】限制为100°。其参数面板如图12-129所示。

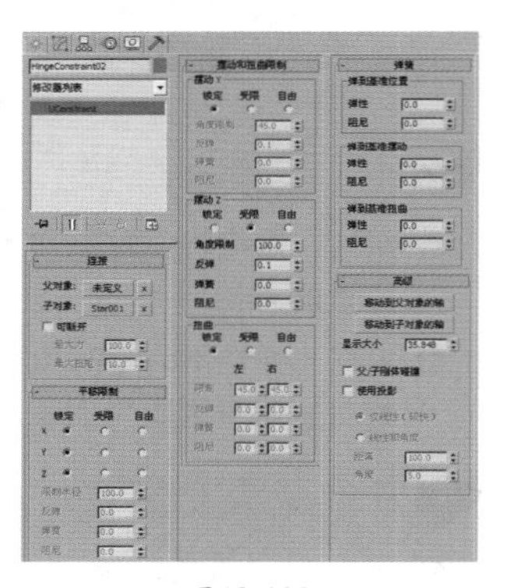

图12-129

## 12.4.4 创建扭曲约束

创建扭曲约束是指将新MassFX约束辅助对象添加到带有适合于扭曲约束的设置的项目中。扭曲约束类似于刚体约束，但是【扭曲】设置为【自由】。其参数面板如图12-130所示。

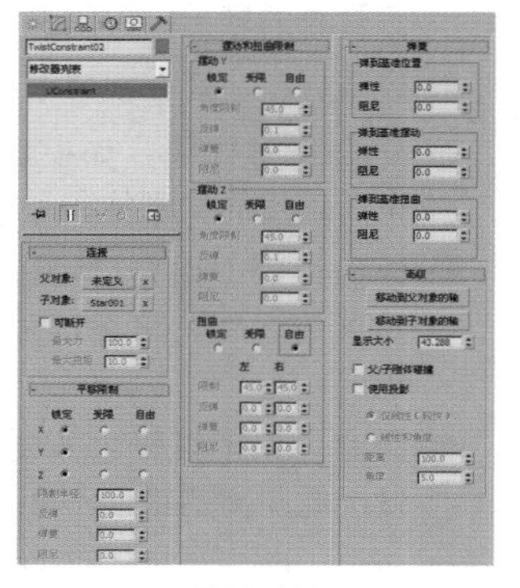

图12-130

## 12.4.5 创建通用约束

创建通用约束是指将新MassFX约束辅助对象添加到带有适合于通用约束的设置的项目中。通用约束类似于刚体约束，但【摆动1】和【摆动2】限制为45°。其参数面板如图12-131所示。

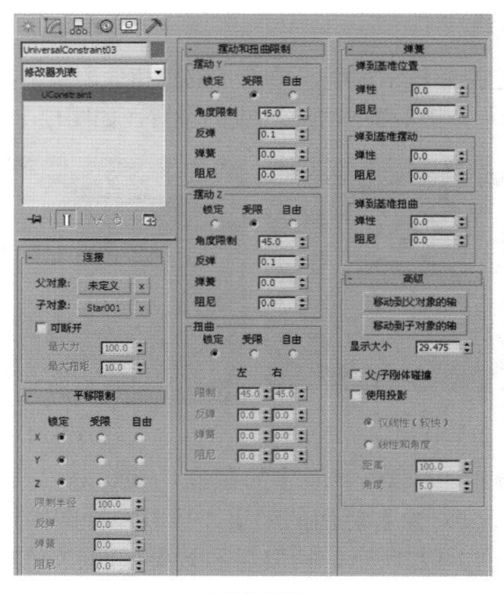

图12-131

## 12.4.6 建立球和套管约束

建立球和套管约束是指将新MassFX约束辅助对象添加到带有适合于球和套管约束的设置的项目中。球和套管约束类似于刚体约束，但【摆动1】和【摆动2】限制为80°，且【扭曲】设置为【受限制】。其参数面板如图12-132所示。

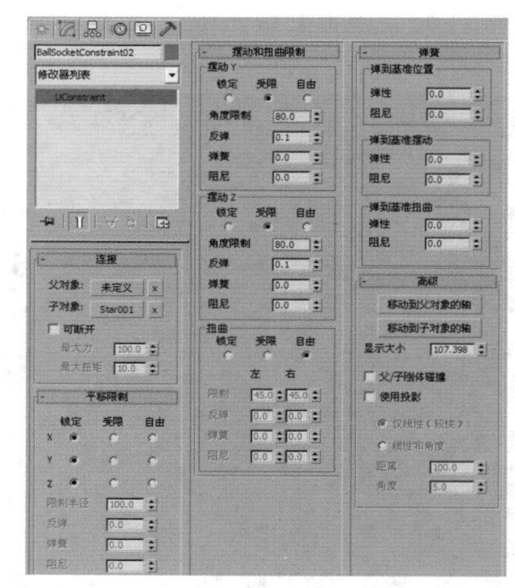

图12-132

# 12.5 Cloth修改器

Cloth是为角色和动物创建逼真的织物和定制衣服的高级工具。在3ds Max 2012版本之前，也可以使用Reactor中的布料集合模拟布料效果，但是功能不是特别强大，因此在3ds Max 2012版本中直接将Reactor去除了，如今若要制作布料效果，首选就是Cloth。下面是使用Cloth制作的作品，如图12-133所示。

Cloth修改器是Cloth系统的核心，其应用于Cloth模拟组成部分的场景中的所有对象。该修改器用于定义 Cloth对象和冲突对象、指定属性和执行模拟。其他控件包括创建约束、交互拖动布料和清除模拟组件。其参数面板如图12-134所示。

图12-133　　图12-134

## 1. 【对象】卷展栏

在应用Cloth修改器后，【对象】卷展栏是【命令】面板上可以看到的第一个卷展栏，其中包括了创建Cloth模拟和调整织物属性的大部分控件。

- 对象属性：用于打开【对象属性】对话框，在其中可定义要包含在模拟中的对象，确定这些对象是布料还是冲突对象，以及与其关联的参数。
- Cloth 力：向模拟添加类似风之类的力（即场景中的空间扭曲）。
- 模拟局部：不创建动画，开始模拟进程。使用此模拟可将衣服覆盖在角色上或将衣服的面板缝合在一起。
- 模拟局部（阻尼）：和【模拟局部】相同，但是为布料添加了大量的阻尼。
- 模拟：在激活的时间段上创建模拟。与【模拟局部】不同，这种模拟会在每帧处以模拟缓存的形式创建模拟数据。
- 进程：启用该选项后，将在模拟期间打开【Cloth模拟】对话框。
- 模拟帧：显示当前模拟的帧数。
- 消除模拟：删除当前的模拟。这将删除所有Cloth对象的高速缓存，并将【模拟帧】设置为1。
- 截断模拟：删除模拟在当前帧之后创建的动画。
- 设置初始状态：将所选Cloth对象高速缓存的第一帧更新到当前位置。
- 重设状态：将所选Cloth对象的状态重设为应用修改器堆栈中的Cloth之前的状态。
- 删除对象高速缓存：删除所选的非Cloth对象的高速缓存。
- 抓取状态：从修改器堆栈顶部获取当前状态并更新当前帧的缓存。
- 抓取目标状态：用于指定保持形状的目标形状。
- 重置目标状态：将默认弯曲角度重设为堆栈中Cloth下面的网格。
- 使用目标状态：启用该选项后，保留由抓取目标状态存储的网格形状。
- 创建关键点：为所选Cloth对象创建关键点。该对象塌陷为可编辑的网格，任意变形存储为顶点动画。
- 添加对象：用于向模拟添加对象，为此无须打开【对象属性】对话框。
- 显示当前状态：显示布料在上一模拟时间步阶结束时的当前状态。
- 显示目标状态：显示布料的当前目标状态，即由【保持形状】选项使用的所需弯曲角度。
- 显示启用的实体碰撞：启用该选项后，高亮显示所有启用实体收集的顶点组。
- 显示启用的自身碰撞：启用该选项后，高亮显示所有启用自收集的顶点组。

## 2. 【选定对象】卷展栏

【选定对象】卷展栏用于控制模拟缓存、使用纹理贴图或插补来控制并模拟布料属性（可选），以及指定弯曲贴图。此卷展栏只在模拟过程中选中单个对象时显示。

- 缓存：显示缓存文件的当前路径和文件名。
- 强制 UNC 路径：如果文本字段路径是指向映射的驱动器，则将该路径转换为UNC格式。
- 覆盖现有：启用该选项后，Cloth可以覆盖现有缓存文件。要对当前模拟中的所有Cloth对象启用覆盖，可单击【全部】按钮。

- 设置：用于指定所选对象缓存文件的路径和文件名。单击【设置】，导航到目录，输入文件名，然后单击【保存】按钮。
- 加载：将指定的文件加载到所选对象的缓存中。
- 导入：打开一个文件对话框，以加载一个缓存文件，而不是指定的文件。
- 加载所有：加载模拟中每个Cloth对象的指定缓存文件。
- 保存：使用指定的文件名和路径保存当前缓存（如果有的话）。
- 导出：打开一个文件对话框，以将缓存保存到一个文件，而不是指定的文件。
- 附加缓存：要以 PointCache2 格式创建第二个缓存，应启用【附加缓存】，然后单击【设置】以指定路径和文件名。
- 插入：在【对象属性】对话框的两个不同设置（由右上角的【属性1】和【属性2】确定）之间插入。
- 纹理贴图：设置纹理贴图，对Cloth对象应用【属性1】和【属性2】设置。
- 贴图通道：用于指定纹理贴图所要使用的贴图通道，或选择要用于取而代之的顶点颜色。
- 弯曲贴图：切换【弯曲贴图】选项的使用。
- 贴图类型：选择【弯曲】贴图的贴图类型。

## 3. 【模拟参数】卷展栏

【模拟参数】卷展栏用于指定重力、起始帧和缝合弹簧选项等常规模拟属性。这些设置在全局范围内应用于模拟，即应用于模拟中的所有对象。

- 厘米/单位：确定每 3ds Max 单位表示多少厘米。
- 地球：单击该按钮，可设置地球的重力值。
- 重力：启用该选项后，重力值（参阅后续内容）将影响模拟中的 Cloth 对象。
- 重力值：以 cm/sec2为单位的重力大小。负值表示向下的重力。
- 步阶：模拟器可以采用的最大时间步阶大小。
- 子例：3ds Max 对固体对象位置每帧的采样次数。默认值为 1。
- 起始帧：模拟开始处的帧。如果在执行模拟之后更改此值，则高速缓存将移动到此帧。默认值为 0。
- 结束帧：启用该选项后，确定模拟终止处的帧。默认值为100。
- 自相冲突：启用该选项，检测布料对布料之间的冲突。
- 检查相交：过时功能。该复选框无效。
- 实体冲突：启用该选项后，模拟器将考虑布料对实体对象的冲突。此设置始终保留为开启。
- 使用缝合弹簧：启用该选项后，使用随Garment Maker创建的缝合弹簧将织物接合在一起。
- 显示缝合弹簧：用于切换缝合弹簧在视口中的可视表示。这些设置并不渲染。
- 随渲染模拟：启用该选项后，将在渲染时触发模拟。
- 高级收缩：启用该选项后，Cloth对同一冲突对象两个部分之间收缩的布料进行测试。
- 张力：利用顶点颜色可以显现织物中的压缩/张力。
- 焊接：控制在完成撕裂布料之前如何在设置的撕裂上平滑布料。

## 4. 【组】子对象层级

【组】可用于选择成组顶点，并将其约束到曲面、冲突对象或其他Cloth对象。其参数面板如图12-135所示。

- 设定组：利用选中顶点创建组。首先选择要包括在组中的顶点，然后单击该按钮。
- 删除组：删除在此列表中突出显示的组。
- 解除：解除指定给组的约束，将其状态设置回未指定。指定给此组的任意独特属性仍然有效。
- 初始化：将顶点连接到另一对象的约束包含有关组顶点的位置相对于其他对象的信息。
- 更改组：可用于修改组中选定的顶点。
- 重命名：用于重命名突出显示的组。

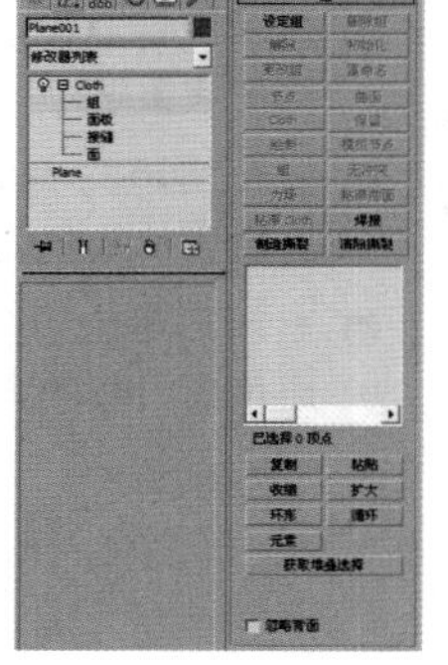

图12-135

- 节点：将突出显示的组约束到场景中对象或节点的变换。
- 曲面：将所选的组附加到场景中冲突对象的曲面上。
- Cloth：将Cloth顶点的选定组附加到另一个Cloth对象。
- 保留：该组类型在修改器堆栈中的Cloth修改器下保留运动。
- 绘制：该组类型将顶点锁定就位或向选定组添加阻尼力。
- 模拟节点：除了该节点必须是Cloth模拟的组成部分之外，该选项和【节点】选项的功用相同。
- 组：将一个组附加到另一个组。仅推荐用于单顶点组。
- 无冲突：忽略当前选择的组和另一组之间的冲突。
- 力场：用于将组连接到空间扭曲，并令空间扭曲影响顶点。

- 粘滞曲面：只有在组与某个曲面冲突之后，才会将其粘贴到该曲面上。
- 粘滞Cloth：只有在组与某个曲面冲突之后，才会将其粘贴到该曲面上。
- 焊接：单击使现有组转入【焊接】约束，必须先在【组】列表中高亮显示组的名称。
- 制造撕裂：单击使所选顶点转入带【焊接】约束的撕裂。
- 清除撕裂：单击从Cloth修改器移除所有撕裂。不能删除单个撕裂。

## 5. 【面板】子对象层级

在【面板】子对象层级上可以随时选择一个面板（布料部分），并更改其布料属性，其参数面板如图12-136所示。

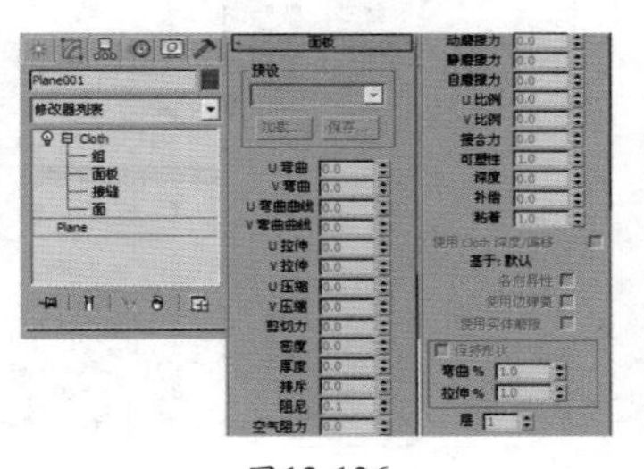
图12-136

- 预设：将选定面板的属性参数设置为下拉列表中选择的预设值。
- 加载：从硬盘加载预设值。单击该按钮，然后导航至预设值所在目录，然后将其加载到Cloth属性中。
- 保存：将Cloth属性参数保存为文件，以便此后加载。
- 保持形状：启用该选项后，根据【弯曲 %】和【拉伸 %】设置保留网格的形状。
- 弯曲 %：将目标弯曲角度调整介于 0.0 和目标状态所定义的角度之间的值。
- 拉伸%：将目标拉伸角度调整介于 0.0 和目标状态所定义的角度之间的值。
- 层：设置选定面板的层。可参见【行为设置】组。

## 6. 【接缝】子对象层级

【接缝】子对象层级用于定义接合口属性，其参数面板如图12-137所示。

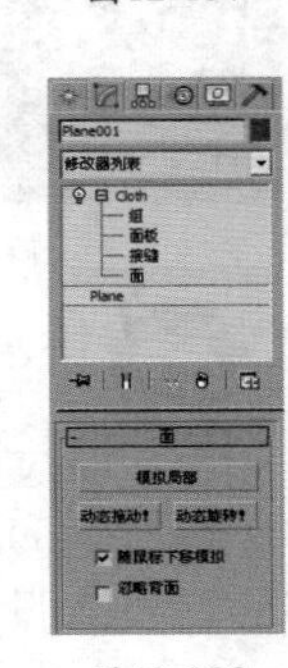
图12-137

- 启用：启用或关闭接合口，将其激活或取消激活。
- 折缝角度：在接合口上创建折缝。角度值将确定介于两个面板之间的折缝角度。
- 折缝强度：增减接合口的强度。此值将影响接合口相对于Cloth对象其余部分的抗弯强度。
- 缝合刚度：模拟时面板拉合在一起的力的大小。值较大将面板拉合在一起更结实和更快。
- 可撕裂的：打开时，将所选接合口设置为可撕裂。默认设置为禁用状态。
- 启用全部：将所选衣服上的所有接合口设置为激活。
- 禁用全部：将所选衣服上的所有接合口设置为关闭。

## 7. 【面】子对象层级

【面】子对象层级启用Cloth对象的交互拖放，就像这些对象在本地模拟一样。此子对象层级用于以交互性更好的方式在场景中定位布料。其参数面板如图12-138所示。

- 模拟局部：开始布料的局部模拟。为了和布料能够实时交互反馈，必须启用该按钮。
- 动态拖动!：激活该按钮后，可以在进行本地模拟时拖动选定的面。
- 动态旋转!：激活该按钮后，可以在进行本地模拟时旋转选定的面。
- 随鼠标下移模拟：只在鼠标左键点击时运行本地模拟。
- 忽略背面：启用该选项后，可以只选择面对的那些面。

图12-138

# 小实例：利用Cloth制作悬挂的浴巾

| 场景文件 | 无 |
|---|---|
| 案例文件 | 小实例：利用Cloth制作悬挂的浴巾.max |
| 视频教学 | 多媒体教学/Chapter 12/小实例：利用Cloth制作悬挂的浴巾.flv |
| 难易指数 | ★★☆☆☆ |
| 技术掌握 | 掌握利用Cloth制作悬挂的浴巾 |

## 实例介绍

本实例利用Cloth制作悬挂的浴巾，效果如图12-139所示。

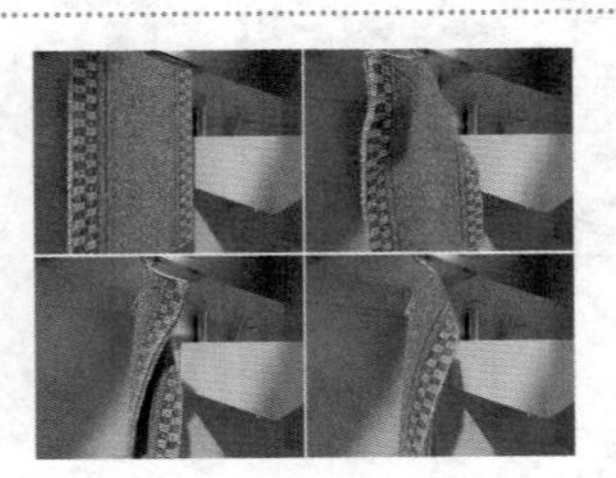
图12-139

第12章 动力学

## 操作步骤

**步骤01** 打开3ds Max 2016，在视图中创建一个平面。设置【长度】为296mm，【宽度】为183mm，【长度分段】为30，【宽度分段】为20，如图12-140所示。

**步骤02** 选择步骤01中创建的平面，进入【修改】面板，为平面添加【Cloth】修改器，在【对象】卷展栏中单击【对象属性】按钮，在弹出的【对象属性】对话框中单击【添加对象...】按钮，并添加Plane001，接着选中【Cloth】单选按钮，最后单击【确定】按钮，如图12-141所示。

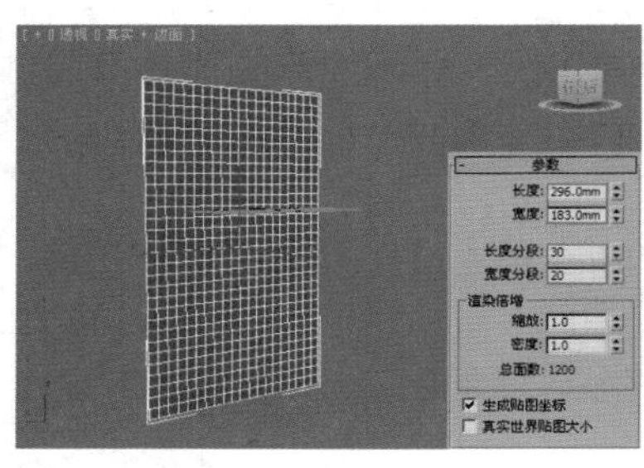

图12-140

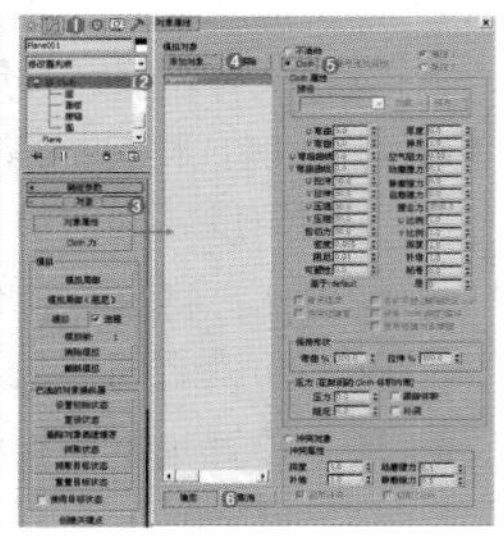

图12-141

**步骤03** 单击【修改】面板，并选择Cloth下的【组】子级别，然后选择如图12-142所示的点。接着单击【设定组】按钮，此时弹出【设定组】对话框，输入【组名称】为【组001】，最后单击【确定】按钮，如图12-143所示。

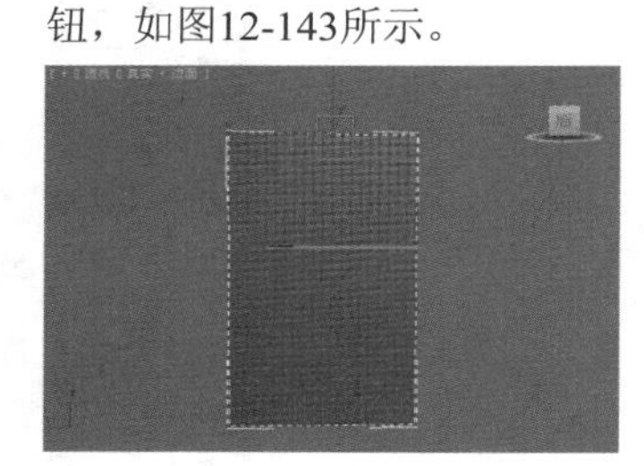

图12-142

图12-143

### 技巧提示

若读者找不到【设定组】按钮，则一定要查看是否单击了Cloth下的【组】子级别。未单击【组】子级别时的面板如图12-144所示；单击了【组】子级别的面板如图12-145所示。

图12-144

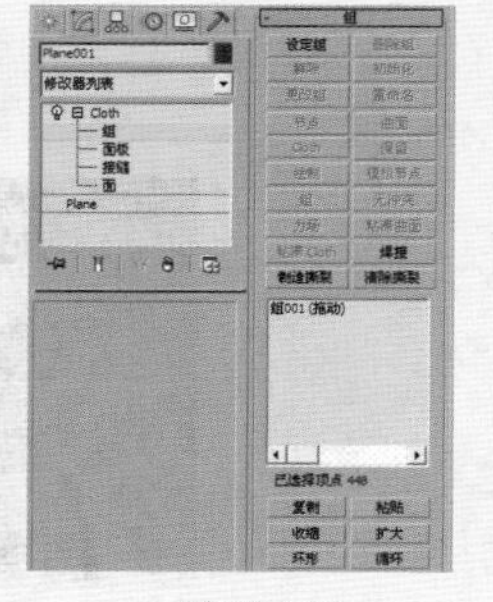

图12-145

**步骤04** 在【组】卷展栏中单击【绘制】按钮，如图12-146所示。然后再次在堆栈中单击【组】子级别，结束编辑。

**步骤05** 选择【Cloth】修改器，然后在【对象】卷展栏中单击【模拟】按钮，自动生成动画，如图12-147所示。

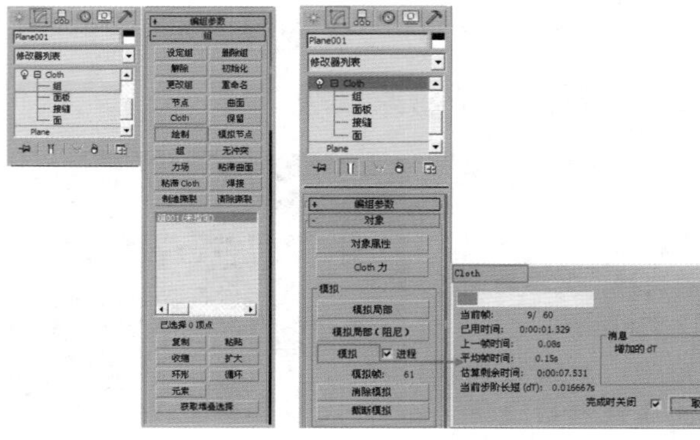

图12-146　　　　图12-147

**步骤06** 拖动时间线，观察动画的效果，如图12-148所示。

**步骤07** 为了使浴巾的效果更加明显，此时选择浴巾模型，并为其加载【壳】修改器，然后设置【外部量】为1.0mm，接着为其加载【网格平滑】修改器，设置【迭代次数】为1，如图12-149所示。

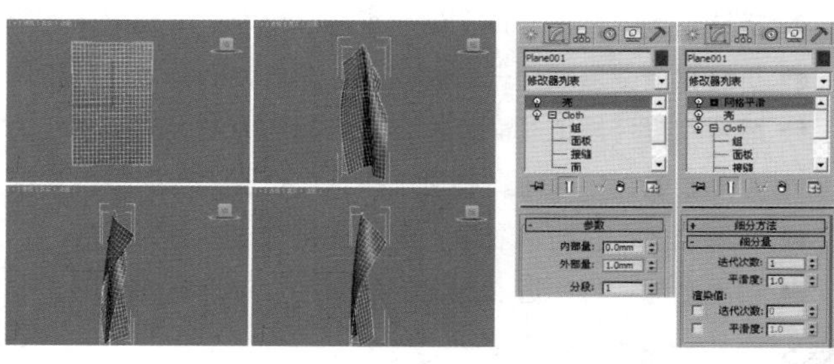

图12-148　　　　图12-149

**步骤08** 选择动画效果最明显的一些帧，然后单独渲染出这些单帧动画，最终效果如图12-150所示。

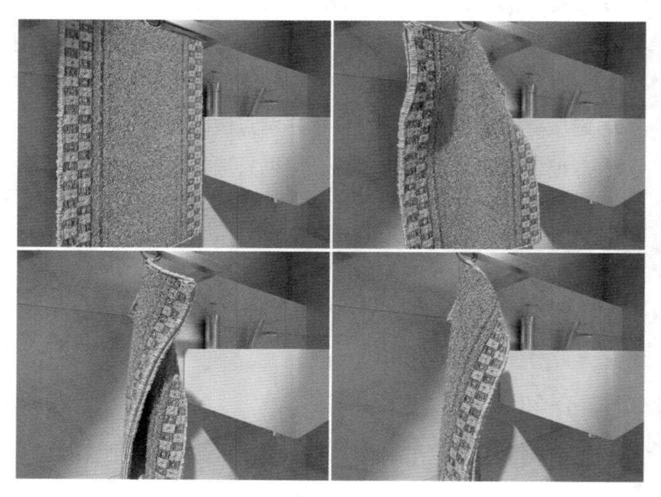

图12-150

## 小实例：利用Cloth制作下落的布料

| 场景文件 | 06.max |
|---|---|
| 案例文件 | 小实例：利用Cloth制作下落的布料.max |
| 视频教学 | 多媒体教学/Chapter 12/小实例：利用Cloth制作下落的布料.flv |
| 难易指数 | ★★☆☆☆ |
| 技术掌握 | 掌握利用Cloth制作下落的布料 |

### 实例介绍

本实例利用Cloth制作下落布料，效果如图12-151所示。

### 操作步骤

**步骤01** 打开本书配套光盘中的【场景文件/Chapter12/06.max】文件，如图12-152所示。

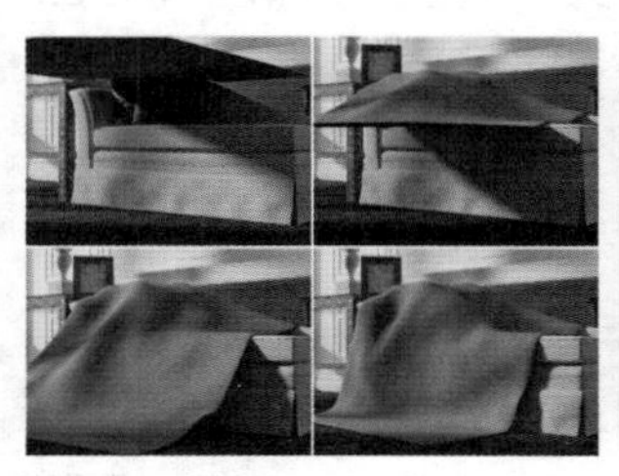

图12-151

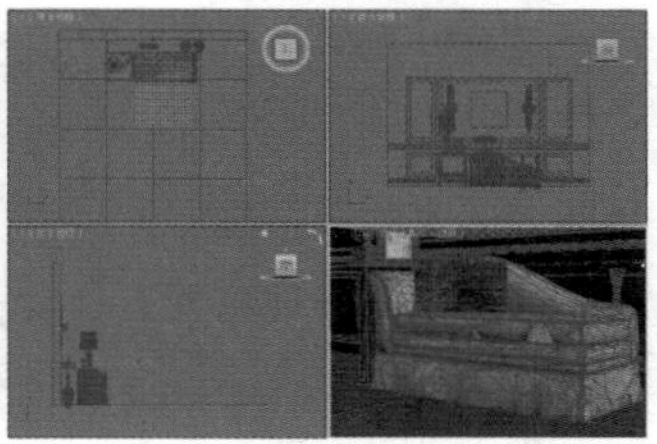

图12-152

**步骤02** 在主工具栏的空白处单击鼠标右键，在弹出的快捷菜单中选择【MassFX工具栏】命令，如图12-153所示。此时将会弹出【MassFX工具栏】窗口，如图12-154所示。

**步骤03** 选择平面模型，进入【修改】面板，为平面添加【Cloth】修改器，然后在【对象】卷展栏中单击【对象属性】按钮，在弹出的【对象属性】对话框中单击【添加对象...】按钮，并添加Plane004，接着选中【Cloth】单选按钮，最后单击【确定】按钮，如图12-155所示。

图12-153

图12-154

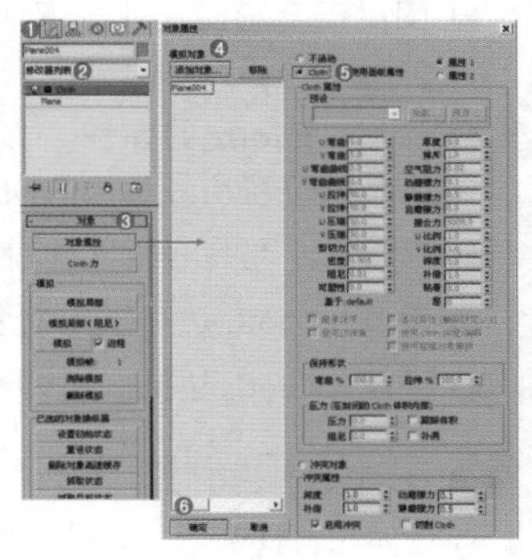

图12-155

**步骤04** 再次单击【对象】卷展栏中的【对象属性】按钮，然后在弹出的【对象属性】对话框中单击【添加对象...】按钮，并添加Box01和Plane003，接着选中【冲突对象】单选按钮，最后单击【确定】按钮，如图12-156所示。

**步骤05** 选择【Cloth】修改器，在【对象】卷展栏中单击【模拟】按钮，自动生成动画，如图12-157所示。

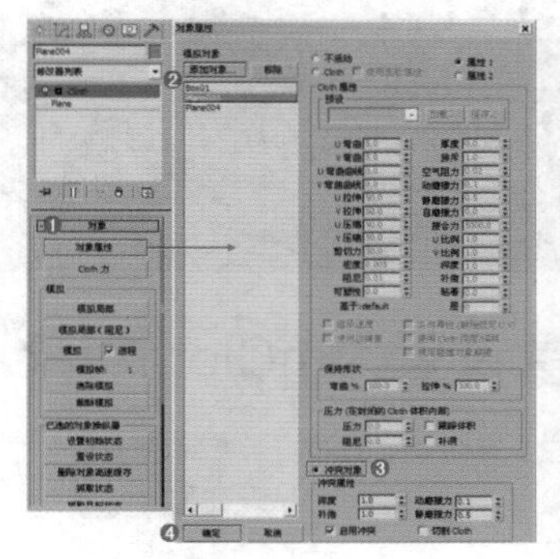

图12-156

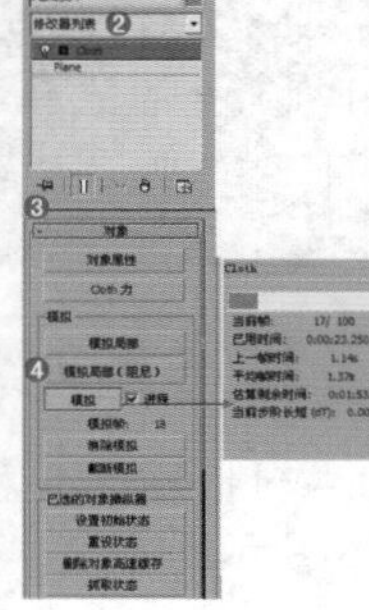

图12-157

**步骤06** 拖动时间线，观察动画的效果，如图12-158所示。

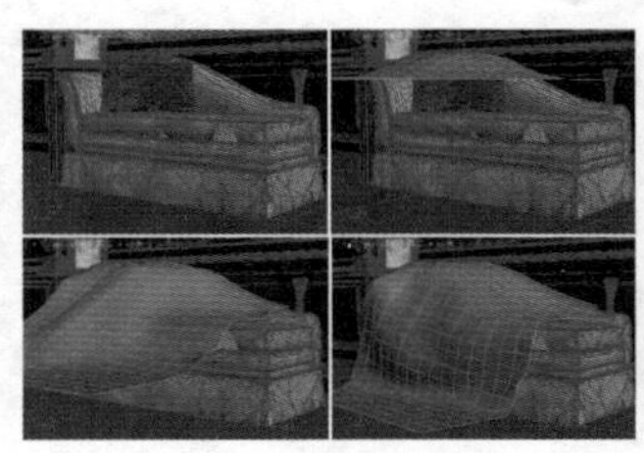

图12-158

**步骤07** 为了使布料的效果更加明显，此时选择布料模型，并为其加载【壳】修改器，设置【外部量】为0.4mm，接着为其加载【网格平滑】修改器，设置【迭代次数】为1，如图12-159所示。

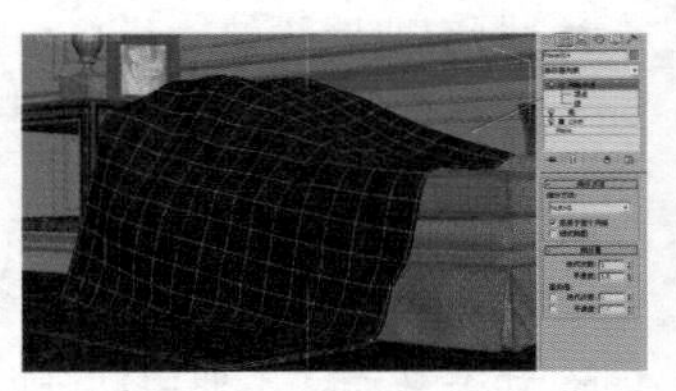

图12-159

**步骤08** 选择动画效果最明显的一些帧，然后单独渲染出这些单帧动画，最终效果如图12-160所示。

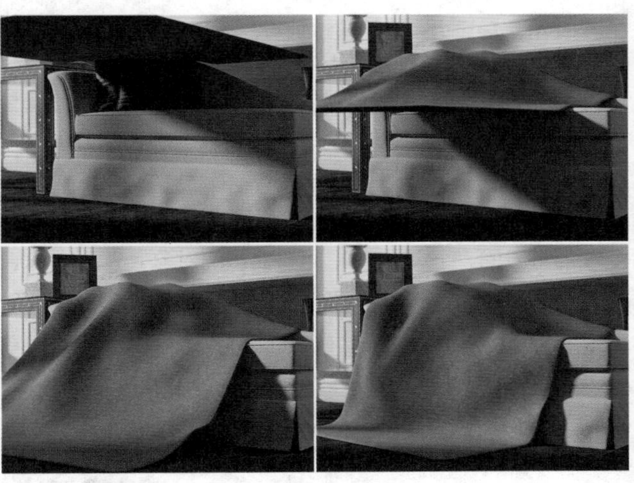

图12-160

# 12.6 创建mCloth

mCloth 是一种特殊版本的 Cloth 修改器，设计用于 MassFX 模拟。通过它，Cloth 对象可以完全参与物理模拟，既影响模拟中其他对象的行为，也受到这些对象行为的影响。

## 12.6.1 将选定对象设置为mCloth对象

mCloth共包括9个卷展栏。具体参数面板如图12-161所示。

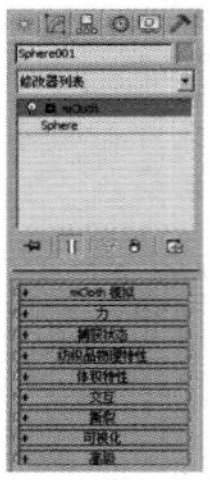

图12-161

### 1. mCloth模拟

【mCloth模拟】卷展栏的参数如图12-162所示。

- 布料行为：确定 mCloth 对象如何参与模拟。
- 直到帧：启用该选项后，MassFX 会在指定帧处将选定的运动学 Cloth 转换为动力学 Cloth。

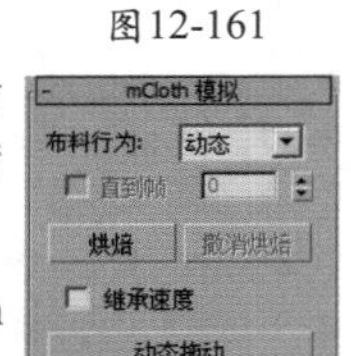

图12-162

- 烘焙/取消烘焙：烘焙可以将 mCloth 对象的模拟运动转换为标准动画关键帧以进行渲染。
- 继承速度：启用该选项后，mCloth 对象可通过使用动画从堆栈中的 mCloth 对象下面开始模拟。
- 动态拖动：不使用动画即可模拟，且允许拖动 Cloth 以设置其姿势或测试行为。

### 2. 力

【力】卷展栏的参数如图12-163所示。

- 使用全局重力：启用该选项后，mCloth 对象将使用 MassFX 全局重力设置。
- 应用的场景力：列出场景中影响模拟中此对象的力空间扭曲。使用【添加】按钮将空间扭曲应用于对象。

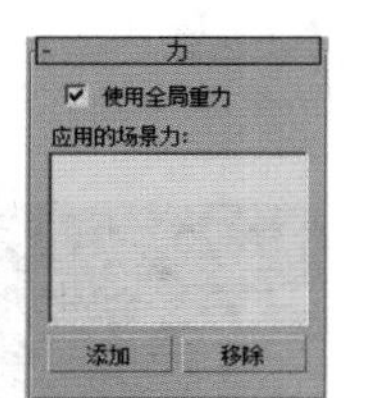

图12-163

- 添加：将场景中的力空间扭曲应用于模拟中的对象。
- 移除：可防止应用的空间扭曲影响对象。首先在列表中高亮显示它，然后单击该按钮。

### 3. 捕获状态

【捕获状态】卷展栏的参数如图12-164所示。

- 捕捉初始状态：将所选 mCloth 对象缓存的第一帧更新到当前位置。
- 重置初始状态：将所选 mCloth 对象的状态还原为应用修改器堆栈中的 mCloth 之前的状态。

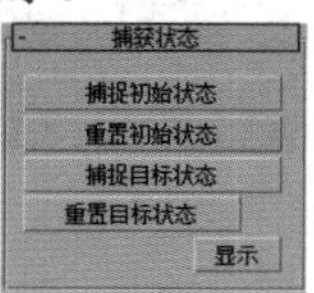

图12-164

- 捕捉目标状态：抓取 mCloth 对象的当前变形，并使用该网格来定义三角形之间的目标弯曲角度。
- 重置目标状态：将默认弯曲角度重置为堆栈中 mCloth 下面的网格。
- 显示：显示 Cloth 的当前目标状态，即所需的弯曲角度。

### 4. 纺织品物理特性

【纺织品物理特性】卷展栏的参数如图12-165所示。

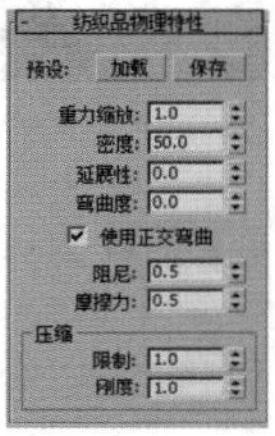

- 加载：从保存的文件中加载“纺织品物理特性”。
- 保存：用于将“纺织品物理特性”保存到预设文件。
- 重力缩放：全局重力处于启用状态时重力的倍增。

图12-165

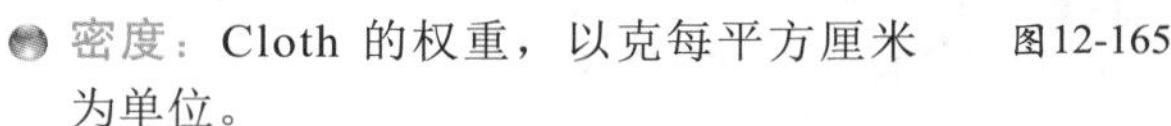

- 密度：Cloth 的权重，以克每平方厘米为单位。
- 延展性：拉伸 Cloth 的难易程度。
- 弯曲度：折叠 Cloth 的难易程度。
- 使用正交弯曲：计算弯曲角度，而不是弹力。在某些情况下，该方法更准确，但模拟时间更长。
- 阻尼：Cloth 的弹性，影响在摆动或捕捉回后其还原到基准位置所经历的时间。
- 摩擦力：与自身或其他对象碰撞时抵制滑动的程度。
- 限制：Cloth 边可以压缩或折皱的程度。
- 刚度：Cloth 边抵制压缩或折皱的程度。

### 5. 体积特性

【体积特性】卷展栏的参数如图12-166所示。

- 启用气泡式行为：模拟封闭体积，如轮胎或垫子。
- 压力：控制 Cloth 的充气效果。

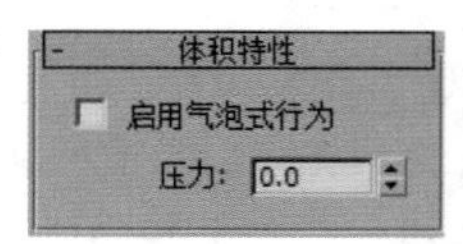

图12-166

### 6. 交互

【交互】卷展栏的参数如图12-167所示。

- **自相碰撞**：启用该选项后，mCloth对象将尝试阻止自相交。
- **自厚度**：用于自碰撞的 mCloth 对象的厚度。如果 Cloth 自相交，则尝试增加该值。
- **刚体碰撞**：启用该选项后，mCloth对象可以与模拟中的刚体碰撞。
- **厚度**：用于与模拟中的刚体碰撞的mCloth 对象的厚度。如果其他刚体与 Cloth 相交，则尝试增加该值。

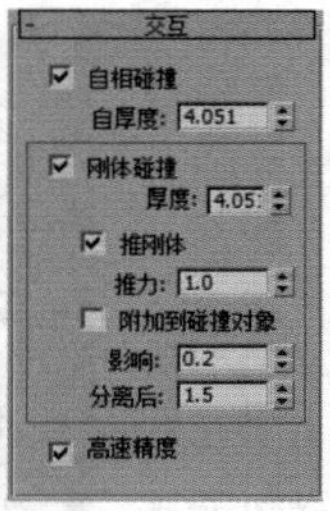

图12-167

- **推刚体**：启用该选项后，mCloth 对象可以影响与其碰撞的刚体的运动。
- **推力**：mCloth 对象对与其碰撞的刚体施加的推力的强度。
- **附加到碰撞对象**：启用该选项后，mCloth 对象会粘附到与其碰撞的对象。
- **影响**：mCloth 对象对其附加到的对象的影响。
- **分离后**：与碰撞对象分离前 Cloth 的拉伸量。
- **高速精度**：启用该选项后，mCloth 对象将使用更准确的碰撞检测方法。这样会降低模拟速度。

### 7. 撕裂

【撕裂】卷展栏的参数，如图12-168所示。

- **允许撕裂**：启用后，Cloth 中的预定义分割将在受到充足力的作用时撕裂。
- **撕裂后**：Cloth 边在撕裂前可以拉伸的量。
- **撕裂之前焊接**：选择在出现撕裂之前 MassFX 如何处理预定义撕裂。

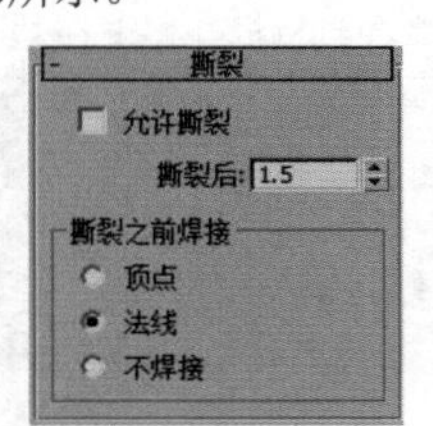


图12-168

### 8. 可视化

【可视化】卷展栏的参数，如图12-169所示。

- **张力**：启用后，通过顶点着色的方法显示纺织品中的压缩和张力。

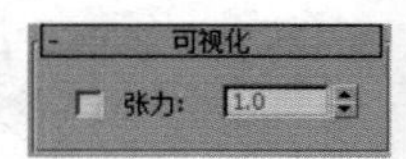


图12-169

### 9. 高级

【高级】卷展栏的参数，如图12-170所示。

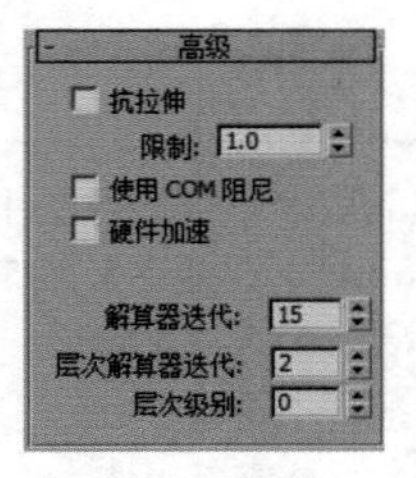


图12-170

- **抗拉伸**：启用该选项后，帮助防止低解算器迭代次数值的过度拉伸。
- **限制**：允许的过度拉伸的范围。
- **使用 COM 阻尼**：获得更硬的 Cloth。
- **硬件加速**：启用该选项后，模拟将使用 GPU。
- **解算器迭代次数**：每个循环周期内解算器执行的迭代次数。使用较高值可以提高 Cloth 稳定性。
- **层次解算器迭代**：层次解算器的迭代次数。在 mCloth 中，"层次"指的是在特定顶点上施加的力到相邻顶点的传播。
- **层次级别**：力从一个顶点传播到相邻顶点的速度。增加该值可增加力在 Cloth 上扩散的速度。

## 12.6.2 从选定对象中移除mCloth

选择刚才的mCloth对象，并选择【从选定对象中移除mCloth】选项，如图12-171所示。

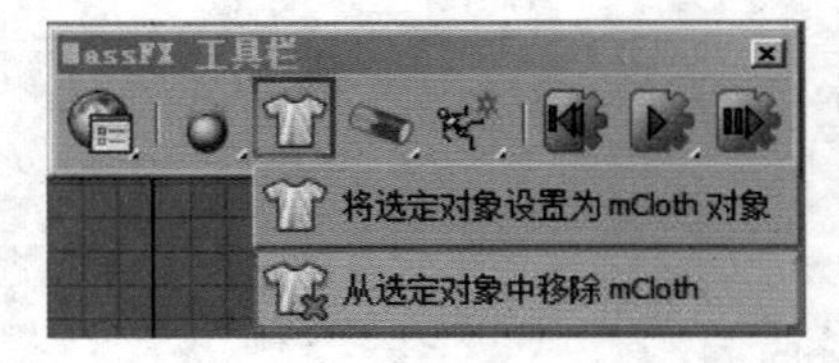


图12-171

当然也可以在【修改】面板中选择mCloth修改器后单击【删除】按钮，如图12-172所示。

图12-172

## 小实例：利用mCloth制作下落的布料

| 场景文件 | 无 |
| --- | --- |
| 案例文件 | 小实例：利用mCloth制作下落的布料.max |
| 视频教学 | 多媒体教学/Chapter 12/小实例：利用mCloth制作下落的布料.flv |
| 难易指数 | ★★☆☆☆ |
| 技术掌握 | 掌握利用mCloth制作布料下落动画 |

### 实例介绍

本实例利用mCloth制作下落的布料动画，效果如图12-173所示。

### 操作步骤

**步骤01** 打开3ds Max 2016，在视图中创建一个长方体。设置【长度】为55mm，【宽度】为55mm，【高度】为46mm，如图12-174所示。

图12-173

**步骤02** 在长方体上方创建一个【平面】模型，设置【长度】为300mm，【宽度】为300mm，【长度分段】为40，【宽度分段】为40，如图12-175所示。

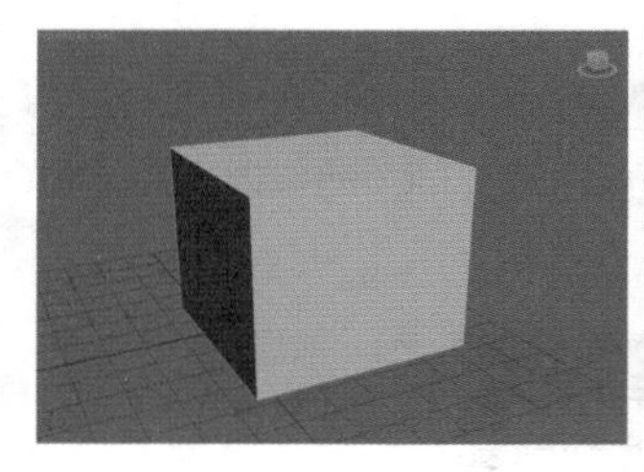

图12-174　　图12-175

**步骤03** 在主工具栏的空白处单击鼠标右键，在弹出的快捷菜单中选择【MassFX 工具栏】命令，如图12-176所示。此时将会弹出【MassFX工具栏】窗口，如图12-177所示。

**步骤04** 选择所创建的长方体，单击【将选定项设置为静态刚体】按钮，如图12-178所示。

图12-176　　图12-177

**步骤05** 选择所创建的平面，单击【将选定项设置为mCloth对象】按钮，如图12-179所示。

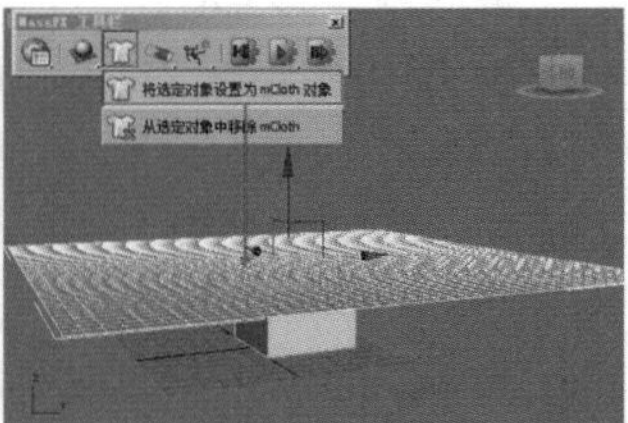

图12-178　　图12-179

**步骤06** 单击【开始模拟】按钮，观察动画的效果，如图12-180所示。

**步骤07** 选择【MassFX】面板中的【工具】选项卡，然后单击【模拟烘焙】选项组中的【烘焙所有】按钮，此时就会看到MassFX正在烘焙的过程，如图12-181所示。

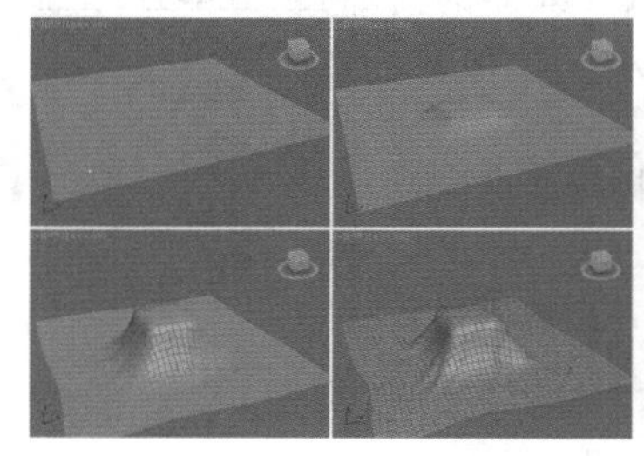

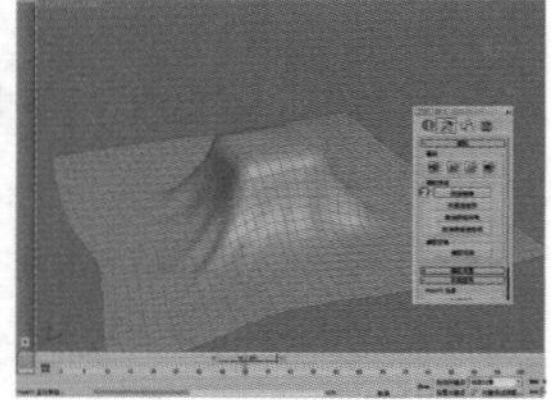

图12-180　　图12-181

**步骤08** 此时自动在时间线上生成了关键帧动画，拖动时间线滑块可以看到动画的整个过程，如图12-182所示。

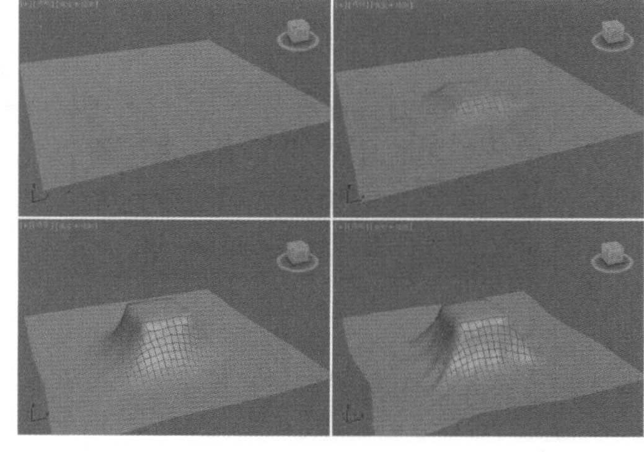

图12-182

步骤09 选择动画效果最明显的一些帧，然后单独渲染出这些单帧动画，最终效果如图12-183所示。

图12-183

# 12.7 创建碎布玩偶

碎布玩偶辅助对象是 MassFX 的一个组件，可让动画角色作为动力学和运动学刚体参与到模拟中。角色可以是骨骼系统或 Biped，以及使用蒙皮的关联网格。

## 12.7.1 创建动力学碎布玩偶

创建动力学碎布玩偶可以将动画角色作为动力学和运动学刚体添加到模拟中，如图12-184所示。

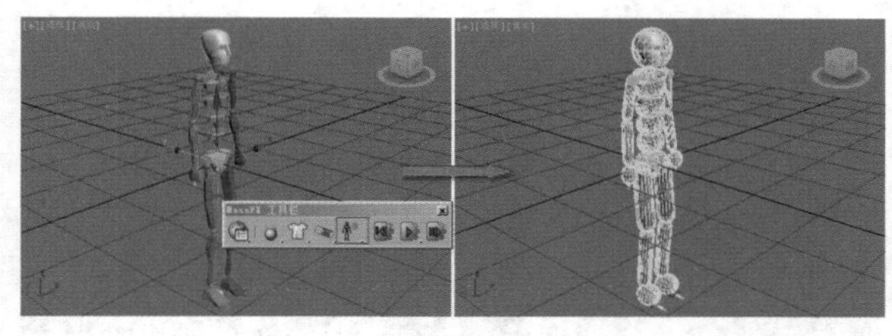

图12-184

### 1. 常规

【常规】卷展栏的参数如图12-185所示。

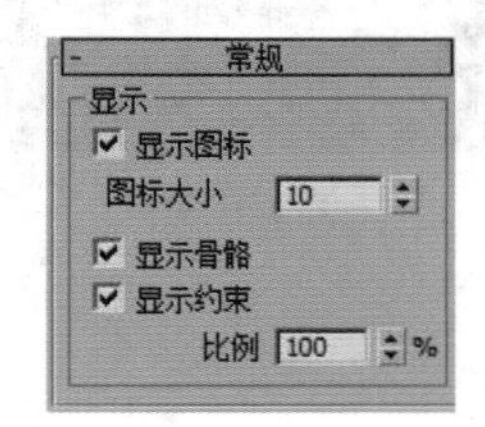


图12-185

- 显示图标：切换碎布玩偶对象的显示图标。
- 图标大小：碎布玩偶辅助对象图标的显示大小。
- 显示骨骼：切换骨骼物理图形的显示。
- 显示约束：切换连接刚体的约束的显示。
- 比例：约束的显示大小。增加此值可以更容易地在视口中选择约束。

### 2. 设置

【设置】卷展栏的参数如图12-186所示。

- 碎布玩偶类型：确定碎布玩偶如何参与模拟的步骤。
- 拾取：将角色的骨骼与碎布玩偶关联。单击该按钮后，单击角色中尚未与碎布玩偶关联的骨骼。
- 添加：将角色的骨骼与碎布玩偶关联。
- 移除：取消骨骼列表中高亮显示的骨骼与碎布玩偶的关联。
- 名称：列出碎布玩偶中的所有骨骼。高亮显示列表中的骨骼，以删除或成组骨骼，或者批量更改刚体设置。
- "按名称搜索"字段：输入搜索文本可按字母顺序升序高亮显示第一个匹配的项目。
- 全部：单击可高亮显示所有列表条目。
- 反转：单击可高亮显示所有未高亮显示的列表条目，并从高亮显示的列表条目中删除高亮显示。
- 无：单击可从所有列表条目中删除高亮显示。
- 【蒙皮】选项组：列出与碎布玩偶角色关联的蒙皮网格。

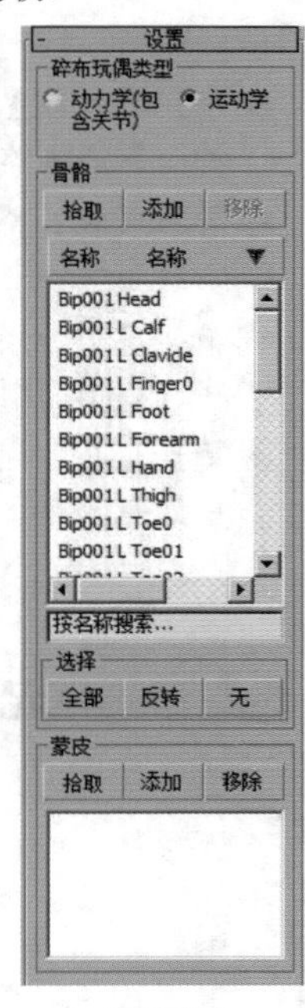


图12-186

### 3．骨骼属性

【骨骼属性】卷展栏的参数如图12-187所示。

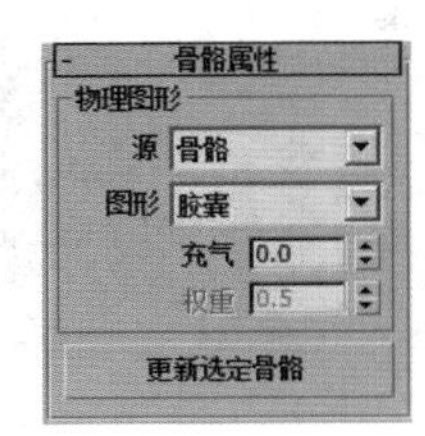


图12-187

- 源：确定图形的大小。
- 图形：指定用于高亮显示的骨骼的物理图形类型。
- 充气：展开物理图形使其超出顶点或骨骼的云的程度。
- 权重：在蒙皮网格中查找关联顶点时，这是确定每个骨骼要包含的顶点时，与“蒙皮”修改器中的权重值相关的截止权重。
- 更新选定骨骼：为列表中高亮显示的骨骼应用所有更改后的设置，然后重新生成其物理图形。

### 4．碎布玩偶属性

【碎布玩偶属性】卷展栏的参数如图12-188所示。

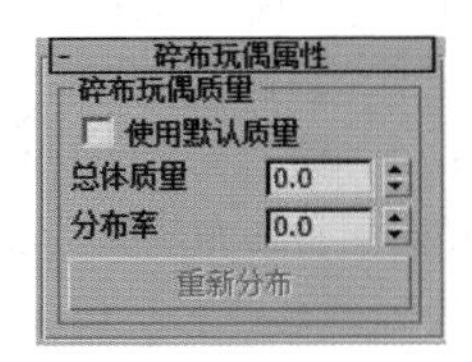


图12-188

- 使用默认质量：启用该选项后，碎布玩偶中每个骨骼的质量为刚体中定义的质量。
- 总体质量：整个碎布玩偶集合的模拟质量，计算结果为碎布玩偶中所有刚体的质量之和。
- 分布率：使用“重新分布”（请参见下文）时，此值将决定相邻刚体之间的最大质量分布率。
- 重新分布：根据“总体质量”和“分布率”的值，重新计算碎布玩偶刚体组成成分的质量。

### 5．碎布玩偶工具

【碎布玩偶工具】卷展栏的参数如图12-189所示。

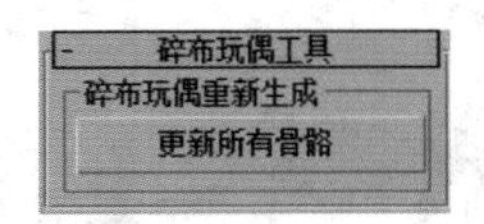


图12-189

- 更新所有骨骼：更改任何碎布玩偶设置后，通过单击该按钮可将更改后的设置应用到整个碎布玩偶，无论列表中高亮显示哪些骨骼。

## 12.7.2 创建运动学碎布玩偶

创建运动学碎布玩偶和创建动力学碎布玩偶的方法一致。如图12-190所示。

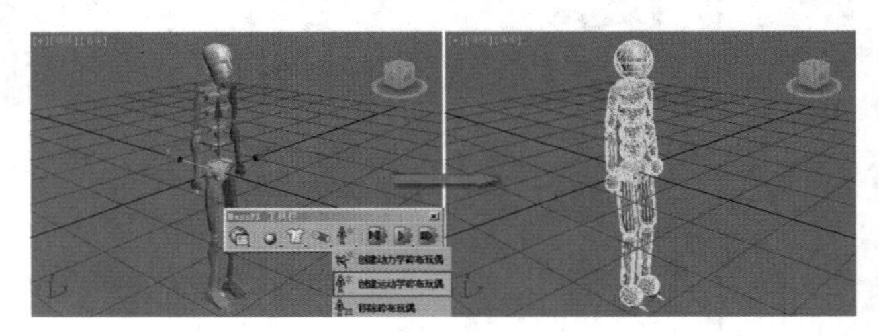

图12-190

## 12.7.3 移除碎布玩偶

选择刚才创建动力学碎布玩偶或运动学碎布玩偶，并单击【移除碎布玩偶】按钮，即可将其删除，如图12-191所示。

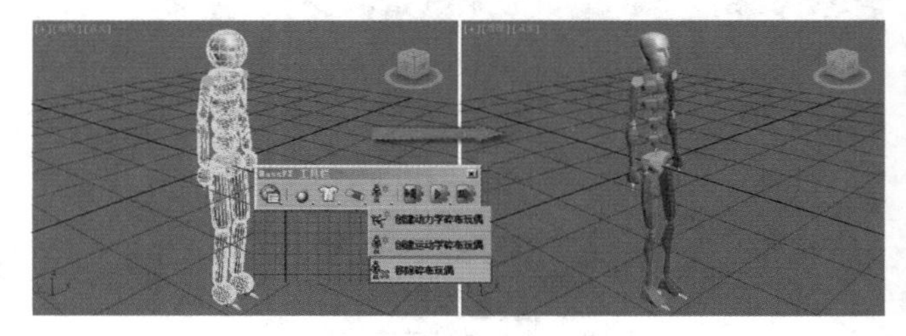

图12-191

读书笔记

# 毛发技术

毛发系统在静帧和角色动画制作中非常重要，同时毛发的制作也是动画制作中最难模拟的。

**本章学习要点：**

- 掌握Hair和Fur（WSM）修改器的使用方法
- 掌握VR毛皮的使用方法

## 13.1 什么是毛发

毛发系统在静帧和角色动画制作中非常重要，同时毛发的制作也是动画制作中最难模拟的。如图13-1所示为一些比较优秀的毛发作品。

图13-1

在3ds Max 2016中，模拟毛发的方法主要有以下4种。

方法01 使用【Hair和Fur（WSM）】（头发和毛发）修改器进行制作。

方法02 使用【VR毛皮】工具进行制作。

方法03 使用毛发插件（如Hairtrix）进行制作。

方法04 使用不透明度贴图进行制作。

## 13.2 毛发的种类

在3ds Max中创建毛发一般可以使用以下3种类型。

类型一：【Hair和Fur（WSM）】修改器。选择模型并单击【修改】面板，然后为其加载【Hair和Fur（WSM）】修改器，即可制作出毛发的效果，该工具也是3ds Max中在不安装任何渲染器和插件的情况下的唯一的毛发工具，如图13-2所示。

类型二：【VR毛皮】。在成功安装了VRay渲染器后选择模型，并在【创建】面板中单击【几何体】按钮，然后设置几何体类型为【VRay】，最后单击【VR毛皮】按钮，如图13-3所示。

类型三：毛发的相关插件，如【HairTrix】等。选择模型，然后在【创建】面板中单击【辅助对象】按钮，并设置其类型为【HairTrix】，如图13-4所示。

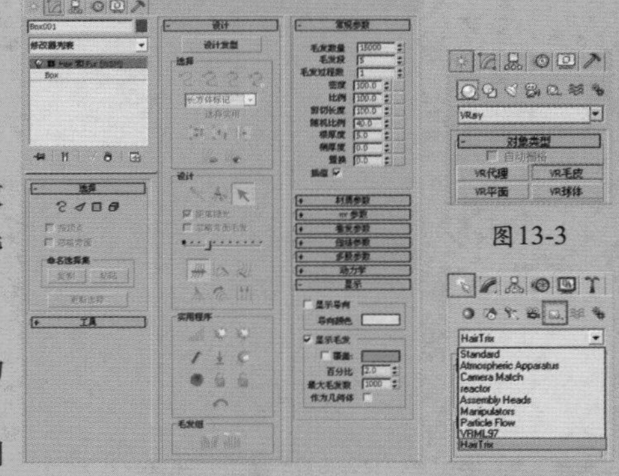

图13-2　图13-3　图13-4

总体来说，上述3类毛发创建工具各有长处。【Hair和Fur（WSM）】修改器是3ds Max默认的毛发工具，适合制作角色的毛发；【VR毛皮】适合制作效果图中常用的毛发效果，如地毯、皮草等，但渲染速度较慢；【HairTrix】毛发插件适合制作动物的毛发，效果非常真实，而且渲染速度快，另外，【HairTrix】还能直接在3ds Max视图中调整发型。

## 13.3 Hair和Fur（WSM）修改器

【Hair 和 Fur（WSM）】修改器是【Hair 和 Fur（WSM）】功能的核心所在，该修改器可应用于要生长头发的任意对象，既可为网格对象，也可为样条线对象。如果对象是网格对象，则头发将从整个曲面生长出来，除非选择了子对象。如果对象是样条线对象，头发将在样条线之间生长。

创建一个物体，然后为其加载一个【Hair和Fur（WSM）】修改器，可以观察到加载修改器后，物体表面就生长出了毛发，效果如图13-5所示。下面依次讲解【Hair和Fur（WSM）】修改器的各项参数。

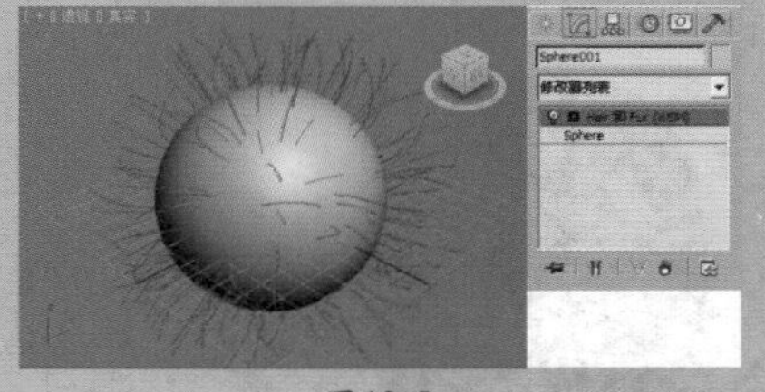

图13-5

### 技巧提示

【Hair和Fur（WSM）】修改器仅能在【透视】和【摄影机】视图中进行渲染。如果尝试渲染正交视图，则 3ds Max 会显示一条警告，说明不会出现头发。

## 13.3.1 选择

展开【选择】卷展栏，如图13-6所示。

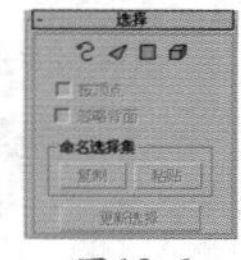

图13-6

- 【导向】按钮：是一个子对象层级，单击该按钮后，【设计】卷展栏中的【设计发型】按钮将自动启用。
- 【面】按钮：是一个子对象层级，可以选择三角形面。
- 【多边形】按钮：是一个子对象层级，可以选择多边形。
- 【元素】按钮：是一个子对象层级，可以通过单击一次鼠标左键来选择对象中的所有连续多边形。
- 按照顶点：启用该选项后，只需要选择子对象的顶点就可以选中子对象。
- 忽略朝后部分：启用该选项后，选择子对象时只影响面对着用户的面。
- 【复制】按钮：将命名选择集放置到复制缓冲区。
- 【粘贴】按钮：从复制缓冲区中粘贴命名的选择集。
- 【更新选择】按钮：根据当前子对象来选择要重新计算毛发生长的区域，然后更新显示。

## 13.3.2 工具

展开【工具】卷展栏，如图13-7所示。

- 【从样条线重梳】按钮：使用样条线来设计头发样式，如图13-8所示。

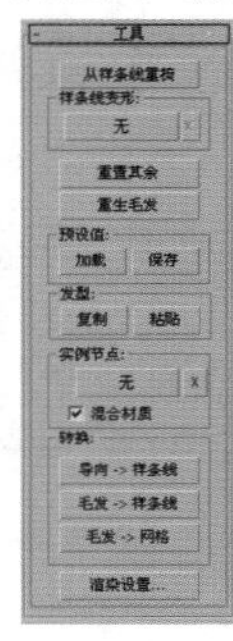

图13-7

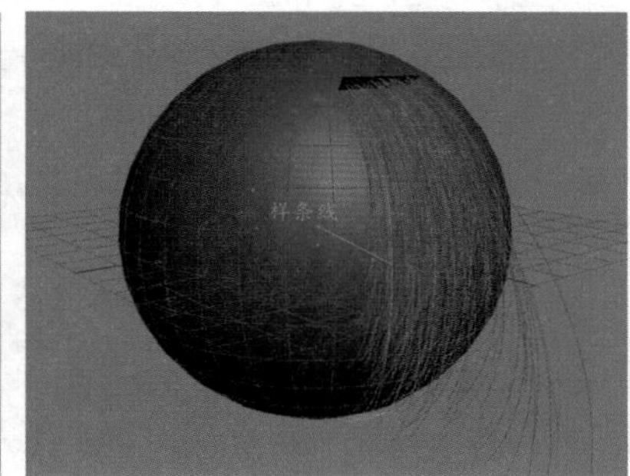

图13-8

- 样条线变形：允许用线来控制发型与动态效果，如图13-9所示。
- 【重置其余】按钮：在曲面上重新分布头发的数量，以得到较为均匀的结果。
- 【重生头发】按钮：忽略全部样式信息，将头发复位到默认状态。
- 【加载】按钮：加载预设的毛发样式。如图13-10所示为预设的毛发样式。
- 【保存】按钮：保存预设的毛发样式。
- 【复制】按钮：将所有毛发设置和样式信息复制到粘贴缓冲区中。

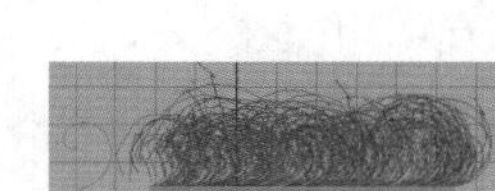

图13-9

图13-10

- 【粘贴】按钮：将所有毛发设置和样式信息粘贴到当前的【头发】修改对象中。
- 【无】按钮：如果要指定毛发对象，可以单击该按钮，然后选择要使用的对象。
- X按钮：如果要停止使用实例节点，可以单击该按钮。
- 混合材质：启用该选项后，应用于生长对象的材质以及应用于毛发对象的材质将合并为单一的多子对象材质，并应用于生长对象。
- 【导向->样条线】按钮：将所有导向复制为新的单一样条线对象。
- 【头发->样条线】按钮：将所有毛发复制为新的单一样条线对象。
- 【头发->网格】按钮：将所有毛发复制为新的单一网格对象。

## 13.3.3 设计

展开【设计】卷展栏，如图13-11所示。

- 【设计发型/完成设计】按钮：单击【设计发型】按钮可以设计毛发的发型，此时该按钮会变成凹陷的【完成设计】按钮，单击【完成设计】按钮可以返回到【设计发型】状态。
- 【由头梢选择头发/选择全部顶点/选择导向顶点/由根选择导向】按钮///：选择头发的几种方式，用户可以根据实际需求来选择采用何种方式。
- 顶点显示下拉列表长方体标记：指定顶点在视图中的显示方式。
- 【反选/轮流选/展开选择】按钮//：指定选择对象的方式。

- 【隐藏选定对象/显示隐藏对象】按钮：隐藏或显示选定的导向头发。
- 【发梳】按钮：在该模式下可以通过拖曳鼠标来梳理毛发。
- 【剪头发】按钮：在该模式下可以修剪导向头发。
- 【选择】按钮：单击该按钮可以进入选择模式。
- 距离褪光：启用该选项后，刷动效果将朝着画刷的边缘产生褪光现象，从而产生柔和的边缘效果（只适用于【发梳】模式）。

图13-11

- 忽略背面头发：启用该选项后，背面的头发将不受画刷的影响（适用于【发梳】和【剪头发】模式）。
- 画刷大小滑块：通过拖曳滑块来更改画刷的大小。
- 【平移】按钮：按照光标的移动方向来移动选定的顶点。
- 【站立】按钮：在曲面的垂直方向制作站立效果。
- 【蓬松发根】按钮：在曲面的垂直方向制作蓬松效果。
- 【丛】按钮：强制选定的导向之间相互更加靠近（向左拖曳鼠标）或更加分散（向右拖曳光标）。
- 【旋转】按钮：以光标位置为中心（位于发梳中心）来旋转导向毛发的顶点。
- 【比例】按钮：执行放大或缩小操作。
- 【衰减】按钮：将毛发长度制作成衰减效果。
- 【选定弹出】按钮：沿曲面的法线方向弹出选定的头发。
- 【弹出大小为零】按钮：与【选定弹出】按钮类似，但只能对长度为0的头发进行编辑。
- 【重疏】按钮：使用引导线对毛发进行梳理。
- 【重置其余】按钮：在曲面上重新分布毛发的数量，以得到较为均匀的结果。
- 【切换碰撞】按钮：如果激活该按钮，设计发型时将考虑头发的碰撞。
- 【切换头发】按钮：切换头发在视图中的显示方式，但不会影响头发导向的显示。
- 【锁定/解除锁定】按钮：锁定或解除锁定导向头发。
- 【撤销】按钮：撤销最近的操作。
- 【拆分选定头发组/合并选定头发组】按钮：将头发组进行拆分或合并。

## 13.3.4 常规参数

展开【常规参数】卷展栏，如图13-12所示。

- 毛发数量：设置生成的毛发总数。如图13-13所示为【毛发数量】为3000和30000时的毛发效果对比。

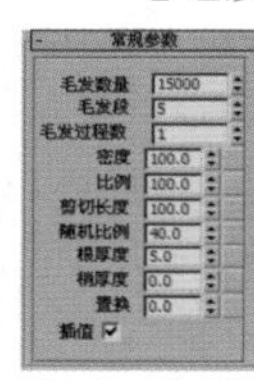

图13-12

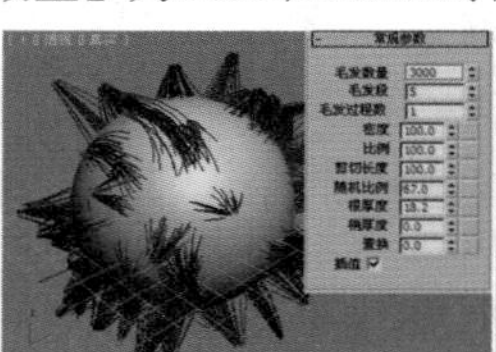

图13-13

- 毛发段：设置每根毛发的段数，段数越多，毛发就越圆滑。如图13-14所示为【毛发段】为2和10时的毛发效果对比。

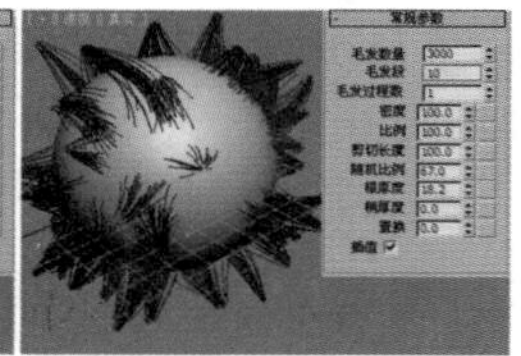

图13-14

- 毛发过程数：设置毛发过程数。
- 密度：设置毛发的整体密度。
- 比例：设置毛发的整体缩放比例。
- 剪切长度：设置将整体的毛发长度进行缩放的比例。如图13-15所示为剪切长度为20和100的对比效果。

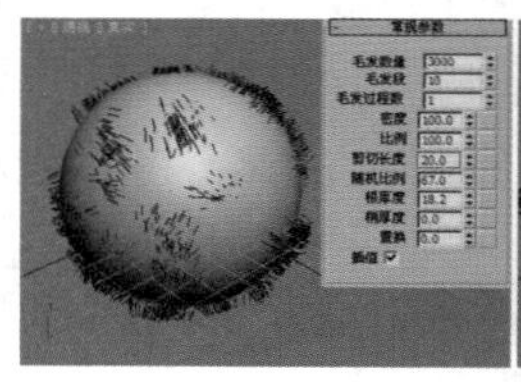

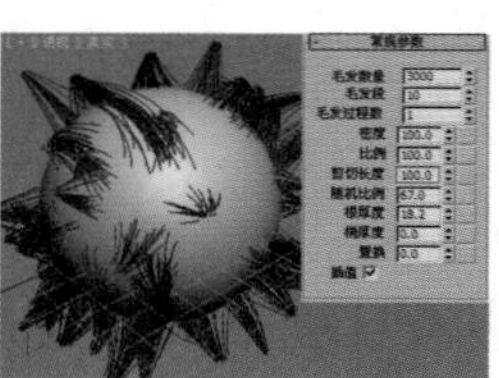

图13-15

- 随机比例：设置在渲染毛发时的随机比例。
- 根厚度：设置发根的厚度。
- 梢厚度：设置发梢的厚度。
- 位移：设置毛发从根到生长对象曲面的置换量。
- 插值：启用该选项后，毛发生长将插入到导向毛发之间。

## 13.3.5 材质参数

展开【材质参数】卷展栏，如图13-16所示。

- 阻挡环境光：在照明模型时，控制环境或漫反射对模型影响的偏差。
- 发梢褪光：启用该选项后，毛发将朝向梢部而产生淡出到透明的效果。注意，该选项只适用于mental ray渲染器。
- 梢/根颜色：设置距离生长对象曲面最远或最近的头发梢部的颜色，如图13-17所示。

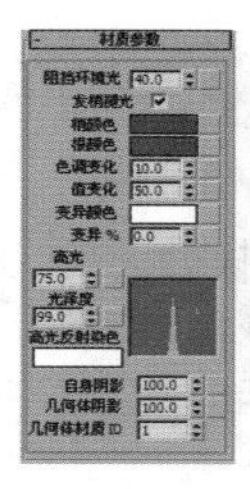

图13-16

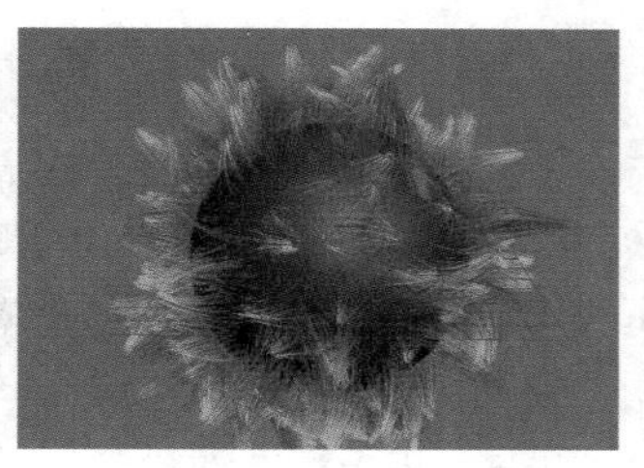

图13-17

- 色调/值变化：设置头发颜色或亮度的变化量。如图13-18所示为色调变化为23和100的对比效果。
- 变异颜色：设置变异毛发的颜色。

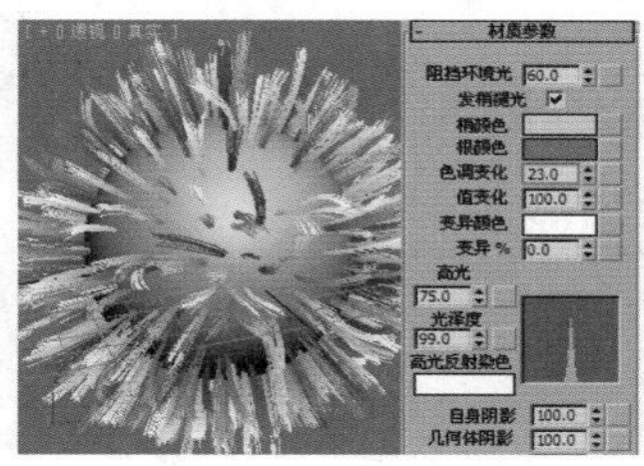

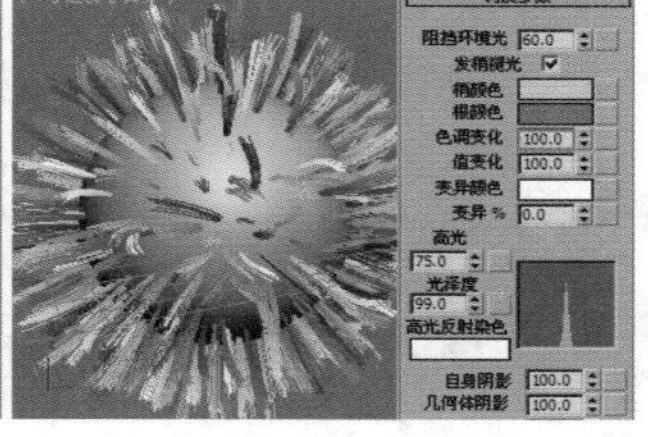

图13-18

- 变异%：设置接受【变异颜色】的毛发的百分比。如图13-19所示为变异为0和60的对比效果。

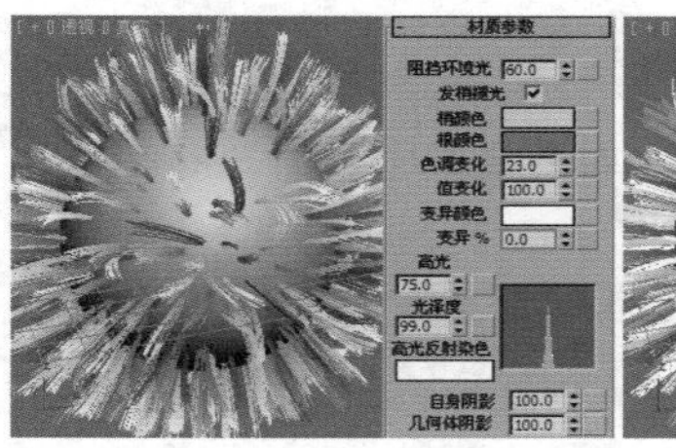

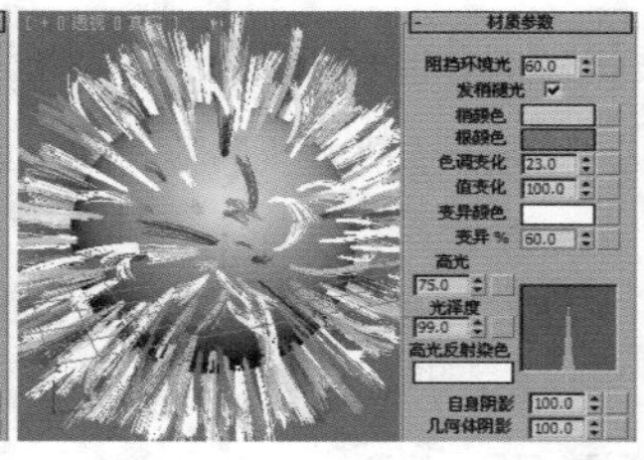

图13-19

- 高光：设置在毛发上高亮显示的亮度。
- 光泽度：设置在毛发上高亮显示的相对大小。
- 高光反射染色：设置反射高光的颜色。
- 自身阴影：设置自身阴影的大小。
- 几何体阴影：设置头发从场景中的几何体接收到的阴影的量。
- 几何体材质ID：在渲染几何体时设置头发的材质ID。

## 13.3.6 mr参数

展开【mr参数】卷展栏，如图13-20所示。

图13-20

- 应用mr明暗器：启用该选项后，可以应用mental ray的明暗器来生成头发。

## 13.3.7 卷发参数

展开【卷发参数】卷展栏，如图13-21所示。

- 卷发根：设置头发在其根部的置换量。
- 卷发梢：设置头发在其梢部的置换量。
- 卷发X/Y/Z频率：控制在3个轴中的卷发频率。
- 卷发动画：设置波浪运动的幅度。如图13-22所示为卷发动画为0和100的对比效果。
- 动画速度：设置动画噪波场通过空间时的速度。

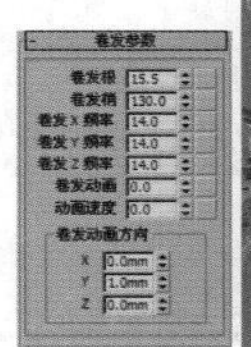

图13-21

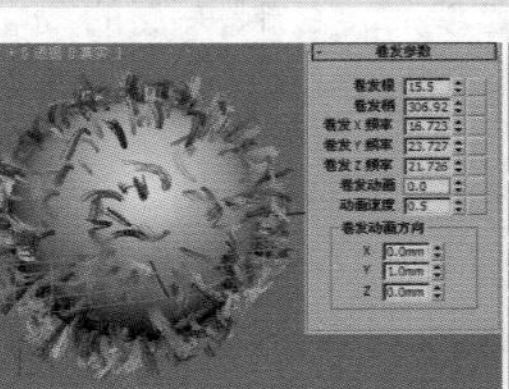

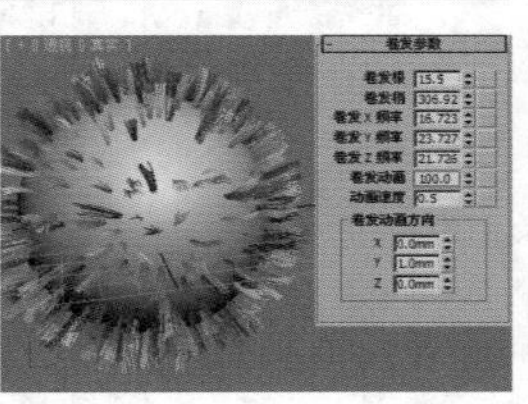

图13-22

- 卷发动画方向：设置卷发动画的方向向量。

## 13.3.8 纽结参数

展开【纽结参数】卷展栏，如图13-23所示。

- 纽结根/梢：设置毛发在其根部/梢部的纽结置换量。如图13-24所示为纽结根为0和5的对比效果。
- 纽结X/Y/Z频率：设置在3个轴中的纽结频率。

图13-23

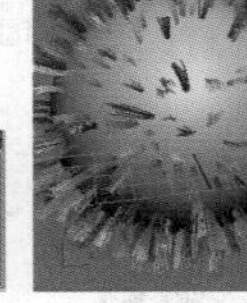

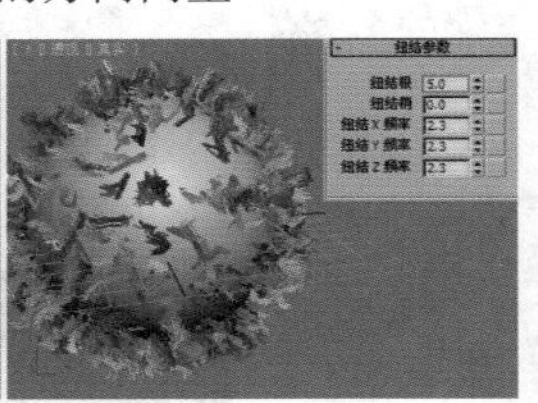

图13-24

## 13.3.9 多股参数

展开【多股参数】卷展栏，如图13-25所示。

- 数量：设置每个聚集块的头发数量。
- 根展开：设置为根部聚集块中的每根毛发提供的随机补偿量。如图13-26所示为根展开为0.066和2的对比效果。
- 梢展开：设置为梢部聚集块中的每根毛发提供的随机补偿量。
- 随机：设置随机处理聚集块中的每根毛发的长度。

图13-25

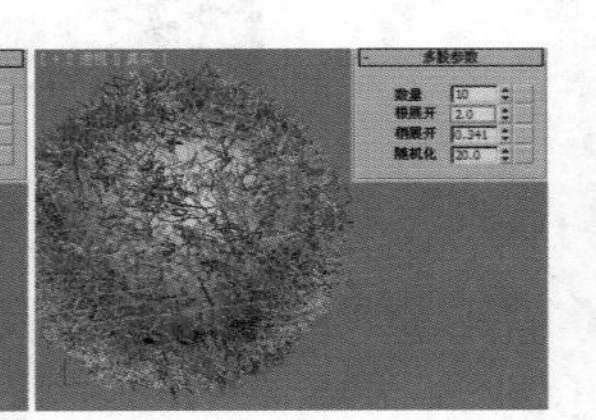

图13-26

## 13.3.10 动力学

展开【动力学】卷展栏，如图13-27所示。

- 模式：有【无】、【现场】和【预计算】3个选项可供选择。如图13-28所示为模式设置为【无】和【现场】的对比效果。

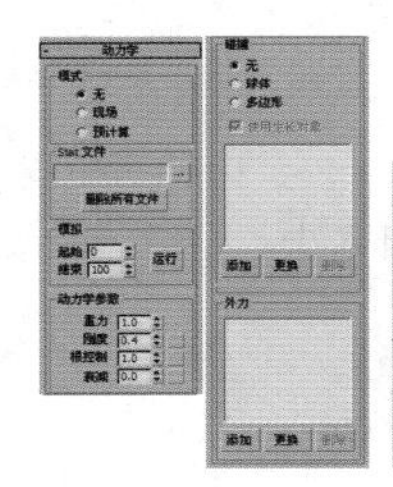
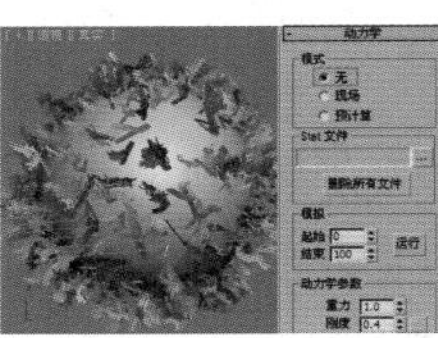

图13-27

图13-28

- 起始：设置在计算模拟时要考虑的第1帧。
- 结束：设置在计算模拟时要考虑的最后1帧。
- 【运行】按钮：单击该按钮可以进入模拟状态，并在【起始】和【结束】指定的帧范围内生成起始文件。
- 重力：设置在全局空间中垂直移动毛发的力。
- 刚度：设置动力学效果的强弱。
- 根控制：在动力学演算时，该参数只影响头发的根部。
- 衰减：设置动态头发承载前进到下一帧的速度。
- 碰撞：共有【无】、【球体】和【多边形】3种方式可供选择。
- 使用生长对象：启用该选项后，头发和生长对象将发生碰撞。
- 【添加/更换/删除】按钮：在列表中添加/更换/删除对象。

## 13.3.11 显示

展开【显示】卷展栏，如图13-29所示。

图13-29

- 显示导向：启用该选项后，头发在视图中将会使用颜色样本中的颜色来显示导向。
- 导向颜色：设置导向所采用的颜色。
- 显示头发：启用该选项后，生长头发的物体在视图中将会显示出头发。
- 覆盖：关闭该选项后，3ds Max会使用与渲染颜色相近的颜色来显示头发。
- 百分比：设置在视图中显示的全部头发的百分比。
- 最大头发数：设置在视图中显示的最大头发数量。
- 作为几何体：启用该选项后，头发在视图中将会显示为要渲染的实际几何体，而不是默认的线条。

## 小实例：利用Hair和Fur（WSM）修改器制作蒲公英

| | |
|---|---|
| 场景文件 | 01.max |
| 案例文件 | 小实例：利用Hair和Fur（WSM）修改器制作蒲公英.max |
| 视频教学 | 多媒体教学/Chapter 13/小实例：利用Hair和Fur（WSM）修改器制作蒲公英.flv |
| 难易指数 | ★★☆☆☆ |
| 技术掌握 | 掌握Hair和Fur（WSM）修改器功能 |

### 实例介绍

本实例利用【Hair和Fur（WSM）】修改器制作蒲公英，最终效果如图13-30所示。

图13-30

### 操作步骤

步骤01 打开本书配套光盘中的【场景文件/Chapter13/01.max】文件，如图13-31所示。

步骤02 选择如图13-31所示的模型，在【修改】面板中加载【Hair和Fur（WSM）】修改器，如图13-32所示。展开【常规参数】卷展栏，设置【毛发数量】为200，【毛发段】为3，【根厚度】为5，【梢厚度】为2；展开【卷发参数】卷展栏，设置【卷发根】为15.5，【卷发梢】为130；展开【多股参数】卷展栏，设置【数量】为50，【梢展开】为15，如图13-32所示。

图13-31　　图13-32

步骤03 选择如图13-33所示的模型，接着在【修改】面板中加载【Hair和Fur（WSM）】修改器，然后设置【毛发数量】为20，【毛发段】为3，【根厚度】为100，【梢厚度】为100；展开【卷发参数】卷展栏，设置【卷发根】为15.5，【卷发梢】为130；展开【多股参数】卷展栏，设置【数量】为50，【梢展开】为15，如图13-33所示。

**步骤04** 按数字键8，打开【环境和效果】对话框，展开【效果】卷展栏，选择【Hair和Fur】选项，设置【毛发】为【几何体】，如图13-34所示。

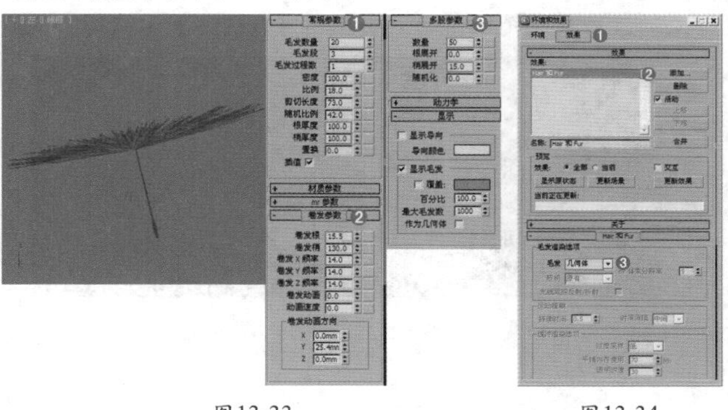

图13-33　　图13-34

**步骤05** 按F9键渲染当前场景，此时的渲染效果如图13-35所示。

图13-35

## 小实例：利用Hair和Fur（WSM）修改器制作墙刷

| | |
|---|---|
| 场景文件 | 02.max |
| 案例文件 | 小实例：利用Hair和Fur（WSM）修改器制作墙刷.max |
| 视频教学 | 多媒体教学/Chapter 13/小实例：利用Hair和Fur（WSM）修改器制作墙刷.flv |
| 难易指数 | ★★★☆☆ |
| 技术掌握 | 掌握Hair和Fur（WSM）功能 |

### 实例介绍

本实例主要讲解使用【Hair和Fur（WSM）】修改器制作墙刷，最终渲染效果如图13-36所示。

### 操作步骤

**步骤01** 打开本书配套光盘中的【场景文件/Chapter13/02.max】文件，此时的场景效果如图13-37所示。

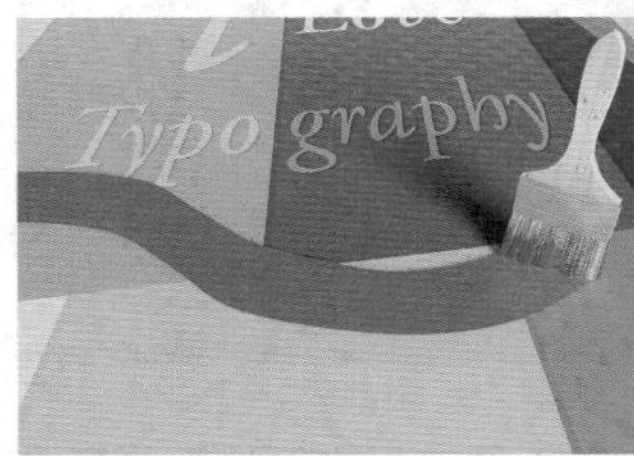

图13-36

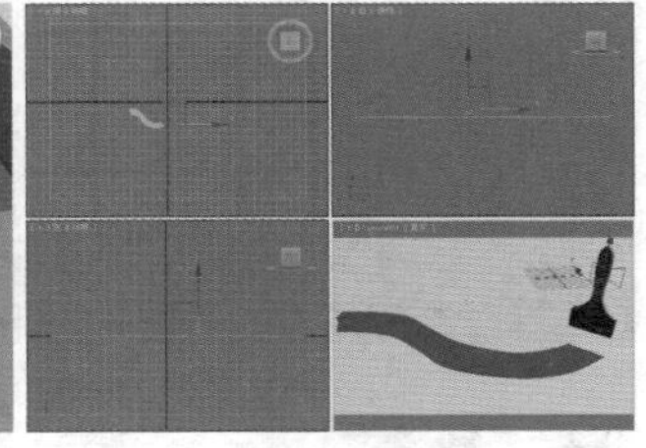

图13-37

**步骤02** 选择如图13-38所示的模型，在【修改】面板中加载【Hair和Fur（WSM）】修改器，此时在选择的模型上出现了毛发，如图13-39所示。

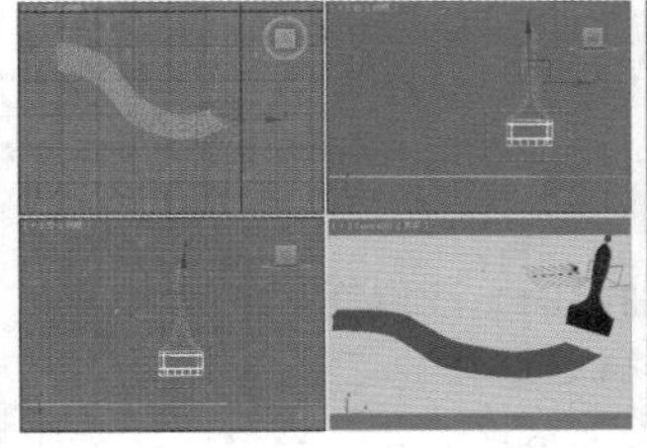

图13-38　　图13-39

**步骤03** 展开【选择】卷展栏，单击【多边形】按钮并选择如图13-40所示的多边形，接着再次单击关闭多边形级别，此时可发现毛发已经在所选择的多边形上出现了。

图13-40

**步骤04** 展开【常规参数】卷展栏，设置【毛发数量】为3000，【毛发段】为8，【毛发过程数】为1，【密度】为100，【比例】为100，【剪切长度】为100，【随机比例】为0，【根厚度】为15，【梢厚度】为15；展开【卷发参数】卷展栏，设置【卷发根】为10，【卷发梢】为10；展开【多股参数】卷展栏，设置【数量】为1，【根展开】为0.1，【梢展开】为0.1；展开【显示】卷展栏，设置【百分比】为100，如图13-41所示。

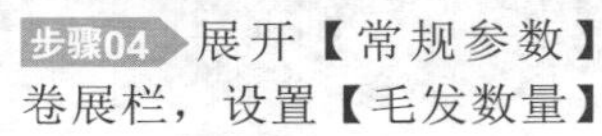

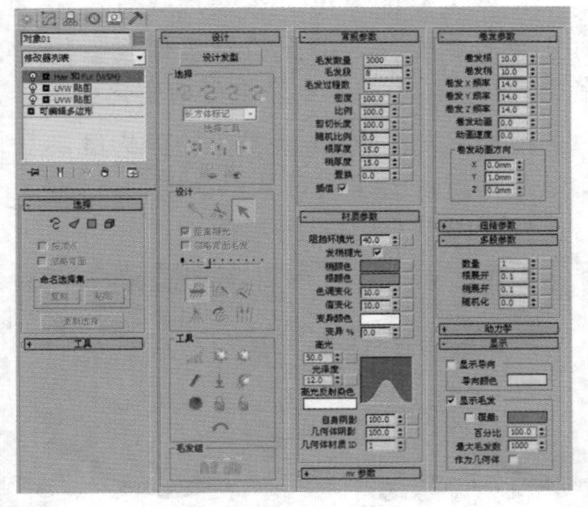

图13-41

**步骤05** 此时的效果如图13-42所示。

**步骤06** 按数字键8，打开【环境和效果】窗口，选择【效果】选项卡，选择【Hair和Fur（WSM）】选项，并设置【毛发】为【几何体】，如图13-43所示。

图13-42

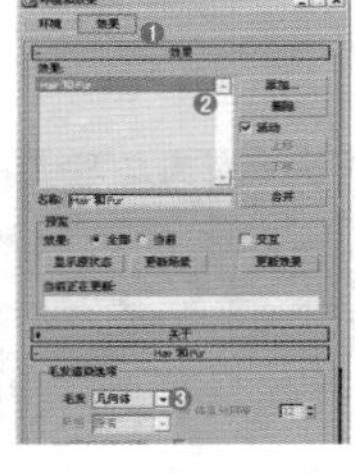
图13-43

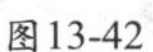

步骤07 按F9键渲染当前场景，最终渲染效果如图13-46所示。

图13-46

技巧提示

需要特别注意的是，在【效果】选项卡中【Hair和Fur（WSM）】修改器的毛发方式的渲染效果是不同的。当使用【几何体】方式时，效果如图13-44所示；当使用【缓冲】方式时，效果如图13-45所示。

图13-44

图13-45

## 13.4 VR毛皮

VR毛皮是VRay渲染器自带的一种毛发制作工具，经常用来制作地毯、草地和毛制品等，如图13-47所示。

加载VRay渲染器后随意创建一个物体，然后设置几何体类型为VRay，接着单击【VR毛皮】按钮，就可以为选中的对象添加VR毛皮，如图13-48所示。下面讲解VR毛皮的各项参数。

图13-47

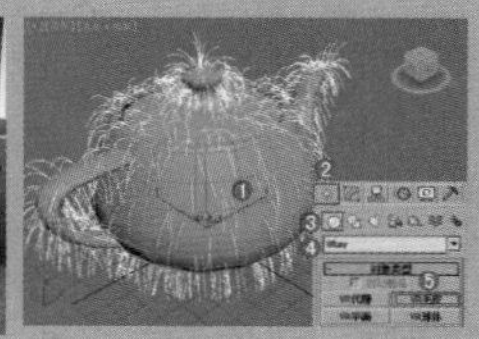
图13-48

### 13.4.1 参数

展开【参数】卷展栏，如图13-49所示。

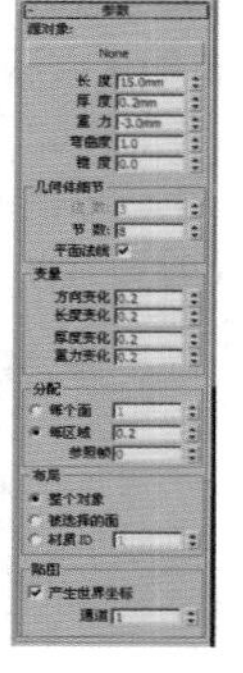
图13-49

- 源对象：指定需要添加毛发的物体。
- 长度：设置毛发的长度。如图13-50所示为长度为5和20的对比效果。
- 厚度：设置毛发的厚度。该选项只有在渲染时才会看到变化，即无论设置厚度数值为多少，在视图中都不会产生任何变化。
- 重力：控制毛发在Z轴方向被下拉的力度，也就是通常所说的【重量】。如图13-51所示为重力为10和－2的对比效果。

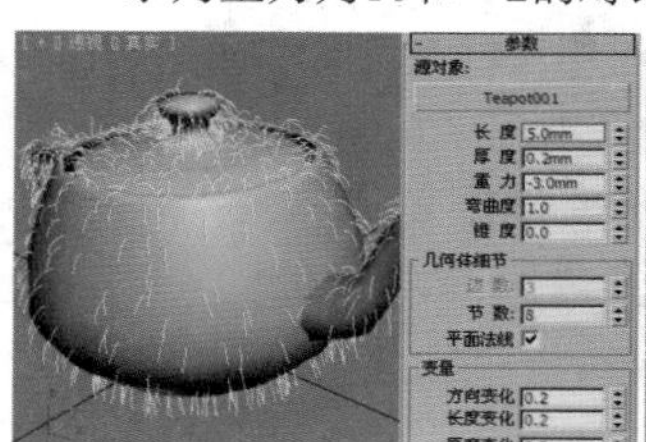
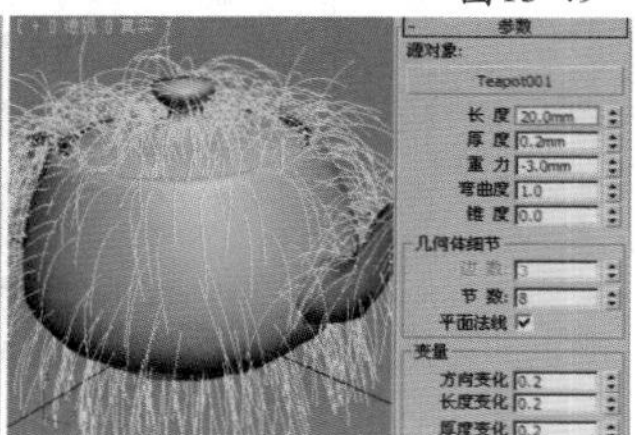
图13-50

- 弯曲度：设置毛发的弯曲程度。如图13-52所示为弯曲度为0和3的对比效果。
- 锥度：用来控制毛发锥化的程度。

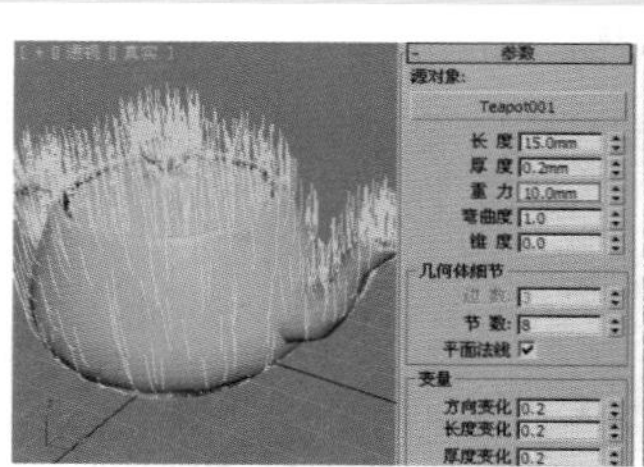
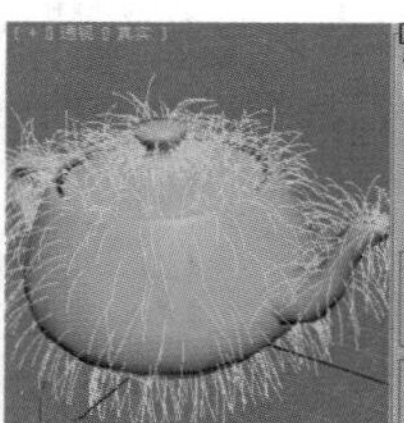
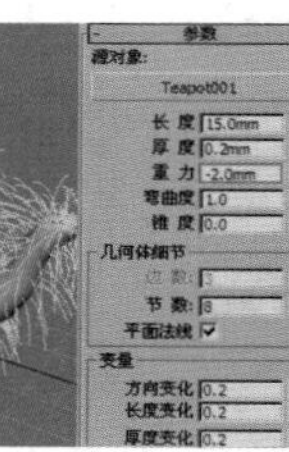
图13-51

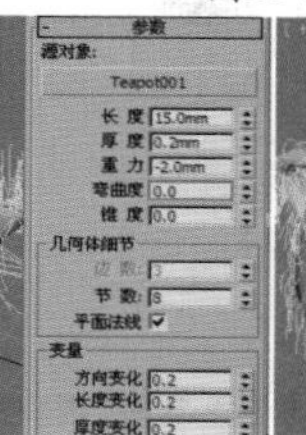
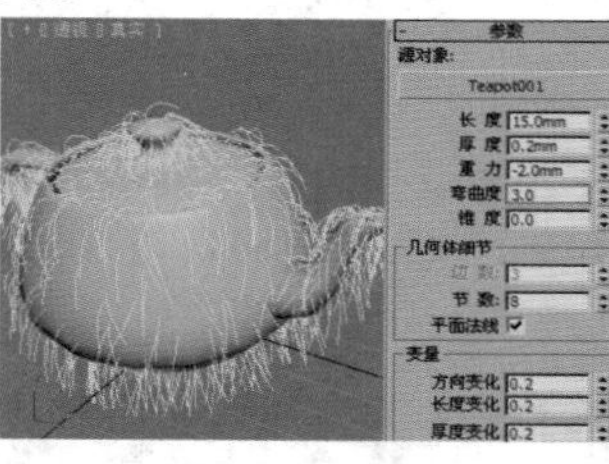
图13-52

- 边数：当前该参数还不可用，在以后的版本中将开发多边形的毛发。
- 节数：用来控制毛发弯曲时的光滑程度。值越大，表示段数越多，弯曲的毛发就越光滑。
- 平面法线：用来控制毛发的呈现方式。当启用该选项后，毛发将以平面方式呈现；当关闭该选项后，毛发将以圆柱体方式呈现。

- 方向变化：控制毛发在方向上的随机变化。值越大，表示变化越强烈；0表示不变化。如图13-53所示为方向变化为0和4的对比效果。

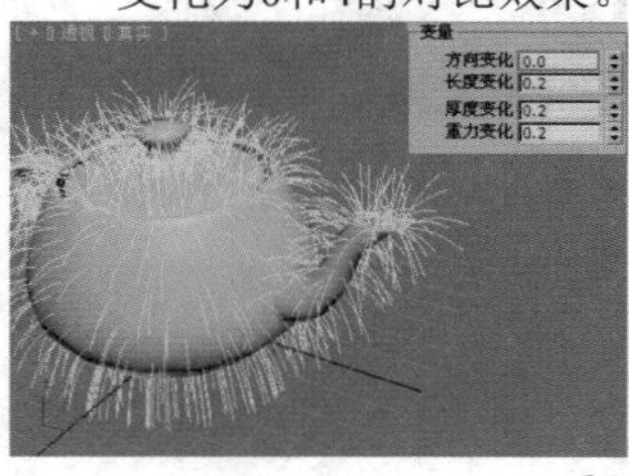
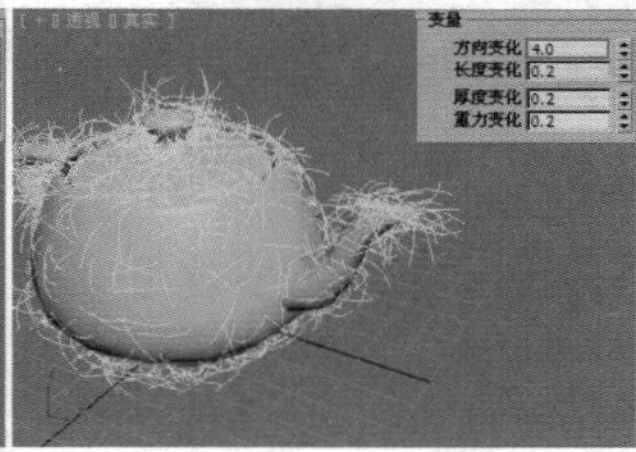

图13-53

- 长度变化：控制毛发长度的随机变化。1表示变化越强烈；0表示不变化。
- 厚度变化：控制毛发粗细的随机变化。
- 重力变化：控制毛发受重力影响的随机变化。
- 每个面：用来控制每个面产生的毛发数量，因为物体的每个面并不都是均匀的，所以渲染出来的毛发也不均匀。
- 每区域：用来控制每单位面积中的毛发数量，在这种方式下渲染出来的毛发比较均匀。数值越大，毛发的数量越多。
- 参照帧：指定源物体获取到计算面大小的帧，获取的数据将贯穿整个动画过程。
- 整个对象：启用该选项后，全部的面都将产生毛发。
- 被选择的面：启用该选项后，只有被选择的面才能产生毛发。
- 材质ID：启用该选项后，只有指定了材质ID的面才能产生毛发。

## 13.4.2 贴图

展开【贴图】卷展栏，如图13-54所示。

图13-54

- 基础贴图通道：选择贴图的通道。
- 弯曲方向贴图（RGB）：用彩色贴图来控制毛发的弯曲方向。
- 初始方向贴图（RGB）：用彩色贴图来控制毛发根部的生长方向。
- 长度贴图（单色）：用灰度贴图来控制毛发的长度。
- 厚度贴图（单色）：用灰度贴图来控制毛发的粗细。
- 重力贴图（单色）：用灰度贴图来控制毛发受重力的影响。
- 弯曲贴图（单色）：用灰度贴图来控制毛发的弯曲程度。
- 密度贴图（单色）：用灰度贴图来控制毛发的生长密度。

## 13.4.3 视口显示

展开【视口显示】卷展栏，如图13-55所示。

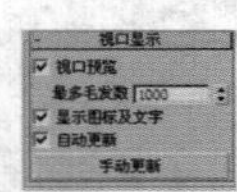

图13-55

- 视口预览：启用该选项后，可以在视图中预览毛发的大致情况。下面的【最多毛发数】数值越大，毛发生长情况的预览就越详细。
- 自动更新：启用该选项后，当改变毛发参数时，系统会在视图中自动更新毛发的显示情况。
- 【手动更新】按钮：单击该按钮可以手动更新毛发在视图中的显示情况。

## 小实例：使用VR毛皮制作室内植物

| 场景文件 | 03.max |
| --- | --- |
| 案例文件 | 小实例：使用VR毛皮制作室内植物.max |
| 视频教学 | 多媒体教学/Chapter 13/小实例：使用VR毛皮制作室内植物.flv |
| 难易指数 | ★★☆☆☆ |
| 建模方式 | 标准基本体建模 |
| 技术掌握 | 掌握VR毛皮的运用 |

### 实例介绍

本实例学习使用VR毛皮制作室内盆栽植物，最终渲染效果如图13-56所示。

图13-56

### 操作步骤

步骤01 打开本书配套光盘中的【场景文件/Chapter13/03.max】文件，如图13-57所示。

步骤02 选择花盆底部的一个模型，如图13-58所示。

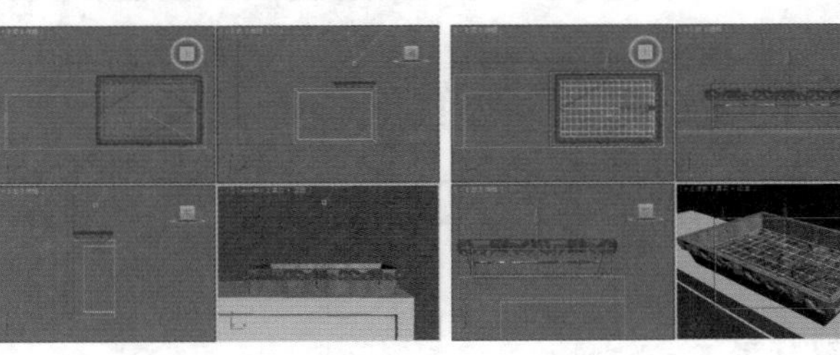

图13-57　　图13-58

**步骤03** 在【创建】面板中单击◎（几何体）|【VRay】| VR毛皮 按钮，如图13-59所示。

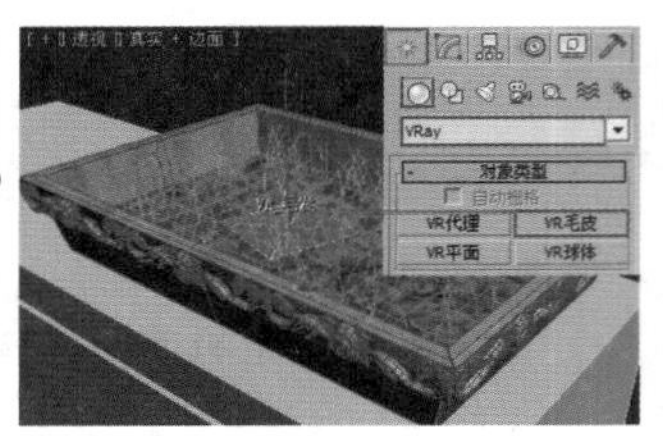

图13-59

**步骤04** 选择毛发，然后设置【长度】为130mm，【厚度】为3mm，【重力】为-3.21mm，【弯曲】为2.37，【锥度】为0.8，【节数】为5，设置【方向参量】为0.2，【长度参量】为0.3，【厚度参量】为0.2，【重力参量】为0.2，最后在【分配】选项组中选中【每区域】单选按钮，并设置其值为0.05。此时的效果如图13-60所示。

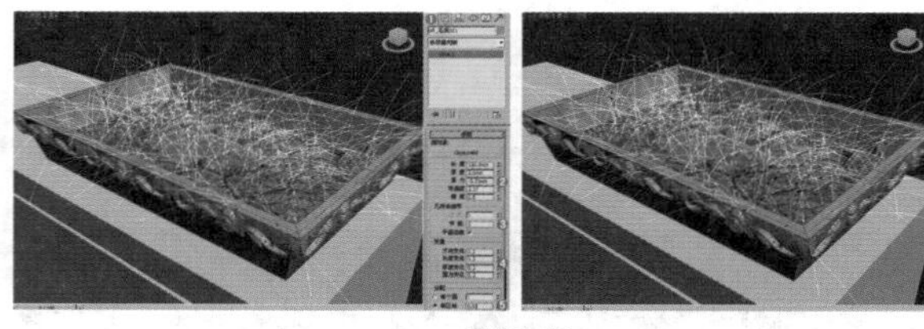

图13-60

**步骤05** 最终模型效果如图13-61所示。

图13-61

## 小实例：使用VR毛皮制作草地

| 场景文件 | 04.max |
|---|---|
| 案例文件 | 小实例：使用VR毛皮制作草地.max |
| 视频教学 | 多媒体教学/Chapter 13/小实例：使用VR毛皮制作草地.flv |
| 难易指数 | ★★☆☆☆ |
| 建模方式 | 标准基本体建模 |
| 技术掌握 | 掌握【VR毛皮】的运用 |

### 实例介绍

本实例学习使用VR毛皮制作真实草地，最终渲染效果如图13-62所示。

图13-62

### 操作步骤

**步骤01** 打开本书配套光盘中的【场景文件/Chapter13/04.max】文件，如图13-63所示。

**步骤02** 选择地面模型，如图13-64所示。

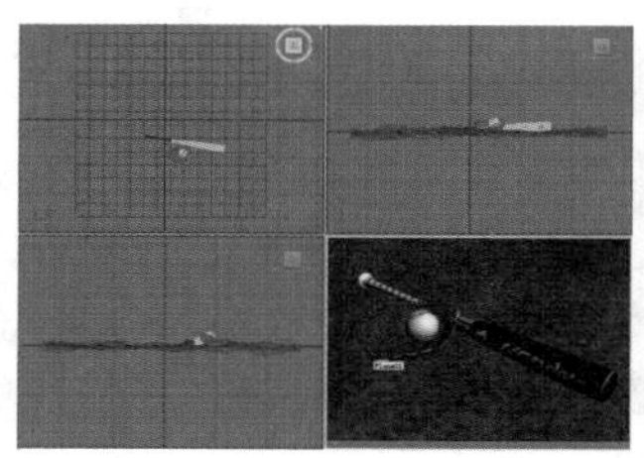

图13-63

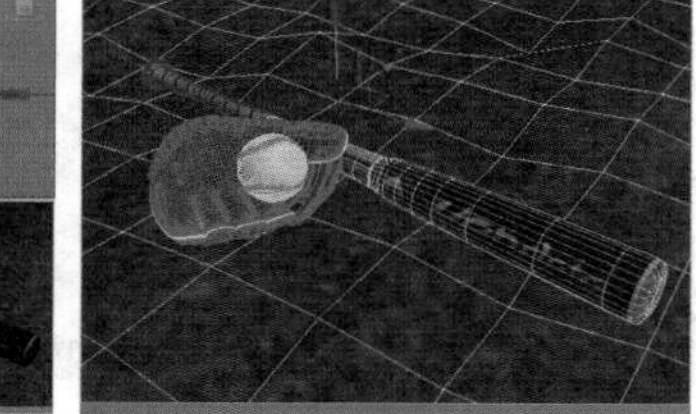

图13-64

**步骤03** 在【创建】面板中单击◎（几何体）|【VRay】| VR毛皮 按钮，如图13-65所示。

**步骤04** 选择毛发，然后设置【长度】为100mm，【厚度】为2mm，【重力】为-18mm，【弯曲度】为0.89，【节数】为8，【方向变化】为0.5，【长度变化】为0，【厚度变化】为0.1，【重力参量】为0，最后在【分配】选项组中选中【每个面】单选按钮，并设置其值为350。此时的效果如图13-66所示。

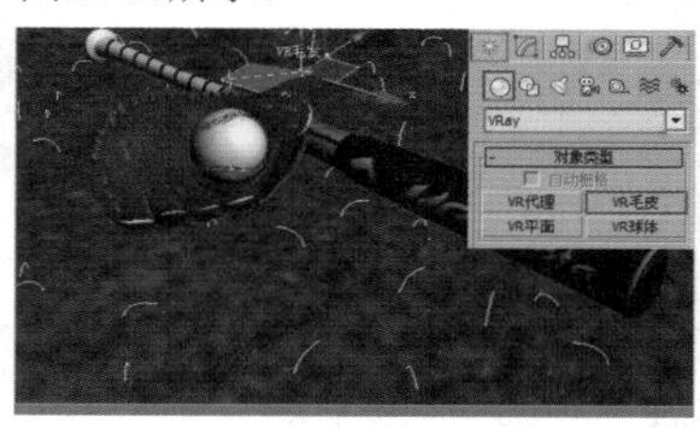

图13-65

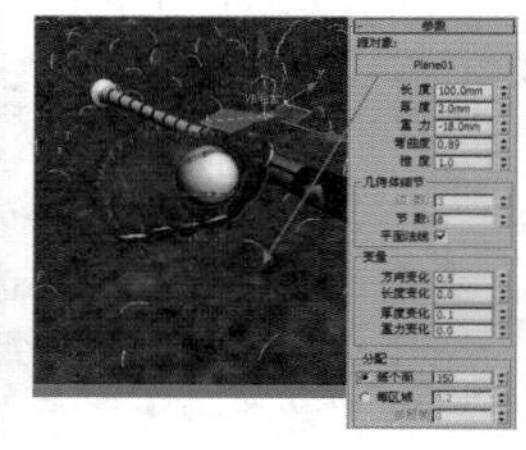

图13-66

**步骤05** 最终毛发效果如图13-67所示。

**步骤06** 最终渲染效果如图13-68所示。

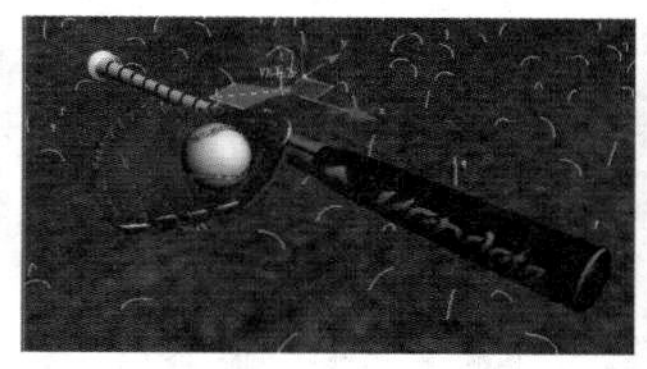

图13-67

图13-68

## 小实例：使用VR毛皮制作杂草

| 场景文件 | 05.max |
|---|---|
| 案例文件 | 小实例：使用VR毛皮制作杂草.max |
| 视频教学 | 多媒体教学/Chapter 13/小实例：使用VR毛皮制作杂草.flv |
| 难易指数 | ★★★☆☆ |
| 技术掌握 | 掌握VR毛皮功能 |

### 实例介绍

本实例是一个室外草地场景，主要讲解使用VR毛皮制作杂草，最终渲染效果如图13-69所示。

### 操作步骤

**步骤01** 打开本书配套光盘中的【场景文件/Chapter13/05.max】文件，此时的场景效果如图13-70所示。

步骤02 按F10键，打开渲染器，单击【指定渲染器】卷展栏中的...按钮，设置渲染器为【VRay渲染器】，如图13-71所示。

图13-69

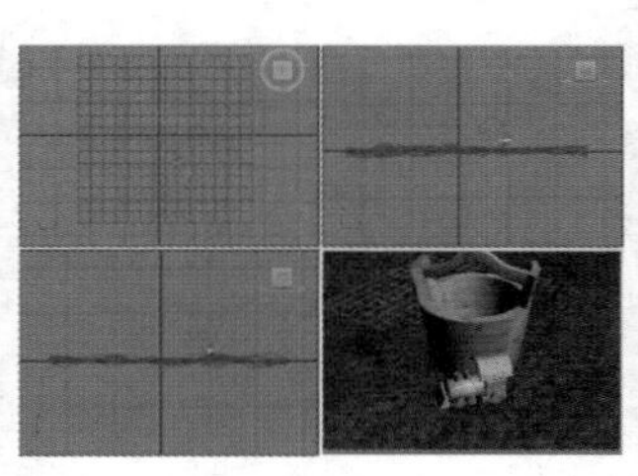
图13-70

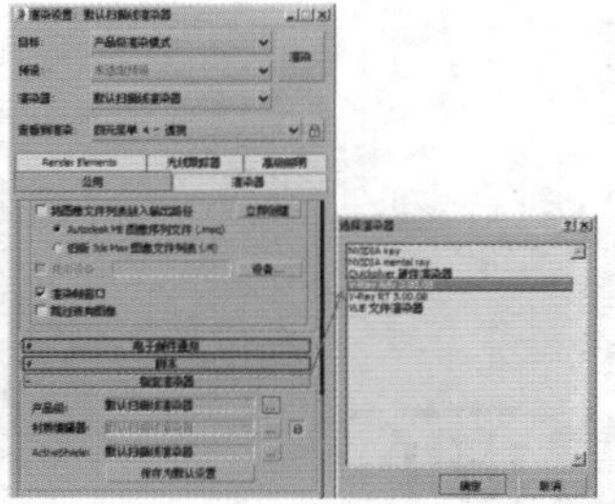
图13-71

步骤03 在【创建】面板中单击○（几何体）|【VRay】|VR毛皮按钮，如图13-72所示。接着展开【参数】卷展栏，在【源对象】选项组中拾取场景中的平面，设置【长度】为400mm，【厚度】为2mm，【重力】为-18mm，【弯曲】为0.89，【锥度】为1，在【几何体细节】选项组中设置【节数】为8，在【变化】选项组中设置【方向变化】为0.5，【长度变化】为0，【厚度变化】为0.1，【重力变化】为0，最后在【分配】选项组中选中【每个面】单选按钮，并设置其值为100，如图13-73所示。

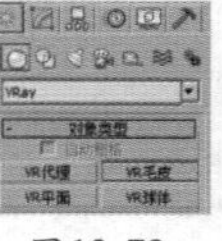
图13-72

步骤04 按F9键渲染当前场景，最终渲染效果如图13-74所示。

图13-73

图13-74

## 小实例：使用VR毛皮制作毛毯

| 场景文件 | 06.max |
|---|---|
| 案例文件 | 小实例：使用VR毛皮制作毛毯.max |
| 视频教学 | 多媒体教学/Chapter 13/小实例：使用VR毛皮制作毛毯.flv |
| 难易指数 | ★★★☆☆ |
| 技术掌握 | 掌握VR毛皮功能 |

### 实例介绍

本例是一个室内场景，主要讲解使用VR毛皮制作毛毯，最终渲染效果如图13-75所示。

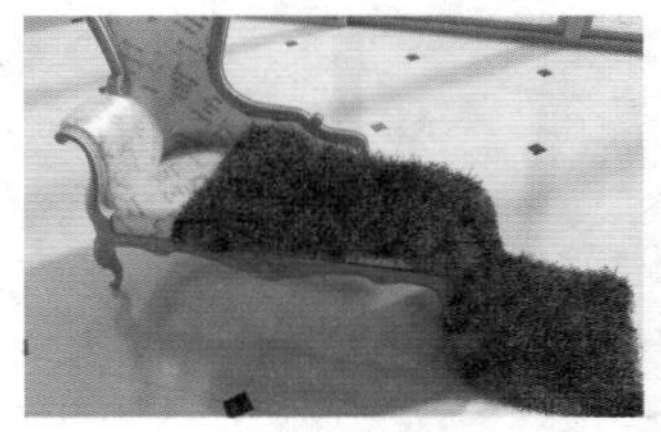
图13-75

### 操作步骤

步骤01 打开本书配套光盘中的【场景文件/Chapter13/06.max】文件，此时的场景效果如图13-76所示。

步骤02 按F10键，打开渲染器，单击【指定渲染器】卷展栏中的...按钮，并设置渲染器为【VRay渲染器】，如图13-77所示。

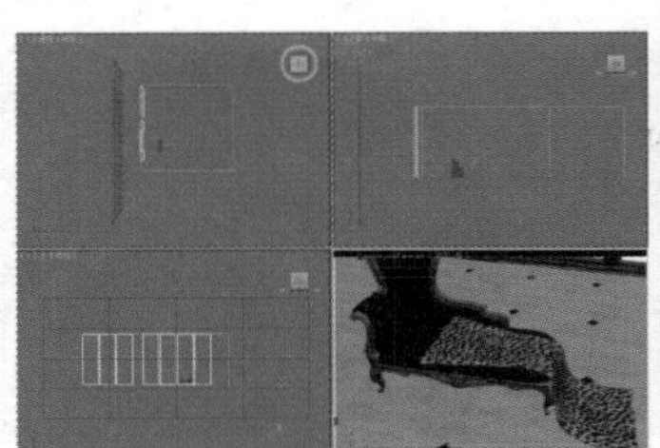
图13-76

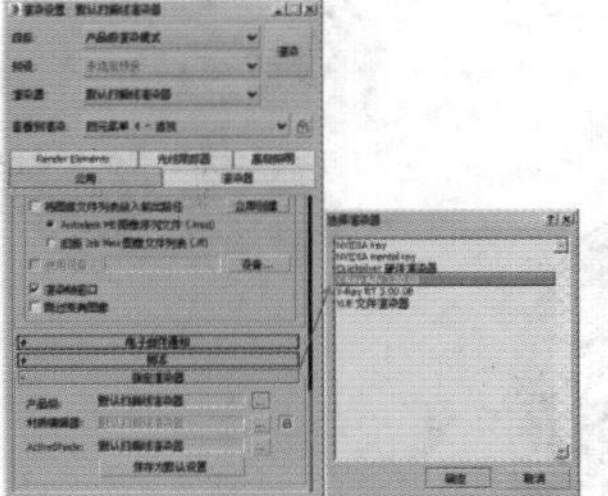
图13-77

步骤03 选择毛毯模型，在【创建】面板中单击○（几何体）|【VRay】|VR毛皮按钮，如图13-78所示。此时的效果如图13-79所示。

图13-78

步骤04 单击【修改】面板，在【源对象】选项组中拾取平面，设置【长度】为50mm，【厚度】为1mm，【重力】为-5.34mm，【弯曲】为6，【锥度】为1，接着设置【结数】为8，最后选中【每个面】单选按钮，并设置其值为3，如图13-80所示。

图13-79

图13-80

步骤05 按F9键渲染当前场景，最终渲染效果如图13-81所示。

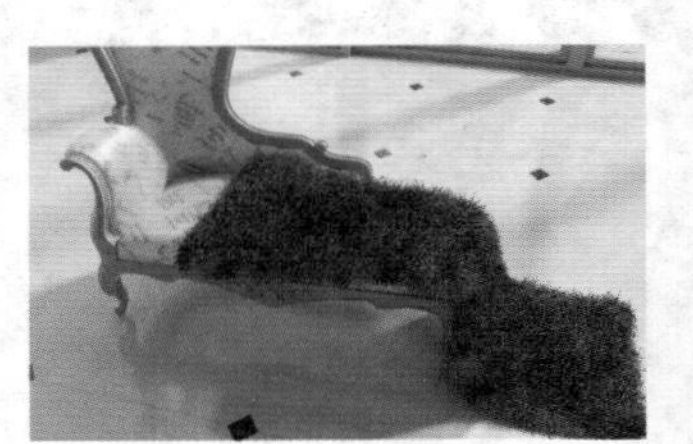
图13-81

# 基础动画

动画可以更加直观地表现和抒发人们的感情，可以把现实不可能看到的景象转为现实，扩展了人类的想象力和创造力。广义而言，把一些原先不活动的物体，经过影片的制作与放映，变成活动的影像，即为动画。动画通过把人、物的表情、动作、变化等分段画成许多画幅，再用摄影机连续拍摄成一系列画面，形成视觉上连续变化的图画。其基本原理与电影、电视一样，都是利用了视觉原理。

**本章学习要点：**

- 掌握自动关键点设置动画的运用
- 掌握曲线编辑器的运用
- 掌握约束动画和变形器的使用

# 14.1 动画概述

## 14.1.1 什么是动画

动画可以更加直观地表现和抒发人们的感情，可以把现实不可能看到的景象转为现实，扩展了人类的想象力和创造力。广义而言，把一些原先不活动的物体，经过影片的制作与放映，变成活动的影像，即为动画。动画通过把人、物的表情、动作、变化等分段画成许多画幅，再用摄影机连续拍摄成一系列画面，形成视觉上连续变化的图画。其基本原理与电影、电视一样，都是利用了视觉原理。电影采用每秒24幅画面的速度拍摄和播放，电视采用每秒25幅（PAL制，我国电视就采用此制式）或30幅（NTSC制）画面的速度拍摄和播放。

动画发展至今，分为二维动画和三维动画两种，尤其是3ds Max软件近年来在国内外引发三维动画、电影的制作狂潮，涌现出一大批优秀的、震撼的三维动画电影，如《变形金刚》、《功夫熊猫》、《拯救小兔》和《玩具总动员》等，如图14-1所示。

图14-1

## 14.1.2 如何制作动画

动画制作是一项非常繁琐且复杂的工作，分工极为细致，通常分为前期制作、中期制作和后期制作等。前期制作包括企划、作品设定、资金募集等；中期制作包括分镜、原画、中间画、动画、上色、背景作画、摄影、配音、录音等；后期制作包括剪接、特效、字幕、合成、试映等。

如今，计算机的使用简化了动画的制作，三维动画制作的过程分为以下几个步骤。

**步骤01** 故事板（Storyboard）

这一步是最简单的，也是最重要的，因为故事板决定了三维动画制作整体的策划，包括动画的故事、人物的基本表情、姿势、场景位置等信息，如图14-2所示。

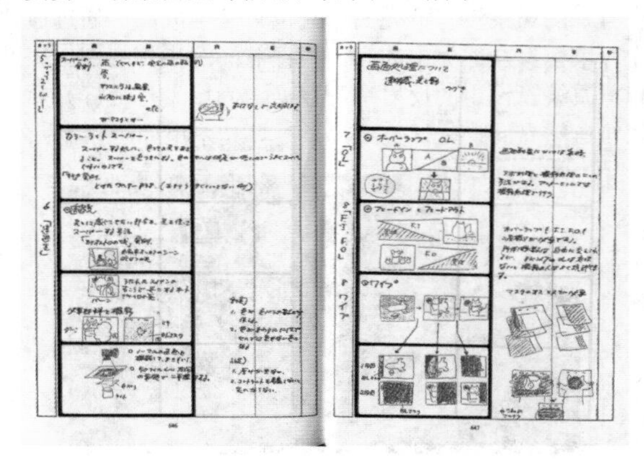

图14-2

**步骤02** 布景（Set Dressing）

布景，即搭建模型，在这个步骤中模型师需要创建动画所需要的模型，当然，模型的建模好坏将直接影响动画的效果。布景效果如图14-3所示。

图14-3

**步骤03** 布局（Layout）

这一步是按照故事板制作三维场景的布局。这是从二维转换成三维的第一步，这里能更准确地体现出场景布局与任务之间的位置关系。当然，场景不需要灯光、材质、特效等十分详细的东西，只要能让导演看到准确的镜头走位、长度、切换和角色的基本姿势等信息即可。布局效果如图14-4所示。

图14-4

**步骤04** 布局动画（Blocking Animation）

这一步需要动画师按照布景和布局中设计好的镜头来制作布局动画，这就开始进入真正的动画制作阶段了。此时把动作的关键点设置好，能够比较细致地反映出角色的肢体动作、表情神态等信息，待导演认可之后进行下一步。本步骤的效果如图14-5所示。

图14-5

**步骤05** 制作动画（Animation）

布局动画通过之后，动画师就可以根据布局动画来进一步制作动画细节，同时加上挤压拉伸、跟随、重叠、次要动作等。到这一步动画师的工作就已经完成了，这也是影片的核心之处，其他的特效灯光等都是辅助动画更加出彩的设置。本步骤的效果如图14-6所示。

图14-6

**步骤06** 模拟、上色（Simulation & Set Shading）

这一步是制作动力学相关的一些东西，如毛发、衣服布料等。通过材质贴图，人物和背景就有了颜色，看起来就更细致、真实、自然，经过本步骤后颜色就能在不同的灯光中变化了。本步骤的效果如图14-7所示。

图14-7

**步骤07** 特效（Effects）

特效这一步主要用来制作火、烟雾、水流等效果。虽然这些东西属于“佐料”，但若没有它们，动画的效果就会逊色不少。特效效果如图14-8所示。

图14-8

**步骤08** 灯光（Lighting）

再好的场景没有漂亮的布光也只是半成品，通过放置虚拟光源来模拟自然界中的光，根据前面的步骤制作出来的场景和材质编辑设定的反射率等数据，为场景打上灯光后，效果就与自然界的景色相差无几了。灯光效果如图14-9所示。

图14-9

**步骤09** 渲染（Rendering）

这是三维动画视频制作的最后一步，渲染计算机中繁杂的数据并输出，加上后期制作（添加音频等），才是一部可以用于放映的影片，因为之前几步的效果都需要经过渲染才能表现出来（制作过程中受到硬件限制不能实时显示高质量的图像）。渲染的方式有很多，但都基于3种基本渲染算法：扫描线、光线跟踪、辐射度（例如《汽车总动员》运用了光线跟踪技术，使景物看起来更真实，但是也大大增加了渲染的时间）。渲染效果如图14-10所示。

图14-10

# 14.2 动画的基础知识

## 14.2.1 动画制作工具

### 1. 关键帧设置

启动3ds Max 2016后，在界面的右下角可以观察到一些设置动画关键帧的相关工具，如图14-11所示。

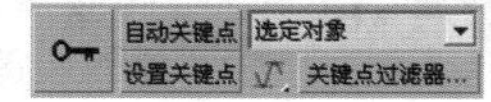

图14-11

- 【自动关键点】按钮：单击该按钮可以记录关键帧。在该状态下，物体的模型、材质、灯光和渲染都将被记录为不同属性的动画。启用【自动关键点】功能后，时间线会变成红色，拖曳时间线滑块可以控制动画的播放范围和关键帧等，如图14-12所示。

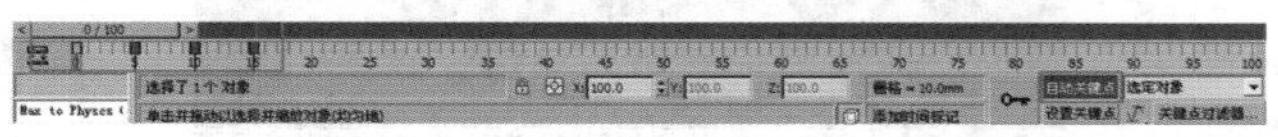
图14-12

- 【设置关键点】按钮：激活该按钮后，可以对关键点设置动画。
- 【设置】按钮：如果对当前的效果比较满意，可以单击该按钮（快捷键为K）设置关键点。

### 2. 播放控制

3ds Max 2016还提供了一些控制动画播放的相关工具，如图14-13所示。

图14-13

- 【转至开头】按钮：如果当前时间线滑块没有处于第0帧位置，那么单击该按钮可以跳转到第0帧。
- 【上一帧】按钮：将当前时间线滑块向前移动一帧。
- 【播放动画】按钮/【播放选定对象】按钮：单击【播放动画】按钮可以播放整个场景中的所有动画；单击【播放选定对象】按钮可以播放选定对象的动画，而未选定的对象将静止不动。
- 【下一帧】按钮：将当前时间线滑块向后移动一帧。
- 【转至结尾】按钮：如果当前时间线滑块没有处于结束帧位置，那么单击该按钮可以跳转到最后一帧。
- 【关键点模式切换】按钮：单击该按钮可以切换到关键点设置模式。
- 【时间跳转输入框】：在这里可以输入数字来跳转时间线滑块，例如输入“60”，按Enter键就可以将时间线滑块跳转到第60帧。
- 【时间配置】按钮：单击该按钮，打开【时间配置】对话框，该对话框中的参数将在后面的内容中进行讲解。

### 3. 时间配置

单击【时间配置】按钮，打开【时间配置】对话框，如图14-14所示。

- 帧速率：有NTSC（30帧/秒）、PAL（25帧/秒）、【电影】（24帧/秒）和【自定义】4种方式可供选择，但一般情况下均采用PAL（25帧/秒）方式。
- 时间显示：有【帧】、SMPTE、【帧:TICK】和【分:秒:TICK】4种方式可供选择。

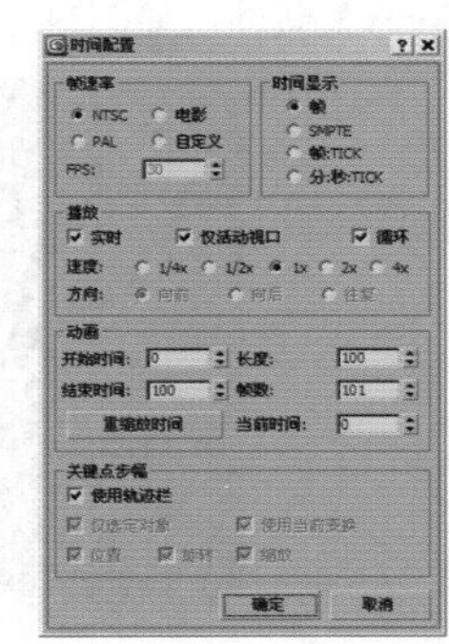
图14-14

- 实时：使视图中播放的动画与当前【帧速率】的设置保持一致。
- 仅活动视口：使播放操作只在活动视口中进行。
- 循环：控制动画只播放一次或者循环播放。
- 方向：指定动画的播放方向。
- 开始时间/结束时间：设置在时间线滑块中显示的活动时间段。
- 长度：设置显示活动时间段的帧数。
- 帧数：设置要渲染的帧数。
- 当前时间：指定时间线滑块的当前帧。
- 【重缩放时间】按钮：拉伸或收缩活动时间段内的动画，以匹配指定的新时间段。
- 使用轨迹栏：启用该选项后，可以使关键点模式遵循轨迹栏中的所有关键点。
- 仅选定对象：在使用【关键点步幅】模式时，该选项仅考虑选定对象的变换。
- 使用当前变换：禁用【位置】、【旋转】、【缩放】选项时，该选项可以在关键点模式中使用当前变换。
- 位置/旋转/缩放：指定关键点模式所使用的变换模式。

## 小实例：利用自动关键点制作太阳落山动画

| | |
|---|---|
| 场景文件 | 01.max |
| 案例文件 | 小实例：利用自动关键点制作太阳落山动画.max |
| 视频教学 | 多媒体教学/Chapter 14/小实例：利用自动关键点制作太阳落山动画.flv |
| 难易指数 | ★★★☆☆ |
| 技术掌握 | 掌握自动关键点的使用方法 |

### 实例介绍

本实例使用自动关键点制作太阳落山动画，效果如图14-15所示。

图14-15

### 操作步骤

**步骤01** 打开本书配套光盘中的【场景文件/Chapter14/01.max】文件，如图14-16所示。

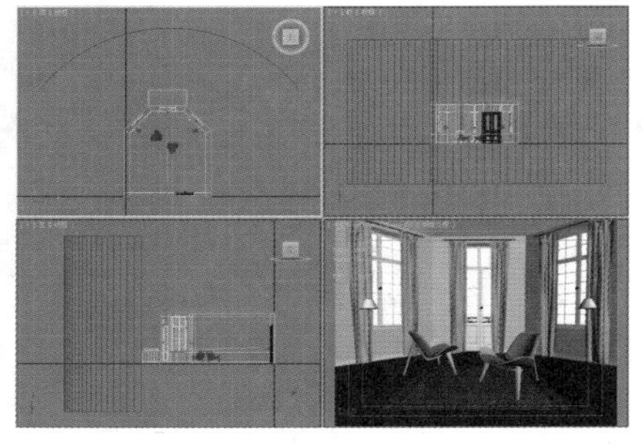

图14-16

**步骤02** 选择场景中的VR_太阳，单击【自动关键点】按钮，如图14-17所示。接着将时间线滑块拖动到第100帧，效果如图14-18所示。

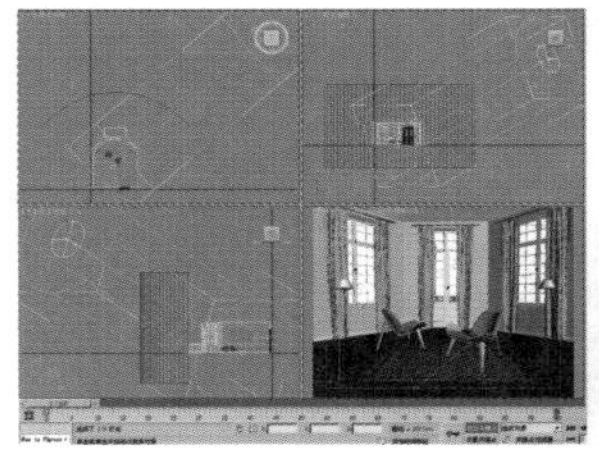

图14-17

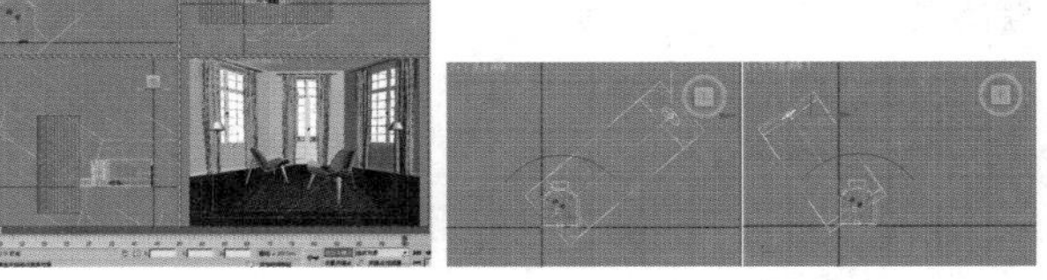

图14-18

**步骤03** 单击关闭【自动关键点】按钮，然后拖曳时间线滑块查看动画效果，如图14-19所示。

图14-19

**步骤04** 选择动画效果最明显的一些帧，然后单独渲染出这些单帧动画，最终效果如图14-20所示。

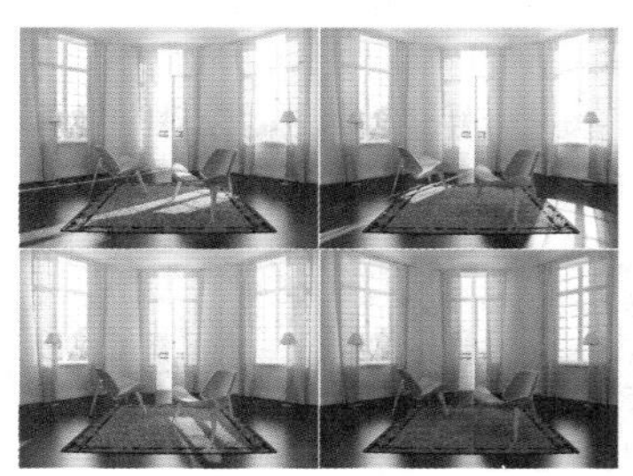

图14-20

## 小实例：利用自动关键点制作行驶的火车

| 场景文件 | 02.max |
|---|---|
| 案例文件 | 小实例：利用自动关键点制作行驶的火车.max |
| 视频教学 | 多媒体教学/Chapter 14/小实例：利用自动关键点制作行驶的火车.flv |
| 难易指数 | ★★★☆☆ |
| 技术掌握 | 掌握自动关键点的使用方法 |

### 实例介绍

本实例使用自动关键点制作火车位移动画，效果如图14-21所示。

图14-21

### 操作步骤

步骤01 打开本书配套光盘中的【场景文件/Chapter14/02.max】文件，如图14-22所示。

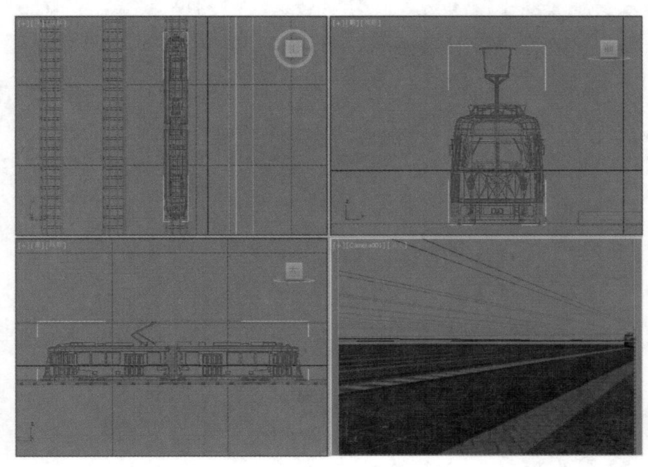

图14-22

步骤02 选择火车模型，单击打开【自动关键点】按钮 自动关键点。接着将时间线滑块拖动到第0帧，并将火车模型移动到如图14-23所示的位置。

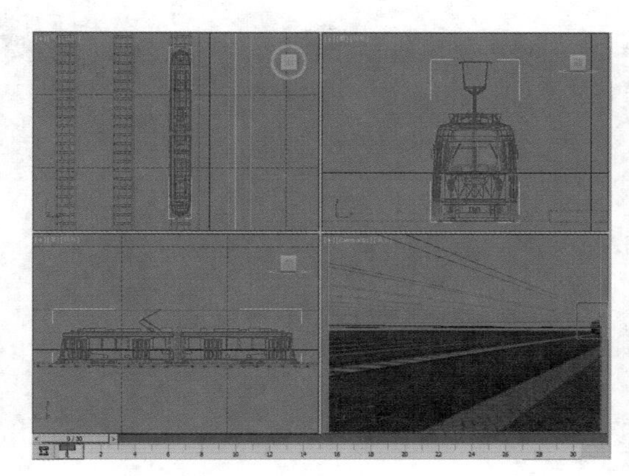

图14-23

步骤03 将时间线滑块拖动到第30帧，并将火车模型移动到如图14-24所示的位置。

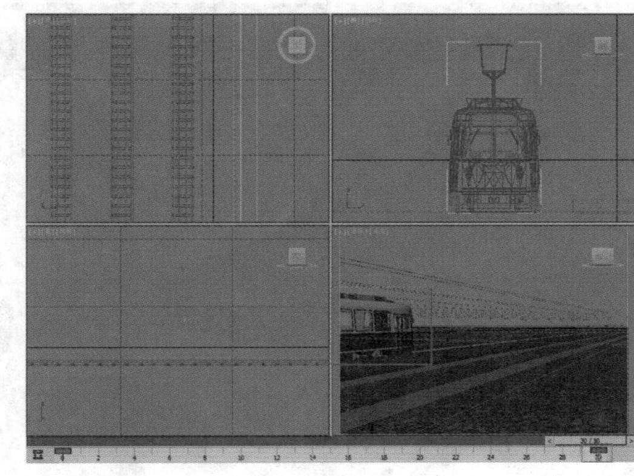

图14-24

步骤04 单击关闭【自动关键点】按钮 自动关键点，然后拖曳时间线滑块查看动画效果，如图14-25所示。

图14-25

步骤05 选择动画效果最明显的一些帧，然后单独渲染出这些单帧动画，最终效果如图14-26所示。

图14-26

# 小实例：利用自动关键点制作雪糕融化动画

| 场景文件 | 03.max |
| --- | --- |
| 案例文件 | 小实例：利用自动关键点制作雪糕融化动画.max |
| 视频教学 | 多媒体教学/Chapter 14/小实例：利用自动关键点制作雪糕融化动画.flv |
| 难易指数 | ★★★☆☆ |
| 技术掌握 | 掌握【融化】修改器功能 |

## 实例介绍

本实例是一个桌面场景，主要讲解【融化】修改器的使用方法，最终渲染效果如图14-27所示。

图14-27

## 操作步骤

步骤01 打开本书配套光盘中的【场景文件/Chapter14/03.max】文件，此时的场景效果如图14-28所示。

步骤02 选择模型，在【修改】面板中加载【融化】修改器，设置【融化百分比】为30，【自定义】为1，在【融化轴】选项组中选中【Z】单选按钮，如图14-29所示。

图14-28

图14-29

步骤03 在【融化】选项组中设置【数量】为72，此时可发现雪糕模型出现了融化效果，如图14-30所示。

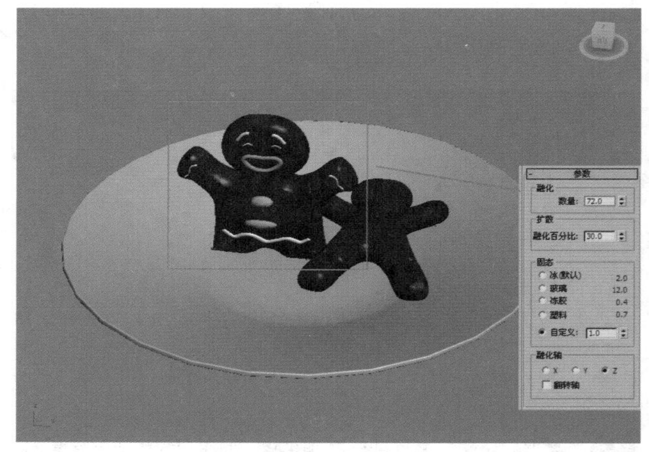

图14-30

### 技巧提示

在【融化】选项组中将【数量】设置为0～1000，即会发现模型慢慢融化，此时可以使用自动关键点设置动画。

**步骤04** 单击打开【自动关键点】按钮，将时间线滑块拖曳到第100帧，如图14-31所示。在【融化】选项组中设置【数量】为250，如图14-32所示。

图14-31

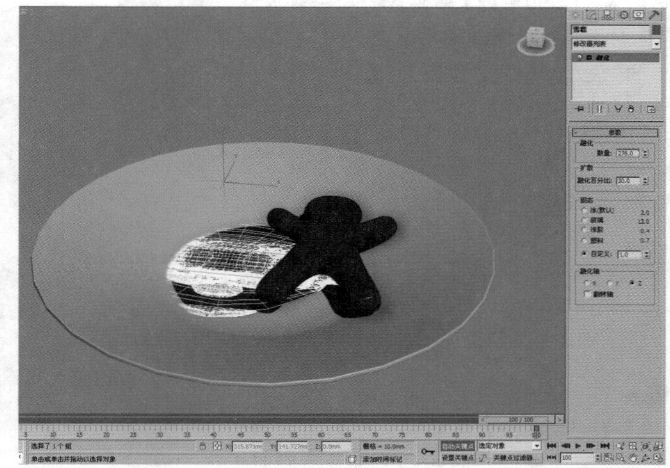

图14-32

**步骤05** 单击关闭【自动关键点】按钮，然后拖曳时间线滑块查看动画效果，如图14-33所示。

**步骤06** 使用同样的方法将另一个模型加载【融化】修改器，然后拖动时间线滑块查看动画效果，如图14-34所示。

**步骤07** 最终渲染效果如图14-35所示。

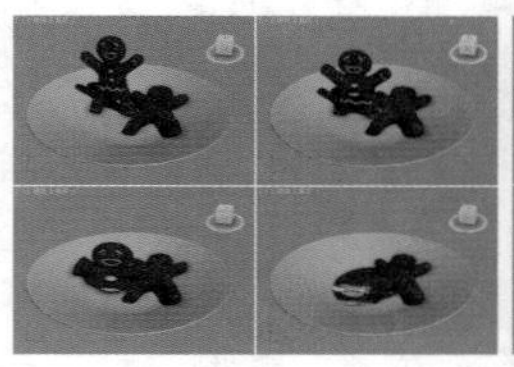

图14-33　图14-34

图14-35

## 14.2.2 曲线编辑器

曲线编辑器是制作动画时经常使用的一个编辑器，使用它可以快速地调节曲线来控制物体的运动状态。单击主工具栏中的【曲线编辑器（打开）】按钮，打开【轨迹视图-曲线编辑器】窗口，如图14-36所示。

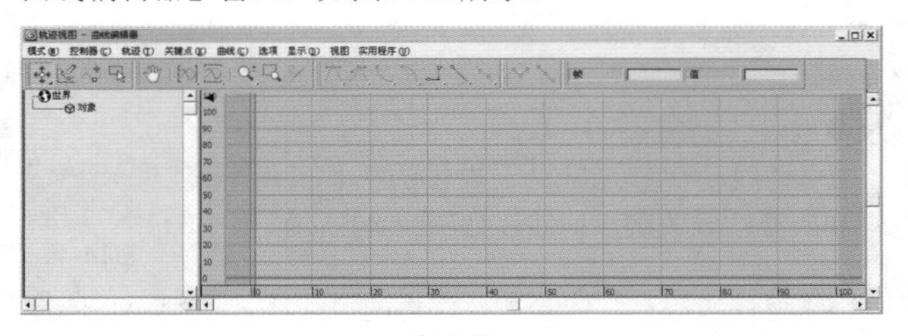

图14-36

为物体设置动画属性后，在【轨迹视图-曲线编辑器】窗口中会出现与之相对应的曲线。如图14-37所示为【位置】属性的【X位置】、【Y位置】和【Z位置】曲线。

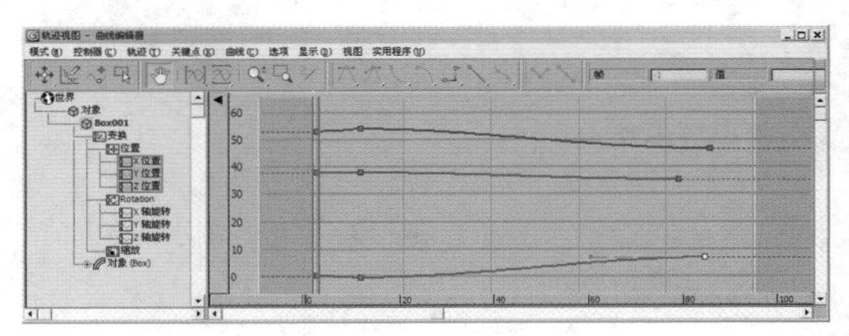

图14-37

### 技术专题——不同动画曲线所代表的含义

在【轨迹视图-曲线编辑器】窗口中，X轴默认使用红色曲线来表示，Y轴默认使用绿色曲线来表示，Z轴默认使用紫色曲线来表示，这3条曲线与坐标轴的3条轴线的颜色相同。图14-38中的X轴曲线为水平直线，表示物体在X轴上未发生移动。

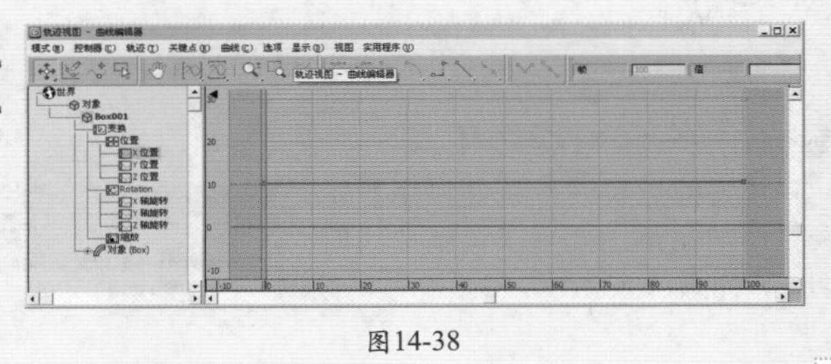

图14-38

图14-39中的Y轴曲线为抛物线形状，表示物体在Y轴方向上正处于加速运动状态。

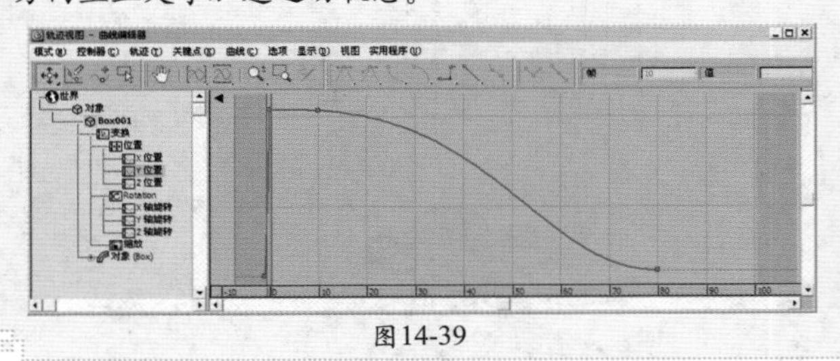
图14-39

图14-40中的Z轴曲线为倾斜的均匀曲线，表示物体在Z轴方向上处于匀速运动状态。

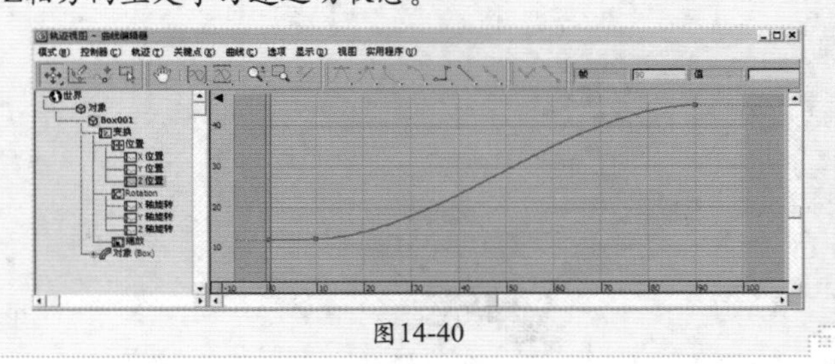
图14-40

下面讲解【轨迹视图-曲线编辑器】窗口中的相关工具。

## 1. 关键点控制工具

【关键点控制：轨迹视图】工具栏中的工具主要用来调整曲线基本形状，同时也可以用来调整关键帧和添加关键点，如图14-41所示。

图14-41

- 【移动关键点】按钮/【水平移动关键点】按钮/【垂直移动关键点】按钮：在函数曲线图上任意、水平或垂直移动关键点。
- 【绘制曲线】按钮：可使用该选项绘制新曲线，或直接在函数曲线图上绘制草图来修改已有曲线。
- 【插入关键帧】按钮：在现有曲线上创建关键点。
- 【区域工具】按钮：使用此工具可以在矩形区域中移动和缩放关键点。

## 2. 导航工具

【导航】工具可以控制平移、水平方向最大化显示、最大化显示值、缩放、缩放区域、孤立曲线工具，如图14-42所示。

图14-42

- 【平移】按钮：可以控制平移轨迹视图。
- 【水平方向最大化显示】按钮：用来控制水平方向的最大化显示效果。
- 【最大化显示值】按钮：用来控制最大化显示数值。
- 【缩放】按钮：用来控制轨迹视图缩放效果。
- 【缩放区域】按钮：可以通过拖动鼠标左键的区域进行缩放。
- 【孤立曲线】按钮：用来控制孤立的曲线。

## 3. 关键点切线工具

【关键点切线：轨迹视图】工具栏中的工具主要用来调整曲线的切线，如图14-43所示。

图14-43

- 【将切线设置为自动】按钮：选择关键点后，单击该按钮可以切换为自动切线。
- 【将切线设置为自定义】按钮：将关键点切线设置为自定义切线。
- 【将切线设置为快速】按钮：将关键点切线设置为快速内切线或快速外切线，也可以设置为快速内切线兼快速外切线。
- 【将切线设置为慢速】按钮：将关键点切线设置为慢速内切线或慢速外切线，也可以设置为慢速内切线兼慢速外切线。
- 【将切线设置为阶跃】按钮：将关键点切线设置为阶跃内切线或阶跃外切线，也可以设置为阶跃内切线兼阶跃外切线。
- 【将切线设置为线性】按钮：将关键点切线设置为线性内切线或线性外切线，也可以设置为线性内切线兼线性外切线。
- 【将切线设置为平滑】按钮：将关键点切线设置为平滑切线。

## 4. 切线动作工具

【切线动作】工具栏上提供的工具可用于统一和断开动画关键点切线，如图14-44所示。

图14-44

- 【断开切线】按钮：允许将两条切线（控制柄）连接到一个关键点，使其能够独立移动。
- 【统一切线】按钮：如果切线是统一的，按任意方向移动控制柄，从而控制柄之间保持最小角度。选择一个或多个带有断开切线的关键点，然后单击【统一切线】按钮。

## 5. 关键点输入工具

曲线编辑器的【关键点输入：轨迹试图】工具栏中包含用于从键盘编辑单个关键点的字段，如图14-45所示。

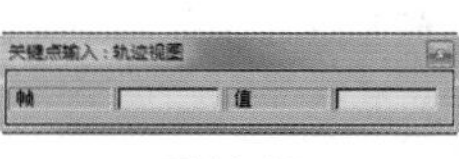

图14-45

- 帧：显示选定关键点的帧编号（在时间中的位置）。可以输入新的帧数或输入一个表达式，以将关键点移至其他帧。
- 值：显示高亮显示的关键点的值（即在空间中的位置）。这是一个可编辑字段。可以输入新的数值或表达式来更改关键点的值。

## 小实例：利用曲线编辑器制作高尔夫进球动画

| 场景文件 | 04.max |
|---|---|
| 案例文件 | 小实例：利用曲线编辑器制作高尔夫进球动画.max |
| 视频教学 | 多媒体教学/Chapter 14/小实例：利用曲线编辑器制作高尔夫进球动画.flv |
| 难易指数 | ★★★☆☆ |
| 技术掌握 | 掌握曲线编辑器功能 |

### 实例介绍

本实例是一个高尔夫球场场景，主要讲解曲线编辑器的使用方法，最终渲染效果如图14-46所示。

图14-46

### 操作步骤

#### Part 1　制作高尔夫球棒动画

步骤01 打开本书配套光盘中的【场景文件/Chapter14/04.max】文件，此时的场景效果如图14-47所示。

步骤02 选择高尔夫球棒模型，单击打开【自动关键点】按钮 自动关键点，并拖动时间线滑块到第0帧，接着设置高尔夫球棒模型为如图14-48所示的位置。

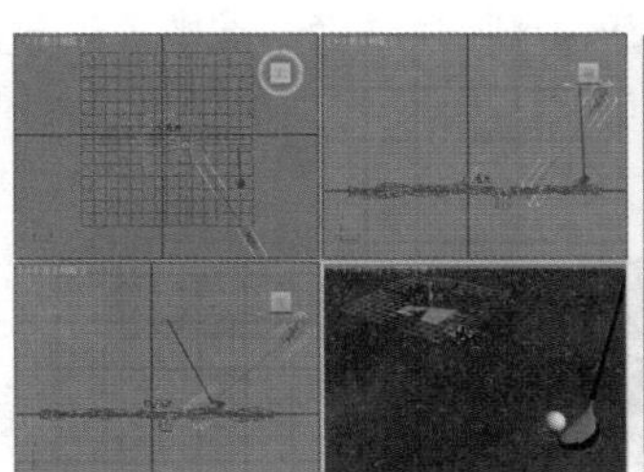

图14-47

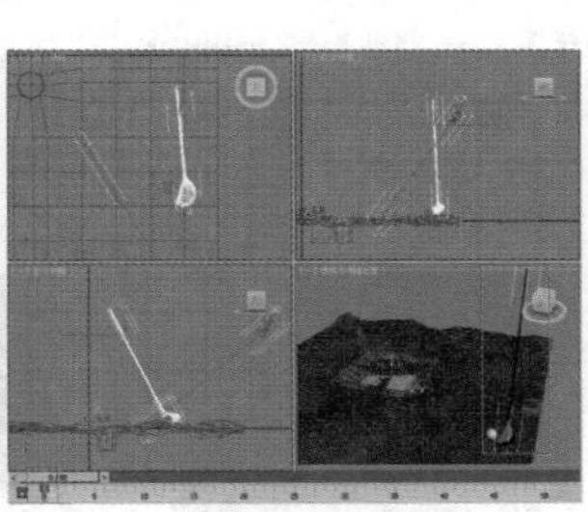

图14-48

步骤03 拖动时间线滑块到第30帧，然后旋转所选择的部分模型到如图14-49所示的位置。

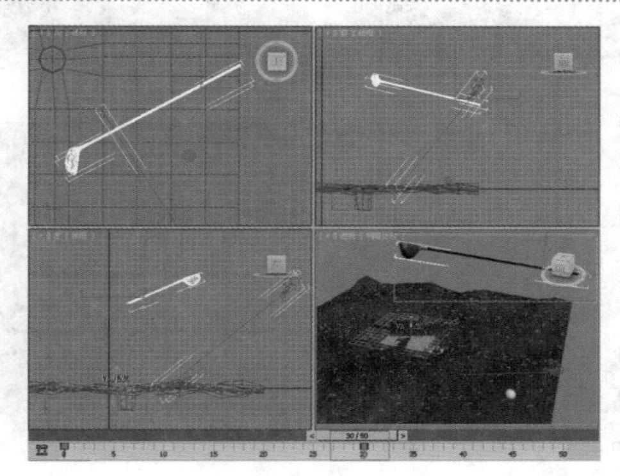

图14-49

#### Part 2　制作高尔夫球动画

步骤01 选择高尔夫球，单击打开【自动关键点】按钮 自动关键点，并拖动时间线滑块到第3帧，接着设置高尔夫球模型为如图14-50所示的位置。

步骤02 拖动时间线滑块到第15帧，设置高尔夫球模型为如图14-51所示的位置。

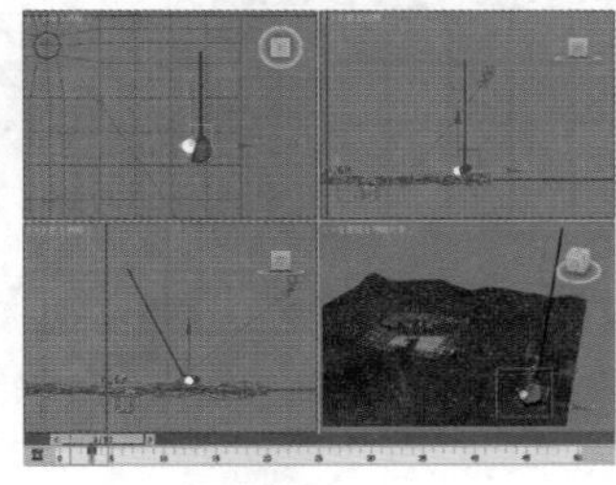

图14-50

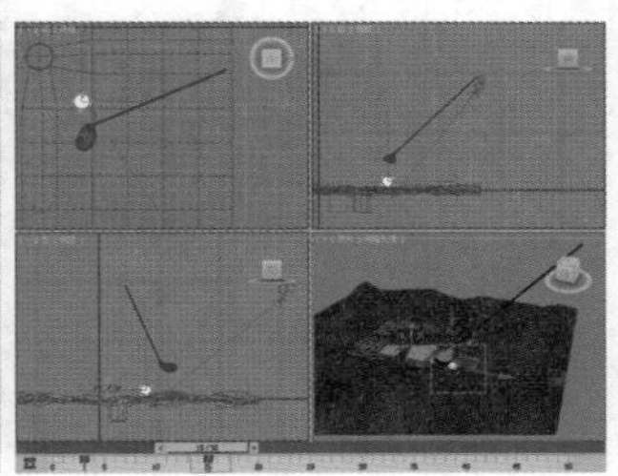

图14-51

步骤03 拖动时间线滑块到第20帧，设置高尔夫球模型为如图14-52所示的位置。

步骤04 拖动时间线滑块到第25帧，设置高尔夫球模型为如图14-53所示的位置。

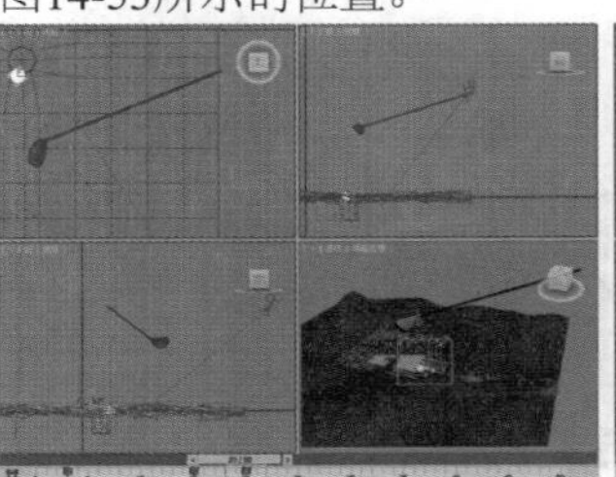

图14-52

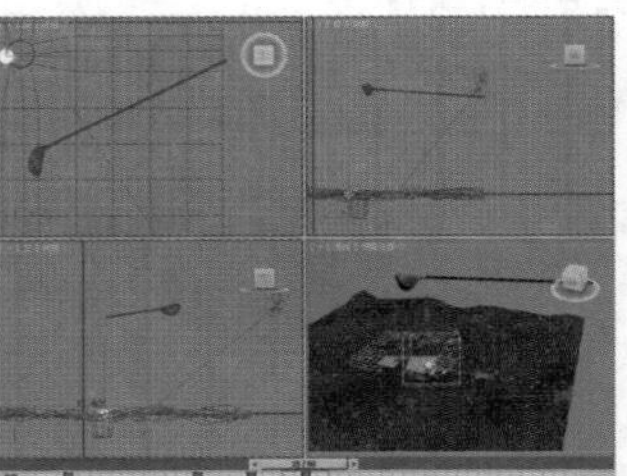

图14-53

步骤05 拖动时间线滑块到第30帧，设置高尔夫球模型为如图14-54所示的位置。

步骤06 拖动时间线滑块到第33帧，设置高尔夫球模型为如图14-55所示的位置。

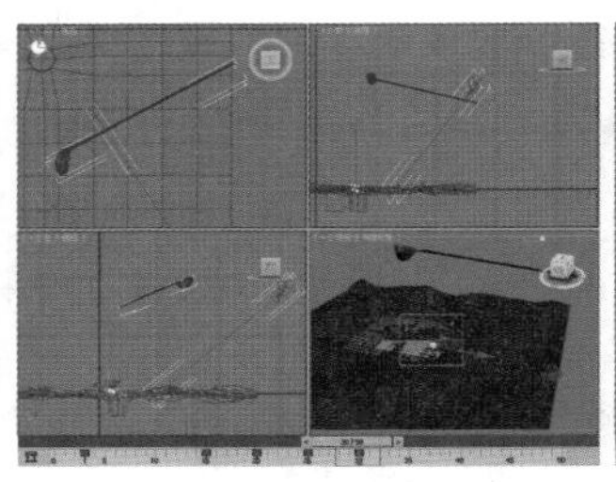

图14-54

图14-55

**步骤07** 拖动时间线滑块到第40帧，设置高尔夫球模型为如图14-56所示的位置。

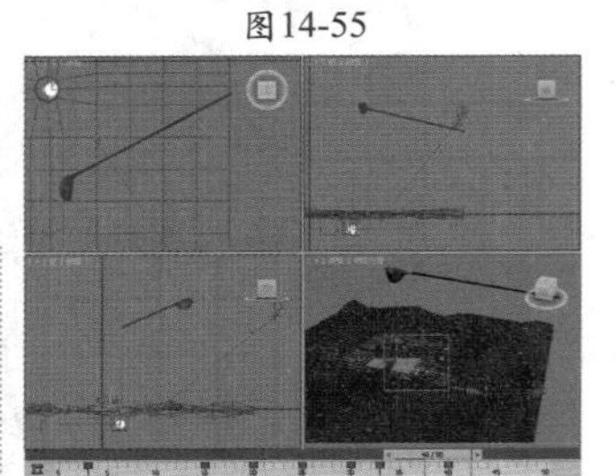

图14-56

**技巧提示**

使用同样的方法为高尔夫球制作旋转动画，会使动画更加真实。

## Part 3 使用曲线编辑器调节动画

**步骤01** 为了使动画更加真实，此时可通过曲线编辑器进行调整。单击【曲线编辑器】按钮，打开【曲线编辑器】面板，如图14-57所示。

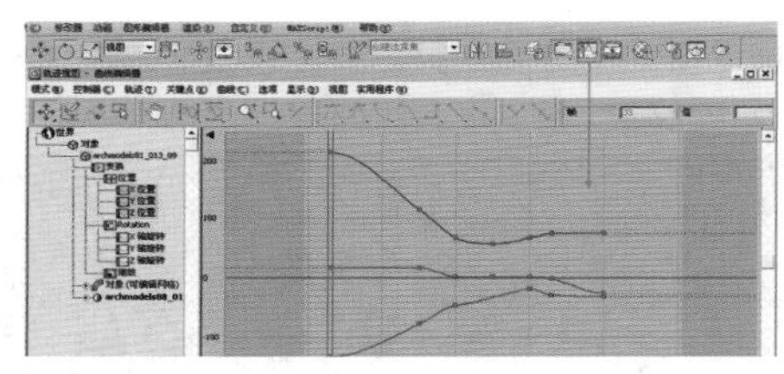

图14-57

**步骤02** 单击面板左侧的【Y位置】，此时可以看到Y轴位移上的动画曲线，在第30～40帧范围内的曲线过渡非常强烈，因此可说明该部分的动画过渡不合适，如图14-58所示。

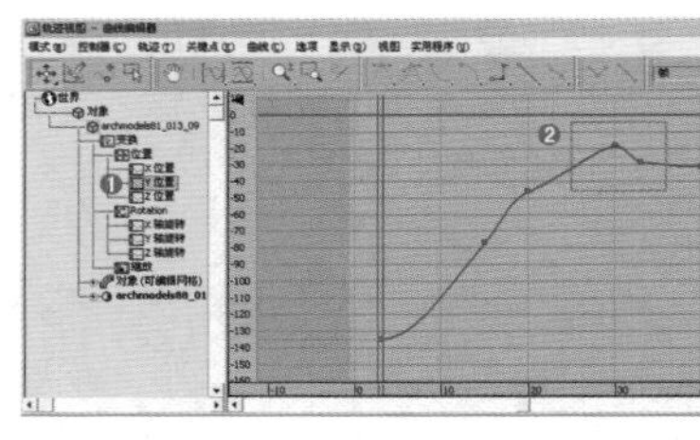

图14-58

**步骤03** 单击面板左侧的【Y位置】，并调节曲线的形状，使其过渡更缓和，如图14-59所示。

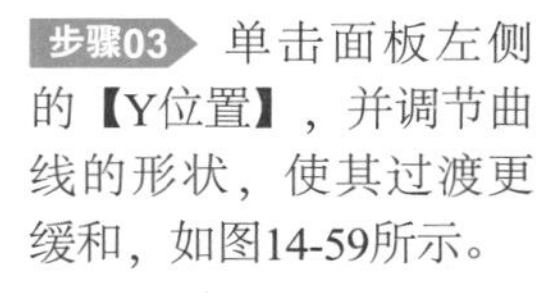

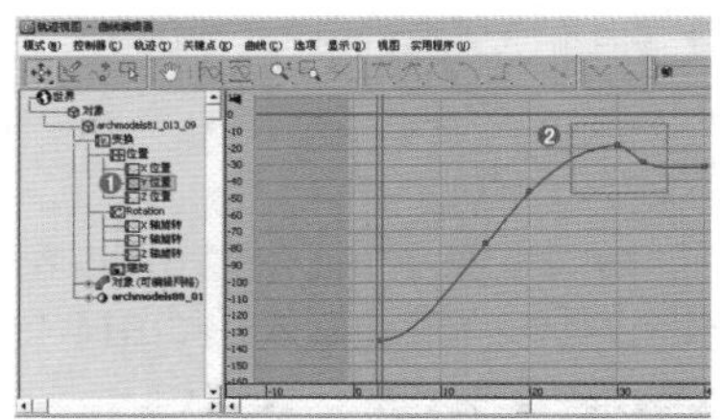

图14-59

**步骤04** 单击关闭【自动关键点】按钮自动关键点，然后拖曳时间线滑块查看动画效果，如图14-60所示。

**步骤05** 最终渲染效果如图14-61所示。

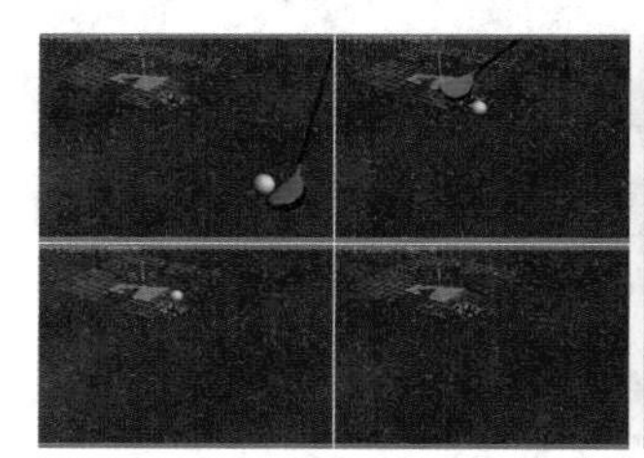

图14-60

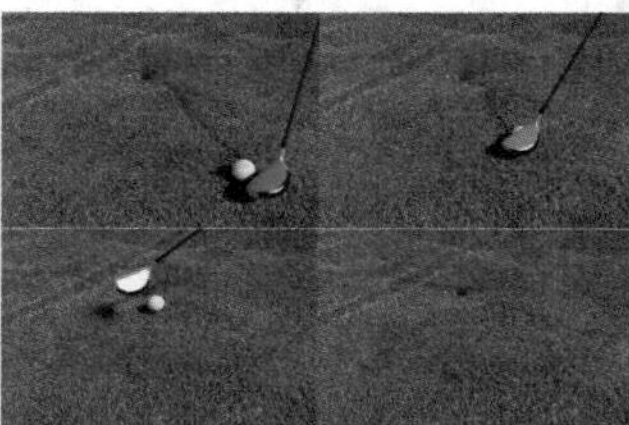

图14-61

# 小实例：利用漩涡贴图制作咖啡动画

| 场景文件 | 05.max |
|---|---|
| 案例文件 | 小实例：利用漩涡贴图制作咖啡动画.max |
| 视频教学 | 多媒体教学/Chapter 14/小实例：利用漩涡贴图制作咖啡动画.flv |
| 难易指数 | ★★★☆☆ |
| 技术掌握 | 掌握漩涡贴图制作动画功能 |

## 实例介绍

本实例是一个咖啡桌场景，主要讲解利用漩涡贴图制作咖啡动画，最终渲染效果如图14-62所示。

图14-62

## 操作步骤

**步骤01** 打开本书配套光盘中的【场景文件/Chapter14/05.max】文件，此时的场景效果如图14-63所示。

**步骤02** 按M键，打开【材质编辑器】窗口，单击一个材质球，并命名为【咖啡】，接着设置材质类型为【VRayMtl】，同时设置【反射】颜色为白色，选中【菲涅耳反射】复选框，设置【细分】为15，最后设置【折射】颜色为深灰色，如图14-64所示。

图14-63

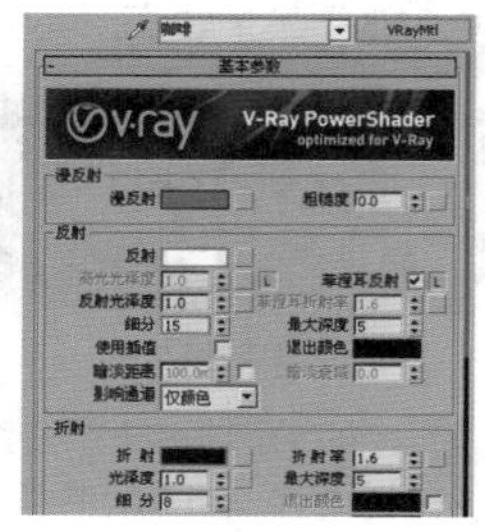

图14-64

**步骤03** 在【漫反射】通道上加载【漩涡】程序贴图，并设置【基本】颜色为深咖啡色，【漩涡】颜色为土黄色，如图14-65所示。拖曳漫反射后面的通道到【凹凸】通道上，接着设置【凹凸】为50，如图14-66所示。

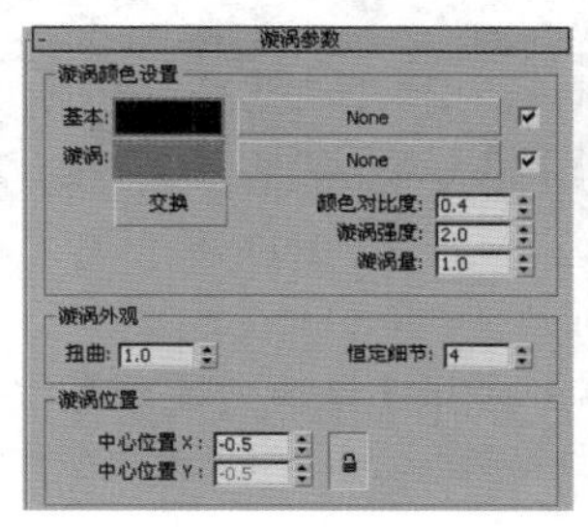


图14-65

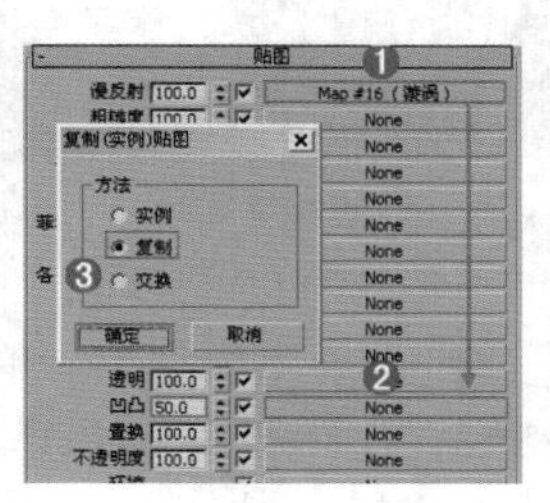

图14-66

**步骤04** 将该材质赋给场景中的咖啡模型，如图14-67所示。

**步骤05** 单击打开【自动关键点】按钮自动关键点，并拖动时间线滑块到第0帧，设置【扭曲】为1，如图14-68所示。

图14-67

图14-68

**步骤06** 拖动时间线滑块到第100帧，设置【扭曲】为20，如图14-69所示。

**步骤07** 单击关闭【自动关键点】按钮自动关键点，拖曳时间线滑块查看动画效果，如图14-70所示。

图14-69

图14-70

**步骤08** 最终渲染效果如图14-71所示。

图14-71

## 小实例：利用烟雾贴图制作云飘动动画

| 场景文件 | 06.max |
|---|---|
| 案例文件 | 小实例：利用烟雾贴图制作云飘动动画.max |
| 视频教学 | 多媒体教学/Chapter 14/小实例：利用烟雾贴图制作云飘动动画.flv |
| 难易指数 | ★★★☆☆ |
| 技术掌握 | 掌握烟雾贴图制作动画功能 |

### 实例介绍

本实例是一个天空场景，主要讲解利用烟雾贴图制作云飘动动画，最终渲染效果如图14-72所示。

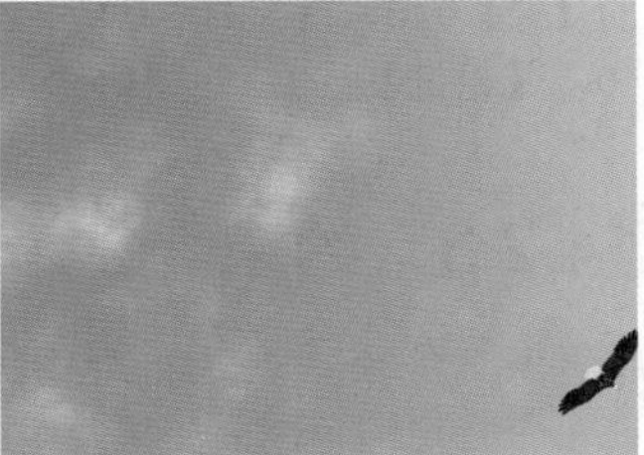

图14-72

### 操作步骤

#### Part 1 制作天空材质

**步骤01** 打开本书配套光盘中的【场景文件/Chapter14/06.max】文件，此时的场景效果如图14-73所示。

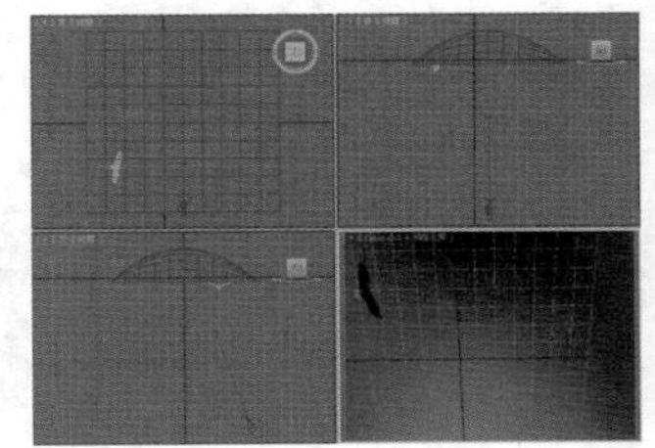

图14-73

**步骤02** 按M键，打开【材质编辑器】窗口，单击一个材质球，并命名为【天空】，接着设置材质类型为【VRayMtl】，在【漫反射】通道上加载【Smoke（烟雾）】程序贴图，并设置

【大小】为20，【颜色#1】为深蓝色，【颜色#2】为浅蓝色，如图14-74所示。

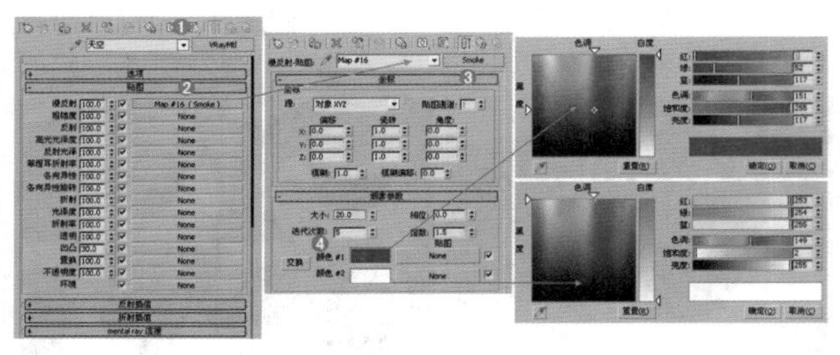

图14-74

**步骤03** 拖曳【漫反射】后面的通道到【不透明度】通道上，并选中【实例】单选按钮，然后单击【确定】按钮，如图14-75所示。

**步骤04** 将该材质赋给场景中的天空模型，如图14-76所示。

图14-75

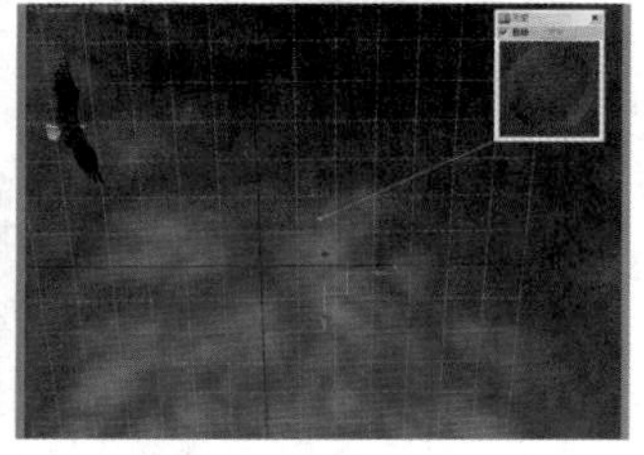

图14-76

### Part 2 制作天空材质动画

**步骤01** 单击打开【自动关键点】按钮自动关键点，并拖动时间线滑块到第0帧，然后设置【偏移】的【X】为0，【Y】为0，【Z】为0，同时设置【角度】的【X】为0，【Y】为0，【Z】为0，并设置【大小】为20，【相位】为0，如图14-77所示。

**步骤02** 拖动时间线滑块到第100帧，然后设置【偏移】的【X】为－30，【Y】为10，【Z】为0，同时设置【角度】的【X】为0，【Y】为0，【Z】为20，并设置【大小】为40，【相位】为2，如图14-78所示。

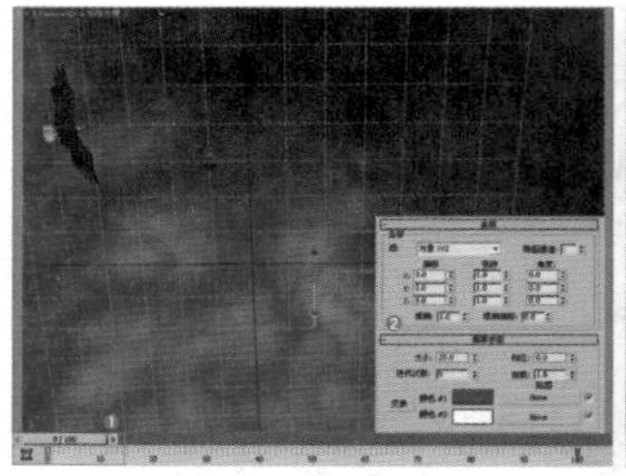

图14-77

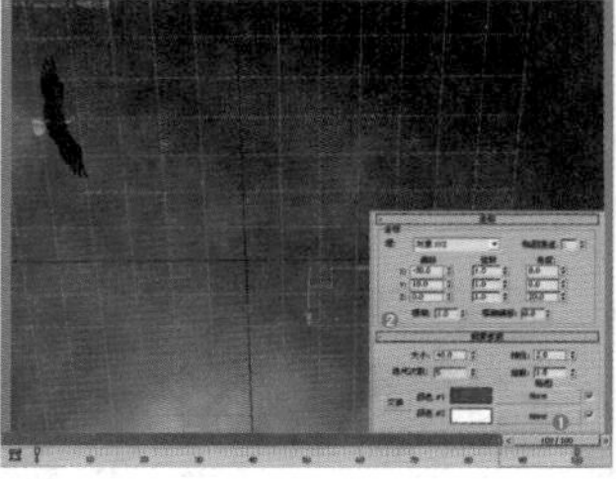

图14-78

### Part 3 制作飞鹰动画

**步骤01** 选择飞鹰模型，单击打开【自动关键点】按钮自动关键点，并拖动时间线滑块到第0帧，然后将飞鹰模型移动到如图14-79所示的位置。

**步骤02** 拖动时间线滑块到第100帧，然后将飞鹰模型移动到如图14-80所示的位置。

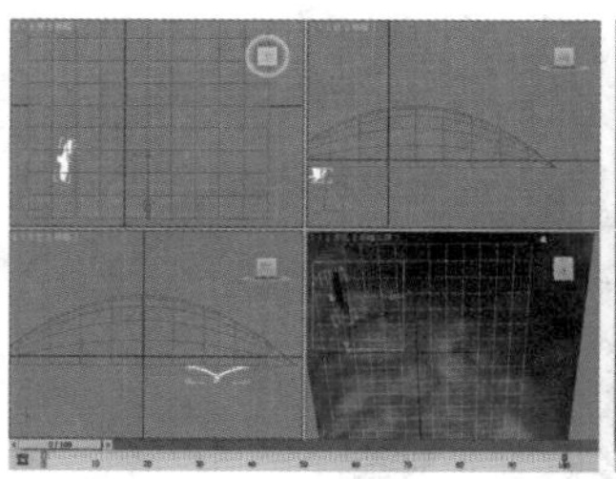

图14-79

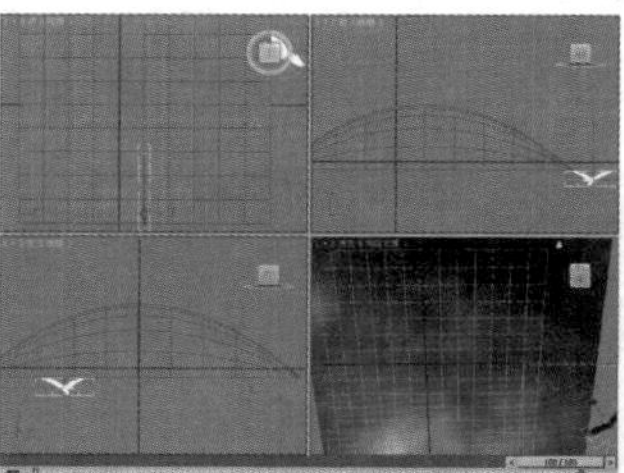

图14-80

**步骤03** 单击关闭【自动关键点】按钮自动关键点，然后拖曳时间线滑块查看动画效果，如图14-81所示。

**步骤04** 最终渲染效果如图14-82所示。

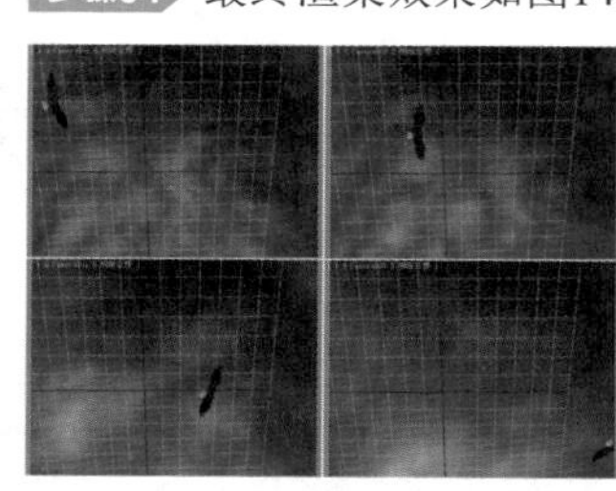

图14-81

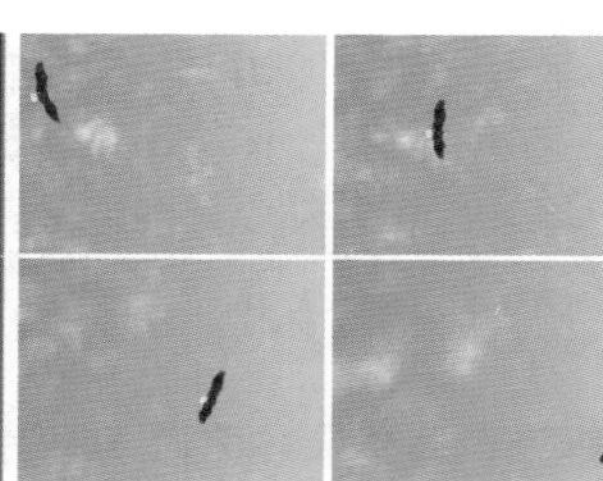

图14-82

## 14.2.3 约束

所谓约束，就是将事物的变化限制在一个特定的范围内。将两个或多个对象绑定在一起后，使用【动画】|【约束】子菜单中的命令可以控制对象的位置、旋转或缩放。执行【动画】|【约束】菜单命令，可以观察到【约束】命令包含7个子命令，分别是【附着约束】、【曲面约束】、【路径约束】、【位置约束】、【链接约束】、【注视约束】和【方向约束】，如图14-83所示。

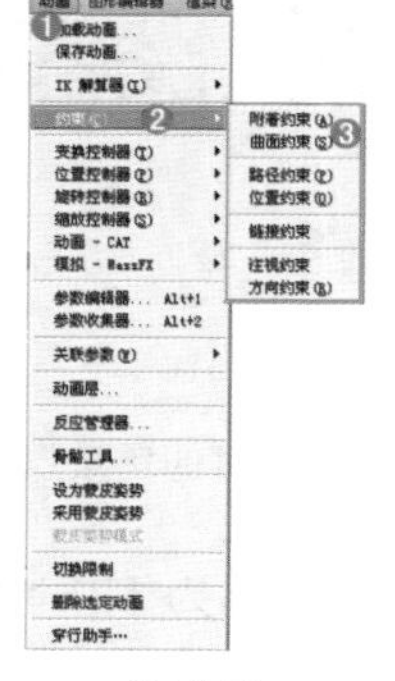

图14-83

- 附着约束：将对象的位置附到另一个对象的面上。
- 曲面约束：沿着另一个对象的曲面来限制对象的位置。
- 路径约束：沿着路径来约束对象的移动效果。
- 位置约束：使受约束的对象跟随另一个对象的位置。
- 链接约束：将一个对象中的受约束对象链接到另一个对象上。
- 注视约束：约束对象的方向，使其始终注视另一个对象。
- 方向约束：使受约束的对象旋转跟随另一个对象的旋转效果。

## 小实例：利用路径约束制作飞翔动画

| 场景文件 | 07.max |
| --- | --- |
| 案例文件 | 小实例：利用路径约束制作飞翔动画.max |
| 视频教学 | 多媒体教学/Chapter 14/小实例：利用路径约束制作飞翔动画.flv |
| 难易指数 | ★★★☆☆ |
| 技术掌握 | 掌握路径约束功能 |

### 实例介绍

本实例是一个飞行的场景，主要讲解利用路径约束制作飞翔动画，最终渲染效果如图14-84所示。

图14-84

### 操作步骤

**步骤01** 打开本书配套光盘中的【场景文件/Chapter14/07.max】文件，此时的场景效果如图14-85所示。

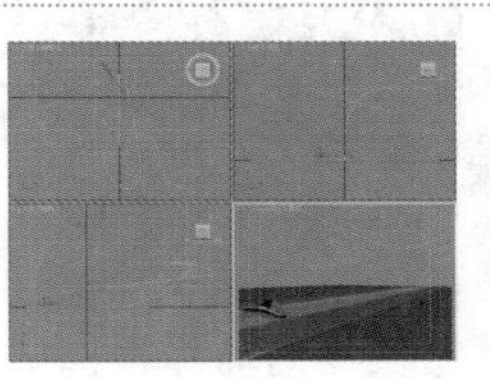

图14-85

**步骤02** 选择飞机模型，然后选择【动画】/【约束】/【路径约束】命令，接着单击拾取场景中的线，如图14-86所示。

**步骤03** 拖曳时间线滑块查看动画效果，如图14-87所示。

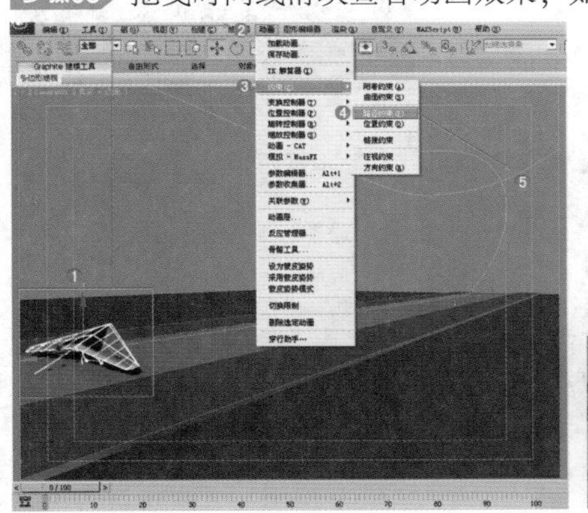

图14-86

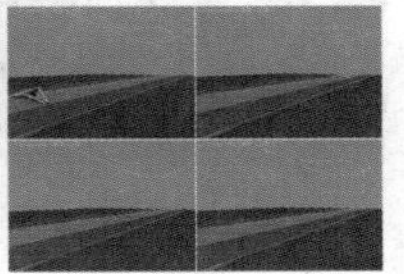

图14-87

**技巧提示**

此时可发现，飞机的飞行路线虽然沿着线前进，但是飞行的朝向始终是朝前，并没有跟随线进行飞机本身的变化，如图14-88所示。

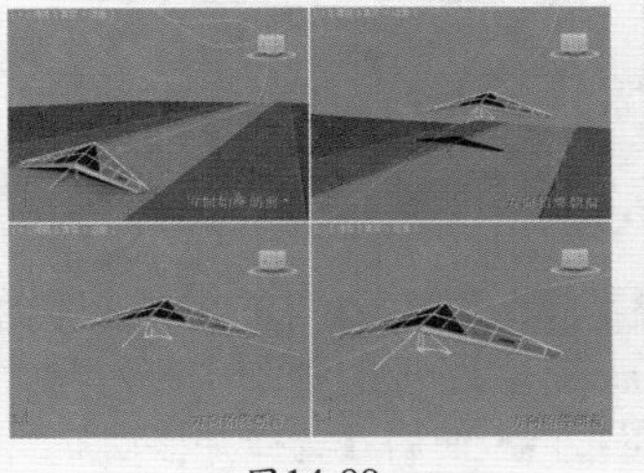

图14-88

**步骤04** 选择飞机模型，单击【运动】按钮，然后选中【跟随】复选框，接着在【轴】选项组中选中【Y】单选按钮，最后选中【翻转】复选框，如图14-89所示。

**步骤05** 拖曳时间线滑块查看动画效果，如图14-90所示。

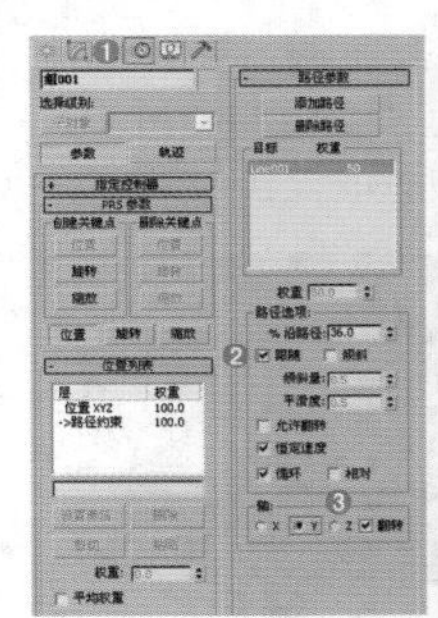

图14-89

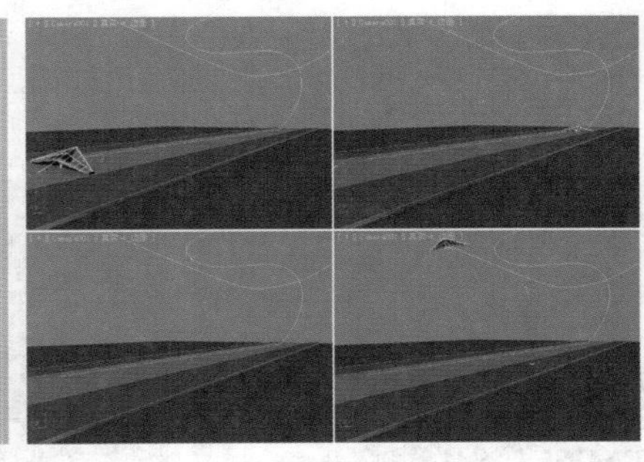

图14-90

**步骤06** 最终渲染效果如图14-91所示。

图14-91

## 小实例：利用链接约束制作磁铁吸附小球

| 场景文件 | 08.max |
| --- | --- |
| 案例文件 | 小实例：利用链接约束制作磁铁吸附小球.max |
| 视频教学 | 多媒体教学/Chapter 14/小实例：利用链接约束制作磁铁吸附小球.flv |
| 难易指数 | ★★★☆☆ |
| 技术掌握 | 掌握链接约束功能 |

### 实例介绍

本实例是一个桌面场景，主要讲解利用链接约束制作磁铁吸附小球，最终渲染效果如图14-92所示。

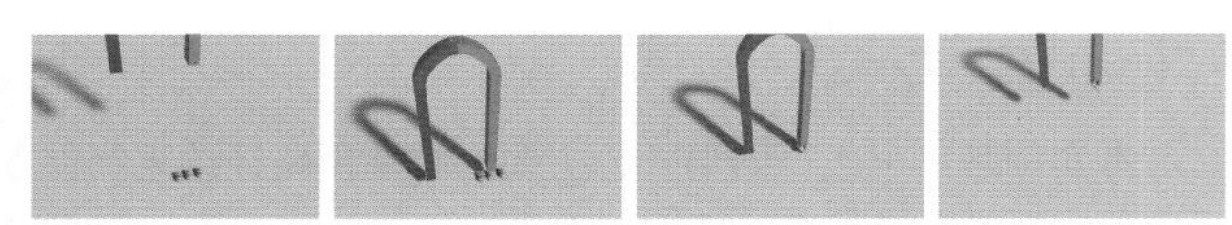

图14-92

## 操作步骤

**步骤01** 打开本书配套光盘中的【场景文件/Chapter14/08.max】文件，此时的场景效果如图14-93所示。

**技巧提示**

从透视图中的动画效果可以看到磁铁在遇到小铁球时并没有将其吸附起来，下面需要使用链接约束来制作。

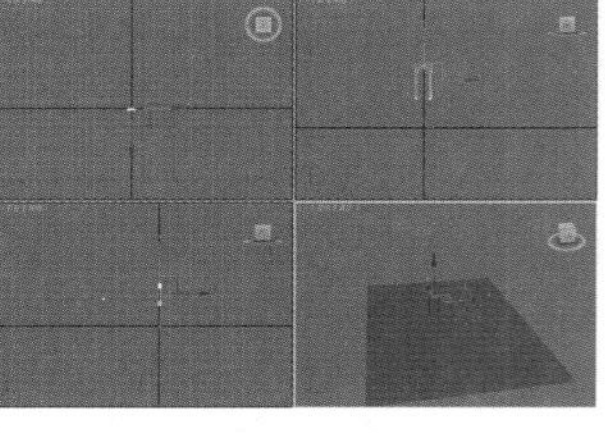

图14-93

**步骤02** 选择球体，然后单击【运动】按钮，展开Link Params卷展栏，接着单击【添加链接】按钮，如图14-94所示。最后单击拾取场景中的平面，如图14-95所示。

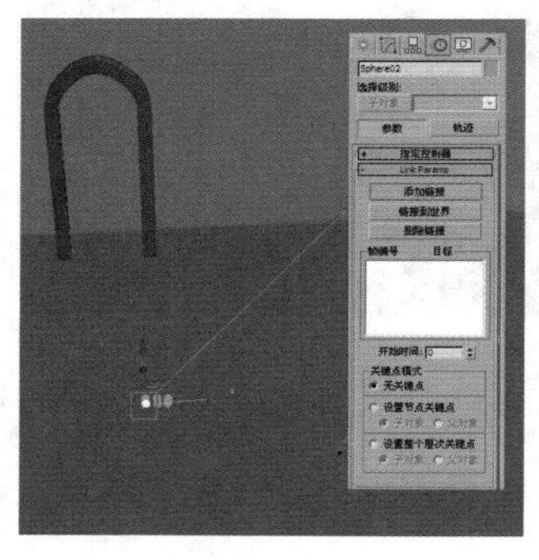

图14-94　　图14-95

**步骤03** 将时间线滑块拖曳到第20帧，然后单击【添加链接】按钮拾取磁铁模型，如图14-96所示。此时可发现小铁球在第20帧时链接到磁铁上了，如图14-97所示。

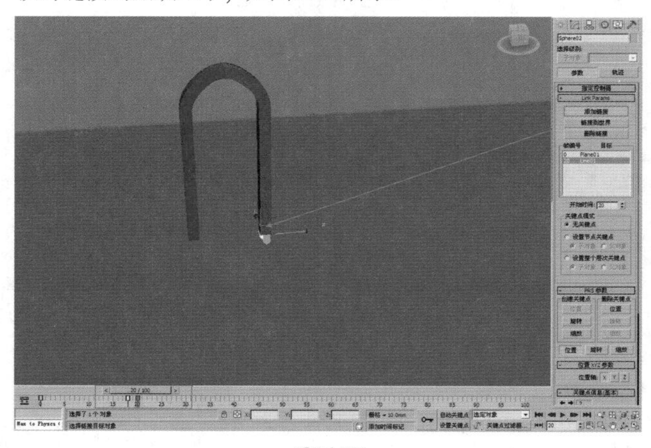

图14-96

**步骤04** 使用同样的方法将其他的球体也链接到磁铁上面，拖曳时间线滑块查看动画效果，如图14-98所示。

**步骤05** 最终渲染效果如图14-99所示。

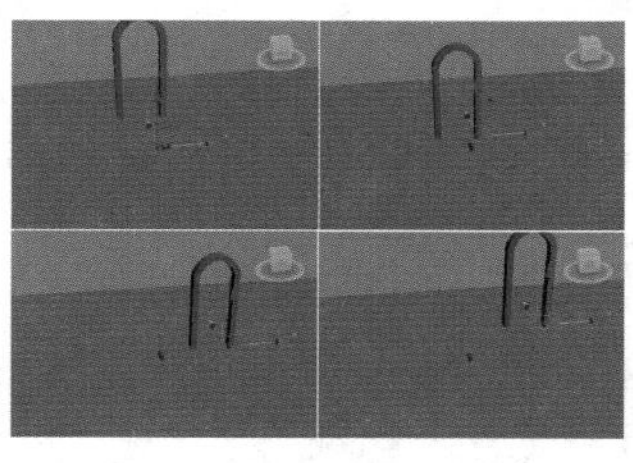

图14-97

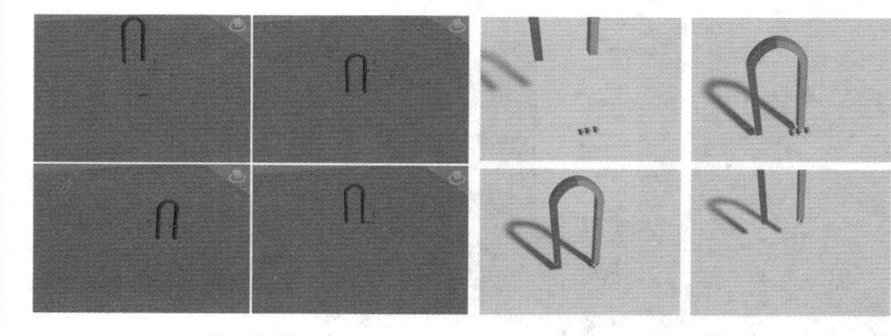

图14-98　　图14-99

# 小实例：利用路径约束和路径变形制作写字动画

| | |
|---|---|
| 场景文件 | 09.max |
| 案例文件 | 小实例：利用路径约束和路径变形制作写字动画.max |
| 视频教学 | 多媒体教学/Chapter 14/小实例：利用路径约束和路径变形制作写字动画.flv |
| 难易指数 | ★★★☆☆ |
| 技术掌握 | 掌握路径约束和路径变形功能 |

## 实例介绍

本实例是一个写信的场景，主要讲解利用路径约束和路径变形制作写字动画，最终渲染效果如图14-100所示。

图14-100

## 操作步骤

### Part 1 创建写字动画

**步骤01** 打开本书配套光盘中的【场景文件/Chapter14/09.max】文件，此时的场景效果如图14-101所示。

**步骤02** 使用【选择并移动】工具和【选择并旋转】工具将钢笔模型移动到如图14-102所示的位置。

**步骤03** 选择钢笔模型，然后选择【动画】|【约束】|【路径约束】命令，接着单击拾取场景中的文字，如图14-103所示。

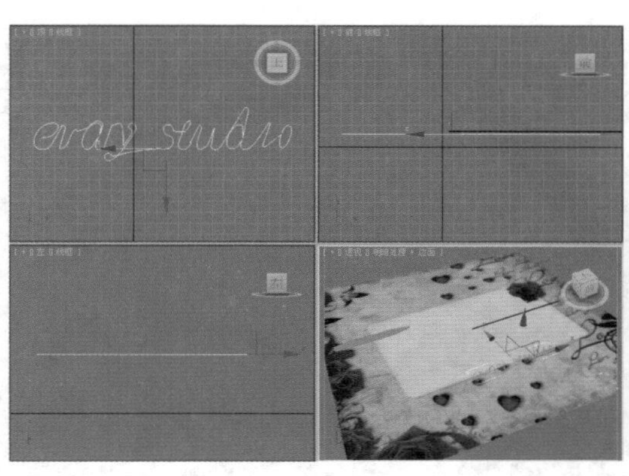

图14-101

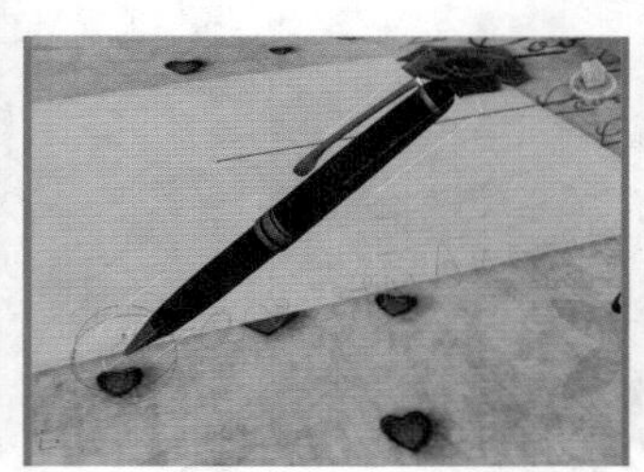

图14-102

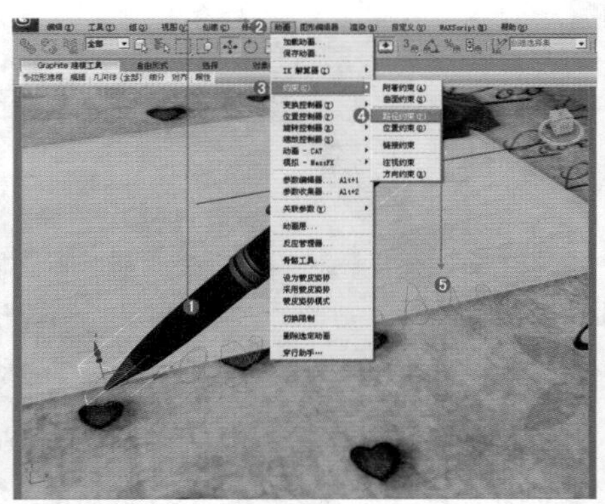

图14-103

**步骤04** 拖动时间线滑块查看动画效果，如图14-104所示。

**技巧提示**

在创建文字时，最好将文字调整成【连笔】的效果，这样在制作动画时不会出现错误。

**步骤05** 选择场景中的圆柱体，单击【修改】面板，并加载【路径变形】修改器，如图14-105所示。

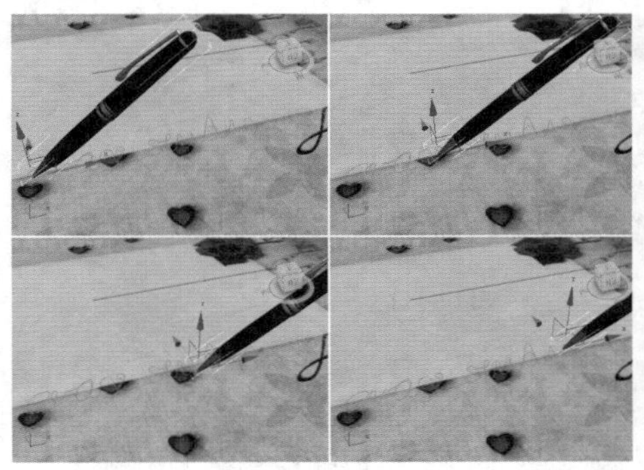

图14-104

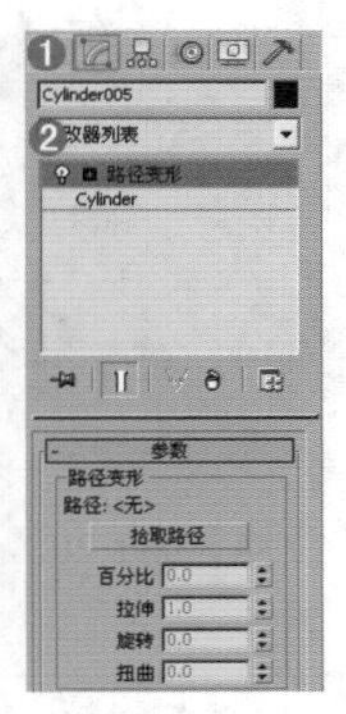

图14-105

**技巧提示**

在这个步骤中设置合适的圆柱体的分段非常重要，这样在后面制作写字动画时，才会出现正确的效果。如图14-106所示为圆柱体的设置参数。

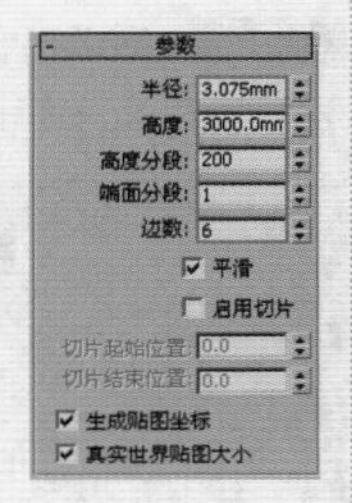

图14-106

**步骤06** 选择圆柱体，然后单击【拾取路径】按钮，接着单击拾取场景中文字，此时可看到已经出现了部分文字，如图14-107所示。

**步骤07** 选择圆柱体，单击打开【自动关键点】按钮 自动关键点，此时拖动时间线滑块到第0帧，并单击【修改】面板，设置【拉伸】为0，如图14-108所示。继续拖动时间线滑块到第10帧，单击【修改】面板，设置【拉伸】为0.313，如图14-109所示。

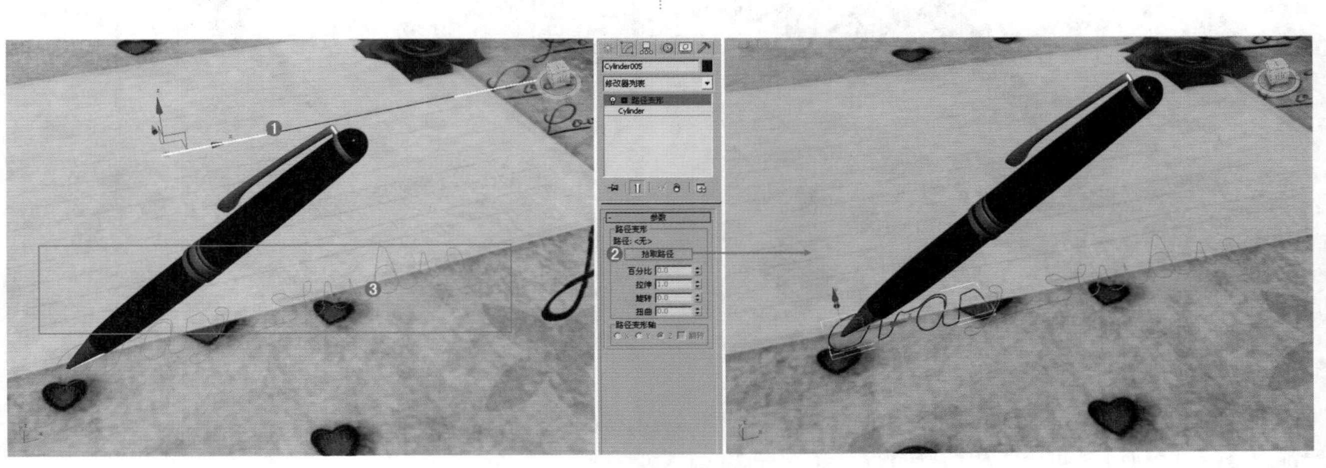

图14-107

图14-108

图14-109

**步骤08** 拖动时间线滑块到第20帧，单击【修改】面板，设置【拉伸】为0.603，如图14-110所示。继续拖动时间线滑块到第30帧，单击【修改】面板，设置【拉伸】为0.916，如图14-111所示。

图14-110

图14-111

**步骤09** 拖动时间线滑块到第40帧，单击【修改】面板，设置【拉伸】为1.208，如图14-112所示。继续拖动时间线滑块到第50帧，单击【修改】面板，设置【拉伸】为1.513，如图14-113所示。

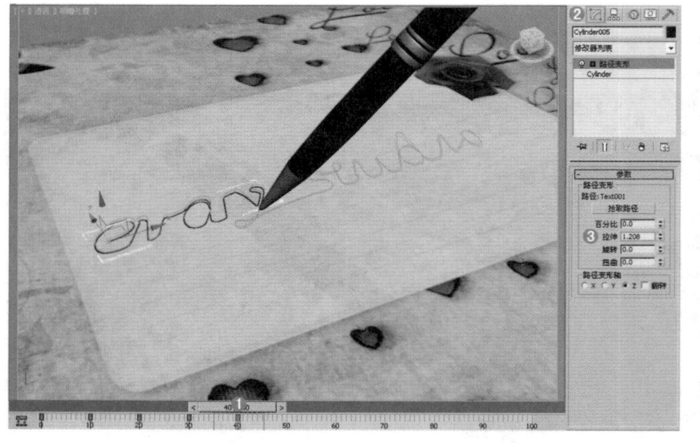

图14-112

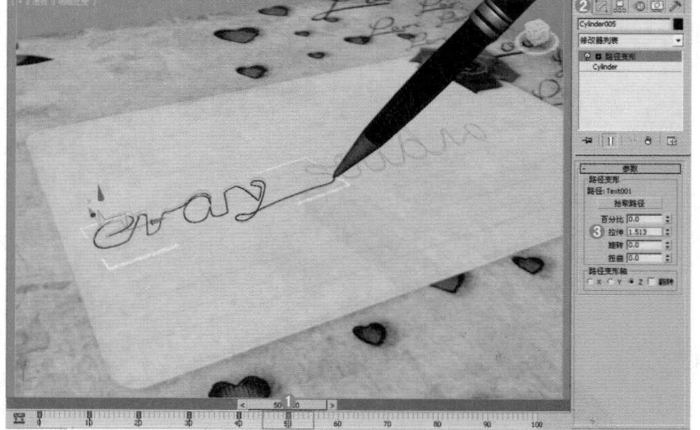

图14-113

**步骤10** 拖动时间线滑块到第60帧，单击【修改】面板，设置【拉伸】为1.815，如图14-114所示。继续拖动时间线滑块到第70帧，单击【修改】面板，设置【拉伸】为2.136，如图14-115所示。

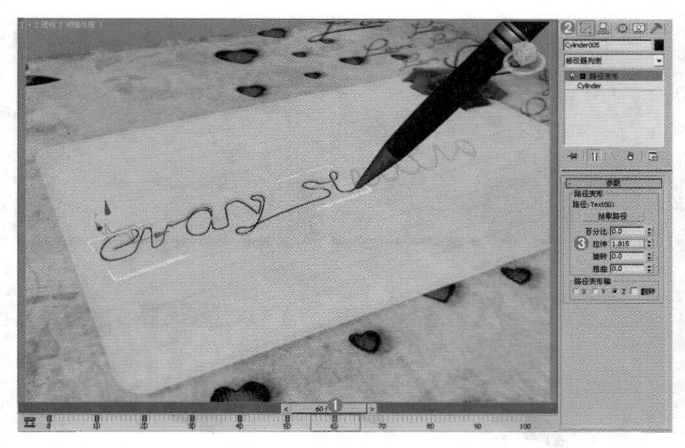

图14-114

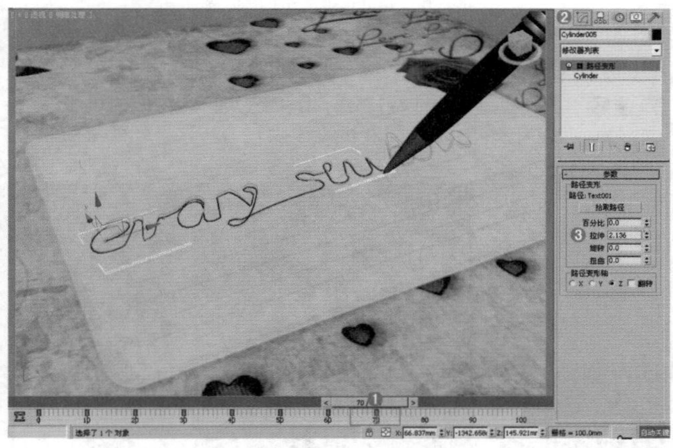

图14-115

**步骤11** 拖动时间线滑块到第80帧，单击【修改】面板，设置【拉伸】为2.436，如图14-116所示。继续拖动时间线滑块到第90帧，单击【修改】面板，设置【拉伸】为2.72，如图14-117所示。

图14-116

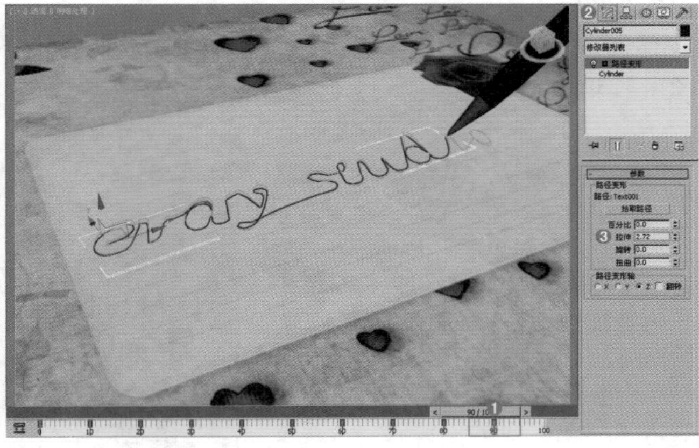

图14-117

**步骤12** 继续拖动时间线滑块到第100帧，单击【修改】面板，设置【拉伸】为3.05，如图14-118所示。

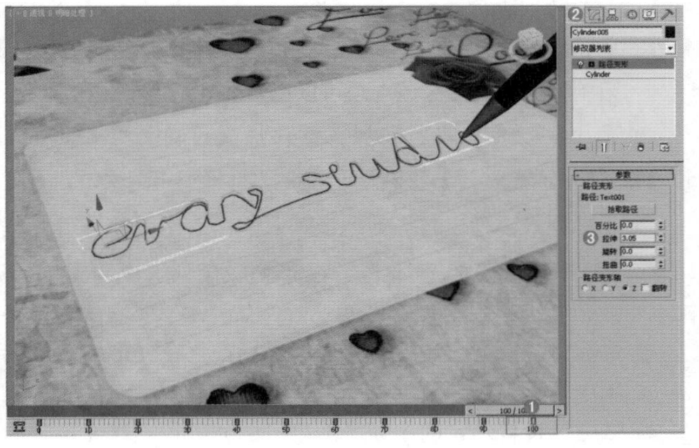

图14-118

### 技巧提示

这些步骤非常繁琐，主要操作是为了使每一帧的钢笔和文字书写的轨迹完全吻合，这样在播放动画时就不会出现钢笔与文字不同步的情况。在本实例中设置以每10帧调节一次参数和位置的对齐，而为了模拟出更真实的效果，读者可以设置以每5帧调节一次参数和位置的对齐。

**步骤13** 单击关闭【自动关键点】按钮自动关键点，然后拖曳时间线滑块查看动画效果，如图14-119所示。

图14-119

## Part 2　创建摄影机动画

**步骤01** 在【创建】面板中单击（摄影机）|【标准】|目标按钮，如图14-120所示。在场景中拖曳创建一个摄影机，如图14-121所示。

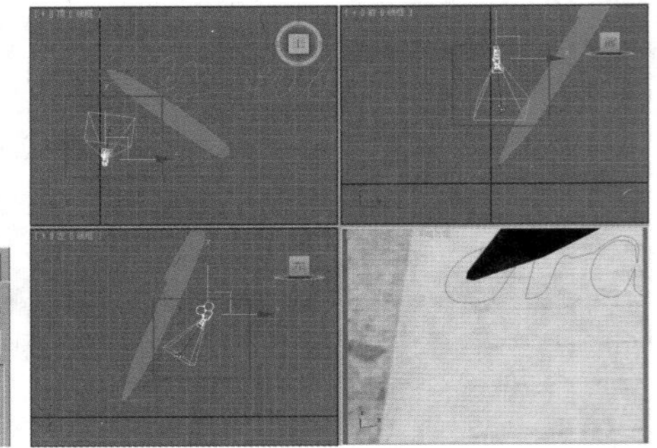


图14-120　　图14-121

**步骤02** 单击打开【自动关键点】按钮自动关键点，然后拖曳时间线滑块到第0帧，将摄影机移动到如图14-122所示的位置。

**步骤03** 拖动时间线滑块到第100帧，并将摄影机移动到如图14-123所示的位置。

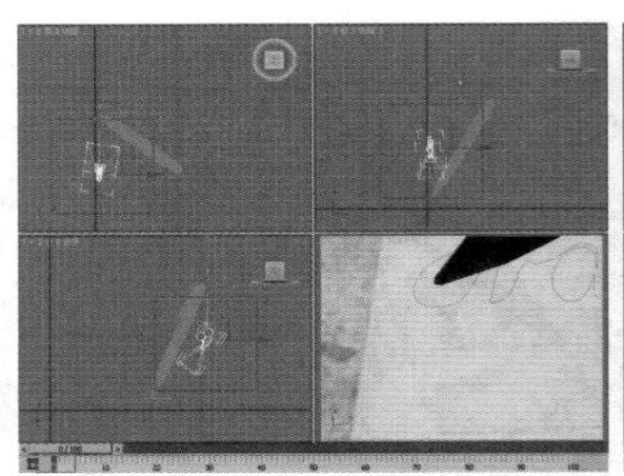

图14-122

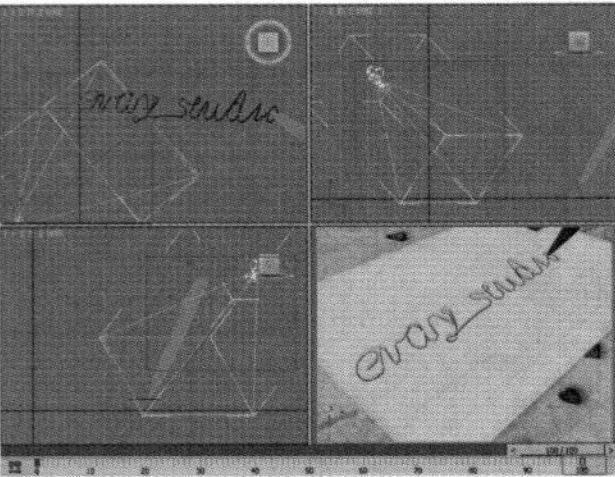

图14-123

**步骤04** 单击关闭【自动关键点】按钮自动关键点，然后拖曳时间线滑块查看动画效果，如图14-124所示。

**步骤05** 最终渲染效果如图14-125所示。

图14-124

图14-125

## 14.2.4　变形器

【变形器】修改器可以用来改变网格、面片和NURBS模型的形状，同时还支持材质变形，一般用于制作3D角色的口型动画和与其同步的面部表情动画。

在场景中任意创建一个对象，进入【修改】面板，加载一个【变形器】修改器，其参数设置面板如图14-126所示。

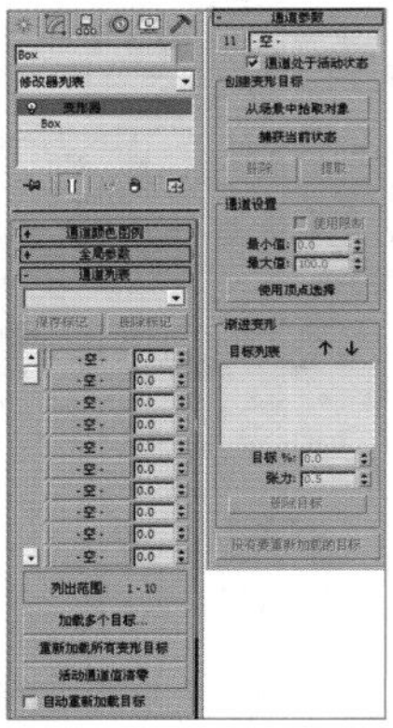

图14-126

- 标记下拉列表：在该下拉列表中可以选择以前保存的标记，或者在文本框中输入新名称来创建新标记。
- 【保存标记】按钮：在文本框中输入新的标记名称后，单击该按钮可以存储标记。
- 【删除标记】按钮：在标记下拉列表中选择标记后，单击该按钮可以将其删除。
- 【列出范围】：显示通道列表中可见通道的范围。
- 【加载多个目标】按钮：用于将多个变形目标加载到空的通道中。
- 【重新加载所有变形目标】按钮：重新加载所有变形目标。
- 【活动通道值清零】按钮：如果已经启用【自动关键点】功能，单击该按钮可以为所有活动变形通道创建值为0的关键点。
- 自动重新加载目标：启用该选项后，将允许【变形器】修改器自动更新动画目标。
- 【从场景中拾取对象】按钮：单击该按钮可以在视图中拾取一个对象，然后将变形目标指定给当前通道。
- 【捕获当前状态】按钮：选择一个空的通道后可以激活该按钮。
- 【删除】按钮：删除当前通道的指定目标。
- 【提取】按钮：选择蓝色通道后，单击该按钮可以使用变形数据来创建对象。
- 使用限制：如果在【全局参数】卷展栏中禁用了【使用限制】选项，那么该选项可以在当前通道上使用限制。
- 最小/最大值：设置限制的最小/最大数值。
- 【使用顶点选择】按钮：仅变形当前通道上的选定顶点。
- 目标列表：列出与当前通道关联的所有中间变形目标。
- 【上移】按钮/【下移】按钮：在列表中向上/向下移动选定的中间变形目标。
- 目标%：指定选定的中间变形目标在整个变形解决方案中所占的百分比。
- 张力：设置选定的中间变形目标之间的顶点在变换时的整体线性张力。

## 综合实例：摄影机动画制作LOGO演绎

| 场景文件 | 无 |
| --- | --- |
| 案例文件 | 小实例：摄影机动画制作LOGO演绎.max |
| 视频教学 | 多媒体教学/Chapter 14/小实例：摄影机动画制作LOGO演绎.flv |
| 难易指数 | ★★★★☆ |
| 技术掌握 | 掌握动力学动画的制作、关键帧动画的制作、动画的渲染技巧 |

### 实例介绍

LOGO演绎动画，是当前非常流行的一种表现手法，主要模拟电视台台标、LOGO、公司企业等，起到广而告之的作用。最终效果如图14-127所示。

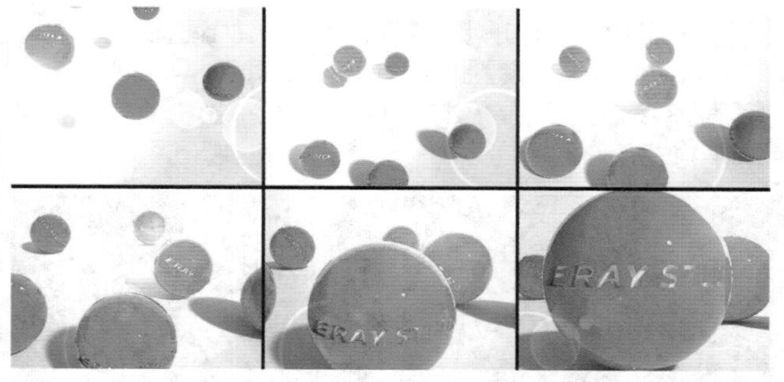

图14-127

### 操作步骤

#### Part 1 制作三维文字模型

**步骤01** 在【创建】面板中单击【创建】|【几何体】|标准 | 球体 按钮，并拖曳创建一个球体，如图14-128所示。

**步骤02** 使用【文本】工具，并在前视图中拖曳进行创建，接着单击【修改】面板，设置【字体】为【Verdana Bold Italic】，【大小】为4.9，【文本】为【ERAY STUDIO】。如图14-129所示。

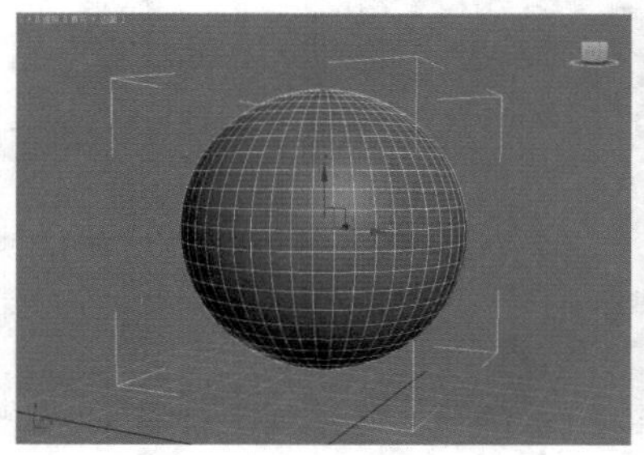

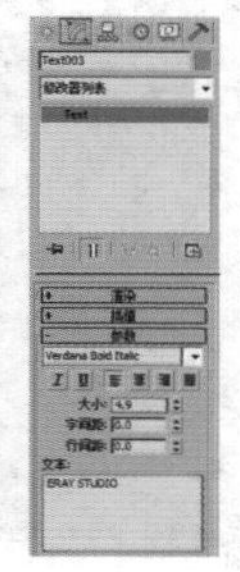

图14-128　　图14-129

**步骤03** 此时效果如图14-130所示。

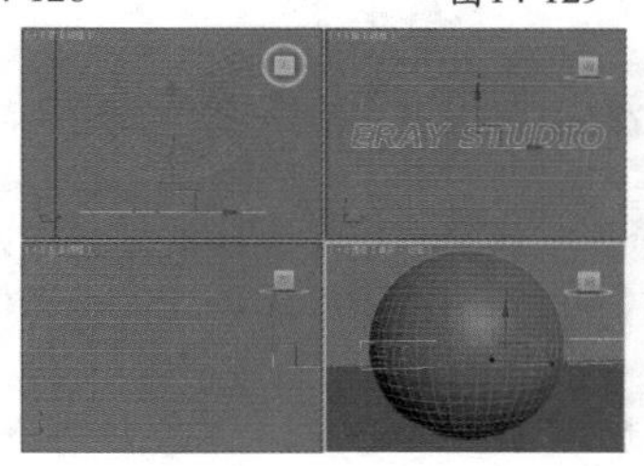


图14-130

**步骤04** 选择球体，单击【创建】|【几何体】|复合对象 | 图形合并 按钮，然后单击【拾取图形】按钮，在场景中单击拾取文本，如图14-131所示。

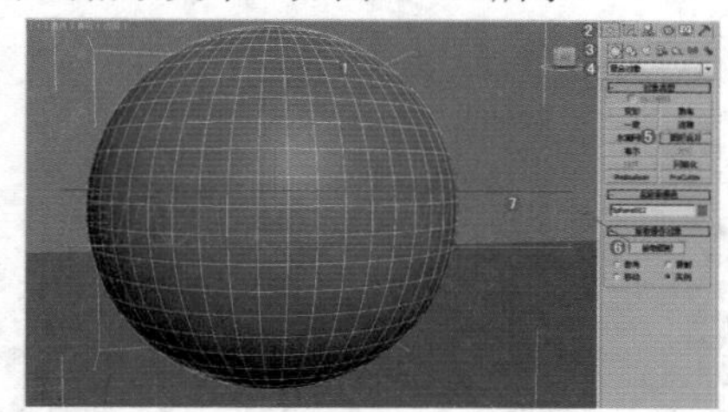

图14-131

**步骤05** 拾取后，发现刚才的文本被合并到了球体上，因此球体上出现了文字，如图14-132所示。

**步骤06** 选择此时的球体，并单击鼠标右键，在弹出的快捷菜单中选择【转换为】/【转换为可编辑多边形】命令，如图14-133所示。

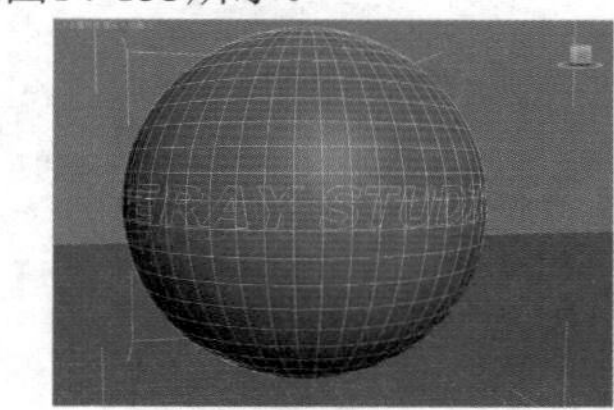

图14-132　　图14-133

**步骤07** 此时单击【修改】面板，并单击进入【多边形】级别，此时自动选择如图14-134所示的多边形。

**步骤08** 单击【修改】面板，并单击【挤出】按钮后的【设置】按钮，设置【高度】为-1，如图14-135所示。

图14-134　　图14-135

**步骤09** 将球体和文字设置为两种不同颜色的材质，如图14-136所示。

**步骤10** 选择步骤09中的球体，并按住Shift键进行复制，复制5份，并将其位置和旋转进行适当的调整，如图14-137所示。

图14-136　　图14-137

## Part 2 制作动力学动画

**步骤01** 在主工具栏的空白处单击鼠标右键，在弹出的快捷菜单中选择【MassFx工具栏】命令，如图14-138所示。

**步骤02** 此时会弹出【MassFx工具栏】窗口，如图14-139所示。

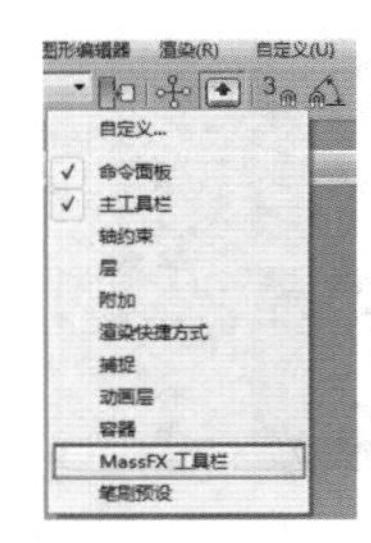

图14-138

图14-139

**步骤03** 选择场景中的6个球体，并单击【将选定项设置为动力学刚体】按钮，如图14-140所示。

**步骤04** 选择所有球体，并单击【修改】面板，设置【反弹力】为1，如图14-141所示。

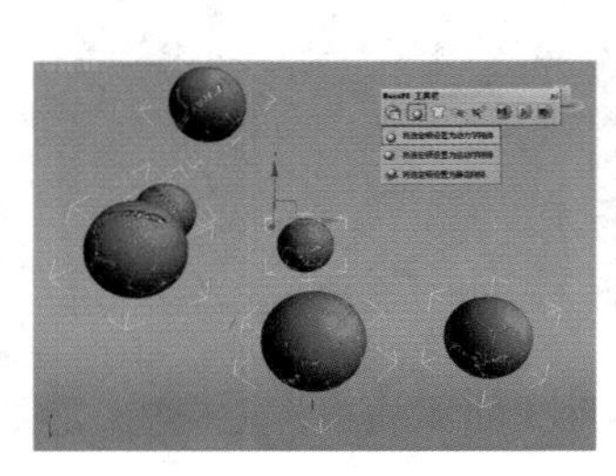

图14-140

图14-141

**步骤05** 此时单击【显示MassFX工具对话框】按钮，并选择【工具】选项卡，接着单击【烘焙所有】按钮，如图14-142所示。

**步骤06** 此时拖动时间线查看，已经出现了动画效果，如图14-143所示。

图14-142

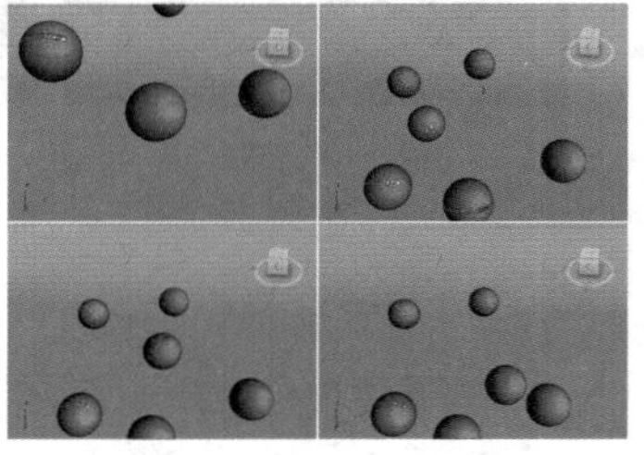

图14-143

## Part 3 制作摄影机动画并渲染

**步骤01** 创建摄影机动画，单击【创建】|【摄影机】|标准|目标按钮，如图14-144所示。

**步骤02** 在场景中拖曳创建一盏摄影机，如图14-145所示。

图14-144

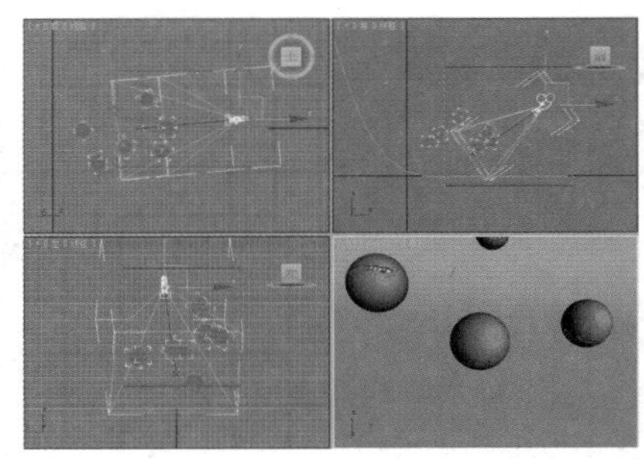

图14-145

**步骤03** 此时单击打开【自动关键点】按钮 自动关键点，并将时间线拖动到第0帧，设置摄影机的位置，如图14-146所示。

**步骤04** 将时间线拖动到第12帧，设置摄影机的位置，如图14-147所示。

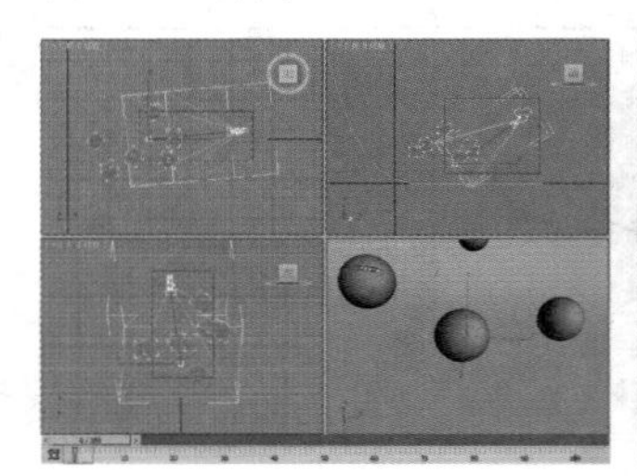

图14-146

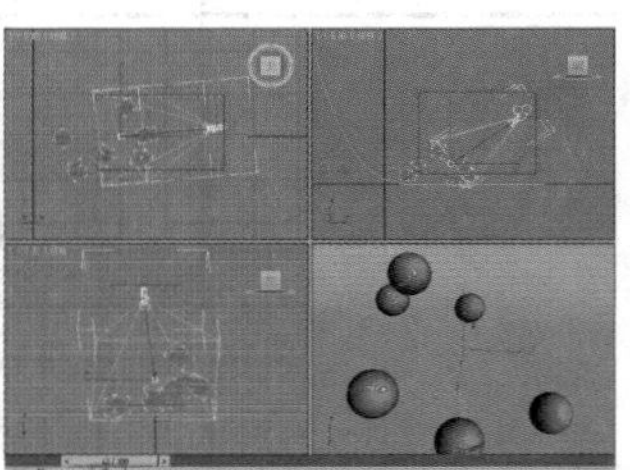

图14-147

**步骤05** 将时间线拖动到第100帧，设置摄影机的位置，如图14-148所示。

**步骤06** 此时摄影机动画设置完成，因此再次单击【自动关键点】按钮，将其关闭。接着开始设置灯光，单击【创建】|【灯光】|VRay|VR太阳按钮，如图14-149所示。

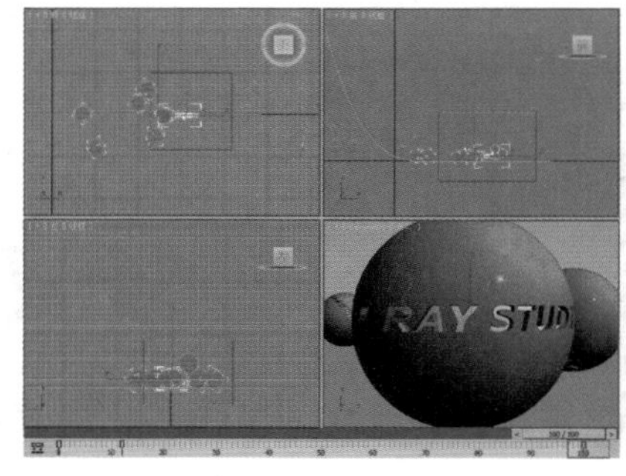

图14-148

图14-149

**步骤07** 在场景中拖曳创建一盏VR太阳，位置如图14-150所示。

**步骤08** 选择步骤07中创建的灯光，并单击【修改】面板，设置【强度倍增】为0.05，【大小倍增】为10，如图14-151所示。

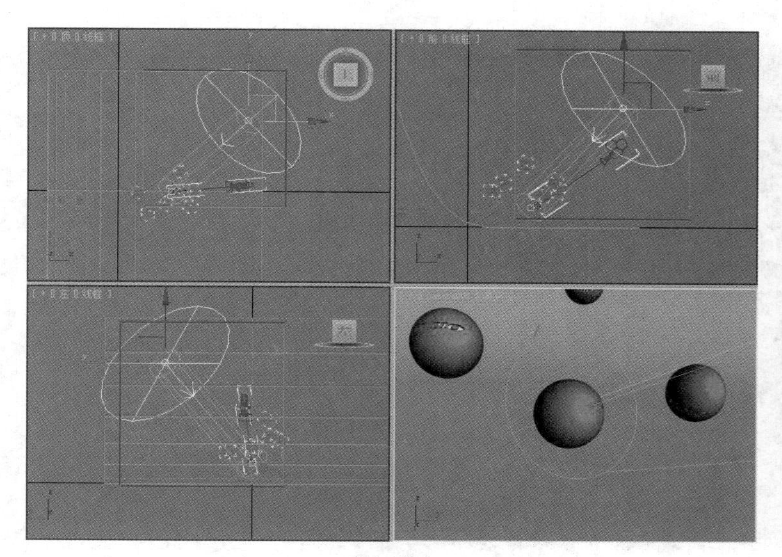

图14-150

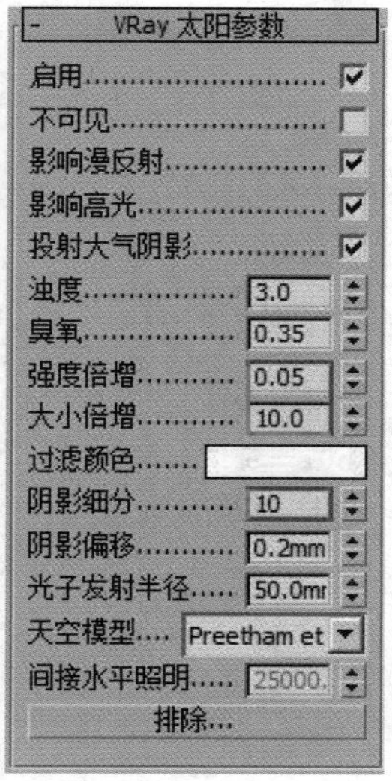

VRay 太阳参数

启用 ☑
不可见 ☐
影响漫反射 ☑
影响高光 ☑
投射大气阴影 ☑
浊度 3.0
臭氧 0.35
强度倍增 0.05
大小倍增 10.0
过滤颜色
阴影细分 10
阴影偏移 0.2mm
光子发射半径 50.0mr
天空模型 Preetham et
间接水平照明 25000.
排除...

图14-151

**步骤09** 设置渲染器。渲染器的具体参数就不详细讲解了，在这里重点讲解渲染动画的设置参数。按快捷键F10，打开【渲染设置】控制面板，接着选择【公用】选项卡，并设置【时间输出】为【活动时间段】，设置【输出大小】选项组中的【宽度】为720，【高度】为576，并单击【渲染输出】后面的【文件】按钮，接着在弹出的对话框中设置【文件名】为【下落的球体】，【保存类型】为【Targe】，并设置好路径，最后单击【保存】按钮，如图14-152所示。

**步骤10** 单击【渲染】按钮，最终渲染的动画效果如图14-153所示。

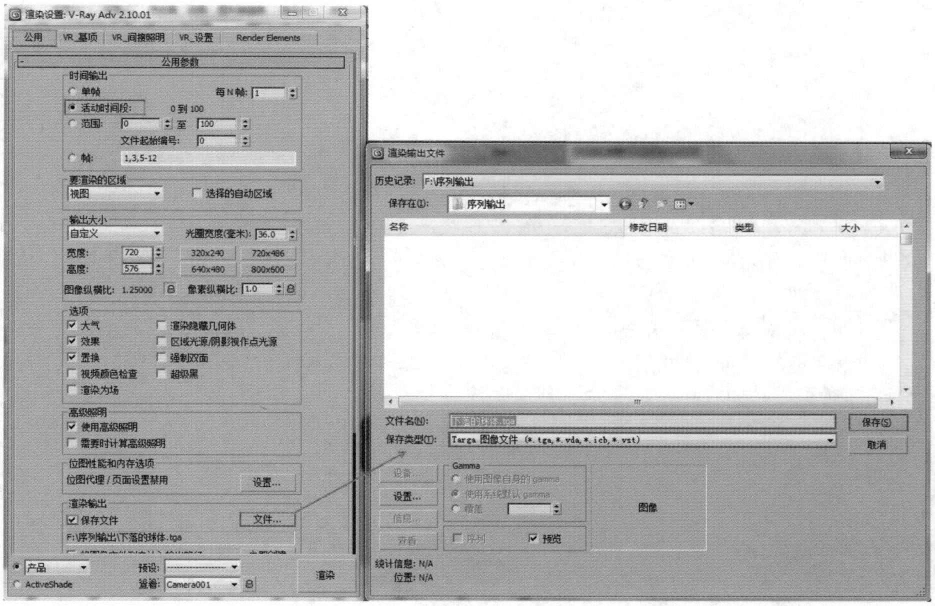

图14-152

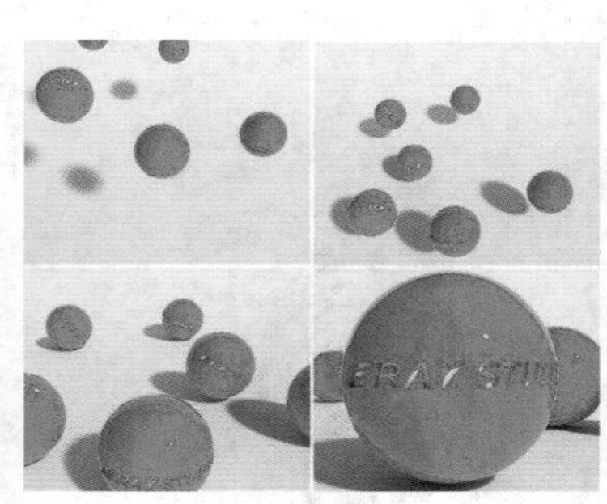

图14-153

读书笔记

Chapter 15

第15章

# 高级动画

本章是高级动画，而高级之处在于讲解人物、角色的动画制作流程，在本章中不仅要研究动画的设置，而且要对动画产生的根源进行剖析。要研究动画，首先就要了解运动系统。运动系统由骨骼、关节和肌肉等组成，其功能是实现位移或保持姿势。动画表现中最难的就是动作的真实及流畅度，因此研究好人体解剖学和人体动作原理是非常重要的。

**本章学习要点：**

- 掌握骨骼的创建方法
- 掌握Biped的创建方法
- 创建如何为对象蒙皮
- 新增CAT对象功能的使用

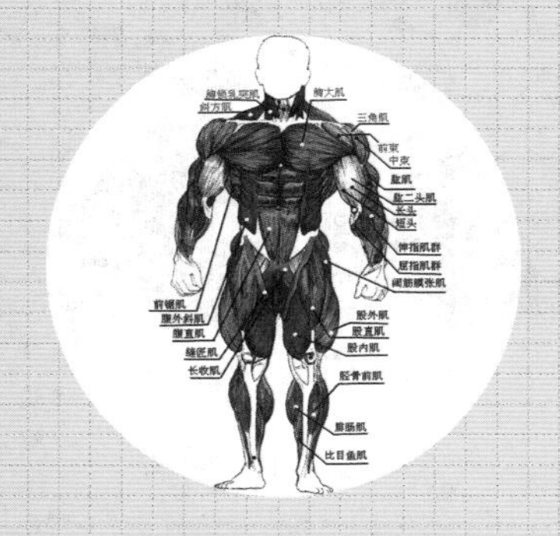

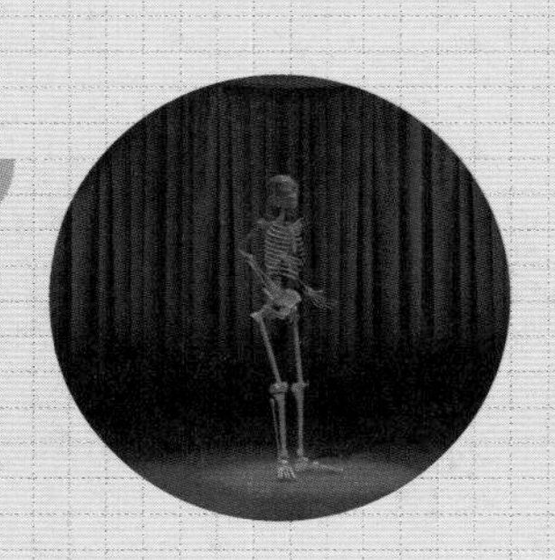

# 15.1 初识高级动画

本章是高级动画，而高级之处在于讲解人物、角色的动画制作流程，在本章中不仅要研究动画的设置，而且要对动画产生的根源进行剖析。要研究动画，首先就要了解运动系统。运动系统由骨骼、关节和肌肉等组成，其功能是实现位移或保持姿势。动画表现中最难的就是动作的真实及流畅度，因此研究好人体解剖学和人体动作原理是非常重要的。

国外的三维动画电影非常精彩，其中很大一部分原因是动作设计在真实的基础上，将人物、角色的个性进行放大，这样趣味性更强，更容易激发观看者的兴趣。效果如图15-1所示。

图15-1

## 15.1.1 什么是高级动画

高级动画主要包括【骨骼】、【Biped】、【蒙皮】和【CAT】等知识。通过对这些知识的学习，读者可以实现角色动画及人物动画的制作，如图15-2所示。

图15-2

## 15.1.2 高级动画都需要掌握哪些知识

### 1. 骨骼结构

人体的骨骼起着支撑身体的作用，是人体运动系统的一部分。成人共有206块骨骼，骨与骨之间一般用关节和韧带连接起来。通俗地讲，骨骼就是人体的基本框架。如图15-3所示为人体骨骼的分布图。

### 2. 肌肉分布

肌肉主要由肌肉组织构成。骨骼肌是运动系统的动力部分，在神经系统的支配下，骨骼肌收缩，牵引骨骼产生运动。人体骨骼肌共有600多块，分布广，约占体重的40%。肌肉收缩牵引骨骼而产生关节的运动，其作用犹如杠杆装置，有3种基本形式：①平衡杠杆运动，支点在重点和力点之间，如寰枕关节进行的仰头和低头运动；②省力杠杆运动，其重点位于支点和力点之间，如起步抬足跟时踝关节的运动；③速度杠杆运动，其力点位于重点和支点之间，如举起重物时肘关节的运动。如图15-4所示为肌肉分布图。

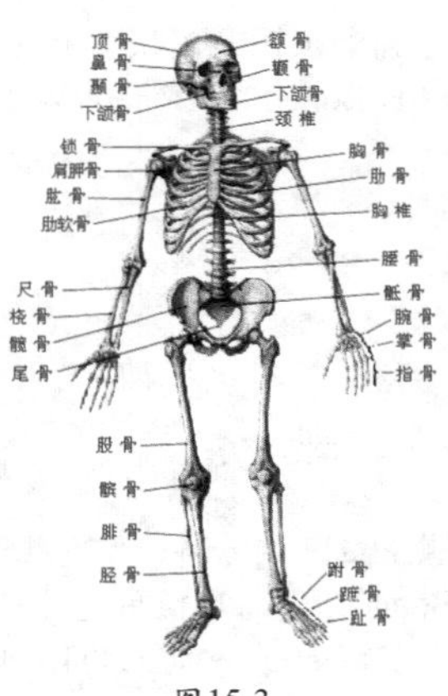


图15-3

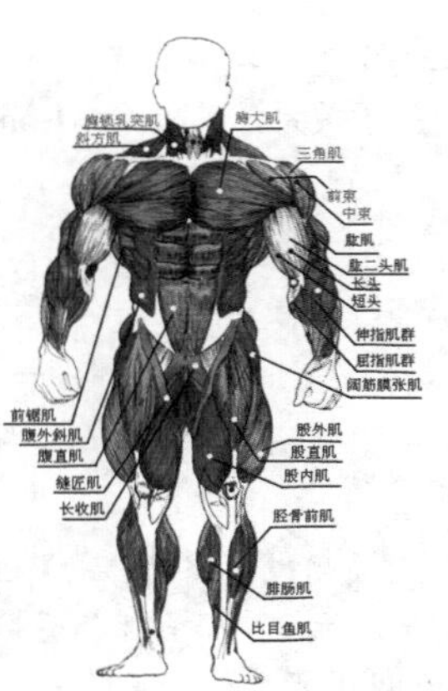
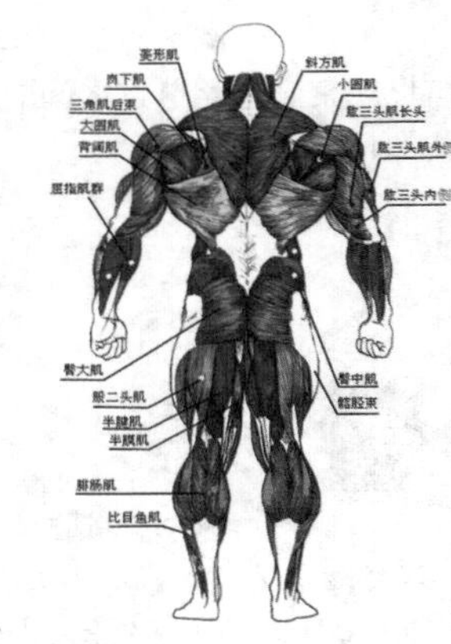

图15-4

### 3. 运动规律

动画运动规律是研究时间、空间、张数、速度的概念及彼此之间的相互关系，从而处理好动画中动作的节奏和规律，如图15-5所示。

图15-5

# 15.2 高级动画（骨骼、蒙皮）

## 15.2.1 骨骼

### 1. 创建骨骼

3ds Max 2016中的骨骼系统非常强大，使用该系统可以制作出各种动画效果，它也是3ds Max中存在时间最久的动画系统。在【创建】面板中单击（系统）｜【标准】｜骨骼按钮，如图15-6所示。

单击鼠标左键即可创建骨骼，单击鼠标右键即可完成创建，如图15-7所示。

图15-6

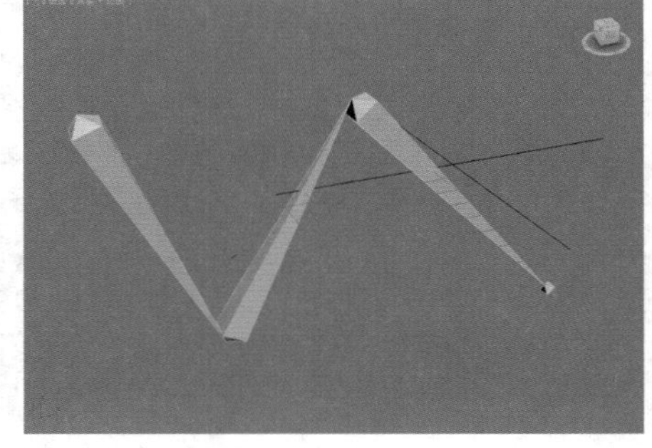

图15-7

### 2. 线性IK

线性IK使用位置约束控制器将IK链约束到一条曲线上，使其能够在曲线节点的控制下在上、下、左、右进行扭动，以此来模拟软体动物的运动效果。

在创建骨骼时，如果在【IK链指定】卷展栏中选中【指定给子对象】复选框，那么创建出来的骨骼会出现一条连接线，如图15-8所示。

当将连接该线的十字图标选中并进行移动时，会发现这个运动效果类似于人的腿部运动，如图15-9所示。

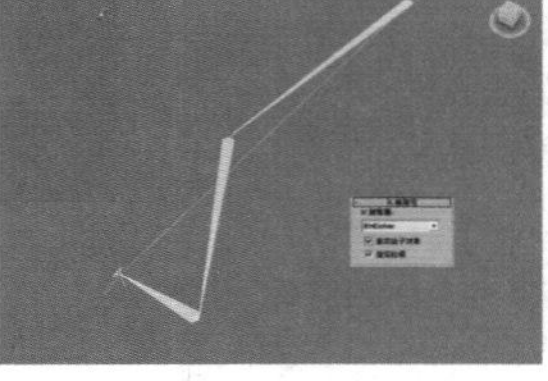

图15-8

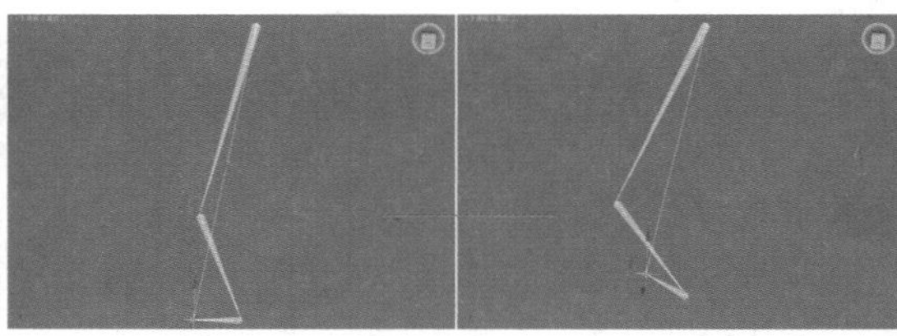

图15-9

### 3. 父子关系

创建好骨骼节点后，单击主工具栏中的【按名称选择】按钮，在弹出的对话框中可以观察到骨骼节点之间的父子关系，其关系是Bone001>Bone002>Bone003>Bone004，如图15-10所示。

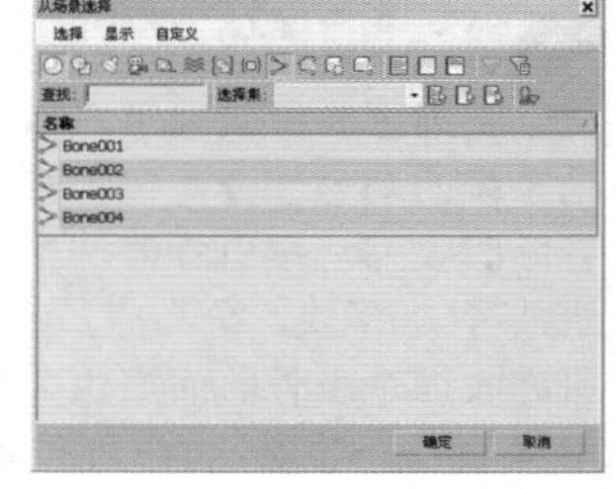


图15-10

**技巧提示**

选择骨骼Bone001，然后使用【选择并移动】工具拖曳该骨骼，可以观察到Bone001、Bone002、Bone003、Bone004都会随之进行移动，如图15-11所示。而当选择骨骼Bone003，然后使用【选择并移动】工具拖曳该骨骼时，可以观察到Bone001没有任何变化，Bone002产生了一定的变化，而Bone003、Bone004完全会随之进行移动，如图15-12所示。

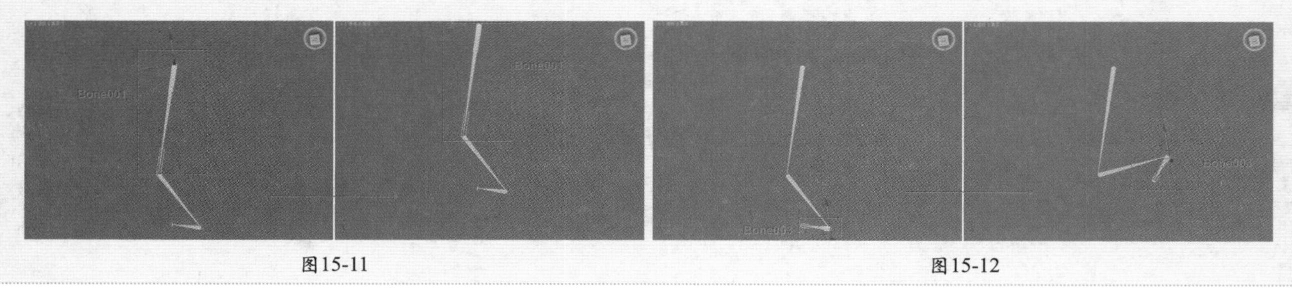


图15-11　　图15-12

## 4. 添加骨骼

在创建完骨骼后，还可以继续添加骨骼，将光标放置在骨骼节点的末端，当光标变成十字形时单击并拖曳光标即可继续添加骨骼，如图15-13所示。

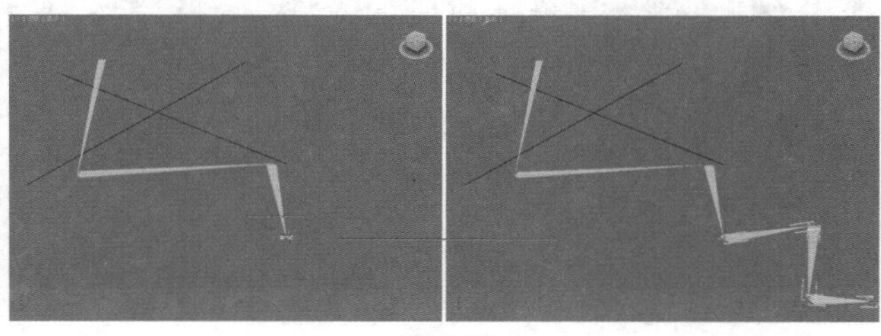

图15-13

## 5. 删除骨骼

当需要将部分骨骼删除时，只需要将其选中并按Delete键即可完成删除，如图15-14所示。

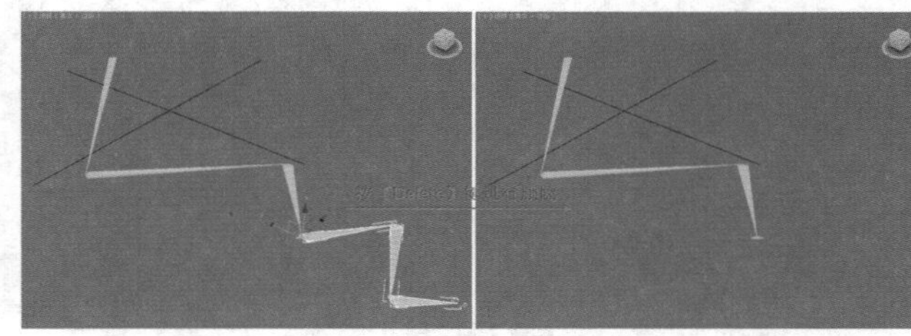

图15-14

## 6. 骨骼参数

选择创建的骨骼，进入【修改】面板，其参数设置面板如图15-15所示。

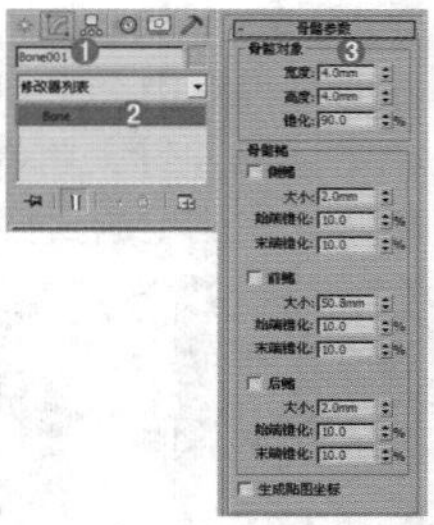

- 宽度/高度：设置骨骼的宽度和高度。
- 锥化：调整骨骼形状的锥化程度。如果设置数值为0，生成的骨骼形状为长方体形状。
- 侧鳍：在所创建的骨骼的侧面添加一组鳍。
- 大小：设置鳍的大小。

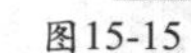

图15-15

- 始端锥化/末端锥化：设置鳍的始端和末端的锥化程度。
- 前鳍：在所创建的骨骼的前端添加一组鳍。
- 后鳍：在所创建的骨骼的后端添加一组鳍。
- 生成贴图坐标：由于骨骼是可渲染的，启用该选项后可以对其使用贴图坐标。

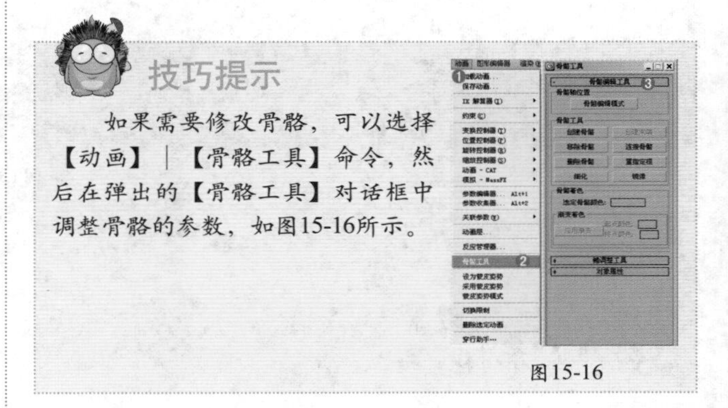

技巧提示

如果需要修改骨骼，可以选择【动画】|【骨骼工具】命令，然后在弹出的【骨骼工具】对话框中调整骨骼的参数，如图15-16所示。

图15-16

# 小实例：利用HI解算器创建线性IK

| 场景文件 | 无 |
| --- | --- |
| 案例文件 | 小实例：利用HI解算器创建线性IK.max |
| 视频教学 | 多媒体教学/Chapter15/小实例：利用HI解算器创建线性IK.flv |
| 难易指数 | ★★☆☆☆ |
| 技术掌握 | 掌握使用【骨骼】工具和【HI解算器】创建线性IK |

## 实例介绍

本实例使用【骨骼】工具和【HI解算器】创建线性IK，效果如图15-17所示。

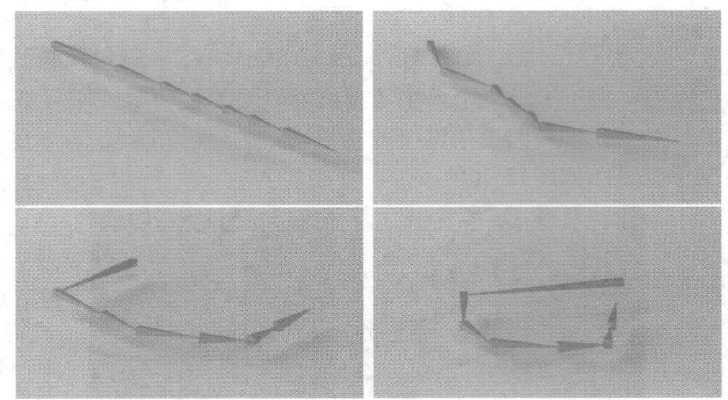

图15-17

## 操作步骤

步骤01 在【创建】面板中单击（系统）|【标准】|骨骼按钮，如图15-18所示。

步骤02 在视图中单击7次鼠标左键完成创建，此时的骨骼效果如图15-19所示。

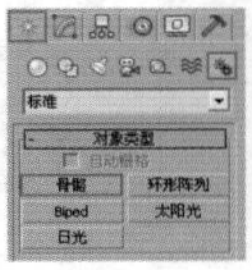

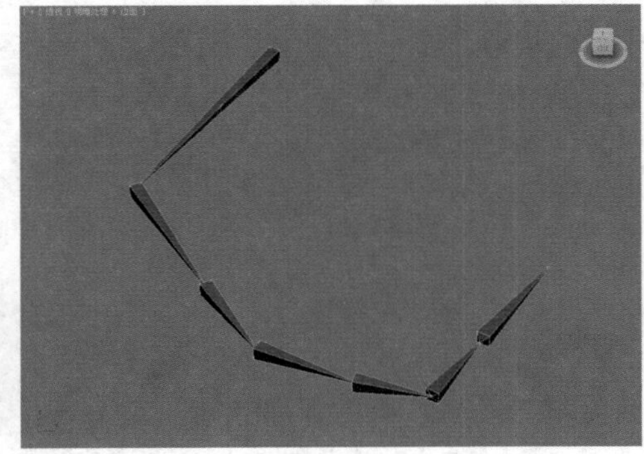

图15-18 图15-19

**步骤03** 选择【动画】|【IK解算器】|【HI解算器】命令，此时在视图中会出现一条虚线，将光标放置在骨骼的末端并单击鼠标左键，将骨骼的始端和末端链接起来，如图15-20所示。完成后的效果如图15-21所示。

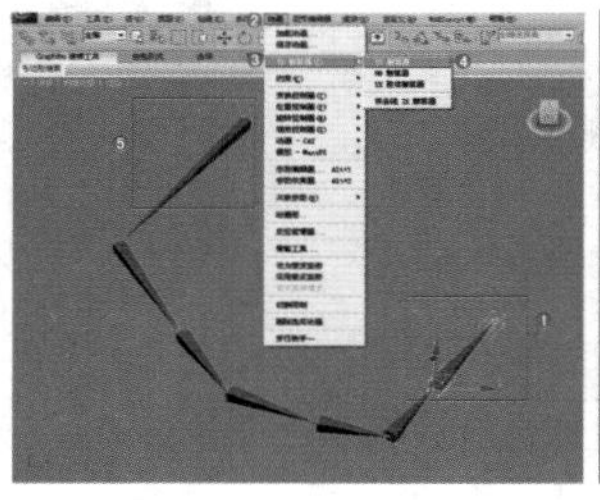
图15-20

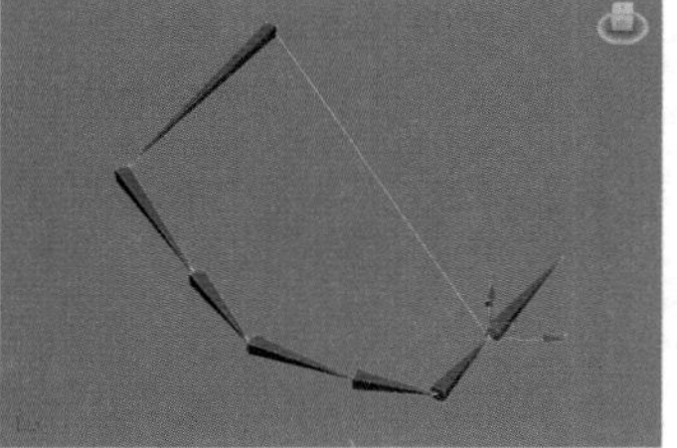
图15-21

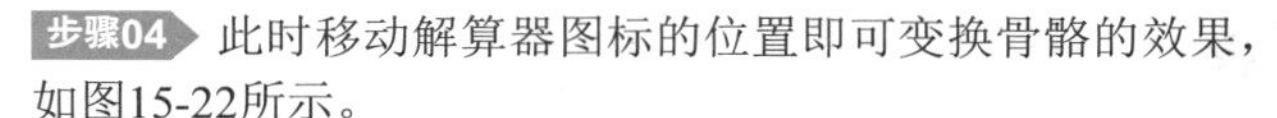

**步骤04** 此时移动解算器图标的位置即可变换骨骼的效果，如图15-22所示。

**步骤05** 移动解算器，可以调节出各种各样的骨骼效果，如图15-23所示。

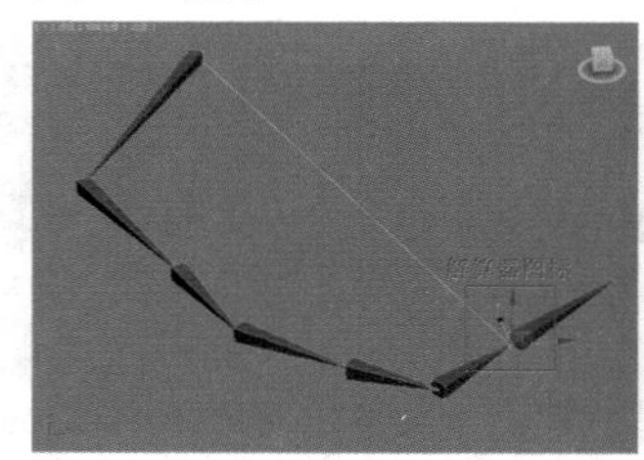
图15-22

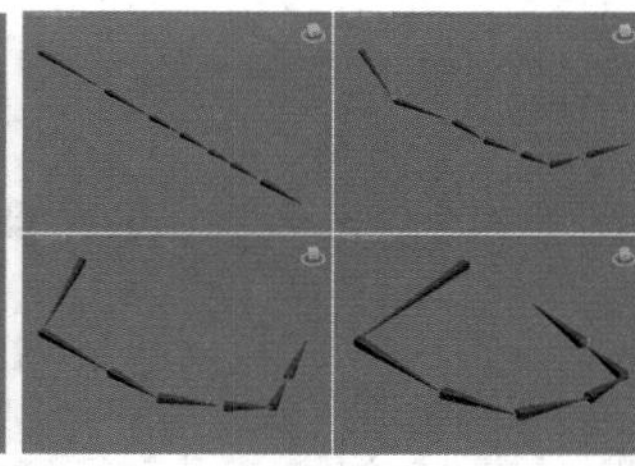
图15-23

**步骤06** 对不同骨骼样式进行渲染，最终效果如图15-24所示。

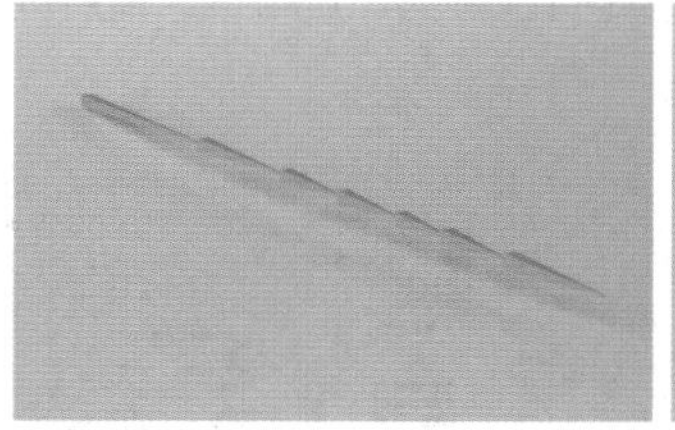
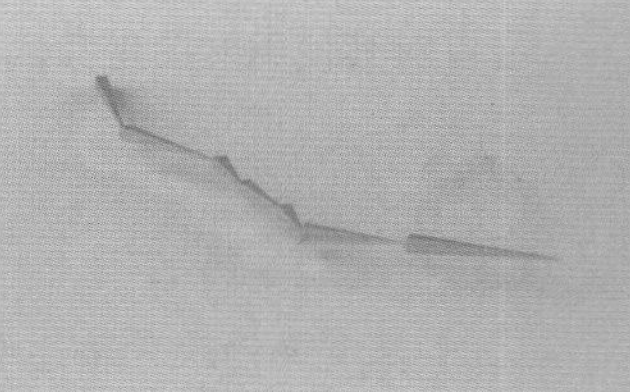
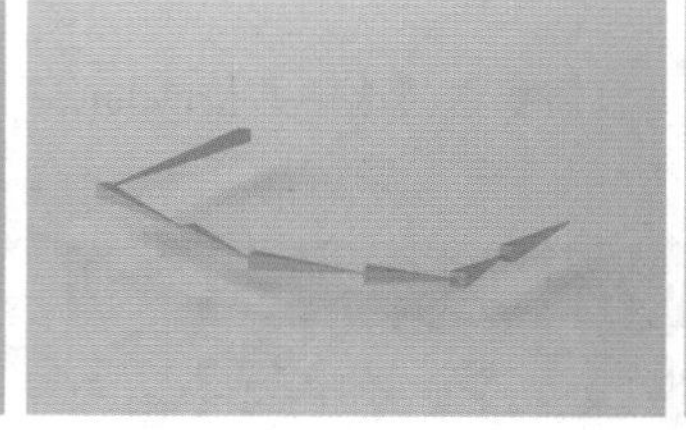

图15-24

## 小实例：为骨骼对象建立父子关系

| 场景文件 | 无 |
| --- | --- |
| 案例文件 | 小实例：为骨骼对象建立父子关系.max |
| 视频教学 | 多媒体教学/Chapter15/小实例：为骨骼对象建立父子关系.flv |
| 难易指数 | ★★☆☆☆ |
| 技术掌握 | 掌握如何为骨骼对象建立父子关系 |

### 实例介绍

本实例使用【骨骼】工具和【选择并链接】工具创建父子骨骼效果，如图15-25所示。

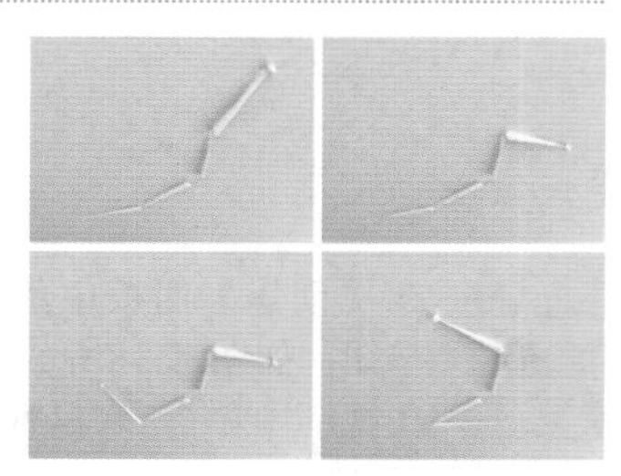
图15-25

### 操作步骤

**步骤01** 在【创建】面板中单击（系统）|【标准】|【骨骼】按钮，如图15-26所示。

图15-26

**步骤02** 在视图中单击两次鼠标左键，然后单击一次鼠标右键完成创建，此时的骨骼效果如图15-27所示。

**技巧提示**

通过前面学习的知识可以得出，骨骼节点之间的父子关系为a>b>c，如图15-28所示。

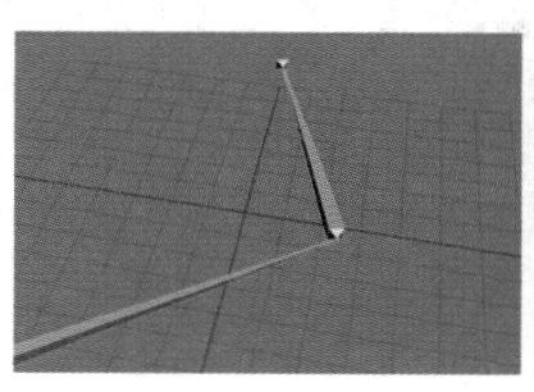
图15-27

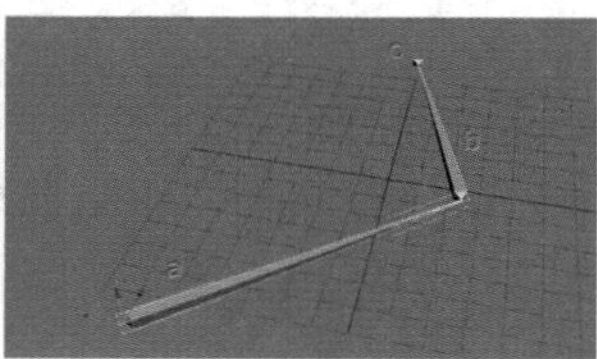
图15-28

**步骤03** 继续使用【骨骼】工具创建出d、e、f骨骼，如图15-29所示。

**技巧提示**

此时这两部分骨骼不存在任何关系，也就是说当移动任何一个骨骼时，另外一个骨骼都不会受到影响。而本实例需要使a部分的骨骼影响d、e、f骨骼，也就是使a>d>e>f。

**步骤04** 在主工具栏中单击【选择并链接】按钮，然后将d骨骼链接到a骨骼上，链接成功后，a骨骼就与d骨骼建立了父子关系，如图15-30所示。

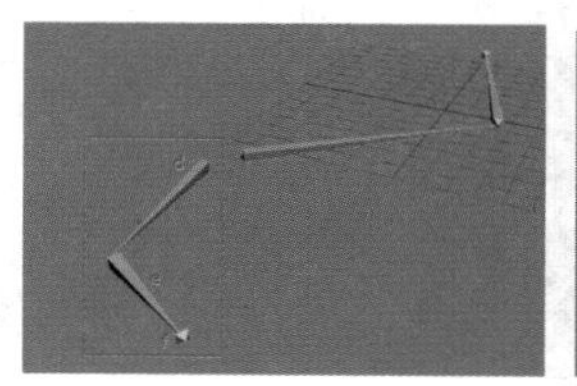
图15-29

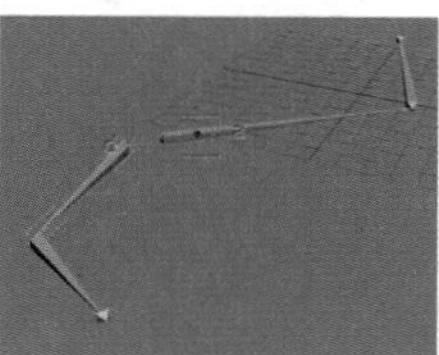
图15-30

### 技巧提示

链接成功后，使用【选择并移动】工具拖曳a骨骼，此时所有的骨骼都会跟随a骨骼产生移动效果，如图15-31所示。

当移动e骨骼时，只有左侧的f骨骼会受到相应的影响，而右侧的a、b、c骨骼不会受到任何影响，如图15-32所示。

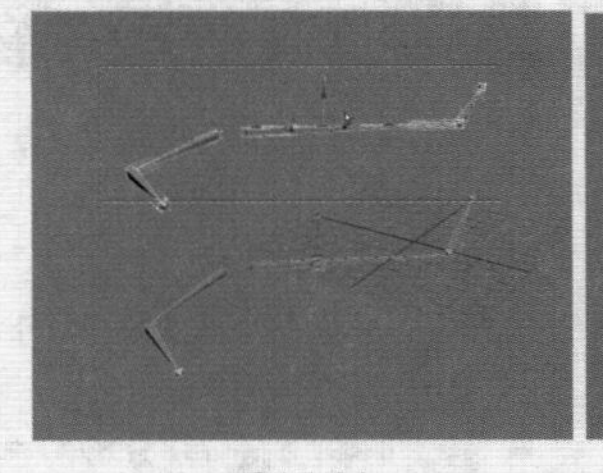

图15-31

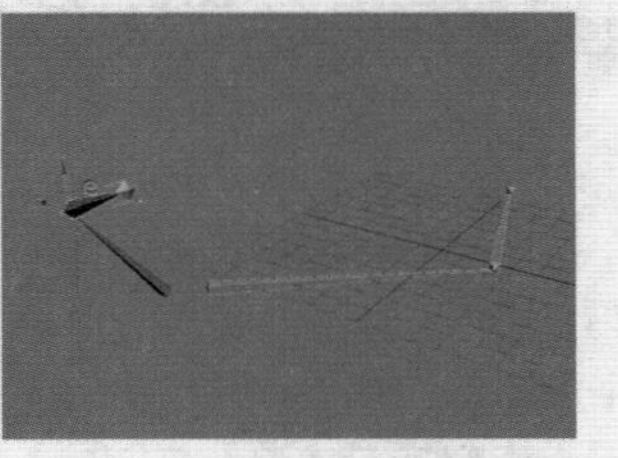

图15-32

**步骤05** 调节出不同样式的骨骼，分别对其进行渲染，最终效果如图15-33所示。

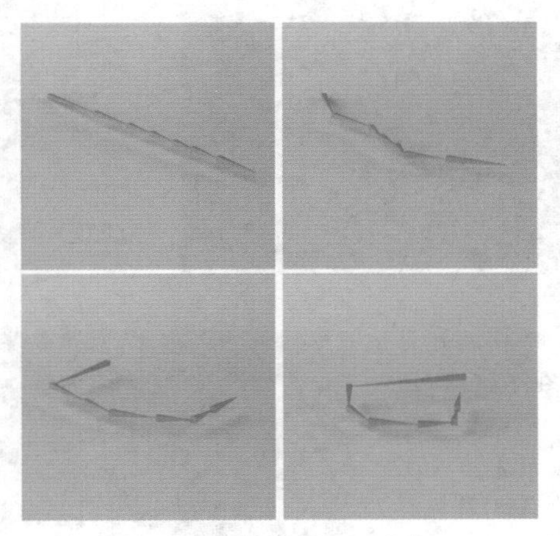

图15-33

## 小实例：利用骨骼对象制作踢球动画

| | |
|---|---|
| 场景文件 | 01.max |
| 案例文件 | 小实例：利用骨骼对象制作踢球动画.max |
| 视频教学 | 多媒体教学/Chapter15/小实例：利用骨骼对象制作踢球动画.flv |
| 难易指数 | ★★★★☆ |
| 技术掌握 | 掌握骨骼对象、【蒙皮】修改器、关键帧动画的使用 |

### 实例介绍

本实例是利用骨骼对象、【蒙皮】修改器、关键帧动画制作人物踢球动画，最终效果如图15-34所示。

图15-34

### 操作步骤

#### Part 1　创建骨骼

**步骤01** 打开本书配套光盘中的【场景文件/Chapter15/01.max】文件，此时场景效果如图15-35所示。

**步骤02** 在【创建】面板中单击（系统）|【标准】|骨骼按钮，如图15-36所示。

**步骤03** 使用【骨骼】工具，在左视图中单击4次鼠标左键，然后单击一次鼠标右键，此时左腿骨骼完成创建，具体参数设置如图15-37所示。

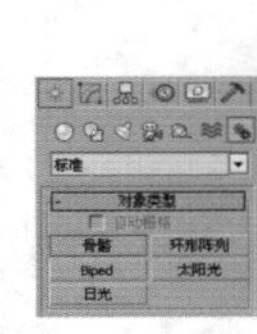

图15-35

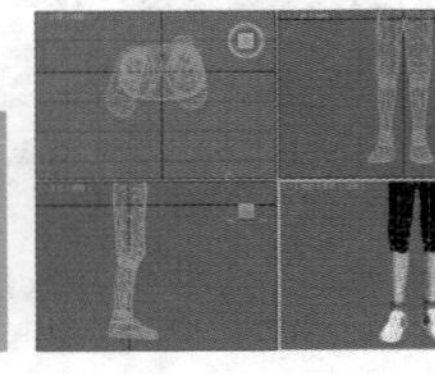

图15-36

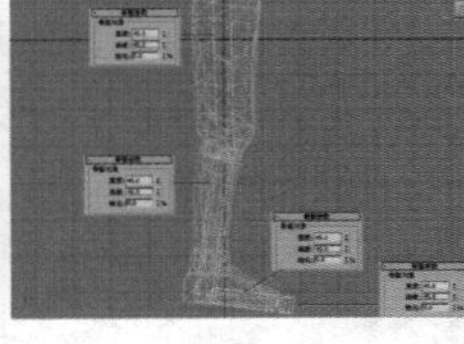

图15-37

**步骤04** 继续使用【骨骼】工具制作右腿骨骼，如图15-38所示。

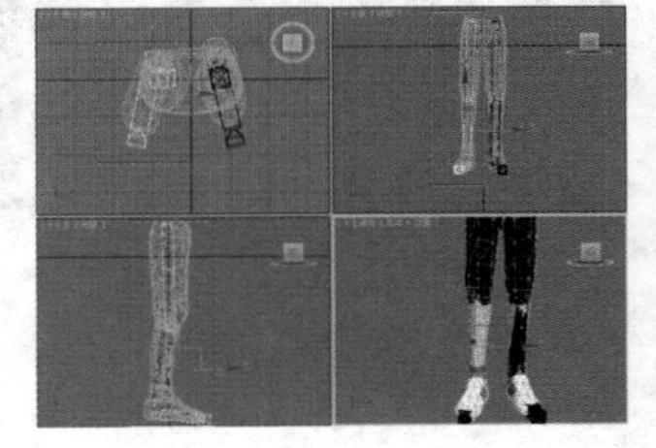

图15-38

#### Part 2　为人物蒙皮

**步骤01** 选择人物模型，单击【修改】面板，为其加载【蒙皮】修改器，接着单击【添加】按钮，然后在列表中选择所有的骨骼，并进行添加，如图15-39所示。

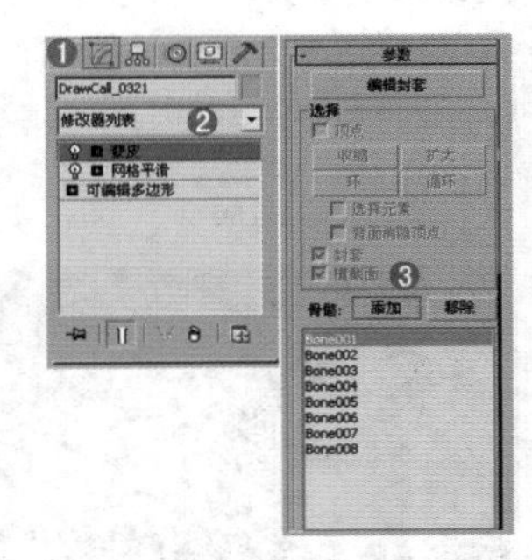

图15-39

**步骤02** 此时需要建立解算器，将两个骨骼联系起来，这样才会产生真实的腿部运动的效果。选择左腿骨骼中的如图15-40所示的骨骼，然后选择菜单栏中的【动画】|【IK解算器】|【HI解算器】命令，最后单击大腿部分的骨骼。

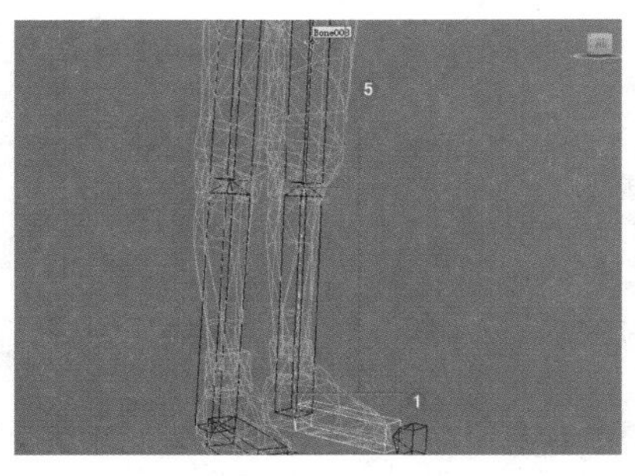

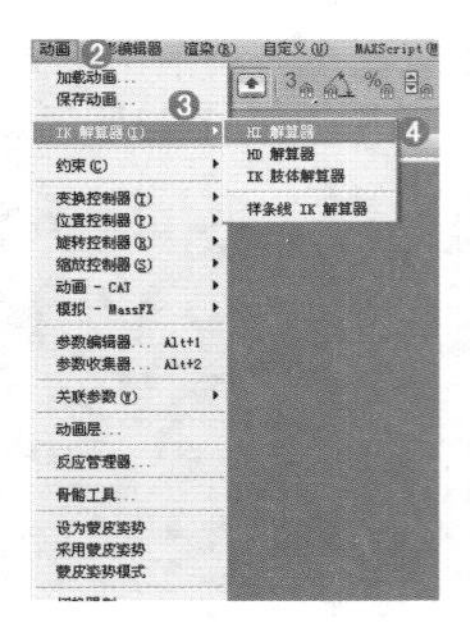

图15-40

**步骤03** 选择右腿骨骼中的如图15-41所示的骨骼，然后选择菜单栏中的【动画】|【IK解算器】|【HI解算器】命令，最后单击大腿部分的骨骼。

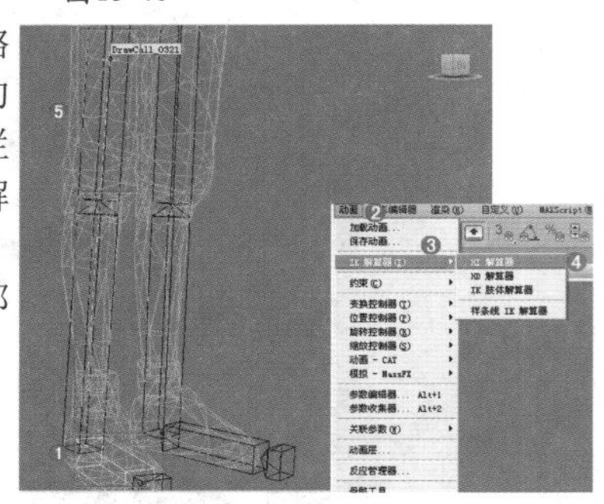

图15-41

**步骤04** 此时会看到在人物脚踝位置产生了一个十字形的图标，如图15-42所示。

**步骤05** 当移动这个十字形图标时，会看到与人的真实运动模式是完全一致的，如图15-43所示。

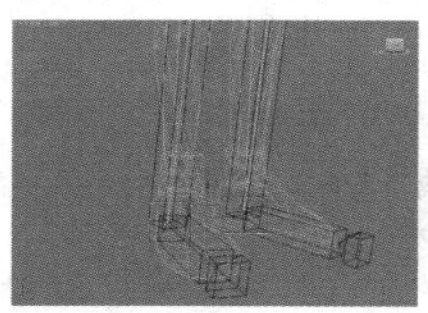

图15-42

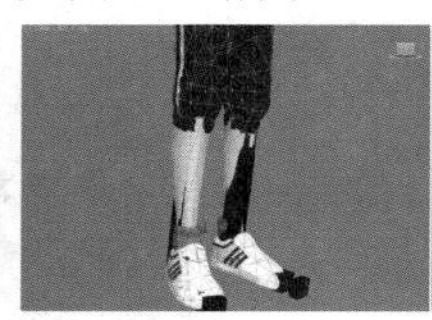

图15-43

## Part 3 创建腿部动画

**步骤01** 单击打开【自动关键点】按钮自动关键点，此时拖动时间线滑块到第0帧，选择脚踝位置的十字形图标，然后将其移动到如图15-44所示的位置。

**步骤02** 此时拖动时间线滑块到第10帧，选择脚踝位置的十字形图标，然后使用【选择并移动】工具将其移动到如图15-45所示的位置。

图15-44

图15-45

**步骤03** 此时拖动时间线滑块到第20帧，选择脚踝位置的十字形图标，然后将其移动到如图15-46所示的位置。

**步骤04** 此时拖动时间线滑块到第30帧，选择脚踝位置的十字形图标，然后将其移动到如图15-47所示的位置。

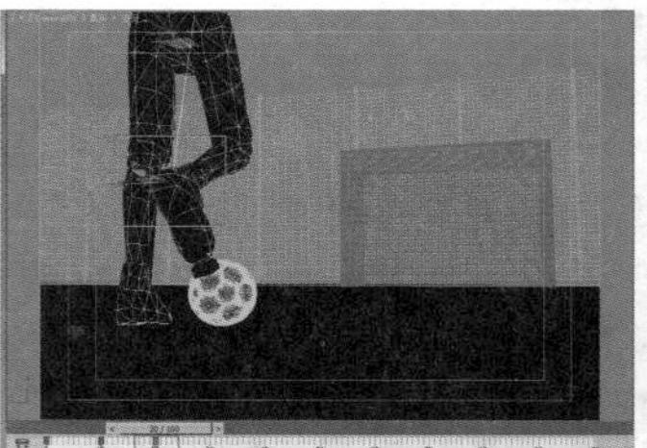

图15-46

图15-47

**步骤05** 此时拖动时间线滑块到第40帧，选择脚踝位置的十字形图标，然后将其移动到如图15-48所示的位置。

**步骤06** 此时拖动时间线滑块到第50帧，选择脚踝位置的十字形图标，然后将其移动到如图15-49所示的位置。

图15-48

图15-49

**步骤07** 此时拖动时间线滑块到第60帧，选择脚踝位置的十字形图标，然后将其移动到如图15-50所示的位置。

**步骤08** 此时拖动时间线滑块到第70帧，选择脚踝位置的十字形图标，然后将其移动到如图15-51所示的位置。

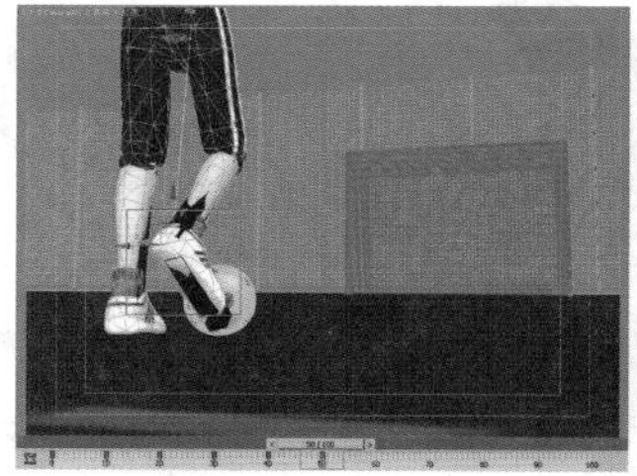

图15-50

图15-51

**步骤09** 此时拖动时间线滑块到第100帧，选择脚踝位置的十字形图标，然后将其移动到如图15-52所示的位置。

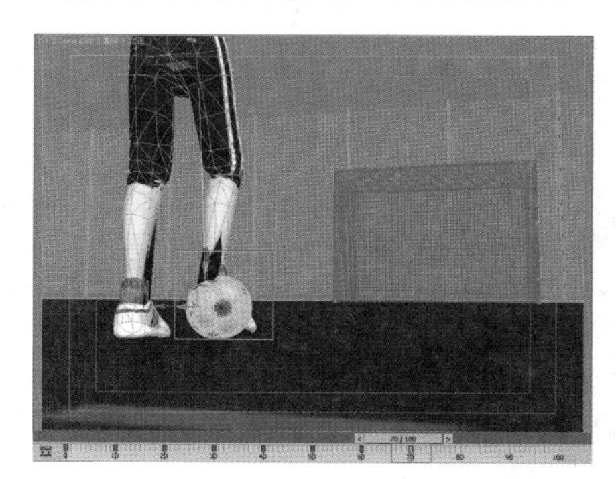

图15-52

## Part 4　创建足球动画

**步骤01** 单击打开【自动关键点】按钮自动关键点，此时拖动时间线滑块到第50帧，选择足球模型，然后使用【选择并移动】工具将其移动到如图15-53所示的位置。

**步骤02** 此时拖动时间线滑块到第66帧，选择足球模型，然后将其移动到如图15-54所示的位置。

**步骤03** 此时拖动时间线滑块到第80帧，选择足球模型，然后将其移动到如图15-55所示的位置。

**步骤04** 此时拖动时间线滑块到第92帧，选择足球模型，然后将其移动到如图15-56所示的位置。

图15-53

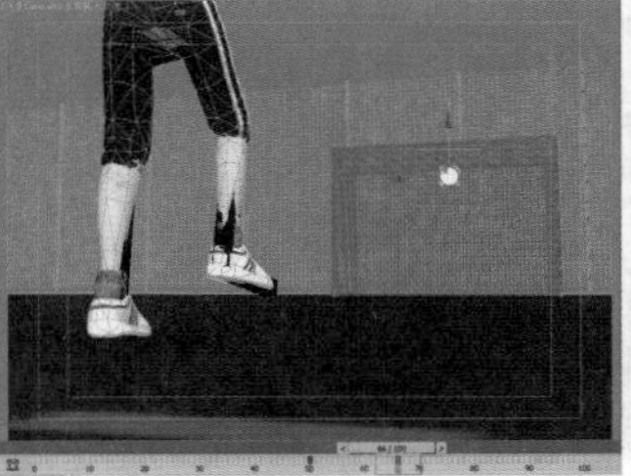

图15-54

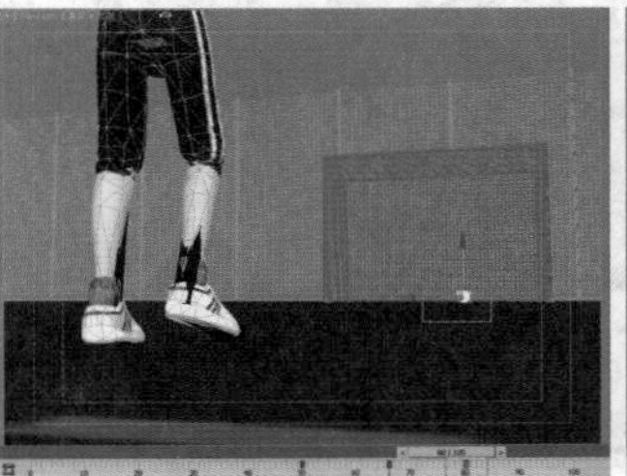

图15-55

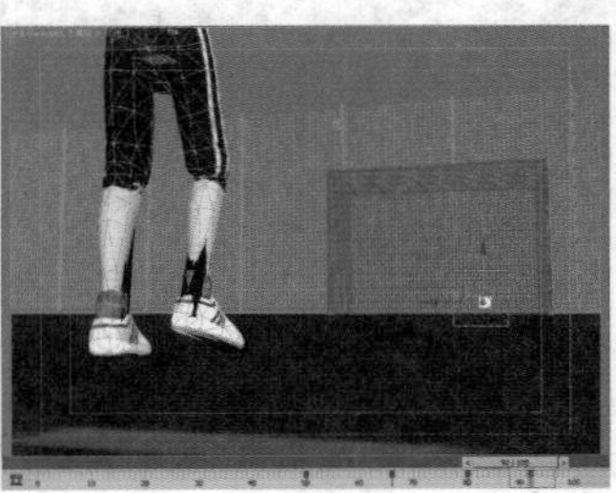

图15-56

**步骤05** 此时拖动时间线滑块到第 100 帧，选择足球模型，然后将其移动到如图 15-57 所示的位置。

**步骤06** 单击关闭【自动关键点】按钮自动关键点，然后拖曳时间线滑块查看动画效果，如图15-58所示。

**步骤07** 动画制作完成后可以将所有的骨骼隐藏，最终渲染效果如图15-59所示。

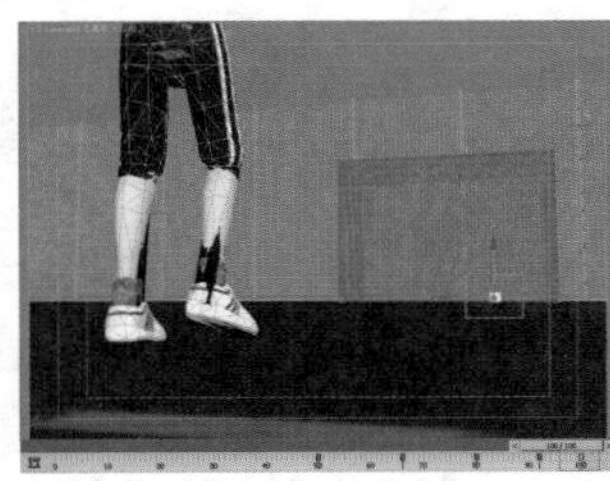

图15-57

图15-58

图15-59

# 小实例：利用骨骼对象制作鸟飞翔动画

| | |
|---|---|
| 场景文件 | 02.max |
| 案例文件 | 小实例：利用骨骼对象制作鸟飞翔动画.max |
| 视频教学 | 多媒体教学/Chapter15/小实例：利用骨骼对象制作鸟飞翔动画.flv |
| 难易指数 | ★★★★☆ |
| 技术掌握 | 掌握骨骼对象、【蒙皮】修改器、关键帧动画的使用 |
| 视频长度 | |

## 实例介绍

本实例是利用骨骼对象、【蒙皮】修改器、关键帧动画制作鸟飞翔动画，最终效果如图15-60所示。

图15-60

## 操作步骤

### Part 1　创建骨骼

**步骤01** 打开本书配套光盘中的【场景文件/Chapter15/02.max】文件，此时场景效果如图15-61所示。

**步骤02** 在【创建】面板中单击（系统）|【标准】|骨骼按钮，如图15-62所示。

**步骤03** 在视图中单击两次鼠标左键，然后单击一次鼠标右键完成创建，此时的左侧翅膀骨骼效果如图15-63所示。

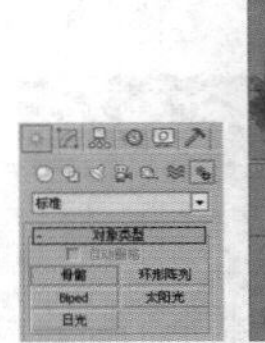

图15-61

图15-62

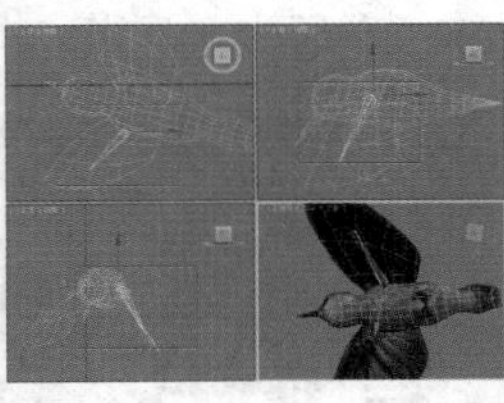

图15-63

**步骤04** 分别选择这两个骨骼，并单击【修改】面板，将骨骼的参数进行设置，具体参数设置如图15-64所示。

**步骤05** 使用同样的方法继续为右侧翅膀创建骨骼，如图15-65所示。

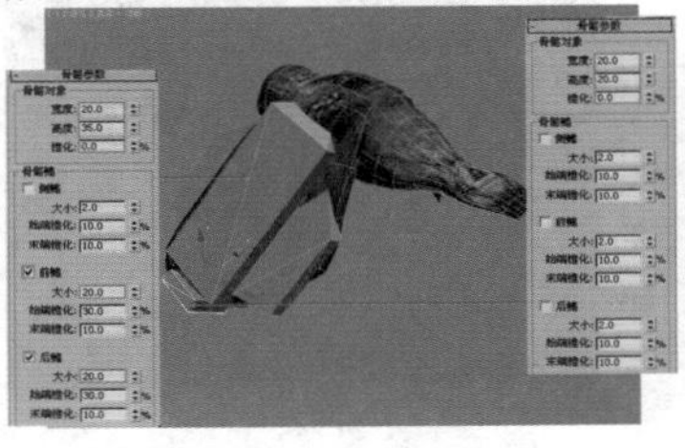

图15-64

图15-65

**步骤06** 再次使用【骨骼】工具，在视图中单击4次鼠标左键，然后单击一次鼠标右键完成创建，此时的身体骨骼效果如图15-66所示。

**步骤07** 分别选择这4个骨骼，具体参数设置如图15-67所示。

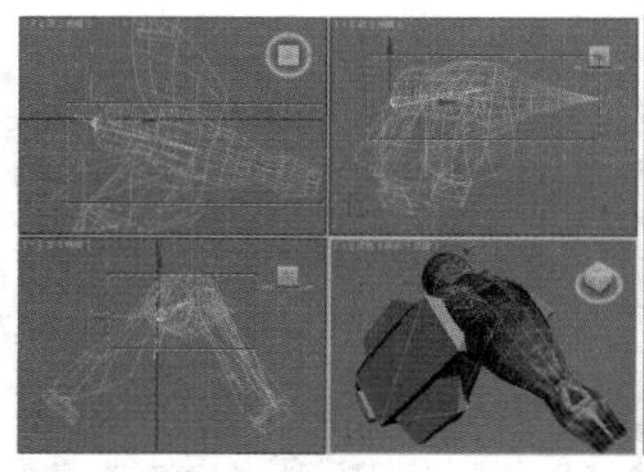

图15-66

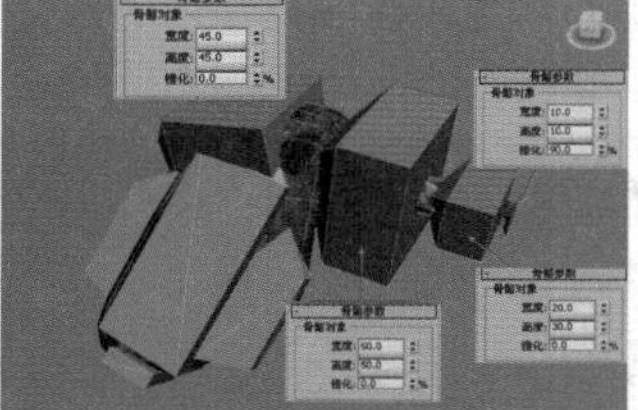

图15-67

**步骤08** 使用同样的方法，再次使用【骨骼】工具创建一个骨骼，并将其作为嘴部骨骼，如图15-68所示。

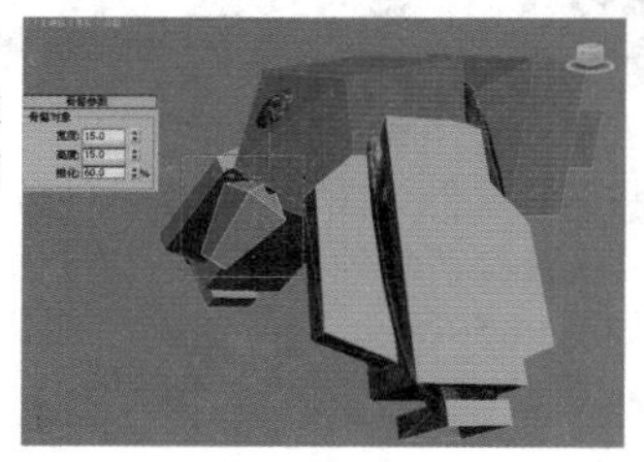

图15-68

## Part 2　建立父子关系

**步骤01** 为了使得鸟头部的骨骼运动时带动全身运动，需要为骨骼建立父子关系。很明显，鸟的头部骨骼是【父】，而两个翅膀骨骼和一个嘴部骨骼是【子】。首先选择翅膀骨骼，然后单击主工具栏中的【选择并链接】工具，最后将鼠标移动到头部骨骼上方，并单击鼠标左键，此时即可完成链接，如图15-69所示。

**步骤02** 选择如图15-69所示的翅膀骨骼，然后单击主工具栏中的【选择并链接】工具，最后将鼠标移动到头部骨骼上方，并单击鼠标左键，此时即可完成链接，如图15-70所示。

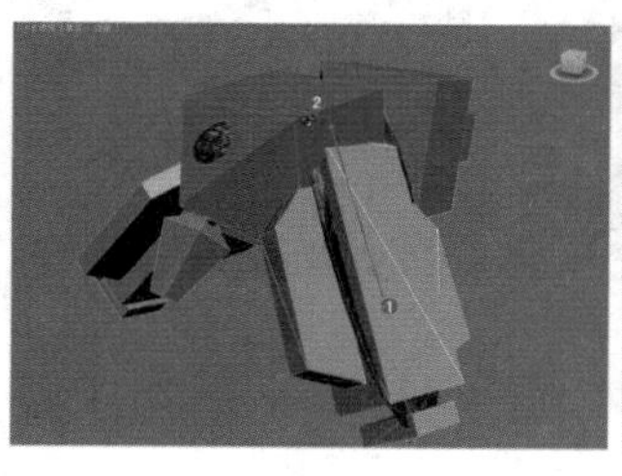

图15-69

图15-70

**步骤03** 选择如图15-70所示的嘴部骨骼，然后单击主工具栏中的【选择并链接】工具，最后将鼠标移动到头部骨骼上方，并单击鼠标左键，此时即可完成链接，如图15-71所示。

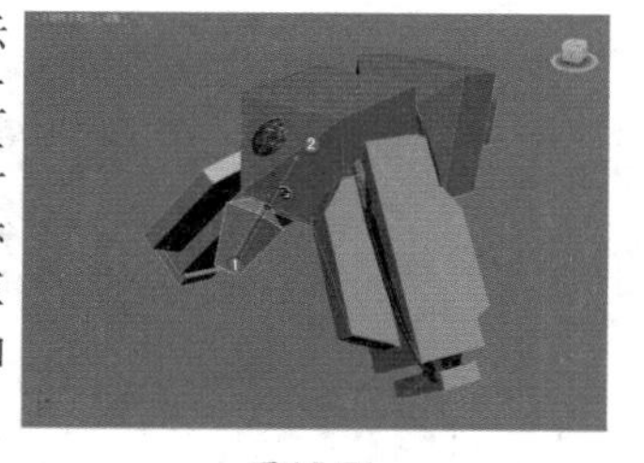

图15-71

## Part 3　为鸟模型蒙皮

**步骤01** 选择鸟模型，然后单击【修改】面板，为其加载【蒙皮】修改器，接着单击【添加】按钮，然后在列表中选择所有的骨骼，并进行添加，如图15-72所示。

**步骤02** 此时的场景效果如图15-73所示。

图15-72　图15-73

## Part 4　制作鸟的移动动画

**步骤01** 单击【时间配置】按钮，并设置【结束时间】为120，如图15-74所示。

**步骤02** 制作鸟的移动动画。单击打开【自动关键点】按钮自动关键点，此时拖动时间线滑块到第0帧，选择鸟的头部骨骼，然后将鸟的头部骨骼移动到如图15-75所示的位置。

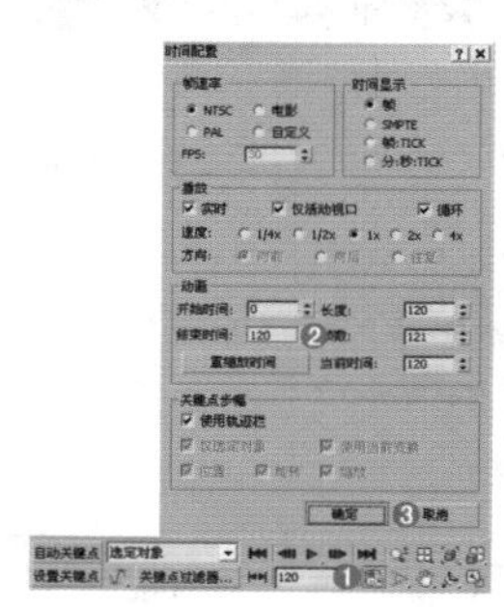

图15-74

图15-75

**步骤03** 此时拖动时间线滑块到第50帧，选择鸟的头部骨骼，然后将鸟的头部骨骼移动到如图15-76所示的位置。

**步骤04** 此时拖动时间线滑块到第120帧，选择鸟的头部骨骼，然后将鸟的头部骨骼移动到如图15-77所示的位置。

图15-76

图15-77

## Part 5　制作鸟的翅膀动画

**步骤01** 制作鸟的翅膀动画。单击打开【自动关键点】按钮，此时拖动时间线滑块到第0帧，分别选择两个翅膀的骨骼，将两个翅膀旋转到如图15-78所示的位置。

**步骤02** 此时拖动时间线滑块到第20帧，分别选择两个翅膀的骨骼，将两个翅膀旋转到如图15-79所示的位置。

图15-78

图15-79

**步骤03** 此时拖动时间线滑块到第40帧，分别选择两个翅膀的骨骼，将两个翅膀旋转到如图15-80所示的位置。

**步骤04** 此时拖动时间线滑块到第60帧，分别选择两个翅膀的骨骼，将两个翅膀旋转到如图15-81所示的位置。

图15-80

图15-81

**步骤05** 此时拖动时间线滑块到第80帧，分别选择两个翅膀的骨骼，将两个翅膀旋转到如图15-82所示的位置。

**步骤06** 此时拖动时间线滑块到第100帧，分别选择两个翅膀的骨骼，将两个翅膀旋转到如图15-83所示的位置。

图15-82

图15-83

**步骤07** 此时拖动时间线滑块到第120帧，分别选择两个翅膀的骨骼，将两个翅膀旋转到如图15-84所示的位置。

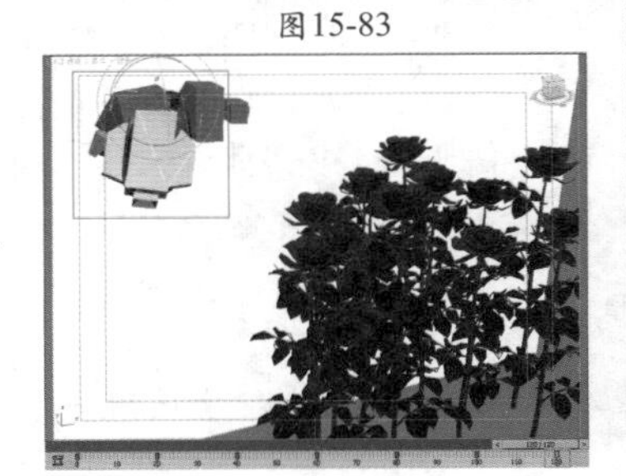

图15-84

## Part 6　制作鸟的身体动画

**步骤01** 为了模拟出更加真实的鸟飞翔效果，此时不仅要为翅膀制作动画，而且需要为身体的骨骼制作上下晃动的动画。单击打开【自动关键点】按钮自动关键点，此时拖动时间线滑块到第0帧，分别选择身体的骨骼，将身体的骨骼旋转到如图15-85所示的位置。

**步骤02** 此时拖动时间线滑块到第60帧，分别选择身体的骨骼，将身体的骨骼旋转到如图15-86所示的位置。

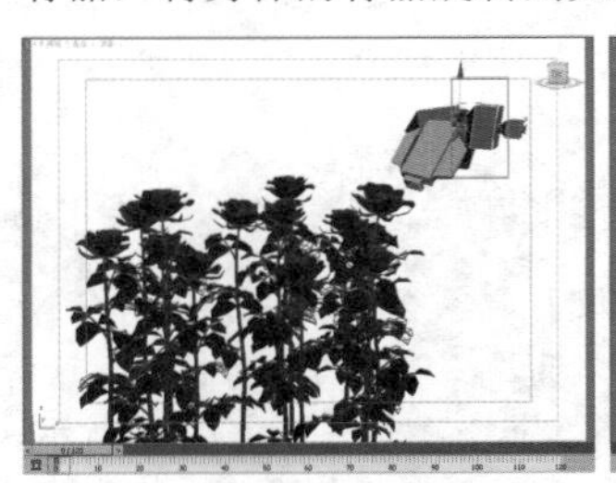

图15-85

图15-86

**步骤03** 此时拖动时间线滑块到第120帧，分别选择身体的骨骼，将身体的骨骼旋转到如图15-87所示的位置。

**步骤04** 单击关闭【自动关键点】按钮自动关键点，然后拖曳时间线滑块查看动画效果，如图15-88所示。

图15-87

图15-88

**步骤05** 动画制作完成后可以将所有的骨骼隐藏，最终渲染效果如图15-89所示。

图15-89

## 15.2.2 Biped

3ds Max 2016中有一个完整的制作人物角色的骨骼系统，那就是Biped。使用【Biped】工具创建出的骨骼与真实的人体骨骼基本一致，因此使用该工具可以快速地制作出人物动画，同时还可以通过修改Biped的参数来制作出其他生物。

在【创建】面板中单击（系统）|【标准】|Biped按钮，如图15-90所示。最后在场景中拖曳鼠标创建一个Biped，如图15-91所示。

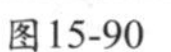

图15-90

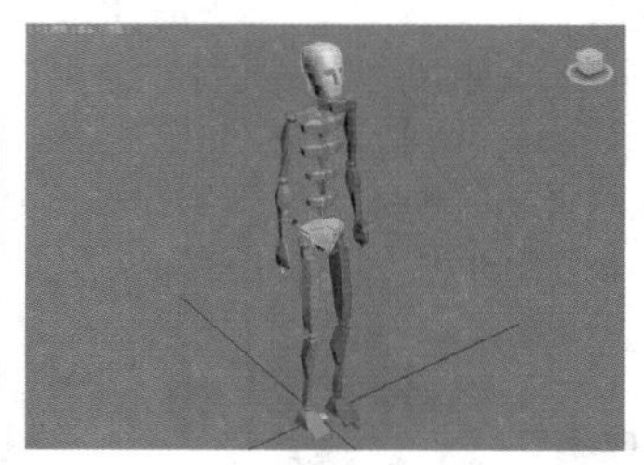

图15-91

### 技术专题——如何修改Biped的结构和动作

当选择骨骼并单击【修改】时，会看到没有任何参数，这是因为Biped的参数并不在【修改】面板中，而是在【运动】面板中。选择任意的骨骼，并单击【运动】面板，此时会弹出很多参数，如图15-92所示。

但是在上面的参数中并没有看到调整骨骼结构的参数，此时需要单击【体形模式】按钮，即可切换出关于设置体形结构的参数，如图15-93所示。

此时可以修改参数，当然，默认的参数是与人类的骨骼结构相符的，当设置一些参数，例如设置【尾部链接】为8时，会发现此时的Biped产生了尾骨，如图15-94所示。

此时可以通过将部分骨骼移动和旋转来调整Biped的动作，如图15-95所示。

同时也可以通过修改参数，为Biped设置【手指】、【手指链接】和【脚趾】、【脚趾链接】的数目，如图15-96所示。

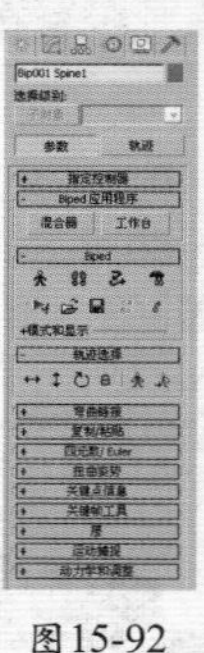

图15-92

图15-93

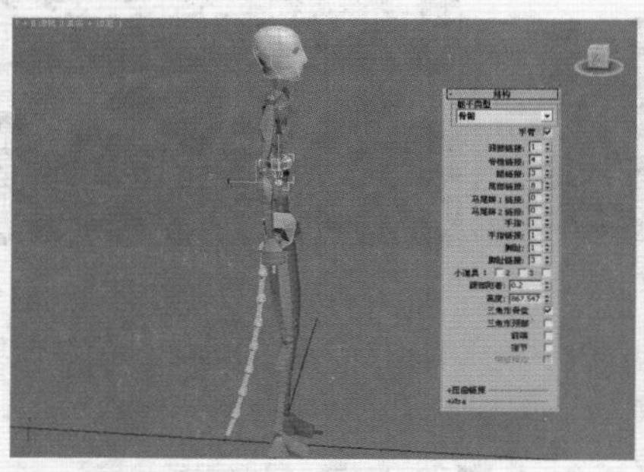

图15-94

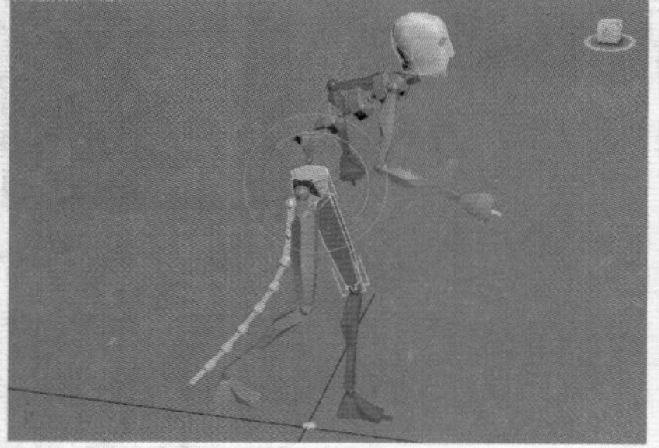

图15-95

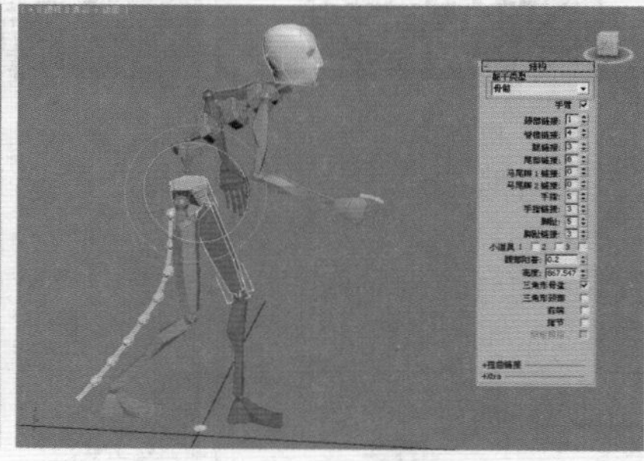

图15-96

创建出Biped后，在【运动】面板中可以修改Biped的效果，如图15-97所示。

- 【体形模式】按钮：用于更改两足动物的骨骼结构，并使两足动物与网格对齐。
- 【足迹模式】按钮：用于创建和编辑足迹动画。
- 【运动流模式】按钮：用于将运动文件集成到较长的动画脚本中。
- 【混合器模式】按钮：用于查看、保存和加载使用运动混合器创建的动画。

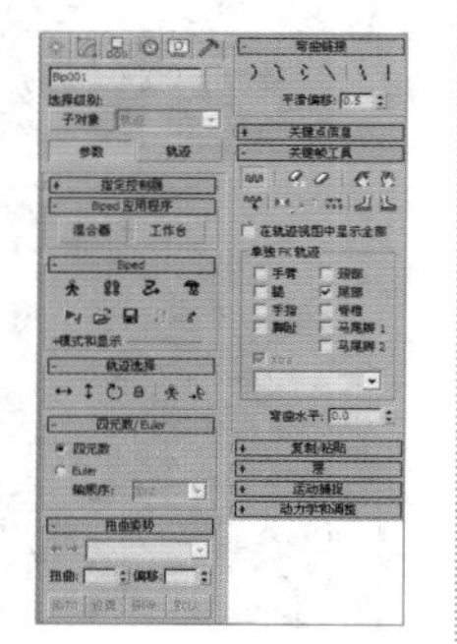

图15-97

- 【Biped播放】按钮：仅在【显示首选项】对话框中删除了所有的两足动物后，才能使用该工具播放它们的动画。
- 【加载文件】按钮：加载bip、fig或stp文件。
- 【保存文件】按钮：保存Biped文件（.bip）、体形文件（.fig）以及步长文件（.stp）。
- 【转换】按钮：将足迹动画转换成自由形式的动画。
- 【移动所有模式】按钮：一起移动和旋转两足动物及其相关动画。

单击【体形模式】按钮，其参数设置面板如图15-98所示。

- 【躯干水平】按钮↔：选择质心后可以编辑两足动物的水平运动效果。

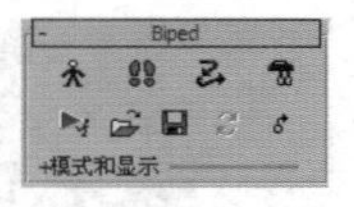

图15-98

- 【躯干垂直】按钮↕：选择质心后可以编辑两足动物的垂直运动效果。
- 【躯干旋转】按钮：选择质心后可以编辑两足动物的旋转运动效果。
- 【锁定COM关键点】按钮：激活该按钮后，可以同时选择多个COM轨迹。
- 【对称】按钮：选择两足动物另一侧的匹配对象。
- 【相反】按钮：选择两足动物另一侧的匹配对象，并取消当前选择对象。

单击【足迹模式】按钮，其参数设置面板如图15-99所示。

- 【创建足迹（附加）】按钮：单击该按钮可启用【创建足迹】模式。
- 【创建足迹（在当前帧上）】按钮：在当前帧中创建足迹。
- 【创建多个足迹】按钮：自动创建行走、跑动或跳跃的足迹图标。
- 【行走】按钮：将两足动物的步态设为行走。
- 【跑动】按钮：将两足动物的步态设为跑动。

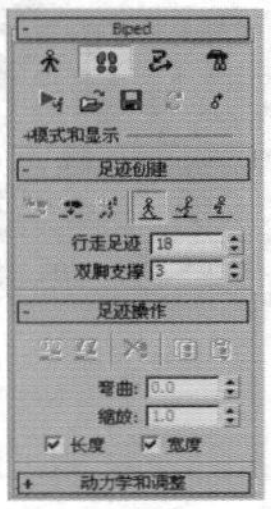

图15-99

- 【跳跃】按钮：将两足动物的步态设为跳跃。
- 行走足迹：指定在行走期间新足迹着地时的帧数（仅用于【行走】模式，当切换为【跑动】或【跳跃】模式时，该参数会进行相应调整）。
- 双脚支撑：指定在行走期间双脚都着地时的帧数（仅用于【行走】模式，当切换为【跑动】或【跳跃】模式时，该参数会进行相应调整）。
- 【为非活动足迹创建关键点】按钮：单击该按钮可以激活所有的非活动足迹。
- 【取消激活足迹】按钮：删除指定给选定足迹的躯干关键点，使这些足迹成为非活动足迹。
- 【删除足迹】按钮：删除选定的足迹。
- 【复制足迹】按钮：将选定的足迹和两足动物的关键点复制到足迹缓冲区中。
- 【粘贴足迹】按钮：将足迹从足迹缓冲区粘贴到场景中。
- 弯曲：设置所选择的足迹路径的弯曲量。
- 缩放：设置所选择足迹的缩放比例。
- 长度：启用该选项后，【缩放】选项会更改所选足迹的步幅长度。
- 宽度：启用该选项后，【缩放】选项会更改所选足迹的步幅宽度。

## 小实例：利用Biped制作跳舞动作

| 场景文件 | 03.max |
|---|---|
| 案例文件 | 小实例：利用Biped制作跳舞动作.max |
| 视频教学 | 多媒体教学/Chapter15/小实例：利用Biped制作跳舞动作.flv |
| 难易指数 | ★★★☆☆ |
| 技术掌握 | 掌握Biped动作库的应用和【蒙皮】修改器的应用 |

### 实例介绍

本实例利用Biped制作人物跳舞动作，效果如图15-100所示。

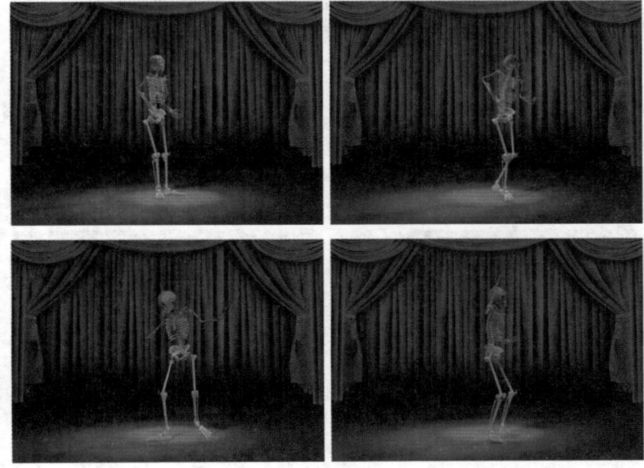

图15-100

### 操作步骤

**步骤01** 打开本书配套光盘中的【场景文件/Chapter15/03.max】文件，如图15-101所示。

**步骤02** 在【创建】面板中单击（系统）|【标准】|Biped按钮，如图15-102所示。

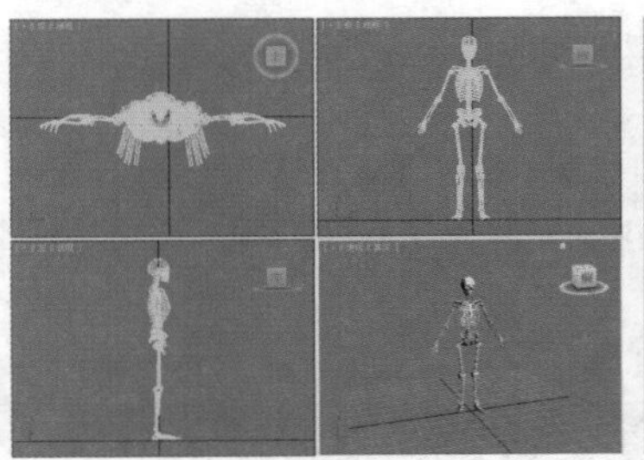

图15-101

图15-102

**步骤03** 在场景中拖曳创建一个Biped，并将其移动到人体骨架内部，如图15-103所示。

**技巧提示**

在创建骨骼时，最后在前视图或左视图中进行创建，这样可以观察到Biped的大小比例。

**步骤04** 单击选择步骤03中创建的Biped的任意部分，然后单击【运动】面板，并单击【体型模式】按钮，最后设置【手指】为5，【手指链接】为3，【脚趾】为5，【高度】为81.223，如图15-104所示。

**步骤05** 继续保持【体型模式】按钮处于按下时的状态，并调节骨骼的位置，如图 15-105 所示。

**步骤06** 使用【选择并旋转】工具旋转部分骨骼，如图15-106所示。

**步骤07** 使用【选择并缩放】工具沿X轴缩放部分骨骼，如图15-107所示。

**步骤08** 继续细致地将骨架模型和Biped对齐，如图15-108所示。

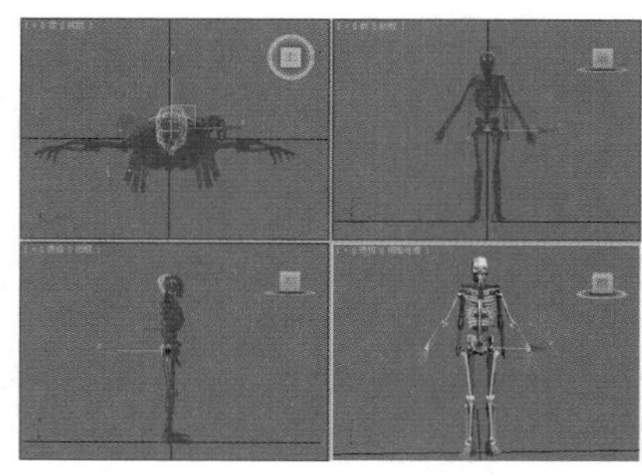

图15-103

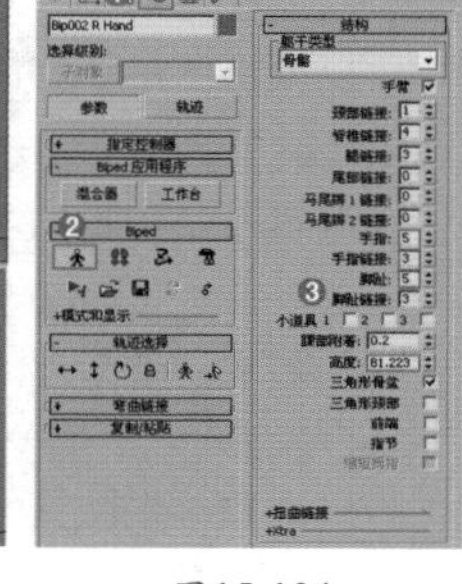

图15-104

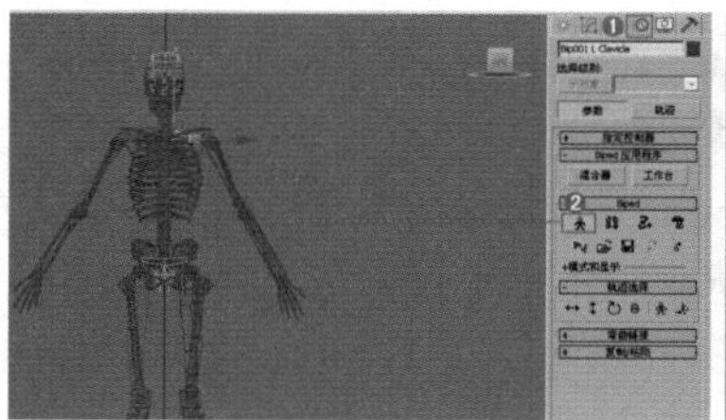

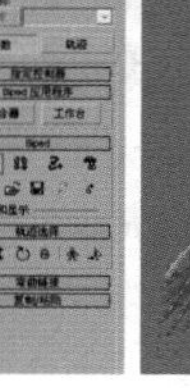

图15-105

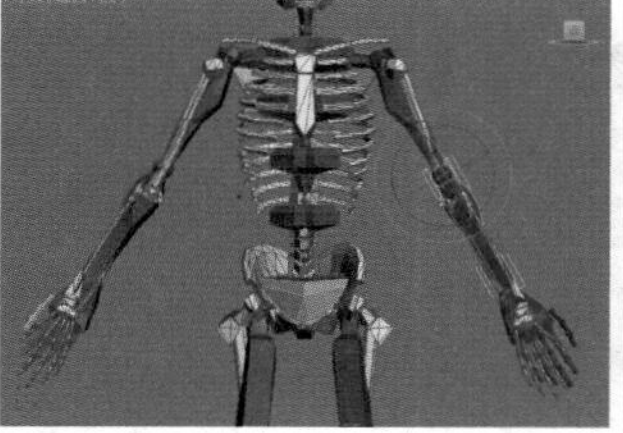

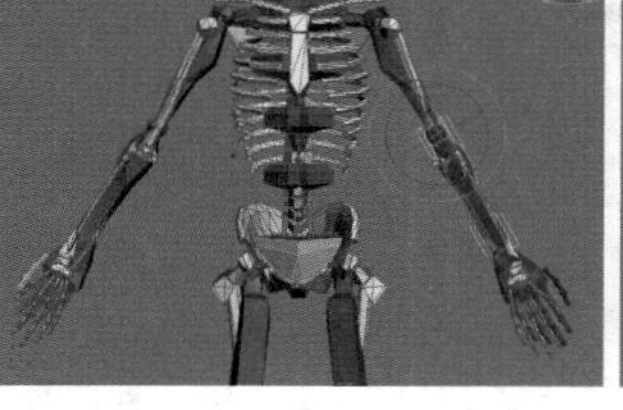

图15-106

图15-107

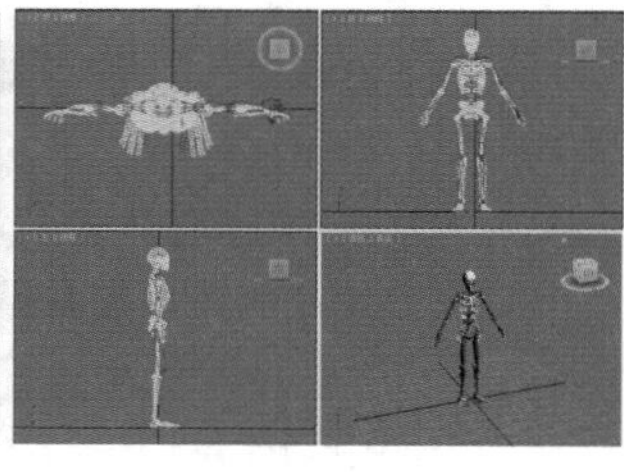

图15-108

**步骤09** 选择人体骨架模型，为其加载一个【蒙皮】修改器，单击【添加】按钮，在列表中选择所有的骨骼，如图15-109所示。

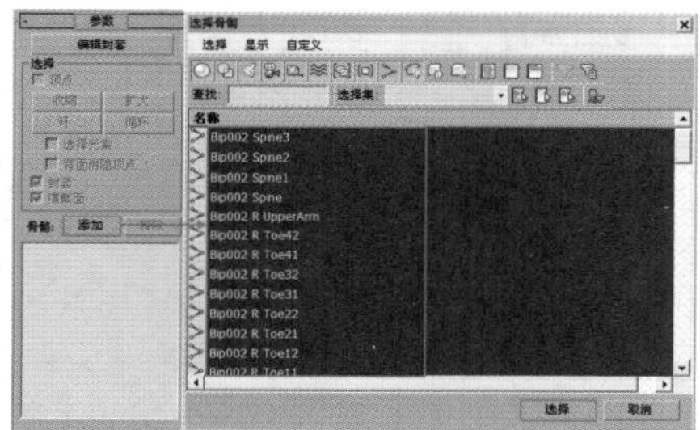

图15-109

**步骤10** 此时在骨骼下面的列表框中出现了很多的骨骼，如图15-110所示。

**步骤11** 选择场景中的骨骼，单击【运动】按钮，展开【Biped】卷展栏，并单击【加载文件】按钮，如图15-111所示。

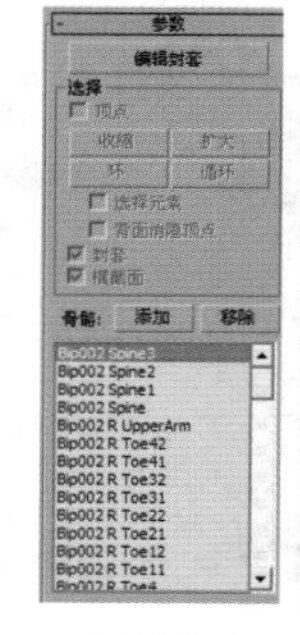

图15-110

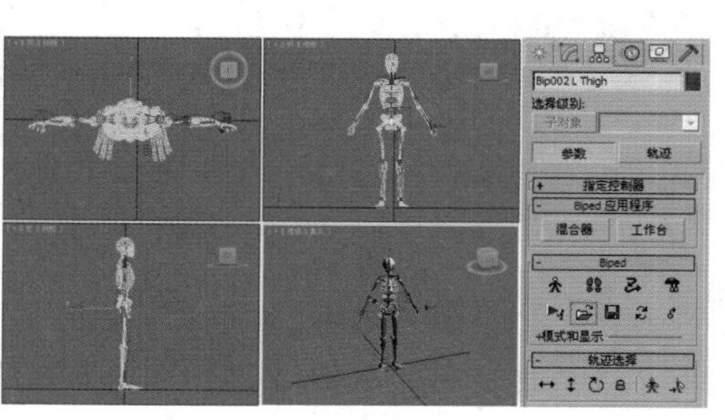

图15-111

**步骤12** 此时在场景中弹出了【打开】面板，然后找到本书配套光盘中的【跳舞动作.bip】文件，如图15-112所示。接着在弹出的对话框中单击【确定】按钮，如图15-113所示。

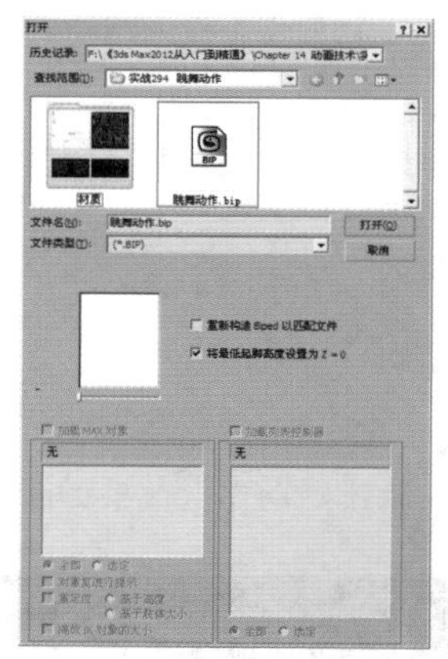

图15-112

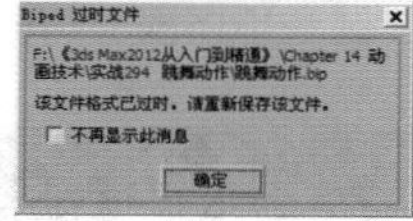

图15-113

**步骤13** 此时场景中的人物已经出现了很大的变化，并且在视图中出现了很多的脚印，如图15-114所示。拖动时间线滑块，在透视图中出现了一段跳舞的动画，如图15-115所示。

图15-114

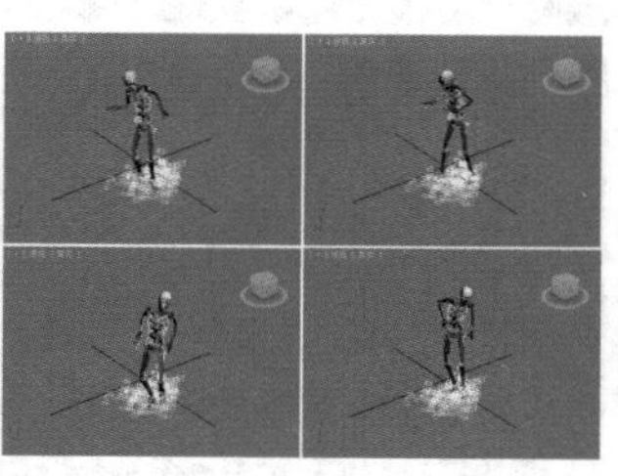

图15-115

**步骤14** 此时的渲染效果如图15-116所示。

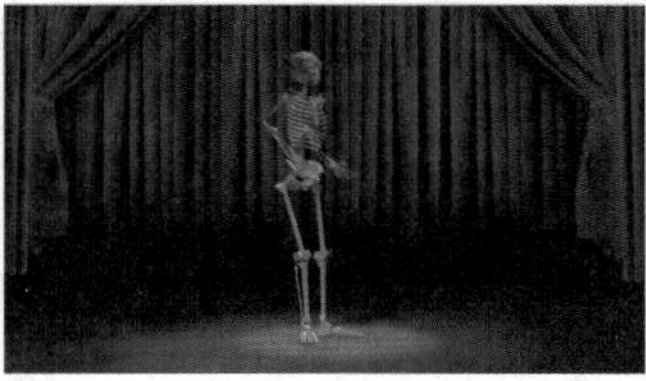

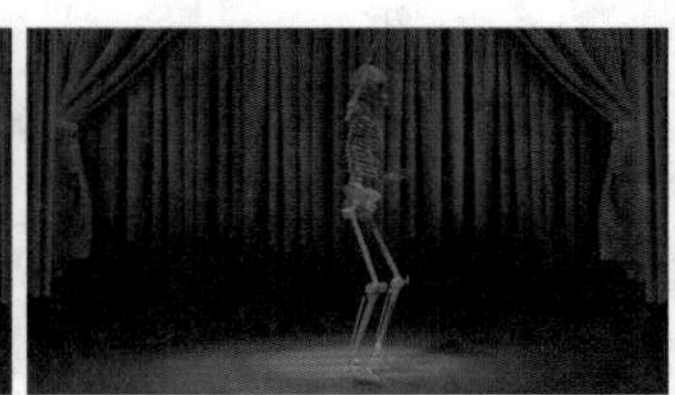

图15-116

## 15.2.3 蒙皮

当角色模型及角色骨骼制作完成后，需要将模型和骨骼连接起来，从而通过控制骨骼的运动来控制角色模型的运动，这个过程称之为蒙皮，如图15-117所示。

3ds Max 2016提供了两个蒙皮修改器，分别是【蒙皮】修改器和Physique修改器，这里将重点讲解【蒙皮】修改器的使用方法。【蒙皮】修改器是一种骨骼变形工具，用于通过另一个对象对一个对象进行变形。可使用骨骼、样条线或其他对象变形网格、面片或 NURBS 对象。创建好角色的模型和骨骼后，选择角色模型，然后为其加载一个【蒙皮】修改器，接着在【参数】卷展栏中单击【编辑封套】按钮，激活其他参数，如图15-118所示。

图15-117

图15-118

- 【编辑封套】按钮：激活该按钮可以进入子对象层级，进入子对象层级后可以编辑封套和顶点的权重。
- 顶点：启用该选项后，可以选择顶点，并且可以使用【收缩】工具、【扩大】工具、【环】工具和【循环】工具来选择顶点。
- 【添加】按钮/【移除】按钮：使用【添加】工具可以添加一个或多个骨骼；使用【移除】工具可以移除选中的骨骼。
- 半径：设置封套横截面的半径大小。
- 挤压：设置所拉伸骨骼的挤压倍增量。
- 【绝对/相对】按钮A/R：用来切换计算内外封套之间的顶点权重的方式。
- 【封套可见性】按钮：用来控制未选定的封套是否可见。
- 【缓慢衰减】按钮：为选定的封套选择衰减曲线。
- 【复制】按钮/【粘贴】按钮：使用【复制】工具可以复制选定封套的大小和图形；使用【粘贴】工具可以将复制的对象粘贴到所选定的封套上。
- 绝对效果：设置选定骨骼相对于选定顶点的绝对权重。
- 刚性：启用该选项后，可以使选定顶点仅受一个最具影响力的骨骼的影响。
- 刚性控制柄：启用该选项后，可以使选定面片顶点的控制柄仅受一个最具影响力的骨骼的影响。
- 规格化：启用该选项后，可以强制每个选定顶点的总权重合计为1。
- 【排除/包含选定的顶点】按钮：将当前选定的顶点排除/添加到当前骨骼的排除列表中。
- 【选定排除的顶点】按钮：选择所有从当前骨骼排除的顶点。
- 【烘焙选定顶点】按钮：单击该按钮可以烘焙当前的顶点权重。
- 【权重工具】按钮：单击该按钮可以打开【权重工具】对话框。
- 【权重表】按钮：单击该按钮可以打开【蒙皮权重表】对话框，在该对话框中可以查看和更改骨架结构中所有骨骼的权重。
- 【绘制权重】按钮：使用该工具可以绘制选定骨骼的权重。
- 【绘制选项】按钮：单击该按钮可以打开【绘制选项】对话框，在该对话框中可以设置绘制权重的参数。
- 绘制混合权重：启用该选项后，可以均分相邻顶点的权重，然后可以基于笔刷强度来应用平均权重，这样可以缓和绘制的值。
- 【镜像模式】按钮：将封套和顶点从网格的一个侧面镜像到另一个侧面。
- 【镜像粘贴】按钮：将选定封套和顶点粘贴到物体的另一侧。

- 【将绿色粘贴到蓝色骨骼】按钮：将封套设置从绿色骨骼粘贴到蓝色骨骼上。
- 【将蓝色粘贴到绿色骨骼】按钮：将封套设置从蓝色骨骼粘贴到绿色骨骼上。
- 【将绿色粘贴到蓝色顶点】按钮：将各个顶点从所有绿色顶点粘贴到对应的蓝色顶点上。
- 【将蓝色粘贴到绿色顶点】按钮：将各个顶点从所有蓝色顶点粘贴到对应的绿色顶点上。
- 镜像平面：用来选择镜像的平面是左侧平面还是右侧平面。
- 镜像偏移：设置沿【镜像平面】轴移动镜像平面的偏移量。
- 镜像阈值：在将顶点设置为左侧或右侧顶点时，使用该选项可以设置镜像工具能观察到的相对距离。

## 15.3 辅助对象（标准）

辅助对象起支持的作用，包括虚拟对象、容器、群组、代理等多种类型，如图15-119所示。

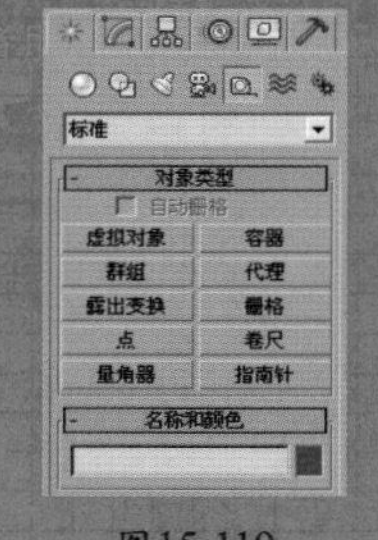

图15-119

群组辅助对象在character studio中充当了控制群组模拟的命令中心。在大多数情况下，每个场景需要的群组对象不会多于一个，如图15-120所示。

其参数面板如图15-121所示。

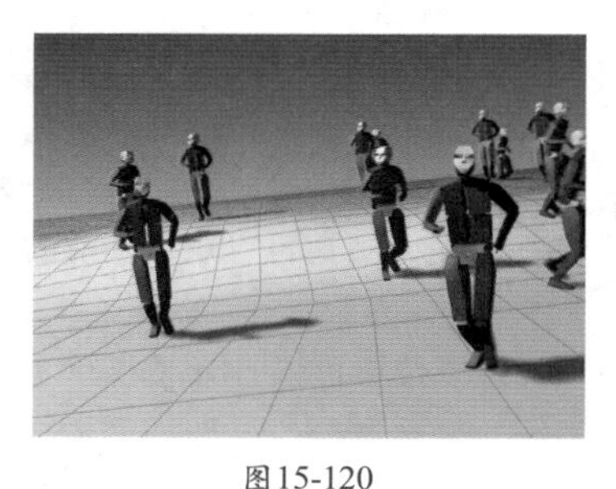
图15-120

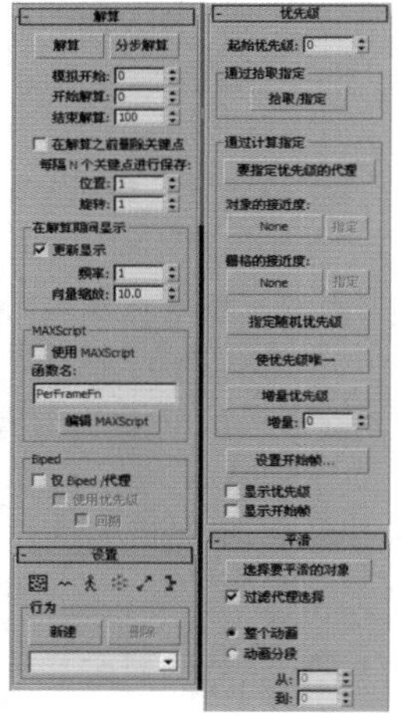
图15-121

### 1. 【设置】卷展栏

群组辅助对象的【设置】卷展栏包含了设置群组功能的控件。

- 散布：群组辅助对象的【散布对象】对话框包含使用克隆对象（如代理）来创建群组的工具。
- 对象/代理关联：可以使用该对话框链接任意数量的代理对象对。
- Biped/代理关联：使用该对话框把许多代理与相等数量的 Biped 相关联。
- 多个代理编辑：【编辑多个代理】对话框可以定义代理组并为之设置参数。
- 行为指定：【行为指定和组合】对话框可用于将代理分组归类到组合，并为单个代理和组合指定行为和认知控制器。
- 认知控制器：使用【认知控制器】编辑器可以将行为合并到状态中。
- 新建：打开选择行为类型对话框。
- 删除：删除当前行为。
- 行为列表：列出当前场景中的所有行为（使用【新建】按钮来添加新行为）。

### 2. 【解算】卷展栏

一旦创建了群组模拟，即可使用该卷展栏来设置求解参数并求解模拟。从任意帧开始，可以连续求解或一次一帧进行求解。

- 解算：应用所有指定行为到指定的代理中来连续运行群组模拟。
- 分步求解：以时间滑块位置指定帧作为开始帧，来一次一帧的运行群组模拟。
- 模拟开始：模拟的第一帧。默认值为 0。
- 开始求解：开始进行求解的帧。默认值为 0。
- 结束求解：指定求解的最后一帧。默认值为 100。
- 在解算之前删除关键点：删除在求解发生范围之内的活动代理的关键点。默认设置为禁用状态。
- 每隔 N 个关键点进行保存：在求解之后，使用它来指定要保存的位置和旋转关键点数目。

- 位置/旋转：保存代理位置和旋转关键点的频率。
- 更新显示：在群组模拟过程中产生的运动显示在视口。
- 频率：在求解过程中，多长时间进行一次更新显示。
- 向量缩放：显示全局缩放的所有力和速度向量。
- 使用 MAXScript：启用该选项时，在解决过程中，用户指定的脚本在每一帧上执行。
- 函数名：将被执行的函数名。此名称也必须在脚本中指定。
- 编辑 MAXScript：单击该按钮打开 MAXScript 窗口来显示和修改脚本。
- 仅 Biped/代理：启用该选项时，计算中仅包含 Biped/代理。
- 使用优先级：启用该选项时，Biped/代理以一次一个的方式进行计算，并根据它们的优先级值排序，从最低值到最高值。
- 回溯：当求解使用 Biped 群组模拟时，打开回溯功能。默认设置为禁用状态。

### 3.【优先级】卷展栏

对包含与代理有关的 Biped 的模拟进行求解时，群组系统会使用【优先级】卷展栏设置。

- 起始优先级：设置初始优先级值。
- 拾取/指定：允许在视口中依次选择每个代理，然后将连续的较高优先级值指定给任何数目的代理。
- 要指定优先级的代理：允许使用【选择】对话框指定受后续使用该组中的其他控件影响的代理。
- 对象的接近度：允许根据代理与特定对象之间的距离指定优先级。
- 栅格的接近度：允许根据代理与特定栅格对象指定的无限平面之间的距离指定优先级。
- 指定随机优先级：为选定的代理指定随机优先级。
- 使优先级唯一：确保所有的代理具有唯一的优先级值。
- 增量优先级：按照增量值递增所有选定代理的优先级。
- 增量：按照【增量优先级】按钮调整代理优先级设置值。
- 设置开始帧：打开【设置开始帧】对话框，以便根据指定的优先级设置开始帧。
- 显示优先级：启用作为附加到代理的黑色数字的指定优先级值的显示。
- 显示开始帧：启用作为附加到代理的黑色数字的指定开始帧值的显示。

### 4.【平滑】卷展栏

在现有的动画关键点（也就是说，一个已求解的模拟）上，平滑用来创建看起来更自然的动画。

- 选择要平滑的对象：打开选择对话框，可以指定要平滑的对象位置和/或旋转。
- 过滤器代理选择：启用该选项时，由【选择要平滑的对象】打开的选择对话框仅显示代理。
- 整个动画：平滑所有动画帧。这是默认选项。
- 动画分段：仅平滑【从】和【到】字段中指定范围内的帧。
- 从/到：当选择了【动画分段】时，指定要平滑动画的第一帧/最后一帧。
- 位置：启用该选项时，在模拟结束后，通过模拟产生的选定对象的动画路径便已经进行了平滑。默认设置为启用。
- 旋转：启用该选项时，在模拟结束后，通过模拟产生的选定对象的旋转便已经进行了平滑。默认设置为启用。
- 减少：通过在每一帧中每隔N个关键点进行保留来减少关键点数目。
- 保留每 N 个关键点：通过每隔两个关键点进行保留或每隔 3 个关键点进行保留等来限制平滑处理量。
- 过滤：启用该选项时，使用组中的其他设置来执行平滑操作。
- 过去关键点：使用当前帧之前的关键点数目来平均位置和/或旋转。
- 未来关键点：使用当前帧之后的关键点数目来平均位置和/或旋转。
- 平滑度：确定要执行的平滑程度。
- 执行平滑处理：单击该按钮来执行平滑操作。

### 5.【碰撞】卷展栏

在群组模拟过程中，可以使用该卷展栏来获得由【回避】行为定义的碰撞。

- 高亮显示碰撞代理：启用该选项时，发生碰撞的代理用碰撞颜色突出显示。
- 仅在碰撞期间：碰撞代理仅在实际发生碰撞的帧中突出显示。
- 始终：碰撞代理在碰撞帧和后续帧中均突出显示。
- 碰撞颜色：此颜色样例表明突出显示碰撞代理所使用的颜色。
- 清除碰撞：从所有代理中清除碰撞信息。

### 6.【几何体】卷展栏

使用该参数可修改群组对象的大小。

- 图标大小：决定群组辅助对象图标的大小。

### 7.【全局剪辑控制器】卷展栏

- 新建/编辑/加载/保存：可以对控制器进行新建/编辑/加载/保存的操作。

## 15.4 CAT对象

CAT 是一个3ds Max的动画角色插件，操作简单，而且功能非常强大，是制作动画必备的插件之一。而在3ds Max 2016中将CAT进行集成，因此需要进行安装，如图15-122所示。

CAT 有助于角色绑定、非线性动画、动画分层、运动捕捉导入和肌肉模拟，其下主要包括3大模块，分别是CATMuscle、肌肉股和CATParent，如图15-123所示。

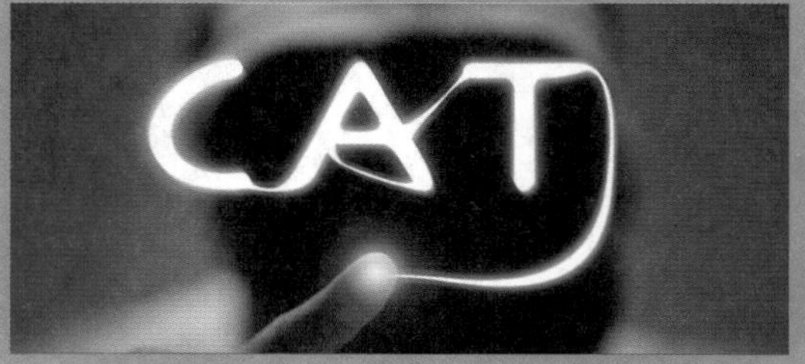

图15-122

图15-123

### 15.4.1 CATMuscle

CATMuscle 属于非渲染、多段式辅助对象，最适合用于在拉伸和变形时需要保持相对一致的大面积对象，如肩膀和胸部，如图15-124所示。创建 CATMuscle 后，可以修改其分段方式、碰撞检测属性等，如图15-125所示。

图15-124

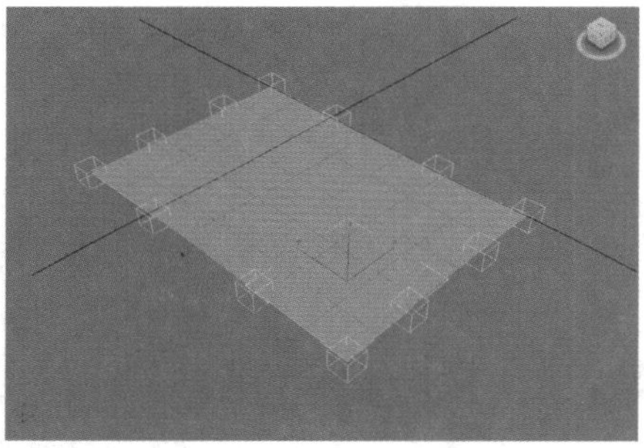

图15-125

CATMuscle包括类型、属性、控制柄、冲突检查等参数。其参数面板如图15-126所示。

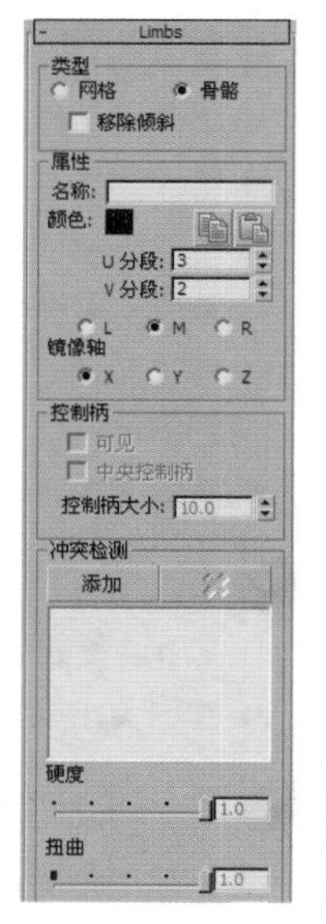


图15-126

- 类型：【网格】或【骨骼】。这两种类型有一个共同点：移动控制柄可改变肌肉的形状，每个控制柄在保留部分肌肉名称的情况下都有自己的名称。网格是肌肉相当于单块碎片，上面有许多始终完全相互连接的面板。骨骼是每块面板都相当于一个单独的骨骼，具有自己的名称；通过移动控制柄改变肌肉形状时，这些面板可以分离开来。
- 名称：肌肉组件的基本名称。
- 颜色：肌肉及其控制柄的颜色。若要更改颜色，可单击色样。
- U 分段/V 分段：分别指肌肉在水平和垂直维度上细分的段数。这些数字越大，可用于肌肉变形的定义就越多。
- L/M/R（左/中/右）：肌肉所在的绑定侧面。例如，可以选择【L】选项在左边设置肌肉，然后通过指定【R】选项跨中心轴对肌肉执行镜像操作。
- 镜像轴 - X/Y/Z：肌肉沿其分布的轴。该选项可帮助镜像系统工作。
- 可见：切换肌肉控制柄的显示。
- 中央控制柄：切换与各个角点控制柄相连的 Bezier 型额外控制柄的显示，该控制柄的位置位于肌肉中心附近。使用控制柄可进一步修改肌肉形状。
- 控制柄大小：每个控制柄的大小；该选项的更改会影响所有控制柄。通常，控制柄是在创建时按照其与整个肌肉的比例来设置大小的；使用此设置可调节控制柄的大小。
- 拾取碰撞对象：通过单击该按钮，然后选择对象，可将碰撞对象添加到列表中。
- 删除高亮显示的碰撞对象：高亮显示某个列表项目后，单击该按钮可将其从列表中删除。
- 硬度：高亮显示的列表项使肌肉变形的程度。默认设置为 1.0。
- 扭曲：为碰撞对象引起的变形添加粗糙度。一般而言，应将此值保持在 0.5 以下。
- 顶点法线/对象X：为碰撞对象引起的变形选择方向。只有在列表中高亮显示某个碰撞对象时，该选项才可用。
- 平滑：打开时，该选项将恢复碰撞对象引起的变形。只有在列表中高亮显示某个碰撞对象时，该选项才可用。
- 反转：反转碰撞对象引起的变形的方向。只有在列表中高亮显示某个碰撞对象时，该选项才可用。

## 15.4.2 肌肉股

肌肉股是一种用于角色蒙皮的非渲染辅助对象，如图15-127所示。其作用类似于两个点之间的 Bezier曲线。股的精度高于 CATMuscle，而且在必须扭曲蒙皮的情况下可提供更好的结果。CATMuscle 最适用于肩部和胸部的蒙皮，但对于手臂和腿的蒙皮，肌肉股更加适宜。如图15-128所示为用于二头肌的肌肉股。

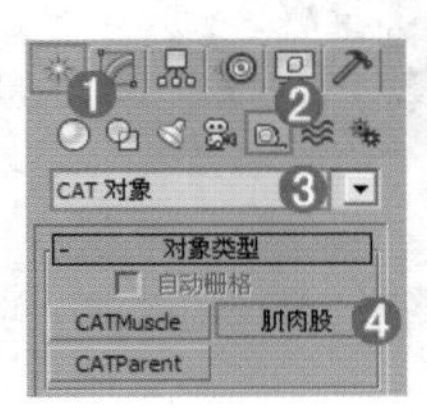


图15-127

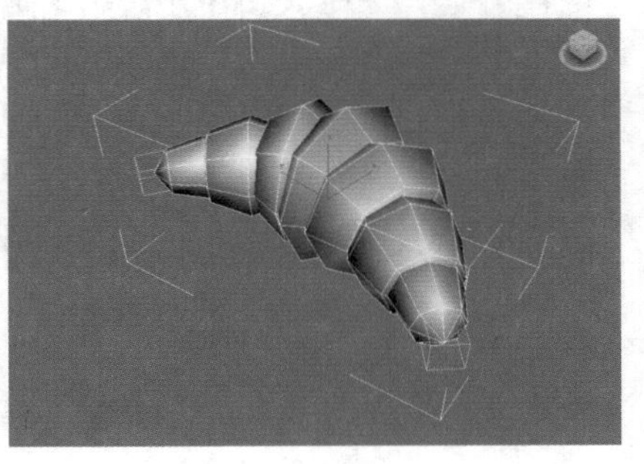

图15-128

肌肉股参数面板如图15-129所示。

- 类型：【网格】或【骨骼】。这两种类型有一个共同点：移动控制柄可改变肌肉的形状，每个控制柄在保留部分肌肉名称的情况下都有自己的名称。网格肌肉充当单个碎片。骨骼是每个球体充当一块单独的骨骼，并具有自己的名称。
- L/M/R（左/中/右）：肌肉所在的绑定侧面。例如，可以选择【L】选项在左边设置肌肉，然后通过指定【R】选项跨中心轴对肌肉执行镜像操作。
- 镜像 - X/Y/Z：肌肉沿其分布的轴。该选项可帮助镜像系统工作。
- 可见：切换肌肉控制柄的显示。
- 控制柄大小：每个控制柄的大小；该选项的更改会影响所有控制柄。通常，控制柄是在创建时按照其与整个肌肉的比例来设置大小的；使用此设置可调节控制柄的大小。

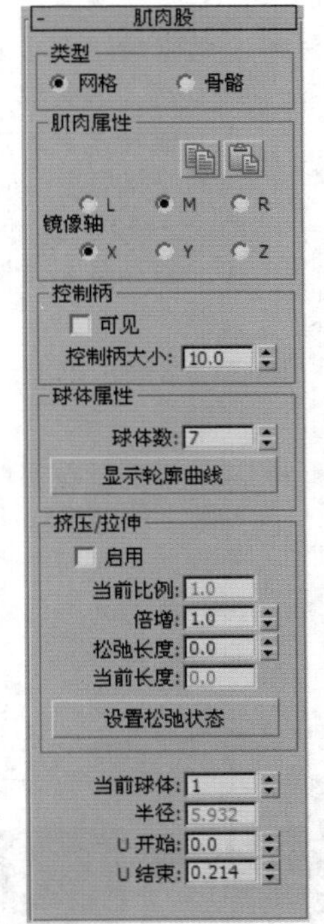


图15-129

- 球体数：构成肌肉股的球体的数量。此值越大，肌肉的分辨率越高。
- 显示轮廓曲线：单击该按钮，打开【肌肉轮廓曲线】对话框，其中包含一个图形，编辑该图形可控制肌肉股的剖面或轮廓。默认情况下，肌肉的中间较厚，两端较薄，但用户可以通过移动曲线上的3个点（不能为该曲线添加点）更改此设置，如图15-130所示。
- 启用：启用该选项时，更改肌肉长度将影响剖面。缩短肌肉会使其增厚（挤压），而加长肌肉会使其减薄（拉伸）。关闭该选项时，长度不会影响剖面。
- 当前比例：此只读字段显示肌肉缩放量，该数量以松弛状态（见下）和通过移动端点调整的长度为基准。
- 倍增：增加或减少挤压和拉伸的量。增大此值可实现放大效果。
- 松弛长度：肌肉处于松弛状态（即【当前状态】= 1.0）时的长度。
- 当前：此只读字段显示肌肉的当前长度。
- 设置松弛状态：单击以设置松弛状态。此操作会将【松弛长度】设置为当前长度，将【当前比例】设置为 1。
- 当前球体：要调整的球体。
- 半径：此只读字段显示当前球体的半径。
- U 开始/U 结束：相对于球体全长测量的当前球体的范围，在此上下文中是指从 0.0 到 1.0 的范围。本质上，设置的是球体沿肌肉长度开始和结束的百分比。要缩短球体，可加大【U 开始】或减小【U 结束】；要加长球体，可减小【U 开始】或加大【U 结束】。

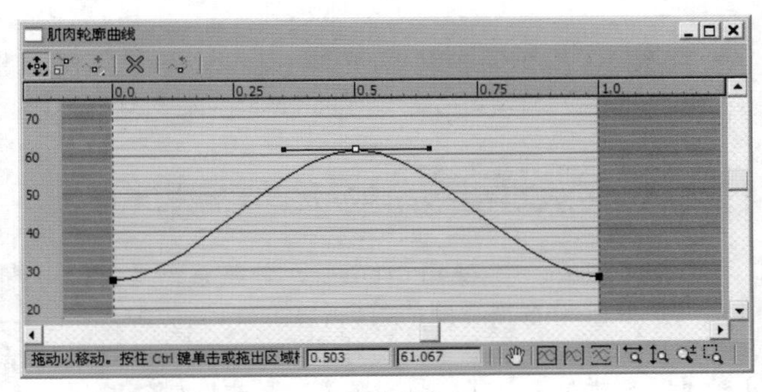


图15-130

## 15.4.3 CATParent

每个 CATRig 都有一个 CATParent。CATParent 是在创建绑定时，在每个绑定下显示的带有箭头的三角形符号，可将此符号视为绑定的角色节点，如图15-131所示。

### 1．CATRig参数

CATRig参数面板中包括【名称】、【轨迹显示】和【骨骼长度轴】等参数。其参数面板如图15-132所示。

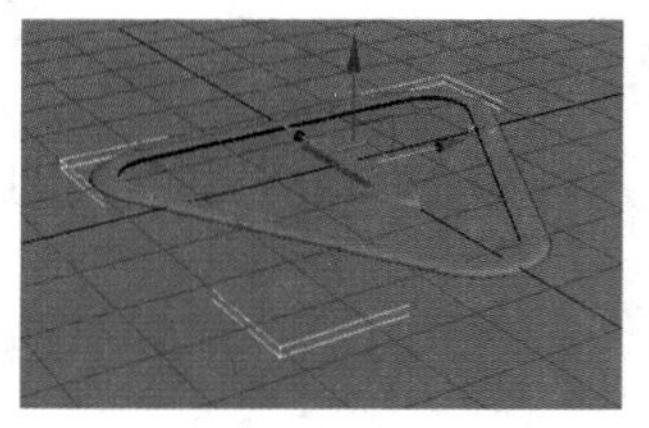

图15-131

- 名称：显示 CAT 用作 CATRig 中所有骨骼的前缀的名称，并允许用户对此名称进行编辑。

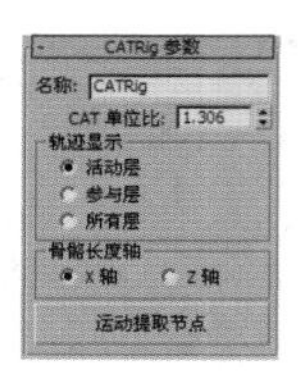


图15-132

- CAT单位比：CATRig 的缩放比。CATRig 中用于定义骨骼长度、宽度和高度等方面的所有大小参数均采用 CATUnits 作为单位。
- 轨迹显示：选择 CAT 在【轨迹视图】中显示此 CATRig 上的层和关键帧所采用的方法。
- 骨骼长度轴：选择CATRig用作长度轴的轴（X 或 Z）。
- 运动提取节点：切换运动提取节点。

### 2．CATRig加载保存

【CATRig加载保存】面板用来控制加载CAT或保持CAT。其参数面板如图15-133所示。

- CATRig 预设列表：列出所有可用 CATRig 预设。要加载预设，需在该列表中单击它，然后在视口中单击或拖动，如图15-134所示。

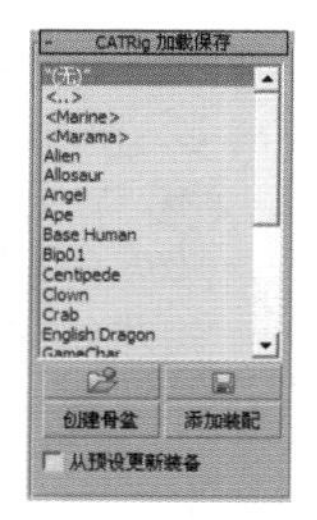


图15-133

- 打开预设绑定：打开将 CATRig 预设（仅限 RG3 格式）加载到选定 CATParent 的文件对话框。使用该选项可加载除默认位置（[系统路径]/plugcfg/CAT/CATRigs/）以外的其他位置中的预设。

图15-134

- 保存预设绑定：将选定 CATRig 另存为预设文件。如果使用默认位置（可参见上文），预设显示在列表中，以便于用户添加到场景中。
- 创建骨盆/重新加载：按钮标签、功能和可用性取决于上下文。如果绑定中不存在任何骨盆，按钮标签则为【创建骨盆】，单击该按钮可创建一个用作自定义绑定的基础骨盆。如果绑定包含骨盆，并且该骨盆是从 RG3 预设加载而来或已另存为 RG3 预设，则会显示【重新加载】按钮标签，单击该按钮可加载当前预设文件。
- 添加装配：用于在 CATParent 级别向绑定添加场景中的对象。
- 从预设更新装备：如果启用该选项，当加载场景时，场景文件将保留原始角色，但 CAT 会自动使用更新后的数据（保存在预设中）替换此角色。CAT 自动将原始角色的动画应用到新角色。两个角色越相似，传输的动画就越佳。

## 15.4.4 CATParent的运动参数

当创建完成一个CATParent后，骨骼系统是保持静止的，此时最希望看到的是CATParent运动起来。在【创建】面板中单击【辅助对象】按钮，并设置【辅助对象类型】为【CAT对象】，单击 CATParent 按钮，然后展开【CATRig加载保存】卷展栏，最后单击【Ape】，如图15-135所示。

在场景中拖曳即可完成创建，如图15-136所示。

此时单击【运动】面板，即可打开运动参数面板，动作的设置都在该面板中进行，如图15-137所示。

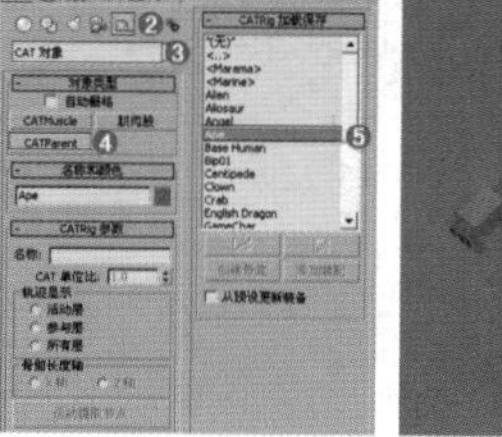

图15-135

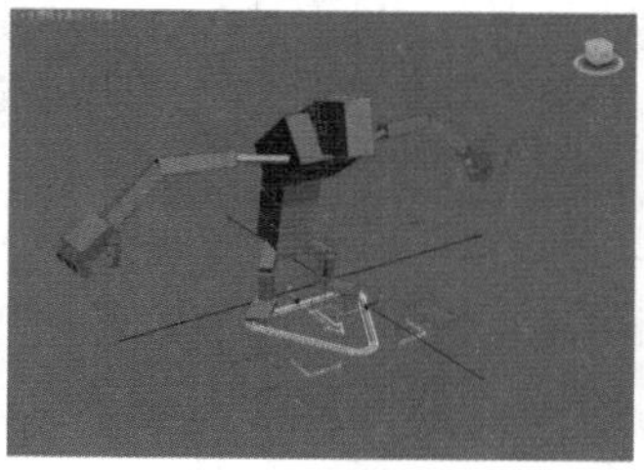

图15-136

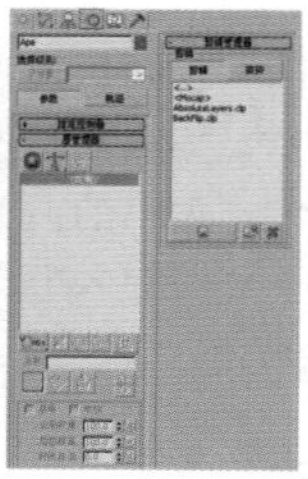

图15-137

- 设置模式：在设置模式下创建和修改CAT 装备。可在稍后添加或移除骨骼，即使在设置角色动画之后也可以执行这些操作。
- 动画模式：在动画模式下设置角色动画。
- 装备着色模式：设置绑定的着色模式，从弹出菜单中选择模式。
- 摄影表：在【摄影表】模式下打开【轨迹视图】，以便显示所有层的范围。
- [层堆栈]：列出当前绑定的所有动画层以及每个动画层的类型、颜色（如果适用）和【全局权重】值。
- 添加层：为层堆栈添加新层。单击并按住【Abs】按钮以打开弹出菜单，然后往下拖至要添加的层类型，并释放以创建层。
- 移除层：从层堆栈中移除高亮显示的层。
- 复制层：复制高亮显示的层以便粘贴。
- 粘贴层：将复制的层粘贴到层堆栈中。
- 名称：显示高亮显示的层的名称。要更改此名称，可编辑文本字段。
- 显示层变换 Gizmo：为层堆栈中的当前层创建变换Gizmo。
- CATMotion 编辑器：打开 CATMotion 编辑器。仅当CATMotion 层处于活动状态时可用。
- 关键点姿势至层：如果已启用自动关键点，则将角色的当前姿势的关键点设置到选定层；如果已禁用自动关键点，则将角色的当前姿势偏移到选定层。
- 【上移层】/【下移层】：单击向上或向下按钮可分别将高亮显示的层在层堆栈中上移或下移一个位置。
- 忽略：如果启用该选项，则不会将高亮显示的层的动画应用于绑定。
- 单独：如果启用该选项，则仅将高亮显示的层的动画应用于绑定，并忽略其他层。
- 全局权重：高亮显示的层对整个动画的影响程度。
- 局部权重：选定骨骼的高亮显示的层中的动画对整个动画的影响程度。
- 时间扭曲：启用对动画层速度的控制。通常会对该值设置动画。

## 小实例：利用CAT制作马奔跑动画

| 场景文件 | 04.max |
|---|---|
| 案例文件 | 小实例：利用CAT制作马奔跑动画.max |
| 视频教学 | 多媒体教学/Chapter15/小实例：利用CAT制作马奔跑动画.flv |
| 难易指数 | ★★★★☆ |
| 技术掌握 | 掌握CATParent动物的创建、【蒙皮】修改器的使用 |

### 实例介绍

本实例是利用CATParent创建马奔跑动画，最终效果如图15-138所示。

图15-138

### 操作步骤

**步骤01** 打开本书配套光盘中的【场景文件/Chapter15/04.max】文件，此时场景效果如图15-139所示。

**步骤02** 在【创建】面板中单击（辅助对象）|【CAT对象】| CATParent 按钮，然后展开【CATRig加载保存】卷展栏，最后选择【Horse】选项，如图15-140所示。

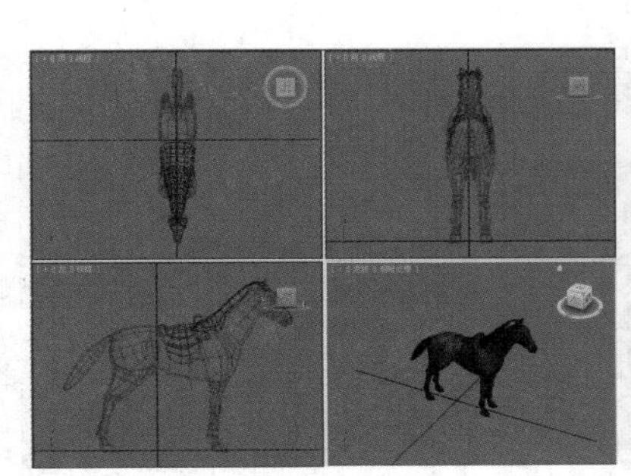

图15-139

图15-140

**步骤03** 此时在场景中拖曳进行创建，如图15-141所示。

**步骤04** 单击【修改】面板，并展开【CATRig参数】卷展栏，设置【CAT单位比】为0.3，如图15-142所示。

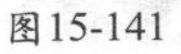

图15-141

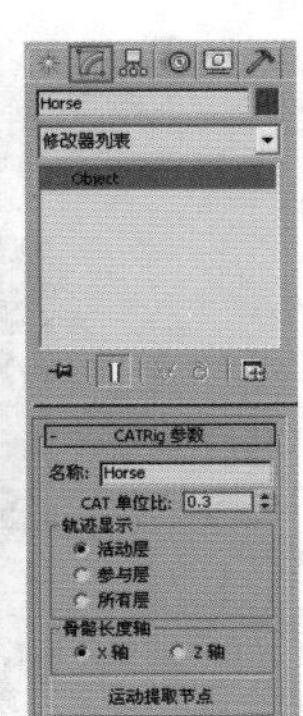

图15-142

**步骤05** 此时选择骨骼的底座，将骨骼的底座移动到正确的位置，如图15-143所示。

**步骤06** 使用【选择并移动】工具和【选择并旋转】工具调整每一个骨骼的位置，使其与马模型相应位置匹配，如图15-144所示。

图15-143

图15-144

**步骤07** 选择马模型，然后在【修改】面板中加载【蒙皮】修改器，展开【参数】卷展栏，单击【添加】按钮并添加马的骨骼，如图15-145所示。

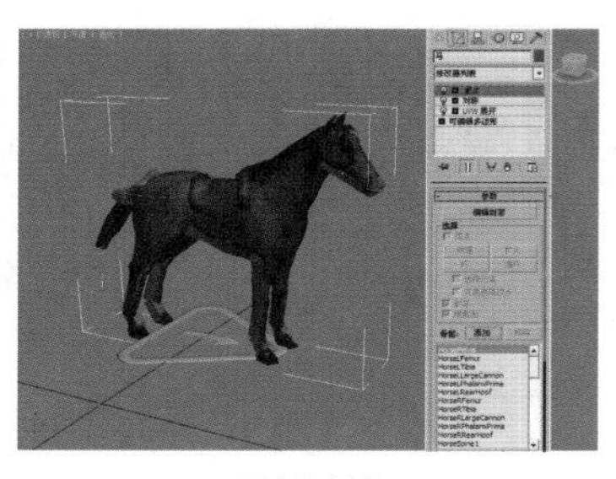

图15-145

**技巧提示**

在单击【添加】按钮后会弹出列表，此时需要在列表中选择所有的骨骼部分，为了避免读者选择不全面或者选择错误，此时只选择列表中带有Horse的名称即可，如图15-146所示。

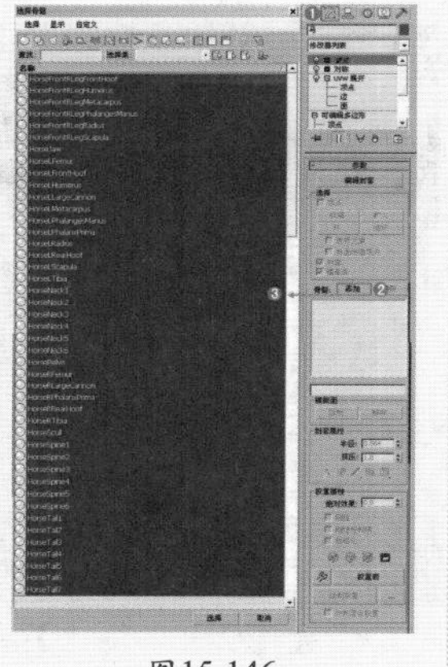

图15-146

**步骤08** 选择骨骼的底座，然后单击【运动】按钮，展开【层管理器】卷展栏，单击按钮，如图15-147所示。

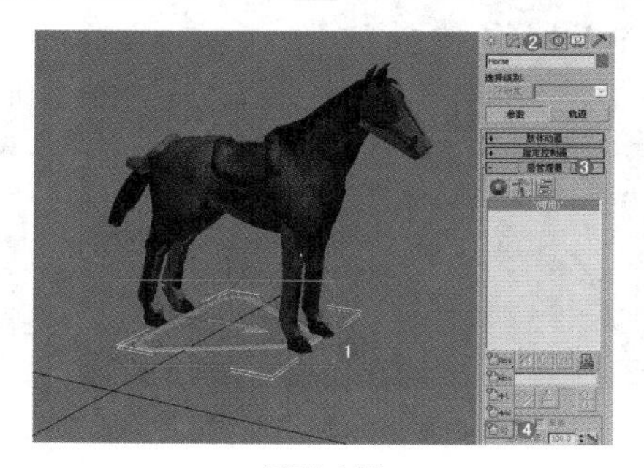

图15-147

**步骤09** 在【层管理器】卷展栏中单击按钮，如图15-148所示。此时会变成按钮，被蒙皮的马模型已经变成运动形式，如图15-149所示。

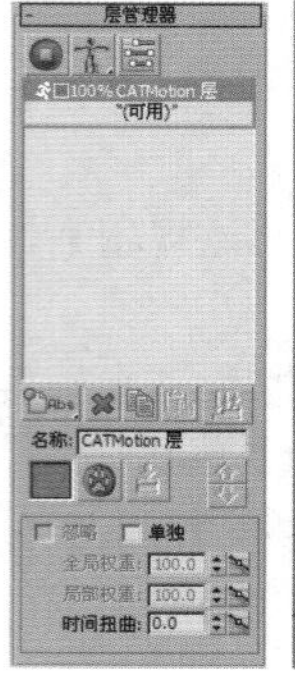

图15-148

图15-149

**步骤10** 此时拖动时间线滑块查看动画效果，如图15-150所示。

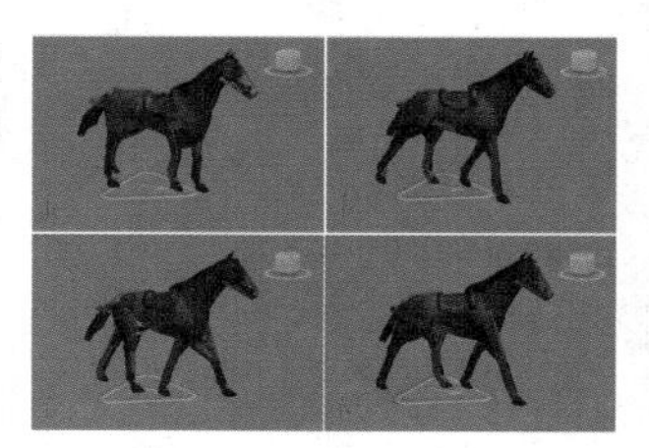

图15-150

**步骤11** 单击按钮，此时会弹出【Horse-Globals】对话框，单击【Globals】选项，并在【行走模式】选项组中选中【直线行走】单选按钮，如图15-151所示。

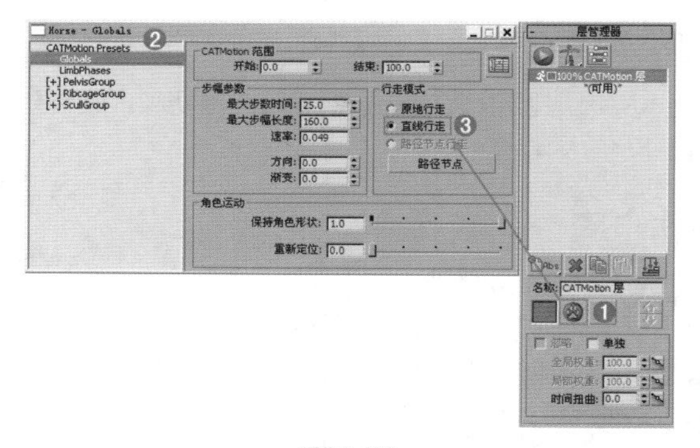

图15-151

**步骤12** 拖动时间线滑块查看动画效果，如图15-152所示。

**步骤13** 最终渲染效果如图15-153所示。

图15-152　　图15-153

## 小实例：利用CAT对象制作狮子动画

| 场景文件 | 05.max |
| --- | --- |
| 案例文件 | 小实例：利用CAT对象制作狮子动画.max |
| 视频教学 | 多媒体教学/Chapter15/小实例：利用CAT对象制作狮子动画.flv |
| 难易指数 | ★★★★☆ |
| 技术掌握 | 掌握CAT对象、【蒙皮】修改器、CAT动画的使用 |

### 实例介绍

本实例是利用CAT对象、【蒙皮】修改器、CAT动画制作狮子动画，最终效果如图15-154所示。

图15-154

### 操作步骤

#### Part 1 创建CAT骨骼和蒙皮

步骤01 打开本书配套光盘中的【场景文件/Chapter15/05.max】文件，此时场景效果如图15-155所示。

步骤02 在【创建】面板中单击（辅助对象）|【CAT对象】|CATParent按钮，展开【CATRig加载保存】卷展栏，单击【Panther】选项，如图15-156所示。

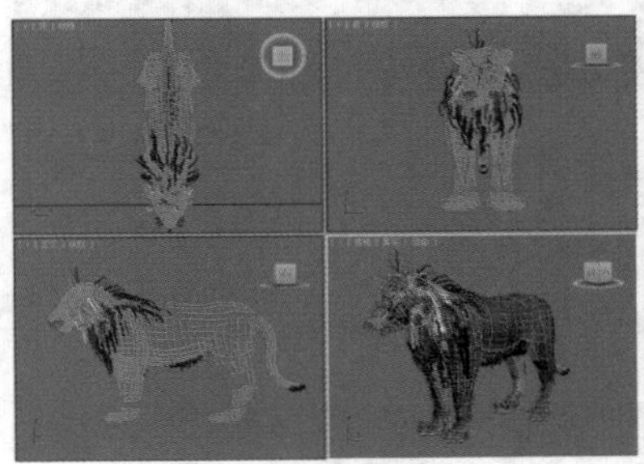

图15-155

图15-156

步骤03 此时在场景中拖曳进行创建，如图15-157所示。

步骤04 单击【修改】面板，并展开【CATRig参数】卷展栏，设置【CAT单位比】为0.015，如图15-158所示。

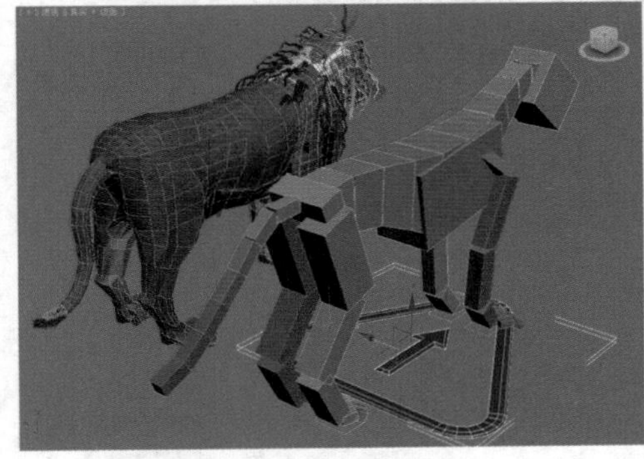

图15-157

图15-158

步骤05 此时选择骨骼的底座，并将骨骼的底座移动到正确的位置，如图15-159所示。

步骤06 使用【选择并移动】工具和【选择并旋转】工具调整每一个骨骼的位置，使其与狮子模型相应位置匹配，如图15-160所示。

图15-159

图15-160

步骤07 继续使用【选择并移动】工具和【选择并旋转】工具调整每一个骨骼的位置，使其与狮子模型相应位置匹配，如图15-161所示。

步骤08 此时可以选择每一个骨骼，并单击【修改】面板，对骨骼的尺寸进行调整，如图15-162所示。

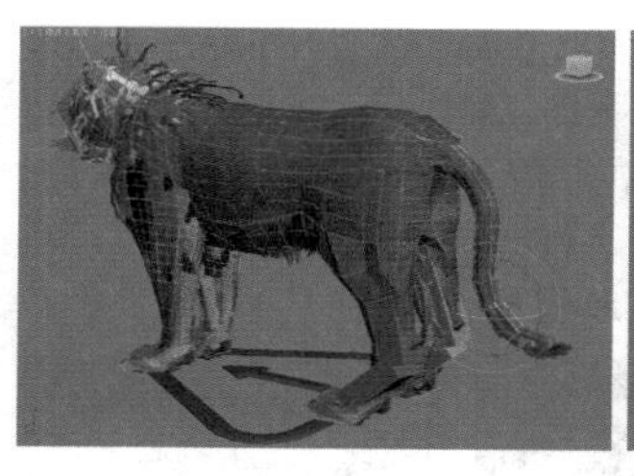

图15-161

图15-162

步骤09 选择狮子模型，在【修改】面板中加载【蒙皮】修改器，展开【参数】卷展栏，单击【添加】按钮添加狮子的骨骼，如图15-163所示。

图15-163

技巧提示

在单击【添加】按钮后会弹出列表，此时需要在列表中选择所有的骨骼部分，为了避免读者选择不全面或者选择错误，此时只选择列表中带有Panther的名称即可，如图15-164所示。

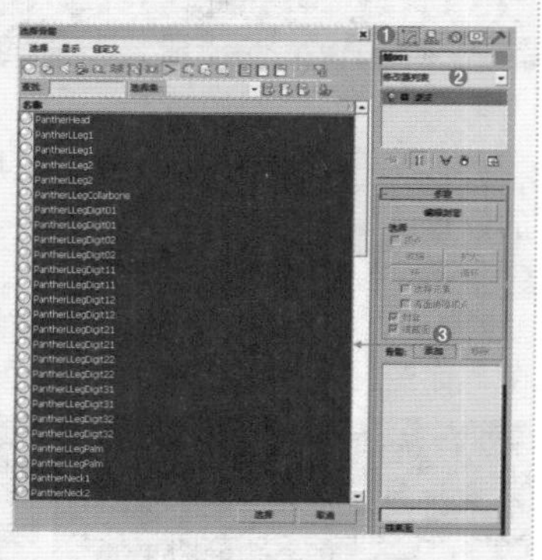

图15-164

## Part 2 创建动画

步骤01 将此时的狮子模型和CAT移动到如图15-165所示的位置。

步骤02 使用【线】工具在场景中创建一条如图15-166所示的线。

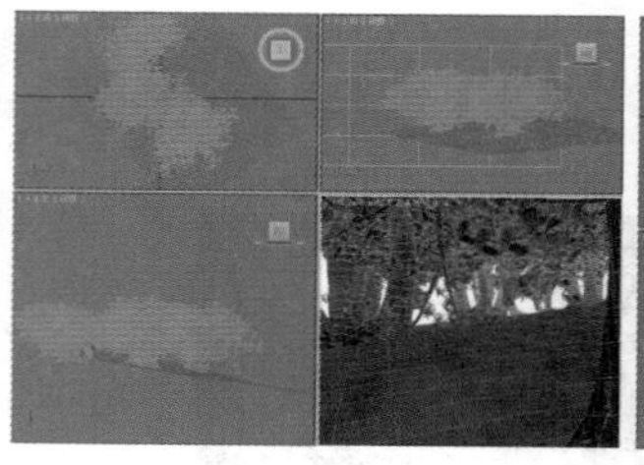

图15-165

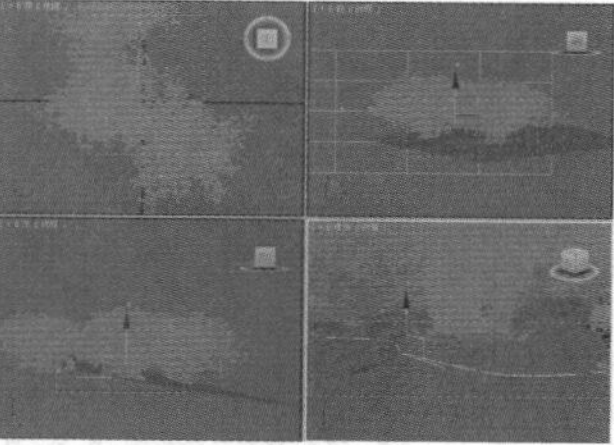

图15-166

步骤03 在【创建】面板中单击（辅助对象）|【标准】|【点】按钮，如图15-167所示。

步骤04 单击拖曳创建一个节点，其位置如图15-168所示。

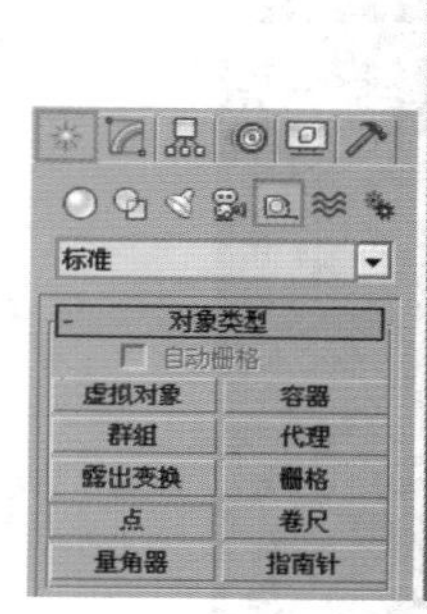


图15-167

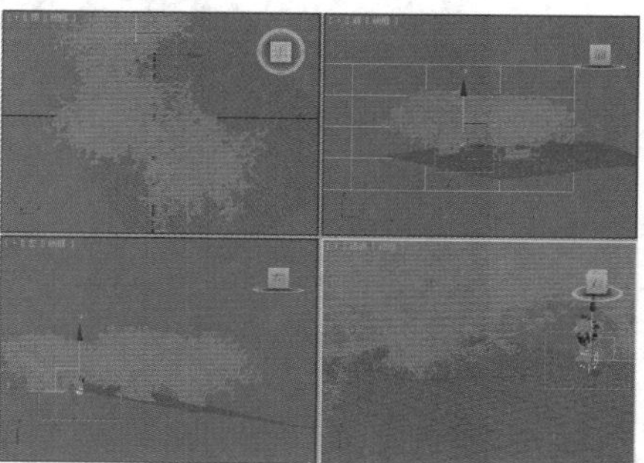

图15-168

步骤05 选择步骤04中创建的节点，然后单击【修改】面板，选中【交叉】和【长方体】复选框，并设置【大小】为1m，如图15-169所示。

步骤06 选择刚才创建的节点，然后选择菜单栏中的【动画】|【约束】|【路径约束】命令，最后单击刚才创建的线，如图15-170所示。

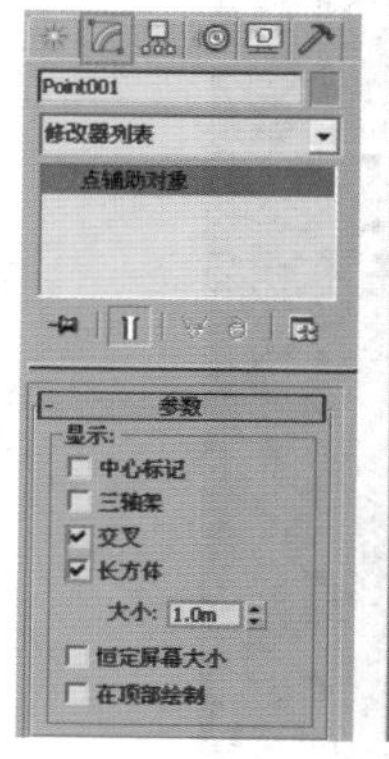


图15-169

图15-170

**步骤07** 此时节点已经产生了一个路径约束动画效果。选择骨骼的底座，然后单击【运动】按钮，展开【层管理器】卷展栏，单击按钮，如图15-171所示。

**步骤08** 单击按钮，此时会弹出【CATMotion】窗口，如图15-172所示。

**步骤09** 在【CATMotion】窗口中单击【Globals】选项，并在【行走模式】选项组中单击【路径节点】按钮，最后单击拾取场景中的节点，如图15-173所示。

**步骤10** 此时在【行走模式】选项组中选中【路径节点行走】单选按钮，如图15-174所示。

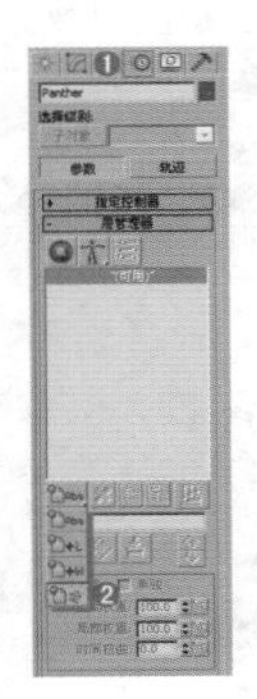

图15-171

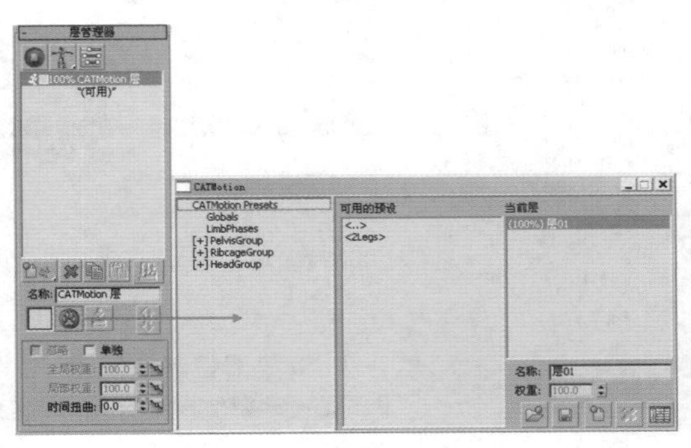

图15-172

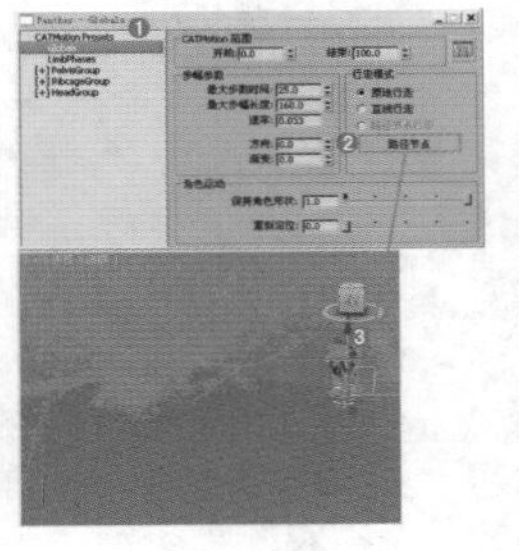

图15-173

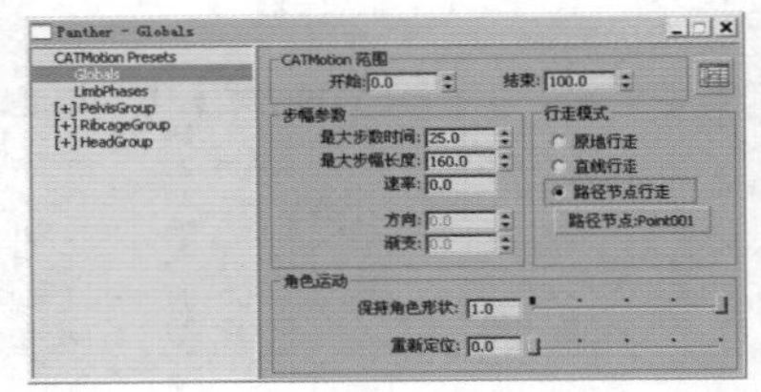

图15-174

**步骤11** 在【层管理器】卷展栏中单击按钮，如图15-175所示。此时会变成按钮，狮子模型已经变成运动形式，拖动时间线滑块可以看到狮子已经产生了行走的动画效果，但是其身体是平躺的，如图15-176所示。

**步骤12** 选择节点，然后单击【运动】面板，接着选中【跟随】复选框，设置【轴】为Y，选中【翻转】复选框，如图15-177所示。

**步骤13** 此时可以发现狮子的位置产生了变化，如图15-178所示。

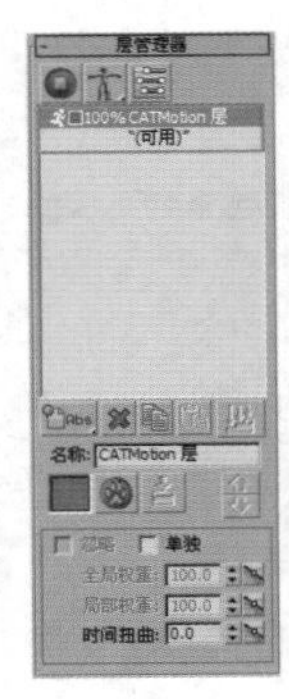

图15-175

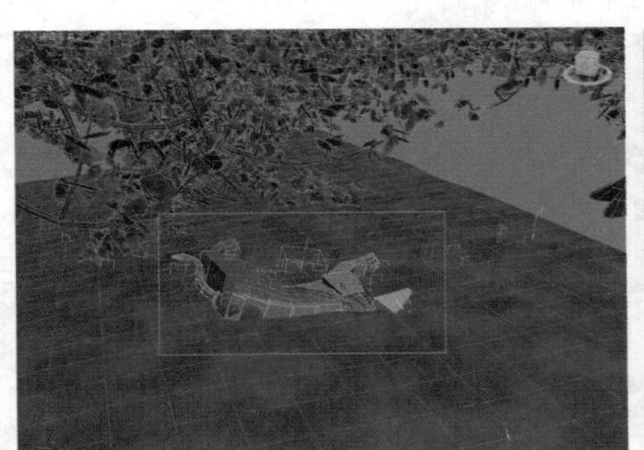

图15-176

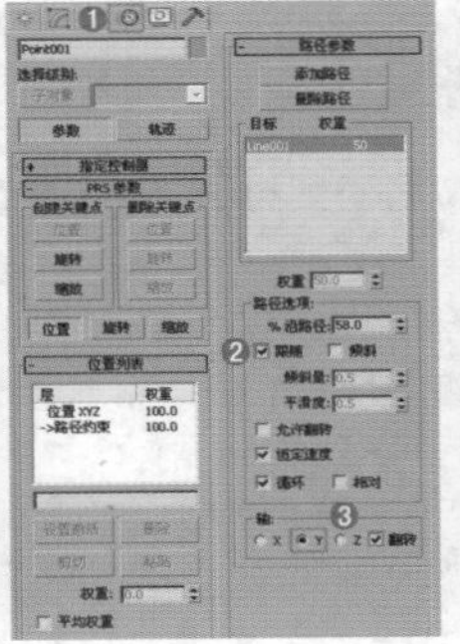

图15-177

图15-178

**步骤14** 选择节点，然后使用【选择并旋转】工具，沿Y轴旋转90°，此时狮子的位置是正确的，如图15-179所示。

**步骤15** 此时拖动时间线滑块查看动画效果，如图15-180所示。

**步骤16** 最终渲染效果如图15-181所示。

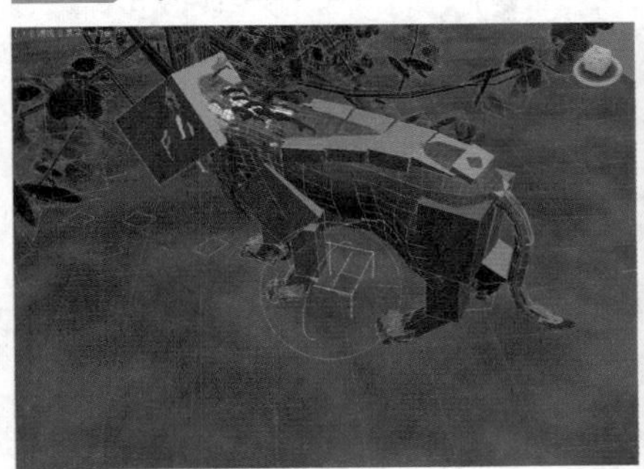

图15-179

图15-180

图15-181

# 附　　录

## 常用物体折射率表

### 材质折射率

| 物 体 | 折射率 | 物 体 | 折射率 | 物 体 | 折射率 |
|---|---|---|---|---|---|
| 空气 | 1.0003 | 液体二氧化碳 | 1.200 | 冰 | 1.309 |
| 水（20°） | 1.333 | 丙酮 | 1.360 | 30%的糖溶液 | 1.380 |
| 普通酒精 | 1.360 | 酒精 | 1.329 | 面粉 | 1.434 |
| 溶化的石英 | 1.460 | Calspar2 | 1.486 | 80%的糖溶液 | 1.490 |
| 玻璃 | 1.500 | 氯化钠 | 1.530 | 聚苯乙烯 | 1.550 |
| 翡翠 | 1.570 | 天青石 | 1.610 | 黄晶 | 1.610 |
| 二硫化碳 | 1.630 | 石英 | 1.540 | 二碘甲烷 | 1.740 |
| 红宝石 | 1.770 | 蓝宝石 | 1.770 | 水晶 | 2.000 |
| 钻石 | 2.417 | 氧化铬 | 2.705 | 氧化铜 | 2.705 |
| 非晶硒 | 2.920 | 碘晶体 | 3.340 | | |

### 液体折射率

| 物 体 | 分 子 式 | 密 度 | 温 度 | 折 射 率 |
|---|---|---|---|---|
| 甲醇 | $CH_3OH$ | 0.794 | 20 | 1.3290 |
| 乙醇 | $C_2H_5OH$ | 0.800 | 20 | 1.3618 |
| 丙醇 | $CH_3COCH_3$ | 0.791 | 20 | 1.3593 |
| 苯醇 | $C_6H_6$ | 1.880 | 20 | 1.5012 |
| 二硫化碳 | $CS_2$ | 1.263 | 20 | 1.6276 |
| 四氯化碳 | $CC_{14}$ | 1.591 | 20 | 1.4607 |
| 三氯甲烷 | $CHC_{13}$ | 1.489 | 20 | 1.4467 |
| 乙醚 | $C_2H_5 \cdot O \cdot C_2H_5$ | 0.715 | 20 | 1.3538 |
| 甘油 | $C_3H_8O_3$ | 1.260 | 20 | 1.4730 |
| 松节油 | | 0.87 | 20.7 | 1.4721 |
| 橄榄油 | | 0.92 | 0 | 1.4763 |
| 水 | $H_2O$ | 1.00 | 20 | 1.3330 |

### 晶体折射率

| 物 体 | 分 子 式 | 最小折射率 | 最大折射率 |
|---|---|---|---|
| 冰 | $H_2O$ | 1.313 | 1.309 |
| 氟化镁 | $MgF_2$ | 1.378 | 1.390 |
| 石英 | $SiO_2$ | 1.544 | 1.553 |
| 氯化镁 | $MgO \cdot H_2O$ | 1.559 | 1.580 |
| 锆石 | $ZrO_2 \cdot SiO_2$ | 1.923 | 1.968 |
| 硫化锌 | $ZnS$ | 2.356 | 2.378 |
| 方解石 | $CaO \cdot CO_2$ | 1.658 | 1.486 |
| 钙黄长石 | $2CaO \cdot A_{12}O_3 \cdot SiO_2$ | 1.669 | 1.658 |
| 菱镁矿 | $ZnO \cdot CO_2$ | 1.700 | 1.509 |
| 刚石 | $A_{12}O_3$ | 1.768 | 1.760 |
| 淡红银矿 | $3Ag_2S \cdot AS_2S_3$ | 2.979 | 2.711 |

## 快捷键索引

### 1. 主界面快捷键

| 操 作 | 快 捷 键 |
|---|---|
| 显示降级适配（开关） | O |
| 适应透视图格点 | Shift+Ctrl+A |
| 排列 | Alt+A |
| 角度捕捉（开关） | A |
| 动画模式（开关） | N |
| 改变到后视图 | K |
| 背景锁定（开关） | Ctrl+Alt+B |
| 前一时间单位 | . |
| 下一时间单位 | , |
| 改变到顶视图 | T |
| 改变到底视图 | B |
| 改变到摄影机视图 | C |
| 改变到前视图 | F |
| 改变到等用户视图 | U |
| 改变到右视图 | R |
| 改变到透视图 | P |
| 循环改变选择方式 | Ctrl+F |
| 默认灯光（开关） | Ctrl+L |
| 删除物体 | Delete |
| 当前视图暂时失效 | D |
| 是否显示几何体内框（开关） | Ctrl+E |
| 显示第一个工具条 | Alt+1 |
| 专家模式，全屏（开关） | Ctrl+X |
| 暂存场景 | Ctrl+Alt+H |
| 取回场景 | Ctrl+Alt+F |
| 冻结所选物体 | 6 |
| 跳到最后一帧 | End |
| 跳到第一帧 | Home |
| 显示/隐藏摄影机 | Shift+C |
| 显示/隐藏几何体 | Shift+O |
| 显示/隐藏网格 | G |
| 显示/隐藏帮助物体 | Shift+H |
| 显示/隐藏光源 | Shift+L |
| 显示/隐藏粒子系统 | Shift+P |
| 显示/隐藏空间扭曲物体 | Shift+W |
| 锁定用户界面（开关） | Alt+0 |
| 匹配到摄影机视图 | Ctrl+C |
| 材质编辑器 | M |
| 最大化当前视图（开关） | W |
| 脚本编辑器 | F11 |
| 新建场景 | Ctrl+N |
| 法线对齐 | Alt+N |
| 向下轻推网格 | 小键盘- |
| 向上轻推网格 | 小键盘+ |
| NURBS表面显示方式 | Alt+L或Ctrl+4 |
| NURBS调整方格1 | Ctrl+1 |
| NURBS调整方格2 | Ctrl+2 |
| NURBS调整方格3 | Ctrl+3 |
| 偏移捕捉 | Ctrl+Alt+Space（Space键即空格键） |
| 打开一个max文件 | Ctrl+O |
| 平移视图 | Ctrl+P |
| 交互式平移视图 | I |
| 放置高光 | Ctrl+H |
| 播放/停止动画 | / |
| 快速渲染 | Shift+Q |
| 回到上一场景操作 | Ctrl+A |
| 回到上一视图操作 | Shift+A |
| 撤销场景操作 | Ctrl+Z |
| 撤销视图操作 | Shift+Z |
| 刷新所有视图 | 1 |
| 用前一次的参数进行渲染 | Shift+E或F9 |
| 渲染配置 | Shift+R或F10 |
| 在XY/YZ/ZX锁定中循环改变 | F8 |
| 约束到X轴 | F5 |
| 约束到Y轴 | F6 |
| 约束到Z轴 | F7 |
| 旋转视图模式 | Ctrl+R或V |
| 保存文件 | Ctrl+S |
| 透明显示所选物体（开关） | Alt+X |
| 选择父物体 | PageUp |
| 选择子物体 | PageDown |
| 根据名称选择物体 | H |
| 选择锁定（开关） | Space（Space键即空格键） |
| 减淡所选物体的面（开关） | F2 |
| 显示所有视图网格（开关） | Shift+G |
| 显示/隐藏命令面板 | 3 |
| 显示/隐藏浮动工具条 | 4 |
| 显示最后一次渲染的图像 | Ctrl+I |
| 显示/隐藏主要工具栏 | Alt+6 |
| 显示/隐藏安全框 | Shift+F |
| 显示/隐藏所选物体的支架 | J |
| 百分比捕捉（开关） | Shift+Ctrl+P |
| 打开/关闭捕捉 | S |
| 循环通过捕捉点 | Alt+Space（Space键即空格键） |
| 间隔放置物体 | Shift+I |
| 改变到光线视图 | Shift+4 |
| 循环改变子物体层级 | Ins |
| 子物体选择（开关） | Ctrl+B |
| 贴图材质修正 | Ctrl+T |
| 加大动态坐标 | + |
| 减小动态坐标 | - |
| 激活动态坐标（开关） | X |
| 精确输入转变量 | F12 |
| 全部解冻 | 7 |
| 根据名字显示隐藏的物体 | 5 |
| 刷新背景图像 | Shift+Ctrl+Alt+B |
| 显示几何体外框（开关） | F4 |
| 视图背景 | Alt+B |
| 用方框快显几何体（开关） | Shift+B |
| 打开虚拟现实 | 数字键盘1 |
| 虚拟视图向下移动 | 数字键盘2 |
| 虚拟视图向左移动 | 数字键盘4 |
| 虚拟视图向右移动 | 数字键盘6 |
| 虚拟视图向中移动 | 数字键盘8 |
| 虚拟视图放大 | 数字键盘7 |
| 虚拟视图缩小 | 数字键盘9 |
| 实色显示场景中的几何体（开关） | F3 |
| 全部视图显示所有物体 | Shift+Ctrl+Z |
| 视窗缩放到选择物体范围 | E |
| 缩放范围 | Ctrl+Alt+Z |
| 视窗放大两倍 | Shift++（数字键盘） |
| 放大镜工具 | Z |
| 视窗缩小两倍 | Shift+-（数字键盘） |
| 根据框选进行放大 | Ctrl+W |
| 视窗交互式放大 | [ |
| 视窗交互式缩小 | ] |

### 2. 轨迹视图快捷键

| 操 作 | 快 捷 键 |
|---|---|
| 加入关键帧 | A |
| 前一时间单位 | < |
| 下一时间单位 | > |
| 编辑关键帧模式 | E |
| 编辑区域模式 | F3 |
| 编辑时间模式 | F2 |
| 展开对象切换 | O |
| 展开轨迹切换 | T |
| 函数曲线模式 | F5或F |
| 锁定所选物体 | Space（Space键即空格键） |
| 向上移动高亮显示 | ↓ |
| 向下移动高亮显示 | ↑ |
| 向左轻移关键帧 | ← |
| 向右轻移关键帧 | → |
| 位置区域模式 | F4 |
| 回到上一场景操作 | Ctrl+A |
| 向下收拢 | Ctrl+↓ |
| 向上收拢 | Ctrl+↑ |

### 3. 渲染器设置快捷键

| 操 作 | 快 捷 键 |
|---|---|
| 用前一次的配置进行渲染 | F9 |
| 渲染配置 | F10 |

### 4. 示意视图快捷键

| 操 作 | 快 捷 键 |
|---|---|
| 下一时间单位 | > |
| 前一时间单位 | < |
| 回到上一场景操作 | Ctrl+A |

### 5. Active Shade快捷键

| 操 作 | 快 捷 键 |
|---|---|
| 绘制区域 | D |
| 渲染 | R |
| 锁定工具栏 | Space（Space键即空格键） |

### 6. 视频编辑快捷键

| 操 作 | 快 捷 键 |
|---|---|
| 加入过滤器项目 | Ctrl+F |
| 加入输入项目 | Ctrl+I |
| 加入图层项目 | Ctrl+L |
| 加入输出项目 | Ctrl+O |
| 加入新的项目 | Ctrl+A |
| 加入场景事件 | Ctrl+S |
| 编辑当前事件 | Ctrl+E |
| 执行序列 | Ctrl+R |
| 新建序列 | Ctrl+N |

### 7. NURBS编辑快捷键

| 操 作 | 快 捷 键 |
|---|---|
| CV约束法线移动 | Alt+N |
| CV约束到U向移动 | Alt+U |
| CV约束到V向移动 | Alt+V |
| 显示曲线 | Shift+Ctrl+C |
| 显示控制点 | Ctrl+D |
| 显示格子 | Ctrl+L |
| NURBS面显示方式切换 | Alt+L |
| 显示表面 | Shift+Ctrl+S |
| 显示工具箱 | Ctrl+T |
| 显示表面整齐 | Shift+Ctrl+T |
| 根据名字选择本物体的子层级 | Ctrl+H |
| 锁定2D所选物体 | Space（Space键即空格键） |
| 选择U向的下一点 | Ctrl+→ |
| 选择V向的下一点 | Ctrl+↑ |
| 选择U向的前一点 | Ctrl+← |
| 选择V向的前一点 | Ctrl+↓ |
| 根据名字选择子物体 | H |
| 柔软所选物体 | Ctrl+S |
| 转换到CV曲线层级 | Shift+Alt+Z |
| 转换到曲线层级 | Shift+Alt+C |
| 转换到点层级 | Shift+Alt+P |
| 转换到CV曲面层级 | Shift+Alt+V |
| 转换到曲面层级 | Shift+Alt+S |
| 转换到上一层级 | Shift+Alt+T |
| 转换降级 | Ctrl+X |

### 8. FFD快捷键

| 操 作 | 快 捷 键 |
|---|---|
| 转换到控制点层级 | Shift+Alt+C |

# 常用家具尺寸附表

单位：mm

| 家具 | 长度 | 宽度 | 高度 | 深度 | 直径 |
|---|---|---|---|---|---|
| 衣橱 | | 700（推拉门） | 400~650（衣橱门） | 600~650 | |
| 推拉门 | | 750~1500 | 1900~2400 | | |
| 矮柜 | | 300~600（柜门） | | 350~450 | |
| 电视柜 | | | 600~700 | 450~600 | |
| 单人床 | 1800、1806、2000、2100 | 900、1050、1200 | | | |
| 双人床 | 1800、1806、2000、210 | 1350、1500、1800 | | | |
| 圆床 | | | | | 1860、2125、2424 |
| 室内门 | | 800~950、1200（医院） | 1900、2000、2100、2200、2400 | | |
| 厕所、厨房门 | | 800、900 | 1900、2000、2100 | | |
| 窗帘盒 | | | 120~180 | 120（单布），160~180（双层布） | |
| 单人式沙发 | 800~950 | | 350~420（坐垫），700~900（背高） | 850~900 | |
| 双人式沙发 | 1260~1500 | | | 800~900 | |
| 三人式沙发 | 1750~1960 | | | 800~900 | |
| 四人式沙发 | 2320~2520 | | | 800~900 | |
| 小型长方形茶几 | 600~750 | 450~600 | 380~500（380最佳） | | |
| 中型长方形茶几 | 1200~1350 | 380~500或600~750 | | | |
| 正方形茶几 | 750~900 | 430~500 | | | |
| 大型长方形茶几 | 1500~1800 | 600~800 | 330~420（330最佳） | | |
| 圆形茶几 | | | 330~420 | | 750、900、1050、1200 |
| 方形茶几 | | 900、1050、1200、1350、1500 | 330~420 | | |
| 固定式书桌 | | | 750 | 450~700（600最佳） | |
| 活动式书桌 | | | 750~780 | 650~800 | |
| 餐桌 | | 1200、900、750（方桌） | 75~780（中式），680~720（西式） | | |
| 长方桌宽度 | 1500、1650、1800、2100、2400 | 800、900、1050、1200 | | | |
| 圆桌 | | | | | 900、1200、1350、1500、1800 |
| 书架 | 600~1200 | 800~900 | | 250~400（每一格） | |

# 室内常用尺寸附表

## 墙面尺寸

单位：mm

| 物体 | 高度 |
|---|---|
| 踢脚板 | 80~200 |
| 墙裙 | 800~1500 |
| 挂镜线 | 1600~1800 |

## 餐厅

单位：mm

| 物体 | 高度 | 宽度 | 直径 | 间距 |
|---|---|---|---|---|
| 餐桌 | 750~790 | | | >500（其中座椅占500） |
| 餐椅 | 450~500 | | | |
| 二人圆桌 | | | 500或800 | |
| 四人圆桌 | | | 900 | |
| 五人圆桌 | | | 1100 | |
| 六人圆桌 | | | 1100~1250 | |
| 八人圆桌 | | | 1300 | |
| 十人圆桌 | | | 1500 | |
| 十二人圆桌 | | | 1800 | |
| 二人方餐桌 | | 700×850 | | |
| 四人方餐桌 | | 1350×850 | | |
| 八人方餐桌 | | 2250×850 | | |
| 物体 | 高度 | 宽度 | 直径 | 间距 |
| 餐桌转盘 | | | 700~800 | |
| 主通道 | | 1200~1300 | | |
| 内部工作道宽 | | 600~900 | | |
| 酒吧台 | 900~1050 | 500 | | |
| 酒吧凳 | 600~750 | | | |

## 商场营业厅

单位：mm

| 物体 | 长度 | 宽度 | 高度 | 厚度 | 直径 |
|---|---|---|---|---|---|
| 单边双人走道 | | 1600 | | | |
| 双边双人走道 | | 2000 | | | |
| 双边三人走道 | | 2300 | | | |
| 双边四人走道 | | 3000 | | | |
| 物体 | 长度 | 宽度 | 高度 | 厚度 | 直径 |
| 营业员柜台走道 | | 800 | | | |
| 营业员货柜台 | | | 800~1000 | 600 | |
| 单靠背立货架 | | | 1800~2300 | 300~500 | |
| 双靠背立货架 | | | 1800~2300 | 600~800 | |
| 小商品橱窗 | | | 400~1200 | 500~800 | |
| 陈列地台 | | | 400~800 | | |
| 敞开式货架 | | | 400~600 | | |
| 放射式售货架 | | | | | 2000 |
| 收款台 | 1600 | 600 | | | |

## 饭店客房

单位：mm/ $m^2$

| 物体 | 长度 | 宽度 | 高度 | 面积 | 深度 |
|---|---|---|---|---|---|
| 标准间 | | | | 25（大）、16~18（中）、16（小） | |
| 床 | | | 400~450，850~950（床靠） | | |
| 床头柜 | | 500~800 | 500~700 | | |
| 写字台 | 1100~1500 | 450~600 | 700~750 | | |
| 行李台 | 910~1070 | 500 | 400 | | |
| 衣柜 | | 800~1200 | 1600~2000 | | 500 |
| 沙发 | | 600~800 | 350~400，1000（靠背） | | |
| 衣架 | | | 1700~1900 | | |

## 卫生间

单位：mm/ $m^2$

| 物体 | 长度 | 宽度 | 高度 | 面积 |
|---|---|---|---|---|
| 卫生间 | | | | 3~5 |
| 浴缸 | 1220、1520、1680 | 720 | 450 | |
| 座便器 | 750 | 350 | | |
| 冲洗器 | 690 | 350 | | |
| 盥洗盆 | 550 | 410 | | |
| 淋浴器 | | 2100 | | |
| 化妆台 | 1350 | 450 | | |

## 交通空间

单位：mm

| 物体 | 宽度 | 高度 |
|---|---|---|
| 楼梯间休息平台净空 | ≥2100 | |
| 楼梯跑道净空 | ≥2300 | |
| 客房走廊高 | | ≥2400 |
| 两侧设座的综合式走廊 | ≥2500 | |
| 楼梯扶手高 | | 850~1100 |
| 门 | 850~1000 | ≥1900 |
| 窗（不包含组合式窗子） | 400~1800 | |
| 窗台 | | 800~1200 |

## 灯具

单位：mm

| 物体 | 高度 | 直径 |
|---|---|---|
| 大吊灯 | ≥2400 | |
| 壁灯 | 1500~1800 | |
| 反光灯槽 | | ≥2倍灯管直径 |
| 壁式床头灯 | 1200~1400 | |
| 照明开关 | 1000 | |

## 办公家具

单位：mm

| 物体 | 长度 | 宽度 | 高度 | 深度 |
|---|---|---|---|---|
| 办公桌 | 1200~1600 | 500~650 | 700~800 | |
| 办公椅 | 450 | 450 | 400~450 | |
| 沙发 | | 600~800 | 350~450 | |
| 前置型茶几 | 900 | 400 | 400 | |
| 中心型茶几 | 900 | 900 | 400 | |
| 左右型茶几 | 600 | 400 | 400 | |
| 书柜 | | 1200~1500 | 1800 | 450~500 |
| 书架 | | 1000~1300 | 1800 | 350~450 |

# 教学视频学习二维码

扫描下列二维码，读者可在手机中学习对应的教学视频

214节同步案例视频

| | | | |
|---|---|---|---|
| 02 小实例：保存场景文件.flv | 02 小实例：保存渲染图像.flv | 02 小实例：打开场景文件.flv | 02 小实例：导出场景对象.flv |
| 02 小实例：导入外部文件.flv | 02 小实例：归档场景.flv | 02 小实例：合并场景文件.flv | 02 小实例：加载背景图像.flv |
| 02 小实例：设置文件自动备份.flv | 02 小实例：使用按名称选择工具选择场对象.flv | 02 小实例：使用对齐工具使花盆对其到地面.flv | 02 小实例：使用过滤器选择场景中的灯光.flv |
| 02 小实例：使用角度捕捉切换工具制作创意时钟.flv | 02 小实例：使用镜像工具镜像相框.flv | 02 小实例：使用摄影机视图控件.flv | 02 小实例：使用所有视图中可用的控件.flv |
| 02 小实例：使用套索选择区域工具选择对象.flv | 02 小实例：使用透视图和正交视图控件.flv | 02 小实例：使用选择并缩放工具调整花瓶的形状.flv | 02 小实例：使用选择并移动工具制作彩色铅笔.flv |

214节同步案例视频

| | | | |
|---|---|---|---|
| 02 小实例：视口布局设置.flv | 02 小实例：调出隐藏的工具栏.flv | 02 小实例：在渲染前保存要渲染的图像.flv | 02 小实例：自定义界面颜色.flv |
| 03 小实例：创建多种楼梯模型.flv | 03 小实例：创建多种门模型.flv | 03 小实例：创建多种植物.flv | 03 小实例：利用ProBoolean运算制作骰子.flv |
| 03 小实例：利用VR_代理制作会议室.flv | 03 小实例：利用VR_平面制作地面.flv | 03 小实例：利用布尔运算制作胶囊.flv | 03 小实例：利用放样制作画框.flv |
| 03 小实例：利用环形结制作吊灯.flv | 03 小实例：利用连接制作哑铃.flv | 03 小实例：利用切角圆柱体制作创意灯.flv | 03 小实例：利用切角长方体制作简约沙发.flv |
| 03 小实例：利用球体制作手链模型.flv | 03 小实例：利用通道制作各种通道模型.flv | 03 小实例：利用图形合并制作戒指.flv | 03 小实例：利用样条线制作创意钟表.flv |

214节同步案例视频

214节同步案例视频

214节同步案例视频

214节同步案例视频

214节同步案例视频

214节同步案例视频

214 节同步案例视频

214 节同步案例视频

214 节同步案例视频

51 节 3ds Max 2016 实战精讲视频

51节3ds Max 2016实战精讲视频

51节3ds Max 2016实战精讲视频

104 节 Photoshop CC 新手学精讲视频

104 节 Photoshop CC 新手学精讲视频

104 节 Photoshop CC 新手学精讲视频

104 节 Photoshop CC 新手学精讲视频

104 节 Photoshop CC 新手学精讲视频

104 节 Photoshop CC 新手学精讲视频